HANDBUCH DER HAUT- UND GESCHLECHTSKRANKHEITEN

J. JADASSOHN

ERGÄNZUNGSWERK

BEARBEITET VON

J. ALKIEWICZ · R. ANDRADE · R. D. AZULAY · H. J. BANDMANN · L. M. BECHELLI · M. BETETTO H. H. BIBERSTEIN · R. M. BOHNSTEDT · G. BONSE · S. BORELLI · W. BORN · O. BRAUN-FALCO W. BURCKHARDT · F. T. CALLOMON · C. CARRIÉ · H. CHIARI · G. B. COTTINI · R. DOEPFMER CHR. EBERHARTINGER · G. EHRMANN · F. FEGELER · E. FISCHER · G. FLADUNG · H. FLEISCHHACKER · H. GÄRTNER · O. GANS · M. GARZA TOBA · P. E. GEHRELS · H. GÖTZ · L. GOLDMAN H. GOLDSCHMIDT · K. GREGORZCYK · A. GREITHER · H. GRIMMER · P. GROSS · TH. GRÜNEBERG · J. HÄMEL · D. HARDER · W. HAUSER · E. HEINKE · H.-J. HEITE · S. HELLERSTRÖM A. HENSCHLER-GREIFELT · J. J. HERZBERG · H. HILMER · H. HOBITZ · H. HOFF · G. HOPF L. ILLIG · W. JADASSOHN · M. JÄNNER · R. KADEN · K. H. KÄRCHER · FR. KAIL · K. W. KALKOFF · W. D. KEIDEL · PH. KELLER · J. KIMMIG · G. KLINGMÜLLER · N. KLÜKEN · A. G. KOCHS · FR. KOGOJ · G. W. KORTING · E. KRÜGER-THIEMER · H. KUSKE . F. LATAPI H. LAUSECKER † · P. LAVALLE · A. LEINBROCK · K. LENNERT · G. LEONHARDI · W. F. LEVER P. G. LIEBALDT · W. LINDEMAYR · K. LINSER · H. LÖHE † · L. J. A. LOEWENTHAL · A. LUGER · E. MACHER · F. D. MALKINSON · J. T. McCARTHY · K. MEINICKE · W. MEISTERERNST · N. MELCZER · A. MEMMESHEIMER · J. MEYER-ROHN · G. MIESCHER † · P. MIESCHER · A. MUSGER · TH. NASEMANN . FR. NEUWALD · G. NIEBAUER · W. NIKOLOWSKI · F. NÖDL · R. ORTMANN B. OSTERTAG · R. PFISTER · K. PHILIPP · A. PILLAT · H. PINKUS · W. POHLIT · H. PORTUGAL · M. I. QUIROGA · W. RAAB · R. V. RAJAM · B. RAJEWSKY · J. RAMOS E SILVA · H. REICH · R. RICHTER G. RIEHL · H. RIETH · H. RÖCKL · ST. ROTHMAN · S. A. P. SAMPAIO · R. SANTLER · C. SCHIRREN C. G. SCHIRREN · H. SCHLIACK · W. SCHMIDT · R. SCHMITZ · W. SCHNEIDER · U. W. SCHNYDER · H. E. SCHREINER · H. SCHUERMANN · K.-H. SCHULZ · R. SCHUPPLI · J. SCHWARZ · H.-P.-R SEELIGER · H. W. SIEMENS · R. D. G. PH. SIMONS · J. SÖLTZ'SZÖTS · C. E. SONCK · H. W. SPIER R. SPITZER · D. STARCK · Z. STARY · G. K. STEIGLEDER · H. STORCK · G. STÜTTGEN · A. SZAKALL · J. TAPPEINER · J. THEUNE · W. THIES · J. VONKENNEL · F. WACHSMANN · G. WAGNER W. H. WAGNER · E. WALCH · R. WEHRMANN · K. WEINGARTEN · A. WIEDMANN · H. WILDE A. WINKLER · A. WISKEMANN · P. WODNIANSKY · KH. WOEBER · H. WÜST · K. WULF J. ZEITLHOFER · J. ZELGER · P. ZIERZ · M. ZINGSHEIM

HERAUSGEGEBEN GEMEINSAM MIT

O. GANS · H. A. GOTTRON · J. KIMMIG · G. MIESCHER† · H. SCHUERMANN H. W. SPIER · A. WIEDMANN

VON

A. MARCHIONINI

FÜNFTER BAND · ERSTER TEIL

BANDTEIL B

SPRINGER-VERLAG BERLIN HEIDELBERG GMBH

1962

THERAPIE DER HAUT- UND GESCHLECHTSKRANKHEITEN

BEARBEITET VON

J. J. HERZBERG · H. HILMER · J. KIMMIG · E. KRÜGER-THIEMER
J. MEYER-ROHN · FR. NEUWALD · H. RIETH · C. SCHIRREN
H. E. SCHREINER · K.-H. SCHULZ · W. H. WAGNER
R. WEHRMANN · K. WULF

HERAUSGEGEBEN VON

J. KIMMIG

BANDTEIL B

MIT 66 ABBILDUNGEN

SPRINGER-VERLAG BERLIN HEIDELBERG GMBH

ISBN 978-3-642-94851-0 ISBN 978-3-642-94850-3 (eBook)
DOI 10.1007/978-3-642-94850-3

Originaaly published by Springer-Verlag OHG · Berlin · Göttingen · Heidelberg 1961
Softcover reprint of the hardcover 1st edition 1961

Vorwort

Die Therapie der Haut- und Geschlechtskrankheiten hat sich seit der Erstausgabe des Bandes V/1 Pharmakologie der Haut grundlegend gewandelt. Damals gab es noch keine Chemotherapie der Gonorrhoe, obwohl die entscheidenden Beobachtungen von DOMAGK und FLEMING für die Chemotherapie der bakteriellen Erkrankungen durch Sulfanilamide und Antibiotica in die Jahre 1928 und 1929 fallen. Die Entdeckung der Vitamine und ihre chemische Synthese hatte eben erst begonnen. WINDAUS und WIELAND hatten durch ihre Arbeiten auf dem Gebiet der Sterine und Gallensäure die Voraussetzungen für die Aufklärung der chemischen Konstitution der Sexualhormone und Nebennierenrindenhormone geschaffen. Die Chemie der Hypophysenhormone hat in den letzten 10 Jahren gewaltige Fortschritte gemacht, und die chemische Konstitution des adrenocorticotropen Hormons ist heute weitgehend bekannt. Die Entdeckung der Antimykotica entwickelte sich parallel mit derjenigen der Antibiotica. Die fermentative Darstellung des Griseofulvins, das bereits im Jahre 1938 isoliert wurde, war nur möglich durch die Erfahrungen, die man bei der biochemischen Darstellung der Antibiotica gesammelt hat. Die Entwicklung der Cytostatica ist nicht nur von der chemischen Seite befruchtet worden, sie verdankt der Antibioticaforschung durch die Isolierung von Actinomycin C wertvolle Anregungen. Die Chemotherapie der verschiedensten Formen der Hauttuberkulose ist durch die Entdeckung des Isonicotinsäurehydrazids nahezu vollkommen gelöst. Wesentliche Impulse gingen aber auch auf diesem Gebiet von der Entdeckung der Antibiotica, insbesondere des Streptomycins mit seiner hohen Wirksamkeit gegen Mycobacterium tuberculosis aus.

Die Therapie der allergischen Krankheiten der Haut ist noch nicht befriedigend gelöst, wir hielten es trotzdem für wichtig, die Antihistaminica ausführlich darzustellen, da wir in dieser Gruppe wenigstens einen wertvollen Ansatz für die symptomatische Behandlung dieser Erkrankungen sehen. Obwohl die Arsenverbindungen heute keine wesentliche Rolle bei der Behandlung der Haut- und Geschlechtskrankheiten mehr spielen, sind wir besonders dankbar, daß WAGNER in gemeinsamer Arbeit mit HILMER die neueste Entwicklung auf diesem Gebiet seit den bahnbrechenden Arbeiten EHRLICHs umfassend dargestellt hat.

Die Kapitel über die Physiologie und Pharmakologie der Haut, sowie die allgemeine Therapie sind als Grundlage für die spezielle Therapie neu bearbeitet worden. Die Therapie steht heute in der gesamten Medizin — nicht nur in der Dermatologie und Venerologie — im Banne der Chemie, so daß es notwendig war, in den einzelnen Beiträgen die Chemie und Pharmakologie der wirksamen Verbindungen ausführlich darzustellen, ohne daß dabei die Erfahrungen der Klinik zu kurz kamen.

Die Literatur ist gerade auf dem Gebiet der Therapie in den letzten 3 Dezennien ins Uferlose gewachsen, so daß nur die wichtigsten Arbeiten berücksichtigt werden konnten. Das vorhandene Schrifttum mußte deshalb kritisch gesichtet werden, wobei gelegentlich auf die Mängel unserer Therapie hingewiesen werden mußte.

Besonderer Dank gilt dem Springer-Verlag, der sich allen besonderen Wünschen von Herausgeber und Autoren sehr aufgeschlossen zeigte und die Herausgabe in Form und Umfang ermöglichte.

Hamburg, den 14. Juli 1961 J. KIMMIG

Inhaltsverzeichnis

Bandteil B

Physiologie und Pharmakologie der Haut

Von

Hans Eugen Schreiner-Hamburg

Der Nichtdermatologe versteht unter dermatologischer Therapie meist nur die Behandlung der Oberfläche des menschlichen Körpers. Der Dermatologe sollte, ohne die lokale Therapie zu unterschätzen, darunter die Behandlung des ganzen Menschen verstehen.

I. Einleitung

Die Haut ist ein Organ des menschlichen Körpers, das auf Grund seiner anatomischen Lage als „Grenzorgan" zur Umwelt eine Sonderstellung einnimmt. Ihr fehlt das jedem anderen Organ zugute kommende milieu intérieur. Darüber hinaus fallen ihr alle Aufgaben zu, die den Zusammenhalt und Schutz des „Innern" gewährleisten und den Kontakt zur Umwelt ermöglichen. Sie ist also Baumaterial, Schutz- und Kontaktorgan zugleich. Daraus ergeben sich folgende Funktionen:

1. Als Baumaterial des Organismus gibt sie diesem Form und Farbe, ist also bestimmend für sein Aussehen. Die dazu notwendige Elastizität und Reißfestigkeit erhält sie durch den Einbau von kollagenem und elastischem Bindegewebe und durch ihren Turgor. An besonders belasteten Stellen bildet sie ein entsprechend festeres Material, an anderen Nägel und Haare aus. Zur Erhöhung der Widerstandsfähigkeit und zum Schutz gegen Brüchigwerden bildet sie den Talg- und Fettfilm.

2. Als Schutzorgan verhütet sie das Eindringen von körperfremden Substanzen in den Organismus. Sie bildet auf der gesamten Oberfläche einen Säuremantel aus, der einerseits bakterienabtötend wirkt, andererseits durch seine Pufferfähigkeit sowohl Säuren als auch Laugen neutralisieren kann. Durch ihre Gefäße und durch die Arrectores pilorum reguliert sie die Wärmeabgabe. Der Gesamtwärmehaushalt wird durch die Transpiration mit reguliert. Durch Reflexion und Pigmentbildung verhütet sie das zu starke Eindringen schädlicher Strahlungen. Gleichzeitig wird der größte Teil des im Organismus benötigten Vitamin D in ihr gebildet.

3. Als Kontaktorgan enthält sie Organellen, die die Empfindung für Wärme, Kälte, Druck und Schmerz vermitteln. Durch feinste Ausnützung des Druckgefühls entsteht der Tastsinn. Auch der Lagesinn und damit die Fähigkeit, die Glieder ohne bewußte Kontrolle und ohne das Auge koordiniert bewegen zu können, wird mit durch die Haut vermittelt. Sie hat die Fähigkeit, ausscheidungspflichtige Substanzen in geringem Maße aus dem Innern abzugeben, kann auch in geringem Maße Stoffe aus der Außenwelt aufnehmen. Über Reflexbögen ist eine Beeinflussung innerer Organe von der Haut aus möglich, umgekehrt kann die Haut in bestimmten Zonen durch innere Organe beeinflußt werden.

Wenn man bedenkt, wie einfach im Grunde genommen die Haut aufgebaut ist, kann es einen nicht wundern, daß es noch nicht gelungen ist, den Ablauf der zahlreichen Funktionen, die sie zu erfüllen hat, voll zu verstehen. [Eine sehr eingehende Darstellung der sich daraus ergebenden Probleme hat MONTAGNA (1956) in seinem Buch: The structur and function of scin, gegeben.] Diese scheinbare oder vielleicht auch tatsächliche Einfachheit in ihrem Bau und in ihrer Reaktionsweise ist auch mit der Grund, warum wir über viele Erkrankungen dieses Organs noch relativ wenig aussagen können, so daß wir bis heute noch gezwungen sind, sie zum Teil empirisch zu behandeln. Eine unserer dringlichsten Aufgaben ist es also, Baustein für Baustein dazu beizutragen, unser Wissen über das physiologische und pathologische Geschehen in der Haut und damit die therapeutischen Möglichkeiten zu erweitern. Wir stehen dabei oft vor fast unüberwindlichen Schwierigkeiten, denn in den meisten Fällen sind die Erscheinungen, die sich auf der Haut manifestieren, nur ein Symptom, für dessen Auslösung die mannigfaltigsten Ursachen in Frage kommen. Dadurch ist es möglich, daß einzelne Krankheitsbilder als Indikation bei den verschiedensten Medikamenten erscheinen, daß sogar eine Therapie beim gleichen Krankheitsbild in dem einen Fall absolut indiziert, im anderen kontraindiziert sein kann. Der Arzt, der eine Hauterkrankung behandeln will, muß also die Erscheinungen auf der Haut in Beziehung zum Gesamtorganismus sehen. Tut er das nicht, so wird er immer nur eine spekulative Therapie betreiben können.

Die empirische Therapie ist die älteste Therapieform und, so seltsam das klingen mag, wahrscheinlich älter als der Mensch, denn sie läßt sich zum Teil aus Instinkthandlungen, die auch bei allen höheren Tierarten zu finden sind, ableiten. Wenn man z.B. beobachtet, daß ein Tier seine Wunden beleckt, so findet man das ganz alltäglich und denkt kaum daran, daß es damit neben der mechanischen Reinigung eine aktive antibiotische Therapie betreibt, da der Speichel, wie man seit einigen Jahren beweisen kann, eine nicht unerhebliche antibiotische Wirksamkeit hat. Die gleiche instinktive Handlung ist auch noch beim Menschen erhalten. Es gibt wohl kaum jemanden, der nicht, wenn er sich gestochen, gerissen oder verbrannt hat, instinktiv den Finger in den Mund steckt. Als weitere empirische antibiotische Therapieformen muß man das Auflegen von Erde, zerkauter Baumrinde, Kräutern oder Blattwerk ansehen. Sogar die Wirksamkeit der bis in die neuere Zeit viel verwandten Decocte beruht wahrscheinlich zum Teil auf Spuren darin enthaltener antibiotischer Substanzen.

Eine nicht viel weniger alte empirische Therapie war die Verwendung des Glüheisens zum Ausbrennen von eitrigen Wunden und Furunkeln. Auch hier ging die Wirkung weit über das Reinigen der Wunde hinaus. Wir wissen heute, daß durch die Resorption des verkochten Gewebes und der zerstörten Bakterien eine unspezifische Reizkörpertherapie, eine Autovaccination und eine direkte Nebennierenrinden-Aktivierung, also eine Hormontherapie zustande kommt.

Schon aus diesen beiden Beispielen können wir sehen, daß die empirische Therapie teilweise sehr Gutes geleistet hat. Sie ist in vielem den physiologischen und pharmakologischen Erkenntnissen weit vorausgegangen, in vielem ist die Wissenschaft auch heute noch nicht in der Lage, ihre Wirkung zu erklären.

Trotzdem dürfen wir uns nicht damit zufriedengeben, eine empirische Behandlungsmethode für diese oder jene Krankheit zu besitzen, sondern wir müssen auch in diesen Fällen dem Idealzustand zustreben, die Ursache, die der Erkrankung zugrunde liegt, zu erkennen, die Art der Störung im physiologischen Geschehen aufzuklären und Medikamente zu finden, die diese beseitigen bzw. in den normalen Gang zurückführen.

Es ist daher sehr schwierig, ein allgemein gültiges Buch über die Therapie von Hauterkrankungen zu schreiben, da fast jeder Patient eine besondere Therapie erfordert. Dazu kommt, daß vieles, von dessen bleibendem Wert wir im Augenblick des Schreibens noch fest überzeugt sind, in unserer schnellebigen Zeit überholt ist, bevor das Buch erscheint. Deshalb soll am Anfang dieses Therapiebandes kurz über die Berührungspunkte der Physiologie und der Pharmakologie von Hauterkrankungen gesprochen werden. Dabei sollen die zahlreichen Faktoren, die die Haut zur Reaktion veranlassen können und welche Möglichkeiten bestehen, sie durch Medikamente zu beeinflussen, angeführt werden. Es wäre müßig, dazu die gesamte Physiologie der Haut lückenlos aufzurollen. Sie ist im Band I/3 ausführlich behandelt, auf den wir verweisen können. Dieses Kapitel soll lediglich Fingerzeige geben, z.B. warum ein Medikament bei scheinbar völlig verschiedenen Erkrankungen wirken kann. Es soll andererseits auf physiologische Untersuchungen oder pharmakologische Effekte hinweisen, die vielleicht Ausgangspunkte für neue Wege oder Möglichkeiten in der Therapie sein könnten. Dabei erscheinen uns die Zusammenhänge und die physiologischen Überlegungen im Augenblick wichtiger als die Tatsache, daß es einmal so sein wird. Jede logisch aufgebaute Versuchsmethode und jeder aus ernstem Drang zur Wahrheit unternommene wissenschaftliche Versuch ist ein Baustein zum Erfolg. Oft kommt dieser erst nach Jahren, nach weiteren ergänzenden Arbeiten. Hier soll das deshalb hervorgehoben werden, weil ein Handbuch heute nicht mehr als reines Nachschlagewerk angesehen werden kann, sondern als eine Basis, von der aus jeder in seinem Einzelfall die notwendige Therapie aufbauen muß.

II. Faktoren, die Hauterscheinungen auslösen können

1. Aus dem Milieu extérieur

a) Physikalisch-chemische Faktoren

Die physikalisch-chemischen Faktoren, die auf die Haut einwirken können, sind mit am einfachsten zu beurteilen. Wir brauchen sie nicht besonders aufzuzählen. Bei Erkrankungen durch diese Faktoren muß allerdings immer die Frage gestellt werden, ob die Reaktion der Haut auf das auftreffende Agens adäquat ist. Ist das nicht der Fall, so ist dem Patienten mit der Behandlung seiner Hauterscheinung allein nicht gedient. Solange die Ursache für die abnorme Reaktion weiter besteht, ist er auch nach Abheilung der Haut nicht viel weniger krank als vorher. Ganz im Gegenteil, der Arzt, der nur das Symptom beseitigt hat, hat ihm einen schlechten Dienst erwiesen, indem er unter Umständen den ersten Hinweis auf eine schwere Allgemeinerkrankung beseitigt hat. Ihre zweite Manifestation kann bereits gefährliche Ausmaße annehmen, oder aber die Voraussetzungen für die Therapie können inzwischen wesentlich schlechter sein.

Wir möchten hierzu nur wenige Beispiele anführen. Das alltäglichste ist das Ulcus cruris, für das in der Regel ein Stoß oder das Scheuern irgendeines Gegenstandes verantwortlich gemacht werden. Dieses Ulcus ist aber oft weniger die Folge der mechanischen Einwirkungen als die einer Stauung, einer Varicosis, einer beginnenden Herzdekompensation oder sogar eines Tumors im kleinen Becken. Das Erkennen und Behandeln der eigentlichen Ursache wird die Heilung solcher Ulcera mehr fördern, als es jede lokale Behandlung vermag. Es wird weitgehend Rezidive vermeiden und vor allem den Patienten vor ärgerem Schaden bewahren.

Eine Dermatitis oder chronische Ekzeme, die durch Umgang mit Seifen oder Waschpulver entstanden sind, müssen nicht immer der Ausdruck einer Allergie sein. Fast ebenso häufig handelt es sich dabei um eine Verminderung der Alkaliresistenz, also um eine in der Haut selbst gelegene Fehlleistung. Hier nützt also keine antiallergische Therapie, sondern dem Patienten muß der Umgang mit

Seifen und Laugen verboten werden. Zur Reinigung muß ihm eine alkalifreie Seife und zur Pflege eine Salbe verordnet werden, deren p_H im sauren Bereich liegt.

Die Einwirkung von Wärme, Kälte und Licht stellt den Dermatologen gleich vor eine ganze Anzahl von Problemen. Zunächst kann die Reaktion des Organismus inadäquat sein. Das ist der Fall bei den urticariellen Erscheinungen, bei der Perniosis, unter Umständen auch bei Erfrierungen. Die Kälte-, Wärme- und Lichturticaria muß zumindest zum Teil als allergische Reaktion aufgefaßt werden. Das Allergen entsteht durch ihre Einwirkung auf die Haut. In diesen Fällen lassen sich sogar Reagine im Serum nachweisen, die zur Verklumpung von Erythrocyten führen. Bei anderen Patienten reagiert dagegen, wie auch bei der Perniosis, das Gefäßsystem an sich pathologisch. Ihnen fehlt die Fähigkeit, sich den Temperaturschwankungen der Umwelt anzupassen. — Bei Erfrierungen können Regulationsmängel eine ebenso große Rolle spielen, wie mechanisch bedingte Durchblutungsstörungen. Erfrierungen und Verbrennungen können andererseits dadurch bedingt sein, daß sich der Patient zu sehr der Kälte und der Wärme aussetzt, weil er sie nicht fühlt, sei es durch eine Verletzung der entsprechenden Nerven, sei es durch eine Syringomyelie, eine Multiple Sklerose, Mißbildungen oder eine Lepra anaesthetica. Das gleiche gilt für Verletzungen anderer Art.

Vor die weitaus schwierigsten Probleme wird der Dermatologe allerdings dann gestellt, wenn die Einwirkungen der Wärme so intensiv und so ausgedehnt sind, daß es zu schweren flächenhaften Verbrennungen kommt. Eine rein lokale Behandlung ohne Berücksichtigung der allgemeinen Schäden, die durch die Verbrennung gesetzt werden, wäre hier ein grober Kunstfehler, da das Leben des Patienten fast immer mehr von der Behandlung der Verbrennungsfolgen als von der lokalen Therapie abhängt. Sie steht natürlich zunächst im Vordergrund. Dem parallel muß aber unbedingt eine allgemeine Therapie laufen. Der Plasmaverlust muß ausgeglichen, der Kreislauf gestützt, Nährstoffe und Elektrolyte zugeführt werden. Die durch die Resorption der abgebauten denaturierten Eiweißkörper vor allem belasteten Organe, Leber und Niere, müssen entlastet werden. Auch die Nebennierenrinde ist bei schweren Verbrennungen maximal stimuliert. Der Verbrennungsschock ist das Zeichen dafür, daß sie den an sie gestellten Anforderungen nicht mehr nachkommen kann. Das Mittel der Wahl zu seiner Verhütung oder Behebung ist daher die Zufuhr von Nebennierenrinden-Hormonen. ACTH zu geben, wäre unlogisch. Es kann sogar bei der bereits vorhandenen Leberbelastung oder -schädigung unzweckmäßig sein, ein Hormonpräparat zu wählen, das in der Leber zunächst in die wirksame Form, das Hydrocortison, umgebaut werden muß.

Die Verbrennung stellt also vom Gesichtspunkt der allgemeinen Physiologie aus eine extreme Belastung des Organismus, insbesondere des Kreislaufs, des Energiehaushalts und der entgiftenden Organe, dar. Die bisher angeführten therapeutischen Maßnahmen gingen alle nur darauf hinaus, den Organismus bei dieser schweren Arbeit zu unterstützen.

Der Gedanke, bei Verbrennungen schmerzstillende Pharmaka zu geben, geht sicher nicht auf physiologische Erwägungen zurück. Trotzdem müssen wir in der Verabreichung eines Analgeticums bereits den ersten, zunächst empirischen Schritt sehen, den Ablauf des allgemeinen Geschehens bei der Verbrennung zu beeinflussen. Der Schmerz ist nämlich, abgesehen davon, daß er eine ganze Anzahl vegetativer Funktionen in ihrem normalen Ablauf stört, nicht unwesentlich am Energieverbrauch beteiligt. Seine Beseitigung ist daher eine der wichtigsten Entlastungsmaßnahmen überhaupt. Den zweiten Schritt in dieser Richtung ging man bereits bewußt. Die mechanische Reinigung der Wundfläche soll nicht nur

Sekundärinfektionen verhüten, sondern auch nekrotisches Gewebe entfernen, um damit die Resorption von Abbauprodukten auf das geringstmögliche Maß zu reduzieren. Die Therapie darf sich also nicht nur auf die unterstützenden Maßnahmen beschränken, sie muß auch die Belastung an sich verringern.

Trotzdem reichen alle diese Bemühungen bei sehr ausgedehnten Verbrennungen oft nicht aus, den Patienten am Leben zu erhalten. Der notwendige Energieaufwand und der Anfall an Abbauprodukten ist eben noch immer zu groß. Soweit man die Vorgänge bei der Verbrennung bisher übersehen kann, besteht dann nur noch eine Möglichkeit, das alles zu bewältigen, die Verlängerung des Zeitfaktors. Die Hibernation geht diesen Weg. Sie stellt den Organismus ruhig, verlangsamt die physiologischen und pathologischen Abläufe und gestattet ihm so, unter wesentlich besseren Bedingungen, d.h. ohne Hyperthermie, ohne Kreislaufüberlastung und ohne „überschießende Reaktionen", zu heilen. Wir halten diese Art der Therapie der Verbrennung, die auf physiologischen Erwägungen aufgebaut ist, für sehr aussichtsreich. Auf Einzelheiten ihrer Handhabung können wir nicht eingehen, verweisen deshalb auf STÜTTGEN (1957), der auch auf die vorausgegangene Literatur eingegangen ist. Auf das Prinzip der Hibernation werden wir aber noch einmal bei der Besprechung des Nervensystems zurückkommen müssen.

b) Bakterien, Pilze, Viren

Die durch Bakterien, Pilze und Viren bedingten Hauterscheinungen bieten, soweit es sich um direkte Infektionen bei adäquater Reaktion handelt, keine Besonderheiten. Sie entstehen durch Kontakt mit diesen Keimen, wobei oft Mikrotraumen als Eintrittspforte anzusehen sind. Sie können unter Umständen allerdings auch zu bedrohlichen Erscheinungen führen. Als Gründe dafür kommen in Frage: die Ausdehnung der Läsionen und die Schwere der entzündlichen Erscheinungen, für die wiederum die Art des Kontakts, die Art, die Menge und die Virulenz der Keime ebenso ausschlaggebend sein können wie die Abwehrkraft des Organismus; andererseits können die Keime Toxine ausscheiden, die resorbiert werden und zur Intoxikation führen; die Keime können auf Grund ihrer Eigenart oder einer Abwehrschwäche des Organismus zu umschriebenen Absiedelungen, zur allgemeinen Sepsis oder auch zu allergischen Reaktionen führen. Die für den Dermatologen hauptsächlich in Frage kommenden Eitererreger, die Spirochaeta pallida, die Neisseria gonorrhoae, das Mycobacterium tuberculosis und die verschiedenen Pilze sind in den entsprechenden Kapiteln so eingehend besprochen, daß wir darauf verweisen können.

2. In der Haut selbst gelegene Faktoren

Es ist äußerst schwierig zu entscheiden, ob die bei pathologischer Beschaffenheit der Haut gleichzeitig vorkommenden Störungen an inneren Organen ursächlich damit in Zusammenhang stehen, ob beides eine gemeinsame Ursache hat oder welche der Störungen die primäre ist. Wir wollen hier diese Frage nicht diskutieren, sondern lediglich einige Beispiele anführen, die die Zusammenhänge alter und neuer therapeutischer Maßnahmen mit den physiologischen Gegebenheiten der Haut zeigen.

a) Seborrhoische und mikrobielle Ekzeme

Die Frage der Ätiologie und Pathogenese des seborrhoischen und mikrobiellen Ekzems ist noch nicht ganz geklärt. Große Abhandlungen darüber wurden in den letzten Jahren von NIKOLOWSKI (1953), MIESCHER (1955), RÖCKL (1955/56),

KRÜCKEN (1956) und anderen geschrieben. NIKOLOWSKI (1953) z.B. bejaht die mikrobielle Bedingtheit der seborrhoischen Reaktionen teilweise, betont aber andererseits die allergische Komponente auf Bakterien oder Bakterientoxine. RÖCKL (1956) hält mehr die durch Bakterien entstehenden Ab- und Umbauprodukte der Zellproteine für die Entstehung von Autoantigenen verantwortlich. KRÜCKEN (1956) läßt diese Frage völlig offen. Er zitiert dazu lediglich einen Satz LOEWENTHALs (1954): Any type of eczematous lesion can be produced by any of the aetiological varieties of eczema.

Erstaunlich ist die Tatsache, daß die Haut als solche bei der Frage der Entstehung der Ekzeme oft kaum berücksichtigt wird, obwohl das vorwiegende Auftreten von seborrhoischen Ekzemen an den bekannten Prädilektionsstellen schon vor Jahrzehnten die Autoren nach einem Grund hierfür suchen ließ. So wies bereits MARCHIONINI (1929) darauf hin, daß diese Prädilektionsstellen mit den von ihm beschriebenen „physiologischen Lücken des Säuremantels" der Haut identisch sind. In neuerer Zeit wurde sogar von zahlreichen Autoren festgestellt, daß die p_H-Werte bei Ekzematikern generell höher liegen als bei Nichtekzematikern (ANDERSON 1951; SCHMID 1952; EPPRECHT 1955; SCHAUWECKER 1955; SCHIRREN und PAWLOWSKY 1956; DORTA 1956).

Empirisch hatte man Salben für die Behandlung solcher Ekzeme seit langer Zeit Acidum salicylicum, boricum, benzoicum, phenolicum und anderes zugesetzt und SCHOLTZ (1930) ging sicher nicht fehl, wenn er ihre gute Wirkung im wesentlichen diesen Zusätzen zuschrieb. Das gleiche gilt wohl für die Verwendung von essigsaurer Tonerde, Borwasser usw. zu kühlenden Umschlägen und vielleicht auch für die Pinselungen mit Sol. Castellani und ähnlichem.

Als erster hat KLINGMÜLLER (1918) dann aus physiologischen Überlegungen die Säurebehandlungen, insbesondere von Ekzemen, durchgeführt. Er hatte festgestellt, daß die Absonderungen bei ekzematösen Erkrankungen stark alkalisch sind. Das Ergebnis davon war, außer der Einführung von Essigsäurebädern, sauren Salben und Pasten, die Entwicklung eines sauren Bades mit Teerzusatz, des heute noch allgemein verwandten Balnacid. SCHOLTZ (1930), der zunächst empirisch Waschungen mit Sauer- oder Buttermilch durchgeführt hatte, verwandte später ebenfalls Balnacid oder Eichenrindenabkochungen und Salben mit Milchsäure als Zusatz. MARCHIONINI (1943) empfahl die von ROST vorgeschlagene Lösung mit 0,1% Acid. salicyl. und 1% Resorcin und führte darüber hinaus eine Salbe mit Milch- und Citronensäurezusatz und die diätetische Regelung des Säure-Basengleichgewichtes ein (1939).

Alle diese Autoren erzielten mit ihren Behandlungsmethoden gute Erfolge. Sie legten auch großen Wert auf die Nachbehandlung mit den sauren Zubereitungen und konnten dadurch offenbar Rezidive verhindern.

Als zweite wichtige Komponente in der Auslösung und Unterhaltung von Ekzemen wird seit fast ebenso langer Zeit die Schädigung durch alkalische Stoffe angesehen. MARCHIONINI (1929) verbot bereits seinen Patienten das Waschen mit Seife. SCHOLTZ (1930) ließ sie nach dem Waschen mit saurer Milch nachspülen.

Die genaueren Untersuchungen über die Bedeutung von Seifen und anderen alkalischen Noxen für das Zustandekommen umschriebener Gewerbeekzeme führten RAMEL (1931) und JÄGER (1931) [zitiert nach BURCKHARDT (1936/39)] durch und BURCKHARDT (1936, 1947) entwickelte, sozusagen um den Beweis dafür führen zu können, seinen Alkalineutralisationstest. Er wies damit nach, daß z.B. beim Maurerekzem 80% der Patienten eine herabgesetzte Alkaliresistenz, dagegen nur 10% eine Allergie gegen Zement hatten.

Zu der Gruppe von Patienten mit verminderter Alkaliresistenz gehören aber nicht nur die mit Gewerbeekzem, sondern auch viele sonstige Ekzematiker und die Seborrhoiker (SCHMID 1952). Im umgekehrten Versuch fand SCHUPPLI (1949) bei ihnen auch die Säureneutralisation gesteigert. Während diese sich jedoch mit der Abheilung normalisiert, verändert sich die Alkalineutralisation dadurch kaum. Ein Versuch von SCHMID (1952), das durch interne Medikation (Acid. hydrochlor. dilut.) zu ändern, schlug fehl. Er schloß aus seinen Ergebnissen, daß das Alkalineutralisationsvermögen der Haut eine konstante, individuelle Eigenschaft sei.

Aus der Gesamtheit dieser Untersuchungen ergibt sich zwangsläufig die Konsequenz, daß die zunächst empirisch, dann aus physiologischen Erwägungen heraus angewandte Therapie mit sauren Lösungen und Salben bei Ekzemen aller Art auch in der Ära der Antibiotica und der antiinflammatorischen Hormonsalben noch ihre Daseinsberechtigung hat, vor allem in der Nachbehandlung und zur Prophylaxe.

Wir haben mit Absicht bisher einen Teil der mikrobiellen Ekzeme, die „Mikrobide", noch nicht erwähnt. Die Ansichten über ihre Pathogenese gehen noch weiter auseinander. Sie werden fast durchweg als allergische Reaktionen (daher die Bezeichnung „Mikrobid") auf Bakterien, Bakterientoxine oder pathologische Abbauprodukte körpereigener Proteine, zum Teil aber auch als hämatogene Streuungen aus unbekannten oder bekannten Herden angesehen. Weder das eine noch das andere ist bisher sicher bewiesen. KRÜCKEN (1956) lehnt daher die Bezeichnung Mikrobid vorerst ab. Trotzdem kann man ihre Existenz nicht bezweifeln. Wir kennen von den am besten untersuchten mikrobiellen dermatologischen Erkrankungen, der Tuberkulose und der Syphilis, her Erscheinungen, deren „id"-Charakter kaum in Frage zu stellen ist. Auch von den Pilzerkrankungen her sind die „ide" bekannt. Warum sollten andere Keime solche Reaktionen nicht hervorrufen können? Das klinische Bild macht ihre Existenz jedenfalls oft sehr wahrscheinlich, wenn auch die exakte Beweisführung noch aussteht. Es erscheint uns daher wichtig klar zu definieren, was man darunter verstanden sehen will, damit das Krankheitsbild gegen ähnliche Dermatosen abgegrenzt werden kann. MEYER-ROHN (1958) fordert für die Diagnosestellung „Mikrobid" folgende Voraussetzungen:

1. Die Streuung muß so lange erfolgen, wie Mikroben oder deren Stoffwechsel- oder Abbauprodukte in die Blutbahn gelangen können. (Änderung nach persönlicher Rücksprache.)
2. Die äußerliche Therapie des Mikrobids muß versagen, da sie die Streuung nicht erfaßt.
3. Die Hauterscheinungen dürfen nicht vor Ausschalten des Streuherdes abklingen.

Diese Voraussetzungen können bei einem numulären bakteriellen Ekzem gegeben sein, sind aber wahrscheinlich nicht die einzige mögliche Ursache für sein plötzliches Auftreten.

KLINGMÜLLER (1918) fand bereits, der alkalische Charakter des Wundsekrets und Eiters sei für die Ekzematisierung des Wundgebiets wichtiger als die Eitererreger. Als weiteren Beitrag zur Klärung der „id"-Reaktionen untersuchten dann CORNBLEET und JOSEPH (1955) den Einfluß von streng umschriebenen Veränderungen auf das Redoxpotential der gesamten Haut. Ihre Ergebnisse waren verblüffend. Pinselten sie nämlich eine 5%ige wäßrige Cysteinlösung in Form eines 1 cm breiten Bandes um den Unterarm eines Probanden, so erniedrigte sich das Redoxpotential an allen gemessenen Stellen auch der anderen Körperseite um etwa 15 mV. Nahmen sie statt dessen eine 5%ige Cu-Sulfat-Lösung, so war es um etwa 25 mV erhöht. Demzufolge konnten lokale Störungen des Säuremantels der Haut ebenfalls für die schlagartige Streuung von bakteriellen bzw. ekzematösen Herden verantwortlich sein. Durch ihre Untersuchungen geben Cornbleet und Joseph (1955) noch einen Hinweis, der möglicherweise für die Prophylaxe und Therapie wichtig werden könnte! Die Wirkung der Cystein-Lösung wurde nämlich ausgeschaltet, wenn sie oberhalb davon Cu-Sulfat-Lösung pinselten und umgekehrt. Weitere Untersuchungen in dieser Richtung liegen leider unseres Wissens bisher nicht vor.

b) Psoriasis

Nicht weniger verwirrend sind unsere Kenntnisse über die Psoriasis. Gans (1952) bringt die Einzeluntersuchungen und Hypothesen über ihre Pathogenese und die zum Teil darauf fußenden Therapieversuche in einer kurzen aber umfassenden Übersicht, auf die wir verweisen können. Seitdem sind wir der Lösung des Problems noch wenig näher gekommen. Die Klärung der Frage, ob es sich primär um eine Reaktions- oder Stoffwechselanomalie der Haut handelt, die sekundär gewisse Veränderungen in der Blutzusammensetzung mit sich bringt, oder ob es sich umgekehrt verhält, erscheint fast aussichtslos. Ähnlich verhält es sich mit der Frage, ob der Enzym- und Aminosäurestatus der Psoriasishaut die Ursache oder die Folge der pathologischen Verhornungsvorgänge ist.

Rothman (1955) hält die inkomplette Verhornung, die Erhaltung der Zellkerne und den hohen Gehalt an Sulfhydril-Gruppen und Cholin für eine Folge der erhöhten epithelialen Proliferation. Kúta und Neumann (1957) glauben, durch ihre Untersuchungen über das Köbner-Phänomen — sie fanden die Dehydrogenaseaktivität bereits erhöht, bevor Hauterscheinungen auftraten — den Beweis erbracht zu haben, daß die erhöhte regenerative Aktivität primär in der Epidermiszelle liegt. Damit könnten der erhöhte O_2-Verbrauch (Gans und v. Glasenapp 1951) und die Acanthose (Steigleder 1953), möglicherweise sogar die vermehrte anaerobe Glykolyse in den psoriatischen Plaques erklärt werden. Ob auch der erhöhte Hautzucker (Monacelli und Ribuffo 1952; Montilli und Pisani 1955), der abnorme Cholesterin- (Incedayi und Ottenstein 1939) und Proteinstoffwechsel (Grüneberg und Szakall 1955; Paschoud und Schmidli 1955; Braun-Falco 1956; Paschoud 1956; Magnus 1956; Flesch und Jackson Esoda 1957; Rothman 1957) damit ursächlich in Zusammenhang stehen, läßt sich nicht entscheiden. Die Tatsache, daß diese Veränderungen in der gesunden Haut von Psoriatikern zum Teil nicht vorhanden sind, deutet allerdings darauf hin. Auch der Befund von Ligterink (1955), daß die Verhornung nur bis zur reduktiven Phase geht, die anschließende oxydative Phase dagegen fehlt, könnte im Sinne eines zu schnellen Ablaufs der ganzen Vorgänge gedeutet werden.

Bezüglich der allgemeinen Stoffwechselstörungen bei der Psoriasis können wir auf die Zusammenstellung von Gans (1952) verweisen. Festgestellt wurden Störungen des Stickstoff-Haushaltes, des Zucker- und vor allem des Lipoidstoffwechsels, des Elektrolythaushaltes und endokriner Drüsen.

Die lokale wie die parenterale Therapie der Psoriasis war ursprünglich rein empirisch. So wurden verschiedene Teerarten schon von Theophrastus Dioskoriedes und Plinius im Altertum bei schuppenden Erkrankungen empfohlen. Chrysarobin war ursprünglich ein von Indianern verwandtes Pilzmittel (Nobl 1928), das später nach Goa importiert und auf der malaiischen Halbinsel, in China und Japan beim Herpes tonsurans Verwendung fand (Neumann 1880). Gegen die Psoriasis verwandte es erstmals Balmanno Squire (1878, zitiert nach Neumann).

Es waren also ursprünglich Mittel gegen Pilze, Bakterien oder wie die Wilkinsonsche Salbe Krätzemittel (Neumann 1880), die lokal bei der Psoriasis neben dem Ablösen der Schuppen eingesetzt wurden. Darüber hinaus wurden reine Ätzmittel verwandt. Erst NOBL (1928) spricht von der Reihe der reduzierenden Substanzen, unter denen er an erster Stelle den Schwefel nennt, dann Chrysarobin, Cignolin, Salicyl, Hämoglobin, Teer, Pyrogallol usw. Warum gerade reduzierende Substanzen einen Einfluß auf die Psoriasis haben, gibt er nicht an. Es mußte allerdings auffallen, daß gerade diese Hauterscheinungen, von denen erst seit wenigen Jahren bekannt ist, daß sie mit erhöhter Zellproliferation, erhöhtem O_2-Umsatz und offenbar überstürzten enzymatischen Prozessen einhergehen, fast ausschließlich mit reduzierenden Substanzen behandelt wurden. Tatsächlich erklärte dann auch PERUTZ (1930) 2 Jahre später ihre Wirkung mit der Einschränkung oxydativer Prozesse und damit aller ablaufenden Vorgänge in der Haut.

In früheren Zeiten wurden auch Purgantien, Drastica und Brechmittel zur parenteralen Therapie der Psoriasis verwandt. NEUMANN (1880) schreibt dazu: „Die Ernährung des Organismus und konsekutiv auch die der psoriatischen Efflorescenzen, wird hierdurch herabgesetzt; in dem Maße jedoch, als sich die Kranken wieder erholen, wachsen auch die psoriatischen Efflorescenzen wieder, daher hat diese Methode eben nur einen ephemeren Wert, wie etwa Hungerkuren und Blutentziehung.“ — Wir begegnen hier also dem gleichen Behandlungsprinzip, nur daß der epidermalen Zelle der Betriebsstoff primär vorenthalten wurde, indem man seine Gesamtmenge reduzierte.

Zu dem gleichen Ergebnis mußte man auch kommen, wenn man die lokale Hyperämie in den Psoriasisherden beseitigte, die erstaunlicherweise schon HEBRA als das Wesen der Psoriasis bezeichnete. Wir finden eine solche Behandlungsmethode tatsächlich bereits im 1. Band des Archivs für Dermatologie in einer Arbeit von KOHN (1869) über die Carbolsäure. KOHN fand, daß diese, wie 1865 schon von BAZIN und LEMAIRE [zitiert nach NEUMANN (1869)] mitgeteilt worden war, oral verabreicht recht gut bei der Psoriasis wirke, dabei verschwände als erstes die Hyperämie in den Herden. NEUMANN (1869) veröffentlichte noch im gleichen Band experimentelle Untersuchungen zu diesem Problem. Er sah nach geringen Dosen zwar in den Schwimmhäuten des Frosches eine beschleunigte Durchblutung, doch war die entferntere Haut völlig anämisch. Weitere Untersuchungen in dieser Richtung konnten wir nicht finden. Die Carbolsäure wird aber in neuerer Zeit wieder in einem Mischpräparat zusammen mit Arsen, das nach ONAKA (1911) in geringen Dosen die Oxydationen ebenfalls hemmt, zur parenteralen Therapie der Psoriasis verwandt.

Es ist durchaus möglich, daß auch das Triamcinolon, von dem seit seiner Einführung eine spezifische Wirkung bei der Psoriasis behauptet wird, in ähnlicher Weise wirkt. Nach Untersuchungen von WEBER (1960) beeinflußt es jedenfalls die Fermentmechanismen in parakeratotischer Haut auffallend.

Eine weitere, sehr drastische Methode zur Unterbindung der Zellproliferation bei der Psoriasis wurde erst in allerneuester Zeit veröffentlicht. GRUBNER (1951) führte auf Grund der oben angeführten physiologischen Erkenntnisse die Therapie mit Aminopterin ein. Die guten Ergebnisse zeigten, daß seine Überlegungen richtig waren. REES et al. (1955) und ZAVARINI (1955) erzielten sogar noch ausgezeichnete Erfolge mit Dosen, die fast um $^2/_3$ niedriger lagen (0,5 mg/Tag bis zu 6 mg insgesamt) als die ursprünglich von GRUBNER verwandten.

Etwa zur gleichen Zeit untersuchten KOCSIS und NÁNÁSI (1951), von den gleichen physiologischen Voraussetzungen ausgehend (intensiver Stoffwechsel und starke Neigung zur anaeroben Glykolyse bei der Psoriasis), die Wirkungen atmungssteigernder und -hemmender Mittel, doch waren die von ihnen überprüften Substanzen ohne Einfluß auf die psoriatischen Herde. Die Autoren wiesen allerdings auf den hohen Lactoflavingehalt der Schuppen, der schon 1942 von de Preux (zitiert nach Zorn) und dann erneut von Zorn (1951) festgestellt worden war. Sie hielten eine zentrale Störung der Zellatmung bei der Psoriasis für möglich.

Eine weitere Gruppe von Behandlungsmethoden hatte die Normalisierung des allgemeinen Stoffwechsels als Grundlage. Hier muß zunächst die Insulintherapie erwähnt werden. Sie wurde erstmals von Ravaut, Bith und Ducourtioux (1925/26) auf Grund der häufig festgestellten Hyperglykämie bei Psoriasispatienten durchgeführt, die Erfolge waren am besten, wenn gleichzeitig eine Leberinsuffizienz mit Hypercholesterinämie vorlag (Ferond 1926; Lortat-Jacob et al. 1926). In Deutschland war Neumark (1928) der erste, der die Insulintherapie bei der Psoriasis durchführte. Erst später folgten dann die Stoffwechseluntersuchungen von Moncorps und Speierer (1931), Rost und Ottenstein (1933) und Incedayi und Ottenstein (1939).

Wir erwähnten bei den Ergebnissen der Insulin-Therapie bereits den bei Psoriatikern recht häufig gestörten Lipoidstoffwechsel. Er veranlaßte Grütz und Bürger (1933) zur Einführung der fettfreien Diät, die von Grütz (1934) weiter ausgebaut wurde. Sie war zwar nie allgemein anerkannt, aber als zusätzliche, unterstützende Maßnahme immer geschätzt. Ebenfalls mit dem Ziel, den Lipoproteinstoffwechsel zu normalisieren, setzte Jekel (1953) das Heparin ein, das Graham et al. (1951) bei der Atherosklerose eingeführt hatten. Er konnte die Befunde dieser Autoren bestätigen und fand darüber hinaus ein gutes Ansprechen der Psoriasisplaques. Eberhartinger (1956) hatte später mit der allgemeinen Heparintherapie zwar nur bei 25% der Patienten gute Erfolge, erzielte aber ein schnelleres Abheilen der Herde, wenn er sie mit Heparin direkt unterspritzte.

Obwohl wir also, trotz der unendlich großen darauf verwandten Mühe, die ideale Therapie der Psoriasis noch immer nicht kennen, haben uns doch die Erkenntnisse der letzten Jahre um die Pathophysiologie dieser Erkrankung um vieles weitergebracht.

3. Aus dem Milieu intérieur

a) Nervensystem

α) Hauterkrankungen und Psyche

Den ersten Hinweis auf die Rolle emotioneller Faktoren bei der Neurodermitis gab wohl Worcester (1845). Bezüglich der recht umfangreichen Literatur über psychische Ursachen juckender Dermatosen können wir auf die Arbeiten von Borelli und Schott (1954_1 und $_2$) und Borelli (1955) verweisen. Wir wollen hier nur einige einfache Beispiele anführen, die jedem sofort die Möglichkeit, durch psychische Faktoren Hautreaktionen auszulösen, klarmachen.

Jeder kennt das Erröten oder Erblassen auf Grund freudiger, peinlicher oder schreckeinflößender Situationen. Es ist auch jedem bekannt, daß sich sicher 50% aller Zuhörer kratzen, sobald von Flöhen gesprochen wird. Wenn man sich ganz still verhalten, kein Glied rühren soll, juckt bestimmt die Nase oder der Kopf oder die Fußsohle. Wenn man vor einer wichtigen Besprechung oder einer Prüfung steht, schwitzen die Hände; werden dann auch noch schwierige Fragen gestellt, kommt man gleich ganz ins Schwitzen.

Wie man sieht, sind die bereits bei Normalpersonen vorkommenden Reaktionen der Haut auf psychische Faktoren recht zahlreich. Wir wissen auch alle, daß Müdigkeit den Juckreiz erhöht. Der Volksmund sagt: „Den beißen die Schlafläuse.“ Nicht weniger bekannt ist das „Kribbelig-werden“, sei es durch Dinge, die einen „nervös" machen, sei es durch Stimulantien. Das alles ist so sehr Allgemeingut geworden, daß es einer besonderen Wissenschaft bedurfte, um es uns wieder ins Bewußtsein zu rufen.

Es besteht also bei objektiver Betrachtung sicher kein Zweifel, daß 1. psychische Faktoren Reaktionen an der Haut auszulösen vermögen, die je nach Art und Stärke des Eindrucks einerseits, der Beeinflußbarkeit andererseits und je nach der Reaktionsart der Haut oder des Gesamtorganismus als die oben beschriebenen normalen Reaktionen oder aber als Urticaria, Neurodermitis, Psoriasis, Dys- oder Hyperhidrosis usw. imponieren können. Es kann ebensowenig Zweifel daran bestehen, daß 2. jede Krankheit, also auch Hauterkrankungen, durch psychische Faktoren verstärkt oder unterhalten werden können. Die entscheidende Frage ist nur, handelt es sich dabei grundsätzlich um Erkrankungen, die der Psychotherapeut explorieren oder analysieren und behandeln muß? Das ist mit Sicherheit bei der 2. Gruppe von Patienten nur selten der Fall und bei der ersten muß es nicht immer sein. Weitaus die Mehrzahl der Kranken der 2. Gruppe sind völlig normal reagierende Menschen. Der psychisch normal reagierende Mensch wird aber zwar durch das Krankheitsgeschehen beeinflußt, doch bedarf es bei ihm nur des „rechten Wortes zur rechten Zeit", um der Psychotherapie Genüge zu tun. Auch bei der 1. Gruppe genügt oft die Abheilung der lokalen Erscheinungen und eine entsprechende Unterhaltung, um gleichzeitig die Krankheitsursache zu beseitigen. Ist das nicht der Fall, so muß er allerdings einer regelrechten Psychotherapie zugeführt werden. Der Dermatologe darf also nicht nur die Hauterkrankung als solche, er muß den ganzen Menschen in seiner Umwelt und mit seiner Einstellung zur Umwelt sehen und, wenn notwendig, auch beides in der Therapie berücksichtigen. (Die medikamentöse Beeinflußbarkeit psychischer Reaktionen werden wir im Zusammenhang mit dem nächsten Abschnitt besprechen.)

β) Hauterkrankungen und vegetatives Nervensystem

Das vegetative Nervensystem ist bei psychischen Reaktionen immer beteiligt· Gross und Woeber (1952) sehen sehr häufig „Irritationszentren" als Ursache für Störungen, die ihren Ausdruck in den „vegetativen Dysregulationen" finden, an. Als solche „Irritationszentren" kommen hauptsächlich Foci, aber auch Operationsnarben und Ähnliches in Frage. Charpy et al. (1953) machten einen „zentralen, sensitivo-vegetativen Reflex" für die Auslösung des Ekzems verantwortlich. Schnapka und Korting (1954) fanden bei etwa 33% aller akuten bakteriellen Ekzeme, bei fast 50% der Psoriatiker und bei etwa 65% der Patienten mit endogenen Ekzemen einen abnormen vegetativen Tonus. Während bei den beiden ersten Gruppen der Parasympathicotonus im Verhältnis 1:4 überwog, war das bei der letzten Gruppe genau umgekehrt. Einen ähnlichen Befund erhob auch Borelli (1955).

Zur Klärung der Frage, ob die Tonusverschiebung im vegetativen Nervensystem Ursache oder Folge der Hauterkrankungen ist, können die experimentellen Untersuchungen von Storck (Diskussion zu Borelli) vielleicht beitragen. Er sah die Sensibilisierung auf Dinitrochlorbenzol beim Tier durch Einschaltung des Sympathicus verhindert oder zumindest gehemmt. Man könnte also die Tonusverschiebung als Abwehrreaktion des Organismus gegen Sensibilisierung ansehen. Wenn das so wäre, könnte man weiter daran denken, daß bei akuten bakteriellen Ekzemen sensibilisierende Vorgänge nur selten, bei endogenen Ekzemen dagegen häufig eine Rolle spielen!

Übersehen wir nun die Literatur, so finden wir in der Therapie der juckenden Dermatosen immer wieder zwei das Nervensystem beeinflussende Medikamentengruppen: die spezifischen Pharmaka des vegetativen Nervensystems und das Zentralnervensystem dämpfende Mittel.

Die auf das vegetative Nervensystem wirkenden Pharmaka wurden offenbar erstmalig von SIMON (1879) in Form der Pilocarpinbehandlung einer Prurigo angewandt [erst 2 Jahre zuvor hatte LUCHSINGER (1877) seine Wirkung auf die Schweißdrüsen entdeckt]. Als weitere Indikation kam durch HERXHEIMER und KÖSTER (1943) die Parapsoriasis dazu. BRACK (1925) verwandte neben Pilocarpin auch Ergotamin bei der Prurigo . Als Grund für diese Therapie gibt er bereits an, die Erkrankung sei durch eine starke Sympathicotonie bedingt. Drei Jahre später wurde von FÜRST (1928) das Atropin zur Unterstützung der äußeren Behandlung von Ekzemen und Mykosen angegeben. 1942 untersuchte SCHUPPLI wiederum sehr eingehend die Wirkung der verschiedensten „vegetativen Medikamente" und sah zum Teil damit Erfolge bei der Urticaria und der Prurigo. In neuerer Zeit finden wir diese Mittel praktisch nur noch in der Atropinkur beim dyshidrotischen Ekzem (WULF und SUHR 1950) und in der Behandlung des Lichen ruber mit Belladonnapräparaten, in denen allerdings meist zusätzlich Sedativa enthalten sind.

KOCHMANN (1931) konnte in der Mistel ein parasympathisches Reizgift nachweisen, das dem Acetylcholin nahestehen soll. Daß Mistelextrakte einerseits hochdrucksenkend, andererseits die Erregbarkeit vermindernd wirken, hatten bereits CHEVALIER (1908) und GAULTHIER (1910) festgestellt. Wahrscheinlich wurden sie deshalb in der alten Medizin zur Behandlung der Epilepsie verwandt. Diese Effekte des Mistelextraktes nützte BOMMER (1950) aus, um Ekzeme zu beeinflussen. Die Ergebnisse waren recht befriedigend, aber am meisten fiel seine juckreizmindernde Wirkung auf, so daß STEINHOFF (1953) den gleichen Extrakt bei weiteren juckenden Dermatosen mit gutem Erfolg gab. Damit war durch den heute schon wieder völlig vergessenen Mistelextrakt die Kombination zwischen Parasympathicuswirkung, Blutdrucksenkung, Dämpfung der zentralen Erregbarkeit und Juckreizmilderung gegeben, die zu einer großen Gruppe neuerer Pharmaka, den Neuroplegica, überleitet.

Es ist wahrscheinlich nicht möglich, festzustellen, seit wann die Rauwolfia in Indien zur Therapie von Schlangenbissen, Skorpionenstichen und fieberhaften Zuständen verwandt wurde. In Europa wurde sie zuerst 1563 von GARCIA DE ORTA [zitiert nach HAAS (1956)] erwähnt, aber erst seit wenigen Jahren hat der wichtigste Wirkstoff der Rauwolfia, das Reserpin, eine therapeutische Bedeutung erlangt. Seine hauptsächlichen pharmakologischen Wirkungen sind: der zentral sedativ-hypnotische Effekt, die Blutdrucksenkung, eine mäßige Hemmung der Atmung, die Bradykardie und die Senkung der Körpertemperatur. Interessanterweise wird ein Teil dieser Effekte durch Atropin aufgehoben, so daß man wohl zwei Hauptwirkungen des Reserpins unterscheiden kann, die vegetativ hemmende und die zentral-nervös „glättende". Beide gehen nur teilweise ineinander über und konnten in weiteren Medikamenten zugunsten der einen oder anderen Wirkungsqualität verschoben werden. Die im Laufe von wenigen Jahren synthetisierten neuen Präparate wurden daher, je nach dem Schwerpunkt ihrer pharmakologischen Wirkung, nach BERGER [zitiert nach HOTOVY (1956/57)] in die autonomen Hemmer und die zentralen Relaxantien, nach ALEXANDER [zitiert nach HOTOVY (1956/57)] in die Tranquillizer, Ataractica, die Antiphobica und die Muskelrelaxantien eingestellt.

Die Anwendung von Rauwolfia in der Dermatologie geht offenbar auf eine Anregung von KLINE (1954), der sie für Neurodermitiker empfahl, und zwei Zufallsbefunde von FINCH (1954) und GENEST et al. (1954), die unter einer Hypertensionsbehandlung jeweils eine Psoriasis abheilen sahen, zurück. Noch im gleichen Jahr konnten REIN und GOODMAN (1954) über Behandlungsergebnisse bei 60 Patienten mit verschiedenen Dermatosen berichten. Bei $^2/_3$ der Patienten stellten sie eine günstige Beeinflussung durch die beruhigende Wirkung fest. Besonders gut reagierten 5 Dyshidrosen. Auch ein Lichen ruber planus heilte unter Reserpin (JUSTER 1955), ein anderer unter Chlorpromazin ab (TINOZZI 1956). Sehr gute Ergebnisse erzielte WOLFRAM (1956). Unter den Dermatosen, die am besten reagierten, waren nach ihm vor allem die Neurodermitis, die chronische Urticaria und der Pruritus senilis. Außerdem wurde bei der Psoriasis, bei der er sonst keinen Effekt sah, und beim Ekzem die Lokalbehandlung beschleunigt.

Interessant ist auch die Arbeit von EISENBERG (1957), der die Wirkung von verschiedenen Präparaten bei dem gleichen Krankheitsbild untersuchte. Von 59 Allergikern reagierten 19 auf Chlorpromazin (etwa 30%), von 52 11 auf Reserpin (etwa 20%) und von 93 32 auf Meprobamat (etwa 40%) gut. Eine vollständige Heilung sah er in keinem Fall, aber die normale Therapie wurde ganz wesentlich unterstützt.

Man ist auf Grund dieser Ergebnisse zunächst geneigt, die Effekte der Neuroplegica ausschließlich ihrer psychischen Wirkungskomponente zuzuschreiben. Wie von SCHNYDER und STORCK (1956) durch Sensibilisierungsversuche mit Dinitrochlorbenzol an Meerschweinchen nachgewiesen werden konnte, ist das sicher nicht der Fall. Serpasil zeigte nämlich eine deutliche Hemmwirkung auf die ekzematöse Reaktion, die die zwei Phenothiazinpräparate, die wesentlich stärker auf die Psyche wirken, nicht hatten. Die Autoren schlossen daraus, daß nicht die sedativ-hypnotische, sondern wahrscheinlich eine sympathicolytische Komponente für die Wirkung verantwortlich ist.

Wir haben bisher zwei weitere pharmakologische Effekte der Neuroplegica noch nicht näher betrachtet, und zwar die Hemmung der Atmung und die Senkung der Körpertemperatur. Sie sind mit den beiden anderen Wirkungen eng verknüpft, können sowohl als Folge davon wie auch als ihre Ursache angesehen werden. Wir haben auf die extreme Ausnützung dieser Effekte, die Hibernation, bereits oben hingewiesen. Sie entwickelte sich aus der Verabreichung einfacher vegetativer Lytica mit dem Wunsch, eine „neurovegetative Anaesthesie" zu erzielen. Die wichtigste Erkenntnis dabei war, daß der Effekt im wesentlichen ein Stoffwechseleffekt ist. Welche Rolle dabei die Schilddrüse und die Nebennierenrinde spielen, ist noch nicht geklärt, sie dürfte aber nicht ganz unwesentlich sein. Die zusätzliche Unterkühlung war danach nur ein logischer Schritt weiter.

Die richtig durchgeführte Hibernation ist somit ein Musterbeispiel für das günstige Zusammenwirken verschiedener pharmakologischer Effekte, von denen jeweils einer die Steigerung der anderen erst ermöglicht. Das Endergebnis, die gelenkte Hypoxydose, scheint zunächst ohne rechten Zusammenhang mit der ursprünglichen Wirkung der verwandten Pharmaka, ist aber, wie wir sahen, schon im ersten Schritt, der Verabreichung von Pilocarpin, angedeutet.

In der Praxis der Anwendung sowohl der „vegetativen Medikamente" als auch der Neuroplegica sollte es so sein, daß die neurovegetative und die psychische Wirkung sich gegenseitig im richtigen Verhältnis ergänzen, um den gewünschten Effekt durch den Einsatz des jeweils einfachsten Mittels zu erzielen. Wir glauben allerdings, daß in jedem Falle die eigentliche Wirkung, sowohl die durch die psychische, als auch die durch die neurovegetative Beeinflussung zustande kommende, im Endeffekt der Hypoxydose zuzuschreiben ist.

γ) Hauterkrankungen und peripheres Nervensystem

Wir wiesen bereits oben darauf hin, daß z.B. Verbrennungen und Erfrierungen durch den Ausfall peripherer Nerven zustande kommen können. Dabei handelte es sich um begreifliche Folgen einer Sensibilitätsstörung. In der Literatur lassen sich aber auch Beispiele von Dermatosen, die in Abhängigkeit von Nervenläsionen auftraten oder abheilten, finden, die zur Zeit noch nicht erklärbar sind. So untersuchte Rubin (1948) 13 Patienten mit linearer Sklerodermie und fand in 70% der Fälle mit Erscheinungen an den unteren Extremitäten eine Spina bifida occulta, bei einem Patienten mit Erscheinungen am Arm eine cervicale Osteoarthritis des entsprechenden Segments. Funk (1955) sah bei einer Spina bifida des 1. Sacralsegments eine strichförmige Neurodermitis des entsprechenden Versorgungsgebietes.

Leslie (1951) bringt eine Übersicht über lineare Psoriasisfälle und beschreibt einen eigenen Fall, bei dem ein Koebner-Phänomen und ein Naevus ausgeschlossen werden konnten.

Lohmeyer et al. (1951) beschreiben eine Dermatomyositis, bei der durch die Probeexcision ein Hautnerv durchschnitten wurde. Das Resultat war außer der umschriebenen Sensibilitätsstörung das Abheilen der Hauterscheinungen in diesem Bereich.

Sehr interessant sind in dieser Beziehung auch 2 Beobachtungen an Neurodermitikern, die eine Poliomyelitis bekamen. Bei beiden waren die gelähmten Bezirke in der Folgezeit von Erscheinungen frei (Braun-Falco 1952; Illig 1954). Im Gegensatz dazu trat bei einem Fall von Bettley u. Marten (1956) nach einer Nervenverletzung im abhängigen Gebiet eine seborrhoische Dermatitis auf.

Man könnte aus diesen Befunden den Schluß ziehen, die allergischen Reaktionen seien an eine intakte Sensibilität gebunden, aber das ist sicher nicht so, wie Ramos e Silva (1955) bei Patienten mit Lepra anaesthetica nachwies.

Seit dem Ende des vergangenen Jahrhunderts wird immer wieder über Zusammenhänge zwischen dem Pemphigus vulgaris und dem Nervensystem gearbeitet. [Eine gute Literaturzusammenstellung brachten schon Buschke u. Ollendorff (1925).] Riecke (1931) spricht ebenfalls über den Pemphigus im Bereich von Nervenläsionen, führt aber keine Literatur an. Neuere Autoren, die das Thema wieder aufgriffen, sahen Veränderungen an Grenzstrangganglien (Ormea 1950), an Spinalganglien und am Ganglion Gasseri (Földvári u. Balo 1952, 1954). Herrmann, der sich schon 1952 mit den Erscheinungen an den sympathischen Ganglien bei der Erythrodermie auseinandergesetzt hatte, lehnt allerdings 1954 die neurogene Ursache des Pemphigus ab und selbst Irgang (1956), der ein zosteriform angeordnetes Pemphigoid beschreibt, denkt nur sekundär an einen ursächlichen Zusammenhang mit einer möglichen Involution des entsprechenden Ganglions. Immerhin können Beziehungen zwischen den Erscheinungen auf der Haut und an den entsprechenden Ganglien nicht abgelehnt werden; ob sie allerdings die Folge einer gemeinsamen Ursache sind oder welches im anderen Falle das primäre ist, läßt sich zur Zeit noch nicht sagen. Einen Hinweis könnte der Bericht von Thoroczkay (1957) geben, der auf Grund der Arbeiten von Földvári u. Balo (1952, 1954) bei 37 Dermatitis herpetiformis Duhring- und 63 Pemphigus-Patienten indirekte vertebrale Röntgenbestrahlungen durchführte und damit ganz beachtliche Erfolge erzielte. Entgegen den früheren Autoren, die letzten Endes auf Gouin u. Bienvenue (1928, 1931) fußend, für die Erfolge eine Sympathicuswirkung annahmen (Schneider u. Dürre 1948), glaubt Thoroczkay (1957), die ausschlaggebende Wirkung sei durch die Beeinflussung der intervertebralen Ganglien gegeben. Dafür spricht wiederum die Tatsache, daß die „Grenzstrangbestrahlungen“ zumindest in Deutschland durchweg mit einer Strahlenqualität durchgeführt werden, die der von Thoroczkay angewandten etwa entspricht und nicht mit der ursprünglich angegebenen weichen Strahlung. Es wäre auch interessant, einmal festzustellen, wieweit die Wirkung der indirekten Röntgenbestrahlung bei den weiteren dermatologischen Indikationen, die von

Schneider u. Dürre (1948) aufgeführt werden, auf eine Sympathicuswirkung, eine Beeinflussung der Intervertebralganglien oder sonstige Wirkungen zurückgehen. Proppe (1958) hält die bisher angeführten Untersuchungsbefunde für irreführend. Auch von dieser Bestrahlungsindikation an sich hält er nicht viel. Er engt sie daher bis auf den Lichen ruber ein, und auch bei diesem hält er selbst sie für unwirksam.

Wir möchten diesen Abschnitt nicht beenden, ohne eine von Rasiewicz (1957) angegebene therapeutische Methode zu erwähnen, deren physiologische Grundlagen noch weitgehend ungeklärt sind. Es handelt sich um die Novocainblockade als Behandlung pyogener Dermatosen. Als kritischer Dermatologe ist man versucht, zunächst zu sagen, daß pyogene Dermatosen sich sehr schlecht in ihrem Verlauf beurteilen lassen, da der Autor aber von erheblicher Beschleunigung der Abheilung spricht, sollte man annehmen, daß die allgemeine Variationsbreite berücksichtigt ist. — Wir wurden allerdings durch diese Arbeit noch an eine ähnliche Anwendung des Novocains erinnert, deren Wirkungsmechanismus nicht weniger unbekannt ist. Wir denken da an Unterschenkelgeschwüre, die durch keine lokale Therapie beeinflußbar sind. Unterspritzt man solche Ulcera 2—3mal mit Novocain, so wird man in den meisten Fällen feststellen können, daß sie nun auf die Therapie reagieren.

b) Endokrine Drüsen

Es wäre müßig, hier die Hautveränderungen aufzuzählen, die bei den bekannten Erkrankungen endokriner Drüsen oft das charakteristische Symptom des Krankheitsbildes sind. Sie werden als bekannt vorausgesetzt. Daß sie durch Zufuhr der entsprechenden Hormone bzw. Beseitigung des überproduzierenden Tumors fast immer vollständig beseitigt werden können, ist ebenfalls allgemein bekannt. Die Entwicklung der Hormontherapie in den letzten Jahren hat aber durch die Therapieerfolge, die mit ihnen bei den verschiedensten Dermatosen erzielt werden konnten, immer wieder zur Diskussion herausgefordert, ob die Effekte der Beseitigung eines Hormondefizits bzw. einer Störung der entsprechenden Drüsen oder einer pharmakodynamischen Wirkung der Hormone zuzuschreiben sind.

α) Hypophysen-Nebennierenrinden-System

Die größte Umwälzung in der Therapie dermatologischer Erkrankungen brachte, abgesehen von den Antibiotica bei den Geschlechtskrankheiten, die Einführung des ACTH und der Nebennierenrinden-Hormone. Bedingt durch ihre Häufigkeit, sind es vor allem die allergischen Erkrankungen und die Neurodermitis, bei denen diese Hormone sehr viel verwandt werden. Bei den offenkundig allergischen Erkrankungen, wie akute Dermatitiden, Kontaktekzeme, Heuschnupfen und akute Urticaria, ist diese Therapie ohne Zweifel nicht ursächlich, denn ohne Beseitigung des Allergens kann man zwar bei genügend hoher Dosierung die Symptome unterdrücken, aber die Krankheit nicht heilen. Bei dem Formenkreis der „konstitutionellen Ekzeme“ ist die Problematik ungleich schwieriger. Die Diskussionen, ob sie allergischer Genese sind oder nicht, sind noch immer im Gange. Auf dem XI. Internationalen Dermatologenkongreß 1957 wies Sulzberger auf die anamnestischen Beziehungen zum Asthma und zur allergischen Rhinitis hin, war aber bezüglich der einheitlichen Genese sehr vorsichtig. Sicher schien ihm nur, daß beiden Erkrankungen die gleiche Konstitution zugrunde liege. Zur gleichen Zeit berichtete Schnyder (1958) über deren phänotypische Verhältnisse. An Hand eingehender Stammbaumuntersuchungen kam er zu folgenden Ergebnissen: a) Neurodermitiker kommen in der Regel aus mit Asthma, Rhinitis oder

Neurodermitis belasteten Familien; b) Patienten mit Asthma oder Rhinitis kommen nur ausnahmsweise aus Neurodermitikerfamilien. c) Sie stammen oft aus Asthma- oder Rhinitisfamilien. — In diesem Zusammenhang interessieren auch die Untersuchungen von Lutz u. Korting (1958) über die Lungenfunktion des endogenen Ekzematikers. Diese Autoren fanden, daß die Bestimmung des Atemzeitquotienten vor und nach Aludrin-Einwirkung Aufschlüsse über das Vorhandensein einer Asthmabereitschaft gibt. Sie konnten eine solche Asthmabereitschaft bei 60% der endogenen Ekzematiker (gegenüber 5% bei Vergleichspersonen) feststellen. Da aber bei 8 von 12 untersuchten Patienten mit fehlender persönlicher oder sippenmäßiger Asthmabelastung keine Asthmabereitschaft vorlag, sehen sie darin einen Hinweis für eine sippenmäßige Differenz.

Wir selbst versuchten der Lösung der Frage nach der Genese der Neurodermitis von einer anderen Seite her näher zu kommen. Wir gingen von der vorzüglichen Wirkung der Glucocorticoide und des ACTH aus und untersuchten deshalb das Verhalten der eosinophilen Blutzellen bei Neurodermitikern nach Verabreichung dieser Hormone und unter Stressbedingungen. Wir zählten die Eosinophilen vor und stündlich nach intramuskulärer Applikation von 20 E ACTH bzw. oraler Gabe von 20 mg Prednison. So konnten wir mehrere völlig verschiedene Reaktionstypen feststellen:

1. Ein Teil der Patienten reagierte normal, d.h. mit einem kontinuierlichen Abfall der Eosinophilen, der nach 4 Std meist erheblich mehr als 50% betrug und meist nach 6—8 Std Werte von 80% erreichte.

2. Ein Teil der Patienten reagierte auf ACTH wenig oder gar nicht, auf Prednison dagegen normal oder mit besonders starkem und langem Abfall der Eosinophilen. Wurden diese Patienten einer Belastung in Form einer kalten Dusche ausgesetzt, so stiegen die Eosinophilen an.

3. Diese Patienten reagierten auf ACTH *und* Prednison mit einem Eosinophilensturz von bis zu 97%. Auch bei ihnen stiegen die Eosinophilen auf Belastungen an.

4. Patienten, die auf ACTH und Prednison mit einem vorübergehenden Anstieg der Eosinophilen reagierten, die dann meist nach 3 Std abfielen, aber nach 24 Std den Ausgangswert teilweise um 150% überstiegen.

Wir müssen nach dem Ausfall dieser Untersuchungen, die an über 100 Patienten durchgeführt wurden, schließen, daß die Neurodermitis ein Krankheitsbild uneinheitlicher Genese ist. Die 1. Gruppe (normale Reaktion auf ACTH, Prednison und Belastung) könnte in der Genese die Allergiker ausmachen, die laufend mehr oder weniger unter der Einwirkung ihres Allergens stehen. Sie benötigen zur Therapie und Erhaltung relativ hohe Hormondosen (20—40 mg Prednisolon!), heilen aber ohne Therapie ab, sobald das Allergen gefunden und beseitigt wird. — Die 2. Gruppe muß nach dem Test als relativ nebennierenrindeninsuffizient angesehen werden, die 3. als relativ hypophyseninsuffizient. Die Drüsen arbeiten bei ihnen offenbar nur unzureichend, so daß der Normalbedarf an Hormon gerade noch oder nicht mehr gedeckt werden kann. Jede Belastung führt also zwangsläufig zu einem Hormondefizit. Sie benötigen zur Therapie in der akuten Phase und vor allem für die Dauertherapie nur ganz geringe Hormondosen (2,5—5 mg Prednison/Tag). Für den 4. Reaktionstyp gibt es nach unseren bisherigen Erfahrungen verschiedene Ursachen. Eine davon sind Fokalinfekte, die durch die Hormone mobilisiert symptomlos streuen und bei denen die Bakterien oder ihre Stoffwechsel- bzw. Abbauprodukte als Allergen in Frage kommen. Diese Patienten heilen nach Beseitigung des Focus oft weitgehend ab und zeigen dann auch eine normale Reaktion auf ACTH und Prednison.

Nach unseren Untersuchungen ist also anzunehmen, daß zum Manifestwerden einer Neurodermitis außer der konstitutionellen Bereitschaft und der Allergie in sehr vielen Fällen eine Minderleistung des Hypophysen-Nebennierenrinden-Systems gehört. Bei den Gruppen 2 und 3 ist somit die Therapie mit ACTH bzw. Nebennierenrinden-Hormon im Gegensatz zu den Gruppen 1 und 4 eine Substitutionstherapie. Bei Gruppe 1 ist dagegen die Suche nach dem Kontaktallergen, bei Gruppe 4 nach dem Focus der wichtigste Faktor der Therapie. Hier wären die Hormone falsch eingesetzt.

β) Thyreoidea

Seit jeher wurden in der dermatologischen Therapie Schilddrüsenhormone nur wenig verwandt. Die bei der Hypothyreose bzw. dem Myxödem auftretenden Hautveränderungen waren bekannt und sie verschwanden auch regelmäßig bei der entsprechenden Substitutionstherapie, so daß hier der Dermatologe kaum zu Rate gezogen werden mußte. Es war aber gerade der optische Eindruck der trockenen, etwas verdickten Haut, wie sie GOLDBLATT (1955) bei Prurituspatienten häufig sah, der ihn dazu veranlaßte, in solchen Fällen einmal den Grundumsatz zu kontrollieren. Er fand ihn tatsächlich fast durchweg geringfügig erniedrigt, gab den Patienten Thyreoidea sicca und erzielte damit recht gute Resultate. Wir selbst haben die gleiche Therapie mehrfach mit gutem Erfolg beim Pruritus senilis angewandt.

Bei der Durchuntersuchung von Pemphiguspatienten konnten BOLGERT et al. (1948, 1950) wiederholt einen erniedrigten Grundumsatz feststellen. Ein Therapieversuch mit Schilddrüsenhormonen brachte dann in diesen Fällen tatsächlich gute Ergebnisse.

Schon seit 1895 (SINGER) werden Schilddrüsenhormone immer wieder als Therapeuticum bei der Sklerodermie angeführt. Auch KIMMIG (persönliche Mitteilung) konnte in den letzten Jahren mehrfach bei circumscripten Herden von einer Massage mit einer 1%igen Thyroxin-Salbe gute Erfolge sehen. Der Wirkungsmechanismus ist bisher noch unbekannt. Vielleicht bringen die neuen Versuche (N. NISHIMURA et al. 1959) mit Phenylalanin- und tyrosinarmer Diät, die vermuten lassen, daß es sich sowohl bei der Sklerodermie als auch bei den übrigen Kollagenkrankheiten, um Eiweiß-Stoffwechselstörungen handelt, Licht in dieses Dunkel.

Daß auch durch die Hemmung der Hormonproduktion unter Umständen therapeutische Erfolge zu erzielen sind, zeigen die Berichte über den Einsatz von schilddrüsenhemmenden Substanzen! So sahen LYNCH u. KRAFCHUK (1955) einen Patienten, der über 28 Jahre an einem Erythematodes litt. Während dieser Zeit waren seine Erscheinungen nur ein einziges Mal für 9 Monate abgeheilt, während er einen unbekannten Diabetes mit Hypercholesterinämie und einer Xanthomatose hatte. Da die Autoren einen direkten Zusammenhang beider Ereignisse als wahrscheinlich, einen solchen mit dem Kohlenhydrat-Stoffwechsel dagegen als unwahrscheinlich annahmen, versuchten sie bei 16 Patienten, mit zum Teil seit 33 Jahren bestehendem Erythematodes, den Fettstoffwechsel zu beeinflussen. Dazu verabreichten sie einerseits eine fettreiche Diät, andererseits Propylthiouracil (PTU). Tatsächlich besserten sich von 10 Patienten 6, davon 2 sehr gut.

Erstaunlicherweise stellte sich nun heraus, daß etwa zur gleichen Zeit ähnliche Beobachtungen von 2 weiteren Autoren gemacht worden waren. HASERICK (1955) war zur PTU-Medikation auf Grund einer Beobachtung im Anfang der Cortisonära gekommen. Damals hatte man den Patienten, um die „corticogene Hypothyreose" zu verhindern, zusätzlich thyreotropes Hormon des Hypophysenvorderlappens bzw. Thyreoidea verabfolgt. Da sich daraufhin in einigen Fällen ein Erythematodes wesentlich verschlechterte, hemmte HASERICK bei 12 Erythematodespatienten absichtlich die Schilddrüse. Seine Ergebnisse waren teilweise recht gut. Der zweite Autor LORINCZ (1955) sah zufällig nach Verabreichung von I^{131} in mehreren Fällen erstaunliche Remissionen von Erythematodesherden. Von 5 absichtlich mit I^{131} bis zu einer geringfügigen Hypofunktion behandelten Patienten konnte er zur Zeit der Mitteilung 2 beurteilen, die beide gut geworden waren.

Ob inzwischen weitere Untersuchungen in dieser Richtung gemacht worden sind, können wir nicht sagen. Literatur darüber konnten wir nicht finden.

γ) Parathyreoidea

Obwohl SCHARDORN schon 1921 auf die Bedeutung der Epithelkörperchen für die Entstehung der Impetigo herpetiformis hinwies, gelang es ihm nicht, durch Verabreichung von Parathyreoidea dieses Krankheitsbild zu beeinflussen. Auch die Transplantation von Epithelkörperchen führte zu keinem befriedigenden Ergebnis (KYRLE 1926 und SCHERBER 1926). Erst mit dem von HOLTZ (1930) entwickelten Dihydrotachysterin, das wie das Parathormon den Ca-Spiegel im Serum erhöht, hatten SCHMIDT-LA BAUME (1936), SCHUBERT (1936) und BARTMANN (1937) Erfolge.

Auch bei der Parapsoriasis nahm v. LESZCZYNSKI (1936) eine Dysfunktion der Parathyreoidea an. Mit Parathormon konnte er das Krankheitsbild gut beeinflussen. Die Therapieversuche von VOHWINKEL (1936) mit Dihydrotachysterin bei der gleichen Krankheit und von FUSS (1940) bei der Akrodermatitis continua Hallopeau wurden auf Grund der Ähnlichkeit der Efflorescenzen durchgeführt. Sie zeigten, daß beide Krankheiten auch darauf gut reagieren.

Die bis heute noch nicht endgültig geklärte Streitfrage, ob diese 3 Dermatosen als Varianten einer Krankheit (GOTTRON 1947; KOCH 1952) oder als verschiedene Krankheiten anzusehen sind (FRÜHWALD, RAMEL, MATRAS u. RIECKE 1936), soll uns hier nicht beschäftigen. Uns erscheint es wichtiger, daß sie alle durch eine Erhöhung des Ca-Blutspiegels günstig beeinflußt werden, obwohl dieser nur bei der Impetigo herpetiformis in der Regel erniedrigt ist. Dadurch wird die Annahme, die Impetigo herpetiformis sei ausschließlich ein Symptom des Ca-Mangels (MONHARDE u. MICHEL 1958), zweifelhaft. Man muß auf Grund der bisher bekannten physiologischen Daten und der therapeutischen Wirkung von Parathormon bzw. Dihydrotachysterin an das Vorhandensein eines weiteren noch unbekannten Faktors denken, der in dem einen Fall durch den erniedrigten Ca-Spiegel erst manifestiert wird, bei den anderen beiden Erkrankungen durch seine Erhöhung über den Normalwert unterdrückt werden kann. Die Verabreichung von Dihydrotachysterin wäre dann auch bei der Impetigo herpetiformis keine ursächliche Therapie.

δ) Das Pankreas

An das Pankreas als Ursache von Dermatosen denkt man im allgemeinen nur im Zusammenhang mit dem Diabetes mellitus. Trotzdem scheint auch darüber hinaus ein pathologischer KH-Stoffwechsel bei dermatologischen Erkrankungen relativ häufig zu sein. SCHAEFER (1950) hat diese Frage eingehend untersucht. Wir können auch bezüglich der vorausgegangenen Literatur auf ihn verweisen.

Er fand bei 30% der untersuchten Dermatosen, und zwar vornehmlich beim chronisch rezidivierenden Ekzem, der Neurodermitis, seborrhoischen Ekzemen und der chronischen Urticaria einen negativen Ausfall der Traubenzucker-Belastung nach STAUB-TRAUGOTT und sprach von einer vegetativ-hormonalen Dystonie bei diesen Erkrankungen. Auch bei einem großen Teil der von KICKUCHI (1956) untersuchten Patienten (469!) war die Fähigkeit der Angleichung herabgesetzt. KOZALLUS (1956) berichtet über das Auftreten urticarieller Schübe bei Anfällen von spontaner Hypoglykämie, LOHMANN (1956) über die Auslösung eines urticariellen Exanthems durch diabetische Stoffwechsellage.

Die Deutung dieser Befunde ist äußerst schwierig. Möglicherweise sind sie zum Teil wenigstens die Folge einer primären oder sekundären Störung der Hypophysen-Nebennierenrinden-Funktion, denn wir selbst fanden vornehmlich bei Neurodermitikern, bei denen wir eine solche Störung vermuten mußten, pathologische Insulin-Belastungs-Kurven.

Therapeutisch wird Insulin doch schon sehr lange in der Dermatologie verwandt. Es hat sich gezeigt, daß es den Juckreiz vermindert ,und zwar nicht nur bei Diabetikern. Es wurde deshalb schon von NEUMARK (1928) bei den verschiedensten juckenden Dermatosen und von NARDUCCI (1929) und CHEVALLIER (1932) bei Ekzemen und schwerer Urticaria verwandt. In neuerer Zeit nehmen BRÜHL (1939) und MOGIL' NICKAJA (1950) sogar eine Verbesserung der Allergielage bzw. eine echte allergische Umstimmung durch Insulin an. Obwohl aber das ganze physiologische Geschehen noch sehr undurchsichtig ist, hat es den Anschein, als wenn gerade hier eine Basis wäre, von der aus sich weitere wertvolle Erkenntnisse und vielleicht auch therapeutische Möglichkeiten erschließen ließen.

Eine weitere Anwendungsmöglichkeit für Insulin ist schon seit 1924 bekannt. Ulcerationen heilen darunter, allgemein und lokal angewandt, schneller ab (PAUTRIER et al. 1924—1926; NEUMARK 1928; DEVOTO 1931). GOMES DA COSTA (1931) erweiterte diese Insulinindikation 1931 auf ulcerierte Hautcarcinome. Auch wir selbst haben einmal den klinischen Verlauf der Abheilung eines ulcerierten Mammacarcinoms unter Insulinsalbe verfolgt. Es stießen sich zunächst die Nekrosen ab, so daß eine saubere, sehr gut durchblutete Wundfläche entstand, die dann wie jedes normale Ulcus vom Rande bzw. von Epithelinseln her epithelisiert. Es hat also nach dem klinischen Bild den Anschein, als würde das charakteristische Wachstumsverhältnis zwischen Krebsgewebe und gesundem Gewebe, bei dem sonst das erste dominiert, zugunsten des gesunden Gewebes verschoben.

In der Literatur finden sich dazu folgende weitere Befunde:

1. Insulineinreibungen von normaler Kaninchenhaut machen diese stärker strahlenempfindlich. Die gleiche Reaktion läßt sich durch andere Substanzen erzielen, die eine Hyperglykämie bewirken (GOMES DA COSTA 1933).

2. Carcinome der Haut, der Brust und an inneren Organen lassen sich durch Röntgenbestrahlung und gleichzeitige oder anschließende Insulinbehandlung wesentlich besser beeinflussen als durch die Bestrahlung allein (GENTIL u. GOMES DA COSTA 1932; GOMES DA COSTA 1933; EICHHOLTZ et al. 1933; INOUYE 1937 und HEEREN 1940). Die Wirkungsverbesserung kann bis zu 100% betragen (EICHHOLTZ et al. 1933).

Erinnert man sich nun noch an den umgekehrten Versuch, wie ihn LANGHOF (1956) durch die Abklemmung der Arterie am Kaninchenohr durchführte, so ist man versucht anzunehmen, daß es sich bei den oben angeführten Phänomenen tatsächlich um eine lokale Stoffwechselwirkung des Insulins handelt. Ob eine solche Wirkung bekannt ist, konnten wir nicht feststellen, sie würde sich aber therapeutisch ohne Zweifel sehr gut nutzen lassen.

c) Sonstige Organe und Systeme

α) Leber

Im Jadassohnschen Handbuch mußte 1929 Lutz (1929) noch resigniert bemerken, daß sich über Leberstörungen und unspezifische Dermatosen wenig zusammentragen läßt. Immerhin wurden Zusammenhänge zwischen Leber- und Hauterkrankungen schon seit Beginn des Jahrhunderts angenommen (Jadassohn, Bruck usw. s. bei Lutz 1929). Die Arbeiten dieser Autoren fußten allerdings noch ausschließlich auf Erscheinungen, die bei manifesten Lebererkrankungen auftraten. Schon kurz nach dem Aufkommen mikrochemischer Untersuchungsmethoden brachte Urbach (1937) eine große Übersicht über wechselseitige Beziehungen zwischen Leber und Haut. Obwohl davon manches durch neuere Untersuchungen überholt ist, ist die Arbeit auch heute noch sehr lesenswert. Urbach unterscheidet jetzt schon 1. Erkrankungen, bei denen die Leber die Ursache von Hauterscheinungen ist, 2. solche, bei denen die Hauterscheinungen die Grundlage der Leberschädigung sind und 3. solche, bei denen beide koordinierte Symptome einer übergeordneten Noxe sind.

Die späteren Untersuchungen bei Dermatosen wurden hauptsächlich bei den mit Juckreiz verbundenen Erkrankungen, insbesondere den Ekzemen, durchgeführt. Die dabei gefundenen Leberfunktionsstörungen schwankten zwischen 11 und 40%. Eichenlaub u. Osbourn (1948) faßten die Literatur darüber in einer Übersicht zusammen. Bei den meisten ihrer eigenen Fälle konnten sie wie de la Vega u. Salazar (1949) keine Störungen feststellen, während Zierz (1950, 1954) eine relativ große Anzahl von Patienten mit pathologischem Ausfall der Testacidprobe hatte, bei denen Takata-Ara und Galaktose normal waren. Den höchsten Prozentsatz von pathologischen Leberfunktionsproben bei Ekzempatienten (73%) gibt Stiegler (1954) an.

Seitdem man die Technik der Leberbiopsie beherrscht, mußte man immer wieder feststellen, daß die Leberfunktionsproben doch nur jeweils Aussagen über relativ geringe Teilfunktionen der Leber machen und selbst bei schweren Parenchymschäden noch völlig normal ausfallen können (Kalk u. Wildhirt 1951). Auch bei dermatologischen Erkrankungen brachte die Histologie in zahlreichen Fällen, bei denen die Funktionsproben normal waren, anatomische Veränderungen, die teils als toxisch, teils als infektiös bedingt angesehen werden konnten (Dogliotti et al. 1954; Angela u. Aprà 1955). Bei Kontaktekzemen fanden Huriez u. Mitarb. (1956/57) z. B. in mehr als $^1/_3$ der Fälle schwere Schäden. Bei den Patienten mit „vielseitigen Intoleranzen“ — die Verfasser weisen ausdrücklich darauf hin, daß es sich dabei mehr um Unverträglichkeit als um Überempfindlichkeit handelte — waren in 9 von 10 Fällen die Leberfunktionsproben normal, 60% der histologischen Bilder zeigten aber zum Teil schwere Leberschäden. Die schwersten Veränderungen, die bis zur Nekrose gingen, fanden sich bei den „Schwermetallekzemen“ nach Gold und Arsen. Es ist weiterhin äußerst interessant, daß alle Psoriatiker (21 Untersuchungen) abnorme histologische Leberbefunde hatten, die aber etwa in Relation zum Lebensalter standen.

In seiner letzten Bearbeitung der Haut-Leber-Relationen bringt Zierz (1959) eine umfassende Einteilung in:

1. Hautveränderungen bei organischen Leberleiden. Er zählt dazu die Ikterusverfärbung, die „Melanodermie biliaire“, das Chloasma hepaticum, die Leberflecke, die Hämochromatose, den ikterischen Pruritus, die Hautzeichen (Gefäßspinnen, Weißfleckung der Haut, Geldscheinhaut, Palmar- und Plantarerytheme, Nagelveränderungen und Veränderungen der sekundären Körperbehaarung, die „Leber-

zunge", hämorrhagische Diathesen, venöse Gefäßerweiterungen, Porphyrinerkrankungen und die Xanthomatosen;

2. Hautkrankheiten, bei denen häufig funktionelle Störungen der Leber nachgewiesen werden können, wie Psoriasis vulgaris, Erythematodes chron., Sklerodermie, Rosacea, Alopecia areata, Lichen ruber planus, Pemphigus vulgaris, Dermatitis herpetiformis Duhring, Mycosis fungoides und allergische Hauterkrankungen (chronisches Ekzem, Neurodermitis, Dermatitiden, Arzneimittelexanthem, Urticaria, Prurigo, gewisse Purpuraformen);

3. durch Hautkrankheiten hervorgerufene Leberschädigungen. Zu dieser Gruppe zählen ausgedehnte Verbrennungen und Hautentzündungen, primäre und sekundäre Erythrodermien.

Die Frage nach Ursache und Wirkung ist damit nur zum Teil entschieden. Die zweite Gruppe bleibt unklar. Einige Krankheitsbilder daraus waren bereits von URBACH (1937) zur 1. Gruppe gezählt worden. Er konnte zahlreiche Literaturangaben finden, nach denen Urticaria, Ekzeme und Dermatitiden nach Behandlung einer Cholecystitis oder Cholelithiasis abheilten. Andererseits spricht er bei der gleichen Gruppe von einer Allergisierung durch nutritive Eiweißabbauprodukte, die durch das Versagen der „pexischen Wirkung" (DUJARDIN u. DECAMPS 1925), also der entgiftenden Filterwirkung, der Leber zustande kommt. Zu einem ähnlichen Ergebnis kommt JANSON (1956) auf Grund eingehender anamnestischer Erhebungen und Leberdiagnostik.

Wenn das zuträfe, müßte man aber annehmen, daß Leberkranke gerade für allergische Erkrankungen prädisponiert seien. CUEVA u. HERNANDEZ DE LA PORTILLA (1952) gingen dieser Frage auf den Grund. Bei 381 Patienten mit schweren, manifesten Lebererkrankungen fanden sie nur in 2,09% der Fälle gleichzeitig Allergien. Da der Prozentsatz bei Lebergesunden mit 3,9% um fast das gleiche höher liegt, spricht das sehr gegen die Urbachsche Annahme. Nimmt man dazu noch die Feststellung von UKRAINCZYK-LABORIE u. LABORIE (1954), daß 94% ihrer Ekzemhunde eine Hypercholesterinämie hatten, so kommt man zu dem Schluß, daß die allergischen Hauterkrankungen entweder nach ZIERZ in die Gruppe 3 gehören, d.h. die Lebererkrankung verursachen, oder aber daß noch eine 4. Gruppe von Erkrankungen gebildet werden muß, die Hauterkrankungen, die mit der Leberstörung eine gemeinsame Ursache haben (das entspräche dem Namen nach der 3. Gruppe von URBACH 1937). Diese letzte Möglichkeit wird auch von ZIERZ (1959) diskutiert. Sie erscheint uns am wahrscheinlichsten, da solche gemeinsame Reaktionen offenbar auch an anderen Organen epithelialen Ursprungs vorkommen. Jedenfalls konnten wir (SCHREINER 1959) nachweisen, daß bei den allergischen Erkrankungen z.B. in einem viel höheren Prozentsatz der Fälle, als man je annahm, pathologische Hypophysen- und/oder Nebennierenrinden-Verhältnisse vorliegen.

Wegen der besseren Übersicht wäre es also zweckmäßig, die Einteilung von ZIERZ (1959) um diese Gruppe zu ergänzen, so daß wir unterscheiden würden:

1. Hauterkrankungen bei organischen Leberleiden;
2. Hauterkrankungen, die mit den gleichzeitigen Lebererkrankungen eine gemeinsame Ursache haben;
3. Hauterkrankungen, die Leberschädigungen bedingen können;
4. Hauterkrankungen, die häufig mit pathologischen Leberfunktionsproben vergesellschaftet sind.

Die therapeutischen Konsequenzen sind damit doch relativ klar gegeben. Daß bei den Hauterkrankungen infolge von Leberstörungen (Gruppe 1) die Lebertherapie im Vordergrund stehen muß, ist indiskutabel. Wir möchten ausdrücklich darauf hinweisen, daß unseres Erachtens dazu auch die Gefäßspinnen (Naevi aranei) zählen. Ihre Abhängigkeit von Lebererkrankungen (Lebercirrhose) wurde schon 1890 ganz klar von HANOT u. GILBERT (1890) herausgestellt (möglicherweise hat BOUCHARD 1902 sogar schon 4 Jahre vorher darauf hingewiesen). Sie gerieten aber, nachdem von dermatologischer Seite RIST (1902) sie erwähnt hatte, wieder so sehr in Vergessenheit, daß SUTTON als Erstbeschreiber WILLIAMS u. SNELL (1938), die deutschen Autoren EPPINGER u. FALTITSCHEK (1936) angeben. Inzwischen sind die Naevi aranei sehr eingehend von SCHÜPBACH (1943) u. MARTINI (1955) untersucht worden. Bei plötzlichem Auftreten einzelner Gefäßspinnen, insbesondere im Bereich der Vena cava superior muß also immer nach einer schweren Lebererkrankung gefahndet werden. Eine Leberschutztherapie sollte prophylaktisch und auch bei negativem Ausfall der Suche durchgeführt werden, denn selbst schwere Lebercirrhosen müssen, wie wir bereits erwähnten, nicht immer pathologische Leberfunktionsproben haben.

Bei den Gruppen 2 und 3 ergibt sich ebenfalls zwangsweise die Notwendigkeit einer Leberschutztherapie. Sie wird in den meisten Fällen auch die Hauterscheinungen günstig beeinflussen bzw. ihre Therapie unterstützen.

Es bleibt also nur noch die 4. Gruppe, bei der Zusammenhänge zwischen Haut und Leber bisher noch nicht sicher sind. Hier sollte man zumindest immer dann, wenn die Leberfunktionsproben pathologisch sind, die therapeutische Konsequenz daraus ziehen. Gibt man bei ihnen auch einen Leberschutz, wenn die Funktionsproben normal sind, so wird man sicher dem Patienten damit nicht schaden.

β) Nieren

Wechselwirkungen zwischen Haut und Nieren sind schon von BRIGHT (zitiert nach KORTING u. DIETZ 1952) als feststehende Tatsache angenommen worden. Im deutschen Schrifttum weisen dann LUTZ (1929), KROETZ (1932) und GOTTRON (1940) wieder darauf hin. Dabei gibt KROETZ (1932) bakterielle Hauterkrankungen in etwa $^1/_5$ der Fälle als mögliche Ursache von Glomerulonephritiden an.

Das war offenbar schon sehr lange zuvor im angloamerikanischen Schrifttum bekannt, war aber dann wieder mehr oder weniger verloren gegangen. Erst 1940 wurde man auch dort wieder darauf aufmerksam und an Hand von einem teilweise sehr großen Krankengut wurden in bis zu 31% der Fälle vorausgegangene Hautinfektionen als einzige Infektionsquelle angesehen (FUTCHER 1940; HAYMAN u. MARTIN 1940; BURKE u. ROSS 1947), von CALLAWAY u. O'REAR (1951) sogar in fast 50% (36 von 73 Kindern). In China sprach TA SEN SUEN (1944) von einer „Impetigo-Nephritis".

Diese Berichte kommen, wie wir sehen, praktisch ausschließlich aus Kinderkliniken, so daß man glauben könnte, es sei eine Eigenart des Kindesalters so zu reagieren, aber DIEMER (1951) zeigte an Hand von Sektionsprotokollen, daß sich auch bei Erwachsenen, die an eitrigen Hauterkrankungen gestorben waren, ziemlich regelmäßig, meist parenchymatös-degenerative, Nierenveränderungen finden lassen.

Es war daher naheliegend, auch bei weniger schweren Hauterkrankungen nach Nierenbefunden zu fahnden. KORTING u. DIETZ (1952) überarbeiteten mit dieser Fragestellung 10000 Krankengeschichten der Tübinger Hautklinik und fanden bei 107 Kranken (= 1,07%) pathologische Harnbefunde. Den Hauptanteil darunter hatten allerdings nicht die pyogenen Dermatosen, sondern die seborrhoischen Ekzeme (30!) und der varicöse Symptomenkomplex (14!).

Daß auch Dermatitiden und Arzneimittelexantheme mit Nierenerscheinungen einhergehen können, ist zwar hauptsächlich durch Hg-Präparate bekannt geworden, aber auch bei der experimentell gesetzten Crotonöl-Dermatitis konnten

Miyake et al. (1936) das Auftreten einer Albuminurie mit Einschränkung der Nierenfunktion und histologischen Veränderungen am Nierenepithel feststellen und schließlich traten in neuerer Zeit schwere Nierenschäden bei Arzneimittelexanthemen nach Butazolidin auf (Herrmann, Hopfeld u. Berning 1956).

Andererseits machen auch chronische Nierenerkrankungen unter Umständen Hautveränderungen (Ohnstead u. Lunseth 1958). Sie manifestieren sich als Verdickung, Trockenheit und Schuppung, Haarverlust und Juckreiz und sind die Folge von Elektrolytverschiebungen. Für ihre Entstehung ist allerdings weniger ein einzelner extrem verschobener Wert, als die Dauer und Schwere der Gesamtacidosis ausschlaggebend.

Zum Schluß müssen wir noch auf zwei dermatologische Erkrankungen hinweisen, bei denen man ganz besonders auf die Nierenfunktion achten muß: 1. der akute Erythematodes, bei dem zwar die Haut meist auf ACTH oder Corticoide gut anspricht, die Nieren aber kaum reagieren (Bock 1956); 2. die Sklerodermie, bei der nach Cortison auffallend häufig von akut auftretenden Nierenschäden berichtet wird (Glaser u. Smit 1953; Rossier u. Hegglin-Volkmann 1954). Auch die schnell aufgetretenen Hypertensionen sind wahrscheinlich so zu deuten (Sharnoff et al. 1951; Meyer de Schmid u. Neumann 1953). Es erhebt sich also zumindest bei der Sklerodermie die Frage, ob man sie überhaupt mit Corticoiden behandeln soll, zumal auch die Hauterfolge damit nicht sehr überzeugend sind.

γ) Magen-Darm

Mundschleimhaut, Zunge. Die Inspektion der Mundschleimhaut und der Zunge gehört zu jeder exakten Untersuchung, das lernt bereits der Student in seinen klinischen Vorlesungen. Überprüft später der Dermatologe sein Wissen über die Mundschleimhaut- und Zungenerscheinungen, so wird er ohne viel Überlegung etwa 10, nach etwas Nachdenken vielleicht 20 oder sogar 30 Krankheitsbilder nennen können. Das sind ohne Zweifel die am häufigsten vorkommenden, aber es sind bei weitem nicht alle. Wir sind in der glücklichen Lage, die restlichen nicht aufzählen zu müssen, da sie von Schuermann (1958) in so umfassender Weise zusammengestellt worden sind, wie wir es hier nicht könnten. Es ist auch durchaus nicht notwendig, daß man all diese Krankheitsbilder ständig parat hat, dafür sind sie zum Teil zu extrem selten. Man muß aber von ihrer Existenz und ihren Beziehungen zu anderen Organen und Systemen wissen und sich diagnostisch und therapeutisch danach richten, d.h. alle Patienten mit Erscheinungen in der Mundhöhle, die nicht klar als Folge einer rein dermatologischen Erkrankung zu erkennen sind, auf weitere Symptome untersuchen oder untersuchen lassen.

Magen. Poor (1870) hat wohl als erster auf Magenstörungen bei Ekzematikern aufmerksam gemacht. Unter den 632 von ihm untersuchten Patienten hatten nur 9 keinen Befund. Nach ihm hat dann 1903 Ehrmann (1922) und 1908 Spiethoff das Gebiet eingehend bearbeitet. Urbach (1923) machte später neben der Titration des Magensaftes auch schon röntgenologische Magen-Darm-Befunde bei Neurodermitikern. Er fand unter 32 Patienten nur 4 mit normalen Verhältnissen und wertete dieses Ergebnis auch schon therapeutisch aus. Danach befaßten sich Stein (1932) und später Gottron (1937) eingehend mit den Wechselbeziehungen zwischen Magenstörungen und Dermatosen und schließlich wurden 1955 von Fischer (1955) noch Gastroskopien bei den verschiedensten Dermatosen durchgeführt. Fast genau $^2/_3$ der Fälle hatten meist chronische Schleimhautveränderungen.

Bei der Rosacea untersuchten Ryle u. Barber (1920) den Magensaft. Sie waren dazu dadurch angeregt worden, daß ihnen bei den Patienten immer wieder die blasse, am Rande gekerbte Zunge auffiel, die aussah, „wie bei Salzsäuremangel". Sie führten danach die erste Behandlung mit verdünnter Salzsäure durch und hatten damit selbst bei schwersten Rosacea-Fällen sehr gute Erfolge. Durch die späteren Arbeiten von STEIN (1932) und GOTTRON (1937) wurde dieser Zusammenhang weiter erhärtet, so daß auch heute noch die Untersuchung des Magensaftes und die entsprechende Substitutionstherapie zur Standardbehandlung der Rosacea gehören.

Zur Standardbehandlung der Rosacea gehört außerdem das Desoxycorticosteron, ein Nebennierenrinden-Hormon, von dem wir wissen, daß es zur Hypersekretion eines hyperaciden Magensaftes führt. Es erhebt sich nun die Frage, ob es wirkt, weil der Magensaft sauer wird oder ob der Magensaft, weil er nur ein Symptom innerhalb des Krankheitsbildes ist, sauer wird, nachdem dieses sich bessert. FUNK u. WALTHER (1950) bezeichnen, auf GOTTRON (1937) fußend, die Rosacea als eine polygenetische Erkrankung, bei der neben dem Magen auch die Leber, das Gefäßsystem, zentralnervöse Regulationszentren usw. den Ausschlag geben können. Man könnte ebensogut umgekehrt sagen: alle diese Organe treten je nach vorhandener Disposition mehr oder weniger stark im Verlaufe eines Krankheitsbildes einheitlicher Genese in den Vordergrund.

Zum Schluß sei uns noch der Hinweis gestattet, daß der Zustand des Magens auch an den Darmverhältnissen und den damit verknüpften Dermatosen nicht unbeteiligt ist (das gleiche gilt für den Zustand der Mundhöhle in bezug auf den Magen!).

Darmtractus. Durch die Beobachtung von SÄNGER [zitiert nach SPIETHOFF (1908)] wurde die Aufmerksamkeit SPIETHOFFs (1908) auf Störungen im Magen-Darmkanal bei Dermatosen gelenkt. Tatsächlich fanden sich solche Störungen bei Erythemen, Urticaria, Rosacea, Ekzemen und beim Strophulus. In der Folgezeit wurde über diese Frage so viel gearbeitet, daß LUTZ (1929) ihr im Jadassohnschen Handbuch 10 Seiten mit einer Fülle von Literatur einräumte, auf die wir verweisen können. Später gingen dann insbesondere GOTTRON (1937, 1940), LUTZ (1950) und BÜRGER (1950) wieder näher darauf ein. Wir können auch auf diese Autoren verweisen. LUTZ (1950) erwähnt in erster Linie die durch Darmentzündungen oder sonstige Resorptionsstörungen bedingten Avitaminosen. Dazu ist heute zu ergänzen, daß solche Resorptionsstörungen auch durch hormonelle Dysfunktionen bedingt sein können. MIOWSKI u. TADZER (1953/54) berichten über Erfolge mit ACTH- und Nebennieren-Extrakten bei der Pellagra, SHAW et al. (1952) über Vitamin A-Resorptionsstörungen, die durch Schilddrüsenhormon beseitigt werden können.

Über die Häufigkeit der Magen-Darmstörungen bei gleichzeitig bestehenden Hauterkrankungen unterrichten Arbeiten von ROHOWSKI (1947), der unter den Kranken der Breslauer Klinik eine Häufigkeit von 28 und ZELLHUBER (1951), der in der Tübinger Klinik sogar 45% fand, davon allein 22% Darmerkrankungen.

NIKOLOWSKI (1953) fand unter 3400 poliklinisch behandelten Männern 6,5% mit Magenreaktionen. Wurden bei diesen nun die bakteriellen Darmverhältnisse überprüft, insbesondere bei der Acne conglobata (4 von 4), dem Analekzem (6 von 7) und den seborrhoischen Ekzemen (9 von 19). Etwa gleich häufig war die Dysbakterie bei der chronischen Urticaria (5 von 9), während sie bezeichnenderweise bei den akuten Urticariafällen nie beobachtet wurde. NIKOLOWSKI (1953) fiel außerdem auf, daß die jahreszeitlichen Schwankungen von seborrhoischen Ekzemen und Dysbakterien parallel gehen. Die Vermutung einer gegenseitigen Abhängigkeit lag also nahe. Er gibt dafür 2 Möglichkeiten an: 1. reflektorische gleichzeitige Reizung der Darmschleimhaut und dadurch sekundäre Fehlbesiedlung: 2. Rückwirkungen der pathologischen Darmflora im Sinne einer enteralen Intoxikation auf die Haut.

Gerade die zweite Möglichkeit kann man sicher zum Teil bei den Dermatosen, die mit einer Indicanurie einhergehen, als einen der ursächlichen Faktoren ansehen, man darf aber nicht vergessen, daß darüber hinaus noch einige andere Faktoren sehr wichtig sind, wie z.B. periodische Schwankungen in der Abwehrbereitschaft des Organismus im allgemeinen und der Haut im besonderen, eine schwankende Virulenz bestimmter Erreger und gefäßallergische Reaktionen verschiedenen Grades auf Stoffwechselprodukte der Erreger [bei der Colitis ulcerosa + Pyoderma gangraenosum angenommen von WALTHER (1954)]. Man muß sogar an die Möglichkeit einer Symbiose verschiedener Bakterien, Pilze oder Protozoen denken (O'LEARY 1956), ähnliche Fälle wurden auch von HARRIS u. MITCHELL (1949) und COLE u. DEDDIE (1954) beschrieben, selbst wenn ihnen nur wenig Wahrscheinlichkeit zukommt.

δ) Milz, Knochenmark, Blut, Serum

Milz. Über Zusammenhänge zwischen Milz und Haut ist nicht viel zu sagen. Beim Felty-Syndrom wurden in einigen Fällen Unterschenkelgeschwüre beschrieben, die gegenüber jeder üblichen Therapie völlig resistent waren, aber durch die Splenektomie gut beeinflußt wurden (PEDEN 1949; ROGERS u. LANGLEY 1951; SCHOCH 1952). Ähnliche Effekte der Splenektomie auf Unterschenkelgeschwüre bei Patienten mit hämolytischem Ikterus beschreiben JOULIA et al. (1955) und COLOMB u. FAYOLLE (1957).

Knochenmark. Daß bei allen Dermatosen, die mit einer stärkeren Blutbildverschiebung einhergehen, auch Knochenmarksveränderungen auftreten können, ist bekannt. Die selteneren Fälle, bei denen die Knochenmarksveränderungen diagnostischen Wert haben, stellten PASCHER et al. (1952) zusammen.

Blut. Bekannt sind die Hauterscheinungen bei Leukämien, die manchmal schon recht früh auftreten, und die bei Schädigungen der Blutplättchen. Wir brauchen daher nicht näher darauf einzugehen. Die Hauterscheinungen, die durch Erkrankungen der roten Blutzellen hervorgerufen werden können, sind dagegen kaum bekannt.

1922 stellte WERTHER (1924) zum ersten Mal einen Patienten mit einem pruriginösen Ekzem bei Polycythaemia vera vor. Ein zweiter Fall, den PICK u. KAZNELSON (1925) mitteilten, war völlig therapieresistent und heilte erst nach Bestrahlung des Knochenmarks und Normalisierung des Blutbildes ab. Ähnliche Fälle beschrieben GANS (1927) und ULLMANN (1927).

Bei einer anderen Störung des roten Blutbildes, der Sichelzell-Anämie wurden von mehreren Autoren therapieresistente Unterschenkelgeschwüre beschrieben (CORNBLEET 1952; MORSE u. REINER 1956), desgleichen bei der Cooley-Anämie (PASCHER u. KEEN 1952 und andere). CORNBLEET et al. (1948) glauben auch an einen Zusammenhang zwischen der Alopecie der seitlichen Halspartien, wie sie sie in 3 Fällen bei Patienten mit Sichelzellanämie beobachten konnten.

Serum. Die Serumeiweißfraktionen sind bei zahlreichen Hauterkrankungen mehr oder weniger charakteristisch verschoben (LEINBROCK 1957). Die Frage nach der Art eines möglichen Zusammenhanges ist noch weitgehend ungeklärt. Handelt es sich bei der Hauterkrankung um eine Folge der Eiweißverschiebung oder verhält es sich umgekehrt oder ist beides die Folge einer gemeinsamen Ursache.

Man muß diese Frage wohl noch in den meisten Fällen offen lassen, während von einigen wenigen Krankheitsbildern schon so viel bekannt ist, daß man sie relativ sicher einordnen kann.

So wurde z.B. bei der Kälteurticaria in einem Teil der Fälle ein eigentümliches Gerinnungsphänomen festgestellt. Das Plasma dieser Patienten geliert im Reagensglas, wenn man es auf eine bestimmte Temperatur abkühlt, und es verflüssigt sich wieder, sobald es erwärmt wird. Die dafür verantwortlichen Reagine konnten elektrophoretisch als Makroglobuline identifiziert werden (DUPERRAT u. PRINGUET 1958). Man kann also in diesen Fällen mit ziemlicher Sicherheit sagen, daß die Hauterkrankung eine Folge der Bildung dieser pathologischen Serumfraktion ist.

LEONHARDT (1957) hatte Gelegenheit, 14 Geschwister, von denen 4 eine Hypergammaglobulinämie und davon 3 einen akuten Erythematodes hatten, über Jahre zu beobachten. Es zeigte sich, daß die Globulinverschiebung nicht konstant war und dem Manifestwerden des Erythematodes viele Jahre vorausging. LEONHARDT glaubt daher, daß es sich möglicherweise beim akuten Erythematodes um eine Antigenreaktion handeln könne.

Leider hat uns bisher dieses Wissen um die möglichen oder wahrscheinlichen Ursachen der Erkrankungen in der Therapie noch nicht viel weiter geholfen. Das verhält sich bei einer 3. Gruppe von Eiweißveränderungen, den Hypo- oder Agammaglobulinämien, anders.

MARCUSSEN (1955) beobachtete einen Patienten mit gangränösen Pyodermien, bei dem die β-Globuline maximal erhöht waren, während die γ-Fraktion fast völlig fehlte und sich auch durch massive Zufuhr nicht normalisieren ließ. Es fiel aber doch auf, daß nach jeder γ-Globulininjektion das Epithel merklich regenerierte! Durch diese Beobachtung angeregt behandelten BLOOM et al. (1958) zwei ähnliche Fälle ebenfalls mit γ-Globulinen, und es gelang ihnen tatsächlich, einen zu heilen, den anderen einzudämmen. Noch schöner waren die Erfolge von FISCHER (1958) bei zwei Brüdern, bei denen eine kongenitale Agammaglobulinämie erst auf Grund von Hauterscheinungen diagnostiziert worden war. Bei dem einen seiner Patienten bildeten sich selbst Bronchiektasen und Trommelschlegelfinger zurück. — Wir selbst sahen in letzter Zeit zwei lymphatische Leukämien, die wegen schwerer gangränöser Zoster aufgenommen wurden. Beide hatten stark erniedrigte γ-Globulinwerte und in beiden Fällen kam es zur Generalisation des Zosters mit bedrohlichen Erscheinungen. Die Verabreichung von γ-Globulin führte auch hier zu einer schlagartigen Wende und zur Abheilung.

Literatur

ANDERSON, D. S.: The acid-base balance of the skin. Brit. J. Derm. **63**, 283 (1951). Ref. Zbl. Haut- u. Geschl.-Kr. **79**, 302 (1952). — ANGELA, G. L., and A. A. APRÀ: The histologic picture of the liver in some dermatovenerologic conditions (liver biopsy studies). Nagoya med. J. **3**, 67 (1955). Ref. Zbl. Haut- u. Geschl.-Kr. **95**, 69 (1956).

BARTMANN, G.: Zur ätiologischen Therapie der Impetigo herpetiformis. Arch. Derm. Syph. (Berl.) **175**, 93 (1937). — BETTLEY, F. R., and R. H. MARTEN: Unilateral seborrhoic dermatitis following a nerve lesion. Arch. Derm. Syph. (Chicago) **73**, 110 (1956). — BLOOM, D., D. FISHER and M. DANNENBERG: Pyoderma gangraenosum associated with hypogammaglobulinemia. Report of two cases. Arch. Derm. Syph. (Chicago) **77**, 412 (1958).— BOCK, H. E.: Internistisch Beachtenswertes bei Lupus erythematodes disseminatus (L.E.D.). Ärztl. Wschr. **1956**, 537. — BOLGERT, M., et M. CARAMANIAN: L'insuffisance thyroïdienne des pemphigus foliacés. Bull. Soc. franç. Derm. Syph. **57**, 166 (1950). — BOLGERT, M., G. GAUTRAN, M. CARAMANIAN et M. SOULÉ: Pemphigus subaigu malin avec stomatite initiale et diminution de métabolisme basal. Amélioration considérable par l'extrait thyroïdien et l'aureomycine. Bull. Soc. franç. Derm. Syph. **57**, 311 (1950). — BOLGERT, M., et G. LÉVY: A propos du syndrome de Senear-Usher. Bull. Soc. franç. Derm. Syph. **55**, 213 (1948). — BOMMER, S.: Behandlungsversuche beim Ekzem. Arch. Derm. Syph. (Berl.) **191**, 450 (1950).—

BORELLI, S.: Paradoxe und adäquate Hautreaktionen bei der Neurodermitis nach der Einwirkung von Pharmaca. Arch. klin. exp. Derm. **200**, 479 (1955). — BORELLI, S., u. S. SCHOTT: Pruritus. I. Teil. Ätiologie und Pathogenese. Hautarzt **5**, 385 (1954). — BOUCHARD, C.: Rev. Méd. **22**, 837 (1902). Zit. nach MARTINI. — BRACK: Die alimentäre Hämoklasie bei Prurigo und ihre klinische Bedeutung. Schweiz. med. Wschr. **1925**, 48. — BRAUN-FALCO, O.: Zum Einfluß des Nervensystems auf den Sitz einer Neurodermitis diffusa. Derm. Wschr. **126**, 1026 (1952). — Histochemische Aminopeptidase-Darstellung in normaler Haut, bei Psoriasis, Dermatitis, Basaliom, spinocellulärem Karzinom und Molluscum sebaceum. Derm. Wschr. **134**, 1341 (1956). — BRÜHL, W.: Der Insulinstoß als Heilfaktor angioneurotischer (allergischer) Hautkrankheiten. Dtsch. med. Wschr. **1939I**, 326. — BÜRGER: Haut und Stoffwechsel. Arch. Derm. Syph. (Berl.) **191**, 71 (1950). — BURCKHARDT, W.: Die Rolle des Alkali in der Pathogenese des Ekzems, speziell des Gewebeekzems. Arch. Derm. Syph. (Berl.) **173**, 155 (1936). — Neuere Untersuchungen über die Alkaliempfindlichkeit der Haut. Dermatologica (Basel) **94**, 73 (1947). — BURKE, F. G., and S. ROSS: Acute glomerulonephritis: a review of 90 cases. J. Pediat. **30**, 157 (1947). — BUSCHKE, A., u. H. OLLENDORFF: Über den Zusammenhang des Pemphigus vulgaris mit Veränderungen im Nervensystem (anatomische Veränderungen im Zwischenhirn). Derm. Wschr. **81**, 1591 (1925).

CALLAWAY, J. L., and H. B. O'REAR: Pyogenic infections of skin: etiologic factor in acute glomerulonephritis of children. Arch. Derm. Syph. (Chicago) **64**, 159 (1951). — CHARPY, J., L. ODDOZE, A. STAHL, M. PEYRON et R. MANEY: Le mécanisme nerveux de l'eczéma de sensibilisation. L'eczéma est dû à un réflexe central sensitivo-végétatif. Sem. Hôp. Paris **29**, 2639 (1953). — CHEVALIER, C. R.: Soc. Biol. **64**, 1 (1908). Zit. nach STEINHOFF. — CHEVALLIER, P.: Traitement des urticaires graves par l'insuline. Paris méd. **1932**, 54. — COLE, W. J., and F. M. KEDDIC: Filariasis with associated urticaria due to Wuchereria Bancrofti. Arch. Derm. Syph. (Chicago) **69**, 640 (1954). — COLOMB, L., et G. FAYOLLE: Hémogénie, aero-asphyxie hypertrophique et ulcère de jambe chez un malade de 15 ans. Résultats de la splénectomie. Bull. Soc. franç. Derm. Syph. **64**, 300 (1957). — CORNBLEET, TH.: Spontaneous healing of sickle cell anemia ulcer in pregnancy. J. Amer. med. Ass. **148**, 1025 (1952). — CORNBLEET, TH., and N. R. JOSEPH: Spread of redox potentials over the skin. Arch. Derm. Syph. (Chicago) **71**, 731 (1955). Ref. Zbl. Haut- u. Geschl.-Kr. **94**, 27 (1956). — CORNBLEET, TH., H. C. SCHORR and S. BARSKY: Pseudo-ophiasis and sickle cell anemia. Arch. Derm. Syph. (Chicago) **59**, 519 (1948). — CUEVA, J. V., y R. HERNÁNDEZ DE LA PORTILLA: La frecuencia de manifestaciones, alérgicas en los padecimientos del higado. Rev. Invest. clin. **4**, 203 (1952). Ref. Zbl. Haut- u. Geschl.-Kr. **87**, 40 (1954).

DEVOTO, A.: Risultati della cura insulinica in alcune dermatosi. Boll. Sez. region. Soc. ital. Derm. **1**, 24 (1931). — DIEMER, W.: Inaug.-Diss. Tübingen 1951. Zit. nach KORTING u. DIETZ 1952. — DOGLIOTTI, M., M. BANCHE e G. L. ANGELA: Significato ed importanza dell' agobiopsia epatica in alcune condizioni patologiche della cute. G. ital. Derm. Sif. **95**, 321 (1954). — DORTA: Untersuchungen über p_H der Hautoberfläche bei gesunden und Ekzempatienten. Diss. Zürich 1956. — DUJARDIN, B., et N. DECAMPS: Action combinée de l'anaphylaxie et des actions pexiques en dermatologie. Ann. Derm. **6**, 725 (1925). Ref. Zbl. Haut- u. Geschl.-Kr. **26**, 283 (1926). — DUPERRAT, B., u. R. PRINGUET: Cryoglobulinémie. Bull. Soc. franç. Derm. Syph. **65**, 256 (1958).

EBERHARTINGER, CHR.: Beitrag zur Hepanintherapie der Psoriasis vulgaris. Derm. Wschr. **134**, 1369 (1956). — EBERHARTINGER, CHR., u. F. REINHARDT: Experimentelle Untersuchungen über die Heparinwirkung bei Psoriasis. Arch. klin. exp. Derm. **203**, 343 (1956). — EICHENLAUB, F. J., and R. A. OSBOURN: Role of the liver in congestive eczema. Arch. Derm. Syph. (Chicago) **57**, 171 (1948). — EICHHOLTZ, F., H. G. ZWERG u. L. KLUGE: Wirkungsbedingungen der Röntgentherapie. I. Mitt. Insulin und Adrenalin. Naunyn-Schmiedeberg's Arch. exp. Path. Pharmak. **174**, 210 (1933). — EISENBERG, B. C.: Role of tranquilizing drugs in allergy. J. Amer. med. Ass. **163**, 934 (1957). — EHRMANN: Über den Zusammenhang der Neurodermitis mit Erkrankungen des Verdauungstraktes und Störungen der inneren Sekretion. Arch. Derm. Syph. (Berl.) **138**, 346 (1932). — EPPRECHT, R.: Elektrometrische Messungen des p_H der Hautoberfläche bei Hautgesunden und Ekzempatienten mit besonderer Berücksichtigung der Säureneutralisation. Dermatologica (Basel) **111**, 204 (1955).

FALTITSCHEK, J.: Wien. klin. Wschr. **1936**, 1349. Zit. nach MARTINI. — FEROND, M.: L'insuline en dermatologie. Scalpel (Brux.) **79** (1926). — FINCH, J. W.: Experience with Rauwolfia. Letter to Editor. Mod. Med. **22**, 22 (1954). — FISCHER, H. R.: Über Magenveränderungen bei Hautkrankheiten. (Nach gastroskopischen Untersuchungen.) Hautarzt **6**, 212 (1955). — FISHER, A. A.: Diagnosis: congenital agammaglobulinemia in brothers. Arch. Derm. Syph. (Chicago) **77**, 474 (1958). — FLESCH, P., and E. C. JACKSON ESODA: Defective epidermal protein metabolism in psoriasis. Chemical analysis of scales as a diagnostic test. Arch. Derm. Syph. (Chicago) **36**, 393 (1957). — FÖLDVÁRI, F., et J. BALÓ: Les altérations du ganglion de Gasser dans des cas de pemphigus de la bouche. Ann. Derm. Syph. (Paris) **81**, 507 (1954). — FRÜHWALD, R., E. RAMEL, A. MATRAS u. E. RIECKE: Klinische Umfrage.

Wie sind die Abgrenzungen zwischen Psoriasis pustulosa, Impetige herpetiformis und Akrc-dermatitis continua zu beurteilen? Derm. Wschr. **102**, 322 (1936). — FÜRST: Grundriß der Arzneimittellehre für die Behandlung von Hautkrankheiten. Leipzig: Georg Thieme 1928. — FUNK, C. F.: Strichförmige Dermatose vom Charakter einer Neurodermitis (Jadassohn) bei Spina bifida des 1. Sakralsegmentes. Derm. Wschr. **132**, 792 (1955). — FUNK, C. F., u. A. WALTHER: Neuralpathologische Betrachtung der Rosacea-Pathogenese. Derm. Wschr. **121**, 457 (1950). — FUSS: Acrodermatitis continua (Hallopeau) mit chronischer deformierender Polyarthritis (auf Basis eines ursprünglich gonorrhoischen Gelenkrheumatismus). Wien. Dermatol. Ges., 29. 6. 1939. Ref. Derm. Wschr. **110**, 114 (1940). — FUTCHER, P. H.: Glomerulonephritis following infections of the skin. Arch. intern. Med. **65**, 1192 (1940).

GANS, O.: Über spezifische Hautveränderungen bei Erythrämie. Virchows Arch. path. Anat. **263**, 565 (1927). — Zur Pathogenese der Psoriasis vulgaris. Hautarzt **3**, 193 (1952). — Pathogenesis of BESNIER's prurigo. Trans. St. John's Hosp. derm. Soc. (Lond.) **1956**, No 37, 1. — GANS, O., e I. V. GLASENAPP: Contributi al problema della psoriasi. I. Respiratione cutanea e glicolisi a livello delle chiazze di psoriasi. Dermatologia (Napoli) **2**, 285 (1951). — GAULTHIER: Arch. int. Pharmacodyn. **20**, 96 (1910). Zit. nach STEINHOFF. — GENEST, J., L. ADAMKIEWICZ, R. ROBILLARD et G. TREMBLEY: Nouvelles applications thérapeutiques de la réserpine et des extraits de la rauwolfia. Un. méd. Can. **83**, 915 (1954). — GENTIL, F., u. S.F. GOMES DA COSTA: Sensibilisierung des Tumorgewebes für die Röntgenstrahlenwirkung, hervorgerufen durch lokale Insulinanwendung. C. R. Soc. Biol. (Paris) **109**, 511 (1932); **110**, 1051 (1932). — GLASER, R. J., and D. E. SMITH: Amer. J. Med. **14**, 231 (1953). Zit. nach ROSSIER u. HEGGLIN-VOLKMANN 1954. — GOLDBLATT, S.: Hypothyroid pruritus. (On the etiology and treatment of certain cases of neurotic excoriations.) Acta derm.-venerol. (Stockh.) **35**, 167 (1955). Ref. Zbl. Haut- u. Geschl.-Kr. **94**, 75 (1956). — GOLDZIEHER, J. W.: Arch. Derm. Syph. (Chicago) **52**, 369 (1945); **53**, 42 (1946). Zit. nach ROBERT, Dermatologica (Basel) **103**, 212 (1951). — GOMES DA COSTA, S. F.: L'insuline et le métabolisme des hydrates de carbone dans les cancers de la peau. C.R. Soc. Biol. (Paris) **107**, 85 (1931). — L'azione topica dell'insulina sui cancri della cute . (Com. prelim.) Tumori **2**, 6, 140 (1932). — Vernarbung der neoplastischen Hautgeschwüre durch lokale Anwendung von Insulin. Z. Krebsforsch. **39**, 5 (1933). — GOTTRON, H. A.: Individualpathologie in der Dermatologie. Dtsch. med. Wschr. **72**, 580 (1947). — GOTTRON, H. A.: Wechselwirkungen zwischen Haut und inneren Organen. In: Normale und krankhafte Steuerung im menschlichen Organismus. Jena 1937. — Hautveränderungen als Symptome von Stoffwechselerkrankungen. In: Stoffwechselerkrankungen (GROTE). Dresden u. Leipzig 1940. — GOUIN, J., et A. BIENVENUE: Résultats de la radiothérapie fonctionelle sympathique dans les erythrocyanoses sous-malléolaires et troubles associés et dans l'hypophyxie, la maladie de RAYNAUD, les ulcères des jambes. Bull. Soc. franç. Derm. Syph. **35**, 924 (1928). — Traitements des prurits vulvaires et anorectaux par la radiothérapie sympathique. Bull. Soc. franç. Derm. Syph. **38**, 323 (1931). — GRAHAM, D. M., T. P. LYON, H. B. JONAS, A. YANKLEY, J. SIMONTON and S. WHITE: Blood lipids and human atherosclerosis: The influence of heparin upon lipoprotein metabolism. Circulation **4**, 666 (1951). — GROSS, D., u. K. WOEBER: Zur Frage der Bedeutung des vegetativen Nervensystems für die Entstehung von Dermatosen. Hautarzt **3**, 203 (1952).— GRUBNER, R.: Effect of „aminopterin“ on epithelial tissues. Arch. Derm. Syph. (Chicago) **64**, 688 (1951). — GRÜNEBERG, TH., u. A. SZAKALL: Über den Gehalt an Schwefel und wasserlöslichen Bestandteilen in der verhornten Epidermis bei normaler und pathologischer Verhornung (Psoriasis). Arch. klin. exp. Derm. **201**, 361 (1955). Ref. Zbl. Haut- u. Geschl.-Kr. **94**, 133 (1956). — GRÜTZ: Das Psoriasis-Problem im Lichte ätiologischer Forschungen und klinisch-diätetischer Erfahrungen. Arch. Derm. Syph. (Berl.) **170**, 143 (1934). — GRÜTZ, O., u. M. BÜRGER: Die Psoriasis als Stoffwechselproblem. Klin. Wschr. **12**, 373 (1933).

HAAS, H.: Spiegel der Arznei. Ursprung, Geschichte und Idee der Heilmittelkunde. Berlin-Göttingen-Heidelberg: Springer 1956. — HANOT, V., et A. GILBERT: La cirrhose alcoolique hypertrophique. Bull. Soc. méd. Hôp. Paris **7**, 492 (1890). — HASERICK, J. R.: Diskussion zu LYNCH u. KRAFCHUK. J. invest. Derm. **25**, 7 (1955). — HARRIS, R. H., and J. H. MITCHELL: Chronic urticaria due to giardia lamblia. Arch. Derm. Syph. (Chicago) **59**, 587 (1949). — HAYMAN jr., J. M., and J. W. MARTIN jr.: Acute nephritis: revies of 77 cases. Amer. J. med. Sci. **200**, 505 (1940). — HEEREN, J. G.: Röntgenbestrahlung in Kombination mit Ultrakurzwellen und Insulininjektion. Strahlentherapie **68**, 444 (1940). — HERMANN, H.: Mikroskopische Beobachtungen an vegetativen Ganglien bei der Erythrodermie vom Typus Wilson Brocq. Z. Haut- u. Geschl.-Kr. **13**, 33 (1952). — Neurohistologische Beobachtungen an der menschlichen Haut beim Pemphigus vulgaris. Z. Haut- u. Geschl.-Kr. **16**, 225 (1954). — HERRMANN, W. P., G. HOPFELD u. H. BERNING: Über Nierenentzündungen nach Irgapyrin-Behandlung. Z. klin. Med. **154**, 302 (1956). — HERXHEIMER u. KÖSTER: Über therapeutische Versuche mit Pilocarpin. hydrochlor. bei Parapsoriasis. Berl. klin.

Wschr. **1913**, 48. — HURIEZ, CL., F. DESMONS, M. BENOIT et P. MARTIN: Étude histopathologique du foie des psoriasiques. Bull. Soc. franç. Derm. Syph. **63**, 488 (1956[1]). — La ponction — biopsie du foie dans l'eczéma. Bull. Soc. franç. Derm. Syph. **63**, 482 (1956[2]). — Le foie dans les principales dermatoses d'après 77 ponctions-biopsies. Bull. Soc. franç. Derm. Syph. **64**, 234 (1957).

ILLIG, L.: Zur Bedeutung des Nervensystems für die Manifestation der Neurodermitis. Hautarzt **5**, 408 (1954). — INCEDAYI, C. K., u. B. OTTENSTEIN: Zur Frage der Behandlung der Psoriasis mit kaliumarmer Diät und Nebennierenrindenextrakt. Dermatologica (Basel) **80**, 65 (1939). — INOUYE, K.: Über die Beeinflussung der Röntgenstrahlenwirkung auf maligne Tumoren durch Zucker- und Insulininjektionen. Strahlentherapie **58**, 125 (1937). — IRGANG, S.: Pemphigoid. Report of a zosteriform type. Brit. J. Derm. **68**, 132 (1956).

JANSON, PH.: Die Rolle der Leber bei Dermatosen. Hippokrates (Stuttgart) **27**, 213 (1956). — JEKEL, H. G.: Use of heparin in treatment of psoriasis. Arch. Derm. Syph. (Chicago) **68**, 80 (1953). — JOULIA, TEXIER, SAVRAT et MALEVILLE: Ictère hémolytique et ulcère de jambe. Bull. Soc. franç. Derm. Syph. **62**, 403 (1955). — JUSTER, E.: Disparition progressive des papules d'un lichen plan cutané et buccal durant le traitement de réserpine à poses fortes. Bull. Soc. franç. Derm. Syph. **62**, 527 (1955).

KALK, H., u. E. WILDHIRT: Die Bedeutung der Leberfunktionsproben im Vergleich zum bioptischen Befund der Leber. Med. Klin. **1951**, 585. — KICKUCHI, SCH.: Intravenous glucose tolerance test in various skin diseases. Jap. J. Derm. **66**, 32 (1956). — KLINE, N. S.: Use of Rauwolfia serpentina Benth. in neuropsychiatric conditions. Ann. N.Y. Acad. Sci. **59**, 107 (1954). — KLINGMÜLLER: Saure Bäder. Derm. Z. **25**, 9 (1918). — KOCH, F.: Zur Frage der Identität von Impetigo herpetiformis, Psoriasis pustulosa und Psoriasis vulgaris. Hautarzt **3**, 165 (1952). — KOCHMANN, M.: Zur Pharmakologie der Mistel. Naunyn-Schmiedeberg's Arch. exp. Path. Pharmak. **161**, 553 (1931). — KOCSIS, A., u. P. NÁNÁSI: Die Behandlung von Psoriasisherden durch atemsteigernde bzw. -hemmende Mittel. Derm. Wschr. **124**, 1103 (1951). — KOHN, M.: Carbolsäure gegen Hautkrankheiten und Syphilis. Arch. Derm. Syph. (Berl.) **1**, 219 (1869). — KORTING, G. W., u. H. DIETZ: Über Nierenbegleiterscheinungen im Gefolge von Hautkrankheiten. Derm. Wschr. **125**, 7 (1952). — KROETZ, CH.: Die klinischen Zusammenhänge zwischen Haut- und Nierenerkrankungen. Zbl. Haut- u. Geschl.-Kr. **42**, 39 (1932). — KRÜCKEN, H.: Studie über das sogenannte „mikrobielle" Ekzem. Zbl. Haut- u. Geschl.-Kr. **96**, 81 (1956). — KÚTA, A., and E. NEUMANN: KOEBNER's phenomenon in a study concerning the primary epidermal pathogenesis of psoriasis. Dermatologica (Basel) **115**, 51 (1957). — KYRLE, J.: Demonstration von Uvachrombildern einiger seltener Hautkrankheiten. (Impetigo herpetiformis, Erythrodermia desquamativa.) Arch. Derm. Syph. (Berl.) **151**, 31 (1926).

LANGHOF, H., u. W. SCHWENKE: Über dem Einfluß einer herabgesetzten Blutzirkulation auf die Röntgen-Strahlentoleranz der Gewebe. Hautarzt **7**, 272 (1956). — LEINBROCK, A.: Die Elektrophorese in der Dermatologie. In: Die quantitative Elektrophorese in der Medizin, von H. J. ANSWEILER. Berlin-Göttingen-Heidelberg: Springer 1957. — LEONHARDT, T.: Familial hypergammaglobulinaemia and systemic lupus erythematosus. Lancet **1957 II**, 1200. — LESLIE, G.: Linear Psoriasis. Brit. J. Derm. **63**, 262 (1951). — LESZCZYNSKI, R. v.: Zur Pathogenese und Behandlung der Psoriasis vulgaris exsudativa. Wien. med. Wschr. **1936 I**, 683. — LIGTERINK, J. H.: The mechanism of cornification in parakeratosis particulary in psoriasis. Dermatologica **111**, 301 (1955). — LOEWENTHAL, L. J. A.: The eczemas. Edinburgh u. London 1954. — LOHMANN, D.: Auslösung eines urtikariellen Exanthems durch diabetische Stoffwechselstörungen. Dtsch. Z. Verdau.- u. Stoffwechselkr. **16**, 230 (1956). Ref. Zbl. Haut- u. Geschl.-Kr. **97**, 333 (1957). — LOHMEYER, G., H. HÜSSELMANN, H. W. BANSI u. F. FRETWURST: Bedeutung und Anwendung des adrenocorticotropen Hormons (ACTH) in der Klinik. Dtsch. med. Wschr. **1950**, 1129. — LORINCZ, A. L.: Diskussion zu LYNCH u. KRAFCHUK. J. invest. Derm. **25**, 7 (1955). — LORTAT-JACOB et P. BOURGEOIS: La glycémie dans les dermatoses. Bull. Soc. méd. Hôp. Paris **42**, 621 (1926). — LUCHSINGER: Die Wirkung von Pilocarpin und Atropin auf die Schweißdrüsen der Katze. Ein Beitrag zur Lehre vom doppelseitigen Antagonismus zweier Gifte. Pflügers Arch. ges. Physiol. **15**, 482 (1877). — LUTZ, W.: Stoffwechsel und Haut. II. B. Leber. In J. JADASSOHNs Handbuch der Haut- und Geschlechtskrankheiten, Bd. III, S. 298, Berlin: Springer 1929. — Innere Medizin und Hautkrankheiten vom Standpunkt des Dermatologen. Arch. Derm. Syph. (Berl.) **191**, **47** (1950). — LUTZ, E., u. G. W. KORTING: Zur Lungenfunktion des endogenen Ekzematikers. Arch. Derm. Syph. (Berl.) **205**, 597 (1958). — LYNCH, F. W., and J. D. KRAFCHUK: Serum lipids and thyroid activity in lupus erythematosus: modification with propylthiouracil. J. invest. Derm. **25**, 3 (1955).

MAGNUS, I. A.: Observations on the thiol content of abnormal stratum corneum in psoriasis an other conditions. Brit. J. Derm. **68**, 243 (1956). — MARCHIONINI, A.: Untersuchungen über die Wasserstoffionenkonzentration der Haut. Arch. Derm. Syph. (Berl.) **158**, 290 (1929). — Ist das seborrhoische Ekzem der Ausdruck einer Konstitutionsanomalie oder einer mikrobiellen Infektion der Haut? Ann. hellén Derm. et Venéréol. **1**, 177 (1939). Ref. Zbl. Haut- u. Geschl.-Kr. **64**, 611 (1940). — MARCUSSEN, P. V.: Hypogammaglobulinämie beim Pyoderma gangraenosum. J. invest. Derm. **24**, 275 (1955). — MARTINI, G. A.: Über Gefäßveränderungen der Haut bei Leberkranken. Z. klin. Med. **153**, 470 (1955).— MEYER DE SCHMID, J.-J., et A. NEUMAN: Apropos de 3 cas de grande sclérodermie avec sclérodactylie traités par l'ACTH. Régression dans 1 cas se maintenant 18 mois aprés l'arrêt du traitement. Bull. Soc. franç. Derm. Syph. **60**, 32 (1953). — MEYER-ROHN, J.: Kokkenerkrankungen (einschl. Granuloma teleangiectaticum). In H. A. GOTTRON u. W. SCHÖNFELD, Dermatologie und Venerologie, Bd. II/2, S. 1154ff. — MIESCHER, G.: Über das Wesen des Ekzems. In: Fortschritte der praktischen Dermatologie und Venerologie, S. 1. Berlin-Göttingen-Heidelberg: Springer 1955. — MIOWSKI, D. K., et I. S. TADŽER: Notre expérience du traitement de la pellagre par l'hormone hypophysaire corticotrope (ACTH). Ann. Derm. Syph. (Paris) **81**, 259 (1954). — MIYAKE, I., I. OYAMA u. T. HONDA: Über dem Einfluß ekzematöser Hautveränderungen auf die Nierenfunktion. Jap. J. Derm. **39**, 15 (1936). Ref. Zbl. Haut- u. Geschl.-Kr. **54**, 220 (1937). — MOGIL' NICKAJA, B. Z.: Über die desensibilisierende Bedeutung des Insulins bei allergischen Berufskrankheiten. Vestn. Venerol. H. 3, 18 (1950). Ref. Zbl. Haut- u. Geschl.-Kr. **77**, 304 (1951). — MONACELLI, M., u. A. RIBUFFO: Der Hautzuckergehalt bei der Psoriasis. Hautarzt **3**, 498 (1952). — MONCORPS, C.: Kohlenhydratstoffwechsel der Haut. Jkurse ärztl. Fortbild. **22**, H. 4, 27 (1931). — MONCORPS, C., u. C. SPEIERER: Psoriasis und Kohlehydratstoffwechsel. Arch. Derm. Syph. (Berl.) **164**, 642 (1932). — MONTAGNA, W.: The structure and function of skin. New York: Academic Press 1956. — MONTILLI, G., e M. PISANI: La determinatione della glicodermia ai fini diagnostici. Minerva derm. (Torino) **30**, Suppl. 1, 19 (1955). — MORSE, J. L., and E. REINER: Sickle-cell anemiea with unusual extensive ulcerations. Arch. Derm. Syph. (Chicago) **73**, 178 (1956).

NARDUCCI, F.: Osservazioni sui rapporti fra glicemia e dermatosi e sul trattamento insulinico nelle dermatosi. G. ital. Derm. Sif. **70**, 857 (1929). — NEUMANN, I.: Über die Wirkung der Cabolsäure auf den tierischen Organismus, auf pflanzliche Parasiten und gegen Hautkrankheiten. Arch. Derm. Syph. (Berl.) **1**, 424 (1869). — Lehrbuch der Hautkrankheiten. Wien: Wilhelm Braumüller 1880. — NEUMARK, S.: Über Insulinbehandlung einiger Hauterkrankungen. Derm. Wschr. **86**, 525 (1928). — NIKOLOWSKI, W.: Über die differentielle Morphogenese des sogenannten seborrhoischen Ekzems. Arch. Derm. Syph. (Berl.) **196**, 501 (1953). — NISHIMURA, N., H. OKAMOTO, M. YASUI, K. MAEDA and K. OGURA: Intermediary metabolism of phenylalanine and tyrosine in diffuse collagen diseases. II. Influences of the low phenylalanine and tyrosine diet upon patients with collagen disease. A.M.A. Arch. Derm. **80**, 466 (1959). Ref. Zbl. Haut- u. Geschl.-Kr. — NOBL, G.: Psoriasis. In J. JADASSOHNs Handbuch der Haut- und Geschlechtskrankheiten, Bd. VII/1, S. 180ff. Berlin: Springer 1928.

OHNSTEAD, E. G., and J. H. LUNSETH: Skin manifestations of chronic acidosis. Arch. Derm. Syph. (Chicago) **77**, 304 (1958). — ONAKA: Über die Wirkung des Arsens auf die roten Blutzellen. Hoppe-Seylers Z. physiol. Chem. **70**, 433 (1911). — ORMEA, F.: Pemfigo e sistema nervoso. Dermatologica (Basel) **100**, 137 (1950).

PASCHER, F., and R. KEEN: Leg ulcers associated with COOLEY's anemia. Arch. Derm. Syph. (Chicago) **72**, 201 (1955). — PASCHER, F., M. N. RICHTER, H. BELLACH and F. SIMM: Sternal narrow findings in varrious dermatoses. Arch. Derm. Syph. (Chicago) **66**, 251 (1952). — PASCHOUD, J. M., W. KELLER u. B. SCHMIDLI: Untersuchungen über Peptidasen in der gesunden und der befallenen Haut von Psoriasiskranken. Arch. klin. exp. Derm. **203**, 203 (1956). — PASCHOUD, J. M., et B. SCHMIDLI: Acides aminés et polypeptides dans la peau atteinte de psoriasis. Dermatologica (Basel) **110**, 323 (1955). — PAUTRIER, AMBARD, SCHMID et LÉVY: Réunion Derm. de Strasbourg, 1925, p. 52. Zit. nach NEUMARK. — PAUTRIER, AMBARD, SCHMID et SALOMON: Réunion Derm. de Strasbourg, 1924, p. 141. Zit. nach NEUMARK. — PAUTRIER, SCHMID et ROBERT: Réunion Derm. de Strasbourg, 1926, p. 132. — PEDEN, J. C.: Hypersplenism: 2 cases with leg ulcers treated by splenektomy. Ann. intern. Med. **30**, 1248 (1949). — PERUTZ, A.: Die Pharmakologie der Haut. In JADASSOHNs Handbuch der Haut- und Geschlechtskrankheiten, Bd. V/1, S. 1ff. Berlin: Springer 1930. — POOR (1870): Zit. nach C. KREIBICH, Ekzeme und Dermatitiden. In Handbuch der Haut- und Geschlechtskrankheiten, Bd. VI/1, S. 110. Berlin: Springer 1927. — PROPPE, A.: Spezielle Röntgenbehandlung. In: Dermatologie und Venerologie von H. A. GOTTRON u. W. SCHÖNFELD, Bd. II/1, S. 119. Stuttgart: Georg Thieme 1958.

RAMOS e SILVA, J.: L'innervation de la peau ne parait jouer aucun rôle dans le mécanisme de la sensibilisation de la peau au di-nitro-chlorobenzène. Expériences sur des malades atteints de lèpre anesthésique. Dermatologica (Basel) **111**, 1 (1955). — RASIEWICZ, W.: Novocain blocking in the treatment of pyogenic dermatoses. Pr. zegl. Derm. Wener **7**, 133 (1957). Ref. Zbl. Haut- u. Geschl.-Kr. **98**, 198 (1957). — RAVAUT, BITH et DUCOURTIOUX: L'action de l'insuline sur l'évolution du psoriasis. Bull. Soc. franç. Derm. Syph. **32**, 275

(1925). — Psoriasis et insuline. Bull. Soc. franç. Derm. Syph. **33**, 99 (1926). — REES, R. B., J. H. BENNETT and W. L. BOSTICK: Aminopterin for psoriasis. Arch. Derm. Syph. (Chicago) **72**, 133 (1955). — REIN, CH. R., and J. J. GOODMAN: Efficacy of reserpine (serpasil) in dermatological therapy. Arch. Derm. Syph. (Chicago) **70**, 713 (1954). — RIECKE, E.: Pemphigus chronicus. In Handbuch der Haut- und Geschlechtskrankheiten, Bd. VII/2, S. 506ff. Berlin: Springer 1931. — RIST, E. (1902): Zit. nach MARTINI. — RÖCKL, H.: Untersuchungen zur Klinik und Pathogenese des mikrobiellen Ekzems. Hautarzt **6**, 532 (1955); **7**, 14 (1956). — ROGERS, H. M., and F. H. LANGLEY: Neutropenia associated with splenomegaly and atrophic arthritis (FELTY's syndrome): Report of a case in which splenectomy was performed. Ann. intern. Med. **32**, 745 (1951). — ROHOWSKI, G.: Diss. Breslau-Tübingen 1947. Zit. nach NIKOLOWSKI 1953. — ROSSIER, P. H., u. M. HEGGLIN-VOLKMANN: Die Sklerodermie als internmedizinisches Problem. Schweiz. med. Wschr. **84**, 25 (1954). — ROST, G. A., u. B. OTTENSTEIN: Studien über Zuckerbelastung und Diastasebestimmung im Blut bei Hautkrankheiten. Arch. Derm. Syph. (Berl.) **167**, 602 (1933). — ROTHMAN, ST.: Physiologische und pathologische Verhornung. Arch. klin. exp. Derm. **200**, 23 (1955). — Clinical implications of skin enzyme systems. Arch. Derm. Syph. (Chicago) **76**, 277 (1957). — RUBIN, L.: Linear scleroderma. Arch. Derm. Syph. (Chicago) **58**, 1 (1948). — RYLE, J. A., and H. W. BARBER: Gastric analysis in acne rosacea. Lancet **1920 I**, 1195.

SCHAEFER, R.: Zur Diagnostik allergischer Hautkrankheiten durch Blutzuckerbelastungsproben. Arch. Derm. Syph. (Berl.) **191**, 141 (1950). — SCHARDORN, E.: Über Impetigo herpetiformis. Arch. Derm. Syph. (Berl.) **132**, 108 (1921). — SCHAUWECKER, R.: Zur Frage der p_H-Verhältnisse der nichtbefallenen Hautoberfläche bei Ekzematikern. Dermatologica (Basel) **111**, 197 (1955). — SCHERBER, G.: Wien. med. Wschr. **1926 II**. Zit. nach SCHERBER 1938. — Zur Anwendung von Parathyreoidea und des Präparats AT 10 bei der Behandlung der Impetigo herpetiformis und der Psoriasis vulgaris. Derm. Wschr. **106**, 391 (1938). — SCHIRREN, C. G., u. H. PAWLOWSKY: Ist der p_H-Wert bei Ekzematikern auf der gesamten Hautoberfläche erhöht? Zur Arbeit von R. SCHAUWECKER über die p_H-Verhältnisse der nichtbefallenen Hautoberfläche bei Ekzematikern. Dermatologica (Basel) **111**, 197; **112**, 225 (1956). — SCHIRREN, C. G., u. P. v. CANEGHEM: Zur elektrometrischen Messung des Oxydo-Reduktions-Potentials (O.R.P.) an der Hautoberfläche. I. Mitt. Apparatur und Meßtechnik. Arch. klin. exp. Derm. **203**, 223 (1956). — SCHMID, M.: Vergleichende Untersuchungen über die Säure-Basen-Verhältnisse auf der Haut. Dermatologica (Basel) **104**, 367 (1952). — SCHMIDT-LA BAUME, F.: Aussprache zu F. HOLTZ: Die Tetanie (Nebenschilddrüseninsuffizienz) und ihre Behandlung. Med. Klin. **1936**, 658. — SCHNAPKA, O., u. G. W. KORTING: Untersuchungen mit der Manoiloffschen Reaktion über den vegetativen Tonus von Hautkranken. Z. Haut- u. Geschl.-Kr. **16**, 138 (1954). — SCHNEIDER, W., u. G. DÜRRE: Indirekte Röntgenbestrahlung und vegetatives System. Strahlentherapie **77**, 395 (1948). — SCHNYDER, U. W.: Zur Allergologie und Familienpathologie der Atopien. Dermatologica (Basel) **116**, 283 (1958). — SCHNYDER, U. W., u. H. STORCK: Tierexperimentelle Untersuchungen über die Beeinflussung von ekzematösen Hautreaktionen durch Neuroplegica. Dermatologica (Basel) **112**, 419 (1956). — SCHOCH jr., E. P.: Ulcers of the legs in FELTY's syndrome. Arch. Derm. Syph. (Chicago) **66**, 384 (1952). — SCHOLTZ, W.: Über saure Behandlung von Hautkrankheiten. Klin. Wschr. **9**, 1670 (1930). — SCHREINER, H. E.: Über das Verhalten der eosinophilen Blutzellen nach ACTH und Corticoiden bei verschiedenen Dermatosen. Hautarzt **11**, 113 (1960). — SCHUBERT, M.: Impetigo herpetiformis, ihre Behandlung mit A.T. 10. Derm. Wschr. **102**, 761 (1936). — SCHÜPBACH, A.: Teleangiektasiebildung und Leberkrankheiten. Schweiz. med. Wschr. **1943**, 1186. — SCHUERMANN, H.: Krankheiten der Mundschleimhaut und der Lippen, 2. Aufl. München u. Berlin: Urban & Schwarzenberg 1958. — SCHUPPLI, R.: Weitere Untersuchungen über den Einfluß der spezifischen Pharmaka des vegetativen Nervensystems auf Haut und Hautkrankheiten. Dermatologica (Basel) **86**, 128 (1942). — Untersuchungen über das Säure-Neutralisationsvermögen der Haut. Dermatologica (Basel) **98**, 259 (1949). — SHARNOFF, J. G., H. L. CARIDEO and I. D. STEIN: Cortisone-treated scleroderma. Report of a case with autopsy findings. J. Amer. med. Ass. **145**, 1230 (1951). — SHAW, W. M., E. H. MASON and F. G. KALZ: Hypothyroidism, liver damage, and vitamin A deficiency as factors in hyperkeratosis. Arch. Derm. Syph. (Chicago) **66**, 197 (1952). — SIMON: Über Prurigo und die Behandlung derselben mit Pilocarpin. Berl. klin. Wschr. **1879**, 721. — SINGER, O. (1895): Zit. nach STRANDBERG. — SPIETHOFF, B.: Beitrag zu den bei dem Pruritus, den Erythemen und der Urticaria vorkommenden inneren Störungen, mit besonderer Berücksichtigung des Gastrointertinalkanals. Arch. Derm. Syph. (Berl.) **90**, 179 (1908). — STEIGLEDER, G. K.: Histochemische Untersuchungen bei der Psoriasis, Neurodermitis und allergischer Kontaktdermatitis über oxydierende und reduzierende Fermente. Proc. 10th. Internat. Congr. of Dermatol. London 1952, p. 403. 1953. Ref. Zbl. Haut- u. Geschl.-Kr. **90**, 174 (1955). — STEIN, R. O.: Die Erkrankungen der Talgdrüsen. In Handbuch der Haut- und Geschlechtskrankheiten, Bd. XIII/1. Berlin: Springer 1932. — STEINHOFF, H.: Versuche mit Plenosol bei der Behandlung juckender Hauterkrankungen. Derm. Wschr.

127, 586 (1953). — Die Behandlung der Psoriasis vulgaris mit Folsäure. Z. Haut- u. Geschl.-Kr. 19, 229 (1955). — Stiegler, J. P.: Étude de la fonction hépatique dans l'eczéma par les tests de réaction mésenchymateuse. Bull. Soc. franç. Derm. Syph. 61, 369 (1954). — Storck, H., u. W. P. Koella: Tierexperimentelle Untersuchungen zur Frage der Beteiligung des vegetativen Nervensystems beim Ekzem. Hautarzt 3, 509 (1952). — Stüttgen, G.: Die heutige Behandlung schwerer Verbrennungen (unter besonderer Berücksichtigung der Phenothiazin-Therapie). Hautarzt 8, 193 (1957). — Sulzberger, M. B.: Atopic dermatitis. XI. Internat. Dermatologenkongr., Stockholm, 1957. Ref. Hautarzt 9, 282 (1958).

Ta Sen Suen: Impetigo-nephritis in children. Nat. med. J. China 30, 222 (1944). Ref. Quart. Rev. Pediat. 3, 421 (1948). — Thoroczkay, N.: Indirekte vertebrale Röntgenbestrahlung als Behandlungsmethode der Dermatitis herpetiformis und des Pemphigus. Hautarzt 8, 267 (1957). — Tinozzi, C. C.: La choropromarzina nel trattamento del lichen ruber planus. Dermatologia (Napoli) 7, 137 (1956).

Ullmann, K.: Fall von Erythrose mit Hautsymptomen bei Polyglobulie. Wien. klin. Wschr. 40, 869 (1927). — Ukrainczyk-Laborie, F., et R. Laborie: Certains aspects de pathophysiologie chez l'allergique et les possibilités de leur extinction par le régime sans corps gras et par l'acide acéthylsalicylique. Sem. Hôp. Paris 30, 1565 (1954). — Urbach, E.: Röntgenologische und klinische Befunde am Magen-Darmtrakt bei Ekzemen und ihre Bedeutung für eine kausale Therapie. Arch. Derm. Syph. (Berl.) 142, 29 (1923). — Über die wechselseitigen Beziehungen zwischen Leber und Haut. Arch. Derm. Syph. (Berl.) 175, 767 (1937).

Vega, J. M. de la, and M. Salazar: Studies on liver function and blood proteins in allergic individuals. Gastroenterology 12, 959 (1949). — Vohwinkel, K.: Psoriasis pustolosa und ihre Behandlung mit A.T. 10. Derm. Wschr. 103, 1373 (1936).

Walther, D.: Über die Entstehungsursache des Pyoderma gangraenosum bei Colitis ulcerosa. Z. Haut- u. Geschl.-Kr. 17, 355 (1954). — Weber, G.: Der Einfluß von Triamcinolon auf Fermentmechanismen bei parakeratotischer Verhornung. Vortr. XXV. Tagg Dtsch. Derm. Ges., Hamburg 20. 5. 1960. — Werther: Pruriginöses Ekzem (Neurodermie) bei Polycythaemia vera und Asthma. Vorstellung: Sitzgg Verein Dresdener Dermatologen u. Urologen 1. 11. 1922. Zbl. Haut- u. Geschl.-Kr. 14, 295 (1924). — Williams and Snell: A.M.A. Arch. intern. Med. 62, 872 (1938). Zit. nach R. L. Sutton, Diseases of the Skin, 7. Ed. St. Louis: C. V. Mosby Comp. 1956. — Wolfram, St.: Über die Anwendung von Serpasil bei der Behandlung von Hautkrankheiten. Vorl. Mitt. Hautarzt 7, 183 (1956). — Worcester, N.: Diseases of the skin. Philadelphia: Cowperthwait & Co. 1845. — Wulf, K., u. H. Suhr: Dyshidrosisbehandlung mit Atropin. Beitrag zur Ätiologie und Pathogenese. Arch. Derm. Syph. (Berl.) 191, 492 (1950).

Zavarini, D. G.: L'amino-pterina nella terapia della psoriasi. Assi Soc. ital. Dermat. e delle Sez. Reg. [Minerva derm. (Torino) 30, H. 4] Suppl. 2, 110 (1955). — Zellhuber, J.: Diss. Tübingen 1951. Zit. nach Nikolowski 1953. — Zierz, P.: Die Verwendung von Testacid in der Dermatologie. Arch. Derm. Syph. (Berl.) 191, 582 (1950). — Leberfunktionsstörungen bei bestimmten Hautkrankheiten. Med. Mschr. 8, 456 (1954). — Haut-Leber-Pankreas. In: H. A. Gottron u. W. Schönfeld, Dermatologie und Venerologie, Bd. III/2, S. 988. Stuttgart: Georg Thieme 1959. — Zorn, B.: Über den Laktoflavingehalt der Schuppenkrusten bei Psoriasis. Derm. Wschr. 123, 457 (1951).

Allgemeine Therapie der Haut, einschließlich der Diät-Therapie

Von

Joachim J. Herzberg-Hamburg

Mit 4 Abbildungen

> Die Therapie ist die Wissenschaft vom angewandten biologischen Antagonismus auf der Grundlage der Lehre von den Enzymen.
>
> (J. Martin, Biological Antagonisme, 1951.)

A. Einleitung

Die möglichst enge Korrelation des pharmakologischen Effektes einer Substanz mit den patho-physiologischen Vorgängen in oder außerhalb der Zelle ist maßgeblich für jene Art der Behandlung, welche als rationell oder ätiotrop zu bezeichnen ist (Goodman und Gilman). Eine derartige „Therapie der Wahl" wird bestimmt durch den jeweiligen Stand der klinischen Forschung und/oder die Ergebnisse der experimentellen Pharmakologie, der Biochemie, der physiologischen Chemie, der Mikrobiologie sowie anderer Zweige der theoretischen Medizin. Leider ist das Wissen um die funktionelle Organisation der Zelle und der Zwischenzellsubstanzen vielfach noch lückenhaft, so daß es Schwierigkeiten bereitet, die Wirkung von Heilmitteln zu deuten, die ihren Angriffspunkt in der Zelle oder im Interstitium haben. Dies gilt schlechthin für alle medizinischen Fächer, besonders aber für die Dermatologie, welche erst spät von der rein morphologischen Betrachtungsweise und der darauf basierenden Ordnung der Hautkrankheiten zur funktionellen Pathologie und Pathophysiologie übergegangen ist. Lediglich auf dem venerologischen Gebiet sind schon frühzeitig Therapieformen gefunden worden, die, wie etwa die Chemotherapie der Syphilis (1910), als rationelle Behandlung angesprochen werden können.

Im Zuge dieser Entwicklung rückt man heute immer mehr von der nur empirisch untermauerten Behandlung der Hautleiden ab. Dieser Tendenz entspricht auch das Einteilungsprinzip des jetzt vorliegenden Pharmakologiebandes. In dem vor 29 Jahren veröffentlichten Werk folgt einer umfangreichen Studie über die Pharmakologie der Haut von A. Perutz eine Art dermatologischer „Roter Liste" (C. Siebert). Die Fülle und die Verschiedenheit der nach chemischen Gesichtspunkten aufgeführten Therapeutica dokumentiert den damaligen Stand der Kenntnisse. Die daran anschließende allgemeine Therapie (R. Winternitz) bringt einige ausgewählte Kapitel der innerlichen Behandlung von Hautkrankheiten sowie die Externa. Zwischenzeitlich ist zwar viel und sorgfältige, klinisch-experimentelle Arbeit geleistet worden. Dennoch stammen alle, wirklich ins Auge fallenden therapeutischen Errungenschaften weitgehend aus dem Gebiet der Biochemie, der Mikrobiologie und der experimentellen Pharmakologie, so z.B. die Antibiotica, die Antihistamine, die Antimykotica, die Cytostatica und andere. Es ist selbstverständlich, daß sich die rationelle Therapie in erster Linie auf diese, gesondert abgehandelten Stoffe stützt, zumal der chemotherapeutische oder pharmako-dynamische Effekt und der mikrobielle oder pathophysiologische Befund die eingangs erwähnte enge Beziehung aufweisen. In der allgemeinen Therapie der Hautkrankheiten werden jedoch auch heute noch zahlreiche andere Mittel eingesetzt, deren Menge sich in dem Maße verringert, wie ätiotrop wirksame Substanzen synthetisiert werden. Nach freier Auswahl sollen einige jener, nicht zum ganz großen Besteck der Dermatotherapie gehörigen Heilmittel nachfolgend beschrieben werden. Es sind dies die synthetischen Antimalariamittel, die Tranquillizer, die bakteriellen Lipopolysaccharide als neue fiebererzeugende Stoffe, das Calcium, das Novocain sowie zum Leberschutz applizierte Pharmaka.

Die Gliederung in innerlich verabfolgte Remedia, Externa und Diät-Therapie entspricht in dieser Reihenfolge ausschließlich den Erfahrungen des Verfassers und stellt keine allgemein gültige Maxime dar.

Der Begriff der Empirie überdeckt auf dem Behandlungssektor sowohl die Teile der rationellen wie die gesamte symptomatische Behandlung. Die Definition, was unter einer ätiotropen Therapie verstanden werden soll, ist bereits gegeben worden. Wesentlich schwieriger erscheint die Bestimmung dessen, was als symptomatisch, d. h. nur auf Krankheitssymptome, nicht auf die Krankheitsursachen gerichtet, zu bezeichnen ist. Zu einer klaren Abgrenzung der symptomatischen Therapie wird man erst dann gelangen, wenn am Ende einer alles ausschöpfenden Forschung feststeht, daß mit den gegebenen Untersuchungsmethoden ein pathologischer Prozeß nicht weiter abzuklären ist. Daß es derartige Grenzen des Wissens und der Erkenntnis gibt, zeigt die atomare Physik. In der experimentell-klinischen Medizin ist man jedoch noch nicht soweit vorgedrungen. Mit der Anwendung des Begriffes symptomatische Therapie muß man, auch aus diesem Grunde, vorsichtig sein. Ein paar Beispiele sollen diese Stellungnahme erläutern.

1. Ist es gestattet, die wirkungsvolle und eine Ausheilung erzielende Behandlung der Acrodermatitis chronica atrophicans mit Penicillin oder anderen antibiotischen Mitteln (GÖTZ, LUDWIG) nur deshalb als symptomatisch zu charakterisieren, weil die infektiöse Natur dieses Leidens noch nicht sicher bewiesen und die möglichen Erreger unbekannt sind? (GÖTZ.) Die gleiche Fragestellung gilt auch für das Lymphocytom (PASCHOUD 1957) und für das Erythema chronicum migrans (BINDER und DOEPFMER 1956).

2. Ist die Behandlung blasenbildender Dermatosen mit Germanin lediglich als symptomatisch anzusehen? Epidermale Proteasen bzw. deren Aktivatoren können in der Genese dieser Krankheiten möglicherweise eine Rolle spielen (ROTHMAN 1953; STOUGHTON u. NOVAK 1956; HERZBERG u. ROHDE 1958). Die Inhibition epidermaler Proteasen gelingt mit Enzymgiften wie etwa Kupfer-, Hg-, Ag- und AS-Ionen und mit Germanin. Die Hemmung spezifischer Endopeptidasen durch von außen zugeführte, inhibitorische Substanzen kann aber eines Tages die therapeutische Signatur eines solchen Vorgehens weitgehend ändern.

3. Ist die Anwendung der Arsenpräparate bei der Behandlung der Schuppenflechte eine ausschließlich symptomatische Form der Therapie? Obwohl wir mit vielen anderen Autoren die Arsenmedikation strikt ablehnen, da die Zufuhr eines so bekannten Cancerogens in gar keinem Verhältnis zum therapeutischen Nutzen steht, muß trotzdem die obige Frage, diesmal aus rein akademischen Gründen, gestellt werden. Es ist bekannt, daß sich unter der Einwirkung von Arsen eine Normalisierung des zuvor stark erhöhten SH-Anteiles in den psoriatischen Schuppen ergibt. Aus den hervorragenden biochemischen Analysen von P. FLESCH u. Mitarb., sowie SZAKALL weiß man, daß das pathologische Endprodukt, die psoriatische Schuppe, Abweichungen in chemischer und physikalischer Hinsicht aufweist, welche konstant und damit diagnostisch sind. Die Veränderungen bestehen in einer Abnahme des Gehaltes an freien Aminosäuren im wasserlöslichen Anteil der pathologischen Hornschicht, in einer Abnahme des Wasserbindungsvermögens sowie in Störungen der Permeation von Flüssigkeiten durch pulverisierte psoriatische Schuppen und in einem vermehrten Gehalt an SH-Gruppen. Die innerliche Arsen-Verabfolgung bzw. die Applikation von Hg-haltigen Salben von außen bedingen wenigstens die Normalisierung eines Teiles der abwegigen biochemischen Reaktionen bei der Schuppenflechte. Wenn man — wie ich es tun möchte — den Gedanken von P. FLESCH und JACKSON-ESODA (1957), SZAKALL (1958) und anderen folgt, daß der Keratinisationsstörung bei der Schuppenflechte eine Herabsetzung oder Störung der epidermalen proteolytischen Aktivität bei erhaltenem Gruppen-Ausleseprinzip und Bindungsvermögen zugrunde liegt — die Skleroproteine sind bei der Psoriasis vulgaris regelrecht aufgebaut und zeigen keine Unterschiede zur Norm — wird man Stoffen, die auf jene enzymatischen Vorgänge Einfluß nehmen, wohl nicht ausschließlich das Signum eines Symptomaticums aufprägen können.

4. Die Einführung der Glucosteroide oder des ACTH in die Therapie hat die ehedem so klar erscheinende Trennung in symptomatische und ätiotrope Behandlungsformen weiterhin erschwert. Gerade bei denjenigen Dermatosen, welche zum absoluten Indikationsbereich dieser Hormontherapie gehören, wie etwa die Pemphigusgruppe, muß man sich fragen, inwieweit der Behandlungseffekt lediglich Folge einer antiphlogistischen bzw. antiallergischen Wirkung der Corticoide ist. Eine Hormonsubstitution soll nach Ansicht italienischer Autoren und auf Grund theoretischer, wie praktischer Befunde nicht vorliegen, eine Auffassung, welche SCHREINER (Hamburg) ablehnt. Immerhin ist es bemerkenswert, daß, nach langfristiger Applikation der Glucocorticoide in einer zum Schluß minimalen Dosierung, bei einzelnen Patienten mit Pemphigus vulgaris eine Remission erzielt wird, welche — bei jahrelangem Bestand — als Ausheilung anzusehen ist (LEVER, FISHER, DOSTROVSKY, SAGHER und COHEN 1959). Spontanremissionen dieser Art sind bei schweren Fällen von Pemphigus vulgaris bis jetzt so gut wie unbekannt (LEVER, FISHER sowie eigene Erfahrungen).

5. Überhaupt nicht einzugliedern in ein Schema ist die Kombinationsbehandlung mit zwei an verschiedenem Substrat angreifenden Heilmitteln. Während die *Glucocorticoidtherapie* des akuten Erythematodes sicher symptomatisch ist, indem sie zwar nicht die gegen körpereigenes Kerneiweiß gerichtete Antigen-Antikörper-Reaktion (Lupus-erythematodes-Zellen-Faktor, antierythrocytäre, antithrombocytäre, antinucleäre Antikörper), jedoch deren Auswirkung verhindern kann, besteht die Möglichkeit, daß eine zusätzliche, gezielte antibiotische Therapie dann als ätiotrop anzusehen ist, wenn man der — auch durch klinische Erfahrungen (KIMMIG) — gestützten Arbeitshypothese von P. MIESCHER (1959) Rechnung trägt. Der Sensibilisierungsprozeß gegen Eigeneiweiß kann durchaus seinen Ausgangspunkt nehmen in einer Sensibilisierung gegen Desoxyribonucleinsäure bakterieller Herkunft. Damit stimmt überein der mehrfach gelungene Nachweis von Bakteriämien (Viridans-Streptokokken) und die Beeinflussung des Leidens durch eine kombiniert antibiotische und Nebennierenrinden-Steroidtherapie. Als rein symptomatische Behandlung ist ein solches Vorgehen sicher nicht zu bezeichnen.

Man kann noch andere Beispiele anführen, welche insgesamt geeignet sind, den feststehenden Begriff: Symptomatische Therapie einzuengen und letztlich zu erschüttern. Solange die Biochemie der Zelle und der extracellulären Substanz nicht bis in alle Einzelheiten fester Wissensbestand geworden ist, gilt sowohl für die rationelle wie für die symptomatische Behandlungsmethode das Wort von

GOODMAN und GILMAN: "However, this sanguine point of view is tempered by the realization that to date it has been the drug which has revealed the metabolic vulnerability of the parasite (man kann ebensogut dafür Zelle oder Intercellularsubstanz einsetzen) where the planned approach to chemotherapy postulates progress in the reverse manner." Vielleicht werden die Kenntnisse über die Chelatbildungsfähigkeit als Ursache der Aktivität eines Medikamentes, d.h. die Fähigkeit einer Substanz, eine heterocyclische Verbindung mit einem Metallion unter Bildung eines Chelatkernes einzugehen, unser Wissen über die Wirkung von Heilmitteln erweitern.

Ein klassisches Beispiel für den „richtigen Weg" ist die Einführung des British-Anti-Lewisit in die Therapie der Schwermetallvergiftung.

Der therapeutische Einsatz von Pharmaka, welche nach einer ausgiebigen experimentellen Vortestung im Labor sowie in jahrelangen systematischen Klinikversuchen erprobt worden sind, kann wohl kaum noch mit dem Ausdruck Empirie belegt werden. Eher sind solche Behandlungsmethoden, die auf einer Zufallsbeobachtung beruhen, wie etwa die Penicillinbehandlung der Acrodermatitis chronica atrophicans (NANNA SCHWARTZ) als empirisch anzusehen, wenn man dabei die unter 1. aufgeführten Vorbehalte nicht außer acht läßt. Wie schnell sich übrigens die Anschauungen ändern, beweist die heutige Klassifizierung der aus der Volksmedizin stammenden Chinin-, Digitalis-, Reserpin- und Curare-Therapie, Behandlungsformen, welche heute weitgehend experimentell untermauert sind und zur rationellen Therapie gehören.

Den bisher aufgezählten Therapieformen fügt FRIESEWINKEL noch den Begriff der sogenannten „kurativen Therapie" an. Es handelt sich dabei um die auch nach Eintritt des gewünschten Effektes mit neuroleptischen Mitteln fortgesetzte Behandlung. — Für die nachfolgend aufgeführten Pharmaka, insbesondere die synthetischen Antimalariamittel und die Tranquilizer gelten die aus der Chemotherapie stammenden Bezeichnungen wie Sättigungsdosis, Stoßtherapie und Erhaltungsdosis.

Es ist selbstverständlich, daß bei der Besprechung von symptomatisch wirkenden Heilmitteln besonderer Wert auf die Darstellung der Nebenwirkungen, Schädigungen usw. gelegt wird. ROSENHEIM (1958) hat, in enger Anlehnung an die Vorschläge von E. A. BROWN (1955), folgende Einteilung der nicht immer vermeidbaren, bei der Indikationsstellung jedoch zu berücksichtigenden Schäden durch Medikamente gegeben.

1. Überdosierungsfolgen

a) Absolute Überdosierung — sofortige Reaktion.
b) Relative Überdosierung — kumulative Effekte.

2. Intoleranz

Herabgesetzte Schwelle für normale pharmakologische Wirkungen als Ausdruck von Extremen der normalen biologischen Variation, entweder der Aufnahme, im Stoffwechsel oder in der Ausscheidung einer Substanz, oder als Arzneimittelüberempfindlichkeit (s. auch unter 5.).

3. „Side Effects"

Darunter sind zu zählen:

a) Die spezifischen, therapeutisch unerwünschten, aber unvermeidlichen pharmakologischen Wirkungen eines Stoffes: Antimetabolit, Histaminliberator, hypnotische Effekte bei Antihistaminpräparaten usw.

b) Unspezifische Wirkungen, wie etwa die durch intrahepatische Cholostase bedingte Gelbsucht bei der Anwendung von Phenothiazinen.

4. Sekundäre Effekte

Indirekte Arzneimittelwirkungen, etwa die Moniliasis nach Verabfolgung von Breitbandantibiotica.

5. Idiosynkrasie

Der früher sehr häufige Gebrauch des Wortes ist ständig am Abnehmen. In einzelnen Fällen wird man jedoch nicht umhinkönnen, von einer Idiosynkrasie, d.h. einer angeborenen Überempfindlichkeit zu sprechen. Als Beispiel gilt die hämolytische Anämie der amerikanischen Neger nach Primaquine-Therapie der Malaria. Diese Anämie entwickelt sich in etwa 10% aller Fälle und beruht auf dem Fehlen von Glucose-6-phosphat-dehydrogenase in den roten Blutkörperchen. (Genetisch bedingter Enzymmangel.)

6. Allergische Reaktionen

Wenn nachfolgend Heilmittel besprochen werden, welche prima vista in den Bereich einer symptomatischen Therapie gehören, so gelten jene Vorbehalte sinngemäß. Bei der Menge aller irgendwie und -wann einmal angewandten Substanzen muß die Auswahl scharf sein, und es kann nur ein eng begrenzter Anteil besprochen werden. Außerdem muß der wertmäßige Abfall herausgearbeitet werden zwischen jenen Mitteln, welche zum Rüstzeug der rationellen Therapie gehören und den derzeit noch als Symptomatica zu bezeichnenden Stoffen. Damit wird unterstrichen, daß die Auswahl sowohl vom Sachlichen wie vom Persönlichen her eine Einschränkung erfährt, welche man vorbeugend am besten mit dem Ausdruck: eklektisch charakterisiert.

B. Synthetische Antimalariamittel

I. Chemische Konstitution

Von den weit über 15000 synthetisierten und auf Malariawirkung untersuchten Stoffen haben im dermatologischen Bereich nur das Atebrin und das Resochin sowie einige Derivate des 4-Aminochinolins, wie das Amodiaquin und das Plaquenil, letzte beiden vorwiegend in Amerika, Bedeutung gewonnen.

1. Das von MIETZSCH und MAUTZ (1932) synthetisierte Atebrin (Synonyma: Mepacrine, Atabrine, Quinacrine, Italquine, Acrichin) leitet sich von den Aminoacridinen ab, zu welchen auch das Trypaflavin und das Rivanol zählen. Chemisch ist es ein

6-Chlor-9(1-Methyl-4-diäthylamin)butylamino-2-Methoxyacridin

und besitzt folgende Strukturformel (HAUSCHILD, ANDERSAG u. BREITNER):

$NH—CH(CH_3)CH_2CH_2CH_2N(C_2H_5)_2 \times 2\,HCl$

$CH_3—O—$ [Acridinring] $—Cl$

N

2. Resochin (Synonyma: Nivaquine, Chloroquin, Aralen) ist ein von amerikanischer Seite erst im zweiten Weltkrieg im Rahmen eines ausgedehnten Untersuchungsprogramms für Antimalariamittel erprobtes, in Deutschland bereits 1934 in den pharmazeutisch-wissenschaftlichen Laboratorien der Farbenfabriken Bayer, Leverkusen, synthetisiertes Präparat, ein 4-Aminochinolinderivat mit der gleichen Alkyl-Seitenkette wie Atebrin, Plasmochin bzw. Sontochin.

Chemisch ist es ein

7-Chlor-4-(4-diäthylamino-1-Methylbutylamino)-Chinolin

und besitzt folgende Strukturformel:

CH_3

$NH—CH—(CH_2)_3—N(C_2H_5)_2 \times 2\,HX$

—Hx

Cl—

N

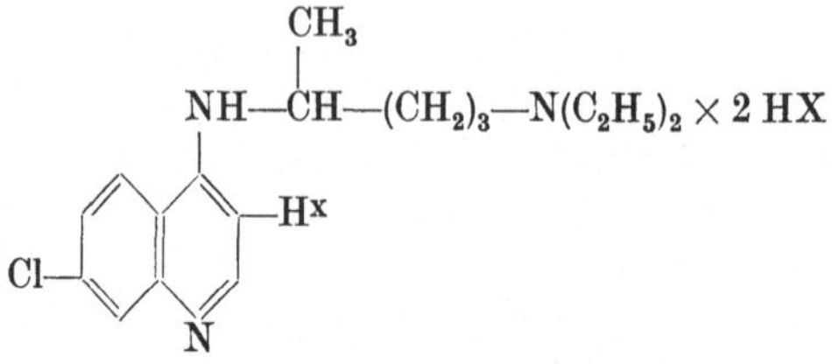

$x = —CH_3 =$ Sontochin

3. Amodiaquin (Synonyma: Miaquin, Camoquin), ein

7-Chlor-4-(3-diäthylaminomethyl-4-oxyanilino)Chinolin

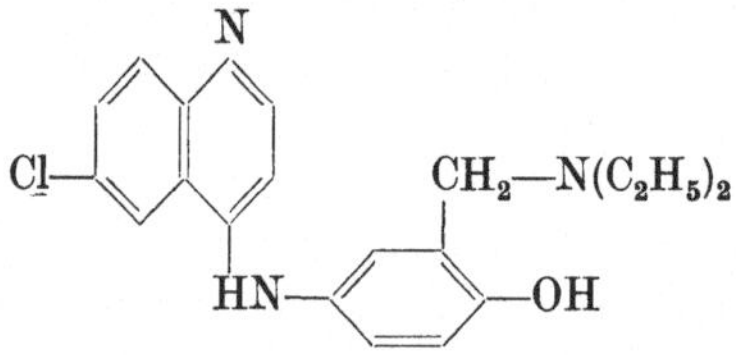

N

Cl—

$CH_2—N(C_2H_5)_2$

HN— —OH

4. Plaquenil, ein Oxyäthylamino-Derivat des Resochin, spielen nur eine untergeordnete Rolle als Ausweichpräparate bei Unverträglichkeit gegenüber Atebrin und Resochin.

5. Aus historischen Gründen muß auch noch das 1924 von SCHULEMANN, SCHONHÖFER und WINKLER dargestellte Plasmochin erwähnt werden. Bei gleicher Seitenkette wie das später entdeckte Atebrin leitet es sich von den 8-Aminochinolinen ab und besitzt folgende Strukturformel (HAUSCHILD):

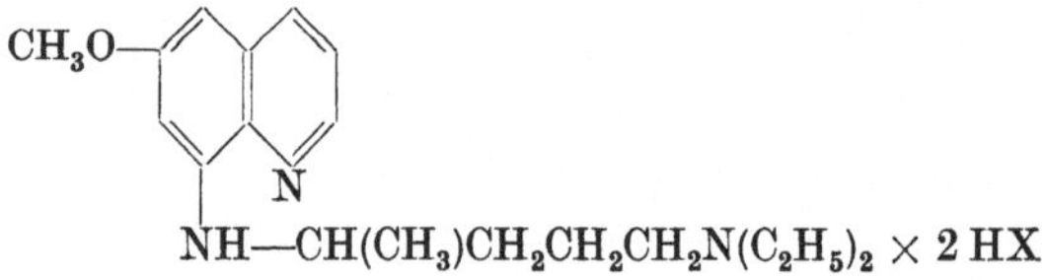

$CH_3O—$

N

$NH—CH(CH_3)CH_2CH_2CH_2N(C_2H_5)_2 \times 2\,HX$

Die Handelsformen der beiden wichtigsten Substanzen sind das Dichlorhydrat des Atebrins, Tablette zu 0,1 sowie das Diphosphat des Resochins, Tablette zu 0,25, bzw. das jeweilige Hydrochlorid oder Musonat zur intracutanen Applikation (Unterspritzung der Herde).

II. Resorption, Ausscheidung, Wirkungsweise

a) Atebrin

Atebrin wird sehr rasch vom Darm und aus den Muskeln resorbiert. Wegen der nur äußerst langsamen Ausscheidung kumuliert das Mittel im Organismus. Der Blutspiegel ist dabei sehr niedrig, nach HAUSCHILD etwa 15 γ/ml bei normaler Dosierung. Davon ist der größte Teil an die Bluteiweißkörper und die roten Blutkörperchen gebunden. Die Affinität des Atebrins zu den Proteinen bedingt die hohe Konzentration des Mittels in der Leber, der Milz, den Lungen und den Nebennieren. Mittlere Mengen Atebrin werden gefunden in den Nieren, der Bauchspeicheldrüse und dem Knochenmark, während die Anhäufung im Gehirn sowie in der Herz- und Skeletmuskulatur nur unbedeutend ist. Die Arbeitsgruppe um BERLINER (1948) hat folgende Gewebs/Plasmaquotienten für das Atebrin angegeben: Blut 3,7; Erythrocyten 1,9; Leukocyten 200, Gehirn 31, Muskel 41, Herz 140, Lunge 640, Niere 670 (zitiert nach CH. GRUPPER 1959). Die Möglichkeit der Extraktion des Atebrins mit organischen Lösungsmitteln und die quantitative Bestimmung durch Fluorescenz erleichtern die mengenmäßige Erfassung der Substanz. MUSTAKALLIS (1954) hat bei zwei verstorbenen Patienten fluorescenzmikroskopische Untersuchungen über die Verteilung des Atebrins in der Haut und den anderen Organen vornehmen können. Die spezifische grüngelbe Fluorescenz ist am stärksten im Rete Malpighi, in den Haarscheiden und in den Begrenzungen der Schweißdrüsen, weniger ausgeprägt im Stratum corneum — letzteres ist auch schwerer zu beurteilen wegen der Eigenfluorescenz. Die Talgdrüsen zeigen keine Fluorescenz, dagegen fluorescieren die Fibroblasten etwa mittelstark. Innerhalb der einzelnen Zelle scheint der Zellkern eine höhere Speicherung als das Cytoplasma aufzuweisen. Nur als Nebenbefund wird eine erhebliche Anreicherung des Atebrins in den Spermatozoen aufgezählt.

HECHT (1936) hat 48 Std nach der subcutanen Verabfolgung von 200 mg/kg Atebrinmusonat 35 mg/kg Atebrin in der Haut von Hunden wiedergefunden. Bei Mäusen und Ratten sind 11 Std nach der Applikation von 15 mg/kg Atebrindichlorhydrat (subcutan verabfolgt) 7,5 mg/kg in der Haut nachzuweisen. Eine 10tägige, perorale Medikation von 50 mg/kg Atebrindichlorhydrat hat bei Kaninchen, welche 6 Std nach der letzten Dosis getötet worden sind, zu einer Speicherung von nicht weniger als 110 mg/kg Atebrin in der Haut geführt. Die Versuche haben ergeben, daß die Atebrinkumulation direkt abhängig ist von der Dauer der Verabfolgung und damit von der Gesamtdosis. DEARBORN, KELSEY, OLDHAM und GEILING haben nach täglicher oraler Gabe von 50 mg/kg bei Hunden am 14. Tage zwischen 15 und 51 mg/kg, nach 78 Tagen bei einer täglichen Zufuhr von nur 5 mg/kg 4—5 mg/kg Atebrin in der Haut nachgewiesen. Das verabfolgte Mittel: Atebrindichlorhydrat. [Weitere Untersuchungen s. C. LANGE und MATZER (1946), BUSEL, MOELLER und SEIF (1945), spektrometrische Bestimmungen des Atebrins in den Geweben.] In der Epidermis werden etwa 5—15mal mehr Antimalariamittel gespeichert als im Corium. Dies gilt nach den spektroskopischen und chemischen Analysen sowohl für Atebrin und Resochin wie für Plaquenil und Camoquin (SHAFFER, COHN und LEVY 1958).

Über die Fluorescenz der Nägel unter Atebrinmedikation berichten 1946 KIERLAND, SHEARD, MASON und LOBITZ. Die gelblich-grüne Fluorescenz unter dem Wood-Licht ist noch 3—7 Monate nach Absetzen der Therapie festzustellen (5700—5800 Å). Extrakte der Haut, der Nägel und der Haare zeigen dieselbe Fluorescenz, während die Haare und Haut normal nicht fluorescieren. Bei der quantitativen, photofluorometrischen Atebrinbestimmung weisen nach Angabe der genannten Autoren die Haare die größte, die Nägel die niedrigste Speicherung auf, die Werte für die Haut liegen zwischen diesen beiden Angaben. Zu den gleichen Ergebnissen kommen GINSBERG und SHALLENBERGER (1946). Interessanterweise findet sich keine Fluorescenz über den eigenartigen blauschwarzen, fleckförmigen Pigmentierungen an den Nägeln und in der Gaumenschleimhaut, welche als Folge langdauernder Atebrinprophylaxe und Therapie bei einzelnen Menschen aufzutreten pflegen (KIERLAND u. Mitarb., GINSBERG und SHALLENBERGER sowie eigene Beobachtungen). — Eine grünliche Fluorescenz des Kopfhaares, 2 Wochen nach Beginn der Atebrinbehandlung, 3mal 100 mg/die, haben BERESTON und COHEN (1954) gesehen, und zwar im Zusammenhang mit einem Erythem der Kopfhaut. Die proximalen 5 cm jedes Haares am Scheitel und am Hinterkopf zeigten dabei die für Atebrin charakteristische Fluorescenz. Abklingen der Veränderungen ohne Therapie.

HERRMANN, MILLER und RUBIN (1950) sowie HERRMANN und MILLER (1952) machen auf die Affinität des Atebrins zu den Keratinsubstanzen ganz allgemein aufmerksam. Hornschicht und intraepidermale Anteile der Schweißdrüsenausführungsgänge fluorescieren nach ihrer Feststellung besonders stark (s. auch Wirkungen des Atebrins auf die Schweißdrüsensekretion und das Schweißretensionssyndrom). — Daß die Haut reichlich und langdauernd Atebrin speichert, ist sowohl an der rasch einsetzenden Gelbfärbung zu erkennen wie an der Tatsache, daß in den Fingernägeln noch ein Jahr nach Absetzen der Behandlung die grüngelbe Fluorescenz zu beobachten ist. HERRMANN u. Mitarb. berichten, daß sie sogar noch 6 Jahre nach Abschluß einer Atebrinmedikation eine geringe Fluorescenz in den Schweißdrüsenausführungsgängen beobachtet haben. Im Gegensatz zu anderen Autoren findet man nach HERRMANN eine starke kanariengelbe Fluorescenz an den Fußsohlen, eine quergestreifte Fluorescenz der Nagelplatten sowie eine besonders intensive Gelbfärbung von Handtellern und Fußsohlen. Auch die Schleimhäute können die typische Atebrinfluorescenz aufweisen. An den Skleren ist im Gegensatz zur Ablagerung von Gallenfarbstoffen nur die Partie um den Limbus corneae gelblich verfärbt.

Die Elimination des Atebrins durch Schweiß, Milch, Gallenflüssigkeit und Speichel ist verschwindend gering. Nach einmaliger Einnahme erscheint etwa 11% unverändert im Harn. Bis zu 2 Monaten sind noch signifikante Mengen durch Fluorescenz im Urin nachzuweisen. Offensichtlich verhindert die feste Proteinbildung die rasche Ausscheidung der Substanz.

Die pharmakologische Wirkung des Atebrins besteht in einer Interferenz mit den gelben Enzymsystemen. Die Sauerstoffaufnahme mit Atebrin behandelter Gewebsschnitte von Gehirn, Leber und Niere ist herabgesetzt. Atebrin hemmt die Aminosäureoxydase (HAUSCHILD) und die Cholinesterase. Atebrin wird auch als Antimetabolit zu den Riboflavinen bezeichnet. Es beeinflußt das Atmungs- und Vasomotorenzentrum im Sinne einer Depression. Periphere Gefäßerweiterung, Hypotonie, Verminderung der Herzkontraktilität, des Blutausstoßes, Bradykardie, Arrhythmien, Verlängerung der atrio-ventrikulären Überleitungszeit werden bei Überdosierung beobachtet.

In neueren Untersuchungen im Zusammenhang mit der weltweiten Anwendung des Atebrins bei der Behandlung des chronischen Erythematodes sind noch folgende Effekte festgestellt worden: Vermehrung der 17-Ketosteroidausscheidung um etwa 30% (NAGY und KOSĆAR 1956), ein Antihistamineffekt (MÜSSBICHLER 1951) mit erheblicher Schutzwirkung gegen den Histaminaerosolbronchospasmus bei Meerschweinchen. Der anaphylaktische Schock soll dagegen nicht durch Atebrin beeinflußt werden. Die Nebenniere vergrößert sich durch Atebrinzufuhr auf das Doppelte. In weiteren Arbeiten aus der ungarischen Schule (NAGY, KOSĆAR, JÓKAY, HADHÁZY und TUZA 1957) wird mitgeteilt, daß der Antihistamineffekt des Atebrins nicht über die Aktivierung der Histaminase geht. Ein kompetitiver Antagonismus an den Receptoren wird entsprechend dem Mechanismus bei anderen Antihistaminen diskutiert. — GEORGIER u. Mitarb. (1955) haben im Tierexperiment (Meerschweinchen) die desensibilisierende Wirkung des Atebrins bei der Erzeugung des Dinitrochlorbenzol-Ekzems beschrieben. Am stärksten läßt sich die Sensibilisierung beeinflussen, wenn gleichzeitig mit der Pinselung von Dinitrochlorbenzol-Lösung Atebrin verabfolgt wird. Die Wirkung des Atebrins auf die Entwicklung des Dinitrochlorbenzol-Ekzems ist erheblich schwächer, wenn die Sensibilisierung nach Abschluß der Atebrinzufuhr durchgeführt wird. Die Atebrinwirkung beim chronischen Erythematodes soll ausschließlich über eine Reizung und Hyperplasie der Nebennierenrinde (Sekretionsphase in der Zona glomerulosa, fasciculata, Vergrößerung des Organs, vermehrte 17-Ketosteroidausscheidung) zustande kommen. Dieser Effekt sei jedoch unspezifisch, *antiphlogistisch.* — CH. GRUPPER u. LEONI bestreiten (1956) dagegen nach eigenen Untersuchungen den Cortisoneffekt des Atebrins. Zu ähnlichen Ergebnissen wie die ungarischen Autoren kommen auch BLAICH u. Mitarb. (1955). Auf Grund experimenteller Befunde stellen sie den antiphlogistischen Effekt des Atebrins heraus, der im übrigen auch dem Resochin eigen sei. Es wird unter anderem festgestellt: eine Hemmung des Eiweißödems an der Rattenpfote, die Abkürzung der reparativen Phase im Heilungsverlauf künstlich gesetzter Geschwüre sowie die Beeinflussung der Wand sonst unveränderter Blutgefäße. Über gleichartige Befunde für das Resochin berichten LEONI (1956), WISKEMANN und KOCH (1956), OBSTFELDER (1959). S. RUST (1955) hat nach peroraler Zufuhr von 0,3 Atebrin pro die, insgesamt 4,5 g, eine Normalisierung des zuvor pathologisch veränderten Eiweißspektrums bei Patienten mit chronischem Erythematodes beobachtet; es kommt zu einer Normalisierung der anfänglichen Hypalbuminämie. In vitro hemmt nach DUBOIS Atebrin das Lupus-erythematodes-Zellphänomen. Da Atebrin im Reticuloendothelialen System etwa 6000—20000mal höher konzentriert ist als im Blutplasma, schließt DUBOIS, — in Analogie zur klinischen Wirkung, — daß die Bildung des Lupus-erythematodes-Faktors in den differenzierten Elementen des reticulären Bindegewebes gehemmt wird. Möglicherweise blockiert das Atebrin die Wirkung des Lupus-erythematodes-Faktors (Antikörper) auf körpereigenes Eiweiß. — Die in letzter Zeit sich häufenden Arbeiten und Berichte über unspezifisch antiphlogistische Effekte der 4- bzw. 8-Aminochinolinderivate bei Kranken mit chronischer Polyarthritis unterstreichen die Feststellungen der ungarischen Autoren bezüglich eines entzündungswidrigen Effektes dieser Substanzen (s. ZORN und MANKEL 1954; J. S. CARPENTIER-ORIOL u. Mitarb. 1955; A. FRIEDEMANN 1956; KRON 1958; BALLABIO u. AMIRA 1958; dort weitere Literatur).

Die Verteilung des Atebrins im Organismus, insbesondere die offensichtliche Speicherung der Substanz in der Haut, haben gerade am Beispiel des chronischen Erythematodes und der Lichtdermatosen daran denken lassen, daß ein Teil oder die gesamte therapeutische Wirkung durch einen adsorptiven Lichtschutz bedingt ist. Zahlreiche Untersucher haben diese Hypothese, allerdings mit recht unterschiedlichen Ergebnissen, überprüft. MILLER, HERRMANN und RUBIN (1950) finden nach peroraler Verabfolgung von Atebrindichlorhydrat weder eine Lichtsensibilisierung, noch eine Herabsetzung der Empfindlichkeit gegen UV-Licht. Die normalen Probanden haben täglich 0,09 Atebrin eingenommen. PAGE (1951), BETTLEY und PAGE (1954) sowie BRUNSTING und EPSTEIN (1956) haben festgestellt, daß die bei Erythematodeskranken herabgesetzte Erythemschwelle langsam unter der Atebrinverabfolgung ansteigt, um nach Absetzen der Medikation wieder abzufallen. Die Anhebung der Erythemschwelle geht jedoch dem klinischen Effekt nicht parallel, so daß BRUNSTING und EPSTEIN eine andere pharmakodynamische Wirkung des Atebrins annehmen. COHN, LEVY und SHAFFER halten es nach vergleichenden Messungen der Absorptionsspektren 1. des Resochins (minimal 2700—3100 Å; Gipfel bei 3200—3400 Å), 2. des die polymorphen Lichterytheme erzeugenden Wellenbereiches (unter 3150 Å), und 3. des für die Erythemerzeugung notwendigen Aktionsspektrums (2950 Å) für *ausgeschlossen*, daß die klinische Wirkung der synthetischen Antimalariamittel beim Erythematodes chronicus bzw. bei den Lichtdermatosen auf alleiniger Lichtfiltrierung der in der Haut gespeicherten Substanz beruht (s. auch SHAFFER, COHN u. LEVY 1958).

BLAICH und GERLACH können keine Veränderung der UV-Lichtempfindlichkeit durch Atebrin feststellen. Sehr ausgedehnte experimentelle Untersuchungen zu diesem Fragenkomplex liegen auch vor von H. TRONNIER u. Mitarb. (1957).

Auf etwaige Lichtschutzwirkung sind geprüft worden: das Atebrin, das Resochin, die bei beiden gleiche Seitenkette in äquimolarer Konzentration sowie ein dem Atebrin ähnliches Acridinpräparat ohne Seitenkette. Die Untersuchungen erstrecken sich auf die externe und die innerliche Verabfolgung. Bei äquivalenter Dosierung weisen alle Präparate mit derselben Seitenkette einen gleich starken, etwa 15%igen Erythemschutzeffekt auf. Nach Absetzen der Substanzen tritt eine Art Reboundeffekt auf, der beim Seitenkettenpräparat, einem Aminodiäthyl-aminopepton, am nachhaltigsten ist. Unter Resochin klingt der Erythemschutzeffekt nur langsam ab. Das unterschiedliche Verhalten der verschiedenen Stoffe wird durch die jeweils andere Gewebsverteilung sowie durch unterschiedliche Abspaltung und Ausscheidung der Seitenkette erklärt. Die Ringsysteme, sowohl der Acridin- wie der Chinolinring, haben nach TRONNIER u. Mitarb. weder für die Lichtempfindlichkeit noch die Lichtschutzwirkung eine Bedeutung. WISKEMANN und KOCH sowie LANGLO können bei der externen Applikation 5—10%iger Atebrin- oder Resochinsalben deren gute, vorwiegend adsorptiv bedingte Lichtschutzwirkung experimentell durch Standardtests beweisen. Die Applikation dieser Salben über 8 Wochen — als alleinige Therapie des chronischen Erythematodes und der Lichtdermatosen — bleibt jedoch ohne therapeutischen Erfolg. Daraus schließen die genannten Autoren, daß die Lichtadsorption bei innerlicher Verabfolgung von Atebrin und Resochin keinerlei Bedeutung für etwaige Behandlungserfolge besitzt.

Die Unterdrückung des Köbner-Phänomens „Licht" soll beim chronischen Erythematodes nach CHESNEY und NACHOD (1957) verantwortlich für die therapeutische Wirkung der Antimalariamittel beim Erythematodes sein. Es erscheint uns dabei schwer, die zweifelsfrei zu beobachtende Wirkung der Stoffe im Winter und in jenen Fällen von disseminiertem chronischen Erythematodes zu erklären, welche auf Sonnenlicht gut bis ausgezeichnet reagieren und ihre Exacerbationen stets im Januar bis Februar, d.h. in den kälteren und lichtarmen Wintermonaten, bekommen. In der Rationale der Behandlung mit Antimalariamitteln glauben CHESNEY und NACHOD, daß eine äquimolare Kombination von 39,2% Oxyresochin, 42,6% Resochin und 18,1% Atebrin sich besonders günstig auswirkt.

Die Steigerung der auslösenden Schwellenwertdosis bei einer Sonnenurticaria auf das Doppelte nach 4 Tagen Resochinmedikation (0,5/die) wird nach BRUNSTING und EPSTEIN (1957) wiederum als Beweis für die Lichtschutzwirkung angeführt. — Im ganzen gesehen gehen die Ergebnisse der verschiedenen Forschergruppen sehr stark auseinander, wobei als einer der Gründe anzuführen ist, daß es keine einheitliche und standardisierte Methode zur Erythemerzeugung gibt.

Ungeklärt sind 2 Phänomene, über welche J. DAINOW (1955) und TÉMINE (1954) berichten: Die Normalisierung zuvor erhöhter Koproporphyrinwerte nach Behandlung mit synthetischen Antimalariamitteln beim Erythematodes chronicus und das Ansteigen der zuvor herabgesetzten Prothrombinwerte auf regelrechte Befunde (TÉMINE 1954).

Die intracelluläre bzw. intranucleäre Speicherung des Atebrins, dessen von der Malariatherapie her bekannter inhibitorischer Effekt auf bestimmte Enzymsysteme (Antimetabolit?), verhindert möglicherweise die Degradation von Kern- oder Zelleiweiß und damit die Bildung phlogogener Amine und Polypeptitide. Die Blockierung der reaktiven, labilen, langgliedrigen Seitenketten der DNA durch Atebrin wird unter anderem schon von MUSTAKALLIS als hauptsächlicher pharmakodynamischer Effekt angesehen. M. R. LERNER und A. B. LERNER (1954) weisen in diesem Zusammenhang auf die Wechselbeziehungen zwischen Riboflavin und Atebrin hin. Einige von den Flavinenzymen, wie etwa die

Deaminosäureoxydase und die Cytochromoreduktase werden durch das ähnlich strukturierte Atebrin kompetitiv inhibiert. Vielleicht ist damit die therapeutische Wirkung des Atebrins und auch des Resochins zu erklären.

b) Resochin

Ähnlich dem Atebrin wird auch das Resochin rasch und fast völlig vom Darm aus resorbiert. Es erscheint in Bruchteilen der Zufuhr unverändert im Stuhl. Bei etwas geringerer Gewebsaffinität ist die Plasmakonzentration des Resochins höher als die des Atebrins. Trotzdem finden sich noch 200—700mal größere Mengen des Mittels im Gewebe als im Plasma. Die unveränderte Harnausscheidung beträgt etwa 10—20%, im Durchschnitt 14% nach Erreichung eines stabilen Plasmaspiegels, und zwar in Abhängigkeit von dem aktuellen p_H. Die Tagesausscheidung wird durch eine acidotische Stoffwechsellage gesteigert, bei Alkalose herabgesetzt (KÖNIG und FUHRMANN 1956). Von den verschiedenen Resochinverbindungen wird die größte Resorptionsquote beim Diphosphat erreicht. Die etwa zu 85% erfolgte Resorption vom Darm aus und die stark verzögerte Elimination des Mittels führen zur Speicherung größerer Mengen Substanz in der Leber, der Milz, den Nieren, den Lungen und in den Leukocyten. Wesentlich geringere Mengen lassen sich im Zentralnervensystem und im Rückenmark nachweisen. Die Resochinspeicherung in der Haut, vorwiegend in der Epidermis (COHN), beträgt etwa $^1/_6$ derjenigen in der Leber (CHESNEY u. NACHOD 1957). Die Ausscheidung des im Körper weitgehend degradierten Produktes erstreckt sich über mehrere Wochen nach Absetzen der Therapie. Neuere Untersuchungen (STEIGLEDER und SCHULTIS 1956) haben ergeben, daß die perorale Zufuhr von Resochin die Hautverdickung verhindert, welche mit verschiedenen, zum Teil mechanischen Methoden erzeugt werden kann.

Von den pharmakologischen Eigenschaften ist — soweit dies nicht schon vergleichend unter Atebrin beschrieben wurde — bekannt, daß es ebenfalls in den Nucleinstoffwechsel eingreift. Es interferiert mit verschiedenen biologischen und biochemischen Systemen, unter anderem wird für diese Tatsache angeführt, daß eine Substrat-Inhibition die Aktivität der Desoxyribonuclease beeinträchtigt (In vitro-Hemmung des Lupus erythematodes-Phänomens, KURNICK). DAWES sowie indische Autoren postulieren einen anticholinergischen Effekt der Substanz, Potenzierung der Adrenalinwirkung. Resochin soll die Plasmacholinesterase durch quantitative Bindung hemmen (SHELLEY und ARTHUR). In verschiedenen Testuntersuchungen (Thorn-Test, Bestimmung der Ausscheidung von 17-Oxy- und 17-Ketosteroiden) ist festgestellt worden, daß kein Glucocorticoideffekt vorliegt. Zu diesem Fragenkomplex nehmen in neuerer Zeit noch einmal EPSTEIN, FORSHAM und FRIEDMAN (1956) Stellung, nachdem LAPIÈRE und CAUWENBERGE bei ihren Studien an einer jungen Frau mit akutem Erythematodes (tägliche Resochindosis 0,6) einen Anstieg der freien Plasma- und Urin-17-Oxycorticoide und einen etwas variablen Anstieg in der Ausscheidung der Glucuronsäurekonjugate der 17-Oxycorticoide beschrieben haben. EPSTEIN u. Mitarb. finden bei 9 von 10 Probanden (3mal täglich 250 mg Resochin bzw. 3 Tabletten Triquin) einen anscheinenden Anstieg in der freien Plasmafraktion der 17-Oxycorticoide, der zwischen 21% und 115%, im Mittel um 48% liegt (Porter-Silber-Reaktion). Keine Änderungen in den Ausscheidungswerten der 17-Oxy- oder 17-Ketosteroide im Urin (erstere Bestimmung betrifft sowohl freie, nicht reduzierte, aktive 17-Oxysteroide wie die reduzierten, biologisch inaktiven Glucuronsäurekonjugate). Auch eine Hemmung der Corticotropinausschüttung der Hypophyse ist unter Resochin nicht nachzuweisen gewesen. "These findings obtain against any direct stimulation of the pituitary adrenal system by the antimalarials." Die Autoren halten den „anscheinenden Anstieg in den Plasma-17-Oxycorticoiden“ für einen Artefakt. möglicherweise einen mit der Porter-Silber-Methode erfaßten Metaboliten des Resochins und nicht für ein biologisch aktives Corticoid. (Es fehlt die entsprechende Ausscheidung einer derartigen, signifikant im Plasma erhöhten Fraktion.)

Im Rattenpfotentest (plethysmographische Messungen, Kaolin-Injektion) hat E. OBSTFELDER die antiinflammatorische Wirkung von Atebrin, Resochin und Glucocorticoiden gemessen. Während Atebrin etwas wirksamer als Resochin zu sein scheint, liegen die — äquimolare Konzentration — Werte für Glucocorticoide 5mal höher.

LANGHOF und MUTING (1955) halten eine Einwirkung auf das Redox-Potential für möglich.

III. Toxicität der Antimalariamittel

Über die Toxicität des Atebrins sind insbesondere während des Masseneinsatzes zur Malariaprophylaxe und Therapie im zweiten Weltkrieg viel umfangreichere Erfahrungen gesammelt worden als über die Giftigkeit des Resochins. Leider hat man — wie zum Teil bedauerliche Zwischenfälle beweisen —, trotz anfänglicher Warnung übersehen, daß die bei der Behandlung chronischer Dermatosen notwendige Höhe der Einzeldosis, die Dauer der Behandlung und damit die Gesamtdosis diejenigen Mengen weitaus übersteigen, welche bei der Malariaprophylaxe und Therapie zur Anwendung kommen. An Nebenwirkungen sind zu nennen: Übelkeit, Erbrechen, Flatulenz, Abdominalkrämpfe, Diarrhoen, epigastrisches Brennen, Kopfschmerz, Schwindelgefühl, Hyperhidrosis (anfänglich), Schlaflosigkeit, Muskel- und Gelenkbeschwerden. Auf der Haut und am Limbus corneae wird nach etwa 2—3wöchiger peroraler Zufuhr eine strohgelbe Verfärbung beobachtet. Diese Gelbfärbung schwindet sehr langsam nach Absetzen des Mittels und kann, wie dies die eigenen Erfahrungen lehren, noch Monate später nachzuweisen sein. Handrücken und Handteller sowie Fußsohle und Hautfalten sind stärker gelblich tingiert als die übrige Körperbedeckung. Bei einigen Patienten beobachtet man, ebenfalls nach jahrelanger Zufuhr des Atebrins oder Resochins, eine graublau bis schieferige, fleckförmige Pigmentierung der Nagelplatten, des Gaumens und der Wangenschleimhaut, welche nicht auf Eisenablagerung zurückzuführen ist und auch nicht ausschließlich aus Melanin besteht. Auch die knorpeligen Strukturen des Ohres und der Nase können eine derartige schieferige Verfärbung aufweisen.

Über Art und Umfang allergischer Reaktionen nach Atebrin und Resochin sind die Urteile der Autoren voneinander abweichend. Französische Malariaforscher, unter anderem MONTEL, haben in Indochina und Nordafrika weder mengen- noch erscheinungsmäßig jene zum Teil recht beachtlichen Nebenwirkungen der Atebrinmedikation beobachtet, über welche die im Pazifik eingesetzten amerikanischen Forschergruppen berichten. Allein bei der Malariaprophylaxe sind dort bis zu 9% Hauterscheinungen beobachtet worden. Darunter befinden sich symmetrisch auftretende ekzematoide Dermatitiden, lichenoide, Pityriasis-rosea- oder Lichen ruber-ähnliche sowie exfoliierende Hautausschläge, maculöse Exantheme, Hyperkeratosebildungen an Handteller und Fußsohle (LIVINGOOD und DIEMAIDE 1945; LIVINGOOD 1947; C. L. SCHMIDT 1949; WILSON 1954; WESENER 1955; SAVAGE 1958). Ebenfalls sind kontaktekzematische Reaktionen beobachtet worden. Die schweren Hautveränderungen bilden sich nach Absetzen des Atebrins nur recht zögernd zurück. Besonders nach Atebrin werden gehäuft eine Pigmentierung der zuvor befallenen Stellen sowie eine Atrophie der

Haut, gelegentlich bleibende narbige Alopecie, Nageldystrophien und Störungen der Schweißsekretion gesehen (SULZBERGER und HERRMANN 1954; HERRMANN und MILLER 1952). IRA SCHAMBERG (1953) unterscheidet mit W. SHELLEY die akute Atebrin-Dermatitis und die „post-atabrine Dermatitis". Letztere tritt auf in Form chronisch-remittierender, bis zu 10 Jahren andauernder ekzematöser, lichenoider, nässender und stark juckender Hautveränderungen, und zwar nur nach Abklingen jener Formen der Atebrin-Dermatitis, welche als lichenoide, Lichen ruber- oder Pityriasis-rosea-ähnliche beschrieben worden sind. Die „post-atabrine Dermatitis" kann ein Teil des Schweiß-Retensions-Syndroms sein, welches einhergeht mit erhöhtem Herzschlag, Rötung des Gesichtes, des Nackens, Müdigkeit, Angstgefühlen und besonders ausgeprägt ist in feucht-warmem Klima (s. später). Als langfristige Störungen nach Atebrinunverträglichkeit werden dann beschrieben die anhidrotische Asthenie, chronisch-rezidivierende ekzematöse Veränderungen, Pruritus, Alopecie, Hautatrophie — sämtliche Erscheinungen bei teils positivem, teils negativem Ausfall der Epicutantests auf Atebrin. Das Auftreten so schwerer Unverträglichkeitserscheinungen wird bei 0,2% aller Behandelten angegeben. HERRMANN und MILLER sowie SULZBERGER und HERRMANN haben über das Zustandekommen der schweren allergo-toxischen oder allergischen Hautreaktionen nach Atebrinmedikation und die Störungen der Schweißsekretion interessante Feststellungen gemacht. Die starke Gelbgrünfluorescenz im spiraligen, intraepidermalen Endstück der Schweißdrüsenausführungsgänge spricht für die Speicherung des elektro-positiven Atebrins im Bereich jener normal in Längsrichtung elektronegativ geladenen Gänge. Die Schweißdrüsenausführungsgänge lassen sich im übrigen auch durch andere, elektropositive Farblösungen anfärben bzw. sie speichern elektropositiv geladene Substanzen wie z.B. Arsen, Wismut, Blei, was als gemeinsame Eigenschaft der Keratinsubstanz aufgefaßt wird. Die Schweißabgabe wird durch die Veränderungen des elektrischen Gangpotentials gestört, es kommt zur Aufstauung, Gangerweiterung, zum intracutanen Austritt des Atebrins — womit die Möglichkeit der Sensibilisierung gegeben ist —, und bei verschiedenen Menschen zur Schweißdrüsen-Atrophie, mit dem in seiner Schwere variierenden Schweiß-Retentionssyndrom (SULZBERGER und HERRMANN 1954). Die sichtbaren anatomischen Gangläsionen sind somit die Folge einer biochemischen bzw. bioelektrischen Reaktion zwischen dem intraepidermalen Endstück und chemischer Substanz und möglicherweise die Ursache für das Auftreten jener schweren, mit Minderung oder Sistieren der Schweißabsonderung einhergehenden Hautausschläge (SHELLEY, HORVATH und PILLSBURY 1954). — Oft sind die lichenoiden oder exfoliativen Eruptionen nach Atebrinmedikation kombiniert mit einer Hepatitis oder aplastischen Anämie. Sie führen dann zum Tode.

Am Zentralnervensystem werden sowohl unter der Atebrin- wie unter der Resochin-Behandlung Exzitation, epileptiforme Konvulsionen, toxische Psychosen (0,2—0,5% s. auch WESENER 1955), Halluzinationen (TELLER), manisch-depressive Zustandsbilder (THIES), manische Exzitationen, Asthenie, Konfusion (QUIÑONES und RUIZ-MARTIN 1956) beobachtet. Fälle mit Meningitis serosa und Polyneuritis sind ebenfalls mitgeteilt worden. Skotome, bilaterales, oberflächliches Hornhautödem und Conjunctivitis sind Symptome, welche auf die Unverträglichkeit des Atebrins am Auge hinweisen.

Leukämien, aplastische Anämien, seltener Agranulocytosen und anaphylaktische Purpuraformen (MUSCORDIN 1956) werden teilweise nach regelrechter, teilweise nach Überdosierung von Atebrin beobachtet, und weisen ebenfalls auf einen allergischen oder toxischen Effekt am Knochenmark hin. PARMER und SAWITZKY (1953) berichten über einen Todesfall an aplastischer Anämie bei einer

30 Jahre alten Negerin, welche 4 Monate lang täglich 2 g Atebrin (!) eingenommen hat. VILANOVA und MORAGAS haben einen Fall von Agranulocytose nach 8,0 g Atebrin in 15 Tagen beobachtet. Im ganzen liegen bis jetzt Mitteilungen über 50 Todesfälle an aplastischer Anämie bei Atebringebrauch vor (CH. GRUPPER 1959).

Im Tierversuch werden als weitere Schäden bei hoher Atebrinmedikation angegeben: Lebernekrose (auch beim Menschen kommen akute gelbe Leberatrophien in schweren Fällen vor; WESENER 1955; AYRES 1946; KAHLSTORF 1947; CRADDOCK 1950; CUSTER 1946; zitiert H. L. ALEXANDER 1955), Nekrosen der Herz- und Skeletmuskeln, Schäden an der Niere, der Nebenniere, am Reticuloendothelialen System, in den Leukocyten (basophile Granulation). Erhebliche toxische Veränderungen der Magenschleimhaut sind bei therapeutischer Überdosierung und bei Suicid festgestellt worden (CH. GRUPPER). Die Kombination von Atebrin und Plasmochin bzw. Pentachin steigert die Toxicität beider Substanzen und ist daher verboten.

Während im Tierexperiment das Resochin noch toxischer ist, werden in der Human-Therapie weniger Nebenwirkungen als beim Atebrin verzeichnet. Dazu muß allerdings gesagt werden, daß die Erfahrungen mit dem Resochin bei weitem nicht so umfangreich und so lang andauernde sind wiejenigen mit Atebrin. Nebenwirkungen leichterer Art nach Resochin sind: Kopfschmerz, Sehstörungen, gastrointestinale Beschwerden, Nausea, epigastrisches Brennen, Aufstoßen, Leibkrämpfe, Diarrhoen und palmoplantarer bzw. generalisierter Juckreiz (GRUPPER). Diese Effekte können allein durch Herabsetzung der Dosis oder temporäre Unterbrechung der Behandlung unterdrückt werden. Es werden weiterhin beschrieben: Schwindel, Ohrensausen (einmal mit nachbleibender Schwerhörigkeit), Schlaflosigkeit, psychische und physische Asthenie, Depressionen, Erregungszustände, Alpträume. An der Haut sind bei einem ganz geringen Prozentsatz lichenoide Eruptionen, ähnlich denen nach Atebrin, beobachtet worden (SAVAGE 1958). An weiteren Hauterscheinungen: maculopapulöse Exantheme, oft an freigetragenen Hautstellen, dermite ocre-ähnliche Veränderungen, selten die schweren exfoliierenden, unter Atebrinverabfolgung bekannten Dermatitiden [meist bei der Behandlung der Psoriasis vulgaris oder beim Rheumatismus (GRANIRER 1958)]. Wir selbst haben bei der Anwendung des Resochins bisher keinerlei Nebenwirkungen an der Haut gesehen, dagegen 2mal unter 100 Fällen lichenoide Efflorescenzen nach Atebrin. Reversible Depigmentierung der Haare, der Augenbrauen und Wimpern sind, ebenso wie Pigmentierungen (Melanin- und Hämosiderin-Ablagerungen) unter Resochinmedikation beschrieben worden [W. KNIERER (1955) 2 eigene Fälle, sowie eine Anzahl von Falldemonstrationen im amerikanischen Schrifttum, GRUPPER]. SAUNDERS, FITZPATRICK u. Mitarb. (1959) haben bei klinischer Untersuchung und in Tierexperimenten festgestellt, daß sich die Depigmentierung unter üblicher Resochin-Di-Phosphat-Behandlung nur auf die Träger roter und blonder, ganz selten einmal dunkelblonder Haare erstreckt. Neger und Japaner mit blauschwarzem bis tiefschwarzem Haar sowie Hühner mit schwarzen Federn zeigen keine Entfärbung. Resochin soll auf die Melanogenese aus Tyrosin keinen Einfluß nehmen, dagegen wird der zu gelblichen und roten Pigmenten führende Stoffwechsel (Tryptophan, Ommochrome?) gestört. Resochin kann eventuell dienlich sein, die noch unbekannte Genese dieser Pigmente, ihrer Vorstufen und des Ausgangsmaterials experimentell abzuklären. Auch die fleckförmigen Gaumenpigmentierungen kommen vor (s. P. GOODE 1958). — Die Sehstörungen bestehen entweder in Akkommodationslähmungen und Diplopie oder in Keratopathien, ähnlich denen nach Atebrin. Augenärztliche Kontrolle erscheint daher ratsam (GRUPPER).

Es handelt sich um einen reversiblen Vorgang, der nach Absetzen des Medikamentes voll rückbildungsfähig ist. ZELLER (1958) beschreibt bei 10 Fällen mit Erythematodes chronicus und artikulärem Rheumatismus das Auftreten von diskreten opaken Streifen auf der Cornea (übliche Resochinmedikation; s. auch HOBBS und CALNAN 1959). Diese Veränderungen sind reversibel, sie bilden sich nach Absetzen der Therapie zurück.

Ein geringfügiger Gewichtsverlust wird nahezu von allen Patienten während der Behandlung mit Resochin beobachtet. Eine stärkere Gewichtsabnahme, welche während der Behandlung nicht durch calorien- und eiweißreiche Diät abgefangen werden kann, kombiniert mit feinschlägigem Tremor, hat den Verdacht auf eine Beeinflussung des Schilddrüsenstoffwechsels nahegelegt, ist jedoch nicht zu verifizieren gewesen. — Ganz selten sind hämatologische Komplikationen (vasculäre Purpura, Leukopenie).

In den chronischen Therapieversuchen amerikanischer Forschergruppen (zitiert bei GOODMAN und GILMAN) sind Abflachungen der P-Wellen im EKG festgestellt worden. Einige tödliche Zwischenfälle betreffen Patienten, bei denen das Resochin stark überdosiert worden ist bzw. Suicidfälle. Die Auslösung einer akuten Porphyrie unter Resochinmedikation steht im Gegensatz zu der therapeutischen Anwendung des Mittels bei Porphyria cutanea tarda (CH. GRUPPER, MARSDEN 1959; TEODORESCU u. Mitarb. 1959).

IV. Historisches zur Anwendung der synthetischen Antimalariamittel beim Erythematodes chronicus und bei den Lichtdermatosen

Im Rahmen eines Therapiebandes der Dermatologie kann der nicht ätiotrope Einsatz von hochgezüchteten, spezifischen Mitteln der Malaria-Vorbeugung und Behandlung nicht wundernehmen. Außer den in der Einleitung aufgezählten Voraussetzungen für eine derartige Therapie sind noch folgende Gründe anzuerkennen:

Die Ursache zahlreicher Dermatosen, so auch diejenige des chronischen Erythematodes, ist unbekannt. Infekt-allergische Mechanismen werden seit langem von einzelnen Forschergruppen ernstlich diskutiert (P. MIESCHER 1959). Es ist auch bekannt, daß das Chinin schon vor der Jahrhundertwende in der Therapie des chronischen Erythematodes eine große Rolle gespielt hat und von so bekannten Autoren wie PAYNE, REICHEL, CROCKER, BROCQ, EDDOWES, FREEMAN, JADASSOHN, NEISSER und vielen anderen empfohlen worden ist. Die Kombination von Chinin mit einem äußerlichen Jodanstrich der Efflorescenzen (HOLLANDER 1908, sog. Holländer-Kur) ist geradezu als eine spezifische Therapieform des chronischen Erythematodes angesehen worden.

An Stelle des Chinins hat H. MARTENSTEIN (1927) bestätigt durch K. LINSER, BASMAKOWA und RAPOPORT, BIRCKHAUER 1937—1941, als erster den Erythematodes chronicus mit Plasmochin behandelt, d.h. mit einem 4-Aminochinolin-Derivat, welches die gleiche Alkyl-Seitenkette trägt wie Atebrin und Resochin. 1928 hat MARTENSTEIN über 22 erfolgreich mit Plasmochin behandelte Kranke berichtet. Es finden sich jedoch kaum weitere Mitteilungen im Schrifttum, so daß dieser Versuch ebenso in Vergessenheit geraten ist wie die 1940 erschienene Arbeit von A. J. A. PROKOPTSCHOUK, der Acrichin (russischer Name für Atebrin) ebenfalls beim chronischen Erythematodes mit Erfolg eingesetzt hat. Zur Entlastung ist vielleicht anzuführen, daß jener Bericht in der schwer zugänglichen russischen Fachliteratur gestanden hat und daß in der Welt damals andere medizinische Probleme Vorrang gehabt haben. Die Behandlungsresultate von PROKOPTSCHOUK sind 1941 im Deutschen Zentralblatt referiert sowie von anderen russischen sowie bulgarischen Autoren bestätigt worden (SORINSON 1941; L. POPOFF und M. KUTINSCHEFF 1943).

PROKOPTSCHOUK ist auf einem eigenartigen Weg zur Atebrin-Therapie gekommen. Ausgehend von der Behandlung der cutanen Leishmaniose nach der Methode von FLARER (1938) hat der Autor 10—20%ige Atebrinsalben auf Herde des Lupus vulgaris appliziert und die Feststellung gemacht, daß das tuberkulös veränderte Gewebe fast spezifisch auf diese Behandlung reagiert. Schließlich ist auch der „Lupus" erythematodes in das Atebrinprogramm eingeschlossen worden. Wie wir der Originalarbeit entnehmen — Übersetzung durch ZAKON und GERSHENSON (1955) —, sind 35 Kranke mit mehreren Behandlungscyclen zu je 10 Tagen, 3mal 0,1 Atebrin/die, freies Intervall 10 Tage, behandelt worden. 34 dieser Kranken haben eine befriedigend bis bemerkenswert gute Besserung gezeigt. An Gesamtdosen sind 90—180 Tabletten Atebrin zu 0,1 verabfolgt worden. Der therapeutische Effekt hat sich bereits während des 2. oder 3. Turnus nachweisen lassen. PROKOPTSCHOUK schreibt, daß frischere, mehr entzündliche Herde besser reagieren als die hyperkeratotischen und zentral narbig-atrophisch abgeheilten Efflorescenzen.

Unabhängig von den russischen und bulgarischen Autoren, angeregt durch eine Zufallsbeobachtung, hat endlich F. PAGE (1951) den Startschuß zur breiten Anwendung der synthetischen Antimalariamittel beim chronischen Erythematodes gegeben. Bei einem Kranken mit sehr ausgedehnten Hautveränderungen im Gesicht hat sich durch Chiningaben ein geringer Effekt erzielen lassen, wobei nicht so sehr die Akuität des Hautleidens als die Progression einzelner Herde beeinflußt wurde. Nach Umstellung auf Atebrin wird eine so eklatante Besserung des örtlichen Befundes festgestellt, daß man dieses neue Mittel sofort bei allen Patienten mit Erythematodes chronicus ausprobiert. Darunter befinden sich auch ein Kranker mit der akut-disseminierten Form (Erythematodes acutus) sowie zwei weitere Patienten mit zusätzlichen rheumatischen Gelenkbeschwerden. 1951 veröffentlicht PAGE seinen ersten Bericht über 17 erfolgreich mit Atebrin behandelte Fälle von Erythematodes, wobei lediglich ein Versager zu verzeichnen ist. Bei einigen Kranken sind sämtliche Herde verschwunden, der Patient mit dem akuten Erythematodes ist temporär, die beiden Kranken mit rheumatischen Gelenkbeschwerden sind definitiv gebessert worden. In einer sehr kritischen Schlußbetrachtung nimmt PAGE Stellung zur optimalen Atebrindosierung, zum etwaigen Kurschema, zur Erhaltungsdosis und diskutiert den Wirkungsmechanismus (Lichtschutz). Er weist zugleich auf die bekannte Toxicität des Mittels hin.

1953 erscheinen die ersten vorläufigen Mitteilungen über die ebenfalls erfolgreiche, jedoch hinsichtlich der Nebenwirkungen wesentlich günstiger liegende Applikation des Resochins beim chronischen Erythematodes (GOLDMAN, COLE und PRESTON, CH. GRUPPER).

Über die Behandlung des chronischen Erythematodes mit anderen synthetischen Antimalariamitteln wie Plaquenil und Camoquin liegen einige Berichte vor: CORNBLEET (1956), MULLINS-WATS und WILSON (1956), LEWIS und FRUMESS (1956), PAPPENFORT und J. H. LOCKWOOD (1956), BENNET und BEES (1957), TYE, CASELL, WOLF, APPEL u. SCHIFF (1958), LEEPER und ALLENDE (1956). Die Anwendung dieser Substanzen wird jedoch von allen Autoren nur bei Versagen der Resochintherapie für angebracht gehalten (s. auch CH. GRUPPER 1959).

Die weltweite Verbreitung des chronischen Erythematodes, die Feststellung, daß auch mit den synthetischen Antimalariamitteln nur eine mehr/minder begrenzte Morbostase (SULZBERGER) erreicht werden kann, begründet die immer noch anhaltende Suche und Synthese neuer Präparate aus dem gleichen Bereich (KIMMIG 1957).

V. Klinische Erfahrungen bei der Anwendung der synthetischen Antimalariamittel in der Dermatologie

a) Chronischer Erythematodes und Lichtdermatosen

Bei der Erörterung des therapeutischen Effektes sind zwei einschränkende Bemerkungen zu machen:

1. Innerhalb der ersten 10 Krankheitsjahre heilt — mit Residuen — der Erythematodes chronicus bei Frauen häufiger als bei Männern ab.

2. Spontanremissionen treten vielfach in der Pubertät und im Klimakterium auf (EHRING).

Atebrin. PAGE (1951) hat folgendes Kurschema bei seinen Erythematodes-Patienten durchgeführt:

Für die Dauer von 6 Wochen bis 3 Monaten 0,1—0,3 Atebrin/die, teilweise mit Einlage einer Pause von 1 Monat nach je 1 Monat Atebrinzufuhr. Gelbfärbung der Haut und klinischer Erfolg sind nach Meinung von PAGE nicht korreliert. Die Anhebung der bei dieser Krankheit herabgesetzten Lichtschwelle (s. auch LOEWENTHAL) wird zur Klärung des Behandlungseffektes herangezogen. PAGE hat außer dem Auftreten einer generalisierten Hyperkeratose keine Nebenwirkungen beobachtet. Von den zunächst behandelten 18 Patienten sind 17 wesentlich gebessert bis erscheinungsfrei geworden, darunter bemerkenswerterweise 2 Kranke mit Gelenkerscheinungen sowie ein subakuter disseminierter Erythematodes. OTTOLENGHI-LODIGIANI (1951) unterspritzt nach der Methode von FLARER die Herde örtlich mit einer Lösung, die aus Atebrinmusonat, Novocain und Adrenalin besteht und berichtet über 17 mit gutem Erfolg behandelte Patienten. Keine Nebenwirkungen bei diesem Verfahren. WELLS (1952) teilt die Ergebnisse bei 12 Kranken mit, von denen 3 keine Wirkung auf die perorale Verabfolgung von Atebrin gezeigt haben. Als Zeichen der Speicherung des Atebrins wird eine besonders starke gelbgrüne Fluorescenz in den Herden festgestellt. SOMMERVILLE, DEVINE und LOGAN (1952) können bei einem Kurschema von 3—1mal täglich 0,1 Atebrin/die über 19 von insgesamt 23 Patienten berichten, deren Behandlungserfolge ausgezeichnet bis gut waren. 3mal wird nur eine mäßige Besserung und einmal ein Versager beobachtet. Die Gesichtsläsionen scheinen sich besser zurückzubilden als Efflorescenzen, welche an den Extremitäten sitzen. Ebenfalls reagieren ausgedehnte vernarbende Efflorescenzen günstiger als kleine Einzelherde. SAWICKY, KANOF, SILVERBERG, BRAITMAN und KALISH (1952) berichten in einer vorläufigen Mitteilung über 21 von 30 prompt und definitiv eingetretenen Besserungen, wobei sie 6 Kranke als völlig abgeheilt bezeichnen, während in 3 Fällen schon unter der Therapie das Rezidiv aufgetreten ist. Ein ähnliches Ergebnis findet sich bei CRAMER und LEWIS (1952). In einem Editorial des Jahrbuches der Dermatologie und Syphilologie nimmt M. B. SULZBERGER (1952) sehr vorsichtig zur Atebrintherapie des chronischen Erythematodes Stellung und diskutiert insbesondere die möglichen Wirkungsmechanismen: einen antiplasmodischen, einen antiprotozoischen, einen Stoffwechsel-Effekt, eine kompetitive Inhibition von Enzymsystemen, eine cortisonähnliche Wirkung und letztlich die Blockade des Reticuloendothelialen Systems. Die Wirksamkeit des Atebrins beim akuten Erythematodes wird dagegen von SULZBERGER (1952), HASERICK und BURDICK (1953) angezweifelt.

COLE jr., CHIVINGTON, COLE und DRIVER (1953) haben 32 Patienten mit chronischem Erythematodes nach folgendem Schema mit Atebrin behandelt: 2 Wochen lang täglich 2mal 0,1; 1—12 Monate täglich 1mal 0,1. Das Ergebnis: 12 Patienten werden als augenscheinlich geheilt, 15 Patienten als 50% gebessert bezeichnet, insgesamt 2 toxische Reaktionen. ZELLER (1953) verabfolgt für 3 bis 5 Monate Atebrin in einer Dosierung von 0,1—0,3 pro die und kann über 12 gebesserte Patienten berichten. Die älteren Herde sollen schlechter reagieren als jüngere, kongestive. Von 18 Patienten haben nach einer Atebrintherapie mit 0,2—0,1 täglich, über 3 Wochen bis 5 Monate appliziert, COURVILLE und PERRY 5mal ausgezeichnete, 4mal gute, 3mal leichte Besserungen gesehen, *niemals* jedoch eine komplette Heilung. An ziemlich häufigen Nebenerscheinungen werden erwähnt: Nausea, Anämie und Pruritus. In einer vergleichenden Studie berichtet BLACK (1953) über 70% allerdings unterschiedlicher Besserungen der Krankheitserscheinungen durch Atebrin; 60 Patienten dienen als Vergleichsmaßstab; diese Kranken sind mit Paraaminobenzoesäure behandelt worden. BLACK spricht von einer nichtsignifikanten Besserung durch Atebrin, obwohl er bei 45% seiner Patienten eine fast vollständige Erscheinungsfreiheit beschreibt. Dosishöhe sowie Intensität der Gelbfärbung der Haut gehen mit dem Endeffekt der Behandlung nicht parallel. Die Dauer der Erkrankung und die oft jahrelange Vorbehandlung mit anderen Mitteln seien ohne Einfluß auf das Resultat der Atebrintherapie. An Nebenwirkungen gibt BLACK bei 60 Kranken folgende Erscheinungen an: Lichenoide Dermatitiden (2), generalisierter Juckreiz (2), Erbrechen (1), allgemeines Krankheitsgefühl (3), Aufstoßen (1), Kopfschmerz (1), weicher Stuhlgang (1), Epistaxis (1), Euphorie (2), Schlaflosigkeit (1), Schwindel (1). Nach 6 Monaten sind nur noch 8 von 33 kontrollierten Patienten rezidivfrei. MARSHALL (1953) hat unter seinen 50 Krankheitsfällen, einschließlich einer Hydroa aestivale und einer Lichtüberempfindlichkeit nach Sulfonamidgebrauch, bei einer Dosierung von 3—1mal täglich 0,1 Atebrin und einer Erhaltungsdosis von 2mal wöchentlich 0,1, keine kompletten Versager. Als Nebenwirkung wird 1mal das Auftreten einer Hepatitis erwähnt. KIERLAND, BRUNSTING und O'LEARY (1953) sowie O'LEARY, BRUNSTING und KIERLAND berichten über ähnliche Erfahrungen mit Atebrin, wie sie etwa PAGE mitgeteilt hat. Insbesondere haben Dosen von 100—400 mg Atebrin/die bei jenen Fällen dramatische Effekte gezeigt, welche umfangreiche, vernarbte Herde aufweisen. 40% ihrer Kranken werden als ausnehmend gut gebessert, 35% als mäßig gut beeinflußt und 25% als ungebessert angeführt (insgesamt 55 Fälle). Nebenwirkungen treten selten, dann aber plötzlich und oft recht schwer in Erscheinung (Hauteruptionen sowie Erkrankungen des blutbildenden Systems). Die Wirkung des Atebrins zeigt sich nach 1—6 Wochen oder gar nicht. Die Zahl der Rückfälle liegt bei einer Beobachtungszeit von nur 6 Monaten schon bei 50%. Vor der Applikation des Atebrins in Fällen von akutem Erythematodes wird gewarnt, da bei dieser Krankheit Komplikationen unter Atebrinmedikation besonders häufig und schwer auftreten. VILANOVA und DULANTO (1953) haben nach dem Vorgehen von FIARER (Behandlung der Orientbeule) und OTTOLENGHI-LODIGIANI (1951) gearbeitet und mit intracutanen Injektionen des Atebrin-Dimethansulfonats in $1^0/_{00}$—2%iger Lösung in 5 Fällen 4mal einen günstigen Behandlungseffekt erzielt. Sie unterstreichen die Gefahrlosigkeit dieser Methode. Appliziert werden 10,0 in 1—5 Injektionen, und zwar intra- sowie periläsionell. Die Fluorescenz sei an den Rändern der Herde (aktive Zone) wesentlich stärker als im Zentrum. Atebrin verursacht nach HARVEY und COCHRANE (1953) wesentlich schwerere Zwischenfälle als Wismut. (Frequenz: 8 von 62 Patienten [Atebrin], im Gegensatz zu 3 von 117 Kranken [Wismut] und 4 von 56 [Arsen].) Auch die Wirkung, hier lediglich als befriedigend bezeichnet, sei derjenigen des Wismut deutlich unterlegen, wobei der Behandlungserfolg für Atebrin mit 59,7, für Wismut mit 86% angegeben wird. Die Verfasser haben ebenso wie wir, schon zu diesem Zeitpunkt Resochin verabfolgt, jedoch wegen der geringen Dosen keinen Behandlungserfolg gesehen. Ihren vorläufigen Eindruck von der Atebrintherapie des chronischen Erythematodes schildern FRIDERICH und RASP (1953). Das Mittel wird als hochwirksam bezeichnet.

THIES (1954) berichtet nach einer Behandlungszeit von 6 Wochen bis 6 Monaten und einer Tagesdosis von 0,3—0,1 Atebrin/die über 6 Versager und 46 wesentlich bis sehr gut gebesserte Kranke. 6 Rezidive innerhalb 2—4 Monaten nach Abschluß der Therapie. — Das Auftreten einer Leukopenie und einer Agranulocytose durch Atebrin wird von APRÀ (1954) je 1mal beobachtet.

RUST (1955) gibt bei Zusammenstellung der Literatur und auf Grund eigener Beobachtungen an 71 Patienten mit chronischem Erythematodes eine vorläufige Erfolgsquote der Atebrintherapie von 50—60% an. Die von ihr angewandte Dosierung entspricht der üblichen, d.h. beginnend mit 3mal 0,1/die, langsam abfallend bis zu der Erhaltungsdosis von 1mal täglich 0,1. ROGERS und FINN (1954) haben nach Gesamtdosen von 8,4—35,0 Atebrin in üblicher Dosierung ihre Behandlungsresultate wie folgt aufgegliedert: 17 von 45 Patienten zeigten sehr gute, 7 gute und 18 leidlich gute Rückbildungen. 3mal haben sich die Herde nicht verändert. Nach einem Jahr sind lediglich 9 von 17 Kranken in der 1. Sparte, 3 von 7 in der 2. und 7 von 18 in der 3. rezidivfrei geblieben. Auch die Sommerprurigo als Lichtdermatose (17 Fälle) läßt sich durch Atebrinzufuhr beeinflussen, jedoch sind alle gebesserten Fälle nach einem Jahr rückfällig geworden. Im Gegensatz zu der Auffassung anderer Autoren sollen die frischen, erythematösen Läsionen des chronischen Erythematodes besser auf die Therapie ansprechen als die hyperkeratotisch-atrophischen Herde. Der akute Erythematodes zeigt keinerlei Effekt nach Atebrinmedikation. 14 Kranke mit Hydroa aestivale ohne Porphyrie, 6 Kranke mit Lichturticaria und polymorphem Lichterythem sind von WOODBURNE, PHILPOTT und PHILPOTT jr. (1954) in üblicher Dosierung mit Atebrin behandelt worden (0,1—0,3/die). Atebrin wird für diese Gruppe von Kranken als das beste derzeit bekannte Mittel hingestellt. Ein ähnlich gutes Urteil geben BRODTHAGEN und CHRISTIANSEN (1954) ab. Der Behandlungseffekt sei allerdings ein kurzer. Verabfolgt man über das Frühjahr hinaus, so sieht man bei den polymorphen Lichtdermatosen kaum Rückfälle (HELANEN 1954). Bei diesem Krankengut sind 10mal sehr gute, 21mal gute Wirkungen bei insgesamt 36 Patienten beobachtet worden. Als Nebenwirkungen der Atebrintherapie werden angegeben: 1mal ein diffuser Haarausfall, 3mal Neutropenie. In der Diskussion bemerkt P. NIELSEN (1954), daß seine Behandlungserfolge mit Atebrin nicht so gut seien.

Auf 40 Fälle des chronischen Erythematodes bezogen geben SERRI und TINOZZI (1954) in $^2/_3$ aller Fälle günstige Behandlungserfolge, nach einer Behandlung mit Atebrin in einer Dosierung von 0,1—0,4/die, über 2—4 Wochen, an.

1955 berichtet F. OTTOLENGHI-LODIGIANI zusammenfassend und im Hinblick auf die Priorität der Atebrinbehandlung (1948!) über seine intraläsionelle Injektionstherapie. Der Autor verwendet 5—10%ige Lösungen des Atebrinmusonats mit Adrenalin- und Novocainzusatz und injiziert mit einem jeweiligen Intervall von 3—8 Tagen, 1—10mal intracutan. Schon 1948 hat OTTOLENGHI-LODIGIANI mit dieser Methode über 7 von insgesamt 20 definitiv geheilte, über 6 gebesserte, aber rezidivierte, 6 leidlich gebesserte Fälle und 1 Versager eine Mitteilung machen können. Der italienische Kliniker kombiniert derzeit das Injektionsverfahren mit der peroralen Verabfolgung, letztere nach dem Schema von PROKOPTSCHOUK, wobei sich noch günstigere Resultate erzielen lassen. —

Über einen zufriedenstellenden Effekt berichtet THIEL (1955; 43 von insgesamt 55 Patienten). Das erythematöse Stadium sei schlechter mit Atebrin zur Rückbildung zu zwingen als die scharf begrenzten, discoiden, zentralvernarbten Efflorescenzen. CORDERO und MAGNIN (1956) haben den Rückgang der Erscheinungen des chronischen Erythematodes bzw. Besserungen nach täglicher externer Applikation einer 2,5%igen Atebrinlösung beobachtet. Die Kombination dieser Behandlungsart mit der Verabfolgung von 100 mg/die Atebrin über 1—3 Monate soll optimale Ergebnisse erbringen, wobei über insgesamt 6 Fälle berichtet wird. PRENDINA (1956) kombiniert die Atebrintherapie des chronischen Erythematodes mit der Verabfolgung von Leberextrakt und Vitamin C. Bei einer Atebrindosierung von 3mal 100 mg/die (10 Tage), 2mal 100 mg (10 Tage), 1mal 100 mg (6 bis 7 Monate) wird eine Erfolgsquote von fast 75% angegeben.

Die neueren Arbeiten seit 1956 sind — man müßte es eigentlich aus der Geschichte des Erythematodes chronicus schon gewohnt sein —, sehr viel skeptischer als die zurückliegenden. ROGERS und FINN (1956) stellen bereits 100%ige Rezidive innerhalb des 1. Jahres nach Absetzen der Atebrinbehandlung fest. Dabei ist es völlig gleichgültig, ob die Herde zu Beginn der Therapie erythematös oder stark infiltriert waren. Eine 2. Kur hat zum Teil gar keinen Effekt, zum Teil wesentlich schlechter als die erste gewirkt. Auswechselung der einzelnen Antimalariamittel sei in solchen Fällen angebracht. Die Autoren diskutieren die Zweckmäßigkeit einer Dauertherapie, welche sich dann über Jahre erstrecken müßte. 80% Rezidive innerhalb von 12 Monaten nach Verabfolgung einer Gesamtdosis von mindestens 25,0 Atebrin haben CHRISTIANSEN und NIELSEN bei 97 Patienten beobachtet. Ihr Kurschema:

2mal täglich 0,1 Atebrin/die, 8 Tage lang; 3mal täglich 0,1 bis zur Gelbfärbung der Haut, dann 2mal täglich 0,1—0,2/die. Gesamtdosis minimal 1,6, maximal 49,8. Die Beobachtungszeit betrug durchschnittlich 9,7 Monate. Nach Läsionen aufgeteilt ist der Anfangserfolg der Therapie so beurteilt worden, daß von 81 Fällen des chronisch-discoiden Erythematodes 27% zunächst ausgezeichnet, 42% gebessert und 31% nicht gebessert worden sind. Bei der sehr oberflächlichen Form, dem Erythema Biett (16 Fälle), wird zunächst über eine 56%ige ausgezeichnete Beeinflussung, eine 31%ige gute Rückbildung und keinen therapeutischen Effekt bei 13% berichtet. Geschlecht, Dauer des Leidens, stationäre oder ambulante Behandlung sowie die Vorbehandlung sind ohne Einfluß auf den therapeutischen Erfolg. An Nebenwirkungen sind unter anderem aufgetreten: bei 17% Dyspepsie, bei 6% Dermatitis, bei 8% Störungen der Schweißsekretion. Eine Nekrosebildung am Orte der Unterspritzung von Erythematodesherden mit Atebrin hat PIEPER (1956) gesehen.

Unsere eigenen Erfahrungen an etwa 100 Kranken mit chronischem Erythematodes und bei einer Dosierung von 2mal täglich 0,1/die, dann 1mal täglich 0,1/die, maximal 6 Monate appliziert, Gesamtdosis etwa 20 g, decken sich mit den Erfahrungen von CHRISTIANSEN und NIELSEN, d.h. schon innerhalb eines Jahres 80% und mehr Rückfälle. Die hyperkeratotischen, stark infiltrierten Herde reagieren besser als flache, erythematöse und kongestive Efflorescenzen, welche oft gar nicht auf die Behandlung ansprechen. Die Rückbildung der Herde vollzieht sich unabhängig von dem Ausmaß und der Intensität der Gelbfärbung der Haut, die zwischen der 2. und 6. Woche, manchmal auch gar nicht, aufgetreten ist. An Nebenwirkungen sind beobachtet worden: 2mal lichenoide, nach Absetzen der Therapie wieder abklingende Dermatitiden sowie leichtere Beschwerden wie Druck auf den Magen, Nausea, Erbrechen. Sämtliche Patienten sind auf etwaige Schäden am Knochenmark überprüft worden (14tägige Kontrolle): Keine von der Norm abweichende Befunde. Es darf dabei nicht übersehen werden, daß eine Leukopenie zwischen 3800 und 4500 zu den Normalwerten beim chronischen Erythematodes zählt. — Die Rezidive nach Atebrintherapie sind nur in wenigen Fällen mit einer 2. Atebrinkur, zumeist mit Resochin, weiterbehandelt worden.

Resochin. GOLDMAN, COLE und PRESTON (1953) haben neben GRUPPER die Resochintherapie (Diphosphat) in die Behandlung des chronischen Erythematodes eingeführt. Sie dosierten 2mal 0,25/die für 1—2 Wochen, Erhaltungsdosis 0,25 pro die, und berichten bei 14 Kranken über eine wesentliche, bei 2 Kranken über eine geringe Besserung und haben 5mal gar keinen Besserungseffekt gesehen. CH. GRUPPER, der sich eingehend (1953 und 1954) zu diesem Thema äußert, beginnt mit recht hohen Dosen Nivaquine (Resochin). 2 Tage lang werden 900 bis 1200 mg, 8—21 Tage 600 mg, 8—30 Tage 100—300 mg, verabfolgt — in späteren Arbeiten ist GRUPPER von dieser hohen Dosierung wieder abgekommen. Von den insgesamt 36 so behandelten Kranken mit chronischem Erythematodes wird 20mal eine 90—100%ige Heilung, 10mal eine 50—75%ige Besserung beschrieben, 4 Versager. Eine ebenfalls zufriedenstellende Wirkung des Resochins ist in 2 Fällen von Lichtdermatosen gesehen worden. Selbst Atrophie und Alopecie seien geschwunden! Besonders gute Rückbildung der Schleimhautherde. Bei den chronisch-disseminierten Formen reagieren die Gesichtsherde gut, während die Körperherde persistieren. GRUPPER referiert eingehend über den verschiedenen Ablauf der Regression: Am schnellsten verschwinden die symmetrischen Gesichtsherde, danach folgen diejenigen der Ohren, des behaarten Kopfes und zuletzt diejenigen an den Augenbrauen. An Nebenwirkungen der Resochintherapie werden registriert:

Ein Drittel aller Kranken klagt über Schwindel, Ohrensausen, Erbrechen, brennendes Gefühl in der Speiseröhre sowie epigastrische Beschwerden. Weiterhin werden verzeichnet: Schlaflosigkeit, 3mal Abmagerung sowie eindrucksvolle Sehstörungen mit und ohne Kopfschmerzen, letztere bei einer Dauertherapie mit Dosen von 400 mg/die. Der pharmakologische Effekt des Resochins ist nach GRUPPER nicht cortisonähnlich, die Zahl der eosinophilen Leukos zeigt keinerlei Veränderungen während der Behandlung. Unter den resochinbehandelten Lichtdermatosen (GRUPPER 1954) befinden sich 2 erythematoide, 2 Fälle mit Lichturticaria, 4 Kranke mit Eczema solare und 2 Kranke mit Hydroa vacciniformia. Diese Patienten haben 3—4mal wöchentlich 3 Tabletten zu 0,25 erhalten.

SHEE (1953) scheint gleichzeitig mit GOLDMAN u. Mitarb. die ersten mit Resochin behandelten Fälle publiziert zu haben. An diesen Kranken ist lediglich interessant, daß eine unter Atebrin aufgetretene lichenoide Dermatitis unter der neuen Therapie nicht wieder rezidiviert ist.

VILANOVA (1954) hat 553 Fälle der Literatur ausgewertet, und zwar sowohl nach Atebrin- wie auch Resochinbehandlung. In der Gegenüberstellung finden sich in 63,5% günstige Behandlungseffekte nach Atebrin und in 64,2% nach Resochin. Unter beiden Medikationen ist es nicht zu einer Disseminierung der Herde gekommen, weder der chronischen, noch im Sinne der amerikanischen Sprachregelung als akuter Erythematodes. 5% Nebenwirkungen beim Atebrin (0,2% bei der Malariaprophylaxe und -therapie). Die Nebenwirkungen unter dem Resochin sind insgesamt leichter, jedoch häufiger, sie werden bei 17,8% aller Probanden beobachtet. Es spricht für die Art der Nebenwirkungen, daß die Resochintherapie nur in 1,7% aller Fälle abgebrochen werden mußte. Keine Blutbildveränderungen. Die bessere Verträglichkeit des Resochins wird besonders unterstrichen, vielleicht auch eine etwas bessere Wirkung bei resistenten Fällen. Nach VILANOVA sprechen oberflächliche, kongestive, auch ein wenig infiltrierte

Herde gut, dagegen stark hyperkeratotische Efflorescenzen weniger gut an. Der Wirkungsmechanismus sei ungeklärt. — ROGERS und FINN (1954) haben bei einer Dosierung von 1mal 0,25, später 2mal 0,25 Resochin, Gesamtmengen von 3,75 bis 42,5 in 3—24 Wochen, Verabfolgung des Mittels an jeweils 5 Wochentagen, folgende Beobachtung gemacht: Die Zahl der Nebenwirkungen ist höher, jedoch sind diese leichter als unter Atebrin. Als besondere Reaktionen werden je eine acneiforme und eine dem Erythema exsudativum multiforme ähnliche Eruption angegeben. Unter der Resochintherapie sollen Furunkel und andere Staphylokokkeninfekte gehäuft auftreten. — PRAKKEN und MOLHUYSEN VAN DER WELLE (1954) teilen günstige Behandlungsergebnisse bei 23 von 25 mit Resochin versorgten Kranken mit. 8 Patienten sind vollständig abgeheilt. Die Dosierung liegt bei 5mal täglich 100 mg anfänglich, später 2mal 100 mg/die. PILLSBURY und JACOBSON (1954) haben bei 16 Kranken, die alle unter der Resochintherapie gebessert worden sind, bereits 6 Rezidive noch zur Zeit der Verabfolgung des Medikamentes gesehen. 2 Fälle von chronisch-polymorpher Lichtdermatose haben ebenfalls eine Rückbildung der Erscheinungen gezeigt. Die Behandlungsergebnisse von 23 Kranken mit chronischem Erythematodes faßt BERTLICH (1954) wie folgt zusammen:

3 definitive Heilungen, 10mal Restherde, 7 Kranke erheblich gebessert, 3 nur teilweise beeinflußt. Die Gesamtdosis beträgt in 40 Tagen 15,0, wobei mit 3mal 0,25/die an den ersten 10 Tagen begonnen und auf eine Erhaltungsdosis von 0,25/die zurückgegangen wird.

In einer Diskussionsbemerkung zu MADDEN (1954) beurteilt BRUNSTING die Wirkung des Resochins wie folgt:

Ein Drittel der Kranken wird erscheinungsfrei, $^1/_3$ wird gebessert, der Rest bleibt unverändert. FINN (1954), RYAN und J. GOODMAN (1954), PICARD (1954), BALER und APPEL (1954) weisen in ihren Arbeiten Resultate aus, welche der Meinung von BRUNSTING entsprechen. Die letztgenannten Autoren haben 5 Kranke mit Daraprim ohne Erfolg behandelt. HARVEY und COCHRANE (1954) haben an Stelle des Resochin-Disulfats das Sulfat verabfolgt, und zwar täglich 150 mg für 2 Wochen, anschließend 300 mg für 4 Wochen. Von 30 Kranken werden 9 als ausgezeichnet, 9 als befriedigend, 4 als leicht gebessert bezeichnet. Kranke mit chronischen Lichtdermatosen — unter anderem auch Fälle mit Xeroderma pigmentosum (LE LOUTRE 1957) — sowie Patienten mit Photosensibilisierung nach Verabfolgung von Phenothiazinderivaten (PELLERAT 1957) lassen sich mit Resochin so beeinflussen, daß man es wagen kann, sie etwa 3 Wochen nach Beginn der Behandlung voll der Sonne auszusetzen (KNOX, LAMB, SHELMIRE und MORGAN 1954; LEVY, SHAFFER und CAHN 1954). LE LOUTRE beschreibt beim Xeroderma pigmentosum zunächst das Schwinden der Photophobie, später auch der warzigen Efflorescenzen. Nach Absetzen sofortiges Rezidiv, welches jedoch in gleicher Weise auf eine 2. Resochinkur anspricht. Eigene Erfahrungen beim Xeroderma pigmentosum sind negativ. Das Auftreten von immer neuen Spinaliomen auf Gesichtshaut sowie Handrücken kann weder durch Lichtschutzcremes noch durch interne Verabfolgung von Resochin während der Frühjahrs- und Sommermonate verhindert werden (2 Fälle). Unter den verschiedenen Formen der Lichtdermatosen, die mit Antimalariamitteln behandelt worden sind, haben sich auch einige Fälle von Hydroa vacciniformia befunden.

Nach WALTHER (1955) sprechen frische bis subakute Herde des chronischen Erythematodes (50 Fälle insgesamt) am besten auf die Resochinmedikation an. Wie auch andere Beobachter stellt dieser Autor fest, daß die an den Extremitäten und auf dem behaarten Kopf lokalisierten Erscheinungen die geringste Rückbildungstendenz aufweisen, während die Mundschleimhautherde sowie die der Lippenhaut gut reagieren. Die Dosierung beträgt bei WALTHER in den ersten zwei Wochen 0,5—0,75, danach als Dauertherapie 0,25 Resochin über Monate. Weitere Berichte bei SCOTTI (1955), J. MARTIN (1955) sowie OLIVIER und REBOUL (1957).— THIEL (1956) spricht sich für eine kombinierte lokale und perorale Resochin-Applikation aus. Zu diesem Zweck wird eine 10%ige Resochinlösung, der 2% Novocain zugesetzt wird, in Dosen zu 0,2—2,0, 14tägig, unter die Herde injiziert, in der gleichen Zeit perorale Zufuhr bis zu einer Gesamthöhe von 20,0 Resochin. Unter dieser Behandlung 75% gute bis sehr gute Resultate. MUSCORDIN (1956) hat die sonst von ihm als hervorragend angesprochene Resochintherapie einmal (51 Fälle insgesamt) wegen anaphylaktischer Purpura abbrechen müssen.

In einem Vergleich der Gold- und Resochinbehandlung des chronischen Erythematodes urteilen CRISSEY und MURRAY (1956) wie folgt: Unter Resochin schneller einsetzende, unter der Goldtherapie länger anhaltende Remissionen. Allerdings betonen die Autoren die wesentlich häufigeren und schwereren Komplikationen bei der Goldbehandlung gegenüber derjenigen, welche sie nach Resochin gesehen haben (Sehstörungen, Angstträume). LEWIS (1956) bezeichnet die Verabfolgung des Resochins als eine wirksame, *palliative* Therapie des chronisch-discoiden Erythematodes. CHRISTIANSEN und BRODTHAGEN (1956) berichten über die Resochinbehandlung von 58 Patienten mit polymorphen Lichtdermatosen. Nach Abschluß der Medikation waren 75% der Kranken frei von Erscheinungen. An schweren Nebenwirkungen bei einer durchschnittlichen Tagesdosis von 250 bis 500 mg wird über eine vorübergehende Methämoglobulinämie berichtet. Bis zu 18 Monaten fortlaufend haben LEEPER und ALLENDE (1956) täglich 0,5—0,25 Resochin, bei insgesamt guter Verträglichkeit, verabfolgt. Rückfälle sind erforderlichenfalls mit bis zu 4 Resochinkuren angegangen worden, wobei jedesmal die Herde auf diese Therapie angesprochen haben. Ähnlich günstige Erfahrungen mit Amodiaquin. In einer tabellarischen Übersicht (414 Fälle) vergleicht CHRISTIANSEN (1957) die Erfolgschancen der Atebrin- und Resochinmedikation beim chronischen Erythematodes. 63—65% aller Fälle (s. auch VILANOVA, RAMOS e SILVA 1956; SCOTTI 1955; MUSCORDIN 1956) reagieren gut bis hervorragend (teilweise werden klinische Heilungen bis zu 30% angegeben, RAMOS e SILVA 1956). 21—24% werden gebessert, 11—15% zeigen keine Veränderungen. Die Gesamtmenge wird beim Atebrin mit 18,0 (18 Wochen), beim Resochin mit 49 bis 53,0 (23—49 Wochen) angegeben. Die häufigsten Nebenwirkungen des Resochins sind Sehstörungen bei 14—19%, Dyspepsie bei 25—26%, sowie nervöse Störungen bei 0,5—5% aller Patienten (Ruhelosigkeit, Schlafmangel, allgemeines Zittern, Angstträume, Kopfschmerz), gelegentliches Bleichen der Haare. Die Verabfolgung des Resochins soll tunlichst nicht auf leeren Magen und insgesamt fraktioniert erfolgen. Bis zu einer Gesamtdosis von 100—150,0 ist nach Meinung des Autors noch mit Behandlungserfolgen zu rechnen. Ein Jahr nach Absetzen der Therapie beträgt die Anzahl der Rückfälle 80%. Dennoch spricht sich der Verfasser, wohl im Hinblick auf die zu erwartenden toxischen Schäden, gegen eine Dauerbehandlung aus.

Fast die Hälfte aller mit Resochin behandelter Patienten (22 von 53) haben nach PIRILÄ, HELANEN und HELLE (1957) Nebenwirkungen gezeigt, darunter auch echte Depressionen. Die Behandlungserfolge entsprechen derjenigen aller anderen Autoren. Mit der steigenden Anwendung des Resochins, insbesondere auch zur Behandlung der chronischen Polyarthritis und der Arthrosen mit entzündlicher Komponente, vermehren sich auch die Mitteilungen über Arzneimittelexantheme (KRON 1958), lichenoide Dermatitiden (SAVAGE 1958) und exfoliierende

Dermatitiden bzw. ödematös-vesiculöse Erythrodermien (GRANIRER 1958). Die lichenoiden Dermatitiden erweisen sich, wie schon nach Atebrin bekannt, dem Lichen ruber planus insoweit ähnlich, als es zu der bekannten Pigmentierung der Herde bei der Rückbildung der papulösen Efflorescenzen kommt und über Befall der Zunge berichtet wird (SAVAGE). 1958 berichtet ZIERZ auf der 9. Wissenschaftlichen Ärztetagung in Nürnberg über seine Erfahrungen mit der Resochinbehandlung des chronischen Erythematodes. Es werden 40% als ausgezeichnet, 40% als mäßig bis gut gebessert und 20% als Versager gekennzeichnet. Das Behandlungsschema von ZIERZ sieht eine fallende Dosierung von 3—1mal täglich 1 Tablette zu 0,25 Resochin vor. Über eine atypische Pigmentation der Schleimhaut und subungual nach Zufuhr von Resochin und Flavaquine berichten DE GRACIANSKY und GRUPPER, J. J. MEYER und SCHMIDT (1956) sowie GRUPPER (1957). Die Gaumenschleimhaut, die Daumennägel sowie die Streckseiten der Unterschenkel haben eine fleckige grau-blaue Verfärbung aufgewiesen. Histologisch sind sowohl Hämosiderin- wie Melaninablagerungen sowie eine Capillaritis mit Blutaustritt nachgewiesen worden. In der Pathogenese dieser Pigmentverschiebungen — auch der Haarbleichung — wird die Wirkung des Resochins als Antimetabolit der Desoxyribonuclease diskutiert, nachdem LORINCZ einen ähnlichen Mechanismus für das Atebrin als Antimetabolit der Riboflavine angedeutet hat. — Über eine gelblich-graubraune Verfärbung lichtexponierter Körperpartien sowie der Schleimhäute (Vulva, Anus, Skleren) berichtet YOUNG (1958) nach Verabfolgung von täglich 300 mg Camoquin. Verfasser weist auf Pigmentierungen nach Chinin hin und macht den Chinolin-Ring dafür verantwortlich.

Die eigenen Erfahrungen stützen sich auf annähernd 300 Kranke, die alle Arten und Varietäten des chronisch-disseminierten und chronisch-discoiden Erythematodes aufgewiesen haben. Die Mehrzahl dieser Kranken ist zunächst stationär durchuntersucht und auf die Verträglichkeit des Präparates überprüft worden. Die Anfangsdosis beträgt 0,5—0,75 Resochin. Es folgt ein schneller Abbau auf die Erhaltungsdosis von 0,25. Die Gesamtmenge einer Kur ist mit etwa 60 g anzusetzen. Mehrere derartige Kurschemen, insgesamt nicht mehr als 3, sind durchgeführt worden. Lediglich 1 Patient hat ohne Wissen der Klinik und auf eigene Verantwortung insgesamt 1000 Tabletten = 250 g fortlaufend und ohne Erfolg eingenommen. Wegen der verschiedenen, insgesamt jedoch leichteren Nebenwirkungen — darunter keine Hauterscheinungen — ist in letzter Zeit das Mittel mit täglich 5—10 mg Prednison bei insgesamt besserer Verträglichkeit appliziert worden. K. REHTIJÄRVI (1957) berichtet über eine ähnliche Kombination: ACTH bzw. Cortison und Resochin, welche bessere Effekte zeitigen sollen als die alleinige Gabe jedes der Mittel! (s. auch MIDANA und DEPAOLI 1957). Ein beachtlicher Anfangserfolg bis zum völligen Verschwinden aller Efflorescenzen wird durchschnittlich bei 30%, eine irgendwie geartete, manchmal noch recht günstige Beeinflussung der Hautveränderungen bei weiteren 30—35% beobachtet. Die Rezidivhäufigkeit liegt sicher bei weit über 80%, auch dann, wenn man 2. und 3. Behandlungskuren mit hinzurechnet. Wie andere Autoren haben auch wir festgestellt, daß die Efflorescenzen bei der zweiten oder mehrfachen Kur nicht mehr so gut ansprechen als bei der ersten Kur. Während der ambulanten Therapie mit Resochin ist bei Kontrolle des Blutbildes und der Leberfunktion keine Abweichung von der Norm beobachtet worden. Akkommodationsstörungen und nervöse Störungen sind hier nicht festgestellt worden. Als wichtigstes Ergebnis einer Nachuntersuchung (1959) aller behandelten Patienten ist die von EHRING schon erwähnte Tendenz zur Spontaninvolution nach 10 Jahren Bestand, insbesondere bei Frauen, festgestellt worden! (KIMMIG). Auch der Einsatz neuerer, deutscher Antimalariamittel (Aminochinolin-Derivate) hat keine besseren therapeutischen Resultate erbracht!

Marsden (1959) berichtet, wie 1954 schon von Linden, Steffen, Newcomer u. Chapman, 1957 von Davies und van der Ploeg mitgeteilt, über die Entwicklung der Symptome einer akuten Porphyrie bei der Behandlung eines subakut disseminierten Erythematodes mit 2mal 500 mg Resochin/die an zwei aufeinanderfolgenden Tagen. Die 57jährige Frau weist dabei das Vollbild einer akuten Porphyrie auf. In dem burgunderroten Urin werden 967 mg Porphyrin pro die (normal 0—100 mg), im Stuhl 26,8 mg anstatt 200—300 mg normal nachgewiesen. Die Provokation einer latent vorliegenden Porphyrie durch Resochin ist hier um so wahrscheinlicher, als Teodorescu, Bădăniou und Gheorghiu (1959) bei der Therapie der cutanen, alkoholbedingten (hepatischen) Porphyrie mit kleinen Dosen Atebrin in 4 Fällen ebenfalls die Entstehung einer akuten Porphyrie beobachtet haben (s. auch Thiers, Colomb, Taine u. Moulin, 2mal 0,20 Atebrin).

Grupper (1958/59), einer der eifrigsten Verfechter der Resochinbehandlung: — à l'heure actuelle le meilleur traitement des collagénoses chroniques — hat bisher keine Resistenz gegen das Mittel beobachtet. Wenn bei adäquater Dosierung mit Resochin kein Erfolg zu erzielen ist, soll man auf intestinalen Parasitismus oder eine digestive Intoleranz untersuchen. Auch die gleichzeitige Verabfolgung von Analgetica, Phenolphthalein, Antipyrin, Pyramidon mindert die Resochinwirksamkeit, während die Paraaminobenzoesäure potentialisierend wirkt.

Antimalariamittel wie Amodiaquin (Camoquin), Plaquenil, Pama- und Primaquin, Daraprim haben nur gelegentlich und als Ausweichpräparate Anwendung gefunden, wenn eine Unverträglichkeit gegenüber dem Resochin aufgetreten ist (Pappenfort und Lockwood 1956; Lewis und Frumess 1956; Mullins, Watts und Wilson 1956; Th. Cornbleet 1956; Goode 1958 und eigene Erfahrungen). Die Verabfolgung von diesen Antimalariamitteln bringt prinzipiell nichts Neues zum Thema, höchstens, daß über ungewöhnliche Nebenwirkungen in Fallmitteilungen berichtet wird. Bleil (1958) hat einen schweren, progressiven Ikterus mit Lethargie, Anorexie, Amenorrhoe, partieller Blindheit am 18. Tage einer regelrechten Amodiaquin-Therapie gesehen. Besonders die Augenerscheinungen mit streifenförmigen, horizontal angeordneten, opaken Bändern auf der Hornhaut (im Spaltlampenlicht subepithelial und in der Bowmann-Zone gelegen), deren Rückgang nach Absetzen des Amodiaquins und die Reproduktion gleicher Veränderungen bei Wiederaufnahme der Therapie bedürfen noch der Klärung (allergische Manifestation ?).

Cahn, Levy u. Shaffer berichten über 9 Fälle von zum Teil jahrelang bestehenden, stets im Frühjahr oder Sommer rezidivierenden Lichtausschlägen, die sowohl prophylaktisch wie therapeutisch durch Amodiaquin (Camoquin), 400 mg/die in der 1. Woche, dann 200 mg/die während der gesamten Zeit der verstärkten Lichteinstrahlung, hervorragend beeinflußt worden sind. Unter anderem hat sich darunter ein Patient befunden, welcher weder auf Atebrin noch auf Resochin oder Oxyresochin (Plaquenil) reagiert hat. — Über eine bräunliche Pigmentierung in Gesicht, Nacken, auf dem Handrücken und an den Unterarmen nach Camoquin berichtet Young (1958). Die Pigmentierung bildete sich nach Absetzen des Mittels langsam zurück.

Über das Plaquenil urteilen Tye u. Mitarb. (1958) wie folgt: Schlechterer Behandlungseffekt als mit Resochin, dafür weniger Nebenwirkungen. Die Dosierung liegt bei 800—2400 mg/die (s. auch Goode). In der Diskussion werden von Daly, Hollander und Cormia recht kritische Bemerkungen zur Wirksamkeit der Antimalariadrogen beim Erythematodes chronicus im Hinblick auf die hohe Rückfallquote und die nicht unbedenklichen „side effects“ gemacht (1958). Auch unter Plaquenil kommt es zu Depigmentierung der Haare (CHRISTIANSEN 1957).

b) Akuter Erythematodes

Ohne auf die Frage eines Zusammenhanges von chronischem und akuten Erythematodes näher eingehen zu wollen, hat es nach den Literaturstudien doch den Anschein, wie wenn die anfänglich negative Meinung bezüglich der Atebrin- oder Resochintherapie einer etwas positiveren Beurteilung Platz macht. Während sich 1954 bekannte Kenner der Materie wie MICHELSON, KIERLAND, BRUNSTING und O'LEARY, SULZBERGER u. Mitarb. entschieden gegen eine Behandlung des akuten Erythematodes mit Antimalariapräparaten ausgesprochen haben, berichten SHARVILL, BETTLEY, FORMAN und VICKERS (1952), DUBOIS (33 Fälle! 1954/55), ROGERS und FINN (1954), DUBOIS (1956; 78 Patienten!), ZIERZ (1957), MALKINSON (1957) über eine Einsparung von Glucocorticoiden durch den therapeutischen Effekt, welcher mit der Verabfolgung von Atebrin, Resochin sowie Amodiaquin erzielt worden ist (s. auch ZIERZ 1958). Nach DUBOIS ist das Atebrin in einer Tagesdosis von 300—600 mg das stärkste Antiphlogisticum dieser Gruppe, während das Resochin (0,5/die) für sich allein gegeben gleich stark, in der Kombination mit den Nebennierenrindensteroiden jedoch weniger wirksam zu sein scheint. Amodiaquin (0,45/die) ist die am wenigsten effektive Substanz unter den 3 erprobten Antimalariamitteln. CONNOR (1957) leitet die Behandlung des akuten Erythematodes mit Glucocorticoiden ein und gibt schon vom 2. oder 3. Tag an zusätzlich 300 mg Atebrin, um möglichst rasch die oft exzessiv hohen Steroidmengen, welche bis zu 4000 mg Cortison pro die betragen, abbauen zu können. Im allgemeinen empfiehlt es sich, nur leichte bis mittelschwere Fälle von akutem Erythematodes zum Indikationsgebiet der Therapie mit Antimalariamitteln zu machen, während schwere Erkrankungen oft heftige Nebenerscheinungen aufweisen und nur dann zusätzlich mit synthetischen Antimalariamitteln behandelt werden sollten, wenn ein Stillstand des Prozesses durch die Nebennierenrindenhormone erzwungen worden ist. GRUPPER (1959) setzt nach Eintritt der Remission das Resochin ab und gibt keine Erhaltungsdosis! Eine 14 Monate andauernde Therapie mit täglich 300 mg Resochin, an 5 Wochentagen verabfolgt, hat nach MAZARE, MARTIN-NOEL und GILBERT (1955) als alleinige Therapie genügt, um die Erscheinungen eines akuten visceralen Erythematodes zum Stillstand zu bringen.

c) Klinische Erfahrungen mit der Applikation der synthetischen Antimalariamittel bei anderen Hautkrankheiten

Ebenso bemerkenswert wie die einsparende Wirkung von Glucocorticoiden beim akuten Erythematodes scheint ein ähnlicher Effekt bei Erkrankungen der *Pemphigusgruppe* zu sein. Diese Erfahrungen sind insbesondere in der französischen Dermatologenschule gemacht worden. So berichten M. BOLGERT (1951), BOLGERT, LEVY und PELLET (1954), DUPERRAT und TOURAINE (1953), GATÉ, BAYRE und GUILLOT (1957) — um nur einige aus der Fülle der Kasuistik zu nennen — über erstaunliche Behandlungserfolge mit einer, allerdings sehr hoch dosierten Atebrin- (40—55,0)/Aureomycin- (160,0!) Therapie des Pemphigus vulgaris und seiner Varianten. Nach monatelanger Behandlung sollen sehr langfristige Remissionen beobachtet worden sein. — Ebenfalls günstig beeinflußt werden die generalisierten Formen des Fogo selvagem, wenn Atebrin über 4 bis 7 Jahre in einer Tagesdosis von 0,2—1,0 verabfolgt und — wie hinzuzufügen ist — vertragen wird (FONZARI, VIEIRA und FONZARI 1947; BROWN 1954).

Zu den mit Atebrin behandelten Krankheiten gehören weiterhin der *Morbus Boeck* (SHAFFER und LEVY 1953; Dauermedikation! SAMITZ, SATANOVE und KIRSHBAUM 1953; SAMITZ 1954). Rückgang der pseudosklerodermatischen Herde einer *Acrodermatitis chronica atrophicans* nach Applikation von 3—1mal 0,25 Resochin beschreibt HUFF (1955). CORNBLEET, BARSKY und HOIT, GIMBERG (1956), LUBOWE (1955), SCULLY (1954) haben mit einigem Erfolg die circumscripte bzw. progressive *Sklerodermie* durch Resochingaben beeinflußt. STOUGHTON (1956), KNIERER (1955), AYRES III. und AYRES jr. (1955) berichten über günstige Effekte beim *Lichen ruber planus,* und zwar besonders bei den am Genitale lokalisierten, atrophischen und sklerotischen Erscheinungsformen. Atebrin und Resochin sollen dabei gleich gute Ergebnisse zeitigen. PIRILÄ und HELANEN (1958) haben dagegen keinen Erfolg bei der Behandlung des Lichen ruber planus mit Resochin beobachten können. Über einen dramatischen Behandlungserfolg bei einer bereits einen Monat lang bestehenden *Leprareaktion* durch 3mal 0,1 Atebrin, eine Woche lang verabfolgt, findet sich eine Mitteilung bei PRENDES und C. VALHUERDI-FERNANDEZ (1956). Rückbildung der Hauterscheinungen einer *Mycosis fungoides,* der lymphatischen Hautinfiltrate (JESSNER) sowie eines *Kaposi-Sarkoms* am Scrotum unter Atebrinmedikation sind von WITTLE und MOFFAT (1954), GROSS (1954) und REISS (1954) beobachtet worden. Fälle von *pustulöser Psoriasis* und *pustulösem Bakterid* haben sich nach Verabfolgung von Atebrin innerhalb von 3 Wochen zurückgebildet, um jeweils nach Absetzen der Behandlung zu rezidivieren und wiederum auf diese Medikation erneut anzusprechen (CORMIA und NOUI 1953; LEWIS 1954). CORNBLEET (1956) beschreibt eine Art Reboundeffekt bei der Applikation von synthetischen Antimalariamitteln in Fällen von generalisierter Psoriasis. Unter der Behandlung Exacerbation bis zur Erythrodermie, nach Absetzen der Therapie in 2 von 6 Fällen überraschender Rückgang aller Hauterscheinungen. Auch beim späteren Rückfall ließ sich das Phänomen, allerdings dann mit langsamer Regression der Efflorescenzen, reproduzieren. CORNBLEET erklärt diese eigentümliche Wirkung durch Abschirmung des UV-Anteiles im Lichtspektrum. Psoriatiker sollen nach seiner Meinung wesentlich höhere Mengen an UV zum Wohlbefinden nötig haben und daher auf die medikament-induzierte Erhöhung des Schwellenwertes zunächst schlechter reagieren. Über ganz ähnliche Erfahrungen berichtet auch HURIEZ (1953). Lichtempfindliche Patienten mit *Rosacea* werden durch kurzfristige Atebrin- oder Resochinbehandlung (10—20 Tage 3mal 0,25 Resochin oder 100 mg Atebrin) günstig beeinflußt. Die Erscheinungen der Rosacea können vollständig verschwinden (BRODTHAGEN 1955; INMAN und GORDON 1955; RICHTER und L. TAT 1955).

Trotz Fluorescierens der Herde ist eine 2monatliche Atebrinverabfolgung ohne Effekt auf die *Vitiligo* geblieben (PEGUM 1953),

NAGY und BALOGH (1959) berichten über die Behandlungserfolge bei Parapsoriasis varioliformis mit Acridin- und Chinolinderivaten.

Mit dem Kombinationspräparat Elestol (Resochin 0,04, Prednison 0,75 mg und Aspirin 0,2) ist in einem Fall eines sehr ausgedehnten Lupus erythematodes chronicus disseminatus mit Befall der Brust und Rückenpartien, der Extremitäten und des Gesichtes bei einer Dosierung von 4mal 1 Dragée ein gewisser Behandlungserfolg erzielt worden, Abblassen der weitgehend konfluierten Herde, Rückgang der Infiltration, Stillstand des bis dahin progressiven Leidens.

C. Neuroleptica, Tranquillizer, psychotherapeutische Drogen[1,2,3]

It is probable safe to say that, in a summery with the above title 5 years from now, most of the drugs mentioned will not be discussed any longer, and that new ones will have taken their places.

(M. BERGER, H. J. STRECKER u. H. WAELSH in "The Biochemical Effects of Psychotherapeutic drugs", Ann. New York Acad. Science, 1957, Vol. 66, Art. 3, 417—870.)

I. Begriffliche Definition, Testmethoden

Im Hinblick auf die obige Aussage, welche den schnellen Fortschritt in der Synthese neuer Stoffe sowie der Biochemie der Nervensubstanz beinhaltet, hat die nachfolgende Beschreibung der derzeit wichtigsten psychotherapeutischen Drogen fast schon den Charakter einer medizin-historischen Studie. Die Bezeichnung neuroplegisch (LABORIT 1948) bedeutet, daß ein Pharmakon die vegetativen und sonstigen Impulse nervöser Art peripher oder zentral hemmt (HAUSCHILD 1956). Neurolepsie, ein erst kürzlich auf dem Psychiaterkongreß in Zürich (1957) geprägter und schon international anerkannter Begriff, bedeutet den pharmakologisch induzierten Anstoß eines phasenhaft ablaufenden Schlaf- und Dämpfungs-Syndroms, wobei letzteres aus einer psychischen und einer psychomotorischen Komponente zusammengesetzt ist (HOTOVY, BENTE 1957).

Die einzelnen Phasen dieses Umstimmungsprozesses werden als sedativ, erregend und integrierend angegeben (FRIESEWINKEL 1959). Die Sedation zeigt sich als Verminderung der unspezifischen vitalpsychischen Aktivität; in der erregenden Phase findet man vorwiegend eine extrapyramidale Symptomatik. (Hyperkinesen im oralen und peroralen Bereich nach Phenothiazinderivaten mit Piperazinyl-Propyl-Seitenketten; im sensibel-sensorischen Bereich: kataleptische Syndrome, Denkhemmung.) Während des Dämpfungssyndroms (Integration) erfährt das Erleben eine Einebnung der Horizonte, das vitale Erleben der eigenen Leiblichkeit ist daher weitgehend aufgehoben. Das Antriebsgeschehen und die Effektivität sind bei erhaltenen intellektuellen Funktionen erloschen. Es scheint noch angebracht, einige weitere Begriffe aus der psychiatrischen Pharmakotherapie (Neurolepsie) zu definieren (zitiert nach FRIESEWINKEL): Unter *tranquillisierender* Wirkung wird die Abschirmung gegen afferente Reize bis zur Apathie verstanden: Gleichgültigkeit, Entindividualisierung. Unter *depressionierender* Wirkung versteht man die Beeinträchtigung der Stimmung: Hypokinese, Verlangsamung bis Aufhebung der Entschlußfähigkeit, keine Bewußtseinseinschränkung oder -trübung, als *antriebsdämpfend* wird bezeichnet das Nachgeben bis Versagen der hypothetischen Triebkraft, die Verminderung der psychischen Antriebskraft. Die Neuroplegica verändern die seelische Befindlichkeit,

[1] Synonyma: Neuroplegica, Phrenopractica, Phrenotropica, Ataraxia, Ataractica, Psychotonica, Antidepresants, Psycholeptica.

[2] Der Begriff „Neurolepsie" leitet sich her von jenen neurologischen Symptomen, welche bei Anwendung von Psychotherapeutica auftreten können: akinetische, hyperkinetische, hypertonische oder neurovegetative Symptome (DENIKER und ROPERT 1960).

[3] Die Beschränkung auf *Psycholeptica* (entsprechend der Klassifikation von J. DELAY et al. 1959) entspricht dem in der Dermatologie üblichen Rahmen. Nicht abgehandelt werden die *Psychoanaleptica*, d.h. die Stimulantien der Aufmerksamkeit: psychotone Amine, die Stimulantien der Stimmung: Monoaminooxydaseblocker. Ebenfalls fehlen in dieser Darstellung die theoretisch und biochemisch so wichtigen *Psychodysleptica*, die Mescaline und die Lysergsäurederivate.

sie decken sie nicht nur zu. Dem Wahn und der Halluzination wird der Stimmungsboden entzogen; die Patienten können sich mit den psychischen Inhalten dann auseinandersetzen.

Der „cocktail lytique“, mit welchem der Chirurg H. LABORIT und der Anaesthesist P. HUGUENARD sowie C. JAULMES (1952) die Ära des künstlichen Winterschlafes in der Chirurgie eingeführt haben, bestand aus einem Medikamentengemisch von Phenergan, Largactil und Dolantin, dessen verschiedenen Bestandteile para-sympathicolytische, ganglioplegische, histamininhibitorische, lokalanalgetische, blutdrucksenkende, Narkose potenzierende Stammhirn und Stammhirn-Rindenwirkungen entfalten. Damit sollte die Schockgefahr während und die Hyperthermie nach operativen Eingriffen gebannt werden: Wiederherstellung der Homöostase nach CANNON, Unterdrückung des Irritationssyndroms (RICKER), des Adaptationssyndroms (SELYE) oder der Alarmreaktion (REILLY). Die lebensbedrohlichen Erscheinungen dieser Reaktion bzw. des Syndroms äußern sich in Blutdruckabfall, Bradykardie, Temperaturstörungen, Veränderungen im Blutbild, Verschiebungen der Elektrolytwerte, der Serumproteine sowie Veränderungen der Cholesterinasewerte und der mengenmäßigen 17-Ketosteroidausscheidung. Nach EICHHOLZ (1954) entfaltet der Cocktail lytique pharmakodynamische Wirkungen, welche allgemein als membran-abdichtend, repolarisierend, antiphlogistisch, peripher und zentral gefäßspasmenlösend, blutdrucksenkend, zentral lähmend, die physiologische Wärmeregulation senkend und die Narkose potenzierend zu definieren sind. — Erst später ist der psychotonische Effekt des Megaphens und anderer neuroleptisch, tranquillisierend wirkender bzw. zentral entspannender Stoffgruppen in den übrigen medizinischen Disziplinen zum Teil mit großem Erfolg zur Anwendung gebracht worden.

Wenn auch die Bedeutung des peripheren, zentralen oder vegetativen Nervensystems bei der Genese von juckenden Dermatosen noch nicht abgeklärt ist, so kann man doch aus der täglichen Praxis die mögliche Mitwirkung der nervösen Elemente kaum wegleugnen: Pruritus sine materia, persistierender Pruritus nach Abheilung banaler Dermatosen, acne excoriée, Prurigo nodularis und andere mehr. Auch das psychische Terrain im Sinne der Auslösung oder die psychische Belastung bei langfristig bestehenden Hautleiden sind hier anzuführen (DE GRACIANSKY und STERN 1950—1952; BOLGERT 1952; BOLGERT, SOULE und TRAMICHEL 1951; BOLGERT, POISSON und SOULE 1951; GATÉ und DUVERNE 1952/53; VACHON 1954; LAUGIER 1955; SCHMITZ 1955; ROSTENBERG jr. und andere mehr). Auch MIESCHER (1955) läßt am Beispiel des Ekzems die Möglichkeit zu, daß es psychogen zur Herabsetzung der pruriginösen Reizschwelle kommen kann, wobei die Frage der psychischen Sensibilisierung, der psychisch bedingten ekzematischen Reaktionen oder des Auftretens von Ekzemen als Folge gebahnter Reflexe ohne Kontakt mit etwaigen Ekzematogenen offenbleibt. So ist es erklärlich, daß die Neuroleptica und Tranquillizer in steigendem Maße Eingang in die Dermatologie gefunden haben, und zwar zur Unterdrückung des Juckreizes, der postherpetischen Schmerzen und insbesondere der durch den Juckreiz bedingten Störungen wie Schlaflosigkeit, Excoriationen, Infektion und Licheninfikation als Folge des ständigen Kratzens. Man muß sich daher mit den Wirkungen jener Substanzen vertraut machen, zumal deren kritiklose Anwendung keinesfalls ungefährlich ist. Einer eindrucksvollen Tabelle von H. A. DICKEL und H. H. DIXON (1954) entnehmen wir Angaben, welche Schäden die wenig oder ärztlich gar nicht kontrollierte Verabfolgung der Neuroleptica verursacht. An 8200 überprüften Kranken sind beobachtet worden: 4 Todesfälle, darunter 2mal durch Suicid, 324 somatisch faßbare Krankheitszeichen als Folge der Medikamenteinnahme (Konvulsionen, Schwangerschaftskomplikationen, Aborte,

Gewöhnung, Sucht, schwere Leber-, Magen-, Darm- und Hautkrankheiten, allergische Phänomene und generalisierte Toxikosen). Darüber hinaus haben 1700 kranke Patienten leichtere und 827 Kranke schwere bis schwerste psychische Alterationen gezeigt (Angstzustände, akute Depressionen, Manien, amoralisches Verhalten, fehlende Krankheitseinsicht, krankhafte Drogenfurcht und anderes mehr). Diese Übersicht kennzeichnet deutlich die Gefahr des medikamentösen Eingriffes in die komplizierten psychischen Abläufe und zwingt zu besonders scharfer Indikationsstellung sowie Kontrolle jener Patienten, welche neuroleptisch behandelt werden.

Das Fehlen eines allgemein gültigen pharmakologischen Tests für die Stoffgruppe der Neuroplegica erschwert deren Klassifizierung. Dies gilt sowohl für die rein pharmakologische wie für die klinische Einteilung. Die pharmakologische Klassifizierung ist nach den Mitteilungen von F. M. BERGER (1952) und L. ALEXANDER (1956/57) in nachfolgendem Schema verzeichnet (HOTOVY 1957):

	BERGER:	ALEXANDER:
Neuroplegica	1. autonome Hemmer	1. Tranquillizer 2. Ataractica 3. Antiphobica
	2. zentrale Relaxantien . . .	4. Muskelrelaxantien

LABHARDT (1959) grenzt vom Standpunkt des Psychiaters die Neuroplegica (oder Neuroleptica) als antipsychotisch wirksame Drogen von dem nichtantipsychotischen, sedativen, die innere Spannung und Angst nehmenden Tranquillizer ab. Zur ersten Gruppe gehören die Phenothiazine und das Reserpin, zur zweiten Gruppe die Diphenylmethanderivate und das Meprobamat. — Auf psychiatrischer Seite (SCHNEIDER 1958) versteht man also unter Neuroleptica (Neuroplegica) jene Substanzen, die sich zur Behandlung echter Psychosen eignen: Phenothiazinderivate und Rauwolfia-Alkaloide. Als Tranquillizer, deren Anwendungsgebiet Angst, Spannungs- und Erregungszustände sind, bezeichnet man die Derivate des Diphenylmethans und das Meprobamat (s. auch LABHARDT).

P. B. DEWS (1958) definiert das psychopharmakologische Testverfahren, welches sich in den letzten Jahren entwickelt hat, als ein Studium der Verhaltensweise. Diese setzt sich aus den verschiedenen Aktionen des Versuchstieres auf die Umwelt zusammen. Änderungen der Umwelt, welche durch ein verändertes Verhalten des Tieres bedingt sind, werden registriert. Die Verhaltensweise ist andererseits auch das Resultat aller früheren und gegenwärtigen Umweltseinflüsse, geprägt in der zwar komplexen, aber individuell fixierten Matrize vererbter Fähigkeiten und Neigungen. Psychopharmakologische Untersuchungsmethoden beziehen sich somit ausschließlich auf Ereignisse, die zur Umwelt des Tieres gehören und sich qualitativ und quantitativ aufzeichnen lassen. Die zu prüfende Droge bedeutet lediglich einen weiteren Faktor in dem dargestellten Schema:

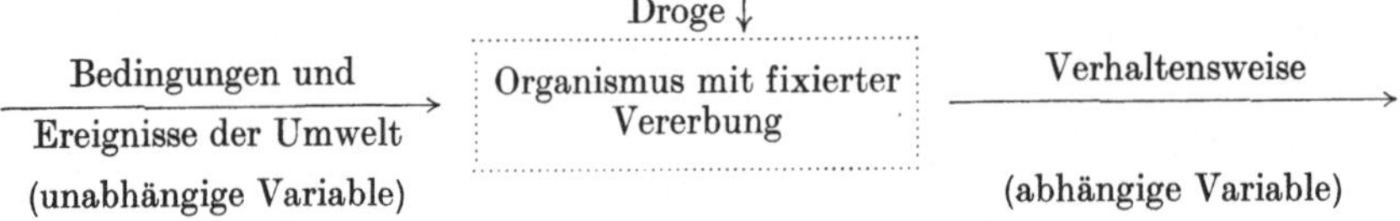

DEWS unterscheidet zwischen *Neuropharmakologie*, d.h. der Lehre vom Reaktions-Ort, von den elektrischen und chemischen Reaktionsmechanismen gewisser Substanzen in cerebro und im Nervensystem sowie der *Psychopharmakologie*. Letztere bedeutet das Studium der Verhaltensweise unter Einwirkung bestimmter Drogen, welche das Verhalten von Tieren und Mensch zu ändern in der Lage sind. Da exaktes Wissen über die Verhaltensweise bisher rudimentär ist, ist es notwendig "to fall back on much prescientific introspective verbal description of drug effects, because this is the only type of information available on therapeutically important matters".

Die Schlaftherapie mit herkömmlichen Hypnotica und Sedativa ist übrigens in der Dermatologie nichts Neues. Von russischen Autoren eingeführt, sind im Bereich der Klinik die Ansichten über die Zweckmäßigkeit einer solchen Therapie keineswegs uniform, was daraus ersichtlich ist, daß eine derartige Behandlung nicht überall zum Standard der dermatologischen Therapie gehört (Schoog 1953, Vachon 1954, Laugier 1955, Schmitz 1955).

II. Chemische Konstitution und Grundzüge des Wirkungsmechanismus

1. Chlorpromazin

Das bekannteste, vom Phenothiazin abgeleitete Präparat ist das Megaphen (Largactil, Chlorpromazine). Weitere Präparate sind das Padisal, Atosil, mit vorwiegend antiallergischer Komponente, Dibutil, Latibon, Pacatal, Prochlorperazin, Thiopropazat, Promazin, Mepazin, Perphenazin und andere mehr.

Zusammenstellung nach Friesewinkel (1959)[1]

Phenothiazinderivate A (mit offener basischer Seitenkette)

	Handelsname:
a) Promazin	Verophen Protactyl Sparine
b) Chlorpromazin	Megaphen Largactil Thorazine
c) Acetylpromazin	Plégicil Soprintin
d) Methoxypromazin	Mopazin
e) Promethazin	Atosil Phenargan
f) Diäthazin	Latibon Diparcol
g) Ethopropazin	Dibutil Pardisol

Phenothiazinderivate B (Piperidylmethyl- und Äthylverbindungen)

h) Mepazin	Pacatal Lacumin
i) Thioridazin	Melleril

Phenothiazinderivate C (Diperazinylverbindungen)

j) Perazin	Taxlan
k) Chlorperazin	Nipodal Stémétil Compazine
l) Chlorperphenazin	Trifalon Decentan
m) Thiopropazat	Dartal

Sie unterscheiden sich vom Phenothiazin chemisch durch die Seitenkette und weisen pharmakologisch erhebliche Unterschiede hinsichtlich der lokalanalgetischen,

[1] Die im Jahr 1960 hinzugetretenen, neueren Phenothiazinderivate sind den entsprechenden Firmenkatalogen zu entnehmen.

histamininhibitorischen, para- und sympaticolytischen, ganglioplegischen sowie Stammhirnwirkung auf.

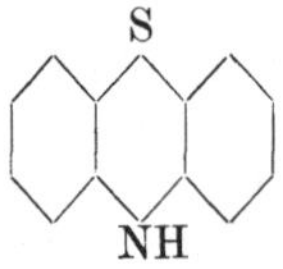

Phenothiazin

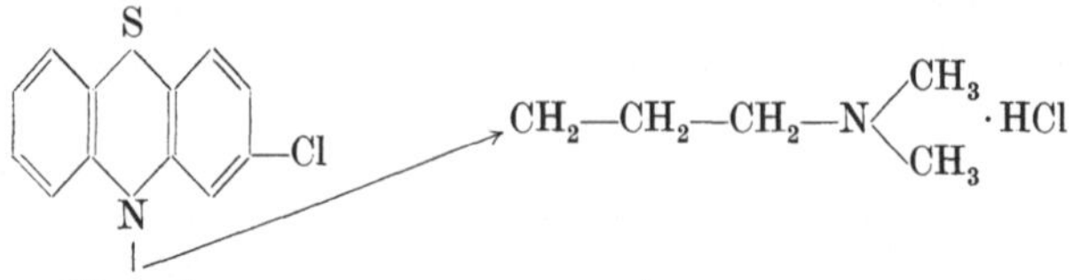

Megaphen

$CH_2—CH_2—CH_2—N(CH_3)_2 \cdot HCl$

Das Phenothiazin, von welchem sich auch das stark wirksame Antihistaminicum Atosil (Phenergan) ableitet, ist schon lange als Anthelminticum und Insecticid in der Veterinärmedizin bekannt, übrigens auch seine photosensibilisierende Wirkung (SCHULZ, WISKEMANN und WULF 1956). Während LABORIT (1948), LABORIT und HUGUENARD (1952/53) zunächst mit den Präparaten Latibon und Phenergan zur potenzierten Narkose gekommen sind, hat die Einführung des stammhirn- und stammhirnrindenwirksamen Largactils in Verbindung mit dem Antihistaminicum Atosil oder Padisal und dem Dolantin in Form des Cocktail lytique (HUGUENARD) zur kontrollierten Hypothermie und zum künstlichen Winterschlaf geführt.

Die neuroplegische Wirkung der Phenothiazinderivate soll nach A. BENITTE (1954) durch eine zentrale Hemmung bedingt sein, wobei der Reflexbogen wahrscheinlich in viel stärkerem Maße in den zentralen Synapsen als in der Peripherie (Gangliensynapsen und Erfolgsorgane) unterbrochen wird [s. auch R. G. GRENELL: Mechanisms of Action of Psychotherapeutic- and Related Drugs. Ann. N. Y. Acad. Sci., vol. 66, Art. 3, 826—836 (1957) und A. CERLETTI (1957): Inhibition des Wachhaltezentrums, Hemmung der ergotropen Funktionen]. — TISSOT (1959) schreibt dem Chlorpromazin eine antiadrenergische Wirkung zu. Der zentrale Sympathicus wird gehemmt, so daß der beruhigende Parasympathicus das Übergewicht erhält.

2. Reserpin

Die pulverisierte Wurzel des in Indien und Südostasien beheimateten Kletterstrauches Rauwolfia serpentina Benth aus der Familie der Apocynacaeen ist schon seit Jahrhunderten als „Wahnsinnskraut" in der Hindumedizin bekannt. Alkaloide der Ajmalin- und Serpentingruppe sind 1931 und in den folgenden Jahren von S. und R. H. SIDDIQUI entdeckt, die Strukturformel des Reserpins von J. M. MÜLLER, SCHLITTLER und BEIN (1952) geklärt worden. Es handelt sich dabei um ein schwach basisches Alkaloid von Indolstruktur, dem Yohimbin verwandt. Ersteres zerfällt nach der Hydrolyse in Reserpinsäure und 3,4,5-Trimethoxybenzoesäure. Der Indolring im Molekül erinnert an die Struktur des 5-Oxytryptamins, der Lysergsäure-Derivate.

Rauwolfia-Alkaloide

	Handelsname:
a) Reserpin	Sedaraupin
	Serpasil
	Rivasin
	Phasein (Kombination von Reserpin und β-Dimethyl-amino-äthyl-2-methyl-benzhydryl-äther HCl)
b) Rescinnamin	Moderil
	Triaupin
c) Reserpinabkömmlinge	noch nicht handelsüblich
d) Benzochinolizingruppe	noch nicht handelsüblich

Die Formel des Reserpins

$C_{33}H_{40}O_9N_2$ Reserpin

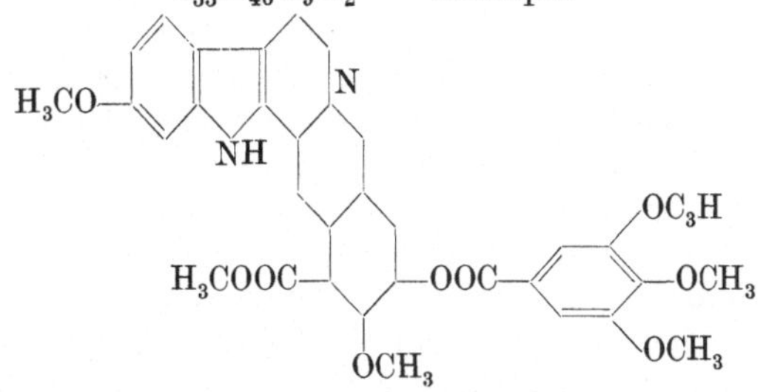

H_3CO — N — NH — H_3COOC — OOC — OC_3H — OCH_3 — OCH_3 — OCH_3

Reserpin* (Serpasil, Serepoid), dessen Hauptindikation die Blutdrucksenkung darstellt, hat sich als ein starker Serotoninantagonist (kompetitive Hemmung des ebenfalls einen Indolkern tragenden biogenen Amins 5-Oxytryptamin) herausgestellt. Seine kardiovasculären und neuroplegischen Effekte werden von BRODIE, PLETSCHER und SHORE, SHORE, SILVER und BRODIE (1955), PARKHURST, SHORE und PLETSCHER (1956), V. ERSPAMER (1956) auf diesen Wirkungsmechanismus zurückgeführt. Antimetabolitähnliche Effekte besitzen auch das Reserpidin und das Rescinnamin, während chemisch verwandte Substanzen, insbesondere die anderen Alkaloide der Rauwolfia-Droge und alle anderen Tranquillizer keine serotininantagonische Wirkung aufweisen (s. auch ZBINDEN, PLETSCHER und STUDER 1957). Reserpin tritt nach den experimentellen Untersuchungen der oben genannten Autoren sehr rasch ins Gehirn ein — 15 min nach der Injektion — und verändert durch eine noch unbekannte Wirkung irreversibel (?) die Bindungsorte des Serotonins** —. C_{14}-markiertes Reserpin (Rattenstoffwechselstudien und Gewebsschnitt-Autoradiographie; BERGER, STRECKER u. WAELSH 1957) verteilt sich ohne Schwerpunktbildung auf alle funktionellen Gehirnteile, welche analysiert worden sind. Serotinin ist größtenteils in proteingebundener Form im Stammhirn, Hypothalamus und in der Formatio reticularis, in geringerer Menge im Cortex vorhanden. Im Kleinhirn ist es nicht festzustellen. Nach der Zufuhr von Reserpin wird das zuvor gebundene Serotonin freigesetzt und soll dann in freier, aktiver Form für die „Reserpineffekte" verantwortlich sein, eventuell durch Abbau (vermehrte Ausscheidung im Urin!). Die Reserpinwirkung dauert so lange an, bis die Orte der Bindung des Serotonins entweder wieder freigesetzt sind oder neu gebildet werden. Auf Grund experimenteller Befunde wird angenommen, daß die Anwesenheit des freien Serotonins eher für die „Reserpinwirkung" verantwortlich ist als der Verlust des gebundenen Serotinins. Durch parenterale Zufuhr von Serotonin lassen sich unter anderem die barbituratpotenzierenden und sedativen Effekte des Reserpins nachahmen. Beide werden durch LSD gehemmt. [P. A. SHORE, A. PLETSCHER, C. H. TOMICH, A. CARLSSON, R. KUNTZMAN, B. B. BRODIE (1957), J. H. PAGE (1957), s. auch KUDO, KAKIMOTO, NAKAJIMA und OKAMOTO (1958): pathogenetische Parallele zwischen gewissen Nebenerscheinungen einer Reserpin-Kur und den Symptomen des malignen Darm-Karzinoids: Diarrhoen, kolikartige Bauchschmerzen, Brechreiz, Aufstoßen, Rötung der Haut, Verstopfung der Nase, Hitze- und Schwindelgefühl]. — Serotonin, welches bei Angebot von 5-Oxytryptophan im Gehirn selbst synthetisiert wird, ist ein Blocker der cerebralen Synapsen und ein Antagonist des Acetylcholins. Das Problem „Serotonin" hat sich neuerlich dadurch kompliziert, daß man im Iproniacid (1-Isonicotinyl-2-isopropyl-hydracid, Marsilid) den stärksten Inhibitor der Monoaminooxydase gefunden hat, eines Enzyms welche

* HAUSCHILD (1960) unterteilt die verschiedenen Rauwolfia-Alkaloide wie folgt: 1. Tertiäre Indol-Basen (Tetrahydroserpentintyp, Yohimbin und Isomere, Reserpintyp). 2. Tertiäre Indolin-Basen (Ajucalin- und Anhydroajucalin-Typ). 3. Quartäre Anhydronium-Basen (Serpentin, Alstonin, Serpentinin).

** Auch am Dünndarm bewirkt Reserpin eine Abnahme des Gesamtserotoningehaltes sowie einen Schwund der histochemischen Reaktionsfähigkeit der enterochromaffinen Zellen.

das freie Serotonin als einziges Ferment abbaut. Damit wird die Beantwortung der Frage, welche Auswirkung die vermehrte Anwesenheit freien Serotonins im Gehirn besitzt, erschwert, um so mehr, als sich das Iproniacid bei der Behandlung von depressiven Zuständen verschiedener Genese ausgezeichnet bewährt hat (s. auch DEWS). — TISSOT (1959) vergleicht die psychopharmakologischen Effekte des Serotonins auf das Zentralnervensystem — in schwachen Dosen beruhigend, in starken Dosen erregend — mit der Wirkung des Reserpins, welches sowohl Serotonin wie Noradrenalin freisetzt und dadurch beruhigend und erregend wirkt. Serotonin ist der neuro-hormonale Mittler des zentralen Parasympathicus, des trophotropen Systems von HESS. Die tranquilisierende Wirkung dieser Substanz geht über das intralaminare System des Thalamus. Hohe Dosen führen zur Depolarisation, zum Block dieses Systems, so daß das sympathische, noradrenalinstimulierte System prävaliert. Umgekehrt ist Noradrenalin der Mittler des neurovegetativen Sympathicus, des ergotropen Systems von HESS. Noradrenalin wirkt stimulierend auf das aufsteigende reticuläre System. — Iproniacid, der Monoaminooxydaseblocker, setzt beide Amine (Serotonin und Noradrenalin) frei, stimuliert dadurch das ergotrope und blockiert durch fermentativen Abbau oder Ausscheidung des Serotonins das trophotrope System.

DEWS (1958), der sich eingehend mit den von BRODIE u. Mitarb. geäußerten Vorstellungen beschäftigt, kommt zu dem Schluß, daß bis jetzt bezüglich der Beziehungen Reserpin-Serotonin keine Aussagen gemacht werden können. Es kann möglich sein, daß die Freisetzung gebundenen Serotonins und Noradrenalins durch Reserpin eine Nebenwirkung ist, etwa in Vergleich zu setzen mit der Histaminliberation durch Opiumalkaloide!

3. Diphenylmethanderivate (Bicyclische Verbindungen)

Zu den autonomen Hemmstoffen (BERGER) zählen weiterhin Abkömmlinge des Diphenylmethans, die von psychiatrischer Seite als Tranquillizer betrachtet werden. Dazu zählen das Azacylonol (Frenquel), das Hydroxyzin (Atarax), das Meclizin (Bonamin), das Benactyzin (Suavatil) und das Adiphenin (Trasentin). Das Benactyzin ist schon 1936 als Spasmolyticum bekannt gewesen.

Formel von Azacyclonol:

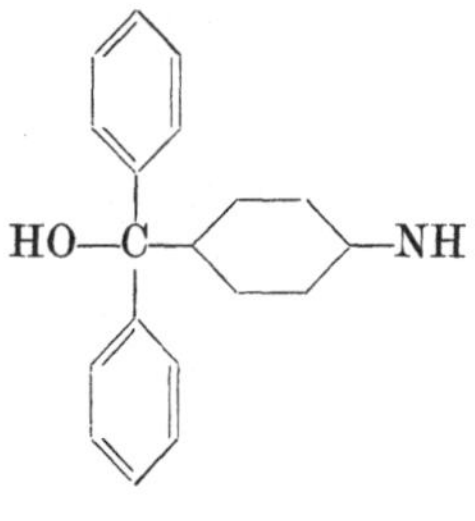

HO—C— —NH

Hydroxyzin (Atarax) = [1-(p-Chlorbenzylhydroxyl)-4-]2-(2-oxyäthoxyäthylpiperazin

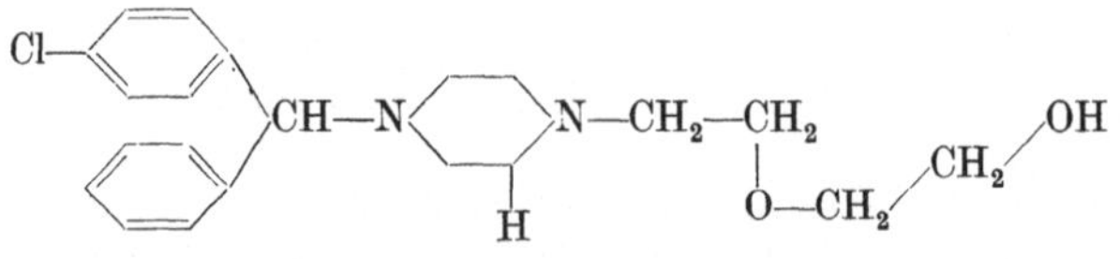

Cl—

CH—N N—CH_2—CH_2 OH

CH_2

H O—CH_2

Diese Stoffgruppe besitzt eine strukturelle Ähnlichkeit mit Diphenylessigsäure-β-diäthylaminoäthylester, einer Substanz, welche die Fähigkeit aufweist, enzymatische Spaltungen zu blockieren (HOTOVY 1957).

Tranquillizer und Ataractica, bicyclische Verbindungen.

	Handelsname:
Hydroxyzin	Atarax
Captodiamin	Covatix
Orphenadrine	Mephenamin
Pipradol	Meratran
Azacylonol	Frenquel
Benactyzin	Suavitil, Parasan, Procalen

4. Meprobamat

Zur Gruppe der Muskelrelaxantien (ALEXANDER) bzw. der zentralen Relaxantien (BERGER) zählen das Mephenesin (Tolserol, Mephat), das Meprobamat (Miltaun, Equanil) und das Phenaglycodol (Ultran), sämtlich vom Propandiol abgeleitet. Das bekannteste Präparat davon ist das Miltaun:

Tranquillizer: Carbinole und Derivate.

	Handelsname:
Meprobamat	Aneural
	Biobamat
	Cirpon
	Equanil
	Miltaun
	Miltown
	Parequil
	Restenil

Miltaun-Formel (Meprobamat)

```
                          CH2—CH2—CH3
       O                  |           O
       ||                 |           ||
NH2—C—O—CH2—C—CH2—O—C—NH2
                          |
                          CH3
```

```
      CH3
     /
 ⟨Benzolring⟩—O—CH2—CH—CH2   Mephenesin
                     |    |
                     OH   OH
```

Meprobamat ist chemisch: 2-Methyl-2-n-propyl-1,3-propandiol-dicarbamat

Ihr Wirkungsmechanismus soll in der Blockierung der langen Nervenbahnen im Zentralnervensystem, besonders in der Hirnrinde, im Nucleus caudatus, im Hypothalamus und im Nucleus ventralis lateralis des Thalamus bestehen (HENDLEY, LYNES und BERGER 1954). Meprobamat unterdrückt im besonderen die polysynaptischen Reflexe, verändert die elektrische Aktivität des Gehirns mit Erhöhung der Amplituden und Verminderung der Voltage im Cortex und Thalamus.

Interessanterweise besitzt diese Stoffgruppe keinen Einfluß auf das autonome Nervensystem (E. FROMMEL 1956). Miltaun ist unlöslich in Wasser und resistent gegen Säuren, Laugen und Oxydation.

Zur pharmakologischen Prüfung der Neuroleptica und Tranquillizer sind umfangreiche Tests erforderlich, von denen BERGER die Affenzähmung, den Effekt am isolierten Darm, die Vertiefung der Barbitursäureanaesthesie, den Einfluß auf die Strychnintoxicität, die Wirkung auf das Elektroencephalogramm sowie die Wirkung auf die bedingten Reflexe aufgezählt. [Weitere Tests s. Ann. N. Y. Acad. Sci., vol. 66, Art. 3, 417—840 (1957): The Pharmacology of

Psychotomimetic and Psychotherapeutic Drugs.) Die Unterschiede der vier Stoffgruppen faßt BERGER in seiner Einteilung wie folgt zusammen:

Effekte:	*Tranquillizer:*	*zentr. Relaxantien:*
Adrenolytische Wirkung	vorhanden	fehlt
Anticholinergische Wirkung	vorhanden	fehlt
Antihistamin-Wirkung	vorhanden	fehlt
Strychnintoxicität	gesteigert	vermindert
Barbitursäuresynergismus	stark ausgeprägt	schwach
Bedingte Reflexe	gehemmt	unverändert
Elektroencephalogramm-Veränderungen	generalisiert	lokalisiert
Krampfschwelle	herabgesetzt	gesteigert
Multineurale Reflexe	unverändert	herabgesetzt
Nachentladungen	unverändert	herabgesetzt
Muskelspasmus	unverändert	abgeschwächt

Geistig und körperlich gesunde Menschen, die nicht unter Angst- und Spannungszuständen leiden, werden durch die Verabfolgung der autonomen Hemmer bzw. der Tranquillizer, Ataractica und Antiphobica apathisch, depressiv, sie verlieren ihre Initiative und befinden sich für die Dauer der Anwendung in einem Zustand der Isolierung von der Umwelt. Die Anwendung der zentralen Entspanner (BERGER) oder Muskelrelaxantien (ALEXANDER) erzeugt dagegen keine psychische Alteration. Bei der Prüfung normaler Individuen auf die Verträglichkeit von 800 mg Miltaun mit und ohne Alkoholzusatz im einfachen Blindversuch (Fahrtests, Gesichtsfeldbestimmung, Überprüfung der Stetigkeit der Verhaltensweise) haben MARQUIS, E. L. KELLY, F. J. G. MILLER, R. W. GERARD und RAPOPORT (1957) keine psychischen Abweichungen festgestellt.

III. Resorption, Ausscheidung, spezielle Wirkungsweise, Toxicität

Chlorpromazin (Megaphen, Largactil) wird vom Darm und parenteral schnell resorbiert. WASE, CHRISTENSEN und POLLEY (1955) haben das S^{35}-markierte Chlorpromazin (Rattenversuche, i.p. Zufuhr) in allen Teilen des Gehirns und besonders im Hypothalamus nachweisen können*. Die Annahme, daß das Megaphen im Hypothalamus kumuliert, muß jedoch mit Vorsicht aufgenommen werden, obwohl dies vom Klinischen her naheliegt. Die oxydativen Phosphorylierungsvorgänge in den Mitochondrien sowie die Adenosintriphosphorsäure-Bildung im Gehirn werden durch Chlorpromazin nicht beeinflußt, wohingegen in den Leberzellen die Phosphorylierung gehemmt wird (fragliche strukturelle Unterschiede in den Mitochondrien). Die Leberwirkung des Chlorpromazins kann so — möglicherweise — erklärt werden. Weniger als 10% der Substanz erscheinen unverändert im Urin. Nach einer Injektion verschwindet das Mittel schnell aus der Blutbahn (geringe Mengen findet man noch nach 3 Std im Plasma; DEWS 1958), es tritt eine über 48 Std anhaltende Kumulation in den Organen — besonders im Gehirn — auf. Die Einzeldosis von 25—50 mg (Dosen bis 2000 mg/die und mehr sind und werden aus psychiatrischer Indikation verabfolgt) erzielt einen sofort eintretenden, über 6—12 Std anhaltenden Effekt. Als Wirkungen werden angegeben: ganglioplegische, adrenolytische, antifibrilläre, antipyretische, antihistamin-antiödematöse, antikongestive, antiemetische, lokalanalgetische und Antischock-Effekte sowie die Potenzierung zentral-analgetischer Drogen und die Unterbindung bedingter Reflexe. Durch Einfluß auf die Chemoreceptoren der

* Diese Angaben haben nicht für alle Phenothiazinderivate Gültigkeit. WALKENSTEIN und J. SEIFER haben mit ^{35}S-markiertem Promazin eine wesentlich unter der Aktivität von Lunge, Leber, Niere, Milz liegende Radioaktivität des Gehirns gemessen (1959).

„Trigger-Zone“ soll das medikamentös induzierte Brechen unterdrückt werden. Megaphen beeinflußt die Scheinwut decortizierter Katzen, führt zur Zähmung wilder Affen und dämpft das sog. „Wachhaltezentrum“, d.h. die Impulse der Formatio reticularis (wird in neuerer Zeit bestritten; DEWS 1958). Beim Menschen wirkt Megaphen beruhigend, die Angriffslust mindernd und die Zusammenarbeit fördernd. In mittleren therapeutischen Dosen tritt keine Bewußtseinstrübung auf, es wird hingegen eine Haltung nüchterner Resignation und kritischer Betrachtung sowie Einsicht, selbst bei akut-psychotischen Kranken, erzeugt. Die elektrophysiologischen Untersuchungen über die zentrale Wirkung des Largactils (HIEBEL, BONVALET und DELL, zitiert bei LABHARDT 1955) weisen auf Angriffspunkte des Mittels zwischen der Medulla oblongata und dem hinteren Hypothalamus in der Formatio reticularis hin. Dämpfung der Wachhalteimpulse dieser Region. Dies betrifft sowohl die Körpermotorik wie die vegetativ-endokrine Organisation. Über interessante Wirkungen des Chlorpromazins auf die endokrinen Organe berichten SUZUKI u. Mitarb. (1956), welche eine Herabsetzung der endokrinen Aktivität sowohl zentral wie peripher festgestellt haben (nicht bestätigt; DEWS 1958). Eine Beeinflussung des Blasenschwellenwertes (artifizielle Blasenbildung durch Monojodessigsäure) bzw. der experimentellen Sensibilisierung gegenüber Dinitrochlorbenzol tritt nicht auf (RÁCŽ und GALLAI 1956; SCHNYDER und STORCK 1956).

STAEHELIN und KIELHOLZ (1953) beschreiben die somatischen Effekte des Largactils wie folgt: In den ersten Tagen des Heilschlafes kommt es zu einer Tachykardie, oft bis 150/min, zur Senkung der Temperatur um 1—2^0, eventuell auch zu plötzlichen Temperaturerhöhungen und zur Senkung des Blutdruckes. Dieser zeigt je nach der Ausgangslage bei Normotonikern einen Abfall, systolisch von 15—20 mm und diastolisch von 10—15 mm Hg, während bei Hypertonikern ein Abfall von 60 mm und mehr (cave, Kollapsgefahr!) beobachtet worden ist. — Im Vergleich zum Pacatal wirkt Megaphen stärker sympathicolytisch. Im fraktionierten Intoxikationsversuch sind beim Tier Blutdrucksenkung, Atemfrequenzsteigerung, Bradykardie bis Atemstillstand zu beobachten. [Pacatal als Para- und Sympathicolyticum führt zum Herzstillstand unter den gleichen Versuchsbedingungen, wahrscheinlich durch Herabsetzung der Irritabilität des Herzens (E. GADERMANN 1955).] Bei einer allgemeinen Kreislaublabilität können schon Dosen von 25—75 mg Megaphen intravenös einen orthostatischen Kollaps verursachen = massiver sympathicolytischer Effekt, da die Aktivierung des venösen Rückflusses zum Herzen einen ausreichenden Sympathicotonus voraussetzt. Das Pacatal — als Phenothiazinderivat — bedingt eine orthostatische, arterielle Zentralisation, eine Drosselung des arteriellen Auswurfvolumens sowie einen gegenregulatorischen Anstieg des peripheren arteriellen Widerstandes, und somit keinen Kollaps*. Die Wirkung der Phenothiazinabkömmlinge auf das Kreislaufsystem ist nicht gleichartig (E. GADERMANN 1955, DEWS 1958).

Largactil führt weiterhin zur Verlangsamung und Abflachung der Atmung. Die Hautfarbe ist blaß, grau, käsig; anfänglich besteht eine Obstipation. Der Grundumsatz sinkt um 10—30%, die Leukocyten fallen auf Werte bis 2000 ab, wobei sich Neutrophile und Lymphocyten gleichsinnig verhalten. Die Körpertemperatur sinkt bei gewöhnlicher Umgebungstemperatur ab, möglicherweise als Folge der peripheren Gefäßdilatation (sympathicolytischer Effekt) und der Einschränkung der Muskelkontraktilität. Versuchstiere in einer Umgebungstemperatur von 31^0 sterben an Hyperthermie, wenn sie zuvor Chlorpromazin erhalten

* Auch in den Nieren kommt es zur generalisierten Vasoconstriction: Abfall der Filtrationsrate, des effektiven renalen Plasmaflusses, Anstieg der Filtrationsfraktionen (PARRISH und LEVINE 1956).

haben. Daraus schließt man (DEWS 1958), daß die Droge sowohl die Regulation der Wärmeabgabe wie der Konstanterhaltung der Körperwärme zentral blockiert.

Die Initialwirkung auf die Psyche ist eine Somnolenz, die Patienten wachen jedoch auf Anruf auf. In der Kurphase sind die Kranken apathisch, entspannt, gleichmütig und gleichgültig. Die intellektuelle Funktion bleibt erhalten, die Willensimpulse sind abgeschwächt. Es fehlt die Initiative der auf diese Weise psychisch und psychomotorisch verlangsamten Menschen. Durch die Senkung des allgemeinen psychischen Energiepotentials wird in geeigneten Fällen der circulus vitiosus unterbrochen, der in seelischen Spannungen, Dystonie und Schlafstörungen besteht. Die Dämpfung der vegetativen Organisation wirkt sich dabei ebenfalls günstig aus.

Die *Nebenwirkungen* des Megaphens, welche nach EICHHOLTZ (1954) zwangsläufig aus der medikament-induzierten Labilität der neurovegetativen Regulationen entstehen müssen, sind äußerst vielfältig: kompensatorische Tachykardie, Hypotension, orthostatischer Kollaps, hypodynamische Regulationsstörungen, Senkung der ST-Strecke und der T-Zacke, dadurch gelegentlich Rezidive eines Herzinfarktes, Hypothermie, eventuell vorübergehend als Gegenregulation Hyperthermie (tödlicher Ausgang bei der Wiedererwärmung ist beobachtet worden!), Blutzuckerirregularitäten, Erhöhung des Rest-N, vorübergehende Abnahme der Diurese mit späterer kompensatorischer Polyurie. DEWS behauptet, daß Chlorpromazin keinen Effekt auf das Elektrokardiogramm besitzt, die Coronargefäße dilatiert und durch Epinephrin ausgelöste kardiale Arrhythmien beseitigt. *Trockener Mund*, Kongestion, Übelkeit, Erbrechen, Anorexie, oft starke epi- oder hypogastrische Schmerzen (BARTHOLOMEW und CAIN 1957), letztere gelegentlich als Zeichen einer beginnenden Gelbsucht. Dieser, bei 0,2—4% beobachtete Ikterus weist alle Anzeichen eines Verschluß-Ikterus mit Gallenstauung in den intralobären Gallenkanälchen auf (KINROSS-WRIGHT und MOYER 1956) und entspricht dem modernen Begriff der cholostatischen Hepatose.

DICKES, SCHENKER und DEUTSCH (1957) haben bei insgesamt 21 von 50 Patienten nach durchschnittlicher Tagesdosis von 124—167 mg Megaphen einen plötzlich auftretenden steilen Anstieg der alkalischen Phosphatasewerte bis 45 King-Armstrong-Einheiten, eine Bromsulfaleinretention bis 40% in der ersten Stunde und einen langsamen Anstieg der Bilirubinwerte im Serum bei normal ausfallenden Thymoltrübungs- und Cephalinflockungsreaktionen beobachtet. Die Weiterverabfolgung des Medikamentes bei 13 dieser 21 Patienten soll keine bleibende Leberschädigung gesetzt haben. Auch KINROSS-WRIGHT und MOYER messen den Abweichungen in der Leberfunktion keine wesentliche Bedeutung zu.

Die Cholerese wird ab 5 mg/kg Versuchstier durch Megaphen etwas gehemmt, wobei jedoch Cholekinetica, wie etwa das Decholin, wirksam bleiben (WIRTH 1956). MAIER und RÜTTNER, COHEN und ARCHER, GABLE u. Mitarb. haben bei Durchführung von Leberfunktionstets und gleichzeitigen Leberbiopsien unter Megaphen keine Parenchymschädigungen beobachten können (s. auch MOYER, LEMIRE und MITCHELL). Die beschriebenen Leberparenchymschäden werden von TRUTSCHEL als Überempfindlichkeitsreaktionen gedeutet, ebenso von COHEN und ARCHER. Die Leberzellatmung wird erst bei einer Megaphenkonzentration von 10^{-4} molar beeinflußt. Zellkonstante Organismen und sich teilende Eier werden erst bei 100facher therapeutischer Dosis gehemmt.

Im Blutbild kommt es zu Anämie, zu Linksverschiebung mit Lymphopenie und vorübergehendem Leukocyten- und Lymphocytensturz. Über Agranulocytosen berichten WENDEROTH und LENNARTZ (1955), SCHICK und VIRTS (1956). Bei den von amerikanischen Autoren zitierten Fällen von Agranulocytose hat es sich stets um Frauen gehandelt (8 Todesfälle). Der Todesfall von WENDEROTH u. Mitarb. betrifft einen Mann. Von chirurgischer Seite wird über parenchymatöse, thrombocytopenische Nachblutungen berichtet.

An weiteren Veränderungen finden sich aufgezählt: Hautrötung des Gesichtes, schmerzhafte Infiltrate an den Injektionsstellen, Venenreizung und Thrombose bei Dauertropfinfusionen mit Blasenbildung im Bereich aufliegender Hautstellen (Hypoxydose!).

Besonders die in der Psychiatrie durchgeführte, hochdosierte Megaphentherapie verursacht eine Reihe schwerer Komplikationen: reversibler Parkinsonismus mit Salbengesicht und Tremor (LABHARDT), Akinese, Speichelfluß, übermäßiger Appetit bis diencephale Freßsucht, Schlingkrämpfe der Gaumen- und Zungenmuskulatur, Schnautzkrämpfe, extrapyramidale, motorische Zustandsbilder mit Bewegungsverarmung, Delirien, cerebrale Erregungszustände, unlustbetonte Träume und Alkoholintoleranz. Bei sehr hohen Dosen, die etwa zwischen 1600 und 3600 mg/die liegen, treten Konvulsionen in $^1/_3$ aller Fälle auf. Dabei werden (REINERT 1959) Elektroencephalogramm-Veränderungen beobachtet, welche sich dosisparallel verhalten. Die kritische Zone liegt bei 1600 mg/die bis 2400 mg/die. Schon ab 600 mg/die soll man an die Möglichkeit des Auftretens derartiger Komplikationen denken! (Red. Art. Méd. et Hyg. 1959). WALLMAN berichtet über einen Todesfall nach 14 Tabletten, 350 mg Chlorpromazine, der unter dem Bilde einer Hypothermie, Polyurie und Respirationsstörungen (final Koma) eingetreten ist. — Wenn auch die meisten Nebenwirkungen der Megaphentherapie, so alarmierend sie wirken mögen, nach Absetzen des Medikamentes und Anwendung entsprechender Gegenmittel abklingen (COHEN 1956), stellen sie doch im ganzen gesehen recht bedrohliche Zwischenfälle dar.

Über die an Haut und Schleimhäuten (Conjunctivitis, Glossitis, Gingivitis, Rhinitis) auftretenden Erscheinungen finden sich zahlreiche Mitteilungen, so von PELLERAT, RIVES und MURAT (1953), HURIEZ, GRAUX, FONTAN, PRUVOST und MARTIN (1953), HIOB und HIPPIUS (1955), KRAJEWSKI (1955/56), LEWIS und SAWICKY (1955), PELLERAT (1955), MICHEL und FAVEL (1955), DE BOUCAUD, LE COULANT, TEXIER und FOURNIOL (1955), SIDI, HINCKY und R. LONGUEVILLE (1955), SIDI, HINCKY und GERVAIS (1955), SEVILLE (1956), CAHN und LEVY (1956), BAHRS (1957), KATZENELLENBOGEN (1957), KLEINSORGE und RÖSNER (1958). Schon die als Antihistamine eingesetzten Phenothiazinabkömmlinge, besonders das Phenergan (Atosil), haben sich bei externer Applikation als starke Sensibilisatoren erwiesen. Die Hälfte aller therapeutisch induzierten Ekzeme im Jahre 1953 kann von SIDI u. Mitarb. auf dieses Allergen zurückgeführt werden. Ähnliche Erfahrungen hat man leider auch in größerem Umfang mit ärztlichem Pflegepersonal, welchem die Verabfolgung der Largactil-Tabletten obliegt, machen müssen. Eigenartigerweise erkranken das weibliche Pflegepersonal und die weiblichen Patienten häufiger als die männlichen (60% des weiblichen Pflegepersonals zu 10% der Pfleger; 13,9% der weiblichen Kranken zu 2,7% männlichen; HIOB und HIPPIUS, FLÜGEL, BREHMER und RUCKDESCHEL). Die im Frühjahr und Sommer gehäuft angetroffenen allergischen Phänomene bestehen in Asthma, Urticaria, Kontaktekzemen, Gesichtsödem, Quincke-Ödem, Exanthemen variabler Ausprägung, erythematopurpurischen Eruptionen, photoallergischen Reaktionen und Photosensibilisierung (LABHARDT). Wie aus den Untersuchungen über die gekreuzte Sensibilisierung hervorgeht, ist das Cl-Atom — Spekulation um die möglichen Metabolite; G. E. DAVIES (1958) — zum mindesten zur Erzeugung der Allergie nicht notwendig. Auch die basische Gruppe der Substanz wird beim Sensibilisierungsvorgang nicht für erforderlich gehalten — sie kann lediglich die Adsorption erleichtern. Mögliche Abbauprodukte sind die unter a und b aufgezeichneten, hochtoxischen und unstabilen Produkte, welche zwangsläufig zu den Benzochinonen und Chinoniminen — bekannte Sensibilisatoren nach R. L. MAYER — überleiten.

a) 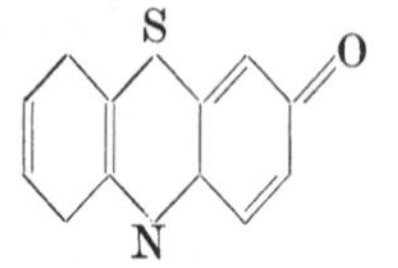 S O N b) 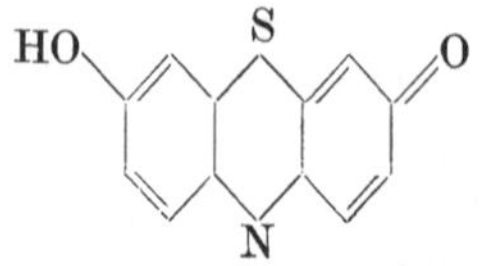 HO S O N

GOODMAN u. CAHN (1959) halten das in zweiter Position des Phenothiazinkernes stehende Chlor-Atom für verantwortlich, die Sensibilisierung zu verursachen. In einem genau untersuchten Fall und bei Prüfung der Cl-haltigen und nicht Cl-haltigen Phenothiazinabkömmlinge ist der Epicutan-Test stets positiv ausgefallen bei jenen Derivaten, die das Cl-Atom besitzen: Piperidyl-Chloro-Phenothiazin, Chlorpromazine, Prochlorperazine, Perphenazine, Thiopropazate, Chlorphenergan. Negative Befunde bei Mepazine (Pacatal), Vesprin (Triflupromazine), 2-Acetyl-Promazine-Maleat, Sparine (Promazine) und Promethazine.

Die Largactilüberempfindlichkeit scheint dabei eine erhebliche Variabilität in bezug auf die Dauer des allergischen Zustandes und die Stärke der jeweiligen Reaktionen aufzuweisen. Finden sich doch in der Literatur Angaben, daß nach maculo-papulösen, generalisierten Ausschlägen, welche zwischen dem 9. und 37. Tag der Medikamentenverabfolgung aufgetreten sind, eine weitere gleichartige Behandlung nach kurzfristiger Unterbrechung durchaus möglich ist (MARGOLIS, BUTLER und FISHER 1955). Auch bei den berufsbedingten kontaktekzematischen Reaktionen der Chemiewerker und des Krankenpflegepersonals ist, gelegentlich unter Resochinschutz, der weitere Kontakt durchaus möglich gewesen (PELLERAT 1955—1957). Die Unterschiede in der Art der Hautausschläge hängen wohl zumeist vom Weg ab, welchen das Antigen nimmt. Exanthemische Formen treten nach peroraler Verabfolgung innerhalb des 1. Monats der Megaphenkur auf. Typische Kontaktekzeme am Pflegepersonal beobachtet man frühestens nach 8 Wochen. Ein Teil dieser kontaktekzematischen Reaktionen ist auf staubförmige Inhalation des Megaphens zurückzuführen. Es ergeben sich dann positive Schleimhautexpositionstests (STORCK 1954/55) und Besonderheiten in der Lokalisation mit Sitz an unbedeckten Körperstellen (Gesicht, Halsausschnitt, Unterarme, ohne Handbefall, unterem Anteil der Beine) sowie der Neurodermitis gleichende Lokalisation mit Befall der großen Beugen (STORCK). Diese ekzematischen Reaktionen auf Megaphen gleichen sowohl den ekzematoiden Lichtausschlägen wie der Neurodermitis. Sie werden übrigens oft erfolgreich durch die Anwendung von Resochin unterdrückt (PELLERAT). Als weitere Hautveränderungen werden beschrieben erythematöse, einer dysseborrhoischen Dermatitis ähnliche sowie fleckförmige und purpurische Morphen, gelegentlich Blasen (KORTING, BORELLI, KIMMIG 1956; MULLINS, COHEN und FARRINGTON 1956; SHANON, DAVIS und HAIM 1957). — Die Überempfindlichkeit gegen Megaphen ist beim Krankenpflegepersonal teilweise so hochgradig, daß schon die Verabfolgung einer einzigen Tablette in einem Krankensaal bei der gar nicht mit der Substanz in Berührung kommenden sensibilisierten Person zu einem schweren Rezidiv führt (SCHULZ und HERRMANN 1955; KRAJEWSKI 1955—1957 und eigene Beobachtungen). — Daß im übrigen die Neuroleptica und Tranquillizer, welche mehr/minder ausgeprägte Antihistamineffekte aufweisen, keinen Einfluß auf bestehende allergische Reaktionen ausüben, hat EISENBERG (1957) für das Chlorpromazin, Reserpin, Miltaun und Mephenesin überprüft. In diesem Zusammenhang sind auch die experimentellen Untersuchungen von SCHNYDER und STORCK (1956) zu nennen.

Photosensibilisierung und photoallergische Reaktionen sind aus der Veterinärmedizin für das Phenothiazin, also die Grundsubstanz des Megaphens, sowie das Phenergan (Atosil) bekannt (TZANCK, SIDI, MAZALTON und COHEN 1951) und für das Megaphen mehrfach beschrieben worden. Schon das Aussehen der symmetrisch angeordneten, klein-papulösen bis ekzematischen Efflorescenzen in periorbitaler und perioraler Lokalisation sowie generell im Gesicht, Halsdreieck und im Nacken deckt sich mit den Formen der polymorphen Lichtdermatosen. Erstauftreten unter der Einwirkung des Sonnenlichtes im Frühjahr und Sommer, Exacerbationen nach starker Lichteinwirkung sowie Herdreaktionen nach positiv ausfallenden *belichteten* Epicutantests sprechen für eine photoallergische Reaktion (SCHULZ, WISKEMANN und WULF 1956; CAHN und LEVY 1957). Die experimentellen Untersuchungen über den auslösenden Spektralbereich haben ergeben, daß vom mittelwelligen UV an bis weit in das sichtbare Licht derartige Reaktionen ausgelöst werden können. CAHN und LEVY haben den Spektralbereich zwischen 2968 Å und 3025 Å durch Vergleiche der Sommer- und Winterintensität des UV-Anteiles errechnet. Hinsichtlich des Mechanismus dieser Reaktionen werden neben photoallergischen auch photochemische (Absorber) und phototoxische Reaktionen diskutiert (EPSTEIN, BRUNSTING, PETERSEN und SCHWARZ 1956). Begünstigt wird eine derartige Photosensibilisierung zweifelsohne durch die zentral und peripher bedingte Vasodilatation, welche das Megaphen verursacht (FOSTER, O'MULLANE, GASKELL und CHURCHIL-DAVIDSON). Überempfindlichkeit gegen Sonnenlicht kann noch bis zu mehreren Jahren die Phase der ekzematösen Reaktionen überdauern, wie die eigenen Erfahrungen in einigen Fällen beweisen. Photoallergische Phänomene und Photosensibilisierung ohne Hautveränderungen können sich mit anderen allergischen Reaktionen kombinieren.

Die *Dosierung* des Megaphens ist je nach Indikation (chirurgisch, als Cocktail lytique, psychiatrisch, intern, dermatologisch) verschieden. Sie schwankt zwischen einer Tagesdosis von 1—3mal 50—1200 mg.

Dermatologische *Indikationen* zur Anwendung des Megaphens sind: juckende Dermatosen vasculär allergischer Genese, das endogene Ekzem, die chronische Urticaria, postzosterische Neuralgien, der Pruritus, der Genitalpruritus, schwere Verbrennungen sowie Durchblutungsstörungen arterieller Natur im Stadium II und III.

Kontraindikationen. Endogen-depressive Zustandsbilder, Koma, schwere Krankheiten der Leber und der blutbildenden Organe sowie schwere allergische Diathesen. Kranke mit kardio-vasculären Symptomen, die den plötzlichen Blutdruckabfall nicht vertragen.

Reserpin wird vom Magen-Darmtrakt und parenteral rasch resorbiert. Nach den Untersuchungen mit radioaktiver Markierung (^{14}C in 4-Methoxy-Stellung oder in den Carboxylgruppen der 3,4,5-Trimethoxybenzoesäure; H. SHEPPARD u. Mitarb. 1955) verschwindet das Alkaloid außerordentlich schnell aus der Blutbahn. Das Konzentrationsmaximum in Lunge, Herz, Leber, Niere, Milz, Hoden und Muskulatur wird schon nach einer Stunde, im Fettgewebe nach 6 Std erreicht. Die Ausscheidung — 50—60% erscheint im Urin —, beginnt 3—4 Std nach oraler Verabfolgung und dauert in Spuren einige Tage an. (Freisetzung der Trimethoxybenzoesäure und Lösung der 4-Methoxygruppe, an welcher das markierte C-Atom eingebaut ist, sind als Abbaustufen bekannt.) Die höchsten Konzentrationen findet man im Fettgewebe und in der Leber, während markiertes Reserpin im Gehirn nur in ganz geringen Mengen nachzuweisen ist!

Gegenüber der rasch einsetzenden Wirkung der Phenothiazinderivate und in anscheinendem Gegensatz zur Resorptionsgeschwindigkeit (2 min nach intravenöser Injektion findet man im Blut noch 0,3% der eingebrachten Dosis;

DEWS 1958) dauert es nach Reserpinmedikation eine längere Zeit, bevor irgendwelche Effekte erkennbar werden. Das Maximum der Wirkung tritt erst einige Stunden nach der Drogenverabfolgung auf und klingt langsam — über Tage — ab. Daraus wurde geschlossen, daß erst Umwandlungsprodukte des Reserpins die eigentlichen Träger der Wirkung sind. Untersuchungen mit ^{14}C-markiertem Reserpin haben jedoch gezeigt, daß bei Applikation hoher Dosen das Maximum der Substanz im Gehirn bereits eine Stunde post erreicht wird und daß die Radioaktivität so lange persistiert, wie Effekte an der veränderten Verhaltensweise erkennbar sind.

Die kardiovasculären und zentralnervösen Wirkungen dieses „Antimetaboliten" des Serotonins bestehen im Blutdruckabfall, Entspannung und Beruhigung angriffslustiger Tiere, wobei keine Veränderungen im Elektroencephalogramm-Rhythmus nachzuweisen sind. Man kann die unter Drogenwirkung gehaltenen Versuchstiere jederzeit wecken. Die Aufmerksamkeit und Verantwortung gegenüber äußeren Reizen ist eher herabgesetzt, als daß eine generelle Depression eintritt. Kleinere Dosen des Reserpins erhöhen, größere Mengen erniedrigen die Respirationsamplitude. Hypothermie. Es fehlen antikonvulsive, antipyretische und analgetische Effekte. Reserpin stimuliert die Salzsäureproduktion des Magens und die Darmperistaltik. Bei erhaltenen Pupillenreflexen kommt es zur Miosis. Miosis, Ptosis, Bradykardie, Hypotonie, Hypothermie, intestinale Hypermotilität sind die Kennzeichen eines durch Inhibition der sympathischen Zentren bedingten parasympathischen Syndroms (CERLETTI) = verstärkte Hemmung der corticalen Einflüsse auf die di- und mesencephalen Zentren.

Reserpin scheint keinen hemmenden Einfluß auf die Formatio reticularis auszuüben, wie dies vom Megaphen angenommen wird (HESS 1947, MARTELLI 1956). Unter langfristiger Therapie, bis 18 Monate hohe Dosen von 4—15 mg/die, sind keinerlei Veränderungen am Elektrokardiogramm, des Carotissinus-Reflexes, in der Leber und der Milz, im Blutbild, im Blutzuckerspiegel und an den Elektrolyten festgestellt worden (FOGEL). Die Herzdynamik wird unter 1—3 mg/die auf Spargang eingestellt (LASCH und THEINL 1957). 2 Std nach Verabfolgung der Substanz kommt es zu einem geringen Blutdruckabfall, zu einer Verlangsamung der Herzfrequenz unter Zunahme der Diastolendauer. Die Anspannungszeit ist verringert. 1 mg intramuskulär verabfolgt, bedingt nach 60—90 min einen Anstieg der Hauttemperatur um 6—9^0 sowie eine Erhöhung der Pulswellenamplitude um das 2—3fache ohne Änderung des oscillometrischen Index. Die Pulsfrequenz nimmt um 6—10 Schläge pro min ab. Der systolische Blutdruck fällt beim Normotoniker um 10—20 mm, bei Hypotonikern um 30—60 mm Hg (JULIANI und JACONO). Reserpin, in einer 3—4tägigen Vorgabe von 1—1,5 mg/die, ist in der Lage, die schädlichen Gefäßwirkungen beim Rauchen filterloser Zigaretten abzuschwächen. JISALO und KÄRBI (1958) haben festgestellt, daß die bis maximal um 9^0 absinkende Hauttemperatur an der großen Zehe unter Reserpinmedikation nur bis 2,6^0 abfällt, während sie ohne den Zigarettengenuß ansteigt. Die Herzfrequenz, beim Raucher um 16 Schläge/min ansteigend, erhöht sich nur um 11 Schläge/min unter Reserpin. Ebenso ist der Blutdruckanstieg ein geringerer, wenn der Proband während des Rauchens unter Reserpinwirkung steht: — Reserpin verursacht nach TUCHMANN-DUPLESSIS (1956) am Versuchstier histologisch nachweisbare Veränderungen an den Zellen der Hypophyse, dementsprechend eine Abnahme in der Ausscheidung des follikel-stimulierenden und eine Zunahme des luteinisierenden Hormons, Rückbildung der Ovarien, der interstitiellen Zellen im Hoden bei erhaltener Spermiogenese sowie Unterdrückung des Oestrus. Beim Menschen sind derartige Effekte nicht nachgewiesen. In $^1/_3$ der Fälle wird auch die Thyreoideafunktion verlangsamt, die Nebennierenrinde dagegen stimuliert. Entsprechende Ergebnisse liegen bei der Behandlung von Hyperthyreosen mit Dosen von 1 und 2 mg/die vor (MONCKE 1957; CANARY und SCHAAF 1957). VANOTTI (1957) führt dagegen die subjektive Besserung, die er sonst nicht weiter objektivieren kann, auf die Beeinflussung der neurovegetativen Dystonie bei Hyperthyreotikern zurück.

Im Selbstversuch hat DOBRY (1956) folgende Wirkungen des Reserpins festgestellt: Nach Einnahme von 3—5 mg/die bleibt das Bewußtsein klar, es tritt keine Hemmung der seelischen Aktivität auf, dagegen ein sehr deutlicher Rückgang emotioneller Spannungen sowie eine Abnahme der Aufmerksamkeit gegenüber Umweltseinflüssen. Die Folge dieser Änderung der Verhaltensweise ist eine bessere Konzentrationsfähigkeit. Die Schlafbereitschaft wird erhöht, ohne daß Schlafzwang besteht. Die Stimmung wird im ganzen ausgeglichener. Zorn, Ärger, Unzufriedenheit und Gereiztheit werden gedämpft. Das Denken und das Gedächtnis leiden unter der Medikation nicht. — In neuester Zeit sind experimentell durch Feststellung der Überlebensrate Schutzwirkungen des Reserpins gegenüber ionisierender Strahlung und gegenüber Impftumoren nachgewiesen worden. — Ein antiallergischer Effekt des Reserpins, der nur klinisch festgestellt ist, wird von POLAK (1955) mitgeteilt.

Nebenwirkungen. An Nebenwirkungen der Reserpinmedikation sind bekannt: unangenehme, obstruierende Schwellung der Nasenschleimhaut, Dyspnoe, Kopfschmerz, Schwindel, laxative Effekte bis Diarrhoen, Brechreiz und Speichelfluß, Blutdruckabfall, gelegentlich orthostatische Kollapsneigung, Nasenbluten, abdominelle Spasmen, Appetitzunahme, gelegentlich auch Appetitverlust, inneres Frösteln, feinschlägiger Tremor, Paraesthesien, leichtere Akkommodationsstörungen, Muskelschmerzen, allgemeines Schwächegefühl, Nykturie, Wasserretention bei Herzkranken, gegenregulatorische Blutzuckersteigerungen, Hypermotilität und Sekretionsverstärkung im Magen (nach intravenöser Applikation um das 1000fache gesteigert), Hyperämie der Mucosa, kleine Schleimhauterosionen, Ulcus-Rezidive! Über Magenbluten, Bluterbrechen und Maelena berichten HOLLISTER (1957), DEWS (1958). — Über Thrombocytopenie findet sich lediglich eine Mitteilung von K. SCHMIDT (1957).

Von seiten des Nervensystems werden zum Teil recht schwere Komplikationen beobachtet: extrapyramidale Symptome, Parkinsonismus, Schlaflosigkeit, innere Unruhe, ängstliche Träume, depressive Psychosen und Verwirrtseinszustände (es besteht dabei Suicidgefahr!). FAUCETT, LITIN und ACHOR (1957) berichten aus der Mayo-Klinik über 42 Patienten, welche unter der Reserpinbehandlung eine reaktive, auch nach Absetzen des Mittels fortbestehende, schwere Depression gezeigt haben, die sich oft nicht von einer echten endogenen Erkrankung hat unterscheiden lassen.

Nach parenteraler Verabfolgung des Reserpins treten vorwiegend Respirationsstörungen auf, welche bis zur Atemlähmung führen können. Angina pectorisähnliche Synkope und lang anhaltende Bradykardien um 40 sind von HASTERT und DRONILLON sowie anderen beobachtet worden. — An Hautveränderungen werden selten urticarielle und pruriginöse Erscheinungen beschrieben. Eine Gewöhnung an die Droge tritt im allgemeinen nicht ein.

STIRSKÁ und STĚPÁN (1957) berichten über die Reserpinvergiftung eines 23 Monate alten Knaben, der versehentlich 5 Serpasil-Tabletten à 1 mg geschluckt hat. 2 Std nach diesem Vorgang schläft das Kind. Das Gesicht ist gerötet, die Rectaltemperatur beträgt 37,8^0. Starke Durchblutung der Konjunktiven. Regelmäßige Herzaktion, leise Herztöne, Blutdruck 90/60 mm Hg, ausgeprägte Miosis, jedoch keine pathologischen Reflexe. Reserpin kann im Blut, Urin und Mageninhalt nachgewiesen werden. Nach Magenspülung, Klysmen sowie einer

Tropfinfusion von 250,0 physiologischer Kochsalzlösung mit 5% Glucose und Coffein subcutan bilden sich innerhalb von 4 Tagen die vorgenannten Symptome zurück. Am spätesten klingt dabei die Miosis ab, welche am 3. Tag verschwindet. Der Schlafzustand wird von den Autoren nicht als Narkose bezeichnet, da das Kind jeweils auf äußere Reize kurz weckbar ist. Keine bleibenden Schäden.

Dosierung. Die Dosierung ist genau wie bei Megaphen je nach dem Indikationsgebiet sehr unterschiedlich. Reserpin wird mit 0,1—1 mg/die initial, nur wenig gesteigert, bei dermatologischer Verabfolgung kaum über 4 mg/die, verabreicht. Bei der pulverisierten Rauwolfiawurzel beträgt die etwa gleich wirksame Menge 200—400 mg/die. Die gereinigten Alkaloide, eine Mischung von Reserpin und Rescinnamin (Alseroxylon) werden 2—4mal täglich zu 2 mg appliziert. Nach DEWS ist die intravenöse Verabfolgung unnötig, dagegen kann manchmal einleitend eine intramuskuläre Applikation notwendig sein.

Dermatologische Indikationen. Endogenes Ekzem, umschriebene Neurodermitis, chronisches Ekzem, Lichen ruber, Analpruritus, Dermatitis herpetiformis Duhring, chronische Urticaria.

Kontraindikationen. Kranke mit Magengeschwüren, Hypotoniker, Patienten mit endogener Depression (Suicidgefahr; DEWS).

Über Rescinnamin und Deserpidin, beides strukturell und in der Wirkung dem Reserpin nahe verwandt, kann mangels eigener Erfahrung und Fehlens einschlägiger Literaturhinweise nichts berichtet werden (s. auch DEWS).

Diphenylmethanderivate. Die sich vom Spasmolyticum, Benactyzin ableitenden und hauptsächlich gebräuchlichen Ataractica, Azacyclonol (Frenquel) und Hydroxyzin (Atarax) finden als Tranquillizer im Sinne der psychiatrischen Begriffsbestimmung Anwendung. MACH schreibt ihnen generell antihistaminähnliche, zentral relaxierende und sedierende Wirkungen zu. Sie dienen der Beseitigung von Angst- und Spannungs- sowie Erregungszuständen und eignen sich vorzüglich zur Behandlung von Neurosen. Die Schwelle für äußere Stimuli wird angehoben, eine Barriere zwischen dem eigenen Ich und dem Problem wird errichtet (WAELSH und EDE). Azacyclonol und Hydroxyzin besitzen keine „Zähm"-Wirkung auf Versuchstiere (DEWS 1958).

Gewisse Tatsachen lassen vermuten, daß Atarax ganz oder teilweise eine Spaltung an der Stickstoff-Kohlenstoffverbindung erfährt.

$$\text{Cl—}C_6H_4\text{—}\!\!\!\!\!\!\begin{array}{c}\\ \end{array}\!\!\!\!\!\!\genfrac{}{}{0pt}{}{}{}\!\!(C_6H_5)\text{HC—N}\left\langle\begin{array}{l}CH_2\text{—}CH_2\\ CH_2\text{—}CH_2\end{array}\right\rangle\text{N—}CH_2\text{—}CH_2\text{—O—}CH_2\text{—}CH_2\text{—OH}$$

Je nach der verabfolgten Dosis wird Atarax innerhalb von 5—12 Std im Organismus umgewandelt ausgeschieden. In 24 Std werden bei einer Dosierung von 25 mg etwa 10% der oral verabfolgten Menge ausgeschieden (J. F. SNELL 1958). Eine maximale Exkretion tritt bei Ratten nach 5 Std auf (tritiummarkiertes Atarax). Es ist jedoch bei diesen Untersuchungen nur die Radioaktivität gemessen worden, so daß nicht feststeht, ob es sich noch um das ursprüngliche Molekül oder dessen Metabolit handelt (Mitteilung der Firma Dr. P. Pfleger, Bamberg). An interessanten Wirkungen findet man bei dieser Stoffgruppe: antikonvulsive, antiemetische, Hypothermie erzeugende, analgetische, lokalanalgetische (oral $^1/_3$, bei Injektionen die Hälfte der Wirkung des Novocains), Antischock- und adrenolytische Effekte (FROMMEL 1957). Die adrenolytische Wirkung wird als mild atropinisierend angegeben. Die anticholinergische Wirkung ist 20mal stärker als diejenige des Chlorpromazins. 50 mg/kg per os schützt bei Meerschweinchen gegen den Antihistamin/Aerosol/Bronchospasmus. Der Antihistamineffekt ist jedoch im ganzen etwa 10mal geringer als derjenige des Chlorpromazins ($^1/_{20}$ der Bednarylwirkung). Der Nachweis der Entzündungshemmung (antiphlogistische Wirkung) ist mit den Standardtests (Dextran- bzw. Formalinjektionen in die Rattenpfote) nachgewiesen. Die Wirkung von Epinephrin auf den isolierten Darm und den Blutdruck wird herabgesetzt, die Barbitursäureanalgesie potenziert, letzter Effekt kann von FROMMEL nicht bestätigt werden. Die Ataractica (Antiphobica) reduzieren die autonome Reaktion auf Emotionen. Sie erzeugen keine Sucht und keine Entziehungserscheinungen. In hoher Dosierung kommt es zur Übererregung und zu Konvulsionen. Die früher viel diskutierten antagonistischen Effekte zur Lyserg-Säure und zum Mescalin sind nicht erwiesen und werden nach den jetzt vorliegenden Befunden abgelehnt [CLARK 1955; WAELSH und EDE 1956; s. auch Ann. N. Y. Acad. Sci., vol. 66, (1957)], mit Ausnahme des Azacyclonols (DEWS 1958).

Die Toxicität wird als sehr gering angegeben: Die LD_{50} per os beträgt für die Ratte 1600 mg/kg bzw. 50 mg/kg intravenös, für die Maus 500—1000 mg/kg per os, für das Meerschweinchen unter 500 mg/kg. Im chronischen Fütterungsversuch wird von Ratten eine Tagesdosis von 58—65 mg/kg, über Monate hinweg, vertragen.

Nebenwirkungen. Schlaflosigkeit, Trockenheit im Mund, leichter Juckreiz, Kopfschmerzen. Nach WAELSH und EDE (1959) sind die Nebenwirkungen relativ häufig bei der Anwendung des Suavitils. Nach Applikation von 3mal 2 mg/die werden etwa 40%, bei 3—4 mg/die fast 100% „side-reactions" beobachtet. Darunter beobachtet man Sehstörungen, Mikropsie, Apathie, allgemeines Auflösungsgefühl, Gedankenleere, fehlende Konzentrationsfähigkeit, abartige Sensationen in den Gliedmaßen, Schwindel und Aufstoßen (s. auch JENSEN 1957). Schon bei 3mal täglich 1 mg Suavitil ist der Autofahrer am Steuer gefährdet. (Die Dosierung von Suavitil wird für Erwachsene mit 3—1mal 3 mg/die angegeben, die Dosierung für das Frenquel liegt bei psychiatrischer Indikation recht hoch, beginnend mit 1000 mg intravenös und fortgesetzt peroral mit Tagesmengen von 80—180, gelegentlich bis 1200 mg/die.)

Dosierung für das Atarax: 3mal 25 mg/die für Erwachsene bzw. 2—3mal 10 mg/die für Kinder zwischen 6 und 12 Jahren (Council of pharmacy and chemistry 1956 sowie FROMMEL 1956).

Indikation. Mittel zur symptomatischen Beruhigung von Angst-, Spannungs- und Irritationszuständen. Dermatologischerseits angewandt beim endogenen Ekzem, bei der lokalisierten Neurodermitis, bei juckenden, generalisierten Psoriasisschüben, Dyshidrosis, bei Genital- und Analpruritus, bei dysseborrhoischer Dermatitis, soweit ein ängstlich gefärbter, neurotischer Hintergrund bei dem Patienten erkennbar ist.

Kontraindikationen. Hochgradige Angstzustände, welche durch die Applikation der Ataractica eher bestätigt werden, schwere Irritationszustände, endogene Depressionen, Psychosen mit gesteigerter Aktivität.

Meprobamat. Aus dem Anticonvulsionum Mephenesin ist in jahrelanger Arbeit und nach Synthese von über 1200 Präparaten von LUDWIG und PIESCH (1950) in den Wallace-Laboratorien, USA, das

2-Methyl-2n-propyl-propandiol-1,3-dicarbamat

entwickelt worden, welches sich als Miltown oder Equanil oder als Miltaun, Aneural, Cirpon, Biobamat, Perequil im Handel befindet. Es gehört zur Gruppe der zentralen Relaxantien (BERGER) bzw. Muskelrelaxantien (ALEXANDER) und gilt als der Tranquillizer schlechthin.

Das vom Magen-Darmtrakt bei peroraler Verabfolgung leicht aufgenommene Produkt wird zu etwa 10% unverändert und zu weiteren 10% in konjugierter Form im Urin ausgeschieden. Der Rest scheint als ein noch nicht identifiziertes Glukoronid eliminiert zu werden. Unter Miltaun kommt es zum Anstieg der Glukuronsäure im Urin, worauf sich der chromatographische Nachweis von RIEBELING (1957) stützt (Lakton der Glucuronsäure?). Nach BERGER (1954) führt Miltaun zu einer reversiblen Paralyse der Skeletmuskulatur, es zeigt jedoch keine Wirkung auf den Herzmuskel, die Respiration oder die autonomen Funktionen überhaupt. Miltaun blockiert die zentralen Neuronen, ohne das autonome Nervensystem zu verändern (E. FROMMEL 1956). Es dämpft die abnorme motorische Aktivität bei Athetotikern und dyskinetischen Patienten, wirkt antispastisch, ist ein Strychninantagonist (Antikonvulsivum) und blockiert die zentralen internuncialen Synapsen (Interneural blocking agent, Council of Pharmacy and Chemistry 1956). Miltaun induziert den Schlaf, ist jedoch kein Hypnoticum (BERGER). — Die Wirkung auf die Skelet-Muskulatur läßt an eine Blockierung der multisynaptischen Reflexe im Rückenmark (kleine Zwischenneuronenzellen) denken (HIFT u. Mitarb. 1957; DEWS 1958). Der zentrale Angriffspunkt des Miltaun liegt im Thalamus oder in höheren Zentren. Direkte intracerebrale Ableitungen zeigen eine erhöhte Synchronisation, erhöhte Voltage und Unterdrückung der kleinen, unregelmäßigen Wellen (HENDLEY, LYNES und BERGER 1954). Normale Dosen von Miltaun führen zu keiner Veränderung im Elektroencephalogramm. Die antikonvulsive Wirkung des Präparates ist bei der Epilepsie noch nicht bestätigt. Die Substanz führt außerdem zu einer Verlängerung der Barbitusäureanalgesie. Es gelingt unter Anwendung von Miltaun, Affen zu zähmen. In chronischen Therapieversuchen an Ratten wird ein geringer Gewichtsverlust verzeichnet (BERGER 1954), dessen Aufklärung bisher noch nicht gelungen ist. Miltaun löst Spannungs- und Angstzustände und wirkt darüber hinaus als mildes Hypnoticum, es nimmt den Patienten die irrationale Angst und die sich daraus ergebenden, auf die verschiedenen Organsysteme projizierten Symptome (LABERKE 1957).

Die lange Induktionsperiode bis zum Eintritt der Wirkung spricht für eine Umwandlung der Substanz. Jedoch liegt für diese Annahme, die eventuell eine Konjugation mit der Glukuronsäure beinhaltet, noch kein Beweis vor. In Selbstversuchen (HIFT u. Mitarb.) wird nach oraler Einnahme von 400—600 mg Miltaun etwa nach 1 Std ein Gefühl der „heiteren Gleichgültigkeit“ erzielt, welches 2 bis 3 Std anhält. Höhere Dosen (800—1200 mg) bedingen Müdigkeit, Konzentrationsabnahme, Schwitzen, Schwindelgefühl, geringen Blutdruckabfall. Auch bei 3200 mg, in einer Einzeldosis genommen, tritt kein orthostatischer Kollaps ein. MARQUIS, KELLY, MILLER, GERARD u. RAPOPORT (1957) haben die — heute nicht ganz unwichtige — Feststellung gemacht, daß nach Einnahme von 800 mg als Einzeldosis die Autofahrtüchtigkeit der Probanden, gemessen am Fahrtest, am Gesichtsfeld und in der Stetigkeitsprüfung nicht eingeschränkt ist. Die Alkoholwirkung wird ebenfalls durch Miltaun nicht potenziert. — Im Gegensatz dazu hält LAUBENTHAL (1958) das Autofahren unter Meprobamatwirkung für gefährlich. Die Fahrer sind unbekümmert gelassen, heiter und wurstig bis müde, schläfrig oder erregt, unruhig. Der „amerikanische Rausch“, welcher durch die Tranquillizer mit und ohne Zusatz von Alkohol und Barbituraten erzeugt wird, begünstigt Verkehrsunfälle.

Die Kontrolle des Blutbildes, des Kohlenhydratstoffwechsels, des Urins, Blutdruckes, der Atmung, des Elektrokardiogramms, der Serumlabilitätsproben und des Eiweißspektrums im Blut hat bei langfristig mit 3—6mal täglich 400 mg behandelten Kranken keine pathologischen Veränderungen ergeben (LEIMGARDT und KITTEL 1957). Der plötzliche Abbruch der Therapie führt nicht zu Entziehungserscheinungen (BORRUS 1955; LEIMGARDT und KITTEL 1957).

Bei sehr hoch liegender DL_{50} (Maus peroral 1050 mg/kg, Kaninchen 500 mg je kg) handelt es sich insgesamt um ein wenig toxisches Präparat, dessen Wirkungen von FROMMEL zusammenfassend als schlafinduzierend (kein Sedativum), hypothermisierend, antikonvulsiv beschrieben werden. Es besitzt keinen Morphineffekt und ist ein Antidot zum Coramin, Cardiazol und Strychnin sowie ein Antagonist des Benzedins. Die relaxierenden Effekte beruhen auf der Beeinflussung der ascendierenden und nicht der descendierenden Regulation. Beruhigung der Hirnrinde, Abschirmung externer Reize, thalamische Wirkung. Die geringe Toxicität des Miltaun*, welches im übrigen weniger giftig ist als Mephenesin, zeigt sich auch in den fehlgeschlagenen Suicidversuchen. 40 g Miltaun, in 24 Std eingenommen, sind komplikationslos überstanden worden. RIEBELING (1957) schätzt die Suchtgefahr, unter Beachtung der prämorbiden Persönlichkeit, für gering ein.

An *Nebenwirkungen* sind bekannt: Übelkeit, Erbrechen, Müdigkeit, Konzentrationsschwäche, Magendrücken, Appetitlosigkeit, Schwindel und Kältegefühl (HIFT u. Mitarb. 1957). Gelegentlich entwickeln sich hochfieberhafte Krankheitsbilder mit generalisierten erythematösen Hauterscheinungen (STROUD 1957). Über Augenmuskellähmungen mit Diplopie, starken Erregungszuständen und Reiswasserdiarrhoen berichten FRIEDMAN und MARMELZAT (1956). An *Hauterscheinungen* sind bekannt: Erytheme, teilweise kombiniert mit vasculärem Kollaps (BAER und WITTEN 1956; SELLING und ORLANDO 1955), Urticaria, Ödeme, letzteres besonders um die Augenlider, Stomatitis, Colitis (BRACHFELD und BELL 1959), disseminierte oder generalisierte maculopapulöse, auch vesiculöse Eruptionen bzw. Exantheme, erythrosquammöse Ausschläge, morbilliforme, scaratininiforme Morphen. Übereinstimmend wird berichtet (D. STEPANOWIĆ), daß die Hautveränderungen häufig ihren Ausgang nehmen vom Beckengürtel oder sich überhaupt nur in der Gürtel-Leistengegend befinden; weiter sind befallen: Brust, Beugeseite der Arme. Es besteht dabei ein starker Juckreiz. Beide Geschlechter erkranken in einem gleichen Prozentsatz, der mit etwa 2,5% (WEST und DA FONSECA 1956) angegeben wird. Einen etwas größeren Umfang im Schrifttum nehmen die Berichte über Schädigungen an *blutbildenden* Organen ein. MEYER, HEEVE und BERTSCHER (1957) beschreiben je eine tödlich ablaufende aplastische Anämie und eine irreversible Knochenmarkshypoplasie bei einer jungen Frau. Vielfach sind bei diesen Patienten die Hautaffektionen purpurisch (CARMEL jr. und DANNENBERG 1956; FRIEDMAN und MARMELZAT, GOTTLIEB 1956; — dort bereits nach 3mal 400 mg Miltaun auftretend — und STEPANOWIĆ). Es sind weiterhin beobachtet worden: Petechien, Ekchymosen. Es kommt zum Anstieg der Gerinnungs- und Blutungszeit bei normaler Thrombocytenzahl. Neben den allergischen Reaktionen (nach 7—14 Tagen der Applikation) an der Haut sind von DORN (1957) Kongestionen der Nasenschleimhaut, Rhinitis, angioneurotische Ödeme sowie Hautausschläge und Leberschwellungen kombiniert beobachtet worden. Die häufig anzutreffende Angabe, daß bereits nach der ersten Tablette Miltaun derartige Reaktionen auftreten (3—5 Std nach der peroralen Einnahme; STEPANOWIĆZ), kann sowohl als Gruppenüberempfindlichkeit auf das Mephenesin gedeutet werden, wie als primärtoxischer Vorgang (KOSITCHEK 1956 und Editorial Brit. Med. J. 1956). MARCUSSEN (1958) hält

---

* Siehe auch WOODWARD und Editorial des Brit. med. J. 1956.

eine Gruppensensibilisierung zwischen den Carbinolen (Meprobamat) und den Schlafmitteln vom Typ des Adalins (Bromdiäthyl-acetyl-carbamid) für möglich:

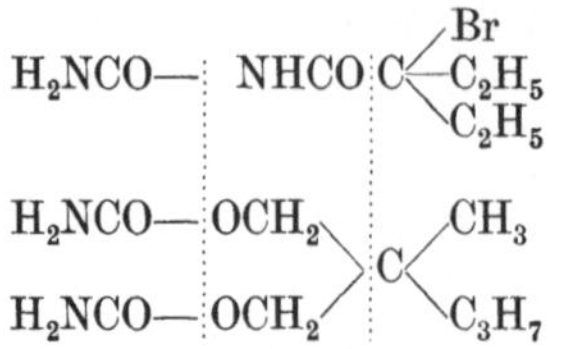

$$H_2NCO\text{—} \vdots \; NHCO \vdots C \begin{matrix} \diagup Br \\ \text{—}C_2H_5 \\ \diagdown C_2H_5 \end{matrix} \quad \text{(Adalin)}$$

$$\begin{matrix} H_2NCO\text{—} \vdots OCH_2 \diagdown \\ H_2NCO\text{—} \vdots OCH_2 \diagup \end{matrix} \vdots C \begin{matrix} \diagup CH_3 \\ \diagdown C_3H_7 \end{matrix} \quad \text{(Meprobamat)}$$

So ließen sich jene Fälle erklären, in denen bereits nach einer Tablette Miltaun (200—400 mg) allergische Erscheinungen aufgetreten sind. Diese Annahme wird um so wahrscheinlicher, als Menschen, welche z. B. unter Schlafstörungen leiden, langfristig, vor der Miltauneinnahme Hypnotica verabfolgt bekommen haben. Über Sucht und Entziehungsphänomene bei plötzlichem Entzug hoher Dosen Miltaun finden sich lediglich 2 Fallberichte bei PHILLIPS, JUDY und JUDY (1957). Bei maximaler Überdosierung kommt es zu langandauernden komatösen Zuständen, welche bis zu 44 Std nach der Einnahme von etwa 40 g Miltaun angehalten haben, weiterhin zum Schock ,zu Depressionen des Atemzentrums, zu starkem Muskelzittern. Todesfälle durch eine derartige Überdosierung sind bis jetzt noch unbekannt.

Dosierung. Bei Konzentrationsstörungen 2mal 200 mg vormittags sowie 2mal 400 mg nachmittags. Zur Behebung von Angst, Spannung und Erregungszuständen 3—6mal 400 mg/die. In der Dermato-Therapie kommt man mit 3—4mal 200 mg über den Tag verteilt und 1mal 400 mg zur Nacht aus.

Dermatologische Indikationen. Endogenes Ekzem, umschriebene Neurodermitis, Acne excoriée, Prurigo-Formen, sowie Genito-Analpruritus, soweit diese Kranken durch ihr Leiden ängstlich, unruhig, gespannt, leicht depressiv, neurotisch beeinflußt werden bzw. wenn derartige psychische Einflüsse zur Auslösung und Manifestation von Hautleiden geführt haben.

Kontraindikation. Magengeschwüre.

Ein Kombinationspräparat von Meprobamat 0,2 und Cyclobarbital-Ca (0,1) ist das Proponal. Nach VINCENT u. FROMMEL (1957) ist eine Kombination zwischen Reserpin und Miltaun gerechtfertigt, da die Angriffspunkte beider Stoffe verschieden sind, so daß eine Potentialisierung nicht eintritt. Insbesondere ist keine Steigerung der hypotensiven Effekte sowie keine schädigende Wirkung auf den Herzrhythmus festzustellen. Die Indikation dieses Gemisches als Neuro-Relaxans wird durch kardiovasculäre organische oder funktionelle Störungen nicht eingeengt.

IV. Klinische Erfahrungen bei der Anwendung psychotherapeutischer Drogen (Neuroleptica und Tranquillizer) *

Einem Teil jener psychischen Abwegigkeiten, welche bei langem Bestand stark juckender Dermatosen auftreten, mag die Entstehung eines bedingten Kratzeffektes zugrunde liegen, der sowohl das Hautleiden nach der Abheilung überdauert (Pruritus sine materia), wie auch dasselbe „ad infinitum" unterhalten kann. Auf Grund solcher Gedankengänge hat JELTAKOW (1951) bei Dermatosen 10—14tägige Schlafkuren** durchgeführt und über Erfolge berichten können. Nachteile dieser Therapie sind langandauernde Schlafstörungen als Folge der Applikation von hypnotisch oder sedativ wirkenden Pharmaka. Mit den Neuro-

* Siehe auch *Nachtrag bei der Korrektur*, S. 214.

** KLAESI (Schweiz) und russische Autoren sind die ersten gewesen, die bei Psychosen Schlafkuren durchgeführt haben.

lepticis ist es bei andersartigem Angriffspunkt nun gelungen, solche Komplikationen zu verhindern und darüberhinaus durch die Anwendung von psychotherapeutischen Drogen verschiedener Art das Kurschema selbst wie auch zwischen stationärer und ambulanter Behandlung zu variieren. Die Behandlung reicht heute von dem künstlichen Winterschlaf über milde Heilschlafformen (Somnolenzkuren, Subhibernation) bis zur ambulanten Verabfolgung der Tranquillizer. Sinn dieser Maßnahmen ist es, den „Teufelskreis" Angst—Schlaflosigkeit—Angst bzw. die Einwirkungen Psyche—vegetatives Nervensystem—Dermatose und umgekehrt zu sprengen (LABHARDT).

1. Phenothiazinabkömmlinge

a) Hibernation artificielle

Die nur stationär und bei bester Schulung des Pflegepersonals durchführbare Winterschlafmethode wird bei schweren Verbrennungen (ALLGÖWER und SIGRIST 1957; STÜTTGEN 1957), eventuell bei arteriellen Durchblutungsstörungen des II. und III. Stadiums angewandt (RATSCHOW). Dem Verfahren liegt der in der Chirurgie übliche Cocktail lytique zugrunde, d.h. eine Mischung von 50 mg Atosil, 50 mg Megaphen und 0,1 Dolantin, 6—8mal in stündlichen Intervallen intravenös appliziert. Die Kranken werden im abgedunkelten Zimmer bei 17^0 Außentemperatur isoliert und durch Auflage von Eisbeuteln auf hautnahe Arterien bis auf 32—35^0 Körperwärme unterkühlt. Die Dauer dieser Hibernation richtet sich nach der Schwere der Verbrennungen bzw. nach dem Grad der Hypoxämie des Gewebes der erkrankten Gliedmaßen. — Vereinzelt ist diese Behandlungsform auch bei schweren Dermatosen, insbesondere beim endogenen Ekzem, erprobt worden. Der 8—14 Tage durchgeführte Winterschlaf hat Besserungen bei vasculär-allergisch bedingten, generalisierten ekzematischen Reaktionen gezeigt, die Versagerquote wird von KOCH und HUSSONG (1955) mit 15—20% angegeben. DORN (1956) berichtet ebenfalls über befriedigende Resultate beim endogenen Ekzem, bei sekundären Erythrodermien, Pruritus, akuten Dermatitiden und Exanthemen. In die Indikation zum Winterschlaf sind nach DORN noch die Dermatitis herpetiformis Duhring und jene Pruritusformen einzubeziehen, die bei psychisch und vegetativ labilen Kranken auftreten. Es hat den Eindruck, daß Patienten mit akuten vasculären Allergien besser auf den Winterschlaf reagieren als solche mit rein epidermaler Sensibilisierung. KÄRCHER (1955) hält die Wirkung der Hibernation artificielle beim endogenen Ekzem für unbefriedigend. VACHON (1954) kombiniert im Cocktail lytique Largactil mit einem Brom-Barbitalderivat (Brompräparat mit Amytal). Er unterteilt die Ergebnisse, welche allerdings nur an 7 Kranken beobachtet worden sind, in recht befriedigende Sofortreaktionen sowie in Rückfälle, welche ohnehin nach einiger Zeit bei allen Kranken auftreten. Der Juckreiz schwindet, damit auch die Kratzeffekte, das Nässen und die akute Entzündung klingen ab, lediglich die Erytheme persistieren auch dann, wenn nicht mehr gekratzt wird.

Bei fast allen Kranken muß im Anschluß an den Winterschlaf auf den oralen Cocktail übergegangen werden, der aus 2—3mal täglich 25 mg Atosil und Megaphen besteht und bis auf 4mal 50 mg Megaphen (200 mg tägliche Dosis) und 4mal 25 mg Atosil gesteigert werden kann (HUSSONG und KOCH). Auch DORN schließt die perorale Verabfolgung dieser Substanzen an die intravenöse Applikation an und verordnet dabei noch höhere Dosen Megaphen als die vorgenannten Autoren. An Stelle des per injectionem verabreichten Cocktail lytique erhalten jugendliche Patienten peroral 20 mg/kg Megaphen und 2mal 5—10 Tropfen 2%iges Atosil. Die orale Therapie wird teilweise auch ambulant fortgesetzt.

b) Subhibernation

Die als Subhibernation bezeichneten Behandlungsmaßnahmen bestehen im wesentlichen in der Verabfolgung von Medikamenten, die auch als orale „Cocktails“ den Abschluß der Winterschlafkur darstellen. Zu einer Subhibernation werden unter anderem eingesetzt Megaphen, Atosil und Allional in der Dosierung 25/25/160 mg. Luetzenkirchen (1954) behandelte so Kranke mit Pruritus ohne nachweisbare Ursache. Korting (1956), der für die Durchführung einer sog. kleinen Kur mit 3mal 25 mg Megaphen/die und 50 mg Atosil zur Nacht eintritt, warnt vor der Anwendung eines solchen Kurschemas bei Patienten mit endogenem Ekzem, da die Kollapsbereitschaft dieser Patienten oft zu unerwünschten Zwischenfällen führt. Die Subhibernation der endogenen Ekzematiker beeinflußt nach Korting einzelne abwegige vegetative Funktionen, eventuell auch die periphere Durchblutung.

Als Subhibernation bezeichnen Schnyder und Schauwecker (1955) die ausschließlich mit Largactil durchgeführte Schlafkur bei erregten und symptomatisch depressiven Hautkranken. Auch dieses Verfahren muß stationär durchgeführt werden, da es neben der Schulung des Pflegepersonals eine laufende ärztliche Überwachung erfordert. Isolierung der Patienten im verdunkelten Einzelzimmer, absolute Bettruhe, keine Bäder. Die Initialdosis beträgt 300 bis 600 mg Largactil, peroral und rectal zugeführt, eventuell 150—200 mg intravenös/die. Nach Eintritt der Somnolenz wird Largactil so dosiert, daß dieser Zustand für 10—14 Tage erhalten bleibt. Nach etwa 14 Tagen wird die Largactilmenge auf 100—150 mg/die reduziert und späterhin, bei ambulanter Weiterbehandlung, innerhalb von 20—60 Tagen abgebaut. Die Kranken sind während der ersten 3—4 Tage somnolent, doch ansprechbar, entspannt und apathisch. 3—4mal täglich wird der Puls, die Körperwärme, der Blutdruck kontrolliert, 2mal wöchentlich muß der Urin auf Gallenfarbstoffe untersucht werden. In besonders gelagerten Fällen wird ein abgewandelter Cocktail lytique verordnet, der aus 3mal 25 mg Megaphen per os oder intramuskulär, 2mal 0,1 Luminal und 1mal 25—50 mg Atosil besteht. Dieser auch ambulant verabfolgte orale Cocktail ist beim nächtlichen Pruritus und dadurch bedingten Schlafstörungen indiziert. Schnyder und Schauwecker berichten über die Ergebnisse von 29 mit Subhibernationskuren behandelten Patienten, vorwiegend Neurodermitiker und Ekzematiker. Als am besten beeinflußbar erweist sich die psychisch alterierte Stimmungslage der Kranken. Die Patienten verlieren die Furcht vor Rezidiven, der Juckreiz wird temporär unterdrückt, die Kratzeffekte und die Gefahr einer sekundären Infektion werden gemindert. Das Ausmaß der Besserung wird beziffert: In 45% der Fälle psychische Erleichterung und Erholung, bei 40% Beseitigung des Juckreizes, in 20% Wiederherstellung normaler Schlafverhältnisse. Diese Angaben beziehen sich ausschließlich auf Neurodermitiker, nicht auf Kranke mit kontaktekzematischen Reaktionen. Ebenfalls günstig beeinflußt werden die psychischen Abweichungen in Fällen von generalisierter Psoriasis und beim neurotischen Ekzem auf der Grundlage eines Pruritus.

c) Somnolenzkur

Mit einer Kombination von wenig toxischen Barbitursäurederivaten bzw. barbitursäurefreien Schlafmitteln (Noludar, Doriden, Valamin und andere) und Phenothiazinabkömmlingen oder Reserpin werden tägliche Schlafzeiten von etwa 15—20 Std erzielt. Einer solchen Somnolenzkur folgen nach 2—3wöchiger Dauer Entspannungsübungen und autogenes Training. Labhardt (1959) berichtet über bemerkenswerte therapeutische Erfolge mit dieser Behandlungsform, welche allerdings kontraindiziert ist bei alten Menschen, Kreislaufgeschädigten, Nierenkranken und Trägern von Ulcera im Magen-Darmtrakt. Zum Indikationsbereich einer Somnolenzkur gehören Neurosen, Patienten mit psychosomatischen Leiden, vegetative Neurotiker, ängstliche arterielle Hypertoniker (als Neurolepticum nimmt man dabei Reserpin), Kranke mit chronischen Hautleiden, Patienten mit irreversiblen Schmerzzuständen, deren Allgemeinzustand durch starke emotionelle Symptome verändert ist. Auf die Wichtigkeit der genauen Patientenauswahl wird von LABHARDT besonders verwiesen.

d) Anwendung als Sedativum

Über die Anwendung des Largactils als *Sedativum* bei Patienten mit Neurodermitis, Prurigo simplex chronica Brocq, Lichen ruber planus, postzosterischen Neuralgien berichten SCHNYDER und SCHAUWECKER (1958). Während die therapeutischen Erfolge und Mißerfolge bei Neurodermitikern fast gleichmäßig verteilt sind, läßt sich die Prurigo simplex recht gut beeinflussen, und zwar die pruriginösen Sensationen besser als die sekundär ekzematischen Veränderungen und die Lichenifikation. Die Prurigoknötchen verschwinden nach etwa 8—10 Tagen — unter Placebotabletten Neuaufschießen der Herde! —. Der Lichen ruber planus reagiert überhaupt nicht auf diese Behandlung, dagegen die postosterischen, oft langanhaltenden Schmerzzustände im betroffenen Segment, welche unter Largactil abzuklingen pflegen. — Über ähnliche Erfahrungen berichtet PELLERAT, der als erster 1952 auf den antipruriginösen Effekt des Largactils aufmerksam gemacht hat (s. auch FASEI 1953; Y. TEICHNER [mit detaillierten Zahlenangaben] 1954; R. SCHMITZ 1955; WIEDMANN 1955; TILLEY und BARRY 1955; BORELLI 1956; MANTAGNANI 1957). Ein Teil dieser Berichte ist einzuordnen in die nächste Rubrik, welche man überschreiben kann:

e) Chlorpromacin als Antipruriginosum

Dosierung. 50—100 mg peroral, unterteilt in 3—4 Dosen. Leider tritt eine recht schnelle Gewöhnung an diese Dosis ein (Tachyphylaxie), so daß entweder die Tablettenzufuhr gesteigert oder auf die orale Cocktail-Kombination übergegangen werden muß. Von den neuen Phenothiazinabkömmlingen scheint dem 1-[2-Hydroxäthyl]-4-[3-(3-Chloro-10-Phenothiazyl)-propyl]-Pipericin eine gewisse Bedeutung zuzukommen (Perphenazin, Trifalon, Decentan).

SHANON (1958) berichtet über 308 mit Perphenazin behandelte Hautkranke. In einer Dosierung von 1,3, 4 oder 8 mg, 1—4mal täglich, entfaltet Perphenazin eine gute antipruriginöse Wirkung. Kein therapeutischer Effekt ist erzielt worden bei der Behandlung des Genitoanalpruritus, bei den postzosterischen Neuralgien und bei ekzematisch-allergischen Reaktionen. Die oft frühzeitig etwa in 2% allerFälle auftretenden Nebenwirkungen bestehen bei diesem Präparat in Schwindel, Sehstörungen, Erbrechen, starkem Schwitzen, Spannungsgefühl und Zittern sowie Nacken- und Zungensteifigkeit. Die etwas schwereren Komplikationen werden allerdings nur bei Dosen von 4mal täglich 4—8 mg beobachtet (s. auch R. YONTEF 1958). Ein weiteres, vorwiegend antipruriginös wirksames Phenothiazinderivat, etwa zwischen dem Chlorpromazin und dem Phenergan stehend, ist das Trimeprazine (Temaril), ein 10-(3-Dimethylamino-2-methyl-prophyl)-Phenothiazin. In einer Dosierung von 2,5 mg 3—4mal täglich, fallend auf 1mal 5 mg/die, über wenige Tage bis Wochen appliziert, beschreibt WILLIAMS (1958) bei 75,5% aller Patienten die Unterdrückung des Juckreizes. Die Wirkung tritt sehr schnell, etwa 1—3 Std nach der Tablettenaufnahme ein. An Nebenwirkungen hat WILLIAMS 11mal Schläfrigkeit, 1mal Lethargie, 1mal Nachtschweiße und eine nichtspezifische Haut-Reaktion beobachtet. Auch hypotensive Eigenschaften (Blutdruckabfall um 20 mm Hg) sind festzustellen. GOLDBERG und DIAMOND (1958) haben bei gleicher Dosierung etwa dieselben antipruriginösen Effekte beobachtet. ANDERSEN und CHALMERS (1959) haben Trimeprazine im Blindversuch getestet, wobei allerdings die Dosen wesentlich höher liegen als bei den oben zitierten Autoren: bis 4mal täglich 10 mg (gelegentlich 20 mg) bei Erwachsenen. Etwa 35% der Probanden (Erwachsene und Kinder) haben eine die Beendigung der Tablettenzufuhr jedoch kaum überdauernde Beeinflussung des Pruritus angegeben. Es tritt oft eine leichte Somnolenz ein. Behandelt wurden Neurodermitiker, Ekzematiker, Patienten mit starkem Pruritus. Besonders bei der Neurodermitis ist die Linderung des oft unerträglichen Juckreizes als wohltuend empfunden worden. Ein in letzter Zeit in Deutschland ausgetestetes Phenothiazinderivat Thioridazin, Melleril, hat sich ebenfalls als ein wirksames Antipruriginosum herausgestellt, dessen besonderer Indikationsbereich der Genitoanalpruritus — nach eigener Erfahrung — ist. Beim Melleril, welches in 25 mg und 100 mg Dragées bzw. Melleretten zu 10 mg geliefert wird, handelt es sich um ein halogenfreies 3-Methylmercapto-10-[2′-(N-methylpiperidyl-(2″))-äthyl-(1′)]-phenothiazin.

Weitere Phenothiazinderivate sind das Promazine (Sparin), das Prochlorperazine (Compazine), das Thiopropazate(Dartal). (Siehe Übersichtstabelle bei H. KLEINSORGE und K. RÖSNER 1958 und G. SEMANEDI 1959, Bericht über das Dartal, Méd. et Hyg. XVII. Jg., 452—453, 1959.)

Ebenfalls als ein gutes Antipruriginosum erweist sich das neutrale Tartrat des

N-(3′-Dimethylamino-2′-methyl-propyl)-phenothiazin,

welches unter dem Handelsnamen Repeltin bzw. Repeltin forte eingeführt ist. Die Dosierung (ambulante Behandlung) beträgt 4—5mal 5 mg/die bei Erwachsenen, 1—2 mg/kg, eignet sich für eine kräftige Stoßtherapie, wobei Dosen bis 100 mg/die ohne nachteilige Folgen vertragen werden.

SCHMITZ charakterisiert den antipruriginösen Effekt des Largactils gut, indem er sagt, daß eine Wirkung dann zu erwarten ist, wenn der Juckreiz nicht die Folge einer Dermatose, sondern das Hautleiden Folge des Pruritus ist!

f) Sonstige Indikationen

Die Unterdrückung allergischer Reaktionen durch Largactil, auch in hohen Dosen, gelingt weder experimentell noch klinisch. EISENBERG gibt zwar 32,2% gebesserte, jedoch nicht ausgeheilte Kranke an (s. auch SCHNYDER und STORCK 1956; KÄRCHER 1955). EMMERICH und PETZOLD (1954), PETZOLD und HUTH (1954) sowie RATSCHOW berichten über Erleichterung bei den Beschwerden der systematisierten Sklerodermie. TZANCK (1949) empfiehlt die Phenothiazine bei Bienen- und Wespenstichen. Die Meinungen über Behandlungserfolge beim Lichen ruber planus (TINOZZI 1956; positiv, die meisten Autoren negativ), bei den juckenden Schüben der Psoriasis vulgaris sind geteilt (KLEINSORGE und RÖSNER 1958).

Von VANBREMEERSCH (1954) wird das Wiedererwachsen der Haare 4 Wochen nach Beginn der Largactiltherapie bei einer Alopecia maligna decalvans mitgeteilt, welche bereits 1 Jahr lang bestanden hat. MELBY und STREET (1956) haben mit 3—4mal 25 mg Chlorpromazin die Schmerzen der intermittierenden, akuten Porphyrie bei 6 von 9 Kranken teils vollständig, teils für die Dauer der Applikation des Mittels unterdrückt. Sie sehen im Chlorpromazin den derzeit wirksamsten Stoff zur Behandlung dieser Schmerzfälle. Die Substanz nimmt jedoch keinen Einfluß auf den pathologischen Prozeß. Als außenstehende Indikation (MONTAGNANI 1956) werden für das Chlorpromazin genannt: der Juckreiz bei Lepra und die Behandlung plantarer Warzen (Psychotherapie?) sowie die Behandlung der chronischen Schlafmittelvergiftung (MOESCHLIN 1959).

Übereinstimmend wird festgestellt, daß es in keinem Fall gelingt, die spezifischen Hautveränderungen durch Anwendung der Phenothiazine zur Abheilung zu bringen, vielleicht mit Ausnahme der Prurigoknötchen. Unterdrückt werden lediglich der Juckreiz und als Folge davon die Kratzeffekte, die sekundären Infektionen, die Lichenifikation. Gut beeinflußt wird auch das Nässen akutekzematischer Schübe. Unzweifelhaft liegt der Schwerpunkt und die Bedeutung einer neuroleptischen Therapie in der Beeinflussung der labilen Psyche und somit des von LABHARDT charakterisierten Circulus vitiosus. Ein Teil der abwegigen vegetativen Funktionen, soweit dies psychogen bedingt ist, wird durch die Anwendung von Megaphen vorübergehend oder dauernd normalisiert.

Als *Anwendungsbereich* (Dermatologie) für die verschiedenen Formen der Phenothiazinmedikation zeichnet sich bis jetzt ab: die ausgedehnte Neurodermitis sowie deren lokalisierte Formen, die Urticaria papulosa, der Lichen urticatus, die Prurigoarten, der Pruritus, die chronische Urticaria, sekundär lichenifizierte, chronische Ekzeme, die postzosterischen Neuralgien. In der Therapie der Verbrennungen haben Megaphen oder andere Abkömmlinge des Phenothiazins ihren festen Platz.

Kontraindikationen auf dermatologischem Gebiet sind: das akute Kontaktekzem, die akute Schlafmittel- oder Alkoholvergiftung bei Ekzematikern sowie schwere Fälle von Kreislaufinsuffizienz, Thromboseneigung, chronische Leber- und Nierenleiden.

2. Rauwolfiadrogen

Erst seit 1954 sind die Rauwolfiaalkaloide, insbesondere das Reserpin, die Mischungen des Reserpins und Rescinnamins sowie die Gesamtalkaloide in Form der gepulverten Wurzel auch dermatologischerseits erprobt worden, nachdem über günstige neuroleptische Effekte durch die Psychiater berichtet worden ist (BLEULER). REIN und GOODMAN (1954) haben an 60 Kranken die beruhigende und entspannende Wirkung (Gefühl des Wohlbefindens) sowie die Abnahme neurotischer Symptome festgestellt. Mit einer Dosis von 4mal 0,25 mg Reserpin/die, 1 Monat verabfolgt, und bei Placebokontrolle an 30 Kranken sind in $^2/_3$ der Fälle Besserungen gesehen worden. Unter den Patienten haben sich 19 Neurodermitiker, 18 Kranke mit lokalisierter Neurodermitis, 4 Ekzematiker, 4 Träger eines Lichen ruber planus, 5 Fälle mit Analpruritus sowie einige Dyshidrotiker befunden. Bei den letzteren ist eine erhebliche Reduktion der Schweißsekretion unter Reserpin beobachtet worden. Der Reserpineffekt klingt etwa 2 Wochen nach Absetzen der Substanz ab. CH. GRUPPER (1955) hat den Juckreiz wiederum beim endogenen Ekzem, beim numulären Ekzem, bei der Kontaktdermatitis, der umschriebenen Neurodermitis, beim Lichen ruber planus und beim Genitalpruritus günstig beeinflussen können, wobei die Dosen an Reserpin oberhalb derjenigen gelegen haben, die zur Hypertoniebehandlung angewandt werden. Über die ausgezeichnete Verträglichkeit des Medikamentes und das Schwinden des Juckreizes in 1—2 Tagen nach Beginn der Therapie berichtet COTTINI (1955), der 63 Patienten mit den oben genannten Hautleiden behandelt hat. Relaxation, Minderung der seelischen Spannung, milde Sedation sowie Besserung der Schlaflosigkeit bei insgesamt 33 von 36 Patienten haben FERRARA und PINKUS (1955) durch Verabfolgung von 2—4mal täglich 2 mg Alseroxylon (durchschnittlich 8 mg/die bei Erwachsenen, 4 mg/die bei jüngeren Menschen) erzielt. Der maximale Effekt wird innerhalb von 9 Tagen erreicht. Von den Hautveränderungen haben sich diejenigen zurückgebildet, welche als Folge des dauernden Kratzens aufgetreten sind: die Excoriationen, die sekundären Infekte und die Lichenifikation. Patienten mit neurotischen Excoriationen und Trichotillomanie haben besonders gut auf die Reserpinmedikation reagiert, da hierbei die kausale Rolle der Psyche bei der Entstehung des Hautleidens offensichtlich ist. WOLFRAM (1956) beginnt die Reserpintherapie mit 3mal 1 mg/die und läßt nach Eintritt der Wirkung täglich 4mal 0,25 mg einnehmen. Gute Resultate sind von WOLFRAM gesehen worden beim Pruritus senilis, nicht beim Genitaljuckreiz, beim Herpes gestationis und bei der Dermatitis herpetiformis Duhring, bei der chronischen Urticaria und beim Ekzem. Besonders gute therapeutische Ergebnisse wurden erzielt bei der Neurodermitis, wenn man Reserpin mit kleinen Dosen Cortison kombiniert. Auch Artefakte lassen sich durch eine derartige Therapie beeinflussen!

SCHNYDER und SCHAUWECKER haben bei Tagesdosen von 0,75—1,5 mg Reserpin nur inkonstante antipruriginöse Effekte beobachtet. Bei der Prurigo simplex sind nach Verabfolgung von 3mal 0,5 mg/die die Knötchen, ähnlich wie nach Largactil, innerhalb von 8—10 Tagen verschwunden. Der Wert der Reserpintherapie liegt nach Ansicht dieser Autoren in der Beseitigung des psychogenen Juckreizes. BONNET, FOUQUET und FLORENS berichten über Rückgang des Juckreizes und der Efflorescenzen (Abflachung der Knötchen und Farbwechsel) beim Lichen ruber planus. Die Dosierung hat in 3mal 2 Comp. à 0,20 = 1,2 mg/die Reserpin bestanden. Fast ausschließlich in der französischen Literatur wird dem Reserpin ein günstiger Effekt auf den Lichen ruber eingeräumt. Ähnliche Ergebnisse, wie bei den zitierten französischen Autoren, finden sich auch bei PANACCIO (1957) und bei JANNARONE (1957), wobei Reserpin jeweils in einer Dosis von 3mal 0,25 mg/die über mehrere Wochen bzw. 3mal 1 mg/die verabfolgt worden ist (s. auch GRINSPAN u. MUHAFRA 1957).

Ausgehend von der Feststellung, daß bei einzelnen Tier-Species (Ratte und Maus) die Mastzellen auch Serotonin produzieren, haben BAER, BERSANI und PELZIG (1959) Reserpin in einer täglichen Dosis von 0,25—0,125 mg bei *Urticaria pigmentosa* erprobt. Bei 2 Kranken wird von einer günstigen Reaktion berichtet, während der 3. Patient, obwohl als Versager deklariert, auf diese Therapie mit einer Herxheimerschen Reaktion geantwortet, d. h. ebenfalls eine Wirkung gezeigt hat.

Da die Serotoninbildung in der menschlichen Mastzelle nicht bewiesen ist, wie dies die Untersuchungen von WEST und PARRAT (1957), WEST (1958), DAVIES, LAWLER und HIDGEON (1958) ergeben haben, ist dieser Reserpineffekt nicht zu erklären, es sei denn im Sinne einer Spontanremission. In der Diskussion zu einer Arbeit von BIRT und NICKERSON (1959) rückt BAER von seiner früheren Stellungnahme der Wirksamkeit der Reserpin-Medikation auf die Urticaria pigmentosa ab. An Nebenwirkungen werden lediglich Kopfschmerzen angegeben. FELDMANN (1957) kombiniert Reserpin, 0,075 mg mit Meprobamat 200 mg (pro Dragée) und appliziert 3—4mal täglich 1—2 Dragées. Bei 100 Patienten sind in 81% günstige Resultate erzielt worden. Die Kombination des Neurolepticums Reserpin mit dem Tranquillizer Meprobamat — keine Panacee! — ist besonders geeignet bei Angstzuständen. Der Eintritt der Wirkung ist schneller als bei Sedativa, es soll keine Sucht auftreten, die mögliche Excitationswirkung des Meprobamat wird durch das Reserpin gedämpft. Kontraindikationen bestehen nach FELDMANN nicht.

Ein Kombinationspräparat zwischen Reserpin 0,2 bzw. 1 mg und 20 bzw. 50 mg β-Dimethylaminoäthyl-2-methyl-benhydryläther-HCl (Phasein, Phasein forte) hat sich uns bei gleicher Indikationsstellung im letzten Jahr bewährt.

Die perorale Dosierung beträgt im allgemeinen 4mal 0,25 mg bis 3mal 1 mg/die, bezogen auf das Alkaloid Reserpin.

Kontraindikation. Patienten mit Magengeschwüren und Kreislaufinsuffizienz sind aus der Therapie auszuschließen. Auf Grund der Literaturberichte ergeben sich als *Indikationen* für die Reserpintherapie: Neurodermitis, lokalisierte Neurodermitis-Formen, neurotische Excoriationen, Artefakte, Trichotillomanie, Pruritusformen (ausschließlich der Kraurosis vulvae), Herpes gestationis und Dermatitis herpetiformis Duhring, Urticaria und Lichen ruber planus.

3. Abkömmlinge des Diphenylmethan

Trotz der ablehnenden Einstellung von Ende, Welsh und Ede (1956) sind von Robinson jr., Robinson und Strahan (1956) günstige therapeutische Effekte bei der Anwendung von Hydroxyzin (Atarax) mitgeteilt worden. Mit einer Dosierung von 3—4mal täglich 10—25 mg sind 159 Patienten, darunter Neurodermitiker, Kranke mit lokalisierter Neurodermitis, Fälle von generalisierter juckender Psoriasis, Dyshidrosis, Pruritus ani et vulvae, behandelt worden. Subjektiver Erfolg im Sinne der Antiphobie, der Entspannung bei 132 Patienten; kein Erfolg bei 27 Kranken. Unsere eigenen, an einem allerdings recht kleinen Krankengut und bei einer Dosierung von 3mal 10—25 mg Atarax täglich gewonnenen Erfahrungen entsprechen denjenigen der amerikanischen Autoren; beeinflußt werden lediglich die psychischen Abweichungen, insbesondere die emotionelle Spannung, soweit diese ein wesentlicher Faktor in der Genese des Hautleidens ist. Die eingetretenen Nebenwirkungen: Schläfrigkeit, trockener Mund, gelegentlich schwacher Juckreiz sind als leicht zu bezeichnen und haben nicht zur Unterbrechung der Therapie geführt. Welsch und Ede (1956) berichten über 3 schwere Nebenwirkungen bei 23 Behandlungsfällen. 11mal seien die Hauterscheinungen exacerbiert*.

4. Meprobamat

Obwohl sehr viel häufiger verordnet als Reserpin und die bicyklischen Verbindungen, finden sich im dermatologischen Schrifttum nur ganz wenige Arbeiten über die Anwendung und Wirkung des Meprobamates (Miltaun)*. So berichtet Sokoloff (1956) über die günstige Wirkung dieser Substanz auf den idiopathischen Genito-Ano-Rectal-Pruritus. Allerdings hat der Autor die Miltaun-Applikation (400 mg) mit der örtlichen Verabfolgung von Hydrocortisonsalben und der einmaligen Röntgenbestrahlung ($^1/_8$ Hauterythem-Dosis) kombiniert. Dorn hält Miltaun bei stark juckenden Dermatosen für indiziert und verordnet 3—4mal täglich 400 mg. Nach Ansicht von Thiers, Olivier, Colomb, Fayolle, Moulin und Taine (1957) wird der Juckreiz unter Miltaun erträglicher, die Dauer des Ekzems insgesamt abgekürzt (Dosis 3mal täglich 400 mg). Unsere eigenen Erfahrungen liegen gerade bei Miltaun günstiger, als die spärlichen Beispiele in der Literatur erwarten lassen. Miltaun ist das am wenigsten Nebenwirkungen verursachende, ambulant zu verabfolgende Tranquillans. In einer Dosierung von 2mal 200 mg vormittags und 2mal 400 mg nachmittags bessert es auch bei sonst gequälten hautkranken Patienten die Konzentrationsfähigkeit. Es bedingt bei 3—4mal 400 mg/die eine „heitere Gleichgültigkeit" (Hift, Kryspin-Exner und Solms), fördert den Schlaf und gestattet, das Ende der oft langwierigen Dermatose abzusehen. Es nimmt den Kranken die irrationale Angst des Rezidivs und gibt ihm das Selbstvertrauen wieder. Besonders Fälle von Acne excoriée und „knötchenförmiger" Neurodermitis sowie die sekundäre Ekzematisation und Lichenfikation bei Genito-anal-Pruritus, bei intertriginöser Psoriasis scheinen

* Siehe auch *Nachtrag bei der Korrektur,* Seite 214.

für diese Art der tranquillisierenden Therapie geeignet. Gemeinsam mit ALBRECHT, WINZENRIED und GEHLEN (1958/59) aufgestellte Analysen haben bei den vorerwähnten Erkrankungen fast stets einen reaktiv-psychogen-depressiven Hintergrund ergeben, der die Applikation eines zentral-relaxierenden Medikamentes rechtfertigt. Weniger gut lassen sich Fälle von disseminierter Neurodermitis beeinflussen, auch dann, wenn psychogene Abwegigkeiten festgestellt sind. Genau wie bei den übrigen neuroleptischen Mitteln ist unter Miltaun keine direkte Wirkung auf die Hautefflorescenzen festzustellen. Lediglich die Folgeerscheinungen des Juckreizes wie Ekzematisation, Lichenifikation oder Excoriation werden unterdrückt *. Die Wirkung des Miltaun bei Phobien verschiedener Genese wird noch erprobt. Über eine von psychiatrischer Seite aus gut beurteilte Kombination von Meprobamat mit Reserpin berichten VINCENT und FROMMEL (1957) sowie FELDMANN (1957). In einer Dosierung von 200 mg Miltaun und 0,057 mg Reserpin pro Dragée und einer Tagesdosis von 4—6mal 1 Dragée werden günstige Effekte bei Angstzuständen verschiedener Art, insbesondere mit depressivem Hintergrund, mitgeteilt. Bei ärztlicher Kontrolle und genauer Indikationsstellung ist eine Miltaun-Sucht nicht zu fürchten. Als *Indikation* der Miltaunverabfolgung können angesprochen werden: die Acne excoriée, die knötchenförmige Neurodermitis, die Urticaria papulosa chronica, der sekundär-lichenifizierte Genito-Anal-Pruritus, die chronische Urticaria, möglicherweise Phobien und Artefakte. Die Dosierung liegt zwischen 3—4mal täglich 200—400 mg bei Erwachsenen sowie 3—4mal täglich 200 mg bei Kindern.

Kontraindikation. Patienten mit Magengeschwüren.

Als eine gute Kombination bezeichnet WEYER (1958) auf Grund klinischer Erfahrungen, die Zusammenstellung eines milden Hypnoticums (Cyclobarbital, 100 mg) mit Meprobamat (200 mg**). Bei Verabfolgung von 1 Tablette (eventuell $1^1/_2$—2 Tabletten), $^1/_2$ Std vor dem Schlafengehen, wird ein rasches Einschlafen (auch bei Schlafstörungen) sowie ein tiefer ruhiger Schlaf erzielt. Beim Erwachen fehlen Kopfschmerzen und Schwindelgefühl.

D. Bakterielle Lipopolysaccharide

1. Einleitung

Die Fieberbehandlung — allgemein als unspezifische Reiztherapie bezeichnet —, ist nach HOFF (1930—1957) eine Regulationstherapie. In der Begründung weist HOFF auf die Tatsache hin, daß die Verabfolgung von Pyrogenen eine Reihe natürlicher Abwehrvorgänge auslöst, wie sie vergleichsweise bei spontan heilenden, akuten Infektionskrankheiten zu beobachten sind. WESTPHAL (1960) diskutiert die Frage, ob nicht alle oder der überwiegende Teil der durch Pyrogene induzierten Reaktionen den Charakter von Antigen-Antikörper-Reaktion haben. Diese Zuordnung unterstreicht einmal die eingangs aufgezeigte Schwierigkeit einer scharfen Trennung in rein symptomatische und rationelle Behandlungsverfahren. Darüber hinaus erhebt sich die Frage, ob es gestattet ist, teleologische Denkweisen zur Charakterisierung biologischer Vorgänge heranzuziehen. HOFF bejaht mit C. F. v. WEIZÄCKER grundsätzlich eine teleologisch ausgerichtete Betrachtung, auch wenn es sich darum handelt, rein biologische Abläufe zu kennzeichnen. Neben der phänomenologischen Beschreibung und der Aufdeckung kausaler Zusammenhänge hält HOFF die Untersuchung der „Bedeutung dieser Vorgänge für den Organismus

* Günstigere Resultate nach Verabfolgung von 400—1600 mg Miltaun täglich hat EDELSTEIN (1959) bei Neurodermitikern und beim dyshidrotischen Ekzem beobachtet.

** (Proponal)

im Sinne der *Zweckmäßigkeit* beim Gesunden, der *Störung* beim Kranken und der therapeutischen Möglichkeiten“ für berechtigt.

UNGAR (1952/53), der diesen Abwehrreaktionen lediglich einen lokal begrenzten adaptiven Wert beimißt, bezweifelt, ob die Ausweitung des Begriffes auf den gesamten Organismus sinnvoll ist. Wenngleich diese Auffassung auf den biochemischen Mechanismus der allergischen Reaktion bezogen ist, so scheinen doch nach dem heutigen Stand des Wissens die Ungarschen Hypothesen über Veränderungen im fibrinolytischen System bei entzündlichen Vorgängen allgemeine Gültigkeit zu haben. Sie sind damit auch anwendbar auf die bei der Fiebertherapie vorkommenden Reaktionen.

Durchaus verschiedene, als Reiz jedoch adäquate Einwirkungen (s. A. MARCHIONINI und B. OTTENSTEIN, Beschreibung des phasischen Ablaufes der Reaktionen nach Schwitzbädern) bedingen im Organismus überraschend regelhafte, wenn auch quantitativ unterschiedliche phasische Abläufe, für welche HOFF den Ausdruck „vegetative Gesamtumschaltung“ geprägt hat. Die Wirkung der schon seit alters her bekannten Heilfieberbehandlung beruht auf solchen Veränderungen der vegetativen Organisation. Aufgabe der modernen Medizin und Biochemie ist es gewesen, die einzelnen Mechanismen genauer zu analysieren, ihre Bindung an das Vorhandensein bestimmter chemischer Wirkgruppen abzuklären (WESTPHAL u. Mitarb.) und dem Therapeuten möglichst reine Pyrogene in die Hand zu geben, deren Effekt jederzeit vorausschaubar ist. — Wenn man von der dosisabhängigen, parasympathischen Vor- oder Schockphase (SELYE) absieht, dann läßt sich die Gesamtumschaltung in eine 1. Phase des Übergewichtes am Sympathicus und eine 2. parasympathicotone Phase einteilen. Schematisch hat HOFF die einzelnen Reaktionen wie folgt dargestellt:

Schema der vegetativen Gesamtumschaltung (HOFF 1957)

1. Phase:	*2. Phase:*
Fieberanstieg, Fieberhöhe	Fieberabfall
Leukocytenanstieg	Leukocytenabfall
myeloische Tendenz	lymphatische Tendenz
Anstieg des Stoffwechsels sowie der Aktivität der einzelnen neutrophilen Zellen	Abfall des Stoffwechsels und der Aktivität der einzelnen neutrophilen Zellen
Abfall der Eosinophilen	Anstieg der Eosinophilen
Reticulocytenanstieg	Abfall der Reticulocyten
Abfall der Alkalireserve (Acidose)	Anstieg der Alkalireserve
Anstieg des Gesamtstoffwechsels	Abfall des Gesamtstoffwechsels
Anstieg des Serumeiweißes (entgiftende Funktion, HEILMEYER)	Abfall des Serumeiweißes
Abfall des Albumin/Globulin-Quotienten	Anstieg des Albumin/Globulin-Quotienten
Anstieg des Blutzuckers	Abfall des Blutzuckers
Abfall des Blutfettes	Anstieg des Blutfettes
Abfall des Blutcholesterin	Anstieg des Blutcholesterin
Anstieg der Blutketonkörper	Abfall der Blutketonkörper
Anstieg des Blutkreatin	Abfall des Blutkreatin
Abfall des K/Ca-Quotienten	Anstieg des K/Ca-Quotienten
Abfall des Properdin	Anstieg des Properdin
Anstieg der fibrinolytischen Aktivität	Abfall der fibrinolytischen Aktivität
Abfall des Plasmaeisens	Anstieg des Plasmaeisens
Anstieg des Plasmakupfers	Abfall des Plasmakupfers
Übergewicht des Sympathicus	Übergewicht des Parasympathicus (aus F. HOFF: Fieber, unspezifische Abwehrvorgänge, unspezifische Therapie. Stuttgart: Georg Thieme 1957)

Wie HOFF und seine Schule in systematischen, über 30 Jahre andauernden Untersuchungen herausgearbeitet und letztlich in einer überaus klaren Monographie dargestellt haben, beteiligen sich am Zustandekommen der unspezifischen Abwehrreaktionen das zentrale und vegetative Nervensystem, das System Hypophyse/Nebenniere sowie humorale Wirkstoffe. Die Durchschneidung der Nn. splanchnici führt z. B. zur Unterdrückung der pyrogen-induzierten oder durch zentralnervöse Reize bedingten Leukocytose. Dieser Tatbestand wird von Beer so erklärt, daß in der Leber produzierte Wirkstoffe, Hämatopoetine, Leukopoetine, nach Nervendurchschneidung nicht mehr ausgeschüttet werden. Andere humorale Wirkstoffe sind diejenigen, welche im fibrinolytischen und im Properdinsystem angreifen. Hoff vereinigt damit in einer Synthese die Theorien der ausschließlich neuralen Steuerung (Ricker 1921; Speranskij 1934; Reilly 1934; Decourt 1951/52), das Adaptationssyndrom (Selye 1950), die Cannonsche „Notfallsfunktion des sympathicoadrenalen Systems" (1926—1928) mit der modernen Konzeption über die Entzündung (cellulär-humoral, Menkin 1940 bis 1950 bzw. fermentchemisch-humoral, Ungar 1953). „Das System der vegetativen Regulation muß in seiner Gesamtheit angeschaut werden. Die Einzelglieder sind nicht nur in Wechselwirkung miteinander verbunden, sondern bei Ausfall einzelner Glieder weitgehend gegenseitig ersetzbar. Humorale und nervöse Anteile sind in einem System der doppelten Sicherung zusammengeschaltet."

Unspezifische Reiztherapie ist, soweit diese durch Verabfolgung von Substanzen und nicht durch äußerliche Aufheizung erreicht werden soll, mit den verschiedensten unbelebten und belebten Stoffen durchgeführt worden, unter anderem mit abgekochter Milch und Caseinpräparaten, Aolan, Caseosan, Omnadin (Proteintherapie), mit Gemischen von Proteinen, Lipoiden und Neutralfetten, mit Terpentinöl (Klingmüller), mit kolloidaler Kohle, Kollargol, Methylenblau. An Keimen sind die Erreger des Recurrensfiebers und der Malaria bzw. fiebererregende Bakterienaufschwemmungen (Pyrifer) und Vaccinen verwendet worden. Die außerordentliche Vielfalt dieser Mittel, das Fehlen einer klaren Indikation bei der Auswahl des Reizstoffes, die nur ungefähre Angabe der Keimzahlen in Bakterienaufschwemmungen (Meyer-Rohn 1957), die Unmöglichkeit, sämtliche erwünschten Wirkungen exakt vorauszusagen und Komplikationen zu vermeiden (Hoff 1957), haben in der Klinik zweifelsohne zu einer Einschränkung der Fiebertherapie geführt und gleichzeitig die Suche nach hochgereinigten, chemisch gut definierten Pyrogenen stimuliert. In gleicher Weise hat sich der Versuch ausgewirkt, die Vorgänge bei der Entzündung möglichst weitgehend biochemisch abzuklären. Die Experimente und die sich darauf gründenden Theorien von Menkin, Ungar, Grant und anderen (1953) haben gezeigt, daß ein irgendwie gearteter Reiz im Organismus nicht unmittelbar wirksam wird, sondern den Anlaß zur Bildung körpereigener effektiver Stoffe darstellt (Antikörper?; Westphal). Diese endogenen Substanzen sind es, welche die verschiedenen Reaktionen wie Fieber, Blutbildveränderungen bedingen. Teile der exogen zugeführten Reizstoffe reagieren mit Receptoren (in der Zellwand?) oder mit Plasmabestandteilen affiner Zellen. Nach einer mehr/minder langen Latenzzeit werden dann jene humoralen Wirkstoffe freigesetzt. Ungar hat die verschiedenen Möglichkeiten in seinem Schema auf S. 91 oben dargestellt.

Das Interesse an den Pyrogenen ist ganz allgemein. Es ist Gegenstand der Forschung aller medizinischen Disziplinen, soweit die vegetative Gesamtumschaltung des Organismus abgeklärt werden soll. Speziell beschäftigt sich die pharmazeutische Industrie mit der Entfernung von Pyrogenen aus Injektionslösungen, der Immunologe mit den antigenen und immunbiologischen Fähigkeiten der Pyrogene und der Virologe mit den receptorblockierenden Eigenschaften. O. Westphal und seine Arbeitsgruppe (1952—1957) ist es gelungen, durch die Darstellung hochgereinigter Lipopolysaccharide aus gramnegativen Bakterien (Salmonella abortus

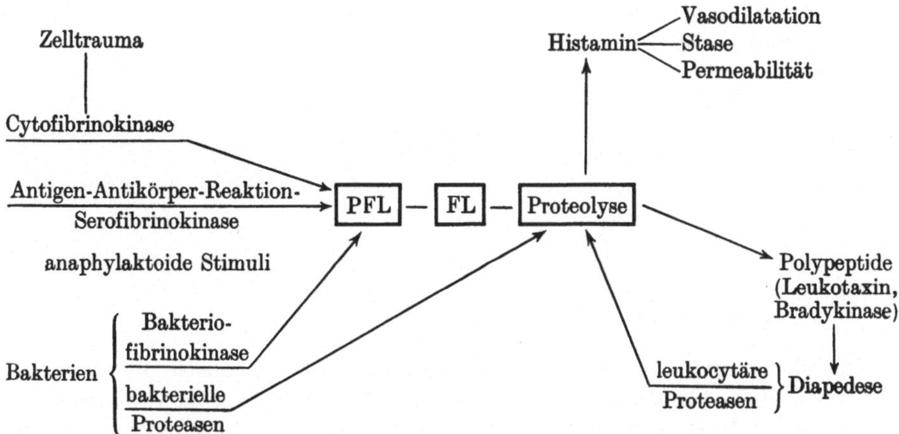

equi, Escherichia coli und andere) Pyrogene von maximaler Wirkung zu isolieren, deren biologische Wirkungen zu analysieren sowie die chemische Struktur bzw. die chemischen Wirkgruppen entscheidend abzuklären. Es handelt sich dabei um hochmolekulare komplexe Lipopolysaccharide, welche bei den Glatt-S-O-Formen gramnegativer Bakterien an Protein gebunden und an der Zellmembran verankert sind. Hochgereinigte Lipopolysaccharide verschiedener Keimarten sind uniform in ihrem Wirkungsablauf. Die Effekte sind voraussagbar. Der pyrogene Schwellenwert liegt bei 0,001—0,002 γ/kg Körpergewicht!

2. Chemische Zusammensetzung der Lipopolysaccharide

Die zur Herstellung von Lipopolysacchariden benötigten Keime werden auf synthetischen Nährböden in Massenkulturen gezüchtet, abzentrifugiert und mit dem Phenol/Waserverfahren extrahiert (Westphal, Lüderitz und Bieter 1952). Die einzelnen Phasen werden getrennt (in der Kälte finden sich in der wäßrigen Phase die proteinfreien Polysaccharide neben Nucleinsäuren). Nach Fraktionierung mit organischen Lösungsmitteln und Ultrazentrifugierung erhält man hochgereinigte protein- und nucleinsäurefreie Lipopolysaccharide, die etwa 2—3% der bakteriellen Trockensubstanz ausmachen. Getrocknet liegen die Lipopolysaccharide als schneeweißes, wasserlösliches Pulver vor, welche bei p_H 8 als Anion einheitlich im elektrischen Feld wandern. Das Molekulargewicht beträgt ungefähr 1 Million, die Grundeinheit ist rund und neigt zu kettenförmiger Aggregation mit einem Molekulargewicht von ungefähr 20 Millionen. Der Polysaccharidanteil ist dabei die spezifitätsbestimmende Komponente (Schramm, Westphal und Lüderitz). Die Bausteine des Lipopolysaccharid-Proteinsymplexes sind:

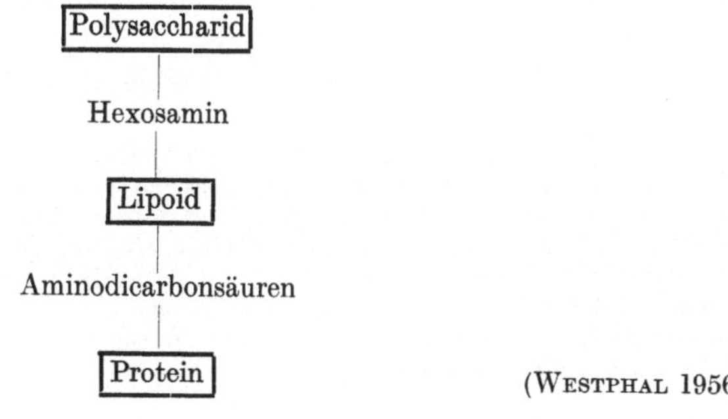

(Westphal 1956)

Aufbau und Komponenten der O-Endotoxine gramnegativer Bakterien (O. WESTPHAL 1959):

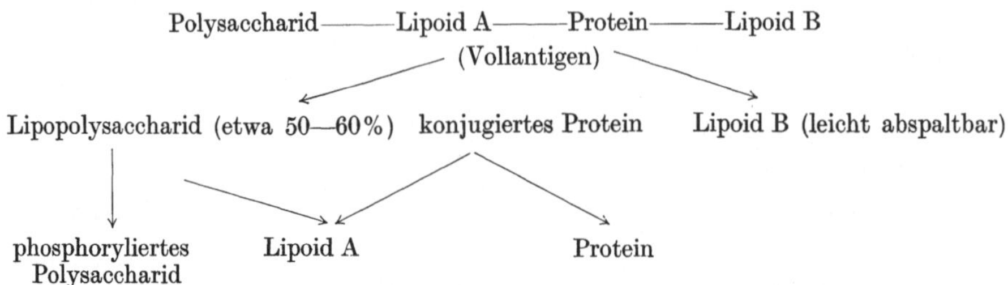

Die phosphorylierte *Polysaccharid*-Komponente ist chemisch und immunologisch spezifisch für das betreffende Bakterium*. — Für Salmonella abortus equi ergeben sich z.B. etwa 50—60% Zuckerbausteine und 30—40% Lipoide. Bei der Elementaranalyse findet man, in Prozenten ausgedrückt, 48—49% C., 7—7,5% H., 1,3—1,6% N., 2,6—3,2% P., 7—10% Asche, 3—3,4% (C)—CH_3 Die verschiedenen Zuckerarten verteilen sich auf 6—9% Hexosamin, 13—15% Galaktose, 7,5% Glucose, 8—9% Mannose, 9—10% Rhamnose, etwa 10% Abequose (WESTPHAL, LÜDERITZ, EICHENBERGER und KEIDLING 1952; FROMME, LÜDERITZ und WESTPHAL 1952). Bei der Analyse dieser Zuckerbestandteile sind bis jetzt unbekannte 3/6-Didesoxyhexosen, Desoxyzucker, sterioisomere Methylaldosen der Formel $C_6H_{12}O_4$ gefunden worden, so die Tyvelose in den Lipopolysacchariden der Salmonella typhi 0901 und die Abequose in der Salmonella abortus equi (WESTPHAL, LÜDERITZ, FROMME und JOSEPH 1953), die Colitose (3-Desoxy-L-Fucose) in der Gruppe P (S. adelaide, S. monschaui und E. Coli 0111), die Paratose.

Der *lipoidale* Anteil ergibt in der Elementaranalyse, ebenfalls in Prozenten ausgedrückt, 62,3% C., 9,4% H., 1,6% N., 2% P., 3,4% (C)—CH_3. Neben noch nicht genauer bestimmten Fettsäuren finden sich auch erhebliche Mengen (18%) Hexosamin in den Symplexen. Es handelt sich dabei um ein phospholipoidähnliches Material (EICHENBERGER, SCHMIDTHAUSER-KOPP, HURNI, FRIESAY und WESTPHAL 1955). Genuine Lipopolysaccharid-Protein-Symplexe aus gramnegativen Bakterien sind starke Antigene (0-Antigene). Der Polysaccharidanteil ist dabei die spezifitätsbestimmende Komponente, das Protein steigert die Effekte, das Lipoid B scheint ohne definierten Effekt zu sein, während das Lipoid A für die endotoxischen (unter anderem Pyrogenität) Manifestationen verantwortlich ist (WESTPHAL und LÜDERITZ 1954; WESTPHAL 1956 und O. WESTPHAL: Immunchemie, in Physiol. Chemie von E. LEHNARTZ u. B. FLASCHENTRÄGER 1957, Springer, Berlin).

Eine ausgezeichnete physiologisch-chemische Zusammenstellung der Glucolipide von Bakterien, Pflanzen und niederen Tieren findet sich weiterhin bei E. LEDERER (1958): Neuere Ergebnisse aus Chemie von Stoffwechsel und Kohlenhydraten, 8. Coll. d. Gesellschaft f. physiolog. Chemie, Mosbach.

* Die einzelnen Salmonellenarten unterscheiden sich in ihrer Antigenität (determinante Gruppen im Molekül) in dem jeweils endständigen Zuckerbaustein, von denen schon einige aufgefunden worden sind (WESTPHAL 1958, Wiesbaden). Zusammen mit D. M. STAUB und anderen (Pasteur-Institut, Paris) fand WESTPHAL, daß der jeweils terminale Zuckerbaustein in den determinanten Faktoren des Kaufmann-White-Schemas sich serologisch durch spezifische Hemmungs-Reaktion zu erkennen gibt, ähnlich den von W. F. J. MORGAN u. Mitarb. erhobenen Befunden über die endständigen Zucker in den determinanten Strukturen der Blutgruppen-Polysaccharide.

Chemische Abwandlungen der Lipopolysaccharide (z. B. Umkupplung an Casein, Lipocasein) haben es ermöglicht, die einzelnen Anteile getrennt auf ihre biologische Wirksamkeit zu überprüfen. Dabei ist festgestellt worden, daß bestimmte biologische Effekte auf charakteristische chemische Wirkgruppen im Komplex des Riesenmoleküls bezogen werden können.

Zusammenfassend kann gesagt werden, daß die Polysaccharidkomponente die serologischen Eigenschaften bedingt (artspezifische Antikörperbildung), im übrigen jedoch bei der Verwendung als Pyrogen nur der wasserlöslichmachende, ersetzbare Träger ist. Dagegen bestimmen die lipoidalen Gruppen die Pyrogenität, die Toxicität sowie die Affinität zu Erythrocyten. Da die Immunisierung gegen Endotoxine gramnegativer Bakterien nur zur Antikörperbildung gegen den spezifischen Polysaccharidanteil und nicht gegen die Lipoidkomponente führt, reagieren spezifisch immunisierte Tiere nach Applikation der Lipopolysaccharide ebenfalls mit Fieber und den übrigen Erscheinungen (s. weiter unten) und verhalten sich dabei wie die normalen Kontrollen. Die Gewöhnung bei wiederholter Injektion des Pyrogens hat nichts mit Immunität zu tun und ist unspezifisch.

Der biologischen Wirkung der Lipopolysaccharide liegen somit chemisch differenzierte, teilweise schon wohldefinierte und jeweils prinzipiell verschiedene Wirkgruppen im Lipopolysaccharid-Molekül zugrunde (Westphal, Lüderitz, Eichenberger und Neter 1955).

Während die vorgenannten Autoren den Wirkungsmechanismus der Pyrogene entsprechend den Theorien von Menkin, Ungar und Grant so dargestellt haben, daß in der 1. Phase eine Fixierung an affinen Receptorzellen und in der 2. Phase, auf diesen Zellreiz folgend, die Ausschüttung körpereigener Pyrogene erfolgt, weist Westphal (1956) auf Versuche von J. L. Bennet hin, der nach intrathecaler Einverleibung von Lipopolysacchariden (wirksame Dosis 1 Million γ je kg[!]) einen sofortigen Fieberanstieg ohne Latenzzeit erzeugt hat. Damit wäre die Möglichkeit einer direkten zentralen Wirkung der Pyrogene neben der indirekten, d. h. über die periphere Zelle ablaufenden, gegeben. Die besonderen Unterschiede zwischen exogenen und endogenen Pyrogenen liegen in der Latenzzeit bis zum Auftreten des Fiebers, wobei endogene Pyrogene keine oder nur ganz kurze Latenzzeiten aufweisen, in der Hitzestabilität der exogenen Pyrogene und in der Gewöhnung bei mehrfachen, hintereinanderfolgenden Gaben.

Auch in vitro entstehen bei Zugabe von Pyrogenen endogene Wirkstoffe, jedoch nur in Anwesenheit von Leukocyten und von frischem Blut. Das exogene Pyrogen ist dann nicht mehr nachweisbar. Welche Zellart bzw. Zellarten in vivo Receptoren bzw. affine Plasmabestandteile für die Besetzung durch exogene Pyrogene haben, ist derzeit noch unbekannt. Einige Befunde sprechen dafür, daß es auch die Leukocyten sein können. Im übrigen existiert im Serum ein die exogenen Pyrogene inaktivierender Faktor (Westphal 1956). — Zum Unterschied zu den hochgereinigten Lipopolysacchariden müssen bei der Verabfolgung von aufgeschwemmten Bakteriensuspensionen die wirksamen Reizstoffe erst durch Erschließung der Bakterienleiber freigesetzt werden; daher ist die Latenzzeit bis zum Wirkungseintritt größer und die Effekte sind nicht vorausschaubar. Es gibt unter anderem mehrzipfelige Fieberkurven, Nachzacken sowie erhebliche subjektive Beschwerden usw. Die vorliegenden, hochgereinigten Lipopolysaccharide aus gramnegativen Bakterien zeigen dagegen einen raschen Wirkungseintritt und einen kurzen Wirkungsablauf. Durch chemische Änderung der Wirkgruppen, z. B. Acetylierung der Polysaccharide, lassen sich die biologischen Wirkungen verändern dergestalt, daß 10—100mal schwächere Pyrogene mit einem stärkeren Nebennierenrindeneffekt entstehen (Keiderling, Wöhler und Westphal).

3. Biologische Wirkungen der Lipopolysaccharide

1. Die bekannteste und am leichtesten feststellbare Wirkung ist das Fieber. Die Schwellendosis liegt bei 0,001—0,003 γ/kg Körpergewicht. Berg, Brichzy, Braunhofer und Schricker haben altersabhängige Unterschiede im Eintritt der Fieberreaktion und in der Höhe derselben beobachtet. In der Altersgruppe von 15—30 und 61—75 Jahren wird das Fiebermaximum schon nach $2^1/_2$ Std erreicht, in der mittleren Altersgruppe von 31—60 Jahren erst nach $3^1/_2$—4 Std. In der letzten Gruppe ist das Fieber gewöhnlich niedriger als bei den jüngeren und älteren Jahrgängen. Im Durchschnitt steigt die Körperwärme um 2,4° an. Das Fieber ist im allgemeinen eingipfelig, individuell verschieden, doch mit großer Regelmäßigkeit bei derselben Person reproduzierbar. Über eine optimale Dosis, die z. B. bei dem Reizstoff Acylpolysaccharid Wander bei 200 γ liegt, ist keine weitere Steigerung der Körperwärme zu erzielen; es vermehren sich lediglich die Nebenwirkungen (Schliersmann und Schnelle 1955).

Die Abschwächung der Fieberreaktionen nach häufiger, in kurzen Intervallen erfolgender Pyrogenzufuhr ist — wie bereits beschrieben — kein Immunphänomen und läuft nicht mit der an den Polysaccharidanteil gebundenen Antikörperbildung parallel. Die Tendenz zur Gewöhnung ist jedoch im allgemeinen gering, so daß man das hochgereinigte Lipopolysaccharidpräparat lediglich um 0,1—0,2 γ, den Reizstoff Wander um 20—30 γ pro Dosis zu steigern braucht, um die erwünschte Fieberhöhe wieder zu erreichen (Schliersmann und Schnelle, Westphal u. Mitarb.).

2a. Wirkungen auf das weiße Blutbild. Einem Vorstadium mit Leukopenie (nur bei höheren Dosen zu beobachten) folgt als 1. Phase eine Leukocytose mit einem Zunahme-Index von 34—73% bei einem Ausgangswert von 100%. Gleichzeitig kommt es zur Linksverschiebung mit etwa 27—51% Stabkernigen, 2% Myelocyten und Metamyelocyten. Diese Linksverschiebung trifft zeitlich mit dem Fiebermaximum etwa in der 4. Stunde post injectionem zusammen. Die Anzahl der Lymphocyten sinkt in der 1. Phase ab, wobei eine in absoluten Zahlen minimale, relative Lymphopenie zu beobachten ist. 2 Std post injectionem sind auch die Monocyten aus dem weißen Blutbild verschwunden. In der 2. Phase entspricht dem Granulocytenabfall — vorübergehend findet man in der 4.—8. Std post injectionem toxische Granulationen—, eine Lymphocytose sowie eine relative und absolute Monocytose, wobei große und junge Formen prävalieren. Gelegentlich treten dabei auch bis 2% basophile Granulocyten auf. Die eosinophilen Leukocyten verhalten sich nicht so regelmäßig, obwohl Eosinopenie und leicht überschießende Zahlen in der 2. Phase gesehen werden. Nach Injektion von 100 γ des mit Sä. 1083 bezeichneten Reizstoffes (Wander; H. Wesemann 1955) steigen die Leukocyten insgesamt um 4000—10000 mit einem Maximum in der 5. Std an. Bei der zweiten und weiteren Injektion ist die Erhöhung der Leukocytenzahl die gleiche, während bei Beibehaltung derselben Dosis die Fieberhöhe absinkt. Im Gegensatz dazu tritt z. B. nach Olobintin-Injektion (40%) der Leukocytenanstieg wesentlich langsamer in die Erscheinung. Der Höhepunkt wird erst nach 4—5 Tagen erreicht! —

Die Kurve der Leukocytenveränderungen ist gipfelig. Bei plateauähnlichem Verlauf spricht man von einer Regulationsstarre, wie sie bei Erkrankungen des blutbildenden Systems anzutreffen ist (Zach und Gebert 1956). Die hochgereinigten Lipopolysaccharide (Pyrexal Wander) werden wegen der konstanten Wirkung auf das Knochenmark — dort Abnahme der stabförmigen und segmentkernigen Elemente um 25% — zu Testzwecken in unterschwelligen Dosen (0,4 γ intravenös) nach dem von Rohr angegebenen Verfahren benutzt, um die Knochenmarksreserve bei leukopenischen Zuständen festzustellen (s. auch HEILMEYER). Die leukocytäre Reaktion wird durch mehrfache Pyrogen-Injektionen nicht erschöpft. Sie kann sich im Gegenteil im Sinne des Trainings eher noch steigern (SCHLIERSMANN und SCHNELLE).

2b. Thrombocyten, Erythrocyten und Hb-Werte zeigen kein gesetzmäßiges Verhalten unter der Pyrogeneinwirkung.

3. Neben den quantitativen und qualitativ morphologisch faßbaren Veränderungen lassen sich nach Pyrogenzufuhr ganz allgemein auch Funktionssteigerungen an den Blutzellen nachweisen (HOFF u. Mitarb. 1939). Schon mit den älteren Fiebermitteln sind Stoffwechselzunahme der einzelnen Zelle, vermehrte Jodophilie (Zunahme des intracellulären Glykogengehaltes als Energiereserve), Anstieg der Klebrigkeit (Leukergie), Vermehrung der Wanderungsgeschwindigkeit, Steigerung der amöboiden Beweglichkeit, Vermehrung der alkalischen und sauren Phosphatase sowie eine Aktivierung der Phagocytose, festgestellt worden (BERGMANN, BUSCHMANN, DOERING, FRITZE u. WENDT 1955).

Die elektrische Zelladung nimmt ab (FRITZE), und zwar ausgesprochener an Granulocyten als an Erythrocyten. Diese elektrophysiologischen Befunde sind insofern interessant, als die Phagocytosefähigkeit ein physiko-chemisches Grenzflächenproblem ist (SCHADE 1923). Da die vermehrte Phagocytose an besondere humorale Verhältnisse (die Anwesenheit von Opsoninen bzw. Komplement) gebunden ist, ergeben sich Zusammenhänge mit den ebenfalls unter Pyrogenwirkung veränderten Properdinwerten. Die im Wirkungsmechanismus der Lipopolysaccharide immer wieder zu beobachtende Latenzzeit bis zum Wirkungseintritt trifft auch für die Phagocytosesteigerung zu (FRITZE und WENDT 1955) und läßt ebenfalls die Bildung von endogenen Überträgerstoffen annehmen.

4. Die Lipopolysaccharide besitzen eine ausgesprochene Affinität zu den Zellmembranen. Schaf- oder menschliche Erythrocyten werden sensibilisiert und agglutinieren nach Zugabe des homologen bakteriellen Antiserums (WESTPHAL, LÜDERITZ und EICHENBERGER, LÜDERITZ, EICHENBERGER und NETER 1955). Der Mensch bildet nach einmaliger intravenöser Dosis von 0,1—1 γ agglutinierende Antikörper.

5a. Von außerordentlichem theoretischen und praktischen Interesse ist die Tatsache, daß unter Pyrogen die Fibrinolyse aktiviert wird, ein Vorgang, der mit dem Hartertschen Thrombelastogramm gut zu kontrollieren ist (AHRENS, VOGEL 1955; WESTPHAL u. Mitarb., MEYER-ROHN 1957/58). Aus der Arbeit von MEYER-ROHN wird nachfolgende Abbildung übernommen.

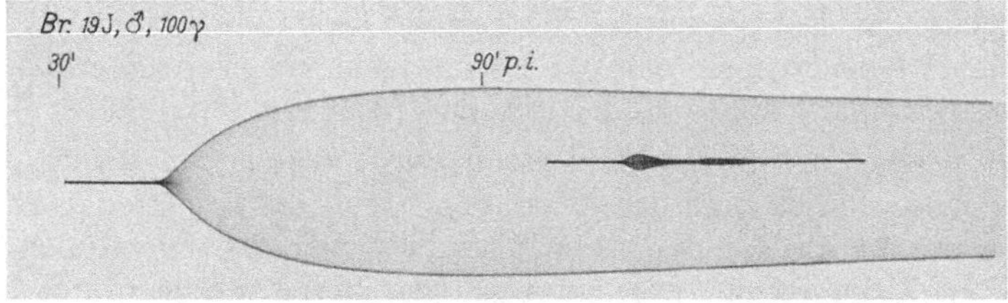

Abb. 1. Totale Fibrinolyse mit TEG 90 nach Injektion von 100 γ Reizstoff

Die Fibrinolyse geht mit dem Fieberanstieg und den leukocytären Reaktionen parallel, sie zeigt bei kurzem Injektionsintervall eine geringfügige Abnahme. Das Maximum der Fibrinolyse nach Zufuhr von 100 γ Reizstoff (Wander) liegt zwischen der 90. und 150. min post injectionem (E. AHRENS 1956).

5b. Eine wesentliche Verschiebung des Eiweißspektrums ist nach Applikation der Lipopolysaccharide nicht zu beobachten (WESEMANN 1955).

6. Der Sauerstoffverbrauch steigt, der Erhöhung der Temperatur vorauseilend, bis auf das Doppelte der Ruhewerte an (EICHENBERGER, SCHMIDTHAUSER-KOPP, HURNI, FRIESAY und WESTPHAL 1955).

7. Die Veränderungen im Kohlenhydrat-Stoffwechsel, die nach Verabfolgung der hochgereinigten Lipopolysaccharide nicht sehr ausgrägtep sind, bestehen in einer adrenergisch bedingten Hyperglykämie- und Glykogenverarmung. Wiederum eilen diese Stoffwechselprozesse dem Fiebermaximum voraus.

8. Hämodynamische Wirkungen. Leichter Blutdruckabfall, geringfügige Steigerung der Gefäßpermeabilität.

9. Nur beim Versuchstier (Kaninchen) erweist sich Pyrexal als Schwartzmanpositiv, und zwar sowohl bei der vorbereitenden wie bei der auslösenden Injektion. Am Menschen sind bislang keine derartigen Befunde erhoben worden.

10. Ohne Zusammenhang mit der fiebererregenden Wirkung wird durch Verabfolgung der Lipopolysaccharide die Magensaftsekretion gehemmt.

11. Ebenfalls ohne Zusammenhang mit dem Fieber steht der letztlich festgestellte neuroregenerative Effekt (BAMMER und MARTINI 1953).

12. Durch Verabfolgung, individuell verschiedener Dosen von Lipopolysacchariden gelingt es, nach signifikantem Abfall in der 1. Phase den Properdinspiegel in der 2. Phase über die Ausgangswerte zu steigern. Da der Fragenkomplex: Unspezifische Resistenz, Bactericidie und Properdin- (Komplement-) System jedoch noch nicht genügend abgeklärt ist (HOFF, BRÜCKEL, SCHULTZE und SCHRICK) — Resistenzsteigerungen gegen Infektionen sind auch ohne Erhöhung des Properdinspiegels zu beobachten (PILLEMER und LANDY) —, werden obige Ergebnisse kommentarlos mitgeteilt.

13. Da die Vorgänge nach Verabfolgung der Lipopolysaccharide Ähnlichkeit mit dem general-adaptations-syndrome (SELYE) aufweisen, ist man zunächst geneigt gewesen, der Stimulation der Nebennierenrindenhormone einen bedeutenden, wenn nicht alleinigen Einfluß auf das Zustandekommen der verschiedenen Reaktionsabläufe einzuräumen. Die heutige Auffassung, welche von HOFF sowie WESTPHAL u. Mitarb. vertreten wird, sieht in der Aktivierung des Hypophysen-Nebennierenrinden-Systems nicht die Ursache der Stressreaktionen, sondern die Folge eines vermehrten Cortisolbedarfes des Organismus. Die vermehrt ausgeschütteten Hormone der Nebennierenrinde gelten somit als konditionierende und nicht als auslösende Faktoren (EICHENBERGER, SCHMIDTHAUSER-KOPP, HURNI, FRIESAY und WESTPHAL 1955). Morphologisch werden Nebennierenrinden-Hypertrophie und Entspeicherung festgestellt (SCHLIERSMANN und SCHNELLE 1956). Die 17-Oxycorticosteroide im Plasma sind um etwa $^1/_5$ erhöht (ENGEL, BRICHANT, DELMEZ, VERNET und RIONDEL 1957)*.

14. Die passive Arthus-Reaktion kann durch Dosen von 3 γ/kg eines bakteriellen Polysaccharids unterdrückt werden, wenn die Injektion kurz vor oder gleichzeitig mit der auslösenden Antigenzufuhr stattfindet (R. JAQUES, BEIN und MEIER 1959). Zirkulierende, präcipitierende Antikörper werden durch bakterielle Polysaccharide etwa bis 8mal vermehrt.

15. Die Vorgabe von 4—1 γ/kg Körpergewicht Pyrexal beeinflußt

a) 1 Std vor der Auslösung den anaphylaktischen Schock auf Eieralbumin beim Meerschweinchen,

---

* Dem ACTH-Test als Funktionsprobe der Nebennierenrinde an die Seite gestellt wird die Pyrexal-Testung des Hypothalamus-Hypophysensystems (E. ENGEL et al. 1960).

b) bis zu wenigen — unter 24 Std — das Auftreten des Arthus-Phänomens am Kaninchen, jedoch nicht

c) das Dinitrochlorbenzol-Ekzem des Meerschweinchens und

d) den Histamin-Aerosol-Bronchospasmus bei Meerschweinchen (1—2 γ/kg Körpergewicht; K. H. SCHULZ u. D. PANTSCHEREWSKI 1959).

4. Toxicität der Lipopolysaccharide

Die LD_{50} liegt bei $0{,}75 \pm 0{,}22$ mg/kg Meerschweinchen, bei $6{,}5 \pm 1{,}02$ mg/kg Maus, bei $18{,}0 \pm 2{,}7$ mg/kg Ratte.

Die Todesursache bei den Tieren ist ein akutes Kreislaufversagen. — Der therapeutische Index beim Menschen liegt, soweit die Erfahrungen bisher reichen, ebenfalls außerordentlich günstig.

5. Nebenwirkungen

Intravenöse Applikation. Kopfschmerzen, Übelkeit, Schüttelfrost, häufiges Gähnen, stenokardische Beschwerden, Herdreaktionen an rheumatisch erkrankten Gelenken(!), Provokation von Asthma-Anfällen (BERG, BRICHZY, BRAUNHOFER und SCHRICKER 1956). Seltener kommt es zum Erbrechen. Es besteht allgemeines Krankheitsgefühl (SCHLIERSMANN und SCHNELLE). Gelegentlich wird ein Herpes febrilis beobachtet. HOFF warnt vor Kollaps bei vegetativ labilen Kranken. Über ernsthafte Zwischenfälle — bisher noch wenig Mitteilungen — berichten SCHLIERSMANN und SCHNELLE, die bei 3 Patienten das Auftreten einer Hepatitis bei früher durchgemachter Gelbsucht gesehen haben. — MEYER-ROHN (1958) sowie ENGEL u. Mitarb. (1957) haben versucht, die subjektiven und objektiven Beschwerden durch Gaben von Pyramidon bzw. Butazolidin zu beeinflussen. Pyramidon vermindert die Kopfschmerzen, drückt das Fieber in seiner Höhe und wirkt sich auch auf das Ausmaß der Leukocytose, jedoch nicht auf die Linksverschiebung aus. Phenacetin dämpft die subjektiven Beschwerden, ist jedoch ohne Effekt auf die Fibrinolyse bzw. auf die Nebennierenrindenwirkungen. Chlorpromazin besitzt gar keinen Einfluß auf die Wirkungen der Pyrogene, weder auf die objektiven Veränderungen noch auf die subjektiven Mißempfindungen.

Lokale Applikation. Es entsteht am Ort der subcutanen Injektion von Lipopolysacchariden eine erhebliche, entzündliche Reaktion, dagegen fehlen fast alle Allgemein-Reaktionen, bis auf die Blutbildveränderungen.

6. Dosierung

Im Laufe der Erprobung von hochgereinigten Lipopolysacchariden sind Präparate unterschiedlicher Pyrogenwirkung je nach dem Ausgangsmaterial und den chemischen Änderungen zur Verfügung gestellt worden. Der jetzt im Handel befindliche Reizstoff „Pyrexal"* wird aus Salmonella abortus equi-Keimen gewonnen, ist acetyliert und erheblich wirksamer als die auf die gleiche Art hergestellten Lipopolysaccharide aus Escherichia coli-Stämmen. Die Anfangsdosis liegt bei 0,1—0,2 γ (0,2—0,4 ml Pyrexal) intravenös. Eine Temperatursteigerung über 38° gilt als vollwirksam im Sinne der unspezifischen Reiztherapie. Die Intervalle zwischen den einzelnen Injektionen betragen 2—3 Tage. Im allgemeinen genügen 2 Injektionen pro Woche vollauf für die Mehrzahl aller Fälle. Die Dosis wird gesteigert um 0,1—0,2 γ (0,2—0,4 cm^3 Pyrexal), wobei die jeweils

* A. Wander GmbH.

erreichte Fieberhöhe die Dosis bestimmt. Eine Pyrexalkur umfaßt durchschnittlich 6—16 Injektionen. Kombinationstherapie mit Salicylaten, Pyrazolonderivaten sowie mit antibiotischen Mitteln (Neurolues) ist durchaus möglich. Die Zugabe von 100—300 mg Vitamin C in einer Mischspritze soll, nach den Angaben von SCHLIERSMANN und SCHNELLE, die Abgeschlagenheit nach der Injektion bzw. am Ende der Kur beheben. Dem gleichen Zweck dient die Verabfolgung von Vitamin B_1.

7. Indikationen auf dermatologischem Gebiet

Neurodermitis, allergisch-ekzematische Reaktionen, chronische Urticaria, Urethritis simplex chronica, chronische, nichttuberkulöse Nebenhodenentzündungen, Ulcera crura sowohl bei chronischer Veneninsuffizienz wie in Kombination mit leichten arteriellen Durchblutungsstörungen, arterielle Durchblutungsstörungen im Stadium I, Neurolues (MEYER-ROHN, SCHLIERSMANN und SCHNELLE).

Das Pyrexal findet weiterhin Anwendung beim Asthma bronchiale, bei rheumatischen Erkrankungen, dort auch zur Herdsuche, bei Ulcerationen am Magen-Darm (Hemmung der Salzsäureausschüttung), bei der Colitis ulcerosa, der fibrinösen Iritis sowie bei allgemeiner vegetativer Dystonie. Pyrexal kann zur Behebung postzosterischer Neuralgien angewandt werden.

8. Kontraindikationen

Latente Leberaffektionen, überstandene Gelbsuchterkrankungen, Organ-Tuberkulosen, soweit man nicht einen Reizeffekt unter gleichzeitiger Verabfolgung von Tuberkulostatica erzielen will, schwere Herz- und Kreislaufstörungen, Zustand nach Herzinfarkt, Durchblutungsstörungen infolge allergischer Arteriitis (HOFF), Nierenerkrankungen. Patienten über 55 Jahre sollten generell nicht mehr einer Fiebertherapie unterzogen werden.

9. Klinische Erfahrungen im Bereich der Dermatologie

MEYER-ROHN (1957/58) berichtet über günstige Erfolge bei der zusätzlichen Pyrexalbehandlung der Neurodermitis, bei chronisch-ekzematischen, insbesondere nässenden Reaktionen, bei der chronischen Urticaria, den Prurigoformen, der Acne excoriée, deren Ursache trotz intensiver Suche nicht gefunden wurde und bei der unspezifischen Urethritis und Epididymitis, dort in Kombination mit den ausgetesteten antibiotischen Mitteln. Die Verträglichkeit des Präparates ist — bei einer großen Anzahl von Patienten — ausgezeichnet gewesen. Ernste Nebenwirkungen sind nach MEYER-ROHN nicht beobachtet worden. — Ein weiteres, klassisches Gebiet der Fiebertherapie ist die Neurolues. Die dabei zu verabfolgenden Dosen des Reizstoffes liegen höher als bei anderen Indikationen. Erstdosis etwa 0,5 γ Pyrexal, später Einzeldosen bis 8 γ. Die hochgereinigten Lipopolysaccharide haben sich dabei als ebenso erfolgreich wie die Malariatherapie erwiesen. — Wenn WESTPHAL u. Mitarb. betonen, daß die außerordentliche in vivo-Wirksamkeit den zur Auslösung cellulärer Reaktionen besonders adäquaten physikochemischen Eigenschaften der hochgereinigten Lipopolysaccharide zu danken ist, dann können wir diese Meinung nach mehrjähriger Erprobung an einem großen Krankengut durchaus bestätigen. Mit den neuen von WESTPHAL u. Mitarb. isolierten Substanzen hat die seit alters her bekannte Fiebertherapie eine wissenschaftlich fundierte Grundlage erhalten. Zur Zeit laufen Versuche an der Klinik mit gereinigtem Lipoid A.

E. Novocain

I. Einleitung

Verschiedene Überlegungen sind maßgebend gewesen, das Lokalanaestheticum Novocain in die Liste jener Substanzen aufzunehmen, über welche im Kapitel „allgemeine Therapie" berichtet werden soll. Einmal sind es unbestreitbare Behandlungserfolge, die man sowohl bei parenteraler Verabfolgung der Substanz wie bei anderen Anwendungsformen beobachten kann. Bestimmte Hautleiden sowie Symptome, etwa Juckreiz oder Schmerz, lassen sich teilweise recht günstig beeinflussen. Auf der anderen Seite — eine Feststellung, welche mir besonders wichtig zu sein scheint — ist es nicht möglich, in jedem Fall eine Übereinstimmung zwischen den sehr zahlreich vorliegenden experimentell-pharmakologischen Ergebnissen und den klinischen Erfahrungen zu erzielen. Das mag daran liegen, daß selbst der grundlegende Mechanismus der Lokalanaesthesie, d.h. die Wirkung auf die Nerven, bisher nur Gegenstand hypothetischer Erwägungen ist. [Goodman, Gilman (1956) sprechen von durchaus inadäquaten Erklärungsversuchen und Theorien.] Auch sind die Auffassungen geteilt über die in therapeutischer Dosis auftretenden Allgemein-Effekte, insbesondere die Allgemeinanalgesie, welche von einigen Autoren als Beweis für einen zentralnervösen Angriff des Novocains herangezogen wird. Je nach der Ausgangslage sind auch die medikamentös induzierten Wirkungen am vegetativen Nervensystem verschiedene. Eine Voraussage, in welcher Richtung die Änderungen der vegetativen Regulationen einsetzen werden, ist daher mit absoluter Sicherheit abzugeben. Wenn somit schon vom rein Experimentellen her Schwierigkeiten bestehen, das Wirkungsspektrum des Novocains zu klären, so muß als weiteres Hindernis für das Verständnis jene Einstellung der Kliniker angesehen werden, welche in dem Begriff „Neuralpathologie" kumuliert. Die Applikation des Novocains auf Grund einseitiger, oft glaubensmäßig vertretener Vorstellungen, etwa vom Primat zentralnervöser Einflüsse bei der Genese von Krankheiten, muß zwangsläufig die Verständigung zwischen den Vertretern der klinischen und der experimentellen Medizin erschweren. Anlaß zur Kritik liefern ebenfalls die dem Novocain beigegebenen Indikationsverzeichnisse der Hersteller. Nicht weniger als 174 verschiedene Krankheitszustände können mit einem Novocain-Coffein-Präparat behandelt werden (Dittmer 1956). Das Anwendungsgebiet des Novocains erstreckt sich somit über alle Fächer der Medizin, einschließlich der Sondergebiete. Eine derartige Fülle von Indikationen muß, wie dies Lendle (1952) betont, stutzig machen. Es ist daher nicht verwunderlich, daß derselbe Autor schreibt: Die theoretische Begründung der therapeutischen Effekte und die Erfolgsbewertung seien reichlich ungewiß. Soehring (1949) hat seine Auffassung in bezug auf die zentralnervösen Effekte des Stoffes so formuliert: Klinische Erfahrung — aber nicht selten auch weitgehende Spekulation — haben jedoch in der Praxis des Arztes und des Klinikers zu Vorstellungen geführt, für welche die theoretische und experimentelle Medizin bisher keine Grundlage liefern kann. Um noch einige weitere Meinungen auf pharmakologischer Seite zu zitieren: Die meisten Novocaineffekte sind schwach (Eichholtz 1950/51). Das Novocain ist kein wirksames Pharmacon (Hauschild 1956). — Bei diesem Stand der Dinge muß die Herausstellung des Novocains (Stoff H_3) als eutrophisches und verjüngendes Medikament (Aslan 1956) den Verdacht erwecken, daß es sich um ein Allheilmittel handelt! Aufgabe der nachfolgenden Ausführungen ist es, anhand der Literatur und auf Grund eigener klinischer Erfahrungen zu versuchen, einen Schlagbaum zwischen Beweisbarem und Irrationalem zu errichten.

II. Chemische Konstitution

Novocain bzw. Procain* ist von A. EINHORN und UHLFELDER (1905) synthetisiert worden, wobei als Arbeitshypothese die Veresterung einer aromatischen Säure mit einem Alkamin, d. h. einem Alkohol, der neben der Hydroxyl- auch eine tertiäre Aminofunktion aufweist, gedient hat (LOEWE 1956). Man ist zunächst geneigt gewesen, das tertiäre Amin als essentiell für die lokalanaesthetische Wirkung anzusehen, eine Meinung, welche heute nicht mehr geteilt wird (SOEHRING, GOODMAN und GILMAN). Die Synthese des Novocains ist dann maßgeblich geworden für einen Typ von lokalanaesthetischen Mitteln, welche sich in R_1—R_3 vom Novocain unterscheiden (eventuell noch Thioverbindungen):

$$R{-}COOR_1{-}N\begin{matrix} \diagup R_2 \\ \diagdown R_3 \end{matrix}$$

Mit der Länge der Esterkette steigt die lokalanaesthetische Wirkung, jedoch kann man diese Substanzen oft nicht mehr verwenden, da sie nur schwer oder unlöslich sind.

Das Hydrochlorid des

p-Amino-benzoyldiäthylaminoäthanol (handelsübliche Form des Novocains)

ist dagegen im Verhältnis 1:1 gut wasserlöslich. Es stellt in der Reihe der lokalanaesthetisch wirkenden „Cocainersatz-Mittel" die zugleich wirkungsschwächste und ungiftigste Substanz dar, welche daher die größte therapeutische Breite besitzt (HAUSCHILD 1956).

$$\begin{matrix} C_2H_5 \diagdown \\ C_2H_5 \diagup \end{matrix} N{-}CH_2{-}CH_2{-}O{-}O{-}C{-}\langle\quad\rangle{-}NH$$

Novocain

$$\begin{matrix} CH_3 \diagdown \\ CH_3 {-} \\ CH_3 \diagup \end{matrix} N{-}CH_2{-}CH_2{-}O{-}O{-}C{-}C\begin{matrix} \diagup H \\ {-}H \\ \diagdown H \end{matrix}$$

Acetylcholin

Die strukturelle Ähnlichkeit des Acetylcholins und des Novocains erklärt unter anderem die Hemmung der Esterspaltung des Novocains durch Acetylcholin sowie die Blockierung der Cholinesterase durch Novocain. Der fermentative Abbau des Novocains wird durch esterasehemmende Substanzen wie Physostigmin und Neostigmin verhindert, während Eserin in vivo unwirksam ist (HAUSCHILD, GOODMAN und GILMAN).

Der Antagonismus des Erregerstoffes am Nerven und des lokalanaesthetisch wirksamen Aminoalkohols kann möglicherweise Aufschluß über den Mechanismus der Impulsfortleitung am Nerven sowie dessen Blockierung durch Lokalanaesthetica geben. v. MURALT (1946) hat die Annahme vertreten, daß neben der Zerstörung des Acetylcholins durch Cholinesterasen eine Bindung als „Proacetylcholin" in Frage kommt. Fußend auf dieser Hypothese ist es RAPP (1947) experimentell gelungen, ein Enzymsystem im Nerven aufzudecken, welches die Acetylcholin-Kreatinphosphat-Reaktion katalysiert. Dieses Enzymsystem wird durch Novocain blockiert, die Energiefreisetzung im Nerven und damit die Ausbreitung der Impulse werden gehemmt (SOEHRING 1949).

* Weitere Synomyma, mehr als 25, siehe bei K. SOEHRING (1949).

III. Aufnahme, Ausscheidung (Schicksal im Organismus) Wirkungsweise

Novocain wird von der Haut aus nicht, von den Schleimhäuten kaum aufgenommen, so daß die Substanz als Oberflächenanaestheticum nicht in Frage kommt. Bei Abwesenheit von Adrenalin wird Novocain dagegen aus den Injektionsdepots schnell resorbiert. Novocain unterliegt einer hydrolytischen und einer Esterspaltung, etwa im Verhältnis von 20:80%. Ob es im Organismus zur Bildung einer spezifischen Novocainesterase kommt, ist zweifelhaft (SOEHRING). Dagegen sind die im Serum, im Plasma, in der Leber und in der Muskulatur (dort langsame Spaltung) vorhandenen Cholinesterasen sowie Pseudocholinesterasen befähigt, das Novocain zu spalten. HEIM und KÖLLE (1951/52) haben aus der Dauer der Aminoesterasehemmung auf die Geschwindigkeit des Abbaus verschiedener Lokalanaesthetica geschlossen. In der Warburg-Apparatur ist der Einfluß steigender Dosen von Lokalanaesthetica auf die Oxydation des Tyramins durch Leber- oder Nierenaminooxydase (Organextrakte) geprüft, der Sauerstoffverbrauch registriert und aus der Anfangskonzentration des Lokalanaestheticums sowie der Dauer der Fermenthemmung die Abbaugeschwindigkeit errechnet worden. Novocain übt eine geringere Hemmwirkung auf die Aminooxydase aus, wird also schneller abgebaut als z. B. Pantocain oder Arsen. Novocain wird durch Lebergewebe zunächst acyliert, anschließend in p-Aminobenzoesäure und den entsprechenden Alkohol verseift. Nach EICHHOLTZ-STAUB (1952) wird 1 g Novocain je Person in 3—4 Std entgiftet; diese Menge entspricht 4,2—5,6 mg/70 kg/min oder 0,06—0,08 mg/kg/min.

Die Hydrolyse des Novocains (J. H. WEATHERBY und H. B. HAAG 1958) beträgt in 1 cm^3 Plasma in 30 min 0,79 μM.

Die Entgiftungsgeschwindigkeit beträgt nach HAUSCHILD:

$$0{,}0009\ g/kg/min \text{ bis } > 0{,}001\ g/kg/min.$$

Ein 75 kg schwerer Mensch spaltet etwa 0,075 g/min bzw. in einem Liter menschlichen Serums werden in vivo pro Minute 6—7 mg Novocain gespalten (HAUSCHILD). Aus diesen experimentellen Daten ergibt sich ein Grenzwert der Novocainwirkung, welcher durch das Entgiftungsvermögen des Organismus bestimmt wird. Unter 1 mg/kg/min ist mit keinem Effekt der Substanz zu rechnen. Bei der raschen hydrolytischen und Esterspaltung des Novocains lassen sich, wenn eine Menge von 20 mg/min intravenös appliziert wird, nur 0,2 mg/Liter im Plasma nachweisen. Dieser Wert liegt noch erheblich höher als jener, welcher zur Erzielung einer allgemeinen Analgesie therapeutisch angewandt wird. GOODMAN und GILMAN schließen daraus, daß die resorptiven Effekte eher auf die Spaltprodukte als auf die Substanz selbst zurückzuführen sind. HAUSCHILD hat bewiesen, daß die Kreislaufwirkung des Novocains größtenteils auf das Spaltprodukt Diäthylaminoäthanol zurückzuführen sind. Der Antagonismus des Novocains zu den Sulfonamiden beruht auf der bei der Spaltung entstehenden Paraaminobenzoesäure, d. h. dem Bakterienwirkstoff.

Von den Spaltprodukten erscheint die p-Aminobenzoesäure zu 80% unverändert oder konjugiert im Harn [Konjugation mit Glukuronsäure, Mischkristalle der 4-Amino-3-Oxybenzoesäure, Versuch am Kaninchen (SOEHRING)]. Von dem Diäthylaminoäthanol lassen sich nur 25—30% im Urin nachweisen, der Rest wird wahrscheinlich metabolisch degradiert.

Ganz generell beziehen sich die Wirkungen des Novocains auf die Erregbarkeit und die Leitfähigkeit der Nerven, die vegetativ innervierten Organe, auf die glatte und quergestreifte Muskulatur, auf die Herzfrequenz und die Fermente.

Je nach Ausgangslage kann man sympathicolytische, ganglienlähmende, spasmolytische (HAZARD) Effekte sowie eine Depression sensibler Receptoren (ZIPF) beobachten (GOODMAN und GILMAN). Novocain ist der Antagonist aller die Skelet- und Gefäßmuskulatur angreifenden Pharmaka. Die Adrenalineffekte werden teils verstärkt, teils gedämpft, die Acetylcholinwirkungen und Parasympathicusimpulse werden aufgehoben. Novocain ist ebenfalls der Antagonist des Nicotins. Bei intravenöser, intra- oder perikardialer Applikation hemmt Novocain die Erregbarkeit des Herzmuskels und beseitigt Herzstörungen, unter anderem das Kammerflimmern. Eine stärkere und etwas gleichmäßigere Wirkung kommt dem Novocainamid zu. Die Cholin- bzw. Pseudocholinesterasen werden, wie schon bei der strukturellen Ähnlichkeit zwischen Acetylcholin und Novocain erwähnt, durch Novocain stark gehemmt, ohne daß es bisher möglich ist, daraus Rückschlüsse auf den Mechanismus der Lokalanaesthesie zu ziehen. Es bestehen zunächst nur lose Beziehungen zwischen lokalanaesthetischer Wirkung und der Blockierung jener Fermente. Nach den experimentellen Befunden von SOEHRING ist ein direkter Zusammenhang zwischen der Leberfunktion und dem Spaltungsvermögen des Organismus für Novocain nicht zwingend, da fast alle Organe, unter anderem auch der von SOEHRING überprüfte Froschmuskel, die zur Spaltung notwendigen Esterasen besitzen. Die von HAZARD und FIESSINGER (1948) postulierte Existenz einer Procainesterase ist bis heute nicht bewiesen (s. auch ZIPF und KILLIAN 1959).

Im Gegensatz zu den Ergebnissen des Tierversuches sind allgemeine Stoffwechselwirkungen des Novocains beim Menschen kaum zu beobachten. Selten werden eine Temperatursenkung, so gut wie niemals Grundumsatzveränderungen festgestellt, wie sie etwa beim Meerschweinchen auf Grund des Antagonismus Thyroxin-Novocain nachgewiesen werden können. Die Blutzuckerwerte verhalten sich bei der intravenösen oder intramuskulären Applikation des Novocains schwankend (ALTHOFF 1947; SCHEFFLER 1950), so daß auch hieraus keine verwertbaren Effekte abzuleiten sind. Auch die Verschiebungen im weißen Blutbild: Leukocytose bei relativer Lymphocytose tritt nicht mit jener Regelmäßigkeit auf, welche man fordern müßte, um darin einen Novocaineffekt zu sehen (ALTHOFF, SCHEFFLER). Gegen die Annahme, daß die Blutbildveränderungen die Folge eines zentralen Reizes auf das Knochenmark darstellen, spricht das normale Myelogramm bzw. das Fehlen einer Vermehrung weißer Vorstufen. Der beschriebene, beim Menschen — wie gesagt — nicht immer nachweisbare Effekt am weißen Blutbild kann ebensosehr die Folge einer Steigerung der allgemeinen Durchblutung bei peripherer Gefäßerweiterung sein. Letztere verursacht im übrigen auch den Blutdruckabfall (SCHEFFLER). Eine sichere Wirkung auf die Serumproteine wird aus dem Anstieg der Serumalbumie und die dadurch bedingte Verschiebung des Albumin-Globulinquotienten herausgelesen. Die Blutsenkungsgeschwindigkeit geht diesen Verschiebungen des Eiweißspektrums nicht parallel. BOSSE und ROHKRÄMER (1947) sehen in den Veränderungen des Eiweißspektrums den Einfluß des Novocains auf vegetative Regulationszentren im Zwischenhirn, während ALTHOFF auch darin nur einen peripheren Effekt vermutet. Wenn überhaupt eine Beeinflussung des vegetativen Nervensystems unter Zufuhr von Novocain beobachtet wird, dann stehen sympathicomimetische Wirkungen im Vordergrund.

Nach den Untersuchungen von SOEHRING und HARDER (1948) wird die Erregbarkeit des Froschmuskels (M. SARTORIUS) in einer therapeutisch erreichbaren Konzentration von 10^{-5} bis 10^{-4} mol Novocain auf Acetylcholin herabgesetzt. Die Adrenalinsynkope des Herzmuskels, die Acelycholinwirkung und das Kammerflimmern sowie die Effekte des Nicotins werden durch Novocain aufgehoben.

Die Injektion von Novocain in den Herzmuskel (MAUTZ 1936, zitiert bei GOODMAN und GILMAN) hebt die Schwelle für die Induktion von ventrikulären Extrasystolen an. Novocain ähnelt in seiner Herzwirkung dem Chinidin, es erhöht die Refraktärperiode, hebt die Schwelle für Stimuli an und verlängert die Leitungszeit. Bei der intravenösen Verabfolgung von Novocain sind im Elektrokardiogramm folgende Veränderungen zu beobachten: Störungen in der atrioventrikulären und intraatrialen Reizleitung, Erhöhung der T-Welle, Reduktion der RS-Amplitude, Depression des S-T-Segmentes, Verlängerung des R-R-Intervalles und Verbreiterung des QRS-Komplexes. Letztlich kommt es — in toxischen Dosen — zur ventrikulären Fibrillation. Der dabei beobachtete Blutdruckabfall ist zum Teil auf die periphere Gefäßdilatation, zum Teil auch auf die myokardiale Depression zurückzuführen. In der Therapie haben diese Effekte des Novocains ihre besondere Bedeutung bei Herz- und Lungenoperationen. Zur Anwendung kommt jedoch nicht das Novocain, sondern das Novo- bzw. Procainamid.

Der als Bezold-Jarisch-Reflex bekannte depressorische Effekt auf Herz und Kreislauf kann durch Novocain bzw. andere Lokalanaesthetica unterdrückt werden (EICHHOLTZ, FLECKENSTEIN 1949). Auch andere Regulationseinrichtungen des Kreislaufes, die Chemo- und Pressoreceptoren im Carotissinus z. B. werden in ihrer Ansprechbarkeit durch Novocain herabgesetzt (s. später ZIPF).

Die acetylcholinbedingte Gefäßerweiterung wird durch Novocain aufgehoben, während der Adrenalineffekt durch das Spaltprodukt Diäthylaminoäthanol erheblich verstärkt wird (HAUSCHILD und LANDBECK 1948).

Am Dünndarm bewirkt Novocain eine Muskelerschlaffung (sympathicomimetischer Effekt), die Adrenalinwirkung wird wiederum aufgehoben. Novocain verhindert bei der intravenösen Applikation die Capillarbrüchigkeit und entfaltet damit einen antiphlogistischen Effekt, der dem Calcium vergleichbar ist (EICHHOLTZ, PLESTER 1951). Es handelt sich dabei um einen Membraneffekt und nicht um Vasoconstriction, wie PLESTER zunächst ausgeführt hat.

Als Wirkung auf die vegetative Regulation stellt SOEHRING den gefäßerweiternden Effekt des Novocains heraus, der bei Infiltration des Ganglion stellatum zu einer erheblichen Zunahme der arteriellen und Capillardurchblutung führt. Dieser Effekt übertrifft an Dauer denjenigen der Nitrite, denen er entspricht.

In seinen Schlußbetrachtungen zur experimentellen Pharmakologie des Novocains stellt SOEHRING fest, daß zwar zahlreiche Funktionen des tierischen Organismus durch Novocain beeinflußt werden, jedoch die Art, die Richtung und das Ausmaß dieser Wirkungen im Bereich nichtgiftiger Dosen noch nicht in allen Fällen vorausschaubar sind. Die erzielten Wirkungen sind abhängig von der Ausgangs- oder Spannungslage des Vegetativums. Bei der Beurteilung des Effektes muß man zwischen einer Früh- oder direkten Novocain- und einer Spät-Reaktion unterscheiden, wobei letztere auf die Spaltprodukte, besonders das Diäthylaminoäthanol zurückzuführen sind.

Über die Frage, ob Novocain, wenn es nicht direkt in den Liquor eingebracht wird, zentralnervöse Wirkungen entfaltet, wird derzeit noch diskutiert. EICHHOLTZ und seine Schule vertreten die Meinung, daß man mit Novocain in Standardversuchen meßbare zentralnervöse, allgemeinanalgetische Effekte erzielen kann. Die von EICHHOLTZ angegebene Methode zum experimentellen Nachweis der zentralnervösen Wirkung verschiedener Lokalanaesthetica bezieht sich auf die Prüfung der Anaesthesie der Kaninchen-Cornea. Gemessen wird die Aufhebung der Reizperzeption nach Vorgabe von 0,8 mg/kg Eucodal intravenös und nachfolgender Applikation von 0,8 mg/kg Novocain intravenös, Prüfung nach REGNIER. Als weiterer Hinweis für die zentralanalgetischen Wirkungen des Novocains werden angegeben die Beeinflussung des Verbrennungsschmerzes, des

Juckreizes bei Gelbsucht, der künstlich gesetzten Muskelanoxieschmerzen. 100—800 mg Novocain subcutan entsprechen nach EICHHOLTZ — in Beziehung gesetzt zur Schmerzempfindung bzw. deren Aufhebung — der Gabe von 0,3—0,6 Acid. acetyl. salicyl., wobei die Wirkungsdauer etwa $^1/_3$ derjenigen beträgt, welche durch Aspirin zu erzielen ist.

HAZARD, HAUSCHILD, SOEHRING und andere negieren die zentralnervösen Effekte des Novocains, sofern man bei der Applikation im Rahmen therapeutischer Dosen bleibt. Vielfach — so meint SOEHRING — wird als zentralnervöser Effekt angesehen, was nur reflektorischen Charakter besitzt: Aufhebung der peripheren Reizperzeption. Zentralnervöse Effekte treten jedoch in die Erscheinung, wenn

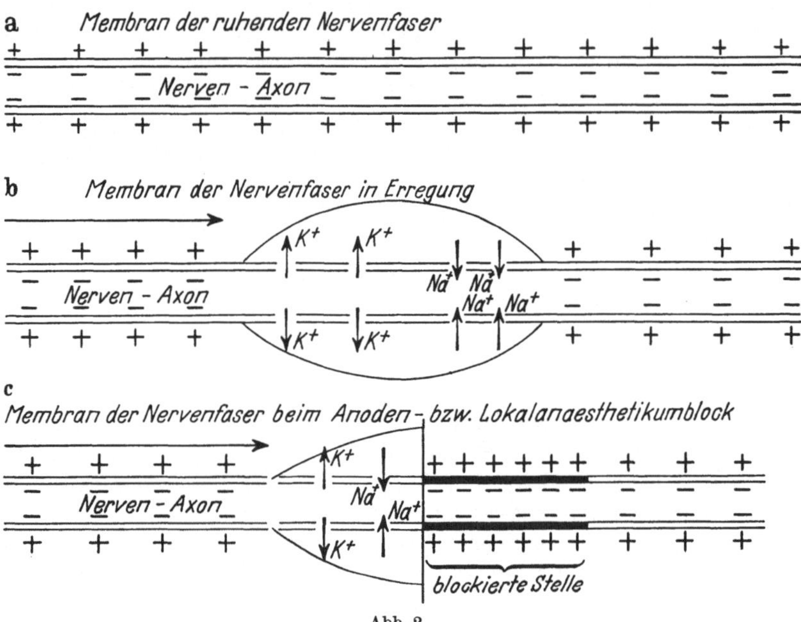

Abb. 2

toxische Dosen von Novocain verabfolgt werden. Dies geschieht insbesondere bei der unbeabsichtigten oder experimentellen Einbringung der Substanz in den Liquorraum (hohe Lumbalanaesthesie). Dabei beobachtet man motorische Reizzustände, Unruhe, Tremor, zunächst klonische, dann tonische Krämpfe. Insoweit ist Novocain ein zentrales Stimulans bzw. Krampfgift (WEATHERBY und HAAG 1958). Auf diese Eigenschaft bezieht sich auch die besonders in letzter Zeit von GOODMAN und GILMAN wieder empfohlene prophylaktische Anwendung von Barbituraten vor der Gabe des Novocains. Die intravenöse Verabreichung sehr hoher Dosen von Novocain führt oft ohne vorausgehendes Krampfstadium zur Lähmung, wobei insbesondere das Atemzentrum gefährdet ist.

Die lokalanaesthetische Wirkung des Novocains und der anderen Lokalanaesthetica besteht nicht in einer Depolarisation, sondern einer Blockierung der Nervenleitung, indem die Zellmembrane stabilisiert werden, so daß der phasische Fluß des Potentials während der Erregungsleitung gestört wird. Procain vermindert die K^+- und Na^+-Permeabilität möglicherweise durch Inaktivierung des Na-Überträgersystems und damit Beeinträchtigung des K-Ausstromes an der Zelle. Der erste faßbare Effekt des Novocains am Nerven ist demnach nicht die Lokalanaesthesie, sondern die Repolarisierung und die Wiederherstellung der Nervenleitung in einem Nerven, der durch depolarisierende Einflüsse blockiert ist

(FLECKENSTEIN, EICHHOLTZ). Die weitere Stabilisierung der Membrane oder die Erhöhung der Reizschwelle (WEATHERBY und HAAG) wirkt sich dann so aus, daß die normalerweise vorhandene, zur Fortleitung der Impulse benötigte Labilität der Strukturen derart gefestigt wird, daß die Nervenleitung zunächst der sensiblen, später aller Nervenfasern gehemmt wird.

An welcher Stelle das Novocain wirksam wird (in Höhe der Ranvierschen Quermembrane (v. MURALT 1946) oder in der Oberflächenmembrane des Achsenzylinders (LOEFGREN 1948) ist noch unbekannt. Essentiell für die lokalanaesthetische Wirkung ist die Neutralisation des salzsauren, handelsüblichen Novocains und die Freisetzung der freien Base. Die Kationen der Lokalanaesthetica haben die Tendenz, aus wäßrigen, intercellulären Flüssigkeiten in den Zustand der Adsorption an oder in eine Kombination mit Zellbestandteilen einzutreten. Daher ist die Dissoziationskonstante von entscheidender Bedeutung für die Definition ihrer Wirkung (GOODMAN und GILMAN). In kationischer Form sind die Lokalanaesthetica-Derivate des quarternären Ammoniums

$$R{:}N + HOH \rightleftarrows R{:}NH^{+} + OH.$$

Einige quarternäre Ammoniumverbindungen können die synaptische Übertragung zwischen Spinalnerven und Effektorzellen blockieren. Die besondere Eigenart der freien Base (tertiäres Amin) ist die Fähigkeit, in Zellmembrane einzudringen, eine Eigenschaft, welche die ionisierten quarternären Ammoniumverbindungen nicht besitzen. Wenn nun das Lokalanaestheticum zum Exoplasma eines Nerven vordringt und dort dissoziiert, wird die Erregungsleitung blockiert. Wenn die Dissoziation im extracellulären Flüssigkeitsraum stattfindet, kann die synaptische Erregungsübermittlung blockiert werden (GOODMAN und GILMAN).

FLECKENSTEIN und HARDT (1949) stellen als Grundvorgang der Nerven- und Muskelerregung die rasche Permeabilitätserhöhung und elektrische Entladung der Fasergrenzen heraus: Depolarisierung. Die Wirkung der Lokalanaesthetica besteht in der Membranstabilisierung und -abdichtung und damit in der Blockierung des Erregungsvorganges. Experimentell haben sie diese Auffassung durch Untersuchungen mit Kontrakturgiften unterbaut. Kontrakturgifte bewirken am Muskel durch reversible Permeabilitätserhöhung bzw. irreversible Membranveränderungen einen Verlust des Membranpotentials. Lokalanaesthetica können unter Umständen durch Stabilisierungseffekte (Repolarisierung) die Dauerentladung und damit die Muskelverkürzung verhüten. Ebenfalls wird die Kaliumabgabe als Ausdruck der elektrischen Entladung bei Muskelerregung, Muskelkontraktur oder Kontraktion durch Lokalanaesthetica blockiert. Die Aufhebung der Erregungsleitung und der Kontraktur gleicht dabei der Anodenwirkung in der Elektrophysiologie[1]. Die Lokalanaesthetica entsprechen damit in vielfacher Hinsicht den abdichtenden, erregbarkeitshemmenden Ca^{++}-Ionen, den lokalanaesthetisch wirkenden Antihistaminpräparaten und den atropinähnlichen Stoffen, wobei die permeabilitätseinschränkende Wirkung an Zellgrenzflächen der gemeinsame Grundvorgang zu sein scheint.

Wenn man jene abdichtenden und stabilisierenden Vorgänge am Nerven, die als Repolarisierung bekannt sind, definieren soll, dann muß man sie aus dem Bereich der eigentlichen Nervenregulation herausnehmen. Es handelt sich um Prozesse, die in das Gebiet der Cellular-Pathophysiologie und -Pathologie gehören (EICHHOLTZ, LENDLE, KILLIAN 1959) und als solche auch besser zu verstehen sind (Stoffe mit Wirkung auf die Zellgrenzflächen). So ist auch die durch Membran- und Capillarwandabdichtung bedingte antiphlogistische Wirkung der

[1] FLECKENSTEIN (1954) bezeichnet die Lokalanaesthetica aus diesem Grunde als „depolarisationshemmende Anelektrotonica" (s. KILLIAN 1959).

Lokalanaesthetica im entzündlich veränderten Gewebe zu verstehen (zugleich Schmerzlinderung).

Ein Teil der Kreislauf- und Herzeffekte des Novocains geht zweifelsohne zu Lasten des Spaltproduktes Diäthylaminoäthanol (Hauschild 1943, 1948).

$$\begin{matrix} C_2H_5 \diagdown \\ \quad N{-}CH_2CH_2{-}OH \\ C_2H_5 \diagup \end{matrix}$$

Dieser Substanz kommt eine zweiphasige Wirkung im Bereich therapeutischer Dosen zu: Vorwiegend sympathicushemmend und zugleich parasympathicuserregend. Am einfachen Straub-Fühner-Herz des Frosches geprüft, wird der kontraktionssteigernde Effekt von Adrenalin und L-Arterenol in niedrigen Konzentrationen reversibel aufgehoben, in höheren dagegen verstärkt. Hemmende Effekte des Acetylcholins werden durch Diäthylaminoäthanol in niedriger Dosierung verstärkt, in höherer aufgehoben. Die Herzaktion wird in geringerer Konzentration durch Diäthylaminoäthanol nicht, in höherer im Sinne der Kontraktions- und Tonussteigerung verändert (Rieser und Hergott 1950). Im klinischen Versuch kommt es nach Applikation von 0,006 g Diäthylaminoäthanol bei Normalpersonen zu plötzlicher Senkung des Blutdruckes, der Blutdruckamplitude und zum Absinken des Blutzuckerspiegels. Die Leukocyten-Tageskurve steigt zugunsten der Segmentkernigen an. Bei Hypertonikern ist nach Verabfolgung von 0,012 g Diäthylaminoäthanol der gleiche Effekt zu erzielen, jedoch ist die Wirkung im ganzen gering, wenn auch der Blutdruck bei Hochdruckkranken bleibend gesenkt wird. Das Asthma bronchiale ist dagegen nicht zu beeinflussen. Gaben von 1,0 Diäthylaminoäthanol sind wegen möglicher Kollapsgefahr gefährlich (W. Hartmann 1953). Hauschild beschreibt die pharmacodynamische Wirkung des Diäthylaminoäthanols (Untersuchungen bei der Katze, 0,01 g/kg) wie folgt: blutdrucksenkend, Erweiterung der Coronargefäße. Beim Durchströmungspräparat kommt es zur Gefäßverengung, bei spastisch verengten Gefäßen zur Gefäßerweiterung (Landbeck, Hauschild). Werden 5—30 mg Diäthylaminoäthanol der Durchströmungsflüssigkeit zugesetzt, erfolgt eine leichte Gefäßverengung. Zusatz von Adrenalin führt, schon bei kleinsten Mengen, zu stärksten konstrictorischen Effekten des Diäthylaminoäthanols! Die Toxicität des Diäthylaminoäthanols ist gering. Die klinische Wirkung dieses Stoffes wird von Ratschow so charakterisiert: Positiv inotrope Herzwirkung, Coronargefäßerweiterung, Erweiterung spastisch verengter Gefäße, Blutdrucksenkung, krampflösende Wirkung am Darm und atemanregende Effekte. Vergleicht man die Wirkungen des intravenös applizierten Novocains mit denjenigen des Diäthylaminoäthanols, so ergeben sich nach Hauschild Analogien, welche den Schluß zulassen, daß ein Teil der dem Novocain zuerkannten Wirkungen, insbesondere auf dem Kreislaufsektor, dem Spaltprodukt Diäthylaminoäthanol zuzuschreiben sind.

Schon bei der einleitenden Besprechung ist auf die unterschiedlichen Auffassungen bezüglich der allgemeinen analgetischen Wirkungen des Novocains hingewiesen worden. Die Ausschaltung peripherer Receptoren wird zum Teil für Effekte herangezogen (Soehring), welche den Eindruck zentralnervöser, dämpfender, schmerzbeeinflussender Wirkungen erwecken. Unter dem Begriff der *Endoanaesthesie* hat 1953 Zipf (s. Killian) nun die Ausschaltung innerer sensibler Receptoren durch Novocain zusammengefaßt. Es handelt sich dabei um die Unterdrückung jener Impulse, welche von Chemo-, Schmerz-, Dehnungs- und Druckreceptoren über den Blutweg ausgesandt werden. Organe mit rhythmischer Tätigkeit erweisen sich als besonders reichlich mit derartigen Stoffwechsel-Fühlsonden ausgestattet. An ihnen werden daher endoanaesthetische Effekte wirksam werden können; sie dienen auch als Untersuchungsobjekte. Die außerordentliche, klinisch-empirisch gefundene Wirkungsbreite des Novocains bei der Beeinflussung von Schmerzen aller Art, bei Haut- und Schleimhautveränderungen, einschließlich solcher nach Traumen, bei Geschwürsbildungen, bei den Erkrankungen seröser Häute und innerer Organe, bei der muskulären Ischämie, bei Spasmen der glatten Muskulatur, bei Kardialgien und Neuralgien, Kopfschmerzen und Migräneanfällen, beim Pruritus jeglicher Genese, beim Asthma bronchiale und sonstigen dyspnoischen Zuständen, bei lebensbedrohlichen, reflektorisch bedingten Syndromen an Lunge und Herz, bei der Lungenembolie, beim Myokardinfarkt und bei der reflektorischen Anurie kann nicht ausschließlich auf die bisher bekannten pharmakodynamischen Wirkungen des Novocains zurückgeführt werden (Zipf). Selbstverständlich ist die Dämpfung sensibler Receptoren nach der intravenösen Verabfolgung von Novocain nur ein Effekt neben anderen. Jedoch erleichtert die Annahme der Blockierung impulsaussendender Receptoren durch Novocain (und deren experimentelle Bestätigung!) das Verständnis für die dann anscheinende Vielzahl der therapeutischen Effekte, besonders der Normalisierung des Herzrhythmus, der psychisch-sedativen Wirkung vor Operationen, der Einsparung von Narkotica, der Schockvorbeugung und -behandlung, der Beeinflussung des postoperativen Erbrechens, der Hyperemesis gravidarum, der eklamptischen Anfälle und der Intoxikationen.

Von den zahlreichen Lokalanaesthetica eignen sich nach Zipf (1953) zur intravenösen Applikation nur das Novocain, das Oxyprocain und das Procainamid. Die normalen, proprioceptiv ablaufenden Aktionsströme (Impulse) im afferenten Herz- und Lungenvagus werden durch eine einmalige intravenöse Verabfolgung von Novocain partiell und schwach gedämpft, wobei in der Reihenfolge der Stärke Salicain, Pantocain, Oxyprocain und als schwächstes Novocain zu nennen sind. Stärkere Effekte sind durch Dauertropfinfusion zu erzielen. Die Grenze der endoanaesthetischen Wirkung auf Receptoren ist durch die chinidinartigen Effekte des Novocains am Herzen gesetzt: Bradykardie, verzögerte Überleitung zwischen und innerhalb von Herzteilen, Kontraktionsabschwächung. Inwieweit diese bekannte Novocain-Wirkung auf das Herz nicht schon selbst Folge der Endoanaesthesie (Schonstellung) ist, bedarf noch der Klärung.

Die partielle Ausschaltung proprioceptiver *Normal*impulse ist nach Zipf wichtig zur Sicherung des Begriffes: Endoanaesthesie. Sie erklärt jedoch noch nicht die Heilerfolge. Als leichter ausschaltbar erweisen sich solche Impulse, die bei *pathologischen* Stoffwechselstörungen am Herzen entspringen und eine Folge der Reizung (Impulsaussendung) von Chemo- und Schmerzreceptoren sind. Pathologische Impulse sind durch Novocain früher und stärker endoanaesthetisch zu beeinflussen als die Normalimpulse. Dauerentladungen, wie sie z.B. als kontinuierliche Impulsaussendungen — Summe aller pathologischen und Normalimpulse — auf die intravenöse Injektion von Veratrin folgen, schwinden nach der intravenösen Applikation von Novocain unter Wiederherstellung des normalen Impulsbildes, also der atemsynchronen Impulsspindeln (Lungendehnungsreceptoren) bzw. der vorhof- und kammersynchronen Dehnungsimpulsgruppen am Herzen. Die Wirkung auf normale und pathologische Impulse stellt den vollen endoanaesthetischen Effekt des Novocains dar, dessen Dauer jedoch sehr begrenzt ist: 1—3 min. Es zeigt sich darin mehr das rasche Abfließen des Mittels in das Gewebe (Konzentrationsabfall am Ort der Receptoren), als die schnelle Spaltung der Substanz.

Die Schwellendosis für eine einmalige intravenöse Gabe wird mit 2 mg/kg (Katze) intravenös angegeben (Zipf). Der Schwellenwert beim Menschen liegt tiefer, da es ja nur gilt, die pathologischen Impulse zu dämpfen, während beim Experiment auch Aufschluß über die Unterdrückung der Normalimpulse gewünscht wird und daher eine höhere Dosierung erforderlich ist.

Wegen des raschen Konzentrationsabfalles einer einmaligen intravenösen Dosis von Novocain, deren endoanaesthetische Wirkung nur etwa 1—3 min anhält, ist zur Erzielung derartiger Effekte die Dauertropfinfusion vorzuziehen, da hierbei die Konzentration an den Receptoren für längere Zeit die Wirkungsschwelle überschreitet. Allerdings klingt nach Absetzen der Infusion die endoanaesthetische Wirkung ebenfalls recht rasch, etwa in 30 min, ab. Der schnelle Wirkungsabfall spricht dagegen, daß etwa den Spaltprodukten des Novocains ein endoanaesthetischer Effekt zukommt. Tatsächlich hat das Diäthylaminoäthanol im Experiment keinerlei derartige Wirkungen gezeigt. ZIPF gibt die Schwellendosis beim Menschen mit 0,5—1 mg/kg an und empfiehlt, die mit der Endoanaesthesie gleichlaufende Empfindlichkeit des kardialen Reizbildungs- und Leitungssystems zu kontrollieren. Auf jeden Fall sollte bei Dauertropfinfusionen mit dem Elektrokardiogramm kontrolliert werden! Für die Dauertropfinfusion wird die Schwellendosis mit 0,43 mg/kg/min, insgesamt 0,5—2 g Novocain in 8 bis 10 Std angegeben. Die außerordentlich begrenzte Wirkungsdauer (im Sinne der Endoanaesthesie) erschwert die pharmakologische Abklärung jener Heileffekte, welche nach einmaliger intravenöser Injektion von Novocain beobachtet werden. Man ist daher genötigt, dazu außer der Wirkung auf pathologisch erregte Receptoren die membranabdichtenden, auf alle Körperzellen einwirkenden, erregungsdämpfenden, lokalanaesthetischen und antiphlogistischen Effekte des Novocains heranzuziehen. — Die Endoanaesthesie wirkt sich vor allem auf die Aktivität der A-Receptoren sowie der A-Fasern im Herzen aus, da es sich dort um hohe Aktionspotentiale handelt. Weit größer an Zahl sind die dünnen, markarmen oder marklosen B- und C-Fasern, durch welche langsam ablaufende und niedrige Aktionspotentiale geleitet werden. Mit diesem wird wahrscheinlich der Großteil der Receptoren getroffen und hierin liegt möglicherweise der Schwerpunkt der endoanaesthetischen Wirkung. ZIPF verweist auf das Terminalreticulum, welches als ein zusammenhängendes Receptorennetz mit freien Endigungen angesehen werden kann. Dieses Netz kann endoanaesthesierbar sein und durch Novocain so blockiert werden, daß schlagartig die Impulsentstehung oder Leitung an einzelnen oder vielen Stellen unterbrochen wird. Sofern von einem Störherd Erregungen kreisen, werden diese durch Endoanaesthesie an den Grenzflächen gelöscht. Eine solche „Auslöschtheorie" wird unter anderem auch für das Chinidin erörtert.

In seinen experimentellen und klinischen Untersuchungen über die Wirkung des Novocains auf den Organismus und insbesondere die Haut (Messung der Hauttemperatur, des Gleichstromwiderstandes, der p_H-Werte und des Capillarverhaltens) stellt HEINKE (1955) 3 Wirkungsphasen heraus.

1. Abfall der Hauttemperatur und des elektrischen Widerstandes (Schockphase).

2. Anstieg der Hauttemperatur auf der behandelten Seite, Abfall des p_H und Anstieg des Gleichstromwiderstandes beidseitig (Erfolgsphase).

3. Abklingen der Erscheinungen und erneuter beidseitiger Anstieg der Hauttemperatur (neurohormonale Phase).

An den Capillaren findet HEINKE nach der Applikation von Novocain das Rickersche Stufengesetz sichergestellt. Der positive Ausfall des Thorn-Tests wird als unspezifischer Effekt des Novocains auf das neuro-hormonale System gedeutet. Novocain übt nach Meinung von HEINKE auf den Organismus und auf die Haut nicht nur einen heilanaesthetischen und einen neuralen, sondern einen neuro-hormonalen Einfluß aus.

IV. Toxicität

Die Giftwirkung des Novocains ist abhängig von der Applikationsart (Stärke der Novocainlösung, Art und Ort der Verabfolgung), dem Resorptionstempo, dem Spaltungsvermögen und möglicherweise von individuellen Faktoren. SOEHRING macht darauf aufmerksam, daß junge Menschen häufiger den Novocain-Zwischenfällen erliegen, wobei die Frage auftritt, ob in jüngeren Lebensjahren eine schnellere Esterspaltung stattfindet oder ob es sich nur um ein ausgesuchtes Krankengut (Tonsillenentfernung) handelt. Es ergeben sich erhebliche Unterschiede je nach dem, ob das Mittel subcutan, intravenös, intraarteriell, intrazisternal oder subarachnoidal verabfolgt wird. Die relativen Toxicitätswerte nach HAUSCHILD sind subcutan 1, intravenös — je nach der Geschwindigkeit der Injektion — 1—30, intraarteriell (Arteria femoralis) 1—3, intraarteriell (Arteria carotis) 65, zisternal 30 und subarachnoidal 90. Auch die Umgebungstemperatur beeinflußt die Giftwirkung (SOEHRING 1949). Eine Dosis letalis von 0,7—0,8 mg/kg bei 20^0 vermindert sich auf 0,2 mg/kg bei 43^0 Lösungstemperatur. Die Dosis letalis beträgt beim Menschen etwa 0,03 g/kg Novocain (subcutane Injektion), d.h. 2,1 g/70 kg, subcutan. Diese Mengenangabe ist als Anhaltswert zu betrachten. SOEHRING hat sie unter Anwendung der Rubnerschen Oberflächenregel aus der DL_{50} für die subcutane Injektion der weißen Maus errechnet. Es besteht im übrigen Übereinstimmung mit den von LAUBENDER errechneten Dosen in bekannten, tödlichen Vergiftungsfällen (1939). Die Esteraseblocker Prostigmin, Physostigmin und Neostigmin erhöhen, Eserin vermindert die Giftigkeit. Der bei Lokalanaesthesie übliche Zusatz von Adrenalin hemmt die Resorption von Novocain, verstärkt die lokalanaesthetischen Effekte, verlängert sie und vermindert dadurch die Toxicität. — ZIPF hat in seiner Zusammenstellung der toxikologischen Wirkungen des Novocains auf die oft schwierige Abgrenzung bei den Vergiftungsfällen hingewiesen, die sich als Folge von Novocain-Adrenalinapplikationen eingestellt haben! — Die enterale Verabfolgung von Barbituraten vor der Novocain-Injektion wirkt den zentral stimulierenden Effekten des Lokalanaestheticums (Krampfgift) entgegen (GOODMAN und GILMAN).

Man unterscheidet bei den Vergiftungen die sofort bei oder unmittelbar nach der intravasalen Injektion auftretenden sowie die später einsetzenden, auf Resorption beruhenden Vergiftungen. Eingeteilt werden die Intoxikationen in

Tabelle 1. *Klinisches Vergiftungsbild durch Lokalanaesthetica*

System	I. Phase (Erregungsphase)	II. Phase (Lähmungsphase)
Zentralnervensystem	Benommenheit, Unruhe, Wärmesensation, Nervosität, Angst, Pupillenerweiterung, Desorientierung, Zittern, Schwindel, Krämpfe, Ohrensausen, Taubheit	Bewußtlosigkeit, Koma, komplette motorische und sensible Lähmung, eventuell Exitus
Vegetatives System, autonome Regulation	Exzitation, Blässe, Schweißausbruch, Salivation oder Trockenheit des Mundes und Halses, Nausea, Erbrechen	Lähmung der Antriebe, profuser Schweiß; Patient läßt unter sich. Sphincterlähmung
Kardiovasculäres System	Palpitationen, Blutdruckanstieg durch Konvulsionen, Bradykardie oder auch Pulsbeschleunigung	Blutdrucksturz zu Schockwerten. Tachykardie, dann Versagen des Herzens (Myokard und Reizleitung)
Atmung	Steigerung der Atemfrequenz, Hyperpnoe. Hetzatmung	Cyanose, zunehmende Atemlähmung bis zum Stillstand (zentral und peripher bedingt)

eine Reiz- und eine Latenzphase, was aus der dem KILLIAN entnommenen, von PITKIN, SOUTHWORTH und HINGSON stammenden Tabelle zu erkennen ist (s. Tabelle 1).

In einer Tabelle hat ZIPF alle Vergiftungssymptome, die am Menschen und beim Tier beobachtet worden sind, zusammengestellt.

Tabelle 2. *Procain, Novocain*

Erregung des Zentralnervensystems:	Verlust der Sprechfähigkeit
Verwirrtheit	Bewußtlosigkeit
Gefühl des Gestörtseins („es ist etwas nicht in Ordnung")	Muskelerschlaffung
Rededrang	Vasomotorenlähmung (Schwäche, Blässe)
Angst	Atemhemmung (Dyspnoe)
Unruhe	Atemstillstand
Ohrensausen	Tod
Kopfschmerzen	*Herzkreislaufdepressionen:*
Atembeschwerden, Hyperpnoe	Bradykardie
Tachykardie	Reizleitungsstörungen (Arrhythmien, Kammerflimmern)
Blutdruckanstieg	Blutdruckabfall
Gesichtsröte	Cyanose
Tremor	Herzstillstand
Übelkeit, eventuell Erbrechen	*Sonstige Symptome:*
Zuckungen (z. B. im Facialisgebiet)	Prickeln, Kribbeln in den Extremitäten
Nystagmus	Schüttelfrost
Singultus	Schweißausbruch
Zähneknirschen	Hitzegefühl
choreiforme Bewegungen	Taubheit in den Fingern
klonische, tonisch-klonische Krämpfe	Gesamtanalgesie
Depression des Zentralnervensystems allein, neben oder nach einer Erregung:	Mydriasis
Schwindelgefühl	Heiserkeit
Schwerhörigkeit	metallischer Geschmack

Nach PAUL (1951; zitiert bei HAUSCHILD) wurden bei 290 Vergiftungsfällen durch Novocain (darunter 98 Todesfälle) 70mal Atemstillstand, 69mal Krämpfe, 39mal Sehstörungen und 32mal Kollaps beobachtet.

Die im Schrifttum bekanntgegebenen tödlichen Zwischenfälle gehen zumeist auf das Konto des dem Lokalanaestheticum zugefügten Vasoconstringens, besonders, wenn mit solchen Lösungen versehentlich intravenöse Injektionen durchgeführt werden. Daneben spielt auch die Überdosierung (Novocain als Krampfgift), die unsachgemäße, meist zu schnelle intravenöse Injektion (Kollaps durch Blutdruckabfall, Herzversagen bei peripherer Gefäßdilatation) und die Applikation des Mittels in die Nähe wichtiger Lebensnerven eine Rolle. Besonders gefährlich wirken sich dabei die pathologischen Reflexe aus, die durch eine Infiltrationsanaesthesie bei Tonsillen-Operationen (Carotis sinus-Nähe) und bei der Ganglium stellatum-Blockade (vegetative Schaltstelle) ausgelöst und nicht kompensiert werden. Auch bei der alleinigen Novocain-Applikation spielt die Adrenalin-Sensibilisierung durch das Spaltprodukt Diäthylaminoäthanol eine wichtige Rolle in der Genese der Vergiftungserscheinungen. EICHHOLTZ zitiert aus der amerikanischen Statistik von RUTH u. Mitarb. (1947) einige Zahlen, wonach von insgesamt 59 Todesfällen bei der Lumbalanaesthesie 73% vermeidbar gewesen sind, von 29 Todesfällen bei der Regional- und Lokalanaesthesie 21% und bei der kontinuierlichen Lumbalanaesthesie von 17 Todesfällen 47% hätten vermieden werden können. Bei der Verabfolgung von 200 mg Novocain und mehr führt die Lumbalanaesthesie zu schwersten Vergiftungserscheinungen: Schon 120—180 mg verursachen neurologische Komplikationen (s. auch KILLIAN). Bei jeder Lumbalanaesthesie können, ganz gleich, in welcher Höhe sie durchgeführt wird, Kollapserscheinungen auftreten, die sich in Lähmung, Temperaturerhöhung der unteren Extremitäten, Verminderung des venösen Rückstromes und Blutdruckabfall als Splanchnicuswirkung bei der *tieferen* (Aufsetzen des Kranken!) und als zentrale Reizwirkung bei der *höheren* Lumbalanaesthesie bemerkbar machen.

Die intravenöse Applikation von 50—100 mg Novocain führt nach 1—2 min zu Schwindel, Nystagmus und Atmungsbeschwerden, während bei der intravenösen Infusion Dosen von 250 mg, in 30 min infundiert, gut vertragen werden. Die schnellere Entgiftung (1,0 g Novocain in 3—4 Std) verringert die Gefahren der Novocain-Intoxikation bei der intravenösen Injektion oder Infusion gegenüber der Infiltrationsanaesthesie. Eine Infusion kann darüber hinaus bei Auftreten von Vergiftungserscheinungen sofort unterbrochen werden, so daß eine relative Steuerungsmöglichkeit besteht. Die nachfolgende, EICHHOLTZ entnommene Tabelle soll über die Diagnose der Novocain-Vergiftung und die Therapie von Vergiftungsfällen Auskunft geben.

Tabelle 3

Novocain-Vergiftung		Adrenalin-Vergiftung	Anaphylaktischer Schock
Vorwiegend mit zentralnervösen Symptomen *Leichte Symptome:* Schwindel Nystagmus Atmungsbeschwerden *Schwere Symptome:* Konvulsionen *Weiterhin beobachtet:* Kopfschmerzen Ohrensausen Sehstörungen Prickeln in den Extremitäten Schüttelfrost Schweißausbruch Hitzegefühl Taubheit in den Fingern Gesamtanalgesie Nausea Erbrechen Unruhe, Angst Tremor Bewußtlosigkeit starrer Blick Mydriasis Vertigo Heiserkeit metallischer Geschmack Paralyse *Gegenmittel:* O_2 Barbiturate Coffein-Injektion	Vorwiegend mit Atmungs- und Kreislaufsymptomen: meist nach, seltener ohne vorangehende Konvulsion *Leichte Symptome:* Gesichtsröte Herzklopfen Tachykardie Hyperpnoe *Schwere Symptome:* Blässe Bradykardie Arrhythmien Kammerflimmern Cyanose Hypotension Dyspnoe Atmungslähmung Kollaps selten Lungenkollaps und Infarktbildung *Gegenmittel:* künstliche Atmung O_2, Herzmassage 1:1000 0,2 in 5,0 Salzlösung Adrenalin während Herzmassage Ephedrin 50 mg subcutan, intravenös	Hyper- und Hypotension, Blässe Unruhe Angst innere Spannung Herzklopfen Schlaflosigkeit *anginöse Anfälle* Tachykardie seltener Brachykardie Arrhythmien Kammerflimmern Dyspnoe Kollaps *Lungenödem* Erbrechen Temperaturerhöhung Bewußtlosigkeit Mydriasis Hemiplegie *Gegenmittel:* Nitrite	Erregung (sofort nach Injektion einsetzend) starke Blutdrucksenkung Schock Temperaturabfall Asthmaanfälle, eventuell asphyktische Konvulsionen *Gegenmittel:* O_2 Adrenalin 0,5 1:1000 subcutan eventuell 0,5 der 10fach verdünnten Lösung 1:1000 intravenös, langsam

SOEHRING, AHRENS und HARDEBECK (1952) haben in vergleichenden Untersuchungen die akute Toxicität von Novocain-Hydrochlorid, von Impletol und von Novocain-Penicillin geprüft. Als Resultat stellen die Autoren fest, daß im Präparat Impletol keine komplexe Bindung von Novocain und Coffein vorliegt. Bei der subcutanen Injektion tritt keine Entgiftung oder Wirkungsabschwächung der beiden Krampfgifte ein, was sich unter anderem aus der höheren Toxicität des Impletols ergibt: 0,27 g/kg gegenüber 0,58 g/kg für das Novocain. Im Gegensatz dazu weist die wäßrige Novocain-Penicillin-Suspension eine wesentlich bessere Verträglichkeit auf. Die LD_{50} liegt bei 2,3 g/kg gegenüber einer LD_{50} von 0,58 g/kg für das Novocain. Da das Novocain-Hydrochlorid viel rascher resorbiert wird als das schwer lösliche wäßrige Novocain-Penicillin-Salz, und da der Abbau des Novocain-Moleküls zu den weniger giftigen Spaltprodukten p-Aminobenzoesäure und Diäthylaminäthanol von der Aufnahmegeschwindigkeit abhängt, wird hierin die Erklärung für die geringere Toxicität der Novocain-Penicillin-Verbindungen gesehen.

Bei der Beurteilung der Giftwirkung des Novocains muß auch an das Spaltprodukt Diäthylaminoäthanol gedacht werden, auf welchem die zum Teil bedrohlichen Kreislaufeffekte (Adrenalinsensibilisierung) beruhen. — Neben die Intoxitationen als Folge der direkten oder resorptiven Giftwirkung des Novocains treten die — nicht sehr häufigen — anaphylaktischen Zwischenfälle. Todesfälle nach 0,01—0,13 g Novocain sind von GOODMAN und GILMAN mitgeteilt worden. Besonders gefährdet scheinen Asthmatiker — die ja das primäre Krankengut der intravenösen Novocaintherapie dargestellt haben — sowie die Allergiker schlechthin. Ob man heute noch zwischen einer Idiosynkrasie und der erworbenen Überempfindlichkeit unterscheiden soll, bleibt dahingestellt. Wohl ist die Neigung zu verstärkter Antikörperbildung genetisch festgelegt, für die meisten Antigene jedoch genügt die Feststellung der erworbenen Überempfindlichkeit. Es wäre ja auch undenkbar, daß es Menschen geben soll, welche heute schon auf eine Substanz idiosynkratisch sind, die erst morgen von einem Chemiker synthetisiert wird!

Zu den allergisch bedingten Nebenwirkungen zählen auch die kontaktekzematischen Reaktionen bestimmter, mit Novocain ständig in Berührung kommender Personenkreise (Chirurgen, Zahnärzte — bei letzteren 1927 erstmalig als rhagadiformes Fingerspitzenekzem in Amerika nachgewiesen —, Pflegepersonal sowie die mit der Produktion beschäftigten Personen). Es kommen weiter vor: Exantheme der verschiedensten Prägung, Urticaria, Purpura und hämorrhagische Phänomene. Die an das primäre Amin am Benzolkern gebundene — sog. Parastoffe, darunter Anilin, andere Lokalanaesthetica, Paraphenylendiamin, p-Toluylendiamin, Sulfonamide — Überempfindlichkeit kann zu gekreuzter Sensibilisierung führen (SIDI u. Mitarb. sowie andere). Die Applikation des Procain-Penicillins bei Menschen mit Para-Stoff-Allergie kann gefährlich sein! Man kann jedoch den kontaktekzematischen Reaktionen und den sonstigen allergischen Manifestationen aus dem Wege gehen, wenn man Novocain eliminiert und andere Lokalanaesthetica verwendet. Ein Teil der exogenen Novocain-Überempfindlichkeit beruht auf der vorausgehenden Sensibilisierung durch Anaesthesin oder ähnliche Stoffe in schmerz- bzw. juckreizstillenden Salbenfabrikaten. Die epicutane Novocain-Überempfindlichkeit ist zumeist mit einer Anaesthesinsensibilisierung gekoppelt (RIEDEL 1959), während dies umgekehrt nicht so häufig beobachtet wird. Die Gefährdung mancher Berufsgruppen durch Novocain wird bei der Auswertung von 1203 Kontaktekzematikern durch HOPF bestätigt. Allein 18 Kranke sind Zahnärzte gewesen.

Als Dosis tolerata sind nach HAUSCHILD folgende Werte anzusehen:

Subcutane Injektion:

3,5 g Novocain/0,5%ige Lösung = 0,05 g/kg
1,0 g Novocain/2%ige Lösung = 0,014 g/kg

Intravenöse Injektion:
0,1 g Novocain/1—2%ige Lösung = 0,0014 g/kg in Abhängigkeit vom Injektionstempo
0,01 g Novocain/10%ige Lösung = 0,00014 g/kg in Abhängigkeit vom Injektionstempo

Bei diesen Zahlenangaben muß in Rechnung gestellt werden, daß die konzentrierten Novocain-Lösungen schneller resorbiert werden!

BIETER (1945) empfiehlt als Maximaldosis für die Infiltrationsanalgesie eine Menge von 0,43 g Novocain.

Bei den intravenösen Injektionen und Dauertropfinfusionen ist nach BIETER die Injektions- bzw. Infusionsrate (mg/kg/min) wichtiger als die Dosishöhe, wenn man bei den intravasalen Verabfolgungen insgesamt nicht über 5—20,0 der 1%igen Lösung (nach SOEHRING nur 10,0), also über 50—200 mg Novocain hinausgeht.

Während die deutsche Pharmakopöe keinerlei Angaben über Maximaldosen enthält, sind diese für das Novocain in die Schweizer Pharmakopöe (1937) eingearbeitet. Danach beträgt die maximale Einzeldosis, auf Novocain berechnet, 0,2(!); die maximale Tagesdosis 0,6(!) (LENDLE).

Die klinische Toxikologie des Novocains, das Adrenalinproblem eingeschlossen, hat SOEHRING folgendermaßen zusammenfassend skizziert:

1. Eine Überdosierung mit falscher Applikationstechnik kann *unmittelbar* erregende Wirkungen auf das Zentralnervensystem haben. Novocain ist dann ein Krampfgift.

2. Setzt der Novocainzwischenfall erst *später*, etwa nach Ablauf mehrerer Minuten ein, so ist neben der Giftwirkung des Novocains selbst mit einer Sensibilisierung gegen körpereigenes Adrenalin, in seltenen Fällen auch gegen Acetylcholin durch die Spaltprodukte, vor allem durch Diäthylaminoäthanol zu rechnen. Im Vordergrund des Vergiftungsbildes stehen dann weniger die Krämpfe als unzweckmäßige Kreislaufveränderungen in weitestem Sinne.

3. Die Adrenalinsensibilisierung wird noch verhängnisvoller, wenn Novocain zugleich mit Adrenalin verabfolgt worden ist, wie dies bei den meisten lokalanaesthetischen Verfahren geübt wird. Der für die Kombinationswirkung typische Zwischenfall beginnt also relativ früh als Adrenalineffekt und endet in den meisten Fällen mit der Atem- und Kreislauflähmung, welche kaum oder nicht zu beeinflussen ist. Charakteristisch ist hier das häufige Fehlen von Krämpfen vor Eintritt der Atemlähmung.

Bei der intravenösen Applikation des Novocains ist nach SOEHRING die Einhaltung folgender Maßnahmen erforderlich: Injektion von 1 ml einer höchstens 0,2—0,5%igen Lösung/min (Stoppuhr) und nicht mehr als insgesamt 20 ml der 1%igen Lösung = 0,2 Novocain! Der Adrenalinzusatz zum Novocain ist verboten bei der intravenösen Applikation bzw. wenn die Infiltration vegetativer Ganglien bzw. Nervenstränge beabsichtigt ist, da eine bestehende Tonisierung sympathischer Nerven durch Novocain und seine Spaltprodukte in unberechenbarem Maße verstärkt werden kann. Ein Verstoß gegen diese Regeln wird nach SOEHRING heute als Kunstfehler angesehen!

V. Klinische Anwendung des Novocains

Von den 3 wesentlichen Applikationsarten kommen im dermatologischen Bereich das Infiltrationsverfahren und die intravasale Verabfolgung in Frage. Die Infiltrationstherapie wird als örtliche Injektion (Unterspritzung), zur Leitungsunterbrechung, als Grenzstrang- oder als Ganglion stellatum-Blockade durchgeführt (BOMMER, RAUHUT und DÖRING 1953). Nur ausnahmsweise ist Novocain als orales Therapeuticum eingesetzt worden (BEINHAUER 1955). Siehe auch WEATHERBY und HAAG, dort zitiert H. LUDDECKE, Arch. Derm. Syph. (Chicago) 64, 9 (1951) mit Indikation: Kontaktdermatitis, Urticaria,

Arzneimittelexantheme. 250 mg Novocain und 150 mg Vitamin C werden 4mal täglich oral verabfolgt. — Soweit aus dem Schrifttum ersichtlich, sind die Heilanaesthesie, die Störfeldbehandlung oder ähnliche, auf neuralpathologischen Anschauungen beruhende Methoden in der Dermatologie nicht gebräuchlich. Mit dem Begriff Endoanaesthesie wird von ZIPF die bei intravenöser Gabe oder Infusion zu erzielende Dämpfung bzw. Ausschaltung endogener Receptoren gekennzeichnet, wobei das terminale Reticulum mit seinen freien Endigungen insgesamt als Receptor betrachtet wird. Insoweit ist die Endoanaesthesie keine besondere Therapieform, sondern Teil im Wirkungsspektrum des Mittels.

Die Auffassung einzelner Autoren, daß die Behandlungserfolge lediglich mit der Blockierung sensibler Nervenendigungen im Zusammenhang stehen — der Schmerz als causa morbi —, wird von SOEHRING mit dem Hinweis auf die zahlreichen pharmakologisch faßbaren Effekte der Substanz entkräftet. Daß der Schmerz jedoch bei bestimmten Krankheiten wie etwa peripheren Durchblutungsstörungen ein zusätzlicher Faktor sein kann, der den Gefäßspasmus verstärkt, dürfte jedem Kliniker bekannt sein. Insofern ist seine Unterdrückung in diesem Indikationsbereich von Wert.

Bevor näher über die Ergebnisse der Novocain-Therapie berichtet wird, müssen noch einmal folgende, von den Pharmakologen herausgearbeitete Gesichtspunkte erwähnt werden:

1. Novocain ist kein Allheilmittel, seine Effekte sind schwach (EICHHOLTZ).
2. Novocain ist kein hochwirksames Pharmakon (HAUSCHILD).
3. Die Art, das Ausmaß und die Richtung des therapeutischen Effektes sind nicht immer vorausschaubar (SOEHRING).
4. Die theoretische Begründung und die Erfolgsbewertung sind reichlich ungewiß (LENDLE).

1. Historisches

a) Intravenöse Therapie

Seit 1928 haben F. und W. HUNECKE eine Novocain-Coffein-Komplexverbindung zur Behandlung von Kopfschmerzen und sonstigen Beschwerden bei Hochdruck mit größtem Erfolg in Form intravenöser Injektionen angewandt. Oft hat eine einzige Injektion (0,12 Novocain) genügt, um jahrelang bestehende Beschwerden zu beheben. Obgleich die Ergebnisse dieser Therapie in einer mehrfach aufgelegten Monographie: „Krankheit und Heilung anders gesehen“ mitgeteilt worden sind, ist die Methode, auf den Erfahrungen praktisch-ärztlicher Tätigkeit beruhend, erst ab 1941 in belgischen und französischen Kliniken aufgegriffen worden, wenn man von der mit spezieller Indikation durchgeführten intraarteriellen Applikation des Novocains bei peripheren Durchblutungsstörungen absieht (LERICHE und FONTAINE 1935). Asthma bronchiale, dyspnoische Zustände anderer Genese, Neuralgien bei Herpes zoster sind zunächst die Krankheitsbilder gewesen, welche einer intravenösen Therapie durch Novocain unterzogen wurden (Literaturzusammenstellung s. bei SOEHRING). Wie schon von den Gebrüdern HUNECKE werden auch von diesen Autoren erstaunlich geringfügige Nebenwirkungen festgestellt. Nach den Injektionen kommt es zu Schwindelgefühl, die Patienten geben eine allgemeine Schwäche an, es tritt Appetitlosigkeit auf. Ganz selten wird Erbrechen erwähnt. Es hat sich jedoch damals schon herausgestellt, daß die Einzelinjektion nicht genügt, um stets einen Behandlungserfolg zu erzielen. Aus der Einzelinjektion wird die *Novocain-Kur* (übrigens das Schicksal vieler jetzt kurmäßig verabfolgter Heilmittel); es kommen die verschiedenen Kurschemata sowie Kurfolgen, und schon 1943 tritt bei bestimmten Indikationen an die Stelle der intravenösen Injektion die intravenöse Dauertropfinfusion als ein weiteres Verfahren hinzu (AMEUILLE, BERTRAND). Im Verlauf von 9—10 Std werden 1,0—1,5 g Novocain in Ringerlösung mit einer Geschwindigkeit von 45 Tropfen/min infundiert. Die nach dem Absetzen der Infusion oft beobachtete Steigerung der Diurese wird späterhin mit dem Ziel der Behebung reflektorischer Anurien z. B. nach Sulfonamidtherapie eingesetzt. Die von GOODMAN und GILMAN letztlich mit Nachdruck befürwortete Barbiturprophylaxe durch Vorgabe von 0,04 Luminal, 20 min vor der Injektion von Novocain, entstammt ebenfalls den klinischen Erfahrungen der Jahre zwischen 1940—1950. Daß die Barbiturate einen hervorragenden Platz bei der Bekämpfung der zentralnervösen Reizerscheinungen einnehmen, ist aus der tabellarischen Übersicht über die Diagnose und Therapie der Novocainvergiftungen von EICHHOLTZ zu entnehmen (s. S. 111).

Wenn es sich auch bei der Therapie der Asthmakrise schon frühzeitig herausgestellt hat, daß die zugrunde liegende Antigen-Antikörper-Reaktion durch Novocain nicht beeinflußt wurde, so ergab sich doch eine gewisse Richtung, in welcher zunächst und fast ausschließlich weitere allergische Krankheiten der neuen Therapieform zugeführt worden sind. Amerikanische Kliniker behandelten die Serumkrankheit mit Novocain-Infusionen. Auch den Zwischenfällen nach Arsenobenzolapplikation bei der Luestherapie wurde wirksam vorgebeugt, wenn durch die liegenbleibende Kanüle unmittelbar nach dem Salvarsan oder Mapharsen Novocain injiziert wurde.

Bei der Diskussion der theoretischen Grundlagen der Behandlungserfolge des Asthmas ist auf die Sensibilisierung gegen Adrenalin bzw. das körpereigene Noradrenalin oder L-Arterenol hingewiesen worden; wobei jedoch nicht unerwähnt bleiben darf, daß oft gleichzeitig eine Sensibilisierung gegen Acetylcholin stattfindet. Die Kombination von Novocain mit Acetylcholin (RATSCHOW), welche von vornherein weniger auf den Sympathicus- als den Parasympathicuseffekt abzielt, trägt diesen Gedankengängen Rechnung. Der Schutzwirkung des Novocains gegenüber Arzneimittelüberempfindlichkeitsreaktionen entspringt zum Teil auch die Procain-Penicillin-Kombination, welche von SULLIVAN u. Mitarb. (1948) eingeführt worden ist (zitiert SOEHRING). Leider hat sich der anfängliche Optimismus nicht bestätigt insofern, als bis jetzt so viele, zum Teil lebensgefährliche und tödlich abgelaufene Zwischenfälle mit dieser Kombination bekannt sind, daß von einem Schutzeffekt wohl nicht gesprochen werden kann. In etwa 5% sind in unserem Krankengut die Nebenwirkungen auf die Procainkomponente allein, in 95% auf das Penicillin zurückzuführen.

Während LERICHE und FONTAINE (1935) das Novocain intraarteriell zur Behandlung peripherer Kreislaufstörungen angewandt haben, eine Methode, welche in der Therapie des Morbus Raynaud sowie der Raynaudschen Phänomene auch heute noch in der Dermatologie vereinzelt geübt wird (BOMMER u. Mitarb.), wird von den günstigen Wirkungen des Pharmakons auf Rhythmusstörungen des Herzens seit 1946 ein größerer Gebrauch gemacht. Hierbei hat das Procainamid die Novocainapplikation überrundet.

Die Bekämpfung des Verbrennungsschmerzes (GORDON 1942), (0,2%ige Novocain-Lösung in 5—10% Glucose, Infusionsmenge 800,0, Applikationsdauer 60 bis 90 min), welche zu einer nachfolgenden, 2—12stündigen Analgesie führt, sowie die günstige Beeinflussung des Pruritus bei Verschlußikterus sind weitere Stadien auf dem Wege der intravenösen Novocaintherapie. Die nach Einzelinjektion sowie bei kurzdauernder Infusion beobachtete Blutdrucksteigerung sowie die Verstärkung der Darmperistaltik schränkt die Anwendung von Novocain als postoperatives Schmerzlinderungsmittel, insbesondere nach Darmoperationen, ein.

8*

b) Infiltrationstherapie

Einen unvergleichlich größeren Umfang in der Therapie nehmen die *Infiltrationsverfahren* ein. Eine chronologisch richtige Wiedergabe der einzelnen, erstmals irgendwann und -wo günstig durch Novocain-Applikation beeinflußten Krankheitszustände findet sich in den Abhandlungen von RATSCHOW (1942), ALTHOFF (1947), BLOCK (1949), SOEHRING und HESSLER (1949). Die Unterbrechung der Nervenleitung sowie die Blockade vegetativer Bahnen ist etwa gleichzeitig von LERICHE und von WISCHNEWSKY (1935/36) eingeführt worden. Unter dem Einfluß der Speranskijschen Lehre werden von der russischen Schule die Novocain-Effekte im wesentlichen auf die Veränderungen der vegetativen Regulation zurückgeführt. LERICHE sah hingegen den Hauptwert der Behandlung in einer Spasmolyse, in der Lähmung des Sympathicus. Spätere experimentelle Untersuchungen, insbesondere die von HAUSCHILD (1943—1948), haben die parasympathicomimetische Wirkung des Novocains und seines Spaltproduktes Diäthylaminoäthanol sichergestellt. Damit ist eine umfassendere Deutung der Effekte am Gefäßsystem sowie der Spasmolyse an muskulären Hohlorganen ermöglicht worden, welche über den reinen sympathicolytischen Mechanismus hinausgeht. Die Tatsache, daß Novocain und seine Metaboliten je nach der Tonuslage verschiedene, oft gegenteilige Wirkungen entfalten, dürfte heute zum gesicherten Wissen gehören (SOEHRING 1949).

Die Gefäßwirkung des Novocains und des Diäthylaminoäthanols erklärt unter anderem die Behandlungserfolge bei örtlichen Erfrierungen.

2. Spezielle bzw. vorwiegend dermatologische Anwendungen von Novocain

Eigentlich sollte man erwarten, daß die Dermatologie mit ihren so zahlreichen, ätiologisch wie pathogenetisch nicht abgeklärten Krankheitsbildern einen besonders breiten Raum im Indikationsbereich der Novocain-Medikation einnimmt. Dies ist jedoch keineswegs der Fall! Trotz der Möglichkeiten, die sich sowohl theoretisch wie auch praktisch anbieten, wird die intravasale Novocaintherapie fast nur noch bei der Behandlung der progressiven Sklerodermie, in Einzelfällen beim Morbus Raynaud bzw. beim Raynaud-Phänomen durchgeführt. Allergische Reaktionen, neuralgische Zosterbeschwerden, der Verbrennungsschmerz und Juckreiz werden nur noch ausnahmsweise mit Novocain behandelt. Hierbei ist das Novocain durch die Antihistamine und insbesondere die Corticosteroide wie auch durch die neueren Sedativa und Hypnotica, die neuroleptisch und tranquillisierend wirkenden Pharmaka verdrängt worden. Die Infiltrationsverfahren in allen möglichen Variationen erfreuen sich dagegen noch einer weitgehenden Verbreitung. Die orale Verabfolgung des Novocains beschränkt sich auf wenige Testversuche. Die Blockade des Grenzstranges sowie die Ganglion stellatum-Blockade basiert — auch auf dem dermatologischen Sektor — auf bestimmten patho-genetischen Denkweisen, ebenso wie die Um- oder Unterspritzungstherapie von Efflorescenzen sowie die Ausschaltung perivasculärer Nervengeflechte. Nur bei der lokalen Infiltration zur Ausschaltung des Juckreizes ist der ursprüngliche Effekt, nämlich der einer Unterbrechung der Nervenleitung, Sinn und Inhalt der Behandlung. Damit gehört diese Behandlungsform weitgehend zur eigentlichen Lokalanaesthesie, sofern man annimmt, daß der Juckreiz innerhalb der sensiblen Nervenbahnen geleitet wird.

Die spezielle dermatologische Indikation — soweit sie im Schrifttum niedergelegt ist — umfaßt folgende Krankheitszustände: Anogenitalekzeme, Genitalpruritus, insbesondere Pruritus vulvae, chronische und akute ekzematische

Reaktionen sowie Dermatitiden, Ulcus cruris auf dem Boden einer chronischen Veneninsuffizienz, circumscripte und progressive Sklerodermien, Alopecia areata.

Weiterhin finden sich Berichte über die Behandlung des Lichen ruber planus, der Psoriasis, der Acrodermatitis chronica atrophicans (welche ja heute Objekt der Antibiotica-Therapie ist), der Pyodermien sowie der allergischen Reaktionen, die hie und da — zumeist jedoch erfolglos — einer Novocain-Behandlung unterzogen worden sind (s. auch B. KAISER 1951).

a) Die intravenöse Applikation

Die von französischen und belgischen Autoren sowie von JENNING (1944) mitgeteilten therapeutischen Erfolge beim Asthma bronchiale und die Erfahrungen, welche man bei der Unterdrückung von allergotoxischen Zwischenfällen bei der Arsenobenzoltherapie gemacht hat, haben JORDAN (1947) veranlaßt, auch andere allergische Manifestationen durch intravenöse Verabfolgung des Novocains zu beeinflussen. Man hat unter anderem günstige Behandlungsergebnisse bei der Neurodermitis gesehen (s. Kongreßbericht: JORDAN und HOLTSCHMIDT 1949, Hamburg) sowie interessanterweise bei der sonst kaum zu beeinflussenden Sclerodermia progressiva. Das Novocain wird dabei in 1%iger Lösung, beginnend mit 5,0/die, sehr langsam intravenös injiziert. Je nach Verträglichkeit wird täglich oder zweitäglich die Novocain-Menge um 1,0 gesteigert, bis 10,0. Diese Dosis wird 10mal hintereinander appliziert und — wiederum eine gute Verträglichkeit vorausgesetzt — weiter täglich um 1,0 bis maximal 20,0 erhöht. Nach 4—5maliger Verabfolgung von 20,0 ist die Kur mit einer Gesamtdosis von etwa 400,0 der 1%-Lösung nach einer Dauer von 4—4$^1/_2$ Wochen beendet. Mehrfache, in derselben Weise kurmäßig gegebene Injektionsserien mit Novocain, selbstverständlich in größeren zeitlichen Abständen von etwa $^1/_2$ Jahr, werden durchgeführt, bis sich eine Besserung des Zustandes beobachten läßt bzw. die Novocain-Kur als unwirksam abgebrochen wird. Als Behandlungserfolge werden angegeben: das Abklingen lang bestehender entzündlicher Veränderungen sowie die Heilung von Ulcerationen an den Acren, den Fingern, Ellbogen und Fußknöcheln; das Wiederauftreten der Schweißbildung an künstlich hyperämisch gemachten Hautstellen, das Weichwerden der zuvor bretthارten Haut mit Hervortreten einer feinen Hautfältelung auf der ehedem glänzend gespannten Oberfläche. Auf die inneren Manifestationen der systemischen Sklerose scheint diese Therapie ebenfalls einigen Einfluß zu haben, als es zu einer Besserung — wenigstens subjektiv — der Schluck- und Schlingbeschwerden bei Befall der Speiseröhre kommt. HOLTSCHMIDT und JORDAN stellen fest, daß sie keinerlei kumulative Giftwirkung trotz der Applikation einer so erheblichen Novocain-Menge beobachtet haben, und daß insgesamt diese Therapie wirksamer sei als die Segmentbestrahlung oder die Grenzstrangblockade. Als Regel wird aufgestellt, daß stets im Liegen injiziert wird, wobei die Zeit von 1 min für 1 ml der 1%igen Novocain-Lösung als untere Grenze angesehen wird. Die intracutane Vorprobe mit 0,1 der 1%igen Novocain-Lösung wird dieser Kur vorausgeschickt, um eine etwaige Sensibilisierung auszuschließen.

Die intravenöse Novocain-Behandlung der progressiven Sklerodermie in all ihren Formen sowie auch der ausgedehnteren Fälle von Morphea hat sich seither bewährt. Nebenwirkungen ernsthafterer Art sind bei der Behandlung zahlreicher Patienten nicht aufgetreten. Einzelne, den Injektionen parallelgehende Fieberschübe, wie sie einmalig 1954 an der Klinik zur Beobachtung gekommen sind (UKE Hamburg), konnten auf eine Besiedlung der „steril" abgefüllten Novocain-Lösung mit Streptokokken zurückgeführt werden — eine bisher noch nicht im Schrifttum erwähnte, wenn auch leichtere Gefahrenquelle. — Die intravenöse Applikation von Novocain bei gleicher Indikation bzw. die langsame Infusion einer 0,1—0,2%igen Novocain-Lösung (0,5—0,8 g Novocain pro Dosis) wird neben der Ganglion stellatum-Blockade bzw. der Unterbrechung des dorsalen oder lumbalen Grenzstranges durch Novocain von den Dermatologen des französischen Sprachkreises durchgeführt (Y. BUREAU, IX. Congrés, Assoc. Dermatologistes et Syphilographes de langue franç. 1956). J. FARRINGTON (1958) hat die von ihm etwas abgeänderte Novocain-Therapie (Gabe von 0,1 Seconal [Barbiturat] 20 min vor der Infusion; 500,0 einer 0,1%igen Procainlösung in physiologischer Kochsalzlösung oder in 5% Glucose als erste Infusion, dann weitere 6 Tage je 1000,0 Infusionsflüssigkeit, Infusionsgeschwindigkeit 45 Tropfen/min) bei 71 Patienten, davon die Hälfte mit Akrosklerose und progressiver Sklerodermie, angewandt. Besonders gut läßt sich durch diese Kur das die Sklerodaktylie begleitende Raynaud-Phänomen bessern (oft dramatisch!). Die Gelenkschmerzen sowie die Steifigkeit der Finger schwinden, die Haut wird weicher, faltbar, die Ränder der Morpheaherde verlieren den Lilac-Ring, die Efflorescenzen zeigen wieder fließende Übergänge zur normalen Haut (vgl. TURNER und SCHMIDT 1950). Auch Kranke mit *Dermatomyositis* und solche mit einem Raynaud-Phänomen aus anderer Ursache profitieren nach FARRINGTON von dieser Therapie, welche alle 6 Wochen in Form der 7 Tage hintereinander verabfolgten Novocain-Infusionen durchgeführt wird. Maximal hat dieser Autor bis zu 12 Kuren im Einzelfall gegeben. Das Behandlungsschema von FARRINGTON wird nach 3 Kuren abgesetzt, wenn keine Besserung eintritt. Auch bei BOMMER, RAUHUT und DÖRING (1953) gehört die circumscripte und progressive Sklerodermie zum festen Indikationsbereich der intravenösen Novocain-Therapie. KORTING (1958) erwähnt die Vor- und Nachteile dieser Art der Behandlung und weist auf die besonders von klinischer Seite (LÖHE, GERTLER, SCHUERMANN) beobachteten Rückfälle bzw. Exacerbationen während der Novocain-Applikation hin. KORTING bemerkt dazu, daß diese Zwischenfälle bzw. das völlige Versagen der Novocain-Therapie bei der Sklerodermie insofern kritisch betrachtet werden müsse, da es sich um keine indifferente Behandlung handelt. Auch WEATHERBY und HAAG (1958) halten die intravenöse Applikation von Novocain, welche seit 1952—nach der Literatur zu urteilen — weitgehend eingestellt worden ist, für nicht ungefährlich und nur unter Krankenhausbedingungen für erlaubt. (Dort angegebene Dosen: 4 mg/kg in 1000,0 Kochsalzlösung, Injektionsdauer 20 min.) Wenn man jedoch in Betracht zieht, daß sich die Berichte häufen, welche von der Gefährdung der Patienten mit progressiver Sklerodermie durch Corticosteroide (Nierenversagen! Sklerodermieniere) sprechen (RICH 1958), so ist trotz aller Unzulänglichkeiten und trotz einzelner Versager die Novocain-Therapie eine Maßnahme, welche auf jeden Fall bei dem sonst so wenig therapeutisch zugänglichen Leiden versucht werden sollte (HERZBERG). Auf die übrigen Verfahren wie Unterspritzung der Morphea-Herde, Unterbrechung des Grenzstranges oder Ganglium stellatum-Blockade wird von KORTING ebenfalls verwiesen.

Eingehend befassen sich russische Kliniker mit der Wirkung des intravenös verabfolgten Novocains, welches teilweise in Kombination mit Barbituraten und der Schlaftherapie Anwendung findet. BEL'SKIJ injiziert (seit 1937) 0,25%ige (10,0) oder 0,5%ige (5,0) Lösungen von Novocain nach einer intracutanen Vor-Testung mit der 0,25%igen Lösung. Gelegentlich wird auch die epicutane Testprobe vorausgeschickt. Trotz der unserer Meinung nach verhältnismäßig schnellen Injektionszeit von 2—5 min sind Unverträglichkeitserscheinungen von diesem Autor nie beobachtet worden. Als Ergebnis dieser Behandlung werden die Beseitigung des Juckreizes nach etwa 4—5 Injektionen, ein Gefühl des Ameisenlaufens sowie das der Heilung etwas nachhinkende Schwinden aller subjektiven Mißempfindungen beschrieben. Ekzeme — besonders chronische Ekzeme — erweisen sich als therapieresistenter als der Pruritus, von dem bei insgesamt 16 Fällen 10 als geheilt und 5 als gebessert bezeichnet wurden. Die Resultate bei der chronischen Urticaria sind nur mäßig gut. Recht günstig wird dagegen durch die Kombination Novocain/Barbiturat das Ulcus cruris e varicibus beeinflußt: Schwinden des Ödems, des Erythems, des Juckreizes und rasche Epithelialisierung. Rezidive werden einer erneuten kürzeren (1—5 Injektionen) Kur der gleichen Art unterzogen. BEL'SKIJ hat nach der intravenösen Applikation des Novocains eine Blutdrucksenkung von 10—40 mm beobachtet. Dies steht im Gegensatz zu vielen anderen Autoren, welche über Blutdruckanstiege berichten. VASILEV kombiniert die Verabfolgung einer 0,25%ige Novocain-Lösung (beginnend mit 3,0 täglich um 1,0 steigernd, Kurdauer 20—30 Tage) mit der Gabe von 2mal täglich 0,1 Luminal und 0,3 Zucker. Auch er beschreibt eine Blutdrucksenkung nach der Injektion, welche er allerdings nur bei Hypertonikern beobachtet hat. An Nebenwirkungen dieser Behandlung werden Kopfschmerzen und Schwindel angegeben. Juckreiz, brennende Sensationen und Schmerzen schwinden unter der Therapie, der Allgemeinzustand bessert sich. Behandelt wurden Kranke mit Urticaria und Pruritus. Ausgesprochen schlechte Resultate bei der Psoriasis vulgaris. Nebenbei berichtet VASILEV, daß die perorale Verabfolgung des Novocains zur Normalisierung pathologisch veränderter Magensaftwerte führen soll. Sinn der intravenösen Novocain-Therapie (VASILEV 1957) sei die Herabsetzung der Erregbarkeit, die Anregung des Appetits, die Normalisierung des gestörten Schlafes und die Unterdrückung der Schweißsekretion(?). MALYKIN, LAPTEV, PSRAJCEV und STRIGIN (1957) berichten über die Normalisierung von Elektroencephalogramm-Befunden unter einer kombinierten Brom-Novocain-Therapie, welche bei 39 von 42 Kranken mit Neurodermitis und generalisierten Ekzemen beobachtet werden konnte. TRAPL und JIRÁSEK, 1950, haben zwar vorübergehende Unterdrückung der Pruritus bei verschiedenen Hautkrankheiten beobachtet, jedoch nie bleibende Therapieerfolge. Sie applizieren 10,0 einer 0,5—1%igen Novocain-Lösung 1—2mal täglich (5—2' Injektionsdauer!) und zwar für 10—20 Tage.

Die über 2 Monate durchgeführte Therapie mit 2täglich 2,0 einer 2%igen Novocain-Lösung und 2,0 Embran hat nach GRIEGER (1951/52) außerordentlich günstige Erfolge bei der Behandlung der Frostgangrän gezeigt. — Ausgehend von der Hypothese des verstärkten Parasympathicustonus bei der Psoriasis vulgaris sind von HELMECZI (1955) Behandlungsversuche mit Novocain und Atropin angestellt worden. Das Novocain wird in 1%iger Lösung, beginnend mit 3,0, täglich um 1,0 gesteigert, bis maximal 10,0, insgesamt 30 Injektionen, appliziert. Von 49 Patienten haben 6 Intoleranzerscheinungen aufgewiesen, welche zum Abbruch der Behandlung zwangen. Nur 1 Kranker ist ohne Lokaltherapie symptomfrei geworden. 8mal Besserungen, 35 Patienten ließen zwischen der 13. und 15. Injektion einen Rückgang der Infiltrate erkennen. Dieses Ergebnis, welches keinen erfahrenen Dermatologen in Erstaunen versetzt, spricht nicht für die Beeinflussung der Psoriasis durch Novocain. Daß darüber hinaus ex juvantibus auf nervale Einflüsse in der Genese der Psoriasis vulgaris geschlossen wird, nimmt ebenso wunder wie die Tatsache, daß die Psoriasis vulgaris als Krankheit mit einer erhöhten Tonuslage am Parasympathicus ausgerechnet mit einer Substanz behandelt wird, deren Effekte von der jeweiligen Ausgangslage in der vegetativen Regulation abhängen.

Zu den selteneren Indikationen der intravenösen Novocain-Verabfolgung gehören die antihistaminrefraktäre Serumkrankheit bei Kindern (heute wohl ausschließlich der ACTH- oder Corticosteroidtherapie zugeführt), die Bekämpfung der Schmerzen infolge Capillarschädigung bei Verbrennungen, die Behandlung des Cardiazolschockes (SCHRÖDER 1950) sowie die Beeinflussung des Strahlenkaters und die Behandlung der Anurie nach Sulfathiazol bzw. anderen Sulfonamiden. Die Applikation von 5—10,0 der 1%igen Lösung ist dabei von verschiedenen Autoren vorgeschlagen worden.

Interessant sind die Behandlungsergebnisse, welche durch intravenöse Gabe von 10—20,0 der 1%igen Novocain-Lösung bei der schweren Kohlendioxydvergiftung beobachtet worden sind. Die Autoren berichten über spektakuläre Erfolge selbst dann, wenn sich die Patienten im tiefen Koma befunden haben (STASSEN und STASSEN 1958).

Die Beeinflussung des Asthma bronchiale durch Novocain bezeichnet GRAMKE (1953) als nicht so überragend. Wenn man eine Anfallfreiheit von einem Jahr als „Heilung" bezeichnet, dann findet man lediglich in $^2/_3$ der Fälle Besserungen, während $^1/_3$ auf diese Therapie überhaupt nicht anspricht. REWALD (1954) führt in seiner Statistik, welche sich hauptsächlich auf asthmakranke Kinder bezieht (110 Patienten), 60% zufriedenstellende Resultate, 20% Teilbesserungen und 20% Versager. Kleine Kinder erhalten das Novocain in Dosen von 0,1—0,2 intramuskulär. Die intravenös verabfolgten Mengen liegen mit 10—20,0 der 1%igen Lösung (1,0 pro Lebensjahr bei Kindern) und mit einer Injektionsgeschwindigkeit von 1 ml in 40 sec nach unseren Erfahrungen ziemlich hoch! — Die pharmakodynamische Beeinflussung der noci-receptorischen Reflexbahnen — Lähmung der vasomotorischen Aktivität — strebt MOLLARET (1958) in jenen Fällen von Poliomyelitis an, in welchen viscerale Blutungen das Leben bedrohen. Diese als Massenblutungen bzw. als Blutungen mit sekundärem Kollaps oder überhaupt verkannte, und erst bei der Autopsie als Todesursache festgestellten Blutungen bei der Poliomyelitis deutet MOLLARET als ein hämorrhagisches Syndrom bei vasomotorischer Entgleisung (Reizung) und vergleicht es mit dem syndrome malin bei schweren Infektionskrankheiten. Zur Behandlung jener Zustände wird 1—4%ige Novocain-Lösung körperwarm in Mengen zu 100—800 mg Novocain, Injektionsgeschwindigkeit 1 ml/min, intralumbal bzw. intracisternal eingebracht.

Bei dieser Art der Applikation wird beobachtet: ein starker Blutdruckabfall (notfalls Nor-Adrenalin-Zusatz zur Infusion), eine Pulsverlangsamung, die Erwärmung der Extremitäten sowie ein tiefer Schlaf. Die Blutungen werden zum Stehen gebracht, etwaige reflektorische Anurien behoben. Die Schweißbildung und der oft abundante Speichelfluß sistieren. Um schweren Zwischenfällen wie der Atemlähmung vorzubeugen, empfiehlt sich von vornherein die Beatmung im Respirator.

b) Orale Applikation von Novocain

Der in der inneren Medizin nicht ganz seltengeübten oralen Verabfolgung von Novocain sind die Versuche von BEINHAUER (1954) und LUDDECKE (1951) an die Seite zu stellen: Beeinflussung der Pruritis verschiedener Genese. Es werden Kapseln mit 0,25 Novocain-Substanz pulverisiert und 0,15 Vitamin C-Granulat verabfolgt. 2 Kapseln zu Beginn der Therapie sowie alle 3 Std eine weitere Kapsel. Diese Menge wird in den ersten 2 Tagen verabfolgt, dann werden 6 Kapseln am 3. Tag und fortlaufend 4 Kapseln pro die gegeben. Dauer der Kur: 7—17 Tage. Bei einzelnen Krankheiten: Herpes zoster, generalisierte Neurodermitis sind täglich bis zu 3000 mg Novocain peroral verabfolgt worden. Bei etwa 8% aller Kranken kommt es zu Nebenwirkungen: Kopfschmerz, Schwindel, Übelkeit und Erbrechen. Der Effekt: In 22,2% der Fälle ist der Juckreiz abgeklungen, weitere 27,9% sind vorübergehend frei von Juckreiz, gut 50% haben auf die Therapie nicht angesprochen. Kranke mit Zungenbrennen und akuter Urticaria sollen ebenfalls gut angesprochen haben. Wie CORMIA in der Diskussion bemerkt, entsprechen diese Zahlenangaben genau seinen Versuchsergebnissen mit Placebo-Tabletten!

c) Infiltrationsverfahren

Nach BOMMER und RAUHUT sowie BOMMER, RAUHUT und DÖRING (1953) eignen sich folgende Verfahren zur Behandlung von Hautkrankheiten: die örtliche Unterspritzung, die Leitungsanaesthesie, die lumbale Grenzstrang- und die Ganglion stellatum-Blockade. Ausgehend von der Durchblutungsstörung als wesentlichem Faktor in der Ekzemgenese sowie in der Entstehung trophischer Ulcerationen, ist bei der Lokalisation der Hauterscheinungen an den unteren Extremitäten von den genannten Autoren der Nervus femoralis mit 10—15,0 einer 1%igen Novocain-Lösung umspritzt worden. Akute Ekzeme sind 1mal wöchentlich bis zur Abheilung so behandelt worden. Sie eignen sich besser als die chronischen Ekzeme für die Leitungsunterbrechung. Besserungen sind aber auch bei den chronischen Ekzemen und beim Lichen ruber beobachtet worden. Bei Rückfällen bzw. Exacerbationen wird die Novocain-Medikation abgebrochen. Auch bei der Morphea kann man mit diesem Verfahren einen Stillstand in der Progression der Efflorescenzen erzielen. Die Acrodermatitis chronica atrophicans eignet sich nicht für die Novocain-Behandlung. Gute bis hervorragende Erfolge werden mit der Leitungsunterbrechung des Nervus brachialis beim Morbus Raynaud erzielt. Auch Frostschäden sind ausschließlich mit der Methode der Leitungsanaesthesie ohne äußerliche Behandlung zur Abheilung gekommen. Die Beseitigung des oft quälenden Juckreizes, der Rückgang lokaler Ödeme sowie die Verbesserung der örtlichen Durchblutung durch die Lösung von Gefäßspasmen wird als die Ursache der beim Frostschaden erzielten therapeutischen Resultate hervorgehoben.

Neben dem Ulcus cruris varicosum (gelegentlich technische Schwierigkeiten durch callöses Narbengewebe) wird die örtliche Unterspritzung noch geübt beim Pruritus vulvae, scroti, ani sowie beim umschriebenen, chronisch lichenifizierten Ekzemherden (G. HENNEMANN 1951). Die zur Anwendung kommende Menge beträgt bis zu 20,0 der 1%igen Lösung, verabfolgt in einer oder in mehreren Sitzungen. Beim Ulcus cruris variosum hat sich auch die Applikation der Novocain-Lösung in Muskelpartien proximal vom Geschwür bewährt (BOMMER u. Mitarb.). Dem rein symptomatischen Charakter dieser Maßnahme entsprechend sind dauerhafte Behandlungserfolge nur selten zu beobachten (M. SCHOOG 1951). — Ebenfalls mit der Methode der Umspritzung werden behandelt: plantare Warzen (französische Autoren sowie FRICK, KANTELÉ und PUTKONEN 1959) sowie Kreuzotterbisse, bei welchen neben der Umspritzung auch noch die Leitungsanaesthesie oder Grenzstrangblockade versucht werden soll. — Impletol-Injektionen in den oberen Tonsillenpol(!) empfiehlt GALINA (1960) bei der Therapie der Alopecie.

MOSER (1959) beschreibt in seinem Behandlungsschema peripherer arterieller Durchblutungsstörungen das folgende Verfahren bei der konservativen Therapie der Embolie peripherer Arterien bzw. des plötzlich einsetzenden thrombendangiitischen oder auf Arteriosklerose beruhenden Gefäßverschlusses. Mit 0,5—1% Novocain-Lösung werden *umspritzt:*

a) Am Bein die A. femoralis in der Gegend unterhalb des Leistenbandes mit 20,0, die A. poplitea in der Kniekehle mit 20,0 sowie die Aa. tibial. ant. et post. sowie die A. dorsalis pedis mit je 5,0.

b) Am Arm werden an identischen Stellen im ganzen etwas geringere Dosen appliziert.

Diese — selbstverständlich — noch durch andere medikamentöse Maßnahmen vervollständigte Therapie wird in den ersten Tagen nach dem Verschluß noch fortgesetzt, und zwar mit 3mal täglich insgesamt 60—80,0 Novocain.

Die paravertebrale Infiltration des Grenzstranges, welche nach KALKOFF, EHRING und THIELE (1950) nur auf der den Hautveränderungen korrespondierenden Seite mit Erfolg durchgeführt wird (Schema s. bei EHRING und THIEHLE 1950), soll beim Herpes zoster (0,5—1%ige Novocain-Lösungen) in 90% aller Fälle den Schmerz befriedigend ausgeschaltet haben (ROSENAK 1957/58). Zum Indikationsbereich der Blockade des lumbalen Grenzstranges gelten nach BOMMER u. Mitarb. auch noch das Ekzem (!) sowie die Durchblutungsstörungen der unteren Extremitäten und die Ulcera crura auf dem Boden einer chronischen Veneninsuffizienz. Dieses Verfahren ist nach den genannten Autoren wirksamer als die Leitungsunterbrechung am Nervus femoralis. — GATSENKO und LEBEDENKO empfehlen zur Behandlung der chronischen Prostatitis die parasacrale Novocain-Blockade, welche sie mit 80—120 ml einer 0,5%igen Novocain-Lösung, die 1—2mal mit 7—10 Tagen Intervall verabfolgt wird, durchführen. Im Anschluß an diese Behandlung folgt eine Penicillin- oder sonstige antibiotische Kur sowie die übliche Massage und Lokalbehandlung der begleitenden Urethritis. Von 22 nachkontrollierten Patienten haben 19 auf diese Therapieart gut angesprochen; 3 Rezidive. Dies erscheint bei der bekannten Chronizität des Leidens ein erstaunlich geringer Rezidivanfall.

Schließlich findet die Ganglion stellatum-Blockade zur Behebung von Schmerzzuständen bei Röntgenulcerationen in dem betreffenden Bereich sowie bei postzosterischen Neuralgien des Trigeminus Verwendung, siehe unter anderem bei BOMMER u. Mitarb., bei SCHMITT (1950), SCHMITT und JUNG (1951). TELLER (1950) hat mit dieser Methode keine wesentlichen Erfolge beobachten können.

Die von einzelnen Autoren gelegentlich betonte Gefahr, welche dem Infiltrationsverfahren in entzündlich verändertem Gewebe (Förderung der bakteriellen Infektion durch das Spaltprodukt p-Aminobenzoesäure) beigelegt worden ist, wird nach den Untersuchungen von HARNISCH und LAMMERS (1953) und im Gegensatz zur Feststellung von GATTERMANN, HIRSCH und HOLLER (1952) zumeist überschätzt. HARNISCH und LAMMERS haben keine Vermehrung bakteriell bedingter Komplikationen gesehen, auch wenn sie Novocain in ein akut entzündliches Gewebe injiziert haben.

Die *intraarterielle* Applikation von Novocain wird gelegentlich noch bei peripheren Durchblutungsstörungen angewandt (Endangiitis obliterans, Arteriosklerosis obliterans, Morbus Raynaud sowie Raynaud-Phänomene, Erythrothermalgie, Thrombophlebitis, Phlebitis sowie Ulcerationen bei chronischer Veneninsuffizienz, gelegentlich sogar bei Embolien; GOODMAN und GILMAN, DITTMAR 1948; MOSER 1959).

d) Nebenwirkungen der Verfahren zu a bis c

Wie schon im Abschnitt über die Toxikologie des Novocains ausgeführt, liegen über alle Arten von Nebenwirkungen zum Teil eindrucksvolle Mitteilungen vor (Todesfallstatistiken). Wenn man von den Zwischenfällen absieht, die sich auf die versehentliche intravasale Applikation einer Novocain-Adrenalin-Lösung beziehen bzw. welche als Folge von Abwegigkeiten der Kreislaufreaktionen bei der Ganglion stellatum-Blockade oder bei der Infiltration der Tonsillarbetten (HESSE, SOEHRING) aufgetreten sind, so gelten für die echten, auf das Pharmakon zu beziehenden Vergiftungen folgende Grundsätze:

Die klinische Toxicität des Novocains ist abhängig

a) von der Injektionsgeschwindigkeit,

b) von der Resorptionsgeschwindigkeit,

c) von der Konzentration des Mittels (höhere Konzentrationen werden schneller resorbiert!).

MANCKE und ORZECHOWSKI (1948) stellen hierbei die Sensibilisierung des Sympathicus gegen Adrenalin besonders heraus. Sie gilt ebensosehr für das Novocain wie für seinen Metaboliten, das Diäthylaminoäthanol. Voraussetzung für die Verabfolgung des Novocains ist daher die Anpassung der Dosen an das Alter und an den Kräftezustand der Patienten. Eine Vortestung mit 5—10 mg Novocain intravenös soll als Sicherheitsmaßnahme jeder intravasalen Applikation vorausgehen. Wenn nicht überhaupt die etwas weniger gefährliche intramuskuläre Verabfolgung genügt, sollen 2 Std nach der Vorprobe nicht mehr als höchstens 80 mg Novocain in 0,5%iger Lösung injiziert werden. Das J. Amer. Med. Assoc. 1950 nimmt in einem Redaktions-Artikel zu der Frage der Sicherheit von Novocain-Applikationen wie folgt Stellung: Die Konzentration der intravenös zu verabreichenden Lösungen sollen tunlichst nicht über 0,2% liegen! Das Maximum beträgt für den Erwachsenen 1,0 Novocain/die. Tests werden im übrigen als zwecklos abgelehnt! E. GATTERMANN (1951) empfiehlt für Infiltrations- und Leitungsanaesthesie 0,25—0,5% Lösungen, bei höheren Konzentrationen treten nach seiner Meinung gehäuft Nebenwirkungen auf wie Übelkeit, Erbrechen, Kollaps und Krämpfe. Bei gleicher Novocain-Menge wirkt eine höhere Konzentration des Mittels wegen schnellerer Resorption oft toxisch. Die Toleranz kann durch Vorgabe von Barbituraten gesteigert werden. GATTERMANN hält die subdurale Anaesthesie für die gefährlichste Prozedur. CREMERIUS und CURSCHMANN (1950) unterteilen die tödlichen Zwischenfälle in Früh- und Spättodesfälle. Während es beim Spät-Todesfall schwierig sein kann, die Todesursache zu klären, entstehen die Früh-Todesfälle als Folge einer Vergiftung lebenswichtiger zentraler Zentren bzw. ferngelenkt über pathologische Reflexe, welche vom Grenzstrang aus zur Medulla fortgeleitet werden, oder direkt durch die Unterbrechung sympathischer Impulse. Junge Menschen sowie Kranke, bei denen ein Status thymicolymphaticus — bei der Sektion — nachgewiesen wurde, fallen häufiger dem Novocain zum Opfer, insbesondere bei der Infiltrationsanaesthesie vor Tonsillenentfernung (s. auch HESSE) und bei der Blockade des Ganglion stellatum. Die klinischen Anzeichen eines derartigen Zwischenfalles, wenn er rein zentral ausgelöst wird, sind Blässe, Bewußtlosigkeit, tonisch-klonische Krämpfe, Cyanose, weite Pupillen, rascher fadenförmiger Puls, Atemstillstand. Bei der Blockade hochgelegener Ganglien oder von Abschnitten des Grenzstranges prävalieren die von SOEHRING gekennzeichneten Abwegigkeiten der Kreislaufregulationen mit Kollaps, Infarkten und Synkope. Man muß aber auch an allergische Manifestationen denken, die sich als anaphylaktischer Schock oder in Hautreaktionen, Dyspnoe (Asthmaanfälle) und Reaktionen am Nervensystem — sowohl zentral wie peripher — auswirken können.

BOHNSTEDT (1947) hat einen Todesfall nach Applikation von $^1/_4$%iger Lösung zur Sympathicusblockade beschrieben. Es handelte sich dabei um einen Kranken mit Sklerodermie. Der Infiltration folgte unmittelbar ein Kollaps. Der Kranke erholte sich vorübergehend und verstarb 4 Std später (Spät-Todesfall). Die Sektion hat, wie in diesen Fällen leider häufig vorkommend, keine Aufklärung der Todesursache gebracht. Fehler in der Injektionstechnik lagen nicht vor.

Als besonders gefährlich bezeichnet ALTHOFF, ein guter Kenner dieser Materie, die Novocain-Blockade des Ganglion stellatum (Pleurakappenstich!) sowie des Ganglion coeliacum (Kreislaufkollaps) und die Infiltration des Nierenstiels mit gelegentlich massiver Nekrose der Niere. Coronar- und cerebralsklerotische Patienten, Hirngeschädigte und hypophysär Erkrankte sollen nach den Ergebnissen von ALTHOFF von der Novocain-Behandlung generell ausgeschlossen werden (tödliche cerebrale Blutungen!). Als gebräuchliche Dosen werden von ALTHOFF empfohlen: 30,0 der $^{1}/_{4}$%igen oder 1—5,0 der 1%igen Lösung bei der einmaligen intravenösen Applikation. Die Giftwirkung des Novocains wird nicht nur durch die Zugabe von Adrenalin (versehentliche intravenöse Injektion), sondern durch gleichzeitig verabfolgte Opiate sowie Dolantin und Polamidon gesteigert (HESSE). ALTHOFF stellt bei den Zwischenfällen der Novocain-Therapie die vasomotorischen Störungen als eine Folge der Beeinflussung großer Schaltstellen (Ganglien) heraus und meint, daß echte allergische Reaktionen nur selten zu beobachten seien. Wegen der Unmöglichkeit, die Art der Reaktion des Vegetativums vorauszusagen, muß die Notwendigkeit der therapeutischen Applikation des Novocains zuvor genau gegenüber etwaigen Nebenwirkungen abgewogen werden.

ALEXANDER (1955) beschäftigt sich eingehend mit den tödlichen Zwischenfällen nach Novocain-Applikation und glaubt, daß derartig schwere Reaktionen im Vergleich zum Umfang der Novocain-Anwendung gering seien. Während bis 1924 nach E. MAYER von 43 Todesfällen bei der Lokalanaesthesie nur 2 zu Lasten des Procains gehen, sind von weiteren 14 Todesfällen (bis 1928) bereits 8 auf diese Substanz zurückzuführen. Ein Teil der Fälle beruht darauf, daß man trotz des Auftretens von Überempfindlichkeitserscheinungen die intravenöse Applikation fortgesetzt hat. Über 3 Todesfälle, denen allergische Mechanismen zugrunde liegen, berichten CRIEP und RIBIERO (1953). Darunter befindet sich ein Neurodermitiker, der 6 Monate vor dem tödlichen anaphylaktischen Schock wegen einer Zahnextraktion mit Novocain anaesthesiert worden ist. Eine 2. Novocain-Injektion hat dann zum Bronchospasmus, Schock, Koma, Lungenödem und zum Exitus geführt. Bei der Autopsie ist ein perisistierender Thymus festgestellt worden. Auch HAUSCHILD hält im übrigen die allergischen Reaktionen für nicht so selten, wie bislang angenommen. RYAN (1953) zweifelt die von CRIEP und RIBIERO dargelegten allergischen Gefahren der Novocain-Behandlung an. Bei 9000 Hernien-Operationen und bei Anwendung von jeweils 150—200,0 der 2%igen Novocain-Lösung (!) seien auch dann keine Zwischenfälle von ihm beobachtet worden, wenn die intracutane Vortestung eindeutig positiv ausgefallen ist. Man wird guttun, dieser Meinung recht kritisch gegenüberzustehen, überschreiten doch die angewandten Dosen 6mal die in der Schweizer Pharmakopöe festgelegten Maximaldosen von 0,6/die. Sie negieren auch die Möglichkeit allergischer Reaktionen. — GISCARD beschreibt einen Fall von thrombocytischer Purpura nach Novocain, die eine sichere allergische Manifestation darstellt. Über einen besonders gelagerten Todesfall berichten ANGERER u. Mitarb. (1953). Eine lokale Nervenblockade zur Behandlung einer intercostalen Neuralgie führt zur Thrombose der Intercostalvene und zum Tod. Bei der Autopsie werden myomalacische Herde und Venenthromben im Rückenmark gefunden; der auf Procaingehalt untersuchte Liquor weist eine Menge von 50 mg/100 ml auf! REYMOND (1957) betont, daß die tödlichen Zwischenfälle wohl nie bei der lokalen Administration von Novocain, sondern nur bei der Ablagerung von Depots in der Nähe sympathischer Ganglien bzw. bei der intravasalen Therapie eintreten. Es handelt sich dabei weniger um die Einwirkung des Mittels auf bestimmte Receptoren, als um ein systemisches Geschehen, welches REYMOND so formuliert: Novocain provoziert einen brüsken Vorstoß in das sympathische Nervensystem und führt zu einer Stimulation der Nebennierenrinde. Vagotoniker und Asthmatiker sind besonders gefährdet. — Bei den Sektionsbefunden werden oft massive viscerale Infarzierung sowie Kongestion im Splanchnicusgebiet beobachtet. In einer Dissertation (PAUL, Leipzig 1951; zitiert bei HAUSCHILD) sind 290 Fälle von Intoxikationen, darunter 98 Todesfälle, genauer analysiert. An klinischen Erscheinungen sind beobachtet worden: Atemstillstand (70), Krämpfe (69), Sehstörungen (39), Kollaps (32). Von

48 Todesfällen gehen 47 zu Lasten des Adrenalins, lediglich in einem Fall ist das Procain am unglücklichen Ausgang beteiligt. Aufgeschlüsselt nach Anwendungsbezirken ergibt sich folgende „Zwischenfalls“-Tabelle (HAUSCHILD):

Kopf/Halsgebiet	46%	(davon 19% tödlich)
Zahnextraktion	5,2%	(davon 1,2% tödlich)
Wirbelsäule	19%	(davon 5% tödlich)
Brust/Bauchgebiet	19%	(davon 2% tödlich)
Extremitäten	4,4%	(davon 0,6% tödlich)
intravenöse Applikation	3,8%	(davon 0,6% tödlich)

Eine ähnliche Zusammenstellung findet sich bei HOHLFELD (zitiert: KILLIAN 1953). Die 106 in der Literatur gesammelten Zwischenfälle, von denen 31 tödlich verlaufen sind, rekrutieren sich aus folgenden Fachgebieten: 23 zahn- und kieferklinisch, 25 oto-rhino-laryngologisch, 30 chirurgisch, 10 aus der inneren Medizin (therapeutische Applikation des Novocains), *6 aus der dermatologischen Therapie!*, 12 bei Sonderanwendungen und Verwechslungen. Anhand von 10 Literaturangaben hat LIGHT (1940) allein die neurologischen Komplikationen bei der Spinalanaesthesie wie folgt angegeben (zitiert: KILLIAN): 42 Fälle von Myelitis, 4 Fälle von Encephalitis, 3 Fälle von trophischen Störungen, 7 Hemiplegien, 4mal cerebrale Erweichungsherde.

Über einen genau autoptisch untersuchten Spät-Todesfall nach subcutaner, paravertebraler und parasternaler Applikation von 300,0 einer 0,5%igen Novocain-Adrenalin-Lösung (Vorbereitung zur Öffnung eines Lungenabscesses) mit anschließendem Kollaps und Exitus 2 Tage danach im Zustand eines schweren Lungenödems berichtet HARTL (1949). Klinik: Blutzuckeranstieg auf 140 mg%, Mydriasis, Cyanose, cerebral ausgelöste Krämpfe. Bei der Sektion prävaliert als Folge der mangelnden Blutversorgung während des Kollapses der Parenchymschaden am Herzmuskel, in der Leber, in den Nieren, an den inneren Organen und im Gehirn. Als eigentliche Todesursache wird das kreislaufbedingte Lungenödem hervorgehoben.

Ein eigentümliches Krankheitsbild, welches in gleicher Weise durch die Verabfolgung von Novocain und von Vitamin D_2 hervorzurufen war, hat SIELER in der Gertlerschen Klinik (Leipzig) beobachtet. Eine 46jährige Frau mit papulonekrotischen Tuberkuliden erhielt 2,0 einer 2%igen Lösung Novocain intravenös; im Anschluß daran wird die Patientin schläfrig. 14 Tage später wird diese Injektion wiederholt mit derselben Wirkung. Die Patientin fällt fast unmittelbar post injectionem in Schlaf. 15—20 min nach der 3. Injektion, welche 6 Tage der zweiten nachgefolgt ist, kommt es zu tonisch-klonischen Krampfanfällen, Bewußtlosigkeit, komatösem Schlaf. Innerhalb der folgenden 3 Wochen krampft die Kranke, ohne daß neuerlich Novocain verabfolgt wird, insgesamt 29mal, anfangs etwa 2—3mal täglich mit einem Intervall von 8—12 Std zwischen den einzelnen Krämpfen. Im Anfall selbst sind die Pupillen eng, sie reagieren noch auf Licht. Es besteht eine Cornealanalgesie, Trismus, eine Cheyne-Stokessche Atmung, ein geringer Überdruck im Liquor. 6 Wochen nach Beendigung dieser Krampfphase der Patientin wird die Behandlung der Tuberkulose mit 1 mg Vitamin D_2 eingeleitet. Es kommt sofort zur Auslösung neuer Krampfanfälle, diesmal jedoch von narkoleptischem Charakter. Auch nach Verabfolgung von 0,5 mg Vitamin D_2 gleicher Zwischenfall. Die genannten Erscheinungen werden bei der Patientin, welche eine vorwiegend vagale Tonuslage zeigt, als Stammhirneffekt gedeutet (Periodizität der Anfälle). Eine Kumulation des Novocains bei mangelnder Spaltungsfähigkeit wird angenommen.

Eine wohl exzeptionelle, allergisch bedingte Reaktion, nämlich eine ausgedehnte Arteriitis nach Verabreichung von Procain, wird bei L. MEYLER (1958) erwähnt.

Zu der im dermatologischen Schrifttum recht heftig ausgetragenen und begrüßenswerten Diskussion um eine Arbeit von H. SCHEFFLER (1950): Todesfälle nach therapeutischer Beeinflussung des vegetativen Nervensystems durch Novocain-Infiltration und ein Versuch zu ihrer Klärung (dazu Stellungnahme von RAUHUT, BOMMER, SCHMITT und JUNG, SCHEFFLER 1951) ist nach Kenntnis der modernen Literatur abschließend festzustellen, daß die meisten Zwischenfälle unzweifelhaft bei der Ganglienblockade und bei Infiltration in der Nähe des Carotissinus auftreten und daß hierbei der Kollaps, d. h. das abwegige Verhalten des Kreislaufes im Vordergrund steht. Somit kann die auch klinisch-experimentell von SCHEFFLER begründete Meinung als richtig angesehen werden.

Es ist ganz sicher, daß die Verabfolgung von Novocain auf allen bekannten Wegen zu allergischen Reaktionen führen kann. Das entsprechende Krankheitsbild reicht dabei vom anaphylaktischen Schock bis zur kontakt-ekzematischen Reaktion. Über 6 eindrucksvolle Erkrankungsfälle einer Novocain-Allergie berichten OTT und NETOLITZKY (1954). An Hautveränderungen werden beobachtet: Erytheme, Purpura, blasige und urticarielle Efflorescenzen, Ödeme. Vorbestehende Ekzeme können exacerbieren und Ulcerationen an deren Stelle auftreten, die als Schwartzman-Phänomen gedeutet werden. Gelegentlich gehen schwere Kollapszustände den generalisierten Empfindlichkeitsreaktionen voraus. KL. MAIER (1954) beschreibt mit präparierender und auslösender Injektion einen Erkrankungsfall recht genau, so daß er hier wiedergegeben werden soll. Präparierende Injektion: Lokalanaesthesie, 12 Tage später extradurale Spinalanaesthesie. Schüttelfrost, Temperaturanstieg, Hautjucken am Scrotum und am Penis. 3 Tage später wiederum extradurale Spinalanaesthesie. Daraufhin anaphylaktischer Schock, später ausgedehntes erythemato-papulo-vesiculöses Exanthem sowie ein massives Ödem am Penis und Scrotum. Auch VILANOVA und C. CARDENAL (1955) haben eine derartige auf Penis und Scrotum beschränkte Reaktion mit „positiven" Hauttests auf Novocain und Sulfonamide beobachtet. — Obgleich bereits die ersten Fälle von kontakt-ekzematischen Reaktionen gegen das Procain 1921/22 bei Zahnärzten und Dentisten in Amerika beobachtet und unter anderem von J. V. KLAUDER eingehend beschrieben worden sind, werden noch 1949 von MICHEL, SAINT PAUL und DUMAS zahlreiche Fälle allergisch-ekzematischer Reaktionen unter anderem auch von Ödemen am Applikationsort von Novocain enthaltenden Linimenten, Salben, insbesondere Augensalben, mitgeteilt. Die genannten Autoren warnen daher zu Recht vor der Applikation dieser juckreiz- und schmerzstillenden Externa. Auf die bekannte Gruppensensibilisierung, die sich auf Novocain, Anaesthesin, Sulfonamide mit paraständiger, primärer Aminogruppe am Benzolkern sowie Anilin, Pantocain und Panthesin erstreckt, wird von RUTHER (1952) erneut aufmerksam gemacht (s. auch MICHEL, SAINT PAUL und RONRE). Während die Überempfindlichkeit gegen Novocain stets begleitet wird von einer Sensibilisierung gegen Anaesthesin, findet sich die Gruppenempfindlichkeit nicht auch in umkehrter Reihenfolge (RUTHER). — Zu den etwas seltener auftretenden allergischen Erscheinungen zählen Neuritiden im Anschluß an Leitungsunterbrechung am Plexus (WOLF 1952). Die hin und wieder mitgeteilten Fälle von kontakt-ekzematischen Reaktionen auf Novocain nach einer Lokalanaesthesie, d.h. nach Einbringung des Mittels in bzw. unter die Haut, sind etwas schwer deutbar, zumal derartige Patienten mit den Erscheinungen einer allergischen Spät-Reaktion auch positive intracutane Tests aufweisen (ZELLER 1953; NETZER 1954).

Im Hinblick auf diese — wenn auch nicht so häufigen, doch sicher beobachteten und nachgewiesenen — Allergien muß den von chirurgischer Seite oft abgelehnten oder im Ergebnis negierten (RYAN) intracutanen oder epicutanen Tests vor der

Applikation von Novocain eine prophylaktische Bedeutung zugeschrieben werden. Patienten mit einer Überempfindlichkeit gegen Procain sind außerdem vor der Verabfolgung des Procain-Penicillins zu warnen, zumal es heute eine Menge Präparate gibt, die eine gefahrlose Verabfolgung von Penicillin auch dann gewährleisten, wenn eine Procainsensibilisierung vorliegt. In unserem klinischen Material reagieren etwa 5% aller Patienten, die eine Überempfindlichkeit gegen Procain-Penicillin aufweisen, allein auf die Novocain-Komponente dieser Kombination.

Zusammengefaßt ist festzustellen, daß die Intoxikationen an Umfang und Schwere die allergischen Manifestationen sicher überwiegen. Letztere jedoch gänzlich abzulehnen oder als belangslos hinzustellen, ist sowohl anhand der Literatur wie auf Grund eigener Erfahrungen unmöglich. Stellt man die weltweite Anwendung des Novocains als Lokalanaestheticum und als Therapeuticum in Rechnung, so sind weniger die Anzahl der Zwischenfälle und deren ernster, ja lebensgefährlicher Charakter erstaunlich, sondern die Tatsache, daß hier mit einer Offenheit sondergleichen die Nebenwirkungen publice mitgeteilt wurden. Aus diesem Tatbestand heraus erklären sich zwanglos die recht klaren und scharfen gutachterlichen Äußerungen im Falle von Fehlern bei der Applikation des Novocains (Soehring).

Abschließend wird der Vorschlag gemacht, auch in die Deutsche Pharmakopöe, entsprechend den Angaben in der Pharmacopoea Helvetiae (1937), maximale Einzel- und Tagesdosen aufzunehmen.

Der interessierte Leser sei auf die erst kürzlich erschienene Monographie von H. Killian (mit zahlreichen Mitarbeitern) aufmerksam gemacht: Lokalanaesthesie und Lokalanaesthetica, G. Thieme-Verlag, Stuttgart 1959.

F. Calcium

I. Einleitung

Bei der therapeutischen Anwendung von Calciumsalzen unterscheidet man 2 Behandlungsarten:

1. Die *remineralisierende Therapie* zur Behebung von Kalkmangelsituationen, also die substitutive Zufuhr des physiologisch wichtigen Calciumions. Anwendungsgebiet sind gewisse Formen der Tetanie, der Spasmophilie und hypocalcämische Zustände, z. B. bei der Impetigo herpetiformis.

2. Die *transmineralisierende Therapie*. Dabei werden bestimmte, den Calciumsalzen zukommende pharmakologische Effekte bei sonst normaler Stoffwechsellage im Kalkhaushalt ausgenutzt, um antiexsudative oder antiinflammatorische Wirkungen zu erzielen. In der Dermatologie spielt diese Behandlung zweifellos die größere Rolle.

Umfang und Indikationsbreite der transmineralisierenden Calcium-Therapie haben im Laufe der Jahre so zugenommen, daß allein aus diesem Umstand einzelne Autoren den Wert der Calcium-Applikation in Zweifel ziehen. So kommentieren Goodman und Gilman (1955) die Substitution von Calcium^{++} mit folgenden Worten: "Seldom is the administration of calcium salts the sole, or even the desirable therapeutic procedure for the correction of the abnormality" (Abnormalities of Calcium metabolism). Die Autoren begründen ihre Ansicht mit den außerordentlich verwickelten Regulationsmechanismen des Kalkstoffwechsels und weisen darauf hin, daß die ausschließliche Ca-Zufuhr nicht gleichzusetzen ist mit einer erfolgreichen Remineralisation. Dem entspricht im klinischen Bereich die

Einteilung der Tetanieformen sowie deren unterschiedliche therapeutische Beeinflussung durch die Gabe von Calciumsalzen. Noch schärfer wird die transmineralisierende Therapie kritisiert: "It is generally believed that the results obtained are not worth the trouble of calcium administration." Diese ablehnende Stellungnahme bezieht sich insbesondere auf die von GOODMAN und GILMAN als hypothetisch angesehene, capillarabdichtende Wirkung der Calciumionen. Eine ähnliche Auffassung vertritt HAXTHAUSEN (1948). In experimentellen Untersuchungen ist es ihm nicht gelungen, durch Verabfolgung von Calciumsalzen die Größe der Histaminquaddel im Scarifikationstest zu beeinflussen oder die entzündliche Reaktion nach Kohlensäureschneevereisung zu unterdrücken. Negative Resultate sind ebenfalls erzielt worden bei dem Versuch, die Entstehung oder das Ausmaß allergischer Früh- oder Spätreaktionen bei Mensch und Tier zu verhindern bzw. einzuschränken. HAXTHAUSEN schließt daraus, daß dem heutigen Umfang der Calciumtherapie keine ausreichende Grundlagenforschung entspricht! — Bei der Untersuchung verschiedener Pharmaka auf antipruriginöse Effekte haben CORMIA und KUYKENDAHL (1954) so gut wie gar keine Wirkung nach Applikation des Calciumgluconats (einziges Calciumsalz in dieser Serie) beobachtet. Unter stets gleichbleibenden äußeren Versuchsbedingungen ist zunächst der individuell verschiedene pruriginöse Schwellenwert einer intracutan verabfolgten hochverdünnten Histaminlösung festgestellt und dann der Einfluß einzelner Substanzen auf die Juckreizschwelle geprüft worden. In einer größeren Reihe wirksamer Antipruriginosa figuriert das Calciumgluconat an vorletzter Stelle.

Diese sehr kritischen Äußerungen von pharmakologischer und experimentell-dermatologischer Seite sind an den Anfang des Kapitels Calcium gestellt worden, um die Besprechung dieser problematischen Therapie hier zu rechtfertigen.

II. Vorbemerkungen zur Physiologie des Calciums^{++}

Es kann gar keinem Zweifel unterliegen, daß dem ionisierten Calcium^{++} eine vitale Bedeutung im menschlichen und tierischen Organismus zukommt. Das Kation* ist unter anderem unentbehrlich für die Aufrechterhaltung somatischer und autonomer Nervenfunktionen, für die Aktionen des Herzmuskels (s. J. H. BURN 1958, Herzflimmern und Ionenverschiebungen), für die Blutgerinnung sowie für den Knochen- und Zahnaufbau, um nur einige der wichtigsten Leistungen aufzuzeigen. Eine Übersicht der Angriffspunkte und der pharmakologischen Effekte des Calciums ist der nachfolgenden Tabelle von HAUSCHILD (1956) zu entnehmen.

Nur eine sehr fein abgestimmte Regulation im Rahmen der vegetativen Organisation ist in der Lage, diese Vielfalt der Calcium-Effekte zu steuern. An Regulationsmechanismen sind zu nennen: Neurohormonale Impulse und die Zügelung über die Achse Cortex-Hirnstamm-Hypophyse-Nebenschilddrüsen. Auch die Hormone der Thyreoidea und der Gonaden und die Nebennierenrindenhormone üben einen Einfluß auf den Blut- und Gewebsspiegel des Calciums aus. Interessant ist dabei das physiologisch-gegensätzliche Verhalten der Sexualhormone und der Nebennierenrindenandrogene einerseits (Stimulation der Eiweißsynthese im Knochen und der Produktion von Polysacchariden, welche in der Grundsubstanz des Knochens enthalten sind — anabole Wirkung, Knochenaufbau) und der Glucocorticoide andererseits, welche als antianabole Stoffe die Sulfonierung der Polysaccharide und die Eiweißeinlagerung hemmen sowie die Aktivität der Osteoblasten vermindern. Die Glucocorticoide beeinträchtigen die Funktion des Knochens als Mineralstoffdepot, sie verstärken die Abwanderung

* Die Ca^{++}-Menge des Organismus beträgt etwa 2% des Körpergewichtes (GARB 1958).

Tabelle 4

Angriffspunkt	I. Calciummangel	II. Kleiner bis mäßiger Überschuß	III. Starker Überschuß
A. Allgemein	Erregbarkeit gesteigert	gedämpft	blockiert
B. Neuromuskuläre Funktionen	Erregbarkeit gesteigert	gedämpft	blockiert
C. Vegetative Funktionen	Adrenalin, Acetylcholin; abgeschwächt oder unwirksam (erst verstärkt)	Adrenalin, Digitalis; verstärkt Acetylcholin abgeschwächt)	erst wie II., dann Block
D. Zentralnervensystem	Übererregbarkeit (Zuckungen)	Erregbarkeit gedämpft	Lähmung
E. Herz	Nach erhöhter Adrenalinempfindlichkeit verringerte Adrenalinwirkung. Negativ ino- und chrontrop. Diastolischer Stillstand. Acetylcholonwirkung gehemmt, aufgehoben	Adrenalinwirkung gemindert. Digitaliseffekt verstärkt. Acetylcholineffekt abgeschwächt	Herzstillstand in Systole
F. Kreislauf	nicht einheitlich	Blutdruckanstieg, bei Äthernarkose verstärkt	
G. Glatte Muskulatur	Erregbarkeit gesteigert	Spasmen der Bronchien, des Magen-Darm-Traktes beseitigt, Uterus tonisiert, sensibilisiert	Lähmung
H. Blutgerinnung	verzögert	gefördert	gefördert
I. Allergie*	gesteigert	gedämpft	gehemmt
K. Membranpermeabilität	gesteigert	verringert	gehemmt
L. Entzündung	gesteigert	gehemmt	
M. Kalkhaushalt	Tetanie, Spasmophilie, Rachitis	—	Kalkablagerungen
N. Antagonisten	$K^+Mg^{++}Na^+$-Ionen		
Antidotwirkung bei Vergiftungen	Blei, Antimon, Quecksilber		

Zwischen dem Skeletsystem und dem Ca-Gehalt der weichen Gewebe besteht ein Stoffwechselgleichgewicht

* Antigen-Antikörper-Reaktion läuft ab, Reaktion am Erfolgsorgan durch Ca beeinflußt.

der Kalksalze sowie deren vermehrte Ausscheidung im Harn. Änderungen in dem Elektrolytgleichgewicht werden ferner verursacht durch Erregungsabläufe im Sympathicus, wobei es zu Verschiebungen nach der Seite des Calciums hin kommt, sowie im Parasympathicus mit einer Verschiebung nach der Seite des Kaliums. Der Mg- und K-Stoffwechsel und das Ionen-Gleichgewicht K/Na/Ca/Mg = 30:2:1:0,25 in der Gewebsflüssigkeit haben ebenfalls einen Einfluß auf den Calciumhaushalt. Die Ionenwanderung wird weiterhin beeinflußt durch das Säure:Basen-Gleichgewicht (Verminderung der Calciumionen = Alkalose, Vermehrung der Calciumionen = Acidose, bei gleichbleibendem p_H des Blutes; GARB 1958) und die Menge der Proteine im Serum (Transportfraktion und Calciumreserve im kolloidal fest an Albumine und Globuline gebundenen Teil des

Blut-Calciums). Die Tätigkeit der Muskulatur, die Menge des zur Verfügung stehenden Vitamins D im Organismus, die für Resorption und Knochenaufbau wichtige Bereitstellung von Phosphaten, die Menge der Aminosäuren, die Nierenfunktion sowie das Calciumangebot in der Nahrung und die Veränderungen der Calcium-Resorption durch bestimmte Störungen im Darm, all dies sind weitere Regulationsfaktoren, welche auf den Calciumstoffwechsel wirksam werden. HOFF und Mitarb. (1952), RÄIHÄ und FANCONI (1954) haben die verschiedenen, den Kalkstoffwechsel steuernden Mechanismen in einem die Regulation und Gegenregulation berücksichtigenden Funktionskreis zusammengefaßt (s. Klinische Physiologie und Pathologie von F. HOFF 1952, sowie FANCONI und WALLGREN, Lehrbuch der Pädiatrie, Basel 1954). Als Ausdruck dieser ständigen Regulation wird der Calciumspiegel im Blut mit bemerkenswerter Konstanz gehalten (9—11 mg-%, GARB; 10—12 mg-% im Plasma, LANG 1957). Schon geringe Abweichungen manifestieren sich in wesentlichen Störungen der Organfunktionen. Es ist interessant, festzustellen, daß der Calcium-Blutspiegel auch bei den darauf überprüften Tierarten wie Rind, Schaf, Hund, Katze und Ratte etwa gleich hoch ist und mit gleicher Konstanz auf diesen Wert gehalten wird (BÜHLMANN). Im Blut sind 50% des als Bicarbonat und Di-Calciumphosphat vorliegenden Calciums fest an Proteine gebunden, normalerweise nicht dissoziierbar, Calciumreserve. Zwischen dem nichtjonisierten, an Proteine gebundenen Ca und dem jonisierten Ca besteht ein Gleichgewichtszustand. Geringe p_H-Verschiebungen können das Gleichgewicht erheblich beeinflussen. Es ist schwer, die exakte Menge des jonisierten Ca zu bestimmen, da jede Maßnahme, die jonisiertes Ca entfernt, sofort zu einem Ersatz desselben aus der Ca-Reserve führt (GARB). Der nicht an Eiweiß gebundene Anteil des Ca ist zu 80% ionisiert, physiologisch aktiv, ultrafiltrabel (BLADERGROEN 1949) und entspricht damit der Höhe des Gewebsspiegels. BIDDER und ROTHLIN (1944) haben auch den kolloidal fest an Serumeiweiß gebundenen Teil des Calciums, allerdings in einer besonderen Versuchsanordnung und mit großen Mengen eines Eluationsmittels ultrafiltrabel machen können, ein Zeichen für die adsorptive Bindung des Calciums an die Proteine. In der Gewebsflüssigkeit und im Liquor ist der Calciumspiegel um die Größenordnung des an Eiweiß fest gebundenen Anteiles des Blut-Calciums vermindert und beträgt etwa 4—6 mg/100 ml (5 bis 15 mg-%; LANG). Über bemerkenswerte Versuche berichtet KÖNIGSTEIN (1951). Die Ausfällung des Liquor-Calciums durch intrazisternale Injektion von Oxalsäure verursacht bei Katzen und Ratten *Kratzparoxysmen*, ein Effekt, der bei der Injektion von Salzsäure nicht eintritt. (Kratzattacken und später auftretende Krämpfe sistieren nach Wiederherstellung der physiologischen Calciumwerte im Liquor.)

Das Bestreben des Organismus, den Ionenbestand zur Aufrechterhaltung der Funktionen im Gleichgewicht zu erhalten, erschwert die Bearbeitung quantitativer Fragestellungen ganz besonders, eine Tatsache, auf welche STEUDEL (1947) mit Nachdruck hinweist. So fehlen bis heute genaue Daten über den 24 Std-Calcium-Umsatz im Körper, der Einblick in den Intermediärstoffwechsel sowie die genauen Angaben über den Tagesbedarf des Menschen. Einige Daten über den Abtausch von im Knochen abgelagertem, radioaktiv markiertem Calcium mit der Serumfraktion liegen bereits vor: es werden in etwa 45 Std 50% des Depot-Calciums im Knochen gegen das Serumcalcium bei 6—8 Wochen alten Ratten ausgetauscht (HARRISON und HARRISON 1950); da das Knochensystem das größte Calcium-Depot, dort abgelagert als Oxyapatit, darstellt (98%), ist diese Turnover-Rate nicht erstaunlich. — Nach RUBNER (1920) benötigt der Erwachsene 0,4 bis 0,5/die. Die Zahlen von GOODMAN und GILMAN (1955) bewegen sich bei 10 mg je kg Körpergewicht Calciumbedarf etwa in derselben Größenordnung (s. auch

LANG: 9,75 mg/kg Körpergewicht = durchschnittlicher Ca-Bedarf zur Erhaltung des Bilanzgleichgewichtes). HAUSCHILD gibt als Bedarfsquote täglich 1,0 an (GARB 1,0/die, 0,8 für Erwachsene, 1,0 für Kinder unter 10 Jahren, für Jugendliche 2,0, für stillende Mütter 1,2). Werdende und stillende Mütter sowie Kinder haben nach Ansicht aller Autoren einen etwa 2—3mal höheren Calciumbedarf. Der Gehalt an Eiweiß, Calcium und Phosphor in der Milch verschiedener Säuger entspricht in etwa der Anzahl der Tage, welche zur Verdoppelung des Geburtsgewichtes benötigt werden (s. auch HUNGERLAND 1957).

Eine der interessantesten Funktionen des ionisierten Calciums gehört in den Bereich der Elektrophysiologie und betrifft die Erregbarkeit und Erregungsleitung im Nerven. Jede Membranabdichtung hemmt die Erregbarkeit und die Leitfähigkeit, sie verhindert die Depolarisation. Die membranabdichtende Wirkung der Calciumionen ist seit den grundlegenden Untersuchungen von SCHÄFER (1940) gesichert. HAHN und BRUNS haben die Schutzwirkung von Calciumionen auf die Stabilität der Erythrocytenmembran gegenüber hämolysierenden Eingriffen und dem Eindringen von Brillantgrün experimentell nachgewiesen. Interessanterweise zeigen dabei organische Calciumverbindungen stets die stärkere Hemmwirkung auf die Hämolyse und die Farbstoffaufnahme als Calciumchlorid. Möglicherweise ist neben den reinen Calciumeffekten noch mit dem Einfluß der organischen Radikale, wie Säureanionen und OH-Gruppen, zu rechnen bzw. es zeigt sich hierin die Wirkung des nichtdissoziierten Calciumkomplexes. Neben einer generellen membranabdichtenden Wirkung ist die aktuelle Konzentration des Calciums beim Erregungsvorgang wichtig, weil dieses Kation im Wettstreit mit dem Natrium um die Bindung an bestimmte Trägermoleküle für die Membranpassage liegt (v. MURALT 1952). Hohe Gewebskonzentrationen (40 mg-% Calcium) haben eine lokalanaesthetische Wirkung, weil dann die Depolarisation gehemmt ist. Diese Vorgänge beziehen sich auf die Verhältnisse an der Zelloberfläche, an welcher, abweichend von der Konzentration im Plasma und in der Gewebsflüssigkeit, das Verhältnis von Natrium:Calcium mit 2,6 zu 1 höher liegt. Inwieweit ähnliche Bedingungen auch für die Kittsubstanz der Capillaren Bedeutung haben, ist noch umstritten (GOODMAN und GILMAN, CHAMBERS und ZWEIFACH, HUBER, AMSLER und HOFSTETTER). Ähnlich der Aktivierung von enzymatischen Vorgängen bei der Blutgerinnung kommt dem $Calcium^{++}$ auch eine Aktivierung einzelner proteolytischer Fermente zu sowie die Stabilisierung von Serum-Albumin und gemeinsam mit Mg-Ionen eine Mitwirkung bei der Penetration von Bakterien-Phagen in die Wirtszelle (LURIA und STEINER 1954). AMMON (1940) und NACHMANSOHN (1940—1945) betrachten $Calcium^{++}$ als Co-Ferment der Cholinesterase. Die Aktivierung dieses Fermentes bedingt den beschleunigten Abbau des bei parasympathischer und cerebrospinalmotorischer Erregung die Depolarisierung der Neuronmembran fördernden, durch Kalium aktivierten Acetylcholin!

III. Resorption, Ausscheidung, Wirkungsweise und Toxicität

1. Aufnahme

Die orale Aufnahme von Calciumsalzen ist unvollständig (STEUDEL 1947) und steht in Abhängigkeit von verschiedenen Faktoren, unter anderem von der Ionisierung der Calciumsalze, der Wasserstoffionenkonzentration im Dünndarm bzw. der Vitamin D-Konzentration im Darm (?) (H. HUNGERLAND 1957; LANG 1958).

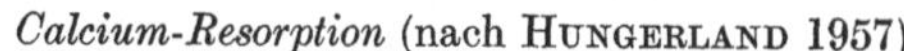

Calcium-Resorption (nach HUNGERLAND 1957)

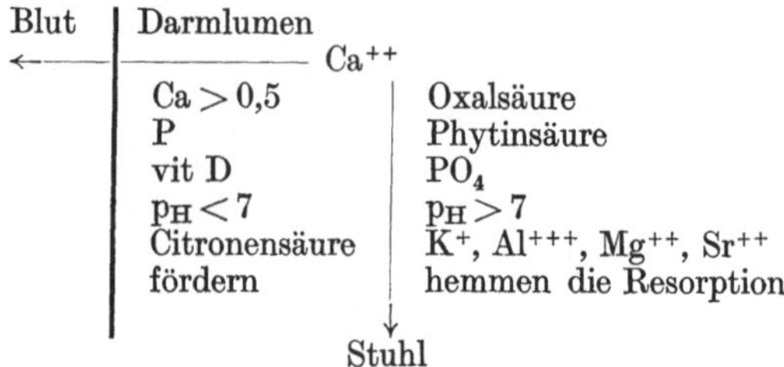

Die Magensalzsäure führt den größten Teil der Calcium-Proteinverbindungen und Calciumsalze in das gutlösliche Calciumchlorid über. Selbst Calciumoxalat wird noch in nachweisbarer Menge in Calciumchlorid übergeführt. Untersuchungen mit radioaktiv markiertem Calciumcarbonat haben ergeben, daß ein hyperacider Magensaft die doppelt so hohe Resorption von Calciumsalzen erlaubt als ein hypacider. Eine maximale Calciumresorption findet statt in dem p_H-Bereich von 1,8—4,2. Die Ca-Aufnahme im menschlichen Organismus erfolgt hauptsächlich in den oberen Dünndarmabschnitten, wo die Reaktion auch noch sauer ist. Unter optimalen Verhältnissen gelangt etwa $^1/_5$ bis höchstens $^1/_3$ der mit den Nahrungsmitteln zugeführten Calciummenge zur Resorption. Nach LANG ist bei Verfütterung von ^{45}Ca noch 15—30% in den unteren Darmabschnitten nachgewiesen worden. Alkalische Darmreaktion sowie Störungen im Fettstoffwechsel (Pankreas- und Gallenerkrankungen), die zur Bildung von schwerlöslichen fettsauren und unlöslichen Doppelsalzen mit Phosphaten und Carbonaten führen, verschlechtern die Calciumaufnahme. Zufuhr von Salzsäuremilch (1 Liter/die) und von Citronensäure fördern, wie im Serum-Calcium-Spiegel und an der Ausscheidung zu verfolgen, die orale Calciumaufnahme (MAYER 1950, SCHREIER und WOLF 1950). Die Applikation von Vitamin D hat nur Sinn bei ausgesprochenen Vitaminmangelzuständen. Die Zufuhr von Gallensäuren, Milchzucker, Fluoriden beeinflussen ebenso wie die Kalkmangelzustände die Menge der bei oralen Gaben aufgenommenen Calciumsalze. In bestimmten Nahrungsmitteln, insbesondere Zerealien, vermindert die dort vorkommende Phytinsäure (Inosithexaphosphorsäure) die Resorption, während phytasehaltige Nahrungsbestandteile umgekehrt die Calciumaufnahme steigern. Ebenfalls günstig im Sinne der Resorption wirkt sich eine eiweiß- und fettreiche Ernährung aus (THANNHAUSER, HUNGERLAND, ZÖLLNER; Ca-Bilanzstudien s. K. LANG 1957).

Mittels Zufuhr von markiertem ^{45}Ca ist weiterhin festgestellt worden, daß vom Rectum aus keine Calciumaufnahme erfolgt (Ermittlung der Calciummenge im Spülwasser). REMY und EULER (1953) haben dagegen nachgewiesen, daß eine sonst tödliche Magnesiumnarkose durch rectale Vorgabe von Calciumchlorid oder Calcium Sandoz in einem Zeitbereich, der zwischen 30 und 60 min vor Narkosebeginn liegt, wirkungsvoll bekämpft werden kann. Sie deuten dies als Zeichen der rectalen Calciumresorption. Versuchstiere: Mäuse. Die Autoren weisen im übrigen darauf hin, daß Veränderungen im Serum-Calciumspiegel, der ja bekanntlich außerordentlich konstant gehalten wird, keine Auskunft über die absolute und relative Resorptionsgröße rectal zugeführter Calciummengen gibt.

Bei intramuskulärer Applikation von Calciumgluconat oder Calciumthiosulfat erfolgt ein deutlicher, lang anhaltender Einstrom in die Blutbahn, gemessen am Serum-Calciumspiegel. Die intravenöse Zufuhr führt zu einem raschen Anstieg der Calciumwerte im Blut; nach 2 Std ist jedoch, wiederum gemessen am Serum-Calciumspiegel, kein Effekt mehr zu beobachten. Nach HAUSCHILD genügen 4 ml einer 10%igen Calciumlösung, um den Serum-Ca-Spiegel von 7 auf 11 mg-%

zu erhöhen; seiner Meinung nach werden in der täglichen ärztlichen Praxis die Dosen stets zu hoch gewählt. Die Calciumbilanz verschlechtert sich im Alter. Anstelle von 9,75 mg/kg Körpergewicht beträgt der Bedarf, gemessen an einer ausgeglichenen Bilanz, 16,7—18,0 mg/kg Körpergewicht (verminderte Ca-Einlagerung im Skelet).

2. Ausscheidung

Von dem mit der Nahrung aufgenommenen Calcium^{++} werden etwa 20% resorbiert, davon 5% mit dem Darm und 15% via Urin ausgeschieden. 80% des oral zugeführten Calciums wandert in den Dickdarm und wird, unresorbiert, eliminiert (HUNGERLAND). GOODMAN und GILMAN geben die Ausscheidungsquote mit 25—30% durch die Nieren und den Rest durch den Darm an, wobei auch sie feststellen, daß in den Faeces das Calcium sowohl als Ausscheidungsprodukt* wie als nichtresorbierte Substanz erscheint (s. auch STEUDEL 1947). Bei einer Calciumzufuhr von 0,8—1,0 am Tag beträgt die Ausscheidung im Harn nach LANG 20,4% bei Frauen und 25,1% bei Männern. Hierbei ist eine bedeutende Altersabhängigkeit festzustellen. Der Schwellenwert für die Calciumausscheidung in den Nieren liegt bei 6,5—8,5 mg/100 ml Plasma. Bei niedrigeren Calciumkonzentrationen im Plasma wird Calcium rückresorbiert. Beim Hund betragen die glomulär filtrierten Mengen etwa 2,14 mg/min, die im Harn ausgeschiedenen dagegen nur 0,014 mg/min, d. h. 99% des filtrierten Calciums werden in den Tubuli rückresorbiert. CAMPBELL und GREENBERG (1940) sowie GEISSBERGER (1952) haben die Ausscheidungsverhältnisse im Tierversuch und am Menschen mit Hilfe von ^{45}Ca überprüft. Nach 70 Std erscheinen bei Ratten 66% des oral verabfolgten Calciums (Schlundsonde) im Urin, 10% in den Faeces, der Rest wird als retiniert angegeben. Beim Menschen soll die orale Resorption 42% betragen, während der Rest zu etwa gleichen Teilen im Urin und im Stuhl ausgeschieden wird. Bei intravenöser Injektion werden 75—80% retiniert und der Rest im Urin ausgeschieden. Diese Zahlen gelten jedoch nur für den stoffwechselgesunden Menschen. STEUDEL (1947) hält die gleichmäßige, mit 7,5% im Urin bei oraler Zufuhr von 0,5 Calcium (Hund) angegebene Ausscheidungsquote für den echten Abnutzungswert. 92,5% werden nach ihm im Kot, darunter auch die nichtresorbierten Anteile, abgegeben. WURM (1949) hat festgestellt, daß nach intravenöser Verabfolgung von 10,0 Tecesal der Kalkspiegel des Urins um das Doppelte bis Dreifache für 3—4 Std erhöht ist (Bestimmungsmethode nach KRAMER-TISDAL) und dann in weiteren 2 Std wieder zur Norm absinkt. Etwas weniger als $^1/_3$ der zugeführten Kalkmenge wird innerhalb von 5—6 Std nach der Injektion im Harn ausgeschieden. — Im Schweiß werden — bei minimalem Schwitzen — täglich etwa 149 mg Calcium ausgeschieden (ROTHMAN, MITCHELL und HAMILTON 1949). Über die Calciumabgabe während der Lactation siehe die entsprechenden Lehrbücher.

3. Wirkungsweise

Von den zahlreichen Angriffspunkten und pharmakologischen Effekten der Calciumsalze interessieren bei der Besprechung der transmineralisierenden Therapie die antiphlogistischen, die antiexsudativen sowie etwaige antiallergische Wirkungen. Die von H. H. MEYER (1910) erstmals in den Vordergrund gestellte Beeinflussung der Capillarpermeabilität mag dabei von besonderer Bedeutung

* Etwa 500—1000 mg Ca werden in den Verdauungstrakt, nicht Rectum, mit den Verdauungssekreten sezerniert. Bei einer Ca-Ausscheidung von 1,2/die im Kot beträgt der endogene (sezernierte) Anteil 15%. Wenn auch „individuell konstant", so schwanken die im Harn ausgeschiedenen Mengen bei Zufuhr von 900 mg/die zwischen 100—430 mg/die (LANG).

sein, sie ist jedoch keineswegs der einzige entzündungshemmende Faktor. Tierexperimentelle Untersuchungen von WÜLFING (1928), CHIARI und JANUSCHKE (1911), GOLD, ROTHLIN (1927) — um nur wenige bekannte Autoren zu zitieren —, haben die Hemmung chemisch oder anders erzeugter Entzündungen durch Applikation von Calciumsalzen bewiesen. (Senföl- oder Atebrin-Chemosis, die durch Instillation von Jodnatrium, Thiosinamin oder Kupfersulfat erzeugte Pleuritis, die experimentelle tuberkulöse Pleuritis, die Phosgenschädigung der Lunge, das Rattenpfotenödem nach Injektion von Eiweiß oder abgetöteten Typhuserregern.) Damit ist das Problem einer möglichen Änderung der Capillardurchlässigkeit aber nicht gelöst worden. Der erste Schritt auf diesem Weg ist der Nachweis, daß es sich nicht um eine Herabsetzung der Capillarfiltration infolge Senkung des Blutdruckes handelt. ROTHLIN und SCHALCH (1934) haben an nichtnarkotisierten Tieren einen Blutdruckanstieg nach Verabfolgung von Calciumsalzen beobachtet bei gleichzeitigem Absinken der Exsudatmenge. CHAMBERS und ZWEIFACH (1947) haben dazu weitere experimentelle Beiträge geliefert. Wenn man das freigelegte Froschmesenterium mit einer calciumarmen oder calciumfreien, tuschehaltigen Ringerlösung durchströmt, dann kann man das Festhaften von Tuschepartikelchen an den interendothelialen Linien sowie den Austritt von Flüssigkeit aus dem Gefäß beobachten. Sie deuten diese Erscheinungen als Auflösung der Kittsubstanz beim Fehlen oder bei Verarmung von Calciumsalzen. Die Calciumionen sind zum Aufbau der sich ständig erneuernden, weil vom Blutstrom ausgewaschenen „intercellular-cementing-substance" erforderlich. Veränderungen dieser Kittsubstanz, in welcher die Capillarendothelien eingebettet sind, treten unter anderem auf bei Calciumverarmung der Durchströmflüssigkeit, bei Senkung des p_H und bei Überdehnung der Gefäße. Diese Befunde von CHAMBERS und ZWEIFACH sind nach ROTHMAN beweiskräftig für die Wirkung von Calciumsalzen auf die Permeabilität und damit gleichzeitig für die rationelle Behandlung akutentzündlicher Hautkrankheiten (ROTHMAN). Die Zufuhr von Calciumsalzen führt zur Restauration der Kittsubstanz und zur Abdichtung der Gefäßwand. Im gleichen Zeitraum, wie die Versuche von CHAMBERS und ZWEIFACH (1947) durchgeführt worden sind, hat die Verbesserung des Fluoresceintestes durch die Schweizer Autoren HUBER, AMSLER, HOFSTETTER und andere (1946—1948) es gestattet, am menschlichen Auge intra vitam die Capillarwirkung von zugeführten Calciumionen sichtbar zu machen. Diese Methode ist von ROSENOW (1930) eingeführt worden (zitiert VONKENNEL und KIMMIG). Das Kammerwasser wird als Ultrafiltrat des Blutes betrachtet und entsteht durch Dialyse im Bereich des großflächigen Ciliarplexus. Bestimmte krankhafte Veränderungen führen zu einer mittels Fluorescenz sichtbar gemachten vermehrten Produktion von Kammerwasser. Diese vermehrte Bildung von Kammerwasser läßt sich durch Verabfolgung von Calciumsalzen eindeutig normalisieren. — Zu quantitativen Tests sind unter anderem die Resorptionsgeschwindigkeit von Kochsalzquaddeln, der Umfang des Histaminödems, die Verminderung des Capillarfiltrates und des Eiweißaustritts im Stauungsversuch nach LANDES [LASCH und KALOUD (1951)], sowie die volumetrische Messung des Eiweißödems der Rattenpfote unter Calciumverabfolgung herangezogen worden.

Die angeführten Versuche zeigen, bis auf diejenigen von CHAMBERS und ZWEIFACH, jedoch nur das Endresultat eines komplexen Vorganges. In welchem Umfang dabei die Änderung der Capillarpermeabilität eine Rolle spielt, ist noch Gegenstand eingehender Untersuchungen. — Neben der noch diskutierten Wirkung auf die Capillardurchlässigkeit spielen der hohe Hydratationsgrad der Calciumionen (1 Mol Calcium^{++} bindet 22 Moleküle Wasser), die Verschiebung von Calcium- und Natriumionen an der Zellmembran, der Antagonismus zwischen

Kalium- und Calciumionen im Entzündungsgebiet sowie die Beeinflussung der autonomen Nervenfunktionen und die antiexsudativen bzw. antiinflammatorischen Effekte bei der Zufuhr von Calcium eine Rolle. In diesem Zusammenhang weist HAUSCHILD auf die Veränderungen an den Bindegewebskolloiden hin, wenn Natriumionen durch Calciumionen verdrängt werden. Durch den Natriumentzug wird Wasser frei, die Ursache für die gesteigerte Diurese bei Zufuhr von Calciumsalzen (s. später).

HAUSCHILD hat versucht, die membranabdichtende Wirkung von Calciumsalzen als chemische Reaktion darzustellen. Alkaliionen üben einen auflockernden, Erdalkaliionen einen verfestigenden Einfluß auf Kolloide aus. Die Zellen eines Gewebsverbandes, mithin auch das Endothelrohr, werden von einer intercellulären Kittsubstanz, die den Charakter einer schwachen Säure hat, zusammengehalten. Calcium bildet dabei wenig lösliche Salze. Eine stärkere Dissoziation tritt erst auf, wenn wenig Calcium^{++} anwesend ist. In dem Maße, wie anstelle von Ca^{++} das Natrium an Menge zunimmt, werden die wenig dissoziierbaren Calciumsalze in leichter lösliche, weiche und weniger resistente Natriumsalze umgewandelt. Unter Betonung der Zweiwertigkeit des Calciums kleidet HAUSCHILD diesen reversiblen Vorgang in folgende chemische Formel ein:

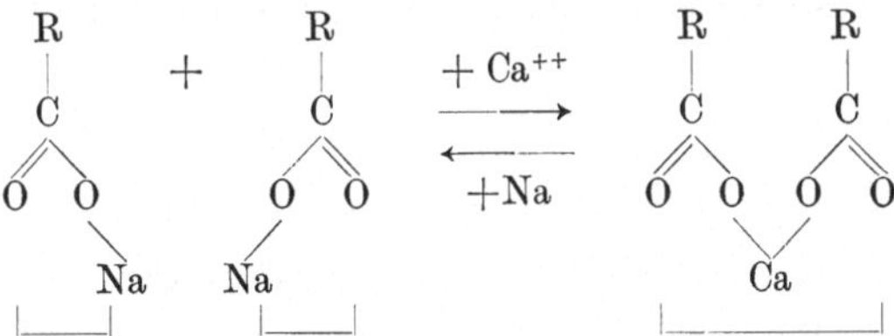

Als Resultat dieser Untersuchungen ist im Gegensatz zu den Ansichten von GOODMAN und GILMAN sowie HAXTHAUSEN festzustellen, daß die Applikation von bestimmten Calciumsalzen eine entquellende und entzündungshemmende Wirkung entfaltet. — Während die Ca-Wirkungen auf den Kreislauf nicht einheitlich sind, wird eine Vasodilatation bei intraarteriellen Injektionen beobachtet. Bekannt ist ferner die erhebliche Herz-Kreislaufaktion am äthernarkotisierten Tier und beim Menschen (s. Abschnitt über Nebenwirkungen). Das Rumpel-Leede-Phänomen wird unterdrückt. — Die Freisetzung des inaktiven, an γ-Globuline gebundenen Histamins bei intravenöser Applikation von Ca-Salzen wird im Sinne einer Austauschadsorption aufgefaßt (TH. BERSIN 1953). Der Plasmaspiegel des freien Histamins steigt z. B. nach Verabfolgung von Ca-Gluconat um das 3—4fache, von 3—4 $\gamma/\%$ normal auf 14 $\gamma/\%$ (HAUSCHILD). Darauf beruht das oft vom Patienten so unangenehm empfundene Hitzegefühl während der Ca-Injektion. Die Propagierung der komplexen Ca-Di-Natrium-Äthylen-diamintetra-essigsäure-Präparate (Mosatil z. B.) stützt sich wesentlich auf das Fehlen des Hitzegefühls!

Calciumsalze haben keinen Einfluß auf die Entstehung von Antikörpern bzw. auf die Antigen-Antikörper-Reaktion. Wenn trotzdem nach Vorbehandlung mit derartigen Salzen die Uteruskontraktion im Schulz-Dale-Versuch ausbleibt, oder das allergische Bronchialasthma der Meerschweinchen (Aerosol), die experimentelle Pleuritis tuberculosa bzw. die Masugi-Nephritis, so handelt es sich *nicht* um eine antiallergische Wirkung des Ca, sondern um unspezifische antiinflammatorische, antiexsudative, auf der Membranabdichtung beruhende Effekte. Nicht die Antigen-Antikörper-Reaktion als solche wird unterdrückt, sondern die Wirkung der bei dieser Reaktion freigesetzten H- und ähnlicher Substanzen sowie der Polypeptide am Erfolgs- oder Schockorgan. Ca-Salze bedingen die Erschlaffung der infolge einer Antigen-Antikörper-Reaktion kontrahierten Uterusmuskulatur.

Die „antiallergische", auch beim Menschen vielfach dokumentierte Calciumwirkung ist demnach rein sekundär, unspezifisch. — Über die von LUITHLEN (1912) aufgedeckte, von KLAUDER und BROWN (1929) sowie von VOGT (1941) bestätigte Wirkung der Ca-Zufuhr (Wintertiere: Kornfutter; Sommertiere: Grünfutter) auf die Hautinstabilität gegenüber Stimuli aller Art wird heute noch diskutiert. Fest steht soviel, daß Sommertiere, mit deren Futter reichlich Ca zugeführt wird, wesentlich schlechter zu sensibilisieren sind als Wintertiere. Wie die Sommertiere verhalten sich Versuchstiere bei reichlicher Ca-Fütterung.

Bei der Besprechung der transmineralisierenden Therapie mit Ca ist es gerade für den Dermatologen wichtig, auf die diuresefördernde Wirkung hinzuweisen. Diese geht mit einer erheblichen Anschwemmung von Na^+ und Cl^- — Verdrängung der Na^+-Ionen durch die Ca^{++}-Ionen im Gewebe und im Blut — einher, ein Effekt, welcher sich besonders günstig bei den ödematösen Erythrodermien auswirkt. Orthostatische Albuminurien und renale Glykosurien werden ebenfalls durch Ca-Salze günstig beeinflußt. Mittels Inulin-Clearance ist dabei eine abdichtende Wirkung am Glomerulum nachgewiesen worden.

Die Stimulation der Phagocytosefähigkeit von Leukocyten (HAMBURGER und HEKMA, EMMERICH u. LÖW) ist ein weiterer unspezifischer Effekt der Verabfolgung von Ca-Salzen, der besonders bei der Gewebsreinigung von bakteriell-entzündlich bedingten Prozessen eine Rolle spielen dürfte.

4. Nebenwirkungen, Toxicität

Art und Umfang der Nebenwirkungen sind abhängig vom Dissoziationsgrad des Calciumsalzes, vom Säurerest bzw. Anion und von der Geschwindigkeit, mit welcher injiziert wird. Bei vergleichenden Untersuchungen erweist sich das Anion als ein entgiftender Faktor (ROTHLIN 1927; GARB 1958). Eine $CaCl_2$-Lösung ist bei gleichem Ca-Gehalt 4mal giftiger für das Kaninchen als das Ca-Gluconat. Wird das Ca-Salz schnell intravenös injiziert, sind Injektionstempo und Konzentration maßgeblicher für die Toxicität als die Gesamtmenge (HAUSCHILD). Unter der Voraussetzung einer langsamen Eingießung in die Vene verträgt der Mensch noch Dosen von *0,054 g*/Ca^{++}/*kg*. Die therapeutischen Mengen liegen bei etwa 1—4 mg/kg. Bei einem Ca-Überschuß tritt Herzstillstand in Systole ein. 15—35 mg/% Ca im Plasma bedingen eine vagale Bradykardie, 30—60 mg/% führen zu ventrikulärer Fibrillation, über 60 mg/% zum ventrikulären Herzstillstand (GOODMAN und GILMAN). J. H. BURN (1958) hat eine zweigipfelige Kurve bei dem Studium von Ionenverschiebungen und Herzflimmern für das Ca^{++} festgestellt. Oberhalb und unterhalb der Konzentration von 2,2 m Mol/Liter Ca^{++} tritt Herzflimmern auf. Erst unter 0,14 bzw. 0,07 mMol/Liter/Ca^{++} wird die Zahl der flimmernden Herzen geringer. Als Grund für dieses eigenartige Verhalten führt BURN an, daß neben der spezifisch-pharmakologischen Ca^{++}-Wirkung auch das Mengenverhältnis K^+:Ca^{++} eine Rolle spielt. Unterhalb einer bestimmten Grenzkonzentration ist die Membran so unstabil geworden, daß keinerlei Ladungsunterschiede mehr auf beiden Seiten bestehen können. Es kann also bei verminderter Erregbarkeit auch kein Herzflimmern mehr zustande kommen. — Die ähnliche Wirkung von Ca^{++} und Herzglykosiden: positiv inotroper Effekt, Bradykardie mahnen bei kurz nacheinander folgender Injektion zu Vorsicht! Todesfälle sind beschrieben worden (BOWER und MENGLE). Die LD_{50} für Strophanthin/Digitoxin liegt bei gleichzeitiger Ca-Zufuhr um 55% niedriger, d. h. die Toxicität ist fast um das Doppelte angestiegen. — Die Ca-Applikation in Äthernarkose führt schon bei Dosen von 9—15 mg/kg im Tierexperiment zu Atem- und späterem Herzstillstand.

Kirchhoff und Bühlmann warnen vor der intrazisternalen Ca-Verabfolgung, eine Methode, welche 1949 von Bayer und Rehn zur Behandlung akuter Tetanusfälle empfohlen worden ist. Es wird über einen Todesfall mit Atemlähmung $3^1/_2$ Std nach intralumbaler Verabfolgung von 30,0 Ca-Gluconatlösung berichtet.

Auch bei der regelrecht durchgeführten, langsamen intravenösen Injektion, meist jedoch bei zu schneller Applikation (1 cm^3 in weniger als 1 min injiziert), können Zwischenfälle auftreten: Hitzegefühl, Schweißausbruch, Erblassen, Sykope. Bei mehrfacher Injektion sind Venenreizungen keine Seltenheit. Über Fettgewebs- und Muskelnekrosen bei subcutaner oder intramuskulärer Injektion — oft erhebliche Abscesse in der Glutäalgegend — braucht nicht berichtet zu werden. Es sind dies zwar selten auftretende, jedoch allgemein bekannte Vorkommnisse (s. Jauch 1948). Oral verabfolgtes $CaCl_2$ kann die Magenschleimhaut reizen. Schleimhautnekrosen und Ulcera sind bei Kindern beobachtet worden (1955).

Nash berichtet über berufliche Hautschädigungen nach Umgang mit 40%iger $CaCl_2$-Lösung. — An der Injektionsstelle hat Berlin (1949) das Auftreten papulöser, gelblich-roter Knötchen gesehen, welche sich als Fremdkörpergranulome erwiesen haben (Ca-Lävurinat.). Ähnliches berichten Zackheim und Pinkus (1957).

IV. Die dermatologische Calciumtherapie

Seit dem Altertum finden Calciumsalze eine therapeutische Anwendung als austrocknende und blutstillende Mittel. Die Abklärung der physiologischen Effekte des ionisierten Calciums (Ergänzungsstoff, Remineralisation; Rothlin) sowie der pharmakologischen Wirkungen (Transmineralisation) seit Anfang dieses Jahrhunderts hat dazu beigetragen, der empirischen Ca-Therapie eine gesicherte Grundlage zu geben. Damit ist zwangsläufig die Indikation erweitert worden. Der Bereich der transmineralisierenden Behandlung erstreckt sich auf akutentzündliche Prozesse, allergische Reaktionen, hämorrhagische Diathesen, Verbrennungen und Schwermetallvergiftungen (Toxikodermien). Auf dem dermatologischen Sektor wird Ca angewandt bei akut-entzündlichen Dermatosen, bei allergischen Reaktionen jeder Art, insbesondere bei anaphylaktischen Zwischenfällen, dort kombiniert mit Antihistaminen oder zwischen 2 Injektionen mit Glucocorticoiden, bei Insektenstichen, allergotoxischen Erscheinungen nach As-, Bi-, Au-Applikation, Verbrennungen. Zum Indikationsbereich zählt auch die arterielle, periphere Durchblutungsstörung (intraarterielle Ca-Verabfolgung; Hadorn 1947). Symptomatisch dient Ca^{++} zur Juckreizbekämpfung (Langhof 1957; unterspritzt mit Ca-Mg-Präparaten), zur Behandlung von Verätzungen mit Flußsäure (Unterspritzungen sowie Bäder mit 20% Ca-Gluconatlösung; Haar 1949) sowie bei der Therapie der Perniosis*.

Die Applikation von Ca ist auf wenige Tage zu begrenzen. Man injiziert 1—2mal täglich 5—10,0 der 10%igen Lösung intravenös. Aus der großen Menge der vorhandenen Ca^{++}-Präparate werden lediglich 5, entsprechend den Angaben von Hauschild angeführt. Prinzipiell können alle auf dem Arzneimittelmarkt vorhandenen Ca-Präparate und Kombinationen angewandt werden, sofern die chemische Zusammensetzung und der jeweilige Ca-Gehalt deklariert sind (Hauschild).

1. $CaCl_2 \cdot 6\,H_2O$ = Calciumchlorid. 10%ige Lösung, maximal 10,0 intravenös.

* Es wird davon abgesehen, Zitate über die therapeutischen Erfolge der Ca-Applikation bei den verschiedensten Dermatosen aufzuführen.

2. a) $(CH_2OH[CHOH]_4COO)_2Ca \cdot H_2O$ = Calcium-Gluconat 10%ige Lösung, 10,0 intravenös/intramuskulär. b) Calcium-lactobionat und gluconat [Calcium Sandoz] 10%ige Lösung, 10,0, intravenös/intramuskulär.

3. $CaS_2O_3 \cdot 6\,H_2O$ = Calciumthiosulfat*. 10%ige Lösung, 10,0 intravenös.

4. Calciumlactat (13% Ca-Gehalt) und

5. Liquor calcii chlorati (9% Ca-Gehalt) zur oralen Therapie.

Seit 1953 sind als neue Arzneimittel-Kombinationen Antihistaminica mit Ca-Salzen in die Therapie eingeführt worden. Rothlin und Cerletti (1953); s. auch P. Bigliardi, [Int. Arch. Allergy Bd. 4, 211, (1953)], Schreiner (1954), Parker (1955), Cerletti und Rothlin (1955), Lindemayr (1955), Nasemann (1957) haben sich eingehend mit den pharmakologischen und klinischen Effekten dieser Präparate beschäftigt und übereinstimmend festgestellt, daß die wechselseitige Toleranz unter Beibehaltung der spezifischen Wirkung beider Substanzen gesteigert wird. Da, wie weiter oben berichtet, dem Ca^{++} selbst keine antiallergische Wirkung zukommt — es werden lediglich die Auswirkungen der Antigen-Antikörper-Reaktion am Erfolgsorgan blockiert —, erscheint die gut verträgliche Koppelung zwischen einem Antihistaminicum und einem leicht dissoziierbaren Calciumsalz sinnvoll (s. Abschnitt Histamine/Antihistamine; dort auch Aufzählung der einzelnen Präparate). An einem größeren Krankengut (353 Patienten mit Urticaria, Arzneimittelexanthemen, ekzematischen Reaktionen sowie zur Bekämpfung des Juckreizes verschiedener Genese) hat Lindemayr (1955) in $^3/_4$ aller Fälle eine gute Beeinflussung der Symptome mit Sandosten-Calcium (Synpen 50 mg und 1,375 g des Calcium-Doppelsalzes in 10 ml-Ampulle) erzielt. Die Dosierung entspricht derjenigen reiner Calciumsalze. Eventuell Übergang auf perorale Medikation am Schluß der Behandlung. Nasemann (1957) berichtet über gute bis mäßige, anhaltende bis vorübergehende Inhibition des Juckreizes unter der Behandlung mit dem gleichen Präparat bei oraler und externer Anwendung des Mittels. Letztere hat bei 60% der Fälle zur Besserung des Pruritus geführt. 14,1% der Patienten zeigten jedoch Unverträglichkeitserscheinungen, 15% keinen Effekt; Nasemann empfiehlt diese Kombination bei der Therapie akuter Kontaktekzeme. Unter dem Titel: Calcium extern veröffentlichten Kogoj und Št. Puretić (1954) eine Arbeit, in welcher sie die Anwendung von Calciumgluconicum bzw. Calcium glucoheptonicum oder -lactobionat. in Dosen von 5—20,0 zur äußerlichen Therapie empfehlen (Umschläge, Schüttelmixturen, Pasten, Salben). Es wird über gute antiphlogistische, antipruriginöse Effekte bei akuten Hautentzündungen berichtet, womit an die älteste Form der Calciumapplikation angeknüpft wird.

Auf die schon lange bekannten anderen Calcium-Kombinationspräparate mit Zusätzen von Brom, Vitaminen, essentiellen Aminosäuren, Phosphor und andere mehr kann an dieser Stelle nicht eingegangen werden (s. Rosenkränzler 1956).

V. Derivate der Äthylendiamintetraessigsäure

Zur Ausschaltung der subjektiv unangenehmen Nebenwirkungen bei der — meist zu schnellen — intravenösen Injektion von Calciumsalzen wird seit 1953 die Anwendung des Calciumkomplexes der zur Gruppe der bedeutenden Chelatbildner gehörenden synthetischen Polyaminosäure: Äthylendiamintetraessigsäure propagiert. Insbesondere die Na-Salze der Äthylendiamintetraessigsäure sind starke Chelatbildner. Im Gefolge von Arbeiten — die Versene sind schon lange vor dem Gebrauch am Menschen zu analytischen Zwecken und als Reagentien

* Besonders geeignet zur Behandlung von Schwermetalltoxikodermien, da beide Komponenten, sowohl die antiinflammarotische wie die entgiftende, vorhanden sind (Vonkennel und Kimmig 1938).

in der Industrie verwandt worden* — zur Beseitigung von schädlichen Spurenelementen aus Nahrungsmitteln ist man auf die starke Affinität der Na-Salze der Äthylendiamintetraessigsäure zum Calcium gestoßen. Die Applikation dieser Substanz führt zur Senkung des Ca-Spiegels im Blut insbesondere bei schneller Injektion. Spritzt man Tetra- oder Di-Na-Salze der Äthylendiamintetraessigsäure jedoch langsamer über eine Zeitdauer von mehreren Tagen, so zeigen sich keine Veränderungen am Ca-Serumspiegel, jedoch weist die Ca-Bilanzmessung einen erheblichen Ca-Verlust des Organismus auf. Dieses Ca stammt aus dem Skeletsystem, wird dort mobilisiert und als Ca-Komplex des Äthylendiamintetraessigsäure-Na eliminiert. Das Calciumchelat soll dagegen die Ca-Bilanz des Körpers nicht verändern.

```
HOOC—CH2              H2C—COOH
      |                 |
     N—CH2—H2C—N
H2C                        CH2
 |                          |
O=C—HO                  OH—C=O
```

Äthylendiamintetraessigsäure

```
       O                          O
       ||                         ||
NaO—C—H2C                  CH2—C—ONa
          >N—CH2—CH2—N<
NaO—C—H2C                  CH2—C—ONa
       ||                         ||
       O                          O
```

Tetra-Natriumsalz der Äthylendiamintetraessigsäure

```
       O                          O
       ||                         ||
NaO—C—H2C                  CH2—C—ONa
          >N—CH2—H2C—N<
      H2C                  CH2
       |         Ca         |
     O=C                    C=O
         O                O
```

Ca-Dinatrium-Komplex der Äthylendiamintetraessigsäure

Die Äthylendiamintetraessigsäure und deren Alkalisalze bilden mit mehrwertigen Metallionen feste, leicht wasserlösliche, nichtionisierte Komplexe. Da die Affinität zu Schwermetallen bei Zufuhr des Ca-Di-Na-Komplexes der Äthylendiamintetraessigsäure größer als zum Ca^{++} ist, eignet sich diese Substanz zum Austausch gegen Metalle wie Pb, Fe (Hämochromatose!), Cd, radioaktive Isotope (Yttrium, Lanthan, Cer, Plutonium, Americanium, Zirkonium). Die Stabilitätskonstanten für biologisch wichtige Kationen — in aufsteigender Reihe — sind: Mg^{++}, Ca^{++}, Mn^{++}, Fe^{++}, Pb^{++}, Cu^{++}, Fe^{+++} **.

Die Kalkmangelsituation als Folge einer Zufuhr von Na-Salzen der Äthylendiamintetraessigsäure ist gekennzeichnet durch Hypercalcämie, Tetanie und Skeletentkalkung. Tuchmann-Duplessis und Messier-Parot (Presse méd.

* Komplexon, Trilon B, Titriplex III. Trilon B findet bei der Wasserenthärtung Verwendung.

** Kupfer, Nickel und Blei werden fester gebunden als Kationen der Erdalkalimetalle, Ca, Mg und Ba. Diese wiederum werden fester gebunden als die Alkalimetalle Na, K, Li (Hughes 1958). Aus dem Calciumkomplex der Äthylendiamintetraessigsäure wird das Ca durch Schwermetalle, einschließlich Pb (Bleivergiftung!) verdrängt. Die Chelate werden in wasserlöslicher Form ausgeschieden und eliminieren so die Metalle bei entsprechenden Vergiftungen wesentlich schneller, als dies spontan etwa vor sich gehen würde.

1956, 1785) haben bei der Behandlung trächtiger Ratten mit dem Tetranatriumsalz in 9% Mißbildungen an den Neugeborenen beobachtet (Kalkentzug; s. auch LENDLE 1956). Diese kalkentziehende Wirkung wird andererseits bei Kalkverätzungen der Hornhaut, bei der Calcinosis, bei dystrophischer Verkalkung und Kalkablagerung im Endokard therapeutisch ausgenutzt.

HUGHES (1958), zitiert MOHAMED u. GREENBERG (1943), welche auf eine mögliche, weitere Nebenwirkung derartiger Chelatbildner im Organismus aufmerksam gemacht haben. Einmal kann Äthylendiamintetraessigsäure als synthetische Aminosäure pharmakologisch aktiv werden. Eine 2. Möglichkeit ergibt sich daraus, daß die Komplexbildung mit lebensnotwendigen Metallen dann stattfindet, wenn die Affinität des betreffenden Metalls zum Chelatbildner größer ist als diejenige, welche im Bereich der natürlichen Utilisation des Kations in vivo liegt (vgl. A. KEHOE 1955).

ROTHLIN u. Mitarb. (1954) sowie HAUSCHILD und DENTZER (1955), HAUSCHILD (1956) halten es für unmöglich, daß aus dem komplexen Anion des Di-Na-Ca-Salzes der Äthylendiamiutetraessigsäure Ca^{++} abgespalten wird. HAUSCHILD spricht in diesem Zusammenhang von einem „pharmakologischen Paradoxon". BERSIN, MÜLLER und SCHWARZ (1954) haben dagegen beobachtet, daß es nach der intravenösen Applikation des Ca-Komplexes der Äthylendiamintetraessigsäure zu einem Anstieg der mit Oxalat in gepufferter Lösung fällbaren Ca-Ionen kommt. Daneben wird ein geringgradiger Antihistamineffekt postuliert.

Die Absorption der oral verabfolgten Ca-Di-Na-Äthylendiamintetraessigsäure ist geringfügig (HUGHES 1958) und findet im oberen Intestinaltrakt statt. Effektiver ist die intravenöse Applikation. Auch durch die Haut werden aus wäßrigen Lösungen diese Chelatbildner aufgenommen. Vom intravenös injizierten Ca-Komplex erscheinen nach 6 Std etwa 60—90%, nach 25 Std 95—99% unverändert im Urin, der Rest in den Faeces. — Die LD_{50} (Mäuse) für die Äthylendiaminessigsäure liegt bei intraperitonealer Verabfolgung bei 350 mg/kg, für den Ca-Di-Na-Komplex bei über 4500 mg/kg (HUGHES). Während noch 1953 klinische Berichte von FANDERL, HAENSCH vorliegen, in denen das Ca-D-Na-Salz der Äthylendiamintetraessigsäure mit der Indikation von Calciumsalzen verabfolgt worden ist (fehlendes Hitzegefühl bei der Injektion wird hervorgehoben), stellt HUGHES (1958) fest, daß sich der jetzige Gebrauch nicht mehr auf die „Calciumwirkung" bezieht. Hauptindikationen sind die Schwermetallintoxikationen und möglicherweise die Verseuchung mit radioaktiven Isotopen.

Auf dermatologischem Gebiet liegen Mitteilungen über gute Behandlungseffekte bei der *progressiven* Sklerodermie vor (RUKAVINA 1959). Die Therapie mit dem Ca-Versenat, tägliche Dosis 1,0—3,0 in 500,0 physiologischer Kochsalzlösung als Dauertropfinfusion über 4 Std, 5 Tage in der Woche verabfolgt mit 2 Tagen Pause, insgesamt 45—50,0 der Substanz, soll in 50% der sonst therapieresistenten Fälle Wirkungen erzielt haben, welche mit keinem anderen Mittel bisher beobachtet worden sind. Eigene Erfahrungen an bisher 6 Fällen sind geeignet, das von amerikanischen Autoren berichtete Ergebnis zu bestätigen. Nebenwirkungen sind dabei nicht beobachtet worden bis auf einen Kollaps mit Blutdruckabfall zu Beginn der 5. Infusion. RUKAVINA beschreibt an Nebenwirkungen bei dieser Therapie: Protein- und Cylindrurie, auch bei zuvor regelrechten Harnbefunden, welche ja die Voraussetzung zur Äthylendiamintetraessigsäure-Behandlung überhaupt darstellen. Weiterhin sind Leukopenie, Hyperglykämie, Hypokaliämie sowie Hautausschläge mit B_6-Mangelsymptomen und Fieber aufgetreten.

An Nebenwirkungen bei Anwendung des Ca-Komplexes werden von FOREMAN, FINNEGAM und LUSHBAUGH (1956) toxische Nephrosen angeführt, welche sich auch im Tierversuch bei Verabfolgung wiederholter, mittelhoher Dosen reproduzieren ließen. Die genannten Autoren empfehlen eine häufige Urinkontrolle sowie eine 2tägige Behandlungspause nach 5tägiger Applikation. Kontraindikationen sind akute und chronische Nierenleiden. Bei der Behandlung der Encephalopathie bleivergifteter Kinder ist gelegentlich, ebenso wie wir dies beim Erwachsenen beobachtet haben, ein vorübergehender Blutdruckabfall sowie eine Störung in der Erythropoese des Knochenmarkes gesehen worden (HUGHES).

An Präparaten stehen zur Verfügung:

Mosatil (Bayer, Leverkusen)*, Calcium Hausmann (Hausmann, St. Gallen), Calcium Montavit (Montavit), Calcium-Titriplex (E. Merck).

VI. Schlußbetrachtungen

Wenn einleitend einige ablehnende Stellungnahmen zur Calciumtherapie angeführt worden sind, so ist es notwendig, nach der Erörterung der physiologischen, physiologisch-chemischen, pharmakologischen Effekte des Ca^{++} sowie der klinischen Beobachtungen die eigene Meinung zu präzisieren: Im Rahmen der transmineralisierenden Therapie mit Ca^{++} sind antiinflammatorische und antiexsudative Wirkungen zu erzielen. Dementsprechend erstreckt sich die Indikation auf akut-entzündliche Hautveränderungen, allergische Reaktionen, besonders die des anaphylaktischen Frühtyps, Verbrennungen, Toxikodermien. In jedem Fall ist die transmineralisierende Behandlung mit Ca^{++} symptomatisch, nicht ätiotrop.

Kontraindikation der Ca-Therapie: Verabfolgung während der Äthernarkose bzw. Applikation bei Patienten, die unter Herzglykosiden stehen.

Zur Vermeidung von Gewebsnekrosen empfiehlt sich die intravenöse Injektion. Sofern langsam injiziert wird — wenigstens 4 min für 10,0, besser 1 min pro 1 ml — lassen sich bedrohliche Zwischenfälle wie Synkope vermeiden.

G. Leberschutztherapie

I. Einleitung

„Auf kaum einem anderen Gebiet der Inneren Medizin gibt es so enge Beziehungen zur Haut wie bei den Lebererkrankungen“ (G. A. MARTINI 1957). Es fragt sich, ob der Dermatologe berechtigt ist, diesen Satz umzukehren und daraus therapeutische Folgerungen abzuleiten.

Die gegenseitige Beeinflussung der Organsysteme läßt eine Reihe von Möglichkeiten zu, denen jeweils verschiedene Krankheitsbilder zugeordnet werden können.

1. Hautveränderungen bei *Leberkrankheiten.*

2. Funktionelle Leberstörungen bei generalisierten, entzündlichen *Hautkrankheiten*, welche per se oder wegen des anatomischen Sitzes zu Nahrungskarenz, und damit zur Leberdysfunktion führen. Letzteres kann eintreten beim Pemphigus vulgaris mit ausgedehnten Schleimhautveränderungen, beim Pemphigus vegetans, bei dem vernarbenden Schleimhautpemphigus, bei schwersten Fällen des Erythema exsudativum multiforme, sowie bei obstruierenden Tumoren. Außerhalb der Betrachtungen bleiben Retikulosen und Leukosen, da bei diesen Krankheiten Haut und Leber gleichzeitig befallen sein können. Eingeschlossen sind dagegen die Verbrennungen.

3. Krankheiten von *Haut* und *Leber* unter dem Einfluß einer Noxe, z. B. bei allergischen und allergotoxischen Reaktionen.

4. Im Verlauf einer Dermatose tritt akzidentell ein Leberschaden auf, etwa eine Virus-Hepatitis. Solche Zwischenfälle ergeben sich auch bei der Verabfolgung

* 1960 aus dem Handel gezogen.

bestimmter Arzneimittel (cholostatische Hepatitis, Hepatose). Substanzen, welche erfahrungsgemäß die Leber schädigen können, sind: Arsen, Atophan, Phenothiazine, Marsilid, Methyltestosteron, Irgapyrin, PAS, Reserpin und andere.

5. Klinisch symptomenlose Leberkrankheiten, etwa erst autoptisch aufgedeckte Laennecsche Cirrhosen, bei denen uncharakteristische, nicht abklärbare ekzematische, lichenifizierte, stark pruriginöse Hauterscheinungen beobachtet werden. Eine Zusammengehörigkeit des Hautleidens mit der Leberkrankheit kann nur vermutet, nicht bewiesen werden.

Die von internistischer ebenso wie von dermatologischer Seite (E. HOFFMANN, B. BLOCH und SCHAAF, SPIETHOFF, MILBRADT, SCHREUS, WIEDMANN, SUTTON, GROSS, GOTTRON, URBACH, KIMMIG, CARRIÉ, ZIERZ und andere) herausgestellten pathophysiologischen Wechselbeziehungen zwischen der Leber und der Haut machen eine enge Zusammenarbeit sowohl auf diagnostischem wie auf therapeutischem Gebiet erforderlich, soll es nicht zu einem „perniziösen Spezialismus“ kommen (H. H. BERG). Es erscheint daher auch in einem der Therapie gewidmeten Beitrag erforderlich, zunächst die in beiden Fachgebieten gesammelten Beobachtungen über die Klinik der Hautveränderungen bei Leberkrankheiten und vice versa kurz zu referieren. In den späteren Abschnitten sollen ebenfalls die Ergebnisse der internistischen Behandlung definierter Leberkrankheiten vorangestellt werden, um den Erfolg einer Leberschutztherapie bei Dermatosen mit funktioneller Leberstörung besser beurteilen zu können.

II. Hautveränderungen bei Leberkrankheiten

a) Akute Leberkrankheiten, Virushepatitis

In etwa 1—2% treten urticarielle oder maculo-papulöse *Exantheme* im Prodromalstadium auf. Diese Hauterscheinungen schwinden zumeist, wenn die *Gelbsucht* einsetzt. Gelegentlich werden die Exantheme begleitet von Arthralgien und von *Purpura**. Bei besonders schweren Hepatitiden mit Übergang in akute oder subakute Lebernekrosen beobachtet man auch klein- bis großfleckige Exantheme, eventuell papulöse Morphen, beginnend an den Innen- und Außenflächen der Gliedmaßen, später auf den Stamm übergehend. Besonders schwere Krankheitsfälle (Präkoma) sind gekennzeichnet durch *flächenhafte Erytheme* im Gesicht, oberhalb beider Stirnbeine, über den Wangen und Jochbeinen, auf dem Nasenrücken und über dem Jugulum. Feine rote Punkte innerhalb des Erythems bleiben auch nach Abklingen derselben bestehen (H. KALK). Eine hämorrhagische Umwandlung* der Efflorescenzen ist möglich. Die Abschuppung ist groblamellös. Auch bei akuter Leberinsuffizienz, z. B. bei Cholangitis, sind *toxische Exantheme* beschrieben worden (MARTINI 1957).

b) Chronische Leberkrankheiten

Infolge des Zeitfaktors und der Tatsache, daß mit der Schwere der Leberkrankheit immer mehr Funktionen** ausgeschaltet werden, sind auch wesentlich

* Verschieden verursachte, leichte Leberschäden und Hepatitisformen bedingen ein geringes Absinken des Faktors VII, schwerere Funktionsstörungen der Leber eine Verminderung des Faktors V (Cirrhosen). Bei Leberdystrophie bzw. akuter Lebernekrose (KALK) kommt es zum Abstieg aller in der Leber gebildeten Gerinnungsfaktoren, aber auch der Antithrombine (J. JÜRGENS 1956).

** In der Reihe der Lebenswichtigkeit rangieren nach STAUB (1950) folgende Leberfunktionen: Synthese, Inkretion und Sekretion, Entgiftung und Exkretion, Assimilisation und Speicherung.

mehr Hautveränderungen zu beobachten: *Hämorrhagische Exantheme**, gehäuft Arzneimittelexantheme (P. GROSS, W. P. HAVENS jr.), lokalisierte und generalisierte *Purpuraformen*, sowohl als Folge des Blutplättchen- wie des Faktorenmangels und der Störung der Capillarpermeabilität (Dysproteinämie; MARTINI und ENGELKAMP 1952; HERZBERG 1956).

Als ein neues Syndrom wird bei jungen Mädchen das gemeinsame Auftreten von Lebercirrhose, *Acne vulgaris* und *Striae* bei Hypergammaglobulinämie beschrieben (WALDENSTRÖM 1950; BEARN, KUNKEL u. Mitarb. 1956).

Primäre und sekundäre biliare Cirrhosen bedingen *Xanthelasmen*, eruptive Xanthome. — Selten trifft man partielle *Ilterusformen* an.

Die Stellung der Leber im Vitamin-Haushalt wird beleuchtet durch die Symptome der Vitamin B-Avitaminose: *Cheilosis, glatte rote Zunge* und Lacklippen (KALK 1955), *Scrotaldermatitis* sowie *pellagroide* Hautveränderungen. Auf die Abweichungen im Porphyrinstoffwechsel weisen die Lichtdermatosen hin. — Zu den besonderen Kennzeichen der chronischen Leberkrankheiten gehören die auf die obere Körperhälfte im wesentlichen beschränkten *Gefäßspinnen*, welche von MARTINI und STAUBESAND (1953) als arteriovenöse Anastomosen erkannt worden sind. Cirrhotiker zeigen im übrigen ein stark *vascularisiertes* Gesicht, wie etwa die Land- und Seeleute bzw. die Alkoholiker. Man hat von einer „Dollarpapierzeichnung" gesprochen. Neben der *Weißfleckung* der Haut gilt das *Palmarerythem*, welches auch Hyperglobulien begleitet, als das Zeichen der Cirrhose. Die *Trommelschlägelfinger*, die *Flach- oder Weißnägel* sind Zeichen des erheblichen Albuminmangels bzw. Veränderungen, welche bei dauernd erweiterten Gefäßen infolge gesteigerter Ferritinausschüttung auftreten (KALK 1957; HEILMEYER). Veränderungen des *Terminalhaares* (Hyperoestricismus, feminines Haarkleid beim Mann, Haarschwund auf der Brust und in den Achselhöhlen). Dieses Zeichen von CHVOSTEK besteht jedoch nach LUKIDIS (1955) oft schon jahrzehntelang vor dem Manifestwerden der Lebererkrankung, so daß er annimmt, jene Menschen mit dem „Leber-Haartyp" sind gegenüber den Leberschädigungen eher anfällig und erliegen ihnen (besondere endokrine Konstellation, Beziehungen zwischen der Leber und der Nebenniere ?). Bei der Frau kann es zu einem erheblichen *Verlust* im Bereich sämtlicher *Langhaare* kommen.

Testiculäre Atrophie und *Gynäkomastie* werden heute nicht mehr so ausschließlich auf den Hyperoestricismus zurückgeführt, nachdem man an Kriegsgefangenen und Insassen von Haftanstalten ähnliche Erscheinungen als Folge der Mangelernährung beobachtet hat. Ebenfalls ist die von MARTINI bei 19% aller Cirrhotiker beschriebene Dupuytrensche Kontraktur kein obligates, zur Lebercirrhose gehörendes Symptom.

In einem klaren Schema der Folgezustände von Cirrhosen (HANS POPPER 1956, Ciba-Symposion über die Cirrhose) sind als die Anzeichen des portalen Hochdruckes beschrieben: *Blutende Hämorrhoidalknoten, Caput medusae*, Ascites, *Knöchelödem* sowie die durch den Hypersplenismus induzierte splenogene Anämie, Leukopenie und Thrombocytopenie, daneben kann noch die normochrome, makrocytäre Anämie als Folge der Leberinsuffizienz in Erscheinung treten.

Schwere Störungen im Wasserhaushalt und Elektrolytstoffwechsel sowie die Verarmung an Albuminen bedingen sowohl die verschiedenen *Ödemformen* (präsacral, Knöchelgegend, Anasarka, Ascites) wie auch *Exsiccosen*. Auf die leberabhängigen „Kongestiven Ödeme" der unteren Extremitäten verweisen EICHENLAUB und OSBORNE (1948). (Eine gezielte Leberschutztherapie führt über die Beseitigung dieser hypoproteinämischen Wasseransammlungen auch oft zur

* Siehe Fußnote S. 142.

Rückbildung der therapieresistenten *ekzematischen Veränderungen* (s. auch GAY, JACOB u. GAY 1948).

Noch nicht abgeklärt sind die Beziehungen der Leber zum Melaninstoffwechsel. Es liegen recht zahlreiche Berichte vor, welche besonderes dermatologisches Interesse besitzen: So etwa die *graue* Farbe der Cirrhotiker, die *graue* Mundschleimhautpigmentierung (SÉZARY, COURE und HOROWITZ 1931), das *Chloasma hepaticum*, die „*Leberflecken*", die licht- bis dunkelbraune „„*Masque biliaire*" der französischen Kliniker, die *perioculäre* Pigmentation. In allen diesen Fällen handelt es sich um echte Melaninpigmente, welche mit verschiedener Methodik nachgewiesen worden sind. Die *Braunfärbung* der Nagelfalz, als Leitsymptom der Lebercirrhose, zeigt die Ablagerung von Eisen an. — Die *Hämochromatose* und der *Morbus Osler* mit ihren bekannten Hauterscheinungen, letztere bei Nachweis gleichartiger, zur Cirrhose führender Gefäßveränderungen in diesem Organ, seien am Rande dieser diagnostischen Merkmale mit angeführt.

Sowohl die Störungen in der Gallensekretion wie die Veränderungen in der Ratio der Lipoidfraktionen können zum Auftreten von Xanthelasmosen führen. A. WIEDMANN (1937) hat in einem derartigen Fall die bemerkenswerte Feststellung gemacht, daß die Vitamin A-Werte im Blut erheblich über der Norm liegen. Er sieht dies als Beweis der mangelnden Speicherfähigkeit der Leber an. — Besonders eindrucksvoll ist das Wechselspiel Leber:Haut am Beispiel der *Porphyrinopathien* zu beobachten (E. URBACH 1946). Die Organschädigung der Leber kann dabei durch die verschiedensten Krankheiten bedingt sein: Syphilis, Amöbiasis, durch Stoffwechselleiden wie Diabetes, durch die Arsenobenzoltherapie, durch Alkoholismus, durch Mangel- oder Fehlernährung. Neben der *Lichtsensibilisierung* durch Porphyrine, gekennzeichnet am Befall der exponierten Hautabschnitte, hat GOTTRON (1935) bei der Porphyria cutanea tarda auf die *mechanische Hautirritabilität* verwiesen, welche Ähnlichkeiten zur Epidermolysis hereditaria bzw. Bullosis mechanica aufweist (GOTTRON und ELLINGER 1935; URBACH, WULF). Die von KIMMIG (1948) erstmalig isolierten und später identifizierten Lichtbandstoffe im Harn von Patienten mit Lichtdermatosen (mit und ohne Porphyrie) hat WULF (1953) auch bei Cirrhotikern nachweisen können! Dieser Umstand deutet auf eine funktionelle Leberschädigung auch bei Kranken mit Lichtdermatosen ohne Prophyrinnachweis.

Ein weiteres, außerordentlich schweres Krankheitsbild, welches auf die sehr engen Beziehungen zwischen der Leber und der Haut hinweist, ist das im tropischen Afrika, in Indien und Indonesien vorkommende Eiweißmangelsyndrom: *Kwashiorkor* (= roter Junge). Nach dem Abstillen erhalten die Kleinstkinder eine hochcalorige, jedoch praktisch an tierischem Eiweiß freie kohlenhydrat- und fettreiche Kost. Die Kinder zeigen dabei Entwicklungsstörungen, Änderung der Haarfarbe und -form *(Kräuselhaar, rote Haare)*, *Depigmentierungen* der Haut, *Dermatitiden*, Ödeme. Die Bäuche sind dick geschwollen, die Kinder sind apathisch und erliegen infolge hinzutretender gastroinestinaler Störungen sowie Infektionen in einem hohen Prozentsatz dem Leiden. Man findet eine ausgesprochene Fettleber mit und ohne Nekrosen, teilweise schon im Übergang zur Fibrose. TAMAELA (1951) berichtet, daß in Indonesien 83% der Kinder von 1—4 Jahren am Kwashiorkor leiden! Zur Ausheilung genügt die Verabfolgung von Milch- oder Milchprodukten (WILLIAMS 1953; zitiert nach SUTTON).

Gerade bei den chronischen Leberleiden haben die verschiedenen *Farbtönungen* der Gelbsucht ihre besondere, diagnostische Bedeutung (H. KALK).

Patienten mit Lebercirrhose oder chronischen Leberfunktionsstörungen sind zu erhöhter Antikörperbildung befähigt. Von den in der Leber gebildeten γ-Globulinen können dabei die Hälfte und mehr Antikörper auch Autoantikörper sein. Selbst nach subtotaler Hepatektomie (HAVENS jr. 1959) werden von Ratten noch mehr Antikörper gebildet als von normalen Versuchstieren. Diese Fähigkeit findet ihren Niederschlag in den *Arzneimittel*exanthemen, welche bei einem nicht geringen Prozentsatz der chronischen Leberkranken beobachtet werden.

Auf mögliche Beziehungen der Rendu-Oslerschen Angiomatose zu Leberkrankheiten weisen jene Fälle hin, bei denen gleichzeitig, oft schon im Kindesalter, eine Lebercirrhose besteht (MARTINI 1957; NEIMANN, PIERSON, STEHLIN, FRIDON und MANCIAUX 1958). — Inwieweit die *senile Purpura* (BATEMAN) Beziehungen zu Leberkrankheiten hat, ist noch unbekannt. Immerhin haben DERBES und CHERNOSKY (1959) in 10 von 20 Fällen pathologische Biopsiebefunde in der Leber sowie den pathologischen Ausfall zahlreicher Leberfunktionsproben feststellen können.

Als ein subjektives Zeichen, dem diagnostische Bedeutung zukommt, ist der *Pruritus* anzusehen. Sein Auftreten vor oder erst während der Gelbsucht wird beim Verschlußikterus für die Annahme eines portalen Malignoms bzw. eines Steines ausgewertet. Die moderne Anschauung ist davon abgegangen, die im Blut kreisenden Gallensäuren als Ursache des Juckreizes anzusehen. Vielmehr scheinen es die Stoffwechselprodukte aus dem Eiweißstoffwechsel zu sein, welche sich als Folge der gestörten Leberfunktion bilden bzw. Intermediärprodukte, die nicht weiter verarbeitet werden und in den Kreislauf gelangen. Sie entfalten dort möglicherweise antigene Funktionen. Es besteht keine Korrelation zwischen dem Ausmaß der Bilirubinretention und der Stärke des Pruritus. — HICKS und MULLINS (1955) beschreiben einen besonders heftigen Juckreiz an Handtellern, Fußsohlen und am behaarten Kopf bei xanthomatösen biliären Cirrhosen. Dieser Juckreiz geht dem Auftreten der Gelbsucht voraus.

III. Leberstörungen bei Hautkrankheiten

Während die engen Beziehungen zwischen der erkrankten Leber und der Haut durch eine Fülle von Hautveränderungen dokumentiert und durch den vielfältigen Nachweis des Leberleidens (Laparoskopie, gezielte Biopsie, Batterien von Lebertests) in ihrer gegenseitigen Abhängigkeit bestätigt werden können, ist es ungleich schwieriger, den umgekehrten Zusammenhang, entsprechend der 2. Möglichkeit, zu objektivieren. Dieser Hinweis erscheint besonders im Hinblick auf die kritische Auswertung der Leberschutztherapie bei Hautkrankheiten notwendig. Handelt es sich doch zumeist um geringfügige Störungen einzelner Leberfunktionen, welche im Test, auch im Funktionstest nur schwer, wenn überhaupt zu erfassen sind (s. Untersuchungsmethoden). Einer der ersten Autoren, der auf eine Beeinflussung der Leberfunktion durch generalisierte, entzündliche Hautkrankheiten hingewiesen hat, ist in Deutschland E. HOFFMANN gewesen. An Patienten mit Salvarsandermatitis haben E. HOFFMANN, später WIEDMANN und G. SICHER (1933), DÖLLKEN (1934), MILBRADT (1935) den Hauterscheinungen nachfolgende Leberschäden festgestellt. WIEDMANN macht allerdings die Einschränkung, daß schon vor der As-Medikation eine Störung der Leberfunktion vorgelegen haben könne, welche möglicherweise der Anlaß für die Unverträglichkeitsreaktion sei. — BUCKLEY (1912), FALCHI (1927), MATSUNOBU (1930), ROCCHINI (1935), KITAMURA u. Mitarb. (1936), BURGESS und RABINOWITCH (1937), K. HÜBNER (1937) und viele andere haben mit den verschiedensten Testmethoden (Bengalrot, Galaktose-Toleranztest und andere) ebenfalls Leberfunktionsstörungen bei Hautkrankheiten nachweisen können. BUCKLEY (1912) hat seine Ansicht allein auf die sehr genaue klinische Beobachtung gestützt (s. EICHENLAUB und OSBORNE). Experimentelle Befunde von MATSUNOBU, TAINE, MIYAKE und TABADA (1930 bis 1935) konnten sowohl den Einfluß der Crotonöl-Dermatitis wie denjenigen von Hautextrakten (gewonnen aus entzündlicher Haut) auf den Glykogengehalt der Leberzelle sowie die Tendenz zur Verfettung unter Beweis stellen. Nach LUNIATSCHEK (1937) sinkt der Glykogengehalt der Leberzelle am 5. Tage der artifiziellen Hautentzündung (Höhepunkt) auf etwa 50%, während gleichzeitig der Gluthationgehalt als Maßstab der Entgiftungsfunktion ansteigt.

MONCORPS, BOHNSTEDT und SCHMIDT, MARCHIONINI sowie MILBRADT (1933 bis 1937) haben unter anderem festgestellt, daß eine intensive UV-Bestrahlung der Haut zum Anstieg des Blut- und Hautzuckers und zu pathologischen Toleranzkuren führt. Auch Staphylokokken-Infektionen der Haut verändern die Kohlenhydrattoleranz. MILBRADT (1934) schließt aus diesen und anderen Untersuchungen (Crotonöl-Dermatitis mit gleichzeitigem Anstieg der Phospholipoide, der Gesamtfette und Änderung in der Cholesterin/Ester-Ratio), daß von der Haut aus die Leberfunktion gestört werden kann (E. URBACH 1946).

Das Auftreten miliarer Nekroseherde in der Leber bei großflächiger Verbrennung der Haut wird als weiterer Beweis für die Interrelation Haut-Leber angesehen. Man versucht diese Befunde so zu erklären, daß 1. die Hauteiweißkörper durch den Verbrennungsvorgang verändert werden, daß 2. proteolytische Prozesse ausgelöst werden und daß jenes toxisch bzw. antigen wirksame Eiweiß in die Blutbahn eingeschwemmt wird (E. URBACH u. G. SICHER 1931). Diese schon vor 30 Jahren aufgestellte Theorie von URBACH u. Mitarb. deckt sich ohne weiteres mit der modernen Anschauung über die Entzündung (MENKIN, UNGAR, WESTPHAL und andere). Die Überschwemmung der normalen Leber mit derartigen Polypeptiden bzw. die Belastung eines schon funktionell eingeschränkten Organs mit kleineren Mengen von pathologischen Eiweißbruchstücken führen im Endergebnis zu Lebernekrosen, als deren sichtbaren Ausdruck die miliaren Leberschäden zu gelten haben. Quantitative Unterschiede ergeben sich — ähnlich den vom Darm ausgehenden Intoxikationen — wenn das zu entgiftende Material direkt via Pfortader in die Leber einströmt oder über den großen Kreislauf via Arteria hepatica in verdünntem Zustand die Leber erreicht.

An einem großen und vielgestaltigen dermatologischen und venerologischen Krankengut ist unter Anwendung von „Batterien von Lebertests“ nachgewiesen worden, daß zwischen 30 und 70% der Hautkranken eine gestörte Leberfunktion aufweisen (MATSUNOBU 1930; DÖLLKEN 1933; GENNER und WITT 1938/39; DUBOWY 1939; KITAMURA 1939; IWAMA 1941/42; VOLAVSEK 1942 bis 1949; A. LONGHI und RASPONI 1949; v. MALINKRODT-HAUPT 1950; P. ZIERZ 1953—1958; E. ČERNÝ 1953; HUEVA und HERNÁNDEZ DE LA PORTILLA 1954; STEGLER 1954; W. GERTLER 1958 und andere). Es handelt sich dabei um Kranke mit Pruritus, Ekzem, Urticaria, Psoriasis vulgaris (über die entsprechenden Theorien von GRÜTZ s. Kapitel Diättherapie) Rosacea, Alopecia areata, generalisierte Sklerodermie, Erythrodermie (HERZBERG), Reticulosen, Pemphigus vulgaris und seine Varianten, Psoriasis arthropatica. DÖLLKEN hat seinen Untersuchungen die Insulin-, Glucose- und Wasserbelastung, VOLAVSEK die Glykokoll-Toleranz zugrunde gelegt. Letzterer fand pathologische Leberfunktionsproben bei über 50% der Ekzematiker, 70% der Kranken mit chronischem Erythematodes, 80% der Neurodermiker.

GENNER und WITT negieren Zusammenhänge zwischen Stoffwechselstörungen der Leber und folgenden Hautkrankheiten: Lupus vulgaris, Psoriasis vulgaris, idiopathisches Ekzem, Prurigo, Pruritus, Prurigo-Besnier. Die Autoren haben bei ihren Untersuchungen die Galaktoseprobe, die Lipasebestimmung, den Ikterus-Index nach MEULENGRACHT, den Urobilinogen-Serientest und den Gallensäurenachweis im Urin nach HAY angewandt. Wenn positive Tests vorkommen, dann bestehe nach Meinung der Verfasser eher die Möglichkeit einer Leberschädigung durch die applizierten Therapeutica. — Mit 13 verschiedenen Leberfunktionsproben versucht DUBOWY die Korrelation Haut — Leber zu beweisen. Er kommt zu dem Schluß, daß bei der Erkrankung des Reticuloendothelialen Systems der Leber das gleiche System der Haut vikarierend oder unter Einwirkung derselben Noxe erkrankt. Das Ausgangsmaterial für DUBOWY sind Leberkranke gewesen. KITAMURA findet bei 13 von 15 Ekzemfällen einen positiven Ausfall der Decholinprobe, desgleichen IWAMA. Genaue Zahlenangaben finden sich bei LONGHI und RASPONI (5 Tests, darunter Eiweißlabilitätsproben, Bilirubinbestimmungen, Galaktose-Chinin- und Bengalrotprobe, 95 Patienten). Positiver Ausfall bei 11 von 36 Ekzempatienten, 5 (14) Toxikodermien, 4 (9) Psoriasis vulgaris, 5 (8) Rosacea, 3 (7) Pemphigus und Pemphigoside, 5 (5) Hauttuberkulöse, 2 (3) pellagroide Erytheme, 2 (3) Hautretikulosen. — ČERNÝ hat, ebenfalls unter Benutzung einer „Batterie" von Tests, folgende Leberschäden festgestellt: organische Veränderungen 4,3%, Störungen im Kohlenhydrat-Stoffwechsel 41%, Wasserretention 77%, gestörte Entgiftungsfunktion 91%, Hyperbilirubinämie 14%, Linksverschiebung im Weltmann-Koagulationsband 14%, β-Globulinvermehrung 89%. In der Diskussion dieser Ergebnisse *verneint* ČERNÝ jeden Zusammenhang zwischen Dermatosen und Leberdysfunktion.

CUEVA und HERNÁNDEZ DE LA PORTILLA haben die Häufigkeit von allergischen Erscheinungen bei Leberkrankheiten mit derjenigen bei anderen Krankheiten verglichen: 2,09% Allergien bei manifesten Leberkrankheiten, 3,9% Allergien bei nicht Lebergeschädigten.

Auf einen interessanten Einzelfall weist GERTLER hin: Während der 2. Gelbsucht tritt bei einem Patienten eine Psoriasis generalisata auf. Die 7wöchige Lebertherapie führt zur vollständigen Rückbildung des Hautleidens, welches nur mild lokal behandelt wird. — Vom Ekzem ausgehend findet STEGLER unter 45 Fällen in 73,3% positive Tests (HANGER, MCLAGEN, KUNKEL und GROSS). Er deutet diese Tatsache im Sinne einer endogenen Sensibilisierung, welche über Intermediärprodukte des Eiweißstoffwechsels zur Erkrankung der Haut führt. P. ZIERZ hat die gleiche Fragestellung an einem großen Krankengut (446 Patienten) bearbeitet (1953). Als Tests sind angewandt worden: die Bestimmung der Bilirubinretention im Blutserum, die Mancke-Sommer-Reaktion, das Weltmannsche Koagulationsband, die Cadmiumsulfat-Reaktion, die Galaktose- und die p-Oxyphenylbrenztraubensäure-Ausscheidungsprobe sowie das Elektropherogramm. Die Ergebnisse: Am Kollektiv von Patienten mit manifester Allergie zeigt sich zu 69,5% positiver Ausfall der Tests. Dieses Resultat wird jedoch nicht im Sinne des „voneinander abhängig oder nachgeordnet" gedeutet. Hautkranke mit Dermatosen unabgeklärter Genese zeigen ebenfalls in einem hohen Prozentsatz positiven Testausfall. Naturgemäß sind daraus keine Rückschlüsse auf etwaige Beziehungen zwischen der Hautveränderung und der Leberdysfunktion zu ziehen. Dagegen glaubt ZIERZ, daß bei Hautkrankheiten mit bekannten Erregern (66% positive Leberfunktionstests) eine Mitbeteiligung der Leber nachzuweisen ist. Dabei sei ein Teil als allergisch, ein anderer als allergotoxisch aufzufassen (etwa die Salvarsandermatitis, die durch Arzneimittel ausgelösten Erythrodermien).

Es ist nicht erstaunlich, daß bei der Deutung der positiven Lebertests in bezug auf ihren Aussagewert für die Beziehung Haut-Leber so unterschiedliche Meinungen zutage treten. Sind diese Testverfahren schon an sich problematisch, so erhöhen sich die Schwierigkeiten, wenn man das nach Krankheit, Lebensalter und vielen anderen Faktoren ungleiche Material vergleichend betrachtet. Wesentlich eindrucksvoller sind dagegen die in letzter Zeit sich mehrenden Leberbiopsiebefunde bei Hautkrankheiten. DOGLIOTTI, BANCHE und ANGELA (1954),

ANGELA und APRÀ (1956), HURIEZ, DESMONS, BENOIT und MARTIN (1956—1958), sowie OTTOLENGHI-LODIGIANI (1959) haben leberbioptische und Testbefunde bei Patienten mit verschiedenen Dermatosen verglichen. Von 14 Ekzematikern sind 4mal positive Leberfunktionstets (Cephalin-R, Thymoltrübungs-R, Takata-Ara, Zinksulfatprobe) und 12mal (!) positive Befunde bei der Leberbiopsie nachgewiesen worden (DOGLIOTTI u. Mitarb.). Bei 9 Psoriatikern wird 2mal der positive Ausfall der Eiweißlabilitätsproben und 8mal ein pathologischer Befund am Lebergewebe erhoben. 2 Patienten mit pellagroiden Erythemen sind sowohl in den Tests wie bei der Biopsie positiv (Cirrhosen). — Von den 28 Kranken, welche ANGELA und APRÀ untersucht haben — es handelt sich dabei um Fälle mit Psoriasis vulgaris, generalisierten, nässenden Ekzemen, Sklerodermie, Dermatitis herpetiformis Duhring, pellagroide Erytheme, Lichen ruber planus, Lues II — haben 6 = 24% ein regelrechtes Leberzellbild. Bei 76% (19) finden sich albuminoide Degeneration herdförmige Entzündungen, fettige Cirrhose, Hyperplasie der Reticulumfasern, subakute Hepatitis. Am häufigsten wird die Steatose beobachtet. Was an diesen Veränderungen als primär oder sekundär anzusehen ist, kann *nicht* beurteilt werden. — Die französischen Autoren haben (1957) bei 44 Ekzemen, 6 Neurodermitikern und 21 Fällen kontaktekzematischer Reaktion mit der Leberbiopsie *niemals* positive Ergebnisse erzielt! Dagegen finden sich pathologische Leberbefunde bei fast allen auf Intoleranz beruhenden ekzematischen Reaktionen (Antibiotica, Sulfonamide, Antihistamine, Zustand nach Metallotherapie). Es handelte sich dabei um ein durchschnittlich junges Krankengut (zumeist Frauen), bei denen zuvor von Erkrankungen der Leber nichts bekannt gewesen ist. In weiteren Arbeiten haben HURIEZ et al. ebenfalls einen Prozentsatz von 60% positiver Biopsieergebnisse bei Ekzematikern mit vielfältigen Intoleranzerscheinungen erheben können, wovon 19% als ausgesprochen schwere Leberschäden imponierten. Geringfügige Abweichungen von der Norm sind auch bei Kranken mit Dermatitis herpetiformis Duhring, Pemphigus vulgaris, Erythematodes, Amyloidose, Retikulose festgestellt worden. 19 Psoriatiker weisen in Abhängigkeit vom Alter des Patienten (!), von der Ausdehnung der Hauterscheinungen, von etwaigen Komplikationen und von der Art der Therapie (!) Leberveränderungen bei der Biopsie auf: am gewöhnlichsten eine Vermehrung des Reticulums, Steatose, Sklerose, letztere mit dem Alter im Prozentsatz ansteigend. Kinder mit gleichen Hautkrankheiten zeigen keine pathologischen Biopsiebefunde. — OTTOLENGHI-LODIGIANI faßt die eigenen Untersuchungsergebnisse sowie die der anderen italienischen Autoren dahingehend zusammen: Die Leberbiopsie vermag beim konstitutionellen Ekzem und bei schweren polyvalenten Intoleranzerscheinungen Veränderungen unterschiedlichen Grades am Lebergewebe anzuzeigen, während lichenoide, circumscripte Ekzeme, erythrosquamöse Erscheinungen (Dermoepidermitis) und allergische, kontaktekzematische Reaktionen keinen pathologischen Leberbefund aufweisen. Er empfiehlt, und damit bejaht er die möglichen Zusammenhänge, die Kombination der äußerlichen, antiekzematischen mit der Leberschutztherapie.

IV. Gemeinsame Erkrankung von Leber und Haut

Die gemeinsame Erkrankung beider Organsysteme, entsprechend 3. der Zuordnung, ist sowohl bei den schweren allergischen wie bei den allergo-toxischen Reaktionen bekannt. Metalle wie As, Bi, Au, die Sulfonamide, die Antibiotica sind vielfach als die schädigende Noxe festgestellt worden. Auch bei der Hämochromatose wird seit neuerer Zeit eine gemeinsam auf Haut und Leber einwirkende Schädigung des Eisenstoffwechsels angenommen. Das gleiche gilt vom Morbus

Rendu-Osler, sofern dieser mit einer Lebercirrhose kombiniert ist (URBACH, MILBRADT, WEILL, LORTAT und BUTELIER, MARTINI und STAUBESAND, NEIMANN u. Mitarb.).

V. Kritik der Testverfahren

Die weiteren, unter 4. und 5. aufgeführten Möglichkeiten einer gegenseitigen Beeinflussung zwischen Leber und Haut bedürfen keiner näheren Erläuterung. Dagegen müssen die *Testverfahren,* mit welchen bei bestehender Hautkrankheit der Ausfall einer oder mehrerer Leberfunktionen nachgewiesen werden soll, einer kritischen Würdigung unterzogen werden, zumal man auf diese Proben in erster Linie zurückgreifen muß, um zur Aussage der Functio laesa zu kommen. Eine wertmäßige Einstufung wenigstens der wichtigsten Funktionsproben ist auch noch aus dem Grunde notwendig, da sich die Testverfahren zahlenmäßig so vermehrt haben, daß der nicht so gut Orientierte kaum ein Urteil über die Aussagefähigkeit derselben besitzt. Letztlich scheitert die Bearbeitung des vorliegenden Materials an der Tatsache, daß jeweils verschiedene, in ihrer Bedeutung oft sehr unterschiedliche Methoden zur Anwendung gekommen sind. Die vorliegende, sich auf intern-medizinische Angaben stützende Wertung, soll dem Dermatologen im gegebenen Fall die Wahl, welche Methode zu welchem Zweck paßt, erleichtern.

Wenn man von den schwersten Leberveränderungen ausgeht, so stellt KALK (1958) fest, daß eine große Anzahl von *laparoskopisch* und mit der gezielten *Leberbiopsie* erfaßten Narbenlebern nach akuter Lebernekrose keinerlei Veränderungen im Ausfall der Funktionstests aufweisen. Nur in 44% derartiger Krankheitsfälle sind durch die Eiweißlabilitätsproben, die Elektrophorese, die Galaktose- und Bromsulfaleinproben grob pathologische Leberschäden nachzuweisen. Die kompensierte Lebercirrhose dagegen ist mit diesen Methoden zu 87% erfaßbar. Zu der gleichen Feststellung gelangen Biochemiker und Kliniker anläßlich des Symposiums über die funktionellen Explorationen der Leber und die sog. „minimale" Leberinsuffizienz (GENF 1959). Es wird dabei — und das gilt insbesondere für den dermatologischen Aspekt des Problems — auf die Schwierigkeiten hingewiesen, der klinisch faßbaren minimalen Leberfunktionsstörung ein „syndrome biologique minimum" an die Seite zu stellen (R. FAUVERT). SECKFORT (1958) schreibt dazu: Die Leber spielt im Fett- und Phosphatidstoffwechsel die zentrale Rolle. Dennoch bleibt der Lipoid- und Phosphatidspiegel des Blutes weitgehend von der Schwere und der Art des Leberschadens unbeeinflußt. Die Phosphatid- und Acetalphosphatidbestimmungen scheiden daher aus dem Kreis der diagnostischen Maßnahmen aus! Besser eignet sich dazu die Cholesterinfraktion, wiewohl auch der Estersturz (THANNHAUSER) kein absolut zuverlässiges Kriterium ist. — Im Tierversuch führt erst die Zerstörung von mindestens der Hälfte des Parenchyms zu Funktionsausfällen, welche im Test nachweisbar sind. Bei diesem Stand der Dinge wird man der „nuancierten" Bewertung und Beurteilung der oft proteiformen, subjektiven Beschwerden klinisch auch dann eine Bedeutung zumessen, wenn noch keinerlei Veränderungen der biologisch erfaßbaren, globalen oder speziellen Leberfunktionen vorliegen.

Fast alle Untersuchungsmethoden sind als *indirekt* zu bezeichnen, da sie sich auf biologische Flüssigkeiten beziehen, welche das Gesamtorgan Leber liefert bzw. zur Beurteilung pathologische Modifikationen wie etwa in der Cholesterinfraktion, am Prothrombin, Harnstoffgehalt, an den Gallensäuren, an den Eiweißfraktionen usw. herangezogen werden. Die Stoffwechselfunktionen der Leber sind jedoch so komplex — sie erfordern nach K. LANG mehrere Tausend Fermente —, daß mit der indirekten Untersuchungsmethode nur ganz grobe Abweichungen summarisch zu ermitteln sind. — Man beurteilt die Leberfunktion auch nach dem Verhalten von künstlich dem Organismus zugeführten Stoffen, welche durch die Leber in bestimmter Weise abgewandelt werden (Galaktose, Bengalrot, Bromsulfalein). Derartige „globale“ Messungen können jedoch durch Maskierung ein normales Ergebnis zeitigen, z. B. der hepatisch bedingte Cholesterinestersturz durch vermehrte Cholesterinbildung in anderen Organen oder der Abfall von Harnstoff bei der Cirrhose durch eine renale Ausscheidungsstörung. Die alkalische Phosphatase kann unter anderem bei Knochenerkrankungen erhöht sein. Auch die Galaktoseprobe und der Hippursäuretest, beide als wertvoll und aufschlußreich angesehen, können durch nicht leberbedingte intestinale Resorptionsstörungen so verändert werden, daß ein etwaiger pathologischer Ausfall nicht auf eine Lebererkrankung bezogen werden darf (RYSER und FREI 1957). FAUVERT (Paris 1958) weist in diesem Zusammenhang auf die enge Verbindung der metabolischen Leberfunktionen mit derjenigen anderer Organe sowie auf die ungeheure *Funktionsreserve* der Leber hin, welche die (funktionelle) Exploration dieses Organs erheblich erschweren.

VI. Leberfunktionstests und spezifische Untersuchungsverfahren

1. Der *Laparoskopie* und der *gezielten Leberbiopsie* (H. KALK) wird man den ersten Platz unter allen Testverfahren einräumen müssen, insbesondere, wenn das entnommene Lebergewebe nicht nur histologisch untersucht, sondern auch *biochemisch*, insbesondere *fermentchemisch* verwertet wird (A. VANOTTI, RYSER und FREI 1957). Schon mit so minimalen Mengen an Lebergewebe wie etwa 5 bis 15 mg (!) gelingt es, gleichzeitig die Gewebsatmung, die oxydative Resynthese der labilen Phosphate und die Aktivität von etwa einem Dutzend wichtiger Fermente zu prüfen (s. auch ALBOT, CAROLI 1957). Auch ohne diese wesentliche Erweiterung der bioptischen Lebergewebsuntersuchung ist die Methode nach KALK und WILDHIRT (1951) auf jeden Fall vorzuziehen, da keine sicheren Beziehungen zwischen funktionellem Ausfall und morphologischen Veränderungen bestehen.

2. Zu den sog. *„globalen“ Funktionstests* zählen jene Proben, welche generell Auskunft über den Leberdurchlauf geben. Sowohl die *Galaktose*probe wie die *provozierte Diurese* (VAQUEZ und COTTET, modifizierter Wasserversuch nach KAUFFMANN-WOLLHEIM) erlauben eine derartige Aussage, nämlich den Wassertransit in der Leber. Diese Funktion ist nicht vom Wasserhaushalt des Organismus abhängig. [Über die interessanten Beziehungen der Leber zum Wasserhaushalt s. W. BEIGLBÖCK, L. BENDA (1955) und andere, auch über die Wirkung des Ferritins, welches bei Leberstörungen nicht mehr in der Leber gespeichert wird und als das antidiuretische Prinzip der Leber bekannt ist. Ein Ferritinüberschuß im Blut regt den Hypophysenhinterlappen an, das antidiuretische Hormon auszuschütten: Diuresehemmung, Ödemneigung.]

3. Drei weitere Testverfahren ermöglichen die Feststellung der metabolischen (a), hepatobiliären (b) und mesenchymalen (c) *Clearance* der Leber.

a) Galaktoseprobe.
b) Bilirubinbestimmung (physiologische Substanz).
Bengalrotprobe } Fremdstoffe.
Bromsulfaleintest }
c) Chinatinte, radioaktive Kolloide.

Die Bromsulfaleinprobe gilt als sehr empfindlich (RICKER 1951; KALK und WILDHIRT 1951) und gibt Auskunft über die Fähigkeit der Leber, gallefähige Fremdstoffe aus dem Blut abzufangen und via Gallenflüssigkeit zu eliminieren.

Gemessen wird dabei die funktionelle „Masse" der Leber, Fehlerquelle ist das bei Cirrhosen oft zu beobachtende Blutdefizit der Leber. Die Koppelung des Bromsulfaleintests mit der Feststellung der mesenchymalen Clearance (radioaktives Gold) erlaubt — da letzte unabhängig vom Blutdefizit ist —, die Größe der Fehldurchblutung festzustellen und daraus die gestörte Zellfunktion zu bestimmen. — Die Applikation des mit ^{131}J markierten Bengalrots gestattet sowohl eine morphologische (Hepatographie) wie eine funktionelle Aussage (hepatischer Kreislauf, Ausscheidung mit der Gallenflüssigkeit).

4. Der Nachweis einer Retention von Bilirubin, Gallensalzen, Cholesterin und alkalischer Phosphatase (Blutprobe, Stuhluntersuchung, Duodenalsondierung) ist notwendig, um das Versagen der Exkretionsfähigkeit via Gallenflüssigkeit festzustellen.

5a. Tests zur Prüfung der *Leberinsuffizienz* beziehen sich auf die Unfähigkeit der Leberzellen, bestimmte Synthese- oder Konjugationsleistungen zu vollbringen. Dazu zählen die Störungen der Blutgerinnung, beginnend mit dem Prothrombinkomplex und übergreifend auf weitere Faktoren: Verminderung des Proconvertins, des Prothrombins, des Stuart-Faktors und letztlich des Proaccelerins. Der *Kollertest* wird zur Differenzierung von Verschlußikterus und Leberparenchymschäden herangezogen. Es wird das unterschiedliche Verhalten des Quickwertes nach Vitamin K-Belastung geprüft.

Das *funktionell-celluläre Defizit* bedingt weiterhin und wird durch entsprechende Untersuchungen erfaßt, den *Estersturz* (unter 65% Cholesterinester gleichbedeutend mit Leberparenchymschaden), den Abfall des *Gesamtcholesterins*, den Abfall der *Proteine*, zunächst des Fibrinogens, dann des Serumalbumins. Der Aussagewert dieser Tests ist geknüpft an den Nachweis, daß nicht andere Störungen im Organismus vorliegen, welche diese Ausfälle bedingen (Seckfort 1958). — Die gestörte Abbau- bzw. *Inaktivierungsfunktion* der Androgene infolge Leberparenchymschädigung läßt sich durch die Bestimmung der veränderten Ausscheidung des Dehydroandrosterons ermitteln (Greif 1956).

5b. Die Glucagenprobe (A. Linke 1959) ermöglicht die Erfassung des *disponiblen Glykogens* in der Leberzelle. Die nach anfänglichem Abfall des Blutzuckers (Insulinmobilisation) infolge Glykogenolyse ins Blut übertretende Glucose wird in bestimmten Zeitabständen gemessen. Unternormale Werte findet man bei dekompensierter Cirrhose, Hepatitis epidemica (Höhepunkt), Basedow- und methyltestosterongeschädigten Lebern. Normalwerte bei kurzdauerndem Verschlußikterus.

6. Die *Leberzelldestruktion* wird nachgewiesen durch das vermehrte Auftreten bestimmter Fermente im Blut, deren Freisetzung durch Cytolyse angenommen wird. Am Beispiel des Ikterus hat Markoff (1958) die Fermentaktivitäten und deren differentialdiagnostische Bedeutung tabellarisch aufgezeichnet.

Bei den akuten Leberkrankheiten ist nach A. Pedro-Pons (1958) der Ausfall der Glutamin-Brenztraubensäure-Transaminase empfindlicher als die anderen Proben. — Forster und Jenny (1959) halten die Bestimmung der Aktivität der Aldolase und der Transaminasen für wertvoller als die Messung der alkalischen Phosphatase. Sie haben als neuen Test die Aktivitätsbestimmung der 1-phosphofructaldolase angegeben. Dieses Ferment dissoziiert das Fructose-1-Phosphat zu Phospho-dioxy-Aceton und Glycerin (Methode nach Wolf, Forster und Leuthardt, modifiziert nach Jenny). Bei der Hepatitis epidemica ist die Aktivität der 1-phosphofructaldolase stark gesteigert (10—50 E anstelle 0,6 bis 2,8 E normal). Nicht zu lange bestehender Verschlußikterus und die Cirrhose (außerhalb der akuten Schübe) weisen eine normale Fermentaktivität auf. Die gemeinsame Bestimmung der Transaminasen, der Aldolase und der 1-Phosphofructaldolase erleichtern, weil letztere leberspezifischer ist, die Abklärung der hepatischen und der nicht-leberbedingten Ursachen der Hyperfermentie. — Über die Chininoxydasebestimmung bei Leberkrankheiten s. H. BAUER (Übersicht bei I. PRYSE-DAVIES u. H. I. WILKINSON 1958).

7. Der Wert der Eiweißlabilitätsproben, des Elektropherogramms ist mit Ausnahme der Lebercirrhose nur ein bedingter im Rahmen der speziellen Leberdiagnostik, da die entzündliche Reaktion als solche nachgewiesen wird. Letztere kann primär sein oder Folge der Lebernekrose (s. RÖCKL und JAROSCHKE 1952; WILDHIRT und KALK 1954, J. LANGE 1959]. Das Verhalten der Serummucoproteide (A. PEDRO-PONS) ist unterschiedlich bei extrahepatischem Verschlußikterus (sehr hohe Werte), beim intrahepatischen Verschlußikterus (mäßig erhöhte Werte), bei Hepatitiden und Cirrhosen (erniedrigte Werte). — Es ergeben sich damit neue Möglichkeiten der Diagnostik.

Tabelle 5

	Normal	Hepatose* Hepatitis	Verschluß-Ikterus
Alkalische Serumphosphatase	(+)	++	+++
Glutaminpyruvat-Transaminase	++	+++	(+)
Glutaminoxalessigsäure-Transaminase	++	++	(+)
Milchsäuredehydrogenase	+++	+	+
Serumaldolase	(+)	+++	(+)

Auf Grund sehr genau durchgearbeiteter Statistiken und umfangreicher eigener Untersuchungsreihen gibt J. LANGE (1959) folgende Übersicht und Wertung einiger, in diese Gruppe hineingehörender Testmethoden (Tabelle 6).

Als gut im Sinne der diagnostischen Fragestellung bezeichnet LANGE den Cephalin-Cholesteroltest nach HANGER und den Thymoltest, während die übrigen Testmethoden (Gesamtcholesterinbestimmung, Cholesterin-Ester, Weltmann-Koagulationsband, Takata-Ara, Cadmium-Sulfat-Reaktion, Aldehydprobe) erhöhte Fehlerquellen aufweisen (s. auch KALK und WILDHIRT 1951).

8. Als wertvoll bezeichnet J. LANGE die Bestimmung des Serum-Eisens und des Serumkupfers. Bei Hepatitiden wird in 97,6% eine Hypersiderämie, bei Verschlußikterus in 91,5% ein erniedrigtes bzw. normales Serumeisen gefunden. Eine Hyperkuprämie mit Werten über 161 γ/% findet sich bei 71% aller Verschluß-

* Die modernen Bezeichnungen für Verschlußikterusformen sind (MARKOFF, A. PEDRO-PONS):

1. Medical jaundice, intrahepatische Formen: a) Cholostatische Hepatitis; b) Cholangio-Hepatitis; c) Cholostatische Hepatose; d) biliare Cirrhose.

2. Surgical jaundice, extrahepatische Formen: a) Stein; b) Maladie du sphincter; c) Entzündung; d) Druck (Tumor).

Die *cholostatische Hepatose* wird auf einen toxischen Fermentschaden zurückgeführt; sie entwickelt sich nach Arzneimitteln wie As., Atophan, Chlorpromazin, Marsilid, Methyltestosteron, Irgapyrin, PAS, Reserpin. Weitere intrahepatische Ikterusformen sind die *cholostatische Hepatitis* (Virus), der *rezidivierende* und *intermittierende Ikterus* (*posthepatische Hyperbilirubinämie* nach KALK), ebenfalls ein Fermentschaden (Glucuronsäuretransferase, Porphyrinstoffwechselstörung mit Bilirubinbildung aus Protoporphyrin IX) sowie möglicherweise der chronisch gutartige Ikterus, Dubin-Johnson-Syndrom, eine fragliche Porphyrinstoffwechselstörung. ALBOT (zitiert nach HOFFMANN) unterscheidet bei der cholostatischen Hepatose 1. die Cholostase à minima, eine chronische, inkomplette Gallenabflußstörung, klinisch unterschwellig, zur cholostatischen, cholangitischen Lebercirrhose führend und 2. die intrahepatische Cholostase. Letztere geht oft mit urticariellen Hauterscheinungen, Gelenkschwellung, Eosinophilie einher. Allergische (Autoantikörper?) Ikterusformen können wahrscheinlich die sog. primären biliaren Cirrhosen bedingen.

Tabelle 6

Untersuchungsmethoden	Gruppeneinteilung	Hepatitis			Verschlußikterus		
		n	n der Gruppe	%	n	n der Gruppe	%
1. Thymoltest	negativ	3401	671	20	439	*355*	*81*
	positiv		*2730*	*80*		84	19
	negativ		27	22		*37*	*74*
	schwach positiv	125*	14	11	50*	5	10
	positiv		*84*	*67*		8	16
2. Weltmann-Band	normal		52	28		55	49
	verkürzt	187	0	0	112	*47*	*42*
	verlängert		*135*	*72*		10	9
	normal		88	44		47	66,2
	verkürzt	200*	5	2,5	71*	*16*	*22,5*
	verlängert		*107*	53,5		8	11,3
3. Takata-Ara	negativ	962	502	52	398	316	79
	positiv		460	48		82	21
	80—100 mg-%		223	70 6		119	83
	60—80 mg-%	316*	20	6,3	143*	4	3
	<60 mg-%		73	23,1		20	14
4. Cadmiumsulfat	negativ	21	10	—	19	10	—
	positiv		11	—		9	—
	negativ		64	45		30	45
	schwach positiv	142*	29	20	66*	11	17
	positiv		49	35		25	38
5. Kephalin-Cholesterol	negativ	2237	492	22	325	*305*	*94*
	positiv		*1745*	*78*		20	6
6. Gesamt-Cholesterin	normal	958	*847*	*88,5*	220	58	26
	erhöht		111	11,5		*162*	*74*
7. Verestertes Cholesterin	normal	308	86	9,5	150	85	56,7
	erhöht		822	90,5		65	43,3
8. Aldehydprobe im Harn	0/0		30	10		23	15,3
	0/+	311*	66	21	150*	29	19,3
	+/++		215	69		98	65,4

(Die für die Differentialdiagnose wichtigen Resultate: Kursivdruck. Eigene Werte mit * versehen, J. LANGE.)

ikterusformen, während die Hepatitiden nur in 21,5% erhöhte Serumkupferwerte aufweisen. Die Bildung des Serum Fe/Cu-Quotienten erhöht die Treffsicherheit noch weiterhin: Werte unter 0,79 sind bei 98% aller Verschluß-Ikterus-Patienten nachgewiesen, Werte <1 bei den Kranken mit Hepatitis.

9. Anstelle der älteren Glykokollbelastungsprobe wird heute die Methioninbelastung nach SCHREIER und SCHÖNSEE durchgeführt. Kranke mit Lebercirrhose, akuter Lebernekrose scheiden vermehrt Methionin aus, ein Zeichen des herabgesetzten Desaminierungsvermögens und der verminderten Proteinsynthese der Leber. Gleichfalls erhöht ist die Ausscheidung anderer Aminosäuren, wie Arginin, Histidin, Iso- und Leucin, Lysin, Phenylalanin, Threonin, Tryptophan, Tyrosin und Valin. — Hautkranke ohne Leberanamnese scheiden mehr in Abhängigkeit zur Ausdehnung als zur Bestandsdauer der Dermatose erhöht Methionin aus. JAROSCHKE und KRESBACH (1955) halten diese oft hohe Methioninausscheidung für einen Hinweis auf die Bedeutung des Aminosäurenstoffwechsels der Haut; sie können sich jedoch nicht entschließen, daraus eine von der Haut induzierte Leberdysfunktion zu postulieren.

Etwas in den Hintergrund getreten sind derzeit die Belastungsproben mit p-oxyphenylbrenztraubensäure (Felix und Teske), mit welcher Nonnenbruch und Zierz gearbeitet haben, sowie die Belastungsprobe mit 6,0 Natriumbenzoat (Hippursäuretest, Synthesefunktion der Leber). Ebenfalls sind die Santonin-, die Azorobin S-Probe und andere Verfahren ähnlicher Art heute kaum noch im Gebrauch.

10. Die zahlreichen Urinproben, darunter auch die Methylenblauprobe nach Kalk und Wildhirt (1951/52) seien hier nur summarisch aufgeführt.

11. Auf die Makrocytose bei Erkrankungen der Leber (Vergrößerung des mittleren Erythrocytendurchmessers, Anwesenheit von großen roten Blutkörperchen) macht Hall (1957) aufmerksam.

Ebenso große Schwierigkeiten wie die Feststellung einer Leberschädigung durch Hautkrankheiten bereitet der Nachweis, daß sich die gestörte Funktion unter der Therapie normalisiert hat! Handelt es sich doch bei der Leber um ein Organ mit enormer Funktionsreserve und vielfältigen Kompensationsmechanismen. Die Frage nach der medikamentösen Beeinflussung der „minimalen“ Leberinsuffizienz bleibt um so mehr in der Schwebe, als neben der Behandlung durch Arzneimittel fast stets noch andere wichtige Maßnahmen durchgeführt werden.

VII. Die Leberschutztherapie

Die eigentliche *Leberschutztherapie* setzt sich aus mindestens 3 Komponenten zusammen:

1. Physikalische Therapie wie Wärmeapplikation, daneben Bettruhe, Liege- und Thermalkuren, alle geeignet, die Leberzirkulation und den Gallenabfluß zu verbessern.
2. Diätetische Maßnahmen.
3. Medikamentöse Therapie und indirekt dazugehörig, die Ausschaltung etwaiger Noxen.

Die unter 1. und 2. aufgeführten Bestandteile der Leberschutztherapie sind von so fundamentaler Bedeutung, daß sie in der Wertung ebenbürtig neben eine Verabfolgung von Leberschutzstoffen treten, ausgenommen die medikamentöse Behandlung des Coma hepaticum sowie der dekompensierten Cirrhose und der akuten Leberdystrophie bzw. Nekrose. Bei der Besprechung der medikamentösen Leberschutzbehandlung werden ausgeklammert jene Heilmittel, denen andere Abschnitte des Bandes gewidmet sind. Dazu gehören die Zufuhr wichtiger akzessorischer Nahrungsfaktoren, insbesondere diejenigen der B-Vitamingruppe (B_1, B_2, B_6, B_{12}, Folsäure, Pantotheinsäure, Biotin, Nicotinamid), weiter der Vitamine C, A, D, E, K und P, letztere bei Mangelsyndromen erforderlich. Auch die in letzter Zeit immer mehr in den Vordergrund tretenden Glucocorticoide fallen unter diese Einschränkung.

Zu den eigentlichen Leberschutzpräparaten zählt das *Cholin,* welches wegen der vielfältigen engen chemischen und physiologisch-chemischen Beziehungen gemeinsam mit der essentiellen Aminosäure *Methionin* und mit der Aminosäure *Cystin* behandelt werden soll. Ferner werden besprochen die *Leberextrakte,* die *Leberhydrolysate,* die peroral oder parenteral zu verabfolgenden *Aminosäuregemische,* die *Monosaccharide,* insbesondere die Fructose und die *Glucose.* Einige Bemerkungen über die Leberdiät werden hier dem eigentlichen Diätkapitel vorweggenommen.

1. Als Leberschutzstoff bezeichnet Hauschild das *Cholin.* Es ist im Organismus auf das engste verflochten mit der essentiellen Aminosäure *Methionin* und

mit *Homocystin*. Cholin, eine stark basische, quarternäre Ammoniumbase hat die Formel:

$$CH_3{\equiv}\overset{\overset{\large OH}{|}}{N}{-}CH_2CH_2OH \quad \text{bzw.} \quad \begin{array}{l} CH_2{-}OH \\ | \\ CH_2{-}N\ (CH_3)_3 \end{array}$$

(Goodman und Gilman) (Hauschild, Lange).

Cholin wird im Organismus aus L-Serin oder Glykokoll unter der Voraussetzung gebildet, daß für die Biosynthese genügend Methyldonatoren vorhanden sind. Das nach Decarboxylierung des L-Serins bzw. nach Reduktion des Glykokolls entstehende Aminoäthanol wird über Mono- und Dimethylaminoäthanol in Cholin überführt (Transmethylisation, Transmethylasen). Nach K. Lang verläuft diese Reaktion wie folgt:

$$\begin{array}{l} CH_2OH \\ | \\ HC{-}NH_2 \\ | \\ COOH \end{array} \xrightarrow{CO_2} \begin{array}{l} CH_2OH \\ | \\ CH_2{-}NH_2 \end{array} \longrightarrow \begin{array}{l} CH_2OH \\ | \\ CH_2{-}NH(CH_3) \end{array} \longrightarrow \begin{array}{l} CH_2OH \\ | \\ CH_2{-}N\ (CH_3)_3 \end{array}$$

L-Serin — Äthanolamin — Monomethyl-äthanolamin — Cholin

Für diesen Reaktionsablauf sprechen die Untersuchungen mit ^{15}N-markiertem Äthanolamin, welches in vivo in Cholin übergeführt und größtenteils als Lecithin wiedergefunden wird. Die normale Cholinaufnahme mit der Nahrung, etwa 1,5 bis 4,0/die, deckt den menschlichen Bedarf, der auf etwa 1,5—3,0/die geschätzt wird (Goodman u. Gilman, K. Lang, F. Hauschild). Obwohl Cholin bereits 1862 aus der Galle (Strecker), 1865 aus Hirnphosphatiden (Liebreich) isoliert und seine Konstitutionsformel 1866 aufgeklärt worden ist, findet diese Substanz wegen der lipotropen Wirkung erst seit 1932 Beachtung. Best und Hintman haben durch Zuführung von Fleisch und Eidotter die Bildung der Fettleber bei pankreaslosen, insulinsubstituierten Hunden unterdrücken können. Als wirksames Prinzip hat man dabei das Cholin erkannt.

Die enge Wechselwirkung zwischen Cholin und Methionin, der α-Amino, γ-methyl-Thiobuttersäure*, hat du Vigneaud (1952) aufgedeckt. Methioninfrei ernährte Ratten wuchsen dann weiter, wenn Cholin und Homocystein** in der Diät zugefüttert wurde. Damit wurde die Synthese der „essentiellen" Aminosäure Methionin aus Cholin und Homocystein wahrscheinlich gemacht. Die Transmethylierung verknüpft diese beiden wichtigen Nahrungsfaktoren (K. Lang) dergestalt, daß ein Cholinmangel beim Versuchstier nur provoziert werden kann, wenn außer dem Cholin auch Methionin aus der Diät eliminiert wird. "This fact becomes of practical significance in considering the therapeutic value of choline" (Goodman and Gilman).

Wirkungsweise

Cholin*** besitzt 3 wichtige Stoffwechselfunktionen:

1. Bildung von Acetylcholin.
2. Methyldonator.
3. Lipotrope Substanz.

*** Cholin ist kein echtes Vitamin, da die Biosynthese möglich ist. Hauschild bezeichnet es deshalb als Stoff mit Vitamincharakter.

Als Methyldonator ist Cholin nur in oxydierter Form (Cholinoxydase in der Leber) wirksam: *Betainaldehyd.* Auch beim Methionin ist die Abgabe der Methylgruppe an die Umwandlung in das aktive Methionin geknüpft: S-Adenosyl-Methionin (K. LANG 1958). Die Transmethylierungsvorgänge zwischen Cholin und Methionin bewegen sich in Grammgrößen, während sich vergleichsweise andere Transmethylierungen etwa zwischen Noradrenalin und Adrenalin in Milligrammgröße bewegen. Die Acetylcholinbildung fällt mengenmäßig kaum ins Gewicht (HAUSCHILD). Immerhin entfalten hohe Dosen Cholin Wirkungen, welche auf diese Substanz zurückzuführen sind.

Die Lipotropie einer Substanz ist gebunden an Transmethylierungen, d. h. alle Stoffe, welche als Methyldonatoren in Frage kommen, entfalten lipotrope Wirkung. Lipotrop wirksam sind außer Cholin noch Inosit, Oestrol und Phytin, wobei die Wirkungsmechanismen allerdings unbekannt sind (LANG). Von den lipotropen Substanzen ist das Cholin die wirksamste. Cholin beschleunigt die Rate des Phospholipoidturnovers sowie den Fetttransport aus der Leber in die Gewebe. Am besten darstellbar ist dieser Effekt, wenn eine Fettleber beim Versuchstier durch Cholin- und Methioninmangel erzeugt worden ist. An Fettlebern anderer Genese, z. B. durch Chloroform, durch Tetrachlorkohlenstoff oder das Gift des Knollenblätterschwammes ist nur eine geringe lipotrope Wirkung durch Cholin zu erzielen, vorausgesetzt, daß nicht schon optimale Mengen dieser Substanz vorhanden sind (GOODMAN und GILMAN). Die bei Ratten sehr schnell nach Unterbindung der Cholin- und Methioninzufuhr entstehende Leberzellverfettung ist bedingt durch den mangelnden Transport der laufend aus Kohlenhydraten synthetisierten Fettsäuren, welche normalerweise als Lecithin ins Blut abgegeben werden. Der Verfettung der Leberzelle vorausgehen noch andere Veränderungen, etwa die Verarmung an Adenosinphosphorsäure in den Mitochondrien. Dadurch steht zu wenig von diesem Energielieferanten für die Aktivierung der Fettsäuren und die Bindung an das Koenzym A zur Verfügung. Die Biosynthese der Phospholipoide (?) und der Abbau der Fettsäuren wird gestört (K. LANG). Die Erzeugung der Fettleber durch Cholin- und Methioninentzug ist gebunden an das Vorhandensein der Cholinoxydase. Nur Versuchstiere, welche über dieses Ferment verfügen, wie Ratte, Maus, Hund, Huhn, weisen bei der genannten Mangeldiät eine Fettleber auf. Auch der Mensch verfügt über die Cholinoxydase in der Leber.

Beim Menschen ist die Entstehung der Fettleber als Folge des Cholin-Methioninmangels nicht gesichert. Man kann jedoch unter verschiedenen Ernährungsbedingungen die Phospholipoid-turnover-Rate prüfen. 7 Tage lang auf niederer Proteinzufuhr gehaltene Probanden zeigen keine signifikante Erhöhung des Phospholipoid-turnovers, wenn man Cholin und Methionin in der Nahrung zuführt (CORNATZER et al. 1951). Bei Kranken mit Lebercirrhose bzw. großen Lebern findet man zunächst einen Anstieg des Umsatzes, dann aber bei gleichbleibender Zufuhr von Cholin und Methionin eine Einpendelung zum Normalen. Eine Abnahme der Leberzellverfettung unter dieser Therapie ist bioptisch nachgewiesen (CORNATZER und CAYER 1950).

Absorption, Elimination, Beziehungen zum Methionin

Cholin wird vom Magen-Darmtrakt leicht aufgenommen. Es erscheint zu etwa 1% im Urin (2—6 mg Cholin = Tagesausscheidung bei normaler Kost). Das menschliche Blut enthält 1—2 mg Cholin/Liter. Auch parenteral verabfolgtes Cholin wird schnell resorbiert und verschwindet rasch aus dem Blut. Der Organismus kann selbst große Mengen Cholin aufnehmen, von denen ein Teil in der Haut fixiert wird. Die geschätzte orale LD_{50} liegt bei 200—400 g (GOODMAN und GIL-

MAN). Bei parenteraler Zufuhr können wegen des schnellen Abbaues 0,8—0,9 mg je kg/min einer 0,2—0,4%igen Lösung ohne Schaden dauerinfundiert werden, wobei maximal 1—3 g Cholin verabfolgt wird.

Der oxydative Abbau (Demethylierung) führt über den Betainaldehyd zum Betain, welches zu Glykokoll dehydriert wird; (Abb. 3).

Methionin entsteht, wenn Homocystein und Cholin als Methyldonatoen vorhanden sind. Cholin entsteht aus Serin (oder Glykokoll) über Aminoäthanol, Mono- und Diaminoäthanol, wenn Methionin als Methyldonator vorhanden ist.

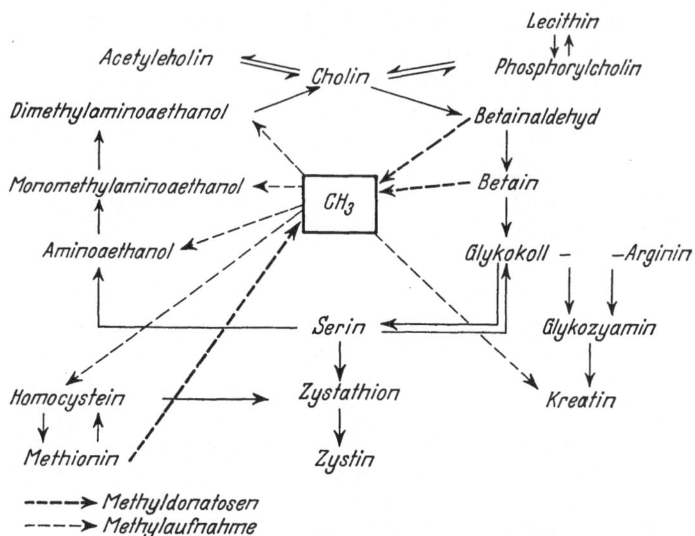

Abb. 3. Schema von K. LANG über die Stoffwechselreaktionen des Cholins

Obwohl dieses Schema einen geschlossenen Kreislauf nahelegt, der vom Cholin über Betainaldehyd, Betain, Glykokoll, Serin, Aminoäthanol, Monomethylaminoäthanol, Dimethylaminoäthanol wieder zum Cholin führt, ist ein solcher biochemisch nicht nachweisbar. Bei der Aufnahme und Abgabe von C-Atomen (Glykokoll zu L-Serin, L-Serin zu Aminoäthanol, Decarboxylierung) bleibt nur das α-ständige C-Atom und das daran hängende N-Atom erhalten (LANG).

In einer Reihe von tierexperimentellen Untersuchungen kommt EGER (1956) zu dem Schluß, daß Cholin weder präventive noch kurative, nekrotrope Wirkungen am Leberparenchym entfaltet. Methionin zeigt nur präventive, Cystein dagegen sowohl eine präventive wie kurative Wirkung. Nicht die Methyldonatoren sind beim Leberschaden wirksam, sondern die SH-Donatoren. Die Applikation von Cystein stimuliert die Oxydations- und Reduktionsprozesse, aktiviert Fermente. Stoffwechselvorgänge, die zum Schutz des Leberparenchyms erforderlich sind, werden durch S-H-Donatoren gefördert. Dabei ist es nicht die freie SH-Gruppe (Glutathion unwirksam), sondern eine bestimmte Konfiguration dieser Gruppe am Molekül, welche für den nekrotropen Effekt maßgeblich ist. Vitamin B_{12}, Glutaminsäure und Adenosinphosphorsäure zeigen keinerlei nekrotrope Effekte, das Vitamin E ist schwach wirksam. Im Allylalkoholtest (Eintragung der Schädigungsfelder in der Leber in ein Rastersystem zur besseren Auswertungsmöglichkeit) sind weitere Substanzen auf ihre nekrotropen Effekte überprüft worden: Homocystein bedingt eine Herabsetzung der Nekrosenrate um 50%, sowohl präventiv wie kurativ. Homocystein-Thiolactam und Cystein, 25 mg/kg, entfalten die gleiche nekrotrope Wirkung. Präventive Effekte zeigen auch Traubenzucker sowie Fruchtzucker,

400 mg/kg, während die von KALK und WILDHIRT empfohlene Fructose allein schon bei 200 mg/kg kurative Effekte besitzt. Zugaben von Fett sowie Methioningaben steigern bei der gewählten Versuchsanordnung den durch Allylalkohol bedingten Leberschaden. Die kombinierte Anwendung von Fructose und Cystein (200 mg bzw. 12,5 mg/kg) oder von Fructose und Homocystein in gleicher Dosierung erscheint nach EGER (1957) die heute am besten experimentell unterbaute Therapie des Leberschadens. Irreversible Parenchymschäden bleiben jedoch bestehen, das progressiv-dysenzymatische Geschehen führt letztlich zum weitgehenden Parenchymschwund.

Zu diesen Versuchen ist anzuführen, daß auch schon von pharmakologischer Seite auf die nur geringe oder fehlende lipotrope Wirkung von Cholin hingewiesen worden ist, sofern der Leberschaden (Fettleber, Nekrose) durch eine Anordnung erzeugt wurde, welche nicht im Entzug des Cholins und Methionins besteht! (GOODMAN und GILMAN). An der Cholinmangel-Cirrhose der Ratte (Fettleber mit Fettinfiltration von der Zentralvene aus zu den portalen Feldern) hat ROULET (1958) die Wirkung eines Leberextrakes und des Cholins verglichen. Die Fettinfiltration der Zellen nimmt unter dieser Therapie ab, die Zahl der Fettcysten wird geringer, die Bindegewebsentwicklung wird verzögert. Cholin übertrifft dabei den therapeutischen Effekt des Leberextraktes (RIPASON). Der Leberextrakt enthält pro ml 0,64—0,76 mg Cholin, 100—130 γ Methionin sowie 95 bis 110 γ Cystein. — JAFFÉ, WINKLER und BENDITT haben in quantitativen Untersuchungen an Ratten festgestellt, daß die Zufütterung von 55—69 mg Methionin und 27—33 mg Cholin pro Tag die Ausbildung der Cirrhose verhindert (s. auch GORDON). Das Schema von K. LANG zeigt sehr deutlich die Interrelation von Glykokoll, Serin, Methionin, Homocystein und Cholin. Dem entspricht, daß 80—89% des minimalen Bedarfes an Methionin durch Zufuhr der Aminosäure Cystin eingespart werden kann. Der Methioninbedarf des erwachsenen Mannes beläuft sich auf 1,10 g/die, wünschenswert sind 2,20/die. Minimaler Bedarf bei jungen Frauen: 350—500 mg/die bei gleichzeitiger Cystingabe. Da die Biosynthese von Cholin und Methionin — der Charakter der „essentiellen" Aminosäure Methionin wird durch diese Biosynthese eingeschränkt — von besonderen Gegebenheiten abhängig ist, muß bei der Aufnahme von außen noch der Begriff der *Aminosäureimbalanz* erörtert werden, um erkennen zu können, daß auch quantitative Faktoren neben den rein physiologisch-chemischen eine Rolle spielen. Bei der Zufuhr von Aminosäuren müssen bestimmte gegenseitige Relationen eingehalten werden, um eine Imbalanz zu vermeiden. Die vermehrte Verabfolgung einer die biologische Wertigkeit der eiweißmäßig ungenügenden Kost limitierenden Aminosäure kann zum Mangel einer zweiten limitierenden, bis dahin verdeckten Aminosäure führen. Die Mehrzufuhr kann weiterhin den Eiweißumsatz erhöhen und dadurch eine relative Mangelsituation herbeiführen. Der Überschuß an einer Aminosäure kann auch bei einer sonst in jeder Beziehung optimalen Ernährung die Verwertung anderer Aminosäuren so behindern, daß ein Mangelzustand resultiert. Letztlich kann die überschüssige Zufuhr einer Aminosäure so große Mengen eines anderen Nahrungsfaktors beanspruchen, daß sich daraus eine Mangelsituation ergibt, z.B. beim Pyridoxin. Die Aminosäure-Imbalanz kann entstehen durch eine Konkurrenz beim Transport der Aminosäuren aus dem extracellulären Raum in die Zelle. Am wirksamsten hemmt Methionin in isomolekularen Systemen die zur Eiweißsynthese notwendige Konzentration anderer Aminosäuren in der Zelle (nachgewiesen an der Aufnahme von markierten Aminosäuren in Tumorzellen). Auch bei der Resorption in der Darmwand bzw. bei der Rückresorption aus dem Harn durch die Tubulusepithelien können derartige Konkurrenzen auftreten. Die heterologe Ausscheidung von Aminosäuren im Urin nach Zufuhr von Cystein und Methionin beruht auf einem solchen Mechanismus. Andere Antagonismen zwischen Aminosäuren beruhen auf der kompetitiven Hemmung von Enzymen, auf einer Beeinflussung von Enzymaktivitäten oder auf der Steuerung von Enzymen. „Methionin ist offensichtlich diejenige Aminosäure, deren Überschuß besonders leicht zur Aminosäure-Imbalanz führt" (K. LANG). Zufuhr von Glykokoll oder Guanidinoessigsäure unterdrückt die Symptome der durch Methionin verursachten Imbalanz, da dann erhebliche Mengen vom Methionin für Methylierungsprozesse abgezweigt werden und so der Überschuß rasch vermindert wird.

2. Bei der *Leberschutztherapie* interessieren *Cystin* und *Cystein* nur insoweit, als die Zufuhr von Cystin den Methioninbedarf herabsetzt und Cystein als S-H-Gruppendonator für die Haut und andere Organe eine Rolle spielt, wenn die Masse der S-H-Gruppen durch Krankheiten wirksam erniedrigt ist (entgiftende Funktion bei Schwermetall-Intoxikationen; STÜTTGEN 1953, DENNIG 1958).

3. Im Zusammenhang mit dem Diabetes mellitus hat die *Fructose* in neuerer Zeit auch für die Leberschutztherapie ein größeres Interesse gefunden. Fructose wird von der Leber rascher umgesetzt als Glucose, ohne daß dabei Insulin eine Rolle spielt. Der Fructose-Stoffwechsel ist unabhängig vom Insulin (K. LANG). Die Schnelligkeit des Umsatzes ist bedingt durch das Vorhandensein von mehreren Reaktionsmöglichkeiten: Hexokinase, Fructokinase, 1-Phospho-Fructo-Aldolase, Fructo-1,6-Diphosphataldolase. Diese, gegenüber der Glucose vermehrten Reaktionsmöglichkeiten äußern sich in einer rascheren und ergiebigeren Glykogenablagerung in der Leberzelle und erfüllen damit eine seit langer Zeit bestehende Forderung, nämlich die nach einer optimalen Glykogenanreicherung der Zelle zum Schutz des Leberparenchyms (s. SCHOLDERER 1960).

4. Hauptanwendungsgebiet von *Roh-* und *Trockenleber*, *Leberextrakten* und *-hydrolysaten* ist seit den Arbeiten von MINOT und MURPHY (1926) die perniziöse Anämie gewesen. Wesentlicher Inhaltsstoff dieser Präparate ist das Cyanocobalamin (Vitamin B_{12}), welches in geringen Mengen in der Leber gespeichert wird (etwa 500 mg/t Frischleber). Der Wert dieser Mittel bei Krankheiten, welche nicht mit einer megaloblastischen Anämie kombiniert sind, bleibt nach GOODMAN und GILMAN (1955) noch zu bestätigen.

5. *Thioctsäure.* Wie die Untersuchungen von KUMMER und OTT (Aufnahme von ^{100}Au) ergeben haben, führt die Verabfolgung von 10—60 mg *Thioctsäure* zu einer, allerdings individuell schwankenden Zunahme des Blutdurchsatzes in der Leber. Cystein, Kallikrein, Dehydrocholsäure zeigen bei gleicher Versuchsanordnung mit dem Goldisotopen keine Wirkung auf den Blutdurchsatz der Leber. Besonders groß erweist sich die Steigerung der Zirkulation bei akuten Hepatitiden und bei der Lebercirrhose.

6. Ein 1904 in der Molke gefundener, 1930 chemisch analysierter Molkenfaktor mit Vitamincharakter, die *Orotsäure* soll ebenfalls bei chronischen Leberschäden und bei Cirrhose wirksam sein, da die Uracil-4-Carbonsäure eine Vorstufe in der Biosynthese für den Pyrimidinteil der Nucleinsäure darstellt.

```
        H
        N
O=C  /     \  C=O
   |         |
H—N          CH
     \     /
        C
        |
       COOH
```

Uracil-4-Carbonsäure

STAUB hat 1950 folgende, wohl allgemein anerkannte Grundsätze bei der Leberschutztherapie aufgestellt:

1. Schonung der Leberfunktion.
2. Verbesserung der Leberdurchblutung.

3. Eiweißzufuhr (essentielle Aminosäuren, Leberextrakte).
4. Vitamin- und Hormonzufuhr zur Stoffwechselkatalyse.

Daraus wird ersichtlich, daß sich seit den Empfehlungen von UMBER und RICHTER (Insulin-Traubenzuckerverabfolgung) erhebliche Wandlungen in der Behandlung der erkrankten Leber vollzogen haben. Erstrebenswert ist nicht sosehr die optimale Anreicherung der Leberzelle mit Glykogen, sondern die Versorgung mit einer ausreichenden Menge von Aminosäuren und mit lipotropen Faktoren (Ausnahme Coma hepaticum und präkomatöse Zustände; G. BICKEL 1959) sowie mit Vitaminen, hauptsächlich denen der B-Gruppe (GORDON 1958). Bei lange bestehenden Cirrhosen mit zahlreichen Anastomosen zwischen dem Gebiet der Pfortader und der Vena cava ist die reichliche Aminosäurezufuhr, insbesondere das Methionin, einzuschränken wegen der Gefahr, das gefürchtete Coma hepaticum zu provozieren. — Die wichtige Rolle der Leber bei der Proteinsynthese, als „Protein-Pool" für die mit der Nahrung zugeführten Aminosäuren und für disponibles Reserveeiweiß — die Mobilisation dieser Eiweißreserve hat biologisch Vorrang vor der Aufrechterhaltung der übrigen Leberfunktionen (KÜHNAU) — macht es verständlich, daß die Aminosäurezufuhr mit den ersten Rang in der Leberschutztherapie einnimmt. Die Bedeutung der Eiweißzufuhr als Leberschutz ist durch die genauere Erforschung des Mangelsyndroms Kwashiorkor noch weiter gestiegen. Hier liegt beim Menschen ein Krankheitsbild vor, welches dem erstmalig von HIMSWORTH und GLYNN an eiweißfrei ernährten Ratten erzeugten gleicht. Kwashiorkor wird, sofern nicht schon eine Cirrhose oder eine akute Lebernekrose entstanden ist, durch Milch oder Milchprodukte ausgeheilt! Auch die Laennecsche Cirrhose der Alkoholiker wird heute mehr auf die Eiweißkarenz bei genügendem oder überschießendem Calorienangebot als auf eine toxische Schädigung des Organs zurückgeführt (BICKEL, GORDON 1958). Eine durch Alkohol oder Zucker hochcalorig gestaltete, an lipotropen Substanzen jedoch unzureichende Diät führt zum Cholinmangel bei Ratten und zum Leberschaden (GORDON 1958). Wie beim Kwashiorkor kann eine proteinreiche, alle Aminosäuren enthaltende Ernährung die Anfangsstadien (große Leber) der in die Cirrhose einmündenden Leberschädigung der Alkoholiker ausheilen. Damit erfahren die zahlreichen tierexperimentellen Untersuchungen auch von der therapeutischen Seite her ihre Bestätigung beim Menschen. Die Zufuhr aller essentiellen Aminosäuren ist der wichtigste Faktor beim Leberschutz, während die Verabfolgung von Monosacchariden erst in 2. Linie eine Rolle spielt. Wie man im Einzelfall die Aminosäuren zuführt, ob peroral als proteinreiche Nahrung oder parenteral in Form der Aminosäuregemische bzw. als Leberextrakt oder als Leberhydrolysat, wird von den gegebenen Möglichkeiten im einzelnen Fall abhängen (SIEDE 1953).

Bei der peroralen Zufuhr von Aminosäuregemischen oder von einzelnen Aminosäuren wie Methionin, Cystin müssen nach K. LANG jedoch einige „Nebenwirkungen", gelegentlich sogar schädliche Effekte in Betracht gezogen werden. Eine hohe Aminosäurekonzentration im Darm begünstigt das Wachstum von unerwünschten Darmbakterien, welche einen großen Teil der Aminosäuren für sich verbrauchen können (SIEDE). Die Aufnahme von Racematen, wie sie bei Hydrolysevorgängen (Aminosäurehydrolysate) entstehen, ist problematisch. Ein Teil der d'Aminosäuren ist vom menschlichen Organismus nicht zu verwerten! Die Zufuhr von einzelnen Aminosäuren, die schnell resorbiert werden, führt zu hohen Blutspiegelwerten. Dabei wird die Nierenschwelle überschritten und die Aminosäure vermehrt im Harn ausgeschieden. Auf die zur Aminosäureimbalanz führenden kompetitiven Antagonismen ist bereits früher hingewiesen worden.

VIII. Behandlungsergebnisse mit Cholin, Methionin, Cystin, Cystein

Bickel (1959) und andere Internisten halten die zusätzliche Verabfolgung von Leberschutzstoff Cholin sowie von Methioningaben bei equilibrierter, calorienreicher und eiweißreicher Kost für „Luxus". Die Nichtproteincalorien in der Ernährung von Leberkranken sollen so hoch bemessen sein, daß der Organismus nicht auf den Caloriengehalt des zu anderen Zwecken viel notwendigeren Proteins zurückgreifen muß. Daher sind, wegen der höheren Verbrennungswärme und wegen der Schmackhaftigkeit — ein besonders wichtiges Problem bei der Anorexie Leberkranker (!) —, die Diätformen der Patienten mit Leberleiden heute auch wesentlich fettreicher als früher. — Bickel begründet die Zurückhaltung in der Zufuhr lipotroper Substanzen auch mit der tierexperimentell erhärteten Tatsache, daß Cholin und Methionin nur bei der experimentellen Fettleber und der Karenzcirrhose wirksam sind. Ist dagegen die Leberschädigung durch α-Tokopherol- oder Cystinmangel bedingt (Lebernekrose), dann erweist sich die Zufütterung von lipotropen Substanzen als unnütz und unzweckmäßig. Bei der postviralen, toxischen oder infektiösen Cirrhose sowie bei ausgeprägter Alkoholcirrhose ist nach Bickel die Gabe von Cholin und Methionin nicht angebracht. Dagegen wirkt sich, wie schon erwähnt, die proteinreiche Ernährung günstig aus im Beginn der alkoholischen Leberschädigung, im Stadium der großen Fettleber. Ebenfalls wird der Kwashiorkor durch Milch und Milchprodukte wesentlich besser beeinflußt als durch lipotrope Substanzen allein, obwohl gerade diese Krankheit langjährig die klassische, große, gelbe Fettleber aufweist! Methionin ist *kontraindiziert* im Coma hepaticum (Kunstfehler nach Bickel), bei fortgeschrittener Lebercirrhose und encephalopathischen Symptomen (Encephalopathie portale chronique). — Auf den schlechten Körpergeruch von Patienten, welche therapeutisch Methionin erhalten, macht 1959 Müller aufmerksam.

Gutzeit (1953) hält *Cholin* für indiziert bei toxischen Hepatosen, drohendem Leberkoma, Methionin bei Eiweißmangelschäden, letzteres durch Cystin ersetzbar, und weist auf die Entgiftungsfunktion des Methionins hin (Parallele zum Tierversuch, s. auch Gordon). Cayer (1947), Cayer und Cornatzer (1949—1952) fügen der hochcalorischen Diät von 3500 cal, welche 120—140,0 Eiweiß, 130 bis 150,0 Fett und 350—400,0 Kohlenhydrate enthält, Vitamin B-Komplexpräparate sowie täglich 3—6,0 Methionin per os hinzu und verabfolgen außerdem noch 500—1000,0 Traubenzucker per infusionem. Diese Behandlung erweist sich als nutzlos bei der infektiösen Hepatitis, als sehr gut bei der chronischen Hepatitis. Auch die Lebercirrhose kann damit gut beeinflußt werden. Die Zufütterung von Aminosäuregemischen kann bei eiweißreicher Kost (1—2,0/kg/die) unterbleiben. Cholin und Methionin bedingen nach einmaliger großer Gabe einen Anstieg des Phospholipoidumsatzes. Nach mehrmonatelanger Behandlung mit den lipotropen Substanzen wird dieser Effekt nicht mehr beobachtet. Die Wirkung der eiweißreichen Leberschutzdiät und der peroralen Zufuhr von täglich 3,0 Methionin oder Cholin sind von den genannten Autoren bioptisch kontrolliert und durch Messung der Rate des Phospholipoid-turnovers (^{32}P) bestimmt worden. 19 von 20 Patienten mit Cirrhose haben sich danach klinisch und biochemisch gebessert, bei Vorliegen einer Steatose sogar in einem erheblichen Ausmaß. Ein Anstieg der Phospholipoide im Blut ergab sich jedoch nur bei dem Zusammentreffen von Steatose und Fibrose der Leber. Reine Cirrhosen zeigten keinen erhöhten Phospholipoidumsatz. Der Rückgang des anfänglich unter dieser Behandlung angestiegenen Phospholipoid-turnovers im Verlauf der Therapie wird von Cayer und CORNATZER mit dem Abtransport des eingelagerten Fettes erklärt. Bei Hepatitis ist die Verabfolgung von Cholin und Methionin ohne Effekt.

GROSS (1949) hat bei Patienten mit Hepatitis epidemica, akuter und subakuter Lebernekrose 4,0 Cholinchlorat in 500,0 5%iger Traubenzuckerlösung als intravenöse Infusion mit der Geschwindigkeit 60 Tropfen/min appliziert. Wegen der Möglichkeit des Blutdruckabfalles oder Kollapses im Beginn der Infusion sind der Flüssigkeit 0,0015 Pervitin oder 2—3 Ampullen Sympatol hinzugegeben worden, außerdem Vitamine des B-Komplexes und Vitamin C. Schwerer erkrankte Patienten haben in dieser Weise bis 80 g Cholinchlorat, leichtere Fälle bis 30,0 erhalten. An Nebenwirkungen sind beobachtet worden: Wärmegefühl im Kopf, Übelkeit, Erbrechen, allgemeines Unwohlsein, Schweißausbruch, Gesichtsblässe. Der therapeutische Effekt sei ein guter gewesen. — CORMAN, SCHRADER und VONKENNEL (1950), NISSEN (1950); [Hepsan], KNAPP (1951), SCHMIDT (1952), P. ZIERZ (1953) haben bei der Zufuhr von 1,0—2,0 *Methionin*, täglich 10—20,0 Thiomedon intravenös und eiweißreicher Kost über gute Erfolge in der Behandlung der verschiedenen Leberkrankheiten und Dysfunktionen berichtet. NISSEN hält die parenterale Verabfolgung eines Cholin-Methioninpräparates (Hepsan) erst bei gestörter Nahrungsaufnahme und bei schweren Leberschäden für erforderlich. In leichteren Fällen genügt die eiweißreiche Diät mit Bevorzugung der Milchprodukte, z. B. des methioninreichen Quarks. Keine Wirkung ist von Cholin oder Methionin bei akuter Lebernekrose zu erwarten. SCHMIDT zieht die parenterale Cholinapplikation der peroralen Therapie vor, und zwar gibt er 8—10 mg/kg Cholin als 2%ige Lösung von Cholinchlorat in 10% Traubenzucker. Bei 2,5 g Cholinchlorat in 7%iger Traubenzuckerlösung oral sind paroxysmale Tachykardien als Nebenwirkung beobachtet worden.

KALK (1952) hält die Verabfolgung lipotroper Substanzen bei der Behandlung von toxischen Leberschäden und bei der Leberzellverfettung für angebracht. Methionin und Cholin sind besonders indiziert bei Hepatosen, welche nach Alkoholabusus, Pilzgiften, Phosphor- und Arsenintoxikation, Chloroform- und Tetrachlorkohlenstoffvergiftungen, Atophan, Thiosemicarbazonen, Barbituraten, Eiweißzerfallsprodukten und bakteriellen Toxinen auftreten. Auch bei Ernährungsschäden, Avitaminosen, innersekretorischen Störungen, Diabetes sowie anderen Stoffwechselanomalien und bei der Gravidität zeigt sich ein günstiger Effekt nach Verabfolgung lipotroper Stoffe. Methionin und Cystin verbessern zudem die Entgiftungsfunktion der Leber (im Tierexperiment ist der Cystinmangel verantwortlich für die Ausbildung der Lebernekrose; GORDON 1958). Zum Anwendungsbereich von Cholin und Methionin zählt KALK akute schwere Hepatitiden und akute Lebernekrosen.

KIPPING hat 1000 Patienten mit Leberkrankheiten einer Methionin-Cholin-Therapie unterzogen. Leichtere Krankheitsfälle sind mit 3—4mal 2 Kapseln Cholinchlorat und 3—4mal 1 Tablette Methionin täglich behandelt worden. Mittelschwere Krankheitsfälle erhalten Hepsan intravenös und schwere Leberschäden werden mit intravenösen Tropfinfusionen angegangen: 2,0 Cholinchlorat, 1,0 Methionin, 100 mg Vitamin B_1; 5,0 Cebion, 100,0 50%ige Traubenzuckerlösung in insgesamt 400,0 physiologischer Kochsalzlösung. — GEISBERGER (1957) hat ein Methionin-Cholingemisch und ein gleichartiges Gemisch mit Zusatz von Vitaminen der B-Gruppe und E (Litrison) an je 180 Patienten verglichen. Bei akuten Hepatitiden, chronischer Hepatopathie und beim homologen Serumikterus ist das vitaminangereicherte Gemisch der Verabfolgung der lipotropen Substanzen ohne Zusatz überlegen gewesen. Kein Unterschied bei der Behandlung der Lebercirrhose.

Sehr eingehend hat P. ZIERZ (1953) die Wirkung des Methionins bei der Leberdysfunktion geprüft. Seine Resultate sind durchaus zufriedenstellend. Die Normalisierung der Leberfunktion führt zu beschleunigter Abheilung der Dermatosen. H. KLEINSORGE (1957) berichtet über günstige therapeutische Effekte mit *l-Cystein*-d'l-Homocystein-Thiolacton-Fructosegemischen).

DIKOMEIT (1949) hat ein definiertes Keratinhydrolysat in Mengen von täglich 90—150,0 peroral oder rectal im Dauertropf bei Patienten mit schweren Leberparenchymschäden verabfolgt. In dem Hydrolysat sind insgesamt 16% Tyrosin, 13,4% Glykokoll, Leucin, Glutaminsäure, Asparaginsäure, Arginin, Lysin, Alanin, Valin und Histidin. Die Behandlungserfolge sollen sehr gut gewesen sein.

Cystein in Form des *Cystathions* ist von FRÜHWALD (1947) mit einigem Erfolg bei der Psoriasis vulgaris angewandt worden. Die an 43 Patienten überprüfte Wirksamkeit wird dadurch beeinträchtigt, daß gleichzeitig Fowlersche Lösung und Externa appliziert worden sind. E. WENNIG hat bei Leberkranken ein Aminosäuregemisch aus Glutaminsäure, Glykokoll, Cystin, Cystein bzw. reines l-Cysteinhydrochlorid verabfolgt und die Wirkung an Hand von Bestimmungen des Bilirubins, Peroxyd- und Cholesterinwertes überprüft. Bei allen Kranken kam es zum Absinken der zuvor erhöhten Peroxydwerte (bei prä- und vollkomatösen Zuständen deutliche Erhöhung der Peroxydzahl im Blut). Mit EGER deutet WENNIG diesen Effekt als eine Anregung der Oxydo-Reduktionsprozesse und spricht von einer antioxydativen Wirkung des Cysteins. VONKENNEL und SCHÖBERL (1949) halten für möglich, daß Cystein den gestörten Schwefelstoffwechsel bei der Psoriasis beeinflußt, als ein den thiolopriven Substanzen entgegenwirkender Stoff.

Leider sind die lipotropen Substanzen kaum jemals allein verabfolgt worden, so daß man in der kritischen Beurteilung ihres Wertes bei Leberkrankheiten vorsichtig sein muß. Der gleichzeitig verabreichten proteinreichen Diät, der Zufuhr von Vitaminen sowie den physikalischen Maßnahmen dürfte ebenfalls eine wesentliche, wenn nicht größere therapeutische Bedeutung zukommen (s. auch GORDON 1958).

IX. Behandlungsergebnisse mit Leberextrakten und Leberhydrolysaten, Aminosäuregemischen

Schon vor der Einführung standardisierter *Leberextrakte* und *-hydrolysate* in die Therapie liegen Berichte im dermatologischen Schrifttum vor, welche über therapeutische Erfahrungen mit Leberextraktpillen, Leberextrakten berichten: so hat JONQUIÈRES (1925) Ekzeme mit Leberpillen behandelt, SUTTON (1928) die Acna vulgaris, chronische Furunkulosen mit getrocknetem Leberextrakt zu beeinflussen versucht. SPIETHOFF empfiehlt bereits 1929 die Anwendung von Hepatrat bei schweren chemisch oder infektiös toxischen Zuständen, bei der Salvarsandermatitis. Er hält diese Behandlung für eine Substitutionstherapie. Bei der Psoriasis vulgaris hat SPIETHOFF keinen Einfluß von der Lebertherapie gesehen, vielleicht, daß die Neigung zu Rezidiven und zur Ausbreitung etwas gehemmt wird. Einige Erfolge bei der Therapie des Pruritus cum lichenificatione. Die von HAUCK und HÖCKER inaugurierte Rohleberbehandlung der Kranken mit Pemphigus vulgaris (1934) bezog sich von vornherein auf die Blutbildveränderungen, ist also als antianämische Behandlung anzusprechen. — Möglicherweise entwickelt sich auch — und das ist für die Vor-Glucocorticoidära mit Sicherheit anzunehmen —, bei langem Bestand eines Pemphigus vulgaris eine Proteinmangelsituation durch Beeinträchtigung der Nahrungsaufnahme infolge von Mundschleimhautveränderungen. In diesem Fall wäre die Lebertherapie nicht nur unter dem Anämie-Aspekt zu beurteilen. Auch der mit fortschreitendem Verlauf auftretende Eiweißverlust durch die Blasen (hauptsächlich Serumalbumine) dürfte durch den Leberextrakt sowie eine proteinreiche Ernährung günstig zu beeinflussen sein.

Die seit etwa 1934 zur Verfügung stehenden Leberextrakte, als Infusion mit Lävulose von KALK und WILDHIRT wärmstens empfohlen, zeigen bei monatebis jahrelanger (!) Verabfolgung oft noch erstaunlich gute Wirkungen bei der Lebercirrhose. BICKEL (1959) gibt in seiner sehr kritischen Übersicht noch bis zu 20% Besserungen nach 5,0/die bei der dekompensierten Cirrhose an (s. auch PROUDFIT und ROBINSON 1957).

Die Möglichkeit anaphylaktischer Reaktionen bei der parenteralen Therapie mit Leberextrakten ist durchaus gegeben (s. KRANTZ 1938; Auftreten nach der 17. Injektion, NOREN 1951). Auch allergische Exantheme sind nach Applikation von Leberextrakten sowie Hydrolysaten beobachtet worden. Die Mehrzahl der Autoren fordert daher die intracutane Testprobe vor dem Therapiebeginn. GIGANTE (1938) behauptet, daß eine positive Hautprobe nicht mit allgemeinen Überempfindlichkeits-Reaktionen einhergehen muß, wenn man die Behandlung mit Leberextrakt dennoch durchführt.

W. BOECKER (1956) hat mit intravenös injizierbaren Leberhydrolysaten bei 67% von 294 Patienten mit kompensierter Lebercirrhose sowie bei 47% von 228 Patienten mit dekompensierter Cirrhose sehr gute bis gute Resultate erzielt: Gewichtszunahme von 6,78 kg in den ersten Behandlungsmonaten, Besserung der Diurese bzw. Durchbrechung der Oligurie. Auch die Lebermilzhydrolysate werden in diesem Zusammenhang genannt. Bei Diabetikern mit Leberkomplikationen wird der Lipocaic-Faktor empfohlen.

Im Allylalkoholtest sind von KIRNBERGER (1959) je ein Leberhydrolysat, ein Leberextrakt und ein Gemisch essentieller Aminosäuren (Prohepar, Hepatrat und Aminotrat) miteinander verglichen worden. Die nekrotrope Wirkung des Hydrolysates beträgt 47%, die des Extraktes 24% und des Aminosäuregemisches 29%, das bedeutet, das Ausmaß der Lebernekrose ist um die angegebene Prozentzahl zurückgegangen. Im Leites-Test (Margarine-Fettleber) erweist sich der Extrakt mit 67% als wirksamstes, das Aminosäuregemisch mit 30% als schwächstes, nekrose- und verfettungsverhütendes Mittel. Dazwischen liegt mit 57% das Hydrolysat.

X. Leberschutzdiät

Die erstaunlich gute Wirkung von Milch und Milchprodukten beim Kwashiorkor sowie die veränderten Anschauungen bei der Genese der Alkohol-Cirrhose (komplexe Alimentationscirrhose, die beim chronischen Alkoholismus sowohl auf der Eiweißkarenz wie auf der mangelnden Auswertung bzw. Aufnahme von Nahrungseiweiß infolge Gastro-Enteritis beruht) haben die *diätetische* Beeinflussung von Leberleiden grundsätzlich verändert. Zunächst sind außerordentlich hohe, in der Kostzubereitung und vom Kranken kaum aufzunehmende Eiweißmengen verordnet worden: PATEK, 300,0/Eiweiß/die! Derzeit rechnet man etwa mit einer Eiweißmenge, welche bei 1,5—2,0/Eiweiß/kg/Körpergewicht/die liegt. Gleichzeitig hat man aber die Gefahren einer solchen Eiweißbelastung bei Kranken mit reichlichen portocavalen Anastomosen erkannt. (Theorie des Coma hepaticum als Ammoniakintoxikation, BICKEL.) Trotzdem bleibt bei der Cirrhose die Korrektur des Eiweißdefizits die Conditio sine qua non. Bei einer Zufuhr von 3000 bis 3500 cal/die wirkt sich eine Eiweißmenge von 100—140,0/die außerordentlich günstig aus auf das Initialstadium der Laennecschen Cirrhose sowie auf die Hepatitis epidemica. Es ist bei den meist unter Anorexie leidenden Patienten oft recht schwer, derartige Eiweißmengen und eine so calorienreiche Kost unterzubringen. Eine individuell dem Fall angepaßte, langsam gesteigerte Zufuhr von Eiweiß in der Diät dürfte zu empfehlen sein. SIMON (1957) gibt z. B. im akuten Stadium einer Virushepatitis nur geringe, im Reparationsstadium dagegen reichliche Eiweißmengen. Amerikanische Kliniker und Diätspezialisten (s. PROUDFIT und ROBINSON) sind der Meinung, daß nicht nur zur Erzielung der erforderlichen hohen Calorienzahlen — damit nicht das notwendige Eiweiß verbrannt und damit seiner spezifischen Bestimmung entzogen wird — sondern auch zur Schmackhaftgestaltung der Kost reichlich Fette (!), Butter und Olivenöl, in Mengen von 130—150,0/die verabreicht werden sollen. Fette sind ja bislang in den Diätschemata von Leberkranken weitgehend eingeschränkt worden.

XI. Allgemeine Behandlungsschemata

WUHRMANN und JASINSKI (1959), BICKEL (1959), KLEMM (1959; Nachbehandlung), DEMLING und SCHÖN (1958), W. SIEDE (1953—1959) geben, stellvertretend für viele andere, folgendes Schema einer Leberschutztherapie:

1. Physikalische Therapie. Örtliche Wärmeapplikation, später Thermal- und Liegekuren zur Verbesserung der Leberdurchblutung und zur Steigerung des Gallenflusses.
2. Absetzen aller schädigenden Medikamente, Alkoholabstinenz.
3. Allgemeine Bekämpfung der Dyspepsie und der Obstipation durch Enzyme, saline Abführmittel, Cholagoga, eventuell Spasmolytica.
4. Eiweißreiche Diät, lipotrope Substanzen, Leberextrakte, Hydrolysate, Aminosäuregemische, Vitamine (B-Komplex, eventuell A, C, E, K, P), Monosaccharide, insbesondere Lävulose (WUHRMANN u. Mitarb.).

Etwas detaillierter, unterteilt in die Behandlung von Hepatitiden und chronischen Leberkrankheiten, ist das Schema von L. SIEDE:

A. Akute Erkrankungen der Leber:
1. Bettruhe (allein die Horizontallage des Menschen verbessert die Leberdurchblutung um 40%).
2. Wärme, örtlich appliziert oder durch Zufuhr von warmen Getränken (s. auch SCHOLDERER).
3. Diät: reichlich Kohlenhydrate, mäßig Eiweiß und Fette.

B. Chronische Leberkrankheiten:
1. und 2. wie oben.
3. Diät: 2300—3800 cal/die, davon
   a) 300—500 g Kohlenhydrate.
   b) 100—150 g tierisches Eiweiß und
   c) 80—120 g Fette.

zu a: Leicht aufschließbare Kohlenhydrate wie feine Brotsorten, Reis, Grieß, Haferprodukte, Mondamin, 50—100 g Rohrzucker.

zu b: Milcheiweiß, Voll- oder Buttermilch, Quark, Käse, Fleisch. Bei Komagefahr Eiweißverbot!

zu c: Butter, pflanzliche Öle, gute Margarine*.

* Nach den Arbeiten von HÖGLAND et al. (1946) wird die strenge Fettrestriktion nicht mehr befürwortet, vorausgesetzt, daß durch eine eiweißreiche Ernährung eine genügende Menge lipotroper Stoffe zugeführt wird. Die erhöhte Calorienmenge, die wesentlich schmackhaftere Kostzubereitung scheinen für das gegenüber der fettarm ernährten Kontrollgruppe bessere Abschneiden der Patienten ausschlaggebend gewesen zu sein. Für die Fettverträglichkeit ist nicht sosehr die Menge der Tageszufuhr als die Art des Fettes von Bedeutung. Nichtgesättigte, kurzkettige Fettsäuren in der Sahne, Butter, Milch und in Eiern werden von Leberkranken besser ausgenützt als andere Fettsorten (PROUDFIT u. ROBINSON 1957; dort auch detaillierte Diätschemata).

4. Medikamente: Intravenös applizierte Leberextrakte, verabfolgt über Monate und Jahre, jedoch nur, wenn der Bilirubinspiegel <1,5 mg-% ist. (Akute, ikterische Schübe bei Cirrhosen sollten nicht mit Leberextrakten behandelt werden.) Kombination von Leberextrakten mit Lävulose, Vitamin B-Komplex-Präparaten, Vitamin E und K. Adenosintriphosphorsäure, Eiweißhydrolysate, alle essentiellen Aminosäuren enthaltend, lipotrope Substanzen, letztere jedoch nur, wenn die Steatose des Leberparenchyms bioptisch sichergestellt ist.

In der Behandlung des chronischen Leberschadens spielt die Dauer der Therapie eine entscheidende Rolle (KLEMM 1959). Krankenhausbehandlung, Sanatoriumsaufenthalt und hausärztliche Betreuung müssen ineinandergreifen, um die Kontinuität einer monatelangen — Erfolg oft erst nach 3jähriger Behandlung (BICKEL) — Therapie mit Leberextrakten, Leberhydrolysaten zu gewährleisten, die Diät zu kontrollieren und insbesondere Einfluß auf die Rehabilitation zu nehmen. Volle Arbeitsfähigkeit wird bei mittelschweren Leberschäden nicht vor Ablauf eines Jahres erreicht!

XII. Dermatologische Indikation zur Leberschutztherapie

Obwohl schon frühzeitig französische und amerikanische Dermatologen sowie E. HOFFMANN und SPIETHOFF die Leberschutztherapie bei bestimmten Dermatosen, zunächst bei Toxikodermien, vorgeschlagen und durchgeführt haben (s. auch A. WIEDMANN, SCHREUS 1934: Hydroa vacciniformia als Porphyrinstoffwechselkrankheit; HAUCK und HÖCKER 1934: Pemphigus vulgaris), ist diese Art von Therapie keinesfalls Allgemeingut der Hautärzte geworden. SULZBERGER und WOLF (1952) zählen zur Indikation der Leberschutzbehandlung mit Leberextrakten die Urticaria, die Monilieninfektion, die Dermatitis herpetiformis Duhring, den Erythematodes chronicus. WIENER (1955) hält dagegen die Verabfolgung von Leberextrakten nur für wirksam, wenn die Dermatose von einer perniziösen oder einer makrocytären Anämie begleitet wird. Sonst sei die Behandlung unspezifisch, tonisierend, ein Adjuvans. Auch E. URBACH vertritt die gleiche Meinung und hält eine Zufuhr von Leberextrakt und Vitaminen nur beim Diabetiker mit Hautkrankheiten für angebracht. GROSS beschränkt (1944) die Anwendung von roher Leber und Hefe auf erythrosquamöse Dermatosen, zusätzlich Weizenkeime. Schon viel früher hat SUTTON (1928) Leberpillen bei Acne vulgaris und chronischer Furunkulose verordnet. — Wohl am eingehendsten hat sich ZIERZ (1953—1958) mit der Frage der Zweckmäßigkeit einer Leberschutzbehandlung beschäftigt. Nach anfänglicher Therapie mit Methionin (1953) scheint ZIERZ jetzt den allgemeinen internistischen Behandlungsmaßnahmen den Vorzug zu geben (s. auch KIMMIG, WOLFRAM, KÄRCHER).

Einleitend ist auf die Schwierigkeit hingewiesen worden, Leberfunktionsstörungen mit Hilfe von Tests oder Funktionsproben nachzuweisen. Auch die Zusammenfassung ganzer „Batterien" von verschiedenen Testverfahren führt bei dem Ausfall einer oder weniger Leberfunktionen kaum zum Ziel. Die Frage des Kausalzusammenhanges einer Dermatose mit einer Dysfunktion der Leber bleibt somit ebenso eine Ermessensfrage wie die Feststellung, daß die functio laesa nach durchgeführter Leberschutzbehandlung aufgehoben sei. Man hat jedoch in der Klinik den Eindruck — und das haben schon BUCKLEY (1912) und die Leberspezialisten (1959) wiederum als richtig anerkannt —, daß sich eine derartige Therapie bei zahlreichen schweren Dermatosen günstig auswirkt. Dazu zählen der Pemphigus vulgaris und seine Varianten, Erythrodermien jeder Genese, Fälle von Pruritus, deren Ursache nicht geklärt werden kann, die chronische

Urticaria, die chronische Furunkulose, Dermatosen beim Diabetiker, Retikulosen und Leukosen, schwerste Fälle von Zoster, besonders die generalisierten Formen. Auch Hautinfektionen gehören zu diesem Indikationsbereich. Aus der Behandlung der Toxikodermien ist die Leberschutztherapie ebenfalls nicht zu streichen.

XIII. Zur Leberschutztherapie geeignete Präparate*

1. *Cholin, Methionin, Aminosäuren und Aminosäuregemische sowie Kombinationen mit Monosacchariden*
   Cholin: Hoechst.
   Cholin-chloratum: Merck.
   Lipotropin (Depotcholin): Armin Bauer.
   Methionin: Merck.
   Thiomedon: Homburg.
   Reducdyn: Nordmark (l'Cystein, d'l-Homocystein-thiolacton, d'Fructose).
   Hepsan: Chem. Werke Minden (Acetylmethionin, Cholin, Invertzucker).
   Hepatissan: Deutsche Milchwerke (Invertzucker, Milchhydrolysat, Methionin, Vitamine, Elektrolyte, Cholin).
   Litrison: Deutsche Hoffmann-La Roche AG. (d'l-Methionin, Cholin, Vitamine).
   Lävocholin: Deutsche Lävosangesellschaft C. F. Boehringer und Söhne (Cholin Lävulose).
   Lävohepsan: Deutsche Lävosangesellschaft C. F. Boehringer und Söhne (Leberhydrolysat, Cholin, Methionin, Vitamine, Spurenelemente).
   Methio-Cholin: Chephasaar, Saarbrücken (Methionin, Cholin, Vitamine).
   Heposan: Bika, Chem. Fabrik A. W. Reinhardt (Cholin, Methionin, Lävulose, Vitamine).
   Aminotrat: Nordmark (Gemisch essentieller Aminosäuren).
   Aminovit: C. F. Boehringer und Söhne (essentielle Aminosäuren).
   Hepatogen SH 50: Schulte-Herbrüggen, Herstecke, Ruhr (Methionin und Invertzucker).
2. *Leberextrakte, einschließlich der Kombinationspräparate, Leberhydrolysate*
   Hepatrat: Nordmark (Leberextrakt).
   Hepsit forte: Chem. Fabrik Promonta (Leberextrakt).
   Hepahorm: Hormon-Chemie (Leberextrakt mit Vitamin B_{12} sowie Kobalt als Aminosäurekomplex.
   Hepasplen: Ifah, Hamburg (Leber-Milzhydrolysat).
   Hepatimed: Adefo-Chemie, Nürnberg (Leberextrakt und Kohlenhydrate).
   Prohepar: Nordmark (Leberhydralysat und essentielle Aminosäuren).
   Lävohepan: Deutsche Lävosan-Gesellschaft; C. F. Boehringer & Söhne (Leberhydrolysat, Vitamin B_{12}).
   Lävohepan-Dragées: Deutsche Lävosan-Gesellschaft, C. F. Boehringer & Söhne (Leberhydrolysat, Cholin, Methionin, Spurenelemente, Vitamine).
   Tenolon: Organon (Leberextrakt).
   Intraheptol: Lederle (Leberextrakt).
   Ripason: Robopharm GmbH, Freiburg (Leberextrakt).
   Campolon: Bayer (Gesamtwirkstoffe der Leber).
   Iloban: Merck (Leberextrakt und Vitamine).
3. *Lipocaic-Faktor*
   Lipotrat: Nordmark
4. *Invertzucker- und Lävulose- (Fructose-) Präparate*
   Lävoral, Lävosan, Lävulose, Invertzucker, Invertosteril und andere.

* Selbstverständlich besteht kein Anspruch auf Vollständigkeit dieser Liste.

H. Externe Therapie der Hautkrankheiten

"For the abandonment of correct topical treatment means the surrender of what is often the most powerful weapon of present dermatologic management."
M. B. SULZBERGER und J. WOLF 1952.

Einleitung

Eine über die Jahrhunderte reichende Empirie sowie enge Beziehungen zu der sicher älteren und ausgefeilteren Kosmetik haben die Methoden und die Applikationsformen der äußeren Behandlung bestimmt. Obwohl *symptomatische Therapie*, stellt die gekonnte Anwendung der Dermatica eine der stärksten Waffen dar gegen die Hautkrankheit (SIEMENS 1942; SULZBERGER und WOLF 1952; POLANO 1952). Diese Ansicht wird immer wieder in den modernen Lehrbüchern und Monographien vertreten, wobei weder im Behandlungsschema noch grundsätzlich im Gefüge der Externa (KLEINE-NATROP 1957) große Unterschiede zu früheren Werken festzustellen sind. Die von SULZBERGER und WOLF auf 6 Punkte komprimierten Richtlinien der externen Dermatotherapie hatten und haben Gültigkeit. Die Indikation, welche der verschiedenen Applikationsarten im gegebenen Krankheitsfall in Frage kommt, richtet sich in erster Linie nach den morphologischen Charakteristika der Hautkrankheit. Die genaue Kenntnis und die Handhabung weniger Externa (2 von jeder Klasse) ist für den Patienten vorteilhafter und bringt dem Arzt weniger Ärger* ein, als die Anwendung zahlreicher Mittel, mit denen man natürlich nicht so vertraut sein kann. Als sehr geeignet wird die Prüfung der Hautaffinität und des Effektes mit der Methode des Rechts-Links-Vergleiches (Einseitenbehandlung nach SIEMENS, symmetrical paired comparaison nach SULZBERGER und WOLF, POLANO und andere) bezeichnet. Der Aufbau der Externa soll sich auf das absolut Notwendige beschränken. Die einzelnen Applikationsformen werden gewechselt, wenn kein Fortschritt in der Heilung zu sehen ist oder wenn eine Verschlechterung eintritt, sonst nicht (Newer change a winning team; SIEMENS). Die Grundlage (Vehikel, Träger) ist für etwa 50% der Wirkung verantwortlich (POLANO), selbstverständlich auch für Nebenwirkungen wie Allergien, Irritationen. Das Auftragen und das Entfernen der Externa muß dem Kranken gezeigt werden, bevor man ihm diesen wichtigen Teil im Behandlungsplan selbst überläßt (Principles of topical medication; SULZBERGER und WOLF 1952).

Dem Anschein nach hat auch der Zusatz von solchen Substanzen wie Antibiotica, Glucocorticoide nichts im Gefüge und in der Anwendungsart der Externa geändert, werden doch derartige Präparate als Puder, Schüttelmixturen, Lotiones, Salben, Creme, Cremesalben. Gel usw. von der pharmazeutischen Industrie zur Verfügung gestellt. — Spray und Kunstharzlacke sind in bezug auf Inhaltsstoffe und als Applikationsart selbst nichts grundlegend Neues in der Dermatologie. — Und dennoch, bei aller Anerkennung des Werte, ja der Notwendigkeit einer äußerlichen Behandlung der Dermatosen, ist ein Wandel in der Einstellung zu dieser Therapieform zu beobachten! In dem Maße, wie die perorale und parenterale, ätiotrope oder symptomatische Therapie (Glucocorticoide!) an Boden gewinnt,

* CRISSEY (1954) begründet die unendliche Fülle der für dermatologische Affektionen gebräuchlichen Externa und Interna folgendermaßen: Tradition, Autoritätsglaube (a more healthy cynism is needed for the establishment of a practical formulary), fehlende, mathematisch-analytische Kontrolle empirischer Behandlungsmethoden. Die Haut ist, vor allen anderen Organen, am leichtesten der Beobachtung und Applikation zugänglich, wobei oft vergessen wird, daß die Hautkrankheiten im Verlauf selbst begrenzt oder kapriziös sind und daß bei Unkenntnis der Ursache für Therapieeffekt gehalten wird, was in Wirklichkeit spontane Remission ist.

verliert die externe Therapie an Bedeutung. Dies ist einmal am Rückgang der dem Krankheitsfall *individuell* angepaßten Rezeptur zu erkennen, etwa vergleichbar der ehemaligen (vor der Sulfonamidära) und der derzeitigen Behandlung der Gonorrhoe. Die strengen Regeln, welche bislang jede äußere Behandlung beherrscht haben, Vorbeobachtung, indifferente Anbehandlung mit den Vehikeln bei gleichzeitiger Austestung auf differente Pharmaka, voll einsetzende Behandlung mit Steigerung bis zu maximaler Dosis der Inhaltsstoffe (SIEMENS) sind gemildert worden. Da ein mehr/minder großer Anteil des therapeutischen Zieles bereits durch die innere Medikation erreicht wird, ein weiterer auf die hochwirksamen Inhaltsstoffe der Externa entfällt, verbleibt dem Vehikel nur noch die Rolle des Trägers schlechthin oder wenig mehr. Es erscheint daher nicht erstaunlich, daß neue Zusammenstellungen, über welche in einem Ergänzungsband zu berichten wäre, sich überwiegend auf die inkorporierten Substanzen beziehen — sie werden in den einzelnen Kapiteln dieses Bandes abgehandelt — und nicht auf etwaige neue Applikationsarten. Geändert haben sich die Zusätze und, in Abhängigkeit davon, einzelne Bestandteile im Gefüge der Grundlage, soweit dies die gegenseitige Beeinflussung von inkorporiertem Stoff und Träger erforderlich gemacht hat. Eine derartige, von vielen bedauerte Entwicklung, ist zwangsläufig geknüpft an die Verwendung immer neuer, hochaktiver Wirkstoffe, die dem Externum den Stempel und die Spezifität aufdrücken. Wenn die Initiative früher vom Dermatotherapeuten ausging, der eine besondere Anwendungsform durch Variation der Grundstoffe im Träger und Auswahl der Inhaltstoffe schuf, sich auf beide Komponenten gleichmäßig stützend, so steht heute das Forschungslaboratorium der pharmazeutischen Industrie am Anfang der Entwicklungsarbeit, weil eben der „Zusatz" das absolute Übergewicht über den „Träger" gewonnen hat. Dieser Zusatz, zumeist ein Wirkstoff von hoher Aktivität, bestimmt die Zusammensetzung, das Gefüge des Vehikels, er soll daneben möglichst hautfreundlich sein. Die Prüfungen haben sich auch deshalb auf die Industrie verlagert, weil die oft sehr kostspieligen Wirkstoffe zunächst und ausschließlich dort zur Verfügung stehen. Für die fachärztliche Spezialrezeptur bleibt wenig Spielraum, wenn nach gründlicher Laboratoriums- und klinischer Erprobung ausreichende Mengen solcher Dermatica auf dem Arzneimittelmarkt angeboten werden. Beispielhaft sind die glucocorticoidhaltigen Externa, deren Rezeptur überhaupt nur in Form der vorliegenden Spezialitäten möglich ist. Die „Strekkung" dieser verhältnismäßig teuren Medikamente oder die Verbesserung der keineswegs immer geeigneten Kunstsalbengrundlage durch Mischungen mit bekannten Vehikeln ist das einzige, was an individueller Rezeptur übrigbleibt. Soll man diesen Vorgang bedauern? Ich glaube, man kann sich damit trösten, daß die althergebrachten Applikationsformen so optimal gewesen sind, daß Verbesserungen nur von der Seite der Zusätze haben erwartet werden können.

Aus den oben näher dargelegten Gründen werden nachfolgend lediglich 2 Behandlungsarten herausgegriffen, welche sich insofern von den üblichen Externa unterscheiden, als ihre Wirkungen überwiegend auf physikalische Eigenschaften zurückzuführen sind. Es handelt sich dabei um die Therapie mit flüssigem Stickstoff sowie die Prophylaxe und Behandlung mit Organopolysiloxanen.

1. Flüssiger Stickstoff

Unter Hinweis auf CH. TRIMER erwähnt CAMPBELL WHITE (1898) die erste Behandlung von Warzen, seborrhoischen Keratosen, Hauttuberkulosen, chronischem Erythematodes, kleineren Angiomen, Epitheliomen und Keloiden mit *flüssiger Luft*. 1907 wird jedoch von BOWER und TOWLE auf die Gefahren einer solchen Therapie hingewiesen. Bei der fraktionierten Verdampfung reichert sich O_2 an, der mit organischen Substanzen feuergefährliche Verbindungen eingehen kann. Da im gleichen Jahr Pusey die Kohlensäureschnee-Behandlung empfiehlt — diese bewährt sich in einigen Anwendungsbereichen noch heute —, verliert die flüssige Luft als Therapeuticum an Bedeutung, zumal die Beschaffung Schwierigkeiten bereitete. Mit der gleichen Indikation wird von Gold (1910) der flüssige Sauerstoff, vorwiegend zur Behandlung von Warzen, eingeführt (Irwine und Turnacliff 1928). Die Applikation von flüssigem Sauerstoff ist jedoch keinesfalls ungefährlich. Beim Eindringen in die Haut kann es infolge brutaler Oxydationsvorgänge zu Gewebszerreißungen und Nekrose kommen. Seit 1950 (Allington, zitiert nach Duperrat u. Mitarb.) sind die genannten Behandlungsformen abgelöst worden durch den flüssigen Stickstoff. Zierz und Endres (1954) sowie kurz danach Duperrat u. Mitarb. (1954/55) haben auf die Vorzüge dieser Therapie sowohl in technischer (gefahrlose Manipulation) wie in medizinischer Hinsicht aufmerksam gemacht.

Die Verflüssigungstemperatur des Stickstoffes liegt bei —195,7 bis 195,8°. In diesem Aggregatzustand handelt es sich um eine brodelnde, rauchende, wasserklare Flüssigkeit. In besonderen Transport- und Applikationsgefäßen (Dewer-Gefäße) aufgehoben, verdampfen 2—3 Liter etwa in 30—36 Std, so daß man die — vorwiegende — Warzenbehandlung auf einen bestimmten Wochentag organisieren muß. Die Ausstattung mit Spezialgefäßen (doppelwandig, zylindrokonisch mit langem Hals, kein Verschluß) ist notwendig, da sowohl einfaches Glas wie einfaches Stahlblech nach Kontakt und Netzung (Verlust des schützenden Dampfmantels) sehr leicht brechen. Bei der Entwicklung von 800 Liter gasförmigen Stickstoffs aus einem Liter N_2 flüssig erübrigt sich das Verbot, solche Gefäße nicht etwa zu verkorken oder sonst zu verschließen. (Die kritische Temperatur liegt bei 146°, der kritische Druck bei 35 Atmosphären.) Die therapeutische Anwendung des flüssigen Stickstoffes bei Warzen ist so einfach, daß 40—50 Patienten in einer Stunde ohne Schwierigkeiten behandelt werden können (Zierz und Endres, Duperrat und Cauvin, eigene Erfahrungen). Außerdem ist eine derartige Behandlung bei dem niedrigen Anschaffungspreis ausgesprochen billig. Die Handhabung des flüssigen Stickstoffes ist, wenn man für die Gefäße gesorgt hat, völlig ungefährlich.

Der flüssige N_2 ist chemisch inert. Die therapeutischen Effekte beziehen sich ausschließlich auf die Kältewirkung. Zierz und Endres sowie Duperrat u. Mitarb. geben, am Beispiel der Warzenbehandlung, eine eingehende Beschreibung der Veränderungen, welche sich nach der Vereisung an dem infektiösen Epitheliom vollziehen. Man appliziert den Stickstoff mit einem langstieligen Watteträger, dessen Wattebausch in etwa der Größe der Warze entsprechen soll, ohne einen Druck auszuüben auf die Warze. Je nach Größe derselben benötigt man zwischen 5 und 90 sec (plane Warzen, große Warzenpakete), um das Gebilde völlig zu gefrieren. Ein infolge der hohen Temperaturdifferenz zwischen dem Applikationsträger und der Haut sich ausbildender Dampfmantel verhindert die Verbrühung. Da die Verdampfung schnell vor sich geht, wird man bei größeren Warzen den Watteträger des öfteren mit flüssigem Stickstoff (Eintauchen in das Gefäß, daher langstieliger Träger) tränken müssen. Von oben nach unten färbt sich die Warze weiß, sie wird steinhart gefroren. Zierz und Duperrat beenden die Ein- bzw. Durchfrierung, wenn die die Warze umgebende Haut sich gerade anschickt, ebenfalls einzufrieren. Ich pflege noch ein Stück, etwa $^1/_3$ mm, um die Warze herum auch die Haut mit zu erfrieren, um eine kräftige Blasenbildung zu erzielen. Die Schmerzen werden durchweg, insbesondere von Kindern, als geringfügig angegeben, was wohl den Tatsachen entspricht, wenn man unter den jungen

Patienten viele erlebt, die sich in einer Sitzung 10 und mehr Warzen freiwillig behandeln lassen! Die Beschwerden werden zu Beginn des Durchfrierens und beim Auftauen, als stechend oder ziehend bezeichnet. Mehr Beschwerden verursacht die Therapie bei Vereisung von Verrucae vulgares der Hohlhand, der Fingerbeeren bei sub- und periungualen Warzen und bei Plantarwarzen. Aber auch diese Schmerzen sind vergleichsweise gering gegenüber den früheren Behandlungsmethoden. Sämtliche Mitteilungen unterstreichen die relative Beschwerdefreiheit als einen wesentlichen Vorteil, zumal sich die Klientel ja vorwiegend aus Kindern zusammensetzt. — 6—8 Std nach Durchfrierung bildet sich ein rötlich-blauer, ödematöser Hof um die schon etwas schmutzig-grau verfärbte Warze. Innerhalb von 24—48 Std ist eine linsen- bis kirsch-, gelegentlich sogar walnußgroße Blase mit serös-hämorrhagischem Inhalt an der Vereisungsstelle zu sehen. Die Warze, durch das Exsudat aus ihren Verankerungen herausgerissen, befindet sich im Scheitel der Blasendecke. ZIERZ u. Mitarb. pflegen in diesem Zustand die Blase mit einem Scherenschlag abzuschneiden und die dann zutage tretende Erosion einer Salbenbehandlung zu unterziehen. DUPERRAT und CAUVIN sowie andere französische Autoren und wir selbst lassen, ohne die Entwicklung der Blase zu stören, was unter anderem Heftpflasterverbände tun, den Prozeß bis zur Eintrocknung des Blaseninhaltes ablaufen. Nach etwa 8—10 Tagen ist dann die stark verkleinerte Warze leicht mit einer Pinzette, einschließlich der geschrumpften und trockenen Blasendecke, abzuheben. Die oberflächliche Erosion ist zumeist dann schon abgeheilt, so daß eine weitere Behandlung außer einem Schutzverband unnötig ist. Sofern man die Vereisung vorsichtig durchgeführt hat, ist das kosmetische Resultat hervorragend, ohne Narbenbildung. Gelegentlich verbleibt jedoch eine kleine, randständig wenig überpigmentierte, zentral depigmentierte Narbe. Größere Warzen machen oft eine 2., manchmal auch eine 3. Behandlung notwendig. Man kann beim Abheben der eingetrockneten Warze und Blasendecke dann feststellen, daß die zentralen Teile der Verruca noch fest am Untergrund haften. Beim scharfen Trennen sieht man eine, gegenüber dem Vorzustand wesentlich verkleinerte, in der Mitte der Erosion befindliche, geringfügige, verruköse, sich über das Niveau wenig erhebende Veränderung, aus welcher sich, unbehandelt, in kurzer Zeit wieder eine Verruca entwickelt. In einer 2. oder 3. Sitzung — im übrigen nur bei großen Warzen erforderlich — wird dieser Rest in der gleichen Weise wie zuvor beseitigt. DUPERRAT beschreibt als Kennzeichen der gelungenen Behandlung die *Grauverfärbung* der Verruca, wobei innerhalb des Farbtones kleine schwärzliche Punkte (thrombosierte Capillaren) auffallen. Derartige, veränderte Warzen fallen von selbst ab, wenn man bis zu 2 Wochen nach der Applikation des flüssigen N_2 abwartet. — Bei der Therapie der Plantarwarzen empfiehlt ZIERZ, die dicken Hornauflagerungen zunächst durch ein Salicylguttaplast zu beseitigen, bevor der flüssige Stickstoff zur Anwendung kommt. Dadurch reduziert man die Anzahl der notwendigen Behandlungen. Bei tierexperimenteller Kontrolle (DUPERRAT und CAUVIN) wird die sehr geringe Leukodiapedese, die geringfügige Infiltration bei massiver Exsudation hervorgehoben.

Als Vorteile der Applikation von flüssigem Stickstoff bezeichnen ZIERZ und ENDRES, ZIERZ, DUPERRAT und CAUVIN, DUPERRAT, BASSET und CAUVIN, WASMER (1957), BEUREY, CHERRIER und DE GANS (1957), HERMANS jr. und BAKKER: Einfache Methode, keine Anaesthesie, wenig schmerzhaft. Gute kosmetische Resultate, keine Keloide, keine entstellenden Narben. Besonders geeignet zur Behandlung von Kindern, auch wenn diese zahlreiche, oft Dutzende von Warzen aufweisen. Die Behandlung kann bei Rezidiven und auch nach vorausgehender Röntgentherapie mehrfach durchgeführt werden, wobei mehr als

4 Sitzungen zumeist nicht erforderlich sind. Am wirksamsten erweist sich diese Behandlungsmethode bei Verrucae vulgares. Die Ergebnisse sind bei den Plantarwarzen etwas schlechter (DUPERRAT u. Mitarb., eigene Erfahrung), gleichgut nach ZIERZ und ENDRES, ZIERZ 1955). Weiterhin ist die Methode geeignet zur Beseitigung von seborrhoischen und senilen Keratosen, von Condylomata acuminata, von hypertrophischen Lichen ruber planus-Herden (Lichen verrucosus) sowie von verrukösen Neurodermitis plaques (Unterschenkel). Auch kleinere Angiome, der Lichen corné, die Prurigo nodularis sind gut zu beeinflussen.

Über irgendwelche Zwischenfälle wird von keiner Seite bisher berichtet, obwohl — auch im eigenen Krankengut — viele Hunderte von Patienten mit Tausenden von Warzen der Behandlung mit flüssigem Stickstoff unterzogen worden sind.

2. Silicone

a) Chemische und physikalische Vorbemerkungen

Die Entwicklung der heute vielfach technologisch und auch in der Medizin verwendeten Silicone geht auf die Arbeiten zweier amerikanischer Firmen zurück, der General Electric und der Dow Corning Corporation (1943). Ansätze zu dieser Entwicklung sind schon vor dem Krieg in Deutschland vorhanden gewesen. Die Ereignisse haben sich jedoch als hemmend erwiesen (NOLL). Erst in den Nachkriegsjahren, unter dem Eindruck der in Amerika rasch an Boden gewinnenden Silicatchemie sind auch bei uns einige chemische Firmen mit eigenen Präparaten hervorgetreten: A. Wacker-Chemie, Farbenfabriken Bayer, Th. Goldschmidt, VEB Silicon-Chemie. Die Bedeutung der Silicone liegt in der Tatsache begründet, daß diese Stoffklasse auf der Grenze zwischen anorganischer und organischer Chemie steht, oder wie NOLL es ausdrückt, auf der Grenze zwischen Silicat- und Kunststoffchemie. Die Silicone enthalten Bauelemente der Silicate, d. h. Si-O-Verknüpfungen (Siloxanbindung) und Baugruppen aus der organischen Chemie. Außerdem sind die Organopolysiloxane polymere Verbindungen, die den Gesetzmäßigkeiten der Polymeren folgen, nur daß an Stelle der C—C-Verknüpfung die —O—Si—O—Si-Verknüpfung steht. Organische Radikale (Methyl- oder Phenylgruppen) sättigen die verbleibenden Valenzen des Siliciums ab. Als Prototyp und als das am meisten hergestellte Produkt gelten die Methylsilicone nebenstehender Formel.

$$
\begin{array}{ccccc}
CH_3 & & CH_3 & & CH_3 \\
| & & | & & | \\
\text{—Si—} & \text{O} & \text{—Si—} & \text{O} & \text{—Si—O—} \\
| & & | & & | \\
CH_3 & & CH_3 & & CH_3
\end{array}
$$

Die für den medizinischen wie für den technischen Gebrauch der Silicone wichtigen *Charakteristika*, welche sich auf die anorganisch-organisch-chemische Struktur stützen, sind nach NOLL (1954, 1956) folgende: Polymere Siliconmoleküle vom Typ der linearen Methyl-polysiloxane haben keine Doppelbindungen, sie enthalten nur die festen und relativ stabilen Si—O, Si—C und C—H-Bindungen, sie besitzen keine ausgesprochene Polarität. Die Kräfte zwischen den Molekülketten sind ungewöhnlich schwach. Das Ausbreitungsvermögen auf Unterlagen ist infolge der geringen zwischenmolekularen Kräfte gut bis sehr gut. Siliconfilme erreichen gelegentlich Molekulardicke. Die Oberflächenspannung der Methylsiliconöle liegt mit 20 dyn/cm^{-1} niedrig. Auch in so dünnen Filmen ist die hauptsächlichste Eigenschaft, die *Hydrophobie*, noch erhalten. Die wasserabstoßende Wirkung der Silicone einerseits — die stark erhöhte Grenzflächenspannung bewirkt, daß Wassertropfen mit Randwinkeln von 90^0 und mehr aufliegen — und die geringe Dicke des Siliconfilmes andererseits, welche den Durchtritt von Luft und Wasserdampf (Porosität) erlaubt, sind maßgebend für die weiten Anwendungsmöglichkeiten auch in der Medizin.

Verwendung finden Siliconöle, wasserklare farblose Flüssigkeiten mit einem Viscositätsbereich von 100000—300000 cst (Centistokes), Siliconemulsionen vom Öl-in-Wasser-Typ, Emulsionssalben und Pasten.

Die auf dem medizinischen Sektor gebräuchlichen Organo-Silicium-Verbindungen sind kettenförmige oder vernetzte polymere Siloxane, bei denen Siliciumatome über Sauerstoffatome miteinander verknüpft sind. Die seitlichen Valenzen sind durch Kohlenwasserstoffreste abgesättigt (Organopolysiloxane). Je nach der Zahl der am Silicium gebundenen R-Gruppen gibt es 3 Siloxaneinheiten (Noll). Es wird eine Reihe gebildet, deren eines Ende SiR_4 und deren anderes Endglied SiO_2 ist. Zwischen den metallorganischen und anorganischen Verbindungen stehen die mit $R_3SiO^1/_2$, $R_2SiO^2/_2$, $RSiO^3/_2$ gekennzeichneten Silicone als polymere bis hochpolymere Körper. Die Zahl der bifunktionellen Siloxan-Einheiten bestimmt die Viscosität, welche dadurch beliebig variabel ist. (Keine Abhängigkeit der Viscosität von der Temperatur)!

$$\left[\begin{array}{c} CH_3 \\ | \\ -Si-O- \\ | \\ CH_3 \end{array}\right]$$

Der besondere Reiz der Silicatchemie liegt, wie dies Noll betont, darin, daß sie polymere Molekülverbände auf der Basis anorganischer Atomverbindungen darstellen, welche mit den organischen Stoffen deren Vielseitigkeit teilen, und trotzdem Beziehungen zur anorganischen Chemie aufweisen. — Nach der Funktionalität unterscheidet man mono- bis tetrafunktionelle Baugruppen, die wie folgt zu kennzeichnen sind:

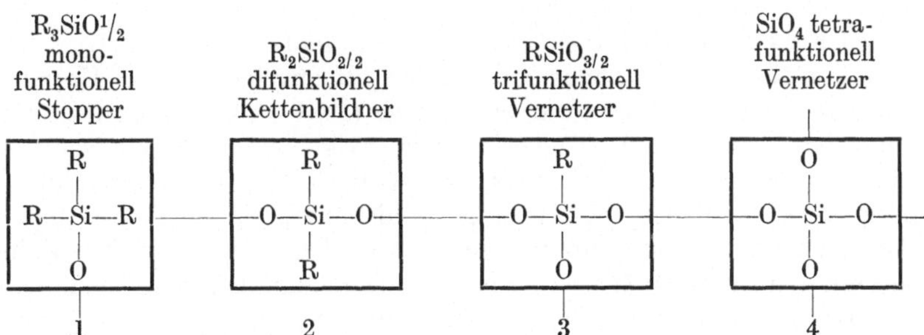

Die Substitution eines Teiles der Sauerstoffatome — die Silicone als organische Abkömmlinge des SiO_2 betrachtet — ist nur indirekt zu erzielen und zwar über die Bildung des Tetrachlorsilans (Rowe, Spencer und Bass 1948). Durch Substitution des Tetrachlorsilans gewinnt man das Tetraäthoxysilan. Organo-Chloro- und Äthoxysilane entstehen über die Grignard-Reaktion. Beide Stoffe können zu organsubstituierten Siliciumsäuren (Silanole) hydrolysiert werden, wobei dann unter Wasserabgabe eine rasche Kondensation zu —Si—O—Si— stattfindet. Der Bau-Typ 1 begrenzt als Stopper die Größe des Moleküls, der Typ 2 ist der Grundstock der linearen Kettenmoleküle, der Typ 3 bildet Netze. Je nach Variation entstehen verschiedenartige Silicone von flüssiger und harzartiger oder kautschuk-elastischer Konsistenz. Als empirische Formel für die Silicone geben Rowe u. Mitarb. an:

$$[R_x\ Si\ O_{(4-x)/2}]\,n.$$

Die Bindungen Si—O und Si—C sind fest und relativ stabil, woraus sich die Indifferenz dieser Stoffklasse bei ihrer medizinischen Anwendung ergibt. Die Siliconöle sind hydrophob, gleichzeitig auch oleo- und lipophob, letzteres im Gegensatz zu den meisten Fetten (Hauschild). Sie lösen sich wenig in organischen Substanzen, nicht in Wasser und Alkohol. Temperaturen, welche weit über den Toleranzgrenzen organischer Substanzen liegen, verändern die Siliconöle nicht.

Silicone sind ferner resistent (Oxydation) gegen die meisten Chemikalien, ihre Reaktion ist neutral. Sie sind nicht flüchtig, bilden keine Kristalle, sind gute Dielektrica, inert gegen und nicht angreifbar durch Mikroorganismen. Triphenyltetrazoliumchlorid wird durch Silicone im Gegensatz zu anderen Salbengrundlagen nicht zu Formazan reduziert (Zingsheim 1953). Die Viscosität der Methylpolysiloxane variiert je nach der Anzahl der bifunktionellen Gruppen bei 20° C. Medizinisch gebräuchlich sind Siliconöle mit Viscositäten von 60—350 cst (Centistokes). Die bereits erwähnte, sehr geringe Oberflächenspannung von etwa 20 dyn/cm bei den Methylpolysiloxanestern bedingt einen guten Spreiteffekt sowie leichte und schnelle Verreibfähigkeit. Letzte Funktion ist besonders wichtig bei der Verwendung von siliconhaltigen Schutzsalben (Hegyi). Dieser vielfachen Vorzüge wegen haben die Silicone Eingang in die Medizin gefunden, zumal die Toxicität der Produkte äußerst gering ist.

b) Toxicität

In ausgedehnten tierexperimentellen Untersuchungen und bei der Erprobung am Menschen haben Rowe, Spencer und Bass (1948), Schoog (1951), Polemann und Froitzheim (1953, 1956), Gloxuber und Hecht (1955) nur eine minimale chronische, orale Toxicität, keinerlei Reaktion bei Applikation auf oder in die Haut, eine geringe Conjunctional-Irritation bei Einbringung in die Augenbindehäute festgestellt. Geprüft wurden die Chlorosilane, die Methoxysilane, die Organopolysiloxane (Rowe u. Mitarb.), die Siliconöle „Bayer 40“, „Bayer 100“, der Silicon-Entschäumer „Bayer“, d. h. Dimethylpolysiloxane, 30%ige wäßrige Lösungen von Na-Methylsiliconat und ein Phenylmethylpolysiloxan-Harz (Gloxuber und Hecht). Die Vonkennelsche Schule (1951—1956) hat sich im wesentlichen mit den Pasten der A. Wacker-Chemie toxikologisch und klinisch beschäftigt. Flüssige sowie harzartige Stoffe dieser Körperklasse sind auf der Haut praktisch inert. Lediglich das Hexamethyldisiloxan, ein gutes Lösungsmittel, sollte keinem längeren Hautkontakt ausgesetzt werden. — Auch bei über 4jährigem Kontakt mit den Intermediärprodukten der Silicone, mit den Methylchlorosilanen, mit den Siliconharzen, Ölen, Kautschuk-Elastomeren sind Zwischenfälle irgendwelcher Art nicht beobachtet worden. Die Methylchlorosilane hydrolysieren sofort. Sie werden eingeatmet und haben den Geruch und Effekt von HCl. Fluorescenzmikroskopische und mikroskopische Untersuchungen haben bei Laboratoriumsarbeiten keine Ablagerung in den Lungen gezeigt. Organosilicon-Substanzen scheinen im Organismus nicht zu kumulieren. Normale Arbeit mit Methyl- oder Phenylmethyl-Silicon-Polymeren aller Typen ist gefahrlos. Die Öle greifen die Haut nicht an, die Harze sind zwar klebrig, jedoch abwaschbar mit Lösungsmitteln. Die hämolytischen Effekte der Äthyl- und Methyl-Orthosilikate werden auch bei den flüchtigen Alkyl- oder den übrigen Organosiloxanen nicht beobachtet. “It can be concluded that silicon does not cause poisoning of the type experienced with many heavy metals and that the organosilicon compounds so far encountered do not seem to be toxic in themselves.”

c) Prüfung der Silicone in der Humanmedizin

Silicone von flüssiger Konsistenz, als Salbe oder Paste zubereitet, finden Verwendung in der Dermatologie, Kosmetik und in der Gewerbemedizin. Über die Eigenschaften der Silicone als Externa liegen folgende Untersuchungen vor: Die Wärmeleitfähigkeit ist erheblich geringer als bei allen anderen Emulsions- und Salbengrundlagen. Die Silicone besitzen demnach keinen wesentlichen Thermoeffekt (Kleine-Natrop 1952). Siliconfilme sind strahlendurchlässig für UV-Strahlen und eignen sich daher als Träger zum Austesten von Lichtschutzmitteln

(ZINGSHEIM und LANGER 1952). Grenzstrahlen werden durch Silicone besser abgefiltert als durch andere Salbengrundlagen. (Die Prüfung mittels Erythemschwelle ist an den Produkten der A. Wacker-Chemie durchgeführt worden: Silicon P, PH weich, DC 200.) Der Aktivitätsverlust von Antibiotica, hier gemessen am Penicillin (1000 E/ml Salbe), ist in Siliconpasten am geringsten. Noch nach 6 Monaten kann $^1/_3$ der Wertigkeit = 300 E/ml Penicillin festgestellt werden (SIEBERT 1952). 1—3%ige Zusätze von Silicon hemmen die Peroxydentwicklung in Vaselin, Lanolin, Adeps suillus. Dieser antioxydative Effekt wird von VOGT (1955) als sekundäre Wirkung (Hydrophobie) gedeutet. Es gibt wirksamere Antioxydantien zur Stabilisierung von Salbengrundlagen, so daß darin kein Grund für Siliconzusätze zu erblicken ist.

Hydrophobie, Oleo- bzw. Lipophobie der Siliconöle erlauben die Mischung mit anderen Vehikeln nur, wenn es sich um stark viscöse Substanzen handelt: Stearinverbindungen, Cetylalkohol, Laurylsäure, Glyceryl-, Diglykol- und Polyäthylenglykol (400)-Monostearat, Adeps lanae. Carbowachse, Glycerin, Paraffin, Wachse, pflanzliche Öle und Cholesterin sind ohne Zusatz von Emulgatoren nicht mit Siliconen mischbar. Tween 20, Span 80 und Atlas G haben sich als Emulgatoren bewährt, desgleichen andere Polyäthoxylaurate und -Laurylalkohole (PLEIN und PLEIN 1953). Diese Zubereitungen ergeben stabile Silicon-Öl/Wasser-Emulsionen. Als besonders wichtiger Punkt werden von VONKENNEL und seiner Schule sowie von SCHAAF und GROSS (1953) die fehlende *acanthogene* Wirkung der Silicone herausgestellt. Die im Tierversuch und am Menschen (SCHOOG 1951) nachgewiesene Hautfreundlichkeit der Methylpolysiloxane wird auf den gesättigten Charakter der Verbindungen und die schwachen van der Waalschen Restkräfte (NOLL) dieser Stoffklasse zurückgeführt (s. auch POLEMANN und FROITZHEIM). Weitere Vorteile bei der dermatologischen und kosmetischen Anwendung der Silicone sind die Geruchlosigkeit, die lange Lagerfähigkeit, die beliebige Variation der Viscosität (von 1—100000 cst [Centistokes]) und die Tatsache, daß die Präparate nicht ranzig werden.

Neben der Hydrophobie, der wichtigsten Eigenschaft der Silicone, ist auch deren Beständigkeit bzw. Reaktionsträgheit gegenüber Chemikalien von Bedeutung. SUSKIND (1954) hat im Immersionstest festgestellt, daß eine Silicon-Bentonitsalbe (52,5% Siliconöl DC 200 [350 cst]) gegen die Einwirkung von 10%igem $AgNO_3$, 5%igem Natriumsulfid, Thioglykolat, Rostschutzmitteln, Leichtölen, Bohr- und Schneideölen schützt. Protektive Effekte haben POLEMANN und FROITZHEIM gegen eine Reihe anorganischer und organischer Säuren an siliconiertem Papier festgestellt (1955). NEUWALD und ADAM (1956) prüften die Haltbarkeit eines Silicoderm-(Bayer-)Filmes am eingetauchten Objektträger. Silicoderm enthält 25% Siliconöl, 60% Wasser, etwa 15% eines konsistenzgebenden Gemisches von gesättigten aliphatischen Alkoholen (Schmelzpunkt $+49^0$) und Natriumsalzen gesättigter aliphatischer Alkylsulfate = Öl/Wasser-Emulsion. Nach 30 min Eintauchzeit ist der Film abgelöst durch 96%ige Essigsäure, konzentrierte Schwefelsäure, Methyl- und Äthylalkohol sowie Aceton. Ohne Einfluß auf den Film sind 25%ige Phosphorsäure, rohe Salpetersäure 16%, Kalilauge (Ablösung erst nach 90 min), Kalkwasser, dünnflüssiges Paraffin, Schmieröl. Wasser bringt den Film zur Quellung, löst ihn jedoch nicht ab.

Hydrophobie und Resistenz der Silicone gegen zahlreiche Chemikalien bestimmen den Wert dieser Körper als Hautschutzmittel. SUSKIND hat in Amerika 2 siliconölhaltige Salben (Pro-derma und Covicone) an 238 Arbeiten überprüft. Nach sorgfältiger Hautreinigung mit Laurylsulfoacetat ist die Hautschutzsalbe 2—3mal während der Arbeitsschicht unter Aufsicht appliziert worden. Proderma schützt gegen die Einwirkungen von Rostschutzmitteln, wasserlöslichen

Kühlflüssigkeiten, unlöslichen Schneidölen, Maschinenleichtölen, Schwefelsäuredämpfen, Metallstaub von Gußeisen; ist unwirksam gegenüber Benzin, flüchtigen Petroleumchargen, Kerosin, Lackverdünnern, gewissen Handwasch- und Netzmitteln, Lösungen von kieselsaurem Natrium (Wasserglas). Prüfungsdauer 2—8 Monate. Die Arbeitsversuche sind im Immersionstest reproduzierbar (s. auch NEUWALD und ADAM). DENTON, BIRMINGHAM und PERONE (1955) haben 6 handelsübliche siliconhaltige Hautschutzpräparate, 2 Siliconöle, 2 industrielle Siliconfette und weiße Vaseline sowie 10 nichtsiliconhaltige Präparate nach der Methode von SCHWARTZ, MASON und ALBRITTON (Filterpapiermethode) geprüft. Untersucht wurde die Durchlässigkeit von destilliertem Wasser, 1% Seifenlösung, 10% Netzmittellösung, 0,25 n NaOH und HCl-Lösung, 10% Schneidöllösung und von 2 nichtlöslichen Schneidölen. Zwei der 6 Siliconschutzsalben sind besser als der Rest, einige nichtsiliconhaltige Salben haben bessere Schutzwirkung als die besten Siliconpräparate. Mit zu den wirksamsten Schutzmitteln zählt weiße Vaseline. — Ebenso schwierig wie die Beurteilung der protektiven Fähigkeiten der Siliconschutzsalbe (das Urteil ist zu sehr von den subjektiven Beobachtungen des Probanden, der Technik des Einreibens abhängig; HEGYI 1958) ist die Auswertung von Epicutantests bei bestehender Sensibilisierung und vorausgehender Bedeckung der Teststelle mit einem Siliconfilm. Pflaster haften auf der siliconierten Haut nicht, offene Epicutantests sind schwer deutbar, der Ausfall der Tests selbst ist zu unterschiedlich, um eine Aussage zu machen (SMITH u. Mitarb. 1953; ebenso MORRIS 1954). POLEMANN u. Mitarb. (1956) haben die Anfärbung der Haut mit zahlreichen Textilfarbstoffen geprüft, nachdem ein Unterarm zuvor mit Siliconpaste auf Vanishing-Grundlage und Mineralölgrundlage geschützt worden war. Der andere Unterarm erhielt als Kontrolle keinen Salbenschutz. Wie sich aus der der Arbeit angefügten Tabelle ergibt, schützen die Silicone weitgehend bis völlig vor der Anfärbung, besser die Siliconpaste PH weich und das Silicon in Mineralölgrundlage als das Silicon-Öl bzw. Silicon in Vanishingcreme-Grundlage (differierende Penetrationsfähigkeit). Applikationsmenge 5,0 Salbe, 3mal innerhalb von 30 min im Testareal verrieben. Trotz dieser eindrucksvollen Schutzwirkung sind auch POLEMANN und FROITZHEIM vorsichtig in der Beurteilung der Hautprotektion durch Silicone. Sie sehen in der Verwendung der Organopolysiloxane einen Fortschritt in der Hauttherapie.

d) Anwendung der Silicone in der externen Therapie

TALBOT, MACGREGOR und CROWE (1952) haben ein handelsübliches Produkt, Silicote, welches 30% Silicon DC 200 in Mineralgrundlage enthält, ausschließlich mit der Zielsetzung: Verhinderung der Hautmaceration, eingesetzt. Damit haben sich die genannten Autoren eine der wesentlichsten Eigenschaften der Silicone, nämlich deren Hydrophobie, zunutze gemacht. Bei 61 Kranken, deren Dermatose ursächlich auf die Erweichung der Haut durch Sekrete zurückzuführen war, ist in der überwiegenden Anzahl der Fälle (58) ein Erfolg zu erzielen gewesen. Hautreizungen um sezernierende Fisteln, Anal- und Lippenekzeme, Intertrigo, Fälle von Windeldermatitis der Säuglinge, Irritationen um Colostomien und die Umgebung von Ulcera sind so lange zufriedenstellend zur Abheilung gekommen, wie die Umgebung mit siliconhaltiger Salbe abgedeckt gewesen ist. Es handelt sich hierbei keineswegs um eine ätiotrope, sondern um eine, allerdings effektive, symptomatische Behandlung.

In Deutschland sind von VONKENNEL (1951, 1953/54) die Möglichkeiten, welche in der Anwendung von Siliconpasten (A. Wacker-Chemie) liegen, bekanntgegeben worden. Insbesondere wird auf die fehlende acanthogene Wirkung der Silicone im Gegensatz zu derjenigen des Lanolins, des Schweineschmalzes, der Salben, der weißen Vaseline und des Paraffins subliquid., verwiesen (1952). Silicone verhindern jedoch nicht den durch inkorporiertes Cignolin verursachten Acanthoseeffekt (Versuchsanordnung nach GROSS und SCHAAF). Auch ELSON (1952) zitiert von CZETSCH-LINDENWALD, SCHMIDT-LA BAUME (1956) gibt in der Patentschrift an, daß in Silicone eingebrachte Medikamente gleichmäßiger an die Haut abgegeben werden als aus anderen Salbengrundlagen.

Für die Zusammensetzung von siliconhaltigen Salben und Pasten ist das Mischbarkeitsverhältnis maßgeblich. Als Beispiel für Salben führen POLEMANN und FROITZHEIM zwei amerikanische Siliconsalben an:

Glycerin monostearat	11,5
Silicon DC 200 (50 cst)	19,2
Silicon DC 200 (200000 cst)	19,2
Aquadest.	46,0
Emulgator Atlas G.	4,0
Methylparaben	0,25
Propylparaben	0,15

Eine Silicon-Vanishing-Creme hat folgende Zusammenstellung:

Silicon DC 200 (350 cst)	25,0
Emulgator	7,0
Methylparaben	0,25
Aq. dest.	67,75

Neben Silicote Proderma, Cocicone (amerikanische Präparate für Hautpflege und -schutz), befinden sich auch bei uns einige Hautschutzsalben im Handel (Firma A. Wacker-Chemie, Farbenfabriken Bayer, Berger, Stockhausen). Vielfach werden für rein dermatologische Zwecke die handelsüblichen Präparate mit Pasta Zinci mollis (50—70%) gemischt, wenn nicht von vornherein eine gebrauchsfähige Paste vorliegt. — Es muß jedoch, trotz aller Gewebs- und Hautfreundlichkeit bei der Verordnung siliconhaltiger Externa der Hautzustand beachtet werden, der allein die Art des Externums bestimmt. POLEMANN und FROITZHEIM (1956) unterstreichen diesen gerade bei der Applikation der Siliconöle manchmal vergessenen Grundsatz. Silicon-Pasten haben als Pasten daher einen wesentlich größeren Anwendungsbereich als die Siliconöle oder Salben, deren Indikation zumeist im Gewerbeschutz liegt. Die Oberflächenhaftung ist besser bei Anwendung der Wasser in Siliconöl-Emulsionen als umgekehrt.

Einen sehr günstigen Eindruck von siliconhaltigen Externa (20—55% Siliconanteile) hat KAMINSKY (1954), der zu den Indikationsbereichen dyshidrosiforme Ekzeme, Kontaktekzem, Hausfrauenekzem, Intertrigo (Siliconfilme brechen auch in Hautfalten nicht!) sowie Berufsdermatosen zählt. Gegen Macerationsschäden erweisen sich Salben mit 30%igem Siliconanteil als therapeutisch wertvolle Externa (DATOVO 1955). HUSSONG (1955), der ebenso wie wir die Bayer-Siliconpaste C geprüft hat (eigene Untersuchungen, K. H. SCHULZ 1953), faßt seine Erfahrungen mit dieser, 50% Methylsiliconöle (140 cst) enthaltenden Präparation folgendermaßen zusammen: beruhigend, antiphlogistisch, leicht austrocknend. Die im Silicoderm Bayer vorliegende Öl/Wasser-Emulsion ist kühlend, antiphlogistisch. Dermatologische Indikationen sind nach HUSSONG: Abdeckung von Ulcera, Erleichterung des Überganges von feuchter auf Salbentherapie, Nachbehandlung beliebiger Dermatosen sowie selbstverständlich präventiv zur Verhinderung von Macerationsschäden. Reines Siliconöl „Bayer“ 100 dient mehr dem Hautschutz, der Glättung und Reinigung der Haut. Das Öl wirkt jedoch austrocknend, macht die primär trockene Haut der Sebostatiker spröde und bedingt dann in einem großen Prozentsatz Irritation. Alle Siliconpräparate sind als Vehikel für die gebräuchlichen Stoffe und für Antibiotica geeignet.

Zur Verhütung von Maceration durch Wundsekrete, zur Vorbeugung von Dekubitalgeschwüren sowie zur Behandlung von Ekzemen an Körperöffnungen haben sich Siliconpräparate bei UDEGAARD (1957), bei SIBOULET (1957; Urininkontinenz, Anus praeter-Umgebung, Balanitis, anguläre Stomatitis, Dekubitalulcus), bei BRUSCA (1956) und bei LEVAN- STERNBERG und NEWCOMER (1957) bewährt. Die letztgenannten Autoren verwenden 2%ige Siliconlösungen in Alkohol, Handzerstäuber (alte Menschen können sich damit selbst behandeln) bzw. eine 1,5% Silicon- (DC 200-) Lotio aus Äthanolaminostearat mit Zusätzen von 0,1% Glyoxyldiurat, je 0,1% Campher und Menthol. Läppchenteste bei 217 Probanden negativ, gute therapeutische Effekte bei 142 von 147 Ekzematikern, darunter auch Säuglingen. Auch FLEGEL (1956) bestätigt die Reizlosigkeit der siliconhaltigen Dermatitica auf kranker wie gesunder Haut sowie die durch Silicon-Salbengrundlage nicht veränderte Wirksamkeit der inkorporierten Medikamente.

In eigenen klinischen Untersuchungen (Siliconpaste, Bayer C und ZN) bestätigt K. H. SCHULZ (1953) sowohl die Reizlosigkeit dieser Präparate im Läppchentest, im Gebrauchstest wie die therapeutischen Effekte an Ekzematikern, vorausgesetzt, daß die Applikation einer Paste überhaupt angezeigt ist. Die Untersuchungsergebnisse von ZINGSHEIM bezüglich der Strahlendurchlässigkeit werden bestätigt. In wenigen Fällen erwies sich die gegenüber den reinen Zinkpasten größere Abdichtung der Haut als Irritationsfaktor bei der Anwendung der Siliconpasten (s. auch Zusammenstellung von LEISS und PETER 1954).

e) Anwendung der Silicone im Gewerbeschutz

Es gibt wohl keinen Autor, welcher nicht die Schwierigkeiten in der Auswertung von Gewerbeschutzsalben kennt und erwähnt. HEGYI (1958), der sich eingehend zu diesem Thema äußert, schreibt, daß zahlreiche subjektive Faktoren das objektive Urteil beeinflussen. Einzelne klinisch-experimentelle Prüfungen oder Modellversuche, welche sämtliche Merkmale einer Schutzsalbe erfassen sollen, reichen zur Bildung eines Urteils nicht aus. HEGYI hat deshalb eine recht komplexe Prüfung derartiger Präparate in Anlehnung an bereits bekannte und etwas modifizierte Proben sowie mit neuen Untersuchungsmethoden vorgeschlagen. Dazu gehören zunächst Bestimmungen, welche Aufschluß über die physikalischen und chemischen Qualitäten der Schutzsalbe abgeben. Es folgt die Untersuchung der Verstreichbarkeit und der Eintrocknungszeit der Salben. Präparate, deren Eintrocknungszeit 3 min überschreitet, werden zumeist von den Arbeitern nicht benutzt! Die Messung des Schutzfilmes auf der Haut, seiner Dicke und Festigkeit, die Schutzwirkung gegen Schadstoffe sowie die Messung der Intensität des durch den Schutzfilm durchfallenden Lichtes ergeben weitere Daten in der Beurteilung. Diese Untersuchungen erstrecken sich sowohl auf den Modell- wie den Arbeitsversuch. Weiter werden bestimmt: Permeabilität des Schutzfilmes (modifizierte Methode von SCHWARTZ, MASON und ALBRITTON), Haftfähigkeit, primäre Irritationsfähigkeit, Sensibilisierung (Prophetische Tests, kombiniert mit Gebrauchstests). An das Ende der Prüfungen stellt HEGYI den Nachweis der leichten Entfernungsfähigkeit, sowie Expositionstests an der Kaninchenhaut. — Ebenfalls zur Verbesserung der Untersuchungsmethoden dient die modifizierte Alkalineutralisationsprobe von SCHNEIDER und TRONNIER (1958; s. auch KUSKE, KLAYMAN und K. SCHWARZ 1956).

Den bekannten Forderungen, welche an Hautschutzsalben gestellt werden müssen, fügt BARKOW (1958) noch eine weitere hinzu: Die für den Schutz des exponierten Arbeiters gedachte Salbe darf auf keinen Fall den industriellen Produktionsprozeß stören! Silicone beeinflussen unter anderem die Lackierung mit Kunstharz- und Nitrolacken. In Modellversuchen wird von BARKOW festgestellt, daß Fingerabdrücke (die Finger sind mit verschiedenen Hautschutzsalben, unter anderem auch siliconhaltigen, eingefettet) auf Edelstahlblechen nach der Lackierung störende Lackfehler verursachen. In einem angezogenen Fall hat die gesamte Tagesproduktion von Eisschranktüren verworfen werden müssen. Siliconhaltige Produkte, auch wenn es sich nur um 2%ige Zusätze handelt, und weiße Vaseline führen zu gleichartigen, zum Teil erheblichen Schäden bei beiden Lackierungsarten!

Zweifelsohne wird man der Vielzahl der Produktionsprozesse und der darin beinhalteten Menge der Berufsnoxen (Einbruch der Chemie in den menschlichen Lebensraum, Synthese von jährlich etwa 40000 neuen chemischen Substanzen; KIMMIG) nicht gerecht, wollte man den Hautschutz auf einen einzigen Schutzstoff, etwa das Silicon allein abstellen. Es nimmt deshalb nicht wunder, daß nur wenige Urteile vorliegen, welche den Wert der Silicone im Gewerbeschutz bestätigen. Außer den schon im Text an anderer Stelle aufgeführten Untersuchungen seien noch diejenigen von GIRAUDEAU und AMADO (1954) sowie SIBOULET (1956) angeführt. In 60 von 150 Fällen sind Kontaktekzeme nach Applikation einer Zusammenstellung:

Siliconöl (Dimethylpolysiloxan)	30,0
Polyäthylenglykolester	7,0
Stearinalkohol	15,0
Lanolin	0,5
Carboxylmethyl-Cellulose 3%	47,5

verhindert worden (GIRAUDEAU und AMADO). Die Anwendung auf Wunden bzw. das zufällige Einreiben ins Auge soll tunlichst vermieden werden. SIBOULET hat die Häufigkeit von Kontaktekzemen auf Araldit D bzw. aliphatische Polyamine in einem Werk nach der Anwendung von Siliconal-Spray eindrucksvoll reduzieren können.

Wie zurückhaltend man in der Beurteilung des therapeutischen Effektes von Externa sein muß, beweisen neue Beobachtungen von SIMONS (1956). Insgesamt zeigen diese Mitteilungen, daß man auch heute noch nicht alle *unspezifischen Faktoren* überblickt, denen der Patient neben der sonstigen Therapie seine Heilung verdankt. In Analogie zur chirurgischen Immobilisation hat SIMONS 90 Kranke mit chronischen, lichenifizierten Ekzemen, darunter 13 jugendliche Neurodermitiker, einer Behandlung unterzogen, die er „Dermatological Rest" nennt. Darunter versteht SIMONS eine leichte, durch Pflasterschienen erzwungene Bewegungseinschränkung, welche den Kranken am Kratzen hindert und vor allem die Salbenapplikation unterbindet. Es trat ein voller Behandlungserfolg ein! Auf der temporären Ausschaltung des Faktors Licht beruhen die Behandlungserfolge bei phototoxischen und photoallergischen Reaktionen (SIDI und HINCKY). 8 Tage Aufenthalt im verdunkelten Zimmer bei akuten, 10—15 Tage bei chronischen Schüben führen, unterstützt lediglich durch feuchte Umschläge, zu guten Resultaten, wenn sich auch einige Rückfälle nach erneuter Lichtexposition nicht vermeiden lassen. SIEMENS bezeichnet *nichtbehandelte*, jedoch fast regelmäßig auf die Therapie anderer Areale mitreagierende Psoriasisherde als das *„therapeutische Fenster"*. Man kann durch dieses „Fenster" die Behandlungseffekte gut kontrollieren. Ob hierbei das „In-Ruhe-Lassen" der Krankheitsherde im Sinne von SIMONS (dermatological rest) eine Rolle spielt, ist nicht bewiesen, aber möglich.

J. Diätbehandlung der Hautkrankheiten

I. Einleitung

„Der Nahrungsbedarf wird in quantitativer und qualitativer Hinsicht vom Stoffwechsel diktiert. Eine unzulängliche Ernährung wirkt sich daher primär durch eine Beeinflussung des Stoffwechsels aus“ (K. LANG 1957, Biochemie der Ernährung). Die Haut besitzt einen eigenen Wasser- und Elektrolytstoffwechsel (ROTHMAN, HERRMANN und MARCH), einen eigenen Protein-, Fett- und Kohlenhydrathaushalt, welche, in enger Beziehung zum Gesamtstoffwechsel stehend, durch Diätformen beeinflußt werden können. Diese Feststellung beinhaltet zugleich eine Qualifikation der Diätbehandlung. Die Diätetik der ätiologisch nicht bekannten Dermatosen sowie diejenige bekannter, nicht auf Abweichungen im Stoffwechsel beruhender Hautkrankheiten ist eine *symptomatische Theorie.* Bekannte Beispiele dafür sind die verschiedenen, zum Teil gegensätzlichen Diätschemata bei der Psoriasis vulgaris bzw. die Gerson- oder Sauerbruch-Herrmannsdorfer Diät in der Behandlung der Tuberkulose. MARCHIONINI (1934—1940) hat in mehreren Arbeiten dieser Anschauung Ausdruck verliehen. Die Diättherapie ist seiner Meinung nach zwar ein unentbehrliches Glied in der Kette der Behandlungsverfahren, keineswegs jedoch das einzige! Selten gelingt es, ausschließlich durch diätetische Maßnahmen ein Hautleiden zur Ausheilung zu bringen. Ätiotrop oder rationell wirkt die Diätbehandlung bei jenen Dermatosen, welche auf dem Fehlen eines essentiellen Faktors in der Nahrung beruhen bzw. die durch Elimination von nutritiven Allergenen geheilt werden.

Die Unsicherheit des Menschen im 20. Jahrhundert gegenüber der auch „technisierten“ Ernährung und die weit verbreitete Auffassung, daß die Nahrung durch die Zivilisation ungünstig beeinflußt, ja geradezu denaturiert wird — eine Meinung, der mit J. KÜHNAU (1959) keineswegs beizupflichten ist —, erleichtern es dem Arzt, sowohl dem Gesunden wie dem Kranken Diätvorschriften zu verordnen. Mit viel mehr Ernst und Sorgfalt als je zuvor, werden auch einschneidende Kostformen toleriert und genauestens durchgeführt. Diese Einstellung birgt erhebliche Gefahren in sich, da auch auf dem Ernährungsgebiet und in der Diätetik Irrtümer und Fehlüberlegungen (J. KÜHNAU) zu körperlichen Schäden führen können. Jede Diätbehandlung unterliegt daher einer zeitlichen Begrenzung, will man nicht gegen das ärztliche Gesetz des „nil nocere“ verstoßen. Ein paar Beobachtungen, wenige aus sehr vielen, sollen das Gesagte belegen: STIEBEL (1937) berichtet über das Auftreten einer Xerophthalmie bei einem 5 Monate alten Kind, welches wegen Ekzem 2 Monate lang fettfrei ernährt wurde. KAWASHINA, NAGAMITSU und SKINADA (1940) sahen schwere Psychosen nach jahrelang freiwillig innegehaltener oder verordneter salzarmer Diät. Skorbutfälle bei der früher üblichen, an Vitamin C armen Ulcusdiät haben die Sippy-Kur zu Fall gebracht (PLATT 1937). Einen schweren Eiweißmangelschaden mit Anasarka (!) sahen wir (1960) bei einer Arztfrau, welche (wegen einer Urticaria) auf fachärztlichen Rat 8 Monate lang eiweißfrei (tierische Eiweißprodukte ausgeschlossen von der Kost, pflanzliche Eiweißträger eingeschränkt) gelebt hat. Sehr eingehend beschäftigen sich VOEGT und GLATZEL (1959) mit den Gefahren des Obstsaftfastens und der streng salzarmen Kost. Sie erwähnen unter anderem: Acetonurie, Anstieg des Harnstoffs im Serum, Indicanurie, Anstieg des Xanthoprotein- und des Harnsäurespiegels im Blut (Provokation von echten Gichtanfällen ist möglich), Oligurie, Harnwegsinfekte, Rückgang der Natrium-Exkretion, Eintritt in die 3. Phase des allgemeinen Adaptationssyndroms (SELYE) mit der Gefahr des akuten Versagens des Nebennierenrinden-Systems! Das Absinken der Schilddrüsenfunktion, verminderte Gonadotropinausscheidung, EKG-Veränderungen sind weitere Folgen des prolongierten, strengen Saftfastens (VOEGT 1959). Das *Syndrom*, welches beim extremen Entzug des Kochsalzes auftreten kann — Schwäche, Kraftlosigkeit, Müdigkeit, Apathie, Kopfschmerz mit Schwindel, Abstumpfung des Geruchs- und Geschmacksinnes, Abnahme des Wassergehaltes im Blut (Viscositätszunahme) und im Gewebe, Blutdruckabfall, Abnahme der zirkulierenden Blutmenge und der Blutumlaufgeschwindigkeit, Zunahme des Rest-N — ähnelt klinisch und pathophysiologisch (?) der Nebennierenrinden-Insuffizienz. Menschen, die sich in diesem Zustand der Hitze aussetzen bzw. die Schwitzkuren verordnet bekommen, erliegen Hitzekrämpfen oder zeigen schwere Verwirrtheitszustände. Die lebensrettende und ausschließliche Therapie besteht in solchen Fällen in der Zufuhr von Kochsalz! (GLATZEL 1959).

Neben den durch extreme Beschränkung einzelner Faktoren in der Ernährung verursachten Zwischenfällen kann auch die fehlerhafte Zusammenstellung der Kost, ja der einzelnen Tagesmahlzeit folgenschwere Störungen nach sich ziehen, z. B. durch Störungen der Proteinsynthese (STARE 1958). Die Nahrung wird besser ausgenutzt, wenn die verschiedenen notwendigen Nahrungsbestandteile in jeder Kostzubereitung vorhanden sind. Fehlt zur Biosynthese eines Proteins eine Aminosäure, so nützen die übrigen, disponiblen nichts. Sie werden unter Umständen ab- und umgebaut. Damit stehen sie dann nicht mehr zur Verfügung, wenn mit der nächsten Mahlzeit die zuvor fehlende Aminosäure in ausreichendem Maße zugeführt wird. Umgekehrt kann ein erheblicher Überschuß an einer Aminosäure zum limitierenden Faktor werden, ein Zustand, welcher gegebenenfalls eine Aminosäure-Imbalanz bedingt (LANG, STARE 1957/58). In seinen Untersuchungen an Unterernährten und an hungernden Probanden hat RAUSCH (1948) die Resorption eines isoliert verabfolgten, unvollständigen Aminosäure-Gemisches (Fehlen von Cystin, Tryptophan und Histidin) geprüft. Bei oraler Zufuhr werden 60—70% resorbiert, bei rectaler Verabfolgung findet keine Stickstoffretention statt, es erfolgt der sofortige Abgang über den Urin. Das gleiche unvollständige Aminosäure-Gemisch und tierisches Eiweiß ($^1/_3$ des Gemisches) führen zu einer Resorption von 90% in den oberen Darmabschnitten, der Stickstoffumsatz ist erheblich verbessert. Von einem hochwertigen Aminosäuregemisch, dem Tryptophan und Methionin fehlen, werden 100% bei oraler Applikation resorbiert. Der Stickstoff eines unvollständigen Aminosäure-Gemisches passiert — ohne Retention— den Organismus, während vollständige Gemische und Zulagen von hochwertigem tierischen Eiweiß die Resorption und die Stickstoff-Retention, beide nicht gleichverlaufend, verbessern.

Diese erst in den letzten Jahren auf Grund experimenteller Untersuchungen und am Menschen gewonnenen Vorstellungen von den limitierenden Faktoren in der Ernährung, von den kompetitiven Antagonismen der Aminosäuren beim Durchtritt durch die Zellwand zwingen ebenfalls dazu, die fast stets vom Normalen abweichende Diätkost zeitlich zu befristen, um Schäden zu verhüten. — Im Gegensatz zur Diätbehandlung, zu welcher nach MARCHIONINI die *Schonungs-* oder *Einschränkungs*diät, die *Umstimmungs-* die *Eliminationsdiät* oder *Suchkost*, die *Ergänzungs-* bzw. Zuschußdiät zu rechnen sind (s. auch JEAN MEYER 1939), steht die *Ernährungsdiät.* Diese gelegentlich auch rectal oder parenteral applizierte Kostform muß nach STARE so gestaltet sein, daß sie den Patienten ermutigt, eine ausbalancierte, abwechslungsreiche Kost zu essen, die bei nicht zu hoher Calorienzahl alle notwendigen und zuträglichen Nährstoffe enthält. Gleiches gilt auch für mehr allgemein gehaltene ärztliche Diätanweisungen, denen meist zuwenig Sorgfalt seitens des Arztes gewidmet wird.

II. Ernährung und Hautkrankheiten

Die Beobachtungen während des ersten Weltkrieges, mehr noch diejenigen der Kriegs- und Nachkriegsjahre 1939—1948 haben drei fast gegensätzlich anmutende Tatsachen beispielhaft demonstriert:

1. Eine gewisse Anzahl von Dermatosen zeigt stark rückläufige Frequenzziffern.
2. Eine Reihe von Dermatosen — von den venerischen Affektionen abgesehen — tritt in erheblich vermehrtem Umfange auf.
3. Andere, recht bekannte Dermatosen erweisen sich als nicht beeinflußt durch Mangelernährung sowie physische und psychische Belastungen, wie sie Kriegszeiten eigen sind.

Sézary (1942) berichtet (ad 1), daß die Einschränkungen — zu dem Zeitpunkt wohl noch leichterer Art — in der Ernährung und der Genuß von „Ersatzstoffen" die Dermatologie nicht bereichert haben. Die generelle Nahrungskarenz hat im Gegenteil zu einem erheblichen Rückgang bei den endogenen Ekzemen, bei endogenen Dermatosen, beim Strophulus, bei der Urticaria und beim Pruritus senilis geführt. Gleichfalls sind mit Verminderung der Stoffwechselleiden wie Diabetes, Gicht jene Hautkrankheiten verschwunden, welche damit ursächlich zusammenhängen.

Der Proteinmangel in der Kriegs- und Nachkriegskost dürfte dagegen einer der wichtigsten Faktoren beim Auftreten der Pyodermien gewesen sein, welch letztere durch ungenügende hygienische Maßnahmen, Epizoonosen und andere noch vermehrt werden (ad 2). — Dagegen sind (ad 3) die Psoriasis vulgaris, der Lichen ruber, der Pemphigus vulgaris und seine Varianten etwa im üblichen Umfang aufgetreten, so daß der Ernährung bei diesen Hautleiden wohl keine besondere genetische Bedeutung zukommt. Selbst eine extrem calorienarme, streng salzarme, protein- und fetteingeschränkte Kost, die vielfach Erscheinungen der Nebennierenrinden-Insuffizienz verursacht hat, ist mit der Manifestation der Schuppenflechte im üblichen Ausmaß durchaus vereinbar gewesen, wie Verfasser als kriegsgefangener Arzt beobachten konnte. Insoweit sind verschiedenartige Einflüsse seitens der Ernährung bei dem oft verwickelten pathogenetischen Mechanismus der Hautkrankheiten zu verzeichnen.

Sowohl der exogene Mangel eines essentiellen Nährfaktors, wie Störungen in der Resorption, Verwertung, Speicherung oder ein zum gesteigerten Bedürfnis des Organismus inadäquates Angebot (unter anderem Verluste durch vermehrte Ausscheidung), wie letztlich kompetitive Antagonismen oder das Auftreten von „Antisubstanzen" können Hauterscheinungen verschiedener Art bedingen. Eine von Urbach wiedergegebene Tabelle (Jolliffe und Smith 1943) soll die konditionierenden Faktoren, welche die Nahrungsaufnahme und Verwertung beeinflussen, kurz aufzeigen:

Conditioning Factors Which May Contribute to Nutritional Failure (Jolliffe and Smith)

I. By Interfering with Food Intake
   1. Gastro-intestinal diseases, as:
      Acute gastro-enteritis
      Cholecystitis and cholelithiasis
      Peptic ulcer
      Diarrheal diseases
      Carcinoma of stomach and esophagus
   2. Food allergy
   3. Mental disorders, as:
      Neurasthenia
      Neurosis
      Psychoneurosis
      Psychosis

4. Operations and anesthesia
5. Infectious diseases associated with anorexia
6. Loss of teeth
7. Heart failure (anorexia, nausea, and vomiting by visceral congestion)
8. Pulmonary disease (anorexia and vomiting due to cough)
9. Toxemia of pregnancy (nausea and vomiting)
10. Visceral pain (as in renal colic, and angina that reflexly produces nausea and vomiting)
11. Neurologic disorders which interfere with self-feeding
12. Migraine

II. By Interfering with Absorption
1. Diarrheal diseases, as:
   Ulcerative and mucous colitis
   Intestinal parasites
   Intestinal tuberculosis
   Sprue
2. Gastro-intestinal fistulas
3. Diseases of liver and gallbladder
4. Achlorhydria
5. Carcinoma of the stomach

III. By Interfering with Utilization
1. Liver disease
2. Diabetes mellitus
3. Chronic alcoholism

IV. By Increasing Requirement
1. Abnormal activity, as associated with prolonged strenuous physical exertion with lack of suffizient sleep or rest, delirium and manic-depressive psychoses
2. Fever
3. Hyperthyreoidism
4. Pregnancy and lactation

V. By Increasing Excretion
1. Biliary or gastro-intestinal fistula
2. Perspiration
3. Loss of protein in nephritis and nephrosis
4. Polyuria, as in:
   Diabetes mellitus
   Diabetes insipidus
   Long-continued excessive fluid intake, as in urinary tract infections
5. Lactation

VI. By Therapeutic Measures
1. Therapeutic diets, as in:
   Sippy regimen
   Gallbladder disease
   Anti-obesity diets
2. Antacids
3. Mineral oil
4. Infusions
5. Diuretics
6. Fever therapy
7. Paracentesis and thoracentesis

Beispiele dafür sind die Hyp- und Avitaminosen. — Nur im Tierversuch hat sich bisher der Mangel einzelner essentieller Aminosäuren — dazu gehören Tryptophan, Lysin, Phenylalanin, Leucin, Isolencin, Threonin, Valin und Methionin — in bestimmten Veränderungen der Haut oder der Anhangsgebilde manifestiert. Das Fehlen von Methionin und Cystin im Futter führt bei Ratten zu Störungen des Haarwachstums, zur Verdünnung der Oberhaut und zu vermehrten Hautinfekten. Die Tiere fressen als „Ersatz" ihre eigenen Haare, was am Abgang von Bezoaren erkennbar ist (LORINCZ 1953). Tryptophanmangel verursacht Haarverlust, Phenylalaninkarenz Pigmentstörungen. URBACH meint, daß Enzymopathien wie die Alkaptonurie und die Oligophrenia phenylpyruvica — beide Krankheiten beruhen auf Störungen im Phenylalaninstoffwechsel bzw. in der Biosynthese des

Tyrosins — einen möglichen Hinweis für Veränderungen abgeben, die auf dem Fehlen oder dem fehlerhaften Ab- oder Umbau einzelner essentieller Aminosäuren beruhen.

Hautveränderungen beim Fehlen der Polyensäuren in der Nahrung sind auch nur aus Tierexperimenten bekannt (BURR und BURR 1929). Zu den essentiellen Fettsäuren zählen die Linolsäure (Cis, cis, Δ9, 12 Octadekandiensäure) und die Arachidonsäure (Δ5,8 8,11 14-Eikosantetraensäure). Die übrigen Polyensäuren zeigen keine Hautwirkung bei isoliertem Entzug, die Linolensäure wirkt Linolsäure einsparend. Die Hautveränderungen bestehen in einer vom Schwanz zum Kopf fortschreitenden Schuppung sowie in einer erhöhten Wasserabgabe durch die Haut. Gewisse Formen der kindlichen Ekzeme, vorwiegend die dysseborrhoische Dermatitis, die Leinersche Erkrankung ähneln klinisch dem experimentell herbeigeführten Mangel an essentiellen Polyensäuren; auch die Herabsetzung der Jodzahl im Blut sowie die therapeutischen Erfolge der Schmalz- und Speckdiät bei solchen Ekzemkindern lassen Analogien vermuten. Die 2- bis mehrfach ungesättigten essentiellen Fettsäuren [vom Typ $CH_3(CH_2)_4CH{=}CHCH_2CH{=}CH(CH_2)_7COOH$ = Linolsäure] haben nach K. LANG vielleicht eine Bedeutung für die Fixierung von Enzymen an Zellbestandteile (Vorliegen der Enzyme in Form von Lipoproteiden in der Zelle) sowie beim Elektronentransport. Auf einen Eingriff in den Hautstoffwechsel wird auch aus der Strahlenschutzwirkung der zugeführten Polyensäuren geschlossen. — SINCLAIR hält den Mangel an essentiellen Polyensäuren sowie an den fettlöslichen Vitaminen A und E für eine Folge der Ernährung in hochzivilisierten Ländern. Erkrankungen der mesenchymalen Grundsubstanz, Altersveränderungen der Haut, follikuläre Hyperkeratosen und die dysseborrhoische Dermatitis seien die Mangelsymptome.

Von den unentbehrlichen Spurenelementen (Eisen, Jod, Kobalt, Kupfer, Mangan, Molybdän, Zink) ist bekannt, daß wiederum im Tierversuch Kupfermangel zu Pigmentstörungen und Ausfall des Pelzes führt. Ebenfalls Alopecie, exfoliierende Dermatitis und Atrophie der Haarfollikel werden bei Cu-Mangel beobachtet. Die engen Beziehungen zwischen Cu und Molybdän machen es verständlich, daß ein Teil der schweren toxischen Symptome bei erhöhter Molybdänzufuhr auf der Verdrängung des Kupfers beruhen. Man kennt aus der Tierzucht derartige Vergiftungen. Sie treten dann auf, wenn es sich um molybdänreiche Weidegründe handelt, wie sie in England, Kalifornien und Neuseeland vorkommen (K. LANG).

Von den Mineralstoffen sind die Calciumwirkungen (herabgesetzte Haut-Irritabilität bei reichlicher Zufuhr), die Erytheme, Ödeme, Hyperkeratosen, Acanthosen bei Mg-Mangel bekannt. Neurodermitiker sollen niedrige Mg-Werte in der Haut aufweisen (SULLIVAN und EVANS 1944; MCCARDLE u. Mitarb. 1943; LORINCZ). Das Cu als Koferment der Tyrosinase verursacht im Fall der Karenz Störungen der Pigmentbildung, Achromotrichie, Haarwachstumsstörungen (s. auch SEIBOLD 1959).

Die Interrelation der einzelnen Nahrungsfaktoren steht vielfach der Abklärung des Wirkungsmechanismus entgegen. LORINCZ (1953) schreibt dazu: zwar ist die Haut oft als erstes Organ erkrankt, wenn es in der Kost an essentiellen Nährstoffen fehlt. Jedoch sei es unmöglich, daraus bzw. aus den Hautveränderungen selbst den Einfluß eines bestimmten Faktors auf bestimmte physiologische Vorgänge zu erkennen.

Die exogen oder endogen bedingte Unterernährung umspannt alle Mangelerscheinungen, welche durch einzelne Faktoren verursacht werden. Die Haut dieser Menschen ist trocken, blaß, wenig elastisch. Es treten Pigmentstörungen auf: Chloasma cachecticorum, letzteres wohl auch zum Teil für die Vagantenhaut zutreffend. Es kommt ferner zu Schuppung, Hämorrhagen sowie zu Störungen an den Hautanhangsgebilden. Die herabgesetzte Heilungstendenz sowie die verminderte Resistenz gegen Keime sind ebenfalls Symptome der Unterernährung, die im wesentlichen auf die Eiweißkarenz (Plasmaproteinmangel, Antikörpermangel, allgemeiner Eiweißmangel, Hungerödem) zurückzuführen sind. Da die Cis-Formen der ungesättigten, essentiellen Fettsäuren auch bakteriostatische Effekte haben, muß auch an einen Mangel dieser Substanzen gedacht werden. Über einen interessanten Befund an Vitamin B_2-frei ernährten Ratten berichtet P. György (1938). Neben Wachstumsstörungen, Pelzschäden und einer groben Schuppung der Haut findet man etwa 20% der Tiere stark verlaust. Die Pediculosis verschwindet bei Zufuhr von Vitamin B_2. Es ist spekulativ, an den starken Ungezieferbefall in Kriegs- und Notzeiten zu denken, für den es sicher noch andere Gründe geben dürfte.

Auch der einfache Wasserverlust durch Haut, Lunge, Niere — ohne begleitende Elektrolytabgabe — bleibt nicht ohne Folgen, wenn auch die Haut von der Dehydration erst ziemlich spät betroffen ist. Anzeichen des reinen Wasserdefizits, welches sich naturgemäß zunächst und hauptsächlich im *extracellulären* Raum auswirkt, sind: Blässe, Ischämie, trockene, schuppende Haut. Bis zur Ausprägung derartiger Symptome versucht der Organismus durch eine Reihe von Regulationen die Dehydration zu kompensieren. Über den osmotischen Druck sind 3 Schritte (Danowski 1958) zu erklären, wenn der Elektrolytbestand bei der Wasserabgabe unverändert bleibt:

1. Infolge Hypertonie im extracellulären Raum tritt Wasser aus den Zellen (intracellulärer Raum) so lange über, bis ein osmotisches Gleichgewicht hergestellt ist. Die Dehydrierung erstreckt sich jetzt über beide Räume.

2. K, das in den Zellen prävalierende Kation, tritt in den extracellulären Raum über, erniedrigt damit den osmotischen Druck und erlaubt weiteren Wasserzufluß in die extracelluläre Flüssigkeit.

3. Eine weitere Regelung von Dehydrierung und Hypertonie steht ebenfalls in Beziehung zum osmotischen Druck. Die osmotische Aktivität der Kationen, des Kaliums mehr als des Natriums, wird herabgesetzt, etwa in ähnlicher Weise wie durch Chelate. Diese Aktivitätsveränderung kann auch ohne Kaliumtransfer (in den extracellulären Raum) eintreten, so daß bei herabgesetztem intracellulären osmotischen Druck Wasser in Richtung extracellulärer Flüssigkeit abgeschoben wird. Gleichfalls dient dieser Schritt zur Abnahme der Elektrolythypertonie im extracellulären Raum.

4. Mit dem Anstieg des osmotischen Druckes nimmt der Dampfdruck ab, der Wasserverlust durch Lunge und Haut sinkt. Erst wenn diese Mechanismen nicht ausreichend sind, kommt es zu leichteren Kreislaufveränderungen: vermindertes Schlagvolumen, verlängerte Blutumlaufzeit, geringer Abfall des Blutdruckes. Ein Schock tritt nur selten auf, jedoch erweisen sich besonders die Nervenzellen als gegen den Wasserverlust empfindlich. Infolge O_2- und Glucosemangels zeigen sich psychische Störungen (bekannt bei Schiffbrüchigen). In extremis erfolgt der Tod durch Atemlähmung bei noch schlagendem Puls und intaktem Kreislauf.

Auch die Überernährung kann Hautveränderungen verursachen, wobei stets mehrere Faktoren eine Rolle spielen. So stellen die Fettfalten submammär und am Bauch bei behinderter Ausstrahlung der Körperwärme und starker Schweißabsonderung ideale Brutstätten für Keime und Pilze, besonders Hefen dar. Die veränderte Talgproduktion läßt an eine Herabsetzung der bakteriostatischen Wirkung denken. Forcierte Fettfütterung steigert die Talgproduktion, dabei werden neben dem Talg auch Nahrungsfette unverändert mit ausgeschieden. Unter

Umständen nimmt die Talgabsonderung um 70—110% zu, während eine Kohlenhydrat-Mast nur einen Anstieg um 11—38% bewirkt. Beim Menschen stimulieren Fette und Kohlenhydrate die Talgdrüsen gleichmäßig, ausgenommen Acnepatienten, welche bei reichlichem Angebot von Kohlenhydraten eine stark erhöhte, bei gesteigerter Fettzufuhr eine nur mäßig erhöhte Talgsekretion aufweisen (LORINCZ). — Es sei in diesem Zusammenhang auf die Speicherfunktion der Cutis/Subcutis für Wasser, Elektrolyte und Fett hingewiesen, über welche uns die Arbeiten von ROTHMAN (1953) und insbesondere die ausgezeichnete Zusammenfassung von HERRMANN und MARCH (1959) unterrichten.

DAUBRESSE-MORELLE (1940) hat die Eßangewohnheiten belgischer Ekzematiker statistisch überprüft. Aus einem Kollektiv von 1000 Probanden sind je 100 weibliche und männliche Ekzematiker zu einer repräsentativen Gruppe zusammengefaßt worden. Die jungen Frauen verzehren pro Tag 5700 cal anstelle von 2000, die Männer 4700 cal anstelle von 2200 cal. Selbst wenn man die reichliche belgische Kost in Betracht zieht, die bei den 21—50jährigen im Durchschnitt bei 4360—4460 cal/die liegt, so seien die Ziffern nach Meinung des Autors ein Beweis für die Rolle, welche die Überernährung — nicht nur in Form der nutritiven Allergie — bei der Ekzemgenese spielt. — Im übrigen zeichnen sich auch die Hypervitaminosen A und D durch Hautveränderungen aus.

Primäre Störungen im *Eiweiß-*, *Fett-* und Kohlenhydratstoffwechsel sind als wesentliche Teilursachen von Hauterscheinungen bekannt. Es sei an die Xanthomatosen (Einteilung s. THANNHAUSER), an die Diabetide, die Nekrobiosis lipoidica, an die bei Hypoproteinosen vorkommenden Infekte der Haut gedacht. Hohe Blutzuckermittelwerte haben INCEDAYI und OTTENSTEIN bei intertriginösen Dermatosen festgestellt, erhöhte bei Lichen ruber, Ecthymata, Ulcus cruris, Ekzem. Auch die Kranken mit Psoriasis vulgaris sollen nach diesen Autoren in 46% Hyperglykämien aufweisen, wenn man den Mittelwert von 126 mg-% (nüchtern) so auslegt. Unter der Zuckerbelastung wird dann der Status pathoglycaemicus Rost bzw. der latente Diabetes, sichtbar. Unter 868 Hautkranken sind im Krankengut von INCEDAYI und OTTENSTEIN 2,58% Diabetiker, 29,2% Patienten mit Hyperglykämie, 1,56% latente Diabetiker. — PILLSBURY und STERNBERG (1937) haben im Tierversuch besonders schwere Hautinfektion nach Kohlenhydratmast und Inoculation von Staphylo- und Streptokokken beobachtet, leichtere Infekte dagegen bei kohlenhydratarmer bzw. fettreicher oder Fastendiät [s. auch CALLAWAY und NOOJIN (1940), die keinen Unterschied in bezug auf die Hautinfekte bei fettreicher, fettarmer und normaler Kost gesehen haben].

Ein weiteres Kapitel der Beziehungen Nahrung/Haut stellen die nutritiven Allergien dar, deren Ausmaß wohl im allgemeinen überschätzt wird (LORINCZ 1958). Wohl findet man im Intracutantest ziemlich häufig Hautreagine auf bestimmte Nahrungsmittel, etwa bei der Neurodermitis, bei der Urticaria, beim Strophalus. Die perorale, reichliche Zufuhr der im Test positiven Nahrungsstoffe ist jedoch nicht immer gleichbedeutend mit einem Aufflammen der „nutritiven“ Allergie. Ebensowenig erlaubt ein negativer intracutaner Test, diese abzulehnen. Mehr Bedeutung als der intracutane Test, der Vaugham-Test, die COCA-Pulszählung, der Thrombocytensturz haben die Ergebnisse der Suchdiät, der Eliminationskost oder der Propepandiät nach URBACH. Wie schwierig im übrigen eine nutritive Allergie festzustellen ist, das lehren die alltäglichen Erfahrungen bei der Testung von Kranken mit Urticaria.

Im Sinne der einleitend zitierten Sätze von K. LANG ist die Diät als *Umstimmungsfaktor* bzw. *Adjuvans* (KOLLARITS 1949) aufzufassen. Hierbei ist die am Allgemein- und/oder Hautstoffwechsel angreifende Kostform der unspezifische, den „ictus therapeuticus“ (E. URBACH) erzeugende Faktor. Ihren Platz hat die

Umstimmungsdiät bei therapieresistenten Ekzemen, beim Pruritus unklarer Genese, bei der Prurigo, der Urticaria papulosa chronica, beim Lichen urticatus. Es kommt dabei besonders auf die abrupte Änderung der Diät an (Zickzackdiät von v. NOORDEN, Schaukeldiät).

Wenn von der Ernährung aus der Stoffwechsel, auch derjenige der Haut beeinflußt werden kann, müssen auch Wirkungen in umgekehrter Richtung postuliert werden. So verlangen Dermatosen mit starkem Eiweißverlust (Erythrodermien, blasenbildende Hautleiden) den Einsatz einer proteinangereicherten Kost. Die Verbrennungskrankheit macht die Korrektur des Wasser-, Elektrolyt- und Eiweißhaushaltes erforderlich, ebenfalls die mit starker Wasseransammlung in der Cutis/Subcutis einhergehenden Toxikodermien. Über die des öfteren diskutierten Beziehungen Harnsäure/Haut schreibt WHITFIELD (1935), daß eher die Dermatose mit reichlichem Zellzerfall zum Anstieg der Harnsäure führt als umgekehrt. Die Hyperglykämie, etwa in dem Sinne, wie sie INCEDAYI und OTTENSTEIN bei einer großen Anzahl ihrer Patienten mit verschiedenen Hautkrankheiten festgestellt haben, hält WHITFIELD für eine nicht mit der jeweiligen Dermatose in Einklang zu bringende Erscheinung. Eine diätetische Beeinflussung der Störung im Kohlenhydratstoffwechsel verbessert die Heilungschancen.

Da das Ernährungsproblem in Ärzte- und Laienkreisen immer mehr an Boden gewinnt, darf auf zwei mehr allgemeingültige Beobachtungen hingewiesen werden. VAUGHAN und PIPES (1937) haben in einer statistischen Analyse jene Behauptung endgültig verworfen, daß zwischen dem Widerwillen gegen einen Nährstoff und dessen möglicher schädigender Wirkung Beziehungen bestehen. Antipathie gegenüber bestimmten Nahrungsmitteln schützt nicht vor nutritiver Allergie. — Eine zweite Bemerkung sei ebenfalls erlaubt: Der auf dem Ernährungssektor sich breitmachende Fanatismus und Extremismus schadet sowohl der wissenschaftlichen Grundlagenforschung durch vorgefaßte Meinungen, wie er die kritische Auswertung etwaiger therapeutischer Erfolge bei der Diätbehandlung behindert!

Der eingangs zitierte Leitsatz von K. LANG verweist die Diättherapie in den Bereich der inneren Medizin. Die von LUITHLEN im Beginn dieses Jahrhunderts angefangene experimentelle Arbeit zur Abklärung der Beziehungen zwischen der Ernährung und der Haut, sowie die darauf aufbauenden weiteren Untersuchungen zwingen jedoch auch den Hautarzt, seine Stellung zur Diätetik zu präzisieren. Zweifelsohne gibt es ein echtes Bedürfnis zur Diätbehandlung gewisser Hautkrankheiten, wobei die wachsenden Erkenntnisse von der Biochemie der Ernährung ebenso stimulierend wirken wie die Fortschritte in der biochemischen Analyes der Hautstrukturen und ihrer Sekretionsprodukte. Diesem erheblichen Zuwachs an Kenntnissen steht, wie BOMMER (1954) zu Recht feststellt, eine sichtbare Abkehr in der wissenschaftlichen Beschäftigung mit den Problemen Haut und Ernährung gegenüber. Seit etwa 1950 sind die Rubriken Diät, Ernährung und Nahrung im Zentralblatt leer, während vor diesem Zeitpunkt zahlreiche experimentelle und klinische Arbeiten über dieses Gebiet referiert worden sind bzw. werden konnten. So stellt unter anderem die vorzügliche Monographie von E. URBACH (1946) gestützt auf viele eigene Untersuchungen und ein riesiges Literaturmaterial die einzige zusammenfassende und kritisch sichtende Arbeit auf unserem Fachgebiet dar. Ist diese Abkehr als eine Absage an diätetische Behandlungsmaßnahmen, als ein Urteil aufzufassen?*

* Einen Teil der *gegensätzlichen* Auffassungen und der wohl darin begründeten, oft diametral verschiedenen Diätanweisungen bei ein und derselben Krankheit zitiert in kritischer Form BOMMER (1954). Unter anderem die fettarme (GRÜTZ), die eiweißarme (SCHAMBERG, LERNER), die kaliumarme (ROST, INCEDAYI und OTTENSTEIN) Psoriasisdiät. Erfahrungen der Nachkriegs- und Kriegsjahre 1942—1948 haben unter der eiweiß- und fettarmen, kohlenhydrat-

Unterliegt die Diätetik als symptomatische Therapie dem Schicksal aller nur auf die Krankheitsanzeichen gerichteten Behandlungsverfahren? Oder haben die Diätfanatiker eine derartige, auffällige Distanzierung veranlaßt? Letztlich muß man sich auch fragen, inwieweit jene unfreiwilligen Massenexperimente in den Kriegs- und Nachkriegsjahren eine Abkehr von der Diätbehandlung erzwungen haben, weil sie eine Reihe von pathogenetischen Theorien, etwa bei der Psoriasis vulgaris, unbestätigt ließen? Ich meine, daß gerade diese Beobachtungen gezeigt haben, wie eng die Ernährung auch mit dem Hautstoffwechsel zusammenhängt und daß sie ein Impuls sein sollten, dort wieder anzuknüpfen, wo bedeutende Dermatologen wie etwa ERICH URBACH und ALFRED MARCHIONINI aufgehört haben!

Eine Mangel- oder Fehlernährung disponiert über die Einflüsse auf den Stoffwechsel, zum Auftreten von Dermatosen. Es kann die Entzündungsbereitschaft gesteigert, die Resistenz gegenüber Hautkeimen gemindert sowie die Fähigkeit zu allergischen und photosensibilisierenden Reaktionen (Meldekrankheit!) herauf- oder herabgesetzt werden. Zu den indirekten Wirkungen der Diät rechnet LUITHLEN (1911—1923) bereits diejenigen, welche über das Endokrinicum ablaufen. Damit werden Steuerungsvorgänge angesprochen, die heute als Effekte des Nebennierenrinde-Hypophysen-Hypothalamus-Systems erkannt sind, den Wasser- und Elektrolytstoffwechsel betreffend. — J. VOGT (1941) hat in einer Nacharbeit die von LUITHLEN aufgedeckte, unterschiedliche Reizbeantwortung der Haut von Winter- (Hafer-) Tieren und Sommer- (Grünfutter-) Tieren bestätigt (s. auch KLAUDER u. BROWN 1925; DOERFFEL 1931 und andere). Die Haferkost mit Überwiegen der Anionen über die Kationen ist ansäuernd und senkt die Reizschwelle für Stimuli. Grünfutter hat alkalisierende Wirkung und erhöht die Reizschwelle. So gelingen Sensibilisierungsversuche im Winter besser als im Sommer. Man kann auch durch perorale Verabfolgung von Säuren bzw. Calcium Kationenverschiebungen erzielen, die denen nach Hafer- bzw. Grünfutter ähnlich sind. LUITHLEN mißt dem K/Ca-Quotienten oder dem Kation/Anionverhältnis eine Bedeutung für die Änderung der Reizschwelle zu, während VOGT auf das durch die Kostform beeinflußte Säure-Basen-Gleichgewicht verweist. SCHÄFER (1937) hat auf einen weiteren Faktor hingedeutet und zwar den unterschiedlichen Gehalt an Vitamin C in der Sommer- und Winterdiät der Versuchstiere. Die

---

und kochsalzreichen Kost im Massenexperiment wohl einen Rückgang bei Stoffwechselkrankheiten, Stoffwechseldermatosen, beim essentiellen Hochdruck, nicht aber bei der Psoriasis vulgaris erkennen lassen. WAERLAND, zitiert nach BOMMER, heilt die Psoriasis mit Kartoffelkost (einschließlich Kartoffel-Kochwasser), also gerade mit dem kaliumreichen Nahrungsmittel, welches nach ROST und INCEDAYI-OTTENSTEIN gemieden werden soll. Die kaliumarm lebenden „Reisvölker“, welche für die reichliche Würzung der Speisen unter anderem auch mit Kochsalz, bekannt sind (China, Japan, Indonesien) zeigen keinen Einfluß dieser Ernährungsform auf die Frequenz, die Ausdehnung oder Rezidivfreudigkeit der Psoriasis vulgaris. Den guten Erfolgen bei der Behandlung der Röntgenschäden der Haut (BOMMER, TOMASI und URBACH) mit einer kochsalzarmen Diät steht die Angabe von GLATZEL gegenüber, daß die Indikation zur Verabfolgung von Kochsalz als Heilmittel gerade bei Verbrennungen, Röntgenkater und Strahlenschädigung gegeben ist! Die Begründung für die Kochsalzzufuhr wird in der Kochsalzmangelsituation (negative Bilanz) bei den erwähnten Zuständen gesehen. Die jedem Dermatologen bekannte Wirkung einer kochsalzarmen Diät bei der extrapulmonalen Tuberkulose, besonders bei der Haut-Tbc wird durch WICHMANN, einem der Begründer der Lupusheime, der nachgehenden Lupus-Fürsorge, Hamburg 1913/14, bestritten. Bei den Originalfällen, an denen der Erfclg der Gerson- bzw. Hermannsdorfer-Sauerbruch-Diät demonstriert werden sollte, ist es nach WICHMANN stets gelungen, mittels positiver Sondenprobe die nach wie vor bestehende tuberkulöse Gewebsschädigung nachzuweisen, wenn auch einzelne Symptome wie Kongestion, Verfärbung, scharfe Begrenzung der Lupusknoten, nicht mehr zu sehen waren! (Persönliche Mitteilung.) — Nahrungsmittelallergien und Fehler in der Ernährung spielen nach LORINCZ (1958) in den USA eine unbedeutende Rolle bei der Genese der Hautkrankheiten. Diätetische Maßnahmen bei der Acne vulgaris und der Psoriasis sind als überholt anzusehen!

anaphylaktische Reaktion der Meerschweinchen wird gefördert durch eine Vitamin C-reiche Nahrung, etwas gebremst durch eine reichliche Vitamin D-Zufuhr und nicht beeinflußt durch eine an Vitaminen arme Kostform.

Wenn diese anfänglichen Feststellungen eigentlich mehr geeignet sind, das Komplexe des Problems Nahrung/Hautstoffwechsel aufzuzeigen — eine Klärung ist bis heute noch nicht erreicht —, so gebührt doch LUITHLEN das unbestreitbare Verdienst, die Diättherapie aus dem Bereich der Empirie in die Grundlagenforschung überführt zu haben. Der Nachweis, daß die Haut einen eigenen Protein-, Fett- und Kohlenhydratstoffwechsel besitzt, unabhängig vom Organismus Wasser und Elektrolyte speichern und abgeben kann (HERRMANN und MARCH 1959) bietet sicher Angriffspunkte für eine Diättherapie, welche als Krankenkost eines der ältesten Therapeutica darstellt.

Es ist vielleicht von medizin-historischem Interesse, daß die deutschsprachigen Dermatologen-Schulen, repräsentiert durch HEBRA-KAPOSI, UNNA, JADASSOHN der Diät-Therapie eher skeptisch und ablehnend gegenübergestanden haben, während die französische Dermatologie dieser Therapieform stets ein sehr großes Gewicht beigemessen hat (s. auch KOLLARITS).

> "The nature of the diet has a profound and direct effect on the metabolism of the skin."
>
> E. URBACH

III. Ansäuernde und alkalische Diätformen

Der Organismus ist bestrebt, die durch exogene (Ernährung) sowie endogene Einflüsse (CO_2, Phosphor- und Schwefelsäure) bedrohte Wasserstoffionenkonzentration mittels einer Reihe von Regulationsmechanismen konstant zu erhalten. Von dem konstant gehaltenen „Milieu intérieur" hängt z. B. der physikochemische Zustand der Gewebsproteine, die Reaktionsfähigkeit der Enzymsysteme und anderes ab (K. LANG). Als Mechanismen dienen:

a) Pufferungssysteme zum momentanen Abfangen von H^+ und OH^- aus dem Blut und der extracellulären Flüssigkeit.

b) Ausscheidung der Überschüsse durch die Niere und die Lungen, da die Mechanismen zu a) rasch erschöpft sind.

Das Pufferungssystem des Blutes besteht aus den Eiweißkörpern und dem CO_2-Bicarbonatsystem. Der Mensch kann mit Hilfe der verschiedenen Regulationen Säureüberschüsse von 100 mÄq bewältigen, Überschüsse, die in dieser Größenordnung durch eine Normalkost nie erreicht werden. Die Niere sezerniert dabei nicht die beteiligten Ionen, sondern eliminiert sie im Austausch mit Stoffwechselprodukten der Nierenzelle (NH_4); s. auch MOLL und DAUGHERTY (1957). K. LANG bringt auf Tabelle 99 seines Buches über die Biochemie der Ernährung Zahlenangaben, welche die Einwirkung einer sauren und alkalischen Kost (Überschuß jeweils 163 und 165 mÄq) auf Blut und Harn einer Versuchsperson zeigen (Tabelle 7).

Tabelle 7

Harn-Titrations-Acidität	normal	sauer	alkalisch
mÄq/Tag	300—580	520—870	385—514
Harn-p_H	5,8—6,2	5,2—5,8	5,8—6,6
Blut-p_H	7,39	7,41	7,44
Gesamt-CO_2 im Blut (Vol.-%)	54,0	57,7	61,4

Alle Werte fallen noch in den Bereich der Norm!

Eine *Acidose* entsteht, wenn endogen, z. B. beim Diabetes mellitus große Mengen von Säure anfallen oder bei exogener Säurezufuhr. Bleiben infolge der Regulationsmechanismen die p_H-Werte im Blut konstant, so spricht man von kompensierter Acidose. Dieser Zustand wird erreicht durch das CO_2-Bicarbonat-Pufferungssystem und durch Eingriff des Atemzentrums. Vermehrter Säurezulauf ins Blut vermindert die Bicarbonatkonzentration. Gleichzeitig vermindert sich durch gesteigerte Ausatmung die CO_2-Menge der Alveolarluft und des damit im Gleichgewicht stehenden CO_2-Gehaltes im Blut. So verändert sich zwar die Konzentration von CO_2 und Bicarbonat, das Verhältnis zueinander bleibt jedoch konstant. Die Acidose wird festgestellt durch die Herabsetzung der Alkalireserve des Blutes.

Die *Alkalose,* d. h. die Verschiebung des normalen Säure-Basengleichgewichts auf die alkalische Seite kann ebenfalls in kompensierter und nichtkompensierter Form vorliegen. Das CO_2-Bicarbonatsystem regelt den Zuwachs an Bicarbonat mit einer verminderten Ventilation, d. h. mit dem Anstieg der CO_2-Menge im Blut, so daß wiederum das Verhältnis CO_2-Bicarbonat konstant erhalten bleibt: kompensierte Alkalose. Die Alkalireserve des Blutes ist heraufgesetzt. Selbstverständlich sind die Vorgänge, welche hier nur grob schematisch skizziert worden sind, nicht so einfach. Schon bei der Acidose-Alkalose unterscheidet man zwischen metabolischen und respiratorischen Formen. Die Stoffwechselstörungen werden weiterhin überlagert durch das primäre Grundleiden und andere Faktoren. Eine Zusammenfassung von DANOWSKI (1958) bringt die wichtigsten Unterschiede der verschiedenen Acidose und Alkaloseformen, einschließlich der möglichen, auslösenden Ursachen:

Tabelle 8

Störung	Total CO_2-Gehalt	$B^* HCO_3$	H_2CO_3	$\frac{B^* HCO_3}{H_2CO_3}$	$P CO_2$	p_H	Ursache
Metabolische Alkalose	Anstieg	Anstieg**	Anstieg	Anstieg	normal	Anstieg	Erbrechen, Diarrhoe, Magenspülung adrenocorticale Hyperaktivität mit Na-Retention
Respirat. Acidose	Anstieg	Anstieg	Anstieg**	Abfall	Anstieg	Abfall	Kardiopulmonale Leiden, Asthma, hohe CO_2-Atmosphäre
Metabolische Acidose	Abfall	Abfall**	Abfall	Abfall	normal	Abfall	Durchfälle = Basenverluste
Respirat. Alkalose	Abfall	Abfall	Abfall**	Anstieg	Abfall	Anstieg	Hysterie, Encephalitis, Salicylatintocikation

* Kationen: Ca^{++}, Na^{+}, Mg^{++}.

** $\frac{\text{Abstieg}}{\text{Anstieg}}$ ist proportional $\frac{\text{kleiner}}{\text{größer}}$ als im anderen Teil des Bruches $\frac{BHCO_3}{H_2CO_3}$.

URBACH und LANG betonen ausdrücklich, daß man von ansäuernder oder basischer Kost nur sprechen kann, wenn der acidotische oder alkalotische Effekt sich *biologisch* nachweisen läßt. Weder der Geschmack einer Diät noch die chemische Zusammensetzung oder die Reaktion der Aschen sind maßgeblich für die gewünschte Wirkung. Man testet die Acidität und den Ammoniakgehalt des Urins, die Alkalireserve. Abfall des p_H, Anstieg der Titrationsacidität und des Ammoniakgehaltes im Urin zeigt die Tendenz zu Acidose an (gleichzeitig Herabsetzung der Alkalireserve im Blut). Anstieg des p_H, Abfall der Säuretitrationsacidität und des Ammoniakgehaltes im Urin sowie Anstieg der Alkalireserve sprechen für alkalisierenden Effekt. Es ist, bei der notwendigerweise großen Regulationsfähigkeit des Organismus recht schwer, ansäuernde oder alkalisierende Effekte durch besondere Diät zu erzielen. Dem Gesunden ist es nach K. LANG völlig gleichgültig, ob die Nahrung säure- oder basenüberschüssig ist! Man pflegt daher die entsprechenden Kostformen durch Zugabe von Ammoniumchlorid (3,0), saures Natriumphosphat (3,0) oder Calciumchlorid (2,0), 3mal täglich anzusäuern bzw. durch 3mal täglich 0,5 Natriumbicarbonat alkalisch zu machen, d. h. in ihrer Wirkung zu steigern.

Wenn auch die Wasserstoffionenkonzentration aus vitalen Gründen durch Regulation konstant gehalten wird, so bedeutet dies, nach URBACH, nicht, daß eine alkalisierende oder acidifizierende Kost ohne Wirkung auf die Gewebe, insbesondere die Haut bleibt. Mit der Lacmus-Methode oder bei Kontrolle der Reaktion des Schweißes (COTTINI) ist eine Änderung des p_H-Wertes in der Haut beobachtet worden. Mit Hilfe des Lescynski-Falk-Tests hat LOHMAR (1940) die Beeinflussung des Haut-p_H (intracutane Einbringung von Lacmus-Lösung, Farbumschlag) bei Patienten unter der purinfreien, der Bommer-, der Hunger-, der Diabetiker-Kost beobachtet. BONANNO (1938) hat unter der acidotischen Kost die schnellere Resorption einer Kochsalzquaddel im McClure-Aldrich-Test gesehen, während die ebenfalls 30 Tage durchgeführte basische Kost die Resorptionszeit verlängert (8—11 sec gegen 22—25—27 sec!).

Die Verschiebungen im Ionenbestand des Organismus bei Acidose und Alkalose laufen wie folgt ab (K. LANG): Na^+-Entzug durch Gabe von NH_4-Cl führt zum Abfall der extracellulären Na^+-Konzentration. Abgabe von Na^+ aus dem intracellulären Raum an die extracelluläre Flüssigkeit und Aufnahme von K^+ in die Zellen. Ausscheidung des Cl-Überschusses durch die Nieren, und zwar wegen der notwendigen Elektronenneutralität zunächst noch zusammen mit Na^+. Daraus resultiert ein weiterer Na^+-Verlust und die Gefahr der Gewebshypotonie im extracellulären Raum. Der Organismus vermindert zur Behebung dieser Gefahr das Volumen der extracellulären Flüssigkeit — Wasserverarmung, weitere Gefahr! — Diese Wasserverarmung führt zur Retention von Na^+, Abgabe von K^+ aus den Zellen, vermehrte K^+-Ausscheidung im Urin und Einströmen von Wasser aus den Zellen in den extracellulären Raum. Nunmehr hat die Niere größere Mengen NH_4^+ aus dem Stoffwechsel bzw. den eigenen Zellen zur Verfügung, und es kann die Na^+- und K^+-Ausscheidung vermindert werden. Die Elektrolytverschiebungen sind somit die erste Gegenregulation, welche den viel effektiveren Maßnahmen stoffwechselmäßiger und hormonaler Art der Niere zeitlich vorgeschaltet sind.

Bei der experimentell erzeugten Alkalose durch Natriumcitrat verlaufen die Elektrolytverschiebungen wie folgt: Die primäre Anreicherung von Na^+ im extracellulären Raum führt zur Abgabe von Na^+ in die Zelle. Diese geben K^+ an die extracelluläre Flüssigkeit ab, K^+ wird vermehrt im Urin ausgeschieden. Das leichter zu eliminierende K^+ stellt also die erste Stufe der Gegenregulation dar. Die hormonale Regulation besteht dann in der Sekretion von Mineralocorticoiden durch die Nebennierenrinde, wodurch die Na^+-Ausscheidung im Harn gefördert und eine Einsparung von K^+ bewirkt wird. Auch hierbei sind die Elektrolytverschiebungen erste und kurzfristig ablaufende Reaktionen, die dem Organismus gestatten, wirksame Regulationsmaßnahmen anlaufen zu lassen.

Den genannten — temporären — Verschiebungen im Elektrolytbestand des extra- und intracellulären Raumes, deren Regulation in der Cutis nicht mit den Wasserbewegungen parallel zu gehen braucht (HERRMANN und MARCH), kommen bei der Anwendung einer sauren oder basischen Kostform verschiedenartige therapeutische Effekte zu. Beobachtungen über beschleunigte Wundheilung unter ansäuernder Diät von SAUERBRUCH, HERMANNSDÖRFER u. a. stehen gegenteilige, experimentelle und klinische Befunde über die erhöhte Entzündungsbereitschaft und Irritabilität der Haut gegenüber (LUITHLEN), H. KALK (1939) und URBACH, MARCHIONINI und BÖHNING (1934), INCEDAYI und OTTENSTEIN (1940) halten den abrupten p_H-Wechsel sowohl bei der alkalischen wie bei der sauren Diät für wichtiger als die, wie zuvor aufgezeigt, nicht lange andauernde, die physikochemische Struktur der Gewebe beeinflussende Änderung, z.B. des Elektrolytbestandes. Damit wird die Säure/Basen-Diät eine *Umstimmungskostform*. MARCHIONINI (1934) hat diese Tatsache bestätigt, indem er feststellt, daß die saure Diät besser wirkt, wenn der Patient 3 Tage zuvor eine alkalisierende Kost gereicht bekommt und umgekehrt (Schaukeldiät; MARCHIONINI und BÖHNING). ZITZKE und PETERS (1935) beschreiben unter der alkalisierenden Kostform neben dem Anstieg der Alkalireserve in $^2/_3$ ihrer Fälle auch einen Anstieg im K^+/Ca^{++}-Quotienten von normalen Ausgangswerten. Es kommt zur Lymphocytenanreicherung. [TRILL (1939) stellt das umgekehrte Verhalten bezüglich der Lymphocytenzahlen beim Versuchstier fest, Anstieg der Lymphocyten unter saurer Diät, auch die Eosinophilen steigen an.] Die diätetisch induzierte Acidose führt nach ZITZKE et al. zur Verschlimmerung von Ekzemen. Die gleiche Beobachtung machten EPSTEIN und KLEIN (1938). Die basische Ekzemkost, hier als Mandelmilch, Rohkostdiät, Bircher-Benner-Müsli ekzemkranken Kindern verabfolgt, wirkt sich recht günstig aus, wobei als effektiv die Salzarmut und die austrocknende Wirkung bezeichnet werden.

Die Indikation für die ansäuernde oder alkalisierende Diät ergibt sich einmal aus der Empirie: chronische, torpide Ulcerationen, rebellische Ekzemformen, Urticaria, Pruritus, Prurigoformen sowie aus dem Nachweis der veränderten Alkalireserve. MARCHIONINI und BÖHNING (1934) haben Verschiebungen der Alkalireserve des Blutes beobachtet bei Kranken mit chronischem Ekzem, Psoriasis, Lichen ruber, Pruritus, Prurigo, Erythrodermien, seborrhoischen Dermatitiden sowie Ulcerationen verschiedener Genese. Werte, ausgedrückt in Vol.-% und erfaßt nach wenigstens einer Woche Normalkost, von 45/55 Vol.-% sind als normal anzusehen, Werte unter 45 Vol.-% zeigen die leichte Acidose, über 55 Vol.-% die Alkalose an und müssen dann mit der gegenteilig wirkenden Diät behandelt werden. Bei Zugrundelegung folgender Variationen: Acidose: 40 bis 47 Vol.-% Co_2; normal: 48—55 Vol.-% Co_2; Alkalose: 56—63 Vol.-% Co_2 haben INCEDAYI und OTTENSTEIN (1940) bei 53,2% der von ihnen Untersuchten eine acidotische Stoffwechsellage, bei 7,3% eine alkalotische vorgefunden. Acidotisch reagierten Patienten mit Allergo-Dermien, Mykosen, Psoriasis, Pruritus, Prurigo, Follikulitiden, Furunkulose, Urticaria, Ekzem. Die Verschiebung des Säure-Basen-Gleichgewichtes wird als sekundär zur Dermatose aufgefaßt. Die Diätkur muß für 5—6 Wochen über die klinische Abteilung fortgeführt werden; man wird wohl nur selten ohne zusätzliche externe Therapie auskommen.

Anstelle von Kostbeispielen — diese sind den speziellen Diätbüchern (unter anderen E. URBACH 1946; PROUDFIT u. ROBINSON 1957) zu entnehmen — werden lediglich jene Nahrungsmittel aufgeführt, die verboten bzw. erlaubt sind:

Ansäuernde Diät

Verboten: Milch, Suppen aller Art, Vegetabilien außer frischen Erbsen, Linsen; Früchte und Beeren außer Pflaumen und Backpflaumen. Zucker. Nüsse, außer Erd- und Walnüssen.

Erlaubt: Jede Fleischsorte, alle Innereien, Wurstsorten und Würstchen, Eier, Geflügel, Fisch, außer Räucherfisch; Seefische, Wild, Tee, Kaffee, Fette, Käse, Brötchen, Brot — kein Pumpernickel, da gesüßt —, Zerealien wie Nudeln,

Makkaroni, Spaghetti, Linsen, frische Erbsen, Nüsse außer Mandeln, Cocosnüsse, Erdnußbutter, Pflaumen, Backpflaumen.

Im einzelnen führen Marchionini und Böhning auf: Rindfleisch, Kalbfleisch, Schweinefleisch, Leber, Hirn, Hering, Schellfisch, Scholle, Käse, Quark, Reis, Grieß, Hafermehl, Semmel, Keks, Erdnuß, Wurst: Nahrungsmittel, die dem intermediären Stoffwechsel eine stark acidotische Richtung geben. Schinken, Eier, Rosenkohl, Erbsen, Reismehl, Hirse, Butter, Schweineschmalz, Schokolade, Parmesankäse, Aal, Hecht und Wurstsorten geben der Kost eine schwach acidotische Tendenz. Gleiches gilt für Margarine, frische Hülsenfrüchte, Preiselbeeren, Morcheln, Fleischextrakt, Malz, Bier, raffinierter Zucker.

Die Zufuhr von 9 g Ammoniumchlorid oder 6,0 Calciumchlorid in Dosen zu 3mal 3,0 bzw. 3mal 2,0 ist angezeigt. Die Gabe dieser ansäuernden Salze wird nach Eintritt des Therapieerfolges als erste abgesetzt.

Alkalisierende Diät

Verboten sind jene Nahrungsmittel, die bei der ansäuernden Kost erlaubt sind.

Erlaubt: Milch, Pumpernickel, Sojabohnenmehlprodukte, alle Vegetabilien außer Linsen und frischen Erbsen, alle Früchte außer Pflaumen und Backpflaumen, Nüsse mit oben genannten, gegenteiligen Ausnahmen, Marmeladen, Gelee, Jam, Kaffee, Tee, Kakao.

Als stark alkalisierend in der Diät sind nach Marchionini und Böhning anzusehen: Milch, Rohrzucker, Tee, Gurke, Tomate, Sellerie. gelbe Rüben, rote Rüben, Karotten, Rettich, Spinat, Sauerampfer, Kopfsalat, Aprikosen, Apfelsinen, Feigen, Rosinen. Schwach alkalisierend wirken: Kartoffel, Kohlrabi, Meerrettich, Radieschen, Spargel, Feldsalat, Grünkohl, Rotkohl, Weißkohl, Wirsingkohl, Blumenkohl, Schoten, Schnittbohnen, Steinpilze, Äpfel, Birnen, Kirschen, Bananen; Blutwurst, Endivien, Rhabarber, Kürbis, Melone, Schnittlauch, Porree, Cocosnüsse, Kastanien, Pfifferlinge, Kandiszucker, Kakaobutter (aufgeschlossen), Tee.

Dazu täglich 3mal 0,5 Na-Bicarbonicum, welches ebenfalls nach Eintritt des therapeutisch gewünschten Effektes als erstes abgesetzt wird.

IV. Dehydrierende, entzündungswidrige, im wesentlichen kochsalzarme Kostformen

1. Die kochsalzarme Diät und deren Varianten

Nach Glatzel (1959) liegt die Wurzel des Kochsalzbedarfes offenbar im Kohlenhydratstoffwechsel. NaCl steigert die Verzuckerungsgeschwindigkeit und die Verzuckerungsfähigkeit der stärkespaltenden Fermente, beschleunigt die Zuckerresorption, aktiviert Insulin. Es bestehen enge Beziehungen zu den Nebennierenrinden-Hormonen und zum Wasserhaushalt. Trotzdem steht kaum ein anderer Nahrungsbestandteil derart im Mittelpunkt der Diskussionen, wie das Kochsalz! Zumeist wird die Schädlichkeit der reichlichen, oft auch der normalen Kochsalzzufuhr in der Ernährung betont. Man muß dagegen jedoch feststellen, daß auch die Kochsalzmangelsituation schädlich ist. Übersteigt die NaCl-Abgabe die Aufnahme, so treten Störungen auf, welche damit beweisen, daß die volle psychische und physische Leistungsfähigkeit an die Gegenwart bestimmter Kochsalzmengen gebunden ist (Glatzel 1959). Kochsalzzugaben können therapeutische Bedeutung haben, wenn Mangelzustände aufgetreten sind, sei es durch übermäßige Schweißabsonderung, durch Elimination seitens der Nieren, oder durch Retention in den Geweben (Fieber, Verbrennungen, Strahlenschäden, Leber-, Nierenkrankheiten, Diabetes mellitus und nach operativen Eingriffen). Die Frage, welche Menge Kochsalz täglich zugeführt werden soll, ist noch nicht mit Sicherheit zu beantworten. 10—15,0/die NaCl sind dem Gesunden zuträglich. Auch die 6fache Menge wird, eine genügende Wasserzufuhr vorausgesetzt, noch vertragen. In Notzeiten steigt der Kochsalzverbrauch (Mangel an sonstigen Würzmitteln, monotone, reizlose Kost), ohne daß es gleichzeitig zum vermehrten Auftreten von Bluthochdruckkrankheiten käme, wie die Untersuchungen während beider Weltkriege gelehrt haben (GLATZEL, HOLTMEIER 1960). Die Kochsalzzufuhr kann ebenso schaden. Man kann somit den Satz von GLATZEL verstehen: „Salz ist nützlich und Salz ist schädlich. Salzfreie Kost ist heilsam und salzfreie Kost ist schädlich."

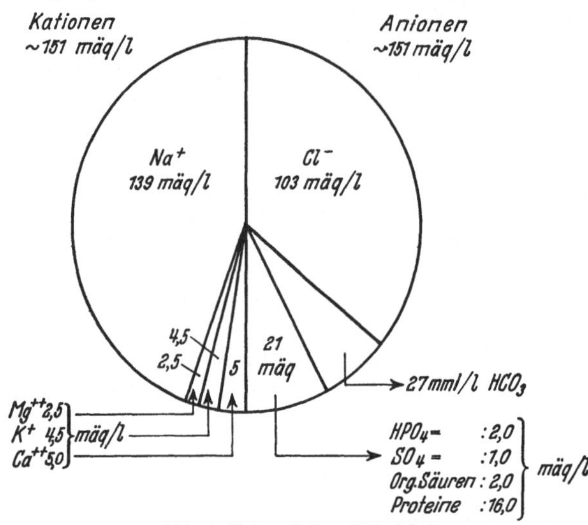

Abb. 4. Extracelluläre Flüssigkeit

Eine der am meisten verordneten Diätformen stellt die kochsalzarme Kost dar. Sie hat, nachdem der amerikanische Kliniker ALLEN vor etwa 40 Jahren die günstige Wirkung einer kochsalz„freien" Ernährung auf den hohen Blutdruck festgestellt hat, ihren Schwerpunkt in der inneren Medizin und damit auch bei jenen Dermatosen, welche mit Hochdruckkrankheit oder Nierenschäden kompliziert sind. Darüber hinaus wird die kochsalzarme Diät zur Ausschwemmung und als eine entzündungswidrige Ernährung auch mit Erfolg bei Hautkrankheiten eingesetzt, bei welchen es zu einer Wasseransammlung in der Haut als Folge entzündlicher Prozesse kommt. Prototypen sind die vesiculös-ödematösen Erythrodermien sowie Erythrodermien schlechthin, der Pemphigus vulgaris nach der Konzeption von ROBERT (s. HERZBERG 1958) und die kongestiven Ekzemformen (EICHENLAUB und OSBORNE).

Schon 1902 hat WIDAL auf die Beziehungen zwischen Kochsalzaufnahme und Ödembildung hingewiesen, wobei er die Betonung auf den Chloridanteil des Kochsalzes legte: syndrome chlorémique, régiment, déchloruré. Die Pariser Schule mit LEMIRE, WEILL, BLUM, der Deutsche STRAUSS und andere (zitiert nach HOLTMEIER 1960) haben diesen Gedanken weiter ausgebaut und die Ansicht vertreten, daß hauptschuldig an der Ödembildung das Cl sei. Dementsprechend wurden Cl-arme Kostformen, zum Teil mit hohem Na^+-Anteil ausgearbeitet. 1913 wird von PFEIFFER, v. WYSS und anderen auf das Na^+-Ion aufmerksam gemacht, dessen hydrophiler Effekt für die Wasseransammlung im Gewebe entscheidend wäre. Erst die neueren Untersuchungen, s. K. LANG, HOLTMEIER, haben die Rangordnung dieser beiden Ionen bei der Pathophysiologie des Ödems klargestellt, dergestalt, daß beide Ionen, primär das Na^+ und sekundär das Cl^- die Wasseransammlung fördern. Der osmotische Druck in der extracellulären Flüssigkeit wird größtenteils durch Na^+ zusammen mit Cl^- bewirkt.

Na^+ ist außerdem für die Enzymaktivierung, z. B. der Amylase, notwendig. Bei einer Tagesaufnahme, welche zwischen 75 und 300 mÄq Na^+ schwankt,

~200 mÄq, sind Plasma und extracelluläre Flüssigkeit auf 134—141 mÄq einreguliert, wobei die Niere durch Exkretion oder Retention der regulierende Faktor ist. Der Abgang im Schweiß unter normalen Bedingungen beträgt 3—9 mÄq, im Kot > 10 mÄq Na^+ (LANG). Es besteht eine enge Korrelation zwischen der Na^+-Ausscheidung und der Wasserausscheidung. Die Salzabgabe ist der wichtigste Faktor für den Umfang der Wasserelimination! Die Mineralocorticoide und der Hypophysenhinterlappen steuern die Rückresorption von Na^+ und Cl^- dergestalt, daß die ausgeschiedene Na^+-Menge unter normalen Bedingungen weniger als 0,5% des Glomerulusfiltrates ausmacht. Veränderungen des osmotischen Druckes lösen sofort Gegenregulationen aus. Eine Steigerung bewirkt Durst und vermehrte Sekretion von Adiuretin, eine Herabsetzung Wasser- und Elektrolytelimination. Da der Organismus bestrebt ist, das Blutvolumen und das Volumen der intracellulären Flüssigkeit konstant zu erhalten, vollziehen sich die Verschiebungen und Schwankungen im Wasser- und Elektrolythaushalt hauptsächlich in der Muskulatur und im Bindegewebe der Haut. Eine trockene Salzspeicherung gibt es nicht, wiewohl die Na^+-Ionen und die Cl^--Ionen außerhalb der genannten Funktion noch andere Stoffwechselaufgaben besitzen. Das in den Bindegewebsfasern und in der bindegewebigen Grundsubstanz vorliegende Pufferungssystem, dessen gegensätzliche Ausrichtung schon von SCHADE (1928), später von DAY (1949, zitiert nach HERRMANN und MARCH) beobachtet worden ist — die Quellung (Wasseraufnahme) der kollagenen Fasern entspricht einer Dehydration der Interfibrillarsubstanz —, besitzt nicht nur für den Gesamtorganismus besondere Bedeutung: Speicher. Es spielt auch bei den entzündlichen Dermatosen eine Rolle und stellt mit diesem Bezug die *Indikation* für die kochsalzarme bzw. flüssigkeitseingeschränkte Diät dar.

Extremer Na^+-Entzug, der allein durch kochsalzarme Diät nur in langfristiger Versuchsanordnung zu erzielen ist, rasch jedoch bei dieser Diät und Elimination von Na^+ durch Schwitzen, reichliche Gabe von Wasser, erzwungener Diurese, Kationenaustauscher, Ascitespunktion, Erbrechen eintritt, zieht außerordentlich schwere Störungen aller Organsysteme nach sich: Es kommt zu komatösen Zuständen, Apathie, Verwirrtheit. Am Magen-Darmtrakt wirkt sich der hochgradige Na^+-Entzug in Anorexie, fehlendem Durst, Übelkeit und Erbrechen aus. Tachykardie, Hypotonie und Kollaps, Bluteindickung durch Absinken des osmotischen Druckes im Plasma, durch kompensatorisches Abschieben von Wasser aus dem extracellulären Raum in die Zellen, Kreislaufversagen mit Blutdruckabfall und Verkleinerung des Schlagvolumens, Oligurie, Diuresestörungen, Acidose oder Alkalose, Ermüdbarkeit der Muskulatur, Muskelkrämpfe, *Herabsetzung der Hautelastizität*, *Ischämie*, *Dehydration der Haut*, *Haarausfall* und *Schuppenbildung* sind die Folgen. Die Stickstoffbilanz wird negativ, der Rest-N steigt, die Na^+-Werte im Blut fallen. Nach DANOWSKI (1955, 1958) liegt die Mortalität einer Hyponatriämie hohen Grades bei 50%. — Bei nicht ausreichender Wasserzufuhr wirkt sich ein Na^+-Überschuß in cerebralen Störungen aus, bei ausreichender bis überschüssiger Wasserzufuhr wird Na^+ entweder eliminiert, oder es kommt zu vermehrter Wassereinlagerung. Langfristige Salzüberernährung bedingt Ödeme, Blutdruckanstieg, Hypoproteinämie, Anämie. Cl^--Mangel bedingt eine kompensierte Alkalose, Hypochlorämie, ein Hirnödem.

Während die — bei weitem häufigste — essentielle Hypertonie ausgesprochen „kochsalzempfindlich" ist und auf Grund experimenteller Untersuchungen (s. HOLTMEIER) weder durch Na^+ ($NaHCO_3$) noch durch Cl^- (NH_4Cl) allein provoziert werden kann, ist bei der Ödemansammlung im Gewebe Na^+ das übergeordnete, Cl^- das schwächer effektive Ion. Na^+ und Cl^- sind, wie das Schema der Kat- und Anionen in der extracellulären Flüssigkeit, d. h. dem Raum, in welchem sich auch die Ödeme ansammeln*, zeigt, die hauptsächlichen Träger des osmotischen Druckes. Lediglich auf der Seite der Anionen bestehen, in einem gewissen Ausmaß, Möglichkeiten des Austausches zwischen Cl^--Ionen und HCO_3^-, letzteres im Stoffwechsel gebildet, ersteres stets von außen zugeführt. Erhöhung der Bicarbonationen, unter Anstieg der Alkalireserve, kann zu einem Chloridverlust führen. Ob dieser Mechanismus auch bei der Ödembildung eine Rolle spielt — einzelne schwere Stoffwechselstörungen ausgenommen —, ist fraglich, so daß letzten Endes Na^+- und Cl^--Ionen, die nur durch die Nahrung in den Organismus gelangen können, für die vermehrte Wasserbildung unter pathologischen Bedingungen verantwortlich sind. Darin liegt das Wesen der kochsalzarmen Diät begründet.

Unter Versuchsbedingungen (Verabfolgung von DOCA bei Normalpersonen) zeigt sich, daß in der Urin-Ausscheidung trotz äquivalenten Angebotes von Na^+ und Cl^- das Natriumion vermindert abgegeben wird (Retention), so daß ein „Retentionsquotient" von 0,7—0,1 resultiert. Na^+ wird unter der Wirkung des Mineralocorticoids retiniert, und zwar mehr als Cl^-. Der normale Ausscheidungsquotient Na/Cl beträgt bei konstanter äquimolarer Zufuhr 1,0. Bei der Ausscheidung der Ödeme ist der „Eliminationsquotient" 1,0—1,4, d. h. es wird mehr Na^+ als Cl^- abgegeben. Dies entspricht dem in der Ödemflüssigkeit erhöhten Na^+-Anteil, welcher mit etwa 142,1 mÄq/Liter höher als der Cl^--Anteil mit 116,1 mÄq je Liter liegt. Diese Tatsache gibt sich auch an der Größe des Retentionsquotienten $< 1,0$ und des Eliminationsquotienten $> 1,0$ zu erkennen. Sie ist von fundamentaler Bedeutung für die Gestaltung der Diätformen.

Eben dieser verschiedene Na^+- und Cl^--Gehalt der Ödemflüssigkeit ist es, der den Wirkungsgrad einer Diät bestimmt. Man unterscheidet zwischen kochsalzarmer und *streng* kochsalzarmer, zwischen *streng* natrium- bzw. chloridarmer und natrium- bzw. chloridarmer Kost bzw. Lebensmitteln (HOLTMEIER 1960). Die kochsalzarme Kost mit Reduktion der Kochsalzaufnahme von normal $\sim 12,0$ ($\sim 205,2$ mÄq Na^+ und Cl^-) auf 3 g NaCl $= 51,33$ mÄq Na^+ und Cl^- bedeutet eine Entlastung des Organismus um etwa 75%. Die weitergehende NaCl-Einschränkung auf täglich $1,0 = 17,11$ mÄq Na^+ und Cl^- (streng kochsalzarme Diät) bringt den NaCl-Entzug auf 88% und ist nur in schwersten Fällen einer sonst nicht beeinflußbaren Ödemneigung erforderlich. Ein quantitativer Unterschied im Effekt der natriumarmen bzw. chloridarmen Diät besteht darin, daß die chloridarme Kost in bezug auf die Verhütung der Ansammlung von Wasser im Gewebe etwa 27% weniger wirksam als die natriumarme Diät ist. Auch HEUBNER wies schon darauf hin, daß es einen etwas unabhängigen Na^+- und Cl^--Stoffwechsel gibt, da die Na^+-Menge gegen die Chlorid- und Bicarbonatmenge ausbalanciert ist. HOLTMEIER faßt diese Befunde dahingehend zusammen:

Sowohl die separate Natrium- wie die separate Chlorid-Karenz in der Nahrung behindern die Neubildung von Ödemen. Die natriumarme Kost erweist sich dabei als wirksamer. Daraus ist die Berechtigung zu ziehen, grundsätzlich der natriumarmen (bzw. streng natriumarmen) Diät den Vorzug zu geben. — Als *streng kochsalzarm* bezeichnet HOLTMEIER eine Diät, welche pro Tag nicht mehr an Na^+ und Cl^- enthält als 17 mÄq (= 1,0 NaCl). Die Zufuhr beträgt bei der *streng*

* Der Begriff Ödem ist nicht gleichbedeutend mit Wasseransammlung im extracellulären Raum. 1. Kann Wasser die Zellmembrane frei passieren. 2. Der osmotische Druck innerhalb und außerhalb der Zellen kann sich nicht nur unabhängig voneinander verändern, er kann auch gegensätzliche Richtung annehmen. Somit können sowohl der intracelluläre Flüssigkeitsraum wie das interstitielle Gewebe, oder beide ödematisiert werden bzw. ein Raum läuft voll, der andere ist dehydriert. Wasseransammlungen des einen oder beider Räume bei herabgesetztem Volumen der Blutflüssigkeit sind ebenfalls möglich (DANOWSKI).

natriumarmen Kost nicht mehr als 17 mÄq (0,4) Natrium/die. Die streng chloridarme Diät soll ebenfalls 17 mÄq Cl/die (= 0,6) nicht überschreiten. Eine *kochsalzarme* Diät darf nicht mehr als 3,0 NaCl/die (= 51 mÄq Na^+, Cl^-) enthalten, die *natriumarme* Diät 1,2 Na = 51 mÄq/die, die *chloridarme* Kost: 1,8 Cl = 51 mÄq/die. PROUDFIT und ROBINSON gehen von einer Basisdiät aus, welche maximal 500 mg Na^+ enthält. Sie empfehlen, falls eine so stark eingeschränkte Kostform nicht mehr angezeigt ist, Zulagen, welche auf 250, 800, 1200—1300 mg Na^+ berechnet, die entsprechenden Lebensmittel enthalten.

Die Berechnung der Milliäquivalentwerte ist von außerordentlicher Bedeutung, sie kann weder durch die Angabe der Gesamtzufuhr von NaCl, noch durch mg je 100 g Werte/Lebensmittel ersetzt werden. Der Na^+- und Cl^--Gehalt der Nahrung ist unterschiedlich, so daß nur die getrennte Addition von Na und Cl eine genaue Übersicht über die tägliche Zufuhr von NaCl erlaubt. Die Angabe in mÄq ist darüber hinaus wichtig, um äquivalente Mengen errechnen zu können. Am Beispiel der Kuhmilch und der Runkelrübe exemplifiziert HOLTMEIER den rechnerischen Unterschied bei mg/100 g oder mÄq-Angaben. In mg/Werten ausgedrückt, enthält die Kuhmilch pro 100 ml 51 mg Na und 106 mg Cl, entsprechend 2,22 mÄq Na und 2,99 mÄq Cl. Bei der Runkelrübe ist das Verhältnis 110 mg Na^+ und 61 mg Cl^- bzw. 4,78 mÄq Na^+ und 1,72 mÄq Cl^-. Da man heute die Stoffwechselvorgänge und die Resorptionsverhältnisse in mÄq-Werten anzugeben pflegt, hält es HOLTMEIER für wichtig, diese Maßnahme auch auf die Ernährung, die Diät und die Lebensmittel auszudehnen. Seine Monographie enthält deshalb auf sehr zahlreichen Tabellen die genauen mÄq-Angaben sowie Umrechnungsdiagramme für Na^+, Cl^- und Kochsalz.

Neben den von HOLTMEIER aufgestellten streng kochsalzarmen, kochsalzarmen, streng natrium- oder chloridarmen sowie natrium- oder chloridarmen Diätformen, deren Wirkung als dehydrierend, die Ödemneubildung inhibierend, entzündungswidrig angesprochen wird, gibt es Kostzubereitungen, welche als *Austrocknungsdiät* auch noch andere Einschränkungen beinhaltet (URBACH). Auch die Gerson- oder die Herrmanndorfer-Sauerbruch-Diät, die *Rohkostdiät* sowie die *Saftfasten-Kost*, die *Milchdiät* nach KARRELL, die *Reisdiät* und andere gehören in diesen Indikationsbereich. Allen gemeinsam ist die Kochsalzrestriktion. Unterschiedlich sind die Flüssigkeitseinschränkung, der Protein-, Fett- und Kohlenhydratgehalt sowie die Calorienzahl der jeweiligen Kostzufuhr.

2. Die Austrocknungsdiät

Die *Austrocknungsdiät*, wie sie von URBACH angeführt wird, ist eine Kostform, bei deren Zusammensetzung alle Komponenten der Ernährung hinsichtlich ihrer wasserretinierenden oder ausschwemmenden Eigenschaften auf einen Generalnenner gebracht werden. Hohe Eiweiß- und Fettzufuhr fördert die Ausschwemmung, hohe Kohlenhydrat- und Salzgaben fördern die Ödembildung, wenn gleichzeitig Fett und Proteine in der Nahrung fehlen (Hungerödem). Eine hohe Kohlenhydrat-, zugleich kochsalzeingeschränkte Kost wirkt dehydrierend (v. NOORDEN), desgleichen eine extrem proteinarme, kohlenhydratreiche Diät. Strenge Fastenkuren zeigen eine starke Stoffwechselwirkung, sie beeinflussen die entzündliche, zu Ödemen führende Reaktion. Aus diesen, zum Teil experimentellen Beobachtungen leitet sich die austrocknende Diät ab, welche einen relativ hohen Anteil an Proteinen enthält, dagegen Fett, Kohlenhydrat, Salz und Wasser in der Aufnahme beschränkt. Grüne Vegetabilien und Früchte unterliegen keiner Restriktion. Indiziert ist diese Kostform bei entzündlichen Hautveränderungen, Hautinfekten und prämenstruell aufflammenden Acnefällen. Auch bei dysseborrhoischer Dermatitis soll diese Kostform wirksam sein (FOELDES 1933; BARBER 1939).

In der sehr allgemein gehaltenen Diätanweisung gelten als *verbotene* Nahrungsmittel (URBACH 1946) Schweinefleisch, Wurstsorten, Geflügel (außer Huhn), Salm, Makrele, Hering, Karpfen, Fischrogen, Käse, Fette einschließlich Butter, Schmalz, vegetarische Fette, Margarine, Salz [erlaubt bei der Kostzubereitung, verboten zum Zusalzen]. Die Flüssigkeitszufuhr außerhalb der festen Speisen beträgt 750 ml/die. *Erlaubt sind*: Mageres Rindfleisch, Innereien, Huhn, Eier, frische Fischsorten mit oben genannten Ausnahmen, Gelatine, Milch, Sahne, einfacher Landkäse, Brot, Zerealien, alle Gemüse, alle Früchte, Nüsse, beschränkte Mengen von Salatölen (s. Menubeispiele u. a. bei URBACH).

Zum therapeutischen Effekt der kochsalzarmen Kost meinen MARCHIONINI und BÖHNING (1934), daß nur ein Teil der Hautkranken eine günstige Reaktion zeigen. Patienten mit Ulcus cruris, Pemphigus vulgaris und Psoriasis vulgaris lassen sich kaum beeinflussen (geteilte Meinungen), besser dagegen die Toxikodermien (vesiculös-ödematöse Erythrodermien), das nässende Kinderekzem, die exsudative Diathese mit Hautveränderungen, exfoliierende Dermatitis, Gangrän auf der Grundlage peripherer Durchblutungsstörungen, Rosacea, Dermatitis herpetiformis Duhring, kongestive Acneformen. URBACH fügt dieser Indikationsliste noch die Ekzeme und die Elephantiasis nostras an, bei denen er die Schrotkur empfiehlt.

3. Die Gerson-Diät, die Sauerbruch-Hermannsdorfer-Diät, die Rohkost-Diät

Anders als die modernen, auf genauer Berechnung der Na^+- und Cl^--Anteile der Ernährung beruhenden Diätformen von HOLTMEIER (1959), PROUDFIT und ROBINSON (1957) ist die Gerson-, die Sauerbruch-Hermannsdorfer- und die *Rohkost-Diät* eine kochsalzarme Kost, welche etwa zwischen 2,5 und 4,0 NaCl als Salz enthält, ohne daß dem obigen Gesichtspunkt Rechnung getragen würde. Die ersten beiden Kostformen sind, obwohl dies oft angenommen wird, nicht identisch, lediglich der Kochsalzgehalt ist in etwa gleich, soweit es die reine Salzzufuhr betrifft. Man schreibt ihnen eine entzündungswidrige, transmineralisierende Wirkung zu. Die Sauerbruch-Hermannsdorfer-Diät ist reicher an Fleisch, Innereien, Fisch, Milch, Fett, Sahne, Ei, ärmer an Kohlenhydraten, Kartoffeln, Rohkost, Früchten und Fruchtsäften als die Gerson-Diät. Eine Übersichtstabelle von A. HERMANNSDORFER und M. HERMANNSDORFER (1931) läßt diese Unterschiede erkennen:

Tabelle 9

	Gerson-Diät	Sauerbruch-Hermannsdorfer-Diät
Fleisch	höchstens 100 g wöchentlich	500 g wöchentlich
Innereien	verboten	erlaubt
Fisch	70 g wöchentlich	erlaubt
Milch	250 g täglich	1250 g täglich
Eiweiß	etwa 40 g täglich	etwa 90 g täglich
Fett	mäßige Mengen	160—200 g täglich
Sahne	verboten	etwa 250 g täglich
Kohlenhydrate	reichlich	200—240 g täglich
Kartoffeln	reichlich	125 g täglich
Eier	nur Eiweiß	Ganzei
Rohkost	hauptsächlicher Kostbestandteil: 1500—2000 g rohe Fruchtsäfte, Gemüsesäfte	untergeordneter Kostenanteil: 100 g rohe Gemüse, 375 g rohe Früchte

Somit ist die Gerson-Diät vorwiegend vegetarisch, alkalisierend, protein- und fettarm, reich an Kohlenhydraten und Vitaminen. Tafelsalz ist praktisch verboten. Die Sauerbruch-Hermannsdorfer-Diät ist gemischt, wahrscheinlich acidotisch, niedrig im Kohlenhydratanteil, ziemlich fettreich, reich an Vitaminen. Der Kochsalzgehalt stimmt, bezogen auf Tischsalz, mit der Gerson-Diät überein. Rohkost, rohes Fleisch, ungekochte Milch, rohe Eier spielen eine große Rolle bei der Zubereitung. Alles Gekochte, Geröstete und Gebackene soll möglichst kurzfristig dem Feuer ausgesetzt sein. Wiederaufwärmen der Nahrung ist verboten. (Einschlägige Zubereitungsvorschriften finden sich in den Originalwerken von GERSON, A. HERMANNSDORFER und M. HERMANNSDORFER.)

BOMMER, dessen Diätstufen I—IV auf den vorgenannten Diäten aufbauen, schreibt der Sauerbruch-Hermannsdorfer-Diät eine entzündungswidrige Wirkung zu, desgleichen SCOLARI (1935), BLUMENTHAL und FUNK (1932) und andere. Die letztgenannten Autoren haben das Wiederaufflammen der Lupusherde bei Zugabe von 3mal täglich 3 g Kochsalz beobachtet. Zahlreiche capillarmikroskopische Untersuchungen (BOMMER, SCOLARI) sowie elektrothermometrische Messungen haben experimentelle Unterlagen für die Wirksamkeit der beiden Kostformen geliefert, Kostformen, deren Effekte von URBACH im Sinne einer Umstimmungsdiät angesprochen werden. Neben der hauptsächlichen Anwendung der Gerson- und Sauerbruch-Hermannsdorfer-Diät bei der extrapulmonalen Tuberkulose — glänzende Erfolge beim Lupus vulgaris in Kombination mit Finsenstrahlen — sind auch Patienten mit Dermatitis herpetiformis Duhring (der Pemphigus vulgaris wird verschlimmert!) Kranke mit Epidermolysis (TANIMURA 1937), generalisierten ödematösen, nässenden Hautkrankheiten (SCOLARI 1935) behandelt worden. GERSON (1934) schreibt, daß seine Kostform im Anfang sensibilisierend wirkt, ein Vorgang, den man beobachtet hat, wenn einzelne Nahrungsbestandteile zugelegt werden. MARCHIONINI und BÖHNING (1934) beurteilen den Erfolg der kochsalzarmen Diätbehandlung von Hautkrankheiten kritisch! Nur in einem Teil der Fälle ist diese Therapie erfolgreich, nicht beim Pemphigus vulgaris, auch bei den Kranken mit Ulcera crura und Psoriasis vulgaris sei der Effekt zweifelhaft. Dagegen lassen sich Salvarsandermatitiden, nässende Kinderekzeme, Hautkrankheiten bei exsudativer Diathese, exfoliierenden Dermatitiden, Gangränfälle gut beeinflussen. DÖLLKEN (1938) weist auf die in den ersten Tagen einer salzarmen/-losen Diät auftretenden Diurese hin, die zur Ausschwemmung von Na^+ und Cl^- führt! Hierin erblickt der Autor einen wichtigen therapeutischen Faktor.

Eine *äquivalente Salz-Therapie* streben KEINING und HOPF an (1935), indem sie im Titrosalz eine dem Blutplasma oder Seewasser gleichende Zusammensetzung anstreben. Während eine Reihe von Dermatosen unter einem Salzstoß (KEINING und HOPF) exacerbieren, unter anderem vermehrten Juckreiz aufweisen, tendieren Hautleiden wie chronische Dermatitis, Urticaria, Lichen ruber planus, sowie Hauttuberkulosen zur Rückbildung unter dem Gebrauch des äquilibrierten Tisch-Tafelsalzes. Die Resorptionszeit von Kochsalzquaddeln — ein beliebter Test bei der kochsalzarmen Kost — gegenüber derjenigen von Dextrose-, Mg-, Ca-, Kaliumchloridquaddeln verhält sich genauso wie der Kochsalzstoß bzw. die Verabfolgung äquilibrierten Salzes peroral.

Das Titrosalz enthält: Na 32,51%; Ca 1,42%; Mg 0,86%; K 2,7%; Chloride 52,62%; Lactate 3,79%; Citrate 0,5%. Das Titrosalz „Spezial" wird als chloridfreies, natriumarmes Diätsalz deklariert: Na 28,28%; K 2,51%; Ca 1,27%; Mg 0,77%. BOMMER (Lupus vulgaris 1932), E. LANGER (1932) und andere haben die günstige Wirkung dieser Salzart bestätigt (Indikation: chronische Dermatitiden), wiewohl das Titrosalz immer noch 83% NaCl enthält (URBACH, s. auch DÖLLKEN).

Weit über den Bereich einer Krankenkost hinaus greift die *Rohkostdiät*, welche im wesentlichen auf BIRCHER-BENNER (1895) zurückgeht. Diese Diät besteht aus *ungekochter, pflanzlicher* Nahrung, d. h. eßbaren Früchten, Blättern, Wurzeln, Nüssen, Samen, gestattet zum Zubereiten der Salate den Gebrauch pflanzlicher Öle sowie Sahne und Mayonnaise. Es handelt sich um eine hochcalorienreiche, kochsalzarme Diät, welche reichliche Mengen von Vitamin C sowie die Mineralien Ca^{++} und K^{+} mehr als durchschnittlich enthält. Beschränkt man sich auf pflanzliche Öle, dann fehlt tierisches Eiweiß vollkommen. URBACH hält, wie bei anderen Diätformen, auch bei der Rohkost die abrupte Umstellung für effektiver als den Ionenaustausch im Gewebe, die Transmineralisation. Es entbehrt im Hinblick auf den allgemeinen Trend zur Rohkosternährung nicht einiger Ironie, wenn ein so guter Kenner der Diättherapie wie H. G. SCHOLTZ (1945) schreibt, daß die Rohkostdiät eine *ausgesprochene* Krankenverpflegung darstellt, da sich im Verlauf der 5—6 Wochen andauernden Kur Unlust zu körperlicher und geistiger Arbeit einstellt, die mit einer beruflichen Tätigkeit unvereinbar ist!

Die Rohkostdiät basiert im Calorienanteil auf dem Bircher-Benner-Müsli. Die Zurichtung dieses Müsli geschieht mit 10 g Haferflocken, welche 12 Std lang in Wasser zum Quellen gebracht werden, einem auf Glasreibe geriebenen Apfel (ohne Kerne und Stiel, mit Schale), einigen Erdbeeren, Himbeeren, Johannisbeeren, Apfelstückchen, etwas Citronensaft, Kondensmilch und geriebenen Nüssen. Die Tagesmahlzeiten bestehen aus:

Morgens und abends je 150—220 g Bircher-Benner-Müsli und 250 g rohes Obst mit Nüssen. Hagebuttentee, eventuell eine Scheibe Knäckebrot.

Mittags. Große Rohkostplatte und Obst: verschiedene Salate, gezuckerte Früchte, zerkleinerte, rohe Gemüse (Tomate, Blumenkohl, Brunnenkresse, Rübchen, Karotten, Kopfsalat, Spinat, Rettich, Kohl, Sellerie, Zwiebel, Gurken, Radieschen und ähnliches, angemacht mit Citrone, Öl, Sahne oder Mayonnaise).

Das zur Zurichtung und zum Essen benutzte Geschirr soll aus Glas oder Porzellan bestehen, die Kost soll sobald als möglich nach der Zubereitung gegessen werden. Ein gutes Gebiß ist ebenso erforderlich und bei der Indikationsstellung zu beachten, wie die Tatsache, daß die Diätköchin dafür Sorge zu tragen hat, die Rohkostdiät so abwechslungsreich wie möglich zu gestalten. Daher sind die Sommermonate wegen der Gemüseauswahl geeigneter für eine Rohkostkur als die Wintermonate. — Durch Zulagen von Datteln, Feigen, Nüssen, sowie durch die bei der Anrichtung verwendeten Fette erhält die Rohkost jede gewünschte Calorienzahl.

Die Dauer der Rohkostdiät ist auf 5—6 Wochen zu begrenzen, ihr *Anwendungsbereich* sind Dermatosen bei Fettleibigen (Diabetiker ausgeschlossen), chronische Urticaria, Neurodermitis sowie therapieresistente Ekzeme. Der Erfolg der Rohkostdiät wird in der starken Entwässerung (kein Durstgefühl) und in der Einwirkung auf entzündliche Prozesse gesehen. BOMMER macht auf die gelegentlich lichtsensibilisierende Wirkung der auch von ihm sehr geschätzten Rohkost aufmerksam. BÜRGER und KNOBLOCH (1959) weisen im Gegensatz dazu auf die antiphlogistische, d. h. erythemschwellenerhöhende Wirkung der Obst-Gemüse-Diät hin (UV-Licht), wobei unterschiedliche Resultate zu erzielen sind. Mittels Reflexionsmessung gelbgrün gefilterten Lichtes haben die Autoren festgestellt, daß proteinreiche Diät die Erytheme (auf UV-Licht) verstärkt, daß eine kohlenhydratreiche Kost die Erytheme abschwächt, weitere Minderung durch 9tägige Vorgabe von Gemüsen/Obstpreßsäften (roh oder gekocht). Besonders auffällig ist die erythemaabschwächende Wirkung von Möhren, Johannisbeeren, Trauben, Pflaumen, Blumenkohl und Erdbeeren. Ohne wesentlichen Effekt: Spargel,

Spinat, Weißkohl, Kohlrabi, Apfelsinen, Melonen. Vitamin C-Gaben oder Rutin haben mittlere erythemhemmende, Vitamin D, E, Nicotinsäure erythemverstärkende Effekte.

4. Die Schroth-Kur, die Karrell-Kur, die Apfelreisdiät, das Obstsaftfasten

Außerordentlich stoffwechselaktive Diätformen, welche dementsprechend in bezug auf Anwendung und Dauer einer besonders strengen Indikation unterliegen, sind die

Schroth-Kur,
die Milchkur nach KARRELL,
die Apfelreisdiät,
das Obstsaftfasten (BUCHINGER, SCHENK, GROTHE).

a) Schroth-Kur. Ende des vorigen Jahrhunderts hat der Bauer JOHANN SCHROTH in Niederlindewiese eine Diät angegeben, welche einen sehr starken Entzug von Kochsalz, Eiweiß und Calorien verbindet mit weitgehender Flüssigkeitseinschränkung und sog. kleinen sowie großen Durchspültagen. In der Originalfassung sieht die Schroth-Kur 3 Trocken-, 2 kleine und 3 große Durchspültage vor. Abgewandelt (s. SCHOLTZ) werden heute Trocken- und große Trinktage alternierend verordnet, um die abrupte Kostumstellung als therapeutischen bzw. intensivierenden Faktor ebenfalls nutzbar zu machen. Im einzelnen besteht der

Trockentag in der Darreichung beliebiger Mengen altbackener Semmeln, Knäckebrot, ungebuttertem Toast, trockenem Vollkornbrot, Karlsbader Zwieback sowie getrockneten Pflaumen, Aprikosen, Bananen und Feigen. An den

Trinktagen wird 1 Liter Flüssigkeit verabfolgt (warme oder kalte Getränke), und zwar Fruchtsäfte, verdünnter Weißwein, frisches Obst, Wassersuppen, Wasserbreie, Vollkornbrot-, Grieß-, Sago- oder Reisbreie mit wenig Kompott. Die Suppen werden ohne Salz oder Fett angesetzt, mit Citrone und Zucker verbessert.

Eingeleitet wird die Schroth-Kur durch eine Darmentleerung (Klysma), für tägliche Darmentleerungen ist durch Einläufe auch weiterhin Sorge zu tragen. Täglich mehrfache Mundspülungen sowie Bürstung der Haut ergänzen die diätetischen Maßnahmen. SCHOLTZ empfiehlt noch feuchte Stammwickel und Dreiviertelpackungen bis zum Schwitzen, eine Maßnahme, welche unserer Meinung nach nicht ganz ungefährlich ist (s. auch GLATZEL und VOEGT 1959). Die Kurdauer beträgt 2—4 Wochen, bei vorsichtigem Übergang auf Normalkost.

Indikation der Schroth-Kur sind Stoffwechselleiden, Adipositas, soweit diese mit Hautkrankheiten kompliziert sind. Die Schroth-Kur wird als außerordentlich wirksam angesehen und führt zu erheblicher Gewichtsabnahme.

b) PHILLIPP JAK. KARRELL hat 1865 (Petersburg. med. J.) als Entlastungs- und Schonungskur bei Herzinsuffizienz eine, bei strenger Bettruhe für 5—7 Tage durchzuführende *Milchdiät* empfohlen. Je Tag werden 4mal 200 g Milch verabfolgt. Nach Abschluß der Kur Übergang auf eine leicht verdauliche Kost.

DARDEL (1912; zitiert nach URBACH) hat als erster die Karrellschen Milchtage bei Hautentzündungen angewandt. J. MEYER (1959) modifiziert die Karrell-Kur: Die Patienten erhalten täglich 1 Liter Milch und 1 Liter Eau Vichy bzw. destilliertes Wasser. MARCHIONINI und BÖHNING verabfolgten $1^1/_2$—2 Liter ungekochte Milch für 2 Tage bei strenger Bettruhe. CHIALE (1935) begrenzt die Milchzufuhr gar nicht und berichtet über die Besserung von Ekzemen, Erythrodermien, Psoriasis. Die Milchkur ist unwirksam beim Pemphigus vulgaris und beim Lupus vulgaris. Nach 2—3 Tagen wird auf eine kochsalz- und flüssigkeitsbeschränkte

Kost übergegangen. Die erhebliche Diurese, welche am 2. Tag einsetzt, klassifiziert die Milchdiät als eine austrocknende, antiinflammatorische Kost, die mit Abfall des NaCl-Gehaltes der Haut einhergeht.

Indikation: Dermatitiden, Erythrodermien.

c) Die *Apfelreisdiät*, weniger als Dauerkostform (ungenießbar!), sondern als Stoßtherapie in Form von 2—3mal wöchentlich (höchstens) einem Apfelreistag, ist indiziert bei Hautkranken mit Hypertonie. Als Grundstoffe werden 100 g Reis und 500 g Kochäpfel verarbeitet. Obstzulage und Zuckerung der wenig schmackhaften Kost sind individuell zu gestalten. Der Anwendungsbereich auf dermatologischem Sektor deckt sich mit den Indikationen zu b und a. BUCKLEY (1913) hat unter der proteineingeschränkten Psoriasisdiät schon die Butter-Reiskost (wäßrig angesetzter Reis, Butterzulage) angegeben, die er über 3—5 Tage durchführte. — PROUDFIT und ROBINSON erlauben 200—300 g Reis täglich (700—1050 cal/die), der als gekochter oder Dampfreis mit frischem oder eingemachten Obst serviert und mit Zucker, Honig, Sirup, Malz gesüßt wird. Zusätzlich 100 g Fruchtsaft (ohne Wasser). Diese Hypertensions-Diät besitzt insgesamt 2000 cal/die, davon 15—20 g Proteine, 5 g Fett, 460 g Kohlenhydrate, 100 bis 150 mg Na^+. Die Hypertensionskost ist gänzlich frei von Cholesterinen (Reis-Obsttag nach KEMPNER 1944).

d) Praktisch kochsalzfrei ist die zwar wirksamste, aber nicht ganz ungefährliche Saftfastenkur, welche von BUCHINGER, SCHENK, GROTHE und anderen kurmäßig durchgeführt wird (s. auch SCHOLTZ). Das Saftfasten besteht in der Verabfolgung von täglich 700—1000 g unverdünnten, frischen Gemüse- und Obstpreßsäften. Die Mengenangaben schwanken bis zu 1 kg Frischobst, zusätzlich 750 g Fruchtsaft bzw. 1,5—2,0 kg Früchte. Insgesamt sind die Fruchtsäfte kochsalzarm, praktisch eiweißfrei. Die chemische Konstitution ist je nach Frucht- oder Gemüseart verschieden. Manchem Obst/Gemüsesaft werden pharmakologische Wirkungen zugesprochen, so soll Rettichsaft galletreibend, Birnensaft diuretisch, Knoblauchsaft antisklerotisch sein. Die Gestaltung der Saftfastenkur ist abhängig vom Zeitfaktor, d. h. der geplanten Dauer und der Art der zur Verfügung stehenden Obstsäfte bzw. Obst- und Gemüsearten, sofern die Preßsäfte selbst hergestellt werden. Bei kurzfristigen Saftfasten, etwa 2—4 Tage, wird man strenger in bezug auf die Flüssigkeitsmenge sein können. Eine Saftfastenkur von 10—20 Tagen soll hinsichtlich der Flüssigkeitsmenge keinerlei Beschränkungen aufweisen (Ausnahme schwer kreislaufdekompensierte Kranke).

An Obst- und Gemüsesorten kommen in Frage: Apfelsinen, Citronen, Heidelbeeren, Kirschen, Johannisbeeren, Erdbeeren, Pfirsiche, Himbeeren, Weintrauben, Äpfel, Pampelmusen, Tomaten. Spinat, Sellerie, Rettich, Möhren. Mischsäfte: Sellerie/Ananas und andere werden bevorzugt. Eine Einteilung von $^2/_3$ Obst- und $^1/_3$ Gemüsesaft verbessert die Toleranz. Im übrigen stellt die langdauernde Saftfastenkur eine derartige somatische und psychische Belastung des Patienten dar, daß sie stets Gegenstand der klinischen Behandlung sein muß. Es gibt Sanatorien, wo diese Saftfastenkur ausschließlich durchgeführt wird (z. B. BUCHINGER). Diese Behandlungsstätten haben den Vorteil, daß alle Patienten der gleichen Kosteinschränkung unterworfen sind und daß die sichtbaren Behandlungserfolge die Kranken zu einer strikten Durchführung der Saftfastenkur ermuntern.

Die Obst/Gemüsesäfte werden in zahlreichen kleineren Portionen tagsüber dargereicht (Calorienmenge: 500 $\sim$ Cal), wobei die Gesamtmenge in etwa abhängig ist von der Größe der Urinausscheidung. Nach VOEGT (1959) soll die Tagesausscheidung nicht unter 1000 g absinken, um der Gefahr einer Harnwegsinfektion vorzubeugen und die Möglichkeiten der Elimination von Schlackenstoffen nicht einzuengen. Strengste Bettruhe ist indiziert. Schwitzkuren sind verboten wegen der Gefahr der Hyponatriämie.

Zu Beginn der Saftfastenkur wird der Darm mit einem hohen Einlauf entleert. Tägliche kleinere Einläufe mit Kamille zur Entfernung des Hungerkotes sind notwendig. Desgleichen ist größte Sorgfalt auf mehrfaches, tägliches Mundspülen sowie Hautwaschungen, Abgießungen zu legen. Am 2. Tage des Saftfastens tritt die Hungeracetonurie auf, welche im übrigen nur mäßig erhöhte Acetonwerte anzeigt. Trotz eiweißfreier Ernährung steigt die Harnstoffmenge im Blut an, es kommt zur Indicanurie. Die Xanthoproteine im Serum sind vermehrt. Durch die Einschmelzung körpereigenen Eiweißmaterials kann der Harnsäurespiegel im Blut so ansteigen, daß echte Gichtanfälle auftreten. Auch aus diesem Grund wird die Flüssigkeitsaufnahme heute nicht mehr so stark begrenzt, wie dies früher der Fall gewesen ist. Die Ursache des Eiweißabbaues im Organismus ist in der durch vermehrte Glucocorticoidproduktion und Abgabe (Stress-Situation) bedingten Glucogenese zu suchen. Dafür spricht auch die zunächst auftretende Oligurie und der Rückgang der Natriumausscheidung im Urin. Bei lang andauernden Fastenkuren erschöpft sich das Nebennierenrinden-Organ, d. h. seine Adaptationsfähigkeit (Phase III des allgemeinen Adaptationssyndroms, SELYE), so daß es bei zusätzlicher Belastung, etwa durch Schwitzprozeduren zum akuten Versagen des Nebennierenrinden-Systems kommen kann. Erst später erschöpfen sich auch die Schilddrüsentätigkeit, die Gonaden, da die Stimulation durch die entsprechenden Tropine fehlt. Endokrin wird auf die vita minima umgeschaltet. Es überwiegt der Vagotonus als Schongang des Organismus. Die dermatographische Latenzzeit verkürzt sich, bei Sinusrhythmus kommt es zu einer Frequenzabnahme, zur Verlängerung der P-Q-Distanz, zur Verkürzung der Q-T-Zeit, zur Abflachung positiver T-Zacken (VOEGT). Diesem erheblichen Eingriff in die vegetative und endokrine Organisation entspricht eine besonders zwischen dem 2. und 8. Tag der Saftfastenkur bemerkbare psychische Verstimmung, welche sich jedoch alsbald wieder zurückbildet. MARCHIONINI und BÖHNING empfehlen aus diesem Grunde Luminal und Theophyllingaben. (Man muß sich gerade in diesem Zeitpunkt um die Patienten kümmern und für entsprechende Ablenkung Sorge tragen, wie dies in den Sanatorien mit Erfolg geschieht.) Die Ausgangslage in der Ernährung, im Vitaminhaushalt und der Grad der vorliegenden Erkrankung bestimmen die Dauer des Saftfastens, welche VOEGT durchschnittlich mit 8—10, SCHOLTZ mit 10—20 Tagen angibt.

Zur *Indikation* dieser sehr wirkungsvollen therapeutischen Methode gehören: allergische Krankheiten, chronische Hautentzündungen, Erythrodermien, chronische Urticaria, chronische Ekzeme, besonders bei hypertonen und fettleibigen Kranken. Auch Diabetiker profitieren von der Saftkur. *Kontraindiziert* ist die Saftfastenkur bei aktiver Tuberkulose, Magen- und Zwölffingerdarmgeschwüren, Lebercirrhose, Thyreotoxikose, Nebennierenrinden-Insuffizienz, Gicht, sowie nach Operationen. Zu dem therapeutischen Erfolg gehört auch die oft erhebliche Gewichtsabnahme.

Nach dem Absetzen der Kur schleicht man sich langsam auf eine zunächst aus Obst, fettfreier Brühe, Toast, dünnen Suppen bestehende Kost ein. Über die vegetarische, lactovegetabile Kostform findet man den Anschluß an die normale Ernährung.

Die letzten 3 genannten Kostformen eignen sich gut zur Einschaltung in die normale, gemischte Ernährung in Form von Milchtagen, Obsttagen, Reis- bzw. Apfelreistagen oder Saftfastentagen, von denen je nach Indikation einer oder zwei in der Woche durchgeführt werden können. Auch fettfreie Gemüsetage (1 bis 1,5 kg Salat und gekochtes Gemüse) oder Kartoffeltage (700 g fett- und kochsalzfrei zubereitete Pellkartoffeln mit Salatbeilage) sind in unbegrenzter Dauer der Normalernährung beizufügen (SCHOLTZ). DÖLLKEN (1935) empfiehlt 2 Obst/Gemüsetage wöchentlich, von denen der erste aus 1 kg Früchten und 750 g Obstsaft, verdünnt mit 750 g Wasser besteht. Der 2. Obsttag wird wie oben durchgeführt und enthält anstelle der Fruchtsäfte salzfrei zubereitete Gemüse. Neben vermehrter Diurese und Gewichtsabnahme stellt DÖLLKEN eine erhebliche NaCl-Ausschwemmung einen Tag nach der Obst/Gemüsezufuhr fest. Indikationsgebiet sind, wie bekannt, ausgedehnte, chronische Ekzeme, Dermatitiden, Acne.

5. Diätformen nach BOMMER

Eingehend hat sich BOMMER (1928—1958) mit dem Diätproblem beschäftigt, insbesondere mit der kochsalzeingeschränkten, reichlich frisches Obst und Gemüse enthaltenden Krankenkost. Eine Diät muß nach dem Autor folgende Grundforderungen erfüllen:

Vermeidung aller als schädlich anerkannten Stoffe, genügende Zufuhr lebensnotwendiger Nährfaktoren, Regulation der Zufuhr von Proteinen, Kohlenhydraten, Fetten; Regulation der Zufuhr von Mineralsalzen, Regulation der Zufuhr der Gesamtcalorien und der Flüssigkeitsmenge.

BOMMER hat ein in 4 Stufen eingeteiltes Diätschema geschaffen. Er geht dabei aus von der Störung des Systems der inneren Atmung, welches vielen, besonders den entzündlichen Krankheitsvorgängen zugrunde liegt. Infolge pathologischer Prozesse ist sowohl die Gefäßregulation wie die Zellfunktion gestört, wobei sich beide Störungen im Sinne des circulus vitiosus beeinflussen (Erstickungsstoffwechsel). In zahlreichen experimentellen Untersuchungen, besonders bei Lupuspatienten unter der Gerson- oder Sauerbruch-Hermannsdorfer-Diät haben BOMMER u. Mitarb. die Effekte dieser Kostformen am Capillarsystem: Aufhebung der venösen Stase, Tonisierung des Gefäßes, beobachtet. Das von BOMMER inaugurierte Diätschema mündet in der Stufe IV in eine bleibende Ernährungsform ein. Jede einseitige, beschränkende Diät wird vom Autor sowohl bei kurzfristiger wie langdauernder Applikation abgelehnt. Innerhalb seines eigenen Schemas bleibt genügend Raum für individuelle Abwandlungen, insonderheit, wenn nutritive Allergien die Anwendung bestimmter Nahrungsmittel, die Gegenstand der Kur sind, unmöglich machen. Es ist auch nicht erforderlich, bei jedem Krankheitsfall mit der 1. Stufe zu beginnen. Das Diätschema läßt sich in jeder Stufe einsetzen, geht dann allerdings zwangsläufig in eine Dauerkostform über.

Stufe I:

Einige strenge Obstsaftfastentage, denen einige weitere strenge Rohkosttage folgen, leiten die Diät ein. Mit diesem krassen Eingriff am Wasser- und Elektrolytstoffwechsel soll das System der inneren Atmung, der Erstickungsstoffwechsel des Gewebes behoben werden. Es wirken dabei sowohl der Wasserentzug wie die bessere Tonisierung der Gefäße synergistisch zusammen. Anstelle der Obstsaftfasten-/Rohkosttage können auch wenige Tage des alleinigen strengen Buchinger-Fastens oder Karrell-Tage die Kur einleiten. In der

Stufe II

wird auf eine streng *vegetarische* Kost übergegangen. Erlaubt sind alle Gemüse und Obstsorten, soweit keine Allergien dagegen bestehen, Vollkornbrot, Vollkornbreie, Kartoffeln und 30 g Butter oder reine Pflanzenöle. Ein Teil der Vegetabilien kann als Saft, roh oder kurz gedünstet verabfolgt werden. Die Kartoffeln werden mit Schale gekocht. Die Kochsalzmenge darf 3 g täglich nicht überschreiten. Verboten sind Reizstoffe wie Tee, Kaffee, Tabak, Alkohol, sowie Gewürze außer Küchenkräuter. Ein Ernährungstagebuch oder die Suchkost wird bei dem Verdacht auf nutritive Allergien geschrieben bzw. durchgeführt. Die

Stufe III

kann als *lactovegetabile* Kostform bezeichnet werden. Der Zusatz besteht in Milch, Milchprodukten (keine Käsesorten), Quark, Sauer- oder Buttermilch, Joghurt. In der

Stufe IV

werden in mäßigem Umfang Fleisch, Fisch, Eier (nicht täglich) zugeführt, wobei BOMMER nochmals ausdrücklich auf die Schäden der eiweißreichen Ernährung hinweist (Autointoxikation vom Darm aus, Heliodermien, Eczema solare, Urticaria, s. a. LANGHOF). Daß auch die reine Pflanzenkost zu Sensibilisierungen gegenüber dem Licht führt — es wird auf die in der Nachkriegszeit auftretende Meldekrankheit verwiesen —, sei nur nebenbei angeführt.

Der Indikationsbereich des Bommerschen Diätschemas ist der gleiche wie für die anderen kochsalzarmen Diätformen: Ekzeme, Dermatitiden, Psoriasis vulgaris, Lichen ruber planus, Neurodermitis, Rosacea, Acne vulgaris (s. auch CHARLES LERNER 1935), Hauttuberkulose, Pyodermien, hypertrophische Narbenbildungen nach Verbrennung und Röntgenschäden. Für letztere ist die Rohkostverordnung im übrigen ein traditionelles und bewährtes Regimen bei den Röntgenologen.

V. Kohlenhydrateingeschränkte Diät

URBACH hat durch die Aufstellung des Begriffes Hautdiabetes (Glykohistechia) die Möglichkeiten der auf einer Störung des Kohlenhydratstoffwechsels beruhenden Dermatosen erweitert:

1. Hautleiden bei und verursacht durch Diabetes mellitus.
2. Hautleiden bei Patienten mit pathologischen Zuckertoleranzkurven (latente Diabetiker).
3. Hautleiden bei Kranken mit normalem Nüchternblutzucker, normaler Zuckertoleranzkurve, jedoch erhöhtem Hautzucker (Glykohistechia).
4. Hautkranke mit atypischer Blutzuckerkurve — nicht Diabetiker — und normaler Hautzuckerkurve.
5. Hautleiden als Ursache erhöhter Blut- und Hautzuckerwerte. Abfall der Werte zur Norm bei Abheilung des Hautleidens.

Die Methode zur Bestimmung des Hautzuckers, angegeben von E. URBACH und P. TAUTE, Z. Biochem. **196**, 474—477 (1928): Methoden zur quantitativchemischen Analyse der Haut. II. Der Zuckergehalt der normalen Haut, besteht in der Untersuchung gleichgroßer, etwa gewichtsgleicher mittels Punchbiopsie gewonnener Hautstücke. Die zunächst auf —30^{0} gefrorenen Hautstücke werden aufgetaut, gewogen, im Glashomogenisator zerkleinert und mit gleichem Volumen 20%iger Trichloressigsäure enteiweißt. Die nach Zentrifugieren überstehende Flüssigkeit wird mit der Hagedorn-Jensen-Methode (NEUMANN hält die Anthron-Methode für besser; 1960) auf reduzierende Substanzen geprüft. Man kann auf diese Art Nüchtern-Haut-Zucker- und Toleranzkurven nach Zuckerbelastung sowie vergleichende Kurven zwischen Blut- und Hautzucker gewinnen (s. E. URBACH: Skin Diseases, Nutrition and Metabolism, 1946. Dort auch Kasuistik über Patienten mit Glykohistechie).

Zu den Krankheiten, welche in 21,5% nach der großen Statistik von v. NOORDEN und ISAAK (1928) bei Diabetikern auftreten können, gehören: Intertriginöse

Dermatitiden mit und ohne bakterieller oder mykotischer Überlagerung (Hefen), Balanitiden (oft Hefen) circumorale, vulväre Dermatitiden, Hautinfekte (Furunkulose, Karbunkel), Mykosen, Candidiasis, Pruritis, Urticaria, Purpura, Xanthelasmosen, periphere arterielle Durchblutungsstörungen, Necrobiosis lipoidica, Ulcus cruris, chron. rezid. Ekzeme. Man wird bei schwerer Störung im Kohlenhydratstoffwechsel die Einstellung des Diabetes mellitus dem geschulten Internisten überlassen. In leichteren Fällen kann man versuchen, durch eine sog. Standarddiät, bestehend aus 180 g Kohlenhydrat, 80 g Fett und 80 g Eiweiß, die Stoffwechselanomalie diätetisch zu korrigieren. Grundprinzip der Diabetikerkost ist nach BERTRAM (1957) die gleichmäßige Verteilung der erlaubten Kohlenhydrate über den ganzen Tag sowie die Einschränkung der Fettzufuhr. Zu berücksichtigen sind die Lebensgewohnheiten der Kranken (Verteilung der Mahlzeiten, Beschäftigung). Die Zubereitung der Kost soll leicht sein. BERTRAM hält nichts von einer „Diätakrobatik" und verwirft Diätbücher mit vielen Hundert Rezepten. Ebenfalls seien sog. Diabetikernährmittel minderwertig und teuer. Bei den allfälligen Schwankungen des Kohlenhydratanteils in den Nahrungsmitteln sind auch Nährwerttabellen überflüssig. Die unter dem Gesichtspunkt der Mäßigkeit aufgestellte Standardkost sieht bei BERTRAM die Zufuhr von 250 g Kohlenhydraten, 70 g Fett und 80 g Proteinen (2000 cal/die) vor. Süßigkeiten sind strikt zu meiden, da sie rasch resorbiert werden und unerwünschte Schwankungen im Zuckerhaushalt bedingen. Bei vorliegender Fettsucht reduziert BERTRAM den Fettanteil der Kost auf das unumgänglich notwendige Brat- und Kochfett von 40 g pro Tag. Die Kontrolle der Wirkung dieser Diät liegt in der Konstanz des Körpergewichtes. Das Schema sieht folgende Verteilung der Standarddiät auf die einzelnen Tagesmahlzeiten vor:

Morgens: 150 g Vollkornbrot, 20 g Butter oder Margarine, magerer Aufschnitt oder Käse, Kaffee, Tee mit wenig Milch.

Vormittags: 250 g Äpfel oder anderes Obst.

Mittags: Fleischbrühe, mageres Fleisch oder Fisch, 20 g Fett, Gemüse, Salate, 125 g Kartoffeln, 125 g Obst (Äpfel).

Nachmittags: 50 g Vollkornbrot, 10 g Butter oder Margarine, Kaffee, Tee mit wenig Milch.

Abends: Magerer Aufschnitt, Fisch, Käse, 10 g Fett, Gemüse, Salate, 125 g Kartoffeln, 100 g Vollkornbrot, 10 g Butter oder Margarine. Später: 125 g Äpfel oder anderes Obst oder $^1/_4$ Liter Obstsaft.

Die Kohlenhydrate werden gegen Weißbrot- oder Broteinheiten abgetauscht, wobei 1 WBE = 20 g Weißbrot, 1 BE = 25 g Vollkornbrot = 12 g Kohlenhydrat (reine Stärke) entspricht.

PROUDFIT und ROBINSON legen der Berechnung der einzelnen Nahrungsbestandteile folgende Daten zugrunde: Alter, Größe, Beschäftigung und den daraus resultierenden Calorienbedarf. Zunächst wird der Proteinanteil mit 0,5—0,67 g je 0,5 kg/Körpergewicht errechnet und von der Gesamtcalorienmenge abgezogen. 40—60% der Nichtprotein-Calorien entfallen auf die Kohlenhydrate, der Rest auf die Fette. Eine große Tabelle der Austauscheinheiten, herausgegeben von der Amer. Dietetic Assoc., der Amer. Diabetes Assoc. und der Chronic Disease Division of US Public Health Service, dient dabei, die Zubereitung der täglichen Mahlzeiten zu erleichtern. Ähnliche Auswahltabellen finden sich auch in den einschlägigen Büchern über die Diabetiker-Ernährung. Generell sind erlaubt:

An Kohlenhydraten: Brot, Zerealien, Früchte, Vegetabilien.

An Proteinen: Mageres Fleisch, Fisch, Geflügel, Milch, Käse, Gemüse, Eiweiß, Nüsse.

An Fetten: Butter, Sahne, vegetabile Öle, Schweineschmalz, fettes Fleisch, Eigelb, fette Käsesorten, Nüsse.

Verboten sind: Zucker, Marmelade, Gelee, Honig, Eiscreme, Bonbons, Konfekt, Sirup.

Es bedarf keiner besonderen Kasuistik, um die Wirkung der kohlenhydrateingeschränkten Kost bei mit Hautkrankheiten kompliziertem Diabetes mellitus und beim latenten Diabetes zu bestätigen. Die optimale Einstellung einer derartigen Kohlenhydrat-Stoffwechselstörung erweist sich als besonders segensreich bei der Angiopathia diabetica, bei der Furunkulose, bei den intertriginösen Dermatitiden und den an Körperöffnungen auftretenden entzündlichen, sekundär oft durch Hefen unterhaltenen Dermatosen. Noch nicht abgeklärt sind die Beziehungen des Hautzuckers zur Psoriasis vulgaris. MONACELLI und RIBUFFO (1953) sowie NEUMANN (1960) haben in der nicht befallenen Haut des Psoriatikers Werte zwischen $78{,}9 \pm 9{,}06$, in der erkrankten Haut zwischen $35{,}0 \pm 14{,}5$ festgestellt. Nach Applikation von Sulfonyl-Harnstoffpräparaten (orale Antidiabetica) sinkt der Zuckerspiegel in der nicht befallenen Haut des Psoriatikers um 56,2%, in der psoriatischen Haut nur 32% ab. Ob darin die therapeutische Bedeutung bei der Anwendung oraler Antidiabetica in der Psoriasisbehandlung liegt (NEUMANN, KABELITZ und KAPPEL 1958), bleibt abzuwarten. Die Schuppenflechte ist unter allen Dermatosen wegen des unvorausschaubaren Verlaufs am wenigsten geeignet, die Wirksamkeit interner Heilmittel zu beweisen!

VI. Fetteingeschränkte Diätformen

Zweifelsohne besitzt die Haut einen eigenen Fettstoffwechsel. Radioaktiv markierte Nahrungsfette (SCHOENHEIMER u. Mitarb. 1937) werden rasch und ausgedehnt in den Fettdepots (Subcutis) und im Fett der inneren Organe eingelagert. In den Talgdrüsen ist der Normalvorgang die Adipogenese aus Fettsäuren. Unter pathologischen Bedingungen, auch denen der Fettmast, kommt es auch noch zur Adipopexie, d. h. das Nahrungsfett wird direkt in den Talg eingearbeitet. Obwohl beim Menschen keine sichereren Anzeichen für Hautschäden bei absolut fettfreier Ernährung vorliegen, ist eine derartige Einschränkung auf die Dauer wegen des Fehlens fettlöslicher Vitamine und essentieller Fettsäuren (Polyensäuren) nicht zu befürworten. Die Indikation zur Begrenzung der Fettzufuhr stellen Störungen im Fettstoffwechsel dar: Lipoidosen, diabetische Dermatosen, soweit diese erhöhte Lipoidwerte im Blut aufweisen, gewisse Leberkrankheiten (Diät s. unter Leberschutztherapie). Bei der Acne vulgaris sind die Meinungen über die Begrenzung bzw. Auswahl der Nahrungsfette geteilt (es schadet mehr der Kohlenhydrat- als der Fettanteil der Nahrung). Dennoch glauben wir mit SUTTON jr. (1941), daß gewisse animalische Fette wie Schweine- und Gänseschmalz provozierend auf die Acneerscheinungen wirken. Auch bei der Psoriasis vulgaris und den dysseborrhoischen Hautveränderungen (MONTGOMERY 1916) herrscht bezüglich der Fettzufuhr keine Übereinstimmung. Besondere Beobachtungen von GRÜTZ und BÜRGER (1934: Histologische Darstellung einer feintropfigen Imbitition der psoriatischen Epidermis von den papillaren Gefäßen aus und erhöhte Cholesterinwerte im Serum, pathologische Belastungskurven) haben zur These geführt, daß die Schuppenflechte eine Art Lipoidose auf der Basis eines gestörten Gesamtstoffwechsels ist. Auch der chemische Nachweis von vermehrtem Cholesterin in der Haut bei Psoriatikern (INCEDAYI und OTTENSTEIN) unterstützt diese Hypothese. Diese, nicht bei allen Psoriatikern feststellbaren Veränderungen — ausdrücklich von GRÜTZ betont — sind von zahlreichen Autoren bestätigt und von ebenso zahlreichen abgelehnt worden. Letztlich haben Kriegs- und Nachkriegserfahrungen im Massenexperiment gezeigt, daß die Psoriasis vulgaris von der Fettzufuhr nicht abhängig ist, wenn auch neueste Untersuchungsergebnisse von TICKNER und MIER (1960) von einer 20%igen Quote der im Cholesterinstoffwechsel gestörten Psoriatiker sprechen. Der Erfolg der fettarmen Psoriasis-Diät (Erwachsene 20,0; Kinder 10,0/die) zeigt sich in 6 Wochen bis zu 6—8 Monaten. Auch GRÜTZ spricht von dieser Therapie als einer symptomatischen, da die in ihrem Zusammenhang mit der Psoriasis keineswegs bestätigte Störung im Fettstoffwechsel durch eine vorübergehend applizierte fettarme Diät nicht geändert wird.

Tabelle 10. *Übersicht der klinischen Fälle* (idiopathische, hyperlipidämische Xanthomatosen)

Name	Alter Jahre	Geschlecht	Cholesterinwert vor (mg-%)	Diät nach mg-%
E. J. . .	65	weiblich	920	250
M. J. . .	49	weiblich	740	485
E. M. . .	62	weiblich	850	250
L. R. . .	65	weiblich	515	320
E. R. . .	48	männlich	680	280
G. F. . .	52	männlich	872	525
J. H. . .	63	männlich	820	320
R. R. . .	49	männlich	950	350

Die eigentliche Bedeutung der fetteingeschränkten Kost liegt auf dem Sektor der Xanthomatosen. In 8 eigenen Fällen von idiopathischen, hyperlipidämischen Xanthomatosen (Klassifizierung nach THANNHAUSER) gelang es, durch eine fettarme, cholesterinfreie Diät sowohl den erhöhten Lipoidspiegel im Blut zu senken wie auch die Xanthome zum Schwinden zu bringen. Gleichfalls besserten sich die pectanginösen Beschwerden und die abdominellen Krisen (SCHIRREN 1957—1959).

Tabelle 11. *Serum-Cholesterinwerte bei idiopathischer hyperlipidämischer Xanthomatose unter Diät.* (4 Jahre Verlauf)

Gesamt-Cholesterin, mg-%	920	575	530	365	207	245	250
Frei-Cholesterin, mg-%	367	250	195	137	67	95	100
Ester, mg-%	553	325	335	228	140	150	150

Ungeeignet ist die Grütz-Therapie sowie jede andere fetteingeschränkte Diät bei den hypercholesterinämischen Xanthomatosen, bei den symptomatischen Xanthomatosen (Myxödem, Diabetes mellitus), die besser auf die spezifische Behandlung als auf Diätetik reagieren.

Die von uns angewandte Grütz-Therapie schränkt die Fettzufuhr auf 20 g/die ein bei 60—100 g tierischem Eiweiß und 1000 g Kohlenhydraten. Das Urbach-Schema der *fettfreien Diät* sieht folgende verbotenen und erlaubten Nahrungsmittel vor:

Verboten: Alle Fleischsorten, mageres Rindfleisch ausgenommen. Alle Geflügel- und Fischsorten, einschließlich Rogen. Eigelb, Milch, Sahne, Butter, Speiseeis, alle Käsesorten bis auf mageren Landkäse, Margarine und feste Backfette, alles Gebackene, alle vegetabilen Öle, Suppen, Bratensauce, Erdnußbutter, alle Nußsorten, Schokolade, Kakao, Lebertranöl, Vitaminkonzentrate, Bananen, Vollkorn.

Erlaubt sind: Mageres Rindfleisch, Eiweiß, Landkäse, Brot, alle Früchte außer Bananen, alle Gemüse außer Korn, Gelatine, Zucker, Marmeladen, Gelee, Praeserven, Sirupe, Süßigkeiten, Salz, Pfeffer, Gewürze, Frühstücksbreie.

Die *fettarme Diät* enthält nach URBACH folgende Nahrungsmittel:

Erlaubt sind: Suppen von magerem Fleisch, mageres Fleisch gekocht, gegrillt, geröstet (Rind), mageres Kalb-, Wild- und Geflügelfleisch, magerer Schinken, magerer Fisch, Magermilch (250 g/die), Eiweiß, alle Früchte außer Banane und

Avocados, Mehl- und Milchprodukte, Reis, Nudeln, Makkaroni, Brotarten, Zucker, Sirup, Malz, Honig, Gelee, Jam, Praeserven, Süßigkeiten (Bonbons), Kaffee, Tee.

Verboten sind: Animalisches Fett enthaltend: fette Suppen, Bratensauce, Wurst, Schinken, fettes Fleisch, Geflügel, Fisch (Hering, Karpfen, Makrele, Salm, Aal, Sardine, Thunfisch), Rogen, Eigelb, Käse, Butter, Schweineschmalz, Milch, Kuchen, Kekse, Speiseeis, Lebertranöl.

Pflanzliche Fette enthaltend: Oliven, vegetabile Öle, feste Bratfette, Sojabohnen, Bananen, Avocados, Nüsse, Kakao, Schokolade, Mayonnaise, Salatzubereitungen.

Eine ähnliche Aufstellung (Grütz-Diät) findet sich bei MARCHIONINI und BÖHNING (1934).

Das von GRÜTZ aufgestellte Diätschema sieht folgende Lebensmittel vor:

Erlaubte Nahrungsmittel sind: Fettarme Suppen, mageres Fleisch vom Rind, Kalb, Huhn, Wild, Schinken ohne Speck, Hecht, Zander, Schellfisch, Rotbarsch, Zucker, Honig, Malz, Marmelade, Obst, Obstsäfte, Gemüse, Kartoffeln, Mehl, Reis, Brot, Zwieback, Brötchen, Zerealien, Quark, Eiweiß.

Verboten sind: Wurst, Schmalzsorten, Aal, Hering, Lachs, Karpfen, Butter, Vollmilch, Buttermilch, Kuchen, Schlagsahne, Eigelb, Gehirn, Speiseeis, Pflanzenöle, feste Bratfette.

URBACH zitiert 3 verschiedene Diätschemen:

1. Ausschluß aller tierischen Fette, erlaubt vegetabile Fette (THANNHAUSER). Als Beispiel einer ausschließlich auf vegetabilen Fetten aufbauenden, fettarmen Diät gibt THANNHAUSER an:

Morgens: Schwarzer Tee ohne Milch, Knäckebrot oder Toast, Orangenmarmelade oder Honig. — 2. Frühstück: Rohes oder gekochtes Obst (Äpfel, Birnen).

Mittagessen: 200—250 g Gemüse (Blumenkohl, Rosenkohl, Rotkohl, Wirsing, Kohlrabi, Schwarzwurzeln, Selleriegemüse, Spinat, Spargel, Artischocken, Kastanien, Erbsen, grüne Bohnen, Champignons). Kräftige Würzung mit Muskatnuß, Sellerie, Lauch, Zwiebeln, Paprika und ähnlichem, abgeschmelzt in 40 g Margarine! Dazu Knäckebrot, Salate, die mit Olivenöl und Citrone zubereitet sind. Kompott.

Nachmittags: Tee ohne Milch, Knäckebrot oder Toast, Orangenmarmelade, Honig.

Abendessen: Wie Mittagbrot.

Streng verboten: Fleisch aller Sorten, Milch und Milchprodukte, Eier.

Die Calorienzufuhr wird bei der Thannhauser-Diät im wesentlichen gedeckt durch Öl und Margarine (bis zu 1300 cal). Für jede gekochte Mahlzeit wird 15 g Weizenmehl verwendet. Dauer der Diät: Wochen bis Monate.

2. Ausschluß von Cholesterin, niedrig in animalischem Fett.

3. Ausschluß des Pflanzenfettes, sehr niedrig in animalischem Fett, Zugabe von täglich 50 g Sojabohnenlecithin. Diese Diätform soll sich besonders gut bei hyperlipidämischen Xanthomatosen bewährt haben. Entsprechende Tabellen (Nr. 26/27 der Monographie).

Die Therapie der Xanthomatosen mit der Grütz-Diät ist bei der unabänderlichen Stoffwechselanomalie eine Dauerkostform. Lockerung der Diät bedeutet Rezidiv der Hauterscheinungen und Anstieg der Serumfettwerte.

Soweit man nicht die flüssigkeitseingeschränkte, kochsalzarme bzw. streng kochsalzarme Diät bei der Behandlung der arteriosklerotischen Gefäßkrankheiten (zuzüglich der kohlenhydratbeschränkten Diät bei der Angiopathia diabetica) für genügend erachtet, kann man diätetisch die Zufuhr von Cholesterin und/oder Fett auf ein Mindestmaß begrenzen und eine fast cholesterinfreie, fettarme Kost anordnen. *Verboten* sind dabei als exogene Cholesterinquellen: Gehirn, Butter,

Kaviar, fast alle Käsesorten, Sahne, Eigelb, Fischrogen, zusammengesetzte, industriell hergestellte Nahrungsmittel, welche Eigelb, Butter, Milch, Sahne enthalten, weiterhin: Innereien wie Herz, Leber, Nieren; Mayonnaise, Schellfisch, Schalentiere, Süßigkeiten, die mit Fett zubereitet werden. Wesentliche Träger des endogen entstehenden Cholesterins (aus labilen Acetaten) sind die Fette: Butter, Milch, Käse, Sahne, Schokolade, Cremesaucen, fettes Fleisch und Geflügel, fette Fische, fette Wurst- und Schinkensorten, Pökelfleisch, Konserven wie Ölsardinen, Schweineschmalz, Margarine, Salatöle, fette Koch- und Bratfette, Nüsse, Erdnußbutter, Pasteten, Salatzutaten wie Mayonnaise. Die von PROUDFIT und ROBINSON vorgeschlagene Diät enthält auf 1400 cal/die maximal 75 mg Cholesterin, 75 g Protein, 25 g Fette, 220 g Kohlenhydrate, 1150 mg Calcium, 12 mg Eisen. Vitamine A, E, D, müssen zusätzlich verabfolgt werden: 3 Tassen abgerahmte Milch, 140 g mageres Fleisch (Rind, Kalb, Lamm oder magerer Fisch), $^1/_2$ Tasse Vollkorn- oder vitaminangereicherte Zerealien, 6 Scheiben Vollkornbrot, eine mittelgroße Kartoffel, Gemüse, Citrusfrüchte, andere Fruchtsorten.

VII. Entfettungsdiät

Der Erfolg einer Entfettungsdiät hängt ausschließlich von der Einstellung und vom Willen des Patienten ab. Eine derartige Diät muß von seiten des Arztes so motiviert werden, daß der Kranke daran einen Halt besitzt, der zur Durchführung der Kosteinschränkungen erforderlich ist (PROUDFIT und ROBINSON, STUNKARD und McLAREN-HUME 1959). Letztere Autoren berichten, daß von je 100 Fettsüchtigen, die in einer Ernährungsklinik einer Entfettungskur unterzogen worden sind, nach einem Jahr nur 6 waren, deren Gewicht um 20 Pfund niedriger als das Ausgangsgewicht gewesen ist! Grundsätzlich soll eine effektive Entfettungsdiät so gestaltet sein, daß die Nahrung dennoch gut ist, ein gradueller Gewichtsverlust eintritt, daß die Kost leicht praktikabel und billig ist, dazu geschmackvoll und sättigend. Erst dann ist die dauernde Umstellung der Essens- und Lebensgewohnheiten einigermaßen sichergestellt. Selbst bei genau den „Recommended Dietary Allowances“ entsprechenden Diäten findet man bei fortschreitendem Gewichtsverlust eine negative Calcium-, Phosphor- und Stickstoffbilanz (Stress!). "It is obvious that there is no room for the numerous, nutritionally inadequate fad diets which make such extravagant claims" (PROUDFIT und ROBINSON).

Man rechnet als Übergewicht eine um 10%, als Fettsucht eine um 20% das wünschenswerte Körpergewicht überschreitende Menge. Wie leicht diese zu erzielen ist, ergibt folgende Rechnung: Überschreitet die Calorienzahl um 100 cal pro die den täglichen Energiebedarf (3 Teelöffel Butter oder ein Brei, oder ein großer Kakao-Butterkeks), dann bedeutet das eine wöchentliche Zunahme von 78 g Fett bzw. 4 kg Fettanlagerung pro Jahr! Die Entfettungsdiät soll etwa 800—1000 cal/die unter Energieerfordernis liegen, um wöchentlich eine Abnahme von ~750 g zu erreichen. Verteilt auf die wesentlichsten Nahrungsbestandteile bedeutet das eine Proteinzufuhr von etwa 1,0/die, insgesamt also 70—100 g/die. Fette werden freizügiger als bisher erlaubt, sie decken die Hälfte der Calorienmenge. Kohlenhydrate sind dagegen scharf eingeschränkt. Eine intermittierende Entfettungsdiät, 4 Wochen Diät, 4 Wochen Erhaltungsdiät ist oft angebrachter als langfristige Diätformen. Zu meiden sind Butter, Käse, Schokolade, Sahne, Eiscreme, fettes Fleisch, Fisch, Fische in Öl, gebackene Speisen, Chips, Bratensauce, Nüsse, Pasteten, Öl, fette Salatzubereitungen, hohe Kohlenhydratträger wie Brot, Süßigkeiten, Kuchen, Zerealien und Kornprodukte, Gebäck, gesüßte (kandierte) und getrocknete Früchte, Bohnen, Erbsen, Kartoffeln, Honig, Melasse, Sirup, Pudding. Desgleichen an Getränken Malz, Milch, Schokolade,

Milchkakao, kohlenhydratangereicherte Getränke, Alkoholika. Von den zahllosen Diätschemen seien hier nur die von SCHOLTZ angegebenen Daten angeführt, welche während der Entfettungskur eine Berufstätigkeit erlauben:

Frühstück: 1 Apfel oder 1 Orange, 2 Tassen schwarzer Kaffee, 1—2 Knäckebrote.

Mittagbrot: 100 g mageres, gebratenes Hammelkotelett
oder 2 Scheiben mageres Filet
oder 1 mit wenig Fett gebratenes Beefsteak
oder 200 g mageres Kochfleisch
oder 2 harte Eier
oder 120 g geröstetes Kalbshirn
oder 6—8 geröstete Tomaten
oder 4 Kartoffelplätzchen mit Sauerkraut
oder 1 gedünstete, in Scheiben geschnittene Aubergine
und $^1/_2$—1 Kopf grüner Salat
oder 1 Schüssel Brunnenkresse mit Zitrone und Öl angerichtet
oder Bohnensalat
oder 4—5 Stangen Spargel
und 2 Tomaten, $^1/_2$ Gurke, 1 Orange

Abendessen: Gemischte Rohkostplatte
oder 1 gekochter, mittelgroßer Blumenkohl mit ganz wenig brauner Butter und Brösel
oder 1 Schüssel gemischter, nicht gesüßter Obstsalat
oder 1 hartes Ei, 2 Tomaten, 1 Gurke, 2 Scheiben Knäckebrot, Radieschen, Tee
oder 1 Tasse (150 g) Quark, 2—3 Scheiben Vollkornbrot oder Knäckebrot, Radieschen, 200 g rohes Obst
oder 1 Schüssel Quark mit ungesüßtem Kompott.

Dauer dieser Diät 2—4 Wochen, dann eine Pause von 4 Wochen. Man kann auch, wie schon GRÜTZ erwähnt, einzelne Diättage einschalten: Milch-, Obst-, Reistage, fettfreie Gemüse- oder Kartoffeltage. Derartige Tage werden auf unbegrenzte Zeit 1mal wöchentlich bei Bettruhe oder leichter Arbeit durchgeführt.

Die Entfettungsdiät ist auf dermatologischem Gebiet von unschätzbarem Wert bei der nur zu bekannten Kombination von Ulcus cruris, postthrombotischem Syndrom und Obesitas (Stauungsdermatosen). Man kann den circulus vitiosus am ehesten von der Fettsucht her aufbrechen, wobei die Diätetik mit medikomechanischer und Bewegungsübung kombiniert werden kann. Zweifelsohne wirkt sich die Entfettungsdiät ebenfalls günstig aus auf die nicht durch Diabetes bedingten intertriginösen Dermatitiden und auf jegliche Art von Dermatosen bei Patienten mit Übergewicht. Die antiarteriosklerotische Komponente dieser Kostform sowie die gegen den Hochdruck gerichtete verleihen der Entfettungsdiät eine Bedeutung, welche über den Rahmen der Therapie hinaus in die Prophylaxe hineinreicht. Es muß jedoch an die vorsichtige Einstellung von PROUDFIT und ROBINSON erinnert werden, welche auf die Gefahren selbst der rite et lege artis durchgeführten Entfettungsdiät (negative Ca/P/N-Bilanzen!) aufmerksam gemacht haben. Keine Entfettungsdiät ohne Indikationsstellung und ohne laufende ärztliche Kontrolle!

Aus der Vielzahl der Diätschemata ist nur herauszugreifen die Variation mit einigen strengen, dehydrierenden Diättagen zu Beginn der Kur (Karrell-Tage, Obstsaftfasten), eventuell kombiniert mit Diureticis. Die Reduktion der Calorienzahl, dem Alter, der Beschäftigung, dem wünschenswerten Gewicht angepaßt, geht von 30 cal/kg bis auf 12 cal/kg (maximal!) und zwar nach URBACH in 3 Stufen über $^4/_5$, $^3/_5$, auf $^2/_5$ der errechneten Gesamtcalorienmenge. 1000 cal/die werden dabei nicht unterschritten.

An Nebenwirkungen sind nur die vom Kreislauf ausgehenden (Kollapsneigung) zu fürchten und medikamentös zu beeinflussen.

VIII. Hoch calorische und proteinreiche Diäten

Zum Indikationsgebiet einer Mastkur gehören Fälle von chronischen Dermatosen mit Untergewicht: Neurodermitiker, Pemphiguskranke, Patienten, welche langfristig unter Karenzkuren gestanden haben, sowie Kranke mit Thyreotoxikose, Lebercirrhosen, schweren chronischen Infektionskrankheiten (Tuberkulosen) und psychischen Störungen, wie sie unter den Fällen von Acne excorrée des jeunes filles vorkommen können. — Man erhöht nicht die Nahrungsaufnahme bei der Einzelmahlzeit, sondern verabfolgt mehrere Zwischenmahlzeiten unter Vermeidung sättigender Speisen. Intervalle von 2—3 Std zwischen den auf 6—7 Tagesmahlzeiten vermehrten Zufuhren sind angebracht. Medikamentös hat sich uns gelegentlich die Faltasche Insulingabe (1926) 1—3mal täglich 5 E Altinsulin bewährt. F. DEPISCH (zitiert nach URBACH) erzwingt das Hungergefühl durch ein die Insulinausschüttung anregendes Zuckerfrühstück von 50—100,0 Zucker in 500,0 Tee. An den erhöhten Proteinanteil (1,5—2,0/kg) in der Ernährung muß bei akutem und chronischen Eiweißverlust (Pemphigus vulgaris, Verbrennungskrankheit, Ulcera, Decubitalulcera, ungenügende Antikörperproduktion, Resistenzschwäche geben Bakterien) gedacht werden. Auch Patienten mit Achylia gastrica, Pankreasinsuffizienz sowie chronisch Leberkranke bedürfen einer erhöhten Proteinzufuhr. Maximal dürften 140—150 g Eiweiß bei einer hohen Proteindiät von Patienten toleriert werden. Da nach den Untersuchungen von SCHOENHEIMER u. Mitarb. (1937) Haut und Muskulatur mit 16% bzw. 75% den größten Anteil der Aminosäuren aufnehmen (geprüft mit markierten Aminosäuren), ergibt sich zwanglos die Bedeutung der proteinreichen Diät bei jenen Dermatosen, welche einen akuten (Prototyp: Pemphigus vulgaris, Verbrennungskrankheit) oder einen chronischen Eiweißverlust (Prototyp: chronische Leberkrankheiten, vegetierende Pyodermien) aufweisen. Das in Fällen von Hungerödem ebenfalls dem Eiweißanteil in der Nahrung eine besondere Beachtung geschenkt werden muß, ist im Kapitel der Leberschutztherapie eingehend erläutert worden. Man bevorzugt die besser aufschließ- und verwertbaren tierischen Proteine wie Ei, Milch, Milchprodukte, Muschelfleisch, Fisch, Leber, Nieren, mageres Fleisch, alle übrigen Innereien, dann auch Sojabohnen, Weizen, Weizenkeime, Brauereihefen, Bohnen, Erbsen, Linsen, Vollkornbrot- und Mehlprodukte, Nüsse, Gelatine. Bei der heute nicht mehr durchgeführten Patek-Diät der Lebercirrhose sind bis zu 300 g Eiweiß pro Tag verabfolgt worden. In einzelnen Fällen von schwerer Verbrennung wird man peroral und parenteral derartige Mengen doch noch verordnen müssen.

IX. Umstimmungsdiät

Jede abrupt einsetzende Kostumstellung bedeutet eine Umstimmung. Somit sind alle Diätformen für sich genommen Umstimmungsdiäten. Unter dem Begriff Umstimmungsdiät versteht man jedoch die Aneinanderreihung verschiedener Kostformen, von denen jede nach den Angaben von v. NOORDEN 1—2 Tage verabfolgt wird (s. auch URBACH, MARCHIONINI, STÜHMER). Eines solcher Schemas, indiziert bei therapieresistenten Hautkrankheiten jeder Art, ist das von URBACH vorgeschlagene (Zickzackdiät):

1. und 2. Tag Rohkost
3. und 4. Tag hohe Proteinkost
5. und 6. Tag hohe Kohlenhydratdiät
7. Tag Normalkost
8. und 9. Tag ansäuernde Diät
12. und 13. Tag fettreiche Kost
14. Tag Normalkost.

Bekannt ist ferner die sog. Schaukelkost, welche 3 Tage eine ansäuernde und 3 Tage eine alkalisierende Diät, dies in mehrfachem Wechsel, vorsieht. Unterstützt wird die zur Acidose führende Diät durch Gaben von NH_4Cl, die alkalisierende Kost durch Na-Bicarbonatgaben.

X. Eliminationsdiät

Wenn auch LORINCZ (1958) die Meinung vertritt, daß wenigstens in den USA Nahrungsmittelallergene und Ernährungsfehler (!) bei der Genese von Hautkrankheiten keine besondere Rolle spielen, und sich auch unter unserem eigenen Material mehr positive Testproben als durch Exposition nachweisbare nutritive Allergien befinden, wird man dennoch auf die Eliminationsdiät in Fällen von chronischer Urticaria z. B. nicht verzichten wollen und können. LERNER und LERNER (1954) haben bei Anwendung der Eliminationsdiät (Neurodermitiker, chronische Handekzeme der Erwachsenen, Ekzeme im Kleinkindesalter) eine Häufigkeitsreihe von Reaktionen (Exacerbation der bestehenden Hautkrankheiten) bei folgenden Nahrungsmitteln aufgestellt:

41—50 %	31—40 %	21—30 %	11—20 %	> 10 %
Weizen	Ananas	Spargel	Weintraube	Rindfleisch
Milch	Eier	Kartoffel	Zwiebel	Pflaumen
Tomate	Lammfleisch	Reis	Spinat	Kohl
Schweinefleisch	Huhn	Apfel	Hafermehl	Mehl
Thunfisch	Schokolade	Erbsen	Karotte	Salm
	Kaffee	Rüben	Aprikose	Birnen
		Pfirsich	Orange	Citrone
		süße Kartoffel	Kirsche	Tee
		Korn	Salat	
		Erdnüsse		
		Gurken		

Bemerkenswerterweise gehen die Amerikaner von einer ausreichenden Basisdiät aus, während in Deutschland zumeist mit einer Tee-Zwieback-Diät begonnen wird. Die erfahrungsgemäß am wenigsten reaktiven Nahrungsmittel wie Rindfleisch, Salm, Kohl, Kirsche, Birnen, Pflaumen, Tee, Salz und Zucker stellen die Grunddiät dar, welche 4—7 Tage verabfolgt wird. In 2tägigen Intervallen werden dann teils en bloc, teils einzeln weitere Lebensmittel der Diät zugefügt: Milch, Käse, Butter, Brot und Weizengebäck; Früchte, Kartoffeln, Schweinefleisch, Schinken, Speck usw. Wichtig ist, daß der betreffende Kranke ein genaues Ernährungstagebuch führt, in welchem die Kost, Abweichungen von der angeordneten Diät und etwaige Beobachtungen über Besserung des Hautleidens bzw. Exacerbationen vermerkt sind (s. auch BOMMER, WEITZ 1958; SCLAFER und WOLFROMM 1954). Die Einzelheiten der denaturierten (im Sinne der nutritiven

Allergene) Diätformen (RATNER 1957), der Propeptandiät (E. URBACH), der Diätschemen von ROWE (1944) sowie die Möglichkeit einer Kombination der Eliminationsdiät mit desensibilisierenden Maßnahmen (s. RATNER) sind den entsprechenden Spezialwerken zu entnehmen.

Die etwas ausführlichere, in der Gliederung an URBACH angelehnte Darstellung der verschiedenen Diätformen hat selbstverständlich keinen Anspruch auf Vollständigkeit. Es fehlen unter anderem Koch- und Zubereitungsrezepte jeder Art, eine Aufgabe, welche dem Diätspezialisten vorbehalten ist. Dennoch soll — und ich glaube hierin den Wunsch der Herausgeber richtig interpretiert zu haben —, die breitere Besprechung der diätetischen Behandlungsmaßnahmen dem Dermatologen Anregungen geben, die früher so intensive Arbeit auf dem Gebiet wieder aufzunehmen. Es sei in diesem Zusammenhang nochmals auf die hervorragende Monographie von E. URBACH mit 1312 Literaturangaben hingewiesen, welche das bis 1945 auf diesem Gebiet Erarbeitete enthält.

Nachtrag bei der Korrektur

Unter dem Abschnitt „*IV. Klinische Erfahrungen bei der Anwendung psychotherapeutischer Drogen (Neuroleptica und Tranquillizer)*“ auf S. 80 sind noch zu nennen die neueren

Neuroleptica (Phenothiazin-Derivate, Thioxanthenabkömmlinge)

1. *Imipramin (Tofranil)*-N-(γ-Dimethylaminopropyl)-iminobenzylium-HCl

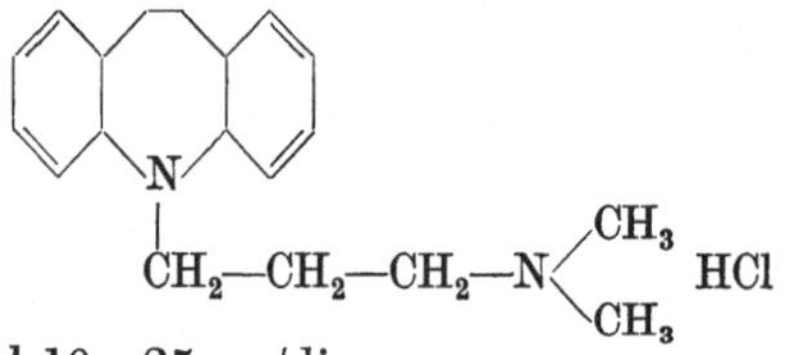

N

CH_2—CH_2—CH_2—N(CH_3)(CH_3) HCl

Dosierung: 3—5mal 10—25 mg/die.

2. *Dominal* = N-(3-Dimethylaminopropyl) thiophenylpyridylamin-HCl (Hydrat.).

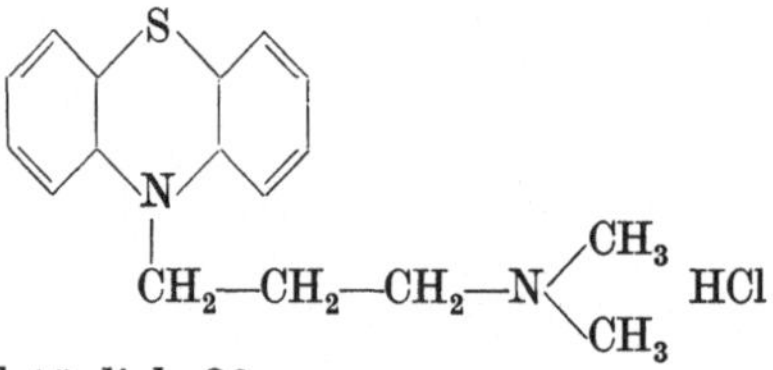

S

N

CH_2—CH_2—CH_2—N(CH_3)(CH_3) HCl

Dosierung: 2—4mal täglich 20 mg.

Juckreizstillend [H. DORN, Z. Haut- u. Geschl.-Kr. 28, 256 (1960). L. JUHLIN und M. SKOGH, Ivenska Läk.-Tidn. 57, 3078 (1960)].

3. *Halopéridol* = (4′-fluoro-4-(1-4-Hydroxy-(4′-Chloro)-phenylpiperidin) butyrophenon

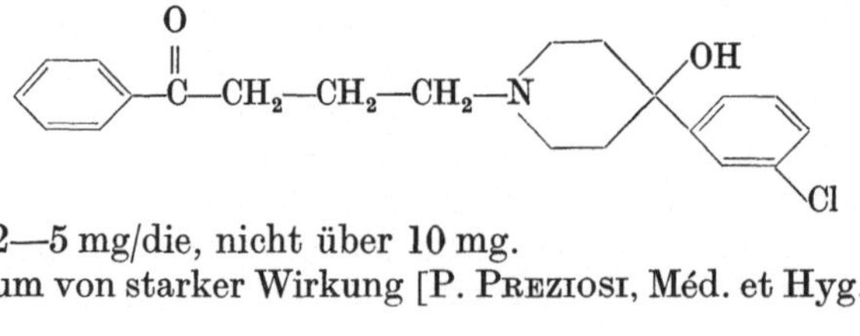

O

‖

—C—CH_2—CH_2—CH_2—N OH

Cl

Dosierung: 2—5 mg/die, nicht über 10 mg.

Neuroplegicum von starker Wirkung [P. PREZIOSI, Méd. et Hyg. 485, 5 (1961)].

4. *Truxal (Taractan)* = Thioxanthenderivat 2-Chlor-9(3-Dimethyl-amino-propyliden)thioxanthen

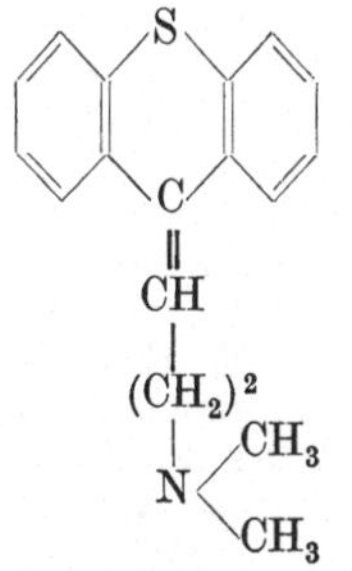

S
C
‖
CH
|
$(CH_2)^2$
|
$N\langle^{CH_3}_{CH_3}$

Dosierung: 3—6 Dragées à 15 mg/die.
[P. DICK et G. GARONNE, Méd. et Hyg. **485**, 9 (1961).]

Als neuer Tranquillizer erfreut sich *Librium* umfangreicher Verwendung: 7-Chlor-2-Methylamino-5-Phenyl-3H-1,4-Benzodiazepin-4-Oxyd-HCl

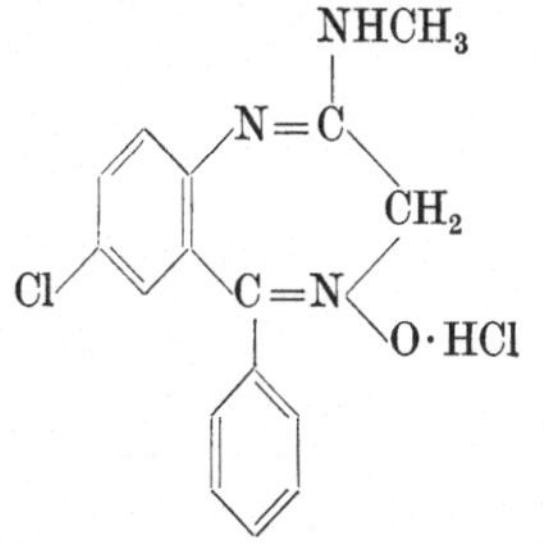

$NHCH_3$
N=C
CH_2
Cl C=N
O·HCl

Dosierung: 3×10 mg/die bis maximal 100—150 mg Tagesdosis.
Schlafanregend: 20—30 mg zur Nacht. [P. PREZIOSI, P. DICK und G. GARONNE (1961).]

Der Abschnitt „*3. Abkömmlinge des Diphenylmethan*", S. 87 ist zu ergänzen:
WRIGHT (1959) folgert aus seinen Untersuchungen, daß sich Atarax als juckreizlinderndes Mittel bewährt hat (unter 9 verschiedenen Tranquillizern). Es ist auch geeignet zur Behebung der Schlaflosigkeit, soweit diese durch den Pruritus bei hartnäckigen Ekzemen, insbesondere nummulären Ekzemen, bedingt ist. Die Verabfolgung von Atarax setzt die benötigte Menge an Glucocorticoiden herab.

Ebenfalls S. 87 ist im Abschnitt „*4. Meprobamat*" über die Anwendung und Wirkung des Meprobamates auf folgende Literatur hinzuweisen: BECKER, FREDRICKS, SCHMID und TUURA 1958, sowie REBOUL, REBOUL und DORGENILLE 1960). REBOUL u. Mitarb. [Ann. Derm. Syph. (Paris) **87**, 598 (1960)] berichten über Normalisierung von pathologischen EEG-Kurven bei 7 von 17 Patienten, 5 weitere gebessert. Ferner berichten BECKER u. Mitarb. über 2 Suicidversuche mit Meprobamat, wovon einer tödlich ablief. Sie fanden gehäuft Allergien (4%) und side-effects (10%).

Literatur

A. Einleitung und B. Antimalariamittel

ALEXANDER, H. L.: Reactions with drug therapy. Philadelphia: W. B. Saunders Company 1955. — ALVING, A. S., T. N. PULLMAN, B. CRAIGE jr., R. JONES jr., C. M. WHORTON and L. EICHELBERGER: The clinical trial of 18 analoques of pamaquin (plasmochin) in vivax malaria. J. clin. Invest. **27**, 34 (1948). — ANDERSAG, H., u. ST. BREITNER: Zur Entwicklung des Malariaheilmittels Resochin. Weinheim/Bergstraße: Verlag Chemie 1956. — APRÀ, A. A.: Mepacrine treatment of lupus erythematosus. Ref. Brit. J. Derm. **66**, 190 (1954). — AYRES III, S., and S. AYRES jr.: Chloroquine in treatment of Lichen planus and other dermatoses. J. Amer. med. Ass. **157**, 136 (1955).

BALLABIO, C. B., u. A. AMIRA: Erste Ergebnisse bei der Behandlung des chronischen Gelenkrheumatismus mit Resochin. Therapeutische Berichte Bayer **9**, 295 (1958). — BASMAKOWA, S. M., u. D. M. RAPOPORT: Eine neue Methode der Behandlung des Lupus erythematodes. Zbl. Haut- u. Geschl.-Kr. **66**, 650 (1941). — BENNET, I. M., and R. B. BEES: Plaquenil sulfate in treatment of L. e. and lightsensitivity eruptions. Arch. Derm. Syph. (Chicago) **75**, 181 (1957). — BERESTON, E. S., and M. C. COHEN: Greenish fluorescence of scalp hairs from Quinacrine hydrochloride administration. Arch. Derm. Syph. (Chicago) **70**, 817 (1954). — BERLINER, R. W., and T. BUTLER: Chapt. V. Summary of data on the drugs tested in man. In vol. I: A survey of antimalarial drugs, 1941—1945 (E. Y. Wiselogle, edit.) Ann. Arbor, Mich.: J. W. Edwards, Publ. 1946. — BERLINER, R. W., P. P. EARLE, J. V. TAGGART, CH. G. ZUBROD, W. J. WELSH, N. J. CONAN, A. BAUMAN, S. T. SCUDDER and I. A. SHANON: Studies on the chemotherapy of the human malarias. The physiological disposal, antimalarial activity and toxicity of several derivates of 4-aminoquinoline. J. clin. Invest. **27**, 98 (1948). — BERTLICH, W.: Behandlungserfolge mit Resochin bei Erythematodes. Münch. med. Wschr. **96**, 591f. (1954). — BETTLEY, F. R., and F. PAGE: Effect of mepacrine on light sensitivity in lupus erythematosus. Brit. J. Derm. **66**, 287—293 (1954). — Bull. Soc. franç. Derm. Syph. **61**, 198—201 (1954). — BINDER, E., R. DOEPFMER u. O. HORNSTEIN: Experimentelle Übertragung des Erythema chronicum migrans von Mensch zu Mensch. Hautarzt **6**, 494—496 (1955). — BLACK, H.: The treatment of lupus erythematosus with mepacrine and para-amino-benzoic-acid. Brit. J. Derm. **65**, 195 to 203 (1953). — BLAICH, W., u. U. GERLACH: Zum Wirkungsmechanismus des Resochin beim Erythematodes. Hautarzt **6**, 667—670 (1955). — BLEIL, D. C.: Unusual toxic manifestations to amodiaquin (Camoquin). Arch. Derm. Syph. (Chicago) **77**, 106—107 (1958). — BOLGERT, M.: Krankendemonstrationen. Presse méd. **1951**, 178, 454, 1248. — BOLGERT, M., G. LEVY et M. PELLET: Pemphigus vulgaire traité par l'association quinacrine, auréomycine. Bull. Soc. franç Derm. Syph. **61**, 314—317 (1954). — BRODTHAGEN, H.: Mepacrine and chloroquine in treatment of rosacea. Brit. J. Derm. **67**, 421—425 (1955). — BRODTHAGEN, H., and J. V. CHRISTIANSEN: Chronic polymorphic light eruptions treated with mepacrine. Brit. J. Derm. **67**, 146—148 (1955). — BROWN, E. A.: Zit. bei M. L. ROSENHEIM, J. Amer. med. Ass. **157**, 814 (1955). — BROWN, M. V.: Fogo selvagem (pemphigus foliaceus), Review of the brazilian literature. Arch. Derm. Syph. (Chicago) **69**, 589—599 (1954). — BRUNSTING, L. A.: Diskussionsbemerkung zu J. F. MADDEN 1954. — BRUNSTING, L. A., and J. H. EPSTEIN: Solar urticaria. Dermatologica (Basel) **115**, 171—180 (1957). — BUSEL, H., H. W. MOELLER and L. L. SEIF: The spectrometric determination of quinacrine hydrochloride (Atabrine). J. Amer. pharm. Ass. **34**, 291—292 (1945).

CAHN, M. M., E. J. LEVY and B. SHAFFER: Polymorphous light eruptions: The effect of chloroquine-phosphate in modifying reactions to ultraviolet light. J. invest. Derm. **26**, 201—207 (1956). — The use of amodiaquin (Camoquin R) in the treatment of polymorphous light eruption. Arch. Derm. Syph. (Chicago) **78**, 245—246 (1958). — The use of chloroquine diphosphate (Aralen R) and quinacrine (Atabrine R) hydrochloride in the prevention of polymorphous light eruptions. J. invest. Derm. **22**, 93—96 (1954). — CHESNEY, E. W., F. C. NACHOD and M. L. TAINTER: Rationale for the treatment of lupus erythematosus with antimalarials. J. invest. Derm. **29**, 97—105 (1957). — CHRISTIANSEN, J. V.: Treatment of lupus erythematosus with chloroquine. Therapeutic results and a comparison of the value of chloraquine and mepacrine. Brit. J. Derm. **68**, 157—169 (1957). — CHRISTIANSEN, J. V., and H. BRODTHAGEN: Treatment of polymorphic light eruptions with chloroquine. Brit. J. Derm. **68**, 204—208 (1956). — CHRISTIANSEN, J. V., and J. P. NIELSEN: Treatment of lupus erythematosus with mepacrine: Results and relapses during long observation. Brit. J. Derm. **68**, 73—87 (1956). — COLE jr., H. N., P. V. CHIVINGTON, H. N. COLE and J. R. DRIVER: Treatment of chronic discoid lupus erythematous with mepacrine. J. Amer. med. Ass. **183**, 1515 (1953). — CONNOR, S. K.: Systemic lupus erythematosus: Report of 12 cases treated with quinacrine (atabrine) and chloroquine (aralen). Ann. rheum. Dis. **16**, 76—81 (1957). Ref. Yearbook of Drug Therapy, H. Beckman. Chicago: Year Book Publ. 1958. — CORDERO, A. A., et P. H. MAGNIN: Contribution au traitement du lupus érythemateux par l'atebrine. Ref. Ann. Derm. Syph. (Paris) **83**, 84 (1956). — CORMIA, F. E.: Diskussion zu M. J. TYE u. Mitarb. 1958. — CORMIA, F. E., and M. H. NOUI: Treatment of pustular psoriasis and pustular bacterid with quinacrine (atabrine). Arch. Derm. Syph. (Chicago) **68**, 337—338 (1953). — CORNBLEET, TH.: Action of synthetic antimalarial drugs in psoriasis. J. invest. Derm. **26**, 435f. (1956[1]). — Discoid lupus erythematosus treated with plaquenil(R). Arch. Derm. Syph. (Chicago) **73**, 572—575 (1956[2]). — CORNBLEET, TH., S. BARSKY and L. HOIT: Skleroderma treated with chloroquine with some success. Arch. Derm. Syph. (Chicago) **77**, 610—611 (1956). — COURVILLE, C. J., and E. T. PERRY: Quinacrine (atabrine) in treatment of lupus erythematosus. Arch. Derm. Syph. (Chicago) **67**, 510f. (1953). — CRADDOCK, W. L.: Zit. H. L. ALEXANDER. — CRAMER, J. A., and G. M. LEWIS: Atabrine in the treatment of discoid lupus erythematosus. J. invest. Derm. **19**, 393—395 (1952). — CRISSEY, J. T., and

Ph. F. Murray: Comparison of chloroquine and gold in treatment of lupus erythematosus. Arch. Derm. Syph. (Chicago) **74**, 69—72 (1956). — Custer, R. P.: Aplastic anemia in soldiers treated with atabrine. Amer. J. med. Sci. **212**, 211 (1946).

Dainow, J.: Atébrine et lupus érythemateux. Action normalisatrice de se médicament sur le taux porphyrines. Dermatologica (Basel) **110**, 42f. (1955). — Daly, J. F.: Diskussion zu M. J. Tye u. Mitarb. 1958. — Davis, M. J., and D. E. v. d. Ploeg: Acute porphyria and coproporphyrinuria following chloroquine therapy. Arch. Derm. Syph. (Chicago) **75**, 796 (1957). — Dawes, G. S.: Synthetic substitutes for quinidine. Brit. J. Pharmacol. **1**, 90 (1946). Zit. Shelley and Arthur 1958. — Dearborn, E. H., F. E. Kelsey, F. K. Oldham and E. M. K. Geiling: Studies on antimalarials; the accumulation and excretion of atabrine. J. Pharmacol. exp. Ther. **78**, 120 (1943). — Dostrovsky, A., F. Sagher and H. A. Cohen: Pemphigus vulgaris and erythematosus under prolonged massive treatment with ACTH and steroids. In: Aktuelle Probleme der Dermatologie, Bd. I (R. Schuppli). Basel: S. Karger 1959. — Dubois, E. L.: Quinacrine (atabrine) in treatment of systemic and discoid lupus erythematosus. A.M.A. Arch. intern. Med. **94**, 131—141 (1954). — Effect of quinacine (atabrine) upon lupus erythematosus phenomenon. Arch. Derm. Syph. (Chicago) **71**, 570—574 (1955). — Systemic lupus erythematosus: Recent advances in its diagnosis and treatment. Ann. intern. Med. **45**, 163—184 (1956). — Duperrat, B., et R. Touraine: Pemphigus végétant traité par la méthode de M. Bolgert. Bull. Soc. franç. Derm. Syph. **60**, 423 (1953).

Ehring, F., u. O. H. Seege: Alter, Geschlecht und Heilungsneigung beim chronischen Erythematodes. Hautarzt **6**, 80—82 (1955). — Epstein, J. H., P. H. Forsham and E. Friedman: Effect of chloroquine on adrenal corticoid metabolism. J. invest. Derm. **32**, 109—114 (1959). — Escarpentier-Oriol, J., A. Carreras Bayés u. M. Sariols: Die Atebrin- und Resochinbehandlung der progressiven Polyarthritis chronica. Medinzinische **1955**, 1083—1086.

Finn, O. A.: Chronic discoid lupus erythematosus treated with antimalarial drugs. Brit. J. Derm. **66**, 31 (1954). — Flarer, F.: Zit. Ottolenghi-Lodigiani. — Flesch, P., and E. C. Jackson-Esoda: Defective epidermal protein metabolism in psoriasis. Arch. Derm. Syph. (Chicago) **76**, 393—401 (1957[1]). — Deficient water-binding in pathologic horny-layer. J. invest. Derm. **27**, 5—15 (1957[2]). — Fonzari, M.: Zit. M. V. Brown 1954. — Friderich, H., u. K. H. Rasp: Atebrinbehandlung des Lupus erythematodes. Z. Haut- u. Geschl.-Kr. **15**, 384—389 (1953). — Friesewinkel, H.: Medikamentöse Beeinflussung der Psyche — ein Problem unserer Zeit. Ärztl. Mitt. **44**, 798 (1959).

Gaté, J., J. Vayre et M. Guillot: Transformation remarquable d'un pemphigus par la cortison et l'auréomycine-quinacrine. Bull. Soc. franç. Derm. Syph. **64**, 413—414 (1957). — Georgier, G., u. B. Bajdekoff: Experimentelle Untersuchungen über die sensibilisierende Wirkung des Atebrins. Derm. Wschr. **139**, 305—308 (1959). — Ginsberg, E.: Zit. Cornbleet, Barsky u. Hoit 1956. — Ginsberg, J. E., and P. L. Shallenberger: Wood's light flourescence phenomenon in quinacrine medication. J. Amer. med. Ass. **131**, 808f. (1946). — Götz, H.: Die Acrodermatitis chronica atrophicans Herxheimer als Infektionskrankheit. Hautarzt **5**, 491—504 (1954). — Goldman, L., D. P. Cole and R. H. Preston: Chloroquine diphosphate in treatment of discoid lupus erythematodes. J. Amer. med. Ass. **152**, 1428 (1953). — Goode, P.: Plaquenil in the treatment of cutaneous lupus erythematodes. Brit. J. Derm. **70**, 176—178 (1958). — Goodman, L. S., and A. Gilman: The pharmacological basis of therapeutics. New York: Macmillan & Co. 1955. — Graciansky, P. de, et Ch. Grupper: Pigmentation anormale cutanéo — muqueuse et sous — unguéale au cours du traitement par la nivaquine et la flavoquine de deux cas de L. E. chronique. Bull. Soc. franç. Derm. Syph. **63**, 444—446 (1956). — Zit. J. J. Meyer u. Schmidt 1954. — Granirer, L. W.: Exfoliative dermatitis as a complication of chloroquine (aralen) therapy in rheumatoid arthritis. Arch. Derm. Syph. (Chicago) **77**, 722—724 (1958). — Gross, B. A.: Eosinophilic granuloma sine eosinophilia, lymphocytic infiltration of the skin (Jessner). Arch. Derm. Syph. (Chicago) **69**, 638—639 (1954). — Grüneberg, Th., u. A. Szakall: Über den Gehalt an Schwefel und wasserlöslichen Bestandteilen in der verhornten Epidermis bei normaler und pathologischer Verhornung. Arch. Derm. Syph. (Berl.) **201**, 361—377 (1955). — Grupper, Ch.: Lupus érythemateux et antipaludiques de synthèse. Expérience personelle avec la nivaquine. Les avantages sur la quinacrine a propos de 36 cas. Bull. Soc. franç. Derm. Syph. **60**, 423 (1953). — Collagénoses, endocardites malignes. Therapeutique des affections vasculaires. XXXI. Congr. Franc. de Medicine. Paris: Masson & Cie. 1957. — Accidents cutanés dues à la nivaquine au cours du traitement d'un lupus érythemateux chronique. Bull. Soc. franç. Derm. Syph. **64**, 343f. (1957). — Les incidents et les accidents de la chloroquine ou nivaquine dans le traitement du lupus érythemateux. In: Aktuelle Probleme der Dermatologie, Bd. I, herausgeg. von R. Schuppli. Basel: S. Karger 1959.

Harvey, G., and Th. Cochrane: The treatment of lupus erythematosus with mepacrine. J. invest. Derm. **21**, 99—104 (1953). — The Treatment of lupus erythematosus with chloroquine sulfate. J. invest. Derm. **22**, 89—91 (1954). — Haserick, J. R., and K. H. Burdick:

Systemic lupus erythematosus: Failure of quinacrine to maintain cortisone- and corticotropin induced remission. Arch. Derm. Syph. (Chicago) **68**, 340—341 (1953). — HAUSCHILD, F.: Pharmakologie und Grundlagen der Toxikologie. Leipzig: Georg Thieme 1956. — HECHT, G.: Die Verteilung des Atebrins im Organismus. Naunyn-Schmiedeberg's Arch. exp. Path. Pharmak. **183**, 87 (1936). — HELANEN, S.: Treatment of chronic discoid lupus erythematosus with atebrine. Acta derm,-venereol. (Stockh.) **34**, 59—66 (1954). — HERRMANN, F., and O. B. MILLER: Pharmacologic and pathogenetic effects of mepacrine chloride (atabrine) upon the human skin. I. Clinical and experimental observations. Acta derm.-venereol. (Stockh.) **32**, 304 (1952). — II. Microscopic studies of vital staining effects in the skin. Acta derm.-venereol. (Stockh.) **32**, 317 (1952). — HERZBERG, J. J., u. B. ROHDE: Über den Mechanismus der Blasenbildung . I. Nachweis der proteolytischen Aktivität des Blaseninhaltes. Dermatologica (Basel) **118**, 396 (1959). — HOLLANDER, A.: Diskussion zu M. J. TYE u. Mitarb. 1958. — HUFF, ST. H.: Acrodermatitis chronica atrophicans treated with chloroquine. Arch. Derm. Syph. (Chicago) **72**, 132 (1955). — HURIEZ, CL.: Diskussionsbemerkung zu CH. GRUPPER. Bull. Soc. franç. Derm. Syph. **60**, 423 (1953).

INMAN, P. M., and B. GORDON: Mepacrine in rosacea. Acta derm.-venereol. (Stockh.) **35**, 446—452 (1955).

KAHLSTORF, A.: Über eine Leberschädigung durch hohe Atebrindosen. Klin. Wschr. **24**, 632 (1947). — KIERLAND, R. R., L. A. BRUNSTING and P. A. O'LEARY: Quinacrine hydrochloride (atabrine) in the treatment of lupus erythematosus. Arch. Derm. Syph. (Chicago) **68**, 651—663 (1953). — KIERLAND, R. C., C. SHEARD, H. L. MASON and W. C. LOBITZ: Fluorescence of nails from quinacrine hydrochloride. J. Amer. med. Ass. **131**, 809f. (1946). — KIMMIG, J.: Fortschritte der praktischen Dermatologie von A. MARCHIONINI, Bd. III. Pathogenese und Therapie des Erythematodes und des Kaposi-Libman-Sacks-Syndroms. Berlin-Göttingen-Heidelberg: Springer 1960. — KNIERER, W.: Über Veränderung der Haarfarbe nach peroraler Behandlung mit Resochin. Zit. ALVING u. Mitarb. 1948, Aufhellung der Haarfarbe unter Resochin. Derm. Wschr. **131**, 653 (1955). — KNOX, J. M., J. H. LAMB, B. SHELMIRE and R. MORGAN: Light sensitive eruptions treated with atabrine and chloroquine. J. invest. Derm. **22**, 11—16 (1954). — KÖNIG, K., u. G. FUHRMANN: Über die Resorption des Malariamittels Resochin (Chloroquin) beim Menschen. In: Medizin und Chemie, Bd. V. Weinheim: Chemie Verlag 1956. — KRON, R.: Chloroquine als Antirheumaticum. Hyg. et Méd. **16**, 364 (1958). — KURNICK, N. B.: Rational therapy of systemic lupus erythematosus. A.M.A. Arch. intern. Med. **97**, 562—575 (1956).

LANGE, K., and M. J. MATZER: The distribution of atabrine in the blood, the skin and its appendages. J. Lab. clin. Med. **31**, 742 (1946). — LANGHOF, H., u. D. MUTING: Über Aminosäurenhaushalt und BAL-Therapie der Lichtdermatosen. Hautarzt **6**, 27 (1955). — LANGLO, L.: The efficiency of local application of chloroquin and mepacrine preventing the effects of ultraviolet rays. Acta derm.-venereol. (Stockh.) **37**, 85—87 (1957). — LAPIÈR, J., et H. v. LAUWENBERGE: Influence du traitement par nivaquine sur le taux des corticosteroides sanguins et urinaires dans un cas de lupus érythémateux aigu disséminé. Arch. belges Derm. **12**, 1—9 (1956). — O'LEARY, P. A., L. A. BRUNSTING and R. R. KIERLAND: Quinacrine (atabrine) hydrochloride in treatment of discoid lupus erythematosus. Arch. Derm. Syph. (Chicago) **67**, 633—634 (1953). — LEEPER, R. W., and M. F. ALLENDE: Antimalarials in the treatmen) of discoid lupus erythematosus. Spezial reference to amodiaquin. Arch. Derm. Syph. (Chicagot **73**, 50—57 (1956). — LEONI, A.: Effects of chloroquine on erythematous reaction to phenol in patients with chronic lupus erythematosus. Ref. Year Book Dermat. Syph., Chicago 1956/57. R. L. BAER and V. H. WITTEN. — LEONI, A., M. MARSON et C. ROSSITI: Récherches expérimentales sur le méchanisme d'action de la chloraquine: Action de la chloroquine sur les phénomènes de diffusion. Ref. Ann. Derm. Syph. (Paris) **84**, 367 (1957). — LERNER, M. R., and A. B. LERNER: Dermatologic medications. Chicago: Yearbook Publ. Health 1954. — LEWIS, G. M.: Pustular psoriasis. Arch. Derm. Syph. (Chicago) **69**, 127f. (1954). — LEWIS, H. J.: Chloroquine sulfate in treatment of chronic discoid lupus erythematosus. Ref. Brit. J. Derm. **68**, 70 (1956). — LEWIS, M., and M. FRUMESS: Plaquenil. In: Treatment of discoid lupus erythematosus. Preliminary report. Arch. Derm. Syph. (Chicago) **73**, 576 (1956). — LINDEN, S. H., C. G. STEFFEN, V. C. NEWCOMER and M. CHAPMAN: Development of porphyria during chloroquine therapy for chronic discoid lupus erythematosus. Calif. Med. **81**, 235 (1954). — LINSER, K.: Behandlung des Lupus erythematodes mit Plasmochin. Zbl. Haut- u. Geschl.-Kr. **48**, 273 (1934). — Lupus erythematodes und Plasmochinbehandlung. Zbl. Haut- u. Geschl.-Kr. **58**, 85 (1938). — LIVINGOOD, C. C.: Dermatologic problems in the returning veteran. Penn. med. J. **50**, 581 (1947). — LIVINGOOD, C. S., and F. R. DIEMAIDE: Evaluation of untoward reactions attributable to atabrine. J. Amer. med. Ass. **129**, 1091 (1945). — LOEWENTHAL, L. J.: Tropical lichenoid dermatitis. Arch. Derm. Syph. (Chicago) **56**, 868 (1947). — LOUTRE, P. LE: Deux cas des xeroderma pigmentosum traités par la nivaquine. Bull. Soc. franç. Derm. Syph. **64**, 425—426 (1957). — LUBOWE, L.: Scleroderma treated with chlorquine. Arch. Derm. Syph. (Chicago) **72**, 76f. (1955). — LUDWIG, E.: Über die Wirksamkeit der Antibiotica Streptomycin und Tetracyclin bei der Behandlung der Acrodermatitis atrophicans Herxheimer als Infektionskrankheit. Arch. klin. exp. Derm. **201**, 495—506 (1955).

MADDEN, J. F.: Chronic discoid lupus erythematosus successfully treated with chloraquine diphosphate. Arch. Derm. Syph. (Chicago) **70**, 386—387 (1954). — MALKINSON, F. D.: Therapeutische Umfrage: Bei welchen Dermatosen ist eine Behandlung mit Prednison bzw. Prednisolon angezeigt und vertretbar. Derm. Wschr. **137**, 92—97 (1958). — MARSDEN, C. W.: Porphyria during chloroquine therapy. Brit. J. Derm. **71**, 219—222 (1959). — MARSHALL, J.: Mépacrine et lucites. Bull. Soc. franç. Derm. Syph. **60**, 73f. (1953). — MARTENSTEIN, H.: Vortr. Schles. Dermat. Ges. Breslau, 19. 11. 1927. — Lupus erythematodes subacutus und tuberkulöse Halslymphdrüsenschwellung. Behandlung mit Plasmochin. Zbl. Haut- u. Geschl.-Kr. **27**, 248f. (1928). — MARTIN, G. J.: Biological antagonisme. New York: Blakiston Cp. 1951. Zit. B. GLASSON, Méd. et Hyg. **15**, 221 (1957). — MARTIN, J.: Place de la nivaquive dans le traitement du lupus erythémateux. Edit. Annequin, Lyon, 1955. — MAZARE, MARTIN-NOEL et GILBERT: A propos d'une observation de lupo-érythé-mato-viscérite aigue traitée par la nivaquine. XXXI. Congr. de Médecine. Paris: Masson & Cie. 1957. — MICHELSON, H. E.: Review and appraisal of present knowledge concerning Lupus erythematosus. Arch. Derm. Syph. (Chicago) **69**, 694—708 (1954). — MIDANA, A., and M. DEPAOLI: Combination of chloroquine and prednisone in treatment of lupus erythematosus. Dermatologica (Basel) **115**, 677—680 (1957). — MIESCHER, P.: Die Serologie des visceralen Erythematodes. In R. SCHUPPLI, Aktuelle Probleme der Dermatologie, Bd. I. Basel: S. Karger 1959. — MILLER, O. B., F. HERRMANN and J. RUBIN: The effects of mepacrine hydrochloride upon the skin. J. invest. Derm. **15**, 445 (1950). — MONTEL, L. R.: Zit. CH. GRUPPER 1953. — MÜSSBICHLER: Experientia (Basel) **7**, 185 (1951). — MULLINS, J. F., F. L. WATTS and C. J. WILSON: Plaquenil in the treatment of Lupus erythematosus. J. Amer. med. Ass. **161**, 879 (1956). — MUSCORDIN, L.: La chloroquine dans le lupus érythémateux chronique. Ref. Ann. Derm. Syph. (Paris) **83**, 87 (1956). — MUSTAKALLIS, K. K.: Distribution of quinacrine in human tissues, as visualized by fluorescent microscopy. Acta derm.-venereol. (Stockh.) **34**, 93—101 (1954).

NAGY, E., and E. É. BALOGH: Clinical findings for the treatment of Mucha-Habermann disease with acridine and chinoline derivatives. Dermatologica (Basel) **118**, 391—396 (1959). NAGY, E., u. L. KOSĆAR: Untersuchungen über die antihistaminartige Wirkung des Atebrins. Derm. Wschr. **133**, 265—269 (1956). — NAGY, E., L. KOSĆAR, J. JÓKAY, C. HADHÁZY u. K. TUZA: Neuere Daten zum Wirkungsmechanismus des Atebrins. Dermatologica (Basel) **115**, 143—148 (1957). — NELSON, C. T., and M. BRODEY: Cortison and corticotropin treatment of pemphigus: experience with 28 cases over a period of 5 years. Arch. Derm. Syph. (Chicago) **72**, 495—505 (1955).

OBSTFELDER, E.: Die entzündungswidrige und lichtschützende Wirkung des Atebrins und Resochins. Inaug.-Diss. Hamburg 1959. — OLIVER, L., et E. REBOUL: Tolérance de la nivaquine et traitement le longue durée du lupus érythémateux. Bull. Soc. franç. Derm. **64**, 423f. (1957). — OTTOLENGHI-LODIGIANI, F.: Risultati con trattamento del lupo eritematoso fisso con iniozioni intradermiche di derivati acridinici. Rass. Derm. Sif. **12**, 19 (1949). Ref. Ann. Derm. Syph. (Paris) **78**, 623 (1951). — Eine Behandlungsart des Lupus erythematodes chronicus: Die örtliche intradermale Infiltration mit Antimalariamitteln. Hautarzt **6**, 24—27 (1955).

PAGE, F.: Treatment of lupus erythematosus with mepacrine. Lancet **1951 I**, 755—758. — PAPPENFORT, R. B., and J. H. LOCKWOOD: Amodiaquin (camoquin[R]) in treatment of chronic discoid lupus erythematosus. Preliminary report; with spezial reference to successful response of patients resistant to other antimalarial drugs. Arch. Derm. Syph. (Chicago) **74**, 384—386 (1956). — PARMER, L. G., and A. SAWITZKY: Fatal aplastic anaemia following quinacrine therapy in chronic discoid lupus erythematousus. J. Amer. med. Ass. **153**, 1172 (1953). — PASCHOUD, J. M.: Die Lymphadenosis benigna cutis als übertragbare Infektionskrankheit. Neue Gesichtspunkte über Verlauf, Histologie und Therapie. Hautarzt **8**, 197 bis 211 (1957). — PEGUM, J. S.: Vitiligo treated with mepacrine. Brit. J. Derm. **65**, 324—325 (1953). — PELLERAT, J., L. BOURGEOIS et H. RIVES: Sur l'évulotion des dermites professionelles à la chlorpromazine. Bull. Soc. franç. Derm. Syph. **64**, 417—418 (1957). — PICARD, J.: Chronic discoid lupus erythematosus. Arch. Derm. Syph. (Chicago) **69**, 388f. (1954). — PIEPER, H. G.: Diskussionsbemerkung zum Vortrag SPEER. Derm. Wschr. **133**, 129 (1956). — PILLSBURY, D. M., and C. JACOBSON: Treatment of chronic discoid lupus erythematosus with chloroquine (aralen). J. Amer. med. Ass. **154**, 1330—1333 (1954). — PIRILÄ, V., and S. HELANEN: Trial of chloroquine in treatment of Lichen planus. Acta derm.-venereol. (Stockh.) **38**, 194—197 (1958). — PIRILÄ, V., S. HELANEN u. J. HELLE: Chlorochinbehandlung des Lupus erythematosus discoides und des Lichtekzems. Ann. Derm. Syph. (Paris) **84**, 366 (1957). Ref. Derm.Wschr. **135**, 102 (1957).— POPOFF, L., u. M. KUTINSCHEFF: Die Atebrinbehandlung des chronischen Erythematodes. Derm. Wschr. **116**, 186 (1943). — PRAKKEN, J. R., and S. M. C. M. WALLE: Treatment of chronic discoid lupus erythematosus with chlorquine.

Dermatologica (Basel) **108**, 198—202 (1954). — PRENDES, M. A. G., C. VALHUERDI-FERNÁNDEZ and R. CRUZ-BAÉZ: Atabrine(R) in treatment of lepra reaction. Ref. Year Book Dermat. Syph., Chicago 1956/57. — PRENDINA, L.: L'atébrine dans le traitément du lupus érythémateux chronique. Ref. Ann. Derm. Syph. (Paris) **83**, 84 (1956). — PROKOPTSCHOUK, A. J. A.: Die Behandlung des Lupus erythematosus mit Acrichin. Ref. Zbl. Haut- u. Geschl.-Kr. **66**, 112 (1941). — PÜRCKHAUER: Bericht über Plasmochinbehandlung eines Lupus erythematodes. Zbl. Haut- u. Geschl.-Kr. **55**, 191 (1937).

QUIÑONES, P. A., et N. RUIZ-MARTIN: Psychoses toxiques dans le traitement du lupus érythémateux par l'atabrine. Ref. Ann. Derm. Syph. (Paris) **83**, 85 (1956).

RAMOS e SILVA, J.: Traitement du lupus érythémateux par la chloroquine. Ref. Ann. Derm. Syph. (Paris) **83**, 87 (1956). — REHTIJÄRVI, K.: Two cases of chronic disseminated lupus erythematosus treated successively with ACTH, cortisone and chloroquine. Acta derm. venereol. (Stockh.) **37**, 242—249 (1957). — REISS, F.: Kaposi's sarcoma of the scrotum treated with quinacrine (atabrine). Arch. Derm. Syph. (Chicago) **70**, 368—369 (1954). — REZNICK, L., W. F. LEVER and C. N. FRAZIER: Treatment of pemphigus with ACTH, cortisone and prednisone. Results obtained in 25 cases over a period of 5 years. New Engl. J. Med. **255**, 305—315 (1956). — RICHTER, R., u. L. TAT: Untersuchungen zur Therapie der Rosacea mit Resochin. Z. Haut- u. Geschl.-Kr. **19**, 211—215 (1955). — ROGERS, J., and O. A. FINN: Synthetic antimalaıial drugs in chronic discoid lupus erythematosus and light eruptions. Arch. Derm. Syph. (Chicago) **70**, 61—66 (1954). — Relapse in discoid lupus erythematosus treated with antimalarial drugs. Arch. Derm. Syph. (Chicago) **74**, 387—388 (1956). — ROSENHEIM, M. L.: Sensitivity reaction to drugs. Symposion. Oxford: Blackwell Sci. Publ. 1958. — ROTHMAN, ST.: Physiology and Biochemistry of the skin. Chicago, Ill.: Chicago University Press 1954. — Clinical implications of skin encyme systems. Arch. Derm. Syph. (Chicago) **76**, 277—282 (1957). — RUST, S.: Elektrophoretische Untersuchungen bei der Atebrinbehandlung des Erythematodes chron. discoides. Z. Haut- u. Geschl.-Kr. **19**, 193 (1955). — RUST, S., H. KRÜGER u. F. LEBMANN: Die Behandlung des chronischen Erythematodes. Literaturübersicht und Mitteilung eigener Ergebnisse. Z. Haut- u. Geschl.-Kr. **19**, 97—104 (1955). — RYAN, M. and J. GOODMAN: Chronic discoid lupus erythematosus. Arch. Derm. Syph. (Chicago) **69**, 635f. (1954).

SAMITZ, M. H.: Sarcoidosis with bone involvement of the digits treated with chloroquine. Arch. Derm. Syph. (Chicago) **70**, 679 (1954). — SAMITZ, M. H., A. SATANOVE and B. KIRSHBAUM: Sarcoidosis treated with quinacrine hydrochloride. Arch. Derm. Syph. (Chicago) **68**, 472—473 (1953). — SAUNDERS, T. S., T. B. FITZPATRICK, M. SEIJI, P. BRUNET and E. E. ROSENBAUM: Decrease in human hair color and feather pigment in towl following chloraquine diphosphate. J. invest. Derm. **33**, 87—90 (1959). — SAVAGE, J.: Lichenoid dermatitis due to chloroquine. Brit. J. Derm. **70**, 181 (1958). — SAWICKY, H. H., N. B. KANOF, M. G. SILVERBERG, M. BRAITMAN and B. KALISH: Therapeutic assays of the skin and cancer unit of the New York University Hospital. J. invest. Derm. **19**, 397—404 (1952). — SCHAMBERG, J. L.: Studies on atabrine dermatitis. I. Long term observation of veterans with permanent atrophic residua of the disease. J. invest. Derm. **17**, 85 (1951). — Studies on post atabrine dermatitis. II. Permanent anhidrisis, anhidrotic asthenia and prolonged dermatitis following atabrine dermatitis. J. invest. Derm. **21**, 279—293 (1953). — SCHMIDT, C. L.: Present status of quinacrine (atabrine) dermatitis. Report of six cases. Arch. Dermat. Syph. (Chicago) **59**, 16—21 (1949). — SCHREINER, H.: Persönliche Mitteilung. — SCHWARTZ, N.: Zit. N. THYRESSON, Acta derm.-venereol. (Stockh.) **29**, 572 (1949). — SCOTTI, C.: La chlorochina nella terapia dell'eritematode. Dermatologia (Napoli) **6**, 97—102 (1955). — SCULLY, J. P.: Coup de sabre -linear sclerodermia treated with chloroquine. Arch. Derm. Syph. (Chicago) **70**, 676f. (1954). — SERRI, F., et C. C. TINOZZI: L'atébrine dans le traitement du lupus érythémateux. Ref. Ann. Derm. Syph. (Paris) **81**, 276 (1954). — SHAFFER, B., M. M. CAHN and E. J. LEVY: Absorption of antimalarial drugs in human skin. Analysis in Epidermis and corium. J. invest. Derm. **30**, 341—345 (1958). — Sarcoidosis apparently cured by quinacrine (atabrine) hydrochloride. Arch. Derm. Syph. (Chicago) **67**, 640—641 (1953). — SHARVILL, D., R. BETTLEY, L. FORMAN and H. R. VICKERS: Acute disseminated lupus erythematosus. Brit. J. Derm. **65**, 23f. (1952). — SHEE, J. C.: Lupus erythematosus treated with chloroquine. Lancet **1953 II**, 201f. — SHELLEY, W., P. HORVATH and D. M. PILLSBURY: Anidrosis, an etiologic interpretation. Medicine (Baltimore) **29**, 195 (1950). — SHELLEY, W. B., and R. P. ARTHUR: The failure of chloraquine to stimulate the human adrenal cortex. J. invest. Derm. **31**, 109—115 (1958). — SOMMERVILLE, J., D. C. DEVINE and J. C. P. LOGAN: Lupus erythematosus treated with mepacrine. Brit. J. Derm. **64**, 417—419 (1952). — SORINSON, N. S.: Acridin in therapy of lupus erythematosus. Zit. bei MCCHESNEY u. Mitarb. 1941. — STEIGLEDER, G., u. H. SCHULTIS: Experimentelle Untersuchungen zur Epidermisverbreiterung. Arch. klin. exp. Derm. **202**, 567—576 (1956). — STOUGHTON, R. B.: Disruption of epithelial cells by heat and specific chemical agents. J. invest. Derm. **27**, 395—404 (1956[1]). — Zit. CORNBLEET, BARSKY u. HOLT 1956[2]. — STOUGHTON, R. B., and N. NOVAK: Disruption of tonofibrills and intercellular bridges by disulfide-splitting agents. J. invest. Derm. **26**, 127 bis 137 (1956). — SULZBERGER, M. B.: Editorial i. year book of dermatology and syphilology. New York: Year Book Publ. 1952. — SULZBERGER, M. B., and F. HERRMANN: The clinical significance of disturbances in the delivery of sweat. Springfield, Ill.: Ch. C. Thomas 1954. — SZAKALL, A.: Über die Eigenschaften, Herkunft und physiologischen Funktionen der die H-Ionenkonzentration bestimmenden Wirkstoffe in der verhornten Epidermis. Arch. Derm. Syph. (Berl.) **201**, 331—360 (1955).

TELLER, H.: Persönliche Mitteilung. — TÉMINE, P.: Particularités hématologiques dans le lupus érythemateux chronique. Constelation d'un certain degré d'hypo-prothrombinémie et des effets de la nivaquine sur celle-ci. Bull. Soc. franç. Derm. Syph. **61**, 473—475 (1954). — TEODORESCU, ST., A. BĂDĂNIOU u. G. GHEORGHIU: Über einen eigenartigen Zwischenfall im Verlaufe der Behandlung der cutanen Poryphrie des Erwachsenen mit synthetischen, weißen Antipaludika. Derm. Wschr. **139**, 445—450 (1959). — THIEL, E.: Zur Atebrinbehandlung des chronischen Lupus erythematodes. Derm. Wschr. **132**, 889—897 (1955). — Beitrag zur Resochinbehandlung des chronischen Lupus erythematodes. Derm. Wschr. **133**, 660—667 (1956). — THIERS, J., D. COLOMB, J. FAYOLLE, B. TAINE et G. MOULIN: Porphyric cutanée tardive de l'adulte avec de charges porphyrinuriques aignes fébriles. Bull. Soc. franç. Derm. **64**, 302f. (1957). — THIES, W.: Klinische Erfahrungen bei der Behandlung des chronischen Erythematodes mit Atebrin. Hautarzt **5**, 269—273 (1954). — THYRESSON, N.: The penicillin treatment of acrodermatitis atrophicans chronic (Herxheimer). Acta derm.-venereol. (Stockh.) **29**, 572 (1949). — TRONNIER, H., u. A. AZINI-HAMID: Über die UV-Reaktion an der menschlichen Haut. Z. Haut- u. Geschl.-Kr. **22**, 22 (1957). — TYE, M. J., H. B. ANSELL, M. WOLF, B. APPEL and B. SCHIFF: Treatment of chronic lupus erythematosus: Effectiviness of plaquenil and A. P. A. (aralen 65 mg, plaquenil 50 mg, atabrine 25 mg) as compared with aralen, with observations of side reactions and toxicity. Report and presentation of unusual cases. Arch. Derm. Syph. (Chicago) **77**, 454—456 (1958). — TYE, M. J., B. SCHIFF, S. F. COLLINS, G. R. BALER and B. APPEL: Chronic discoid lupus erythematosus. Treatment with daraprim and chloroquine diphosphate. Ref. Brit. J. Derm. **66**, 463 (1954).

VIEIRA, J., u. M. FONZARI: 1947, zit. M. V. BROWN 1954. — VILANOVA, X.: Atebrin und Chloroquin in der Behandlung des Erythematodes und der durch Lichtempfindlichkeit hervorgerufenen Dermatosen. Klin. Wschr. **32**, 905—912 (1954). — VILANOVA, X., et F. DULANTO: Le traitement du lupus érythémateux chronique par les infiltrations de musonate d'atébrine. Bull. Soc. franç. Derm. Syph. **60**, 249—251 (1953). — VILANOVA, X., et J. M. DE MORAGAS: Lupus érythémateux et atébrine un cas de mort. Ann. Derm. Syph. (Paris) **80**, 360—362 (1953).

WALTHER, D.: Resochinbehandlung des chronischen Erythematodes; klinisch-therapeutische Mitteilung. Hautarzt **6**, 275f. (1955). — WELLS, G. C.: Treatment of chronic discoid lupus erythematosus with atabrine. J. invest. Derm. **19**, 405—407 (1952). — WESENER, G.: Über das Auftreten von Psychosen nach Atebrinbehandlung des Erythematodes. Derm. Wschr. **131**, 457—461 (1955). — WILSON, H. T. H.: Exfoliative Dermatitis. Arch. Derm. Syph. (Chicago) **69**, 577—588 (1954). — WISKEMANN, A., u. H. KOCH: (1) Lichtschutztests und Behandlungsversuche mit Atebrin- und Resochinsalben. Vortrag 1957, Hamburg. — (2) Experimentelle und klinische Untersuchungen zum Wirkungsmechanismus des Atebrins und Resochins beim chronischen Erythematodes. Hautarzt **9**, 215—218 (1958). — WITTLE, C. H., and J. L. MOFFAT: (1) Acridines in the treatment of mykosis fungoides. Brit. J. Derm. **66**, 361 (1954). — (2) Lymphoma of mykosis fungoides type treated with mepacrine. Brit. J. Derm. **66**, 324—326 (1954). — WOODBURNE, A. R., O. S. PHILPOTT and J. A. PHILPOTT jr.: Quinacrine (atabrine) in treatment of solar dermatoses. Arch. Derm. Syph. (Chicago) **70**, 116—118 (1954).

YOUNG, E.: Melanosis caused by camoquin. Dermatologica (Basel) **116**, 389 (1958[1]). — Melanosis due to camoquin. Ned. T. Geneesk. **102**, 1088—1092 (1958[2]).

ZAKON, S. J., and J. GERSHENSON: Treatment of lupus erythematosus with acriquine. Arch. Derm. Syph. (Chicago) **71**, 520f. (1955). — ZELLER, F.: Zur Behandlung des chronischen Erythematodes mit Atebrin. Hautarzt **4**, 384—387 (1953). — ZELLER, R. W.: Chloraquine: Complications au niveau de la cornée. Ref. Méd. et Hyg. **17**, 60 (1959). — ZIERZ, P.: Neuere Erfahrungen mit Resochin in der Dermatologie. Ärztl. Praxis. **11**, H. 9 (1959). — ZIERZ, P., u. M. KANTNER: Neurohistologische Veränderungen beim Lichen sclerosus atrophicans. Derm. Wschr. **138**, 1145—1151 (1958). — ZORN, B., u. A. MANKEL: Antirheumatische Wirkung einiger Derivate des 2-phenyl-4-(oxyacetyl)-chinolins, geprüft an der Formaldehydarthritis der Ratte. Naunyn-Schmiedeberg's Arch. exp. Path. Pharmak. **223**, 362 (1954).

C. Neuroplegica

ALEXANDER, L.: Therapeutic process in electro shock and the newer drug therapies. J. Amer. med. Ass. **162**, 966 (1956). — ALLGÖWER, M., u. J. SIGRIST: Verbrennungen. Pathophysiologie, Pathologie, Klinik, Therapie. Berlin: Springer 1957. — ANDERSON, T. E., and D. CHALMERS: A trial of trimeprazine in itching dermatoses. Brit. J. Derm. **71**, 214—218 (1959).

Baer, R. L., R. Bersani and A. Pelzig: The effect of reserpine on urticaria pigmentosa. J. invest. Derm. **32**, 5f. (1959). — Bahrs, G.: Megaphenkontaktdermatitis. Hautarzt **7**, 266—270 (1956). — Bartholomew, L. G., and J. C. Cain: Abdominal pain following use of chlorpromazine. J. Amer. med. Ass. **163**, 733f. (1957). — Becker, F. T., M. G. Fredricks, J. F. Schmid and J. L. Taura: An evaluation of meprobamate in the management of selected dermatoses. Arch. Derm. Syph. (Chicago) **77**, 406ff. (1958). — Benitte, A.: Pharmakologische Hibernation. Naunyn-Schmiedeberg's Arch. exp. Path. Pharmak. **222**, 20 (1954). — Bente, D.: Klinische Gesichtspunkte zur Wirkungsweise der neuroleptischen Behandlungsverfahren. Mercks Jber. **70** (1956/57). — Berger, F. M.: The chemistry and mode of action of tranquilizing drugs. In: Meprobamate and other agents used in mental disturbances. O. v. St. Whitelock, Ann. N.Y. Acad. Sci. **67**, Art. 10 (1957). — Berger, F. M., G. L. Campbell, C. D. Hendley, B. J. Ludwig and T. E. Lynes: The action of tranquilizers on brain potentials and Serotonin. In: The pharmacology of psychotomimetic and psychotherapeutic drugs. New York 1957. — Berger, M., H. J. Strecker and H. Waelsh: The biochemical effects of psychotherapeutic drugs. In: The pharmacology of psychotomimetic and psychotherapeutic drugs. O. v. St. Whitelock. Ann. N.Y. Acad. Sci. **66**, Art. 3 (1957). — Birt, A. R., and M. Nickerson: Generalized flushing of the skin with urticaria pigmentosa. Arch. Derm. Syph. (Chicago) **80**, 311—317 (1959). — Bolgert, M., R. Poisson et M. Soule: Psychosomatique et psoriasis. Ann. Derm. Syph. (Paris) **78**, 570f. (1951). — Bolgert, M., et M. Soule: Psychosomatique et dermatoses. Bull. Soc. franç. Derm. Syph. **58**, 409 (1951). — Bolgert, M., M. Soule et Mme. Tramichel: Tests psychologiques chez de jeunes psoriasiques. Bull. Soc. franç. Derm. Syph. **58**, 411 (1951). — Bonnet, J., H. Fouquet et A. Florens: Lichen plan et réserpine. Bull. Soc. franç. Derm. Syph. **63**, 302 (1956). — Borelli, S.: Umfrage: Welche Bedeutung besitzen die Phenothiazine für die Behandlung von Hautkrankheiten. Derm. Wschr. **134**, 1245—1252 (1956). — Borrus, J. C.: Study of effect of Miltown on psychiatric states. J. Amer. med. Ass. **157**, 1596—1598 (1955). — Boucaud, P., de le Coulant, L. Texier et Fourniol: Accidents de photosensibilisation chez des malades mentaux, traités par hautes doses de largactil. Bull. Soc. franç. Derm. **62**, 245 (1955). — Brachfeld, J., and E. C. Bell: Stomatitis and proctitis due to meprobamate. J. Amer. med. Ass. **169**, 1321 (1959). — Brehmer, G., u. K. T. Ruckdeschel: Zur Technik der Winterschlafbehandlung. Dtsch. med. Wschr. **78**, 1724 (1953). — Brodie, B. B., A. Pletscher and P. A. Shore: Serotonin-releasing activity limited to Rauwolfia-alcaloids with tranquilizing action. Science **123**, 992—993 (1956).

Cahn, M. M., and E. J. Levy: Ultraviolet light in chlorpromazine dermatitis. Arch. Derm. Syph. (Chicago) **75**, 38—40 (1957). — Canary, J. J., and M. Schaaf: The effects of reserpine in hyperthyreoidism. Clin. Res. Proc. **5**, 12 (1957). — Carmel jr., W. J., and T. Dannenberg: Nonthrombocytopenic purpura due to Miltown. New Engl. J. Med. **255**, 770f. (1956). — Cerletti, A.: Quelques aspects nouveaux de la pharmacologie du système nerveux végétatif. Méd. et Hyg. **15**, 6 (1957). — Neuere Aspekte der Pharmakologie des vegetativen Nervensystems. Schweiz. med. Wschr. **86**, 1293 (1956). — Clark, L. D.: Further studies of psychologic effects of frenquel (R) and critical review of previous reports. J. nerv. ment. Dis. **123**, 557—560 (1956). — Cohen, J. M.: Complications of chlorpromazine therapy. Amer. J. Psychiat. **113**, 115—121 (1956). — Cohen, J. M., and J. D. Archer: Liver function and hepatic complications in patients receiving chlorpromazine. J. Amer. med. Ass. **159**, 99 (1955). — Cottini, S.: Possibilità di uso in dermatologia di un alcaloide della rauwolfia serpentina Benth. Dermatologia (Napoli) **6**, 33 (1955). — *Council of pharmacy and chemistry:* Hydroxyzine hydrochloride. J. Amer. med. Ass. **162**, 205 (1956[1]). — Meprobamate. J. Amer. med. Ass. **160**, 1405 (1956[2]).

Davies, G. E.: Chemical structure and pharmacodynamic action in relation to drug sensitivity. In: Sensitivity reactions to drugs. A. Symposium. Oxford: Blackwell Sci. Publ. 1958. — Delay, J., P. Deniker et T. Lemperiere: Les nouvelles chimiothérapies des états dépressifs et mélancoliques. Presse méd. **67**, 923 (1959). — Deniker, P., et M. Ropert: Principaux types de médicaments psychiques modernes. Méd. et Hyg. **18**, 222—224 (1960). — Dews, P. B.: Drugs affecting behavior. In: Victor A. Drill, Pharmacology in medicine, 2. Aufl., New York: McGraw-Hill Book Comp. 1958. — Dickel, H. A., and H. H. Dixon: Inherent dangers in use of tranquilizing drugs in anxiety states. J. Amer. med. Ass. **163**, 422—426 (1957). — Dickes, R., V. Schenker and L. Deutsch: Serial liver-function and blood studies in patients receiving chlorpromazine. New Engl. J. Med. **256**, 1—7 (1957). — Dobry, J.: Psychic-activity after Serpasil. Ref. Zbl. ges. Neurol. Psychiat. **137**, 217 (1956). — Dorn, H.: Erfolge und Begleiterscheinungen der Heilschlafbehandlung in der Dermatologie. Z. Haut- u. Geschl.-Kr. **20**, 397—401 (1956). — Miltaun-Nebenwirkungen. Z. Haut- u. Geschl.-Kr. **22**, 353f. (1957).

Edelstein, A. J.: Meprobamate in dermatology. Penn. med. J. **62**, 1680 (1959). — *Editorial:* Toxic effects to meprobamate. Brit. med. J. **1956 II**, 1227f. — Eichholz, F.: Grundwirkungen der autonomen Arzneistoffe. Dtsch. med. J. **1954**, 405—409. — Eisen-

BERG, B. C.: Role of tranquilizing drugs in allergy. J. Amer. med. Ass. **116**, 934—937 (1957). — EMMERICH, R., u. H. PETZOLD: Der medikamentöse Heilschlaf in der Behandlung der Sklerodermie und ihr verwandter Krankheitsbilder. Dtsch. med. Wschr. **79**, 1005 (1954). — ENDE, M.: Clinical evaluation of atarax (R): Nonbarbiturate calming agent. Virginia Med. Monthly **83**, 503—505 (1956). — EPSTEIN, J. H., L. A. BRUNSTING, M. C. PETERSEN and B. E. SCHWARZ: A study of photosensitivity occuring with chlorpromazine therapy. J. invest. Derm. **28**, 329—338 (1957). — ERSPAMER, V.: Pharmacology of indolealkylamins. Pharmacol. Rev. **6**, 425—487 (1954).

FASEI, M.: Prurit général féroce consécutif a une épidermomycose, resultats heureux du largactil. Bull. Soc. franç. Derm. Syph. **60**, 494 (1953). — FAUCETT, R. L., E. M. LITIN and R. W. P. ACHOR: Neuropharmacologic action of rauwolfia compounds and its psychodynamic implications. A.M.A. Arch. Neurol. Psychiat. (Chicago) **77**, 531—518 (1957). — FELDMANN, H.: Potentialisation du méprobamate par la reserpine. Méd. et Hyg. **15**, 614f. (1957). — FERRARA, R. J., and H. PINKUS: Alseroxylon in the treatment of pruritic and psychogenic dermatoses. Arch. Derm. Syph. (Chicago) **72**, 23—28 (1955). — FLÜGEL, F.: Über medikamentös erzeugte parkinsonähnliche Zustandsbilder. Med. Klin. **50**, 634 (1955). — FOGEL, E. J.: Physiological studies after continuous serpasil therapy over 18 months. Dis. nerv. Syst. **17**, 322 (1956). — FOSTER, C. H., E. J. O'MULLANE, P. GASKELL and H. C. CHURCHIL-DAVIDSON: Chlorpromazine. A study of its action on circulation in man. Lancet **1954 II**, 614—617. — FRIEDMAN, H. T., and W. L. MARMELZAT: Adverse reactions to meprobamate. J. Amer. med. Ass. **162**, 628—630 (1956). — FRIESEWINKEL, H.: Medikamentöse Beeinflussung der Psyche, ein Problem unserer Zeit. Ärztl. Mitt. **44**, 798 (1959). — FROMMEL, E.: Le méprobamate, pharmacodynamie. Indications cliniques. Méd. et Hyg. **14**, 540 (1956). — L'hydroxyzine (atarax). Pharmacodynamie et indications cliniques. Méd. et Hyg. **15**, 72 (1957).

GABLE, J. J.: Zit. L. WIRTH, Sth. med. J. (Bgham, Ala.) **48**, 8, 863 (1955). — GADERMANN, E.: Experimentelle und klinische Erfahrungen mit Phenothiazinderivaten. Kongreßber. der 44. Tagg der Nordwestdtsch. Ges. für Inn. Medizin, S. 55, 1955. — GATÉ, J., et J. DUVERNE: Psychosomatique et eczéma. X. Internat. Congr. of Dermatology, London 1952. Brit. med. Ass. (1953). — GOLDBERG, L. C., and A. DIAMOND: Appraisal of new antipruritic: Trimeprazine (temeril). Antibiot. Med. **5**, 582—584 (1958). — GOODMAN, D., and M. M. CAHN: Contact dermatitis to phenothiazine drugs. J. invest. Derm. **33**, 27—30 (1959). — GOODMAN, L. S., and A. GILMAN: The pharmacological basis of therapeutics, 2. Aufl. New York: Macmillan & Co. 1955. — GOTTLIEB, F. J.: Tranquilizers and purpura haemorrhagica. J. Amer. med. Ass. **161**, 96 (1956). — GRACIANSKY, P. DE, et E. STERN: Analyse psychosomatique de quelques dermatoses et en particulier de l'eczéma. Sem. Hôp. Paris **26**, 2127 bis 2133 (1950). — GRENELL, R. G.: Mechanisms of action of psychotherapeutic and related drugs. In: The pharmacology of psychotomimetic and psychotherapeutic drugs. p. 826. 1957. — GRINSPAN, D., and J. MUHAFRA: Antipruriginous effect of reserpine in eczema of legs. Ref. Year Book of Dermat. New York: Year Book Publ. 1958/59. — GRUPPER, CH.: Le traitement du prurit en dermatologie par la rauwolfia serpentina (note préliminaire). Presse méd. **63**, 712 (1955).

HASTERT, F., et P. DRONILLON: Traitement par la reserpine de 100 malades mentaux. Presse méd. **65**, 1418 (1957). — HAUSCHILD, F.: Pharmakologie und Grundlagen der Toxicologie. Leipzig: VEB Georg Thieme 1956 u. 1960. — HENDLEY, C. D., T. E. LYNES, and F. M. BERGER: Effect of 2-methyl-2-n-propyl-1,3-propanediol dicarbamate (miltown) on electrical activity of the brain. Fed. Proc. **14**, 351 (1954). — HESS, W. R.: Die Organisation des vegetativen Nervensystems. Basel: Benno Schwabe & Co. 1948. — HIEBEL, BONVALET and DELL: Zit. LABHARDT. — HIFT, TH., K. KRYSPIN-EXNER u. W. SOLMS: Meprobamat in der Psychiatrie. Wien. med. Wschr. **107**, 485—489 (1957). — HIOB, J., u. H. HIPPIUS: Überempfindlichkeitserscheinungen der Haut durch Megaphen. Ärztl. Wschr. **1955**, 501—504. — HOLLISTER, L. E.: Complications from the use of tranquilizing drugs. New Engl. J. Med. **257**, 170—177 (1957). — HOTOVY, R.: Die „Neuroplegica" und ihre psychopharmakologische Prüfung. Mercks Jber. **70** (1956/57). — HUGUENARD, P.: Der künstliche Winterschlaf. Anaesthesist **2**, 33 (1953). — HURIEZ, CL., GRAUX, FONTAN, PRUVOST et P. MARTIN: Réactions cutanées au largactil. Bull. Soc. franç. Derm. Syph. **60**, 439f. (1953).

JANNARONE, G.: Il prurito anale. Gazz. med. ital. **116**, 79 (1957). — JAULMES, C.: Zit. bei ALLGÖWER u. SIEGRIST. — JELTAKOW: Zit. bei SCHNYDER u. SCHAUWECKER. — JENSEN, O.: Die Behandlung neurotischer Manifestationen mit Benactyzin. Dtsch. med. Wschr. **82**, 1269—1273 (1957). — JISALO, E., and N. T. KÄRBI: The effect of reserpine on vascular changes produced by tobacco-smoking. Ann. Med. exp. Fenn. **36**, 343 (1958). — JULIANI, G., e A. JACONO: Azione della reserpina sul circolo periferico di sogetti normali ed ipertensi. Rass. int. Clin. Ter. **37**, 94 (1957).

KÄRCHER, K. H.: Die Therapie allergischer Erkrankungen in alter und neuer Sicht. Hautarzt **6**, 193—198 (1955). — KATZENELLENBOGEN, J.: On occupational dermatitis in medical personel engaged in largactil treatment. Ref. Ann. Derm. Syph. (Paris) **84**, 590

(1957). — KIMMIG, J.: Umfrage: Welche Bedeutung besitzen die Phenothiazine für die Behandlung von Hautkrankheiten. Derm. Wschr. **134**, 1249 (1956[1]). — Heutiger Stand der Therapie der Hautkrankheiten. In E. LANDES, S. 22. Berlin: Springer 1956[2]. — KINROSS-WRIGHT, V., and J. H. MOYER: Chlorpromazine and hepatic function. A.M.A. Arch. Neurol. Psychiatr. **76**, 675—680 (1956). — KLAESI, J.: Zbl. ges. Neurol. Psychiat. **1922**, 74. Zit. LABHARDT. — KLEINSORGE, H., u. K. RÖSNER: Die Phenothiazinderivate in der Medizin. Jena: VEB Gustav Fischer 1958. — KOCH, F., u. J. HUSSONG: Über Schlafbehandlung des endogenen Ekzems. Z. Haut- u. Geschl.-Kr. **18**, 221—225 (1955). — KORTING, G. W.: Grundzüge der Therapie des endogenen Ekzems. Hautarzt **7**, 178—183 (1956[1]). — Umfrage: Welche Bedeutung besitzen die Phenothiazine für die Behandlung von Hautkrankheiten. Derm. Wschr. **134**, 1245—1252 (1956[2]). — KOSITCHEK, R. J.: Reactions to meprobamate. J. Amer. med. Ass. **161**, 644 (1956). — KRAJEWSKI, TH.: Zur Kenntnis der Largactil-Nebenwirkungen auf der Haut. Z. Haut- u. Geschl.-Kr. **18**, 44—46 (1955). — Die Largactil-Dermatosen und ihre Therapie. Z. Haut- u. Geschl.-Kr. **20**, 401—403 (1956).

LABERKE, J. A.: Zur Anwendung des Meprobamats in der inneren Medizin. Münch. med. Wschr. **99**, 1026 (1957). — LABHARDT, F.: Einige allgemeine und psychiatrische Gesichtspunkte zur Behandlung mit neuroplegischen Medikamenten. Dermatologica (Basel) **111**, 177—185 (1955). — La cure de sommeil, ses indications et son application. Méd. et Hyg. **17**, 153 (1959[1]). — Die Bedeutung der modernen medikamentösen Therapie für die psychiatrische Klinik und Praxis. Schweiz. med. Wschr. **89**, 76 (1959[2]). — LABORIT, H.: Réaction organique à l'aggression et choc. Paris: Masson & Cie. 1952. — Potenzierte Narkose und künstlicher Winterschlaf. Naunyn-Schmiedeberg's Arch. exp. Path. Pharmak. **222**, 41 (1954). — LABORIT, H., et P. HUGUENARD: 1) Un nouveau stabilisateur végétatif (le 4560 RP). Presse méd. **60**, 206 (1952). — 2) Technique actuelle de l'hibernation artificielle. Presse méd. **60**, 1455 (1952). — LASCH, F., u. K. THEINL: Klinisch-experimentelle Untersuchungen über die Wirkungsweise des Reserpins auf Herz und Kreislauf und Behandlungsergebnisse mit dieser Therapie. Wien. med. Wschr. **107**, 339 (1957). — LAUBENTHAL, F.: Tranquilizer und Verkehrsunfälle. Z. Verkehrs-Med. **4**, 67 (1958). — LAUGIER, P.: Cure de sommeil et dermatoses prurigineuses. Ann. Derm. Syph. (Paris) **82**, 51—59 (1955). — La cure de sommeil dans les dermatoses prurigineuses. Premiers résultats. Bull. Soc. franç. Derm. Syph. **60**, 341—343 (1953). — LEIMGARDT, H., u. E. KITTEL: Klinische Erfahrungen mit Miltaun. Med. Klin. **29**, 1271 (1957). — LEMIRE, R. E., and R. A. MITCHELL: Regurgitation type of jaundice during prolonged therapy with chlorpromazine. A.M.A. Arch. intern. Med. **95**, 840 (1955). — LEWIS, G. M., and H. H. SAWICKY: Contact dermatitis from chlorpromazine. J. Amer. med. Ass. **157**, 909f. (1955). — LUDWIG, B. J., and E. C. PIESCH: Zit. HIFT u. Mitarb. — LUETZENKIRCHEN, A.: Über den Pruritus und seine Therapie. Med. Klin. **1954**, 1038—1043.

MAIER, C., u. I. R. RÜTTNER: Toxische Hepatose unter dem Bild des intrahepatischen Verschlußicterus nach Chlorpromazin (Largactil), Atophan, Salvarsan und Methyltestosteron-Medikation. Schweiz. med. Wschr. **1955**, 445. — MARCUSSEN, P. V.: Cross-sensitization between carbromal and meprobamate. Acta derm.-venereol. (Stockh.) **38**, 398f. (1958). — MARGOLIS, L. H.: Pharmacotherapy in psychiatry. A review. In: The pharmacology of psychotomimetic and psychotherapeutic drugs. Ann. N.Y. Acad. Sci. **66**, Art. 3, 417—880 (1957). — MARGOLIS, L. H., R. N. BUTLER and A. FISHER: Non recurring chlorpromazine dermatitis. Arch. Derm. Syph. (Chicago) **72**, 72f. (1955). — MARQUIS, D. G., E. L. KELLY, J. G. MILLER, R. W. GERARD and A. RAPOPORT: Meprobamate and other agents used in mental disturbances. Experimental studies of behavioral effects of meprobamate on normal subjects. Ann. N.Y. Acad. Sci. **67**, 671—894 (1957). — MARTELLI, G.: Azioni della reserpina a doti terapeutiche sull'elektroencefalogramma di malati mentale. G. Psichiat. Neuropat. **84**, 323 (1956). — MAYER, R. L.: Group sensitization to compounds of quinone structure and its biochimical basis: role of these substances in cancer. Progr. Allergy **4**, 79 (1954). — Dermatological and serological aspects of allergy. Basel: Karger 1958. — MELBY, J. C., and J. P. STREET: Chlorpromazin in der Behandlung der Porphyrie. Ref. Derm. Wschr. **135**, 455 (1955). — MEYER, L. M., W. L. HEEVE and R. W. BERTSCHER: Aplastic anaemia after meprobamate therapy. New Engl. J. med. **256**, 1232f. (1957). — MICHEL, P. J., et P. FAVEL: Intolérance cutanée au largactil en ingestion. Bull. Soc. franç. Derm. Syph. **62**, 84 (1955). — MIESCHER, G.: Über das Wesen des Ekzems. In: Fortschritte der praktischen Dermatologie, Bd. 2. Berlin: Springer 1955. — MOESCHLIN, S.: Schlafmittelvergiftung. Schweiz. med. Wschr. **89**, 181 (1959). — MONCKE, C.: Zum Einfluß von Reserpin auf den Stoffwechsel bei Hyperthyreose. Med. Wschr. **11**, 18 (1957). — MONTAGNANI, A.: La chlorpromazine en dermatologie. Ref. Ann. Derm. Syph. (Paris) **84**, 368 (1957). — MOYER, J. H., B. KENT, R. KNIGHT, G. MORRIS, R. HUGGINS and C. H. HANDLEY: Laboratory and clinical observations on chlorpromazine. Amer. J. med. Sci. **227**, 283 (1954). — MÜLLER, J. M., SCHLITTLER u. BEIN: Zit. F. HAUSCHILD, Experientia (Basel) **8**, 338 (1952). — MULLINS, J. F., J. M. COHEN and E. ST. FARRINGTON: Cutaneous sensitivity reactions to chlorpromazine. J. Amer. med. Ass. **162**, 946—948 (1956).

PAGE, J. H.: Neurochemistry and serotonin: A chemical fugue. Ann. N.Y. Acad. Sci. **66**, Art. 3, 417—870 (1957). — PANACCIO, V.: L'action de la réserpine dans certaines affections dermatologiques. Ref. Ann. Derm. Syph. (Paris) **84**, 368 (1957). — PARRISH, A. E., and E. H. LEVINE: Chlorpromazine-induced diuresis. J. Lab. clin. Med. 48, 264—269 (1956). —PELLERAT, J.: Un nouveau médicament sédatif et antiprurigineux. Bull. Soc. franç. Derm. Syph. **60**, 95 (1953). — Essais de la nivaquine dans la prophylaxie des dermites de contact par le largactil. Bull. Soc. franç. Derm. Syph. **62**, 75 (1955). — PELLERAT, J., L. BOURGEOIS et H. RIVES: Sur l'évolution des dermites professionelles à la chlorpromazine. Bull. Soc. franç. Derm. Syph. **64**, 417f. (1957). — PELLERAT, J., Mee. RIVES et M. MURAT: Dermites eczématiformes professionelles provoquées par la chlorpromazine. Bull. Soc. franç. Derm. Syph. **60**, 416f. (1953). — PETZOLD, H., u. J. HUTH: Klinische Erfahrungen mit dem Zweiphasen-Heilschlaf und mit Phenothiazin-Derivaten. Z. ges. inn. Med. **9**, 742 (1954). — PHILLIPS, R. M., F. R. JUDY and H. E. JUDY: Meprobamate addiction. Northw. Med. (Seattle) **56**, 453 (1957). — PLETSCHER, A., P. A. SHORE and B. B. BRODIE: Serotonin release as possible mechanism of reserpin action. Science **122**, 374 (1955). — POLAK, F.: Über eine antiallergische Wirkung des Rauwolfiaakaloids Reserpin. Schweiz. med. Wschr. **85**, 751f. (1955).

RÁCZ, ST., u. Z. GALLAI: Angaben zur Rolle des Largactils bei der Behandlung einiger Hautkrankheiten. Derm. Wschr. **134**, 770 (1956). — RATSCHOW, M.: Wirkungen der Phenothiazinderivate auf den Kreislauf. Dtsch. med. Wschr. **80**, 1234 (1955). — REBOUL, E., M. REBOUL et C. DORGENILLE: Interêt du méprobamate en thérapeutique dermatologique. Zit. Ann. Derm. Syph. (Paris) **87**, 598 (1960). — REIN, C. R., and J. J. GOODMAN: Efficacy of reserpine (Serpasil) in dermatological therapy. Arch. Derm. Syph. (Chicago) **70**, 713—717 (1954). — REINERT, R. E.: Ref. Redaktionsartikel: Modifications de l'éléctroencéphalogramme sous l'effect de la promazine. Méd. et Hyg. **17**, 260 (1959). Amer. J. Psychiat. **115**, 742 (1959). — RIEBELING, C.: Experimentelle Ergebnisse, klinische Erfahrungen und eigene Versuche zum Nachweis der Ausscheidungsprodukte des Meprobamates. Arzneimittel-Forsch. **7**, 181 (1957). — ROBINSON jr., H. M., R. C. V. ROBINSON and F. J. STRAHAN: Hydroxyzine (atarax)-hydrochloride in dermatologic therapy. J. Amer. med. Ass. **161**, 604—606 (1956). — ROSTENBERG jr., A.: Atopic dermatitis: A discussion of certain theories concerning its pathogenesis. In R. L. BAER, Atopic dermatitis. Philadelphia: J. B. Lippincott Company 1955.

SANO, J., Y. KUDO, Y. KAKIMOTO, H. NAKAJIMA u. T. OKAMOTO: Über pathophysiologische Zusammenhänge zwischen dem Karzinoidsyndrom und dem durch Reserpin verursachten Syndrom. Folia psychiat. neurol. jap. **11**, 335 (1958). — SCHICK, G., and J. VIRTS: Agranulocytosis associated with chlorpromazine therapy. Report of case and review of literature. New Engl. J. Med. **255**, 798—802 (1956). — SCHMITZ, R.: Anwendung niedriger Dosen von Dauerschlafmitteln (Megaphen) in der Dermatologie. Therapiewoche **5**, 393—395 (1955). — SCHNEIDER, P. B.: Les nouveaux médicaments tranquillisants dans la pratique ambulatoire. Méd. et Hyg. **16**, 71 (1958). — SCHNYDER, U. W.: Die Bedeutung des Chlorpromazins für die Behandlung von Hautkrankheiten. Hautarzt 8, 455—457 (1957). — SCHNYDER, U. W., u. R. SCHAUWECKER: Largactil und Serpasil in der Dermatologie. Dermatologica (Basel) **111**, 185—197 (1955). — SCHNYDER, U. W., u. H. STORCK: Experimentelle Untersuchungen über den Effekt neuroplegischer Medikamente auf ekzematöse Hautreaktionen. Dermatologica (Basel) **112**, 419—425 (1956). — SCHOOG, M.: Das Prinzip des Winterschlafes bei dermatologischen Erkrankungen. Z. Haut- u. Geschl.-Kr. **15**, 176f. (1953). — SCHULZ, H. H., u. W. P. HERRMANN: Allergische Kontaktdermatitis durch Megaphen. Hautarzt **6**, 542—545 (1955). — SCHULZ, K. H., A. WISKEMANN u. K. WULF: Klinische und experimentelle Untersuchungen über die photodynamische Wirksamkeit von Phenothiazinderivaten, insbesondere von Megaphen. Arch. klin. exp. Derm. **202**, 285—298 (1958). — SELLING, L. S., and P. H. ORLANDO: Use of miltown. J. Amer. med. Ass. **157**, 1954—1956 (1955). — SEMANEDI, G.: Essais thérapeutiques obtenus avec une nouvelle phénothiazine, SC 7105-dartal. Méd. et Hyg. **18**, 452 (1959). — SEVILLE, R.: Chlorpromazine dermatitis in nurses. Brit. J. Derm. **68**, 332—335 (1956). — SHANON, J.: A dermatologic and psychiatric study of perphenazine (trifalon) in dermatology. Arch. Derm. Syph. (Chicago) **77**, 119—120 (1958). — SHANON, J., E. DAVIS and D. HAIM: Non recurring athrombocytopenic purpura following chlorpromazine. Dermatologica (Basel) **114**, 101—105 (1957). — SHEPPARD, H., R. C. LUCAS and W. H. TSIEN: Metabolism of reserpin-C^{14}. Arch. int. Pharmacodyn. **103**, 256 (1955). — SHORE, P. A., A. PLETSCHER, E. G. TOMICH, A. CARLSSON, R. KUNTZMAN and B. B. BRODIE: In: The pharmacology of psychotomimetic and psychotherapeutic drugs. Ann. N.Y. Acad. Sci. **66**, Art. 3, 417—870 (1957). — SHORE, P. A., S. L. SILVER and B. B. BRODIE: Interaction of reserpine, serotonin and lysergic acid diethylamide in brain. Science **122**, 284 (1955). — SIDI, E., M. HINCKY et A. GERVAIS: Allergic sensitization and photosensitization to phenergan-cream. J. invest. Derm. **24**, 345—352 (1955). — SIDI, E., H. HINCKY et R. LONGUEVILLE: Nouvelles causes de dermites chez les infirmières. (PAS,

Largactil, Rimifon.) Sem. Hôp. Paris 31, 1905—1907 (1955). — SNELL, J. F.: Some uses of tritium-labelled compounds in pharmaceutical research. Proc. Symposium Tritium trazer Applic. New York 1957/58. — SOKOLOFF, O. S.: Meprobamate as adjunct in treatment of anogenital pruritus. Arch. Derm. Syph. (Chicago) 74, 393—396 (1956). — STAEHELIN, J. E., u. P. KIELHOLZ: Largactil, ein neues vegetatives Dämpfungsmittel bei psychischen Störungen. Schweiz. med. Wschr. 83, 581—586 (1953). — STEPANOWIĆ, D.: Drug eruptions due to meprobamate. Dermatologica (Basel) 118, 168—173 (1959). — STIRSKÁ, J., u. J. STĚPAN: Reserpinvergiftung bei einem Kleinkind. Dtsch. med. Wschr. 82, 1963 (1957). — STORCK, H.: Dermatologica (Basel) 108, 411—416 (1954). — Ekzem durch Inhalation. Schweiz. med. Wschr. 85, 608 (1955). — STROUD, G. M.: Drug eruptions due to meprobamate. New Engl. J. Med. 256, 354—355 (1955). — STÜTTGEN, G.: Die heutige Behandlung schwerer Verbrennungen (unter besonderer Berücksichtigung der Phenothiazintherapie). Hautarzt 8, 193—197 (1957). — SUZUKI, M., T. OYAMA, K. SATO, K. KAMIO, M. YASUDA, S. A. KIYAMO, K. MITANI and T. YAMASHITA: Effect of chlorpromazine on the function of the endocrine organs. Endocr. jap. 3, 67 (1956). — *Symposium:* Reserpin (serpasil) and other alcaloids of rauwolfia serpentina: Chemistry, pharmacology and clinical applications. Ann. N.Y. Acad. Sci. 59, 1—140 (1954). — Reserpine in the treatment of neuropsychiatric, neurological, and related clinical problems. Ann. N.Y. Acad. Sci. 61, 1—280 (1955). — Techniques for the study of behavioral effects of drugs. Ann. N.Y. Acad. Sci. 65, 247—356 (1956). — Meprobamate and other agents used in mental disturbances. Ann. N.Y. Acad. Sci. 67, 671—894 (1957[1]). — The pharmacology of psychotomimetic and psycho therapeutic drugs. Ann. N.Y. Acad. Sci. 66, 417—840 (1957[2]).

TEICHNER, Y.: Études d'un nouveau dérivé de la phénothiazine en dermatologie. Ref. Ann. Derm. Syph. (Paris) 81, 174 (1954). — Thèse Lyon. — THIERS, A., L. OLIVIER, D. COLOMB, J. FAYOLLE, J. MOULIN et B. TAINE: L'intérêt du méprobamate en dermatologie. Bull. Soc. franç. Derm. Syph. 64, 447 (1957). — TILLEY, R., and H. BARRY: Chlorpromazine treatment for relief of itching in severe refractory neurodermitis. New Engl. J. Med. 252, 229f. (1955). — TINOZZI, C. C.: Zit. bei KLEINSORGE u. RÖSNER, Dermatologia (Napoli) 7, 137 (1956). — TISSOT, R.: Essai d'interprétation neuro-physiologique et pharmacologique de quelques thérapeutiques psychiatriques modernes. Méd. et Hyg. 17, 443—445 (1959). — TRUTSCHEL, W.: Das Verhalten der Leber im gesunden und kranken Zustand unter Verabfolgung von Phenothiazinkörpern. Acta hepat. (Hamburg) 3 (I), 189 (1955). — TUCHMANN-DUPLESSIS, H.: Influence de la réserpine sur les glandes endocrines. Presse méd. 64, 2189 (1956). — TZANCK, A., E. SIDI et C. ALBAHARY: Photosensibilisation cutanée et accidents abdominaux aigues. Presse méd. 57, 824 (1949). — TZANCK, A., E. SIDI, MAZALTON et KOHEN: Sur 2 cas de dermite au phénergan avec photosensibilisation. Bull. Soc. franç. Derm. Syph. 58, 433 (1951).

VACHON, R.: Essais de cure de sommeil dans quelques dermatoses. Presse méd. 62, 198 (1954). — VANBREMEERSCH, F.: Action de la chlorpromazine dans un cas de alopécie décalvante totale. Bull. Soc. franç. Derm. Syph. 64, 539f. (1954). — VANOTTI, A.: Réserpine et fonction thyreoidienne. Schweiz. med. Wschr. 87, 412 (1957). — VINCENT, D., et E. FROMMEL: De l'effect de l'association du méprobamate à la réserpine sur la pression artérielle et sur le rythme cardiaque chez le chien. Méd. et Hyg. 15, 615 (1957).

WALKENSTEIN, S. S., and J. SEIFER: Fate, distribution and excretion of S^{35}-promazin. J. Pharmacol. exp. Ther. 125, 283—286 (1959). — WALLMAN, J. S.: Tod durch Chlorpromazinvergiftung. Med. J. Aust. 44 (II), 903—904 (1957). Ref. Chem. Zbl. 129, 9004. — WASE, A. W., J. CHRISTENSEN and E. PALLEY: The accumulation of S^{35} chloropromazine in brain. Arch. Neurol. Psychiat. 73, 54 (1955). — WELSH, A. L., and M. EDE: Experience with benactyzine hydrochloride (suavitil) in dermatologic practice. Arch. Derm. Syph. (Chicago) 76, 469f. (1956). — WENDEROTH, H., u. H. LENNARTZ: Agranulocytose nach Phenothiazin. Med. Klin. 50, 818—820 (1955). — WEST, E. D., and A. F. DA FONSECA: Controlled trial of meprobamate. Brit. med. J. 1956 II, 1206—1209. — WEYER, H.: Eine sedative Maßnahme in dermatologischer Sicht. Ärztl. Praxis 10, 1174 (1958). — WIEDMANN, A.: Zur Allgemeinbehandlung des Ekzems. Wien. med. Wschr. 1955, 695—697. — WILLIAMS, P. L.: New oral antipruritic. Northw. Med. (Seattle) 57, 1162—1164 (1958). — WIRTH, W.: Zur Pharmakologie des Megaphen. Medizin u. Chemie 5, 281—294 (1956). — WOLFRAM, ST.: Über die Anwendung von Serpasil bei der Behandlung von Hautkrankheiten. Hautarzt 7, 183—185 (1956). — WOODWARD, M. G.: Attempted suicide with meprobamate. Northw. Med. (Seattle) 56, 321f. (1957). — WRIGHT, W.: Use of tranquilizers in dermatology. J. Amer. med. Ass. 171, 1642—1644 (1959).

YONTEF, R.: Perphenazine (Trifalon) as tranquilizer in dermatoses. J. med. Soc. N.Y. 55, 18—20 (1958).

ZBINDEN, G. A., A. PLETSCHER u. A. STUDER: Regionäre Unterschiede der Reserpinwirkung auf enterochromaffine Zellen und 5 Hydroxytryptamingehalt im Magendarmtrakt. Schweiz. med. Wschr. 87, 629 (1957).

D. Bakterielle Lipopolysaccharide

AHRENS, E.: Untersuchungen über die fibrinolytische Aktivität bakterieller Reizstoffe aus der Gruppe der Lipopolysaccharide. Inaug.-Diss. Hamburg 1957.

BAMMER, H., u. V. MARTINI: Neuro-regenerative Wirkung von Pyrogenen. Arch. Physiol. **257**, 308 (1953). — BEER, A. G.: Über die nervös-humorale Regulation des Blutes. Folia haemat. **66**, 222 (1942). — BENNET, J. L.: Zit. bei O. WESTPHAL 1956. — BERG, G., W. BRICHZY, J. BRAUNHOFER u. K. SCHRICKER: Vorläufige Erfahrungen mit pyrogenen Lipopolysacchariden. Dtsch. med. Wschr. **156**, 1156f. — BERGMANN, H., G. BUSCHMANN, P. DOEHRING, E. FRITZE u. F. WENDT: Der Einfluß bakterieller Pyrogene (Lipopolysaccharide) auf die Phagocytoseaktivität der Granulocyten und auf die elektrische Oberflächenladung menschlicher Blutzellen in vivo. Klin. Wschr. **32**, 500—503 (1954). — BRÜCKEL, K. W., H. E. SCHULTZE u. G. SCHRICK: Das Properdin-Komplement-System bei verschiedenen Krankheiten mit Berücksichtigung der Serumproteine und Schwermetalle. Dtsch. med. Wschr. **82**, 1898—1903 (1957).

EICHENBERGER, E., M. SCHMIDTHAUSER-KOPP, H. HURNI, M. FRIESAY u. O. WESTPHAL: Biologische Wirkungen eines hochgereinigten Pyrogens (Lipopolysaccharid) aus der Salmonella abortus equi. Schweiz. med. Wschr. **1955**, 1190—1196, 1213—1218. — ENGEL, E.: La réaction du cortex surrénal aux aggressions aiguës en clinique. Rec. franç. Ét. clin. biol. **3**, 641—669 (1958). — ENGEL, E., J. BRICHANT, J. P. DELMEZ, A. VERNET et A. M. RIONDEL: Influence de la pyrétothérapie sur la reponse surrénalienne et l'activité fibrinolytique du plasma chez l'homme. Helv. med. Acta **24**, 459—462 (1957). — ENGEL, E., E. LOIZEAU, A. M. RIONDEL et P. DUCOMMUN: Test de stimulation hypothalamo-hypophysaire par un pyrogène. Méd. et Hyg. **18**, 195f. (1960).

FRITZE, E., u. F. WENDT: Zum Wirkungsmechanismus bakterieller Lipopolysaccharide. II. Die Phagocytoseaktivität menschlicher Blutgranulocyten unter dem Einfluß bakterieller Lipopolysaccharide in vitro. Klin. Wschr. **33**, 575f. (1955). — FROMME, J., O. LÜDERITZ u. O. WESTPHAL: Über bakterielle Reizstoffe. V. Mitt. Identifizierung der Zuckerbausteine eines pyrogenen Lipopolysaccharides aus E. coli mittels Papierchromatographie und der Schwefelsäure-Cystein-Reaktion nach DISCHEL. Z. Naturforsch. **9b**, 303—307 (1954).

HEILMEYER, L.: Vortrag, Hamburg-Bergedorf 1959. — HOFF, F.: Fieber, unspezifische Abwehrvorgänge, unspezifische Therapie. Stuttgart: Georg Thieme 1957.

JAQUES, R., H. J. BEIN and R. MEIER: Influence of bacterial polysaccharides and steroids on the passive Arthus-phenomenon in Guinea pigs. Int. Arch. Allergy **14**, 144—147 (1959).

KEIDERLING, W., F. WÖHLER u. O. WESTPHAL: Über bakterielle Reizstoffe; experimentelle Untersuchungen zur Differenzierung der therapeutischen Wirkungen von bakterieller Vaccine, reinem Polysaccharid-Pyrogen und acetylierten Polysaccharid-Derivaten aus gramnegativen Bakterien. Naunyn-Schmiedeberg's Arch. exp. Path. Pharmak. **217**, 293—311 (1953).

LEDERER, E.: Glycolipides des bactéries, plantes et animaux inférieurs. In 8. Colloq. der Ges. für physiol. Chemie 1957, Mosbach. Berlin: Springer 1958. — LÜDERITZ, O., u. O. WESTPHAL: Über bakterielle Reizstoffe. II. Mitt. Qualitative und quantitative papierchromatographische Bestimmung der Zuckerbausteine eines hochgereinigten Polysaccharid-Pyrogens aus Colibakterien. Z. Naturforsch. **7b**, 548—554 (1952).

MARCHIONINI, A., u. B. OTTENSTEIN: Untersuchungen über den physiologischen Wirkungsmechanismus von Schwitzbädern als Grundlage für ihre therapeutische Anwendung. Z. ges. phys. Ther. **40**, 96 (1931). — MENKIN, V.: Newer concepts of inflammation. Springfield, Ill.: Ch. C. Thomas 1950. — MEYER-ROHN, J.: Unspezifische Reizkörpertherapie mit neueren bakteriellen Reizstoffen. Hautarzt **8**, 220—224 (1957). — Kokkenerkrankungen. In GOTTRON-SCHÖNFELD, Dermatologie und Venerologie. Stuttgart: Georg Thieme 1958. — MORGAN, W. F. J.: Chemische Grundlagen der menschlichen Blutgruppenspezifität. Verh. der Ges. Dtsch. Naturforscher und Ärzte. Berlin: Springer 1959.

PILLEMER, L., u. M. LANDY: Zit. F. HOFF 1957.

ROHR, K.: Zit. F. HOFF.

SCHLIERSMANN, O., u. N. SCHNELLE: Über die Verwendung hochgereinigter Bakterien-Reizstoffe zur unspezifischen Fieber- und Umstimmungstherapie. Med. Mschr. **9**, 599—605 (1955). — SCHRAMM, G., O. WESTPHAL u. O. LÜDERITZ: Physikalisch-chemisches Verhalten eines hochgereinigten Coli-Pyrogens. Z. Naturforsch. **7b**, 594—598 (1952). — SCHULZ, K. H., u. D. PANTSCHEREWSKI: Tierexperimentelle Untersuchungen zur Beeinflussung von allergischen Phänomenen durch bakterielle Reizstoffe. Acta allerg. (Kbh.) **13**, 269—278 (1959). — STAUB, D. M.: Zit. WESTPHAL 1959.

UNGAR, G.: Inflammation and its control. A biochemical approach. Lancet **1952 II**, 742—746. — Biochemical mechanism of allergic-reaction. Int. Arch. Allergy **4**, 258—279 (1953).

VOGEL, H. A.: Thrombelastographische Untersuchungen über die Aktivierung und Erschöpfung der Fibrinolyse im menschlichen Vollblut nach intravenöser Applikation von Lipopolysacchariden. Inaug.-Diss. Hamburg 1958.

WESEMANN, H.: Beitrag zur Frage der Reaktionsvorgänge nach der intravenösen Injektion des Colipyrogens Sä 1083. Inaug.-Diss. Hamburg 1955. — WEIZÄCKER, C. F. v.: Zit. F. HOFF 1957. — WESTPHAL, O.: Immunchemie. In: Physiologische Chemie, von E. LEHNARTZ u. B. FLASCHENTRÄGER, Bd. II/2b, S. 894—979. Berlin-Göttingen-Heidelberg: Springer 1957. — Hochgereinigte Reizstoffe und Prinzipien ihrer Wirkungsanalyse. Verh. dtsch. Ges. inn. Med. **62**, 192—197 (1956). — Die Struktur der Antigene und das Wesen der immunologischen Spezifität. Verh. der Ges. Dtsch. Naturforscher und Ärzte. Berlin: Springer 1959. — WESTPHAL, O., u. O. LÜDERITZ: Chemische Erforschung von Lipopolysacchariden gramnegativer Bakterien. Angew. Chem. **66**, 407—417 (1954). — WESTPHAL, O., O. LÜDERITZ u. F. BIETER: Über Extraktion von Bakterien mit Phenolwasser. Z. Naturforsch. **7**b, 148—155 (1952). — WESTPHAL, O., O. LÜDERITZ, E. EICHENBERGER u. W. KEIDERLING: Über bakterielle Reizstoffe. I. Mitt. Reindarstellung eines Polysaccharid-Pyrogens aus Bact. Coli. Z. Naturforsch. **7**b, 536—548 (1952). — WESTPHAL, O., O. LÜDERITZ, E. EICHENBERGER u. E. NETER: Chemische Wirkgruppen in bakteriellen Lipopolysaccharid-Reizstoffen. Dtsch. Z. Verdau.- u. Stoffwechselkr. **15**, 170—180 (1955). — WESTPHAL, O., O. LÜDERITZ, J. FROMME u. N. JOSEPH: Neue Desoxyzucker als Bausteine von Polysaccharid-Symplexen gramnegativer Bakterien: Tyvelose und Abequose. Angew. Chem. **65**, 555—560 (1953).

ZACH, J., u. E. GEBERT: Untersuchungen über die Leukocytenregulation bei Erkrankungen des hämopoetischen Systems. Klin. Wschr. **1956**, 749—752.

E. Novocain

ALEXANDER, H. L.: Reactions with drug therapy. Abschn. XVII: Local Anesthetics. Philadelphia: W. B. Saunders Company 1955. — ALTHOFF, H.: Die therapeutische Novokainanwendung in der inneren Medizin. Dresden u. Leipzig: Theodor Steinkopff 1947. — Gefahren der Novokaintherapie. Ther. d. Gegenw. **92**, 201—205 (1953). — AMEUILLE, P.: La novocaine intraveinneuse. Progr. méd. **73**, 407 (1945). — ANGERER, A. L., H. H. SU and J. R. HEAD: Death following the use of efocaine. J. Amer. med. Ass. **153**, 550 (1953). — ASLAN, A.: Eine neue Methode zur Prophylaxe und Behandlung des Alterns mit Novokain-Stoff H_3-eutrophische und verjüngende Wirkung. Therapiewoche **7**, 14—22 (1956).

BEINHAUER, L. G.: Use of oral procaine in control of pruritus. Arch. Derm. Syph. (Chicago) **69**, 188—194 (1954). — BEL'SKIJ, N. W.: Über die Therapie einiger Hautkrankheiten durch intravenöse Injektion von Novocain. Ref. Zbl. Haut- u. Geschl.-Kr. **81**, 20 (1952). — BERTRAND, Y. J.: Zit. bei KL. SOEHRING 1949. — BIETER, R. N.: Applied pharmacology of local anesthetics. Amer. J. Surg. **35**, 500 (1936). — BLOCK, W.: Anaesthesie als Therapie. Dtsch. Gesundh.-Wes. **4**, 49 (1949). — BOHNSTEDT, M.: Vortr. Dermatol. Ges. Univ. Berlin, 21. 1. 48. Krankendemostration. Derm. Wschr. **119**, 600 (1947). — BOMMER, S.: Bemerkungen zur Arbeit SCHEFFLER und den Stellungnahmen von SCHMITT und JUNG einerseits und von RAUHUT andererseits. Derm. Wschr. **123**, 584—585 (1951). — BOMMER, S., u. K. RAUHUT: Novocainumspritzung peripherer Nerven bei Hautkrankheiten. Hautarzt **1**, 507—512 (1950). BOMMER, S., K. RAUHUT u. J. DÖRING: Novokainanwendungen bei Hautkrankheiten. Ther. d. Gegenw. **92**, 81—85 (1953). — BUREAU, Y.: In: Traitement des sclérodermies. IX. Congr., Assoc. dermat. et syph. de langue franç. Editions Méd. Hyg., Genève, 1956.

CORMIA, F. E.: In Diskussion zu W. LUDDECKE. — CREMERIUS, J., u. H. CURSCHMANN: Zwischenfälle der Novokaintherapie. Dtsch. med. Wschr. **1950**, 398. — CRIEP, L. H., and C. DE C. RIBIERO: Allergy to procain hydrochloride with three fatalities. J. Amer. med. Ass. **151**, 1185 (1953).

DITTMAR, F.: Weiterer Beitrag zur Behandlung innerer Krankheiten. Dtsch. Gesundh.-Wes. **3**, 44—49 (1948). — Die cutiviscerale Reflexbahn bei Anwendung therapeutischer Hautreize. Medizinische **1952**, 205.

EHRING, F. J., u. C. F. THIELE: Zur Technik der Grenzstrangbehandlung. Derm. Wschr. **122**, 1009—1013 (1950). — EICHHOLTZ, F.: Die Anwendung von Novokain in der inneren Medizin. Klin. Wschr. **1950**, 761—764. — EICHHOLTZ, F., A. FLECKENSTEIN u. R. MUSCHAWECK: Über die Beeinflussung des Bezold-Jarisch-Reflexes durch intravenös verabreichte Lokalanaesthetica und Antihistamine. Klin. Wschr. **27**, 71 (1949). — EICHHOLTZ, F., u. A. STAAB: Toxikologie der lokalanaesthetischen Stoffe. Klin. Wschr. **1952**, 97—103.

FARRINGTON, J.: Intravenous procaine in management of some cutaneous manifestations of collagen diseases. Sth. med. J. (Bgham, Ala.) **51**, 1426—1431 (1958). — FIESSINGER: Zit. bei R. HAZARD. — FLECKENSTEIN, A.: Die periphere Schmerzauslösung und Schmerzausschaltung. Frankfurt am Main: Steinkopff 1950[1]. — Elektrophysiologische Studien zum Nachweis des Nerven-Blocks durch Schmerzstoffe und Lokalanaesthetica. Naunyn-Schmiedeberg's Arch. exp. Path. Pharmak. **217**, 416 (1950[2]). — Über den Wirkungsmechanismus peripher schmerzerregenderr sowie lokalanaesthetischer Stoffe. Acta neuroveg. (Wien) **7**, 94 (1953). — Der Kalium-Natriumaustausch. Berlin: Springer 1955. — FLECKENSTEIN, A., u. A. HARDT: Der Wirkungsmechanismus der Lokalanaesthesie und Antihistaminkörper, ein

Permeabilitätsproblem. Klin. Wschr. **1949**, 360—363. — FRICK, M. A., L. KANTELE and T. PUTKONEN: Treatment of warts by procaine injections. Acta derm.-venereol. (Stockh.) **38**, 394—397 (1958).

GALINA, J. C.: Alopecie und Impletol. Hautarzt **11**, 134—136 (1960). — GATSENKO, E. G., u. N. N. LEBEDENKO: Behandlung der chronischen Prostatitis mit der parasacralen Novokainblockade nach VISCHNEWSKY. Ref. Zbl. Haut- u. Geschl.-Kr. **99**, 348 (1958). — GATTERMANN, E.: Fehler und Gefahren bei Novokain-Injektionen. Med. Klin. **1950**, 766—770. GERTLER, W.: Diskussionsbemerkung zu H. SIELER. — GISCARD, R.: Purpura aigu thrombocytopénique par sensibilisation pharyngée à la novocaine. Concours méd. **73**, 1379 (1951). — GOODMAN, L. S., and A. GILMAN: The pharmacological basis of therapeutics. 2. Aufl. New York: Macmillan & Co. 1955. — GORDON, R. A.: (1943) Zit. bei KL. SOEHRING 1949. — GRIEGER, H.: Günstiger Erfolg mit Novokain bei einer Frostgangrän. Ref. Zbl. Haut- u. Geschl.-Kr. **77**, 100 (1951/52). — GRUNKE, W.: Die intravenöse Novokain-Therapie des Asthma bronchiale. Ther. d. Gegenw. **92**, 9—12 (1953).

HARNISCH, H., u. TH. LAMMERS: Die klinische Bedeutung der antibakteriellen Eigenschaften von Novokain. Arzneimittel-Forsch. **3**, 589—591 (1953). — HARTL, F.: Anatomischer Befund bei tödlichem Kollaps nach Lokalanaesthesie mit Novokain-Suprarenin. Dtsch. med. Wschr. **1949**, 1306—1308. — HARTMANN, W.: Klinische Untersuchungen über Diaethylaminoaethanol, ein Spaltprodukt des Novokain. Med. Mschr. **7**, 243—248, 307—311 (1953). — HAUSCHILD, F.: Das β-Diäthylaminoaethanol und seine Beziehungen zum Novokain. Pharmazie **5**, 105—107 (1950). — Beitrag zur Frage der pharmakologischen Wirkung einiger aliphatischer Alkyl- und Alkanonamine. Naunyn-Schmiedeberg's Arch. exp. Path. Pharmak. **201**, 569 (1943). — Pharmakologie und Grundlagen der Toxikologie. Leipzig: VEB Georg Thieme 1956. — HAUSCHILD, F., u. H. LANDBECK: Die Wirkung einiger aliphatischen Amine am Froschdurchströmungspräparat. Naunyn-Schmiedeberg's Arch. exp. Path. Pharmak. **205**, 203 (1948). — HAZARD, R.: Une nouvelle épreuve fonctionelle; L'évaluation de la procainestérase sanguine. Presse méd. **56**, 529 (1948[1]). — La procaine (Novocaine). Actualités pharmacologiques I. Paris: Masson & Cie. 1948[2]. — HEIM, F., u. G. KÖLLE: Über Beziehungen zwischen der Dauer der aminooxydasehemmenden Wirkung von Novokain, Pantokain, Anaesthesin und der Geschwindigkeit ihres encymatischen Abbaus durch Leber und Niere. Naunyn-Schmiedeberg's Arch. exp. Path. Pharmak. **211**, 303—312 (1950). — HEINKE, E.: Theoretische, experimentelle und klinische Studien über die Wirkung des Novokains auf den Organismus und insbesondere auf die Haut. Arch. Derm. Syph. (Berl.) **195**, 225—309 (1953). — HELMECZI, L.: Therapeutische Versuche bei Psoriasis mit Novokain und Atropin. Dermatologica (Basel) **110**, 439—448 (1955). — HENNEMANN, G.: Beitrag zur Klinik und Therapie des Ulcus cruris und chronischen Ekzems. Ärztl. Wschr. **6**, 1141 (1951). — HESSE: Über Ursachen und Behandlung von Zwischenfällen bei Lokalanaesthesie. Dtsch. Gesundh.-Wes. **6**, 383—389 (1951). — HIRSCH u. HOLLER: Zit. H. HARNISCH u. TH. LAMMERS. — HOHLFELD, R. A.: Todes- und Vergiftungsfälle in praxi bei Lokalanaesthesie mit Novokain. Arch. Toxikol. **14**, 462 (1954). — HOLTSCHMIDT, J.: Therapeutische Erfolge bei progressiver Sklerodermie durch intravenöse Novokainbehandlung. Derm. Wschr. **121**, 352 (1950). — HOPF, E.: Ekzeme bei Zahnärzten. Dtsch. zahnärztl. Z. **6**, 1229—1237 (1951). — HUNECKE, W.: Impletoltherapie. Stuttgart: Marquardt & Cie. 1952. — HUNECKE, F., u. W. HUNECKE: Krankheit und Heilung anders gesehen, 9. Aufl. Köln: Staufen-Verlag 1953.

JENNING, H.: Die intravenöse Novokainbehandlung des Asthma bronchiale. Z. ärztl. Fortbild. **41**, 346 (1944). — JORDAN, P.: Verh. Nordwestdtsch. Hamb. Dermatol. Ges., April 1949. — JORDAN, P., u. J. HOLTSCHMIDT: Therapeutische Erfolge bei progressiver Sklerodermie durch intravenöse Novokainbehandlung. Med. Klin. **45**, 299—301 (1950). — *J. Amer. med. Assoc.:* Sicherheit der Novocainapplikation. **142**, 1397 (1950).

KAISER, B.: Anwendungsmöglichkeiten des Melcain in der Dermatologie. Med. Klin. **46**, 112 (1951). — KALKOFF, K. W.: Zit. bei EHRING u. THIELE. — KILLIAN, H.: Spezifische und unspezifische Gefahren der Lokalanaesthesie und ihre Beherrschung. Abschn. VII in KILLIAN, Lokalanaesthesie und Lokalanaesthetika. Stuttgart: Georg Thieme 1959. — Lokalanaesthesie und Lokalanaesthetika. Stuttgart: Georg Thieme 1959. — KLAUDER, J. V.: Novocain dermatitis. Dent. Cosmos **64**, 305 (1922). — KORTING, G. W.: Sklerodermie und sklerodermie-ähnliche Erkrankungen. In: Dermatologie und Venerologie, herausgeg. von GOTTRON-SCHÖNFELD, Bd. II/2. Stuttgart: Georg Thieme 1959.

LAUBENDER, W.: HEFFTERs Handbuch der experimentellen Pharmakologie, Erg.-W. Bd. 8/1. Berlin: Springer 1939. — LENDLE, L.: Kritisches zur modernen Novokaintherapie. Medizinische **1952**, 949—953. — LERICHE, R., et R. FONTAINE: De l'emploi des injections intraartérielles de novocaine dans les formes douloureuses des artérites oblitérantes. Presse méd. **43**, 327 (1935). — LIGHT: Zit. in H. KILLIAN, Spezifische und unspezifische Gefahren der Lokalanaesthesie und ihre Beherrschung. — LOEFGREN, N.: Studies on local anaesthetics. Xylocaine, a new synthetic drug. Stockholm 1948. — LÖHE, H.: Zit. G. W. KORTING. — LOEWE, H.: Vom Cocain zum Novocain. Arzneimittel-Forsch. **6**, 43—50 (1956).

LUDDECKE, H.: Zit. bei WEATHERBY u. HAAG, Oral administration of procaine with ascorbic-acid. Arch. Derm. Syph. (Chicago) **64**, 9 (1951).

MAIER, KL.: Beitrag zur Novokainallergie. Anaesthesist **3**, 125—127 (1954). — MALYKIN, R. J., V. A. LAPTEV, A. V. PSRAJCEV u. J. B. STRIGIN: Der biochemische Zustand der Biotica des Gehirns bei Patienten mit Ekzem, Neurodermitis und Urticaria und ihre Veränderungen bei Schlaftherapie durch Novokain. Ref. Zbl. Haut- u. Geschl.-Kr. **97**, 260 (1957). MANCKE, R., u. G. ORZECHOWSKI: Untersuchungen über den Wirkungsmechanismus des Novokains. Naunyn-Schmiedeberg's Arch. exp. Path. Pharmak. **205**, 311—321 (1948). — MAYER, E.: Fatalities from local anesthetics. J. Amer. med. Ass. **90**, 1290 (1928). — MEYLER, L.: Arteritis due to drugs. In: Sensitivity reactions to drugs. Oxford: Blackwell Sci. Publ. 1958. — MICHEL, P. J., J. SAINT-PAUL et DUMAS: A propos des intolérances cutanées à la novocaine. Bull. Soc. franç. Derm. Syph. **56**, 378 (1949). — MICHEL, P. J., J. SAINT-PAUL et RONRE: Un nouveau cas d'intolérance cutanée a la novocaine particulièrement démonstratif. Bull. Soc. franç. Derm. Syph. **59**, 385 (1952). — MOLLARET, P.: Novokain zur Verhütung poliomyelitischer Todesfälle. Münch. med. Wschr. **100**, 761 (1958). — MOSER, F.: Ein Behandlungsschema peripherer arterieller Durchblutungsstörungen. Dtsch. med. Wschr. **84**, 1613—1617 (1959). — MURALT, A. v.: Die Signalübermittlung im Nerven. Basel: Birkhäuser 1946.

NETZER, CL. O.: Die akute Novokaindermatitis nach örtlicher Injektion. Med. Klin. **1951**, 365f.

OTT, H., u. H. NETOLITZKY: Novokaingefahren durch Novokainallergie. Verh. dtsch. Ges. inn. Med. **61**, 729—733 (1955).

PAUL: Zit. HAUSCHILD, Diss. Leipzig 1951. — PITKIN, SOUTHWORTH u. HINGSON: Zit. KILLIAN in: H. KILLIAN, Lokalanaesthesie und Lokalanaesthetika, Abschnitt VII: Spezifische und unspezifische Gefahren der Lokalanaesthesie und ihre Beherrschung. — PLESTER, D.: Tierexperimentelle Untersuchungen zur Klärung des Wirkungsmechanismus von Novokain bzw. Impletol bei Durchblutungsstörungen. Acta neuroveg. (Wien) II, 303 bis 314 (1951).

RAPP, G. W.: Inhibition of creatine phosphate and acetylcholine breakdown in nerve extracts by procaine. Arch. Biochem. **12**, 13 (1947). — RATSCHOW, M.: Kritisches zur Wirkungsbreite der Neuraltherapie. Dtsch. med. Wschr. **1951**, 308. — Periphere Durchblutungsstörungen. Leipzig: Theodor Steinkopff 1946. — RAUHUT, K.: Bemerkungen zur Arbeit von SCHEFFLER. Todesfälle nach therapeutischer Beeinflussung des vegetativen Nervensystems durch Novokaininfiltration und ein Versuch zu ihrer Klärung. Derm. Wschr. **123**, 581 (1951). REWALD, F. E.: Novokain in der Asthmakrise. Ther. d. Gegenw. **93**, 93 (1954). — REYMOND, J. C.: Sur les accidents mortels imputables à certains usages de la procaine. Méd. et Hyg. **15**, 353 (1957). — RICH, A. R.: Tissue reactions produced by sensitivity to drugs. In: Sensitivity reactions to drugs. Oxford: Blackwell Sci. Publ. 1958. — RIEDEL, G.: Hauterkrankungen und lokale Schädigungen durch Lokalanaesthetica. In KILLIAN, Lokalanaesthesie und Lokalanaesthetica. — RIESER, O., u. J. HERGOTT: Über den Einfluß des Dimethylaminoaethanols auf die Wirkungen von Adrenalin, Arterenol und Acetylcholin am isolierten Froschherz. Naunyn-Schmiedeberg's Arch. exp. Path. Pharmak. **209**, 95—103 (1956). — ROSENAK, ST. S.: Paravertebrale procaine block for treatment of herpes zoster. N. Y. St. J. Med. **56**, 2684—2687 (1956). — RUTHER, H.: Reaktionen der Haut nach Novokaininjektionen; ihre Bedeutung bei Anwendung von Depot-Penizillin. Med. Welt **1951**, 1576—1579. — RYAN, E. A.: Allergy and procaine hydrochloride. J. Amer. med. Ass. **152**, 1554 (1953).

SCHEFFLER, H.: Todesfälle nach therapeutischer Beeinflussung des vegetativen Nervensystems durch Novokain-Infiltration und ein Versuch zu ihrer Klärung. Derm. Wschr. **122**, 1119—1129 (1950). — Schlußwort zu der Stellungnahme von K. RAUHUT, W. SCHMITT, H. D. JUNG u. S. BOMMER: Derm. Wschr. **124**, 1080—1028 (1951). — SCHMITT, W.: Zur Wirkungsweise von Sympathicus-Eingriffen, unter besonderer Berücksichtigung der Novokainblockade. Dtsch. med. Wschr. **74**, 1392 (1949). — Ein neuartiges Kombinationsanaestheticum für die verlängerte Grenzstrangausschaltung (Symprocain). Ärztl. Wschr. **5**, 654 (1950). SCHMITT, W., u. H. D. JUNG: Zur Frage der Todesfälle nach Novokainblockade des Grenzstranges. Stellungnahme zur Arbeit H. SCHEFFLER. Derm. Wschr. **123**, 582—584 (1951). — SCHOOG, M.: Über die Behandlung der Hautallergosen mit vegetativ wirksamen Pharmaca. Hautarzt **2**, 280 (1951). — SCHRÖDER, R.: Kausale Therapie der allergischen Erkrankungen. Z. Haut- u. Geschl.-Kr. **8**, 115 (1950). — SCHUERMANN, H.: Zit. bei G. W. KORTING, Derm. Wschr. **133**, 128 (1956). — SIDI, E., et M. HINCKY: Les dermites provoquées par les thérapeutiques locales ces dix dernières années. Bull. Soc. franç. Derm. Syph. **62**, 128 (1955). — SIELER, H.: Zur Frage der Wirkungsweise des Novokains und des Vitamin D_2 bei extrapulmonaler Tuberkulose. Derm. Wschr. **125**, 392—396 (1952). — SOEHRING, K.: In Pharmakologie für Zahnärzte. Konstanz: Verlag Zahnärztliche Welt GmbH. 1951. — Novokain, seine Wirkung und Anwendung. Pharmazie **4**, 319—325 (1949[1]); 355—363 (1949[2]); 399 bis 406 (1949[3]). — SOEHRING, K., A. AHRENS u. K. HARDEBECK: Vergleichende Untersuchungen über die akute Toxizität von Novocain-Hydrochlorid, Novocain-Coffein und Novocain-Penicillin. Arzneimittel-Forsch. **1**, 28—31 (1951). — SOEHRING, K., u. M. FRAHM: Oberflächenanalgesie. In: Klinik der Gegenwart von R. COBET, K. GUTZEIT u. H. E. BOCK. München: Urban & Schwarzenberg 1955 ff. — SOEHRING, K., u. KL. HARDER: Zit. K. SOEHRING 1949. — SOEHRING, K., u. K. HESSLER: Über die Beeinflussung der Novokainwirkung durch Änderung der Applikationsweise. Ther. Umschau **5**, 201 (1949). — STASSEN, M., et P. STASSEN: Le traitement d'urgence de l'intoxication oxycarbouée (CO) par les injections intraveineuses lentes de novocaine. Rev. méd. Liège **13**, 146 (1958). — SULLIVAN, N. P., A. F. SYMMES, C. MILLER and H. W. RHODEHAMEL: New penicillin for prolonged blood levels. Science **107**, 169 (1948).

TELLER, H.: Die Novocainblockade in der Behandlung der Hautkrankheiten. Dtsch. Gesundh.-Wes. **1950**, 520. — TRAPL, J., and L. JIRÁSEK: Intravenous novocaine in pruritic dermatoses. Acta derm.-venereol. (Stockh.) **30**, 133 (1950). — TURNER, J. P., and F. R. SCHMIDT: Treatment of scleroderma with procain. J. Amer. med. Ass. **144**, 1560 (1950).

VASILEV, T. V.: Die Therapie einiger Hautkrankheiten mit Novokain und bedingt-reflektorischem Schlaf. Ref. Zbl. Haut- u. Geschl.-Kr. **98**, 20 (1957). — VILANOVA, X., u. C. CARDENAL: Lymphogranulomatöse Elefantiasis des Penis mit Intoleranz gegenüber Novokain. Ref. Zbl. Haut- u. Geschl.-Kr. **91**, 360 (1955).

WEATHERBY, J. H., and H. B. HAAG: Local anesthetic-drugs. In: Pharmakology in medicine (VICTOR A. DRILL), 2. Aufl. New York: McGraw-Hill Book Comp. 1958. — WISCHNEWSKY, A. W.: Der Novokainblock als eine Methode der Einwirkung auf die Gewebetrophik. Zbl. Chir. **260**, 735 (1935). — WOLFF, H.: Beobachtungen bei Novokainallergie. Ärztl. Wschr. **1952**, 631f.

ZELLER, F.: Acute Novokaindermatitis nach örtlicher Injektion. Hautarzt **4**, 176 (1953). — ZIPF, H. F.: Die Endoanaesthesie, ein pharmakologischer Weg zur Ausschaltung innerer sensibler Rezeptoren. Dtsch. med. Wschr. **78**, 1587—1589 (1953). — Schmerzauslösung und Wirkungsmechanismus der Lokalanaesthesie. In KILLIAN, Lokalanaesthesie und Lokalanaesthetica. Stuttgart: Georg Thieme 1959. — Zum „Ausgangswertgesetz" von WILDER. Klin. Wschr. **24/25**, 545 (1946/47). — Die Allgemeinwirkungen der Lokalanaesthetica. In KILLIAN, Lokalanaesthesie und Lokalanaesthetica. Stuttgart: Georg Thieme 1959.

F. Calcium

AMMON, R.: Die Hydrolasen. In Fermente, Hormone, Vitamine, herausgeg. von R. AMMON, W. DIRSCHEL. Bd. I: Fermente. Stuttgart: Georg Thieme 1959. — AMSLER, M., u. A. HUBER: Methodik und erste klinische Ergebnisse einer Funktionsprüfung der Blut-Kammerwasserschranke. Ophthalmologica (Basel) **111**, 155 (1946).

BERLIN, CH.: Granuloma cutis calcinosum following injection of calcium levulinate. Arch. Derm. Syph. (Chicago) **60**, 1204—1206 (1949). — BERSIN, TH.: Zur Kenntnis der pharmakologischen Eigenschaften eines neuen Calciumpräparates. Schweiz. med. Wschr. **83**, 608 (1953). — BERSIN, TH., A. MÜLLER u. H. SCHWARZ: Studien zur Kenntnis des Calcium-aethylendiamintetraazetates. Arzneimittel-Forsch. **4**, 199—201 (1954). — BIDDER, H. v., u. E. ROTHLIN: Über Ultrafiltration des Blutkalziums. Helv. physiol. pharmacol Acta **2**, C 13 (1944). — BIGLIARDI, P.: Untersuchungen über ein neues antiallergisches Präparat (Sandosten) und dessen Kombination mit Calcium-Sandoz (ASC 16). Int. Arch. Allergy **4**, 211 (1953). — BLADERGROEN, W.: Physiologische Chemie in Medizin und Biologie, S. 470. Basel: Verlag Wepf 1949. — Einführung in die Energetik und Kinetik biologischer Vorgänge. Basel: Verlag Wepf 1955. — BÜHLMANN, H.: Die physiologische Bedeutung des Calciums und seine therapeutische Anwendung in der Human- und Veterinärmedizin. Inaug.-Diss. Basel 1956. — BURN, J. H.: Herzflimmern und Ionenverschiebungen. Triangel (Sandoz) **3**, 183 (1958).

CAMPBELL, W., and D. M. GREENBERG: Studies in calcium metabolism with aid of its induced radioactive isotope. Proc. nat. Acad. Sci. (Wash.) **26**, 176 (1940). — CERLETTI, A., and E. ROTHLIN: The pharmacological basis of calciumantihistamine combination. Intern. Arch. Allergy **6**, 230—242 (1955). — CHAMBERS, R., and W. ZWEIFACH: Intercellular cement and capillary permeability. Physiol. Rev. **27**, 436—463 (1947). — CHIARI, R., u. H. JANUSCHKE: Hemmung von Transsudat und Exsudatbildung durch Kalziumsalze. Naunyn-Schmiedeberg's Arch. exp. Path. Pharmak. **68**, 120 (1911). — CORMIA, F. E., and O. KUYKENDAHL: Experimental histamine pruritus. III. Influence of drugs on itching treshold. Arch. Derm. Syph. (Chicago) **69**, 206—218 (1954).

EMMERICH, R., u. R. LÖW: Über Erhöhung der natürlichen Resistenz gegen Infektionskrankheiten durch Chlorkalzium. Arch. Hyg. (Berl.) **80**, 261 (1913).

FANCONI, G., u. A. WALLGREN: Lehrbuch der Pädiatrie. Basel: Benno Schwabe & Co. 1950. — FANDERL, H.: Vorzüge des neuen Calciumpraeparates „Mosatil", Calciumtherapie und Serumcalciumspiegel. Med. Klin. **1953**, 818f. — FOREMAN, H., C. FINNEGAM u. C. C. LUSHBAUGH: Nephrotoxic-hazard from uncontrolled Edathamil-Calcium-Disodium-Therapy. J. Amer. med. Ass. **160**, 10—42 (1956).

GARB, S.: The cations: Potassium, calcium, magnesium, barium and ammonium. In: Pharmacology in medicine von V. A. DRILL. New York: McGraw-Hill Book Comp. 1958. — GEISSBERGER, W.: Die Calciumresorption und Retention beim Menschen nach intravenöser, oraler und rectaler Calciumverabreichung mit Bilanzen unter Anwendung von radioaktivem Calcium. Z. ges. exp. Med. **119**, 111 (1952). — GOLD, H.: On prevention of experimental effusions by calcium salts. J. Pharmacol. exp. Ther. **34**, 169 (1928). — GOODMAN, L. S., and A. GILMAN: The pharmacological basis of therapeutics, 2. Aufl. New York: Macmillan & Co. 1955.

HAAR, H.: Flußsäureverätzung der äußeren Haut. Zbl. Chir. **74**, 467—472 (1944). — HADORN, W.: Über Versuche mit intraarterieller Calciumtherapie mit besonderer Berücksichtigung der arteriellen Durchblutungsstörungen. Schweiz. med. Wschr. **77**, 69—72 (1947). HAENSCH, R.: Mosatil, ein neues Calcium-Präparat. Z. Haut- u. Geschl.-Kr. **15**, 103—105 (1953). — HAHN, F., u. F. BRUNS: Modellversuche zur therapeutischen (zellabdichtenden) Wirkung organischer und anorganischer Calciumpräparate. Naunyn-Schmiedeberg's Arch. exp. Path. Pharmak. **205**, 189—202 (1948). — HAMBURGER, H. J., u. E. HEKMA: Quantitative Studien über Phagocytose. II. Beitrag zur Biologie der Phagocyten. Biochem. Z. **9**, 275 (1908). — HARRISON, H. E., and H. C. HARRISON: Uptake of radiocalcium by skeleton: effect of vitamin D and calcium intake. J. biol. Chem. **185**, 857 (1950). — HAUSCHILD, F.: Pharmakologie und Grundlagen der Toxikologie. Leipzig: VEB Georg Thieme 1956. — HAUSCHILD, F., u. G. DENTZER: Zur Wirkung des an Äthylendiamin-Tetraessigsäure gebundenen Calciums und Magnesiums. Klin. Wschr. **33**, 495 (1955). — HAXTHAUSEN, H.: Experimental investigations of the principles underlying dermatological calcium-therapy. Acta derm.-venereol. (Stockh.) **28**, 142—150 (1945). — HOFF, F.: Klinische Physiologie und Pathologie. Stuttgart: Georg Thieme 1952. — HOFSTETTER, M.: Die Wirkung von Calcium auf die Fluoresceinpermeabilität der Blut-Kammerwasserschranke. Schweiz. med. Wschr. **78**, 462 (1948). — HUBER, A.: Die Wirkung der Calcium-Therapie auf das Auge. Schweiz. med. Wschr. **1948**, 671. — Ophthalmologica (Basel) **116**, 235 (1948). — HUGHES, J. P.: The metals and radioactive elements, Lead. In: Pharmacology in medizine von VICTOR A. DRILL, 2. Aufl. New York: McGraw-Hill Book Comp. 1958. — HUNGERLAND, H.: In THANNHAUSERS Lehrbuch des Stoffwechsels und der Stoffwechselkrankheiten von N. ZÖLLNER, 2. Aufl. Stuttgart: Georg Thieme 1957.

JAUCH, W. A.: Ein seltenes Beispiel von Polypragmasie bei Calciumapplikation. Dtsch. med. Rdsch. **2**, 30f. (1948).

KEHOE, R. A.: Misuse of edathamil calcium-disodium for prophylaxis of lead poisoning. J. Amer. med. Ass. **157**, 341f. (1955). — KIRCHHOFF, A.: Gefahren der intralumbalen Anwendung von Calcium-Glukonat bei der Behandlung des Wundstarrkrampfes. Zbl. Chir. **76**, 885—889 (1951). — KLAUDER, J. V., and H. BROWN: Experimental studies in eczema: correlation of potassium-calcium ratio in serum and in skin of rabbits with irritability of skin. Arch. Derm. Syph. (Chicago) **20**, 226 (1929). — KÖNIGSTEIN, H.: Shifting of cations in the cerebrospinal fluid as a cause of pruritus. J. invest. Derm. **17**, 99—123 (1951). — KOGOJ, F., u. ŠT. PURETIĆ: Kalzium extern. Wien. med. Wschr. **104**, 261—263 (1954).

LANG, K.: Biochemie der Ernährung. Darmstadt: Dr. Dietrich Steinkopff 1957. — LANGHOF, H.: Juckreizbekämpfung bei chronischen, umschriebenen Dermatosen durch Unterspritzung von Calcium-Diasporal. Dtsch. Gesundh.-Wes. **1957**, 204f. — LASCH, F., u. H. KALOUD: Klinisch-experimentelle Untersuchungen über die capillarabdichtende Wirkung des Calciums. Schweiz. med. Wschr. **1951**, 428—430. — LENDLE, L.: Moderne spezifische Antidote in der Vergiftungsbehandlung. Münch. med. Wschr. **98**, 968 (1956). — LINDEMAYR, A.: Erfahrungen mit Sandosten kombiniert mit Calcium-Sandoz (ASC 16) bei der Therapie allergischer Hautkrankheiten. Int. Arch. Allergy **7**, 42—48 (1955). — LUITHLEN, F.: Das gegenseitige Mengenverhältnis bei verschiedener Ernährung und bei Säurevergiftung. Naunyn-Schmiedeberg's Arch. exp. Path. Pharmak. **88**, 209f. (1912). — LURIA, S. E., and D. L. STEINER: The role of calcium in the penetration of bacteriophage TS into its host. J. Bact. **67**, 635—639 (1954).

MAYER: Sitzungsbericht, Dermatol., Schleswig-Holstein 16.—17. 7. 1949. Zbl. Haut- u. Geschl.-Kr. **74**, 352 (1950). — MEYER, H. H.: Über die Wirkung des Kalkes. Münch. med. Wschr. **57**, 2277 (1910). — MITCHELL, H. H., and F. S. HAMILTON: The dermal excretion under controlled environmental conditions of nitrogen and minerals in human subjects with particular reference to calcium and iron. J. biol. Chem. **178**, 345—361 (1949). — MURALT, A. v.: Die periphere Erregungsleitung im vegetativen System. Acta neuroveget. (Wien) **4**, 188 (1952).

NACHMANSOHN, D.: Zit. E. ROTHLIN, Nature (Lond.) **145**, 513 (1940). — NASEMANN, TH.: Das Antihistaminicum Sandosten und sein Calcium-Kombinationspräparat als Mittel zur Juckreizbekämpfung und als Adjuvantien in der dermatologischen Therapie. Hautarzt **8**, 457 (1957). — NASH, P. H.: Occupational calcium necrosis of the skin. Brit. med. J. **1955 I**, No 4919, 586.

PARKER, W.: Further observations on the use of combined calcium-antihistamine therapy in dermatology. Int. Arch. Allergy **7**, 65—69 (1955).

RÄIHÄ, C. E., u. G. FANCONI: In Lehrbuch der Pädiatrie von G. FANCONI u. A. WALLGREN. Basel: Benno Schwabe & Co. 1950. — REMY, R., u. E. EULER: Zur rectalen Calciumresorption. Med. Klin. **1953**, 1817—1819. — ROSENKRÄNZLER, R.: Calcium und Vitamin C in der Dermatologie. Derm. Wschr. **134**, 968 (1956). — ROTHLIN, E.: Zur Physiologie der Kalzium-Therapie. Schweiz. med. Wschr. **57**, 388 (1927). — Die Bedeutung des Ca-Stoffwechsels für Rachitis und Karies. Schweiz. med. Wschr. **63**, 529 (1933). — ROTHLIN, E., u. H. v. BIDDER: Untersuchungen über die Fehlerquellen der Calcium-Bestimmung nach Kramer-Tisdall. Helv. physiol. pharmacol. Acta **3**, 99 (1945). — ROTHLIN, E., u. A. CERLETTI: Die Pharmakologie des ASC 16 (Sandosten-Calcium Sandoz). Int. Arch. Allergy **4**, 191—199 (1953). — ROTHLIN, E., u. W. R. SCHALCH: Experimentelle Untersuchungen über die Wirkung des Calciums auf den Blutdruck. Arch. int. Pharmacodyn. **47**, 253 (1934). — ROTHLIN, E., M. TAESCHLER u. A. CERLETTI: Beitrag zur biologischen Wirkung von komplexgebundenem Calcium. Schweiz. med. Wschr. **84**, 1286 (1954). — ROTHMAN, ST.: Physiology and biochemistry of skin. Chicago, Ill.: Chicago University Press 1954. — Zit. H. H. MITCHELL u. F. S. HAMILTON. — RUBNER, A.: Zit. H. STEUDEL. — RUKAVINA, J. G.: Bericht XVIII. Kongr. der Amerikanischen Akad. für Dermat. u. Syph., Chicago, 5.—10. Dez. 1959. Méd. et Hyg. (Genève) **18**, 92 (1960).

SCHÄFER, H.: Elektrophysiologie, Bd. I. Wien: Franz Deuticke 1940. — SCHREIER, K., u. H. WOLF: Untersuchungen über den Einfluß der Citronensäure auf den Calciumstoffwechsel. Z. Kinderheilk. **67**, 526—544 (1950). — SCHREINER, H.: Klinische Erfahrungen mit Calcistin. Dtsch. med. Wschr. **1954**, 1132—1134. — STEUDEL, H.: Der Umsatz des Calciums im Organismus des Erwachsenen. Med. Klin. **42**, 142—144 (1947).

TUCHMANN-DUPLESSIS, H., et L. MERCIER-PAROT: Influence d'un corps de chélation, l'acide éthylène diaminé-tétraacétique sur la gestation et le développement foetal du rat. Presse méd. **64**, 1785 (1956).

VOGT, J. H.: The influence of some diet factors on the irritability of the skin and the mineral contents of the skin and blood plasma in rabbits. Ref. Zbl. Haut- u. Geschl.-Kr. **69**, 365 (1943). — VONKENNEL, J., u. J. KIMMIG: „Ca-Thiosulfat". Pharmakodynamik und Indikation. Med. Klin. **34**, 119—123 (1938).

WÜLFING, M.: Über die Behandlung mit Kalzium-Glukonat. Dtsch. med. Wschr. **54**, 1884 (1928). — WURM, K.: Der Blutkalkspiegel und die Ausscheidung von Calcium im Urin. Derm. Wschr. **120**, 769—777 (1949).

ZACKHEIM, H. S., u. H. PINKUS: Calcium chloride necrosis of skin. Arch. Derm. Syph. (Chicago) **76**, 244—246 (1957).

G. Leberschutztherapie

ANGELA, G. L., and A. A. APRÀ: The histologic picture of the liver in some dermatovenereologic conditions. (Liver biopsy studies.) Ref. Zbl. Haut- u. Geschl.-Kr. **95**, 69 (1956).— AYRES jr., S., S. AYRES III and J. I. MISOVICH: Macrocytic anemia and impaired liver function in eczematous and certain other dermatoses. Arch. Derm. Syph. (Chicago) **62**, 851 (1950).

BAIER, H.: Über die Chininoxydase im Serum bei Erkrankungen der Leber. Dtsch. med. Wschr. **84**, 1308 (1959). — BEIGLBÖCK, W.: Die Beeinflussung des Mineralstoffwechsels durch die gesunde und kranke Leber. 2. Leberkolloquium in Bad Bertrich, 1955. — BENDA, L.: Über die Beziehungen der Leber zum Wasserhaushalt. 2. Leberkolloquium in Bad Bertrich, 1955. — BICKEL, G.: Le traitement de la cirrhose du foie. Méd. et Hyg. **17**, 661f. (1959). — Le traitement diététique de la cirrhose hépatique. Les substances lipotropiques et les extraits hépatiques dans le traitment de la cirrhose. Les stéroides dans le traitment de la cirrhose hépatique. Aquisitions récentes de la pathogénic du coma hépatique. Le traitement du coma hépatique. — BLÖCH, I.: Neue Erkenntnisse in der Pathogenese und der Therapie der Leberkrankheiten. Wien. klin. Wschr. **1949**, 529. — BOECKER, W.: Die Behandlung von Lebercirrhosen mit intravenös injizierbaren Leberhydrolysaten. Med. Klin. **15**, 641 (1956). — BOECKER, W., u. H. SCHEEF: Der diagnostische Wert des modifizierten Kauffmann-Wollheimschen Wasserversuches bei Leberparenchymschäden. 2. Leberkolloquium in Bad Bertrich, 1955.

CAYER, D.: Use of methionine and vitamin supplements in treatment of hepatic disease. Clinical and laboratory observations. Arch. intern. Med. **80**, 644 (1947). — CAYER, D., and W. E. CORNATZER: The use of lipotropic-factors in the treatment of liver disease. Gastroenterology **20**, 385, 411 (1952). — The effects of choline and methionine on phospholipide formation in patients with liver disease as measured by radioactive phosphorus. Science **109**, 613 (1949). — ČERNÝ, E.: Ergebnisse von Leberfunktionsprüfungen bei epidermalen Hautentzündungen (Ekzem, Dermatitis). Dermatologica (Basel) **105**, 169 (1952). — CORMAN, W.

A. SCHRADER u. J. VONKENNEL: Die Methioninbehandlung der Erkrankungen des Leberparenchyms. Neue med. Welt **1950**, 772. — CUEVA, J. V., u. R. HERNÁNDEZ DE LA PORTILLA: Die Häufigkeit allergischer Erscheinungen bei Leberkrankheiten. Ref. Zbl. Haut- u. Geschl.-Kr. **87**, 40 (1954).

DOGLIOTTI, M., M. BANCHE e G. L. ANGELA: Significato ed importanza dell'ago biopsia epatica in alume condizione patologiche della cute. G. ital. Derm. Sif. **95**, 321 (1954). — DEMLING, J., u. H. SCHÖN: Über die Entwicklung der Lebertherapie im Laufe der letzten 3 Jahre. Dtsch. med. J. **9**, 198 (1958). — DERBES, V. J., and M. E. CHERNOSKY: Senile purpura and liver disease. A possible relationship. Arch. Derm. Syph. (Chicago) **80**, 529 (1959). — DIKOMEIT, B.: Über die therapeutische Wirksamkeit eines definierten Aminosäuregemisches bei schweren Leberparenchymerkrankungen. Ther. d. Gegenw. **1949**, 118. — DUBOWY, M.: Experimentelle Untersuchungen über die Korrelation zwischen Haut und Leber. Dermatologica (Basel) **79**, 370 (1939).

EGER, W.: Zur Frage der neuzeitlichen Lebertherapie auf Grund neuer experimenteller Untersuchungen. Dtsch. med. Wschr. **89**. 598 (1956). — Über Cystein, Homocystein, Cystathion und Cysteamin als nekrotrope Leberschutzstoffe in Verbindung mit Traubenzucker und Fruchtzucker. Medizinische **17**, 1957.

FELIX, K.: Zur Physiologie und Funktionsprüfung der Leber. Schweiz. med. Wschr. **1948**, 1168. — FORSTER, G., et E. JENNY: Le test à la 1-phosphofructaldolase dans le diagnostic hépatique. Med. et Hyg. **17**, 438, 439 (1959). — FRIEDMAN, A. J.: Faktoren, die ein Coma hepaticum bewirken können. Gastroenterology **27**, 23 (1957). — FRÜHWALD, R.: Die Behandlung der Psoriasis mit Cysthion. Derm. Wschr. **119**, 20 (1947).

GEISBERGER, H.: Vergleichende Behandlungsergebnisse bei Leberparenchymerkrankungen. Wien. med. Wschr. **107**, 240 (1957). — GENNER, V., and J. K. WITT: Studies on the liver function in certain diseases of the skin, with remarks on their etiology and treatment. Acta derm.-venereol. (Stockh.) **19**, 453 (1938[1]). — Untersuchungen über die Leberfunktionen bei bestimmten Hautkrankheiten mit Bemerkungen über die Ätiologie und Behandlung. Ref. Zbl. Haut- u. Geschl.-Kr. **59**, 253 (1938[2]). — GERTLER, H.: Kasuistischer Beitrag zur Psoriasis vulgaris bei Leberparenchymschäden. Derm. Wschr. **137**, 329 (1958). — GIGANTE, D.: La reattivita della cute agli estratti di fegato. Quad. Allerg. **4**, 147 (1938). — GOODMAN, L. S., and A. GILMAN: The pharmacological basis of therapeutics. New York: Macmillan & Co. 1955. — GORDON, E. S.: The vitamins and other nutritional factors. In V. A. DRILL, Pharmacology in medicine. New York: McGraw Hill Book Comp. 1958. — GOTTRON, H. A.: Wechselwirkungen zwischen Haut und inneren Organen. Normale und krankhafte Steuerung im menschlichen Organismus, S. 233. 1937. — GREIF, ST.: Veränderungen des Dehydroandrosteron bei diffusen Parenchymerkrankungen der Leber. Wien. klin. Wschr. **68**, 992 (1956). — GROS, H.: Die Cholinbehandlung schwerer Leberparenchymschäden. Dtsch. med. Wschr. **1949**, 440. — GUTZEIT, K.: Therapie der Leberparenchymschädigungen. Dtsch. med. J. **1953**, 198.

HALL, C. A.: Die Makrocytose bei Erkrankungen der Leber. J. Lab. clin. Med. **48**, 345 (1956). — HARTMANN, F.: Untersuchungen über die Beurteilung der Funktion der Leber auf Grund von Störungen ihrer Stoffwechselleistungen. III. Mitt. Störungen der Entgiftungs- und Ausscheidungsfunktionen der Leber. Z. klin. Med. **147**, 551 (1951). — HAUCK, L., u. H. HÖCKER: Die Leberbehandlung der schweren Formen der Pemphigusanämie. Med. Klin. **6**, 192 (1934). — HAUSCHILD, F.: Pharmakologie und Grundlagen der Toxikologie. Leipzig: Georg Thieme 1956. — HAVENS jr., W. P.: Liver disease and antibody formation. Int. Arch. Allergy **14**, 75 (1959). — HICKS, J. H., and J. F. MULLINS: Pruritus of liver disease (xanthomatous biliary cirrhosis). Arch. Derm. Syph. (Chicago) **71**, 46 (1955). — HOFFMANN, A.: Die Hepatologie in Frankreich. Mat. Med. Nordmark **10**, 308 (1958). — HURIEZ, C., F. DESMONS, M. BENOIT et D. MARTIN: La ponction-biopsie du foie dans l'eczéma. Bull. Soc. franç. Derm. Syph. **63**, 482 (1956[1]). — Étude histopathologique du foie des psoriatiques. Bull. Soc. franç. Derm. Syph. **63**, 488 (1956[2]). — Le foie dans les principales dermatoses d'après 77 ponction-biopsies. Bull. Soc. franç. Derm. Syph. **64**, 234 (1957[1]). — Liver biopsy in exzema and other dermatoses. Brit. J. Derm. **69**, 237 (1957[2]).

IWAMA, M.: Über die Beziehungen zwischen Leberschädigung und Hautkrankheiten. 2. Mitt. Neun Fälle von Erythrodermia exfoliativa generalisata. Ref. Zbl. Haut- u. Geschl.-Kr. **66**, 489 (1941). — 3. Mitt. Unsere Untersuchungen mit der Takata-Reaktion und dem Harnbefunde bei 2040 Fällen von Hautkrankheiten. Ref. Zbl. Haut- u. Geschl.-Kr. **67**, 259 (1942[1]). — 4. Mitt. Über den Verlauf der Hauterkrankung im engeren Verhältnis zur hepatorenalen Insuffizienz. Ref. Zbl. Haut- u. Geschl.-Kr. **67**, 260 (1942[2]).

JAROSCHKE, R., u. H. KRESBACH: Die Leberfunktionsprobe mit Methioninbelastung bei Dermatosen. Wien. klin. Wschr. **1954**, 762. — JÜRGENS, J.: Blutgerinnung bei Leberkrankheiten. Mat. Med. Nordmark 8, 375, 435 (1956).

KÄRCHER, K. M.: Die Therapie allergischer Erkrankungen. Hautarzt **6**, 193 (1955). — KALK, H.: Bemerkungen zur Therapie der Leberkrankheiten mit lipotropen Substanzen.

Dtsch. med. Wschr. **1951**, 1068. — Über Hauterscheinungen und über das Symptom der „roten, glatten Zunge" bei Leberinsuffizienz. Dtsch. med. Wschr. **1955**, 955. — Über Hautzeichen bei Leberkrankheiten. Dtsch. med. Wschr. **1957**, 1637. — Über bioptische Befunde bei und nach Lebercoma bzw. nach akuter Lebernekrose. Ciba-Symp. **6**, 47 (1958). — KALK, H., u. E. WILDHIRT: Die Methylenblauprobe im Urin bei Leberkrankheiten. Med. Klin. **45**, 531 (1950). — Die Bedeutung der Leberfunktionsprobe im Vergleich zum bioptischen Befund der Leber. Med. Klin. **1951**, 585. — Bedeutet die Serumelektrophorese einen Fortschritt in der Diagnostik der Leberkrankheiten. Verh. dtsch. Ges. inn. Med. **59**, 370 (1953). — KLEMM, G.: Beitrag zur Behandlung von posthepatitischen, chronischen Leberschäden. Mat. Med. Nordmark **11**, 33 (1959). — KIPPING, H.: Cholintherapie bei Virushepatitis. Dtsch. med. Wschr. **76**, 208 (1951). — Zur Therapie der Lebererkrankungen. Dtsch. med. Wschr. **1951**, 429. — KIRNBERGER, E. J.: Vergleichender Leberschutz von Prohepar, Hepatrat und Aminotrat. Mat. Med. Nordmark **11**, 338 (1959). — KLEINSORGE, H.: Die Behandlung allergischer Krankheiten. Med. Klin. **52**, 1689 (1957). — KNAPP, K.: Wirkung von Methionin auf verschiedene Stoffwechselstörungen der Leber. Med. Wschr. **5**, 568 (1951). — KRANTZ, C. J.: Anaphylactic reactions following medication with parenteral lever extract. J. Amer. med. Ass. **110**, 802 (1938). — KRIEG, E.: Leberfunktionsstörungen bei hartnäckigen Ulcera cruris. Med. Klin. **50**, 1900 (1955). — KUMMER, P., u. A. OTT: Untersuchungen der Leberdurchblutung und der Wirkung von Thioctsäure und anderen Arzneimitteln. Münch. med. Wschr. **101**, 2399 (1959).

LANGE, J.: Über den Wert klinisch-chemischer Untersuchungsmethoden für die Differentialdiagnose des Icterus. Münch. med. Wschr. **101**, 2405 (1959). — LANG, K.: Die Biochemie der Ernährung. Darmstadt: Dr. Dietrich Steinkopff 1957. — LINKE, A.: Über die Glukagonprobe bei Leberkrankheiten und bei Diabetes mellitus. Klin. Wschr. **37**, 876 (1959). — LONGHI, G., e L. RASPONI: Ricerche sulla funzionalità epatica in alcume dermatosi. Arch. ital. Derm. Sif. **22**, 273 (1949). — LUKIDIS, W.: Über die mangelhafte Achsel- und Schambehaarung bei Lebercirrhosen. Z. ges. inn. Med. **10**, 880 (1955).

MARKOFF, N.: Differential-Diagnose des Icterus, incl. Laborbefunde. Méd. et Hyg. **16**, 248, 397 (1958). — MARTINI, G. A.: Veränderungen der Haut bei Lebererkrankungen. Pathologie, Diagnostik und Therapie der Leberkrankheiten, 4. Freiburger Symposium 1956, S. 321. Veränderungen der Haut und ihrer Anhangsgebilde bei Lebererkrankungen. Neue Z. ärztl. Fortbild. **48**, H. 3 (1959). — MARTINI, G. A., u. J. STAUBESAND: Zur Morphologie der Gefäßspinnen. Virchows Arch. path. Anat. **324**, 147 (1953).

NAKAMURA, K.: Über die Leberfunktion bei Hautkrankheiten. Ref. Zbl. Haut- u. Geschl.-Kr. **61**, 451 (1939). — NEIMANN, N., M. BIERSON, S. STEHLIN, P. FRIDON et M. MANCIAUX: Maladie de Rendu-Osler et cirrhose hépatique. Arch. franç. Pédiat. **15**, 51 (1958). — NISSEN, K.: Die Bedeutung der lipotropen Stoffe im besonderen des Hepsan in der Therapie der Leberparenchymschäden. Ther. d. Gegenw. **89**, 385 (1950). — NONNENBRUCH, W.: Ergebnisse der Leberfunktionsprüfung mit der p-oxyphenylbrenztraubensäure (Testacid) bei den Hepatitiden. Dtsch. med. Wschr. **1948**, 40.

ODENWALD, G.: Worauf bezieht sich und wie wirkt der Vitamin-K-Test als Leberfunktionsprobe? Dtsch. med. Wschr. **82**, 980 (1957). — OTTOLENGHI-LODIGIANI, F.: Fegato ed eczema. Minerva derm. (Torino) **34**, 46 (1959).

PEDRO-PONS, A.: Zur Diagnose der verschiedenen Formen des Verschluß-Icterus. Ciba-Symp. **7**, 1 (1959). — POPPER, H.: Cirrhosis. Clin. Symp. 8, 193 (1956). — PROUDFIT, F. T., and C. H. ROBINSON: Nutrition and diet therapy. New York: Macmillan & Comp. 1957.

RICKETTS, W. E.: Pathological liver with minimal or no chance in „Liver tests". Amer. J. med. Sci. **221**, 287 (1951). — ROULET, F. C.: Versuche über die experimentelle Lebercirrhose durch Cholinmangel und deren therapeutische Beeinflussung. Schweiz. med. Wschr. **88**, 86 (1958). — RÜHRMANN, H.: Zusammenhänge zwischen Hauterkrankungen und Leberfunktionsstörungen. Mat. Med. Nordmark 8, 325 (1956). — RYSER, H., et J. FREI: Intérêt de l'étude biochemique du tissu hépatique humain prélevé par ponction-biopsie. Méd. et Hyg. **15**, 377, 507 (1957).

SCHMID, S.: Zur Cholintherapie des Leberparenchymschadens. Wien. Z. inn. Med. **32**, 113—117 (1951). — SCHOLDERER, H.: Therapie der chronischen Lebererkrankungen. Vortrag, Hamb. Ärzteverein, 12. 4. 1960. — SCHREIER, K., u. H. SATTELBERG: Untersuchungen über den Aminosäurestoffwechsel bei Erkrankungen der Leber. Dtsch. med. Wschr. **1952**, 862. — SECKFORT, H.: Ein Blick in die Dynamik des Fettstoffwechsels. Med. Monatsspiegel **7**, 193 (1958). — SIMON, K. L.: Fortschritte in Diagnostik und Therapie der Virushepatitis. Med. Mschr. **11**, 345 (1957). — STAUB, H.: Problematik in Physiologie, Klinik und Therapie der Leberkrankheiten. Helv. med. Acta, Ser. A **17**, 367 (1950). — STIEGLER, J. P.: Étude de la fonction hépatique dans l'eczéma par les tests de réaction mésenchymateuse. Bull. Soc. franç. Derm. Syph. **61**, 369 (1954). — STILLE, G.: Die Wirkung von Mg auf die Leberdurchblutung. 2. Leberkolloquium in Bad Bertrich, 1955. — STÜTTGEN, G.: Klinisch-experimentelle Befunde zur Wirkung oraler und parenteraler Gaben von Schwefelverbindungen auf die menschliche Haut. Hautarzt **4**, 324 (1953). — SIEDE, W.: Nachbehandlung von Leber-, Galle- und Pancreas-Erkrankungen. Mkurse ärztl. Fortbild. **9**, 285 (1959). — Der derzeitige Stand der Therapie der Lebererkrankungen. Münch. med. Wschr. **95**, 535 (1952). — *Symposium:* Sur l'exploration fonctionelle du foie et l'insufficiénce hépatique mineure. Méd. et Hyg. **17**, 200 (1959).

TAMAĔLA, L. A.: Einige Notizen über Kwashiorkor. Med. Klin. **54**, 211 (1959).

URBACH, E.: Skin-disease, nutrition and metabolism. New York: Grune & Stratton 1946.

VONKENNEL, J., u. A. SCHÖBERL: BAL und die Behandlung der Syphilis und Psoriasis mit thiolopriven Substanzen. Med. Mschr. **3**, 561 (1949).

WENNIG, E.: Antioxydantien und Leberinsuffizienz. Wien. med. Wschr. **108**, 194 (1958).— WIENER, K.: Systemic associations and treatment of skin-diseases. St. Louis: C. V. Mosby Comp. 1955.

ZIERZ, P.: Leberfunktionsstörungen und Hautkrankheiten. Halle a. d. Saale: Carl Marhold 1953. — Leberfunktionsstörungen bei bestimmten Hautkrankheiten. Med. Wschr. **8**, 456 (1954). — In H. A. GOTTRON u. W. SCHÖNFELD, Dermatologie und Venerologie. Bd. III: Haut-Leber-Pancreas. Stuttgart: Georg Thieme 1959.

H. Externe Therapie der Hautkrankheiten

BARKOW, D.: Hautschutz und Hautpflege im Betrieb. Berufsdermatosen **7**, 57—69 (1959). — Zur Abgrenzung des Einsatzes von silikonölhaltigen Hautschutzsalben. Berufsdermatosen **6**, 225—229 (1958). — BEUREY, J., P. CHERRIER et G. DE GANS: Intérêt pratique de l'azote liquide en dermatologie. Bull. Soc. franç. Derm. Syph. **64**, 494 (1957). — BRUSCA, D. D.: Use of silicone spray on the skin of bedridden patients. N.Y. St. J. Med. **56**, 894—895 (1956).

CRISSEY, J. T.: Frequency curve standards in the evaluation of dermatologic therapy. J. invest. Derm. **23**, 85—95 (1954). — CZETSCH-LINDENWALD, H. v., u. F. SCHMIDT-LA BAUME: Die äußeren Heilmittel. Ergänzung zur dritten Aufl. Berlin: Springer 1956.

DATAVO, L.: Die Verwendung von Salben mit Silicon, allein oder in Verbindung mit Antibiotica, in der Dermatologie. Ref. Zbl. Haut- u. Geschl.-Kr. **92**, 208 (1955). — DENTON, C. R., D. J. BIRMINGHAM and V. B. PERONE: A laboratory evaluation of silicone skin protective preparations. Arch. Derm. Syph. (Chicago) **72**, 7—12 (1955). — DUPERRAT, B., A. BASSET et F. CAUVIN: L'azote liquide dans le traitement des verrues. Bull. Soc. franç. Derm. Syph. **61**, 505 (1954). — DUPERRAT, B., et F. CAUVIN: L'azote liquide en dermatologie. Ann. Derm. Syph. (Paris) **82**, 626—634 (1955).

ELSON: Zit. von CZETSCH-LINDENWALD.

FLEGEL, H.: Silicone als Salbengrundlage. Dtsch. Gesundh.-Wes. **1956**, 523—525.

GIRAUDEAU, R., et R. AMADO: Les pâtes aux silicones: leur rôle protecteur. Bull. Soc. franç. Derm. Syph. **61**, 137—139 (1954). — GLOXUBER, CH., u. G. HECHT: Pharmakologische Untersuchungen an Siliconen. Arzneimittel-Forsch. **5**, 10—12 (1955).

HAUSCHILD, F.: Pharmakologie und Grundlagen der Toxikologie. Leipzig: VEB Georg Thieme 1956. — HEGYI, E.: Komplexe Prüfung von Hautschutzsalben. Berufsdermatosen **6**, 111—124 (1958). — HERMANS jr., E. H., and P. G. BAKKER: Über die Behandlung von Warzen und einigen anderen Hautkrankheiten mit flüssigem Stickstoff. Ref. Zbl. Haut- u. Geschl.-Kr. **102**, 278 (1959). — HUSSONG, J.: Erfahrungen mit Siliconsalben. Medizinische **1955**, 1477—1479.

KAMINSKY, A.: Die Silicone in der Dermatologie. Ref. Zbl. Haut- u. Geschl.-Kr. **90**, 179 (1955). — KLEINE-NATROP, H. E.: Die thermische Wirkung salbenartiger Silicone auf die Haut. Fette u. Seifen **54**, 675—679 (1952). — KUSKE, H., M. KLAYMAN and K. SCHWARZ: Testing of industrial protective ointments. Dermatologica (Basel) **112**, 316—322 (1956).

LEISS, F., u. K. H. PETER: Die Silicone in Medizin, Pharmazie und Lebensmittelindustrie. Arzneimittel-Forsch. **4**, 571—575, 614—622, 664—668 (1954). — LE VAN, P., TH. H. STERNBERG u. D. v. NEWCOMER: Der Gebrauch der Silicone in der Dermatologie. Ref. Zbl. Haut- u. Geschl.-Kr. **98**, 17 (1957).

MORRIS, G. E.: Silicone protective creams. A clinical study. Arch. industr. Hyg. **9**, 194—198 (1954).

NEUWALD, F., u. K. ADAMS: In vitro-Prüfung einer Silicon-Hautschutzsalbe. Berufsdermatosen **3**, 147—149 (1956). — NOLL, W.: Silicone in der Medizin. Ther. Ber. **28**, 39—44 (1956). — Zur Chemie und Technologie der Silicone. Plenarvortr. auf der G. D. Ch.-Hauptverslg, Hamb., 17. 9. 1953.

ØDEGAARD, K.: Silicones in dermatology. Ref. Zbl. Haut- u. Geschl.-Kr. **98**, 186 (1957).

PLEIN, J. B., and E. M. PLEIN: A preliminary study of silicone oils as dermatological vehicles. J. Amer. pharm. Ass., sci. Ed. **42**, 79—85 (1953). — POLANO, M. K.: Dermatologische Arzneimittel. Baden-Baden: Verlag für angewandte Wissenschaften 1956. — POLEMANN, G., u. G.

FROITZHEIM: Zur Verwendung von Siliconen als Hautschutzsalben. Berufsdermatosen **3**, 89—96 (1955). — Tierexperimentelle Untersuchungen zur biologischen Verträglichkeit von Siliconen. Arzneimittel-Forsch. **3**, 457 (1953).

ROWE, V. K., H. C. SPENCER and S. L. BASS: Toxicological studies on certain commercial silicones and hydrolyzable silane intermediates. J. industr. Hyg. **30**, 332—352 (1948).

SCHAAF, F.: Akanthosetest mit Teer und Teerkohlenstoffen. Dermatologica (Basel) **115**, 374—381 (1957). — SCHAAF, F., u. F. GROSS: Tierexperimentelle Untersuchungen mit Salben und Salbengrundlagen. Dermatologica (Basel) **106**, 357—378 (1953). — SCHNEIDER, W., u. H. TRONNIER: Untersuchungen über die Einwirkung von Schutzsalben und Waschmitteln auf die menschliche Haut unter Anwendung einer modifizierten Alkalineutralisationsprobe. Berufsdermatosen **6**, 1 (1958). — SCHNEIDER, W., u. H. WAGNER: Erdöl und neuzeitliche Erdölprodukte als auslösende Ursache von Hautschäden. Berufsdermatosen **2**, 207 bis 222 (1953). — SCHOOG, M.: Die Bedeutung der Silicone für die Dermatologie. Arzneimittel-Forsch. **1**, 167—169 (1951). — SCHULZ, K. H.: Persönliche Mitteilung. — SIBOULET, A.: Intérêt des silicones aérosols en thérapeutique dermatologique. Bull. Soc. franç. Derm. Syph. **62**, 108—109 (1955[1]). — Dermatoses dues au résines synthétiques. Résultats d'essais de prévention par les silicones en aérosols. Bull. Soc. franç. Derm. Syph. **62**, 108—109 (1955[2]). — SIDI, E., and M. HINCKY: Dark room treatment in dermatitis medicamentosa of exposed parts. Presse méd. **63**, 1843—1845 (1955). Ref. Year-Book, 1956/57. — SIEBERT, G.: Zur Frage der Penicillinstabilität in üblichen Salbengrundlagen und Siliconsalben. Medizinische **1952**, 1631—1632. — SIEMENS, H. W.: Allgemeine Diagnostik und Therapie der Hautkrankheiten. Berlin: Springer 1952. — „Mitreaktion" unbehandelter Psoriasisherde. Arch. Derm. Syph. (Berl.) **202**, 247—253 (1956). — SIMONS, R. D. G. PH.: Effect of non-medicamentous enclosure and "dermatologica rest" on eczema. J. invest. Derm. **25**, 365—374 (1955). — SULZBERGER, M. B., and J. WOLF: Dermatology. Essentials of diagnosis and treatment. Chicago: Year Book Publ. Inc. 1952. — SUSKIND, R. R.: Industrial and laboratory evaluation of a silicone protective cream. Arch. industr. Hyg. **9**, 100—112 (1954).

TALBOT, J. R., J. K. MACGREGOR and F. W. CROWE: The use of silicote (R) as a skin protectant. J. invest. Derm. **17**, 125—126 (1951).

VELTMANN, G.: Prophylaktische Maßnahmen zur Verhütung beruflicher Hautschäden. Berufsdermatosen **7**, 115—125 (1959). — VONKENNEL, J.: 32. Tagg der Nordwestdtsch. Dermatol. Ges. am 14. 7. 1951, Kiel. — Prophylaxe und Therapie der Hautkrankheiten. Ref. Z. Haut- u. Geschl.-Kr. **12**, 478 (1952). — In LEISS u. P. PETER, S. 617. — I. Arbeitsmedizinische Tagg Düsseldorf, 1952. Ref. in LEISS und P. PETER, S. 620. — VOGT, H.: Über die antioxydative Wirkung von Siliconöl in einigen Salbengrundlagen. Pharmaz. Z.-Halle Dtschld **94**, 166—173 (1955).

WASMER, A.: L'azote liquide en dermatologie. Bull. Soc. franç. Derm. Syph. **63**, 275—276 (1956).

ZIERZ, P.: Zur Behandlung von Fußwarzen mit flüssigem Stickstoff. Med. Klin. **1955**, 710—713. — ZIERZ, P., u. H. D. ENDRES: Flüssige Luft (Stickstoff) zur Behandlung von Warzen. Dtsch. med. Wschr. **79**, 216—217 (1954). — ZINGSHEIM, M.: Das Triphenyltetrazoliumchlorid zur Untersuchung von Salbengrundlagen. Arch. Derm. Syph. (Berl.) **194**, 118—120 (1952). — Med. Klin. **48**, 883—885 (1953). — ZINGSHEIM, M., u. R. LANGER: Silicone als Salbengrundlagen zur Prüfung lichtschützender Substanzen. J. med. Kosmetik **2**, 139—141 (1953).

J. Diätbehandlung der Hautkrankheiten

BERTRAM, F.: In THANNHAUSER, Lehrbuch des Stoffwechsels und der Stoffwechselkrankheiten, 2. Aufl. Stuttgart: Georg Thieme 1957. — BOMMER, S.: Salzarme Kost und Gefäßsystem. Klin. Wschr. **1934 II**, 1542—1548. — Zur Frage der Wirkung von Sauerbruch-Hermannsdorfer-Diät. Dtsch. med. Wschr. **1934 I**, 735—739. — Diätbehandlung bei Hautkrankheiten. Dtsch. med. Wschr. **1938 II**, 1644—1649. — Einige Erfahrungen bei Ernährungstherapie von Hautkrankheiten. Zbl. Haut- u. Geschl.-Kr. **64**, 306 (1940). — Berl. Dermat. Ges. 12. 12. 1939. — Grundsätzliches zur Ernährungstherapie von Hautkrankheiten. Derm. Wschr. **129**, 25—34 (1954). — Von der Ernährungsbehandlung zur Ganzheitstherapie. Münch. med. Wschr. **1958**, 1259—1264. —BONANNO, A. M.: Dieta acidosa ed alcalosica e saggio die idrofilia cutanea. Ref. Zbl. Haut- u. Geschl.-Kr. **60**, 611 (1938). — BÜRGER, M., u. H. KNOBLOCH: Antiphlogistische Ernährung. Münch. med. Wschr. **101**, 309—314 (1959).

CALLAWAY, I. L., and R. O. NOOJ'IN: Influence of diets of varying fat-content on experimentally produced cutaneous infections in white rats. J. invest. Derm. **3**, 71—75 (1940). — CHIALE, G. F.: Diätfaktoren und Dermatosen. Neuere Beobachtungen über Milchdiät in der Dermatologie. Ref. Zbl. Haut- u. Geschl.-Kr. **52**, 423 (1936). — CREMER, H. D.: Die Ernährung des gesunden und des kranken Menschen. Schriftreihe des Institutes für Ernährungswissenschaft der Justus Liebig-Universität, Gießen, 1959. Wiesbaden: B. Behrs Verlag GmbH.

Daubresse-Morelle, E.: Critique des habitudes alimentaires des eczémateux. J. belge Gastro-ent. **7**, 363—372 (1959). — Danowski, T. S.: Electrolyte, fluid and acid-base balance. In V. A. Drill, Pharmacology in medicine, 2. Aufl. New York: McGraw Hill Comp. 1958. — Döllken, H.: Über Obstdiät. Nordostdtsch. Dermatol. Ver.igg Königsberg, 8.—9. XII. 1934. Ref. Zbl. Haut- u. Geschl.-Kr. **51**, 327 (1935). — Untersuchungen an Hautkranken über die Wirkung kochsalzarmer Kost auf den Natrium- und Chloridwechsel. Arch. Derm. Syph. (Berl.) **175**, 515—529 (1937).

Epstein, B., u. M. Klein: Die Rohkostbehandlung des kindlichen Ekzems. Ref. Zbl. Haut- u. Geschl.-Kr. **49**, 687 (1935).

Gerson, M.: Unspezifische Desensibilisierung durch Diät bei allergischen Hautkrankheiten. Derm. Wschr. **1935 I**, 441—447, 478—486. — Glatzel, H.: Das Salz in der Diätetik. In H. D. Cremer, Die Ernährung des gesunden und kranken Menschen. — *Grüne Liste:* 1960, Verzeichnis diätetischer Lebensmittel. Eulendorf i. Württ.: Editio Cantor. — Grütz, O.: Das Psoriasisproblem im Lichte ätiologischer Forschungen und klinisch-diätetischer Erfahrungen. Arch. Derm. Syph. (Berl.) **170**, 143—153 (1934). — György, P.: Pediculosis in rats kept on a riboflavindeficient diet. Proc. Soc. exp. Biol. (N.Y.) **38**, 383 (1938).

Herrmann, F., and C. March: Some physiological and clinical aspects of the water and electrolyte contents of the skin. Med. Clin. N. Amer. **43**, 635—654 (1959). — Herzberg, J. J.: Erythrodermien und vesiculo-bullöse Erkrankungen. In Gottron-Schönfeld, Dermatologie und Venerologie. Stuttgart: Georg Thieme 1958. — Heupke, W.: Milch, das Schutz- und Heilmittel für Gesunde und Kranke. Kempen: Allgäuer Druckerei u. Verlagsanstalt GmbH. — Holtmeier, H. J.: Kochsalzarme Kost. Stuttgart: Georg Thieme 1960.

Incedayi, C. K., u. B. Ottenstein: Diätbehandlung in der Dermatologie. Originalreferate. Zbl. Haut- u. Geschl.-Kr. **63**, 135, 136, 222, 283, 491 (1940).

Kawashina, K., G. Nagamitsu u. K. Shinoda: 2 Fälle von psychischen Störungen im Verlauf der salzfreien Diättherapie. [Japanisch.] Ref. Zbl. Haut- u. Geschl.-Kr. **64**, 648 (1940). — Keining, E., and G. Hopf: Injurious effects of sodium chloride and their prevention. Arch. Derm. Syph. (Chicago) **32**, 739—745 (1935). — Kollarits, B.: Ungar. Dermatol. Ges. Budapest, 13.—14. X. 1939. Ref. Zbl. Haut- u. Geschl.-Kr. **64**, 98 (1940). — Kühnau, J.: Die Entwicklung der Ernährung des Menschen. In: Die Ernährung des gesunden und kranken Menschen von H. D. Cremer.

Lang, K.: Biochemie der Ernährung. Darmstadt: Dr. Dietrich Steinkopff 1957. — Lerner, Ch.: Nutritional treatment of acne vulg. Arch. Derm. Syph. (Chicago) **32**, 526—531 (1935). — Lerner, M. R., and A. B. Lerner: Dermatologic medications. Chicago: Year Book Publ. 1954. — Lohmar, Helmut: Beeinflussung der Haut durch Diäten, geprüft mittels der Lackmusquaddel-Methode. Inaug.-Diss. Köln 1938. Ref. Zbl. Haut- u. Geschl.-Kr. **64**, 182 (1940). — Lorincz, A. L.: Nutritional influences in St. Rothman: Physiology and biochemistry of the skin. Chicago: University Press 1954. — Nutrition in relation to dermatology. J. Amer. med. Ass. **166**, 1862—1867 (1958). — Luithlen, F.: Ernährung und Haut. Zbl. Haut- u. Geschl.-Kr. **7**, 1—12 (1923).

Marchionini, A.: Methoden und Ergebnisse der Diätbehandlung von Hautkrankheiten. [Türkisch.] Ref. Zbl. Haut- u. Geschl.-Kr. **52**, 423 (1936). — Marchionini, A., u. F. Böhning: Einige praktische Diätformen bei der Ernährungsbehandlung von Hautkrankheiten. Derm. Z. **70**, 44—55 (1934). — Meyer, J.: Les régimes en dermatologie. Arch. derm.-syph. (Paris) **11**, 203—224 (1939). — Thérapeutique déhydratante des dermatoses. Presse méd. **1959**, 722—724. — La thérapie déhydratante des dermatoses. Bull. Soc. franç. Derm. Syph. **66**, 26—30 (1959). — Moll, H. C., u. G. W. Daugherty: In Thannhauser, Lehrbuch des Stoffwechsels und der Stoffwechselkrankheiten, 2. Aufl. Stuttgart: Georg Thieme 1957.

Neumann, E.: Glycohistechia in Psoriasis prior to and following medication of peroral antidiabetics. Dermatologica (Basel) **120**, 120—126 (1960).

Pillsbury, D. M., and Th. H. Sternberg: Relation of diet to cutaneous infection. Arch. Derm. Syph. (Chicago) **35**, 893—909 (1937). — Platt, R.: Scurvy as the result of dietetic treatment. Lancet **1936 II**, 366—367. — Proudfit, F. T., and C. H. Robinson: Nutrition and diet therapy, 11. Aufl. New York: Macmillan & Co. 1957.

Ratner, B.: The allergenically denaturated diet in the treatment and prevention of food-allergy. Amer. J. Gastroent. **28**, 141—153 (1957). — Rausch, F.: Studien mit Aminosäuren. Dtsch. Arch. klin. Med. **193**, 217—235 (1948).

Schäfer, W.: Der Einfluß verschiedenen Vitamingehaltes der Ernährung auf den anaphylaktischen Schock der Meerschweinchen. Z. Immun.-Forsch. **91**, 385—395 (1937). — Schirren, C.: Hyperlipidämische Xanthomatosen. Hautarzt 8, 119—127 (1957). — Klinische Erfahrungen zur diätetischen Behandlung der Xanthomatosen. Sonderdruck aus: Arteriosklerose und Ernährung, Bd. III. Darmstadt: Dr. Dietrich Steinkopff 1959. — Scholtz, H. G.: Physikalisch-diätetische Therapie, 2. Aufl. Leipzig: Georg Thieme 1945. — Schubert, M.: Diätbehandlung bei Hautkrankheiten. Vortr. Frankfurt. Dermatol. Ges. 24. V. 1939. Zbl. Haut- u. Geschl.-Kr. **62**, 616 (1939). — Sclafer, J., et R. Wolfromm: Traitement des allergies d'origine alimentaire par un régime méthodiquement varié. Sem. Hôp. Paris **1954**, 1581—1582. — SCOLARI, E.: Osservazioni cliniche e ricerche sperimentali sulla dieta di Sauerbruch-Hermannsdörfer-Gerson nelle affezioni cutanee. G. ital. Derm. Sif. **76**, 665—701 (1935). — SEIBOLD, M.: Spurenelemente in der menschlichen Ernährung. Münch. med. Wschr. **102**, 261—266 (1959). — SEMON, H. L.: Low fat dietary treatment of psoriasis. Proc. roy. Soc. Med. **28**, 507—510 (1935). — SÉZARY, A.: La pathologie cutanée devant les restrictions alimentaires actuelles. Presse méd. **1942**, 161—162. — SINCLAIR, H. M.: Nutrition and the skin in man. Ann. Nutr. (Paris) **11**, 147—176 (1957). — STARE, F. J.: Oral and intravenous feeding: in V. A. DRILL: Pharmacology in medicine, 2. Aufl. New York: McGraw-Hill Book Comp. 1958. — STIEBEL, J.: Über experimentell durch fettfreie Ernährung erzeugte Xerophthalmie bei einem an Allergie-Ekzem erkrankten Kleinkind. Klin. Mbl. Augenheilk. **97**, 394 (1936). — STUNKARD and McLAREN-HUME: Arch. intern. Med. **103**, 79 (1959). Zit. W. HEUPKE, Ernährung und Diät. Kritische Sammelreferate. Münch. med. Wschr. **102**, 200—202 (1960).

TANIMURA, CH.: Diättherapie bei Hautkrankheiten. [Japanisch.] Ref. Zbl. Haut- u. Geschl.-Kr. **55**, 526 (1937). — TICKNER, A., and P. D. MIER: Serum cholesterol, uric acid and proteins in psoriasis. Brit. J. Derm. **72**, 131—137 (1960). — TRILL, H.: Das Verhalten der weißen Blutzellen in der Haut von Mäusen bei saurer und basischer Ernährung. Arch. Derm. Syph. (Berl.) **176**, 747—764 (1938).

URBACH, E., unter Mitarbeit von E. B. LE WINN: Skin diseases, nutrition and metabolism. New York: Grune & Stratton 1946.

VAUGHAN, W. T., and D. M. PIPES: Is there a correlation between food dislikes and food-allergy. J. Allergy **8**, 257—261 (1937). — VOEGT, H.: Obst- und Gemüsesäfte in der Diätetik. In H. D. CREMER, Die Ernährung des gesunden und kranken Menschen. — VOGT, J. H.: The influence of some diet factors on the irritability of the skin and the mineral content of the skin and blood plasma in rabbits. Ref. Zbl. Haut- u. Geschl.-Kr. **69**, 365 (1943).

WEITZ, W.: Ernährung und Allergie mit besonderer Berücksichtigung der Schilddrüse als Allergieverstärker. Med. Klin. **1957**, 1511—1516. — WHITFIELD, A.: Dermatoses and nutrition. Verh. 9. Internat. Kongr. Dermat. **1**, 252—255 (1935), Budapest. Ref. Zbl. Haut- u. Geschl.-Kr. **53**, 302 (1936).

ZITZKE, E., u. L. PETERS: Zur diätetischen Behandlung des Ekzems mit besonderer Berücksichtigung des Einflusses der Kost auf Blutbild, Alkalireserve und K/Ca-Quotient. Derm. Wschr. **100**, 669—675, 697—702 (1935). — ZÖLLNER, N.: In THANNHAUSER, Lehrbuch des Stoffwechsels und der Stoffwechselkrankheiten, 2. Aufl. Stuttgart: Georg Thieme 1957.

Neue Salbengrundlagen

Hydrophobe Salbengrundlagen, Absorptionsgrundlagen, Emulsionsgrundlagen, wasserlösliche Salbengrundlagen

Von

Fritz Neuwald-Hamburg

Mit 1 Abbildung

A. Definition der Salben

Die Begriffsbestimmung der „Unguenta-Salben" in den Arzneibüchern und in der pharmazeutischen Literatur hat in den letzten 20 Jahren einen Wandel erfahren. Während im Deutschen Arzneibuch, 6. Ausgabe 1926, die Definition für Unguenta noch lautet: „Salben sind Arzneimittel zum äußeren Gebrauch, deren Grundmasse in der Regel aus Fett, Öl, Wollfett, Vaselin, Ceresin, Wachs, Harz, Pflastern und ähnlichen Stoffen oder aus deren Mischungen besteht. Sie sind bei Zimmertemperatur (20^0) von meist butterähnlicher Konsistenz und schmelzen mit Ausnahme der Glycerinsalbe beim Erwärmen", sind Salben nach der Definition des 3. Nachtrages zum Deutschen Arzneibuch 6, 1959, „streichfähige Arzneizubereitungen zur örtlichen Anwendung durch Auftragen oder Einreiben". Von Kern und Neuwald (1952) war zunächst folgende Begriffsbestimmung nach Zopf (1949) vorgeschlagen worden: „Salben sind Arzneizubereitungen zum äußeren Gebrauche von einer halbfesten Konsistenz, die ein gutes Aufstreichen auf die Haut ermöglicht. Ihre Zusammensetzung ist im allgemeinen derart, daß sie beim Aufbringen auf den Körper nur weich werden, ohne zu schmelzen. Sie dienen als Vehikel zur äußeren Anwendung von Arzneistoffen, zum Schutze sowie zum Erweichen der Haut und zur besonderen Behandlung von Hautschäden." Während die Definition des Deutschen Arzneibuches 6 hinsichtlich der aufgeführten Grundmassen weder bezüglich der Grundstoffe noch ihrer Eigenschaften den heutigen Erfordernissen der Salbentherapie entspricht, schließen die neuen Begriffsbestimmungen die Verwendung aller alten und neuen Grundstoffe ein. In gleicher Weise ist dies der Fall in der neuesten Ausgabe des amerikanischen Arzneibuches, der US-Pharmakopoe XVI, 1960, die Salben als halbfeste Zubereitungen bezeichnet, die gewöhnlich arzneiliche Wirkstoffe enthalten und für die äußerliche Anwendung am Körper bestimmt sind.

Die älteren Definitionen betreffen drei für die Salben charakteristische Merkmale, das Anwendungsgebiet („äußerlich"), die Konsistenz oder Beschaffenheit („streichbar" oder „halbfest") und die Grundstoffe („verschiedenartige Rohstoffe"), während die neueren Begriffsbestimmungen die Festlegung der Grundstoffe und Grundlagen fortlassen und damit die Entwicklung und Verwendung neuer geeigneter Rohstoffe berücksichtigen und zulassen.

Neuerdings hat Münzel (1953 und 1956) eine galenische Definition der Salben vorgeschlagen, die an Stelle der „äußerlichen Anwendung" und der „butterähnlichen Konsistenz" wissenschaftlich genauer umschriebene Begriffe verwendet: „Salben sind plastische Gele zur arzneilichen oder kosmetischen lokalen Anwendung auf der gesunden, kranken oder verletzten Haut oder Schleimhaut der Körperöffnungen (Auge, Nase, Mund, Rectum, Urethra, Vagina)." Auf Grund von Literaturangaben versucht MÜNZEL auch für Vaselin und Fette den Gelcharakter zu belegen.

Es scheint heute schwer, eine umfassende Begriffsbestimmung für die Salben als Arzneiform für die Dermatologie zu geben, da sie in ihrem Aussehen, ihrer Beschaffenheit, ihren physikalischen, chemischen und therapeutischen Eigenschaften und schließlich in ihrer Zusammensetzung weitgehend variieren. Unter Berücksichtigung dermatologischer und galenischer Gesichtspunkte ist die Charakterisierung und Begriffsbestimmung der Salbengrundlagen („Ointment Bases") des Council on Pharmacy and Chemistry der American Medical Association in den *New and Nonofficial Remedies 1957* als besonders zweckmäßig hier aufzuführen, zumal die bisherigen Definitionen der Arzneibücher und der pharmazeutischen Literatur mehr oder weniger allein von pharmazeutischen Gesichtspunkten aus gewählt sind. Die Definition der New and Nonofficial Remedies 1957 lautet in wörtlicher Übersetzung: „Salbengrundlagen für dermatologische Verwendung sollen nicht toxisch sein, einen niedrigen Hautreiz-Index (‚index of skin sensitization') aufweisen, einen p_H-Wert von 5,5—7,0 haben, eine gleichmäßige Konsistenz besitzen und im Hinblick auf die Arzneistoffe, die inkorporiert werden sollen, stabil sein. Die Arzneistoffe sollen miteinander und mit der einzelnen Salbengrundlage, der sie hinzugefügt werden, verträglich sein. Die Viscosität und Konsistenz kann entsprechend der Menge an Wasser, die zugesetzt wird oder für die Inkorporierung fester oder flüssiger Arzneimittel notwendig ist, oder durch die Einstellung der Mengen anderer Bestandteile der Grundlage verändert werden. Salbengrundlagen können auch ohne zugesetzte Arzneistoffe wegen ihrer erweichenden und schützenden Eigenschaften verwendet werden."

In dieser Definition sind die neuzeitlichen Erkenntnisse der Dermatologie und der Galenik mit den Forderungen nach Verträglichkeit und Haltbarkeit in klarer Weise berücksichtigt. Es wird auch grundsätzlich die Unterscheidung zwischen Salben und Salbengrundlagen gemacht. Eine Salbe enthält in der Regel einen oder mehrere Wirkstoffe als dermatologische Heilmittel, wie beispielsweise Antibiotica, Antihistaminica, Chemotherapeutica, Hormone, Vitamine und andere sowie eine Trägersubstanz als Salbengrundlage (Exzipiens, Vehikel). Diese Grundlage dient meistens nur als Medikamententräger oder Vehikel und weniger häufig als indifferente Salbe, die dann vorwiegend mechanisch-physikalische Effekte ausübt, wie Schutz gegen äußere Einflüsse, Glätten und Erweichen der Haut, Wärmen oder Kühlen je nach ihrer Natur. Als Trägersubstanz ermöglichen die Grundmassen nicht nur ein Aufbringen der Wirkstoffe auf die Haut, sondern beeinflussen auch entsprechend ihrer Natur die Wirkung der Arzneimittel auf die Haut. Die richtige Wahl der Salbengrundlage ist daher in der Regel für den therapeutischen Erfolg der Wirkstoffapplikation entscheidend. Bevor nun die einzelnen neuen Salbengrundlagen und ihr zweckmäßiger Einsatz in der Dermatologie behandelt werden, ist zum besseren Verständnis der Einsatzmöglichkeiten eine Besprechung der Systematik der Salbengrundlagen erforderlich.

B. Systematik der Salbengrundlagen

Es gibt mehrere Möglichkeiten, die verschiedenen Salbengrundlagen zu klassifizieren. Ausführlich geht auf die verschiedenen Versuche einer systematischen Einteilung der Salbengrundlagen v. CZETSCH-LINDENWALD (1956) ein und kommt zu dem Ergebnis, daß alle Einteilungsversuche daran kranken, daß sie nur von einem Gesichtswinkel aus und nicht universell verwendbar sind. v. Czetsch-Lindenwald hat den interessanten Versuch unternommen, in einem sechseckigen Diagramm die heute in Salbengrundlagen üblichen Rohstoffe darzustellen und damit einen Überblick über die galenisch-pharmazeutischen Möglichkeiten der Salbenbereitung zu geben.

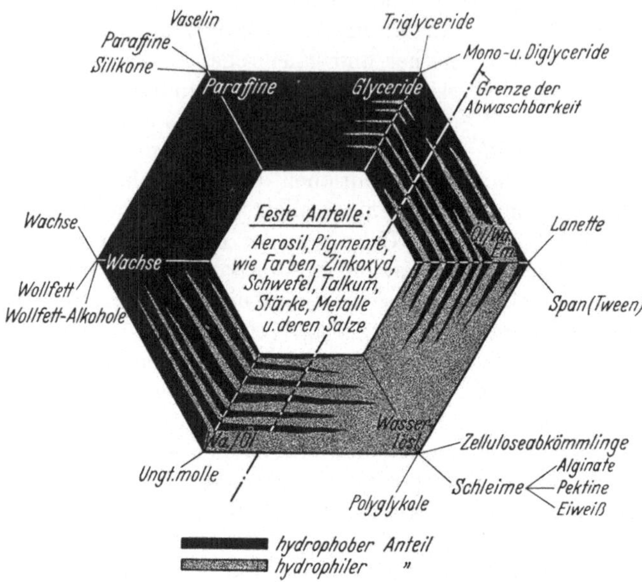

Abb. 1. Salbendiagramm von v. Czetsch-Lindenwald (1956)

Zur Erläuterung dieses Schaubildes ist darauf hinzuweisen, daß links oben die hydrophoben Grundstoffe stehen, die sowohl als Komponente als auch für sich allein verwendet werden können. Rechts unten befinden sich die hydrophilen, fettfreien Salbengrundlagen, die ebenfalls allein oder als Bestandteil eingesetzt werden können. Zwischen diesen beiden Polen sind alle Übergänge zu finden. Die Punkt-Strich-Linie, die die Grenze der Abwaschbarkeit andeutet, ist therapeutisch gesehen gleichzeitig eine Grenze zwischen „fetten" und nichtfettenden Salbengrundlagen. Danach wären die links davon liegenden Grundlagen vorwiegend für Sebostatiker im Sinne Keinigs (zitiert nach v. Czetsch-Lindenwald) und rechts davon für Seborrhoiker indiziert.

Eine Einteilung nach rein dermatologischen Gesichtspunkten erwähnt Schlumpf (1942):

1. Decksalben, 2. Schutzsalben, 3. Kühlsalben, 4. Resorptionssalben, 5. kosmetische Salben, 6. Penetrationssalben.

Eine Systematik nach Anwendungsgebieten kann jedoch auch vom dermatologischen Standpunkt nicht voll befriedigen, da sich diese für die verschiedenen Grundlagen häufig überschneiden. Unter der hypothetischen Voraussetzung, daß die gelartige Beschaffenheit der Salben feststeht, schlägt Münzel (1956) eine galenische Klassifizierung dieser „plastischen Gele zur cutanen Applikation" nach chemischen Gesichtspunkten vor, die bemerkenswert ist (s. Tabelle 1).

v. Czetsch-Lindenwald (1956) selbst schlägt eine einfachere Einteilung nach den Bestandteilen der Grundlagen vor, „die von jedem Arzt und Apotheker verstanden wird":

1. Silicone, 2. Paraffine, 3. Fette und Wachse, 4. Wasser/Öl-Emulsionen, 5. Öl/Wasser-Emulsionen, 6. Schleime, 7. Polyäthylenoxyde (Polyäthylenglykole).

Diese Einteilung kommt der offiziellen Klassifizierung der amerikanischen Pharmakopoe XVI, 1960 im allgemeinen Abschnitt „Salben" nahe, die vorschreibt, daß Salbengrundlagen, die für die Verwendung als Vehikel anerkannt sind, in 4 allgemeine Klassen eingeteilt werden: die Kohlenwasserstoff-

Tabelle 1

Salbentyp	Chemismus (bzw. Beispiele von Salben)
1. Kohlenwasserstoff-Gele . .	feste Alkane C_nH_{2n+2} flüssige Alkene C_nH_{2n} evtl. auch verzweigte Ketten und cyclische Verbindungen.
2. Lipo-Gele	Triglyceride (Ester aus Glycerin und gesättigten und ungesättigten Fettsäuren; je nach der Zahl der ungesättigten Fettsäuren oder auf Grund sterischer Anordnung fest oder flüssig), $CH_2—O—CO—R_1$ $\vert$ $CH—O—CO—R_2$ $\vert$ $CH_2—O—CO—R_3$ Wachse (Ester aus Fettsäure und Fettalkohol) $CH_3—(CH_2)_n—O—CO—(CH_2)_n—CH_3$.
3. Hydro-Gele (wasserhaltige Gele)	anorganisch: Bentonitsalben; organisch: Eiweißstoffe: Gelatine, Casein; Kohlenhydrate: Stärke, Tragant, Cellulosederivate, Alginat, Pectin; einwertige Seifen: Opodeldoc solidum.
4. Polyäthylenglykol-Gele . .	$HO—CH_2—(CH_2—O—CH_2)_n—CH_2—OH$; Warenzeichen: Carbowax, Cremolan u. a..
5. Silicon-Gele	$\left[—\overset{CH_3}{\underset{CH_3}{Si}}—O— \right]_n$
6. . . .	

Grundlagen, die Absorptionsgrundlagen, die mit Wasser entfernbaren Grundlagen und die wasserlöslichen Grundlagen. Nach der US-Pharmakopoe XVI besitzt jede therapeutische Salbe als Grundlage einen Vertreter einer dieser 4 allgemeinen Klassen. Im einzelnen gibt dieses neuzeitliche Arzneibuch dazu folgende Erläuterungen, die in wörtlicher Übersetzung folgendermaßen lauten:

1. Kohlenwasserstoff-Grundlagen. Diese Basen, die auch als „fettartige" Salbengrundlagen bekannt sind, werden repräsentiert durch weißes Vaselin, Weiße Salbe („White Ointment US-Pharmakopoe XVI", Zusammensetzung unter C, I, S. 248). In diese können nur geringe Mengen einer wäßrigen Komponente eingearbeitet werden. Sie werden verwendet, um Arzneistoffe in längeren Kontakt mit der Haut zu bringen und wirken wie abschließende Verbände. Kohlenwasserstoff-Grundlagen werden hauptsächlich wegen ihrer erweichenden Wirkungen verwendet und sind schwer abzuwaschen. Sie „trocknen nicht aus" und verändern sich nicht merkbar beim Altern.

2. Absorptionsgrundlagen. Diese Klasse der Salbenbasen kann in 2 Gruppen eingeteilt werden. Die erste Gruppe besteht aus Grundlagen, die die Inkorporierung wäßriger Lösungen unter Bildung einer Wasser-in-Öl-Emulsion (Wollfett und „Hydrophilic Petrolatum US-Pharmakopoe XVI", Zusammensetzung unter C, II, S. 255) gestatten, und die zweite Gruppe aus Wasser-in-Öl-Emulsionen

(Lanolin und „Petrolatum Rose Water Ointment US-Pharmakopoe XVI", Zusammensetzung unter C, III, 1, S. 259), die die Einarbeitung zusätzlicher Mengen an wäßrigen Lösungen erlauben. Einige Arzneistoffe werden aus diesen Grundlagen etwas besser als aus Kohlenwasserstoff-Grundlagen absorbiert. Absorptionsgrundlagen sind auch als „erweichende Mittel" nützlich.

3. Mit Wasser entfernbare Grundlagen. Derartige Basen sind Öl-in-Wasser-Emulsionen, z.B. „Hydrophilic Ointment US-Pharmakopoe XVI" (Zusammensetzung unter C, III, 2., S. 262). Sie werden auch als „mit Wasser abwaschbar" bezeichnet, da sie leicht mit Wasser von der Haut oder aus der Kleidung entfernt werden können, eine Eigenschaft, die sie aus kosmetischen Gründen angenehmer macht. Arzneistoffe, wie lokal antiinfektiöse Wirkstoffe und Antibiotica können in diesen Grundlagen wirksamer als in Kohlenwasserstoff-Grundlagen sein. Andere Vorzüge dieser mit Wasser entfernbaren Grundlagen sind, daß sie mit Wasser verdünnt werden können und die Absorption seröser Ausscheidungen unter dermatologischen Bedingungen begünstigen.

4. Wasserlösliche Grundlagen. Diese Gruppe der sog. „fettfreien Salbenbasen" besteht aus wasserlöslichen Grundstoffen. Polyäthylenglykol-Salbe („Polyethylene Glycol Ointment US-Pharmakopoe XVI", Zusammensetzung unter C, IV, S. 272) ist die einzige Arzneibuchzubereitung in dieser Gruppe. Grundlagen dieses Typs bieten viele Vorteile der mit Wasser entfernbaren Basen. Außerdem enthalten sie keine wasserunlöslichen Bestandteile, wie Vaselin, Wollfett, Wachse usw... Wasser oder eine wäßrige Lösung kann in diesen Grundlagentyp wegen der resultierenden Verflüssigung nicht inkorporiert werden. Die wasserlöslichen Grundlagen können in manchen Fällen entzündetes Gewebe reizen.

Eine ähnliche Terminologie und Klassifizierung hat das *Council on Pharmacy and Chemistry* (USA) für dermatologische Salbengrundlagen in die New and Nonofficial Remedies 1957 aufgenommen, die als Beispiel einer zweckmäßigen dermatologischen *und* galenischen Charakterisierung der Haupttypen von Salbengrundlagen hier in wörtlicher Übersetzung aufgeführt wird:

„I. Fettartige Salbengrundlagen (die Grundlagen bestehen aus hydrophoben Kohlenwasserstoffen oder kohlenwasserstofffreien Ölen und Fetten).

	Beispiele:
1. Wasserfrei	Schmalz
2. Nimmt kein Wasser auf	Vaselin
3. Unlöslich in Wasser	Pflanzenfett
4. Nicht abwaschbar*	

II. Absorbierende Salbengrundlagen (die Grundlagen bestehen aus fettartigem Material, das mit emulgierenden Wirkstoffen gemischt ist, jedoch enthalten sie kein Wasser).

	Beispiele:
1. Wasserfrei	Wollfett
2. Nimmt Wasser auf	‚Hydrophilic Petrolatum US-Pharmakopoe
3. Unlöslich in Wasser	XVI‘ (Zus. C, II, 1, S. 255)
4. Im allgemeinen nicht abwaschbar*	

III. Emulsionssalbengrundlagen.

A. Emulsionssalbengrundlage W/Ö (Emulsionen von Wasser in Ölen)

	Beispiele:
1. Wasserhaltig	
2. Nimmt Wasser auf	‚Cold Cream‘ (Unguentum leniens)
3. Unlöslich in Wasser	
4. Nicht abwaschbar*	Lanolin (= wasserhaltiges Wollfett)
5. Wasser-in-Öl-Emulsionen	

* „Wasser-Abwaschbarkeit ist schwer zu definieren. Eine Formel für eine absorbierende Salbengrundlage ist relativ abwaschbar, aber hinterläßt einen fettigen Rückstand auf der Haut. Dies tritt aber weder bei der Emulsionssalbengrundlage Öle in Wasser noch bei wasserlöslicher Salbengrundlage auf."

B. Emulsionssalbengrundlagen Ö/W (Emulsionen von Ölen in Wasser)

	Beispiele:
1. Wasserhaltig	‚Hydrophylic Ointment US-Pharmakopoe
2. Nimmt Wasser auf	XVI‘ (Zus. C, III, 2, S. 262)
3. Unlöslich in Wasser	‚Vanishing Creams‘
4. Abwaschbar*	
5. Öl-in-Wasser-Emulsionen	

IV. Wasserlösliche Salbengrundlagen.

	Beispiele:
1. Wasserfrei	Polyäthylenglykole
2. Nimmt Wasser auf	
3. Löslich in Wasser	
4. Abwaschbar*	
5. ‚Fettfrei‘.“	

In diese Einteilung lassen sich auch die von v. CZETSCH-LINDENWALD (1956) noch zusätzlich genannten Silicone als Grundstoffe mit Fettcharakter (hydrophob), sowie die Schleime und Gele als wasserlösliche Grundlagen (hydrophil) unterbringen. Es dürfte mit der Klassifizierung in den New and Nonofficial Remedies 1957 eine sowohl den Dermatologen als auch den Apotheker befriedigende Lösung gefunden sein, die dem Arzt ermöglicht, den von ihm gewünschten Salbentyp nach therapeutischen Gesichtspunkten festzulegen, und dem Apotheker die Auswahl unter den Vertretern des gleichen Salbengrundlagentyps nach galenischen Gesichtspunkten (Verträglichkeit der Arzneistoffe mit der Salbengrundlage und Haltbarkeit) überläßt. Aus diesen Gründen wurde auch von NEUWALD (1955) eine derartige Klassifizierung der verschiedenen Typen an Salbengrundlagen als Diskussionsbeitrag zur Gestaltung des allgemeinen Abschnittes „Unguenta-Salben“ im Deutschen Arzneibuch vorgeschlagen.

C. Salbengrundlagen**

I. Hydrophobe fettartige Salbengrundlagen

Unter hydrophoben fettartigen Salbenbasen werden wasserfreie Grundlagen aus sowohl festen, halbfesten und flüssigen Paraffinkohlenwasserstoffen als auch festen, halbfesten und flüssigen Fettsäuretriglycerinestern, den eigentlichen Fetten, Ölen sowie Wachsen, wie. z. B. Bienenwachs, Walrat (Cetaceum), Ölsäureoleylester *(Cetiol)* und schließlich Fettalkoholen verstanden. Man spricht von den Paraffinkohlenwasserstoffen auch als von „Mineralwachsen, Mineralfetten und Mineralölen“, da sie als solche in der unbelebten Natur vorkommen oder aus ihren Rohstoffen gewonnen werden.

Zu den „fettartigen“ Grundstoffen sind auch die in den letzten Jahren in die Dermatologie als Schutzstoffe eingeführten Siliconöle zu rechnen. Die Silicone sind durch Synthese gewonnene Organopolysiloxane, die bis zu 80% aus Silicium und Sauerstoff und der Rest aus Kohlenwasserstoffen bestehen. In den für die medizinische Anwendung in Betracht kommenden Siliconölen stellen die Kohlenwasserstoffreste Methylgruppen dar. Die Siliciumatome sind in diesen Verbindungen nicht direkt miteinander verknüpft, sondern durch Sauerstoffbrücken

* Siehe Fußnote auf S. 244.

** Es wurde grundsätzlich davon Abstand genommen, die zahlreichen industriellen Spezialsalbengrundlagen mit aufzuführen, soweit ihre Deklaration vor allem hinsichtlich der darin enthaltenen Emulgatoren und ihre quantitative Zusammensetzung vom wissenschaftlichen Standpunkt unklar ist.

verbunden. Die freien Valenzen der Siliciumatome sind darin durch Methylgruppen abgesättigt.

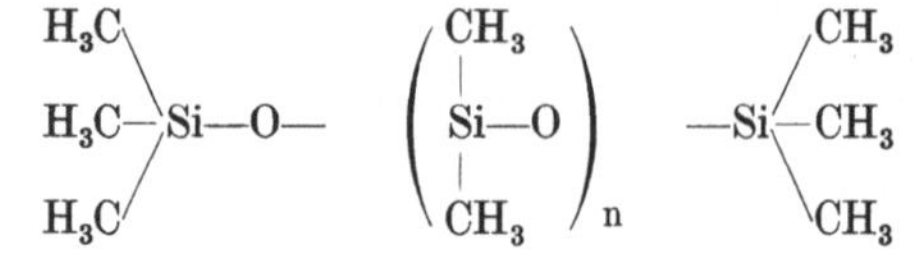

$$(H_3C)_3Si{-}O{-}\left(\begin{array}{c}CH_3\\ |\\ Si{-}O\\ |\\ CH_3\end{array}\right)_n{-}Si(CH_3)_3$$

Je nach der Kettenlänge (n) werden bei der Synthese Siliconöle verschiedener Viscosität erhalten. Silicone von halbfester, also Salben-Konsistenz, sind bisher nicht handelsüblich. Aus den Ölen lassen sich durch konsistenzgebende Zusätze Pasten oder Salben herstellen. Die Siliconöle besitzen folgende wichtige Eigenschaften:

1. Wärmebeständigkeit, 2. chemische Beständigkeit, 3. geringe Änderung physikalischer Konstanten bei Temperatureinwirkung, 4. gutes Dielektricum, 5. hydrophobes Verhalten, 6. geringe Oberflächenspannung, 7. Farb-, Geruch- und Geschmacklosigkeit, 8. geringen Dampfdruck, 9. große Wärmeleitfähigkeit, 10. Unverträglichkeit mit organischen Hochpolymeren, 11. physiologische Verträglichkeit.

Die Siliconöle sind daher im wahrsten Sinne des Namens paraffin. In die Therapie wurden sie in den USA von TALBOT u. Mitarb. (1951) und in Deutschland von VONKENNEL eingeführt. Sie spielen in Hautschutzsalben auf Grund ihrer Eigenschaften eine große Rolle. Es lassen sich damit die verschiedensten Typen von Salbengrundlagen herstellen (PLEIN und PLEIN 1957), die an den entsprechenden Stellen aufgeführt und deren Eigenschaften dort besprochen werden.

Einst lösten die Paraffinkohlenwasserstoff-Grundlagen, vor allem das Vaselin, die natürlichen Fette, insbesondere das Schweineschmalz, als Salbengrundlagen in der aufkommenden Dermatologie ab. Man glaubte, es bei den gesättigten Paraffinkohlenwasserstoffen mit chemisch und therapeutisch indifferenten und unbegrenzt haltbaren Arzneimittelträgern zu tun zu haben. Heute finden die eigentlichen Fettgrundlagen wieder mehr Beachtung. Der Nachteil der geringen Haltbarkeit, vor allem des Adeps suillus, kann durch Verwendung hydrierter Fette bzw. Öle heute vermieden werden. Das Vaselin für sich allein besitzt auch als Salbengrundlage heute noch eine große Bedeutung als Grundlage für Decksalben. Die überragende Stellung des Vaselins ist jedoch durch viele Erfahrungen und Prüfungen von dermatologischer Seite erschüttert worden. Es sei hier nur auf die durch Vaselin hervorgerufene Acanthose der Meerschweinchenhaut (VONKENNEL 1954) und auf seine Hautfremdheit und die allergischen Reaktionen hingewiesen, wenn Vaselin allein als Grundlage verwendet wird. Es muß bereits an dieser Stelle darauf hingewiesen werden, daß in Emulsionen die Eigenschaften der Paraffinkohlenwasserstoffe völlig verändert werden, wie z.B. die Untersuchungen von VONKENNEL (1954) ergeben haben, nach denen *Eumolloin* cum Aqua nur einen geringen Acanthosefaktor von 1,2 gegenüber solchen von 1,4—7,9 bei verschiedenen Vaselinproben zeigte, obwohl *Eumolloin* nach v. CZETSCH-LINDENWALD (1956) ein Vaselin mit Zusatz von Cholesterin und Wollfettalkoholen darstellt, das als *Eumolloin* cum Aqua 50% Wasser enthält.

Im zur Zeit noch gültigen Deutschen Arzneibuch 6 sind folgende hydrophobe fettartige Salbengrundlagen und Salbengrundstoffe aufgeführt: Adeps benzoatus, Adeps suillus, Paraffinum liquidum, Paraffinum solidum (Ceresin), Vaselinum album, Vaselinum flavum, Cera alba und Cera flava. Im 3. Nachtrag zum Deutschen Arzneibuch 6 (1959) ist diese Gruppe durch die Aufnahme von Oleum Arachidis hydrogenatum — Gehärtetes Erdnußöl, Oleylium oleinicum — Ölsäureoleylester und Alcohol cetylstearylicus — Cetylstearylalkohol ergänzt worden.

1. Paraffinkohlenwasserstoffe

Die Artikel im Deutschen Arzneibuch 6 über die Paraffinkohlenwasserstoffe sind im 3. Nachtrag entsprechend den heutigen Erkenntnissen geändert worden. So ist *Paraffinum durum — Hartparaffin* als Ergänzung für Paraffinum solidum — Ceresin aufgenommen worden als ein Gemisch fester, gereinigter, gesättigter Kohlenwasserstoffe. Es ist eine farblose oder weiße, auf frischem Bruch fast geruchlose Masse mit einer Erstarrungstemperatur von 50—62°, am rotierenden Thermometer gemessen. Seine Reinheit wird durch Prüfung auf alkalisch oder sauer reagierende Verunreinigungen und durch sein Verhalten gegenüber 95,5%iger Schwefelsäure bei 70° unter Schütteln festgestellt. Der Schwefelsäure-Test gewährleistet eine weitgehende Freiheit von aromatischen Kohlenwasserstoffen, die in den Paraffinkohlenwasserstoffen naturgemäß vorkommen und durch Raffination für pharmazeutische Zwecke abgetrennt werden. Hartparaffin kommt als höherschmelzender Bestandteil für Salbengrundlagen in Frage.

Vaselinum album — Weißes Vaselin und *Vaselinum flavum — Gelbes Vaselin* werden im 3. Nachtrag zum Deutschen Arzneibuch 6 als Gemisch gereinigter, gebleichter, gesättigter Kohlenwasserstoffe bzw. als Gemisch gereinigter, gesättigter Kohlenwasserstoffe definiert. Die Definitionen lassen neben Naturvaselinen auch sog. Kunstvaselinen zu, die durch Mischen von viscosen Mineralölen mit Erdölceresinen und Raffination hergestellt werden und im wesentlichen das heute im Handel befindliche Vaselin darstellen.

Weißes Vaselin ist eine weiße, höchstens grünlich durchscheinende, salbenartige, fast geruchlose Masse, die im Tageslicht im geschmolzenen und ungeschmolzenen Zustand höchstens schwach fluoresciert. Entsprechend dem 3. Nachtrag zum Deutschen Arzneibuch 6 muß es bei 60—61° zu einer klaren Flüssigkeit geschmolzen sein (frei von Anteilen höher schmelzender Paraffine) und eine Erstarrungstemperatur, gemessen am rotierenden Thermometer, von 38—56° besitzen. Als Reinheitsprüfungen sind vorgeschrieben: Prüfung der Farbe als Grenztest gegenüber einer Standardfarblösung, Prüfung auf alkalisch und sauer reagierende Verunreinigungen, Verhalten gegen Schwefelsäure, Abwesenheit von Fetten, Harzen und Seifen sowie ein Verbrennungsrückstand von höchstens 0,05%.

Gelbes Vaselin ist eine gelbe, durchscheinende, salbenartige, fast geruchlose Masse, die im Tageslicht in geschmolzenem und ungeschmolzenem Zustand fluorescieren kann. Die übrigen Vorschriften des Nachtrages zum Deutschen Arzneibuch 6 entsprechen denen für weißes Vaselin; nur ist der Schwefelsäure-Test weniger scharf, d.h., es wird hier an Stelle der 90%igen Schwefelsäure 80%ige verwendet.

Wichtig ist die Vorschrift des Nachtrages zum Deutschen Arzneibuch 6; falls Vaselin ohne nähere Bezeichnung verordnet wird, ist gelbes Vaselin zu verwenden.

Außer der Aufnahme des Schwefelsäure-Testes, um auch hier wie beim Hartparaffin die Anwesenheit von Aromaten zu begrenzen, sind im Nachtrag die Reinheitsprüfungen des Deutschen Arzneibuches 6 schärfer gefaßt worden.

Gelbes und weißes Vaselin dienen als Salbengrundlage für Decksalben und zeigen eine erweichende Wirkung. Nur eine geringe Menge einer wäßrigen Komponente (reines Wasser zu höchstens 10%) kann in Vaselin eingearbeitet werden. Die Vaselinen vermögen Arzneistoffe in längerem Kontakt mit der Haut zu halten, ohne daß eine wesentliche Absorption bei intakter Haut stattfindet. Die Penetration der Arzneistoffe, die in die Vaselinen inkorporiert sind, indessen hängt von ihrem Verteilungskoeffizienten ab, d.h. von dem Löslichkeitsverhältnis des Wirkstoffes in Vaselin und im Hautsekret.

Nach den schweizerischen Praescriptiones Magistrales, Ausgabe 1956, die sich eingehend in einem besonderen Abschnitt „Dermatologica“ mit der Verschreibung von Salben befassen und die verschiedenen Typen von Salbengrundlagen berücksichtigen, eignet sich Vaselin für Substanzen mit Reizwirkung wie Cignolin und Chrysarobin, und zur Erzielung einer oberflächlichen Wirkung, z. B. mit Salicylsäure und Schwefel. Als Vorteile werden angegeben: Neutrale Grundlage, chemisch indifferent (nach dem Kommentar zur Pharmacopoea Helvetica V enthält Vaselin jedoch kleine Mengen ungesättigter Verbindungen [Jodzahl] und nach Untersuchungen von Liebich u. Neuwald (1959) enthielten verschiedene Handelsmuster weißes Vaselin Peroxyde [LEA-Zahl]), billig und fast unbegrenzt haltbar (daher rührt häufig die falsche Verwendung in Handelspräparaten) sowie angenehme Konsistenz. Als Nachteile geben die Praescriptiones Magistrales 1956 an: Verstopft die Hautporen; gibt die inkorporierten Medikamente ganz ungenügend ab, nimmt kein Wasser auf und läßt sich vor allem aus den Haaren schlecht entfernen. Es wird deshalb an seiner Stelle Unguentum cetylicum Ph. Helv. V (Pharmacopoea Helvetica, Editio quinta 1933) empfohlen, die unter C, II, S. 14 aufgeführt ist.

Außer gelbem und weißem Vaselin (Yellow Soft Paraffin British Pharmakopoe 1958, White Soft Paraffin British Pharmakopoe 1958, Petrolatum US-Pharmakopoe XV, White Petrolatum US-Pharmakopoe XVI) sind in der Britischen Pharmakopoe 1958 Paraffin-Salbe („Paraffin Ointment“) sowie in der amerikanischen Pharmakopoe 1955 (US-Pharmakopoe XV) Gelbe Salbe („Yellow Ointment“) und 1960 (US-Pharmakopoe XVI) Weiße Salbe („White Ointment“) aufgeführt, die folgende Zusammensetzung aufweisen:

Paraffin Ointment British Pharmakopoe 1958.

Weißes Bienenwachs 20 g; Hartparaffin 30 g; Cetostearylalkohol (Cetylstearylalkohol 3. Nachtr. Deutsches Arzneibuch 6) 50 g; weißes oder gelbes Vaselin 900 g.

Yellow Ointment US-Pharmakopoe XV.

Gelbes Wachs 50 g; gelbes Vaselin 950.

White Ointment US-Pharmakopoe XVI.

Weißes Wachs 50 g; weißes Vaselin 950 g.

Für *Paraffinum liquidum* — *Flüssiges Paraffin* — Deutsches Arzneibuch 6 sind im 3. Nachtrag 2 Präparate mit verschiedener Viscosität, *Paraffinum perliquidum* — *Dünnflüssiges Paraffin* — als medizinisches Weißöl mit einer Viscosität von höchstens 65 Centipoise und *Paraffinum subliquidum* — *Dickflüssiges Paraffin* — als medizinisches Weißöl mit einer Viscosität von mindestens 100 Centipoise aufgenommen worden. Für dermatologische Zwecke kommt das Paraffinöl mit der höheren Viscosität zur Verwendung, zumal vorgeschrieben ist, daß, wo bisher Paraffinum liquidum nach dem Arzneibuch angewandt werden soll, Paraffinum subliquidum angewandt wird. Beide Paraffinölpräparate werden als flüssige Mischung gereinigter, gesättigter Kohlenwasserstoffe definiert. Es sind klare, farblose, im Tageslicht nicht fluorescierende, ölige Flüssigkeiten ohne Geruch und Geschmack. Die Reinheitsprüfungen sind verschärft worden, und wie auch bei den festen und halbfesten Paraffinen wird das Verhalten gegen Schwefelsäure als wichtiges Kriterium der Reinheit geprüft, jedoch hier mit 95,5%iger Schwefelsäure bei 100°. Damit ist nur ein sehr geringer Gehalt an aromatischen Kohlenwasserstoffen zugelassen, der wesentlich unter 1% und auf Kohlenstoffgehalt bezogen unter 0,01% liegt (Fischer, Brandes u. Gohdes 1957), so daß kondensierte aromatische Systeme praktisch in diesen hochraffinierten Ölen nicht mehr vorliegen. Die flüssigen Paraffine dienen zum Einstellen der Konsistenz der Paraffinkohlenwasserstoffgrundlagen und zum Anreiben der Arzneistoffe zur Inkorporierung in derartige Grundlagen sowie für sich allein zur Herstellung von Suspensionen.

2. Pflanzenfette bzw. Pflanzenöle

Als neue Fettgrundlage ist in den 3. Nachtrag zum Deutschen Arzneibuch 6 als Ersatz für Adeps suillus *Oleum Arachidis hydrogenatum — Gehärtetes Erdnußöl* — aufgenommen worden. Es ist ein durch selektives Hydrieren gehärtetes Erdnußöl und entspricht mit seinen Kennzahlen mit Ausnahme des Schmelzpunktes der im Schweizer Arzneibuch (P. Helv. V, 1933) aufgeführten gleichnamigen Salbengrundlage: Säurezahl unter 0,5, Jodzahl 63—75 und Verseifungszahl 189—195. Der Schmelzpunkt beträgt 36—38^0. Es ist ein fast weißes, weiches Fett, das im geschmolzenen Zustand in 1 cm dicker Schicht durchsichtig ist. Es muß beim Verreiben auf 5 Teile Substanz 1 Teil Wasser aufnehmen (20%), ohne die Salbenkonsistenz zu verlieren. Die Reinheitsprüfungen beziehen sich auf verdorbenes Fett und die Abwesenheit von Sesam-, Baumwollsamen- und Kapoköl. Das gehärtete bzw. anhydrierte Erdnußöl ist schon vor 25 Jahren in der Schweiz neben dem bedeutend leichter ranzig werdenden Schweineschmalz als Salbengrundlage für offizinelle Salben eingeführt worden und zum größten Teil an seine Stelle getreten. Es hat sich nach der Literatur gut bewährt. Durch das teilweise Hydrieren wird sowohl die mehrfach ungesättigte Fettsäure, die Linolsäure, als Glycerinester Bestandteil des Erdnußöles, in Ölsäure überführt, als auch durch Isomerisierung die flüssige Ölsäure (cis-Konfiguration) in die feste Elaidinsäure (trans-Konfiguration) umgewandelt. Eine weitergehende Hydrierung zur festen, gesättigten Stearinsäure findet nicht statt und ist auch wegen des hohen Schmelzpunktes eines derartigen Produktes als Salbengrundlage unerwünscht. In der Zusammensetzung unterscheidet sich also das anhydrierte Erdnußöl von dem natürlichen durch den geringeren Gehalt an Linolsäure und das Vorhandensein von Isoölsäuren, insbesondere Elaidinsäure. Die Erhöhung der Konsistenz beruht daher weniger auf der Anwesenheit gesättigter Fettsäuren als auf der Umwandlung der Ölsäure in Elaidinsäure, während die Umwandlung der Linolsäure in Ölsäure die wesentliche Verbesserung der Haltbarkeit bedingt.

Neuwald u. Tuma (1960) haben festgestellt, daß deutsche Handelsprodukte dieser Grundlage gegenüber einem schweizerischen in der Konsistenz abweichen. Sie sind talgartig fest. Der Grund hierfür und für die erheblich höhere Wasseraufnahmefähigkeit des Schweizer Produktes liegt in dem festgestellten Gehalt an Mono- und Di-Glycerid (OH-Zahl 7), während deutsche Muster praktisch keine Partialester bei einer Hydroxylzahl von 1 bis 1,25 enthielten.

Nach den schweizerischen Praescriptiones Magistrales 1956 eignen sich die Fette als Grundlagen für fettlösliche Arzneistoffe, Jod und Derivate sowie Schwefel und Salicylsäure, soweit eine Resorption erwünscht ist. Als Vorteile werden die gute Verträglichkeit, das leichte Eindringen in die Haut und genügende Abgabe der Arzneistoffe in die Tiefe sowie als Nachteile ein etwas zu niedriger Schmelzpunkt, ungenügendes Wasseraufnahmevermögen und begrenzte Haltbarkeit angegeben. Als Fettgrundlage werden empfohlen: Oleum Arachidis hydrogenatum und Pasta Zinci pinguis Praescriptiones Magistrales, die folgende Zusammensetzung besitzt:

Pasta Zinci pinguis Praescriptiones Magistrales:
Zircum oxydatum crudum 25,0; Amylum Tritici 25,0; Oleum Arachidis hydrogenatum 50,0.

Da die Haltbarkeit der Triglyceridfette wesentlich von ihrem Anteil an ungesättigten Fettsäuren abhängt, hatten bereits 1939 die Märkische Seifen-Industrie

GmbH., Witten-Ruhr (heute Chemische Werke Witten-Ruhr), und die Badische Anilin- und Sodafabrik eine synthetische Fettsalbengrundlage entwickelt (v. CZETSCH-LINDENWALD u. SCHMIDT-LA BAUME 1950), über deren Verwendungsmöglichkeiten in der Salbenbereitung und günstige Erfahrungen damit KAISER und DRÄXL (1939) berichteten. Diese Grundlage bestand aus Triglyceriden gesättigter, durch Oxydation von Paraffinkohlenwasserstoffen gewonnener Fettsäuren. Da nach dem zweiten Weltkrieg die Produktion von synthetischen Fettsäuren durch Paraffinoxydation aufgegeben wurde und die Salbengrundlage nie im Handel war (v. CZETSCH-LINDENWALD u. SCHMIDT-LA BAUME 1950), sind jedoch weitere Untersuchungen über diese sehr interessante Fettsalbengrundlage unterblieben (nach einer persönlichen Mitteilung von KAISER). Es erschien daher aussichtsreich, eine Salbengrundlage auf der Basis von Triglyceriden gesättigter natürlicher Fettsäuren zu entwickeln (NEUWALD, TUMA und EBERHARDT 1960).

Nach WEITZEL (1956) wird durch die flüssigen Triglyceridester von Fettsäuren mit 7—14 Kohlenstoffatomen die Resorbierbarkeit von zahlreichen Arzneimitteln wie z. B. Vitaminen, Hormonen, fungiciden und keratolytischen Substanzen und anderen, bei percutaner Applikation gegenüber der aus Salben stark erhöht. Ein derartiges Öl ist das handelsübliche „Neutralöl 812" der Chemischen Werke Witten-Ruhr, das ein lipophiles, neutrales, reizloses Öl darstellt. Es besteht aus einem Gemisch der Triglyceride der Fettsäuren C_8—C_{12}, das aus Cocosöl gewonnen werden kann. Es besitzt eine Säurezahl unter 0,3, eine Jodzahl unter 1 und eine Verseifungszahl von etwa 328. Es ist wegen seiner Esterverbindungen nur schwach polar und im Vergleich zu anderen Ölen und Fetten besitzt es relativ geringe Gitterkräfte. Es zieht sehr schnell und leicht in die Haut ein und haftet nicht als zusammenhängender Film auf der Hautoberfläche. Es wirkt als Gleitschiene für fettlösliche Arzneistoffe und ermöglicht das Eindringen in tiefere Hautschichten. Hinzu kommt nach WEITZEL (1956), daß die mittelkettigen Fettsäuren im Stoffwechsel der gesunden Haut eine wesentliche, aber noch nicht näher bekannte Rolle spielen und daß ihre Zufuhr den Hautstoffwechsel allgemein günstig beeinflußt. Es gelang dann durch Veresterung einer Mischung natürlicher gesättigter Fettsäuren mit 8—12 C-Atomen, in der der C_8-Anteil überwiegt, mit natürlichen gesättigten Fettsäuren mit 18—22 C-Atomen in einem bestimmten Verhältnis in äquivalenter Menge mit Glycerin eine als Salbe geeignete, schmalzartige Fettgrundlage zu erhalten (NEUWALD und TUMA 1960). Im Läppchentest erwies sich diese neue Fettsalbengrundlage (nach einer persönlichen Mitteilung von KIMMIG) als völlig reizlos. Auf Grund ihrer nachstehend aufgeführten Kennzahlen ist diese *Salbengrundlage V.P. 378* der Chemischen Werke Witten-Ruhr als ein *Adeps neutralis* anzusprechen: Säurezahl unter 1, Verseifungszahl etwa 260, Jodzahl unter 1 und Hydroxylzahl unter 15. Sie ist daher mit allen in der Therapie üblichen Arzneistoffen verträglich, die darin suspendiert werden. Gelöste Arzneistoffe oder Flüssigkeiten lassen sich ohne Beeinflussung der Haltbarkeit in Mengen bis zu 10% in diese Salbengrundlage inkorporieren. So werden beispielsweise 10% Liquor Carbonis detergens mit 5% Hydrargyrum praecipitatum album und 3% Acidum salicylicum einwandfrei aufgenommen (EBERHARDT 1960). Diese Salbengrundlage entspricht, wie es v. CZETSCH-LINDENWALD (1959) ausdrückt, „den Anforderungen, die wir an ein ideales „Schweinefett" stellen möchten, aber bisher nicht konnten".

3. Wachse

Oleylium oleinicum — Ölsäureoleylester —, bekannt unter dem Warenzeichen CETIOL der Deutschen Hydrierwerke, wird entsprechend dem 3. Nachtrag zum Deutschen Arzneibuch 6 durch Veresterung von Ölsäure mit dem aus Naturprodukten (z. B. Spermöl) durch Spaltung oder durch Reduktion gewonnenem Gemisch natürlicher, ungesättigter Fettalkohole, vorwiegend Oleylalkohol, hergestellt. Der Zusatz von Stabilisatoren ist gestattet. Der flüssige Wachsester ist ein schwach gelbliches, klares Öl von charakteristischem Geruch und Geschmack. Ölsäureoleylester trübt sich beim Abkühlen unter 10° und erstarrt unter 5° zu einer salbenartigen Masse. Er ist in Äther, Petroläther, fetten Ölen und flüssigen Paraffinen sehr leicht löslich, in 90%igem Äthanol sehr schwer löslich und in Wasser praktisch unlöslich. Im 3. Nachtrag zum Deutschen Arzneibuch 6 sind die folgenden Kennzahlen angegeben: Jodzahl 75—90, Säurezahl höchstens 2, Verseifungszahl 100—115 und Hydroxylzahl höchstens 15. Er wird daher nur schwer ranzig und ist nach SCHMIDT LA BAUME-LIETZ (1951) geeignet, als fettende Komponente und zur Förderung der Tiefenwirkung in den verschiedensten Salbengrundlagen verwendet zu werden. Auch zur Einstellung der Konsistenz an Stelle von flüssigem Paraffin kann der Ester in den verschiedenen Salbengrundlagen eingesetzt werden. Der Ölsäureoleylester löst viele lipoidlösliche Arzneistoffe und bringt sie nach den oben genannten Autoren „durch seine Wirkung als hautaffine Gleitschiene zu guter Tiefenwirkung". Durch seine guten Lösungseigenschaften kann der Ester als Grundlage für medizinische Öle verwendet werden. Nach SCHMIDT LA BAUME-LIETZ wird Jod in dem Ester gelöst und ein Teil anscheinend chemisch gebunden. Salicylsäure läßt sich in verteilter Form darin suspendieren und wird zu einem kleinen Teil auch gelöst. Schwefel wird in Mengen von 1% bei Zimmertemperatur, Resorcin zu 5% und Cignolin bis zu 1% gelöst. In jedem Verhältnis mischt sich der Ester mit ätherischen Ölen und nimmt 10% Holzkohlenteer auf, während Steinkohlenteer (Pix Lithanthracis) nur teilweise gelöst wird. Er mischt sich mit 25% Liquor Carbonis detergens und ergibt mit Jodtinktur und Arning'scher Lösung eine Suspension. Der Ester wird besonders in der Grundlage Unguentum Lanette *Stada* (s. S. 262) und in paraffinkohlenwasserstofffreien Öl-in-Wasser-Emulsionsgrundlagen verwendet.

4. Fettalkohole

Alcohol cetylstearylicus — Cetylstearylalkohol—, unter dem Markennamen LANETTE O der Deutschen Hydrierwerke bekannt, besteht nach dem 3. Nachtrag zum Deutschen Arzneibuch 6 aus etwa gleichen Teilen Cetylalkohol und Stearylalkohol. Das Gemisch dieser gesättigten Fettalkohole ist eine weiße bis schwach gelbliche, wachsartige Masse, die beim Erwärmen zu einer farblosen bis schwach gelblichen Flüssigkeit von schwachem, aber charakteristischem Geruch und Geschmack schmilzt. Der Cetylstearylalkohol ist leicht löslich in Äther, löslich in 90%igem Weingeist und Petroläther sowie praktisch unlöslich in Wasser. Sein Schmelzpunkt, am rotierenden Thermometer gemessen, liegt zwischen 48 und 52°. Als Kennzahlen gibt der 3. Nachtrag zum Deutschen Arzneibuch 6 an: Säurezahl höchstens 1, Verseifungszahl höchstens 2, Hydroxylzahl 200—220, entsprechend dem Gemisch aus Cetyl- und Stearylalkohol. Damit entspricht der Cetylstearylalkohol praktisch dem Cetostearylalkohol (Alcohol Cetostearylicum) der Britischen Pharmakopoe 1958. Dieses Fettalkoholgemisch ist ein Bestandteil der offizinellen Paraffinsalbe (Britische Pharmakopoe 1958, s. S. 248), worin es die Wasseraufnahme erhöht. Nach SCHMIDT LA BAUME-LIETZ (1951) ermöglicht der Cetylstearylalkohol in Verbindung mit Fetten und Paraffinkohlenwasserstoffen (Vaselin) eine Wasserbindung bis zu etwa 30%. Dabei dürfte es sich um Pseudo- oder Quasi-Emulsionen handeln. Cetylstearylalkohol dient als Grundstoff und Bestandteil wegen seiner guten stabilisierenden Eigenschaften in Emulsionsgrundlagen (s. S. 261), aber auch wegen seiner sonstigen günstigen Eigenschaften, wie

Reizlosigkeit, Erhöhung des Wasseraufnahmevermögens und der Stabilität, in hydrophilen (absorbierenden) Salbengrundlagen (s. S. 256).

5. Siliconöle

Die Silicone als neue Grundstoffe für die Salbentherapie sind bisher in Arzneibüchern noch nicht zu finden, da sie erst seit 1951 Eingang in die Dermatologie gefunden haben. In die New and Nonofficial Remedies 1957 sind Siliconöle aber bereits unter dem Freinamen „Dimethicone“ als therapeutisch wertvoll aufgenommen.

Dimethicone New and Nonofficial Remedies 1957 (Siliconöle verschiedener Viscosität) besteht aus Dimethylsiloxanpolymeren und wird technisch als Dimethylpolysiloxan bezeichnet (Konstitutionsformel s. S. 246). Nach der Definition der New and Nonofficial Remedies 1957 variiert die Viscosität derartiger Siliconöle zwischen 0,65—1 000 000 Centistoke* bei Raumtemperatur. Bis zu einer Viscosität von 5 Centistoke sind sie mit Wasser und bis zu 50 Centistoke mit Alkohol mischbar. Sie besitzen alle neutrale Reaktion.

Über die Wirkung und Anwendung machen die New and Nonofficial Remedies 1957 folgende Angaben: Dimethicon ist ein Siliconöl mit hauthaftenden und wasserabstoßenden Eigenschaften. Es ist geeignet zur Inkorporierung in Vaselin-Grundlagen als hautschützender Wirkstoff. Entsprechend den Bedingungen, unter denen es als Schutz wirken soll, ist es sowohl in Fett- als auch in relativ nichtfettenden Zubereitungen wirksam. Fettbasen werden im allgemeinen besser von der Haut vertragen, die ausgesprochen trocken ist oder Austrocknungseffekten ausgesetzt ist; in einigen Industrien ist sie jedoch nicht verwendbar. Relativ fettfreie Grundlagen zeigen den Nachteil der leichteren Entfernbarkeit und geben daher einen weniger beständigen Schutz. In derartigen Vehikeln auf die Haut gebracht, ergeben Siliconöle einen Überzugseffekt (Film), der im allgemeinen für eine verschieden lange Zeit gegenüber gewöhnlicher Seife und Wasser sowie gegen wasserlösliche Reizstoffe beständig ist. Seine Beständigkeit gegen nichtseifenartige Reinigungsmittel und fettlösliche Wirkstoffe ist weniger sicher, und es bestehen noch Meinungsverschiedenheiten über seine abstoßenden Eigenschaften gegenüber organischen Lösungsmitteln und verschiedenen Typen industrieller Öle. Diese Differenzen scheinen durch den Typ des Vehikels bestimmt zu sein, obwohl eine vergleichbare Dauer des Schutzes, den verschiedene Zubereitungen gewähren, nicht bestimmt worden ist. Es fehlt ebenfalls der Beweis, daß eine Siliconöl-Zubereitung einen besseren Schutz verleiht als das Vehikel allein. Der Zusatz von Siliconöl jedoch ist auf dem Gebiet der Hautschutzpräparate als ein Fortschritt anzusehen.

Siliconöl ist relativ indifferent und besitzt keine therapeutische Wirkung. Es wird bei äußerlicher Anwendung deshalb nur als ein Prophylakticum angesehen gegenüber der Einwirkung von Hautreizstoffen sowie gewöhnlichen Reinigungsmitteln und Wasser, wenn diese reizen oder den Heilungsprozeß bei Hauterkrankungen stören. Seine Anwendung zum Schutz der Haut gegenüber Haushaltsreinigungsmitteln und Kraftstoffen ist weniger erfolgreich als gegenüber Wasser und Seife. Die Wirksamkeit des Siliconöles gegen Wasser und Seife ist bei schweren krankhaften Veränderungen durch chronische Dermatosen, wie Ekzemen, auch eingeschränkt. Außer bei chronischen Dermatosen, die durch Substanzen verschlimmert werden, gegen die Siliconöl einen Schutz verleiht,

* Centistoke ist der hundertste Teil eines Stoke, das die Einheit der kinematischen Viscosität darstellt. Sie wird als Quotient aus der dynamischen Viscosität (Einheit: das Poise bzw. Centipoise) und der Dichte der Flüssigkeit als Stoffkonstante berechnet.

sollte die Applikation im allgemeinen auf die normale Haut beschränkt werden. Siliconöl ist geeignet, den Reizeffekt von Ammoniak, der aus der bakteriellen Zersetzung des Harns stammt, auf die Haut auf ein Minimum zu reduzieren, besonders bei Säuglingen; jedoch kann es reizend wirken, wenn es auf Hautflächen gebracht wird, wo bereits eine ammoniakalische Dermatitis vorhanden ist. Wegen seiner halb-stopfenden Natur kann Siliconöl auch schädlich sein, wenn es bei akuter Dermatitis oder anderweitig entzündeter, verletzter, abgeschürfter oder wunder Haut angewendet wird. In gleicher Weise sollte es nicht bei Läsionen appliziert werden, die freie Drainage erfordern, z. B. infizierte Decubitalgeschwüre, Fissuren, Fisteln und Körperhöhlen. Zur Verhütung der Maceration und Reizung der gesunden Haut in der Umgebung solcher Läsionen ist es dagegen geeignet.

Siliconöle reizen anscheinend die normale Haut nicht, aber der Arzt sollte auf die Möglichkeit achten, daß Bestandteile des Vehikels möglicherweise einen Reiz ausüben können. Am Auge sollten Siliconöle nicht verwendet werden, da sie ein vorübergehendes Brennen hervorrufen.

Siliconöl ist als Bestandteil folgender wasserfreier, hydrophober Salbengrundlagen in der Literatur beschrieben:

Simple Silicone Ointment (PLEIN u. PLEIN 1957)

Synthetisches Japanwachs 20,0; Siliconöl 350 Centistoke 80,0.

Silicon-Salbengrundlage (CURRIE u. FRANCISCO 1954)

Siliconöl 350 Centistoke 50,0; Zinkstearat 50,0.

Siliconpaste PH Wacker (Zusammensetzung nach SPRINGER u. HERZINGER 1954)

Aerosil (hochdisperse Kieselsäure, s. S. 276) 10,0; Siliconöl AK 350 (Wacker, 350 Centistoke 90,0.

Siliconsalbe (ADAMS 1956)

Siliconöl Bayer 100 (140 Centistoke) 50,0; Cetylstearylalkohol 50,0.

Da Siliconöle als Flüssigkeiten allein zur Applikation unbrauchbar sind, wird nach den New and Nonofficial Remedies 1957 Siliconöl vorzugsweise in einer Konzentration von 30% in einer Vaselinsalbengrundlage im Handel in den USA als Silicote auf der Haut angewendet. Für die Verwendung als Salbenbase ist der Zusatz von „Dickungsmitteln“ zum Siliconöl erforderlich, um eine Salben-Konsistenz zu erzielen. Die von VONKENNEL und seinen Mitarbeitern klinisch geprüften Siliconpasten und -salben der Firma Wacker-Chemie enthalten als Dickungsmittel hochdisperses Siliciumdioxyd (Kieselsäure in Form des Aerosil, Degussa, Frankfurt a. M., s. S. 276), das ganz allgemein als Dickungsmittels für Flüssigkeiten Verwendung findet. Der Zusatz der feinst verteilten Kieselsäure zeigt den Vorteil, daß derartige verdickte Flüssigkeiten ein transparentes Aussehen aufweisen und deshalb so bereitete Siliconzubereitungen vaselinartig erscheinen. Weitere Dickungsmittel sind Zinkstearat (CURRIE u. FRANCISCO 1954) und Calciumstearat (ADAMS 1956).

Gegenüber diesen Dickungsmitteln, die nur als Füllstoffe zu betrachten sind, haben PLEIN u. PLEIN (1953) in systematischen Untersuchungen über Siliconöle als dermatologische Vehikel durch Prüfung ihrer pharmazeutischen Eigenschaften eine ganze Reihe von üblichen Salbengrundstoffen gefunden, mit denen Siliconöle gute binäre Mischungen ergeben: Cetylalkohol, Kakaobutter, Diglykolstearat S, Glycerinmonostearat, Oxystearinsulfat, Laurinsäure, Wollwachs, Polyäthylenglykol-400-monostearat, Stearinsäure, Stearylalkohol und Unibase. Mit wasserlöslichen Grundstoffen wie Polyäthylenglykolen, Seife und Glycerin ließen sich keine stabilen Mischungen erzielen; ebenso war es schwierig, Paraffine und

Wachse ohne Trennung mit Siliconöl zu mischen. Unmischbar war es praktisch mit pflanzlichen Ölen, Paraffinöl, einigen der Fettsäuren und der Fettalkohole einschließlich Cholesterin. Damit ist aber nicht gesagt, daß man nicht durch Zusatz geeigneter Substanzen zu diesen „unmischbaren" Komponenten zu stabilen Mischungen gelangt. Für die Bereitung von Emulsionen verschiedenen Typs von Siliconölen und Wasser haben sich eine ganze Reihe von Emulgatoren als geeignet erwiesen, wie bei den Siliconöl-Emulsionsgrundlagen festzustellen ist.

II. Hydrophile fettartige Salbengrundlagen (Absorbierende Salbenbasen New and Nonofficial Remedies 1957)

Die hydrophilen fettartigen Grundlagen sind an sich wasserfreie Salbenbasen, die vorwiegend aus fettartigen Grundstoffen, wie festen, halbfesten und flüssigen Paraffinkohlenwasserstoffen, festen und flüssigen Wachsen, fetten Ölen, Fetten, Fettalkoholen und Siliconölen bestehen und natürliche oder synthetische Emulgatoren enthalten. Im Deutschen Arzneibuch 6 ist dieser Typ allein durch *Adeps Lanae anhydricus — Wasserfreies Wollfett* (richtiger ist die Bezeichung Wollwachs, da es sich chemisch betrachtet um ein Wachs handelt) — vertreten. Im 3. Nachtrag zum Deutschen Arzneibuch 6 sind nun wegen ihrer Bedeutung für die Salbentherapie als derartige Salbengrundlagen Wollwachsalkoholsalbe (Eucerin anhydricum) und Emulgierende Salbe (Lanette-Salbe, wasserfrei) aufgenommen worden. Diese Salbengrundlagen sind nicht neu, sondern werden in der Dermatologie schon seit Jahrzehnten benutzt und haben sich ausgezeichnet bewährt. Sie weisen als wasserfreie Salbengrundlagen gegenüber den reinen Paraffinkohlenwasserstoff- und Fettgrundlagen durch ihren Gehalt an Emulgatoren folgende Vorzüge auf: Sie dringen im Vergleich zu den emulgatorfreien Basen besser in die Haut ein und bringen daher inkorporierte Arzneistoffe zur intensiveren Wirkung; die meisten Arzneistoffe werden aus diesen Grundlagen auch besser als aus reinen Kohlenwasserstoffgrundlagen absorbiert; sie weisen eine größere Haftfestigkeit nicht nur auf der Haut, sondern auch auf feuchten Schleimhäuten auf; da sie mehr als 100% Wasser oder wäßrige Lösungen aufnehmen, lassen sich damit stabile Emulsionen, bei Wollwachsalkoholsalbe vom Typ Wasser-in-Öl und bei Emulgierender Salbe vom Typ Öl-in-Wasser, herstellen; die Emulgierende Salbe ist mit Wasser abwaschbar.

1. Hydrophile fettartige Salbengrundlagen auf der Basis von Wasser-in-Öl-Emulgatoren

Unguentum Alcoholium Lanae — Wollwachsalkoholsalbe des 3. Nachtrages zum Deutschen Arzneibuch 6 (1958) entspricht dem altbekannten Eucerin anhydricum Beiersdorf. Der Nachtrag schreibt folgende Zusammensetzung vor:

Wollwachsalkohole	6 Teile
Gelbes Vaselin	10 Teile
Hartparaffin	24 Teile
Dickflüssiges Paraffin	60 Teile

Es ist eine gelblich-weiße bis gelbliche, weiche Salbe von schwachem Geruch und soll mindestens entsprechend ihrem Gehalt an Wollwachsalkoholen 1,68% mit Digitonin fällbare Wollwachsalkohole als Cholesterin berechnet enthalten.

In der Britischen Pharmakopoe 1958 ist als „Ointment of Wool Alcohols" die gleich zusammengesetzte Salbengrundlage mit der Anmerkung aufgeführt, daß in einer weißen Salbe weißes Vaselin und in einer gefärbten Salbe gelbes Vaselin zu verwenden ist. Als weitere Grundlage dieses Typs führt die Britische Pharmakopoe 1958 das Unguentum simplex („Simple Ointment") auf:

Simple Ointment — Unguentum simplex Britische Pharmakopoe 1958

Wollwachs (Wollfett) 50 g; Hartparaffin 50 g; Cetylstearylalkohol (Cetostearylalkohol) 50 g; weißes oder gelbes Vaselin 850 g.

Diese Grundlage entspricht der Unguentum cetylicum des Schweizer Arzneibuchs, 5. Ausgabe, die in den Praescriptiones Magistrales (1956) an Stelle von Vaselin empfohlen wird und wie folgt zusammengesetzt ist:

Unguentum cetylicum — Unguentum simplex Ph. Helv. V

Alcohol cetylicus 4 Teile; Adeps Lanae 10 Teile; Vaselinum album 86 Teile.

Die entsprechende Salbengrundlage des amerikanischen Arzneibuches (1960) ist das „*Hydrophilic Petrolatum*", das als wasserabsorbierende Salbengrundlage und Hautschutzsalbe aufgeführt ist und folgende Zusammensetzung aufweist:

Cholesterol (= Cholesterin) 30 g; Stearylalkohol 30 g; weißes Wachs 80 g; weißes Vaselin 860 g.

Der wesentliche Vorteil der Wollwachsalkoholsalbengrundlage gegenüber den älteren Grundlagen dieses Typs, die Adeps Lanae anhydricus (wasserfreies Wollwachs) als emulgierende Komponente enthalten, besteht darin, daß sie entsprechend der Definition der New and Nonofficial Remedies 1957 (s. S. 244) eine indifferente Salbengrundlage darstellt. Demgegenüber fehlt der obigen Definition entsprechend dem Wollwachs die gleichmäßige Zusammensetzung und Konsistenz als Naturprodukt. Hinzu kommt, daß Wollwachs wegen seines Peroxydgehaltes gegenüber eingearbeiteten Arzneistoffen nicht in allen Fällen indifferent ist (Kern u. Neuwald 1952). Die durch Verseifung unter Druck und Raffination aus dem Wollwachs gewonnenen Wollwachsalkohole (Sterole [= Sterine], insbesondere Cholesterol und aliphatische Alkohole) stellen die emulgierenden Wirkstoffe des Wollwachses dar, von denen Cholesterol am bekanntesten ist. Sie sind nach dem heutigen Stand unseres Wissens und der Erfahrung sowohl vom dermatologischen als auch pharmazeutischen Gesichtspunkt als indifferent zu bezeichnen. Die Verwendung von reinem Cholesterol an Stelle der Wollwachsalkohole als nichtionisierender Emulgator, wie im Hydrohilic Petrolatum US-Pharmakopoe XVI, ist eine Frage des wesentlich höheren Preises und damit der Zweckmäßigkeit. In den Vorschriften des schwedischen Apotheken-Kompositionslaboratoriums ist als Grundlage dieses Typs ein Vaselinum emulgebile aufgeführt:

Vaselinum emulgebile

Sorbitani monoleas (Span 80) 50 g; Vaselinum 950 g

(Sorbitan-monooleat Span 80 ist ein neuzeitlicher Emulgator der Atlas-Goldschmidt GmbH vom Typ Wasser-in-Öl, s. auch S. 264).

Als paraffinkohlenwasserstofffreie und wasseraufnahmefähige Grundlage dieses Typs empfehlen die Praescriptiones Magistrales 1956 Unguentum pingue:

Unguentum pingue Praescripitones Magistrales

Alcohol cetylicus 2,0; Cetaceum 10,0; Oleum Arachidis hydrogenatum 88,0.

Diese hydrophile Fettgrundlage nimmt bis zu 30% Wasser auf (s. auch Unguentum pingue cum Aqua Praescriptiones Magistrales, S. 258).

Als Siliconöl-Salbenbasen dieses Typs sind von PLEIN u. PLEIN (1953, 1957) folgende Grundlagen als geeignet empfohlen worden

Silicone Anhydrous Base (PLEIN u. PLEIN 1953)

Cholesterol 3,0, Stearylalkohol 3,0, Karnaubawachs 10,0, Arlacel C* 10,0, Propylenglykol 10,0, Siliconöl 100 Centistoke 32,0, Siliconöl 200000 Centistoke 32,0.

Silicone Absorption Base (PLEIN u. PLEIN 1953)

Arlacel C* 6,0, Karnaubawachs 20,0, Wollwachs 10,0, Siliconöl 1000 Centistoke 40,0, Siliconöl 200000 Centistoke 24,0.

Silicone Absorption Base (PLEIN u. PLEIN 1957)

Arlacel C* 6,0, synthetisches Japanwachs** 10,0, Wollwachs 10,0, Siliconöl 350 Centistoke 74,0.

2. Hydrophile fettartige Salbengrundlagen auf der Basis von Öl-in-Wasser-Emulgatoren

Unguentum emulsificans — *Emulgierende Salbe* — (3. Nachtrag zum Deutsches Arzneibuch 6), besteht aus:

Emulgierender Cetylstearylalkohol (Lanette N) 30 Teile, dickflüssiges Paraffin 35 Teile, weißes Vaselin 35 Teile.

Es ist eine weiche Salbe von schwachem, charakteristischem Geruch, die eine Hydroxylzahl von 55 bis 70 entsprechend ihrem Gehalt an freien Fettalkoholen aufweisen soll. Als Reinheitsprüfung ist eine Prüfung der Reaktion vorgeschrieben, nach der die mit heißem Wasser bereitete Anschüttelung nach dem Erkalten gegen Lackmus neutral (p_H 6—8) reagieren muß. Unter der gleichen Bezeichnung als „Emulsifying Ointment" ist in der Britischen Pharmakopoe 1953 eine gleichartige Salbengrundlage mit gering abweichender Zusammensetzung (Emulgierendes Wachs Britische Pharmakopoe 1958 30 Teile, weißes Vaselin 50 Teile und flüssiges Paraffin 20 Teile) aufgeführt. Während der Emulgator im 3. Nachtrag zum Deutschen Arzneibuch 6, der „Emulgierende Cetylstearylalkohol", aus 10 Teilen cetylstearylschwefelsaurem Natrium und 90 Teilen Cetylstearylalkohol besteht (s. S. 261), enthält das „Emulgierende Wachs" der Britische Pharmakopoe 1958 10 Teile Natriumlaurylsulfat (= laurylschwefelsaures Natrium) und 90 Teile Cetostearylalkohol (= Cetylstearylalkohol). Da laurylschwefelsaures Natrium reizend wirken kann (s. auch S. 261), wird in Deutschland schon seit längerem das cetylstearylschwefelsaure Natrium (= Lanette E) als Emulgator vorgezogen.

Die Emulgierende Salbe nimmt leicht Wasser auf und bildet eine Öl-in-Wasser-Emulsion. Sie ist daher mit Wasser abwaschbar. Emulgierende Salbe wird wasserfrei im allgemeinen in der Therapie nicht verwendet, sondern dient als Salbengrundlage, wenn größere Mengen an Wasser (über 200%) eingearbeitet werden sollen, wie es beispielsweise bei Kühlsalben der Fall ist. Auch für Lösungen wasserlöslicher Arzneistoffe ist sie geeignet und besonders zweckmäßig als Basis für Liquor Carbonis detergens, da sie damit wegen des gleichen Emulsionstyps eine stabile Zubereitung ergibt. Über Unverträglichkeiten dieser absorbierenden Grundlage mit verschiedenen Arzneistoffen in Gegenwart von Wasser (s. C, III, 2, S. 261), unter „Wasserhaltige emulgierende Salbe".

* Arlacel C ist Sorbitan-sesquioleat, ein neuzeitlicher Emulgator der Atlas-Goldschmidt-GmbH vom Typ Wasser-in-Öl.

** Synthetisches Japanwachs ist ein Produkt der International Wax Refining Corp., USA.

III. Emulsionssalbengrundlagen

1. Emulsionssalbengrundlagen Typ Wasser-in-Öl (Emulsionen von wäßrigen Komponenten mit fettartigen Salbengrundlagen)

Charakteristisch und gleich bedeutsam für die therapeutische Anwendung wie die pharmazeutische Bereitung dieses Grundlagentyps ist der nichtionisierende Effekt der verwendeten Emulgatoren. Im Deutschen Arzneibuch 6 ist dieser Grundlagentyp durch Unguentum molle (Weiche Salbe) und Lanolinum (Lanolin, Wasserhaltiges Wollfett) vertreten. Im 3. Nachtrag zum Deutschen Arzneibuch 6 erscheint nun das seit langem in der therapeutischen Praxis und in der Kosmetik bewährte *Eucerinum* (*Eucerinum* cum Aqua, in der Kosmetikform als *Nivea-Creme* bezeichnet) unter dem Namen „*Unguentum Alcoholium Lanae aquosum — Wasserhaltige Wollwachsalkoholsalbe*, 3. Nachtrag Deutsches Arzneibuch 6. Sie ist wie folgt zusammengesetzt:

Wollwachsalkoholsalbe (s. S. 254) 50 Teile, Wasser 50 Teile.

Entsprechend dem 3. Nachtrag zum Deutschen Arzneibuch 6 soll sie mindestens 48,5% und höchstens 51,5% Wasser sowie mindestens 0,84% mit Digitonin fällbare Wollwachsalkohole, als Cholesterol berechnet, enthalten, was einem Gehalt von mindestens 3% Wollwachsalkoholen (3. Nachtrag Deutsches Arzneibuch 6) entspricht. Wasserhaltige Wollwachsalkoholsalbe ist eine weiße, bei Zimmertemperatur weiche Salbe und ist gut verschlossen aufzubewahren. Diese Emulsionssalbengrundlage ist mit zahlreichen in der Therapie verwendeten Arzneistoffen stabil. Grundsätzlich jedoch beeinflussen Arzneimittel, in der wäßrigen Phase gelöst, die Emulsionseigenschaften, wie CASPARIS und MÜHLEMANN (1944) feststellten. Als Emulsionsstörer für diese beliebte Salbengrundlage sind Phenole (Phenol, Resorcin, Pyrogallol, Menthol u. a.), Teere (Pix liquida, Pix betulina, Pix Juniperi, Liquor Carbonis detergens) und Schieferölsulfonate (Ichthyol und andere) zu erwähnen. Rezepturen mit einem höheren Anteil an diesen Arzneistoffen führen zu nichthomogenen Salben von ungleichmäßiger Beschaffenheit. An Stelle der wasserhaltigen Wollwachsalkoholsalbe ist in diesen Fällen die wasserfreie Wollwachsalkoholsalbe, Unguentum Alcoholium Lanae, oder falls ein höherer Wasseranteil erwünscht ist, eine Emulsionssalbengrundlage vom Öl-in-Wasser-Typ (s. unter C III 2) zu verwenden. Darauf wird auch in dem allgemeinen Abschnitt „Unguenta" des 3. Nachtrages zum Deutschen Arzneibuch 6 ausdrücklich mit dem Satz hingewiesen: „Ergeben sich bei der Anfertigung wasserhaltiger Wollwachsalkoholsalben Schwierigkeiten, kann eine andere, zweckentsprechende Salbengrundmasse des Arzneibuches benutzt werden." Die gleichen Unverträglichkeiten weisen bekanntlich auch Unguentum molle (Deutsches Arzneibuch) 6 und Lanolin (Deutsches Arzneibuch 6) auf. Dies war auch ein Grund für die neue Vorschrift im 3. Nachtrag zum Deutschen Arzneibuch 6, daß als Salbengrundmasse Wollwachsalkoholsalbe zu verwenden ist, falls zur Bereitung der Salbe keine andere Grundlage angegeben ist. Man hat also die bisherige „Universalsalbengrundlage" des Deutschen Arzneibuches 6, die wasserhaltige Paraffinkohlenwasserstoffgrundlage mit Wollwachs als emulgierenden Bestandteil vom Typ Wasser-in-Öl ersetzt durch die wasserfreie, aber hydrophile Wollwachsalkoholsalbe. Dies ist nicht nur vom galenischen, sondern auch vom dermatologischen Standpunkt ein Fortschritt.

Als Vehikel für chronische Ekzemphasen haben auf Grund klinischer Untersuchungen ANDERSON u. HADGRAFT (1951) wasserhaltige Wollwachsalkoholsalbe mit einem geringen Zusatz an Titandioxyd vorgeschlagen:

Wollwachsalkoholsalbe . . . . 47,5 g
Titandioxyd . . . . 5,0 g
Pufferlösung p_H 4,4 . . . . 47,5 g

(Zusammensetzung der Pufferlösung: Natriumphosphat [Na_2HPO_4, 12 H_2O] 30 g, Citronensäure 10 g, destilliertes Wasser 830 ml.)

Der Zusatz von Titandioxyd soll das Exsudat absorbieren und austrocknende Eigenschaften gewährleisten und dazu eine Anti-Pruritus-Wirkung erzielen. Hinzu kommt, daß die Pufferlösung isotonisch ist. Für akute und subakute Ekzemphasen sind die entsprechenden Grundlagen dieser Autoren unter IV. 2. und IV. 3. aufgeführt. Eine gleichfalls auf den Säuremantel der gesunden Haut (etwa p_H 5) gepufferte Salbengrundlage dieses Typs stellte das p_H 5-Eucerin dar. Es ist wasserhaltige Wollwachsalkoholsalbe, deren wäßriger Anteil einen Ammoniumcitrat-Citronensäure-Puffer p_H 5 enthält.

Die schweizerischen Praescriptiones Magistrales 1956 führen als Wasser-in-Öl-Emulsionen Unguentum cetylicum cum Aqua Ph. Helv. V und Unguentum pingue cum Aqua Praescriptiones Magistrales auf.

Unguentum cetylicum cum Aqua Ph. Helv. V
Unguentum cetylicum (s. S. 255) 60,0, Aqua destillata 40,0.

Unguentum pingue cum Aqua Praescriptiones Magistrales
Unguentum pingue (s. S. 255) 70,0, Aqua destillata 30,0.

Es sind hier also eine echte Fett- und eine Paraffinkohlenwasserstoffgrundlage zur Wahl gestellt. Nach den Praescriptiones Magistrales 1956 eignen sie sich für fettlösliche Arzneistoffe, aber auch für wasserlösliche Wirkstoffe, wenn eine langsame, aber protahierte Wirkung gewünscht wird. Nach den Praescriptiones Magistrales 1956 erlaubt diese Emulsionsform eine feinere Verteilung der wirksamen Stoffe und die Salben zeichnen sich durch gutes Aussehen sowie besondere Geschmeidigkeit aus und nehmen zusätzlich noch Wasser auf. Als Nachteile werden angegeben, daß man nicht wahllos Arzneistoffe darin inkorporieren kann, welche die Emulsion zum Trennen bringen (Phenol, Menthol, ätherische Öle, Lokalanaesthetica, Desogen) je nach Menge, Kombination und Wassergehalt der Salbe (s. Unverträglichkeiten der wasserhaltigen Wollwachsalkoholsalbe [s. S. 257]).

In der Britischen Pharmakopoe 1958 ist als Oily Cream-Unguentum Aquosum-Hydrous Ointment (Ung. Aquos.) eine Emulsionssalbengrundlage dieses Typs in der gleichen Zusammensetzung wie die wasserhaltige Wollwachsalkoholsalbe (3. Nachtrag Deutsches Arzneibuch 6) aufgeführt. In der US-Pharmakopoe XVI ist dieser Grundlagentyp durch Lanolin (Adeps Lanae Hydrosus, Hydrous Wool Fat) vertreten, das ein Wollwachs mit mindestens 25 und höchstens 30% Wasser darstellt.

Nach der US-Pharmakopoe XVI, den New and Nonofficial Remedies 1957 und dem United States Dispensatory XXV, 1955 wird auch die Quasi-Emulsion „Cold Cream" (Unguentum leniens Deutsches Arzneibuch 6) zu diesem Grundlagentyp gerechnet. Sie ist in der US-Pharmakopoe XV als Unguentum Aquae Rosae — Rose Water Ointment und als Petrolatum Rose Water Ointment — Unguentum Aquae Rosae Petrolatum aufgeführt. Beide Grundlagen sind als Emolliens und Salbengrundlage, die eine als Fettgrundlage und die andere als nicht ranzig werdende Salbengrundlage bezeichnet. In der US-Pharmakopoe XVI ist nur noch Petrolatum Rose Water Ointment offiziell.

Unguentum Aquae Rosae US-Pharmakopoe XV

Spermaceti (Cetaceum) 125 g, weißes Bienenwachs 120 g, gepreßtes Mandelöl oder Pfirsichkernöl 560 g, Natriumborat (Borax) 5 g, Rosenwasser 50 ml, gereinigtes Wasser US-Pharmakopoe 140 ml, Rosenöl 0,2 ml.

Unguentum Aquae Rosae Petrolatum US-Pharmakopoe XVI

Spermaceti (Cetaceum) 125 g, weißes Bienenwachs 120 g, flüssiges Paraffin 560 g, Natriumborat (Borax) 5 g, starkes Rosenwasser 25 ml, gereinigtes Wasser 165 ml, Rosenöl 0,2 ml.

Nach United States Dispensatory 1955 ist nicht ganz sicher, was in diesen Formeln das Natriumborat bezweckt. Nach SCOVILLE (1930) beeinflußt es die Oberflächenspannung, während KRANTZ u. CARR (1932) die Meinung vertreten, daß es eine geringe Menge Seife bildet, die als Stabilisator wirkt. Auf der Haut rufen diese Salbengrundlagen wie das Unguentum leniens durch das Brechen der Emulsion einen charakteristischen Kühleffekt hervor. Ohne Zusatz von Arzneistoffen werden sie bei geringeren Entzündungszuständen der Haut angewendet, jedoch hauptsächlich als Salbengrundlage für verschiedene Wirkstoffe. Die Paraffinkohlenwasserstoffbase besitzt ein geringeres Eindringungsvermögen und wirkt weniger erweichend als die „Fettgrundlage". Der Zusatz von sauer reagierenden Substanzen führt zum Brechen der Emulsion, da die bei der Herstellung gebildete stabilisierende Seife neutralisiert wird.

In den Praescriptiones Magistrales 1956 sind als entsprechende Quasi-Emulsionen Unguentum refrigerans Suppl. I Ph. Helv. V, Unguentum refrigerans boricum Praescriptiones Magistrales und Pasta refrigerans Praescriptiones Magistrales empfohlen.

Unguentum refrigerans Suppl. I Ph. Helv. V — Unguentum leniens (Cold Cream)

Cera alba 8 Teile, Cetaceum 10 Teile, Oleum Arachidis 57 Teile, Aqua 20 Teile, Oleum Ricini 5 Teile.

Unguentum refrigerans boricum Praescriptiones Magistrales

Acidum boricum 5 Teile, Unguentum refrigerans 95 Teile.

Pasta refrigerans Praescriptiones Magistrales

Pasta Zinci 50 Teile, Unguentum refrigerans 50 Teile.

Nach den Praescriptiones Magistrales 1956 eignen sich diese Grundlagen für fast alle Arzneimittel, falls die Konzentrationen nicht zu hoch sind. Als Vorteile werden angegeben: Kühlende Zubereitungen; sie werden gut vertragen und geben die eingearbeiteten Arzneistoffe gut ab. Die Nachteile sind, daß das Aussehen mehr oder weniger zu wünschen übrigläßt, da diese Grundlagen wenig stabil und die Haltbarkeit und das Wasseraufnahmevermögen beschränkt sind.

2. Emulsionssalbengrundlagen Typ Öl-in-Wasser (Emulsionen von fettartigen Bestandteilen in wäßriger Flüssigkeit)

a) Öl-in-Wasser-Grundlagen mit anionenaktiven Emulgatoren

Als altbekannte anionenaktive Emulgatoren sind die Seifen, z. B. Alkali- oder Ammoniumsalze höherer Fettsäuren wie Natriumstearat, Natriumpalmitat, Natriumlinoleat, Natriumoleat, Natriumricinolat u. a., sowie Triäthanolaminstearat zu nennen. Diese sind heute nicht mehr in offiziellen Vorschriften für Salbengrundlagen zu finden. Bezüglich alter Vorschriften wird auf dieses Handbuch Bd. V/1, S. 447 (1930) verwiesen. Heute sind an die Stelle der Seifen als anionenaktive Emulgatoren die Natriumsalze von Estern der Fettalkohole mit Schwefelsäure getreten. Durch den Ersatz der Carboxylgruppe der Fettsäuren durch mehrwertige, stärker saure Reste, wie z. B. die der Schwefel- und Phosphorsäure, werden neutralreagierende Emulgatoren erhalten. Während beispielsweise

Natriumstearat-Lösungen nach der US-Pharmakopoe XVI gegenüber Phenolphthalein alkalisch reagieren (mindestens p_H 9), soll Natriumcetylstearylsulfat nach dem Nachtrag zum Deutschen Arzneibuch 6 gegen Lackmus neutral reagieren (höchstens p_H 8). Die Chemie dieser neuen synthetischen Emulgatoren zeigen folgende Reaktionsgleichungen:

$$\underset{\text{Stearylalkohol}}{C_{18}H_{35}OH} + \underset{\text{Schwefelsäure}}{HOSO_3H} = \underset{\text{Stearylsulfatester}}{C_{18}H_{35}OSO_3H} + \underset{\text{Wasser}}{H_2O}$$

$$\underset{\text{saurer Stearylsulfatester}}{C_{18}H_{35}OSO_3H} + \underset{\text{Natronlauge}}{NaOH} = \underset{\text{Natriumstearylsulfat}}{C_{18}H_{35}OSO_3Na} + \underset{\text{Wasser}}{H_2O}$$

Außer diesen Alkylsulfaten sind hier auch die Alkylsulfonate zu erwähnen, die jedoch in offiziellen Vorschriften für Salbengrundlagen nicht zu finden sind. Den Unterschied in der Konstitution der Sulfate und Sulfonate, die technisch eine bedeutende Rolle spielen, zeigen die nachstehenden Formelbilder:

```
          O                O
          ‖                ‖
  R—O—S—Na         R—S—ONa
          ‖                ‖
          O                O      R = Alkylrest (Fettalkoholrest)
```

Daraus geht hervor, daß im Sulfonat der Schwefel direkt an den Alkylrest gebunden ist, während im Alkylsulfat zwischen dem Schwefel und dem Alkylrest eine Sauerstoffbrücke vorhanden ist. In der US-Pharmakopoe XV sind als Vertreter der Alkylsulfate Natriumlaurylsulfat und der Alkylsulfonate Dioctylnatriumsulfosuccinat (Aerosol OT) aufgeführt.

```
                  C2H5
COO—CH2—CH—(CH2)3—CH3
|
CH2
|
CH—SO3Na
|
COO—CH2—CH—(CH2)3—CH3
                  C2H5
```

Beide Emulgatoren sind oberflächenaktiv und setzen die Oberflächenspannung des Wassers ganz wesentlich herab, so wird nach dem US-Dispensatory 1955 die Oberflächenspannung des Wassers in einer 0,1%igen Lösung durch Dioctylnatriumsulfosuccinat von 72,0 auf 28,7 Dyn/cm herabgesetzt. Sie sind gute Emulgatoren vom Typ Öl-in-Wasser bzw. Lösungsvermittler. Die US-Pharmakopoe XV empfiehlt das Alkylsulfonat als „Pharmaceutic necessity" für Calamin-Lotio und das Alkylsulfat allgemein als Emulgator und Reinigungsmittel („Detergent"). In der US-Pharmakopoe XVI ist jedoch nur noch das Alkylsulfat offiziell. Natriumlaurylsulfat war in der US-Pharmakopoe XIV der Emulgator im „Hydrophilic Ointment", in der es in der US-Pharmakopoe XV durch einen nichtionisierenden Emulgator ersetzt wurde. In der US-Pharmakopoe XVI ist Natriumlaurylsulfat wieder als Emulgator für Unguentum hydrophilicum eingesetzt. Dioctylnatriumsulfosuccinat kann nach dem US-Dispensatory 1955 als Dispergierungsmittel und Emulgator in der Rezeptur verschiedener dermatologischer Zubereitungen verwendet werden. Besonders lassen sich damit ausgezeichnete seifenfreie Haarwaschmittel herstellen, die sehr gut schäumen und eine bemerkenswerte Reinigungswirkung entfalten. Im 3. Nachtrag zum Deutschen Arzneibuch 6 ist als Emulgator ein Alkylsulfat, das Natrium cetylstearylsulfuricum — Cetylstearylschwefelsaures Natrium — aufgenommen worden. Dieses Alkylsulfat ist unter dem

Warenzeichen *Lanette E* der Deutschen Hydrierwerke schon einige Jahrzehnte in Deutschland bekannt. Es besteht im wesentlichen aus etwa gleichen Teilen Natriumcetyl- und Natriumstearylsulfat. Im Britischen Arzneibuch 1958 ist dieser Emulgatortyp wie in der US-Pharmakopoe XVI durch Natriumlaurylsulfat vertreten. Bei der Wahl der Salbenkommission für den 3. Nachtrag zum Deutschen Arzneibuch 6 dürfte dem Natriumcetylstearylsulfat der Vorzug gegeben worden sein, weil bei den höher molekularen Produkten nach SCHMIDT LA BAUME-LIETZ (1951) die Emulgatorwirkung stärker entwickelt ist. Hinzu kommt, daß Natriumlaurylsulfat nach BARR, GRIM u. TICE (1954) in der „Hydrophilic Ointment US-Pharmakopoe XIV" für Fälle von Hautreizungen die Ursache war, wie das Subcommittee No. 9 der US-Pharmakopoe festgestellt hatte.

Als Öl-in-Wasser-Salbengrundlage mit cetylstearylschwefelsaurem Natrium als Emulgator ist in den Nachtrag zum Deutschen Arzneibuch 6 „Unguentum emulsificans aquosum — Wasserhaltige emulgierende Salbe" neu aufgenommen worden. Diese Grundlage enthält außer dem hydrophilen Emulgator, dem Alkylsulfatnatriumsalz, noch einen zweiten lipophilen Emulgator mit einer freien Alkoholgruppe, den Cetylstearylalkohol. Diese beiden Emulgatoren, die als Gemisch unter der Bezeichnung „Alcohol cetylstearylicus emulsificans — Emulgierender Cetylstearylalkohol" im 3. Nachtrag zum Deutschen Arzneibuch 6 aufgeführt und unter dem Markennamen *Lanette N* bekannt sind, stellen einen Emulgatorkomplex dar. Während Natriumalkylsulfat Emulsionen vom Typ Öl-in-Wasser liefert, bildet das Fettalkoholgemisch Wasser-in-Öl-Emulsionen, jedoch ist seine emulgierende Wirkung nur gering (s. S. 251). Dieser Emulgatorkomplex stabilisiert jedoch die Öl-in-Wasser-Verteilung und bildet ein Gel, das schon bei Zusatz von Wasser allein der dadurch entstehenden Emulsion Salbenkonsistenz gibt. Je nach der Menge des Wasserzusatzes zum Emulgierenden Cetylstearylalkohol werden alle Stadien von zähen Pasten bis zu dünnen Linimenten in stabiler Form erhalten.

Alcohol cetylstearylicus emulsificans — Emulgierender Cetylstearylalkohol. 3. Nachtrag Deutsches Arzneibuch 6

Cetylstearylalkohol 90 Teile, Cetylstearylschwefelsaures Natrium 10 Teile.

Entsprechend der Bereitungsvorschrift werden außerdem 5 Teile Wasser zur Herstellung benötigt, die jedoch bei der Bereitung unter Schmelzen und Umrühren verdampfen. Er stellt eine feste, mit warmem Wasser emulgierbare Masse (meist in Schuppenform) von schwachem, aber charakteristischem Geruch dar.

Unguentum emulsificans aquosum — Wasserhaltige emulgierende Salbe. 3. Nachtrag zum Deutschen Arzneibuch 6

Emulgierende Salbe (S. 256) 300 Teile, Wasser 699 Teile, p-Oxybenzoesäuremethylester 0,6 Teile, p-Oxybenzoesäurepropylester 0,4 Teile.

Die p-Oxybenzoesäureester, die unter den Markennamen *Nipagin* bzw. *Nipasol* bekannt sind, sind in dieser Formel als Konservierungsmittel vorgeschrieben. Die Vorschrift ergibt eine weiße, bei Zimmertemperatur weiche Salbe von schwachem, charakteristischen Geruch, die kühl, vor dem Austrocknen und Licht geschützt aufzubewahren ist.

Diese Salbengrundlage ist gemäß ihrem Emulsionstyp mit Wasser abwaschbar und eignet sich für die Applikation wasserlöslicher Arzneistoffe, die schnell und vollständig daraus abgegeben werden. Sie zeichnet sich durch Kühlwirkung und gute Verträglichkeit aus. Wegen ihrer Abwaschbarkeit mit Wasser ist sie für Salben zur Behandlung behaarter Körperstellen, insbesondere Kopfsalben, geeignet. Die Nachteile dieser Grundlage sind bedingt dadurch, daß sich das Wasser in der äußeren Phase befindet. Sie trocknet leicht aus, wenn sie nicht luftdicht verschlossen aufbewahrt wird, und neigt ohne Zusatz von Konservierungsmitteln zur Schimmelbildung sowie zur bakteriellen Zersetzung. Ihre Haltbarkeit ist damit beschränkt und ihre Frischbereitung zweckmäßig. Hinzu kommt ihre Elektrolytempfindlichkeit. So sind durch die Anwesenheit ihres anionenaktiven Emulgators, des fettalkoholschwefelsauren Natriumsalzes, Unverträglichkeiten mit kationenaktiven Wirkstoffen wie quartären Ammonium- und Pyridinium-Verbindungen (*Zephirol, Quartamon, Desogen, Bradosol*, Benzalkoniumchlorid u. a.) bekannt und äußern sich in einer Trennung der Emulsion. Da bisher eine verbindliche Vorschrift für eine derartige Öl-in-Wasser-Emulsionsgrundlage in Deutschland fehlte, hatte die *Stada* für Rezepturzwecke ein Unguentum Lanette empfohlen.

Unguentum Lanette Stada

Emulgierender Cetylstearylalkohol (*Lanette N*) 24,0, Ölsäureoleylester (*Cetiol*) 16,0, Aqua destillata 60,0.

Für die Vorratshaltung ist der Zusatz von p-Oxybenzoesäureester als Konservierungsmittel in Form des Aqua conservans *Stada* an Stelle des destillierten Wassers vorgeschrieben.

In der British Pharmacopoe 1958 ist die der wasserhaltigen emulgierenden Salbe entsprechende Salbengrundlage als „Simple Cream" — Unguentum emulsificans Aquosum — „Hydrous Emulsifying Ointment" aufgeführt. Diese enthält jedoch als Emulgator, wie bereits auf S. 260 erwähnt, Natriumlaurylsulfat in gleicher Konzentration und als Konservierungsmittel 0,1% Chlorkresol. In der US-Pharmakopoe XV ist dieser ionenaktive Typ der Öl-in-Wasser-Emulsionsgrundlage nicht vertreten, da im „Hydrophilic Ointment" das Natriumlaurylsulfat nach der Vorschrift der US-Pharmakopoe XIV in der US-Pharmakopoe XV durch den nichtionisierenden Emulgator Polyoxyl-40-Stearat ersetzt worden war. Hierdurch wurden die Nachteile hinsichtlich der chemischen Unverträglichkeit mit kationenaktiven Wirkstoffen behoben und vor allem die durch Natriumlaurylsulfat verursachte primäre Reizung vermieden. In der US-Pharmakopoe XVI ist jedoch die alte Vorschrift der US-Pharmakopoe XIV wieder eingesetzt worden. Die Gründe hierfür sind nicht bekannt. In der schweizerischen Formelsammlung Praescriptiones Magistrales 1956 sind als Unguentum hydrophilicum II Praescriptiones Magistrales und III Praescriptiones Magistrales gleichartige Salbenbasen dieses Grundlagentyps jedoch frei von Paraffinkohlenwasserstoffen empfohlen.

Unguentum hydrophilicum II Praescriptiones Magistrales

Alcohol cetylicus 8,0, Oleum Cacao 6,0, Oleum Arachidis hydrogenatum 20,0, Natrium laurylsulfuricum 1,0, Glycerinum 10,0, Aqua destillata sterilisata 55,0.

Unguentum hydrophilicum III Praescriptiones Magistrales

Lanette *N* (Emulgierender Cetylstearylalkohol 3. Nachtrag Deutsches Arzneibuch 6) 5,0, Oleum Arachidis hydrogenatum 30,0, Glycerinum 10,0, Aqua destillata sterilisata 55,0.

In diesen beiden Vorschriften ist das gehärtete Erdnußöl durch die gleiche Gewichtsmenge weißes Vaselin zu ersetzen, wenn als Wirkstoffe diesen Grundlagen Schwermetallsalze hinzugefügt werden sollen. Diese beiden Salbengrundlagen werden dann als „Unguentum hydrophilicum minerale II Praescriptiones Magistrales bzw. III Praescriptiones Magistrales" bezeichnet. Der Glycerinzusatz kann in diesen Fällen unterbleiben, da diese Salben weniger schnell austrocknen.

Vom dermatologischen Standpunkt (Reizlosigkeit) dürfte die Fett- bzw. Vaselin-Grundlage III Praescriptiones Magistrales mit *Lanette N* als Emulgator aus den bereits erwähnten Gründen vorzuziehen sein. Neben den allgemeinen Vorteilen dieses Grundlagentyps (s. S. 244) geben die Praescriptiones Magistrales 1956 als Nachteile außer der Austrocknungsgefahr an, daß die Haltbarkeit ohne Zusatz von Konservierungsmitteln (p-Oxybenzoesäureestern, wie in „Wasserhaltiger emulgierender Salbe", S. 261) beschränkt ist und die Stabilität stark variiert. Die Praescriptiones Magistrales 1956 empfehlen daher die entsprechende Salbengrundlage mit nichtionisierendem Emulgator (*Tween 60*) „Unguentum hydrophilicum I Praescriptiones Magistrales" (s. S. 266) für Zubereitungen mit Rivanol und anderen Lokalanaestheticis, Panthesin, Chinin, Perubalsam, Schwefel, Steinkohlenteer und Schwermetallsalze, z. B. Plumbum subaceticum. Während Unguentum hydrophilicum minerale III Praescriptiones Magistrales praktisch der „Wasserhaltigen emulgierenden Salbe", 3. Nachtrag zum Deutschen Arzneibuch 6, gleicht, stellt Ung. hydrophil. III Praescriptiones Magistrales die entsprechende echte Fettemulsionsgrundlage dar, die bei therapeutischer Vaselin- bzw. Paraffin-Unverträglichkeit verwendet werden kann. An Stelle der Fettgrundlage kann bei derartigen Unverträglichkeitserscheinungen auch eine entsprechende Silicongrundlage eingesetzt werden. Solche Siliconöl-Grundlagen sind bisher in offiziellen Vorschriftensammlungen noch nicht zu finden. Aus der Literatur sind folgende zu erwähnen:

Silicone Gibson Base (Plein u. Plein 1953)

Natriumlaurylsulfat 1,0, Cetylalkohol 15,0, Siliconöl 1000 Centistoke* 40,0, destilliertes Wasser 43,0, Methylparaben** 0,25 g, Propylparaben*** 0,15 g.

Silicone Emulsion Base (Plein u. Plein 1957)

Natriumlaurylsulfat 1,0, Cetylalkohol 10,0, Siliconöl 1000 Centistoke* 25,0, destilliertes Wasser 64,0, Methylparaben** 0,025, Propylparaben*** 0,015.

Wasserhaltige Siliconsalbe (Adams 1956)

Emulgierender Cetylstearylalkohol 16 Teile, Siliconöl *Bayer* 100 (140 Centistoke) 24 Teile, destilliertes Wasser 60 Teile, p-Oxybenzoesäuremethylester 0,025 Teile, p-Oxybenzoesäurepropylester 0,015 Teile.

Eine entsprechende „Wasserhaltige Siliconsalbe" ist als *Silicoderm* im Handel. Nach einer persönlichen Mitteilung von Kimmig hat sich diese „Wasserhaltige Siliconsalbe" bei der klinischen Prüfung dermatologisch als reizlos bewährt. Diese Grundlage hat sich auch in eingehenden Untersuchungen nach galenischen Gesichtspunkten (Neuwald u. Adams 1956) für eine große Zahl von Arzneistoffen als geeignet erwiesen. Chemische Unverträglichkeiten sind auf die Anwesenheit des anionenaktiven Emulgators zurückzuführen und treten praktisch mit den gleichen Stoffen auf, die oben unter Unguentum hydrophilicum minerale III Praescriptiones Magistrales aufgeführt sind. Wesentlich ist auch für diese Silicongrundlage, daß sie möglichst luftdicht verschlossen aufbewahrt wird. Es ist daher empfehlenswert, sie in Tuben zu dispensieren. Gegenüber den Vorschriften von Plein u. Plein ist der Vorteil der „Wasserhaltigen Siliconsalbe" durch den Ersatz des reizenden Natriumlaurylsulfats durch reizloses Natriumcetylstearylsulfat zu erwähnen.

Über die Verträglichkeit des Silicoderm (wasserhaltige Siliconsalbe) gibt die Tabelle 2 nach Neuwald u. Adams (1956) Auskunft.

* Siehe Anm. S. 252.

** Methylparaben US-Pharmakopoe XV = p-Oxybenzoesäuremethylester.

*** Propylparaben US-Pharmakopoe XV = p-Oxybenzoesäurepropylester.

Tabelle 2

Zugesetzter Arzneistoff	Nach 24 Std	Nach 1 Woche	Nach 3 Monaten bei luftdichter Aufbewahrung
Acidum boricum 10%	stabil	stabil	stabil
Acidum salicylicum 5%	stabil	stabil	stabil
Acidum tannicum 5%	stabil	stabil	stabil
Anaesthesin 5%	stabil	stabil	stabil
Atosil 1%	stabil	stabil	stabil
Badional 10%	stabil	stabil	stabil
Bismut. subgallicum 10%	stabil	stabil	stabil
Chrysarobinum 1%	stabil	stabil	stabil, gelbbraune Verfärbung
Cignolin 1%	stabil	stabil	stabil, gelbbraune Verfärbung
Ephedrin. hydrochlor 1%	stabil	stabil	stabil
Glycerinum 10%	stabil	stabil	stabil
Hydrarg. oleinic. 5%	stabil	stabil	stabil
Hydrarg. oxyd. flav. 5%	stabil	stabil	stabil
Hydrarg. oxyd. rubr. 5%	stabil	stabil	stabil
Hydrarg. praec. alb. 10%	stabil	stabil	stabil
Hydrarg. salicylicum 5%	stabil	stabil	stabil
Ichthyol 10%	stabil	stabil	stabil
Ichthyol	stabil	stabil	stabil
Lianthral 10%	stabil	stabil	stabil
Liqu. Alumin. acetic. 10%	stabil	stabil	stabil
Liqu. Carbon. deterg. 10%	stabil	stabil	stabil, graue Verfärbung
Liqu. Plumb. subacet. 5%	stabil	stabil	stabil
β-Naphthol 2%	stabil	stabil	stabil, graue Verfärbung
Ol. Jecor. Asell. 20%	stabil	stabil	stabil
Phenol liquefact 5%	stabil	stabil	stabil
Resorcinum 3%	stabil	stabil	stabil, rötliche Verfärbung
Rivanol (bei der Herstellung grüngelbe Verfärbung) 1%	stabil	stabil	stabil
Sulfur. praec. 10%	stabil	stabil	stabil
Zinc. oxyd. crud. 10%	stabil	stabil	stabil
Zinc. sulfuric.	stabil	stabil	stabil

b) Öl-in-Wasser-Grundlagen mit nichtionisierenden Emulgatoren

Die synthetischen nichtionisierenden Öl-in-Wasser-Emulgatoren, auch nichtionogene genannt, sind erst in jüngster Zeit entwickelt worden und erfreuen sich heute besonders in der Kosmetik wachsender Beliebtheit. Sie gehören vom chemischen Standpunkt gesehen verschiedenen Gruppen an. Es sind Ester oder Äther, die in ihrem Molekül hydrophobe und hydrophile Gruppen enthalten. Je nachdem der eine oder andere Teil vorherrscht, stellen sie Wasser-in-Öl- oder Öl-in-Wasser-Emulgatoren dar. So sind beispielsweise Glycerinmonostearat und Sorbitanfettsäureester, wie die *Spans* und *Arlacels* der Atlas-Goldschmidt-GmbH, Essen, Wasser-in-Öl-Emulgatoren und Polyaethylenglykol-Sorbitanoleat, 3. Nachtrag zum Deutschen Arzneibuch 6 (*Tween* 80 der Atlas-Goldschmidt, Polysorbate 80 US-Pharmakopoe XVI, Polyoxyethylene [20], Sorbitan Mono-oleate US-Pharmakopoe XVI), Polyaethylenglykol-400-stearat, 3. Nachtrag zum Deutschen Arzneibuch 6 (Cremophor 3. AP fest der BASF), Polyoxyl-40-Stearate US-Pharmakopoe XVI (Myrj 52 Atlas-Goldschmidt, Polyoxyethylene-40-Monostearate US-Pharmakopoe XVI), Polyaethylenglykolstearyläther (Cremophor A BASF) und polyoxäthyliertes Ricinusöl (Cremophor EL BASF, Oleum ricini polyoxaethylatum [Kern; Salzmann u. Schöller 1955]) Öl-in-Wasser-Emulgatoren. Strenggenommen gehören auch die in der Natur vorkommenden Fettalkohole (Cetyl-, Stearylalkohol) und die Wachsalkohole (Cholesterol, Wollwachsalkohole) zu den nichtionisierenden Wasser-in-Öl-Emulgatoren (s. auch S. 251). Während die Partialester des Glycerins und die Fettsäureester des Sorbitans als Emulgatoren in offiziellen Salbengrundlagen noch nicht vertreten sind (s. aber Vaselinum emulgebile Apotheken-Kompositionslaboratorium, S. 255), sind die nichtionisierenden Öl-in-Wasser-Emulgatoren bereits in offiziellen Vorschriften des Auslandes zu finden. Im Nachtrag zum Deutschen Arzneibuch 6 sind als galenische Hilfsstoffe folgende Vertreter dieses Emulgatortyps aufgenommen worden:

Polyaethylenglycol - Sorbitanumoleinicum - Polyaethylenglykol - Sorbitanoleat (*Tween* 80).

Dieses besteht aus Sorbitanhydriden, die mit Polyaethylenglykolen veräthert und mit einem Mol Ölsäure verestert sind. Es ist eine hellgelbe bis bräunlichgelbe, ölige Flüssigkeit von schwachem Geruch und schwach bitterem Geschmack. Konzentrierte Lösungen mit einem Gehalt von 50—65% zeigen Gelbildung. Es ist sehr leicht löslich in Weingeist, fetten Ölen und Chloroform, leicht löslich in Wasser und praktisch unlöslich in Petroleumbenzin und flüssigen Paraffinen.

Polyaethylenglykol-400-stearat (Cremophor AP fest) stellt einen Monoester des Polyaethylenglykols 400 mit Stearinsäure dar. Es ist eine gelblichweiße, in Wasser leicht dispergierbare Masse von salbenartiger Konsistenz und schwachem Geruch. Es ist leicht löslich in Weingeist, Äther und Chloroform und praktisch unlöslich in Wasser.

Als Salbengrundlage dieses Typs ist in der US-Pharmakopoe XV „Hydrophilic Ointment“ aufgeführt:

Unguentum Hydrophilicum — Hydrophilic Ointment US-Pharmakopoe XV
Methylparaben (p-Oxybenzoesäuremethylester) 0,25 g, Propylaparaben (p-Oxybenzoesäurepropylester) 0,15 g, Stearylalkohol 250,0 g, weißes Vaselin 250,0 g, Polyoxyl-40-Stearat (Myrj 52) 50,0 g, Propylenglykol 120,0 g, gereinigtes Wasser 330,0 g.

Auch hier liegt, wie in der Wasserhaltigen emulgierenden Salbe, 3. Nachtrag zum Deutschen Arzneibuch 6 (s. S. 261), ein Emulgatorkomplex aus dem hydrophilen Myrj 52 (es ist wasserlöslich) und dem hydrophoben Stearylalkohol (wasserunlöslich) vor. Die Zusammensetzung war gegenüber der Vorschrift der US-Pharmakopoe XIV durch Austausch des anionenaktiven Natriumlaurylsulfats gegen das nichtionisierende Polyoxyaethylen-40-monostearat auf Vorschlag von BARR, GRIM u. TICE (1954) geändert. Dieser Vorschlag gründet sich auf der Prüfung von 50 verschiedenen Rezeptformeln mit dem Ziel, das unerwünschte Natriumlaurylsulfat im Unguentum hydrophilicum US-Pharmakopoe XIV zu ersetzen. Mit den in nebenstehender Tabelle aufgeführten Konzentrationen von Arzneistoffen ergab die neue Vorschrift einwandfreie, auch beim Erwärmen stabile Zubereitungen, die über 6 Monate beobachtet wurden. Lediglich die Salbe mit Benzoesäure und Salicylsäure („Whitfield's Ointment“) war beim Erwärmen nicht stabil.

Tabelle 3

Zugesetzter Arzneistoff	Konzentration
Borsäure	10%
Weißes Quecksilberpräcipitat	5%
Präcipitierter Schwefel	10%
Zinkoxyd	20%
Calamin	10%
Benzocain (Anaesthesin)	5%
Phenol	2%
Tannin	20%
Steinkohlenteer	5%
Ichthammol (Ichthyol)	10%
Resorcin	6%

Benzoesäure 12% und Salicylsäure 6% („Whitfields Ointment“)

Der Verwendung der p-Oxybenzoesäureester (Methyl- und Propylparaben) in dieser Grundlage hat nach US-Dispensatory 1955 als Konservierungsmittel verschiedene Gründe. Anscheinend ist der Methylester *(Nipagin)* wirksamer gegen Pilze, während der Propylester *(Nipasol)* wirksamer gegen Hefen ist. Hinzu kommt, daß der Propylester in einer fettartigen Grundlage wirksamer als der Methylester ist und die Kombination dieser Ester wirksamer als die entsprechenden Konzentrationen der einzelnen Ester ist. BARR, GRIM u. TICE (1954) meinen, daß Propylenglykol in dieser Salbengrundlage als zusätzliches Konservierungsmittel die Wirkung der p-Oxybenzoesäureester verstärkt, da in experimentellen Untersuchungen durch Beimpfen der Oberfläche der Salbengrundlage in 120 g Salbenkruken mit Kulturen von Staphylococcus aureus, Pseudomonas aeruginosa, Aspergillus spec., Monilia albicans und Penicillium spec. auch nach 6 Monaten im Brutschrank kein Wachstum festzustellen war. Propylenglykol wirkt daher in wasserhaltigen Salbengrundlagen nicht nur als Feuchthaltemittel wie Glycerin, das die Wirkung der p-Oxybenzoesäureester nicht verstärkt.

In der schweizerischen Formelsammlung Praescriptiones Magistrales 1956 ist eine Salbengrundlage dieses Typs als Unguentum hydrophilicum I Praescriptiones Magistrales aufgeführt:

Unguentum hydrophilicum I Praescriptiones Magistrales

Tween 60 (Polyoxyäthylen-sorbitan-monostearat) 5,0, Alcohol cetylicus 10,0, Oleum Arachidis hydrogenatum 30,0, Glycerinum 10,0, Aqua destillata sterilisata 45,0.

Auch in dieser Vorschrift ist wie in den bereits beschriebenen Unguenta hydrophilica der Praescriptiones Magistrales (s.S. 262) bei der Verordnung von Schwermetallsalzen (z.B. Plumbum subaceticum) das gehärtete Erdnußöl durch die gleiche Gewichtsmenge weißes Vaselin zu ersetzen und die Grundlage dann als „Unguentum hydrophilicum minerale I Praescriptiones Magistrales" zu bezeichnen. Nach LEHMANN u. GRANERT (1957) können in Unguentum hydrophilicum I Praescriptiones Magistrales sehr viele Arzneistoffe eingearbeitet werden, da *Tween 60* als nichtionisierender Emulgator gegenüber p_H-Einflüssen und Elektrolyten sehr widerstandsfähig ist. Es lassen sich damit insbesondere Antibioticasalben einwandfrei herstellen, wenn Oxytetracyclin (*Terramycin*), Chlortetracyclin *(Aureomycin)*, Tetracyclin (*Achromycin* u. a.) in Konzentrationen von 3% oder Chloramphenicol in Mengen von 1% dieser Grundlage zugesetzt werden. Wegen der geringen Haltbarkeit dieser Antibiotica in wäßrigen Lösungen ist jedoch die Frischherstellung dieser Zubereitungen erforderlich. LEHMANN u. GRANERT (1957) kommen in ihren Untersuchungen über die Inkorporierung von Arzneistoffen in die Unguenta hydrophilica I, II und III Praescriptiones Magistrales und deren Haltbarkeit zu dem Ergebnis, daß nicht das eine oder andere Unguentum hydrophilicum Praescriptiones Magistrales oder Unguentum hydrophilicum minerale Praescriptiones Magistrales nach Belieben als Salbengrundlage verwendet werden kann und daß sich eine allgemein gültige Regel nicht aufstellen läßt. Es scheint aber, daß Unguentum hydrophilicum I besonders für pulverförmige und Unguentum hydrophilicum II für halbflüssige und flüssige Arzneistoffe unter galenischen Gesichtspunkten geeignet erscheinen. Nach den Praescriptiones Magistrales 1956 ist Unguentum hydrophilicum I als Grundlage für Anwendung von Rivanol, Panthesin und anderen Lokalanaestheticis, Chinin, Perubalsam, Schwefel, Steinkohlenteer und Schwermetallsalzen zu empfehlen. Die Vor- und Nachteile dieser nichtionisierenden Salbengrundlage sind im übrigen die gleichen wie die der beiden anderen Unguenta hydrophilica Praescriptiones Magistrales.

IV. Wasserlösliche Salbengrundlagen

Die wasserlöslichen „fett"freien Salbengrundlagen haben im letzten Jahrzehnt zunehmend an Bedeutung gewonnen. Früher wurden als derartige Grundlagen Gele und Schleime vom Typ des Unguentum Glycerini Deutsches Arzneibuch 6 verwendet, die jedoch verschiedene Nachteile aufwiesen. So mußten diese Grundlagen einen größeren Anteil Glycerin enthalten, um nicht auszutrocknen, und wurden dadurch so hygroskopisch, daß sie nicht reizlos waren. Aber auch der Ersatz des Glycerins in jüngster Zeit durch 70%ige Sorbitlösung (*Karion*, Merck) kann den weiteren Nachteil ihrer Anfälligkeit gegen Mikroorganismen nicht verhindern. Hinzu kommt, daß die natürlichen Pflanzenschleime, wie Traganth, Pektin, Agar, Gummi arabicum, Carrageen und andere wegen ihrer häufig nicht konstanten Eigenschaften, z. B. der wechselnden Viscosität der daraus bereiteten Schleime, und wegen ihrer chemischen Natur sowie der Anwesenheit von Begleitstoffen, wie Fermenten (Oxydasen), pharmazeutisch-technisch wenig befriedigende und mit zugesetzten Arzneistoffen reagierende Grundlagen ergeben.

In den USA erfreut sich Propylenglykol (1,2-Propandiol) als Ersatz für Glycerin in der Dermatologie und Kosmetik großer Beliebtheit. Es ist in der US-Pharmakopoe XVI offizinell (s. S. 265). Teilweise stellt Propylenglykol wegen seiner Lösungs- und konservierenden Eigenschaften eine günstige Kombination der Wirkungen sowohl des Glycerins als auch des Äthylalkohols dar. Nach dem US-Dispensatory 1955 ist Propylenglykol in Amerika häufig ein Bestandteil mit Wasser abwaschbarer Salbengrundlagen. Seine Desinfektionskraft ist so groß, daß es als Aerosol zur Raumdesinfektion verwendet wird und seine Toxicität ist nach intramuskulärer Darreichung bei Ratten geringer als die des Glycerins (Braun u. Carrland 1936).

Gegenüber den alten organischen Hydrogelen auf der Basis der Pflanzenschleime bedeutet die Verwendung der in der Badischen Anilin- und Sodafabrik von Schöller und Wittwer vor etwa 30 Jahren entwickelten und von Middendorf erstmalig in Salben verwendeten Polyaethylenglykole, auch Polyaethylenoxyd oder in den USA Polyoxyaethylen (Carbowax) genannt, einen Fortschritt für die Salbentherapie.

$$HOH_2C—(H_2C—O—CH_2)_n—CH_2OH = \text{Polyaethylenglykol}$$

Polyaethylenglykole sind dem 3. Nachtrag zum Deutschen Arzneibuch 6 entsprechend Kondensationspolymere des Aethylenoxyds mit Wasser, deren Molekulargewicht bei der Herstellung beliebig variiert werden kann und für pharmazeutische Zwecke zwischen etwa 200 und 7000 liegt. In der obigen Formel schwankt daher n zwischen 3 und 200, entsprechend einem Molekulargewicht von etwa 44 für Aethylenoxyd ($—H_2C—O—CH_2—$). Die der Bezeichnung „Polyaethylenglykol" beigefügte Zahl gibt ungefähr das mittlere Molekulargewicht des Grundstoffes an, z. B. „Polyaethylenglykol 400" (*Lutrol*) „Polyaethylenglykol 1500". Die Polyaethylenglykole bis zu einem durchschnittlichen Molekulargewicht von 600 sind fast farblose, klare, viscose Flüssigkeiten. Die höheren Kondensationsprodukte sind wachsartig, von weicher bis harter Konsistenz. Alle Polyaethylenglykole weisen einen schwach charakteristischen Geruch auf. Sie sind sehr leicht löslich in Wasser (die höheren Kondensationsprodukte von Mol.-Gew. über 6000 unter Erwärmen), in Aethylalkohol, Chloroform und Aceton, praktisch unlöslich in Äther, Fetten, fetten Ölen und Paraffinkohlenwasserstoffen. Sie reagieren in wäßriger Lösung schwach sauer und je 2 ml einer Lösung von 1,0 g der Polyaethylenglykole zu 10 ml Wasser dürfen nach dem 3. Nachtrag zum Deutschen Arzneibuch 6 ein p_H nicht unter 2,8 und nicht über

7,6 zeigen. Die Polyaethylenglykole sind mehr oder weniger hygroskopisch. Nach den Angaben im *Merck-Index* 1960 und bei BÜCHI u. KUTTER (1950) beträgt die Hygroskopizität im Vergleich mit Glycerin (= 100):

Polyaethylenglykol 200 = 90
Polyaethylenglykol 300 = 70
Polyaethylenglykol 400 = 60
Polyaethylenglykol 600 = 50
Polyaethylenglykol 1000 = 5
Polyaethylenglykol 1500 = 30
Polyaethylenglykol 1540 = 5
Polyaethylenglykol 4000 = 1
Polyaethylenglykol 6000 = 1

Nach BÜCHI u. KUTTER (1950) macht sich jedoch die Hygroskopizität bei einem Wasserzusatz von etwa 9% (s. auch Grundlage III von ZOPF u. Mitarb. 1950, S. 270) nicht mehr bemerkbar. Nach dem *Merck-Index* 1960 hydrolysieren die Polyaethylenglykole nicht, sind bei der Lagerung stabil und fördern das Wachstum von Pilzen nicht. Sie sind Lösungsmittel für die verschiedensten Arzneistoffe, wie Sulfonamide, Dibromsalicyl, Nitrofurazon und viele andere, und mit in der Dermatologie verwendeten Teeren, wie Pix Lithanthracis, und Perubalsam, Ammonium sulfobituminosum sowie Anthrasol nach BÜCHI u. Mitarb. (1952) klar mischbar. Nach McCLELLAND u. BATEMAN (1948) reizen sie die Haut nicht mehr als Lanolin oder Vaselin. SMYTH u. Mitarb. (1945) fanden in Tierversuchen keinerlei Hautreizungen und in Fütterungsversuchen, daß sie praktisch ungiftig sind. Auf der menschlichen Haut erwiesen sich die Polyaethylenglykole der Kakaobutter gleichwertig. HOPKINS (1946) stellte fest, daß die „*Carbowaxe*" (Markennamen für Polyaethylenglykole in den USA) nicht den macerierenden Effekt der Fette und Öle besitzen, sich gut verteilen und auch auf feuchter Haut haften. Entsprechend ihren hydrophilen Eigenschaften nehmen sie Sekrete auf. BÜCHI u. Mitarb. (1952) empfehlen daher die Polyaethylenglykole speziell als Imprägniermittel von Verbänden in Form von Salbenkompressen. Da Polyaethylenglykole weder Fette noch Paraffinkohlenwasserstoffe zu lösen vermögen, entstehen bei Mischungen mit diesen mehr oder weniger stabile Quasi-Emulsionen in Abhängigkeit von der Viscosität. In Gegenwart eines Emulgators sind jedoch derartige Mischungen stabiler. BÜCHI u. Mitarb. (1952) konnten in Zusammenarbeit mit der Poliklinik für Haut- und Geschlechtskrankheiten Zürich zeigen, daß auf einen Zusatz von mineralischen und tierischen Fetten zu Polyaethylenglykol-Salben verzichtet werden sollte, da damit die Vorteile dieser wasserlöslichen Salbengrundlage, insbesondere das Fehlen einer Maceration der Haut, verlorengehen.

Unverträglichkeiten der Polyaethylenglykole sind in der Literatur mit starken Alkalien, Permanganat, Gerbsäure, Jod, Jodkali, Phenol, Resorcin, Silbernitrat und Sublimat beschrieben worden (zitiert nach v. CZETSCH-LINDENWALD 1956). Auf Unverträglichkeiten wird auch später bei der Besprechung der Polyaethylenglykol-Salbengrundlagen eingegangen.

Die Einführung der Polyaethylenglykole als Salbengrundlage in die Dermatologie verdanken wir insbesondere amerikanischen Autoren. In der Schweiz hat vor allem BÜCHI mit seinen Mitarbeitern wertvolle Grundlagen geschaffen, während in Deutschland MIDDENDORF (1951) erst verhältnismäßig spät über die von ihm in den Jahren 1935—1939 entdeckte Polyaethylenoxyd-Gruppe von Arzneistoffträgern berichtete. Bereits in den New and Nonofficial Remedies 1947 wurden die „*Carbowaxe 1500, 4000* und *1540*" zur Verwendung in gewissen wasserlöslichen Salbengrundlagen empfohlen, nachdem LANDON u. ZOPF schon

1943 über die folgende Grundlage des abwaschbaren Typs zur allgemeinen Anwendung berichtet hatten:

„Carbowax 4000“	20,0
Stearylalkohol	37,0
Glycerin	30,0
Wasser	12,0
Natriumlaurylsulfat	1,0

Diese Grundlage hat sich jedoch nicht bewährt, da sie mehrere Bestandteile verschiedenen Charakters und insbesondere als Emulgator das stark ionisierende und reizende Natriumlaurylsulfat enthielt. Auf Grund weiterer Erfahrungen und Untersuchungen berichteten dann MEYERS, NADKARNY und ZOPF (1950) über die Zusammensetzung und praktische Anwendung von „*Carbowax*“-Vehikeln, die heute noch Gültigkeit haben. In dieser Veröffentlichung werden 3 Polyaethylenglykol-Salbengrundlagen vorgeschlagen, die unter Berücksichtigung der folgenden 6 Eigenschaften ausgewählt sind:

1. Abwaschbarkeit, 2. niedriger Reizindex, 3. gute Abgabe von Arzneistoffen bei Applikation, 4. Verträglichkeit mit den üblichen Arzneistoffen, 5. einfache Bereitung und 6. Stabilität in der Wärme.

Da diese Grundlagen durch Aufnahme in Arzneibücher und offizinelle Formelsammlungen allgemein Anerkennung gefunden haben, werden sie hier eingehender behandelt.

Als Grundlage I schlugen ZOPF u. Mitarb. eine in der Wärme zusammengeschmolzene Mischung von gleichen Teilen „Carbowax 4000 W“ und Polyaethylenglykol 400 vor, die als „Polyethylene Glycol Ointment“ in die US-Pharmakopoe XIV aufgenommen wurde. Es ist eine homogene, halbfeste Masse, die in der Konsistenz dem Vaselin gleicht und sich bei 52° verflüssigt. Sie ist vollkommen wasserlöslich und befleckt weder Kleidung noch Bettwäsche. Lagerungsversuche haben ihre unbegrenzte Haltbarkeit bei Raumtemperatur ergeben. Bei der Applikation auf abgegrenzte Flächen normaler oder erkrankter Haut ergaben sich weder Reizungen noch Nebenwirkungen während mehrwöchiger klinischer Beobachtung. Diese Salbenbase wird daher als zuverlässiges Vehikel für die äußerliche Behandlung der verschiedensten Arten von Dermatitis angesehen. In klinischen Prüfungen fanden ZOPF u. Mitarb. in Zusammenarbeit mit CARNEY von der dermatologischen Abteilung des „University of Iowa Hospitals“, daß diese Grundlage eine bessere Abgabe von Arzneistoffen als Vaselin zeigt, insbesondere, wenn sie auf erkrankte Hautbezirke gebracht wurde. Es sollte deshalb bei der Inkorporierung von Arzneistoffen vorsichtig dosiert werden. Es konnte gezeigt werden, daß niedrigere Konzentrationen von antiseptischen Wirkstoffen in diesem Grundlagentyp ebenso wirksam waren wie bedeutend höhere Konzentrationen in fettartigen Grundlagen (s. S. 245). Stabilitätsprüfungen bei 40° über 6 Wochen Dauer ergaben, daß die Grundlage I ein geeignetes Vehikel für folgende Arzneistoffe ist: Schwefel 10%, Phenol 2%, weißes Quecksilberpräcipitat 5%, gelbes Quecksilberoxyd 1%, Benzalkoniumchlorid $^1/_{2000}$ ([Zephirol] gelöst in 1 ml Wasser auf 100 g Salbengrundlage). Ichthammol 10% (Ichthyol), Borsäure 10%, Gerbsäure 20% (Acidum tannicum), Perubalsam 25%, Resorcin 6% und Benzocain 5% (Anaesthesin). Die angegebenen Konzentrationen beziehen sich auf in USA offizinellen Salbenzubereitungen. Es wird empfohlen, in einigen Fällen die Konzentrationen der Wirkstoffe herabzusetzen, wenn sie in wasserlöslicher Salbengrundlage verordnet werden. Auch Sulfonamide sind mit dieser Grundlage verträglich, obwohl sie meist eine gelbe Verfärbung ergeben, die auf Spuren Aldehyd in den Polyaethylenglykolen zurückzuführen ist. Jedoch hat diese Verfärbung keinen Einfluß auf die bakteriostatische Wirkung dieser Salben, wie experimentelle Untersuchungen ergeben haben.

Die Grundlage I ist mit Wasser mischbar und ist daher ein geeignetes Vehikel für die Inkorporierung von Arzneistoffen in Lösung. Jedoch schließt die große Löslichkeit dieser Grundlage wäßrige Zusätze von mehr als 3% aus.

In diesen Fällen empfehlen ZOPF u. Mitarb. die Grundlage II, die in die schweizerische Formelsammlung Praescriptiones Magistrales 1956 übernommen worden ist und die Einarbeitung von maximal 10% wäßrigen oder 5% alkoholischen Lösungen gestattet. Wenn größere Mengen an Flüssigkeiten zugesetzt werden sollen, ist ein Emulgatorzusatz zur Polyaethylenglykolgrundlage erforderlich, wie es in der Grundlage III der Fall ist.

Grundlage II nach ZOPF u. Mitarb. (1950) (Unguentum Polyaethylenglycoli Praescriptiones Magistrales)

Polyaethylenglykol 4000 47,5 Teile, Polyaethylenglycol 400 47,5 Teile, Cetylalkohol 5,0 Teile.

Nach ZOPF u. Mitarb. ist diese Base sehr geeignet als Vehikel für die Applikation von Salicylsäure, ihren Salzen und Estern in Konzentrationen über 3% (bis zu 3% Zusatz ist auch bei Grundlage I möglich; höhere Konzentrationen verflüssigen diese Grundlage). Die Grundlage II ist homogen, halbfest und etwas fester als Grundlage I, besitzt jedoch einen besseren Gleiteffekt, wenn sie auf die Haut gebracht wird. Nach den Praescriptiones Magistrales 1956 kann sie sogar 15% Wasser aufnehmen, ohne sich zu verflüssigen. Es entsteht hierdurch eine angenehm geschmeidige Salbe. Der Zusatz von 6% Salicylsäure erweicht sie, aber sie trennt sich auch nach längerer Lagerung bei 37° nicht. Die Grundlage II ist auch als Vehikel für feste Wirkstoffe, wie Zinkoxyd, Schwefel u. a. geeignet, jedoch sind die Pulver vor dem Zusetzen der Salbengrundlage mit einer geringen Menge Glycerin, Propylenglykol oder Polyaethylenglykol 400 zu einer Paste anzureiben, da sonst die Salben für die Applikation zu fest werden. Nach den Praescriptiones Magistrale 1956 eignet sich diese Grundlage überall dort, wo therapeutisch Öl-in-Wasser-Emulsionen indiziert sind. Als Vorteile führen die Praescriptiones Magistrales 1956 auf, daß die Grundlage Vaselinkonsistenz aufweist, sich als wasserfreie Grundlage zur Einarbeitung empfindlicher Arzneistoffe, wie Antibiotica (außer Penicillin), eignet und Hormone, z. B. Cortison, daraus gut resorbiert werden. Die wasserhaltigen Salben auf dieser Basis trocknen nicht aus. Als Nachteil wird nur die beschränkte Wasseraufnahmefähigkeit (bis zu 15%) genannt.

Als Grundlage III empfehlen ZOPF u. Mitarb. den Typ einer wärmestabilen Polyaethylenglykolemulsionsgrundlage:

Polyaethylenglykol 4000 50 Teile, Polyaethylenglykol 400 40 Teile, *Span 40* (Sorbitan-monopalmitat) 1 Teil, Wasser 9 Teile.

Diese wasserhaltige Grundlage ist eine glatte, weiße, halbfeste Salbe, die ein besseres kosmetisches Aussehen als die wasserfreien Grundlagen aufweist. Sie verträgt Temperaturen von 42° und verliert praktisch kein Wasser bei der Aufbewahrung im offenen Gefäß auch bei mehrwöchiger Dauer. Sie ist mit den meisten der üblichen dermatologischen Arzneistoffe verträglich, die für eine Salbentherapie in Frage kommen, wie Zinkoxyd, Schwefel, Steinkohlenteer, Perubalsam, Salicylsäure (6% und weniger), Quecksilberpräcipitat, Ichthyol, Phenol u. a. Die Stabilität wird durch Zusatz von wäßrigen Lösungen bis zu 10% auf die Gesamtsalbenmenge nicht wesentlich beeinflußt. Falls wünschenswert, kann die Konsistenz der Grundlage durch Änderung des Verhältnisses des flüssigen zum festen Polyaethylenglykol eingestellt werden, so daß eine weichere oder festere Grundlage erhalten wird. Wird beispielsweise ein größerer Flüssigkeitsanteil in der Zubereitung gewünscht, so kann in der Grundlage der Anteil an Polyaethylenglykol 4000 von 50 auf 56 Teile heraufgesetzt werden und der Anteil an Polyaethylenglykol 400 auf 34 Teile reduziert werden. Andererseits kann bei der Inkorporierung größerer Mengen an pulverförmigen Substanzen der Anteil des Polyaethylenglykols 400 unter entsprechender Erniedrigung des Polyaethylenglykol 4000-Anteils erhöht werden. Das als Emulgator in dieser Grundlage enthaltene Sorbitanmonopalmitat (*Span 40*, Atlas-Goldschmidt) ist ein nichtionisierender, oberflächenaktiver Wirkstoff (s. S. 264) mit einem niedrigen Reizindex. Es kann in dieser Grundlage auch durch Natriumcetylstearylsulfat (s. S. 260) ersetzt werden, das jedoch anionenaktiv ist. ZOPF u. Mitarb. nennen an Stelle des Natriumcetylstearylsulfats das in den USA offizinelle Natriumlaurylsulfat, Tergitol Nr. 7 (Tergitole sind nach US-Dispensatory 1955 Natrium- oder Aminsalze höherer primärer oder sekundärer Alkylsulfate)* oder Aerosol OT (s. S. 260), weisen jedoch darauf hin, daß diese Emulgatoren stark ionisierende Eigenschaften besitzen und stärker reizend (!) wirken dürften.

Hinsichtlich der Unverträglichkeiten dieser Polyaethylenglykolgrundlagen bemerken ZOPF u. Mitarb., daß diese Salbenbasen mit der Mehrzahl der üblicherweise in Salbenform verwendeten Arzneistoffe verträglich sind. Die Sulfonamide, Chrysarobin und die Kombination von Quecksilberpräcipitat und Salicylsäure rufen in diesen Grundlagen beim Aufbewahren Verfärbungen hervor, die jedoch, soweit es sich bestimmen ließ, keinen Einfluß auf den therapeutischen Effekt der Zubereitungen haben. Auf die Verflüssigung der Grundlagen durch Salicylsäure ist schon bei der Besprechung der einzelnen Grundlagentypen hingewiesen worden, ebenso auf die Unverträglichkeit mit Penicillin, das rasch durch Polyaethylenglykole ebenso wie durch andere Alkohole inaktiviert wird. ZOPF kommt zu dem Schluß, daß, da es auch Jahre gedauert hat, bis Vaselin die natürlichen Fette und Öle verdrängt hatte, nur mit der Zeit sich die Eignung dieser wasserlöslichen, fettfreien Salbengrundlagen erweisen wird. Es ist weder zu erwarten noch anzunehmen, daß alle Dermatitisformen mit fettfreien Salbengrundlagen behandelt werden, jedoch ist es sicher gewiß, daß Wirksamkeit, Annehmlichkeit, Komfort für den Patienten und ästhetische Eigenschaften in diesen Polyaethylenglykolgrundlagen gesteigert sind. Es hat dann auch einige Zeit gedauert, bis diese Grundlagen offizielle Anerkennung durch Aufnahme in die Pharmakopoen und Vorschriftensammlungen gefunden haben.

In der US-Pharmakopoe XIV, XV und XVI sowie im 3. Nachtrag zum Deutschen Arzneibuch 6 sind Polyaethylenglykolsalbengrundlagen, und zwar die Grundlage I nach ZOPF aufgenommen worden. Allerdings hat man das ursprüngliche Verhältnis der festen und flüssigen Anteile, wie es in die US-Pharmakopoe XIV übernommen war, in der US-Pharmakopoe XVI geändert und im 3. Nachtrag zum Deutschen Arzneibuch 6 Polyaethylenglykole anderen Kondensationsgrades vorgezogen.

Unguentum Polyaethylenglycoli — Polyaethylenglykolsalbe. 3. Nachtrag zum Deutschen Arzneibuch 6.

Polyaethylenglykol 300 50 Teile, Polyaethylenglykol 1500 50 Teile.

Falls diese Vorschrift keine gut streichbare Salbe ergibt, dürfen entsprechend dem Nachtrag zum Deutschen Arzneibuch 6 die Polyaethylenglykole 300 und 1500 bis zu 10% gegeneinander ausgetauscht werden.

* Tergitol 7 ist das Natriumsalz eines höheren sekundären Alkylsulfats:

$$\begin{array}{l} C_4H_9-\underset{\displaystyle C_2H_5}{\underset{|}{CH}}-C_2H_4-\underset{\displaystyle \llcorner OSO_2Na}{CH}-C_2H_4-CH-(C_2H_5)_2 \end{array}$$

Unguentum Glycolis Polyethyleni US-Pharmakopoe XV und XVI (Polyethylene Glycol Ointment)

Polyaethylenglykol 4000 40 Teile, Polyaethylenglykol 400 60 Teile.

Falls eine festere Grundlage erwünscht ist, können höchstens 10 Teile Polyaethylenglykol 400 durch eine gleiche Menge Polyaethylenglykol 4000 ausgetauscht werden.

v. CZETSCH-LINDENWALD (1956) hat Unguentum Polyaethylenglycoli US-Pharmakopoe XV im Vergleich mit anderen Salbengrundlagen wie Vaselin, Fett, Unguentum molle Deutsches Arzneibuch 6, Unguentum Lanetti, Glycerinsalbe u a. geprüft. Der Autor kommt zu folgenden Ergebnissen:

1. Polyaethylenglykolsalben sind nicht nur Salben, sondern auch gleichzeitig Lösungsmittel für zahlreiche wasser- und öllösliche Arzneistoffe.

2. Diese Salbengrundlagen müssen therapeutisch in dünner Schicht angewendet werden.

3. Wasserfreie Polyaethylenglykolsalben sind hygroskopisch, bleiben aber homogen und trennen sich auch nicht wie Schleimsalben, deren Homogenität am Ort der Applikation osmotisch zerstört werden kann.

4. Polyaethylenglykolsalben gehören zu den auf der Haut schmelzenden Salben. Diese Gruppe ist weitaus größer als die der sich trennenden (Unguentum Glycerini, Unguentum leniens) und auch bedeutend größer als die der nur erweichenden Salben. Vaselinmischungen, Unguentum molle und die Fette sind auf der Haut flüssig oder nahezu flüssig. Als Flüssigkeit werden sie vom Verbandmaterial aufgesaugt.

Zu den wasserlöslichen Salbengrundlagen des alten Typs, den Gel- und Schleimsalben, sind als neue Grundstoffe die Cellulosederivate, wie Methylcellulose und Natriumcarboxymethylcellulose, die Alginate und Polysaccharide (*Dextromucid*) für organische Hydrogele und Bentonit sowie *Aerosil* für anorganische Hydrogele hinzugekommen. Unter Hydrogelen werden nach MÜNZEL (1956) formbeständige, aber leicht deformierbare, meist sehr flüssigkeitsreiche disperse Systeme verstanden, deren fester Anteil aus netzförmig strukturierten Linearkolloiden und deren flüssiger Anteil aus Wasser besteht. Nach den Praescriptiones Magistrales 1956 eignen sie sich für die Applikation wasserlöslicher Arzneistoffe und in allen Fällen, in denen die Haut Fette und Vaselin schlecht verträgt. Als Vorteile werden herausgestellt, daß diese Zubereitungen von fettiger Haut sehr gut vertragen werden, sie kühlend und kaum sichtbar (Schleime) sowie mit Wasser abwaschbar sind. Sie geben die eingearbeiteten Arzneistoffe rasch und vollständig ab. Als Nachteile werden in den Praescriptiones Magistrales 1956 aufgeführt, daß sie schnell austrocknen, vor allem wenn sie nicht luftdicht verschlossen aufbewahrt werden, und ihre Haltbarkeit ohne Zusatz eines Konservierungsmittels (Antisepticum) beschränkt ist. Von den neuen Grundstoffen für diesen Typ der Salbengrundlagen haben bisher als organische Hydrogele nur Cellulosederivate (Methylcellulose) und als anorganisches Hydrogel Bentonit Aufnahme in offiziellen Vorschriften gefunden.

Organische Hydrogele

Mucilago Cellogeli Praescriptiones Magistrales 1956

Cellogel C	4,0—6,0
Glycerinum	20,0
Aqua conservans Praescriptiones Magistrales	100,0

Aqua conservans Praescriptiones Magistrales:

p-Oxybenzoesäuremethylester	0,7
p-Oxybenzoesäurepropylester	0,3
Aqua destillata	ad 1000,0

Cellogel ist nach dem Kommentar zu den Praescriptiones Magistrales (Subsidia Pharmaceutica I, 1957) der Markenname für einen Cellulosemethyläther und C ist die Sortenbezeichnung für eine hochmethylierte Qualität. Andere Markennamen für *Methylcellulosen* sind *Tylose* und *Adulsion* in Deutschland und nach den New and Nonofficial Remedies 1957 *Cellothyl, Hydrolose, Methocel* und *Xyncelose* in den USA. Methylcellulose ist in der US-Pharmakopoe XVI aufgeführt und stellt einen Methyläther der Cellulose dar, der auf Trockensubstanz bezogen mindestens 26% und höchstens 33% Methoxy-Gruppen (OCH_3) enthält. Die Strukturformel ist in den New and Nonofficial Remedies 1957 folgendermaßen angegeben:

```
              H     OH                        CH2Ox
              |     |                          |
             ,C-----C,    H           H       ,C-----O,
            / |     | \   |           |      / |       \
     —O—C     OH    H   C             C      H          C—     x = H oder CH3
        |\    H        /|            |\      OH    H   /|
        H \   |       / |_____O______| \     |     |  / H
           \C------O/                   \C-----C/
            |                            |     |
            CH2Ox                        H     OH
```

Methylcellulose ist ein grauweißes, faseriges Pulver, unlöslich in Alkohol. Sie quillt in Wasser und bildet eine klare bis opalescente viscose kolloidale Lösung. Die Lösung flockt beim Erwärmen aus und wird jedoch beim Abkühlen wieder klar. Ihre wäßrigen Suspensionen reagieren gegenüber Lackmus neutral (p_H-Bereich 4,5—8).

Je nach dem Grad der Verätherung der primären und sekundären Alkoholgruppen und dem Polymerisationsgrad der Cellulose ergibt die Methylcellulose verschieden viscose Schleime. Im Handel sind nach dem USD 1955 folgende 6 Sorten mit 15, 25, 100, 400, 1500, 4000 Centipoise. Als „bulk laxative" ist außerdem Natriumcarboxymethylcellulose (Natriumcelluloseglykolat) in der US-Pharmakopoe XVI aufgeführt. Es ist das Natriumsalz eines Polycarboxymethyläthers der Cellulose mit mindestens 6,98% und höchstens 8,50% Natrium auf Trockensubstanz bezogen. Die Strukturformel entspricht nach den New and Nonofficial Remedies 1957 der für Methylcellulose mit dem Unterschied, daß x = H oder CH_2COONa darstellt. Nach der US-Pharmakopoe XV ist die Na CMC (übliche Abkürzung für *Na*trium*c*arboxy*m*ethyl*c*ellulose) ein weißes Pulver oder Granulat, deren 1%ige wäßrige Suspension ein p_H zwischen 6,5 und 8 besitzt. Das Pulver ist hygroskopisch. Auch dieses Cellulosederivat ist in verschiedenen Viscositätsgraden im Handel. Für dermatologische Zwecke wird eine mittlere Viscosität bevorzugt.

Eine Salbengrundlage („Jelly Base") auf der Grundlage von Methylcellulose hat Davies (1958) empfohlen:

Tylose M 50 (50 Centipoise) 6, Glycerin 10, Chlorkresol 0,1, Wasser 83,9.

Diese Schleimsalbengrundlage hat sich nach dem Autor als Vehikel für wasserlösliche Farbstoffe, wie Gentianaviolett und Brillantgrün, für Lokalanaesthetica, Quecksilber- und Zinksalze und andere lösliche und geeignete Arzneistoffe bewährt. In ihren Ergänzungsvorschlägen zum Deutschen Arzneibuch 1952 haben

Kern u. Neuwald einen Methylcelluloseschleim folgender Zusammensetzung vorgeschlagen:

Mucilago Methylcellulosi — Methylcelluloseschleim

Methylcellulose (*Adulsion SL 400*) 6 Teile, Glycerin 20 Teile, p-Oxybenzoesäuremethylester 0,15 Teile, Wasser 73,85 Teile.

An Stelle von Glycerin in dieser Vorschrift kann auch 70%ige Sorbitlösung (*Karion Merck*) oder Propylenglykol verwendet werden.

Adulsion SL 400 ist der Methyläther einer mit sehr geringen Mengen Acetylenoxyd behandelten Cellulose, also der Methyläther einer Oxaethylcellulose, die sich als besonders geeignet erwiesen hat und in Deutschland handelsüblich ist. Ihr Gehalt an Methoxyl (OCH_3) beträgt mindestens 20% und höchstens 24%. Die Viscosität eines 2%igen Schleimes dieser Sorte beträgt etwa 180 Centipoise bei 20°.

Goldstein (1953) empfiehlt als Salbengrundlagen dieses Typs folgende Rezepturvorschriften:

a) Methylcellulose	10 g (15 Centipoise)	6 g (50 Centipoise)	7,5 g (100 Centipoise)	6 g	2 g (400 Centipoise)
Glycerin	1 g	10 g	12,5 g	12 g	
Carbowax 1500	3 g				60 g
Vaselin					60 g
Alkohol 70%	95 g				
Wasser		84 g	80,5 g	82 g	38 g

Konservierungsmittel . 0,025% Methylparaben und 0,015% Propylparaben (s. S. 263) oder 0,5% Chlorbutanol oder ein Ähnliches

b) Na CMC (mittlere Viscosität)	6 g	6 g
Glycerin	12,5 g	
Sorbitlösung		12,5 g
Wasser	90 g	90 g

Konservierungsmittel wie unter a)

Goldstein berichtet eingehend über die Eigenschaften und Anwendungsmöglichkeiten der Methylcellulose (MC) und der Natriumcarboxymethylcellulose (NaCMC) für pharmazeutische Zubereitungen. Die Prüfung des Verhaltens von 1—2%igen Lösungen der Methylcellulose US-Pharmakopoe und Natriumcarboxymethylcellulose US-Pharmakopoe gegenüber dem Zusatz verschiedener Arzneistoffe zeigte die in nachstehender Tabelle 4 aufgeführten Ergebnisse.

Bei der Verwendung von Natriumcarboxymethylcellulose in Salbengrundlagen ist zu berücksichtigen, daß diese anionenaktiv ist. Die Verwendung der nichtionisierenden Methylcellulose dürfte daher zweckmäßiger sein.

In gleicher Weise sind auch die Alginatschleime anionenaktiv, da sie das Natriumsalz der Alginsäure enthalten. Natriumalginat (Algin) ist im National Formulary X (USA) aufgeführt und wird darin als das gereinigte Kohlenhydratprodukt bezeichnet, das aus Braunalgen durch Extraktion mit verdünntem Alkali gewonnen wird. Es besteht im wesentlichen aus dem Natriumsalz der Alginsäure, einer Polyuronsäure, die aus β-D-Mannuronsäureeinheiten zusammengesetzt ist, die so verbunden sind, daß die Carboxyl-Gruppe jeder Einheit frei ist, während die Aldehyd-Gruppe durch eine glykosidische Bindung geschützt ist. Natriumalginat ist ein fast geruchloses und geschmackloses, grobes oder feines Pulver von gelblich-weißer Farbe. Es löst sich in Wasser unter Bildung einer viscosen kolloidalen Lösung, ist unlöslich in Alkohol und in wäßrig-alkoholischen Lösungen, in denen der Alkoholgehalt mehr als etwa 30 Gewichtsprozent beträgt. Es ist unlöslich in Chloroform, Äther und in Säuren, wenn das p_H der resultierenden Lösung niedriger als etwa 3 ist. Unverträglichkeiten mit Arzneistoffen sind durch den anionenaktiven Charakter des Alginatschleims oder aus allgemein

Tabelle 4

Zugesetzter Arzneistoff	MC	NaCMC
Säuren (bis p_H etwa 2)	klar	klar
Acriflavin 2% (Trypaflavin)	klar	klar
Atropinsulfat 2%	klar	klar
Benzalkoniumchlorid 0,1%	klar	klar (Trübung, die beim Mischen verschwindet)
Benzoesäure 1:1000	klar	klar
Chlorbutanol 0,5%	klar	klar
Chlorkresol 1:250	geringe Fällung	klar
Kupfersulfat 1%	klar	Niederschlag
Dibucainhydrochlorid 1% (Cinchocain)	klar	Niederschlag
Formaldehyd 40%	klar	klar
Dioctylnatriumsulfosuccinat 0,5% (1%)	klar (klar)	klar (geringe Fällung)
Gentianaviolett 1%	klar	klar
Glycerin	klar	klar
Homatropinhydrobromid 2%	klar	klar
Kalkwasser	klar	klar
Magnesiumsulfat 50%	Niederschlag	klar
Sublimat 1%	klar	klar
Methylparaben 0,05%	klar	klar
Phenol 5%	Niederschlag	klar
Kaliumhydroxyd 10%	klar	klar
Procainhydrochlorid 2%	klar	klar
Resorcin 5%	Niederschlag	klar
Silbernitrat 2%	geringe Fällung	geringe Fällung
Natriumchlorid 18%	klar	klar
Gerbsäure 5%	Niederschlag	klar
Tetracainhydrochlorid 1% (Pantocain)	klar	geringe Fällung
Tripelenaminhydrochlorid 0,5% (Pyribenzamin)	klar	klar
Tween 20 (20% (Polyoxyaethylensorbitanmonolaurat)	klar	klar
Zinksulfat 10%	klar	klar
Zirkoniumoxyd-Paste 16%	keine Reaktion	Niederschlag

kolloidchemischen Gründen bedingt. Natriumalginat kann bei der Bereitung von Salben als wertvoller Hilfsstoff an Stelle von Traganth, Stärke, Pektin und anderen Quellmitteln dienen. Der Alginatschleim bildet nach dem Eintrocknen einen luftdichten Film, der mit Wasser abwaschbar ist. In offiziellen Vorschriftensammlungen ist Natriumalginat in Salbengrundlagen bisher nicht vertreten.

Anorganische Hydrogele

Mucilago Bentoniti Praescriptiones Magistrales 1956

Bentonitum US-Pharmakopoe XV 12,0—15,0, Glycerinum 20,0, Aqua conservans* ad 100,0.

Bentonit ist nach der US-Pharmakopoe XV ein natürlich vorkommendes, kolloidales, wasserhaltiges Aluminiumsilicat (*Veegum*). Nach dem Kommentar zu den Praescriptiones Magistrales 1956 weist es die Zusammensetzung (Mg, CaO $\cdot$ Al_2O_3 5 SiO_2 $\cdot$ n H_2O auf. Die Bentonit-Teilchen sind blättchen- oder stäb) chenförmig und einige μ lang, aber in der Dicke kolloid, d.h. kleiner als 0,1 μ. Bentonit ist chemisch ähnlich dem Kaolin zusammengesetzt aber unterscheidet sich physikalisch von diesem durch die Feinheit seiner Teilchen, die eine größere Oberflächenwirkung ergeben, worauf die ausgesprochenen Adsorptionswirkungen beruhen. Nach dem US-Dispensatory 1955 besteht die beste Bentonitsorte zu

* Zusammensetzung s. unter Mucilago Cellogeli Praescriptiones Magistrales (S. 272).

90% aus dem Mineral Montmorillonit [ungefähre Zusammensetzung: $H_2O \cdot (Al_2O_3 \times Fe_2O_3 \cdot 3\,MgO) \cdot 4\,SiO_2 \cdot n\,H_2O$] und 10% Feldspat, Gips, Beidellit, Calciumcarbonat und Spuren anderer Mineralien. Diese beste Bentonitqualität wird in den „Black Hills" von Wyoming und Süddakota in den USA gewonnen.

Mit Wasser quillt Bentonit zu einem grobdispersen, thixotropen Gel auf. Es wird also durch mechanische Einflüsse, wie Schütteln, dünnflüssiger und beim Stehen wieder dickflüssig (Thixotropie = reversible Sol-Gel-Umwandlung, die durch äußere Einflüsse hervorgerufen wird). In der US-Pharmakopoe XV ist als Zubereitung „Bentonit Magma", ein flüssiges wäßriges Gel mit einem Gehalt von 5% Bentonit, aufgeführt. Es dient als Suspensionsmittel für die in den USA beliebte „Calamine Lotion" (Calamine = Zinkoxyd mit höchstens 2% Eisenoxyd; durch den Eisengehalt ein hautfarbenes Zinkoxyd). Als indifferente Salbengrundlage kann Bentonit-Schleim (Mucilago Bentoniti Praescriptiones Magistrales 1956) praktisch alle in der Dermatologie verwendeten Arzneistoffe aufnehmen, indem Schwefel, Quecksilberpräcipitat, Zinkoxyd und andere unlösliche Arzneistoffe direkt darin suspendiert werden. Wasserlösliche Arzneistoffe lösen sich im Bentonit-Schleim. Fettlösliche Arzneistoffe, wie Salicylsäure und Fettsäuren, werden vor dem Inkorporieren in Glycerin, Propylenglykol, Alkohol oder anderen Lösungsmitteln gelöst. Nach KULCHAR (1941) trocknet eine 15%ige Bentonit-Suspension auf der Haut zu einem Film ein, der die Arzneistoffe „in situ" hält. Der Autor verwendete in dieser Grundlage Salicylsäure, Ichthammol (*Ichthyol*), Quecksilberpräcipitat, Resorcin, Schwefel, Naphthalin, Steinkohlenteer, Perubalsam und Wacholderteer. In Zinkschüttelmixturen kann Bentonit in Mengen von 2% als Stabilisator verwendet werden.

Ein weiteres anorganisches Hydrogel, das jedoch noch nicht in offiziellen Vorschriftensammlungen aufgeführt ist, stellt das *Aerosil*-Gel dar. Nach v. CZETSCH-LINDENWALD (1957) ist *Aerosil* eine aus der Gasphase gewonnene, kolloidale, amorphe Kieselsäure (SiO_2) höchster Reinheit, deren Teilchen, Sphäroide vom Durchmesser etwa 15 mμ (Millimikron), teilweise zu lockeren Flocken agglutiniert sind. In Lösungsmitteln ist es unlöslich. Aerosil bildet mit Wasser ein thixotropes Gel. 12% Aerosil in Wasser liefern bereits ein nicht mehr flüssiges Produkt, während 17% eine feste Salbe ergeben. Im Unterschied zu Bentonit, das nur in wäßrigen Medien ein Gel bildet, ergibt Aerosil außer mit Wasser auch mit den verschiedensten Lösungsmitteln wie Polyaethylenglykolen und anderen sowie mit fetten Ölen, flüssigem Paraffin und Siliconölen (s. S. 252) transparente Gele, da es einen günstigen Brechungsexponenten (1,55) aufweist. Es kann vor allem als Verdickungsmittel gebraucht werden und erhöht die Temperaturbeständigkeit von derartigen Salben. Da es amorphe Struktur aufweist, ist nach JÖTTEN (zitiert bei v. CZETSCH-LINDENWALD 1957) eine Silikose nicht zu fürchten. Jedoch ist zu beachten, daß die feindisperse Kieselsäure nach RÖMER (1953) der Fremdkörperentzündung entsprechende Veränderungen (Fremdkörpergranulome), wie auch Talcum und Bentonit, verursacht, wenn sie mit Geweben zusammentrifft, die entsprechend reaktionsfähig sind. Chemische Unverträglichkeiten sind bisher nicht bekanntgeworden. Nach Angaben der Herstellerfirma ist eine Gefahr der Umsetzung mit inkorporierten Medikamenten nur dann zu befürchten, wenn es sich um stark alkalische Substanzen handelt, deren p_H-Wert über 10 liegt. Obwohl *Aerosil* eine chemisch völlig indifferente Substanz ist, besteht die Möglichkeit, daß Arzneistoffe, durch *Aerosil* auf eine große Oberfläche gebracht, völlig anders reagieren als im Normalzustand. Die Dosierung von zuzusetzenden Arzneistoffen muß deshalb durch eigene Untersuchungen von Fall zu Fall entschieden werden, solange keine entsprechenden Angaben aus der Literatur zu entnehmen sind.

D. Auswahl der Salbengrundlage

Nach der US-Pharmakopoe XVI hängt die Auswahl einer Salbengrundlage von vielen Faktoren ab, wie beispielsweise von der Eigenart des eingearbeiteten Arzneistoffes und seiner Stabilität, von der gewünschten Wirkung und der geforderten Konsistenz („shelf-life") des Endproduktes. In manchen Fällen ist es erforderlich, eine Grundlage zu verwenden, die nicht als ideal zu bezeichnen ist, um die erforderliche Stabilität zu erhalten. Arzneistoffe, die z. B. schnell hydrolysieren, sind stabiler in Kohlenwasserstoffgrundlagen als in Grundlagen, die Wasser enthalten, obgleich sie in der letzteren wirksamer wären.

Die wesentlichen Bedingungen, von denen die Wahl der Salbengrundlage, die Wirkstoffe für die lokale Applikation aufnehmen soll, abhängt, sind folgende:

Dermatologisch: Der Zustand der Haut des Patienten, die gewünschte Wirkung.

Pharmazeutisch: Verträglichkeit und Haltbarkeit der Arzneistoffe mit der Grundlage.

Dazu stehen heute, wie in den Abschnitten unter C gezeigt wurde, 4 Haupttypen an Salbengrundlagen zur Verfügung:

fettartige, die wasserabweisend sind,
absorbierende, die Wasser aufnehmen,
Emulsionen verschiedenen Charakters, von denen der Öl-in-Wasser-Typ mit Wasser abwaschbar ist,
wasserlösliche, fettfreie bzw. paraffinkohlenwasserstofffreie Grundlagen.

Robinson (1955) hat diese verschiedenen Grundlagentypen im Hinblick auf Kriterien für den Arzt untersucht, die ihm die Auswahl für die spezielle Anwendung erleichtern sollen. Als Kriterien wählte Robinson folgende:

I. Dermatologische Eigenschaften

1. Verstreichbarkeit (Bestimmung der Hautfläche, über die eine bestimmte Menge der Grundlage so dünn wie möglich verteilt werden kann).
2. Wirkstoffabgabe.
3. Primäre Reizung (jede Substanz, die bei einem Prozentsatz der Individuen eine entzündliche Reaktion auslöst, sollte als Vehikel ausgeschlossen werden).
4. Sensibilisierung (definiert als echte allergische Erscheinung nach längerer oder wiederholter Applikation, einer der wesentlichsten Nachteile des Lanolins [wasserhaltiges Wollfett]).
5. Umfang der therapeutischen Anwendung (einer der entscheidendsten Faktoren bei der Wahl der Grundlage und der am schwersten zu bestimmen ist).

II. Pharmazeutische Eigenschaften

1. Bereich der Verträglichkeit (Zahl und Verschiedenheit der Substanzen, die in eine Grundlage inkorporiert werden können, begrenzt ihre Anwendbarkeit).
2. Kosmetische Annehmlichkeit (das Endprodukt soll in der Verwendung angenehm oder mindestens nicht störend sein).
3. Chemische Stabilität (Nichtranzigwerden, Austrocknungstendenz).
4. Temperaturstabilität — Beständigkeit (unveränderliche Konsistenz über einen größeren Temperaturbereich).

Bei diesen Kriterien ist zu beachten, daß eine Grundlage, die pharmazeutisch ideal ist, dermatologisch völlig ungeeignet sein kann. Die Eigenschaften sind daher getrennt zu betrachten. Hinzu kommt noch, daß die persönlichen Erfahrungen und Ansichten variieren. Aus den Prüfungsergebnissen von 17 verschiedenen Salbengrundlagen, die zum Teil auf den amerikanischen Markt beschränkt sind, sind in der folgenden Tabelle 5 die auch in Deutschland gebräuchlichen bzw. hier unter C beschriebenen aufgeführt.

Tabelle 5. *Kriterien für die Auswahl von Salbengrundlagen*

	Pharmazeutische Kriterien					Dermatologische Kriterien				
	Verträglichkeit	Kosmetische Eignung	Chemische Stabilität	Temperaturbeständigkeit	Verstreichbarkeit	Wirkstoffabgabe	Primäre Reizung	Umfang der therapeutischen Anwendung	Sensibilisierung	Index
C I:										
Vaselin	3	3	4	3	3	3	4	3	A	26A
Schweineschmalz . .	3	1	1	1	4	2	4	2	A	18A
Hydriertes Pflanzenöl .	2	2	4	2	4	2	4	2	A	22A
C II:										
Hydrophilic Petrolatum US-Pharmakopoe XIV .	4	2	4	2	4	3	4	3	A	26A
C III:										
Wasserhaltiges Wollfett (Lanolin US-Pharmakopoe XIV) . . .	3	3	3	3	3	3	3	3	C	24C
Unguentum Aq. Rosae US-Pharmakopoe XV .	2	4	3	3	4	2	4	2	A	24A
Hydrophilic Ointment US-Pharmakopoe XIV (mit Na-Laurylsulfat bereitet) . . .	2	4	3	2	2	4	3	2	C	22C
C IV:										
Polyethelene Glycol Ointment US-Pharmakopoe XIV	3	3	4	2	4	4	3	2	C	25C

Die Zahlen 1—4 in der Tabelle geben den Grad der Eignung an, wobei 4 den höchsten Wert darstellt. Die Buchstaben A, B und C bezeichnen die sensibilisierende Eigenschaft, wobei A die geringste Sensibilisierung bedeutet. Die Summe dieser Wertziffern und Zusatz des Buchstabens ergeben einen Überblick über die Eignung. Eine „ideale" Salbengrundlage würde also den Index 32 A besitzen. Die Tabelle 5 zeigt, daß die verschiedenen Typen von Salbengrundlagen alle gut im Wertindex abschneiden und daß sie unter Beachtung ihrer speziellen Eigenschaften als Salbengrundlagen geeignet sind. Die Auswahl kann also praktisch allein unter therapeutischen Gesichtspunkten erfolgen.

Literatur

ADAMS, K.: Die Verwendung von Siliconöl in Salbenzubereitungen. Diss. TH Braunschweig 1956. — ANDERSON, D. S., u. J. W. HADGRAFT: Transactions of the St. John's Hospital Dermatological Society, Okt. 1951, p. 38. Zit. nach Pharm. J. **167**, 454 (1951).

BARR, M., W. M. GRIM and L. F. TICE: An improved formula for Hydrophilic Ointment. J. Amer. pharm. Ass., pract. Pharm. Ed. **15**, 758 (1954). — BRAUN and GARTLAND: J. Amer. pharm. Ass., sci. Ed. **25**, 746 (1936). Zit. nach USD 1955. — *British Pharmacopoeia* **1958** (BP 1958). — BÜCHI, J., W. BURCKHARDT, H. KUTTER u. P. MEIER: Erfahrungen mit den Polyäthylenglykolen als Salbengrundlagen. II. Pharm. Acta Helv. **27**, 1 (1952). — BÜCHI, J., u. H. KUTTER: Erfahrungen mit den Polyäthylenglykolen als Salbengrundlagen. Pharm. Acta Helv. **25**, 37 (1950).

CURRIE, C. C., u. D. M. FRANCISCO: Silicones: New cosmetic vehicles. Amer. Perf. Essential Oil Rev. Dez. 1954. Zit. nach W. BRAUN, Dtsch. Apoth.-Ztg **96**, 634 (1956). — CZETSCH-LINDENWALD, H. v.: Salben. Puder. Externa. Berlin: Springer 1950. — Über die Einordnung der Polyäthylenoxyde in die Salbentherapie. Dtsch. Apoth.-Ztg **96**, 372 (1956). — Galenische Betrachtungen über *Aerosil*. Pharmazie **12**, 589 (1957). — Bericht über die Tagung der wiss. Sektion der FJP vom 6.—10. Sept. 1959 in Zürich. Österr. Apoth.-Ztg **13**, 576 (1959). — CZETSCH-LINDENWALD, H. v., u. F. SCHMIDT-LA BAUME: Die äußeren Heilmittel 1950—1955. Ergänzung zur 3. Aufl. Berlin: Springer 1956.

DAVIES, R. E. M.: Methylcellulose in dermatological bases. Pharm. J. **160**, 82 (1948). — *Deutsches Arzneibuch*. 6. Ausgabe, 1926 (DAB 6). 3. Nachtrag zum Deutschen Arzneibuch, 6. Ausgabe, 1958 (3. Nachtr. DAB 6).

EBERHARDT, K.: Entwicklung und Prüfung eines Triglycerid-Produktes zur Verwendung als neue Fettsalbengrundlage unter Berücksichtigung verschiedener Vergleichsprodukte. Diss. Hamburg 1960.

FISCHER, K. A., G. BRANDES u. W. GOHDES: Die Aromatenbestimmung in medizinischen Weißölen. Die Pharmazeutische Industrie **19**, 293 (1957).

GOLDSTEIN, S. W.: Cellulose derivatives as aids in extemporaneous compounding. J. Amer. pharm. Ass., pract. Pharm. Ed. **14**, 111 (1953).

HOPKINS, J. G.: J. invest. Derm. 171 (1946). Zit. bei MEYERS, NADKARNY u. ZOPF 1950.

KAISER, H., u. L. DRÄXL: Praktische Erfahrungen über Verwendungsmöglichkeiten von neuen synthetischen Produkten in Rezeptur und Defektur. Süddtsch. Apoth.-Ztg **79**, 481 (1939). — KERN, W., u. F. NEUWALD: Ergänzungsvorschläge zum Deutschen Arzneibuch. 1. Mitt. Sprockhövel, Westf.: Eigenverlag der Apothekerkammern Nordrhein, Rheinland-Pfalz u. Westfalen-Lippe 1952. — KRANTZ and CARR: J. Amer. pharm. Ass., sci. Ed. **21**, 1291 (1932). Zit. nach USD 1955.

LANDON, F. W., and L. C. ZOPF: J. Amer. pharm. Ass., pract. Pharm. Ed. **4**, 251 (1943). Zit. bei MEYERS, NADKARNY u. ZOPF 1950. — LEHMANN, H., u. W. GRANERT: Etwas über die Inkorporierung von Arzneistoffen in die Unguenta hydrophilica PM I, II, III und deren Haltbarkeit. Schweiz. Apoth.-Ztg **95**, 727 (1957). — LIEBICH, H., u. F. NEUWALD: Über die Haltbarkeit von Penicillin in wasserfreien Paraffin-Salbengrundlagen und die Peroxydzahl. Dtsch. Apoth.-Ztg **99**, 389 (1959).

MCCLELLAND, C. P., u. R. L. BATEMAN: Chem. Engng. News 247 (1948). Zit. bei MEYERS, NADKARNY u. ZOPF 1950. — *Merck Index*, 6th edit., Rahway, N.J., USA: Merck & Co., Inc., 1952. — MEYERS, D. B., M. V. NADKARNY and L. C. ZOPF: Formulation and practical applications of *Carbowax* vehicles. J. Amer. pharm. Ass., pract. Pharm. Ed. **11**, 32 (1950). — MIDDENDORF, L.: Polyäthylenoxyde als Arzneistoffträger. Diss. Mainz 1951 (1943). — MÜNZEL, K.: Versuch einer Systematik der Salben nach galenischen Gesichtspunkten. Pharm. Acta Helv. **28**, 320 (1953). — Die Arzneiform der Salben. Pharm. Ztg (Frankfurt) **101**, 728 (1956).

NEUWALD, F.: Diskussionsbeitrag, Vorschlag zur Gestaltung des allgemeinen Abschnittes „Unguenta-Salben" im Deutschen Arzneibuch. Pharm. Ind. (Aulendorf) **17**, 556 (1955). — NEUWALD, F., u. K. ADAMS: Silicoderm, eine neue Salbengrundlage. Dtsch. Apoth.-Ztg **96**, 131 (1939). — NEUWALD, F., u. R. TUMA: Verfahren zur Herstellung von Salbengrundlagen mit schmalzartiger Konsistenz. DAS 1090824 (1960). — Betrachtungen und Untersuchungen über Oleum Arachidis hydrogenatum. Pharm. Ztg (Frankfurt) **105**, 1113 (1960). — NEUWALD, F., R. TUMA u. K. EBERHARDT: Vorläufige Mitteilung über eine neue Fettsalbengrundlage. Schweiz. Apoth.-Ztg **98**, 619 (1960). — *New and Nonofficial Remedies 1957* (NNR 1957). Philadelphia: J. B. Lippincott Company.

Pharmacopoea of the United States of America 15th Revision (USP XV) 1955 and 16th Revision (USP XVI) 1960. — *Pharmacopoea Helvetica*, Editio quinta (Ph. Helv. V) 1933. — *Pharmacopoea Helvetica V*, Suppl. I 1948 (Suppl. I Ph. Helv. V). — PLEIN, J. B., u. E. M. PLEIN: A preliminary study of silicone oils as dermatological vehicles. J. Amer. Ass., sci. Ed.

42, 79 (1953). — A comparison of in vivo and in vitro tests for the absorption, penetration, and diffusion of some medicinals from silicone and petrolatum ointment bases. J. Amer. pharm. Ass., sci. Ed. **46**, 705 (1957). — *Praescriptiones Magistrales*, Ausgabe 1956, Rezeptsamml. herausgeg. vom Schweizerischen Apothekerverein, Zürich.

ROBINSON, R. C. V.: Comparative study of ointment bases. Arch. Derm. Syph. (Chicago) **72** (1955). — RÖMER, D.: Tierversuche mit Kieselsäure-Puder. Arzneimittel-Forsch. **3**, 360 (1953).

SCHLUMPF, R.: Studien über die Salben. Diss. Zürich 1942. — SCHMIDT LA BAUME, F., u. G. LIETZ: Die Emulsionen in der Hauttherapie. Stuttgart: S. Hirzel 1951. — SCÖLLER, C., u. M. WITTWER: Verschiedene DRP und USPat. Zit. nach E. SCHÜTZ, Die Polyaethylenglykole und ihre pharmazeutische Bedeutung. Arzneimittel-Forsch. **3**, 451 (1953). — SCOVILLE: J. Amer. pharm. Ass., sci. Ed. **19**, 858 (1930). Zit. nach USD 1955. — SPRINGER, R., u. R. HERZINGER: Die Analyse von Salben auf Silikonbasis. Arch. Pharm. (Weinheim) **287**, 204 (1954).

TALBOT, J. R., J. K. MACGREGOR and F. W. CROWE: The use of *Silicote* as a skin protectant. J. invest. Derm. **17**, 125 (1951).

United States Dispensatory, 25th edit. (USD 1955). Philadelphia: J. B. Lippincott Company 1955.

VONKENNEL, J.: Zit. nach F. LEISS u. K.-H. PETER, Die Silicone in Medizin, Pharmazie und Lebensmittelindustrie. Arzneimittel-Forsch. **4**, 616 (1954).

WEITZEL, G.: Verfahren zur Herstellung von Arzneimittellösungen. DBP 944394 (1956).

Antihistaminica

Von

Karl-Heinz Schulz-Hamburg

Mit 1 Abbildung

I. Histamin und seine Bedeutung für die Allergie

Für das Verständnis der Wirkungsweise der Antihistaminica ist die Kenntnis der Physiologie und Pharmakologie des Histamins wesentlich. Es erscheint daher angebracht, zunächst auf Ursprung, Verteilung, Wirkung und pathologisch-funktionelle Bedeutung des Histamins in kurzen Zügen einzugehen. Schon aus räumlichen Gründen kann diese Darstellung bei weitem nicht alle Ergebnisse der seit 1910 besonders intensiv betriebenen Histaminforschung berücksichtigen. Auf die ausführlichen monographischen Darstellungen von FELDBERG und SCHILF (1930), GADDUM (1936), GUGGENHEIM (1951), HAAS (1951, 1952), ROCHA e SILVA (1955) u. a. sei daher ausdrücklich verwiesen.

Histamin (Hi) — chemisch Imidazolyl-äthylamin, dessen erstmalige Darstellung WINDAUS und VOGT 1907 gelang —, wurde in der belebten Natur zum ersten Male von ACKERMANN in einer Saprophytenmischkultur sowie von BARGER und DALE im Secale cornutum nachgewiesen. Für sein Vorkommen im tierischen Organismus erbrachten BEST, DALE, DUDLEY und THORPE (1927) die ersten sicheren Befunde. Heute wissen wir, daß Histamin ein normaler Bestandteil fast aller tierischer und menschlicher Gewebe ist und auch in vielen Pflanzen nachgewiesen wurde (siehe GUGGENHEIM).

1. Pharmakologie des Histamins

Um die Erforschung der Pharmakologie des Histamins haben sich DALE u. Mitarb. große Verdienste erworben. Die zahlreichen zu dem Thema im Laufe von zwei Jahrzehnten veröffentlichten Arbeiten dieser Schule sind vor einigen Jahren gesammelt und übersichtlich zusammengefaßt (DALE 1953). Die Wirkung von Histamin erstreckt sich in erster Linie auf drei Organsysteme: 1. auf die glatte Muskulatur, 2. auf die Blutgefäße und 3. auf einige exkretorische Drüsen des Verdauungskanals.

Zu 1. Auf *glattmuskelige Organe* fast aller Säugetiere entfaltet Histamin mit wenigen Ausnahmen eine starke kontrahierende Wirkung. Dieser Effekt besteht in einer Verstärkung des Tonus, die sich offenbar ohne wesentliche Steigerung des Sauerstoffverbrauches vollzieht. Die Empfindlichkeit der Muskulatur ist von Species zu Species sehr verschieden; sie variiert auch zwischen verschiedenen Organen der gleichen Tierart. So sind die glattmuskeligen Organe von Ratten und Mäusen ziemlich resistent, wogegen diejenigen von Meerschweinchen und Katzen einen hohen Grad der Empfindlichkeit aufweisen. Es besteht hier eine gewisse Parallelität zur Toxicität am Ganztier: während bei Meerschweinchen die Injektion von 0,3 bis 0,5 mg pro kg Körpergewicht einen tödlichen Histaminschock auslöst, liegt die tödliche Dosis für Mäuse etwa 800—1000fach höher. Bei Menschen können schon subcutan injizierte Dosen von 2—8 mg Zeichen einer schweren Histaminvergiftung mit Blutdrucksenkung und Asthmaanfällen auslösen. Innerhalb einer Tierart gehören Uterus, Bronchien, bei Meerschweinchen auch der Darm zu den empfindlichsten Organen. Der isolierte Meerschweinchendarm gilt als bestes Testobjekt zum biologischen Nachweis und zur quantitativen Bestimmung von Histamin. Bei empfindlicher Untersuchungsanordnung können an einem solchen Darmpräparat Verdünnungen bis 10^{-9} erfaßt werden (s. Haas 1951, Rocha e Silva 1955).

Zu 2. Die Wirkung auf die *Blutgefäße* ist nicht einheitlich. Auf die *Capillaren* fast aller Tierarten und des Menschen übt Histamin einen starken dilatierenden Effekt aus. Diese Erweiterung der kleinsten Gefäße geht mit einer Steigerung der Permeabilität einher, die ihren Ausdruck in der Entwicklung eines lokalen Ödems findet. Experimentell läßt sich der Effekt durch den Austritt von intravenös injizierten kolloidalen Farbstoffen aus den Gefäßen ins Gewebe nachweisen. Die Wirkung kommt offenbar durch direkte Einwirkung auf die contractilen Elemente der Gefäße ohne Mitwirkung der Innervation zustande, denn durch Ausschaltung des Nervensystems wird der Histamineffekt nicht abgeschwächt (s. Haas, Dragstedt 1955).

Der Histamineffekt auf die Blutgefäße der menschlichen Haut wurde von Lewis (1927) eingehend untersucht. Die intracutane Injektion führt zunächst zu einer lokalen Rötung infolge Erweiterung der Capillaren, die durch direkten Kontakt mit der Substanz ausgelöst wird. Hinzu tritt als Ausdruck der Steigerung der Permeabilität ein Ödem (Quaddel) und in der Umgebung ein erythematöser Hof, der vermutlich über lokale Gefäßreflexe gesteuert wird. Diese sog. Lewissche Trias tritt in gleicher Weise nach intracutaner Injektion eines Allergens bei einem sensibilisierten Menschen in Erscheinung.

Neben den genannten Erscheinungen erzeugt Histamin bei intracutaner Injektion mit ziemlicher Regelmäßigkeit *Juckreiz*. Inwieweit Histamin in der Pathogenese des Pruritus eine Rolle spielt, ist bis heute nicht endgültig geklärt. Im einzelnen soll das Problem hier nicht erörtert werden. Es sei nur erwähnt, daß eine Reihe von Autoren dem Histamin eine Bedeutung in der Entstehung zumindest des peripher ausgelösten urticariell-entzündlichen Juckreizes zusprechen (s. Rosenthal und Minard 1939; Rajka, Korossy und Gozony 1953, 1956; Feldberg 1954; Schachter 1952; Broadbent 1953; Haas 1951). Ob Histamin aber der einzige juckreizauslösende Überträgerstoff ist und ob noch andere Mechanismen, wie z. B. ein proteolytischer Vorgang (Shelley und Arthur 1955) hier mitspielen, ist noch nicht sicher. Experimentell ließ sich auch zentral ein Pruritus auslösen (Feldberg 1954).

Auf die *Arteriolen* und *größeren Gefäße* ist die Histaminwirkung komplex. Werden isolierte Gefäßgebiete oder das Gefäßsystem isolierter Organe mit einer Histaminlösung durchströmt, so wird meist eine vasoconstrictorische Wirkung beobachtet. Dem entspricht aber nicht, daß am Ganztier die Injektion von Histamin zu einem prompt einsetzenden Abfall des Blutdruckes führt, der mit einer Volumenzunahme der meisten Organe einhergeht. Es scheint kein Zweifel zu sein, daß dabei eine Dilatation der Arteriolen mit im Spiele ist. An größeren Gefäßen zeigt sich die Wirkung in einer ausgesprochenen Konstriktion, die besonders deutlich beim Lungenkreislauf des Kaninchens zu beobachten ist.

Zu 3. Histamin regt die Sekretion aller *Drüsen* des Verdauungskanals an; dabei ist die Wirkung auf die Drüsen der Magenschleimhaut weit stärker ausgeprägt als diejenige auf Speicheldrüsen, Pankreas, Drüsen der Darmschleimhaut u. a. Die Steigerung der Magensaftsekretion wird schon durch Dosen erreicht, die noch keine nachweisbare Änderung des Bluthistamingehaltes bewirken. Nach Code

(1956) ist die Anregung der Sekretion des Magensaftes als eine physiologische Funktion des Histamins anzusehen.

An weiteren pharmakologischen Eigenschaften sei hier noch erwähnt, daß Histamin die Ausschüttung von Adrenalin aus dem Nebennierenmark bewirkt. Umgekehrt setzt auch Adrenalin Histamin frei (Dragstedt 1955). Nach Untersuchungen von Zetler (1951, 1952) sowie Stüttgen (1957) hat Histamin auch einen Einfluß auf die Blutgerinnung im Sinne einer Verkürzung der Gerinnungs- und Recalcifizierungszeit.

2. Bildung und Verteilung im Organismus

1. Die *Entstehung* des Histamins im Organismus ist noch Gegenstand eingehender Untersuchungen. Als gesichert kann gelten, daß Histamin durch Einwirkung des von Werle (1940, 1941), Holtz u. Mitarb. (1937, 1940), Blaschko (1945) u. a. im tierischen Gewebe nachgewiesenen Fermentes Histidindecarboxylase auf freies l-Histidin entsteht.

```
H—C═══C—CH2—CH—COOH ───→ HC═══C—CH2—CH2—NH2
  |    |       |             |    |
 HN    N      NH2           HN    N
   \  //                      \  //
    C                          C
    H                          H
 Histidin                   Histamin
```

Die *Histidindecarboxylase* enthält ähnlich wie andere Decarboxylasen sowie Transaminasen als Coferment das Pyridoxal-5-phosphat (Werle und Koch 1949, Snell 1954).

```
          CHO
           |            OH
       //     \        /
HO—  |         |—CH2—O—P=O
H3C— |         |        \
       \\     /          OH
          N
```

Pyridoxal-5-phosphat

Das Ferment wurde in Niere, Leber, Dünndarm, Pankreas und Magen von Kaninchen und Meerschweinchen nachgewiesen, bei Menschen bisher nur im Magen. Welche der einzelnen Zellarten dieser Gewebe für die Histaminbildung verantwortlich sind, ist noch nicht vollständig geklärt. Nach Befunden von Schayer, Davis und Smiley (1955), Schayer (1956) müssen die Mastzellen, in denen nach den Untersuchungen von Riley (1953, 1955), West (1955) u. a. der größte Teil des Gewebshistamins gespeichert ist, in der Lage sein, Histamin zu bilden. Die Ergebnisse von Schayer u. Mitarb. wurden kürzlich von Lindell, Rorsman und Westling (1959) bestätigt. Nach Zufuhr von C^{14} markiertem Histidin fanden diese Autoren in einem Mastocytom vom Hund eine beträchtliche Histaminbildung. Auch die relativ histaminreichen Thrombocyten des Kaninchens sind zur Histaminbildung befähigt (Schayer und Kobayashi 1956).

Bemerkenswert ist das erst vor wenigen Jahren festgestellte Vorkommen der Histidindecarboxylase in Teilen des Nervensystems (Werle 1955, Werle und Schauer 1956, Holtz und Westermann 1956), was als ein Hinweis für die Existenz eines histaminergischen Anteils des autonomen Nervensystems gewertet wurde; funktionell ist aber ein solches histaminergisches Nervensystem bisher nicht gesichert.

Die Histaminbildung wird, — zum mindesten gilt das für die Rattenhaut und Rattenlunge —, von der Nebennierenrinde kontrolliert. Cortison, Prednison,

Prednisolon und 9-α-Fluorhydrocortison vermindert, Adrenalektomie steigert die Histaminproduktion. Offenbar beruht dieser Effekt der Corticoide auf einer Hemmung der Enzymaktivität. Die Hypophysektomie führt bei Ratten zu einer Senkung der Histidindecarboxylase-Aktivität (SCHAYER 1957).

Erwähnt sei noch, daß die Histidindecarboxylase durch Blausäure und Carbonylreagentien gehemmt wird; wie WERLE (1957) festgestellt hat, ist auch die beim Histidinabbau entstehende Urocaninsäure ein Hemmstoff des Fermentes.

Zum eigentlichen Mechanismus der Histaminbildung nehmen HOLTZ und HEISE (1937) an, daß die Aminosäure, möglicherweise unter Mitwirkung von Sulfhydrylkörpern zunächst zur Iminosäure dehydriert und das nach fermentativer Decarboxylierung entstehende Imin anschließend wieder zum Amin hydriert wird. WERLE vertritt demgegenüber den Standpunkt, daß die Decarboxylase sich mit Histidin zu einer Schiffschen Base vereinigt, die CO_2 abspaltet; darauffolgende Hydrolyse läßt dann das Amin und wieder regeneriertes Ferment entstehen.

Ob die im Gewebe sich vollziehende Histaminbildung die einzige Quelle für das gesamte Histamin bei allen Tierarten darstellt, ist noch nicht sicher. So wurde bisher in verschiedenen Organen von Katzen und Hunden keine Histidindecarboxylase aufgefunden. GADDUM (1956) und WILSON (1954) erwägen auch eine Aufnahme von Histamin durch die Darmwand, wobei Histamin entweder mit der Nahrung zugeführt oder erst im Darm durch die bakterielle Histidindecarboxylase gebildet werden kann. Vorbehandlung von Ratten mit Antibiotica und Sulfonamiden verringerte in Untersuchungen von GADDUM (1956) die Histaminausscheidung im Urin, was von dem Autor als ein Befund, der für die Möglichkeit der Histaminbildung durch Darmbakterien spricht, angeführt wurde. Demgegenüber vertreten SCHAYER (1956) und WERLE (1957) den Standpunkt, daß exogen zugeführtes oder von Darmbakterien gebildetes Histamin für den Histaminhaushalt, wenn überhaupt so nur eine untergeordnete Rolle spielt. Für diese Annahme kann angeführt werden, daß Gewebe steril aufgezogener Ratten nach Befunden von KAHLSON (1956) ebensoviel Histamin wie die von Normaltieren enthalten.

2. Über die *Verteilung* des Histamins im Organismus wurden im Laufe der letzten drei Jahrzehnte zahlreiche Untersuchungen durchgeführt. Aus ihnen geht hervor, daß Histamin im Organismus sehr weit verbreitet ist. Mit Ausnahme von Knorpel- und Knochengewebe wurde es in fast allen Organen nachgewiesen. Der Histamingehalt der einzelnen Organe ist von Species zu Species sehr unterschiedlich und kann weiterhin auch innerhalb einer Tierart große Schwankungen zeigen. So werden z.B. für die Haut von Katzen Mengen angegeben, die zwischen 13 γ und 136 γ/g Gewebe liegen, für Meerschweinchen liegen die Werte zwischen 2 und 15 γ, für den Menschen zwischen 3 γ und 20 γ (PATON 1958). Diese großen Variationen sind nicht allein auf methodische Verschiedenheiten zurückzuführen, sondern müssen zum Teil wohl als echte Schwankungen angesehen werden.

Die folgende Tabelle 1, die nach Angaben von PATON (1958), FELDBERG (1956) und HAAS (1951) zusammengestellt wurde, gibt einen Überblick über den Histamingehalt verschiedener tierischer Gewebe.

Aus der Tabelle geht hervor, daß Haut, Lunge, Magen und Dünndarm nahezu bei allen aufgeführten Tierspecies relativ reich an Histamin sind. Beim Hund ist daneben noch die Leber ein sehr histaminreiches Organ.

In der *Haut* ist die Verteilung des Histamins offenbar keine gleichmäßige, mit wesentlichen regionalen Unterschieden muß nach den Untersuchungen von FELDBERG und MILES (1953) gerechnet werden. Diese Autoren erarbeiteten für

Tabelle 1. *Verteilung von Histamin in tierischen Geweben in γ/g Gewebe.* (Nach PATON 1958, FELDBERG 1956, HAAS 1951.)
Die Werte für das Blut wurden einer Arbeit von CODE (1952) entnommen.

	Mensch	Hund	Katze	Kaninchen	Meer-schweinchen	Ratte	Maus
Haut	3—24	4—23	13—136	0—30	2—15	0—65	6—120
Lunge	16—50	14—30	15—48	20	14—94	3—10	0—4
Leber	1—3	8—110	1—5	0—6	0—8	0—7	0—2
Magen	7—21	20—70	7—40	3—6	27	3—15	6
Dünndarm	12—16	50—120	17—50	3—6	6—20	5—15	<2
Dickdarm	—	30—50	8—16	—	—	2—4	—
Milz	2—5	1—25	2—14	13—65	11	0—2	<2
Niere	5—15	2—4	—	2	0-Spur	—	—
Quergestreifte Muskulatur	0,5—5,0	1,5—16	1—7	0—0,5	0—1,5	2—11	1—8
Periphere Nerven	3	2,5	1—3	<1	1—5	3—13	—
Sympathicus	—	1	1—2	0	—	—	—
Vagus	2	4,5	4,5	0,7	7	—	—
Blut	0,02—0,1	0—0,04	0,005—0,1	1,0—5,0	0,06—0,8	0,1—0,3	—

die Meerschweinchenhaut eine „Histaminlandkarte“ und fanden z. B. an den Acren der Tiere (Schnauze, Ohren, Pfoten) $2^1/_2$—5mal höhere Werte als an der Bauchhaut. JOHNSON (1956) konnte diese Befunde bestätigen und stellte darüber hinaus fest (1957), daß ähnliche Unterschiede auch für den Menschen bestehen. Seine Untersuchungen, die an 13 plötzlich Verstorbenen durchgeführt wurden, ergaben, daß der Histamingehalt im Bereich der Gesichts- und der Kopfhaut 3—4mal höher lag als im Brust- und Bauchbereich. Die höchsten Werte wurden an Oberlid und Oberlippe ermittelt (30 γ/g). Ähnliche Verhältnisse wurden auch für den Intestinaltrakt beim Hund nachgewiesen (FELDBERG 1956; DOUGLAS, FELDBERG, PATON und SCHACHTER 1951).

Im *Blut* sind in ganz überwiegendem Maße die Zellen Träger des Histamins (BARSOUM und GADDUM 1935; ANREP und BARSOUM 1935; CODE 1936, 1937); im Plasma verschiedener Tierarten ließen sich nur sehr geringe Mengen nachweisen (CODE 1936, EMMELIN 1945, MCINTIRE, ROTH und SPROULL 1950). Bei fast allen untersuchten Tierspecies sowie beim Menschen findet sich die Hauptmenge (70—100%) in den Leukocyten, nur bei Kaninchen sind die Thrombocyten wesentlich histaminreicher als alle anderen Blutzellen (s. CODE 1952, HUMPHREY und JACQUES 1954). Es sei erwähnt, daß die Blutplättchen auch andere biologisch aktive Stoffe enthalten wie z. B. Serotonin, für das sie eine wichtige Transportfunktion ausüben. In den letzten Jahren ist der Frage des Histamingehaltes der eosinophilen und basophilen Granulocyten (GRAHAM u. Mitarb. 1952) häufiger nachgegangen worden. Dabei hat sich gezeigt, daß beim Menschen sowohl die Eosinophilen als auch die Basophilen als Histaminträger fungieren können. Während nun der Histamingehalt der Basophilen relativ konstant ist, ist die Menge in den Eosinophilen variabel (CODE 1956). Das scheint für die neuerdings vertretene Ansicht zu sprechen, daß die Basophilen Histamin antransportieren und bereit stellen und die Eosinophilen beim Abtransport und bei der Entgiftung in Funktion treten.

Bei der Erörterung der Verteilung des Histamins im Körper verdienen die von RILEY erstmalig 1953 veröffentlichten und später von WEST (1956), GRAHAM (1953) u. a. bestätigten Befunde über die Beziehungen zwischen *Gewebsmastzellen* und Histamin besondere Beachtung. Bei Untersuchungen mit sog. Histaminfreisetzern fand sich eine enge Relation zwischen Histamin- und Mastzellengehalt der Gewebe, d. h. je größer der Mastzellreichtum, um so höher der Histamingehalt (Riley 1953—1955; Riley und West 1953, 1955; West 1956). Dieser Parallelismus wurde bisher nachgewiesen für Haut, Lunge, Leber und Leberkapsel, Pleura verschiedener Tierarten sowie für die menschliche Haut (Riley und West 1956). Als eindrucksvolles Beispiel für diese Verhältnisse konnte Riley (1956) in Mastzelltumoren eines Hundes die enorme Menge von 1290 γ/g Gewebe Histamin nachweisen. Werle (1957) fand in der Haut eines Falles von Urticaria pigmentosa 1000 γ Histamin in 1 g Haut, gegenüber einem Normalwert von etwa 14 γ/g. Es dürfte auf Grund dieser Ergebnisse außer Frage stehen, daß die Mastzellen die Hauptmenge des Histamins im Körper enthalten und im Histaminstoffwechsel eine wesentliche Rolle spielen. Graham, Lowry, Wahl und Priebat (1955) stellten fest, daß eine Mastzelle aus der Haut vom Hund etwa 7×10^{-12} g und eine Mastzelle aus der Rinderleber etwa 32×10^{-12} g Histamin enthält. Die Frage, ob auch außerhalb der Mastzellen im Gewebe gebundenes Histamin vorliegt, ist noch Gegenstand von Untersuchungen, sie muß vorläufig offenbleiben.

Betrachtet man hierzu noch einmal die Verhältnisse in der Haut, so ergaben Untersuchungen der verschiedenen Schichten, daß die mastzellreiche Cutis weit mehr Histamin enthält als die übrigen Schichten (Paton 1956, Mongar 1956). Immerhin fand sich aber auch in der mastzellfreien Epidermis noch eine gewisse Menge; ob dabei ein Diffusionseffekt bei der Präparation oder andere methodische Unvollkommenheiten mit im Spiele waren, oder die Epidermiszellen tatsächlich Histamin enthalten, scheint noch nicht sicher zu sein (s. Paton 1958).

Besonders interessant sind in diesem Zusammenhang kürzlich von Wiedmann und Niebauer (1959), Wiedmann (1960), Niebauer (1960) veröffentlichte histochemische Untersuchungsergebnisse. Dabei konnten die Autoren feststellen, daß im neurohormonalen Syncytium der Haut zwei Arten von Zellen existieren, eine, die sich färberisch wie Mastzellen verhalten und in deren metachromatischen Granula Histamin an Heparin gebunden vorliegt, und eine andere, die Catecholamin enthalten. Die üblicherweise als Mastzellen bezeichneten Zellen werden dem neurohormonalen Apparat zugerechnet. Ihnen kommt im Verlauf der Entzündung eine vasodilatatorische und permeabilitätssteigernde Funktion zu, für die in erster Linie das den Granula entstammende Histamin verantwortlich ist; während der andere Anteil eine vasoconstrictorische und permeabilitätshemmende Wirkung entfaltet.

Es sei hier kurz erwähnt, daß die von Paul Ehrlich (1877) entdeckten Mastzellen neben Histamin noch eine Reihe anderer biologisch aktiver Stoffe enthalten. So sind sie Hauptsitz des Heparins im Organismus (Jorpes, Holmgren und Wilander 1937). Weiterhin wurde bei manchen Tierarten — vor allem bei Mäusen und Ratten — 5-Oxytryptamin (Serotonin) sowie eine Reihe von Fermenten wie Phosphatase, Phosphoramidase und Bernsteinsäureoxydase nachgewiesen (Benditt u. Mitarb. 1955, Parrat und West 1956, Paton 1958). Menschliche Mastzellen scheinen kein Serotonin zu enthalten (Sjoerdsma, Waalkes und Weissbach 1957).

Innerhalb der Zellen findet sich die Hauptmenge des Histamins in den größeren Partikeln, bei den Mastzellen in den metachromatisch anfärbbaren Granula, die nach Riley (1956) als Mitochondrien anzusehen sind und durch eine Membran vom Plasma getrennt sind (Copenhaver, Nagler und Goth 1953; Mota, Beraldo, Ferry und Junqueira 1954; West 1955; Blaschko 1956; MacIntosh 1956). Voraussetzung für die Erlangung dieser Erkenntnisse war die Einführung hochtouriger Zentrifugier-Verfahren, mit deren Hilfe sich die einzelnen Zellbestandteile fraktioniert gewinnen lassen.

3. Bindung, Freisetzung und Abbau im Organismus

Über das Problem der *Bindung* von Histamin in und dessen *Freisetzung* aus der Zelle herrscht noch keine allgemein anerkannte Vorstellung. Bis vor kurzem wurde angenommen, daß Histamin an Eiweißkörper durch eine feste Peptidbindung gebunden sei und daß die Freisetzung durch einen proteolytischen Fermentprozeß bewirkt wird. Diese Annahme, zu deren Stütze die Untersuchungen von ROCHA e SILVA über die anaphylaktoide und histaminfreisetzende Wirkung von tryptischen Fermenten, insbesondere Trypsin, wesentlich beigetragen haben, wurde aber erschüttert durch die Auffindung von Stoffen (Histaminliberatoren 48/80, 1935 L) die Histamin in größerem Umfange freisetzen als irgendeins der bisher bekannten proteolytischen Fermente. Für die Möglichkeit, daß diese Histaminfreisetzer, die im einzelnen weiter unten aufgeführt sind, etwa im Sinne einer Aktivierung von proteolytischen Fermenten wirken könnten, hat sich bisher keine experimentelle Stütze ergeben. Gegen die Theorie der Peptidbindung sprechen weiterhin die Befunde von BLASCHKO (1956) und MCINTIRE (1956), die eine Histaminausschüttung unter Bedingungen erreichen konnten, unter denen eine Mitwirkung von proteolytischen Fermenten ausgeschlossen ist.

MACINTOSH und PATON (1949) machten die Beobachtung, daß nach Injektion von „Histaminfreisetzern" nicht nur Histamin sondern auch Heparin vermehrt im Blut der Tiere nachzuweisen war. Da Heparin, ein mehrfach sulfuriertes Polysaccharid, chemisch einen sauren Charakter hat und Histamin eine Base ist, lag es nahe anzunehmen, daß Histamin mit Heparin durch eine lockere Ionenbindung verknüpft ist, zumal ja beide Stoffe in den Granula der Mastzellen in relativ großen Mengen vorhanden sind. In vitro wurde eine solche Bindung auch nachgewiesen; dabei entsprach das Bindungsverhältnis größenordnungsmäßig dem Mengenverhältnis, in dem Histamin und Heparin aus Geweben extrahierbar waren (WERLE und AMANN 1956, AMANN und WERLE 1956). Durch ein Molekül Heparin können etwa 20 Moleküle Histamin salzartig gebunden werden (WERLE 1957). Die Möglichkeit, daß Histamin auch an andere im Gewebe vorkommende Stoffe, z. B. Nucleinsäuren (PATON 1956), Adenosintriphosphat, Glucose-l-phosphat gebunden ist, ist nicht auszuschließen. Auf jeden Fall scheint die Bindung eine relativ lockere zu sein, denn es genügen schon schwache Einwirkungen, um Histamin freizusetzen.

Die eine Freisetzung von Histamin bewirkenden Reize sind recht mannigfaltig. Eine Zusammenstellung der zur Histaminausschüttung führenden Noxen findet sich in Tabelle 2. Ganz allgemein läßt sich sagen, daß die meisten die histaminhaltige Zelle treffenden Schädigungen auch zu einer Ausschüttung dieses Amins führen.

Tabelle 2

Zur Freisetzung von Histamin können führen:

1. *Mechanische Reize:*
   Bürsten und Reiben der Haut (KALK 1929, VOSS 1938, NILZÉN 1947); Schütteln von Blut (s. CODE 1942).

2. *Thermische Reize:*
   a) Erhitzen, Verbrennungen der Haut (BARSOUM u. GADDUM 1935, LOOS 1931, CODE und MACDONALD 1937, ROSE und BROWNE 1942, ROSENTHAL u. Mitarb. 1957 und andere).
   b) Abkühlung, Erfrierung (LOOS 1939, PELLERAT und MURAT 1946 und andere).

3. *Strahlungsreize:*
   Ultraviolette Strahlung, Diathermie, Kurzwellen, Röntgenstrahlen (TARRAS-WAHLBERG 1937, HILDEBRANDT 1941, ELLINGER 1928—1934).

Tabelle 2 (Fortsetzung)

4. *Histaminfreisetzende Substanzen:*
a) Niedermolekulare Substanzen:
Monobasische Alkylamine (Mongar 1956) $NH_2—(CH_2)_n—CH_3$; $n = 2—12$.
Dibasische Alkylamine: $NH_2—(CH_2)_n—NH_2$; $n = 2—16$.
Propamidin, Pentamidin, Stilbamidin (MacIntosh und Paton 1949).
Substanz 48/80 (= Kondensationsprodukt von p-Methoxyphenyläthylmethylamin mit Formaldehyd (Paton 1951).

Substanz 1935 L:

HO—⟨benzene⟩—CH—CH_2—CH—NH_2
(at the first CH: a benzene ring bearing CH_3 and OH; at the second CH: CH_3)

(Feldberg und Lecomte 1955).

Quarternäre Ammoniumverbindungen $(CH_3)_3{\equiv}N—(CH_2)_n—N{\equiv}(CH_3)_3$; $n = 12$.
Curare und d-Tubocurarin (Schild und Gregory 1947, Reid 1950).
Morphin, Papaverin, Codein (Feldberg und Paton 1951).
Strychnin (Schild und Gregory 1947).
Atropin, Chinin, Dolantin (Schachter 1952).
Hydrallazin (Paton 1958).
Priscol (Schachter 1952).
Licheniformin (Halpern 1958).
Streptomycin, Dihydrostreptomycin (Amann und Radenbach 1958).
Antihistamine (Arunlakshana 1953).
Körpereigene Amine: Tryptamin, 5-Oxytryptamin (= Serotonin) (Feldberg und Smith 1953).
Hautreizstoffe verschiedener Art, Kampfstoffe (s. Haas).
b) Hochmolekulare Substanzen:
Dextran, Pepton, Polyvinylpyrrolidon (Halpern und Briot 1952/53; Halpern 1956).
Ovomucoid(Halpern 1958).
Anaphylatoxin (s. Rocha e Silva 1955).
Proteolytische Enzyme: Trypsin, Papain (s. Rocha e Silva 1955).
Toxine von Insekten und Schlangen, bakterielle Toxine (s. Feldberg 1945; Rocha e Silva 1955).
Substanz aus Ascaris lumbricoides (Diamant, Högberg, Thon und Uvnäs 1958).

5. *Die anaphylaktische Antigen-Antikörperreaktion.*

Außer Histamin vermögen die meisten der in der Tabelle aufgeführten physikalischen und chemischen Noxen sicher noch eine Reihe anderer Substanzen aus den Zellen freizusetzen, von denen wir bis auf wenige keine genaueren chemischen und pharmakologischen Kenntnisse haben.

In der experimentellen Histaminforschung haben in den letzten Jahren besonders die „Histaminfreisetzer" Propamidin, 48/80 und 1935 L verbreitete Anwendung gefunden. Wesentliche Erkenntnisse über die Physiologie des Histamins sind mit Hilfe dieser Stoffe erlangt worden. Von Paton (1958) sowie Halpern (1958) wurden die Ergebnisse kürzlich in zusammenfassenden Übersichten veröffentlicht. Die hochwirksamen Verbindungen dieser Art (48/80, 1935 L) führen schon in hohen Verdünnungen, bei empfindlichen Tieren in Dosen von 10 γ/kg Körpergewicht zur Ausschüttung von Histamin, ohne daß bei diesen Dosen Gewebsschädigungen zu beobachten sind.

Der histaminfreisetzende Effekt der in der Tabelle 2 aufgeführten Substanzen ist nicht bei allen Tierarten gleich. So bewirken z. B. Dextran und Polyvinylpyrrolidon bei Hunden und Ratten eine Histaminausschüttung, bei anderen Tierarten dagegen nicht. Auch die verschiedenen Organe einer Species reagieren unterschiedlich auf die Zufuhr von Histaminliberatoren. Bei Menschen liegen verständlicherweise nur wenige Untersuchungen vor. Daß diese Substanzen aber auch bei Menschen in gleicher Weise wirksam sind, zeigte Lecomte (1956), indem er mit einer dem 48/80 verwandten Verbindung einen der Histamin-Intoxikation ähnlichen Symptomenkomplex erzeugen konnte. Injiziert man 48/80 oder einen anderen hochwirksamen Histaminfreisetzer in die Haut, so entwickelt sich das Bild der von LEWIS beschriebenen Dreifach-Reaktion in derselben Weise wie nach intracutaner Histamininjektion. Bei Wiederholung der Injektion an der gleichen Stelle wird die Reaktion schwächer, was als Zeichen dafür anzusehen ist, daß ein Teil des Hauthistamins durch die vorangegangene Einwirkung des Freisetzers entfernt worden ist.

Die histaminfreisetzende Wirkung der in der Tabelle genannten Arzneimittel ist pharmakologisch als Nebenwirkung anzusehen. Der Effekt wurde bisher nur im Tierexperiment und mit relativ großen Mengen nachgewiesen. Mit therapeutischen Dosen wurde bei Menschen bisher keine Vermehrung des Plasmahistamins oder der Histaminausscheidung beobachtet, wenngleich manche als klinische Nebenwirkung auftretenden Symptome auf die Mitwirkung von Histamin hindeuten. AMANN und RADENBACH (1958) führen die bei einem Teil der mit Streptomycin behandelten Patienten auftretenden Symptome von Pruritus und perioraler Hautrötung auf freigewordenes Histamin zurück. Ähnliche Symptome wurden vereinzelt auch nach Injektion größerer Dosen von Morphiumalkaloiden beobachtet.

Über den Wirkungsmechanismus der Histaminfreisetzer herrscht noch keine völlige Klarheit. Als gesichert kann lediglich gelten, daß diese Substanzen eine Veränderung an den Mastzellen in dem Sinne hervorrufen, daß die basophilen Granula ausgestoßen werden. Die Mehrzahl der Autoren vertritt die Auffassung, daß die Freisetzung von Histamin mit diesen morphologischen Veränderungen einhergeht. Dafür spricht auch, daß neben Histamin auch Heparin und sofern vorhanden, 5-Oxytryptamin frei werden (s. HALPERN 1958). Die früher aufgeworfene Hypothese, wonach Histamin durch die Liberatoren von seiner Bindung verdrängt werden soll, gibt keine befriedigende Erklärung für eine Reihe von Befunden. Nach Untersuchungen von HALPERN (1958) ist der Wirkungsmechanismus der verschiedenen histaminfreisetzenden Substanzen offenbar nicht identisch. Auch die anaphylaktische Freisetzung von Histamin, auf die weiter unten eingegangen wird, vollzieht sich offenbar auf ander Weise als die durch niedermolekulare Histaminliberatoren.

Über den *Abbau* von Histamin im Organismus haben die Untersuchungen der letzten Jahre eine Reihe neuer Erkenntnisse gebracht (SCHAYER 1956,

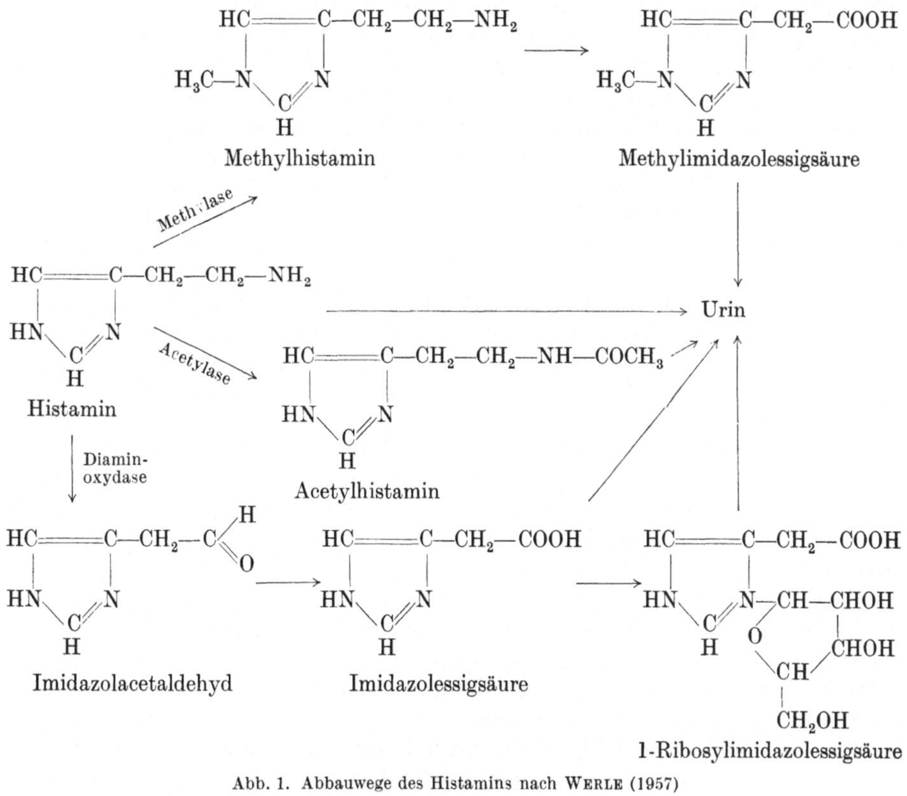

Methylhistamin → Methylimidazolessigsäure → Urin

Histamin —Methylase→ Methylhistamin

Histamin → Urin

Histamin —Acetylase→ Acetylhistamin → Urin

Histamin —Diamin-oxydase→ Imidazolacetaldehyd → Imidazolessigsäure → 1-Ribosylimidazolessigsäure → Urin

Abb. 1. Abbauwege des Histamins nach WERLE (1957)

Tabor 1956, Zeller 1956, Kahlson 1956). Es sind heute drei Wege des Abbaus bekannt:

1. Mit Hilfe der von Best und McHenry (1929) entdeckten Histaminase, die Zeller (1938) als eine Diaminoxydase identifizieren konnte, wird Histamin oxydativ desaminiert, wobei zunächst Imidazolacetaldehyd entsteht, der mit Hilfe anderer Enzyme in die in den Harn ausgeschiedene Imidazolessigsäure übergeführt wird. Vor kurzem wurde im Urin als Abbauprodukt des Histamins eine Verbindung von Imidazolessigsäure mit Ribose isoliert (s. Tabor 1956), Schayer (1956).

2. Eine weitere Entgiftungsform ist die Acetylierung des Histamins, die wahrscheinlich im Magen-Darmkanal und in der Leber stattfindet (Urbach). N-Acetylhistamin wird in größeren Mengen besonders von Fleischfressern ausgeschieden.

3. Der dritte Weg besteht in einer Methylierung des Histamins in 4-Stellung und weiterer Oxydation zu Methylimidazolessigsäure (Schayer 1956, 1958; Gaddum 1956), die als solche im Urin ausgeschieden wird.

4. Die Bedeutung von Histamin für die allergische Reaktion

Die physiologischen und pharmakologischen Eigenschaften haben das Interesse des Klinikers erst gewonnen, nachdem sich gewisse Anhaltspunkte dafür ergeben hatten, daß Histamin bei der Auslösung einer Anzahl von allergischen Phänomenen aktiv mitbeteiligt ist.

Die „Histamintheorie" der Allergie nahm ihren Ausgang von der Feststellung Dales und Laidlaws (1911, 1919), daß Histamin sowohl am isolierten Organ sowie nach intravenöser Verabreichung beim Ganztier dem anaphylaktischen Schock weitgehend gleichende Symptome auslöst. Die Ähnlichkeit zwischen Histaminquaddel und urticarieller Hautreaktion veranlaßte Lewis (1927) zu der Annahme, daß Histamin auch bei der lokalen anaphylaktischen Reaktion freigesetzt würde und für die Ausbildung der Symptome verantwortlich sei. Den ersten experimentellen Beweis für die Freisetzung von Histamin als Folge der Antigen-Antikörperreaktion erbrachten Bartosch, Feldberg und Nagel (1932) an sensibilisierten Meerschweinchenlungen sowie Gebauer-Fuelnegg und Dragstedt (1932) an Hunden. Die Befunde wurden von zahlreichen Autoren bei anderen Tierarten und anderen Organen bestätigt (Katz 1940, Urbach 1949 u. a., weitere Literatur s. bei Feldberg 1960). Ähnlich wie in Tierexperimenten gelang auch an sensibilisierten menschlichen Zellen und Geweben der Nachweis der Freisetzung von Histamin nach Zufuhr des homologen Antigens, vor allem im Blut und an der Haut (Katz und Cohen 1941, Katz 1942, Noah und Brand 1954, 1955, Rose 1941, Serafini 1948). Nilzén (1947) wies bei der Urticaria eine Vermehrung von Histamin im Blut nach, die mit dem Auftreten der Schübe konform ging und auf eine Freisetzung des Stoffes aus der Haut bezogen werden mußte. Eine solche Histaminmobilisierung tritt aber nicht nur bei allergischen Hautkrankheiten auf, sondern auch bei anderen entzündlichen Dermatosen; Stüttgen (1953) u. a. fanden bei nicht allergisch bedingten entzündlichen Dermatosen eine vermehrte Histaminausscheidung im Harn, Gaté, Pellerat, Badel und Murat (1944), ElSaved (1951) auch eine Vermehrung des Histamingehaltes im Blut, bzw. Serum.

Diese Befunde — 1. Ähnlichkeit der Erscheinungen der Histaminvergiftung mit denen des anaphylaktischen Schockes, 2. Freisetzung von Histamin nach Zugabe des spezifischen Antigens zu sensibilisierten Organen — sowie die Möglichkeit, mit histaminantagonistisch wirkenden Stoffen auch den anaphylaktischen

Schock zu verhindern, waren für viele Autoren Veranlassung, im Histamin das alleinige anaphylaktische „Gift" zu sehen und das anaphylaktische Geschehen allein auf einen Histaminmechanismus zurückzuführen. Es stellte sich aber bald heraus und es darf heute als ausreichend gesicherte Tatsache gelten, daß diese Annahme genau so unrichtig ist wie die völlige Ablehnung jeglicher Beteiligung des Histamins. Die Gegner der Histamintheorie stützen sich dabei auf einige bei der anaphylaktischen Reaktion auftretende Erscheinungen, die nicht als histaminbedingt angesehen werden können (WELLS 1921), z. B. Herabsetzung der Gerinnungsfähigkeit des Blutes, Kontraktion des sensibilisierten Rattenuterus auf Zugabe des Antigens, dagegen Erschlaffung auf Histamin (KELLAWAY und TRETHEWIE 1940), Unterschiede in der Tätigkeit des isolierten Herzens (s. HAAS). Nach den Forschungen der letzten Jahre scheint die Wahrheit in der Mitte zwischen den beiden Extremen zu liegen: Histamin ist für die Ausbildung anaphylaktischer und allergischer Manifestationen nicht allein verantwortlich, es ist aber in von Tierart zu Tierart unterschiedlichem Ausmaß daran beteiligt. Die in den letzten Jahren von INDERBITZIN (1955, 1956), INDERBITZIN und CRAPS (1957), BROCKLEHURST, HUMPHREY und PERRY (1955), ALBERTY und TAKKUNEN (1957) am Modell der aktiven und passiven anaphylaktischen Hautreaktion verschiedener Species sowie von BROCKLEHURST (1953), SCHILD (1956), HAWKINS und ROSA (1956) bei der anaphylaktischen Kontraktur isolierter Organe (Uterus, Darm) erhobenen Befunde sind als Stütze für diese Annahme anzusehen (s. auch FELDBERG 1960).

Es ist in den letzten Jahren noch eine Reihe anderer Stoffe ermittelt worden, die an der Ausbildung der allergischen Erscheinungen in wechselndem Grade teilhaben, so z. B. 5-Hydroxytryptamin (= Serotonin) (HUMPHREY und JAQUES 1955, WEISSBACH, WAALKES und UDENFRIEND 1957, WAALKES u. Mitarb. 1957 u. a.), Heparin (OJERS 1941, HOLMES und DRAGSTEDT 1941 u. a.), Polypeptide vom Typ des Bradykinins bzw. der Plasmakinine (BERALDO 1950, LEWIS 1958, ELLIOTT, LEWIS und HORTON 1960, BOISSONNAS, GUTTMANN, JAQUENOUD, KONZETT und STÜRMER 1960; s. dazu auch FELDBERG 1960), sog. "slow reacting"-Substanz SRS-A (KELLAWAY und TRETHEWIE 1940, BROCKLEHURST 1953, 1956, 1958, SCHILD 1956 u. a.).

Die Bedeutung dieser Substanzen für die Pathogenese der allergischen Phänomene ist im einzelnen noch nicht völlig aufgeklärt. Es bestehen zwischen den verschiedenen allergischen Reaktionsformen der einzelnen Tierarten wesentliche Unterschiede, so daß die an einer Species mit einer bestimmten Versuchsanordnung gewonnenen Ergebnisse nicht verallgemeinert werden können.

Das *Serotonin* (5-Oxytryptamin) scheint nach den bisherigen Untersuchungen in erster Linie bei anaphylaktischen Reaktionen an der Rattenhaut, dem Mäuseuterus und eventuell auch bei Kaninchen eine Rolle zu spielen, dagegen nicht bei den an Lunge und Haut von Menschen und Meerschweinchen ablaufenden Früh- und Spätreaktionen (HERXHEIMER 1953, BROCKLEHURST 1958, K. H. SCHULZ und VOGEL 1959).

Heparin ist für die Ungerinnbarkeit des Blutes beim anaphylaktischen Schock des Hundes verantwortlich und wird aus den Mastzellen der Leber freigesetzt (JAQUES und WATERS 1941). Bei Kaninchen und Meerschweinchen kommt es nicht zur Gerinnungshemmung des Blutes während der anaphylaktischen Reaktion; aber auch bei diesen Tieren wurde ein metachromatischer Stoff im Blut gefunden, der aber keinen Einfluß auf die Blutgerinnung hat. Es ist daher anzunehmen, daß der metachromatische Stoff in den Mastzellen verschiedener Tierspecies nicht immer Heparin ist (FELDBERG 1960).

Beim *Bradykinin* und den *Plasmakininen* handelt es sich um Polypeptide, die durch enzymatische Spaltung von Globulinen entstehen (LEWIS 1958). Vor kurzem ist es gelungen, die chemische Struktur von Bradykinin aufzuklären und es synthetisch darzustellen (ELLIOTT, LEWIS und HORTON 1960, BOISONNAS, GUTTMANN, JAQUENOUD, KONZETT und STÜRMER 1960). Das Polypeptidmolekül setzt sich aus 9 Aminosäuren zusammen; der Prolinrest kommt in dem Molekül 3mal vor, die Arginin- und Phenylalaninreste 2mal. Das Molekulargewicht beträgt 1131. Die Strukturformel ist folgende: H-Arginin-Prolin-Prolin-Glycin-Phenylalanin-Serin-Prolin-Phenylalanin-Arginin-OH.

Bradykinin zeichnet sich durch eine beträchtliche Wirksamkeit aus. Die Wirkung ist gekennzeichnet durch Kontraktion der glatten Muskulatur, Dilatation und Permeabilitätssteigerung der Gefäße, Leukocytenemigration, und bei cutaner Applikation führt es zu deutlicher Schmerzempfindung. Ähnliche Wirksamkeit auf die Capillaren haben noch einige weitere Polypeptide, wie sie z. B. nach Einwirkung von proteolytischen Fermenten auf Fibrin erhalten wurden. Sichere Beweise für Bildung und Freisetzung dieser hochwirksamen Eiweißabbauprodukte bei der Antigen-Antikörperreaktion fehlen aber noch. Das pharmakologische Wirkungsbild, die Leichtigkeit, mit der sie im Organismus entstehen können, und die Tatsache, daß bei der allergischen Reaktionskette proteolytische Vorgänge ablaufen, deuten aber darauf hin, daß diesen Stoffen für gewisse allergische und anaphylaktische Erscheinungen eine Rolle zukommen könnte.

Die *„slow reacting"-Substanz — SRS-A —* stellt nach Brocklehurst (1958) offenbar ein Lipopolysaccharid dar und ist pharmakologisch durch eine kontrahierende Wirkung auf glattmuskelige Organe gekennzeichnet. Nach den Untersuchungsergebnissen von Brocklehurst (1953, 1956, 1958), Schild (1956) ist SRS-A bei der allergischen Kontraktion der Bronchialmuskulatur in hervorragendem Maße beteiligt. Wie die der anderen genannten Substanzen ist die Wirkung von SRS-A durch Antihistamine nicht zu beeinflussen. Damit wird auch verständlich, warum die Antihistamine in der Therapie mancher allergischer Krankheiten, vor allem des Asthma bronchiale keine ausreichende Wirkung entfalten.

Wenn demnach Histamin für die Ausbildung allergischer Erscheinungen vom Sofortreaktionstyp nur zum Teil verantwortlich ist, so tritt seine Bedeutung für die allergischen Spätreaktionen, zu denen die Tuberkulin- und die ekzematische Reaktion gehören, noch mehr zurück. Im Gegensatz zu den Sofortreaktionen bestimmen hier die zelligen Infiltrationen des befallenen Gewebes das Bild, die durch eine Histaminwirkung allein nicht zu erklären sind. Immerhin konnte aber Inderbitzin (1955, 1956) bei der experimentellen Tuberkulinreaktion sowie beim experimentellen Kontaktekzem von Meerschweinchen eine Vermehrung des Histamingehaltes in der Haut nachweisen. Er schloß daraus, daß Histamin auch bei den allergischen Prozessen vom Spätreaktionstyp beteiligt ist. Die Ergebnisse wurden von Fisher und Cooke (1958) im wesentlichen bestätigt; die Autoren fanden bei allergischer Kontaktdermatitis deutlich höhere Histaminwerte in der erkrankten Haut als bei toxischer Dermatitis. Die Histaminvermehrung führen sie auf eine enzymatische Aktivierung des Histaminstoffwechsels zurück.

Wie hat man sich nun den eigentlichen *Mechanismus der Freisetzung* dieser biologisch aktiven Stoffe und insbesondere des Histamins vorzustellen? Die Diskussion über diese Frage, die mit dem Problem der allergischen Reaktionsmechanismen eng verknüpft ist, ist bis heute nicht zum Abschluß gekommen und von einer endgültigen Klärung dieser Vorgänge sind wir heute noch weit entfernt. Es stehen sich mehrere Anschauungen gegenüber; für jede sind experimentell Hinweise erbracht worden. Auf dieses interessante und wichtige Gebiet kann hier aber nur kurz eingegangen werden; ausführliche Darstellungen finden sich bei Inderbitzin (1956), Paton (1958), Schild (1958), Rocha e Silva (1959) und vor allem bei Feldberg (1960).

Im Vordergrund des Interesses steht heute die Frage, ob durch die Antigen-Antikörper-Reaktion ein enzymatischer Prozeß in Gang gesetzt wird, der sekundär zur Freisetzung von Histamin und anderen Stoffe führt, oder ob diese Freisetzung ohne eine Beteiligung von Enzymen, vielleicht über einen physikalischen Mechanismus erfolgt. Die schon vor 45 Jahren von Jobling und Petersen (1914) sowie Bronfenbrenner (1915) erhobenen Befunde, daß bei der anaphylaktischen Reaktion eine Aktivierung von proteolytischen Fermenten eintritt, sind durch die Untersuchungen von Ungar u. Mitarb. (1953, 1956) sowie Rocha e Silva bestätigt worden. Ungar (1956) fand in seinen Versuchen, daß zwischen Proteolyse und Histaminfreisetzung eine enge Beziehung besteht; dabei konnte er aber nicht sicher entscheiden, ob die Histaminfreisetzung Folge des fermentativen Eiweißabbaus ist oder ob die beiden Vorgänge unabhängig voneinander ablaufen. Das von ihm entworfene, hypothetische Bild vom anaphylaktischen Reaktionsablauf geht davon aus, daß die Antigen-Antikörper-Reaktion eine Kinase wirksam werden läßt, die ihrerseits aus einer Vorstufe Proteasen aktiviert; die Einwirkung dieser Proteasen auf Eiweißkörper läßt Histamin, Peptide und Polypeptide frei werden. Die Beteiligung eines Fermentsystems machen auch die von MONGAR und SCHILD (1957, a, b) durchgeführten Experimente über den Einfluß von Temperatur, p_H, Fermenthemmern und Calcium auf die anaphylaktische Histaminfreisetzung wahrscheinlich. Die Autoren stellen folgendes Schema der anaphylaktischen Reaktion zur Diskussion:

$$+\ \begin{matrix}\text{Antigen}\\ \text{Antikörper}\end{matrix} + \begin{matrix}\text{Inaktives}\\ \text{Ferment}\end{matrix} \xrightarrow{Ca^{++}} \begin{matrix}\text{Aktiviertes}\\ \text{Ferment}\end{matrix} + \begin{matrix}\text{Gebundenes}\\ \text{Histamin}\end{matrix} \rightarrow \begin{matrix}\text{Freies Histamin}\\ \text{(evtl. andere Überträgerstoffe)}\end{matrix}$$

Die Hypothese der Enzymaktivierung ist nicht unwidersprochen geblieben. So fand McINTIRE (1956) bei seinen Versuchen, die vorwiegend an Kaninchen durchgeführt wurden, keine Beziehung zwischen Anaphylaxie und proteolytischer Aktivität. Es gelang ihm auch nicht, mit den eiweißspaltenden Fermenten Fibrinolysin und Streptokinase eine Histaminfreisetzung zu bewirken. Auch die Befunde von MACINTOSH (1956), HAGEN (1954) und GARCIA-AROCHA (1954) sprechen dafür, daß Histamin ohne Beteiligung eines Fermentsystems mobilisiert werden kann. Der Vorgang der Histaminfreisetzung wird von McINTIRE (1957) mit einer Störung der Membranpermeabilität in Beziehung gebracht. Auch PATON (1958) zieht diese Möglichkeit in Erwägung.

Es ergibt sich nun weiter die Frage, ob denn überhaupt die Histaminfreisetzung unabhängig von der Art der auslösenden Reize in jedem Fall in der gleichen Weise verläuft oder ob verschiedene Mechanismen angenommen werden müssen. Die Befunde von MONGAR und SCHILD (1957, a, b) sprechen für die zweite Möglichkeit. Die Autoren fanden wesentliche Unterschiede zwischen der Freisetzung durch eine anaphylaktische Reaktion einerseits und durch sog. Histaminfreisetzer (48/80, Octylamin) andererseits. Während die anaphylaktische Freisetzung von Histamin durch Jodacetat, antipyretische Stoffe, Cyanid und Sauerstoffmangel gehemmt wurde, wurde die Wirkung von 48/80 und Octylamin verstärkt. Das Freiwerden von Histamin durch die Antigen-Antikörper-Reaktion scheint daher ein energieverbrauchender Prozeß zu sein, der leicht gestört werden kann. Im Gegensatz dazu wird die Wirkung der verwendeten Histaminliberatoren durch eine Störung des Zellstoffwechsels gefördert. Für die Verschiedenheit der beiden Vorgänge spricht auch, daß aus isolierten Mitochondrien Histamin nur durch chemische Liberatoren freigesetzt werden kann, dagegen nicht durch das homologe Antigen. Die anaphylaktische Histaminfreisetzung erfordert die Intaktheit der Zelle (HAGEN, 1954, MONGAR und SCHILD 1954, MACINTOSH 1956). Über den Mechanismus der Freisetzung der anderen infolge von Antigen-Antikörper-Reaktion auftretenden Wirkstoffe liegen kaum Befunde vor.

Die Histaminopexie: Von Bedeutung für die Beziehungen zwischen Histamin und Allergie ist das erstmalig von PARROT, URQUIA und LABORDE (1951, 1952) beobachtete Phänomen der sog. *Histaminopexie.* Dieses Phänomen beruht darauf, daß menschliches und tierisches Serum die Fähigkeit besitzt, in vitro zugefügtes Histamin so zu binden, daß es pharmakologisch unwirksam wird. PARROT u. Mitarb. konnten weiter nachweisen, daß diese Bindung an Proteine der γ-Globulinfraktion erfolgt. Da Zugabe von Zinksulfat die Bindungskapazität erhöht, nehmen SUND und KERP (1958) an, daß die Verknüpfung über eine Metallbrücke in ähnlicher Weise wie die zwischen Coenzym und Enzym erfolgt.

Klinisch besonders interessant ist nun der von PARROT u. Mitarb. erhobene später von SIDI, REINBERG, HINCKY und BOURGEOIS-SPINASSE (1958), KERP und SUND (1958), TAPPEINER, TIRSCHEK und WODNIANSKY u. a. bestätigte Befund, daß das Histaminbindungsvermögen dem Serum von Allergikern fehlt oder darin nur schwach ausgeprägt vorhanden ist. Nach PARROT (1958) soll diese Anomalie in manchen Fällen vererbbar sein. Bei Abwesenheit dieser Histaminopexie ist der Organismus viel empfindlicher gegenüber Histamin. Das histaminbindende γ-Globulin scheint in der Lage zu sein, noch andere biologisch aktive Substanzen zu binden, und es wird die Möglichkeit erwogen, daß die allergischen Manifestationen durch diese normalerweise an das Globulin gebundene Stoffe hervorgerufen werden (PARROT 1958).

Wenngleich im Laufe der letzten Jahrzehnte zahlreiche Kenntnisse über Pharmakologie, Bildung, Verteilung, Abbau, Bindung und Freisetzung des Histamins im Gewebe gewonnen worden sind, so ist bis heute die eigentliche *physiologische* Bedeutung dieses im Körper so weit verteilten, hoch wirksamen Amins noch weitgehend ein Rätsel. Es ist möglich, daß Histamin unter normalen Bedingungen bei der Regulierung des Kreislaufs, bei der Magensaftsekretion, vielleicht auch bei der Übertragung von Nervenimpulsen (s. v. EULER 1956) eine Rolle spielt. Vielleicht liegt die Bedeutung dieses Stoffes nicht so sehr in der normalen Physiologie, sondern mehr auf dem Gebiet der funktionellen Pathologie im Sinne einer Gefäßregulation auf täglich sich vollziehende kleinere Reize der Gewebe.

II. Möglichkeiten der Beeinflussung von Histamineffekten

Die oben ausführlicher beschriebene „Histamintheorie“ der Anaphylaxie und Allergie hat schon verschiedentlich Anlaß zu Versuchen gegeben, die Histaminkomponente bei allergischen Krankheiten auszuschalten. Im Laufe der Jahre sind verschiedene Wege in dieser Hinsicht beschritten worden, und es hat kaum ein Arzneimittel gegeben, das nicht hinsichtlich seiner antianaphylaktischen Wirkung und seiner Eignung als Histaminantagonist geprüft worden ist. HILL und MARTIN zählen schon 1932 165 verschiedene Substanzen und Methoden auf, mit denen im Experiment ein antianaphylaktischer Effekt erzielt worden ist.

1. Von den älteren Stoffen sollen hier nur das *Adrenalin* und seine Derivate erwähnt werden, das schon in hohen Verdünnungen den Histamineffekt an Gefäßen und Capillaren sowie an der glatten Muskulatur antagonistisch beeinflußt. Noch heute gehört Adrenalin zu den wirksamsten Mitteln in der Behandlung des allergischen Schocks. Die Wirkung beruht dabei nicht auf einer Neutralisierung oder Verdrängung des Histamins, sondern auf einem pharmakologischen Antagonismus. Es sei nochmals kurz erwähnt, daß Histamin eine Ausschüttung von Adrenalin aus dem Nebennierenmark bewirkt. Adrenalin kann somit als ein natürlicher Gegenspieler des Histamins angesehen werden.

2. Im Jahre 1937 teilten EDLBACHER, JUCKER und BAUR mit, daß die Aminosäuren Arginin, Histidin und Cystein die Histaminkontraktur des isolierten Meerschweinchendarms aufzuheben vermögen. ACKERMANN und WASMUTH (1939) sahen analoge Wirkungen mit den Iminokörpern Spermin, Spermidin und Arcain. Die Befunde wurden von HALPERN (1945) bestätigt. Obwohl zunächst eine spezifisch gegen Histamin gerichtete Wirkung angenommen wurde, ergaben spätere Untersuchungen von JADASSOHN u. Mitarb. (1943), CREDNER und SCHUMRICK (1943) sowie HALPERN (1945), daß diese Stoffe in gleicher Weise die durch Pilocarpin, Acetylcholin und Bariumchlorid hervorgerufene Darmkontraktur

zu lösen vermögen. In vivo fand HALPERN keine Antihistaminwirkung. Für die Therapie haben die Stoffe keine Bedeutung erlangt.

3. Von der Überlegung ausgehend, daß es möglich ist, den Organismus an bestimmte Medikamente, z. B. Morphin, zu gewöhnen, hat man auch versucht, durch häufig wiederholte Injektionen eine Histamingewöhnung, d. h. eine Abschwächung der Empfindlichkeit des Organismus zu erzielen. Bis zu einem geringen Grade ist dieses im Tierexperiment auch gelungen (FARMER 1939, ST. KARADY und BENTSAH 1935, ESSEX und HORTON 1941, E. S. KARADY 1941, FEINBERG 1950, FABINYI und SZEBEHELYI 1949), jedoch war die Toleranzsteigerung viel zu gering, um die Wirkung des bei pathologischen Prozessen im Körper freiwerdenden Histamins abschwächen zu können (s. BUCHER und DOERR 1949). Trotz einiger klinischer Erfolgsberichte (FARMER und KAUFMANN 1942, KRUEGER 1948, PRINCE und ETTER 1948) hat die Methode verständlicherweise keine Verbreitung gefunden (s. BUCHER 1950).

4. Weitere Versuche bestanden darin, Histamin auf immunbiologischem Wege unwirksam zu machen. Die grundlegenden Untersuchungen von LANDSTEINER über die immunologische Spezifität hatten gezeigt, daß es möglich ist, durch Injektion einer an einen hochmolekularen Träger (Eiweißkörper) gebundenen niedermolekularen Verbindung (Hapten) eine spezifisch gegen das Hapten gerichtete Antikörperbildung in Gang zu setzen. Durch Behandlung des Organismus mit an Eiweiß gebundenem Histamin in Form eines Histaminazoproteins hoffte man, die Bildung derartiger histaminneutralisierender Antikörper zu erzielen, die sich mit im Körper freiwerdendem Histamin absättigen sollten (FELL, RODNEY und MARSHALL 1943, SHELDON, FELL, JOHNSTON und HOWES 1941, RODNEY und FELL 1943, FELL 1950). Mit Hilfe einer solchen Desensibilisierungsbehandlung konnte bei Meerschweinchen auch ein gewisser Schutz gegen den anaphylaktischen Schock erreicht werden; gegen intravenös injiziertes Histamin erwies sie sich jedoch als unwirksam (COFFIN und KABAT 1946, FELL 1950). In der Therapie allergischer Krankheiten des Menschen sind solche Histamin-Protein-Komplexe eine Zeitlang versucht worden; die Behandlungsresultate waren aber unbefriedigend, so daß sie heute kaum noch verwendet werden (COHEN und FRIEDMAN 1943, 1947, HEBALD, COOKE u. DOWNING 1947, DUNDY, ZOHN und CHOBOT 1947, COOKE 1950). Es kommt noch hinzu, daß Histamin-Azoprotein selber sensibilisierend wirken kann und deren Anwendung somit nicht risikolos ist (COOKE 1950).

5. Die Entdeckung des fermentativen Abbaus von Histamin im Organismus hat zu Versuchen Veranlassung gegeben, mit angereicherten *Histaminase*präparaten (Torantil) Histamin unschädlich zu machen. Mit wenigen Ausnahmen erbrachten die diesbezüglich unternommenen tierexperimentellen Untersuchungen keinen Hinweis für eine ausreichende histaminantagonistische und antianaphylaktische Wirksamkeit derartiger Fermentpräparate (s. HAAS 1951). In der Therapie allergischer Krankheiten haben sie keinen Fortschritt gebracht (s. HAAS 1951). Die Unwirksamkeit wird vorwiegend darauf zurückgeführt, daß bei oraler Gabe nach den Untersuchungen von ZELLER und SCHÄR (1938) eine schnelle Zerstörung der Histaminase durch Pepsinsalzsäure und Trypsin stattfindet und bei parenteraler Zufuhr das Ferment nicht in ausreichenden Mengen an den Ort der Histaminfreisetzung gelangt (JADASSOHN, FIERZ und VOLLENWEIDER 1943). Es darf in diesem Zusammenhang aber nicht unerwähnt bleiben, daß SCHREUS (1959) vor kurzem über zwei Patienten mit ausgedehnten Verbrennungen berichtet hat, bei denen die zusätzliche subcutane und intravenöse Anwendung von 6—8 Ampullen Torantil (Hoechst) den schweren Verlauf sehr günstig beeinflußt hat.

6. Der theoretischen Möglichkeit, Bildung und Freisetzung von Histamin antagonistisch zu beeinflussen, hat man sich erst in neuerer Zeit zugewandt.

Einigen Stoffen mit Vitamin P-Wirkung wird von manchen Autoren die Fähigkeit zugeschrieben, eine histaminantagonistische Wirkung durch Hemmung der Histidindecarboxylase zu entfalten (Moss, Beller und Martin 1950, Raiman, Later und Necheless 1947). Dem stehen aber die Befunde von Hüllstrung und Hach (1941), Arbesman u. Mitarb. (1950), Levitan (1949) sowie Malkiel und Werle (1951) gegenüber, die keinen Einfluß von Rutin auf die anaphylaktische Reaktion und den Histaminschock beim Tier feststellen konnten. Da Histamin in großen Mengen bereits präformiert in gebundener Form im Gewebe vorliegt, erscheint es wenig sinnvoll, durch Hemmung der Histidincarboxylase einen therapeutisch wirksamen Effekt erreichen zu wollen.

Vor kurzem wurden Stoffe bekannt, mit denen in vitro das Freiwerden von Histamin aus der Zelle verhindert werden kann. Ölsäure (Spain und Strauss 1951), quarternäre Pyridiniminester und Derivate des Octadecylamin (McIntire, Richards und Roth 1957, McIntire 1957). Geringfügige Abwandlungen am Molekül wandeln die Hemmwirkung in eine histaminfreisetzende Wirkung um. Nach Untersuchungen von McIntire (1957) ließ sich auch der anaphylaktische Schock bei Meerschweinchen antagonistisch beeinflussen. Praktisch-klinische Bedeutung haben solche die Histaminfreisetzung inhibierenden Stoffe noch nicht erlangt.

Von Interesse sind in diesem Zusammenhang noch ACTH und die Derivate des Cortisons sowie die Salicylate und Antipyrinderivate, die in der Lage sind, allergische und entzündliche Reaktionen zu bremsen. Auf sie soll hier nicht näher eingegangen werden, da deren Besprechung an anderer Stelle dieses Bandes erfolgt (s. Kapitel Schreiner).

7. Die bisher wirksamste Möglichkeit, pharmakologische Histaminwirkungen antagonistisch zu beeinflussen, ist erschlossen worden durch die Auffindung einer Gruppe synthetischer Verbindungen, die als *Antihistaminica* bezeichnet werden.

III. Definition der Antihistaminica

Als Antihistaminica werden eine Reihe synthetisch hergestellter, chemisch ziemlich verschiedener Arzneimittel bezeichnet, deren am stärksten ausgeprägte Eigenschaft in einer Aufhebung bestimmter pharmakologischer Wirkungen des Histamins besteht. Dabei wird die Hemmwirkung nicht durch pharmakologische Effekte hervorgerufen, die denjenigen des Histamins entgegengesetzt sind, wie dies z. B. beim Adrenalin der Fall ist.

Diese Definition ist in einer Beziehung zu weit gefaßt, in anderer Hinsicht dagegen zu eng. Zu weit gefaßt deswegen, weil die Antihistaminica nicht in der Lage sind, alle Histamineffekte zu hemmen (z. B. keine Wirkung auf die histaminbedingte Steigerung der Magensaftsekretion), und zu eng umrissen, weil diese Stoffe pharmakologische Eigenschaften besitzen, die nichts mit der histaminantagonistischen Wirkung zu tun haben (z. B. spasmolytische, anticholinergische, zentrale Wirkung, Hemmung der Serotoninwirkung am Rattenuterus (Doepfner und Cerletti 1957). Weiterhin zeigen sie bei bestimmten pathologischen Prozessen eine Wirkung, bei denen Histamin keine oder nur eine untergeordnete Rolle spielt. Aus Mangel an einer gemeinsamen chemischen Basis ist eine Begriffsbestimmung von der chemischen Seite her kaum möglich.

Bovet und Bovet-Nitti (1948) verstehen unter idealen Antihistaminica Stoffe, „die für sich selbst keine spezifische Wirkung auf den gesunden Organismus aufweisen, sondern nur durch die präventiven und kurativen Effekte charakterisiert sind, die sie gegenüber der Histaminvergiftung zeigen". Wie die umfangreichen Erfahrungen, die mit diesem Arzneimitteln gesammelt worden sind, ergeben haben, ist diese Forderung weder in pharmakologischer noch in therapeutischer Hinsicht kaum je erfüllt worden (SOEHRING und FRAHM 1959).

Bevor die chemischen, pharmakologischen und therapeutischen Eigenschaften der Antihistaminica näher besprochen werden sollen, möchte ich darauf hinweisen, daß zu dem Thema mehrere umfassende Monographien und Übersichtsarbeiten vorliegen, in denen zahlreiche Einzelheiten niedergelegt sind und auf die hier ausdrücklich hingewiesen sei (s. HAAS 1951, 1952, 1953, MEIER und BUCHER 1949, BOVET und BOVET-NITTI 1948, BOVET 1950, FEINBERG, MALKIEL und FEINBERG 1950, BROWN und KRABEK 1950, BRETT 1950, HUTTRER 1948, FISCHER 1952, NOELPP-ESCHENHAGEN und NOELPP 1952, IDSON 1950, LEONARD und HUTTRER 1950, KOELZER 1950, WISHNEFSKY 1950, SOEHRING und FRAHM 1959).

IV. Entwicklung und Chemie der Antihistaminica

Die Entwicklung der Antihistaminica nahm ihren Ausgang in Frankreich, wo im Institut Pasteur in Paris unter der Leitung von FOURNEAU eine Reihe von Aminen von Phenoläthern synthetisiert und hinsichtlich ihrer Wirkung auf das autonome Nervensystem untersucht wurden. Im Jahre 1937 gelang BOVET und STAUB der Nachweis, daß das als 929 F (F = Fourneau) bezeichnete Thymoxyäthyldiäthylamin in der Lage ist, Meerschweinchen vor mehreren tödlichen Histamindosen sowie vor dem anaphylaktischen Schock zu schützen, sowie den durch Histamin hervorgerufenen Spasmus der glatten Muskulatur zu lösen. Wenig später fanden die gleichen Autoren, daß das Diäthylaminoäthyl-N-äthyl-anilin (1571 F) eine stärkere histaminantagonistische Wirksamkeit besaß (1939). Diese Ergebnisse wurden in den folgenden Jahren von mehreren Seiten bestätigt und erweitert (ROSENTHAL und MINARD 1939, ROSENTHAL und BROWN 1940, LOEW und CHICKERING 1941, BOURQUE und LOEW 1943, HALPERN 1942 u. a.).

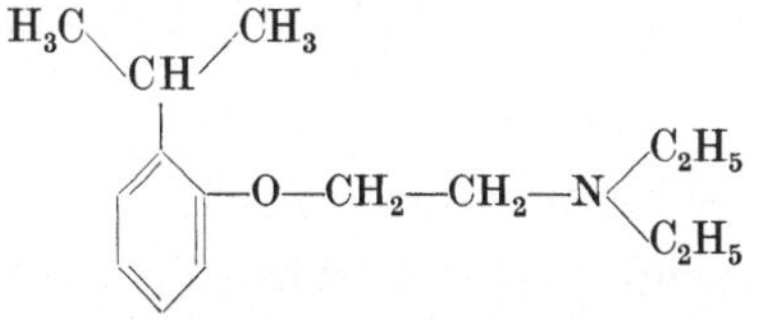

Thymoxyäthyldiäthylamin 929 F

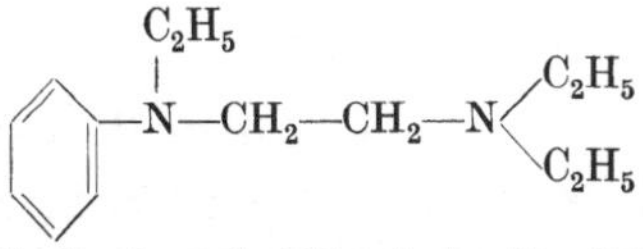

Diäthylaminoäthyl-N-äthylanilin 1571 F

Systematische Untersuchungen über die Beziehungen zwischen chemischer Struktur und pharmakologischer Wirksamkeit (HALPERN 1942, STAUB 1939, VIAUD 1947) mit einer großen Zahl synthetischer Verbindungen haben dann ergeben, daß ein Antihistamineffekt nur nachweisbar ist, wenn die im Molekül vorhandenen Stickstoffatome tertiär sind. Der Ersatz der Diäthylaminogruppe durch eine Dimethylaminogruppe im 1571 F führte zu einer 2—$2^1/_2$fachen Steigerung der Wirksamkeit. Von wesentlicher Bedeutung ist auch die Substitution an der aromatischen Aminogruppe. So wurde eine Steigerung der Wirkung erreicht durch Einführung einer Benzylgruppe an Stelle des Äthylrestes. Eine solche von MOSNIER synthetisierte, von HALPERN 1942 pharmakologisch ausgewertete Verbindung erwies sich als ein hochwirksames Präparat und übertraf bei Meerschweinchen die Wirkung von 1571 F um das 10fache. Unter der Bezeichnung Antergan wurde das N-benzyl-N-phenyl-N'-dimethyläthylendiamin als erstes Antihistaminicum in die Therapie eingeführt.

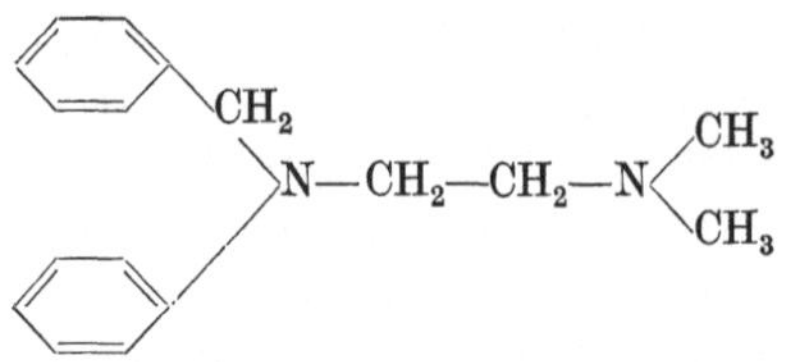

$$(C_6H_5CH_2)(C_6H_5)N{-}CH_2{-}CH_2{-}N(CH_3)_2$$

„Antergan“ = (Pyramin) N-benzyl-N-phenyl-N′-dimethyl-äthylendiamin)
Weitere Bezeichnungen: „Bridal“, „Lergitin“.

Auf der Suche nach noch wirksameren und weniger toxischen Verbindungen wurden nun auch an vielen Stellen außerhalb Frankreichs neue Synthesen in Angriff genommen. Nach BOVET (1950) dürften in etwa 10 Jahren in den Industrielaboratorien mehr als 10000 Verbindungen synthetisiert und auf ihre Antihistamineigenschaften geprüft worden sein. Nur wenige davon haben Eingang in die Therapie gefunden.

Nach chemischen Gesichtspunkten lassen sich die meisten der heute zur Verfügung stehenden Antihistaminica unterteilen:

a) in solche mit der Grundstruktur des Äthylendiamins $>N{-}CH_2{-}CH_2{-}N<$

b) weiter in solche, die die Struktur $-O{-}CH_2{-}CH_2{-}N<$ (Monoäthanolamin = Colamin) besitzen

c) schließlich in diejenigen, die sich vom Propylamin $-CH_2{-}CH_2{-}CH_2{-}N<$ ableiten lassen.

Die endständige Substitution mit aromatischen oder heterocyclischen Ringen sowie der Einbau einer der Grundstrukturen in ein cyclisches System führte zu zahlreichen Modifikationen.

Die bekanntesten Präparate sollen im folgenden aufgeführt und kurz besprochen werden. Es ist noch zu erwähnen, daß in den letzten Jahren für viele Verbindungen chemische Trivialnamen eingeführt worden sind, die so weit wie möglich — in Klammern unter den chemischen Formeln — mit erwähnt werden. Ob die Einführung dieser Bezeichnungen einen Weg zur besseren Orientierung darstellt, sei dahingestellt.

1. Antihistaminica der Äthylendiaminreihe

Der Ersatz des am Stickstoff gebundenen Benzolringes durch Pyridin sowie die Einführung einer Methoxygruppe (— OCH_3) am Benzylrest in para-Stellung führte vom Antergan (Pyramin), das ebenfalls in die Gruppe der Äthylendiaminderivate gehört, zum Neoantergan (Mepyramin), dessen Eigenschaften von BOVET, HORCLOIS, WALTHERT und FOURNEL 1944 zuerst beschrieben und das bis heute eines der wirksamsten Antihistaminica geblieben ist.

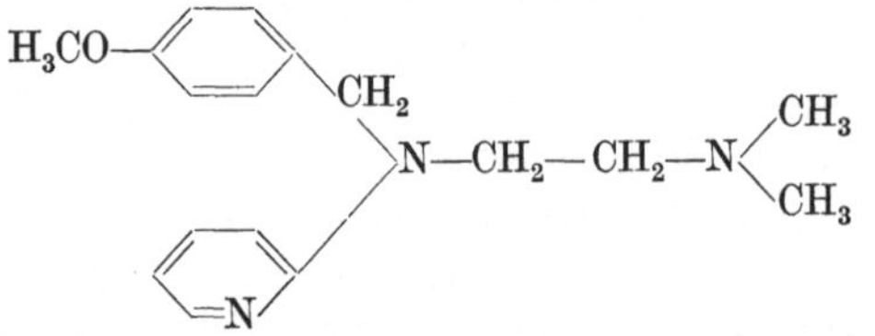

$$(H_3CO{-}C_6H_4{-}CH_2)(C_5H_4N)N{-}CH_2{-}CH_2{-}N(CH_3)_2$$

„Neoantergan“ (= Mepyramin) = (N-p-Methoxybenzyl-N-(2-pyridyl)-N′-dimethyläthylendiamin). Weitere Handelsnamen: „Neo-Bridal , „Anthisan“, „Histacol“, „Rodismin“.

Das 1945 von MAYER, HUTTRER und SCHOLZ beschriebene Pyribenzamin (Tripelennamin) unterscheidet sich vom Neoantergan nur durch das Fehlen der

Methoxygruppe. In mehreren Arbeiten von MAYER u. Mitarb., YONKMAN u. a. sind die in vielfältigen Versuchsanordnungen gefundenen Eigenschaften dieser hochwirksamen Verbindung mitgeteilt worden.

$C_6H_5{-}CH_2{>}N{-}CH_2{-}CH_2{-}N{<}(CH_3)_2$ (Pyridyl$\,=N$)

„Pyribenzamin" (= Tripelennamin) = (N-benzyl-N-(2-pyridyl)-N'-dimethyläthylendiamin)
Weiteres Handelspräparat „Azaron".

Ein Chlorderivat des Pyribenzamins stellt das Präparat Synpen (Chlorpyramin) dar, das von STOLL (1945) synthetisiert und von DOMENJOZ und JAQUES (1949) pharmakologisch untersucht wurde. Im Hibernon ist das Chloratom des Phenylrestes durch Brom ersetzt (s. CREDNER 1951).

$Cl{-}C_6H_4{-}CH_2{>}N{-}CH_2{-}CH_2{-}N{<}(CH_3)_2$ (Pyridyl$\,=N$)

„Synpen" (= Chlorpyrilamin) = (N-p-Chlorbenzyl-N-(2-pyridyl)-N'-dimethyläthylendiamin)

$Br{-}C_6H_4{-}CH_2{>}N{-}CH_2{-}CH_2{-}N{<}(CH_3)_2$ (Pyridyl$\,=N$)

„Hibernon" = (N-p-Brombenzyl-N-(2-pyridyl)-N'-dimethyläthylendiamin)

Wird der Pyridinring im Neoantergan bzw. Pyribenzamin durch andere heterocyclische Ringe ersetzt, so gelangt man zu weiteren Antihistaminica, deren Wirksamkeit im Tierversuch aber unter derjenigen der oben genannten Präparate liegt. Pyrimidinderivate liegen im Hetramin bzw. Neohetramin vor (FEINSTONE, WILLIAMS und RUBIN 1946).

$C_6H_5{-}CH_2{>}N{-}CH_2{-}CH_2{-}N{<}(CH_3)_2$ (Pyrimidyl: $-N$, $=N$)

Hetramin = (N-benzyl-N-(2-pyrimidyl)-N'-dimethyläthylendiamin)

$H_3CO{-}C_6H_4{-}CH_2{>}N{-}CH_2{-}CH_2{-}N{<}(CH_3)_2$ (Pyrimidyl: $-N$, $=N$)

Neo-Hetramin(Thonzylamin) (N-p-methoxybenzyl-N-(2-pyrimidyl)-N-dimethyäthylendiamin)

Thiophenderivate der Pyridin-äthylendiamin-Reihe wurden unter den Bezeichnungen Thenylen oder Histadyl eingeführt, die entsprechenden Chlor- oder Bromderivate unter den Namen Chlorothen bzw. Bromothen (Weston 1947, Lee u. Mitarb. 1947).

S CH$_2$ N—CH$_2$—CH$_2$—N CH$_3$ CH$_3$ N

„Thenylen bzw. „Histadyl" (= Metapyrilen) = (N-(2-thenyl)-N-(2-pyridyl)-N'-dimethyl-äthylendiamin)

Cl— (Br) S CH$_2$ N—CH$_2$—CH$_2$—N CH$_3$ CH$_3$ =N

„Chlorothen" bzw. „Bromothen" = (N-(5-Chlor-2-thenyl)-N-(2-pyridyl)-N'-dimethyläthylendiamin)
(Andere Handelsnamen für Chlorothen: Tagathen, Pyrithen.)

Ein Thiophenderivat des Antergans ist das Diatrin (Kyrides, Meyer und Zienty 1947, Leonard und Solmssen 1948, Ercoli u. Mitarb. 1948).

S CH$_2$ N—CH$_2$—CH$_2$—N CH$_3$ CH$_3$

„Diatrin" (= Enstamin) (N-thenyl, N-phenyl-N'-dimethyläthylendiamin)
Weiteres Handelspräparat: „Nilhistin".

Im Luvistin, das 1949 von Kimmig und Hopff dargestellt wurde, ist die Dimethylaminogruppe der Seitenkette durch einen Pyrrolidinring ersetzt. Gegenüber dem entsprechenden Dimethylaminderivat, dem Antergan, ist hier eine leichte Zunahme des Antihistamineffektes zu erkennen.

CH$_2$ N—CH$_2$—CH$_2$—N CH$_2$—CH$_2$ CH$_2$—CH$_2$

„Luvistin" (= N-phenyl, N-benzyl-pyrrolidinoäthylamin)

Die Äthylendiaminkette kann auch in heterocyclische Ringe eingebaut werden, ohne daß dabei die Antihistamineigenschaften verlorengehen. Im Antistin (Antazolin), das von Miescher, Urec und Klarer synthetisiert und von Meier und

BUCHER (1946) zuerst pharmakologisch untersucht wurde, findet sich die Seitenkette zum Teil in einen Imidazolinring umgewandelt. Im Tierexperiment ist Antistin (Antazolin) schwächer wirksam als Antergan, Neoantergan und Pyribenzamin; es zeichnet sich aber durch geringe Toxicität und gute lokale Verträglichkeit aus.

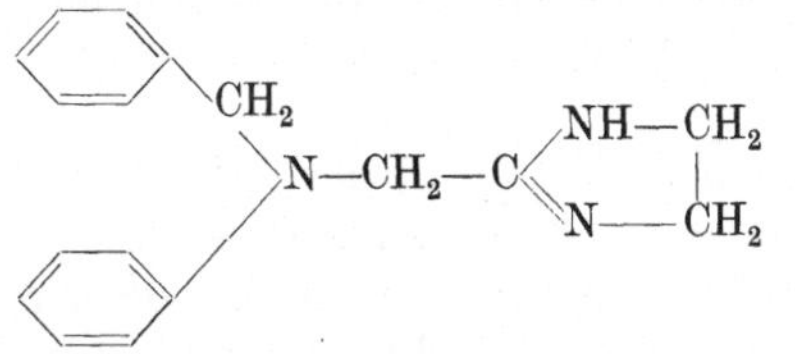

„Antistin“ (Antazolin) (= N-benzyl, N-phenyl-imidazolino-methylamin)
Weitere Handelsbezeichnungen: „Antasten“, „Phenazolin“.

Eine gewisse Sonderstellung nimmt das Allercur ein, bei dem ein Stickstoffatom der Kette =N—C—C—N= in einen Pyrrolidinring eingebaut ist, während der andere Stickstoff einem Benzimidazolring angehört. Die von SCHULEMANN, SCHENCK und HEINZ hergestellte, von JUNKMANN und LANGECKER, SCHULEMANN und FRIEBEL (1953) pharmakologisch sowie von KIMMIG (1952), ZIERZ und GREITHER (1952) u. a. pharmakologisch und klinisch untersuchte Substanz ist im Tierversuch durch eine auffallend geringe Toxicität und damit große therapeutische Breite gekennzeichnet.

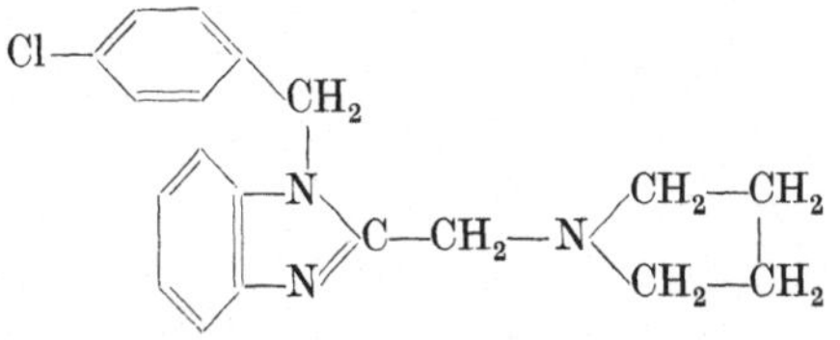

„Allercur“ (= 1-p-Chlorbenzyl, -2-pyrrolidyl-methylen-benzimidazol)

In die Reihe der Äthylendiaminabkömmlinge gehören auch die Antihistaminverbindungen, in deren Molekül die Seitenkette sozusagen verdoppelt ist. Die Äthylendiamingruppe ist durch eine cyclische Diäthylendiamingruppe (= Piperazin) ersetzt in den Präparaten Chlorcyclizin (CASTILLO, DE BEER und JAROS 1949), Postaféne und Buclizin. Ein Vorteil dieser Piperazinderivate besteht in einer deutlichen Verlängerung der Wirkungsdauer. Meerschweinchen bleiben nach einer therapeutischen Dosis mehrere Tage gegen Histamin geschützt. Auch bei Menschen ist die Wirkung gegenüber anderen Antihistaminica verlängert (HAAS 1953, GAILLARD 1955, FEINBERG, MALKIEL und FEINBERG 1950).

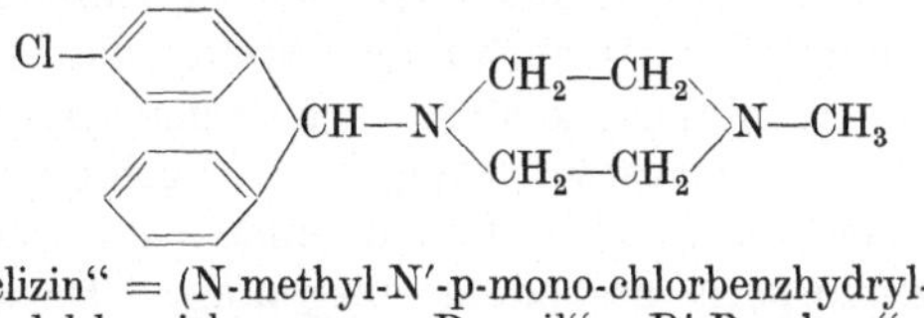

„Chlorcyclizin“ = (N-methyl-N′-p-mono-chlorbenzhydryl-piperazin)
Weitere Handelsbezeichnungen: „Perazil“, „Di-Paralene“, „Histantin“

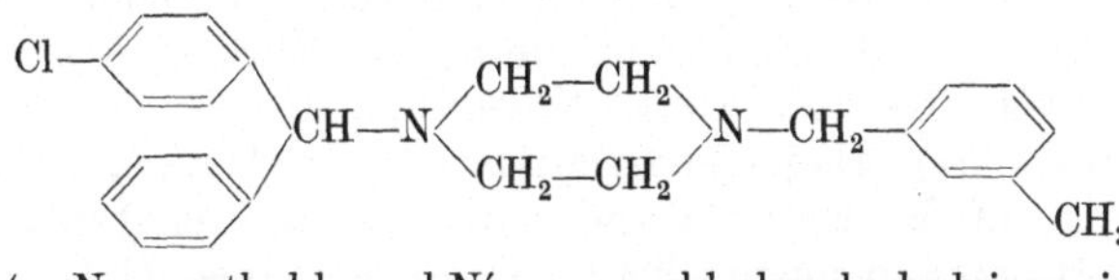

„Postaféne“ (= N-m-methyl-benzyl-N′-p-mono-chlorbenzhydrylpiperazin)

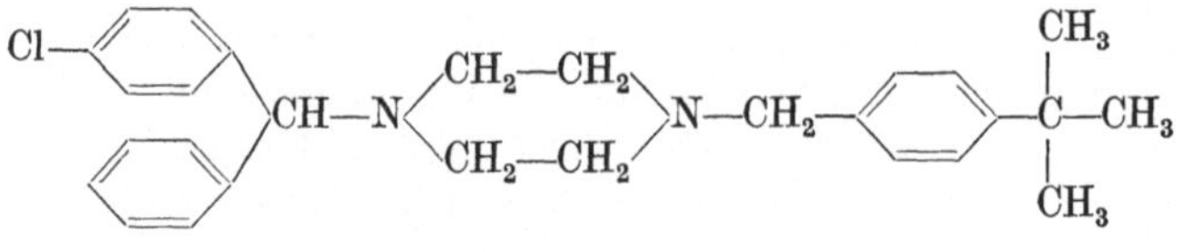

„Buclizine“ (N-p-butyl(tert.)-benzyl-N′-p-monochlorbenzhydrylpiperazin)
Weitere Handelspräparate: „Vibazine“.

Obwohl im allgemeinen Verlängerung der Kette durch Einführung einer weiteren CH_2-Gruppe zwischen die N-Atome zu einer Abschwächung der Wirkung führt, gewährt die im Soventol und Sandosten vorliegende ringförmige Anordnung zu einem Piperidin eine erhebliche Antihistaminwirksamkeit. Die erstmalig von Kraushaar (1950) für Soventol, von Rothlin und Cerletti (1953) für Sandosten beschriebenen pharmakologischen Befunde ergaben bei guter histaminantagonistischer Wirksamkeit eine relativ geringe Toxicität. In der Therapie haben sich beide Präparate bewährt (Bigliardi 1953, Nasemann 1955, Zierz und Pflanz 1950, Duske 1951, Lindemayr 1955 u. a.)

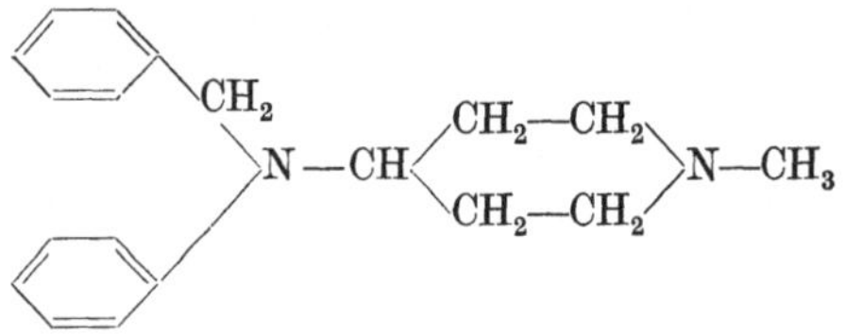

„Soventol“ (= N-benzyl-N-phenyl-4-amino-1-methyl-piperidin)

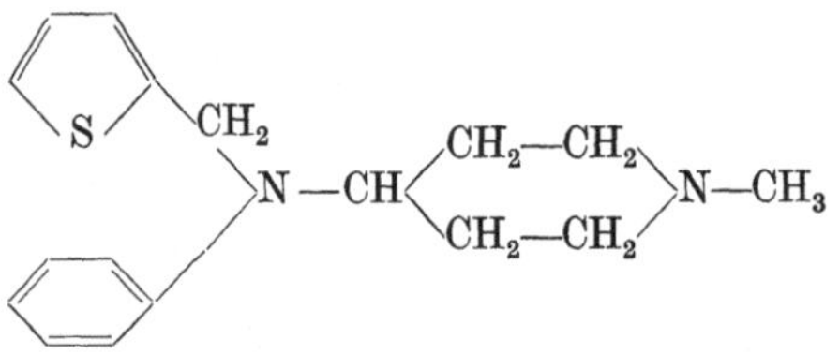

„Sandosten“ (= N-phenyl-N-(2-thenyl)-4-amino-1-methyl-piperidin)
(Thenophenopiperidin.)

2. Phenothiazinderivate

Große Bedeutung haben in den letzten Jahren Phenothiazinderivate erlangt, die in Frankreich entwickelt wurden und über deren histaminantagonistische Eigenschaften zuerst Halpern und Ducrot (1946) berichteten. Nicht nur wegen der starken, lang anhaltenden Antihistaminwirkung, die besonders ausgeprägt beim Phenergan (Promethazin) ist, sondern auch wegen ihrer Wirkungen auf das zentrale und autonome Nervensystem gelangten die Verbindungen zu besonderem Interesse. Die den meisten Antihistaminen anhaftende sedative Wirkung ist bei den Phenothiazinkörpern besonders ausgeprägt. Darüber hinaus zeigen diese Stoffe noch zentral dämpfende, sympathiko- und parasympathikolytische, stoffwechsel und temperatursenkende Wirkungen. Je nach der chemischen Struktur überwiegt bald die eine bald die andere Wirkungskomponente (s. Friebel u. Mitarb. 1954, Mietzsch 1954, Nieschulz u. Mitarb. 1956, Marquardt und Schumacher 1954). Diejenigen Derivate dieser Gruppe, deren Haupteigenschaft die Wirkung auf das zentrale und autonome Nervensystem ist, sind in diesem Band von Herzberg ausführlicher besprochen (bes. Chlorpromazin, Promazin,

Pacatal). Die chemische Struktur der wichtigsten Phenothiazinderivate ist folgende:

Phenothiazinrest (Ringsystem mit S und N, am N: R)

Bezeichnungen:

1. R = $—CH_2—CH(CH_3)—N(CH_3)_2$ — „Phenergan" (Promethazin), „Atosil"

2. R = $—CH_2—CH(CH_3)—N(C_2H_5)_2$ — „Parsidol", „Dibutil"

3. R = $—CH_2—CH_2—N(C_2H_5)_2$ — „Diparcol", „Latibon", „Casantin", „Thiantan"

4. R = $—CH(CH_3)—CH_2—N(CH_3)_2$ — „Lergigan"

5. R = $—CH_2—CH(CH_3)—N(CH_3)_3\,SO_4$ — „Multergan", „Padisal"

6. R = $—CH_2—CH_2—N<(CH_2—CH_2)_2$ (Pyrrolidinring: $CH_2—CH_2$ / $CH_2—CH_2$) — „Pyrrolazot", „Pyrathiazin"

7. R = $—CH_2—C<$ ($CH_2—CH_2$, CH_2, $CH_2—N(CH_3)$; Ring) — „Pacatal"

8. R = $—CH_2—CH_2—CH_2—N(CH_3)_2$ — „Verophen" — (Promazin), „Protactyl"

9. R = $—CH_2—CH(CH_3)—CH_2—N(CH_3)_2$ — „Repeltin"

10. Cl— (Phenothiazinring, am N:) $CH_2—CH_2—CH_2—N(CH_3)_2$ — „Megaphen" (Chlorpromazin), „Largactil", „Propaphenin"

11. Cl— (Phenothiazinring, am N:) $CH_2—CH_2—CH_2—N<>N—CH_2—CH_2—OH$ (Piperazinring) — „Decentan"

Von diesen Verbindungen zeigen die stärkste Antihistaminwirkung: Phenergan bzw. Atosil (Promethazin) und Multergan bzw. Padisal, die schwächste: Chlorpromazin (Megaphen, Largactil) und Promazin (Verophen).

Ein vor kurzem eingeführtes, den Phenothiazinderivaten chemisch ähnliches Antihistaminicum ist das Andantol, ein Thiophenylpyridylaminderivat (v. Schlichtegroll 1957), das in kleineren Dosen (4 bzw. 12 mg) therapeutisch verwendet wird und bei dem die vielen Antihistaminen anhaftende zentral dämpfende Wirkung in geringerem Maße vorhanden ist.

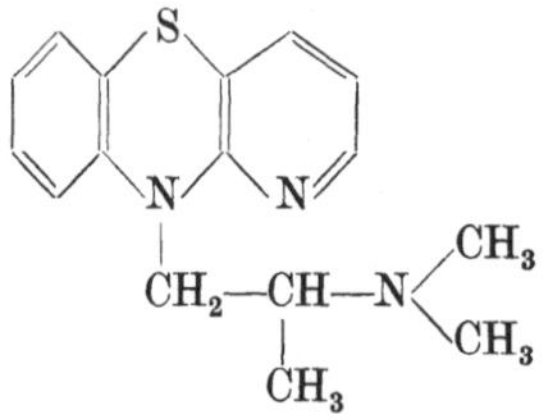

S
N N
CH_2—CH—N(CH_3)(CH_3)
CH_3

Andantol (= N-Dimethylamino-isopropyl-thiophenyl-pyridylamin)

3. Antihistaminica der Colaminreihe

Die Entwicklung der Antihistaminica, die sich vom Colamin ableiten und die Grundstruktur —O—CH_2—CH_2—N = aufweisen, nahm in Nordamerika ihren Ausgang. 1945 fanden Loew, Kaiser und Moore in einer Reihe von Benzhydryläthern als wirksamstes Präparat das Benadryl (Diphenhydramin). Die Derivate des Colamins, besonders Benadryl und ähnliche Benzhydryläther, zeigen neben der histaminantagonistischen Wirkung eine gegenüber anderen Antihistaminica stärker ausgeprägte anticholinergische, spasmolytische Komponente, die aus der chemischen Verwandtschaft mit dem synthetischen Spasmolyticum Trasentin verständlich wird. Die von Loew u. Mitarb., Wells und Morris (1945) u. a. aufgefundenen Wirkungsqualitäten von Benadryl wurden von mehreren Autoren bestätigt. Über die ersten klinischen Resultate berichteten McGavack, Elias und Boyd (1947).

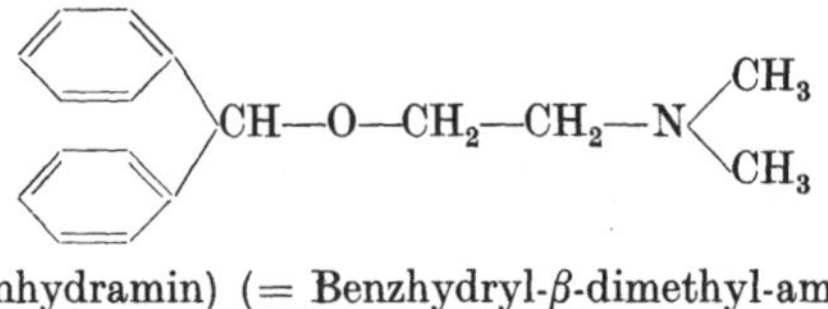

CH—O—CH_2—CH_2—N(CH_3)(CH_3)

Benadryl (Diphenhydramin) (= Benzhydryl-β-dimethyl-aminoäthyläther)
Weitere Handelsnamen: „Dabylen", „Benodire", „Amidryl".

Durch ähnliche Abwandlungen der chemischen Struktur wie in der Äthylendiaminreihe wurden eine Anzahl von Derivaten hergestellt, deren histaminantagonistische Eigenschaften zum Teil diejenigen von Benadryl übertreffen und deren Toxicität teilweise geringer ist. Die wichtigsten Abkömmlinge dieser Reihe sind: Decapryn (Brown und Werner 1948), Histaphène, Ambodryl (McGavack u. Mitarb. 1951), Systral (Arnold, Brock, Kühas und Lorenz 1954) und Clistin (Garat u. Mitarb. 1956).

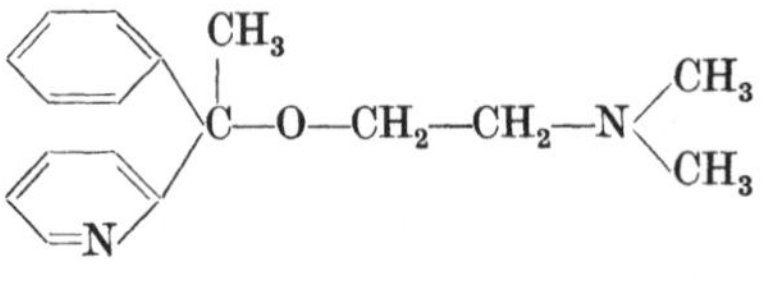

CH_3
C—O—CH_2—CH_2—N(CH_3)(CH_3)
N

Decapryn (Doxylamin) [= 2α-(2-dimethylaminoäthoxy)-α-methylbenzyl-pyridin]

$H_3CO-C_6H_4 \diagdown$ $CH-O-CH_2-CH_2-N(CH_3)_2$ $C_6H_5 \diagup$

„Histaphène“ [= β-Dimethylaminoäthyl-(p-methoxybenzhydryläther)]

$C_6H_5 \diagdown$ $CH-O-CH_2-CH_2-N(CH_3)_2$ $Cl-C_6H_4 \diagup$

Systral [= β-Dimethylaminoäthyl-(p-chlor-β-methyl-benzhydryläther)]

$C_6H_5 \diagdown$ $CH-O-CH_2-CH_2-N(CH_3)_2$ $Br-C_6H_4 \diagup$

Ambodryl (= β-Dimethylaminoäthyl-p-brombenzhydryläther)

$Cl-C_6H_4 \diagdown$ $CH-O-CH_2-CH_2-N(CH_3)_2$ $C_5H_4N \diagup$

Clistin (Carbinoxamin) = 2[α-(2-dimethylaminoäthoxy)-α-p-chlorbenzyl]-pyridin)

Ähnlich wie bei den Äthylendiaminderivaten führt auch in der Gruppe der sich vom Colamin ableitenden Antihistaminica Verlängerung und Verzweigung der Seitenkette zu einer Abschwächung der Wirkung. Ausnahmen von dieser Regel bildet die Einführung einer Methylgruppe in β-Stellung, wie z. B. im Phenergan (Atosil) und der Einbau der Seitenkette in einen Piperidinring, wie dies in der Äthylendiaminreihe für Soventol und Sandosten zutrifft (s. o.). Ein diesen Präparaten entsprechender Benzhydryläther liegt im Diphenylpyralin (s. HAAS 1951) und im Kolton vor (NIESCHULZ und SCHEUERMANN 1955).

$(C_6H_5)_2CH-O-CH \langle {CH_2-CH_2 \atop CH_2-CH_2} \rangle N-CH_3$

Diphenylpyralin, Bestandteil von „Kolton“ (= N-Methyl-piperidyl-4-benzhydryläther)

4. Antihistaminica der Propylaminreihe

Das bekannteste Antihistaminicum, dem die Struktur des Propylamins $-CH_2-CH_2-CH_2-N\langle$ zugrunde liegt, ist das Trimeton (LA BELLE und TISLOW 1948), das in Deutschland als p-aminosalicylsaures Salz unter dem Namen Avil (BESTIAN und LINDNER 1950) im Handel ist. Auch für diese Gruppe ist kennzeichnend, daß das gleichzeitige Vorhandensein einer Phenyl- und einer 2-Pyridylgruppe zu einer Verstärkung der histaminantagonistischen Wirkung führt.

$C_6H_5 \diagdown$ $CH-CH_2-CH_2-N(CH_3)_2$ $C_5H_4N \diagup$

„Trimeton“ (Prophenpyridamin) [= 3-Phenyl, 3-(2-pyridyl)-dimethylaminopropan) „Avil“.

Substitution mit Halogenen in para-Stellung an der Phenylgruppe bewirkte eine weitere Zunahme des Antihistamineffektes. Chlortrimeton (TISLOW u. Mitarb. 1949) trägt ein Chloratom, im Ilvin (HOTOVY und ROESCH 1954) ist ein Bromatom eingefügt. Beide Präparate werden in der Klinik als Maleat angewandt, und zwar in kleineren Mengen als die meisten anderen Antihistamine (4 mg [Chlortrimeton], 5,7 und 9 mg [Ilvin]).

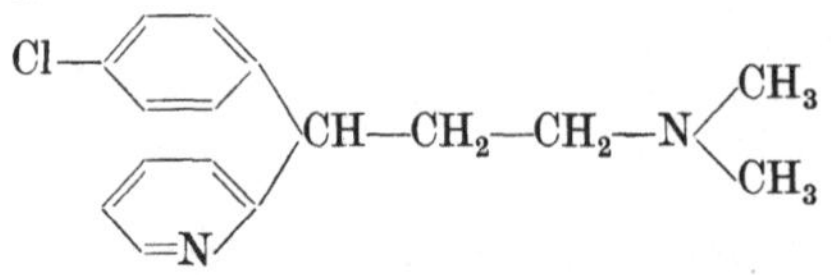

„Chlortrimeton" (Chlorprophenpyridamin) [= 3(p-Chlorphenyl)-3-(2-pyridyl)-dimethyl-aminopropan]

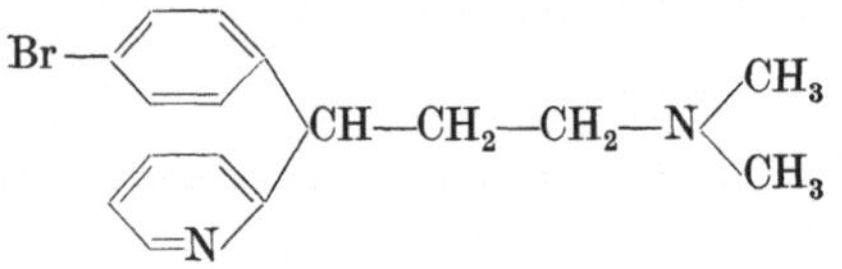

„Ilvin" (Bromprophenpyridamin) [= 3-(p-Bromphenyl)-3-(2-pyridyl)-dimethyl-aminopropan] „Dimetane '.

In dem Präparat Pragman findet sich an Stelle des im Trimeton (Prophenpyridamin) vorhandenen Pyridylrestes eine Toluylgruppierung.

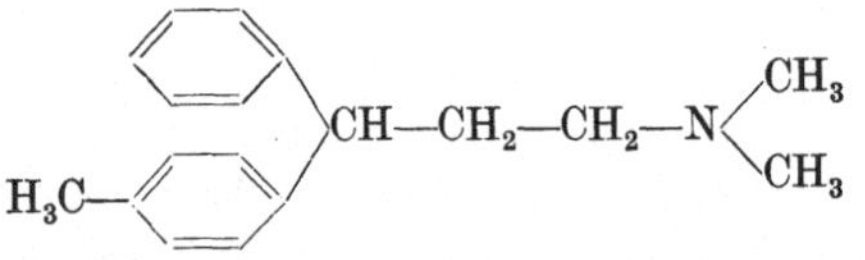

„Pragman" (= 3-Phenyl, 3-toluyl-dimethylaminopropan)

Zum Schluß wären noch einige Antihistamine von Bedeutung, die sich auf Grund ihrer molekularen Konfiguration nicht ohne weiteres in eine der 3 oben aufgeführten Gruppen einordnen lassen. Bei dem 1948 eingeführten Pyridinden-derivat Thephorin (Phenindamin) (LEHMANN 1948, CRIEP und AARON 1948, KESTEN und SHEARD 1947) läßt sich strukturmäßig noch eine gewisse Ähnlichkeit mit den Propylaminderivaten erkennen, wenn man sich vorstellt, daß die Dimethylpropylamin-Gruppe in ein Ringsystem eingebaut ist.

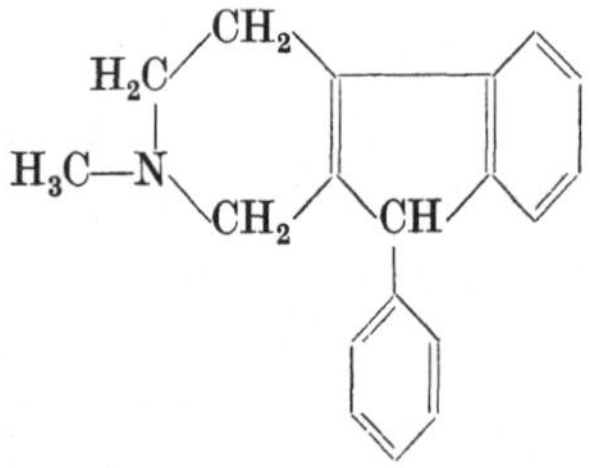

„Thephorin" (Phenindamin) (= 2-N-Methyl-9-phenyl-tetrahydropyridinden)

Die guten Antihistamineigenschaften des Thephorins gaben Veranlassung, eine Reihe von Verbindungen der Körperklasse der tetrahydrierten γ-Carboline zu synthetisieren und auf ihre Antihistaminwirkung zu prüfen (HÖRLEIN 1954, HÖRLEIN und HECHT 1956). Ein gut wirksames Präparat fand sich im Omeril. Für beide Präparate Thephorin und Omeril ist bezeichnend, daß die den meisten Antihistaminica anhaftende sedative Wirkung hier kaum in Erscheinung tritt (SCHUBERT und FISCHER 1954).

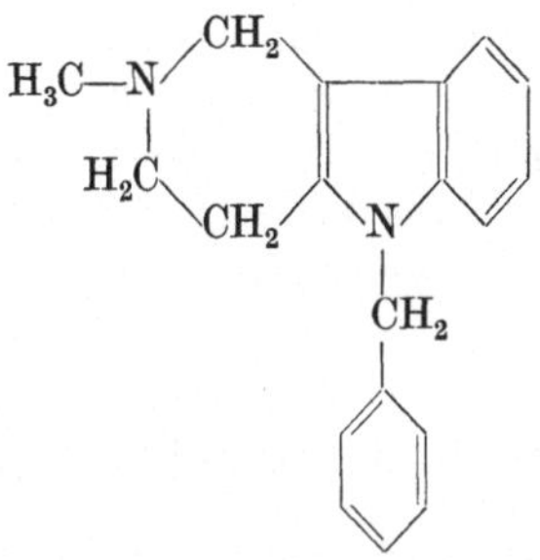

„Omeril“ (= 3-N-Methyl-9-benzyl-tetrahydro-γ-carbolin)

Als letztes sei hier noch ein gut wirksames Antihistaminicum genannt, das sich vom Allylamin ableitet. Von etwa 40 verschiedenen Varianten mit einer Doppelbildung in der Seitenkette erwies sich Pyronil (Pyrrobutamin) als das wirksamste (LEE, ANDERSON und HARRIS 1952, MOTHERSILL, MILLS, LEE, ANDERSON und HARRIS 1953).

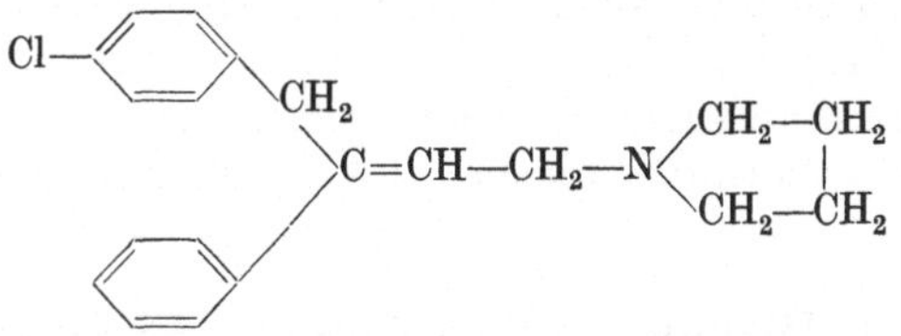

„Pyronil“ (Pyrrobutamin) (= 1-p-Chlorphenyl-2-phenyl-4-pyrrolidinobuten)

Es konnten in diesem Abschnitt nur die wichtigsten Antihistaminica aufgeführt werden. Bei den chemischen Variationsmöglichkeiten mußten auch viele interessante Beziehungen zwischen chemischer Struktur und pharmakologischer Wirkung unberücksichtigt bleiben. Der an diesen Fragen besonders interessierte Leser sei auf die speziellen Darstellungen von HAAS (1951, 1952, 1953), IDSON (1950), HUTTRER (1949), KOELZER (1950) LEONARD u. HUTTRER (1950) verwiesen.

Bei der Vielzahl der im Handel befindlichen Präparate ergibt sich die Frage, ob es denn notwendig und sinnvoll war, eine derartige Überfülle von Antihistaminen zu entwickeln und in den Handel zu bringen. Vom praktisch-klinischen Standpunkt fällt es schwer, stichhaltige Gründe dafür zu finden. Der an vielen Stellen durchgeführten Arbeit lag aber das Bestreben zugrunde, zu besser und länger wirksamen sowie besser verträglichen Präparaten zu kommen. Dieses Ziel wurde aber nur teilweise erreicht. Im Neoantergan (Mepyramin) (1944) und Phenergan (Promethazin) (1946) lagen bereits Stoffe vor, deren pharmakologische Wirksamkeit von keinem der später entwickelten Antihistaminica übertroffen wurde. Hinsichtlich der Verträglichkeit scheint allerdings mit den neueren Präparaten ein gewisser Fortschritt erzielt worden zu sein, es liegen aber nur wenige speziell dieser Fragestellung gewidmete, zuverlässig ausgewertete klinische Vergleichsuntersuchungen vor. In Toxicitätsprüfungen bei Tieren gewonnene Resultate lassen sich nicht ohne weiteres auf die Verhältnisse der Klinik übertragen. Gegenüber den meisten anderen Antihistaminica verlängerte Wirkungsdauer zeigen einige Phenothiazinderivate, vor allem aber Chlorcyclizin und Buclizin. Ein anderer Weg zur Erreichung eines länger anhaltenden Effektes besteht in besonderen pharmazeutischen Zubereitungen z. B. Dupletten, Depot-Tabletten u. a., auf die weiter unten eingegangen werden soll.

Die Neuentwicklung von Antihistamin-Synthesen ist in den letzten Jahren immer mehr zurückgegangen und vor kurzem wohl ganz zum Abschluß gekommen.

Das hat seinen Grund offenbar darin, daß bestimmte für die Wirksamkeit verantwortliche Grundprinzipien der chemischen Struktur schon bald erkannt und die sich anbietenden Variationsmöglichkeiten erschöpft worden sind. Es dürfte daher auch unwahrscheinlich sein, daß aus dieser Gruppe noch Präparate mit grundsätzlich anderen Wirkungsqualitäten synthetisiert werden können.

V. Pharmakologie und Auswertung der Antihistaminica

Trotz der Verschiedenheit der chemischen Struktur ist das pharmakologische Wirkungsbild der verschiedenen Antihistaminica im großen und ganzen qualitativ gleich, wenn auch besonders bei einigen tierexperimentellen Versuchsanordnungen Unterschiede in der Wirkungsstärke bestehen. Neben der eigentlichen Antihistaminwirkung besitzen diese Stoffe noch eine Reihe anderer Eigenschaften: lokalanaesthetische, spasmolytische, anticholinergische (atropinähnliche), capillarpermeabilitätshemmende, Wirkungen auf das Zentralnervensystem u. a. Wenn solche Komponenten auch bei allen Antihistaminica in mehr oder weniger starker Ausprägung gefunden werden, so können sie doch nicht als Ursache oder Bedingung für den Histaminantagonismus angesehen werden. Im pharmakologischen Experiment ist die Antihistaminwirkung die Hauptwirkung dieser Stoffe.

1. Histaminantagonistische Wirkung

Die Wirkung der Antihistamine auf die verschiedenen histaminbedingten Effekte ist nicht gleich. Daher ist auch die sich aus der Bezeichnung vielleicht ergebende Verallgemeinerung, daß die Antihistamine alle durch Histamin ausgelösten Reaktionen in gleichem Maße zu beeinflussen vermögen, unzulässig. So zeigen sich einmal deutliche Unterschiede in der Wirksamkeit bei verschiedenen Tierarten, aber auch innerhalb einer Species ist die Wirkung auf verschiedene Organe bzw. Organfunktionen unterschiedlich. Im allgemeinen werden die erregenden Histaminaktionen auf die glatte Muskulatur am stärksten gehemmt, es folgen die Kreislauf- und Gefäßwirkungen des Histamins. Nach Bucher (1950) werden z. B. die Capillarwirkungen etwa 1000mal weniger beeinflußt als die Wirkungen auf die glatte Muskulatur. Die histaminbedingten Sekretionssteigerungen der Drüsen des Verdauungstraktes werden kaum oder gar nicht gehemmt. Einen Überblick über die verschiedenen Wirkungen der Anthistaminica gibt die Tabelle 3, die in Anlehnung an entsprechende Tabellen von Meier und Bucher (1949) und Bovet (1950) zusammengestellt ist.

Tabelle 3. *Beeinflussung von Histaminreaktionen durch Antihistaminica*

Histaminreaktionen (Organ, Art der Reaktion)	Species	Beeinflussung	Literatur
I. Toxicität (Schock)	Hund	A	Bovet und Walthert (1944)
	Kaninchen	A	Halpern (1947) u. a.
	Meerschweinchen	A	Halpern (1942, 1947), Bovet u. Mitarb. (1944), Friedlaender, Feinberg u. Feinberg (1946); Brown u. Werner (1948), Ercoli u. Mitarb. (1948), Lehmann (1948) u. a.
	Maus	Ø, S	Bovet u. Walthert (1944), Mayer u. Brousseau (1946), Halpern (1947), Brown u. Werner (1948)

Tabelle 3 (Fortsetzung)

Histaminreaktionen (Organ, Art der Reaktion)	Species	Beeinflussung	Literatur
II. Organe mit glatter Muskulatur:			
Isolierter Darm (Kontraktur)	Meerschweinchen	A	Bovet u. Mitarb. (1937, 1944, 1950), Halpern (1942, 1947), Loew u. Mitarb. (1945), Mayer u. Mitarb. (1945), Meier u. Bucher (1946), Lee u. Mitarb. (1947), Schild (1947), Brown u. Werner (1948), Ercoli u. Mitarb. (1948), Reuse (1948), Roth u. Mitarb. (1948), Kimmig (1949), Alberty (1950), Zierz u. Greither (1950) u.a. s. Haas (1951)
Darmkontraktur	Hund	A	Staub u. Bovet (1939)
Bronchospasmus	Hund	A	Ellis (1947), Yonkman u. Mitarb. (1947) u. a.
	Meerschweinchen	A	Staub (1939), Loew u. Mitarb. (1945), Mayer u. Mitarb. (1945), Meier u. Bucher (1946), Graham (1947), Halpern (1947), Lee u. Mitarb. (1947), Ercoli u. Mitarb. (1948), Lehmann (1948), Kimmig (1949), Zierz u. Greither (1949), Haas (1951), Schulemann u. Friebel (1953) u.a.
	Kaninchen	A	Bovet (1950), Rothlin u. Cerletti (1955) u. a.
Uterus	Meerschweinchen	A	Staub (1939), Halpern u. Walthert (1945), Mayer u. Mitarb. (1945), Halpern (1947), Ercoli u. Mitarb. (1948), Reuse (1948) u. a.
	Ratte	Ø	Dews u. Graham (1946) u. a.
III. Gefäßsystem:			
Blutdruck, Senkung	Mensch	A	Gatzek u. Mechelke (1949/50)
	Hund	A	Halpern u. Mitarb. (1942, 1946)
	Katze	A	Bovet u. Mitarb. (1944)
	Kaninchen	A	Ramanamanjary (1944), Wells u. Mitarb. (1945), Dews u. Graham (1946), Loew u. Mitarb. (1946), Yonkman u. Mitarb. (1946), Lee u. Mitarb. (1947), Brown u. Werner (1948), La Belle u. Tislow (1948), Lehmann (1948), Roth u. Mitarb. (1948), Ercoli u. Mitarb., Domenjoz u. Jaques (1949), Unna (1949) u. a.
Isoliertes Ohr (Spasmus)	Kaninchen	A	Dews u. Graham (1946) u. a.
Isolierte hintere Extremität (Spasmus)	Hund	A	Dews u. Graham (1946)
	Kaninchen		Meier u. Bucher (1946) u. a.
Capillarpermeabilität:			
Steigerung	Hund	A	Parrot u. Mitarb. (1943), Bovet u. Mitarb. (1944), Loew u. Mitarb. (1946) u. a.
	Kaninchen	A	Halpern u. Mitarb. (1948—1950), Hensen (1950) u. a.
	Meerschweinchen	A	Domenjoz u. Jaques (1949)
Intracutanreaktion (Lewissche Trias)	Mensch	A	Parrot (1942), Warembourg u. Mitarb. (1944), Arbesman u. Mitarb. (1946),

Tabelle 3 (Fortsetzung)

Histaminreaktionen (Organ, Art der Reaktion)	Species	Beeinflussung	Literatur
Intracutanreaktion (Lewissche Trias)	Mensch	A	Brack (1946), Elias u. McGavack (1946), Friedlaender u. Feinberg (1946), Mauric u. Halpern (1946), Vallery-Radot, Mauric u. Halpern (1946), Nilzén (1947, 1950), Jadassohn u. Diedey (1947), Bukantz u. Dammin (1948), McGavack u. Mitarb. (1948), Serafini (1948), Spier (1948), Kallós u. Kallós-Deffner (1949), Schwartz u. Wolf (1949), Perry u. Hearin (1949), Rasmussen (1949), Feinberg (1950), Hearin u. Mori (1950), Körber (1950), Shelley u. Mitarb. (1950), Sternberg u. Mitarb. (1950), Rosenblatt u. Löhlein (1951), Kopel (1952), Stüttgen u. Krause (1956), Brett (1950), Jaros, Castillo u. de Beer (1949)
IV. Anregung der Magensaftsekretion	Mensch	∅	Decourt, Rinieri u. Sonnet (1945), Perry u. Horton (1947), Bunse, Bovet (1950), Sorribas-Santamaria u. Mitarb. (1951) u. a.
	Hund	∅	Loew u. Chickering (1941), Burchell u. Varco (1942), Bourque u. Loew (1943), Hallenbeck (1943), Lehmann u. Young (1945), Friesen u. Mitarb. (1946), Graham (1947), Halpern (1947) u. a.
Intracutanreaktion durch Histaminfreisetzer	Mensch	A	Bernstein u. Feinberg

A Antagonismus, ∅ keine Wirkung, S Synergismus.

a) Einfluß auf den Histamineffekt an glattmuskeligen Organen

Besonders gut ist die histaminantagonistische Wirkung der Antihistaminica an glattmuskeligen Organen mancher Tierarten nachzuweisen. Die gebräuchlichsten pharmakologischen Auswertungsmethoden machen sich diese Tatsache zunutze. Von den üblichen Laboratoriumstieren reagiert das Meerschweinchen am empfindlichsten auf Histamin, es wird daher am meisten zur Auswertung von Histaminantagonisten benutzt. Dabei lassen sich die Untersuchungen sowohl an isolierten Organen als auch am Ganztier durchführen.

Auswertung am isolierten Meerschweinchendarm. Zusatz von Histamin in Konzentrationen von 10^{-9} bis 10^{-7} zu einem in Tyrode-Lösung suspendierten isolierten Darmstück von Meerschweinchen führt zu einer Kontraktur, die durch Antihistaminica antagonistisch beeinflußt wird. Die Auswertung erfolgt in der Weise, daß die zur Aufhebung der Histaminkontraktur notwendige Grenzdosis bestimmt wird. Das zu untersuchende Präparat kann dabei entweder vor dem Histaminzusatz oder auf der Höhe der Histaminkontraktur gegeben werden.

Fast alle Antihistaminica wurden an diesem Test untersucht. Es zeigte sich dabei, daß in der Wirksamkeit der verschiedenen Antihistaminica zum Teil über 1—2 Zehnerpotenzen sich erstreckende Unterschiede bestehen. Dabei muß aber berücksichtigt werden, daß die quantitativen Resultate verschiedener Autoren nicht ohne weiteres miteinander verglichen werden können, denn die ermittelten Schwellenkonzentrationen hängen bis zu einem gewissen Grade von der Versuchstechnik und den zur Kontraktionsauslösung verwendeten Histaminmengen ab. MEIER und BUCHER (1949) haben daher empfohlen, als Maß für die Wirksamkeit den Quotienten aus der zur Kontraktur verwendeten Histamin-Konzentration und der zur vollständigen Lyse, bzw. Verhinderung dieser Kontraktur benötigten Antihistamin-Konzentration anzugeben.

Die noch wirksamen Grenzkonzentrationen liegen je nach Präparat in einem Bereich von 10^{-7} bis 10^{-9}. Ein Vergleich einiger Antihistaminica ergibt nach in der Literatur niedergelegten Befunden (HALPERN 1950, KIMMIG 1949, MEIER und BUCHER 1949, HAAS 1951/52, REUSE 1948) etwa folgende Reihenfolge der Wirksamkeit: Neoantergan, dann Phenergan, Pyribenzamin (Tripelennamin), Thenylen, Diatrin, Antergan, die unter sich etwa gleich wirksam sind, und etwas weniger wirksam Benadryl, Decapryn, Thephorin und Antistin. Modernere Antihistaminica wie Sandosten, Allercur, Soventol, Avil, Ilvin, Omeril u. a. nehmen in dieser Reihe eine Mittelstellung ein.

Eine Abwandlung der Methode wurde von SCHILD (1947) angegeben, die darin besteht, daß zunächst für eine bestimmte Histaminkonzentration die Kontraktionshöhe ermittelt und dann bestimmt wird, welche Antihistaminverdünnung in der Lage ist, den Effekt einer doppelt oder 10mal so starken Histaminkonzentration auf die Wirkung der einfachen Grundkonzentration zurückzuführen. Der negative Logarithmus gibt dann die Wirkungsstärke des Antihistamins wieder. Den Vorteil dieser Methode sehen HAAS (1951), ALBERTY u. a. darin, daß als Kriterium nicht die relativ schwer bestimmbare völlige Reaktionsaufhebung verlangt wird. ALBERTY (1950) fand damit eine ähnliche Abstufung der Wirksamkeit verschiedener Antihistaminica wie oben angegeben.

Die Auswertung am isolierten Darm ist eine relativ unspezifische Methode, denn es zeigt sich dabei, daß auch andere Stoffe der Histaminkontraktur entgegenzuwirken vermögen. Als bekannte Beispiele sollen Atropin und Adrenalin erwähnt werden. Die zur Aufhebung der Histaminkontraktur notwendigen Dosen dieser Stoffe liegen aber um 1—2 Zehnerpotenzen höher als die der Antihistaminica. So betragen nach Untersuchungen von MEIER (1950) die Hemmwerte für das im Darmtest relativ schwach wirksame Antistin 10^{-7} bis 10^{-8} (0,01—0,1 γ ml), für Adrenalin 10^{-7} bis 10^{-6} (0,1—1 γ/ml) und für Atropin zwischen 5mal 10^{-7} bis 10^{-5} (0,5—10 γ/ml).

Auch die durch Bariumchlorid ausgelöste rein muskuläre sowie die durch Acetylcholin hervorgerufene Kontraktur des Meerschweinchendarms werden durch Antihistaminica gehemmt. Die hierfür erforderlichen Konzentrationen sind aber etwa 1000mal größer als diejenige, die zur Aufhebung des Histamineffektes notwendig ist (s. HAAS).

Auswertung an der Bronchialmuskulatur (Histaminasthma). Von größerer Spezifität als der Darmtest sind die am Ganztier (Meerschweinchen) zur Auswertung der Antihistaminica herangezogenen Methoden.

Ein sehr verbreitetes Testobjekt ist das sog. Histaminasthma, das auf der histaminbedingten Konstriktion der Bronchialmuskulatur beruht, und sowohl durch Inhalation eines Histaminaerosols als auch durch parenterale Injektion von Histamin ausgelöst werden kann. Die ursprünglich von KALLÓS und PAGEL (1937) angegebene Methode ist mehrfach modifiziert und verbessert worden (PREUNER 1939, 1951, HALPERN 1942, LOEW, KAISER und MOORE 1945, BOVET und WALTHERT 1944, FRIEBEL und BASOLD 1953) und beruht darauf, daß Meerschweinchen in einem geschlossenen System Histamin in Form eines möglichst feintropfigen

Nebels zugeführt wird. Die sich nach wenigen Minuten entwickelnde Bronchoconstriction kann entweder durch Beobachtung der Symptome oder besser noch durch Registrierung der Atmung verfolgt werden.

Die Auswertung von Antihistaminica mit diesem Test läßt sich nach zwei Richtungen durchführen. Einmal kann die zur Aufhebung der histaminbedingten Bronchoconstriction notwendige Minimaldosis bestimmt werden, und zum anderen läßt sich auch die Wirkungsdauer der Antihistaminica ermitteln. Bei einem Vergleich der Wirksamkeit verschiedener Präparate ist zu berücksichtigen, daß die aus der Literatur zusammengezogenen Angaben verschiedener Autoren nur mit Vorbehalt zu verwerten sind, denn die individuellen Variationen in der Versuchstechnik führen oft zu verschiedenen Resultaten. Zur vergleichenden Beurteilung eignen sich daher am besten die von einem Untersucher oder einer Gruppe von Untersuchern mit gleicher Technik vorgenommenen Wirksamkeitsbestimmungen. Solche an größeren Serien von Antihistaminica durchgeführten Untersuchungen von Kimmig (1949), Zierz und Greither (1950), Feinberg, Malkiel, Bernstein und Hargis (1950), Kallós und Kallós-Deffner (1951) zeigten, daß die minimalen, dem Tier intraperitoneal gegebenen Schutzdosen zwischen 0,1 mg/kg und 2,0 mg/kg liegen. Bei oraler Gabe sind etwa 3—5mal höhere Dosen notwendig. Als wirksamste Antihistaminica erwiesen sich bei Untersuchungen von Feinberg u. Mitarb. die halogenhaltigen Präparate wie z. B. Chlortrimeton, Chlorothen sowie Pyribenzamin, Neo-Antergan, Phenergan; es folgten Antergan, Decapryn, Benadryl u. a.; die geringste Wirkung zeigten Antistin, Neohetramin, Hetramin und Trimeton. Die Dauer des Schutzes betrug nach subcutaner Injektion im Durchschnitt 4—5 Std. Chlorcyclizin und Phenergan waren sogar über 7 Std wirksam.

Einige Antihistaminica (Soventol, Synpen, Phenergan) waren in Untersuchungen von Haas (1951) auch gegenüber der durch Parasymphathicomimetica wie Pilocarpin ausgelösten Bronchokonstriktion antagonistisch wirksam. Jedoch betrugen die zum Schutz notwendigen Dosen das 10—20fache der zur Verhinderung des Histaminkrampfes erforderlichen Mengen.

Auswertung am Histamin-Entgiftungsversuch. Sehr verwandt mit der eben besprochenen Auswertung am Histaminasthma ist die Wirksamkeitsbestimmung von Antihistaminica im sog. Entgiftungsversuch. Dieser Test wird von zahlreichen Autoren (s. Bovet u. Mitarb., Halpern 1950, Haas 1951) als die am meisten spezifische Bestimmungsmethode angesehen und beruht darauf, daß Antihistaminica in der Lage sind, Meerschweinchen vor der tödlichen Histaminvergiftung zu schützen. Die letale Histamindosis beträgt für Meerschweinchen bei intravenöser Verabfolgung etwa 0,4—0,6 mg/kg. Die quantitative Auswertung kann dabei auf verschiedene Weise erfolgen. Bei dem von Bovet und Staub (1937) zuerst verwendeten Verfahren wird diejenige maximale intravenös injizierte Histamindosis bestimmt, die 30 min nach subcutaner Vorbehandlung mit einem Antihistaminicum noch vertragen wird. Umgekehrt wird bei der von Winter (1947) angegebenen Versuchsanordnung die minimale Antihistaminmenge ermittelt, die noch in der Lage ist, die Tiere vor der tödlichen Wirkung einer konstanten, intravenös zugeführten Histaminmenge zu schützen. Beide Methoden sind mit Unsicherheitsfaktoren belastet, denn die Histaminempfindlichkeit der Tiere ist Schwankungen unterworfen.

Die Wirkung der Antihistaminica läßt sich auch an anderen Tierarten nachweisen. Dabei ergeben sich von Species zu Species aber deutliche Unterschiede. Nach Huttrer, Halpern (1946) u. a. werden z. B. Meerschweinchen durch 20 mg/kg Phenergan (Promethazin) vor 1200—1500 tödlichen Histamindosen geschützt,

Kaninchen vor 400—450, Hunde vor 15—18 tödlichen Dosen und Mäuse überhaupt nicht; für 20 mg/kg Neoantergan betragen die Werte: Meerschweinchen 80, Kaninchen 30, Hund 2—2,5 letale Dosen Histamin; bei Mäusen keine Wirkung.

b) Einfluß auf histaminbedingte Gefäßreaktionen

An isolierten Gefäßpräparaten, wie z. B. an isolierten Kaninchenohren oder an der hinteren Extremität führt die Durchströmung mit Histamin zu einem Spasmus der Gefäße. Mit Antihistaminica läßt sich dieser Histamineffekt antagonistisch beeinflussen. Die wirksamen Schwellenkonzentrationen liegen etwa in der gleichen Größenordnung wie die am isolierten Darm ermittelten Grenzdosen, nämlich zwischen 10^{-6} und 10^{-8} (s. HAAS, MEIER und BUCHER).

Demgegenüber sind die Kreislaufwirkungen des Histamins am Ganztier, gemessen am Blutdruck erst durch sehr viel größere Dosen zu hemmen. Am isolierten Darm und am isolierten Gefäßpräparat vermag 1 mol eines mittelstarken Antihistaminicums die Wirkung von 10 mol Histamin zu unterdrücken, am Blutdruck beträgt dieses Verhältnis etwa 1:0,01 bis 1:0,001 (BUCHER 1950). Der Grund für diese Diskrepanz ist noch nicht klar, möglicherweise liegt er aber darin, daß der Histaminwirkung auf den Blutdruck ein komplexer Mechanismus zugrunde liegt und daß mit Gegenregulationen gerechnet werden muß. In der Wirksamkeit verschiedener Antihistaminica bestehen ebenso wie an den glattmuskeligen Funktionssystemen zum Teil erhebliche Unterschiede. Beim Vergleich mehrerer Antihistaminica fand HALPERN (1950) am Blutdruck von Katzen und Hunden Phenergan (Promethazin) und Neoantergan (Mepyramin) als am stärksten wirksam.

GATZEK und MECHELKE, die die Wirkung mehrerer Antihistamine auf histaminbedingte Kreislaufreaktionen bei gesunden Menschen mit Hilfe von MATTHES entwickelter fortlaufend registrierender Methoden untersuchten, fanden desgleichen erhebliche Wirkungsunterschiede. Um die Wirkung von 25 γ intravenös injizierten Histamins in gleichem Maße abzuschwächen, waren folgende Mengen notwendig: Neoantergan (Mepyramin) 0,5 mg, Synpen (Chlorpyrilamin) 1,0 mg, Soventol 5 mg, Pyribenzamin (Tripelennamin) 15 mg, Thephorin (Phenindamin) 25 mg, Luvistin 37, 75 mg, Avil (Prophenpyridamin) 75 mg und Antistin (Antazolin) 200 mg. Neoantergan war in dieser Versuchsanordnung also etwa 400mal wirksamer als Antistin.

Der Effekt der Antihistaminica auf die Capillarpermeabilität soll im folgenden Abschnitt gesondert besprochen werden.

c) Einfluß auf Capillarpermeabilitätsstörungen

Zu den klinisch wichtigsten Wirkungskomponenten der Antihistaminica gehören die permeabilitätshemmenden Eigenschaften (HALPERN 1950), denn es hat sich gezeigt, daß Antihistamine bei verschiedenen Krankheitsbildern und experimentell erzeugten Syndromen, in deren Pathogenese Störungen der Gefäßpermeabilität im Vordergrund stehen, wie z. B. Urticaria, Quincke-Ödem, Heuschnupfen, gut wirksam sind. Nach pharmakologischen Gesichtspunkten steht die permeabilitätshemmende Wirkung aber hinter der spasmolytischen Antihistaminwirkung zurück. Setzt man die zur Erreichung eines bestimmten permeabilitätshemmenden Effektes notwendigen Antihistamindosen in Beziehung zu den verwendeten Histaminmengen, so ergibt sich nach BUCHER (1950) etwa ein Verhältnis von 100:1, d. h. zur Hemmung der permeabilitätssteigernden Wirkung eines Moleküls Histamin sind 100 Moleküle Antihistamin notwendig. Im Gegensatz dazu beträgt das Verhältnis bei der spasmolytischen Antihistaminwirkung 1:1 bis 1:10.

Die permeabilitätshemmende Wirkung läßt sich am besten an der menschlichen Haut demonstrieren, wo sich eine durch Histamin oder andere Stoffe ausgelöste Permeabilitätsstörung in Form einer Quaddel (= cutanes Ödem) zu erkennen gibt. Mit Hilfe der Planimetrie kann die Einwirkung von Antihistaminen auf die Quaddel verfolgt werden. Die Antihistaminpräparate können dabei vor der intracutanen Histamininjektion enteral oder parenteral gegeben werden oder auch lokal in Form von Salben (Stüttgen und Krause 1956) sowie mit Hilfe der Iontophorese appliziert werden. Histamin und Antihistamine wurden auch gleichzeitig in die Haut injiziert. Bei dieser Histaminquaddelmethode ist zu berücksichtigen, daß die Größe der Histaminquaddel bei den einzelnen Menschen verschieden ausfällt und darüber hinaus tages- und jahreszeitlichen Schwankungen unterliegt. Weiterhin bestehen auch Unterschiede in der Reaktionsstärke in verschiedenen Hautbezirken; eine Histaminreaktion verläuft am Arm nicht in gleicher Weise wie am Rücken.

Bei den meisten Laboratoriumstieren tritt diese als Lewissche Trias bekannte Reaktion nicht so deutlich in Erscheinung. Um die Verhältnisse auch beim Tier genauer verfolgen zu können, sind daher von mehreren Autoren Verfahren ausgearbeitet worden, die es gestatten, die gesteigerte Gefäßdurchlässigkeit zu erfassen. Sie beruhen darauf, daß einige großmolekulare Farbstoffe, vor allem Trypanblau, Pontaminblau, Evans-Blau, sich nach intravenöser Injektion ähnlich wie Eiweißkörper verhalten. Bei einer Störung der Permeabilität treten sie aus den Capillaren in das Gewebe aus und werden dort sichtbar abgelagert. Menkin (1938) hat als erster eine Technik entwickelt, mit der Permeabilitätsstörungen an der Haut verfolgt werden können. Die Tiere erhalten den Farbstoff intravenös, der gefäßaktive Stoff (z. B. Histamin) wird gleichzeitig oder kurze Zeit danach intracutan injiziert. Als Zeichen des Farbstoffaustrittes aus den Gefäßen stellt sich eine gut abgrenzbare, fleckförmige Blaufärbung in der Umgebung der Injektionsstelle ein. Zwei weitere Methoden der direkten Erfassung der Capillarpermeabilität wurden von Halpern u. Mitarb. (1948, 1949) entwickelt: Bei dem ersten Verfahren wird der Gehalt an intravenös injiziertem Trypanblau im experimentell erzeugten Peritonealexsudat bei Kaninchen colorimetrisch gemessen, und bei der zweiten Methode wird der Übertritt von intravenös gegebenem Fluorescein in die vordere Augenkammer mit einer Lampe verfolgt. Es sind noch weitere auf dem gleichen Prinzip beruhende Modifikationen der Methodik angegeben worden, die bei der Auswertung der Antihistaminica zu gleichen Ergebnissen geführt haben. Die ersten Untersuchungen über die Capillarpermeabilitätshemmung der Antihistamine wurden von Parrot (1942) sowie Pasteur Vallery-Radot, Mauric und Halpern (1946) mit Antergan bzw. Neoantergan durchgeführt. Die Ergebnisse dieser Autoren wurden später von einer Reihe weiterer Autoren bestätigt, die darüber hinaus mit anderen Präparaten zu ähnlichen Befunden kamen (Elias und McGavack 1946, Friedlaender und Feinberg 1946, Lovejoy, Feinberg und Canterbury 1949, Kallós und Kallós-Deffner 1949, Last und Loew 1947, Halpern 1949, 1950, Domenjoz und Jaques 1949, Hensen 1950 u. a.). (Weitere Literaturangaben hierzu s. Tabelle 3).

Mehrere Autoren haben sich der mühevollen Aufgabe unterzogen, mit Hilfe von quantitativen Untersuchungen verschiedene Antihistamine hinsichtlich ihrer capillarpermeabilitätshemmenden Wirkung untereinander zu vergleichen. Nach den von Lovejoy, Feinberg und Friedlaender (1949), Bain u. Mitarb. (1949), Sternberg u. Mitarb. (1950), Brett (1950) u. a. an der menschlichen Haut gewonnenen Resultaten gehören Phenergan (Promethazin), Pyribenzamin (Tripelennamin), Neoantergan (Mepyramin), Synpen (Chlorpyramin) Soventol, Thephorin (Phenindamin), Trimeton (Prophenpyridamin), Benadryl (Diphenhydramin) zu den wirksamsten Präparaten; von geringerer Wirkung waren Neohetramin (Thonzylamin) und Antistin (Antazolin). Da bei weitem nicht alle Antihistamine in dieser Hinsicht untersucht worden sind, muß eine derartige Einstufung lückenhaft bleiben. Für die therapeutische Brauchbarkeit geben solche Untersuchungen zwar gewisse Hinweise, völlige Übereinstimmung zwischen den experimentellen Befunden und den klinischen Resultaten hat sich jedoch meistens nicht ergeben. Dies wird verständlich, wenn man berücksichtigt, daß die mit verschiedenen Versuchsanordnungen erzielten Ergebnisse zum Teil erheblich voneinander abweichen (BRETT 1950).

Mit Hilfe der Histaminquaddelmethode läßt sich neben der Wirkungsstärke auch die Wirkungsdauer von Histaminantagonisten bestimmen. Untersuchungen von BAIN u. Mitarb. (1949) ergaben, daß Phenergan (Promethazin) 5,6mal länger wirksam war als Antistin und 3,8mal länger als Neoantergan (Mepyramin).

Auch nicht durch direkte Zufuhr von Histamin hervorgerufene Permeabilitätsstörungen können durch Antihistamine beeinflußt werden. KOPEL und RAUBITSCHEK (1948), PERRY, HOSMER und STERNBERG (1951), MOYNAHAN (1952) u. a. fanden, daß die Entwicklung der durch Pilocarpin, Acetylcholin, Atropin, Coffein, Morphin, Dionin, Urethan ausgelösten Hautreaktionen durch Vorbehandlung mit Antihistaminen gehemmt werden. HALPERN und CRUCHAUD (1946) sahen einen Einfluß von Phenergan (Promethazin) auf das durch Phosgen und Chlorpikrin ausgelöste Lungenödem von Kaninchen; allerdings waren erst Dosen von 15 bis 20 mg/kg wirksam. Auch das durch Eiereiweiß auslösbare Ödem der Ratte soll nach HALPERN (1949) durch Phenergan abgeschwächt werden, aber nicht durch Mepyramin (Neoantergan). Berücksichtigt man in diesem Zusammenhang neuere Ergebnisse über die Histaminfreisetzung, so liegt es nahe anzunehmen, daß auch die oben aufgeführten Stoffe zu einer Freisetzung von Histamin in den Geweben geführt haben, das dann die Gefäßreaktionen bewirkt hat. Der Antihistamineffekt wäre demnach auch hierbei auf einen Histaminantagonismus zurückzuführen. Das Eiweißödem der Ratte wird nach neueren Untersuchungen nicht durch Histamin, sondern durch Serotonin ausgelöst (FELDBERG 1960), ein wesentlicher Effekt von reinen Antihistaminen ist daher auch nicht zu erwarten. Eine Beeinflussung der durch Stauung hervorgerufenen erhöhten Gefäßdurchlässigkeit durch Antistin (Antazolin) fand FRIEDBERG (1951). Die Durchlässigkeit der sog. Blutliquorschraube wurde in Untersuchungen von GELVIN, ELIAS und MCGAVACK (1947) durch Benadryl (Diphenhydramin) nicht verändert.

Im Capillarbereich wirken die Antihistaminica aber nicht nur der Permeabilitätserhöhung entgegen, sie haben darüber hinaus auch eine Wirkung auf den Gefäßtonus. Am Mesenterium der Ratte führte in Experimenten von HALEY und HARRIS (1949) die lokale Applikation von Neoantergan, Benadryl, Phenergan und Thephorin zu einer Konstriktion der Präcapillaren, wodurch ein verminderter Flüssigkeitsstrom im Capillarbereich zu beobachten war. Dieser vasoconstrictorische Effekt ist auch an der menschlichen Haut nachweisbar, denn Antihistaminica verkleinern außer der Histaminquaddel auch das umgebende Erythem.

Der Einfluß der Antihistaminica erstreckt sich auch auf die Capillarresistenz, die durch Antihistaminica in verschiedenem Maße erhöht wird (DOMENJOZ und JAQUES 1949, FRIEDBERG 1951).

d) Einfluß auf histaminbedingte Sekretionssteigerung von Drüsen

Da Histamin auf verschiedene exkretorische Drüsen des Verdauungstraktes, besonders auf die der Magenschleimhaut sekretionsanregend wirkt, lag es nahe, den Einfluß von Antihistaminen auf diesen Effekt zu untersuchen. Die ersten tierexperimentellen Untersuchungen in dieser Hinsicht wurden mit den Vorläufern der später therapeutisch verwendeten Antihistamine, nämlich Thymoxyäthyldiäthylamin (929 F) und N-Diäthyl-aminoäthyl-N-äthyl-anilin (1571 F) durchgeführt (LOEW und CHICKERING 1941, HALLENBECK 1943, BURCHELL und VARCO 1942, BOURQUE und LOEW 1943). Diese Autoren fanden zwar in einigen Versuchen eine leichte Hemmung der Magensaftsekretion, die aber nicht als spezifisch gegen die Histamineffekte gerichtet anzusehen war. Wenn eine Verringerung der Magensaftsekretion eintrat, so in gleicher Weise auch nach Injektion von Pilocarpin oder Mecholyl. Spätere Untersuchungen, die mit pharmakologisch weit wirksameren Antihistaminica wie Antergan, Neoantergan, Benadryl, Antistin, Pyribenzamin, Synpen u. a. an Tieren sowie bei Menschen unternommen wurden, zeigten dann eindeutig, daß die Antihistaminica selbst in hohen Dosen (bis 200—300 mg intravenös) die durch Histamin auslösbare Steigerung der Magensaftsekretion nicht zu beeinflussen vermögen (GORDONOFF 1944, BOVET und WALTHERT 1944, MCGAVACK, ELIAS und BOYD 1946, DECOURT, RINIERI und SONNET 1945, FRIESEN u. Mitarb. 1946, PERRY und HORTON 1947, HALPERN 1947, GRAHAM 1947, ASHFORD, HELLER und SMART 1949, BUNSE 1950, SORRIBAS-SANTAMARIA 1951 u. a.). Warum die Antihistaminica keine Wirkung auf diesen Histamineffekt ausüben, ist bis heute unklar geblieben. MEIER und BEIN (1951) nehmen an, daß sie unter den üblichen Bedingungen nicht in ausreichender Menge an den Ort der Wirkung gelangen, denn WOOD (1950) konnte durch Injektion von Antihistaminica in die Magenarterien eine Hemmung der durch Histamin hervorgerufenen Magensaftsekretion erreichen.

e) Einfluß auf die Blutgerinnung

Es muß noch erwähnt werden, daß der von ZETLER (1951) aufgefundene, von STÜTTGEN (1957) bestätigte Einfluß des Histamins auf die Blutgerinnung durch Antihistaminica gehemmt werden kann. In den Untersuchungen ZETLERs führte die intravenöse, intramuskuläre oder subcutane Injektion von 0,15 mg/kg Histamin bei Kaninchen zu einer Verkürzung der Blutgerinnungszeit. Vorbehandlung mit 20—30 mg/kg verschiedener Antihistamine hob diese Wirkung des Histamins auf. In vitro fand ZÜRN (1956) einen direkten Einfluß der Antihistaminica auf die Plasmagerinnung. Die zur Erreichung des gerinnungshemmenden Effektes notwendigen Dosen waren aber so hoch, daß bei einer Therapie mit einer derartigen Wirkung nicht zu rechnen ist.

2. Lokalanaesthetische und antipruriginöse Wirkung

Alle Antihistaminica besitzen mehr oder weniger stark ausgeprägte lokalanaesthetische Eigenschaften. Die ersten experimentellen Befunde dafür erbrachten ROSENTHAL und MINARD (1939). Nach intracutaner Injektion war in ihren Untersuchungen das erste Antihistaminicum Thymoxyäthyldiäthylamin etwa 2mal stärker lokalanaesthetisch wirksam als Procain. Diese Befunde wurden später von mehreren Autoren bestätigt (HALPERN 1942, GRAHAM 1947, HALPERN, PERRIN und DEWS 1947, LEAVITT und CODE 1947, DUTTA 1949, LANDAU, NELSON und GAY 1951, KOPEL 1952 u. a.). Bei der Prüfung an der Haut mit Hilfe intra- und subcutaner Injektion wurde festgestellt, daß die meisten Antihistaminica den Lokalanaesthetica der p-Aminobenzoesäurereihe überlegen sind. Die Wirkung der Antihistaminica erstreckt sich nicht nur auf sensible Nerven, sie ist an motorischen Nerven in gleichem Maße vorhanden, wie Untersuchungen von REUSE (1948), KLUPP und MLCZOCH (1950) gezeigt haben. ROSENTHAL u. Mitarb. (1943) fanden auch bei oraler oder parenteraler Anwendung von Thymoxyäthyldiäthylamin mit allerdings sehr hohen Dosen von 30—50 mg/kg eine Erhöhung der Schmerzreizschwelle an der Haut.

Wenn die Antihistaminica sich im Experiment als starke Lokalanaesthetica erwiesen haben, so liegt natürlich die Frage nahe, warum sie nicht als solche Eingang in die Therapie gefunden haben. Der Grund dafür liegt wohl in erster Linie darin, daß Antihistaminica in weit größerem Maße als die gebräuchlichen Lokalanaesthetica zu Gewebsreizungen führen.

Wie von klinisch-therapeutischen Erfahrungen her bekannt ist, besitzen die Antihistaminica *antipruriginöse Eigenschaften.* Diese Wirkung läßt sich durch Bestimmung der durch Histamin und andere Stoffe ausgelösten Juckreizschwelle vor und nach Einfluß von Antihistaminen objektivieren, und zwar kommt es sowohl bei lokaler Applikation als auch bei oraler oder parenteraler Zufuhr zu einer Erhöhung der Juckreizschwelle. Die Dämpfung des Juckreizes geht dabei parallel mit der Hemmung der Histaminreaktion an der Haut (BRACK 1946, HAAS 1949, OLIVETTI 1947). Bei solchen Untersuchungen hat sich gezeigt, daß die histaminbedingte Juckreizschwelle von Mensch zu Mensch sehr verschieden ist und bei einzelnen Personen auch deutlich tageszeitlichen und regionalen Schwankungen unterworfen ist (CORMIA 1952, 1953).

Ähnlich wie durch Histamin lassen sich durch eine Reihe anderer Stoffe Juckreizempfindungen auslösen. Nach BRACK (1946), SPIER (1948), HAAS (1949), STORCK (1949) u. a. wird auch der durch Morphin, Dionin, Coffein und ähnliche Substanzen intracutan hervorgerufene Pruritus durch Antihistamine gehemmt. Keine Wirkung fand HAAS (1949) dagegen auf die durch Brennesseln erzeugte Juckempfindung. In diesem Zusammenhang muß wieder darauf hingewiesen werden, daß die erwähnten Verbindungen im Gewebe Histamin freizusetzen vermögen, so daß es durchaus möglich ist, daß der z. B. durch intracutane Injektion von Morphin und ähnlichen Verbindungen ausgelöste Pruritus in Wirklichkeit ein Histaminpruritus ist.

Wie die von CORMIA und KUYKENDALL (1954) sowie IDE (1956) erzielten Resultate zeigen, bestehen zwischen den einzelnen Antihistaminica Unterschiede im Wirkungsgrad. In den an unserer Klinik durchgeführten Untersuchungen (IDE) waren Promethazin (Atosil) Soventol, Luvistin wirksamer als Antistin. Unklar ist noch der Mechanismus der antipruriginösen Wirkung der Antihistamine. Bei lokaler Anwendung ist ein direkter Angriff an den peripheren Receptoren durchaus wahrscheinlich. Ob aber die Wirkung bei oraler oder parenteraler Gabe in gleicher Weise erfolgt oder ob dabei auch eine zentrale Wirkung im Sinne einer Beeinflussung der Perzeption von Bedeutung ist, ist noch unklar. Für eine zentrale Wirkung würde sprechen, daß eine Dämpfung des Juckreizes klinisch mit denjenigen Antihistaminica am besten erreicht werden kann, die eine ausgesprochen sedative Wirkung entfalten.

3. Antiallergische Wirkung

Die Histamintheorie der Allergie und Anaphylaxie gab Veranlassung, die Antihistamine hinsichtlich ihrer Wirksamkeit gegenüber den verschiedenen experimentell erzeugbaren allergischen Reaktionen an Tier und Mensch zu prüfen. Die Kenntnis der Beeinflußbarkeit verschiedener anaphylaktischer Reaktionen ist deshalb von Bedeutung, weil sich auf diesem Gebiet Parallelen zur klinischen Anwendung der Antihistaminica ergeben. In theoretischer Hinsicht besteht daneben insofern Interesse, als aus den experimentellen Befunden sich möglicherweise Hinweise auf den Mechanismus bestimmter Reaktionen ergeben. Eine Übersicht über die Wirkung der Antihistaminica auf verschiedene allergische Phänomene vermittelt die Tabelle 4.

Tabelle 4. *Beeinflussung allergischer Reaktionen durch Antihistaminica*

Art der Reaktionen	Species	Dosis und Applikation	Antagonismus	Literatur
I. Sofortreaktionen:				
Anaphylaktischer Schock (aktiver)	Mensch		+	CUNZ (1948)
	Meerschweinchen	1—10 mg/kg s.c.	++	STAUB u. BOVET (1937), STAUB (1939), ROSENTHAL u. BROWN (1940), HALPERN (1942, 1946), WILCOX u. SEEGAL (1942), LOEW u. KAISER (1945), SCHOLZ (1945), ARBESMAN u. Mitarb. (1946), MEIER u. BUCHER (1946), MAYER (1946), PASTEUR VALLERY-RADOT, MAURIC, HALPERN u. HOLTZER (1947), CRIEP u. AARON (1948), DIEDEY (1948), ERCOLI u. Mitarb. (1948), LA BELLE u. TISLOW (1948), ROTH u. Mitarb. (1948), ALEKSANDROWICZ (1949), CHESSIN u. ERCOLI (1949), FRIEDLAENDER u. FRIEDLAENDER (1949), FEINBERG u. Mitarb. (1950) u. a.
	Kaninchen	10—40 mg/kg s.c. oder i.p.	+	LEYA (1946), PASTEUR VALLERY-RADOT, HALPERN u. HOLTZER (1947)
			∅	CAMPBELL u. Mitarb. (1947), McGAVACK u. Mitarb. (1947) u. a.
	Hund	10—40 mg/kg s.c. oder i.p.	+	HALPERN (1942), BOVET u. WALTHERT (1944), YONKMAN u. Mitarb. (1945), MAYER (1946), WELLS, MORRIS u. DRAGSTEDT (1946) u. a.
Passiver anaphylaktischer Schock	Meerschweinchen	1—12 mg/kg s.c.	+	LOEW u. KAISER (1945), ARBESMAN, KOEPF u. MILLER (1946), FRIEDLAENDER, FEINBERG u. FEINBERG (1946), BROWN u. WERNER (1948), FRIEDLAENDER u. FRIEDLAENDER (1949), ROTH u. Mitarb. (1949), ARBESMAN, NETER u. BECKER (1950), BOVET (1950) u. a.
Anaphylaktisches Asthma	Meerschweinchen		++	STAUB u. BOVET (1937), BOVET u. WALTHERT (1944), HALPERN (1942), MEIER u. BUCHER (1946), FRIEBEL (1953), SCHULEMANN u. FRIEBEL (1953), BROCK, LORENZ u. VEIGEL (1954), FRIEBEL, FLICK u. REICHLE (1954)
	Mensch		(+) schwach	HERXHEIMER (1951)
Anaphylaktische Kontraktur des isolierten, sensibilisierten Darms (Schultz-Dale-Reaktion)	Meerschweinchen	0,5—1,0 γ/ml	+	STAUB u. BOVET (1937), HALPERN (1942, 1947), ROSE, FEINBERG, FRIEDLAENDER u. FEINBERG (1942), MAYER, HUTTRER u. SCHOLZ (1945), MEIER u. BUCHER (1946, 1949) CRIEP u. AARON (1948), BESTIAN u. LINDNER (1950), HAAS (1951), SIESS (1953)

Tabelle 4 (Fortsetzung)

Art der Reaktionen	Species	Dosis und Applikation	Antagonismus	Literatur
Anaphylaktische Blutdrucksenkung	Kaninchen	20—40 mg/kg s.c.	Ø teilweise (+)	REUSE (1949) PASTEUR VALLERY-RADOT, MAURIC, HALPERN u. HOLTZER (1947)
Anaphylaktoide Reaktionen (Anaphylatoxinschock)	Meerschweinchen	5—15 mg/kg	+	HAHN u. OBERDORF (1950)
II. Allergische Reaktionen der Haut:				
Intracutane urticarielle Testreaktionen	Mensch	0,5 mg i.c. oder 0,5—1,0 mg je kg i.m. oder oral	+	SERAFINI (1946), ARBESMAN, KOEPF u. MILLER (1946), FRIEDLAENDER u. FEINBERG (1946), HARLEY (1946), NEXMAND u. SYLVEST (1947), CRIEP u. AARON (1948), BURCKHARDT u. STEIGRAD (1949), FRIEDLAENDER u. FRIEDLAENDER (1949), KALLÓS u. KALLÓS-DEFFNER (1949), EPSTEIN u. PAULSON (1951), FOND (1952) u. a.
Prausnitz-Küstner-Reaktion	Mensch	0,5—1,0 mg/kg i.c. (Beimischung zum Allergen)	+	PASTEUR VALLERY-RADOT u. Mitarb. (1946, 1948), JADASSOHN und DIEDEY (1947), BURCKHARDT u. STEIGRAD (1949), FRIIS (1949), COLEMAN u. SIEGEL (1956), SIEGEL, BOWMAN u. WALZER (1953)
		10—200 mg i.m. und per os	Ø	NEXMAND u. SYLVEST (1947), JADASSOHN (1948), FRIIS (1949), COLEMAN u. SIEGEL (1956)
Arthus-Phänomen	Kaninchen	20—50 mg/kg i.p. und s.c.	Ø	DREISBACH (1947), FISCHEL (1947), LAST u. LOEW (1947), DAMMIN u. BUKANTZ (1949), MEIER u. BUCHER (1949)
	Meerschweinchen	40—50 mg/kg i.p.	Ø +	BOQUET (1943) MAYER (1947)
	Ratte	50 mg/kg	Ø	BROCKLEHURST, HUMPHREY u. PERRY (1955)
Passive cutane Anaphylaxie	Meerschweinchen	30 mg/kg	+	OVARY, BIOZZI u. MENÉ (1951)
	Ratte	50 mg/kg	Ø	BROCKLEHURST u. Mitarb. (1955)
Tuberkulin-Hautreaktion	Mensch	0,2—5,0 mg i.c. (Beimischung zum Antigen)	+	BRETON (1943), PELLERAT u. MURAT (1944), BIRKHÄUSER (1945), HUTH (1948), GRAUB u. BARRIST (1950), LECOMTE (1952)
		100—500 mg täglich über Wochen	+	JUDD u. HENDERSON (1949)
		0,2—5 mg i.c. (Beimischung zum Antigen)	Ø	CRIEP, LEVINE u. AARON (1949), MASSENBERG u. ROMMERSWINKEL (1949)

Tabelle 4 (Fortsetzung)

Art der Reaktionen	Species	Dosis und Applikation	Antagonismus	Literatur
		100—500 mg täglich p.o. und i.m.	∅	EPSTEIN u. GUY (1947), FRIEDMAN u. SILVERMAN (1949), KENDING, SPENCER u. LA FRATTA (1949), LEIBER (1949), HUNTER, HYDE u. DAVIS (1950), LIMA u. ROCHA (1951)
	Meerschweinchen	10—30 mg/kg	∅	BOQUET (1943), KREIS (1946), BIRKELAND u. KORNFELD (1947), CRIEP, LEVINE u. AARON (1949), DUCA u. SCUDI (1949)
		25 mg/kg	+	SARBER (1948)
	Kaninchen	10—20 mg/kg	∅	FISCHEL (1947), BIRKELAND u. KORNFELD (1947)
Spätreaktion auf mikrobielle Allergene	Mensch	0,5—1,0 mg i.c. (Beimischung zum Antigen)	∅	EPSTEIN u. PAULSON (1951), LICHTENSTEIN (1951)
	Meerschweinchen	200 mg/kg s.c.	+	HAGERMAN (1951)
Ekzemreaktion	Mensch	200—250 mg pro Tag p.o.	∅	BURCKHARDT (1944), KOCHS (1949), PECK, FINKLER, MAYER u. MICHELFELDER (1950), NILZÉN (1950), ZENNER u. FRIEDERICH (1950), FRANDSEN (1954)
	Meerschweinchen	25—150 mg je kg s.c.	∅	KALKOFF (1949), HAMMERSCHMIDT u. KORTING (1951)
		200—800 mg je kg p.o.	∅	FREY (1948)
		5—30 mg/kg i.p. und s.c.	(+)—+	MAYER (1947), BROWN u. WERNER (1948), DUSKE (1951), HALPERN u. DUESBERG (1952)
		lokale Applikation	+	MAYER (1947)
Sanarelli-Schwartzman-Phänomen	Kaninchen	lokale Unterspritzung und 50 mg je kg i.v.	+	BOVET u. WALTHERT (1944), PASTEUR VALLERY-RADOT u. Mitarb. (1947), FILIPP u. KELENHEGYI (1951)
Masugi-Nephritis	Kaninchen		+	REUBI (1945), STEINMANN u. REUBI (1946), GONZALES u. SAFIAN (1950)
			∅	HALPERN, TROLLIET u. MARTIN (1949), WINTERNITZ u. HACKEL (1951), HAHN, MÜLKE u. SCHMITZ-BOCKLENBERG (1954)
	Ratte		∅	MEIER u. BUCHER (1949)
Periarteriitis nodosa	Kaninchen	5—10 mg/kg	+	KYSER, MCCARTER u. STENGLE (1947)
			∅	MACGREGOR u. WOOD (1949), ROBERTS, CROCKETT u. LAIPPLY (1948)
Antikörperbildung	Kaninchen		∅	ARBESMAN, KOEPF u. MILLER (1946), LEYA (1946), MEIER u. BUCHER (1946, 1949), OLIVETTI (1948)

Wie aus dieser Aufstellung hervorgeht, haben die Antihistaminica bei einer Reihe von experimentellen anaphylaktischen Reaktionen eine antagonistische Wirkung. Am stärksten ist diese Wirkung bei den sich an der glatten Muskulatur abspielenden Sofortreaktionen. Wie zahlreiche Autoren festgestellt haben, werden sensibilisierte Meerschweinchen durch vorherige Gaben von Antihistaminica vor dem durch Reinjektion des homologen Antigens auslösbaren *anaphylaktischen Schock* geschützt. Auch die anaphylaktische Kontraktur von sensibilisierten, glattmuskeligen Organen (Darm, Uterus) des Meerschweinchens (Schultz-Dalesche Reaktion) wird durch Antihistaminica gehemmt. Das Symptomenbild des anaphylaktischen Schockes des Meerschweinchens gleicht weitgehend dem durch Injektion von Histamin auslösbaren Schock, und es liegt daher nahe, die Wirksamkeit der Antihistaminica auf die beiden Schockreaktionen zu vergleichen. Dabei zeigte sich, daß zur vollständigen Hemmung des anaphylaktischen Schocks größere als zur Unterdrückung des Histaminschocks notwendige Dosen benötigt werden (FEINBERG, MALKIEL, BERNSTEIN und HAGIS 1950, MEIER u. BUCHER 1949 u. a.). Diese Befunde können als Hinweis dafür aufgefaßt werden, daß in der Genese des anaphylaktischen Schocks von Meerschweinchen neben Histamin noch andere, nicht oder schwächer durch Antihistaminica zu beeinflussende Faktoren von Bedeutung sind.

Ähnlich liegen auch die Verhältnisse beim *anaphylaktischen Asthma* von Meerschweinchen, das durch Zufuhr des Antigens auf dem Inhalationsweg auszulösen ist. Die Antihistaminica sind bei vorheriger Applikation in der Lage, das anaphylaktische Asthma zu unterdrücken. Wie FRIEBEL (1953) u. a. gezeigt haben, ist aber die durch Histaminaerosole auslösbare Bronchokonstriktion weit besser durch Antihistaminica zu beeinflussen als das allergische Asthma des Meerschweinchens. Zum Schutz vor dem anaphylaktischen Asthma waren 4—10fach höhere Dosen notwendig als zur Unterdrückung der histaminbedingten Bronchokonstkrition (FRIEBEL 1953). Diese Ergebnisse sind eine indirekte Bestätigung dafür, daß die Auffassung von der Identität des anaphylaktischen und histaminbedingten Asthmas von Meerschweinchen nicht zu Recht besteht. Zufuhr von Histamin führt in erster Linie zu eine Kontraktion der glatten Bronchialmuskulatur: Wie WARREN und DIXON (1948) mit radioaktiv markierten Antigenen zeigen konnten, ist das entscheidende Merkmal beim allergischen Meerschweinchenasthma demgegenüber nicht so sehr die Bronchokonstriktion, sondern das Ödem der Bronchialschleimhaut.

Anaphylaktische Zustände verschiedener Tierspecies sprechen nicht in gleicher Weise auf Antihistaminica an. So sind die Ergebnisse über die Beeinflussung des anaphylaktischen Schocks bei Kaninchen z. T. widerspruchsvoll (s. Tabelle 4); mit höheren Dosen gut wirksamer Antihistaminica sind aber auch Kaninchen vor dem anaphylaktischen Schock weitgehend zu schützen. Die mit dem Schock einhergehende Blutdrucksenkung ließ sich bisher aber durch kein Antihistaminicum verhindern. Auch beim Hund werden größere Mengen als beim Meerschweinchen benötigt.

Von besonderem dermatologischen Interesse ist die Frage, inwieweit sich *an der Haut auslösbare allergische Reaktionen* durch Antihistaminica beeinflussen lassen. SERAFINI (1945), FRIEDLAENDER und FEINBERG (1946), ARBESMAN, KOEPF und MILLER (1946) konnten nachweisen, daß die orale Vorbehandlung mit Antihistaminen zu einer mäßigen Abschwächung der cutanen Reaktion auf spezifische Allergene führt. Das Maximum der Wirkung, die im übrigen nicht besonders ausgeprägt war, stellte sich bei den Untersuchungen SERAFINIs bei oraler Applikation etwa nach 2—4 Std, bei intravenöser Injektion nach 30—40 min ein. Von der Mehrzahl der Autoren, die sich mit diesen Fragen beschäftigt haben, wurden diese

Befunde bestätigt (Nexmand und Sylvest 1947, Kallós und Kallós-Deffner 1949 u. a., s. a. Tabelle 4). Stärker ist die Wirkung, wenn das Antihistaminicum in Dosen von 0,5—1,0 mg gleichzeitig mit dem Allergen intracutan injiziert wird (Criep und Aaron 1948, Schwartz und Wolf u. a.).

Die bei verschiedenen Applikationsformen beobachteten Wirkungsunterschiede finden ihre Erklärung ganz offensichtlich in der Dosierung. Die bei intracutaner Injektion erzielte Gewebskonzentration ist durch enterale oder parenterale Applikation nicht zu erreichen. Es besteht in dieser Hinsicht eine Ähnlichkeit zur Wirkung auf die intracutane Histaminreaktion. In entsprechender Weise war die *Prausnitz-Küstner*-Reaktion in den Untersuchungen von Jadassohn und Diedey (1947), Burckhardt und Steigrad (1949), Pasteur Vallery-Radot u. Mitarb. (1948), Nexmand und Sylvest (1947) u. a. auch nur dann zu beeinflussen, wenn die Antihistaminica mit dem Allergen gleichzeitig intracutan injiziert wurden. Bei intramuskulärer oder oraler Verabreichung ergab sich keine oder nur eine schwache Wirkung.

Das an sensibilisierten Kaninchen und Meerschweinchen durch intracutane Reinjektion des homologen Antigens auslösbare *Arthus-Phänomen* war in den Versuchen von Meier und Bucher (1949), Last und Loew (1947), Dammin und Bukantz (1949) durch intraperitonale Vorbehandlung mit relativ hohen Dosen Antihistaminica nicht zu unterdrücken. Lediglich Mayer (1947) fand mit Pyribenzamin eine gewisse Hemmung dieses Phänomens. Die von Arthus vor mehr als 50 Jahren zuerst beschriebene Reaktion ist dadurch gekennzeichnet, daß hier nicht das Ödem wie bei der flüchtigen urticariellen Reaktion im Vordergrund steht, sondern daß nach Ablauf einiger Stunden die sich entwickelnde zellige Infiltration und die Hämorrhagie das Bild beherrschen. Die Rolle von Histamin als bestimmendem Faktor kann für diesen Prozeß nur von untergeordneter Bedeutung sein.

Widerspruchsvoll sind die Ergebnisse verschiedener Autoren über den Effekt von Antihistaminica auf die *allergischen Spätreaktionen vom Tuberkulin- und Ekzemtyp*. Die Spätreaktionen unterscheiden sich klinisch von den allergischen Frühreaktionen dadurch, daß sich bei ihnen die Reaktion an der Haut erst im Verlauf von 12—48 Std entwickelt, wogegen die Sofortreaktion nach 30 min ihren Höhepunkt erreicht hat. Beim Tuberkulintest konnten einige Autoren (Tabelle 4) durch Beimischung von Antihistaminica zum Tuberkulin eine Abschwächung erzielen, von anderen wurden die Resultate aber nicht bestätigt. Wurden die Antihistaminica vor Auslösung der Reaktion oral oder parenteral appliziert, so fand die Mehrzahl der Untersucher keinen Effekt. Entsprechende Untersuchungen an Meerschweinchen und Kaninchen führten zu ähnlichen, meist negativen Resultaten. Die der Tuberkulinreaktion ihrem Wesen nach sehr verwandte Testreaktion auf bakterielle Antigene verschiedenen Ursprungs konnte desgleichen durch Antihistaminica nicht beeinflußt werden (Epstein u. Paulson 1951). Wie Untersuchungen von Burckhardt (1944), Peck u. Mitarb. (1950), Kochs (1949), Nilzén (1950) u. a. gezeigt haben, sind epicutane Testreaktionen bei Menschen durch Vorbehandlung mit Antihistaminica in Dosen von 200—250 mg per os nicht zu unterdrücken. Auch beim experimentellen Kontaktekzem des Meerschweinchens fanden Kalkoff (1949), Frey (1948), Hammerschmidt und Korting (1951) keinen Unterschied zwischen behandelten und unbehandelten Tieren. Demgegenüber sahen Mayer (1947), Halpern und Duesberg (1952), Brown und Werner (1948), Duske (1951) nicht nur bei lokaler, sondern auch bei subcutaner Vorbehandlung eine Hemmung der Hautreaktion. Den negativen Ergebnissen entsprechen die später zu besprechenden klinischen Beobachtungen, wonach der Ablauf eines Ekzems durch Behandlung mit Antihistaminica kaum zu beeinflussen ist.

Zusammenfassend läßt sich feststellen, daß die Antihistaminica auf einen Teil der experimentell hervorgerufenen anaphylaktischen bzw. allergischen Phänomene eine antagonistische Wirkung entfalten, und zwar in erster Linie auf die allergischen Sofortreaktionen: anaphylaktischer Schock, Schultz-Dale-Reaktion, anaphylaktisches Asthma des Meerschweinchens und urticarielle Hautreaktionen. Die Spätreaktionen (Tuberkulin- und Ekzemreaktion) werden demgegenüber, wenn überhaupt, so nur schwach gehemmt.

Von Bedeutung ist es noch, den Einfluß der Antihistaminica auf die Antikörperbildung bzw. auf die Antigen-Antikörper-Reaktion zu kennen. Da Antihistaminica in erster Linie auf die Auswirkungen des als Folge der Antigen-Antikörper-Reaktion freiwerdenden Histamins eine Wirkung entfalten, ist ein solcher Einfluß nicht zu erwarten. LEYA (1946), MEIER und BUCHER (1949), ARBESMAN, KOEPF und MILLER haben den Titer des Antikörpers im Verlaufe der Sensibilisierung verfolgt und dabei festgestellt, daß Antihistaminica den Antikörpertiter nicht ändern. Antigen-Antikörper-Reaktionen werden durch Antihistamine nicht gehemmt, nur deren Auswirkungen können bis zu einem gewissen Grade unterdrückt werden.

4. Andere pharmakologische Eigenschaften

Die Antihistaminica wurden im Laufe der Jahre auf die verschiedensten Eigenschaften hin untersucht und es zeigte sich auch, daß sich im pharmakologischen Experiment eine ganze Reihe verschiedener Wirkungen nachweisen lassen. Auf alle Details kann hier nicht eingegangen werden; die im Zusammenhang mit der Klinik interessanten Eigenschaften verdienen in erster Linie Berücksichtigung.

Neben dem Histaminantagonismus, der sich experimentell in vielen Versuchsanordnungen konstant nachweisen läßt, interessierte die Frage, wie sich die Antihistaminica gegenüber anderen, nicht histaminbedingten Reaktionen verhalten. Schon den ersten Untersuchern war aufgefallen, daß eine Reihe von Antihistaminen chemisch eine auffallende Verwandtschaft zu Stoffgruppen haben, die auf das autonome Nervensystem wirken, und es wurde bald nachgewiesen, daß die meisten Antihistaminica auch die durch Acetylcholin auslösbare Kontraktur des isolierten Meerschweinchendarms zu lösen imstande sind (s. STAUB 1939, HALPERN 1942, MEIER und BUCHER 1949, HAAS 1951). Diese *anticholinergische Wirkung* ist aber 50—1000mal schwächer als die histaminolytische und betrifft nicht alle Präparate gleichmäßig (s. MEIER und BUCHER 1949). In anderen Versuchsanordnungen wurde die parasymphaticolytische Wirkung beobachtet und ausgewertet von HEIM und BÄNDER (1951), MILECH (1951) u. a. BOHNSTEDT und FÜLLER fanden nach intravenöser Injektion verschiedener Antihistaminica bei Menschen ein Absinken des Kalium-Calcium-Quotienten, den sie als Ausdruck der vagolytischen Wirkung ansahen.

In ähnlicher Größenordnung wird auch die durch Bariumchlorid hervorgerufene Darmkontraktur durch die Antihistaminica gehemmt. Da die Ba Cl_2-Kontraktur als rein muskulär bedingt angesehen wird, ist zu folgern, daß diesen Stoffen eine allgemein *spasmolytische* Wirkungskomponente zukommt, wie dies auch die Untersuchungen von SOEHRING (1948), GLANZMANN und SALVÁ (1949) zeigten. Nach LOEW (1950) ist diese Wirkung bei den Antihistaminica der Benzhydryläther-Reihe wie z. B. Benadryl besonders ausgeprägt.

MEIER und BUCHER (1949) konnten für Antistin am isolierten Meerschweinchendarm einen Antagonismus gegenüber verschiedenen anderen Aminen wie Tyramin, Cadaverin, Dimethylamin, Allylamin nachweisen. Von BUCHHOLZ, HAHN und PLESTER (1951) wurden die Ergebnisse hinsichtlich der Beeinflussung der Tyraminwirkung bestätigt.

Wenn auch die parasympathicolytische Wirkung sicher nicht die wichtigste Eigenschaft der Antihistamine ist, so kann diese Wirkungskomponente für gewisse klinische Indikationen von Bedeutung sein.

Eine weitere Eigenschaft vieler Antihistamine besteht in einer Verstärkung des Adrenalineffektes auf Blutdruck und Blutzucker mancher Tierarten, die erstmalig von PARROT (1943) für Antergan nachgewiesen wurde. Auch für Neoantergan, Pyribenzamin, Benadryl, Trimeton, Histadyl, Chlorothen, Phenergan wurden ähnliche *adrenalinsynergistische* Wirkungen beschrieben (MEIER und BUCHER 1949, KOMRAD und LOEW 1951). Nach tierexperimentellen Untersuchungen von GERLACH und BLAICH (1953) sowie HAHN und POUPA (1951) besitzen einige Antihistaminica eine gewisse hemmende Wirkung auf die Funktion der Schilddrüse bzw. des Thyroxins.

Ausgehend von der in der Klinik häufig zu beobachtenden sedierenden Wirkung zahlreicher Antihistaminica wurde deren Einfluß auf zentralnervöse Regulationszentren häufig diskutiert. Von mehreren Autoren wurde eine *zentrale Wirkung* als die Hauptwirkung angesehen und für die therapeutischen Erfolge in erster Linie verantwortlich gemacht (GORDONOFF 1952, 1957, ROST 1952). Einige im pharmakologischen Experiment aufgefundene Resultate sprechen ohne Zweifel dafür, daß die Antihistaminica zentral wirksam sind. So zeigen fast alle Antihistaminica eine *antiemetische* Wirksamkeit, die nach Untersuchungen von BOYD, CASSELL, BOYD und MILLER (1955) am apomorphininduzierten Erbrechen von Hunden als ein Effekt auf das Brechzentrum angesehen werden muß. Diese Wirkungsqualität macht man sich zusammen mit der parasympathicolytischen Eigenschaft bei der Prophylaxe und Therapie von Reise-, See- und Luftkrankheit praktisch zunutze. Von KÄLLQVIST und MELANDER (1957) wurde für Chlorcyclizin eine zentrale *hustendämpfende* Wirkung gefunden; BOYD (1952) konnte allerdings einen solchen Effekt mit Chlortrimeton nicht erzielen.

Hinsichtlich zentraler Wirkung bestehen offensichtlich deutliche Unterschiede zwischen den einzelnen Präparaten. Die bei therapeutischen Dosen bei Menschen häufig zu beobachtenden *sedativen Eigenschaften* sind bei einigen Antihistaminica ausgeprägt, bei anderen fehlen sie. Dies hat zu der praktisch sinnvollen Einteilung in Tages- und Nacht-Antihistaminica geführt (BRETT 1950). In besonderem Maße kommt diese Wirkung den Phenothiazinderivaten zu, wobei eine Abhängigkeit von der chemischen Struktur besteht. Bei den Präparaten Promazin und Chlorpromazin (Megaphen), Decentan u.a. tritt die histaminantagonistische Wirkungskomponente gegenüber den zentral-sedativen, stoffwechsel- und temperatursenkenden Qualitäten zurück, so daß diese Präparate nicht mehr als „Antihistaminica“ bezeichnet werden können. Sie werden allgemein in die Gruppe der modernen „Ataractica“ bzw. „Neuroplegica“ eingereiht, die an anderer Stelle dieses Bandes abgehandelt werden (s. HERZBERG).

Über das Verhalten von Antihistaminica gegenüber einigen Fermenten liegen einige Ergebnisse vor. Im Zusammenhang mit ihren Untersuchungen über die Beeinflussung des tierexperimentellen Kontaktekzems gingen R. L. MAYER und KULL (1947, 1950) der Frage der Antihistaminwirkung auf die Hyaluronidase nach. Sie fanden, daß die durch *Hyaluronidase* bewirkte Ausbreitung einer in die Rattenhaut injizierten Lösung von Tusche durch Vorbehandlung mit Pyribenzamin und Antistin eingeschränkt werden kann; in gleichem Maße wurde die durch Hyaluronidase bewirkte Ausbreitung von allergischen Hautreaktionen bei Meerschweinchen durch Pyribenzamin und Antistin in Dosen von 15—75 mg/kg subcutan gehemmt. BRAUN-FALCO und WEBER (1952) zeigten in anderen Versuchsanordnungen (Messung der Quaddelresorptionszeit, Durchströmungsversuche an der Maus) eine antagonistische Beeinflussung der Hyaluronidasewirkung durch

Atosil (= Promethazin). Die Wirkung der Antihistamine sehen die Autoren aber nicht als eine spezifische an, denn in vitro wurde ein Antagonismus gegenüber diesem Ferment nicht festgestellt. (s. a. ELSTER, FREEMAN und LOWRY 1949 sowie MOYNAHAN und WATSON 1949). In erster Linie muß der capillarabdichtende Effekt der Antihistamine für diese Beobachtungen verantwortlich gemacht werden.

In vitro ließ sich auch eine gegensätzliche Wirkung auf verschiedene andere Fermente nachweisen, wie Cholinesterase (PAYOT 1946), Diaminoxydase (MEIER 1950, TICKNER 1951), Cytochromoxydase (ABOOD und GERARD 1951), wobei die molaren Hemmkonzentrationen zwischen 10^{-4} und 10^{-6} lagen.

Die Antihistaminica wurden von zahlreichen Autoren auch hinsichtlich ihrer Wirksamkeit auf verschiedene *entzündliche Reaktionen* untersucht. Es geht aus den zahlreichen, oft recht gegensätzlich ausgefallenen experimentellen Resultaten hervor, daß es einer Anzahl von Untersuchern gelang, durch verschiedene Reizstoffe ausgelöste Reaktionen der Haut durch Vorbehandlung mit Antihistaminica zu hemmen. Den positiven Befunden steht aber auch eine Reihe von negativen Beobachtungen gegenüber. Bei Insektenstichreaktionen zeigte sich nur bei lokaler Applikation ein hemmender Einfluß; oral oder intramuskulär gegeben, waren die Antihistaminica wirkungslos (GESKE und JUNG 1950, O'ROURKE und MURNAGHAN 1953). Wenn demnach ein gewisser antiphlogistischer Effekt der Antihistamine angenommen werden kann, so ist eine umfassende Erklärung dieser Wirkung infolge der Komplexität des Entzündungsablaufes schwer zu geben. Es erscheint durchaus möglich, daß den von HALPERN mehrfach hervorgehobenen permeabilitätshemmenden Eigenschaften eine Bedeutung in dieser Hinsicht zukommt. Die Untersuchungen über die Freisetzung von Histamin (s. Abschnitt Histamin) deuten darauf hin, daß durch entzündliche Reize neben vielen anderen, zum Teil noch unbekannten Stoffen auch Histamin im Gewebe frei wird. Es ist daher nicht ausgeschlossen, daß nur der durch Histamin bewirkte Anteil am entzündlichen Reaktionsablauf durch Antihistamine antagonistisch zu beeinflussen ist.

Dermatologisch von Interesse sind in diesem Zusammenhang experimentelle Untersuchungen über die Wirkung von Antihistaminica auf *Verbrennungen* und auf die durch ultraviolette Strahlen bedingte Reaktion der Haut. Unter der heute als überholt geltenden Ansicht, daß Histamin allein für die bei der Verbrennung auftretenden, lokalen und allgemeinen Symptome verantwortlich sei, wurden Antihistamine zur Therapie größerer Verbrennungen empfohlen. GUNNAR und WEEKS (1949), SEVITT (1949), SEVITT, BULL, CRUICKSHANK, JACKSON und LOWBURY (1949) u. a. haben an Tieren und freiwilligen Versuchspersonen gezeigt, daß Vorbehandlung mit Antihistaminen keinen Einfluß auf die Verbrennungssymptome hat. Demgegenüber fand CUCINOTTA (1950) eine Verlängerung der Überlebensdauer bei behandelten Tieren. In der Monographie über Verbrennungen von ALLGÖWER und SIEGRIST (1957) wird den Antihistaminen in der Behandlung von Verbrennungen keine besondere Bedeutung zuerkannt.

KURTIN, BIERMAN und YONTEF (1947) fanden als erste die *lichtschützende Wirkung* von lokal mittels Iontophorese appliziertem Pyribenzamin. Sie nahmen einen histaminantagonistischen Mechanismus an. BAER, KLINE und RUBIN (1948), FRIEDLAENDER, FRIEDLAENDER und VANDENBELT (1949), KALZ und BOWER (1950), SIMON und PASTINCZKY (1950), ZENNER und FRIEDERICH (1950), BRAUN (1951) u. a. konnten aber nachweisen, daß die Lichtschutzwirkung vieler lokal applizierter Antihistamine lediglich auf der Absorption von erythemerzeugenden UV-Strahlen beruht. Bei enteraler und parenteraler Verabreichung sowie lokaler Unterspritzung beobachteten FRIEDLAENDER u. Mitarb., ZENNER und FRIEDERICH, SIMON und PASTINCZKY keine Beeinflussung der durch UV-Strahlen bedingten

Erythemschwelle. Dazu im Gegensatz stehen Befunde von Brett und Theismann (1953) sowie Ross (1951), die nach intramuskulärer Gabe von Antistin, Pyribenzamin, Synpen, Avil bzw. Chlorcyclizin eine Minderung der Erythemstärke feststellten. Die ultraviolettabsorbierende Wirkung ist in handelsüblichen Lichtschutzmitteln praktisch ausgenutzt worden (z. B. Diwag-Lichtschutzsalbe).

Zum Schluß dieses Abschnittes sei noch kurz auf die *antibakterielle und antimykotische* Wirksamkeit von Antihistaminen eingegangen. Wie Stüttgen (1950), de Riits und Zanussi (1950), Schreus und Stüttgen (1952), Hagerman und Nilzén (1952), Friedman (1953) u. a. festgestellt haben, läßt sich in vitro eine Hemmung des Wachstums verschiedener Bakterienarten nachweisen. Die noch wirksamen Grenzkonzentrationen schwanken je nach Präparat und Bakterienstamm zwischen 1:2000 und 1:20000. Im Vergleich zu den um einige Zehnerpotenzen stärker wirksamen Chemotherapeutica und Antibiotica ist die antibakterielle Wirksamkeit jedoch gering. Praktische Bedeutung haben die Antihistamine in dieser Hinsicht nicht erlangt. Nach Hagerman und Nilzén besteht keine quantitative Beziehung zwischen dem histaminantagonistischen und bakteriostatischen Effekt. Neben der antibakteriellen Wirksamkeit besitzen die meisten Antihistamine in vitro auch antimykotische Eigenschaften (Carson und Campbell 1950, Polemann 1951, Landis und Krop 1951, Kimmig und Rieth 1952, Rieth 1953, Duske 1953, Forni 1953, Fahlberg 1953, Geiser 1955, Staib und Dimmling 1955, Dimmling und Staib 1955 u. a.). Die Wirksamkeit erstreckt sich sowohl auf Dermatophyten als auch auf Hefen und hefeähnliche Pilze. Die Hemmwerte für verschiedene Pilzstämme liegen zwischen 1:1000 und 1:5000. Dieser geringfügige Effekt reicht nicht aus, um die Antihistamine als Antimykoticum zu bezeichnen und zu verwenden, denn nach Kimmig ist für ein brauchbares Antimykoticum totale Hemmung des Pilzwachstums bei Verdünnungen von mindestens 1:50000 zu verlangen. Einzelheiten hinsichtlich der antimykotischen Wirkung von Antihistaminen s. Kapitel Rieth: Antimykotica.

VI. Nachweis und Schicksal im Organismus

Im Rahmen der außerordentlich umfangreichen Literatur über Antihistaminica ist der Anteil der Arbeiten, die sich mit Nachweis, Resorption, Verteilung im Organismus, Abbau und Ausscheidung befassen, relativ klein. Nachweis und quantitative Bestimmung können grundsätzlich auf zwei verschiedenen Wegen erfolgen, und zwar einmal mit Hilfe chemischer und zum anderen mit biologischen Methoden.

Die chemischen Bestimmungsmethoden sind abhängig von der molekularen Konstitution der Antihistamine. Es ist also nicht zu erwarten, daß z. B. mit einer Farb- oder Fällungsreaktion alle Antihistamine erfaßt werden können. Von Auterhoff (1950), Haley und Keenan (1949), Idson (1950), Bandelin, Slifer und Pankratz (1950) u. a. wurden zahlreiche in vitro-Nachweisreaktionen erarbeitet, die Haas (1952) in einer umfassenden Tabelle zusammengestellt hat. Es handelt sich dabei meist um Fällungs- und Farbreaktionen; Neuhoff und Auterhoff (1955) haben auch die Ultraviolett-Absorptionsspektren veröffentlicht.

Für chemische Bestimmungen in biologischem Material (Blut, Gewebe, Urin, Liquor) eignet sich das von Brodie und Udenfriend (1945) angegebene Verfahren, mit dem ganz allgemein organische Basen erfaßt werden können. Die Methode beruht auf der allgemeinen Eigenschaft dieser Verbindungen, mit Methylorange farbige, in organischen Lösungsmitteln lösliche Komplexsalze zu bilden; sie ist also nicht spezifisch für Antihistamine. Mit der von Perlman (1949) entwickelten

Methode können Antihistamine nachgewiesen werden, die einen 2-Aminopyridinrest enthalten, also hauptsächlich Neoantergan, (Mepyramin), Pyribenzamin (Tripelennamin), Synpen (Chlorpyrilamin), Hibernon, Thenylen, Chlorothen. Der Methode liegt die Eigenschaft des in ortho-Stellung aminosubstituierten Pyridinradikals zugrunde mit Bromcyanür eine Fluorescenz zu entwickeln, die der Fluorometrie zugänglich ist.

Die biologischen Nachweis- und Bestimmungsmethoden werden vorwiegend am isolierten Meerschweinchendarm durchgeführt. Im Vergleich zu Standardlösungen wird die Beeinflussung der histaminbedingten Kontraktur durch den antihistaminhaltigen Extrakt aus Gewebe, Blut oder anderen Körperflüssigkeiten bestimmt. Das biologische Nachweisverfahren, das von mehreren Autoren angewendet worden ist (Walthert 1944, Morris und Dragstedt 1945, Mayer und Huttrer 1945, Benstz 1953 u. a.) hat gegenüber den chemischen Methoden den Vorteil, daß es von der chemischen Konstitution der Antihistamine weitgehend unabhängig ist und daß die für colorimetrische Bestimmungen störende Eigenfarbe des biologischen Materials (Urin, Galle, Serum usw.) hier keine Rolle spielt. Als Nachteil gegenüber den chemischen Methoden müssen die größere Ungenauigkeit und der Mangel an Spezifität gewertet werden, der aber auch für manche colorimetrischen Verfahren gilt. Weiterhin ist zu berücksichtigen, daß die Eiweißkörper des Plasmas die Antihistaminaktivität hemmen können, denn Light und Tornaben (1951) haben bei Versuchen mit Chlorcyclizin festgestellt, daß eine bestimmte Menge des Antihistamins in wäßriger Lösung eine doppelt so starke Hemmung der Histaminkontraktion des Darmes ergab wie die gleiche Menge in Plasma gelöst. Wahrscheinlich ist dieser Effekt auf eine Symplexbildung mit den Plasmaeiweißkörpern zurückzuführen.

Mit den erwähnten Methoden durchgeführte Untersuchungen über das Schicksal der Antihistamine im Organismus zeigten zunächst, daß die Resorption über den Magen-Darmkanal ziemlich rasch erfolgt und daß die maximale Konzentration von Pyribenzamin (Tripelennamin) und Benadryl (Diphenhydramin) im Blut nach oraler Gabe innerhalb von 60—180 min erreicht ist (McGavack, Drekter, Schutzer und Heisler 1948). Nach intramuskulärer Applikation wird der Gipfel schon nach 15—30 min erreicht. Auch percutan werden geringe Mengen aufgenommen (Light und Tornaben 1951, Michelfelder und Peck 1952). Über die Verteilung in den verschiedenen Organen liegen tierexperimentell gewonnene Befunde von Glazko und Dill (1949) sowie Polimeni (1952) vor. Bei Ratten und Meerschweinchen fanden sich nach subcutaner Injektion von 2 mg/kg Benadryl (Diphenhydramin) die größten Mengen in der Lunge, es folgten Milz, Gehirn, Leber, Nieren, Muskel und Haut. Die absoluten Werte von Benadryl lagen bei Meerschweinchen 2—3mal höher als bei Ratten, was für einen schnelleren Abbau im Organismus der Ratte spricht (Glazko und Dill). Untersuchungen mit C^{14}-markiertem Benadryl führten zu ähnlichen Ergebnissen hinsichtlich der Organverteilung (Fleming und Rieveschl 1947). Polimeni (1951) fand bei Hunden und Meerschweinchen eine gewisse Anreicherung von Antistin (Antazolin) in Lunge und Leber. Ein Übertritt von Benadryl (Diphenhydramin) in den Liquor cerebrospinalis wurde von Gelvin u. Mitarb. (1946) festgestellt.

Der größte Teil der Antihistamine wird im Körper enzymatisch abgebaut und zwar erfolgt die Inaktivierung in erster Linie in der Leber (Benstz 1951). Nach den Resultaten von Naranjo und Banda de Naranjo (1953) werden je nach Präparat etwa 70—90% der peroral oder intraperitoneal zugeführten Menge in der Leber inaktiviert, im Magen-Darmkanal erfolgt kein Abbau. Über den Abbaumechanismus im einzelnen und die dabei auftretenden Zwischenprodukte herrscht noch keine Klarheit. Von dem nicht abgebauten Rest wird der größte Teil im Urin ausgeschieden. Perlman (1949) sowie Way und Dailey (1950) fanden von Pyribenzamin (Tripelennamin) etwa 10% der zugeführten Menge im Urin in konjugierter Form wieder. Eine mengenmäßig sehr geringfügige Ausscheidung erfolgt mit der Galle (Benstz 1951).

VII. Wirkungsmechanismus

Nachdem das Wirkungsspektrum der Antihistamine im wesentlichen erforscht war, tauchte die Frage nach dem eigentlichen Mechanismus der Wirkung auf. Es sind im Laufe der Jahre verschiedene Hypothesen entwickelt worden, von denen aber bis heute keine restlos überzeugen konnte.

Rein theoretisch ergeben sich folgende Möglichkeiten der antagonistischen Beeinflussung des Histamineffektes: 1. Hemmung der Histaminbildung, 2. Beschleunigung der Histaminzerstörung und 3. Hemmung der Histaminwirkung an den Receptoren. Durch experimentelle Arbeiten verschiedener Autoren, vor allem von Bucher (1948), Farrerons-Co (1950), Serafini (1948) u. a., darf als gesichert gelten, daß Antihistamine auf Bildung und Freisetzung von Histamin keinen Einfluß haben. Der hauptsächlich von Ungar (1953) sowie Rocha e Silva (1953) vertretenen Theorie der Histaminfreisetzung infolge Aktivierung proteolytischer Enzyme im Gewebe folgend, haben Soicher, Smith und Rose (1953) Versuche über die Wirkung von Antihistaminen auf die Fibrinolysinaktivität angestellt und dabei festgestellt, daß keines der untersuchten Präparate einen Effekt auf das Fibrinolysin-Antifibrinolysinsystem hatte. Ebenso wie auf die Histaminfreisetzung besitzen die Antihistamine auch keinen Einfluß auf die Zerstörung des Histamins durch Diaminoxydase (Meier und Bucher 1949). Zwar ist eine Hemmung dieses Fermentes durch Antihistamine gefunden worden, jedoch tritt der Effekt erst in sehr hohen Konzentrationen auf, die im Gewebe kaum erreicht werden. Das gleiche gilt für die Einwirkung auf die Cholinesterase. In diesem Zusammenhang verdient die von Stern (1952) aufgestellte Hypothese Erwähnung, wonach die Wirkung der Antihistamine auf einer Blockierung der Diaminoxydase beruhen soll. Stern vertritt die Ansicht, daß Histamin als Potentialgift erst im Augenblick seiner Zersetzung wirksam wird; bei einer Hemmung der Diaminoxydase müßte demnach die Wirkung von Histamin ausbleiben. Diese Anschauung hat aber keine allgemeine Anerkennung gefunden; und da heute bekannt ist, daß der Abbau von Histamin nicht allein durch die Diaminoxydase erfolgt, scheint diese Hypothese nur geringe Wahrscheinlichkeit zu haben. Als gesichert darf weiterhin gelten, daß Histamin nicht durch eine chemische Bindung an Antihistamine inaktiviert wird (White 1950).

An Hand von Untersuchungsergebnissen, die vorwiegend an glattmuskeligen Organen gewonnen wurden, war man zu der Annahme gekommen, daß dem Histamin-Antihistamin-Antagonismus ein Verdrängungsmechanismus am gleichen Receptor der Zelle zugrunde läge. Diese Ansicht erhält eine Stütze bei einem Vergleich der chemischen Struktur. Sowohl Histamin als auch eine große Anzahl von Antihistaminen besitzen chemisch ähnliche Seitenketten. Nach Gaddum (1948) ist die Wirkung von Histamin an die Struktur

$$\begin{array}{l} \;\;\;| \\ -N \\ \;\;\;| \\ =C-CH_2-CH_2-N\begin{matrix} \diagup H \\ \diagdown H \end{matrix} \end{array}$$

gebunden, mit der die ähnlich gebaute Gruppe von Antihistaminen

$$\begin{array}{l} | \\ -C- \\ | \\ N-CH_2-CH_2-N\begin{matrix} \diagup CH_3 \\ \diagdown CH_3 \end{matrix} \end{array}$$

in Konkurrenz treten kann. Am isolierten Meerschweinchendarm ließ sich zeigen, daß die Antihistaminica in den Konzentrationen, in denen sie eine bestimmte Histaminkontraktur vollständig lösen, auf den normalen Darm keine erschlaffende Wirkung ausüben. Um einen symptomatischen Antagonismus kann es sich also bei der Antihistaminwirkung nicht handeln. Weiterhin ergab sich, daß das Verhältnis Histaminkonzentration/Antihistaminkonzentration über ziemlich weite Konzentrationsbereiche einigermaßen konstant ist. Von WELLS u. Mitarb. (1945), HALPERN und MAURIC (1946), SCHILD (1947), MEIER (1950), ALONSO u. Mitarb. (1948), WILBRANDT (1950) u. a. wurden Dosis-Wirkungskurven ermittelt, die von den Autoren als Beleg für die sog. Verdrängungstheorie gedeutet wurden. Wie BUCHER (1949) sowie MEIER und BUCHER (1949) ausgeführt haben, ist aber ein konstantes Verhältnis Agonist: Antagonist noch kein endgültiger Beweis für eine echte Verdrängung am gleichen Angriffspunkt. Sie wäre es nur dann, wenn folgende Voraussetzungen gegeben wären: 1. Es müßte festgestellt werden, daß der Molekülkomplex in der Zelle, der den Histaminreceptor trägt, keine anderen aktiven Gruppen mehr aufweist, dieser Nachweis ist aber schwer zu erbringen und bis heute offenbar nicht gelungen; 2. es müßte auszuschließen sein, daß zwischen der Reaktion, die durch die Besetzung des histaminempfindlichen Receptors unmittelbar ausgelöst wird, und der manifesten Histaminkontraktur noch zwischengeschaltete Angriffsmöglichkeiten bestehen. Nach den Befunden von ROCHA e SILVA und BERALDO (1948) scheinen solche Möglichkeiten aber zu bestehen. Untersuchungen von BUCHER (1949) haben weiterhin ergeben, daß die Vorstellung einer einfachen gegenseitigen Verdrängung von Histamin und Antihistamin am gleichen Receptor nicht mehr haltbar ist und daß die Verhältnisse doch komplizierter sein müssen. BUCHER hält es für wahrscheinlicher, daß das Antihistaminicum die Histaminerregung auf dem Wege von Receptor zum Erfolgsort nach einem noch unbekannten Mechanismus blockiert. Unerklärt bleibt bisher auch das Fehlen einer antagonistischen Beeinflussung der Histaminwirkung auf die exkretorischen Drüsen, besonders des Magens, durch die Antihistamine.

FLECKENSTEIN und HARDT (1949) vergleichen die Wirkung der Antihistamine mit der von Lokalanaesthetica und Calcium-Ionen und verlegen den Reaktionsort in den Bereich der Membran. Diesen Autoren zufolge entfalten die Antihistaminica ihre Wirkung dadurch, daß sie die infolge einer Erregung bewirkte Depolarisation sowie den Kaliumaustritt an den Grenzflächen von Nerven- und Muskelfasern verhindern. Nach dieser Theorie liegt das Wesen der Antihistaminwirkung also in einer Membranabdichtung.

Eine weitere Theorie hat STAUB (1946) zur Diskussion gestellt. Auf Grund der Befunde, daß die nach Adrenalininjektion auftretende sekundäre Histaminämie unter Einwirkung von Antistin ausbleibt, entwickelte STAUB die Vorstellung, daß Antihistamine die Diffusion von Histamin aus oder in die Zelle verhindern. Dieser Annahme stehen aber die oben erwähnten Befunde von BUCHER (1948), FARRERONS-CO (1950) über den fehlenden Einfluß der Antihistamine auf die Freisetzung von Histamin sowie diejenigen von PELLERAT und MURAT (1946) und SCHINDLER gegenüber, die nach Zufuhr von Antihistaminen einen Anstieg der Bluthistaminwerte feststellten.

Aus dieser kurzen Skizzierung der wichtigsten Hypothesen und Theorien über den Wirkungsmechanismus von Antihistaminica wird ersichtlich, daß eine restlose, eindeutige Erklärung der Wirkung dieser Stoffe bis heute nicht möglich ist. Solange wir über die sogenannten Receptoren der Zelle sowie deren Störungen bei pathologischen Prozessen keine näheren Kenntnisse besitzen, wird eine endgültige Klärung der verwickelten Verhältnisse kaum erreicht werden können.

VIII. Therapie mit Antihistaminica

1. Vorbemerkungen

Auf der Grundlage der pharmakologischen Befunde und aus der Vorstellung heraus, daß Histamin für die Ausbildung allergischer Krankheitssymptome eine entscheidende Rolle spielt, wurden die Antihistamine zuerst zur Behandlung von Allergosen verwendet. Die ersten Berichte, die über die Antihistamintherapie von Heuschnupfen, Asthma bronchiale, Urticaria, Serumkrankheit, Quincke-Ödemen, Ekzemen, Migräne u. a. veröffentlicht wurden, zeichneten sich durch einen besonderen Optimismus aus. Sie ließen vorübergehend den Eindruck aufkommen, daß mit diesen neuen Medikamenten wirksame Universalmittel gefunden seien, mit denen das Problem der Therapie von allergischen Krankheiten zu lösen sei. Im Zuge dieser optimistischen Welle kam es bald zu einer enormen Ausweitung des Indikationsbereiches. Es wurden zahlreiche Krankheitszustände, in deren Pathogenese man die Mitwirkung von Histamin vermutete, mit Antihistaminen behandelt. Haas (1951) hat in seiner Monographie etwa 70 Krankheitsbilder aus der Literatur zusammengetragen, zu deren Behandlung Antihistaminica empfohlen worden sind.

Später gewann dann eine zunehmend kritische Einstellung zum Wert der Antihistaminica an Boden. Es wurde erkannt, daß die Antihistaminbehandlung lediglich einen symptomatischen Charakter hat und daß die Wirksamkeit an die Verweildauer im Organismus (im allgemeinen nur wenige Stunden) gebunden ist. Es stellte sich heraus, daß die diagnostischen und therapeutischen Probleme bei den allergischen Krankheiten durch die Einführung der Antihistaminica nicht geändert waren. Auffindung und Elimination des ursächlichen Allergens oder eine spezifische Desensibilisierungsbehandlung (s. Hansen 1958) bleiben nach wie vor die einzigen, kausal angreifenden therapeutischen Maßnahmen.

In der symptomatischen Behandlung allergischer Krankheiten, insbesondere auch von schweren Reaktionen haben die Antihistaminica durch die Einführung der Glucocorticosteroide und deren neuerer Derivate, die sich durch stärkere Wirksamkeit auszeichnen und vor allem einen breiteren Anwendungsbereich besitzen, wesentlich an Bedeutung verloren. Trotzdem glaube ich, daß die Antihistaminica auch heute noch ein begründetes, wenn auch begrenztes Indikationsgebiet haben.

Bevor auf den Wert der Antihistamintherapie im einzelnen eingegangen werden soll, sind aber noch einige grundsätzliche Bemerkungen über die Beurteilung therapeutischer Resultate notwendig.

Wie fast jede moderne Arzneitherapie basiert auch die Antihistaminbehandlung auf den Ergebnissen des pharmakologischen Experiments. Auch für die Antihistaminica trifft es zu, daß Analogieschlüsse vom Tierexperiment auf den kranken Menschen aber nicht ohne weiteres zulässig sind. Wie aus zahlreichen Arbeiten therapeutischen Inhalts hervorgeht, wird diese bekannte Tatsache aber viel zu wenig beachtet. In der klinischen Behandlung wirken eine ganze Reihe von Faktoren mit, die im Tierexperiment nicht in Erscheinung treten. Es ist an dieser

Stelle nicht möglich, auf die sich hieraus ergebenden Fragen näher einzugehen. Von A. JORES (1955), P. MARTINI (1957), W. HEUBNER (1954), G. CLAUSER (1956) u. a. wurde besonders auf die psychischen Wirkungen der Arzneitherapie hingewiesen, die zum größten Teil für die vielfach auftretenden Schwierigkeiten in der objektiv-kritischen Beurteilung von therapeutischen Maßnahmen verantwortlich sind. Diese Vielfalt und Unübersichtlichkeit von den Behandlungserfolg beeinflussenden Faktoren sind neben methodischen Unzulänglichkeiten der Grund dafür, daß die therapeutischen Resultate der einzelnen Autoren zum Teil erheblich voneinander abweichen, und daß es oft schwer ist, an Hand der Literatur ein objektives Bild zu erhalten.

Überblickt man die außerordentlich zahlreichen zur Antihistamintherapie erschienenen Arbeiten, so muß leider festgestellt werden, daß ein großer Teil schon rein *methodisch* gesehen nicht den Anforderungen entspricht, die die therapeutisch-klinische Forschung stellen muß. Die schon von LAPLACE, BLEULER (1919) aufgestellten, und besonders von MARTINI (1932, 1937, 1953) häufiger betonten und erweiterten Grundsätze des therapeutischen Vergleichs an zwei möglichst gleichen Kollektiven und der weitgehenden Ausschaltung von Mitursachen sowie der „unwissentlichen Versuchsanordnung" (MARTINI) wurden nur bei der kleineren Zahl der Arbeiten berücksichtigt. Noch seltener wurden aber Antihistaminica nach dem sog. doppelten Blindversuch ausgewertet. Wenn auch über den Wert dieser Methode noch keine völlige Übereinstimmung herrscht, so wird sie doch von zahlreichen Autoren für unentbehrlich gehalten (JORES 1955, LENDLE 1956, SCHULTEN 1956, PFLANZ 1956, BEECHER 1955, 1956, GREINER u. Mitarb. 1950 u. a.).

Darüber hinaus sind noch einige andere Punkte zu erwähnen, die die Erfolgsbeurteilung von Antihistaminica erschweren und mit verantwortlich sind für die Unterschiede in den therapeutischen Ergebnissen. So ist z. B. häufig die Wirkung auf subjektive Merkmale, wie z.B. Juckreiz, Symptome des Heufiebers usw. zu bewerten, wobei das Urteil über Erfolg und Mißerfolg auf den Angaben der Patienten beruht. Da naturgemäß auch die Interpretation dieser Angaben von Untersucher zu Untersucher wechselt, ergeben sich weitere unkontrollierbare, das Ergebnis beeinflussende Faktoren. Bei Krankheiten, bei denen die Wirkung objektiv verfolgt werden kann, wie z.B. bei der Urticaria und evtl. auch beim Quincke-Ödem bietet die Beurteilung demgegenüber nicht derartige Schwierigkeiten.

Weiterhin hat das Allergenmilieu einen Einfluß auf das Ergebnis der Antihistaminbehandlung, insofern als der Schweregrad der Symptome zum Teil von der Menge des einwirkenden Allergens abhängt. Beim Heufieber lassen sich z.B. eindeutige Beziehungen zwischen dem Pollengehalt der Luft und dem Krankheitsverlauf feststellen; es gibt kaum zwei Patientenkollektive an verschiedenen Orten, die sich in dieser Beziehung miteinander vergleichen lassen.

Wenn im Folgenden bei der Besprechung von Therapieergebnissen und Indikationen die Antihistaminica summarisch abgehandelt werden, und die Wirksamkeit der einzelnen Präparate nicht gegeneinander abgewogen werden kann, so aus dem Grunde, daß die im Tierexperiment nachzuweisenden Wirkungsunterschiede in der Klinik nicht in dem Maße in Erscheinung getreten sind.

2. Anwendung und Dosierung

Bevor die therapeutische Wirksamkeit und das Indikationsgebiet erörtert werden, sollen noch einige allgemeine Fragen der Anwendungsart, der Dosierung und der Kombination mit anderen Arzneimitteln diskutiert werden.

a) Anwendung

Orale Anwendung. Die am meisten verbreitete Anwendungsart der Antihistaminica ist die orale Gabe. Für diesen Zweck stehen Tabletten, Dragées und sirupöse Lösungen zur Verfügung. In den meisten Fällen ist dieser Weg der Antihistaminzufuhr ausreichend, obwohl damit gerechnet werden muß, daß unter bestimmten Bedingungen Störungen der Resorption im Magen- und Darmkanal und somit Schwankungen der im Organismus vorhandenen Antihistaminkonzentration auftreten können.

Um die Wirkungsdauer einer Einzelgabe zu verlängern und somit die Anzahl der täglichen Tabletteneinnahmen einzuschränken, wurden sog. Depot-Tabletten („sustained release tablets") oder -kapseln entwickelt, deren Resportion aus dem Magen-Darmkanal protrahiert abläuft. Solche Tabletten setzen sich meistens aus einer „Schale" und einem „Kern" zusammen. Beide Teile enthalten eine bestimmte Menge des Antihistamins. Während die „Schale" bereits im Magensaft zerfällt und das darin enthaltene Medikament relativ schnell resorbiert werden kann, ist der „Kern" mit einem Überzug versehen, der erst im schwachalkalischen Milieu des Dünndarms löslich ist. Die resorptionsverzögernde Wirkung dieser Tabletten und eine damit einhergehende Wirkungsverlängerung wurde von mehreren Autoren nachgewiesen. Als Antihistaminica kamen für diesen Zweck fast ausschließlich das niedrig zu dosierende Chlorprophenpyridamin (Chlortrimeton) bzw. das chemisch nahe verwandte Ilvin zur Verwendung (Green 1954, Herzog, Kaufmann, Lang und Speiser 1955, C. Schirren jun. und K.H. Schulz 1956; Rogers 1954, Mulligan 1954).

Intramuskuläre und intravenöse Anwendung. Ein Teil der Antihistaminica steht auch in Injektionsform zur Verfügung, jedoch sind Injektionen, die intramuskulär oder auch intravenös vorgenommen werden können, für die routinemäßige Zufuhr von Antihistaminica weniger geeignet. Wenn es aber darauf ankommt, eine schnell eintretende Wirkung zu erzielen, wie z.B. bei schwerer akuter Urticaria, allergischen Ödemen der Mund-, Rachen- und Kehlkopfschleimhäute, ist die parenterale Gabe durchaus indiziert. Die Antihistaminwirkung setzt nach intramuskulärer oder intravenöser Gabe nicht nur schneller ein, sondern ist bei gleicher Dosis auch stärker als nach oraler Zufuhr. Der Wirkungsverlust bei oraler Applikation beruht wohl in erster Linie darauf, daß ein Teil des vom Darm aus resorbierten Antihistamins bereits in der Leber abgefangen und abgebaut wird, bevor es an den Ort der Wirkung gelangt (Benstz 1951, Naranjo und Banda de Naranjo 1953). Bei intravenöser Injektion von Präparaten aus der Reihe der Benzhydryläther (Benadryl u. a.) und der Phenothiazinderivate wurden besonders bei schneller Injektion zum Teil bedrohliche Kreislaufregulationsstörungen beobachtet (Feinberg, Malkiel und Feinberg 1950, Mackmull 1948, McElin und Horton 1945, McGavack u. Mitarb. 1947). Antihistaminica sollen daher sehr langsam injiziert werden. Infolge lokaler Reizwirkung ist die intramuskuläre Injektion einiger Präparate schmerzhaft. Von der subcutanen Anwendung sollte aus dem gleichen Grunde völlig Abstand genommen werden. Auf die Aufzählung der in injizierbarer Form zur Verfügung stehenden Antihistaminica soll hier verzichtet werden; es sei diesbezüglich auf die Arzneimittellisten und auf die Angaben der Herstellerfirmen verwiesen.

Lokale Anwendung. Verschiedene Antihistaminica liegen auch zur Lokalbehandlung in der Dermatologie, Ophthalmologie und Rhinologie in Form von Salben, Gelees und Lösungen vor. Nachdem Feinberg und Bernstein (1947) sowie Sulzberger, Baer und Levin (1948) als erste das Tripelennamin (= Pyribenzamin) bei verschiedenen mit Juckreiz einhergehenden Dermatosen lokal verwendet hatten, wurden von zahreichen Herstellern Antihistaminica zur Lokaltherapie in den Handel gebracht. Wie die meisten Autoren betonen, beruht der Effekt von äußerlich angewendeten Antihistaminica hauptsächlich auf der antipruriginösen, lokalanaesthetischen Wirkung; der Krankheitsverlauf wird nur in dem Sinne beeinflußt, daß der circulus vitiosus Juckreiz-Kratzen — entzündliches Infiltrat — Juckreiz durchbrochen wird (WOOLDRIDGE und JOSEPH 1949, COMBES, CANIZARES und DICYAN 1950, MADDEN 1950, BRAUN 1951, MEYER-ROHN 1953, GÖTZ und KEILIG 1953, SCHEFFLER 1953, DEMMLER und KLINGBEIL 1954, FISCHER 1957). Besonders empfohlen wurde daher die Antihistaminsalbenbehandlung bei umschriebenen, juckenden Hautkrankheiten wie Pruritus anogenitalis, Neurodermitis circumscripta, Insektenstichreaktionen u.a. (STRAUSS 1949, O'ROURKE und MURNAGHAN 1953). Bei großflächigen Ekzemen und diffuser Neurodermitis fand HAXTHAUSEN (1954) im Halbseitenversuch nach SIEMENS, daß die lokale Antihistamintherapie der altbewährten Lokalbehandlung unterlegen war, ebenso sah BALDRIDGE (1951) auch hinsichtlich der Juckreizlinderung keine Überlegenheit einer 5%igen Thephorinsalbe gegenüber der Salbengrundlage „Carbowax 1500", die an sich schon einen antipruriginösen Effekt entfaltete.

Der Vollständigkeit halber soll noch erwähnt werden, daß auch mit Hilfe der Iontophorese eine Lokalbehandlung mit Antihistaminica durchgeführt worden ist (AARON, PECK und ABRAMSON 1948, INMAN und COWAN 1952, PAVKOVIČ und ROTOVIĆ 1954). Die Methode hat aber keine Verbreitung gefunden. Da sich immer mehr gezeigt hat, daß Antihistaminica bei längerer Applikation auf die Haut nicht selten zu Reizungen und allergischen Sensibilisierungen führen können, vertreten wir heute mit NOOJIN (1957) u.a. den Standpunkt, die örtliche Therapie mit Antihistaminica überhaupt abzulehnen. Sie ist auch entbehrlich, zumal wir heute mit den hydrocortison- und prednisolonhaltigen Externa weit wirksamere Mittel in der Hand haben.

Als ophthalmologische und rhinologische Indikationen wurden in erster Linie akut entzündliche Veränderungen des vorderen Augenabschnittes (Conjunctivitis, Keratitis, Blepharitis) sowie allergische Rhinitis (Heufieber) angegeben (BOURQUIN 1946, FRIEDLAENDER und FRIEDLAENDER 1948, ZELLER 1949, BRAND 1951, DIENER 1951, F. FISCHER 1952, SCHAFFER und SEIDMON 1952). Auch bei dieser Art der Anwendung können lokale Reizerscheinungen sowie allergische Kontaktreaktionen an Schleimhäuten und angrenzender Haut auftreten (FEINBERG, MALKIEL und FEINBERG 1950).

Kombinationspräparate. Die praktische Anwendung der Antihistaminica hat durch die Herstellung und Vertreibung von Kombinationspräparaten eine große Ausweitung erfahren. Um die bei der Antihistamintherapie in nicht unbeträchtlicher Anzahl auftretenden Nebenwirkungen zu verringern hat man ähnlich dem Prinzip der Sulfaaddition (Kombination mehrerer Sulfanilamide) zwei oder auch mehrere Antihistaminica in einem Präparat vereinigt. WITTICH (1952), SIMON und TOOHEY (1952), SHURE, SIEVERS und HARRIS (1952) beobachteten mit Dibistine (= Pyribenzamin + Antistin) bzw. Tri-Histin (= Neoantergan + Thenylen + Chlorothen) eine deutlich niedrigere Frequenz von unerwünschten Nebenerscheinungen als mit jeder der Komponenten allein.

Um die nach den meisten Antihistaminen in Form von Müdigkeit, Schläfrigkeit und Benommenheit auftretenden Nebenwirkungen, die sich besonders bei ambulanter Verwendung recht unangenehm bemerkbar machen können, zu reduzieren, wurden *Kombinationen mit zentral erregenden Stoffen* entwickelt. Da manche solcher Analeptica an sich schon einen günstigen Effekt auf allergische Krankheiten ausüben, z.B. Pervitin (FINDEISEN 1951), ist bei einer Kombination

Analepticum + Antihistaminicum eventuell ein Synergismus der Wirkung zu erwarten (FINDEISEN 1951, STÜTTGEN 1952). Die meisten Präparate dieser Art wie Plimasin (Ciba) (= Pyribenzamin + Ritalin) (Ritalin ist der Methylester der Phenylpiperidylessigsäure), Soventoletten (=Soventol + β-Cyclohexylisopropylmethylamin), Systral C (= Systral + Coffein) u. a. sind als sog. Tagesantihistaminica gut geeignet (WORTMANN 1954, ORMEA 1955, STEINBERG 1955, NEUGEBAUER 1955, SIEVERS 1956, PHILIPP 1953, MARX 1954, ARBESMAN 1955, FRIEDLAENDER 1956).

Auch gefäßabdichtende Stoffe wie Calcium, Rutin (SCHOENKERMANN und JUSTICE 1952 u.a.) wurden mit Antihistaminica kombiniert mit dem Ziel, deren Wirksamkeit zu erhöhen. Die Kombination mit Calcium (Sandosten-Calcium, Ilvin-Calcium, Calcistin (= Luvistin + Calcium), die vorwiegend intravenös gegeben wird, hat sich zur Behandlung akuter Fälle, bei denen eine schnell einsetzende Wirkung erzielt werden soll, offenbar bewährt (PARKER 1950, LINDEMAYR 1952, ESSELLIER, FORSTER und MORANDI 1953, SCHREINER 1954, NASEMANN 1955 u.a.). Die gleichzeitige intravenöse Gabe von Antistin und Novocain führte in Untersuchungen von LÜTZENKIRCHEN und SCHOOG (1953) zu einer besseren Beeinflussung des Juckreizes als eine der beiden Komponenten allein.

In großem Umfange wurden weiterhin Tabletten als sog. Grippemittel, die neben Salicylsäurederivaten, Antipyrin- und Phenacetinabkömmlingen ein Antihistaminicum enthielten, in den Handel gebracht. Der Wert solcher Kombinationen scheint jedoch sehr zweifelhaft zu sein, denn in groß angelegten, kritisch und stichhaltig ausgewerteten Untersuchungsreihen konnte eine Wirkung von Antihistaminen auf Erkältungskrankheiten nicht nachgewiesen werden (s.u.).

b) Dosierung und Wahl der Präparate

Die für den therapeutischen Effekt notwendige Dosis ist innerhalb bestimmter Grenzen individuell sehr verschieden. Es ist z.B. ein recht häufig zu beobachtender Befund, daß die Symptome der Urticaria oder des Heufiebers eines Patienten schon durch 25 mg eines Antihistamins gut zu beeinflussen sind, während ein anderer Patient mit vielleicht geringeren Erscheinungen die 3—4fache Menge benötigt. Die Gründe für diese individuellen Differenzen sind noch weitgehend unbekannt. Unterschiede in der Resorptionsgröße und -dauer sowie von Patient zu Patient bestehende Unterschiede in der Geschwindigkeit des enzymatischen Abbaus können eine Rolle spielen. Experimentelle Untersuchungen liegen zu dieser Frage bisher nicht vor.

Es hat sich gezeigt, daß die tierexperimentellen Untersuchungsergebnisse hinsichtlich Dosierung und Wirksamkeit nur sehr begrenzt Rückschlüsse auf die klinische Dosierung und Wirksamkeit zulassen. Die in mehreren Versuchsanordnungen beim Tier nachweisbaren Wirkungsunterschiede zwischen den einzelnen Präparaten (s. Abschnitt Pharmakologie) treten in der Klinik bei weitem nicht in dem Maße in Erscheinung und die im Tierexperiment schwach wirksamen Präparate unterscheiden sich in der klinischen Behandlung kaum von den stark wirksamen Verbindungen. Es liegt daher in der Hand des Arztes, die für jeden Patienten optimale Dosis sowie das am besten geeignete Präparat herauszufinden. Da sich auch hinsichtlich der Verträglichkeit ähnliche Unterschiede zeigen, die nicht vorauszusehen sind, sollte der Arzt mit mehreren Antihistaminica arbeiten. Damit ergibt sich aber unseres Erachtens noch keine Rechtfertigung dafür, daß die Entwicklung der Antihistaminica so sehr in die Breite geführt worden ist und daß eine so übermäßig große Zahl von Präparaten vorhanden ist.

Bis zu einem gewissen Grade hat die Schwere der Symptome einen Einfluß auf die zu verabfolgende Dosis. So konnten PETERSEN und BISHOP (1947) sowie FEINBERG, MALKIEL und FEINBERG (1950) schwere urticarielle Reaktionen auf Penicillin sowie Serumkrankheiten erst mit Einzeldosen von 100 mg Benadryl zur Besserung bringen, während sich Dosen von 50 mg als wirkungslos erwiesen.

Weiterhin spielen Alter und Körpergewicht der Patienten für die Dosierung eine Rolle. Alte Menschen benötigen zwar im allgemeinen die gleiche Menge wie jüngere, vertragen sie aber meist nicht so gut. Bei Kindern muß die zu applizierende Menge je nach Alter entsprechend niedriger sein: in der Altersklasse von 6—12 Jahren wird etwa 50% der Erwachsenendosis gegeben; 3—6 Jahre alte Kinder erhalten etwa 33% und Kinder von 1—3 Jahren etwa 25% der Volldosis.

Tabelle 5. *Therapeutische Antihistamindosen in mg für den erwachsenen Menschen bei oraler Gabe*
Unter Benutzung der Zusammenstellungen von FEINBERG u. Mitarb. (1950) sowie HAAS (1952).

Präparat	Gebräuchliche Einzeldosen	Maximal verträgliche Einzeldosis
Antergan (Bridal)	50	200
Neo-Antergan (Neo-Bridal)	50	200
Pyribenzamin	50	200
Synpen	25—50	—
Hibernon	30—60	—
Neo-Hetramin	100	200
Thenylen	50—100	200
Chlorothen	50	100
Diatrin (Nilhistin)	25—50	—
Luvistin	50	200
Antistin	100—200	200
Allercur	20—40	200
Chlorcyclizine	50—100	200
Buclizine	25—50	—
Soventol	25—50	100—150
Sandosten	25—50	200
Phenergan (Atosil)	25	50—75
Pyrrolazot	50	100
Andantol	4—12	—
Benadryl	50	200
Decapryn	25	75—100
Ambodryl	25—50	—
Systral	20—40	—
Clistin	4—8	—
Trimeton (Avil)	25—50	100
Pragman	20—40	—
Chlortrimeton	4	12
Ilvin	16	—
Thephorin	25—50	100
Omeril	50	150—200

Obwohl bei jeder Behandlung mit Antihistaminen mit individuellen Streuungen gerechnet werden muß, lassen sich auf Grund der ausreichenden Erfahrungen für jedes Präparat Durchschnittsdosen angeben, die in der nebenstehenden Tabelle 5 unter Benutzung der Angaben von FEINBERG, MALKIEL und FEINBERG (1950) sowie HAAS (1952) übersichtsweise zusammengestellt sind.

Für die Anwendung der Antihistaminica ist die klinische Beobachtung von Bedeutung, daß bei langdauernder Therapie ein *Wirkungsverlust* eintreten kann. Um diese Beobachtung experimentell zu untermauern, wurden von DANNENBERG und FEINBERG (1951), sowie von MONASH und GUIDUCCI (1951) Untersuchungen über den Einfluß von Antihistaminen auf die durch intracutane Injektion von Histamin oder Allergenextrakten ermittelte Reizschwelle vor und nach Beendigung einer Behandlung angestellt. Es ergab sich dabei, daß nach 1—3wöchiger Therapie die Antihistamine nicht mehr in der Lage waren, die ermittelte Schwellenkonzentration in gleichem Maße zu erhöhen wie vor Beginn der Behandlung. Die Resultate der Autoren weichen aber insofern voneinander ab, als nach den Befunden von MONASH u. Mitarb. der Wirkungsverlust sich nicht notwendigerweise auf andere Antihistaminica erstreckt, wogegen DANNENBERG und FEINBERG auch eine Abnahme der Wirkung anderer, chemisch völlig verschiedener Antihistamine auf die Intracutanreaktion fanden. Die Zeit bis zur Entwicklung der Wirkungsabnahme lag zwischen 7 und 20 Tagen. Diese Resultate geben aber keinen Hinweis dafür, daß auch andere Eigenschaften der Antihistaminica wie

z. B. lokalanästhetische, anticholinergische und zentralen Wirkungskomponenten durch eine längere Zufuhr eine Einbuße erfahren. Auf Grund dieser Ergebnisse dürfte es aber zweckmäßig sein, die Präparate bei länger dauernder Therapie nach etwa 8—10 Tagen zu wechseln.

3. Behandlung von Hautkrankheiten

a) Urticaria und Quincke-Ödem

Die Urticaria und das Oedema Quincke gehören zu den Hautkrankheiten, auf die die Antihistaminica mit am besten wirken. Wie zu erwarten, ist das therapeutische Resultat bei der Urticaria weitgehend unabhängig von der Ätiologie. Eine auf einer Nahrungsmittelallergie oder Arzneimittelallergie beruhende urticarielle Eruption läßt sich meistens in gleichem Maße beeinflussen wie die Arten der physikalischen Urticaria. Bei Kälteurticaria und Lichturticaria erzielten RAJKA und ASBOTH (1951), OSBORNE, JORDAN und RAUSCH (1947), ROTHSCHILD (1949), WISKEMANN und WULF (1957), BARROCK (1952), KALLÓS und KALLÓS-DEFFNER (1949) mit verschiedenen Antihistaminpräparaten günstige Resultate. Von fast allen Autoren wird angegeben, daß die akute Urticaria im allgemeinen besser zu beherrschen ist als die rezidivierenden Erscheinungen der chronischen Urticaria. Dieser Unterschied ist zum Teil mitbedingt durch die infolge der bei chronischer Urticaria notwendigen Dauerbehandlung nicht selten eintretende Gewöhnung und den dadurch bedingten Wirkungsverlust (s. o.).

Legt man die Berichte derjenigen Autoren, die ein großes Krankengut behandelt haben, zugrunde, so liegt die durchschnittliche Erfolgsziffer bei akuter Urticaria zwischen 70% und 90%, bei chronischer Urticaria zwischen 50% und 70%, wobei als Erfolg meistens nur die Besserung des einzelnen Schubes und die Beseitigung des Juckreizes, aber nicht das Freibleiben von Rezidiven gewertet wurde (FRIEDLAENDER und FRIEDLAENDER 1949 [Neoantergan, Thenylen, Pyribenzamin, Antergan, Benadryl], CRIEP und AARON 1948 [Neohetramin], GARAT, LANDA u. Mitarb. 1956 [Clistin], BRETT 1950 [Übersicht], WALDBOTT und YOUNG 1948 [Antistin, Neoantergan, Neohetramin, Phenergan, Trimeton], LINDEMAYR 1955, [Sandosten-Calcium], SCHMIDT 1948, 1949 [Antergan, Antistin], SCHINDLER 1946 [Antistin, Synpen], GRÜTZ und VELTMANN 1950 [Antistin], BURCKHARDT und STEIGRAD 1949 [Synpen], ZIERZ und PFLANZ 1952 [Allercur], KIERLAND und POTTER 1948 [Thenylen], O'LEARY und FARBER 1946 [Benadryl], ROSENBERG und BLUMENTHAL 1948 [Benadryl], SCHUBERT und FISCHER 1954 [Omeril], WORTMANN 1954, ARBESMAN 1955 [Plimasin], SHERMAN 1951, FEINBERG 1946, SHAFFER, CARRICK und ZACKHEIM 1945 [Benadryl], CURTIS und OWENS 1945 [Benadyl], SPAIN und PFLUM 1948 [Übersicht], PESHKIN u. Mitarb. 1951 [Phenergan], WALDRIFF, DAVIS und LEWIS 1950, GOTTLIEB und YANOFF 1957 [Sandosten], Committee on Therapy American Academy of Allergy 1950, HALPERN und HAMBURGER 1948 [Phenergan], ARBESMAN, KOEPF und LENZNER 1946, NEXMAND und SYLVEST 1947 [Pyribenzamin], BAER und SULZBERGER 1946 [Pyribenzamin], OSBORNE, JORDON und RAUSCH 1947 [Pyribenzamin], KESTEN und SHEARD 1947 [Thephorin], BERNSTEIN und KLOTZ 1952, Committee on Therapy American Academy of Allergy 1949 [Trimeton], BROWN u. Mitarb. 1950 [Chlorcyclizin], KIMMIG 1952 [Allercur], 1949 [Luvistin], PELZER 1951 [Dabylen], BÖHNE 1952 [Hibernon], JENKINS 1953, [Chlortrimeton], COMBES, ZUCKERMANN und CANIZARES 1949, WARIN 1954). An einer relativ großen Patientengruppe, die insgeamt 229 Fälle umfaßte, konnten KALLÓS und KALLÓS-DEFFNER (1949) mit Antistin bei akuter Urticaria in allen

Fällen eine Besserung erreichen, bei chronischer Urticaria wurden 32 von 41 Patienten gebessert, in einer anderen Untersuchungsreihe mit Thephorin sprachen ebenfalls alle 84 Fälle mit akuter Urticaria auf die Therapie an, von 28 Kranken mit chronischer Urticaria blieben 6 unbeeinflußt. An dieser Stelle sei auch auf die tabellarischen Zusammenstellungen von HAAS (1951) und BRETT (1950) verwiesen.

Je nach Applikationsart werden die subjektiven und objektiven Erscheinungen innerhalb von 10—60 min gebessert. Zuerst verschwindet im allgemeinen der Juckreiz (bei oraler Applikation etwa nach 20—30 min, bei intravenöser Zufuhr nach 10—15 min), 1—3 Std später vielfach auch die Quaddeln, jedoch lassen sich diese nicht immer vollständig rückgängig machen. In Fällen, in denen es nicht gelingt, die urticariellen Erscheinungen merklich zu beeinflussen, ist die Kombination mit Calcium oder auch mit Cortison und dessen Derivaten angebracht. Nicht selten führt auch ein Wechsel des Präparates schon zum Erfolg. Bei schweren, generalisierten, akuten Schüben, vor allem bei Mitbeteiligung der Mund- und Rachenschleimhäute hat sich die intravenöse Injektion, am besten in Kombination mit Calcium sehr bewährt, z. B. in Form von Sandosten-Calcium, Calcistin, Ilvin-Calcium, Pragman-Calcium u. a. (LINDEMAYR 1955, NASEMANN 1955, SCHREINER 1954 u. a.).

Es bedarf wohl keines besonderen Hinweises, daß die Antihistamintherapie die Suche nach den Ursachen der Krankheit und deren Beseitigung nicht ersetzen kann, denn es handelt sich bei dieser Medikation lediglich um eine symptomatische Therapie.

Das mit der Urticaria pathogenetisch nahe verwandte Quincke-Ödem, das eine pathologisch-anatomische Variante der gleichen Manifestation darstellt, ist im allgemeinen nicht so gut zu beeinflussen wie die urticariellen Veränderungen (FEINBERG u. Mitarb. 1950, BARROCK 1953, SHERMAN 1951, WARIN 1959). Häufig sind größere Dosen als bei der Urticaria notwendig, und durch eine über einen längeren Zeitraum durchgeführte Behandlung wurde bei einem Teil der Fälle eine Verminderung von Zahl und Größe der Schwellungen erreicht (HALPERN 1949, WARIN 1954, KALLÓS und KALLÓS-DEFFNER 1949, WEDER 1950, PELZER 1951, KIERLAND und POTTER 1948, CLEIN 1955, MCGAVACK u. Mitarb. 1951).

b) Arzneimittelexantheme, Serumkrankheit

Die Manifestationen der Arzneimittelallergie spielen sich am häufigsten an der Haut ab. Die nach enteraler oder parenteraler Zufuhr verschiedenartigster Medikamente in Erscheinung tretenden Exantheme sind zum größten Teil allergisch bedingt; in diesen Fällen lassen sich folgende Hauptmerkmale der Allergie nachweisen: 1. Die Sensibilisierung ist chemospezifisch, d. h. sie richtet sich nur gegen eine bestimmte Verbindung, bzw. eine chemische Gruppe. 2. Zwischen Erstkontakt und Auftreten der Reaktion vergeht eine bestimmte Inkubationszeit, 3. die Krankheitserscheinungen lassen sich noch mit Dosen auslösen, die zur Erlangung eines pharmakologischen Effektes bei weitem nicht ausreichen.

Außerordentlich zahlreiche Arzneimittel sind als Allergene bekannt, und es läßt sich bezüglich ihrer allergenen Potenz eine kontinuierliche Reihe aufstellen, die von den gar nicht oder kaum sensibilisierenden Medikamenten über die fakultativen Sensibilisatoren (Phenacetin, Salicylate, Antipyrin, Barbiturate, Penicillin, Sulfonamide) bis zu den obligat sensibilisierenden Substanzen reicht, die wie das Nirvanol fast in jedem Falle zu allergischen Reaktionen führen. Das morphologische Bild ist sehr verschiedenartig, und das gleiche Arzneimittel ist in der Lage, bei verschiedenen Individuen oder auch bei demselben Patienten zu verschiedenen Zeiten morphologisch verschiedene Exantheme auszulösen. Am häufigsten sind urticarielle, scarlatiniforme, erythematös-maculöse, noduläre, lichenoide, vesiculöse, erythema-multiforme-ähnliche Exantheme und die arzneimittelbedingten exfoliativen Dermatitiden. Eine Anzahl von Medikamenten rufen zwar bevorzugt ganz bestimmte Erscheinungsbilder hervor; jedoch läßt sich allein an Hand des klinischen Bildes keine sichere ätiologische Diagnose stellen.

Von den verschiedenen Formen sprechen die unter dem Bild einer akuten *Urticaria* ablaufenden Arzneimittelexantheme, die am häufigsten durch Penicillin, Salicylate, Insulin, Leberpräparate und artfremde Seren hervorgerufen werden, noch am besten auf die Behandlung mit Antihistaminen an. Hinsichtlich Dosierung und Wirksamkeit ergeben sich dabei keine Unterschiede zur Behandlung von Urticariafällen anderer Genese (s. o.). Nach BROWN (1952) liegt die Erfolgsquote bei 70%. Weitere diesbezügliche Angaben finden sich bei KALLÓS und KALLÓS-DEFFNER (1949), BARROCK (1953), SCHUBERT und FISCHER (1954), ESSELIER, FORSTER und MORANDI (1953), BRETT (1950), WORTMANN (1954), SCHMIDT (1948) u.a.

Die übrigen Formen reagieren bei weitem nicht so gut wie die urticariellen Reaktionen auf die Antihistaminbehandlung. Es gelingt lediglich in manchen derartigen Fällen einen etwa vorhandenen Juckreiz günstig zu beeinflussen (LINDEMAYR 1955, ZIERZ und GREITHER 1952, MEMMESHEIMER 1950, DUSKE 1953). GRÜTZ und VELTMANN (1950), BRETT (1950), KIMMIG (1949) behandelten mehrere Fälle von generalisierten exfoliierenden Dermatitiden, die durch Arsenobenzole (Salvarsan) und durch Schwermetalle wie Gold und Wismut hervorgerufen waren, mit Antihistaminpräparaten und stellten dabei eine gute Wirkung auf die ödematöse Komponente der akuten Erscheinungen fest; der Gesamtverlauf wurde aber nicht beeinflußt.

Die *Serumkrankheit*, bei der sich bei voller Ausprägung neben urticariellen und ödematösen Haut- bzw. Schleimhauterscheinungen, Fieber, Gelenkschwellungen, Albuminurie und gelegentlich Gefäßläsionen nachweisen lassen, ist von mehreren Autoren mit verschiedenen Antihistaminica behandelt worden. Es geht aus den Berichten hervor, daß mit Hilfe der Histaminantagonisten lediglich die Haut- und Schleimhauterscheinungen, die in vielen Fällen die einzige Manifestation der Serumkrankheit darstellen, günstig zu beeinflussen sind. Auf die Symptome von seiten der Gelenke, der Nieren oder des Gefäßsystems sowie auf das Fieber waren die Mittel ohne Wirkung (KALLÓS und KALLÓS-DEFFNER 1949, BARROCK 1953, JAHRMÄRKER 1953, KUHN 1949, BÖHNE 1952, PELZER 1951, SCHMIDT 1949, SWOBODA 1950, SCHMIDT u. BRETT 1944).

Zusammengefaßt betrachtet, dürften heute Antihistamine nur noch bei urticariellen Arzneimittelreaktionen und bei den anderen Formen eventuell zur Dämpfung des Juckreizes indiziert sein, und zwar in erster Linie bei schweren akuten Reaktionen, bei denen dann die intravenös injizierbare Kombination mit Calcium zu bevorzugen ist. Im allgemeinen sind die Antihistamine in der Behandlung von Arzneimittelexanthemen durch die Cortisonderivate in den Hintergrund gedrängt worden.

c) Ekzeme, Neurodermitis

In der Gruppe der Ekzemkrankheiten sind aus der Vorstellung heraus, daß in der Genese dieser Krankheiten allergische Reaktionsmechanismen eine wesentliche Rolle spielen, die Antihistamine in großem Umfange eingesetzt worden.

Die meisten klinisch-experimentell erhobenen Befunde hatten ergeben, daß die künstlich erzeugte Ekzemreaktion (z.B. im Läppchentest) durch oral oder parenteral verabfolgte Antihistamine nicht gehemmt wird (s. Tabelle 4). Dem entsprechen auch die klinischen Befunde. Zwar hatten einige Autoren den Eindruck, daß die ödematöse Komponente akuter Dermatitiden gelegentlich gebessert wird

(WARIN 1950, BRETT 1950, ZENNER und FRIEDERICH 1950, FRIDERICH 1953 u. a.); jedoch ist es im allgemeinen nicht möglich, mit Hilfe von Histaminantagonisten den Ablauf von allergischen Kontaktekzemen abzukürzen. Die Antihistamine haben die Behandlung von Ekzemkrankheiten insgesamt gesehen nicht beeinflußt (TZANCK 1949). Nur in Fällen mit starkem Juckreiz besteht heute noch eine Indikation zur Verordnung von Antihistaminen.

Die antipruriginöse Wirkung erweist sich in der Behandlung der Neurodermitis (= endogenes Ekzem) gelegentlich als wertvoll. Dadurch, daß es mit Hilfe der Antihistaminica gelingt, den Juckreiz einzudämmen, wird häufig der verhängnisvolle Circulus vitiosus Juckreiz-Kratzen-Entzündung-Juckreiz durchbrochen und somit ein wesentlicher Beitrag zur Abheilung der bestehenden Erscheinungen geleistet. Nach den Mitteilungen von KALLÓS und KALLÓS-DEFFNER; FEINBERG, MALKIEL und FEINBERG (1950), BRACK (1946), FEINBERG und BERNSTEIN (1947), W. SCHMIDT (1948), BRETT (1950), O'LEARY und FARBER (1946), DAVIS (1950), BARROCK (1953), ZIERZ und GREITHER (1952), KIMMIG (1949, 1952), BURCKHARDT und STEIGRAD (1948), DE GRACIANSKY, BOULLE, BALTER und LECLERC (1951), SCHUPPLI (1955), MATNER (1951), MARTINEZ und MORALES (1953), LACKENBACHER (1952), BLASCHKE (1951), RICHTER (1954), CALAS (1951) und vielen anderen Autoren liegt der Prozentsatz der Fälle, bei denen eine juckreizlindernde Wirkung vorhanden war aber nicht so hoch wie bei den urticariellen Dermatosen. Im Durchschnitt werden 30—50% günstige Resultate angegeben. Auch die Sammelstatistiken von KORBO und HAARDT, die sich auf amerikanische und europäische Übersichten stützen, kommen zu ähnlichen Resultaten.

In der Behandlung der Neurodermititis hat sich die vielen Präparaten anhaftende sedierende Wirkung als vorteilhaft erwiesen, insbesondere ist das bei den schweren, mit ausgedehntem Befall großer Körperregionen einhergehenden Fällen, die in klinische Behandlung kommen, der Fall. Obwohl exakte Prüfungen dieser Frage bisher nicht durchgeführt worden sind, gewannen wir den Eindruck, daß die Präparate mit dem stärksten zentraldämpfenden Effekt auch die beste Wirkung auf den Juckreiz entfalten. Dabei hat es sich gezeigt, daß gerade die Neurodermitiker sehr unterschiedlich auf die verschiedenen Präparate reagieren. Es ist infolgedessen zweckmäßig, eine Serie von mehreren Präparaten zur Verfügung zu haben.

Auch im Säuglings- und Kleinkindesalter ist die juckreizlindernde Wirkung vorhanden und eine Eindämmung des Kratzens zu erreichen (LINNEWEH 1948).

Wie bereits erwähnt, hat die Lokalbehandlung von Ekzemen mit Antihistaminica heute keine Bedeutung und Berechtigung mehr. Sie ist durch die wirksameren und weniger reizenden Corticosteroid-Derivate verdrängt worden.

d) Andere Dermatosen

Wegen der zuerst bei der Urticaria und beim akuten Ekzem empirisch gefundenen antipruriginösen Wirkung wurden die Antihistamine bei zahlreichen mit Juckreiz einhergehenden Dermatosen angewendet, so z. B. bei den Lichen- und Prurigoformen, umschriebener Neurodermitis, Mycosis fungoides, Pityriasis rosea, juckenden Mykosen, Pruritus ani et vulvae, Pruritus senilis u. a. Die Ergebnisse waren unterschiedlich. Es gibt aber zweifellos Fälle dieser Art, bei denen es gelingt mit oralen Gaben von Antihistaminen den oft quälenden Juckreiz zu mildern. Patienten mit Lichen planus verordnen wir teilweise mit gutem Erfolg Antihistamine. Die vor einigen Jahren sehr verbreitete Lokalbehandlung des Pruritus ano-genitalis und der circumscripten Neurodermitis ist heute zugunsten der örtlichen Hydrocortison- und Prednisolontherapie verlassen.

Auch der bei inneren Krankheiten, wie Diabetes mellitus, Lymphogranulomatose, Verschlußikterus, auftretende Pruritus kann nach Gaida (1950) Bawnik (1956), Martinez und Morales (1953), Hunter und Dunlop (1947) gebessert werden.

In der ersten Zeit wurden Antihistamine zur Therapie zahlreicher entzündlicher Hautkrankheiten empfohlen. Alle diese Indikationen, die vor allem Herpes simplex, Zoster, Sklerodermie, Erythema multiforme, Erythema nodosum, Pernionen usw. umfaßten, haben der Kritik nicht standgehalten.

Von Interesse sind Beobachtungen von Schönfeld (1951) und Kimmig (1949), die bei einigen Fällen von *Herpes gestationis* eine vermehrte Histaminausscheidung im Urin fanden. Die Behandlung mit Luvistin brachte Juckreiz und Hautveränderungen zum Rückgang. Auch die Eosinophilie ging auf normale Werte zurück.

Bei der *Dermatitis herpetiformis Duhring* ist von Kimmig (1949) sowie amerikanischen Autoren eine Antihistaminbehandlung versucht worden. Rothman und McCreary (1949) schreiben den von ihnen beobachteten günstigen Effekt von Pyribenzamin dem Pyridinkern zu. Kimmig (1949) sowie Warin (1954) konnten in einzelnen Fällen lediglich eine Besserung des Juckreizes erreichen. Nachdem sich Sulfapyridin und einige andere Sulfonamide (Costello 1947) sowie Diaminodiphenylsulfon (Kruizinga und Hamminga 1952) als wirksamer erwiesen haben, spielen die Antihistamine in der Behandlung der Duhringschen Krankheit keine wesentliche Rolle mehr.

Zum Abschluß dieses Kapitels sollen noch einmal kurz die noch heute auf dermatologischen Gebiet gültigen Indikationen für Antihistaminica zusammengefaßt werden:

1. Die Antihistaminica sind wirksam bei den verschiedenen Formen von Urticaria, Quincke-Ödem und in geringerem Maße auch bei den urticariellen Erscheinungen der Serumkrankheit, wobei der antipruriginöse Effekt im Vordergrund steht. Diese Krankheiten stellen auch heute noch eine Indikation für die Antihistaminbehandlung dar.

2. Auf die nicht urticariellen Formen von Arzneimittelexanthemen ist die Wirkung der Antihistamine nicht sehr ausgeprägt.

3. Bei den verschiedenen Ekzemformen insbesondere bei der diffusen Neurodermitis (endogenes Ekzem) hat die bei einem Teil der Fälle erreichte Dämpfung des Juckreizes durch Einschränkung des Kratzens indirekt einen günstigen Einfluß. Eine direkte Einwirkung auf den Krankheitsverlauf besteht nicht.

4. Mit Ausnahme der Bekämpfung des Juckreizes bei anderen pruriginösen Dermatosen sowie des Pruritus bei inneren Krankheiten sind die zahlreichen früher angegebenen Indikationen heute nicht mehr aufrechtzuerhalten.

4. Behandlung von allergischen Krankheiten des Respirationstraktes

Der therapeutische Effekt der Antihistamine auf die verschiedenen sich am Respirationstrakt abspielenden Syndrome ist nicht in gleichem Maße günstig. Wie noch näher zu erörtern sein wird, ist das Heufieber im allgemeinen durch Antihistamine gut zu beeinflussen, wohingegen die Erfolge beim Bronchialasthma nur recht bescheiden sind. Neben den Antihistaminen sind eine Reihe anderer Arzneimittel zur Behandlung der allergischen Krankheiten des Respirationstraktes bekannt, von denen hier nur das Adrenalin und verwandte Sympathicomimetica sowie vor allem das Cortison und dessen Derivate erwähnt werden sollen.

a) Heufieber, vasomotorische Rhinitis

Die akuten Symptome des Heufiebers sind im allgemeinen durch Antihistaminica besser zu beeinflussen als die der chronischen vasomotorischen Rhinitis. Wie aus den größeren, brauchbaren Erfolgsstatistiken hervorgeht, wird der Prozentsatz derjenigen Fälle von Heufieber, bei denen die Erscheinungen entweder gebessert oder ganz beseitigt wurden, mit 50%—80% angegeben; für die nicht saisongebundene, vasomotorische Rhinitis liegen diese Zahlen um 10%—20% niedriger. (Zusammenfassende Darstellungen s. bei FEINBERG, MALKIEL und FEINBERG 1950, SPAIN und PFLUM 1948, FRIEBEL 1950, ARBESMAN 1947, HAAS 1951, 1952, BURRAGE 1951, FRIEDLAENDER und FRIEDLAENDER 1949, WALDBOTT und YOUNG 1948, KLEY 1952 u. a.)

Es ist schon mehrfach herausgestellt worden, daß die Antihistamintherapie eine rein palliative Maßnahme darstellt und keinen Einfluß auf den Ablauf der Erkrankung hat. Das gilt in ganz besonderem Maße für die allergische Rhinitis. Die Wirkung hält nur so lange an, wie die Substanz im Organismus in wirksamer Form vorhanden ist, also in der Regel nur einige Stunden. Eine Abkürzung des Krankheitsverlaufes wird nicht erreicht.

Von den verschiedenen Symptomen der allergischen Rhinitis werden das Niesen, der Juckreiz der Augenlider und das kitzelnde Gefühl in der Nase im allgemeinen am besten beeinflußt; geringer ist der Einfluß auf die Verstopfung der Nase (FEINBERG 1950). Es wird damit auch verständlich, daß bei chronischer Rhinitis allergica, bei der das Symptom der Atembehinderung vorherrscht, die Antihistamintherapie nicht so wirkungsvoll ist, wie bei den akuten Fällen.

Die praktische Durchführung der Antihistaminbehandlung unterscheidet sich nicht von der anderer Krankheiten, wenngleich einige Besonderheiten berücksichtigt werden sollten. Es ist vielfach üblich geworden, diese Mittel mehrmals täglich in etwa gleichen Intervallen zu verordnen. Diese Art der Dosierung ist nur dann nützlich, wenn die Symptome gleichmäßig über den ganzen Tag anhalten. Häufig ist das aber nicht der Fall; viele Patienten benötigen nur zu bestimmten Tageszeiten, wenn die Symptome am ausgeprägtesten sind, eine wirksame Dosis.

Da die Therapie fast immer über mehrere Wochen fortgeführt werden muß und dabei ein Wirkungsverlust eintreten kann (s. o.) empfiehlt es sich, die Präparate von Zeit zu Zeit zu wechseln. Die gleichzeitige Verordnung von sog. Tagesantihistaminica ohne sedierende Wirkung mit sog. Nachtantihistaminica mit sedierender Wirkung hat sich als zweckmäßig erwiesen. Die häufiger angewendete Lokalbehandlung mit antihistaminhaltigen Nasen- und Augentropfen hat besonders in Verbindung mit anderen schleimhautabschwellenden Mitteln nicht selten eine gute Wirkung. Vielfach werden heute auch zum gleichen Zweck hydrocortisonhaltige Nasen- und Augentropfen verwendet.

Nicht selten ist das Heufieber kombiniert mit Asthma bronchiale, besonders dann, wenn bei einem hohen Grad von Überempfindlichkeit des Patienten eine massive Allergenexposition erfolgt. Bei den in Nordamerika sehr häufigen, durch Pollen der „Ragweed"-Familie (wichtigste Vertreter: Ambrosia elatior L., Ambrosia bidentata, Ambrosia psilostachya, Ambrosia trifida) hervorgerufenen Heufieberfällen besteht nach FEINBERG, MALKIEL und FEINBERG (1950) bei etwa 35% gleichzeitig ein Bronchialasthma. Die Entwicklung eines solchen, allergisch bedingten Asthma bronchiale kann durch eine Antihistamintherapie nicht verhindert werden (WEISS, NEWARK und HOWARD 1948).

Überblickt man die sehr umfangreiche Literatur, die über die Antihistaminbehandlung der allergischen Rhinitis erschienen ist, so läßt sich feststellen, daß hinsichtlich der Wirksamkeit kaum Unterschiede zwischen den einzelnen Präparaten bestehen. Damit ist nicht gesagt, daß im gegebenen Fall sich ein oder einige wenige Präparate allen anderen als überlegen erweisen (Beale, Rawling und Figley 1954, Bancroft 1957, Clein 1955, E. A. Brown u. Mitarb. 1950, Gaillard 1955, MacLaren, Bruff, Eisenberg, Weiner und Martin 1955, Schiller und Lowell 1956, Spearman 1952, Pelzer 1951, Nachtigall 1956, Garat, Landa, Rossi-Richeri und Tracchia 1956, Donald, Berman, Gandevia und Lesle 1955, Peshkin, Rapaport und Grosberg 1951, Silbert 1952, Schubert 1952, Jahrmärker 1953, E.B. Brown und Seideman 1953). Die modernen Mittel unterscheiden sich von den älteren allenfalls durch eine geringere Häufigkeit von unerwünschten Nebenwirkungen und werden daher heute bevorzugt.

Insgesamt gesehen läßt sich sagen, daß die Antihistaminica auch heute noch zur symptomatischen Therapie des Heufiebers indiziert sind. Sie können aber nicht als Mittel der Wahl angesehen werden, denn dieses besteht nach wie vor in der spezifischen Desensibilisierung (Hansen 1957, Sheldon, Lovell und Mathews 1953, Kallós und Kallós-Deffner 1949, Hansel 1949).

Die *Desensibilisierung* (hyposensitization) ist aber nicht risikolos, denn die Zufuhr des spezifischen Allergens kann sowohl zu lokalen als auch zu Allgemeinreaktionen führen. Um nun Zahl und Schwere solcher allergischer Zwischenfälle soweit wie möglich zu verringern, wurden verschiedene Antihistamine gleichzeitig mit dem Antigen verabfolgt; und zwar wurde entweder das Präparat per os gegeben oder mit dem Allergen in einer Spritze injiziert. Arbesman, Koepf und Lenzner (1946), Maietta (1949, 1952), Fuchs, Schulman und Strauss (1947), Silbert (1952), Spearman (1952, 1953), Ripps und Fuchs (1953), Sanger u. Mitarb. (1953), Malloy (1955), Drassinower (1957), Sternberg (1957) haben mit verschiedenen Präparaten (Pyribenzamin, Chlortrimeton, Thephorin, Decapryn, Histadyl u. a.) und verschiedenen Methoden eine Verringerung von unerwünschten Reaktionen festgestellt. Daneben fanden einige Autoren als weiteren Vorteil von Antihistaminzusätzen die Möglichkeit, höhere Antigendosen zu verwenden und damit eine erhöhte Enddosis zu erreichen (Silbert 1952, Maietta 1952, Spearman 1953, Ripps und Fuchs 1953 u. a.). Inwieweit die verabfolgte Allergenmenge einen Einfluß auf das Behandlungsergebnis hat, ist aber noch nicht genügend untersucht. Zwar hat Frankland (1955) in einer Vergleichsserie mit größeren Dosen bessere Resultate erzielt, jedoch wurde von anderen Autoren keine Abhängigkeit zwischen Dosis und Resultat gefunden (Gronemeyer 1957, Waldbott 1951 u. a.).

In der europäischen Literatur finden sich nur wenige Angaben über den Wert von Antihistaminzusätzen bei Desensibilisierungsmaßnahmen. Von bekannten Allergologen wird die Methode zur Verringerung von Zwischenfällen empfohlen (Hansen 1953).

Es sei noch erwähnt, daß auch ACTH und die Cortisonderivate mit gutem Erfolg zum gleichen Zweck verwendet worden sind (s. Gronemeyer 1957).

b) Asthma bronchiale

Bei kaum einer anderen Krankheit ist die Antihistamintherapie so uneinheitlich beurteilt worden wie beim allergisch bedingten Bronchialasthma. Wie aus den tabellarischen Zusammenstellungen von Kraushaar (1950) und Haas (1951, 1957) hervorgeht, liegen die Angaben über günstige Resultate zwischen 0% und 80%. Diese großen Schwankungen in der Erfolgsbeurteilung erklären sich nicht allein aus der großen Variabilität des Krankheitsverlaufes, sondern auch daraus, daß nur selten alle für eine objektive Beurteilung wichtigen Kautelen eingehalten worden sind. Im Laufe der Zeit hat sich die von britischen Autoren von Anfang an herausgestellte Beobachtung als richtig erwiesen, wonach die Wirkung der

Antihistaminica beim menschlichen Asthma bronchiale weit geringer als bei der nasalen Allergie ist. Die bei therapeutischen Vergleichsuntersuchungen gewonnenen Resultate waren im großen und ganzen enttäuschend. Nur sehr selten waren sie in gleicher Weise wirksam und nützlich wie altbewährte Asthmamittel (Ephedrin, Adrenalin, Aminophyllin oder ähnliche Verbindungen) (KALLÓS und KALLÓS-DEFFNER (1949), FEINBERG, MALKIEL und FEINBERG 1950, McGAVACK u. Mitarb., WALDBOTT 1948 u. a.). Insbesondere waren schwere Anfälle nicht zu beeinflussen (KALLÓS 1949, HERXHEIMER 1949, 1951 u. a.). Damit soll nicht unbedingt gesagt sein, daß den Antihistaminen jeglicher Wert in der Asthmabehandlung fehlt. So wird von HERXHEIMER (1949, 1951), SCHMID (1953) u. a. darauf hingewiesen, daß es mitunter gelingt, leichte Anfälle zu coupieren. Auch sollen bei erst kurze Zeit bestehendem Asthma die Erfolge besser sein als bei älteren Fällen (SCHUBERT, 1954). Möglicherweise geben die von RAKEMAN (1944) erhobenen Autopsiebefunde hierfür eine Erklärung. RAKEMAN fand bei frischen Fällen lediglich ein akutes Ödem der Schleimhaut, während es bei länger bestehendem Asthma zu Schleimpfropfbildung und sekundärer Hypertrophie der Bronchialmuskulatur gekommen war.

Eine gewisse Wirksamkeit wird den Antihistaminen auch bei Asthma im Kleinkindesalter zugesprochen; bei älteren Kindern ist die Wirkung deutlich schwächer (PESHKIN 1958).

Von praktischer Bedeutung ist die Tatsache, daß Asthmatiker eine individuell sehr verschiedene Medikamentverträglichkeit aufweisen. Es kann vorkommen, daß damit Arzneimittel Allergencharakter annehmen und somit eine völlig paradoxe Wirkung ausüben können (ALICE 1952/53). Der auffällige Wirkungsunterschied der Antihistamine zwischen dem experimentellen allergischen Asthma des Meerschweinchens und dem menschlichen Bronchialasthma hat zu mehreren Erklärungsversuchen Veranlassung gegeben. Von HEIM (1957) wird die Hypothese von DALE (1950) herangezogen, wonach beim Asthma vorwiegend das sog. „intrinsic“ -Histamin freigesetzt wird, das der Blockade durch Antihistamine weit weniger zugänglich ist als das sog. „extrinsic“ Histamin. Die Erfahrungen von FEINBERG (1950), SWINEFORD u. Mitarb. (1956), wonach die Antihistaminzufuhr per inhalationem besser wirksam war als die enterale oder parenterale Gabe, haben zu der Annahme geführt, daß im Asthmaanfall derartig große Histaminmengen freigesetzt werden, so daß sie durch therapeutische Antihistamindosen nicht abgefangen werden können. Zweifellos reichen diese Hypothesen nicht aus, um die Diskrepanz zwischen Tierexperiment und klinischer Therapie hinreichend zu erklären. Es ist damit zu rechnen, daß in der Pathogenese des Asthmas neben Histamin noch andere pharmakologisch aktive Stoffe eine Rolle spielen, deren Wirkung durch Antihistamine nicht beeinflußt wird. Wie im Abschnitt über das Histamin erwähnt ist, hat BROCKLEHURST (1955) durch Zugabe des homologen Antigens die Freisetzung der sog. „slow reacting substance“ SRS-A aus Bronchialgewebe von Asthmatikern nachgewiesen.

5. Antihistamintherapie anderer Krankheiten

Antihistaminica wurden im Laufe der Zeit zur Behandlung einer großen Anzahl von Krankheiten empfohlen. Die meisten der angegebenen Indikationen haben der Kritik nicht standgehalten und können daher hier unberücksichtigt bleiben. Berücksichtigung verdient aber noch die Antihistaminbehandlung bisher nicht erwähnter allergischer Krankheiten sowie die Frage, ob die nicht-histaminantagonistischen pharmakologischen Wirkungen therapeutisch nützlich sind.

a) Bisher nicht erwähnte allergische Krankheiten

Bei keiner der am Magen-Darmkanal, an Nieren, Leber, Nervensystem und Gefäßsystem in Erscheinung tretenden allergischen Manifestationen wurden mit Antihistaminica eindeutig günstige Resultate erzielt.

Über die Behandlung von *allergischen Gastroenteritiden* und *Colica mucosa* liegen nur wenige Berichte über eine kleine Zahl von Fällen vor, so daß eine Beurteilung nur schwer möglich ist (s. Kallós 1949). Eine wesentliche Bedeutung haben die Antihistaminica aber nicht erlangt; in neueren Darstellungen über die gastrointestinale Allergie werden sie kaum noch erwähnt (s. Hansen 1957).

Die von Reubi (1945) beobachtete günstige Wirkung auf die Masugi-Nephritis hat dazu geführt, Antihistamine zur Therapie der *Glomerulonephritis* heranzuziehen. Sowohl die Beobachtung von Reubi als auch die vereinzelt veröffentlichten günstigen Behandlungsresultate wurden von der Mehrzahl der Autoren aber nicht bestätigt (s. Halpern, Trolliet und Martin 1949, Sarre und Rother 1957 u. a.).

Bei der *Migräne* haben die Antihistamine, obwohl mehrfach verwendet, keine ausreichende Wirkung gezeigt. Es wurde zwar vereinzelt über Besserungen berichtet, jedoch sind die Ergotaminderivate bei dieser Krankheit eindeutig besser wirksam. (Kallós und Kallós-Deffner 1949, Feinberg, Malkiel und Feinberg 1950).

Auch bei den am *Gefäßsystem*, häufig postinfektiös in Erscheinung tretenden hyperergischen Manifestationen wie Periarteriitis (Polyarteriitis) nodosa, Hypersensitivitätsangitis („hypersensitivity angitis") und anderen nekrotisierenden, zum Teil granulomatösen Arteriitiden, die sich auf der Basis einer Arzneimittel- oder Serumallergie entwickeln können, waren therapeutische Versuche ohne Erfolg (Lynch 1947, Hunter und Dunlop 1948). Das gleiche gilt auch für den Erythematodes acutus, die Dermatomyositis und die Sklerodermie.

b) Erkältungskrankheiten

Die Antihistaminica haben eine Zeitlang große Verbreitung in der Behandlung von Erkältungskrankheiten, vor allem des Schnupfens gefunden. Man ging dabei von der Annahme aus, daß den Symptomen des banalen Schnupfens wie denjenigen des Heuschnupfens ein allergischer Reaktionsmechanismus zugrunde läge. Später allerdings nicht bestätigte Mitteilungen über den Nachweis von Histamin im Nasensekret wurden als Stütze für diese Hypothese herangezogen. Dem großen Interesse für die Antihistaminbehandlung von banalen Erkältungskrankheiten kam es ohne Zweifel zugute, daß bei 25%—50% der Erkrankten auch mit Placebo-Tabletten ein guter Erfolg zu erzielen ist (Diehl 1933, Feinberg, Malkiel und Feinberg 1950). Dieser Tatsache ist auch wohl die aus den ersten Mitteilungen über erfolgreiche Behandlungsresultate hervorgehende optimistische Beurteilung zuzuschreiben (Brewster 1947, 1949, Arminio und Sweet 1949, Phillips und Fishbein 1950, Murray 1949). Den Antihistaminen wird darin ein coupierender Einfluß zugeschrieben, wenn sie in den ersten Stunden nach Auftreten der Symptome verabfolgt werden. Spätere, sorgfältig durchgeführte und ausgewertete Vergleichsuntersuchungen an großen, zum Teil mehrere tausend Personen umfassenden Kollektiven ergaben dann aber, daß die Antihistamine nicht in der Lage sind, den Ablauf von Erkältungskrankheiten zu beeinflussen (Lowell, Schiller, Alman und Mountain 1951, Browning 1950, Bloomfield 1950, Lorriman und Martin 1950, Hoagland, Deitz, Myers und Cosand 1950, Shaw und Wightman 1950, Cowan und Diehl 1950 u. a.).

c) Mit Nausea und Erbrechen einhergehende Zustände (Reisekrankheiten)

Die beim apomorphininduzierten Erbrechen des Hundes nachgewiesene antiemetische Wirkung von Benadryl und anderen Antihistaminen der Colaminreihe (CHEN und ENSOR 1950 u. a.) war die pharmakologische Grundlage für deren Verwendung bei mit Nausea und Erbrechen einhergehenden Zuständen. GAY und CARLINER (1949) berichteten als erste über gute Erfolge mit Dramamin, dem 8-Chlortheophyllinsalz des Diphenhydramins (Benadryl) bei der Prophylaxe der Seekrankheit. Diese Beobachtungen wurden von mehreren Autoren nachgeprüft und im großen und ganzen bestätigt (STRICKLAND und HAHN 1949, CHINN u. Mitarb. 1950, GOETHE 1954, GOETHE und KÖBKE 1953, THÜER 1952). Es erwiesen sich dabei auch andere Antihistaminpräparate als wirksam, aber wie HAAS (1953) hervorhebt, nicht in gleichem Ausmaß wie Dramamin (gleiche Präparate sind Novamina, Vomex A) und Benadryl. Die besten Resultate wurden erzielt, wenn die Präparate vor Antritt der See- oder Luftreise genommen wurden. Bei bereits ausgebrochener Krankheit ist die Wirkung nicht mehr so gut; es werden dann höhere Dosen benötigt, die am besten rectal oder parenteral gegeben werden sollen. Als mitunter nicht unerwünschte Nebenwirkungen kommt es relativ häufig zu Schläfrigkeit. Über die Frage, ob die Antihistamine anderen Medikamenten in der Prophylaxe und Therapie von Reisekrankheiten überlegen sind, besteht keine Übereinstimmung der Meinungen. Während GLASER (1953), sowie NICKERSON (1950) und TYLER (1949) auf Grund größerer vergleichender Untersuchungsreihen zu der Überzeugung kamen, daß scopolaminhaltige Präparate mindestens ebenbürtig sind, vertritt GOETHE (1954) den entgegengesetzten Standpunkt.

Wegen der zentral antiemetischen Wirkung wurden Antihistamine vereinzelt auch zur Behandlung von entsprechenden Symptomen des Röntgenkaters sowie der während N-Lost- und Streptomycinbehandlung manchmal auftretenden Nausea empfohlen (FUHRMANN 1953, HEIDELMANN 1952, VIEHWEGER 1952, BEELER u. Mitarb. 1949, BIGNALL und CROFTON 1949).

Aus dem gleichen Grunde wurden sie auch in der Gynäkologie zur Therapie des Schwangerschaftserbrechens angewendet; eine größere Bedeutung hat die Antihistamintherapie der Emesis und Hyperemesis gravidarum aber nicht erlangt (SCHMERMUND).

6. Prophylaxe von Arzneimittel- und Serumreaktionen mit Antihistaminica

Der häufig zu beobachtende Befund, daß akute mit Ödembildung und Urticaria einhergehende allergische Arzneimittelreaktionen durch Antihistaminica erfolgreich behandelt werden können, hat dazu geführt, die Antihistamine *prophylaktisch* zu verwenden mit dem Ziel, die Anzahl und Schwere derartiger Zwischenfälle herabzumindern.

Nachdem erkannt war, daß *Penicillin* nicht selten zu Sensibilisierungen führt — die Angaben über die Häufigkeit schwanken zwischen 2% und 16% —, versuchte man durch Zusatz von Antihistaminen allergische Zwischenfälle zu verhüten. Es wurden zahlreiche Präparate gleichzeitig mit Penicillin injiziert. Über gute Erfahrungen mit einer solchen Antihistaminprophylaxe von Penicillinreaktionen berichteten SIMON (1950, 1951, 1952, 1953), MASLANSKY und SANGER (1952), SANGER u. Mitarb. (1953), JENKINS (1953), LUIPPOLD (1954) FRANKEL und STUTSMAN (1955). Die Ergebnisse der teilweise ohne entsprechende Kontrollen durchgeführten Untersuchungen sind aber zum Teil anzuzweifeln. So ist es kaum zu verstehen, daß die nach Penicillin nicht seltenen, spät auftretenden Reaktionen vom Typ der Serumkrankheit durch Antihistamine, deren Wirkung ja nur einige Stunden anhält, unterdrückt werden können. Wie oben ausgeführt gibt es keinen Beweis dafür, daß Antihistamine die Antikörperbildung zu hemmen vermögen. Auch der Befund, daß früher penicillinüberempfindliche Patienten nach Injektion von Antihistamin + Penicillin keine Reaktion zeigten, spricht nicht unbedingt für die prophylaktische Wirksamkeit des Antihistamins, denn die Penicillinallergie kann sich inzwischen spontan verloren haben. Sehr sorgfältige und kritische Untersuchungen zu dieser Frage führten MATHEWS, HEMPHILL, LOVELL, FORSYTHE und SHELDON (1956) an einem größeren Krankengut durch, wobei als Antihistaminicum Chlortrimeton benutzt wurde. Es zeigte sich dabei, daß weder oral noch parenteral gleichzeitig mit Penicillin verabfolgtes Antihistamin einen signifikanten Effekt auf die Häufigkeit von Spätreaktionen oder schweren anaphylaktischen Schockreaktionen hatte. Dagegen war eine deutliche Verringerung der urticariellen Frühreaktionen, die sich schon wenige Stunden nach der Injektion entwickeln, festzustellen; der Prozentsatz sank von 2,8 auf 1,1%. E. B. BROWN (1955) hält die kombinierte Anwendung von Antihistaminen und Penicillin nicht für wertvoll, denn damit können leichtere Reaktionen unterdrückt werden, die sonst eine Warnung für weitere Injektionen darstellen.

In manchen Fällen stellt nicht das Penicillin, sondern der in den meisten Depotpräparaten vorhandene Procainanteil des Gesamtmoleküls das eigentliche Allergen dar (MARCHIONINI und RÖCKL 1956, LUTZ 1950 u. a.). Besonders bei Vorliegen einer sog. Para-Stoff-Allergie, d. h. einer Allergie, die sich gegen eine Reihe von Substanzen richtet, die in para-Stellung des Benzolringes eine Aminogruppe tragen, ist eine Procainüberempfindlichkeit in Erwägung zu ziehen. Es ist für solche Patienten von Vorteil gewesen, daß Depot-Penicillinpräparate entwickelt worden sind, bei denen das Penicillinmolekül anstatt mit Procain mit einem Antihistaminicum verknüpft ist. Die in Deutschland bekanntesten Präparate dieser Art sind Neopenyl und Megacillin, bei denen Penicillin an Allercur salzartig gebunden ist (MÜCKTER, JANSEN, SOUS, KRÜPE, QUAST und KELLER 1954, SOUS und MÜCKTER 1956). Von VONKENNEL (1955), FENNER (1956), WALTHER (1955) wurde auf die gute Verträglichkeit des Allercur-Penicillins hingewiesen.

Ähnlich wie beim Penicillin wurde auch versucht, die Frequenz allergischer Nebenwirkungen nach *Bluttransfusionen* zu reduzieren. Amerikanische Autoren haben Chlortrimeton (Chlorprophenpyridamin) in Dosen von 10—25 mg Blutkonserven zugesetzt und damit Transfusionen durchgeführt. Sie fanden im Vergleich zu entsprechenden Kontrollen ohne Antihistaminzusatz einen Rückgang von urticariellen, ödematösen oder erythematösen Reaktionen um das 5—10fache (WINTER und TAPLIN 1954, 1956, SIMON und ECKMAN 1954, FRANKEL und WEIDNER 1953, FRANKEL 1955). Auch andere Antihistaminica wie Pyribenzamin (STEPHEN, MARTIN und BOURGEOIS-GAVARDIN (1955), Systral (HASSE 1955), Sandosten-Calcium (v. RÜTTE-VÖLKI 1955) erwiesen sich von gleicher prophylaktischer Wirksamkeit, wenn sie vor der Transfusion gegeben wurden. Über den Wert der Antihistamine zur Vermeidung febriler Transfusionsreaktionen sind die Ansichten geteilt. Während einige Autoren auch eine gewisse Verringerung der Fieberreaktionen beobachteten (v. RÜTTE-VÖLKI 1955, STEPHEN u. Mitarb. 1955, FRANKEL 1955), stellten WINTER und TAPLIN (1954, 1956) keine Wirkung fest. Die hämolytischen Reaktionen wurden nicht beeinflußt.

Die Antihistamin-Prophylaxe allergisch bedingter Zwischenfälle nach Injektion von *jodhaltigen Röntgen-Kontrastmitteln* wird unterschiedlich beurteilt. SANGER und EHRLICH (1956), SIMON, BERMAN und ROSENBLUM (1954), OLSSON

(1951), GETZOFF (1951) berichteten über eine Verringerung einiger Reaktionen (Urticaria, Schnupfen, Niesreiz, Nausea, Erbrechen) um das 2—3fache, wenn gleichzeitig Chlorprophenpyridamin (Chlortrimeton) injiziert wurde, während GILG (1953) sowie CREPEA u. Mitarb. (1949) mit Diphenhydramin (Benadryl) keinen oder nur einen sehr geringen Erfolg sahen.

Vergleichende Untersuchungen von SINGLETON und LITTLE (1956) über die Antihistaminprophylaxe der Serumkrankheit ergaben keinen Unterschied zwischen einer mit Phenergan (Promethazin) vorbehandelten und einer nicht vorbehandelten Gruppe.

IX. Nebenwirkungen und Vergiftungen

Den Begriff „Nebenwirkungen" klar abzugrenzen, stößt bei den Antihistaminica auf gewisse Schwierigkeiten. Während im allgemeinen unter Nebenwirkungen diejenigen Effekte von Arzneimitteln verstanden werden, die sich bei der Behandlung als störend erweisen und daher unerwünscht sind, ist dieses bei den Antihistaminica nicht unbedingt der Fall. So kann z. B. die den meisten Präparaten anhaftende sedierende Eigenschaft je nach den Gegebenheiten in einem Falle von Nutzen, im anderen dagegen unerwünscht sein. Es erscheint daher zweckmäßig, unter dem Begriff der klinischen Nebenwirkungen alle diejenigen Effekte zusammenzufassen, die außerhalb des Rahmens der therapeutisch beabsichtigten Wirkung liegen.

Die Kenntnis der Nebenwirkungen ist das Resultat eingehender klinischer Untersuchungen. Die in akuten oder chronischen Toxicitätsversuchen bei den bekannten Laboratoriumstieren gewonnenen Ergebnisse lassen sowohl hinsichtlich der beobachteten Symptome als auch hinsichtlich der Dosis-Wirkungs-Beziehung keine Schlüsse auf die Verhältnisse am kranken Menschen zu.

1. Häufigkeit und Art der Nebenwirkungen

Die *Häufigkeit*, mit der Nebenwirkungen bei der Antihistamintherapie auftreten, läßt sich nicht generell angeben. Es finden sich zum Teil außerordentlich große Unterschiede einmal von Präparat zu Präparat, zum anderen auch von Untersucher zu Untersucher. Schließt man auch die leichten Nebenwirkungen mit ein, so ist insgesamt gesehen die Frequenz nicht niedrig; im Durchschnitt muß bei 20—40% der Behandelten mit Nebenerscheinungen gerechnet werden. Bei manchen Präparaten, insbesondere bei denen mit starker sedativer Wirkung findet man in der Literatur Höchstwerte von 60—80%.

Die große Häufigkeit der Nebenwirkungen, die besonders bei den älteren Antihistaminica in Erscheinung trat, war mit ein Grund für die Entwicklung neuer Präparate, denn die Dosierung und damit die Wirksamkeit wird durch die Nebenwirkungen begrenzt. Art und Häufigkeit der Nebenwirkungen sind wichtige Kriterien für den Wert eines Präparates.

Auf die Wiedergabe der von den einzelnen Autoren angegebenen Prozentsätze der Nebenwirkungen soll verzichtet werden, da Vergleiche in den meisten Fällen infolge unterschiedlicher Dosierung und Auswertung nicht möglich sind (s. DOMENJOZ 1951).

Die *Art* der Nebenwirkungen kann außerordentlich vielseitig sein, und fast alle Organe können betroffen sein. WYNGAARDEN und SEEVERS (1951) haben eine Übersicht gegeben, auf die sich folgende Tabelle stützt.

Tabelle 6. *Nebenwirkungen der Antihistaminica.* (Nach WYNGAARDEN und SEEVERS 1951)

I. Nervensystem

A. Zentral

1. Erregung:
   - Schlaflosigkeit
   - „Nervosität“
   - Tachykardie
   - Hypertension
   - Tremor
   - Hyperreflexie
2. Depression:
   - Konzentrationsschwäche
   - Schläfrigkeit, Müdigkeit
   - Schwäche
   - Ataxie
   - Narkolepsie
   - Koma
3. Halluzination:
   - Alpträume
   - gestörtes Urteilsvermögen
   - depressive Verstimmungen
   - verringerte geistige Leistungsfähigkeit
   - Verwirrtheit
4. Schwindel
   - Kopfschmerzen
   - Fieber
   - elektroencephalographisch faßbare Störungen
   - Hirnödem

B. Peripher

Toxische Neuritis mit motorischen und sensiblen Ausfällen

C. Sinnesorgane

Ohren:
- Drehschwindel
- Labyrinthreizung

Augen:
- Dilatierte Pupillen
- verschwommenes Sehen

II. Magen-Darmkanal

- Appetitlosigkeit, Brechreiz
- Erbrechen
- Sodbrennen
- Kardiospasmus
- Diarrhoen
- Obstipation

III. Herz-Kreislaufsystem

- Hypotonie, Hypertonie
- vasovagale Phänomene
- Kollaps
- Herzpalpitationen
- Tachykardie
- elektrokardiographisch nachweisbare Störungen

IV. Atmungssystem

- Asthma

V. Urogenitalsystem

- „Reizblase“
- spastische Harnretention
- allergische Nephritis

Tabelle 6. (Fortsetzung)

VI. Haut und Schleimhäute
Trockenheit des Mundes
Kontaktekzeme
urticarielle, scarlatiniforme Exantheme

VII. Hämatopoetisches System
Leukopenie
Agranulocytose
hämolytische Anämie

Ein großer Teil der aufgeführten Symptome lassen sich pharmakologisch erklären. Auf Grund gemeinsamer Eigenschaften hat BURN (1950) die Antihistaminica zusammen mit Arzneimitteln, die in der Klinik als Lokalanalgetica (Cocain, Procain), Analgetica (Dolantin), Spasmolytica (Atropin, Papaverin, Trasentin) verwendet werden, sowie mit Chinidin zu einer großen Gruppe zusammengefaßt. Die Grundlage der Verwandtschaft sieht BURN darin, daß alle diese Pharmaka die durch Acetylcholin, Adrenalin bzw. Noradrenalin und Histamin bedingten Effekte — wenn auch in quantitativ sehr unterschiedlichem Maße, — antagonistisch beeinflussen. Die besonders bei den Antihistaminica der Benzhydrylätherreihe (Benadryl u. a.) vorhandene atropin- bzw. hyoscinähnliche Wirkung, die sich klinisch durch Trockenheit des Mundes, zentrale Depression und in einem antimetischen Effekt bemerkbar macht, sind ein Beispiel dafür.

a) Nervensystem

In der obigen Aufstellung nehmen die bei der Antihistamintherapie beobachteten Störungen des Nervensystems die erste Stelle ein, und das entspricht auch ihrer Häufigkeit. Im Vordergrund stehen die bekannten zentral *sedierenden Effekte*, die aber nicht alle Antihistamine in gleicher Weise ausüben. Während bei den älteren Präparaten, insbesondere bei denen der Colaminreihe (Benadryl, Decapryn u. a., s. o.) und den Phenothiazinderivaten (Atosil, Phenergan u. a., s. o.) diese Wirkung ganz ausgesprochen ist, gibt es auch eine Reihe von Antihistaminen, denen diese Eigenschaft entweder vollkommen fehlt oder nur in geringem Maße vorhanden ist. Je nach dem Grad der sedativen Wirkung hat BRETT (1950) eine Einteilung in sog. Tages- und Nachtmittel vorgeschlagen, d. h. in solche, die am zweckmäßigsten nur zur Nacht gegeben werden sollen und andere, die auch am Tage genommen werden können. Zum Beispiel wirken ausgesprochen sedativ: Phenergan (= Atosil), Benadryl, Pyribenzamin, Antergan, Neoantergan, Soventol, Luvistin; geringer sedativ: Sandosten, Allercur, Antistin u. a. und im allgemeinen nicht ermüdend, bzw. eher stimulierend: Thephorin, Omeril, u. a. Eine derartige Einteilung kann natürlich nicht absolut zuverlässig sein und im Einzelfall kann es sehr schwierig sein, den Grad der Müdigkeit abzuschätzen. Es ist daher empfehlenswert, bei Verordnungen am Tage den Patienten auf diese mögliche Nebenwirkung auch bei sog. Tagesantihistaminica hinzuweisen. Besondere Vorsicht ist bei Autofahrern, Flugzeug- und Lokomotivführern sowie bei allen Personen mit verantwortungsvoller Beschäftigung geboten. Wie MITCHELL (1952) u. a. betont haben, hat der unkontrollierte Gebrauch der Antihistamine besonders durch Kraftfahrer und Industriearbeiter eine Reihe von Unfällen hervorgerufen, die teilweise nicht ohne forensische Folgen blieben. SOEHRING (1954) berichtet über eine Chemikerin, die wegen einer Pollenallergie mit relativ großen Dosen eines Antihistamins behandelt wurde und einen schwerwiegenden Verkehrsunfall verursachte. Neben den erheblichen wirtschaftlichen Folgen hatte sie eine Gefängnisstrafe und temporären Entzug des Führerscheins zu tragen.

Durchaus nicht immer ist die sedierende Wirkung unerwünscht; in der Klinik kann dieser Effekt in vielen Fällen, z. B. bei der Behandlung von nervösen, unruhigen Patienten, die an starkem Pruritus leiden, vorteilhaft sein.

Um die dämpfende Wirkung zu kompensieren, wurden einer ganzen Reihe von Antihistaminen zentrale Analgetica beigegeben. Einzelheiten über solche Präparate finden sich im Abschnitt über Kombinationen (s. S. 334). Mit in diese Kategorie gehören die Symptome von Konzentrationsschwäche, Desorientierung, Schwäche und Ataxie, Impotenz, die bei einigen Kranken auch bei normalen Dosen beobachtet wurden (Feinberg, Malkiel und Feinberg 1950, Jeannes 1950).

Bei Erwachsenen sind *zentralerregende* Nebenwirkungen wie Tremor, Unruhe, Hyperreflexie usw. im großen und ganzen selten. Im Gegensatz dazu reagiert der kindliche Organismus weit häufiger mit Erregungszuständen. Die Kinder ähneln in dieser Hinsicht den Laboratoriumstieren, bei denen nach hohen Dosen fast aller Antihistamine Krämpfe auftreten.

Regelrechte Persönlichkeitsveränderungen nach langer Behandlung mit Benadryl, Pyribenzamin und Neoantergan sah Schaffer (1953) bei 23 Kindern. Sie äußerten sich in Form von Widersetzlichkeit, unmotivierten Temperamentsausbrüchen, Reizbarkeit, Verstimmungszuständen. Absetzen der Therapie brachte schnelle Besserung. Auch über Angstzustände mit starken Traumerlebnissen ist berichtet worden (Habs und Kilb 1955). An Hand eines Falles von schwerer, unter dem Bilde eines Dermatozoenwahns ablaufenden Antihistaminpsychose (Soventol), die mit Temperatursteigerung Tachykardie, Conjunctivitis und urticariellen Hauterscheinungen einherging, weist Huber (1952) darauf hin, daß solche Zustände als Ausdruck allergisch bedingter Funktionsstörungen des Zentralnervensystems (Hirnödem) auftreten können. In dem beschriebenen Fall war eine Allergie gegenüber dem verwendeten Präparat durch den gelungenen Expositions- und Übertragungsversuch nachgewiesen worden.

Eine besondere Art von Nebenerscheinungen hat Warin (1954) nach Medikation von Chlorcyclizin, Benadryl, Promethazin beobachtet; sie bestanden in Muskelzuckungen und einem Spannungsgefühl vorwiegend der Beinmuskulatur, das die Betroffenen zum Umhergehen und Bewegen der Beine veranlaßte.

Veränderungen des Elektroencephalogramms haben Churchill und Gammon (1949) bei Patienten mit Petit mal und fokal bedingter Epilepsie nach Pyribenzamin und Benadryl festgestellt, wobei gleichzeitig eine Zunahme der Anfallsbereitschaft beobachtet wurde. Aus den Befunden wurde die Folgerung abgeleitet, Antihistaminica bei Epileptikern nur mit Vorsicht zu verwenden.

Eine atropinähnliche, parasympathicolytische Wirkungskomponente kann sich klinisch besonders bei den sog. vegetativ-labilen Patienten in Trockenheit des Mundes und in einer Akkommodationsstörung äußern; vor allem nach Verwendung von Präparaten der Benzhydrylätherreihe (Benadryl) werden solche Erscheinungen nicht selten beobachtet.

b) Magen-Darmkanal

Die in der Tabelle 6 angegebenen Unverträglichkeitserscheinungen von seiten des Intestinaltraktes wie Magenschmerzen, Brechreiz, Erbrechen, kolikartige Schmerzen, Diarrhoen wurden nur nach einigen Antihistaminica beobachtet und sind in erster Linie auf lokale Reizwirkungen zurückzuführen. Wenn die Mittel mit oder nach den Mahlzeiten eingenommen werden, sind solche Störungen selten. Wechsel des Präparates führt in manchen resistenten Fällen weiter.

c) Herz und Kreislauf

Die Einwirkung von Antihistaminen auf das Elektrokardiogramm ist von mehreren Autoren bei Mensch und Tier untersucht worden. BUNSE und JAHN (1950) fanden nach Injektion von Antergan, Synpen, Neoantergan, Luvistin, Hibernon und Pyribenzamin Veränderungen des EKG im Sinne einer „energetischen Herzinsuffizienz". Allerdings lagen die verwendeten Dosen weit über den in der Therapie üblichen. Auch CRIEP und AARON (1948) sowie MACKMULL sahen eine Beeinflussung des menschlichen EKG durch Antihistamine. Diese Befunde stehen mit tierexperimentell gewonnenen Resultaten von DEWS und GRAHAM (1946) sowie von DUTTA (1949) in Übereinstimmung, die bei Fröschen und Ratten eine chinidinähnliche Wirkung im Sinne einer Verlängerung der Refraktärperiode durch verschiedene Antihistaminica fanden. Wenn auch bei therapeutischen Dosen eine Herzmuskelschädigung kaum zu erwarten ist, so ist bei herzkranken Patienten mit der Möglichkeit einer Einwirkung auf das Myokard zu rechnen.

Bei den bisher beschriebenen Nebenwirkungen handelt es sich um Intoleranzphänomene, die entweder auf eine relative Überdosierung oder auf eine gesteigerte Empfindlichkeit gegenüber den normalen pharmakologischen Wirkungen der Antihistamine beruhen. Im folgenden sollen nun die allergischen Nebenerscheinungen besprochen werden, d. h. diejenigen klinischen Symptome, zu deren Entwicklung eine Allergie des Organismus durch vorangegangene Behandlung Voraussetzung ist. Allergische Reaktionen auf Antihistamine wurden am hämatopoetischen System, an Leber, Nieren und am häufigsten an der Haut beobachtet.

d) Hämatopoetisches System

Zum Teil sehr schwerwiegend sind die am blutbildenden System ablaufenden Nebenerscheinungen. Im Vergleich zum großen Verbrauch der Antihistaminica sind solche Blutschädigungen erfreulicherweise sehr selten. Bei den bisherigen Beobachtungen handelte es sich in erster Linie um Agranulocytose, seltener um aplastische oder hämolytische Anämie.

In einer von MOESCHLIN (1958) veröffentlichten Zusammenstellung von medikamentös bedingten *Agranulocytose*-Fällen, die sich auf ein Krankengut von 337 Patienten stützt, wobei die von BOCK (1957) und FRANÇOIS (1955) gesammelten Beobachtungen neben denen des Autors aufgeführt sind, sind die Antihistaminica mit 11 Fällen (= 3,3%) beteiligt. Die nebenstehende, von MOESCHLIN (1958) übernommene Tabelle 7 gibt einen Überblick über die Arzneimittel, die am häufigsten zu Agranulocytosen führen.

Tabelle 7. *Für 337 Agranulocytose-Fälle verantwortliche Arzneimittel.* (Nach MOESCHLIN)

Arzneimittel	Zahl der Fälle	Prozentsatz der Fälle
Amidopyrin . . .	142	42
Arsenobenzole . .	50	15
Sulfonamide . . .	44	13
Thyreostatica . .	32	9,5
Phenylbutazon . .	29	8,5
Antihistaminica . .	11	3,3
Gold-Präparate . .	10	3
Persedon	9	2,7
Hydantoine . . .	9	2,7
Phenacetin	1	0,3
Gesamt	337	100

Die von BLANTON und OWENS (1947), CAHAN, MEILMAN und JACOBSON (1949), VAN LOON und KANTERS (1949), DRAKE (1950), CLÉMENT und GODLEWSKI (1945), HILKER (1949), MARTLAND und GUCK (1950), ROOS (1950), BRADLOW (1951), FREY und NEIDHARDT (1951), DOMENJOZ (1951) u. a. mitgeteilten Fälle zeigen, daß zwischen dem Erstauftreten der Erscheinungen und der verabfolgten Dosis bzw. der Behandlungsdauer keine Relation besteht; im allgemeinen wurden die Präparate mehrere Wochen lang gegeben.

Auf das klinische Bild soll hier nicht eingegangen werden. Es mag nur erwähnt sein, daß die arzneimittelbedingte Agranulocytose mit anderen Symptomen vergesellschaftet sein kann. Gelenkschwellungen, Hepatitis und Polyarteritis nodosa sind zusammen mit Agranulocytose bei einzelnen gegen Amidopyrin Überempfindlichen beobachtet worden (s. Moeschlin 1958), allerdings bisher nicht bei Antihistaminallergien.

Der zur Agranulocytose führende immunopathologische Mechanismus ist im einzelnen noch nicht aufgeklärt. Als sicher dürfte gelten, daß die im peripheren Blut befindlichen Leukocyten zerstört werden, und zwar wurden bei mehreren Agranulocytosefällen, die durch Phenylbutazon, Amidopyrin, Sulfonamide, Gold und Quecksilberderivate ausgelöst waren, leukocytenagglutinierende Faktoren im Serum nachgewiesen. Nach Moeschlin ist es wahrscheinlich, daß der gleiche Mechanismus der Leukocytenagglutination auch für die meisten übrigen Fälle gilt. Theoretisch wäre auch daran zu denken, daß Lysine eine Rolle spielen, sie sind aber bisher noch nicht eindeutig festgestellt worden. In Analogie zu den Verhältnissen bei virusbedingten und bei chronischen bakteriellen Infektionen auftretenden Leukopenien ist auch an sekundäre Bildung von Autoantikörpern gegen Leukocyten gedacht worden. Die Art und Weise, wie die Antigen-Antikörperreaktion zur Agglutination der Leukocyten führt, gehört heute noch in den Bereich der Hypothese; Moeschlin (1958) stellt 4 Möglichkeiten zur Diskussion.

Die Zerstörung der agglutinierten Leukocyten erfolgt wahrscheinlich in den Lungen und in der Milz. Wird dieser Vorgang durch andauernde Zufuhr des Allergens unterhalten, so kommt es wahrscheinlich zu einer Erschöpfung des Knochenmarkes.

Die nur ganz vereinzelt beschriebenen Fälle von *hämolytischer Anämie* und *aplastischer Anämie* nach mehrwöchiger Therapie mit Benadryl, Pyribenzamin bzw. Antistin (Crumbley 1950, Keat und Williams 1951) blieben hinsichtlich näherer Einzelheiten der Entstehungsweise ungeklärt. Es ist aber durchaus denkbar, daß hier ähnliche Vorgänge ablaufen wie bei den arzneimittelbedingten Agranulocytosen. Nach Discombe (1958) sind im Serum eines Falles von hämolytischer Anämie nach Fuadin agglutinierende und auch hämolysierende Faktoren gefunden worden.

Bisher vereinzelt geblieben ist offenbar der von Ackroyd (1955, 1958) beschriebene, hinsichtlich der immunpathologischen Verhältnisse genau analysierte Fall von *thrombocytopenischer Purpura* nach Behandlung mit Antistin (= Antazolin). Die von Ackroyd durchgeführten Experimente ergaben, daß hier offenbar 2 immunologische Prozesse nebeneinander abliefen, und zwar einmal eine Präcipitinbildung des Serums nach Zugabe von Antistin und zum anderen eine Lyse der Blutplättchen. Es hatten sich demzufolge 2 Vollantigene gebildet, die beide Antistin als determinante Gruppe enthielten: ein Thrombocyten-Antigen und ein Serumprotein-Antigen. Die Symptome dieser Patienten unterscheiden sich nicht von denjenigen der eigentlichen thrombocytopenischen Purpura.

e) Gefäße, Nieren, Leber

Immer häufiger werden in den letzten Jahren schwere, an den Gefäßen ablaufende Krankheiten, die ursächlich auf Arzneimittel zurückzuführen sind, beobachtet. Es handelt sich dabei um die pathologisch-anatomisch verschiedenen Formen der Arteriitiden, vor allem die Polyarteritis nodosa; auch die anaphylaktoide Purpura (Schönlein-Henoch) und die thrombotische Mikroangiopathie gehören in diese Gruppe. Bei den bisher beschriebenen Fällen dieser Art kamen in erster Linie Sulfonamide, Penicillin, Jod, organische Arsen- und Quecksilberverbindungen, Hydantoinderivate, Goldsalze, Thiouracilderivate und DDT (= Dichlordiphenyltrichloräthylen) ursächlich in Frage (s. RICH 1942, 1958, SYMMERS 1958 u. a.).

Kürzlich berichtete SYMMERS (1958) über einen Fall von Polyarteritis, bei dem eine Allergie gegen Promazin und Chlorpromazin nachzuweisen war. Mit Ausnahme dieses Falles finden sich bisher keine weiteren Mitteilungen über Antihistamin-Präparate als ursächliche Noxe schwerer Gefäßentzündungen.

Schädigungen von *Leber* und *Nieren* durch Antihistaminica sind im großen und ganzen selten (DUREL und DUCHESNAY 1955). Von Bedeutung ist aber, daß Chlorpromazin, das zwar auf Grund seines pharmakologischen Wirkungsbildes nicht mehr in die Gruppe der Antihistaminica eingeordnet werden kann, mit diesen aber verwandt ist, bei etwa 1—5% der mit diesem Präparat behandelten Patienten zu einem Ikterus führt (s. WERTHER und KORELITZ 1957, MEYER 1956). Es handelt sich dabei um einen hepatischen Verschlußikterus, der meistens in der 3.—4. Woche auftritt. Nach der heute vorherrschenden Meinung liegt dem Krankheitsbild eine Allergie zugrunde, dafür sprechen auch Beobachtungen von HOLLISTER (1957), der bei mehreren Patienten nach klinischer Abheilung mit kleinen Dosen Chlorpromazin einen neuen Schub des Ikterus auslöste.

f) Haut

Die an der Haut sich manifestierenden Nebenerscheinungen sind zum weitaus größten Teil allergischer Natur; nur bei lokaler Anwendung kann es vor allem bei Anwendung in akut entzündlichem Gebiet zu direkten Reizwirkungen kommen. Je nach der Applikationsart handelt es sich dabei um exanthematische Erscheinungen oder um allergische Kontaktekzeme. Dabei werden Exantheme seltener beobachtet als Kontaktekzeme nach lokaler Behandlung.

Exantheme. Durch Antihistaminica hervorgerufene allergische Arzneimittelexantheme sind im großen und ganzen recht selten. Sie treten nach enteraler oder parenteraler Zufuhr auf und können sich morphologisch unter verschiedenen Bildern manifestieren. Über urticarielle Reaktionen, die auf Pyribenzamin Antistin oder Benadryl zurückzuführen waren, berichteten EPSTEIN (1949), LONDON und MOODY (1949), ROST und HORNEMANN (1950), PRATT (1950) u. a. GUIDUCCI und TRAUB (1951) beschrieben einen Fall von ausgedehntem Quincke-Ödem im Bereich des Gesichts und des Rachens. In diesen Fällen wurde das ursächliche Allergen nur durch den gelungenen Expositionsversuch ermittelt. Hauttestproben blieben negativ. Fälle mit makulopapulösen, morbilliformen und scarlatiniformen, pitysiasis-rosea-ähnlichen oder erythema-multiforme-ähnlichen Exanthemen nach Synpen, Pyribenzamin sahen EPSTEIN (1947), OPPENHEIM und YACULLO (1948), LINDEMAYR und SALZMANN (1951). BARROCK (1951) beobachtete nach Einnahme von antihistaminhaltigen Präparaten gegen Erkältungskrankheiten ein fixes Exanthem, das möglicherweise auf den Antihistaminanteil in dem Kombinationspräparat zurückzuführen war. Wie bei anderen Arzneimitteln kann es in Fällen, bei denen eine Sensibilisierung vom Ekzemtyp durch externe Antihistamintherapie erfolgt ist, nach oraler Zufuhr der Noxe neben örtlichen Rezidiven zu generalisierten Ekzemen und auch zu Exanthemen verschiedener Art kommen (STRITZLER 1950, TZANCK, SIDI, MAZALTON und KOHEN 1951, SIDI, MELKI und LONGUEVILLE 1952).

Kontaktekzeme. Unter den cutanen allergischen Reaktionen auf Antihisaminica spielen die durch externe Sensibilisierung erworbenen Kontaktekzeme eine weit größere Rolle als die Exantheme. Von den Autoren, die ein größeres Krankengut mit Antihistaminsalben behandelt haben, wird eine Sensibilisierungsquote von 2—4% angegeben (SULZBERGER und BAER 1947, WALDRIFF, DAVIS und

Lewis 1950, Stritzler 1950, Ellis und Bundick 1950 u. a.). Das ist ein Sensibilisierungsindex, der niedriger liegt als der von Penicillin und Sulfonamiden bei äußerlicher Anwendung. Trotzdem genügen die bisherigen diesbezüglichen Erfahrungen, um die lokale Anwendung von Antihistaminen abzulehnen. Wir befinden uns damit in Übereinstimmung mit Tzanck, Sidi u. a., die bei der Anwendung von Antihistaminsalben zu Zurückhaltung mahnen. Da seit der Einführung der wesentlich besser verträglichen und auch besser wirksamen Hydrocortison-, Prednisolon- und Triamcinolonderivate heute auch keine Indikation für die örtliche Antihistamintherapie besteht, erhält diese Ablehnung eine weitere wesentliche Begründung. Antihistaminhaltige Externa haben aus diesem Grunde auch keine Aufnahme in die nordamerikanische Pharmakopoe gefunden (Woerdemann 1954, Soehring und Frahm 1959).

Fast nach jedem zur externen Behandlung angebotenen Antihistaminpräparat sind Kontaktsensibilisierungen beobachtet worden, am häufigsten durch Phenergan (=Atosil), Thephorin, Pyribenzamin, Antistin, Histadyl, Chlorcyclizin (Tzanck, Sidi und Melki 1951, Sidi, Melki und Longueville 1952, Sidi, Hincky und Gervais 1955, Stritzler 1950, Ellis und Bundick 1949, Sulzberger und Baer 1947, Loveman und Fliegelman 1951, Peck 1950, Guerrant und Hollifield 1951, Ayres und Ayres 1954). In unserem Krankengut kamen allergische Reaktionen nur nach äußerlicher Applikation zur Beobachtung, und zwar waren Thephorin, Atosil, Soventol, Antistin, Pragman, Hibernon, Andantol, Synpen und Sandosten bei insgesamt 31 Fällen die ursächlichen Allergene. Hinsichtlich des Sensibilisierungsvermögens der einzelnen Präparate bestehen sicher Unterschiede, jedoch läßt sich eine verläßliche „Rangliste“ wegen fehlender Vergleichsuntersuchungen nicht aufstellen.

Besondere Bedeutung haben in dieser Hinsicht einige Phenothiazinderivate erlangt, die in hohem Maße sensibilisieren. Besonders in Frankreich, wo die Verwendung von phenerganhaltigen Salben eine Zeitlang sehr verbreitet war, sind zahlreiche Kontaktsensibilisierungen erfolgt (Tzanck, Sidi und Melki 1951). Sidi, Hincky und Gervais (1955) beobachteten innerhalb von 3 Jahren 262 Fälle durch Phenergan (= Atosil) hervorgerufener Kontaktekzeme; das entsprach einem Prozentsatz von 50% aller medikamentös bedingten Ekzeme. Von allen bisher in die Therapie eingeführten Phenothiazinderivaten, die zum größten Teil nicht mehr als eigentliche Antihistamine zu bezeichnen sind, sondern wegen ihrer ausgeprägten zentral dämpfenden Wirkung als sog. Neuroplegica verwendet werden, besitzt das Chlorpromazin (= Megaphen) die stärkste sensibilisierende Wirkung. Während bei dem oral oder parenteral behandelten Patienten allergische Manifestationen an der Haut sich in Form von verschiedenartigen Exanthemen manifestieren, erkranken Angehörige des Krankenpflegeberufes, die mit dem Medikament äußerlich in Kontakt kommen, nicht selten an allergischen Ekzemen (Hiob und Hippius 1955, Pellerat, Rives und Murat 1953, Huriez u. Mitarb. 1953, Brehmer und Ruckdeschel 1953, K. H. Schulz u. Herrmann 1955).

Gruppensensibilisierung. Bei Untersuchungen mit dem Epicutantest wurden bei einem Teil der durch Phenergan und Chlorpromazin sensibilisierten Patienten positive Teste auf p-Phenylendiamin und chemisch ähnlich konfigurierte Verbindungen mit einer paraständigen aromatischen Aminogruppe erhalten (Sidi, Melki und Longueville 1952, Rajka und Vincze 1954). Rajka und Vincze fanden dabei auch das umgekehrte Phänomen, nämlich positive Teste auf das ungarische Phenothiazinderivat Ahistan bei 3 p-Phenylendiamin-Überempfindlichen. Nach Untersuchungen von Sidi, Hincky und Gervais (1954), sowie unseren eigenen Befunden reagierten etwa 30% der Phenergan- und Chlorpromazin-Überempfindlichen auf p-Phenylendiamin; bei einigen Patienten wurde daneben eine Allergie gegen Sulfonamide, Procain, p-Aminobenzoesäureäthylester und Hydrochinon festgestellt (K. H. SCHULZ 1956).

Die chemische Grundlage dieser gekreuzten Allergie ist noch nicht geklärt. Auf der Basis einer den genannten Molekülen gemeinsamen chemischen Gruppe sind die Befunde nur schwer zu erklären. Naheliegender ist vielmehr die Vorstellung, daß aus den Verbindungen im Organismus ein gemeinsames sekundäres Zwischenprodukt entsteht, das als eigentliches Allergen bzw. Hapten anzusehen ist, wie dies R. L. MAYER (1928) für aromatische Aminoverbindungen vom Typ des p-Phenylendiamins gezeigt hat.

Klinisch von Bedeutung ist die Tatsache, daß eine Gruppensensibilisierung gegen mehrere Phenothiazinderivate durch Kontakt mit einem Präparat nicht selten ist. BAER und WITTEN (1957) schätzen die Häufigkeit von Gruppensensibilisierungen zwischen Phenergan und Chlorpromazin auf 37%.

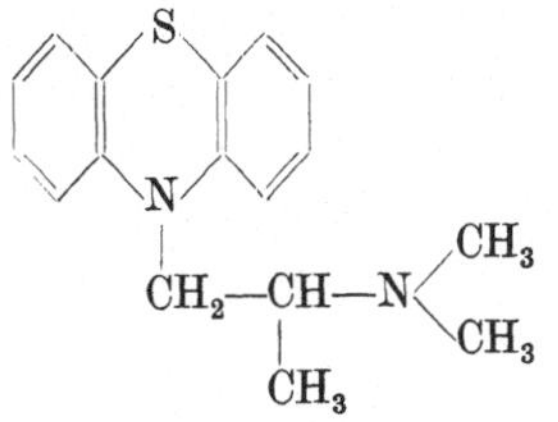

S, N; $CH_2-CH(CH_3)-N(CH_3)_2$

Phenergan
Atosil

Cl, S, N; $CH_2-CH_2-CH_2-N(CH_3)_2$

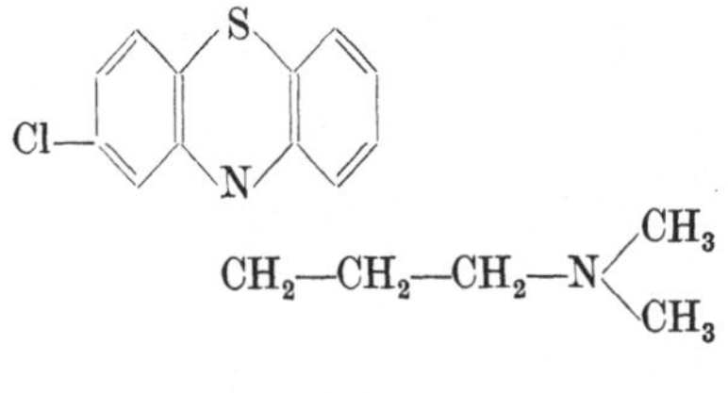

Chlorpromazin
Megaphen

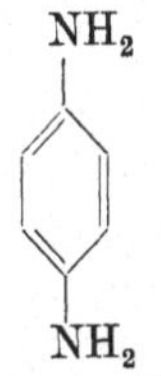

NH_2 / NH_2

p-Phenylendiamin

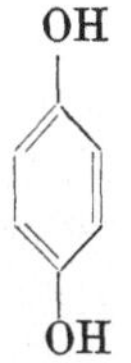

OH / OH

Hydrochinon

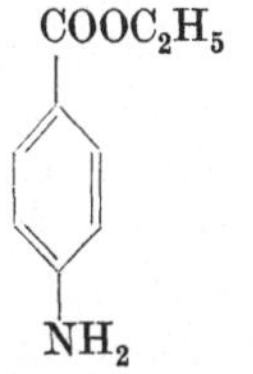

$COOC_2H_5$ / NH_2

p-Aminobenzoesäureäthylester

Gekreuzte Sensibilisierungen mit aromatischen Aminoverbindungen sind bei den anderen Antihistaminica bei weitem nicht so häufig wie bei den Phenothiazinderivaten. Im allgemeinen ist bei ihnen die Sensibilisierung spezifisch gegen eine bestimmte Verbindung gerichtet. Für den hohen Grad der Spezifität der Allergie ist folgender Fall ein gutes Beispiel:

Bei einem 58jährigen Patienten, der wegen eines Ano-Genitalekzems mehrere Wochen lang mit einer Pyribenzamin enthaltenden Salbe behandelt worden war, trat nach oraler Behandlung mit Pyribenzamin eine Urticaria auf, die wie Testuntersuchungen und erneute Exposition gezeigt haben, auf einer Allergie gegenüber Pyribenzamin beruhte. Obwohl sich Pyribenzamin von Synpen chemisch lediglich durch ein Chloratom am Phenylring des Moleküls unterscheidet, war die Weiterbehandlung mit dem letztgenannten Präparat ohne Störungen möglich.

Photosensibilisierung. Neben der Sensibilisierung gegenüber den Medikamenten selbst kann es auch zu einer Sensibilisierung gegen Licht kommen. Besonders ausgeprägt ist die photosensibilisierende Wirkung der Phenothiazinderivate, die sowohl nach innerlicher Zufuhr als auch durch exogenen Kontakt erworben werden kann und noch lange Zeit nach Beendigung des Kontaktes mit der auslösenden Noxe anhalten kann (SIDI, HINCKY und GERVAIS 1955, HIOB und HIPPIUS 1955, LABHARDT 1954, KRAJEWSKI 1955, EPSTEIN und ROWE 1957). Eingehende Untersuchungen einiger von uns beobachteter Fälle mit Hilfe von epicutanen Tests, die nach 24 Std belichtet wurden (Xenonhochdrucklampe, Osram XBF 6000), ergaben, daß eine Anzahl von Phenothiazinabkömmlingen photodynamisch wirksam sind, das heißt, daß die Belichtung von vorbehandelten Hautbezirken bei allen Personen zu einer Reaktion führt. Darüber hinaus war insbesondere Chlorpromazin auch in der Lage, bei einigen Patienten eine Photoallergie im Sinne von Epstein (1939) und Burckhardt (1941, 1948) auszulösen, die noch lange Zeit nach Beendigung des Kontaktes mit der Noxe anhielt (K. H. Schulz, Wiskemann und Wulf 1956). Von den bisher therapeutisch verwendeten Phenothiazinkörpern zeigt Chlorpromazin eindeutig die stärkste lichtsensibilisierende Wirkung. — Auch im Tierversuch war dieser Effekt nachzuweisen, mit Chlorpromazin vorbehandelte Mäuse erlitten nach Bestrahlung mit künstlichem UV-Licht oder natürlichem Sonnenlicht einen schockähnlichen Zustand, während sich bei den im Dunklen gehaltenen Tieren keine Reaktion bemerkbar machte (Wulf 1957).

Über photosensibilisierende Eigenschaften der übrigen, nicht phenothiazinhaltigen, d. h. der Mehrzahl der Antihistaminpräparate ist bisher nichts bekannt geworden.

Insgesamt gesehen ist die Anzahl wirklich schwerer Nebenerscheinungen in Anbetracht des großen Verbrauches und der zahlreichen, in der ganzen Welt im Handel befindlichen Mittel nur gering, und man kann daher abschließend wohl feststellen, daß die Antihistaminica in therapeutischen Dosen im allgemeinen keine ernsthaften Schädigungen hervorrufen, auch dann nicht, wenn sie über längere Zeit gegeben werden.

2. Vergiftungen

Schwere Vergiftungen durch Antihistaminica sind nicht sehr häufig. Die bisher bekannt gewordenen Fälle, die von Wyngaarden und Seevers (1951) zusammengestellt worden sind, sind in erster Linie als Unglücksfälle anzusehen oder auf Unkenntnis bzw. Verwechslung von Medikamenten zurückzuführen. Aus suicidaler Absicht wurden Antihistaminica nur selten eingenommen. Recht häufig waren Kinder betroffen, die unbeaufsichtigt größere Mengen von erreichbaren Tabletten zu sich genommen hatten. Während die zur Vergiftung erforderlichen Dosen nicht bei allen Antihistaminica gleich sind, bestehen hinsichtlich des Vergiftungsbildes und der Prognose kaum Unterschiede. Die Symptomatologie wird neben der Dosis sehr wesentlich bestimmt durch das Alter der Vergifteten. Während im Kleinkindesalter Zeichen zentraler Erregung wie allgemeine motorische Unruhe und tonisch-klonische Krämpfe das Bild beherrschen, tritt mit zunehmendem Alter die dämpfende Wirkung immer stärker hervor (Apathie, Schlaf). Es sind andererseits aber auch bei Erwachsenen Krämpfe beobachtet worden. Daneben sind noch eine Reihe anderer Symptome beschrieben worden, die alle auf schwere Schädigungen des zentralen und vegetativen Nervensystems hindeuten: Pupillendilatation, hochgradige Tachycardie, Rötung des Gesichtes, Strabismus convergens, Schweißausbrüche, Kreislaufkollaps mit Cyanose, Erbrechen, (Bock 1951, Herlitz und Lindberg 1952, Bastero-Beguiristain 1954, Wyngaarden und Seevers 1951). Das Finalstadium ist in den meisten Fällen durch ein tiefes Koma, das mit schwerem Kreislaufkollaps und zentralen Atemstörungen einhergeht, gekennzeichnet. Bei den vorliegenden autoptischen Befunden standen ein schweres Hirnödem und kleine Hämorrhagien im Gehirn im Vordergrund. Daneben wurden auch Hämorrhagien in den Lungen und eine interstitielle Pneumonie gefunden.

Die Latenzzeit zwischen Einnahme der Antihistamine und Auftreten der ersten Symptome kann sehr kurz sein; schon nach einer halben Stunde wurden bei Kindern Krämpfe beobachtet.

Bemerkenswert ist weiterhin der große Unterschied in der Toleranz größerer Dosen. So gibt es Fälle, bei denen schon nach 100—200 mg Symptome einer schweren Vergiftung auftraten, während andere Patienten auf die gleiche Dosis kaum reagierten. BRYANT gab manisch-depressiven Patienten täglich 1400 mg Methapyrilen bis zu einer Gesamtmenge von 13—14 g; nur bei einer Patientin, die innerhalb von 12 Std 800 mg erhielt, kam es zu vorübergehenden Krämpfen.

Die *Therapie* der Antihistaminvergiftung ist rein symptomatisch. Wie bei jeder oralen Vergiftung wird als dringendste Maßnahme die Magenspülung notwendig sein. In der Erregungsphase sind kurzwirkende Barbitursäurederivate und Magnesiumsulfat mit Erfolg angewendet worden. Injektionen von Histamin, das als Antidot von Antihistaminen empfohlen worden ist, haben sich nicht bewährt. Liegt bereits ein komatöser Zustand vor, so sind Stimulantien und Analeptica indiziert.

3. Kontraindikationen

Allgemein-gültige, absolute Kontraindikationen lassen sich von vornherein nicht angeben. Von einzelnen Autoren wird auf Grund von Veränderungen des EKG zur Vorsicht bei Herzkrankheiten geraten. Es ist dabei aber zu berücksichtigen, daß diese Erscheinungen nur nach Dosen beobachtet worden sind, die über den therapeutisch üblichen liegen. Nach unseren Erfahrungen, die mit denen von BRETT (1950) übereinstimmen, bedeutet die Antihistamintherapie bei der Mehrzahl der Patienten keine Belastung des Herzens. Zurückhaltung ist bei Epileptikern am Platze, worauf die oben erwähnten Untersuchungen von CHURCHILL und GAMMON (1949) hinweisen. TÖRNQVIST (1951) beobachtete nach Verordnung einer geringen Menge eines Antihistaminpräparates vom Typ des Benadryl bei einem Kinde einen tödlich endenden Status epilepticus.

Die größte Berücksichtigung erfordern zweifellos die zentral sedierenden Eigenschaften einer Reihe von Antihistaminpräparaten. Bei ambulanter Behandlung von Menschen in verantwortlicher Stellung, insbesondere von Autofahrern, Piloten, Lokomotivführern sollten diese Mittel nur abends verordnet werden. Da die Verträglichkeit verschiedener Präparate von Mensch zu Mensch unterschiedlich ist, ist es zweckmäßig, mehrere Antihistamine zu kennen.

Wegen der relativ schlechteren Verträglichkeit ist im Kindesalter Vorsicht geboten.

Literatur

I. Histamin und seine Bedeutung für die Allergie

Bücher und Monographien

DALE, H. H.: Adventures in physiology. London: Pergamon Press 1953.

FELDBERG, W., u. E. SCHILF: Histamin. Seine Pharmakologie und Bedeutung für die Humoralpathologie. Berlin: Springer 1930.

GADDUM, I. H.: Gefäßerweiternde Stoffe der Gewebe. Leipzig: Georg Thieme 1936. — GUGGENHEIM, P.: Die biogenen Amine und ihre Bedeutung für die Physiologie und Pathologie des pflanzlichen und tierischen Stoffwechsels. Basel: S. Karger 1951.

HAAS, H.: Histamin und Antihistamine. Aulendorf (Württ.): Editio Cantor 1951, 1952.

LEWIS, TH.: Die Blutgefäße der menschlichen Haut und ihr Verhalten gegen Reize. Berlin: S. Karger 1928.

ROCHA e SILVA, M.: Histamine, its role in anaphylaxis and allergy. Springfield (Ill.): Ch. C. Thomas 1955.

Originalarbeiten

ACKERMANN, D.: Über den bakteriellen Abbau des Histidins. Hoppe-Seylers Z. physiol. Chem. **65**, 504 (1910). — ALBERTY, J., u. R. TAKKUNEN: Der Anteil von Histamin an der anaphylaktischen und der durch einen chemischen Histaminfreisetzer hervorgerufenen vasculären Hautreaktion. Int. Arch. Allergy **10**, 285 (1957). — AMANN, R., and K. L. RADENBACH: Role of tissue mast cells in reaction during treatment with basic streptomyces antibiotics. III. Internat. Kongr. für Allergologie, Paris, Okt. 1958. — AMANN, R., u. E. WERLE: Über Komplexe von Heparin mit Histamin und anderen Di- und Polyaminen. Klin. Wschr. **1956**, 207. — ANREP, G. V., and G. S. BARSOUM: Distribution of histamine between plasma and red blood corpuscles. J. Physiol. (Lond.) **85**, 36P (1935). — Arunlakshana, O.: Histamine release by antihistamines. J. Physiol. (Lond.) **119**, 47 (1953).

Barger, G., and H. H. Dale: The presence in ergot and physiological activity of β-imidazolylethylamine. J. Physiol. (Lond.) **40**, XXXVIII (1910). — β-imidazolylethylamine a depressor constituent of intestinal mucosa. J. Physiol. (Lond.) **41**, 499 (1911). — Barsoum, G. S., and I. H. Gaddum: Pharmacological estimation of adenosine and histamine in blood. J. Physiol. (Lond.) **85**, 1 (1935). — Bartosch, R.: Über die Herkunft des Histamins bei der Anaphylaxie des Meerschweinchens. Klin. Wschr. **1935**, 307. — Über die Freisetzung von Histamin durch chemisch bekannte Substanzen. Naunyn-Schmiedeberg's Arch. exp. Path. Pharmak. **181**, 176 (1936). — Bartosch, R., W. Feldberg u. E. Nagel: Das Freiwerden eines histaminähnlichen Stoffes bei der Anaphylaxie des Meerschweinchens. Pflügers Arch. ges. Physiol. **230**, 129 (1932). — Benditt, E. P., R. L. Wong, M. Arase and E. Roeper: 5-Hydroxytryptamine in mast cells. Proc. Soc. exp. Biol. (N.Y.) **90**, 303 (1955). — Beraldo, W. T.: Formation of bradykinin in anaphylactic and peptone shock. Amer. J. Physiol. **163**, 283 (1950). — Best, C. H., H. H. Dale, H. W. Dudley and W. V. Thorpe: The nature of the vaso-dilator constituents of certain tissue extracts. J. Physiol. (Lond.) **62**, 397 (1927). — Best, C. H., and E. W. McHenry: The inactivation of histamine. Amer. J. Physiol. **90**, 283 (1929). — Inactivation of histamine. J. Physiol. (Lond.) **70**, 349 (1930). — Blaschko, H.: The amino acid decarboxylases of mammalian tissue. Advanc. Encymol. **5**, 67 (1945). — Remarks on the location of histamine in mammalian tissue. Ciba Foundation Symposium on Histamine, p. 381. London: J. A. Churchill 1956. — Boissonnas, R. A., St. Guttmann, P.-A. Jaquenoud, H. Konzett and E. Stürmer: Synthesis and biological activity of peptides related to bradykinin. Experentia (Basel) **16**, 326 (1960). — Broadbent, J. L.: Observations on itching produced by cowhage and on the part played by histamine as a mediator of the itch sensation. Brit. J. Pharmacol. 8, 263 (1953). — Brocklehurst, W. E.: Unidentified substance in lung during anaphylactic shock. J. Physiol. (Lond.) **120**, 16P (1953). — A slow reacting substance in anaphylaxis, SRS-A. Ciba Foundation Symposium on Histamine, p. 175. London: J. A. Churchill 1956. — Histamine and other mediators in hypersensitivity reactions. III. Internat. Kongr. für Allergologie, Paris, 1958, Kongr.-Ber. S. 361. Médicales Flammarion. — Brocklehurst, W. E., J. H. Humphrey and W. L. M. Perry: The role of histamine in cutaneous antigen-antibody reactions in the rat . J. Physiol. (Lond.) **129**, 205 (1955). — Bronfenbrenner, J.: The mechanism of the Abderhalden reaction. Studies on immunity. J. exp. Med. **21**, 221 (1915).

Code, C. F.: The source of the histamine-like constituent of blood. J. Physiol. (Lond.) 88, 10P—11P (1937). — Source in blood of histamine-like constituent. J. Physiol. (Lond.) **90**, 349 (1937). — Histamine in blood. Physiol. Rev. **32**, 47 (1952). — Histamine and gastric secretion. Ciba Foundation Symposium on Histamine, p. 189. London: J. A. Churchill 1956. — Diskussionsbemerkung. Ciba Foundation Symposium on Histamine, p. 413. London: J. A. Churchill 1956. — Code, C. F., u. A. D. Macdonald: Histamine-like activity of blood. Lancet **1937I**, 730. — Copenhaver, J. H., M. E. Nagler and A. Goth: The intracellular distribution of histamine. J. Pharmacol. exp. Ther. **109**, 401 (1953).

Dale, H. H., and P. P. Laidlaw: The physiological action of β-imidazolylethylamine. J. Physiol. (Lond.) **41**, 318 (1911). — Danielopolu, D.: Role respectif de l'acétylcholine et de l'histamine dans le choc paraphylactique (anaphylactique). Schweiz. med. Wschr. **1948**, 567. — Diamant, B., B. Högberg, I.-L. Thon and B. Uvnäs: A histamine releasing agent isolated from ascaris lumbricoides from swine. III. Internat. Kongr. für Allergologie, Paris, Okt. 1958. — Douglas, W. W., W. Feldberg, W. D. M. Paton and M. Schachter: Distribution of histamine and substance P in the wall of the dog's digestive tract. J. Physiol. (Lond.) **115**, 163 (1951). — Dragstedt, C. A.: Histamine: its pharmacology and role in anaphylaxis. J. Allergy **26**, 287 (1955).

Ellinger, F.: Über die Entstehung eines den Blutdruck senkenden und den Darm erregenden Stoffes aus Histidin durch Ultraviolettstrahlung. Naunyn-Schmiedeberg's Arch. exp. Path. u. Pharmak. **136**, 129 (1928). — Weitere Untersuchungen über die Entstehung des Lichterythems. Naunyn-Schmiedeberg's Arch. exp. Path. Pharmak. **149**, 343 (1930). — Elliott, D. F., G. P. Lewis and E. W. Horton: The isolation of bradykinin: a plasmakinin from ox blood. Biochem. J. **74**, 15 P (1960). — The structure of bradykinin. Biochem. J. **76**, 16 P (1960). — Biological activity of pure bradykinin. J. Physiol. (Lond.) **150**, 6 P (1960). — El-Saved, M. F. A.: Estimation of blood histamine in allergic skin diseases. J. Egypt. med. Ass. **33**, 810 (1951). Ref. Zbl. Haut- u. Geschl.-Kr. **80**, 64 (1952). — Emmelin, N. G.: On the presence of histamine in plasma in a physiologically active form. Acta physiol. scand. **11**, Suppl. 34, 5 (1945).

Feinberg, S. M., and L. A. Sternberger: Action of histamine liberator compound 48/80 in the guinea pig. J. Allergy **26**, 170 (1955). — Feldberg, W.: Histamine and anaphylaxis. Ann. Rev. Physiol. **3**, 671 (1945). — Review article on some physiological aspects of histamine. J. Pharm. (Lond.) **6**, 281 (1954). — Distribution of histamine in the body, Ciba

Foundation Symposium on Histamine, p. 4. London: J. A. Churchill 1956. — Allergische Reaktionsmechanismen. Referat XXV. Tagg Dtsch. Dermat. Ges. Hamburg 18. 5.—22. 5. 1960. — FELDBERG, W., and J. LECOMTE: Release of histamine by substituted butylamine (L 1935): comparison with compound 48/80. Brit. J. Pharmacol. **10**, 254 (1955). — FELDBERG, W., and A. A. MILES: Regional variations of increased permeability of skin capillaries induced by histamine liberator and their relation to the histamine content of the skin. J. Physiol. (Lond.) **120**, 205 (1953). — FELDBERG, W., and W. D. M. PATON: Release of histamine from skin and muscle in the cat by opium alkaloids and other histamine liberators. J. Physiol. (Lond.) **114**, 490 (1951). — FELDBERG, W., u. A. N. SMITH: Release of histamine by tryptamine and 5-hydroxytryptamine. Brit. J. Pharmacol. **8**, 406 (1953).

GADDUM, I. H.: The origin of histamine in the body. Ciba Foundation Symposium on Histamine, p. 285. London: J. A. Churchill 1956. — GATÉ, J., J. PELLERAT, M. BADEL et M. MURAT: Recherches sur l'histaminémie, l'histaminurie en dermatologie et le taux physiologique d'histamine cutanée. C. R. Soc. Biol. (Paris) **138**, 542 (1944). — GEBAUER-FUELNEGG, E., and C. A. DRAGSTEDT: Studies in anaphylaxis. II. The nature of a physiologically active substance during anaphylactic shock. Amer. J. Physiol. **102**, 520 (1932). — GRAHAM, H. T., O. H. LOWRY, N. WAHL and A. K. PRIEBAT: Mast cells as sources of tissue histamine. J. exp. Med. **102**, 307 (1955). — GRAHAM, H. T., F. WHEELWRIGHT, H. H. PARRISH jr., A. R. MARKS and O. H. LOWRY: Distribution of histamine among blood elements. Fed. Proc. **11**, 350 (1952). — GROSSBERG, A. L., and W. GARCIA-AROCHA: Histamine liberation in vitro and mode of binding of histamine in tissues. Science **120**, 762 (1954). — GUIRARD, B. M., and E. E. SNELL: Pyridoxal phosphate and metal ions as cofactors for histidine decarboxylase. J. Amer. chem. Soc. **76**, 4745 (1954).

HAGEN, P.: Intracellular distribution of histamine in dog's liver. Brit. J. Pharmacol. **9**, 100 (1954). — HALPERN, B. N.: Histamine release by long chain molecules. Ciba Foundation Symposium on Histamine, p. 92. London: J. A. Churchill 1956. — Substances histaminolibératrices et processus de libération d'histamine endogène. III. Internat. Kongr. für Allergologie, 1958, Kongreßberichte, S. 385. Paris: Médicales Flammarion 1958. — HALPERN, B. N., et M. BRIOT: Libération d'histamine par la peau du rat sous l'effet de contact avec le dextran in vitro. C. R. Soc. Biol. (Paris) **146**, 1552 (1952). — Mécanisme histaminique de l'action de la polyvinylpyrrolidone chez le chien. C. R. Soc. Biol. (Paris) **147**, 643 (1953). — HAWKINS, D. F., and L. M. ROSA: Some dicrepancies in the histamine theory of anaphylaxis in smooth muscle. Ciba Foundation Symposium on Histamine, p. 180. London: J. A. Churchill 1956. — HERXHEIMER, H.: Further observations on the influence of 5-hydroxytryptamine on bronchial function. J. Physiol. (Lond.) **122**, 49P (1953). — HILDEBRANDT, F.: Histamin im Blut und Gewebe unter dem Einfluß von Kurzwellen, Diathermie und Fango. Naunyn-Schmiedeberg's Arch. exp. Path. Pharmak. **197**, 148 (1941). — HOLTZ, P.: Die Entstehung von Histamin aus Histidin durch Bestrahlung. Naunyn-Schmiedeberg's Arch. exp. Path. Pharmak. **175**, 97 (1934). — HOLTZ, P., K. CREDNER u. H. WALTER: Über die Spezifität der Aminosäuredecarboxylasen. Hoppe-Seylers Z. physiol. Chem. **262**, 111 (1939). — HOLTZ, P., u. R. HEISE: Histaminbildung und Histaminzerstörung durch Ascorbinsäure und Sulfhydrylkörper. Naunyn-Schmiedeberg's Arch. exp. Path. Pharmak. **187**, 581 (1937). — HOLTZ, P., u. E. WESTERMANN: Über die Dopadecarboxylase und Histidin-decarboxylase des Nervengewebes. Naunyn-Schmiedeberg's Arch. exp. Path. Pharmak. **227**, 538 (1956). — HUMPHREY, J. H., and R. JACQUES: The histamine and serotonin content of platelets and polymorphonuclear leucocytes of various species. J. Physiol. (Lond.) **124**, 305 (1954). — Release of histamine and 5-hydroxytryptamine (serotonin) from platelets by antigen-antibody reactions (in vitro). J. Physiol. (Lond.) **128**, 9 (1955).

INDERBITZIN, TH.: The Effect of acute and delayed cutaneous allergic reactions on the amount of histamine in the skin. Int. Arch. Allergy **7**, 140 (1955). — Experimente zum Fettstoffwechsel; seine Beeinflußbarkeit durch Heparin und andere hochmolekulare Substanzen. Schweiz. med. Wschr. **1955**, 675. — Zur Frage der anaphylaktischen Cytopenien. Dermatologica (Basel) **110**, 283 (1955). — Das Problem der allergischen Reaktionsmechanismen. Int. Arch. Allergy **9**, 146 (1956). — INDERBITZIN, TH., et L. CRAPS: Le rôle de l'histamine et de la sérotonine (5-hydroxytryptamine) dans la pathogénie de l'augmentation de la perméabilité capillaire cutanée d'origine anaphylactique. Dermatologica (Basel) **114**, 208 (1957).

JAQUES u. WATERS (1941): Zit. nach W. FELDBERG, Allergische Reaktionsmechanismen. Referat XXV. Tagg Dtsch. Dermat. Ges. Hamburg 18. 5.—22. 5. 1960. — JOBLING, J. W., and W. F. PETERSEN: J. exp. Med. **19**, 480 (1914). Zit. nach TH. INDERBITZIN, Int. Arch. Allergy **9**, 146 (1956). — JOHNSON jr., H. H.: Variations in histamine levels in guinea pig skin related to skin region, age (or weight), and time after death of the animal. J. invest. Derm. **27**, 159 (1956). — Histamine levels in human skin. Arch. Derm. **76**, 726 (1957). — JORPES, J. E., H. HOLMGREN u. O. WILANDER: Über das Vorkommen von Heparin in den Gefäßwänden und in den Augen. Ein Beitrag zur Physiologie der Ehrlichschen Mastzellen. Z. mikr.-anat. Forsch. **42**, 279 (1937).

Kahlson, G.: The significance of histaminase in the body. Ciba Foundation Symposium on Histamine, p. 248. London: J. A. Churchill 1956. — Int. Physiol.-Kongr. Abstr., Brüssel, 1956. Zit. nach E. Werle, Allergie u. Asthma **3**, 335 (1957). — Kalk, H.: Zur Frage der Existenz einer histaminähnlichen Substanz beim Zustandekommen des Dermographismus. Klin. Wschr. **8**, 64 (1929). — Kapeller-Adler, R.: Is histaminase identical with diamine oxidase? Ciba Foundation Symposium on Histamine, p. 356. London: J. A. Churchill 1956. — Katz, G.: Histamine release from blood cells in anaphylaxis in vitro. Science **91**, 221 (1940). — The rôle of blood cells in the anaphylactic hitsamine release. J. Pharmacol. exp. Ther. **72**, 22 (1941). — Histamine release in allergic skin reaction. Proc. Soc. exp. Biol. (N.Y.) **49**, 272 (1942). — Katz, G., and S. Cohen: Experimental evidence of histamine release in allergy. J. Amer. med. Ass. **117**, 1782 (1941). — Kellaway, C. H., and E. R. Trethewie: Liberation of slow-reacting smooth muscle-stimulating substance in anaphylaxis. Quart. J. exp. Physiol. **30**, 121 (1940). — Kerp, L., u. H. Sund: Die Histaminbindung im Serum von Normalen und Allergikern. III. Internat. Kongr. für Allergologie, Paris, 1958. — Krantz, J. C., C. J. Carr, J. G. Bird and S. Cook: Sugar alcohols. XXVI. Pharmacodynamic studies of polyoxyalkylene derivatives of hexital anhydride partial fatty acid esters. J. Pharmacol. exp. Ther. **93**, 188 (1948).

Lecomte, J.: Endogenous histamine liberation in man. Ciba Foundation Symposium on Histamine, p. 173. London: J. A. Churchill 1956. — Lewis, G. P.: The formation of plasma kinins by plasmin. J. Physiol. (Lond.) **148**, 285 (1958). — Lindell, S. E., H. Rorsman and H. Westling: Formation of histamine in a canine mastocytoma. Experientia (Basel) **15**, 31 (1959). — Loos, H. O.: Über die Beziehungen des Histamins zur Entzündung. II. Der Nachweis der Vermehrung eines histaminartigen Stoffes in der entzündeten Kaninchenhaut. Arch. Derm. Syph. (Berl.) **164**, 199 (1931). — Histamin als Gewebsgift bei Erfrierungen. Derm. Wschr. **1939**, 1017.

MacIntosh, F. C.: Histamine and intracellular particles. Ciba Foundation Symposium on Histamine, p. 20. London: J. A. Churchill 1956. — MacIntosh, F. C., and W. D. M. Paton: The liberation of histamine by certain organic bases. J. Physiol. (Lond.) **109**, 190 (1949). — McIntire, F. C.: The mode of histamine binding in animal tissues. Ciba Foundation Symposium on Histamin, p. 170. London: J. A. Churchill 1956. — The mechanism of histamine release. Ciba Foundation Symposium on Histamine, p. 416. London: J. A. Churchill 1956. — The mechanism of histamine release in rabbit blood. Int. Arch. Allergy **10**, 32 (1957). — McIntire, F. C., L. W. Roth and M. Sproull: In vitro histamine release from sensitized rabbit blood cells. Evidence against participation of fibrinolysin. Proc. Soc. exp. Biol. (N.Y.) **73**, 605—609 (1950). — Mongar, J. L.: Diskussionsbemerkung. Ciba Foundation Symposium on Histamine, p. 405. London: J. A. Churchill 1956. — Measurement of histamine-releasing activity. Ciba Foundation Symposium on Histamine, p. 74. London: J. A. Churchill 1956. — Mongar, J. L., and H. O. Schild: Effect of histamine releasers and anaphylaxis on intracellular particles of guinea-pig lung. J. Physiol. (Lond.) **126**, 44 P (1954). — Inhibition of histamine release in anaphylaxis. Nature (Lond.) **176**, 163 (1955). — Inhibition of the anaphylactic reaction. J. Physiol. (Lond.) **135**, 301 (1957). — Effect of temperature on the anaphylactic reaction. J. Physiol. (Lond.) **135**, 320 (1957). — Effect of antigen and organic bases on intracellular histamine in guinea pig lung. J. Physiol. (Lond.) **131**, 207 (1956). — Mota, I., W. T. Beraldo, A. G. Ferry and L. C. U. Junqueira: Intracellular distribution of histamine. Nature (Lond.) **174**, 698 (1954).

Niebauer, G.: Die Bedeutung der Mastzellen innerhalb des neurovegetativen Systems. Vortr. XXV. Tagg Dtsch. Dermat. Ges. Hamburg 18. 5.—22. 5. 1960. — Nilzén, A.: Studies in histamine, with special reference to the conditions obtaining in urticaria and related skin-changes. Acta derm.-venereol. (Stockh.) **27**, Suppl. XVII (1947). — Noah, J. W., and A. Brand: Release of histamine in the blood of ragweed-sensitive individuals. J. Allergy **25**, 210 (1954). — Correlation of blood histamine release and skin test response to multiple antigens. J. Allergy **26**, 385 (1955).

Ojers, G., C. A. Holmes and C. A. Dragstedt: Relation of liver histamine to anaphylactic shock in dogs. J. Pharmacol. exp. Ther. **73**, 33 (1941).

Parrat, J. R., and G. B. West: Tissue histamine and 5-hydroxytryptamine. J. Physiol. (Lond.) **132**, 40 P (1956). — Parrot, J. L.: Le pouvoir histaminopexique du plasma sanguin chez l'homme normal et chez l'homme allergique. III. Internat. Kongr. für Allergologie, Paris, 1958, Kongr.ber., S. 411. Paris: Médicales Flammarion. — Parrot, J. L., D. A. Urquia et Cl. Laborde: Action du sérum humain provenant de sujets normaux sur l'activité biologique de l'histamine. C. R. Soc. Biol. (Paris) **145**, 885 (1951). — Action histaminopexique du sérum humain et son pouvoir protecteur à l'égard de l'histamine. C. R. Soc. Biol. (Paris) **146**, 1052 (1952). — Paton, W. D. M.: Compound 48/80: a potent histamine liberator. Brit. J. Pharmacol. **6**, 499 (1951). — The mechanism of histamine release. Ciba Foundation Symposium on Histamine, p. 59. London: J. A. Churchill 1956. — The release of histamine. Progr. Allergy **5**, 79 (1958). — The relation of histamine liberation to anaphylaxis. III. Internat. Kongr. für Allergologie, Paris, 1958, Kongr.-ber., S. 434. Paris: Médicale Flammarion. — PELLERAT, J., and M. MURAT: L'histamine cutanée; ses variations sous l'influence du froid, au cours de l'allergie tuberculinique et dans certaines dermatoses. Ann. Derm. Syph. (Paris) 6, 76 (1946). — PROCHAZKA FISHER, J., and R. A. COOKE: Experimental toxic and allergic contact dermatitis. J. Allergy 29, 396 (1958). — RAJKA, E., A. KOROSSY u. M. GÓZONY: Über die Pathogenese des urticariell-entzündlichen Juckens. Dermatologica (Basel) 107, 38 (1953). — Zur Pathogenese des urticariell-entzündlichen Juckens. II. Mitt. Juckversuche an menschlicher Haut bei Ausschaltung der Blutzirkulation. Dermatologica (Basel) 112, 1 (1956). — REID, G.: The liberation of histamine and heparin by d-tubocurarine and its circulatory effects in the dog. Aust. J. exp. Biol. med. Sci. 28, 465 (1950). Zit. nach W. D. M. PATON, The release of histamine. Progr. Allergy 5, 79 (1958). — RILEY, J. F.: The relationship of tissue mast cells to the blood vessels of the rat. J. Path. Bact. 65, 461 (1953). — Histamine and mast cells. Ciba Foundation Symposium on Histamine, p. 45. London: J. A. Churchill 1956. — Pharmacology and functions of the mast cells. Pharmacol. Rev. 1, 267 (1955). — The location of histamine in the body. Ciba Foundation Symposium on Histamine, p. 398. London: J. A. Churchill 1956. — RILEY, J. F., and G. B. WEST: The presence of histamine in tissue mast cells. J. Physiol. (Lond.) 120, 528 (1953). — Mast cell and histamine profiles in the skin of various species. J. Physiol. (Lond.) 130, 28P (1955). — Skin histamine, its location in tissue mast cells. Arch. Derm. Syph. (Chicago) 74, 471 (1956). — ROCHA e SILVA, M.: Histamine release by naturally occuring substances. Ciba Foundation Symposium on Histamine, p. 124. London: J. A. Churchill 1956. — Anaphylaxis. In J. M. JAMAR, International textbook of Allergy, p. 11. Copenhagen: Munksgaard 1959. — ROCHA e SILVA, M., S. O. ANDRADE and R. M. TEIXEIRA: Fibrinolysis in peptone and anaphylactic shock in dog. Nature (Lond.) 157, 801 (1946). — ROSE, B.: Studies on blood histamine in cases of allergy. I. Blood histamine during wheal formation. J. Allergy 12, 327 (1941). — ROSE, B., and J. S. L. BROWNE: Studies on blood histamine in cases of burns. Ann. Surg. 115, 390 (1942). — ROSENTHAL, S. R., and D. MINARD: Experiments on histamine as chemical mediator for cutaneous pain. J. exp. Med. 70, 415 (1939). — ROSENTHAL, S. R., C. SAMET, R. J. WINZLER and S. SHKOLNIK: Substances released from the skin following thermal injury. I. Histamine and proteins. J. clin. Invest. 36, 38 (1957).

SCHACHTER, M.: The release of histamine by pethidine, atropine, quinine and other drugs. Brit. J. Pharmacol. 7, 646 (1952). — Release of histamine from skin by neoarsphenamine and bile salt. J. Physiol. (Lond.) 116, 10P (1952). — SCHAYER, R. W.: The origin and fate of histamine in the body. Ciba Foundation Symposium on Histamine, p. 183. London: J. A. Churchill 1956. — Formation and binding of histamine by free mast cells of rat peritoneal fluid. Amer. J. Physiol. 186, 199 (1956). — The origin of histamine in the body. Ciba Foundation Symposium on Histamine, p. 298. London: J. A. Churchill 1956. — Formation and binding of histamine in vitro. Fed. Proc. 15, 347 (1956). — Histidine decarboxylase of rat stomach and other mammalian tissues. Amer. J. Physiol. 189, 533 (1957). — Histamine metabolism. III. Internat. Kongr. für Allergologie, Paris, 1958, Kongr.ber., S. 377. Paris: Médicales Flammarion. — SCHAYER, R. W., D. J. DAVIS and R. L. SMILEY: Binding of histamine in vitro and its inhibition by cortisone. Amer. J. Physiol. 182, 54 (1955). — SCHAYER, R. W., and Y. KOBAYASHI: Histidine decarboxylase and histamine binding in rabbit platelets. Proc. Soc. exp. Biol. (N.Y.) 92, 653 (1956). — SCHILD, H. O.: Histamine release and anaphylaxis. Ciba Foundation Symposium on Histamine, p. 139. London: J. A. Churchill 1956. — Mechanism of anaphylaxis. III. Internat. Kongr. für Allergologie, Paris, 1958, Kongr.ber., S. 351. Paris: Médicales Flammarion. — SCHILD, H. O., and R. A. GREGORY: Liberation of histamine from striated muscle by curarine, strychnine and related substances. Proc. 17th Int. physiol. Congr. 1947, p. 288. Zit. nach W. D. M. PATON, The release of histamine. Progr. Allergy 5, 79 (1958). — SCHULZ, K. H., u. A. VOGEL: Bisher unveröffentlichte Versuche. 1959. — SERAFINI, U.: Studies on histamine and histamine antagonists. J. Allergy 19, 256 (1948). — SHELLEY, W. B., u. R. P. ARTHUR: Studies on cowhage (Mucuna pruriens) and its pruritogenic proteinase, Mucunain. Arch. Derm. Syph. (Chicago) 72, 399 (1955). — SIDI, E., A. REINBERG, M. HINCKY et BOURGEOIS-SPINASSE: Les variations du pouvoir histaminopexique du sérum sanguin au cours de l'évolution des eczémas de l'adulte. Presse méd. 1958, 343. — SJOERDSMA, A., T. P. WAALKES u. H. WEISSBACH: Serotonin and histamine in mast cells. Science 125, 1202 (1957). — STÜTTGEN, G.: Die Ausscheidung von Histamin und histaminoiden Substanzen im menschlichen Urin bei Dermatosen. Arch. Derm. Syph. (Berl.) 196, 431 (1953). — Hautreizung, Histamin und Blutgerinnung. Derm. Wschr. 1957, 1014 (1957). — SUND, H., u. L. KERP: Zur Chemie der Histaminbindung im Serum. III. Internat. Kongr. für Allergologie, Paris, 1958.

TABOR, H.: The fate of histamine in the body. Ciba Foundation Symposium on Histamine, p. 318. London: J. A. Churchill 1956. — TAPPEINER, J., H. TIRSCHEK u. P. WODNIANSKY: Die Bestimmung der Histaminopexie zur Feststellung des allergischen Terrains. Arch. klin. exp. Derm. 207, 261 (1958). — TARRAS-WAHLBERG, B.: Blood-histamine in salvarsan-dermatitis.

Acta derm.-venereol. (Stockh.) **18**, 284 (1937). — Über den Histamingehalt der Haut nach Ultraviolettbestrahlung. Klin. Wschr. **1937**, 958.

UNGAR, G.: Biochemical mechanism of allergic reaction. Int. Arch. Allergy **4**, 258 (1953). — Mechanism of histamine release. Ciba Foundation Symposium on Histamine, p. 431. London: J. A. Churchill 1956. — URBACH, K. F.: Nature and probable origin of conjugated histamine excreted after ingestion of histamine. Proc. Soc. exp. Biol. (N.Y.) **70**, 146 (1949).

VOSS, F.: Über histaminähnliche Wirkung bestrahlter bzw. entzündeter Haut. Münch. med. Wschr. **1938**, 1212.

WAALKES, T. P., A. SJOERDSMA and H. WEISSBACH: Studies on serotonin and histamine in mast cells. J. Pharmacol. exp. Ther. **122**, 69 (1958). — WEISSBACH, H., T. P. WAALKES and S. UDENFRIEND: Presence of serotonin in lung and its implication in the anaphylactic reaction. Science **125**, 235 (1957). — WELLS, H. G.: The present status of the problems of anaphylaxis. Physiol. Rev. **1**, 44 (1920). — WERLE, E.: Zur Kenntnis der Histidin-decarboxylase und der Histaminase. Biochem. Z. **304**, 201 (1940). — Über die histaminzerstörende Fähigkeit von Bakterien. Biochem. Z. **306**, 264 (1940). — Über das Vorkommen von Diaminoxydase und Histidin-Decarboxylase in Mikroorganismen. Biochem. Z. **309**, 61 (1941). — Zur Kenntnis der Aminosäure-decarboxylasen und der Histaminase. Biochem. Z. **311**, 270 (1942). — Histamine in nerves. Ciba Foundation Symposium on Histamine, p. 264. London: J. A. Churchill 1956. — Bildung und Schicksal des Histamins im Organismus. Allergie u. Asthma **3**, 335 (1957). — WERLE, E., u. R. AMANN: Über eine Bindung des Histamins an Heparin. Naturwissenschaften **42**, 583 (1955). — Zur Physiologie der Mastzellen als Träger des Heparins und Histamins. Klin. Wschr. **1956**, 624. — WERLE, E., u. W. KOCH: Zur Kenntnis der Aminosäure-Decarboxylase und ihres Wirkungsmechanismus. Biochem. Z. **319**, 305 (1949). — WERLE, E., u. A. SCHAUER: Histamin in Nerven. Z. ges. exp. Med. **127**, 16 (1956). — WEST, G. B.: Histamine and mast cells. Ciba Foundation Symposium on Histamine, p. 14. London: J. A. Churchill 1956. — WIEDMANN, A.: Über das Zusammenwirken der neurohormonalen Zellen der Haut bei Entzündungen. Hautarzt **11**, 529 (1960). — WIEDMANN, A., u. G. NIEBAUER: Die Beeinflussung der chronisch-ekzematösen Reaktion durch die Neurosekretion der Haut. Hautarzt **10**, 16 (1959). — WILSON, C. W. M.: Metabolism of histamine as reflected by changes in its urinary excretion in rat. J. Physiol. (Lond.) **125**, 534 (1954). — WINDAUS, A., u. W. VOGT: Synthese des Imidazolyläthylamins. Ber. dtsch. chem. Ges. **40**, 369 (1907).

ZELLER, E. A.: Über den enzymatischen Abbau von Histaminen und Diaminen. II. Mitt. Helv. chim. Acta **21**, 880 (1938). — The fate of histamine in the body with particular reference to the enzymology of histamine oxidation. Ciba Foundation Symposium on Histamine, p. 339. London: J. A. Churchill 1956. — ZETLER, G.: Über die beschleunigende Wirkung des Histamins auf die Blutgerinnung und ihre Beeinflussung durch Antihistaminica. Naunyn-Schmiedeberg's Arch. exp. Path. Pharmak. **213**, 18 (1951). — Über die Beziehungen zwischen lokaler Kälteschädigung, Blutgerinnung und Histamin. Ihre Beeinflussung durch Antihistaminica. Klin. Wschr. **1951**, 255.

Kapitel II—IX

Bücher und Monographien

ALLGÖWER, M., u. J. SIEGRIST: Verbrennungen. Berlin-Göttingen-Heidelberg: Springer 1957.

BLEULER, E.: Das autistisch-undisziplinierte Denken in der Medizin und seine Überwindung. Berlin: Springer 1919. — BOVET, D., et F. BOVET-NITTI: Structure et activité pharmacodynamique des médicaments du système nerveux végétatif. Basel: S. Karger 1948. — BROWN, E. A., and W. KRABEK: Antihistaminic agents, a review. Ann. Allergy **8**, 258—285, 408—431, 555—577. — BUCHER, K., u. R. DOERR: „Die Gewöhnung an Gifte.“ Wien: Springer 1949.

FEINBERG, S. M., S. MALKIEL and A. R. FEINBERG: The antihistamines. Chicago: Year Book Publ. 1950.

HAAS, H.: Histamin und Antihistamine. I u. II. Aulendorf, Württ.: Editio Cantor 1951, 1952. — HANSEN, K.: Das Heufieber oder die Pollenallergie. In K. Hansen, Allergie, S. 465ff. Stuttgart: Georg Thieme 1957. — Allergie, 3. Aufl. Stuttgart: Georg Thieme 1957.

MARTINI, P.: Methodenlehre der therapeutischen Untersuchung. Berlin: Springer 1932. — Methodenlehre klinisch-therapeutischer Forschung. Berlin-Göttingen-Heidelberg: Springer 1953. — MEIER, R., u. K. BUCHER: Pharmakologie der Antihistaminica. Progr. Allergy **2**. 290 (1949). — MEYLER, L.: Schädliche Nebenwirkungen von Arzneimitteln. Wien: Springer 1956. — Side effects of drugs. Amsterdam u. New York: Excerpta Medica Foundation 1958.

SERAFINI, U.: Gli antiistaminici sintetici nella terapia antiallergica. Milano: Vinciana 1946. — SHELDON, J. M., R. G. LOVELL and K. P. MATHEWS: A manual of clinical allergy. Philadelphia and London: W. B. Saunders Company 1953.

Originalarbeiten

AARON, T. H., and H. A. ABRAMSON: Inhibition of histamine whealing in human skin by pyribenzamine hydrochloride using iontophoretic technique. Proc. Soc. exp. Biol. (N.Y.) **65**, 272 (1947). — AARON, T. H., S. M. PECK and H. A. ABRAMSON: Iontophoresis of pyribenzamine hydrochloride in pruritic dermatoses. J. invest. Derm. **10**, 85 (1948). — ABOOD, L. G., and R. W. GERARD: A new class of cytochrome inhibitors. Amer. J. Physiol. **167**, 763 (1951). — ABRAMSON, H. A., and S. GROSBERG: Skin reactions. Comparison of antihistaminic action of pyribenzamine and epinephine introduced into human skin by electrophoresis. Ann. Allergy **7**, 325 (1949). — ACKERMANN, D., u. W. WASMUTH: Zur Wirkungsweise des Histamins. Hoppe-Seylers Z. physiol. Chem. **259**, 28 (1939). — Zur Kenntnis der Beziehung des Histamins zum anaphylaktischen Schock. Hoppe-Seylers Z. physiol. Chem. **260**, 155 (1939). — ACKROYD, J. F.: Thrombocytopenic purpura due to drug hypersensitivity. In: Sensitivity reactions to drugs, p. 28. A Symposium. Herausgeg. von M. L. ROSENHEIM u. R. MOULTON. Oxford: Blackwell Scientific Publ. 1958. — ALBERTY, J.: Quantitative Wirksamkeitsbestimmung einiger Antihistaminica. Klin. Wschr. **1950**, 786. — ALEKSANDROWICZ, D.: Effects of a serum injection after an antihistaminic-inhibited shock. Nature (Lond.) **163**, 364 (1949). — ALICE, C.: Quad. Allerg. **10**, Nr 7/8 (1952/53). Zit. nach K. HANSEN: Bronchialasthma (Bronchiolen-Asthma) und verwandte Störungen. In: Allergie, S. 522ff. Stuttgart: Georg Thieme 1957. — ALONSO, L., M. ADAM, L. GODDARD, M. JAEGER and J. T. LITCHFIELD: Mode of action of antihistaminic agents. Fed. Proc. **7**(I), 202 (1948). Zit. nach R. MEIER u. K. BUCHER, Pharmakologie der Antihistaminica. Progr. Allergy **2**, 290 (1949). — ARBESMAN, C. E.: The pharmacology, physiology and clinical evaluation of the new antihistaminic drugs (pyribenzamine and benadryl). N.Y. St. J. Med. **47**, 1775 (1947). — Report of the Committee on Drugs of the Research Council of the American Academy of Allergy, 1954—1955. J. Allergy **26**, 377 (1955). — ARBESMAN, C. E., G. F. KOEPF and A. R. LENZNER: Clinical studies with N'-pyridyl, N'-benzyl dimethylethylenediamine monohydrochloride (pyribenzamine). J. Allergy **17**, 275 (1946). — ARBESMAN, C. E., G. F. KOEPF and G. E. MILLER: Some antianaphylactic properties of N'-pyridyl, N'-benzyl dimethylethylenediamine monohydrochloride (Pyribenzamine). J. Allergy **17**, 203 (1946). — ARBESMAN, C. E., E. NETER and C. F. BECKER: The effect of pyribenzamine, neohetramine and rutin on reserved anaphylaxis in guinea pigs. J. Allergy **21**, 25 (1950). — ARMINIO, J. J., and C. C. SWEET: The prophylaxis and treatment of the common cold with neohetramine (thonzylamine hydrochloride. Industr. Med. Surg. **18**, 509 (1949). — ARNOLD, H., N. BROCK, E. KÜHAS u. D. LORENZ: Beitrag zur Wirkung von Antihistamin-Substanzen. I. Chemische Konstitution und pharmakologische Wirkung in der Gruppe der basischen Benzhydryläther. Arzneimittel-Forsch. **4**, 189 (1954). — ASHFORD, C. A., H. HELLER and G. A. SMART: The effect of antihistamine substances on gastric secretion in man. Brit. J. Pharmacol. **4**, 157 (1949). — AUTERHOFF, H.: Die Analytik einiger synthetischer Antihistamine. Arch. Pharm. (Weinheim) **284**, 123 (1951). — Arch. Pharm. (Weinheim) **283**, 244 (1950). Zit. nach H. HAAS, Histamin und Antihistamine. Aulendorf, Württ.: Editio Cantor 1951. — AYRES III., S., and S. AYRES jr.: Contact dermatitis from chlorcyclizine hydrochloride (Perazil) cream. Arch. Derm. Syph. (Chicago) **69**, 502 (1954).

BAER, R. L., P. R. KLINE and L. RUBIN: Nature of inhibition of ultraviolet erythema by pyribenzamine. J. invest. Derm. **11**, 405 (1948). — BAER, R. L., and M. B. SULZBERGER: Pyribenzamine in the treatment of itching skin conditions. J. invest. Derm. **7**, 147 (1946). — BAER, R. L., and V. H. WITTEN: Allergic eczematous contact dermatitis. Yearbook of Dermatology and Syphilology 1956—1957, p. 7. Chicago: Year Book Publ. Inc. 1957. — BAIN, W. A.: The quantitative comparison of histamine antagonists in man. Proc. roy. Soc. Med. **42**, 615 (1949). — BAIN, W. A., F. F. HELLIER and R. P. WARIN: Some aspects of the action of histamine antagonists. Lancet **1948 II**, 964. — BALDRIDGE, G. D.: A controlled clinical evaluation of thephorin ointment in the relief of pruritus. Arch. Derm. Syph. (Chicago) **63**, 260 (1951). — BANCROFT, C. M.: Tripelennamine hydrochloride and chloroprophenpyridamine maleate. Ann. Allergy **15**, 297 (1957). — BANDELIN, F. J., E. D. SLIFER and R. E. PANKRATZ: J. Amer. pharm. Ass., sci. Ed. **39**, 277 (1950). — BARROCK, J. J.: Drug eruptions due to antihistaminics. Wis. med. J. **50**, 156 (1951). — Antihistaminic drugs in dermatology. Wis. med. J. **1953**, 179. — BASTERO-BEGUIRISTAIN, J. M.: Un caso de intoxicación mortal por un antihistaminico. Arch. Med. exp. (Madr.) **17**, 177 (1954). Ref. Zbl. Haut- u. Geschl.-Kr. **91**, 387 (1955). — BAWNIK, J. B.: Tratamiento de prurito ictérico con antihistaminicos. Nota previa. Pren. méd. argent. **1956**, 580. Ref. Zbl. Haut- u. Geschl.-Kr. **97**, 186 (1957). — BEALE, H. D., F. F. A. RAWLING and K. D. FIGLEY: Clistin maleate: a clinical appraisal of a new antihistaminic. J. Allergy **25**, 521 (1954). — BEECHER, H. K.: Appraisal of drugs intended to alter subjective responses symptoms. J. Amer. med. Ass. **158**, 399 (1955). — The powerful placebo. J. Amer. med. Ass. **159**, 1602 (1955). — BEELER, J. W., J. H. TILLISCH and W. C. POPP: A new drug in the treatment of radiation sickness. Proc. Mayo Clin. **24**,

477 (1949). — BENSTZ, W.: Über den Abbau von Antihistaminsubstanzen durch Leberhomogenisate. Klin. Wschr. **1951**, 355. — Über die Ausscheidung von Antihistaminsubstanzen im menschlichen Duodenalsaft und in der Hundegalle bei angelegter Gallenfistel und deren quantitative Bestimmung. Klin. Wschr. **1951**, 663. — Über Nachweis, Abbau und Ausscheidung von Antihistaminsubstanzen. Ärztl. Forsch. **7** (II), 139 (1953). — BERNSTEIN, I. L., u. S. M. FEINBERG: Liberation and depletion of histamine from human skin. Effect of an antihistamine and hydrocortisone on the activity of histamine liberator compound 48/80. J. Allergy **27**, 231 (1956). — BERNSTEIN, C., and S. D. KLOTZ: The use of chlor-trimeton in allergic diseases, with special reference to its injectable administration. Ann. Allergy **10**, 479 (1952). — BESTIAN, W., u. E. LINDNER: Chemie und Pharmakologie eines neuen Antihistaminicums. Med. Mschr. **4**, 258 (1950). — BIGLIARDI, P.: Untersuchungen über ein neues antiallergisches Präparat (Sandosten) und dessen Kombination mit Calcium Sandoz (ASC 16). Int. Arch. Allergy **4**, 211 (1953). — BIGNALL, J. R., and J. CROFTON: Antihistaminic drugs in treatment of nausea and vomiting due to streptomycin. Brit. med. J. **1949 I**, 13. — BIRKELAND, M. J., and KORNFELD: J. Bact. **54**, 82 (1947). Zit. nach MEIER u. BUCHER, Pharmakologie der Antihistaminica. Progr. Allergy **2**, 290 (1949). — BIRKHÄUSER, H.: Über die Hemmung der Tuberkulinreaktion durch Antihistaminkörper. Schweiz. Z. Tuberk. **1**, 230 (1945). — BLANTON, W., and M. E. B. OWENS: Granulocytopenia due probably to pyribenzamine. J. Amer. med. Ass. **134**, 454 (1947). — BLASCHKE, H. H.: Klinische Erfahrungen über ein neues Antihistaminicum in der Dermatologie. Dtsch. Gesundh.-Wes. **1951**, 1161. — BLOOMFIELD, A. L.: Some problems of the common cold. J. Amer. med. Ass. **144**, 287 (1950). — BOCK, H.: Antihistaminvergiftung bei einem Kind. Med. Klin. **1951**, 1012. — BOCK, H. E.: Allergie und Agranulocytose. In: Nebenwirkungen von Arzneimitteln auf Blut und Knochenmark, S. 87. Stuttgart: F. K. Schattauer 1957. — BÖHM, K., u. F. JUNG: Beeinflussung der Histaminwirkung. Klin. Wschr. **1949**, 264. — BÖHNE, W.: Klinische Erfahrungen mit einem Antihistaminicum. Med. Klin. **1952**, 254. — BOHNSTEDT, R. M., u. H. FÜLLER: Einfluß der Antihistaminica auf die Elektrolyte Kalium und Calcium im menschlichen Serum. Ärztl. Wschr. **1952**, 1025. — BOQUET, A.: Substances antihistaminiques et réactions tuberculiniques. Ann. Inst. Pasteur **69**, 55 (1943). — Action du 2339 RP, substance antagoniste de l'histamine, sur les réactions cutaneés anaphylactiques du cobaye. C.R. Soc. Biol. (Paris) **137**, 266 (1943). — BOURQUE, J. E., and E. R. LOEW: The effect of histamine antagonists on gastric secretion. Amer. J. Physiol. **138**, 341 (1943). — BOURQUIN, J. B.: D'un nouvel antihistaminique de synthèse (antistine) et de ses applications en ophthalmologie. Schweiz. med. Wschr. **1946**, 296. — BOVET, D.: Introduction to antihistamine agents and antergan derivatives. Ann. N.Y. Acad. Sci **50**, 1089 (1950). — BOVET, D., R. HORCLOIS et J. FOURNEL: Propriétés antihistaminiques de la N-p-methoxybenzyl-N-dimethylaminoéthyl-α-aminopyridine. C. R. Soc. Biol. (Paris) **138**, 99 (1944). — L'antagonisme exercée par la N-p-méthoxybenzyl-N-dimethylaminoéthyl-α-aminopyridin sur l'hypotension et la vasodilatation. C. R. Soc. Biol. (Paris) **138**, 165 (1944). — BOVET, D., et A. M. STAUB: Action protectrise des éthers phénoliques au cours de l'intoxication histaminique. C.R. Soc. Biol. (Paris) **124**, 547 (1937). — BOVET, D., et F. WALTHERT: Structure chimique et activité pharmacodynamique des antihistaminiques de synthèse. Ann. pharm. franç. **2** (pl. 4), 1 (1944). Zit. nach D. BOVET, Ann. N.Y. Acad. Sci. **50**, 1089 (1950). — Structure chimique et activité pharmacodynamique des antihistaminiques de synthèse. Ann. pharm. franç. Suppl. **1** (1944). — BOYD, E. M.: Cough medication and antihistaminic drugs. Canad. med. Ass. J. **67**, 289 (1952). — BOYD, E. M., W. A. CASSELL, C. E. BOYD and J. K. MILLER: Inhibition of apomorphine-induced vomiting syndrome by antihistaminic agents. J. Pharmacol. exp. Ther. **113**, 299 (1955). — BRACK, W.: Über die Bedeutung der sogenannten synthetischen Antihistamine für die Dermatologie. Schweiz. med. Wschr. **1946**, 316. — BRADLOW, B. A.: Agranulocytosis due to antihistamine drugs. S. Afr. med. J. **1951**, 945. Ref. Zbl. Haut- u. Geschl.-Kr. **82**, 289 (1953). — BRAND, J.: Symptomatische Behandlung der Frühjahrsconjunctivitis mit Antistin. Schweiz. med. Wschr. **1951**, 923. — BRAUN, O.: Vergleichende Untersuchungen zur Frage der Eignung von Antihistamin-Substanzen als Lichtschutzmittel. Hautarzt **2**, 367 (1951). — Klinische Erfahrungen mit Antihistaminsalben. Derm. Wschr. **1951**, 535. — BRAUN-FALCO, O., u. G. WEBER: Zur Frage des antihyaluronidatischen Effektes von Antihistamin-Substanzen. Arch. Derm. Syph. (Berl.) **194**, 392 (1952). — BREHMER, G., u. K. T. RUCKDESCHEL: Zur Technik der Winterschlafbehandlung. Dtsch. med. Wschr. **1953**, 1724. — BRETON, A.: Cuti-réactions à la tuberculine sur papules intradermiques de 2339 RP, antihistaminique de synthèse. C.R. Soc. Biol. (Paris) **37**, 254 (1943). — BRETT, R.: Gegenwärtiger Stand der Antihistaminforschung. Hautarzt **1**, 2 (1950). — BRETT, R., u. H. THEISMANN: Über die Hemmungswirkung von Antihistaminen auf die Ausbildung des UV-Erythems an der menschlichen Haut. Strahlentherapie **91**, 270 (1953). — BREWSTER, J. M.: Antihistaminic drugs in the therapy of common colds. U.S. nav. med. Bull. **47**, 810 (1947). Zit. nach FEINBERG, MALKIEL u. FEINBERG, The Antihistamines. Chicago: Year Book Publ. 1950. — Antihistaminic drugs in the therapy of common cold. Industr. Med. Surg. 18, 217 (1949). — BROCK, N., D. LORENZ u.

H. VEIGEL: Beitrag zur Wirkung von Antihistamin-Substanzen. II. Zur Pharmakologie des Systral. Arzneimittel-Forsch. 4, 262 (1954). — BROCKLEHURST, W. E., J. H. HUMPHREY and W. L. M. PERRY: The role of histamine in cutaneous antigen- antibody-reactions in the rat. J. Physiol. (Lond.) **129**, 205 (1955). — BRODIE, B. B., and S. UDENFRIEND: The estimation of basic organic compounds and a technique for the appraisal of specifity. J. biol. Chem. **158**, 705 (1945). — BROWN, E. A.: A clinical evaluation of a new antihistamine agent "Trimeton". Ann. Allergy **6**, 393 (1948). — Drug allergy. Progr. Allergy **3**, 500 (1952). — BROWN, E. A., L. A. FOX, J. P. MAHER, C. NOBILI and R. C. NORTON: A clinical evaluation of chlorcyclizine (Perazil). Ann. Allergy **8**, 32 (1950). — BROWN, E. B.: Allergic reactions resulting from antibiotic therapy with a discussion of the use of prophylactic antihistamines. Amer. Practit. **6**, 1881 (1955). — BROWN, E. B., and T. SEIDEMAN: Effect of small doses of cortisone acetate with an antihistaminic in ragweed pollinosis. J. Allergy **24**, 364 (1953). — BROWN, B. B., and H. W. WERNER: The effects of decapryn succinate, a new antihistamine agent, in some natural and acquired hypersensitivities in animals -2[α-(2-dimethylamino-ethoxy)-α-methylbenzyl]-pyridine succinate. Ann. Allergy **6**, 122 (1948). — The pharmacological properties of 2-[α-(2-dimethylaminoethoxy)-α-methylenbenzyl] pyridine succinate: A new antihistaminic agent. J. Lab. clin. Med. **33**, 325 (1948). — BROWNING, R. H.: The early treatment of common colds with an antihistamine-Histadyl. New Engl. J. Med. **243**, 994 (1950). — BRYANT: Zit. nach J. B. WYNGAARDEN and M. H. SEEVERS, The toxic effects of antihistaminic drugs. J. Amer. med. Ass. **145**, 277 (1951). — BUCHER, K.: Einfluß des Antistins auf die Menge des vom anaphylaktischen Meerschweinchendarm in vitro freigesetzten Histamins. Helv. physiol. pharmacol. Acta **6**, 299 (1948). — Zum Wirkungsmechanismus der Antihistaminica. Helv. physiol. pharmacol. Acta **7**, 315 (1949). — Über die Pharmakologie der Antihistaminica. Schweiz. med. Wschr. **1950**, 1277. — BUCHHOLZ, R., F. HAHN u. D. PLESTER: Über die tyraminhemmende Wirkung der Antihistaminica. Arch. exp. Path. Pharmak. **212**, 189 (1951). — BUKANTZ, S. C., and G. J. DAMMIN: Fluorescein as an indicator of antihistamine activity: Inhibition of histamine-induced fluorescence in the skin of human subjects. Science **107**, 224 (1948). — BUNSE, W.: Antihistaminica und Magensekretion. Ärztl. Wschr. **1950**, 129. — BURCHELL, H. B., and R. L. VARCO: The antihistamine activity of thymoxyethyldiethylamine and N'-ethyl-N'-diethylaminoethylaniline as judged by the gastric response to histamine. J. Pharmacol. exp. Ther. **75**, 1 (1942). — BURCKHARDT, W.: Untersuchungen über die Photoaktivität einiger Sulfanilamide. Dermatologica (Basel) **83**, 63 (1941). — Experimentelle Erfahrungen bei der Behandlung des allergischen Kontaktekzems mit Antergan. Vortr. Sitzg der Ges. der Ärzte Zürich 1. 6. 1944. Ref. Schweiz. med. Wschr. **1945**, 92. — Photoallergische Ekzeme durch Sulfanilamidsalben. Dermatologica (Basel) **95**, 280 (1948). — BURCKHARDT, W., u. A. STEIGRAD: Erfahrungen mit Synopen (Geigy) in der Dermatologie. Schweiz. med. Wschr. **1949**, 480. — BURN, J. H.: Pharmacological action of antihistamine compounds. Brit. med. J. **1950 II**, 691. — BURRAGE, W. S.: Antihistamines: their use and abuse. New Engl. J. Med. **245**, 532 (1951).

CAHAN, A. M., E. MEILMAN and B. M. JACOBSON: Agranulocytosis following pyribenzamine. Report of a case. New Engl. J. Med. **241**, 865 (1949). Ref. Zbl. Haut- u. Geschl.-Kr. **76**, 73 (1951). — CALAS, E.: La théphorine en dermatologie. Bull. Soc. franç. Derm. Syph. **1951**, 282. Ref. Zbl. Haut- u. Geschl.-Kr. **80**, 64 (1952). — CAMPBELL, B., I. D. BARONOFSKY and R. A. GOOD: Effects of benadryl on anaphylactic and histamine shock in rabbits and guinea pigs. Proc. Soc. exp. Biol. (N.Y.) **64**, 281 (1947). — CARSON, L. E., and CH. C. CAMPBELL: The inhibitory effect of three antihistamine compounds on the growth of fungi pathogenic for man. Science **111**, 689 (1950). — CASTILLO, J. C., E. J. DE BEER and ST. H. JAROS: A pharmacological study of N-methyl-N'-(4-chlorobenzhydryl) piperazine dihydrochloride—a new antihistaminic. J. Pharmacol. exp. Ther. **96**, 388 (1949). — CHEN, G., and C. R. ENSOR: The influence of diphenhydramine hydrochloride (Benadryl) on apomorphine-induced emesis in dogs. J. Pharmacol. exp. Ther. **98**, 245 (1950). — CHESSIN, M., and N. ERCOLI: Duration of protection by antihistaminics in anaphylactic shock. Nature (Lond.) **164**, 957 (1949). — CHINN, H. J., W. K. NOELL and P. K. SMITH: Prophylaxis of motion sickness; evaluation of some drugs in seasicknes. Arch. intern. Med. **86**, 810 (1950). Zit. nach E. M. GLASER, Dtsch. med. Wschr. **1953**, 392. — CHINN, H. J., and F. W. OBERST: Effectiveness of various drugs in prevention of airsickness. Proc. Soc. exp. Biol. (N.Y.) **73**, 218 (1950). — CHURCHILL, J., and G. D. GAMMON: The effect of antihistaminic drugs on convulsive seizures. J. Amer. med. Ass. **141**, 18 (1949). — CLAUSER, G.: Über seelische Wirkungen der Arznei. Dtsch. med. Wschr. **1956**, 370. — CLEIN, N. W.: A new antihistamine for treatment of various allergic manifestations. Ann. Allergy **13**, 163 (1955). — CLÉMENT, R., et S. GODLEWSKI: Agranulocytose aigue curable apparue au cours d'un traitement d'un asthme par un antihistaminique de synthèse. Bull. Soc. méd. Hôp. Paris **61**, 103 (145). Zit. nach FEINBERG, MALKIEL u. FEINBERG, The antihistamines. Chicago: Year Book Publishers 1950. — COFFIN, G. S., and E. A. KABAT: The effects of immunization with histamine azoprotein on histamine-intoxication and passive anaphylaxis in the guinea pig. J. Immunol. **52**, 201 (1946). —

Cohen, M. B., and H. J. Friedman: Antibodies to histamine induced in human beings by histamine conjugates. J. Allergy **14**, 195 (1943). — Histamine azoprotein in the treatment of allergy. J. Allergy **18**, 7 (1947). — Coleman, M., and B. B. Siegel: Studies in penicillin hypersensitivity. III. The influence of parenterally administered antihistamines on contralateral passive transfer reactions to penicillin. J. Allergy **27**, 27 (1956). — Combes, F. C., O. Canizares and E. Dicyan: Modified antihistamine ointment. Its topical use in the treatment of pruritus. Ann. Allergy **8**, 493 (1950). — Combes, F. C., R. Zuckermann and O. Canizares: Diatrin hydrochloride. A new antihistaminic agent for the treatment of pruritus and allergic dermatoses. Ann. Allergy **7**, 676 (1949). — *Committee on Therapy of the American Academy of Allergy Report.* J. Allergy **20**, 310 (1949); **21**, 255 (1950). — Cooke: Diskussionsbemerkung zu N. Fell, Ann. N.Y. Acad. Sci. **50**, 1086 (1950). — Cormia, F. E.: Experimental histamine pruritus. I. Influence of physical and psychological factors on threshold reactivity. J. invest. Derm. **19**, 21 (1952). — Cormia, F. E., and V. Kuykendall: Experimental histamine pruritus. II. Nature; physical and environmental factors influencing development and severity. J. invest. Derm. **20**, 429 (1953). — Experimental histamine pruritus. III. Influence of drugs on the itch threshold. Arch. Derm. Syph. (Chicago) **69**, 206 (1954). — Costello, M. J.: Sulfapyridine in the treatment of dermatitis herpetiformis. Arch. Derm. Syph. (Chicago) **56**, 614 (1947). — Cowan, D. W., and H. S. Diehl: Antihistaminic agents and ascorbic acid in the early treatment of the common cold. J. Amer. med. Ass. **143**, 121 (1950). — Credner, K.: Pharmakologie eines halogenierten Antihistaminkörpers (Hibernon). Naunyn-Schmiedeberg's Arch. exp. Path. Pharmak. **213**, 473 (1951). — Credner, K., u. W. Schümrick: Über die Beeinflussung der Darmwirkung des Histamins durch Aminosäuren. Naunyn-Schmiedeberg's Arch. exp. Path. Pharmak. **202**, 155 (1943). — Crepea, S. B., J. C. Allanson and L. Delambre: Failure of antihistaminic drugs to inhibit diodrast reactions. N.Y. J. Med. **49**, 2556 (1949). — Criep, L. H., and T. H. Aaron: Neohetramine: an experimental and clinical evaluation in allergic states. J. Allergy **19**, 215 (1948). — Thephorin: an experimental and clinical evaluation in allergic states. J. Allergy **19**, 304 (1948). — Criep, L. H., M. L. Levine and T. H. Aaron: Inhibition of the tuberculin type reaction by antihistaminic drugs and rutin. Amer. Rev. Tuberc. **59**, 701 (1949). — Crumbley jr., J. J.: Anemia following use of antihistaminic drugs. J. Amer. med. Ass. **143**, 726 (1950). — Cucinotta, U.: Ricerche sull' uso degli antistaminici di sintesi nelle ustioni sperimentali. Riv. Pat. Clin. **5**, 137 (1950). Ref. Zbl. Haut- u. Geschl.-Kr. **77**, 299 (1951). — Cunz, H.: Anaphylaktischer Schock nach Läppchenprobe; Heilung durch Antistin. Schweiz. med. Wschr. **1948**, 159. — Curtis, A. C., and B. B. Owens: Beta dimethylaminoethyl benzhydryl ether hydrochloride (Benadryl) in treatment of urticaria. Arch. Derm. Syph. (Chicago) **52**, 239 (1945).

Dammin, G. J., and S. C. Bukantz: Modification of biologic response in experimental hypersensitivity. J. Amer. med. Ass. **139**, 358 (1949). — Dannenberg, T. B., and S. M. Feinberg: The development of tolerance to antihistamines. A study of the quantitative inhibiting capacity of antihistamines on the skin and mucous membrane reaction to histamine and antigens. J. Allergy **22**, 330 (1951). — Davis, J.: Antihistamines in allergic and nonallergic dermatoses. Bull. N.Y. Acad. Med. **26**, 686 (1950). — Decourt, J., A. Rinieri et P. Sonnet: Antihistaminiques de synthèse et sécrétion histaminique de l'estomac. C. R. Soc. Biol. (Paris) **139**, 470 (1945). — Demmler, W., u. M. Klingbeil: Experimentelle und klinische Untersuchungen zur lokalen Antihistaminanwendung. Ärztl. Wschr. **1954**, 10. — Dews, P. B., and J. D. P. Graham: The antihistamine substance 2786 RP. Brit. J. Pharmacol. **1**, 278 (1946). — Diehl, H. S.: Medicinal treatment of common cold. J. Amer. med. Ass. **101**, 2042 (1933). — Diener, F.: Behandlung äußerer Augenerkrankungen mit Avil. Dtsch. med. Wschr. **1951**, 1185. — Dimmling, Th., u. F. Staib: Die Wachstumshemmung von Hefen und hefeähnlichen Pilzen des Darmtraktes. Arzneimittel-Forsch. **5**, 393 (1955). — Discombe, G.: Haemolytic reactions to drugs. In: Sensitivity reactions to drugs, a symposium, herausgeg. von M. L. Rosenheim u. R. Moulton, Oxford: Blackwell Scientific Publ. 1958. — Doepfner, W., u. A. Cerletti: Über den Serotonin-Antagonismus einiger Antihistaminika unter besonderer Berücksichtigung ihrer chemischen Struktur. Int. Arch. Allergy **10**, 348 (1957). — Domenjoz, R.: Nebenwirkungen der Antihistamine. I. Internat. Allergie-Kongr., S. 494. Basel: S. Karger 1951. — Domenjoz, R., u. R. Jaques: Über Synopen, ein neues Antihistaminicum (N-Dimethylaminoäthyl-N-p-chlorbenzyl-α-aminopyridin). Schweiz. med. Wschr. **1949**, 476. — Donald, R. H. O., D. Berman, B. Gandevia and R. T. Lesle: A statistical survey of antihistamine drugs. Int. Arch. Allergy **6**, 103 (1955). — Drake, T. G.: Agranulocytosis during therapy with the antihistaminic agent metaphenilene (Diatrin). J. Amer. med. Ass. **142**, 477 (1950). — Drassinower, E.: A method to block, the constitutional reactions produced by house dust extract with antihistaminic drugs orally. Ann. Allergy **15**, 150 (1957). — Dreisbach, R. H.: Failure of benadryl and pyribenzamine in experimental skin sensitization to penicillin and horse serum. J. Allergy **18**, 397 (1947). — Duca, C. J., and J. V. Scudi: Neohetramine in the treatment of experimental tuberculosis.

Ann. Allergy 7, 318 (1949). — DUNDY, H. D., B. ZOHN and R. CHOBOT: Histamine azoprotein: clinical evaluation. J. Allergy 18, 1 (1947). — DUREL, P., et G. DUCHESNAY: Incident des antihistaminiques. Bull. Soc. franç. Derm. Syph. 62, 126 (1955). — DUSKE, A.: Klinische Erfahrungen in der Dermatologie und tierexperimentelle Untersuchungen mit dem neuen Antihistaminicum Soventol. Z. Haut- u. Geschl.-Kr. 11, 327 (1951). — Klinische Untersuchungen und Ergebnisse bei der Lokalbehandlung des Juckreizes mit „Soventol-Gelee". Med. Klin. 1953, 1216. — DUTTA, N. K.: Some pharmacological properties common to antihistamine compounds. Brit. J. Pharmacol. 4, 281 (1949).

Editorial Note: Antihistaminic drugs and the common cold. J. Amer. med. Ass. 144, 565 (1950). — EDLBACHER, S., P. JUCKER u. H. BAUR: Die Beeinflussung der Darmreaktion des Histamins durch Aminosäuren. Hoppe-Seylers Z. physiol. Chem. 247, 63 (1937). — ELIAS, H., and T. H. McGAVACK: Influence of Dimethylaminoethyl benzhydryl ether hydrochloride upon histamine flare reactions. Proc. Soc. exp. Biol. (N.Y.) 61, 133 (1946). — ELLIS, F. A., and W. R. BUNDICK: Reactions to the local use of thephorine. J. invest. Derm. 13, 25 (1949). — ELLIS, F. W.: The effects of some new spasmolytic agents in perfused guinea pig lungs. Fed. Proc. 4, 117 (1945). — ELLIS, I. W.: J. Pharmacol. exp. Ther. 89, 214 (1947). Zit. nach R. MEIER u. K. BUCHER, Pharmakologie der Antihistaminica. Progr. Allergy 2, 290 (1949). — ELSTER, S. K., M. E. FREEMAN and E. L. LOWRY: The action of tripelennamine on hyaluronidase in the albino rat. J. Pharmacol. exp. Ther. 96, 332 (1949). — EPSTEIN, E.: Dermatitis occuring during therapy with tripelennamine hydrochloride ("pyribenzamine hydrochloride"). J. Amer. med. Ass. 134, 782 (1947). — Dermatitis due to antihistaminic agents. J. invest. Derm. 12, 151 (1949). — EPSTEIN, ST.: Allergische Lichtdermatosen. Dermatologica (Basel) 80, 291 (1939). — EPSTEIN, ST., and B. PAULSON: Influence of antihistamines on skin tests with bacterial and fungous antigens. J. invest. Derm. 17, 165 (1951). — EPSTEIN, ST., and R. J. ROWE: Photoallergy and photocross-sensitivity to phenergan. J. invest. Derm. 29, 319 (1957). — ERCOLI, N. N., R. J. SCHACHTER, A. HUEPER and M. N. LEWIS: The toxicologic and antihistaminic properties of N,N'-dimethyl-N'-phenyl-N' (2-thienylmethyl)-ethylenediamine hydrochloride (Diatrin). J. Pharmacol. exp. Ther. 93, 210 (1948). — ESSELLIER, A. F., G. FORSTER u. L. MORANDI: Die Behandlung allergischer Affektionen mit Sandosten-Calcium. Praxis 42, 751 (1953). — ESSEX, H. E., and B. T. HORTON: Observations on development of resistance to histamine in the guinea pig. Proc. Mayo Clin. 16, 603 (1941). Zit. nach FEINBERG, The antihistamines. Chicago: Year Book Publ., Inc. 1950.

FABINYI, M., and J. SZEBEHELYI: The mechanism of desensitization with histamine. Acta allerg. (Kbh.) 2, 233 (1949). — FAHLBERG, W. J.: In vitro studies on the fungistatic effect of antihistaminic drugs. J. invest. Derm. 20, 171 (1953). — FARMER, L.: Nonspecific "desensitization" through histamine. J. Immunol. 36, 37 (1939). — Experiments on histamine-refractoriness. II. Nonspecific "desensitization" through oral application of histamine. J. Immunol. 37, 321 (1939). — Experiments on histamine-refractoriness. III. The effect of histamine pretreatment on the establishment of active sensitization. J. Allergy 19, 358 (1948). — FARMER, L., and R. E. KAUFMANN: Histamine in the treatment of nasal allergy (perennial and seasonal rhinitis). Laryngoscope (St. Louis) 52, 3, 255 (1942). — FARRERONS-CO, F. J.: Behavior of the normal histamine of the rabbit toward antihistaminic substances. Ann. Allergy 8, 95 (1950). — FATZER, G.: Autofahren und Antihistaminica. Schweiz. med. Wschr. 1955, 1053. — FEINBERG, S. M.: Histamine and antihistaminic agents; their experimental and therapeutical status. J. Amer. med. Ass. 132, 702 (1946). — FEINBERG, S. M., and T. B. BERNSTEIN: Tripelennamine "Pyribenzamine" ointment for the relief of itching. J. Amer. med. Ass. 134, 874 (1947). — FEINBERG, S. M., and S. FRIEDLAENDER: Histamine antagonists. IV. Pyridyl-N'-benzyl-N-dimethylethylene-diamine (Pyribenzamine) in symptomatic treatment of allergic manifestations. Amer. J. med. Sci. 213, 58 (1947). — FEINBERG, S. M., S. MALKIEL, T. B. BERNSTEIN and B. J. HARGIS: Histamine antagonists. XV. Comparative experimental studies of certain antihistaminic compounds. J. Pharmacol. exp. Ther. 99, 195 (1950). — FEINSTONE, W. H., R. D. WILLIAMS and B. RUBIN: Antihistamine and antianaphylactic effect of hetramine. Proc. Soc. exp. Biol. (N.Y.) 63, 158 (1946). — FELL, N.: Histamine-protein complexes in anaphylaxis and allergy. A review. Ann. N.Y. Acad. Sci. 50, 1077 (1950). — FELL, N., G. RODNEY and D. E. MARSHALL: Histamine-protein complexes; synthesis and immunologic investigation. I. Histamine-azoprotein. J. Immunol. 47, 237 (1943). — FENNER, O.: Ein Antihistamin-Penicillin mit protrahierter Depotwirkung. Arzneimittel-Forsch. 6, 719 (1956). — FILIPP, G., u. M. KELENHEGYI: RES-Blockierung und Wirkung des Antistin auf das Sanarelli-Schwartzman-Phänomen. Schweiz. med. Wschr. 1951, 920. — FINDEISEN, D. G. R.: Über Antihistamin-Pervitin-Kombinationsbehandlung allergischer Krankheiten. I. Internat. Allergiekongr. Zürich 1951, S. 551. Basel: S. Karger. — Über Pervitin als Antiallergicum und über kombinierte Pervitin-Antihistamin- (Antistin-) Behandlung. Med. Klin. 1951, 572, 593. — FISCHEL, E. E.: Effect of salicylate and tripelennamine hydrochloride (Pyribenzamine) on the Arthus reaction and on bacterial allergic reactions. Proc. Soc. exp. Biol. (N.Y.) 66, 537 (1947). — FISCHER, F.:

Die neuen Behandlungsmethoden und ihre Anwendung in der Augenheilkunde (Sulfonamide, Antibiotica, Antihistamine, ACTH und Cortison). Med. Klin. **1952**, 1186. — FISCHER, H.: Histamin und Antihistamine. Schweiz. med. Wschr. **1952**, 465, 504. — FISCHER, M.: Klinische Erfahrungen mit einer neuen Antihistaminsalbe. Med. Klin. **1957**, 1378. — FLECKENSTEIN, A., u. A. HARDT: Der Wirkungsmechanismus der Lokalanaesthetica und Antihistaminkörper, ein Permeabilitätsproblem. Klin. Wschr. **1949**, 360. — FLEMING and RIEVESCHL: Abstr. Amer. Chem. Soc. 112th Meeting, New York, Sept. 1947. Zit. nach W. BENSTZ, Ärztl. Forsch. **7** (II), 139 (1953). — FOND, I. A.: A comparative study of effects of certain antihistamines on skin reactivity. Ann. Allergy **10**, 449 (1952). — FORNI, P. V.: Antihistaminici e micosi sperimentali da candida albicans. Boll. Soc. ital. Pat. **3**, 14 (1953). Ref. Zbl. Haut- u. Geschl.-Kr. **87**, 326 (1954). — FRANÇOIS, P.: Sur les agranulocytoses médicamentoses pures. Sang **26**, 920 (1955). — FRANDSEN, Y. A.: Ugeskr. Laeg. **1954**, 1043. Ref. Zbl. Haut- u. Geschl.-Kr. **90**, 225 (1955). — FRANKEL, D. B.: Use of chloroprophenpyridamine maleate injection in blood transfusions. Ann. Allergy **13**, 319 (1955). — FRANKEL, D. B., and R. E. STUTSMAN: The prophylaxis of penicillin reactions with chloroprophenpyridamine maleate injection 100 mg per cubic centimeter. Ann. Allergy **13**, 563 (1955). — FRANKEL, D. B., and N. WEIDNER: Use of chlor-trimeton maleate injectable in blood transfusions. Ann. Allergy **11**, 204 (1953). — FRANKLAND, A. W.: Zit. nach W. GRONEMEYER, Behandlung allergischer Krankheiten: In K. HANSEN, Allergie, S. 330ff. Stuttgart: Georg Thieme 1957. — FREY, E., u. K. NEIDHARDT: Beitrag zur Ätiologie und Therapie der Agranulocytose. Dtsch. med. Wschr. **1951**, 897. — FREY, J. R.: Antihistaminkörper und experimentelles Kontaktekzem. Dermatologica (Basel) **97**, 223 (1948). — FRIDERICH, H.: Anwendungsspektrum eines Antihistamins der Aethylendiaminreihe in der Dermatologie. Z. Haut- u. Geschl.-Kr. **14**, 247 (1953). — FRIEBEL, H.: Zur Einführung des Pyribenzamins in Deutschland. Med. Klin. **1950**, 301. — FRIEBEL, H., u. A. BASOLD: Über das steuerbare Meerschweinchenasthma. Naunyn-Schmiedeberg's Arch. exp. Path. Pharmak. **217**, 13 (1953). — FRIEBEL, H., H. FLICK u. U. REICHLE: Beziehungen zwischen der chemischen Konstitution und der pharmakologischen Wirkung einiger Phenothiazinderivate. Arzneimittel-Forsch. **4**, 171 (1954). — FRIEDBERG, V.: Über die permeabilitätshemmende Wirkung der Antihistaminsubstanzen. Ärztl. Forsch. **5** (I), 29 (1951). — FRIEDLAENDER, A. S., and S. FRIEDLAENDER: An evaluation of antistine, a new antihistaminic substance. Ann. Allergy **6**, 23 (1948). — Correlation of experimental data with clinical behavior of synthetic antihistaminic drugs. Ann. Allergy **7**, 83 (1949). — FRIEDLAENDER, A. S., S. FRIEDLAENDER and J. M. VANDENBELT: Spectral absorption characteristics of antihistaminic drugs: relationship to ultraviolet erythema. J. Allergy **20**, 229 (1949). — FRIEDLAENDER, S.: Report of the Committee on New Drugs of the Research Council of the American Academy of Allergy. 1955/56. Plimasin (Ciba). J. Allergy **27**, 282 (1956). — FRIEDLAENDER, S., and S. M. FEINBERG: Histamine antagonists. The effect of oral and local use of β-dimethyl-aminoethyl benzhydryl ether hydrochloride on the whealing due to histamine, antigen-antibody reactions, and other whealing mechanisms: Therapeutic results in allergic manifestations. J. Allergy **17**, 129 (1946). — FRIEDLAENDER, S., S. M. FEINBERG and A. R. FEINBERG: Histamine antagonists: Comparison of benadryl and pyribenzamine in histamine and anaphylactic shock. Proc. Soc. exp. Biol. (N. Y.) **62**, 65 (1946). — FRIEDMAN, E., and J. SILVERMAN: The effect of antihistaminic medication on the tuberculin reaction in children. Amer. Rev. Tuberc. **60**, 354 (1949). — FRIESEN, S. R., I. D. BARONOFSKY and O. H. WAGENSTEEN: Benadryl fails to protect against histamine provoked ulcer. Proc. Soc. exp. Biol. (N.Y.) **63**, 23 (1946). — FRIIS, TH.: Studies on the effect of antistin, amidryl and pyribenzamine on the Prausnitz-Küstner-reaction. Acta allerg. (Kbh.) **2**, 132 (1949). — FRUGONI, C., and U. SERAFINI: Les antihistaminiques de synthèse dans le traitement des états allergiques. Acta allerg. (Kbh.) **1950**, Suppl. 1, 198—238. — FUCHS, A. M., P. M. SCHULMAN and M. B. STRAUSS: Clinical studies with pyribenzamine in hay fever. J. Allergy **18**, 385 (1947). — FUHRMANN, K.: Über die Therapie des Röntgenkaters mit Vomex A. Med. Klin. **1953**, 309.

GADDUM, I. H.: Histamine. Brit. med. J. **1948 I**, 867. Zit. nach H. HAAS, Histamin und Antihistamin. Aulendorf, Württ.: Editio Cantor 1951. — GAIDA, M.: Zur Behandlung des diabetischen Pruritus mit Antistin. Neue med. Welt **1**, 131 (1950). — GAILLARD, G. E.: Clinical evaluation of a new antihistamine, Buclizine hydrochloride (Vibazine). J. Allergy **26**, 372 (1955). — GARAT, B. R., C. R. LANDA, O. F. ROSSI RICHERI and R. O. TRACCHIA: Clinical, chemical and pharmacologic relationships of antihistamines. A study of a new synthetic antihistamine, carbinoxamine maleate. J. Allergy **27**, 57 (1956). — GATZEK, H., u. K. MECHELKE: Testung der Antihistaminica Antistin, Neoantergan, Pyribenzamin und Synopen gegenüber der Histaminkreislaufwirkung mit fortlaufend registrierenden Methoden am gesunden Menschen. Naunyn-Schmiedeberg's Arch. exp. Path. Pharmak. **207**, 711 (1949). — Testung der Antihistaminica Thephorin, Luvistin, Avil und Soventol gegenüber der Histaminkreislaufwirkung mit fortlaufend registrierenden Methoden am gesunden Menschen. Naunyn-Schmiedeberg's Arch. exp. Path. Pharmak. **211**, 438 (1950). — GAY, L. N., and P. E. CARLINER: The prevention and treatment of motion sickness. I. Seasickness. Science **109**, 539 (1949). — GEISER, J. D.: Action antifongique in-vitro de quelques antihistaminiques de synthèse et autres substances. Dermatologica (Basel) **110**, 343 (1953). — GELVIN, E. P., H. ELIAS and T. H. McGAVACK: The effect of dimethylaminoethyl benzhydryl ether hydrochloride (Benadryl) upon permeability of meningeal capillaries. J. Pharmacol. exp. Ther. **89**, 101 (1947). — GELVIN, E. P., T. H. McGAVACK and I. J. DREKTER: Appearance of dimethylaminoethyl benzhydryl ether hydrochloride (Benadryl) in the spinal fluid after oral administration to human beings. Bull. N.Y. med. Coll. **9**, 51 (1946). Zit. nach T. H. McGAVACK, I. J. DREKTER, S. SCHUTZER u. A. HEISLER. J. Allergy **19**, 251 (1948). — GERLACH, U., u. W. BLAICH: Zur Wirkung von Antihistaminpräparaten auf die Schilddrüse und Nebenniere von Ratten. Ärztl. Wschr. **1953**, 461. — GESKE, H., u. F. JUNG: Beeinflussung der Bienenstichverletzung durch Antihistamine. Klin. Wschr. **1950**, 477. — GETZOFF, P. H.: Use of antihistamine drug prophylaxis against diodrast reactions. J. Urol. (Baltimore) **65**, 1139 (1951). — GILG, E.: The influence of diphenhydramine (Benadryl) on the side-effects of diodone in urography. Acta radiologica **39**, 299 (1953). — GLANZMANN, S., and J. A. SALVA: Effect of antihistaminic drugs on the sensibility of the skeletal muscle to acetylcholine and potassium. Acta allerg. (Stockh.) **2**, 277 (1949). — GLASER, E. M.: Entstehung und Behandlung der Seekrankheit. Dtsch. med. Wschr. **1953**, 392. — GLAZKO, A. J., and W. A. DILL: Biochemical studies on diphenhydramine (benadryl): Distribution in tissues and urinary excretion. J. biol. Chem. **179**, 403 (1949). — GOETHE, H.: Experimentelle und klinische Therapie mit β-Dimethylaminoäthyl-benzhydryläther-1,3-Dimethyl-8-chlorxanthin (Vomex A). Medizinische **1953**, 720. — Antihistamine und Seekrankheit. Dtsch. med. Wschr. **1954**, 227. — GOETHE, H., u. P. KÖBKE: Die Therapie der Seekrankheit. Z. Tropenmed. Parasit. **4**, 266 (1953). — GÖTZ, H., u. W. KEILIG: Stellt der Gebrauch von Antihistaminsalben eine Bereicherung der Behandlungsmöglichkeiten des Dermatologen dar? Ärztl. Wschr. **1953**, 155. — GONZALES, O., u. J. SAFIAN: Sem. méd. (B. Aires) **57**, 633 (1950). Ref. Dtsch. med. Wschr. **1950**, 1641. — GORDONOFF, T.: Zum Wirkungsmechanismus der sogenannten Antihistamine. Schweiz. med. Wschr. **1952**, 424. — Der gegenwärtige Stand der medikamentösen Behandlung der Allergien. Allergie u. Asthma **3**, 97 (1957). — GOTTLIEB, P. M., and J. YANOFF: Clinical evaluation of sandostene (Wz.) a new antihistaminic drug, in allergic diseases. Ann. Allergy **15**, 305 (1957). — GRACIANSKY, P. DE, ST. BOULLE, M. BALTER et R. LECLERC: Action du tartrate de 2 methyl-2,3,9-tetrahydro-1-pyridine sur l'eczéma. Soc. franç. Derm. Syph. **1951**, 281. Ref. Zbl. Haut- u. Geschl.-Kr. **80**, 176 (1952). — GRAHAM, J. D. P.: A comparison of some antihistamine substances. J. Pharmacol. exp. Ther. **91**, 103 (1947). — GRAUB, M., and E. M. BARRIST: The effect of antihistaminic drugs upon tuberculin reaction. Amer. Rev. Tuberc. **61**, 735 (1950). — GREEN, M. A.: One year's experience with sustained release antihistamine medication. An experimental and clinical study. Ann. Allergy **12**, 273 (1954). — GREINER, T., M. CATTELL, I. TRAVELL, H. BAKST, S. RINZLER, R. H. BENJAMIN, L. J. WARSHAW, A. L. BOBB, N. T. KWIT, W. MODELL, H. H. ROTHENDLER, C. R. MESSELOFF and M. L. KRAMER: Method for evaluation of drugs on cardiac pain—in patients with angina of effort; study of khellin (visammin). Amer. J. Med. **9**, 143 (1950). — GRONEMEYER, W.: Behandlung allergischer Krankheiten. In K. HANSEN, Allergie, S. 330ff. Stuttgart: Georg Thieme 1957. — GRÜTZ, O., u. G. VELTMANN: Klinische Erfahrungen mit Antistin in der Dermatologie. Hautarzt **1**, 200 (1950). — GUERRANT, J. L., and W. C. HOLLIFIELD: Palpebral dermatitis following the use of antistine eye drops. Amer. J. Ophthal. **34**, 1318 (1951). Ref. Abstr. Allergy **17**, 35 (1952). — GUIDUCCI, A., and E. F. TRAUB: Angioneurotic edema following pyribenzamine therapy. Arch. Derm. Syph. (Chicago) **63**, 263 (1951). — GUNNAR, R. M., and R. E. WEEKS: Effect of tripelennamine hydrochloride on burn shock. Arch. Path. (Chicago) **47**, 594 (1949). — GUY, W. B.: The effect of pyribenzamine on the tuberculin reaction in man. J. invest. Derm. **8**, 335 (1947).

HOAGLAND, R. J., E. N. DEITZ, P. W. MYERS and H. C. COSAND: Antihistaminic drugs for cold. J. Amer. med. Ass. **143**, 157 (1950). — HAARDT: Pharm. Engineering **1948**, 21. Zit. nach H. HAAS, Histamin und Antihistamine. Aulendorf, Württ.: Editio Cantor 1951. — HAAS, H.: Über die Beeinflussung des Juckreizes durch Antistin und Aludrin. Naunyn-Schmiedeberg's Arch. exp. Path. Pharmak. **208**, 188 (1949). — Antihistaminica bei Seekrankheit. Dtsch. med. Wschr. **1953**, 1609. — Chemie der Antihistamine. Arzneimittel-Forsch. **3**, 418 (1953). — HABS, H., u. G. KILB: Angstsyndrom bei Antihistaminkörper-Therapie. Z. ges. inn. Med. **10**, 679 (1955). — HAGERMAN, G.: On the inhibitory effect of antihistaminic drugs on experimental trichophytids in guinea pigs. Acta derm.-venereol. (Stockh.) **31**, 59 (1951). — HAGERMAN, G., and A. NILZÉN: Antihistamine studies with bacteriologic technique. Acta derm.-venereol. **32**, 364 (1952). — HAHN, F., G. MÜLKE u. G. SCHMITZ-BOCKLENBERG: Zur Frage der pharmakologischen Beeinflußbarkeit der Masugi-Nephritis mit besonderer Berücksichtigung der Antihistaminica. Int. Arch. Allergy **5**, 224 (1954). — HAHN, F., u. A. OBERDORF: Antihistaminica und anaphylaktoide Reaktionen. Z. Immun.-Forsch. **107**, 528 (1950). — HAHN, P., and O. POUPA: Antihistamines and thyroxine metamorphosis in tadpoles. Nature (Lond.) **167**, 84 (1951). — Haley, T. J., and D. H. Harris: The effect of topically applied antihistaminic drugs on the mammalian capillary bed. J. Pharmacol. exp. Ther. **95**, 293 (1949). — Haley, T. J., and G. L. Keenan: Microtoxicology. IV. The identification of antihistamine drugs of the thenyl series. J. Amer. pharmaceut. Ass. **38**, 85 (1949). — Microtoxicology. V. Colorimetric reactions and crystallographic properties of several antihistaminics of unrelated structure. J. Amer. pharmaceut. Ass. **38**, 381 (1949). — Microtoxicology. VI. Identification and differentiation of newer antihistaminic drugs unrelated to benadryl, pyribenzamine and antergan. J. Amer. pharmaceut. Ass. **38**, 384 (1949). — Hallenbeck, G. A.: Studies on the effect of thymoxyethyldiethylamine (929 F) and N-diethylamino-ethyl-N-ethylaniline on gastric secretion in the dog. Amer. J. Physiol. **139**, 329 (1943). Zit. nach Feinberg, Malkiel u. Feinberg. Chicago: Antihistamines. 1950. — Halpern, B. N.: Les antihistaminiques de synthèse: Essais de chimiothérapie des états allergiques. Arch. int. Pharmacodyn. **68**, 339 (1942). — Certains amino-acides exercent-ils réellement une action spécifique vis-à-vis de l'histamine? C. R. Soc. Biol. (Paris) **139**, 625 (1945). — Action antianaphylactique des dérivés de la thiodiphénylamine. Rélations avec l'éosinophilie tissulaire. C. R. Soc. Biol. (Paris) **140**, 363 (1946). — Experimental research on a new series of chemical substances with powerful antihistaminic activity: the thiodiphenylamine derivatives. J. Allergy **18**, 263 (1947). — Recherches sur une nouvelle série chimique de corps doués de propriétés anti-histaminiques et anti-anaphylactiques: les dérivés de la thiodiphenylamine. Bull. Soc. Chim. biol. (Paris) **29**, 309 (1947). — Recent advances in the domain of the anti-histamine substances; the phenothiazine derivatives. Bull. N.Y. Acad. Med. **25**, 323 (1949). — Sur le mécanisme d'action des antihistaminiques de synthèse. Presse méd. **57**, 949 (1949). — Les antihistaminiques de synthèse. Acta allerg. (Stockh.) Suppl. **1**, 164 (1950). — Halpern, B. N., et S. Cruchaud: Prévention de l'oedème aigu du poumon expérimental par les antihistaminiques de synthèse. C. R. Soc. Biol. (Paris) **141**, 1038 (1947). — Prévention de l'oedème aigu expérimental du poumon par un antihistaminique de synthèse dérivé de la thiodiphénylamine. Experientia (Basel) **4**, 34 (1948). — Halpern, B. N., et R. Ducrot: Recherches expérimentales sur une nouvelle série chimique de corps doués de propriétés antihistaminiques puissantes: les dérivés de la thiodiphénylamine (T.D.A.). C. R. Soc. Biol. (Paris) **140**, 361 (1946). — Halpern, B. N., et J. P. Duesberg: Influence de la cortisone et des antihistaminiques sur la dermite expérimentale du cobaye à la paraphénylènediamine. Sem. Hôp. Paris **1952**, 3275. — Halpern, B. N., L. Guillaumat et S. Cruchaud: Action de l'histamine et des antihistaminiques de synthèse sur la permeabilité capillaire de la barrière hématooculaire. Acta allerg. (Stockh.) **1**, 376 (1948). — Halpern, B. N., and J. Hamburger: New synthetic antihistamine substance derived from phenothiazine (Phenergan, 3277 RP). Canad. med. Ass. J. **59**, 322 (1948). — Halpern, B. N., et G. Mauric: Étude quantitative de l'antagonism de l'histamine et d'un antihistaminique de synthèse (Antergan) sur l'intestine isolé de cobaye. C. R. Soc. Biol. (Paris) **140**, 440 (1946). — Halpern, B. N., G. Perrin et P. Dews: Pouvoir anesthétique local des antihistaminiques de synthèse. Rélation entre l'action anesthésique et l'action antihistaminique. C. R. Soc. Biol. (Paris) **141**, 1125 (1947). — Halpern, B. N., I. Trolliet et J. Martin: Recherches sur la génèse et l'évolution de la néphrite allergique expérimentale et influence des antihistaminiques de synthèse sur le syndrome. Acta allerg. (Stockh.) **2**, 150, 191 (1949). — Halpern, B. N., et F. Walthert: Conditionnement de l'antagonisme histamine — antihistaminique sur la corne utérine de cobaye par l'équilibre ionique du milieu de survie. C. R. Soc. Biol. (Paris) **139**, 402 (1945). — Hammerschmidt, E. E., u. G. W. Korting: Über die Wirkung von Antistin und Methylthiouracil auf experimentelle Hautreaktionen des Meerschweinchens. Arch. Derm. Syph. (Berl.) **192**, 77 (1951). — Hansel, F. K.: Small dosage dust and pollen therapy. Progr. Allergy **2**, 129 (1949). — Hansen, K.: Helisen-Desensibilisierung und Antihistaminica. Dtsch. med. Wschr. **1953**, 380. — Harley, D.: Benadryl in hay-fever; note on its action. Lancet **1946 II**, 158. — Hasse, W.: Prophylaxe posttransfusioneller Störungen mit einem Antihistaminicum. Dtsch. med. J. **1955**, 587. — Haxthausen, H.: Sind Antihistaminsalben rationell bei der Behandlung von allergischem Ekzem und Prurigo Besnier? [Dänisch.] Ugeskr. Laeg. **1954**, 1040. Ref. Zbl. Haut- u. Geschl.-Kr. **90**, 226 (1955). — Hearin, D. L., and P. P. Mori: A study of some antihistamine compounds by histamine iontophoresis. J. invest. Derm. **14**, 391 (1950). — Hebald, S., R. A. Cooke and L. M. Downing: Clinical and serologic study of ragweed hay fever patients treated with histamine azoprotein (Hapamine). J. Allergy **18**, 13 (1947). — Heidelmann, G.: Klinische Erfahrungen mit einer Antihistamin-Xanthin-Verbindung als Antiemeticum beim Röntgenkater und bei der Stickstoff-Lostbehandlung. Dtsch. med. Wschr. **1952**, 1450. — Heim, F.: Pharmakologie. In K. Hansen, Allergie, S. 140ff. Stuttgart: Georg Thieme 1957. — Heim, F., u. A. Bänder: Der Einfluß mehrerer Antihistaminica auf die Vaguserregbarkeit. Naunyn-Schmiedeberg's Arch. exp. Path. Pharmak. **213**, 185 (1951). — Hensen, P.: Local antihistaminic action. J. Pharmacol. exp. Ther. **100**, 136 (1950). — *Herausgebernote:* Antihistamines. J. Amer. med. Ass. **157**, 782 (1955). — Herlitz, G., u. G. Lindberg: Hirnsymptome bei Kindern nach Überdosierung von Antihistaminpräparaten. Nord. Med. **47**, 871 (1952). Ref. Zbl. Haut- u. Geschl.-Kr. **84**, 325 (1953). — HERXHEIMER, H.: Antihistamines in bronchial asthma. Brit. med. J. **1949 II**, 901. — Experimentelles Asthma beim Menschen. Dtsch. med. Wschr. **1951**, 1171. — HERZOG, H., H. KAUFMANN, E. LANG u. P. SPEISER: Antrenyl Duplex, eine neue perorale Applikationsform mit Deportwirkung. Schweiz. med. Wschr. **1955**, 612. — HEUBNER, W.: Zauber der Arznei. Hippokrates (Stuttgart) **25**, 498 (1954). — HILKER, A. W.: Agranulocytosis from tripelennamine (Pyribenzamine) hydrochloride. J. Amer. med. Ass. **143**, 741 (1950). — HILL, H., and L. MARTIN: A review of experimental studies of nonspecific inhibition of anaphylactic shock. Medicine (Baltimore) **11**, 141 (1932). — HIOB, J., u. H. HIPPIUS: Überempfindlichkeitserscheinungen der Haut durch Megaphen. Ärztl. Wschr. **1955**, 501. — HÖRLEIN, U.: Chem. Ber. **87**, 463 (1954). Zit. nach U. HÖRLEIN u. G. HECHT, Antihistaminwirksame Tetrahydro-γ-Carbolinverbindungen. Med. u. Chem. **5**, 267 (1956). — HÖRLEIN, U., u. G. HECHT: Antihistaminwirksame Tetrahydro-γ-Carbolinverbindungen. Med. u. Chem. **5**, 267 (1956). — HOLLISTER, L. E.: Allergy to chlorpromazine manifested by jaundice. Amer. J. Med. **23**, 870 (1957). — HOTOVY, R., u. E. ROESCH: Pharmakologisches über Ilvin und Ilvin-Dupletten. Merck's Jber. Pharm. **68**, 34 (1954/55). — HUBER, G.: Die Antihistaminkörperpsychose und die Frage der allergisch bedingten Funktionsstörungen des Zentralnervensystems nach Arzneimitteln. Nervenarzt **23**, 283 (1952). — HÜLLSTRUNG, H., u. K. HACH: Experimentelle Sensibilisierung und deren Beeinflussung durch Vitamine beim Meerschweinchen. Z. Immun.-Forsch. **100**, 393 (1941). — HUNTER, R. B., and D. M. DUNLOP: Antihistamine drug for pruritus of jaundice. Brit. med. J. **1947 II**, 547. — A review of antihistamine drugs. Quart. J. Med. **17**, 271 (1948). — HUNTER, D., L. R. HYDE and J. D. DAVIS: Effect of antihistaminics on tuberculin skin reaction. Amer. Rev. Tuberc. **62**, 525 (1950). — HURIEZ, CL., GRAUX, FONTAN, PRUVOT et P. MARTIN: Réactions cutanées au largactil. Bull. Soc. franç. Derm. Syph. **60**, 439 (1953). — HUTH, E.: Zur Wirkung der Antihistaminkörper bei der tuberkulösen Allergie. Z. ges. inn. Med. **3**, 65 (1948). — HUTTRER, C. P.: Chemistry of antihistamine substances. Enzymologia **12**, 277 (1948). — Experientia (Basel) **5**, 53 (1949).

IDE, C. H.: Klinisch-experimentelle Untersuchungen über den Einfluß einiger Antihistaminsubstanzen auf die Juckreizschwelle. Diss. Hamburg 1958. — IDSON, B.: Antihistamine drugs. Chem. Reviews **47**, 307 (1950). — INMAN, P., and I. C. COWAN: Antihistamines in non-urticarial dermatoses, and a retrial of antihistamine iontophoresis. Brit. med. J. **1952 I**, 1064. — IPPEN, H.: Lichtschäden und Lichtschutz durch Kosmetika. In: Ästhetische Medizin in Einzeldarstellungen, Bd. 5. Heidelberg: Dr. Alfred Hüthig 1957.

JADASSOHN, W.: Communications en style télégraphique. Les antihistaminiques. Dermatologica (Basel) **96**, 274 (1948). — JADASSOHN, W., u. M. DIEDEY: Quelques remarques sur l'allergie. Schweiz. med. Wschr. **1947**, 1063. — JADASSOHN, W., H. E. FIERZ u. H. VOLLENWEIDER: Die Hemmung der Histaminkontraktion und der anaphylaktischen Reaktion durch Iminokörper. Schweiz. med. Wschr. **1943**, 122. — JAHRMÄRKER, H.: Über die klinische Prüfung eines neuen synthetischen Antihistaminkörpers. Dtsch. med. Wschr. **1953**, 549. — JAROS, ST. H., J. C. CASTILLO and E. J. DE BEER: The clinical application of a new piperazine compound. I. Human pharmacology. Ann. Allergy **7**, 458, 489 (1949). — JEANNES, S. W.: Impotence: an unusual side reaction in antihistaminic therapy. Ann. Allergy **8**, 407 (1950). — JENKINS, C. M.: A small dosage, injectable antihistamine (chlor-trimeton maleate injectable) in the treatment of allergic diseases. Ann. Allergy **11**, 96 (1953). — JORES, A.: Magie und Zauber in der modernen Medizin. Dtsch. med. Wschr. **1955**, 915. — JUDD, A. R., u. A. R. HENDERSON: The use of antihistaminic drugs in human tuberculosis. Ann. Allergy **7**, 306 (1949). — JUNKMANN u. LANGECKER: Zit. nach W. SCHULEMANN u. H. FRIEBEL, Dtsch. med. Wschr. **1953**, 540.

KÄLLQVIST, J., and B. MELANDER: Experimental and clinical evaluation of chlorcyclizine as an antitussive. Arzneimittel-Forsch. **7**, 301 (1957). — KAIL, F., u. W. LINDEMAYR: Kritische Gegenüberstellung der Calcium- und Antihistaminwirkung bei Behandlung der Urticaria. Int. Arch. Allergy **3**, 67 (1952). — KALKOFF, K. W.: Diskussionsbemerkung. 1. Nachkriegstagg Nordwestdtsch. u. Hamburger Dermatol. Ges. 2.—4. 4. 1948 in Hamburg. — KALLÓS, P., u. L. KALLÓS-DEFFNER: Die klinische Anwendung der Histaminantagonisten. Progr. Allergy **2**, 329 (1949). — Studien über die Antihistaminwirkung an der menschlichen Haut. Acta paediat. (Stockh.) **38**, 351 (1949). — Experimentelle und klinische Untersuchungen über die Wirkung des Thephorins. Int. Arch. Allergy **1**, 189 (1951). — KALLÓS, P., u. W. PAGEL: Experimentelle Untersuchungen über Asthma bronchiale. Acta med. scand. **91**, 292 (1937). — KALZ, F., and C. BOWER: The effect of iontophoresis of antihistaminics on ultraviolet and Grenz ray erythema. Dermatologica (Basel) **101**, 29 (1950). — KARADY, E. S.: Histamine tolerance and anaphylactic death in sensitized guinea pigs. J. Immunol. **41**, 1 (1941). Zit. nach FEINBERG, The antihistamines. 1950. — KARADY, ST., u. A. BENTSAH: Die Prophylaxe der Kollapsbereitschaft durch künstliche Veränderung der Histaminempfindlichkeit. Z. klin. Med. **128**, 640 (1935). — KEAT, E. C. B., and T. B. WILLIAMS: Aplasia of the bonemarrow following administration of antihistamine. Lancet **1951 II**, 79. — KENDING jr., E. L., W. P.

Spencer and C. W. La Fratta: The effect of antihistaminic drugs on the tuberculin test. J. Pediat. **35**, 750 (1949). — Kesten, B. M., and C. Sheard jr.: Treatment of allergic and some other dermatoses with thephorin. J. invest. Derm. **9**, 65 (1947). — Kierland, R., and R. T. Potter: An evaluation of thenylene hydrochloride. Amer. J. med. Sci. **216**, 20 (1948). — Kimmig, J.: Experimentelle Untersuchungen über neue Antihistaminverbindungen und deren Wirksamkeit bei allergischen Hauterkrankungen. Arch. Derm. Syph. (Berl.) **191**, 563 (1949).— Vergleichende experimentelle und klinische Untersuchungen mit neuen Antihistaminica aus der Reihe der Benzimidazole. Hautarzt **3**, 414 (1952). — Investigaciones comparatives experimentales y clinicas con nuevos antihistaminicos de la serie del benzimidazol. Act. dermo-sifiliogr. **44**, 597 (1953). Ref. Zbl. Haut- u. Geschl.-Kr. **89**, 58 (1954). — Kimmig, J., u. H. Rieth: Antimykotica in Experiment und Klinik. Arzneimittel-Forsch. **3**, 267 (1953). — Kley, W.: Über die allergischen Erkrankungen der Nase. Ärztl. Wschr. **1952**, 289. — Klupp, H., u. F. Mlczoch: Über die Lähmungen motorischer Nerven durch Antihistaminsubstanzen. Naunyn-Schmiedeberg's Arch. exp. Path. Pharmak. **209**, 87 (1950). — Kochs, A. G.: Diskussionsbemerkung 21, Tagg Dtsch. Dermatol. Ges. Heidelberg 5.—9. 10. 1949. Ref. Zbl. Haut- u. Geschl.-Kr. **74**, 32 (1950). — Koelzer, P. P.: Formelaufbau und pharmakologische Wirkung bei synthetischen Antihistamin-Verbindungen. Z. Naturforsch. **5**b, 1 (1950). — Körber, K.: Vergleichende Untersuchungen von Histamininhibitoren mittels der Histaminquaddelmethode. Derm. Wschr. **1950**, 807. — Komrad, E. L., and E. R. Loew: Effect of certain antihistaminics on epinephrine induced hyperglycemia and lacticacidemia. J. Pharmacol. exp. Ther. **103**, 115 (1951). — Kopel, D.: Comparison of the anaesthetic effects of antihistamine and local anaesthetic drugs on the skin. Dermatologica **104**, 408 (1952). — Comparison of the vascular and neural effects of antihistamine and local anaesthetic drugs on the skin. Dermatologica (Basel) **105**, 18 (1952). — Kopel, D., and F. Raubitschek: Inhibition of intracutaneous pharmacodynamic skin reactions by intracutaneous administration of an antihistamine. Dermatologica (Basel) **97**, 319 (1948). — Korbo, M.: Nord. Med. **40**, 2245 (1948). Antihistaminstoffes. II. Antihistaminstoffene og de allergisko sykdommer. Zit. nach H. Haas, Histamin und Antihistamine. Aulendorf, Württ.: Editio Cantor 1951. — Krajewski, T.: Zur Kenntnis der Largactil-Nebenwirkungen an der Haut. Z. Haut- u. Geschl.-Kr. **18**, 44 (1955). — Kraushaar, A.: Ein neuartiges Antihistaminicum: 4-N-Benzylanilino-1-methylpiperidin. Dtsch. med. Wschr. **1950**, 1148. — Zur Pharmakologie des 1-2-Imino-3,4-dimethyl-5-phenothiazin. Ärztl. Wschr. **1950**, 779. — Chemische Konstitution und pharmakologische Wirkung in einer neuen Reihe von γ-substituierten Piperidinderivaten mit Antihistamin-Eigenschaften. Arzneimittel-Forsch. **1**, 157 (1951). — Kreis, B.: Action d'un antihistaminique de synthèse sur l'allergie tuberculeuse du cobaye. Ann. Inst. Pasteur **72**, 308 (1946). — Krueger, A. A.: Histamine in treatment of allergic diseases: A report of 126 cases. Northw. Med. (Seattle) **47**, 27 (1948). Zit. nach Feinberg, The antihistamines. Chicago: Year Book Publ. 1950. — Kruizinga, E. E., and H. Hamminga: Treatment of dermatitis herpetiformis with diamino-diphenyl-sulphone (D.D.S.). Dermatologica (Basel) **106**, 387 (1952). — Kuhn, E.: Klinische Untersuchungen mit der Antihistaminsubstanz Synopen. Schweiz. med. Wschr. **1949**, 1245. — Kurtin, A., W. Bierman and R. Yontef: The inhibition of erythema solare in the normal subject with pyribenzamine. J. invest. Dermat. **9**, 163 (1947). Zit. nach H. Ippen, Lichtschäden und Lichtschutz durch Kosmetica. In: Ästhetische Medizin in Einzeldarstellungen, Bd. 5. Heidelberg: Dr. Alfred Hüthig 1957. — Kyrides, L. P., F. C. Meyer and F. P. Zienty: Thiophene containing antihistaminic agents. J. Amer. chem. Soc. **69**, 2239 (1947). — Kyser, F. A., J. C. McCarter and J. Stengle: Effect of antihistamine drugs (including Benadryl) upon serum-induced myocarditis in rabbits. J. Lab. clin. Med. **32**, 379 (1947).

La Belle, A., and P. Tislow: Pharmacological properties of Trimeton, an new antihistaminic compound. Fed. Proc. **7**, 236 (1948). — Labhardt, F.: Technik, Nebenerscheinungen und Komplikationen der Largactiltherapie. Schweiz. Arch. Neurol. **73**, 338 (1954). Zit. nach K. H. Schulz, A. Wiskemann u. K. Wulf, Arch. klin. exp. Derm. **202**, 285 (1956). — Lackenbacher, R. S.: Chlor-trimeton maleate repeat action tablets in the treatment of pruritic dermatoses. Ann. Allergy **10**, 675 (1952). — Landau, S. W., W. A. Nelson and L. N. Gay: Antihistaminic properties of local anaesthetics and anaesthetic properties of antihistaminic compounds. J. Allergy **22**, 19 (1950). — Landis, L., and S. Krop: Influence of histamine upon fungistatic action of antihistamines. Proc. Soc. exp. Biol. (N.Y.) **76**, 538 (1951). — Landsteiner, K.: The specifity of serological reactions. Cambridge: Harvard University Press 1945. — Laplace: Zit. nach P. Martini, Methodenlehre klinischtherapeutischer Forschung. Heidelberg: Springer 1953. — Last, M. R., and E. R. Loew: Effect of antihistamine drugs on increased permeability following intradermal injections of horse serum, histamine, and other agents in rabbits. J. Pharmacol. exp. Ther. **89**, 81 (1947). — Leavitt, M. D., and D. F. Code: Anaesthetic action of beta-dimethylaminoethyl benzhydrylether hydrochloride (Benadryl) in the skin of human beings. Proc. Soc. exp. Biol. (N.Y.) **65**, 33 (1947). — Lecomte, J.: Antiallergic action of local anesthetics and antihistamines on the tuberculin reaction in man. Acta allerg. (Kbh.) **5**, 88 (1952). — LEE, H. M., R. C. ANDERSON and P. N. HARRIS: Antihistaminic action of "Pyronil". Proc. Soc. exp. Biol. (N.Y.) **80**, 458 (1952). — LEE, H. M., W. G. DINWIDDIE and K. K. CHEN: The antihistamine action of N-(2-pyridyl)-N-(2-thenyl)-N',N'-dimethylethylenediamine hydrochloride. J. Pharmacol. exp. Ther. **90**, 83 (1947). — LEHMANN, G.: Pharmacological properties of a new antihistaminic, 2-methyl-9-phenyl-2,3,4,9-tetrahydro-1-pyridindene (Thephorin) and derivatives. J. Pharmacol. exp. Ther. **92**, 249 (1948). — LEHMANN, G., L. O. RANDALL and E. HAGEN: The antihistamine, anti-adrenaline and anti-acetylcholine action of Thephorin. Arch. int. Pharmacodyn. **78**, 253 (1949). — LEHMANN, G., and J. W. YOUNG: J. Pharmacol. exp. Ther. **83**, 90 (1945). Zit. nach R. MEIER u. K. BUCHER, Pharmakologie der Antihistaminica. Progr. Allergy **2**, 290 (1949). — LEIBER, B.: Zur Wirkung der Antihistaminkörper bei der tuberkulösen Allergie. Z. ges. inn. Med. **4**, 40 (1949). — LENDLE, L.: Umfrage zum Placebo-Problem. Medizinische **1956**, 1244. — LEONARD, F., and U. V. SOLMSSEN: 2-thenyl substituted diamines with antihistaminic activity. J. Amer. chem. Soc. **70**, 2064 (1948). — LEONARD, S., u. C. P. HUTTRER: Histamine antagonists. Review Nr 3, National Research Council, Washington 1950. — LEVITAN, B. A.: Rutin in histamine shock. Proc. Soc. exp. Biol. (N.Y.) **68**, 569 (1948). — Effects of rutin in horse serum anaphylaxis in the rabbit. Rev. canad. Biol. **8**, 370 (1949). — LEYA, A.: Contribution á l'étude des antihistaminiques de synthèse. Action de l'Antergan sur le choc anaphylactique chez le lapin. C. R. Soc. Biol. (Paris) **140**, 191 (146). — Contribution á l'étude des anti-histaminiques de synthèse en immunologie: Action de l'Antergan sur la formation des anticorps; leur comportement dans le choc anaphylactique traité par l'Antergan. C. R. Soc. Biol. (Paris) **140**, 194 (1946). — LICHSTENSTEIN, M. R.: Skin tests with mixtures of bacterial antigens and antihistamines. Ann. Allergy **9**, 99 (1951). — LIGHT, A. E., and J. A. TORNABEN: The absorption of one per cent chlorcyclizine hydrochloride cream through the skin. Ann. Allergy **9**, 607 (1951). — LIMA, A. O., and G. ROCHA: The effect of antihistamine medication on the tuberculin reactions in adults. Ann. Allergy **9**, 205 (1951). — LINDEMAYR, W.: Experience with Sandosten combined with Calcium-Sandoz (ASC 16) in the treatment of allergic skin diseases. Int. Arch. Allergy **7**, 42 (1955). — LINDEMAYR, W., u. F. SALZMANN: Paradoxe Reaktionen bei Antihistamintherapie. Wien. Z. inn. Med. **32**, 13 (1951). — LINDNER, E.: Über ein neues Antihistaminicum, das 1-Phenyl-1-pyridyl-(2)-3-dimethyl-aminopropan und sein Salz der p-Aminosalicylsäure (Avil). Naunyn-Schmiedeberg's Arch. exp. Path. Pharmak. **211**, 328 (1950). — LINNEWEH, F.: Über die Grundlagen antiallergischer Therapie. Med. Klin. **1948**, 265. — LOEW, E. R.: The pharmacology of Benadryl and the specificity of antihistamine drugs. Ann. N.Y. Acad. Sci. **50**, 1142 (1950). — LOEW, E. R., and O. CHICKERING: Gastric secretion in dogs treated with histamine antagonist, thymoxyethyldiethylamine. Proc. Soc. exp. Biol. (N.Y.) **48**, 65 (1941). — LOEW, E. R., and M. E. KAISER: Alleviation of anaphylactic shock in guinea pigs with synthetic benzhydryl alkamine ethers. Proc. Soc. exp. Biol. (N.Y.) **58**, 235 (1945). — LOEW, E. R., M. E. KAISER and V. MOORE: Synthetic benzhydryl alkamine ethers effective in preventing fatal experimental asthma in guinea pigs exposed to atomized histamine. J. Pharmacol. exp. Ther. **83**, 120 (1945). — Effect of various drugs on experimental asthma produced in guinea pigs by exposure to atomized histamine. J. Pharmacol. exp. Ther. **86**, 1 (1946). — LOEW, E. R., R. MACMILLAN and M. KAISER: The antihistamine properties of Benadryl, β-dimethylaminoethyl benzhydryl ether hydrochloride. J. Pharmacol. exp. Ther. **86**, 229 (1946). — LONDON, J. D., u. M. MOODY jr.: Preliminary and short reports. Acute urticaria following pyribenzamine therapy. J. invest. Derm. **13**, 217 (1949). — LOON, J. A. VAN, u. J. A. C. KANTERS: Ned. T. Geneesk. **1949**, 1070. Ref. Schweiz. med. Wschr. **79**, 845 (1949). — LORRIMAN, G., and W. J. MARTIN: Trial of Antistin in the common cold. Brit. med. J. **1950 II**, 430. — LOVEJOY, H. B., S. M. FEINBERG u. E. A. CANTERBURY: Local inhibition of histamine flare in man: A method of bioassay of antihistamine drugs. J. Allergy **20**, 350 (1949). — LOVEMAN, A. B., and M. T. FLIEGELMAN: Local cutaneous sensitivity to metapyrilene. Arch. Derm. Syph. (Chicago) **63**, 250 (1951). — LOWELL, F. C., I. W. SCHILLER, J. E. ALMAN and C. F. MOUNTAIN: The antihistaminic drugs in the treatment of the common cold. A study conducted at Boston University. New Engl. J. Med. **244**, 132 (1951). — LÜTZENKIRCHEN, A., u. M. SCHOOG: Kombinierte Novocain-Antihistaminbehandlung bei Hautallergosen. Med. Klin. **1953**, 406. — LUIPPOLD, E. J.: Prevention of penicillin reactions. J. Med. Soc. N.J. **51**, 424 (1954). — LUTZ, W.: Untoward results of procain-penicillin injections. Dermatologica (Basel) **101**, 249 (1950). — LYNCH, F. W.: Benadryl in dermatologic therapy. Arch. Derm. Syph. (Chicago) **55**, 101 (1947).

MACGREGOR, A. G., and D. R. WOOD: The effect of Neoantergan and of Benadryl on serum induced myocarditis in rabbits. Brit. J. Pharmacol. **4**, 216 (1949). — MACKMULL, G.: The influence of intravenously administered Benadryl on blood pressure and electrocardiogram. J. Allergy **19**, 365 (1948). — MACLAREN, W. R., W. C. BRUFF, B. C. EISENBERG, H. WEINER and W. H. MARTIN: A clinical comparison of carbinoxamine maleate, tripelennamine hydrochloride and bromdiphenhydramine hydrochloride in treating allergic symptoms.

Ann. Allergy **13**, 307 (1955). — MADDEN, J. F.: Clinical evaluation of phenindamine (Thephorin) ointment for relief of itching. Preliminary report. Arch. Derm. Syph. (Chicago) **61**, 673 (1950). — MAIETTA, A. L.: Unusually good results in pollinosis with combined antigen-antihistamine therapy. Shortening the treatment of hay fever. Study I. Ann. Allergy **7**, 789 (1949). — The combined injection of massive doses of pollen extract and antihistamines. Ann. Allergy **10**, 147 (1952). — MALKIEL, S., and M. D. WERLE: D-catechol and antihistaminogenesis. Science **114**, 98 (1951). — MALLOY, C. J.: Antihistamines by injection in allergic desensitization. Canad. med. Ass. J. **72**, 375 (1955). Ref. J. Allergy **26**, 66 (1955). — MARCHIONINI, A., u. H. RÖCKL: Antibiotica in der Dermatologie. Münch. med. Wschr. **1956**, 449, 486. — MARQUARDT, P., u. H. SCHUMACHER: Arzneimittel der Phenothiazinreihe. Arzneimittel-Forsch. **4**, 223 (1954). — MARTINEZ, B. L., u. J. R. MORALES: Mitteilungen über die Anwendung des synthetischen Antihistaminicums Allercur in der Dermatologie. Derm. Wschr. **1953**, 218. — MARTINI, P.: Der Heilerfolg, die Krankheit und der Kranke. Merck's Jber. Pharm. **51**, 5 (1937). — Die unwissentliche Versuchsanordnung und der sogenannte doppelte Blindversuch. Dtsch. med. Wschr. **1957**, 597. — Über die Verschiedenartigkeit der Grundlagen unserer Therapie. Münch. med. Wschr. **1957**, 1217. — MARTLAND jr., H. S., and J. K. GUCK: Agranulocytosis after antihistaminic therapy. Report of a case following the prolonged use of tripelennamine (Pyribenzamine hydrochloride). J. Amer. med. Ass. **143**, 742 (1950). — MARX, W.: Erfahrungen mit dem Antihistaminicum Systral. Ther. d. Gegenw. **93**, 317 (1954). — MASLANSKY, L., and M. D. SANGER: A method of decreasing penicillin sensitivity. Antibiot. and Chemother. **2**, 385 (1952). — MASSENBERG, A., u. M. ROMMERSWINKEL: Zur Wirkung der Antihistaminkörper bei der tuberkulösen Allergie. Z. ges. inn. Med. **4**, 563 (1949). — MATHEWS, K. P., F. M. HEMPHILL, R. G. LOVELL, W. E. FORSYTHE and J. M. SHELDON: A controlled study on the use of parenteral and oral antihistamines in preventing penicillin reactions. J. Allergy **27**, 1 (1956). — MATHEWS, K. P., F. M. HEMPHILL, J. M. SHELDON, R. G. LOVELL and W. E. FORSYTHE: A controlled study on the use of parenteral and oral antihistamines in preventing penicillin reactions. J. Allergy **26**, 78 (1955). — MATNER: Erfahrungen mit dem Antihistaminicum Thiantan in der Hautklinik. Dtsch. Gesundh.-Wes. **1951**, 1511. — MAYER, R. L.: Antihistaminic substances with special reference to Pyribenzamine. J. Allergy **17**, 153 (1946). — Antihistaminic substances and experimental sensitizations. Ann. Allergy **5**, 113 (1947). — Pyribenzamine in experimental non-allergic and allergic dermatitis. J. invest. Derm. **8**, 67 (1947). — The activity of Pyribenzamine and related compounds with special reference to their mode of action. Ann. N.Y. Acad. Sci. **50**, 1127 (1950). — MAYER, R. L., and D. BROUSSEAU: Antihistaminic substances in histamine poisoning and anaphylaxis of mice. Proc. Soc. exp. Biol. (N.Y.) **63**, 187 (1946). — MAYER, R. L., H. W. HAYS, D. BROUSSEAU, D. MATHIESON, B. RENNICK and F. F. YONKMAN: Pyribenzamine (N′-pyridyl-N′-benzyl-N-dimethylethylenediamine · HCl) an antagonist of histamine. J. Lab. clin. Med. **31**, 749 (1946). — MAYER. R. L., C. P. HUTTRER and C. R. SCHOLZ: Antihistaminic and antianaphylactic activity of some α-pyridino ethylenediamines. Science **102**, 93 (1945). — MAYER, R. L., and F. C. KULL: Influence of Pyribenzamine and Antistine upon the action of hyaluronidase. Proc. Soc. exp. Biol. (N.Y.) **66**, 392 (1947). — MCELIN, T. W., and B. T. HORTON: Clinical observations on the use of Benadryl: a new antihistamine substance. Proc. Mayo Clin. **20**, 417 (1945). — MCGAVACK, T. H., I. J. DREKTER, S. SCHUTZER and A. HEISLER: Levels for Pyribenzamine and Benadryl in blood and urine following a single orally administered dose. J. Allergy **19**, 251 (1948). — MCGAVACK, T. H., H. ELIAS and L. J. BOYD: The influence of dimethylaminoethyl benzhydryl ether hydrochloride (Benadryl) upon normal persons and upon those suffering from disturbances of the autonomic nervous system. J. Lab. clin. Med. **31**, 560 (1946). — Some pharmacological and clinical experiences with dimethylaminoethyl benzhydryl ether hydrochloride (Benadryl). Amer. J. med. Sci. **213**, 418 (1947). — MCGAVACK, T. H., A. H. SHEARMAN, J. WEISSBERG, A. M. FUCHS, P. M. SCHULMAN and I. J. DREKTER: Newer antihistaminics: Some pharmacological and therapeutic effects of β-(p-bromobenzhydryloxy)-ethylenedimethylamine hydrochloride, a derivative of diphenhydramine hydrochloride. J. Allergy **22**, 31 (1951). — MCGAVACK, T. H., J. WEISSBERG, A. H. SHEARMAN, PH. M. SCHULMAN ,I. J. DREKTER and L. J. BOYD: Clinical evaluation of Phenindamine (2-methyl-9-phenyl-2,3,4,9-tetrahydro-1-pyridindene hydrogen tartrate) as an antihistaminic agent. Amer. J. med. Sci. **216**, 437 (1948). — MCINTIRE, F. C.: The mechanism of histamine release in rabbit blood. Int. Arch. Allergy **10**, 32 (1957). — MCINTIRE, F. C., P. K. RICHARDS and L. W. ROTH: Histamine release inhibition in vitro and antianaphylactic effects in vivo of some chemical compounds. Brit. J. Pharmacol. **12**, 39 (1957). — MEIER, R.: Antistine and related imidazolines. Ann. N.Y. Acad. Sci. **50**, 1161 (1950). — MEIER, R., u. H. J. BEIN: Chemische Konstitution und pharmakologische Wirkung antiallergischer Stoffe. I. Internat. Allergiekongr. Zürich, S. 461. Basel: S. Karger 1951. — MEIER, R., u. K. BUCHER: Pharmakologie des 2-(N-phenyl-N-benzylaminomethyl)-imidazolin (Antistin). Schweiz. med. Wschr. **1946**, 294. — MEMMESHEIMER, A.: Klinische Anwendung der Antihistaminica. Vortr. Berliner Dermatol. Ges.

14.—16. 7. 1950. Ref. Zbl. Haut- u. Geschl.-Kr. **77**, 159 (1951). — MENKIN, V.: Physiol. Rev. **18**, 366 (1938). Zit. nach B. N. HALPERN, Sur le mécanisme d'action des antihistaminiques de synthèse. Presse méd. **57**, 949 (1949). — MEYER-ROHN, J.: Klinische Erfahrungen mit örtlich angewandten Antihistamin-Substanzen. Dtsch. med. Wschr. **1953**, 221. — MICHELFELDER, TH. J., and S. M. PECK: Absorption of pyribenzamine through intact and damaged skin. J. invest. Derm. **19**, 237 (1952). — MIETZSCH, F.: Die Entwicklung der Antihistaminmittel und der zentral dämpfenden Mittel. Angew. Chem. **66**, 263 (1954). — MILECH, T.: Zur vegetativen Wirkung der Antihistamine. Klin. Wschr. **1951**, 584. — MITCHELL, H. S.: Clinical use and abuse of antihistamines. Canad. med. Ass. J. **66**, 173 (1952). — MOESCHLIN, S.: Agranulocytosis due to sensitivity to drugs. In: Sensitivity reactions to drugs. A symposium, herausgeg. von M. L. ROSENHEIM u. R. MOULTON. Oxford: Blackwell Scientific Publ. 1958. — MONASH, S., and A. GUIDUCCI: Further experiments on the formation of skin tolerance to antihistaminic drugs. N.Y. St. J. Med. **51**, 1309 (1951). — MORRIS, H. C., and C. A. DRAGSTEDT: The antihistamine effect of imidazol. Proc. Soc. exp. Biol. (N.Y.) **59**, 311 (1945). — MOSS, J. N., J. M. BEILER and G. J. MARTIN: Inhibition of anaphylaxis in guinea pigs by D-catechin. Science **112**, 16 (1950). — MOTHERSILL, M. H., J. MILLS, H. M. LEE, R. C. ANDERSON and P. N. HARRIS: Chemical and pharmacological characteristics of the antihistaminic compound Pyrrobutamine. Ann. Allergy **11**, 754 (1953). — MOYNAHAN, E. J.: Obervations on the effects of antihistamine drugs on the reactions of the skin vessels to carbominoyl-choline. Brit. J. Derm. **64**, 1 (1952). — MOYNAHAN, E. J., and O. WATSON: Failure of antihistamine drugs to inhibit hyaluronidase in vitro. Nature (Lond.) **163**, 173 (1949). — MÜCKTER, H., E. JANSEN, H. SOUS, W. KRÜPE, A. QUAST u. H. KELLER: Darstellung und Eigenschaften eines neuen Depot-Penicillins. Arzneimittel-Forsch. **4**, 487 (1954). — MULLIGAN, R. M.: Clinical evaluation of sustained release antihistamine (chlorprophenpyridamine) in hay fever. J. Allergy **25**, 358 (1954). — MURRAY, H. G.: Treatment of head colds with an antihistamine drug. Industr. Med. Surg. **18**, 215 (1949).

NARANJO, P., and E. BANDA DE NARANJO: Inactivation of anthistaminic drugs in liver and gastro-intestinal tract. Arch. int. Pharmacodyn. **94**, 383 (1953). — Inactivation of the antihistaminic drugs in the liver and the gastrointestinal tract. J. Allergy **24**, 442 (1953). — NASEMANN, TH.: Klinischer Erfahrungsbericht über ein neues Antihistaminicum und über dessen Kombination mit Calcium-Sandoz (Sandosten-Calcium). Münch. med. Wschr. **1955**, 236. — NEUGEBAUER, G.: Plimasin bei Rhinopathia vasomotorica. Med. Klin. **1955**, 1421. — NEUHOFF, E. W., u. H. AUTERHOFF: Zur Analytik der Antihistamine. Arch. Pharm. (Weinheim) I. Mitt. **283**, 244 (1950); II. Mitt. **284**, 123 (1951); III. Mitt. **285**, 14 (1952); IV. Mitt. **288**, 400 (1955). — NEXMAND, P. H., and O. SYLVEST: Experimental and clinical investigations of recent antihistaminics and their effect upon allergic diseases. Acta derm.-venereol. **27**, 231 (1947). — NICKERSON, M.: Science **111**, 312 (1950). Zit. nach E. M. GLASER, Dtsch. med. Wschr. **1953**, 392. — NIESCHULZ, O., I. HOFFMANN u. K. POPENDIEKER: Pharmakologische Untersuchungen über N-Äthyl-piperidyl-phenothiazinderivate. Arzneimittel-Forsch. **6**, 651 (1956). — NIESCHULZ, O., u. R. SCHEUERMANN: Pharmakologische Untersuchungen über N-Äthyl-piperidyl-benzhydrylaether. Arzneimittel-Forsch. **5**, 185 (1955). — NILZÉN, A.: Der Einfluß von Antihistaminen auf intracutan injiziertes Histamin, Pepton, Morphinhydrochlorid und Atropinsulfat. Acta derm.-venereol. (Stockh.) **27**, 225 (1947). — The action of histamine antagonists on the histamine wheal and the eczema test (patch test). Acta derm.-venereol. (Stockh.) **30**, 1 (1950). — NOELPP-ESCHENHAGEN, I., u. B. NOELPP: Allergieproblem und Antihistamintherapie heute. Schweiz. med. Wschr. **1952**, 737. — NOOJIN, R. O.: The newer topical antipruritic agents. (Symposium on efficacy of new drugs.) Med. Clin. N. Amer. **41**, 565 (1957).

O'LEARY, P. A., and E. M. FARBER: Evaluation of β-dimethyl-aminoethyl benzhydryl ether hydrochloride (Benadryl) in the treatment of urticaria, scleroderma and allied disturbances. Proc. Mayo Clin. **21**, 295 (1946). — OLIVETTI, L.: Ricerche sperimentali sulla attività dei composti antistaminici sulla cute umana. G. ital. Derm. Sif. **88**, 457 (1947). — Sulla eventuale influenza degli antistaminici sintetici nella formazione degli anticorpi umorali provocati in alcune dermatosi. G. ital. Derm. Sif. **89**, 746 (1948). Ref. Zbl. Haut- u. Geschl.-Kr. **76**, 175 (1951). — OLSSON, O.: Antihistaminic drugs for inhibiting untoward reactions to injections of contrast medium. Acta radiol. (Stockh.) **35**, 65 (1951). — OPPENHEIM, M., and W. A. YACULLO: Generalized angiomatosis simplex cutis following an erythema morbilliforme probably caused by the use of pyribenzamine. Brit. J. Derm. **60**, 368 (1948). — ORMEA, F.: Experienze cliniche ed ambulatoriali con un antistaminico assiociato ad un nuovo prodotto sintetico ad azione farmacodinamica specifica di stimolazione centrale. Dermatologia Napoli) **6**, 269 (1955). Ref. Zbl. Haut- u. Geschl.-Kr. **94**, 304 (1956). — O'ROURKE, F. J., and M. F. MURNAGHAN: The cutaneous reaction to the bite of the moskito Aëdes aegypti (L.) and its alleviation by the topical application of an antihistaminic cream. J. Allergy **24**, 120 (1953). OSBORNE, E. D., J. W. JORDAN and N. G. RAUSCH: Clinical use of a new antihistaminic compound (pyribenzamine) in certain cutaneous disorders. Arch. Derm. Syph. (Chicago) **55**, 309 (1947). — Ovary, Z., G. Biozzi et G. Mené: L'action du 2786 RP (néoantergan) sur l'anaphylaxie du cobaye du transport passif. Experientia (Basel) **7**, 151 (1951).

Parker, W.: Clinical observations in the use of combined calcium-antihistamine therapy in the treatment of urticaria. Ann. Allergy **8**, 765 (1950). — Parrot, J. L.: Les modifications apportées par un antagoniste de l'histamine (2339 RP) à la réaction vasculaire locale de la peau. C. R. Soc. Biol. (Paris) **136**, 715 (1942). — Sur le mode d'action des antagonistes de l'histamine. C. R. Soc. Biol. (Paris) **137**, 378 (1943). — Parrot, J. L., P. Galmiche et G. Richet: Action des antagonistes de l'histamine sur la résistance des capillaires. C. R. Soc. Biol. (Paris) **139**, 467 (1943). — Pasteur Vallery-Radot, B. N. Halpern et A. Holtzer: Suppression de la tachyphylaxie anaphylactique par l'administration préalable d'un antihistaminique de synthèse. Contribution à l'étude du mécanisme de l'action des antihistaminiques de synthèse. C. R. Soc. Biol. (Paris) **141**, 229 (1947). — Pasteur Vallery-Radot, G. Mauric et B. N. Halpern: Action comparée des antihistaminiques de synthèse sur la réaction cutanée à l'histamine et sur la réaction de Prausnitz-Küstner. C. R. Soc. Biol. (Paris) **140**, 480 (1946). — Pasteur Vallery-Radot, G. Mauric, B. N. Halpern, A. Domart et A. Holtzer: Étude quantitative de quelques antihistaminiques de synthèse sur la réaction de Prausnitz-Küstner. Sem. Hôp. Paris **24**, 666 (1948). — Pasteur Vallery-Radot, G. Mauric, B. N. Halpern et A. Holtzer: Action d'un antihistaminique de synthèse. N-diméthylamino-éthyl-N-benzylaniline (2339 RP) sur le choc anaphylactique du lapin. C. R. Soc. Biol. (Paris) **141**, 227 (1947). — Pavković, B. M., and A. M. Rotović: Treatment of lichen simplex chronicus vidal by local application of phenergan by means of galvanic current. Lipski Arch. celok. Le Karst **81**, 45 u. engl. Zus.fass. Ref. Zbl. Haut- u. Geschl.-Kr. **87**, 43 (1954). — Payot, P.: Über die Hemmung der enzymatischen Acetylcholin-Spaltung durch Antihistaminica und Anaesthetica. Schweiz. med. Wschr. **1946**, 1159. — Peck, S., B. Finkler, G. Mayer and Th. J. Michelfelder: Effects of various modes of administration of pyribenzamine on the histamine wheal and epidermal sensitivity reaction. J. invest. Derm. **14**, 177 (1950). — Peck, S. M.: The role of the antihistaminic drugs in producing cross-sensitization dermatitis. N.Y. St. J. Med. **50**, 2690 (1950). — Pellerat, J., et M. Murat: Variations de l'histamine cutanée et cuti-réactions à la tuberculine. C. R. Soc. Biol. (Paris) **138**, 574 (1944). — C. R. Soc. Biol. (Paris) **140**, 297 (1946). Zit. nach H. Haas, Histamin und Antihistamine. Aulendorf, Württ.: Editio Cantor 1951. — Pellerat, J., M. Rives et M. Murat: Dermites eczématiformes professionnelles provoquées par la chlorpromazine (4560 RP). Bull. Soc. franç. Derm. Syph. **60**, 316 (1953). — Pelzer, H.: Klinische Erfahrungen mit dem Antihistaminicum Dabylen. Med. Klin. **1951**, 413. — Perlman, E.: A quantitative method for the determination of antihistamine containing the pyridine radicale. J. Pharmacol. exp. Ther. **95**, 465 (1949). — Perry, D. J., and D. L. Hearin: Experimental determination in human subjects of the duration of antihistaminic activity of orally administered compounds. J. invest. Derm. **13**, 29 (1949). — Perry, D. J., J. A. Hosmer and T. H. Sternberg: The acetylcholine "blocking effect" of "antihistaminic" drugs as measured by electrophoresis of mecholyl in human subjects. J. invest. Derm. **16**, 31 (1951). — Perry, E. L., and B. T. Horton: Use of pyribenzamine in prevention of histamine-induced gastric acidity and headache and in treatment of hypersensitiveness to cold. Amer. J. med. Sci. **214**, 553 (1947). — Peshkin, M. M.: Bronchial asthma in children. IIIème Congr. Internat. d'Allergologic Paris, 1958, p. 127. Editions mèdicales Flammarion. — Peshkin, M. M., H. G. Rapaport and S. Grosberg: Phenergan: a clinical evaluation, based on a study of 193 patients. Ann. Allergy **9**, 727 (1951). — Peterson, J. C., and L. K. Bishop: The treatment of serum sickness with Benadryl. J. Amer. med. Ass. **133**, 1277 (1947). — Pflanz, M.: Technik und Grenzen des doppelt-blinden Versuchs. Medizinische **1956**, 1235. — Philipp, A.: Erfahrungen bei der Behandlung des Pruritus. Med. Klin. **1953**, 1104. — Phillips, W. F. P., and W. I. Fishbein: An antihistaminic analgesic preparation in the therapy of colds: final report. Industr. Med. Surg. **19**, 201 (1950). — Polemann, G.: Hemmwirkung synthetischer Antihistamine auf das Wachstum pathogener Pilze. Arzneimittel-Forsch. **1**, 211 (1951). — Polimeni, R.: Contributo sperimentale alla conoscenza del mecanismo di azione degli antistaminici di sintesi. Margin. derm. (Firenze) Riv. crit. Chim. med. **52**, Suppl. 1) **6**, 84 (1952). Ref. Zbl. Haut- u. Geschl.-Kr. 88, 267 (1954). — Pratt, A. G.: Paradoxic effect of antihistaminic drugs. Arch. Derm. Syph. (Chicago) **61**, 667 (1950). — Preuner, R.: Ergebnisse der Prüfung des p-Brombenzyl-α-pyridyl-dimethylaminoäthylamins und anderer, asthmatherapeutisch wirksamer Substanzen mit dem Antigenaerosoltest an sensibilisierten Meerschweinchen. Arzneimittel-Forsch. **1**, 301 (1951). — Allergiestudien; die Beziehungen zwischen experimentellem Asthma bronchiale und Witterung. Z. Hyg. Infekt.-Kr. **122**, 320 (1939). — Allergiestudien; die Wirkung der Witterung auf das experimentelle Asthma bronchiale. Z. Hyg. Infekt.-Kr. **121**, 559 (1939). — Prince, H. E., and R. L. Etter: Histaminic treatment of foreign protein type reactions. Ann. Allergy **6**, 386 (1948).

RAIMAN, R. J., E. R. LATER and H. NECHELESS: Effect of rutin in anaphylactic and histamine shock. Science **106**, 368 (1947). — RAJKA, E., and A. ASBOTH: Cold urticaria; investigations concerning its pathogenesis. Ann. Allergy **9**, 642 (1951). — RAJKA, G., u. E. VINCZE: Orv. Hetil **1954**, 286. Zit. nach K. H. SCHULZ u. W. P. HERRMANN, Allergische Kontaktdermatitis durch Megaphen. Hautarzt **6**, 542 (1955). — RAKEMAN, F. M.: J. Allergy **15**, 249 (1944). Zit. nach W. BENSTZ u. K. HOLLDACK, Über die Wirkung von Antihistamin-Inhalationen bei Asthmatikern. Schweiz. med. Wschr. **1951**, 922. — RAMANAMANJARY, W.: Action des antihistaminiques sur les effects tensionnels de l'histamine chez le lapin. C. R. Soc. Biol. (Paris) **138**, 480 (1944). — RASMUSSEN, K. A.: The effect of antihistaminics on histamine whealing and on dermographism. Elucidated by comparative electrophoretical experiments. Acta derm.-venereol. (Stockh.) **29**, 564 (1949). — REUBI, F.: L'influence des antihistaminiques de synthèse sur le développement et l'évolution de la néphrite expérimentale. Helv. med. Acta **12**, 547 (1945). — REUSE, J. J.: Comparisons of various histamine antagonists. Brit. J. Pharmacol. **3**, 174 (1948). — Antihistaminiques de synthèse et choc anaphylactique chez le lapin. Arch. int. Pharmacodyn. **78**, 363 (1949). — RICH, A. R.: The rôle of hypersensitivity in periarteritis nodosa as indicated by seven cases developing during serum sickness and sulfonamide therapy. Bull. Johns Hopk. Hosp. **71**, 123 (1942). — Tissue reactions produced by sensitivity to drugs. In: Sensitivity reactions to drugs, herausgeg. von M. L. ROSENHEIM u. R. MOULTON, S. 196. Oxford: Blackwell Scientific Publ. 1958. — RICHTER, H.: Klinische Erfahrungen mit dem Antihistaminpräparat Rodismin in der Dermatologie. Dtsch. Gesundh.-Wes. **1954**, 312. — RIETH, H.: Experimentelle Untersuchungen der antimykotischen Wirkung synthetischer Antihistamine. Hautarzt **4**, 474 (1953). — RIITS, F. DE, et C. ZANUSSI: Rev. Ist. sieroter. ital. **24**, 10 (1950). Ref. Dtsch. med. Wschr. **1950**, 1164. — RIPPS, J., u. A. M. FUCHS: An antigen-antihistamine mixture for the treatment of highly sensitive hay fever patients. J. Allergy **24**, 525 (1953). — ROBERTS, R. C., K. A. CROCKETT and T. C. LAIPPLY: Effects of salicylates and Benadryl on experimental anaphylactic hypersensitive vascular and cardiac lesions. Arch. intern. Med. **83**, 48 (1949). — ROCHA E SILVA, M., and W. T. BERALDO: J. Pharmacol exp. Ther. **93**, 457 (1948). Zit. nach ROCHA E SILVA, Histamine, its role in anaphylaxis and allergy. Springfield: Ch. C. Thomas 1955. — Science **108**, 162 (1948). Zit. nach M. ROCHA E SILVA, Histamine, its role in anaphylaxis and allergy. Springfield: Ch. C. Thomas 1955. — RODNEY, G., and N. FELL: Histamine-protein complexes: synthesis and immunologic investigation. II. β-(5-Imidazolyl) ethyl carbamido protein. J. Immunol. **47**, 251 (1943). — ROGERS, H. L.: Treatment of allergic conditions with sustained release chlorprophenpyridamine maleate. Ann. Allergy **12**, 226 (1954). — ROOS, G.: Un cas d'agranulocytose mortelle causé par l'emploi prolongé de neo-antergan. Presse méd. **1950**, 448. — ROSE, J. M., A. R. FEINBERG, S. FRIEDLAENDER u. S. M. FEINBERG: Histamine antagonists. VII. Comparative antianaphylactic activity of some new antihistaminic drugs. J. Allergy **18**, 149 (1947). — ROSENBERG, M. H., and L. S. BLUMENTHAL: The clinical uses of intravenous diphenhydramine hydrochloride. (Benadryl hydrochloride.) Amer. J. med. Sci. **116**, 158 (1948). — ROSENBLATT, W., u. R. LÖHLEIN: Testung von Antihistaminwirkungen am Menschen mittels der Histamin-Hautreaktionen. Ärztl. Wschr. **1951**, 59. — ROSENTHAL, S. R., and M. L. BROWN: Thymoxyethyldiethylamine as antagonist of histamine and of anaphylactic reactions. J. Immunol. **38**, 259 (1940). — ROSENTHAL, S. R., and D. MINARD: Experiments on histamine as the chemical mediator for cutaneous pain. J. exp. Med. **70**, 415 (1939). — ROSENTHAL, S. R., D. MINARD and E. LAMBERT: Effect of thymoxyethyldiethylamine on various pain thresholds with special reference to referred pain. Proc. Soc. exp. Biol (N.Y.) **52**, 317 (1943). — ROSS, A. A. C.: Activity of antihistaminic drugs. A method of assessment in man. Lancet **1951 II**, 63. — ROST, G. A.: Über die sogenannten Antihistamin-Mittel in Klinik und Praxis. Dtsch. med. J. **4** (1952). — ROST, G. A., u. M. HORNEMANN: Über Antiallergica als Allergene. Hautarzt **1**, 299 (1950). — ROTH, L. W., R. K. RICHARDS, G. M. EVERETT and I. M. SHEPPERD: Pharmacological properties of N,N-dimethyl-N′-(α-pyridyl)-N′-(α-thenyl) ethylenediamine hydrochloride (Thenylene hydrochloride): A new antihistamine compound. Arch. int. Pharmacodyn. **75**, 362 (1948). — ROTH, L. W., R. K. RICHARDS and I. M. SHEPPERD: Pharmacological studies of a new antihistamine compound [N-(p-chlorobenzhydryl)-N′-methylpiperazine hydrochloride. Arch. int. Pharmacodyn. **80**, 378 (1949). — ROTHLIN, E., u. A. CERLETTI: Die Pharmakologie des ASC 16 (Sandosten + Calcium-Sandoz). Int. Arch. Allergy **4**, 191 (1953). — Pharmacologic studies on a new antihistamine and its combination with calcium. Ann. Allergy **13**, 80 (1955). — ROTHSCHILD, J. E.: Effects of benadryl on systemic manifestations of cold hypersensitivity. J. Allergy **20**, 62 (1949). — RÜTTE-VÖLKI, B. v., u. CH. v. RÜTTE-VÖLKI: Über die Verhütung nicht-hämolytischer Reaktionen bei Vollbluttransfusionen durch „Sandosten-Calcium-Sandoz". Schweiz. med. Wschr. **1955**, 657.

SANGER, M. D., and D. E. EHRLICH: A method of reducing reactions in intravenous pyelography with an antihistamine. Ann. Allergy **14**, 254 (1956). — SANGER, M. D., L. MASLANSKY, H. G. RAPAPORT, S. GROSBERG and M. M. PESHKIN: Combined allergen-Chlortrimeton desensitization by injection. Ann. Allergy **11**, 354 (1953). — SARBER, R. W.: Effect of Benadryl hydrochloride on the tuberculin reaction in guinea pigs. Amer. Rev. Tuberc. **57**, 204 (1948). — SARRE, H., u. K. ROTHER: Allergische Erkrankungen der Niere und der ableitenden Harnwege. In K. HANSEN, Allergie, S. 640ff. Stuttgart: Georg Thieme 1957. — SCHAFFER, N.: Personality changes induced in children by the use of certain antihistaminic drugs. Ann. Allergy **11**, 317 (1953). — SCHAFFER, N., and E. S. SEIDMON: The intranasal use of prophenpyridamine maleate and chlorprophen-pyridamine maleate in allergic rhinitis. Ann. Allergy **10**, 194 (1952). — SCHEFFLER, H. S. F.: Behandlungsergebnisse bei lokaler Anwendung eines neuen Allercur-Präparates als Salbe und als Lösung. Derm. Wschr. **1953**, 786. — SCHILD, H. O.: pA, a new scale for measurement of drug antagonism. Brit. J. Pharmacol. **2**, 189 (1947). — SCHILLER, I. W., u. F. C. LOWELL: Toxicologic and clinical appraisal of Buclizine, a new antihistaminic compound. J. Allergy **27**, 63 (1956). — SCHINDLER, O.: Klinische Untersuchungen mit der Antihistaminsubstanz Antistin Ciba. Schweiz. med. Wschr. **1946**, 300. — SCHIRREN, C., u. K. H. SCHULZ: Klinische und experimentelle Untersuchungen mit einer Antihistamin-Duplette aus der Propylaminreihe. Med. Klinik **1956**, 1329. — SCHLICHTEGROLL, A. v.: Zur Pharmakologie verschiedener Thiophenylpyridylamin-Derivate. Arzneimittel-Forsch. **7**, 237 (1957). — SCHMERMUND, J.: Persönliche Mitteilung. — SCHMID, J.: Beitrag zur Wirkung der Antihistamine. Klinisch-experimentelle Beobachtungen mit einem neuen Antihistaminicum (Systral). Ärztl. Forsch. **7** (I), 193 (1953). — SCHMIDT, W.: Über die Behandlung allergischer Krankheiten mit Antihistamin-Körpern. Med. Klin. **1948**, 269. — Über die therapeutische Anwendung von Antihistaminkörpern. Derm. Wschr. **1949**, 128. — SCHMIDT, W., u. R. BRETT: Klinische Erfahrungen über die Behandlung allergischer Krankheiten mit Antihistaminen. Klin. Wschr. **1944**, 23. — SCHOENKERMANN, B. B., and R. S. JUSTICE: Treatment of allergic diseases with a combination of antihistamine and flavonoid. Ann. Allergy **10**, 138 (1952). — SCHÖNFELD, W.: Histaminausscheidung im Urin bei allergischen Schwangerschaftsdermatosen und deren Behandlung mit Histamin-Antagonisten. Dermosifiligrafo **25**, Suppl. 68 (1951). Ref. Zbl. Haut- u. Geschl.-Kr. **82**, 56 (1953). — SCHREINER, H.: Klinische Erfahrungen mit Calcistin. Dtsch. med. Wschr. **1954**, 1132. — SCHREUS, H. TH.: Histaminase zur Therapie schwerer Verbrennungen. Dtsch. med. Wschr. **1959**, 1524. — Histaminase (Torantil) bei schweren Verbrennungen. Berufsdermatosen **7**, 158 (1959). — SCHREUS, H. TH., u. G. STÜTTGEN Vergleichende experimentelle Studien zum Wirkungsmechanismus des p-Aminotoluol-sulfonamids. Arzneimittel-Forsch. **2**, 460 (1952). — SCHUBERT, R.: Therapieprobleme bei Asthma bronchiale. Dtsch. med. Wschr. **1954**, 894. — SCHUBERT, R., u. W. FISCHER: Klinische Erfahrungen mit einem neuen Antihistaminicum. Dtsch. med. Wschr. **1954**, 809. — SCHULEMANN, W., u. H. FRIEBEL: Chemische und pharmakologische Untersuchungen über einen neuen Antihistaminkörper. Dtsch. med. Wschr. **1953**, 540. — SCHULEMANN, W., SCHENCK u. HEINZ: Zit. nach W. SCHULEMANN u. H. FRIEBEL, Dtsch. med. Wschr. **1953**, 540. — SCHULTEN, H.: Notwendigkeit und Handhabung der Arzneimittelprüfung am Menschen. Zum Problem der Placebobehandlung. Medizinische **1956**, 1231. — SCHULZ, K. H.: Allergische Nebenwirkungen an der Haut bei Behandlung mit Phenothiazinderivaten. Europäischer Kongr. für Allergologie, Florenz, Bd. I, S. 538. Rom: Il Pensiero Scientifico 1956. — SCHULZ, K. H., u. W. P. HERRMANN: Allergische Kontaktdermatitis durch Megaphen. Hautarzt **6**, 542 (1955). — SCHULZ, K. H., A. WISKEMANN u. K. WULF: Klinische und experimentelle Untersuchungen über die photodynamische Wirksamkeit von Phenothiazinderivaten, insbesondere von Megaphen. Arch. klin. exp. Derm. **202**, 285 (1956). — SCHUPPLI, R.: Erfahrungen mit dem neuen Antiallergicum Sandosten in der Praxis. Dtsch. med. J. **1955**, 649. — SCHWARTZ, E., u. J. WOLF: Histamine antagonists. A comparative study of their effect on histamine and allergic skin wheals. J. Allergy **20**, 32 (1949). — SERAFINI, U.: Zit. nach C. FRUGONI u. U. SERAFINI, Les antihistaminiques de synthèse dans le traitement des états allergiques. Acta allerg. (Kbh.) **1950**, Suppl. 1, 198 bis 238. Studies on histamine and histamine antagonists. J. Allergy **19**, 256 (1948). — SEVITT, S.: The failure of anti-histamine drugs to influence the local vascular changes in experimental burns. Brit. J. exp. Path. **30**, 540 (1949). — SEVITT, S., J. P. BULL, N. D. CRUICKSHANK, D. MC. G. JACKSON and E. J. L. LOWBURY: Failure of an antihistamine drug to influence the course of experimental human burns. Brit. med. J. **1952 II**, 57. — SHAFFER, L. W., L. CARRICK and H. S. ZACKHEIM: Use of Benadryl for urticaria and related dermatoses. Arch. Derm. Syph. (Chicago) **52**, 243 (1945). — SHAW, C. R., and H. B. WIGHTMAN: A study on the treatment of common cold with an antihistamine drug. N.Y. St. J. Med. **50**, 1109 (1950). — SHELDON, J. M., N. FELL, J. H. JOHNSTON and H. A. HOWES: A clinical study of histamine azoprotein in allergic diseases. J. Allergy **13**, 18 (1941). — SHELLEY, W. B., J. C. MCCONAHY and E. N. HESBACHER: Effectiveness of antihistaminic compounds introduced into normal human skin by iontophoresis. J. invest. Derm. **15**, 343 (1950). — SHERMAN, W.B.: The uses and abuses of antihistaminic drugs. Bull. N.Y. Acad. Med. **27**, 309 (1951). — SHURE, N., J. J. SIEVERS and M. C. HARRIS: Multiple antihistamine therapy. Ann. Allergy **10**, 473 (1952). — SIDI, E., M. HINCKY and A. GERVAIS: Allergic sensitization and photosensitization to phenergan cream. J. invest. Derm. **24**, 345 (1955). — SIDI, E., R. MELKI and R. LONGUEVILLE: Dermites aux pommades antihistaminiques. Acta allerg. (Kbh.) **5**, 292 (1952). SIEGEL, B. B., K. L. BOWMAN and M. WALZER: Studies in reaginic and histaminic wheals. II. The effect of locally administered antihistamine on the passive transfer reaction. J. Allergy **24**, 212 (1953). — SIESS, M.: Vergleichende Versuche über Hemmung von Histamin, Acetylcholin und Anaphylaxie durch peripher und zentral wirkende Pharmaka. Arzneimittel-Forsch. **3**, 112 (1953). — SIEVERS, J. J.: A new antihistamine with minimal side effects. Ann. Allergy **14**, 181 (1956). — SILBERT, N. E.: Phenergan hydrochloride, a new antihistamine. Ann. Allergy **10**, 328 (1952). — A technique for minimizing severe and constitutional reactions when administering allergenic extracts subcutaneously. Ann. Allergy **10**, 465 (1952). — SIMON, N., u. I. PASTINCZKY: Über die Lichtschutzwirkung der Antihistaminstoffe. Wien. klin. Wschr. **1950**, 48. — SIMON, S. W.: Hypoallergic penicillin. Ann. Allergy **8**, 194 (1950). — Hypoallergic penicillin, histadyl penicillin. Ann. Allergy **9**, 665 (1951). — Hypoallergic penicillin. Chlor-trimeton-penicillin. Ann. Allergy **10**, 187 (1952). — Hypoallergic penicillin. Pyribenzamine penicillin. Ann. Allergy **11**, 218 (1952). — SIMON, S. W., H. J. BERMAN and S. A. ROSENBLUM: Prevention of reactions to intravenous urography. J. Allergy **25**, 395 (1954). — SIMON, S. W., and W. G. ECKMAN: The use of Chlor-Trimeton in the prevention of blood transfusion reactions. Ann. Allergy **12**, 182 (1954). — SIMON, S. W., and M. D. FELDMAN: Hypoallergic penicillin in oil. Arch. Derm. Syph. (Chicago) **62**, 314 (1950). — SIMON, S. W., and J. J. FOOHEY: Clinical experience with Dibistine in allergic states. Ann. Allergy **10**, 484 (1952). — SINGLETON jr., A. O., and H. M. LITTLE jr.: The use of an antihistaminic agent in preventing serum reactions following the injection of tetanus antitoxin. Surgery **40**, 784 (1956). — SOEHRING, K.: Über die Grundlagen antiallergischer Therapie. Med. Klin. **1948**, 617. — Verh. dtsch. Kongr. inn. Med. **60**, 463 (1954). — SOEHRING, K., u. M. FRAHM: Aktuelle Fragen der Pharmakologie. In: Klinik der Gegenwart. Handbuch der praktischen Medizin, Bd VIII, S. 1. München u. Berlin: Urban & Schwarzenberg 1959. — SOICHER, R. R., D. P. SMITH and B. ROSE: The effect of antihistaminics on plasmin activity. J. Allergy **24**, 106 (1953). — SORRIBAS-SANTAMARIA, V., J. ZUR et F. AGUILAR: Contribución al estudio de la acción de los antihistaminicos (Antistina). Med. clin. (Barcelona) **17**, 239 (1951). Ref. Zbl. Haut- u. Geschl.-Kr. **82**, 56 (1953). — SOUS, H., u. H. MÜCKTER: Ein Antihistamin-Penicillin mit verlängerter Depot-Wirkung. Arzneimittelforsch. **6**, 718 (1956). — SPAIN, W. C., and F. A. PFLUM: An evaluation of the present status of antihistaminic substances. N.Y. St. J. Med. **48**, 2272 (1948). — SPAIN, W. C., and M. B. STRAUSS: The use of oleic acid to inhibit the release of histamine in vitro. J. Allergy **22**, 47 (1951). — SPEARMAN, G. K.: Treatment of hay fever by an intravenous antihistamine. Ann. Allergy **10**, 192 (1952). — Hyposensitization by combined antigen-chlor-trimeton injection. Ann. Allergy **11**, 769 (1953). — SPIER, H. W.: Über die Beeinflussung der Schmerz- und Juckreizschwelle durch 2-Phenylbenzylaminomethyl-imidazolin (Antistin). 1. Nachkriegstagg Nordwestdtsch. u. Hamburger Dermatol. Ges. 2.—4. April 1948, Hamburg. Ref. Zbl. Haut- u. Geschl.-Kr. **72**, 255 (1949). — STAIB, F., u. TH. DIMMLING: Die Wachstumshemmung von Hefen und hefeähnlichen Pilzen des Darmtraktes. Arzneimittel-Forsch. **5**, 328 (1955). — STAUB, A. M.: Recherches sur quelques bases synthétiques antagonistes de l'histamine. Ann. Inst. Pasteur **63**, 400 (1939). — Recherches sur quelques bases synthétiques antagonistes de l'histamine. Ann. Inst. Pasteur **63**, 420, 485 (1939). — STAUB, A. M., et D. BOVET: Action de la thymoxyéthyldiéthylamine (929 F) et des éthers phénoliques sur le choc anaphylactique du cobaye. C. R. Soc. Biol. (Paris) **125**, 818 (1937). — STAUB, H.: Die Adrenalin-Histamin-Regulation, gleichzeitig Beitrag zum Antistinmechanismus. Helv. physiol. Acta **4**, 539 (1946). Zit. nach MEIER u. BUCHER, Pharmakologie der Antihistaminica. Progr. Allergy **2**, 290 (1949). — STEINBERG, H.: Obviating the antihistaminic sedative factor with a new antiallergic. Ann. Allergy **13**, 710 (1955). — STEINMANN, B., u. F. REUBI: Helv. med. Acta **13**, 456 (1946). Zit. nach R. MEIER u. K. BUCHER: Pharmakologie der Antihistaminica. Progr. Allergy **2**, 290 (1949). — STEPHEN, C. R., R. C. MARTIN and M. BOURGEOIS-GAVARDIN: Antihistaminic drugs in treatment of nonhemolytic transfusion reactions. J. Amer. med. Ass. **158**, 525 (1955). — STERN, P.: Zur Wirkungsweise der Antihistamine. I. Internat. Allergiekongr. Zürich 1951, S. 524. Basel: S. Karger. — Interpretation of the inefficacy of antihistaminics upon the secretion of gastric juice. J. Allergy **26**, 268 (1955). — STERNBERG, L.: Antigen-antihistamine mixtures in the treatment of highly sensitive pollen patients. N.Y. J. Med. **57**, 2069 (1957). — STERNBERG, T. H., D. J. PERRY u. P. LEYAN: Antihistaminic drugs. Comparative activity in man as measured by histamine iontophoresis. J. Amer. med. Ass. **142**, 969 (1950). — STOLL, W.: Zit. nach DOMENJOZ u. JAQUES: Schweiz. med. Wschr. **1949**, 476. — STRAUSS, W. T.: Antihistamine therapy of bee stings. J. Amer. med. Ass. **140**, 603 (1949). — STRICKLAND jr., B. A., and G. L. HAHN: The effectiveness of Dramamine in the prevention of airsickness. Science **109**, 359 (1949). — STRITZLER, C.: Studies on topical Thephorin therapy: index of sensitization and effectiveness as an antipruritic. J. Allergy **21**, 432 (1950). — STÜTTGEN, G.: Zum Wirkungsmechanismus der Antihistaminica. Münch. med. Wschr.

1950, 767. — Klinische und experimentelle Befunde zur antiallergischen Kombinationstherapie. Ärztl. Wschr. **1952**, 863. — Hautreizung, Histamin und Blutgerinnung. Derm. Wschr. **1957**, 1014. — STÜTTGEN, G., u. H. KRAUSE: Zur Permeation von Antihistamin aus verschiedenen Salbengrundlagen. Arzneimittel-Forsch. **6**, 650 (1956). — Die Wirkung verschieden incorporierten Antihistamins auf lymphagoge Reaktionen der Haut. Z. Haut- u. Geschl.-Kr. **22**, 37 (1957). — SULZBERGER, M. B., and R. L. BAER: Local therapy with pyribenzamine hydrochloride. J. invest. Derm. **10**, 41 (1947). — SULZBERGER, M. B., R. L. BAER and H. B. LEVIN: Local therapy with Pyribenzamine hydrochloride. J. invest. Derm. **10**, 41 (1948). — SWOBODA, W.: Beitrag zur Behandlung der kindlichen Allergosen mit Antihistaminpräparaten. Wien. med. Wschr. **1950**, 731. — SYMMERS, W. ST. C.: The occurence of so-called collagen diseases, and of other diseases systemically affecting the connective tissues, as a manifestation of sensitivity to drugs. In: Sensitivity reactions to drugs, herausgeg. von M. L. ROSENHEIM u. R. MOULTON, S. 209. Oxford: Blackwell Scientific Publ. 1958.

THÜER, W.: Reisekrankheit, Erfahrungen mit Synopen (Geigy) bei Seekrankheit. Schweiz. med. Wschr. **1952**, 312. — TICKNER, A.: Inhibition of amine oxydase by antihistamine compounds and related drugs. Brit. J. Pharmacol. **6**, 606 (1951). — TISLOW, P., A. LA BELLE, A. J. MAKOVSKY, M. A. G. REED, M. D. CUNNINGHAM, J. F. EMELE, A. GRANDAGE and R. J. M. ROGGENHOFER: Pharmacological evaluation of Trimeton, 1-phenyl-1-(2-pyridyl)-3-N,N-dimethylpropylamine, and Chlor-Trimeton, 1-(p-chlorphenyl)-1-(2-pyridyl)-3-N,N-dimethylpropylamine. Fed. Proc. **8**, 338 (1949). — TÖRNQVIST, S.: Fatal complication in connection with antihistamine medication. Nord. Med. **46**, 1311 (1951). — TYLER, D. B.: Science **110**, 170 (1949). Zit. nach E. M. GLASER, Dtsch. med. Wschr. **1953**, 392. — TZANCK, A.: Le traitement de l'eczéma. Arch. belges Derm. **5**, 313 (1949). — TZANCK, A., E. SIDI et R. LONGUEVILLE: Conséquences des sensibilisations aux crèmes antihistaminiques. Sem. Hôp. Paris **1952**, 3287. — TZANCK, A., E. SIDI, MAZALTON et KOHEN: Sur 2 cas de dermite au phènergan avec photosensibilisation. Bull. Soc. franç. Derm. Syph. 58, 433 (1951). — TZANCK, A., E. SIDI and G. MELKI: Dermites artificielles aux crèmes antihistaminiques. Bull. Soc. franç. Derm. Syph. **58**, 252 (1951).

UNNA, KL.: Pharmakologische Grundlagen der Antihistaminbehandlung. Arch. Derm. Syph. (Berl.) **189**, 217 (1949).

VIAUD, P.: Prod. pharm. **2**, 53 (1947). Zit. nach D. BOVET, Ann. N.Y. Acad. Sci. **50**, 1089 (1950). — VIEHWEGER, G.: Zur Behandlung der Strahlenintoxikation (Strahlenkater) mit Antihistaminpräparaten. Ärztl. Wschr. **1952**, 364. — VONKENNEL, J.: Ein neues Depot-Antihistamin-Penicillin „Neopenyl". Dtsch. med. Wschr. **1955**, 308.

WALDBOTT, G. L.: Int. Arch. Allergy **2**, 278 (1951). Zit. nach W. GRONEMEYER, Behandlung allergischer Krankheiten. In K. HANSEN, Allergie, S. 330ff. Stuttgart: Georg Thieme 1957. — WALDBOTT, G. L., and M. L. YOUNG: Antistine, Neoantergan, Neohetramine, Trimeton, antihistaminique RP 32 77 — an appraisal of their clinical value. J. Allergy **19**, 313 (1948). — WALDRIFF, G. A., J. DAVIS and G. M. LEWIS: Antihistaminic drugs in dermatologic therapy. Arch. Derm. Syph. (Chicago) **61**, 361 (1950). — WALTHER, H.: Beitrag zur Anwendung des Depot-Antihistamin-Penicillins Neopenyl in der Dermato-Venerologie. Z. Haut- u. Geschl.-Kr. **19**, 85 (1955). — WALTHERT, F.: Dosage de l'histamine dans le sang de l'antergan. C. R. Soc. Biol. (Paris) **138**, 437 (1949). — WAREMBOURG, H., LINQUETTE et MACHON: Action de l'ingestion d'un antihistaminique de synthèse (2339 RP) sur l'érythème réflexe histaminique. C. R. Soc. Biol. (Paris) **138**, 417 (1944). — WARIN, R. P.: Histamine antagonist therapy in dermatology. Brit. J. Derm. **62**, 159 (1950). — Antihistamine therapy with special reference to skin disorders. Brit. med. J. **1954I**, 1066. — WARREN, S., and F. J. DIXON: Antigen tracer studies and histologic observations in anaphylactic shock in the guinea pig. Amer. J. Med. Sci. **216**, 136 (1948). — WAY, E. L., and R. E. DAILEY: Absorption, distribution and excretion of tripelennamine (Pyribenzamine). Proc. Soc. exp. Biol. (N.Y.) **73**, 423 (1950). — WEDER, A.: Erfahrungen mit „Thephorin" (Roche) in der Oto-Rhino-Laryngologie. Schweiz. med. Wschr. **1950**, 287. — WEISS, W. J., N. J. NEWARK and R. M. HOWARD: Antihistamine drugs in hay fever. A comparative study with other therapeutic methods. J. Allergy **19**, 271 (1948). — WELLS, J. A., and H. C. MORRIS: Observations on the antagonism of histamine by β-dimethylaminoethyl benzhydryl ether (Benadryl). Fed. Proc. **4**, 140 (1945). — WELLS, J. A., H. C. MORRIS, H. B. BULL and C. A. DRAGSTEDT: Observations on the nature of the antagonism of histamine by 3-dimethylaminoethyl benzhydryl ether (Benadryl). J. Pharmacol. exp. Ther. **85**, 122 (1945). — WELLS, J. A., H. C. MORRIS and C. A. DRAGSTEDT: Modification of anaphylaxis by Benadryl. Proc. Soc. exp. Biol. (N.Y.) **61**, 104 (1946). — WERTHER, J. L., and B. J. KORELITZ: Chlorpromazine jaundice. Analysis of 22 cases. Amer. J. Med. **22**, 351 (1957). — WESTON, A. W.: J. Amer. chem. Soc. **69**, 980 (1947). Zit. nach FEINBERG, The antihistamines. Chicago 1950. — WHITE, I. ST.: Risks of antihistamine medication. Lancet **1950I**, 95. Zit. nach H. HAAS, Histamin und Antihistamine, Bd. II. Aulendorf, Württ.: Editio Cantor 1952. — WILBRANDT, W.: Zur Frage des Wirkungsmechanismus der Antihistaminsubstanzen. Helv. physiol. Acta **8**, 399 (1950). — WILCOX jr.,

H. B., and B. C. SEEGAL: Influence of an ethylenediamine derivative on histamine intoxication and anaphylactic shock in the intact guinea pig and the isolated guinea pig heart. J. Immunol. **44**, 219 (1942). — WINTER, C. A.: Failure of the antihistaminic drug "Phenergan" to protect against acute pulmonary edema. Proc. Soc. exp. Biol. (N.Y.) **72**, 122 (1949). — A study of comparative antihistaminic activity of six compounds. J. Pharmacol. exp. Ther. **90**, 224 (1947). — WINTER, C. C., and G. V. TAPLIN: The value of Chlor-Trimeton in the management of acute allergic and febrile reactions to blood transfusions. Ann. Allergy **12**, 717 (1954). — Prevention of acute allergic and febrile reactions to blood transfusions by prophylactic use of an antihistamine plus an antipyretic. Ann. Allergy **14**, 76 (1956). — WINTERNITZ, W. W., and D. B. HACKEL: Effects of antihistaminics on experimental nephritis in rabbits. Proc. Soc. exp. Biol. **78**, 294 (1951). — WISHNEFSKY, N.: "Antihistamines": Industry and product survey. New York: Chemonomics Im. 1950. — WISKEMANN, A., u. K. WULF: Zur Kenntnis der Lichturticaria mit besonderer Berücksichtigung der auslösenden Spektralbereiche. Arch. klin. exp. Derm. **203**, 394 (1956). — WITTICH, F. W.: A clinical report on the use of Dibistine in the treatment of allergies. Ann. Allergy **10**, 625 (1952). — WOERDEMANN, M. J.: Antihistaminica in der Dermatologie. Ned. T. Geneesk. **1954**, 2819. Ref. Zbl. Haut- u. Geschl.-Kr. **91**, 181 (1955). — WOOD, D. R.: J. Physiol. (Lond.) **111**, 38 (1950). Zit. nach R. MEIER u. H. J. BEIN: I. Internat. Allergie-Kongr. Zürich 1951, S. 461. Basel: S. Karger. — WOOLDRIDGE, W. E., and H. L. JOSEPH: Disseminated and circumscribed neurodermatitis treated with phenindamine (Thephorin). Arch. Derm. Syph. (Chicago) **60**, 390 (1949). — WORTMANN, F.: Erfahrungen mit einem neuartigen antiallergisch wirksamen Kombinationspräparat. Schweiz. med. Wschr. **1954**, 715. — WULF, K.: Tierexperimentelle Untersuchungen über die photodynamische Wirksamkeit einiger praktisch bedeutsamer Phenothiazinderivate. Derm. Wschr. **135**, 475 (1957). — Lichtdermatosen. In H. A. GOTTRON u. W. SCHÖNFELD, Dermatologie und Venerologie, Bd. III, Teil 1, S. 107. Stuttgart: Georg Thieme 1959. — WYNGAARDEN, J. B., and M. H. SEEVERS: The toxic effects of antihistaminic drugs. J. Amer. med. Ass. **145**, 277 (1951).

YONKMAN, F. F., E. OPPENHEIMER, B. RENNICK and E. PELLET: Pharmacodynamic studies of a new antihistaminic agent, Pyribenzamine [N,N-dimethyl-N'-benzyl-N'(α-pyridyl)-ethylene diamine hydrochloride]. Effects on smooth muscle of the guinea pig and dog lung. J. Pharmacol. exp. Ther. **89**, 31 (1947).

ZELLER, E. A., u. B. SCHÄR: Zur Frage der Verwendung der Histaminase (Diamin-oxydase) in der Therapie. Schweiz. med. Wschr. **1938 II**, 1318. — ZELLER, M.: Nasal Pyribenzamine for relief of hay fever. Ann. Allergy **7**, 103 (1949). — ZENNER, B., u. H. C. FRIEDERICH: Klinische Erfahrungen mit Histamininhibitoren in der Dermatologie. Ther. d. Gegenw. **89**, 424 (1950). — ZETLER, G.: Über die Beziehungen zwischen lokaler Kälteschädigung, Blutgerinnung und Histamin. Ihre Beeinflussung durch Antihistaminica. Klin. Wschr. **1951**, 255. — Über die beschleunigende Wirkung des Histamins auf die Blutgerinnung und ihre Beeinflussung durch Antihistaminica. Naunyn-Schmiedeberg's Arch. exp. Path. Pharmak. **213**, 18 (1951). — ZIERZ, P., u. H. GREITHER: Klinische Erfahrungen mit Allercur, einem neuen Antihistaminicum. Ärztl. Wschr. **1952**, 704. — ZIERZ, P., u. CH. PFLANZ: Klinische Erfahrungen mit Soventol in der Dermatologie. Dtsch. med. Wschr. **1950**, 1476. — ZÜRN, H.: Einwirkung verschiedener Antihistaminica auf die Blutgerinnung. Ärztl. Forsch. **10** (I), 370 (1956).

Vitamine

Von

Karl Wulf-Kassel

Einleitung

1930, bei Herausgabe dieses Handbuches, benötigte A. PERUTZ kaum zwei Seiten zur Abhandlung des Themas Vitamine im Kapitel „Die Pharmakologie der Haut" und R. WINTERNITZ zum selben Thema etwa den gleichen Raum im Kapitel „Die allgemeine Therapie der Haut". — Diese Tatsache kennzeichnet den Stand des Wissens um die Vitamine zu jener Zeit und deren damalige Wertschätzung in der Dermatologie. Seitdem hat die Vitaminforschung in den letzten Jahrzehnten grundlegende Fortschritte erzielt, deren Auswirkungen mannigfacher Art — einschließlich der Irrwege — auch in der Dermatologie nicht ausblieben. Eine systematische Besprechung der Vitamine aus dermatologischer Sicht erscheint deshalb berechtigt und nötig.

Den *Beginn einer modernen Vitaminforschung* kann man etwa um die letzte Jahrhundertwende festlegen. Das Wissen um die Ernährung in jener Zeit ließ für menschliches und tierisches Leben Eiweiß, Kohlenhydrate und Fett neben anorganischen Salzen notwendig erscheinen. Im Gegensatz dazu sah man die Pflanze, die sich ihre Substanz aus anorganischen Bausteinen und Kohlensäure unter Mitwirkung des Lichtes aufbaut. v. LIEBIG, v. RUBNER, v. VOIT sind mit dieser Epoche eng verbunden.

Diese Auffassung wurde erschüttert, als es gelang, bei Tieren mit „gereinigten Nahrungsmitteln" (Eiweiß, Fett, Kohlenhydrate und Salze) Gesundheitsstörungen und Tod herbeizuführen; weiterhin als man erkannte, daß Zusatz von „akzessorischen Nährstoffen" die nachteiligen Folgen einer derartigen Kost beseitigt. LUNIN, BUNGE, EIJKMAN, GRIJNS, HOLST, STEPP, HOPKINS, SCHAUMANN, FUNK, OSBORNE und MENDEL, MCCOLLUM trugen wohl im wesentlichen zu diesen Erkenntnissen bei.

Bemerkenswert ist die Entstehung des von C. FUNK geprägten Wortes Vitamin. Der „akzessorische Nährstoff", welcher die Beriberi heilt, wurde schon frühzeitig chemisch als Amin erkannt. FUNK bezeichnete deshalb alle derartigen lebenswichtigen Stoffe als Vit-amine. Chemisch besteht diese Bezeichnung ohne Zweifel nicht zu Recht, denn sie trifft zwar z. B. für das Vitamin B_1 zu, die meisten anderen Vitamine gehören aber zu unterschiedlichen Verbindungsklassen der organischen Chemie. Praktisch hat sich das einprägsame Wort Vitamin aber heute in der ganzen Welt durchgesetzt. Die Vorstellungen, die man damit verband, haben sich allerdings im Laufe der Jahre bereits mehrfach gewandelt. Auffassung der Vitamine als lebensnotwendige Wirkstoffe pflanzlicher Herkunft im Gegensatz zu den Hormonen als solchen tierischen Ursprungs ist heute nicht mehr haltbar. Eine scharfe biologische und chemische Trennung zwischen Vitaminen und Hormonen ist auch nicht mehr durchführbar. Nach v. EULER fassen wir zur

Zeit beide Stoffgruppen als *Katalysatoren und Reizstoffe der Natur auf, ohne die kein Lebensvorgang ablaufen kann.*

Aus praktischen Erwägungen heraus und weil im allgemeinen Mensch und Tier doch darauf angewiesen sind, Vitamine mit der Nahrung direkt aus pflanzlicher oder indirekt über tierische Nahrungsmittel aufzunehmen, wird getrennte Besprechung der Vitamine und Hormone vorgenommen.

Unter *Provitaminen* verstehen wir Substanzen, die selbst physiologisch vitaminunwirksam sind, im Körper aber in das eigentliche Vitamin überführt werden. Hierzu gehören z.B. Carotin als Provitamin A und bestimmte Sterine, die in der Haut durch Ultraviolettbestrahlung in Vitamin D-wirksame Verbindungen überführt werden.

Soweit eine Verallgemeinerung möglich ist, kann vom *chemischen Aufbau der Vitamine* gesagt werden, daß sie meist aus einer aktiven, prosthetischen Gruppe und einer meist eiweißartigen Gruppe hochmolekularen Baues bestehen. *Sie entsprechen* somit *dem*, was wir als *Enzym* bezeichnen.

Neben der eigentlichen Vitaminwirkung, der Ergänzungswirkung der akzessorischen Nährstoffe, kommt den Vitaminen auch eine *pharmakodynamische* Wirkung zu. Sie können — bisher nur für einen Teil bewiesen — meist in hoher Dosierung als Heilstoffe wirken.

Die Dermatologen standen der Vitaminlehre in den ersten Jahrzehnten ihres Bestehens meist beziehungslos oder wenig interessiert gegenüber. Erst in den letzten zwei Jahrzehnten fanden die Vitamine in weitem Maße Eingang in die dermatologische Forschung und Behandlung. Empfehlung einer medikamentösen Vitaminzufuhr für eine Vielzahl von Hautkrankheiten mahnt allerdings heute zur kritisch nüchternen Beurteilung des umfangreich gewordenen einschlägigen Schrifttums.

Man unterscheidet hinsichtlich der Vitaminversorgung eines Organismus zwischen 1. *Optimaler Versorgung* (relativ; besonders von äußeren Faktoren abhängig). 2. *Hypovitaminosen* (latente Vitaminmangelzustände, manifest werdende Vitaminmangelzustände). 3. *Avitaminosen* (äußerlich sichtbare Symptome, schwere Störungen der Zellfunktionen). 4. *Hypervitaminosen* (treten auf bei überschießender Zufuhr, wenn Sättigungsgrenze überschritten wird; Störungen im Ablauf der Zellfunktionen).

Es gibt folgende theoretische *Möglichkeiten, die Vitaminmangelsituationen bedingen können:*

a) *Ein Fehlen der Vitamine in der Nahrung.* Hierdurch bedingte Avitaminosen, wie z.B. Skorbut und zum Teil auch Pellagra, sind durch entsprechende Vitaminzufuhr relativ geringer Menge meist schnell heilbar.

b) *Erhöhter Verbrauch* [z.B. in Schwangerschaft und Lactation, im Wachstumsalter, bei starker physischer Beanspruchung, im Alter, bei fieberhaften und Infektionskrankheiten, bei Hyperthyreosen, übermäßiger Kohlenhydrat- oder Eiweißzufuhr und bei Beeinträchtigung der Darmflora, z.B. durch Medikamente (Antibiotica)] *oder eine gestörte Resorption* (z.B. bei Magen- und Darmerkrankungen, Gallen-, Leber- oder Pankreas-Funktionsstörungen) führen zum relativen Vitaminmangel und somit meist zu Hypovitaminosen. Bei dieser Gruppe, zu der wohl gewisse Ekzeme und Verhornungsstörungen bei Magen- und Darmerkrankungen zu zählen sind, sind die therapeutischen Effekte schon ungünstiger. Meist sind erheblich höhere Vitamindosen über einen längeren Zeitraum, zum Teil auch parenteral verabfolgt, nötig, um Heilungen bzw. Besserungen herbeizuführen.

c) *Störungen der Vitamin-Verwertung* (z.B. bei Lebererkrankungen, wohl auch angeborener Insuffizienz, Phosphorylierungsstörungen, mangelhafte Eiweißversorgung) bei normalem Angebot und ungestörter Resorption. Hierbei sind die therapeutischen Möglichkeiten am ungünstigsten. Auch hochdosierte protrahierte Vitaminüberschwemmung des Organismus führt hier nur zu bescheidenen Behandlungsergebnissen, wie z.B. bei der mit Vitamin A behandelten Darierschen Krankheit.

d) *Kombinationen der oben angeführten Möglichkeiten einer Vitaminmangelsituation.* Diese dürften sogar recht häufig vorkommen.

Basierend auf diesen Kenntnissen ist scharf zu trennen zwischen normaler *optimaler Vitamintagesdosis* und der *therapeutischen Vitamintagesdosis.* Schuppli hat wohl zuerst das Verhältnis dieser Dosen bei einigen Vitaminen für dermatologische Belange untersucht. Er kam dabei zu Ergebnissen, die in folgender Tabelle 1 zusammengefaßt sind.

Diese Werte sind auf Grund empirischer Erfahrungen gewonnen. Sie lassen die theoretischen Möglichkeiten der Vitaminmangelsituationen im einzelnen unberücksichtigt. Ergänzende Untersuchungen für weitere Vitamine stehen noch aus.

Tabelle 1

Vitamin	Optimale Tagesdosis	Therapeutische Dosis	Verhältnis tD:oD
A	5000 E	100000 E	10
B_2	3 mg	15 mg	5
Nicotinamid	15—20 mg	200—500 mg	10—30
C	100 mg	$^1/_2$—1 g	5—10
D	400—800 E	100000—600000	200—1000

Wenn in den in Tabelle 1 genannten Beispielen die therapeutische Dosis die optimale Tagesdosis um das 5—1000fache übersteigt, so rückt diese Tatsache die Frage nach der *pharmakodynamischen Wirkung der Vitamine* mehr in den Vordergrund.

Diese ist z.B. vom Nicotinsäureamid seit langem bekannt; so bei der Kontraktionslösung der glatten Muskulatur verschiedener Organe, insbesondere auch der Gefäße.

Heubner zitiert in diesem Zusammenhang das Vitamin B_1 bei Neuritis und das Vitamin C bei Infektionskrankheiten. Er schließt, daß diese Vitamine über den Ausgleich eines Defizits hinaus, also durch einen Überschuß, als echte Arzneimittel zu wirken vermögen. Die Erforschung der pharmakodynamischen Wirkungen aller Vitamine ist aber noch nicht abgeschlossen.

Die hohen therapeutischen Vitamindosen werfen weiterhin die Frage nach dem *biologischen Gleichgewicht im menschlichen Vitaminhaushalt* auf. Kann man ohne Schaden derartige „Mammutdosen" verordnen, wie Jordan sie bezüglich des D-Vitamins nannte? Stört die therapeutisch angeführte 1000fache „optimale Tagesdosis" nicht den gesamten Vitaminhaushalt? Kühnau und andere betonen, daß *alle Vitamine im menschlichen Organismus eine funktionelle Einheit* bilden und keines von ihnen seine physiologische Wirkung unabhängig von den anderen entfaltet.

Als relativ gut erforschtes Beispiel hierfür sind die Korrelationen des Vitamin B_1 zu den übrigen Vitaminen anzuführen. Zum Vitamin A besteht ein gewisser Antagonismus. Vitamin A sowie Vitamin B_1 sind aber wiederum Gegenspieler des Vitamin D; andererseits besteht unter den B-Vitaminen ein enger Synergismus, da sie in bestimmten, aufeinander abgestimmten Mengenverhältnissen katalytisch in den Kohlenhydratabbau eingreifen. Durch Bindung an Phosphorsäure und Eiweiß in der Zelle kann es aber wiederum zu Konkurrenz und Verdrängungserscheinungen kommen. So können hohe Aneuringaben zum Nicotinsäureamidmangel und somit zur Pellagra führen, Pyridoxinmangel kann dabei vorkommen und erhöhte Lactoflavinausscheidung im Harn wurde beobachtet.

Dies Beispiel mag die komplizierten Zusammenhänge im Vitaminhaushalt deutlich machen. Man wird daran denken müssen, wenn bei massierter Vitaminkonzentratbehandlung Nebenwirkungen auftreten. Normalerweise sind die *Vitamine bisher bei sinnvoller Anwendung optimal verträglich.* Mit Multivitaminkonzentraten versucht man, sich dem Gesetz der funktionellen Einheit der Vitamine anzupassen.

Die *Bestimmungsmethoden* für Vitamine basierten anfangs praktisch alle auf Mangelversuchen an Tieren. Quantitative Angaben wurden zunächst willkürlich in biologischen Einheiten gemacht, dann einigte man sich über die ehemalige Völkerbundkommission auf internationale Einheiten. Als erstrebenswertes Ziel galt oder gilt für alle Vitamine nach Aufklärung der chemischen Struktur, Synthese oder Reindarstellung, daß Mengenangabe in mg oder γ erfolgt. — Den Tierversuchen haftet verständlicherweise eine gewisse Fehlerbreite an. Man suchte deshalb nach anderen Bestimmungs- und Testmethoden. Hier seien die mikrobiologischen Tests sowie die physikalisch-chemischen Bestimmungsmethoden, die auf der Absorptionsspektrophotometrie beruhen, genannt. Neuerlich wurden auch Bestimmungsmethoden ausgearbeitet, die auf Fluorescenzphotometrie bzw. Fluorescenzspektroskopie sowie Infrarotspektroskopie beruhen. Auf die üblichen Bestimmungsmethoden wird bei Besprechung der einzelnen Vitamine hingewiesen werden.

Unter *Antivitamine* verstehen wir Stoffe, die chemisch ähnlich gebaut sind wie die Vitamine und diese von ihrem Substrat verdrängen können. So faßte z.B. WOODS die Sulfonamidwirkung als Antivitamineffekt auf. p-Aminobenzoesäure (Vitamin H′) ist ein unentbehrlicher Wirkstoff für viele Mikroben. Das chemisch strukturähnliche Sulfonamid verdrängt dieses Vitamin aus dem Enzymverband. Es kommt zu Störungen des Stoffwechsels, Entwicklungshemmung und Absterben der Mikroben. Größere praktische Bedeutung haben sonstige Antivitamine bisher nicht gewonnen.

Die Herkunft der Vitamine und *der Vitaminpräparate* ist unterschiedlich. Wir unterscheiden natürliche und synthetische, die, wenn sie rein zur Anwendung kommen, meist gleiche Effekte zeigen. Naturprodukte sind allerdings meist nicht rein und enthalten oft zusätzlich unbekannte Verbindungen, die physiologisch wirksam sein können, so z.B. als Co-Vitamine sogar die Ausnützung der Vitamine steigern können. Die Entwicklung geht aber in Richtung der genau dosierbaren und auch parenteral anwendbaren synthetischen Präparate.

Nach diesen allgemein orientierenden Vorbemerkungen zum Vitaminkapitel sollen im weiteren die einzelnen Vitamine besprochen werden. Dabei wird allgemeine Wirkungsweise, Chemie, Bedarf, Avitaminosen und therapeutische Anwendung systematisch geordnet werden. Bezüglich der Vitaminmangelkrankheiten bei inneren Krankheiten sei auf das Kapitel von P. ZIERZ: „Hautveränderungen bei inneren Krankheiten“ und bezüglich Vitaminstoffwechselstörungen auf das Kapitel von F. FEGELER: „Hautveränderungen bei Störungen des Vitaminstoffwechsels und bei hormonalen Störungen“ in diesem Handbuch Erg.-Werk Bd. VII hingewiesen.

Allgemein sei betont, daß die Erkenntnisse, soweit sie die Dermatologie betreffen, im wesentlichen in den letzten zwei Jahrzehnten gewonnen wurden. Viele Probleme bedürfen noch der Läuterung. Manche Erkenntnisse und Therapieerfolge auf dem jungen Vitaminforschungsgebiet dürften schnell überholt sein bzw. als optimistische Täuschungen erkannt werden. Demgegenüber stehen aber gerade in der Dermatologie sichtbare Erfolge, die zu kritischer Ordnung und Weiterarbeit anregen.

I. Vitamin A (Axerophthol)

a) Historisches

Vitamin A-Mangelsymptome an den Augen dürften schon den alten Ägyptern, Griechen und den Chinesen der Tang-Dynastie bekannt gewesen sein. Leber wird einheitlich als Heilmittel dafür empfohlen. Die klinische Medizin kennt seit etwa 130 Jahren die Bitotschen Flecke an der Conjunctiva sowie die Keratomalacie und faßte sie als Folgen unzweckmäßiger Ernährung auf. — Der älteste Bericht über *Vitamin A-Mangelerscheinungen an der Haut* dürfte aus dem Jahre 392 von HILARIUS stammen (TAYLOR). Dieser schilderte das Leben des heiligen Hieronymus: „Von seinem 31.—35. Lebensjahr nahm St. Hieronymus als Nahrung nur 6 Unzen Gerstenbrot und etwas in Wasser gekochtes Gemüse zu sich. Als er aber fand, daß seine Augen trüb wurden, sein ganzer Körper verschrumpfte, sich mit einem Ausschlag und einer Art steinernen Rauheit bedeckte, gab er zu seiner Nahrung etwas Öl und hielt diese karge Kost bis zu seinem 63. Lebensjahr inne. Auch aß er weder Obst noch Hülsenfrüchte, noch nahm er etwas anderes zu sich." R. JÜRGENS meint: „Der heilige Hieronymus erkrankte also während seiner jahrelangen Fastenzeit an Hyperkeratose der Haut in Kombination mit Hemeralopie und anscheinend beginnender Xerophthalmie. Als der Heilige aber seine Nahrung mit Öl verbesserte, wurde er gesund und hat das 63. Lebensjahr erreicht."

1909 berichtete STEPP, daß weiße Mäuse nicht am Leben erhalten werden können, wenn man ihre sonst ausreichende Nahrung von ihren alkohol-ätherlöslichen Substanzen befreit. Auch Neutralfettzusatz änderte die Situation nicht. HOPKINS fand 1912 ähnliches an Ratten. Xerophthalmie und Keratomalacie konnten experimentell erzeugt werden. Allmählich erkannte man die Zusammenhänge.

Die klinische Medizin hat schon verhältnismäßig früh bestimmte Hautsymptome als Vitamin A-mangelbedingt erkannt. So GOUVÊA, PILLAT, FRAZIER und HU die follikulären Hyperkeratosen bzw. trockene, schollige Haut. Bezüglich der mannigfachen Augensymptome sowie interner Störungen sei auf das einschlägige Schrifttum verwiesen.

b) Chemie

Das *Vitamin A* ist ein alicyclischer Polyenalkohol, die Bruttoformel $C_{20}H_{29}OH$, die Struktur zeigt nachstehende Formel:

```
H3C   CH3
   \ /
    C
   / \
H2C   C—CH=CH—C=CH—CH=CH—C=CH—CH2OH
 |    ‖       |           |
 |    ‖      CH3         CH3
H2C   C
   \ / \
   CH2  CH3
```

Vitamin A

Das Formelbild des Vitamin A wurde zuerst von KARRER angegeben, und von KUHN und BROCKMANN bestätigt.

Neben dem Vitamin A-Alkohol sind eine ganze Reihe verwandter Substanzen bekannt, die ebenfalls Vitamin A-Wirkung aufweisen, man bezeichnet sie als Vitamin A-aktive Substanzen. Die Entwicklung ist keineswegs abgeschlossen.

Zu den *Provitaminen A* zählen Pflanzenfarbstoffe, die von dem russischen Botaniker TSWETT nach dem Mohrrübenfarbstoff Carotin als *Carotinoide* zusammengefaßt wurden. Nach ZECHMEISTER handelt es sich um fettlösliche, wasserunlösliche, stickstofffreie, ganz oder vorwiegend aliphatisch gebaute Polyenpigmente.

Die Untersuchung der Karottenfarbstoffe ergab 3 Isomere des Carotins: α-Carotin (10%), β-Carotin (90%), γ-Carotin (∼0,1% des natürlichen Vorkommens). Aus einem Molekül β-Carotin können theoretisch unter Aufnahme von zwei Molekülen Wasser zwei Moleküle Vitamin A hervorgehen. Die Strukturformel des von KARRER und EUGSTER synthetisierten β-Carotins, Bruttoformel $C_{40}H_{56}$, ist nachfolgend wiedergegeben:

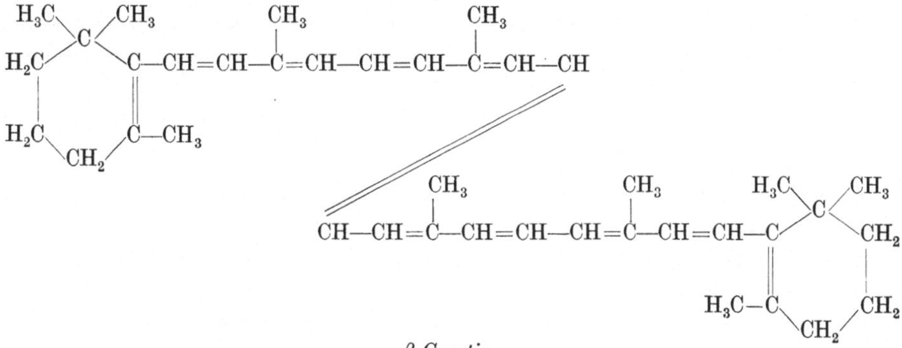

```
H3C   CH3          CH3              CH3
    C               |                |
H2C    C—CH=CH—C=CH—CH=CH—C=CH—CH
 |     ||
H2C    C—CH3
   CH2
                         CH3              CH3          H3C   CH3
                          |                |               C
              CH—CH=C—CH=CH—CH=C—CH=CH—C      CH2
                                                        ||      |
                                                  H3C—C      CH2
                                                            CH2
```

β-Carotin

Weitere als Provitamine A bezeichnete Substanzen sind Kryptoxanthin, Luteochrom, Mutatochrom, Hepaxanthin, Neo-β-Carotin B und U und das Neokryptoxanthin A, Aphanin, Aphanicin und andere.

c) Physiko-chemische Eigenschaften

Vitamin A: Schmelzpunkt 63—64°; Absorptionsmaximum $\lambda = 328$ mμ (Äthylalkohol).

Blaßgelbe, prismatische Kristalle, löslich in Lipoiden, organischen Lösungsmitteln (z.B. Alkohol), unlöslich in Wasser, licht- und sauerstoffempfindlich.

β-Carotin (Provitamin A): Schmelzpunkt 182—184°; Absorptionsmaxima $\lambda = 520$, 485, 451 mμ (Schwefelkohlenstoff).

Dunkelrote bis schwarzviolette Kristalle; in Ölen, Chloroform und Benzol gut löslich (orangefarben), in Alkohol, Aceton, Äther löslich; unlöslich in Wasser; zersetzt sich an der Luft unter Ionenabspaltung (Veilchengeruch).

Als *Nachweis- und Bestimmungsmethoden* seien biologische, physikalische und chemische genannt. Die biologischen beziehen sich auf Fütterungsversuche an Tieren, meist Ratten [s. z.B. Naunyn-Schmiedebergs Arch. exp. Path. Pharmak **170**, 176 (1933)] oder den Kolpokeratosetest. (Beseitigung des auf den Vitamin A-Mangel beruhenden „Daueroestrus" von Ratten durch 3tägige Vitamin A-Zufuhr.) Die spektroskopischen Verfahren beruhen auf der geringen Durchlässigkeit des Vitamins für ultraviolettes Licht, deren Maximum bei 328 mμ liegt. Chemische Methoden sind Reaktionen mit Antimontrichlorid (nach F. H. CARR und E. A. PRICE), von denen es eine Vielzahl von Variationen gibt, die zum Teil nur noch historisch von Interesse sind (s. bei VOGEL und KNOBLOCH: Chemie und Technik der Vitamine. Stuttgart: Ferdinand Enke 1950). So sei z.B. das Lovibond-Tintometer erwähnt, welches besonders in den angelsächsischen Ländern verwandt wurde. Bei diesem Colorimeter wurde die Reaktionslösung mit Glasstandards, die verschieden starke Blaufärbung zeigten, verglichen. Die Farbstärke wurde in Blaueinheiten oder Lovibond-Einheiten ausgedrückt. Die Fehlerquellen waren beträchtlich. Auch heute noch lassen die Bestimmungsmethoden insbesondere für klinische Belange manche Wünsche offen.

Zur Zeit bewährt sich meines Erachtens am besten die von BISAZ modifizierte Methode von SOBEL und WERBIN mit Glycerindichlorhydrin [s. Schweiz. med. Wschr. 82, 692 (1952)]. Sie bezieht sich allerdings nur auf die Bestimmungen im Serum. Klinisch brauchbare Methoden zur Bestimmung im Gewebe sind bisher nicht bekannt.

Als eine internationale Einheit (iE) ist der Wert von 0,6 γ reinen β-Carotins bestimmt, entsprechend 0,3 γ Vitamin A (Alkohol).

Da die Vitamin A-Wirksamkeit des β-Carotins sehr schwankend sein kann, wird ein neuer Standard angestrebt ($\rightarrow$ 1 iE = 0,3 γ Vitamin A-Alkohol = 0,344 γ kristallinischem Vitamin A-Acetat.)

Zur Orientierung im älteren Schrifttum sei zusammengefaßt:

0,3 γ Vitamin A (Alkohol) = 1 iE
1 Sherman E = 0,66 — 0,8 iE
1 Blauwert E (Carr-Price E) = 33 iE
1 Cod-Liver-Oil-E = 10 Blauwert E = 330 iE
1 Blau-Einheit nach MOORE = $^1/_{55}$ Blauwert E = $\sim$ 0,6 iE
1 Lovibond-Blau-E = $^1/_5$ Blauwert E = 6,4 iE

1 U.S.P.-Einheit (United States Pharmacopoe) war ursprünglich 1 iE, jedoch sollen nach HUME 100 U.S.P.-Einheiten aber nur 87 iE entsprechen.

d) Vorkommen und Bedarf

Alles Vitamin A wird letztlich wohl aus den Provitaminen A, insbesondere aus β-Carotin aufgebaut. Vitamin A selbst ist chemisch im Pflanzenbereich bisher noch nicht nachgewiesen worden. Bezüglich der Biogenese der Carotinoide stehen noch die meisten Fragen offen. Synthese durch Bakterien wird diskutiert, Beziehungen zum Chlorophyll werden angenommen. Für den Pflanzenstoffwechsel sind sie unentbehrlich. Alles Vitamin A im tierischen Organismus entstammt direkt oder indirekt (über tierische Produkte) den Pflanzen. Der Mensch ist in der Lage, Vitamin A aus den Provitaminen selbst aufzubauen, andererseits nimmt er mit tierischer Nahrung Vitamin A selbst — meist in veresterter Form — auf.

Die reichsten natürlichen Vitamin A-Quellen sind tierische Leber sowie Trane der Meeresfische, besonders Lebertran. Im einzelnen sei diesbezüglich auf Tabelle 2 verwiesen. Bei den Produkten pflanzlicher Herkunft ist dabei der Carotingehalt auf Vitamin A-Einheiten nach oben angeführten Angaben umgerechnet. Bei den gelegentlich unterschiedlich angegebenen Werten sind zum Teil methodische, jahreszeitliche und andere Schwankungen zu berücksichtigen.

Im tierischen Organismus ist das Vitamin A besonders enthalten in der Leber hauptsächlich im reticulo-endothelialen Apparat (Kupffersche Sternzellen geben bei Mangelzuständen Vitamin A zuletzt ab und speichern es bei Zufuhr dann zuerst wieder), in Nieren, in Milch, Nebennierenrinde, Corpus luteum, Hoden (Carotin und Vitamin A stets vorhanden) sowie in der Placenta. Einzelheiten bezüglich menschlicher Organe s. Tabelle 3.

Bezüglich Vitamin A-Gehalt der Netzhaut und seiner Funktion beim Sehpurpur sei auf das ophthalmologische Schrifttum verwiesen.

Der *tägliche Vitamin A-Bedarf* des Menschen ist variabel, er ist erhöht in der Schwangerschaft, beim Säugling und Kleinkind sowie bei Ernährungsstörungen mit mangelhafter Resorption.

Das Hygienekomitee des Völkerbundes bezifferte die Höhe des täglichen Bedarfs auf 4000 iE. Die Angaben über den Minimalbedarf schwanken zwischen 1500 und 2275 iE, als Optimum können Werte zwischen 5000 und 8000 iE gelten. Lactation und Schwangerschaft erfordern etwa doppelte und dreifache Mengen.

Beim Säugling liegt der Tagesbedarf bei 600—900 i E, bei Kindern vom 2. bis 6. Lebensjahr bei 3000—3500 i E, vom 6.—9. Lebensjahr bei 4500 i E, vom 9. bis 12. Lebensjahr bei 6000 i E, vom 12.—15. Lebensjahr bei 8000 i E.

Als therapeutische Dosis in der Dermatologie gibt SCHUPPLI (s. Tabelle 1, S. 384) für Erwachsene 100000 i E/täglich an.

In der Praxis ist zu beobachten, daß Milch und Fleischprodukte durch Kochen keine wesentlichen Verluste an Vitamin A erleiden, vom Carotin aber dabei etwa 10—30% verlorengehen. Von letztem geht außerdem durch unvollständige Resorption etwas verloren, sodaß ein Carotinverlust von 50—70% bzw. ein Nutzeffekt von nur 30—50% resultiert.

Die Resorption des Vitamin A vom Magen-Darmkanal erfolgt mit einem durch Serumspiegelkontrollen nachweisbaren Maximum nach etwa 3—4 Std. Einzelheiten des Resorptionsvorganges sind noch umstritten, so Bedeutung der Neutralfette, der Galle, der Pankreaslipase. — Vitamin A und Carotin sind im Rattenversuch wahrscheinlich auch percutan wirksam (A. C. HELMER u. C. H. HANSEN). Übertragbarkeit derartiger Versuche auf den Menschen machen Untersuchungen von P. ZIERZ wahrscheinlich.

Tabelle 2. *Vitamin A- (bzw. Provitamin A-) Gehalt von Nahrungsmitteln.* (Nach ZELLWEGER u. ADOLPH u. VOGEL-KNOBLOCH)

	Internationale Einheiten (0,3 γ Vitamin A → 0,6 γ ß-Carotin) auf 100 g
Nahrungsmittel tierischen Ursprungs (als Vitamin A)	
Heilbuttlebertran	60000
Ol. percomorphum	60000
Dorschlebertrankonzentrat	50000—60000
Dorschlebertran	850
Leber	10000—40000
Butter (Sommer)	6000
Butter (Winter)	3000
Eidotter	3000—4000
Eier	1000—2000
Kuhmilch	160—225
Muskelfleisch	0—50
Nahrungsmittel pflanzlichen Ursprungs (als Provitamin A)	
Grünes Blattgemüse	3000—20000
Karotten	4000—12000
Batate	2000—7700
Tomaten	4000—5000
Erbsen	680—1300
Spargel	300—1000
Bananen	300—430
Äpfel	40—100
Bohnen	30—70
Kartoffeln	20—50
Blumenkohl	0

β-Carotin wird — wie erwähnt — weniger vollständig und weniger schnell vom Darm resorbiert, einwandfreie Resorption ist an die Gegenwart von Galle im Darm gebunden. Carotin aus Butterfett wird besser resorbiert als Carotin aus Karotten. *Die Umwandlung von Carotin in Vitamin A* erfolgt wahrscheinlich schon in der Darmwand und nicht, wie früher allgemein angenommen, in der Leber.

Tabelle 3. *Vitamin A-Gehalt verschiedener menschlicher Organe.* (In i E/g Feuchtsubstanz nach VOGEL-KNOBLOCH)

Leber	156,0
Nierenrinde	6,0
Serum	5—10,0
Nieren	2,7
Herz	1,4
Magen	1,3
Lunge	1,2
Haut	1,2
Milz	1,0
Hirn	0,5
Skeletmuskel	0,5

Die Vitamin A- und Carotin-Serumspiegelwerte zeigen erhebliche Schwankungen, die insbesondere abhängig sind von der Bestimmungsmethode, der Nahrungsaufnahme, der Tages- und Jahreszeit aber auch von anderen Faktoren. Man wird deshalb unterschiedliche Angaben über Normalwerte verzeichnet finden. S. BISAZ gibt nach der modifizierten Methode von SOBEL und WERBIN Normalwerte für Vitamin A zwischen 175 und 275 i E pro 100 ml Serum mit einem Mittelwert von 225 i E/100 ml an, die Carotinwerte schwanken beim gesunden Menschen zwischen 70 und 230 γ-% mit einem Mittelwert von 135 γ-%.

Folgende Serumspiegelwerte für Vitamin A nennt LINDQUIST:

<70 iE pro 100 ml Serum → sichere Mangelwerte
70—110 iE pro 100 ml Serum → wenig befriedigende Werte
110—200 iE pro 100 ml Serum → wahrscheinlich befriedigende Werte
200—400 iE pro 100 ml Serum → sicher befriedigende Werte
>400 iE pro 100 ml Serum → unter normalen Verhältnissen nicht vorkommende Werte

Durch orale Zufuhr von 150000 iE derzeit handelüblicher Vitamin A-Präparate erhöht sich der Vitamin A-Serumspiegel beim Gesunden um etwa das 3—6fache des Leerwertes. Höchste Serumspiegelwerte liegen etwa 3 Std nach der Zufuhr, 24 Std nach der Zufuhr ist keine Erhöhung mehr feststellbar. Intramuskulär verabfolgte derzeitig handelsübliche Präparate führten zu keinen nachweisbaren Erhöhungen der Vitamin A-Serumspiegelwerte (WULF und NIBBE). Für die dermatologische Vitamin A-Therapie ist deshalb bei den bisherigen Präparaten der oralen Zufuhr der Vorzug zu geben. Dosen von 100000 iE täglich können im allgemeinen über mehrere Monate ohne Nebenwirkungen gegeben werden. Dosen von 100000—150000 iE zeigen an der Haut eindeutige therapeutische Effekte und sind vorerst als optimal anzusehen (s. Therapeutische Anwendung S. 397). Dosen von 400000 iE täglich über längere Zeiträume gegeben führen zur Hypervitaminose und zum Teil erheblichen Nebenwirkungen (s. unten).

e) A-Avitaminosen

Auf wahrscheinliche, historisch überlieferte Vitamin A-Mangelzustände wurde eingangs (s. S. 386) hingewiesen. Heute sind ausgeprägte A-Avitaminosen in Deutschland extrem selten, doch kommen sie vor. Meist handelt es sich um sekundäre A-Avitaminosen durch mangelhafte Resorption oder Verwertungsstörungen. So um Resorptionsstörungen infolge Cöliakie, Sprue, Pankreasfibrose und anderen Pankreaserkrankungen, Leberkrankheiten und Obstruktionsikterus, oder um Umwandlungsstörungen von Carotin in Vitamin A, z. B. bei Diabetes, Hypothyreoidismus bzw. noch fraglichen angeborenen oder erblichen Störungen. Auch erhöhter Verbrauch z. B. bei Infektionskrankheiten und Schwangerschaften mag von Bedeutung sein.

Häufiger dürften schon A-hypovitaminotische Zustände sein, die sich wohl in erster Linie durch Augensymptome, besonders Störungen der Dunkeladaptation, äußern. Schwere primäre A-Avitaminosen durch Vitamin A-Mangelernährung kommen hauptsächlich in Ländern mit ungenügender oder einseitiger Ernährung vor (z.B. China, Indien). Kinder erkranken dort meist eher als Erwachsene, da ihre Vitamin A-Depots in der Leber kleiner sind. Von diesen Depots hängt auch die Latenzzeit vom Beginn der Vitamin A-Mangelernährung bis zum Auftreten der Vitamin A-Mangelsymptome ab. Allgemein kann man wohl sagen, daß beim Erwachsenen nach Vitamin A-Karenz von etwa 5—6 Monaten erste Mangelsymptome (Gewichtsabnahme, Verlängerung der Dunkeladaptation, Einengung des Gelben im Gesichtsfeld) eintreten können. Beim Säugling ist dagegen bereits nach 6 Wochen das Auftreten einer schweren Keratomalacie beobachtet worden.

Die klinischen Symptome des Vitamin A-Mangels sind vor allem gekennzeichnet durch ungenügende Bildung von Sehpurpur und epitheliale Metaplasie der Haut und Schleimhäute. Dabei bestehen hinsichtlich der Funktion des Vitamin A beim Sehpurpur weitgehend einheitliche Vorstellungen; hinsichtlich des Mechanismus der Epithelschutzfunktion des Vitamin A ist bisher noch keine allgemein anerkannte Vorstellung vertreten worden. CORNBLEET und POPPER konnten bei fluorescenzmikroskopischen Untersuchungen am Epithel der Haut gesunder und Vitamin A-mangelernährter Menschen weder Vitamin A noch Provitamin A nachweisen.

Hinsichtlich der Augenstörungen sei auf das ophthalmologische Schrifttum verwiesen. Vermerkt sei bezüglich des Sehpurpurs in den Stäbchenzellen nur kurz, daß Vitamin A als prosthetische Gruppe in den hochmolekularen Eiweißkörper Rhodopsin eingebaut ist. Auf die Netzhaut einfallende Lichtstrahlen spalten Rhodopsin in ein Protein und Retinen oder Sehgelb, ein Vitamin A-Aldehyd. Bei Dunkelheit ist diese Reaktion rückläufig, das Retinen wird wieder zu Rhodopsin aufgebaut. Diesem interessanten Vorgang ähnliche Verhältnisse an der Haut sind bisher nicht bekannt.

Bezüglich der Störungen an der Haut nimmt man an, daß der an Vitamin A verarmte Organismus die Fähigkeit zur morphologischen und funktionellen Differenzierung des Epithels verliert oder diese zumindest eingeschränkt wird. Auch Drüsenepithel kann betroffen werden, am wenigsten nach bisheriger Auffassung das der höher differenzierten Organe, z.B. der Leber, bezüglich der Niere sind die Auffassungen geteilt. (Erhöhte Steinhäufigkeit bei Mangelernährung.)

Praktisch zeigt die Haut vermehrte Verhornung, Hyper- und Parakeratose, Trockenheit, ungenügende Schweißdrüsenfunktion, Bildung von Comedonen infolge Veränderungen an den Talgdrüsen und deren Ausführungsgängen, follikuläre Hyperkeratosen sowie Glanzverlust und Trockenheit der Haare.

Von den sonstigen Vitamin A-Mangelsymptomen seien erwähnt: Nachtblindheit (Hemeralopie), Keratomalacie, häufige Chalazien, Einengung des Gesichtsfeldes für Blau und Gelb, Hochrücken der Haut-Schleimhautgrenze in der Nase, Abnahme des Riechvermögens, Auftreten einer Ozaena, Heiserkeit, Bronchitis, Störungen des Zahnwachstums und der Magensäuresekretion, Neigung zu Durchfällen, Bildung von Blasen- und Nierensteinen, unspezifische Urethritis, Störungen der sexuellen Leistungsfähigkeit, Erlöschen des Geschlechtstriebes beim Mann, Amenorrhoe bei der Frau, organneurologische Störungen und anderes (Einzelheiten s. einschlägiges Schrifttum).

f) Dermatologische Krankheitsbilder, bei denen Zusammenhang mit Vitamin A-Mangel angenommen wird, oder die durch Vitamin A-Zufuhr günstig beeinflußbar sind

α) Phrynoderma (Krötenhaut)

Dieses Krankheitsbild wurde zuerst von FRAZIER auf Vitamin A-Mangel zurückgeführt. NICHOLLS prägte den Namen Phrynoderma. Besonders befallen werden Männer. Das charakteristische Symptom ist die follikuläre Hyperkeratose. JÜRGENS charakterisiert das *klinische Bild* wie folgt: An der Haut finden sich kleine trockene, derbe, scharf abgegrenzte Papeln, die bis zu einem halben Zentimeter über die Haut erhaben sind. Befallen sind besonders die Streckseiten der Oberarme und der Oberschenkel, Nates, Schultern sowie Ellenbogen und Knie. Diese Papeln sind denen bei Keratosis pilaris außerordentlich ähnlich, nur etwas größer. Die Umgebung der Papeln ist trocken, spröde und schuppig und erinnert an eine schwach entwickelte Ichthyosis. Die Schweiß- und Talgsekretion ist vermindert. *Histologisch* zeigt sich, daß die Follikelmündungen durch konzentrisch angelegte Hornpfröpfe verstopft sind. Die Haare liegen oft aufgerollt unter oder innerhalb der Hornpfröpfe. Die Papillen sowie Talg- und Schweißdrüsen sind atropisch, das Epithel der Follikeltasche ist akanthotisch verdickt und läßt Para- und Hyperkeratose erkennen. Entzündliche Veränderungen fehlen.

Mit Phrynoderma vergesellschaftet sind häufig Xerophthalmie, Keratomalacie, Hemeralopie.

Im Rattenversuch sind nach MOULT analoge Veränderungen wie an der menschlichen Haut hervorzurufen. Die Tiere zeigen Keratinisierung der Follikelmündungen, Atrophie der Papillen, follikuläre Hyperkeratosen, Atrophie der Talgdrüsen, mangelndes Haarwachstum. Durch Vitamin A-Gaben waren diese Symptome zu beseitigen.

Über das Phrynoderma und verwandte Dermatosen mit Überverhornung der Haarfollikel liegen eine ganze Reihe von Literaturangaben vor. LOEWENTHAL berichtete über einschlägige Hautveränderungen bei 74 von 1000 Insassen eines Gefängnisses in Uganda (Afrika). An Hautsymptomen bestanden: Trockenheit, Verlust der Talg- und Schweißsekretion, Schuppung, Pigmentierung, Papeln an den Streckseiten der Oberarme und Schenkel, Follikulitis, Comedonen ohne Pustelbildung. NICHOLLS sah gleiche Veränderungen bei Gefangenen auf Ceylon, kombiniert mit Stomatitis, Keratomalacie, Gewichtsverlust. Weitere Fälle wurden beschrieben von GOODWIN, SCHEER und KEIL, SWEET und K'ANG, FRAZIER und HU, REIS, RAO, DE ARRUDA, PEMBERTON, LEHMANN und RAPAPORT, GOODMAN, STROUD, GARFIELD, BAMBER, FASAL, ROBINSON, STANNUS, PLATT und HARDY (zit. nach JÜRGENS). — Alle Autoren beschreiben schnelle Heilung nach Zuführung von Vitamin A. In vielen Fällen bestand gleichzeitig eine Vitamin B-Komplex-Mangelsituation.

Die follikuläre Hyperkeratose als ein charakteristisches, wahrscheinlich sicheres Vitamin A-Mangelsymptom an der Haut — nach SULZBERGER und LAZAR kommt sie bemerkenswerterweise auch bei A-Hypervitaminosen vor (s. unten) — gab offensichtlich Veranlassung, bei Hautkrankheiten, die mit hyperkeratotischen Verhornungsstörungen einhergehen, Vitamin A-Mangelzustände zu vermuten. Hier ist nun eine ganze Reihe von Krankheiten zu nennen, von denen die meisten mit großer Wahrscheinlichkeit nicht auf Vitaminmangelernährung beruhen, wohl aber einige durch Vitamin A beeinflußbar sind.

β) **Keratosis pilaris** (Keratosis suprafollicularis, Keratosis follicularis, Lichen pilaris)

Morphologisch ist dieses Krankheitsbild wie das Phrynoderma durch follikuläre Hyperkeratosen an den Streckseiten der Extremitäten ausgezeichnet. Die Hornpapeln sind aber kleiner (bis etwa stecknadelkopfgroß) und weniger ausgedehnt. JÜRGENS nimmt an, daß zwischen beiden Krankheiten fließende Übergänge bestehen. SCHÖNFELD vermutet Beziehungen zur Ichthyosis vulgaris. — Therapeutisch spricht auch die Keratosis pilaris auf Vitamin A-Gaben an (100000 i E/täglich, etwa 3 Monate lang); es gibt allerdings auch Versager, Dauerheilungen sind selten.

Kombinationen von Keratosis pilaris und Diabetes hat LYON beschrieben. Weitere Mitteilungen einschlägiger Krankheitsfälle stammen von COMBES, KLUMPP, MCINTOSH und MOORE, FUHS und STANNUS, BLOOM, SENEAR und STUBENRAUCH, RONCHESE und NEWMAN.

γ) **Pityriasis rubra pilaris**

Diese von DEVERGIE beschriebene Krankheit mit den follikulären Hyperkeratosen gruppiert an den Streckseiten der Extremitäten, vor allem an Finger- und Zehenrücken, zum Teil mit brüchigen Nägeln kombiniert, ließ morphologisch ebenfalls an Vitamin A-Beeinflußbarkeit denken. BRUNSTING und SHEARD wiesen als erste auf klinische und histologische Ähnlichkeit mit dem Phrynoderma hin. Dunkeladaptationsstörungen waren beobachtet worden. Vitamin A-Zufuhr über mehrere Monate ergab Besserung. Auch PECK u. Mitarb., GRAHAM, BLOQUIAUX, FOX, CORNBLEET u. Mitarb., LEITNER und MOORE berichten über mehr oder minder günstige Besserungen durch Vitamin A-Zufuhr. KIRLAND und KULWIN schreiben über 31 derart behandelte Krankheitsfälle, von denen der größte Teil besser auf Vitamin A als auf andere Behandlungsmethoden ansprach. JEGHERS nimmt übrigens an, daß bei dieser Dermatose außer dem Mangel an Vitamin A auch Vitamin B-Mangel ursächlich in Frage kommt. Durch massive Dosen von Vitamin A, *Hefe* und Niacin konnte er erhebliche Besserung der Hauterscheinungen erzielen.

δ) Keratosis follicularis contagiosa (Basler Krankheit)

Diese kurz nach dem 2. Weltkrieg besonders in der Schweiz in der Nähe von Basel aufgetretene Krankheit, die besonders Säuglinge und Kleinkinder befiel, wurde anfangs ursächlich auf Vitamin A-Mangel zurückgeführt.

Klinisch besteht im Beginn der Erkrankung Rötung und Schwellung der Gesichts- und Extremitätenhaut. Später kommen Comedonen mit sekundärer Pustelbildung, noch später hyperkeratotische Papeln hinzu (JÜRGENS). ESSER wies auf Ähnlichkeit zum Phrynoderma hin und zog sekundären Vitamin A-Mangel in Erwägung. MEYER führt die Krankheit, die besonders bei Schulkindern in Basel beobachtet wurde, auf ungenügende Vitamin A-Zufuhr in der Nahrung zurück. Ein geringes Defizit an Vitamin A in der Nahrung soll bei Kindern, die ja einen relativen Mehrbedarf an Vitamin A haben, nach längerer Zeit Mangelsymptome auslösen können. MEYER sah bei derartigen Kindern auch Verhornungsstörungen an Bauch und Gesäß sowie häufige Entwicklung von Abscessen, besonders im Nacken.

SCHUPPLI stellt dagegen fest: Diese Veränderungen traten auch bei der Schweizer Landbevölkerung auf, deren Ernährung während und nach dem Kriege sich nur unwesentlich änderte. Klinisch besteht Ähnlichkeit zu gewissen Formen von Chlor- und Paraffinacne. Intoxikationen mit einem chlorierten Paraffin oder einem ähnlichen Produkt, das „auf irgendeine Weise in Zirkulation gekommen war", ist nicht auszuschließen. Bei „den vielen tausenden wirklich unterernährten Kindern, die aus Deutschland kamen", sah SCHUPPLI nie einen derartigen Krankheitsfall. Deshalb und weil angegebene niedrige Vitamin A-Serumspiegelwerte für die Diagnostik umstritten seien, glaubt SCHUPPLI — gut begründet — eine A-Avitaminose ausschließen zu können.

Therapeutisch wurden unter anderem hohe Dosen Vitamin A (150000 bis 300000 iE) über mehrere Wochen (PULAY) eingesetzt, zum Teil in Kombination mit Vitamin D; Besserungen wurden beobachtet. — Das Krankheitsbild bedarf letzter Abklärung, es sei hier aber der Vollständigkeit halber erwähnt.

ε) Ichthyosis

Für diese Krankheitsgruppe mit familiären flächenhaften Verhornungsanomalien wird von mehreren Autoren eine Vitamin A-Mangelsituation angenommen. So vermutet JAEGER eine Vitamin A-Stoffwechselstörung, RAPAPORT, HERMAN und LEHMANN nehmen Vitamin A-Mangel bzw. Störung der Carotinumwandlung in Vitamin A an. Außer diesen Autoren sah auch JEGHERS von der Vitamin A-Behandlung der Ichthyosis gute Erfolge. JEGHERS führte Dauerbehandlung über 2 Jahre mit Vitamin A und D kombiniert durch. BLOQUIAUX sah nur vorübergehende Erfolge. Sehr gute Erfolge erzielten SULZBERGER und BAER, sowie BALL. Nicht aus allen Veröffentlichungen geht hervor, ob es sich bei den Berichtsfällen um Ichthyosis vulgaris oder congenita handelte. Beide Formen scheinen aber anzusprechen. Veltmann sah bei Ichthyosis congenita weniger anhaltenden Erfolg. Marchionini und Nasemann sprechen von fast immer nur vorübergehenden Erfolgen.

ζ) Erythrodermie ichthyosiforme congénitale
(Angeborene ichthyosiforme Erythrodermie)

Bei dieser Krankheit konnte Schuppli durch massive Vitamin A-Dosen eine deutliche Verminderung der pathologischen Verhornung erzielen; „die vorher hochrote Haut nahm eine fast normale Farbe und Konsistenz an", „die Augenlider, die vollkommen steif und unbeweglich waren", konnten wieder geschlossen werden.

η) Dariersche Krankheit (Dyskeratosis follicularis)

Die Ursache dieser familiär gehäuft vorkommenden Krankheit ist nicht bekannt (s. auch Kapitel A. Greither, Keratosen, Morbus Darier, Bd. III/1 und 2). Wegen der morphologischen Ähnlichkeit mit Vitamin A-Mangelsymptomen wurden von einer ganzen Reihe von Autoren therapeutische Versuche mit Vitamin A unternommen. Die Vitamin A-Wirkung dürfte bei diesem Krankheitsbild nach Leipold am eingehendsten geprüft worden sein. Jeghers nimmt an, daß eine hereditär verankerte Stoffwechselstörung in Form herabgesetzter oder fehlender Fähigkeit zur Umwandlung des Carotins in Vitamin A vorliegt, die mit mangelnder Fähigkeit zur Vitamin A-Resorption im Darm kombiniert ist. Nach Leitner und Moore spielen Leberfunktionsstörungen hierbei eine Rolle, eine mangelhafte Anlegung oder Ausnutzung der Vitamin A-Reserven in der Leber wird diskutiert. Schwere allgemeine Leberschäden dürften aber nicht vorliegen, da Funktionsproben normal ausfielen. Porter, Godding und Brunauer berichten über die Behandlung von 7 Fällen (mindestens 2 Monate lang täglich 100000 iE). In einem Fall trat deutliche, in 4 Fällen leichte und bei zwei keine Besserung ein. In 4 Fällen waren Vitamin A- und Carotin-Serumspiegel normal. Deshalb vermuten die Verfasser ursächlich keinen Vitamin A-Mangel, sondern eine Unfähigkeit der Basalzellen, das Vitamin A oder seine Vorstufen richtig zu verwerten. Bloquiaux empfiehlt tägliche Gaben von 100000 bis 300000 iE über Wochen. Die Abheilung erfolgt teils restlos oder mit Pigmentierung oder Depigmentierung, teils auch mit Atrophie oder mit perlmuttartigen Narben. Histologisch verschwindet bei der Heilung zuerst das Ödem, dann die Acanthose, die Hyperkeratose und zuletzt die Corps ronds. — Langer sah Besserung von Vitamin A und Nicotinsäureamid in kombinierter Behandlung. Marchionini und Nasemann erzielten befriedigende symptomatische Ergebnisse, die zuweilen über längere Zeit anhielten. Weitere Vitamin A-beeinflußbare Morbus Darier-Fälle beschrieben Barwasser, Michelson, Sweitzer, Carleton und Steven, Epstein, Porter und Brunauer, Haynes, Newman, Preissmann, Anderson, Benson und Carmon, Welton, Charpy, Veltmann, Leclercq, Peck, Brunsting und Sheard, Lutz, Ellis und andere.

Über Dauerheilungen oder Nachkontrollen mehrere Jahre nach vollständiger Abheilung liegen noch keine Veröffentlichungen vor.

ϑ) Keratomata senilia (Keratosis senilis); Verrucae seborrhoicae

Diese hyperkeratotischen Veränderungen der Altershaut sollen nach Düblin Vitamin A-beeinflußbar sein. Er behandelte 50 einschlägige Patienten $1^3/_4$ Jahre lang täglich mit 100000 iE Vitamin A. 13 Fälle heilten völlig, 32 wurden gebessert, 5 blieben unbeeinflußt. Die Wirkung setzte langsam, meist erst im 3. und 4. Behandlungsmonat ein. Eine Kontrollgruppe zeigte keine Besserung. Verfasser folgert, daß Vitamin A-Mangel für die Entwicklung dieser Altersveränderungen an der Haut eine Rolle spielt. Ähnliche Behandlungsergebnisse erzielte SCHERBER.

ι) Veränderungen an Haaren und Nägeln

wurden bei Vitamin A-Mangel beschrieben. So beobachtete FUHS Haarausfall und Nageldystrophie. WIEDMANN sowie GILL sahen Haarausfall bei Vitamin A-Mangel und Förderung des Haarwachstums durch Vitamin A-Zufuhr. SCHREMMLER sah durch 3mal tägliche Gaben von 30000—50000 iE Vitamin A-Förderung des Haar- und Nagelwachstums, während höhere Dosen Haar- und Nagelwuchs schädigten.

Über erfolgreiche Verwendung von Vitamin A als Haarwuchsmittel bei einem größeren Personenkreis ist nichts bekannt geworden. — (Pachonychia congenita s. unten.)

κ) Ekzeme

unterschiedlicher Art wurden mit Vitamin A behandelt. WRIGHT sah günstige Beeinflussung bei trockenen Ekzemen der Körperhaut, COMEL Besserungen durch Kombination mit Vitamin D, DAINOW Besserungen bei Berufsekzemen, GROSS bei nummulären Ekzemen. Eine allgemeine Anerkennung hat die Vitamin A-Therapie der Ekzeme nicht gefunden.

λ) Acne vulgaris

Die Vitamin A-Beeinflußbarkeit dieser Erkrankung ist bis heute umstritten. LYNCH und COOK gaben bei 45 Fällen täglich 10000 iE per os durchschnittlich 4—5 Monate lang ohne örtliche oder sonstige Behandlung. 46% der Fälle zeigte ein gutes Ergebnis (einer praktisch geheilt), 27% geringe und 27% keine Besserung. Die Besserung dauerte nur so lange, wie Vitamin A zugeführt wurde, nach Absetzen trat Verschlechterung ein, durch erneute Vitamin A-Gaben kam es aber wieder zur Besserung. BLOQUIAUX vermutet, daß nur die Acnefälle auf Vitamin A-Therapie ansprechen, die eine starke Verhornung der Haarfollikel zeigen. LEIPOLD verhält sich in der Beurteilung der therapeutischen Erfolge mit Vitamin A bei dieser Erkrankung abwartend. W. JADASSOHN ist von den Erfolgen der Vitamin A-Behandlung bei der Acne nicht überzeugt.

μ) Keratosis palmaris et plantaris (Keratoma palmo-plantare)

zeigt unterschiedliches Verhalten. Einige Fälle werden mit Gaben von 100000 bis 200000 iE täglich schon nach wenigen Monaten eindeutig gebessert, andere bleiben therapieresistent (PORTER und andere). Veränderungen an den Fußsohlen sind am schwersten zu beeinflussen. PORTER ist der Ansicht, daß Fälle mit niedrigen Vitamin A-Serumspiegelwerten besonders gut auf die Therapie ansprechen.

ν) Pachonychia congenita

Bei dieser Krankheit sah PORTER bei 2 von 4 Fällen nach Gaben von 100000 iE Vitamin A täglich über 3 Monate und länger eindeutige Besserung, die anderen 2 zeigten keine bemerkenswerte Veränderung unter der Behandlung. Über einen weiteren gut beeinflußten Fall hatten vorher PORTER und HABER berichtet.

ξ) Epidermodysplasia verruciformis (Lewandowsky-Lutz)

wurde in einem Fall von Landes in mehreren Zeiträumen mit Vitamin A behandelt (150000 iE täglich per os über Monate, anfangs 12 Tage zusätzlich 300000 iE intramuskulär). Es zeigte sich unter der Vitamin A-Zufuhr eindeutige Besserung. Nach Absetzen der Therapie kam es jeweils nach einer Behandlungspause von 6 Monaten zum Wiederauftreten der Efflorescenzen, die unter der Kur zum Teil nur noch wie blaß-gelbe Flecke aussahen. Auftreten neuer einschlägiger Hautveränderungen unter den Kuren wurde nicht beobachtet. — *Vitamin A-Mangel als prädisponierender Faktor zur Carcinombildung*, speziell an belichteten Körpergebieten, wird für dieses Krankheitsbild und allgemein diskutiert.

ο) Kraurosis vulvae

kann nach Wyss-Chodat, Leitner, Bloquiaux und anderen durch Vitamin A-Gaben günstig beeinflußt werden.

π) Leukoplakie der Mundschleimhaut

Cramer war wohl einer der ersten, der von gynäkologischer Seite darauf hinwies, daß „eine Zungenleukoplakie genauso wie eine ausgesprochene Portioleukoplakie am Menschen durch Vitamin A-Zufuhr ohne lokale Behandlung beseitigt werden konnte“. Dermatologischerseits sahen Korting und Wulf von der Vitamin A-Behandlung dieser Erkrankung günstige Beeinflussung in der überwiegenden Mehrzahl der Fälle. Als Dosierung wird genannt 100000 iE per os täglich 3—6 Monate lang.

ρ) Weitere Dermatosen

Im Schrifttum sind weiterhin noch eine Reihe unterschiedlicher Dermatosen verzeichnet, die alle durch Vitamin A oder dessen Kombination mit anderen Vitaminen günstig beeinflußt wurden oder werden sollen. Hier sind zu nennen Pruritus ani idiopathicus (Ferreira-Marques, juvenile plane Warzen, Erythematodes (Bloquiaux), fraglich Melanosis Riehl (Langer und Skripzek). Dainow führt das gehäufte Auftreten von Pernionen im Frühjahr auf Vitaminmangel zurück. Er sah durch Gaben von Vitamin A, B und D gute Besserungen. Günstig beeinflußt wurde auch das Xeroderma pigmentosum (Smith, Porter, Lahiri, Ingram, Gianotti), Sjögren-Syndrom (Hüllstrung). Parapsoriasis en plaques dis. wurde schnell nach Vitamin A-Gaben kombiniert mit Ultraviolettbestrahlungen geheilt bzw. zeigte vorübergehendes Ansprechen auf alleinige Vitamin A-Dosen von täglich 150000 iE (v. d. Meiren und Moriame). Senear-Usher Pemphigus, Erythematodes, Rosacea, Psoriasis, White spot disease, Sklerodermie, Nagelmykosen, Miliaria rubra, Stevens-Johnson-Syndrom, Acrodermatitis pustulosa perstans, Tuberculosis cutis verrucosa, exfoliierende Erythrodermie und andere Indikationen zeigten gelegentlich Ansprechen auf Vitamin A-Zufuhr. Die Vitaminbeeinflußbarkeit dieser Erkrankungen bedarf aber der Abklärung.

σ) Vitamin A-Mangel während der Gravidität und angeborene Mißbildungen

Aus der Veterinärmedizin ist bekannt, daß Vitamin A-Mangel bei schwangeren Tieren zu intrauterinem Fruchttod oder eindeutig gehäuften Mißbildungen unterschiedlicher Art führen kann. Beim Menschen sind bisher keine mit Vitamin A-Mangelzuständen in Zusammenhang stehenden Mißbildungen bekannt geworden.

Eine *anticanceröse Wirkung* des Vitamin A wird vielfach diskutiert. Die gewisse Ähnlichkeit präcanceröser Hautveränderungen mit Hauterscheinungen bei A-Avitaminosen, Verminderung des Vitamin A-Gehaltes in präcancerösem Gewebe und sein Fehlen in Krebszellen führten zu der Annahme, daß cancerogene Stoffe Vitamin A-zerstörende Wirkung besitzen. Da Vitamin A-Defizit den Zellzusammenhang auflockert, dabei unter Umständen freiwerdende Nucleoproteide pathogene Wirkung ausüben könnten und Vitamin A die Differenzierungstendenz des Epithels hemmen und stabilisieren soll, wird eine anticanceröse Vitamin A-Wirkung für möglich gehalten. FLECK, E. SCHNEIDER, H. SCHRÖDER und J. RIES beschäftigten sich besonders mit diesen Problemen (s. auch MEYER-ROHN: Kapitel Cytostatica, S. 1318). Eindeutig günstige Beeinflussung von Hautcarcinomen oder gar Heilungen wurden nicht beobachtet. Ob Vitamin A-Zufuhr bei Vitamin A-beeinflußbaren Dermatosen und Schleimhautveränderungen z. B. Leukoplakie der carcinomatösen Entartung vorbeugt, kann bisher nicht entschieden werden.

Erwähnt werden muß auch die *antiallergische Wirkung von Vitamin A (meist in Kombination mit Vitamin* D_2*)* (MASSABIE, KÄRCHER) bei allergischen Gewerbedermatosen. KÄRCHER empfahl hohe Anfangsdosen dieser Vitamine bis zur Abheilung, dann Erhaltungsdosen. Er sah bei noch nicht geklärtem Wirkungsmechanismus gute Erfolge.

g) Therapeutische Anwendung von Vitamin A

Der tägliche Vitamin A-Bedarf beträgt für den gesunden Erwachsenen 5000 bis 6000, in der Schwangerschaft 6000—7000 und während der Lactation 8000 iE. Kinder und Jugendliche benötigen:

unter 1 Jahr	1500 iE
1— 3 Jahre	2000 iE
4— 6 Jahre	2500 iE
7— 9 Jahre	4500 iE
13—15 Jahre	5000 iE
16—20 Jahre	6000 iE

Diese Zahlen sind als annähernde Mittelwerte anzusehen. Genaue für alle Menschen gültige Festlegung wird kaum möglich sein, da unter anderem das Bedürfnis individuellen Schwankungen unterworfen ist und die Ausnützung des peroral zugeführten Carotins unvollständig und auch individuell unterschiedlich ist.

Nach CLAUSEN heilen alle reversiblen Symptome der A-Avitaminose bei täglicher Zufuhr von 25000 iE innerhalb von 4 Monaten ab. Tritt nach dieser Behandlungsdauer und Dosierung keine Besserung ein, so handelt es sich entweder um sekundäre A-Avitaminosen durch mangelnde Resorption oder Verwertung, irreversible Vitamin A-Mangelsymptomfolgen (z. B. Blindheit nach Keratomalacie) oder um nicht oder nicht ausschließlich A-avitaminotisch bedingte Prozesse. Dies gilt für Vitamin A-Mangelerscheinungen allgemein.

In der Dermatologie gibt es primäre durch Vitamin A-Mangel der Nahrung bedingte Avitaminosen unter normalen Bedingungen in Europa ganz extrem selten. In Asien z. B. sollen sie aber auch heute noch häufig sein (s. oben).

Es handelt sich also praktisch in der weitaus überwiegenden Mehrzahl der Vitamin A-Indikationen um sekundäre A-Avitaminosen, oder allgemein gesagt um Vitamin A-beeinflußbare Dermatosen.

Die praktische Erfahrung lehrte, daß hierbei als therapeutische Dosis die 20fache optimale Tagesdosis (SCHUPPLI) oder mehr (bis 60fache, SCHULZE) über längere Zeiträume gegeben werden muß. Es heißt dies, ein Erwachsener erhält täglich 100000—300000 iE über mehrere Monate. Bei einer Dosierung von 2×50000 iE täglich über 3 Monate ist kaum mit Nebenwirkungen zu rechnen. Mehr als das 20fache der auf S. 397 angegebenen Dosis pro Tag (auf 2 oder 3 Portionen verteilt) sollte man aber bei Kindern normalerweise nicht geben, da gerade bei A-avitaminotischen Kindern Nebenwirkungen möglich sind (s. unten).

α) Die dermatologische Lokaltherapie mit Vitamin A-haltigen Präparaten

hat sich bisher nicht allgemein durchgesetzt. Sie wird unterschiedlich beurteilt. WEITZEL und NAST sahen durch lokale Anwendung mittlerer Fettsäuren mit Vitamin A (10 ml Vitamin A-Öl mit 40000 iE pro Tag; lokal angewandt) günstige Beeinflussung bei einer wenig homogenen Krankheitsgruppe, so bei Röntgenverbrennung, Psoriasis, Follikulitiden, Acrodermatitis chronica atrophicans, Acne vulgaris, Neurodermititis und Ichthyosis. Noch nicht restlos geklärt ist die Frage, ob Vitamin A durch die Haut resorbiert wird. — Die Frage des Vehikels scheint hierfür von ausschlaggebender Bedeutung zu sein (KIMMIG, ZIERZ).

h) Nebenwirkungen und A-Hypervitaminose

A-Hypervitaminosen infolge medikamentöser Zufuhr wurden beim Menschen selten beobachtet, da sehr hohe Dosen erforderlich sind, um Vergiftungserscheinungen hervorzurufen.

Bei Versuchstieren sind sie aber seit Jahrzehnten bekannt. Erhalten Ratten täglich 100000 iE und mehr, dann entwickelt sich in wenigen Tagen ein Krankheitsbild, das gekennzeichnet ist durch Erschöpfung, Appetitlosigkeit, Wachstumsstillstand und Gewichtsverlust (v. DRIGALSKI, ASAYAMA), Haarausfall (FINUCCI), Knochenveränderungen (An- und Abbauvorgänge an verschiedenen Stellen des Skeletsystems; STUDER und andere) und zum Teil nach 2—3 Wochen Eintritt des Todes (COLLAZO und SANCHEZ-RODRIGUEZ, YPSILANTI).

Beim Menschen sind A-Hypervitaminosen vor allem bekannt geworden durch Vergiftungen nach Genuß von Eisbär- oder Polarfuchsleber (RODAHL, LINDHARD). Die besondere „Giftigkeit" der Eisbärleber war vor allem bei den Eskimos seit langem bekannt, bis dann RODAHL und MOORE zeigen konnten, daß der hohe Vitamin A-Gehalt dieses Organs ursächlicher Faktor ist (Gehalt der Eisbärleber an Vitamin A etwa 26000 iE/g).

Die klinischen Symptome einer Vergiftung durch Eisbärleber beim Menschen sind: Wenige Stunden nach dem Essen Auftreten von Schwindel, Unruhe, Kopfschmerzen Somnolenz, und Erbrechen, 2 Tage später Schuppung der Haut perioral und auch der Körperhaut. Nach CAFFEY sind sogar Todesfälle durch derartige Vergiftungen vorgekommen.

Neben den A-Hypervitaminosen durch Genuß von Eisbär- oder Polarfuchsleber sind — allerdings selten — auch solche durch Überdosierung von Vitamin A-Präparaten oder Lebertran besonders bei Kindern beobachtet worden (JOSEPHS, TOOMEY und MORISETTE, ROTHMAN und LEON, FRIED und GRAND, DICKEY und BRADLEY, WYATT, CARABELLO und FLETSCHER, CAFFEY und andere).

Nach JÜRGENS findet man bei Kindern als A-Hypervitaminosesymptome eine eigenartige Überempfindlichkeit bei Berührung der Extremitäten, die durch proliferative Periostitis oder osteochondrale Veränderungen verursacht ist.

Bei Säuglingen wird als akutes Symptom Auftreibung der Fontanelle ohne Veränderung des Liquors beschrieben. Sie wird auf vermehrte Liquorbildung infolge gesteigerter sekretorischer Aktivität des Plexus chorioideus zurückgeführt.

Weitere Symptome bei Kindern und Erwachsenen sind Trockenheit, Brüchigkeit und Verminderung des Haupthaares, Verlust der Lanugohaare, leichte Schuppung, seltener Rötung der Haut, Juckreiz, allgemeine Blässe, Trockenheit und Schuppung der Lippen, Depapillation der Zungenspitze, Vergrößerung von Leber und Milz, Erhöhung des Vitamin A-Serumspiegels, hypochrome Anämie, Leukopenie, Vermehrung der Serumlipoide, Verminderung der Serumglobuline, Erhöhung der Serumphosphatase, beschleunigte Blutsenkung. Derartige Symptome sind bei Kindern von $^1/_2$ bis 3 Jahren mit Tagesdosen von 200000—600000 iE und mehr nach mehrmonatiger Zufuhr zu erwarten. Behandlungszeiten mit dieser Dosierung von 1—2 Jahren wurden beschrieben. Von Erwachsenen wurden 400000 iE täglich — über 1 bis 3 Monate gegeben — noch reaktionslos vertragen. Dagegen riefen Tagesdosen von 1—4 Millionen iE nach Tagen oder Monaten A-Hypervitaminoseerscheinungen hervor, wie sie oben nach Genuß von Eisbärleber beschrieben wurden. Zu diesen Ergebnissen kamen FREY und SCHOCH, als sie vergeblich versuchten, die Psoriasis einheitlich durch Vitamin A zu beeinflussen.

Aus dem dermatologischen Schrifttum ist besonders eine Beobachtung von SULZBERGER und LAZAR zu erwähnen, die in ihrer Art bisher einmalig ist: Eine 44jährige Frau, die 18 Monate lang täglich 600000 iE Vitamin A eingenommen hatte, zeigte folgende Symptome: Trockenheit, Brüchigkeit und teilweises Ausfallen der Haare an Kopf, Augenbrauen, Axillae und Pubis, weiterhin Verlust der Lanugohaare am ganzen Körper, Chloasma-ähnliche Pigmentation des Gesichtes und des Nackens, Pruritus und Schuppung der Haut des Rückens und der Extremitäten, follikuläre Hyperkeratosen, besonders ausgeprägt an den Armen und Oberschenkeln; acneiforme und milienähnliche Papeln im Gesicht, besonders an der Stirn; weiterhin leichte Schuppung und Fissurenbildung um Nasenöffnung und Mundwinkel, Onychorhexis, Brüchigkeit und Weichheit der Fingernägel, Oligomenorrhoe, generalisierte Knochen- und Gelenkschmerzen, nächtliche Schweißausbrüche und Exophthalmie.

Einen Fall übermäßiger Zufuhr von Provitamin A beschreibt HEUSCHEN: Eine manische, 49jährige Frau nahm 6 Monate lang täglich etwa 1 kg Karotten und Kopfsalat zu sich. Sie zeigte generalisierte Gelbfärbung der Haut *(Karotingelbsucht, Xanthochromie, Karotinodermie)*, Paraesthesien, Juckreiz, Leberschwellung und Knöchelödeme. — Die Hyperkarotinämie ist aber im allgemeinen selten kombiniert mit toxischen Symptomen, mit Abmagerung, gesteigerter Ermüdbarkeit, Amämie, Akroparasthesien und Hepatosplenomegalie. — Dermatologisch auffällig ist dabei die verstärkte Gelbfärbung der Handflächen. Die Skleren bleiben frei. Der Farbstoff ist in der Hornschicht der Haut abgelagert und kann aus ihr extrahiert werden (LUTZ). Die Xanthodermie bei Diabetes dürfte auf einem analogen Farbstoff beruhen (LUTZ). In den ersten Jahren nach dem 2. Weltkrieg wurde die Karotingelbsucht nach übermäßigem Genuß von carotinreichem Gemüse — damals besonders „Wildgemüse" — recht häufig bei Erwachsenen beobachtet (DÄSCHLEIN und DROSSEL). Ansonsten sieht man die Verfärbung der Haut bei Säuglingen nach Möhrenfütterung ohne Beeinträchtigung des Allgemeinzustandes.

Dauerschäden durch therapeutische A-Hypervitaminisierung sind bisher nicht bekannt. Nach Absetzen der Vitaminzufuhr verschwinden subjektive und objektive Hypervitaminisierungssymptome meist schnell, ohne sonstige therapeutische Maßnahmen. So vollzieht sich nach RUST die Rückbildung der Hauterscheinungen in wenigen Tagen, die der Knochenveränderungen in spätestens einem Jahr. — Die Intoxikationen durch Eisbär- oder Polarfuchsleber mahnen dennoch zur Vorsicht bei der therapeutischen Anwendung hoher Dosen.

II. Vitamine des B-Komplexes

Die moderne Vitaminlehre beginnt mit der Entdeckung des Niederländers Eijkman, daß die Geflügelpolyneuritis durch unzureichende Zufuhr eines spezifischen Nährstoffes verursacht wird (Stepp-Kühnau-Schröder). Takaki, Grijns, Hopkins, Stepp und C. Funk haben besondere Verdienste um die Entdeckung dieser Vitamingruppe. C. Funk prägte 1911 für den Beriberi-Schutzstoff, den er aus Reiskleie isolierte und den er als *lebenswichtiges Amin* kennzeichnen wollte, das Wort *Vitamin*. Dies wurde später — obgleich keineswegs alle Vitamine stickstoffhaltig sind — als Gruppenbezeichnung für die ganze Wirkstoffgruppe übernommen. Das ursprüngliche „Vitamin", der Beriberi-Schutzstoff, erhielt dann die zusätzliche Buchstabenbezeichnung Vitamin B, um es als wasserlöslich von dem fettlöslichen Wachstumsfaktor A zu unterscheiden. Bald fand man dann weiterhin, daß der Wirkstoffextrakt aus Reiskleie keineswegs einheitlicher Natur ist. Damit begann die Aufgliederung des Vitamin B-Komplexes, die sicher auch heute noch nicht als abgeschlossen zu betrachten ist. (Einzelheiten der interessanten historischen Entwicklung s. einschlägige Vitaminliteratur.)

In der Dermatologie gibt es Mangelzustände durch das Fehlen einzelner Faktoren des B-Komplexes, als auch solche durch das Fehlen einer Kombination einzelner Vitamin B-Faktoren. Häufig ist allerdings der Vitamin B-Mangel kombiniert mit einer generellen Unterernährung, so daß es bisher oft schwierig oder unmöglich ist, klinisch eine genaue Differenzierung der Vitamin B-Mangelsymptome am Menschen vorzunehmen.

Auf die funktionelle Einheit aller Vitamine, speziell der des B-Komplexes, wurde eingangs (S. 384) bereits hingewiesen.

1. Vitamin B_1, Thiamin

(Aneurin, antineuritisches Vitamin, Beriberischutzstoff)

Jansen und Donath isolierten 1926 das Vitamin aus Reiskleie. Williams und Greve klärten seine chemische Struktur ab. In Europa und Japan wurde das antineuritische Vitamin auf Vorschlag von Jansen Aneurin, in Amerika wegen des Schwefelgehaltes Thiamin genannt. Die Nomenklaturkommission für die biologische Chemie hat jedoch 1949 in Amsterdam eine Vereinheitlichung der Bezeichnung der Vitamine vorgeschlagen und sich für die Annahme des Namens „Thiamin" ausgesprochen (Vogel und Knobloch).

a) Chemie

Vitamin B_1, Bruttoformel $C_{12}H_{17}N_4OSCl + HCl$, ist bisher normalerweise als Aneurinhydrochlorid im Handel und hat mit einem Pyrimidinring und einem Thiazolring folgende Strukturformel:

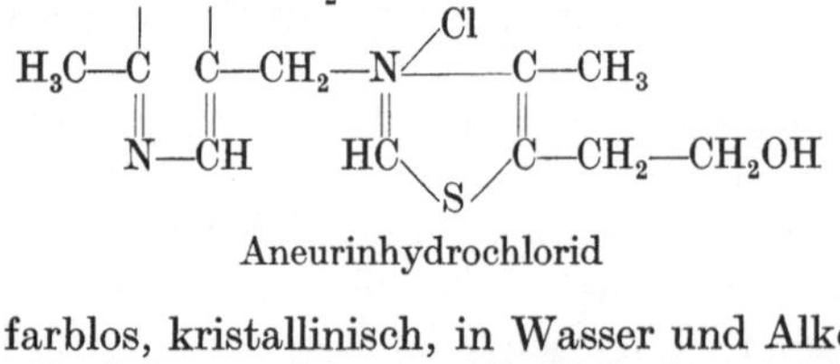

```
        N=C—NH2 · HCl
        |  |          Cl
   H3C—C  C—CH2—N/———C—CH3
        ‖  ‖       ‖      ‖
        N—CH      HC\    /C—CH2—CH2OH
                      \S/
```

Aneurinhydrochlorid

Dieser Stoff ist farblos, kristallinisch, in Wasser und Alkohol gut löslich. In wäßriger Lösung ist die Substanz hitzeempfindlich, in getrockneter Form ist sie stabiler. Nahrungsmittel verlieren beim Kochen und Backen 25—50% ihres

Aneuringehaltes. Durch Tiefkühlkonservierung wird der Aneuringehalt wenig verändert (Zellweger und Adolph). Die derzeitigen Handelspräparate sind meist synthetischer Herkunft. Die frühere Herstellung aus Reiskleie ist weitgehend verlassen.

Lohmann und Schuster zeigten 1937, daß Aneurin in der Bierhefe als Aneurinphosphat vorkommt und dieses mit der Co-Carboxylase identisch ist. Durch Phosphorylierung kann Aneurin auch in vitro in Co-Carboxylase übergeführt werden.

b) Vorkommen, Bedarf und Funktion

Aneurin ist im Pflanzen- und Tierreich weit verbreitet. Seine Totalsynthese scheint den grünen Pflanzen vorbehalten zu sein. Nach Bonner soll die Bildung aber nur in den grünen Blättern (Erbse) bei Belichtung vor sich gehen. Mikroorganismen bedürfen zum Teil der Zufuhr von Aneurin selbst, andere der des Gemisches von seiner Pyrimidin- und Thiazolkomponente, wieder andere bedürfen nur eines Spaltstückes und letztlich gibt es solche, die ohne Aneurin oder dessen Spaltstücke leben können. Hefen sind zur Teilsynthese des Aneurins befähigt, das anschließend phosphoryliert wird. In den Pflanzen kommt das Vitamin B_1 hauptsächlich als freies Aneurin vor, während es im tierischen Gewebe vorwiegend als Co-Carboxylase gefunden wird.

Die reichsten natürlichen Quellen stellen Reis- und Weizenkeimlinge sowie Hefe dar. Fein ausgemahlenes Getreide ist praktisch aneurinfrei. Polierter Reis als Hauptnahrungsmittel ist bekanntlich die Hauptursache der Vitamin B_1-Mangelerkrankungen in Asien. — In unseren Bereichen sichert Verwendung von Vollkornmehl statt Weißmehl weitgehend den Bedarf. Feinmehl wird zum Teil mit Aneurin vitaminisiert. Vorkommen in Nahrungsmitteln s. Tabelle 4, S. 404 (bei Lactoflavin).

Der *Bedarf des Menschen* an Vitamin B_1 ist individuell verschieden, er hängt insbesondere von der Zusammensetzung der Nahrung (bei fettreicher Nahrung geringerer, bei Fieber, malignen Tumoren, Hyperthyreosen erhöhter Bedarf). Man kann aber für den Erwachsenen ein Tagesminimum von 1,2—1,8 mg annehmen.

Vom Darm wird das Vitamin leicht resorbiert, dort, in der Leber und in anderen Geweben zu Co-Carboxylase phosphoryliert. Alle Gewebe enthalten nach Taylor und anderen ungefähr 1—4 mg je 100 g Gewebe (Zellweger und Adolph). Bei einer Tageszufuhr von 1—2 mg Aneurin wird etwa 10—20% der zugeführten Mengen nach Dephosphorylierung in den Nieren mit dem Urin ausgeschieden; im Stuhl werden nur geringe Mengen gefunden. Die Darmflora von Tieren, besonders Wiederkäuern, kann Aneurin synthetisieren. Bei ungenügender Zufuhr ist auch die menschliche Darmflora dazu befähigt. Das Vitamin ist offensichtlich für den Zellstoffwechsel unentbehrlich. Hinsichtlich der *Vitamin B_1-Funktion* ist insbesondere zu erwähnen: Als Pyrophosphat bildet es die prosthetische Gruppe verschiedener Fermente mit spezifischer Wirkung auf α-Ketofettsäuren speziell Brenztraubensäure. Über letzte wird Vitamin B_1 zum wichtigen Regulator des Kohlenhydratstoffwechsels. Ob sein Einfluß auf die Nerventätigkeit primärer Art ist (Synergist des Acetylcholins) oder die Folge seiner Eigenschaft als Regulator des Kohlenhydratstoffwechsels ist nach v. Muralt bisher noch nicht ganz abgeklärt.

Als Nachweis- und Bestimmungsmethoden haben die biologischen Proben durch Feststellung des Heileffektes abgewogener Aneurinmengen auf Beriberitauben oder die Rattenbradykardiemethode an Vitamin B_1-Mangelratten nur noch historisches Interesse. Mikrobiologische (Hefegärtest, Wachstumstest mit dem Schimmelpilz

Phycomyces oder mit dem Lactobacillus fermentum 36) und chemische Methoden (Thiochrom, diazotiertem p-Aminoacetanilid, diazotiertem 2,4-Dichloranilin) stehen heute im Vordergrund. Im Blut, wo das Vitamin B_1 fast ausschließlich in Form von Co-Carboxylase vorhanden ist, kann deren Fermentaktivität gemessen werden. Die Menge wird in γ angegeben.

c) Vitamin B_1-Mangelkrankheiten

Ein eindeutiges Vitamin B_1-Mangelsymptom an der Haut ist nicht bekannt. Die klassische Vitamin B_1-Mangelkrankheit *Beriberi* zeigt kardiovasculäre und Nervensymptome. Man unterscheidet *feuchte Beriberi* mit Ödemen an Beinen, Scrotum, Bauch oder sonst am Körper, die sich vom Hungerödem kaum scharf abgrenzen lassen, von der *trockenen Beriberi* mit den multiplen Nervenstörungen (s. einschlägiges Schrifttum).

In unserem Bereich sehen wir Aneurinmangelzustände gelegentlich bei Alkoholikern und Psychopathen, selten bei chronischen Darmerkrankungen, Diabetes mellitus, Leberparenchymstörungen, Thyreotoxikosen, chronischen Infektionskrankheiten.

Die Alkoholpolyneuritis, die Schwangerschaftspolyneuritis und die diabetische Polyneuritis wird von einigen Autoren auf Grund klinischer und Laboratoriumsbefunde mit Aneurinmangel in Zusammenhang gebracht. Diese Krankheitsbilder sollen durch Vitamin B_1-Therapie günstig beeinflußbar sein. Einheitliche Auffassungen bestehen aber weder hinsichtlich des ätiologischen Zusammenhanges noch hinsichtlich der therapeutischen Beeinflußbarkeit.

d) Therapeutische Anwendung

Nach Schuppli und anderen scheint die Vitamin B_1-Therapie beim Zoster insofern von Nutzen zu sein, als sie die hauptsächlich bei alten Leuten auftretenden hartnäckigen Schmerzen verhütet. Bei der Neurodermitis scheint nach Schuppli Vitamin B_1-Zufuhr „neben einer Hebung des Allgemeinzustandes das Jucken dämpfen zu können". Nach W. Schulze sind neuritische und polyneuritische Erscheinungen z. B. beim Zoster und bei Sulfonamidüberdosierung dermatologisches Hauptindikationsgebiet des Vitamin B_1, ferner könne es zur Schmerzbekämpfung beim Morbus Raynaud und bei Tabes dorsalis herangezogen werden (Roch und Sciclounoff). Über analgetische Effekte berichten weiterhin Cattan, Frumasan und Attal, Sattar und Aalam, Waldman und Palmer, Bazzocchi. Schüler sah auch günstige Wirkungen von Vitamin B_1 in Kombination mit Acetylcholin bei Erfrierungen, Verbrennungen I. und II. Grades, Pernionen und Ulcus cruris. Holz und Lohel gaben Vitamin B_1 in Kombination mit Acetylcholin und Novocain zur subcutanen Infiltrationsbehandlung bei Acrodermatitis atrophicans. Ploog sah günstige Beeinflussung bei trophischen Störungen der Acren durch Vitamin B_1 und C-Kombinationsbehandlung. Baranski ist der Ansicht, daß bei der Salvarsanbehandlung der Syphilis der Vitamin B_1-Bedarf des Organismus erhöht ist. Durch Vitamin B_1-Gaben (2—5 mg jeden oder jeden 2. Tag) gelang es ihm, das Allgemeinbefinden der Kranken zu bessern, Neuritiden sowie gewisse toxische Wirkungen zu beseitigen. Leipold verwendet Vitamin B_1 mit gutem Erfolg bei den Nebenwirkungen von Thalliumacetat und neuritischen Symptomen pellagroider Zustände. Griebel behandelte Stomatitis aphthosa, Stomatitis ulcerosa, Glossitis superficialis mit intravenösen Vitamin B- und C-Mischspritzen mit schnellem Erfolg. Eder glaubt, daß 10—30 mg Aneurin täglich per os, 1—2 Wochen lang genommen, vollständigen Schutz gegen Flohstiche verleiht.

e) Nebenwirkungen

Eine B_1-Hypervitaminose ist beim Menschen bisher nicht bekannt geworden. Am Tier können durch hohe Dosen allerdings toxische Erscheinungen erzeugt werden. Dabei ist dann nach MOLITOR die Toxicität bei intravenöser Zufuhr 50mal größer als bei peroraler Gabe. — Am Menschen sind besonders allergische Symptome nach wiederholter intravenöser Vitamin B_1-Injektion beobachtet worden. Nach FAHLBERG und DUKES wurden bisher etwa 200 einschlägige Fälle bekannt. Man soll deshalb nach LEIPOLD der hochdosierten peroralen Zufuhr den Vorzug geben. LEIPOLD sowie SEUSING sahen Asthmaanfälle und Urticaria, LEITNER ekzematöse Hautveränderungen, LAWS anaphylaktischen Schock, MILLS, REINGOLD und WEBB, DOTTI, RIETTI sogar tödlich verlaufene Fälle. Bei allen traten die Symptome erst nach wiederholter Injektion (vorwiegend intravenös, aber auch intramuskulär) auf. Vorsicht ist deshalb bei der parenteralen Vitamin B_1-Therapie geboten. Hauttests auf mögliche vorangegangene Sensibilisierung werden dadurch erschwert, daß Aneurin selbst eine quaddelerzeugende Substanz ist.

Gelegentlich wurden auch thyreotoxische Erscheinungen nach Vitamin B_1-Gaben beobachtet (MILLS, LEITNER), so Tremor, Schwäche, Tachykardie, Schweißausbrüche, Nervosität und Kopfschmerzen. Nach Absetzen der Vitamin B_1-Zufuhr verschwanden diese Symptome, nach parenteralen Gaben von 10—25 mg traten sie wieder auf. Es dürfte sich bei diesen Fällen um individuell bedingte Überempfindlichkeitsreaktionen handeln. VALERI, CONESE und ANGARONO fanden eine Grundumsatzerhöhung von 10—33%, wenn an 3 aufeinanderfolgenden Tagen je 100 mg Vitamin B_1 injiziert wurde.

Für den Dermatologen stehen die oben angeführten allergischen Nebenwirkungen vorerst im Vordergrund.

2. Vitamin B_2

(Lactoflavin, Riboflavin)

Schon bald nach Entdeckung des wasserlöslichen „Vitamin B" fand man, daß es sich hierbei nicht um eine einheitliche Substanz handelt. So trennte man den hitzelabilen Faktor Vitamin B_1 von dem hitzestabilen Faktor „Vitamin B_2". Diesem schrieb man auf Grund der Untersuchungen von GOLDBERGER pellagraverhütende Eigenschaften zu (s. Kapitel Nicotinsäureamid, S. 408). GUHA, SHERMAN und SANDELS, SURE und SMITH wiesen aber schon in den nächsten Jahren nach, daß auch das „damalige Vitamin B_2" aus mehreren Teilfaktoren bestand, von denen dann der jetzt als Vitamin B_2 bezeichnete Stoff, das Lactoflavin oder Riboflavin genannt, ein Teilfaktor ist. — Die internationale Nomenklaturkommission sprach sich für Annahme der Bezeichnung Riboflavin aus, die in den angelsächsischen Ländern mehr gebräuchlich ist. — An der Isolierung des Vitamins sind mehrere Forschergruppen beteiligt. Viel früher, 1879 schon, hatte BLYTHE ein grünliches, fluorescierendes, noch unreines Pigment in der Molke entdeckt, BOOHER identifizierte es mit dem Vitamin B_2, KUHN und andere bestätigten diese Beobachtung. Das von WARBURG und CHRISTIAN aus der Hefe isolierte „gelbe Ferment" ist nach THEORELL in seinem aktiven chemischen Anteil Lactoflavinphosphat. Die Konstitution des B_2-Vitamins wurde durch KARRER, SCHOEPP und BENZ aufgeklärt und durch Synthese bewiesen.

a) Chemie

Das Lactoflavin hat die Bruttoformel $C_{17}H_{20}N_4O_6$. Es bildet nadelförmige gelbe Kristalle vom Schmelzpunkt 293°, ist wenig (zu 0,012%) in Wasser, noch weniger in absolutem Alkohol und unlöslich in Chloroform und Äther. Die Lösungen weisen eine stark gelbgrüne Fluorescenz auf, die bei p_H 6,7—6,8 maximal ist. Es ist bei neutraler und saurer Reaktion beständig gegen Hitze und milde Oxydationsmittel (H_2O_2), wird aber durch Alkalien, Chromsäure und Permanganat zerstört und zersetzt sich unter Lichteinfluß. Es ist ein Ampholyt, der mit Säuren und Basen Salze bildet. Mit Borsäure bildet es einen stabilen, in Lösung sterilen Komplex, der sich gut für medikamentöse Zwecke eignet (STEPP, KÜHNAU und SCHRÖDER).

Konstitutionschemisch ist Lactoflavin ein 6,7-Dimethyl-9-(l'-d-ribityl-)-isoalloxazin mit nachfolgender Formel:

```
                      CH2OH
                        |
                      HOCH
                        |
                      HOCH
                        |
                      HOCH
                        |
                       CH2
                        |
            CH         N          N
 H3C—C //     \ C  /     \ C //     \ CO
     |          ||         |          |
 H3C—C \\     / C  \     // C \     / NH
            CH         N          CO
```

Lactoflavin

Die Vitaminwirksamkeit ist nicht streng an die chemische Struktur gebunden, das natürliche Lactoflavin ist aber am stärksten wirksam unter den Flavinen. — Es hat chemisch Beziehungen zu Pentosen, Azofarbstoffen und Pyrimidinen und stellt als prothetische Gruppe einen Bestandteil verschiedener Fermentsysteme dar, so z.B. der Aminosäureoxydase, der Xanthinoxydase, der Cytochromreduktase. Die physiologisch aktive Form ist das Lactoflavin-Mononucleotid (Lactoflavinphosphat) oder Lactoflavin-Adenin-Dinucleotid. Phosphorylierung ist auch in vitro möglich.

Tabelle 4. *Thiamin- und Riboflavingehalt in verschiedenen Nahrungsmitteln* (in mg je 100 g). (Nach ZELLWEGER und ADOLPH)

	Thiamin	Riboflavin
Rindfleisch	160	150
Schweinefleisch	1100	200
Kuhmilch	40	150
Eier	150	400
Orangen	70	40
Erdnüsse	350	250
Erbsen, frisch	350	150
Runkelrüben	50	60
Kartoffeln	150	50
Reis, poliert	50	50
Weizenkorn	200—700	20—800
Weizenkeim, frisch	1200—3700	500—1500
Weizenkeim, getrocknet	etwa 2000	etwa 530
Weizenkleie	500—600	etwa 350
Weizenvollkornmehl	etwa 450	etwa 200
Weizenmehl, 94—60% Ausmahlg.	etwa 360	etwa 230
Hefe	3000	3000

b) Vorkommen

Vitamin B_2 ist sowohl im Pflanzen- als auch im Tierreich weit verbreitet. Besonders reich an diesem Wirkstoff sind manche Bakterien, Hefen und Pilzarten; diese sind neben Milch, Molke, Leber, Niere und Eiweiß seine wichtigsten natürlichen Quellen (s. auch Tabelle 4). Das im Handel befindliche Lactoflavin ist wohl ausschließlich synthetischer Herkunft.

In den natürlichen Nahrungsmitteln kommt das Vitamin B_2 als freies Lactoflavin, als Phosphatester oder Dinucleotid vor. Durch Kochen oder Braten geht nur wenig Lactoflavin verloren (z. B. gebratenes Fleisch enthält noch 70—85% seines ursprünglichen Lactoflavingehaltes). Belichtung führt allerdings in kurzer Zeit zu erheblichen Verlusten.

Mit der Nahrung aufgenommenes Lactoflavin wird im Dünndarm des Menschen resorbiert und in der Darmschleimhaut phosphoryliert. Der Grad der Resorption schwankt je nach Nahrungsmittel. Lactoflavin — meist als Dinucleotid — wird in allen Geweben, besonders aber in Leber und Niere gefunden. Wahrscheinlich kann von den Darmbakterien Lactoflavin synthetisiert werden (NAJJAR, JOHNS, MEDIARY, FLEISCHMANN und HOLT). Im Blut findet sich Lactoflavin vor allem in den Leukocyten (252 γ-%), Erythrocyten (22,4 γ-%), dagegen im Blutplasma (3,2 γ-%) nur in sehr geringer Menge (BURCH, BESSEY, LOWRY).

c) Bedarf und Funktion

Der *Bedarf des Menschen* kann nicht für alle Fälle einheitlich angegeben werden, er ist z. B. erhöht bei schwerer körperlicher Arbeit, bei starker Belichtung, fieberhaften Krankheiten, tiefen Außentemperaturen, Schwangerschaft. Auch Zusammensetzung und Menge der Nahrung könnte bei noch nicht geklärten genaueren Zusammenhängen von Bedeutung sein. Als Minimalbedarf gilt 1,8 mg pro Tag für einen Menschen von 70 kg Körpergewicht; als optimale Tagesdosis nach SCHUPPLI 3 mg. Der Bedarf bei Kindern ist gegenüber dem bei Erwachsenen relativ etwas erhöht.

Die genaue Bestimmung des Bedarfs stößt deshalb auf Schwierigkeiten, weil Mangelsymptome am Menschen weder leicht noch frühzeitig zu erkennen sind, Blutspiegel und Ausscheidung im Harn keine sicheren Rückschlüsse auf den Lactoflavinhaushalt erlauben, und das Vitamin ja auch im Darm synthetisiert werden kann.

Das Lactoflavin ist als Bestandteil der „gelben Fermente“ für den Ablauf der energieliefernden Oxydationsprozesse in der Zelle unentbehrlich Weiterhin hat es Bedeutung für zahlreiche Phosphorylierungsvorgänge im Organismus, sowie z. B. für den Aufbau der Porphyrine.

Als *Nachweis- und Bestimmungsmethoden* sind zu nennen:

1. Chemische Methoden. Oxydation mit Perjodat, Lumiflavinmethode.

2. Physikalisch-chemische Methoden. Colorimetrie, Fluorometrie, Polarographie.

3. Biologische Methoden. Ratten- oder Kükenwachstumstest, diese sind aber heute weitgehend verdrängt durch mikrobiologische Tests mit Lactobacillus casei, Leuconostoc mesenteroides, Streptococcus faecalis und andere. (Einzelheiten s. z. B. bei VOGEL-KNOBLOCH.)

d) Vitamin B_2-Mangelkrankheiten

Im Tierexperiment sind Vitamin B_2-Mangelerscheinungen leicht hervorzurufen; so z. B. mangelnde Resistenz gegen verschiedene Bakterien, Kataraktbildung, Muskelschwäche, Ataxie, spastische Paresen, Anämie, Mißbildungen und Hautsymptome wie beim Menschen (s. unten). Nach etwa 100 Tagen sterben derartige Versuchstiere im Kollaps, offenbar infolge Störung enzymatischer und oxydativer Reaktionen. Beim Menschen sind Riboflavin-Avitaminosen fast immer mit gleichzeitigem Mangel an den anderen Wirkstoffen der B-Vitamin-Gruppe kombiniert. In Mitteleuropa sind primäre Lactoflavinmangelkrankheiten selten, sekundäre durch Störungen im Intestinaltrakt, Resorptionsstörungen wie bei Sprue und Cöliakie (mit zum Teil wechselseitiger Beeinflussung bei Sprue) kommen aber ebenso vor wie Lactoflavinmangelsymptome bei Leberparenchymerkrankungen mit ungenügender Phosphorylierungsfunktion in der Leber.

Völliger Lactoflavinmangel in der Nahrung führt nach 94—130 Tagen, tägliche Zufuhr von 0,5 mg in 4—8 Monaten zur Cheilosis (SEBRELL). Verminderung der täglichen Lactoflavinzufuhr auf 0,2—0,25 mg je 1000 cal über 80 Tage genügen nach SMITH und WOODRUFF, um Mangelsymptome auftreten zu lassen. Erste Vorzeichen, Symptome der Hypovitaminose sind: Allgemeine Niedergeschlagenheit, Müdigkeit, Arbeitsunlust, Appetitlosigkeit, Sensibilitätsstörungen, dyspeptische Beschwerden.

Als sichtbare Vitamin B_2-Mangelsymptome am Menschen gelten nach LEIPOLD vornehmlich Erscheinungen am Epithel in Form von Cheilosis, Perlèches, Rhagaden, Desquamation an den Nasolabialfalten, seborrhoische Dermatitis, abnorme Rötung der Lippen und Zungenschleimhaut, Stomatitis. An den Augen kommen Conjunctivitis, Stauung der Limbusgefäße mit Übergang in Vascularisation, Blepharitis, Lichtscheu, Beeinträchtigung des Farbsehens und anderes vor. Weiterhin wurden hypochrome mikrocytäre Anämien beobachtet.

Einzelne umschriebenere Krankheitsbilder, die in ursächlichen Zusammenhang mit Lactoflavinmangel gebracht werden, sind:

Perlèches (Faulecken, Mundwinkelrhagaden). Dieses Krankheitsbild hat sicher vielfältige Ursachen, eine davon ist wahrscheinlich Vitamin B_2-Mangel (neben Eisenmangel, Diabetes, Hefen, Bakterien, architektonische Störungen z. B. durch Zahnprothesen usw.). Häufig sind Perlèches kombiniert mit der

Cheilitis ariboflavinotica mit schmerzhafter Rötung, Schwellung, Abschuppung und Rhagaden an den Lippen (auch als Cheilosis bezeichnet). Mit Perlèches und Cheilitis als Vitamin B_2-Mangelsymptom sieht man häufig vergesellschaftet eine vergrößerte schmerzhafte *Zunge* mit zum Teil geschwollenen, zum Teil glatten, zum Teil mit graugelbem Belag bedeckten Papillen. An den *Wangenschleimhäuten* können leukoplakieähnliche Veränderungen vorkommen; ob diese dann ausschließlich auf Vitamin B_2-Mangel beruhen, erscheint fraglich.

Seborrhoide Ekzeme und Dermatitiden. Diese treten bei weniger ausgeprägten Formen vor allem im Bereich der Nasolabialfalte sowie perioral in Form von fleckiger Rötung mit stärkerer Schuppung, häufig auch mit etwas Nässen und einer gewissen Schmerzhaftigkeit auf. Das Bild sieht einer seborrhoischen Dermatitis sehr ähnlich (LUTZ). Es ist häufig mit den anderen oben angeführten Symptomen kombiniert. Gleichartige Veränderungen finden sich auch am Scrotum, an der Peniswurzel und den großen Labien (SMITH und WOODRUFF und andere.) Offenbar gehört auch die von FRANKLAND beschriebene Mangelkrankheit — vorwiegend an der Scrotalhaut lokalisiert —, die er bei 551 von 1371 Kriegsgefangenen in Indien beobachtete, zu diesem Symptomenkomplex. FRANKLAND konnte dabei 4 Stadien unterscheiden:

1. Eine akute, trockene Dermatitis der Hodensackhaut.

2. Eine chronische, trockene Form mit hochroter Entzündung der Scrotalhaut, des Penis, des Dammes und der Analgegend.

3. Eine chronisch nässende Form mit Beteiligung der Innenseite der Oberschenkel und

4. Eine ulceröse, ödematöse Form als Endstadium, wobei der Hodensack schmerzhaft und so groß wie ein Fußball werden kann und zu Scrotalgangrän und Exitus führen kann (LEIPOLD). — Häufig sah man zusätzlich bei derartigen

Mangelkranken noch weitere Hautausschläge, Stomatitis, Lippen- und Zungenulcera, Sehstörungen, Retrobulbärneuritis und periphere Neuritis. Therapeutisch erwiesen sich Extrakte aus grünen Blättern und Gräsern wirksam. Deren prophylaktische Anwendung verhinderte angeblich die Entstehung derartiger Hautveränderungen.

In Deutschland wurde ein Krankheitsfall der geschilderten Art bisher nicht bekannt. Die Möglichkeit, daß Abortivformen aber auch hier vorkommen, ist gegeben. Bei chronischer Balanitis oder Scrotalekzem ist nach Ausschluß sonstiger Ursachen und Versagen der sonst üblichen Behandlungsmethoden bei nicht zu hoch gespannten Erwartungen ein Versuch mit etwa 14tägiger Lactoflavintherapie anzuraten.

Das Sjögrensche Syndrom (Ausfall der Tränen- und Speicheldrüsenfunktion und deren Folgezustände) wird von FRANCESCHETTI als Vitamin B_2-Avitaminose angesehen. VANNOTTI konnte durch Belastungsversuche nachweisen, daß tatsächlich ein B-Vitaminmangel, vor allem an Lactoflavin, bei diesen Kranken vorliegt. Ob der Vitaminmangel Ursache oder Folge eines pathogenetisch noch unklaren Vorganges ist, bleibt bis heute noch offen. Jedenfalls beseitigt Vitamin B_2-Zufuhr das Syndrom nicht.

Dermatologische Symptome der *Porphyrinkrankheiten* werden nach bisherigen Erfahrungen durch Lactoflavintherapie nur wenig beeinflußt. STICH sah nach eindrucksvollen in vitro-Versuchen auch günstige Beeinflussung des Grundleidens einschlägig kranker Personen und der Porphyrinurie.

Kwashiorkor, eine Mangelkrankheit, die besonders bei Negerkindern in Afrika sowie bei Kindern in Costa Rica beobachtet worden ist, wurde früher als reine Vitamin B_2-Mangelkrankheit aufgefaßt. Sie ist wahrscheinlich auf eiweißlose, fast ausschließlich aus Kohlenhydraten und Fetten bestehende Ernährung zurückzuführen und keine reine Avitaminose (s. Kapitel Hautveränderungen bei inneren Erkrankungen).

Anhangsweise vermerkt sei, daß die *Sulfonamidresistenz der Gonokokken* nach HÜLLSTRUNG durch vorbereitende Behandlung des Erkrankten mit Lactoflavin vermindert wird. Kulturell vermindert Lactoflavin das Wachstum resistenter Gonokokkenstämme, HÜLLSTRUNG vermutet durch Eingriff in den Gonokokkenstoffwechsel. MÜLLER prüfte die Bactericidie von Aneurin, Nicotinsäureamid und Vitamin B_6 auf Gonokokken und fand, daß Lactoflavin eine starke bactericide, die übrigen keine Wirkung zeigten. Die Hemmgrenze liegt bei 2 mg-%. Durch zwischenzeitliche Entwicklung der Antibiotica hat dieser Teil der Lactoflavinwirkung heute an Interesse verloren.

Bemerkenswert und von theoretischem Interesse ist, daß Lactoflavin in vitro auch einen synergistischen Effekt zum Isonicotinsäurehydrazid auf Mykobakterien hat (BÖNICKE, MEYER-ROHN).

e) Therapeutische Anwendung

Lactoflavin wird bei einer optimalen Tagesdosis von 3 mg in therapeutischen Dosen von 15 mg täglich gegeben. 14tägige Zufuhr von 6 mg/die soll nach HOWITT bei primärem Vitamin B_2-Mangel ausreichen, das Defizit aufzufüllen. Praktisch bewährt haben sich aber etwa 15 mg täglich — bei intestinalen Symptomen parenteral — für Perlechés, Cheilitis ariboflavinotica, den seborrhoiden Ekzemen und Dermatitiden bei mangelernährten Personen sowie auch bei einigen akuten universellen Dermatitiden (LEIPOLD). Von letzten spricht aber nach bisherigen Erfahrungen nur ein Teil prompt auf Lactoflavintherapie an. Echte primäre

Vitamin B_2-Mangelerscheinungen reagieren schnell, d. h. nach wenigen Tagen auf spezifische Therapie. Meist liegen aber kombinierte Mangelzustände des gesamten Vitamin B-Komplexes vor. Zur Behandlung der menschlichen Porphyrien empfiehlt Stich 20—40 mg täglich, die zur fast vollständigen Normalisierung des pathologischen Porphyrinstoffwechsels während der Dauer der Medikation führen soll.

Eine *Hypervitaminose* B_2 ist nicht bekannt, *Nebenwirkungen* wesentlicher Art bisher ebenfalls nicht. Therapeutisch zugeführte, über den Bedarf hinausgehende Mengen werden über die Nieren ausgeschieden und führen zur charakteristischen gelb-grün-fluorescierenden Verfärbung des Harns.

3. Nicotinsäure, Nicotinsäureamid, Pellagraschutzstoff

(Niacin, Niacinamid, PP-Faktor)

Die Nicotinsäure wurde schon 1913 von Funk isoliert, zunächst aber nicht als Vitamin erkannt. 1915 zeigten Goldberger, Waring und Willets, daß die Pellagra durch das Fehlen eines noch unbekannten PP- (Pellagra preventing-) Faktors in der Nahrung bedingt ist. Vorher hatte man diese Krankheit als infektionsbedingt oder als Folge einer Vergiftung mit verdorbenem Mais und noch andersbedingt aufgefaßt. Auf L. Merk: „Die Pellagra" und J. Jadassohn: „Der gegenwärtige Stand der Pellagralehre", in diesem Handbuch, Band IV/2, S. 378, sei besonders hingewiesen. Besondere Erwähnung verdienen dann die Nauckschen Untersuchungen über Pathologie und Epidemiologie der Pellagra. Hiermit wurde im deutschen Schrifttum die Bedeutung des „echten Nährschadens" — im Sinne Goldbergers — eindeutig in den Vordergrund gerückt (Vitamin- und Eiweißmangel, falsche Nahrungszusammensetzung, gestörte Verdauungsfermentfunktion usw.). Nauck betont aber, daß bei der Pellagra „Nährschäden" mit Störungen der inneren Sekretion, mit Lichteinflüssen und anderen Faktoren kombiniert sind. Die Wechselbeziehungen sind — wie in mancher Hinsicht auch heute noch — weitgehend unklar. Erst 1937 führten Elvehjem, Madden, Strong und Woolley den Nachweis, daß die Schwarzzungenkrankheit („black tongue") der Hunde und ebenso eine pellagraähnliche Krankheit bei Ratten durch Nicotinsäure geheilt werden kann. Warburg und Christian zeigten, daß Nicotinsäure ein wesentlicher Baustein von Co-Enzymen ist. Fouts, Helmer, Lepkovsky und Jukes zeigten im gleichen Jahr, daß die Pellagra des Menschen durch Nicotinsäure geheilt werden kann. 1945 gelang dann Krehl, Teply, Sarma und Elvehjem der Nachweis, daß Tryptophanmangel wahrscheinlich die Ursache der Pellagra bei einseitiger Maisernährung darstellt und daß Heilung bei Mensch und Tier nicht nur durch Nicotinsäure, sondern auch durch Zufuhr der Aminosäure Tryptophan möglich ist. 1946/47 konnten Rosen, Huff, Perlzweig; Schweigert, Pearson, Wilkening; Sydenstricker, Singal, Briggs, Littlejohn etwa gleichzeitig und voneinander unabhängig nachweisen, daß Tryptophan im tierischen Organismus in Nicotinsäure umgewandelt werden kann. Letzte Erkenntnis macht die engen Beziehungen zwischen Eiweiß- und Vitaminhaushalt besonders deutlich. Bei Ratten (Rosen, Huff und Perlzweig) und auch beim Menschen (Sarett und Goldsmith) werden nach Tryptophanverfütterung die gleichen Substanzen im Harn ausgeschieden wie nach Nicotinsäurezufuhr. Heidelberger und andere zeigten durch isotopenmarkiertes Tryptophan, daß dieses im Körper in Nicotinsäure umgewandelt wird. Trotz erheblicher Fortschritte, die in den letzten Jahrzehnten hinsichtlich des Pellagraschutzstoffes gemacht wurden, bleiben dennoch viele Probleme in der Pellagragenese auch heute noch ungeklärt.

a) Chemie

Die Nicotinsäure (3-Pyridincarbonsäure) $C_6H_5NO_2$ und ihr Amin (Nicotinsäureamid) $C_6H_6N_2O$ haben folgende Strukturformeln:

```
     CH      O              CH      O
HC/    \\C—C//         HC/    \\C—C//
 ||      |   \OH         ||      |   \NH2
HC\     //CH             HC\     //CH
    \N//                     \N//

   Nicotinsäure            Nicotinsäureamid
```

Beide Stoffe bilden farblose Kristalle und sind leicht in Wasser und 96%igem Alkohol löslich; das Amid löst sich außerdem in Aceton (1:20) und in Benzol. Nicotinsäure in Wasser reagiert schwach sauer, sie ist hitze- und alkalibeständig. Nicotinsäureamid ist gegenüber n/10-Salzsäure und n/100-Natronlauge bis zu Temperaturen um 120° C beständig. Beide Stoffe haben etwa gleichen Vitamineffekt. Außer der Nicotinsäure und ihrem Amid besitzen auch einige ihrer Ester und sonstigen Derivate Anti-Pellagrawirksamkeit, so z. B. das bekannte Herz- und Kreislaufmittel Coramin (Nicotinsäurediäthylamid) und andere. (Keine Vitamineigenschaften hat das als Tuberkulosemittel bekannt gewordene Isonicotinsäurehydrazid.)

Physiologisch aktiv von diesen Stoffen ist das Nicotinsäureamid. Es bildet einen Bestandteil der Codehydrase I des Co-Enzyms I, Diphosphorpyridinnucleotid (DPN) oder Co-Zymase und der Codehydrase II, des Co-Enzyms II, Triphosphorpyridinnucleotid (TPN), welches als prosthetische Gruppe für verschiedene Enzymsysteme Bedeutung hat. Beide Co-Enzyme sind wasserlöslich und noch nicht synthetisiert, natürlich findet man sie besonders in der Hefe.

b) Vorkommen

Der Pellagraschutzstoff ist weit verbreitet in Pflanzen- und Tierwelt, meist in Form des Amins und der Codehydrasen I und II. — Leber, Niere, Magerfleisch, Hirn und Gemüse — hiervon besonders Spargel — weiterhin Hülsenfrüchte, Weizen, Gerste, Erdnüsse und besonders Hefe enthalten viel, Milch und Eier relativ wenig von diesem Wirkstoff. Beim Reiskorn ist fast die gesamte darin enthaltene Vitaminmenge in Keimling und Kleie angereichert. — Einige Bakterien können dieses Vitamin synthetisieren. — Beim Kochen gehen normalerweise nur unbedeutende Mengen verloren. Im Handel derzeit erhältliche Präparate sind praktisch ausschließlich synthetischer Herkunft. (Synthese der Nicotinsäure [aus Methylpyridin] wurde bereits 1879 von WEIDEL durchgeführt.)

Mit der Nahrung aufgenommene Nicotinsäure und Nicotinsäureamid werden beim Menschen aus Magen und Duodenum innerhalb weniger Minuten resorbiert, zu Nicotinsäureamid bzw. Codehydrase I und II umgewandelt. Im Blutserum findet man vorwiegend Nicotinsäureamid, in den Zellen hauptsächlich Codehydrase I und II. Der Nicotinsäurespiegel des Blutes schwankt zwischen 0,6 und 0,7 mg-%, $^9/_{10}$ davon befinden sich in den Erythrocyten. Der Blutspiegel ist nahrungsabhängig, Ausscheidung erfolgt über Niere und Darm. Nach ELLINGER, BENESCH und KAY kann Nicotinsäure im Darmtrakt des Menschen synthetisiert werden, bis zu 80% der gefundenen Mengen kann intestinalen Ursprungs sein. Nicotinsäure kann wie Vitamin B_1 und B_2 in keiner lebenden Zelle fehlen; ihre Biosynthese ist bis heute allerdings noch unbekannt. Man nimmt an, daß ihre *Hauptfunktion* in der Beteiligung ihrer Co-Enzyme an fermentativen Prozessen besteht.

c) Bedarf des Menschen

Die genaue Bestimmung des Bedarfs ist unter anderem dadurch erschwert, daß dieser Wirkstoff im Darm synthetisiert und aus Tryptophan gebildet wird, daß er in Form verschiedener Verbindungen im Urin ausgeschieden wird (z. B. N'-Methyl-nicotinamid, N-Methyl-6-pyridon-3-carboxylamid sowie Nicotinursäure, Trigonellin und Chinolinsäure). Bestimmung des Blutspiegels oder Messung der quantitativen Urinausscheidung sind nicht verwertbar. Individuelle Schwankungen z. B. durch resorptionsbehindernde Magen-Darm-Affektionen sind weiterhin zu berücksichtigen.

Da man die Pellagra experimentell unter besonderen Bedingungen am Menschen hervorrufen kann, ergibt sich die Möglichkeit, annähernd zu bestimmen, welche Vitaminmengen das Auftreten von Pellagrasymptomen verhindern. Auf Grund derartiger Untersuchungen nimmt man an, daß das Tagesminimum zwischen 5 und 15 mg liegt. In der Jugend, bei Gravidität und Lactation sowie bei schwerer Arbeit ist der Bedarf gering erhöht.

d) Nachweis und Bestimmung

werden durch chemische und mikrobiologische Methoden geführt. Eine biologische Bestimmung am Säugetier gibt es nicht, da eine völlig eiweißfreie — d.h. tryptophanfreie — Diät nicht durchführbar ist.

Die *mikrobiologischen Methoden* nutzen die Eigenschaft zahlreicher Bakterien aus, daß sie Nicotinsäure, ihr Amid und die Codehydrasen gemeinsam oder nur diesen oder jenen der genannten Stoffe als Wuchsstoff brauchen. Auf diese Weise ist es möglich, die Nicotinsäurederivate isoliert zu bestimmen.

Die *chemischen Methoden* beruhen auf der Königschen Reaktion von Pyridinverbindungen mit 3wertigem Ringstickstoff und Bromcyan; die hierbei entstehenden Derivate des Gentaconaldehyds geben mit aromatischen Aminen intensiv gefärbte Kondensationsprodukte. (Einzelheiten s. im einschlägigen Schrifttum, z. B. bei STEPP, KÜHNAU und SCHRÖDER.)

e) Mangelerscheinungen

sind von keinem anderen Vitamin im dermatologischen Schrifttum so ausführlich und in allen Einzelheiten beschrieben wie bei der Nicotinsäure. — Hier sei verwiesen auf den Band IV/2 dieses Handbuches, S. 378, Kapitel „Die Pellagra" von L. MERK und „Der gegenwärtige Stand der Pellagralehre" von J. JADASSOHN, S. 446. (Der damalige Hinweis zur Literatur S. 545 gilt sinngemäß auch heute für das jetzt hier vorliegende Kapitel.)

Weiterhin sei noch kurz vermerkt: Bei Erstbesprechung des Vitaminkapitels in diesem Handbuch durch PERUTZ (1930) waren Skorbut und Beriberi als Avitaminosen anerkannt. Insbesondere wohl auf Grund der Merkschen Arbeiten wurde aber Einordnung der Pellagra bei den Avitaminosen als sehr fraglich bezeichnet. Die weitere Entwicklung ergibt sich sinngemäß aus dem einleitend zum Pellagraschutzstoff Gesagten (s. S. 408).

α) Pellagra

Eine ausführliche Besprechung der *Pellagra* im Rahmen dieses Vitaminkapitels erübrigt sich im Hinblick auf die oben angeführten Beiträge.

Zur Geschichte dieser Krankheit findet sich schon bei JADASSOHN (Band IV/2) folgende Fußnote: „Sehr interessant ist die Mitteilung Rille's, daß Goethe auf seiner italienischen Reise beim Abstieg am Brenner elende, bräunlich bleiche

Menschen gesehen und das mit Maisernährung in Zusammenhang gebracht hat.“ Zwischenzeitlich hat nun RILLE ausführlich berichtet, wie Goethe 1768 auf der Reise nach Italien die Maisernährung besonders bei der ärmeren Landbevölkerung und hier wieder bei Frauen und Kindern mit der „Pellagra“ in Zusammenhang brachte. Der 1771 von dem Italiener Francesco FRAPOLLI geprägte Name „Pellagra“ ist Goethe allerdings wahrscheinlich zeitlebens unbekannt geblieben. Goethe erkannte: Säuglinge blieben verschont, desgleichen die im Vergleich zur Landbevölkerung besser gestellte Stadtbevölkerung. Die Bemerkung „über die großen Herren, die den Landleuten ihr sauer verdientes Geld wieder abnehmen“, sprach nach RILLE für Durchschauung der „bedenklichen sozial-ökonomischen Seite des Pellagra-Problems“.

Besonders hoch war die *Pellagramorbidität* stets in Kriegs- und Nachkriegseiten. So erreichte sie nach 1930 neue Gipfel im spanischen Bürgerkrieg 1937 bis 1939 sowie in den Kriegsgefangenenlagern, besonders den fernöstlichen, des zweiten Weltkrieges (1939—1945), sowie zum Teil in Mitteleuropa während und nach dem zweiten Weltkrieg. In Madrid z. B. betrug im Oktober 1938 die tägliche Kost nur 800—1000 cal, die etwa 15 g ausschließlich pflanzliches Eiweiß enthielten. Während des spanischen Bürgerkrieges wurden etwa 30000 Pellagrafälle beobachtet, von denen ein großer Teil erfolgreich mit Nicotinsäure behandelt wurde (GRANDE, PERAITA, JIMINEZ). In Griechenland sah man zur Zeit der deutsch-italienischen Besetzung im zweiten Weltkrieg Pellagra gehäuft und meist in Kombination mit Eiweißmangelödemen (PERAKIS, BAKALOS). Über Mangelsymptome in Wien und Deutschland berichten COLLINS bzw. KRAUTWALD. In normalen Zeiten sind in den zivilisierten Ländern die Pellagraerkrankungen relativ selten. BEAU, VILTER und BLANKENHORN fanden nach 1940 in einigen amerikanischen Krankenhäusern keine Pelllgrakranken mehr, während noch einige Jahre vorher etwa 1% der stationären Patienten an Pellagra litt. Dennoch ist die Pellagra von allen Avitaminosen in zivilisierten Ländern auch heute noch häufigste Todesursache.

Nach einem Bericht des U.S. Census Bureau für 1939 (s. Tabelle 5) starben Avitaminosekranke in den Vereinigten Staaten von Nordamerika überwiegend an der Pellagra.

Tabelle 5
Sterbeziffern an Avitaminosen in den USA

	1934	1935	1936	1937	1938
Beriberi	5	7	11	21	42
Skorbut	36	30	33	27	30
Rachitis	292	261	270	235	244
Pellagra	3602	3543	3740	3258	3205

Primäre Pellagra ist in den letzten Jahren in Deutschland extrem selten, man sieht sie praktisch ausschließlich bei Geisteskranken, die die Nahrung verweigern, bei Ernährungspsychopathen, bei Süchtigen, Alkoholikern, sozial Entgleisten und hilflosen alten Menschen.

Sekundäre Pellagra infolge von Resorptions- oder Verwertungsstörungen kommen noch vor bei chronischen Magen- und Darmerkrankungen, Sprue, Cöliakie, chronischen Diarrhoen, Darmparasitismus, ausgedehnten Carcinomen und Resektionen im Magen-Darmtrakt.

Die *klinischen Symptome der Pellagra* seien noch einmal kurz zusammengefaßt. Bei voller Ausprägung sind 3 wesentliche Symptomgruppen zu unterscheiden:

a) am Nervensystem;
b) am Magen-Darmtrakt;
c) an der Haut.

Jede einzelne Symptomgruppe kann auch isoliert oder mit nur einer anderen kombiniert vorkommen.

Prodromalsymptome sind Schlaflosigkeit oder Schläfrigkeit, Appetitlosigkeit oder Heißhunger, Kopfschmerzen, Schwindel, Gewichtsabnahme, allgemeine Schwäche, Muskelschmerzen und -krämpfe, Paraesthesien, Hitzegefühl und Brennen in der Haut (besonders an Handtellern und Fußsohlen ?), Lichtscheu, Nervosität und Vergeßlichkeit, ja Ideenflucht, Angst, melancholische Verstimmungen, Wahnideen.

Meist machen in der Entwicklung des Krankheitsbildes nervöse Erscheinungen den Anfang; zu den *Symptomen am Nervensystem* gehören die meisten der als Prodromalsymptome genannten, weiterhin an psychischen, Apathie, Stupor, Halluzinationen, Demenz; an spinalen Symptomen, Ataxie, spastische Zustände, Reflexstörungen, Neuritis und andere. Der Liquor ist nicht pathologisch verändert.

Die *Symptome am Magen- und Darmtrakt* beginnen meist mit Appetitlosigkeit oder Heißhunger, später zeigen sich wäßrig-schleimige Durchfälle, manchmal mit Blutbeimengungen. Die Darmwand, vor allem die des Colons, ist verdickt, hyperämisch, stellenweise mit Pseudomembranen bedeckt. Im Magensaft zeigt sich eine histaminrefraktäre Achylie, im Duodenalsaft ein Verminderung der Pankreasfermente.

Die *Symptome an der Haut und Mundschleimhaut* beginnen sichtbar — die Gefühlsstörungen wurden bei den Prodromalsymptomen erwähnt — mit der Bildung von erythematösen Hautveränderungen, vorwiegend an den frei getragenen Körperregionen, Handrücken (Pellagrahandschuh), unteres Drittel der Vorderarme, Gesicht, Hals (Casalsches Halsband) und Fußrücken. Seltener und bevorzugt bei ausgeprägten Krankheitsfällen finden sich Hauterscheinungen in der Genito-Analregion. Weiterhin sieht man sie an beliebigen anderen Stellen. Hautgebiete, die vermehrter mechanischer Reizung ausgesetzt sind, z. B. Ellenbogen, werden häufiger betroffen. Die Erytheme sind meist scharf begrenzt, von bräunlichroter oder lividroter Farbe, gelegentlich zeigt sich Blasenbildung; die Kranken empfinden meist einen brennenden oder juckenden Schmerz. Die Haut ist verdickt, mit der Abheilung kommt es zu mehr oder minder dunkler Pigmentierung, Schuppung und Rhagadenbildung. Die Hautveränderungen treten vorzugsweise im Frühjahr, seltener im Sommer und Herbst auf. Im Laufe des Sommers oder Herbstes kommt es zur spontanen Abheilung, in progredienten Fällen zu Marasmus und Tod.

Gleichzeitig und auch unabhängig von den Hautveränderungen können Mundschleimhautveränderungen auftreten. Sie beginnen meist mit Schwellung und Rötung der Zungenspitze, dann der Zungenränder, der ganzen Zunge und der übrigen Mundschleimhaut. Der Kranke empfindet Brennen, meist komplizieren schmerzhafte, flache, blaßgraue Geschwüre der Zungen-, Lippen- oder Wangenschleimhaut das Krankheitsbild. Pharynx und Oesophagus werden mitbetroffen. In den späteren Stadien ist die Zunge dann rot, glatt, atrophisch. (Mangel an verschiedenen Vitaminen des B-Komplexes ?)

β) Therapeutische Anwendung des Nicotinsäureamids bei der Pellagra

Nach derzeitiger Auffassung soll nur etwa $^1/_3$ des menschlichen Nicotinsäurebedarfs durch Nicotinsäure oder Nicotinsäureamid selbst gedeckt werden können, $^2/_3$ müssen durch tryptophanhaltiges Eiweiß gedeckt werden. Das heißt, außer dem Nicotinsäureamid muß biologisch hochwertiges Eiweiß zugeführt werden.

Hinsichtlich der pellagraerzeugenden Wirkung des Maises wird deshalb zur Zeit folgende Auffassung vertreten: Maiseiweiß ist tryptophanfrei, enthält aber relativ viel Nicotinsäure, welche den Tryptophanmangel ausgleichen könnte. Unvollständige Aminosäuregemische oder atypisch gebaute Proteine, z. B. des tryptophanfreien Maiseiweißes, führen aber weiterhin zu starker Erhöhung des Nicotinsäurebedarfs. Wird also bei einseitiger Maisnahrung nicht relativ viel hochwertiges tierisches Eiweiß zugeführt, so kommt es zum Nicotinsäuremangel, zur Pellagra.

Die Existenz eines Nicotinsäureantagonisten im Mais ist bisher nicht bewiesen. Sein Nachweis ließe die Mais-Pellagra zwangloser erklären.

Die zweite Form der primären Pellagra, *die Hungerpellagra*, beruht vor allem auf dem weitgehenden oder völligen Fehlen von Nahrungseiweiß überhaupt. Bei den sekundären Pellagraformen dominieren wohl die durch Resorptionsstörungen vor den zum Teil, im einzelnen noch nicht geklärten Verwertungsstörungen.

Die sich hieraus ergebenden *therapeutischen Konsequenzen* sind: Vorsichtig dosierte optimale Ernährung mit ausreichendem Anteil an tierischem Eiweiß, Nicotinsäureamid 0,2—0,5 g täglich; bei sekundären Formen ist parenterale Zufuhr zu empfehlen. Zusätzliche Anwendung von Magen- und Pankreas-Fermentpräparaten ist besonders dann zu empfehlen, wenn nicht bereits nach wenigen Behandlungstagen eindeutige Besserung eintritt. Mischformen erhalten zusätzlich Vitamin B-Komplexpräparate.

Die *Prognose* hängt von der Frühdiagnose bzw. der Schwere des Krankheitsfalles ab. Frühzeitige Behandlung läßt folgenlose Heilung erwarten. Irreversible Schäden kennt man besonders am Zentralnervensystem und Magen-Darmtrakt.

Die *Prophylaxe* ergibt sich sinngemäß: Ausreichende Ernährung mit einem optimalen Eiweiß- und Vitamingehalt durch Besserung der sozialen Struktur und Aufklärung der Bevölkerung in den Pellagragebieten*.

f) Andere Formen der Nicotinsäureavitaminose

soll es neben der Pellagra mit ihren Nerven-, Haut- und intestinalen Symptomen noch besonders am Zentralnervensystem geben, so die

α) Nicotinsäuremangel-Encephalopathie („Akute Aniacinose")

Bei dieser Krankheit sollen mehr oder minder akut Apathie, Stupor, Koma, Verwirrung mit und ohne Halluzinationen auftreten, die zum Teil durch Gaben von mehrfach täglich 100 mg Nicotinsäureamid oft schlagartig in Stunden oder Tagen gebessert werden (JOLLIFFE und BOWMAN, GOTTLIEB; SMITH und WOODRUFF; GRAVES). Man nimmt an, daß dieses Krankheitsbild im wesentlichen identisch ist mit der von MANSON-BAHR als „Pellagratyphus" bezeichneten foudroyanten Verlaufsform der Pellagra. Sie soll dann auftreten, wenn bei schon lange bestehendem Nicotinsäure- und Tryptophandefizit der Nahrung, eine plötzliche extreme Steigerung des Nicotinsäurebedarfs eintritt, z. B. nach hochfieberhaften Infektionen, schwerer körperlicher Arbeit bei großer Hitze, hochgradigem Alkoholabusus und anderem. Unbehandelt verläuft diese schwerste überhaupt bekannte Form des Nicotinsäuremangels meist tödlich. Teilweise wird allerdings auch die Auffassung vertreten, daß es sich bei den schlagartigen Besserungen nach Nicotinsäureamidgaben nicht um einen Vitamineffekt, sondern um einen pharmakodynamischen Nicotinsäureamideffekt handelt. Man wird die endgültige Beurteilung abwarten müssen.

β) Schwarze Haarzunge (Black tongue, Schwarzzungenkrankheit)

Dieses Symptom wurde bei Hunden von ELVEHJEM, MADDEN, STRONG und WOOLLEY als durch Nicotinsäureamid beeinflußbar erkannt. Es kommt vor bei diesen Tieren mit Symptomen, die denen der menschlichen Pellagra ähnlich sind

* Hinsichtlich der Pellagra sei nochmals auf die umfassenden Darstellungen von L. MERK und J. JADASSOHN in Band IV/2 dieses Handbuches verwiesen.

(Hautveränderungen, Stomatitis, Glossitis, Durchfälle und anderes). — Bei der Pellagra des Menschen wurde ein derartiges Symptom bisher jedoch niemals nachgewiesen (Leipold).

Doxiades und Tiliakos beschrieben 1948 das Auftreten von „Schwarzen Haarzungen“ beim Menschen infolge chronischen B-Vitaminmangels, sie sahen schnelle Heilung nach Nicotinsäureamid und Vitamin B-Komplexgaben. Sie betonen, daß man dieses Symptom bei der experientmell am Menschen ausgelösten Pellagra nicht sieht und man es auch nicht in den Hungerjahren 1941/42 in Griechenland sah. Exogene Faktoren, Stoffe, Bakterien, Pilze und anderes glauben Verfasser durch promptes Ansprechen auf die Vitamintherapie ausschließen zu können. — Das Krankheitsbild bedarf hinsichtlich systematischer Einordnung weiterer Abklärung.

Als *Pellagroide* bezeichnete man früher im wesentlichen „abortive Pellagraformen“, bei denen nicht Haut-, Nerven- und Magen-Darmsymptome gleichzeitig vorkamen, andererseits Fälle von sekundärer Pellagra. Die Nomenklatur ist zur Zeit noch nicht einheitlich. Ein selbständiges Krankheitsbild liegt nicht vor.

g) Weitere therapeutische Anwendung des Nicotinsäureamids

Neben den Vitamineigenschaften hat das Nicotinsäureamid eindeutige *pharmakodynamische Eigenschaften*. So bewiesen Schuppli und andere, daß es die Kontraktion der glatten Muskulatur verschiedener Organe, auch der Gefäße, löst. Daß diese Wirkung beim Menschen tatsächlich eintritt, sieht man nach Schuppli „bei jeder intravenösen Injektion von mehr als 200 mg Nicotinsäureamid, indem es kurze Zeit nach der Injektion zu einem intensiven Wärmegefühl und einer Hautrötung im Gesicht kommt“. — Beau und Spies berichten, daß die Hauttemperatur um 1,5° C ansteigen kann.

Ob die im weiteren von vielen Autoren mitgeteilten Behandlungserfolge mit Nicotinsäureamid bei unterschiedlichen Dermatosen auf einem substitutiven Vitamineffekt, einer pharmakodynamischen Wirkung des Nicotinsäureamids oder sonstigen Faktoren beruhen, kann heute noch nicht entschieden werden. Für Gefäßerkrankungen, z. B. Pernionen, nimmt Schuppli günstige Beeinflussung durch pharmakodynamischen Effekt an. Nach Alechisky hat das Nicotinsäureamid im Tierversuch auch eine eindeutige *Antihistaminwirkung*.

h) Durch Nicotinsäureamid-Zufuhr günstig beeinflußbare Dermatosen

Erythematodes (E. Keining [kombiniert mit einem Sulfonamid], W. Kühnau, Ferreira-Marques, Pezold [in Kombination mit Lactoflavin], Gougerot, Burnier und Carteaud und andere); multiforme Erytheme (Keining und Oldach); Lichen ruber (Ferreira-Marques); Dyshidrose (Keining und Oldach); Sulfonamidexantheme (Gaviati); Erythema induratum Bazin, tuberkulöse Adenopathien, Erythrocyanosis bei Frostzuständen und gewissen erythrocyanotischen Ödemen, jede Form des Pruritus mit Ausnahme des Analpruritus, urticarielle Erythrodermien, Lupus vulgaris (Ferreira-Marques). Leipold bestätigt „eine überraschend schnelle Beeinflussung eines Lupus vulgaris“, der vorher vielmonatiger Vorbehandlung mit Vitamin D und einem Tuberculostaticum getrotzt hatte; Frostbeulen (Courlay, Schuppli). Riehlsche Melanose (Riehl, Bohnstedt — letzter behandelte in Kombination mit Vitamin C und Cortiron und sah weniger eindrucksvolle Erfolge als bei der Pellagra —, Langer und Skrizipek denken bei der Riehlschen Melanose in erster Linie an eine Eiweißmangelstörung mit gleichzeitiger Beeinträchtigung des Vitaminhaushalts). Asthma, Heuschnupfen, Urticaria, Prurigo (Alechisky); Juckreiz und allergische

Erkrankungen (DAINOW; Effekt wird auf Antihistamineigenschaften zurückgeführt; gleiche Anschauungen vertreten SCHUSTER und HOPF); Urticaria (CHAMBERS und andere; in Kombination mit Calciumlactat); nervös-toxische oder durch Stoffwechselstörungen bedingte Ekzeme (SCHOLTZ); Berufsekzeme (HÜLLSTRUNG, SCHOLTZ); Serumkrankheit (KRAUSE, LAPP); Lichtdermatosen unterschiedlicher Art (JAUSION, BOHNSTEDT, BRETT, BURCKHARDT, GOUGEROT, KEINING, KIMMIG, W. KÜHNAU, LEIPOLD und andere).

KEINING sowie RITTER machten wohl zuerst auf die günstige Wirkung des Nicotinsäureamids bei Lichtdermatosen aufmerksam. In einer grundlegenden Arbeit gemeinsam mit OLDACH diskutiert KEINING Beziehungen zur Pellagra, die ihn zu den Behandlungsversuchen veranlaßten.

Dyssebacia (Entwicklung von Talgpfröpfen in den erweiterten Talgdrüsenausführungsgängen — bei Pellagra und Ariboflavinose) JEGHERS (als Gesamt B-Avitaminose aufgefaßt); angiospastische und endarteriitische Prozesse (ZELLWEGER und ADOLPH); Ergotismus (THOMPSON und andere).

Weiterhin seien genannt Migräne, Kopfschmerzen nach Lumbalpunktionen, Menière-Syndrom, Angina pectoris, Frostschäden unterschiedlicher Art.

Auch lokale Anwendung des Nicotinsäureamids in Salbenform wurde ohne nachhaltigen Erfolg bei unterschiedlichen Hautkrankheiten versucht.

Als *therapeutische Dosen* werden 200—500 mg täglich bei einer optimalen Tagesdosis von 15—20 mg (SCHUPPLI) genannt. — FERREIRA-MARQUES dosiert bis zur Tagesgrenzdosis von 1,5 g Nicotinsäureamid auf 10 kg Körpergewicht. (!) Diese extrem hohen Dosierungen haben sich bisher in der Praxis nicht durchgesetzt.

i) Nebenerscheinungen

Eine *Nicotinsäureamid-Hypervitaminose* ist nicht bekannt. Allerdings kommen bei protrahierter hoher Dosierung Störungen im Vitamingleichgewicht des B-Komplexes vor. Aus den Erfahrungen bei der therapeutischen Anwendung des Nicotinsäureamids weiß man, daß durch Übersättigung des Körpers mit Nicotinsäureamid Müdigkeit, schlechter Appetit, Erbrechen, Schwindelanfälle, Magenschmerzen, Durchfälle, Speichelfluß und metallischer Geschmack hervorgerufen werden können (LEIPOLD). Diese Symptome bilden sich aber einige Tage nach Absetzen der Behandlung völlig zurück. An die akut nach intravenöser Injektion von 200 mg und mehr Nicotinsäure — durch pharmakodynamische Wirkung auf die Gefäßmuskulatur — auftretenden Erytheme, die oft als recht unangenehm empfunden werden, sei nochmals erinnert.

4. Vitamin B_6-Gruppe

(Pyridoxin, Pyridoxal, Adermin, Pyridoxamin)

1925 hatte GOLDBERGER die „Rattenpellagra" als Mangelkrankheit erkannt. 1935 stellten BIRCH, v. SZENT-GYÖRGY und HARRIS fest, daß diese Krankheit — man hielt sie für ein Analogon zur menschlichen Pellagra — nicht durch den Pellagraschutzstoff, sondern durch einen anderen bis dahin unbekannten Wirkstoff, das Vitamin B_6, hervorgerufen werde. (Als Vitamin B_3, B_4 und B_5 waren nur ungenau bekannte Wachstumsfaktoren für Taube und Ratte bezeichnet worden, die für den Menschen entbehrlich sind.) Der Name Adermin beruht auf der ursprünglichen und unrichtigen Annahme, es handele sich um ein Vitamin mit reiner Hautwirksamkeit. Heute nehmen wir an, daß Pyridoxin, Pyridoxal und Pyridoxamin gemeinsam Vitamin B_6-Wirksamkeit haben.

a) Chemie

Pyridoxin wurde 1938 von KUHN und WENDT; DALMER; KERESZTESY, STEVENS und etwas später durch v. SCHOOR in kristalliner Form gewonnen. Die Synthese gelang 1939 etwa gleichzeitig KUHN, WENDT, WESTPHAL sowie HARRIS, FOLKERS. Pyridoxin als Chlorhydrat hat die Bruttoformel $C_8H_{12}NO_3Cl$ und ist das Salz einer Base $C_8H_{11}NO_3$, die die Struktur eines 2-Methyl-3-oxy-4,5-bis-(Oxymethyl)-pyridins hat.

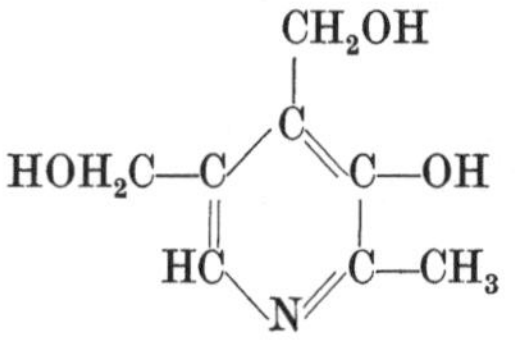

```
            CH2OH
              |
              C
            /   \\
HOH2C—C           C—OH
          ||        |
         HC         C—CH3
            \\    //
              N
```

Pyridoxin

Das Vitamin als Hydrochlorid ist leicht in Wasser, mäßig in Alkohol löslich, optisch inaktiv, beständig gegen Hitze, Säuren und Basen, unstabil gegen Licht.

Das Pyridoxal konnte bisher nicht kristallisiert erhalten werden, als Pyridoxalphosphat stellt es das Coferment der Transaminasen und Decarboxylasen dar.

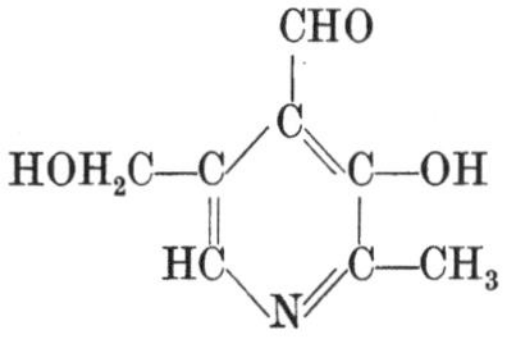

```
            CHO                                  CH2NH2
             |                                     |
             C                                     C
           /   \\                                 /   \\
HOH2C—C          C—OH              HOH2C—C          C—OH
         ||        |                          ||        |
        HC         C—CH3                     HC         C—CH3
           \\    //                             \\    //
             N                                    N
```

Pyridoxal 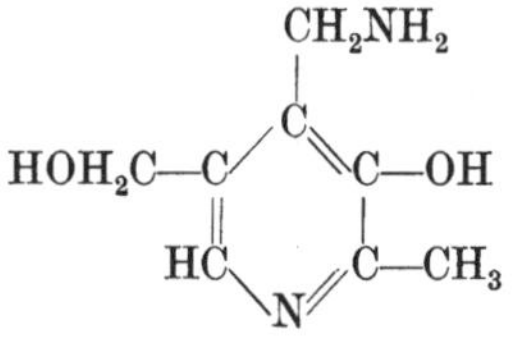   Pyridoxamin

b) Vorkommen, Bedarf und Funktion

Vitamin B_6 ist in der Natur weit verbreitet, besonders reich in tierischen Organen, Leber, Niere, Muskel, Milz, Gehirn, weiterhin in Hefe, Eigelb, grünen Pflanzenteilen, Früchten und Wurzeln. In tierischen Quellen findet sich hauptsächlich Pyridoxal und Pyridoxamin, in pflanzlichen zusätzlich und in meist geringeren Mengen auch Pyridoxin.

Als Coenzym ist es an der Transaminierung und Decarboxylierung von Aminosäuren sowie an Synthese und Abbau des Tryptophans beteiligt. Für Ratten, junge Hühner und Hunde ist es lebenswichtig. Sein Fehlen macht dort typische Veränderungen, z. B. Rattenpellagra (s. oben).

Der *Bedarf des Menschen* läßt sich schwer genau bestimmen, da dieses Vitamin in besonders hohem Maße von den Darmbakterien synthetisiert wird. Man nimmt einen Tagesbedarf von etwa 5 mg an, er schwankt mit der Höhe der Eiweißzufuhr.

Als *Nachweis- und Bestimmungsmethoden* stehen biologische und chemische zur Verfügung. Als biologische seien genannt: Rattenversuche sowie mikrobiologische Tests mit Lactobacillus helveticus (L. casei) Streptococcus faecalis und S. Carlsbergensis. Die chemischen Methoden sind heute vorwiegend auf der Diazo- und der Indophenolreaktion des Pyridoxins aufgebaut. Sie erlauben keine genaue Trennung der bisherigen 3 Vitaminkomponenten. Neuerdings versucht man durch Belastung des Organismus mit Tryptophan und Messung der Xanthurensäureausscheidung zu Rückschlüssen auf den Vitamin B_6-Haushalt des Menschen zu kommen (MASKE, WACHSTEIN und andere).

c) Vitamin B_6-Mangelkrankheiten

am Menschen sind in ausgeprägter Form, besonders an der Haut, bisher nicht bekannt. SYDERMAN, CARRETERO und HOLT konnten in einem Fall durch 130tägige Vitamin B_6-freie Ernährung bei einem Menschen eine hypochrome Anämie erzeugen. — Durch Injektion des Antivitamins Desoxypyridoxin konnte anguläre Stomatitis mit Hautveränderungen um Mund, Nase und Augenwinkel erzielt werden.

SINCLAIR fand durch Vitamin B_6-Gaben eine günstige Beeinflussung der Hyperemesis gravidarum und des Röntgenkaters. THEDERING hält das Tuberkulosemittel Isonicotinsäurehydracid für ein Antivitamin B_6 und führt die Nebenwirkungen der Isonicotinsäurehydrazid-Therapie auf Vitamin B_6-Mangel zurück.

Vitamin B_6 soll in der Pathogenese der seborrhoischen Hauterscheinungen eine wesentliche Rolle spielen (JEGHERS). Mehrere Fälle von hartnäckiger Acne vulgaris sollen durch Vitamin B_6-Gaben geheilt worden sein, desgleichen sollen Versuche bei der Rosacea (TULIPAN) günstig ausgefallen sein. SCHULZE betont aber, daß diese Indikationen noch der Bestätigung bedürfen. SCHÜLER glaubt, daß frühzeitige Anwendung das Ergrauen der Haare verhütet. — Als optimale Tagesdosis werden Mengen von 0,5—5 mg angenommen. Als therapeutische Tagesdosen gelten 50—100 mg.

Eine klare dermatologische Indikation hat sich das Vitamin B_6 bisher — bei nicht abgeklärter Anfangsentwicklung — noch nicht erworben.

Nebenwirkungen oder Hypervitaminoseerscheinungen sind für diese Wirkstoffgruppe bisher nicht bekannt geworden.

5. Pantothensäure

1933 konnte WILLIAMS die Pantothensäure aus Säugetierleber isolieren. 1938 erkannte er ihren Vitamincharakter. 1940 gelang dann WILLIAMS und MAJOR, die Konstitution der Pantothensäure aufzuklären, anschließend konnten KUHN, WIELAND, REICHSTEIN, GRUSSNER; STILLER u. Mitarb.; WEINSTOCK u. Mitarb. die Synthese durchzuführen. 1946 machten LIPMAN und KAPLAN die Entdeckung, daß die Pantothensäure in gebundener Form als Coenzym A, die Funktion der Co-Acetylase besitzt, somit als Coferment eines für die Bildung und Umsetzung der Essigsäure in jedem lebenden Organismus unentbehrlichen Enzymsystems fungiert.

a) Chemie

Die Pantothensäure hat die Bruttoformel $C_9H_{17}NO_5$, sie bildet ein blaßgelbes, viscöses Öl und kristallisiert auch bei tiefer Temperatur nicht. Sie löst sich leicht in Wasser und Alkohol, nicht in Benzol oder Chloroform, ist unstabil gegen Säuren, Basen und Hitze, dagegen ist sie beständig gegen Licht.

Ihre Strukturformel ist:

$$HOH_2C-\overset{\overset{\displaystyle CH_3}{|}}{\underset{\underset{\displaystyle CH_3}{|}}{C}}-CHOH-CO-NH-CH_2-CH_2-COOH$$

Pantothensäure

Im Handel ist das wasserlösliche, hitzestabile Calciumsalz gebräuchlich.

b) Vorkommen, Bedarf und Funktion

Pantothensäure ist ein ubiquitär vorkommender Stoff, der von jeder lebenden Zelle benötigt wird. Sie findet sich in größeren Mengen im Pflanzen- und Tierreich, so in Hefe, Reis- und Weizenkleie, Erdnußmehl, Leber, Niere, Eigelb, Milch und grünem Gemüse. Pantothensäure kann von Pflanzen, einigen Mikroorganismen und von Nagetieren — wahrscheinlich mittels der Darmflora — synthetisiert werden. Die biochemische Funktion ist noch nicht abgeklärt, Beteiligung als Coferment eines Enzymsystems (s. oben) gilt als gesichert.

Der Bedarf des Menschen ist schwer genau zu bestimmen, da auch die Darmbakterien den Wirkstoff synthetisieren; man schätzt ihn auf 2—5 mg pro Tag. Als Bestandteil mehrerer Coenzyme ist dieses Vitamin für den Zellstoffwechsel unentbehrlich.

Nachweis- und Bestimmungsmethoden. Biologische Methoden stehen im Vordergrund, mikrobiologische mit Lactobacillus helveticus (L. casei) oder L. arabinosus; sonst Küken- oder Hefewachstumstest (s. einschlägiges Schrifttum).

c) Pantothensäuremangelsymptome

sind beim Tier recht gut bekannt. So sind bei der Ratte zu nennen: Haarergrauen, Blutungen in die Nebennieren, Atrophie der Darmmucosa und Duodenalulcera (letzte bei etwa 60% der Versuchstiere). Bei Küken kommt es zu dermatitischen Hautveränderungen.

Ähnliche Symptome sind bisher am Menschen durch entsprechenden Vitaminmangel experimentell noch nicht erzeugt worden.

Dennoch liegen Berichte vor über das Auftreten von Mangelsymptomen in fernöstlichen Kriegsgefangenenlagern, so das „burning-feet-Syndrom", welches mit Pantothensäuremangel in ursächlichen Zusammenhang gebracht wird. Auch das „paraesthetisch-kausalgische Syndrom", welches im spanischen Bürgerkrieg in Madrid beobachtet wurde, wird auf Pantothensäuremangel zurückgeführt (Peraita). In der überwiegenden Mehrzahl der beschriebenen Fälle dürfte es sich aber nicht um isolierte Pantothensäuremangelzustände, sondern um gleichzeitige extreme Mangelernährung allgemein gehandelt haben.

Weitere therapeutische Indikationen für Pantothensäure sind nach Hoesch, Marchionini und Nasemann Porphyrinurien verschiedener Genese; nach Glanzmann gestörter Haarwuchs bei Myxödemkindern, hier in Kombination mit einem Schilddrüsenpräparat; letztes allein soll den Haarwuchs nicht normalisiert haben. Nach Hoesch, Hagermann und Gsell wird der menschliche Haarwuchs durch mehrmonatige innerliche und äußerliche Anwendung von Pantothensäure gefördert. Marchionini und Nasemann allerdings sahen „bei den verschiedensten Formen der Alopecie niemals eindrucksvolle positive Ergebnisse". Die letzte Auffassung ist weit verbreitet, so stellt Schulze fest: Haarausfall und Ergrauen der Haare werden beim Menschen durch Pantothensäure nicht beeinflußt. Sutton meint, der Wert als Antigraufaktor sei hochgradig zweifelhaft.

Brett wies günstige Beeinflußbarkeit von Eczema solare, Erythematodes und multiformen Erythemen durch Kombination von Pantothensäure mit Nicotinsäureamid und Folsäure nach. — Eine Reihe weiterer im Schrifttum verzeichneter Indikationen, wie z. B. Noma, Herpes labialis, Ulcus cruris, Wunddiphtherie, Paradentose, tuberkulöse Ulcera seien nur der annähernden Vollständigkeit halber genannt.

Lokal angewandt ist dieser Wirkstoff nach Marchionini und Nasemann gelegentlich bei Verbrennungen und Cheilitis exfoliativa indiziert. Matanic sah günstige Wirkungen bei Brand- und Ätzwunden durch gleichzeitige lokale und innerliche Pantothensäurebehandlung.

Die therapeutische Dosis wird (bei einem Tagesnormalbedarf von 2—5 mg) mit 100—500 mg pro Tag angegeben.

Nebenwirkungen oder Hypervitaminoseerscheinungen wurden bisher nicht bekannt.

6. Folsäurereihe

(p-Aminobenzoesäure; Folsäure [Pteroylglutaminsäure]; Leukovorin [Citrovorumfaktor])

p-Aminobenzoesäure

Bei den Versuchen zur Aufklärung der Wirkungsweise der Sulfonamide ergab sich ein bis dahin nicht bekanntes Wirkungsprinzip. (1939/40 fanden mehrere Forschergruppen (Stamp; Woods-Fildes, Rubbo-Gellespie), daß Bakterien und Hefeextrakte die Fähigkeit besitzen, die bakteriostatische Wirkung des Sulfanilamids gegenüber Streptokokken aufzuheben. Das wirksame Agens war die längst bekannte p-Aminobenzoesäure. Diese Substanz erwies sich als ein nicht nur für Bakterien, sondern auch für niedere und höhere Pflanzen unentbehrlicher Wuchsstoff vom Charakter eines B-Vitamins. Da es natürlich meist mit dem Biotin (Vitamin H) gemeinsam vorkommt, nannte man es zunächst Vitamin H'. Diese Bezeichnung wurde inzwischen wieder verlassen.

Die Wirkung der Sulfonamide deutete man derart, daß diese den für die Bakterienzelle unentbehrlichen Wuchsstoff p-Aminobenzoesäure verdrängen.

Bei Ratten ist p-Aminobenzoesäure unentbehrlich für normale Pigmentierung, bei Küken für normales Wachstum. Über die Funktion beim Menschen ist nichts Sicheres bekannt.

a) Chemie

Die Summenformel ist $C_7H_7O_2N$, Strukturformel hat folgendes Bild:

```
          CH=CH
NH2—C<         >C—COOH
          CH—CH
```

p-Aminobenzoesäure

Die p-Aminobenzoesäure bildet farblose, bei Lichteinwirkung allmählich gelb werdende Kristalle, die bei Zimmertemperatur mäßig, bei Siedehitze gut in Wasser löslich sind. Wäßrige Lösungen zersetzen sich schon bei neutraler Reaktion, wenn sie längere Zeit der Wirkung des Luftsauerstoffs ausgesetzt sind.

Den Dermatologen interessiert die p-Aminobenzoesäure als Substanz auch deshalb besonders, weil sie eine scharf begrenzte Absorption im Ultraviolett, mit einem steilen Maximum bei 267 mμ aufweist. Sie findet deshalb — auch ihre Derivate — Verwendung in Lichtschutzmitteln (s. Kimmig und Wiskemann, Kapitel Lichtbiologie und Therapie, Band V/2, S. 1021).

b) Vorkommen

p-Aminobenzoesäure kommt frei oder gebunden in allen pflanzlichen oder tierischen Geweben vor, reichlich in Hefe, Leber, Weizenkeimlingen, Spinat, Haferflocken, Ei und Milch.

Nachweis und Bestimmung erfolgt mit mikrobiologischen Methoden.

Über den *Bedarf des Menschen* ist nichts Sicheres bekannt, desgleichen kennt man *keine Mangelsymptome beim Menschen.*

Dennoch fand dieser Stoff *therapeutische Anwendung*, z. B. zur Bekämpfung von Rickettsien. Die modernen Antibiotica haben diese Indikation allerdings weitgehend verdrängt. Weiterhin wurde p-Aminobenzoesäure kombiniert mit Cortison gegeben, da ein synergistischer Effekt (BORRIT und STUMPE) festgestellt wurde. Dieser sollte die Möglichkeit zur Reduzierung höherer Cortisondosen geben. Diese Indikation hat sich aber nicht allgemein durchgesetzt.

Weiterhin wurde über Heileffekte bei Dermatitis herpetiformis, Dermatomyositis, Sklerodermie, Lupus erythematodes berichtet. Allgemeine Anerkennung fanden diese Indikationen bisher ebenfalls nicht. Die Dosierung wird recht unterschiedlich angegeben mit 1—30 g täglich. (Niedrige Dosen zur Dauerbehandlung, hohe zur Stoßbehandlung.)

Nebenwirkungen oder *Hypervitaminoseerscheinungen* sind nicht bekannt.

Die *Verwendung der Substanz als äußerliches Lichtschutzmittel* (ROTHMAN, KIMMIG und andere) hat sich bewährt.

Folsäure (Pteroylglutaminsäure)

Folinsäure [Citrovorumfaktor, (Leukovorin)]

MITCHEL, SNELL und PETERSON gewannen 1941 eine vitaminartige Substanz aus Spinatblättern, die sie „Folsäure" nannten. STOKSTAD isolierte 1943 eine ähnlich wirksame Substanz aus Hefe und Leber, in den folgenden Jahren wurden noch weitere ähnlich wirksame Stoffe entdeckt. Als Folsäure bezeichnete man dann die Pteroylglutaminsäure. — Es ergab sich, daß dieses Vitamin das Ringsystem des Pteridin, dessen Vorkommen in Insektenfarbstoffen SCHÖPF 1933 schon nachgewiesen hatte, in Verbindung mit p-Aminobenzoesäure und Glutaminsäure enthält. — Die heute übliche klinische Bezeichnung Folsäure bezieht sich auf eine Stoffgruppe, deren Beziehungen untereinander noch nicht restlos geklärt sind. Vielleicht haben einige dieser Substanzen Provitamincharakter und nur eine oder zwei Vitamincharakter. Zu den letzten zählt wahrscheinlich der von SAUBERLICH und BAUMANN 1948 beschriebene Citrovorumfaktor (Leukovorin). Man nimmt heute an, daß er der hauptsächlichste oder sogar eigentliche Wirkfaktor der Folsäuregruppe bei Menschen und Säugetieren ist. Viele Fragen sind aber noch offen.

a) Chemie

Die *chemische Strukturformel* der Pteroylglutaminsäure N-[4-(2-Amino-6-ocypteridyl-8-methyl)-aminobenzoyl]-l-glutaminsäure, Summenformel $C_{19}H_{19}O_6N_7$, ist nachfolgend wiedergegeben:

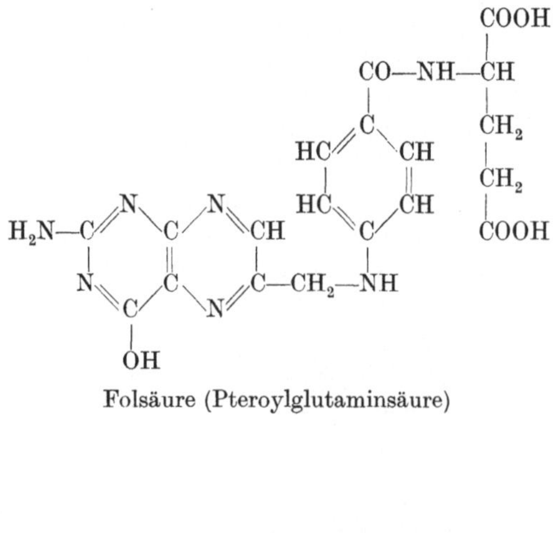

```
                                                      COOH
                                                       |
                                           CO—NH—CH
                                            |          |
                                            C         CH2
                                       HC//  \CH       |
                                         |    ||      CH2
            N      N               HC    CH       |
   H2N—C//  \C/  \\CH             \\C/         COOH
        |      ||     |                |
        N\\   C\   //C—CH2—NH
           C/    \N/
           |
           OH
```

Folsäure (Pteroylglutaminsäure)

Der Citrovorumfaktor — 7-Formyl-7,8,9,10-tetrahydropteroylglutaminsäure — hat folgende Strukturformel:

```
                                                 COOH
                                                  |
                                       CO—NH—CH
                                        |         |
                                  HC⁄⁄  \CH     CH2
                     H              |      ||     |
              N      N          HC\     /CH    CH2
H2N—C⁄⁄  \C⁄   \CH2        \\C⁄           |
        |        ||        |             |          COOH
       N\\   /C\     /CH—CH2—NH
           C⁄      N⁄
           |        |
          OH      CHO
```

Folinsäure (Citrovorumfaktor, Leukovorin)

Die Folsäure bildet zitronen- bis orangengelbe Nadeln oder Plättchen, sie ist geschmack- und geruchlos. Die freie Säure ist schwer löslich in kaltem, leichter in heißem Wasser, gut in Methylalkohol, unlöslich in Aceton und Chloroform. In der Kälte ist sie gegen Säuren und Alkalieinwirkung beständig, durch Erhitzen mit verdünnten Mineralsäuren wird sie hydrolytisch gespalten und inaktiviert. Durch Sonnen- und Ultraviolettstrahlen wird sie besonders schnell in saurer Lösung zerstört.

Der Citrovorumfaktor bildet blaßgelbe Kristalle, die sich in Wasser leichter lösen als Folsäure. Er zersetzt sich bei saurer Lösung (unter $p_H 4$) schon bei Zimmertemperatur, dabei entsteht zuerst 12-Formylfolsäure, dann Folsäure. Peroxyde, Chlor und salpetrige Säure zerstören ihn leicht. Gegen Alkali ist er stabiler als Folsäure. Die Bildung in vitro aus Folsäure wird durch Vitamin C verstärkt. Diese Beobachtung scheint auch in der Natur von Bedeutung zu sein.

b) Vorkommen

Folsäure und Citrovorumfaktor findet man besonders in Hefe und Leber. Folsäureconjugate — nur 10—20% der Gesamtfolsäure in pflanzlichen und vielen tierischen Geweben sind in freier Form vorhanden, der Rest als Conjugate — findet man in Hefen, Spinat, Salat, Spargel, Karotten, Erbsen, Tomaten, Gras, Getreidekörnern und anderem.

Als *Test- und Bestimmungsmethoden* sind vor allem mikrobiologische Verfahren zu nennen. So turbidimetrische Wachstumsmessung oder Bestimmung der Milchsäurebildung von Lactobacillus casei oder turbidimetrische Wachstumsmessung von Streptococcus faecalis (s. einschlägiges Schrifttum).

c) Bedarf und Funktion

Der Folsäurebedarf ist für Mensch und Säugetier schwankend. So ist er z. B. bei Gravidität und Lactation sowie bei Resorptionsstörungen des Darmes erhöht. Folsäure wird in größeren Mengen von der Darmflora synthetisiert. Der Organismus scheint seinen Bedarf weitgehend aus dieser Synthese decken zu können, da einerseits Folsäuremangelernährung die Ausscheidung im Harn kaum vermindert und andererseits normalerweise etwa 75% der mit der Nahrung zugeführten Folsäure im Harn ausgeschieden wird. Alle Versuche bei freiwilligen Versuchspersonen, die Folsäurereserven zu entleeren und durch künstliche Erzeugung eines Mangelzustandes den Bedarf zu errechnen, schlugen fehl (ZELLWEGER und ADOLPH). Der tägliche Bedarf wird auf 0,2—5 mg Folsäure täglich geschätzt. Beim Affen ist der Citrovorumfaktor in etwa 100fach geringerer Menge wirkungsäquivalent. Man wird deshalb den bisher nicht genau bekannten Bedarf des

Menschen an Leukovorin erheblich niedriger als den der Folsäure ansehen dürfen. Als therapeutische Folsäuretagesdosen gelten 5—30 mg und mehr.

Folsäure und Citrovorumfaktor scheinen wichtig zu sein für die Oxydation von aromatischen Aminosäuren, ihre Teilnahme an enzymatischen Vorgängen wird angenommen. Sicher bestehen aber noch wesentliche Kenntnislücken. Bekannt ist, daß bei einem Folsäuredefizit unterschiedlicher Ursache eine Reifungsstörung der Erythropoese mit Megaloblastose im Knochenmark und Makrocytose im peripheren Blutbild auftritt. Bethell und andere vermuten, daß der Organismus in solchen Fällen Folsäureconjugate nicht verwerten kann, hierdurch werde z. B. die perniziöse Anämie erklärt. Diese Auffassung ist allerdings bisher nicht allgemein anerkannt.

Folsäuremangel stört die Funktion der Magen-Darmschleimhaut, er geht z. B. mit einer ungenügenden Resorption von Vitamin A einher und kann zu Diarrhoen und sprueähnlichen Krankheitsbildern führen (Zellweger und Adolph). Folsäure ist nicht nur ein Wirkstoff für Bakterien und niedere Organismen, sie beeinflußt nach Doan alle jungen wachsenden Zellen, auch der Vögel und Säugetiere.

d) Folsäuremangelerscheinungen

bei Warmblütern sind allgemeine Wachstumshemmung und Störung der Hämatopoese (Anämie, Leukopenie, Thrombopenie). Bei Ratten kann es zu Depigmentierungen kommen, bei Küken zu schlechter Befederung, bei Affen zu Diarrhoe und Ödemen.

Am Menschen sind eindeutige, durch Mangelernährung hervorgerufene Symptome nicht bekannt. Nach Verabfolgung von Überdosen der Folsäureantagonisten (s. unten) beschreibt Burchenal Haarausfall, Glatzenbildung und Aufhören des Bartwachstums. Diese Beobachtung wurde bisher nicht bestätigt.

e) Therapeutische Anwendung

fanden Folsäure und Citrovorumfaktor bei megaloblastischen Anämien, Sprue, Pellagra, Cöliakie, Ziegenmilchanämie und in Kombination mit Vitamin B_{12} bei der perniziösen Anämie.

In der Dermatologie werden als Indikationen genannt: Haut- und Schleimhauterscheinungen bei Sprue (Kaufmann und Smith), weiterhin die Psoriasis (Bommer) bei täglicher Dosierung von 15—30 mg über mehrere Wochen; dann Erythematodes und Lichtdermatosen (Brett) in Kombination mit Nicotinsäure und Pantothensäure. Eine endgültige Beurteilung der dermatologischen Indikationen ist heute noch verfrüht.

Nebenwirkungen oder eine Hypervitaminose wurden bisher nicht bekannt, obgleich Verdrängungserscheinungen innerhalb des Vitamin B-Komplexes möglich erscheinen (Davidson und Girdwood).

f) Folsäureantagonisten

Folsäurederivate, gewonnen durch Substituierung verschiedener Gruppen am Pteroylradikal, haben zum Teil eine der Folsäure antagonistische Wirkung. Einige hemmen lediglich das Wachstum von Mikroorganismen, andere wirken auch bei Tieren und Menschen. Diese Stoffe haben große Bedeutung für die Erforschung der Folsäuremangelzustände, so kann man experimentell Megaloblastose im Knochenmark und andere Perniciosasymptome erzeugen. An Perniciosakranken wird auch die Wirkung von Vitamin B_{12} blockiert. Die bekanntesten dieser Stoffe sind: Aminopterin (4-Aminopteroylglutaminsäure), Amethopterin (4-Amino-N^{10}-methylpteroylglutaminsäure) und 4-Aminopteroylasparaginsäure. Alle diese

Stoffe heben die Wirkung von Pteroylglutaminsäure und ihrer Conjugate an allen Testtieren und Bakterien auf. Die Vitaminwirkung des Citrovorumfaktors wird durch Folsäureantagonisten dagegen nicht gehemmt. Nach NICHOL und WELCH hemmt Aminopterin die Umwandlung der Folsäure in den Citrovorumfaktor. Es blockiert wahrscheinlich verschiedene enzymatische Reaktionen, an denen die Folsäure beteiligt ist.

Da sich diese Stoffe als wirksame Mitosegifte erwiesen, fanden sie therapeutische Anwendung bei der Behandlung von Leukämien (PETERING, KIMMIG, SCHREINER), auch der Haut. Abschließende Beurteilung ist hinsichtlich dermatologischer Indikationen nicht möglich. Vorsicht geboten ist bei Schwangeren, denn Aminopterin führt in einem hohen Prozentsatz zu Mißbildungen und Aborten.

7. Vitamin B_{12}

(Antiperniciosastoff, antianämisches Vitamin, Cyanocobalamin, Extrinsic factor)

1926 entdeckten MINOT und MURPHY die Heilwirkung der Leberdiät bei perniziöser Anämie. Das wirksame Prinzip in der Leber wurde lange Zeit nicht isoliert und erkannt. Nach einigen Irrwegen fand SHORB 1948, daß der Antiperniciosastoff als Wuchsfaktor für bestimmte Milchsäurebakterien wirkt. Dann gelang schnell die Reindarstellung (RICKES, BRINK, KONIUSZY, WOOD, FOLKERS; LESTER, SMITH).

a) Chemie

Vitamin B_{12} existiert in mehreren Zustandsformen, die auf Grund ihrer chemischen Eigenschaften als Cobalamine zusammengefaßt werden (4,5% Kobalt). Alle Formen besitzen chemisch und physikalisch sehr ähnliche Eigenschaften und sind biologisch — mit einer Ausnahme — gleich wirksam. Vitamin B_{12} bildet rote Kristalle, ist hygroskopisch, bei Zimmertemperatur stabil in neutralen, wäßrigen Lösungen und in letzten relativ kochbeständig. Es ist unstabil in alkalischen oder kochenden sauren Lösungen. Die verschiedenen Vitamin B_{12}-Formen können chromatographisch getrennt werden. Die Summenformel ist $C_{63}H_{88}N_{14}O_{14}P$. Die Strukturformel zeigt obenstehendes Bild.

Vitamin B_{12} (Cyanocobalamin)

b) Vorkommen

Vitamin B_{12} wird, soweit bisher bekannt, in der Natur ausschließlich von Bakterien, niederen Pilzen und Hefen synthetisiert. Im Gegensatz zu anderen Vitaminen des B-Komplexes kommt Vitamin B_{12} bei höheren Pflanzen nicht — oder nur in wirkungslos kleinen Mengen — vor. In allen tierischen Geweben ist es aber zu finden, entstammt aber auch hier den zur Synthese fähigen Bakterien und Pilzen. Reich an Vitamin B_{12} sind Humusboden und Tierexkremente, besonders die des Geflügels. In tierischen Organen findet es sich bevorzugt in Niere, Leber, Muskulatur und Haut, aber auch in Hoden, Pankreas und Gehirn kommt es vor. Innerhalb der Zellen ist es in den Mitochondrien gespeichert.

Die *Bestimmung* kann chemisch, physiko-chemisch und mikrobiologisch erfolgen (s. einschlägiges Schrifttum).

c) Bedarf und Funktion

Die Höhe des menschlichen Vitamin B_{12}-Bedarfs konnte bisher nicht genau bestimmt werden. Vitamin B_{12} wird beim Menschen von den Darmbakterien in relativ großen Mengen synthetisiert. Der Tagesbedarf des Erwachsenen wird auf 10—15 γ bei oraler Applikation und 1—2 γ bei parenteraler Zufuhr geschätzt. Die therapeutischen Tagesdosen betragen 15—1000 γ. Rindsleber enthält etwa 50 γ Vitamin B_{12} je 100 g Trockensubstanz. Rindfleisch und andere animalische Produkte etwa 5 γ je 100 g Trockensubstanz. Hefe ist arm an Vitamin B_{12}. Fabrikmäßig hergestelltes Vitamin B_{12} wird zur Zeit durch Fermentation von Streptomyces griseus gewonnen.

Therapeutisch zugeführte Vitaminmengen werden zum größten Teil mit Harn und Stuhl ausgeschieden, geringere Anteile in Leber und Niere gespeichert. Bei Perniciosakranken werden größere Mengen als beim gesunden Menschen zurückgehalten. Einzelheiten weiß man darüber bisher nicht. Die Tatsache, daß Perniciosakranke nach Aufhören der Vitamin B_{12}-Therapie erst nach längerer Zeit einen Rückfall bekommen, wird durch Speicherung gedeutet. Man nimmt heute allgemein an, daß Vitamin B_{12} identisch ist mit Castles extrinsic factor. Hauptfunktion beim Menschen ist Beseitigung der megaloblastären Reifungsstörung im Knochenmark. Kombination mit Folsäure verbessert bei noch nicht geklärtem Zusammenhang den therapeutischen Effekt.

d) Mangelsymptome

bei Tieren sind vom Küken (hohe Sterblichkeitsrate der Embryonen, verzögertes Wachstum der überlebenden Tiere) und von der Ratte (hohe Sterblichkeit der säugenden Jungtiere, Wachstumshemmung) bekannt. Man führt diese Symptome auf ein Sistieren der Wachstumsprozesse infolge einer Störung der Eiweiß- und Nucleinsäuresynthese durch den Vitamin B_{12}-Mangel zurück. Als direkte oder indirekte Mangelsymptome am Menschen bzw. als Vitamin B_{12}-beeinflußbar gelten — die einzelnen Zusammenhänge bedürfen noch der weiteren Klärung — perniziöse Anämie und andere Megaloblastenanämien.

Therapeutische Anwendung findet Vitamin B_{12} vor allem in Kombination mit Folsäure bei den oben angeführten Anämien, bei denen gute Effekte erzielt werden. Weiterhin werden als Indikationen funiculäre Myelose, Neuritis, auch Zoster und Wachstumsstörungen genannt. Bei Blausäurevergiftungen soll Hydroxocobalamin ein schlagartig wirkendes Antidot darstellen (Mushett u. Mitarb.).

In der Dermatologie gaben Andrews, Port und Domonkos es zur unterstützenden Behandlung bei seborrhoischen Dermatitiden. Niemand-Andersen wandte es — mit zurückhaltender Beurteilung — bei Acne und seborrhoischem Ekzematoid in Kombination mit anderen Behandlungsmethoden an. Die mit den Anämien häufig verbundenen Schleimhautsymptome — Glossitis, Stomatitis — werden meist gleichzeitig mit der Anämie günstig beeinflußt. Allgemein anerkannte, sichere dermatologische Indikationen hat das Vitamin B_{12} noch nicht gewonnen.

Nebenwirkungen und Hypervitaminose wurden bisher nicht bekannt.

8. Vitamin H

(Biotin)

1935 isolierte KÖGL aus Eigelb einen Wuchsstoff in kristallisierter Form, den er Biotin nannte. Die Konstitution wurde 1941 in ihren Grundzügen von KÖGL, endgültig 1942 von DU VIGNEAUD aufgeklärt. Die Synthese wurde 1943 von HARRIS, WOLF, MORINGO, FOLKERS erstmalig durchgeführt.

a) Chemie

Vitamin H ist eine schwefelhaltige heterocyclische Carbonsäure der Bruttoformel $C_{10}H_{16}O_3N_2S$.

Folgende Strukturformel gilt als gesichert:

```
         O
         ‖
         C
      ╱     ╲
   HN         NH
    |          |
   HC ──────── CH
    |          |
  H2C          CH—CH2CH2CH2CH2COOH
      ╲      ╱
          S
```

Vitamin H (Biotin)

Die Vitamin H-Wirksamkeit ist allerdings wahrscheinlich nicht auf eine einheitliche Substanz beschränkt. Man unterscheidet zum Teil α- und β-Biotin, auch einige sonstige Derivate haben Vitamin H-Eigenschaften, andere wiederum Antivitamincharakter. Die Biochemie dieses Vitamins ist nur teilweise abgeklärt.

Biotin ist löslich in Wasser und Alkohol, wenig löslich in Äther und Chloroform, stabil gegen Hitze, inaktiviert wird es durch Säuren, Basen, ranzige Fette und Cholin.

Als *Test- und Bestimmungsmethoden* seien nur mikrobiologische genannt: So die turbidimetrische Wachstumsmessung von Lactobacillus arabinosus oder Streptococcus faecalis (s. einschlägiges Schrifttum).

b) Vorkommen

Biotin findet sich als unentbehrlicher Wirkstoff in außerordentlich geringen Konzentrationen in allen Zellen der Pflanzen- und Tierwelt. Relativ reichlich kommt es vor in Bakterien, Protozoen, Insektenlarven, dann in Speisepilzen, Erdnüssen, Erbsen. Samen und Pollen von Pflanzen haben einen relativ hohen Biotingehalt.

Im tierischen Organismus findet sich Biotin vor allem in Leber, Niere, dann Nebenniere, Herzmuskel, Pankreas, Skeletmuskel, Lunge, Gehirn.

c) Bedarf und Funktion

Der menschliche Bedarf ist nicht genau zu bestimmen, da die Darmbakterien Biotin synthetisieren; die Ausscheidung in den Faeces ist stets größer als die orale

Einnahme. Das Darmflorabiotin wird aber nicht oder nur in sehr kleinen Mengen resorbiert, da die Harnausscheidung der oralen Biotinzufuhr parallel geht. Man schätzt den Tagesbedarf recht grob auf 150—300 γ (v. Szent-Györgyi und Williams). Er ist während der Gravidität und Lactationsperiode erhöht. — Über die biochemische Wirkung des Biotins beim Menschen ist bisher nichts Sicheres bekannt. Man vermutet, daß es in verschiedener Weise am intermediären Zellstoffwechsel beteiligt ist. Das im rohen Hühnereiweiß enthaltene Avidin bindet im Körper das Biotin.

d) Mangelsymptome

am Tier (Küken, Ratten, Hunde und Affen) sind exfoliative Dermatitis, Alopecie, Seborrhoe, Wachstumsverlangsamung, Spastizität, periphere Ischämie, Thymus- und Testesatrophie, Reduzierung der Biotin-Leberreserve (Gardner, Parsons, Peterson, Jürgens und Studer). An vier menschlichen freiwilligen Versuchspersonen stellte Sydenstricker nach 4—8 Wochen folgende Mangelsymptome fest: Seborrhoische Ekzeme, Hautblässe, exfoliative Dermatitis, Mundwinkelrhagaden, Schwächezustände, später Depressionen, Halluzinationen, Paraesthesien, Muskelschmerzen; Erythrocyten-Hämatokrit- und Hämoglobinabfall trotz genügender Eisenmengen, Vermehrung der Gallenpigmente und des Cholesterins im Blut. Behandlung mit 75—300 γ Biotin täglich führte zum Verschwinden der Symptome innerhalb von 3—5 Tagen.

Normalerweise sind Biotinmangelkrankheiten extrem selten. Der Fall von Williams ist erwähnenswert: Ein Mann aß täglich 10—12 rohe Eier, erkrankte an einer chronischen exfoliativen Dermatitis, die nach Einführung „normaler" Ernährung abheilte.

e) Therapeutische Anwendung

fand das Biotin versuchsweise bei seborrhoischen Ekzemen und Erythrodermia desquamativa Leiner bei Säuglingen (Thélin, Lemke, Glanzmann, Svejcar und Homolka, Freudenberg, Flesh). Brustkinder sollen häufiger als Flaschenkinder befallen werden, da Kuhmilch biotinreicher ist (Neuweiler, Ritter, Coryel, Harris und andere).

Alopecien, Furunkulose, Follikulitis (Abderhalden, Rohrbach, Stepp, Schröder), Säuglingsekzeme, Acne vulgaris (Kiessling). Geimer sah günstige Beeinflussung bei Dyshidrosen, seborrhoischem Ekzem und Ekzematidformen sowie Abblassung bei Psoriasis. Auffällig war gleichem Verfasser auch eine antipruriginöse Wirkung. Er vermutet, daß es sich — abgesehen von einem selten vorkommenden Substitutionseffekt — um einen unspezifischen Effekt des Biotins handelt. Moncorps sah keinerlei Wirkung vom Biotin, auch nicht bei der Leinerschen Dermatitis und bei Psoriasis.

Da in Tumorgeweben der Biotingehalt zum Teil abnorm erhöht ist, wurden Versuche am Menschen vorgenommen, die das Tumorwachstum durch Erzeugung von Biotinmangelzuständen hemmen sollten. Man gab eine Diät mit viel rohem Eiweiß. Das Tumorwachstum wurde nicht gehemmt.

Als therapeutische Tagesdosen werden 5—30 mg empfohlen.

Nebenwirkungen oder Hypervitaminoseerscheinungen wurden bisher nicht bekannt.

9. Inosit

Inosit ist gleichzeitig Wirkstoff und Baustoff. Seine biologische Aufgabe beim Menschen ist so gut wie unbekannt. Dennoch wird der Inosit in die Gruppe der B-Vitamine eingeordnet, da er ein unentbehrlicher Wuchsfaktor für Mikroorganismen ist und spezifische Mangelsymptome bei Nagern heilt (Stepp,

KÜHNAU, SCHRÖDER). Endgültige systematische Einordnung muß abgewartet werden. 1850 wurde Inosit als Bestandteil der Muskulatur von SCHERER entdeckt. Die chemische Natur als Hexaoxycyclohexan ist seit MARQUENNE (1887) bekannt. Seit 1947 sind Inosit-Antagonisten bekannt, die praktische Bedeutung vor allem bei der Schädlingsbekämpfung gewonnen haben.

a) Chemisch

gehört der Inosit in die Gruppe der cyclischen mehrwertigen Alkohole, er hat die Bruttoformel $C_6H_{12}O_6$, die Struktur eines Hexaoxycyclohexans. Von den 9 Stereoisomeren hat ausschließlich der Meso-Inosit Vitamineigenschaften. Meso-Inosit hat folgende Strukturformel:

```
        H      OH
        C------C
   HO /OH    H\ OH
     C          C
   H \H     OH/ H
        C------C
        OH     H
```

Meso-Inosit

Er bildet weißliche Kristalle von süßlichem Geschmack, löst sich leicht in Wasser, ist unlöslich in Alkohol und organischen Lösungsmitteln.

Die *Bestimmung* erfolgt biologisch an Mäusen, chemisch oder mikrobiologisch.

b) Vorkommen

Meso-Inosit ist ein ubiquitär verbreiteter Wirkstoff, der wahrscheinlich für jede Zelle von Bedeutung ist. Reichlich kommt er vor in Hefe, Leber, Ei, aber auch in Hirn, Muskel und Milch, sowie in Pflanzen, hier meist als Calcium-Magnesiumsalz der Phytinsäure (Hexaphosphorsäureester des Inosits). — Unter anderem kommt der Inosit außerdem vor in Dermatophyten, z. B. Trichophyton- und Achorion-Arten (MOSHER u. Mitarb.) sowie im Samenblasensekret des Ebers (MANN) und im menschlichen Spermaplasma (KIMMIG und SCHIRREN). Letzte wiesen weiterhin nach, daß Beziehungen zwischen Fructose- und Inositspiegel zur Testosteronproduktion der Leydig-Zellen bestehen.

Die biochemische Funktion ist bisher unbekannt, keine der heute bestehenden Hypothesen fand allgemeine Anerkennung.

Der *Bedarf* des Menschen ist unbekannt.

Mangelsymptome sind beim Menschen ebenfalls nicht bekannt. Bei Maus, Ratte, Hamster, Kaninchen gelten Wachstumsstörung, bei Maus und Ratte Alopecie und brillenartiger Haarausfall um die Augen, beim Hamster Störungen der Fortpflanzungsfähigkeit als Mangelsymptome.

Therapeutische Anwendung fand der Inosit als lipotrope Substanz bei Lebererkrankungen sowie in der Dermatologie bei Psoriasis und seborrhoischen Ekzemen (VORHANS, GOMPERTZ, FEDER). Eine sichere dermatologische Inositindikation wurde nicht bekannt. Als therapeutische Dosen werden 1—4 g täglich angegeben.

Nebenerscheinungen und *Hypervitaminierungssymptome* sind nicht bekannt.

10. Cholin

Systematische Einordnung dieses Stoffes bei den Vitaminen wird von vielen Autoren abgelehnt. Quantitativ kommt es in erheblich größeren Mengen als „andere Vitamine" in der Nahrung vor (essentieller Nahrungsstoff). Es spielt als Methylgruppendonator bei Transmethylierungsprozessen eine wichtige Rolle.

Sein Mangel führt beim Tier zur Fettinfiltration der Leber. Beim Menschen ist keine Cholinavitaminose bekannt. Eine allgemein anerkannte therapeutische Indikation in der Dermatologie gibt es bisher nicht.

III. Vitamin C

(Ascorbinsäure, antiskorbutisches Vitamin)

Seit Jahrhunderten ist als Skorbut (auch Scharbock genannt) eine Krankheit bekannt, die auftritt bei längerem Fehlen von frischem Gemüse oder Obst in der Nahrung. So kannte man sie besonders bei Seeleuten auf längeren Schiffsreisen, bei Gefängnisinsassen, in belagerten Festungen und in Kriegsgefangenenlagern, besonders des ersten Weltkrieges.

Schon um 1000 wußten sich die Wikinger auf ihren Seefahrten durch Mitnahme von Zwiebeln vor dieser Krankheit zu schützen. Auf der Expedition Vasco da Gamas gingen dann später z. B. $^2/_3$ der Schiffsbesatzung an dieser Erkrankung zugrunde.

Cartier gab 1534 die besondere Heilwirkung des Kiefernnadelextraktes bei Skorbut an. Obgleich die heilende Wirkung von Scharbockskraut, Meerrettich, Hagebutte, Citrone und Apfelsine seit langem bekannt war, blieb die Ätiologie des Skorbuts bis zum Anfang dieses Jahrhunderts umstritten. Die Beobachtung, daß Skorbutsymptome schnell verschwanden, wenn z. B. bei Seeleuten nach der Landung frisches Gemüse und Obst gegessen wurde, ließ Zusammenhänge mit der Ernährung vermuten. Da aber Skorbut oft im Gefolge von Seuchen auftrat, und Skorbutkranke erhöht anfällig gegen unterschiedliche Infektionskrankheiten sind, stand der *Ernährungstheorie* die *Infektionstheorie* gegenüber. Erst 1912 gelang es Holst und Froelich, am Meerschweinchen den experimentellen Nachweis zu führen, daß Skorbut durch Grünfutterentzug — aus der sonst normalen Kost — hervorgerufen werden kann. Damit gewann die Ernährungstheorie entscheidend an Boden. Bemerkenswerterweise können die meisten Tiere unseres Bereichs das Vitamin C selbst in der Leber bilden; auf Zufuhr sind Mensch (als Embryo und Säugling bis zu 1 Jahr ist auch er zur Synthese fähig), Affe, Meerschweinchen und Reh angewiesen. 1927/28 gelang es dann v. Szent-Györgyi, aus Rindernebennieren, Orangen und Kohl die „Hexuronsäure" zu isolieren. 1932 erkannte er dann mit Svirbely, daß die Hexuronsäure identisch mit dem antiskorbutischen Vitamin ist; als Vitamin C erhielt sie dann den Namen Ascorbinsäure. Die Konstitution wurde von Haworth, Hirst und Michkeel aufgeklärt, Reichstein gelang zuerst die Synthese (1934). Das Vitamin C ist als erstes Vitamin in seiner chemischen Struktur aufgeklärt worden.

a) Chemie

Vitamin C, die l-Ascorbinsäure, hat die Summenformel $C_6H_8O_6$. Die Strukturformel hat folgendes Bild:

```
          O
          ‖
          C
HOC    /    \
  ‖           O
HOC    H    /
    \  C
       |
     HOCH
       |
      CH₂OH
```

l-Ascorbinsäure

Es kommt in der Natur in reduzierter und oxydierter Form vor; beide Formen sind vitaminwirksam, wasserlöslich, unlöslich in organischen Lösungsmitteln, unstabil gegen Oxydation, Alkali, einige Metalle und Licht. l-Ascorbinsäure bildet weiße Kristalle und ist von saurem Geschmack. Die meisten ihrer Derivate haben eine geringere oder keine Vitamin C-Wirksamkeit. — Die hervorragendste chemische Eigenschaft der Ascorbinsäure ist ihr starkes Reduktionsvermögen.

Eine internationale Einheit (i E) entspricht 0,05 mg kristalline l-Ascorbinsäure, allgemein hat sich Mengenangabe nach Gewicht durchgesetzt.

Als *Test- und Bestimmungsmethode* sei auf die Titration mit 2,6-Dichlorphenolindophenol hingewiesen. Die biologischen Testmethoden am Meerschweinchen sind heute weitgehend verlassen, obgleich auch die chemischen Methoden keineswegs befriedigend verläßlich sind.

b) Vorkommen und Funktion

Vitamin C in der Pflanzenwelt findet sich besonders reichlich in Hagebutten, schwarzen Johannisbeeren, Petersilie, Citrusfrüchten, Zwiebeln, Tomaten, grünen Paprikaschoten sowie frischen Tannen- und Kiefernnadeln, wie auch in unterschiedlichen anderen grünen Pflanzen. Wichtigste natürliche Vitamin C-Quelle unserer Normalnahrung ist die Kartoffel. In tierischen Organen findet sich Vitamin C besonders in einigen Organen mit innerer Sekretion in hoher Konzentration, so in Hypophyse (besonders Zwischenlappen), Nebenniere (Rinde mehr als Mark), Interstitialgewebe des Hodens sowie im Corpus luteum. Weiterhin findet es sich beim Tier in Gehirn, Pankreas, Milz, Niere, Lunge, Herz, Thymus.

Vitamin C wird in gewissem Umfang auch im menschlichen Organismus gespeichert; das späte Auftreten skorbutischer Symptome bei Vitamin C-freier Kost läßt die Speicherungsfähigkeit schon vermuten. Besonders reich an Vitamin C sind die eingangs erwähnten inkretorischen Organe, dann folgen Leber, Milz, Gehirn, Nieren und Herz, Muskeln. Vitamin C ist in allen Körperflüssigkeiten vorhanden. Es wird mit Urin, Faeces und Schweiß ausgeschieden. Die Ausscheidung steht in gewisser Beziehung zu Zufuhr und Sättigungsgrad des Organismus. Nierenausscheidung wird durch Nahrungsmittel wie z. B. Kohl und Hafer, Drogen wie z. B. Fischtran, Salicylate, Barbiturate, Adrenalin, Oestradiol, Sulfonamide und Anaesthetica vergrößert, durch Natriumbicarbonat und Insulin vermindert. Die Ausscheidung im Stuhl ist ziemlich konstant. Sie ist dort relativ niedrig, da die Ascorbinsäure von der Dickdarmflora zerstört wird.

Die biologische Funktion der Ascorbinsäure ist bis heute noch nicht restlos geklärt, wahrscheinlich steht die Eigenschaft der Ascorbinsäure, als reversibles Redoxsystem (mit der Dehydroascorbinsäure) wirken zu können, im Vordergrund; andererseits dürfte sie auch bedeutungsvoll sein zur Aktivierung mancher Fermentsysteme für den Aminosäurehaushalt. Zu den Nebennierenhormonen (Mark und Rinde) scheinen enge Beziehungen zu bestehen, desgleichen zur Blutgerinnung, wie zur Abdichtung der Capillarendothelien; überhaupt dürfte die Ascorbinsäure allgemein für Aufbau und Funktion der Intercellularsubstanz notwendig zu sein. Das auffällige, meist gemeinsame Auftreten mit Vitamin A in Pflanzen in relativ hohen Konzentrationen spricht für noch nicht ganz geklärte biologische Zusammenhänge.

c) Der Bedarf des Menschen

ist in seiner Höhe bis heute umstritten, er wird mit 15—75 mg pro Tag für den Erwachsenen angegeben. Bei schwangeren und stillenden Frauen ist er auf 100—125 mg erhöht, auch bei Infektionskrankheiten und gesteigertem Stoffwechsel ist der Bedarf erhöht. Klimatische Faktoren scheinen keine Rolle zu spielen, doch bestehen sicher rassisch bedingte Bedarfsunterschiede. Als Tagesminimum kann man wohl 30 mg annehmen.

d) Vitamin C-Mangelkrankheiten

Infolge des Speicherungsvermögens des Menschen — einige Autoren vermuten sogar, daß auch der erwachsene Mensch noch kleine Mengen von Vitamin C bilden kann — dauert es vom Beginn der Ascorbinsäurekarenz bis zum Auftreten der Skorbutsymptome mehrere Monate. Heute sieht man ausgeprägte Vitamin C-Mangelzustände extrem selten. Selbst im zweiten Weltkrieg 1939—1945 sind in Asien nur wenige Fälle beobachtet worden (Smith und Woodruff). Sporadische Skorbutfälle kommen aber dennoch vor, besonders bei Junggesellen, ganz armen Menschen und „diät"-lebenden Magenkranken, sowie als sekundäre Avitaminose bei Resorptionsstörungen infolge Sprue, Cöliakie und bei chronischen Durchfällen. Die klinischen Symptome beim

α) Skorbut

wurden bereits von Hammer in diesem Handbuch, Band VI/2, S. 523, geschildert. Es sei dennoch eine kurze systematische Darstellung der Vitamin C-Mangelzustände gegeben, da zwischenzeitlich auch eine gewisse, allerdings auch heute noch unvollkommene Abklärung des Skorbutproblems eingetreten ist. Als sichere Folge des Vitamin C-Mangels gilt nach Bartell, Jones und Ryan eine *verzögerte Wundheilung.* Oben angeführte Autoren sowie Wolfer, Former und Carrol und Manshardt zeigten an Vitamin C-frei ernährten freiwilligen Versuchspersonen, daß im 3. Karenzmonat gesetzte Wunden einwandfrei ausheilen. Im 6. Karenzmonat gesetzte Wunden zeigten Fibroblasten in normaler Zahl und von normalem Aussehen, die Intercellularsubstanz fehlte aber vollständig. — In einem anderen Experiment (Crandon) zeigte eine am 182. Karenztag gesetzte Wunde nach 10 Tagen noch keine Heilungstendenz, nach Vitamin C-Absättigung des Organismus nahm die Wundheilung einen normalen Verlauf. — Die Zug- und Rißfestigkeit von Wunden soll bei C-hypovitaminotischen Zuständen im Vergleich zu ausreichend mit Vitamin C versorgten Personen herabgesetzt sein.

Hautveränderungen treten bei der Vitamin C-Karenz relativ früh auf. Die Haut wird zuerst blaß, schmutzig-graugelblich, in der 17.—21. Woche traten bei den menschlichen Karenzversuchen *follikuläre Hyperkeratosen* auf, die sich in den folgenden Wochen noch verstärkten und an einen Lichen pilaris oder die Krötenhaut bei Vitamin A-Mangel erinnerten. Schon Morawitz erwähnt diese Störung des normalen Verhornungsprozesses der Epidermis (s. bei Hammer). Diese Hyperkeratosen können zum Teil an eine Acne erinnern, sind aber morphologisch meist eindeutig abzutrennen. — In Einzelfällen soll es durch Vitamin C-Mangel zu einer leichten Exacerbation einer bestehenden Acne gekommen sein. —

Um die hyperkeratotischen Hautveränderungen kommt es dann anschließend zu *petechialen Blutungen.* Hiermit beginnen dann die klassischen Skorbutsymptome. Ob die im Prodromalstadium auftretenden Verhornungsstörungen echte Vitamin C-Mangelsymptome sind oder ob sie durch — noch im einzelnen unklare — Wechselbeziehungen zum Vitamin A oder seinen Provitaminen hervorgerufen werden, muß vorerst noch offen bleiben. Bei ausgeprägtem Skorbut kommt es zu erheblichen Blutungen in die Muskulatur, unter die Haut, in das Zahnfleisch und unter das Periost. Letzte sind oft für die starken Schmerzen besonders in den Beinen verantwortlich. Auch Blutungen in und um Nerven, mit zum Teil schweren Neuralgien kommen vor. Weiterhin sind Blutungen in die Gelenke, die inneren Organe, die serösen Höhlen, sowie Darm- und Nierenblutungen bekannt.

Das *Zahnfleisch* ist charakteristischerweise geschwollen, blaurot verfärbt, blutet leicht bei Berührung und zeigt zum Teil erhebliche Wucherungen und sekundäre Infektionen. Der Kauakt ist schmerzhaft, die Zähne sind oft gelockert, fallen aber praktisch nie durch den Vitaminmangel aus. Experimentell sah man Zahnfleischveränderungen von der 26. Karenzwoche ab. Nicht alle Versuchspersonen bekamen Zahnfleischsymptome. An den Zähnen degenerieren die Odontoblasten, Dentin kann nicht richtig gebildet werden, der Zahnzement ist minderwertig. Auch in die Pulpa kann es zu Blutungen kommen. Schon bei HAMMER findet sich der *Einteilungsversuch in 3 Gruppen nach Schwere der Blutungen.* Dieser unterschied:

1. Leichte Fälle. Petechien an den unteren Extremitäten, Stomatitis angedeutet oder fehlend.
2. Mittelschwere Fälle. Hautblutungen weiter ausgedehnt, Stomatitis stärker ausgeprägt.
3. Schwerere Fälle. Außer Hautblutungen, intraparenchymatöse Blutungen unterschiedlicher Art und Ausdehnung.

Ausgeprägte Skorbutkranke leiden häufig an unterschiedlichen *Anämien* (die allerdings bei den experimentellen Fällen nicht beobachtet wurden). Die Zusammenhänge im einzelnen, insbesondere auch in bezug auf die anderen Vitamine, sind dabei noch ungeklärt.

Auffällig ist die *Gewichtsabnahme*, auch bei den Experimenten am Menschen. Sie wird neben der skorbutischen Anorexie zum Teil auf die eintönige Kost und weniger auf direkten Vitamin C-Mangel zurückgeführt.

Von besonderer Bedeutung ist die oft schon nach einigen Wochen der Vitamin C-Karenz auftretende leichte *Ermüdbarkeit und allgemeine Schwäche.* Dieses Symptom ist von den experimentellen Vitamin C-Mangelzuständen am Menschen und am Tier gut bekannt. Leistungsabfälle, sowohl auf körperlichem als auch auf geistigem Gebiet, um 90% werden beschrieben. Die Leistungssteigerungen z. B. bei Sportlern durch Vitamin C-Gaben sollen zum Teil erheblich sein. Die Müdigkeit, Niedergeschlagenheit, Antriebsschwäche und Hypotension des Skorbutkranken hat gewisse Ähnlichkeit mit der Adynamie des Addison-Kranken. Auf mögliche Zusammenhänge deuten hin Vitamin C-Reichtum der Nebenniere und Fermenteigenschaften des Vitamin C.

Skorbutsymptome sind fast nie direkte Todesursache. Der Tod erfolgt sekundär durch Kachexie oder komplizierende Prozesse (HAMMER). Hierbei spielen Pyodermien eine nicht unerhebliche Rolle.

Ausgeprägte Skorbutfälle sah man in den letzten Jahrzehnten in Mitteleuropa extrem selten. Diskutiert wird aber das Vorkommen latenter Skorbutfälle, des sog.

β) Präskorbuts

Dieses Krankheitsbild ist ohne Zweifel noch nicht abgeklärt, doch rechnet man zum Teil die „Frühjahrsmüdigkeit", Anorexie, rasche Ermüdbarkeit, erhöhte Neigung zu Infektionen auch an der Haut und verminderte Widerstandskraft bei Infektionen diesem Symptomenkomplex hinzu.

Laboratoriumsmethoden zur Erfassung latenter Vitamin C-Mangelzustände erwiesen sich bisher als zu unspezifisch, um mit Sicherheit solche Zusammenhänge aufzudecken. Sie sollen hier deshalb nicht diskutiert werden.

γ) **Säuglingsskorbut** (Möller-Barlowsche Krankheit)

Diesbezüglich sei auch auf C. LEINER, Kapitel Hautkrankheiten im Säuglingsalter, in diesem Handbuch, Band XIV/1, S. 503, verwiesen.

Julius Möller beschrieb 1859 in Königsberg diese Krankheit zuerst; 1883 wurde sie von Thomas Barlow in London genauer erforscht und von der Rachitis abgetrennt.

Um 1900, als die „Bakterienfurcht“ zur übertriebenen Milchsterilisation führte, gab es dieses Krankheitsbild häufig. Seit die Säuglingsnahrung Vitamin C in Form von Fruchtsäften, Gemüse, Kartoffeln usw. enthält, ist der Skorbut der Säuglinge in zivilisierten Ländern extrem selten geworden. Die Symptomatik entspricht im wesentlichen der des Skorbuts beim Erwachsenen. Blässe, Anorexie, Blutungen mannigfacher Art, besonders auffällig am Knochensystem, und dort wieder an den Stellen vermehrten Knochenwachstums mit sekundären Veränderungen. Zahnfleischbeteiligung wird nur dann beobachtet, wenn schon Zähne durchgebrochen sind. Die

δ) Therapie des Skorbuts

besteht in der Zufuhr von Vitamin C, 200—1000 mg der handelsüblichen Präparate täglich peroral oder parenteral, sowie Obst und Frischgemüse zur vielseitigen Nahrung. Die Wirkung der Therapie beginnt in wenigen Tagen, subjektive Beschwerden wie z. B. Müdigkeit, Anorexie sollen nach Crandon bei intravenösen Gaben von 1 g schon nach 24 Std weitgehend verschwunden sein. Die Hautsymptome bessern sich nach wenigen Tagen und sind nach einigen Wochen abgeheilt. Heilungsprozesse am skorbutisch verändertem Säuglingsskelet sind nach 2—3 Wochen röntgenologisch nachweisbar. Man wird die Vitamin C-Substitutionstherapie aber über mehrere Wochen durchführen. Die Verträglichkeit ist bei dieser Dosierung vorzüglich.

e) Weitere therapeutische Vitamin C-Indikationen

sind in einer Vielzahl bekannt. Meist handelt es sich dabei allerdings nicht mehr um eine Substitutionstherapie, Dosen von 0,5 bis zu mehreren Gramm täglich sind erforderlich. Ein pharmakodynamischer Vitamin C-Effekt ist wahrscheinlich. In welcher Weise das Vitamin C in den hohen Dosen wirkt, ist bis heute noch nicht allgemein befriedigend abgeklärt. Bilanzuntersuchungen zeigen, daß im Überschuß zugeführtes Vitamin C umgehend wieder im Urin ausgeschieden wird.

Die Ansichten über den Effekt der unspezifischen Vitamin C-Therapie gehen heute noch weit auseinander. So zitieren Zellweger und Adolph zwei einander diametral gegenüberstehende Ansichten: Zederbauer schreibt: „Obwohl in jedem fieberhaften Zustand eine negative C-Bilanz besteht, haben wir durch Ausgleich dieser Bilanz noch nie einen therapeutischen Effekt gesehen.“ McCormick dagegen sah bei mehrfach täglichen intravenösen Gaben von 0,5—1 g Heilerfolge bei Tuberkulose, Scharlach, Sepsis und Viruskrankheiten, ja er setzt die antiinfektiöse Vitamin C-Wirkung der von Chemotherapeutica und Antibiotica gleich. Man wird die Abklärung dieser Ansichten abwarten müssen, ohne den antiinfektiösen Vitamin C-Effekt zu überschätzen.

Die dem Vitamin C zugeschriebenen *antiinfektiösen Eigenschaften* — von denen übrigens noch keineswegs sicher feststeht, ob sie durch Einwirkung auf den Mikroorganismus oder auf den Makroorganismus zustande kommen — gaben Veranlassung zu seiner prophylaktischen Verwendung für Erkältungskrankheiten. Dosen von 100—300 mg täglich sind dabei erforderlich (Scheunert, Cuendet, Marksvell); niedrige Dosen von 50 mg und weniger erwiesen sich als wertlos. — Der Wert des C-Vitamins bei Keuchhusten und rheumatischen Erkrankungen ist umstritten.

In der Dermatologie werden eine ganze Reihe von Indikationen genannt. Sie dürften aus unterschiedlichen Überlegungen heraus, zum Teil auch empirisch gefunden worden sein. Antiinfektiöse bzw. die Infektionsabwehrfähigkeit steigernde Eigenschaften, Einflüsse auf die Intercellularsubstanzen, intracelluläre Oxydoreduktionsprozesse, sowie Beteiligung am Stoffwechsel aromatischer Aminosäuren dürften bei den dermatologischen Indikationen die therapeutischen Effekte begründen.

Aufklärung der Zusammenhänge im einzelnen steht allerdings vielfach noch aus, ein großer Prozentsatz der Indikationen ist rein empirisch und zum Teil wohl auch ausschließlich auf therapeutischem Optimismus begründet. Eine Abklärung wird erst in den nächsten Jahren zu erwarten sein.

Folgende dermatologische Vitamin C-Indikationen werden unter anderem genannt:

Furunkulose, Schweißdrüsenabscesse (CHARPY, DUJARDIN und andere), Pyodermien und Mikrobide (SAPOSNIKOV, HUISMAN, SCHULZE und andere), Erythema induratum Bazin (DEGOS, CHARPY, BRAUN, HÜLLSTRUNG; MARCHIONINI und NASEMANN, SCHULZE und andere), papulonekrotische Tuberkulide (CHARPY, DEGOS, BRAUN, TINNOZZI, CHARPY und CALAS und andere), Sulfonamid-, Salvarsan- und Golddermatitiden (SMITH, HAEMEL [Frühjahrsgipfel der Salvarsannebenwirkung nach HAEMEL wahrscheinlich durch Vitamin C-Mangel bedingt] und andere), Erythema exsudativum multiforme und Erythema nodosum (MARCHIONINI und NASEMANN [Vitamin C und Calcium in Mischspritze intravenös] und andere), Psoriasis (LUTZ, GRÜNEBERG und andere; REISS und andere fanden bei Patienten mit dieser Krankheit in erhöhtem Maße ein Vitamin C-Defizit), Psoriasis arthropathica (SCHULZE und andere). Bei rheumatischen Erkrankungen, Rheumatismus verus und Polyarthritis chronica (RINEHART, LEWIN und WASSEN [letzte in Kombination mit Desoxycorticosteron]) ist der Wert noch umstritten (McLEAN, MARGOLIS). Eine Vielzahl von Mundschleimhautveränderungen kann durch Vitamin C-Gaben günstig beeinflußbar sein, doch ist schon bei weitem nicht jede Gingivitis und „Paradentopathie" C-hypovitaminotischer Genese. Ein Versuch mit mindestens 200—300 mg täglich, gegebenenfalls bei gleichzeitiger lokaler Anwendung einer Vitamin C-haltigen Salbe auch zur Cariesprophylaxe (PORT) kann versucht werden. Die Glossitis rhomboidea mediana kann gelegentlich auf Vitamin C-Gaben günstig ansprechen (DEGOS, GARNIER, TOURAINE), desgleichen die Aphthosis (DEGOS; GATÉ, VAYRE und CAMBRILLAT). Penicillin-Stomatitis (BUMILLIR [in Kombination mit B-Vitamin]). Bei Verbrennungen wird Vitamin C neben anderen Medikamenten angewandt (STÜTTGEN; RODRIGUEZ-ARIAS, PALAZZI, VIDAL-BARRAQUER und andere). Auch bei Thrombophlebitis, Thrombangiitis obliterans wurde Vitamin C eingesetzt (RODRIGUEZ-ARIAS, PALAZZI, VIDAL-BARRAQUER; MARSHALL). Bei Purpura unterschiedlicher Genese wird eine Kombinationsbehandlung mit den Vitaminen C, K und P empfohlen (PRIBILLA; DOUCAS und KAPATANAKIS; DUPERRAT), da jedes einzelne dieser Vitamine einen unterschiedlichen capillarabdichtenden Einfluß hat (VOELKEL).

E. RAJKA, KOROSSY und GÓZONY konnten experimentell das Morphium-Jucken durch Vitamin C hemmen (außerdem war dies auch mit den Vitaminen K, Nicotinsäure und Nicotinsäureamid möglich).

SCHUPPLI fand bei Studien zur Pigmentgenese, daß Hautpigmentierungen (Narbenpigmentierungen, Chloasma und chloasmaartige Pigmentierungen) durch iontophoretische Applikation von Ascorbinsäure in einigen Fällen abgeblaßt werden können. Ob dieser Effekt durch Hemmung der Pigmentbildung oder durch Bleichung schon gebildeten Pigments zustande kommt, kann nach SCHUPPLI zunächst noch nicht entschieden werden. KLEINE, BLUMB und BAUER sahen auch nach hohen internen Vitamin C-Gaben, insgesamt 140 g, in einem Fall Beseitigung eines seit 13 Jahren persistierenden „Chloasma uterinum". Allgemein hat sich die Vitamin C-Behandlung bei Hyperpigmentierungen nicht durchgesetzt.

Die Bedeutung des Vitamin C bei malignen Tumoren ist noch umstritten. Krebskranke sollen einen erhöhten Vitamin C-Bedarf haben (SCHRÖDER).

RAJKA, GYÖRGY und VINCZE wiesen bei Untersuchungen über die Verwendbarkeit von Vitamin C in Hautschutzsalben nach, daß positive Läppchenproben auf Chrom durch gleichzeitige lokale Applikation von 1% Vitamin C-Salbe verhindert werden können (perorale Vitamin C-Gaben blieben dagegen ohne Effekt). Die geringe Haltbarkeit der Vitamin C-Salbe gibt dieser Beobachtung vor allem theoretisches Interesse.

Weiterhin scheint dem C-Vitamin eine experimentell nachweisbare, praktisch aber wohl nicht bedeutungsvolle Strahlenschutzwirkung (gegen Röntgenstrahlen) zuzukommen (PERROY und DE LA TOUR, LOISELEUR und VELLEY und andere). — Letztlich sei erwähnt, daß bei Leprakranken häufig erniedrigte Vitamin C-Blutspiegelwerte gefunden wurden (BOENJAMIN, FLOCH, CATTANEO) und Vitamin C als unterstützender therapeutischer Faktor bei dieser Erkrankung angesehen wird.

Weiterhin noch angegebene Indikationen wie z. B. Acne und anderen Erkrankungen bedürfen der weiteren Abklärung. —

Eine *Hypervitaminose C* mit sicheren Hautsymptomen ist bisher nicht bekannt.

PAPAYANOPULOS und SCHROEDER sahen nach 6,0 g Vitamin C täglich eine Thrombocytenvermehrung. Stoffwechselgesunde Menschen reagieren auf hohe Vitamin C-Dosen nach STEPP, KÜHNAU und SCHRÖDER mit einer Hypoglykämie. MOLNAR und FRIDRICH beschrieben eine Erhöhung der Adrenalinempfindlichkeit nach längerer Verabreichung von 500 mg Vitamin C täglich. Sie betrachten dieses Symptom als „physiologisches Hypervitaminosesymptom". WIEDERBAUER sah bei Säuglingen nach täglicher Verabfolgung von 200 mg Ascorbinsäure Thrombocytose, vasomotorische Krisen vagotoner Art, Hyperämie der Haut, Dermographismus, Urticaria und Diarrhoen.

Nebenwirkungen sind bei der Vitamin C-Therapie äußerst selten. Selbst hohe Dosen (bis mehrere Gramm täglich) werden gut vertragen. RUST berichtet über Einzelbeobachtungen mit positiven „intra- und epicutanen Testen" auf Vitamin C.

IV. Vitamin P

(Permeabilitätsfaktoren, Citrin, Rutin u. a.)

Rutin wurde bereits 1842 von dem Nürnberger Apotheker WEISS aus der Gartenraute (Ruta graveolens) isoliert, seine Bedeutung aber erst etwa 100 Jahre später erkannt. Im Jahre 1936 machten v. SZENT-GYÖRGYI u. Mitarb. die Beobachtung, daß Vitamin C-reiche Pflanzenprodukte wie Paprika und Citronensaft bei Skorbut und anderen Erkrankungen mit Blutungsneigung eine bessere Wirkung entfalten als reines Vitamin C. Sie vermuteten deshalb einen besonderen, auf die Capillarwände wirkenden Faktor. Aus Paprika und Citrusfrüchten wurde daraufhin bald das „Citrin" isoliert. Es wurde erkannt, daß dieser Stoff, wie auch das Rutin und andere Substanzen, Heilwirkungen gegenüber Folgezuständen einer erhöhten Capillarfragilität und -durchlässigkeit (Blutungsbereitschaft, Neigung zu Ödemen und Exsudaten) zeigte. Man bezeichnete diese Stoffgruppe als Vitamin P.

Heute weiß man, daß derartig wirksame Substanzen weitverbreitet im Pflanzenreich sind; Derivate des Flavons, Flavanons, Flavanols, wie auch Anthocyane, Catechine, Chalkone und Cumarinabkömmlinge haben Vitamin P-

Eigenschaften. Der Vitamincharakter ist bisher unter anderem besonders deshalb noch umstritten, weil es nicht gelang, nachzuweisen, daß diese Stoffe tatsächlich für den menschlichen und Säugetierorganismus unentbehrlich sind. Ihre capillarabdichtende Wirkung, die Herabsetzung der Durchlässigkeit aller Zellgrenzflächen und ihre therapeutischen Effekte — auch an der Haut — machen aber eine kurze Abhandlung dieser Stoffgruppe auch im Rahmen dieses Kapitels erforderlich.

a) Chemie

Ein chemisch eindeutig definiertes Vitamin P gibt es nicht. Vielmehr neigt man heute dazu anzunehmen, daß der Vitamin P-Effekt von Stoffen mit unterschiedlicher chemischer Struktur hervorgerufen wird. So zeigen Vitamin P-Wirkung: Flavone, z.B. Phenylchromon; Flavanone, z.B. Eriodictyol, Hesperitin und Hesperidin; Flavanole, z. B. 2-Phenyl-3-oxy-1,4-benzo-pyron und Rutin. Das Rutin selbst ist ein 5,7,3',4'-Tetrahydroxyflavanol-3-rutinosid mit der Summenformel $C_{27}H_{30}O_{16} + 3\,H_2O$ (Strukturformel s. unten); weiterhin gehören in diese Wirkstoffgruppe: Catechin und Epicatechin, Phloretin und andere.

Die Strukturformeln einiger Stoffe mit Vitamin P-Eigenschaften seien nachfolgend wiedergegeben:

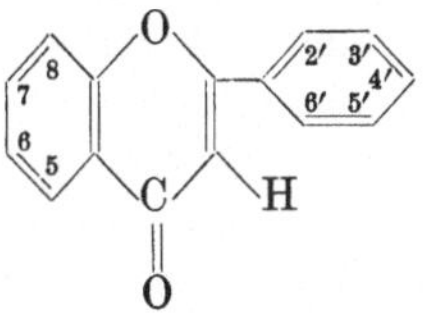

Flavon

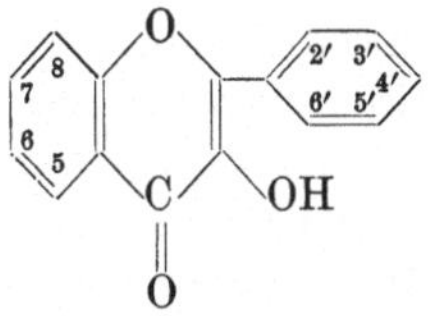

Flavanol

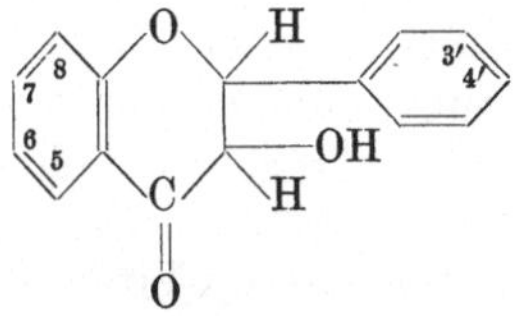

Flavanon

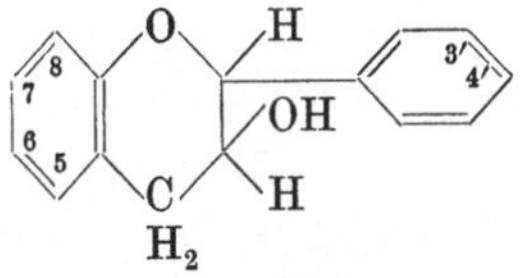

Catechin

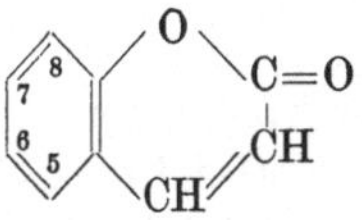

Cumarin

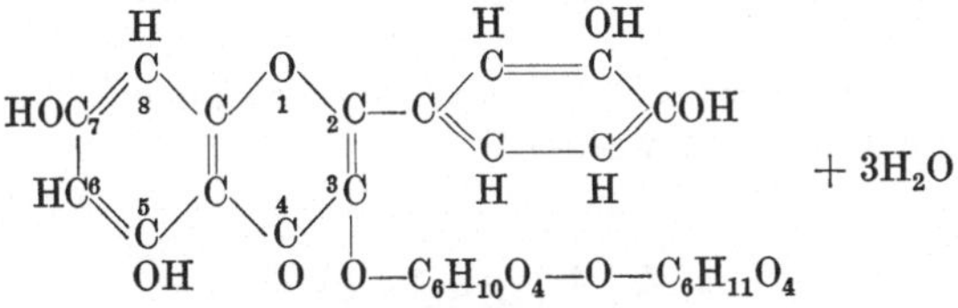

$+ 3H_2O$

$O—C_6H_{10}O_4—O—C_6H_{11}O_4$

Rutin

b) Vorkommen, Funktion und Bedarf

Vitamin P-wirksame Stoffe sind in der Pflanzenwelt weit verbreitet. Starke Vitamin P-Aktivität zeigen vor allem Citrusfrüchte und schwarze Johannisbeeren, blaue Pflaumen, Schwarzkirschen, blaue Weintrauben und andere Obstarten. Auch in Rotwein, Teeblättern, grünen Blättern und Blüten sind Stoffe mit Vitamin P-Aktivität enthalten. In tierischen Geweben, Blutserum und Milch wurde Vitamin P-Aktivität nicht nachgewiesen.

Das Verhalten dieser Stoffe im Organismus ist bisher — besonders beim Menschen — noch nicht abgeklärt. Man vermutet z. B., daß ihr Effekt — die Capillarresistenzerhöhung — gegebenenfalls sekundär ist, da P-aktive Stoffe das Acetylcholin vor Oxydation zu schützen scheinen und so über diese Funktion die Capillarresistenz beeinflussen.

Test- und Bestimmungsmethoden sind bisher alle unbefriedigend. (Biologisch z. B. an Meerschweinchen durch Bestimmung des ,,kritischen petechialen Drucks" und andere.)

Der *Bedarf des Menschen* ist unbekannt. Als *therapeutische Dosen* gelten 100—300 mg täglich, aber auch weit höhere Mengen können ohne Nebenwirkungen gegeben werden. Experimentell ließen sich bisher am Menschen keine *Vitamin P-Mangelsymptome* hervorrufen. Aus Tierversuchen, besonders an Meerschweinchen, die ,,Vitamin C-frei" ernährt wurden, weiß man, daß eine Abnahme der Capillarresistenz eintritt, die nicht durch Vitamin C, sondern nur durch Vitamin P-wirksame Substanzen beseitigt werden kann. Diese und andere Beobachtungen führten zur

c) therapeutischen Anwendung

des Vitamin P als Zugabe zum Vitamin C beim Skorbut und ähnlichen Erkrankungen. Weiterhin gewann es Bedeutung bei hämorrhagischen Diathesen (bei thrombopenischer Purpura wirkungslos), hämorrhagischen Nephritiden, Lungenentzündungen, Schwangerschaftstoxikosen, Apoplexieprophylaxe und anderen Indikationen.

Auch in der Dermatologie finden Vitamin P-wirksame Substanzen Verwendung, so nach Blaich und Tüshaus bei allen Hauterkrankungen mit serösen Entzündungen auf dem Boden einer Störung der Capillardurchlässigkeit; auch bei toxischen Capillarschädigungen (J. Kühnau), Penicillinnebenwirkungen (Hüllstrung), Ekzeme (Klostermann, Stapel, zum Teil in Kombination mit Calcium, Vitamin C und D), Erythematodes (Serow). Substanzen mit P-Vitamineigenschaften sollen auch eine gewisse Schutzwirkung gegenüber radioaktiven Strahlungen haben (Lontit; Arons, Freeman, Sokkoloff und Eddy).

Die geeignete Absorption z. B. des Rutins im Ultraviolettbereich führte zur Anwendung als lokales Lichtschutzmittel (Sieler, Zubiri). Als innerlich wirkende, die Lichtempfindlichkeit herabsetzende Mittel wurden Vitamin P-wirksame Stoffe mit keinem allgemein anerkannten Erfolg versucht.

Hypervitaminosen durch Stoffe mit Vitamin P-Aktivität wurden nicht bekannt.

Desgleichen sind wesentliche *Nebenerscheinungen* auch bei hochdosierter Behandlung bisher nicht bemerkt worden.

V. Vitamin D

Schon bei prähistorischen Tieren wurden angeblich rachitische Knochenveränderungen gefunden. 1650 wurde das Krankheitsbild der Rachitis oder ,,englischen Krankheit" von dem Engländer Glisson beschrieben. 1906 sprach Hopkins erstmalig die Vermutung aus, daß die Ursache der Rachitis in der Art der Ernährung zu suchen sei. Er glaubte, es fehle in der Nahrung der Rachitiskranken ein ähnlicher Stoff wie jene, die Beriberi oder Skorbut verhindern. Vorher hatten unterschiedliche Vorstellungen über die Rachitis-Ätiologie bestanden, insbesondere die Milieutheorie ist davon zu erwähnen. Mellanby bewies dann 1919 dadurch, daß er tierexperimentell an Hühnern Rachitis erzeugte, die er durch Zugabe von Lebertran heilte, daß Hopkins' Auffassung richtig war. Man erkannte, daß im Lebertran eine oder mehrere Substanzen enthalten sein mußten, die die Rachitis verhindern oder heilen konnten. Anfangs glaubte man, daß diese Eigenschaft dem Vitamin A zukomme, von dem man wußte, daß es reichlich im Lebertran vorkommt. Bald fand man aber durch Vervollkommnung der Tierversuche, daß das antirachitische Vitamin zwar zu den fettlöslichen Wirkstoffen gehört, es sich aber vom Vitamin A deutlich unterscheidet. Unter anderem erkannte man, daß Lebertran, der durch Oxydation mit Luftsauerstoff von dem Vitamin A-Gehalt befreit wurde, stark antirachitisch wirksam ist. McCollum, Simmonds, Shipley und Park machten sich um die Trennung von Vitamin A und dem antirachitischen Vitamin besonders verdient; sie bezeichneten das antirachitische Vitamin als Vitamin D.

Die chemische Erforschung des Vitamin D stieß anfangs auf große Schwierigkeiten. Schon 1912 hatte Raczynski auf den Zusammenhang zwischen mangelnder Sonnenbestrahlung und dem Auftreten von Rachitis hingewiesen. 1919 zeigte dann der Berliner Kinderarzt Huldschinsky, daß mit Ultraviolettlicht bestrahlte Nahrungsmittel zur Rachitisbehandlung geeignet sind. Hess und Steenbock fanden, daß sich die Bestrahlung der Lebensmittel auch durch direkte Bestrahlung der Patienten selbst ersetzen läßt. In der Nahrung und in der Haut mußten also ein oder mehrere Stoffe vorhanden sein, die unter Einwirkung des Ultraviolettlichtes antirachitische Eigenschaften entfalten. Hess, Weinstock und Helman sowie Steenbock und Black konnten nachweisen, daß Sterine durch Ultraviolettbestrahlung antirachitisch wirksam werden. So fand Windaus im Ergosterin, einem Sterin, welches sich besonders in Pilzen und im Mutterkorn findet, die erste reine Substanz, die schon in kleinen Mengen nach Ultraviolettbestrahlung stark antirachitisch wirksam wird.

Die Feststellung, daß auch die menschliche Haut ein „Provitamin" enthält, das 7-Dehydro-Cholesterin (Steenbock; Hess und andere), welches durch Ultraviolettlichtbestrahlung antirachitisch wirksam wird, schlug gewissermaßen eine Brücke zwischen Milieutheorie und der Mangelkrankheitstheorie der Rachitis. Die Reindarstellung des Vitamin D_2 (in angelsächsischen Ländern Calciferol genannt; Bourdillon) gelang 1932 Windaus, Linsert, Lüttringhaus und Weidlich. Schenk erhielt Vitamin D_3 durch Aktivierung von 7-Dehydrocholesterin. Später erkannte man, daß eine ganze Reihe von Stoffen durch Ultraviolettbestrahlung antirachitisch wirksam werden, sie sollen hier nicht im einzelnen besprochen werden.

In Fischlebertranen findet man neben den bekannten antirachitischen Wirkstoffen solche mit heute noch unbekannter Struktur, aber bedeutend stärkeren antirachitischen Effekten.

a) Chemie

Vitamin D ist demnach keine einheitliche chemische Substanz, sondern eine Anzahl chemisch ähnlicher Verbindungen aus der Sterolreihe mit antirachitischer Wirksamkeit. Die bisher wichtigsten Sterole dieser Gruppe sind das natürlich in den höher organisierten tierischen Organismen allein vorkommende, durch Ultraviolettbestrahlung von 7-Dehydrocholesterin entstehende Vitamin D_3 und das künstlich aus bestrahltem Ergosterin gewonnene Vitamin D_2. Im Tierversuch an der Ratte zeigte sich, daß die Strahlenbereiche von 250—300 mμ (Maximum bei 280 mμ) die Vitamin D-Bildung in der Haut bewirken. Insgesamt sind bisher etwa 12 Provitamine und 5 D-Vitamine aufgedeckt worden.

Vitamin D_2, D_3, D_4 und D_5 sind geruchlose Kristalle, löslich in Fetten und Fettlösungsmitteln, unlöslich in Wasser, wenig empfindlich gegen Oxydation, hitzestabil. Alle besitzen ein breites Absorptionsband bei etwa 265 mμ, sie lassen sich spektroskopisch nicht voneinander unterscheiden. Vitamin D_2, auch Calciferol oder Ergocalciferol genannt, hat die Summenformel $C_{28}H_{44}O$, Vitamin D_3, auch Cholecalciferol oder aktiviertes 7-Dehydrocholesterin genannt, $C_{27}H_{44}O$. Die

Strukturformeln von Vitamin D_2 und D_3 sowie ihren Provitaminen sind nachfolgend wiedergegeben:

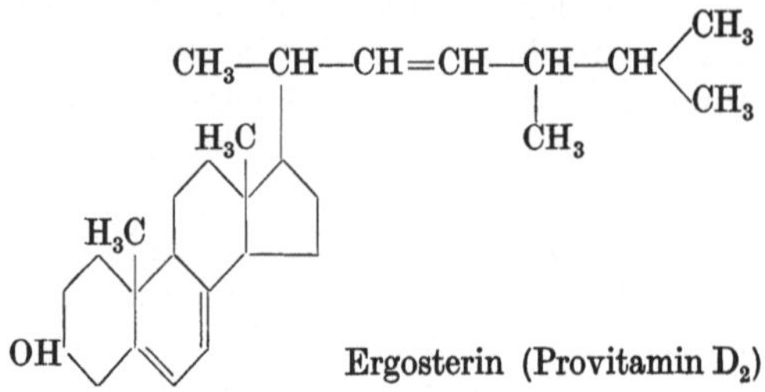

Ergosterin (Provitamin D_2)

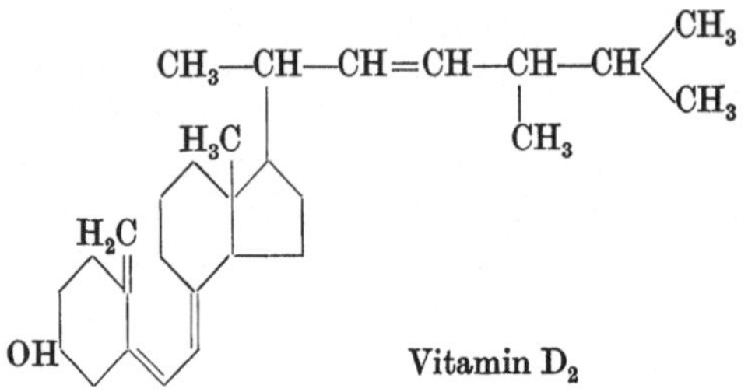

Vitamin D_2

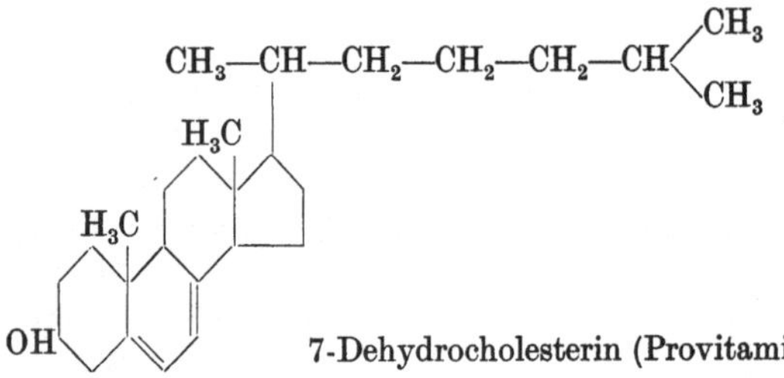

7-Dehydrocholesterin (Provitamin D_3)

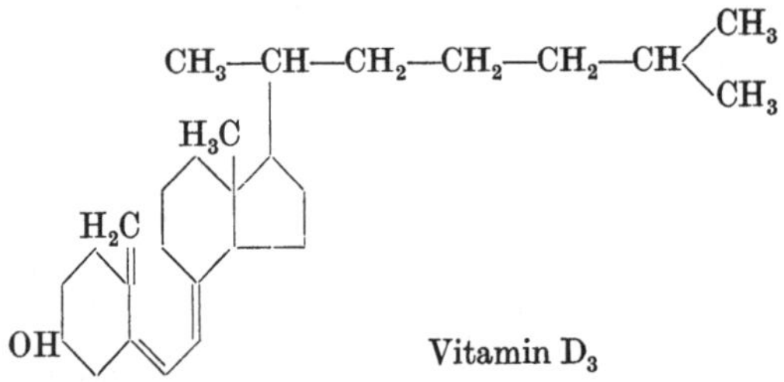

Vitamin D_3

Als *Nachweis- und Bestimmungsmethoden* sind besonders biologische Methoden zu nennen, so der Rattenschutztest. — Ratten oder Hühnchen erhalten eine rachitogene Diät, dann werden die zu untersuchenden Substanzen mit der Nahrung zugeführt und der rachitisheilende Effekt beurteilt. Physikalisch-chemische Methoden eignen sich zur Messung von Vitamin D-Konzentraten (s. einschlägiges Schrifttum).

Eine *internationale Einheit* (iE) entspricht 0,000025 mg = 0,025 γ kristallisiertem Vitamin D_3 und einer US-Pharmakopoe-Einheit. *1 mg Vitamin D_3* entspricht 40000 iE, 1 g Vitamin D_3 entspricht damit 40000000 iE (früher gebräuchliche internationale Einheiten bezogen sich auf Vitamin D_2).

Die *Umwandlung von Provitamin D in Vitamin D* ist ein komplizierter, über verschiedene Zwischenprodukte gehender, irreversibler Prozeß, der durch Zufuhr von Elektronenenergie, durch Kathodenstrahlen, Radiumemanation, Röntgenstrahlen (sofern ein Grenzwert zugeführter Energie überschritten wird) und durch

Ultraviolettstrahlen von einer Wellenlänge von 235—315 mμ bewirkt werden kann. Das Maximum der antirachitischen Ultraviolettstrahlenwirkung liegt — wie man aus Tierexperimenten mit monochromatischem Licht weiß — im Wellenbereich von 260—300 mμ. Die antirachitisch wirksamen Wellenbereiche entsprechen dem Absorptionsspektrum der Provitamine. Letzte sind bei den verschiedenen Provitaminen D gleich, obwohl sich diese Stoffe hinsichtlich Schmelzpunkt und anderer physikalischer Eigenschaften unterscheiden (Huber und Barlow).

Im Sonnenlicht an der Erdoberfläche reicht der Ultraviolettanteil optimal bis 290 mμ. Der Anteil der natürlichen Sonnenstrahlung, welcher antirachitische Wirksamkeit entfaltet, reicht somit von 315 bis 290 mμ (also einem relativ kleinen Ultraviolettstrahlenbereich). In äquatorfernen Gebieten ist dieser Strahlenanteil besonders zu den jeweiligen Winterszeiten gering. Die erhöhte Rachitismorbidität im Winter, z. B. in Nordeuropa, erklärt sich im wesentlichen auf diese Weise, genauso wie die geringe Rachitismorbidität in Äquatornähe. In den Polargebieten deckt der Mensch seinen Vitamin D-Bedarf meist durch Lebertran oder Fischleber.

Künstliche Ultraviolettlampen (z. B. Quarz- und Kohlenbogenlampen) strahlen im ganzen Absorptionsbereich der Provitamine D. Sie sind damit zur Rachitisprophylaxe und -therapie gut geeignet.

Die *Biogenese des natürlich vorkommenden Vitamin D* ist weitgehend ungeklärt. Man vermutete früher, daß das sonnenbestrahlte Plankton die Vitamin D-Quelle der Fische darstellt. Heute neigt man mehr dazu anzunehmen, daß Provitamine D in Algen, die auch als Fischnahrung dienen, durch Sonnenbestrahlung in Vitamin D überführt werden, oder auch, daß die Fische, genau wie der Mensch, Cholesterin aus Essigsäure aufbauen können und daß auf diese Weise dann die D-Vitamine entstehen.

b) Vorkommen

Vitamin D kommt in erheblichen Mengen in Fischlebertranen (Dorsch, Thunfisch, Heilbutt, Haifisch, weniger bei Walfisch und Hundsfisch) vor. So enthält z. B. Thunfisch pro 100 g 1,6—25 Millionen i E, Heilbutt 20000—400000 i E, Dorsch 8000—30000 i E, Eigelb 300 i E. Allgemein kommen Vitamin D und Provitamine im Vergleich zu anderen Vitaminen nur spärlich in der Natur vor. Relativ reich an Provitamin D sind die menschliche Haut, und nachweisbar die Schweinehaut, außerdem einige Schneckenarten. Fische, die sehr viel Vitamin D enthalten, sind arm an Provitamin D.

Hauptquellen der D-Vitamine in der menschlichen Nahrung bilden Butter, Milch, Eigelb und Fische. Die drei erstgenannten Quellen weisen dabei erhebliche jahreszeitliche Schwankungen auf. Jahreszeitlicher Höchstgehalt an Vitamin D dieser Nahrungsmittel liegt verständlicherweise im Sommer. Da Vitamin D nur in einer beschränkten Anzahl von Nahrungsmitteln vorkommt und namentlich in den Wintermonaten der Bedarf des Menschen nicht immer gedeckt wird, spielt heute die künstliche Anreicherung von Nahrungsmitteln mit Vitamin D eine gewisse Rolle. Als Möglichkeiten hierfür seien erwähnt: Zusatz von Vitamin D zu Nahrungsmitteln, z. B. Milch, Bestrahlung von Nahrungsmitteln mit Ultraviolettlicht, z. B. Milch, und die mehr theoretische Möglichkeit Bestrahlung des Viehes mit Ultraviolettlicht (z. B. Kühe). — Beim Menschen erfolgt die Umwandlung des Provitamin D in Vitamin D auf der Haut oder in den oberen Hautschichten. Die hierfür wirksamen UV-Strahlen der Sonne dringen höchstens 1—1,5 mm tief in die Haut ein. Das Hautfett bestrahlter Menschen hat z. B. erheblich höhere antirachitische Wirksamkeit als das von unbestrahlten Vergleichspersonen.

Nicht restlos geklärt ist, ob die Talgdrüsen das Provitamin sezernieren, es dann auf der Haut durch UV-Bestrahlung in Vitamin D umgewandelt und dann rückresorbiert wird, oder ob es direkt in der Haut gebildet wird. HOU zeigte, daß UV-Strahlen auf einer mit Äther gereinigten Haut hinsichtlich D-Vitaminbildung unwirksam sind. — Die percutane Resorption von Vitamin D ist aber gering, nach FODOR ist peroral gegebenes Vitamin D zehnfach stärker als cutan appliziertes wirksam.

c) Bedarf

Der *Bedarf* des Menschen ist wie bei den anderen Vitaminen gewissen Schwankungen unterworfen, so ist er z. B. während Schwangerschaft und Lactation erhöht, desgleichen bei Kindern bis zum Abschluß des Wachstumsalters. Auch bestehen Unterschiede bezüglich der geringsten Vitamin D-Menge, die genügt, um rachitische Symptome zu verhindern und der — weit größeren — Menge, die notwendig ist, um ein optimales Wachstum zu gewährleisten. Auch spielt das Verhältnis von Calcium zu Phosphor in der Nahrung bei einigen Versuchstieren und wahrscheinlich auch beim Menschen neben der Resorption und anderen, zum Teil noch unbekannten Faktoren eine Rolle für die Höhe des Vitamin D-Bedarfs. Allgemein schätzt man den Tagesbedarf auf 400—800 iE; der Erwachsene deckt unter normalen Verhältnissen seinen Vitamin D-Bedarf durch den Vitamin D-Gehalt der Nahrung und die Vitamin D-Bildung in der eigenen Haut durch Sonnenbestrahlung. Zeiten erhöhten Bedarfs (s. oben) erfordern z. B. medikamentöse Zufuhr oder Maßnahmen zur Aktivierung der Umwandlung des Provitamins der Haut in Vitamin D. Die *Resorption* ist abhängig von Konzentration und Dispersionsgrad. Bei konzentrierter Zufuhr, z. B. bei der Stoßprophylaxe (15 mg) werden erhebliche Mengen (bis 14%) mit dem Kot wieder ausgeschieden (WINDORFER). — Günstig ist die Resorption in Milch und Butter. Gallen- und Pankreasfermentsekretion sind von wesentlicher Bedeutung. So wird z. B. bei Gallengangsatresie mehr als 80% der Zufuhr im Stuhl ausgeschieden (HOUET). Zufuhr von Paraffin oder anderen Mineralölen verhindert zum großen Teil die Resorption von Vitamin D, da das fettlösliche Vitamin von den Ölen aufgenommen wird und mit ihnen im Stuhl wieder ausgeschieden wird.

Vitamin D kann in verschiedenen Organen *gespeichert werden*, so in Leber (Lebertran der Fische), Blutplasma, Gehirn, Nebennieren, Thymus, Lunge, Darm, Nieren und Haut. Der Vitamin D-Serumspiegel schwankt zwischen 66 und 165 iE $^0/_{00}$, bei Zufuhr großer Vitamin D-Mengen kann er Werte bis zu 12000 iE $^0/_{00}$ erreichen (WARKANY und MABON). — Bei intramuskulärer Injektion soll das D-Vitamin als lokales Depot wirken, aus dem das Vitamin gleichmäßig in den großen Kreislauf abfließt (ANHAGEN und KOLLSTEDE). Von dem während der Stillzeit zugeführten Vitamin D in Lebertran erscheinen maximal 1,3% des Vitamins in der Muttermilch. *Ausscheidung* erfolgt durch den Stuhl, nur bei Nierenerkrankungen, z. B. Nephrose, im Harn. Ein erheblicher Teil wird wahrscheinlich im Körper selbst auf noch unbekannte Weise inaktiviert oder zerstört (WARKANY und andere).

d) Funktion

Die *Funktion* des Vitamin D ist in den letzten Jahren von vielen Autoren untersucht worden (ALBRIGHT; v. MACK; BRULL; HOUET; ROMINGER und andere), sie ist nach ZELLWEGER und ADOLPH noch nicht restlos geklärt. Drei Funktionen sind aber mit Sicherheit abgrenzbar:

1. Steigerung der intestinalen Calciumresorption. BAUER, MARBLE und CHAFLIN fanden 1932, daß in einem Fall von Steatorrhoe durch Vitamin D-Gaben die

Calciumausscheidung im Stuhl von 80—90% auf 30% des peroral zugeführten Calciums herabgesetzt werden konnte. ALBRIGHT und REIFENSTEIN zeigten, daß intravenös gegebenes Calcium die Menge des Stuhlcalciums nicht verändert; peroral gegebenes Calcium erhöhte die Stuhlcalciummenge; gab man dann bei gleichbleibender oraler Calciumzufuhr Vitamin D, so nahm das Stuhlcalcium ab. Diese Beobachtungen wurden vielseits bestätigt, doch liegen auch gegensätzlich erscheinende Beobachtungen z. B. bei Patienten mit Skeleterkrankungen vor. Diesbezüglich sei auf das einschlägige Schrifttum der inneren Medizin verwiesen.

Die vermehrte Calciumresorption bringt Anstieg des Serumcalciums und bei intakten Nebenschilddrüsen Verminderung von deren Drüsenaktivität mit sich. Dies wiederum bewirkt Verminderung der Phosphorausscheidung durch die Nieren und Erhöhung der Serumphosphate.

2. *Beeinflussung der Nierenfunktion* im Sinne einer Steigerung der Phosphatausscheidung (BRULL; ALBRIGHT und andere). Diese Funktion ist besonders bei hohen Dosen deutlich.

3. Wahrscheinlich *direkte Wirkung auf den Knochen* mit Phosphoranlagerung und Calciumretention im Knochen. — Sicher kann man heute wohl sagen, Vitamin D hat eine wesentliche regulierende Funktion im Calcium und Phosphorstoffwechsel.

Weiterhin bestehen noch nicht eindeutig geklärte Beziehungen zum Citratstoffwechsel, zum Parathyreoidea-Hormon sowie zum Phytin und zu der Phytinsäure. Phytin vermindert die Calciumresorption und hat damit gewissen Antivitamincharakter. Bezüglich Einzelheiten sei auf das einschlägige Schrifttum verwiesen.

e) Vitamin D-Mangelkrankheiten

an der Haut sind bisher nicht bekannt. Die klassischen Vitamin D-Mangelkrankheiten sind die *Rachitis*, die *Osteomalacie* und die im Verlaufe dieser beiden Krankheiten auftretende *Spasmophilie*. Bei allen diesen Krankheiten besteht eine Störung des Calciumphosphorstoffwechsels mit zum Teil unterschiedlicher Ursache; bei einigen von diesen Krankheiten ist Vitamin D-Mangel auch nicht oder nicht ausschließlich beteiligt (z. B. renale Rachitis, Phosphat- und Aminosäurediabetes, Formen der Vitamin D-resistenten Rachitis). Hinsichtlich Einzelheiten sei auf die Handbücher der Inneren Medizin und der Kinderheilkunde verwiesen.

Bezüglich der Rachitisprophylaxe und Therapie durch Ultraviolettbestrahlungen der Haut sei verwiesen auf das Kapitel: Lichtbiologie und Lichttherapie der Haut von KIMMIG und WISKEMANN in diesem Handbuch, Ergänzungsband V/2, S. 1021.

Wenn auch das Vitamin D an der Haut — obgleich diese natürliche Bildungsstätte ist — keine sichtbaren Mangelsymptome hervorruft, so hat es dennoch in der unspezifischen pharmakodynamischen Vitamintherapie der Hautkrankheiten einen hervorragenden Platz eingenommen. Ja, die Erfolge, die mit der Vitamin D-Therapie — z. B. des Lupus vulgaris — erzielt wurden, haben vielfach das Interesse an einer Vitaminbehandlung in der Dermatologie erst geweckt.

f) Die unspezifische Vitamin D-Therapie

betrifft fast ausschließlich dermatologische Indikationen. Hinsichtlich der umstrittenen Wirkung bei der chronischen Polyarthritis und der Lungentuberkulose sei auf das Schrifttum der Inneren Medizin verwiesen. Aus empirischer Erfahrung weiß man, daß das Vitamin D — kombiniert mit Calcium — eine gewisse antiallergische Wirkung z. B. bei Bronchialasthma und dem Heufieber entfaltet. Die gleiche Kombination zeigt gelegentlich zufriedenstellende Behandlungsergebnisse bei Erkrankungen des vegetativ-endokrinen Systems, so bei Thyreotoxikosen und bei asthenischen Patienten mit hyperthyreotischem Einschlag (STEPP, KÜHNAU und SCHRÖDER).

Der Wirkungsmechanismus des Vitamin D hinsichtlich der spezifischen Vitaminwirksamkeit ist — wie oben ausgeführt — nur teilweise befriedigend gedeutet, hinsichtlich der pharmakodynamischen Wirkung sind sogar noch alle Möglichkeiten offen. Beeinflussung über den Mineralstoffwechsel wird für die nicht dermatologischen unspezifischen Vitamin D-Indikationen besonders diskutiert. Die Frage der Resistenzerhöhung durch Vitamin D wurde bisher ebenfalls nicht eindeutig beantwortet. Von besonderem Interesse ist der Wirkungsmechanismus bei den verschiedenen Tuberkuloseformen. Mit Sicherheit steht fest, daß das Vitamin D selbst keine tuberkulostatischen Eigenschaften hat (obgleich dies gelegentlich behauptet wurde). Diese Feststellung gilt für in vitro-Versuche und experimentelle Meerschweinchentuberkulose. Die Möglichkeit, daß bei dem Vitamin D-Ab- oder -Umbau im Organismus tuberkulostatische Bruchstücke oder ähnliches entstehen, ist gegeben (KIMMIG), aber bisher nicht nachweisbar (MEYER-ROHN).

Insbesondere KALKOFF vertritt die Auffassung, daß der therapeutische Vitamin D-Effekt bei der Hauttuberkulose in erster Linie auf einer „Terrainänderung", also einer Beeinflussung des Makroorganismus zurückzuführen sei. CHARPY hat für die Heilerfolge beim Lupus vulgaris die Hypothese aufgestellt, daß Vitamin D durch Befreiung von Phosphationen einen Fermentmechanismus aktiviere, der die Tuberkelbakterien auflöse. — Allgemeine Anerkennung fand keine der genannten Hypothesen. (Hinsichtlich Einzelheiten sei auf K. W. KALKOFF und P. E. GEHRELS, Kapitel: Tuberkulose, im Ergänzungsband IV dieses Handbuches verwiesen.)

Während die Vitamin D-Behandlung der Lungentuberkulose wenig erfolgreich war und keine praktische Bedeutung bekam, gewann die

Vitamin D-Behandlung der Hauttuberkulose weite Verbreitung. Schon in früheren Jahrhunderten war Lebertran zur Behandlung der Tuberkulose verwandt worden (DARBEY 1766 in England bei Knochenaffektionen, EMERY 1849 in Paris bei Lupus vulgaris [1 Liter täglich ?]). Diese Behandlungsweise geriet dann aber weitgehend in Vergessenheit. Zwar sagte v. BERGMANN (1928) auf Grund theoretischer Überlegungen voraus, daß man mit Vitamin D gute Erfolge bei der Lupusbehandlung haben werde, weiterhin wies GERSON darauf hin, daß das Vitamin D bei seiner salzarmen Diät eine wichtige Rolle spiele; auch die Tatsachen, daß schon BAZIN „fressende Flechten" bei skrofulösen Individuen mit täglich 1 Glas Lebertran, BROCK die Hauttuberkulose wie EMERY mit 1 Liter Lebertran pro die (!) behandelte, waren nicht ganz in Vergessenheit geraten. In der norddeutschen Volksmedizin spielte ein Gemisch von Lebertran und zermörserten Eierschalen, teils mit Eigelb, als allgemein wirksames Tuberkulosemittel bis in die ersten Jahrzehnte dieses Jahrhunderts eine Rolle. Um 1930 berichtete dann MENSCHEL (Magdeburg-Sudenburg) über gute Erfolge mit Vitamin D bei Lupuspatienten.

Richtige Anerkennung fand die Vitamin D-Therapie in der modernen Dermatologie aber erst zwischen 1939 und 1947. Zuerst war es dann wohl FANIELLE in Belgien, der Vitamin D in relativ hoher Dosierung bei der Hauttuberkulose einsetzte (1939). Dann folgten CHARPY in Frankreich (1943/44), DOWLING und THOMAS in England (1946), JORDAN in Deutschland (1947), LOMHOLT in Dänemark (1948), MIESCHER in der Schweiz (1949) und viele andere. Mit dieser Entwicklungsphase der Hauttuberkulosebehandlung sind noch besonders folgende

Autoren verbunden: KALKOFF, ZELLER, RIEHL, GERTLER, LÖHE, LANGER und NOBIS; BRAUN, HERZBERG; MARCUSSEN und NIELSEN, JAEGER, JESSERER, BURCKHARDT, FUNK, BOHNSTEDT, DAINOW, BRETT und ECKES, HÜLLSTRUNG, HÖFS, VELTMANN, SCHREUS und GAHLEN; GEHRELS, HEITE und KALKOFF, BOMMER und andere (s. auch bei KALKOFF und GEHRELS).

Die *Dosierung* wird von den verschiedenen Autoren unterschiedlich angegeben. Folgende Tabelle 6 gibt eine orientierende Übersicht:

Tabelle 6. *Vitamin D-Dosierung bei Hauttuberkulosen*

BOHNSTEDT	Anfangs täglich 2,5 mg per os, dann 5 mg täglich
CHARPY	1. Woche 3mal 15 mg Vitamin D_2 in alkoholischer Lösung per os. 2.—4. Woche 2mal 15 mg. Später wöchentlich 1mal 15 mg
DOWLING und THOMAS .	Täglich 3,75 mg per os. Bei schlechter Verträglichkeit Reduzierung auf 2,5 mg täglich
FANIELLE.	15 mg Vitamin D_2 per os wöchentlich 3—6 Monate lang, dann alle 14 Tage 15 mg 1—2 Jahre lang, im Bedarfsfall sogar noch länger
GERTLER	$^1/_2$ mg täglich per oral über Jahre
JORDAN	Täglich 5 mg Vitamin D_2 per os 2—4 Monate lang, dann Reduzierung auf 2,5 und 1,5 mg täglich

Als *Gesamtmengen* werden 600 mg Vitamin D_2 pro Kur und mehr angegeben.

CHARPY empfiehlt die glycerin-alkoholische Lösung des Vitamin D (per os oder intramuskulär), DOWLING und THOMAS geben es in Tablettenform, JORDAN in öliger Lösung oder Tablettenform (per os). Die *Behandlungsergebnisse* scheinen unabhängig von der Art der Vitamin D-Zubereitung und Zufuhr ungefähr gleich zu sein. Einige Autoren verordnen während der Vitamin D-Kur gleichzeitig Gaben von Calcium in Tabletten- oder Injektionsform bzw. Milchzufuhr; bei anderen werden derartige zusätzliche Maßnahmen nicht erwähnt bzw. für entbehrlich gehalten.

Der *sichtbare therapeutische Effekt* der Vitamin D_2-Behandlung des Lupus vulgaris setzt z. B. beim Jordanschen Kurschema nach 3 Wochen (etwa 100 mg Vitamin D_2) ein, klinische Abheilung nach 300—600 mg und mehr, einige Fälle sind aus unklaren Gründen therapieresistent. Schlechtgenährte Lupuskranke sprechen nach eigenen Erfahrungen oft besser auf die Vitamin D-Therapie an als wohlgenährte. CHARPY berichtet über 70—100% Abheilerfolge; die besten Erfolge werden bei ulcerösen Lupusherden erzielt. Die meisten anderen Autoren nennen niedrigere Quoten, KUSKE 50%, JORDAN „mindestens 20%". Vitamin D-unbeeinflußbar erwiesen sich etwa 2% der Lupuskranken. Die „histologische Abheilung" bleibt nach CHARPY hinter der klinischen bis zu 2 Jahren zurück. Behandlung über den Zeitpunkt der klinischen Abheilung hinaus sei deshalb erforderlich.

Die *histologischen Veränderungen* im Verlauf der Vitamin D-Kuren des Lupus sind gekennzeichnet zunächst durch Abnahme der Rundzellinfiltration; einige Zeit später bestehen die Tuberkelknötchen aus Epitheloidzellen, welche von keinen oder sehr wenigen Lymphocyten umgeben sind, so entsteht ein sarkoidähnliches Bild. Später werden dann diese Epitheloidzellknoten durch einwandernde Histiocyten aufgelöst, desgleichen durch Fibroblasten. Die Knoten werden kleiner, und letztlich teils vollkommen durch junges Bindegewebe ersetzt, teils verbleiben Restknötchen (FREUDENTHAL; JORDAN; LANGER und NOBIS und andere).

Nach Absetzen der Vitamin D-Therapie rezidiviert ein recht hoher Prozentsatz der Lupuskranken nach Wochen, Monaten oder auch Jahren. *Dauerheilungen,* d. h. klinische Erscheinungsfreiheit nach 5 Jahren, ist optimal bei 20% der auf die Behandlung ansprechenden Kranken zu erwarten (Jordan, Simon und andere). Auch ergaben Untersuchungen von Miescher; Ingram; Veltmann und anderen, daß trotz klinischer Abheilung der Lupusherde unter Vitamin D-Zufuhr, die tuberkulösen Veränderungen in der Haut noch fortbestehen können und Tuberkelbakterien noch nachweisbar sind. Ob diese Befunde auch in den Fällen erhoben werden können, die 5 Jahre nach Absetzen der Vitamin D-Behandlung klinisch erscheinungsfrei sind, ist bisher nicht geklärt.

Die Erfolge der Vitamin D-Therapie des Lupus waren durch Kombination mit Finsen- oder etwas weniger gut Kromayer-Bestrahlungen ohne Zweifel zu verbessern (Jordan, Ehring und andere).

Außer dem Lupus vulgaris erwiesen sich bei gleicher Dosierung als Vitamin D-beeinflußbar

1. Tuberculosis cutis verrucosa (Charpy; Fanielle; Jordan; Huriez; Sevin und Mayer; Höfs; Burckhardt; Sonne; Burda; Frühwald; Simon und andere). Die therapeutischen Erfolge werden von den einzelnen Autoren unterschiedlich beurteilt, oft waren auch nur vorübergehende Besserungen festzustellen.

2. Tuberculosis cutis colliquativa (Thaler; Sevin und Mayer; Höfs; Burda, Frühwald; Simon und andere). Die Erfolge werden ebenfalls unterschiedlich beurteilt, sie dürften eindeutig hinter denen beim Lupus vulgaris zurückstehen.

3. Tuberkulide (Erythema induratum Bazin, papulonekrotisches Tuberkulid, Lichen scrofulosorum, atypische Formen von Tuberkuliden).

Diese sind in einem zwar eindeutig geringeren Prozentsatz durch Vitamin D-Zufuhr günstig beeinflußbar, auch kommen Exacerbationen im Vergleich zu den erstgenannten Hauttuberkuloseformen wohl häufiger vor (Braun, Prosser und Vosicky; Frühwald; Simon und andere). Manche Autoren bevorzugen die Vitamin C-Behandlung der Tuberkulide.

4. Granuloma anulare kann in einigen Fällen günstig beeinflußt werden; ein Teil exacerbiert, ein anderer bleibt unbeeinflußt.

Bei Vitamin D-behandelten Lupuspatienten konnte Jordan sogar das Auftreten von Granuloma anulare-Herden unter der Therapie beobachten und in Excisionsmaterial von diesen Herden Tuberkelbakterien nachweisen. — Der größte Teil der Granuloma anulare-Fälle ist nicht Vitamin D-beeinflußbar (Gertler; Frühwald; Simon; Pascher, Silverberg, Marks und Markel; Grzybowski und Mjedzinski; Jordan; Michel und andere).

Von den selteneren Hauttuberkuloseformen kann z. B. der *Lupus miliaris disseminatus* Vitamin D-beeinflußbar sein (Jordan und Wulf); desgleichen die *Tuberculosis ulcerosa cutis et mucosae.* Bei letzter insbesondere sind aber moderne chemotherapeutische Mittel (Isonicotinsäurehydrazidpräparate) eindeutig überlegen.

Weiterhin muß das *Boecksche Sarkoid* als recht günstig Vitamin D-beeinflußbar bezeichnet werden (Bruhns; Thaler; Prosser und Vosicky; Riehl; Burckhardt; Pascher, Silverberg, Marks und Markel; Smith, Miescher; Endres und Brandner; Larsson, Liljestrand und Wahlund; Funk; Bohnstedt und Baumann und andere). Derzeitige chemotherapeutische Mittel, wie z. B. das Isonicotinsäurehydrazid, haben das Vitamin D bei der Behandlung der Boeckschen Krankheit auch heute nicht verdrängen können.

Die unspezifische Vitamin D-Behandlung einiger nicht tuberkulöser Dermatosen hat auch heute noch praktische Bedeutung. Hier ist die *Psoriasis* zu nennen. Die zum Teil günstige Beeinflußbarkeit dieser Hautkrankheit durch Sonnenlichtbestrahlungen veranlaßte 1936 KRAFKA wohl als ersten, das Vitamin D auch zur Psoriasisbehandlung zu versuchen (SPIER). Seitdem liegen eine ganze Reihe von Mitteilungen über die Vitamin D-Beeinflußbarkeit der Psoriasis vor (SPIER [ausführliche Darstellung und weiteres Schrifttum] OLIVETTI und RATTO; ZUBIRI und VIDAL; PAVIC; DE GREGORIO; CLARKE; BENZINGER; HÜLLSTRUNG und andere).

Die Behandlungserfolge bei dieser ätiologisch unklaren Erkrankung werden unterschiedlich beurteilt. SPIER sah bei einer Gesamtdosierung von durchschnittlich 300 mg Vitamin D_2 (anfangs 3mal wöchentlich 10 mg; dann 2- bzw. 1mal 10 mg pro Woche bei 96 Patienten) in 20% der Fälle „recht gute“, 25% „befriedigende“, und 25% „mäßige Besserungen“, „100%ige Abheilung“ in keinem Fall, und 20% Rezidive in den ersten 6 Monaten nach der Behandlung. Allgemein kann man wohl sagen: $^1/_3$ der Patienten wird gut, $^1/_3$ mäßig, $^1/_3$ nicht durch die Vitamin D-Therapie beeinflußt. Dieser Prozentsatz findet sich nach KEINING allerdings auch bei unterschiedlichen anderen Behandlungsmethoden der Psoriasis. Mangels besserer anderer interner Behandlungsmöglichkeiten für die Psoriasis gilt auch heute noch die Psoriasis — bei nicht zu hoch gespannten Erwartungen — als Vitamin D-Indikation.

Die *antiallergische Vitamin D-Wirkung* nutzt man anscheinend bei einigen *Ekzemformen* aus. DAINOW wies wohl zuerst auf die günstigste Beeinflußbarkeit der Berufsekzeme durch Vitamin D hin. MASSABIE bevorzugte dessen Kombination mit Vitamin A. KÄRCHER gab ebenfalls hohe Dosen Vitamin D_2 mit Vitamin A kombiniert bis zur Abheilung, dann Erhaltungsdosen. Er bezeichnet seine Erfolge als sehr gut. — Von besonderem theoretischem Interesse ist die Tatsache, daß Berufsekzeme, z. B. Maurerekzeme, bei Fortführung der Arbeit und Einnahme von Vitamin D_2 (täglich 5 mg) abgeheilt werden können. Wird die Dosis reduziert oder die Zufuhr unterbrochen, so tritt in wenigen Tagen das Rezidiv ein. Da eine Dauerbehandlung in so hoher Dosierung nicht durchführbar ist, konnte diese interessante Beobachtung bisher kein praktisches Interesse gewinnen.

Der *Lichen ruber planus* ist ähnlich wie die Psoriasis in einem gewissen Prozentsatz der Fälle durch Vitamin D_2 günstig beeinflußbar (HURIEZ, TUCHMANN-DUPLESSIS und PONTE; CHARPY; PASCHER, SILVERBERG, MARKS und MARKEL; HÜLLSTRUNG; PROSSER und VOSICKY und andere). In Einzelfällen heilen sogar jahrelang bestehende Lichen ruber verrucosus-Herde ab.

Die *Alopecia areata* ist nach BEUTNAGEL und FRIEDERICH in einem gewissen Prozentsatz der Fälle schon durch relativ geringe Vitamin D-Mengen günstig beeinflußbar. Auch bei medikamentös bedingtem Haarausfall soll nach THOMESCHEK Vitamin D von Nutzen sein. — Allgemeine Anerkennung hat die Vitamin D-Behandlung der unterschiedlichen Alopecieformen, trotz günstiger Wirksamkeit in Einzelfällen, bisher aber genauso wenig gefunden, wie die Behandlung mit Pantothensäure.

Erythrodermien werden nach WOLFRAM sowie GOUGEROT, LEFEVRE und NATHAN und anderen in Einzelfällen — meist vorübergehend — günstig beeinflußt.

Bei der *Sklerodermie* sind ebenfalls Besserungen beobachtet worden (JESSERER; HÜLLSTRUNG; GRANDBOIS; HURIEZ, TUCHMANN-DUPLESSIS und PONTE und andere).

Weiterhin sei erwähnt, daß Berichte über vereinzelt beobachtete günstige Beeinflussung von Pruritus, Acne, Urticaria und Pemphigus vorliegen. Man wird die Abklärung dieser Indikationen abwarten müssen. Manche Einzelbeobachtungen, so z. B. beim Pemphigus, zeigten eindeutige Vitamin D-Effekte.

Man wird nach Aufklärung des Wirkungsmechanismus pharmakodynamischer Vitamin D-Dosen, manchen heute noch unverständlichen therapeutischen Vitamin D-Effekt bei unterschiedlichen Krankheiten besser deuten und verstehen können.

g) Hypervitaminose D bzw. Vitamin D-Nebenwirkungen

Hypervitaminosesymptome nach Vitamin D-Zufuhr wurden schon im Beginn der Vitamin D-Therapie um 1930 an Mensch und Tier beobachtet (PUTSCHAR; THATCHER; GERLACH; KREITMAIR und MOLL und andere). Bei der Bestrahlung des Ergosterins fielen anfangs mit großer Wahrscheinlichkeit in erhöhtem Maße „toxische Nebenprodukte" an, die zu Unverträglichkeitssymptomen führten. Ihr Anteil konnte aber im Laufe der Zeit erheblich reduziert werden. Dennoch zeigten auch die „gereinigten" Vitamin D-Präparate besonders bei der später aufkommenden massiven Vitamin D-Therapie der Hauttuberkuloseformen Nebenwirkungen. HARNAPP z. B. betrachtete die Charpyschen Dosen als über der toxischen Grenze liegend. Es muß aber betont werden, daß diese Nebenwirkungen angesichts der „Mammutdosen" (JORDAN) (optimale Tagesdosis 400—800 E; therapeutische Dosis 100000—600000 E = 200—1000fache optimale Tagesdosis) erstaunlich gering waren. Die Intoxikationsschwelle ist ohne Zweifel individuell verschieden. Sie ist z. B. abhängig von der Höhe der Einzeldosis und der Zeitdauer der Medikation. Gleichzeitige Verabfolgung von Calcium (JELKE), Schilddrüsenunterfunktion (FANCONI und DE CHASTONAY), Hypoparathyreoidismus (JELKE), Vitamin A- und B_1-Mangel (JUNG) und Nierenerkrankungen (JORDAN, LEKRETAU, GOTTRON und BEUTNAGEL und andere) setzen die Toleranz für Vitamin D herab. Die ersten Symptome, die Tage, Wochen oder auch Monate nach Beginn der hochdosierten Vitamin D-Therapie auftreten können, sind Appetitlosigkeit, Blässe, Übelkeit, dann Erbrechen und in manchen Fällen Erythrocyten und Zylinder im Harnsediment. Derartige Symptome zwingen zum sofortigen Abbruch der Vitamin D-Behandlung. Meist in wenigen Tagen — selten Wochen — kommt es nach Absetzen der Vitamin D-Zufuhr ohne weitere Therapie zum Verschwinden der subjektiven und objektiven Unverträglichkeitssymptome.

Wird die Vitamin D-Zufuhr trotz der obengenannten Warnsymptome fortgesetzt, kann es zu schweren, ja tödlichen Veränderungen an unterschiedlichen Organen kommen. So können bei Niereninsuffizienz, Polyurie oder Oligurie, Blutdruckerhöhungen, Rest N- und Harnstofferhöhungen vorkommen. — Die erfahrenen Vitamin D-Lupustherapeuten legten auf die Kontrolle der Nieren (Wasserversuch, laufende Eiweiß- und Harnsedimentkontrollen, sowie entsprechende blutchemische Untersuchungen) besonderes Gewicht. — Tuberkulöse Lungenprozesse können aktiviert werden. Tuberkulide an der Haut können auftreten.

Zentralnervöse Symptome, Koma, Meningismus, spastische Paresen kommen ebenso vor wie Paraesthesien, Depressionen und generalisierte Schmerzzustände.

An den Knochen kommen in den Anfangsstadien zum Teil erhebliche Verkalkungsprozesse vor, später kann es dann zur ausgesprochenen Osteoporose kommen. Aber auch in Weichteilen kann es zu Verkalkungen kommen, so in Nieren, Lungen, Magen, in den Blutgefäßen, Muskeln und Gelenkkapseln. — Aus den autoptischen Befunden der letal verlaufenen D-Hypervitaminosen, von denen nach ZELLWEGER und ADOLPH bisher etwa 15 bekannt wurden, weiß man, daß folgende Veränderungen im Vordergrund stehen: Meist mehr oder weniger ausgedehnte Arteriosklerose, Calcinosis interstitialis, Verkalkungen in Lungen, Magenwänden, Gefäßen, Nieren. — Bei letzten sind die Tubuli besonders befallen, auch nephrotische Veränderungen kommen vor. — Letztlich Osteoporose und seltener degenerative Herzmuskelveränderungen.

Die Pathogenese dieser D-Hypervitaminisierungssymptome ist bis heute umstritten. Der Auffassung, daß die Verkalkungen aus der erhöhten intestinalen Calciumresorption und vor allem aus den vermehrten renalen Phosphat- und Calciumverlusten resultieren (WAGNER; FANCONI und DE CHASTONAY), steht die Ansicht gegenüber, daß hohe D-Vitamindosen als gewebsnekrotisierende Gifte wirken, denen die Verkalkung dann sekundär folgt.

Eine ganze Anzahl von Vitamin D-Nebenwirkungen wurde nur in Ausnahmefällen gesehen bzw. fand keine allgemeine Anerkennung, so Blutbildveränderungen, Degeneration der Haut, erhöhte Keratom- und Epitheliombildung der Haut, Keloidbildung, Milienbildung, urticarielle und acneähnliche Ausschläge, Keratitis, Netzhautblutungen als Frühsymptom der Vitamin D-Vergiftung und andere.

Die meisten Kenntnisse über die Vitamin D-Nebenwirkungen gewann man bemerkenswerterweise nicht bei der Hauttuberkulosebehandlung — erfahrene Kliniker erkannten Unverträglichkeitssymptome praktisch immer so rechtzeitig, daß eine restitutio ad integrum möglich war —, sondern bei tragischen Verwechslungen oder groben Irrtümern in der Dosierung dieses Vitamins.

VI. Vitamin E

(Tokopherol, Antisterilitätsvitamin)

1922 fand EVANS, daß für den normalen Schwangerschaftsablauf und zur Erzielung gesunder Nachkommen bei Ratten ein fettlöslicher Wirkstoff erforderlich ist. SURE bezeichnete diesen Stoff 1924 als Vitamin E. Aufklärung der Konstitution und Synthese der ersten Vitamin E-wirksamen Stoffe gelang 1937/38 (s. unten). In der Pflanzenwelt sind bisher 4 Vitamin E-wirksame Verbindungen, das α-, β-, γ- und δ-Tokopherol bekannt. Ob das Vitamin E auch für den Menschen ein tatsächlich unentbehrlicher Wirkstoff ist, konnte bisher nicht geklärt werden. Experimentell erzeugte Vitamin E-Mangelsymptome am Menschen sind nicht bekannt.

a) Chemie

Die chemische Struktur der Tokopherole wurde von FERNHOLZ geklärt, die Synthese von KARRER, FRITSCHE, RINGIER und SALOMON durchgeführt. Alle Tokopherole sind fettlöslich, hitzestabil und stabil gegen sichtbares Licht, dagegen sind sie unstabil gegen Alkalien, Oxydation und Ultraviolettlicht. In reiner Form sind es blaßgelbliche, zähflüssige Öle, die sich in Äther, Chloroform, Petroläther und Fetten leicht, in Aceton und Alkohol wenig, in Wasser gar nicht lösen. In ranzigen Fetten werden sie schnell zerstört. Ihre Ester sind stabiler als die freien Alkohole bei gleicher biologischer Wirkung. α-Tokopherol, mit der Summenformel $C_{29}H_{50}O_2$, hat folgende Strukturformel:

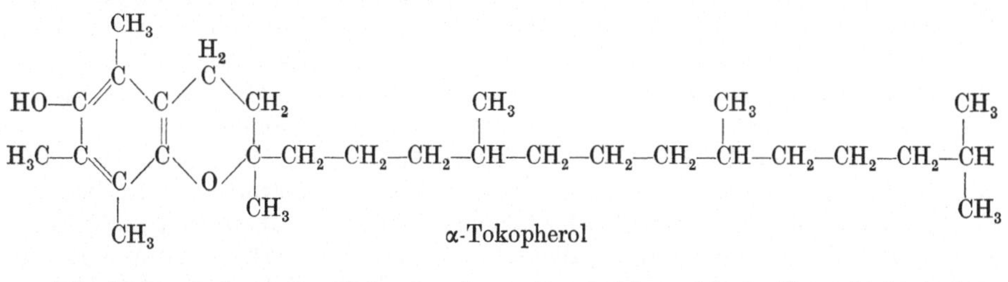

```
        CH3
        |       H2
        C       C
HO—C//    \C/    \CH2                 CH3                 CH3                 CH3
   |       ||      |                  |                   |                   |
H3C—C\\    /C\    /C—CH2—CH2—CH2—CH—CH2—CH2—CH2—CH—CH2—CH2—CH2—CH
        C        O  |                                                         |
        |           CH3                                                       CH3
        CH3
```

α-Tokopherol

Die bisher bekannten Tokopherole unterscheiden sich in ihrer biologischen Wirksamkeit ganz wesentlich. So zeigt nach STERN das α-Tokopherol eindeutig stärkste sterilitätsverhütende Wirksamkeit bei Ratten (α-:β-:γ:δ-Tokopherol = 100:40:4:1). Umgekehrt dagegen verhält sich der antioxydative Effekt (α-:β-:γ-:δ-Tokopherol = 100:130:180:270).

Bestimmungsmethoden gibt es chemische und biologische. Der Rattenversuch gilt auch heute noch als Standardverfahren. (Auf das einschlägige Schrifttum wird verwiesen.)

Mengenangabe erfolgt in internationalen Einheiten. 1 iE = 1,0 mg des racemischen synthetischen α-Tokopherolacetates in Olivenöl. Dies ist die Mindestmenge, die durchschnittlich benötigt wird, um bei Vitamin E-frei ernährten trächtigen Ratten die Resorptionssterilität bei 50% der Tiere zu verhindern. Die biologische Wirksamkeit des synthetischen racemischen α-Tokopherols ist etwa 30% geringer als jene des natürlich vorkommenden.

b) Vorkommen, Bedarf und Funktion

Vitamin E-wirksame Stoffe sind in Tier- und Pflanzenwelt weit verbreitet, jedoch nicht wie die Vitamine der B-Gruppe Bestandteil jeder lebenden Zelle. So fand man sie z. B. nicht in Hefen, Pilzen, Bakterien und Protozoen. In der Natur findet man meistens ein Gemisch der verschiedenen Tokopherole. Besonders reich an Vitamin E sind Pflanzenöle, z. B. Weizenkeimöl sowie Blattgemüse (Grünkohl, Spinat, Salat, Wirsingkohl). Das Vitamin E-reichste pflanzliche Material ist die Hagebutte (Fruchtstand von Rosa rugosa), deren Öl bis zu 2,5% Vitamin E enthält (DAM, GLAVIND, PRANGE, OTTESEN). Auch in Tomaten, Bananen, Äpfeln, Birnen und Citrusfrüchten kommen, wie auch in Sellerie, Zwiebeln und Karotten geringere Vitamin E-Mengen vor.

Die handelsüblichen Vitamin E-Präparate sind fast ausschließlich synthetischen Ursprungs.

Alle entsprechend untersuchten Fische, Vögel und Säugetiere enthalten Vitamin E. Bei den Säugetieren finden sich höchste Konzentrationen in Hypophyse und Nebenniere, dann in Pankreas, Hoden, Abdominal-, Testes- und Uterusfett sowie Milz. Beim Menschen dürften ähnliche Verhältnisse vorliegen. Vitamin E wird im tierischen und menschlichen Organismus gespeichert. Bei der Frau sind z. B. $^{9}/_{10}$ der Vitamin E-Menge im Fettgewebe lokalisiert (Zweijahresbedarf). Frauen enthalten mehr Vitamin E als Männer (eine Frau von 50 kg enthält in ihren Geweben 8,1 g Vitamin E; ein Mann von 70 kg dagegen nur 3,4 g) (STEPP, KÜHNAU, SCHRÖDER). Schnelle Fettabnahme soll zur Abgabe des E-Vitamins aus dem Speicher und zur Aktivierung führen. Fettansatz dagegen soll durch Verlagerung des zirkulierenden E-Vitamins in die Speicher, zur Gefährdung der Versorgung der Organe führen (in der Gravidität auch des Fetus). Der Vitamin E-Blutspiegel — Plasma und Zellen enthalten beim Menschen etwa gleiche Mengen — variiert stark, der Plasmatokopherolspiegel des Erwachsenen beträgt etwa 1 mg-%; während der Schwangerschaft ist er erhöht (STRAUMFJORD und QUAIFE).

Über den *Vitamin E-Bedarf des Menschen* liegen keine sicheren Angaben vor. Experimentell waren am Menschen Mangelsymptome bisher nicht zu erzeugen. Mit der in unserem Bereich üblichen Nahrung nimmt der Mensch etwa täglich 25—30 mg Tokopherol zu sich. Eine sichere Vitamin E-Mangelernährung ist beim Menschen so gut wie unbekannt (ZELLWEGER und ADOLPH).

Die Erforschung der *Physiologie und Funktion* des E-Vitamins ist bis heute keineswegs abgeschlossen. Die *Resorption* erfolgt im Darmkanal, sie ist bei Fehlen von Galle verringert, desgleichen bei Fettresorptionsstörungen (Sprue). So fand man bei Störungen der Gallensekretion und der Fettresorption eine Abnahme des Serum-Tokopherolspiegels. *Ausscheidung* erfolgt vorzugsweise im Stuhl; im Urin werden keine Tokopherole ausgeschieden (HINES und MATILL).

Parenteral verabfolgtes Tokopherol erwies sich bei einigen tierexperimentellen Mangelsymptomen nach Milkorat und Bartels als wirkungslos.

Als einziges fettlösliches Vitamin wird Vitamin E neben Squalen reichlich im menschlichen Talgdrüsensekret der Haut (MacKenna, Wheatley, Wormall) ausgeschieden.

Über die *Biochemie des Vitamin E* ist nichts Sicheres bekannt. Auf Grund von in vitro- und Tier-Versuchen nimmt man an, daß es an verschiedenen Enzymsystemen und besonders am Proteinstoffwechsel beteiligt ist. Es soll die Phosphorylierung fördern (Weissberger und Harris), hat Anteil am Kohlenhydratstoffwechsel (Butturini), hemmt gewisse Fermentsysteme (Papain, Hyaluronidase; Ames); es erhöht die Ausscheidung von Allantoin, deshalb werden speziell auch Beziehungen zum Purinstoffwechsel angenommen. Seine Rolle im Lipoidstoffwechsel ist noch völlig ungeklärt. Es verhindert bei Hunden die durch Cholesterinfütterung entstehende Atheromatose.

Die bisher erkannte, wohl wichtigste biochemische Eigenschaft der E-Vitamine ist ihre antioxydative Wirkung. Sie schützen leicht oxydable Stoffe, z. B. Vitamin A und auch die Carotine vor oxydativen Einflüssen. Diese Schutzwirkung entfaltet das Vitamin E sowohl in den Zellen als auch im Verdauungstrakt (Hickman, Kaley und Harris und andere).

Besonders eingehend wurden die *Beziehungen von Vitamin E zur Fortpflanzung* untersucht. Bei der Ratte führt Vitamin E-Mangel beim Rattenmännchen zu einer nur in den ersten Stadien reversiblen Degeneration der samenbildenden Epithelien, in späteren Stadien zur irreversiblen Sterilität. Bei der schwangeren Ratte kommt es zum intrauterinen Fruchttod, zur Resorptionssterilität. Diese Eigenschaft des E-Vitamins führte zur Bezeichnung „Antisterilitätsvitamin“. — Im Hinblick darauf, daß die Tokopherole beim Menschen keine entsprechenden Wirkungen entfalten und andere Eigenschaften im Vordergrund stehen, neigt man heute dazu, diesen Namen nicht mehr zu verwenden. — Weiterhin führt Vitamin-amin E-Mangel bei der Ratte zu Kreatinurie und degenerativen Erscheinungen an Muskeln und Nerven, zu verminderter Cholinesterase in Plasma, Leber und Gehirn, zu verminderter Widerstandskraft gegen Vergiftungen und qualitative Eiweißmangelernährung. — Lähmungen der Skeletmuskulatur können relativ leicht erzeugt werden, wenn das Vitamin E in der Nahrung durch Zugabe von Eisenchlorid zerstört wird. Nach Baroni und Casa wird durch Gaben von 300 mg α-Tokopherol täglich der Grundumsatz des Menschen beträchtlich herabgesetzt. — Außerdem wird dem Vitamin E eine Schutzwirkung gegen Lebernekrose und Leberverfettung vor allem auf Grund tierexperimenteller Untersuchungen zugeschrieben (qualitative Proteinmangelernährung der Ratte — Vergiftungen mit hochungesättigten Fettsäuren [Lebertran bei Ratte und Hühnchen], Vergiftungen mit Tetrachlorkohlenstoff bei der Ratte). Die Aufhebung der Leberverfettung nach Tetrachlorkohlenstoffvergiftung ist allerdings durch Vitamin E-Zufuhr (oder Proteinzufuhr) nur innerhalb der ersten 24 Std nach der Vergiftung möglich.

Heinsen nimmt an, daß Vitamin E primär zentral angreift, und zwar im diencephalohypophysären System, insbesondere im Hypophysenvorderlappen. Es soll hier — je nach Ausgangslage dieses zentralen Systems — als „regularisierendes Element des gesamten neuro-endokrinen Systems“ wirksam werden. Man wird die weitere Entwicklung der Vitamin E-Forschung abwarten müssen, um endgültig zu urteilen; zu widersprechend sind die einzelnen, sich auch aus der Heinsenschen Hypothese ableitenden Untersuchungsergebnisse auch experimenteller Art.

Dies gilt auch für die Beeinflußbarkeit aller sich vom Mesoderm ableitenden Gewebe, eine Funktion, die bei den klinischen Indikationen von besonderer Bedeutung ist.

Antivitamin E-Eigenschaften werden Lebertran, Triorthokresylphosphat und Diorthokresylsuccinat nachgesagt.

Beim Menschen gelang die experimentelle Erzeugung eines der aus Tierexperimenten bekannten Vitamin E-Mangelsymptome bisher nicht.

Auch sichere Hypervitaminosesymptome wurden bisher beim Menschen nicht festgestellt.

c) Therapeutische Anwendung

Obgleich Vitamin E-Mangelsymptome beim Menschen nicht bekannt sind, fand dieses Vitamin therapeutisch vielfache Anwendung. 1949 meinte Goodhart: Die Vitamin E-Therapie in der Humanmedizin hat das Stadium der Versuche und Irrtümer noch nicht überschritten. Dennoch fand das Vitamin E auch in der Dermatologie therapeutisches Interesse, vor allem als Burgess 1948 über Behandlungserfolge beim Erythematodes und sonstigen „Kollagenosen" — im Sinne Klemperers — berichtete. Jordan und Wulf stellten dagegen bei 10 Patienten mit typischem discoidem Erythematodes durch eine Stoßkur von 3 Monaten in „keinem Fall einen irgendwie wesentlichen Erfolg" fest. Shute; Siedentopf und Krüger teilten günstige Behandlungserfolge mit Vitamin E beim Ulcus cruris mit. Shute stellte dabei insbesondere „Proliferationen neuer Capillaren" und „Wiederdurchgängigwerden" alter verschlossener Gefäße fest. Burgess und Pritchard hatten zuerst bei der Abheilung einer „ulcerierten Necrobiosis lipoidica diabeticorum" durch Vitamin E (2000 mg in 10 Tagen intramuskulär) histologisch gleichzeitig mit dem Verschwinden der Lipoidablagerungen Regeneration des degenerativ veränderten Kollagens beobachtet. Kriner und Fleischmayer sahen dagegen später nur eine leichte Besserung einschlägiger Krankheitsfälle. Thomson und Russel berichteten 1949 über die günstige Beeinflußbarkeit der Dupuytrenschen Kontraktur durch Vitamin E-Gaben über 12—20 Wochen. Nikolowski sah etwa bei einem Drittel der Vitamin E-behandelten Patienten Heilung, einem weiteren Drittel subjektive zum Teil auch objektive Besserung und bei dem letzten Drittel keine Beeinflussung. Gartmann und Sieler beobachteten bei täglichen Gaben von 250 mg Tokopherol über 4—12 Monate in etwa der Hälfte der Behandlungsfälle (21) von Induratio penis plastica gute oder mäßige Erfolge, besonders bei den am längsten behandelten Kranken; bei einer Behandlungsdauer von 4—6 Monaten wurden keine befriedigenden Ergebnisse erzielt. Richards konnte dagegen bei späteren Versuchen überhaupt keine Besserungen sehen.

Bei der Acrodermatitis atrophicans Herxheimer sah Hagermann Vitamin E-Behandlungserfolge, auch hinsichtlich der bei dieser Krankheit vorkommenden straffen Atrophie.

Weiterhin wurden Vitamin E-beeinflußbare Krankheitsfälle gesehen bei: Kraurosis vulvae und essentiellem Pruritus (Martin), Acne vulgaris, besonders prämenstruelle Schübe (Dainow), Sklerödem bei Frühgeburten (Gerloczy), Fox-Fordycescher Erkrankung (Polemann), Ehlers-Danlos-Syndrom (Mazzini und Auster), Hulusi-Behçet-Syndrom, in Kombination mit Vitamin C und B_{12}, (Voglino), Sjögren-Gougerot-Syndrom, in Kombination mit Vitamin C, B_2 und B_6 (Thiers), Lepra, unterstützend in Kombination mit Vitamin C, B, D, K (de Mello, Floch), Psoriasis, in Kombination mit Vitamin D_2, „Vitamin F" und Lokalbehandlung (Schade), in Kombination mit Vitamin D_2 und weiblichen Sexualhormonen — die Lokaltherapie könne dabei aber nicht entbehrt werden (Grüneberg). Aubort empfiehlt dagegen bei der Psoriasis Stoffe, die reich an

Vitamin E sind, zu meiden. — Dermatomyositis (VAN DER LUGHT), Lichen sclerosus et atroph. (HAGERMANN), Granuloma anulare (HAGERMANN).

In der dermatologischen Lokaltherapie fand das E-Vitamin bisher keine nennenswerte Anwendung. Als Zusatz — gemeinsam mit Vitamin A — zu kosmetischen „Hautpflegemitteln" findet es allerdings seit langem Verwendung (ROTHEMANN).

Der *Vitamin E-Serumspiegel* bei unterschiedlichen Hautkrankheiten wurde besonders von FEGELER und BECKMANN untersucht. Die Autoren kamen zu dem bemerkenswerten Ergebnis, daß keine sicheren Beziehungen zwischen Vitamin E-Serumspiegel und einzelnen Hautkrankheiten feststellbar sind. Eindeutige Erhöhungen der Serumspiegelwerte wurden erst nach Gaben von mehr als 100 mg gesehen. Verfasser schließen deshalb, daß Behandlungserfolge mit Vitamin E wahrscheinlich nur mit höheren Dosen (200 mg und mehr) erzielt werden können.

Unklar ist die *Vitamin E-Wirkung auf die Spermiogenese* des Menschen. Während z. B. NIKOLOWSKI bei hoher Dosierung eine Schädigung der Spermiogenese feststellte, ja sogar fordert, daß bei längerer hochdosierter Vitamin E-Kur, z. B. bei der Induratio penis plastica, regelmäßige Ejaculatkontrollen durchgeführt werden, damit ungünstige Auswirkungen frühzeitig erkannt werden, empfiehlt LINDNER bei Hypospermie tägliche Vitamin E-Gaben von 150—200 mg über 8 Wochen. Bisher hat die von NIKOLOWSKI angegebene niedrige (d. h. unter 100 mg täglich) Vitamin E-Dosierung — bei nicht zu hoch gespannten Erwartungen — zur Behandlung von Potenz- und Fertilitätsstörungen die meisten Anhänger. Vor endgültiger Beurteilung empfiehlt sich auch hier zunächst abwartendes Verhalten.

Bezüglich der Verwendung von Vitamin E in der inneren Medizin bei „Kollagenkrankheiten", Herz- und Gefäßkrankheiten, heredo-degenerativen Erkrankungen des Nervensystems, in der Gynäkologie bei Amenorrhoen, habituellen Aborten und klimakterischen Störungen sei auf die — oft recht kritischen — Arbeiten des einschlägigen Schrifttums verwiesen.

Eine *E-Hypervitaminose* ist bisher beim Menschen nicht bekannt geworden. Die Verträglichkeit in bisher üblicher Dosierung ist sehr gut. Dennoch sind einige

d) Nebenwirkungen

der Vitamin E-Therapie mitgeteilt worden. So soll nach WINKLER Vitamin E-Überdosierung beim Menschen zu einer Einschränkung der Follikelhormon-, Progesteron- und Prolanausscheidung führen. NIKOLOWSKI sah Hemmung der Spermiogenese bei hoher Vitamin E-Dosierung. GRUBB beobachtete urticarielle Ausschläge und Schwindelgefühl. RUST berichtet über eine lokale Dermatitis nach Vitamin E-Injektion mit positivem Läppchentest auf das Vitaminpräparat. RUST testete (intra- und epicutan) 194 hautkranke und 56 hautgesunde Personen auf Vorliegen einer Vitamin-Allergie. Er fand dabei (2750 Einzelteste) 3 positive Teste auf Vitamin E (neben 7 auf Vitamin C, 2 auf Vitamin A, 1 auf Vitamin K und 2 auf Nicotinsäureamid). Die Möglichkeit allergischer Reaktionen auf die Vitamin-Lösungsmittel bzw. Trägersubstanzen besteht natürlich auch.

VII. Essentielle Fettsäuren

(„Vitamin F")

Der Vitamincharakter verschiedener ungesättigter Fettsäuren, die EVANS 1928 als „Vitamin F" zusammenfaßte, ist zwar für einige Tierarten wahrscheinlich, für den Menschen aber sicher nicht gegeben. — Mangel an essentiellen Fettsäuren (Linol-, Linolen- und Arachidonsäure), die sich vor allem in trocknenden pflanzlichen Ölen (Leinöl, Weizenkeimöl, Hanföl, Mohnöl, Nußöl usw.) sowie im Lebertran finden, führt bei Ratten zu Wachstumsstillstand, Haarausfall, Polydipsie, Durchfällen, Hämaturie, Urämie und Tod. Auch für Maus, Hund und Kalb ist die Unentbehrlichkeit dieser Stoffgruppe nachgewiesen. Das Schwein und der Mensch sind dagegen offenbar nicht auf deren Zufuhr angewiesen (STEPP, KÜHNAU, SCHRÖDER). FIEDLER sah keine pathologischen Veränderungen am Menschen bei Mangel an derartigen Fettsäuren und lehnt die Vitaminbezeichnung ebenso wie viele andere Autoren ab. Auf dermatologischem Gebiet liegen zwar Berichte über günstige Beeinflussung verschiedener Krankheiten (Psoriasis, spätexsudatives Ekzematoid, Erythrodermia desquamativa Leiner, allergische Ekzeme, Furunkulose, Prurigo Besnier, allgemeiner Pruritus und Pruritus vulvae, Rosacea) durch „Vitamin F"-haltige Präparate vor, eine allgemein anerkannte dermatologische Indikation haben sich die ungesättigten Fettsäuren in der Dermatologie aber nicht erworben.

Bei dieser Stoffgruppe, deren Vitamincharakter sich für den Menschen nicht nachweisen ließ, wurde das Stadium der Irrtümer und Versuche bisher nicht überschritten.

VIII. „Vitamin T", T-Komplex

Zur Informierung sei erwähnt, daß 1946 von GOETSCH ein Extrakt aus Hefen und „Schlauchpilzen" als „Vitamin T" bezeichnet wurde. Dieser Extrakt erzeugte bei Wirbellosen Wachstumsbeschleunigung und Riesenwuchs. Tatsächlich handelt es sich dabei um ein Gemisch von Aminosäuren sowie bekannten Vitaminen des B-Komplexes und anderen Substanzen. GOETSCH hat deshalb neuerdings die Bezeichnung „Vitamin T" durch „T-Komplex" ersetzt (STEPP, KÜHNAU, SCHRÖDER).

Auf eine Besprechung der schon gefundenen — auch dermatologischen — Indikationen kann deshalb an dieser Stelle verzichtet werden.

IX. Vitamin K

(Antihämorrhagisches Vitamin, Koagulationsvitamin, Phyllochinon)

1929 stellte DAM fest, daß bei Hühnern, die lipoidarm ernährt wurden, in verschiedenen Organen, so an der Haut und den Schleimhäuten des Verdauungstraktes, Blutungen auftraten. In weiteren Untersuchungen fand er, daß diese Blutungen auf das Fehlen eines Nahrungsfaktors zurückzuführen waren und daß es sich um eine Avitaminose handelte. Das neuerkannte Vitamin wurde wegen seiner blutgerinnungsfördernden Eigenschaften Koagulationsvitamin = Vitamin K oder antihämorrhagisches Vitamin genannt. Anfangs gelang es nur bei Vögeln, Vitamin K-Mangelsymptome experimentell zu erzeugen, während entsprechende Versuche bei Säugetieren fehlschlugen. 1937 konnten dann DAM und andere zeigen, daß auch der Säuger Vitamin K benötigt, daß er aber seinen Bedarf durch Resorption des im eigenen Darm von den Darmbakterien synthetisierten K-Vitamins decken kann. Heute ist es möglich, durch Mittel, die die Resorption des mit der Nahrung zugeführten oder von den Darmbakterien gebildeten K-Vitamins verhindern, auch bei Mensch und Säugetier Symptome einer K-Avitaminose zu erzeugen. So ist für die Resorption von Vitamin K insbesondere die Anwesenheit von Galle erforderlich.

1939 gelang es KARRER und DOISY fast gleichzeitig, Konstitutionsaufklärung und Synthese des K-Vitamins durchzuführen.

Etwa zur gleichen Zeit fand man auch, daß natürliche und synthetische Analoge des K-Vitamins vom Typ des Dicumarols als *K-Antagonisten* wirken und die

Blutgerinnung verhindern können. Diese Entdeckung gewann in der Folgezeit besondere Bedeutung für die Thromboseprophylaxe und -therapie (s. einschlägiges Schrifttum).

a) Chemie

Vitamin K kommt in der Natur mindestens in zwei — K_1 und K_2 — wahrscheinlich in noch weiteren Formen vor. Außer diesen gibt es noch eine Reihe synthetischer, chemisch dem K_1 und K_2 verwandter Stoffe mit Vitamin K-Aktivität. Die K-Vitamine sind fettlöslich, weitgehend hitzestabil, aber unstabil gegen Alkalien und Licht.

Vitamin K_1, Phyllochinon, ursprünglich in reiner Form aus Luzerneheu gewonnen, ist ein hellgelbes, bei tiefer Temperatur kristallinisch erstarrendes und bei -20^0 schmelzendes Öl. In Wasser ist es unlöslich, in Alkohol schwerlöslich, in Fetten und Lipoidlösungsmitteln wie Äther, Benzin, Benzol ist es dagegen leichtlöslich.

Die Summenformel ist $C_{31}H_{46}O_2$. Es ist 2-Methyl-3-phytyl-1,4-naphthochinon und hat folgende Struktur:

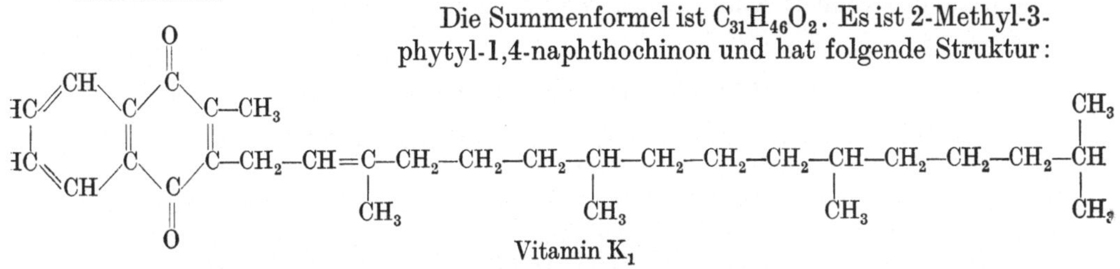

```
              O
              ‖
     CH       C
HC ⁄   \ C ⁄   \ C—CH3                                                                         CH3
 |       ‖       ‖                                                                               |
HC       C       C—CH2—CH=C—CH2—CH2—CH2—CH—CH2—CH2—CH2—CH—CH2—CH2—CH2—CH
   \ CH ⁄  \ C ⁄            |                 |                    |                          |
              ‖            CH3               CH3                  CH3                        CH3
              O
```

Vitamin K_1

Vitamin K_2, ursprünglich in reiner Form aus faulendem Sardinenmehl und aus Bodenbakterien gewonnen, bildet hellgelbe Kristalle und gleicht in seinen physikalischen Eigenschaften weitgehend dem Vitamin K_1. Die Synthese wurde noch nicht durchgeführt. Seine Bruttoformel ist $C_{41}H_{56}O_2$. Die Strukturformel dieses 2-Methyl-3-squalenyl-1,4-naphthochinons ist nachfolgend wiedergegeben:

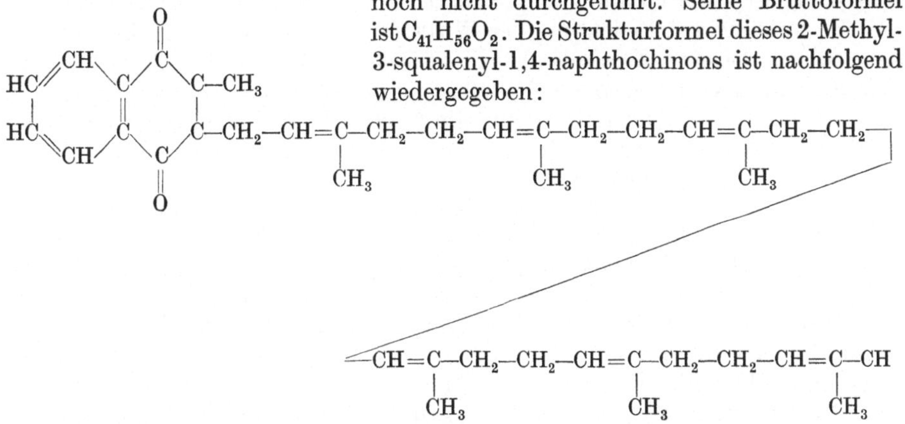

```
              O
              ‖
     CH       C
HC ⁄   \ C ⁄   \ C—CH3
 |       ‖       |
HC       C       C—CH2—CH=C—CH2—CH2—CH=C—CH2—CH2—CH=C—CH2—CH2—┐
   \ CH ⁄  \ C ⁄            |             |             |
              ‖            CH3           CH3           CH3
              O

—CH=C—CH2—CH2—CH=C—CH2—CH2—CH=C—CH
     |             |             |
    CH3           CH3           CH3
```

Vitamin K_2

Natürlich findet sich weiterhin in Mykobakterien, vor allem im Mycobacterium tuberculosis, ein chemisch noch weitgehend unbekannter Stoff mit Vitamin K-Eigenschaften, der innerhalb des Bakterienleibes durch enzymatische Spaltung leicht zu einem gelben Farbstoff, dem Phthiocol, abgebaut wird (STEPP, KÜHNAU, SCHRÖDER). Die Vitaminwirksamkeit des letztgenannten Stoffes ist allerdings nur noch gering ($^1/_{500}$ von der des Vitamin K_1). — In der Pflanzenwelt gibt es noch weitere Vitamin K-aktive Stoffe — mit allerdings noch geringerer spezifischer Wirksamkeit —, erwähnt seien das Juglon der Walnußblätter, Lawson der Hennablätter, Lapachol des Lapachoholzes und ein noch nicht identifiziertes Chinon aus Maisblüten. Alle natürlichen Stoffe mit Vitamin K-Wirksamkeit leiten sich von 1,4-Naphthochinon ab, Vitamin K_1 und K_2 sind Methylnaphthochinon-Derivate. Wegen des Vorkommens in Blättern und der chemischen Struktur bezeichnet man die K-Vitamine auch als Phyllochinone.

Ein synthetisches Produkt, das 2-Methyl-1,4-naphthochinon (abgekürzt Menadion genannt), übertrifft die natürlichen K-Vitamine an spezifischer Wirksamkeit (um das 3- [K_1] und 4- [K_2] fache); das 2-Methyl-1,4-Naphthohydrochinon (Menadiol), bzw. dessen Derivate, finden als wasserlösliche Präparate praktische therapeutische Anwendung. Vermerkt sei noch, daß einige Stoffe mit Vitamin K-Eigenschaften auch Vitamin E-Aktivität zeigen (Xylo- und Durochinon, Naphthotokopherol).

Bezüglich *Bestimmungsmethoden* sei auf die chemischen (auf der Reduktion der Chinon- zur Hydrochinonstruktur beruhend), spektrophotometrischen und biologischen (am Vitamin K-Mangelküken) verwiesen.

Mengenangabe erfolgt heute praktisch ausschließlich nach Gewicht. Eine internationale Einheit wurde bisher nie verbindlich festgelegt.

b) Vorkommen, Bedarf und Funktion

Vitamin K wird ebenso wie die Vitamine des B-Komplexes von jeder lebenden Zelle lebenswichtig benötigt. Es ist deshalb bei allen Lebewesen unterschiedlicher Entwicklungsstufen nachweisbar. Man findet es vor allem in grünen Gemüsen wie Spinat, Kohl (Weißkohl, Rosenkohl, Blumenkohl), weniger in Tomaten und in Leber. Wenig Vitamin K ist auch in Milch und Fleisch enthalten. Außerdem sei vermerkt, daß Ätherextrakte aus Bacterium coli einen besonders hohen Vitamin K-Gehalt haben, etwas geringere haben Petrolätherextrakte aus Luzerne.

In den grünen Blättern findet sich Vitamin K besonders in den Chloroplasten. Erbsen, die im Dunkeln gewachsen sind, enthalten praktisch kein Vitamin K, während bei Belichtung der Wirkstoff in ihnen gebildet wird (VOGEL-KNOBLOCH). Direkte Zusammenhänge zwischen Chlorophyllsynthese und Vitamin K-Bildung bestehen nicht. Nadelbäume (Picea canadense), die Chlorophyll im Dunkeln bilden, können auch Vitamin K ohne Licht bilden (DAM, GLAVIND und NIELSEN). Über die Bedeutung der K-Vitamine im Stoffwechsel der Pflanze ist bisher nichts Genaues bekannt.

Beim Säugetier genügt die Vitamin K-Produktion der Darmbakterien, um den Bedarf zu decken. Beim Vogel — mit im Gegensatz zum Säuger kurzem Dickdarm — genügt die Vitaminresorption des von den Darmbakterien gebildeten K-Vitamins nicht zur Deckung des eigenen Bedarfs, so daß Zufuhr weiterer Vitamin K-Mengen mit der Nahrung zur Vermeidung einer K-Avitaminose erforderlich ist. Zur *Resorption des* mit der Nahrung aufgenommenen oder von den Darmbakterien gebildeten *K-Vitamins* ist die Anwesenheit von Fett und Galle erforderlich. (Dies gilt nicht für synthetische wasserlösliche Präparate.) Diese „Resorptions-K-Avitaminose" durch Fehlen von Galle, besonders Gallensäuren im Darm, aus unterschiedlichen Gründen, ist die häufigste Form der K-Avitaminose beim Menschen. Auch große Mengen von Paraffinöl verhindern die Resorption von Vitamin K (ELLIOT und andere). Neuerdings spielt auch „Sterilisation" des Darminhalts durch Antibiotica für die Entstehung von K-Avitaminosen eine gewisse Rolle. Für die Darmchirurgie bietet diese „Sterilisationsmöglichkeit" des Darmes wesentliche Vorteile. Bei langdauernder Anwendung derartiger Antibiotica (z. B. Tetracycline) ergeben sich — neben anderen Komplikationsmöglichkeiten einer derartigen Therapie — auch solche in Form des Vitamin K-Mangels.

Der „physiologische Vitamin K-Mangel" beim Säugling hat seine Hauptursache in der Tatsache, daß Säuglingsstuhl fast frei von Gallensäuren ist.

Der gesunde erwachsene Mensch deckt wahrscheinlich seinen Vitamin K-Bedarf durch Synthese der eigenen Darmbakterienflora und ist auf alimentäre Zufuhr wohl kaum angewiesen.

Der *Bedarf* des Menschen ist deshalb nur schwer genau bestimmbar. Aus Untersuchungen am Neugeborenen schätzt man den Tagesbedarf des Erwachsenen überschlagsmäßig auf 0,2—0,3 mg. Als *therapeutische Dosen* gelten 10—20 mg pro Tag und mehr. Bei gesteigerten Außentemperaturen soll der Bedarf erhöht sein. Die relativ geringen in der Leber gespeicherten Vitamin K-Mengen decken den Bedarf nach derzeitiger Auffassung nur für etwa eine Woche. Bei peroraler Applikation soll Vitamin K wirksamer sein als bei parenteraler Zufuhr durch Injektion.

Die wichtigste *Funktion* des Vitamin K besteht in der Produktion von Prothrombin (DAM, SCHOENHEYDER und TAGE-HANSEN). Dabei ist bis heute nicht geklärt, wie diese erfolgt. Möglicherweise katalysiert Vitamin K die Prothrombinbildung in der Leber. Es ist keine Komponente des Prothrombins und wahrscheinlich auch kein Zwischenprodukt der Prothrombinsynthese.

Vitamin K selbst hat keinen direkten Einfluß auf die Blutgerinnung. Seine Wirksamkeit gewinnt es über die Leber bzw. über die Prothrombinbildung. (Bei Leberparenchymschäden fortgeschrittener Art ist deshalb die therapeutische Anwendung meist erfolglos.) Diskussion der hypothetischen Wirkungsmöglichkeiten überschreitet den Rahmen dieses Kapitels.

Das Vitamin K hat antagonistische Wirkung zum Dicumarol und seinen Derivaten. Dies gilt hinsichtlich der prothrombinsenkenden Wirkung der letztgenannten Antikoagulantien, die man auch als *Antivitamine K* bezeichnete. Wahrscheinlich beruht aber die gerinnungshemmende Wirkung des Dicumarols nicht allein auf einem Antivitamin K-Effekt (MORAUX). Im Tierexperiment (Hühnchen) bestehen zwischen Vitamin K-avitaminotischen und dicumarolisierten Tieren unterschiedliche Plasmaeigenschaften (DAM und SOENDERGAARD). — Weiterhin dem Vitamin K zugeschriebene Funktionen, wie *Förderung der Retraktion des Blutkuchens,* Hemmung der Fibrinolyse, Förderung der Komplementbildung und Beeinflussung der Blutgruppenzugehörigkeit sind bisher experimentell nicht hinreichend gesichert.

c) K-Avitaminosen

Sichere *primäre K-Avitaminosen* beim Menschen sind äußerst selten. Mitteilungen aus dem Schrifttum beziehen sich meist auf Mangelsituationen, die gleichzeitig mehrere Vitamine betreffen. Die Vitamin K-Synthese der Darmbakterien und die weite Verbreitung des K-Vitamins in der Nahrung decken fast immer den Bedarf.

Beim *Morbus haemorrhagicus neonatorum* dürfte ein Vitamin K-Mangel neben anderen Faktoren — Undurchlässigkeit der Placenta für Vitamin K_1 und K_2, Fehlen von Gallensäuren im Neugeborenendarm, unvollkommen entwickelte Leberzellfunktion — eine auslösende Rolle spielen (s. einschlägiges Schrifttum.)

Sekundäre K-Avitaminosen sind dagegen vor allem infolge von Störungen der enteralen Resorption oder der enteralen Synthese bekannt. Mangelhafte Resorption ist z. B. beim Verschlußikterus, Steatorrhoe, Sprue, Cöliakie und Abführmittelabusus gegeben. Die enterale Synthese ist z. B. gestört bei langdauernder Tetracyclin- oder Sulfonamid-Anwendung, bei Besiedlung des Darmes mit „pathologischen" Keimen, die wenig oder kein Vitamin K synthetisieren; diese Situation ist z. B. bei der Blutungsbereitschaft bei Bacillenruhr gegeben.

Primärer oder sekundärer Vitamin K-Mangel äußern sich in einer Verminderung des Gehaltes von Prothrombin und Faktor VII und gelegentlich in Form einer dadurch verursachten hämorrhagischen Diathese (ZELLWEGER und ADOLPH). Nicht jede Verlängerung der Prothrombinzeit ist allerdings durch Vitamin K-Mangel bedingt. (Hinsichtlich Blutgerinnungsstörungen s. einschlägiges Schrifttum der inneren Medizin.)

Praktisch bedeutungsvoll sind weiterhin die Vitamin K-Mangelzustände infolge übermäßiger Wirkung von Vitamin K-Antagonisten, z. B. den Dicumarolderivaten bei der Thromboseprophylaxe und Therapie (s. einschlägiges Schrifttum der Chirurgie).

Kennzeichnend für die auf einer Prothrombingerinnungsstörung beruhenden hämorrhagischen Erscheinungen *sind* vor allem *Hautblutungen, die als Suggillationen und Suffusionen, nicht aber in Gestalt einer Purpura auftreten* (LEIPOLD). Als klinisches Zeichen für einen Vitamin K-Mangel gilt nach JEGHERS die Hämatombildung nach Hautpunktion. — Blutungszeit, Thrombocytenzahl und Fibrinogengehalt des Blutes sind dabei meist normal, das Rumpel-Leede-Phänomen bleibt negativ (SCHOEN und TISCHENDORF). Hinsichtlich der Prothrombinbestimmungsmethoden, die in letzter Zeit mehrfach verbessert wurden, sei auf das einschlägige Schrifttum verwiesen.

Vitamin K-Mangelsymptome im dermatologischen Bereich sieht man selten. Dennoch findet Vitamin K im dermatologischen Bereich vielfache

d) therapeutische Anwendung

Bezüglich der Vitamin K-beeinflußbaren Hypoprothrombinämien, der Vitamin K-Wirkung auf essentielle und renale Hypertension, der umstrittenen Wirkung auf den Keuchhusten und die Zahncaries sei auf das einschlägige Schrifttum verwiesen.

Hauptindikation im dermatologischen Bereich sind die seltenen Hämorrhagien infolge von Vitamin K-Mangel.

Außerdem wurden — vor allem wohl auf Grund empirischer Erfahrungen — als Vitamin K-Indikationen genannt: Chronische Urticaria, bei der BLACK in 65% der Fälle (156) (bei 3mal täglichen Gaben von 2 mg Vitamin K per os vor dem Essen) über Behandlungserfolge berichtet (VIGNON bestätigte diese Indikation); Pernionen, bei denen WHEATLEY bei 4 von 8 Fällen Heilung und bei den 4 restlichen Fällen Besserung sah (2mal täglich 20 mg Vitamin K per os); Erythrodermia desquamativa Leiner (GROER); Arzneimittelexantheme, Pruritus sine materia (LENGENHAGER; E. RAJKA, A. KOROSSY und M. GOZONY konnten experimentell die juckreizhemmende Wirkung des K-Vitamins nachweisen); allergische Purpura (Typ Schönlein-Henoch, Wheatley); Lepra als unterstützendes Therapeuticum ohne direkten Einfluß auf den Erreger (MERKLEN und RIOU, FLOCH und SUREAU; FLOCH); Strophulus (VISSIAU, als zusätzliches Therapeuticum). — PASTINSKY, KOVACS, RACZ und CEXTI fanden bei 21 Zosterfällen zwar einheitlich eine Hypoprothrombinämie, aber keine Beeinflussung durch Vitamin K. Die Hypoprothrombinämie verschwand parallel zur Heilung des Zosters.

Von bisher mehr theoretischem Interesse sind die Beobachtungen, daß Vitamin K besonders in vitro eine gewisse bakteriostatische und außerdem antimycetische Wirksamkeit zeigt. Über die antibakterielle Wirkung von Vitamin K-wirksamen Substanzen berichten NEKAM und POLGAR; BONNEVIE; FAGGIOLI; BONFANTE; PORTELLA, SIMONNET und andere. Über die antimycetischen Eigenschaften von Vitamin K-wirksamen Substanzen liegen Mitteilungen vor von NEKAM und POLGAR; NEKAM, MAJEWSKI, ITO und KIRITA; VOLTA; GRIMMER und RUST.

Nekam und Polgar sahen durch lokale Anwendung von Vitamin K bei der tiefen Trichophytie (9 Fälle) einen günstigen therapeutischen Effekt. Allgemein hat diese Therapie aber bisher keine Verbreitung gefunden. — Die antibakterielle und antimycetische Wirksamkeit der Stoffe mit Vitamin K-Eigenschaften hat bisher — wie erwähnt — überwiegend theoretisches Interesse, da diese Substanzen sowohl in der antibakteriellen als auch in der antimycetischen Wirksamkeit anderen Stoffen, z. B. Antibiotica oder Antimycetica verschiedener Stoffgruppen, um einige Zehnerpotenzen unterlegen sind.

e) Hypervitaminosen und Vitamin K-Nebenwirkungen

Eine sichere Vitamin K-*Hypervitaminose* ist nicht bekannt. Dermatologische Symptome einer Vitamin K-Überdosierung wurden ebenfalls nicht beobachtet. Rust fand bei intra- und epicutanen Testungen an 194 Versuchspersonen nur in einem Fall eine positive Reaktion auf ein Vitamin K-Präparat. — Bei einer hochdosierten Vitamin K-Zufuhr tritt nach Unger und Shapiro ein erheblicher Anstieg des Prothrombinspiegels, mit Rückkehr zu normalen Werten nach 24 Std, ein. Als Nebenwirkungen wurden beobachtet: Methämoglobinämie und Störungen des Zentralnervensystems (Fromherz); Nausea, Erbrechen und Porphyrinurie können nach Butt auftreten, wenn pro Kilogramm Körpergewicht mehr als 3 mg Menadion gegeben werden. — Im allgemeinen ist die Vitamin K-Verträglichkeit aber bisher sehr gut.

Literatur

Abderhalden, E., u. G. Mouriquand: Vitamine und Vitamintherapie. Bern: Huber 1948. — Abderhalden, R.: Abh. Die Hormone. Berlin: Springer 1952. Zit. nach Geimer. — Albright, F., C. H. Burnett, W. Parsons, E. C. Reifenstein and A. Boos: Osteomalacie and late rickets. Medicine (Baltimore) **25**, 399 (1946). — Albright, F., A. M. Butler and F. Bloomberg: Rickets resistant to vitamin D therapy. Amer. J. Dis. Child. **54**, 529 (1937). — Albright, F., and C. Reifenstein: Parathyroid glands and metabolic disease. Baltimore: Williams & Wilkins Company 1948. — Alechisky, A.: Das Vitamin PP in der dermatologischen Therapeutik. Arch. belges Derm. **4** (1948). Ref. Z. Haut- u. Geschl.-Kr. **7**, 358 (1949). — Ames, S. R.: Effect of calcium on the inhibition of the succinic oxidase system by d-α-tocopherol. J. biol. Chem. **169**, 503 (1947). — Ammon, R., u. W. Dirscherl: Fermente, Hormone und Vitamine. Leipzig: Georg Thieme 1948. — Anderson, O., A. Rothe Meyer and F. Tudvad: The incidence of rickets and craniotabes in Denmark during the first year of life. Acta paediat. (Stockh.) Suppl. **77**, 263 (1949). — Andrews, Port u. Domonkos: Zit. nach Stepp, Kühnau u. Schröder. — Anhagen u. Kollstede: Z. Naturforsch. **4**, 219 (1949). Zit. nach Stepp, Kühnau u. Schröder. — Arons, J., J. Freeman, J. B. Sokkoloff and W. H. Eddy: Bio-flafonoids in radiation injury. The effect of ionizing radiation on capillaries. Brit. J. Radiol. **27**, (322), 583 (1954). — Asayama, R.: Acta Soc. ophthalm. jap. **41**, 718 (1937). Zit nach Jürgens. — Aschoff, L., u. W. Koch: Skorbut, eine pathologisch-anatomische Studie. Jena: Gustav Fischer 1919. — Aubort, B.: Ou en est la question du psoriasis? Praxis **1951**, 727.

Ball: Zit. nach Jürgens. — Baranski: Zit. nach Stepp, Kühnau u. Schröder. — Barlow, Th.: Zit. nach Stepp, Kühnau u. Schröder. — Baroni, W., u. G. Casa: Einfluß von α-Tokopherol auf den Grundumsatz. Minerva med. (Torino) **44 II**, 440 (1953). — Bartelheimer, H.: Klinisches Bild, Entstehung und heutige Bedeutung der universellen calcipriven Osteopathien. Klin. Wschr. **1949**, 521. — Bartell, M. K., C. M. Jones and A. E. Ryan: Vitamin C studies on surgical patients. Ann. Surg. **111**, 1 (1940). — Barwasser, N. C.: Arch. Derm. Syph. (Chicago) **44**, 961 (1941). — Bauer, W., A. Marble and D. Chaflin: Studies on the mode of action of irradiated ergosterol. J. clin. Invest. **11**, 1 (1932). — Bazin: Zit. nach Jordan. — Bazzocchi: Presse méd. **1946**, 821. Zit. nach Leipold. — Beau, W. B., and T. D. Spies: A study of the effects of nicotinic acid on the temp. of skin of human beings. Amer. Heart J. **20**, 62 (1940). — Beau, W. B., R. W. Vilter and M. A. Blankenhorn: Incidence of pellagra. J. Amer. med. Ass. **140**, 872 (1949). — Beckmann, R.: 3. Internat. Vitamin E-Kongr. in Venedig. 5.—8. 9. 1955. Ref. Medizinische **1955 II**, 1785. — Beiglböck, W., u. A. Spiess-Bertschinger: Zur biologischen und therapeutischen Bedeutung des Nicotinsäureamids. Klin. Wschr. **1944**, 31. — Benson u. Carmon: Zit. nach Jürgens. — Benzinger, A.: Über Stoßtherapie mit Vitamin D hochkonzentriert bei Psoriasis.

Praxis **1945**, Nr 45. Zit. nach Zellweger u. Adolph. — Bergmann, G. v.: Zit. nach Jordan. — Bernhard, K.: Über die Resorption aliphatischer Kohlenwasserstoffe, der Carotine und des Vitamins A bei der Ratte. Fette u. Seifen **55**, 160 (1953). — Bertschinger, A.: Die Wirkung von Nicotinsäureamid und Ascorbinsäure auf Leberparenchymschäden. Klin. Wschr. **1942**, 892. — Bessey, O. A., O. H. Lowry and M. J. Brock: A quantitative determination of ascorbic acid in small amount of white blood cells and platelets. J. biol. Chem. **168**, 197 (1947). — Bessey, O. A., O. H. Lowry and R. H. Love: Fluorometric measurement of the nucleotides of riboflavin and their concentration in tissues. J. biol. Chem. **180**, 755 (1949). — Bethell, F. H., M. C. Meyers, G. A. Andrews, M. E. Swendseid, O. D. Bird and R. A. Brown: Metabolic function of pteroylglutamic acid and its hexaglutamyl conjugate. J. Lab. clin. Med. **32**, 3 (1947). — Beutnagel, J., u. H. C. Friederich: Neue med. Welt **1950**, 779. — Therapiewoche **2**, 649 (1952). — Birch, Szent-György u. Harris: Zit. nach Stepp, Kühnau u. Schröder. — Bisaz, S.: Les avitaminoses en suisse. Schweiz. med. Wschr. **1952**, 1025. — Bitot: Bull. Acad. med. Paris **28**, 619 (1862). — Black: Zit. nach Leipold. — Blaich, W., u. B. Tüshaus: Über die Wirkung des Rutins (Rutinion) auf die Permeabilität der Capillarveränderungen. Ärztl. Wschr. **1950**, 696. — Bloom, Senear u. Stubenrauch: Zit. nach Jürgens. — Bloquiaux, S.: Arch. belges Derm. **4**, 251 (1948). Zit. nach Leipold. — Blythe, A. W.: The composition of cow milk in health and desease. J. chem. Soc. **35**, 530 (1879). — Bönicke, R.: Naunyn-Schmiedeberg's Arch. exp. Path. Pharmak. **216**, 490 (1952). Zit. nach Meyer-Rohn. — Boenjamin, R.: Int. J. Leprosy **20**, 53 (1952). Zit. nach Pitschmann. — Bohnstedt, R. M.: Pigmentanomalien der Nachkriegszeit. Z. Haut- u. Geschl.-Kr. **3**, 489 (1947); **5**, 777 (1948). Zit. nach Leipold. — Bohnstedt, R. M., u. R. Baumann: Z. Haut- u. Geschl.-Kr. **11**, 363 (1951). Zit. nach Pitschmann. — Bommer, S.: Derm. Wschr. **1949**, 602. — Bonfante, A.: Das Vitamin K_5. Boll. chim.-farm. **92**, 20 (1953). — Bonnevie, P.: Neue Verwendungsmöglichkeiten für synthetisches Vitamin K. Chem. Age **62**, 814 (1950). — Booher: Zit. nach Vogel u. Knobloch. — Borrit u. Stumpe: Zit. nach Stepp, Kühnau u. Schröder. — Bourdillon: Proc. roy. Soc. **108**, 340 (1931); **109**, 488 (1932). Zit. nach Stepp, Kühnau u. Schröder. — Braun, W.: Halbseitiges papulonekrotisches Tuberkulid an den unteren Gliedmaßen. Derm. Wschr. **123**, 505 (1951). — Brett, R.: Das Bild der Vigantolschädigung und seine Bedeutung für die Ausgestaltung der Vigantoltherapie des Lupus. Z. Haut- u. Geschl.-Kr. **5**, 112 (1948). — Beitrag zur internen Therapie der Lichtdermatosen und lichtbeeinflußbaren Krankheiten. Dtsch. med. Wschr. **1950**, 800. — Brock: Zit. nach Jordan. — Brockmann: Zit. nach Vogel u. Knobloch. — Broquist, H. P., E. L. R. Stokstad and T. H. Jukes: Biochemical studies with the citrovorum factor. J. Lab. clin. Med. **38**, 95 (1951). — Bruhns: Persönliche Mitteilung. — Brull, L., et P. Clemans: Mécanisme d'action de la vitamin D. Action renale de la vitamine D administrée en surdosage. Arch. int. Pharmacodyn. **71**, 343 (1945). — Brunsting, L. A.: Arch. Derm. Syph. (Chicago) **70**, 551 (1954). — Brunsting, L. A., and C. Sheard: Arch. Derm. Syph. (Chicago) **44**, 722 (1941). — Bürger, M.: Die C-Hypovitaminose. Im Handbuch der inneren Medizin, 3. Aufl., Bd. VI/2, S. 766. 1944. — Bumillir, O. E.: Dtsch. zahnärztl. Z. **7**, 801 (1952). Zit. nach Pitschmann. — Bunge: Zit. nach Vogel. — Burch, O. A. Bessey and O. H. Lowry: J. biol. Chem. **175**, 457 (1948). Zit. nach Stepp, Kühnau u. Schröder. — Burchenal: J. clin. Invest. **29**, 801, (1951). Zit. nach Stepp, Kühnau u. Schröder. — Burckhardt, W.: Schweiz. Z. Tuberk. **9**, 434 (1952). — Burda, A.: Przegl. Derm. Wener. **144**, Suppl. 2, 35 (1953). — Burgess, J. F.: Vitamin E (tocopherols) in the collagenoses. Lancet **1948**, 215. — Burgess, J. F., and J. E. Pritchard: Tocopherols (Vitamin E). Treatment of lupus erythematosus. Arch. Derm. Syph. (Chicago) **57**, 953 (1948). — Butler, R. E.: Riboflavin deficiency. Med. Clin. N. Amer. **27**, 399 (1943). — Butt, H. R.: In V. Handbook of nutrition. A.M.A. Philadelphia: Blakiston Son & Co. 1951. — Butturini: Clin. med. ital. **26**, 90 (1945). Zit. nach Zellweger u. Adolph.

Caffey, J.: Amer. J. Dis. Child. **79**, 404 (1950). Chronic poisoning due to excess of vitamin A. Amer. J. Roentgenol. **65**, 12 (1951). Zit. nach Jürgens. — Carleton u. Steven: Zit. nach Jürgens. — Carr, F. H., and E. A. Price: Biochem. J. **20**, 497 (1926). — Cartier: Zit. nach Stepp, Kühnau u. Schröder. — Castle, W. B., J. B. Ross, C. S. Daidson, J. H. Burchenal, H. J. Fox and T. H. Ham: Extrinsic factor in pernicious anemia. Science **100**, 81 (1944). — Cattan, R., P. Frumasan et C. Attal: Bull. Soc. méd. Hôp. Paris **63**, 65 (1947). — Cattaneo, L.: Mem. VI. Congr. internac. Leprol. 1953, S. 1043. Zit. nach Pitschmann. — Chambers: Zit. nach Stepp, Kühnau u. Schröder. — Charpy, J.: Vitamin D in treatment of cutaneous tuberculosis. Brit. J. Derm. **60**, 121 (1948). — La therapeutiques par la vitamine C à doses massives. Bull. Soc. franç. Derm. Syph. **58**, 187 (1951). — Charpy, J., et E. Calas: Bull. Soc. Franç. Derm. Syph. **58**, 616 (1951). — Clarke, G. E.: Treatment of psoriasis with concentrated visosterol. Arch. Derm. Syph. (Chicago) **41**, 664 (1940). — Clausen, S. W.: Abh. vitamin A malnutrition in clinical nutrition, S. 427. New York: Hoeber 1950. — Collazo, J. A., u. J. Sanchez-Rodriguez: Klin. Wschr. **1933**, 1732,

1768. — COLLINS: Lancet **1946 II**, 946. Zit. nach STEPP, KÜHNAU u. SCHRÖDER. — COMBES, KLUMPP, MCINTOSH u. MOORE: Zit. nach JÜRGENS. — COMEL: Zit. nach JÜRGENS. — CORNBLEET, T., and H. POPPER: Properties of human skin revealed by fluorescence microscopie. Arch. Derm. Syph. (Chicago) **46**, 59 (1942). — CORYEL: Zit nach GEIMER. — COURLAY, R. J.: Brit. med. J. **1948 I**, 336. Zit. nach LEIPOLD. — CRAMER, H.: Humorale und hormonale Wachstumsanregung und der Versuch ihrer Hemmung. Dtsch. med. Wschr. **1942**, 756. — CRANDON, J. H., C. C. LUND and D. B. DILL: Experimental human scurvy. New Engl. J. Med. **223**, 353 (1940). — CUENDET, O.: Ernährungs- und Vitaminfragen. Praxis **1949**, 378.

DÄSCHLEIN, G., u. H. J. DROSSEL: Vergiftungserscheinungen nach Meldegenuß. Z. Haut- u. Geschl.-Kr. **3**, 508 (1947). — DAINOW, J.: Dermatologica (Basel) **86**, 123 (1942). Ref. Z. Haut- u. Geschl.-Kr. **1**, 92 (1946); **2**, 183 (1947); **3**, 136 (1947). — Schweiz. med. Wschr. **1944**, 848. Zit. nach LEIPOLD. — Internat. Z. Vitaminforsch. **15**, 245 (1944). Zit. nach ZELLWEGER u. ADOLPH sowie STEPP, KÜHNAU u. SCHRÖDER. — Un nouveau médicament antianémique la vitamine A. Int. Z. Vitaminforsch. **21**, 438 (1950). — La vitamine E, dans le traitement d l'acne. Dermatologica (Basel) **106**, 197 (1953). — DALMER: Zit. nach VOGEL u. KNOBLOCH. — DAM, H.: Biochem. Z. **215**, 475 (1929). — The antihaemorrhagic vitamin of the chick. Biochem. J. **29**, 1273 (1935). — Z. Vitaminforsch. **8**, 248 (1938). Zit. nach VOGEL u. KNOBLOCH. — DAM, H., H. DRYGVE, H. LARSEN and P. PLUM: Vitamin K and haemorrhagic disease of newborn. Advanc. Pediat. **5**, 129 (1952). — DAM, H., A. GEIGER, J. GLAVIND, P. KARRER, W. KARRER, E. ROTHSCHILD u. H. SALOMON: Isolierung des Vitamins K in hochgereinigter Form. Helv. chim. Acta **22**, 310 (1939). — DAM, H., J. GLAVIND u. N. NIELSEN: Hoppe-Seylers Z. physiol. Chem. **265**, 80 (1940). Zit. nach VOGEL u. KNOBLOCH. — DAM, H., Y. GLAVIND, PRANGE u. OTTESEN: Danske Vidensk. Sellsk. Biol. Medd. **16**, Nr 7 (1941). Zit. nach STEPP, KÜHNAU u. SCHRÖDER. — DAM, H., and E. SOENDERGAARD: Observations on the coagulation anomaly in vitamin K-deficiency and dicumarol poisoning. Biochim. biophys. Acta **2**, 409 (1948). — DARBEY: Zit. nach JORDAN. — DAVIDSON and GIRDWOOD: Lancet **1948 I**, 360. — DEGOS, R.: Bull. Soc. med. Hôp. Paris, IV. s. **65**, 179 (1949). Zit. nach PITSCHMANN. — Traitement des aphtes et de l'aphtose par la vitamine C intraveineuse á hautes doses. Bull. Soc. franç. Derm. Syph. **58**, 21 (1951). — DEVERGIE: Zit. nach JÜRGENS. — DICKEY, L. B., and E. J. BRADLEY: Stanf. med. Bull. **6**, 345 (1948). Zit. nach JÜRGENS. — DOAN, C. A.: Folic acid (synthetic L. casei factor), an essential panhematopoetic stimulus. Amer. J. med. Sci. **212**, 257 (1946). DOISY: Zit. nach VOGEL u. KNOBLOCH. — DOTTI, E.: Accidente mortale dopo iniezione endomuscolare di vitamina B_1. Minerva med. (Torino) **1949 I**, 720. Zit. nach ZELLWEGER u. ADOLPH. — DOUCAS, C., u. J. KAPATANAKIS: Derm. Z. **106**, 86 (1953). Zit. nach PITSCHMANN. — DOWLING, G. B.: Vitamin D in the treatment of cutanous Tbc. Brit. J. Derm. **60**, 127 (1948). — DOXIADES, TH., u. M. TILIAKOS: Die „Schware Haarzunge" (Black tongue) als Mangelerscheinung bei Menschen. Schweiz. med. Wschr. **1948**, 1041. — DRIGALSKI, W. v.: Über Schädigung durch Vitamin A. Wien. klin. Wschr. **1933**, 308. — Z. Vitaminforsch. **9**, 325 (1939). Zit. nach JÜRGENS. — Bestimmung des Vitaminbedarfs (A_1, B_1, C) durch Mangelversuche am Menschen. Dtsch. med. Wschr. **68**, 605 (1942). — DÜBLIN: Zit. nach JÜRGENS. — DUJARDIN: Zit. nach CHARPY. — DUPERRAT, B.: J. Méd. Chir. prat. **125** (7), 351 (1954). Zit. nach PITSCHMANN.

ECKES: Zit. nach BRETT. — EDER: Zit. nach STEPP, KÜHNAU u. SCHRÖDER. — EHRING: Zit. nach JORDAN. — EIJKMAN, C.: Eine beriberiähnliche Krankheit der Hühner. Virchows Arch. path. Anat. **148**, 523 (1897). Zit. nach STEPP, KÜHNAU u. SCHRÖDER. — ELLINGER, P., R. BENESCH and W. W. KAY: Biosynthesis of nicotinamide in the human gut. Lancet **1945 I**, 432. — ELLIOT, M. C., B. ISAACS and A. C. IVY: Production of "prothrombin deficience" and response to vitamins A, D and K. Proc. Soc. exp. Biol. (N.Y.) **43**, 240 (1940). — ELLIS, L. N., A. ZMACHINSKY and H. C. SHERMAN: Experiments on the significance of liberal levels of intake of riboflavin. J. Nutr. **25**, 153 (1943). — ELVEHJEM, C. A.: Nutritional interrelationships. Int. Z. Vitaminforsch. **23**, 299 (1952). — ELVEHJEM, MADDEN, STRONG u. WOOLLEY: Zit. nach STEPP, KÜHNAU u. SCHRÖDER. — EMERY: Zit. nach JORDAN. — ENDRES, R. W., u. W. BRANDNER: Z. Haut- u. Geschl.-Kr. **11**, 179 (1951). — EPSTEIN: Zit. nach JÜRGENS. — ESSER: Zit. nach JÜRGENS. — EULER, H. v.: Ergebn. Physiol. **34**, 360 (1933). Zit. nach STEPP, KÜHNAU u. SCHRÖDER. — EVANS: Zit. nach VOGEL u. KNOBLOCH.

FAGGIOLI, G.: Antibakterielle Wirkung eines Vitamin K-Analogen. G. Batt. Immun. **44**, 195 (1952). — FAHLBERG, W. J., and C. D. DUKES: Development of hypersensitivity to thiamin hydrochloride. J. Allergy **28**, 414 (1957). — FANCONI, G.: Der frühinfantile nephrotisch-glykosurische Zwergwuchs mit hypophosphatämischer Rachitis. Jb. Kinderheilk. **147**, 299 (1936). — Blutgerinnung beim Kinde. Leipzig: Georg Thieme 1941. — Weitere Beiträge zur Cystinkrankheit. Helv. paediat. Acta **1**, 183 (1946). — Über chronische Störungen des Calcium- und Phosphatstoffwechsels im Kindesalter. Schweiz. med. Wschr. **1951**, 908. — FANCONI, G., u. H. BICKEL: Die chronische Aminoacidurie bei der Glykogenose und der Cystinkrankheit. Helvet. paediat. Acta **4**, 359 (1949). — FANCONI, G., u. E. DE CHASTONAY: Die D-Hypervitaminose im Säuglingsalter. Helv. paediat. Acta, Beih. **7**, 5 (1950). Zit. nach

Zellweger u. Adolph. — Fanielle, G.: Die massive Vitamin D-Therapie in der Behandlung tuberkulöser Affektionen „langsamer Entwicklung". Z. Haut- u. Geschl.-Kr. **7**, 121 (1949). Zit. nach Jordan. — Fegeler, F., u. R. Beckmann: Derm. Wschr. **131**, 434 (1955). — Fernholz: Zit. nach Vogel u. Knobloch. — Ferreira-Marques, J.: Contribution á la mise au point d'une méthode d'application thérapeutique à doses massives et progressives de l'amide de acide nicotinique. Acta derm.-venereol. (Stockh.) **27**, 173 (1947). Zit. nach Leipold. — Fiedler, H. P.: Die Bedeutung der ungesättigten Fettsäuren bei Therapie und Ernährung. Arzneimittel-Forsch. **2**, 23 (1952). — Finucci, V.: Arch. ital. chir. **39**, 519 (1935). Zit. nach Jürgens. — Flaschenträger, B., u. E. Lehnartz: Physiologische Chemie, Bd. I: Die Stoffe und Bd. II: Der Stoffwechsel. Berlin: Springer 1957. — Fleck, F.: Behandlung der Röntgenkarzinome durch Hypervitaminisierung mit Axerophtholen. Derm. Wschr. **130**, 1244 (1954). — Flesh: Zit. nach Geimer. — Floch, H.: La therapeutique antilépreuse actuelle. Mem. VI. Congr. internat. Leprol. 1953, S. 206. Zit. nach Pitschmann. — Floch, H., et P. Sureau: La vitamin thérapie K dans la lépre. Bull. Soc. Path. exot. Paris **46**, 631 (1953). — Fodor: Zit. nach Zellweger u. Adolph. — Former u. Carrol: Zit. nach Zellweger u. Adolph. — Fouts, P. J., O. M. Helmer, S. Lepkovsky and T. H. Jukes: Treatment of human pellagra with nicotinic acid. Proc. Soc. exp. Biol. (N. Y.) **37**, 405 (1937). — Franceschetti: Zit. nach Stepp, Kühnau u. Schröder. — Frankland, A. W.: Brit. med. J. **1948**, Nr 4560, 1023. Zit. nach Leipold. — Frapolli: Zit. nach Rille. — Frazier, C. N., u. Ch'uan k'uei Hu: Nature and distribution according to age of cutaneous manifestations of vitamin A deficiency. Arch. Derm. Syph. (Chicago) **33**, 825 (1936). — Freudenberg, E.: Die Stoffwechselwirkung des Vitamin D-Stoßes bei Rachitis und Tetanie. Ann. paediat. (Basel) **153**, 233 (1939). Zit. nach Geimer. — Cystinois. Advanc. Pediat. **2**, 265 (1949). — Freudenthal: Zit. nach Jordan. — Frey, J. R., u. M. A. Schoch: Therapeutische Versuche bei Psoriasis mit Vitamin A, zugleich ein Beitrag zur A-Hypervitaminose. Dermatologica (Basel) **104**, 80 (1952). — Fried, C. T., and M. Grand: Hypervitaminosis A. Amer. J. Dis. Child. **79**, 475 (1950). Zit. nach Jürgens. — Fromherz: Z. Vitaminforsch. **11**, 65 (1941). Zit. nach Rust. — Frühwald, R.: Dtsch. Gesundh.-Wes. **1953**, 67. Zit. nach Pitschmann. — Fuhs, H.: Wien. klin. Wschr. **1941**, 397. — Fuhs u. Stannus: Zit. nach Jürgens. — Funk, C.: J. Physiol. (Lond.) **43**, 395 (1911/12); **45**, 75 (1912/13). Zit. nach Ammon u. Dirscherl sowie Vogel u. Knobloch. — Chemistry of the vitamine fraction from yeast and rice polishings. J. Physiol. (Lond.) **46**, 173 (1913). — Funk, C. F.: Z. Haut- u. Geschl.-Kr. **15**, 82 (1953). Zit. nach Pitschmann.

Gahlen W.: In Gottron u. Schönfeld: Dermatologie und Venerologie, Bd. IV. Stuttgart: Georg Thieme 1960. — Gans, O.: Some observations on the pathogenesis of psoriasis. Arch. Derm. Syph. (Chicago) **66**, 598 (1952). — Gardner, F.: Zit. nach Geimer. — Garnier: Zit. nach Stepp, Kühnau u. Schröder. — Gartmann, H., u. H. Sieler: Zur Vitamin E-Behandlung der Induratio penis plastica. Derm. Wschr. **128**, 1213 (1953). — Gaté, J., J. Vayre et G. Cambrillat: Aphtose muqueuse et cutanée. Bull. Soc. franç. Derm. Syph. **60**, 84 (1953). — Gaviati, A.: Die Nicotinsäure in der Behandlung mit Sulfonamidpräparaten. Ref. Derm. Wschr. **1942**, 604. — Gehrels, P. E., H. J. Heite u. K. W. Kalkoff: Arch. Derm. Syph. (Berl.) **193**, 68 (1951). — Geimer, R.: Über die therapeutische und pharmakodynamische Wirksamkeit des Biotins. Hautarzt **6**, 221 (1955). — Gerlach, H.: Münch. med. Wschr. **1936**, 49. Zit. nach Zellweger u. Adolph. — Gerloczy, F.: Das d,l-α-Tokopherol (Vitamin E) in der Klinik und Pathologie der Frühgeburten. Orv. Hetil. **1950**, 1191. — Gerson: Zit. nach Jordan. — Gertler, W.: Z. Tuberk. **94**, 288 (1950); **103**, 26 (1953). Zit. nach Pitschmann. — Gianotti: Zit. nach Jürgens. — Gill: Zit. nach Jürgens. — Girdwood, R. H.: The relationship between vitamin B_{12}, folic acid and folinic acid. Brit. J. Nutr. **6**, 315 (1951). — Glanzmann, E.: Zit. bei Letterer, Schweiz. med. Wschr. **1944**, 1254. Zit. nach Leipold sowie Geimer. — Glanzmann, E.: In Fanconi u. Waligren, Lehrbuch der Pädiatrie. Basel: Benno Schwabe & Co. 1950. — Thrombopathien in der ersten Lebenszeit. Ann. paediat. (Basel) **178**, 349 (1952). — Glisson: Zit. nach Stepp, Kühnau u. Schröder. — Goetsch, W.: Z. Vitamin-, Hormon- u. Fermentforsch. **1**, 87 (1947). Zit. nach Stepp, Kühnau u. Schröder. — Vitamine und Supravitamine. Prakt. Chem. (Wien) **3**, 187 (1952). — Goldberger, J.: The relation of diet to pellagra. J. Amer. med. Ass. **78**, 1676 (1922). — The present status of our knowledge of the etiology of pellagra. Medicine (Baltimore) **5**, 79 (1926). — Pellagra, its nature and prevention. Publ. Hlth Rep. (Wash.) **42**, 2193 (1927). — Pellagra. J. Amer. diet. Ass. **4**, 221 (1929). — Goldberger, J., C. H. Waring and D. G. Willets: Publ. Health. Rep. (Wash.) **30**, 3177 (1915). Zit. nach Zellweger u. Adolph. — Goldeck, H., u. D. Remy: Wirksamkeit und Dosierung des kristallisierten Vitamin B_{12} bei der dekompensierten perniziösen Anämie. Med. Klin. **1951**, 917. — Goldman, L.: Intensive panthenol therapy of lupus erythematosus. J. invest. Derm. **15**, 291 (1950). — Goodhart, R. S.: Ann. N.Y. Acad. Sci. **52**, 341 (1949). — Goodwin, T. W.: Vitamin A-active substances. Brit. J. Nutr. **5**, 94 (1951). — Gottlieb, E.: Acute nicotinic acid deficiency. Brit. med. J. **1944 I**, 392. — Gottron, H. A., u. J.

Beutnagel: Ther. d. Gegenw. **90**, 222, 264 (1951). — Gougerot, H., R. Burnier et A. Carteaud: Le problème du lupus érythémateux et de la lucite erythémato-squameuse ponctuée jugé par la vitamine PP. Bull. Soc. franç. Derm. Syph. **51**, 598 (1941). — Gougerot H., J. Lefevre et J. Nathan: Erythrodermie exfoliante rebelle guérie par une association vitaminique. Bull. Soc. franç. Derm. Syph. **56**, 486 (1949). — Gouvêa, H.: Arch. Ophthal. (Chicago) **29**, 167 (1883). Zit. nach Jürgens. — Graham: Zit. nach Jürgens. — Grande y Peraita: Avitaminosis y sist. nervioso. Madrid-Barcelona 1941. Zit. nach Stepp, Kühnau u. Schröder. — Grandbois, J.: Canad. med. Ass. J. **72**, (3), 202 (1955). Zit. nach Pitschmann. — Graves, P. R.: Pellagrous encephalopathy. Brit. med. J. **1947 I**, 253. — Gregorio, E. de: Acta dermato-sifiliogr. **43**, 119 (1951). Zit. nach Pitschmann. — Greve: Zit. nach Stepp, Kühnau u. Schröder. — Griebel: Klin. Wschr. **1939**, 496. Zit. nach Leipold. — Grijns, G.: Zit. nach Stepp, Kühnau u. Schröder. — Grimmer, H., u. S. Rust: Tierexperimentelle Untersuchungen über die Wirkung von Vitamin K auf die tiefe Trichophytie des Meerschweinchens. Z. Haut- u. Geschl.-Kr. **12**, 102 (1952). — Groer: Zit. nach Leipold. — Gross: Zit. nach Jürgens. — Grubb: Zit. nach Rust. — Grüneberg, Th.: Hormonbehandlung in der Dermatologie unter besonderer Berücksichtigung des Psoriasisproblems. Med. Welt **11**, 144 (1937). Zit. nach Gans. — Die Behandlung der Psoriasis in Theorie und Praxis. Med. Klin. **1952**, 1127. — Grzybowski, G., u. F. Miedzinski: Dermatologica (Basel) **101**, 1 (1950). Zit. nach Pitschmann. — Gsell: Zit. nach Leipold. — Gstirner, F.: Chemisch-physikalische Vitaminbestimmungsmethoden. Stuttgart: Ferdinand Enke 1951. — Guha, Sherman u. Sandels: Zit. nach Stepp, Kühnau u. Schröder.

Haemel: Zit. nach Stepp, Kühnau u. Schröder. — Hagermann, G.: Über den Gebrauch von Vitamin E in der dermatologischen Praxis. Arch. Derm. Syph. (Berl.) **191**, 637 (1950). — Acta derm.-venereol. (Stockh.) **31**, 225 (1951). Zit. nach Leipold. — *Handbook of nutrition.* A.M.A. Philadelphia: P. Blakiston Son & Co. 1951. — Hammer, F.: In Jadassohns Handbuch der Haut- und Geschlechtskrankheiten, Bd. VI/2, S. 523. Berlin: Springer 1928. — Harnapp, G. O.: Schweiz. med. Wschr. **80**, 765 (1950). — Harris, Wolf, Moringo u. Folkers: Zit. nach Vogel u. Knobloch. — Harris, L. J.: Vitamins and vitamin deficiencies, Bd. 1, S. 204. Philadelphia: P. Blakiston Son & Co. 1938. Zit. nach Geimer. — Haworth, Hirst u. Michkeel: Zit. nach Stepp, Kühnau u. Schröder. — Haynes: Zit. nach Jürgens. — Heidelberger, C.: Concerning the mechanism of the conversion of tryptophan into nicotinic acid. J. biol. Chem. **176**, 1461 (1948). — Heilmeyer, L.: Über eisenrefraktäre hypochrome Anämien, die auf Cobalt ansprechen. Schweiz. med. Wschr. **1951**, 1249. — Heilmeyer, L., u. H. Begemann: Blut- und Blutkrankheiten. Im Handbuch der inneren Medizin, Bd. 2. Heidelberg: Springer 1951. — Heinsen, H. A.: Über die Behandlung der Amenorrhoe bei diencephalohypophysärer Insuffizienz. Klin. Wschr. **1949**, 126. — Die therapeutischen Möglichkeiten des Vitamin E. Therap. d. Gegenw. **91**, 281, 330 (1952). — Helmer, A. C., and C. H. Hansen: Stud. Inst. Div. Thomae **1937**, 1, 10. Zit. nach Vogel u. Knobloch. — Henschen, C.: A-Hypervitaminose des Menschen. Schweiz. med. Wschr. **1941**, 331. — Herzberg, J. J.: Behandlung der Hauttuberkulose mit Vitamin D_2. Derm. Wschr. **1947**, 465. — Hess, A. F., M. Weinstock and F. D. Helman: J. biol. Chem. **63**, 305 (1935). Zit. nach Vogel u. Knobloch. — Heubner, W.: Pharmazie **1**, 130 (1946). — Heuschen, C.: Schweiz. med. Wschr. **71**, 331 (1941). — Hickman, K. C. D., M. W. Kaley and P. L. Harris: The sparing equivalence of the tokopherols and mode of action. J. biol. Chem. **152**, 321 (1944). — Hines, L. R., and H. A. Matill: Tocopherol in urine and faces. J. biol. Chem. **149**, 549 (1943). — Höfs, W.: Dtsch. Gesundh.-Wes. **1951**, 588. — Hoesch: Zit. bei Schoen u. Tischendorf, sowie Leipold. — Hoesch, Hagermann u. Gsell: Zit. nach Leipold. — Hoff, H.: Zur Behandlung des Zungenbrennens und verwandter Störungen. Neue med. Welt **1950**, 16. — Huisman, T. H. J.: Voeding **15**, 527 (1954). Zit. nach Pitschmann. — Holst, A.: Zit. nach Stepp, Kühnau u. Schröder. — Holst, A., and T. Froelich: Experimental studies relating to ship beri-beri and scurvy. J. Hyg. (Lond.) **7**, 634 (1907). — Holt, L. E., and V. A. Najjar: A simple method for the laboratory diagnosis of subclinical deficiencies of thiamine, riboflavin and nicotinic acid. Bull. Johns Hopk. Hosp. **70**, 329 (1942). — Holz, H., u. H. Lohel: Zit. nach Leipold. — Homolka: Zit. nach Geimer. — Hopkins, F. G.: Zit. nach Stepp, Kühnau u. Schröder. — Hopkins, F. G., and A. Neville: Biochem. J. **7**, 97 (1912). Zit. nach Vogel u. Knobloch. — Howitt, M. K., C. C. Harvey, O. W. Hills and E. Liebert: Correlation of urinary excretion of riboflavin with dietary intake and symptoms of ariboflavinosis. J. Nutr. **41**, 247 (1950). — Hou, H. C.: Chin. J. Physiol. **4**, 345 (1930). — Houet, R.: Recherches sur le métabolisme du calcium et du phosphore dans l'enfance II. Ann. paediat. (Basel) **167**, 128 (1946). — Recherches sur le metabolisme de la vitamin D. Recherches sur la pathogénie du soit-disant rachitisme hépatique. Ann. paediat. (Basel) **170**, 236 (1948). — Recherches sur le metabolisme de la vitamine D. Ann. paediat. (Basel) **167**, 114 (1946); **172**, 28 (1949). — Houet, W.: Retention et distribution de la vitamin D dans les tissus. Ann. paediat. (Basel) **116**, 170 (1946). — Huber, W., and O. W. Barlow: Chemical and biological stability of cristalline vitamins D_2

and D_3 and their derivatives. J. biol. Chem. **149**, 125 (1943). — HÜLLSTRUNG, H.: Vitamintherapie in der Dermatologie. Therapiewoche **2**, 573 (1952). — HÜLLSTRUNG, H., u. F. STEITZ: Untersuchungen des Nicotinsäurehaushaltes von Gesunden. Klin. Wschr. **1941 I**, 612. — HULDSCHINSKY, K.: Dtsch. med. Wschr. **45**, 712 (1919). Zit. nach VOGEL u. KNOBLOCH. — HUME, E. M.: Nature (Lond.) **158**, 257 (1946). Zit. nach VOGEL u. KNOBLOCH. — HURIEZ, C., H. TUCHMANN-DUPLESSIS et C. PONTE: Bull. Soc. franç. Derm. Syph. **5**, 469 (1953). — Dermatologia (Napoli) **5**, 33 (1954). Zit. nach PITSCHMANN.

INGRAM, J. T., and S. T. ANNINGS: The treatment of lupus vulgaris with large doses of vitamin D. Brit. J. Derm. **60**, 159 (1948). — ITO, K., and K. KIRITA: Experimental studies on biological behaviors of pathogenic fungi against various remedies. II. On the growth of pathogenic fungi in the presence of vitamin K_3-Ca. Bull. pharmaceut. Res. Inst. (Osaka) **5**, 28 (1953).

JACOBI, J., u. H. POMP: Zur Behandlung der Hyperthyreosen mit Vitamin A und Vitamin B_1. Klin. Wschr. **1938**, 873. — JADASSOHN, W.: Arch. klin. exp. Derm. (im Druck). — JAEGER, H.: Zur Behandlung des Lupus vulgaris mit Vitamin D_2. Z. Haut- u. Geschl.-Kr. **7**, 127 (1949). — JANSEN u. DONATH: Zit. nach VOGEL u. KNOBLOCH. — JAUSION, H.: Zit. nach STEPP, KÜHNAU u. SCHRÖDER. — JEGHERS, H.: The degree and prevalence of vitamin A deficiency in adults. J. Amer. med. Ass. **109**, 756 (1937). — Nutrition: The appearance of the tongue as an index of nutrit. deficiencies. New Engl. J. Med. **227**, 221 (1942). — New Engl. J. Med. No 21/22 (1943). Ref. Z. Haut- u. Geschl.-Kr. **2**, 282 (1947). Zit. nach LEIPOLD. — JELKE: Zit. nach STEPP, KÜHNAU u. SCHRÖDER. — JESSERER, H.: Neuere Gesichtspunkte der hochdosierten Vitamin D-Behandlung. Wien. klin. Wschr. **1950**, 129. — Wien. klin. Wschr. **1951**, 865; **1955**, 326. Zit. nach PITSCHMANN. — JIMINEZ: Rev. clín. Esp., Nr 1—4 (1940). Zit. nach STEPP, KÜHNAU u. SCHRÖDER. — JOLLIFFE, N., K. M. BOWMAN: Nicotinic acid deficiency encephalopathy. J. Amer. med. Ass. **114**, 307 (1940). — JOLLIFFE, N., F. F. TISDALL and P. R. CANNON: Clinical nutrition. New York: Paul B. Hoeber 1950. — JONES, W. E., I. M. HELLBRON, S. JONES and A. L. BACHARACH: The chemistry and physiology of vitamin A. Zit. nach PITSCHMANN. — JORDAN, P.: Vitaminbehandlung des Lupus vulgaris. Vortrag auf der 1. Nachkriegstagg der Nordwestdtsch. Dermatologen 31. 5. bis 1. 6. 1947. Ref. Z. Haut- u. Geschl.-Kr. **3**, 279 (1947). — Zur Ätiologie des Granuloma anulare. Z. Haut- u. Geschl.-Kr. **5**, 117 (1948). — Fortgesetzte Beobachtungen bei der Vigantolbehandlung der Hauttuberkulose. Z. Haut.- u. Geschl.-Kr. **5**, 111 (1948). — Hautkrankheiten. Abhandlung in: Kurzes Lehrbuch der Kinderheilkunde, Augen-, Hals-, Nasen-, Ohren- und Hautkrankheiten von H. MAI, W. MEISNER, H. LOEBELL u. P. JORDAN. München: J. F. Lehmann 1956. — Persönliche Mitteilung. — JORDAN, P., u. K. WULF: Erythematodesbehandlung mit Vitamin E. Hautarzt **1**, 233 (1950). — Lupus miliaris mit Dissemination am Ort von Fremdkörpereinsprengungen in Haut und Bindehaut. Hautarzt **1**, 470 (1950). — JOSEPHS, H. W.: Hypervitaminosis A and carotenemia. J. Amer. med. Ass. **143**, 1417 (1950). — Brit. med. J. **1950**, 565. Zit. nach JÜRGENS. — JÜRGENS, R.: Klinische Symptomatologie und Therapie der A-Avitaminosen. In: Die Ernährung. Berlin: Springer 1952. Zit. nach GEIMER. — JUKES, T. H., and E. L. R. STOKSTAD: Pteroylglutamic acid and related compounds. Physiol. Rev. **28**, 51 (1948). — The role of vitamin B_{12} in metabolic processes. Vitam. and Horm. **9**, 1 (1951). — JUNG: Zit. nach STEPP, KÜHNAU u. SCHRÖDER.

KÄRCHER, K. H.: Die Therapie allergischer Erkrankungen in alter und neuer Sicht. Hautarzt **6**, 193 (1955). — KALK, H., u. W. BRÜHL: Zur Frage des Vitamin C-Bedarfs. Dtsch. med. Wschr. **68**, 209 (1942). — KALKOFF, K. W.: Handbuch der Haut- und Geschlechtskrankheiten, Erg.-Werk, Bd. IV/1. Berlin-Göttingen-Heidelberg: Springer (im Druck). — KARRER, P., and C. H. EUGSTER: Synthese von Carotinoiden. Helv. chim. Acta **33**, 1172 (1950). Zit. nach ZELLWEGER u. ADOLPH. — KARRER, P., H. FRITSCHE, B. H. RINGIER and H. SALOMON: Synthese des α-Tocopherols. Helv. chim. Acta **21**, 820 (1938). — KARRER, P., K. SCHOEPP u. F. BENZ: Synthesen von Flavinen. Helv. chim. Acta **18**, 426 (1935). — KAUFMANN and SMITH: J. Amer. med. Ass. **1943**, 128. Zit. nach LEIPOLD. — KEINING, E.: Untersuchungen über das Indikationsgebiet des PP-Faktors (Nicotinsäureamid) bei Hautkrankheiten. Derm. Wschr. **112**, 302 (1941). — KEINING, E., u. F. A. OLDACH: Behandlungsergebnisse mit Nicotinsäureamid bei multiformen Erythemen. Derm. Wschr. **1941**, 112, 285. — Wirkungen des Antipellagravitamins bei Hautkrankheiten. Med. Welt **1941**, 709, 733. — KERESZTESY u. STEVENS: Zit. nach VOGEL u. KNOBLOCH. — KIESSLING, W.: Klinische Erfahrungen mit innerlichen und intramuskulären Biotingaben. Derm. Wschr. **124**, 1246 (1951). — KIMMIG, J.: Lichtdermatosen und Lichtschutz. Arch. Derm. Syph. (Berl.) **200**, 68 (1953). — Kritische Stellungnahme zu den modernen Behandlungsmethoden in der Dermato-Venerologie. In E. LANDES, Heutiger Stand der Therapie der Hautkrankheiten, nach Berichten auf der Therapietagg der Südwestdtsch. Dermatologenvereinig. am 22./23. Oktober 1955 in Frankfurt a. M. Berlin-Göttingen-Heidelberg: Springer 1956. — Die Bedeutung der Vitamine für die Haut. Arch. klin. exp. Derm. **206**, 408 (1957). — Persönliche Mitteilung. — KIMMIG, J., u. C. SCHIRREN: Klinische und biochemische Untersuchungen zum Nachweis von Inosit in Gegenwart von Fructose am menschlichen Sperma. Hautarzt **7**, 198 (1956). — KIMMIG, J., u. R. WEHRMANN: Untersuchungen über den Einfluß der Folsäure auf die chemotherapeutische Wirkung der Sulfanilamide im Kultur- und Tierversuch. Arch. Derm. Syph. (Berl.) **187**, 586 (1949). — KIRLAND u. KULWIN: Zit. nach JÜRGENS. — KLEINE, H. O., W. BLUMB u. H. BAUER: Vitamin C-Therapie bei persistierendem Chloasma uterinum. Zbl. Gynäk. **77**, 215 (1955). Zit. nach PITSCHMANN. — KLEMPERER, P.: Collagen diseases. Bull. N.Y. Acad. Med. **23**, 581 (1947). — KLOSTERMANN, G. F.: Untersuchungen zur Rutin-Calcium-Vitamin D_2-Behandlung in der Dermatologie. Hautarzt **3**, 355 (1952). — KNOBLOCH, H.: Siehe bei VOGEL. — KÖGL: Zit. nach STEPP, KÜHNAU u. SCHRÖDER. — KOLLER, F.: Das Vitamin K und die Ernährung, S. 583. Berlin: Springer 1952. — KORTING, G. W.: Dtsch. med. Wschr. **1954**, 1576. — KRAFKA: Zit. nach SPIER. — KRAUSE, W. W.: Ärztl. Wschr. **1947**, 69. Zit. nach LEIPOLD. — Nicotinsäureamid und Serumkrankheit. Ärztl. Wschr. **1947**, 1100. — KRAUTWALD: Klinik u. Praxis **1946**, 44. Zit. nach STEPP, KÜHNAU u. SCHRÖDER. — KREHL, W. A., L. M. HENDERSON, J. DE LA HUERGA u. C. A. ELVEHJEM: Relation of amino acid imbalances to niacin-tryptophan deficiency in growing rats. J. biol. Chem. **166**, 531 (1946). — KREHL, W. A., L. J. TEPLY, P. S. SARMA and C. A. ELVEHJEM: Growth retarding effect of corn in nicotinic acid-low rations and its counteraction by tryptophan. Science **101**, 489 (1945). — KREITMAIR, H., u. TH. MOLL: Münch. med. Wschr. **1928 I**, 637. Zit. nach ZELLWEGER u. ADOLPH. — KRINER, J., y R. FLEISCHMAYER: Nekrobiosis lipoidica. Rev. argent. Dermatosif. **36**, 173 (1952). — KÜHNAU, J.: Rutin, ein neuer wasserlöslicher Wirkstoff von Vitamincharakter. Klin. Wschr. **1949**, 294. — Zit. nach K. LANG u. R. SCHOEN, Die Ernährung. Berlin: Springer 1952. — Siehe STEPP, KÜHNAU u. SCHRÖDER. — KÜHNAU, W.: Pellagraheilung durch Nicotinsäureamid. Med. Klin. **1938**, 1088. — KUHN, WENDT u. WESTPHAL: Zit. nach VOGEL u. KNOBLOCH. — KUHN, WIELAND, REICHSTEIN u. GRUSSNER: Zit. nach STEPP, KÜHNAU u. SCHRÖDER. — KUHN, R., P. GYÖRGY u. T. WAGNER-JAUREGG: Über Ovoflavin, den Farbstoff des Eiklars. Ber. dtsch. chem. Ges. **66**, 576 (1933). — KUHN, R., K. REINEMUND, F. WEYGAND u. R. STROEBELE: Über die Synthese des Lactoflavins. Ber. dtsch. chem. Ges. **68**, 1765 (1935). — KUSKE, H.: Dermatologica (Ung.) **94**, Nr 1 (1947).

LAHIRI: Zit. nach JÜRGENS. — LANDES, E.: Epidermodysplasia verruciformis Lewandowsky-Lutz und Vitamin A. Derm. Wschr. **126**, 1130 (1952). — LANG, K., u. R. SCHOEN: Die Ernährung. Berlin: Springer 1952. — LANGER, E., u. W. NOBIS: Über die Behandlung der Hauttuberkulosen mit hohen Dosen Vitamin D. Z. Haut- u. Geschl.-Kr. **7**, 101 (1940). — LANGER, E., u. M. SKRIZIPEK: Ein Beitrag zur Frage der Melanosen. Z. Haut- u. Geschl.-Kr. **3**, 498 (1947). — LAPP, H.: Serumkrankheit und Nicotinsäureamid. Ärztl. Wschr. **1949**, 91. — LARSSON, L. G., A. LILJESTRAND u. H. WAHLUND: Acta med. scand. **143**, 280 (1952). Zit. nach PITSCHMANN. — LAWS, C. L.: Sensitization to thiamine hydrochloride. J. Amer. med. Ass. **117**, 176 (1941). — LECLERCQ: Zit. nach JÜRGENS. — LEHMANN, E., and G. A. RAPAPORT: Cutaneous manifestations of vitamin A deficiency in children. J. Amer. med. Ass. **114**, 386 (1940). — LEIPOLD, W.: Vitamine in der Dermatologie. Hautarzt **1**, 386 (1950). — LEITNER, Z. A.: Untoward effects of vitamin B_1. Lancet **1934 II**, 774. — Discussion on pityriasis rubra pilaris. Proc. roy. Soc. Med. **39**, 244 (1946). — Toxicity of thiamine. Lancet **1947 I**, 345. — Vitamin A and pityriasis rubra pilaris. Brit. J. Derm. **59**, 407 (1947). — Aetiology, diagnosis and treatment of early vitamin deficiency state. Brit. med. J. **1948 I**, 917. — Pathology of vitamin A deficiency and its clinical significance. Brit. J. Nutr. **5**, 130 (1951). — LEITNER, Z. A., and T. MOORE: Three cases of dyskeratosis follicularis and two cases of pityriasis rubra pilaris. Brit. J. Derm. **58**, 11 (1946). — Vitamin A and skin disease. Lancet **1946 I**, 262. — Vitamin A in DARIER's disease. Brit. J. Derm. **60**, 41 (1948). — LEITNER, Z. A., T. MOORE and I. M. SHARMAN: Vitamin A in rheumatic fever. Brit. J. Nutr. **1**, 5 (1947). — LEKRETEAU: Zit. nach STEPP, KÜHNAU u. SCHRÖDER. — LEMKE: Zit. nach GEIMER. — LENGENHAGER, R.: Erfahrungen über die Lupusbehandlung mit Vitamin D. Dermatologica (Basel) **97**, 40 (1948). — Beeinflussung von Hypoprothrombinämien verschiedener Genese durch Vitamin K. Dermatologica (Basel) **108**, 339 (1954). — LESTER: Zit. nach STEPP, KÜHNAU u. SCHRÖDER. — LEWIN, E., and E. WASSEN: Effect of combined injections of deoxycortons acetate and ascorbic acid on rheumatic arthritis. Lancet **1949 II**, 993. — LIEBIG, J. v.: Zit. nach H. VOGEL: Chemie und Technik der Vitamine. Bd. I. Die fettlöslichen Vitamine, S. 1. Stuttgart: Ferdinand Enke 1950. — LINDHARD: Zit. nach JÜRGENS. — LINDNER, E.: Über den Einfluß des Vitamin E auf die Spermiogenese. Čsl. Gynaek. **1957**, 359. Ref. Dtsch. med. Wschr. **1958**, 125. — LINDQUIST, T.: Studien über das Vitamin A beim Menschen. Acta med. scand. Suppl. **97** (1938). — LIPMAN u. KAPLAN: Zit. nach STEPP, KÜHNAU u. SCHRÖDER. — LITTLEJOHN: Zit. nach STEPP, KÜHNAU u. SCHRÖDER. — LÖHE, H.: Dermat. Wschr. **1949**, 649. — LOEWENTHAL, L. J. A.: An inquiry into vitamin A deficiency among the population of Uganda with special reference to school children. Ann. trop. Med. Parasit. **29**, 349 (1935). — LOHEL, H.: Zit. nach LEIPOLD. — LOHMANN u. SCHUSTER: Zit. nach STEPP, KÜHNAU u. SCHRÖDER. — LOISELEUR, J., u. G. VELLEY: Die

Kompensation der tödlichen Wirkung einer letalen Röntgendosis durch Injektionen. C.R. Acad. Sci. (Paris) **231**, 529 (1950). Zit. nach PITSCHMANN. — LOMHOLT, S.: Vitamin D therapy in cutaneous tuberculosis. Brit. J. Derm. **60**, 132 (1948). — LOWRY, O. H., J. A. LOPEZ and O. A. BESSEY: Determination of ascorbic acid in small amounts of blood serum. J. biol. Chem. **160**, 609 (1945). — LUGHT, VAN DER: Zit. nach HÜLLSTRUNG, Vitamintherapie in der Dermatologie. Therapiewoche **2**, 573 (1952). — LUNIN: Zit. nach STEPP, KÜHNAU u. SCHRÖDER. — LUTZ, W.: Lehrbuch der Haut- und Geschlechtskrankheiten. Basel: Karger 1957. Zit. nach GANS. — LYNCH u. COOK: Zit. nach JÜRGENS. — LYON: Zit. nach JÜRGENS.

MACK, V.: Zit. nach STEPP, KÜHNAU u. SCHRÖDER. — MACKENNA, R., V. WHEATLEY and A. WORMALL: The composition of the surface skin fat ("sebum") form the human forearm. J. invest. Derm. **15**, 33 (1950). — MAJEWSKI, C.: Observations on the stimulation and inhibition of growth of morbigenous fungi: achorion Schönleinii and trichophyton granulosum by the vitamin PP, B_6, C, D_2, D_3, A, K. Pol. Tyg. lek. **7**, 1385 (1952). — MAJOR: Zit. nach R. R. WILLIAMS. — MANN, T.: Biochem. J. **40**, 481 (1946). Zit. nach KIMMIG u. SCHIRREN. — MANSHARDT: Zit. nach STEPP, KÜHNAU u. SCHRÖDER. — MANSON-BAHR: Zit. nach STEPP, KÜHNAU u. SCHRÖDER. — MARCHIONINI, A., u. TH. NASEMANN: Methodik und Ergebnisse der Vitaminbehandlung in der Dermatologie. In: Fortschritte der praktischen Dermatologie, Bd. 2, S. 85. Berlin: Springer 1955. — MARCHIONINI, A., u. C. PATEL: Klinische und experimentelle Untersuchungen über den Vitamin A- und Carotingehalt des menschlichen Blutserums bei Hautkrankheiten. Arch. Derm. Syph. (Berl.) **175**, 419 (1937). — MARCUSSEN, P. V.: Dan. med. Bull. **1**, 165 (1954). — MARGOLIS, H. M., and P. S. CAPLAN: Effect of some steroids in rheumatic arthritis. Ann. intern. Med. **34**, 61 (1951). — MARKOFF, N.: Weitere Beobachtungen zur Pathogenese und Symptomatologie der einheimischen Sprue. Schweiz. med. Wschr. **1940**, 48. — MARKSVELL, N. W.: Med. J. Aust. **1947**. Zit. nach ZELLWEGER u. ADOLPH. — MARQUENNE: Zit. nach STEPP, KÜHNAU u. SCHRÖDER. — MARSHALL: Zit. nach STEPP, KÜHNAU u. SCHRÖDER. — MARTIN, H.: Über die Behandlung des Pruritus und der Kraurosis vulvae mit Vitamin E. Med. **47**, 1603 (1952). — MASKE, H.: Untersuchungen über einen Test zum Nachweis des Vitamin B_6-Mangels. Klin. Wschr. **35**, 561 (1957). — MASSABIE: Zit. nach KÄRCHER. — MATANIC, V.: Lokale und allgemeine Behandlung von Brand- und Ätzwunden mit Pantothensäure. Medizinische **1958**, 5, 197. — MAZZINI, M., y M. AUSTER: Sindrome de EHLERS DANLOS. Rev. argent. Dermatosif. **37**, 34 (1953). — MCCOLLUM, E. V., N. SIMMONDS, P. G. SHIPLEY and E. A. PARK: Codliver oil as contrasted with butter fat in the protection against the effects of insufficient calciums in the diet. Proc. Soc. exp. Biol. (N.Y.) **18**, 275 (1921). Zit. nach ZELLWEGER u. ADOLPH. — MCCORMICK, W. J.: Vitamin C in the prophylaxis and therapy of infections diseases. Arch. Pediat. **68**, 1 (1951). — MCLEAN, K. S.: Desoxycortone acetate and ascorbic acid in rheumatic arthritis. Lancet **1951 I**, 444. — MEIREN, V. D., u. MORIAME: Zit. nach JÜRGENS. — MELLANBY, E.: Lancet **1919 I**, 138. Zit. nach VOGEL u. KNOBLOCH. — The rickets-producing and anticalcifying action of phytate. J. Physiol. (Lond.) **109**, 388 (1949). — MELLO, H. DE: Beitrag zur Therapie der trophischen Schäden bei Lepra. Arch. miner. Leprol. **11**, 148 (1951). — MENSCHEL: Zit. nach JORDAN. — MERKLEN, F. P., et M. RIOU: Résultáts favorables d'un an d'essai de derives vitaminiques K dans le lèpre. Bull. Soc. Path. exot. **46**, 741 (1953). — MEYER: Zit. nach JÜRGENS. — MEYER-ROHN, J.: Über den Synergismus von Isonicotinsäurehydrazid und Lactoflavin. Tuberk.-Arzt **7**, 301 (1953). — Abh. Untersuchungen zur Chemotherapie der Hauttuberkulose. Stuttgart: Georg Thieme 1956. — Persönliche Mitteilung. — MICHEL, P. J.: Bull. Soc. franç. Derm. **60**, 101 (1953). — MICHELSON: Zit. nach JÜRGENS. — MIESCHER, G.: Die Behandlung des Lupus vulgaris mit Vitamin D_2 (Calciferol). Schweiz. med. Wschr. **1949**, 1119. — MILKORAT, A. T., and W. E. BARTELS: The defect in utilization of tocopherol in progressive muscular dystrophy. Science **101**, 93 (1945). — MILLS, C. A.: Thiamine overdosage and toxicity. J. Amer. med. Ass. **116**, 2101 (1941). — MINOT, G. R., and W. P. MURPHY: Treatment of pernicious anemia by a special diet. J. Amer. med. Ass. **87**, 470 (1926). — MITCHEL, SNELL u. PETERSEN: Zit. nach VOGEL u. KNOBLOCH. — MÖLLER, J.: Zit. nach VOGEL u. KNOBLOCH. — MOLITOR, H.: Fed. Proc. **1**, 309 (1942). Zit. nach ZELLWEGER u. ADOLPH. — MOLITOR, H., and H. J. ROBINSON: Oral and parenteral toxicity of vitamin K_1, phthiocol and 2-methyl-1,4-naphthoquinone. Proc. Soc. exp. Biol. (N.Y.) **43**, 125 (1940). — MOLNAR u. FRIDRICH: Zit. nach STEPP, KÜHNAU u. SCHRÖDER. — MONCORPS, C.: Münch. med. Wschr. **1942**, 744. Zit. nach LEIPOLD. — MOORE, T.: The vitamin A reserve of the adult human being in health and disease. Biochem. J. **31**, 155 (1937). — MOORE, T., and I. M. SHARMAN: Vitamin A levels in health and disease. Brit. J. Nutr. **5**, 119 (1951). — MORAUX, J.: Observations sur le mécanisme d'action de quelques antivitamines K (dicumarol, phenylindanedione, diphthiocol). C.R. Acad. Sci. (Paris) **233**, 711 (1951). — MORAWITZ: Zit. nach HAMMER. — MOSHER: Zit. nach STEPP, KÜHNAU u. SCHRÖDER. — MOULT, F. A.: Arch. Derm. Syph. (Chicago) **47**, 768 (1943). Zit. nach JÜRGENS. — MOURIQUAND, G.: In E. ABDERHALDEN u. G. MOURIQUAND, Vitamine und Vitamintherapie. Bern: Huber 1948. — MÜLLER: Zit. nach STEPP, KÜHNAU u.

SCHRÖDER. — MURALT, A. v.: Thiamine and peripheral neurophysiology. Vitam. and Horm. 5, 93 (1947). — MUSHETT, KELLEY, BOXER and RICHARDS: Proc. Soc. exp. Biol. (N.Y.) 81, 324 (1952). Zit. nach STEPP, KÜHNAU u. SCHRÖDER.

NAJJAR, V. A., and R. BARRETT: Synthesis of B-vitamins by intestinal bacteria. Vitam. and Horm. 3, 23 (1945). — NAJJAR, V. A., and C. C. DEAL: The antipellagra action of N'-Methylnicotinamide. Bull. Johns Hopk. Hosp. 80, 160 (947). — NAJJAR, V. A., and L. E. HOLT: A riboflavin excretion test as a measure of riboflavin deficiency in man. Bull. Johns Hopk. Hosp. 69, 476 (1941). — Excretion of specific fluorescent substances in urine in pellagra. Science 93, 20 (1941). — The biosynthesis of thiamine in man. J. Amer. med. Ass. 123, 683 (1943). — NAJJAR, V. A., L. E. HOLT, G. A. JOHNS, G. O. MEDIARY and G. FLEISCHMANN: Biosynthesis of nicotinamide in man. Proc. Soc. exp. Biol. (N.Y.) 61, 371 (1946). — NAJJAR, V. A., G. A. JOHNS, G. O. MEDIARY, G. FLEISCHMANN and L. E. HOLT: Biosynthesis of riboflavin in man. J. Amer. med. Ass. 126, 357 (1944). — NAUCK, E. G.: Beitrag zur Pathologie und Epidemiologie der Pellagra. Beih. Arch. Schiffs- u. Tropenhyg. 37, Nr 2. — NEKAM, L.: Über die bakteriostatische Wirkung des Vitamin K. Orv. Hetil. 1951, 603. — NEKAM, L., et P. POLGAR: L'action des vitamines et des hormones (particulierement de la vitamine K) sur la croissance des bacteries et des champignons pathogéniques. Acta derm.-venereol. (Stockh.) 30, 200 (1950). — NEKAM, L., et P. POLGAR: L'emploie de la vitamine K dans le traitement des dermatomycoses profundes. Acta derm.-venereol. (Stockh.) 31, 344 (1951). — NEUWEILER: Zit. nach GEIMER. — NEWMAN, B. A.: Arch. Derm. Syph. (Chicago) 45, 1214 (1942). — NICHOL, C. A., and A. D. WELCH: On the mechanism of action of aminopterin. Proc. Soc. exp. Biol. (N.Y.) 74, 403 (1950). — NICHOLLS, L.: Phrynoderma: A condition due to vitamin deficiency. Indian med. Gaz. 68, 681 (1933). — A study of vitamin A deficiency in Ceylon with special reference to the statistical incidence of phrynoderma and "sore mouth". Indian med. Gaz. 69, 241 (1934). — NIEMAND-ANDERSEN, I.: Derm. Wschr. 126, 838 (1952). — NIKOLOWSKI, W.: Über die Bedeutung des Vitamin E für die Behandlung der Induratio penis plastica. Therapiewoche 2, 372 (1952).

OLIVETTI, L., e E. RATTO: G. ital. Derm. Sif. 90, 187 (1949). Zit. nach PITSCHMANN. — OSBORNE u. MENDEL: Zit. nach STEPP, KÜHNAU u. SCHRÖDER.

PAPAYANOPULOS, S., u. H. SCHROEDER: Klin. Wschr. 1939, 428. — PARSONS: Zit. nach GEIMER. — PASCHER, SILVERBERG, MARKS u. MARKEL: Zit. nach LANGER u. NOBIS. — PASCHER, F.: Arch. Derm. Syph. (Chicago) 67, 909 (1950). Zit. nach PITSCHMANN. — PASTINSKY, ST., E. KOVACS, S. RACZ u. O. CEXTI: Zit. nach PITSCHMANN. — PAVIC, R.: Srpski Arhiv celok. Lek. 49, 829 (1951). [Serbisch.] Zit. nach PITSCHMANN. — PECK, S. M., A. W. GLICK and L. CHARGIN: Vitamin A studies in cases of ichthyiosis. Arch. Derm. Syph. (Chicago) 48, 32 (1943). — PERAITA, M.: Das parästhetisch-kausalgische Syndrom, eine Pantothensäuremangelkrankheit. Internat. Z. Vitaminforsch. 24, 1 (1952). — PERAKIS u. BAKALOS: Dtsch. med. Wschr. 1943, 746. — Lancet 1945 II, 317. Zit. nach STEPP, KÜHNAU u. SCHRÖDER. — PERLZWEIG, W. A., F. ROSEN and P. B. PEARSON: Comparative studies in niacin metabolism. J. Nutr. 40, 453 (1950). — PERROY, A., u. DE LA TOUR: Experimentelle Untersuchungen über einige desensibilisierende Stoffe an der röntgenbestrahlten Haut. Presse méd. 61, 269 (1953). Zit. nach PITSCHMANN. — PERUTZ, A.: In JADASSOHNs Handbuch der Haut- und Geschlechtskrankheiten, Bd. V, Kapitel 1: Die Pharmakologie der Haut, S. 43. Berlin: Springer 1930. — PETERING, H. G.: Folic acid antagonists. Physiol. Rev. 32, 197 (1952). — PETERSON: Zit. nach GEIMER. — PEZOLD, K.: Nikotinsäureamid und Laktoflavin in der Behandlung des Lupus erythematodes. Münch. med. Wschr. 1941, 1374. — PILLAT, A.: Z. Augenheilk. 79, 200 (1932). Zit. nach JÜRGENS. — PIPER, H. G.: Derm. Wschr. 116, 305 (1943). — Die Behandlung des Lupus vulgaris mit Grenzstrahlen. Med. Welt 1943, 789. — PITSCHMANN, J.: Literarische Studien über die Vitamine C, P, D, E, F, K und T in der Dermatologie und Untersuchungen über excessiv ausgeprägte Avitaminosen im dermatologischen Bereich. Inaug.-Diss. Hamburg 1957. — PLOOG, D.: Med. Klin. 1946, Nr 10. Zit. nach LEIPOLD. — POLEMANN, G.: Über einen mit Vitamin E (α-Tokopherol) behandelten Fall von Fox-Fordycescher Erkrankung. Z. Haut- u. Geschl.-Kr. 7, 408 (1949). — POPPER, H., and F. STEIGMAN: The clinical significance of the plasma vitamin A level. J. Amer. med. Ass. 123, 1108 (1943). — POPPER, H., F. STEIGMAN, A. DUBIN, H. A. DYNIEWICZ and F. P. HESSER: Significance of vitamin A alcohol and ester partitienoning under normal and pathologic circumstanes. Proc. Soc. exp. Biol. (N.Y.) 68, 676 (1948). — PORTELLA, A.: Der Einfluß des Phthiocols auf die in vitro mit Naphthochinonderivaten hervorgerufenen Veränderungen des Bacillus Koch. Boll. Soc. ital. Biol. sper. 29, 1911 (1953). — PORTER, A. D.: Vitamin A in some congenital anomalies of the skin. Brit. J. Derm. 63, 123 (1951). — PORTER, A. D., and S. R. BRUNAUER: Liver function in DARIER's disease and pityriasis rubra pilaris. Brit. J. Derm. 61, 277 (1949). — PORTER, A. D., E. W. GODDING and S. R. BRUNAUER: Vitamin A in DARIER's disease. Arch. Derm. Syph. (Chicago) 56, 306 (1947). — PORTER, A. D., and H. HABER: Vitamin A in a case of aquired localized Keratosis palmaris et plantaris and one of aquired pachonychia. Brit. J. Derm. 62, 355

(1950). — PREISSMANN, M.: Dermatologica (Basel) **91**, 28 (1945). — PRIBILLA, W.: Ärztl. Wschr. **1951**, 1044. Zit. nach PITSCHMANN. — PROSSER, M., u. H. VOSICKY: Hautarzt **3**, 1216 (1950). — PULAY: Zit. nach STEPP, KÜHNAU und SCHRÖDER. — PUTSCHAR: Über Vigantolschäden der Niere beim Menschen. Klin. Wschr. **1929**, 858. Zit. nach ZELLWEGER u. ADOLPH.

QUAIFE, M. L., and M. Y. DJU: The tocopherol content of some normal human tissues. J. biol. Chem. **180**, 263 (1949).

RACZYNSKI, J.: C. R. Ass. int. pediat. **1913**, 308. Zit. nach VOGEL u. KNOBLOCH. — RAIJKA, E., A. KOROSSY u. M. GOZONY: Über die Pathogenese des urticariell-entzündlichen Juckens. Dermatologica (Basel) **107**, 38 (1953). — RAPAPORT, H. S., H. HERMAN and E. LEHMANN: The treatment of ichthyosis with vitamin A. J. Pediat. **21**, 733 (1942). — Zit. nach GAHLEN. — REICHSTEIN, T., A. GRUSSNER u. R. OPPENAUER: Synthese der d- und l-Ascorbinsäure. Helv. chim. Acta **16**, 1019 (1933). — REINGOLD, J. M., and F. R. WEBB: Sudden death following intravenous injection of thiamine hydrochloride. J. Ann. Med. Ass. **130**, 491 (1946). — REISS, F.: Psoriasis vulgaris and vitamin C-deficiency. Indian J. vener. Dis. Inform. **3**, 240 (1937). Zit. nach GANS. — RICHARDS, H. J.: Behandlung der Dupuytrenschen Kontraktur mit Vitamin E. Brit. med. J. **1952 I**, 1328. — RICHARDS, M. B.: Imbalance of vitamin B-factors. Brit. med. **1945 I**, 433. Zit. nach STEPP, KÜHNAU u. SCHRÖDER. — RICKES, E. L., N. G. BRINK, F. R. KONIUSZY, T. R. WOOD and K. FOLKERS: Crystalline vitamin B_{12}. Science **107**, 396 (1948). — RIEHL, G.: Die Vitamin D_2-Behandlung der Hauttuberkulose. Wien. klin. Wschr. **1948**, 525. — Dermat. Wschr. **1949**, 11. Zit. nach LEIPOLD. — RIES, J., u. A. P. BLASIN: Vitamin A-Therapie des Karzinoms. Münch. med. Wschr. **20**, 33 (1952). — RIETTI, F.: Su alcuni aspetti negativi dell iperdosaggio e della somministrazione endovenose di vitamina B_1. Boll. Soc. ital. Biol. spez. **27**, 134 (1951). Zit. nach ZELLWEGER und ADOLPH. — RILLE, J. H.: Goethe entdeckt in Tirol eine neue Krankheit. Arch. Derm. Syph. (Berl.) **191**, 393 (1950). — RIMINGTON, C., and S. A. LEITNER: Urinary excretion of coproporphyrin in non alcoholic pellagra. Lancet **1945 II**, 494. — RINEHART, J. F.: Studies relating vitamin C deficiency to rheumatic fever and rheumatic arthrits. Ann. intern. Med. **9**, 671 (1935). Zit. nach ZELLWEGER u. ADOLPH. — RITTER, H.: Zit. nach PEZOLD. Derm. Wschr. **112**, 305 (1941). — ROCH u. SCICLOUNOFF: Zit. nach STEPP, KÜHNAU u. SCHRÖDER. — RODAHL, K.: Nature (Lond.) **164**, 530 (1949). Zit. nach JÜRGENS. — RODAHL, K., and T. MOORE: Biochem. J. **37**, 166 (1943). Zit. nach JÜRGENS. — RODRIGUEZ-ARIAS, A., A. S. PALAZZI y F. VIDAL-BARRAQUER: Angiología **2**, 1 (1950). — ROHRBACH: Zit. nach GEIMER. — ROMINGER, E.: Die Avitaminosen und Hypovitaminosen im Kindesalter. In: Lehrbuch der Kinderheilkunde, 4./5. Aufl. Berlin: Springer 1950. — ROMINGER, E., H. MEYER u. C. BOMSKOW: Über die Entstehung der Tetanie im Kindesalter. Klin. Wschr. **1931**, 1342. — RONCHESE: Zit. nach JÜRGENS. — ROSEN, F., J. W. HUFF and W. A. PERLZWEIG: The effect of tryptophan on the synthesis of nicotinic acid in the rat. J. biol. Chem. **163**, 343 (1946). — ROSENBERG, H. P.: Chemistry and physiology of the vitamins. New York: Interscience Publishers 1952. — ROTHEMANN, K.: Biologische Wirkstoffe in Hautpflegemitteln. J. med. Kosmet. Sexol. **1952**, 101. — ROTHMAN, P. E., and E. E. LEON: Hypervitaminosis A. Radiology **51**, 368 (1948). — ROTHMAN, S.: Physiology and biochemistry of the skin. Chicago 1954. — RUBBO-GELLESPIE: Zit. nach STEPP, KÜHNAU u. SCHRÖDER. — RUBNER, M. v.: Zit. nach STEPP, KÜHNAU u. SCHRÖDER. — RUST, S.: Hypervitaminosen. Z. Haut- u. Geschl.-Kr. **16**, 350 (1954). — Über allergische Reaktionen bei Vitamintherapie. Z. Haut- u. Geschl.-Kr. **17**, 317 (1954).

SAPOSNIKOV, O. K.: Vestn. Vener. Derm. **1954**, H. 5, 18. Zit. nach PITSCHMANN. — SARETT, H. P., and G. A. GOLDSMITH: J. biol. Chem. **182**, 679 (1950). — SATTAR u. AALAM: Diss. Nr 1723, Genf 1939, Ref. Nr 186, Wissensch. Abt. Hoffmann-La Roche. — SAUBERLICH, H. E., and C. A. BAUMANN: A factor required for the growth of leuconostoc citrovorum. J. biol. Chem. **176**, 165 (1948). — SCHADE, W.: Zur Therapie der Psoriasis vulgaris. Hautarzt **3**, 373 (1952). — SCHAUMANN: Zit. nach STEPP, KÜHNAU u. SCHRÖDER. — SCHENK, F.: Über das kristallisierte Vitamin D_3. Naturwissenschaften **25**, 159 (1937). — SCHERBER: Zit. nach JÜRGENS. — SCHERER: Zit. nach STEPP, KÜHNAU u. SCHRÖDER. — SCHEUNERT, A.: Der Tagesbedarf des Erwachsenen an Vitamin C. Int. Z. Vitaminforsch. **20**, 374 (1949). — SCHMIDT, W.: Literarische Studien über die Vitamin A- und B-Komplexe (B_1, B_2, Nicotinsäureamid, Folsäure, p-Aminobenzoesäure, Pantothensäure, Biotin, B_6, B_{12}) in der Dermatologie und Untersuchungen über excessiv ausgeprägte Avitaminosen im dermatologischen Bereich. Diss. Hamburg 1957. — SCHNEIDER, E., u. M. WIDDER: Das Verhalten des Vitamin A und des Carotinspiegels im menschlichen Blutserum bei verschiedenen Hautkrankheiten. Arch. Derm. Syph. (Berl.) **178**, 158 (1938). — SCHOEN, u. TISCHENDORF: Zit. nach LEIPOLD. — SCHÖNFELD, W.: Abhandlung Haut- und Geschlechtskrankheiten. Stuttgart: Georg Thieme 1961. — Derm. Wschr. **133**, 42 (1956). — SCHOENHEYDER: Zit. nach ZELLWEGER u. ADOLPH. — SCHÖPF: Zit. nach VOGEL u. KNOBLOCH. — SCHOLTZ, W.: Über ekzematöse Erkrankungen und ihre Behandlung. Med. Klin. **1946**, 552. Zit. nach LEIPOLD. — SCHOOR, v.: Zit. nach VOGEL u. KNOBLOCH. — SCHREINER, H.: Lymphatische Leukämie mit

Hauttumoren. Derm. Wschr. **128**, 1232 (1953). — SCHREMMLER: Zit. nach JÜRGENS. — SCHREUS, H. TH., u. W. GAHLEN: Derm. Wschr. **132**, 961 (1955). — SCHRÖDER, H.: Kritische Bewertung der Vitamintherapie. Dtsch. med. Wschr. **68**, 833 (1942). — Vitamin C-Mangel durch Stress bzw. nach ACTH- und Cortisondarreichung. Münch. med. Wschr. **1952**, 339. Zit. nach STEPP, KÜHNAU u. SCHRÖDER. — Vitamine und Krebs. Endokrinologie **29**, 311 (1952). Zit. nach GEIMER. — SCHÜLER, K.: Ärztl. Wschr. **1948**, 180. Zit. nach LEIPOLD. — SCHULZE, W.: Die Bedeutung der Vitamine in der Dermatologie. Münch. med. Wschr. **1957**, 1248—1255. — SCHUPPLI, R.: Vitamine und Hautkrankheiten. Praxis **37**, 297 (1948). — Studien zur Pigmentgenese. Dermatologica (Basel) **100**, 242 (1950). — SCHUSTER, H., u. G. HOPF: Zit. nach LEIPOLD. — SCHWEIGERT, PEARSON u. WILKENING: Zit. nach STEPP, KÜHNAU u. SCHRÖDER. — SCRIBA, K., u. H. LUCKNER: Das Beriberiherz im Tierexperiment. Dtsch. Arch. klin. Med. 196 (193) (1949). — SEBRELL, W. H., and R. E. BUTLER: Riboflavin deficiency in man. Publ. Hlth Rep. (Wash.) **53**, 222 (1938). — SEUSING, J.: Allergisches Verhalten gegen Vitamin B_1. Klin. Wschr. **1951**, 394. — Zit. nach SCHMIDT. — SEROW, C.: Über Behandlungsversuche beim Erythematodes chronicus discoides mit Rutin. Derm. Wschr. **127**, 590 (1953). — SEVIN u. MAYER: Zit. nach JORDAN. — SEYFRIED, H.: Eine typische Weinbauervergiftung. Wien. med. Wschr. **1940II**, 513. — SHAPIRO, S., M. H. REDISH and H. A. CAMPBELL: The prothrombopenic effect of salicylate in man. Proc. Soc. exp. Biol. (N.Y.) **53**, 251 (1943). — SHIPLEY, P. G., E. A. PARK, G. F. POWERS, E. V. MCCOLLUM and N. SIMMONDS: The prevention of the development of rickets in rats by sunlight. Proc. Soc. exp. Biol. (N.Y.) **19**, 43 (1921). — SHORB: Zit. nach VOGEL u. KNOBLOCH. — SHUTE, E. V., and VOGELSANG: Amer. J. med. Ass. **139**, 901 (1948). — SIEDENTOPF u. KRÜGER: Zit. nach JORDAN. — SIELER, H.: Die Brauchbarkeit des Rutins in der Dermatologie insbesondere als Lichtschutzmittel. Dtsch. Gesundh.-Wes. **1952**, 469. — SIMON, M.: Rachitis-Prophylaxe durch Zusatzvitaminierung der gesamten Trinkmilch einer Stadt. Mschr. Kinderheilk. **100**, 196 (1952). — SIMON, M., u. HELMECZI: Katamnestikus adatok nagyadagù D_2 vitaminnal, kezelt tuberculodermas betegeken. Börgyögy. vener. Szle, 4,1 (1952). — SIMONNET, H.: Bacteriostatic action of the K-Vitamins. Amer. J. med. Sci. **227**, 700 (1954). — SINCLAIR: Zit. nach STEPP, KÜHNAU u. SCHRÖDER. — SMITH, A. G.: The value of vitamins in the treatment of skin diseases. Med. Press **1951**, 401. Zit. nach PITSCHMANN. — SMITH, D. A., and W. A. WOODRUFF: Deficiency diseases in japanese prison camps. Spec. Rep. Ser. med. Res. Coun. (Lond.) **1951**, 274. Zit. nach ZELLWEGER u. ADOLPH. — SOBEL, E., u. WERBIN: Schweiz. med. Wschr. **82**, 692 (1952). Zit. nach BISAZ. — SONNE: Zit. nach LANGER u. NOBIS. — SPIER, H. W.: Hautarzt **1**, 205 (1950). — SPIES, T. D., and R. E. STONE: Some recent experience with vitamins and vitamin deficiencies. Sth. med. J. (Bgham, Ala.) **40**, 46 (1947). — STAHEL, W.: Das Sjögrensche Syndrom, eine A-Hypovitaminose. Klin. Wschr. **1938**, 1692. — STAMP: Zit. nach STEPP, KÜHNAU u. SCHRÖDER. — STANNUS, H. S.: Vitamin A and the skin. Proc. roy. Soc. Med. **38**, 337 (1945). — STEENBOCK, H., and A. BLACK: J. biol. Chem. **61**, 405 (1925). Zit. nach VOGEL u. KNOBLOCH. — STEPP, W.: In STEPP, KÜHNAU u. SCHRÖDER, Ernährung 1, 1. 1936. Zit. nach VOGEL u. KNOBLOCH. — Vitamine in der Behandlung innerer Krankheiten. Dtsch. med. Wschr. **68**, 835 (1942). Zit. nach GEIMER. — STEPP, W., J. KÜHNAU u. H. SCHRÖDER: Die Vitamine. Stuttgart: Ferdinand Enke 1952. — Die Vitamine und ihre klinische Anwendung, Bd. I. Stuttgart: Ferdinand Enke 1959. — STERN, M. H., C. D. ROBESON, L. WEISLER and J. G. BAXTER: d-Tokopherol. I. Isolation from soybean oil and properties. J. Amer. chem. Soc. **69**, 869 (1947). — STICH, W.: Die Bedeutung der B_2-Vitamine für den Dualismus der Porphyrine und den Aufbau von Häminproteiden. Dtsch. med. Wschr. **1950**, 1217. — STILLER: Zit. nach VOGEL u. KNOBLOCH. — STRAUMFJORD, J. V., and M. L. QUAIFE: Vitamin E levels in maternal and fetal blood plasma. Proc. Soc. exp. Biol. (N.Y.) **61**, 369 (1946). — STUDER, A.: Zit. nach GEIMER. — STUDER, A., u. J. R. FREY: Schweiz. med. Wschr. **17**, 382 (1949). Zit. nach JÜRGENS. — STÜTTGEN, G.: Zur Frühbehandlung von ausgedehnten Verbrennungen. Z. Haut- u. Geschl.-Kr. **14**, 288 (1953). — SULZBERGER, M. B., u. R. BAER: Zit. nach STEPP, KÜHNAU u. SCHRÖDER. — SULZBERGER, M. B., and M. P. LAZAR: Hypervitaminosis A. Report of a case in an adult. J. Amer. med. Ass. **146**, 788 (1951). — SURE u. SMITH: Zit. nach STEPP, KÜHNAU u. SCHRÖDER. — SUTTON, R. L.: Diseases of the skin. St. LOUIS: C. V. Mosby Comp. 1956. — SVEJCAR: Zit. nach GEIMER. — SVIRBELY: Zit. nach VOGEL u. KNOBLOCH. — SWEET, L. K., and H. J. K'ANG: Clinical and anatomical study of avitaminosis A among the chineses. Amer. J. Dis. Child. **50**, 599 (1935). — SWEITZER: Zit. nach JÜRGENS. — SYDENSTRICKER, V. P., S. A. SINGAL, A. P. BRIGGS, N. E. DE VAUGHAN and J. HARRIS: J. Amer. med. Ass. **118**, 1199 (1942). Zit. nach GEIMER. — SYDENSTRICKER, V. P.: Science **95**, 176 (1942). Zit. nach Geigy-Tabellen. — SYDENSTRICKER, V. P., H. L. SCHMIDT and W. K. HALL: The cornal and lenticular changes resulting from amino acid deficiencies in the rat. Proc. Soc. exp. Biol. (N.Y.) **64**, 59 (1947). — SYDERMAN, E., R. CARRETERO u. L. E. HOLT: Zit. nach ZELLWEGER. — SZENT-GYÖRGYI, P. v.: Vitamin-methods. New York: Academic Press 1950/51. — Ann. N.Y. Acad. Sci. **61**, 732 (1955). Zit. nach STEPP, KÜHNAU u. SCHRÖDER.

Tage-Hansen: Zit. nach Langer u. Nobis. — Takaki: Zit. nach Stepp, Kühnau u. Schröder. — Taylor, F. S.: Nature (Lond.) **154**, 802 (1944). — Thaler: Zit. nach Langer u. Nobis. — Thatcher, H. S., and B. Sure: Avitaminosis III. Pathological changes in tissues of the albino rat during early stages of vitamin A deficiency. Arch. Path. (Chicago) **13**, 756 (1932). — Thatcher, L.: Hypervitaminosis D. Lancet **1936 I**, 20. Zit. nach Zellweger u. Adolph. — Thedering, F.: Vitamin B_6-Mangel, klinisches Bild und Behandlung. Medizinische **1955**, 1763. — Thelin, H.: Zit. nach Geimer. — Theorell, H.: Reindarstellung des gelben Atmungsfermentes und die reversible Spaltung desselben. Biochem. Z. **272**, 155 (1935). — Thiers, H.: Syndrome de siccité des muqueuses de Gougerot-Sjögren et son traitement vitaminique. Bull. Soc. franç. Derm. Syph. **56**, 55 (1949). — Thomas: Zit. nach Langer u. Nobis. — Thomeschek: Zit. nach Prosser u. Vosicky. — Thompson, W. S.: Prolonged vasoconstriction due to ergotamine tartrate. Arch. intern. Med. **85**, 691 (1950). — Thomson, G., and B. Russel: Treatment of Dupuytrens contracture with vitamin E. Brit. med. J. **1949**, No. 4641, 1382. — Tinnozzi: Zit. nach Stepp, Kühnau u. Schröder. — Toomey, J. A., and R. A. Morisette: Hypervitaminoses A. Amer. J. Dis. Child. **73**, 473 (1947). — Touraine: Zit. nach Zellweger u. Adolph. — Tswett, M.: Ber. dtsch. bot. Ges. **29**, 630 (1911). Zit. nach Stepp, Kühnau u. Schröder. — Tulipan: Zit. nach Schulze.

Unger, P. N., and S. Shapiro: Hyperthrombinemia induced by vitamin K in human subjects with normal liver function. Blood **3**, 137 (1948).

Valeri, C. M., G. Conese e D. Angarono: Sull'azione della niacina sul metabolismo basale. Int. Z. Vitaminforsch. **22**, 174 (1951). — Vannotti: Zit. nach Stepp, Kühnau u. Schröder. — Veltmann, G.: Zur Behandlung von Keratosen mit hohen Dosen Vitamin A. Hautarzt **1**, 495 (1950). — Du Vigneaud: Zit. nach Stepp, Kühnau u. Schröder. — Vignon, L.: La vitamine K dans le traitement de l'urticaire. Bull. Soc. franç. Derm. Syph. **56**, 412 (1949). — Vincze: Zit. nach Rajka. — Vissiau, L.: Traitement du prurigo strophulus de l'enfant. Presse méd. **1954**, 1115. — Voelkel, A.: Ärztl. Forsch. **7**, (I), 288 (1953). Zit. nach Pitschmann. — Vogel, H.: Chemie und Technik der Vitamine. Bearbeitet von H. Knobloch. 3. Aufl. Stuttgart: Ferdinand Enke 1950. Bd. I: Die fettlöslichen Vitamine; Bd. II, Teil 1: Die wasserlöslichen Vitamine. Stuttgart: Ferdinand Enke 1955. — Voglino, A.: Der Symptomenkomplex von Hulushi-Behçet. Minerva derm. (Torino) **27**, 138 (1952). — Voit, C. v.: Zit. nach Stepp, Kühnau u. Schröder. — Volta, W.: Die antimykotische Wirkung des Vitamin K_5 in vitro. Z. Haut- u. Geschl.-Kr. **14**, 137 (1953). — Vorhans, Gompertz and Feder: Amer. J. dig. Dis. **10**, 45 (1943). Zit. nach Stepp, Kühnau u. Schröder.

Wacholder, K., A. Holz u. H. J. Briem: Paradentose und Vitamin C. Dtsch. zahnärztl. Wschr. **1938**, 625. — Wachstein: Zit. nach Vogel u. Knobloch. — Wagner, G.: Vigantolvergiftungen bei Erwachsenen. Virchows Arch. path. Anat. **316**, 366 (1949). — Wagner, K. L.: Die experimentelle Avitaminose A beim Menschen. Hoppe-Seylers Z. physiol. Chem. **264**, 153 (1940). — Waldman, J., and G. Palmer: J. Amer. med. Ass. **135**, 873 (1947). Zit. nach Stepp, Kühnau u. Schröder. — Warburg, O., u. W. Christian: Co-Fermentproblem. Biochem. Z. **275**, 464 (1935). — Warkany, J.: Estimation of vitamin D in blood serum. Amer. J. Dis. Child. **52**, 831 (1936). Zit. nach Zellweger u. Adolph. — Effect of maternal rachitogenic diet on skeletal development of young rat. Amer. J. Dis. Child. **66**, 511 (1943). Zit. nach Zellweger u. Adolph. — In textbook of pediatrics, S. 431. Mitchel-Nelson 1951. Zit. nach Zellweger u. Adolph. — Warkany, J., and H. E. Mabon: Estimation of vitamin D in blood serum. Amer. J. Dis. Child. **60**, 606 (1940). — Warkany, J., and Scharffenberger: Congenital malformations induced in rats by maternal vitamin A deficiency. Arch. Ophthal. (Chicago) **35**, 150 (1946). — Weinstock: Zit. nach Vogel u. Knobloch. — Weiss: Zit. nach Stepp, Kühnau u. Schröder. — Weissberger, L. H., and B. H. Harris: Effect of tocopherols on phosphorus metabolism. J. biol. Chem. **151**, 543 (1943). — Weitzel, G., u. O. Nast: Lokale Anwendung mittlerer Fettsäuren zusammen mit Vitamin A. Derm. Wschr. **124**, 1024 (1951). — Welton: Zit. nach Jürgens. — Wheatley, D.: Vitamin K bei allergischer Purpura. Lancet **1950**, 823. Zit. nach Leipold. — White, C.: Onychia due to chronic hypovitaminosis. J. Amer. med. Ass. **102**, 2178 (1934). — Wiederbauer: Zit. nach Rust. — Wiedmann: Zit. nach Jürgens. — Williams, R. D., H. L. Mason, M. H. Power and R. M. Wilder: Induced thiamin deficiency in man. Arch. intern. Med. **71**, 38 (1943). — Williams, R. R.: Structure of vitamin B_1. J. Amer. chem. Soc. **58**, 1063 (1936). — Windaus, A., u. F. Bock: Über das Provitamin aus dem Sterin der Schweineschwarte. Hoppe-Seylers Z. physiol. Chem. **245**, 168 (1937). — Windaus, A., H. Lettre u. F. Schenk: Über das 7-Dehydrocholesterin. Justus Liebigs Ann. Chem. **520**, 98 (1935). — Windaus, A., O. Linsert, A. Lüttringhaus u. G. Weidlich: Justus Liebigs Ann. Chem. **492**, 226 (1932). Zit. nach Vogel u. Knobloch. — Windorfer, A.: Über die Vitamin D-Resorption bei Verabreichung hoher Dosen (Vitamin D-Stoß). Klin. Wschr. **1938**, 228. — Winkelmann, W. F.: Die Vitamine. Basel: Apollonia Verlag 1951. — Winkler, H.: Zbl. Gynäk. **67**, 32 (1943). Zit. nach Rust. — Winternitz, R.: In Jadassohns Handbuch der Haut- und Geschlechtskrankheiten, Bd. V,

Kap. 1: Die allgemeine Therapie der Haut, S. 598. Berlin: Springer 1930. — WOLFER: Zit. nach STEPP, KÜHNAU u. SCHRÖDER. — WOLFRAM, ST.: Über die Behandlung von Hautkrankheiten mit Vitamin D_2. Hautarzt **5**, 319 (1954). — WOODRUFF, C. W.: Tyrosine metabolism in infantile scurvy. J. Lab. clin. Med. **36**, 640 (1950). — WOODRUFF, C. W., and J. C. PETERSON: The treatment of megaloblastic anemia in infancy. Postgrad. med. J. **10**, 189 (1951). — WOODS, D. D.: Brit. J. exp. Path. **21**, 74 (1940). Zit. nach STEPP, KÜHNAU u. SCHRÖDER. — WOODS-FILDES: Zit. nach STEPP, KÜHNAU u. SCHRÖDER. — WRIGHT: Zit. nach JÜRGENS. — WULF, K.: Vitaminbehandlung in der Dermatologie. Dtsch. med. Wschr. **79**, 1604 (1954). — WULF, K., and G. H. NIBBE: Zur Frage der optimalen Vitamin A-Applikation speziell in der Dermatologie. Arzneimittel-Forsch. **5**, 120 (1955). — WYATT, T. C., C. A. CARABELLO and M. E. FLETSCHER: J. Amer. med. Ass. **144**, 304 (1950). Zit. nach JÜRGENS. — WYSS-CHODAT: Zit. nach JÜRGENS.

YOUMANS, J. B., and E. W. PATTON: The laboratory diagnosis of nutritional deficiencies. Clinics **1**, 303 (1942). — YPSILANTI, H.: Klin. Wschr. **1935**, 90. Zit. nach JÜRGENS.

ZECHMEISTER, L.: Carotinoide. Berlin: Springer 1934. — Chem. Eng. News **25**, 463 (1947). — Bull. Soc. Chim. biol. (Paris) **31**, 956 (1949). — Zit. nach VOGEL u. KNOBLOCH. — ZEDERBAUER, G.: Die Anwendung der Vitamine in der Kinderheilkunde. Wien. klin. Wschr. **1952**, 54. — ZELLER, FR.: Die Behandlung der Hauttuberkulose mit hohen Dosen Vitamin D_2. Dtsch. med. Wschr. **1948**, 133. — Über die Verträglichkeit und die Gefahren der Behandlung der Hauttuberkulose mit hohen Dosen Vitamin D_2. Dtsch. med. Wschr. **1950**, 237. — ZELLWEGER, H., u. G. ADOLPH: Die Vitamine. In Handbuch der inneren Medizin. Berlin Springer 1954. — ZELLWEGER, H., et P. GIRARDET: Les etalts spasmophiles de l'enfance. Med. franç. **11**, 111 (1951). — ZIERZ, P.: Persönliche Mitteilung. — ZUBIRI, A.: Estudio espectroscopico de las sustancias fotoprotectoras. Act. dermo-sifiliogr. (Madr.) **45**, 324 (1954). — ZUBIRI, A., y A. VIDAL: Act. dermo-silifiogr. (Madr.) **42**, 421 (1951). Zit. nach PITSCHMANN.

Die Sexualhormone

Chemie, Physiologie, Pharmakologie und therapeutische Anwendung in der Dermatologie

Von

Carl Schirren-Hamburg

Mit 24 Abbildungen

Einleitung

Die Lehre von den Drüsen mit innerer Sekretion, sowie von den damit zusammenhängenden Krankheiten des Menschen gehen wohl auf die Arbeiten von Berthold (1849) zurück; Berthold führte an kastrierten Hähnen die Implantation von Hoden durch und stellte fest, „... daß der fragliche Consensus durch die Einwirkung der Hoden auf das Blut und dann durch entsprechende Einwirkung des Blutes auf den allgemeinen Organismus überhaupt ... bedingt wird". Damit erkannte Berthold klar die Wirkung eines von den Hoden gebildeten Hormons und man darf Berthold wohl mit Ferner als „Vater der Endokrinologie" bezeichnen. Die Begriffe „Sekretion" und „Exkretion" wurden von Johannes Müller geschaffen, der Begriff „Innere Sekretion" von Claude-Bernard geprägt. Aber erst sehr viel später nach dem ersten experimentellen Nachweis der endokrinen Aktivität eines Organs gelang die Isolierung des reinen Hormons. Nachstehende Tabelle gibt einen kleinen Einblick in die für Hoden und Ovarium zutreffenden Verhältnisse.

Tabelle 1. *Übersicht über den Zeitpunkt der Entdeckung der Hormonwirkung und der Hormonisolierung.* (Nach Pincus u. Thimann)

Endokrines Organ	Erster Nachweis der endokrinen Aktivität	Isolierung des reinen Hormons
Testis	Berthold (1849)	Laqueur (1935)
Ovar (Oestrogen) . .	Knauer (1898)	MacCorquodale, Thayer, Doisy (1935)
Ovar (Corpus luteum)	Ancel u. Bouin (1910)	Butenandt, Allen, Wintersteiner, Slotta, Ruschig, Fels, Hartman, Wettstein, Hisaw, Fevold (1934)

Hormone sind nach Jores Antriebsstoffe, die der chemischen Regulation dienen; sie wirken nicht als Nährsubstanz, sind in kleinsten Mengen wirksam, humoral übertragbar und nicht art- oder gattungseigen.

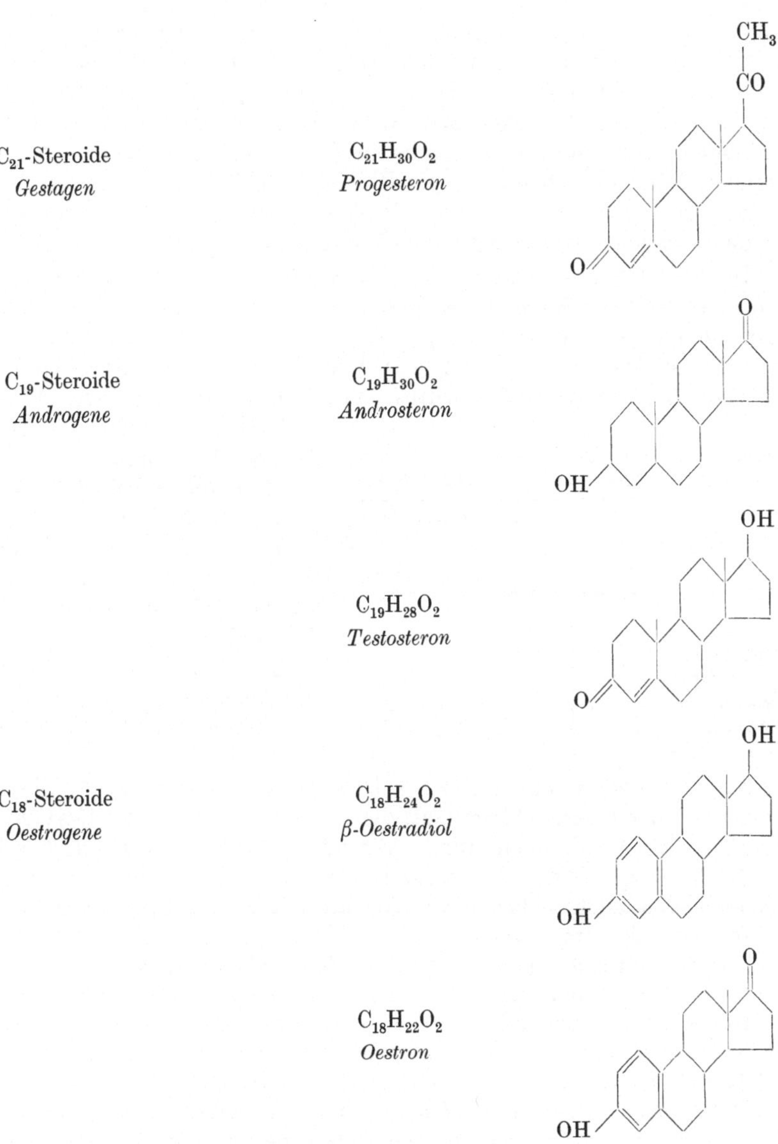

Abb. 1. Die biologisch aktivsten Geschlechts-Steroide

A. Chemie, Physiologie und Pharmakologie der Sexualhormone

I. Ursprung und Bedeutung der C_{21}-, C_{19}- und C_{18}-Steroide im Organismus

Die C_{21}-, C_{19}- und C_{18}-Steroide stehen in biogenetischer und funktioneller Hinsicht in enger Beziehung zueinander. Im Organismus können Steroide aus einfacheren Verbindungen — vor allem aus Essigsäure — aufgebaut werden. Offenbar entstehen aber nur einige wenige C_{21}-, C_{19}- und C_{18}-Steroide *primär* aus einfacheren Verbindungen oder aus Steroiden mit mehr als 21 C-Atomen. Die meisten der bis jetzt in ihrer Struktur bekannten C_{21}-, C_{19}- und C_{18}-Steroide sind

Metabolite, die teils unmittelbar, teils in mehrfachen Umwandlungen unter Mitwirkung von Fermentsystemen aus einigen Stamm- oder Schlüsselverbindungen hervorgehen (DORFMAN). Zu den C_{21}-, C_{19}- und C_{18}-Steroiden gehören Verbindungen von großer biologischer Bedeutung. Unter ihnen befinden sich Wirkstoffe, von deren Funktion im Organismus die *Fortpflanzung* des Lebens bei den Säugetieren und den Menschen abhängt: Die sog. *Geschlechtshormone.*

Für die Erhaltung des individuellen Lebens ist eine andere Gruppe von Steroidhormonen erforderlich: Die *Cortine* (C_{21}-Steroide).

Die Steroidhormone werden an 4 verschiedenen Stellen im menschlichen Organismus gebildet: Nebennierenrinde, Testis, Ovar, Placenta. Es ist noch nicht klar, ob die Steroidhormone an den genannten Bildungsstätten als Primärsteroide gebildet werden oder aus Vorstufensteroiden entstehen. Die nachstehende, bei REUBER und SCHMIDT-THOMÉ entnommene Tabelle (Tabelle 2) gibt Aufschluß über die Ursprungsstätten der Steroidhormone.

Tabelle 2. *Ursprungsstätten der Steroidhormone.* (Nach REUBER und SCHMIDT-THOMÉ)

Bildungsstätte	Geschlechtshormone		
	Andro-gene	Oestro-gene	Ge-stagen
Hoden	++	+	?
Ovar Follikel	—	++	+
Corpus luteum	—	—	++
Nebennierenrinde	+	+	+
Placenta	?	++	++

Man unterscheidet 3 Gruppen von Geschlechtshormonen:

1. Die *Androgene*; Wirkstoffe, die zur Ausbildung der Erscheinungsform des männlichen Geschlechts erforderlich sind.

2. Die *Oestrogene*; Wirkstoffe, die zur Ausbildung der Erscheinungsform des weiblichen Geschlechtes erforderlich sind.

3. Das *Gestagen*; ein weibliches Geschlechtshormon, das für die Einnistung des Eies in der Uterusschleimhaut, die Aufrechterhaltung der Gravidität und die Verhinderung der Follikelreifung während der Gravidität erforderlich ist.

Als Hauptquelle der *Androgene* ist die männliche Keimdrüse anzusehen. Es entstehen aber auch bei beiden Geschlechtern in der Nebennierenrinde Androgene; sie können daher im Harn beider Geschlechter nachgewiesen werden. Auch im Ovar sind Androgene nachgewiesen worden (vgl. JUNKMANN, STANGE).

Die *Oestrogene* finden sich ebenfalls im Harn beider Geschlechter. Das aktivste Oestrogen ist das Oestradiol; etwas schwächer wirksam ist das Oestron. Beide Stoffe werden sowohl in der weiblichen als auch in der männlichen Keimdrüse gebildet.

Das *Gestagen* wird beim *Menschen* nur im weiblichen Organismus gebildet. Seine Wirksamkeit ist mehr als die androgene und die oestrogene Aktivität an bestimmte strukturelle Besonderheiten des Steroidmoleküls gebunden. Es gibt außer dem *Progesteron* kein anderes natürliches Steroid mit nennenswerter gestagener Aktivität. ZANDER (1960) konnte zwei weitere natürliche Gestagene nachweisen; es handelt sich dabei um ein Isomerengemisch von Δ^4-3-Ketopregnen-20α-ol und Δ^4-3-Ketopregnen-20β-ol, die beide biologisch aktiv sind und aus Placenta, Corpus luteum und sprungreifen Graafschen Follikeln isoliert wurden.

Die Steroidhormone werden in Leber und Niere zum Teil in weniger aktive oder inaktive Metabolite umgewandelt, zum Teil werden sie unter Zerstörung des Steroidcharakters abgebaut. Einen großen Teil der Steroidhormonmetabolite kann man im Urin nachweisen. Die meisten Steroidhormonmetabolite sind allerdings nicht ohne weiteres harnfähig; bei Vorhandensein von Oxygruppen können sie durch Veresterung mit Schwefelsäure oder β-glykosidische Verknüpfung mit Glucuronsäure wasserlöslich gemacht werden. Fehlen dagegen die Oxy-

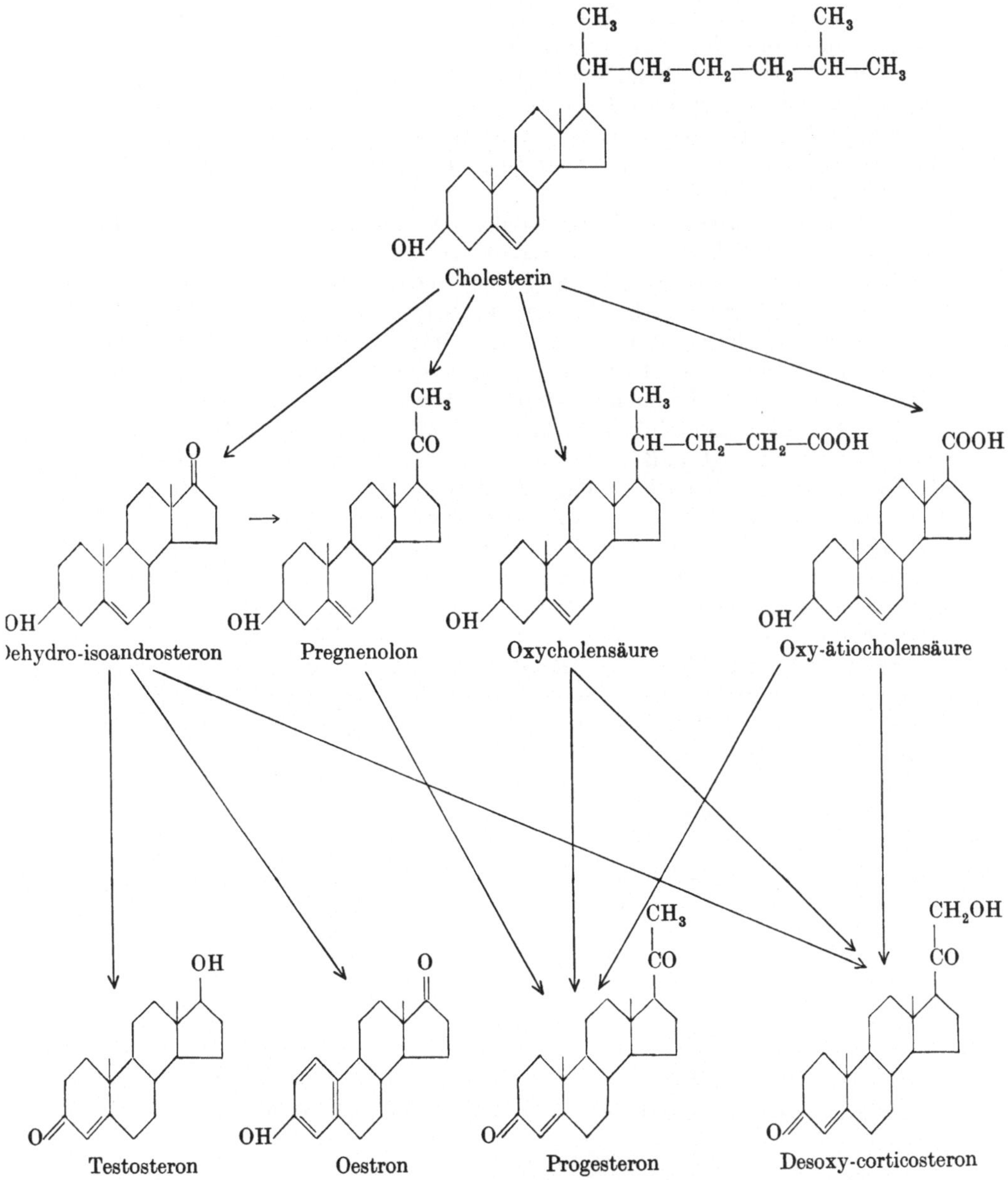

Cholesterin

Dehydro-isoandrosteron Pregnenolon Oxycholensäure Oxy-ätiocholensäure

Testosteron Oestron Progesteron Desoxy-corticosteron

Abb. 2. Die Beziehungen des Cholesterins zu den verschiedenen Steroidhormonen. (Nach ABDERHALDEN)

gruppen, so werden sie möglicherweise durch Kondensation mit Polypeptiden in wasserlösliche Konjugate übergeführt. Die Art der Konjugate ist bei vielen Harnsteroiden nicht bekannt. Bisher hat es den Anschein, als wenn sie vorwiegend in der Leber gebildet werden.

1. C_{21}-Steroide

a) Vorkommen

Das *Progesteron* ist chemisch ein 4-Pregnen-3,20-dion und hat die Summenformel $C_{21}H_{30}O_2$; es gehört zu den Gestagenen. Bildungsstätten für dieses Hormon sind beim Menschen der ausreifende Graafsche Follikel, das Corpus luteum, die

Placenta und in geringem Maße auch die Nebennierenrinde. Im Corpus luteum des Schweines und des Wales wurde außerdem allo-Pregnanol-(3β)-on und im Hoden des Ebers: allo-Pregnanol-(3α)-on-(20), allo-Pregnanol-(3β)-on-(20) und Pregnenolon-[Δ^5-Pregnenol-(3β)-on-(20)] gefunden. Da diese Hormone nur von bestimmten Organen produziert und sezerniert werden, können sie nur zeitweise im Organismus in Erscheinung treten, weil die genannten Organe nur zeitweise funktionstüchtig bzw. vorhanden (Placenta) sind.

Progesteron bewirkt die Umwandlung des Endometriums von der Proliferations- in die Sekretionsphase; damit wird eine sehr wesentliche Voraussetzung geschaffen für die Einnistung eines befruchteten Eies. Progesteron ist unentbehrlich für die Aufrechterhaltung der Schwangerschaft, so daß es auch als „Schwangerschaftshormon" bezeichnet wird. Die Ausbildung des Corpus luteum und die Regulation seiner Tätigkeit erfolgt durch das Luteinisierungs-Hormon, sowie das Prolactin des Hypophysenvorderlappens. Fehlt die Hypophyse, so kann sich kein Corpus luteum bilden, d.h. die Nidation muß ausbleiben. Damit ist aber keineswegs gesagt, daß die Wirkung des Progesterons an das Vorhandensein der Hypophyse gebunden ist. Man ist nämlich ohne weiteres in der Lage, bei hypophysenlosen Tieren durch Zufuhr von Progesteron die Uterusschleimhaut in das Sekretionsstadium zu führen und die Schwangerschaft hypophys- und ovarektomierter Tiere aufrechtzuerhalten (LYONS, ROWLANDS und MCPHAIL).

C_{21}-Steroide können bei Mensch und Säugetieren aus dem C_{27}-Steroid *Cholesterin* gebildet werden. Nach HECHTER und PINCUS soll das an der Verkürzung der Seitenkette des Cholesterin mitwirkende Enzym in der Mitochondrienfraktion von zentrifugiertem Nebennierenrinden-Homogenat zu finden sein. Cholesterin kommt unter anderem im Gehirn, Nervengewebe, Nebenniere, Muskulatur und in der Leber vor; alle steroidhormonbildenden Organe sind aber in der Lage, diese wichtige Substanz selbst zu bilden. Als kleinster Baustein kann dabei Essigsäure fungieren (Abb. 3).

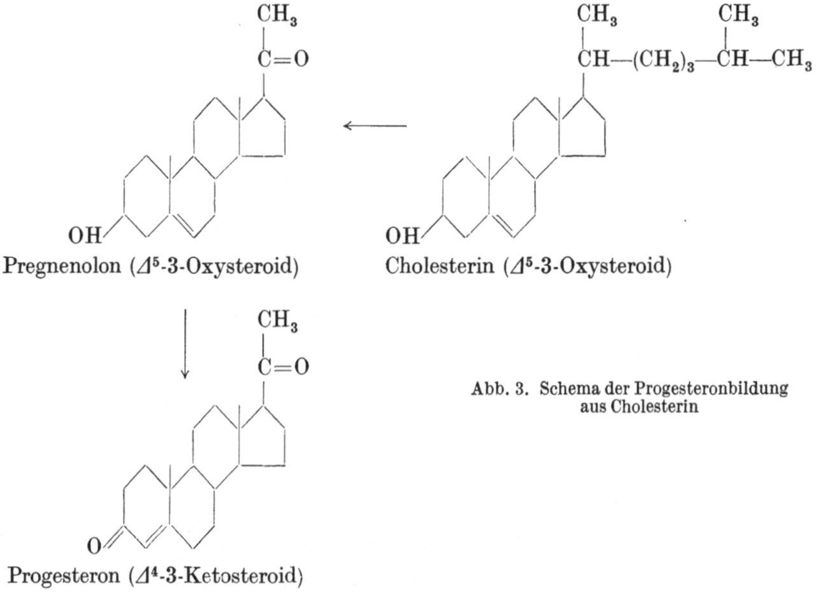

Pregnenolon (Δ^5-3-Oxysteroid) ← Cholesterin (Δ^5-3-Oxysteroid)

↓

Progesteron (Δ^4-3-Ketosteroid)

Abb. 3. Schema der Progesteronbildung aus Cholesterin

Wie bereits oben ausgeführt, hat ZANDER an der Kaufmannschen Klinik in Köln zwei weitere natürliche Gestagene im menschlichen Organismus auffinden und chemisch deklarieren können. Die biologische Aktivität des Δ_4-3-Keto-pregnen-20α-ol liegt im Hooker-Forbes-Test bei $^1/_5$ und im Clauberg-Test bei $^1/_2$—$^1/_3$ der Progesteronwirkung, während Δ_4-3-Ketopregnen-20β-ol im Hooker-Forbes-Test 2mal wirksamer ist als Progesteron, im Clauberg-Test dagegen nur $^1/_5$—$^1/_{10}$ der Progesteronwirkung zeigt. ZANDER nimmt es als sehr wahrscheinlich an, daß beim Menschen vorwiegend Δ_4-3-Ketopregnen-20α-ol gebildet wird, das durch reduktive Umwandlung des Progesterons entsteht; für die reduktive Umwandlung konnte in vivo und in vitro der Beweis erbracht werden.

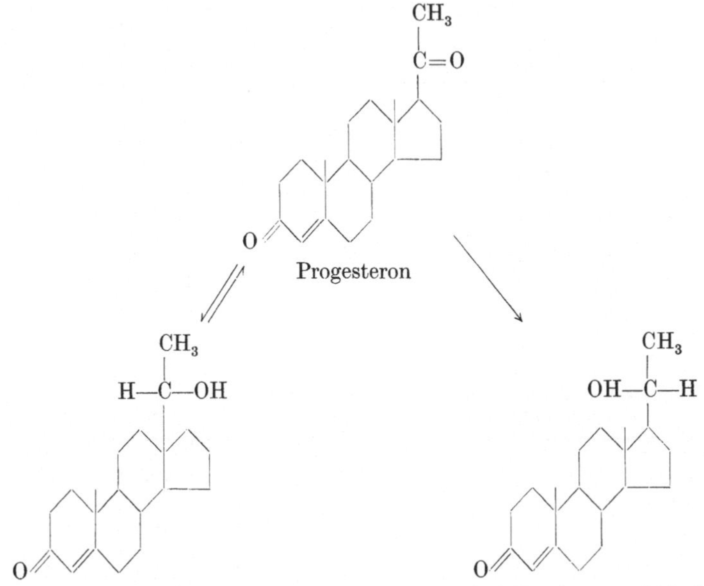

Progesteron

Δ_4-3-Ketopregnen-20α-ol

Δ_4-3-Ketopregnen-20β-ol

Reduktive Umwandlung des Progesterons

Orale Gestagene

Im Rahmen der Gestagene muß auch auf eine neue Hormongruppe eingegangen werden, die gestagene Wirkung besitzt und in der Gynäkologie eine weite Verbreitung gefunden hat: das *19-Nor-Testosteron* und seine Derivate.

Es handelt sich bei dieser Gruppe von Hormonen um *synthetisch gewonnene Verbindungen*, deren natürliches Vorkommen bisher nicht nachgewiesen worden ist. Alle Nor-Testosteron-Verbindungen zeichnen sich durch eine unterschiedlich ausgeprägte Progesteronaktivität aus. Es erscheint daher angebracht, wenn ihre Besprechung unmittelbar im Anschluß an das natürliche Gestagen Progesteron erfolgt.

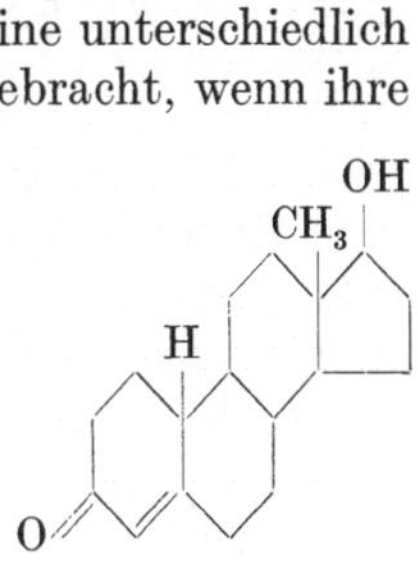

Chemisch handelt es sich bei diesen Verbindungen, die man auch als sog. „orale Gestagene" bezeichnet, um Steroide, die dem Testosteron sehr nahestehen. Bei ihnen ist die Methylgruppe an C_{10} durch ein Wasserstoffatom ersetzt; an C_{17} erfolgt darüber hinaus eine Substitution mit verschiedenen Gruppen (Methyl-, Äthyl-, Äthinyl-Gruppe).

Formel von 19-Nor-Testosteron

Das *19-Nor-Testosteron* besitzt nur eine sehr geringe Gestagenwirkung, wie z. B. aus Tabelle 3 über den Wirkungsbereich der substituierten Steroide hervorgeht. Demgegenüber ist die androgene Wirkung dieser Verbindung erheblich deutlicher hervortretend. Die

Derivate des 19-Nor-Testosterons — vor allem das 19-Nor-17α-Methyl- und das 17α-Äthinyl-Testosteron — zeigen gerade bei peroraler Applikation und das 19-Nor-17α-Äthyl-Testosteron besonders nach parenteraler Applikation eine ausgesprochene gestagene Wirkungsintensität (vgl. Tabelle 3 und 4).

Die 17α-Methyl- und -Äthyl-Derivate des 19-Nor-Testosterons besitzen eine starke androgene und anabole Wirkung, die man besonders gut am Kapaunen-

Tabelle 3. *Wirkungsbereich synthetischer Steroide (bezogen auf Progesteron = 100).* (Nach DESAULLES und KRÄHENBÜHL 1960)

Verbindung	HOOKER-FORBES-Test (Maus)	CLAUBERG-Test (Kaninchen)	
		subcutan	peroral
19-Nor-Progesteron	50—100	600—800	etwa 20—50
19-Nor-Testosteron	Ø	etwa 1—2	etwa 20
19-Nor-17α-Methyltestosteron	Ø	100—200	350—400
19-Nor-17α-Äthyltestosteron	Ø	400—500	80—100
19-Nor-17α-Äthinyltestosteron	Ø	80—100	200
Δ^{5-10}-19-Nor-17α-Methyltestosteron	Ø	20—25	100—150
Δ^{5-10}-19-Nor-17α-Äthinyltestosteron	Ø	15—20	100
Progesteron	100	100	< 0,2—0,5
17α-Äthinyltestosteron	0,1	30	100

Tabelle 4. *Wirkungsqualitäten synthetischer Nor-Testosteron-Derivate im Vergleich zu Progesteron.* (Nach DESAULLES und KRÄHENBÜHL 1960)

Verbindung	Androgene Wirkung		Anabole Wirkung Ratte ♂ kastr.	Uterotrope Wirkung Ratte ♀ kastr.	Oestrogene Wirkung Ratte ♀ kastr.	Elektrolytwirkung Ratte NNlos
	Kapaun	Ratte ♂ kastr.				
19-Nor-Progesteron	Ø	(+)	Ø			
19-Nor-Testosteron	++	+	++(+)	(+)	Ø	Na-
19-Nor-17α-Methyltestosteron	++	++	+++	+	Ø	Retention
19-Nor-17α-Äthyltestosteron	+++	+(+)	+++	+	Ø	
19-Nor-17α-Äthyniltestosteron	Ø	+	(+)	+(+)	+	
Δ^{5-10}-17α-Methyl-Nortestosteron	+	+	++	+(+)	+	Na-
Δ^{5-10}-17α-Äthinyl-Nortestosteron	Ø	Ø	Ø	++	+	Retention
Progesteron	Ø	(+)	(+)	(+)	Ø	Na-Retention
17α-Äthinyl-Testosteron	(+)	+	+	(+)	Ø	

Zeichenerklärung. Ø = wirkungslos; (+) = angedeutete Wirkung; + = mäßige Wirkung; ++ deutliche Wirkung; +++ starke Wirkung.

kamm und an der kastrierten Ratte beobachten kann. Am nebennierenlosen Tier zeigt sich außerdem ein die Na^+-Ausscheidung fördernder Effekt. Eine oestrogene Wirkung kommt diesen Verbindungen kaum bzw. gar nicht zu. Darüber hinaus hat man eine erhebliche mitosehemmende Wirkung durch die Nor-Testosteronderivate feststellen können (KAISER).

Neben diesen trophischen Wirkungen besitzen die Nor-Testosteronverbindungen auch antagonistische Wirkungen im Bereich des Sexual-Endokrinium, wie sie in der nachstehenden Tabelle wiedergegeben sind (Tabelle 5). Es ergibt sich daraus, daß bei einer Progesteronwirkung von 100 unter 19-Nor-17α-Methyltestosteron ein antigonadotroper Faktor von 20000—40000, unter 19-Nor-17α-Äthyl-Testosteron sogar von 500000 festzustellen ist; für die Ovulationshemmung

Tabelle 5. *Übersicht der antagonistischen Wirkung von Progesteron und 19-Nor-Testosteron-Derivaten an der Ratte bei parenteraler Applikation.* (Nach DESAULLES und KRÄHENBÜHL 1960)

Verbindung	Antiuterotrop	Antigonadotrop	Ovulationshemmung	Oestrushemmung
Progesteron	100	100	100	100
19-Nor-17α-Methyltestosteron	>1000	20000—40000	5000	>5000
19-Nor-17α-Äthyltestosteron	5000—7000	etwa 500000	10000	>10000
19-Nor-17α-Äthinyltestosteron	1500—5000	5000—7500	2000	2000
Δ^{5-10}-17α-Äthinyl-Nortestosteron	>10	4000—5000	2000	

besteht bei gleichen Werten für Progesteron ein Faktor von 5000 bei 19-Nor-17α-Methyl-Testosteron und von 1000 bei 19-Nor-17α-Äthyl-Testosteron.

Ein Vergleich der in den verschiedenen Tabellen (Tabelle 3—5) wiedergegebenen Untersuchungsbefunde läßt erkennen, daß die pharmakologischen Wirkungen der einzelnen Verbindungen doch sehr unterschiedlicher Natur sind und nicht allein auf der Grundlage des Gestageneffektes beurteilt werden können.

Klinische Anwendung

Der unbedingte Vorteil der Nor-Testosteron-Verbindungen liegt vor allem in einer *idealen Dosierungsmöglichkeit,* die durch die perorale Applikation gegeben ist. Der Indikationsbereich dieser Substanzen liegt nicht grundlegend anders als bei der reinen Progesteronbehandlung. Sie sind z. T. erheblich wirksamer als reines, natürliches Progesteron. Klinisch haben die oralen Gestagene bisher in der Dermatologie keine Anwendung gefunden; sie sind ausschließlich im Bereich der Gynäkologie angewendet worden. Ihre Domäne liegt bei den funktionellen Blutungen, bei der Uterushypoplasie und bei der sekundären Amenorrhoe (vgl. NAPP 1960).

Die bereits oben diskutierte, aus dem Tierexperiment bekannte, antigonadotrope Wirkung der Nor-Testosteron-Derivate ist auch für die Klinik von besonderem Interesse. Während beim Menschen niedrige Dosen möglicherweise zu einer Stimulierung führen können, kommt es unter hohen Dosen zu einer Hemmung bzw. vollständigen Blockierung der gonadotropen Funktion des Hypophysenvorderlappens (OVERBEEK und VISSER, STAEMMLER, NAPP und andere). So gelingt es z. B. bei Tagesdosen von 10—15 mg, die Ovulation zu unterdrücken; man ist damit ohne weiteres in der Lage, mit den oralen Gestagenen eine „hormonale Kastration" durchzuführen, die aber sicher nicht ohne Rückwirkung auf das endokrine System und auf die Psyche der so behandelten Frauen bleiben kann. Man hat diese Substanzen z. B. auch als Antikoncipientien angewendet (PINCUS). Die Verabfolgung dieser Substanzen während der Schwangerschaft z. B. zur Abwendung eines Abortus imminens sollte zeitlich nur sehr begrenzt erfolgen, da die Nor-Testosteron-Derivate außerdem ja auch einen androgenen Effekt besitzen (vgl. Tabelle 4). NAPP konnte über eine eigene Beobachtung berichten, bei der eine Patientin wegen Abortneigung bis zur 36. Schwangerschaftswoche mit insgesamt 5500 mg Äthinylnortestosteron (Tagesdosis 20 und 50 mg) behandelt worden war. 4 Wochen vor dem errechneten Partustermin mußte eine Schnittentbindung erfolgen; bei dem weiblichen Neugeborenen zeigte sich eine ausgesprochene Virilisierung des äußeren — anatomisch weiblichen — Genitale, die auf das im Übermaß applizierte Äthinylnortestosteron zurückgeführt werden muß. Die Dosierung kann daher nicht vorsichtig genug vorgenommen werden. Weitere Nebenwirkungen und Spätfolgen der oralen Gestagene sind bisher nicht bekannt geworden.

b) Nachweis der gestagenen Aktivität

Der *Nachweis der gestagenen Aktivität* des Progesterons kann mittels verschiedener biologischer Teste erfolgen: Stimulierung des Endometriums der Maus durch intrauterine Injektion (HOOKER und FORBES); Proliferation des uterinen Endometriums (CLAUBERG); Kükeneileitertest (MASON); Brunsttest an ovarektomierten Meerschweinchen (DORFMAN und ROSS). Hinsichtlich der chemischen Bestimmungsmethoden sei auf HOPPE-SEYLER/THIERFELDER verwiesen.

c) Stoffwechselwirkungen

Progesteron zeigt eine geringgradige proteinanabole und auch renotrope Wirksamkeit. Unter seinem Einfluß wandelt sich die proliferierte Uterusschleimhaut in die sezernierende um. Es führt ebenso wie die Mineralocorticoide zu einer Thymushypertrophie. Die Gerinnungszeit wird durch Progesteron verlängert (FUKAS und ADRIANOS). Unter hohen Dosen von Progesteron (100 mg täglich) und 11-Oxyprogesteron (16—32 mg täglich) kommt es nach INGLE u. Mitarb. an der partiell pankreatektomierten, kohlenhydratreich ernährten Ratte zum Auftreten eines Diabetes mellitus. Progesteron steigert im Endometrium den Phosphorlipidgehalt; es wirkt lebensverlängernd bei der nebennierenlosen Ratte, hat aber keinen Einfluß auf die Na^+/K^+-Relation im Urin (SIMPSON u. TAIT). Bei chronischer Applikation fördert es die Diurese.

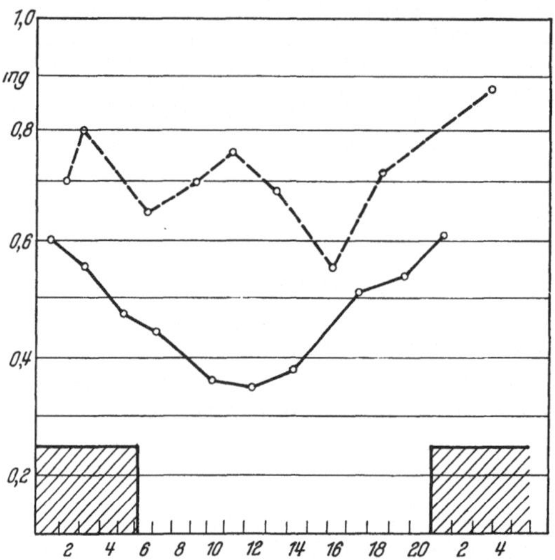

Abb. 4. Verlauf der Hautfettwertbestimmungen bei 2 Frauen mit einem 21 Tage-Cyclus. Die ausgezogene Linie betrifft eine 22jährige Gesunde, die regelmäßig alle 21 Tage menstruiert. Menstruelle Höhepunkte, intermenstrueller Abfall und prämenstrueller Anstieg verlaufen charakteristisch. Die gestrichelte Linie zeigt die Werte einer 24jährigen mit 28 Tage-Cyclus. Nach menstruellem Höhepunkt, sonst am 3. Tag, liegt der Wert am 6. Tag um 0,15 mg niedriger. Nach Anstieg am 9. und 11. Tag fällt die Kurve zum 16. Tag ab. Dann wieder Anstieg. Beide Fälle stimmen überein in Anstieg und Höhepunkt zur Zeit der Menses. (Nach SCHREUS und SCHULTEN)

Progesteron hat — wenn auch schwächer als bei Testosteron ausgeprägt — eine Wirkung im Sinne einer Gefäßdilatation (REYNOLDS u. Mitarb.). Ebenso konnte durch HASKIN, LASHER und ROTHMAN eine starke Wirkung auf die Talgdrüse nachgewiesen werden; Befunde, die im Widerspruch zu denen von EBLING stehen. ROTHMAN entwickelte hierzu eine Hypothese, nach der die Entwicklung der Talgdrüsen in der Pubertät und das Auftreten der Seborrhoe und Acne beim weiblichen Geschlecht mit der Produktion von Progesteron (Corpus luteum-Hormon) in ähnlicher Weise zusammenhängt, wie es beim männlichen Geschlecht unter der Androgenhormonproduktion des Hodens der Fall ist; dabei betont er ausdrücklich, daß er die Nebennierenrinde hierbei nicht berücksichtigt habe und daß seine Auffassung auf die Beobachtung des Fehlens von Seborrhoe und Acne bei hypogenitalen Männern und Frauen zurückgehe (HAMILTON); endlich konnte von ARON-BRUNETIÈRE eine Bestätigung dieser Hypothese herbeigeführt werden, als es ihm gelang, mit hohen Progesterondosen bei Frauen in einem Teil der Fälle eine Acne experimentell hervorzurufen. SCHREUS und SCHULTEN konnten bei Hautfettbestimmungen an Frauen im

Verlauf des Cyclus einen gleichsinnigen Zusammenhang mit der Menstruation nachweisen; der Hautfettgehalt war als Ausdruck einer erhöhten Talgdrüsenfunktion in der zweiten Cyclushälfte zur Zeit der Blutung erhöht und fiel postmenstruell ab (Abb. 4). Der Effekt muß als Progesteronwirkung gedeutet werden.

Der Einfluß von Progesteron auf die Melanophoren-Ausbreitung konnte von LERNER und FITZPATRICK an excidierter Froschhaut nachgewiesen werden.

Für die essentielle, benigne Hypertrichosis der Frau gibt ROTHMAN die Möglichkeit eines abnormalen Progesteronstoffwechsels an mit einer übertriebenen

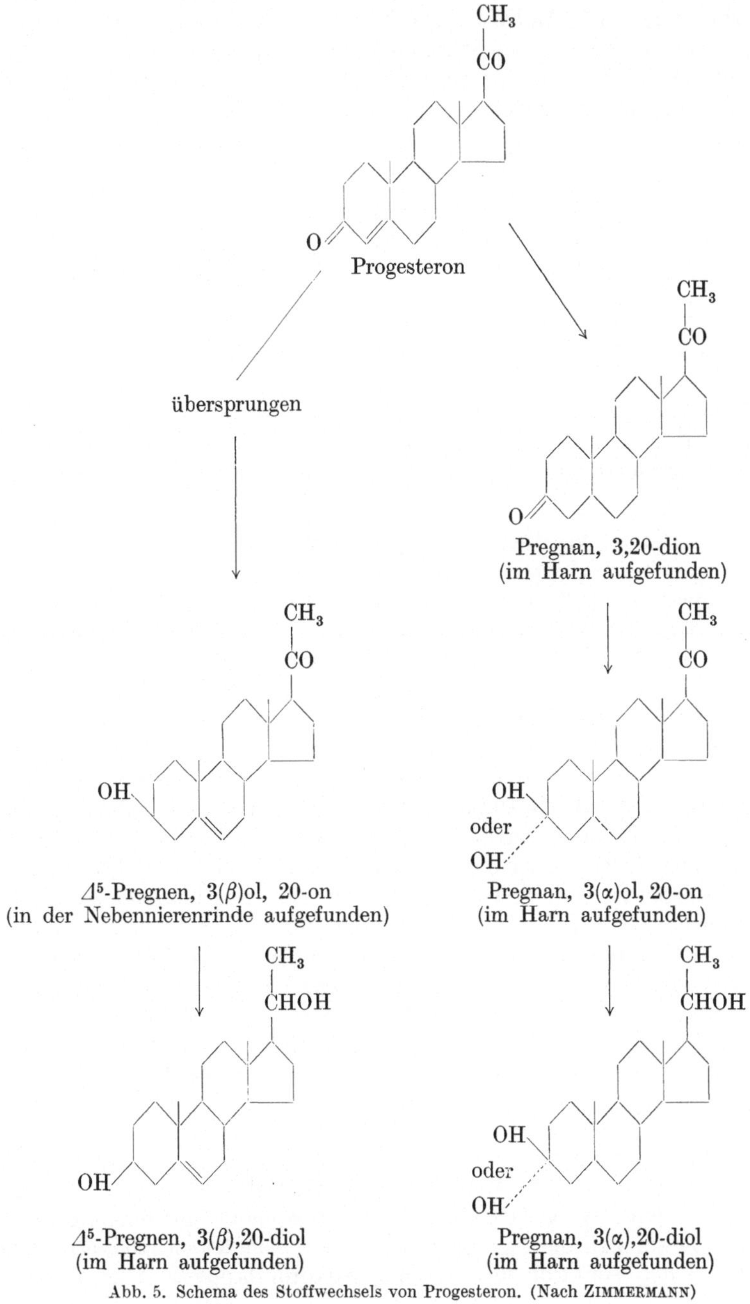

CH_3 | CO

Progesteron

übersprungen

CH_3 | CO

Pregnan, 3,20-dion
(im Harn aufgefunden)

CH_3 | CO

OH

Δ^5-Pregnen, 3(β)ol, 20-on
(in der Nebennierenrinde aufgefunden)

CH_3 | CO

OH oder OH

Pregnan, 3(α)ol, 20-on
(im Harn aufgefunden)

CH_3 | CHOH

OH

Δ^5-Pregnen, 3(β),20-diol
(im Harn aufgefunden)

CH_3 | CHOH

OH oder OH

Pregnan, 3(α),20-diol
(im Harn aufgefunden)

Abb. 5. Schema des Stoffwechsels von Progesteron. (Nach ZIMMERMANN)

Umkehrung von Progesteron zu 17-Ketosteroiden. Auch GREENE nimmt einen abnormen Progesteronabbau an. Der Beweis für diese Hypothesen steht aber noch aus.

2. C_{19}-Steroide

(Steroide der Androstan- und der Ätiocholan-Reihe)

Unter den natürlichen C_{19}-Steroiden stellt das *Testosteron* als männliches Geschlechtshormon eine sehr wichtige biologische Verbindung dar. Außer dem Testosteron finden sich unter den C_{19}-Steroiden noch 9 weitere androgen wirksame Verbindungen (Δ^5-Androstendiol-(3β, 17β), Androsteron, epi-Androsteron, Dehydroepiandrosteron, Androstandion, Δ^1-Androstendion-(3,17), Δ^4-Androstendion-(3,17), 11-β-Oxyandrosteron, Adrenosteron]. Einige C_{19}-Steroide besitzen einen charakteristischen Geruch, dessen Stärke in gleichem Sinne kon-

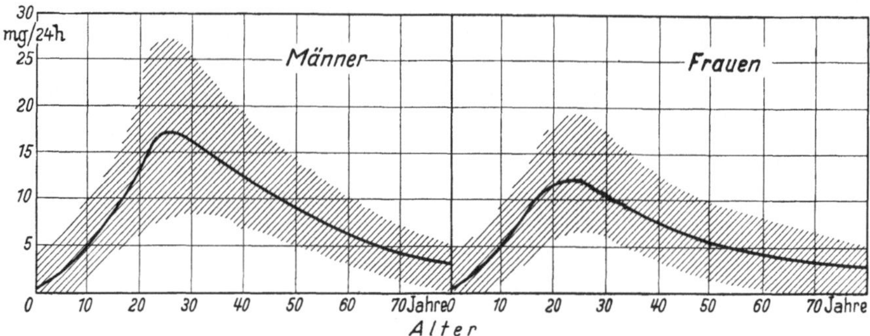

Abb. 6. Mittelwerte und Streubreite der 17-Ketosteroide in Abhängigkeit von Alter und Geschlecht. —— Mittelwert; ////// Streubreite. (Nach ZIMMERMANN)

figurationsbedingt ist wie die androgene Aktivität. So ist z.B. der Bocksgeruch der Hoden mancher Tierarten auf das Vorhandensein von Δ^{16}-Androstenol-(3α) und Δ16-Androstenol-(3β) zurückzuführen (JUNKMANN). Im Hoden des Menschen wurde bisher lediglich Testosteron nachgewiesen; fraglich ist das Vorkommen von Androsteron und 5-Isoandrosteron beim Menschen. C_{19}-Steroide sind beim Menschen außerdem im Sperma (DIRSCHERL) und im Blut der Vena spermatica (LUCAS, WHITMORE und WEST) nachgewiesen worden. C_{19}-Steroide können in Leber und Niere in Metabolite umgewandelt bzw. abgebaut werden. Nach KOCHAKIAN und STIDWORTHY enthalten diese beiden Organe Reduktasen, die wohl nicht nur positionsspezifisch, sondern auch sterisch-spezifisch reduzieren können. Im Harn werden die androgenen Substanzen als 17-Ketosteroide nach ZIMMERMANN bestimmt. Etwa $^2/_3$ der im Harn des Mannes und fast 100% der im Harn der Frau auftretenden androgenen C_{19}-Steroide stammen beim Menschen aus der Nebennierenrinde. Ein Drittel der im Harn des Mannes auftretenden androgenen C_{19}-Steroide sind in den Leydigschen Zwischenzellen der Hoden gebildet worden. Für die Diagnostik einer Leydig-Zellinsuffizienz ist daher die Bestimmung der 17-Ketosteroide im Harn nur mit großer Reserve anzuwenden. Nach neueren Untersuchungen stellt die Bestimmung der Fructose und des Inosits im menschlichen Sperma einen wesentlich empfindlicheren Rest für die Diagnostik einer hormonellen Hodeninsuffizienz dar (SCHIRREN, KIMMIG und SCHIRREN, NOWAKOWSKI und SCHIRREN).

a) Testosteron ($C_{19}H_{28}O_2$)

Es wird von den Leydigschen Zwischenzellen gebildet, deren endokrine Tätigkeit nicht mit dem Erliegen der Spermatogenese beendet ist, sondern allein abhängig ist von der Funktion des Hypophysenvorderlappens. Durch die Untersuchungen von Brady mit $_{14}$C-Acetat wurde die Bildung von Testosteron in den Leydigschen Zellen einwandfrei nachgewiesen. Radioaktives Cholesterin entsteht dabei nur in geringem Maße, so daß angenommen werden kann, bei der Synthese des Testosterons im menschlichen Organismus scheint Cholesterin nicht unbedingt als Zwischenstufe erforderlich zu sein.

b) Nachweis der androgenen Aktivität

Die androgene Aktivität von Testosteron beträgt etwa $15\,\gamma = 1$ iE. Wie bereits oben erwähnt, ist Testosteron für die Bildung der im Sperma auftretenden Fructose unerläßlich (Mann und Parsons).

Nach der in der Leber und Niere erfolgten Umwandlung geschieht die Ausscheidung im Harn. Dabei erfolgt offenbar zunächst die sehr schnell verlaufende fermentative Oxydation der 17-β-Oxygruppe des Testosterons zur 17-Keto-Gruppe des Δ^4-Androstendion-(3,17) (Abb. 7). Ein weiteres Fermentsystem bewirkt

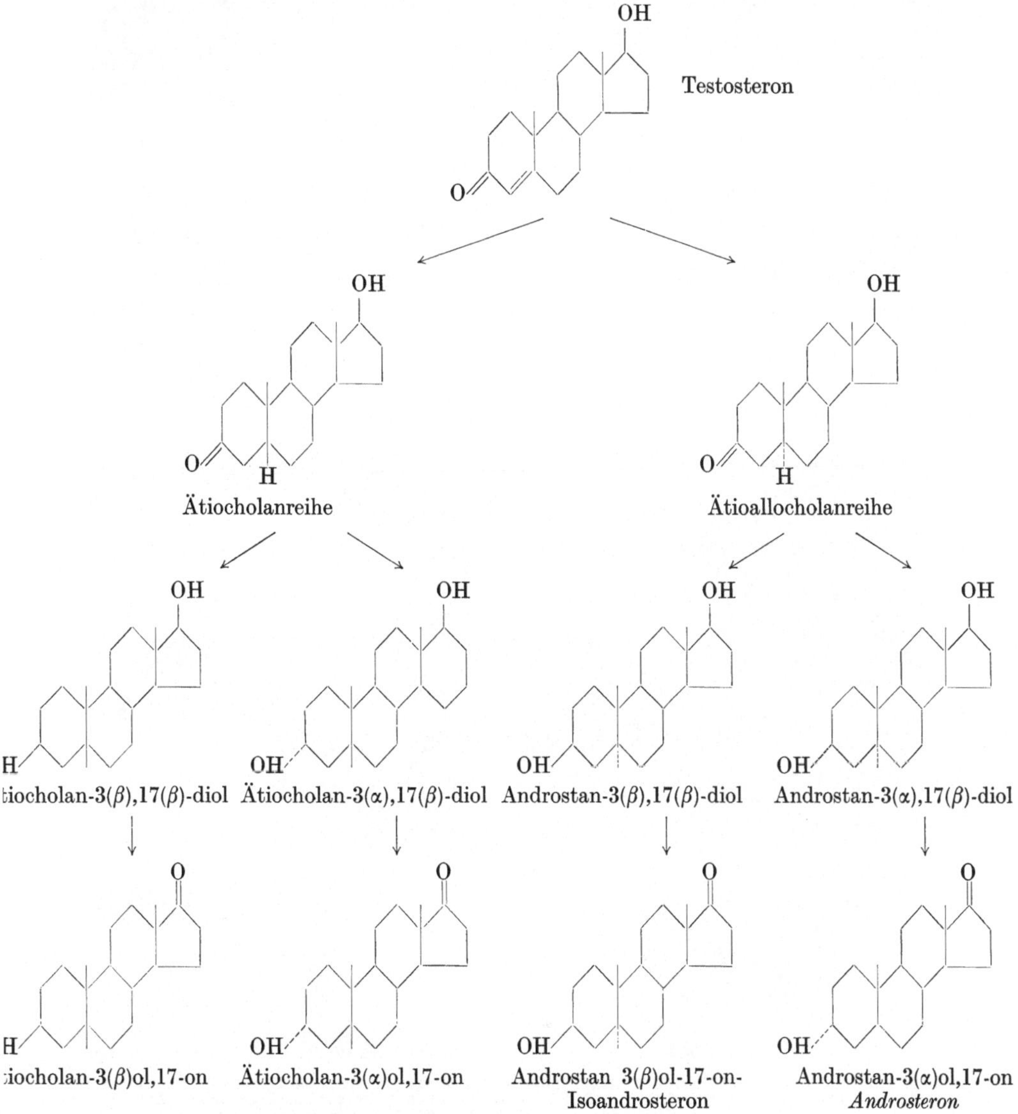
OH
Testosteron
O
OH
OH
O
H
O
H
Ätiocholanreihe
Ätioallocholanreihe
OH
OH
OH
OH
H
OH
OH
OH
iocholan-3(β),17(β)-diol
Ätiocholan-3(α),17(β)-diol
Androstan-3(β),17(β)-diol
Androstan-3(α),17(β)-diol
O
O
O
O
H
OH
OH
OH
iocholan-3(β)ol,17-on
Ätiocholan-3(α)ol,17-on
Androstan 3(β)ol-17-on-
Isoandrosteron
Androstan-3(α)ol,17-on
Androsteron

Abb. 7. Schema des Abbaus von Testosteron. (Nach Zimmermann)

Abb. 8—14. Histologische Abbildungen zum Samenblasen-Prostata-Test bei der infantilen, kastrierten männlichen Ratte. (6 Tage Involution der Tiere nach der Kastration — anschließend täglich 0,5 mg Testosteronpropionat subcutan 10 Tage lang. Kontrolltiere Sesamöl)

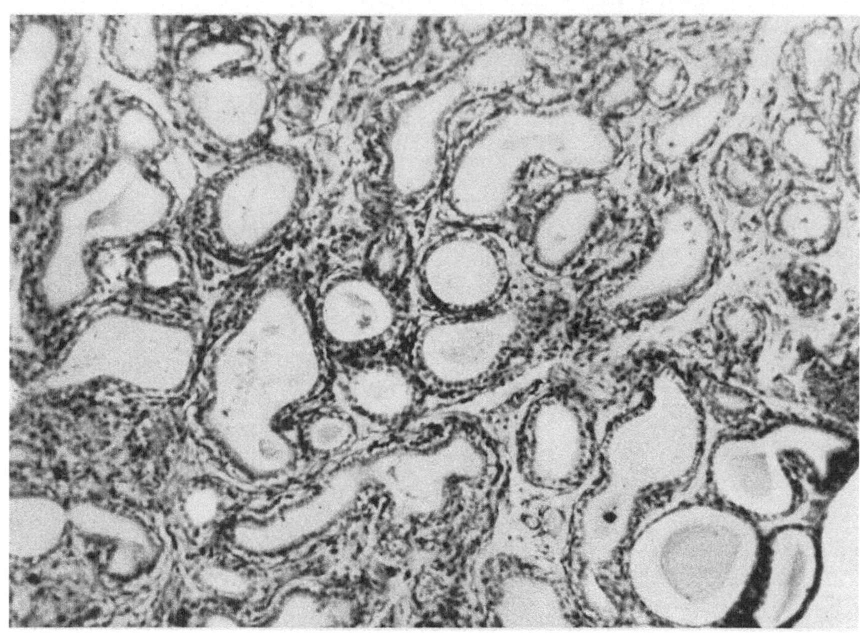

Abb. 8. Prostata der Kontrollratten (Übersichtsaufnahme). Kleines Lumen mit niedrigem Epithel und aufgelockertem Zwischengewebe

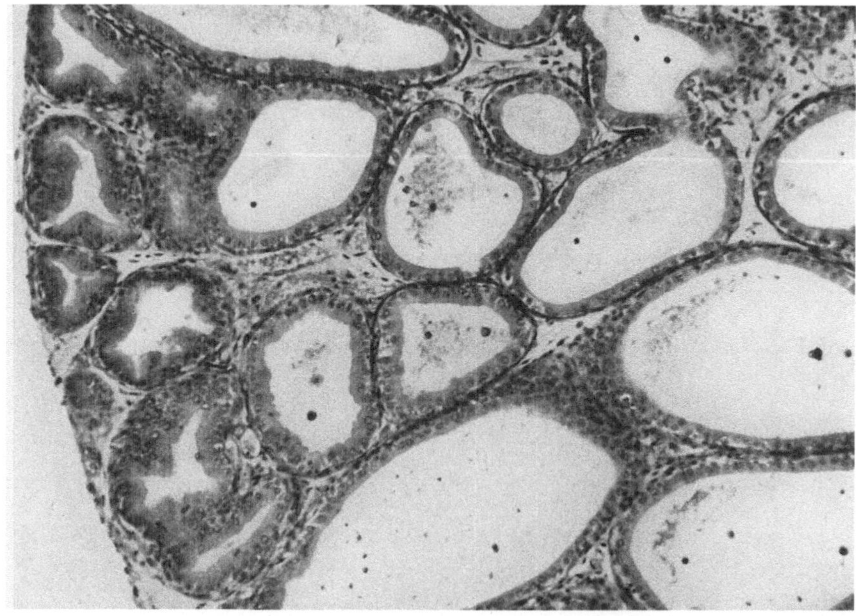

Abb. 9. Ventrale Prostata einer Testosteronpropionatratte (Dosierung wie oben angegeben; Übersichtsaufnahme Vergrößerung wie Abb. 8). Man erkennt, daß die Lumina deutlich vergrößert sind gegenüber Abb. 8. Das Zwischengewebe ist von den stark entfalteten Lumina zusammengedrängt

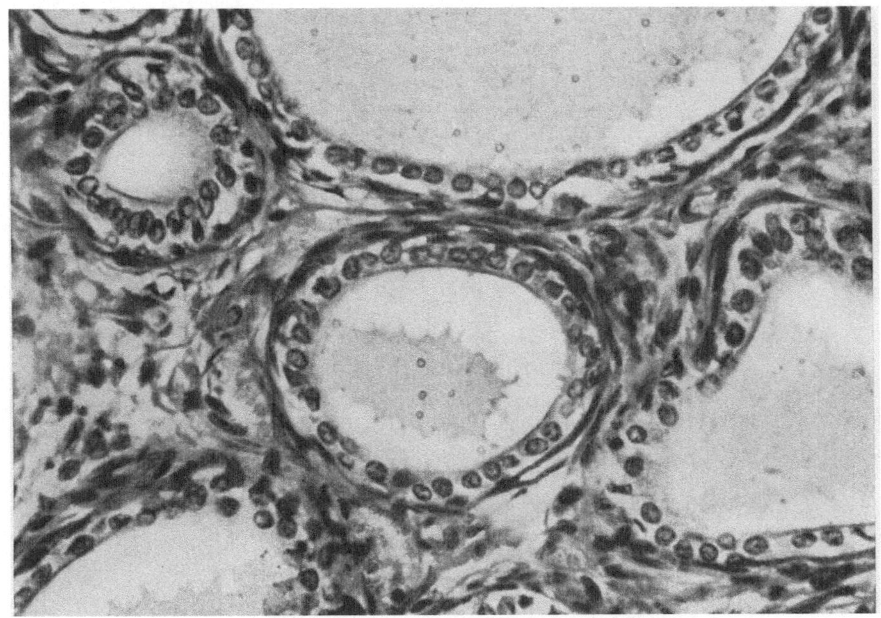

Abb. 10. Prostata der Kontrollratten (starke Vergrößerung)

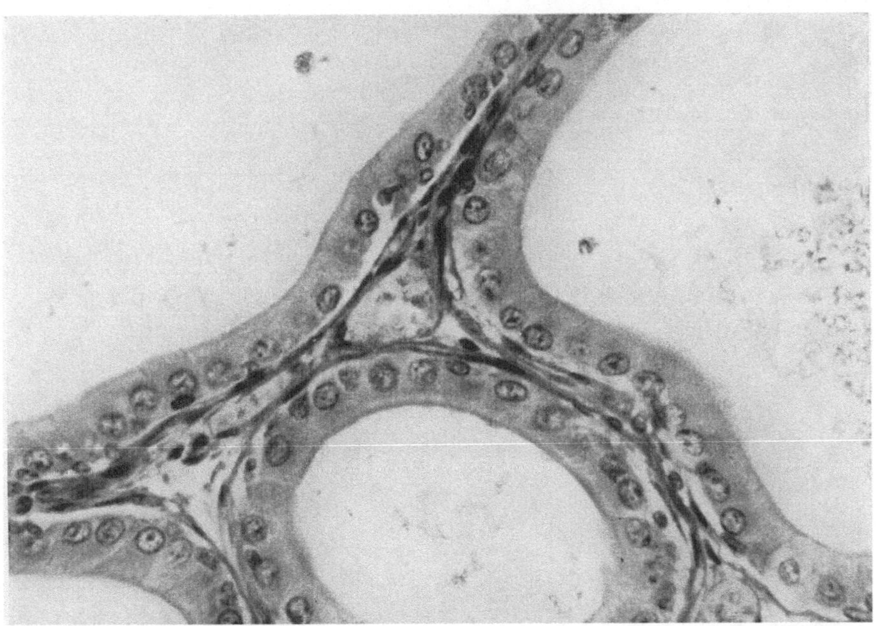

Abb. 11. Ventrale Prostata einer Testosteronpropionatratte (starke Vergrößerung von Abb. 9). Vergrößerung wie Abb. 9. Man erkennt, daß das Epithel deutlich kubischen Charakter angenommen hat, daß die Kerne größer geworden sind und daß die Zelle selbst homogen intensiv gefärbt ist als Ausdruck der starken Sekretion

die Reduktion der Δ^4-3-Ketogruppe, wobei fast nur die 3α-Oxy-Metabolite der Androstan- und der Ätiocholanreihe entstehen [WEST u. Mitarb. 1951; SAMUELS, FUKUSHIMA: *Androstanol-(3α)-on-*(17) = Androsteron und *Ätiocholanol-(3α)-on-*(17)]. Diese Metabolite stellen mengenmäßig die wichtigsten Metabolite des

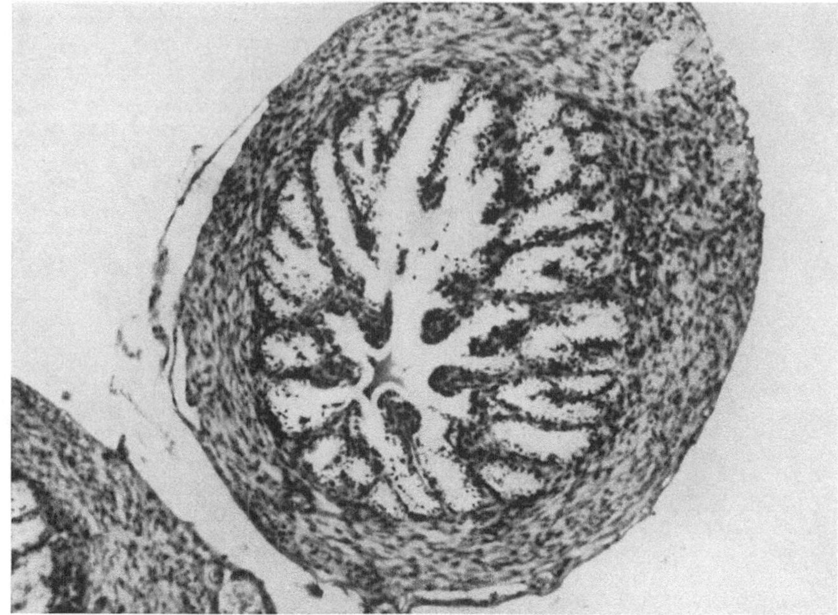

Abb. 12. Samenblase (Kontrollratte). Übersichtsaufnahme

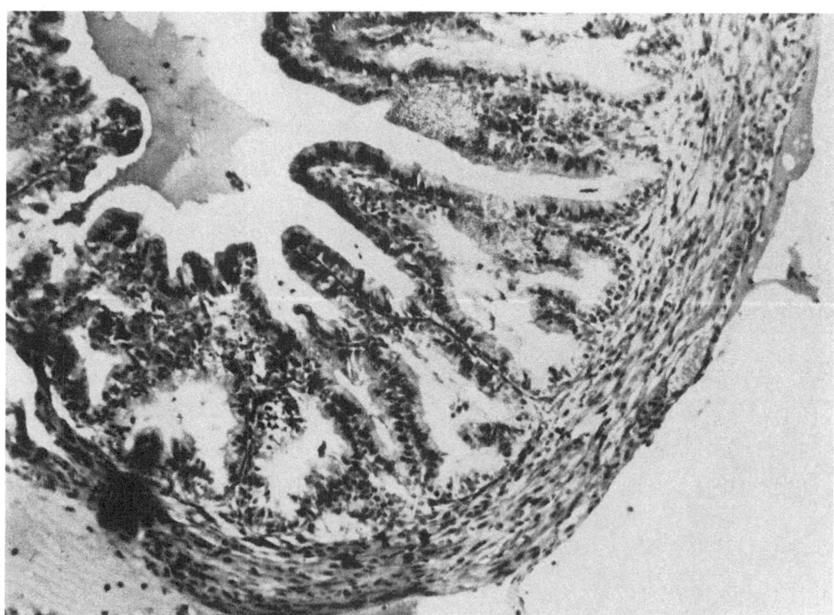

Abb. 13. Samenblase (Testosteronpropionatratte; Vergrößerung wie Abb. 12). Man erkennt, daß das Organ etwa auf das Vierfache des Umfanges der Kontrollratte angewachsen ist

Testosterons dar und sind 90% der aus Testosteron hervorgerufenen 17-Ketosteroide des Harns. *Androstandion*-(3,17) und *Ätiocholandion*-(3,17) werden als Intermediärprodukte angenommen und wurden in Spuren im Harn gefunden (DOBRINER und SAMUELS, LIEBERMAN u. Mitarb.). Weitere Testosteronmetabolite, die in geringem Maße im Harn auftreten, sind: *Androstandiol*-(3α, 17β) und *Ätiocholandiol*-(3α, 17β). Bei Leberschäden ist die Inaktivierung des Testosterons gehemmt (s. auch Dorfman, sowie Benoit).

Δ^4-*Androstendion*-(3,17) ist ebenfalls ein Sekretionsprodukt des Hodens. Diese Substanz kommt auch im Ovar vor (Junkmann), und zwar ist die Menge dieses Harnsteroids abhängig vom jeweiligen Funktionszustand des Ovariums.

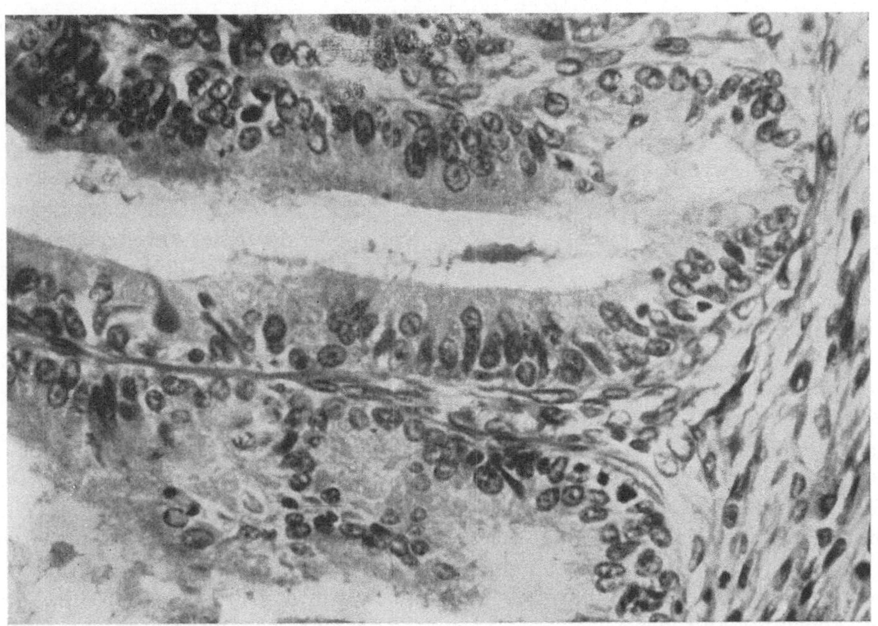

Abb. 14. Samenblase (Testosteronpropionatratte; starke Vergrößerung). Man erkennt den kubischen Charakter des Epithels, die Vergrößerung der Kerne, sowie die homogene Färbung der Zelle als Ausdruck der starken Sekretion (vgl. hierzu Tabelle 3)

Von Wotiz, Mescon, Doppel und Lemon konnte nachgewiesen werden, daß auch die menschliche Haut Testosteron umsetzt. Offenbar geschieht dieses entsprechend dem Gehalt an Desoxyribonucleinsäure. Mit Hilfe der Autoradiographie wurden 7 neue radioaktive, Zimmermann-positive, Hautstoffwechselprodukte des Testosterons aufgedeckt.

Anomalien der 17-Ketosteroidausscheidung können primär bedingt sein durch Funktionsstörungen der Nebennierenrinde, der Hoden und sekundär durch Funktionsstörungen der Hypophyse, sowie unspezifische Vorgänge im Organismus (Chronische Erkrankungen, Stress). So ist die 17-Ketosteroidausscheidung erniedrigt bei Morbus Addison, Hypophysenvorderlappeninsuffizienz (Simmonds, Sheehan), Myxödem und bei chronischen, zehrenden Krankheiten. Erhöht ist die 17-Ketosteroidausscheidung dagegen bei Nebennierenrindentumoren, Akromegalie, Adrenogenitalem Syndrom, Morbus Cushing und Stress.

Die *biologische Aktivität* der Androgene kann mittels des *Hahnenkammtests* oder des *Samenblasentests* am infantilen oder kastrierten Nagetier nachgewiesen werden. Hinsichtlich der chemischen Bestimmungsmethoden sei auf Zimmermann und Hoppe-Seyler/Thierfelder verwiesen.

Der sog. *Samenblasentest* kann ergänzt werden durch den *Fructose-Test*. In eigenen Versuchen (vgl. Abb. 8—14 und Tabelle 6) konnte hierzu nachgewiesen werden, daß die stark androgene Wirkung des Testosteronpropionats sowohl im Gewicht der Samenblasen, wie der ventralen Prostata, als auch in der Zunahme der Fructose in den Samenblasen zum Ausdruck kommt. Gleichzeitig geht aus Tabelle 6 die stark anabole Wirkung des Testosterons hervor, wie der Gewichtsanstieg des Morbus levator ani zeigt. Für die Prüfung von Hormonpräparaten mit androgener und anaboler Wirkung ist die Durchführung dieser Tests unerläßlich.

Tabelle 6. *Prüfung der biologischen Aktivität von Testosteronpropionat im Samenblasen-Prostata- und Fructose-Test an der infantilen, kastrierten männlichen Ratte*

	Kontrolltiere (10 Tage je 0,5 ml Sesamöl)	Testosteronpropionat (10 Tage je 0,5 mg subcutan)
Körpergewicht bei Kastration . .	30,0 g	30,0 g
bei Versuchsende	74,4 g	76,0 g
Gewicht des M. levator ani . . .	13,3 mg	58,1 mg
Gewicht der ventralen Prostata	5,3 mg	144,5 mg
Gewicht der Samenblasen . . .	5,9 mg	$>$250,0 mg
Fructosegehalt der Samenblase .	168 γ/ml	472 γ/ml
Zahl der Tiere	60	60

c) Stoffwechselwirkungen

Die Androgene besitzen eine ausgesprochen proteinanabole Wirkung. Diese äußert sich neben einer Gewichtszunahme vor allem in einer Minderung der Stickstoffausscheidung beim Versuchstier und beim Menschen (KOCHAKIAN), die im N-Gleichgewicht bei konstanter Diät gehalten wurden. Die Wirkung ist beim Kastraten erheblich stärker als am Normalen und unabhängig von anderen inkretorischen Organen. Für den Menschen liegen die Verhältnisse ähnlich, wie durch die Untersuchungen von KENYON u. Mitarb. nachgewiesen werden konnte. Die unter Androgenmedikation zu beobachtende Gewichtszunahme ist nicht nur durch N-Retention zu erklären. Teilweise kommt eine zusätzliche Wasserretention hinzu. KOCHAKIAN bringt die proteinanabole Wirkung der Androgene mit der Zunahme der sauren und alkalischen Phosphatase, sowie einer Zunahme der d-Aminosäureoxydase und der Arginase in Beziehung. Es handelt sich ferner bei der proteinanabolen Wirkung der Androgene nicht nur um eine Zunahme der Zell-Eiweißbestandteile selbst, sondern ebenso um eine Zunahme der Intercellularsubstanzen, die als Komplexe zwischen Eiweißkörpern und sauren Polysacchariden (Hyaluronsäure, Chondroitinschwefelsäure) aufgefaßt werden müssen. JUNKMANN führt als Beweis für diese Auffassung das Wachstum des Hahnenkammes und die Vermehrung der Knorpel- und Knochengrundsubstanz unter dem Einfluß der Androgene an (LABHART und SCHUFBACH, MAASSEN). Entgegen den Befunden anderer Bearbeiter konnte JUNKMANN feststellen, daß die proteinanabole Wirkung — gemessen am Levator ani-Gewicht — stets mit der androgenen Wirkung gekoppelt und ihr in grober Näherung proportional ist. Lediglich bei 19-nor-Testosteron ließ sich eine stärkere myogene als androgene Wirkung nachweisen. Der proteinanabolen Wirkung der Androgene steht auch eine katabole Wirkung gegenüber, die vor allem in einer Reduzierung des Thymusgewichtes der infantilen männlichen Ratte besteht.

Für Testosteron wird auf Grund von Erfahrungen an Patienten eine fördernde Wirkung auf den Fettstoffwechsel angenommen (KINSELL u. Mitarb.).

An der partiell pankreatektomierten, kohlenhydratreich ernährten Ratte wirken nach Untersuchungen von INGLE massive Dosen von Testosteron und Methyltestosteron schwach diabetogen. Ebenfalls konnte an der normalen wie an der hypophysektomierten Ratte unter Testosteron eine Vermehrung des Muskelglykogens beobachtet werden (BOWMAN).

Über den Einfluß von Androgenen auf den Gewebestoffwechsel und die Fermente liegen zahlreiche Untersuchungen vor allem von DIRSCHERL und seiner Schule vor. DIRSCHERL und MOSEBACH haben darüber hinaus an kastrierten männlichen Mäusen und normalen männlichen Ratten mittels Testosteron-4-^{14}C bei intraperitonealer Injektion feststellen können, daß vor allem in der Leber, in den Nieren und im Urogenitalsystem eine Anreicherung des radioaktiven Testosterons erfolgt; dabei geht Testosteron in diesen Organen nur eine leichte, irreversible Bindung an Proteine ein. STAFFORD u. Mitarb. studierten die Veränderungen der Fermentaktivität in bezug auf die Phosphatasen und DAVIS, MEYER und MCSHAN in bezug auf die Succinodehydrase an Vesiculardrüsen und Prostata kastrierter Ratten. Dabei fanden sie bereits nach einem Tag eine Verminderung der Succinodehydrase, während erst nach 4 Tagen eine Verminderung der sauren und alkalischen Phosphatasen zu bemerken war. Unter täglichen Gaben von 0,6 mg Testosteronpropionat konnte die Abnahme der Fermentaktivität verhindert werden; wurde die Behandlung fortgesetzt, kam es zu einer Zunahme derselben. Ähnlich verhielt sich die Cytochromoxydase. Die Frage nach der Ursache dieser Fermentaktivitätssteigerung wird von DIRSCHERL dahingehend beantwortet, daß man wohl eine echte Fermentvermehrung annehmen müsse, da die Testosteronpropionatwirkung auf die Fermentaktivitäten erst nach Tagen — langsamer als die N-Zunahme — deutlich wird. KOCHAKIAN verglich miteinander die Wirkungen von Testosteronpropionat auf Körpergewicht, Harn-Stickstoff, Nierengewicht, Gewicht der Vesiculardrüsen und Prostata, sowie die Aktivität der Nierenarginase und der alkalischen Nierenphosphatase an der kastrierten Ratte und fand eine Steigerung, auch nachdem die N-Retention völlig abgeklungen war (Abb. 15).

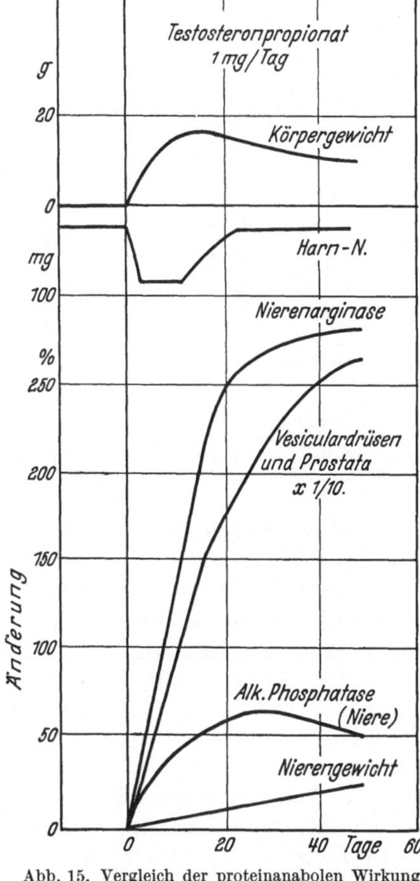

Abb. 15. Vergleich der proteinanabolen Wirkung von Testosteronpropionat mit Veränderungen der Nierenarginase und -phosphatase. (Nach KOCHAKIAN 1951)

STÜTTGEN prüfte Hautflachschnitte in der Warburg-Apparatur auf Atmung und anaerobe Glykolyse und fand bei physiologischen Hormonkonzentrationen von 0,01 bis 10^{-3} γ eine Aktivierung bzw. leichte Hemmung auf Androgene. Auf massive Dosen konnte er dagegen eine deutliche Hemmung vor allem durch Methyltestosteron beobachten.

Ein Einfluß der Androgene auf den Mineralhaushalt konnte weder bei Mensch noch Tier beobachtet werden, gelegentlich wurde eine geringgradige Retention beobachtet (KENYON u. Mitarb.). FLINK konnte beim Menschen unter Testosteron eine Hypokaliämie mit einem Übergang des Serum-K^+ in die Zelle bei positiver Bilanz nachweisen, ohne daß es zu einer Muskellähmung kam.

Testosteron zeigt eine ausgesprochene Wirkung auf die vasodilatorische Aktion, wie vor allem durch die Untersuchungen von REYNOLDS, HAMILTON, DI PALMA, HUBERT und FOSTER nachgewiesen werden konnte; sie beobachteten bei Kastraten und Eunuchen eine vermehrte Erregbarkeit der kleinen Gefäße, die nach Zufuhr von Testosteronpropionat nachließ. Am normalen Mann ergab sich nach Testosteronpropionat keinerlei Effekt (Klüken), dagegen zeigte sich bei Kastraten eine Gefäßdilatation. Edwards u. Mitarb. konnten demgegenüber auf die günstige Wirkung von Testosteronpropionat in der Behandlung von peripheren Gefäßerkrankungen hinweisen, wobei sie annahmen, daß die so erzielte Gefäßdilatation begleitet ist von einer Zunahme sauerstoffgesättigten Blutes in den oberflächlichen Gefäßen. Ein Erröten der Haut konnte von Schäfer nach hohen Dosen von Testosteron festgestellt werden; der Befund war durch Oestrogene aufzuheben. Umgekehrt ließen sich die spontanen Hitzewallungen im Klimakterium der Frau durch Testosteron unterdrücken. Eine Beeinflussung der Capillarresistenz war durch Testosteronpropionat nicht festzustellen (Robson und Duthie).

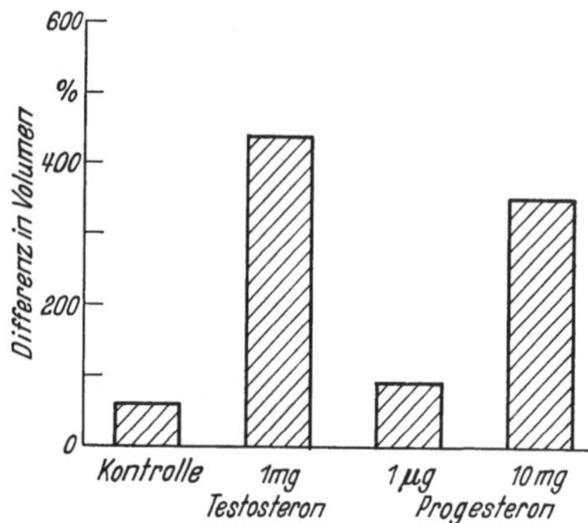

Abb. 16. Der Einfluß von Testosteron und Progesteron auf das Talgdrüsen-Volumen bei ovariektomierten weißen Ratten. (Modifiziert nach St. Rothman, Physiology and biochemistry of the skin. 1955)

Vor allem aus der Entwicklung der *Talgdrüsen* und ihrer Produktion in der Pubertät können wichtige Rückschlüsse auf die Zusammenhänge mit dem Endokrinium gezogen werden (Abb. 16).

Beim Manne ist die Bedeutung der testikulären Androgene vor allem durch folgende Beobachtungen gestützt worden:

1. Eunuchen und präpuberale Kastraten haben weder Seborrhoe noch Acne vulgaris (Rothman, Hamilton).

2. Bei Eunuchen und Kastraten entwickelt sich nach Testosteronbehandlung eine Acne (Hamilton).

3. Gesunde Männer und Frauen zeigen bei entsprechender Disposition Acne-Erscheinungen, wenn sie mit hohen Dosen Testosteron behandelt werden. Damit soll keineswegs gesagt werden, daß Eunuchen und Kastraten keine Talgdrüsensekretion aufweisen; aber entsprechende Fettbestimmungen von der Kopfhaut haben im Vergleich zu Gesunden eindeutig erniedrigte Werte ergeben. Erfolgte die Kastration dagegen erst mit bzw. nach der Pubertät, so war die Talgdrüsensekretion wesentlich erhöht, aber immer noch niedriger als bei Gesunden. Diese Befunde konnten sowohl beim Menschen als auch am Versuchstier gemacht werden (Rony und Zakon, Graaf, Ebling, Hamilton und Montagna, Reiss und Gellis).

Tabelle 7. *Einfluß von Testosteronpropionat auf das Volumen der Talgdrüsen und der Alveolen der Ratte.* (Nach Ebling)

Behandlung	Talgdrüsenzellzahl	Alveolarzahl	Zellzahl/Alveolus
Keine	277,6	37,1	7,5
Testosteronpropionat (1 mg täglich über 30 Tage)	580,0	46,6	12,4

Nach Burrows haben die testikulären Androgene bei dem Verhornungsprozeß eine gleiche Wirkung wie die Oestrogene. Bei der Maus z.B. löst sich die Vorhaut nach der Geburt von der Glans penis, wobei die Trennung zustande kommt durch Umwandlung des nichtschuppenden Epithels der Vorhaut in ein verhornendes Epithel. Durch Kastration kann dieser Vorgang verhindert werden.

Eine Zunahme der Kollagenfasern der Haut war beim Kapaun festzustellen, wenn er mit Testosteronpropionat behandelt wurde; der Kamm wies dann eine

Aufsplitterung der Kollagenfasern auf Grund einer Einlagerung von Wasser (SZIRMAI) in die mucoide Intercellularsubstanz und Zunahme von hexosaminhaltigen Mucopolysacchariden (SCHILLER u. Mitarb.) auf. Unter Androgenstimulierung kommt es zu einer gesteigerten Aktivität der Fibroblasten des Bindegewebes (LUDWIG und BOAS). An der Blasenschleimhaut und Linsenkapsel des Kaninchens wiesen SEIFTER u. Mitarb. eine Aufhebung der Hyaluronidasewirkung durch Testosteron nach. Die Infektionsausbreitung in der Haut konnte sowohl an gesunden als auch an adrenalektomierten Tieren unter Testosteronpropionat verhindert werden (WINTER und FLATAKER).

Die Melaninpigmentierung steht ebenso wie bei der Frau auch beim Manne unter dem Einfluß der Keimdrüsenhormone. So hat der männliche Eunuch eine blasse Hautfarbe, und er wird in der Sonne nicht braun; eine Beobachtung, die von HAMILTON und HUBERT mitgeteilt wurde. Derselbe Patient zeigte nach 5monatiger Testosteronbehandlung eine starke Pigmentierung in den sonnenexponierten Partien. Diese Beobachtung konnten sie auch bei Frauen in der Menopause bzw. nach Kastration machen.

Eine direkte Stimulierung der Melanocyten durch Androgene — sowohl bei lokaler als auch bei allgemeiner Applikation — konnte an folgenden Körperpartien verschiedener Tiere nachgewiesen werden: Sperlingsschnabel (PFEIFFER, HOOKER und KIRSCHBAUM), Dorsolumbalflecken des Hamsters (KUPPERMAN), Skrotum des Eichhörnchens (WELLS).

Die Entwicklung des Haarkleides der Sekundärbehaarung steht unter der Wirkung von Testosteron, wie durch klinische Beobachtungen an Patienten mit androgenem Defizit (Eunuchen, präpuberale Kastraten) gezeigt werden konnte. Die Kopfbehaarung ist hiervon nicht berührt; Eunuchen haben z.B. nur dann eine Glatze, wenn dafür eine Familiendisposition besteht (HAMILTON). Die Terminal-Körperbehaarung ist nach ROTHMAN zwar ein Beweis für das Vorhandensein von männlichem Sexualhormon, ohne daß daraus aber quantitative Schlüsse gezogen werden können. Wenn die anderen Steroidhormone mit androgener Aktivität eine stimulierende Wirkung auf die Follikel besitzen, so hat Testosteronpropionat eine direkte Wirkung auf dieselben (ALBRIEUX und FOURNIER, HURXTHAL, WHITAKER).

3. C_{18}-Steroide

(Steroide der Oestranreihe = phenolische Steroide)

a) Vorkommen

Die *Oestrogene* werden nach ihrer hauptsächlichen Bildungsstätte auch als „Follikelhormone" bezeichnet; sie stimulieren die Entwicklung der weiblichen Genitalorgane, sowie die Ausprägung der sekundären weiblichen Geschlechtsmerkmale und erhalten die weiblichen Geschlechtsorgane funktionstüchtig. Sie sind verantwortlich für den normalen Ablauf des Cyclus beim Menschen und sind für die Schwangerschaft erforderlich; dabei treten sie in enge Beziehungen zum Progesteron und zu den gonadotropen Hormonen. Oestrogene sind auch im männlichen Organismus (Hoden) nachzuweisen.

Als Bildungsstätten kommen in Frage:

Graafscher Follikel	Oestradiol-(3,17β)
Thecazellen des Graafschen Follikels	Oestron
Placenta	Oestradiol-(3,17β) Oestron Oestriol
Nebennierenrinde (Mann und Frau)	Oestradiol-(3,17β)
Hoden	Oestradiol-(3,17β)
Hengsthoden	Oestradiol-(3,17β) Oestron

Es ist unklar, wie die Biosynthese der in den Drüsen gebildeten C_{18}-Steroide verläuft. WERTHESSEN u. Mitarb. konnten bei Durchströmungsversuchen an isolierten Schweineovarien nachweisen, daß nach einem Zusatz von radioaktivem Acetat zum einströmenden Substrat in der durchgeströmten Flüssigkeit sowohl radioaktives β-Oestradiol als auch radioaktives Oestron auftreten.

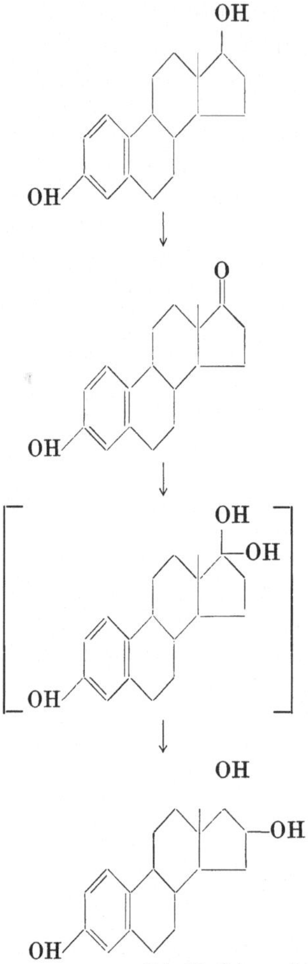

OH

β-Oestradiol

OH

↓

O

Oestron — Dehydrierung der Alkoholgruppe an C_{17} zur Ketogruppe

OH

↓

OH
OH

Hydratisierung
Anlagerung von HOH an C_{17} (?)

OH

↓

OH

OH Oestriol — Umlagerung einer OH-Gruppe von C_{17} nach C_{16}

OH

Abb. 17. Schema des Stoffwechsels von Oestradiol. (Nach ZIMMERMANN)

b) Nachweis der oestrogenen Aktivität

In diesem Zusammenhang muß darauf hingewiesen werden, daß heute in vermehrtem Maße die bereits 1934 von ZONDEK aufgestellte Hypothese der Entstehung von Oestrogenen aus Androgenen diskutiert wird (s. bei SIMMER). BUTENANDT und KUDZUS konnten 1935 an infantilen weiblichen Ratten eine schwach oestrogene Wirkung von Δ^4-Androstendion, Dehydroepiandrosteron und Testosteron nachweisen; BUTENANDT schloß aus diesem Befund und der chemischen Verwandtschaft der einzelnen Steroide, daß Δ^4-Androstendion eine natürliche Vorstufe des Oestrons sei. 1936 fanden diese Angaben eine Stütze, als STEINACH nach Verabreichung von Androsteron bei Ratten eine erhöhte Oestrogenausscheidung im Urin nachweisen konnte; ein definitiver Beweis war damit allerdings noch nicht erbracht. Erst mit Hilfe der Isotopenforschung gelang ein sehr wesentlicher Schritt; so wies MEYER (1955) in der Placenta und im Follikel-

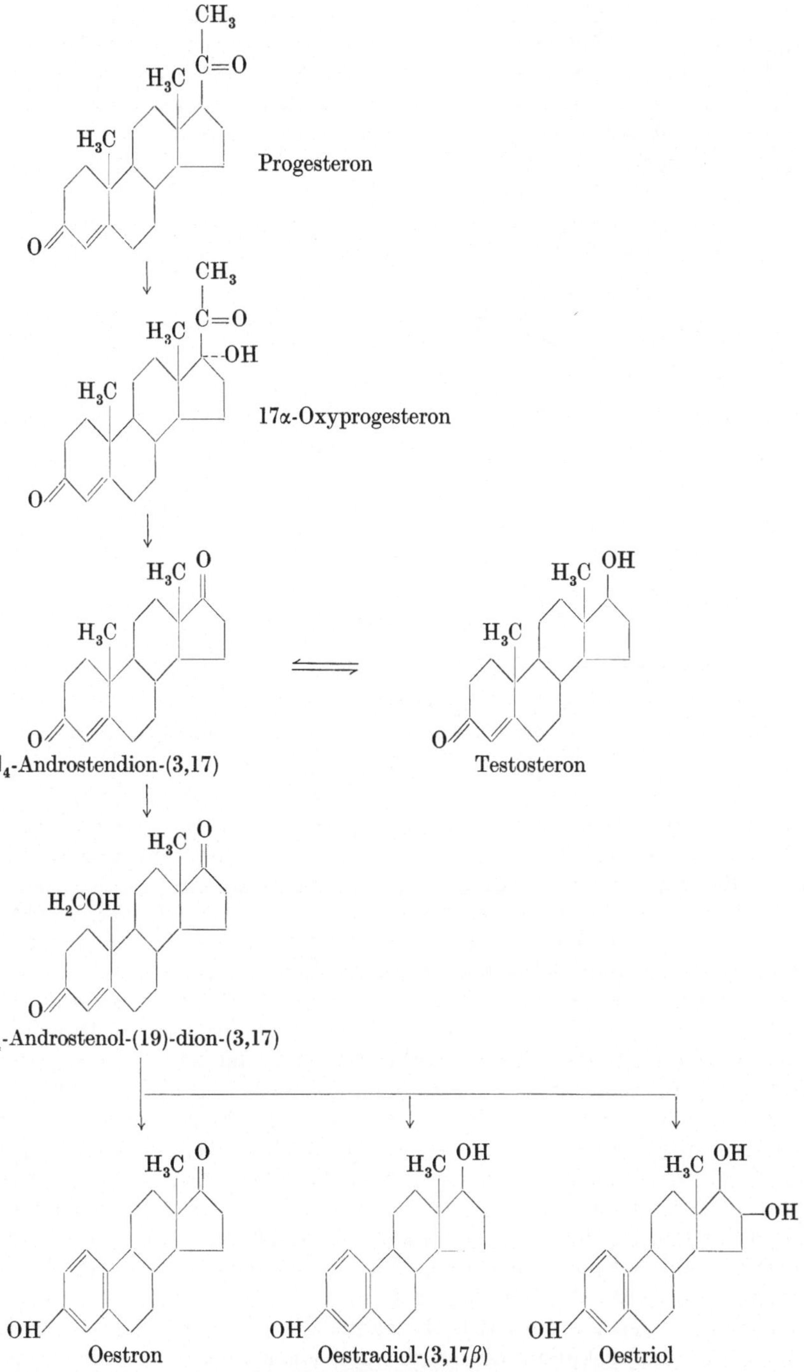

Progesteron

17α-Oxyprogesteron

Δ_4-Androstendion-(3,17) ⇌ Testosteron

Δ_4-Androstenol-(19)-dion-(3,17)

Oestron Oestradiol-(3,17β) Oestriol

Abb. 18. Schema für die mögliche Biosynthese der Oestrogene aus Progesteron und Androgenen (Nach SIMMER 1958)

saft Fermente nach, die Δ^4-Androstendion und Δ^4-Androstenol-(19)-dion-(3,17) in Oestron umwandelten. 1956 isolierte BAGGETT aus Ovarialgewebe, dem markiertes Testosteron zugesetzt war, neben Δ^4-Androstendion auch Oestradiol; diese in vitro-Befunde konnten in einigen in vivo-Befunden bestätigt werden

(Heard, Jellinek und O'Donnel). In welchem Maße die künstlichen in vitro-Bedingungen den im Organismus vorliegenden Bedingungen entsprechen, ist noch fraglich; denn über den Stoffwechsel im einzelnen wird auf Grund dieser Versuche gar nichts ausgesagt, da jeweils nur die Endprodukte isoliert werden konnten; zum anderen wurde in den genannten Versuchen jeweils nur der Umsatz exogen zugeführter Androgene untersucht. Wenn jedoch der Steroidstoffwechsel in der beschriebenen Weise ablaufen sollte, dann müßte auch der Nachweis von Androgenen im weiblichen Organismus gefordert werden. Dieser Nachweis gelang Solomon, Wiele und Lieberman sowie Salhanik, Jones und Berliner, ferner

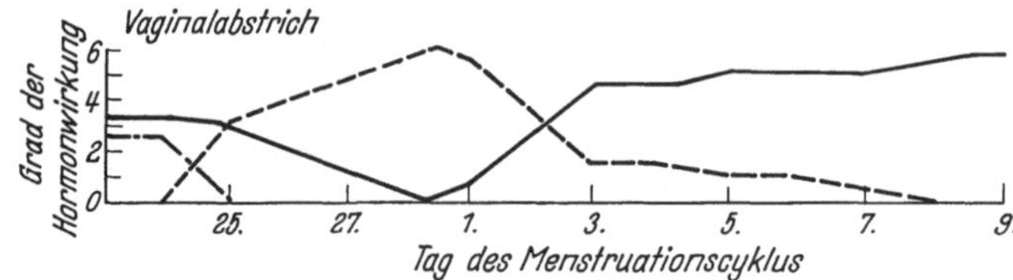

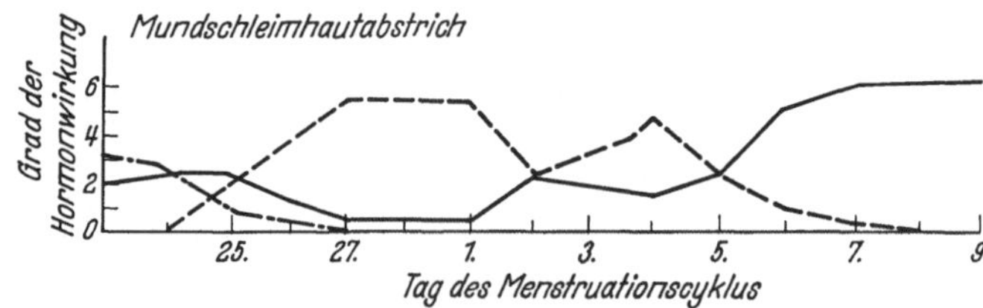

Abb. 19. Gegenüberstellung der Hormonwirkung an Vaginal- und Wangenschleimhaut. (Nach Schreus und Schöldgen.) ——— Follikelhormon; – – – – Corpus luteum-Hormon; —·—·—· Abbruchwirkung des Corpus luteum-Hormons (sog. prämenstruelle Wirkung)

auch Zander mit der Isolierung von Δ^4-Androstendion aus Ovarien, Placenta und Corpus luteum. Simmer gibt in einer neueren Arbeit ein Schema für die mögliche Biosynthese der Oestrogene aus Progesteron und Androgenen, das vorstehend wiedergegeben sei; es muß aber betont werden, daß — bei aller Wahrscheinlichkeit dieser Hypothese — der letzte Beweis für die Biosynthese der Oestrogene aus Androgenen noch aussteht (s. auch Dorfman).

Die Oestrogene werden durch Umwandlung in Metabolite oder durch Abbau vornehmlich in der Leber inaktiviert. Auch die Niere spielt im Stoffwechsel der C_{18}-Steroide eine Rolle. Ist die Leber erkrankt, so ist der Abbau der C_{18}-Steroide eingeschränkt (Edmondson, Glass u. Soll; de Gennes u. Bricaire; Glass, Edmondson u. Soll; Gilder u. Hoagland; Jores). Es kommt daher zu einem vermehrten Auftreten von Oestrogenen im Harn. Bei einer Frau kann es unter solchen Bedingungen zu einer glandulär-cystischen Hyperplasie, beim Manne zur Gynäkomastie kommen. Kimmig konnte unter anderem über einen männlichen Patienten mit Lebercirrhose und Gynäkomastie berichten, bei dem im Urin vermehrt Oestrogene nachgewiesen wurden. Diese Gynäkomastie tritt beim Patienten mit Prostata-Carcinom als Nebenwirkung unter der Behandlung mit Oestradiol auf. Ruhrmann wies auf einseitige Gynäkomastie nach Applikation von Herzglykosiden hin und diskutiert die Möglichkeit einer Relationsstörung zwischen männlichem und weiblichem Sexualhormon.

Mit Hilfe des Allen-Doisy-Tests kann die Wirksamkeit der Oestrogene nachgewiesen werden. Man ist aber auch in der Lage, aus dem Vaginalschleimhautabstrich (Papanicolaou) und mit Hilfe der „oralen Cytodiagnostik" (Schreus) die Oestrogen- und Progesteronwirkung zu prüfen, wie von Schreus und Schöldgen gezeigt werden konnte (Abb. 19).

c) Stoffwechselwirkungen

Oestradiol und Oestron führen am normalen und ebenso am pankreatektomierten Hund zu einer gewissen Stickstoff-Retention, wie aus Untersuchungen von THORN und ENGEL, sowie GAEBLER und TARNOWSKI hervorgeht. Ausgesprochen proteinanabole Wirkungen fehlen den Oestrogenen aber; im wachsenden Organismus wirken sie katabol. Das Thymusgewicht wird durch Oestrogenmedikation reduziert. Die Gerinnungszeit wird durch Oestrogene verkürzt (FUKAS und ADRIANOS).

Tabelle 8. *Veränderungen im Uterus der kastrierten erwachsenen Ratte nach β-Oestradiol.* (Nach DIRSCHERL)

	1 Std	4—6 Std	20 Std	48 Std
Gewicht				$\widehat{\uparrow}$
Trockengewicht			$\uparrow$	
Wasser		$\widehat{\uparrow}$	$\widehat{\uparrow}$	
Atmung	$\uparrow$	$\uparrow$	$\uparrow$	⇡
Glucoseverbrauch		$\widehat{\uparrow}$	$\widehat{\uparrow}$	⇡
Glykolyse (anaerob)		$\uparrow$	$\uparrow$	⇡
Nucleoproteide		$\downarrow$	$\uparrow$	$\uparrow$ $\downarrow$
Ribonucleinsäure				$\widehat{\uparrow}$
Desoxy-Ribonucleinsäure				○
N				$\uparrow$
K				$\uparrow$
Glykogen		⇡		⇡
Succinodehydrase				$\uparrow$

$\frown$ = Maximum; $\uparrow = 0{,}5$—$5\,\gamma$; ⇡ $= 50\,\gamma$.

Am teilweise pankreatektomierten Frettchen führte die Zufuhr von Oestrogen bei gleichzeitiger Zunahme der N-Ausscheidung unter freier Kost zum Diabetes, andere Tierarten zeigten diesen Oestrogeneffekt nicht (DOLIN, JOSEPH und GAUNT). Am Kaninchen konnten kleine Oestrogendosen den Blutzucker steigern, während hohe Dosen eine Hypoglykämie verursachten. Eine Beeinflussung des Fettstoffwechsels konnte unter Äthinyl-Oestradiol- oder Stilboestrol-Behandlung von Frauen im Klimakterium nachgewiesen werden; hier fand sich eine Erhöhung der Gesamtserumlipide und des Serumlipidphosphors, während der Serumcholesterinspiegel absank (EILERT). Demgegenüber konnte nach längerer Oestradiolbehandlung mit physiologischen Dosen bei älteren Männern und Frauen keine Beeinflussung der Lipidfraktionen des Serums festgestellt werden (GLASS u. Mitarb.). An Uterus und Leber und in hohen Dosen in den Skeletmuskeln zeigen die Oestrogene glykostatische Effekte, möglicherweise durch Förderung der Hexokinasebildung. Diese Auffassung konnte dadurch gestützt werden, daß man die *in vivo* erzielte Steigerung der Glykolyse *in vitro* nicht nachweisen konnte. Einzelheiten der Veränderungen im Uterus bei der kastrierten erwachsenen Ratte nach β-Oestradiolgaben gehen aus der obenstehenden Tabelle 8 von DIRSCHERL hervor.

In der Haut wurden von STÜTTGEN und EBSCHNER an Flachschnitten mit Hilfe der Warburg-Apparatur Atmung und anaerobe Glykolyse untersucht und dabei mit kleinen „physiologischen Dosen“ von Oestradiol und Diäthyldioxystilben eine deutliche Erhöhung der Atmung außerhalb der Fehlerbreite festgestellt (Abb. 20).

Die Oestrogene wirken nicht diuretisch und zeigen nach RICHARDSON und HOUCK auch keine renotrope Wirkung. Sie wirken von allen Sexualhormonen — wenn auch nur schwach — am meisten Na^+-retinierend (THORN und HARROP). Das Na^+-K^+-Verhältnis im Urin wird durch sie nicht verändert (SIMPSON u. TAIT). COLE konnte auf Beziehungen zwischen Nucleoproteidgehalt und intracellulärem K^+ in Muskelfasern und Endometrium des Uterus unter der Oestradiolwirkung hinweisen. Die Oestrogene rufen ein Wachstum aller Uterusstrukturen hervor, die mit einer Wasseraufnahme beginnen und mit einer gesteigerten Durchblutung, erhöhten Capillarpermeabilität und Zunahme an osmotisch aktiven Elektrolyten einhergehen. Die Osteoplasten scheinen von den Oestrogenen stimuliert oder aber durch den Oestrogeneinfluß aus undifferenzierten Markelementen differenziert zu werden. Pathologische Skeletveränderungen treten z.B. bevorzugt bei Frauen im Klimakterium auf, sind aber auch nach Androgenmangel bei Männern mit unveränderten Ca- und PO_4-Serumwerten beobachtet worden (NOWAKOWSKI und GADERMANN). Die Oestrogene wirken nach LANGECKER hyalasehemmend; damit erleichtern sie die Polymerisation, die Stabilisierung der Kittleisten und die Quellung der Bindegewebsfaser. Hyaluronsäurereiche Organe, die Beziehungen zu den sekundären Geschlechtsmerkmalen haben, zeigen unter Oestrogeneinfluß eine starke Schwellung (Sexualhaut des Pavians, Mons veneris, Wangenpfropf des jungen Mädchens).

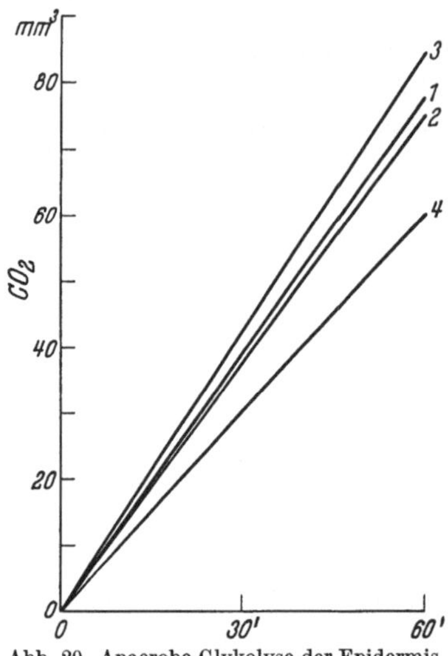

Abb. 20. Anaerobe Glykolyse der Epidermis unter Oestrogenen (Ansatz: 300 mg Epidermis vom Unterschenkel). *1* und *2* Kontrolle; *3* +0,001 γ Diäthyldioxystilben; *4* +0,01 γ Diäthyldioxystilben. (Nach STÜTTGEN und EBSCHNER)

Nach BEAN soll das Auftreten der arteriellen Spinnennaevi und Palmarerytheme bei Leberkranken möglicherweise begünstigt werden durch einen hohen Oestrogenspiegel und vielleicht auch durch Anomalien im Abbau der 17-Ketosteroide. Die Oestrogene und Diäthylstilboestrol haben nach ST. ROTHMAN offenbar eine dilatorische Wirkung auf die Capillaren der Haut, nicht dagegen auf die Arteriolen; die Hauttemperatur steigt dabei nicht an. Der Effekt auf die kleinsten Gefäße kann am Ohr des ovariektomierten Kaninchens gut beobachtet werden (REYNOLDS u. Mitarb.). Gemeinsam mit DI PALMA stellte REYNOLDS bei Messungen über die Minimaldosis zur Erzeugung der Vasoconstriction und den Schwellenwert für die reaktive Hyperämie fest, daß cyclische Schwankungen nicht vorlagen.

Der gesamte Vorgang der Keratinisierung kann besonders gut an der Vaginal-Mucosa nach Applikation von Oestrogenen provoziert werden (BURROWS). Diese Reaktion ist begleitet durch eine Kumulation von Glykogen in den Mucosazellen. Es darf nach ROTHMAN als sicher angenommen werden, daß die Oestrogene nicht direkt in den Verhornungsprozeß eingreifen, sondern auf dem Wege über eine Stimulierung der Epithelzellproliferation oder über eine Induktion eine Metaplasie der nichtverhornenden Baselzellen hervorrufen.

W. JADASSOHN hat sich seit 1943 sehr eingehend mit der Frage einer Hormonwirkung auf die Zitze und die Milchdrüse des Meerschweinchens beschäftigt und dabei feststellen können, daß die Zitzenvergrößerung nicht nur durch Oestrogeninjektion, sondern ebenso durch lokales Auftropfen von Oestrogenlösungen zu erzielen ist. Histologisch ließ sich dabei eine starke Acanthose nach Applikation der Oestrogene an der Epidermis der Zitzen feststellen, wobei Dosen von täglich 1 Tropfen einer Oestrogenlösung von 0,01 γ/ml verwendet wurden. Für den von JADASSOHN beobachteten *oestrogenen Mitosenschub* genügte eine einmalige Applikation, um einen monatelangen Effekt zu erreichen.

LANSING und OPDYKE studierten den Einfluß von Oestrogenen auf die Stimulierung der Epidermis an Brustwarzenschnitten und fanden unter der Hormonwirkung eine deutliche Verbreiterung der Epidermis. ROTHMAN diskutiert in diesem Zusammenhang bei der Pigmentierung unter Oestrogenen die Möglichkeit einer stärkeren Sensibilität der SH-Gruppen von Melanoblasten und Epithelzellen dieser Bezirke gegenüber den gleichen Zellen an anderen Partien des Körpers. Neben diesen Pigmentverschiebungen und epidermalen Reaktionen kommt es aber auch zur Quellung des Bindegewebes, zur Erythembildung und zum Ödem vor allem in der Perigenitalregion — der sog. Sexualhaut —, wie besonders gut bei Affen festgestellt werden konnte (ZUCKERMANN).

Nachdem B. BLOCH und SCHRAFL (1932) nach Implantation von Ovarien bei kastrierten Meerschweinchenmännchen eine starke Hyperpigmentierung im Bereich der Zitzen, Areolae und um die Genitalien beobachtet hatten, konnten in Fortführung dieser Studien DAVIS, BOYNTON, FERGUSON und ROTHMAN nach lokaler Applikation von Oestrogenen auf eine Zitze diese Feststellungen bestätigen, ohne daß es aber zu allgemeinen Oestrogen-Wirkungen am Organismus des Versuchstieres kam (WHEELER, CAWLEY und CURTIS). Zweifellos müssen die lokalen Hyperpigmentierungen der schwangeren Frau als Oestrogeneffekte angesehen werden. JESIONEK konnte für das Chloasma uterinum eine synergistische Wirkung von Sonnenlicht und Oestrogenen zeigen. JADASSOHN hat schließlich nachgewiesen, daß die oestrogenbedingte Hyperpigmentierung der Meerschweinchenzitze nicht auf einer einfachen Pigmentvermehrung der Basalzellschicht, sondern auf einer pigmentierten Acanthose beruht; das Pigment findet sich dabei zum Teil im Stratum Malpighi.

WESTERFIELD hatte 1940 festgestellt, daß mit Hilfe von Tyrosinase eine Oxydation des natürlichen Oestrogens möglich war; diese Angaben wurden später von GRAUBARD und PINCUS bestätigt und dahingehend ergänzt, daß die Oxydation der Oestrogene zu rotgefärbten Chinontyp-Endprodukten ohne Oestrogenaktivität führt. Die Beobachtung von FORBES, der die Entwicklung eines rötlichen Haarpigmentes bei Albinoratten nach hohen Oestradiolgaben sah, kann nach ROTHMAN als Stütze für die These angesehen werden, wonach die Oestrogene bei Säugetieren in gleicher Weise zu Pigment oxydiert werden können. Ähnliche Beobachtungen im Sinne einer Dunkelpigmentierung der Haare konnte FORBES nach Implantationen von Oestrogenkügelchen bei männlichen und weiblichen Ratten machen.

Ein signifikanter fördernder Einfluß der Oestrogene auf das Haarwachstum wird von ROTHMAN abgelehnt. Er schließt sich der Hypothese ALBRIGHTs an, der eine Stimulationswirkung der Oestrogene auf die Hypophyse mit konsekutiver Stimulierung der Nebennierenrinde zur Androgenproduktion für wahrscheinlich hält. Die essentielle, benigne Hypertrichosis der Frau geht nicht auf eine Oestrogenwirkung zurück; sie kann nach ROTHMAN in bestimmten Fällen auf Störungen der Nebennierenrindenfunktion zurückgehen.

Von v. ZERSSEN, MEYER und AHRENS aus der Joresschen Klinik in Hamburg liegt eine neuere Mitteilung vor, die als ein wertvoller Beitrag zur Aufklärung des gewöhnlichen, idiopathischen Hirsutismus der Frau angesehen werden muß. Danach handelt es sich bei einem derartigen Befunde nicht etwa um eine auf die Haut beschränkte Anomalie, sondern in den meisten der von ihnen untersuchten Fällen ließ sich eine erhöhte 17-Ketosteroidausscheidung im Urin mit Vermehrung gerade der Androsteron- gegenüber einer Verminderung der Ätiocholanolon-Ausscheidung nachweisen. Es wird angenommen, daß dieser Befund wenigstens zum Teil auf eine zentral-hypophysär bedingte Stimulierung der Nebennierenrinden-Aktivität zurückgeht.

Im Gegensatz zu Testosteron besitzen die Oestrogene in unphysiologischer Dosierung deutlich hemmende Wirkung auf das Wachstum der Talgdrüsen

(ROTHMAN; MIESCHER und STARK) (Tabelle 9). Dabei muß hervorgehoben werden, daß die Art und Weise dieser Beeinflussung unter physiologischen Verhältnissen nach ROTHMAN noch unbekannt ist.

HOOKER und PFEIFFER konnten an Ratten nachweisen, daß unter Oestrogentherapie eine allgemeine Regression aller Zellelemente von Epidermis und Corium, teilweise auch von den Follikeln und Haaren erfolgt; dem gegenüber steht die Beobachtung EBLINGs, der eine selektive Talgdrüsenatrophie feststellen konnte, wobei seine Hormongaben aber kleiner waren. Bei infantilen Ratten stellte er außerdem nach Ovarialimplantation eine kurze Anfangsperiode mit Talgdrüsenwachstum fest, die von einer stetigen Abnahme bis unter normale Werte gefolgt war. Oestradiolbenzoat zeigte eine deutliche Mitosensteigerung der Talgdrüsen mit Maximum nach 2 Tagen und lytischem Abfall. ROTHMAN betont in diesem Zusammenhang, daß die Einschränkung der Talgdrüsenfunktion nur mit nichtphysiologischen, hohen Oestrogendosen erreicht worden sei; der Schwellenwert sei nicht bekannt. Aber auch durch *lokale Applikation* von Oestrogenen konnte die Talgdrüsenfunktion gehemmt werden, wie aus Untersuchungen von REISS und GELLIS, sowie LAPIÈRE hervorgeht.

Tabelle 9. *Einfluß von Oestrogen auf die Größe der Talgdrüsen und Alveolen.* (Nach ROTHMAN 1954)

Behandlung	Talg drüsen-zellzahl	Alveolar-zahl	Zellzahl/ Alveolar-zahl
Keine	277,6	37,1	7,5
Oestradiolbenzoat 1 γ	178,3	28,1	6,3
Oestradiolbenzoat 100 γ (jeweils täglich über 30 Tage)	90,7	23,8	3,7

II. Die Gonadotropine

a) Historische Übersicht

Während der erste experimentelle Nachweis der endokrinen Aktivität eines Organs bereits auf das Jahr 1849 (BERTHOLD) zurückgeht, wurde im 20. Jahrhundert durch CUSHING (1909) und ASCHNER (1912) der von ihnen aus dem klinischen Bild vermutete Zusammenhang zwischen Hypophyse und Gonaden durch Hypophysenexstirpation im Tierversuch nachgewiesen. 12 Jahre später konnten EVANS und LONG mit wäßrigen Hypophysenextrakten an Ratten Überfunktionserscheinungen an den Gonaden hervorrufen. ZONDEK und ASCHHEIM, sowie gleichzeitig SMITH, konnten die Beziehungen zwischen der Hypophyse und den Gonaden weitgehend aufklären. 1927 konnten ASCHHEIM und ZONDEK sowie MURATA und ADACHI das Choriongonadotropin auffinden. VOSS bewies gemeinsam mit LOEWE, daß die zunächst am weiblichen Tier festgestellten Hypophysenvorderlappen-Wirkungen in gleicher Art und Weise auch das für männliche Geschlecht gelten; diese Feststellungen waren von großer Bedeutung, zumal VOSS weiterhin zeigte, daß die Hypophysenvorderlappen-Wirkung auf die Gonaden nicht artspezifisch ist. Während ASCHHEIM und ZONDEK seinerzeit noch annahmen, daß das von ihnen bei Frauen aufgefundene Gonadotropin aus der Hypophyse entstammte, konnte durch die Untersuchungen von COLLIP (1930) und E. PHILIPP (1930) bewiesen werden, daß die Bildungsstätte des gonadotropen Hormons im Harn schwangerer Frauen nicht der Hypophysenvorderlappen, sondern das Chorion ist. PHILIPP konnte in seinen grundlegenden Untersuchungen nachweisen, daß die Hypophyse in der Schwangerschaft zum Zeitpunkt des höchsten Choriongonadotropintiters im Blut ganz außerordentlich arm an ICSH ist. KIDO erbrachte 1937 experimentell den Beweis für diese Auffassung PHILIPPs.

In neuerer Zeit konnte durch experimentelle Untersuchungen von DICZFALUSY (1953) die Auffassung vom chorionalen Ursprung des menschlichen Choriongonadotropins bestätigt werden.

Einen Einblick in die physiologische Bedeutung der Hypophyse kann man nur im Tierversuch durch Beobachtung der Folgeerscheinungen einer Hypophysektomie erlangen. Man muß aber stets eine totale Hypophysektomie vornehmen, da kleine Restpartikel ohne weiteres in der Lage sind, den operativen Eingriff zu paralysieren, d. h. ungeschehen zu machen; dabei kann nie vorausgesagt werden, welche Hypophysenanteile als Restteile nach der Operation verblieben sind, es genügen wenige Zellkomplexe für die Übernahme einer Partialfunktion. Es leuchtet daher ein, wenn nach vollständiger Entfernung der Hypophyse alle von der Hypophyse abhängigen Organe mit einer Unterbrechung ihrer Tätigkeit reagieren. Es ist also nicht möglich, z. B. die an der Haut nach Hypophysektomie auftretenden Veränderungen auf ein bestimmtes hypophysäres Hormon zurückzuführen; man kann in der Beurteilung von hormonalen Zusammenhängen daher nicht zurückhaltend genug sein.

Die gonadotropen Hormone gehören zu den Hormonen des Hypophysenvorderlappens. Man unterscheidet das follikelstimulierende Hormon (FSH) und das luteinisierende Hormon (LH), das, wenn es die interstitiellen Zellen stimuliert, als ICSH bezeichnet wird. Follikelstimulierendes Hormon wirkt beim weiblichen Tier auf die Follikel des Ovariums und beim männlichen Tier auf die Spermiogenese. ICSH bewirkt eine luteinisierende Wirkung (EVANS) am Ovar und wirkt ebenso auf die interstitiellen Zellen des Testis und des Ovar. Beide Hormone sind voneinander getrennt. Die Wirkung von ICSH wird besonders deutlich am hypophysektomierten Tier, da hier die interstitiellen Zellen der Gonaden auf Grund der Hypophysektomie atrophieren; gibt man nun ICSH, so entfalten sich die vorher atrophierten Zwischenzellen wieder und es kommt beim weiblichen Tier außerdem zu einer Luteinisierung. Es reagieren allerdings nur reife Follikel optimal auf ICSH; Follikelstimulierendes Hormon wirkt dabei nicht wirkungssteigernd auf ICSH, so daß die Tatsache, daß eine volle Wirkung erst durch eine Kombination beider Hormone erfolgt, keinen Aufschluß darüber gibt, ob beide Hormone im Hypophysenvorderlappen getrennt gebildet werden (EVANS). Einen sehr wichtigen Einblick in die Wirkungen der gonadotropen Hormone erhält man am hypophysektomierten Tier. So kommt es beim hypophysektomierten Tier unter follikelstimulierendem Hormon zur Spermiogenese, während die akzessorischen Genitalorgane (z. B. Prostata) hiervon unbeeinflußt und somit atrophisch bleiben. Die Verabfolgung von ICSH am hypophysektomierten Männchen führt zu einer Stimulierung der Leydigschen Zwischenzellen und damit zur Produktion von Testosteron; es kommt in der Folge zu einer Größenzunahme der vorher atrophierten akzessorischen Genitalorgane und später auch zu einer Anregung der Spermiogenese (vgl. GREEP, VAN DYKE und CHOW). Demgegenüber erfolgt unter ICSH beim weiblichen Tier an den reifen Follikeln keine vollwertige Gelbkörperwirkung; erst die Kombination von follikelstimulierendem Hormon, ICSH und Luteinisierungs-Hormon rufen, im richtigen Mischungsverhältnis und zur richtigen Zeit verabfolgt, Reifung des Follikels, Sprung des Follikels und Corpus luteum-Bildung hervor (vgl. EVANS).

Um die Rückwirkung der Sexualhormone auf die Hypophyse erkennen zu können, bedarf es der Kastration, bei der durch das Fehlen der Gonaden die Wirkung der Sexualhormone ausgeschaltet ist. Es kommt zur Aufhebung des bisherigen Gleichgewichtes zwischen Hypophyse (Gonadotropin) und Gonade (Oestron bzw. Testosteron) und damit zur sog. „Enthemmung" der Hypophyse mit deutlicher Gewichtszunahme des Organs selber und zum Auftreten der basophilen

Kastrationszellen mit der charakteristischen Radspeichen-Kernstruktur, sowie einer gleichzeitigen Abnahme der eosinophilen Zellen. Aus dieser „Enthemmung“ der Hypophyse, die nicht mehr unter dem bremsenden Einfluß von Oestron bzw. Testosteron steht, resultiert eine vermehrte Gonadotropinausscheidung im Urin.

Nach den experimentellen Untersuchungen von Spatz und seinen Schülern kann wohl kaum ein Zweifel bestehen, daß ein *Sexualzentrum* existiert, das in das Tuber cinereum lokalisiert werden kann. Auf welche Weise allerdings eine Verknüpfung zwischen dem Hypophysenvorderlappen, den peripheren Drüsen und diesem Zentrum erfolgt, muß vorerst noch offen bleiben (Jores). Es sei in diesem Zusammenhang auf die Ansicht von Harris verwiesen, der eine andersgerichtete Auffassung vertritt (s. auch Bargmann).

b) Chemie

Eine klare chemische Analyse der gonadotropen Hormone des Hypophysenvorderlappens hat bisher nicht erfolgen können. Man ist aber in der Lage, auf Grund verschiedener Untersuchungsmethoden (Eiweißchemie, Elektrophorese, Chromatographie, Ultrazentrifugierung, Dialyse, Biuret-, Xanthoprotein-, Ninhydrin- und Millonscher Reaktion) sicherzustellen, daß die gonadotropen Hormone Eiweißkörper sind. Damit kann man sie in die Gruppe der *Proteohormone* einreihen, muß allerdings berücksichtigen, daß neben der Eiweißkomponente noch ein bestimmter Prozentsatz von Hexosen und Aminohexosen zu erfassen ist, der offenbar für die biologische Wirkung dieser Hormongruppe wichtig erscheint; lediglich für das Luteinisierungs-Hormon trifft dieser Nachweis von Hexosen und Aminohexosen nicht zu. Eine Reindarstellung von Hormonen wird im allgemeinen dann angenommen, wenn es gelungen ist, ein Proteohormon mit den oben angegebenen Methoden zur Darstellung bringen. Welche Bedeutung dem Kohlenhydratanteil im Hormonmolekül zukommt, wird noch unterschiedlich beurteilt; so nimmt Benz an, daß das Kohlenhydrat die Rolle einer prosthetischen Gruppe spielen könne, während z.B. Li die Auffassung vertritt, daß das Kohlenhydrat im Rahmen des Moleküls zu einer spezifischen Gruppierung mit gonadotroper Wirksamkeit führt.

1. Die hypophysären Gonadotropine

a) FSH (Das follikelstimulierende Hormon; Prolan A; Gonadotropin A; Thylakentrin)

Als Ausgangsmaterial für die Gewinnung von follikelstimulierendem Hormon dient im allgemeinen die Hypophyse von Pferd, Schwein oder Schaf, und zwar benutzt man entweder das eingefrorene Organ oder aber auch Acetontrockenpulver. Im Jahre 1949 gelang Li und seinen Mitarbeitern erstmalig die Darstellung des reinen follikelstimulierenden Hormons und wenige Jahre später konnte Li analytisch folgende Angaben über die Zusammensetzung von follikelstimulierendem Hormon machen (s. nebenstehende Tabelle 10).

Tabelle 10. *Zusammensetzung von follikelstimulierendem Hormon in Schafshypophysen.* (Nach Li und Pedersen)

	%		%
Arginin	5,3	Methionin	1,0
Asparaginsäure	9,3	Phenylalanin	5,8
Cystin	4,3	Prolin	5,2
Glutaminsäure	13,4	Threonin	4,7
Histidin	3,7	Tyrosin	3,8
Isoleucin	3,3	Valin	5,8
Leucin	9,2	Hexose	1,2
Lysin	11,1	Hexosamin	1,5

Die *Bestimmung* von follikelstimulierendem Hormon erfolgt in der Regel nur am hypophysektomierten Tier, da beim intakten Tier die eigenen hypophysären Gonadotropine störend wirken. Als Kriterien dienen die Gewichtszunahme der Hoden (GREEP, VAN DYKE und CHOW), sowie das Auftreten normaler Follikel (EVANS, SIMPSON, TOLKSDORF und JENSEN). STEELMAN und POHLEY (1953) entwickelten eine neue Methode, die heute als allgemein gebräuchlich für die FSH-Auswertung angesehen werden muß; sie benutzen infantile, weibliche Ratten, die durch hohe HCG-Dosen für eine FSH-Wirkung sensibilisiert werden. Innerhalb bestimmter Dosisgrenzen entspricht das Verhältnis von FSH-Dosis und Ovariumgewicht einer Geraden.

b) ICSH (Das interstitielle Zellen stimulierende Hormon/Luteinisierungshormon; LH; Prolan B; Gonadotropin B; Metakentrin)

Vor allem die Hypophysen von Schaf und Schwein ergeben eine besonders gute Ausbeute für die Hormongewinnung von ICSH, das in der Hypophyse von Mensch und Affe nur in sehr geringem Prozentsatz vorhanden ist (FEVOLD, WEST und FEVOLD). Vergleicht man die chemischen und physikalisch-chemischen Eigenschaften des aus Schafs- bzw. Schweinehypophyse gewonnenen Hormons, so ergeben sich — bei qualitativ gleicher Wirkung — doch recht beträchtliche Unterschiede (s. Taelle 11).

Tabelle 11. *Gegenüberstellung der chemischen und physikalisch-chemischen Eigenschaften des aus Schafs- und Schweinehypophyse gewonnenen ICSH.* (Nach ABDERHALDEN)

	Schaf	Schwein
Stickstoffgehalt	14,20%	14,93%
Molekulargewicht	40000	100000
Isoelektrischer Punkt p_H .	4,6	7,45
Sedimentationskonstante	$3{,}4 \cdot 10^{-13}$	$5{,}4 \cdot 10^{-13}$
Tyrosin	4,5%	
Tryptophan	1,0%	3,8%
Mannose	4,5%	2,8%
Hexosamin	5,8%	2,2%

Die Reindarstellung erfolgte in den Jahren 1939/40 gleichzeitig und unabhängig voneinander durch LI u. Mitarb., sowie SHEDLOVSKY u. Mitarb.

Tabelle 12. *Übersicht der im Harn erhobenen Durchschnittswerte von gonadotropem Hormon.* (Nach ABDERHALDEN)

	Gonadotropingehalt des 24 Std-Harns ME/24 Std
Kinder 11—13 Jahre	2—3
Frauen: erstes und letztes Cyclusdrittel	4—8
mittlerer Cyclusteil.	20—50
Menopause	50—300
Männer	20—40
Kastraten	50—300

Die *Bestimmungsmethoden* zur Standardisierung von Luteinisierungs-Hormon / ICSH bedienen sich der infantilen männlichen bzw. weiblichen Ratte, und zwar verwendet man entweder das intakte Tier oder das hypophysektomierte Tier: Ovargewichtsmethode (FEVOLD); Samenblasengewichtsmethode (FEVOLD); Regeneration des interstitiellen Gewebes der Ovarien (SIMPSON, EVANS und LI); Prostatagewichtsmethode (GREEP, VAN DYKE und CHOW).

Die *Ausscheidung* der hypophysären Gonadotropine erfolgt durch die Nieren. Der größte Prozentsatz der im Urin auftretenden Gonadotropine entfällt auf follikelstimulierendes Hormon. Je nach Bestimmungsmethode divergieren die Angaben der von den einzelnen Autoren angegebenen Werte. Es ist daher stets notwendig, zu dem jeweiligen Gonadotropinwert im 24 Std-Urin auch die jeweilige Bestimmungsmethode anzugeben. Die von KLINEFELTER, ALBRIGHT und GRISWOLD mitgeteilte Methode (1943) hat sich gut eingeführt. Als Testobjekt wird der Uterus der infantilen weißen Maus benutzt. Es wird sowohl follikelstimulierendes Hormon als auch ICSH mit dieser Methode bestimmt. *Methodik* bei KIMMIG und SCHIRREN (1960) (vgl. auch bei DICZFALUSY u. HEINRICHS).

c) LTH (Prolactin; Mammotropin; lactogenes Hormon; luteo-mammotropes Hormon; Galactin)

Ein weiteres hypophysäres Gonadotropin ist das *luteotrope Hormon* (LTH), dessen Synonyma in der Überschrift aufgeführt sind und für dessen Bezeichnung Voss das Wort *Proletan* (proles = Nachkommenschaft) vorgeschlagen hat. Die Bildung von LTH erfolgt offenbar in den acidophilen Zellen des HVL; so hat man z. B. während der physiologischen Kropfproliferation der Taube eine starke Vermehrung dieser Zellen im HVL gefunden, die nach Extraktion eine enorme LTH-Aktivität aufwiesen (vgl. Voss 1960).

Die LTH-Bildung im HVL wird durch Oestrogene in niedriger Dosierung gefördert, während hohe Dosen einen Rückgang der LTH-Produktion zur Folge haben. Die enorme Entwicklung der Kropfmilchdrüsen der Tauben während der Brutzeit bei beiden Geschlechtern geht auf eine histiotrope Wirkung des LTH zurück, während das gleiche Hormon zur selben Zeit eine ausgesprochene Hemmwirkung auf die Gonaden der Taube — ebenfalls bei beiden Geschlechtern — entfaltet, so daß die Fortpflanzungsfähigkeit während der Brutzeit eingeschränkt ist. Die luteotrope Wirkung des LTH ist bisher nur an der Ratte exakt nachzuweisen gewesen. Beim Menschen hat man eine vermehrte LTH-Ausscheidung in der Luteinphase des Cyclus und eine herabgesetzte LTH-Ausscheidung bei Insuffizienz der Corpora lutea gefunden. Es ist auch bei Männern aller Altersklassen nachgewiesen worden.

Eine Wirkung auf die Haut ist bisher nicht studiert worden. Auf eine nähere Erörterung im speziellen Therapieabschnitt kann daher verzichtet werden.

Nach Li (1949) weist das LTH-Molekül der Schafshypophyse folgenden Aminosäurengehalt auf:

Arginin	8,6 g-%	Methionin	3,6 g-%
Asparaginsäure	11,6 g-%	Phenylalanin	4,1 g-%
Cystin	3,1 g-%	Prolin	6,2 g-%
Glutaminsäure	14,1 g-%	Serin	7,5 g-%
Glycin	4,0 g-%	Threonin	4,8 g-%
Histidin	4,5 g-%	Tyrosin	4,7 g-%
Isoleucin	7,2 g-%	Tryptophan	1,2 g-%
Leucin	12,5 g-%	Valin	5,9 g-%
Lysin	5,3 g-%		

Das *LTH-Molekül* enthält keine Kohlenhydrate und keine Thiol-Gruppen; es besitzt folgende Elementaranteile: 50,72% C; 6,63% H; 15,86% N; 1,79% S. Molekulargewicht: 22000—32000.

Die *Ausscheidung* von LTH erfolgt vorwiegend mit dem Harn, in geringen Mengen auch mit dem Kot und während der Laktation auch mit der Milch.

Die Bestimmung von LTH-Aktivität erfolgt an der Kropfdrüse der Taube (Prüfung der proliferativen Wirkung) (vgl. Riddle und Bates 1939) und als Test hinsichtlich der Wirkung auf die Milchdrüse von Säugetieren (Lyons 1937).

2. Die extrahypophysären Gonadotropine

a) Menschliches Choriongonadotropin (HCG)

Das Choriongonadotropin wurde 1927 von Aschheim und Zondek im Urin Schwangerer nachgewiesen. Es entsteht in den Langhansschen Zellen der Chorionzotten der Placenta. Nach Abderhalden soll die Bildung dieses Hormons zwischen dem 4. Tag vor und dem 8. Tag nach dem Ausbleiben der letzten Menstruation beginnen, um zwischen dem 30. und 50. Schwangerschaftstag ein Maximum zu erreichen; daran schließt sich ein lytischer Abfall des Choriongonadotropinhormonspiegels in Blut und Harn bis zur Geburt an. Tritt unmittelbar nach der Geburt erneut ein hoher Choriongonadotropinspiegel im Harn auf, so zeigt der Organismus damit an, daß Placentagewebe in utero zurückgeblieben ist. Auch beim Chorionepitheliom des Mannes und anderen teratoiden Tumoren der Hoden findet man derartig abnorm hohe Choriongonadotropinwerte. Die Bedeutung des Choriongonadotropin besteht darin, das Corpus luteum menstruationis in ein Corpus luteum graviditatis zu verwandeln und dessen Funktion zu erhalten. Choriongonadotropin ruft auch bei hoher Dosierung nur eine mäßige Gewichtszunahme des Ovars bei der infantilen Ratte hervor, während Serumgonadotropin und hypophysäres Gonadotropin einen wesentlich stärkeren Effekt zeigen. Bei hypophysektomierten Rattenmännchen verhindert die Applikation von Choriongonadotropin eine Atrophie der Leydigschen Zwischenzellen.

Eine Reindarstellung dieses Glykoproteid-Hormons ist bisher nicht erfolgt. Es enthält 10—12% Galaktose, 5—6% Hexosamin. Molekulargewicht 60000 bis 80000; isoelektrischer Punkt bei $p_H = 3{,}25$.

Die *Bestimmungsmethoden* erfolgen quantitativ wie bei Luteinisierungs-Hormon und qualitativ: Aschheim-Zondek-Reaktion, Ovulationstest nach FRIEDMANN, Galli-Mainini-Test; Corpus luteum-Methode nach DICZFALUSY.

b) Serumgonadotropin (PMS)

Das Serumgonadotropin wurde 1930 durch COLE und HART, sowie ZONDEK im Harn schwangerer Stuten aufgefunden. Seine Bildungsstätte ist noch unbekannt. In seinen biologischen Eigenschaften gleicht dieses Hormon weitgehend dem Follikelreifungshormon. Bei hypophysektomierten Ratten kommt es zur Follikelbildung, während am hypophysektomierten Rattenmännchen eine erhebliche Vergrößerung der Bläschendrüsen und eine Anregung der Spermiogenese resultiert. Offenbar veranlaßt das Serumgonadotropin — ähnlich wie das Choriongonadotropin — den Hypophysenvorderlappen zu stärkerer Produktion von Gonadotropin. FRAHM und SCHNEIDER haben PMS mittels der Hochspannungs-Papierelektrophorese aufgespalten und dabei neben einer FSH-Komponente zwei weitere Fraktionen isolieren können, die am Interstitium des Ovars sowohl eine ICSH- als auch eine LH-Wirkung entfalteten (1957).

Auch dieses Hormon gehört zu den Glykoproteiden und besteht zu 17,6% aus Galaktose und zu 8,4% aus Hexosamin. Das Molekulargewicht beträgt etwa 30000; der isoelektrische Punkt liegt zwischen p_H 2,60 und 2,65.

Die *Bestimmungsmethoden* entsprechen den bei Luteinisierungs-Hormon angegebenen Methoden.

c) Gonadotropine aus Tumoren (Chorionepitheliom, Blasenmole, Hodenteratom)

Es muß in diesem Zusammenhang auch darauf hingewiesen werden, daß bei den chorialen Tumoren in vermehrtem Ausmaße Choriongonadotropin produziert wird, so daß durch eine Bestimmung des Choriongonadotropins eine Diagnosestellung vor der histologischen Untersuchung des Tumors möglich ist. Die hierbei gefundenen Werte übertreffen bei weitem die auch unter anderen pathologischen Bedingungen gefundenen Choriongonadotropinwerte. Für die Hodenteratome liegen die entsprechenden Hormonwerte allerdings etwas niedriger als die Chorionepitheliomwerte.

3. Stoffwechselwirkungen

Wenn man die Stoffwechselwirkungen der hypophysären und der extrahypophysären Gonadotropine betrachten will, dann ist es zunächst von Wichtigkeit, die *fehlende Geschlechts- und Art-Spezifität* zu berücksichtigen (VOSS). Die

Auswirkungen auf den Stoffwechsel müssen sich — entsprechend der Bezeichnung „Gonadotropine" — vorwiegend an den Gonaden zeigen.

FSH führt bei der hypophysektomierten weiblichen Ratte nur zu einem minimalen Follikelwachstum, es verursacht in Gegenwart von ICSH jedoch eine erheblich stärkere Follikelentwicklung mit den Zeichen eines vaginalen Oestrus. Beim hypophysektomierten Rattenmännchen kann FSH das Gewicht der Hoden, sowie die Spermiogenese erhalten, ohne daß jedoch auch die Leydigschen Zwischenzellen von diesem FSH-Effekt mitbeeinflußt werden.

ICSH ruft bei beiden Geschlechtern die Bildung der Geschlechtshormone Oestradiol (weiblich) und Testosteron (männlich) hervor. Voss glaubt, daß auch die Bildung der gegengeschlechtlichen Gonadenhormone unter ICSH-Einwirkung erfolgt.

HCG besitzt im wesentlichen eine ICSH-Wirkung.

PMS steht hinsichtlich seiner Wirkungen im Gegensatz zu HCG. So kommt es unter PMS bei der hypophysektomierten infantilen weiblichen Ratte zu einer Vergrößerung der Ovarien, zum Wachstum der Follikel, zur Thecaluteinisierung und zur Stimulierung der Ovar-Interstitiums. Beim intakten Tier sind die PMS-Effekte verstärkt. Unter hohen PMS-Dosen tritt bei der intakten weiblichen Ratte eine Superovulation und im Falle einer Befruchtung eine Superfecundation ein. Beim Rattenmännchen erfolgt unter PMS eine Stimulierung von Spermiogenese und Leydigschen Zwischenzellen.

PMS und HCG bedingen bei hypophysektomierten und adrenalektomierten weiblichen Ratten eine Maskulinisierung, die bei zusätzlich ovariektomierten Tieren jedoch ausbleibt; man kann hieraus schließen, daß die Produktion der androgen wirksamen Substanzen im Ovar erfolgt (vgl. Junkmann, Voss u. a.).

Während unter dem Einfluß der Oestrogene der Turgor der Interstitialsubstanz heraufgesetzt und dementsprechend die Permeabilität herabgesetzt ist, zeigt Luteinisierungs-Hormon einen ausgesprochen gegensätzlichen Effekt (Lurie); die Ausbreitung von Mikroorganismen (Tuberkulose, Virus, Pneumokokken und anderes mehr) wird damit sehr begünstigt, wie auch von Sprunt bestätigt werden konnte. Catchpole beschrieb eine Depolymerisierung der Kittsubstanzen im Stroma des Rattenovars unter Gonadotropineinwirkung.

Davis, Boynton, Ferguson und St. Rothman stellten die Hypothese auf, daß der enorm hohe Gonadotropintiter in der Menopause den Oestrogeneffekt auf die Pigmentierung aufhebt und führen als Bestätigung ihrer Auffassung an, daß es ihnen mit Choriongonadotropin — nicht jedoch mit Serumgonadotropin! — gelang, die oestrogenbedingte Zitzenpigmentierung zu verhindern. Möglicherweise hängt das damit zusammen, daß das Serumgonadotropin in seinen biologischen Eigenschaften weitgehend dem Follikelhormon entspricht.

B. Die Behandlung von Hautkrankheiten mit Sexualhormonen

I. Allgemeine Grundsätze der Behandlung mit Sexualhormonen

Bei der Behandlung von Hautkrankheiten mit Sexualhormonen kann nur ein kleiner Kreis der Erkrankungen erfaßt werden, die im Rahmen der therapeutischen Möglichkeiten des Arztes mit dieser Hormongruppe behandelt werden. Dabei ist zu berücksichtigen, daß die theoretischen Voraussetzungen für eine derartige Behandlung nur in einigen wenigen Fällen vor klinischer Anwendung dieser Hormone vorgelegen haben; im wesentlichen gehen die günstigen Erfahrungen in der Praxis den theoretischen Untersuchungen voraus. Außerdem ist gerade auf Grund der bisherigen experimentellen Forschung die Anwendung von Sexualhormonen nur in einem begrenzten Anteil dermatologischer Affektionen auf den ersten Blick gerechtfertigt und experimentell begründet, obwohl bei einer großen Gruppe von Hautkrankheiten günstige Erfahrungsberichte nach einer ex juvantibus-Hormontherapie vorliegen. Es wird daher im nachfolgenden Abschnitt über die therapeutische Anwendung von Sexualhormonen in der Dermatologie in vielen Fällen über Erfahrungen von nur einem oder 2 Autoren berichtet werden können; diese Auffassungen sollen jedoch auch berücksichtigt werden, da es sich dabei um kritische Mitteilungen handelt, deren Nachprüfung an einem größeren Krankengut bisher einmal wegen der Seltenheit einiger Krankheitsbilder und zum anderen wegen der relativ kurzen Zeit seit dem Erscheinen dieser Mitteilungen nicht erfolgen konnte.

Schließlich darf nicht unerwähnt bleiben, daß es sich bei der Behandlung von Hautkrankheiten mit Sexualhormonen ja nur um eine *Behandlungsmöglichkeit* handelt, die in vielen Fällen zur Anwendung kommt, nachdem andere Behandlungsmöglichkeiten ohne Erfolg angewendet wurden.

Die Beurteilung des Erfolges nach einer Therapie mit Sexualhormonen muß mit besonderer Kritik erfolgen, da der exakte Beweis für den Erfolg durch ein Sexualhormon sich nur in wenigen Fällen erbringen läßt. Viele Erkrankungen neigen von sich aus zu Spontanremissionen, bei anderen wiederum geht der Erfolg zu Lasten der allgemein roborierenden Wirkung des Sexualhormons und schließlich darf auch die magische Wirkung der Arznei (Jores) nicht außer acht gelassen werden. Die Erfolgsbeurteilung wird also stets besonders schwierig sein.

Die Therapie mit Sexualhormonen sollte vor allen Dingen die Sonderstellung der Hormone berücksichtigen; werden doch dem Organismus damit Wirkstoffe aufgedrängt, die er selbst in den meisten Fällen in ausreichender Menge produziert und deren Dosis meistens ein Vielfaches der physiologisch erforderlichen Hormonmenge beträgt. Diese exogene Zufuhr kann sich daher in 2 Richtungen besonders auswirken:

1. Es kommt zu einer übermäßigen Hormonwirkung mit entsprechenden hormonalen Überfunktionssymptomen.

2. Es kommt zu einem Eingriff in das fein abgewogene endokrine System (Vogt).

So ist bereits seit 1928 die atrophisierende Wirkung der Sexualhormone auf die Gonaden erwiesen (Moore und McGee) und es läßt sich damit die Funktion eines endokrinen Organs durch längere, höher dosierte Gaben eines Hormons ausschalten. Nach Absetzen der Hormonmedikation können sich die Tätigkeitshemmung und die Atrophie der betreffenden endokrinen Drüse zurückbilden. Nelson beobachtete bei Männern, die hochdosiert Testosteronpropionat erhalten hatten, ein völliges Sistieren der Spermiogenese mit schwerer peritubulärer Fibrose. 6—30 Monate später durchgeführte Hodenbiopsien ergaben einen Rückgang der Fibrose und eine Rückkehr der Spermiogenese. Dieser Ausgleich der Tätigkeitshemmung kann gelegentlich über das Ziel hinausschießen („rebound-phenomenon"). Die von Heckel u. Mitarb. angegebenen günstigen Erfahrungen können aus eigener Kenntnis nicht in vollem Umfang bestätigt werden. Maddock u. Nelson sahen nach hohen Dosen von Gonadotropin (3mal 5000 E/wöchentlich) eine Reduzierung des Tubulusdurchmessers, peritubuläre Fibrose und ein Sistieren der Spermiogenese; damit ist also auch durch Überdosierung von

Gonadotropinpräparaten eine Schädigung der Keimdrüsen zu erzielen (s. auch JORES). Es muß daher vor einer *kritiklosen Anwendung von Sexualhormonen* nachdrücklichst gewarnt werden. Der normale tägliche Hormonbedarf des Erwachsenen beträgt etwa (s. Tabelle 13).

Tabelle 13. *Normaler täglicher Hormonbedarf des Menschen (Erwachsener).* (Nach VOGT)

Androgene (als Testosteronpropionat) . .	5,0 mg
Oestrogene (α-Oestradiol)	0,25 mg
(Im Cycluswechsel zwischen	1,0—0,8 mg)

Für eine wirksame Therapie mit Steroidhormonen müssen diese zunächst *ausreichend gelöst* sein. Obwohl sie chemisch zu den Lipoiden gehören, sind sie in geringen Konzentrationen auch in Wasser löslich. Nebenstehende bei DIRSCHERL entnommene Tabelle 14 gibt einen Überblick der Löslichkeitsverhältnisse von Testosteron und Progesteron in Wasser.

Tabelle 14. *Löslichkeit von Steroidhormonen in Wasser.* (Nach DIRSCHERL 1955)

Steroid	Temperatur in °C	pH	Lösungsmittel	Löslichkeit in γ/ml
Testosteron	25,0		Wasser	27,5
	37,5		Wasser	36,0
	37,5		0,1% $NaHCO_3$	35
	37,5		1% NaCl	33
	37,5	5,4	1% Albumin	148
	37,5	5,3	3% Albumin	334
	37,5	7,4	3% Albumin	394
	37,5	8,0	3% Albumin	445
	37,5	8,2	Kaninchenserum (5,8% Protein)	805
Progesteron	37,5		Wasser	13
	37,5		0,1% $NaHCO_3$	11
	37,5		1% NaCl	11,2
	37,5	5,3	1% Albumin	43
	37,5	5,3	3% Albumin	100
	37,5	7,4	3% Albumin	128
	37,5	8,1	3% Albumin	204
	37,5	8,2	Kaninchenserum (5,8% Protein)	300

Nach DIRSCHERL wird die Wasserlöslichkeit durch Eiweiß stark erhöht. Das ist vor allem für die in vivo-Prüfung von Bedeutung. Die Ester der Sexualhormone (Testosteronpropionat, Oestradiolbenzoat, Diäthylstilboestrolpropionat und andere) sind weniger wasserlöslich als die freien Hormone; sie können daher auch nur langsam resorbiert werden und zeigen eine protrahierte Wirkung. Der Ester selbst scheint nach DIRSCHERL unwirksam zu sein; die Wirkung tritt erst nach fermentativer Abspaltung des freien Hormons ein, worüber zahlreiche Untersuchungen von DIRSCHERL und seinen Mitarbeitern vorliegen.

II. Die Behandlungsmöglichkeiten

Für die Behandlung mit Sexualhormonen kommen vier verschiedene Behandlungsformen in Betracht:

a) die Implantation von Kristallen, b) die Injektion, c) die perorale und buccale Applikation, d) die lokale Anwendung.

a) Die Implantation von Kristallen

Für die *Implantation* kann man sowohl reine Hormonkristalle als auch Esterpräparate verwenden. Implantationen von Esterpräparaten (z.B. Testosteron) sind nach SCHREUS nicht in dem Maße steuerbar, wie man es erwarten sollte. Nach SCHREUS werden z.B. Testosteronester als Implantate schlecht vertragen, da sie am Orte der Implantation verseift werden müssen und daher einen Reizzustand herbeiführen können, der zu einem sterilen Absceß führen kann. Demgegenüber ist das reine Hormonkristall des Testosterons wesentlich gewebsfreundlicher. Die Resorptionsgeschwindigkeit der Implantate ist außerdem von der Gestalt und der Härte des Implantates abhängig (SCHREUS). Um das Implantat bildet sich gelegentlich die sog. „ghost-formation", eine Kapsel, die durch Eiweißniederschläge und Bildung von Eiweißmembranen auf der Oberfläche des Implantates entsteht. Durch diese „ghost-formation" kommt es zu einer deutlichen Reduzierung der Hormonresorption. Der Vorteil der Implantationsbehandlung liegt darin, daß der Patient für längere Zeit unabhängig vom Arzt wird. Die Indikation zur Implantation eines Hormonkristalls sollte in jedem Falle besonders gründlich gestellt werden, da der kontinuierliche Einstrom eines Hormons in den Organismus durchaus nicht immer wünschenswert ist, sondern sogar ein therapeutischer Fehlgriff sein kann (Menstruationsstörungen der Frau).

b) Die Injektion

Für die *Injektion* liegen eine ganze Reihe von Hormonestern vor; je länger die Seitenkette des Esters, desto langsamer erfolgt der Abbau mittels β-Oxydation und damit die Resorption des Hormons. Nachstehende Abb. 21 gibt einen kurzen Überblick über die z.B. bei Testosteron möglichen Esterverbindungen.

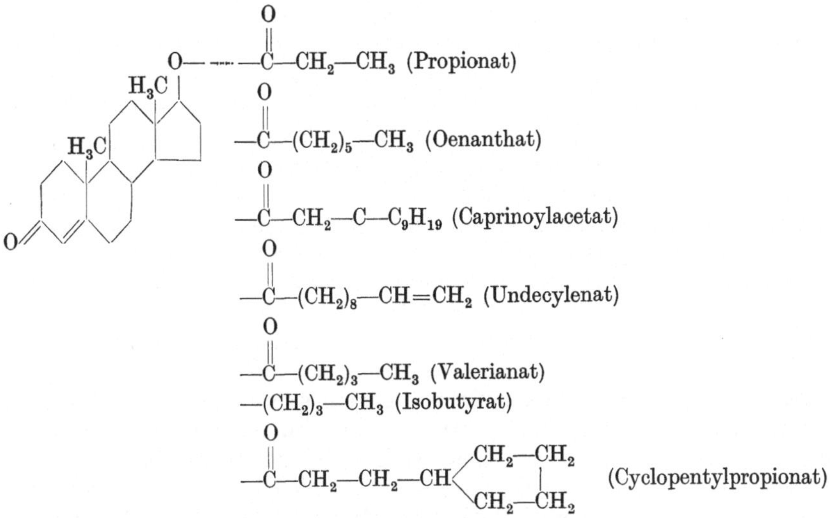

H_3C H_3C O

$—O—C(=O)—CH_2—CH_3$ (Propionat)

$—C(=O)—(CH_2)_5—CH_3$ (Oenanthat)

$—C(=O)—CH_2—C—C_9H_{19}$ (Caprinoylacetat)

$—C(=O)—(CH_2)_8—CH{=}CH_2$ (Undecylenat)

$—C(=O)—(CH_2)_3—CH_3$ (Valerianat)

$—(CH_2)_3—CH_3$ (Isobutyrat)

$—C(=O)—CH_2—CH_2—CH\langle$ $CH_2—CH_2$ / $CH_2—CH_2$ (Cyclopentylpropionat)

Abb. 21. Übersicht der verschiedenen Testosteronester

Die Resorption von Hormonester-Depots aus der Glutäal-Muskulatur erfolgt wesentlich schneller, wie aus den Implantaten; sie ist jedoch auch sehr wesentlich von individuellen Faktoren abhängig (SCHREUS und RUHRMANN). Sehr eingehende Untersuchungen zu dieser Frage liegen von SCHREUS und RUHRMANN vor, die mit Hilfe der 17-Ketosteroidbestimmung im Urin die Resorption von Testosteronestern prüften. Es ergab sich bei ihren Untersuchungen:

1. Nach Injektion von 250 mg *Testosteron-Undecylenat* intramuskulär ließ sich keine vermehrte Ausscheidung der 17-Ketosteroide feststellen.

2. Nach Injektion von 100 mg *Testosteron-Propionat* intramuskulär zeigte sich eine beträchtliche Erhöhung der 17-Ketosteroidausscheidung.

3. Nach Injektion von 250 mg *Testosteron-Valerianat* intramuskulär zeigte sich ebenfalls eine beträchtliche Erhöhung der 17-Ketosteroidausscheidung.

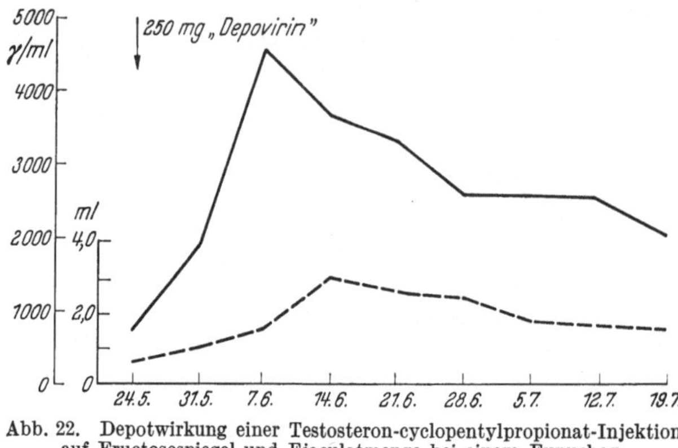

Abb. 22. Depotwirkung einer Testosteron-cyclopentylpropionat-Injektion auf Fructosespiegel und Ejaculatmenge bei einem Eunuchen

Das Extraktionsmaximum bei den Schreusschen Untersuchungen lag nach Injektion von kurzkettigen Estern in Form einer spitzgipfeligen Kurve innerhalb der ersten 24 Std. Demgegenüber verlaufen die entsprechenden Kurven bei Oenanth- und Undecylenestern mehr bogenförmig und zeigen nur eine ganz geringe Erhöhung.

Die Behandlung mit Hormon-Depots eignet sich damit vor allem für Erkrankungen, die eine höhere Hormondosierung über längere Zeit erfordern (Mamma-Carcinom, Kastrationsfolgen und ähnliches) (Abb. 22).

c) Die perorale und buccale Applikation

Für die *perorale Applikation* sind die Sexualhormone nur bedingt verwertbar, da sie teilweise im Magen-Darm-Kanal zerstört, durch die Leber weitgehend inaktiviert und daher zu einem erheblichen Prozentsatz unwirksam werden (ZONDEK, SEGALOFF). Eine volle Hormonwirkung bei der üblichen peroralen Verabreichung entfalten lediglich Äthinyl-Oestradiol, Pregnenilolon, sowie die Kombination von Methyltestosteron und Äthinyl-Oestradiol, weil sie weder im Darm zerstört, noch — in den Pfortaderkreislauf gelangt — von der Leber inaktiviert werden. Alle anderen Hormone müssen im Munde zergehen und werden also von dort aus über die Wangenschleimhaut resorbiert; besonders bewährt hat sich hierbei die *buccale Anwendung* der Sexualhormone. Das Medikament wird hierzu in die Fossa canina eingebracht und bleibt dort bis zur völligen Auflösung liegen; es wird von der Wangenschleimhaut resorbiert und gelangt in den venösen Kreislauf und dann über Herz und Arterien in das Gewebe, ohne daß es von der Leber inaktiviert werden kann. Mittels der buccalen Applikationsform ist damit also die Unterteilung der erforderlichen Hormondosis in mehrere Tageseinzeldosen möglich, ohne daß mehrere Injektionen erfolgen müssen. Diese Art der Hormonzufuhr ist dem physiologischen Hormonstrom sehr ähnlich. Zur Verfügung stehen für diese Art der Anwendung: Methyltestosteron-Tabletten; Methylandrostendiol-Tabletten, Oestradiol-Dragees.

Daneben ist auch eine perlinguale und *transcutane An*wendung möglich (Oestradiol-Tropfen, Testosteron-Lösung).

Für die *lokale Applikation* von Sexualhormonen ist ihre Penetration durch die Haut von besonderer Bedeutung. So konnten ELLER und WOLFF, CALVERY u. Mitarb., VALETTE und CAVIER für Testosteron und Oestrogene und ISLER für Progesteron eine Resorption dieser Hormone durch die intakte Haut nachweisen. Nach ROTHMAN erfolgt die Resorption durch die Haut qualitativ. Auch für die wasserlöslichen Hypophysenvorderlappenhormone ist eine solche Penetration der Haut bei Frauen (EHRHARDT) und bei Meerschweinchen (VOSS) nachgewiesen worden. WALKER und ROTHMAN sahen Allgemeinwirkungen nach Massage von Prolactin in die Kopfhaut.

Welche Hormonzufuhr im einzelnen Falle zur Anwendung kommen soll, ob Implantat, Injektion oder buccale Applikation, hängt von den Forderungen ab, die eine erfolgreiche Hormonbehandlung an den Wirkungseintritt, sowie an die Intensität und die Dauer der Hormonwirkung stellen muß. Voraussetzung für eine wirklich erfolgreiche Hormonbehandlung ist eine gründliche Kenntnis der ursächlichen Zusammenhänge und eine genaue Analyse der betreffenden Funktionsstörung.

Nachstehend wird eine Übersicht der zur Zeit zur Verfügung stehenden Hormonpräparate gegeben. Es sind dabei sowohl die chemischen Bezeichnungen als auch die geschützten Bezeichnungen angegeben.

Tabelle 15. *Übersicht der verschiedenen Hormonpräparate, die für die Behandlung von Hautkrankheiten zur Verfügung stehen*

ANDROGENE		
Implantation:	Perandren, Testosid,	
Injektion:	Testosteronpropionat	Androteston, Perandren, Testoviron, Testosid
	Testosteronoenanthat	Testoviron-Depot
	Testosteronisobutyrat	Perandren
	Testosteroncyclopentylpropionat	Depovirin
	Testosteroncaprinoylacetat + Testosteronpropionat	Testosid-Depot
	Testosteronpropionat + Testosteronphenylpropionat + Testosteronisocapronat	Sustanon
	Methylandrostendiol	Notandron
	Nortestosteron	Durabolin
buccal:	Methyltestosteron	Androteston, Perandren, Testosid, Testoviron
	Nortestosteron	Nilevar
peroral:	Methylandrostendiol	Androteston M, Notandron
PROGESTERON		
Implantation:		Luteosid, Lutocyclin
Injektion:	Progesteron	Luteosid, Luteotal, Lutocyclin, Lutren, Progestin, Proluton
	Oxyprogesteroncapronat	Proluton
peroral:	Anhydrooxyprogesteron	Lutocyclin, Primolut N, Proluton C
GONADOTROPINE (nur Injektion)		
	Choriongonadotropin	Chorioman, Predalon, Primogonyl, Prolan
	Serumgonadotropin	Anteron, Predalon S. Equoman,
	Hypophysenvorderlappenextrakt	Praephyson, Preloban
OESTROGENE		
Implantation:	Cyren A, Menformon, Ovocyclin	
Injektion:	Oestradiolbenzoat	Progynon B, Menformon
	Oestradiolvalerianat	Progynon-Depot
	Oestradiolpropionat	Ovocyclin
	Äthinyloestradiol	Flexiole Oestradiol „E“
	Oestriol	Ovotestin
	Oestradiolcyclopentylpropionat	Depofemin
	Oestradiolbutyrylacetat	Follikosid
	Dienoestrol	Farmacyrol
	Dioxydiäthylstilben	Oestromon
	Dimethoxydiäthylstilben	Depot-Oestromon
	Diäthyldioxystilbendipropionat	Cyren-B
	Diäthyldioxystilbendimethyläther	Depot-Cyren

Tabelle 15 (Fortsetzung)

buccal/peroral:	Äthinyloestradiol	Progynon-C, Progynon-M,
	Oestradiol	Ovocyclin, Menformon
	Oestron	Menformon
	Oestriol	Ovotestin
	Methyloestradiol	Follikosid
	Dienoestroldiacetat	Oestroral, Farmacyrol
	Diäthyldioxystilben	Oestromon
	Dioxydiäthylstilbendipropionat	Cyren-B, Cyren-S
KOMBINATIONSPRÄPARATE		
Injektion:	1. Oestradiol + Testosteron	Femandren, Femovirin, Lynandron, Klimanosid, Primodian
	2. Oestradiol + Progesteron	Duogynon, Lutrogen, Primosiston, Sistocyclin, Di-Pro-Emulsion
	3. Progesteron + Testosteron	Testoluton
peroral:	Oestradiol + Testosteron	Femandren, Klimanosid, Lynandron, Primodian, Farmatest

d) Lokale Anwendung. Hormon-Gesichts-Cremes

Die Sexualhormone können ohne weiteres durch die intakte Haut resorbiert werden, wie aus den Untersuchungen von CALVERY, DRAIZE und LAUG, VALETTE und CAVIER, WHITAKER und BAKER, ISLER, WHEELER, CAWLEY und CURTIS hervorgeht. ZONDEK hat bereits 1929 an kastrierten Mäusen die Resorption von Sexualhormonen durch die Haut nachgewiesen. Die Veränderungen der Haut unter Sexualhormonen sind vielfältig vor allem im Tierversuch geprüft worden. Es sei nur an die Arbeiten von JADASSOHN und FIERZ, GOLDZIEHER, ROBERTS, RAWLS und GOLDZIEHER, sowie SCHAAF und GROSS verwiesen. So konnte nach Applikation von weiblichem Sexualhormon eine Verbreiterung der Epidermis mit gesteigerter Mitosenbildung, Vermehrung der Zellkerne und der Zellschichten beobachtet werden. Auch nach Pregnenolon und dessen Estern, denen keine geschlechtsspezifische Wirkung zukommt, wurden Veränderungen gesehen, wie sie ebenso bei Oestradiol zu beobachten waren (SCHAAF und GROSS). Die Behandlungserfolge nach Anwendung sog. hormonhaltiger Gesichts-Cremes werden sehr unterschiedlich beurteilt. Zum großen Teil ist das wohl mit eine Frage der Dosierung des jeweils zugesetzten Hormons, konnten doch GOLDBERG und HARRIS unter Diäthylstilboestrol und Äthinyloestradiol — in hohen Dosen in Salben inkorporiert — zum Teil schwere Menstruationsstörungen (massive Blutungen, glandulär-cystische Hyperplasien) auf Grund der Oestrogenresorption beobachten (s. auch HESSELVIK). POCKRANDT sah nach Applikation von oestrogenhaltigen Salben bei Greisinnen und Greisen eine deutliche Entwicklung zur jugendlichen Haut mit Rückgang der Faltenbildung, wobei der Effekt von der Konzentration abhängig war. Bei der weiblichen Greisenhaut war die Wirkung geringer, was als antagonistischer Einfluß des Androgens gegenüber Follikelhormon gedeutet wird. Bei jungen Frauen war keinerlei Wirkung zu beobachten. Damit erscheint klar erwiesen, daß auch eine Hormon-Creme ihre Wirkung offenbar nur dann entfalten kann, wenn ein hormonelles Defizit des Gesamtorganismus vorliegt (KLÜKEN).

e) Allgemein- und Nebenwirkungen der Sexualhormone

Die Allgemeinwirkungen der Sexualhormone werden immer dann besonders stark sein, und für Arzt und Patient besonders in die Augen fallen, wenn ein echtes „Hormondefizit" vorliegt. Besteht dieses dagegen nicht, dann müssen die vom Patienten erwarteten und empfundenen Auswirkungen einer Hormontherapie relativ geringer sein. Bei den einzelnen Hormonen sind folgende Allgemein- und Nebenwirkungen zu erwarten:

Progesteron. Die Allgemeinwirkungen dieses Hormons sind in den zur Anwendung kommenden geringen therapeutischen Dosen so minimal, daß eine besondere Hervorhebung nicht notwendig erscheint. Die Stoffwechselwirkungen sind bereits im theoretischen Teil (S. 478) behandelt. Allergische Reaktionen sind bisher nicht bekannt.

Androgene. Die Androgene — vor allem Testosteron — besitzen eine ausgesprochen proteinanabole Wirkung. Das bedeutet zunächst, daß Patienten, die unter Testosteron stehen, an Gewicht zunehmen; und zwar tun sie dieses sowohl auf Grund einer echten N-Retention als auch auf Grund einer Zunahme der Intercellularsubstanzen. Man wird also vor allem bei reduziertem Körperzustand mit Androgenen eine relativ schnelle Besserung des Allgemeinbefindens erzielen können. Daneben sei in diesem Zusammenhang an die vasodilatorische Aktion der androgenen Hormone erinnert, auf die bereits hingewiesen worden ist (s. auch REYNOLDS, HAMILTON, DI PALMA, HUBERT und FOSTER). Die Talgdrüsen nehmen in ihrem Wachstum deutlich unter Androgenen zu (ROTHMAN). Allergische Reaktionen sind bisher durch Androgene nicht bekannt.

Oestrogene. Den Oestrogenen fehlen die ausgesprochen proteinanabolen Wirkungen der Androgene; sie wirken im wachsenden Organismus proteinkatabol. Sie besitzen eine starke Retentionswirkung für Na^+ und rufen ein Wachstum aller Uterusstrukturen hervor. An der Haut haben die Oestrogene eine dilatorische Wirkung auf die Capillaren, nicht jedoch auf die Arteriolen (ROTHMAN). Ebenso kann ihre Zufuhr zu den bekannten Pigmentierungen führen. In unphysiologischer Dosierung führen sie bei parenteraler Zufuhr zu einer Hemmung des Talgdrüsenwachstums (ROTHMAN, MIESCHER und STARK). Allergische Erscheinungen sind durch die Behandlung mit Oestrogenen bisher nicht bekannt.

Gonadotropine. Die Allgemeinwirkungen der Gonadotropine sind am Erwachsenen so geringgradig, daß sie keiner weiteren Erwähnung bedürfen. Die Nebenwirkungen treten vor allem am jugendlichen Organismus auf, der noch nicht in der Pubertät steht. Hier kommt es — vor allem bei Überdosierung! man gibt daher zunächst lediglich 300—500 E intramuskulär und nach 8 Tagen weitere 500 E intramuskulär — zu Herzjagen, Absencen, Fieber, Unruhe und Schweißausbrüchen. Da es sich jedoch um reversible, kurzfristige Symptome hierbei handelt, braucht man ihnen lediglich eine Beachtung für den Augenblick zu schenken. Es erscheint aber ratsam, gerade bei Jugendlichen die ersten Injektionen unter Bettruhe vorzunehmen.

Allergische Reaktionen sind von reinen Choriongonadotropinpräparaten weniger zu erwarten; sie treten dagegen häufiger beim Serumgonadotropin auf und sind dann als echte Eiweißallergien aufzufassen. In derartigen Fällen muß das verwendete Serumgonadotropin abgesetzt und auf ein Choriongonadotropin nach vorheriger Testung übergegangen werden.

Antihormone. Schließlich sei noch auf die Möglichkeit von Antikörperbildung gegen Hypophysenvorderlappenpräparate hingewiesen, worüber ausgedehnte Untersuchungen von ZUR HORST-MEYER vorliegen.

Man muß sich bei der Beurteilung dieser sog. *Antihormonbildung* vor Augen halten, daß bei Applikation von Gonadotropinen Eiweißhormone zugeführt werden, die zur Bildung von Antikörpern hervorragend geeignet sind. Bereits wenige Wochen nach Beginn einer Therapie ist die Antihormonbildung möglich; hierdurch werden die zugeführten Hormone inaktiviert, zugleich kann aber auch eine Inaktivierung der körpereigenen Gonadotropine mit dieser Antihormonbildung einhergehen (vgl. VOSS). COLE, HAMBURGER und NEIMANN-SØRENSEN haben im Gegensatz hierzu festgestellt, daß bei graviden Frauen und bei trächtigen Stuten — hier liegt ja zur Zeit der Gravidität ein erhebliches Angebot von körpereigenen Gonadotropinen vor — keine Antihormone gegen die körpereigenen Gonadotropine nachzuweisen waren. Voss schließt hieraus, daß offenbar nur gegen die exogen zugeführten, chemisch verarbeiteten Gonadotropine Antihormone produziert werden. Die Chemie dieser Antigonadotropine ist noch nicht geklärt.

III. Die therapeutische Anwendung der Sexualhormone bei den verschiedenen Dermatosen

a) Acne vulgaris

Die *Acne vulgaris* stellt ein Krankheitsbild dar, das in seinem ganzen klinischen Verlauf einen Zusammenhang mit den im Rahmen der Pubertät auftretenden Umstellungen der inneren Sekretion vermuten läßt (Mercadal-Peyri). Vor allem Schreus und seine Mitarbeiter haben hier in zahlreichen Mitteilungen auf den Zusammenhang zwischen Acne und hormonellen Störungen hingewiesen und die entsprechenden therapeutischen Konsequenzen gezogen. Zugrunde liegt ihren Arbeiten die Vorstellung einer Störung in den Androgen/Oestrogen-Beziehungen (Wile, Barney und Bradbury), die in der Formulierung $\frac{\text{Androgen} + \text{Gestagen}}{\text{Oestrogen}}$ (Aron-Brunetiere) Ausdruck fand; dabei ist für das Auftreten einer Acne vulgaris eine Vergrößerung im Zähler oder Verminderung im Nenner verantwortlich zu machen (Ruhrmann und Schöldgen). In dem ersten Teil dieses Kapitels über „Sexualhormone" ist bereits eingehend auf die Rolle der Androgene und Oestrogene, sowie entsprechende experimentelle Untersuchungen hingewiesen worden (S. 478, 488, 496). Es sei daher an dieser Stelle lediglich kurz darauf hingewiesen, daß heute allgemein eine Störung des Endokriniums für die Acne-Entstehung unter Beteiligung von infektionspathologischen Gesichtspunkten und Stoffwechselkomponenten angenommen wird (Bloch, Blumenthal, Fischer, Funk, Götz, Kooij, Löhe, Miescher und Stark; McCarthy, Rosenthal, Ruhrmann und Schöldgen; Sawicki, Danto u. Maddin; Schreus, Wile und andere).

Die Auffassung Frasers, der für die Acneentstehung die Androgene der Nebennierenrinde verantwortlich machen will, ist wohl nicht haltbar, wenn man bedenkt, daß z.B. Frauen mit einer Ovarialinsuffizienz bei vollkommen intakter Nebennierenrinde keine Acne bekamen (Rothman). Man wird aber keineswegs nur eine einzige der genannten Komponenten ursächlich verantwortlich machen können, sondern gerade am Problem der Acne wird das Zusammenwirken eines ganzen Komplexes besonders deutlich.

Die sog. prämenstruellen Akne-Eruptionen beruhen darauf, daß zu diesem Zeitpunkt der Oestrogenspiegel besonder niedrig, der Progesteronspiegel aber noch so hoch ist, daß unter diesem Progesteroneinfluß die Acne hervorgerufen wird (Nathanson, Smith, Way). Entsprechende experimentelle Untersuchungen liegen von Aron-Brunetiere vor, der bei Frauen eine Acne durch hohe Progesterongaben erzeugen konnte; möglicherweise beruht dieser Effekt auf der Strukturähnlichkeit von Progesteron und den Androgenen (Simmer). Im Gegensatz hierzu scheinen die Angaben von Newman und Feldman zu stehen, die eine für die prämenstruelle Acne-Eruption verantwortliche Ovarialdysfunktion durch Progesterongaben beseitigen und die prämenstruelle Acne damit verhindern konnten. Dabei darf allerdings nicht unberücksichtigt bleiben, daß die Progesterondosen von Newman und Feldman erheblich unter denen von Aron-

Brunetiere gelegen haben und andererseits ja eine normale Ovarialfunktion herstellen konnten.

Die Behandlung der Acne vulgaris mit Sexualhormonen kann sowohl in einer *Allgemeinbehandlung* bestehen, oder aber auch als *Lokalapplikation* zur Anwendung kommen.

Allgemeinbehandlung. Nach Schreus brachte die Anwendung von Oestrogenen (12 mg Depot-Oestromon oder 10 mg Depot-Progynon) in 4wöchentlichen Abständen auch mehrere Monate über den Beginn der Erscheinungsfreiheit hinaus bei Männern und Frauen ohne Lokalbehandlung eine Heilung. Die häufig angegebenen dysmenorrhoischen Beschwerden gingen unter dieser — cyclusgerecht durchgeführten — Behandlung ebenfalls zurück. Dabei wird mit dieser Behandlung die bereits vorher diskutierte Verkleinerung der Talgdrüsen unter Oestrogenen ausgenutzt (Miescher und Stark, Hooker und Pfeiffer, Ebling und andere). Die Indikation zur Oestrogentherapie wird von Schreus bei Frauen in jedem Falle auf Grund der „oralen Cytodiagnostik" abgeleitet. Weniger überzeugende Erfolge nach Oestrogenbehandlung sahen White und Lehmann (40 mg Dien-Oestrol über 20 Tage bis 154 mg in 77 Tagen), von Jachmann, sowie Miescher und Stark (5—10 mg Oestradiolbenzoat in 14tägigen Abständen). Die therapeutischen Erfolge werden allerdings von den verschiedenen Autoren sehr unterschiedlich angegeben, was unter Umständen auf die wohl nicht von allen beachteten Grundzüge der Schreusschen Ansicht zurückgehen kann, da Schreus ja nur bei Hypofollikulinie (Rosenthal und Neustädter) mit Oestrogenen therapiert. Andrews, Domonkos und Post kombinieren fettarme Diät, 0,25 mg Diäthylstilboestrol und 100000—200000 E Vitamin A täglich miteinander und dehnen diese Behandlung bis zu einem Jahr aus. Keller gibt täglich 5 mg Follikelhormon peroral.

Die Divergenzen in den Resultaten nach Oestrogen-Injektionstherapie können zum Teil folgendermaßen erklärt werden: während die Oestrogene beim Manne zur Hemmung der Luteinisierungs-Hormon-Produktion führen, wirken sie bei der Frau in kleinen Dosen stimulierend und erst in großen Dosen hemmend auf follikelstimulierendes Hormon. Somit kann der Effekt der Oestrogene bei den beiden Geschlechtern differieren (Aron-Brunetiere).

Die Anwendung von *Serumgonadotropin* und die damit erzielten Erfolge dürften als Follikelstimulierungseffekt gedeutet werden. MacKenna gab peroral täglich 100—150 mg und sah in 65% der Fälle einen Erfolg bei beiden Geschlechtern. Aron-Brunetiere sah gute Resultate (75—85%) nach kleinen Dosen gonadotropen Hormons über längere Zeit (Injektion und Implantation). Im Gegensatz dazu bevorzugt Kimmig Desoxycorticosteronacetat (2mal 5 mg/Woche).

Eine *Progesteron- oder Testosteron*-Behandlung der Acne ist auf Grund der eingangs gemachten Bemerkungen (Rothman, Blumenthal, Ruhrmann u. Schöldgen; Aron-Brunetiere) kontraindiziert. Gegenteilige Resultate erzielten Way und Andrews mit allerdings sehr kleinen Progesterondosen. Newman und Feldmann trennen von der Acne vulgaris die sog. „prämenstruelle Acne" ab und nehmen hierbei eine Corpus luteum-Dysfunktion an; sie sahen befriedigende Ergebnisse, wenn sie 10 Tage vor der Menstruation 1mal 10 mg und 5 Tage vorher 1mal 5 mg Progesteron injizierten (s. auch Wiener). Miescher u. Stark, sowie Riley, Cornbleet u. Barnes sahen gerade nach Androgenbehandlung bei Männern und Frauen in etwa 50% der Fälle Besserung bzw. Heilung. In vielen Fällen — vor allem bei starker Sekundärinfektion — wird man ohne eine zusätzliche, gezielte antibiotische Therapie nicht auskommen (Kimmig, Meyer-Rohn).

Lokalbehandlung. Bei der Lokalbehandlung der Acne vulgaris sind bisher ausschließlich *Oestrogene* zur Anwendung gekommen. Und zwar verwendete man entweder Cremes und Salben oder Tinkturen. Die Ergebnisse sind allerdings noch umstritten. So gab Shapiro 2,5 mg Oestrogen/g in eine vanishing creme inkorporiert und ließ täglich 2 g dieser Creme auf die Haut auftragen über einen Zeitraum von etwa 7 Monaten. In $^2/_3$ der Fälle kam es innerhalb von 6 Wochen zum Verschwinden der Hauterscheinungen, in dem letzten Drittel trat die Wirkung langsamer ein. Im Gegensatz hierzu stehen Halbseitenversuche von Sawicki, Danto und Maddin, sowie Behrman, die auf der lediglich mit Salbengrundlage behandelten Gesichtshälfte den gleichen Effekt sahen, wie auf der mit Hormoncreme behandelten Seite. Behrman führte zusätzlich histologische Untersuchungen durch und sah kaum Veränderungen. Man wird bei kritischer Auswertung dieser Ergebnisse nicht übersehen dürfen, daß die Resorption der Oestrogene durch die Haut durchaus möglich ist, wie von Goldberg und Harris gezeigt werden konnte; es wäre also ein Oestrogeneffekt der Gegenseite auch bei einseitiger Applikation durchaus möglich und die fehlenden histologischen Veränderungen sprechen nicht unbedingt dagegen, da diese weitgehend eine Frage der Dosierung sind. Sandhoop, sowie White und Lehmann vertreten die Auffassung, daß die in der Literatur angegebenen Erfolge auf der Salbengrundlage bzw. darauf beruhen, daß „überhaupt behandelt" wurde.

Die Applikation von Oestrogentinkturen wird von Peck, Klarmann und Spoor bei der Acne-Behandlung für überlegen angesehen; sie geben daher lokal eine Lösung, die eine oestrogene, keratolytische und antibakterielle Wirkung besitzt. Langhof machte sich die bei der Injektionsbehandlung mit Oestrogenen gewonnenen günstigen Erfahrungen zunutze und applizierte oestrogenes Hormon lokal bei der Acne und Seborrhoe (Sebohermal), wobei die von ihm ermittelten guten Behandlungsergebnisse ihre Erklärung in den experimentellen Untersuchungen von Reiss und Gellis, Rony und Zakon, sowie Lapière finden. Ähnliche Erfahrungen machten Peterkin sowie Shapiro; Sawicki, Danto und Maddin; Jarret; Lubowe und andere).

b) Seborrhoe

Die Seborrhoe muß seit den grundlegenden Arbeiten von P. G. Unna als Konstitutionsanomalie mit vererbbarer Grundlage angesehen werden. Die Seborrhoe ist außerdem hormonal gesteuert. Das geht unter anderem aus den Angaben von Hamilton hervor, der bei Kastraten eine trockene Haut feststellen konnte und bei den gleichen Patienten durch Androgene eine Stimulierung der Talgdrüsen, sowie eine Alopecia praematura hervorrief. Reiss, sowie Lapière konnten die Talgdrüsenfunktion wiederum durch percutane Applikation von Oestrogenen deutlich hemmen.

Die Therapie der Seborrhoe ist im wesentlichen in den Abschnitten Alopecia seborrhoica und Acne vulgaris behandelt. An dieser Stelle sei daher lediglich auf die Angaben von Cormie, sowie Langhof verwiesen, die eine günstige Beeinflussung der Seborrhoe vor allem durch Lokalbehandlung mit Oestrogenen sahen.

Das oft isoliert auftretende bzw. zurückbleibende *seborrhoische Ohr- und Gehörgangsekzem* spricht nach Kimmig besonders gut auf eine Lokalbehandlung mit gleichsinnigen Sexualhormonen an. Man verwendet dazu einen kleinen Watteträger und pinselt den Gehörgang mit der in der Ampulle vorhandenen öligen Hormonlösung 1—2mal täglich ein und erreicht bereits innerhalb weniger Tage eine Abheilung.

Barber berichtet über eine günstige Beeinflussung der Seborrhoe bei Frauen und jungen Mädchen; zum Teil bestand in diesen Fällen auch eine Acne vulgaris.

Er gab subcutane Implantate von Oestrogenen bzw. Stilboestrol und sah — bei einer Beobachtungszeit über mehrere Jahre — unter anderem folgende Behandlungsresultate, die durch die eingangs beschriebenen experimentellen Ergebnisse belegt werden können: 1. Die Aktivität der Talgdrüsen läßt merklich nach; 2. die Follikelmündungen werden kleiner; 3. die Hypertrophie des Stratum corneum verschwindet, das Gesicht bekommt eine Haut, die der eines Kindes ähnelt; 4. mit dem Verschwinden der Seborrhoe wird das Haar trocken und weich; 5. die Indurationen bei der Acne und die Pusteln verschwinden. Gleich gute Erfahrungen machte BARBER auch mit der lokalen Anwendung oestrogener Hormone.

c) Rosacea

Diese als Teilsymptom des Status seborrhoicus aufzufassende Erkrankung kann durch verschiedene Störungen unter anderem auch hormonaler Art bei Männern und Frauen provoziert und unterhalten werden. Bei Keimdrüsenunterfunktion kann neben den üblichen Lokal- und Allgemeinmaßnahmen gelegentlich auch eine gleichsinnige Sexualhormonbehandlung erfolgreich sein (REISS). Frauen erhalten etwa 1 mg Oestrogen, Männer 10 mg Methyltestosteron peroral täglich; bei Besserung der Symptome ist die Hormondosis zu reduzieren.

d) Psoriasis

Eine Hormonbehandlung der Psoriasis mit Sexualhormonen ist immer wieder versucht worden, ohne daß allgemeingültige Ergebnisse gezeitigt wurden. Für das weibliche Geschlecht wies GRÜNEBERG auf einen Zusammenhang mit der Follikelhormonproduktion in der Gravidität hin; er glaubt aber, daß das Follikelhormon nur deshalb wirksam sei, weil es — in großen Mengen produziert — die Nebennierenrinde stimuliere. BOHNSTEDT und BAUMANN stehen demgegenüber auf dem Standpunkt, daß in der Menopause durch das Follikelhormon die Psoriasis verschlechtert werde und nur durch Progesteron in hohen Dosen eine Besserung erfolge. SCHREUS gibt — entsprechend dem mit der Hautschuppung

Tabelle 16. *Ausscheidung von Steroidhormonen in Cutis, Hornhaut und Schuppen.* (Nach SCHREUS und OBERSTE-LEHN 1951)

	Neutrale Sterone in γ/10g		Phenolische Sterone in γ/10 g	
	Frauen	Männer	Frauen	Männer
Cutis . . .	109	143	18	11
Hornhaut .	104	147	20	10
Schuppen .	102	150	26	13

Tabelle 17. *Gegenüberstellung der Steroidhormonausscheidung in Hautschuppen bei Gesunden und Patienten mit starker Schuppung.* (Nach SCHREUS und OBERSTE-LEHN 1951)

	Normale Verhältnisse			Pathologische Verhältnisse		
	Frauen	Männer	Quotient	Frauen	Männer	Quotient
Phenolische Steroide (γ/10 g)	21	11	2:1	80—90	40—50	2:1
Neutrale Steroide (γ/10 g) . .	100	145	2:3	400—500	500—600	1:1
Quotient	1:5	1:15	—	1:5	1:12	—

bei der Psoriasis auftretenden Verlust an Sexualhormonen (s. Tabelle 16) — im akuten Schub einer Schuppenflechte *Oestrogenimplantate*, falls in den Psoriasisschuppen Oestrogene nachgewiesen werden können; unter dieser Behandlung fallen die Haare nicht aus, das Nagelwachstum und das Allgemeinbefinden bessern sich.

Eine Behandlung der Psoriasis mit *Androgenen* (Testosteronpropionat) wird von CIARROCHI bei Menstruationsbeschwerden und im Klimakterium mit Aussicht auf Heilung für möglich gehalten.

Bei der psoriatischen *Erythrodermie* ist dagegen eine Sexualhormontherapie auf Grund der Untersuchungen von Schreus u. Mitarb. angezeigt, da von ihnen gezeigt werden konnte, daß der Hormonverlust durch die starke Schuppung der Haut erheblich über der Ausscheidung im Harn liegt (Tabelle 16 und 17). Es erscheint daher angebracht, in derartigen Fällen ein Depot-Testosteronpräparat zu injizieren. Aber auch Oestrogenimplantate haben sich als wirksam erwiesen. Es kommt — wie bei der Psoriasis vulgaris — zur Erhaltung des Haarkleides, der Nägel und zu einer erheblichen Besserung des Allgemeinzustandes. Die Therapie muß bei der Erythrodermie im Gegensatz zur Psoriasis vulgaris fortlaufend durchgeführt werden.

e) Alopecia pityrodes (senilis, praesenilis, seborrhoides)

Da diese Erkrankung wesentlich häufiger bei Männern auftritt als bei Frauen und Kindern und gar nicht bei präpuberalen Kastraten sowie Eunuchen (Hamilton), nimmt man Beziehungen zu den Androgenen an. Wiener betont, daß man logischerweise mit Oestrogenen behandeln müsse, um die Androgenwirkung auszuschalten; aber auch diese Behandlungsmethode sei unzuverlässig und könne den Haarausfall nicht sicher unterbinden. Auch Langhof verwendet aus den bekannten Gesichtspunkten heraus einen Oestrogen-Schwefel-Spiritus (Sebohermal) und sah damit gute Behandlungserfolge im Hinblick auf die Seborrhoe.

f) Alopecia areata

Die Ätiologie dieser Erkrankung ist noch völlig ungeklärt; daher stützen sich die Behandlungserfolge mit Hormonen ausschließlich auf klinische Beobachtungen. Kimmig sah vor allem bei der Alopecia totalis eindrucksvolle Wirkungen von Choriongonadotropin, das in einer Dosierung von 1000 E 3mal wöchentlich über mehrere Wochen gegeben wurde. Kimmig diskutiert in diesem Zusammenhang den Wirkungsmechanismus und meint, daß die Wirkung vielleicht auf einer Komponente der Hypophysenvorderlappenhormone beruht, die das Haarwachstum stimuliert, bisher aber noch unbekannt ist.

Bei der Alopecia areata gibt Kimmig für Frauen einen Progynon-Spiritus (10 mg/200,0) und für Männer einen Testoviron-Spiritus (10 mg/200,0) neben einer Allgemeinbehandlung mit Vitamin D_2.

Walker und Rothman sahen eine Besserung nach Massage von laktogenem Hormon in die Kopfhaut verbunden mit Allgemeinwirkungen.

g) Dermatomykosen

Da die Sexualhormone auch eine fungistatische Wirkung besitzen (Quiroga; Rebell und Lamb; Reiss), wird von einigen Autoren z.B. die Applikation von ungesättigten Fettsäuren in Kombination mit Oestrogenen vor allem zur Lokalbehandlung der Mikrosporie empfohlen (Quiroga, Magnin und Vivot). Dobes verwendet Oestrogen (Amniotin Squibb) in einer Dosis von 1000 E wöchentlich bei Kindern unter 5 Jahren, 20000 E wöchentlich bei Kindern über 5 Jahren *subcutan* mit dem Erfolg, daß es nach 5—8 Wochen zu einer Lockerung der Haare kommt; damit ist leichte manuelle Epilation möglich. Die Reinfektion soll auf diese Weise vermieden werden. Nach 3 Monaten sah er bei 280 Fällen in 78% Heilung; die Versagerquote betrug nach 7 Monaten 11%. Bei der Blastomykose haben Curtis und Harrell mit gutem Erfolg Oestrogene (Stilbamibin) angewendet; sie gaben täglich 100—150 mg intravenös und sahen eine vollständige Abheilung der Erscheinungen (s. auch Wiener 1955). Lamb kombinierte bei der Histoplasmose und Coccidioidomykose eine Sulfonamid- und Methyltestosteronbehandlung, wobei er anfangs 10, später 50 mg und gelegentlich auch 200 mg Methyltestosteron täglich gab. Einzelheiten zu diesem Thema werden von RIETH in seinem Beitrag über Antimykotica in diesem Band abgehandelt.

h) Neurodermitis

Hierbei sah KIMMIG in akuten Stadien bei Frauen nach Testosterongaben eine schlagartige Besserung des Allgemein- und Lokalbefundes (2mal 25 mg Testosterondepot pro Woche — Gesamtdosis 250 mg). Diese Angaben werden von LUTZ bestätigt, der ebenfalls bei schweren, exacerbierten Ekzem Testosteronpropionat mit gutem Erfolg gab. FLECK, sowie EFFKEMANN sahen günstige Erfolge von einer Behandlung des endogenen Ekzems mit *Progesteron*. SPIELMANN gab Marisone (einen oestrogenfreien Steroidkomplex aus dem Harn von schwangeren Stuten) mit gutem Erfolg, beobachtete aber für die Dauer der Behandlung ein Anwachsen der Brüste.

i) Fox-Fordyce-Erkrankung

Die lokale Anwendung von Oestrogenen ist in ihrem Effekt ebensogut, wie die perorale Applikation von Oestrogenen (REISS). KIMMIG gab mit gutem Erfolg Progesteron (3mal 10 mg je Woche) bis zu einer Gesamtdosis von 180 mg (s. auch bei KERTESZ, ROXBURGH).

j) Libman-Sacks-Syndrom (Erythematodes acutus)

Der Erythematodes acutus spricht gelegentlich auch auf *Testosteron* in hohen Dosen an. So gibt SCHREUS am ersten Behandlungstage 50 mg intramuskulär und dann jeden weiteren Tag jeweils 25 mg Testosteronpropionat intramuskulär. Nach dem Absetzen des Testosterons kam es zum erneuten Aufflammen, so daß erneut täglich 25 mg gegeben werden mußten. Es kam dann zur Abheilung; Hargraves-Haserick-Zellen waren nicht mehr nachweisbar. ROSE und PILLSBURY gaben ebenfalls Testosteron und erwogen Beziehungen zwischen der Ovarialfunktion und dem Auftreten dieser Erkrankung (s. auch bei LAMB, LAIN, KEATY, HELLBAUM, sowie WIENER).

k) Erythematodes chronicus discoides

Der Erythematodes chronicus discoides muß vom Erythematodes acutus ganz klar abgegrenzt werden, da es sich hierbei um zwei vollständig verschiedene Krankheitsbilder handelt, die nur in den seltensten Fällen Beziehungen zueinander haben. Der Erythematodes chronicus discoides soll nach FROMER ebenfalls unter Testosteron einen deutlichen Rückgang der objektiven und subjektiven Symptome bei Frauen zeigen. Da die von FROMER angegebenen Fälle aber auch gelegentlich gleichzeitig mit Cortison behandelt wurden, kann die von ihm gesehene Besserung unter Umständen auch auf die Behandlung mit Cortison zurückgehen.

l) Impetigo herpetiformis

REISS empfiehlt die Injektionsbehandlung mit *choriongonadotropem Hormon* und gibt anfangs täglich 100 E bei langsamer Steigerung bis auf 6000 E täglich. Diese Medikation sollte über mehrere Monate durchgeführt werden und — wenn erfolgreich — mit oralen Oestrogengaben kombiniert werden (2,5 mg täglich). Ähnlich günstige Erfahrungen werden von HVIDBERG angegeben, der insgesamt 48000 E gonadotropes Hormon in Einzeldosen von 6000 E intramuskulär gab (s. auch bei TENLÉN).

m) Herpes gestationis

Nach KEATY, JONES und LAMB führt die Verordnung von *Progesteron* (25 bis 50 mg täglich) in allen Fällen zu Remissionen. WIENER berichtete über ähnliche Erfolge, gab aber 50—100 mg Progesteron täglich.

n) Acrodermatitis continua Hallopeau

Auch für die Acrodermatitis continua Hallopeau wird eine Hormonbehandlung angegeben. So berichtet BOHNSTEDT über eine gravide Frau, bei der es mit Äthinyl-Oestradiol und Progesteron gelang, die Hauterscheinungen zur Abheilung zu bringen. Die Behandlung erfolgte nach dem Kaufmannschen Schema cyclusgerecht.

o) Urticarielle Erkrankungen

Das Auftreten von Juckreiz und urticariellen Efflorescenzen im Rahmen des Menstruationscyclus ist allgemein bekannt. Dazu hat sich im Experiment folgendes nachweisen lassen: 1. Die Urticaria kann bereits unter geringen Oestrogendosen auftreten (KAUFMANN); 2. GUY beobachtete bei einer prämenstruell auftretenden generalisierten Urticaria auf intradermale Tests: starke Reaktion bei Progesteron; schwache Reaktion bei Follikelhormon.

HARTMAN glaubt, daß es sich bei den prämenstruell auftretenden urticariellen Schüben, Juckreiz, Rhinitiden usw. um eine sog Allergie gegen das eigene Oestrogen handeln könne. Aus diesem Grunde verordnet er in den letzten 10 Tagen vor der Menstruation jeweils 2mal 10 mg Methyltestosteron buccal mit gutem Erfolg. Als aussichtsreich wird von ihm auch eine Desensibilisierung mit aufsteigenden Oestrogendosen empfohlen.

Von SPIELMANN und BLAU soll ein „natürliches Steroid-Komplex-Präparat-Marisone" zur Behandlung der Urticaria chronica besonders geeignet sein. Es handelt sich dabei um ein Steroid-Komplex-Präparat, das aus dem Harn schwangerer Stuten gewonnen ist, und dem die Oestrogenanteile entzogen worden sind. Die Eosinophilen nehmen unter dieser Therapie deutlich ab. Der Verlauf der akuten Urticaria soll dadurch verkürzt werden. Als Nebenwirkung wird bei einem 6jährigen Jungen eine Gynäkomastie beiderseits angegeben, die sich nach Absetzen der Therapie aber wieder zurückbildete.

p) Dermatomyositis

Bei frischen Fällen von Dermatomyositis sahen FLECK sowie LAMB u. Mitarb. bei einer Behandlung mit Testosteronpropionat (25—50 mg pro Woche) eine Besserung der Beschwerden; die Muskelkraft besserte sich und die Hauterscheinungen gingen zurück. Die Autoren heben hervor, daß es unter der Testosteronbehandlung zu einer Retention von Kreatin komme. Die Therapie sollte mit Aminosäuren- und Vitamingaben kombiniert werden.

q) Sclerema adultorum (BUSCHKE)

Beim weiblichen Geschlecht kann eine Behandlung mit Oestrogen (1 mg täglich cyclusgerecht), beim männlichen Geschlecht mit Androgenen (5—10 mg Methyltestosteron) versucht werden (REISS).

r) Keratoderma klimacterii (HAXTHAUSEN)

Im Klimakterium und bei alten Männern kommt es häufig zum Auftreten von umschriebenen Hyperkeratosen an Handtellern und Fußsohlen. Diese Hauterscheinungen sollen sich nach Androgenen bzw. Oestrogenen zurückbilden

(Reiss). Kimmig hält eine hormonale Therapie nur für die Nachbehandlung für zweckmäßig, da die lokale Behandlung (Abtragung mit dem scharfen Löffel) sehr viel schneller und erfolgreicher durchgeführt werden kann.

Die im Alter auftretenden Hypertrophien der Haut (filiforme Warzen, seborrhoische Warzen) verschwinden unter Verabreichung von Androgenen (2mal 5 mg intramuskulär pro Woche) und Oestrogenen (1 mg täglich buccal).

s) Pruritus vulvae

Soweit andere Ursachen ausgeschlossen worden sind, ist eine Hormonbehandlung mit Oestrogenen und Progesteron bei gleichzeitigen Cyclusstörungen indiziert (Reiss). Kimmig gibt in der 1. und 2. Woche jeweils 10 mg Progynon B und in der 3. und 4. Woche jeweils 10 mg Proluton intramuskulär. Handelt es sich aber um ältere Patientinnen, so gibt man an 5 aufeinanderfolgenden Tagen je 10 mg Proluton; bei Ansprechen auf diese Behandlung kann man diese Kur um 5 weitere Tage bei gleichbleibender Dosierung verlängern. Sprechen die Erscheinungen nicht auf diese Behandlung an, so empfiehlt sich eine Therapie mit Androgenen (Nast, Ackermann). Garnier macht seine Behandlungsmethoden abhängig von dem Alter seiner Patientinnen und davon, ob der Höhepunkt im Intermenstruum bzw. prämenstruell liegt. In der Menopause verordnet er regelmäßig Androgene. Sind die Patientinnen dagegen noch im geschlechtsreifen Alter, so sollte zwischen Hyper- und Hypofollikulinie unterschieden werden. Beim Höhepunkt im Intermenstruum und Hyperfollikulinie sind Androgene (jeden 2. Tag 10 mg — Gesamtdosis 50 mg) indiziert (s. auch Flamand); besteht aber eine Hypofollikulinie, dann kommt Follikelhormon zur Anwendung. Bei Höhepunkt oder laufenden Rezidiven im Prämenstruum und Hyperfollikulinie werden 30—50 mg Progesteron zwischen dem 18. und 26. Tage gegeben; bei Hypofollikulinie gibt Garnier dagegen auch in diesem Falle Follikelhormon.

t) Kraurosis vulvae

Nur die beginnende Kraurosis vulvae — häufig von quälendem Juckreiz begleitet —, die ursächlich Folge eines Oestrogenausfalls bzw. einer verminderten Oestrogenausschüttung (Reiss) sein dürfte, kann wirksam mit hohen Dosen oestrogenen Hormons behandelt werden (Kimmig, Wiener). Bei fortgeschrittenen Stadien ist diese Behandlung nicht mehr indiziert.

u) Pruritus

Bei starkem Pruritus auf Grund eines Verschlußikterus ist die Verordnung von Methyltestosteron (25 mg täglich buccal) sehr erfolgreich (Lloyd-Thomas und Sherlock). Die nichtmethylierte Form des Testosterons ist dagegen nicht wirksam (Hicks und Mullins).

Pruritus senilis. Bei Frauen ist die Behandlung mit hohen Oestrogendosen (2,5 mg 2mal täglich), bei Männern 2mal wöchentlich 50 mg Testosteronpropionat zu empfehlen. Mit dem Rückgang des Juckreizes sollte auch langsam mit der Hormondosis zurückgegangen werden. Die örtliche Applikation von Oestrogen-Salben führt bei beiden Geschlechtern prompt zur Besserung der klinischen Symptome (Reiss, Wiener).

v) Periphere Durchblutungsstörungen

Neben anderen Behandlungsmaßnahmen hat sich auch die Behandlung mit den Keimdrüsenhormonen einen festen Platz erworben. Die ersten Beobachtungen über Heilung von nekrotisierenden Durchblutungsstörungen nach Applikation von Follikelhormon gehen auf v. BERGMANN (1936) zurück. Follikelhormon stellt die Arteriolen weit und führt zu einer Abdichtung der Endothelien. Die Androgene bewirken eine Tonisierung der glatten Muskulatur der Gefäße. Daher kombiniert man beide Hormone sehr gerne miteinander. RATSCHOW kommt auf Grund sehr umfangreicher eigener Untersuchungen zu dem Schluß, daß man nicht mehr von einer Vasoaktivität, sondern besser von einer Vasoaffinität der Sexualhormone sprechen sollte. Die besten Erfolge sah RATSCHOW mit der Verordnung von Oestrogenen bei frischen „Endoangiosen". Bei älteren Angiopathien kann eine monatelange Behandlung mit Oestrogenen zu einer Auswaschung der mittleren Gefäßwände führen. Er gibt folgendes Behandlungs-Schema:

Frauen: Täglich 1 mg Oestrogen intramuskulär + 5 mg Testosteronpropionat (10 Tage lang). — 10 Tage Pause. — 5 mg Oestrogen intramuskulär + 10 mg Testosteronpropionat intramuskulär. — 10 Tage Pause. — Täglich 1 mg Oestrogen intramuskulär + 5 mg Testosteronpropionat (10 Tage lang).

Männer: Täglich 1 mg Oestrogen intramuskulär + 25 mg Testosteronpropionat (10 Tage lang) intramuskulär. — 10 Tage Pause. — 50 mg Testosteronpropionat intramuskulär. — 10 Tage Pause. — Täglich 1 mg Oestrogen intramuskulär + 25 mg Testosteronpropionat intramuskulär.

RIEDER gibt eine ähnliche Behandlungsart an und kombiniert dabei ebenfalls Oestrogene und Androgene, rät aber, zusätzlich noch Priscol zu geben:

14 Tage 5mal wöchentlich 1 mg Oestrogen intramuskulär; 2mal wöchentlich 5—10 mg Testosteronpropionat intramuskulär.

14 Tage 5mal wöchentlich 5 mg Oestrogen intramuskulär; 2mal wöchentlich 25 mg Testosteronpropionat intramuskulär.

14 Tage 5mal wöchentlich 1 mg Oestrogen intramuskulär; 2mal wöchentlich 5—10 mg Testosteronpropionat intramuskulär.

KLÜKEN konnte bei intravenös injiziertem männlichem bzw. weiblichem Sexualhormon keine Änderung der Hauttemperatur bei Gesunden feststellen. Lediglich bei klarer Insuffizienz der Keimdrüsen („Krisenzeiten der Keimdrüsen-Pubertät und Klimakterium") ließ sich bei *Akrocyanose* und *Morbus Raynaud* eine Steigerung der Hauttemperatur auf Grund besserer Durchblutung auch experimentell nachweisen.

MACGREGOR sah unter Androgentherapie eine erhebliche Besserung der peripheren Durchblutung. EDWARDS, HAMILTON, DUNTLEY sahen ebenfalls bei der Therapie von organischen Gefäßerkrankungen mit *Testosteron* befriedigende Ergebnisse.

Demgegenüber stehen die Erfolge von MAGGI, der bei spontaner juveniler Extremitätengangrän nach Follikelhormoninjektion eine Heilung in 8 von 9 Fällen erzielte, so daß die Amputation vermieden werden konnte. MOSER gibt mit Erfolg bei organischen Gefäßerkrankungen alter Männer in 4—8wöchigen Abständen jeweils 25 mg Cyren A; bei Frauen wird Oestradiol im Wechsel mit Androgenen verordnet.

VALDONI gab bei Patienten, die nach einer Sympathektomie rezidiviert waren, mit gutem Erfolg *Progesteron*; dabei ging er von der klinischen Beobachtung aus, daß der Morbus Raynaud in der Schwangerschaft fast vollständig verschwindet.

w) Ulcus cruris

TEITGE sah ermutigende Resultate in der Behandlung von Ulcera cruris mit Follikelhormon. Andere Autoren gaben sowohl Androgene als auch Oestrogene. So sah PIULACHS nach massiven Androgendosen im ödematösen Stadium von Ulcera cruris gute Behandlungserfolge. Diese Wirkung der Oestrogene und Androgene auf die Unterschenkelgeschwüre beruht jedoch auf bisher noch nicht exakt zu belegenden Untersuchungen; ihre Anwendung geht auf rein klinische Beobachtungen zurück, deren Deutung nach KIMMIG viele Möglichkeiten zuläßt.

x) Erythrocyanosis crurum puellarum (KLINGMÜLLER)

Sehr häufig liegen bei diesem Krankheitsbild zusätzlich Menstruationsstörungen vor, deren cyclusgerechte Behandlung mit Oestrogenen und Progesteron bzw. gonadotropem Hormon zu einer Besserung des Befundes führen kann (s. auch KLÜKEN). Auch die Kombination mit Schilddrüsenhormon wird empfohlen (REISS).

y) Fertilitätsstörungen beim Manne

Eine Besprechung der für den Dermatologen gegebenen therapeutischen Möglichkeiten wäre unvollständig, wenn nicht auch die Therapie der Fertilitätsstörungen beim Manne erwähnt würde, da diese ja vornehmlich mit Sexualhormonen durchgeführt werden wird. Dabei sollen voneinander getrennt werden:

α) Normospermie mit postpuberaler Leydig-Zell-Insuffizienz,

β) Hypozoospermie/Oligospermie,

γ) Retentio testis (sog. Kryptorchismus).

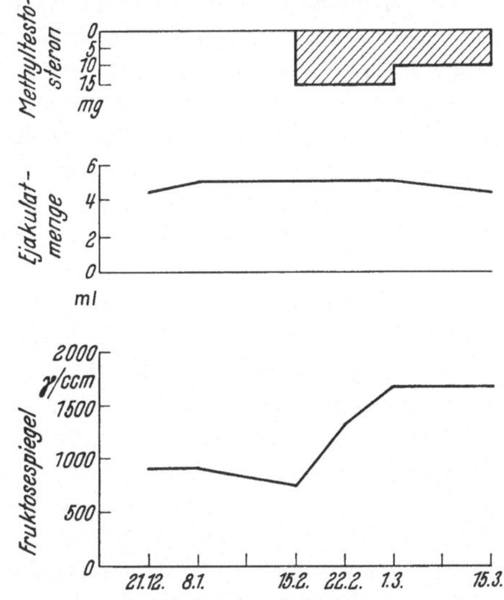

Abb. 23. Effekt einer Methyltestosteron-Behandlung bei einem Patienten mit Normospermie und postpuberaler Leydig-Zellinsuffizienz

α) Die Normospermie mit postpuberaler Leydig-Zell-Insuffizienz (SCHIRREN, NOWAKOWSKI und SCHIRREN, „fertile Eunuchen“ PASQUALINI) stellt ein Krankheitsbild dar, bei dem zwar nach morphologischen Gesichtspunkten ein absolut normaler Befund erhoben werden kann, nach den Ergebnissen der biochemischen Untersuchung des Spermaplasmas aber ein androgenes Defizit auf Grund einer Insuffizienz der Leydigschen Zwischenzellen angenommen werden muß. Diese Feststellung kann getroffen werden, nachdem es gelang, den — auf Grund eines Androgenmangels — erniedrigten Fructosespiegel im menschlichen Spermaplasma sowohl durch Zufuhr von gonadotropem Hormon, als auch von Testosteron zum Ansteigen in einen normalen Bereich zu bringen. Dabei darf es in gewisser Weise als Erfolg dieser Behandlung gewertet werden, wenn neben einer Beeinflussung der Fructosewerte auch eine Beeinflussung der Eiweißfraktionen bei der papierelektrophoretischen Untersuchung des Spermaplasmas gesehen wurde (KIMMIG, SCHIRREN); schließlich darf nicht unerwähnt bleiben, daß die genannte Patientengruppe wegen „Infertilität“ untersucht wurde und mehr oder weniger lange Zeit nach Behandlungsbeginn — bei vorheriger bis zu 10 Jahre währender steriler Ehe — in der Ehe eine Gravidität eintrat.

Die *Behandlung der Normospermie mit sekundärer Leydig-Zell-Insuffizienz* kann mit *gonadotropem Hormon* erfolgen. Man gibt dann am besten 3mal 2000 bis 3mal 6000 E pro Woche (NOWAKOWSKI und SCHIRREN); die Behandlung ist aber sehr kostspielig und kann rentabler mit der buccalen Applikation von *Methyltestosteron* durchgeführt werden. 5—10 mg täglich können unbedenklich gegeben werden. Nach den Angaben von VOGT liegt der Tagesbedarf des Menschen bei etwa 5 mg Testosteron. Die fluorierten Methyltestosteron-Derivate haben sich hierbei nicht bewährt, da sie keinen ausreichenden androgenen, sondern mehr einen anabolen Effekt besitzen (vgl. KIMMIG 1959).

Es hat sich als zweckmäßig erwiesen, diese Behandlung über längere Zeit durchzuführen unter gelegentlicher Kontrolle der Ejaculatbefunde; und zwar hat sich die cyclusgerechte Medikation besonders bewährt, da man hiermit sowohl die Ovulationsphase der Frau (Konzeptionsoptimum) ausnutzt und zum anderen den mit einer sekundären Leydig-Zell-Insuffizienz behafteten Ehemann für den Ovulationstermin mit einem normalen Fructosewert im Ejaculat versieht. 5—10 mg Methyltestosteron täglich werden dem Ehemann in den ersten 14 Tagen des Menstruationscyclus der Ehefrau verordnet; dabei wird der Cyclus vom 1. Tag der Blutung gerechnet; in der 2. Hälfte des Cyclus tritt dann eine Behandlungspause für den Ehemann ein. Die Behandlung wird über mehrere Monate fortgesetzt.

β) Bei der Hypozoospermie/Oligospermie handelt es sich um eine Verminderung der Spermatozoengesamtzahlen und um eine gleichzeitige Verminderung des Prozentsatzes beweglicher und normalkonfigurierter Spermatozoen. Während man unter *Normospermie* Zahlen von 60 Millionen Spermatozoen/ml und mehr bei einer Beweglichkeit von 70—80% und einem Prozentsatz von etwa 80% normalkonfigurierter Spermatozoen annimmt (s. bei Joel, Stiasny), beträgt bei der *Hypozoospermie* die Zahl der Spermatozoen im ml Ejaculat nur noch 40—50 Millionen und der Prozentsatz der beweglichen und normalkonfigurierten Spermatozoen sinkt auf etwa 55—60% ab; bei der *Oligospermie* — Joel unterscheidet 3 verschiedene Schweregrade — findet man demgegenüber nur noch Spermatozoenzahlen von 30 Millionen und weniger pro ml bei 40—50% Beweglichkeit und entsprechendem Prozentsatz normalkonfigurierter Spermatozoen. Sowohl bei der Hypozoospermie als auch bei der Oligospermie sind die Konzeptions-Chancen im allgemeinen eingeschränkt. Daher wird man eine Behandlung dieser Patienten bei längerer Kinderlosigkeit in der Ehe in Erwägung ziehen müssen, wenngleich nach den neuesten Angaben von MacLeod bereits bei Spermatozoenzahlen von 20 Millionen Spermatozoen/ml und mehr keine Steigerung der Fertilität mit steigenden Spermatozoenzahlen eintreten soll. Bisher haben sich folgende Behandlungsformen durchgesetzt:

1. Hochdosierte Testosteronbehandlung mit dem Ziele des „rebound-phenomenon" nach Heckel u. Mitarb.
2. Methyltestosteronbehandlung — buccal — über längere Zeit (Harvey, Jackson).
3. Kombinierte Gonadotropin-Testosteron-Behandlung nach Kimmig (Stiasny, Weyeneth).

1. Über die *hochdosierte Testosteron-Depot-Behandlung* von Heckel sind bisher verschiedene, zum Teil widerspruchsvolle Ergebnisse bekannt geworden. Diese Therapie baut auf der Vorstellung der bremsenden Funktion des Testosterons gegenüber der Gonadotropinproduktion des Hypophysenvorderlappens auf und erzielt also zunächst mit der hochdosierten Testosterontherapie eine Bremsung der gonadotropen Funktion des Hypophysenvorderlappens, aus der ein Rückgang der Spermiogenese bis zur Azoospermie resultiert. Sobald dieser Effekt erreicht ist — unter der Behandlung muß daher laufend das Ejaculat kontrolliert werden — wird die Testosteronbehandlung abgebrochen; nun soll nach Heckel die gonadotrope Hypophysenvorderlappenfunktion wieder einsetzen und eine normale Spermiogenese anlaufen. Nach Verlauf von einigen Monaten sind die Ausgangswerte der Spermatozoenzahlen wieder erreicht und später sogar in mehr oder weniger starkem Ausmaß überschritten; das bezeichnet man dann als sog. „rebound-phenomenon". Die Einzeldosis beträgt 100—200 mg Testosterondepot pro Woche; die Gesamtdosis ist von den oben beschriebenen Kriterien abhängig. Die günstigen Ergebnisse von Heckel wurden auch von einer Reihe anderer

Autoren bestätigt (HEINKE und TONUTTI, NOWAKOWSKI und andere). KIMMIG konnte bereits 1955 darauf hinweisen, daß diese Behandlungsform vor allem in den Fällen indiziert sei, die 20 Millionen Spermatozoen/ml und mehr aufwiesen; bei niedrigeren Spermatozoenzahlen dagegen sah KIMMIG in einer Reihe von eigenen Beobachtungen, die unter anderem Spermatozoenzahlen zwischen 3 und 10 Millionen/ml betrafen, das Ausbleiben des von HECKEL beschriebenen rebound-

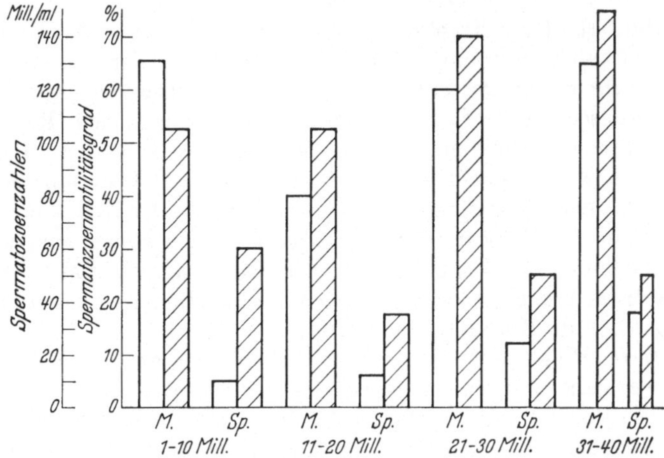

Abb. 24. Der Einfluß der kombinierten Hormonkur auf Motilitätsgrad und Spermatozoenzahlen

phenomenon; statt dessen sah er eine bleibende Azoospermie an Stelle einer Oligospermie. Diese Befunde wurden durch HARVEY bestätigt. KIMMIG empfahl daher

2. eine *Kombinationsbehandlung mit Serumgonadotropin und Testosteron* nach folgendem Schema:

2mal wöchentlich 1000 E Serumgonadotropin intramuskulär bis zu einer Gesamtdosis von 12000 E. Anschließend wöchentlich 10 mg Testosteron-Depot bis zu einer Gesamtdosis von 100 mg.

Nach den Untersuchungen von SCHIRREN konnte bei dieser Behandlung in der Mehrzahl der Fälle neben einer Zunahme der Gesamtzahl der Spermatozoen/ml auch eine Besserung der Beweglichkeitsverhältnisse und gleichsinnige Beeinflussung der morphologischen Qualität der Spermatozoen festgestellt werden. Auch von STIASNY und WEYENETH wird eine Behandlung mit Hormonkombinationen angegeben. So gab STIASNY wöchentlich 50 RE Anteron und 25 mg Testoviron über 12 Wochen und beobachtete, daß oft schon nach einer kurzen Behandlungszeit die Spermiogenese stimuliert wurde. Auch Psyche, Libido und Potenz wurden günstig beeinflußt. WEYENETH zieht ebenfalls eine kombinierte Testosteron-Serumgonadotropin-Behandlung der reinen Testosteronbehandlung vor. Wie KIMMIG und NIKOLOWSKI warnt auch er vor der Gefahr der bleibenden Azoospermie, da er nach Testosteron-Injektionen und -Implantaten keine guten Ergebnisse sah. KIMMIG und seine Schule stehen auf dem Standpunkt, daß diese Form der Behandlung einer Oligospermie sicher weniger eingreifend und weniger different sei, als die Heckelsche Stoßtherapie, wobei keineswegs von einer Überlegenheit der Kimmigschen Methode gesprochen, sondern besonderer Wert auf das „primum nil nocere" gelegt wird.

3. Schließlich ist noch eine Behandlungsform der Hypozoospermie/Oligospermie mit Sexualhormonen zu erwähnen, die von HARVEY und JACKSON aus Exeter angegeben wurde, nachdem auch sie keine befriedigenden Ergebnisse mit

der Heckelschen Behandlung gesehen hatten. Sie geben 10 mg Methyltestosteron täglich buccal über mehrere Monate.

NIKOLOWSKI empfiehlt ebenso wie TYLER bei leichten Formen von Oligospermie (30—60 Millionen Spermatozoen/ml) eine vorsichtige Testosteronmedikation von wöchentlich 1—2mal 10—20 mg intramuskulär oder täglich 2—5 mg buccal. Er warnt vor einer zu hohen Dosierung, weil diese durch bleibende, totale Azoospermie gefährlich werden kann.

γ) Retentio testis (sog. Kryptorchismus). Die Verlagerung des Hodens in das Scrotum findet unter physiologischen Bedingungen vor der Geburt statt. Bisweilen unterbleibt dieser Descensus aber; dann liegt entweder ein sog. Kryptorchismus (nicht descendierter Hoden) oder ein retrahierter Hoden (Retentio testis) vor. Diese Unterscheidung muß gerade nach den Arbeiten von HAND, sowie DEMING, GOHRBANDT gemacht werden, da sich aus dieser Differenzierung sowohl die Therapie als auch die Prognose ergeben. Wenn z. B. der Hoden bei der Untersuchung nicht in das Scrotum durch den palpierenden Finger massiert werden kann, dann ist in der Regel eine hormonale Behandlung wenig indiziert, sondern nur ein operatives Vorgehen kann das mechanische Hindernis beseitigen (HAND; CENDRON, CANLORBE, BORNICHE und PUJOL).

Die *Therapie* erfolgt nach den neuesten Ergebnissen am besten zwischen dem 5. und 6. Lebensjahr, während man früher erheblich später (8.—12. Lebensjahr) behandelte; die Behandlung ist erforderlich, damit die noch nicht in das Scrotum descendierten Hoden weder durch Druck noch durch die Wärme der Bauchhöhle irreversibel geschädigt werden. Diese sog. *Frühbehandlung* der Hodenretention geht im wesentlich auf ROBINSON und ENGLE, NELSON, HINMAN und SARAFOFF, BERNSTEIN, GOHRBANDT, sowie HECKER und BRAREN zurück. Danach zeigen die nicht an typischer Stelle im Scrotum liegenden Hoden etwa bis zum 5. Lebensjahre keine Abweichungen von den im Scrotum gelagerten Hoden hinsichtlich der histologischen Befunde. Nach dem 5. Lebensjahr etwa ist jedoch eine deutlicher Unterschied festzustellen; so unterbleibt das Wachstum der Tubuli seminiferi, sowie die Vermehrung und Ausreifung der Spermatozoen. Nach dem 15. Lebensjahr kann es zu einer progredienten Tubulussklerose kommen. Ein Aufschub der hormonalen bzw. operativen Therapie bis über die Pubertät hinaus sollte daher nicht erfolgen. Bei doppelseitiger Retentio testis wird man möglicherweise nach HAND die Hormonbehandlung mit einer operativen Therapie kombinieren. Für die *reine Hormonbehandlung* kommt ausschließlich Choriongonadotropin in Betracht, da andere Präparate zu wenig wirksam sind. Nach einer Dosierung von anfangs 300—500 E am ersten Tage wiederholt man diese Dosis nach 8 Tagen und geht dann auf 2mal wöchentlich 500—1000 E über bis zu einer Gesamtdosis von 10000—12000 E (KIMMIG). HAND empfiehlt 3mal 4000 E pro Woche bei einer Gesamtdosis von 40000 E. Diese Behandlung muß unter laufender fachärztlicher Kontrolle nach individuellen Gesichtspunkten erfolgen, da die Zufuhr von gonadotropem Hormon im Alter von 5—6 Jahren für das Kind einen nicht unerheblichen Schock auch psychischer Art darstellen dürfte. Aus diesem Grunde sollte man bei Ansprechen auf die Therapie diese auch nicht unnötig fortführen. Mit der Choriongonadotropinbehandlung erreicht man über eine Stimulierung der Leydigschen Zwischenzellen eine vermehrte Ausschüttung von Testosteron. LUFT gab 2mal 600 E pro Woche und sah bereits nach 7 Injektionen einen ersten Erfolg. Die Behandlungsdosis schwankt bei den einzelnen Autoren zwischen 300 und 30000 E, die Behandlungszeit zwischen 5 Wochen und 6 Monaten. Alle Autoren sind sich aber darüber einig, daß die Gonadotropinbehandlung vorzuziehen sei (GORDON und FIELDS), und daß die Hormonbehandlung immer vor der chirurgischen Behandlung durchgeführt werden sollte (MONCORPS). Die gelegentlich empfohlene Behandlung mit kleinen Gaben von Testosteron (5—10 mg pro Woche intramuskulär) sollte nur mit aller Reserve und in wirklich begründeten Fällen vorgenommen werden, da man mit der frühzeitigen Zufuhr von Androgenen beim Organismus des Kindes einen vorzeitigen Schluß der Epiphysen erreicht und außerdem die Spermiogenese schädigen kann (Jaffé und Brockway; Gordon und Fields; Jores; Wiskott).

z) Tumoren

α) Prostata-Carcinom. Das Prostata-Carcinom nimmt seinen Ausgang von der Prostata selbst. Es bildet Fermente: die saure und die alkalische Phosphatase (Kutscher). Die Bildung der Phosphatasen ist abhängig von der Anwesenheit androgener Hormone. Nach Fergusson sprechen die reichlich phosphatasebildenden Carcinome besser auf eine Oestrogenbehandlung an als andere. Der Phosphatasewert sinkt unter dieser Behandlung ab (Raabe). Der Wirkungsmechanismus der Oestrogene, der Kastration oder der Kombination beider ist noch nicht restlos geklärt (Alken und Büscher). Huggins vertrat noch die Ansicht, daß bei der Oestrogenbehandlung der antiandrogene Faktor ausschlaggebend sei; man ist aber heute geneigt, auch einen cytostatischen Effekt der oestrogenen Hormone anzunehmen (Druckrey und Raabe; Druckrey, Danneberg und Schmähl). Nach Alken kommt es unter der Oestrogenwirkung zu einer tiefgreifenden Stoffwechselstörung der Carcinomzelle. Die Ausschaltung der androgenen Hormone durch die subcapsuläre Orchidektomie z. B. scheint eine Voraussetzung für die carcinomhemmende Wirkung zu sein, wobei der cytostatische Effekt in diesem Rahmen außer acht gelassen wird (Huggins). Man muß mit etwa 10% oestrogenrefraktären Carcinomen rechnen.

Die intravenöse Behandlung mit phosphorylierten Stilbenen *(Honvan)* wird mit dem Ziele angewendet, eine selektiv-cytostatische Wirkung auf das Prostatagewebe zu erzielen unter möglicher Vermeidung der sonst unvermeidlichen kontrasexuellen Wirkung (Gynäkomastie und ähnliches) (Budniok, Stoll und Altvater, Schmähl, Druckrey, Danneberg und Schmähl). Man gibt etwa 250—500 mg täglich intravenös und erreicht damit eine rasch einsetzende Wirkung. Dieser Behandlung sind aber begreiflicherweise bestimmte Grenzen gesetzt. So wird man in vielen Fällen die regelmäßige Implantation von Oestrogenen vornehmen müssen. Alken implantiert alle 4 Wochen 25—50 mg Cyren A und konnte damit befriedigende Ergebnisse erzielen. Mit gleichem Erfolge kann man aber auch andere Depot-Oestrogene (Progynon M, Progynon B oleosum und anderes mehr) verwenden. Unter dieser Behandlung bessert sich das Allgemeinbefinden der Patienten, die Tumorgröße nimmt ab und die Metastasenschmerzen verschwinden. Nach Absetzen oder Unterbrechung der kontinierlich fortgeführten Behandlung kommt es regelmäßig zum Rezidiv. Daher muß die einmal begonnene Oestrogenbehandlung laufend fortgesetzt werden.

β) Prostata-Adenom. Das Prostata-Adenom nimmt seinen Ausgang von den periurethralen Drüsen und spricht vor allem im ersten Stadium (Miktionsstörungen ohne Restharn) gut auf eine Hormonbehandlung an. Liegt bereits ein Restharn vor, so müssen höhere Hormondosen gegeben werden. Nach Staehler gibt man 3mal wöchentlich 10 mg Testosteron-Depot und 2,5 mg Oestradiol bei einer Gesamtdosis von 150 mg Testosterondepot und 37,5 mg Oestradiol. Andere Autoren empfehlen ausschließlich Testosteronpropionat in einer Dosierung von 25 mg täglich bis zur Besserung der Miktionsbeschwerden zu geben und gehen dann auf 3mal wöchentlich 25 mg Testosteronpropionat zurück (Bauer). Alken vertritt demgegenüber die Auffassung, daß für die Behandlung des Prostata-Adenoms wesentlich sei, ob eine Begleitinfektion vorhanden ist und welche

Adenomform (klein, groß, Mittellappen, Seitenlappen, subvesicale oder endovesicale Entwicklung) vorliegt. Er hat folgendes Behandlungsschema eingeführt:

1. Täglich 5 mg Stilben bis zu einer Dosis von 30 mg anschließend.
2. 2mal wöchentlich 5 mg Stilben bis zu einer Gesamtdosis von 50 mg.
3. Reizlose, lacto-vegetabile Kost, Alkoholverbot, Stuhlgangsregulierung, lauwarme Sitzbäder.

FREI gibt in 4wöchigen Abständen jeweils 40 mg Depot-Progynon bis zu einer Dosis von 120 mg und richtet die dann folgende Behandlung nach dem entsprechenden klinischen Befund aus. Die Applikation von männlichen Keimdrüsenhormonen hält ALKEN in hohem Alter (70/80 Jahre) wegen der Gefahr der Aktivierung einer latenten Carcinomanlage für kontraindiziert. Bei Ansprechen auf die oben angeführte Therapie reduziert ALKEN die Hormondosis auf 25 mg Stilben in 4wöchigen Abständen. Spricht der Patient dagegen nach einer Gesamtdosis von 50 mg noch nicht an, dann ist eine weitere konservative Therapie nicht mehr angezeigt, sondern es muß der Frage einer Operation näher getreten werden.

γ) Das metastasierende Mamma-Carcinom. In der Regel erkranken Frauen am Mamma-Carcinom; Männer werden relativ selten davon befallen, so daß LACASSAGNE für diese Fälle das Fehlen eines Ovarialfaktors angenommen hat. Die Oestrogene erhöhen die Häufigkeit des spontanen Brustkrebses (SCHWANDER u. MARVIN). Stilboestrol unterscheidet sich vom Oestron dadurch, daß es seinen direkten Angriffspunkt auf Grund seiner Eigenschaft, zu Chromosomenbrüchen zu führen, direkt an der Tumorzelle hat (SCHMÄHL). Aus diesem Grunde wird Stilboestrol in der Literatur zum Teil als Therapeuticum angegeben (HÄNDEL, MEYTHALER, RAWSON, SCHMÖLLING). Progesteron soll nach FLECK — wohl auf Grund seiner cancerostatischen Wirkung — die Tumorzelle strahlensensibler machen.

Vor allem die *Androgene* sind bisher in der Behandlung des Mamma-Carcinoms eingesetzt worden. Nach LACASSAGNE, MARVIN, SCHWANDER vermindert die Zufuhr von Androgenen bei Mäusen die Häufigkeit des spontanen Brustkrebses. Beim Menschen kommt das männliche Sexualhormon vor allem bei intakten Ovarien in Frage und bei Knochenmetastasen. Der Primärtumor bleibt in der Regel unbeeinflußt (LACASSAGNE). Als Normaldosis werden 50—100 mg Testosteron-Depot pro Woche angegeben; hierunter bessert sich auf Grund der anabolen Wirkung des Testosterons das Allgemeinbefinden, und es resultiert weiterhin eine rasch einsetzende Schmerzfreiheit; am Röntgenbild kann man die günstige Wirkung des Testosterons auf den Calciumstoffwechsel und die damit verbundene vermehrte Kalkablagerung in die osteolytischen Knochenmetastasen beobachten. Diese Beobachtungen können im peripheren Blut an Hand des alkalischen Phosphatasespiegels überprüft werden, der von einem normalen Spiegel (3—5 E/100 ml) bis auf 15—17 E/100 ml) ansteigen kann (GRIBOFF, HERRMANN, SMELIN und MOSS). Schließlich beobachtet man an der Haut einen Rückgang der Metastasen und ihre Eintrocknung. Damit wird deutlich, daß die Hormonbehandlung des Mamma-Carcinoms mit Androgenen ihren berechtigten Platz in der Medizin hat. Als Nebenerscheinung ist vor allem der stark virilisierende Effekt aller Testosteronpräparate zu nennen; daneben ist auch der Einfluß des Testosterons auf den Mineralstoffwechsel nicht zu unterschätzen. So beobachtet man bei älteren Frauen Natriumretentionen stärkeren Grades und besonders bei osteolytischen Metastasen eine Hypercalcämie; die Hypercalcämie ist unter Androgenen häufiger als unter Oestrogen-Therapie.

Unklar ist bisher, aus welchem Grunde die Testosteronbehandlung des Mamma-Carcinoms in einigen Fällen ungünstig wirkt. Eine Erklärung dafür können die Untersuchungsergebnisse von DORFMAN u. Mitarb. darstellen; DORFMAN fand nämlich, daß 95% der im weiblichen Organismus gebildeten oestrogenen Hormone aus androgenem Hormon entstehen. Diese Angaben wurden durch WEST, MYERS, NATHANSON bestätigt, die das Testosteron exogen zuführten und seine Umwandlung in Oestrogene nachwiesen. Es wäre nun denkbar, daß dieser Umbau bei den „androgen-resistenten" Patienten vermehrt erfolgt oder aber, daß der Abbau von Oestrogenen vermindert ist. DORFMAN hat aus diesen Gründen mit Nachdruck darauf hingewiesen, daß die Suche nach anabol wirkenden Steroiden notwendig sei, die im Körper nicht in oestrogene Stoffe umgesetzt werden können. Nor-Testosteron erfüllt diese Bedingung in begrenztem Maße; es hat einen relativ geringen androgenen Effekt, eine stark anabole Wirkung und wird in vitro nach DORFMAN nur schwer in oestrogene Hormone umgesetzt.

Ein Ester des Nor-Testosterons — das *19-Nor-Testosteronphenylpropionat* — hat gerade für die Therapie des metastasierenden Mamma-Carcinoms eine besondere Bedeutung erlangt, da es keinen so stark virilisierenden Effekt zeigt wie das Testosteron und seine Derivate. Die oben genannten Nebenerscheinungen des Testosterons (Natriumretention, Hypercalcämie, Metastasenausbreitung) fehlen dem 19-Nor-Testosteronphenylpropionat vollkommen, so daß die Entdeckung dieser Substanz ein wirklicher Erfolg genannt werden kann. Nach JORES und NOWAKOWSKI (1960) entsprechen folgende Hormondosen in etwa einander:

Testosteronpropionat	150—300 mg/Woche
Testosteronoenanthat.	250 mg/Woche
Testosteronphenylpropionat	250 mg/Woche
19-Nor-Testosteronphenylpropionat	25—50 mg/Woche

Einen Eindruck von den Stoffwechselwirkungen dieser Verbindung vermittelt die nachstehende bei JORES und NOWAKOWSKI entnommene Tabelle.

Tabelle 18. *Die Retention von Stickstoff, Calcium und Phosphor unter Nor-Testosteronverbindungen im Vergleich zu Testosteron.* (Nach JORES und NOWAKOWSKI 1960)

Verbindung	Retention in mg/kg/Tag			Dosis	
	Stickstoff	Calcium	Phosphor	täglich (mg)	gesamt
Nor-Testosteronphenylpropionat . .	24,2	1,3	7,4	2—5	50—100
Nor-Testosterondecanoat	44,0	1,7	4,0	5—7	125—150
Testosteronpropionat		1,9	1,7	50	450

Die *Oestrogene* kommen für eine Hormonbehandlung des metastasierenden Mamma-Carcinoms nur bei Patientinnen in Betracht, die wenigstens 5 Jahre in der Menopause sind. Diese wichtige Einschränkung ist von großer Bedeutung und muß aus den folgenden Gründen unbedingt eingehalten werden: Durch die Oestrogene kann eine Aktivierung des Tumorwachstums erfolgen; ebenso ist mit Hypercalcämie und Natriumretention zu rechnen. Uterusblutungen und Erweiterung des Beckenbodens (Harninkontinenz und Uterusprolaps) sind in gleicher Weise als Nebenerscheinungen bekannt. Haut-, Organ- und Weichteilmetastasen reagieren im allgemeinen günstig auf eine Oestrogentherapie, während die Testosteronzufuhr nicht so Überzeugendes leistet.

Schließlich sei auf die neueren Mitteilungen von OLIVECRONA und LUFT über die Erfahrungen mit der Hypophysektomie beim metastasierenden Mamma-Carcinom verwiesen, ein Behandlungsverfahren, das im Frühstadium beachtliche Erfolge zu verzeichnen hat in der Hand eines guten Operateurs (vgl. hierzu auch JORES und NOWAKOWSKI 1960). In etwa 50% der Fälle ist mit einer Remission zu rechnen, die für etwa 1—2 Jahre anhalten kann (LUFT, OLIVECRONA und IKKOS).

Literatur

Abad-Colomer, L.: Acciones extragenitales de la progesterone. Med. esp. **31**, 17 (1954). Ref. Zbl. Haut- u. Geschl.-Kr. **90**, 307 (1955). — Abderhalden, R.: Die Hormone. In Lehrbuch der Physiologie von W. Trendelenburg u. E. Schütz. Berlin-Göttingen-Heidelberg: Springer 1952. — Ackermann, A.: Sammelreferat. Dermatologica (Basel) **100**, 176 (1950). — Ackermann, G.: Systematisierte Elastorrhexis. — Sarkoid Darier-Roussy, Behandlungsversuch mit Humanplazenta. Derm. Wschr. **134**, 945 (1956). — Adam, W., u. W. Nikolowski: Vitamin-A-Therapie und 17-Ketosteroidausscheidung. Arch. klin. exp. Derm. **201**, 141 (1955). — Adams, I., u. R. Herrick: Wechselwirkungen der Keimdrüsenhormone beim Küken. Poultry Sci. **34**, 117 (1955). Ref. Chem. Zbl. **127**, 1349 (1956). — Aeppli, H., u. U. Herrmann: Allergische Reaktion auf Progesteron. Schweiz. med. Wschr. **1954**, 1366. — Agrell, I.: Oestradiol and testosterone propionate as mitotic inhibitors during embryogenesis. Nature (Lond.) **173**, 172 (1954). — Aisenberg, M.: Änderung der Schamfuge unter dem Einfluß von Hormonen. Ukrain. Probl. Endokr. Hormonther. **1**, 99 (1955). Ref. Chem. Zbl. **127**, 7849 (1956). — Albrieux, A., and I. Fournier: The local action of testosterone propionate on the development of axillary hair in man. J. clin. Endocr. **9**, 1434 (1949). — Albright, F., P. Smith and R. Fraser: A syndrome characterized by primary ovarian insufficiency and decreased stature. Amer. J. med. Sci. **204**, 625 (1942). — Alken, C., u. H. Büscher: Hormonelle Behandlung des Prostataadenoms und Prostatakarzinoms. Münch. med. Wschr. **1957**, 872. — Allington, H.: Dryness of the mouth. Arch. Derm. Syph. (Chicago) **62**, 829 (1950). — Alnor, P., u. H. Hartig: Das funktionelle Ergebnis nach Kryptorchismusoperationen. Chirurg **25**, 294 (1954). — Alpert, M.: Hormonal induction of deposition on ceroid pigment in mouse. Anat. Rec. **116**, 469 (1953). — Ammon, R., u. W. Dirscherl: Fermente, Hormone, Vitamine und die Beziehungen dieser Wirkstoffe zueinander, 3. erweiterte Aufl., Bd. II: Hormone: Stuttgart: Georg Thieme 1960. — Anders, J., W. Gahlen u. G. Stüttgen: Auswirkungen homologer und heterologer Sexualhormone auf den Thorn-Test beim Menschen. Klin. Wschr. **1953**, 703. — Andrews, F., W. Beeson u. F. Johnson: Die Wirkung von Stilböstrol, Dienöstrol, Testosteron und Progesteron auf das Wachstum und die Mast von Ochsen. J. anim. Sci. **13**, 99 (1954). — Andrews, G., A. Domonkos and C. Post: Treatment of acne vulgaris. J. Amer. med. Ass. **146**, 1107 (1951). — Anselmino, K., u. F. Hoffmann: Die Wirkstoffe des Hypophysenvorderlappens. In Handbuch der experimentellen Pharmakologie von Heffter, Erg.-Werk, Bd. IX. Berlin: Springer 1941. — Arentsen, K., and G. Hogreffe: Influence of sex hormones upon development of leukaemia in mice. Acta path. microbiol. scand. **28**, 201 (1951). — Arnoldsson, H., u. U. Pipkorn: Verabreichung von Testosteronpropionat bei Asthma bronchiale. Acta med. scand. **148**, 317 (1954). — Aron, Cl., et J. Marescaux: I. Action de la testostérone sur la thyroíde chez le cobaye mâle entier et castré. C. R. Soc. Biol. (Paris) **146**, 1388 (1952). Ref. Chem. Zbl. **127**, 5878 (1956). — Aron-Brunetiere, R.: Essai d'interprétation physiopathologique de la séborrhoe et de l'acné vulgaire. Excerpta Med. (Amst.), Sec. XIII **6**, 343 (1952). — An attempt at a physiopathological explanation of seborrhoe and acne vulgaris: Therapeutic results. Brit. J. Derm. **65**, 157 (1953). — Zur Behandlung der Akne rosacea, der Akne vulgaris und der rezidivierenden Follikulitiden. J. med. Kosmet. **1954**, 325. — Implantations d'hormone gonadodotrope sérique dans l'acné. Bull. Soc. franç. Derm. Syph. **61**, 143 (1954). — Passage de l'hormone gonadotrope sérisque a travers les muqueuses, resultats dans le traitment de l'acné vulgaire. Ann. Endocr. (Paris) **16**, 115 (1955). — Aschheim, H., u. H. Genesius: Über Stoffwechselwirkungen von Sexualhormonen an ihren Erfolgsorganen. Arch. Gynäk. **153**, 434 (1933). — Aschheim, S., u. B. Zondek: Schwangerschaftsdiagnose aus dem Harn (durch Hormonnachweis). Klin. Wschr. **1928**, 8. — Hypophysenvorderlappenhormon und Ovarialhormon im Harn von Schwangeren. Klin. Wschr. **1927**, 1322. — Auchincloss, H., and C. Haagensen: Cancer of breast possibly induced by estrogenic substance. J. Amer. med. Ass. **114**, 1517 (1940). — Augustin, E., O. Heidenreich u. A. Thilo: Vorkommen und Aktivität der Phosphomonoesterasen im Genitaltrakt der weiblichen Ratte und im Blutserum und ihre Beeinflussung durch Ovarialhormone. Arch. Gyn. **184**, 281 (1954). — Augustin, K., u. H. Hagen: Notandronbehandlung und Röntgen-Therapie bei einem Fall von metastasierendem Mamma-Ca. Medizinische **1953**, 1005. — Awwaad, S.: Clinical studies on effect of methylandrostendiol therapy in infancy and childhood. Arch. Pediat. **71**, 285 (1954).

Baggett, B., L. L. Engel, J. Savard and R. I. Dorfman: J. biol. Chem. **221**, 931 (1956). Zit. H. Simmer l.c. — Baird, K.: The routine treatment of acneform eruptions. Canad. med. Ass. J. (1942). Zit. T. Pasieczny and P. Grant. — Results in acne vulgaris when casual factors are treated synchronously. Clinics **5**, 3 (1946). — An effective approach in the treatment of acne. J. invest. Derm. **12**, 317 (1949). — Baker, B.: Connective tissue reaction around implanted pellets of steroid hormones. Anat. Rec. **119**, 529 (1954). — Baker, B., and W. Whitaker: Growth inhibition in the skin following direct application of adrenal cortical preparations. Anat. Rec. **102**, 333 (1948). — BAKER, R.: Studies on cancer prevention in urology. Ann. Surg. **137**, 29 (1953). — BALZE, R., DE LA, R. MANCINI, G. BUR and J. TRAZU: Morphologic and histochemical changes produced by estrogens on adult human testes. Fertil. and Steril. **5**, 421 (1954). — BARBER, H. W.: Influence of sex hormones on the skin and pilose-baceous system. In R. M. B. MCKENNA, Modern trends in dermatology, p. 106. London: Butterworth a. Co. (1948). — BARGMANN, W.: Über die neurosekretorische Verknüpfung von Hypothalamus und Hypophyse. Klin. Wschr. **1949**, 617. — BARNS, H., and G. SWYER: Effect of growth hormone and of chorionic gonadotropin on preputial glands of femal rat. Brit. med. J. **1951 II**, 207. — BARRON, E., and C. HUGGINS: The metabolism of isolated prostatic tissue. J. Urol. (Baltimore) **51**, 630 (1944). — BARTON, M., and B. WIESNER: Waking temperature in relation to femal fecundity. Lancet **1945 II**, 663. — BAUER, J.: Innere Sekretion. Berlin u. Wien 1927. — BAUER, K.: Die kombinierte Behandlung der Prostatahypertrophie mit beiden Geschlechtshormonen oder Keimdrüsenextrakten. Dtsch. med. Wschr. **1951**, 1456. — BEAN, W. B.: A note on the development of cutaneous arterial spiders and palmar erytheme in persons with liver diseases and their development following the administration of estrogen. Amer. J. med. Sci. **204**, 251 (1942). — BECKER, F.: The acne problem. Arch. Derm. Syph. (Chicago) **67**, 273 (1953). — BEDOYA, J., u. O. JIMINEZ: Der Einfluß von Östrogenen und Progesteron auf die Blutkonzentration des Choriongonadotropins während der Schwangerschaft. Arch. Gynäk. **182**, 739 (1953). — BEHRENDT, H., and M. GREEN: The relationship of skin pH pattern to sexual maturation in boys. A.M.A. J. Dis. Child. **90**, 164 (1955). Ref. Chem. Zbl. **127**, 2214 (1956). — BEHRMAN, H.: Hormone creams and the facial skin. J. Amer. med. Ass. **155**, 119 (1954). — BEHRMAN, H., and K. LEE: Sjögrens syndrome. Arch. Derm. Syph. (Chicago) **61**, 63 (1950). — BEHRMANN, J.: Oestrogene in Gesichtscremes. S. Afr. med. J. **1954**, 569. — BELONOSCHKIN, B.: Männliches Klimakterium? Münch. med. Wschr. **1956**, 1468. — BENGTSSON, L.: Studies on the metabolism of acid soluble phosphate in the vagina of the rabbit after a single injection of oestrogenic hormone. Acta endocr. (Kbh.) Suppl. **13**, 1 (1953). — BENHAM, R.: Pityrosporus ovale-lipophilic fungus. Thiamin and oxaloacetic acid as growth factors. Proc. Soc. exp. Biol. (N. Y.) **58**, 199 (1945). — BENOIT, J.: Physiologie de la testostérone sou action morphogène sur les caractères sexuels. In: La fonction endocrine du testicule. Paris: Masson & Cie. 1957. — BEREITER, G.: Zur Therapie der Akne vulgaris. Med. Klin. **49**, 151 (1954). — BERESTON, E.: Incidence of psoriasis. Arch. Derm. Syph. (Chicago) **62**, 716 (1950). — BERGEY, D.: Bergey's manual of determinative bacteriology. Baltimore: Williams & Wilkins Company 1948. — BERGMANN, E. v.: Follikelhormonbehandlung von peripheren Durchblutungsstörungen. Zit. nach W. BLOCK 1951. — BERN, H.: The effect of sex steroids on the respiration of the rat ventrale prostate in vitro. J. Endocr. **9**, 312 (1953). — BERNASCONI, C.: Serum proteins and protein bound carbohydrates in the rat treated with an anterior pituitary extract. Acta endocr. (Kbh.) **23**, 196—206 (1956). — Serum proteins and protein bound carbohydrates in rats treated with adrenocorticotrophic hormone. Acta endocr. (Kbh.) **24**, 50 (1957). — Serum proteins and protein bound carbohydrates in rats treated with gonadotrophic hormones. Acta endocr. (Kbh.) **24**, 61 (1957). — BERNHARDT, H.: Kosmetik und Endokrinologie. J. med. Kosmet. **1954**, 381. — BERNSTEIN, K.: Der derzeitige Stand der Behandlung des sog. Kryptorchismus. Dtsch. med. Wschr. **1957**, 1375. — BESOLD, F.: Heilung des Pruritus vulvae mit Gelbkörperhormon. Münch. med. Wschr. **92**, 883 (1950). — BIAS, D. DE: Effect of testosterone propionate on the red cell count in ovariectomized and ovariectomized-thyreoidectomized rat. Amer. J. Physiol. **165**, 476 (1951). — BIBERSTEIN, H., u. H. LINKE: Blutzuckerbestimmung bei Psoriasis, Ekzem, Lichen Vidal, Ulcus cruris. Arch. Derm. Syph. (Berl.) **158**, 199 (1929). — BIBUS, B.: Neue Wege der Hormonbehandlung des Prostata-Karzinoms. Z. Urol. **46**, 384 (1953). — BIERICH, J. R.: Hodenhochstand in: Die Prognose chronischer Erkrankungen, herausgeg. von F. LINNEWEH, S. 249—253. Berlin-Göttingen-Heidelberg: Springer 1960. — BINGOLD, K., u. E. DELBANCO: Innere Sekretion und Haut. In: Handbuch der inneren Sekretion von MAX HIRSCH, Bd. III, 2. Hälfte. Leipzig: Curt Kabitzsch 1933. — BIRNBERG, C., and C. REIN: Treatment of acne vulgaris. A preliminary study on the value of pregnant mare serum. J. clin. Endocr. **4**, 65 (1944). — BISCHOFF, D., and H. PILHORN: The state and distribution of steroid hormones in biologic systems. J. biol. Chem. **174**, 663 (1948). — BLAICH, W.: Über den östrogenen Einfluß exogener Faktoren. Klin. Wschr. **1949**, 511. — BLAICH, W., u. U. GERLACH: Die diagnostische Leistungsfähigkeit verschiedener Funktionsprüfungen der peripheren Blutgefäße bei bestimmten dermatologischen Krankheitsbildern. Derm. Wschr. **126**, 1046 (1952). — BLANCKENBURG, K.: Klinische Beobachtungen über einen Fall von Calcinosis disseminata universalis. Münch. med. Wschr. **84**, 249 (1937). — BLOCH, B.: Metabolism, endocrine glands and skin diseases with special reference to acne vulgaris and xanthoma. Brit. J. Derm. **43**, 61 (1931). — BLOCH, B., u. A. SCHRAFL: Experimentelle Untersuchungen über den Einfluß des Ovarialhormons auf die Pigmentierung. Arch. Derm. Syph. (Berl.) **165**, 268 (1932). — BLOCH, K.: Biological conversion of cholesterol to pregnandiol. J. biol. Chem. 157, 661 (1945). — BLOCK, W.: Die Durchblutungsstörungen der Gliedmaßen. Berlin: W. de Gruyter 1951. — BLUMENTHAL, F.: Hormonale Einflüsse bei Acne vulgaris. Derm. Wschr. 127, 411 (1953). — BOCOBO, F., A. CURTIS and E. HARREL: In vitro fungistatic activity of stilbamidine, propamidine, pentamidine and diethylstilbestrol. J. invest. Derm. 21, 149 (1953). — BOHNSTEDT, R. M.: Experimentelle Studien über die Beziehungen zwischen Haut und innersekretorischem System. Naunyn Schmiedeberg's Arch. exp. Path. Pharmak. 177, 475 (1935). — Pathogenese des Ekzems im Lichte der Relationspathologie. Neue med. Welt 1950, Nr 31/32. — Neuere Erkenntnisse über den Einfluß von Hormonen auf das örtliche Krankheitsgeschehen und ihre therapeutische Anwendung. Z. Haut- u. Geschl.-Kr. 12, 280 (1952). — BOHNSTEDT, R. M., u. R. BAUMANN: Progesteroneffekt bei Psoriasis. Hautarzt 3, 125 (1952). — BOHNSTEDT, R. M., u. J. M. EICHERT: Erhebungen über die symmetrische Ausbreitung des Ekzems als Beitrag zur Folge der Ekzempathogenese. Z. Haut- u. Geschl.-Kr. 9, 317 (1950). — BOHNSTEDT, R. M., u. E. HEINKE: Behandlung der Akrodermatitis continua Hallopeau mit Keimdrüsenhormonen. Hautarzt 2, 410 (1951). — BOLEY, S., and W. MORSE: Hormonally influenced hemangioma. Arch. Surg. (Chicago) 74, 482 (1957). — BOLTE, F.: Erythrocyanosis cutis symmetrica. Klin. Wschr. 1922, 578. — BOMMER, S.: Krankendemonstrationen. Purpura mit Ovarialtumor. Derm. Wschr. 102, 348 (1936). — Die äußere und innere Behandlung der Akne vulgaris. Ther. d. Gegenw. 1938, H. 9. — BONCINELLE, U., e G. TRIMIGLIOZZI: Psoriasi e funzionalità corticosurrenale. Minerva derm. (Torino) 28, 43 (1953). — BORELLI, S.: Der generalisierte Pruritus der Frau im Klimakterium. Münch. med. Wschr. 1957, 1311. — BORNMANN, G., H. LEPPELMANN u. A. LOESER: Ovarialhormone und Leber. Acta endocr. (Kbh.) 19, 188 (1955). — BORTH, R., A. HELTAI u. H. DE WATTEWILLE: Die Wirkung von Progesteron auf die Wärmereaktion der Haut bei Frauen in der Menopause. Schweiz. med. Wschr. 81, 41, 991 (1951). — BOWMANN, B., and R. STAFFORD: Influence of nortestosterone cyclopentylpropionate on erythropoiesis in castrate male rat. Proc. Soc. exp. Biol. (N.Y.) 87, 136 (1954). — BOWMAN, R. H.: Effect of combined treatment with testosterone and growth hormone on muscle glycogen in hypophysectomized female rats. Amer. J. Physiol. 172, 157 (1953). — BRABETZ, V.: Beitrag zur Neural- und Hormontherapie der Hautkrankheiten. Hippokrates (Stuttgart) 23, 192 (1952). — BRADY, R.: Biosynthesis of radioactive testosterone in vitro. J. biol. Chem. 193, 145 (1951). — BRAUCHARDT, G.: Der Einfluß von Sexualhormonen auf die Größe der Lymphknoten und auf die Mitosen. Z. Vitamin-, Hormon- u. Fermentforsch. 5, 373 (1953). — BRAUN-FALCO, O.: Über die Verteilung von Polysacchariden in der Epidermis bei Dermatosen, die mit Akanthose einhergehen. Derm. Wschr. 128, 1021 (1953). — BRAUN-FALCO, O., G. WEBER u. G. THAESLER: Über das Verhalten proteingebundener Polysaccharide bei Dermatosen. Derm. Wschr. 129, 561 (1954). — BROSIG, W.: Experimentelle Untersuchungen über den Blasentonus. Z. Urol. 46, 456 (1953). — BROWNLEE, G., F. COPP, W. DUFFIN and J. TONKIN: The antibacterial action of some stilbene derivates. Biochem. J. 37, 572 (1943). — BRUNNER, M., J. RIDDEL and W. BEST: Cutanoeus side effects of ACTH, Cortison and Pregnenolone therapy. J. invest. Derm. 16, 205 (1951). — BUDNICK, R., H. STOLL u. G. ALTVATER: Organspezifische Chemotherapie des Prostatakarzinoms. Dtsch. med. Wschr. 1955, 143. — BÜRGER, M.: Haut und Stoffwechsel. 21. Tagg der Dtsch. Derm. Ges. 1949. Zbl. Haut- u. Geschl.-Kr. 74, 2 (1950). — BUJARD, E., W. JADASSOHN et R. BRUN: De l'effect prolongé d'une seule application locale d'un oestrogène sur la tétine du cobaye mâle. Dermatologica (Basel) 110, 233 (1955). — BULLOUGH, W.: Epidermal mitosis in relation to sugar and phosphates. Nature (Lond.) 163, 680 (1949). — BURCKHARDT, W.: Über Beziehungen der peripheren Zirkulation zur inneren Sekretion und zum Stoffwechsel an Hand von Hauttemperaturmessungen. Arch. Derm. Syph. (Berl.) 191, 137 (1950). — BURGER, G., u. G. WENZEL: Über einen Versuch in der Behandlung von peripheren Durchblutungsstörungen mit einem Plazentaextrakt. Med. Klin. 48, 603 (1953). — BURGER, H., H. HAGER u. G. ZIMMERMANN: Über den Einfluß der weiblichen Sexualhormone auf die Capillarpermeabilität des Auges und der Endometriumgefäße. Zugleich ein Beitrag zur Klärung des sog. „blunshing-bluching-phenomen" von Endometriumstransplantaten in der Augenvorderkammer. Arch. Gynäk. 184, 86 (1953). — BURGER, H., u. W. KUNZ: Über die Beeinflussung des Endometriumstoffwechsels durch Progesteron. Arch. Gynäk. 179, 660 (1951). — Der Einfluß des Progesterons auf die Atmung verschiedener Organe der Maus und auf das menschliche Myometrium. Arch. Gynäk. 179, 672 (1951). — BURROWS, H.: Biological actions of sex hormones. Cambridge: At the University Press 1945. — BUTCHER, E.: The hair cycles in the albino rat. Anat. Rec. 61, 5 (1934). — Hair growth in adrenalectomized thyroxine-treated rats. Amer. J. Physiol. 120, 427 (1937). — BUTENANDT, A., u. H. KUDZUS: Z. physiol. Chem. 237, 75 (1935). Zit. REUBER u. SCHMIDT-THOMÉ l.c. — BUTENANDT, A., U. WESTPHAL u. H. COBLER: Über einen Abbau des Stigmasterins zu Corpus luteum-wirksamen Stoffen; ein Beitrag zur Konstitution des Corpus luteum-Hormons. Ber. dtsch. chem. Ges. 67, 1611 (1934). — BUTTERMANN, F.: Die Behandlung der Akne vulgaris mit Testis-Totalextrakt Orchibion. Med. Mschr. 2, 114 (1954). — BUU-HOI, N.: Neuere biochemische Anschauungen auf dem Gebiet der Sexualhormone. Med. Klin. 1952, 1447.

CACCIALANZA, P., e L. LEVI: L'eliminazione urinaria dei 17-cheto-steroidi in alcune dermatosi. G. ital. Derm. Sif. **92**, 1 (1951). Zit. R. SCHUPPLI, Lit.-Bericht 1951, l. c. — CALVERY, H. O., J. DRAIZE and E. LAUG: The metabolism and permeability of normal skin. Physiol. Rev. **26**, 495 (1946). — CARLI, G.: Dieci casi di acne volgare trattati con cura associata di vitamina A e D_2. Minerva derm. (Torino) **28**, 12 (1953). Zit. R. SCHUPPLI, Lit.-Ber. 1952/53, l. c. — CARRIÉ, C.: Untersuchungen über die Lipoide der Hautoberfläche. Arch. Derm. Syph. (Berl.) **188**, 241 (1949). — CARRIÉ, C., u. H. RUHRMANN: Über den Gehalt der Hautoberflächenlipoide an 17-Ketosteroiden. Hautarzt **6**, 405 (1955). — CARTER, S. B.: The influence of sex hormones on the weight of the adrenal gland in the rat. J. Endocr. **13**, 150 (1956). — The effect of oestrogen on the response of the adrenal gland to ACTH in rats. J. Endocr. **13**, 161 (1956). — CASTELLANI, L., e G. BERTOLA: Influenza della folliculina sul l'escrezione urinaria dei cataboliti purinici in ratti tenuti a dieta aproteica con solo apporto di glicina. Boll. Soc. ital. Biol. sper. **30**, 1345 (1954). Ref. Chem. Zbl. **127**, 1637 (1956). — CATCHPOLE, H.: Solubility properties of some compounds of the ground substance in relation to intravital staining. Ann. N. Y. Acad. Sci. **52**, 989 (1950). — CENDRON, J., P. CANLORBE, P. BORNICHE et J. PUJOL: Les cryptorchidies. In: La fonction endocrine du testicule. Paris: Masson & Cie. 1957. — CHAMBERLIN, T., W. GARDNER and E. ALLEN: Local responses of the „sexual skin" and mammary glands of monkeys to cutaneous applications of estrogen. Endocrinology **28**, 753 (1941). — CHAMPY, M.: Le caractére ambosexuel des hormones génitales et ses conséquences. Presse méd. **1935**, 56. — CHAUCHARD, B., et P. CHAUCHARD: L'action des principales hormones sur l'excitabilité de l'intestin du coeur et des vaisseaux. C. R. Soc. Biol. (Paris) **146**, 1072 (1952). — Ref. Chem. Zbl. **127**, 11757 (1956). — CHAUCHARD, B., P. CHAUCHARD, H. MAZOUE et R. LECOQ: Recherches chronaximétriques sur le siège d'action des hormones. J. Physiol. (Paris) **44**, 237 (1952). Ref. Chem. Zbl. **125**, 9071 (1954). — CHWALLA, R.: Hyperöstrogenismus beim Mann als Ursache von Potenzstörungen und Samenmängeln. Wien. med. Wschr. **1954**, 891. — CIARROCHI, L.: Psoriasi e gonadi. Arch. ital. Derm. **20**, 19 (1947). Ref. Zbl. Haut- u. Geschl.-Kr. **72**, 442 (1949). — CLAUBERG, C.: Zur Physiologie und Pathologie der Sexualhormone, im besonderen des Corpus luteum. I. Mitt. Der biologische Test für das Luteohormon (das spezifische Hormon des Corpus luteum) am infantilen Kaninchen. Zbl. Gynäk. **54**, 2757 (1930). — Die Stimulierung der männlichen Geschlechtsdrüse durch weibliches Sexualhormon. Zbl. Gynäk. **60**, 145 (1936). — CLYMAN, B., F. DWYER, W. McDONOUGH and TH. BUTTERWORTH: Acne vulgaris: A comparison of local remedies. Arch. Derm. Syph. (Chicago) **62**, 441 (1950). — COHEN, R.: Diethylstilbestrol — coccidioidal fungicide. Arch. Pediat. **71**, 291 (1954). — COLE, D.: The action of desoxycorticosterone acetate and of dietary sodium and potassium on skeletal muscle electrolyte. Acta endocr. (Kbh.) **14**, 245 (1953). — COLE, H. H., C. HAMBURGER and A. NEIMANN-SØRENSEN: Studies on antigonadotrophins with emphasis on their formation in cattle. Acta endocr. (Kbh.) **26**, 286 (1957). — COLE, H. H., and H. HART: The potency of blood serum of mares in progressive stages of pregnancy in effecting the sexual maturity of the immature rat. Amer. J. Physiol. **93**, 57 (1930). — COLLIP, J.: Ovary — stimulating hormone of placenta; preliminary paper. Canad. med. Ass. J. **22**, 215 (1930). — COMMON, R., W. RUTLEDGE and W. BOLTON: The influence of gonadal hormones on serum riboflavin and certain other properties of blood and tissues in the domestic fowl. J. Endocr. **5**, 121 (1947). — CORMIE, R., and J. SOMMERVILLE: The use of endocrines in dermatology. Med. Press **1956**, No 6129, 383. Ref. Zbl. Haut- u. Geschl.-Kr. **97**, 230 (1957). — CORNBLEET, T.: Pregnancy and apocrine gland diseases: Hidradenitis, Fox-Fordyce disease. Arch. Derm. Syph. (Chicago) **65**, 12 (1952). — CORNBLEET, T., and B. BARNES: The hormones and acne vulgaris. Arch. Derm. Syph. (Chicago) **40**, 249 (1939). — CORNER, G.: Absorption of steroid hormones from oral mucous membranes, with special reference to sublingual administration of progesterone. Amer. J. Obstet. Gynec. **47**, 670 (1944). — CORSON, E., and H. LUSCOMBE: Coincidence of pityriasis rosea with pregnancy. Arch. Derm. Syph. (Chicago) **62**, 562 (1950). — CROSNIER, R.: Prévention et traitement de l'orchite ourlienne. Presse méd. **60**, 1398 (1952). — CUERVO MUNOZ, C.: Correlación química y functional de algunas hormonas. Med. esp. **30**, 388 (1953). Ref. Chem. Zbl. **125**, 7445 (1954). — CURTIS, A., and E. HARREL: Use of two stilbene derivates (diethylstilbestrol and stilbamidine) in treatment of blastomycosis. Arch. Derm. Syph. (Chicago) **66**, 676 (1952). — CZETSCH-LINDENWALD, H. v., u. F. SCHMIDT-LA BAUME: Die äußeren Heilmittel 1950—1955. Ergänzung zur 3. Aufl. „Salben, Puder, Externa". Berlin: Springer 1956.

DATTA, S., S. ROY u. S. K. ROY: Einfluß von Testosteronpropionat auf den Glykogengehalt der Lebern junger Ratten. J. sci. ind. Res. (New Delhi), Sect. C **14**, 133 (1955). Ref. Chem. Zbl. **127**, 12748 (1956). — DAVID, K., E. DINGEMANSE, I. FREUD u. E. LAQUEUR: Über ein krystallinisches männliches Hormon aus Hoden (Testosteron), wirksamer als aus Harn oder Cholesteron bereitetes Androsteron. Hoppe-Seylers Z. physiol. Chem. **233**, 281 (1935). — DAVIDSON, D., and A. SOBEL: Aqueous vitamin A in acne vulgaris. J. invest. Derm. **12**, 221 (1949). — DAVIS, J., R. K. MEYER and W. McSHAN: Effect of androgen and estrogen on succinic dehydrogenase and cytochrome oxydase of rat prostate and seminal vesicle. Endocrinology **44**, 1 (1949). — DAVIS, M., M. BOYNTON, J. FERGUSON and S. ROTHMAN:

Studies on pigmentation of endocrine origin. J. clin. Endocr. 5, 138 (1945). — DAWSON, R., and I. ROBSON: Pharmacological actions of diethyl-stilboestrol and other oestrogenic and non oestrogenic substances. J. Physiol. (Lond.) **95**, 420 (1939). — DEMING, C.: Indications for hormonal treatment of cryptorchism. J. Urol. (Baltimore) **77**, 467 (1957). — DESAULLES, P. A., u. CH. KRÄHENBÜHL: Moderne Entwicklung auf dem Gebiet der Gestagentherapie. In: Moderne Entwicklungen auf dem Gestagengebiet, S. 1—11. Berlin-Göttingen-Heidelberg: Springer 1960. — DESAULLES, P. A., J. TRIFOD u. W. SCHULER: Wirkung von Electrocortin auf die Elektrolyt- und Wasserausscheidung im Vergleich zu Desoxycorticosteron. Schweiz. med. Wschr. **1953**, 1088—1089. — DESCLIN, L., et A. M. ERMANS: Action de l'hormone folliculaire sur l'activité thyreotrope de l'hypophyse chez le rat. C. R. Soc. Biol. (Paris) **144**, 1277 (1950). — DICZFALUSY, E.: (1) Chemical determination of oestrogens in the urine. Acta endocr. (Kbh.) **24**, Suppl. 31, 11—26 (1957). — (2) Characterization of the oestrogens in human semen. Acta endocr. (Kbh.) **15**, 317 (1954). — (3) An improved method for the bioassay of chorionic gonadotrophin. Acta endocr. (Kbh.) **17**, 58—73 (1954). — (4) Die natürlichen Oestrogene beim Menschen. Neuere Trennungs- und Bestimmungsmethoden. Geburtsh. u. Frauenheilk. **13**, 14—24 (1953). — DICZFALUSY, E., u. H. D. HEINRICHS: Gonadotropine und ihre Bestimmung. Arch. Gynäk. **187**, 556 (1956). — DIEKE, E.: Östradiol E, eine neuartige Kombination von Äthinylöstradiol und Vitamin E. Ärztl. Wschr. **1954**, 641. — DIETEL, H.: Die Therapie mit männlichem Sexualhormon in der Gynäkologie. Z. Geburtsh. Gynäk. **137**, 35 (1952). — DIETERICH, H.: Das Lichterythem unter dem Einfluß von Menstruationscyclus und Schwangerschaft. Strahlentherapie **27**, 587 (1928). — DIRSCHERL, W.: (1) Gewebsstoffwechsel und Steroidhormone. In Stoffwechselwirkungen der Steroidhormone. 2. Symposion der Dtsch. Ges. für Endokrinol. von H. NOWAKOWSKI. Berlin-Göttingen-Heidelberg: Springer 1955. — (2) Über die Einwirkung von Steroidhormonen auf Gewebsstoffe und Fermente. Ergebn. Physiol. **48**, 111 (1955). — (3) Über die Wirkungsweise der Steroidhormone. In: Hormone und ihre Wirkungsweise. Berlin-Göttingen-Heidelberg: Springer 1955. — (4) Über das Vorkommen von Androgenen im menschlichen Sperma. 1. Symposion der Dtsch. Ges. für Endokrinol. 1955, S. 180. — (5) Die Sexualhormone. In: Fermente, Hormone, Vitamine von R. AMMON u. W. DIRSCHERL, 3. Aufl., Bd. II., S. 163—395. Stuttgart: Georg Thieme 1960. — DIRSCHERL, W., H. BERGMEYER u. H. BREUER: Wirkung von Testosteronpropionat auf Atmung, sowie aerobe und anaerobe Glykolyse der Vesikulardrüsen junger und alter Mäuse in vitro. Biochem. Z. **322**, 245 (1952). — DIRSCHERL, W., u. H. BREUER: Über die Wirkung männlicher und weiblicher Sexualhormone auf Atmung, aerobe und anaerobe Glykolyse des Uterus der Maus. Biochem. Z. **324**, 41 (1953). — DIRSCHERL, W., H. BREUER u. S. SCHELLER: Über die Wirkung von Steroidhormonen auf den Gewebsstoffwechsel der Vesiculardrüsen von Maus und Ratte. Biochem. Z. **326**, 204 (1955). — DIRSCHERL, W., u. K. HAUPTMANN: Analyse der Wirkung von Androgenen und Östrogenen sowie Cancerogenen auf den Kohlehydratstoffwechsel der Leber. Biochem. Z. **320**, 199 (1950). — DIRSCHERL, W., u. U. JARDENNE: Spaltung von Steroidhormonestern durch menschliche und tierische Organe. Biochem. Z. **325**, 195 (1954). — DIRSCHERL, W., u. W. KNÜCHEL: Wirkung von Testosteronpropionat und Östron auf Atmung und Glykolyse von Leber und Zwerchfell junger Mäuse beiderlei Geschlechts. Biochem. Z. **320**, 228 (1950). — DIRSCHERL, W., u. H. KRÜSKEMPER: Über die Spaltung von Steroidhormonen durch tierische Gewebe. Biochem. Z. **323**, 520 (1953). — DIRSCHERL, W., u. K.-O. MOSEBACH: Untersuchungen über die Wirkungsweise der Steroidhormone und den Umsatz der Organproteine. Forschungsber. des Landes Nordrhein-Westfalen Nr 860. Köln u. Opladen: Westdeutscher Verlag 1960. — DOBES, W.: (1) Treatment of tinea capitis with estrogenic hormones. Arch. Derm. Syph. **62**, 58 (1950). — (2) Effect of estrogenic hormones on tinea capitis due to microsporum audouini. Arch. Derm. Syph. **72**, 252 (1955). — DOBRINER, K., and S. LIEBERMAN: The metabolism of steroid hormones in humans. Ciba Found. Coll. Endocr. **2**, 381 (1952). — DOCTOR, V., and J. B. TRUNNEL: Influence of sex hormones on the in viro and in vitro conversion of folic acid to citrovorum factor by rat. Proc. Soc. exp. Biol. (N.Y.) **90**, 251 (1955). — DODDS, E., L. GOLDBERG, W. LAWSON and R. ROBINSON: (1) Estrogenic activity of certain synthetic compounds. Nature (Lond.) **141**, 247 (1938). — (2) Estrogenic activity of alkylated stilbestrols. Nature (Lond.) **142**, 1121 (1938). — DOGLIOTTI, M.: Über Psoriasis und Gewebslipoide. Hautarzt **4**, 17 (1953). — DOGLIOTTI, M., G. ANGELA e F. DI NOLA: Ricerche sul presunto virus psoriatico mediante trapianato di efflorescenze psoriasiche su membrana corio-allantoidea. Minerva derm. (Torino) **28**, 50 (1953). Zit. R. SCHUPPLI, Lit.-Ber. 1953, l. c. — DOLIN, G., S. JOSEPH and R. GAUNT: Effect of steroid and pituitary hormones on experimental diabetes mellitus of ferrets. Endocrinology **28**, 840 (1941). — DORFMAN, R.: (1) The hormones, vol. I., p. 496. New York 1948. — (2) Metabolism of neutral C_{19}- and C_{21}-steroids. Ciba Found. Coll. Endocr. **2** (1952). — (3) Neutral steroid hormone metabolites. Recent Progr. Hormone Res. **9**, 5 (1954). — (4) Metabolism de la testostérone. In: La fonction endocrine du testicule. Paris: Masson & Cie. 1957. — DORFMAN, R., and E. ROSS: Bioassays of steroid hormones. Physiol. Rev. **34**, 138 (1954). — DORFMAN, R., and F. UNGAR: Metabolism of steroid hormones. Minneapolis 1953. — DOUGHERTY, T.: Effect of hormones on lymphatic tissue. Physiol. Rev. **32**, 379 (1952). — DRUCKREY, H.: Experimentelle Grundlagen der Chemotherapie. Dtsch. med. Wschr. **1952**, 1495, 1534. — DRUCKREY, H., P. DANNEBERG u. D. SCHMÄHL: (1) Mitosegiftwirkung von Östrogenen. Naturwissenschaften **38**, 381 (1952). — (2) Zellteilungshemmende Gifte. Versuche an Seeigeleiern. Arzneimittel-Forsch. **3**, 151 (1953). — DRUCKREY, H., u. S. RAABE: Organspezifische Chemotherapie des Krebses (Prostata-Ca.). Klin. Wschr. **1952**, 882. — DUBOWY, M.: (1) Über die Ausscheidung von Geschlechtssteroiden bei einigen Hautkrankheiten. Ukrain. Biochem. J. **26**, 279 (1954). Ref. Chem. Zbl. **127**, 4481 (1956). — (2) Die Bedeutung der Geschlechtssteroide für die Pathogenese der gewöhnlichen Akne. Nachr. Venerol. Derm. (Ukrain) **1955**, 22. Ref. Chem. Zbl. **127**, 4481 (1956). — DÜKER, H.: Keimdrüsenextrakte und geistige Leistungsfähigkeit. Psychiat. Neurol. med. Psychol. (Lpz.) **5**, 284 (1953). Ref. Chem. Zbl. **127**, 3908 (1956). — DUMAZERT, C., J. DELPHANT et H. FOURNIER: Action des injections d'extraits placentaires sur la 17-cétostéroid-démie du chien. C. R. Soc. Biol. (Paris) **149**, 762 (1955). — DUMM, M., S. LESLIE and E. RALLI: Influence of adrenalectomy and gonadectomy on capacity of rats to excrete acid load. Proc. Soc. exp. Biol. (N.Y.) **88**, 592 (1955). — DUNLOP, D. M.: The endocrines in dermatology. Brit. J. Derm. **63**, 43 (1951). — DUTOIT, D.: Production of androgens in ovary. S. Afr. M. J. **27**, 1045 (1953).

EBEL, F., et P. MANDEL: Action de la folliculine sur le bilan du Ca au cours d'un regime couvrant le minimum des besoins calciques. C. R. Soc. Biol. (Paris) **147**, 508 (1953). Ref. Chem. Zbl. **125**, 9071 (1954). — EBLING, F.: (1) Sebaceous glands. I. The effect of sex hormones on the sebaceous glands of the female albino rat. J. Endocr. **5**, 297 (1948); **7**, 288 (1951); **9**, 302 (1953). — (2) Changes in sebaceous glands and epidermis during oestrons cycle of albino rat. J. Endocr. **10**, 147 (1954). — (3) Endocrine factors affecting cell replacement and cell loss in the epidermis and sebaceous glands of the female albino rat. J. Endocr. **12**, 38 (1954). — EDGREN, R.: Effects of estrogens on bone density in english sparrows. Endocrinology **56**, 491 (1955). — EDMONDSON, H., S. GLASS and S. SOLL: Gynecomastia associated with cirrhosis of the liver. Proc. Soc. exp. Biol. (N. Y.) **42**, 97 (1939). — EDWARDS, E., J. HAMILTON and S. DUNTLEY: Testosterone propionate as therapeutic agent in patients with organic disease of peripheral vessels; preliminary report. New Engl. J. Med. **220**, 865 (1939). — EFFKEMANN, G.: Das Verhalten allergischer Erkrankungen während der Schwangerschaft. Geburtsh. u. Frauenheilk. **10**, 85 (1950). — EHRHARDT, K.: Über das Laktationshormon des Hypophysenvorderlappens. Münch. med. Wschr. **83**, 1163 (1936). — EIDELSBERG, J., M. BRUGER and M. LIPKIN: Some metabolic effects of testosterone implants. J. clin. Endocr. **2**, 329 (1942). — EIDELSBERG, J., and J. MADOFF: Effectiveness of methyl testosterone administered orally. Amer. J. med. Sci. **202**, 83 (1941). — EILERT, M.: Effect of estrogens on partition of serum lipids in female patients. Metabolism **2**, 137 (1953). — ELLER, J. J., and W. D. ELLER: Estrogenic ointments. Cutaneous effects of topical applications of natural estrogens, with report of three hundred and twenty-one biopsies. Arch. Derm. Syph. (Chicago) **59**, 449 (1949). — ELLER, J. J., and S. WOLFF: Hormones and vitamines in cosmetics. J. Amer. med. Ass. **144**, 1865, 2002 (1940). — EMMELOT, P., u. L. BOSCH: Der Einfluß von Östrogenen auf den Protein- und Lipoidmechanismus des Mäuseuterus unter Verwendung von $^{14}C_{(1)}$-K-Acetat. Rec. Trav. chim. Pays-Bas **73**, 874 (1954). Ref. Chem. Zbl. **127**, 14086 (1956). — ENGLE, E.: Experimentally induced descent of testis in macacus monkey by hormones from anteroir pituitary and pregnancy urine; rôle of gonadokinetic hormones in pregnancy blood in normal descent of testis in man. Endocrinology **16**, 513 (1932). — ERRICK, E., u. K. BROWN: Verminderte Zugfestigkeit und Kollagenspiegel von Geweben nach dem Entzug von männlichem Sexualhormon. Poultry Sci. **31**, 191 (1952). Ref. Chem. Zbl. **125**, 3498 (1954). — EVANS, C., W. SMITH and E. GIBLETT: Bacterial flora of the normal human skin. J. invest. Derm. **15**, 305 (1950). — EVANS, H.: Récent progrès de nos connaissances sur les hormones du lobe antérieur de l'hypophyse. J. Physiol. (Paris) **39**, 121 (1947). — EVANS, H., and J. LONG: The effect of the anterior lobe administered intraperitoneally upon growth maturity, and oestrus cycles of the rat. Anat. Rec. **21**, 62 (1921). — EVANS, H., and M. SIMPSON: Physiology of the gonadotrophins. In G. PINCUS and V. THIEMANN, The hormones, vol. II, p. 351. New York: Academic Press 1950. — EVANS, H., M. SIMPSON, S. TOLKSDORF and H. JENSEN: Biological studies of the gonadotropic principles in sheep pituitary substance. Endocrinology **25**, 529 (1939). — EVANS, J. A., H. J. RUBITZKY and A. W. PERRY: Treatment of diffuse progressive scleroderma. J. Amer. med. Ass. **151**, 891 (1953). — EVANS, J. E., and J. M. ROBSON: Local antagonism of the effects oestrogen and progesterone. J. Physiol. (Lond.) **124**, 39 (1954). — EVERSE, J. W. R.: Kombinierte Behandlung mit oestrogenem und androgenem Hormon. Hormoner (Upsala) **16**, 41 (1952). Ref. Zbl. Haut- u. Geschl.-Kr. **89**, 212 (1954).

FARBER, E., and A. SEGALOFF: Effect of androgens and growth and other hormones on ethionine fatty liver in rats. J. biol. Chem. **216**, 471 (1951). — FAULKNER, G. H.: (1) Bacterial action of oestrogens. Lancet **1943 I**, 38. — (2) The bactericidal action of stilboestrol on tubercle bacilli. Amer. Rev. Tuberc. **50**, 167 (1944). — (3) The antibacterial action of some diphenyl derivatives. Biochem. J. **38**, 370 (1944). — FAURE, J.: Action d'hormones et de metabolites sur l'excitabilité cérébrale de l'animal; applications cliniques et therapeutiques. Thérapie **10**, 481 (1955). Ref. Chem. Zbl. **127**, 10044 (1956). — FELBERBAUM, J. M.: Veränderung der bedingten (extero- und interoceptiven) Reflexe bei Hunden bei Zufuhr von Follikulin in den Organismus. Probl. Endokr. Hormonoter. **1**, 73 (1955). Ref. Chem. Zbl. **127**, 4482 (1956). — FELDER, H.: Zur lokalen Behandlung der Akne vulgaris. Dtsch. med. J. **1952**, 217. — FELDMAN, J. D.: Steroid effects on human leukocytes. Endocrinology **51**, 258 (1952). — FELSHER, J. M.: Salicylanilide therapy in tinea capitis. Arch. Derm. Syph. (Chicago) **58**, 56 (1948). — FERGUSON, J. D.: Östrogentherapie des Prostatakarzinoms. Lancet **1946 II**, 551. Ref. Dtsch. med. Rdsch. **3**, 87 (1949). — FERGUSON-London: Persönliche Mitteilung 1957. — FERIN, J.: A news substance with progestational activity, comparative assays in ovariectomized women. Clinical results. Acta endocr. (Kbh.) **22**, 303 (1956). — FERNANDES DE SOTO MORALES, F.: Nuevos avances y nuevas ideas en fisiologia una nueva función endocrina de la estrona: la ossificación y calcificación del esqueleto del feto en desarrollo, durante la gestación. An. Acad. farm. **21**, 243 (1955). Ref. Chem. Zbl. **127**, 1349 (1956). — FEVOLD, H. L.: (1) Extraction and standardization of pituitary follicle-stimulating and luteinizing homone. Endocrinology **24**, 435 (1939). — (2) Synergism of follicle stimulating and luteinizing hormones on producing estrogen secretion. Endocrinology **28**, 33 (1941). — (3) The luteinizing hormone of the anterior lobe of the pituitary gland. Ann. N.Y. Acad. Sci. **43**, 321 (1943). — FIESER, L. F., and W. P. SCHNEIDER: Annormal esters of cholesterin. J. Amer. med. Ass. **74**, 2254 (1952). — FIGGE, F., and E. ALLAN: Release of glutathione inhibition by estrone. Endocrinology **29**, 262 (1941). — FISCHER, H.: Comedonen. Arch. Derm. Syph. (Berl.) **176**, 138 (1938). — FLAMAND, CH.: Syndrome dit hyperfolliculinique. Ann. Soc. roy. Sci. méd. nat. Brux. **6**, 94 (1953). — FLECK, F.: (1) Die Behandlung der Dermatomyositis. Derm. Wschr. **122**, 787 (1950). — (2) Das Gelbkörperhormon in der Dermatologie. Derm. Wschr. **124**, 717 (1951). — (3) Zur Pathogenese und hormonellen Beeinflußbarkeit der Akrokalzinosis. Derm. Wschr. **126**, 993 (1952). — (4) Über die endokrine Bedeutung des Uterus für die Haut. Derm. Wschr. **128**, 733 (1953). — (5) Klinische und experimentelle Erfahrungen mit hormonalen Wirkstoffen an der gesunden und kranken Haut. Habil.-Schr. Berlin 1954. — (6) Grundsätzliches zur Hormonbehandlung der Hautkrankheiten. Dtsch. Gesundh.-Wes. **10**, 401 (1955). — FLEISCHMANN, W., u. S. KANN: Gewebsatmung der Samenblase und männliches Sexualhormon. Naturwissenschaften **22**, 527 (1934). — FLESCH, P.: Hair loss from sebum. Arch. Derm. Syph. (Chicago) **67**, 1 (1953). — FOGLIA, V., J. PENHOS et A. CARDEZA: Action des hormones sexuelles sur les islets de Langerhans des rats aprèspancréatectomie subtotale et hypophysectomie. C. R. Soc. Biol. (Paris) **148**, 1556 (1954). Ref. Chem. Zbl. **127**, 8670 (1956). — FOGLIA, V., y R. PINTO: Mecanismo de acción de los estrógenos sobre las suprarenales y el timo. Rev. Soc. argent. Biol. **28**, 43 (1952). Ref. Chem. Zbl. **127**, 2215 (1956). — FOLEY, G. E., and W. L. AYCOCK: The effects of stilbestrol on experimental streptococcal infection in mice. Endocrinology **35**, 139 (1944). — FORBES, T. R.: Sex hormones and hair changes in rats. Endocrinology **30**, 465 (1942). — FORSEY, R., and R. JACKSON: Toxic psychosis following use of stilbamidine in blastomycosis. Arch. Derm. Syph. (Chicago) **68**, 89 (1953). — FRAHM, H., u. W. G. SCHNEIDER: Papierelektrophoretische Aufspaltung gonadotroper Substanzen. Acta endocr. (Kbh.) **24**, 106—112 (1957). — FRASER, R., A. FORBES, A. SULKOWITCH and E. REIFENSTEIN: Colorimetric assay of 17-Ketosteroids in urine. Survey of use of this test in endocrine investigation, diagnosis and therapy. J. clin. Endocr. **1**, 234 (1941). — FREEMAN, H., O. PARSONS, M. FEFFER, L. PHILIPPS, E. DANEMAN, F. ELMADJIAN, E. BLOCH, R. DORFMAN and G. PINCUS: Steroid replacement in aged man. J. clin. Endocr. **16**, 779 (1956). — FREI, A.: Persönliche Mitteilung. — FROMER, J.: Use of testosterone in chronic lupus erythematosus. Lahey Clin. Bull. **7**, 13 (1950). — FUKAS, M., u. T. ADRIANOS: Die Einwirkung der Sexualhormone sowie des Hypophysenvorderlappenhormons auf den Prothrombinspiegel der geschlechtsreifen Frau. Gynaecologia (Basel) **133**, 337 (1952). — FUKUSHIMA, D. K., K. DOBRINER and T. F. GALLAGHER: Metabolic studies with deuterium steroid hormones. Fed. Proc. **10**, 185 (1951). — FUNK, C.: (1) Rosacea und Leberstoffwechsel. Arch. Derm. Syph. (Berl.) **191**, 146 (1950). — (2) Hormonale (Cyren B) Haarwuchsförderung. Hautarzt **2**, 468 (1951). — (3) Ursache und Behandlung des Haarausfalls. In: Fortschritte der praktischen Dermatologie und Venerologie, S. 78. Berlin: Springer 1952. — (4) Zur Therapie der Alopecia areata mit synthetischen Östrogenen und Prednison. Derm. Wschr. **136**, 1057 (1957).

GAEBLER, O., W. BEHER and E. CRIGGER: Conjugation of benzoic and phenylacetic acids during nitrogen storage induced with growth hormone or testosterone propionate. Amer. J. Physiol. **172**, 152 (1953). — GAEBLER, O., and S. TARNOWSKI: Effects of estrone, ascorbic acid and testosterone propionate on nitrogen storage and insulin requirement in dogs. Endocrinology **33**, 317 (1943). — GAHLEN, W., K. KLÜKEN u. J. LATZ: Zur Wirkung homologer und heterologer Keimdrüsenhormone auf die Adrenalinleukozytose. Klin. Wschr. **1952**, 633. — GANDARIAS,

J. DE, A. SOLOAGA y J. RECIO: Estudio experimental de la acción anabólica proteica de la testosterona. Rev. clin. esp. **58**, 211 (1955). Ref. Chem. Zbl. **127**, 9220 (1956). — GANS, O.: Some observations on the pathogenesis of psoriasis. Arch. Derm. Syph. (Chicago) **66**, 598 (1952). — GARDNER, W., and T. CHAMBERLIN: Local action of estrone on mammary glands of mice. Yale J. Biol. Med. **13**, 461 (1941). — GARNIER, G.: Les hormones génitales dans l'eczema et dans le prurit vulvaire. Internat. Derm. Congr., Stockholm, 1957. — GAUL, L., and G. UNDERWOOD: Oral iodine therapy in acne vulgaris. Arch. Derm. Syph. (Chicago) **58**, 439 (1948). — GENNES, L. DE, et H. BRICAIRE: Les Gynécomaties. In: La function endocrine du testicule. Paris: Masson & Cie. 1957. — GIKNIS, F., W. HALL and M. TOLMAN: Acne neonatorum. Arch. Derm. Syph. (Chicago) **66**, 717 (1952). — GILDER, H., and C. HOAGLANDS: Urinary excretion of estrogens and 17-ketosteroids in young adult males with infectious hepatitis. Proc. Soc. exp. Biol. (N. Y.) **61**, 62 (1946). — GILLETTE, R., and R. BUCHSBAUM: Alteration in fibroblasts treated with steroids in an perfusion chamber. Proc. Soc. exp. Biol. (N. Y.) **89**, 146 (1955). — GITSCH, E., E. SCHULER u. F. BRANDSTETTER: Exogene Stoffwechselbeeinflussung beim weiblichen Genital-Ca. Arch. Gynäk. **186**, 442 (1955). — GITSCH, E., u. H. TULZER: Zur Frage der Beeinflussung der thyreotropen Funktion durch Follikelhormon. Klin. Med. (Wien) **7**, 576 (1952). — GLASS, S., H. EDMONDSON and S. SOLL: Sex hormone changes associated with liver disease. Endocrinology **27**, 749 (1940). — GLASS, S., H. ENGELBERG, R. MARCUS, H. JONES and J. GOFMAN: Lack of effect of administered estrogen on serum lipids and lipoproteins of male and female patients. Metabolism **2**, 133 (1952). — GOECKERMANN, W.: Hormonal therapy of acne vulgaris, in the female. Arch. Derm. Syph. (Chicago) **61**, 237 (1950). — GOECKERMANN, W., and L. WILHELM: Estrogens in treatment of acne vulgaris. Arch. Derm. Syph. (Chicago) **66**, 402 (1952). — GOETZ, H.: (1) Akne vulgaris. Ärztl. Wschr. **6**, 817 (1951). — (2) Zur Ätiologie und Therapie der Akne vulgaris. In: Fortschritte der praktischen Dermatologie und Venerologie, S. 184. Berlin: Springer 1952. — GOHRBANDT: Zit. C. SCHIRREN l. c. — GOLDBERG, M., and F. HARRIS: Use of estrogen creams. J. Amer. med. Ass. **150**, 790 (1952). — GOLDSMITH, W., W. NOEL and F. HELLIER: Recent advances in dermatology. London: J. & A. Churchill 1954. — GOLDSTEIN, M., et M. GEREBTZOFF: Accumulation de granulocytes dans les tissus sons l'influence du brome-triphényl-éthylène. C. R. Soc. Biol. (Paris) **146**, 1421 (1952). Ref. Chem. Zbl. **127**, 5323 (1956). — GOLDZIEHER, J.: Direct effect of steroids on senile human skin; preliminary report. J. Gerontol. **4**, 104 (1949). — GOLDZIEHER, J., W. ROBERTS, B. RAWLS and M. GOLDZIEHER: (1) Chemical analysis of the intact skin by reflectance spectrophotometry. Arch. Derm. Syph. (Chicago) **64**, 533 (1951). — (2) Local action of steroids in senile human skin. Arch. Derm. Syph. (Chicago) **66**, 304 (1952). — GORDON, M., and E. FIELDS: Comparative value of chorionic gonadotropic hormone and testosterone propionate in treatment of cryptorchidism. J. clin. Endocr. **2**, 531 (1942). — GOSDA, J.: Zur Beeinflussung der Demineralisation bei der Ostitis fibrosa generalisata mit Depot-Östrogenen. Ther. d. Gegenw. **92**, 446 (1953). — GOTH, A., L. LENGYEL, E. BENCZE, C. SAVELY and A. MAJSAY: The role of amino-acids in inducing hormone secretion. Experientia (Basel) **11**, 27 (1955). — GOTTRON, H. A.: Zur Pathogenese des endogenen Ekzems. Vorw. zur Monographie KORTING. Stuttgart: Georg Thieme 1954. — GOTTRON, H. A., u. H. SCHMITZ: Hautkrankheiten in Abhängigkeit von Durchblutungsstörungen. Nauheimer Fortbild.-Lehrg. **63**, 18 (1952). — GRAAF, H. DE: Endocrine influences on sebaceous glands. Acta brev. neerl. Physiol. **12**, 67 (1942); **13**, 77 (1942). — De involved van geslachtshormonen op de smeerklieren. Ned. Tijdschr. Geneesk. **87**, 1451 (1943). — GRAUBARD, M., and G. PINCUS: Steroid metabolism: estrogens and phenolases. Endocrinology **30**, 265 (1942). — GRAY, C., and F. BISCHOFF: Conversion of estrone to estradiol by mammalian red cells. Amer. J. Physiol. **180**, 279 (1955). — GREENBLATT, R., and N. BROWN: The storage of estrogen in human fat after estrogen administration. Amer. J. Obstet. Gynec. **63**, 1361 (1953). — GREENBLATT, R., E. VAZQUEZ and I. McLENDON: Endocrinopathies and infertility. I. Acromegaly and pregnancy. Fertil. and Steril. **7**, 498 (1956). — GREENE, R.: Androgen and pregnanediol excretion in hypertrichosis. Lancet **1940 II**, 486. — GREEP, R., H. VAN DYKE and B. CHOW: (1) Use of anterior lobe of prostate gland in the assay of metakentrin. Proc. Soc. exp. Biol. (N. Y.) **46**, 644 (1941). — (2) Gonadotrophins of the swine pituitary. I. Various biological effects of purified thylakentrin (FSH) and metakentrin (ICSH). Endocrinology **30**, 635 (1942). — GRIBOFF, S., J. HERRMANN, A. SMELIN and J. MOSS: Hypercalcemia secondary to bone metastases from carcinoma of breast; relationship between serum calcium and alkaline phosphateas. J. clin. Endocr. **14**, 378 (1954). — GRIFFITH, R., and R. LINN: Testosterone in chronic tuberculosis. Amer. Rev. Tuberc. **70**, 1020 (1954). Ref. Chem. Zbl. **127**, 8669 (1956). — GRILLO, V.: Acne conglobata perineo-vulvare. Minerva derm. (Torino) **28**, 258 (1953). Zit. R. SCHUPPLI, Lit.-Ber. 1953, l. c. — GROSS, A.: (1) Action de la testostérone sur l'asthme experimental du rat blanc. Thérapie **9**, 752 (1954). Ref. Chem. Zbl. **127**, 3343 (1956). — (2) Die Hauterkrankungen in Beziehung zu den endokrinen Drüsen, insbesondere zu den Ovarien. Diss. Marburg 1925. — GRÜNEBERG, TH.: (1) Psoriasis und Nebennierenrinde.

2. Mitt. Wirkung der weiblichen Sexualfunktion auf Psoriasiserscheinungen. Arch. Derm. Syph. (Berl.) **175**, 638 (1937). — (2) Hormonbehandlung in der Dermatologie, unter besonderer Berücksichtigung des Psoriasisproblems. Med. Welt **11**, 144 (1937). — (3) Psoriasis und Schwangerschaft. Hautarzt **3**, 155 (1952). — GRUMBRECHT, P., u. A. LOESER: Künstliche Brunststoffe. Leberinsuffizienz durch 4,4'-Dioxy-α,β-Diäthylstilben? Naunyn-Schmiedeberg's Arch. exp. Path. Pharmak. **195**, 445 (1940). — GUY, W., F. JAKOB and W. GUY: Sex hormone sensitization (Corpus luteum). Arch. Derm. Syph. (Chicago) **63**, 377 (1951).

HABBE, K.: Über neurohormonale Regulierung in der Schwangerschaft und über die Bedeutung des sacral-autonomen Nervensystems. Dtsch. med. Wschr. **1949**, 210. — HAMBRICK, G., and H. BLANK: A microanatomical study of the response of the pilosebaceous apparatus of the rabbit's ear canal. J. invest. Derm. **26**, 185 (1956). — HAMILTON, J., and G. HUBERT: Photographic nature of tanning of the human skin as shown by studies of male hormone therapy. Science **88**, 481 (1938). — HAMILTON, J. B.: (1) Male hormone substance: a prime factor in acne. J. clin. Endocr. **1**, 570 (1941). — (2) Male hormone stimulation is prerequisite and an incitant in common baldness. J. invest. Derm. **5**, 473 (1942). — Amer. J. Anat. **71**, 451 (1942). — (3) Influence of the endocrine status upon the pigmentation in man and in mammals. In R. W. MINER, The biology of melanomas, p. 341—357. New York: The Academy 1948. — HAMILTON, J. B., and W. MONTAGNA: The sebaceous glands of the hamster. I. Morphological effects of androgens on integumentary structures. Amer. J. Anat. **86**, 191 (1950). — HAND, J.: (1) Undescended testes: Report of 153 cases with evaluation of clinical findings, treatment and results of followup up to thirty-three years. Trans. Amer. Ass. gen.-urin. Surg. **47**, 9 (1955). — (2) Treatment of undescended testis and its complications. J. Amer. med. Ass. **164**, 1185 (1957). — HARDER, F. K.: The antimycotic effect of diethylstilbestrol. N. C. med. J. **7**, 20 (1946). — HARRIS, G.: Neural control of the pituitary gland. Physiol. Rev. **28**, 139 (1948). — HARRIS, R., and K. THIMANN: Vitamins and hormones. Advances in research and applications, vol. III. New York: Academic Press. 1949. — HARTENSTEIN, H. J.: Über den Einfluß der Sexualhormone auf das Hautorgan unter besonderer Berücksichtigung der Hautveränderungen in der Pubertät. Z. Alternsforsch. **5**, 211 (1951). — HARTMAN, M. M.: The use of sex hormones in allergic disorders. Ann. Allergy **5**, 467 (1947). Ref. Haut- u. Geschl.-Kr. **72**, 37 (1949). — HARVEY, CL.: Persönl. Mitteilungen. — HARVEY, CL., u. M. H. JACKSON: Assessment of male fertility by semen analysis. Lancet **1945 II**, 99. — HASKIN, D., N. LASHER and S. ROTHMAN: Some effects of ACTH, cortisone, progesterone and testosterone on sebaceous glands in the white rat. J. invest. Derm. **20**, 207 (1953). — HAUSCHILDT, J., and C. GROSSMAN: Effects of testosterone and other steroids on incorporation of glycine-1-C^{14} into protein by rat and human liver slices. Endocrinology **13**, 732 (1953). — HEARD, R., P. JELLINEK and V. O'DONNELL: Biogenesis of the estrogens: the conversion of testosterone-4-C^{14} to estrone in the pregnant mare. Endocrinology **57**, 200 (1955). — HECHTER, O.: Biogenesis of adrenal cortical hormones. Ciba Found. Coll. Endocr. **7**, 161 (1953). — HECHTER, O., and G. PINCUS: Genesis of adrenocortical secretion. Physiol. Rev. **34**, 459 (1954). — HECKEL, N. J., and J. H. McDONALD: The rebound phenomenon of the spermatogenic activity of the human testis following the administration of testosterone propionate. Fertil. and Steril. **3**, 49 (1952). — HECKEL, N. J., W. ROSSO and L. KESTEL: Spermatogenic rebound phenomenon after administration of testosterone propionate. J. clin. Endocr. **11**, 235 (1951). — HECKER, W. CH., u. F. BRAREN: Zur Therapie der Hodenretention unter besonderer Berücksichtigung des Zeitfaktors. Ärztl. Wschr. **13**, 83 (1958). — HEINEMANN, B.: Fungistatic properties of salicyl and related compounds. J. invest. Derm. **9**, 277 (1947). — HEINKE, E., u. E. TONUTTI: Studien zur Wirkung des Testosterons auf die spermiogenetische Aktivität des Hodens bei Oligospermie. Dtsch. med. Wschr. **1956**, 566. — HELLER, C., W. NELSON, I. HILL, E. HENDERSON, W. MADDOCK, E. JUNGCK, C. PAULSEN and G. MORTIMORE: Improvement in spermatogenesis following depression of the human testis with testosterone. Fertil. and Steril. **1**, 415 (1950). — HELLER, M., and R. WHEELER: Sensitivy to tuberculin of persons with acne. Arch. Derm. Syph. (Chicago) **59**, 11 (1949). — HELLERSTRÖM, S.: Zur Kenntnis der Acanthosis nigricans. Weitgehende Rückbildung der Hauterscheinungen nach Kastration. Acta derm.-venereol. (Stockh.) **14**, 86 (1933). — HERBST, W.: The effects of biochemical therapeutic in carcinoma of the prostate. J. Amer. med. Ass. **127**, 57 (1945). — HERCHEN, H.: Quantitative Untersuchungen über die Plasmarückbildung und Plasmaentfaltung der Leydig-Zellen des Rattenhodens in Abhängigkeit vom Grad der Gonadotropinstimulierung. Endokrinologie **31**, 184 (1954). — HERMANN, H.: Experimentell-morphologische Untersuchungen über die Wirkung der Sexualhormone. Derm. Wschr. **129**, 489 (1954). — HERTZ, R.: Physiologic effects of androgens and estrogens in man. Amer. J. Med. **21**, 671 (1956). — HERTZ, R., W. TULLNER and E. RAFFELT: Progestational activity of orally administered 17α-ethinyl-19-nortestosterone. Endocrinology **54**, 228 (1954). — HESSELVIK, L.: Signs of sexual precocity in a male infant due to estrogenic ointment. Acta paediat. (Uppsala) **41**, 177 (1952). — HEUSGHEM, C.: Beitrag zum Studium der östrogenen Hormone. J. Pharm.

Belg. 5, 3 (1950). Ref. Chem. Zbl. **125**, 1759 (1954). — HICKS, J., and J. MULLINS: Pruritus of liver disease (xanthomatous biliary cirrhosis). Arch. Derm. Syph. (Chicago) **71**, 46 (1955). — HINMAN jr., F.: Optimum time in cryptorchidism. Fertil. and Steril. **6**, 206—214 (1955). — HIRSCH, F.: Schwangerschaft und Haar. J. med. Kosmet. **1955**, 155. — HITZENBERGER, K.: Erkrankungen der peripheren Gefäße. Wien. med. Wschr. **68**, 1185 (1936). — HJORTH, A., u. E. MØLLER-CHRISTENSEN: Über die Wirkung von androgenem Hormon auf Urininkontinenz bei alten Frauen. Gynaecologica (Basel) **142**, 1 (1956). — HOCH-LIGETI, C., and K. IRVINE: Effects of hormone administration on serum protein pattern. Proc. Soc. exp. Biol. (N. Y.) **87**, 324 (1954). — HOEDE, K.: (1) Über die Beziehungen zwischen Psoriasis und Ovarialfunktion. Mschr. Geburtsh. **84**, 346 (1930). — (2) Psoriasis und innere Sekretion. Verh. phys.-med. Ges. Würzb. **1930**, 15. — HÖKFELT, B., R. LUFT, D. IKKOS, H. OLIVECRONA and J. SEKKENES: The immediate effect of hypophysectomy and section of the pituitary stalk on the urinary steroid excretion in man. Acta endocr. (Kbh.) **30**, 29—36 (1959). — HOHLWEG, W.: (1) Probleme der konträren Sexualhormontherapie. Dtsch. Gesundh.-Wes. **1952**, 521. — (2) Über die protrahierte Wirkung von Fettsäureestern des Follikelhormons. Vitam. u. Horm. **6**, 129 (1954). — (3) Die Adaptation des Hypophysen-Zwischenhirnsystems an Keimdrüsenhormonen bei langdauernder Zufuhr. 2. Symp. der Dtsch. Ges. für Endokrinol. 1955, S. 156. — HOHLWEG, W., u. K. GROOT-WASSINK: Über das Auftreten von Kastrationszellen im HVL normaler Rattenmännchen nach intravenöser Injektion wasserlöslicher Östrogene. Klin. Wschr. **1957**, 502. — HOHLWEG, W., u. H. INHOFFEN: Pregneninolon, ein neues per os wirksames Corpus luteum-Hormon-Präparat. Klin. Wschr. **1939**, 77. — HOLBROOK, A.: Treatment of acne vulgaris in teen-age males with oral and topical administration of estrogenic hormone. Wis. med. J. **52**, 425 (1953). — HOLKUP, H., u. L. NOSKO: Lokalbehandlung pruriginöser Erkrankungen mit Plazentawirkstoffen. Klin. Med. (Wien) **9**, 88 (1954). — HOLLANDER, L.: Treatment of folliculitis keloidalis chronica nuchea (Acne keloid). Arch. Derm. Syph. (Chicago) **64**, 639 (1951). — HOOKER, C., and T. FORBES: Specifity of the intrauterine test for progesterone. Endocrinology **45**, 71 (1949). — HOOKER, C., and C. PFEIFFER: Effects of sex hormones upon body growth, skin hair, and sebaceous gland in the rat. Endocrinology **32**, 69 (1943). — HOPKINS, J., J. WELD and W. HUBER: Cyst formation, acneform lesions and hair growth intradermal injection of staphylococci in sensitized rabbits. J. invest. Derm. **16**, 339 (1951). — HOYT, H., T. DOUD and R. HOYT: Reversal of anabolic affect of testosterone. Proc. Soc. exp. Biol. (N. Y.) **76**, 748 (1951). HRUSZEK, H.: L'influence des hormones sur la croissance des champignons parasites des teignes. Rev. franç. Derm. Vénér. **10**, 397 (1934). — HU, C. K., and C. N. FRAZIER: Effect of ovary and of urinary estrogens on growth of hair in rabbit. Anat. Rec. **77**, 155 (1940). — HÜBNER, K.: Histochemische Untersuchungen über die Einwirkung von Östrogenen auf die sauren Mucopolysaccharide im weiblichen Genitalsystem. Zbl. Gynäk. **77**, 1362 (1955). — HUF, E.: Experimentelle Pharmakologie der Follikelhormone und der östrogenen Stilbene. Klin. Wschr. **1941**, 729. — HUFF, S., and H. TAYLOR: Observations on peripheral circulation in psoriasis. Arch. Derm. Syph. (Chicago) **68**, 385 (1953). — HUGGINS, C., and P. CLARK: Quantitative studies of prostatic secretion; effect of castration and of estrogen injection on normal and on hyperplastic prostate glands of dogs. J. exp. Med. **72**, 747 (1940). — HUGGINS, C., and R. STEVENS: Effect of castration on benign hypertrophy of prostate in man. J. Urol. (Baltimore) **43**, 705 (1940). — HUGGINS, C., R. STEVENS and C. HODGES: Studies on prostatic cancer; effects of castration on advanced carcinoma of prostatic gland. Arch. Surg. (Chicago) **43**, 209 (1941). — HUGGINS, C., W. SCOTT and C. HODGES: Studies on prostatic cancer; effects of fever, of desoxycorticosterone and of estrogene on clinical patients with metastatic carcinoma of prostate. J. Urol. (Baltimore) **46**, 996 (1941). — HURXTHAL, L.: Sublingual use of testosterone in seven cases of hypogonadism: report of three congenital eunuchoids occuring in one family. J. clin. Endocr. **3**, 551 (1943). — HUSSLEIN, H., u. E. GITSCH: Zur Frage des thermogenetischen Effektes des Progesterons. Wien. klin. Wschr. **1952**, 899. — HVIDBERG, E.: Impetigo herpetiformis. Report of three cases and discussion of treatment with adrenocorticotrophic hormone. A survey of 6 years' cases in the literature. Dermatologica (Basel) **114**, 337 (1957).

INGLE, D. J.: (1) Production of experimental glycosuria in rat. Recent Progr. Hormone Res. **2**, 229 (1948). — (2) Effects of administering cortisone acetate and diethylstilbestrol to normale force-fed. rats. Amer. J. Physiol. **172**, 115 (1953). — INGLE, D. J., D. BEARY and A. PURNALIS: Comparison of effect of progesterone and 11-ketoprogesterone upon glycosuria of partally depancreatized rat. Proc. Soc. exp. Biol. (N. Y.) **82**, 416 (1953). — ISLER, H.: Études sur la résorption cutanée. Dermatologica (Basel) **100**, 295 (1950).

JACHMANN, E. v.: Behandlung kosmetischer Hautleiden mit Hormonpräparaten. Med. Welt **12**, 1213 (1938). — JACKSON, M.: Infertility. Diagnosis and treatment. Med. Press **1957**, 396, 422. — JADASSOHN, W.: (1) Familiäre Acanthosis nigricans, kombiniert mit Stoffwechselstörung (pathologische Fettsucht). Zbl. Haut- u. Geschl.-Kr. **21**, 43 (1927). — (2) Der „Nipple-Test" und seine Bedeutung für die Dermatologie. Bull. Schweiz. Akad.

Med. Wiss. 6, 384—390 (1950). — Jadassohn, W., u. H. E. Fierz-David: Sexualhormonprobleme. Die Wirkung von Sexualhormonen auf die Zitze und Brustdrüse des Meerschweinchens. Vjschr. naturforsch. Ges. Zürich 88, 1—70 (1943). — Jadassohn, W., R. Paillard u. R. Brun: Experimentelles zur Frage von Hormonen auf die Haut. In R. Schuppli, Aktuelle Probleme der Dermatologie. Basel u. New York: S. Karger 1959. — Jadassohn, W., E. Uehlinger and A. Margot: Nipple test; studies in local and systematic effects on topical application of various sex hormones. J. invest. Derm. 1, 31 (1938). — Jaffe, J., and G. Brockway: The use of male sex hormone in endocrine disturbances in children. J. clin. Endocr. 2, 189 (1942). — Janson, Ph.: (1) Behandlung der Akne vulgaris. J. med. Kosmet. **1953**, 161. — (2) Dermatitis toxica und Herzschädigung durch perorale Hyperhormonose (Follikelhormon). Z. Haut- u. Geschl.-Kr. 16, 183 (1954). — Jarrett, A.: Effects of stilbestrol on surface sebum and on acne vulgaris. Brit. J. Derm. 67, 165 (1955). — Jayle, M., Y. Vallin et S. Vandel: Résultats expérimentaux et cliniques obtenus avec les hormones oestrogénes et lutéales appliquées sur la peau. Bull. Ass. Gynec. et Obstet. 2, 218 (1950). — Jelmoni, G.: Il metabolismo degli idrati di carbonio e della colesterina sollo l'azione del hidroisoandrosterone. Minerva med. (Torino) 46, 452 (1955). Ref. Chem. Zbl. 127, 5599 (1956). — Jesionek, A.: Heliotherapie und Pigment. Z. Tuberk. 24, 401 (1915). — Joël, C.: Studien am menschlichen Sperma. Basel: Benno Schwabe & Co. 1953. — Jores, A.: (1) Therapie mit Sexualhormonen. Schriften für ärztliche Fortbildung. Hamburg: H. H. Nölke 1948. — (2) Hypophyse, Nebennieren, Keimdrüsen. In Handbuch der inneren Medizin, 4. Aufl., Bd. VII. Berlin-Göttingen-Heidelberg: Springer 1956. — (3) Jores, A., u. H. Nowakowski: Praktische Endokrinologie. Stuttgart: Georg Thieme 1960. — Junkmann, K.: (1) Stoffwechselwirkungen der Steroidhormone. In H. Nowakowski, Zentrale Steuerung der Sexualfunktionen. Die Keimdrüsen des Mannes, S. 187. Berlin-Göttingen-Heidelberg: Springer 1955. — (2) Die Androgene des Ovars. In: Moderne Entwicklungen auf dem Gestagengebiet. Berlin-Göttingen-Heidelberg: Springer 1960. — Juster, M.: Dermites artificielles au 4.560 R.P. et au thiuramyl. Bull. Soc. franç. Derm. Syph. 76, 440 (1953).

Kaiser, R.: (1) Der Einfluß des Testosterons auf den Progesteronstoffwechsel. Klin. Wschr. **1954**, **495**. — (2) Der cytostatische Effekt verschiedener gestagener Substanzen. In: Moderne Entwicklungen auf dem Gestagengebiet, l.c. S. 64—68. — Kalz, F.: Physiologic action of hormones on sebaceous gland activity. Internat. Dermatol. Congr. Stockholm, 1957. — Kar, A. B., W. Pover and R. Boscott: The influence of sex hormones on the uptake of Zn in the dorsolateral prostate of the rat. Acta endocr. (Kbh.) 22, 390 (1956). — Kare, R.: Effects of hypophysectomy, castration and testosteron propionate therapy on certain phosphorus fractions in skeletal muscle. Amer. J. Physiol. 175, 51 (1953). — Kaufmann, C.: Progesteron. Sein Schicksal im Organismus und seine Anwendung in der Therapie. Klin. Wschr. **1955**, 345. — Kaufmann, C., u. H. A. Müller: Bemerkung zu der Arbeit von A. Butenandt: „Zur physiologischen Bedeutung des Follikelhormons und der östrogenen Wirkstoffe für die Genese des Brustdrüsenkrebses und die Therapie des Prostata-Ca.“ Dtsch. med. Wschr. 75, 1409 (1950). — Kawagiski, E.: On the sex hormones in skin diseases. Jap. J. Derm. 64, 463 (1954). Ref. Zbl. Haut- u. Geschl.-Kr. 92, 27 (1955). — Keaty, C., P. Jones and J. Lamb: Progesterone therapy in dermatoses of pregnancy (Herpes gestationis). Arch. Derm. Syph. (Chicago) 63, 675 (1951). — Keller, Ph.: (1) Die Wirkung von Sexualhormonen bei einem Fall von Psoriasis arthropathica. Klin. Wschr **1931**, 1693. — (2) Die Behandlung der Akne vulgaris. J. med. Kosmet. 2, 122 (1953). — Kennedy, B., and I. Nathanson: Effects of intensive sex steroide hormone therapy in advanced breast-cancer. J. Amer. med. Ass. 152, 1135 (1953). — Kenyon, A., I. Sandiford, A. Bryan, K. Knowlton and F. C. Koch: (1) Effect of testosterone propionate on genitalia, prostate, secondary sex characters, and body weight in eunuchoidism. Endocrinology 23, 135 (1938). — (2) Comparative study of metabolic effects of testosterone propionate in normal men and women and in eunuchoidism. Endocrinology 26, 26 (1940). — Kenyon, A., K. Knowlton, G. Lotwin, P. Munson, C. Johnston and F. C. Koch: Comparison of metabolic effects of testosterone propionate with those of chorionic gonadotropin. J. Clin. Endocr. 2, 685 (1942). — Kenyon, A., K. Knowlton, I. Sandiford and L. Fricker: Metabolic effects of testosterone propionate in Addisons disease. J. clin. Endocr. 3, 131 (1943). — Kenyon, A., I. Sandiford and G. Lotwin: Metabolic response of aged men to testosterone propionate. J. clin. Endocr. 2, 690 (1942). — Kerr, E., J. Stears, I. McDougall and R. Haist: Influence of gonads on growth of islets of Langerhans. Amer. J. Physiol. 170, 448 (1952). — Kertess, G.: Sexualhormone in der Behandlung der Fox-Fordyce-Erkrankung. Derm. Wschr. 113, 736 (1941). — Khayyal, M., and C. Scott: The oxygen consumption of the isolated uterus of the rat and mouse. J. Physiol. 72, 13 (1931). — Kido, J.: Die menschliche Plazenta als Produktionsstätte des sogenannten Hypophysenvorderlappenhormons (experimentelle Untersuchungen). Zbl. Gynäk. 61, 1551 (1937). — Kile, R. L.: The treatment of acne with TACE. J. invest. Derm. 21, 79 (1953). — Kile, R. L., F. Snyder and J. Haefele: Nature of skin lipids in acne. Arch. Derm. Syph. (Chicago) 61, 792 (1950). — Kimmig, J.: (1) Über die therapeutische Anwendung von Hormonen bei Dermatosen. In: Fortschritte der Dermatologie, von A. MARCHIONINI und C. G. SCHIRREN. Berlin: Springer 1955. — (2) Fertilität des Mannes und Fragen der künstlichen Insemination. Vortr. auf der Dtsch. Urol.-Tagg am 2. 9. 55. Hamburg. Sonderbd. Z. Urol. 1957. — KIMMIG, J., u. C. SCHIRREN: Klinische und experimentelle Untersuchungen zum Nachweis von Inosit in Gegenwart von Fructose im menschlichen Sperma. Hautarzt **7**, 198 (1956). — KINSELL, L. W., u. J. JAHN: Kombinierte hormonale — antibiotische Therapie bei Patienten mit plötzlich ausbrechenden Infektionen. A.M.A. Arch. intern. Med. **96**, 418 (1955). — KINSELL, L. W., S. MARGEN, G. MICHAELS, R. REISS, R. FRANZ and J. CARBONE: Studies in fat metabolism; effect of ACTH, of cortisone, and other steroid compounds upon fasting — induced hyperketonemia and ketonuria. J. clin. Invest. **30**, 1491 (1951). — KIRSCHMAYER, W.: Über die Verwendbarkeit von Keimdrüsenhormonen zur Behandlung von Herz- und Kreislaufbeschwerden alter Leute. Wien. klin. Wschr. **106**, 875 (1956). — KLAUDER, J., u. G. MEYER: Testosteron, Thyreoidea, Corticotropin und Cortison bei syphilitischer interstitieller Keratitis. Arch. Ophthal. (Chicago) **51**, 432 (1954). — KLETTE, H.: Zum Mechanismus der hormonalen Mast, Sterilisierung und Lactation. Wien. tierärztl. Mschr. **40**, 513 (1953). — KLINEFELTER, H., F. ALBRIGHT and G. GRISWOLD: Experience with quantitative test for normal or decreased amounts of follicle stimulating hormone in urine in endocrinological diagnosis. J. clin. Endocr. **3**, 529 (1943). — KLÜKEN, N.: (1) Zur Gefäßwirkung der Sexualhormone: Einfluß intravenös injizierter Sexualhormone auf die Hauttemperatur. Diss. Halle a. d. Saale 1944. — (2) Bericht über den „First World Congr. on Fertility and Sterility", 1953. New York. Hautarzt **6**, 37 (1955). — KLÜKEN, N., u. J. LATZ: Die Beeinflussung der Adrenalinhyperglykämie durch Sexualhormone. Klin. Wschr. **1953**, 510. — KNIERER, W.: Progynon bei chronischem Ekzem. Münch. med. Wschr. **81**, 646 (1934). — KNOBLAUCH, R.: Kausale Therapie bei Akne vulgaris. Dtsch. Gesundh.-Wes. **8** (1953). — KNOWLTON, K., A. KENYON, I. SANDIFORD, G. LOTWIN and L. FRICKER: Comparative study of metabolic effects of estradiol benzoate and testosterone propionate in man. J. clin. Endocr. **2**, 671 (1942). — KOCH jr., H. J., G. ESCHER and J. S. LEWIS: Hormonal management hereditary hemorrhagic teleangiectasia. J. Amer. med. Ass. **149**, 1376 (1952). — KOCH, W.: Die Wirkung der östrogenen Hormone auf die Tuberkulose. Mh. Tierheilk. **5**, Nr 2. Rinder-Tbc. **2**, 28 (1953). — KOCH, W., E. HEIM u. J. ESCHWEILER: Der Einfluß der Geschlechtshormone auf die Muskulatur. Acta endocr. (Kbh.) **16**, 369 (1954). — KOCHAKIAN, C. D.: Recent studies on the in vivo and in vitro effect of hormones on enzymes. Ann. N.Y. Acad. Acad. Sci. **54**, 534 (1951). — KOCHAKIAN, C. D., and J. DOLPHIN: Protein — anabolic effect of testosterone propionate in hypothyreoid rat. Amer. J. Physiol. **180**, 317 (1955). — KOCHAKIAN, C. D., G. ENDAHL and J. AUSTIN: The influence of testosterone on the growth of the urinary bladder. Endocrinology **60**, 80 (1957). — KOCHAKIAN, C. D., J. GONGORA and N. PARENTE: Metabolism of testosterone by homogenates of rabbit liver and kidney. J. biol. Chem. **196**, 243 (1952). — KOCHAKIAN, C. D., and G. STIDWORTHY: Metabolism of Δ^4-androstene-3,17-dione by tissue homogenates. J. biol. Chem. **210**, 933 (1954). — KOCHAKIAN, C. D., and C. TILLOTSON: Influence of several C_{19}-Steroids on the growth of individual muscles of the guinea pig. Endocrinology **60**, 607 (1957). — KOHLER, R.: Corpus luteum-Hormon bei Astham bronchiale. Med. Klin. **15**, 469 (1949). — KOOIJ, R.: Hormonbestimmungen im Urin von Patienten mit Acne vulgaris. Dermatologica (Basel) **102**, 32 (1951). — KOOIJ, R., E. DINGEMANSE, L. HUIS IN'T VELD, A. VERBEEK and W. J. HOFMAN: Determination of urinary 17-ketosteroids and estrogens in acne vulgaris. Ned. T. Geneesk. **97**, 2261 (1953). — KOPPEN, K.: (1) Von der Bedeutung der Innervation für die Funktion des Ovars und des Uterus. Dtsch. med. Wschr. **1951**, 105. — (2) Die hormonale Wirkung von menschlichen und tierischen Ovarien sowie von Ovarial-Total-Extracten. Zbl. Gynäk. **1954**, 10. — KORTING, G.: Zur Pathogenese des endogenen Ekzems. Stuttgart: Georg Thieme 1954. — KOUNTZ, W., P. ACKERMANN and T. KHEIM: Influence of some hormonal substances on nitrogen balance and clinical state of elderly patients. J. clin. Endocr. **13**, 534 (1953). — KRAUS, H. H.: Ursachen der Prothrombinspiegelschwankungen während des normalen Zyklus. Zbl. Gynäk. **74**, 1661 (1952). — KUNZ, W., u. H. BURGER: Über die Beeinflussung des Gewebsstoffwechsels durch Progesteron. Z. ges. exp. Med. **123**, 225 (1954). — KUPPERMAN, H.: Hormone control of a dimorphic pigmentation area in the golden hamster. Anat. Rec. **88**, 442 (1944). — KUTSCHER, W., u. H. WOLBERGS: Prostataphosphatase. Z. physiol. Chem. **236**, 237 (1935).

LABHART, A., u. A. SCHÜPBACH: Osteoporosebehandlung mit Sexualhormonen. Schweiz. med. Wschr. **1951**, 992. — LACASSAGNE, A.: Hormone und ihre Beziehungen zum Krebs. Schweiz. med. Wschr. **1948**, 705. — LAIN, E., J. LAMB, C. KEATY and A. HELLBAUM: Steroid and gonadotropic hormones in hydroa vacciniforme. Sth. med. J. (Bgham, Ala.) **41**, 1041 (1948). — LAMB, J.: Combined therapy in histoplasmosis and coccidioidomycosis. Arch. Derm. Syph. (Chicago) **70**, 695 (1954). — LAMB, J., E. LAIN, C. KEATY and A. HELLBAUM: Steroid hormones. Metabolic studies in dermatomyositis, lupus erythematosus and polymorphic light-sensitive eruptions. Arch. Derm. Syph. (Chicago) **57**, 785 (1948). — LANGECKER, H.:

Die Wirkung der Steroidhormone auf Wasser- und Mineralhaushalt. In: Stoffwechselwirkungen der Steroidhormone, von H. Nowakowski. 2. Symp. der Dtsch. Ges. für Endokrinol. 1955. — Langhof, H.: (1) Zur Akne conglobata. Derm. Wschr. **126**, 897 (1952). — (2) Die Behandlung der Acne vulgaris und des seborrhoischen Haarausfalles mit Östrogen-Spiritus. Ther. d. Gegenw. **96**, 90 (1957). — Lansing, A., and D. Opdyke: Histological and histochemical studies of the nipples of estrogen-treated guinea pigs with special reference to keratohyaline granules. Anat. Rec. **107**, 379 (1950). — Lapiere, C.: (1) Modications des glandes sébacées par des hormones sexuelles appliquées localement sur la peau de souris. C. R. Soc. Biol. (Paris) **147**, 1302 (1952). — (2) Suite des recherches sur les modifications des glandes par badigeomages de la peau à l'aide d'hormones sexuelles dissoutes dans un nouvel excipient neutre et pénétrant. Dermatologica (Basel) **109**, 345 (1954). — Lasher, N., A. Lorincz and S. Rothman: (1) Hormonal effects on sebaceous glands in the white rat. II. J. invest. Derm. **22**, 25 (1954). — (2) Hormonal effects on sebaceous glands in the white rat. III. J. invest. Derm. **24**, 499 (1955). — Law, A.: Treatment of ringworm of the scalp by synthetic estrogenic substances, with a note on diagnosis. Med. Press **209**, 351 (1943). — Lawrence, C., and N. Werthessen: (1) The endocrine dyscrasia of acne vulgaris in women. Endocrinology **27**, 755 (1940). — (2) Treatment of acne with orally administered estrogens. J. clin. Endocr. **2**, 636 (1942). — Lax, H.: Die Bedeutung der Plazentahormone für die Entstehung und den Verlauf der Toxikose. Arch. Gynäk. **186**, 215 (1955). — Laymon, C.: Lesions of the scalp in certain scaly dermatoses. Arch. Derm. Syph. (Chicago) **62**, 181 (1950). — Lecoq, R.: Action de quelques androides sur la reserve alcaline sanguine et rapport de cette action avec la constitution chimique de ces stéroides. C. R. Acad. Sci. (Paris) **236**, 975 (1953). — Lecoq, R., P. Chauchard et H. Mazoue: Recherches électrophysiologiques sur la pharmacodynamie du prégnandiol. C. R. Acad. Sci. (Paris) **238**, 934 (1954). — Leidl, W.: Der Einfluß von Östrogenen auf Plasmaproteine. Berl. Münch. tierärztl. Wschr. **68**, 375 (1955). — Lemaire, A., F. Delbarre et J. P. Michard: Les stimulines hypophysaires. Paris: Masson & Cie. 1951. — Lenggenhager, R.: Erfahrungen mit Pregnenolon in der Dermatologie. Dermatologica (Basel) **114**, 266 (1957). — Leonard, S.: The effect of castration and testosterone propionate injection on glycogen storage in skeletal muscles. Endocrinology **61**, 293 (1952). — Leone, R.: Esotossine, endotossine, allergia e patergia dell'acne bacillo. G. ital. Derm. Sif. **91**, 399 (1950). — Levedahl, B.: Testosterone binding to bovine serum. Arch. Biochem. **59**, 300 (1955). — Levi, L., C. L. Meneghini e G. Pozzo: Ricerche sul metabolismo lipoproteico nella psoriasi. G. ital. Derm. Sif. **94**, 306 (1953). — Levin, E., S. Albert and R. Johnson: Phospholipid metabolism during hypertrophy and hyperplasia in rat prostates and seminal vesicles. Arch. Biochem. **56**, 59 (1955). Ref. Chem. Zbl. **127**, 8669 (1956). — Levin, L., and H. Tyndale: The quantitative assay of "follicle stimulating" substances. Endocrinology **21**, 619 (1937). — Lewis, G. M., M. Hopper and F. Reiss: Ringworm of the scalp. Clinical data on recent cases, experiences with local endocrine therapy. J. Amer. med. Ass. **132**, 62 (1946). — Lewis, H. M., E. Henschel and G. Frumess: Progesterone therapy of acne. Arch. Derm. Syph. (Chicago) **64**, 562 (1951). — Lewison, E., and R. Chalmer: The sex hormones in advanced breast carcinoma. New Engl. J. Med. **246**, 1 (1952). — Li, C.: Vitamines and hormones. Vol. III: The chemistry of gonadotrophic hormones. New York: Academic Press 1948. J. biol. Chem. **178**, 459 (1949). Zit. nach E. Voss l.c. — Li, C., and H. Evans: The biochemistry of pituitary growth hormone. Recent Progr. in Hormone Res. **3**, 3 (1948). — Li, C., and K. Pedersen: Physicochemical characterization of pituitary follicle-stimulating hormone. J. gen. Physiol. **35**, 629 (1952). — Li, C., M. Simpson and H. Evans: Purification of pituitary interstitial cell stimulating hormone. Science **92**, 355 (1940). — Interstitial cell stimulating hormone; method of preparation and some physicochemical studies. Endocrinology **27**, 803 (1940). — Lichtwitz, A., R. Parlier, G. Thiery y M. Delaville: Mecanismo de acción de las hormonas genitales sobre el cartílago de conjugacion. Pren. méd. argent. **38**, 1409 (1951). Ref. Chem. Zbl. **127**, 1937 (1956). — Lieberman, S., K. Dobriner, B. Hill, L. Fieser and C. Rhoads: Studies in steroid metabolism, identification and characterization of ketosteroids isolated from urine of healthy and diseased persons. J. biol. Chem. **172**, 263 (1948). — Lieberman, S., H. Tagnon and P. Schulman: In vitro metabolism of estrogens by liver, studies by means of colorimetric method. J. clin. Invest. **31**, 341 (1952). — Light, A., and R. Fanelli: Effects of sex hormones on acute toxicity of succinyl-choline chloride in mice. Arch. Biochem. **56**, 267 (1955). — Light, A., and J. Tornaben: Effects of prolonged percutaneous administration of methyl testosterone and estradiol on growing male rats. J. Nutr. **49**, 51 (1953). — Linazasoro-Calvo, J.: Acciónde los andrógenos sobre la retención de nitrógeno en los animales nefrectomizados. Rev. clín. esp. **54**, 8 (1954). Ref. Chem. Zbl. **127**, 5599 (1956). — Linder, F.: Über die hormonale Behandlung des inoperablen Mammakrebses. Chirurg **19**, 500 (1948). — Lipman-Cohen, E.: Endocrine factors in acne vulgaris. Brit. J. Derm. **53**, 231 (1941). — Lloyd-Thomas, H., and S. Sherlock: Testosterone therapy for pruritus in obstructive jaundice. Brit. med. J. **1952 II**, 1289. — Lobitz jr., W. C., and D. Cole: Diethylstilbestrol in the treatment of senile sebaceous adenoma. Arch. Derm. Syph.

(Chicago) **66**, 358 (1952). — LÖHE, H.: Behandlung der Akne vulgaris. J. med. Kosmet. **1952**, 87. — LÖHE, H., W. SCHMIDT u. H. TH. SCHREUS: Rundfrage: Akne-Behandlung. J. med. Kosmet. **1953**, 87. — LOESER, A., u. H. MARX: Hormontherapie. Leipzig: Hirzel 1947. — LOGINOW, W.: Zur Störung des Umsatzes der Steroidhormone bei Leprakranken. Probl. Endokr. Hormonther. **1**, 60 (1955). — LOOS, H.: (1) Zur Behandlung der Akne vulgaris junger Mädchen. Wien. med. Wschr. **49**, 901 (1942). — (2) Zur Hormontherapie der Rosacea. J. med. Kosmet. **1953**, 376. — LORENZINI, P., e E. NANNI: Studio della funzione epatica attraverso i rilievi chimici urinari di cataboliti estrogenici; osservazioni preliminari. Endocr. Sci. Cost. **22**, 145 (1954). Ref. Chem. Zbl. **127**, 5600 (1956). — LOSTROH, A., and C. LI: Stimulation of the sex accessories of hypophysectomized male rats by non-gonadotrophic hormones of the pituitary gland. Acta endocr. (Kbh.) **25**, 1 (1957). — LOUVERENZ, B., and U. SMELIK: The mechanism by which implanted oestradiol delays the oesinopenic response to stress. Acta endocr. (Kbh.) **16**, 377 (1954). — LOYNES, J., and C. GOWDEY: Carditonic activity of certain steroids and bile salts. Canad. J. med. Sci. **30**, 325 (1952). — LUBOWE, I.: Management of seborrhoea capitis and associated disorders. Med. Tms (Lond.) **82**, 124 (1954). Ref. Chem. Zbl. **125**, 10276 (1954). — LUCAS, F., H. NEUFELD, J. UTTERBACK, A. MARTIN and E. STOTZ: The effect of estrogen on the production of a peroxydase in the rat uterus. J. biol. Chem. **214**, 775 (1955). — LUCAS, W., W. WHITMORE and C. WEST: Identification of testosterone in human spermatic vein blood. J. clin. Endocr. **17**, 465 (1957). — LUCK, J., A. GRIFFIN, G. BOER and M. WILSON: On endocrine regulation of blood amine acid content. J. biol. Chem. **206**, 767 (1954). — LUDWIG, A., and N. BOAS: The effect of testosterone on the connective tissue of the comb of the cockerel. Endocrinology **46**, 291 (1950). — LÜTZENKIRCHEN, A.: Eosinophile Reaktion und Hypophysen-NNR-System bei Hautkrankheiten. Arch. Derm. Syph. (Berl.) **193**, 495 (1951). — LUFT, R.: (1) Chorionic gonadotrophin in the treatment of disturbances of development in childhood and adolescence. Acta paediat. (Uppsala) **33**, 212 (1946). — (2) OLIVECRONA, H. and D. IKKOS: Endocrine treatment of metastatic cancer of the breast and prostate. Acta endocr. (Kbh.) Suppl. **31**, 241—253 (1957). — LURIE, M.: Mechanism affecting spread in tuberculosis. Ann. N. Y. Acad. Sci. **52**, 1074 (1950). — LURIE, M., and P. ZAPPASODI: Effect of gonadotropin on the spread of particulate substances in the skin of rabbits. Arch. Path. (Chicago) **34**, 151 (1942). — LUTZ, W.: (1) Hautveränderungen durch externe und interne Einflüsse. Dermatologica (Basel) **102**, 388 (1951). — (2) Hautveränderungen durch akzidentelle exogene und endogene Schädigungen. Dermatologica (Basel) **105**, 59 (1952). — LYNCH, F.: Acne in university students. J. Amer. med. Ass. **113**, 1792 (1939). — Acne vulgaris. Review of histologic changes observed in early lesions. Arch. Derm. Syph. (Chicago) **42**, 593 (1940). — LYONS, W.: Pregnancy maintenance in hypophysectomized — oophorectomized rats injected with estrone and progesterone. Proc. Soc. exp. Biol. (N. Y.) **54**, 65 (1943). — Cold Spr. Harb. Symp. quant. Biol. **5**, 198 (1937). Zit. nach E. VOSS l.c. — LYONS, W., and V. SAKO: Direct actions of estrone on the mammary gland. Proc. Soc. exp. Biol. (N. Y.) **44**, 398 (1940).

MAASSEN, A.: Adrenals and bone-growth. Acta endocr. (Kbh.) **9**, 135 (1952). — MAC BRYDE, C.: The production of breast growth in the human female. J. Amer. med. Ass. **112**, 1045 (1939). — MAC COLLUM, D.: Clinical study of spermatogenesis of undescended testicles. Arch. Surg. (Chicago) **31**, 290 (1935). — MACCULLAGH, E., and H. ROSSMILLER: Methyltestosteron. I. Androgenic effects and the production of gynecomastia and oligosperma. J. clin. Endocr. **1**, 496 (1941). — MACCULLAGH, E., R. SCHNEIDER, W. BOWMAN and M. SMITH: Adrenal and testicular deficiency; A comparison based on similarities in androgen deficiency, androgen and 17-ketosteroid excretion, and on differences in their effects upon pituitary activity. J. clin. Endocr. 8, 275 (1948). — MAC GREGOR, T.: The sex hormones in dermatology. Brit. J. Derm. **63**, 52 (1951). — MACKENNA, R. M. B.: Modern trends in dermatology. London: Butterworth & Co. Publ. 1948. — MADDOCK, W., R. LEACH, I. TOKUYAMA, C. PAULSEN, W. NELSON, E. JUNGCK and C. HELLER: Antihormone formation in patients receiving gonadotrophin therapy. Acta endocr. (Kbh.) **23**, Suppl. **28**, 55 (1956). — MADDOCK, W., and W. NELSON: The effects of chorionic gonadotropin in adult men: Increased estrogen and 17-ketosteroid excretion, gynecomastia, Leydig-cell stimulation and seminiferous tubule damage. J. clin. Endocr. **12**, 985 (1952). — MAGGI, N.: Contributio alla conoscenza della gangrena spontanea giovanile. Tentativi trattamento con gli ormoni sessuali femminile. Arch. ital. Chir. **57**, 6 (1939). — MAHNERT, A., u. H. MOSER: Arbeits- und Speicherhormone. Wien. med. Wschr. **105**, 536 (1955). — MAKAREWITSCH-GALPERIN, L., u. S. USCHENKO: Vergleichende Wirkung der weiblichen Geschlechtshormone — Follikulin und Octöstrol — auf den Umsatz der Phosphorverbindungen im Gehirn. Ukrain. biochem. J. **28**, 79 (1956). Ref. Chem. Zbl. **127**, 9776 (1956). — MANN, T., and U. PARSONS: Effect of testicular hormone on formation of seminal fructose. Nature (Lond.) **160**, 294 (1947). — MARANON: Ref. H. E. VOSS, J. med. Kosmet. **11**, 361 (1954). — MARCHIONINI, A.: Fortschritte der praktischen Dermatologie und Venerologie. Bd. II: Vorträge des 2. Fortbildungskurses der dermatolog. Klinik. Berlin: Springer 1955. — MARCHIONINI, A., u. D. JAHN: Ein Beitrag zur Endokrinopathologie der Haut. Arch. Derm. Syph. (Berl.) **176**, 694 (1938). — Marinosci, A.: Antagonismo tra vitamina a ed estrogeni. Rass. Fisiopat. **26**, 641 (1951). Ref. Zbl. Hautkrkh. **94**, 155 (1956). — Marsilii, G., e L. Sonetti: Influenca esercitata dal propionato di testosterone sulla cicatrizzazione cutanea. Sperimentale **102**, 147 (1952). Ref. Chem. Zbl. **125**, 1281 (1954). — Martelli, A.: Effecti anabolizzanti e modificazioni della crasi sanguigna provocati dal metilandrostendiolo; rassegna sintetica della letteratura e contributo personale. Arch. Sci. med. **98**, 397 (1954). Ref. Chem. Zbl. **127**, 6435 (1956). — Mayer, C.: Recherches experimentales sur le rôle du foie dans le métabolisme des oestrogènes. Bull. Féd. Gynéc. Obstet. **4**, 857 (1952). Ref. Chem. Zbl. **127**, 4480 (1956). — McBryde, C., H. Freeman, E. Loeffel and D. Castrodale: The synthetic estrogen stilbestrol. Clinical and experimental studies. J. Amer. med. Ass. **115**, 440 (1940). — McCarthy, J. F., C. T. Stepita, M. B. Johnston and J. A. Killian: J. Urol. (Baltimore) **19**, 43 (1928). Zit. T. Mann 1954, l. c. — McDonald, D., and M. Latta: Anaerobic glycolysis of human benign prostatic hypertrophy slices: inhibition by testosterone. J. appl. Physiol. **7**, 325 (1954). — McKinley, W., W. Maw, W. Oliver and R. Common: The determination of serum protein fractions on filter paper electropherograms by the biuret reaction, and some observations on the serum proteins of the estrogenized immature pullet. Canad. J. Biochem. **32**, 189 (1954). — Mechow, O., u. E. Heinke: Über die Auswirkungen der Östrogenmedikation beim Manne. Medizinische **1957**, 76. — Meneghini, C. L., L. Levi e G. Bozzo: Ricerche sul metabolismo lipo-proteico nella psoriasi. IV. Ricerche sulle lipo-proteine seriche con il metodo dell'ettroforesi su carta. G. ital. Derm. Sif. **94**, 326 (1953). Zit. R. Schuppli, Lit.-Ber. 1953, l. c. — Mercadal-Peyri, J.: Investigaciones hormonalos en el acné juvenil. Vortr. auf dem Internat. Dermat. Congr., Stockholm, 1957. — Meyer, A. S.: Conversion of 19-hydroxy-Δ^4 androstene-3,17-dione to estrone by endocrine tissue. Biochem. biophys. Acta **17**, 441 (1955). — Meyer, P. S.: Zur Therapie der Pubertätsakne. J. med. Kosmet. **1954**, 239. — Meyer-Rohn, J.: Beitrag zur Ätiologie der Akne vulgaris. Arch. Derm. Syph. (Berl.) **197**, 542 (1954). — Meythaler, F., u. F. Händel: Chemotherapie maligner Tumoren. Arzneimittelforsch. **2**, 582 (1952). — Midana, A., e F. Ormea: La situazione androgena (17 chetosteroidi) dell'organismo in alcune forme patologiche della cute. Dermosifilografo **25**, 331 (1950). — Miescher, G., u. A. Schönberg: Untersuchungen über die Funktion der Talgdrüsen. Bull. schweiz. Akad. med. Wiss. **1**, 101 (1944). — Miescher, G., u. O. Stark: Betrachtungen zum Problem der Aknebehandlung. Dermatologica (Basel) **101**, 225 (1950). — Miescher, K., u. P. Gasche: Perkutane Hormon-Applikation; perkutane Wirkung der männlichen Sexualhormone. Helv. med. Acta **7**, Suppl. **6**, 93 (1941). — Miescher, K., u. E. Tschopp: Über orale Wirksamkeit männlicher Sexualhormone. Vorl. Mitt. Schweiz. med. Wschr. **68**, 1258 (1938). — Milbradt, W.: Der Einfluß der Hormone auf den Ablauf der experimentellen Nickeldermatitis. Derm. Z. **63**, 239 (1932). — Millman, S.: Thromboangiitis obliterans in a woman. Report of a case. Amer. Heart J. **1938**, 746. — Mirand, E., J. Hoffmann, M. Reinhard and H. Goltz: Sex hormones as protective agents against radiation mortality in mice. Proc. Soc. exp. Biol. (N. Y.) **86**, 24 (1954). — Mitchell-Heggs, A.: Progress in dermatology. Pharm. J. **1948**, 80. Ref. Zbl. Haut- u. Geschl.-Kr. **72**, 37 (1949). — Moench, A., H. Sarre u. H. Sartorius: Klinische und experimentelle Untersuchungen zur Frage der Beeinflussung von Nierenläsionen durch Sexualhormone, foetale Nierentrockenzellen und Heparin. Verh. dtsch. Ges. inn. Med. **60**, 527 (1954). — Moffatt, W., and W. Francis: Estrogen in bone repair. Surg. Gynec. Obstet. **101**, 311 (1955). Ref. Chem. Zbl. **127**, 6999 (1956). — Molnar, S., u. J. Petranyi: Beiträge zum Mechanismus der peripheren Gefäßwirkung des Stilben. Z. klin. Med. **141**, 726 (1943). — Monacelli, M., u. A. Ribuffo: Der Hautzuckergehalt bei Psoriasis. Hautarzt **3**, 498 (1952). — Moncorps, C.: Zit. nach A. Jores, Hypophyse, Nebennieren, Keimdrüsen. In Handbuch der inneren Medizin, Bd. VII, S. 336. Berlin: Springer 1956. — Moncorps, C.: Zur konservativen Behandlung des Kryptorchismus. Med. Klin. **42**, 293 (1947). — Montagna, W.: Sebaceous glands of hamsters; morphological effects of androgens on integumentary structures. Amer. J. Anat. **86**, 191 (1950). — Montagna, W., and P. Kenyon: Growth potentials and mitotic division in the sebaceous glands of rabbit. Anat. Rec. **103**, 365 (1949). — Montagna, W., P. Kenyon and J. Hamilton: Mitotic activity in the epidermis of the rabbit stimulated with local applications of testosteron propionate. J. exp. Zool. **110**, 379 (1949). — Morgan jr., F. M., G. Wharton, P. Starr and R. Commons: Clinical and biochemical observations on use of large doses of testosterone propionate in acute and chronic liver disease. Amer. J. Gastroent. **21**, 89 (1954). — Morton, D., and G. Gordan: Observations upon role of sex hormones in development of bony pelvic conformation. Amer. J. Obstet. Gynec. **64**, 292 (1952). — Moser, F.: Fortschritte in der Behandlung peripherer Durchblutungsstörungen. Med. Klin. **48**, 887 (1953). — Moskowicz, L.: (1) Die Entstehung des Kryptorchismus. Langenbecks Arch. klin. Chir. **179**, 445 (1934). — (2) Biologische Grundlagen zum Problem des männlichen Klimakteriums. Wien. klin. Wschr. **1937**, 97. — (3) Über falschen und echten Kryptorchismus. Langenbecks Arch. klin. Chir. **192**, 209 (1938). — Moskowitz, M., A.

MOSKOWITZ, W. BRADFORD and R. WISSLER: Changes in serum lipids and coronary arteries of the rat in response to estrogens. Arch. Path. (Chicago) **61**, 245 (1956). — MOORE, C., and L. MCGEE: On the effects of injecting lipoid extracts of bull testes into castrated guinea pigs. Amer. J. Physiol. **87**, 436 (1928). — MOTE, J.: Proc. of the First Clinical ACTH-Conference, 1950. Philadelphia: Blakiston & Co. 1950. — MÜHLBOCK, O., u. H. KNAUS: Die weiblichen Sexualhormone in der Pharmakotherapie. Handbuch der Therapie. Therapie des praktischen Arztes in Einzeldarstellungen. Herausgeg. von T. GORDONEFF, Liefg II. Bern: Hans Huber 1948. — MURATA, M., u. K. ADACHI: Z. Geburtsh. Gynäk. **92**, 45 (1927). Zit. nach G. WERTH l.c. — MURELL, T.: Tumors of the testicle with dermatologic sequelae. Arch. Derm. Syph. (Chicago) **57**, 930 (1948). — MUSHA, J.: Histochemical studies on experimental dermatitis. III. Application of sex hormons. Jap. J. Derm. **66**, 668 (1956). Ref. Zbl. Haut- u. Geschl.-Kr. **98**, 186 (1957). — MUSSIO-FOURNIER, J., J. CERVINO et E. OLIVIERI: Action locale des oestrogènes. Ann. Endocr. (Paris) **8**, 114 (1947). — MYERS, D., S. SIMONS, S. ERICA and E. SIMONS: Androgenic hormones and ali-esterase inhibition. Biochem. J. **55**, I—II (1953). — MYERS, W. P. L., C. D. WEST, O. H. PEARSON and D. A. KARNOFSKY: J. Amer. med. Ass. **161**, 127 (1956). Zit. H. SIMMER l.c.

NACE, P.: Hepatic basophil bodies and canaliculi of frog in testosterone anaesthesia. Endocrinology **51**, 267 (1952). — NACKE, O., u. J. STEINMANN: Der Einfluß von Frauenharn und Follikelhormon auf den Bewegungstrieb infantiler weiblicher weißer Mäuse. Naunyn-Schmiedeberg's Arch. exp. Path. Pharmak. **220**, 219 (1953). — NAPP, J.-H.: Die Gestagentherapie mit Nortestosteron-Verbindungen. In: Moderne Entwicklungen auf dem Gestagengebiet, l.c. — NAPP, J.-H., u. A. ROTHE: Die Behandlung der Ovarialinsuffizienz mit oralen Gestagenen. Dtsch. med. Wschr. **1958**, 325. — NARDELLI, L.: Psoriasi e gravidanza. G. ital. Derm. Sif. **97**, 610 (1956). Ref. Zbl. Haut- u. Geschl.-Kr. **99**, 183 (1957). — NAST, O.: Die gegensätzliche Sexualhormonbehandlung bei Pruritus vulvae. Z. Haut- u. Geschl.-Kr. **3**, 271—272 (1947). — NATAF, B.: Action d'hormones sexuelles et de la gestation sur certaines activités enzymatiques tissulaires. Tunis. méd. **43**, 747 (1955). Ref. Chem. Zbl. **127**, 3617 (1956). — NATHANSON, J. T., L. L. ENGEL, R. M. KELLEY, G. EKMAN, K. H. SPALDING and J. ELLIOTT: J. clin. Endocr. **12**, 1172 (1952). Zit. H. SIMMER, l.c. — NATHANSON, J. T., L. TOWNE and J. AUB: The daily excretion of urinary androgens in normal children. Endocrinology **24**, 335 (1939). — NEKAM, L., et P. POLGAR: L'action des vitamines et des hormones (particuliérement de la vitamine K) sur la croissance des bacterils et des champignons pathogeniques. Acta derm.-vernereol. (Stockh.) **30**, 20 (1950). — NELSON, W.: Hypogonadism in the male. In SOSKIN, Progress in clinical endocrinology. New York: Grune & Stratton 1950. — NEWMAN, B., and F. FELDMAN: Adult premenstrual acne. Arch. Derm. Syph. (Chicago) **69**, 356 (1954). — NICOLO, A., e E. PADOVANI: Reperti colecistografici in animali sottoposti a cariche sperimentali di estrogeni e progesterone. Ateneo parmense **26**, 92, 233 (1955). Ref. Chem. Zbl. **127**, 14399 (1956). — NIKOLOWSKI, W.: (1) Zur Beurteilung der Fertilität des Mannes in Klinik und Praxis. Medizinische **1953**, 531. — (2) Behandlung der männlichen Potenzstörungen. Therapiewoche **6**, 604 (1956). — (3) Die Behandlung der männlichen Sterilität. Medizinische **1958**, 1471. — NOACH, E.: (1) Influence of oestrogens on TSH-thyroid relationship. Acta endocr. (Kbh.) **18**, 454 (1955). — (2) Influence of oestrogens on thyreoid function. Acta endocr. (Kbh.) **19**, 127 (1955). — (3) Influence of oestrogens on thyreoid function. II. Acta endocr. (Kbh.) **19**, 139 (1955). — NOSKO, L., u. H. HOLKUP: Zur Lokaltherapie pruriginöser Erkrankungen mit Plazentawirkstoffen. Klin. Med. 8 (1953).— NOWAKOWSKI, H.: Physiologie und Pathologie der männlichen Umstellungsjahre. Regensburg. Jb. ärztl. Fortbild. 8, 103—109 (1960). — NOWAKOWSKI, H., u. E. GADERMANN: Regressive Wirbelsäulenveränderungen bei doppelseitiger Hodenatrophie und Anorchie. Verh. Dtsch. Ges. inn. Med. **1952**, 400. — NOWAKOWSKI, H., u. C. SCHIRREN: Spermaplasmafructose und Leydigzellfunktion beim Manne. Klin. Wschr. **1956**, 19.

OBAL, A.: Follikelhormon und Auge. Dtsch. Gesundh.-Wes. **5**, 1570 (1950). — OBER, K. G.: Experimentelle Grundlagen der Progesteronbehandlung. In: Moderne Entwicklungen auf dem Gestagengebiet, l.c. S. 76—87. — OBER, K., u. M. WEBER: Beitrag zur Progesteronwirkung. Klin. Wschr. **29**, 53 (1951). — OBERSTE-LEHN, H.: Die Beziehungen des sogenannten weiblichen und männlichen Hormons zur Haut. Derm. Wschr. **123**, 245 (1951). — O'CONNOR, J.: Fixation of body temperature and influence of steroids on it an on metabolism. Irish J. med. Sci. **1953**, 26. Ref. Chem. Zbl. **125**, 2650 (1954). — OLIVECRONA, H., u. R. LUFT: Vorträge auf dem Symposion der Dtsch. Ges. für Endokrinologie in Homburg a. d. Saar, 1960. — OLIVER, M., and G. BOYD: The influence of the sex hormones on the circulating lipids and lipoproteids in coronary sclerosis. Circulation **13**, 82 (1956). — ORTIZ, E., D. PRICE, H. WILLIAMS-ASHMAN and J. BANKS: The influence of androgen of the male accessory reproductive glands of the guinea pig, studies on growth, histological structure and fructose and citric acid secretion. Endocrinology **59**, 479 (1956). — OSWALD, A.: Die Beziehungen der Dermatosen zur inneren Sekretion. Klin. Wschr. **1930**, 5. — OTTO, H.: Brill-Symmers durch jahrelangen Gebrauch von Testostoviron. Slg selt. klin. Fälle **11**, 7 (1955). Ref. Zbl.

Haut- u. Geschl.-Kr. **95**, 80 (1956). — OVERBEEK, G. A., and J. DE VISSER: A new substance with progestional activity. II. Pharmacologial properties. Acta endocr. (Kbh.) **22**, 318 (1956).

PALMER, A., and S. ZUCKERMANN: Further observations on similarity of stilboestrol and natural oestrogenic agents. Lancet **1939 I**, 933. — PAPANICOLAOU, G.: Action of ovarian follicle hormone in ovarian insufficiency in women as indicated by vaginal smears. Proc. Soc. exp. Biol. (N. Y.) **32**, 585 (1935). — PARISI, P.: La terapia tissulare alla Filatov nella psoriasi. Arch. ital. Derm. **25**, 161 (1952). — PASIECZNY, T., and P. GRANT: A comparison in the treatment of acne vulgaris. J. invest. Derm. **16**, 71 (1951). — PASQUALINI, R., and G. BUR: Hypoandrogenic syndrome with spermatogenesis. Fertil. and Steril. **6**, 144 (1955). — PECK, S., E. KLARMANN and H. SPOOR: Treatment of acne vulgaris with estrone. Arch. Derm. Syph. (Chicago) **70**, 452 (1954), — PECKER, A.: A propos du prurit vulvaire d'origine endocrinienne. Bull. Soc. franç. Derm. Syph. **56**, 358 (1949). — PECORA, L.: Electrolyte changes in tissues of chronic thiamine deficient rats and influence of certain steroids. Amer. J. Physiol. **169**, 544 (1952). — PENNATI, E.: Il metilandrostendiolo nello terapia della distrofia del lattante. Pediatria (Napoli) **62**, 220 (1954). Ref. Chem. Zbl. **125**, 10276 (1954). — PETERKIN, G.: The treatment of acne vulgaris by non-oestrogenic steroids. Vortr. a. d. Internat. Dermatol. Kongr., Stockholm, 1957. — PFEIFFER, C., C. HOOKER and A. KIRSCHBAUM: Deposition of pigment in the sparrows bill in response to direct application as a spezific and quantitative test for androgen. Endocrinology **34**, 389 (1944). — PHILIPP, E.: (1) Die Bildungsstätte des „Hypophysenvorderlappenhormons" in der Gravidität. Zbl. Gynäk. **54**, 1858 (1930). — (2) Die endokrine Funktion der Plazenta und ihre Bedeutung für die Klinik. Zbl. Gynäk. **77**, 129 (1955). — PICKLES, V.: Cutaneous reactions to injection of progesterone solution into the skin. Brit. med. J. **1952**, No 4780, 373. — PINCUS, G.: The physiology of ovarian and testis hormones. In: The hormones by G. PINCUS and K. THIMANN, vol. III. New York: Academic Press. 1955. — PIULACHS, P.: Ulcers of the legs. Springfield, Ill.: Ch. C. Thomas 1956. — POCKRANDT, H.: Wirkungen eines synthetischen Östrogens (Dienöstroldiazetat) auf die Haut bei percutaner Verabreichung. Z. Geburtsh. Gynäk. **141**, 85 (1954). — POLLACK, M., G. HOWARD and B. BOUGHTON: Long chain unsaturated fatty acids as essential bacterial growth factors. Biochem. J. **45**, 417 (1949). — PORTER, I., and R. MELAMPY: Effects of testosterone propionate on the seminal vesicles of the rat. Endocrinology **51**, 412 (1952). — POTH, D., and S. KALISKI: Estrogen therapy of tinea capitis. Arch. Derm. Syph. (Chicago) **45**, 121 (1942). — PUCK, A., u. K. HÜBNER: Die Wirkungen des Östradiols auf Uterus und Vagina des Kaninchens und Meerschweinchens und auf die Symphyse des Meerschweinchens. Acta endocr. (Kbh.) **22**, 191 (1956). — PULVERMACHER, L.: Ist die Haut ein innersekretorisches Organ? In Handbuch der inneren Sekretion von MAX HIRSCH, Bd. III, 2. Hälfte. Leipzig: Curt Kabitzsch 1933.

QUIROGA, M., P. MAGNIN y N. VIVOT: Tratamiento de las tinas con acidos grasos y estrógenos. Rev. argent. Dermatosif. **39**, 23 (1955). Ref. Zbl. Haut- u. Geschl.-Kr. **94**, 52 (1956). — QUIROGA, M., A. MARENZI y R. CORTI: Dosaje de los 17-cetosteroides en el acne juvenil polimorfo. Rev. argent. Dermatosif. **34**, 249 (1950). Zit. R. SCHUPPLI, Lit.-Ber. 1950, l. c.

RAABE, S.: Chemotherapie beim metastasierenden Prostatakrebs. Krebsarzt 8, 321—323 (1953). — RAKO, A., D. SOKOLA, V. BACIC u. M. FINDRIK: Über die hormonale Kastration und Mastleistung bei weiblichen Schweinen. Schweiz. Arch. Tierheilk. **94**, 658 (1952). — RATSCHOW, M.: (1) Zur Verhütung von Alters- und Aufbrauchschäden unter besonderer Berücksichtigung der Hormonbehandlung. Nova Acta Leopold. **15**, 45 (1952). — (2) Die Vasoaffinität der Sexualhormone. Medizinische **1952**, 608. — (3) Die peripheren Durchblutungsstörungen. Dresden u. Leipzig 1953. — RATSCHOW, M., u. G. KLOSTERMANN: Experimentelle Befunde zur Gefäßwirkung der Sexualhormone und ihre Beziehungen zur Klinik der peripheren Durchblutungsstörungen. Z. klin. Med. **135**, 198. — RAUSCH, L.: Die Bedeutung der weiblichen Sexualhormone und des quantitativen Follikelhormonnachweises für die Dermatologie. Derm. Wschr. **119**, 501 (1947). — RAWSON, R.: Hormonal control of neoplastic growth. Bull. N. Y. Acad. Med. **29**, 596 (1953). — REBELL, G., and J. LAMB: In vitro study of a group of blocked steroids as anti-mycotic agents. J. invest. Derm. **21**, 331 (1953). — REISS, F.: (1) Effect of hormones on the growth of trichophyton purpureum and trichophyton gypseum. J. invest. Derm. 8, 245 (1947). — (2) Effect of sex hormones on experimental trichophyton purpureum infection in rabbits. J. invest. Derm. **8**, 251 (1947). — (3) Steroid hormones. Their fungistatic and genestatic effect on pathogenic fungi. Arch. Derm. Syph. (Chicago) **59**, 405 (1959). — (4) Hormonal treatment of skin diseases. In: Endocrine treatment in general practice by M. A. GOLDZIEHER and J. W. GOLDZIEHER. New York: Springer Publ. Comp. 1953. — (5) Psoriasis and stress. Dermatologica (Basel) **113**, 77 (1956). — REISS, F., and S. GELLIS: Effects produced on the pilosebaceous system and the adrenals of the rabbit by inunction of sex hormone. J. invest. Derm. **12**, 159 (1949). — RENNELS, E., M. HESS and J. FINERTY: Response of preputial and adrenal glands of rat to sex hormones. Proc. Soc. exp. Biol. (N. Y.) **82**, 304 (1953). —

REUBER, R., u. J. SCHMIDT-THOMÉ: Die C_{21}-, C_{19}- und C_{18}-Steroide. In HOPPE-SEYLER/THIERFELDERS Handbuch der physiologisch- und pathologisch-chemischen Analyse, 10. Aufl., Bd. 3, S. 1451—1583. 2. Bandteil. Berlin-Göttingen-Heidelberg: Springer 1955. — REYNOLDS, S., and F. FOSTER: Peripheral vascular action of estrogen in the human male. J. clin. Invest. 18, 649 (1939). — REYNOLDS, S., J. HAMILTON, J. DI PALMA, G. HUBERT and F. FOSTER: Dermovascular action of certain steroid hormones in castrate, eunuchoid and normal men. J. clin. Endocr. 2, 228 (1942). — REYNOLDS, S., and J. DI PALMA: Dermovascular changes during the menstrual cycle: failure to find a cyclic variation in contractile or dilating capacity of capillaries of the skin. J. clin. Endocr. 2, 226 (1942). — RICHARDSON, J., and C. HOUCK: Renal tubular excretory mass and reabsorption of sodium, chloride and potassium in femal dogs receiving testosterone propionate or estradiol benzoate. Amer. J. Physiol. 165, 93 (1951). — RIDDLE and BATES: Sex and internal secretions, 2nd edit. 1939. Zit. nach E. VOSS, l. c. — RIEDER, W.: Die Endangitis obliterans und ihre Behandlung. Langenbecks Arch. klin. Chir. 172, 458 (1932). — RIEGEL, I., and R. MEYER: Intracellular distribution of estrogen inactivating mechanism in rat liver and other tissues. Proc. Soc. exp. Biol. (N. Y.) 80, 617 (1952). — RILEY, J.: Testosterone propionate in acne vulgaris. Brit. J. Derm. 51, 119 (1939). — RINDANI, T.: Topical action of steroid hormones on inflammation. Arch. int. Pharmacodyn. 99, 467 (1954). — RINGROSE, E., and G. EKBLAD: Alopecia areata, acne and milia. Report of a unique case illustrating the importance of hair as natural drain. Arch. Derm. Syph. (Chicago) 66, 722 (1952). — ROBERTS, S., and C. SZEGO: Biochemistry of the steroid hormones. Ann. Rev. Biochem. 24, 543 (1955). — ROBINSON, J. N., and E. T. ENGLE: Some observations on the cryptorchid testis. J. Urol. (Baltimore) 71, 726 (1954). — ROBSON, H., and J. DUTHIE: (1) Capillary resistance and adreno-cortical activity. Brit. med. J. 1950 I, 971. — (2) Further observations on capillary resistance and adrenocortical activity. Brit. med. J. 1952 II, 994. — ROMEIS, B.: Die Hypophyse. In: Handbuch der mikroskopischen Anatomie von v. MÖLLENDORF. Berlin: Springer 1940. — RONY, H., and S. ZAKON: (1) Effect of androgens on the sebaceous glands of human skin. Arch. Derm. Syph. (Chicago) 48, 601 (1943). — (2) Effect of endocrine substances on adult human scalp. Arch. Derm. Syph. (Chicago) 52, 323 (1945). — ROSE, E., and D. PILLSBURY: Lupus erythematosus (erythematodes) and ovarian function: observations on a possible relationship with report of six cases. Ann. intern. Med. 21, 1022 (1944). — ROSENMAN, R., S. BYERS and M. FRIEDMAN: Hepatic synthesis of cholesterol in pregnant rat. Bull. Johns Hopk. Hosp. 91, 105 (1952). — ROSENMAN, R., M. FRIEDMAN and S. BYERS: Effect of various hormones upon hepatic synthesis of cholesterol in rats. Endocrinology 51, 142 (1952). — ROSENTHAL, T., and T. NEUSTAEDTER: Estrogenic substance in blood of patients with acne. Arch. Derm. Syph. (Chicago) 32, 560 (1935). — ROTHMAN, S.: (1) Das inkretorische Moment in der Dermatologie. In: BAYER u. VAN DEN VELDEN, Klinisches Lehrbuch der Inkretologie und Inkretotherapie. Leipzig: Georg Thieme 1924. — (2) Discussion of paper by H. A. BRUNSTING, Hidreadenitis and other variants of acne. Arch. Derm. Syph. (Chicago) 65, 303 (1952). — (3) Physiology and biochemistry of the skin. Chicago, Ill.: Chicago University Press 1954. — ROWLANDS, I., and M. MCPHAIL: The action of progestin on the uterus of the rat. Quart. J. exp. Physiol. 26, 109 (1936). — ROXBURGH, A.: A case of fox-Fordyce-disease. Brit. J. Derm. 55, 121 (1943). — RUDOLPH, G., and L. SAMUELS: Early effects of testosterone propionate on the seminale vesicles of castrate rats. Endocrinology 44, 190 (1949). — RÜBSAMEN: Progesteron als carcinostatisches Therapeuticum. Bericht auf der Gynäkologentagg der DDR, Leipzig, 1950. Dtsch. Gesundh.-Wes. 5, 1117 (1950). — RUHRMANN, H.: (1) Gynäkomastie und Applikation von Herzglykosiden. Endokrinologi 33, 38 (1955). — (2) Die Akne und ihre Behandlung. Med. Kosmetik. 6, 17 (1957). — RUHRMANN, H., u. W. SCHÖLDGEN: (1) Über die Akne und ihre Behandlung. J. med. Kosmet. 1956, 17. — (2) Östrogene bei Akne. Prakt. Arzt 9, 397 (1957). — RUPP, H.: Die Gefäßwirkung des Follikelhormons. Zbl. Gynäk. 65, 1893 (1941). — RUPP, J., and K. PASCHKIS: Influence of testosterone propionate on protein metabolism of hypophysectomized rats. Metabolism 2, 268 (1953). — RUPPERT, F.: Virilismus und die Ausscheidung von Pregnan-3-17,20-triol im Harn. Z. klin. Med. 148, 622 (1951). — RUSS, E., H. EDER and D. BARR: Influence of gonadal hormones on protein lipid relationships in human plasma. Amer. J. Med. 19, 4 (1955).

SAK, K.: Änderungen des peripheren Blutes bei weißen Mäusen unter der Einwirkung von Synöstrol. Med. J. (Kiew) 23, 28 (1953). Ref. Chem. Zbl. 125, 4189 (1954). — SALHANICK, H., J. JONES and D. BERLINER: Sources of placenta steroids. Fed. Proc. 15, 160 (1956). — SAMUELS, L., M. HELMREICH, M. LASATER and H. REICH: An enzyme in endocrine tissues which oxydizes 5-3-hydroxy steroids to Δ^5-unsaturated ketones. Science 113, 490 (1951). — SAMUELS, L., and C. WEST: The intermediary metabolism of the non benzenoid steroid hormones. Vitam. and Horm. 10, 251 (1951). — SAMUELS, L. T.: The metabolism of C_{19}-steroids by individual tissues. Ciba Found. Coll. Endocr. 2, 236 (1952). — SANDBERG, A., and W. SLAUNWHITE jr.: Metabolism of 4-C^{14}-testosterone in human subjects. I. Distribution in bile, blood, feces and urine. J. clin. Invest. 35, 1331 (1956). — SANDHOOP, P. A.: Die lokale Wirkung weiblicher Sexualhormone bei der Akne vulgaris. Diss. Rostock 1955. —

SANDIFORD, I., K. KNOWLTON and A. KENYON: Basal heat production in hypogonadism in men and its increase by protracted treatment with testosterone propionate. J. clin. Endocr. **1**, 931 (1941). — SARAFOFF, D.: Bruns' Beitr. klin. Chir. **189**, 1 (1954). Zit. K. BERNSTEIN, l. c. — SATO, N.: Experimentelle Untersuchungen über das Aufstreichen von Hodenhormon auf die Haut. Zbl. Haut- u. Geschl.-Kr. **67**, 329 (1941). — SAUTLER, R.: Gewebstherapie bei Dermatosen. Z. Haut- u. Geschl.-Kr. **15**, 352 (1953). — SAWICKI, H., J. DANTO and W. MADDIN: Clinical evaluation of topically applied estrogen cream in acne vulgaris. Arch. Derm. Syph. (Chicago) **68**, 17 (1953). — SCHAAF, F., u. F. GROSS: Tierexperimentelle Untersuchungen über den Einfluß von Steroiden auf die Haut. Arch. klin. exp. Derm. **205**, 312 (1957). — SCHAEDE, A.: Über die Beeinflussung des Zellbildes des Hypophysenvorderlappens beim kastrierten Kaninchen durch Corpusluteum-Hormon. Endokrinologie **30**, 146 (1953). — SCHÄFER, P.: Sexualhormone und Hautverpflanzung. Arch. klin. exp. Derm. **202**, 590 (1956). — SCHAFER, E.: Testosterone propionate and the vasomotor phenomena of gonadal deficiency. Lancet **1940 I**, 161. — SCHAPER, G.: Über die Notwendigkeit ausreichender Mineralstoffe bei der Verabreichung hochdosierter Östrogene. Dtsch. tierärztl. Wschr. **60**, 191 (1953). — SCHERER, E., K. BRADS u. D. OCHS: Über den Einfluß hoher Methylandrostendiolgaben auf die blutbildenden Organe, geprüft an der Maus. Medizinische **1954**, 1100. — *Schering, A.-G.:* Hormontherapie in der Praxis. Berlin: Erich Blaschker. — SCHILLER, S., E. BENDITT and A. DORFMAN: Effect of testosterone and cortisone on the hexosamine content and metachromasia of chick combs. Endocrinology **50**, 504 (1952).
SCHIRREN, C.: (1) Biochemische Untersuchungen am menschlichen Sperma. Medizinische **1955**, 872. — (2) Unveröffentlichte Ergebnisse. — (3) Diskussionsbemerkung zum Vortrag H. NOWAKOWSKI, „Der ICSH-Mangel beim Manne". In: Die partielle Hypophysenvorderlappen-Insuffizienz, von H. NOWAKOWSKI. Berlin: Springer 1957. — (4) Fertilität. In: Lehrbuch der Haut- und Geschlechtskrankheiten von H. RIECKE, herausgeg. von H. BODE u. G. W. KORTING. Stuttgart: Georg Fischer. (Im Druck.) — (5) Besondere Formen des Hypogonadismus beim Manne. Med. Mitt. **20**, 83 (1959). — (6) Die Hormonbehandlung der Oligospermie. In: Moderne Entwicklungen auf dem Gestagengebiet. l.c. 385—391. — (7) Fertilitätsstörungen des Mannes. Diagnostik, Biochemie des Spermaplasmas, Hormontherapie. Beiträge zur Sexualforschung, Heft 22. Stuttgart: Ferdinand Enke 1961. — SCHIRREN, C., u. G. GITTERMANN: Klinische Beobachtungen bei einer kombinierten Serumgonadotropin-Testosteron-Behandlung der Hypozoo- und Oligospermie. Klin. Wschr. **1959**, 80. — SCHMÄHL, D.: Zytotoxische Wirkungen des Stilböstrols auf die Zellen des Walker-Carcinoms der Ratte. Arzneimittel-Forsch. **4**, 481 (1954). — SCHMETZ, H.: Zur Behandlung peripherer Durchblutungsstörungen. Fortschr. Ther. **18**, 315 (1942). — SCHMIDT, W.: Zur Behandlung der Akne vulgaris. J. med. Kosmet. **1953**, 90. — SCHMIDT-LA BAUME, F., u. A. GAUER: Trichomonaden-Vaginitis. Äußere Behandlung bei Hautkrankheiten. Hautarzt **1**, 292 (1950). — SCHMITZ, A.: Studien zur Frage der Inaktivierung von Follikelhormon. Endocrinology **30**, 162 (1953). — SCHMÖLLING, H.: Die Hormonbehandlung des weiblichen Mamma- und Genitalcarcinoms. Zbl. Gynäk. **75**, 1214 (1953). — SCHÖLDGEN, W.: (1) Orale Zytodiagnostik. Arch. klin. exp. Derm. **201**, 556 (1955). — (2) Über auffällige Kernstrukturen bei der „oralen Cytodiagnostik". Arch. klin. exp. Derm. **204**, 340 (1957). — SCHREUS, H. TH.: (1) Allgemeine Gesichtspunkte zur Technik und Dosierung bei Einpflanzung von Hormonkristallen. Klin. Wschr. **1943**, 650. — (2) Über die Beeinflussung von Körperzellen durch den weiblichen Zyklus. Sexualhormone in neuem Licht. Medizinische **1952**, 1359. — (3) Methyltestosteron zur Implantation. Hautarzt **3**, 77 (1952). — (4) Die Sexualhormone beeinflussen alle Körperzellen. Umschau **53**, 363 (1953). — (5) Sexualhormone bei Erythematodes acutus. Medizinische **1953**, 1482. — (6) Zur Pathogenese und Therapie der Akne conglobata. Z. Haut- u. Geschl.-Kr. **16**, H. 1 (1954). — (7) Akne und Gonaden. Münch. med. Wschr. **1956**, 728. — SCHREUS, H. TH., W. DÖRNER u. H. RUHRMANN: Lebensalter und Ausscheidung von 17-Ketosteroiden im Urin. Z. Haut- u. Geschl.-Kr. **13**, 361 (1952). — SCHREUS, H. TH., W. DÖRNER u. W. SCHÖLDGEN: Ein Beitrag zur zyklischen Allgemeinwirkung der Hormone. Hautarzt **4**, 59 (1953). — SCHREUS, H. TH., u. H. OBERSTE-LEHN: (1) Sexualhormone und Hautschuppung. Z. Haut- u. Geschl.-Kr. **10**, 348 (1951). — (2) Die Beziehungen des sogenannten weiblichen und männlichen Hormons zur Haut. Derm. Wschr. **123**, 245 (1951). — SCHREUS, H. TH., u. H. RUHRMANN: (1) 17-Ketosteroidausscheidung im Urin nach Zufuhr androgener Hormone. Medizinische **1954**, 1972. — Derm. Wschr. **131**, 97 (1955). — (2) 17-Ketosteroid-Ausscheidung im Urin nach Zufuhr androgener Hormone. Z. Haut- u. Geschl.-Kr. **21**, 29 (1956). — SCHREUS, H. TH., u. K. SCHULTEN: Hautfettbestimmungen in Abhängigkeit vom Zyklus. Arch. Derm. Syph. (Berl.) **196**, 422 (1953). — SCHUPPLI, R.: (1) Literaturübersicht des Jahres 1949. Dermatologica (Basel) **100**, 189 (1949). — (2) Literaturübersicht des Jahres 1950. Dermatologica (Basel) **102**, 173 (1951). (3) Literaturübersicht über das Jahr 1951. Dermatologica (Basel) **104**, 199 (1952). — (4) Literaturübersicht über das Jahr 1952 und 1953. Dermatologica (Basel) **109**, 37 (1954). — SCHWANDER, H., and H. MARVIN: Treatment of carcinoma of the human breast with testosterone propionate: a report of five cases. J. clin. Endocr. **7**, 423 (1947). — SEGALOFF, A.:

Intrasplenic injection of some synthetic estrogens and progesteron. Endocrinology **34**, 335 (1944). — SEIDEL, W.: Die physiko-chemischen Probleme bei der Behandlung des Ulcus cruris. Dtsch. Gesundh.-Wes. **6**, 40, 1133 (1951). — SEIFTER, J., D. BAEDER and A. BEGANY: Influence of hyaluronidase and steroids on permeability of synovial membrane. Proc. Soc. exp. Biol. (N. Y.) **72**, 277 (1949). — SEIFTER, J., D. BAEDER and A. DERVINIS: Alteration in permeability of some membranes by hyaluronidase and inhibition of this effect by steroids. Proc. Soc. exp. Biol. (N. Y.) **72**, 136 (1949). — SELYE, H.: Interactions between corticoid and folliculoid hormones in the regulation of anabolism, lymphatic tissue and inflammation. Acta endocr. (Kbh.) **20**, 1 (1955). — SHAFER, W., and J. MUHLER: Effect of gonadectomy and sex hormones on structure of rat salivary glands. J. dent. Res. **32**, 262 (1953). — SHAPIRO, I.: Estrogens by local application in treatment of acne vulgaris. Arch. Derm. Syph. (Chicago) **63**, 224 (1951). — SHEDLOVSKY, T., A. ROTHEN, R. GREEP, H. VAN DYKE and B. CHOW: The isolation in pure form of the interstitial cellstimulating (luteinizing) hormone of the anterior lobe of the pituitary gland. Science **92**, 178 (1940). — SHEEHAN, H. L.: Physiopathologie der Hypophyseninsuffizienz. Helv. med. Acta, Ser. A **22**, 324 (1955). — SHELLEY, W., and M. CAHN: Experimental studies on the effect of hormones on the human skin with reference to the axillar apocrine sweat gland. J. invest. Derm. **25**, 127 (1955). — SHELLEY, W., and H. HURLEY jr.: (1) The physiology of the human axillar apocrine sweat gland. J. invest. Derm. **20**, 285 (1953). — (2) An experimental study of the effects of subcutaneous implantation of androgens and estrogens on human skin. J. invest. Derm. **28**, 155 (1957). — SIMEONS, A.: Action of chorionic gonadotropin on obese. Lancet **1954 II**, 946. — SIMMER, H.: Androgene als Prooestrogene im weiblichen Organismus. Dtsch. med. Wschr. **1958**, 349. — SIMMONDS, M.: Atrophie des Hypophysenvorderlappens und hypophysäre Kachexie. Dtsch. med. Wschr. **1918**, 852. — SIMPSON, M., C. LI and H. EVANS: Sensivity of the reproductive system of hypophysectomized 40 days male rats to gonadotropic substances. Endocrinology **35**, 96 (1944). — SIMPSON, S., and J. TAIT: Quantitative methodes for bioassay of effect of adrenal cortical steroids on mineral metabolism. Endocrinology **50**, 150 (1952). — SJÖVALL, A.: Influence of oestrogens upon lealing of vaginal wounds in rats. Acta endocr. (Kbh.) **12**, 249 (1953). — SMITH, A.: Metabolism of synthetic oestrogens in man. Nature (Lond.) **160**, 787 (1947). — SMITH, G., O. SMITH and G. PINCUS: Total urinary estrogen, estrone and estriol during a menstrual cycle and a pregnancy. Amer. J. Physiol. **121**, 98 (1938). — SMITH, P., and E. ENGLE: Experimental evidence regarding rôle of anterior pituitary in development and regulation of genital system. Amer. J. Anat. **40**, 159 (1927). — SMITH, S., C. C. YOUNG and D. SMITH: The basal metabolic rate in acne vulgaris. J. invest. Derm. **17**, 13 (1951). — SMITH, T., C. D. KOCHAKIAN and C. FONDAL: Testosterone and tissue respiration. Amer. J. Physiol. **174**, 247 (1953). — SOBEL, E., C. RAYMOND, K. QUINN and N. TALBOT: The use of methyltestosterone to stimulate growth: relative influence on skeletal maturation and linear growth. J. clin. Endocr. **16**, 241 (1956). — SØ BYE, P.: Aetiology and pathogenesis of rosea. Acta derm.-venereol. (Stockh.) **30**, 137 (1950). — SOFFER, L., and J. GABRILOVE: Endocrinology. Ann. Rev. Med. **5**, 115 (1954). — SOLOMON, S., R. V. WIELE and S. LIEBERMAN: J. Amer. chem. Soc. **78**, 5453 (1956). Zit. H. SIMMER l.c. — SORM, F., u. J. SCHWEITZAR: Die Wirkung androgener Hormone auf die Aktivität der Arginase und Transamidinase in den Nieren. Biochemie **20**, 241 (1955). — SOUCHON, F.: Untersuchungen über spezielle Wirkungen verschiedener Hormone bei Säuglingen (Testosteron, Desoxycorticosteron, Cortison, ACTH). Mschr. Kinderheilk. **100**, 224 (1952). — SPAGNOLI, U.: Sull'uso combinato di estratto placentare con vitamina A e D della terapia locale delle ulcere da alterato trofismo. Minerva derm. (Torino) **30**, Suppl. **1**, 7 (1955). Ref. Zbl. Haut- u. Geschl.-Kr. **94**, 155 (1956). — SPATZ, H.: Neues über die Verknüpfung von Hypophyse und Hypothalamus. Acta neuroveg. (Wien) **3**, 5 (1952). — SPEERT, H.: (1) Mode of action of estrogens on the mammary gland. Science **92**, 461 (1940). — (2) Local action of sex hormones. Physiol. Rev. **28**, 23 (1948). — SPIELMANN, A., and A. BLAU: Natural steroid complex („Marisone") in treatment of cutaneous diseases. Arch. Derm. Syph. (Chicago) **66**, 488 (1952). — SPRENG, T.: Klinische Erfahrungen mit Marbadal-Cyren-Vaginaltabletten „Bayer" zur Fluorbehandlung. Med. Welt **1951**, 1552. — SPRUNT, D.: The ground substance in infection. Ann. N.Y. Acad. Sci. **52**, 1052 (1950). — SPRUNT, D., C. HOOKER and J. RAPER: Relation of spermatogenesis to the factor in the testis which increases tissue permeability. Proc. Soc. exp. Biol. (N. Y.) **41**, 398 (1939). — SPRUNT, D., and S. McDEARMAN: Studies on the relationship of the sex hormones to infection II. The effect of pseudopregnancy on the spread of india ink in the skin of rabbits. Endocrinology **25**, 308 (1939). — STADLER, W.: Trophische Störungen der Fingernägel beider Hände, hervorgerufen durch Funktionsstörungen der Ovarien. Demonstrationen. Dermatologica (Basel) **86**, 258 (1942). — STAEHLER, W.: Klinik und Praxis der Urologie. Stuttgart: Georg Thieme 1959. — Dtsch. med. Wschr. **1956**, 681. — STAEMMLER, H.-J.: Der Einfluß der Nor-Testosteronester auf das Zwischenhirn-Hypophysensystem. In: Moderne Entwicklungen auf dem Gestagengebiet. l.c. S. 40—51. — STAFFORD, R., T. RUBINSTEIN and R. MEYER: Effect of testosterone propionate on phosphatases in the seminal vesicle and prostata of the rat. Proc. Soc. exp. Biol. (N.Y.) **71**, 353 (1949). — STANGE, H.-H.: Die Bildungsstätten androgener Hormone in den fehlgebildeten und fehlgesteuerten Eierstöcken der Frau. In: Moderne Entwicklungen auf dem Gestagengebiet. Berlin-Göttingen-Heidelberg: Springer 1960. — STAUDINGER, H.: Biosynthese der Steroidhormone. In: Hormone und ihre Wirkungsweise. 5. Colloquium Ges. Phys. Chemie. Berlin: Springer 1955. — STEELMAN, S. L., and F. M. POHLEY: Assay of follicle stimulation hormone based on augmentation with human chorionic gonadotrophin. Endocrinology **53**, 604—616 (1953). — STEIGLEDER, G., u. W. BUCHWALD: Experimentelle Untersuchungen zum Verhalten der verbreiterten Rattenepidermis. Hautarzt **8**, 505 (1957). — STEINACH, E.: Zur Geschichte des männlichen Sexualhormons und seiner Wirkungen am Säugetier und beim Menschen. Wien. klin. Wschr. **49**, 161, 196 (1936). — STEINACH, E., H. KUN u. O. PECZNIK: (1) Beiträge zur Analyse der Sexualhormone. Wien. klin. Wschr. **49**, 899 (1936). — (2) Über hormonale Hyperämisierung, insbesondere über den Einfluß der männlichen Sexualhormone und ihrer Kombination mit weiblichem Hormon auf den erhöhten Blutdruck. Wien. klin. Wschr. **51**, 65, 102, 134 (1938). — STEINER, A., H. PAYSON u. F. KENDALL: Die Wirkung von Östrogenen auf die Serumlipoide der Coronarsklerotiker. Circulation **11**, 784 (1955). Ref. Chem. Zbl. **127**, 6435 (1956). — STEINITZ, H.: Kalkgicht und Calcinosis universalis. Klin. Wschr. **9**, 1632 (1930). — STERBA, R.: Beitrag zur Korrelation der Geschlechtshormone. Gynaecologica (Basel) **138**, 466 (1954). — STERN, K., and J. DAVIDSOHN: Effect of estrogen and cortisone on immune hemoantibodies in mice of inbread strains. J. Immunol. **74**, 479 (1955). — STERNINA, F.: O vliianii sinestrola na zhirolipoidy krovi u bol'nykh aterosklerozom. Über den Einfluß von Synöstrol auf die Fettlipoide des Blutes bei Kranken mit Atherosklerose. Ter. Arh. **26**, 38 (1954). Ref. Chem. Zbl. **127**, 7849 (1956). — STEUDEL, H.: Der Umsatz des Calciums im Organismus des Erwachsenen. Med. Klin. **42**, 142 (1947). — STEWART jr., H. L.: Hormone secretion by human placent grown in eyes of rabbits. Amer. J. Obstet. Gynec. **61**, 990 (1951). — STIASNY, H.: Unfruchtbarkeit beim Manne. Stuttgart: Ferdinand Enke 1944. — STOKES, J., and T. STERNBERG: Factor analysis of acne complex with therapeutic comment. Arch. Dermat. Syph. (Chicago) **40**, 345 (1939). — STRANDBERG, J.: Haut und innere Sekretion. In Handbuch der Haut- und Geschlechtskrankheiten, von J. JADASSOHN, Bd. III, S. 184. Berlin: Springer 1929. — STUDER, A., u. J. FREY: Wirkung von Cortison auf die ruhende und die mit Vitamin A oder Testosteronpropionat zur Proliferation gebrachte Epidermis der Ratte. Dermatologica (Basel) **104**, 1 (1952). — STUDNITZ, W. v., u. D. BEREZIN: Das Verhalten der elektrophoretischen Proteinfraktionen im Serum von Frauen nach Gaben von androgenen und östrogenen Hormonen. Klin. Wschr. **1957**, 1239. — STÜHMER, A.: Hautkrankheiten als Ausdruck innerer Störungen. Med. Welt. **9**, 1335 (1935). — STÜTTGEN, G.: Diskussionsbemerkung zum Vortrag W. DIRSCHERL, S. 36. In: Stoffwechselwirkungen der Steroidhormone. 2. Symp. der Dtsch. Ges. für Endokrinol. von H. NOWAKOWSKI. Berlin: Springer 1955. — STÜTTGEN, G., u. K. EBSCHNER: Sexualhormone und Hautatmung. Arch. klin. exp. Derm. **198**, 375 (1954). — STURKIE, P.: Effects of gonadal hormones on blood sugar of the chicken. Endocrinology **56**, 575 (1955). — SULZBERGER, M., and V. WITTEN: Hormones and acne vulgaris. Med. Clin. N. Amer. **35**, 373 (1951). — SUNTZEFF, V., E. BURNS, M. MOSKOP and L. LOCH: On the proliferative changes taking place in the epithelium of vagina and cervix of mice with advancing age and under the influence of experimentally administered estrogenic hormones. Amer. J. Cancer **32**, 256 (1938). — SWYER, G. J. M.: Probleme der klinischen Beurteilung gestagener Steroide. In: Moderne Entwicklungen auf dem Gestagengebiet. l.c., S. 100—107. — SZIRMAI, J.: The effect of testosterone propionate on the connective tissue of the head appendices and the skin of the capon. Anat. Rec. **105**, 337 (1949).

TAGNON, H., S. LIEBERMAN, P. SCHULMAN and A. BRUNSCHWIG: Metabolism of estrogens by human liver, studied in vitro. J. clin. Invest. **31**, 346 (1952). — TAGNON, H., P. SCHULMAN, W. WHITMORE and L. LEONE: Prostatic fibrinolysin; study of case illustrating role in hemorrhage diathesis of cancer of prostate. Amer. J. Med. **15**, 875 (1953). — TAUBENHAUS, M., B. TAYLOR and J. MORTON: Hormonal interaction in regulation of granulation tissue formation. Endocrinology **51**, 183 (1952). — TEITGE, H.: Die Behandlung der Endangitis obliterans und des Ulcus cruris mit Sexualhormonen. Med. Klin. **1937**, 1153. — TELFER, M.: Influence of estradiol on nucleid acids respiratory encymes, and distribution of nitrogen in rat uterus. Arch. Biochem. **44**, 111 (1953). — TENLÉN, S.: Acta derm.-vener. (Stockh.) **18**, 165 (1937). Zit. E. HVIDBERG l.c. — TETI, M., et M. LANGLOIS: Influence de l'oestradiol et de la testostérone sur les mitose de la cornée chez la souris. C. R. Soc. Biol. (Paris) **148**, 1031 (1954). — THEISSING, G.: Behandlung der Altersschwerhörigkeit. Ärztl. Prax. **9**, 1 (1957). — THOMPSON, C., and H. WERNER: Studies on estrogen, tri-p-anisyl-chloroethylene. Proc. Soc. exp. Biol. (N. Y.) **77**, 494 (1951). — THOMPSON, W.: Androgen-Therapie. Ann. intern. Med. **30**, 55 (1949). — THORN, G., L. ENGEL and H. EISENBERG: Effect of corticosterone and related compounds on renal excretion of electrolytes. J. exp. Med. **68**, 161 (1938). — THORN, G., and G. HARROP: "Sodium retaining effect" of sex hormones. Science **86**, 40

(1937). — TIGYI, A., K. LISSAK and J. DERJANETZ: Effect of steroid hormones upon pulmonary neurodystrophy induced by vagotomy. Acta physiol. hung. **6**, 33 (1954). Ref. Chem. Zbl. **127**, 1063 (1956). — TINACCI, F., e C. AGOSTINI: L'azione del propionato di testosterone sul contenuto lipidico del tessuto cartilagineo in relazione al fenomeno dell' ossificazione. Boll. Soc. ital. Biol. sper. **29**, 280 (1953). Ref. Chem. Zbl. **127**, 514 (1956). — TONUTTI, E.: Zur Biologie der Sexualhormone. Z. Urol. Sonderbd. **11** (1957). — TRENTIN, J., J. DE VITA and W. GARDNER: Effect of moderate doses of estrogen and progesteron on mammary growth and hair growth in dogs. Anat. Rec. **113**, 163 (1952). — TREUMER, K.: Glaukombehandlung durch Gelbkörperhormon. Klin. Mbl. Augenheilk. **120**, 523 (1952). — TROLLE, D.: Die Pregnandiolausscheidung im Urin. Ugeskr. Laeg. **1955**, 1561. Ref. Zbl. Haut- u. Geschl.-Kr. **95**, 65 (1956). — TRUNNELL, J.: Effects of TACE in the male rat. Read at Tace-Symposion. Cincinnati, Ohio, January, 17, 1952. — TSCHOPP, E.: Die oestrogene Wirkung der Bisdehydrodoisynolsäure und ihrer Derivate. Helv. physiol. Acta **4**, 271 (1946). — TUBA, J., and G. WIBERG: On rat serum amylase; studies in normal and alloxan diabetic animal. Canad. J. med. Sci. **31**, 377 (1953). — TUCHMANN-DUPLESSIS, H., et C. LEVASSEUR: L'action des oestrogènes naturels et de synthèse sur le cortex surrénal du rat. Bull. Microscop. appl. **3**, 9 (1953). Ref. Chem. Zbl. **127**, 9775 (1956). — TURPIN, R., H. JEROME et H. SCHMITT-JUBEAU: Action de doses progressives de diéthylstilbestrol sur la cuprémie chez le rat. C. R. Soc. Biol. (Paris) **146**, 1703 (1952). — TYLER, E.: Use and misuse of endocrine therapy in sterility. J. Amer. med. Ass. **139**, 560 (1949). — TZANCK, A., R. ARON-BRUNETIERE et M. FITOUSSI: Étude de la fonction oestrogénique par la méthode du frottis vaginal dans 41 cas d'acnés diverses. Bull. Soc. franç. Derm. Syph. **57**, 410 (1950).

UEHLINGER, E., W. JADASSOHN and H. FIERZ: Mitoses occuring in the acanthosis produced by hormones. J. invest. Derm. **4**, 331 (1941). — UFER, J.: Zur Wirkung der Gestagene und Oestrogene bei gonadotropinrefraktären Cyklusstörungen. In: Moderne Entwicklungen auf dem Gestagengebiet. l.c., S. 107—109. — UNNA, P., u. J. BLOCH: Die Praxis der Hautkrankheiten. Wien: Urban & Schwarzenberg 1908. — UNNA, P., u. L. GOLODETZ: Die Hautfette. Biochem. Z. **20**, H. 6 (1909).

VAGUE, J., A. TÉMINE-MORHANGE, J. C. GARRIGUES, J. BERTHET, M. TEITELBAUM, G. FAVIER, H. PAYAN et R. MURATORE: Les hypertrichoses, leur développement et leur mécanisme. In: Moderne Entwicklungen auf dem Gestagengebiet. Berlin-Göttingen-Heidelberg: Springer 1960. — VALDONI, P.: Osservazioni cliniche in due casi di M. di Raynaud recidivati a operazioni sul simpatico. Policlinico, Sez. chir. **43**, 32 (1936). — VALERI, V.: Nuclear volume and testosterone-induced changes in secretory activity in submaxillary gland of mice. Science **120**, 984 (1954). — VALETTE, G., et R. CAVIER: L'absorption cutanée. J. Physiol. (Paris) **39**, 137 (1947). — VELLUZ, L., u. R. JEQUIER: Die Schutzwirkung von Δ^{14}-Androstandien-17β-ol-3-on bei der experimentellen Arthritis. C. R. Acad. Sci. (Paris) **231**, 1266 (1950). — VEST, S., and B. BARELARE: Peroral use of methyl testosterone. J. Amer. med. Ass. **117**, 1421 (1941). — VINCKE, E.: (1) Der Wirkungsmechanismus der Hormone. Leipzig: Hirzel 1950. — (2) Über Konstitution und Wirkungsweise der Östrogene. Therap. Ber. (Bayer) **29**, 203 (1957). — VOGT, H.: Auswirkungen der Hormontherapie auf das inkretorische System. Med. Klin. **40**, 1509 (1955). — VOSS, H. E.: (1) Die örtliche Wirknug von Sexualhormonen. Klin. Wschr. **1937**, 769. — (2) Zur Physiologie und Pathologie der Produktion androgener Wirkstoffe im weiblichen Organismus. Z. Geburtsh. Gynäk. **140**, 83 (1954). — (3) Die experimentelle Beeinflussung des Mammawachstums durch Hormone. J. med. Kosmet. **1954**, 361. — (4) Die Physiologie der Hypophysenvorderlappenhormone (ohne ACTH). In: Hormone und ihre Wirkungsweise. 5. Colloquium der Ges. für Physiol. Chemie. Berlin-Göttingen-Heidelberg: Springer 1955. (5) Die Hormone des Hypophysenvorderlappens. In: R. AMMON u. W. DIRSCHERL, Fermente, Hormone, Vitamine l.c., S. 525—663.

WALKER, S., and S. ROTHMAN: Alopecia areata: Statistical study and consideration of endocrine influences. J. invest. Derm. **14**, 403 (1950). — WALTHER, H.: (1) Kasuistischer Beitrag zur Behandlung von Akne vulgaris, Akne conglobata und rosacea. J. med. Kosmet. **1954**, 98. — (2) Bewährte Behandlungsverfahren bei den häufigsten Hauterkrankungen. Therapiewoche **1955**, 391. — (3) Zum derzeitigen Stand der Akne vulgaris-Therapie, besonders in Abhängigkeit von inneren Störungen. J. med. Kosmet. **1956**, 41. — WATTEVILLE, H. DE: Le prégnandiol et son dosage dans les urines. Gynéc. et Obstet. **49**, 155 (1950). — WATZKA, M.: Wodurch wird die Temperaturerhöhung nach der Ovulation verursacht? Dtsch. med. Wschr. **1950**, 1231. — WAY, S. C., and J. ANDREWS: Hormones and acne: a clinical evaluation of hormonal therapy in adolescent girls with acne. Arch. Derm. Syph. (Chicago) **61**, 575 (1950). — WAY, S. T.: Discussion of paper by W. C. GOECKERMANN, Hormonal therapy of acne vulgaris in the female. Arch. Derm. Syph. (Chicago) **61**, 241 (1950). — WEBER, G., O. BRAUN-FALCO u. G. THAESLER: Über das Verhalten proteingebundener Polysaccharide bei Dermatosen. Derm. Wschr. **129**, 561 (1954). — WEIGL, A.: Schwankungen der Reaktionsfähigkeit der Haut von Frauen in Abhängigkeit von menstruellem Zyklus und Schwangerschaft. Diss.

München 1937. — WEISSBECKER, L.: Die Bedeutung der Leber für den Steroidstoffwechsel. In H. NOWAKOWSKI, Zentrale Steuerung der Sexualfunktionen. Symp. Dtsch. Ges. Endokrinol., S. 202. Berlin: Springer 1955. — WELLER, O.: Der Einfluß der männlichen Sexualhormone auf die Nebennierenrinde. Klin. Wschr. **1954**, 996. — WELLS, L.: Pigmentation of the scrotum as a sensitive indicator for androgen. Anat. Rec. **91**, 305 (1945). — WELSH, A. L.: Use of synthetic substance chlorotrianisene (TACE) in treatment of acne. Arch. Derm. Syph. (Chicago) **69**, 418 (1954). — WENNER, R.: (1) Follikelhormon-Bestimmungen in Blut und Urin während der Schwangerschaft, Geburt und Frühwochenbett. Zbl. Gynäk. **65**, 268 (1941). — (2) Le métabolisme des oestrogènes; quelques résultats experimentaux. Bull. Féd. Gynéc. Obstet. franç. **4**, 865 (1952). — WENSE, T.: Die Wirkung von männlichem Sexualhormon auf die Motorik der weißen Maus. Z. Biol. **106**, 58 (1953). — WERTH, G.: Die gonadotropen Hormone. Arzneimittel-Forsch. 1. Mitt. **5**, 409 (1955). 2. Mitt. **5**, 735 (1955); 3. Mitt. **6**, 79 (1956). — WERTHESSEN, N. T., and C. BAKER: Modification of electrochemograph for greater accuracy and specifity in assay of urinary ketosteroids. Endocrinology **36**, 351 (1945). — WERTHESSEN, N. T., E. SCHWENK and C. BAKER: Biosynthesis of estrone an β-estradiol in perfused ovary. Science **117**, 380 (1953). — WEST, C. D., B. DAMAST, S. SARRO and O. PEARSON: Conversion of testosterone to estrogens in castrated, adrenalectomized human femals. J. biol. Chem. **218**, 409 (1956). — WEST, C. D., H. REICH and L. T. SAMUELS: Urinary metabolism after intravenous injection of human subjects with testosterone. J. biol. Chem. **193**, 219 (1951). — WEST, E., and H. FEVOLD: Comparison of interstitial cell-stimulating, ovarian stimulating, and inhibiting actions of pituitary glands of different species. Proc. Soc. exp. Biol. (N. Y.) **44**, 446 (1940). — WEST, T. C., and P. CERVONI: Influence of ovarian hormones on uterine glycogene requirements for contractility under varying environmental conditions in vitro. Amer. J. Physiol. **182**, 287 (1955). — WESTERFIELD, W. W.: The inactivation of oestrone. Biochem. J. **34**, 51 (1940). — WESTERLUND, E.: Calcinosis circumscripta. Klin. Wschr. **19**, 887 (1940). — WESTMAN, A.: Die hormonale Behandlung der Amenorrhoe. Nord. Med. **11**, 2647 (1941). — WEYENETH, R.: Traitement de la stérilité masculine. Méd. et Hyg. (Genève) **14**, 229 (1956). — WHEELER, C., E. CAWLEY and A. CURTIS: The effects of topically applied hormones on growth, pigmentation and keratinization of the nipple and areola. J. invest. Derm. **20**, 385 (1953). — WHITAKER, W.: The stimulation of human hair production by the topical application of testosterone. Univ. Hosp. Bull., Ann. Arbor 8, 46 (1942). — WHITAKER, W., and B. BAKER: A comparison of the direct action of estrogen and adrenal cortical extract on growth of hair in the rat. J. invest. Derm. **17**, 69 (1951). — WHITE, C. B., and C. F. LEHMANN: Diethylstilbestroltherapy in young men with acne. Arch. Derm. Syph. (Chicago) **65**, 601 (1952). — WHITEHAIR, C., W. GALLUP u. M. BELL: Die Wirkung von Stilböstrol auf die Verdaulichkeit der Nahrung und auf die Calcium-, Phosphor- und Stickstoffretention bei Lämmern. J. anim. Sci. **12**, 331 (1953). Ref. Chem. Zbl. **125**, 10038 (1954). — WHITELAW, M.: The treatment of adolescent acne with topical application of estrogens. J. clin. Endocr. **11**, 487 (1951). — WIED, G. L.: (1) Beitrag zur androgenen Hormonwirkung auf das Vaginalepithel und das Epithel der Blase. Ärztl. Wschr. **7**, 844 (1952). — (2) The cytolytic changes of the vaginal epithelial cells and the leukorrhoea following estrogenic therapy. Amer. J. Obstet. Gynec. **70**, 51 (1955). — WIENER, K.: (1) Beziehungen der Geschlechtsorgane zu Hautkrankheiten. Halle 1924. — (2) Systemic associations and treatment of skin diseases. St. Louis: C. V. Mosby Comp. 1955. — WILBRAND, U., u. W. HUNKE: Der Einfluß von Follikelhormon und Progesteron auf den Kochsalz- und Wasserhaushalt der Frau. Z. Geburtsh. Gynäk. **144**, 183 (1955). — WILE, U. J., B. BARNEY and I. T. BRADBURY: Studies of sex hormones in acne . Arch. Derm. Syph. (Chicago) **39**, 195, 211 (1939). — WILE, U. J., J. SNOW and I. T. BRADBURY: Studies of sex hormones in acne. II. Urinary excretion of androgenic and estrogenic substances. Arch. Derm. Syph. (Chicago) **39**, 200 (1939). — WILLIAMS, W., W. GARDNER and J. DE VITA: Local inhibition of hair growth in dogs by percutaneous application of estrone. Endocrinology **38**, 368 (1946). — WILLIAMS-ASHMAN, H.: Changes in enzymatic constitution of ventral prostate gland induced by androgenic hormones. Endocrinology **54**, 121 (1954). — WIMP, E. LE: Clin. Proc. Jew. Hosp. (Philad.) **4**, 123 (1950). Zit. H. RUHRMANN 1955. — WINTER, C., and L. FLATAKER: Influence of cortisone and related steroids upon spreading effect of hyaluronidase. Fed. Proc. **9**, 137 (1950). — WISKOTT, A.: Therapie mit Hormonen im Kindesalter. Ärztl. Prax. **10**, 233 (1958). — WITTEN, C., u. J. BRADBURY: Blutverdünnung als Ergebnis der Östrogentherapie. Wirkung von Östrogenen bei der Frau. Proc. Soc. exp. Biol. (N. Y.) **78**, 626 (1951). — WITTKOWER, E.: Acne vulgaris: A psychosomatic study. Brit. J. Derm. **63**, 214 (1951). — WOTIZ, H., H. MESCON, H. DOPPEL and H. LEMON: The in vitro metabolism of testosterone by human skin. J. invest. Derm. **26**, 113 (1956). — WRBA, H., u. H. QUERNER: Auslösung spezifischer Wachstumsvorgänge bei Zahnkrapfen durch ein androgenes Steroidhormon. Z. Naturforsch. **11b**, 270 (1956).

ZANDER, J.: Neuere Erkenntnisse über die natürlichen Gestagene im menschlichen Organismus. In: Moderne Entwicklungen auf dem Gestagengebiet. Berlin-Göttingen-Heidelberg: Springer 1960. — ZANDER, J.: Zit. nach H. SIMMER 1958, l.c. — ZERSSEN, D. v., A.-E. MEYER u. D. AHRENS: Klinische, biochemische und psychologische Untersuchungen an Patientinnen mit gewöhnlichem Hirsutismus. Dtsch. Arch. klin. Med. **206**, 334—360 (1960). — ZIMMERMANN, W.: (1) Chemie und Stoffwechsel der Steroidhormone. In Handbuch der inneren Medizin, Bd. VII. Berlin: Springer 1955. — (2) Chemische Bestimmungsmethoden von Steroidhormonen in Körperflüssigkeiten. Berlin-Göttingen-Heidelberg: Springer 1955. — ZINGG, W., and W. PERRY: Influence of adrenal and gonadal steroids on uptake of iodine by thyroid gland. J. clin. Endocr. **13**, 712 (1953). — ZINZIUS, J.: Beitrag zur externen Therapie der Akne vulgaris. J. med. Kosmet. **1955**, 158. — ZIZINE, L.: Action de la testostérone sur l'acide ascorbique surrenalein du rat hypophysectomisé. C. R. Soc. Biol. (Paris) **146**, 1728 (1952). — ZIZINE, L., M. SIMPSON and H. EVANS: Direct action of male sex hormone on the adrenal cortex. Endocrinology **47**, 97 (1950). — ZONDEK, B.: (1) Die Krankheiten der endokrinen Drüsen. Berlin: Springer 1926. — (2) Folliculin. Klin. Wschr. **8**, 2229 (1929). — ZONDEK, B., u. S. ASCHHEIM: (1) Hypophysenvorderlappen und Ovarium. Beziehungen der endokrinen Drüsen zur Ovarialfunktion. Arch. Gynäk. **130**, 1 (1927). — (2) Das Hormon des Hypophysenvorderlappens. Klin. Wschr. **6**, 248 (1927); **7**, 831 (1928). — ZUCKERMANN, S.: (1) The effect of sex hormones, cortin and vasopressin on water-retention in the reproductive organs of monkeys. J. Endocr. **1**, 147 (1939). — (2) The histogenesis of tissues sensitive to östrogens. Biol. Rev. **15**, 231 (1940). — ZUR HORST-MEYER, H., A. MORGENSTERN u. W. KAISER: Allergie gegen Hypophysengewebe und -extrakte. Z. klin. Med. **154**, 456 (1957).

Das adrenocorticotrope Hormon (ACTH), die Hormone der Nebenniere (Cortison, Adrenalin), das Insulin, sowie die Hormone der Schilddrüse und Nebenschilddrüse

Von

Hans-Eugen Schreiner-Hamburg

Mit 1 Abbildung

A. ACTH und Nebennierenrindenhormone

I. Einleitung

1. Geschichte

Die Hypophyse wird bereits 1543 von VESAL als „Glandula pituitaria cerebri excipiens" beschrieben.

1563 folgt die Entdeckung der Nebenniere als Organ durch BARTHOLOMAEUS EUSTACHIUS SANCTOSEVERINATUS. Er benannte sie „Glandula renibus incumbentes". Erst später wird daraus Glandulae suprarenalia bzw. adrenalia. Über die Funktion dieses neuen Organs war nichts Sicheres bekannt, bis 1855 ADDISON (1849, 1855) das nach ihm benannte Krankheitsbild, das durch den Funktionsausfall der Nebenniere entsteht, beschrieb und damit das erste Licht in dieses Dunkel brachte. Bereits im darauffolgenden Jahr führte BROWN-SÉQUARD (1856) die erste Adrenalektomie am Tier durch und bewies damit, daß die Nebenniere lebensnotwendig ist. Immerhin dauerte es nach dieser Erkenntnis noch fast ein halbes Jahrhundert, bis OSLER (1896/97) eine orale Therapie mit Glycerinextrakten der Nebenniere versuchte, die allerdings nur sehr wenig wirksam war. Auch mit Nebennieren-Substanz wurden Therapieversuche unternommen (MORRIS 1913, JOSEPH 1920 und HOLLANDER 1921), doch erst 1927 gelang es ROGOFF und STEWART (1927) das Leben von nebennierenlosen Hunden, und HARTMANN et al. (1927) das von nebennierenlosen Katzen durch Salzextrakte von Nebenniere zu verlängern. PFIFFNER und SWINGLE (1929) experimentierten dann mit einem alkoholischen Nebennieren-Extrakt, den ROGOFF und STEWART (1929) auch erfolgreich beim Menschen anwandten.

Inzwischen konnten SMITH und FORSTER (1926) nachweisen, daß die Entfernung der Hypophyse zur Nebennieren-Atrophie führt. EVANS (1933), HOUSSAY et al. (1933) und COLLIP et al. (1933) gelang es im umgekehrten Versuch, Nebennieren durch Hypophysenextrakte zu aktivieren. ANSELMINO, HOFFMANN und HEROLD (1933) beschrieben noch im gleichen Jahr die dabei auftretenden charakteristischen Gewebsveränderungen.

Die ersten Behandlungsversuche bei Hautkrankheiten wurden mit Nebennieren-Substanz bei der Acne durchgeführt. 1931 erwähnt WINKLER (1931) die Rückbildung von psoriatischen Herden bei Patienten, die aus anderen Gründen einen Nebennieren-Extrakt erhielten. GRÜNEBERG (1933—1937) verwandte dann zunächst Nebennierenrinden-, später (1937) auch Hypophysenvorderlappen-Extrakte bewußt bei Psoriatikern und fand, daß besonders die Psoriasis arthropathica auf diese Therapie sehr gut reagiert. Erst wenn man bedenkt, mit welchen Mitteln diese Indikationen für die Nebennierenrinden- bzw. Hypophysenvorderlappen-Hormone gefunden wurden, kann man das Verdienst der daran beteiligten Autoren ganz würdigen.

Der exakte therapeutische Einsatz der Hormone wurde erst möglich, nachdem das Hydrocortison fast gleichzeitig durch eine Arbeitsgruppe um KENDALL (MASON, HOEHN und KENDALL 1936; MASON, MEYERS und KENDALL 1938), v. REICHSTEIN (1936, 1937) und WINTERSTEINER und PFIFFNER (1936) isoliert worden war und die Isolierung, Konstitutionsaufklärung und Synthese des Desoxycorticosterons (DOC; STEIGER und REICHSTEIN 1937; DE FREMERY et al. 1937 und REICHSTEIN und v. EUW 1938) gelungen war. Sie bildeten die Grundlagen der gegenwärtigen „Cortisonära". Zu ihrer vollen Blüte konnte sie sich allerdings erst entwickeln, nachdem es WENDLER, GRABER, JONES u. TISHLER (1950) und WOODWARD, SONDHEIMER und TAUB (1951) gelungen war, das Hydrocortison bzw. das Cortison total zu synthetisieren. (Eine eingehende Beschreibung bringen ROSENKRANZ und SONDHEIMER 1953. Dort ist auch der ganze mühevolle Weg, der davorlag, literaturmäßig belegt.)

Damit war der Weg zur Synthese von Derivaten des Cortisons und Hydrocortisons offen. 1954 führten FRIED und SABO das 9 α-Fluorhydrocortison ein, im folgenden Jahr eine Gruppe um HERZOG (1955) das Prednison und Prednisolon, dann SPERO et al. (1956) das 6-Methylprednisolon, BERNSTEIN et al. (1956) das Triamcinolon und schließlich ARTH et al. (1958) das Dexamethason.

Auch bezüglich des ACTH ist die Forschung nicht stehen geblieben. Schon 1956 gelang es BOISONNAS et al. (1956) ein Eikosapeptid zu synthetisieren, das die ersten 20 Aminosäurereste des ACTH umfaßte und eine biologische Wirkung von 2—3 iE/mg hatte, und 1960 berichteten SCHWYZER et al. (1960) über die Synthese eines Nonadeca-peptides mit 20—30 iE/mg und HOFMANN et al. (1960) über ein weiteres synthetisches ACTH.

Eine große Zusammenfassung über die geschichtlichen Daten der Nebennierenrinde ist von GAUNT und EVERSOLE (1949) erschienen. Im deutschen Schrifttum ist weiteres bei ABDERHALDEN (1952), JORES (1955) und LABHART (1957) zu finden.

2. Chemie

a) ACTH (adrenocorticotropes Hormon, adrenocorticotrophes Hormon)

Aus der Gesamtheit des Hypophysenvorderlappen-Extraktes wurde von zwei verschiedenen Forschergruppen fast gleichzeitig das adrenotrope (COLLIP et al. 1933) bzw. das corticotrope Hormon (ANSELMINO et al. 1934) als das auf die Nebennierenrinde wirksame Prinzip isoliert. Die Verbindung beider Bezeichnungen ergab die heute allgemein übliche Benennung: Adreno-Cortico-Tropes-Hormon = ACTH. Von zwei weiteren Forschergruppen wurde seine chemische Struktur untersucht (LI et al. 1943 und SAYERS et al. 1943). Sie fanden, daß ACTH ein Protein mit einem Molekulargewicht von etwa 20000 ist. Später wurden durch Elektrophorese und Chromatographie aus diesem Komplex Polypeptide mit einem Molekulargewicht von etwa 6500 bzw. 3000 gewonnen, deren pharmakologische Wirkung mehrere 100mal größer ist als die des Gesamtmoleküls. Inzwischen ist es gelungen, die Struktur des ACTH aufzuklären und sogar mehrere Teile des Moleküls zu synthetisieren, die zum Teil eine recht gute Nebennierenrinden-Aktivität besitzen, so SCHWYZER et al. (1960) ein Nonadeka-peptid mit einem Molekulargewicht von 2346 und einer Wirkung von 20—30 iE/mg. Genauere Angaben über die chemischen und physikalischen Eigenschaften des ACTH-Moleküls sind bei JUNKMANN (1957), BOISONNAS et al. (1956) und SCHWYZER et al. (1960) zu entnehmen.

Die Mengenangaben erfolgen in Milligramm oder in internationalen Einheiten (iE). Die internationale Einheit entspricht 1 mg des Standardpräparats La-1-A (ARMOUR). Die Aktivität wird mit dem Ascorbinsäure-Test nach SAYERS et al. (1948) gemessen. Dieser Test ist auch zur Zeit noch die empfindlichste Nachweismethode für ACTH. Weitere Methoden sind bei JUNKMANN (1957) zu finden.

b) Nebennierenrinden-Hormone [Glucocorticoide = Glykocortine (GC) und Mineralocorticoide = Halocortine (MC)]

Sie gehören zu den Steroidhormonen. Das Grundskelet aller Steroide besteht aus drei sechs- und einem fünfgliedrigen Ring (Steran, Abb. 1a). Aus ihm lassen sich durch Bildung von Doppelbindungen und Ersatz von H-Atomen durch Seitenketten oder andere Atome alle natürlichen und synthetischen Steroidhormone ableiten. Von den aus der Nebennierenrinde extrahierten Steroiden, es sind über 30, interessieren hier in erster Linie drei. Sie lassen sich chemisch alle als C_{21}-Steroide definieren, d.h. vom Pregnan ableiten, das je eine CH_3-Gruppe an C_{10} und C_{13} und eine Kette mit 2 C-Atomen an C_{17} hat (Abb. 1b). Die therapeutisch wichtigen Nebennierenrinden-Hormone sind: 11-Desoxycorticosteron (Cortexon, Substanz Q nach REICHSTEIN; Abb. 1c), Cortison (Compound E nach KENDALL, Substanz Fa nach REICHSTEIN, Compound F nach WINTERSTEINER; Abb. 1d) und Hydrocortison (Cortisol, Compound F nach KENDALL, Substanz M nach REICHSTEIN, Abb. 1e).

Die drei Hormone haben in ihrer Formel die Doppelbindung bei C_4, die beiden Ketogruppen an C_3 und C_{20} und die Hydroxylgruppe an C_{21} gemeinsam. Das Hydrocortison hat außerdem zwei Hydroxylgruppen an C_{11} und C_{17}, von denen die C_{11}-Gruppe beim Cortison in eine Ketogruppe umgewandelt ist.

Aus der großen Zahl der in den letzten Jahren synthetisierten Derivate der Nebennierenrinden-Hormone haben insbesondere das Prednison (HERZOG et al. 1955), das Prednisolon, das 9α-Fluorhydrocortison (FRIED und SABO 1954; Abb. 1h) und in den letzten Jahren das 6-Methylprednisolon (SPERO et al. 1956; Abb. 1i), das Triamcinolon (BERNSTEIN et al. 1956) und das Dexamethason (ARTH et al. 1958) schnell eine große Bedeutung erlangt.

Das Prednison und Prednisolon entstanden durch Einführung einer zweiten Doppelbindung bei C_1 in das Cortison und das Hydrocortison (Abb. 1f u. 1g). Der nächste Schritt war die Einbringung von Fluor in die 9α-Stellung des Moleküls. Sie führte zunächst zum 9α-Fluorhydrocortison, das wegen seiner enormen Mineralocorticoid-Wirkung für die Glucocorticoid-Therapie nur wenig Bedeutung hat, doch zeigte es sich, daß die 9α-Fluorprednisolone, wenn man zusätzlich an C_{16} eine Hydroxyl-Gruppe (Triamcinolon = 16α-Hydroxy-9α-fluorprednisolon, Abbildung 1k) oder eine Methylgruppe (Dexamethason, 16α-Methyl-9α-fluorprednisolon, Abb. 1l) einführte, Körper mit ganz hervorragender Glucocorticoid-Wirkung ergaben

Bezüglich weiterer Angaben über die chemischen und physikalischen Eigenschaften, die Biosynthese und die Synthese der Hormone, ihren Um- und Abbau im Organismus verweisen wir auf die umfangreichen Darstellungen von BUTENANDT u. SCHRAMM (1951), REUBER und SCHMIDT-THOMÉ (1955), HJ. STAUDINGER (1955) und JUNKMANN (1957).

Die Nebennierenrinden-Hormone beeinflussen im Organismus den Mineralhaushalt und den allgemeinen Stoffwechsel. Ob die eine oder andere Wirkung mehr im Vordergrund steht, ist weitgehend von ihrer chemischen Konstitution abhängig. So ist das Desoxycorticosteron ein „Mineralocorticoid", d.h. hauptsächlich auf den Mineral- und Wasserhaushalt wirksam, die 11-Oxy-Verbindungen sind dagegen „Glucocorticoide", die mehr den Stoffwechsel beeinflussen. Die dem Cortison und Hydrocortison analogen künstlichen Hormone, das Prednison und Prednisolon, gehen in dieser Wirkungsrichtung noch einen Schritt weiter. Sie beeinflussen den Mineralhaushalt nur noch sehr wenig, haben aber eine 3—5fach

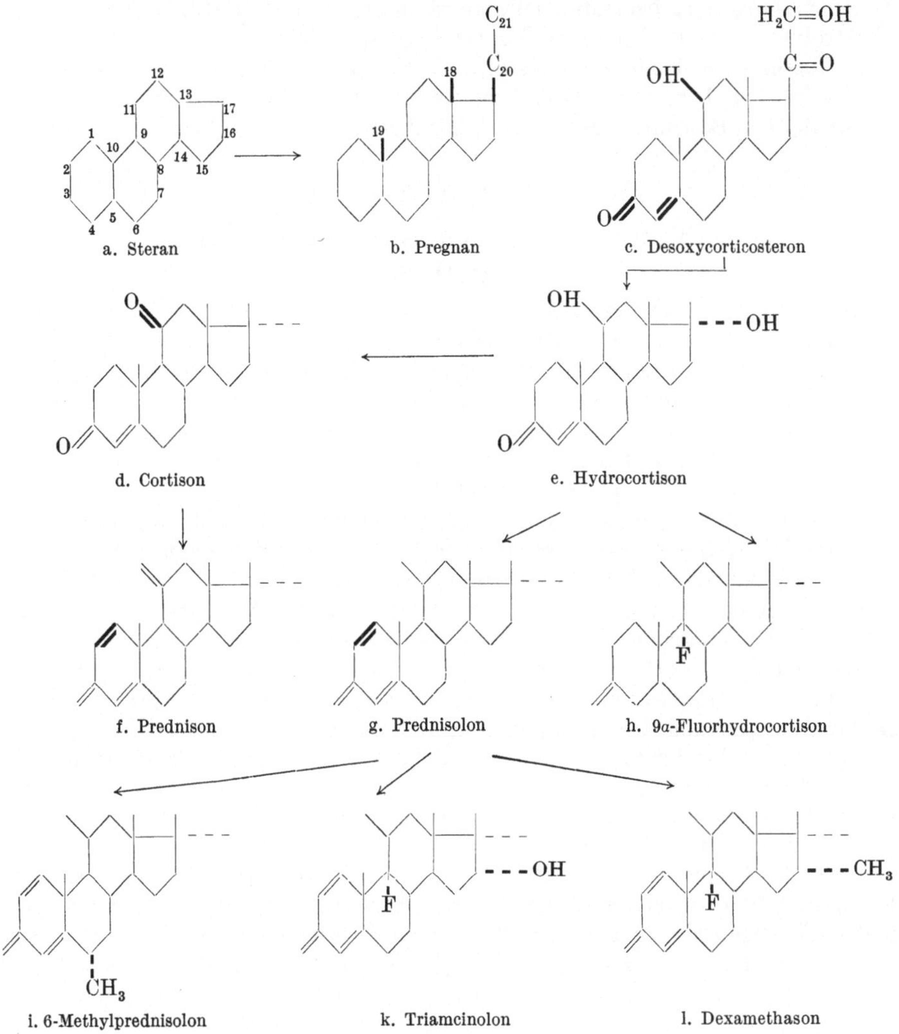

a. Steran
b. Pregnan
c. Desoxycorticosteron
d. Cortison
e. Hydrocortison
f. Prednison
g. Prednisolon
h. 9α-Fluorhydrocortison
i. 6-Methylprednisolon
k. Triamcinolon
l. Dexamethason

Abb. 1a—l.

größere Glucocorticoid-Wirkung. Das Einbringen des Fluor-Atoms ins Hydrocortison führt zwar zu einer weiteren Wirkungssteigerung bezüglich des Stoffwechsels, erhöht aber, wie bereits erwähnt, unverhältnismäßig mehr noch die Wirkung auf den Wasser- und Elektrolythaushalt. Bei den fluorierten Prednisolonderivaten ist das anders. Das 9α-Fluorprednisolon soll die 5fache proteinkatabole und eosinopenische Wirkung des Prednisolon haben, aber nur wenig Na und H_2O retinieren (Li et al. 1956; Bergenstal u. Parrott 1956). Diese letzte Eigenschaft konnte dann, offenbar durch eine direkte Wirkung auf die Niere, im Triamcinolon so weit gesteigert werden, daß es unter Umständen sogar zum Na-Defizit im Organismus kommen kann, während umgekehrt das Dexamethason, neben seiner etwa 30—50fachen Glucocorticoid-Wirkung offenbar einen spezifischen hypophysenblockierenden und einen Ca-ausschwemmenden Effekt hat, der sich oft therapeutisch unangenehm auswirkt.

Zum Nachweis der Wirksamkeit der Nebennierenrinden-Hormone sind zahlreiche Methoden entwickelt worden. Die biologischen Methoden beruhen auf der Lebensverlängerung bei adrenalektomierten Tieren, der Reaktion verschiedener Elektrolyte — zum Teil unter Verwendung radioaktiver Isotopen — und der Beeinflussung des Kohlenhydratstoffwechsels. Eine Zusammenstellung der Methoden ist bei JUNKMANN (1957) zu finden. Die zahlreichen chemischen und physikalischen Bestimmungsmethoden hat ZIMMERMANN (1955) zusammengestellt.

3. Physiologie

a) Bildungsstätte, Bildungsreiz und Regulation

α) ACTH

Die Frage, welche Zellen des Hypophysenvorderlappens das ACTH bilden, ist auch heute noch nicht geklärt, etwa gleich viele Untersuchungsbefunde sprechen für die eosinophilen wie für die basophilen Zellen. Eine ausführliche Zusammenstellung über dieses Thema gab KRACHT (1957). Wie JOHNSON und HAINES (1952) nachweisen konnten, produziert wahrscheinlich auch die Placenta nebennierenrindenstimulierende Stoffe. Auch eine neuere Arbeit von POULTON u. REECE (1957) macht das wahrscheinlich.

Vor noch schwierigere Probleme stellt uns die Frage, wodurch und auf welchem Weg die ACTH-Ausschüttung reguliert wird. Um dem etwas näher zu kommen, mußte man zunächst einmal die Situationen untersuchen, die sie veranlassen, solche Mengen an ACTH auszuschütten, daß es an den Folgen, also in erster Linie an der Nebennierenrinde oder deren Hormonen, erkennbar ist. Dabei stellte sich heraus, daß alles, was den Organismus, ganz gleich auf welche Weise, beeinträchtigt, d.h. ihn veranlaßt zu reagieren im weitesten Sinne des Wortes, sich in der ACTH-Ausschüttung der Hypophyse widerspiegelt.

Es ist das Verdienst SELYEs, die Unspezifität dieser Reaktion erkannt zu haben. Er formulierte seine Aussage so: Jede Veränderung der chemischen oder physikalischen Zusammensetzung des Blutes sei in der Lage, die Hypophyse zu aktivieren und die ACTH-Ausschüttung zu erhöhen. Darauf basierte die Konzeption des allgemeinen Adaptationssyndroms (SELYE 1951, 1955), nach dem die Hauptaufgabe der Nebennierenrinde darin besteht, das milieu intérieur im normalen Gleichgewicht zu halten und nicht spezifische Aggressionen abzuwehren.

Leider wurde dadurch eine Einengung geschaffen, die unseres Erachtens nicht gerechtfertigt ist. Sie führte dazu, daß die gesamte Hypophysen-Nebennierenrinden-Physiologie von vielen Autoren nur noch vom Gesichtspunkt der „Stresssituation" oder gar rückläufig von den Effekten pharmakologisch oder toxisch wirksamer Hormondosen betrachtet wurde. Man käme der physiologischen Aufgabe der Hypophyse wesentlich näher und würde ihrem adaptativen Charakter gerechter, wenn man die Formulierung in Anlehnung an SELYE wie folgt wählte: Jede Änderung des chemischen oder physikalischen Zustandes des Blutes führt zu einer Veränderung der ACTH-Ausschüttung, durch die über die Nebennierenrinden-Hormone im Organismus optimale Bedingungen zur Gegenregulation und zur Wiederherstellung des normalen milieu intérieur entstehen.

Für den Mechanismus, der die Hypophyse zur Ausschüttung des ACTH veranlaßt, war damit ein Hinweis gegeben. SAYERS et al. (1948, 1950) entwickelten die Theorie der humoralen Steuerung. Sie nahmen an, daß durch jede Belastung des Organismus die peripheren Gewebe größere Mengen Nebennierenrinden-

Hormone verbrauchten. Dadurch würde ihre Blutkonzentration erniedrigt, was für die Hypophyse der spezifische Reiz sei, mehr ACTH auszuschütten. Der Vorgang würde umgekehrt ebenso ablaufen.

Für die Richtigkeit dieser Theorie sprachen zahlreiche experimentelle Untersuchungen, so z.B. das Verhalten der Nebennierenrinde bei Belastungen, das Ausbleiben einer Reaktion, wenn Hormone substituiert wurden und ihre Ruhigstellung bei einer zu großen Zufuhr von Hormonen. Auch an der Hypophyse selbst konnte man die gleichen Feststellungen machen. Die Hypophysen adrenalektomierter Tiere enthielten wenig ACTH, entsprechend der vermehrten Ausschüttung, während die von Desoxycorticosteron-Acetat-behandelten Tiere sehr viel ACTH enthielten.

Es zeigte sich aber, daß durch die Annahme einer humoralen Regulation ausschließlich über die Nebennierenrinden-Hormone nicht alle Befunde erklärbar waren. So war die Hypophyse selbst durch Höchstdosen von Cortison nicht vollständig zu hemmen (Tuchmann-Duplessis 1955). Auch ihre oft sekundenschnelle Reaktion — z.B. bei Injektion von Histamin — konnte so nicht erklärt werden.

Es wurde daher in einer zweiten Theorie neben der humoralen noch eine Regulation über das Nervensystem angenommen. Für diese Theorie sprach die prompte Beeinflußbarkeit der Hypophyse durch emotionelle Faktoren und sensorische Stimulation, vor allem aber experimentelle Arbeiten über die Folgen der elektrischen Reizung oder Vernichtung bestimmter hypothalamischer Zentren (Harris 1950; Hume u. Wittenstein 1949, 1950). Die Frage, wie die Verbindung Hypothalamus-Hypophyse zustande komme, führte allerdings zu neuen Schwierigkeiten. Möglich war die Verbindung über Nervenfasern und die über ein gemeinsames Gefäßsystem (Harris 1950). Es würde zu weit führen, die zahlreichen experimentellen Arbeiten in dieser Richtung zu referieren. Die Frage ist noch nicht endgültig entschieden. Zur weiteren Orientierung können wir auf Bargmann (1954, 1958), Tuchmann-Duplessis (1955), Munson u. Briggs (1955), Gross (1956) und Martini (1958) verweisen.

Eine dritte Regulationstheorie, die das Adrenalin als spezifischen Reiz für die ACTH-Ausschüttung annimmt, steht mit der neuralen Theorie in engem Zusammenhang. Über ihre Grundlagen wurde von Long u. Fry (1951) eingehend berichtet. Sie beruht hauptsächlich auf der Tatsache, daß alle Bedingungen, die zu einer ACTH-Ausschüttung führen, gleichzeitig Adrenalin freisetzen, also das vegetative Nervensystem aktivieren. — So bestechend diese Theorie zunächst schien, sie konnte durch experimentelle Untersuchungen nicht in dieser Form bestätigt werden. Wenn das Adrenalin nämlich der spezifische Reizstoff für den Hypophysenvorderlappen wäre, müßte die ACTH-Sekretion ausfallen, wenn kein Adrenalin gebildet werden kann. Das ist, wie im Experiment nachgewiesen wurde, nicht der Fall, wenn auch die ACTH-Ausschüttung dann weniger intensiv und langsamer erfolgt. Andererseits konnte nachgewiesen werden, daß die Wirkung des Adrenalins auf den Hypophysenvorderlappen über den Sympathicus geht; bei Durchtrennung des Rückenmarks oder Zerstörung der sympathischen Zentren des Hypothalamus bleibt seine Wirkung jedenfalls aus. Trotzdem handelt es sich dabei um keine Wirkung im Sinne der nervösen oder einer nervös-humoralen Theorie, denn der Hypophysenvorderlappen reagiert bei intaktem Sympathicus auch dann noch, wenn er völlig aus seinem eigentlichen Milieu entfernt und z.B. in die vordere Augenkammer implantiert wird (McDermott et al. 1950).

Die Regulation der ACTH-Ausschüttung kann demnach durch die drei Theorien jeweils zwar teilweise, durch keine davon aber ausschließlich erklärt werden. Tuchmann-Duplessis (1955) hält es daher für möglich, daß die Regulation je nach der Art des „Stress“ verschieden ist bzw. eine reflektorische und eine humorale Komponente sich gegenseitig in Abhängigkeit von der Art und Dauer des Reizes ergänzen.

Wir selbst haben bei der klinischen Untersuchung der Adenosin-5-monophosphorsäure festgestellt, daß durch deren Verabreichung fast alle Effekte erzielt werden können, wie wir sie von ACTH und den Nebennierenrinden-Hormonen kennen. Wir schlossen damals auf ein Abhängigkeitsverhältnis zwischen dem Gehalt des Blutes an energiearmen Adenylsäuren, die ja praktisch der Maßstab für ein Stoffwechseldefizit sind, und der Ausschüttung von ACTH. Sie wären demnach ein Bindeglied zwischen dem Energie-Verbraucher und -Lieferanten, also zwischen der Peripherie und den Stressorganen (Schreiner 1958).

Dieses Problem der Steuerung der ACTH-Produktion und -Sekretion, das ja für die Klinik von ungeheurer Bedeutung ist, ist noch immer nicht völlig gelöst. Wir werden darauf bei der Besprechung des Absetzens (S. 581) noch einmal zurückkommen müssen.

β) Nebennierenrinden-Hormone

Die Nebennierenrinde wird durch ACTH zur Abgabe der Cortine stimuliert. Da aus ihr nur etwa $^1/_{10}$ der Menge extrahiert werden kann, die sie pro Minute zu sezernieren in der Lage ist, muß es sich dabei um eine direkte Synthese handeln. Als Ausgangsmaterial dazu kommt einmal das Cholesterin in Frage, dessen Umbau zum Pregnenolon durch das ACTH aktiviert wird, andererseits ist durch Perfusionsversuche mit C 14-markiertem Acetat nachgewiesen worden, daß auch der direkte Aufbau der Hormone aus Acetatbausteinen möglich ist (Haynes, Savard u. Dorfman 1954). Die Radioaktivität der Hormone ist in diesem Versuch sogar wesentlich höher als die des extrahierten Cholesterins, was darauf schließen läßt, daß ihr Aufbau zumindest zum großen Teil nicht über das Cholesterin geht.

Welche Bedeutung der Adenosintriphosphorsäure und dem Kalium in der Hormonsynthese zukommt, ist noch nicht gesichert; es ist aber erwiesen, daß der Hormongehalt im Nebennieren-Venenblut ansteigt, wenn sie dem Blut im Perfusionsversuch zugesetzt werden (M. Vogt 1943—1952). Die Adenosinmonophosphorsäure erwies sich in den gleichen Versuchen als praktisch unwirksam. Um so erstaunlicher ist ein Bericht von Hilton et al. (1960), die ebenfalls an isolierten Nebennieren im Perfusionsversuch von der Adenosin-3′,5′-monophosphorsäure einen Effekt sahen, den sie als dem ACTH gleich bezeichnen.

Welche Hormone die Nebennierenrinde sezerniert, wurde von Pincus und seinen Mitarbeitern (zitiert nach Staudinger 1955) im Perfusionsversuch mit Blut, Plasma und Plasmaersatz an isolierten Nebennieren untersucht. Sie konnten feststellen, daß alle aus Nebennierenrinden-Extrakten isolierten Corticosteroide auch sezerniert werden (ausgenommen 17-Oxy-11-desoxycorticosteron). Den weitaus größten Anteil machen bei allen Tierarten und auch beim Menschen das Corticosteron und das Hydrocortison aus. Das Mengenverhältnis beider ist je nach Tierart verschieden. Beim Menschen hat offenbar das Hydrocortison den Vorrang. In neuerer Zeit ist Lombardo und Hudson (1959) die Biosynthese von Nebennierenrinden-Hormonen in vitro und Lombardo et al. (1959) ihre Darstellung aus dem Venenblut der menschlichen Nebenniere gelungen. (Weiteres siehe Staudinger 1955; Reuber u. Schmidt-Thomé 1955; Junkmann 1957).

b) Physiologische Wirkungen

α) ACTH

Die physiologische Wirkung des ACTH manifestiert sich an der Nebennierenrinde in Form morphologischer und chemischer Veränderungen, die durch die Hormonsynthese bedingt sind. Diese Veränderungen treten entsprechend den

Aufgaben des Organs und der Schnelligkeit seiner Reaktionsfähigkeit relativ schnell auf (INGLE 1938; LI et al. 1943; SAYERS et al. 1943 usw.). Die Verbreiterung der Nebennierenrinde nach ACTH-Verabreichung beruht vorwiegend auf einer Größenzunahme der Einzelzellen — als Folge der Aktivitätssteigerung —, nicht der Zellzahl. Ihr Cholesterinverlust kann unter ACTH vorübergehend 50—66% betragen (SAYERS und SAYERS). Auf jeden Fall muß man annehmen, daß in den aktivierten, vergrößerten Zellen das Cholesterin in einem besonders fein dispersen Zustand vorliegt, vielleicht weil dadurch die reaktionsfähige Oberfläche um ein Vielfaches vergrößert ist. Wir konnten feststellen, daß Nebennieren-Präparate, die im polarisierten Licht kurz nach der Sektion praktisch keine doppelbrechenden Substanzen zu enthalten schienen, nach 24stündiger Fixierung voll davon waren. Man kann die Vergrößerung der Tröpfchen durch vielfache Untersuchung des gleichen Präparates in kürzeren Zeitabständen genau verfolgen.

Die Verschmälerung der Nebennierenrinde nach Cortison-Gaben beruht hauptsächlich auf einer Verkleinerung (= Ruhigstellung) der Einzelzellen. Die Annahme, daß es mehrerer Tage bedürfe, um sie nach längerer Cortisontherapie wieder voll funktionstüchtig zu machen, erscheint uns nach den klinischen Erfahrungen unrichtig. Wir haben wiederholt Patienten, die bis zu 4 Jahren unter Cortison bzw. Prednison standen, ohne Übergang auf ACTH umgesetzt und müssen nach dem klinischen Bild annehmen, daß die Nebennierenrinde sofort normal ansprach.

Offenbar werden durch ACTH vorwiegend die Zellen der Zona fasciculata beeinflußt, weniger die der Zona glomerulosa und reticularis. Nach TONUTTI (1951) verlaufen Veränderungen hauptsächlich im Bereich von Transformationsfeldern. Er spricht daher von einer progressiven bzw. regressiven Transformation. Die Frage, ob ACTH auch die Bildung der Mineralocorticoide beeinflußt, ist offenbar nach den Ergebnissen der Perfusionsversuche mit Ja zu beantworten. Es ist allerdings noch nicht bekannt, wodurch das Verhältnis zwischen Glucocorticoid- und Mineralocorticoid-Ausscheidung bestimmt bzw. verändert wird.

β) Nebennierenrinden-Hormone

Die physiologische Aufgabe der Cortine ist es, das milieu intérieur des Organismus in seinem normalen Gleichgewicht zu halten bzw. es dahin zurückzuführen. Schon INGLE (1950) und SAYERS (1950) wiesen darauf hin und bedauerten, daß durch den Versuch, ihnen ganz spezifische Aufgaben zuzuordnen, dem Verständnis dieser Grundtatsache mehr geschadet als genützt würde. Ihre Hauptaufgabe ist also offenbar eng mit dem Energiehaushalt jeder einzelnen Zelle verknüpft, wobei sie aber, wie SAYERS (1950) das ausdrücklich betont, keine „initiating“, sondern eine „supportive role“ spielen.

Stoffwechsel

Als Erfolgsorgan der Nebennierenrinden-Hormone muß man daher die Zelle ansehen. Wie der Stoffwechsel beeinflußt wird, ist noch nicht völlig geklärt. Er ist außer von den Nebennierenrinden-Hormonen noch von anderen Wirkstoffen wie z. B. dem Insulin und dem Thyroxin abhängig. Andererseits können mit Sicherheit oxydative Vorgänge in der Zelle auch noch ablaufen, wenn Hypophyse, Nebenniere und Pankreas experimentell entfernt sind. Es handelt sich dann allerdings nur um einen Grundstoffwechsel ohne jede Regulation.

Kohlenhydratstoffwechsel. Die Wirkung jedes einzelnen Hormons auf den Kohlenhydratstoffwechsel abzugrenzen ist sehr schwer. Nach Adrenalektomie ist, eine ausreichende Zufuhr vorausgesetzt, der Kohlenhydratstoffwechsel normal;

Glucose wird sogar vermehrt verbraucht; die Toleranz ist erhöht. Wird der Glucoseverbrauch gegenüber der normalen Zufuhr durch Insulingabe künstlich erhöht, so fehlt der Blutzucker-Ausgleich, daher die erniedrigte Insulintoleranz. Wird umgekehrt im Hungerversuch der Verbrauch normal gelassen, die Zufuhr aber erniedrigt, kommt es zu schnellem Abfall der Glykogenreserven und zur Hypoglykämie (CORI 1927; BRITTON u. SILETTE 1930). Da diese Phänomene bei intakter Nebenniere nicht auftreten, muß man annehmen, daß unter physiologischen Bedingungen die Nebennierenrinden-Hormone das Verhältnis zwischen dem Glucoseverbrauch und der Glykogenneubildung im Gleichgewicht halten. Dazu ist es notwendig, daß sie bei ungenügender exogener Kohlenhydratzufuhr und bei Entleerung der Glykogen-Depots andere, auch körpereigene Energielieferanten zur Bereitstellung von Glykogenreserven heranziehen können (EVANS, LONG et al. 1940; KINSELL et al. 1954). Gleichzeitig wird die Reaktion auf Insulin reduziert, indem unter anderem die Hexokinase-Aktivität gehemmt wird (CORI 1946; PARK und KRAHL 1949). Weitere zusammenfassende Arbeiten über dieses Thema sind von KALANT (1955), INGLE et al. (1955), GOTH et al. (1955) und GINSBURG und PATON (1956) erschienen. Aus diesem an sich lebenswichtigen Regulationsmechanismus lassen sich auch die Verhältnisse beim Hypercorticismus erklären, die Hyperglykämie, die erniedrigte Glucoseutilisation und -toleranz und die erhöhte Insulintoleranz.

Der „Steroiddiabetes" bei zu hohem Corticoidspiegel kommt nicht nur durch die verringerte Wirksamkeit des Insulins, sondern auch durch den erhöhten Proteinstoffwechsel zustande. Er ist im eigentlichen Sinne keine „Nebenerscheinung" der Corticoidtherapie, sondern eine notwendige Folge der erzwungenen Stoffwechselverschiebung. Werden die Hormondosen reduziert, so geht er daher spontan zurück. Auf Insulin reagiert er prompt, allerdings sind die zur Einstellung erforderlichen Dosen relativ hoch. (Weitere Literatur siehe JORES 1955; GOODMAN und GILMAN 1955; ENGELHARDT-GÖLKEL und PROSIEGEL 1955.)

Eiweißstoffwechsel. Die Wirkung der Nebennierenrinden-Hormone auf den Eiweißstoffwechsel ist, wie wir bereits sahen, sehr eng mit der auf den Kohlenhydratstoffwechsel verbunden. Beim adrenalektomierten Tier verläuft er bei normalem Futter und Ruhe ziemlich unauffällig (WELLS und KENDALL 1940). Es findet ein geringer Eiweißstoffwechsel statt, der durch exogen zugeführtes Eiweiß kaum beeinflußt wird (INGLE et al. 1946). Bei Hungerdiät ist die Stickstoffausscheidung wesentlich geringer als bei Kontrolltieren. Es fehlt die Anpassung, die Regulation. Daraus resultieren die bereits beim Kohlenhydratstoffwechsel besprochenen Erscheinungen.

Beim Hypercorticismus besteht eine eindeutig negative Stickstoffbilanz, da zur Auffüllung der Glykogendepots in erster Linie Eiweiß abgebaut wird. Diese katabole Wirkung der Nebennierenrinden-Hormone wird im Tierversuch durch Hungerdiät erhöht. Wird Glucose zugegeben, so geht die Stickstoffausscheidung wesentlich zurück, während Insulin sie verstärkt (ENGEL 1949). Man kann den endogenen Eiweißabbau durch reichliche Eiweißzufuhr vermindern.

Bei sehr starkem Hypercorticismus bzw. sehr reichlicher Glucocorticoid-Zufuhr kann es bei Kindern zum Wachstumsstop, beim Erwachsenen zur Osteoporose durch Mangel an Aufbaumaterial für die Knochenmatrix kommen. Von den übrigen Körpergeweben werden vor allem mesenchymale Gewebe abgebaut, während im Gegensatz dazu in den parenchymatösen Organen das Organeiweiß erhöht wird (SILBER u. PORTER 1953). Man erkennt also selbst noch in der Wirkung unphysiologisch hoher Corticoiddosen die Tendenz des Organismus lebenswichtige Organe zu erhalten und dafür weniger wichtige Gewebe zu opfern. Auch ist der Eiweißabbau durchaus nicht so stark, wie man ursprünglich annahm. Das konnten ROTHSCHILD et al. (1958) mit Hilfe von J^{131} markiertem Albumin nachweisen. Außerdem ist ihre Wirkung je nach der Art des Gewebes unter Umständen gegensätzlich, was sich sogar in vitro am Verhalten von Zwerchfell und Leber in bezug auf die Glykogenbildung zeigen ließ (VERZÁR u. WENNER 1948; CHIU 1950, zitiert nach DIRSCHERL). Zu diesem unterschiedlichen Verhalten muß nicht einmal unbedingt eine verschiedene Fähigkeit der Zellen vorliegen, denn die Wirkungsumkehr konnte sogar an zellfreien Lösungen nachgewiesen werden (DIRSCHERL u. OTTO 1953).

Die Glucocorticoide wirken also nicht obligat katabol, sondern es ist, wie WEST (1958) und DIECKHOFF u. HEMPEL (1960) beweisen konnten, einmal eine Frage der Dosierung, ob sie katabol oder anabol wirken und zum anderen abhängig von der Lebensnotwendigkeit eines Organs.

HEISE (1960) kommt sogar zu dem Ergebnis, daß die anti-inflammatorische Wirkung der Glucocorticoide ganz auf ihrer Lenkung des Eiweißstoffwechsels beruht. Auch wir sind der gleichen Meinung (SCHREINER 1960).

Fettstoffwechsel. Der Einfluß der Nebennierenrinden-Hormone auf den Fettstoffwechsel ist noch wenig geklärt. Adrenalektomie verhindert die Fettansammlung in der Leber. Wahrscheinlich ist dies die Folge einer erhöhten Verwertung. Beim Morbus Addison sind die Angaben unterschiedlich (JORES 1955), desgleichen bei der Nebennierenrinden-Überfunktion. Die Mehrzahl der Autoren fand da allerdings eine Steigerung des Blutcholesterinspiegels (BAUER u. JELLINGHAUS 1949; GAMNA 1934). Die Ketonurie im Hungerzustand oder bei Fettdiät soll im Tierversuch nach Adrenalektomie vermindert, nach Verabreichung von Glucocorticoiden erhöht sein. Wahrscheinlich wird die Verwertung der Ketonkörper ebenfalls durch die Nebennierenrinden-Hormone beeinflußt, möglicherweise sekundär über den Kohlenhydratstoffwechsel (GOODMAN u. GILLMAN 1955).

Weitere Literatur über den gesamten Stoffwechsel findet sich bei VERZÁR (1950), LAMMERS (1954). ENGELHARDT-GÖLKEL u. PROSIEGEL (1955), JORES (1955), GOODMAN u. GILLMAN (1955), GROSS (1956).

Elektrolyte

Die Regulation von Wasser- und Elektrolythaushalt stellt den Untersucher vor Schwierigkeiten, deren Beseitigung auch heute noch nicht ganz gelungen ist. Da ihre Verteilung im Organismus, ihre Ausscheidung und Rückresorption von den verschiedensten Voraussetzungen abhängig ist, sind isolierte Einzeleffekte kaum zu erzielen. Dazu kommt die Tatsache, daß die verschiedenen Nebennierenrinden-Hormone eine unterschiedliche Wirkung haben und je nach den Voraussetzungen die Wirkung der Einzelhormone qualitativ und quantitativ verschieden oder sogar entgegengesetzt sein kann. Das erklärt vielleicht die zum Teil recht gegensätzlichen Befunde verschiedener Autoren. Daraus mag auch die Tatsache resultieren, daß trotz der Fülle von Arbeiten, die über dieses Thema erschienen sind, noch immer nicht klargestellt werden konnte, welcher Vorgang bei der Elektrolytverschiebung der primäre ist, die Störung im Na^+-, im K^+- oder im Wasserhaushalt. GROSS (1956) schreibt überzeugend und belegt durch zahllose Untersuchungsbefunde, daß die Anorexie, Adynamie und Hypotonie beim Hypocorticismus in erster Linie auf die Verarmung des Organismus an Kochsalz bzw. Na^+ zurückzuführen seien. Er setzt die Na^+-Retention gleich mit der Lebenserhaltung. Demgegenüber überzeugen FLECKENSTEIN (1955) und STAHL u. STEPHAN (1954) durch nicht weniger zahlreiche Belege, daß das K-Ion die wichtigere Rolle spielt. Besonders kompliziert wird die Entscheidung dadurch, daß man für beide Theorien zum Teil die gleichen Befunde als Beweis anführen kann. Es konnte auch bisher noch keine Übereinstimmung in der Frage erzielt werden, wodurch das Fehlen bzw. das Übermaß an Nebennierenrinden-Hormonen den Elektrolythaushalt stört. JORES (1955) führt dafür drei Wirkungen an, die allerdings sehr ineinander übergreifen und sich gegenseitig beeinflussen: 1. Auf die Niere direkt, 2. auf die Elektrolyte und 3. auf die Verteilung der Gewebsflüssigkeit. Wir können uns hier nicht mit allen Theorien und Hypothesen auseinandersetzen, halten es daher für zweckmäßig, zunächst die wichtigsten Gegebenheiten anzuführen.

Kalium (K^+). Bei der Nebennierenrinden-Insuffizienz ist sowohl das intra- wie das extracelluläre K^+ erhöht. Die Niere scheidet kaum K^+ aus. Gegen seine Zufuhr sind adrenalektomierte Tiere äußerst empfindlich. Es kann bei ihnen sogar zu regelrechten K-Intoxikationen kommen.

Bei Hypercorticismus ist in extremen Fällen das intra- und extracelluläre K^+ erniedrigt. Die Niere scheidet vermehrt K^+ aus.

Natrium (Na^+). Nach Adrenalektomie und beim Morbus Addison wird Na^+ vermehrt ausgeschieden. Die daraus resultierende Na^+-Verarmung der extracellulären Flüssigkeit kann durch NaCl-Zufuhr in Grenzen ausgeglichen werden. Die Insuffizienzerscheinungen können dadurch bei bestimmten Tierarten weitgehend behoben werden, aber es gelingt nicht, das Na^+ in ausreichender Menge zurückzuhalten und die intra-extracelluläre Verteilung im Normalzustand zu erhalten. Das intracelluläre Na^+ schwankt in Abhängigkeit von der Gewebsart stark.

Beim Hypercorticismus wird Na^+ vermindert ausgeschieden, was allerdings oft erst bei extremen Krankheitsbildern bzw. Zufuhr von hohen Corticoiddosen in Erscheinung tritt. Durch Einschränkung der Na-Zufuhr kann die Retention in Grenzen ausgeglichen werden.

Die Wirkung der verschiedenen Corticoide auf das Na^+ verhält sich in etwa umgekehrt zur Stoffwechselwirkung. Ihre Wirkungsweise scheint unterschiedlich zu sein. Während Desoxycorticosteron und Aldosteron obligat zur Na^+-Retention führen, können Cortison und Hydrocortison je nach den Umständen die Na^+-Ausscheidung fördern und hemmen. Sie haben offenbar die Fähigkeit „nivellierend" zu wirken. Durch die neuen synthetischen Steroide mit Nebennierenrinden-Hormonwirkung kann es sogar zur Na^+-Verarmung des Organismus kommen, eine Wirkung, die nicht übersehen werden darf.

Calcium (Ca^{++}) *und Phosphor*. Beim Morbus Addison sind beide fast immer normal, desgleichen beim Morbus Cushing (JORES 1955).

Genauere Untersuchungen über das Verhalten des Calciums unter Cortison und seinen Derivaten liegen von JESSERER u. KOTZAUREK (1959) vor. Danach beeinflussen sie in mäßigen Dosen und über nicht zu lange Zeit verabfolgt die Calciumbilanz nicht. Eine Langzeittherapie mit hohen Dosen kann zu hochgradigem Ca-Verlust führen, der durch medikamentöse Zufuhr nicht ausgeglichen werden kann. Auch niedrige Dosen, über lange Zeit gegeben, können zu Störungen, offenbar infolge einer Verringerung der renalen Rückresorption, führen (LAAKE 1960). Vom Dexamethason wird allgemein angenommen, daß es den Ca-Phosphor-Haushalt stärker beeinflußt als die anderen Glucocorticoide.

Wasser (H_2O). Die Nebennierenrinden-Insuffizienz führt zur Verminderung der extracellulären Flüssigkeit und damit zur Eindickung des Blutes. Die Fähigkeit Wasser auszuscheiden besteht, aber bei der Wasserbelastung wird es verzögert ausgeschieden, und es kommt leicht zur Intoxikation. Der Ausgleich des Wasserhaushaltes kann durch Desoxycorticosteron und Aldosteron nicht erzielt werden, wohl aber durch Cortison und Hydrocortison.

Der Hypercorticismus führt zur H_2O-Retention bei gleichzeitiger Polydipsie und Polyurie.

Stickstoff (N). Bezüglich der Stickstoffbilanz können wir auf die Besprechung des Eiweißstoffwechsels verweisen, da sie praktisch mit diesem parallel geht.

Weitere Angaben über den Wasser- und Elektrolythaushalt sind bei STAHL und STEPHAN (1954), JORES (1955), FLECKENSTEIN (1955), GOODMAN und GILMAN (1955) und GROSS (1956) zu finden.

Betrachten wir die Auswirkungen der beiden Extremzustände des Hypo- und Hypercorticismus auf den Elektrolythaushalt aus dem Blickwinkel der Erhaltung des milieu intérieur, so finden wir, daß er nach den Gegebenheiten im Organismus logisch eingestellt ist.

Nehmen wir als Beispiel den Zustand nach Adrenalektomie, bei dem nur noch ein minimaler Energieumsatz ohne die Fähigkeit zu einer Anpassung oder Steigerung gegeben ist. Jede Belastung des Organismus würde also zu einem Energiedefizit führen, das nicht mehr tragbar wäre. Die mit fortschreitender Nebennierenrinden-Insuffizienz steigende K^+-Retention, die zu zunehmender Schwäche und schließlich zur Adynamie führt, ist daher eine Schutzmaßnahme des Organismus gegen Anforderungen, die seine Existenz gefährdeten.

Daß die Erhöhung des extracellulären K^+ zur Adynamie führt, ist schon seit den Untersuchungen von HASTINGS und COMPERE (1931) und ZWENNER u. SULLIVAN (1934) bekannt. ZWENNER und TRUSZKOWSKI (1956) konnten sogar durch K^+-Infusionen im Tierexperiment praktisch alle Symptome der Nebennierenrinden-Insuffizienz reproduzieren und TAUGNER et al. (1949) umgekehrt nachweisen, daß Muskelpräparate von Tieren in der adynamen Krise, wenn man sie in Tyrode-Lösung bringt, normal reagieren. (Weiteres siehe FLECKENSTEIN 1955.)

Auch beim Hypercorticismus ist die Einstellung des Elektrolythaushaltes eigentlich sinnvoll, denn das vermehrt vorhandene Nebennierenrinden-Hormon würde, seine physiologische Notwendigkeit vorausgesetzt, so optimal den Erfordernissen gerecht werden können. Die Störung liegt also in beiden Fällen nicht im Elektrolythaushalt, sondern im Fehlen der Regulation des Hypophysen-Nebennierenrinden-Systems.

Wir haben die Tatsache, daß die Verschiebungen der Elektrolyte eine notwendige Folge des zu wenig oder zu viel an Nebennierenrinde ist, bewußt so hervorgehoben, da sich daraus für die therapeutische Anwendung der Hormone und die Behebung der „Nebenerscheinungen" Konsequenzen ergeben, auf die wir später zurückkommen müssen.

Bezüglich der Wirkung der Nebennierenrinden-Hormone auf die Nieren müssen wir noch einmal daran erinnern, daß wir zwei verschiedene Wirkungsgruppen haben: die mit vorwiegender Stoffwechselwirkung, die Glucocorticoide und die mit vorwiegender Wirkung auf den Mineralhaushalt, die Mineralocorticoide. Sie werden jeweils nach Tierart in einem relativ festen Verhältnis von der Nebennierenrinde produziert. Beide zusammen machen die Stoffwechsel-Elektrolyt-Regulation erst beweglich.

Sehr große Untersuchungen über die Stoffwechselwirkung vornehmlich von Dexamethason erschienen in neuerer Zeit von HEISE (1960) unter Berücksichtigung der Serumwerte sowie der Ausscheidung in Urin und Faeces.

Andere Organe und Gewebe

Schilddrüse. Beim normalen, euthyreoden Tier und Menschen können ACTH und Cortison die J^{131}-Aufnahme der Schilddrüse und die Hormonausschüttung vermindern (HILL et al. 1950; HARDY et al. 1950; PERERA et al. 1951 und andere). Beim Morbus Addison ist wie beim Morbus Cushing der Grundumsatz nicht wesentlich verändert (THORN et al. 1942; HARTMAN u. BROWNEL 1949; MALAGUZZI u. VALERI 1940). Dagegen sind bei der Hypothyreose die 17-Hydroxycorticoide im Urin etwas erniedrigt, bei der Hyperthyreose etwas erhöht. Da die Plasmacorticoide in beiden Fällen normal sind, scheint die Steroidproduktion und -clearance bei der Hypothyreose verringert, bei der Hyperthyreose erhöht zu sein (SELENKOW et al. 1956). Auch die meisten Untersuchungen von DECOURT et al. (1960) bestätigen diese Befunde. Sie weisen sogar darauf hin, daß es in der akuten Basedow-Krise zu regelrechten Manifestationen einer Nebennierenrinden-Insuffizienz kommen könne. Entsprechend konnte nach Thyreoidektomie festgestellt werden (EIKNES u. BRIZZEC 1956), daß auch exogen zugeführtes ACTH erst voll wirkt, wenn zusätzlich Thyroxin gegeben wird. Das spricht gegen die Annahme von KRACHT (1953), die Nebennierenrinden-Atrophie nach Methylthiouracil sei Ausdruck eines Phasenwechsels in der Abgabe von ACTH und thyreotropem Hormon des Hypophysenvorderlappens. Histologisch sahen BIRD et al. (1954) nach Cortisongaben bei Ratten eine Hyperplasie der Schilddrüse, wir selbst (SCHREINER 1955) eine Ruhigstellung.

Parathyreoidea. Obwohl die beim Morbus Cushing auftretende Osteoporose eine Relation zwischen Nebennierenrinde und Parathyreoidea vermuten ließ, konnte bisher keine gegenseitige Beeinflussung festgestellt werden. Wir wissen heute, daß die Osteoporose durch das Fehlen der Knochenmatrix als Ausdruck des antianabolen Effekts der Glucocorticoide bedingt ist.

Gonaden, Geschlechtsmerkmale, Lactation. Die Adrenalektomie soll keinen Einfluß auf die Morphologie des Hodens haben (MORALES u. HOTCHKISS 1956). Auch nach langdauernder Cortisontherapie ergab sich bioptisch ein unverändertes Keimepithel und bezüglich Morphologie und Motilität unveränderte Spermien (McDONALD u. HENKEL 1956). Libido und Potenz sind beim Manne oft herabgesetzt, die Menstruation bei der Frau häufig gestört, aber die Pubertät verläuft meist regelrecht.

Der Einfluß von Cortison auf den Pseudohermaphroditismus liegt nicht an seiner Wirkung auf die Gonaden, sondern an der Stillegung der Nebennierenrinde, die vorher vermehrt androgen wirksame Substanzen ausgeschüttet hatte.

Die Milchdrüsen der Ratte werden durch Hydrocortison + Oestradiol extrem stimuliert (SELYE 1954), das Uteruswachstum gehemmt (VELARDO u. STURGIS 1955).

Leber. Die Glucocorticoide bewirken zwar in erster Linie eine Anreicherung von Glykogen in der Leber, aber auch die Proteine werden vermehrt (TRÉMOLIÈRES et al. 1954). HORVÁTH u. KOVÁCS (1956) glauben demgegenüber eher an eine Hemmung der Proteinsynthese durch Cortison, da die Mitosen in der Regel blockiert werden.

Hydrocortison wird zu etwa 30% bei jeder Leberpassage umgewandelt. Der größte Teil wird reduziert und mit Glucuronsäure konjugiert, der geringere Anteil nur reduziert. Die so gebildeten Metaboliten sind biologisch unwirksam und werden über die Niere ausgeschieden. Bei Lebererkrankungen verläuft dieser Vorgang langsamer (PETERSON et al. 1955; GEYER u. KEIBL 1955). Auch die 17-Ketosteroid-Ausscheidung im Urin soll nach oraler Gabe von Glucocorticoiden wesentlich geringer ansteigen als bei Gesunden (FAJANS et al. 1953). Der Gallenfluß wird nach PETERSON et al. (1955) durch eine direkte choleretische Wirkung der Nebennierenrinden-Hormone und gegebenenfalls noch durch die Beseitigung der Entzündung bei einer Hepatitis gesteigert. Im Gegensatz dazu fand CLIFTON (1956) den Gallenfluß vermindert. (Weiteres über den Leberstoffwechsel von Cortison und verwandten Steroiden siehe KORUS et al. 1958.)

Magen. Nach Adrenalektomie ist bei Ratten sowohl die Menge als auch der Säuregehalt des Magensaftes herabgesetzt (TUERKISCHER et al. 1945, MADDEN et al. 1951), und seine p_H-Verschiebung nach Reizung des Hypothalamus fällt aus (FRENCH et al. 1953). Das gleiche gilt für hypophysektomierte Tiere (CRAFTS et al. 1947). Nach BAKER (1955) sind danach die zymogenen Zellen atrophisch. Das stimmt mit den Befunden bei Patienten mit M. Addison (ROWNTREE und SNELL 1931, und SOFFER 1948) überein. Im Gegensatz dazu sind bei Cushing-Patienten Magengeschwüre nicht häufiger als normal (KIRSNER 1957). Andererseits können sowohl beim nebennierenlosen Tier, wie auch beim Addison-Patienten durch Verabreichung von Nebennierenrinden-Hormonen die Verhältnisse wieder normalisiert werden (TUERKISCHER et al. 1945, WELBOURN et al. 1954, KYLE 1955). Man muß also annehmen, daß die normale Nebennierenrindenfunktion für die normalen Magenverhältnisse notwendig ist. Bei Ratten verursachen hohe Dosen von Corticoiden Magenulcera (INGLE 1951, 1952). Nach SELYE (1946) treten solche Ulcera auch nach „Stress" auf, und zwar bei nebennierenlosen Tieren leichter als bei intakten. Werden die Tiere mit Nebennierenrinden-Hormonen substituiert, so wird die Ulcusentstehung gehemmt (SELYE 1950).

„Stress"-Ulcera sind beim Menschen schon seit über 100 Jahren bei Verbrennungen bekannt. Auch bei anderen akuten „Stress"-Geschehen können sie auftreten (BRECKENBRIDGE et al. 1959). Bei Rheumatikern soll die Ulcushäufigkeit 3—4mal größer sein als normal (BARTHOLOMEW et al. 1959). Man ist in neuerer Zeit geneigt, in diesen Fällen den Nebennierenrinden-Hormonen sogar eine Schutzwirkung gegen Ulcera zuzuschreiben. — Weiteres siehe KIRSNER (1957), CARBONE und LIEBOWITZ (1958) und BOJANOWICZ et al. (1960).

Muskel. Die Adynamie bzw. die leichte Ermüdbarkeit ist ein Kennzeichen des Hypocorticismus. Die Ursache ist komplexer Art. Nach FLECKENSTEIN (1955) wird die Adynamie dem Muskel von außen aufgezwungen, d.h. durch den erhöhten extracellulären K^+-Spiegel ist die Energiefreisetzung durch K^+-Austritt aus der Zelle weitgehend aufgehoben. Durch Glucoseverabreichung kann die Leistungskapazität vorübergehend gebessert werden. Bringt man einen in der Addison-Krise entnommenen völlig adynamen Muskel in normale Tyrode-Lösung, so wird er voll leistungsfähig (TAUGNER et al. 1949).

Beim Hypercorticismus kann es zur Verarmung der Zelle an K^+ und zur Hypokaliämie infolge der erhöhten K-Ausscheidung kommen. Auch hieraus resultiert eine leichtere Ermüdbarkeit der Muskulatur, da das notwendige intracelluläre K^+ zur Abgabe der Energie fehlt.

Herz und Gefäße. Die kardiovasculären Störungen beim Hypocorticismus gehen sicher teilweise auf die Verschiebungen im Stoffwechsel und im Elektrolythaushalt zurück, doch geben Untersuchungen mit Nebennierenrinden-Hormonen und ACTH Anhaltspunkte dafür, daß wahrscheinlich auch eine direkte Wirkung auf das Herz angenommen werden kann. EMELE und BONNYCASTLE (1956) konnten nachweisen, daß die Glucocorticoide eine positiv inotrope Wirkung auf den Herzmuskel haben, während höhere Konzentrationen von Desoxycorticosteronacetat und 11-Dehydrocorticosteron entgegengesetzt wirkten. Ähnlich muß wohl auch die Beobachtung IANDOLOS (1957) gedeutet werden, der unter ACTH bei einer Patientin jeweils Digitalis-Überdosierungserscheinungen sah.

Der erniedrigte Blutdruck ist charakteristisch für den Morbus Addison. Die Tatsache, daß er bei jeder körperlichen Anstrengung weiter abfällt, läßt vermuten, es handelt sich um einen Tonusverlust der Vasomotoren. Durch Desoxycorticosteron-Acetat oder Nebennierenrinden-Gesamtextrakte kann er schnell normalisiert werden, dabei begünstigen gleichzeitige NaCl-Gaben die Wirkung der Hormone. NaCl allein wirkt nur in der Addison-Krise. Adrenalin allein ist ohne Wirkung.

Gleich charakteristisch ist für den Hypercorticismus der Hochdruck. Durch Cortison wird der Blutdruck beim gesunden Menschen auch bei hoher Dosierung lange Zeit nicht beeinflußt, besteht aber eine Nierenstörung oder eine Hochdruckdisposition, so wird die Erkrankung manifest. Die Mineralocorticoide wirken in dieser Richtung wesentlich stärker (Literaturhinweise siehe JORES 1955; GOODMAN u. GILMAN 1955). Gleichsinnige Befunde lassen sich auch an den peripheren Gefäßen erheben (VANATTA u. COTTLE 1955 und MACHER 1956).

Blut. Ein wesentlicher Teil der Veränderungen im peripheren Blutbild gehen beim Morbus Addison auf Kosten der Bluteindickung durch H_2O-Verlust, umgekehrt beim Hypercorticismus auf Kosten der H_2O-Retention. Darüber hinaus existieren auch direkte Wirkungen auf die Blutzellen.

Am bekanntesten ist die Wirkung der Corticoide auf die eosinophilen Blutzellen, die erstmalig von FORSHAM et al. (1948) beobachtet und von der gleichen Gruppe zu einem Nebennierenrinden-Test ausgearbeitet wurde (THORN et al. 1948). Wie der Abfall der Eosinophilen zustande kommt, ist noch nicht geklärt (THORN et al. 1941). Es wurde nachgewiesen, daß ein ähnlicher Effekt auch durch Adrenalin und Insulin zu erzielen ist. Adrenalin wirkt allerdings beim adrenalektomierten Tier nur, wenn es unter Corticoiden steht (HENRY et al. 1953). Dann führt auch ein „Stress“ zur Eosinopenie (SWINGLE et al. 1954). Offenbar handelt es sich dabei um ein komplexes Geschehen, bei dem die Corticoide in erster Linie „permissive“ wirken.

Eine weitere bekannte Tatsache ist der Thrombocytenanstieg (KOLLER u. ZOLLIKOFER 1950; KOLLER 1951) und die Granulocytose nach ACTH und Cortison. Wie weit andere Gerinnungsfaktoren beeinflußt werden, ist noch nicht geklärt. Das Prothrombin und Proconvertin werden offenbar nicht verändert (FISCHER u. LUND 1954), aber an den gerinnungsfördernden Eigenschaften höherer Cortison-Dosen ist nicht zu zweifeln.

Die Erkenntnis, daß Nebennierenrinden-Hormone die Erythropoese anregen, geht schon sehr weit zurück. Die ersten Arbeiten erschienen bereits in den 20er Jahren (STEPHAN 1926; HUTH 1929). WHITE u. DOUGHERTY (1955) griffen später das Problem erneut auf.

Serumproteine. Die Normalisierung der Serumeiweißfraktionen durch ACTH und Cortison wurde zuerst von REINER (1950) beim Erythematodes festgestellt. Ihr klinischer Ausdruck ist im allgemeinen der Rückgang der Blutsenkungsgeschwindigkeit. Im Gegensatz dazu konnte LAUDAHN (1955) weder eine signifikante Beeinflussung von entzündlichen noch von neoplastisch bedingten Dysproteinämien feststellen.

Lymphoide Gewebe. Die Vermehrung des lymphoiden Gewebes bei der Nebennieren-Insuffizienz wurde schon von ADDISON beobachtet und von zahlreichen späteren Untersuchern bestätigt. Als es dann möglich war, mit ACTH bzw. Nebennierenrinden-Hormon das Problem experimentell anzugehen, folgten eingehende Untersuchungen. Schon wenige Stunden nach Verabreichung dieser Hormone kommt es zu einer echten Verminderung des lymphatischen Gewebes mit vorangehendem Plasmaverlust und Kernpyknose (DOUGHERTY u. WHITE 1944, 1947; SAYERS et al. 1949). Dieser Zustand kann bei chronischer Verabreichung fortbestehen, er kann sich aber auch wieder einregulieren (FORSHAM et al. 1948; SPRAGUE et al. 1950). WHITE und DOUGHERTY (1945, 1946) nehmen an, daß das lymphatische Gewebe als erster Eiweißlieferant bei der Stoffwechselumstellung herangezogen wird.

Andere Bindegewebe. Der Effekt der Nebennierenrinden-Hormone auf das mesenchymale Gewebe wurde in erster Linie an dem Verhalten experimentell erzeugter Wunden überprüft. Übereinstimmend wurde von allen Autoren eine Hemmung des Granulationsgewebes, des Fibroblastenwachstums und der Capillarbildung festgestellt und als Verminderung der Reaktionsfähigkeit des Gewebes gedeutet (PLOTZ et al. 1950; BAXTER et al. 1951; CAVALLERO et al. 1951; MOLTKE u. ZACHARIAE 1955; GILLMAN et al. 1955). Ähnliches zeigte sich auch bei Hauttransplantationen. Es fehlte die sonst übliche entzündliche Reaktion. Autotransplantate heilten langsamer an, Homeotransplantate desgleichen oder sie wurden später abgestoßen (BILLINGHAM et al. 1951; COFANO u. ROMANO 1955). Aus den entsprechenden Befunden bei experimentellen Untersuchungen mit Beryllium- bzw. Silicium-Granulomen (MAGAREY und GOUGH 1952) ergaben sich die Grundlagen für die Therapie der Erkrankungen durch diese Elemente.

Die Hemmung der metaphysären Knochenbildung durch Adrenalektomie wurde wiederholt beschrieben (INGALLS u. HAYES 1941; BECKS et al. 1944; WEYMANN et al. 1945). Auch durch ACTH in entsprechend hoher Dosierung wurde Wachstumshemmung bzw. -stillstand erzielt (ASHIN, REINHARDT u. LI 1951). HANSSLER (1956) nimmt eine physiologische Bedeutung der Hormone für ungestörtes Knochenwachstum und Ossifikation an, in den Extremfällen handelt es sich aber offenbar in erster Linie um die Folgen der antianabolen Wirkung der Hormone auf den Eiweißstoffwechsel.

Hauttumoren. Die Berichte über die Wirkung von ACTH und Cortison auf Hauttumoren widersprechen sich. Nach TOOLAN (1953) wachsen maligne menschliche Tumoren, die bei Tieren sonst nicht angehen, unter Cortison. Sie können dann sogar transplantiert werden. Bereits transplantable Tumoren gehen unter Cortison ebenfalls besser an (FOLEY u. SILVERSTEIN 1951). Tumoren, die sonst nicht dazu neigen, metastasieren (AGOSIN et al. 1952). Nach SHERWIN-WEIDENREICH et al. (1958) hat Cortison keinen Einfluß auf Methylcholandren-Tumoren. Andererseits konnte früher wiederholt festgestellt werden, daß Cortison merklich die carcinogene Wirkung von Methylcholandren und Dimethylbenzanthracen hemmt (ENGELBRETH-HOLM u. ASBOE-HANSEN 1953; SULZBERGER et al. 1953; BASERGA u. SHUBIK 1954). Auch ein früheres Auftreten der Tumoren (ROSENKILDE et al. 1955) und eine signifikant vergrößerte Tumorrate (SPAIN et al. 1956) wurde angegeben. GHADIALLY u. GREEN (1954) gaben Cortison-Lösungen (1,25%) gleichzeitig auf die gepinselten Hautstellen, ZACHARIAE und ASBOE-HANSEN (1956) injizierten 1 mg Hydrocortison/Woche lokal und verhinderten dadurch die Entstehung, bzw. sie erzielten Abheilung der bereits entstandenen Hauttumoren. Offenbar handelt es sich, wie häufig bei Cortison, um die Dosierung. Man ist in den letzten Jahren immer mehr zu der Überzeugung gekommen, daß die Glucocorticoide offenbar keine direkte Tumorwirkung haben, sondern daß sich je nach der Dosis und der Art der Tumoren deren „Umweltbedingungen“ so verändern, daß entweder ein schnelleres Wachstum oder eine „Hemmung“ zustande kommt. Da Dexamethason eine besonders hohe Glucocorticoid-Wirkung hat, wurde auch sein Einfluß auf experimentelle Tumoren (Ehrlichscher Ascites- und Walker-256-Tumor) untersucht. Die Ergebnisse waren zwar gut, ließen sich aber ohne weiteres durch eine allgemeine Corticoidwirkung erklären (PREZIOSI und MARMO 1960).

Überempfindlichkeitsreaktionen, Sensibilisierung

Die Wirkung von ACTH und Nebennierenrinden-Hormon auf die Testreaktionen beschäftigte die Autoren schon sehr früh. 1950 zeigten ZELLER, RANDOLPH u. ROLLINS (1950), daß weder die Scarifikations- noch die Intracutan-Teste durch ACTH beeinflußt werden (auch HAXTHAUSEN 1951 und TZANCK et al. 1951). Etwa zur gleichen Zeit wurde gezeigt, daß weder der Eintritt, noch Entwicklung oder Verlauf experimenteller Sensibilisierungen durch Cortison verändert werden (FREY u. STUDER 1951; BALDRIDGE u. KLIGMAN 1951). Dem entsprach auch die klinische Feststellung, daß z.B. eine Kontaktdermatitis weder durch lokale noch parenterale Behandlung mit Cortison verhindert wird (QUIROGA und CHIRIBOGA 1951). Spätere Autoren ergänzten diesen Befund dahingehend, daß die Sensibilisierung zwar nicht aufgehoben, aber doch abgeschwächt wird. [Eine sehr eingehende Bearbeitung dieses Gebietes erschien von NILZÉN (1952[1-3]).] Offenbar handelt es sich dabei um eine Frage der Konzentration, denn durch 2,5% Hydrocortisonlösung intradermal wird die lokale Testreaktion verhindert (SIDI u. BOURGEOIS-GAVARDIN 1953) oder abgeschwächt (GARBAR et al. 1951; GERMUTH 1952). Das gleiche gilt für das Shwartzman-Phänomen (SOFFER u. SHWARTZMAN 1950; HOIGNÉ et al. 1951), für die Tuberkulinreaktion (SHELDON et al. 1950; LONG u. FAVOUR 1950) und den Frey-Test (GRACE et al. 1952). Bei den letzten beiden Reaktionen sind allerdings auch entgegengesetzte Befunde vorhanden. PYKE und SCADDING (1952) sahen bei 7 von 9 Patienten mit Sarkoidosis die vorher negativen Tuberkulin-Teste positiv werden, wenn das Tuberkulin mit Cortison zusammen injiziert wurde.

In den letzten Jahren konnten SELYE et al. (1958) nachweisen, daß die „anaphylaktoide Entzündung", bei der allerdings nicht unbedingt eine Sensibilisierung vorausgegangen sein muß, im Rattenversuch durch ACTH, Cortison, Hydrocortison und Triamcinolon verhindert werden kann.

Antikörper

Die ersten Untersucher fanden, daß der Antikörpertiter unter ACTH- und Cortisonanstieg (DOUGHERTY et al. 1944, 1945), doch konnte dieser Befund später nicht bestätigt werden (EISEN et al. 1947; FISCHEL 1950). SIMONSEN (1950) fand sogar einen Komplementabfall. Immerhin war diese Frage so wichtig, daß sie von zahlreichen Autoren weiter untersucht wurde. Offensichtlich schienen nach den späteren Ergebnissen die Immunvorgänge ebensowenig beeinflußt zu werden wie die Sensibilisierung. Dafür sprachen die Befunde von ROCHE (1950) (zitiert nach ROCHE et al. 1951) beim Typhus, GRACE et al. (1952) beim Lymphogranuloma venereum, PROPPE u. GERAUER (1954), DONTENVIEL u. MÖBEST (1955) und DEPAOLI u. DOGLIOTTI (1955) bei der Syphilis. Erst kürzlich wurden aber, da die Diskussion darüber noch immer im Gange war, wieder exakte serologische und elektrophoretische Untersuchungen von DIECKHOFF und HEMPEL (1960) durchgeführt, und dabei festgestellt, daß auch hier die Dosis über das Verhalten entscheidet. So ergaben sich bei Kaninchen und Meerschweinchen, wurden sie mit 1 mg/kg Prednison behandelt, keine Unterschiede gegenüber Kontrolltieren, bei 5 mg/kg dagegen eine deutliche Hemmung der Diphtherie-Tetanus-Antitoxine und der Agglutinationstiter nach Typhusvaccination. In der Elektrophorese wurde bei 1 mg/kg der Albumin-Globulinquotient zugunsten des Globulin, bei 5 mg/kg im umgekehrten Sinne verschoben.

4. Verabreichung und Resorption

a) ACTH

Da ACTH ein Polypeptid ist, würde es bei oraler Applikation im Magen-Darmtrakt zerstört. Parenteral sind alle Verabreichungsarten (subcutan, intramuskulär und intravenös) möglich, sie führen aber zu verschiedenen Ausnutzungseffekten.

Die ersten nebennierenrindenwirksamen Extrakte wurden 1933 von zwei amerikanischen (Evans et al. 1933; Collip et al. 1933) und einer deutschen Forschergruppe (Anselmino, Hoffmann und Herold 1933) hergestellt. Die anfangs noch relativ wenig reinen Präparate konnten später zunächst durch chemische Verfahren, dann durch Chromatographie weiter gereinigt und aufbereitet werden. Ihre Nebennierenrinden-Wirksamkeit wurde dadurch um ein Beträchtliches gesteigert (Wolfson 1954; Pincus u. Thimann 1955).

Da diese Präparate ziemlich schnell resorbiert und zu einem großen Teil im Gewebe inaktiviert wurden, hatten sie nur einen über kurze Zeit anhaltenden Effekt, so daß ziemlich häufige Injektionen notwendig waren. Ein Depoteffekt wurde durch Inkorporieren des ursprünglich verwandten Pulvers in Öl oder Gelatine erreicht, die bessere Lösung war aber die Koppelung an polymere Körper wie Polyphloretinphosphat oder Carboxymethylcellulose (Hamburger 1952; Graumann 1956) und die Bildung eines Corticotropin-Zinkphosphats (Homan et al. 1954; Greene u. Vaughan-Morgan 1954; Ferriman et al. 1954; den Oudsten et al. 1954). Dadurch wurde nicht nur die Resorption verzögert, sondern das ACTH gleichzeitig vor Inaktivierung geschützt. Man konnte so die Injektionszeiten auf 24—48 Std verlängern und erzielte eine 2—4fach höhere Wirkung als bei intramuskulärer Injektion der normalen Lösung.

Die Standardapplikationsart war zunächst die subcutane oder intramuskuläre Injektion. Gordon, Kelsey u. Meyer (1951) führten die intravenöse Behandlung ein. Schon im gleichen Jahr erschienen zahlreiche Arbeiten, die die Vorteile dieser Applikationsart klar darlegten (Renold et al. 1951/52; Mandel et al. 1951; Forsham et al. 1951; Jelliffe et al. 1951). Es ergibt sich daraus folgendes: Bei schneller intravenöser Injektion ist ACTH relativ wenig wirksam. Als Dauertropfinfusion über 8, 12 und 24 Std in 5%iger Glucose verabreicht, wird die Wirkung etwa auf das 4—6—20fache gegenüber der intramuskulären Applikation verstärkt, was die Kosten der Behandlung erheblich verringert und zudem bessere Resultate bringt. Theoretisch wird die beste Ausnutzung des ACTH durch Dauertropfinfusion von 1 E/8 Std erzielt, da so die Nebennierenrinde maximal stimuliert wird (Forsham et al. 1955).

Da 1951 die Präparate noch erhebliche Verunreinigungen enthielten, war die Verringerung der Dosis schon wegen deren Nebenwirkungen recht wünschenswert. Aber auch von seiten des reinen Hormons konnten Nebenwirkungen kaum noch erwartet werden, wenn man bedenkt, daß Kanee (1952) am ersten Tag 10, am zweiten Tag nur noch 5 mg gab, Arguello u. Garzon (1953) sogar bis auf 3,125 mg zurückgingen. Es ist unter diesen Voraussetzungen nicht verwunderlich, daß z.B. die Mayo-Klinik trotz des Aufkommens der Depotpräparate bei dieser Applikationsform geblieben ist. Sie gab auf Grund ihrer langjährigen Erfahrung folgende Wirkungsäquivalente an: 20 E lyophilisiertes ACTH als 24 Std-Dauertropfinfusion = 40 E bei 8 Std-Tropfinfusion = 300 E intramuskulär = 240 E ACTH-Gel intramuskulär = 600 mg Cortison per os = 120 mg Prednison per os (Reznick, Lever u. Frazier 1956).

In manchen Fällen kann es schwierig sein, eine intravenöse Dauertropfinfusion durchzuführen. Deshalb erscheint eine Angabe von Smejkal u. Vaua (1954) interessant, die langdauernde subcutane Tropfinfusionen etwa den intravenösen Infusionen gleichwertig fanden. Leider ist uns weitere Literatur über diese Applikationsart nicht bekannt. Auch über intrasternale Infusionen, die aus den gleichen Gründen notwendig werden könnten, ist uns nichts bekannt.

Eine sehr interessante ACTH-Kombination möchten wir noch erwähnen. Prosiegel et al. (1953) gaben, durch die Arbeiten von Seneca et al. (1950) und Henderson et al. (1951) angeregt, ACTH + Insulin als Dauertropfinfusion. Um

Hypoglykämien zu vermeiden, wurden 50 g Glucose dazugegeben. Die Ergebnisse waren ausgezeichnet. KLINGMÜLLER et al. (1956) verwandten die gleiche Kombination bei einem Pemphigus vulgaris mit gutem Erfolg. Nach den Angaben dieser Autoren läßt sich so die erforderliche ACTH-Dosis um etwa 30—50% reduzieren.

b) Cortison

Cortison wird im allgemeinen als Cortison-Acetat verwandt. Die ursprüngliche Applikationsform war die intramuskuläre Injektion von Kristallsuspensionen. Damit war schon eine gewisse Depotwirkung gegeben, denn die Kristalle werden nur relativ langsam resorbiert. Trotzdem war die Wirkung besser, wenn zumindest in den ersten Tagen der Therapie die Tagesdosis in mehreren, meist vier Einzelinjektionen gegeben wurde. Daraus ergab sich eine ziemliche Belastung für den Arzt wie für die Patienten, zumal diese gerade dann, wenn hohe Cortison-Dosen notwendig waren, oft in einem sehr schlechten Allgemeinzustand waren.

JUNKMANN (1954) untersuchte die Wirkungsdauer von Cortison, das an C_{21} mit verschieden langen Säuren verestert war. Er stellte fest, daß die Verlängerung der Säure auch zu einer Verlängerung der Wirkung führte. Auf Grund dieser Untersuchungen wurde ein Gemisch von $^1/_3$ Cortison-Önanthat und $^2/_3$ -Undecylat als lösliches Depotcortison auf den Markt gebracht. Eine einmalige Injektion von 1000 mg ergibt nach LAROS (1955) am 7. Tag die höchsten Urincorticoidwerte, die erst am 15. Tag zur Norm absinken. MUSSGNUG (1956) nimmt nach klinischen Beobachtungen die Wirkungsdauer mit 8—10 Tagen an.

Eine Kombination von Cortison und Insulin, über die HENDERSON et al. (1951) berichten, geriet leider fast völlig in Vergessenheit. Sie ermöglicht, die Cortison-Dosis um etwa 50% zu reduzieren.

Ein wesentlicher Fortschritt ergab sich aus der Feststellung von THORN et al. (1951) und SULZBERGER et al. (1951), daß Cortison sowohl in freier Form, wie auch als Acetat oral voll wirksam ist, d.h. die Dosis, die intramuskulär verabreicht wurde, bei oraler Applikation nur unwesentlich erhöht werden mußte. Dadurch war es möglich, zahlreiche Patienten, die bisher nur stationär behandelt werden konnten, ambulant zu behandeln.

Schon 1951 wurde der Versuch gemacht, Hauterkrankungen durch Lokalbehandlung mit Cortison-Salben zu beeinflussen. Es wurde dazu in Vaseline (HOMBURGER u. BONNER 1951) bzw. in Gelee inkorporiert (ZADUNAISKY 1951). Der klinische Effekt war nicht überzeugend (GOLDMAN et al. 1952). Auch auf die eosinophilen Zellen konnte keine Wirkung erzielt werden (DANTO und MADDIN 1952). Offenbar ist die Resorptionsrate für eine allgemeine Wirkung zu gering, und eine direkte Wirkung auf die Haut beim Cortison nicht vorhanden (GOLDMAN et al. 1952).

Bei Augenerkrankungen wird dagegen Cortison-Acetat in Form von Augentropfen und Augensalben mit hervorragendem Erfolg verwandt (WOODS 1950; STEFFENSEN et al. 1950; GEDDES u. MCCALL 1950). Wie diese Wirkung zustande kommt, ist nicht bekannt. Man nahm ursprünglich an, daß es zwar nicht über die Haut, wohl aber über die Conjunctiva (Schleimhaut) resorbiert werde. Da durch neuere Untersuchungen mit C 14-markiertem Cortison auch die Resorption durch die Haut erwiesen ist (MALKINSON et al. 1957), ist diese Erklärung nicht ausreichend.

Subconjunctivale Injektionen von Cortison wurden beim Pemphigus conjunctivae und bei älteren Fällen von Keratitis parenchymatosa versucht. Der Erfolg war nicht wesentlich besser als der von Tropfen oder Salben (CHURCH und SNEDDON 1953).

Über die erfolgreiche Behandlung eines Riesenleproms durch lokale Cortison-Injektionen berichtet Gay Prieto (1955). Diamont und Kallós (1954) applizierten Cortison intrabronchial.

c) Hydrocortison

Da Hydrocortison-Acetat als Suspension intramuskulär injiziert nur sehr langsam resorbiert wird, wurde die orale Applikation die allgemein übliche. Vom Magen-Darm-Trakt aus sind die Resorptionsverhältnisse gleich gut wie die von Cortison (Thorn et al. 1951). In Fällen, in denen eine orale Therapie nicht möglich war, konnte eine Lösung des freien Alkohols in 50% Äthylalkohol, stark verdünnt mit 5% Dextrose oder physiologischer Kochsalzlösung, langsam intravenös gegeben werden. Erst 1955 kam dann ein wasserlösliches Natriumsalz des Dihydrocortison-Phosphorsäureesters auf den Markt, das schnellere intravenöse Gaben und intramuskuläre Injektion gestattete. Gegenüber dem oral verabreichten Hydrocortison sollen die intravenös injizierbaren Präparate dadurch, daß sofort hohe Blutspiegel erzielt werden, wesentliche Vorteile bieten. Die ersten Mitteilungen halten sie besonders in Notfällen, wie z.B. Schocksituationen, für wertvoll (Nabarro 1955; Orr et al. 1955; Preston u. Flatt 1956). Nach Orr et al. (1955) ist allerdings die Halbwertzeit bei intravenöser Injektion in 30 min die gleiche wie bei intramuskulärer Injektion. Nach unserer eigenen Erfahrung erzielen sie zwar schneller höhere Blutspiegel, aber die Wirkungsdauer ist kürzer als bei intramuskulärer Injektion.

Im Gegensatz zu Cortison ist Hydrocortison-Acetat auch bei lokaler Applikation sowohl injiziert als auch in Salbenform angewandt wirksam (Goldman et al. 1952). Offenbar handelt es sich dabei um eine direkte Reaktion in der Haut, da die Resorption so gering ist, daß sie durch Einreibung von 150—250 mg Hydrocortison in 6 g Salbe an den eosinophilen Zellen nicht (Smith 1953, 1955) bzw. nicht signifikant (Gemzell et al. 1955) feststellbar war. Daß es wie Cortison durch die Haut resorbiert wird, wiesen Malkinson u. Ferguson (1955) und Scott u. Kalz (1956) mit Hilfe von C^{14}-markiertem Hydrocortison nach.

Goldman et al. (1952) hatten ursprünglich festgestellt, daß Hydrocortison als freier Alkohol lokal unwirksam bzw. in einer Kristallform (Type B) geringer als das Acetat wirksam sei. Demgegenüber fanden Frank et al. (1955) und Howell (1956) den freien Alkohol dem Acetat überlegen. Bei den Salben mit wasserunlöslichem Hydrocortison ist die Wirkung außerdem weitgehend von der Teilchengröße abhängig (Tronnier 1960).

Die Salbengrundlage ist für die Wirkung von Hydrocortison-Salben äußerst wichtig. Kalz und Scott (1956) fanden allerdings bei der Überprüfung von 11 verschiedenen Zusammenstellungen, daß es eine allgemein beste Salbengrundlage nicht gibt. Zwar soll sie weder stark austrocknend, noch zu stark fettend sein, aber welche Salbengrundlage angewandt werden muß, richtet sich nach der Art der Erkrankung, der Art der Erscheinungen und nach der Lokalisation. Sehr gute Effekte wurden auch mit einer Hydrocortison-Lotio erzielt (Eskind et al. 1954).

Eine Wirkungsverbesserung der Hydrocortison-Salben brachte in vielen Fällen die Zugabe eines Antibioticums. Grupper (1953) nahm 1,6% Chloromycetin und 3% Aureomycin, Stritzler u. Frank (1955), Robinson (1955), Cornbleet et al. (1956) Neomycin. Man ging ursprünglich dabei von der Überlegung aus, daß das Hydrocortison die Abwehr der Haut gegen Bakterien störe, mußte aber dann feststellen, daß in sehr vielen Fällen eher der schon bestehende Sekundärinfekt die Heilungstendenz störte, so daß beide Wirkungskomponenten zusammen erst den Erfolg bringen konnten.

In neuerer Zeit wurden Versuche gemacht, leichter lösliche Hydrocortison-Präparate in Salben zu inkorporieren, um dadurch die Wirkung zu verbessern (SMITH 1957). TRONNIER (1960) gibt an, die Hemisuccinatsalbe sei der mit dem Acetat und dem freien Alkohol überlegen, die weitaus beste Wirkung habe aber das Bis-(hydrocortison-21)-phthalat. Dessen Wirkung gibt HOPF (1960) mit mehr als der 1,5fachen der Acetatsalben an. Nach ihm ist die Salbe mit dem Di-Hydrocortison-Phosphorsäureester nur um ein Geringes weniger wirksam.

Die Kombination von Hydrocortison mit Teer wirkt sich dagegen bei einigen Dermatosen gut aus, da dadurch die Vorteile beider Medikamente gleichzeitig genutzt werden (WULF 1957). Weitere recht vorteilhafte Kombinationen sind die mit einem Antihistaminicum (WEYER 1957) und die mit einem Lokalanaestheticum (KELLER und STEIN 1958). Auch die Anwendung von Hydrocortison in Lotiones (WEYER 1958) und in fettfreien Pudersuspensionen (JUNG-GRIMM 1958) hat sich in vielen Fällen als vorteilhaft erwiesen. Vor allen Dingen ist ein Puder, in dem eine Hyco-Konzentration von nur 0,2% ausreichend ist, wesentlich ergiebiger als Lotiones, Salben und Sprays. Wir selbst verwenden oft zusätzlich einen indifferenten Plastikfilm, den wir darübersprayen, um ein Abwischen zu verhindern. Die Erfolge damit sind erstaunlich gut.

Über die Reaktion auf lokale Injektionen von Hydrocortison berichten GOLDMAN et al. (1953) ausführlich. Es lassen sich damit zahlreiche entzündliche, nicht aber urticarielle und Histaminreaktionen unterdrücken. Die hauptsächlichen Anwendungsgebiete dieser Applikationsform sind Keloide, Ganglien, Chondrodermatitis chronica helicis, Induratio penis plastica, Strikturen der Urethra und die Alopecia areata (Literatur siehe unter Therapie). Die Erfolge sind zum Teil sehr umstritten.

Eine weitere lokale Applikationsart wird von FOULDS et al. (1955) angegeben. Sie verwandten bei Heuschnupfen Hydrocortison-Pulver. Von HERXHEIMER und MCALLEN (1956) wurde dazu ein Gerät empfohlen, in dem Hydrocortisonkapseln verwandt werden können. HOLLER (1956) hatte mit diesem Gerät beim Asthma sehr gute Erfolge. Die Absorptionsverhältnisse bei der Inhalationstherapie wurden von MCLEAN und SAYER (1956) überprüft. Weitere Literatur über dieses Thema kann einer neueren Arbeit von v. STACKELBERG und GENTSCHY (1959) entnommen werden.

d) Prednison und Prednisolon

Die beiden synthetischen Steroide werden vom Magen-Darm-Trakt aus sehr gut resorbiert. Sie wurden daher zunächst fast ausschließlich oral appliziert. Daneben existierte die Suspension zur intramuskulären Injektion, die aber nur selten zur Anwendung kam.

Da die Wirksamkeit der synthetischen Steroide der des Cortisons und Hydrocortisons 3—5fach überlegen ist, wurden sie schon bald zur lokalen Therapie in Salben in Konzentrationen von 0,25—0,5% inkorporiert. Der experimentelle Nachweis der lokalen Wirksamkeit wurde von GOLDMAN et al. (1955) erbracht. Die klinischen Ergebnisse waren nicht so gut, wie man erwartet hatte. Mehrere Autoren fanden sogar die 0,5%ige Prednisolon-Salbe einer 1%igen Hydrocortison-Salbe unterlegen (FRANK u. STRITZLER 1955; FROLOW, WITTEN u. SULZBERGER 1957). HOPF (1960) gibt dagegen ihre Wirkung als 4fach an. Wahrscheinlich meinte er dabei Salben, die Prednisolon-Diäthyl-aminoacetat enthalten. Das würde sich mit unseren eigenen Erfahrungen decken. Nach TRONNIER (1960) soll die Wirkung einer Bis-(prednisolon-21)-phthalat-Salbe noch besser sein.

Wie das Hydrocortison wurde auch Prednisolon zur Spray-Behandlung (ROBINSON 1959) und zur intradermalen oder intrafokalen Therapie herangezogen.

Aaron (1958) verwandte das Butylacetat zur Vibrapunktur, Risse-Sundermann (1960) injizierte ein Trimethylacetat, Dietz (1960) eine einfache Acetat-Suspension.

Als ergänzende Präparate für die intravenöse Applikation wurden 1957 das Prednison- und Prednisolon-Hemisuccinat, etwas später das Diäthylaminoacetat, das Tetrahydrophthalat und das Paperidinoacetathydrochlorid eingeführt. Sie sollen besonders für Notfälle, in denen durch die intravenöse Injektion schnell ein hoher Blutspiegel erreicht wird, geeignet sein (Preston u. Flatt 1956), nach Goldman u. Barnett (1957) muß aber angenommen werden, daß diese Verbindungen zum Teil nicht direkt wirksam sind, sondern erst aufgespalten werden müssen. Mit ihnen besteht jedenfalls jetzt die Möglichkeit, auch subcutan, intramuskulär und sogar intralumbal zu injizieren (Tilling 1959).

e) 6-Methylprednisolon

Die orale Therapie war lange Zeit die einzig mögliche, da das 6-Methylprednisolon als Acetat sehr schlecht löslich ist, daher ursprünglich nur als Tabletten in den Handel kam. Später stand dann, zunächst nur in Amerika, auch eine Suspension zur Verfügung, mit der Stroud (zit. nach Goldman 1959, ohne Literaturangabe!) durch subcutane Injektion eine Depotwirkung mit wirksamen Blutspiegeln über 4—5 Tage erzielt haben soll. Sie wird wahrscheinlich in Kürze auch in Deutschland erhältlich sein. Ein wasserlösliches Hemisuccinat ist bereits seit 1960 vorhanden.

6-Methylprednisolon-Salben sind in Deutschland noch nicht eingeführt. Goldberg (1958) erzielte mit einer 0,5%igen Konzentration gute Erfolge insbesondere in bezug auf die Stillung des Juckreizes und den Rückgang der Entzündung.

f) Triamcinolon

Die Allgemeinbehandlung mit Triamcinolon wird ausschließlich oral durchgeführt; schon sehr bald zeigte sich aber, daß dieses Corticoid eine ausgesprochen gute lokale Wirkung hat. Während oral das Wirkungsverhältnis zum Prednison dem des 6-Methylprednisolons entspricht, also etwa mit 3:4 bis 4:5 angegeben werden muß, ist die lokale Wirkung einer 0,1%igen Triamcinolon-Salbe der einer 0,5%igen Prednisolon- bzw. einer 1%igen Hydrocortison-Salbe gleich oder sogar gering überlegen.

g) Dexamethason

Die Resorption vom Magen-Darmtrakt aus ist sehr gut, so daß Dexamethason anfangs ausschließlich oral appliziert wurde. Allerdings kam schon Ende 1959 auch ein wasserlösliches Diäthylaminoacetat, später noch ein Hemisulfatnatrium auf den Markt, die die intravenöse, intramuskuläre und subcutane Applikation ermöglichten. Wie alle fluorierten Glucocorticoide so hat auch Dexamethason in Salben inkorporiert eine gute lokale Wirkung. Korting (1959) ermittelte im Halbseitenversuch eine Konzentration von 0,05%, entsprechend einer 1%-Hydrocortison-Salbe. Hopf (1960) gibt als externes Wirkungsäquivalent sogar 1:20—100 an. Entsprechend ist die Konzentration in den handelsüblichen Salben 0,01—0,05%. Stüttgen et al. (1960) stellten fest, daß die Bluteosinophilen nach Einreibung von Probanten mit 5 g Dexamethason-Salbe (0,01%) bis zu 78% abfielen.

h) 9α-Fluorhydrocortison

Die orale und parenterale Anwendung dieses an sich hoch wirksamen Präparats kommt wegen der sehr starken Mineralocorticoidwirkung für die Dermatologie nicht in Frage. Selbst die Applikation in Salbenform, bei der eine Konzentration von 0,1% in etwa der Wirkung einer 1%igen Hydrocortison-Salbe entspricht, ist nur mit Vorsicht möglich, da es bei längerer Applikation auf große Flächen zur Na- und H_2O-Retention kommt. LIVINGOOD et al. (1955) geben für lokale Kurztherapie 2—6 mg in Lotio und 5—12 mg in Salbe als äußerste zulässige Dosis an. Zur besonderen Vorsicht raten sie bei der Applikation im Anal- oder Vulvabereich. Die Behandlungserfolge sind allerdings sowohl in Form der Lotio als auch der Salbe sehr gut (ROBINSON 1955; ORR et al. 1955; SWINGLE et al. 1955; WITTEN et al. 1955 u. a.).

i) Desoxycorticosteron

Am häufigsten wird wohl noch immer das Desoxycorticosteron-Acetat verwandt. Es kann intramuskulär injiziert oder als Tabletten buccal verabreicht werden. Zur intravenösen Injektion wurde das Desoxycorticosteron-Glucosid entwickelt.

Beide Präparate haben keinen Depoteffekt. Diesen kann man dadurch erzielen, daß man Mikrokristalle injiziert oder Tabletten implantiert. Ein gut injizierbares Präparat mit Depotwirkung stellt auch das Desoxycorticosteron-Önanthat dar.

k) Aldosteron

Das Aldosteron ist wegen seines starken Na-retinierenden Effekts für die Dermatologie uninteressant.

5. Unerwünschte Wirkungen und Nebenwirkungen

Bei der Beurteilung der Wirkungen von ACTH und Nebennierenrinden-Hormonen muß man zwangsläufig zwischen Krankheitsbildern, bei denen ein Mangel an diesen Hormonen vorliegt, und solchen, bei denen eine bestimmte pharmakodynamische Wirkung erzielt werden soll, unterscheiden.

Zu der ersten Gruppe zählte man bis vor nicht allzulanger Zeit ausschließlich nur die Krankheitsbilder, die man unter den streng umrissenen Begriffen primäre und sekundäre Nebennierenrinden-Insuffizienz zusammenfassen konnte. WEISSBECKER (1960) brachte darüber eine klare Übersicht, auf die wir verweisen können. Die Therapie substituiert — je nach dem ausgefallenen Bereich — das oder die fehlenden Hormone und erreicht damit einen Rückgang der aus ihrem Fehlen resultierenden Krankheitszeichen. Bei richtiger Anwendung der Hormonpräparate erzielte man bei dieser Therapie nur erwünschte Effekte. Der hauptsächliche Mangel, der dieser Art der Substitutionstherapie notwendigerweise anhaftet, ist das weitgehende Fehlen der Regulation.

Damit ist aber das Gebiet der Substitutionstherapie bei weitem nicht erschöpft. Die Erkenntnisse der letzten Jahre haben gezeigt, daß es ganz erheblich erweitert werden muß. So müssen wir in dieses Gebiet ohne Zweifel die zahlreichen Krankheitsbilder einordnen, bei denen zwar keine primäre dauernde Schädigung der Hypophyse oder einer Rindenzone vorliegt, bei denen es aber durch akuten Mehrbedarf an Nebennierenrinden-Hormon (Operationsschock, allergischer Schock usw.) oder infolge direkter Schädigung der Nebennierenrinde durch Bakterientoxine (bei akuten Infektionskrankheiten) oder Eiweißabbauprodukte (Verbrennung) zu einem Hormondefizit oder zu einer zeitweiligen Nebennierenrinden-Insuffizienz kommt. Die Insuffizienzerscheinungen dabei sind so sehr in die jeweiligen Krankheitsbilder eingegangen, daß man sie gar nicht mehr als Folgen des Hormonmangels erkannt hat und zum Teil auch heute noch ablehnt, da die Corticosteroidwerte im Serum oft nicht erniedrigt sind (BIERICH 1960). Aus dem gleichen Grund wurden auch die dermatologischen

Erkrankungen allgemein aus dieser Gruppe ausgeschlossen, obwohl sicher ein großer Teil davon hineingehört. Wir konnten das durch Untersuchungen über das Verhalten der eosinophilen Blutzellen unter ACTH und verschiedenen Corticoiden für mehrere Dermatosen nachweisen (SCHREINER 1959, 1960) und wurden durch Untersuchungen von GRÜNEBERG (1960) bestätigt.

Will man eine pharmakodynamische Wirkung erzielen, so führt man meist die Hormone im Übermaß zu. Man versetzt den Organismus dadurch für die Zeit der Medikation in den Zustand eines mehr oder weniger ausgeprägten Hypercorticismus. Ein Teil der dadurch auftretenden Erscheinungen entspricht daher dem Cushing-Syndrom. Sie werden von fast allen Autoren seit der Anfangszeit der Therapie mit ACTH und Cortison erwähnt. Unter den gegebenen Umständen sind sie aber unumgänglich an die Hormonwirkung gekoppelt, so daß man ihnen nur durch eine jeder einzelnen Erscheinung entgegengesetzte pharmakologische Therapie begegnen kann. Sie als Nebenwirkungen der Hormone zu bezeichnen, wäre irreführend und sachlich unrichtig. Wir wollen sie daher den Tatsachen entsprechend als unerwünschte Wirkungen bezeichnen.

Treten solche Erscheinungen dagegen während der Therapie von Krankheitsbildern der vorherigen Gruppe auf, so weisen sie immer auf eine Überdosierung, also etwas nicht Beabsichtigtes, hin. Auch da wäre die Bezeichnung Nebenwirkungen sachlich falsch und sogar die Bezeichnung unerwünschte Wirkungen nur in einem Teil der Fälle zutreffend. Handelt es sich nämlich um Folgen einer falschen Dosierung, so sollte man sie ruhig als solche bezeichnen, da damit gleich die einzig richtige Gegenmaßnahme, das Reduzieren auf die richtige Dosis, gegeben ist. Handelt es sich aber um eine absichtliche vorübergehende Überdosierung, wie sie z. B. beim Reduzieren der Behandlungsdosis eines Pemphiguspatienten auf die Erhaltungsdosis notwendig sein kann, so darf man von einer unerwünschten Wirkung sprechen. Cushingoide Erscheinungen während einer Erhaltungstherapie müssen fast immer als Dosierungsfehler bezeichnet werden. Wer hier glaubt, alle Symptome um jeden Preis unterdrücken zu müssen, liegt mit der Dosis immer falsch. — Ähnlich verhält es sich mit den „Nebenwirkungen", die als Folgen des antiinflammatorischen und des infektionsbegünstigenden Effektes der Nebennierenrinden-Hormone auftreten können. Auch sie können unerwünschte (Aktivierung einer Lungen-Tbc während einer Pemphigus- oder Leukämie-Behandlung) oder erwünschte (Zugänglichmachen von therapieresistenten Tbc-Herden, Unterdrückung von fatalen Schäden bei der Meningitis-Tbc) Wirkungen, aber auch banale Therapiefehler sein.

Echte Nebenwirkungen des ACTH und der Corticosteroide sind sehr selten. Es handelt sich dabei um Unverträglichkeitserscheinungen und einige pharmakologische bzw. noch nicht erklärbare Effekte der neueren synthetischen Präparate, durch die erfreulicherweise sogar einzelne „Nebenwirkungen" aufgehoben werden.

Die häufigste unerwünschte Wirkung von ACTH und Nebennierenrinden-Hormonen ist die Verschiebung des Elektrolytgleichgewichts, insbesondere die *Na- und H_2O-Retention und der K-Verlust.* Sie ist nicht bei allen Patienten gleichstark ausgeprägt. Bei solchen, die einen latenten oder manifesten Herzfehler oder andere Voraussetzungen zur Na- und H_2O-Retention haben, tritt sie besonders schnell auf und kann zur Unterbrechung der Medikation zwingen. Vorbeugende und korrigierende Maßnahmen sind: Behandlung des Herzens, der Leber, der Nieren, also des erkrankten oder insuffizienten Organs vor Beginn der Hormontherapie, dann salzarme Diät, Reduktion der Flüssigkeitszufuhr und gegebenenfalls Verabreichung von KCl in Dosen bis zu 6 g/Tag. Die zusätzliche Verabreichung von Diuretica wird sich bei Einhaltung der oben angeführten Maßnahmen im allgemeinen erübrigen. Sollte sich ihre Anwendung trotzdem als notwendig erweisen, so muß man berücksichtigen, daß der K-Verlust dadurch verstärkt werden kann. — Schon die Einführung von Prednison und Prednisolon bedeutete in dieser Beziehung einen Fortschritt. Bei ihrer Verwendung wurde allgemein ein Rückgang der Ödeme festgestellt. Um so erstaunlicher war es, daß Ödeme, die sich unter Prednison und Prednisolon noch gebildet hatten, durch Umsetzen auf 6-Methylprednisolon ausgeschwemmt werden konnten (DWYER 1958, FEINBERG 1958). Dieser Effekt ist noch ausgeprägter beim Triamcinolon, das deshalb als Mittel der Wahl bei Vorliegen einer dekompensierten kardialen Insuffizienz gelten kann (FEINBERG et al. 1958, FIEGEL 1960). Seine Na- und H_2O-ausschwemmende Wirkung kann sogar so weit gehen, daß sie im Überschuß ausgeschieden werden, so daß FIEGEL (1960) mit Eintritt der Rekompensation Übergang auf 6-Methylprednisolon empfiehlt.

Die *Hypertension* ist aufs engste mit der Störung des Elektrolyt- und H_2O-Haushaltes verknüpft. Auch sie tritt hauptsächlich bei prädisponierten Patienten auf. Bei solchen, die einen normalen Blutdruck haben, kann es zwar zu Beginn der Therapie zu einer Blutdrucksteigerung kommen, doch reguliert sie sich innerhalb kurzer Zeit wieder ein. Auch hier gilt von den neueren synthetischen Steroiden das oben Gesagte. Insbesondere Dexamethason wird bei Hypertensionen empfohlen. WALTON (1959) sah bei keinem der damit behandelten Patienten einen weiteren Anstieg des Blutdrucks, bei einem Teil davon sogar einen Abfall.

Die Gewichtszunahme ist mehr durch ein intracelluläres Ödem als durch den gesteigerten Appetit und die Störung der Fettverwertung bedingt, doch wird bei Patienten, die abnehmen sollen, mehr 6-Methylprednisolon und bei solchen, die zunehmen sollen, Dexamethason zur Steigerung des Appetits empfohlen. — Wird die Hormondosis gesenkt, so verschwinden beide Erscheinungen meist schnell spontan. Die vorbeugenden Maßnahmen sind die gleichen wie die zur Verhütung der Störung des Elektrolyt- und Wasserhaushaltes. Eine fettarme, eiweißreiche Diät wird sich gut auswirken. Sie wird auch die recht häufige Hypercholesterinämie verhüten, die bei langdauernder Corticoidtherapie neben der Hypertension die Arteriosklerose begünstigt.

Die *negative Stickstoffbilanz* ist, wie wir wissen, durch die katabole und antianabole Wirkung der Glucocorticoide bedingt. Sie kann durch erhöhte exogene Eiweißzufuhr in Grenzen reduziert werden (EISENSTADT u. COHEN 1955). Die gleichzeitige Verwendung anabol wirkender Hormone — der Androgene und Oestrogene — wird häufig empfohlen. Uns erscheint das wenig sinnvoll, da damit die spezifische Glucocorticoidwirkung reduziert oder aufgehoben wird, ein Effekt, den man einfacher durch deren direkte Verminderung erreichen könnte (SCHREINER 1959). Daß diese Interferenz zwischen den beiden Hormonen besteht, wurde kürzlich auch von HOLZMANN und KORTING (1960) im Eosinophilentest gezeigt. Sie zeigten weiterhin noch einmal, daß es sich dabei, wie zu erwarten war, um einen reinen Stoffwechsel- — also auch anderen anabolen Substanzen zukommenden — Effekt handelt (HOLZMANN und KORTING 1961). Andererseits fand GOMPERTZ (1958) eine Steigerung des Effekts von ACTH auf das Nebennierenrinden-Gewicht durch Oestradioldipropionat, eine Verminderung durch Methyltestosteron.

Eine der unangenehmsten Folgen der negativen N-Bilanz ist die *Osteoporose*. Die dadurch auftretenden Spontanfrakturen liegen meist im Bereich der Wirbelsäule. Am häufigsten werden ältere Frauen, Patienten, bei denen bereits vorher eine geringgradige Osteoporose bestand oder solche, die bewegungsbehindert und bettlägering sind, betroffen. Man weiß heute, daß es sich dabei wohl nie um eine reine Osteoporose, sondern immer um Mischformen von Osteoporose und Osteomalacie handelt. Nach LABHARDT (1957) soll die Störung des Ca- und Phosphorhaushaltes sich besonders ungünstig auswirken, wenn andere Faktoren, die den Ca-Haushalt stören, hinzukommen (GOODMAN u. GILMAN 1955). Gaben von Ca und Vitamin D sind ohne Effekt (EISENSTADT u. COHEN 1955). Auch die Wirkung von Dihydrotyachysterin soll beeinträchtigt sein (MOEHLIG u. STEINBACH 1954). Nach GOLDMAN (1959) soll die Osteoporosegefahr bei Verwendung von 6-Methylprednisolon und Triamcinolon geringer, bei Dexamethason höher sein, wahrscheinlich infolge der unterschiedlich starken Ca-Mobilisierung. Die präventive Therapie mit anabolen Steroiden ist eingehend von REIFENSTEIN (1958) bearbeitet worden. Er hält die Verabreichung einer Kombination von Androgen und Oestrogen für die vorteilhafteste Gegenmaßnahme, da dadurch der Sexualeffekt aufgehoben wird. In den letzten Jahren wurden nun anabole Steroide entwickelt, deren Sexualkomponente auf ein Minimum reduziert ist, so daß die Mischpräparate Androgen-Oestrogen nicht mehr unbedingt erforderlich sind. Andererseits halten wir, wie schon oben ausgeführt, die Anwendung anaboler Substanzen auch hier in den meisten Fällen für unlogisch. Die einzig sinnvolle Prophylaxe der Osteoporose erscheint uns die richtige Dosierung der Glucocorticoide, die sinnvolle Auswahl des Präparates und die ausreichende Belastung des Skeletsystems (damit es für den Organismus als notwendig und nicht als durch Inaktivität sich anbietendes Eiweißdepot eingruppiert wird!).

Der „*Steroiddiabetes*“ ist in erster Linie die Folge des verminderten Kohlenhydrat-Stoffwechsels. Er tritt besonders leicht bei Patienten auf, die bereits vordem einen latenten Diabetes hatten. Je nach Höhe der Hormondosis kommt es aber auch bei solchen mit intaktem Inselapparat zur Hyperglykämie, seltener zur Glucosurie. Diese Patienten unterscheiden sich von Diabetikern dadurch, daß meist der Nüchternblutzucker nicht erhöht ist. — Die diabetischen Erscheinungen gehen nach Verminderung der Hormondosis spontan zurück. Diabetiker, bei denen eine Glucocorticoid-Therapie notwendig ist, benötigen unverhältnismäßig hohe Insulindosen. Auch Pankreasgesunden, deren Nüchternblutzucker erhöht ist, sollte Insulin gegeben werden. Da nach SENECA et al. (1950), HENDERSON et al. (1951), ENGLHARDT-GÖLKEL u. PROSIEGEL (1955) und KLINGMÜLLER (1956) die zusätzliche Insulingabe zu ACTH oder Cortison den Effekt dieser Hormone wesentlich erhöht, sollte man den durch Steroide verstärkten Diabetes und den „Steroiddiabetes“ mit Insulin und nicht durch Diät behandeln. Man muß dabei beachten, daß Insulin- und Corticoiddosen gleichzeitig reduziert werden müssen.

Auch Prednison und Prednisolon entsprechen nach WALLENTIN u. BRÄUNSTEINER (1956), WEST (1957) und LATOTZKI (1959) in ihrer diabetogenen Wirkung ihrem Glucocorticoid-Wirkungsäquivalent zum Hydrocortison. Durch Dexamethason konnten BUNIM et al. (1958) weder eine Hyperglykämie noch eine Glucosurie bei den von ihnen untersuchten Fällen feststellen. VOIT u. TILLING (1959) beobachteten ebenfalls keinen glykotrcpen Effekt bei Nichtdiabetikern, aber eine Akzentuierung, wie von den älteren Glucocorticoiden bekannt, bei Diabetikern. Dagegen war der Effekt bei Altersdiabetikern erheblich geringer. In diesem Sinne ist wohl auch die Mitteilung von HARRIES und TAYLOR (1959) zu verstehen. SCHEIFFARTH und ZICHA (1959) benötigten sogar bei 10 Diabetikern, die bis zu 10 mg Dexamethason/Tag erhielten, nur in einem Falle 8 E Insulin/Tag mehr. Bei allen anderen habe sich weder das Blutzucker-Tagesprofil noch die Harnzuckerausscheidung geändert. BOCK und SCHNEEWEISS (1960) geben dagegen an, Prednisolon und Dexamethason wirkten auf den Diabetes etwa gleichsinnig (auch BOCK 1960).

Die ersten Berichte über *Perforationen von Magen- und Duodenalulcera* im Verlauf einer ACTH- bzw. Cortison-Behandlung erschienen schon kurz nach Einführung dieser Hormone in die Therapie (BECK et al. 1950; KUZELL u. SCHAFFARZICK 1950; HABIF et al. 1950 u. a.). Sehr eingehende experimentelle und klinische Untersuchungen, auf die wir verweisen können, liegen von SANDWEISS et al. (1950) und SANDWEISS (1954) vor. Die Entstehung von Ulcerationen bzw. die Verschlechterung und Perforation schon bestehender Ulcera ist offenbar ein komplexer Vorgang. Es spielen dabei die vermehrte HCl- und Pepsin-Produktion der Magenschleimhaut, die Minderung der Abwehrreaktionen und die Hemmung der Wundheilung eine Rolle (HIRSCHOWITZ et al. 1956). Die Höhe der Hormondosis und die Dauer der Verabreichung ist offenbar wenig ausschlaggebend. Es sind Perforationen schon nach täglich 25 mg ACTH (als Dauertropfinfusion) innerhalb von 4 Tagen (BAN et al. 1956), nach 4mal 40 mg (PICKERT 1956) und sogar nach 2mal 10 mg Prednison (DUPERRAT 1956) beschrieben. Besonders ungünstig wirkt es sich aus, daß dabei Schmerzen völlig oder fast völlig fehlen, desgleichen alle anderen sonst so alarmierenden Symptome, so daß die Perforationen zunächst unerkannt bleiben. Welches Präparat verwandt wird, scheint nicht ganz ohne Bedeutung zu sein. DWYER (1958) erzielte bei 40% der Patienten mit Magenerscheinungen durch Umsetzen von Prednisolon auf 6-Methylprednisolon Besserung oder völligen Rückgang der Erscheinungen. DUBOIS (1958) berichtet über das Abheilen eines Duodenalulcus, das unter 96 mg Triamcinolon/Tag aufgetreten war, nach Umsetzen auf 6-Methylprednisolon. Auch durch spezifische Behandlung und Verminderung der Corticoiddosis ist Besserung zu erzielen (BOWN u. HASERICK 1958). BOJANOWICZ et al. (1960) nehmen sogar generell beim Ulcus pepticum eine funktionelle Störung der Nebennierenrinde an und geben deshalb mit gutem Erfolg DOC. — Es ist demnach unbedingt notwendig, vor Verwendung der Hormone eine genaue Magenanamnese zu erheben. Sind bereits Magen- oder Duodenalulcera vorhanden, so sollte die Therapie nur bei dringendsten Indikationen durchgeführt werden. In diesen Fällen, wie in allen anamnestisch belasteten (auch Gastritis!), empfehlen sich Diät, Antacida und Antispasmotica. Eine laufende Röntgenkontrolle ist unerläßlich (BUKANTZ u. AUBUCHON 1957, GOLDMAN 1959).

Störungen von *Potenz und Libido* sind relativ selten und meist nur vorübergehend. Häufiger wird zu Beginn der Therapie eine Potenzsteigerung angegeben, die wahrscheinlich als Folge der Hebung des Allgemeinzustandes und der euphorisierenden Wirkung der Hormone anzusehen ist.

Das Auftreten eines *Hirsutismus* wird schon von BEHRMAN und GOODMANN (1950) beschrieben. RAGAN (1953) gibt seine Häufigkeit mit 40% an. Im allgemeinen ist er allerdings nur angedeutet und tritt erst bei sehr langer Therapie in Erscheinung.

Ähnlich verhält es sich mit dem Auftreten *acneiformer Eruptionen und von Striae*. Sie wurden schon in der Anfangszeit der ACTH- und Cortison-Ära erwähnt (BEHRMAN und GOODMANN 1950), treten allerdings meist erst nach relativ lang dauernder Therapie auf. BRUNNER et al. (1951) geben die Häufigkeit der Acne mit etwa 35, RAGAN (1953) mit 13—15% an. In diesem Zusammenhang möchten wir Tierversuche erwähnen, nach denen angenommen werden kann, daß in der Nebennierenrinde Substanzen produziert werden, die die Entwicklung der Talgdrüse beeinflussen (KOOIJ u. DE GRAAF 1953), da sie durch ACTH vergrößert werden, während Cortison zu einer mehr oder weniger starken Atrophie führt (HASKINS et al. 1953; BAKER und WHITAKER, zitiert nach KOOIJ 1953). Das Auftreten von Striae ist wesentlich seltener, nach RAGAN (1953) etwa in 3% der Fälle.

Die vorwiegend unter der ACTH-Therapie auftretenden *Pigmentierungen* wurden anfangs Verunreinigungen der Präparate mit Intermedin zugeschrieben (BEHRMAN und GOODMANN 1950), ihr Zustandekommen ist aber bis jetzt noch nicht völlig geklärt. MARKS (1959) hält es für sehr wahrscheinlich, daß ACTH, oder ein Abbauprodukt davon, eine melanophorenstimulierende Wirkung hat, da die Aminosäurensequenz von MSH (Melanocytes Stimulating Hormone) in seinem Molekül enthalten ist. Offenbar ist die Dosierung und die Dauer der Therapie dagegen nicht ausschlaggebend, denn wir sahen starke Pigmentierungen, allerdings nur der vorher erkrankten Hautpartien, bereits unter 20—30 E ACTH intramuskulär schon nach wenigen Tagen, während andere Patienten unter weit höheren Dosen auch nach längerer Zeit nichts dergleichen zeigten. Auch diffuse Pigmentierungen, einschließlich der Schleimhäute, sind beschrieben (BOUTELIER 1952).

Nach HENCH (zitiert nach LAMMERS 1954) soll das *Haarwachstum* verstärkt sein. PERERA et al. (zitiert nach LAMMERS 1954) konnten andererseits einen Ausfall der Kopfhaare beobachten. Auch FUKUYAMA u. BAKER (1958) geben an, daß man bei der Ratte mit Hydrocortison und den Derivaten das Haarwachstum unterdrücken kann.

Im Tierexperiment wurde wiederholt eine Hemmung der *Wundheilung* festgestellt (RAGAN et al. 1949; PLOTZ et al. 1950; DUBOIS-FERRIÈRE 1950; BAXTER et al. 1951; CAVALLERO et al. 1951, ASHTON und COOK 1951 und andere). Man findet eine Verzögerung des Fibroblastenwachstums und der Capillarisierung. Auch in neuerer Zeit wird noch angenommen, daß es sich dabei um das Fehlen der adäquaten Reaktion des Gewebes auf die verschiedensten Stimuli handelt. Ausschlaggebend ist dafür weniger die absolute Hormondosis, als ihr Verhältnis zum Bedarf des Organismus. Bei schweren Verbrennungen z. B. beeinflussen selbst hohe Hormondosen die Wundheilung nicht (HIJMANS u. MÜLLER 1951). — Die Beeinträchtigung von Regenerationsvorgängen an der Hornhaut wurde schon von ASHTON u. COOK (1951) experimentell nachgewiesen. (Weitere Literatur s. SCHRADER 1960.)

Bei sehr hohen Hormondosen und langer Verabreichung wird man gelegentlich mit dem Auftreten von *Muskelschwäche* und EKG-Veränderungen rechnen müssen, die in erster Linie durch die Hypokaliämie bedingt sind. Diese Erscheinungen sollen durch K-Verabreichung verhindert werden (DI RAIMONDO u. FORSHAM 1957). Da es sich dabei um eine K-Verarmung des intracellulären Raumes handelt, möchten wir annehmen, daß durch die K-Verabreichung nur eine Verzögerung der Erscheinungen möglich ist, eine Besserung aber die Verminderung oder völliges Absetzen der Hormontherapie voraussetzt. Nach Triamcinolon sind aber auch direkte, histologisch erkennbare Gewebsveränderungen an der Muskulatur nachgewiesen und die dadurch bedingte Muskelschwäche elektromyographisch objektiviert worden (WILLIAMS 1959).

1953 wurden von SLOCUMB erstmalig rheumatische Beschwerden nach Entzug von Cortison bei chronischen Polyarthritikern beschrieben. Für diese Erscheinungen wurde von HENCH (1954) die Bezeichnung „Steroidpseudorheumatismus" geprägt. Das gleiche Krankheitsbild tritt auch nach Prednisonentzug bei Kranken mit Lebercirrhose auf (DÖLLE und MARTINI 1958).

Erst kürzlich wurde, ebenfalls bei Polyarthritikern, die mit hohen Corticoiddosen behandelt worden waren, eine bisher nicht beobachtete Erscheinung festgestellt. 39% dieser Patienten hatten eine *Catarrhacta subcapsularis posterior* (BLACK u. BUNIM 1960).

Unter der Therapie mit ACTH und Corticoiden wurde wiederholt das Auftreten von *Pulmonarthrombosen und -embolien* beschrieben (COSGRIFF et al. 1950, 1951;

ADLERSBERG et al. 1955; DE NICOLA et al. 1956); die betroffenen Patienten litten allerdings in der Regel an Krankheiten, die zu solchen Komplikationen neigen. Auch Herzinfarkte, Coronarverschluß und -insuffizienz und arterielle Thrombosen kommen vor (ADLERSBERG et al. 1955, ZIPRKOWSKI et al. 1959). Nach LAUDAHN (1955) treten unter Cortison Veränderungen des Gerinnungssystems auf, die eine über das Absetzen hinaus anhaltende Hyperkoagulämie des Blutes bedingen. Wegen der bekannten Wirkung der Nebennierenrinden-Hormone auf die Blutgerinnung sollte man daher in solchen Fällen die Hormontherapie nur bei dringendsten Indikationen und unter entsprechenden Schutzmaßnahmen (Antikoagulantien) durchführen. Dabei ist zu beachten, daß nach DERBES (zitiert nach LAMMERS 1954) unter ACTH oder Cortison stehende Patienten gegen Dicumarol besonders empfindlich sind. Experimentelle Untersuchungen über die Blutgerinnung liegen von DE NICOLA et al. (1956) vor.

Die vermehrte *Verletzlichkeit der Gefäße* verbunden mit petechialen oder auch ausgedehnteren Hautblutungen ist bekannt (SOLEM, KUTZELL, zitiert nach LAMMERS 1954; DE NICOLA et al. 1956; DI RAYMONDO u. FORSHAM 1958). Sie sollen nach DENKO und SCHROEDER (1957) unter Prednison sogar vermehrt auftreten. GOLDMAN (1959) hält hämorrhagische Reaktionen ebenso wie die Arteriitis und dem Erythematodes ähnliche Erscheinungen, die unter Glucocorticoiden auftreten, eher für Manifestationen des Krankheitsprozesses, als für Komplikationen der Therapie. Er gibt an, sie bei der gleichen Therapie auch wieder abheilen gesehen zu haben. Andere Autoren empfehlen lediglich einen Wechsel des Präparats.

Neuere Arbeiten weisen wieder darauf hin, daß das Entstehen einer *Periarteriitis nodosa* durch langdauernde Hormontherapie begünstigt wird (KEMPER et al. 1957; BUKANTZ u. AUBUCHON 1957). Wahrscheinlich handelte es sich auch bei den von SLOCUMB (1953) lange vorher beschriebenen „mesenchymalen und panangiitischen" Reaktionen, die bei Unterbrechung der Therapie auftraten, um das gleiche Krankheitsbild. Die Periarteriitis nodosa ist offenbar die Folge einer Überempfindlichkeitsreaktion, die durch die maskierte Ausschüttung von Bakterien während der Hormontherapie zustande kommt. Solche maskierten Bakterienstreuungen sind häufiger als man glaubt. Wir selbst konnten in letzter Zeit eine ganze Anzahl Patienten beobachten, bei denen die eosinophilen Blutzellen nach 20 mg Prednison in der ersten Stunde um bis zu 100 und mehr % anstiegen, dann erst abfielen. In allen diesen Fällen war der Antistreptolysintiter erhöht. Nach Herdsanierung blieb der Anstieg der eosinophilen Zellen aus. Wir deuteten diesen Befund als Aktivierung eines Focus, d.h. also eine Bakterienausschwemmung, können aber noch nichts Endgültiges aussagen, da die Untersuchungen noch im Gange sind. — In diesem Zusammenhang müssen wir auch auf eine von MALKINSON u. WELLS (1957) bearbeitete Nebenerscheinung hinweisen. Sie sahen bei einem Patienten das Auftreten eines Raynaud-ähnlichen Bildes und konnten in der Literatur insgesamt 37 Fälle mit Gefäßkomplikationen ähnlicher Art finden.

Die erhöhte *Infektionsgefahr* zeigte sich bereits in den Anfängen der ACTH- und Cortisonära an dem unter der Hormontherapie vermehrten Auftreten von Furunkeln, Phlegmonen und Abscessen. Es handelt sich dabei weniger um eine Begünstigung der Erreger als vielmehr um das Fehlen der Abwehrreaktionen des Organismus und die Aktivierung ruhender Herde, daher auch die Abhängigkeit von der Dosierung. Ausgezeichnete experimentelle Untersuchungen wurden von ROBINSON et al. (1953) und THOMAS (1952, 1955) durchgeführt. Zur Vermeidung dieser Komplikationen wurden von vielen Autoren prophylaktisch Antibiotica angewandt. Von anderen wurde diese Prophylaxe abgelehnt, da unter Umständen eine Resistenz der Keime erzeugt würde, die dann beim Auftreten von Infektionen die Therapie erschwere. — Bei schon manifesten Infektionen sollte eine Hormontherapie nur bei strengsten Indikationen und nach vorheriger Sicherstellung durch die Resistenzbestimmung, daß die Infektion beherrscht werden kann, durchgeführt werden. Ausgenommen davon sind Infektionen, die primär foudroyant verlaufen, z.B. gangränöse Pyodermien und das Waterhouse-Friderichsen-Syndrom, Infektionskrankheiten mit starker toxischer Komponente, wie die toxische Diphtherie, Brucellosen und der Typhus (zu Beginn der Chloramphenicol-Therapie), außerdem Erkrankungen, die während einer relativen oder absoluten Nebennierenrinden-Insuffizienz ablaufen (ROBINSON et al. 1953; NEBOUT u. FORESTIER 1953; HEILMEYER 1954; SPENGLER et al. 1955; WRIGHT u. GRECO 1956; SCHWARTZ u. SPRECHER 1955, BICKEL 1958, JANBON 1960, BIERICH 1960, FIEGEL 1960, WEINGÄRTNER 1960, STELZNER 1960 u. a.).

Die Frage der Infektionsgefahr und vor allem die der Aktivierung latenter Herde war für die *Tuberkulose* von besonderer Wichtigkeit. Das Auftreten von aktiven tuberkulösen Prozessen unter oder nach einer Hormonbehandlung wurde mehrfach beobachtet (SMALL 1951; EVANS u. STEINBERG 1954; OATWAY u. PAULSEN 1955; BUREAU et al. 1956 u. a.). Es ist durchaus möglich, daß diese Gefahr durch die neuen Präparate noch gesteigert wird. SCHEIFFARTH und ZICHA (1959) sahen jedenfalls unter Dexamethason eine alte Silico-Tbc innerhalb von 10 Tagen wieder aktiv werden. Die Fahndung nach der Tuberkulose in der eigenen und der Familienanamnese darf daher vor Beginn einer Corticoidtherapie nie fehlen. GOLDMAN (1959) empfiehlt sogar bei Kindern, die ja besonders gefährdet sind, bei positivem Ausfall der Tuberkulin-Reaktion auf jeden Fall gleichzeitig Isonicotinsäurehydrazid (INH) und Para-Aminosalicylsäure (PAS) zu geben.

Über die Wirkung von Cortison und ACTH auf *Virusinfektionen* liegen experimentelle Untersuchungen von FRANCECHETTI et al. (1951) über lokale Verabreichung von Cortison bei Herpes- und Vaccine-Infektionen und von HALLET et al. (1951) mit parenteralen Gaben von ACTH und Cortison bei Herpesinfektionen der Kaninchencornea vor. Von beiden Autorengruppen konnte keine wesentliche Beeinflussung des Krankheitsgeschehens festgestellt werden. Dagegen starben intracutan mit Pockenvirus geimpfte Tiere, wenn sie gleichzeitig oder kurze Zeit später (4—5 Tage) Cortison erhielten (CRISALLI u. TERRAGNA 1956). Nach THOMAS (1952) können Virusinfektionen durch Cortison und ACTH angebahnt werden. Wir selbst sahen während und unmittelbar nach einer Hormonbehandlung so häufig einen Zoster auftreten, daß an einen ursächlichen Zusammenhang gedacht werden muß (SCHREINER 1959). Über das dem Zostervirus verwandte Varicellenvirus kamen die ersten Berichte über Komplikationen durch Corticoide von HAGGERTY und ELEY (1956) und aus Frankreich von BERNHEIM et al. (1956) und GILLOT et al. (1958). Obwohl STRÖTER und HEISE (1959) sahen, daß bei einer „Varicellen-Hausinfektion" alle wegen Tbc mit Prednison behandelten Kinder weniger schwere und kürzer andauernde Erscheinungen hatten und sie deshalb in allen schweren Fällen Prednison therapeutisch gaben, lehnen die Mehrzahl der Autoren diese Therapie ab (WEINGÄRTNER 1960, FIEGEL 1960). BIERICH (1960) zitiert rund 20 Fälle, die einen variolaartig fatalen Verlauf nahmen. Auch bei Hornhautaffektionen im Verlauf von Varicellen lehnt GORDON (1960) die lokale Corticoidbehandlung ebenso wie bei Variola- und Herpes simplex-Infektionen ab. Dagegen wird bei der endemischen Keratoconjunctivitis Cortison + Chloramphenicol empfohlen (ZINTZ und VIVELL 1959). Auch die Mumpsorchitis gehört zu den dringendsten Indikationen der Glucocorticoide (HARTMANN 1958). Bei einem Patienten von OLANSKY et al. (1956) trat nach Vaccination eine große Nekrose auf.

Die Ergebnisse mit Cortison und ACTH bei experimentellen *Pilzinfektionen* sind uneinheitlich. KLIGMAN et al. (1951) sahen lediglich eine verlängerte Inkubationszeit und etwas länger andauernde Reaktionen, während MANKOWSKI u. LITTLETON (1954) auf Grund ihrer Untersuchung die Hormone für kontraindiziert halten (sie arbeiteten allerdings mit Mäusen, die Cortison überhaupt sehr schlecht vertragen!). MUSSO (1959) konnte bei Meerschweinchen keinen Unterschied zwischen der Erst- und Reinfektion mit Achorion Quinckeanum von unbehandelten und mit täglich 2 mg Triamcinolon behandelten Tieren feststellen. GORDON (1960) warnt vor lokaler Anwendung von Cortison bei Pilzinfektionen des Auges.

Eine der auffälligsten Wirkungen von ACTH und den Glucocorticoiden ist die auf den psychischen Zustand der Patienten. Da es sich meist um eine Hebung der Stimmungslage handelte, nahm man ursprünglich eine Beziehung zu der allgemeinen Besserung des Krankheitszustandes an, konnte aber feststellen, daß sie dieser fast durchweg beträchtlich vorausgeht (ROME u. BRACELAND 1952). Seltener kommen dysphorische Zustände und *Psychosen* vor (WYSS 1954). Ein Zusammenhang mit der Höhe der Dosis muß nicht immer bestehen, wenn auch bei höheren Dosen Nervosität, Schlaflosigkeit und Erregungszustände häufiger sind. Wesentlicher sind schon bestehende Affektlabilität oder psychotische Wesenszüge. GLASER (1953) hebt den oft schweren Verlauf und die Suicidtendenz der Patienten hervor, die nach seiner Meinung zu einer aktiven Therapie zwingen (Schock!), während andere Autoren davon absehen und die Psychose nach Absetzen der Hormontherapie abklingen lassen, was allerdings Monate in Anspruch nehmen kann (LETALLEUR et al. 1954; DECKER et al. 1954). Besteht eine lebenswichtige Indikation zur Hormontherapie, so scheinen Chlorpromazin bzw. ähnlich wirkende Pharmaka diese zu ermöglichen (NELSON 1955). Die neueren Präparate scheinen einen weniger starken Einfluß auf die Psyche zu haben. DWYER (1958) stellte bei etwa 25% der mit Prednisolon behandelten Patienten eine Euphorie fest, die in $^1/_3$ der Fälle verschwand, wenn er auf 6-Methylprednisolon überging. Auch GOLDMAN (1959) fand psychische Komplikationen seltener. Wir selbst konnten einen Fall beobachten, bei dem wir früher cyclothyme Verstimmungszustände erlebt hatten, der aber selbst unter Tagesdosen bis zu 25 mg Dexamethason intravenös (Gesamtdosis 298,5 mg) nichts dergleichen zeigte (SCHREINER 1959, 1960). — DU COUÉDIC und DU COUÉDIC (1960) finden sogar, daß sich intravenöse Gaben von Hydrocortison bei vielen psychotischen Zuständen günstig auswirken (Delirium, Agitationszustände, Melancholie).

Die Wirkung von Nebennierenrinden-Hormonen auf *Epileptiker* wurde bereits 1942 von MCQUARRIC, ANDERSON und ZIEGLER (1942) untersucht. Ab 1950 häuften sich die Berichte über das Auftreten von epileptischen Anfällen und Konvulsionsserien unter der Hormontherapie (CLEGHORN et al. 1950; DORFMAN et al. 1951; VAN ZAANE 1954; LOEWENBERG-WAYNE 1954 u. a.), elektroencephalographische Veränderungen stärkeren Ausmaßes wurden allerdings nur bei solchen Patienten beobachtet, die auch vorher schon pathologische hirnelektrische Verhältnisse gezeigt hatten. Auch hier ist also die Disposition oder das bereits latente Vorliegen einer Epilepsie wichtig. Entsprechende anamnestische Erhebungen vor Beginn der Therapie sind daher anzuraten. Ist sie dringend erforderlich, so kann man sie bei entsprechender Medikation durchführen DWYER (1958) gibt 2 solche Fälle an, die sich weder unter Prednisolon noch unter 6-Methylprednisolon verschlechterten.

Schwangerschaftsverlauf, Partus und Entwicklung des Feten werden nach vielen Autoren durch ACTH und Glucocorticoide nicht beeinflußt (SAMITZ et al. 1953; MARGULIS et al. 1954; SALOMON et al. 1955; VARANGOT 1955; FORREST u. HALES 1956). Auch WELLS (1953) fand bei den Kindern von 29 Frauen, die wegen

Hyperemesis gravidarum zu Beginn der Gravidität mit Cortison oder ACTH behandelt worden waren, nur in einem Fall einen angeborenen Herzfehler, in einem zweiten nicht descendierte Testes (das Kind starb am 3. Tag). BRET et al. (1955) sahen bei dem Kind einer ab Mens VI behandelten Frau eine Hasenscharte und Gaumenspalte, HARRIS und ROSS (1956) nach Behandlung in der frühen Schwangerschaft ein offenes Palatinum. Diese Mißbildung kann bei Mäusen mit Cortison sogar experimentell erzeugt werden (BAXTER u. FRASER 1950, zitiert nach HARRIS u. ROSS). Bei Hühnerembryonen können durch Cortison außer Defekten der Gesichtsknochen auch solche der Tibia und persistierende Bauchspalten erzeugt werden (MOSCONA und KARNOFSKI 1960). — Das Kind einer ebenfalls zu Beginn der Schwangerschaft behandelten Frau, das PROUT und SNAITH (1958) sahen, hatte einen offenen Sinus urogenitalis und eine Hyperplasie der Nebennierenrinde, also ein angeborenes adrenogenitales Syndrom. — Bei hochdosierter Glucocorticoid-Behandlung am Ende der Schwangerschaft können addisonartige Bilder bei den Neugeborenen auftreten, die, wenn die Ursache nicht rechtzeitig erkannt wird, kurz nach der Geburt ad exitum kommen (NEIMANN et al. 1959, MITCHEL u. RHANEY 1959, HOTTINGER 1959). TUCHMANN-DUPLESSIS und MEIER-PAROT (1958) hatten das gleiche bei Ratten festgestellt. PREISLER (1960) sah dagegen bei den Kindern von Frauen, die ab der 15. Schwangerschaftswoche mit Depot-Cortison und Depot-ACTH behandelt worden waren, weder Mißbildungen noch eine Nebennierenrinden-Insuffizienz. — Die Meinung, in der Schwangerschaft sei ACTH den Nebennierenrinden-Hormonen vorzuziehen, weil es als relativ großmolekularer Eiweißkörper die Placenta nicht passiert, ist sicher falsch. Ausschlaggebend für eventuelle Störungen sind die Nebennierenrinden-Hormone, auch dann, wenn ACTH gegeben wird. Ob sie von der eigenen Nebennierenrinde produziert oder von außen zugeführt werden, ist für den Effekt unwichtig. Wichtiger erscheint uns die Frage, ob es sich um eine pharmakodynamische oder eine Substitutionstherapie der Graviden handelt. Bei einer richtig durchgeführten Substitutionstherapie sind unseres Erachtens weder Mißbildungen noch eine Nebennierenrinden-Insuffizienz des Neugeborenen zu erwarten (auch WILL 1960).

Da sowohl die ACTH- als auch die Nebennierenrinden-Hormonzufuhr die ACTH-Produktion der Hypophyse hemmen, muß jede plötzliche Unterbrechung der Therapie den Patienten in den Zustand einer sekundären Nebennierenrinden-Insuffizienz versetzen. Daran muß vor allem beim Auftreten einer Infektion oder einer Psychose gedacht werden. Die *abrupte Unterbrechung* kann in solchen Fällen schwerwiegende Folgen haben (KEETON et al. 1951; SLOCUMB 1953; HENNEMANN et al. 1955).

Es sind viele Wege versucht worden, dieser „Nebennierenrinden-Insuffizienz" zu entgehen. Ob dazu ACTH und Cortison gleichzeitig oder alternierend gegeben wurden, der Effekt war immer der gleiche: Es kam zwar durch das ACTH zu einer vorübergehenden erhöhten Funktion der Nebennierenrinde, aber die Hypophyse wurde eher noch mehr gehemmt (SCHREINER 1955). Die am meisten geübte Methode ist die des „Ausschleichens", d. h. die Verabreichung von ACTH nach langsamem Absetzen der Corticoide (BOCK 1960, GEYER 1958, 1960, EVERSE 1960, STICH 1960 und andere). Nach klinischen Beobachtungen und eigenen experimentellen Untersuchungen (SCHREINER 1959, 1960) sowie nach den Untersuchungen von KRACHT (1958—1960) ist das langsame stufenweise Absetzen der Corticoide eine vorzügliche Methode, die Hypophyse zu aktivieren, insbesondere dann, wenn ab 50—100 mg Cortison bzw. 10—20 mg Prednison die Tagesdosen in einer Einzelgabe gegeben werden. Man erzeugt damit relativ große Schwankungen im Hormonblutspiegel, die dazu führen, daß zumindest nach dem histologischen Aussehen der Hypophyse deren normale oder sogar gering erhöhte

Aktivität angenommen werden kann. Sollte man dennoch eine weitere Aktivierung für notwendig erachten, so scheinen uns dazu kontrollierte Belastungen mit Insulin bzw. mit unspezifischen Reizkörpern (in geringsten Dosen) oder auch eine kalte Dusche (als Stress!) die geeignetsten Maßnahmen.

Nach di Raimondo u. Forsham (1958) sollen schwere Stress-Situationen innerhalb von 6 Monaten nach Absetzen der Hormontherapie gefährlich werden können. Nach Bayliss (1958) kann man sogar noch Operationszwischenfälle infolge akuten Nebennierenrinden-Versagens bis 24 Monate später erwarten. Sie empfehlen für die Dauer der Einwirkung des Stress daher immer *Substitution* mit Prednisolon oder Hydrocortison. (Auch hierzu weitere Literatur bei Geyer 1960 und Everse 1960.)

Wir möchten noch auf eine weitere mögliche Komplikation der ACTH-Therapie von seiten der Nebenniere hinweisen, die *Nebennieren-Apoplexie* (Wilson u. Roth 1953). Sie kann bei sehr hohen ACTH-Dosen auftreten, wahrscheinlich aber nur dann, wenn die Nebenniere bereits geschädigt ist.

Überempfindlichkeitsreaktionen auf ACTH sind häufiger, als man nach den Berichten in der Literatur annehmen sollte. Es handelt sich dabei seltener um Sensibilisierung gegen das ACTH selbst, als vielmehr gegen Spuren anderer Eiweißkörper. Die Überempfindlichkeit muß aber schon relativ ausgeprägt sein, um manifest zu werden, denn die Nebennierenrinden- (antiallergische) Wirkung des ACTH wird dadurch nicht beeinflußt. Die erste Mitteilung darüber erschien 1950 (Traeger, Forsham u. Markson, zitiert nach Feinberg et al. 1951). Noch im gleichen Jahr teilten Brown und Hollander (1950) bereits 8 Fälle mit. Die Art der Manifestation variiert von Fall zu Fall: Urticaria (McCombs, zitiert nach Lammers 1954), Erythrodermien (Cohen u. Distelheim 1951) und Schockreaktionen (Wilson 1951; Swift 1954; Bielicky u. Jirsa 1954; Heni u. Blessing 1954; Sigg 1956; Miescher 1956). Hill u. Swinburn (1954) beschreiben sogar Sensationen, die einem „petit mal“ gleichen. — Die weniger ausgeprägten Überempfindlichkeitsreaktionen zeigen sich meist klinisch nur dadurch, daß die Patienten auf ACTH „nicht ansprechen“. Führt man bei ihnen stündliche Eosinophilenzählungen durch, so findet man eine anfängliche Erhöhung, die erst im Laufe der 3.—4. Std in einen Abfall übergeht. Von den Focuspatienten lassen sie sich durch den fehlenden Anstieg unter Cortison, Hydrocortison oder Prednison unterscheiden. — Ob es Allergien gegen oral oder parenteral verabreichte natürliche Glucocorticoide gibt, ist fraglich. Nach Copman (zitiert nach Lammers 1954) soll in einem Fall auf Cortison eine Urticaria aufgetreten sein. Die „Überempfindlichkeitsreaktionen“ auf Hydrocortison stellten sich jeweils als durch Beimengungen wie Chloramphenicol (Scarpa 1956; Coste u. Piquet 1956) bzw. durch das Lösungsmittel (Loveman u. Fliegelman 1956) bedingt heraus. — Nicht so selten sind Überempfindlichkeitsreaktionen auf Hydrocortison-Salben, d. h. die Salbengrundlage oder Antibiotica-Beimengungen. Je nach dem Grad der Überempfindlichkeit sind hier sämtliche Bilder möglich, vom scheinbaren nicht Ansprechen bis zur bullösen Dermatitis. In neuester Zeit wurde allerdings von Burckhardt (1959) eine Allergie gegen Hydrocortison-Salbe beschrieben, bei der die Hautteste auf die Salbengrundlage und alle Beimengungen negativ, die auf Hydrocortison-Acetat eindeutig positiv waren.

Über das Auftreten eines maculopapulösen, teilweise sogar bullösen Exanthems auf Prednison berichten Bonner u. Homburger (1957). Nach Abheilung unter Hydrocortison und Prednisolon rezidivierte der Patient auf erneute Prednison-Gabe. Wir selbst konnten ebenfalls eine Patientin mit extremer Überempfindlichkeit gegen Prednison und Prednisolon beobachten. Wir untersuchten bei ihr die Reaktion auf orale, intramuskuläre und intravenöse Verabreichung. Sie exacerbierte klinisch regelmäßig so stark, daß wir zwischen den einzelnen Testen ACTH bzw. Hydrocortison geben mußten, auf die sie normal reagierte. Erstaunlicherweise konnte eine Überempfindlichkeit gegen Triamcinolon und Dexamethason nicht festgestellt werden (SCHREINER u. EINECKE 1961).

Wie wir bereits zu Beginn dieses Abschnittes betonten, müssen die den einzelnen synthetischen Hormonderivaten zukommenden Effekte, soweit sie von der Wirkung des Hydrocortisons abweichen, im Sinne der Hormontherapie als Nebenwirkungen aufgefaßt werden. Sie können therapeutisch unerwünschte Wirkungen, die dem Hormon physiologischerweise anhaften, abschwächen (z. B. die geringere Beeinflussung des Elektrolythaushaltes durch Prednison, Prednisolon und 6-Methylprednisolon), sie können sie umkehren (wie z. B. bei der unter Umständen überschüssigen Na-Ausscheidung durch Triamcinolon), sie können sie aber auch verstärken (wie das bei der Ca-Mobilisation und der extremen Hypophysenhemmung durch Dexamethason der Fall ist).

6. Kontraindikation

Eine Kontraindikation gegen die Substitutionstherapie mit ACTH bzw. Nebennierenrinden-Hormonen besteht in keinem Falle (ausgenommen bei Allergie gegen ein bestimmtes Präparat).

Die Kontraindikationen gegen die pharmakodynamische Therapie mit höheren Hormondosen lassen sich nicht starr festlegen. Sie müssen jeweils von Fall zu Fall entschieden werden. Anhaltspunkte dafür ergeben sich aus der Anamnese, dem klinischen Befund, der zu behandelnden Krankheit und dem Hormonpräparat, das eingesetzt werden soll.

Anamnestisch ist vor allem nach Psychosen, Diabetes mellitus, Ulcus ventriculi oder duodeni, Hypertension, Herzdekompensation und abgelaufenen oder aktiven Tuberkulosen zu fahnden. Ist eine der Erkrankungen in der Eigen- oder Familienanamnese, so sollten die Hormone nur bei strengster Indikation verwandt werden und zwar stationär unter laufender Kontrolle. Werden die notwendigen Sicherheitsmaßnahmen getroffen, so kann auch in diesen Fällen die Therapie ohne allzugroßes Risiko durchgeführt werden. Wie wir oben sahen, spielt dabei die richtige Wahl des Präparates eine nicht unwesentliche Rolle.

Die Tatsache, daß je nach den gegebenen Voraussetzungen eine Kontraindikation zur absoluten Indikation werden kann, erschwert die Entscheidung oft erheblich. Erwähnt seien dazu hier nur die diabetische Gangrän, die oft nur noch durch Hydrocortison oder Prednisolon günstig zu beeinflussen ist, die akute Blutung eines Ulcus ventriculi, die durch hohe Hormongaben zum Stehen gebracht werden kann, und die tuberkulöse Meningitis, die durch Corticoide sehr häufig noch zu retten ist.

Die Schwierigkeiten für die Entscheidung werden noch größer, wenn man bedenkt, daß unter der oder durch die Hormontherapie Krankheitsbilder entstehen können, die eigentlich zu den Indikationen für Nebennierenrinden-Hormone zählen, wie z.B. Hautblutungen oder die Periarteriitis nodosa. Da man die Entstehung der Periarteriitis nodosa in diesen Fällen als Folge einer Sensibilisierung durch symptomlose Streuung aus Fokalinfekten (Glucocorticoid- bedingt!) annimmt, ist also hier die klinische bzw. bakteriologische Untersuchung auf Foci für die eventuelle Kontraindikation ausschlaggebend. Infekte mit banalen Keimen sind nur dann Kontraindikationen, wenn sie durch Antibiotica nicht beherrscht werden können. Erweisen sich die Bakterien in der Resistenzbestimmung gegen Antibiotica als empfindlich, so kann dadurch die Kontraindikation zur Indikation werden (z.B. beim Typhus und der toxischen Diphtherie). Andererseits kann auch die Reaktionslage des Patienten die Indikation zur Hormonbehandlung bedingen, z. B. bei gangränösen Pyodermien und akuten Peritonitiden, bei denen man unter Umständen den Patienten durch Antibiotica retten kann, wenn man den normalerweise foudroyanten Ablauf der Erkrankungen für kurze Zeit zum Stillstand bringt oder zumindest verlangsamt.

Weitere Kontraindikationen sind die Osteoporose, die Osteomalacie und frische Frakturen wegen der Störung des Knochenaufbaus, die Arteriosklerose wegen der Hypercholesterinämie.

Von mehreren Autoren wird das Bestehen einer Schwangerschaft als Kontraindikation angesehen. Das ist nach den bisherigen Erfahrungen sicher nicht voll gerechtfertigt. Selbstverständlich sollte man während der Schwangerschaft nur bei dringlichsten Indikationen und unter Beachtung aller Vorsichtsmaßnahmen zur Vermeidung von Komplikationen (dazu gehört unter anderem auch die orale Applikation, wegen der zwar nicht großen, aber vorhandenen Gefahr eines Spritzenabscesses) eine Hormontherapie durchführen. Ernsthafte Gefahren bestehen, wie wir bereits früher ausführten, sofern es sich um eine Substitutionstherapie handelt, durch die Hormone weder für die Mutter noch für die Frucht.

7. Wirkungsäquivalente

Schon nach der Einführung von Prednison und Prednisolon zeigte es sich, daß die Angabe eines exakten Wirkungsäquivalentes zum Cortison oder Hydrocortison äußerst schwierig ist. Das wurde nun besonders deutlich und vielleicht auch erklärbar, nach der Einführung der neueren Präparate, insbesondere des Dexamethasons.

Sehen wir uns daraufhin die Tabelle 1 an, in der die experimentell ermittelten „Äquivalente“ verschiedener Autoren zum Cortison angegeben sind, so finden wir

Tabelle 1. *Experimentell ermittelte Wirkungsäquivalente verschiedener Corticoide bezogen auf Hydrocortison*

	Cortison ≃ Hydrocortison	Prednison ≃ Prednisolon	6-Methyl-prednisolon	Triam-cinolon	Dexa-methason
Nebennierenatrophie .	1	3—5	5—7	10	150—700
Thymusinvolution . .	1	3—5	—	5	400
Granulom-Taschen-Test	1	3—5	6—10	10	190—200
Glykogen-Speicher-Test	1	3—5	7—16	10—40	17—20
Mineralo-corticoidwirkung . .	1	3—5	5—7	5 (—1)	30
Klinische Wirkung . .	1	3—5	5—7	5—7	20—400

je nach der untersuchten Wirkungskomponente Unterschiede, die beim Dexamethason von 1:17 im Glykogenspeichertest bis 1:700 in der atrophisierenden Wirkung auf die Nebennierenrinde reichen. Vergleichen wir daraufhin in Tabelle 2 die angegebenen klinischen Wirkungsäquivalente Cortison:Dexamethason, so finden wir ebenfalls Unterschiede, die von 1:20 bis 1:400 reichen. Wir haben nun in dieser Tabelle einmal, soweit das möglich war, die einzelnen Indikationen voneinander getrennt und sehen, daß innerhalb der einzelnen Indikationsgebiete die angegebenen Wirkungsäquivalente wesentlich weniger schwanken. Die weitaus höchsten Äquivalentzahlen (100—400) finden wir beim adrenogenitalen Syndrom, dann folgt der M. Addison (40—60), also die reine Substitution und erst mit Abstand die allgemeinen klinischen Angaben ($\sim$30), aus deren Rahmen lediglich unser eigener bei der Neurodermitis ermittelter Wert (60—80) fällt. Er deckt sich etwa mit dem von LICHTWITZ et al. (1959) beim M. Addison ermittelten Äquivalent, was wiederum für unsere Annahme spricht, daß wir bei der Neurodermitis eine Substitutionstherapie betreiben.

Man sollte diese Wirkungsunterschiede bei der klinischen Erprobung neuer Präparate viel mehr berücksichtigen. Man würde dann nicht die Wirkung bei einem Krankheitsbild (z. B. die Polyarthritis!) zum Kriterium für die Vorzüge und Nachteile aller Präparate machen und vor allem nicht erst durch die Nebenwirkungen (hier handelt es sich um echte Nebenwirkungen, wenn man von der

Tabelle 2. *Klinische ermittelte Wirkungsäquivalente verschiedener Corticoide bezogen auf Dexamethason*

Überprüft an	Co	PrPl	6-MPl	Tri	D	Autor
Allgem. klinisch . .	30		5			FEINBERG (1958)
	(30)	7,5	5			DWYER (1958)
	(30)	7,3			1	BOLAND (1958)
	(25)	6,25	5	5	1	GOLDMAN (1959)
	20—35	7	5	5	1	KORTING (1959)
	(35)	9		8	1	ROBECCHI (1959)
	(35)	8—9		7—8	1	DI VITTORIO (1959)
	(30)	7,5			1	WALTON (1959)
	(30—40)	7—10			1	LICHTWITZ et al. (1959)
	(20)	5			1	HART et al. (1959)
Heuschnupfen . .	(30)	7			1	BROWN et al. (1959)
Asthma	(25)			4	1	DUVENCI et al. (1959)
Leukosen	30	10—20		5—8	1	POLI u. ERIDANI (1959)
M. Addison . . .	40—60	10—15			1	LICHTWITZ et al. (1959)
Adrenogenitales Syndrom (AGS)	(240—400)		40—66		1	LICHTWITZ et al. (1959)
	(50)	10			1	EPSTEIN u. KUPPERMAN (1959)
	100	25	16		1	LINKE u. WALTER (1960)
Neurodermitis . .	60—80	15—20	12—16	12—16	1	SCHREINER (1959, 1960)

(Die in Klammern gesetzten Zahlen sind Umrechnungen).

Hormonwirkung ausgeht) auf ihren Wert für die Therapie aufmerksam werden. Wir sind völlig der gleichen Meinung mit den Autoren, die sagen, man könne beim Tier erhobene Befunde nicht ohne weiteres auf den Menschen übertragen, man muß sie aber als beim Menschen möglich oder sogar wahrscheinlich ansehen und sie bei der klinischen Erprobung berücksichtigen.

II. Therapie

1. Kontaktdermatitis

Schon HENCH u. Mitarb. (1949, 1950), CAREY et al. (1950) und HOWARD et al. (1950) haben die günstige Beeinflussung allergischer Reaktionen beschrieben. 1951 berichtet EKBLAD über 2 mit ACTH und 3 mit Cortison behandelte Kontaktdermatitiden. Die Dosierung von ACTH war sehr unterschiedlich, bei einem Patienten 20, bei dem andern 4mal 20 mg. Cortison wurden 4mal 25 bzw. 2mal 50 mg gegeben. Die Behandlung ging nur über einen Tag. Die akuten Erscheinungen gingen prompt zurück, aber die Abheilung insgesamt wurde nicht beeinflußt. COOKE et al. (1951) stellten demgegenüber fest, daß die schnelle Abheilung durch 80 mg ACTH/Tag von Dauer war, wenn es gelang das Allergen zu beseitigen. FEINBERG et al. (1951) behandelten mit 4mal 20 E ACTH unter Kontrolle der Eosinophilen. Sprachen diese nicht ausreichend an, so gaben sie zusätzlich Cortison. Die Patienten, die nur mit Cortison behandelt wurden, erhielten 2—3 Tage je 200 mg, dann 100 mg. PILLSBURY (1951) sah bei physikalischen Allergien (Photosensibilisation), wie nicht anders zu erwarten war, mit ACTH und Cortison nur vorübergehende Erfolge. 1952 berichten HOPKINS et al. über 10 Kontaktdermatitiden, die zur Abheilung sehr unterschiedliche Zeit und Dosen von Cortison und ACTH benötigten. Im günstigsten Falle sahen sie Abheilung nach 300 mg Cortison in 5 Tagen. Die höchste Gesamtdosis betrug 2,6 g Cortison und 1,05 g ACTH in 2 Monaten. Sie untersuchten auch die Wirkung einer 10%igen Cortison-Salbe auf eine Nickeldermatitis. Die entzündliche Reaktion soll dadurch nach ihrer Beobachtung in Grenzen unterdrückt worden sein. Es handelte sich, wie bei dem Erfolg von LÜTZENKIRCHEN (1952) mit 1%iger Cortison-Augensalbe (bei 2 Dermatitiden), wahrscheinlich um eine Wirkung der Salbengrundlage. FALK et al. (1952) brachten schwere Rhus-Dermatitiden, die bisher eine Behandlungszeit von 6—12 Tagen benötigt hatten, mit Cortison 200, 150, 100 mg oder ACTH 4mal 25, 4mal 20, 4mal 15 mg in 3 Tagen zur Abheilung. WRONG u. SMITH (1953) gaben 500—1000 mg Cortison per os über 4—7 Tage, während HOAGLAND (1953) mit 700 mg per os in 4 Tagen noch keine eindeutigen Erfolge sah. Auch eine 2,5%ige Cortison-Acetat-Salbe wirkte nicht überzeugend. GRÜNEBERG (1953) lehnt die Behandlung von Kontaktdermatitiden mit ACTH ab, sofern es sich nicht um sehr schwere Krankheitsbilder handelt. DIETZ (1957) empfiehlt 20 mg Cortison und 10 E ACTH in 2500 ml Ringerlösung als Dauertropfinfusion über 7—8 Std.

ESKIND et al. (1954) untersuchten die Wirkung von Hydrocortison als 0,2%ige Lotio, 1- und 2,5%ige Salbe und 2,5%ige Cream bei der Rhus-Dermatitis. In 4 Fällen mit Schwellungen und extremem Pruritus war der Effekt sehr gut, in allen Fällen mit Blasenbildung nicht besser als mit einer Placebotherapie. Im Gegensatz dazu stehen die Befunde von KLÄRNER (1955), KATZ et al. (1955), CHURCH (1955) u. a., die mit 1—2,5%igen Hydrocortisonsalben Besserung oder Heilung in einem hohen Prozentsatz ihrer Fälle sahen. Als besondere Indikationen heben die Autoren Dermatitiden an den Augenlidern und perianal hervor. CORNBLEET et al. (1956) sahen mit einer Kombination von 1% Hydrocortison und 3% Oxytetracyclin als Salbe bei sekundärinfizierten und durch Stauung bedingten Dermatitiden bessere Erfolge als mit Salben, die nur eines der Medikamente enthielten. HOWELL (1956) erreichte mit 2,5- und 1%igen Hydrocortison-Salben bei Verwendung des freien Alkohols in 50% der Fälle bereits innerhalb 24 Std eine eindeutige subjektive Besserung.

PHILIPP (1956) gab 20 mg Prednison über 2 Tage, dann reduzierte er die Dosis auf 10 bzw. 5 mg. PEISER u. WEYER (1956) hatten eine etwas höhere Anfangsdosis, 3mal 10 mg über 3 Tage, gingen aber dann ebenfalls langsam zurück.

FRANK u. STRITZLER (1955) untersuchten eine 0,25- und eine 0,5%ige Prednisolon-Salbe bei 44 Patienten im Vergleich zu einer 1%igen Hydrocortison-Salbe. Überlegen war nur in 3 Fällen die 0,25-, in 6 Fällen die 0,5%ige Prednisolon-Salbe, in 24 Fällen Hydrocortison. SIDI et al. (1956) verglichen eine Prednison-Salbe mit einer Hydrocortison-Salbe. In der Mehrzahl der Fälle war angeblich die Wirkung der Prednison-Salbe günstiger. ROBINSON (1959) behandelte 42 Patienten mit einem Prednisolon-Spray und erzielte in $^2/_3$ der Fälle gute Resultate.

Die lokale Wirkung von 0,1- und 0,25%igen Fluorhydrocortison-Salben war nach VOLLMER (1956) bei 5 von 31 Patienten sehr gut, bei 16 gut. Der Effekt der 0,25%igen Salbe war in der Regel besser. Auch LYNDIAN (1957) sah bei allergischen und toxischen Kontaktekzemen eine günstige Wirkung durch 0,1%ige 9α-Fluorhydrocortison-Salbe.

Auch die Ergebnisse mit 6-Methylprednisolon waren sehr gut (GOLDBERG 1958, GRATER 1958). Die Dosis lag etwa um $^1/_3$ niedriger als bei Prednisolon (DWYER 1958). GOLDBERG (1958) berichtet auch über sehr gute Erfolge mit einer 0,5%igen 6-Methylprednisolon-Salbe in 162 Fällen.

Triamcinolon wurde von HOLLISTER und HOUCK (1959) in 36 Fällen an der Toxicodendron-Dermatitis erprobt. Der Erfolg war in 19 Fällen sehr gut, in 9 Fällen gut. APPEL et al. (1958) und CAHN und LEVY (1959) geben als Dosis 12—30 mg/Tag an. FINNERTY (1960) war bei 32 Patienten nur in 8 Fällen mit dem Effekt zufrieden. Der Vergleich zwischen 0,1%-Salben von Triamcinolon-Acetonid gegenüber 1%igen Hydrocortison-Salben fiel eindeutig zugunsten der ersten aus (SMITH et al. 1958, JÄNNER 1960). ROBINSON (1959) setzte bei 41 Patienten eine Kombination mit Teer ein. Er bezeichnet den Effekt in 27 Fällen als sehr gut, in weiteren 12 als gut.

Die von KANOF und BLAU (1959) angegebene Dexamethason-Dosis liegt unseres Erachtens sehr hoch. Sie gaben 3—5 mg/Tag über eine Woche. RUDOLPH und RUDOLPH (1959) hatten auch mit 0,75—1,5 mg sehr gute Erfolge, desgleichen LICHTWITZ et al. (1959).

Abschließend möchten wir noch einmal zwei Autoren zitieren, die schon sehr früh die wichtigsten Gesichtspunkte für die Therapie der Kontaktdermatitis mit ACTH und Corticoiden herausgestellt haben. EKBLAD (1951) findet, daß die akuten Erscheinungen sehr schnell zurückgehen, die Heilung insgesamt aber nicht beeinflußt wird. COOKE et al. (1951) weisen darauf hin, daß die Beseitigung des Allergens der Faktor ist, der den Erfolg der Therapie entscheidet. Daraus ergibt sich für die orale und parenterale Anwendung der Hormone bei der Kontaktdermatitis der zwingende Schluß, zu dem schon GRÜNEBERG (1953) gekommen ist, daß diese Therapie abzulehnen ist, sofern es sich nicht um sehr schwere Fälle handelt. Auch dann reicht, vorausgesetzt, daß das Allergen beseitigt ist, fast immer eine einmalige Gabe von 100 mg Cortison oder Hydrocortison bzw. 20 mg Prednison oder Prednisolon aus, um bei gleichzeitiger lokaler Therapie das Krankheitsbild so weit zu bessern, daß man dann mit dieser allein auskommt.

Ausgenommen von dieser Einengung sind Fälle, bei denen das Allergen nur schwer oder langsam zu beseitigen ist, wie z.B. Jodtinktur, mit der eine Wunde ausgepinselt worden ist. In diesen Fällen kann eine Hormontherapie mit wesentlich höheren Dosen über mehrere Tage erforderlich sein.

Da bei schweren Krankheitsbildern die Nebennierenrinde entweder bereits durch die ACTH-Ausschüttung des Organismus weitgehend stimuliert oder durch das gleiche Agens möglicherweise ebenfalls geschädigt ist, halten wir in diesen Fällen die ACTH-Medikation für unangebracht, zumal Untersuchungen, ob und wie der Patient darauf anspricht, nicht durchgeführt werden können, ohne daß dadurch unter Umständen für die Therapie wertvolle Zeit verloren geht. Hier halten wir es für sinnvoller, dem Organismus Cortison, Hydrocortison, Prednison oder Prednisolon zuzuführen. Ob dies intramuskulär, intravenös oder oral geschieht, spielt keine wesentliche Rolle, da die Reaktion nach diesen Applikationsformen nicht sehr unterschiedlich ist. Die jeweils notwendige Dosierung läßt sich in etwa an dem Verhalten der Eosinophilen ermitteln.

Gegen die lokale Therapie mit Hydrocortison-, Prednisolon- oder Triamcinolon-Salben ist nichts einzuwenden, nur sollte man dabei den Wert einer feuchten Kompresse nicht vergessen. Die besten Erfolge wird man zweifelsohne durch die Kombination beider Maßnahmen erzielen.

2. Heufieber, Rhinitis allergica, Asthma bronchiale

THORN et al. (1950) empfahlen ACTH und Cortison beim Status asthmaticus. Schon ein Jahr später berichten RAPPAPORT et al. (1951) über 26 Pollenallergiker mit Asthma und Heuschnupfen, von denen 9 auf 3mal 20 mg ACTH, über 4 Tage gegeben, klinische Besserung zeigten. SCHWARTZ (1954) hatte mit 4mal 20 mg Hydrocortison/Tag per os als Initialdosis und 40—60 mg als Dauermedikation bei 7 von 10 Heufieberkranken und bei 20 von 39 Patienten mit Bronchialasthma ausgezeichnete Erfolge. WAKAI u. PRICKMANN (1954) behandelten 4 Asthmapatienten mit 6—16 mg 9-Fluorhydrocortison-Acetat/Tag über 8—17 Tage mit zufriedenstellendem Erfolg. DEES (1955) vergleicht die Wirkung von intravenös verabreichtem ACTH bzw. Hydrocortison mit der von intramuskulär und oral verabreichtem Cortison bei Asthmapatienten. Die beiden intravenös verabreichten Hormone wirken gewöhnlich 3—4 Std, Cortison intramuskulär hat dagegen die volle Wirkung erst nach 48 Std, hält dann aber länger an. Oral ist es bei einmaliger Gabe nur über 8 Std wirksam. FOULDS et al. (1955) behandelten die allergische Conjunctivitis, Rhinitis und Bronchialasthma mit sehr gutem Erfolg mit Hydrocortison-Pulver. In der Wirkung entsprachen 10 mg des Pulvers 50 mg Cortison oral. DIAMONT u. KALLÓS (1955) sahen von 25 mg Cortison intrabronchial verabreicht im Status asthmaticus und bei sonst therapieresistentem, schwerem Asthma einen schnell einsetzenden und lang andauernden Effekt. WÜRDINGER u. WENDEBORN (1956) behandelten 5 Patienten, davon 2 im Status asthmaticus mit einem Depot-Cortison (-Önanthat + -Undecylat). Diese bekamen zunächst Nor-Adrenalin, dann 100 mg Cortison-Acetat und erst am 2. Tag 1250 mg Depot-Cortison. Nach weiteren 12 Tagen wurde noch einmal ein Depot von 1000 mg gesetzt, dessen Wirkung nach 20 Tagen noch nicht abgeklungen war. VOLTERANI (1955) erzielte mit Prednison sehr gute, wenn auch nur vorübergehende Erfolge.

9α-Fluorhydrocortison fanden ARBESMAN u. EHRENREICH (1955) selbst bei einer Dosierung von 12 mg/Tag bei schwerem Asthma als unwirksam. Dagegen waren 5 mg Prednison gleichwertig 25 mg Cortison bzw. 20 mg Hydrocortison. Sie weisen darauf hin, daß Prednison, wie die anderen Steroide, keinen Ersatz für die spezifische Behandlung allergischer Zustände darstellt. Auch GRIEP (1956) erzielte mit Prednison und Prednisolon bei einem größeren Krankengut damit meist innerhalb 5—12 Tagen eine vollkommene oder weitgehende Besserung. Die durchschnittliche Tagesdosis betrug 10—15 mg über bis zu 4 Monate. Eine auffallend niedrige Prednisolon-Dosierung gaben JOHNSTON u. CAZORT (1956) an. Das Krankengut umfaßt 201 Patienten mit Heufieber, Bronchialasthma und Kontaktdermatitis. Sie gaben im Durchschnitt täglich 20 mg, insgesamt aber nur 150 mg. Ähnliche Anfangsdosen Prednison gaben FEINBERG u. FEINBERG (1956) bei 6 Patienten mit Asthma und 33 mit allergischer Rhinitis. Sie behielten allerdings eine Erhaltungsdosis von 10 mg über längere Zeit bei. Die Erfolge waren in 31 bzw. 28 Fällen gut. Zum Teil noch niederere Dosen (7,5, 10, 15 mg bei Asthma bronchiale) gaben ARBESMAN u. EHRENREICH (1956). BROWN u. SEIDEMANN (1957) konnten sogar auf Erhaltungsdosen von 2,5 mg/Tag zurückgehen (allergische Rhinitis 10 mg!). — HERXHEIMER u. MCALLEN (1956) verwandten beim Heufieber einen Spray von 15 mg Hydrocortison und 85 mg Lactose. Bei 3maliger Behandlung täglich waren die Patienten meist schon nach 48 Std beschwerdefrei, von 24 mußten 9 die Therapie bis zum Ende der Pollenzeit durchführen. Bei Unterbrechungen blieben sie bis zu 16 Tage erscheinungsfrei. Nur zwei Patienten bekamen unter der Therapie Rückfälle. Auch HOLLER (1956) wandte die gleiche Methode mit gutem Erfolg an (weitere Literatur bei v. STACKELBERG und GEN-

TSCHY 1959). FINDEISEN (1957) — zit. nach DRABE (1959) — gab bei Pollenallergikern Cortison in Form von Tropfen oder ebenfalls als Pulver den Vorzug vor der oralen Therapie.

Sehr bemerkenswert sind die Ergebnisse von BROCKBANK u. BREBNER (1956). Auch sie gaben 15 mg Hydrocortison als Aerosol, hatten aber damit schlechtere Ergebnisse als mit Milchzucker, den sie im Blindversuch als Placebo verwandten. BROWN (1958) hält Prednisolon beim Asthma bronchiale nur dann für indiziert, wenn im Sputum Eosinophile nachweisbar sind. Von 90 untersuchten Patienten war das bei 63 der Fall. Sie konnten alle durch Prednisolon wesentlich gebessert werden, während bei den restlichen 27 damit kaum ein Effekt zu erzielen war. Er hält es bei diesen daher für kontraindiziert. MEYER und MOESCHLIN (1959) empfehlen im Status asthmaticus Prednisolon-Hemisuccinat intravenös. Die erforderlichen Dosen sind relativ hoch. In einem Fall benötigten sie 180 mg in 48 Std.

GRATER (1958) behandelte 46 Patienten mit allergischer Rhinitis, 77 mit Asthma und 79 mit beidem im Durchschnitt mit 13,3 mg Prednisolon bzw. 8,7 mg 6-Methylprednisolon. Er hatte nicht einmal 10% Versager. Die Vitalkapazität stieg unter der Behandlung durchschnittlich von 1690 auf 2266. ml. Bei 117 Patienten, die gleichzeitig einen Infekt des Respirationstraktes hatten, gab er zusätzlich 4mal 250 mg/Tag Tetracyclin. Der Erfolg war in 108 Fällen gut, während vorher eine nur antiallergische oder nur antibiotische Therapie ohne Effekt war. Gleich gut war der Erfolg von NIERMANN u. v. METRE (1958) bei 47 Kindern. — SHERWOOD und COOKE (1957) erzielten in 16 Asthmafällen beim Übergang von Prednison oder Prednisolon auf Triamcinolon ein Wirkungsverhältnis von 1:2. HOLLISTER und HOUCK (1959) bezeichnen den Erfolg damit in 7 von 14 Fällen als sehr gut, in weiteren 6 als gut.

Bei 20 Asthmakindern war der Effekt von Dexamethason gleich dem von Prednisolon (BUKANTZ 1959). RICCIARDI et al. (1959) benötigten in 19 Fällen je nach der Schwere 0,5—3,0 mg Dexamethason. Als Erhaltungsdosis geben sie 0,25—1,0 mg/Tag an. Von 9 Patienten WALTONS (1959) reagierten dagegen 4 selbst auf Dosen von 9,0 mg/Tag nicht, 5 andere blieben allerdings auch nach dem Absetzen längere Zeit rezidivfrei. SCHEIFFARTH und ZICHA (1960) sahen nach intramuskulärer Injektion von 5—10 mg eines wasserlöslichen Präparates bereits nach 10 min Besserung (ähnlich FIEGEL und KELLING 1959). RUDOLPH und RUDOLPH (1959) hatten optimale Erfolge mit Dexamethason und gleichzeitiger Desensibilisierung.

Nach unseren Erfahrungen solle man bei Heufieber und Rhinitis allergica nur in den äußersten Notfällen auf die orale oder die parenterale Hormontherapie zurückgreifen. Zuvor sollte immer ein Versuch mit lokaler Therapie in Form von Augen- bzw. Nasensalbe oder Inhalation gemacht werden. Erst wenn dieser fehlschlägt, sollte man den Patienten auf die niedrigst mögliche Dosis von Prednison oder Prednisolon einstellen. Da das Allergen praktisch nie zu beseitigen ist, muß man mit der Notwendigkeit einer Dauertherapie über die gesamte Pollenzeit rechnen.

Das Asthma bronchiale ist unseres Erachtens keine dringliche Indikation für eine orale oder parenterale Therapie mit Corticoiden. FEINBERG (1958) hält sie auch beim akuten Asthmaanfall für völlig verfehlt, da er entweder spontan vergehe oder aber auf Adrenalin oder die üblichen Asthmamittel schneller anspreche. Er lehnt sie sogar im ganz akuten, lebensbedrohlichen Anfall ebenso wie im anaphylaktischen Schock ab. Auch da sei Adrenalin das Mittel der Wahl (auch BIERICH 1960 und SCHUPPLI 1960). Als Indikation erkennt SCHUPPLI nur ganz schwere chronische Fälle an, bei denen alle anderen Mittel versagt haben. Die gleiche Ansicht vertritt auch GLIGOROVA (1960).

3. Pruritus, Genito-anal-Pruritus

Sulzberger et al. (1951) berichten über zufriedenstellende Erfolge bei je einem Fall von generalisiertem Pruritus (möglicherweise nach Röntgenbestrahlung) und Pruritus ani mit einer oral verabreichten Cortison-Acetatlösung von 50 mg in 4 ml isotonischer NaCl, bzw. 25 mg/ml, die je nach der notwendigen Dosis verdünnt wurde. Die Tagesdosis war 100 mg. Fromer u. Cormia (1952) behandelten 4 Patienten mit therapieresistentem schwerem Genito-anal-Pruritus mit ACTH, je 3 Tage 100 bzw. 50 mg, dann 10 mg als Erhaltungsdosis mit gutem Erfolg. Ein Patient bekam nach 2 Monaten ein Rezidiv.

Lützenkirchen (1952) konnte beim Pruritus vulvae mit 1%iger Cortison-Augensalbe nur Verschlechterung feststellen. Turell (1953, 1955) gab als Anfangsdosis 80, dann 7—14 Tage 40 E ACTH und hatte damit bessere Erfolge als mit 4mal 50 mg Cortison/Tag oral. In 2 Rezidivfällen gab er 50—125 mg Hydrocortison in 1—2,5%iger Konzentration lokal subcutan mit gutem Resultat. Forman (1954) lehnt ACTH und Cortison auch bei generalisiertem Pruritus ohne Hauterscheinungen ab, hält sie dagegen für angebracht, wenn der Pruritus als Begleiterscheinung von Retikulosen auftritt. — Bei 26 von 29 Patienten erzielten Alexandre u. Manheim (1953) mit 2,5%iger Hydrocortisonsalbe eine gute Wirkung. Auch Welsh u. Ede (1954) sahen sowohl in 1- wie 2,5%iger Hydrocortison-Salbe eine wertvolle Bereicherung der therapeutischen Möglichkeiten. Limburg (1955) nennt die Lokalbehandlung mit Hydrocortison-Salbe das einfachste, modernste und wirkungsvollste Verfahren bei Pruritus vulvae, desgleichen Bäfverstedt (1955). Malkinson und Wells (1954) sahen unter 5 Patienten 2 Versager. Grupper (1953) verwandte 2,5- und 0,5%ige Hydrocortison-Salbe mit 1,6% Chloromycetin und 3% Aureomycin mit gutem Erfolg. Ludwig (persönliche Mitteilung) weist allerdings darauf hin, daß die Antibiotica das Auftreten von Hefen provozieren können. Frank und Stritzler (1955) verglichen in 28 Fällen 0,25- und 0,5%ige Prednison-Salben mit 1%iger Hydrocortison-Salbe. In 3 davon war die 0,25%ige Prednisolon-, in 20 Fällen die Hydrocortison-Salbe besser. — Kühnau (1954) berichtet über gute Erfolge, zum Teil Dauerheilung beim Pruritus vulvae durch Hypophysenimplantationen. Pulgisi (zitiert nach Borelli 1955) empfiehlt 5 mg Desoxycorticosteron intramuskulär und 1 g Ascorbinsäure intravenös.

Zelcer (1955) kombinierte 1—0,5%ige Hydrocortison-Salbe mit Neomycin mit sehr zufriedenstellenden Ergebnissen. Portnoy (1956) fand eine 0,1%ige 9-α-Fluorhydrocortison-Salbe einer 1%igen Hydrocortison-Salbe gering überlegen. Burian (1957) verwandte eine 0,5%ige Prednisolon-Salbe mit einem antibakteriellen Zusatz (Bradosol 0,05%) bei 27 Patienten, von denen 18 sehr gut, 5 ausreichend ansprachen. Geyer (1957) hatte durch Zusatz eines Antihistaminicums auch noch in Fällen Erfolg, in denen Corticoid-Salben allein versagt hatten.

Mit einer 6-Methylprednisolon-Salbe (0,5%) behandelte Goldberg (1958) 24 Patienten. Edelstein (1959) gab in 16 Fällen Triamcinolon. Mit Ausnahme von 3 Patienten war der Erfolg bei allen sehr gut (8) oder gut (5). Jänner sah in 15 Fällen sehr Gutes von einer 0,1%igen Triamcinolon-Salbe. Guin et al. (1960) injizierten in einem bis dahin völlig therapieresistenten Fall Prednisolon-Acetat intradermal und konnten damit die Erscheinungen um 80% reduzieren.

Auch wir sehen in den Hydrocortison-, Prednisolon- und Triamcinolon-Salben eine wesentliche Bereicherung der therapeutischen Möglichkeiten beim Genito-anal-Pruritus. Da er allerdings sehr häufig von Oxyuren, kleinen ekzematisierten oder Lichen ruber-Herden, von Analrhagaden oder Hämorrhoiden ausgeht, ist es notwendig, zur Beseitigung des Ekzems die Grundkrankheit zu behandeln. Man erzielt damit häufig bleibende oder zumindest lang dauernde Remissionen. Um Überlagerungen mit Hefen vorzubeugen, verwenden wir im Genito-anal-Bereich vorwiegend eine 0,2%ige Hydrocortison-Salbe mit Boraxzusatz.

4. „Ekzeme“, Kontaktekzeme

Die ersten Berichte über die Wirkung von Cortison und ACTH bei Kontaktekzemen waren nicht sehr ermutigend. QUIROGA u. CHIRIBOGA (1951) konnten im Experiment weder durch lokale Anwendung von Cortison noch durch parenterale Applikation höchster Dosen das Auftreten von Kontaktekzemen verhindern oder ihren Verlauf modifizieren. Auch HURIEZ et al. (1951) konnten bei einem Ekzem von 100 mg Cortison/Tag keine Wirkung sehen, dagegen eine sehr gute durch 100 mg ACTH, doch trat schon wenige Tage nach Absetzen der Medikation ein Rezidiv auf. Ein Gesichtsekzem besserte sich unter Cortison vorübergehend, die Behandlung mußte aber wegen Sekundär-Infektionen abgesetzt werden. Demgegenüber behandelten TZANK et al. (1951) ein 22 Jahre bestehendes, generalisiertes Novocain-Ekzem mit 4mal 25 mg Cortison in 2 Tagen mit sehr gutem Erfolg, obwohl die Epicutanteste positiv blieben. HERRAIZ (1952) fand sogar teilweise Cortison dem ACTH überlegen.

REIN (1953) hatte mit 1-, 1,5- und 2,5%igen Hydrocortison-Salben bei 12 Patienten 4 sehr gute und 5 gute Erfolge. SIDI et al. (1953) sahen bei 48 Patienten mit 2,5%iger Salbe 30% Heilung, 59% Besserung und nur 11% Versager. GRUPPER (1953) verwandte einen Zusatz von 1,6% Chloromycitin und 3% Aureomycin bei gleicher Hydrocortison-Konzentration bei 21 Patienten und erzielte damit 16 sehr gute und 3 gute Effekte. ROUHER (1954) hatte bei Atropinekzemen der Lider und Conjunctiven trotz 2,5%iger Hydrocortison-Salbe häufige Rezidive, die zum Absetzen der Atropinmedikation zwangen. Unter einer 2,5%igen Lösung in Methylcellulose, die in den ersten Tagen dreistündlich appliziert wurde, konnte er in 6 Fällen die Atropinbehandlung ohne Unterbrechung fortsetzen, sie in 4 weiteren Fällen wieder aufnehmen. FRANK u. STRITZLER (1955) stellten beim Vergleich von 0,25- bzw. 0,5%igen Prednisolon-Salben mit 1%igen Hydro-Cortison-Salben in 46 Fällen 3mal bessere Wirkung der 0,25-, 7mal der 0,5%igen Prednisolon- und 24mal der Hydrocortison-Salbe fest.

Von Hypophysen-Frischzellenimplantation und Hypophysen-Totalextrakten sah KÜHNAU (1955) Erfolge. — WRIGHT u. Mitarb. (1955) fanden 9-α-Fluorhydrocortison-Acetat in Dosen von 9 mg/Tag zwar wirksam, aber gegenüber Hydrocortison zu gefährlich. Auch lokal war es bei einer Konzentration von 0,1% bereits sehr wirksam. Noch bessere Resultate erzielten sie durch Zusatz von Neomycin oder Gramycidin. Auch HAVITT et al. (1956) sprechen von guter und schneller Wirkung in 35 Fällen bei hervorragender lokaler Verträglichkeit. Sie sehen darin einen großen Fortschritt, können aber nicht umhin festzustellen, daß es selbst bei lokaler Applikation zur Na-Retention kommen kann, weshalb mit diesem Medikament nur mit geringer Konzentration (0,1%) und kurzfristig behandelt werden soll.

Über die Behandlung eines chronischen Ekzems mit einem Depot-Cortison berichten WÜRDINGER und WENDEBORN (1956). Sie gaben initial 1250 mg, dann in 10tägigen Abständen 1000/750/500 mg. Der Erfolg war sehr gut.

PEISER u. WEYER (1956) behandelten in 16 Fällen mit 3mal 10 mg Prednison. Jeden 3. Tag reduzierten sie die Dosis um 5 mg. Den größten Vorteil sahen sie dabei in der Tatsache, daß man schnell aus der akuten Phase kommt und bessere Voraussetzungen für die sonst übliche Therapie schafft. SIDI et al. (1956_1 und $_2$) setzten in Fällen, die unter Hydrocortison Nebenerscheinungen gezeigt hatten, die

Therapie mit Prednison 20—30 mg/Tag mit bestem Erfolg fort. Sie reduzierten jeden 5. Tag um 2,5 mg. Von einer 2,5%igen Prednison-Salbe sahen sie eine geringere Konstanz in der Wirkung als bei Hydrocortison-Salben. Auch BURIAN (1957) fand, daß licheninfizierte, chronische Ekzeme auf eine 0,1%ige Prednisolon-Salbe mit antibakteriellem Zusatz weniger gut ansprechen, dagegen wurden von 132 akuten Ekzemen 85 sehr gut. WEYER (1957) verordnete in Fällen, in denen die entzündungshemmende Wirkung von Hydrocortison-Salbe nicht ausreichte, eine Kombination mit einem Antihistaminicum. Er konnte dadurch den Hydrocortison-Gehalt der Salbe auf 0,4—0,5% senken.

MEYER und MOESCHLIN (1959) sahen auf intravenöse Injektion von Prednisolon-Hemisuccinat schon nach wenigen Stunden eine deutliche Besserung eintreten. ROBINSON (1959) verwandte mit sehr gutem Erfolg einen Prednisolon-Spray. Wir hatten selbst in Fällen, die vorher völlig therapieresistent waren, schnelle Abheilung, wenn wir über den Prednisolon-Spray einen flüssigen Verband (Nobecutan, Liquidoplast) sprayten.

Über gute Erfolge mit 6-Methylprednisolon berichtet GRATER (1958). Mit Triamcinolon waren die Erfolge von HOLLISTER und HOUCK (1959), FINNERTY (1960) und REYMANN (1960) sehr gut. Auch EDELSTEIN (1959) bezeichnet die Reaktion in 6 von 15 Fällen als sehr gut, in 5 als gut. 0,1%ige Triamcinolon-Salben werden fast durchweg 1%igen Hydrocortison-Salben überlegen gefunden (SMITH et al. 1958, JÄNNER 1960 u. VICKENS und TIGHE 1960). Sehr gut wirkte nach Berichten von NAZZARO (1959) und KANOF und BLAU (1960) Dexamethason in Dosen von 1—4 mg/Tag.

Wir können uns der Ansicht von PEISER u. WEYER (1956) nur insofern voll und ganz anschließen, als man die schnelle Besserung durch die Hormontherapie dazu benutzen sollte, möglichst bald auf eine der üblichen Therapieformen überzugehen. Wir geben allerdings der lokalen Hydrocortison- bzw. Prednisolon- gegenüber der parenteralen Applikation immer den Vorzug. Nur in sehr schweren ausgedehnten Fällen oder wenn die lokale Therapie nicht ausreicht, sollte man auf die orale oder parenterale ACTH- oder Glucocorticoide-Therapie übergehen. Bei guter lokaler Therapie wird man die Anfangsdosis nicht sehr hoch ansetzen müssen. Den Erfolg erkennt man bei ausreichender Dosierung bereits nach wenigen Stunden am Nachlassen des Juckreizes und der Besserung der Hauterscheinungen. Wir geben initial 20 mg Prednison oder entsprechende Dosen anderer Derivate. Hat der Patient innerhalb 8—10 Std keine wesentliche Erleichterung, so kann die gleiche Dosis eventuell noch einmal gegeben werden. — Auf keinen Fall darf die gleichzeitige lokale Behandlung dabei vernachlässigt oder die Hormontherapie länger als unbedingt notwendig durchgeführt werden.

5. Neurodermitis, Atopic Dermatitis, Prurigo, M. Fox-Fordyce

Die ersten Berichte erscheinen 1950. Sie sind nicht sehr ermutigend. STERNBERG (1950) sah unter 40 mg ACTH/Tag zwar eine vollständige Remission, hatte aber zwei Tage nach Absetzen der Therapie bereits das Rezidiv, das auf die gleiche Behandlung allerdings wieder ansprach. FROMER (1950) berichtet Ähnliches. ASTWOOD et al. (1950) erzielten dagegen mit einem Hypophysen-Rohextrakt in einem Fall einen guten Erfolg. Genauere Untersuchungen am Patienten von RANDOLPH u. ROLLINS (1951) hatten keine besseren Ergebnisse. Provozierten sie mit dem bekannten Allergen (Nahrungsmittel), so trat auf ACTH (200—300 mg in 3 Tagen) schnelle Besserung ein. Wurde das Allergen weiter gegeben, hatten sie 4—5 Tage nach Absetzen des ACTH das Rezidiv. Wurde das Allergen ferngehalten, so hielt die Besserung etwa 10 Tage vor. Selbst eine Behandlung über

3 Wochen hatte das gleiche Ergebnis. Nicht anders erging es BOLGERT et al. (1951) auch bei zusätzlicher Cortison-Gabe (50 mg/Tag). LEVER (1951) empfiehlt daher, die Therapie mit Cortison und ACTH wegen der schweren Rezidive nur auf Ausnahmefälle zu beschränken.

Bessere Resultate erzielten offenbar SULZBERGER et al. (1951/52) und ROTHMAN et al. (1951) mit je 100 mg ACTH/Tag. SULZBERGER u. Mitarb. (1951_1) sahen auch sehr gute Erfolge durch eine Cortison-Lösung, die sie oral verabreichten. Die Tagesdosis betrug 150—200 mg. 1952 verwandten SULZBERGER u. WITTEN bei atopischer Dermatitis eine 2%ige Hydrocortison-Salbe und hatten nur 2 Versager, sonst gute bis sehr gute Reaktion. Bei einem größeren Krankengut von SULZBERGER et al. (1953) waren die Ergebnisse mit 1—5%iger Salbe noch wesentlich besser. — FERGUSON et al. (1952) sprechen von gutem und glänzendem Ansprechen in 6 Fällen bei mittlerer Tagesdosis von 170—200 mg Cortison, teils intramuskulär, teils oral über Monate verabreicht. STERNBERG et al. (1952) bezeichneten sogar 23 von 24 Patienten als vollständig abgeheilt (Tagesdosis 200—300 mg oral oder intramuskulär 10—14 Tage). Auch bei ihnen blieben die Rezidive nach Absetzen der Medikation allerdings nicht aus. — Die lokale, oberflächliche Injektion von Cortison mittels Hypospray blieb im Ergebnis unbefriedigend (GOLDMAN et al. 1952), desgleichen die Anwendung von Cortison-Salbe (HAILEY 1951).

Mit Hypophysen- und Nebennierenimplantation erzielten SCHOOG und WOLFERS (1952) nur vorübergehend Erfolge. KÜHNAU (1954) behauptet dagegen, der Erfolg von Hypophysenimplantationen sei konstanter als der mit anderen Verfahren.

Durch Kombination von Hydrocortison-Salben mit einem Antibioticum wurden die Behandlungsergebnisse gegenüber den reinen Hydrocortison-Salben wesentlich verbessert. GRUPPER (1953) nahm 1,6% Chloromycitin und 3% Aureomycin, CORNBLEET et al. (1956) 3% Terramycin. Inwieweit die 126 von SIDI et al. (1953) berichteten Erfolge mit Hydrocortison-Salbe bei Ekzematikern in die hier besprochene Krankheitsgruppe einzuordnen sind, läßt sich nicht sicher entscheiden. Sie erzielten jedenfalls mit 1- und 2,5%iger Salbe hervorragende, wenn auch nur vorübergehende Erfolge.

Die in den folgenden Jahren erschienenen Arbeiten, die zum Teil über ein sehr großes Krankengut berichteten [KATZ et al. (1955) 581 Patienten, CHURCH (1955) 105 Patienten, WESH u. EDE (1955) 402 Fälle], brachten im wesentlichen nichts Neues, es sei denn, daß zur Verhütung von Rezidiven eine Teerbehandlung nachfolgen müsse. An diesen Ergebnissen änderte sich auch durch die Kombination innerlicher und lokaler Behandlung mit Hydrocortison [GAY PRIETO (1955)] nichts.

Lediglich WÜRDINGER und WENDEBORN (1956) berichten über die Anwendung eines Depot-Cortisons. Sie benötigten nur eine einzige Injektion von 1250 mg, um eine so weitgehende Besserung zu erzielen, daß die bis dahin stationäre Behandlung ambulant forgeführt werden konnte.

1955 erschienen die ersten Arbeiten über die Therapie der Neurodermitis mit Prednison, das allerdings auch nur insofern einen Fortschritt brachte, als es bei der wirksamen Dosierung [MIDANA u. ZINA (1955)] von 20—25 mg fast keine Nebenerscheinungen machte. Die Anfangsdosis von ROBINSON (1955) lag zwar höher, wurde aber schnell auf 15 mg/Tag herabgesetzt, ARBESMAN u. EHRENREICH (1956) gaben 40 mg Prednison oder Prednisolon mit gleicher Wirkung. JOHNSTONE u. CAZORT (1956) dosierten Prednisolon wiederum niedriger. Ihre Anfangsdosis war im Durchschnitt 20 mg/Tag, die Gesamtdosis 150 mg. Bei dieser Behandlung sprach die atopische Dermatitis weniger gut an als Heufieber und Kontaktdermatitiden. SNEDDON berichtete 1960 über die Erfolge der Langzeitbehandlung der atopischen Dermatitis mit Prednisolon. Er gab es in 26 schweren Fällen bis zu $4^1/_2$ Jahren. Die Erhaltungsdosis lag zwischen 10 und 15 mg/Tag.

Die lokale Wirkung von 0,25- bzw. 0,5%igen Prednisolon-Salben untersuchten FRANK u. STRITZLER (1955) im Vergleich zu einer 1%igen Hydrocortison-Salbe. Von 63 Patienten sahen sie eine bessere Wirkung, bei 6 von der 0,25-, bei 7 von der 0,5%igen Prednisolon-Salbe. Die Hydrocortison-Salbe war in 29 Fällen überlegen.

Im Gegensatz zum Prednison und Prednisolon machte das ebenfalls neu eingeführte 9-Fluorhydrocortison-Acetat, das bei Erwachsenen in Tagesdosen bis zu 9 mg gegeben werden mußte, bereits ab 4 mg/Tag sehr erhebliche Nebenerscheinungen (K-Verlust, Na-Retention, Hypertension, Gewichtszunahme). Bei lokaler Applikation als Salbe ergab sich bereits bei 0,1%iger Konzentration eine sehr gute Wirkung, die durch Kombination mit Neomycin und Gramicidin noch gesteigert werden konnte (WRIGHT et al. 1955). PORTNOY (1956) sah bei einem größeren Krankengut sogar eine geringe Überlegenheit gegenüber einer 1%igen Hydrocortison-Salbe.

GANS (1956) empfiehlt eine Kombination von lokaler Hydrocortison-Salben- und Teerbehandlung. Auch SCHMUTZIGER (1956) hält die zusätzliche Lokalbehandlung alter Art für angebracht. Er hält außerdem das Studium der Erkrankung für ausschlaggebend für den Erfolg. Akute Fälle reagierten besser als chronische. HOWELL (1956) stellte eine 1- und 2,5%ige Salbe mit freiem Hydrocortison in Vergleich zu einer entsprechenden Acetat-Salbe und fand sie dieser deutlich überlegen. Von 85 Neurodermitikern sprachen 77 gut an.

1957 berichtet SAVITT über die Injektion eines löslichen Hydrocortisons (Succinat) in die Läsionen. Von 5 Patienten mit Lichen chronicus simplex reagierten 3 sehr gut, 2 nicht. GUIN et al. (1960) nahmen Prednisolon-Acetat, das sie meist mit der Vibrapunktur-Technik injizierten. Die Suspensionen enthielten 2,5 bis 25 mg/ml. Der Erfolg war in 8 Fällen 80—100%ig. — Nach BURIAN (1957) sprechen die Neurodermitis und chronische Ekzeme mit Lichenifikationen schlecht auf eine 0,5%ige Prednisolon-Salbe (mit einem antibakteriellen Zusatz) an. Er sieht den wesentlichsten Vorteil dieser Salbe in der Besserung des Juckreizes, dem Wegfall des Kratzens und somit der schnelleren Möglichkeit zur normalen lokalen Therapie. ROBINSON (1954) behandelte lokal mit einem Prednisolon-Spray. — 1958 vergleicht DWYER die Wirkung von 6-Methylprednisolon mit der von Prednison und kommt zu einem Verhältnis von $1:1^1/_2$. Auch GOLDBERG (1958) fand eine Tagesdosis von 6—8 mg 6-Methylprednisolon für ausreichend. Er behandelte auch lokal mit einer 0,5%igen Salbe mit sehr gutem Erfolg.

Triamcinolon wurde von APPEL et al. (1958) zum Teil relativ hoch dosiert. Sie geben 8—32 mg als Tagesdosis an. Auch REYMANN (1960) gab meist 3mal 4 mg, während CAHN und LEVY (1959) in 26 Fällen nur 4—8 mg/Tag benötigten. Über weitere gute bis sehr gute Erfolge berichten EDELSTEIN (1959) und FINNERTY (1960). — CROWE et al. (1958) und GOODMAN (1958), CLARK und HALLET (1960) und VICKERS und TIGHE (1960) verglichen 0,1%ige Triamcinolon- mit 1%iger Hydrocortison-Salbe im Blindversuch. Die Triamcinolon-Salbe war bei weitem überlegen. Sie war auch besser als eine 0,5%ige Prednisolon- und eine 0,025%ige Dexamethason-Salbe (CAHN und LEVY 1959). ROBINSON (1959) sah Gutes von einer Triamcinolon-Teer-Salbe. — JAMES (1960) bezeichnet die Ergebnisse von intradermalen Injektionen einer Triamcinolon-Suspension (10 mg/ml) in 28 Fällen als sehr gut. Wir selbst konnten schon 1959 über die Behandlung von 43 Neurodermitikern mit Dexamethason berichten. Unsere Initialdosis betrug nur in 2 Fällen 1,5 mg pro Tag, in 50% der Fälle 1,0 mg und in 45% nur 0,5 mg/Tag, bei zusätzlicher Lokalbehandlung. Bei 65% der Patienten reichte nach einer Woche die lokale Behandlung allein aus und nur bei 10% war die orale Therapie länger als einen Monat notwendig (SCHREINER 1959/60).

Wir führen auch seit 1957 bei allen Patienten mit Neurodermitis systematische Untersuchungen der Funktion des Hypophysen-Nebennierenrinden-Systems durch und können zur Zeit folgende Gruppen unterscheiden: 1. reagiert auf einen „Stress" in Form einer 2 min dauernden Dusche von 14—15° C und auf die intravenöse Insulinbelastung mit 0,03 E/kg mit einem Anstieg der eosinophilen Zellen, auf 20 E ACTH intramuskulär und 20 mg Prednison per os mit einem starken Abfall der Eosinophilenzahlen um bis zu 97,5% über 8—12 Std. Die Blutzuckerkurve nach Insulin ergibt stark pathologische Werte. 2. reagiert auf „Stress" und ACTH nur ungenügend, auf Prednison mit einem starken Abfall der Eosinophilen; 3. reagiert auf „Stress", ACTH und Prednison mit einem vorübergehenden Anstieg der Eosinophilen bis zu 100% über den Ausgangswert, fällt dann erst ab; 4. reagiert auf „Stress", ACTH und Prednison normal. Wir schließen daraus, daß die Neurodermitis sowohl durch eine Funktionsschwäche der Hypophyse (1), als auch der Nebennierenrinde (2), außerdem aber durch einen streuenden Focus (3) und primär durch allergische Geschehen ausgelöst werden kann.

Ohne daraus zu weitgehende Schlüsse zu ziehen, können wir bezüglich der Therapie aus den bisher etwa 60 Beobachtungen einige Lehren ziehen. Erfahrungsgemäß sprechen sämtliche Gruppen innerhalb weniger Tage auf relativ geringe Dosen Cortison, Hydrocortison, Prednison, Triamcinolon oder Dexamethason (100 bzw. 20, 16 und 1—1,5 mg) bei zusätzlicher lokaler Therapie, je nach Art der Hauterscheinungen mit feuchten Verbänden, indifferenten Salben, Teerpräparaten, Hydrocortison-, Prednisolon- oder Triamcinolon-Salbe, vorzüglich an. Die Gruppen 1 und 4 reagieren gleich gut auf ACTH (10—20 E/Tag intramuskulär). Die Gruppe 3 sollte, wenn nötig, bis zur Beseitigung des Focus lediglich mit Hormonsalben behandelt werden, da dieser durch die orale oder parenterale Hormontherapie unmerklich streuen und Komplikationen verursachen kann. Wir verwenden auch gern ein Hydrocortison-Teergemisch als Salbe oder Paste. In diesem Gemisch wird mit fortschreitender Heilung der Teeranteil bis zu einem Verhältnis von Hydrocortison-Salbe:Teerpaste = 1:4 vergrößert. Ähnlich verwenden wir ein Gemisch von einem Teil 1%iger Hydrocortison-Salbe mit bis zu 4 Teilen Eucerin c. aq., das sich für die ambulante Nachbehandlung bzw. die Dauertherapie in den meisten Fällen als ausreichend erweist (SCHREINER 1960).

Zusammenfassend möchten wir also sagen, daß bei einem großen Teil der Patienten dieser Krankheitsgruppe die Therapie mit ACTH oder Nebennierenrinden-Hormonen nicht als symptomatisch, d.h. im Sinne der Unterdrückung allergischer Vorgänge, sondern als Substitutionstherapie anzusehen ist. Bei diesen allein sollte grundsätzlich die Hormontherapie durchgeführt werden. Meist reichen 5 mg Prednison, 4 mg Triamcinolon oder 0,5 mg Dexamethason täglich oder sogar jeden 2. Tag bei entsprechender Hautpflege aus, um diesen Menschen das Leben wieder lebenswert zu machen. Sogar im akuten Schub benötigen sie nur geringe Dosen (20 mg Prednison, 1,0—1,5 mg Dexamethason) für 2—3 Tage, um dann wieder mit der Erhaltungstherapie auszukommen. Zur Erhaltungsdosis muß gesagt werden, daß sie sicher zu hoch liegt, wenn der Patient ohne zusätzliche lokale Therapie auskommt. Man wird dann mit „Nebenerscheinungen" rechnen müssen.

Reagieren Neurodermitiker nicht auf die oben angegebenen Corticoiddosen, benötigen sie 40—50 mg Prednison oder 3—5 mg Dexamethason über längere Zeit oder läßt sich die Dosis nach der Abheilung nicht auf die oben angegebenen Dosen senken, so muß man daran denken, daß es sich um einen Patienten mit dauerndem Kontakt mit einem Allergen, also um ein Kontaktekzem bei einem Neurodermitiker handelt. Diese Patienten sind auch so zu behandeln, d. h. viel wichtiger als jede Therapie ist die Suche und Beseitigung des Allergens (SCHREINER 1959).

6. Kinder- bzw. Säuglingsekzem

Über die ersten Erfolge mit ACTH berichten bereits KANEE et al. (1950) und HESTETUM und WENNEVOLD (1951). Die Hautaffektionen verschwanden schnell, das Allgemeinbefinden besserte sich, die Lymphknotenschwellungen gingen zurück, aber der alte Zustand stellte sich umgehend wieder ein, sobald die Behandlung eingestellt wurde. THÉLIN et al. (1951) machten die gleichen Feststellungen mit ACTH 25 mg/Tag bzw. Cortison 2mal 30 mg/Tag. Nach COOKE et al. (1951) verschwanden Quaddeln und Juckreiz auf 80—100 mg ACTH oder Cortison in 3—5 Tagen. Aber der Effekt war nur vorübergehend, wenn es nicht gelang, das Allergen zu beseitigen. 1953 berichtet VONKENNEL über sehr gute Erfolge beim Säuglingsekzem mit ACTH-Aerosolbehandlung.

Waren HESTETUM und WENNEVOLD (1951) ganz entschieden dafür eingetreten, die Therapie mit ACTH und Cortison nur in Ausnahmefällen auf 6—8 Tage auszudehnen, so behandelte HILL (1951) Kinder von $4^1/_2$ Monaten bis 1 Jahr mit einer Durchschnittsdosis von 75 mg Cortison/Tag bis zu 11 Monate. Nebenbei betrieb er diätetische und lokale Therapie und erzielte so 8 Abheilungen und 6 wesentliche Besserungen. — VOLLMER (1953) konnte auch bei Kindern feststellen, daß Cortison-Salben (0,3—2,5%) praktisch unwirksam sind. Von Hydrocortison-Acetat-Salbe (1—2,5%) berichtet dagegen MCCORRISTON (1954) über Besserungen bereits nach 24—48 Std, die während der ganzen Zeit der Behandlung (3—7 Wochen) und in 60% der Fälle 8 Monate darüber hinaus anhielt. Obwohl die Erfolge von WITTEN et al. (1954) nicht ganz so gut waren, empfahlen auch sie diese Therapie, da sie die einfachste, sauberste und am schnellsten wirksame sei. — Prednison anfangs 20 mg/Tag, dann 15—5 mg über 1—22 Wochen gaben SIEGEL et al. (1956). Von 16 Kindern sprach nur eines nicht an, bei den anderen verschwanden die Symptome innerhalb von 48 Std. Gleich gute Erfolge mit Prednison wie mit Prednisolon in einer Dosierung von 3 mg/kg bzw. nach Eintreten der Besserung 2 mg/kg bis zu 30 Tagen erzielten COPELLO u. CAJATI (1957).

KARTE und DETMOLD (1956) berichten über ein Krankengut von 132 Kindern. Sie betonen ebenfalls die schnelle Besserung auf ACTH und Cortison (50—70 mg je Tag im Anfang, dann langsame Verminderung; durchschnittliche Dauer der Therapie 3 Wochen). Auf Grund ihrer Erfahrungen warnen sie vor dem schweren Rezidiv und empfehlen, die Zeit der Besserung zur lokalen Teerbehandlung zu benutzen. — DEBRÉ et al. (1956) kombinierten Cortison mit Aspirin. Sie gaben 46 Säuglingen je 2 Tage 100, 75 und 50 mg, dann jeden 2.—3. Tag 50 mg Cortison, ab dem 5. Tag dann zusätzlich 0,1—0,15 g/kg Aspirin und schließlich über längere Zeit nur Aspirin. 42% der kleinen Patienten wurden so ohne Rückfälle geheilt, weitere 28% weitgehend gebessert, der Rest gebessert. Es wird allerdings darauf hingewiesen, daß die erforderliche Aspirindosis nahezu toxisch ist.

PORTNOY (1956) fand eine 0,1%ige 9-α-Fluorhydrocortison-Salbe einer 1%igen Hydrocortison-Salbe gering überlegen.

Eine ziemlich umfassende Übersicht über dieses Thema brachte BANDMANN (1960). Er hält als lokale Behandlung corticoidhaltige Therapeutica für unbedingt indiziert, sofern die Herde nicht nässend, eitrig-krustig sind. Dabei ist zu beachten: 1. welche Basis, 2. welches Corticosteroid, 3. welche Konzentration und 4. welches Antibioticum? Die Basis richtet sich nach der Haut. Die einzelnen Corticosteroide hält er in den üblichen Konzentrationen für etwa gleich wirksam. Nebenwirkungen durch Resorption sind nur bei Fluorhydrocortisonpräparaten, insbesondere bei Emulsionen und Lotiones zu befürchten. Er hält die höchste Konzentration für die wirtschaftlichste (2,5% Hydrocortison). Die Salbe sollte häufig (5—6mal/Tag) dünn aufgetragen werden. Später sollte man sich über geringere Konzentrationen (bis 0,2%) ausschleichen. Antibioticazumischungen sind besonders zu Beginn angebracht, außer Penicillin und Streptomycin eignen sich alle.

Eine orale Corticosteroidtherapie ist nach seiner Ansicht nur in schweren, therapeutisch sonst hoffnungslosen Fällen indiziert. Bevorzugt werden vorerst Prednison und Prednisolon. Die Dosis ist von Fall zu Fall verschieden, sollte aber so hoch sein, daß keine neuen Herde mehr auftreten.

Auch GOLDMAN (1959) hält bei Kindern die lokale Corticosteroidtherapie für besonders wichtig und auch die neueren Präparate oral, allerdings vorwiegend zur Kurzbehandlung, für angebracht. Länger dauernde Behandlungen sollten nur durchgeführt werden, wenn dringende Indikationen vorliegen.

Bei der enteralen und parenteralen Therapie des Kinder- und vor allem des Säuglingsekzems mit Hypophysen-Nebennierenrinden-Hormonen ist unseres Erachtens der allerstrengste Maßstab anzulegen. Gegen die lokale Anwendung von Corticoid-Salben ist dagegen nichts einzuwenden, doch stimmen unsere Erfahrungen bezüglich der Konzentration nicht mit denen von BANDMANN (1960) überein. Wir brauchen 2,5%ige Hydrocortisonsalben praktisch nie, kommen im Gegenteil fast immer mit 0,25%igen Hydrocortison-, 0,1%igen Prednisolon- (-Diäthylaminoacetat oder -Bis-Phthalat) bzw. 0,025%igen Triamcinolon-Salben aus. Als sehr vorteilhaft hat es sich erwiesen, die handelsüblichen Salben im Verhältnis 1:2 bis 1:4 mit 2%iger Salicyl-Vaseline, -Eucerin oder -Adeps auf die notwendige Konzentration zu mischen.

Ist es aus lebenswichtigen Indikationen notwendig, initial für einige Tage ein Nebennierenrinden-Hormon per os zu geben, so muß unbedingt die geringstmögliche Dosis gewählt werden. Die zusätzliche Therapie mit Aspirin (DEBRÉ et al. 1956) ist wegen der notwendigen hohen Dosis zu gefährlich, daher trotz der guten Erfolge abzulehnen.

7. Urticaria

Als erster Autor empfiehlt HENCH (1950) ACTH bei der Urticaria. MARSHALL (1951) gab 6stündlich 10—20 mg intramuskulär oder 20 mg als Dauertropfinfusion. EKBLAD (1951) hielt 4mal 10 mg ACTH für ausreichend. 100 mg Cortison waren schlechter wirksam. Bei der chronischen Urticaria versagten beide. Dagegen hatten SULZBERGER et al. (1951) mit Cortison in einer Dosierung von 100—200 mg bei der akuten Urticaria sehr gute Erfolge, desgleichen HOPKINS et al. (1952). KÖHLER (1951) berichtet über eine günstige Beeinflussung der mit Ulcus ventriculi kombinierten chronischen Urticaria durch Desoxycorticosteron in 8 Fällen.

Bei der Kälteurticaria hatte ILLIG (1952) mit ACTH keinen Erfolg, selbst bei sehr hoher Dosierung (bis zu 85 E/7 Std). Auch bei der Urticaria factitia stellte er selbst auf Dosierung von 25 mg/6 Std keine Reaktion fest. In einer Statistik von 500 Fällen kommt STEINHARDT (1954) zu dem Schluß, daß Cortison und ACTH lediglich bei der Serumkrankheit gerechtfertigt seien. — Widersprechend sind die Berichte über die Behandlung und Erfolge mit Prednison. Während VOLTERANI (1955) eine besondere Resistenz der Urticaria gegenüber diesem Medikament sah, hatten REIN und BODIAN (1956) mit 40—60 mg/Tag und einer Erhaltungsdosis von 15 (bis zu 40) mg die besten Erfolge. Sie traten allerdings nur langsamer auf als nach Hydrocortison.

HOLLISTER und HOUCK (1959) hatten bei der chronischen Urticaria mit Triamcinolon nicht sehr viel Erfolg, desgleichen FINNERTY (1960). Dagegen gibt EDELSTEIN (1959) von 13 Fällen 6 als sehr gut, 4 als gut beeinflußt an.

Für die Behandlung der Quincke-Ödeme schienen zunächst durch die Einführung der wasserlöslichen, intravenös injizierbaren Präparate neue Gesichtspunkte aufzutreten. MEYER u. MOESCHLIN (1959) empfehlen 100 mg Prednisolon-Hemisuccinat intravenös. Wenn nach 4 Std keine Besserung aufgetreten sei, soll die gleiche Menge noch einmal gegeben werden. In schweren Fällen sollte immer prophylaktisch die Intubation oder Tracheotomie durchgeführt werden. Bei Verwendung von Dexamethason intravenös soll wenigstens in den meisten Fällen die Tracheotomie zu umgehen sein (LÉGER 1960). Auch ein nach einem Wespenstich aufgetretenes Ödem soll nach SCHEIFFARTH und ZICHA (1960) durch 5 mg intracutan injiziert binnen weniger Stunden zurückgegangen sein. CLARMANN (1960) sieht in allen lebensbedrohlichen Zuständen infolge Bienen-, Wespen- und Hornissenstichen eine Indikation für 50 mg Prednisolon intravenös.

ILLIG (1952) weist darauf hin, die Heilungserfolge EKBLADs (1951) seien darauf zurückzuführen, daß es sich bei der akuten Urticaria um eine einmalige Reaktion handle, die auch ohne Behandlung abgeheilt wäre. Das Versagen der Therapie bei den chronischen Fällen sieht er als Beweis dafür an. Nach unseren Erfahrungen trifft der Schluß bezüglich der akuten Form zu, so daß eine therapeutische Maßnahme nur schwierig zu beurteilen ist. In den chronischen Fällen muß man zwischen denen mit Eosinophilie und der weitaus größeren Gruppe, bei der eher eine mäßige Eosinopenie vorliegt, unterscheiden. Die erste Gruppe ist offenbar der akuten Form gleichzusetzen, nur daß das Allergen häufig auf den Organismus einwirkt, z. B. bei Ascaridenbefall. Sie reagieren auch auf Corticoid- und ACTH-Therapie, aber nur im Sinne einer Unterdrückung der Reaktion. Demgegenüber handelt es sich bei der 2. Gruppe ebenso wie bei der Urticaria factitia und dem Dermographismus um vegetative, meist psychogene Störungen, die durch die Hormontherapie oft nur vorübergehend oder gar nicht beeinflußbar sind. — Bezüglich der lebensbedrohlichen Quincke-Ödeme verweisen wir auf die Ausführungen über das Asthma (S. 589). Das dort Gesagte gilt sinngemäß auch für den Schock, worauf SCHUPPLI (1960) ausdrücklich hinweist. Die Nebennierenrindenhormone werden dadurch nicht unnötig, sondern sie müssen zusätzlich gegeben werden (WIEMERS 1959). Auch lassen sich die lebensbedrohlichen Quincke-Ödeme unseres Erachtens durch Antihistaminica, eventuell kombiniert mit Calcium, intravenös verabreicht, schneller beheben als mit den Corticoiden. Wir hatten Gelegenheit zwei Fälle von akutem Glottisödem zu beobachten, die schon während der Injektion wieder frei atmen konnten (SCHREINER 1953).

8. Jododerma, Bromoderma

AQUILINA u. BISSEL (1955) behandelten ein schweres Jododerma mit Hydrocortison-Tropfinfusionen (100 mg/1000 ml isotonische NaCl) und zusätzlich lokal mit 0,1 % Hydrocortison als feuchte Verbände. Sie nehmen an, daß diese Therapie in ihrem Fall lebensrettend war.

Ein Bromoderma tuberosum behandelte STUHLERT (1957) mit 4mal 5 mg Prednison/Tag (insgesamt 125 mg). Die Herde verkleinerten sich schlagartig und trockneten ein. Sie wurden dann mit dem scharfen Löffel abgetragen.

9. Erythema exsudativum multiforme bullosum (Stevens-Johnson-Syndrom)

Über die ersten Erfolge mit ACTH berichten etwa zu gleicher Zeit WAMMOCK et al. (1951) und FRIEDMANN u. PATHÉ (1951). Die Dosierung war 2 Tage 3mal 20 mg, dann 3 Tage 25 mg, bzw. 4mal 10 mg/Tag + 2 g Aureomycin. Der Heilungsverlauf war dramatisch. BLEIER u. SCHWARTZ (1951) gaben 3mal 100, 2mal 100, dann 1mal 100 mg Cortison, ebenfalls mit Aureomycin. Auch ihr Erfolg war hervorragend, ebenso wie der von SCHUPBACH u. GENDEL (1951) bei gleicher Dosierung.

Das Versagen von ACTH und Cortison, das COSTELLO (1953) meldet, läßt sich nicht ganz beurteilen, da die Diagnose nicht sicher war und keine Dosierung angegeben ist. Immerhin folgt auf zahlreiche Erfolgsmeldungen 1954 eine Arbeit von MAURIELLO (1954), der ebenfalls feststellt, daß die Hormone nicht immer wirksam seien, und ein Bericht von JOULIA et al. (1955), die zwar mit ACTH eine momentane Abheilung erzielten, aber Rezidive hatten. Über eine relativ niedere Dosierung, 4mal 25 mg Cortison (insgesamt 750 mg) kombiniert mit Supracillin bzw. 25 E ACTH/Tag (insgesamt 125 E), berichtet MLETZKO (1954). Sie weist auf die zusätzliche Verwendung von Cortison-Augentropfen zur Beseitigung der conjunctivalen Erscheinungen hin.

DWYER (1958) berichtet über Erfolge mit 6-Methylprednisolon, desgleichen GOLDBERG (1958), der damit auch noch in Fällen Erfolg hatte, in denen vorher andere Corticoide und ACTH-Infusionen versagt hatten.

Es stehen somit zahlreiche Behandlungserfolge nur wenigen Therapieversagern oder Teilerfolgen gegenüber. Da das Erythema exsudativum multiforme bullosum ein sehr schweres Krankheitsbild ist, sind die Hypophysen-Nebennierenrinden-Hormone durchaus indiziert, zumal es sich fast immer nur um eine kurzfristige Medikation handelt. Die Höhe der Dosis ist von Fall zu Fall verschieden. Die zusätzliche Therapie mit einem Antibioticum ist ebenso wie die lokale Behandlung von conjunctivalen Erscheinungen immer zu empfehlen.

10. Reiter-Syndrom (Fissinger-Leroy-Reiter-Syndrom)

ORGYZLO u. GRAHAM [(1950), zitiert nach SUTTON (1956)] sahen in 3 Fällen nach ACTH dramatische Besserung, desgleichen LARSON u. ZOECKLER [(1953), zitiert nach SUTTON (1956)]. Die Ergebnisse von REID (1954) mit Cortison waren dagegen unterschiedlich, und BOLGERT et al. (1955) konnten weder von ACTH noch von Cortison eine eindeutige Wirkung sehen. HADIDA u. TIMSIT (1956) erzielten selbst mit insgesamt 3,9 g Cortison keine Besserung der Hauterscheinungen. Eine 2. Kur von 2,2 g mit Tetramycin kombiniert brachte sogar eine Verschlechterung. Erst bei der 3. Kur mit 9 g Cortison + Terramycin, Aureomycin und Butazolidin sahen sie eine unzweifelhafte Besserung. Eine Übersicht über 10 Fälle geben FOXWORTHY et al. (1956). Cortison oder ACTH wurden in hohen Anfangsdosen bis insgesamt 9,5 g Cortison bzw. 3,9 g ACTH über bis zu 87 Tage gegeben. In einigen Fällen wurde Hydrocortison intraartikulär injiziert. Sie finden, daß bei genügend hoher Dosierung die Symptome zwar unterdrückt werden, die Krankheitsdauer aber nicht verkürzt wird. Jedenfalls seien die Hormone, obwohl nicht heilend, zur Zeit noch die wirksamsten Mittel, das Krankheitsbild zu beherrschen.

11. Behçed-Syndrom

France et al. [(1951), zitiert nach Sutton (1956)] lehnten ACTH und Cortison ab, während Phillips u. Scott (1955) längere Remissionsperioden und erheblich leichtere Exacerbationen danach sahen. Auch Fronimopoulos und Lambrou (1959) erzielten mit Cortison und ACTH gute Effekte. Nazzaro (1959) konnte mit Dexamethason alle Symptome beseitigen.

12. Erythema nodosum

Farber u. Mandelbaum (1951) berichten über einen Fall, der während der Gravidität aufgetreten war und unter 300 mg Cortison am 1., 200 mg am 2. Tage klinisch und histologisch abheilte. Nicht ganz so günstig sind die Erfahrungen von Fontan et al. (1955), die nach vorübergehender Heilung mehr oder weniger schwere Rückfälle sahen. Wetzel (1956) gab 100 bzw. 75 mg Cortison über Wochen, sprach dann aber von einem guten und dauerhaften Erfolg.

Da die Ursache eines Erythema nodosum sehr verschiedener Art sein kann, lassen sich Behandlungserfolge nur sehr schwer beurteilen. Unter dem Bild eines Erythema nodosum verlaufende Arzneimittelexantheme klingen praktisch immer spontan innerhalb weniger Tage ab. Auch die durch banale Keime bedingten Schübe verschwinden unter Bettruhe meist sehr schnell. Da außerdem insbesondere im Kindesalter sehr häufig eine Tuberkulose für sein Auftreten verantwortlich gemacht werden muß, sollte man mit dem Einsatz von Hormonpräparaten sehr zurückhaltend sein. Aus ähnlichen Erwägungen hält auch Bierich (1960) seine Behandlung für überflüssig.

13. Periarteriitis nodosa

Die ersten Mitteilungen über die günstige Wirkung von ACTH erschienen 1950 von Goldman et al. und etwa zur gleichen Zeit über 7 Fälle, die innerhalb 24—72 Std auf Cortison bzw. ACTH ansprachen, von Schick et al. (1950) und Carey et al. (1950). Van Cauwenbergh (1951) empfiehlt zusätzlich Antibiotica. Ein Fall von Martin (1951), der auf 80 mg ACTH/Tag rapide Besserung gezeigt hatte, kam 16 Tage später durch ein Rezidiv ad exitum. Brodthagen et al. (1951) sahen auf 20—45 mg ACTH keinen Effekt. Lechelle u. Delaporte (1953) behandelten einen Fall, der eine Eosinophilie von 75% hatte, 10 Tage mit 200 mg Cortison, gaben dann abfallende Dosen bis zu 50 mg über einen Monat. Nach Absetzen der Therapie stiegen die eosinophilen Zellen wieder an. Sie nahmen also die Therapie jetzt mit 100 mg/Tag ACTH wieder auf. Nach 14tägiger Behandlung blieb das Rezidiv aus (2 Monate!). Benhamou et al. (1954) berichten über Abheilung durch noch längere Cortison-Therapie. Sie gaben 8,225 g in 51 Tagen bzw. 9 g in 3 Monaten. Ähnliche Dosen per os gaben Lincoln u. Ricker (1954), deren Fall nach 6 Monaten histologisch normale Befunde zeigte. Drei akute Fälle konnte Yonis (1959) erfolgreich mit täglich 4mal 25 mg Cortison oder ACTH behandeln. Er ist der Meinung, daß man auf dieses übergehen sollte, wenn nicht innerhalb 24—36 Std der Erfolg durch den Temperaturrückgang sichtbar werde. Steinberg et al. (1956) behandelten 3 Patienten mit Prednison 3mal 10—30 mg/Tag.

Malkinson u. Wells (1955) bringen eine Übersicht über 37 Fälle. Sie weisen darauf hin, daß im Verlauf des Absetzens der Hormontherapie Raynaud-ähnliche Erscheinungen auftreten können. Auch Joulia et al. (1956) sahen nach dem Absetzen eine Gangrän des rechten Fußes, die zur Amputation zwang.

Die Periarteriitis nodosa wird allgemein als Folge einer Sensibilisierung durch Bakterien angesehen. Wie wir wissen, tritt sie sogar vermehrt bei Patienten auf, die aus irgendwelchen Gründen über längere Zeit Corticoide erhalten haben [KEMPER et al. (1957), BUKANTZ u. AUBUCHON (1957)], wahrscheinlich infolge laufender sypmtomloser Streuung aus einem Focus. Man sollte deshalb die Focussuche und die Fokalsanierung jeder anderen Therapie vorausschicken. Läßt sich kein Focus feststellen, so empfiehlt sich auf jeden Fall zusätzlich zur Hormontherapie die Verabreichung eines Breitspektrumantibioticums. Unter diesen Voraussetzungen halten wir bei einer so schweren, lebensbedrohenden Erkrankung den Therapieversuch mit Nebennierenrinden-Hormonen für indiziert, auch wenn die Wahrscheinlichkeit, daß er erfolgreich ist, nur etwa 50% beträgt.

14. Polyarteriitis cutanea benigna

Ein Fall von CERUTTI u. SANTOJANNI (1957) wurde mit Prednison in relativ hohen Dosen (keine genaue Angaben!) klinisch fast geheilt.

15. Arteriitis temporalis

Erste Behandlungserfolge mit Cortison und ACTH wurden von SCHICK et al. (1950) und TATE u. WHEELER (1951) berichtet. GIRARD et al. (1952) erzielten ebenfalls einen sehr guten Erfolg mit Cortison (Dosis nicht angegeben). SCHAERSTRÖM (1953) bezeichnet den Effekt sogar als dramatisch, während MORIN et al. (1953) von den Vorteilen weniger überzeugt sind.

Eine Übersicht über 52 mit Cortison und 3 mit Prednison behandelte Patienten liegt von BIRKHEAD, WAGENER u. SCHICK (1957) vor. Sie gaben am 1. Tag 300, dann 150—200 mg Cortison intramuskulär über 6 Wochen. Danach reduzierten sie die Dosis sehr langsam jeweils um 12,5—25 mg. Ein Teil der Patienten erhielt oral die gleiche Dosis. Einen Unterschied in der Wirkung konnten die Autoren nicht feststellen. Prednison gaben sie in einer Dosierung von 75 mg am 1. Tag, dann 50 mg. In einigen Fällen kam es bei etwa 100 mg Cortison wieder zur Verschlechterung. Sie zwang dazu, die Dosis wiederum für einige Tage zu erhöhen. Die Behandlung dauerte teilweise 9—12—15 Monate. Trotzdem sollte nach Ansicht der Autoren unbedingt sofort damit begonnen werden, da der noch vorhandene Visus dadurch erhalten wird. RIDERER (1957) berichtet in einer Kasuistik über die Behandlung mit Prednisolon. Als Anfangsdosis gab er 40 mg/Tag. GORDON (1960) zählt die Arteriitis temporalis zu den Indikationen für Dexamethason.

16. Verschiedene Gefäßerkrankungen

Bei strangförmiger, oberflächlicher Phlebitis konnte BRAUN-FALCO (1953) von 75 mg Cortison/Tag keinen Effekt sehen. KIMMIG (1956) berichtet dagegen von guten Effekten mit täglich 100—150 mg Cortison und zusätzlicher antibiotischer Therapie. BACH (1957) gab bei oberflächlichen Phlebitiden 250 mg eines Depot-Cortisons. Auch MORETTI et al. (1960) halten sowohl bei der Phlebitis als auch bei der tiefen Thrombose Prednison für das Mittel der Wahl. Sie geben allerdings zusätzlich Antikoagulantien.

Ein Patient mit Endangitis obliterans (WINIWARTER-BÜRGER), bei dem bereits die Zehen amputiert waren, behandelten CONTI et al. (1954) mit Hydrocortison u. a. und erzielten damit einen Rückgang der Erscheinungen. Auch ZANNINI u. TESAURO (1956) sahen von dieser Behandlung einen deutlichen entzündungswidrigen Effekt, ein schnelles Abstoßen der Nekrosen, Reinigung der Ulcera und ein Zurückgehen des Gewebsödems. Leider war keine Beeinflussung des sonstigen Verlaufs der Erkrankung feststellbar. — Bei 2 obliterierenden

Atherosklerosen schien der Erfolg besser zu sein. Apel (1958) berichtet über 50 Fälle, die er mit teilweise recht gutem Erfolg mit Prednisolon-Hemisuccinat intraarteriell behandelte. Er gab 2mal wöchentlich 25 mg, bis zu 10 Injektionen insgesamt.

Die diabetische Gangrän spricht nach Stötter (1956), sofern der Diabetes optimal eingestellt ist, auf Cortison recht gut an. Er behandelte 10 Fälle mit einer Anfangsdosis von 100 mg, die er später bis auf 20 mg reduzierte. Als Ursache für diesen Effekt nimmt er eine Hemmung örtlicher Entzündungsvorgänge und damit eine bessere Durchblutung an. — Kaiser (1958) erzielte noch bessere Erfolge mit Prednisolon-Hemisuccinat, intraarteriell injiziert. Da Kimmig (persönliche Mitteilung) vermutete, daß es sich auch dabei nicht um eine lokale, sondern ebenfalls um eine allgemeine Wirkung handelt, gab er zunächst Prednisolon intravenös, später auch per os mit zufriedenstellendem Erfolg. Die Anfangsdosis war 2mal 25 mg intravenös, die spätere orale 2mal 15 mg/Tag. Nach Einsetzen der Heilung wurde sehr langsam, unter ständiger Kontrolle der Blutzuckerverhältnisse, reduziert.

Die Therapie der hier angeführten Gefäßerkrankungen mit Nebennierenrinden-Hormon ist sicher keine ideale Lösung, trotzdem kann sie in schweren Fällen lebensrettend oder zumindest lebensverlängernd wirken.

17. Panniculitis

Während Shuman (1951) mit ACTH bei dieser Erkrankung keinen Erfolg erzielte, sahen Harrison u. Saxton [(1953), zitiert nach Sutton (1956)] in 2 Fällen offensichtliche Besserung. Auch mit Cortison (125 mg/10 Tage) konnten Grupper u. Hebert (1954) eine schnelle, hervorragende Besserung erzielen. Der gleiche Fall wurde 1955 mit Hydrocortison per os behandelt (Dosis nicht angegeben).

Šmejkal u. Vaua (1954) gaben in einem Fall subcutane ACTH-Dauertropfinfusionen. Binnen 12—24 Std war der Zustand entscheidend gebessert. Ähnliches berichtet Crosbie (1955).

Sandifer (1955) sieht unter 300 mg Cortison abfallend bis 100 mg trotz wesentlicher Besserung des Allgemeinbefundes neue Läsionen auftreten.

18. Granuloma anulare

Lützenkirchen (1953) behandelte 2 Patienten mit sehr gutem Erfolg mit 100—200 mg Cortison/Tag bis zu einer Gesamtdosis von 1600 mg, hatte allerdings in einem Fall 10 Tage nach Absetzen bereits ein Rezidiv. Finnerud u. Szymanski (1956) sahen von Cortison keine Wirkung, während v. Runkelen (1954) mit gutem Erfolg Hydrocortison-Salbe anwandte. Auch die lokale Injektion von Hydrocortison hatte in 2 von 3 Fällen, über die Savitt (1957) berichtet, ein gutes Ergebnis. Dietz (1960) hatte in 19 Fällen mit lokaler Injektion von Hydrocortison- oder Prednisolon-Suspension einen vollen Erfolg. Oft hatten sich die Herde bereits nach der 1. Injektion zurückgebildet, fast immer nach der zweiten. Nur in 3 Fällen kam es zu abgeschwächten Rezidiven. Auch Guin et al. (1960) geben in 3 Fällen einen Rückgang von 75—100% an. James (1960) teilt 4 eigene und weitere 5 fremde Fälle mit, die alle auf intradermale Injektion von Triamcinolon-Acetonid (10 mg/ml) sehr gut reagierten. Kimmig (persönliche Mitteilung) erzielte mit Prednison bei einer Tagesdosis von 5—10 mg in 6 Fällen gute Erfolge, er wendet allerdings diese Therapie nur bei ausgedehnten Befunden und Resistenz gegen die üblichen Behandlungsmethoden an.

19. Granuloma gangraenescens nasi

GERTLER et al. (1956) teilen 2 Fälle mit, die sie ohne Effekt mit ACTH behandelten (Dosis 100 mg/Tag).

20. Cheilitis granulomatosa (MIESCHER), Melkersson-Rosenthal-Syndrom

HORNSTEIN (1955) behandelt das Thema sehr ausführlich sowohl vom klinischen als auch vom histologischen Standpunkt aus. Von den 8 Fällen, die er mit Cortison (anfangs 200 mg/Tag bis zu 2,5—4 g) behandelte, zeigten 5 eine deutliche Besserung, die restlichen 3 waren weniger gut bzw. nicht zu beurteilen. Manchmal sprachen die Patienten erst an, wenn zusätzlich eine Keilexcision durchgeführt worden war. Auch BERGER (1956) hält die Cortison-Therapie für angebracht.

21. Erythematodes

Der erste Bericht über eine Nebennieren-Hormonbehandlung eines akuten Erythematodes wurde schon 1934 von GOUGEROT veröffentlicht. Es handelte sich um einen Fall, bei dem gleichzeitig eine Nebennieren-Insuffizienz vorlag (L. E. myasthénique). Er heilte auf Verabreichung von Nebenniere und Adrenalin ab. Auch beim chronischen Erythematodes sahen PUSCY u. RATTNER (1935) Gutes von getrockneter Nebenniere.

1949 behandelten GOUGEROT et al. wiederum 3 myasthenische Fälle mit gutem Erfolg mit „Desoxycorticosteron-Acetat". Im gleichen Jahr sahen GRACE u. COMBES (1949) die erste Remission eines disseminieren Erythematodes auf ACTH. Zwei weitere Fälle, die für das unterschiedliche Ansprechen auf die Hormontherapie charakteristisch sind, behandelten ELKINGTON et al. (1949). Im ersten Fall gaben sie als Anfangsdosis 100 mg/Tag, gingen dann langsam bis zu 20 mg zurück. Der Erfolg war sehr gut. Im zweiten Fall steigerten sie zwar die Dosis schon sehr bald bis 200 mg/Tag, konnten aber trotzdem den fatalen Ausgang nicht verhindern. — Im folgenden Jahr erschienen bereits größere Erfahrungsberichte, so von SOFFER et al. (1950) über 14 Patienten. Die Dosierung war ACTH 100 bis 150 mg (in 4 Injektionen) oder Cortison 150—200 mg/Tag. Die Temperatur fiel auf ACTH bereits nach 12—18 Std, auf Cortison erst nach 2—4 Tagen ab. Die Hauterscheinungen sprachen langsamer an und trotz augenscheinlicher Remission blieben die LE- (Lupus erythematosus- oder Hargraves-Haserick-)-Zellen, die Urinbefunde, Leuko- und Thrombopenie bestehen. Die Autoren schlossen daraus, daß der Krankheitsprozeß als solcher nicht erfaßt würde. Die Erhaltungsdosis war individuell verschieden.

Über 12 akute und 5 chronische Erythematodesfälle berichten CAREY et al. (1950). Sie weisen darauf hin, daß der Behandlungserfolg beim akuten Erythematodes von der ausreichenden Dosierung abhängig sei. Diese betrug bei ACTH im Durchschnitt 100 mg/Tag. Die Therapie mußte zum Teil bis zu 68 Tage fortgeführt werden (Gesamtdosis bis zu 3 g). Die Behandlungszeiten mit Cortison waren offensichtlich kürzer. Bei einer Anfangsdosis von 200—400 mg benötigten sie 11—18 Tage (Gesamtdosis bis 2,65 g). Die Besserung trat bereits innerhalb 24 Std ein und war so dramatisch, daß sie mit der Krise bei Pneumonien verglichen werden konnte, es zeigte sich aber, daß in 5 von 12 Fällen nach Absetzen der Medikation zum Teil sehr schnell (7 Tage), zum Teil etwas später (bis zum 5. Monat) Rezidive auftraten. Die Ergebnisse beim chronischen Erythematodes waren nicht befriedigend.

Daß auch mit niederer Dosierung Erfolge erzielt werden können, zeigen Mitteilungen von PLOTZ et al. (1950), die 60—80 mg ACTH gaben, von SCHUERMANN u. DOEPFMER (1950) mit 30 mg/Tag (insgesamt 270 mg in 18 Tagen) u. FERRIMAN u. WILSDON (1950) mit 4mal 5 mg (= 20 mg), einer Dosis, die allerdings nicht immer ausreichte (RØJEL 1951). HASERICK et al. (1951) empfehlen im Gegensatz dazu massive Anfangsdosen bis zu 600 mg Cortison/Tag. Auch die von ihnen angegebenen Erhaltungsdosen sind mit 40 mg ACTH/Tag als sehr hoch anzusehen. Sie kombinierten teilweise sogar beide Hormone. IRONS et al. (1951) fanden, daß mit ACTH schnellere Remissionen zu erzielen seien, die Behandlung aber dann wegen der Komplikationen, die bei längerer Verabreichung von ACTH aufträten, besser mit Cortison fortgeführt werde. MARSCHALL (1951) nimmt an, daß ACTH seine Wirkung langsam verliere, da er nach einem Jahr unter der Therapie einen neuen Schub auftreten sah.

Auf Grund der hervorragenden Erfolge der Ophthalmologen mit Cortison-Salbe verwandten NEWMAN u. FELDMAN (1951) beim discoiden Erythematodes eine 0,3-, 0,5- und 2,5%ige Cortison-Salbe 3—4mal täglich lokal. Der Erfolg war nicht überzeugend. Auch mit einer 2,5%igen Hydrocortison-Salbe hatten SULZBERGER u. WITTEN (1952) beim chronischen Erythematodes keinen und in subakuten Fällen nur wenig Erfolg. Ähnliches berichten REIN (1953) nach Therapieversuchen mit 1-, 1,5- und 2%igen Salben und GRUPPER (1953) bei gleicher Hydrocortison-Konzentration und Antibioticum-Zusatz. Wir selbst sahen wiederholt recht gute Effekte von einer 1%igen Hydrocortison-Salbe, die allerdings nur zur lokalen Pflege zusätzlich zur allgemeinen Therapie gegeben wurde. HELLERSTRÖM (1953) hat neben sehr guten Erfolgen auch über einen Fall zu berichten, der sich unter Cortison und ACTH verschlechterte. Über einen Fall, bei dem ACTH beim Rezidiv versagte, berichten LAUGIER u. RENARD (1954). HASERICK (1953) kommt bei einem kritischen Rückblick auf 83 Fälle sogar zu dem Schluß, daß die Applikation von Steroidhormonen in subakuten und subchronischen Fällen schwerwiegende Folgen haben kann. Beim akuten Erythematodes wurde dagegen eine Überlebenszeit von einem Jahr vor der Cortison-Ära nur in 10, danach in 68% der Fälle erreicht. Als Ursache für den fatalen Ausgang nennt er die unbeeinflußbaren Nierenschäden, die sog. Lupus-Erythematodes-Krisen und Septicämien. Zwei Patienten kamen allerdings mit Sicherheit infolge Nebenwirkungen des Cortison ad exitum, bei 2 weiteren ist es wahrscheinlich. Zu etwa gleichen Ergebnissen kamen SOFFER et al. (1954). Von ihren 32 Patienten starben 9 (etwa $^1/_4$) in der Beobachtungszeit (meist an Niereninsuffizienz!), 15 (etwa $^1/_2$) brauchen Dauertherapie und 11 (etwa $^1/_4$) kamen später ohne Behandlung aus.

DUBOIS (1953) hält das Ansprechen des akuten Erythematodes auf die Hormontherapie für so unzweifelhaft, daß er es als Differenzierungsmöglichkeit gegenüber anderen „Kollagenkrankheiten" ansieht.

Die bis dahin gemachten Erfahrungen werden durch zahlreiche Berichte der folgenden Jahre bestätigt. Die Erfolge auf Cortison, Hydrocortison und ACTH sind gegenüber den Mißerfolgen weit in der Mehrzahl. Obwohl anzunehmen ist, daß das Verhältnis Erfolg:Mißerfolg, wie es aus den Arbeiten von HASERICK (1953) und SOFFER et al. (1954) hervorgeht, eher den Tatsachen entspricht, als man nach der Fülle der positiven Einzelmitteilungen annehmen möchte, bleibt die Hormontherapie die erfolgversprechendste, zumal bei richtiger Einstellung auch die notwendige Dauertherapie keine „Nebenerscheinungen" verursacht. So kommen DORDICK u. GLUCK (1955) nach vorheriger Behandlung mit Cortison und ACTH mit nur 10 mg Prednison/Tag aus, einer Dosis, die auch bei langer Verabreichung keine Störung des Elektrolythaushaltes macht [auch IVERSON (1956)].

Daß es nicht immer gleichgültig ist, ob Cortison oder ACTH verwandt wird, zeigt die Mitteilung von BUREAU et al. (1955). Die Autoren sahen bei einem exanthematischen Erythematodes unter 200 mg ACTH schnelle Besserung. Da bei 50 mg ACTH neue Erscheinungen auftraten, stellten sie die Therapie auf Cortison um (leider keine Dosis angegeben!). Darunter verschlechterte sich der Zustand so, daß er bedrohlich wurde. Auf erneute ACTH-Gaben (150 mg) dramatische Besserung. Der 2. Versuch, auf Cortison überzugehen, führte wiederum zu einem neuen Schub. Auch diesmal schlagartiges Ansprechen auf ACTH (200 mg als Perfusion, dann 400 mg/Tag intramuskulär!).

Sehr interessant ist weiterhin eine Mitteilung von BOLLET et al. (1955), die in 10 Fällen bei akutem Erythematodes mit Cortison und Hydrocortison keine zufriedenstellenden Erfolge erzielen konnten, daher auf Prednison oder Prednisolon übergingen. Sie gaben davon anfangs im allgemeinen 35, als Erhaltungsdosis 18 mg/Tag. Das akute Stadium konnte damit, wenn auch unvollkommen, überbrückt werden.

Von den neueren Präparaten berichten GOLDBERG (1958) von 2 subakuten Fällen, die auf 8—12 mg 6-Methylprednisolon sehr gut reagierten und DUBOIS (1958) von akuten Erythematodesfällen, bei denen Triamcinolon bis zu 14,5 Monaten gegeben wurde. Die Triamcinolon-Dosis betrug in leichteren Fällen 20,6 mg/Tag. Bei einem schweren Fall wurden 96 mg über längere Zeit gegeben. Unter dieser Therapie entwickelte sich zwar ein Duodenalulcus, das aber unter allgemeiner Behandlung nach Umsetzen auf 6-Methylprednisolon abheilte. Auch KANEE (1958) und APPEL et al. (1958) geben gute Erfolge mit Triamcinolon an. APPEL et al. (1958) benötigten dazu nur 8—20 mg/Tag. EDELSTEIN (1959) bezeichnet den Effekt bei 4 Behandlungen nur einmal als sehr gut, zweimal als gut. Wir selbst beobachteten einen Erythematodes cum exacerbatione, der unter Dexamethason ganz wesentlich gebessert werden konnte (SCHREINER 1959/60).

HOPF (1960) empfiehlt zur zusätzlichen lokalen Behandlung von Erythematodesherden Salben mit wasserlöslichen Corticoiden, da diese eine größere Tiefenwirkung hätten. GUIN et al. (1960) injizierten intradermal Prednisolon-Acetat, doch war der Erfolg nicht überzeugend (30—75%). JAMES (1960) gibt dagegen 9 mit Triamcinolon-Suspension (10 mg/ml) lokal behandelte Fälle an, von denen 7 sehr gut reagiert hätten.

Übersichtsarbeiten: DOEPFMER (1951), HERZBERG (1954), GRAUL (1954/55), NÜCKEL (1955[1] und [2]), SIEGENTHALER u. HEGGLIN (1956), MUNDT u. ISEKEN (1956), KONRAD et al. (1956), BENCZE (1956), BOCK (1956), SIEGENTHALER u. HEGGLIN (1957), DUPERRAT (1958), HERZBERG (1958).

22. Dermatomyositis, Poikilodermatomyositis

1948 gab bereits PERDRUP (1955) einer histologisch gesicherten Dermatomyositis mit sklerodermatischen Veränderungen jeden 2. Tag 10 mg Percortin und erzielte damit bei zusätzlicher physikalischer Behandlung Besserung.

Die ersten Mitteilungen über eine ACTH-Behandlung erscheint von ELKINGTON et al. (1949). Sie erzielten mit 75—160 mg/Tag einen guten Effekt. Schon nach wenigen Tagen gingen die schweren Erscheinungen zurück und die Dosis konnte reduziert werden. Einen weiteren sehr schweren Fall, der sich unter ACTH dramatisch besserte und offenbar heilte, behandelten OPPEL et al. (1950) und etwa zur gleichen Zeit einen dritten RAGAN (1950). Auch der schon oben angeführte Fall von PERDRUP (1955) erhielt 1950, nachdem wieder eine Verschlechterung eingetreten war, 17 Tage lang ACTH (Dosis nicht angegeben). Die dadurch eingetretene Besserung war von Dauer. Sie führte zu einer langsamen Normalisierung der Befunde. Eine Poikilodermatomyositis besserte sich, wie SCHMIDT u.

Sturup (1950) mitteilten, unter 2 Tage 4mal 5 mg, 6 Tage 5mal 8 mg, 1 Tag 5mal 4 mg und 19 Tage 5mal 2 mg ACTH bei zusätzlicher Aureomycintherapie. Am 9. Tag waren die Muskelinfiltrate verschwunden. Die Hautveränderungen wurden nicht sicher beeinflußt.

Auch aus Deutschland kommt schon im gleichen Jahr die erste Nachricht über die Behandlung einer schweren Dermatomyositis mit ACTH. Lohmeyer et al. (1950) erzielten bereits 30 Std nach der 1. Injektion das Nachlassen des Juckreizes. Vom 3. Tag an verschwand die Hautrötung und am 7. Tag, nach einer Gesamtdosis von 615 mg, konnte die Patientin schon wieder kleinere Spaziergänge machen. Eine Probeexcision zeigte, daß die entzündlichen Infiltrate verschwunden waren, das Ödem aber fortbestand. Der Zustand besserte sich weitere 10 Tage, dann kam es zum Rezidiv. Es sprach auf 3 Tage je 100 mg ACTH wiederum hervorragend an, doch folgte diesmal das Rezidiv schon nach 2 Tagen.

Mach et al. (1951) dosierten wesentlich niedriger. Sie gaben in 8 Tagen nur 300 mg und erzielten damit ebenfalls Besserung. Auch bei einem fast moribunden Fall gaben Suzmann u. Rudolph (1951) nur 4mal 10 mg täglich, sie blieben dabei aber 15 Tage lang. Danach wurde die Dosis so reduziert, daß sie in 90 Behandlungstagen insgesamt 860 mg brauchten. Der Patient blieb über eine Beobachtungszeit von 14 Wochen erscheinungsfrei. William u. Bowler (1951) hatten mit 4mal täglich 8 mg (500 mg insgesamt) sogar über 9 Monate keine neuerliche Verschlechterung. Über 2 Therapieerfolge mit unwahrscheinlich geringer Dosierung, 100 mg ACTH in 17 Tagen, berichtet Blom-Ides (1952).

Tappeiner (1952) sah bei einem Kind trotz 102 mg ACTH und 2800 mg Cortison keinen Effekt. Auch Hopkins et al. (1952) hatten in 3 Fällen trotz offensichtlich ausreichender Dosierung von Cortison und/oder ACTH (bis zu 2,0 g Cortison in 18 Tagen) keinen therapeutischen Erfolg.

Ferguson et al. (1952) glauben, die Dauer der Therapie sei für den Erfolg ausschlaggebend. Sie hatten nach 51 Behandlungstagen (durchschnittlich 182 mg Cortison/Tag) innerhalb 2 Wochen ein Rezidiv. Nach weiteren 102 Tagen Behandlung (durchschnittlich 136 mg Cortison) trat dann kein Rückfall mehr auf. Diese Auffassung mag in manchen Fällen zutreffen, daß aber auch eine Behandlung über 9 Monate keine völlige Remission bringen muß, zeigt ein Fall von Lebsanft (1955). Diese Mißerfolge ließen sich auch durch Zugabe von Antibiotica nicht immer beheben (Aubertin et al. 1953, 1 Mega Penicillin/Tag).

Immerhin konnten aber dadurch wieder einige weitere Fälle beeinflußt werden [Joulia et al. (1953), 200 mg Cortison und 2 g Terramycin/Tag].

Einen grundsätzlichen Wandel des Krankheitsbildes erzielte Grupper (1955) bei einem Fall, der zuvor auf 120 mg Hydrocortison über 10 Tage und 40 E ACTH über 8 Tage nur wenig Besserung gezeigt hatte, mit Prednison. Er gab eine Woche lang 40, dann 40 Tage 30 mg. Als Erhaltungsdosis benötigte er 20 mg/Tag. Ähnliches berichten Arbesman u. Ehrenreich (1955) und Bureau et al. (1956).

Einen besonderen Platz möchten wir der Dermatomyositis und der Poikilodermatomyositis mit Calcinosis einräumen. Briggs u. Illingworth (1952) erzielten in einem Fall mit 100, 50 und 30 mg ACTH je einen Tag, dann 4mal 5 mg täglich (bis zu einer Gesamtdosis von 1 g) einen sehr guten Erfolg. Nach einer Woche wurden die Läsionen entzündlich, brachen aber nicht auf. Nach einer weiteren Woche trat dann die Besserung ein. Da die Abheilung noch nicht vollkommen war, schlossen die Autoren wenig später noch eine 2. Kur mit insgesamt 2,0 g ACTH in 6 Wochen an. Bei der Nachuntersuchung, 9 Monate später, konnten noch keine neuen Ca-Ansammlungen festgestellt werden. Sehr interessant ist, daß in der gleichen Arbeit ein 2. Fall beschrieben wird, bei dem nur eine

Calcinosis bestand. Er sprach weder auf Cortison per os 250, 200, 100 mg/Tag, dann 50 mg bis insgesamt 2425 mg, noch auf ACTH in der oben angegebenen Dosierung an. Die Autoren nahmen an, daß die Krankheit schon zu lange bestanden habe. Gegen diese Annahme spricht allerdings der Erfolg von BERTOLANI und MASSA (1954) bei einer 15 Jahre zuvor nach überstandener Dermatomyositis aufgetretenen Calcinosis universalis, obwohl die Dosierung wesentlich niedriger war (525 mg ACTH insgesamt). Hier wurden allerdings zusätzlich Desoxycorticosteron, Natriumcitrat und alkalische Diät gegeben.

Ein von SILVA et al. (1953) beschriebener Fall verlief trotz hoher ACTH-Dosen (4mal 25 mg/Tag) über längere Zeit (Gesamtdosis 4,015 g!) nicht ganz so günstig. Das anfängliche Resultat war zwar auch gut, aber bereits 5 Tage nach Absetzen der Therapie trat ein Rezidiv auf, das nun nicht mehr ansprach. Bei einem Fall von STRØREN (1956) war Cortison ebenfalls völlig ohne Effekt.

WISKEMANN (1955) sah bei einem Kind unter 25 mg Cortison — über längere Zeit gegeben — weder einen Effekt bezüglich der Kalkdepots, noch der Poikilodermie. Lediglich das vorher sehr schlechte Allgemeinbefinden wurde ganz wesentlich gebessert, und die Krankheit schritt nicht weiter fort. Das Kind steht inzwischen fast 5 Jahre unter Beobachtung. Es geht zur Schule und kann fast normal turnen und spielen. Ob dieser Effekt auch ohne Cortison so wäre, läßt sich nicht sagen. Jedenfalls ermutigt der 2. von WISKEMANN (1955) beschriebene Fall (Thiebierge-Weissenbach-Syndrom), der sich inzwischen auch als Poikilodermatomyositis erwies (WISKEMANN 1957), zu der Annahme, daß es nicht so wäre. Das Krankheitsbild war bei diesem Kind zwar nicht bedrohlich, aber auch hier hat sich der Allgemeinzustand so frappant gebessert, daß an einen ursächlichen Zusammenhang mit der Cortison-Medikation gedacht werden muß. Über einen weiteren Fall von Dermatomyositis mit Calcinosis, der durch Cortison und ACTH bedeutend gebessert werden konnte, berichtet BERNARDI (1958). Ein therapeutischer Versuch ist also auf jeden Fall angezeigt.

Wir haben damit schon einiges, was rückblickend auch zur Therapie der Dermatomyositis und Poikilodermatomyositis gesagt werden muß, vorweggenommen. SCHUERMANN (1954, 1958), einer der besten Kenner dieser Krankheitsbilder, stellt auf Grund von Nacherhebungen in 77 fast durchweg als Behandlungserfolge publizierten Fällen fest, daß die Prognose sich auch durch die neueren Behandlungsmethoden einschließlich ACTH und Cortison nicht verbessert habe. Auch wir sind nach den Erfahrungen, die wir durch die Behandlung eines sehr schweren Falles ausschließlich mit Terramycin gemacht haben [SCHREINER (1955), über einen ähnlichen Fall berichtet auch FUGA (1955)], durchaus nicht der Meinung, daß die Hormone immer und unbedingt eingesetzt werden müssen. Die Ätiologie der Dermatomyositis ist so unterschiedlich, daß sie in vielen Fällen wahrscheinlich sogar kontraindiziert sind oder zumindest zu keinem Dauererfolg führen können, z.B. bei Tumoren [BEZENCNY (1935), FLECK (1950), zitiert nach SCHREINER (1955)] oder Fokalinfekten [WÜSTENBERG (1950), DEGOS (1950), SCHILDKNECHT (1949), zitiert nach SCHREINER (1955)]. In neuerer Zeit konnte WILLIAMS (1959) einen sehr wichtigen Befund bei der Therapie mit Triamcinolon erheben, der uns gerade in diesem Zusammenhang sehr von Interesse zu sein scheint. Er konnte nach Triamcinolon eine elektromyographisch objektivierbare Muskelschwäche und auch histologisch Gewebsveränderungen in der Muskulatur nachweisen. Er hält daher zumindest dieses Präparat bei der Dermatomyositis und bei allen mit Muskelbeteiligung einhergehenden „Kollagenosen" für unangebracht. Auch Dexamethason kann bei Langzeitbehandlung zu Muskelschwund führen, so daß dafür das gleiche gelten kann (SYME 1960).

Hier gilt es also, zunächst die Voraussetzung für die Hormontherapie zu schaffen, d.h. die ätiologisch in Frage kommenden Primärerkrankungen zu suchen und wenn möglich, zu beseitigen. Dann heilt in diesen Fällen die Dermatomyositis entweder spontan ab, wie das von den oben angeführten Autoren beschrieben wird, zumindest aber sind die Erfolgsaussichten für die ACTH- bzw. Corticoidtherapie dann ganz wesentlich besser und die Gefahr, Komplikationen durch akute bakterielle Streuungen heraufzubeschwören, ist erheblich geringer.

Ist das Krankheitsbild bedrohlich, so empfiehlt sich während der Untersuchungszeit immer der Einsatz eines Breitspektrum-Antibioticums, das bei richtiger Dosierung ebenfalls immer die Voraussetzungen für die weitere, gezielte Therapie verbessert. Ergibt die Durchuntersuchung allerdings keinen Anhalt für einen Tumor oder einen Fokalinfekt und bessert sich das Krankheitsbild nicht spontan nach Beseitigung solcher möglichen Ursachen, so besteht unseres Erachtens eine absolute Indikation für die Hormontherapie. Welches Hormon eingesetzt wird und in welcher Dosierung, richtet sich nach dem jeweiligen Fall und der Vertrautheit des behandelnden Arztes mit den einzelnen Präparaten. (Nur von der Anwendung von Triamcinolon und Dexamethason ist aus den oben angeführten Gründen abzuraten). Die sorgfältige Beobachtung des Patienten unter der Therapie und die systematische Kontrolle der Eosinophilen gibt bezüglich dieser Fragen in den meisten Fällen wertvolle Hinweise. Vielleicht wird sich dadurch auch in absehbarer Zeit klären lassen, ob die Dermatomyositis das Ergebnis einer konstitutionellen oder erworbenen Minderleistung des Hypophysen-Nebennierenrinden-Systems ist, wie MÜLLER (1954) es annimmt (dann wäre die Hormontherapie eine Substitutionstherapie), oder ob es sich um eine vorübergehende oder nur scheinbare Minderleistung dieser Drüsen infolge erhöhten Bedarfs handelt. Wir selbst möchten das letztere annehmen.

23. Dermatitis herpetiformis Duhring

Der erste Bericht über sehr gute Erfolge mit ACTH erschien von COMBES u. COSTELLO (1950). Schon wenig später wird die Therapie der Dermatitis herpetiformis mit ACTH und Cortison fast gleichzeitig von 3 weiteren Autorengruppen fortgeführt. HURRIEZ et al. (1951) gingen von der ausgesprochenen Eosinophilie aus. Sie gaben deshalb in 2 Fällen 10—20 mg ACTH/Tag und erzielten damit vorübergehende Besserung. Ein weiterer Patient zeigte auf 100 mg Cortison/Tag keine Reaktion, dagegen brachten 100 mg ACTH/Tag schnelle Abheilung. Die Autoren betonen, daß die gleichzeitige Verabreichung von Aureomycin angebracht sei. Ebenfalls mit 100 mg ACTH/Tag (4mal 25) erzielten auch SULZBERGER et al. (1951_2) in einem Fall einen sehr guten Effekt. BICKEL und JADASSOHN (1951) behandelten einen Patienten täglich mit 100—150 mg Cortison. Das Krankheitsbild besserte sich, aber auch nach 102 Behandlungstagen konnte die Dosis nicht unter 75 mg/Tag reduziert werden, ohne daß eine Verschlechterung auftrat. Nach 147 Tagen, bei einer Gesamtdosis von 12,3 g, war die Erhaltungsdosis noch immer 50 mg.

BOLGERT (1951) findet in einer größeren Sammelarbeit die Wirkung beider Hormone unterschiedlich. In einer weiteren Arbeit über ACTH beim Morbus Duhring wird dann (1952) über 5 Fälle berichtet, von denen 3 entschieden und offenbar bleibend gebessert wurden, während 2 nach vorübergehender Besserung ad exitum kamen.

Sehr interessant sind die autoptischen Befunde. Es fand sich bei beiden Patienten ein relativer Erschöpfungszustand der Nebennierenrinde, eine eosinophile, fast adenomatöse Hyperplasie der Hypophyse (ohne klinische Zeichen für eine Akromegalie) und eine starke Verfettung der Leber.

Nach CACCIALANZA et al. (1953) spricht der Morbus Duhring auf ACTH immer an (5 Fälle), während JADASSOHN u. PAILLARD (1953) über einen Fall berichten, der auch auf Cortison (bis zu 350 mg/Tag) nicht reagierte und bei dem der Thorn-Test mit 25 E ACTH und 0,25 mg Adrenalin negativ war.

Obwohl schon in früheren Arbeiten auf den Wert einer zusätzlichen Antibiotica-Therapie hingewiesen worden war (z. B. HURRIEZ et al. 1951), möchten wir doch noch auf die Feststellung von V. D. MEIREN et al. (1954) besonders aufmerksam machen. Diese Autoren stellen klar heraus, daß in ihrem Fall weder Cortison noch Aureomycin allein einen Effekt hatten, während eine Kombination von beiden bei gleicher Dosis zu schneller Abheilung führte. Daß auch die Dauer der Therapie für den Erfolg nicht immer ausschlaggebend ist, zeigt ein Fall von JADASSOHN et al. (1955), der in $9^1/_2$ Monaten 25 g Cortison erhielt, nach völligem Absetzen aber bald rezidivierte. — MIDANA u. ZINA (1955) berichten über die Anwendung von Prednison, 20 mg/Tag als Anfangsdosis. Der Erfolg war sehr gut. Auch nach Absetzen der Therapie trat kein Rezidiv auf (2 Monate Nachbeobachtung). Mit Prednisolon erzielten FRANK u. STRITZLER (1955) ebenfalls einen guten Erfolg, doch brauchten sie eine Erhaltungsdosis von 25 mg/Tag.

Nach WÜRDINGER und WENDEBORN (1956) sprach ein Patient mit einer Dermatitis herpetiformis Duhring sehr gut auf Depot-Cortison an. DWYER (1958) behandelte Patienten mit 6-Methylprednisolon, dessen Dosis etwa um $^1/_3$ niedriger sei als bei Prednisolon. REYMANN (1960) gab in 5 Fällen Triamcinolon in einer Dosierung von 3mal 4 mg/Tag.

Wie wir sehen, ist es äußerst schwierig, für die Behandlung der Dermatitis herpetiformis Duhring ein allgemein gültiges Schema anzugeben. Eine absolute Indikation für ACTH oder Corticoide besteht nur dann, wenn die sonst üblichen therapeutischen Maßnahmen versagen oder (z.B. wegen Unverträglichkeit) kontraindiziert sind. Die Ätiologie ist noch immer unbekannt. Sicher ist, daß ein relativ hoher Prozentsatz der Patienten an einem Neoplasma ad exitum kommt. Ob diese Tumoren in einem ursächlichen Zusammenhang mit den Hauterscheinungen stehen, weiß man nicht. Andererseits lassen die therapeutischen Erfolge, die mit Antibiotica in manchen Fällen erzielt wurden, daran denken, daß ein chronischer Infekt zumindest für die Unterhaltung der Erscheinung mit verantwortlich gemacht werden kann. Man wird also gut daran tun, diese beiden Faktoren, sobald es möglich ist, auszuschließen. Während dieser Zeit ist, vorausgesetzt, daß die üblichen Behandlungsmethoden versagen, die Kombination eines Breitspektrumantibioticums mit ACTH oder einem Glucocorticoide immer zu empfehlen.

Die Wahl des Hormons ist von Fall zu Fall verschieden, wir möchten aber darauf hinweisen, daß sicher nicht ohne Grund wiederholt ACTH als das besser wirksame empfohlen worden ist. Die Dosis sollte man nicht zu hoch ansetzen. Nach unserer Erfahrung ist eine Initialdosis von 20 E ACTH, 100 mg Cortison oder Hydrocortison bzw. 20 mg Prednison oder Prednisolon ausreichend. Kommt der Patient damit nicht aus, so zeigt sich das innerhalb der ersten 12—24 Std. Man kann sich so sehr schnell an die notwendige Dosis herantasten, während eine primär zu hoch gewählte Dosis sich nur langsam wieder abbauen läßt.

24. Herpes gestationis

1951 berichtet BÄFVERSTEDT über die günstige Beeinflussung eines Herpes gestationis mit einem Hypophysenvorderlappen-Extrakt. Diese Therapie war ihm von HELLERSTRÖM (zitiert nach BÄFVERSTEDT), der damit schon mehrfach Erfolg gehabt hatte, empfohlen worden.

LINDEMANN et al. (1952) verwandten offenbar als erste Cortison in einer Dosis von 100 mg/Tag. Sie erzielten damit zwar eine Abheilung, konnten aber die Dosis nicht reduzieren, da bereits bei 50 mg/Tag die Hauterscheinungen nicht mehr zu beherrschen waren. Ab dem 6. Schwangerschaftsmonat gingen die Autoren auf 60 mg ACTH/Tag intramuskulär (in Gelatine) über, obwohl sie eine subnormale Reaktion der Eosinophilen festgestellt hatten. Als Grund hierfür gaben sie an, daß ACTH nicht über die Placenta in den kindlichen Kreislauf überginge. In beiden Fällen wird ausdrücklich darauf hingewiesen, daß die Geburt normal verlief, die Kinder gesund waren.

Die weiteren in der Literatur beschriebenen Fälle [ZAKON et al. (1953), zitiert nach SUTTON (1956), FOX (1954) und CEDER (1955)] geben keine ergänzenden therapeutischen Hinweise. Wir wollen nur noch über eine eigene Beobachtung berichten (SCHREINER 1958). Es handelte sich um einen Herpes gestationis post partum. Wir gaben initial 20 E ACTH intramuskulär. Die Patientin war schlagartig frei von Juckreiz und fühlte sich subjektiv wohl. Als wir am darauffolgenden Tag auf 20 mg Prednison übergingen, setzte der Juckreiz wieder unverändert stark ein. Er wurde auch durch intravenöse Injektion von weiteren 25 mg Prednisolon-Hemisuccinat nicht beseitigt. 20 E ACTH, am 3. Tag gegeben, wirkten gleich gut wie vorher, und unter 30 E/Tag heilten die Blasen in wenigen Tagen ab.

Die unterschiedliche Reaktion auf ACTH und Cortison fiel bereits beim Morbus Duhring auf. Sie kann ein Hinweis auf die engen Beziehungen beider Krankheitsbilder sein.

Die Verwendung von ACTH kann also zwar vorteilhaft sein, aber nicht deshalb, weil es die Placenta nicht passiert. Für den Übergang in den fetalen Kreislauf sind die Nebennierenrinden-Hormone entscheidend. Die erscheinen aber auch nach ACTH im mütterlichen Blut. Ein Nachteil des ACTH liegt dagegen in der Notwendigkeit der intramuskulären Injektionen, d.h. der Gefahr eines Abscesses, ein weiterer in der Möglichkeit der Sensibilisierung (wenn sie auch relativ selten ist), und ein dritter darin, daß die Nebennierenrinde, die in der Schwangerschaft unter einem dauernden „Stress“ steht, zu einer noch größeren Leistung gezwungen wird. Da es sich beim Herpes gestationis (während der Schwangerschaft!) meist um relativ lange Behandlungszeiten handelt, muß man dies bei der Wahl des Medikaments mit berücksichtigen.

25. Pemphigus

a) Pemphigus vulgaris, vegetans, foliaceus, seborrhoicus (SENEAR-USHER)

WATRIN et al. (1950) berichten über 2 subakute Fälle von malignem Pemphigus, die auf Bluttransfusion (400—500 cm³ Frischblut) und Desoxycorticosteron-Acetat abheilten. Die entscheidende Wirkung des Desoxycorticosteron-Acetats (insgesamt 300 mg) war unbestreitbar. Besonders der Allgemeinzustand besserte sich frappant. In einem Fall trat ein Rezidiv nach 3 Monaten auf, während sich in dem anderen Implantationen von 4mal 100 mg Desoxycorticosteron-Acetat als sehr günstig erwiesen. Auch COMBES und CANIZARES (1950) sahen bei 3 von 6 mit Desoxycorticosteron-Acetat behandelten Patienten mit Pemphigus vulgaris eine Besserung, die durch Zugabe von 1 g Vitamin C/Tag nicht gesteigert werden konnte. Von 6 Patienten, die mit Cortison behandelt wurden, zeigten 3 eine bleibende Remission, 2 keinen Effekt und einer starb unter der Therapie. Die Dosis betrug 100 mg/Tag intramuskulär. Sie wurde schnell bis auf 50 mg 3 bis 4mal wöchentlich reduziert. Von ACTH sahen sie in einem Fall (allerdings nur

3 Tage behandelt, Dosis nicht angegeben!) keine Wirkung. In der Diskussion zu diesem Vortrag zeigte es sich, daß ANDREWS (6 Patienten), BRUNSTING (5 Patienten) und WEISS (1 Patient) ebenfalls ähnliche Erfahrungen mit Cortison gemacht hatten. Bei ihnen war auch ACTH (Dosis nicht angegeben) wirksam. Über einen Erfolg mit 75—100 mg ACTH/Tag beim Pemphigus foliaceus berichtet auch HOMBURGER (1950). HOMBURGER u. BONNER (1951) verwandten gleichzeitig eine 2,5%ige Cortison-Vaseline lokal (Effekt?).

SCHMIDT (1951) kombinierte ACTH erfolgreich mit Testosteronpropionat. Gemessen an der Erhaltungsdosis von täglich 100 mg ACTH muß allerdings eine sehr hohe Anfangsdosis notwendig gewesen sein. FRAZIER et al. (1951) gaben bei ihren 8 Fällen (1 Pemphigus malignus, 2 Pemphigus chronicus, 1 Pemphigus vegetans, 2 Pemphigus foliaceus), 4mal 50 mg ACTH/Tag. Die Besserung setzte bereits nach 3—5 Tagen ein und erreichte ihr Maximum nach 2—5 Wochen. In einem Fall mußten sie auf 300 mg/Tag steigern. In den Fällen, bei denen sie Cortison einsetzten, kamen sie mit 300 mg/Tag intramuskulär, bis auf einen Fall, der 400 mg benötigte, aus. Rezidive traten in 23—160 Tagen nach Absetzen der Therapie auf. Sie sprachen auf die gleiche Behandlung erneut gut an. MALLEK et al. (1951) hatten bei einem Fall von Pemphigus seborrhoicus (SENEAR-USHER) weder mit Desoxycorticosteron noch mit Cortison Erfolg. Auf ACTH sprach der Patient sofort an. Demgegenüber reagierte ein von MICHEL u. BLANCHON (1951) mitgeteilter Fall bereits auf 100 mg Cortison. Eine sehr niedrige Dosierung, 4mal 10 mg ACTH/Tag, gibt RUBIN (1951) an. Trotzdem war sein Patient ebenfalls schon nach wenigen Tagen erscheinungsfrei und blieb es nach langsamem Absetzen der Behandlung über die Nachbeobachtungszeit von 8 Monaten. Auch REYMANN et al. (1952) gaben nur durchschnittlich 3mal 15 mg, aber nie über 60 mg/Tag. Von ihren 8 Patienten blieben 4 erscheinungsfrei (6 Monate). Nach ihrer Ansicht sind bei intermittierend verabreichten kleinen ACTH-Dosen die Resultate besser als bei hohen Dosen (1954).

Demgegenüber zeigt es sich schon aus den nachfolgenden Arbeiten, daß die von FRAZIER et al. (1951) bereits angegebene Cortison-Dosis nicht wesentlich unterschritten werden kann. OLIVIER und RENKIN (1951) kamen mit 200 mg/Tag aus, konnten aber feststellen, daß 100 mg zu wenig waren. Auch ein zu schneller Rückgang der Dosis führte, wie man aus einer Mitteilung von POLSON et al. (1951) ersehen kann (300, 200, 6mal 100 mg Cortison-Acetat), zu einem schlechten Effekt. Weiter stellten FRAZIER et al. (1951) bereits fest, daß der Pemphigus malignus oft besser anspricht, als die benigne Form und unter diesen die exfoliativen am schlechtesten reagieren. In einer weiteren Arbeit stellt FRAZIER (1952) heraus, daß die Schleimhautläsionen ebenfalls sehr schlecht auf Cortison und ACTH ansprechen, doch Remissionen von einem Tag bis zu einem Jahr möglich seien. Sie würden durch eine weitere „Kur" jeweils verlängert. Als ökonomischste und wirksamste Applikationsform empfiehlt er ACTH als Dauertropfinfusion (8—10stündig, 20—40 mg ACTH, 6—8 Wochen!).

Über orale Cortison-Therapie berichten SULZBERGER et al. (1951). Dazu wurde Cortison-Acetat in isotonischer NaCl gelöst (= suspendiert). Nach ihrer Erfahrung werden 200—1000 mg/Tag benötigt. Eine 2,5%ige Cortison-Acetat-Salbe lokal angewandt, erwies sich als wirkungslos (1952), desgleichen 1- und 2,5%ige Hydrocortison-Salben (1953). Daran änderte auch ein Zusatz von Antibiotica nichts (GRUPPER 1953).

Bisher hatte man Cortison oder ACTH gegeben und war nur bei nicht Ansprechen der Erkrankung jeweils auf das andere Hormon übergegangen. SAMITZ et al. (1953) gaben nun beide Hormone zeitweise zusammen, zeitweise alternierend. Als Dosis geben sie 300 mg Cortison und 160 mg ACTH an. Auch ZOON

u. VAN AKEN (1953) gaben bei 8 Pemphigus vulgaris- und Pemphigus foliaceus-Fällen ACTH und Cortison (Dosis nicht angegeben!). ARNOLD u. JOHNSON (1954) benötigten bei einem Pemphigus erythematosus zeitweise 400 mg Cortison + 30 E ACTH/Tag, später 100 mg Cortison + 40 E ACTH.

DE GRACIANSKY et al. (1954/55) sahen auf 120 mg Hydrocortison/Tag eine schnellere und bessere Heilung als auf Cortison. ACTH lehnen sie als unlogisch ab, bezeichnen es sogar als gefährlich, da es die Nebenniere belaste. Über einen Pemphigus foliaceus, der selbst auf 600 mg Cortison/Tag per os nicht reagierte, berichten CONRAD et al. (1954). Acht weitere Fälle wurden auf 300—600 mg/Tag symptomfrei.

Ähnlich wie schon 1951 SCHMIDT ACTH, so kombinierten NONCLERCQ und MILFORT (1955) bei einem 43jährigen Mann Cortison mit Testosteron. Die Hauterscheinungen wurden dadurch besser beeinflußt, als durch Cortison und ACTH allein. FÖLDVÁRI u. BALO (1955) halten eine Kombination von ACTH oder Cortison + Paravertebralbestrahlung für die best wirksame Therapie.

LEVER (1955) referierte 1954 über die Ergebnisse, die bei 19 Patienten der Hautabteilung der Harvard-Universität von 1950—1953 erzielt wurden und über die Erfahrungen aus dieser Behandlungszeit. Von den Patienten (10 Pemphigus vulgaris, 1 Pemphigus vegetans, 8 Pemphigus foliaceus) waren 8 erscheinungsfrei und seit 2—37 Monaten ohne Behandlung. Nach seiner Meinung ist es wesentlich, die Therapie so früh es irgend geht zu beginnen, da davon die Länge der notwendigen Behandlungszeit und die Dauer der Remission nicht ganz unabhängig erscheint. Nur ein Patient starb am Pemphigus, aber zu einer Zeit, in der er ohne Behandlung war; einer starb an Behandlungsfolgen (Sepsis) und ein dritter an Coronarthrombose. Die klinische Standardbehandlung war 20—40 mg ACTH intravenös als 8 Std-Dauertropfinfusion. Ambulant wurde bis zu 160 klinische Einheiten ACTH—Gel 2—3mal in der Woche intramuskulär oder Cortison per os gegeben.

NELSON u. BRODEY (1955) verfolgten das Behandlungsergebnis von 28 Patienten, davon 20 mit Pemphigus vulgaris, 4 Pemphigus vegetans, 3 Pemphigus erythematodes und 1 Pemphigus foliaceus. 75% der Patienten überlebten 5 Jahre. Die Therapie war bis zu 66 Monate durchgeführt worden. Als Maximaldosen nennen sie 300—1250 mg, als Minimaldosen 50—500 mg Cortison/Tag. Die höchste gesamte Cortison-Menge, die über 5 Jahre in einem Fall verbraucht worden war, betrug 200 g. — Ähnlich verfolgte STOUGHTON (1956) bis zu $4^1/_2$ Jahre mit ACTH behandelte Patienten zurück. Die therapeutische Tagesdosis war bei ihnen im Durchschnitt 26—41, die Erhaltungsdosis 8—15 E. Die Gesamtdosis betrug 29—61 g. Das Auffallendste war, daß Störungen von seiten des Wasserhaushaltes, der Serumelektrolyte, des Blutdrucks und des Knochensystems nicht beobachtet wurden. Die genaue Beobachtung der Patienten ist nach seiner Meinung sehr wertvoll, da einerseits Remissionen das völlige Absetzen für einige Zeit erlauben, andererseits leichte Exacerbationen eine vorübergehende Erhöhung der Dosis verlangen.

Eine weitere wertvolle Beobachtung über 5 Jahre ACTH-, Cortison- und Prednison-Therapie gaben REZNICK et al. (1956). Unter den 25 Patienten (14 Pemphigus vulgaris, 1 Pemphigus vegetans, 10 Pemphigus foliaceus) waren 3 mit Pemphigus vulgaris 49, 43 und 20 Monate nach Absetzen der Therapie erscheinungsfrei. Nur 4 der Patienten waren inzwischen gestorben, der Rest benötigte eine Dauermedikation. Die Höhe der Erhaltungsdosis war von Fall zu Fall verschieden. Besonders wird die Notwendigkeit betont, die Dosis nur langsam abzusetzen. Bei akuten Schüben und Verschlechterungen wird die Dosis bis auf 80 E ACTH als 8 Std-Dauertropfinfusion oder 1500 mg Cortison/Tag über 10 Tage erhöht. Einen obligaten Antibioticaschutz, der von sehr vielen Autoren gefordert wird, lehnen sie ab, um beim Auftreten von Effekten nicht therapeutisch eingeengt zu sein (durch therapieresistente Bakterienstämme!). Nebenerscheinungen schwerer Art wurden, gemessen an der hohen Dosierung und der Länge der Therapie, auffallend selten gesehen.

Wesentliche Vorteile brachte die Einführung von Prednison und Prednisolon insbesondere für die Dauertherapie, da sie weniger Nebenerscheinungen machen (ROBINSON 1955; MIDANA u. ZINA 1955). Mit ihnen konnte auch in manchen Fällen, in denen Cortison abgesetzt werden mußte, die Therapie wieder aufgenommen werden. So berichtet NELSON (1955) über einen Fall, der selbst durch 1000 mg Cortison/Tag per os nicht erscheinungsfrei wurde, dagegen sehr schwere Nebenerscheinungen (unter anderem Geistesstörung) zeigte. Auf Prednison 4mal 50 mg, dann sogar 250 mg/Tag umgesetzt, heilte er ab. Die psychischen Störungen verschwanden weitgehend unter Chlorpromazinmedikation. Auch die Diurese setzte nach einigen Tagen kochsalzfreier Kost spontan wieder ein und das Körpergewicht fiel auf den Ausgangswert ab. Die Dosis wurde jeden 4. Tag um 10 mg Prednison abgebaut.

Eine interessante Kombination wandten KLINGMÜLLER et al. (1956) an. Sie gaben bei einem Pemphigus vulgaris mit Hemmkörperhämophilie bis zu 100 E ACTH + 8 E Insulin (als Dauertropfinfusion) + 100 mg Hydrocortison. Die Kombination mit Insulin geht auf HENDERSON et al. (1951) zurück, die die ACTH-Dosis dadurch um etwa 50% reduzieren konnten. Für die Dauermedikation gaben KLINGMÜLLER et al. Prednison. Sie benötigten anfangs 20, später nur noch 10 mg/Tag.

DWYER (1958) gibt an, daß er beim Übergang von Prednisolon auf 6-Methylprednisolon die Dosis um etwa $^1/_3$ senken konnte. APPEL et al. (1958) behandelten 1 Pemphigus vulgaris mit täglich 60 mg Triamcinolon. 2 Patienten mit Pemphigus erythematosus benötigten dagegen nur 10 mg und 2 mit einem Pemphigoid 8—20 mg/Tag. AGOSTINI (1958) konnte die Erhaltungsdosis bei einem Pemphigus vulgaris bis auf 2 mg/Tag reduzieren, während CAHN und LEVY (1959) 2 Mißerfolge mit Triamcinolon hatten. Von 4 weiteren Fällen berichtet REYMANN (1960), allerdings ohne Angabe der Dosis.

Vom Dexamethason gibt NAZZARO (1959) an, daß das Wirkungsverhältnis gegenüber Prednisolon 1:10 sei. KORTING (1959) machte die interessante Beobachtung, daß sich unter Dexamethason bei 2 Patienten das Krankheitsbild wandelte. In dem einen Fall handelte es sich um einen Pemphigus vegetans, der dann als Pemphigus vulgaris imponierte, in dem anderen um einen „Parapemphigus", aus dem sich nach der klinischen Abheilung ein ziemlich therapieresistenter Schleimhautpemphigus entwickelte. Er vertritt im übrigen die Auffassung, daß man die Patienten nicht zu „Steroid-Krüppeln" machen dürfte, die auf Dauer an eine „Hormonprothese" gekettet seien. Er zählt die blasenbildenden Dermatosen ganz allgemein zu denen mit ausgesprochener Neigung zu Spontanremissionen. Dazu müsse man ihnen durch eine chronisch-diskontinuierliche Therapie die Möglichkeit geben. Er hält es für zweckmäßiger, einen Rückfall, der zu erneuten hohen Dosen zwingt, in Kauf zu nehmen.

Wichtig ist wohl auch die Mitteilung von HARRIES u. TAYLOR (1959), die einen Patienten mit Pemphigus vulgaris und Diabetes zunächst mit Prednisolon behandelten, dabei die Insulindosis von 20 auf 50 E steigern mußten. Nach Umsetzen auf Dexamethason heilte der Pemphigus ab und der Diabetes war leicht zu kontrollieren.

Weitere größere, zum Teil Übersichtsarbeiten: LEVER (1953), MAIRE (1954), FLEMING et al. (1954), LEVER (1955), KIMMIG (1955, 1956), MAYER (1955),

Wolfram (1955), Zoon und van Aken (1955), Semmola (1955), Matter (1957), Lausecker (1957), Herzberg (1958).

Übersehen wir die Therapie des Pemphigus, so können wir sagen, daß durch die Einführung von ACTH und den Corticoiden ein ganz großer Fortschritt erzielt worden ist. Selbst, wenn man berücksichtigt, daß bei weitaus den meisten Patienten eine Dauermedikation notwendig ist, so wirken die Hormone doch lebensrettend. Sie sind daher absolut indiziert. Wir selbst übersehen mehr als 20 Fälle (Universitäts-Hautklinik Hamburg), von denen der am längsten behandelte seit Frühjahr 1952 unter Cortison bzw. später Prednison steht. Es handelt sich um eine relativ junge Frau mit einem Pemphigus vegetans, die seit Jahren ihrem Beruf nachgehen kann und außer geringfügigen cushingoiden Erscheinungen keinerlei Beschwerden hat. Auch die großen Statistiken der letzten Jahre zeigen die lebenserhaltenden Fähigkeiten der Corticoide ganz deutlich. Schon 1957 berichteten Costello et al. (1957) über insgesamt 322 Pemphigusfälle, von denen 270 vor der Cortison-Ära eine Letalität von 90% hatten, gegenüber 33% bei den 52 späteren Fällen. Church (1960) übersieht aus der Zeit von 1955—1959 21 Fälle, die alle wohlauf sind. Von den 25 Patienten aus der Zeit von 1950—1959, über die Wittels (1960) berichtet, ist inzwischen einer gestorben, während kurze Zeit zuvor noch von 16 68% gestorben seien. Von den 25 Patienten, die die Charité seit 1955 behandelte, wares es 8, aber nur ein einziger nach 1957. Stäps und Sönnichsen (1960) nehmen an, daß vorher zu niedrig dosiert worden sei. Stevenson (1960) berichtet über insgesamt 61 Pemphigusfälle (39 P. vulgaris, 11 P. foliaceus, 9 P. erythematosus, 2 P. vegetans), von denen 34% inzwischen verstorben sind. Über die Sterberate von 68 weiteren Pemphigoid-Patienten gibt er nichts an, lediglich, daß 6 davon schlecht reagiert hätten.

Die Frage nach der vorteilhaftesten Therapieform läßt sich sehr schwer beantworten, da jeder einzelne Kranke anders reagiert. Ein Versagen von Cortison haben wir bisher nie gesehen. Nur in den schwersten Fällen mußten wir eine anfängliche Tagesdosis von 300 mg überschreiten. Es handelte sich dann meist um Fälle mit schweren Schleimhauterscheinungen, die auch bei höherer Dosierung (bis 800 mg/Tag) nur sehr langsam abheilten. Trotzdem hat auch bei diesen die Hormonmedikation den Vorteil, daß die Schmerzen weitgehend nachlassen und das Allgemeinbefinden sich mit zunehmender Möglichkeit, den Kranken ausreichend zu ernähren, schnell bessert.

Die größten Anforderungen an die Beobachtungsgabe des Arztes stellt das Reduzieren der Dosis. Er muß so früh wie irgendmöglich damit beginnen, um möglichst wenig „Nebenerscheinungen" in Kauf nehmen zu müssen, darf andererseits aber die Dosis nicht zu früh senken, da dann die Abheilung verzögert wird oder gar ein neuer schwerer Schub zu erwarten ist. Als geeigneten Zeitpunkt dafür sehen wir den Augenblick an, in dem keine neuen Blasen mehr auftreten und der Blasengrund der alten sich zu überdecken beginnt.

Da die lokale Behandlung der Blasen mit für die Schnelligkeit ihrer Abheilung und damit für den Gang der Corticoidtherapie ausschlaggebend ist, muß darauf hingewiesen werden, daß das baldige Abtragen der Blasendecke und anschließend das Abdecken mit einer antibiotisch wirksamen Kühlsalbe (wichtig, da sich sonst Wundsekret unter der Salbe ansammelt!) auf keinen Fall unterlassen werden darf. Jede nicht abgetragene Blase dickt entweder ein und bildet einen mehr oder weniger dicken sulzigen Belag aus Eiweiß, Fibrin und Leukocyten, der die Abheilung verzögert oder aber sie wird sekundär infiziert und die noch vorhandene Epithelschicht am Blasengrund erodiert, so daß ein Ulcus entsteht, das ebenfalls wesentlich langsamer abheilt.

Die Schrittgröße beim Absetzen richtet sich nach dem angewandten Hormon, der Höhe der Anfangsdosis und der Reaktion des Patienten. Bei Cortison-Dosen über 200 mg/Tag wird man zunächst um jeweils 50 mg, ab 200 mg um 25 mg zurückgehen können. Jede Dosis muß mindestens 3 Tage, unter Umständen sogar über mehrere Wochen beibehalten werden. Als Faustregel mag gelten: je niedriger die Dosis wird, um so kleiner die Schritte und um so länger die Verweildauer. Dieses Schema gilt grundsätzlich auch für ACTH, Prednison usw.

Bezüglich der alternierenden bzw. der gleichzeitigen Therapie mit Cortison und ACTH oder dem „Ausschleichen" mit ACTH können wir auf den allgemeinen Teil verweisen (S. 581).

Auffallend ist, daß eine ganze Anzahl von Autoren über Dauerremissionen berichten, die sich immerhin bis zu 49 Monate hinziehen, während die Mehrzahl eine Erhaltungsdosis ad infinitum in allen Fällen für notwendig erachtet. Frägt man sich nach der Ursache solcher Dauerremissionen, so kann es einmal möglich sein, daß es sich um Fälle handelt, die in eine „Spontanremissionsphase" gekommen sind, also ein Geschehen, das auch aus der Zeit, bevor Hormone verwandt wurden, bekannt ist. Warum es zu Spontanremissionen kommen kann, ist bisher noch nicht bekannt. Wichtig ist nur, daß sie auch unter der Hormontherapie erkannt werden. Dazu ist es notwendig, die Erhaltungsdosis so zu wählen, daß die Symptome gerade noch coupiert werden, d.h. eine geringe Vulnerabilität der Haut bei Belastung in Kauf genommen wird. Bei dieser wirklich geringstmöglichen Dosis den Patienten vor einem schweren Rezidiv zu bewahren, bedarf der ganzen Aufmerksamkeit des Arztes und einer guten Erziehung des Patienten. Er muß wissen, daß die geringste Erkältung, ein Schnupfen, ja sogar eine Magenverstimmung oder eine durchwachte Nacht, den Bedarf des Organismus an Corticoiden erhöht, ihn also in ein relatives Defizit bringen kann. Wenn man sich die physiologischen Reaktionen des Hypophysen-Nebennierenrinden-Systems selbst auf geringfügige Belastungen vorstellt, so wird einem klar, daß gerade diese Feinregulation durch die exogene Zufuhr von Hormonen am empfindlichsten gestört sein muß. Schwere Belastungen schaden dagegen häufig den Patienten relativ wenig, sie können ihnen, wie wir in 3 Fällen beobachtet haben, sogar nützen. Es handelte sich in diesen 3 Fällen um seit Jahren überwachte Pemphiguspatienten, die auf die minimalst mögliche Erhaltungsdosis eingestellt waren. Während einer schweren Grippe, einer Pneumonie bzw. einem schweren Zoster wurde das Cortison bzw. Prednison abgesetzt und es kam nicht nur zu keinem neuen Schub, sondern die Patienten blieben auch anschließend ohne Hormonmedikation erscheinungsfrei. Ob und wieweit sich diese Beobachtungen therapeutisch auswerten lassen, ist zur Zeit noch nicht zu übersehen.

Es ist weiterhin auffallend, daß bei 2 Autoren, die für die intermittierenden Gaben von ACTH und Cortison eintreten, die Zahl der ohne Behandlung auskommenden Patienten relativ hoch liegt. Reymann et al. (1952, 1954) waren schon der Ansicht, daß intermittierend verabreichte kleinere ACTH-Dosen bessere Resultate bringen als hohe Dosen und auch Lever (1955) gibt an, daß gegen Ende der Behandlung die Patienten ambulant nur noch 2—3mal wöchentlich ACTH-Gel bekommen. Es ist durchaus möglich, ja sogar wahrscheinlich, daß die große Anzahl symptomfreier Patienten mit dieser Art des Absetzens im Zusammenhang steht. Auf Grund dieser Arbeiten haben auch wir seit 1957 die Tagesdosen, vor allem während der Absetzperioden, ab 20 mg Prednison (oder äquivalenten Dosen anderer Präparate) nicht mehr unterteilt, und sind, sobald es das Krankheitsbild erlaubte, auf 2—3tägige Intervalle übergegangen. Durch diese absichtlich erzeugten großen Schwankungen im Blutcorticoidspiegel wird unseres Erachtens das Hypophysenzwischenhirnsystem vorzüglich reaktiviert, so daß die corticoidbedingte sekundäre Nebennierenrindeninsuffizienz durch die eigene ACTH-Produktion weitgehend wieder behoben wird und das Reduzieren der Corticoiddosis wesentlich gefahrloser und schneller verlaufen kann (s. auch unter „Unerwünschte Wirkungen und Nebenwirkungen“, S. 581).

Wir sind also wie KORTING (1959) der Meinung, daß das Wichtigste an der gesamten Pemphigustherapie die Einstellung des Patienten auf die absolut minimalste Erhaltungsdosis ist und daß man ihn, wenn irgend möglich, ganz von der „Hormonprothese“ befreien sollte, warnen aber eindringlich davor, das um den Preis eines Rezidivs zu tun. Wird der Patient nach den oben ausgeführten Gesichtspunkten eingestellt und überwacht, so wird er dadurch wieder ein praktisch gesunder Mensch, der seiner Arbeit voll und ganz nachgehen kann und kaum unliebsame „Nebenerscheinungen“ hat. Auch eine Spontanremission ist so unmöglich zu übersehen. Die Erfahrungen der letzten 10 Jahre haben aber gezeigt, daß jedes Rezidiv, das zu erneuten suppressiven Corticoiddosen zwingt, für den Patienten eine Gefahr bedeutet, die man ihm auf jeden Fall ersparen sollte.

b) Pemphigus chronicus benignus (Gougerot-Hailey-Hailey)

WEHNERT (1953) berichtet über die Hormon-Behandlung von 3 Patienten (aus einer Familie). In einem Fall gab er zunächst ACTH in Form einer 9-, dann einer weiteren 11tägigen Kur. Die Dosis ist nicht angegeben, aber er mußte die Medikation abbrechen, da Ödeme auftraten und der Blutdruck anstieg. Dann ging er auf Cortison — 7 Tage je 4mal 25 mg und 3 Tage 4mal 50 mg — über, ohne einen Effekt zu erzielen. Erst unter 4mal 100 mg heilten die Hauterscheinungen schnell ab. Insgesamt erhielt der Patient 4,5 g Cortison in 23 Tagen, blieb dann aber erscheinungsfrei (Nachbeobachtungszeit 5 Monate). Die anderen beiden Patienten wurden nur mit Cortison behandelt (Dosis nicht angegeben). Der Erfolg war gut, allerdings rezidivierte einer von ihnen nach einem Monat.

Einen eingehenden Bericht über einen Fall gibt HERZBERG (1955). Er heilte unter 200 mg Cortison/Tag zunächst schlagartig ab, rezidivierte aber unter der Erhaltungsdosis von 25 bzw. 12,5 mg oral bereits nach 14 Tagen, so daß die Dosis auf 100 mg/Tag heraufgesetzt werden mußte. Inzwischen ist dieser Patient wieder mehrfach mit schweren Rezidiven in stationärer Behandlung gewesen. Er sprach auf Cortison immer gleich gut an, doch liegt die Erhaltungsdosis auch jetzt noch bei 75—100 mg Cortison oral.

Über eine Behandlung mit Prednison schreibt LONG (1957) ohne Angaben der Dosierung. Auch bei ihm folgte das Rezidiv bereits eine Woche nach Absetzen der Therapie.

RAASCHOU-NIELSEN u. REYMANN (1959) berichten über eine Familie, in der von 65 Mitgliedern in 4 Generationen 21 befallen waren. In den meisten Fällen reichte die lokale Behandlung mit einer 1%igen Hydrocortison-Salbe + Chloramphenicol aus, so daß nur bei Blaseneruptionen zeitweilig Corticoide oral verabreicht zu werden brauchten. Wir selbst überwachen 2 Patienten, von denen der eine eine Dauertherapie von 6 mg Triamcinolon, der andere von 0,75—1,5 mg Dexamethason benötigt.

c) Benigner Pemphigus der Schleimhäute (Pemphigus conjunctivae)

FRAZIER et al. (1951) berichten im Rahmen einer größeren Arbeit auch über 2 Fälle mit Schleimhautpemphigus. Als Dosierung geben sie die gleiche ACTH- bzw. Cortison-Menge wie bei den übrigen Pemphigusarten an.

CHURCH u. SNEDDON (1953) versuchten die conjunctivalen Erscheinungen mit subconjunctivaler Injektion von Cortison zu beeinflussen, hatten damit aber wenig Erfolg. Hydrocortison-Augensalbe schien die Augenerscheinungen eines anderen Patienten gut zu beeinflussen (1956), konnte aber später ein Rezidiv nicht verhindern. Die gleichen Autoren (1955) berichten über 11 weitere mit Cortison oder ACTH behandelte Fälle. Als Erhaltungsdosis gaben sie 20 mg ACTH-Gel jeden 2. Tag. Ein Fall sprach auch auf 400 mg/Tag nicht an, ein weiterer (1956), der auf 50 mg ACTH/Tag nur wenig Besserung zeigte, heilte schließlich unter einer Tagesdosis von 80 mg Prednison weitgehend ab. Auch die Augen waren unter dieser Behandlung besser als je zuvor.

HAVEN (1956) konnte auch mit Cortison + ACTH in einem Fall die völlige Erblindung des Patienten nicht verhindern, VOERDEMANN (1956) mit Cortison und Prednison ebenfalls keinen Einfluß auf die Bindehauterscheinungen erzielen. Dagegen berichtet STEVENSON (1960), daß von seinen 14 Patienten 7 unter 60 (15—60), 4 60 und nur die restlichen 3 über 60 mg Prednisolon benötigten.

26. Impetigo herpetiformis

KIMMIG (1956) berichtet über einen 1953 mit 100 mg Cortison/Tag behandelten Fall, der darauf sehr gut ansprach und mit 50 mg bis zur Geburt ziemlich erscheinungsfrei gehalten werden konnte. Die Geburt verlief normal, das Kind war gesund. Zusätzlich wurden täglich 10—20 Tropfen AT 10 und Calciumgluconat gegeben. Daß sie auf den Hautbefund einen entscheidenden Einfluß hatten, konnte nicht beobachtet werden. Einen solchen Fall teilten HADIDA und TIMSIT (1956) mit. Ihre Patientin bekam unter 100 mg Hydrocortison/Tag eine hypocalcämische Tetanie (Ca 8 mg-%). Deshalb wurde vorübergehend das Hydrocortison abgesetzt und Dehydrotachysterin (AT 10) + Calciumgluconat gegeben. Als dann die Therapie kombiniert mit 100 mg Hydrocortison/Tag + 2mal wöchentlich 40 mg Dihydrotachysterin fortgesetzt wurde, heilten die Hauterscheinungen überraschend schnell ab.

Wesentlich schlechter waren die Ergebnisse von HVIDBERG (1957) bei einem größeren Krankengut. Von 7 Fällen, die in der Zeit von 1950—1956 mit ACTH, Cortison oder beiden behandelt wurden, sprachen nur 2 gut an, bei 2 weiteren war der Effekt zweifelhaft. Auch 2 später behandelte Patienten sprachen weder auf ACTH noch auf Cortison, Prednison oder Parathormon an.

27. Acrodermatitis continua (Hallopeau)

MENGGENHAGER (1952) machte bei einem generalisierten Fall einen therapeutischen Versuch mit Cortison (Dosis nicht angegeben). Der Erfolg war dramatisch, aber nach 2 Wochen traten neue, wenn auch weniger starke Schübe auf. Eine zweite Cortison-Kur blieb ohne Wirkung. GRÜNEBERG (1952, 1954) gab 25 bis 75 E/Tag ACTH, zuletzt 25 E als 6 Std-Dauertropfinfusion. Lediglich die Schmerzen waren für etwa 10 Std geringer, sonst sah er keinen wesentlichen Effekt. MILFORT (1954) behandelte, nachdem unter 200 mg Cortison zunächst ein sehr guter Effekt zu sehen war, bei 100 mg aber bereits das Rezidiv auftrat, lokal mit 1%iger Hydrocortison-Salbe und erzielte Besserung (auch LAUGIER 1957). Im Gegensatz dazu konnte DAVIES (1955) von einer 2,5%igen Hydrocortison-Salbe keine Wirkung feststellen.

Versuche mit ACTH und Cortison wurden noch wiederholt gemacht, aber das Resultat war immer gleich unbefriedigend. Die einzigen Erfolge konnte CARRIÉ (1955) mitteilen. Er hatte in 2 Fällen mit 150 mg Cortison/Tag — 25 mg bzw. 2mal 25 mg als Erhaltungsdosis — und in einem 3. mit 3mal 20 mg Hydrocortison (beim Rezidiv 150 mg) gute Ergebnisse. Hydrocortison-Salbe schien bei ihm offenbar auch eine gute Wirkung zu haben, reichte aber allein selbst zur Nachbehandlung nicht aus.

28. Seborrhoisches Ekzem, numuläre bakterielle Ekzeme, Otitis externa

Ein Gesichtsekzem, ausgehend von einer Otitis externa, behandelten COSTE et al. (1950) mit täglich 100 mg ACTH. Bereits nach 48 Std war der Befund deutlich gebessert, nach 10 Tagen war die Heilung vollkommen.

SULZBERGER et al. (1951) gaben Cortison oral und (1953) 1%ige Hydrocortison-Salbe bei numulären Ekzemen mit sehr gutem Erfolg. Auch REIN (1953) erzielte mit 1—2,5%iger Hydrocortison-Salbe in 2 von 6 Fällen einen sehr guten, in 3 weiteren einen guten Effekt. Die Ergebnisse von MALKINSON u. WELLS (1954) und BOTTOLI (1955) waren dagegen bei seborrhoischen Dermatitiden nicht ganz so gut (5 gut, 5 negativ). Immerhin sprechen KALZ et al. (1955) auf Grund von 581 beobachteten Fällen von Hydrocortison-Salbe als dem wirksamsten Agens bei seborrhoischen Dermatitiden.

Durch Zusatz eines Antibioticums zu einer Hydrocortison-Suspension wurde deren lokale Wirkung auf die Otitis externa wesentlich verbessert (DECROIX u. HAYEM 1955). Auch bei seborrhoischen Ekzemen wurden die Erfolge mit Hydrocortison-Salbe besser, wenn sie eine antibakterielle Komponente enthielt [GAY PRIETO (1955), Neomycin; ZELCHER (1955), Neomycin; KOHLER (1955), Hexachlorophen; CORNBLEET et al. (1956), Oxytetracyclin].

Bei vergleichenden Untersuchungen zwischen 1%igen Hydrocortison- und 0,25- und 0,5%igen Prednisolon-Salben erwies sich die Hydrocortison-Salbe in weitaus den meisten Fällen überlegen (FRANK u. STRITZLER 1955). Anders verhielt es sich bei Vergleichsuntersuchungen mit 9α-Fluorhydrocortison, das in 2 von 3 Fällen beim numulären Ekzem besser, 1mal wirkungsgleich war (WITTEN et al. 1955). Auch WRIGHT et al. (1955) erzielten damit bei 8 seborrhoischen Dermatitiden in allen Fällen ausgezeichnete Effekte. Sie nahmen meistens einen Zusatz von Neomycin und Gramicidin. Das Ergebnis von KROEPFLI (1956) bei 10 bakteriellen Ekzemen war mit der gleichen Kombination nicht ganz so gut. Außerdem weist er auf die Rezidive unmittelbar nach Absetzen der Medikation hin. SCHMUTZIGER (1956) findet die 0,1%ige Fluorhydrocortison-Acetat-Salbe beim Gehörgangsekzem jeder anderen Therapie (auch Hydrocortison-Salben bis 2,5% !) überlegen. Bezüglich der mikrobiellen Ekzeme hält er, ähnlich wie das zuvor schon CHURCH (1955) und BOTTOLI (1955) für die Anwendung von Hydrocortison-Salbe angenommen hatten, das Stadium der Erkrankung für sehr wichtig. Das akute Stadium spricht besser an als das chronische. WEYER (1957) konnte durch Kombination mit einem Antihistaminicum beim Ohrekzem bessere Erfolge erzielen.

Mit Prednison oral bei einer durchschnittlichen Anfangsdosis von 20 mg/Tag, abfallend bis insgesamt 150 mg, behandelten JOHNSTON u. CAZAT (1956) numuläre Ekzeme. Sie fanden die Reaktion weniger gut als die bei der Kontaktdermatitis.

DWYER (1958) fand auch beim seborrhoischen Ekzem das Wirkungsverhältnis Prednisolon: 6-Methylprednisolon = $1:1^1/_2$. GOLDBERG (1958) gibt als Durchschnittsdosis in 20 Fällen bei der seborrhoischen Dermatitis 8 mg/Tag an, behandelt aber zusätzlich lokal. Auch die lokale Therapie mit einer 0,5%igen 6-Methylprednisolon-Salbe erwies sich als sehr gut (GOLDBERG 1958). — CAHN u. LEVY (1959) hatten mit 8—20 mg Triamcinolon/Tag bei 4 seborrhoischen Dermatitiden und 3 Ekzemen sehr gute Erfolge, desgleichen FINNERTY (1960; 10 numuläre Ekzeme), während die Ergebnisse von EDELSTEIN (1959) schlechter waren (von 11 Fällen nur 3 sehr gut, 4 gut).

Im Blindversuch verglichen CROWE et al. (1958) eine 0,1%ige Triamcinolon- mit einer 1%igen Hydrocortison-Salbe bei der seborrhoischen Dermatitis und dem numulären Ekzem. Sie war in den meisten Fällen überlegen. Zu dem gleichen

Ergebnis kamen VICKERS u. TIGHE (1960). SMITH et al. (1958) fanden beide gleich. ROBINSON (1959) verwandte eine Triamcinolon-Teer-Salbe mit sehr gutem Erfolg.

Zusammenfassend und aus den Erfahrungen der Hamburger Universitäts-Klinik möchten wir gerade bei den seborrhoischen und numulären bakteriellen Ekzemen vor allem die lokale Therapie mit den Hormonsalben als wesentliche Bereicherung ansehen. Wir verwenden meist für einige Tage eine 1%ige Hydrocortison-Salbe mit antibakteriellem Zusatz, kombiniert mit feuchten Kompressen, und nützen ihre fast durchweg zu beobachtende gute Wirkung auf die akute Phase dazu aus, um auf Farbstoffe, Teerpräparate oder seltener Röntgenbestrahlung überzugehen. Bei größerer Ausdehnung der Erscheinungen halten wir orale Gaben von 10—20 mg Prednison oder 6-Methylprednisolon oder 10—20 E ACTH intramuskulär für angebracht. Bei gleichzeitiger Lokalbehandlung gelingt es dadurch, dem Patienten schnelle Erleichterung zu verschaffen und die Behandlungszeit insgesamt wesentlich zu verkürzen.

29. Psoriasis

a) Psoriasis vulgaris

Als erster erwähnte WINKLER (1931), daß sich bei Versuchen mit einem Nebennierenrinden-Extrakt gleichzeitig bestehende Psoriasisherde auffallend zurückgebildet hatten. 1933 veröffentlichte dann GRÜNEBERG seine erste Arbeit über die planmäßige Behandlung der Psoriasis (12 Fälle) mit einem Nebennierenrinden-Extrakt, von dem 1 ml der Wirkung von etwa 50 g des frischen Organs entsprachen. Injiziert wurden intramuskulär 2—3 ml über mehrere Wochen. Die erste Reaktion zeigte sich bereits nach 8—10 Tagen. In 2 Fällen mit ausgedehntem Befall erzielte er innerhalb weniger Wochen völlige Abheilung. In einer weiteren Arbeit (1935) kann er bereits über 58 Fälle berichten, von denen 12 ganz ausgezeichnet reagierten. Nur bei 10 Patienten zeigte sich kaum eine Besserung. Durch zusätzliche Höhensonnenbestrahlung konnte der Effekt der Injektionen wesentlich gesteigert werden. Nach weiteren 2 Jahren (1937) überblickte er fast 200 Patienten und weitere 30, die mit einem Hypophysenvorderlappen-Extrakt behandelt worden waren. Auch diese zeigten, nach anfänglicher geringer Exacerbation, Besserung. Mit der von GRÜNEBERG angegebenen Behandlung erzielte auch RIEHL (1937) in mehreren Fällen gute Erfolge. INCEDAYI u. OTTENSTEIN (1939) gaben zusätzlich zu einem Nebennierenrinden-Extrakt eine kaliumarme Diät.

Nach langer Pause wurde dann die Therapie mit Nebennierenrinden-Hormon durch Untersuchungen von FLECK (1950) wieder akut, der 65 Patienten mit AT 10 + 2mal wöchentlich Nebennierenrinden-Extrakt bzw. Desoxycorticosteron oder AT 10 + Cebion behandelte und bei der mittleren Gruppe eine wesentlich bessere Reaktion sah. Auf die dadurch ausgelöste Diskussion GRÜNEBERG-FLECK, die sich über Jahre hinzog, können wir nicht näher eingehen.

Die ersten Berichte über die Behandlung der Psoriasis mit Cortison und ACTH erschienen ebenfalls 1950 (HENCH et al. 1950; THORN et al. 1950; WOLFSON et al. 1950). Sie stimmen alle darin überein, daß nicht alle Erscheinungen selbst bei sehr hoher Dosierung ansprechen, es andererseits nach Absetzen schnell zu Rezidiven kommt. Durch lokale Applikation von Cortison sahen SPIES u. STONE (1950) in 2 Fällen Besserung.

Die umfangreiche Literatur der folgenden Jahre zu zitieren, halten wir für überflüssig. Es stellte sich immer mehr heraus, daß die Hormontherapie bei der Psoriasis vulgaris unangebracht ist (BOLGERT et al. 1951; BRODTHAGEN et al. 1951; SULZBERGER et al. 1951; STEINER u. FRANK 1952; LIPSCHÜTZ 1952 und viele andere). Diese Meinung ist auch heute noch vorherrschend, obwohl durch Triamcinolon die Behandlungserfolge wesentlich verbessert sein sollen (KLIGMAN 1957; zitiert nach KANEE 1958).

Auch auf lokale Therapie mit Hydrocortison-Salben (bis 5%) spricht die Psoriasis vulgaris im allgemeinen nicht an (SULZBERGER et al. 1953; GRUPPER 1953; REIN 1953), desgleichen nicht auf Prednison-Salben (FERGUSSON u. DEWAS 1957) oder solche mit Zusatz eines Antihistaminicums (WEYER 1957).

Wir möchten noch 2 Autoren anführen, die bei der Psoriasis mit einer Hormonbehandlung gute Erfolge erzielen konnten: KÜHNAU (1953) mit Hypophysenimplantationen [das Gegenteil hatten SCHOOG und WOLFERS (1952) festgestellt!] und HUYBERECHTS (1956) durch intradermale Injektion von kleinsten Hydrocortison-Dosen (12,5 mg) + 80 mg (Wismut) jeden 2. Tag.

Eine ausführliche Darstellung der internen Therapie der Psoriasis brachte SCHULZE (1956). Es sei aber noch auf GRÜNDEBERG und CONRADI (1957) hingewiesen, die von 139 Fällen mit Psoriasis guttata bzw. pustulosa 42 (= 30%) nach Anginen auftreten sahen. Sie sehen diese Krankheitsbilder als Bacteriid mit in psoriatische Morphe transponierten Efflorescenzen an und glauben, daß deshalb die Anwendung von ACTH und Cortison immer gefährlich sei. Die gleiche Beobachtung bezüglich des Auftretens der Psoriasis guttata machte KIMMIG (persönliche Mitteilung), der aber gerade deshalb geringe Dosen ACTH oder Prednison (10 E bzw. 10 mg) unter antibiotischem Schutz gibt und damit sehr gute Erfolge erzielt (Tonsillektomie bzw. Focussanierung ist selbstverständlich). — DWYER (1958) sah bei 5 von 8 Patienten, die auf Prednisolon nicht angesprochen hatten, von 6-Methylprednisolon bei gleicher Dosis einen guten Effekt. Nach GOLDBERG (1958) reagierten 4 akute Fälle mit guttata- oder punctata-Formen auf 6—12 mg/Tag sehr gut, während die chronischen Formen nicht ganz so gute Resultate ergaben.

Dem Triamcinolon wurde seit Beginn seiner klinischen Erprobung eine ganz spezifische Wirkung auf die Psoriasis nachgesagt. Als Initiatoren dieser Psoriasis-Therapie werden HOLLANDER et al. (1957) genannt, bei deren Fällen es sich aber um die Psoriasis arthropathica handelte. Die Therapie der Psoriasis vulgaris mit Triamcinolon begann eigentlich erst 1958 (AGOSTINI 1958; SHELLEY et al. 1958; KANEE 1958; MCGAVACK et al. 1958; HOLLISTER u. HOUCK 1959; EDELSTEIN 1959; CAHN und LEVY 1959; WALCH 1959; LOFFERER u. PLASUN 1959; LODGE 1959; ZIERZ u. KIESSLING 1959; COHEN u. BAER 1960; MEYHÖFER u. DOMBROWSKY 1960; FINNERTY 1960). Als Dosis werden 8—16 mg/Tag angegeben. Die Abheilung verläuft in den meisten Fällen schnell, doch sind Rezidive nicht zu vermeiden. SHELLEY et al. (1958) fielen die relativ häufigen „Nebenerscheinungen" auf. LOFFERER und PLASUN mußten bei sonst therapieresistenten Formen bis zu 32 mg/Tag geben, konnten damit aber die Erscheinungen unterdrücken. Gingen sie auf Prednisolon über, so trat selbst bei 30 mg/Tag schnell ein schweres Rezidiv auf.

Triamcinolon-Salben wurden von SHELLEY et al. (1958) selbst bei Konzentrationen von 0,5—1% als wirkungslos angesehen, während CROWE et al. (1958), allerdings nur in 2 Fällen, einen Effekt sahen. CLARK u. HALLET (1960) hatten neben 3 gut beeinflußten Fällen 3 Versager. Beim Typus inversus konnten NIX u. DERBES (1960) in 2 Fällen eine sehr gute Wirkung sehen. Wir selbst geben bei Herden am Genitale eine 0,1%ige Triamcinolon-Salbe und sehen meist einen schnellen Rückgang der Plaques. Über eine Triamcinolon-Teer-Salbe berichtet ROBINSON (1959) in 10 Fällen nur Negatives.

Über intrafokale Injektionen von Triamcinolon berichten PELZIG u. BAER (1960), COHEN u. BAER (1960), JAMES (1960) und GERARD (1960). Die Wirkung soll in 20 von 25 Fällen gut bis sehr gut sein. JAMES (1960) gibt sogar von 29 Fällen 27 sehr gute und 2 gute an. Nach GERARD (1960) waren nach 11 Monaten erst 16% der Herde rezidiviert. Auch diese reagierten auf eine erneute Injektion wieder.

Über 7 mit Dexamethason behandelte Fälle berichten KANOF u. BLAU (1959). Sie gaben 3—5 mg über eine Woche.

Aus den Arbeiten von BRAUN-FALCO (1959) und WEBER (1960) wissen wir, daß Triamcinolon tatsächlich eine Stoffwechselwirkung in der Haut hat, die anderen Corticoiden in dem Maße fehlt, so daß also seine ganz besonders gute lokale Wirkung in etwa verständlich wird. Allerdings sind nach lokalen Injektionen in etwa 10% der Fälle Atrophien (JAMES 1960) und in einem Fall ein Abszeß (PELZIG u. BAER 1960) beschrieben, eine Tatsache, die man nicht außer Acht lassen darf, auch wenn STOUGHTON (1959) in einer großen Zusammenstellung über Indikationen die lokalen Injektionen als einzige Corticoidbehandlung der Psoriasis vulgaris anerkennt. Wir möchten auch diese Indikation auf Ausnahmefälle beschränken, z. B. Genitoanalherde, die oft sehr störend sind, wenn sie auf Salbentherapie nicht reagieren. Die orale Therapie erscheint uns nur in ganz schweren, sonst therapieresistenten Fällen gerechtfertigt.

b) Psoriasis arthropathica

Die Psoriasis arthropathica nimmt offensichtlich bezüglich der Behandlungsergebnisse mit den Hormonen eine Sonderstellung ein. Schon GRÜNEBERG (1933, 1935, 1937) weist in seinen Arbeiten über die Beeinflussung der Psoriasis mit Nebennierenrinden- bzw. Hypophysenvorderlappen-Extrakten darauf hin, daß die Patienten mit Gelenkerscheinungen am besten auf die Therapie angesprochen hätten. Bei ihnen verschwanden nicht nur die psoriatischen Herde, sondern auch die Gelenke wurden sehr gut gebessert. Diese Beobachtung konnte RIEHL (1937) ebenfalls bestätigen.

Über die Grundlagen der Cortison-Therapie bei der rheumatischen Arthritis referierte erstmalig HENCH (1949). HENCH, KENDALL u. Mitarb. (1949) stellten auch die ersten 14 mit Cortison erfolgreich behandelten Patienten vor.

Einen Patienten, der mit Cortison (Dosis nicht angegeben) lediglich bezüglich der Gelenkerscheinungen gering gebessert wurde, während die Hauterscheinungen kaum zu beeinflussen waren, stellten O'LEARY et al. (1950) auf 10—80 mg ACTH je Tag um, worauf sich die Haut etwas besserte und bei Erhöhung der Dosis auf 160 mg/Tag schnell abheilte. Die Gelenke blieben anschließend gut, aber die Hauterscheinungen rezidivierten bald.

Im folgenden Jahr häuften sich die Berichte über gute Erfolge mit ACTH bzw. Cortison. SULZBERGER et al. (1951) gaben im Durchschnitt 4mal 25 mg ACTH, SAUER (1951) desgleichen. Er gab 25 mg/Tag als Erhaltungsdosis weiter. HÉE u. GRENIER (1951) begannen mit 50 mg und gingen nach 4 Tagen auf 25 mg/Tag zurück. KALKHOF (1951) sah nur bei einem von 2 Patienten durch ACTH (382 bzw. 450 mg Gesamtdosis) Wiederherstellung der Beweglichkeit der Gelenke. Die Hauterscheinungen waren bei beiden Patienten nach 6 Wochen abgeheilt, und sogar die Nagelveränderungen gingen mit einer deutlichen Querfurche in gesunde Nägel über. Die Hormontherapie wird außerdem von MARCHIONINI u. SPIER (1951) und BARBER (1951) empfohlen.

GRÜNEBERG (1951) ging, nachdem er mit Desoxycorticosteron + Cebion keinen Erfolg erzielen konnte, in einem Falle auf Nebennierenreizbestrahlung über und erzielte damit eine wesentliche Besserung. Diesen Effekt konnte TAPPEINER (1952) mit der gleichen Therapie ebenso wie mit Hypophysentransplantationen nicht erzielen. Dagegen sah er auf Cortison (1 Tag 300, 7 Tage je 200 mg, dann als Erhaltungsdosis $^1/_2$—1 Tablette = 12,5—25 mg) gute Besserung.

Es folgen in den nächsten Jahren immer wieder Arbeiten, die auch ein Versagen von Cortison oder ACTH oder nur vorübergehende Besserung melden (Steiner u. Frank 1952; Hopkins et al. 1952). Zum Teil mag das an der Dosierung liegen, wie bei Ulbricht [(1952), 2—3mal wöchentlich 25 mg ACTH nicht Depot], dessen Patienten auf Desoxycorticosteron + Vitamin C dann teilweise Besserung zeigten, zum Teil mag es so sein, wie Coste et al. (1953) berichten, daß einzelne Patienten besser auf Cortison, andere besser auf ACTH ansprechen. Immerhin hatten die letzten Autoren unter 17 Fällen nur einen völligen Versager (auch auf relativ hohe Cortisondosen, 200 mg/Tag), andererseits aber einen sehr hohen Prozentsatz von Rezidiven.

Daß auch die sog. Cortison- bzw. ACTH-resistenten Fälle auf sehr hohe Hormondosen noch unter Umständen schnell ansprechen, zeigt ein Bericht von Bloom, Sobel u. Pelzig (1953). Es handelte sich dabei um den oben bereits erwähnten Patienten von Sauer (1951). Er bekam unter der Erhaltungsdosis von 25 mg ACTH/Tag einen neuen Schub, der auch durch 150 mg/Tag nicht zu beeinflussen war. 200 mg Cortison/Tag zeigten ebenfalls keinen Effekt. Nach einem Monat Therapieunterbrechung wurde wieder ACTH — 25 mg als 8 Std-Dauertropfinfusion — gegeben, das sich nun als ausreichend erwies. Erst nach 10 Tagen gingen sie wieder auf ACTH intramuskulär über, allerdings 275 mg/Tag. Beim Rückgang der Dosis kam es erneut zum Rezidiv, das auf Cortison, 1000 mg/Tag oral, innerhalb 24 Std völlig beherrscht werden konnte. Neue Erscheinungen traten auch danach bereits bei 800 mg/Tag wieder auf. — Bureau et al. (1958) finden zur Dauertherapie Prednison als besonders geeignet. Sie kommen zum Teil mit sehr geringen Dosen aus und glauben, daß die Kombination mit Aspirin die Glucocorticoiddosis noch weiter zu reduzieren gestatte. — Das Triamcinolon wurde von Hollander et al. (1957) erstmalig bei der psoriatischen Arthritis eingesetzt. 14 Patienten wurden damit über 5—9 Monate behandelt. Bei 8 davon heilten auch die Psoriasisherde fast völlig aus. Als Initialdosis reichten durchschnittlich 8—10, als Erhaltungsdosis 2 mg/Tag aus. Bosch et al. (1958) benötigten zur Therapie bei 19 Patienten zwischen 3 und 16, im Durchschnitt 12 mg/Tag. In vergleichenden Untersuchungen fand Williams (1959) Triamcinolon am wirksamsten.

Nazzaro (1959) machte in einem Falle einen Behandlungsversuch mit Dexamethason, sah davon aber keinen Effekt. Prednison hatte zwar eine gewisse Wirkung, aber in akuten Fällen hält er Hydrocortison 200—300 mg intramuskulär für das Mittel der Wahl.

Man kann also die Erfahrungen der letzten Jahre dahingehend zusammenfassen, daß ACTH und die Corticoide in weitaus den meisten Fällen eine wertvolle therapeutische Hilfe sind. Obwohl nicht alle Patienten darauf reagieren, besteht in akuten Fällen eine absolute Indikation für die Hormontherapie, da es sich darum handelt, die Beweglichkeit der Gelenke schnell wieder herzustellen und damit den Patienten vor einem dauernden Krüppeldasein zu bewahren. Bereits längere Zeit versteifte Gelenke sind verständlicherweise oft nicht mehr zu beeinflussen, obwohl auch dann manchmal noch mehr zu erreichen ist, als anfangs vermutet werden kann. Entscheidend ist also, die Therapie so früh wie möglich zu beginnen. Ausschlaggebend dafür ist nur der Gelenk-, nicht der Hautbefund.

Eine genaue Richtlinie für die Dosierung kann nicht gegeben werden, da sie von Fall zu Fall verschieden ist. Als Faustregel kann gelten: Fälle mit sehr schweren akuten Gelenkerscheinungen sofort mit hoher Dosis behandeln (ACTH 25 E/Tag als Dauertropfinfusion über 8 Std, Cortison etwa 300 mg/Tag, Prednison bzw. Prednisolon bis zu 100 mg/Tag). Ist von diesen Dosen in 48 Std noch keine Besserung zu sehen, so sollten sie erhöht werden. Sofort nach Beginn der Besserung kann mit dem Abbau der Dosis begonnen werden. Grundsätzlich gilt dafür das beim Pemphigus (S. 615) Gesagte. Nach den Erfahrungen mit Triamcinolon ist ernstlich in Erwägung zu ziehen, ob nicht dieses Präparat bevorzugt werden sollte. Der Vergleich der Äquivalentdosen und die Erfolgsberichte sprechen sehr dafür. Sehr wichtig ist allerdings auch die genaue Durchuntersuchung und dauernde gute Beobachtung der Patienten wegen frischer Infekte bzw. mobilisierter Herde. Ist sie nicht gleich durchführbar, so sollte man prophylaktisch solange ein Breitspektrumantibioticum geben.

In weniger akuten bzw. leichten Fällen sollte man wohl immer zunächst Triamcinolon einsetzen. Als Initialdosis halten wir 8—12 mg/Tag hier meist für ausreichend. Es ist besser, bei den restlichen nach 2—3 Tagen die Dosis zu erhöhen, als primär bei allen die hohe Dosis und die lange Abbauzeit in Kauf zu nehmen.

Der weitaus wichtigste Grundsatz ist aber der, nicht zu vergessen, daß es außer den Hormonen noch andere therapeutische Möglichkeiten gibt, für deren Anwendung die Voraussetzungen durch die Hormontherapie geschaffen oder verbessert werden sollen. Wir weisen in dieser Beziehung auf die Mitteilung von BUREAU et al. (1958) hin.

c) Psoriasis pustulosa

Die Psoriasis pustulosa spricht in fast allen Fällen auf die Hormonbehandlung an. Die Dosen, die benötigt werden, sind sehr unterschiedlich.

Über den ersten Behandlungserfolg mit 2mal 100 mg Cortison/Tag, dann abfallende Dosis, berichten WOLL u. SAUER (1951). Der Patient war nach 8 Tagen abgeheilt. Die Erhaltungsdosis war 50 mg/Tag. Allerdings traten schon wenige Wochen später neue Pusteln auf. KUSKE (1955) sah in einem Fall auf 2mal 25 E ACTH/Tag innerhalb 2 Tagen ein völliges Verschwinden der Erscheinungen, die Dosis zu reduzieren war aber nicht möglich, da dann neue Pustelschübe auftraten. Cortison schien anfangs gut zu wirken, zeigte aber dann keinen wesentlichen Effekt mehr, im Gegensatz zu einem Fall von MARSON (1955) und einem weiteren von CARRIÉ (1955), die durch 150 mg/Tag gut beeinflußt wurden. SCHUPPNER u. KOBER (1957) konnten mit 20—80 E ACTH und 120 mg Cortison/Tag nur eine zunehmende Verschlechterung bei ihren Patienten registrieren. Das Krankheitsbild ließ sich erst durch 300 mg Cortison bzw. 150 E ACTH/Tag beherrschen. Über 2 Behandlungserfolge mit Prednisolon berichten FRANK u. STRITZLER (1955). Als Erhaltungsdosis gaben sie 15—20 mg/Tag. — KÄRCHER (1957) setzt sich eingehend mit der Problematik des Krankheitsbildes auseinander. Er faßt den von ihm beobachteten Fall als pustulöses Bacteriid auf, da offensichtlich ein Zusammenhang mit einer Sinusitis maxillaris bestand. Er sprach zwar auf 4mal 10 mg Prednison/Tag an, die Dosis ließ sich aber nicht reduzieren. Erst nach Herdsanierung unter antibiotischem Schutz, Prednison und ACTH konnte die Dosis auf 10 E ACTH/Tag reduziert werden. GRÜNEBERG und CONRADI (1957) sehen in der Psoriasis pustulosa auf Grund der Tatsache, daß bei ihren Patienten rezidivierende Anginen vorausgegangen sind, ebenfalls ein Bacteriid mit psoriatischer Morphe. Sie halten daher ACTH und Cortison wegen der Möglichkeit einer Mobilisierung der Infektion immer für gefährlich. — LOFFERER und PLASUN (1959) behandelten 4 Fälle mit Triamcinolon. Als Anfangsdosis geben sie 16—32 mg pro Tag an. Rezidive traten bereits während des Absetzens auf. MEYHÖFER und DOMBROWSKI (1960) empfehlen Anfangsdosen von 44—52 mg, die man allerdings relativ schnell bis auf 2—4 mg reduzieren könne. — Von Dexamethason sah NAZZARO (1959) in einem Fall keine Reaktion.

Trotz der Ablehnung der Hormontherapie durch GRÜNEBERG und CONRADI sollte man auch nach den Erfahrungen von KÄRCHER (1957) auf dieses Hilfsmittel bei einem so schweren Krankheitsbild nicht ohne weiteres verzichten. Möglicherweise bietet Triamcinolon zumindest bei der Dauertherapie gewisse Vorteile. Selbstverständlich darf dadurch die Fokalsanierung bzw. die Focussuche nicht unterbleiben. Lassen sie sich, durch das akute Krankheitsbild bedingt, nicht sofort in der nötigen Intensität durchführen, so sollte man prophylaktisch in den ersten Tagen ein Breitspektrumantibioticum zusätzlich verabreichen. — Wir möchten nicht versäumen, darauf hinzuweisen, daß die zusätzliche Gabe von AT 10 die Corticoidtherapie wahrscheinlich unterstützt. Seine Wirkung auf die Psoriasis pustulosa ist ja bereits seit 1936 (VOHWINKEL 1936) bekannt und vielfach bestätigt (SCHERBER 1938, CARRIÉ 1939, SCHMITZ 1949).

d) Psoriatische Erythrodermie (exfoliative Psoriasis)

Zu gleicher Zeit erschienen 1951 2 Mitteilungen über Fälle von psoriatischer Erythrodermie, bei denen außerdem eine Arthritis vorlag. SAUER (1951) gab ACTH, am 1. Tag 4mal 25, dann 4 Tage 62,5, 3 Tage 25 und 2 Tage 12,5 mg. Nach 24 Std ließen die Gelenkschmerzen nach, nach 48 Std gingen Rötung und Schuppung der Haut zurück. Unter 25 mg trat bereits wieder eine Verschlechterung auf, die bei Erhöhung auf 50 mg verschwand. 24 Std nach Absetzen der ACTH-Behandlung erneute Erscheinungen, die bald wieder zur generalisierten exfoliativen Psoriasis führten. Ein Therapieversuch mit Nebennierenrinden-Extrakt erwies sich auch bei hoher Dosierung als erfolglos. — SOBEL (1951) hatte seinen Patienten unter ACTH ebenfalls bereits nach einer Woche fast erscheinungsfrei. Das Rezidiv, das nach Absetzen der Behandlung schnell auftrat, sprach auf 4mal 25 mg/Tag gleich gut an. Er hielt nun den Patienten unter einer Erhaltungsdosis von 2mal 25 mg, die allmählich bis auf 12,5 mg/Tag reduziert werden konnte. Ein neues Rezidiv wurde so vermieden.

Sehr genaue Behandlungsdaten gaben auch PASCHER u. WOOD (1956) an. Es handelte sich um 2 Kinder. Im ersten Fall wurde mit 20 E ACTH/Tag begonnen und ab dem 12. Tag auf 4mal 25 mg Cortison oral umgestellt, das langsam bis auf 25 mg jeden 3. Tag reduziert wurde. Im 2. Fall leiteten sie die Therapie mit 40 E ACTH/Tag ein. Sie führte schlagartig zur Besserung. Nach 8 Tagen gingen sie auf 80 mg Hydrocortison/Tag über, die später bis auf 10 mg/Tag reduziert werden konnten. Ein Rezidiv sprach dramatisch auf 20 mg Prednison an. Als Erhaltungsdosis wurden 5 mg Prednison/Tag, später sogar nur noch jeden 2. Tag gegeben.

DWYER (1958) verglich die Wirkung von 6-Methylprednisolon gegenüber der von Prednisolon und fand es diesem um die Hälfte überlegen.

LOFFERER u. PLASUN (1959) behandelten 11 Fälle mit Triamcinolon. Sie konnten auf 16—32 mg/Tag einen schnellen Rückgang der Erscheinungen erzielen, sahen aber auch Rezidive. MEYHÖFER u. DOMBROWSKI (1960) finden, daß man mit alleiniger lokaler Behandlung selten auskäme, orale Gaben von 24—32 mg seien deshalb angebracht. Sie fanden Triamcinolon dem Prednisolon und Dexamethason deutlich überlegen.

Die von SOBEL (1951) und PASCHER und WOOD (1956) geschilderten Behandlungsgänge sind so charakteristisch, daß wir nicht viel hinzufügen können. Wie wir an den letzten Fällen sehen, bietet ACTH allerdings keinen prinzipiellen Vorteil gegenüber den neueren Corticoidpräparaten. Wir möchten gerade bei der psoriatischen Erythrodermie diesen, insbesondere dem Triamcinolon, sogar den Vorzug geben, da man mit Recht annehmen kann, daß die Nebennierenrinde, sofern die eigene Hormonproduktion des Patienten nicht gestört ist, bereits sehr stark beansprucht ist. Man sollte sie daher entlasten.

30. Erythrodermien

Die Bezeichnung Erythrodermie wird sehr oft angewandt, ohne daß sich feststellen läßt, welcher Art die Grundkrankheit war. Auch unter „exfoliativer Dermatitis“ wird nur in den seltensten Fällen das nach WILSON-BROCQ festgelegte Krankheitsbild zu verstehen sein. Wir haben daher zunächst die Formen abgehandelt, die klar definiert sind und fassen alle anderen anschließend zusammen.

a) Ein Fall von *Erythrodermia desquamativa Leiner* ließ sich nach PRINCE (1955) durch ACTH und Cortison nicht beeinflussen. REVESZ (1954) [zitiert nach BUGYI (1956)] erzielte mit 10 mg ACTH über 4—5 Tage gute Erfolge.

b) Nach einem Bericht von BARKER u. SACHS (1953) verschlechterte sich eine *bullöse, kongenitale, ichthyosiforme Erythrodermie* unter 4mal 15 mg ACTH/Tag (Gesamt 450 mg). JABLONSKA et al. (1955) sahen auf ACTH (Dosis nicht angegeben) + Penicillin oder Aureomycin nur eine vorübergehende Besserung. Sie gaben später 2mal 5 mg Prednison, das sie bis 4mal 5 mg täglich steigerten. Bereits nach wenigen Tagen war hierauf eine Besserung festzustellen. ESSIGKE (1958) fand es ebenfalls dem Cortison überlegen.

c) Eine *Erythrodermie infolge einer Hautretikulose* sprach nach BUREAU et al. (1955) auf Cortison schlagartig an (Dosis nicht angegeben).

d) Erythrodermien und exfoliative Dermatitiden *auf Arzneimittel* reagieren, sofern das schädigende Agens entfernt ist, auf Cortison sehr gut. Im allgemeinen sind 100—200 mg/Tag ausreichend (WEST 1952; BRETON u. GALMICHE 1954), es sind aber auch Fälle beschrieben, die 300 mg/Tag (JÄGER u. DELACRETAZ 1955) und mehr zur Abheilung benötigten. Im allgemeinen wird es zweckmäßig sein, die Dosis primär nicht zu hoch anzusetzen, da man sie beim Ausbleiben des Erfolgs leicht steigern, im anderen Fall aber nur langsam stufenweise reduzieren kann.

e) Eine Sonderstellung nehmen die Erythrodermien nach *Goldmedikation* (Schwermetalle!) und die „*Salvarsan-Dermatitiden*“ ein, da bei ihnen das schädigende Agens im Organismus und zwar insbesondere in der Haut, in relativ fester Verbindung gelagert ist, so daß zu ihrer Beseitigung auch vor der Cortison-Ära 2,3-Dimercaptopropanol (Sulfactin, BAL) gegeben werden mußte. Dieses geht mit ihnen durch die größere Affinität seiner SH-Gruppen eine Verbindung ein, die die Ausschwemmung über die Niere ermöglicht. An dieser Notwendigkeit ändert die ACTH- bzw. die Cortison-Therapie nichts. Sie gibt nur die Möglichkeit, die schweren Erscheinungen schon während der Ausschwemmungszeit in etwa zu unterdrücken bzw. sie danach relativ schnell abzuheilen. Über diese günstige Wirkung der Hormone berichten bereits COSTE et al. (1951) und STEINBERG u. ROODENBURG (1951). Sie konnten unter 4mal 15 ACTH/Tag noch keinen Erfolg sehen, während unter 4mal 20 mg die Erscheinungen deutlich abklangen (vielleicht auch zeitlich begründet! BAL!). Demgegenüber war bei JECKEL (1952) die Wirkung von 3mal 25 mg Cortison oral so gut, daß die Dosis bereits am 4. Tag auf 2mal 25 mg reduziert werden konnte. Bis zur völligen Abheilung vergingen zwar trotzdem noch mehr als 4 Wochen, aber das ist für dieses Krankheitsbild eine sehr kurze Zeit. Die gleiche Dosierung, 75—100 mg Cortison, gab LÜTZENKIRCHEN (1952) bei 2 Salvarsan-Dermatitiden im Anfang der Behandlung täglich, später nur noch jeden 2. Tag.

Wir möchten die Behandlungsmethode, die PERDRUP (1956) bei einer Gold-Dermatitis angab, nicht übergehen, da sie uns doch sehr wichtig erscheint. Er umging die orale bzw. parenterale Hormontherapie, indem er 1% Hydrocortison in Eucerin p_H 5 lokal anwandte. Der Erfolg war gut.

f) Die Mitteilung, daß die „*exfoliative Dermatitis*“ durch ACTH und Cortison sehr gut zu beeinflussen ist, machten schon THORN et al. (1950). Wir vermuten, daß sie ihre Erfahrung hauptsächlich aus schweren kontaktallergischen Krankheitsbildern bezogen, ähnlich wie MARSCHALL (1951), dessen Fall auf 1 Tag 20, 2 Tage 15, 4 Tage 10 und 5 Tage 5 mg ACTH abheilte, APPEL et al. (1958), die 3 Fälle mit täglich 20 mg und CAHN und LEVY (1959), die 2 weitere mit 6—8 mg Triamcinolon mit sehr gutem Erfolg behandelten. Auch die 3 Fälle von ROBINSON (1959), die mit einer Triamcinolon-Teer-Salbe behandelt wurden, zählen wohl in diese Gruppe.

Demgegenüber hat es sich wahrscheinlich bei den folgenden Fällen um Erythrodermien gehandelt, die auf dem Boden einer Seborrhoe bzw. aus bakteriellen Ekzemen entstanden waren.

SHANA (1951) bezeichnet seine Fälle als Eczema erythrodermique. Auffallend an ihnen ist, daß zwar die Anfangsdosis von 300 mg Cortison/Tag schon bis zum 5. Tag auf 150 mg, ab dem 7. auf 100 mg reduziert werden konnte, dann aber jeder Versuch, sie weiter zu senken, über Monate zur Verschlechterung führte. BOLGERT et al. (1951) hatten trotz ACTH-Behandlung über mehr als 2 Monate (Gesamtdosis 3,62 g) nur unvollkommene oder vorübergehende Besserung zu verzeichnen.

KIMMIG (1956) gibt 8—10 Tage 200 mg Cortison bzw. 20—40 mg ACTH. Rezidive treten danach selbst bei scheinbar gesunder Haut oft noch über lange Zeit auf, so daß die Therapie mit der von Fall zu Fall zu eruierenden Erhaltungsdosis fortgesetzt werden muß. Die von ihm als Beispiel demonstrierte Patientin hatte zu dieser Zeit schon insgesamt 30 g Cortison erhalten. Sie wurde 1955 von 50—100 mg Cortison auf 10—15 mg Prednison/Tag eingestellt. Langsam ließ sich auch diese Dosis noch bis auf 10 mg jeden 2. Tag reduzieren. Ein Versuch, das Hormon ganz abzusetzen, führte auch nach so langer Behandlungszeit sofort zum Rezidiv, das bemerkenswerterweise auf 20 E ACTH/Tag wiederholt vorzüglich ansprach (nach $4^1/_2$ Jahren ununterbrochener Cortison- bzw. Prednison-Therapie!). Sie ist jetzt wieder seit langer Zeit auf täglich 5 mg Prednison eingestellt und erscheinungsfrei. Zur Hautpflege benutzt sie seit Jahren eine 0,2%ige Hydrocortison-Salbe (20,0 g einer 1%igen Hydrocortison-Salbe + 80,0 Eucerin cum Aqua).

GOLDBERG (1958) beschreibt eine seborrhoische Erythrodermie, die sich unter 30 mg Prednisolon/Tag zwar besserte, aber erhebliche cushingoide Erscheinungen bekam. Er ging daher auf 6-Methylprednisolon (leider keine Angabe der Dosis!) über, worauf sich die Erythrodermie weiterhin besserte, dazu aber innerhalb von 3 Wochen eine Gewichtsabnahme von 9 Pfund und das Verschwinden der übrigen Cushing-Erscheinungen festzustellen war. — KORTING (1959) empfiehlt bei diesen oft sehr schlecht zugänglichen Erythrodermieformen eine diskontinuierliche Hormontherapie, um die Patienten nicht zum „Hormonkrüppel“ zu machen. Wir müssen auch hier vor dieser Therapieform warnen und verweisen nur auf den von KIMMIG (1956) mitgeteilten Fall. Wir kontrollieren diese Patientin seit Beginn der Erkrankung und haben im Anfang bei Absetzversuchen schwerste Rezidive erlebt, während die Frau sich jetzt durch die Einnahme einer Tablette pro Tag ganz sicher nicht als Hormonkrüppel fühlt. Es kann auf keinen Fall bestritten werden, daß unter diesen Patienten viele — wahrscheinlich sogar die Mehrzahl — sind, die nach einer gewissen Zeit ohne Hormone auskommen. Hier gilt das beim Pemphigus (S. 615) über die Einstellung und Überwachung der minimal möglichen Erhaltungsdosis Gesagte.

Fassen wir die Erfahrungen der letzten Jahre zusammen, so können wir wohl folgende Richtlinie für die Hormontherapie geben: entscheidend für den Erfolg ist die Grundkrankheit. Bei Erythrodermien und exfoliativen Dermatitiden infolge von Kontakt- bzw. Arzneimittelallergien ist die Beseitigung des schädigenden Agens die wichtigste Voraussetzung für den Erfolg der Behandlung. Danach genügen meist relativ geringe Hormondosen über kurze Zeit zur endgültigen Abheilung. Erythrodermien auf dem Boden einer Seborrhoe, nach bakteriellen Ekzemen oder psoriatische Erythrodermien (s. oben) benötigen in der Regel höhere Hormondosen und eine Dauertherapie über lange Zeit. Eine gleichzeitige sinnvolle Lokalbehandlung wirkt sich immer günstig aus. Auch Röntgen-Ganzbestrahlungen können von entscheidendem Nutzen sein.

31. Lichen ruber planus und verrucosus, Lichen nitidus

Offenbar wandte Roussel (1936) zum erstenmal einen Hypophysenextrakt beim Lichen ruber an, er stellte allerdings nur fest, daß er sich günstig auf den Blutdruck und das Allgemeinbefinden des Patienten auswirkte.

Die therapeutischen Berichte über Cortison beginnen 1952 mit der Remission eines Patienten von Hopkins et al. auf insgesamt 2,1 g Cortison in 16 Tagen. Die Autoren konnten bereits nach 48 Std eine Besserung sehen. Ein Rezidiv folgte nach 4 Monaten.

Mehrere weitere Erfolgsmeldungen von Bechet (1953) beim Lichen planus und von Zelcer (1953) bei der verrukösen Form (auf Dosen von 100 mg, Gesamtdosis 1 g), wurden abgelöst durch den weniger guten Bericht von Sulzberger u. Baer (1954). Von nur 3 ihrer 9 Patienten reagierte die Haut gut, während bei den übrigen lediglich der Juckreiz verschwand. Daß Cortison aber doch einen sicheren Effekt beim Lichen planus hat, zeigt der Doppelt-Blindversuch von Momford u. Morgan (1956), in dem von 10 Cortison-Patienten (2 Wochen 150, 2 Wochen 75 mg per os) 6 gut und 4 mäßig, von den Kontrollpatienten (Leertabletten) dagegen nur einer gut und 2 mäßig gebessert wurden.

6 Patienten von Kristjansen u. Reymann (1953) wurden mit ACTH behandelt; 4 heilten ab, 1 weiterer wurde gebessert. In 2 akuten Fällen wurde nur der Juckreiz beseitigt. Beim Lichen der Mundschleimhaut sahen sie keinen Effekt.

Meara (1955) erzielte gute Erfolge durch ACTH-Dauertropfinfusionen, doch hatte er in 3 Fällen schnelle Rezidive. Eine ungewöhnliche Kombination, 20 E ACTH + 1000 E Heparin, verwandte Schwarz (1955) bei einem Lichen planus pemphigoides mit Erfolg.

Die lokale Anwendung von Hydrocortison in Form einer 1%igen Salbe versuchten Sulzberger et al. (1953) ohne Erfolg. Die gleiche Feststellung machte Schmutziger (1956) mit 1—2,5%igen Hydrocortison- und 0,1%igen Fluorhydrocortison-Salben. Von lokalen Injektionen (0,3 ml) von Hydrocortison sahen Domonkos (1956) und Montgomery (1956) Gutes bei hypertrophischen Herden.

Über Erfolge durch Prednison berichten Pautrier (1956) und Ullmo (1957). Als Anfangsdosis gaben sie in der Regel 20 mg/Tag. Jede Woche wurde die Dosis um 5 mg reduziert. Kimmig (persönliche Mitteilung) hat bei exanthematischen Formen von dieser Therapie ebenfalls sehr Gutes gesehen.

Aaron (1958) behandelte 3 Patienten mit hypertrophischen Herden mittels Vibrapunktur intrafokal mit Prednisolon-Butylacetat und gibt an, die Herde seien nach wenigen Sitzungen abgeheilt. Guin et al. (1960) gaben intradermal das Acetat. Der Erfolg war in 3 Fällen 50—100%.

Die Erfolge der oralen Therapie mit Triamcinolon waren unbefriedigend. Edelstein (1959) sah in 5 Fällen nur 2 gute Reaktionen. Auch die lokale Anwendung in Form von Salben war zum Teil ohne Effekt (Clark u. Hallet 1960), während James (1960) über 7 Fälle, davon 5 sehr gute, und 2 gute Erfolge berichtet.

Man kann also an der Wirkung der Hormone beim Lichen ruber nicht zweifeln, es erhebt sich nur die Frage, soll oder muß man ihn damit behandeln? Eine absolute Indikation besteht mit Sicherheit nicht. Bei geringer Ausdehnung der Herde wird man fast immer ohne orale oder parenterale Hormontherapie auskommen. In diesen Fällen sollte man auf jeden Fall der intrafokalen Therapie, die übrigens Stoughton (1959) in seiner Indikationsübersicht als einzige anerkennt, vorziehen. Bei ausgedehntem Befall bzw. exanthematischen Formen kann man gegen einen Therapieversuch mit 10—20 E ACTH über 10 Tage bzw. Prednison oder Prednisolon in der von Pautrier (1956) angegebenen Form nur in den seltensten Fällen ernsthafte Einwände erheben (Tuberkulose, Infekte, Diabetes, Psychosen). Selbst dann kann aber unter Umständen der dauernde, quälende Juckreiz dem Patienten mehr schaden, als eine vorsichtig durchgeführte Hormonbehandlung.

Einen Lichen nitidus behandelte Wilson (1958) 4 Wochen lang mit 3mal 4, dann 2 Wochen mit 2mal 4 mg Triamcinolon/Tag mit gutem Erfolg. Auch Grupper (1959) sah eine Abheilung unter Triamcinolon.

32. Purpura

a) Idiopathische, thrombopenische Purpura

Die idiopathische, thrombopenische Purpura gehört zu den hämatologischen Erkrankungen, also weniger in das Gebiet der Dermatologie. Die Therapie mit ACTH und den Corticoiden geht auf eine Beobachtung von Koller und Zollikofer (1950) zurück, die bei Normalpersonen nach ACTH-Gaben einen Thrombocytenanstieg festgestellt hatten. Diese Purpuraform spricht in der Regel auf die Hormone sehr gut an, neigt aber zu Rezidiven. Immerhin spricht Wilson (1952) in 5 von 12 Fällen von Heilung. Als Dosierung werden 40—150 mg ACTH angegeben (Evans und Chi Kong Liu 1950; Wilson 1952; Robson 1954; Brusch et al. 1954 und andere). In neuerer Zeit gibt man zum Teil weit höhere Dosen, zumindest initial. Wir selbst beobachteten einen Fall, bei dem 2mal durch Injektion von 1000 mg Cortison schwere Blutungen zum Stehen kamen. Die Thrombocytenwerte stiegen allerdings nicht wesentlich an. Weisgerber et al. (1956) gaben 250—300 mg Prednisolon. Sie erzielten damit bei 6 Patienten außer dem Sistieren der Blutung auch einen Thrombocytenanstieg. Pariser u. Wassermann (1956) nehmen an, daß durch die Hormone zunächst der Gefäßfaktor, dann erst die Thrombopenie beeinflußt wird. Bei chronischen Fällen soll sogar nur eine Wirkung auf die Gefäße erzielt werden (auch Robson 1954). Ausführliche Zusammenfassungen über die Behandlung dieser Purpuraform mit Prednisolon erschienen von Damaschek et al. (1958), Weisberger und Suhrland (1958) und Bernard et al. (1960), auf die wir verweisen können.

b) Infektiös-toxische Purpura

In den Formenkreis der infektiös-toxischen Purpura gehören das Waterhouse-Friderichsen-Syndrom und die schweren chemischen oder medikamentösen, toxischen Reaktionen. Sie sprechen auf ACTH und Cortison ebenfalls gut an. Die Dosierung entspricht der bei der idiopathischen Purpura (Santler 1953; Pariser u. Wassermann 1954; Bahr u. Lewy 1955). Wir möchten darüber hinaus nur noch Wolter u. Loeb (1956) anführen, die in den 2 Fällen von Waterhouse-Friderichsen-Syndrom mit intravenösen Dauertropfinfusionen von 1 mg Hydrocortison/kg Körpergewicht 6stündlich, kombiniert mit Cortison-Acetat intramuskulär und Antibiotica, gute Erfolge erzielten. Auch Bickel (1958) weist ausdrücklich auf die hervorragende Wirkung von Cortison in Verbindung mit Antibiotica hin. Eine gute Literaturübersicht liegt außerdem von Janbon

(1960) und von WEINGÄRTNER (1960) vor, der bereits die löslichen Prednisolonpräparate empfiehlt. Auch BIERICH (1960) empfiehlt im akuten Stadium zunächst 25 mg eines löslichen Prednisolons intravenös, meist zusammen mit einer Dauerinfusion. Später kann man auf intramuskuläre Injektionen oder orale Therapie übergehen. ACTH lehnt er als absolut kontraindiziert ab, da es eine zusätzliche Belastung der Nebennierenrinde bedeute.

c) Rheumatisch-allergische Purpura

Die ersten Berichte über die Schoenlein-Hennochsche (STEFANINI et al. 1950; LEVINSON et al. 1951; u. PRIBILLA 1951) und die Schambergsche Purpura (PEPLER 1951) zeigten, daß ein Erfolg mit ACTH zu erzielen war, wenn die Medikation längere Zeit durchgeführt wurde. LEVINSON et al. (1951) gaben zunächst nur 4 Tage je 4mal 26 mg, mußten aber, da bereits nach weiteren 12 Std ein Rezidiv auftrat, die Behandlung bis insgesamt 63 Tage (3470 mg ACTH) fortsetzen. PEPLER (1951) benötigte bei gleicher Anfangsdosis ebenfalls einen Monat, um einen dauerhaften Erfolg zu erzielen. Über einen sehr guten und dauerhaften Effekt bei einer Purpura anularis teleangiectodes mit sehr niedriger Dosis (5 mg ACTH, insgesamt 60 mg) berichtet BORELLI (1952/53).

Mit Cortison (450 mg/Woche) erreichten BERNASCONI u. MESSERSCHMITT (1953) bei einem 5jährigen Jungen mit Purpura rheumatica dauerhaften Übergang in einen gutartigen Verlauf. Nach 7 Monaten bestanden nur noch geringfügige Hauterscheinungen.

Weniger zufrieden waren PHILPOTT u. BRIGGE (1953) in 9 mit ACTH, Cortison oder beiden zugleich behandelten Schoenlein-Hennoch-Fällen. Sie fanden zwar auch, daß der Allgemeinzustand der Patienten gebessert wurde, aber Rückfälle konnten nicht vermieden werden und ein Einfluß auf den Verlauf der Nephritiden war nicht festzustellen. Ähnliches berichten TVETERÅS (1956) auf Grund von 38 Fällen und MENZI (1958) nach einer Literaturübersicht. Die Schlußfolgerung, daß die Hormontherapie deshalb nicht als nützliche Maßnahme anzusehen sei, ist aber doch wohl etwas scharf formuliert, denn von anderen Autoren wird trotz dieser „Mängel" die Hormontherapie in manchen Fällen als lebensrettend angesehen (BURKE u. JELLINEK 1954; JEUNE et al. 1955). Daran ändert auch eine Mitteilung von OEHME (1955) nichts, der im Verlauf einer langdauernden ACTH-Therapie (wegen Paraleukoblastose) eine Purpura Majocchi auftreten sah.

Die Wirkung von Prednison und Prednisolon entspricht der des Cortisons. Die Anfangsdosis liegt bei 30—40 mg/Tag (NABARRO et al. 1955; COHEN 1957 und andere). Der von COHEN (1957) beschriebene Fall ist insofern interessant, als er auf 200 mg Cortison vorher nicht reagiert hatte, auf 40 mg Prednisolon/Tag dagegen sofort ansprach. Wesentlich höhere Dosen (50—300 mg über 10—40 Tage) gaben WEISBERGER et al. (1956).

Im Rahmen dieses Formenkreises wollen wir zum Schluß noch ein Syndrom erwähnen, die Maladie trisymptomatique de Gougerot. Sie spricht schnell und gut auf die Hormontherapie an, nach mehr oder weniger langer Zeit treten aber in der Regel Rezidive auf. Als Anfangsdosis werden angegeben: 100 mg ACTH/Tag (DE GRACIANSKY et al. 1952; RICCARDI 1954), 100—200 mg Cortison/Tag (DE GRACIANSKY et al. 1952; VISSIAN u. ALBERTI 1953), 30 mg Prednison (SIMERAY 1957).

Eine genaue Regel über die Anwendung der Hormone bei den verschiedenen Purpuraformen läßt sich nicht aufstellen. Eine absolute Indikation besteht unseres Erachtens in allen lebensbedrohlichen Fällen, wenn eine allergische oder rheumatische Komponente angenommen werden muß. Der gleichzeitige Antibioticaschutz und die Durchführung sonstiger Maßnahmen, wie Beseitigung von allgemeinen oder Fokalinfekten, Bluttransfusionen usw., versteht sich von selbst. Daß man bei diesen schweren Krankheitsbildern oft mit heroischen Initialdosen einen schlagartigen Wandel schaffen kann, führten wir bereits an.

33. Erkrankungen durch Störungen innersekretorischer Drüsen

Die Erkrankungen durch Störungen innersekretorischer Drüsen gehören in den Bereich der inneren Medizin. Sie sind auch bezüglich der Therapie im Handbuch der inneren Medizin ausführlich behandelt, so daß wir auf die entsprechenden Kapitel dort verweisen können (JORES 1955).

Die Behandlung der diabetischen Gangrän haben wir bereits bei den Gefäßerkrankungen (S. 602), das circumscripte Myxödem wird bei den allgemeinen Stoffwechselstörungen (S. 632) besprochen.

34. Erkrankungen durch Störungen des Vitaminstoffwechsels

Über erstaunliche Erfolge bei der Pellagra berichten MIOWSKI u. TADŽER (1953, 1954). Sowohl die Haut-, als auch die Magen-, Darm- und die psychischen Erscheinungen waren durch 25—40 mg ACTH/Tag, bzw. Nebennieren-Totalextrakte, ohne besondere Diät zu beseitigen. Neuere experimentelle Untersuchungen von OHTA (1959) zeigten, daß tatsächlich bei der Pellagra Störungen der Nebennierenrindenfunktion vorhanden sind.

35. Erkrankungen bei allgemeinen Stoffwechselstörungen

a) Porphyrie, Porphyrinurie

GILBERT et al. (1951) behandelten eine akute Porphyrie mit insgesamt 5,75 g Cortison in 45 Tagen. Mit Beginn der Medikation ging die Porphyrinausscheidung sofort zurück. Sie erreichte am 5. Behandlungstag ihr Minimum, auf dem sie während der gesamten Therapie blieb. Wurde die Cortison-Verabreichung eingestellt, so stieg sie auf die alte Höhe an. Auf den klinischen Verlauf der Krankheit hatte das Cortison keinen Einfluß. OLSON u. SZILLS (1954) mußten in 2 Fällen von hepatitischer Porphyrie feststellen, daß Cortison in Dosen von 300 mg/Tag, dann abfallend, schlecht vertragen wurde. Beide Patienten kamen ad exitum.

Alle weiteren Autoren verwandten ACTH. Die Ergebnisse waren unterschiedlich. OLTMAN u. FRIEDMAN (1951) sahen auf 4mal 20, bzw. 4mal 25 E/Tag keine Wirkung. GOLDBERG et al. (1951) erzielten mit 4mal 12,5 E über eine Woche klinische Besserung ohne Änderung der Porphyrinausscheidung. JANOFF et al. (1953) berichten, daß sie bei der intermittierenden hepatischen Form mit 3mal 40 E/Tag in 18 Tagen eine völlige Remission erzielten, während MELLINGER u. PEARSON (1953) von 10, bzw. 25 E ACTH/Tag als Dauertropfinfusion keine wesentliche Besserung sahen.

Ein sehr großes Krankengut übersah WATSON (1953). Von seinen 15 Fällen sprachen 8 prompt auf ACTH an. Er spricht sogar von dramatischen Remissionen. Den größten Wert legt er darauf, daß die Therapie nur über kurze Zeit, 3—7 Tage, durchgeführt wird. Wenn überhaupt eine Besserung zu erwarten sei, trete sie innerhalb 48—72 Std auf.

Bei einer akuten Porphyrinurie gab PETERS (1954) in 6 Tagen 680 E ACTH. Der Effekt war günstig, aber es traten Cushing-Erscheinungen auf.

Die Erfolgsaussichten sind also bei den verschiedenen Formen der Porphyrie nicht sehr groß. Man sollte sich bei der Behandlung mit Hypophysen-Nebennierenrinden-Hormonen an die Erfahrung von WATSON halten, d.h. die Therapie absetzen, wenn nach 72 Std kein klarer Effekt zu sehen ist. Bei der hepatischen

Form muß daran gedacht werden, daß der Leberstoffwechsel auch bezüglich der Hormonumsetzung, d.h. sowohl im Umbau als auch im Abbau, gestört sein kann. Das kann leicht zu Überdosierungen oder zur Unwirksamkeit der verwandten Hormonpräparate führen. Die Beschreibung der Erscheinungen bei den Fällen von OLSON und SZILLS könnte man so erklären.

b) Necrobiosis lipoidica diabeticorum

Der Bericht von NEWMAN u. FELDMAN (1951), demzufolge die Necrobiosis lipoidica diabeticorum auf Cortison-Salbe (0,3—2,5%) reagiert, konnte von keinem der späteren Autoren bestätigt werden. PRICE (1953) sah jedenfalls davon keine Wirkung. Auch Hydrocortison-Salbe ist nach MEYER-BERKE (1954) nicht wirksam.

Die gleichen Erfahrungen machten GRUPPER (1954) und PASCHER (1954). FELDMANN, der zu den beiden Fällen von PRICE und MEYER-BERKE in einer Diskussion Stellung nimmt, sieht den Grund des Versagens der Therapie darin, daß sie zu kurze Zeit durchgeführt, bzw. daß die Salbe nicht lange genug einmassiert worden war. Er hatte die besten Erfolge bei ulcerierten Formen. PASCHER (1954) konnte auch von innerlichen Cortison-Gaben (3mal 100 mg/Tag) keinen Effekt sehen.

Die Wirkung von Hydrocortison-Suspension läßt sich, da zu wenig Erfahrungen damit vorliegen, nicht ganz beurteilen. Man kann annehmen, daß sich die von SAVITT (1955) anfänglich angenommene hervorragende Reaktion als nicht ganz so gut erwies, denn er bezeichnet den Effekt in einer späteren Arbeit (1957) nur noch als mäßig=(+). Injiziert wurden 6mal 0,5 ml einer Suspension, die 25 mg je ml enthielt, jeweils im Abstand von 14 Tagen. Dieser Effekt würde in etwa mit dem von SMITH (1956) übereinstimmen, der in 2 Fällen lediglich die Progression für 12 Monate verhindern konnte. GUIN et al. (1960) berichteten allerdings erst kürzlich wieder über 4 Fälle, die mit 5—8 intradermalen Injektionen von Prednisolon-Acetat zu 50—90% abheilten. Da zur Zeit eine bessere Therapie für dieses Krankheitsbild noch nicht bekannt ist, sollte man also einen Versuch damit machen. Auch STOUGHTON (1959) erkennt diese Indikation an.

c) Weitere Störungen des Lipoidstoffwechsels

Xanthomata tuberosa gingen bei einem Diabetiker nach Einstellung des Diabetes und 2mal 25 mg Desoxycorticosteron-Acetat/Woche schnell zurück (PASCHOUD u. PETER 1953). Ein Fall, der von EDELSTEIN et al. (1955) beschrieben wird, reagierte gut auf 60 mg ACTH. Durch lokale Injektion von Hydrocortison erzielte SAVITT (1957) einen sehr guten Effekt.

Über einen sehr schweren Fall von *Adiponecrosis subcutanea neonatorum*, der auf Cortison- und ACTH-Therapie ansprach, berichtete WESENER (1956) auf dem Deutschen Dermatologenkongreß in Wien (1956). Unter 10 mg Cortison/Tag trat bereits am 2. Tag Besserung ein, aber die Rückbildung der Verhärtung ging selbst bei Steigerung der Dosis auf 20 mg nur sehr langsam voran. Nach Absetzen der Behandlung (Gesamtdosis 535 mg) war kein weiterer Fortschritt festzustellen. Als sich der Zustand des Patienten durch einen Infekt bedrohlich verschlechterte, wurden 10 Tage lang täglich 5 mg ACTH gegeben, die wieder schnelle Rückbildung der Herde bewirkten. Jetzt bildeten sich die Herde auch nach Absetzen des ACTH weiter zurück. WESENER hält die Hormontherapie bei diesem schweren Krankheitsbild für absolut lebensrettend.

Bei einer *Lipoidproteinose* waren nach KATZENELLENBOGEN u. UNGAR (1957) 100 mg Cortison/Tag über 7 Wochen gegeben völlig ohne Effekt.

d) Amyloidosis cutis

In einer Diskussion gibt schon 1951 JOHNSON an, daß ACTH bei einer sekundären Amyloidose geholfen habe. Auch JACKSON (1954) empfiehlt auf Grund von 3 eigenen Fällen Cortison und ACTH sowohl bei primärer als auch bei sekundärer Amyloidose. Ein weiterer Erfolg mit 40 mg ACTH/Tag wird von PAGNINI (1955) berichtet. Bei einer systematisierten primären Amyloidose war nach MILLIKEN (1955) durch Cortison und ACTH nur eine subjektive Besserung zu erzielen. GRUPPER (1958) sah von Cortison bei einer umschriebenen Hautamyloidose gar keinen Effekt.

e) Myxoedema circumscriptum, Skleromyxödem

Während DONALD et al. (1953) weder von Cortison noch von ACTH beim Myxoedema circumscriptum eine Wirkung sahen [desgleichen BLUEFARB u. RODIN (1955)], erzielte KIRKEBY (1954) mit 700 mg Cortison per os in 4 Wochen + 12,5 ACTH/Tag als Dauertropfinfusion einen schnellen Rückgang der myxödematösen Erscheinungen und des Exophthalmus. FORSEY u. ANHALT (1956) injizierten in je einem Fall 2mal wöchentlich 25 mg Hydrocortison, bzw. 1mal 25 mg Hydrocortison + 500 Viscose-Einheiten Hyaluronidase mit gutem Erfolg. Ein Fall von GUIN et al. (1960), der 10mal mit Prednisolon-Acetat intradermal behandelt wurde, zeigte nur wenig Reaktion (25%).

Das Skleromyxödem läßt sich weder durch ACTH noch durch Nebennierenrinden-Hormone beeinflussen (GOTTRON 1954; KOPF 1956).

f) Calciniosis universalis idiopathica

In einem Fall, der von SCOTT u. DE LILLY (1954) beschrieben wurde, waren Cortison und ACTH unwirksam. Lediglich die oberflächlichen Erscheinungen heilten ab.

36. Erkrankungen von Hautanhangsgebilden

a) Acne vulgaris, indurata, conglobata, necroticans

Die ersten tastenden Versuche, die Acne mit Hormonen zu behandeln, wurden bereits von MORRIS (1913) gemacht. Er hatte jedoch mit Thymus, Nebenniere und Hypophyse, als Tabletten verabreicht, keine eindeutigen Erfolge. Später machten JOSEPH (1920) und HOLLANDER (1921) den Vorschlag, eine bestimmte Gruppe von Acne-Patienten, und zwar die anämischen mit einer Hyperthyreose, mit Nebennieren-Substanz zu behandeln.

RITTER (1940) trug 20 Jahre später sehr viel Literatur zusammen, die die Zusammenhänge zwischen dem Hautorgan und dem Nebennieren-Hypophysen-System wahrscheinlich machte und ihn dazu veranlaßte, die Acne mit Nebennieren-Extrakten zu behandeln. Er gab männlichen Patienten jeden 2. Tag, Frauen in der 1. Hälfte des Cyclus ebenfalls jeden 2. Tag, dann jeden 3.—4. Tag eine Ampulle eines Extraktes.

Diese Therapie griffen 1951 mehrere Autoren neu auf. SCHMIDT u. KIRST (1951) behandelten 13 Acne vulgaris- und 11 indurata-Fälle alle 3—4 Wochen, in hartnäckigen Fällen sogar 14tägig, mit 15 mg Desoxycorticosteron-Acetat-Kristallen. Sehr gut wurde dadurch die Acne indurata beeinflußt, weniger die Acne vulgaris. Sie behandelten insgesamt nur 6—8 Wochen. War bis dahin noch keine Besserung eingetreten, so war nach ihrer Ansicht kein weiterer Effekt mehr zu erwarten. Wenig später referierte SCHRÖPL (1951) über gute Erfolge mit wöchentlich 10 mg Desoxycorticosteron-Acetat, ebenfalls über 6—8 Wochen gegeben und KÜHNAU

(1951) über 300 Fälle, die er 2mal wöchentlich mit 10 mg Desoxycorticosteron-Acetat behandelt hatte. Als einziger Autor sah KADEN (1951) weder von Nebennieren-Extrakt noch von Desoxycorticosteron-Acetat einen überzeugenden Effekt (20% gut, 80% unverändert). Es mag vielleicht daran liegen, daß er zu gering dosierte (nur 2mal 5 mg Desoxycorticosteron/Woche!).

Einen Behandlungsversuch mit Cortison machte DIDCOCT (1954) bei 17 Patienten. Er führte jeweils eine oder mehrere Kuren von 10—28 Tagen bei Tagesdosen von 25 mg durch. Der Effekt war sehr gering. Nur bei 5 Patienten ging die „Öligkeit" und die Zahl der Comedonen etwas zurück. Bei 2 weiteren verschwanden die Comedonen und Pusteln erst nach Absetzen der Therapie.

SAVITT (1957) injizierte bei 5 Acne conglobata-Fällen Hydrocortison mit hervorragendem Erfolg in die Läsionen. Das gleiche Ergebnis hatten GUIN et al. (1960) mit Injektionen von Prednisolon-Acetat.

Bei der Acne necroticans verwandte GAY PRIETO (1955) eine Hydrocortison-Salbe mit Neomycinzusatz. In seinen 6 Fällen war die Wirkung sehr gut bis gut. Da die Acne necroticans auch praktisch immer unter antibiotischen Salben bzw. alkoholischen Lösungen von Antibiotica abheilt, muß man annehmen, daß der Effekt in erster Linie durch das Neomycin erzielt wurde. Man sollte daher bei dieser Erkrankung immer zunächst einen Therapieversuch mit einem Antibioticum allein machen.

b) Rosacea

Da in früheren Zeiten die Rosacea, wie schon der Name „Acne Rosacea" andeutete, als eine Abart der Acne vulgaris angesehen wurde, gingen die therapeutischen Maßnahmen in etwa parallel mit denen der Acne. So untersuchten auch RITTER u. WADEL (1936) zunächst Patienten mit Rosacea auf die Möglichkeit einer Nebennieren-Hormonbehandlung. Sie hatten mit einem Nebennieren-Extrakt in mehreren Fällen ohne weitere lokale Therapie ausgezeichnete Erfolge, desgleichen LÖCHER (1939) und HOLSTE (1941).

Auch bei diesem Krankheitsbild begann 1951 eine neue Behandlungswelle mit Nebennieren-Hormonen. SCHMIDT u. KIRST (1951) gaben 22 Patienten Desoxycorticosteron-Acetat-Kristallinjektionen zu 50 mg im Abstand von 3 bis 4 Wochen, in besonders hartnäckigen Fällen alle 14 Tage. Die Erfolge damit waren bei der Rosacea besser als bei den verschiedenen Acneformen. Ähnlich waren die Erfahrungen von SCHRÖPL (1952) mit wöchentlich 10 mg Desoxycorticosteron. Sogar KADEN (1951) hatte mit einem Nebennieren-Extrakt oder Desoxycorticosteron in 25% der Fälle gute, in weiteren 65% befriedigende Ergebnisse, obwohl er relativ niedrig dosierte (2mal 5 mg/Woche).

Im gleichen Jahr versuchten LAVERY et al. (1951), wegen der guten Ergebnisse bei der interstitiellen Keratitis und beim Zoster, subconjunctivale Injektion von Cortison bei der Rosacea-Keratitis. Der Erfolg blieb in den beiden behandelten Fällen aus.

Auch GRÜNEBERG (1952) setzte sich sehr eingehend mit den therapeutischen Möglichkeiten bei der Rosacea auseinander. Er verwandte hauptsächlich Desoxycorticosteron-Acetat, 2mal wöchentlich 10 mg, glaubte aber von einem Rindenextrakt noch bessere Effekte erwarten zu können. Er stützte diese Annahme auf einen Versuch mit ACTH in 4 Fällen, die auf eine Tagesdosis von 25 mg sehr gut ansprachen.

KIMMIG (persönliche Mitteilung) gibt bei der Acne und bei der Rosacea zusätzlich zur Lokalbehandlung 2mal wöchentlich 10 mg Desoxycorticosteron-Acetat, meist über 3 Monate. Bei ambulanten Patienten bevorzugt er in neuerer

Zeit Injektionen eines 25—50 mg enthaltenden Depotpräparates in 2—4wöchigen Abständen. Die Ergebnisse sind bei beiden Dosierungen gut.

HOPF (1960) empfiehlt lokale Behandlung mit Salben, in denen wasserlösliche Corticoide enthalten sind.

c) Alopecia

1935 erschien eine Arbeit von KYLIN u. DICKER (1939), in der sie die Ansicht vertraten, daß die Alopecia totalis eine Hypophysenstörung unbekannter Art sei. Sie empfahlen deshalb die Anwendung von Hypophysen als Implantation bzw. parenterale oder orale Gaben von Extrakten. Sie gaben an, die Erfolge seien ungefähr gleich günstig mit allen Applikationsarten. Bereits ein Jahr später berichtete KYLIN (1940) über 64 so behandelte Fälle, von denen 49 schon beurteilt werden konnten. Bei 40 dieser Patienten war das Haar wieder gewachsen und nur 9 hatten keine Reaktion gezeigt. Die späteren Therapieversuche mit Hypophysenimplantationen verliefen weniger günstig. DAMM (1949) konnte bei 6 von 9 Patienten mit Alopecia areata innerhalb 6—16 Wochen zwar einen Haarwuchs feststellen, der aber bei 5 davon nach weiteren 8—16 Wochen wieder zum Stillstand kam, von denen 3 rezidivierten. SCHOOG u. WOLFERS (1952) sahen überhaupt keinen Erfolg, auch nicht von Nebennieren-Implantationen. FLEGEL (1954) bezeichnet den Effekt, den er erzielen konnte, als sehr gering.

Auf Grund der Untersuchungen von BAKER u. WHITAKER (1948), die an Ratten durch lokale Applikation von Nebennierenrinden-Extrakt eine Hemmung des Wachstums im Haarfollikel, atrophische Zeichen in der Epidermis und eine Verminderung der Talgdrüsen erzielt hatten, führten GRANT et al. (1951) die gleichen Untersuchungen an Patienten durch. Sie konnten trotz täglicher Behandlung über 9—14 Wochen auch histologisch keine Wirkung feststellen.

Die Therapie der Alopecia areata mit Desoxycorticosteron ist nach einer statistischen Auswertung von 230 Fällen durch WALKER u. ROTHMANN (1950) erfolglos. HIROSE (1955) gibt dagegen an, in 23 Fällen mit Desoxycorticosteron-Acetat + Vitamin C Besserung erzielt zu haben.

Die Therapieversuche mit Cortison sind zahlreich, ihre Erfolge unterschiedlich. DILLAHA u. ROTHMANN (1952) gaben auf Grund der häufig beobachteten Zusammenhänge der Alopecie mit Pubertät, Thyreotoxikose und Schwangerschaft einerseits und der häufigen Beeinflussung der rheumatischen Arthritis durch die Schwangerschaft andererseits, Cortison in Dosen von 150—200 mg oral. Sie machten dabei die interessante Feststellung, daß 3 Patientinnen, bei denen die Erkrankung nach der Pubertät begonnen hatte, gut, eine andere mit Beginn vor der Pubertät nicht reagierte. Nach LENGGENHAGER (1954) war bei der Alopecia areata in 2 Fällen eine Wirkung nur so lange zu sehen, wie Cortison gegeben wurde, während 2 Patienten mit Alopecia totalis unter 50 mg/Tag nach 4 Wochen volle Haare hatten, die auch 6 Monate nach Absetzen der Therapie in diesem Zustand blieben. Ein von WITTEN u. SULZBERGER (1954) demonstrierter Fall von universeller Alopecie mußte über 2 Jahre laufend unter Therapie gehalten werden. Sie benötigten 50—100 mg, bzw. später 80—120 mg Hydrocortison/Tag. Es ist wahrscheinlich, daß die von HIROSE (1955) mitgeteilten 117 durch Cortison wieder hergestellten Alopecia areata-Fälle ähnlich anzusehen sind, denn er betont, daß die Gesamtdosis über 5,0 g betragen soll. Für rezidivierende Fälle empfiehlt er ACTH (offenbar aber nur, weil er eine „Nebennierenrinden-Atrophie" verhindern möchte). Auch NARUMI (1958) sah durch orale Gaben von Nebennierenrinden-Hormonen in einigen Fällen Besserung. Nach seiner Meinung sollte bei der Alopecia maligna ein Versuch damit gemacht werden, wenn man auch nicht von der Therapie der Wahl sprechen könne. — Von 6-Methylprednisolon hatte

GOLDBERG (1958) einen sehr günstigen Eindruck. 6 Patienten reagierten darauf alle gut. Unter ihnen war 1 Patient, der seit 15 Jahren weder Augenbrauen noch einen Bartwuchs hatte. Nach 2 Monaten sei ein voller Wuchs vorhanden gewesen. Eine Frau, die unter einem anderen Präparat gerade wieder die nachgewachsenen Haare verlor, habe nach dem Übergang auf 6-Methylprednisolon neues Wachstum gezeigt.

Die lokale Behandlung mit Cortison sowohl als Salbe (SULZBERGER u. WITTEN 1952), als auch in Form der lokalen Injektion (HURIEZ u. DESMONS 1953) war nicht sehr effektvoll.

Auch 1—2,5%ige Hydrocortison-Salbe war nach SULZBERGER u. WITTEN (1952, 1953), RAIN (1953) und anderen bei der Alopecia areata wirkungslos. Daran konnte auch der Zusatz eines Antibioticums nichts ändern (GRUPPER 1953).

Durch lokale Injektion von 25 bis über 100 mg Hydrocortison je Sitzung erzielten HURIEZ u. DESMONS (1953) in 5 von 22 Fällen wieder völligen, in 2 weiteren Fällen wesentlich verstärkten Haarwuchs. Sie halten die Dosis für wichtiger als Größe und Anzahl der Plaques. Während sie eine Konzentration von 25 mg/ml zur Injektion benutzten und die Einzelinjektionen in Abständen von 2—4 Wochen durchführten, gaben RONY u. COHEN (1955) 2mal wöchentlich Injektionen einer Suspension von 50 mg/ml. Der Erfolg war nur vorübergehend. Im Gegensatz dazu benutzte SCOTT (1957) eine Suspension von 10—15 mg/ml und hielt einen zeitlichen Abstand von je einem Monat zwischen den Injektionen ein. 3—4 Wochen nach jeder Injektion waren nach seinen Angaben in den jeweiligen Plaques festsitzende Haare gewachsen, nach 3 Monaten begann sogar wieder spontanes Wachstum. Er verfügt über 50 Fälle, die so mit gutem Erfolg behandelt worden sind. KALKHOFF und MACHER (1958) injizierten täglich bis zu 20 Quaddeln zu je 2 mg Hydrocortison. Nach 3—5 Wochen trat ein umschriebenes Haarwachstum auf, doch fielen die Haare in der Regel wieder aus.

Mit 1‰iger Prednisolon-Salbe erzielten E. u. V. SCHRÖPL (1957) bei einer 8 Jahre bestehenden Alopecia gravis totalis im Verlauf von Monaten wieder Haarwachstum. DOMONKOS (1957) berichtet Ähnliches von lokalen Injektionen von je 12 mg, desgleichen VONKENNEL (1959) und RISSE-SUNDERMANN (1960), während GUIN et al. (1960) von 2,5—25 mg/ml Prednisolon-Acetat in 4 Fällen praktisch nichts sahen (0—30%).

SHELLEY et al. (1959) berichten über Langzeitbehandlung mit Triamcinolon. Bei einer Dosierung von 10 mg/Tag ist ein gutes Wachstum der Haare zu erzielen, doch fallen sie bereits bei 6 mg/Tag wieder aus. CAHN u. LEVY geben ebenfalls bei einem Patienten sehr gutes Haarwachstum an, ohne allerdings auf die Dosierung einzugehen. Die Behandlung dauerte 13 Wochen. Anschließend seien die Haare weitergewachsen und noch 5 Monate danach unverändert gewesen. EDELSTEIN (1959) verfügt sogar über 18 mit Triamcinolon behandelte Patienten, von denen 8 sehr gut, weitere 4 gut reagierten (Dosis nicht angegeben).

Mit intradermalen Injektionen von Triamcinolon erzielte JAMES (1960) in 9 von 11 Fällen sehr gute Erfolge.

Fassen wir die Erfahrungen der Hypophysen-Nebennierenrinden-Hormontherapie bei den verschiedenen Formen der Alopecie zusammen, so muß man zunächst empfehlen, da der Erfolg bei allen Applikationsarten ungewiß ist, den Weg des geringsten Risikos zu gehen. Das ist ohne Zweifel die lokale Applikation einer Hydrocortison-, Prednisolon-Salbe. Der nächste Schritt wäre die lokale Injektion von Hydrocortison oder Prednisolon oder Triamcinolon. Wenn man die vorliegenden Berichte aufmerksam vergleicht, so könnte es fast den Anschein haben, als sei dabei der bessere Effekt, durch geringer konzentrierte Suspensionen und durch größere zeitliche Abstände zwischen den einzelnen Injektionen zu erzielen. Da Scott (1957) immerhin bereits über eine Erfahrung von 50 Patienten verfügt, darf man seine Methode nicht unbeachtet lassen. Auch die guten Erfolge mit Triamcinolon-Injektionen machen diese Methode für die Therapie interessant. Die orale oder parenterale Therapie muß jedenfalls als ultima ratio angesehen werden, denn die allgemein angegebenen Tagesdosen sind so groß, daß man sie, zumal über solche Zeiträume, nicht ohne dringenden Grund geben sollte. Vielleicht sollte man dann 6-Methylprednisolon den Vorzug geben.

37. Erbkrankheiten der Haut

a) Epidermolysis bullosa

Die ersten Berichte geben übereinstimmend an, daß ACTH und Cortison bei der Epidermolysis bullosa ohne Wirkung seien (Cannon et al. 1951; Lever 1951; Zeligman u. Robinson 1951; Janson 1951). Erst 1952 beschreiben Coste et al. einen Fall, der durch 50 mg ACTH/Tag (im Durchschnitt) gebessert wurde. Die Wirkung trat allerdings erst nach einigen Tagen auf. Nach 20 Tagen waren die Blasen fast völlig verschwunden, aber 3 Wochen nach Absetzen der Behandlung trat bereits ein Rezidiv auf. Ein weiterer ganz „geheilter“ Fall von Vernier u. Pringuet (1953) erhielt sogar 150 mg ACTH/Tag, dann langsam abnehmende Dosen bis insgesamt 4,0 g in 3 Wochen. Nach 3 Monaten war noch kein Rezidiv aufgetreten.

Die späteren Mitteilungen sprechen immer wieder von ungenügender (Ellachar u. Mazalton 1956) oder keiner Beeinflussung des Krankheitsbildes (Hadida u. Timsit 1956), so daß einzelne Autoren Kombinationsversuche mit anderen Medikamenten machten. So gab Hutsebaut (1956) zusätzlich zu ACTH Chloramphenicol und erreichte innerhalb 8 Tagen Abheilung. Das Rezidiv, das erst nach 5 Monaten auftrat, war bei seinen Patienten wesentlich abgeschwächt. Plenert (1956), der zunächst mit 15 E ACTH/Tag die Blaseneruption unterdrücken konnte, gab dann 5 mg Cortison + 150 mg Rutin und hielt so die Erscheinungen wenigstens in einem erträglichen Zustand.

[Eine sehr ausführliche Abhandlung über die Epidermolysis bullosa hereditaria simplex bringt Dorn (1957).]

Insgesamt gesehen haben offenbar die Hypophysen-Nebennierenrinden-Hormone nur bei sehr hoher Dosierung in einzelnen Fällen eine mehr oder weniger vorübergehende Wirkung. Über die Kombination mit Antibiotica bzw. Rutin liegt noch zu wenig Erfahrung vor. Sollte es sich erweisen, daß der von Plenert (1956) beschriebene Effekt in weiteren Fällen zu erzielen ist, so wäre das ein sehr großer Fortschritt.

b) Dyskeratosis follicularis (M. Darier)

Über die Behandlung des Morbus Darier mit Hypophysen-Nebennierenrinden-Hormonen liegt unseres Wissens nur eine Arbeit von Money (1955) vor, der 40—60 mg Hydrocortison/Tag mit Vitamin A kombinierte. Die Besserung war nur unwesentlich.

c) Ichthyosis congenita

Coste, Piguet u. Civatte (1952) machten zufällig die Beobachtung, daß sich bei einem Patienten mit Ichthyosis congenita, der wegen einer Polyarthritis Cortison in einer Dosierung von 300—100 mg/Tag bekam, die Hauterscheinungen ganz auffallend besserten. Im Verlauf weiterer Cortison-Kuren ging die Besserung weiter, und der Zustand wurde so gut, wie der Patient ihn nie zuvor gekannt hatte. Außerdem begann er zu transpirieren, was ihm zuvor auch völlig unbekannt war. Der gute Hautzustand hielt sich über die gesamte Zeit der Nachbeobachtung.

d) Hydroa vacciniformia

Hadida u. Béranger (1956) berichten über ein 12jähriges Kind, das sie mit 80 mg Hydrocortison/Tag behandelten. Innerhalb 28 Tage verschwanden die Hauterscheinungen. Auch durch Sonnenexpositionen wurde kein Rezidiv verursacht (Nachbeobachtungszeit 6 Monate!).

e) Incontinentia pigmenti

Burmeister (1957) berichtet über 2 Fälle, von denen einer durch 15 mg Prednison, später 10 E ACTH/Tag gut beeinflußt wurde. Auch das Rezidiv, das 4 Tage nach Absetzen der Therapie auftrat, sprach auf ACTH gut an. Nach erneutem Absetzen der Behandlung zeigten sich nur noch geringfügige Erscheinungen. Der 2. Fall reagierte auf 2mal 15 E ACTH/Tag gut, die Therapie mußte aber wegen Unverträglichkeitserscheinungen abgebrochen werden.

38. Tumoren der Haut

a) Carcinome, Melanome, Metastasen, Erythroplasie, Acanthosis nigricans

Auf Grund der schon von Heilman u. Kendall (1944) durchgeführten experimentellen Untersuchungen gaben Taylor u. Ayer (1950) 11 Patienten mit verschiedenen malignen epithelialen Tumoren, darunter auch ein Melanom, ACTH in Dosen von 25—50 mg/6 Std oder 100—600 mg Cortison/Tag. Eine Besserung trat praktisch nur bezüglich Fieber, Appetit und Allgemeinbefinden auf, und zwar interessanterweise nach ACTH innerhalb 48 Std, nach Cortison erst in 4—6 Tagen.

Im darauffolgenden Jahr behandelten Maguire u. McElhone (1951) 12 Patienten mit teils inoperabelen, metastasierten, malignen Tumoren mit Aureomycin und ACTH. Die Anfangsdosis war wesentlich niedriger als bei den obigen Autoren. Sie gaben 80 mg/Tag, später als Erhaltungsdosis 10—40 mg und konnten dadurch das subjektive Befinden der Patienten so wesentlich bessern, daß ein normales Leben über mehrere Jahre möglich war.

Bei einer Patientin mit Mamma-Carcinom, die 6 Monate nach der Operation Hautmetastasen hatte, machte Balistera (1951), als sie wegen eines gleichzeitig bestehenden Asthma bronchiale Cortison erhielt, die interessante Feststellung, daß ihre Schmerzen weitgehend zurückgingen. Dieser Effekt zeigte sich sehr deutlich in der Anzahl der notwendigen Morphininjektionen. Während vor der Cortison-Behandlung $1^1/_2$stündliche Injektionen notwendig waren, konnten sie nachher auf 2 je Tag reduziert werden.

Im Gegensatz zu diesen guten Effekten mit Cortison steht ein Bericht von Bureau et al. (1952). Sie gaben bei sklerodermiformen Hautmetastasen eines unbekannten Primärtumors täglich 100—200 mg ACTH. Zunächst stellten sie zwar eine Besserung der Symptome fest, aber kurze Zeit nach Absetzen der Medikation kam es zu einer akuten Verschlechterung.

In neuerer Zeit konnte Lemon (1957) mit Cortison (50—100 mg/Tag) gute Erfolge bei Brustkrebs erzielen. Er führt sie auf die Stillegung der Nebennierenrinde zurück, die auch nach der Menopause und selbst nach Ovariektomie noch Oestrogene produziere.

Mit der Wirkung von Cortison auf die gleichzeitig röntgenbestrahlte Erythroplasie setzen sich Grupper u. Le Cat (1956) ausführlich auseinander. Ihre

Schlüsse gehen darauf hinaus, daß durch die Cortison-Therapie die Röntgen-Dosis erhöht werden kann, die röntgenresistenten Dermatosen röntgensensibel, die Bestrahlungsbeschwerden vermindert werden und sich ein antitumoraler Effekt mit dem der Röntgenstrahlen addiert.

Bei einer Acanthosis nigricans konnten HOPKINS et al. (1952) mit Cortison keinen Effekt erzielen.

Ausführliche Berichte über die Behandlung von Tumoren mit Prednison-Prednisolon sind erschienen von WEISSBECKER (1957), DE CAMP (1959), KALLENBACH (1959) und GERHARTZ (1960), mit Dexamethason von KALLENBACH (1959), FIEGEL und KELLING (1959) und STOLL (1960). Meist werden Prednisolon-Dosen von 40—50 mg/Tag gegeben, die später auf 20—40 mg gesenkt werden können. Dadurch wird das Allgemeinbefinden der Patienten ganz wesentlich gebessert und bei metastasierten Tumoren können die Morphindosen ganz wesentlich reduziert werden. Nach KALLENBACH (1959) sollen allerdings nur inkurable und hoffnungslose Fälle so behandelt werden, da nach seiner Ansicht die Metastasierung begünstigt wird.

GERHARTZ (1960) gibt dagegen in Fällen mit bedrohlichen Ödemen oder Lymphstauungen, sowie bei generalisierten Skeletmetastasen von Mammacarcinomen oft Prednisolondosen bis zu 300 mg/Tag über 10—20 Tage. — Dexamethason wird zwischen 2—4 mg/Tag gegeben. Dabei kam es bei einem Patienten von KALLENBACH (1959) zum Rückgang von Lungen- und Pleuraherden. STOLL (1960) erhöhte die Dosis sogar von anfangs 6,4 auf 9,6 mg/Tag. In 3 Fällen kam es dabei ebenfalls zum Rückgang, von Weichteil- und Lungenmetastasen, während bei 3 anderen Kranken wahrscheinlich die Ausbreitung von Knochenmetastasen begünstigt wurde.

Fassen wir unsere Kenntnisse über die Therapie von Tumoren dieser Gruppe mit Nebennierenrindenhormonen zusammen, so kommen wir zu dem Schluß, daß sie zur Verbesserung des Allgemeinbefindens, also rein symptomatisch, bei allen hoffnungslosen Fällen absolut indiziert sind. Bei Mammacarcinomen können sie unter Umständen auch eine echte therapeutische Wirkung haben, indem sie die Gestagenproduktion der Z. reticularis der Nebennierenrinde hemmen. LOHSE (1960) hält sie daher hierbei für unerläßlich (kombiniert mit Bestrahlung, Testosteron und Cytostatica!). Dafür erscheint uns Dexamethason wegen seiner unverhältnismäßig starken Hypophysenwirkung am geeignetsten (auch FIEGEL 1960). Das möchten wir auch für die Fälle annehmen, die GERHARTZ (1960) beschrieben hat, die im übrigen an ähnliche Effekte bei der Mycosis fungoides erinnern.

b) Lymphoblastome und Retikulosen

α) Lymphosarkom

HEILMAN u. KENDALL hatten schon 1944 eindeutig festgestellt, daß lymphoide Tumoren bei Mäusen durch Cortison in ihrem Wachstum gestoppt werden können. Die erste klinische Mitteilung in dieser Richtung erschien 1949 von PEARSON et al. Sie umfaßte die Behandlungsergebnisse von 6 Patienten mit Leukämien, Lymphosarkom und Morbus Hodgkin. Alle reagierten auf ACTH und Cortison, rezidivierten aber innerhalb von wenigen Wochen. Bessere Behandlungsergebnisse wurden auch später nicht erzielt. TAYLOR u. AYER (1950) sahen bei 6 Lymphosarkompatienten durch 75—150 mg ACTH oder 100—600 mg Cortison lediglich Remissionen bis zu 3 Monaten. BOLGERT et al. (1952) konnten zwar durch ACTH den Effekt von Röntgenstrahlen verbessern, das Leben ihres Patienten aber nur unwesentlich verlängern. PFLEGER u. TAPPEINER (1954) mußten sogar in ihrem Fall unter Cortison (300—25 mg über 12 Tage) eine fortschreitende Verschlechterung registrieren.

β) Reticulum-Zellsarkom, maligne Retikulose (Typ Cazales), histio-monocytäre Retikulose (Typ Baccarida), Plasmocytom

Zwei Reticulumzell-Sarkome behandelten SULZBERGER et al. (1951) mit 100 bis 200 mg ACTH. Während der eine Fall sich besserte, sprach der andere gar nicht an, auch nicht auf Cortison, das anschließend verabreicht wurde.

Über eine maligne Retikulose vom Typ Cazales berichten DÉROT et al. (1951). Unter 25 mg ACTH/Tag trat nach anfänglicher Rückbildung der klinischen Symptome eine schnelle Verschlechterung ein, die nicht aufgehalten werden konnte.

Einen Patienten mit histio-monocytärer Retikulose stellten VAYRE u. GUILLOT (1956) vor. Auf ACTH im Anfang, dann Cortison (Dosis nicht angegeben) soll in wenigen Tagen Besserung eingetreten sein.

PODESTÁ und BALINA (1957) sahen nach 20 mg Prednisolon/Tag innerhalb 14 Tagen Plasmocytome zurückgehen. THEDERING und VÜLLERS (1959) konnten 4 Fälle mit β- und 3 mit γ-Plasmocytomen mit 50—60 mg Initial- und 15—25 mg Erhaltungsdosis über $1^1/_2$ Jahre kontrollieren. Sie halten diese Therapie als bei weitem die zweckmäßigste.

KÜHBÖCK et al. (1960) gaben bei 6 Retikulosen 30—500 mg Prednison. Auch solche hohen Dosen können den Krankheitsverlauf zwar nicht für längere Zeit entscheidend beeinflussen, sind aber nach ihrer Erfahrung in den Fällen indiziert, in denen Cytostatica und Röntgenstrahlen nicht mehr wirken oder wegen des primär schnellen Verlaufs nicht eingesetzt werden können. Ihr Einsatz muß dann anschließend unter niedrigeren Prednison-Erhaltungsdosen erfolgen bzw. wieder versucht werden.

γ) Malignes Lymphogranulom (M. Hodgkin)

Schon kurze Zeit, nachdem PEARSON et al. (1949) mitgeteilt hatten, daß bei lymphocytären Erkrankungen, wie Lymphosarkom, Leukämien und Morbus Hodgkin mit ACTH und Cortison vorübergehende Remissionen zu erzielen sind, erschienen weitere Arbeiten von TAYLOR u. AYER (1950) und SULZBERGER et al. (1951) über die Behandlung des Morbus Hodgkin mit diesen Hormonen. Die Tagesdosis betrug im Durchschnitt 75—150 mg ACTH oder 100—600 mg Cortison. Der Erfolg wurde als gut bezeichnet. Demgegenüber sah DUBOIS-FERRIÈRE (1951) bei 2 Patienten, die er mit Cortison behandelte, nur eine Besserung des Allgemeinzustandes, aber keine Heilwirkung. Auch STRAUS et al. (1952) sprechen bei einem Krankengut von 10 Patienten nur von einer vorübergehenden subjektiven Besserung durch Cortison in 7 Fällen. Eine Wirkung auf den Krankheitsverlauf als solchen konnten auch sie nicht feststellen. Lediglich die Blutsenkungsgeschwindigkeit und die Temperatur wurden gesenkt. Sechs ihrer Patienten erhielten gegen Ende einer Cortison-Kur zusätzlich N-Lost. Die beiden Medikamente schienen einen gewissen additiven Effekt zu haben.

Ungewöhnlich hohe Cortison-Dosen gaben LEBON u. GELIN (1955) an. Sie gaben mehrere Tage lang über 2,0 g/Tag. Die Besserung dadurch sei erheblich und schnell gewesen.

Einen auch objektiv gesicherten guten Effekt sahen DUVERNE et al. (1956) von 4mal 25 mg Cortison. Die Hautinfiltrate und der Pruritus verschwanden fast völlig, die Eosinophilen fielen von 35 auf 2% ab und die Lungenbefunde besserten sich (die Diagnose war allerdings nicht völlig gesichert). Einen ähnlichen Effekt bezüglich der Hauterscheinungen erzielten JOULIA et al. (1956) mit 30 mg Prednison/Tag.

Schon 1957 berichten RANNEY und GELLHORN (1957) von dem Effekt massiver Prednison-Dosen beim M. Hodgkin. Auch HECKNER und POLIWODA (1959) geben an, daß sich mit Tagesdosen von 100—200 mg ein maximaler therapeutischer Effekt erzielen läßt. Es lassen sich damit Krankheitsphasen überbrücken, die durch keine andere Therapie mehr beeinflußbar sind und ermöglichen unter Erhaltungsdosen von 20—30 mg/Tag wieder den Einsatz von Röntgenstrahlen bzw. Cytostatica. Stecher (1959) gab bei 14 Patienten zum Teil Anfangsdosen von 400 mg/Tag. Die Wirkung war dramatisch. Er konnte damit eine „letzte Remission" von durchschnittlich 4 Monaten erzielen. Dubois-Ferrière (1960) gibt, insbesondere bei Mediastinaltumoren mit schwersten Atembeschwerden und Einflußstauungen, sogar 1000 mg pro Tag. Die Beschwerden verschwinden dadurch bereits nach 24—48 Std, der Erfolg der Therapie ist aber ebenfalls nur von kurzer Dauer. Eine ausgezeichnete Literaturübersicht brachten Pribilla u. Kuhn (1960).

Einen Versuch mit 1—2,5%iger Hydrocortison-Salbe machte Howell (1956). Er konnte damit auf den Pruritus keinen Effekt erzielen. Dieses Versagen von Corticoidsalben ist oft der erste Hinweis auf das Vorliegen eines M. Hodgkin oder einer Retikulose allgemein.

δ) Makrofollikuläres Lymphoblastom (M. Brill-Symmers)

Richter (1952) glaubte auf Grund theoretischer Überlegungen, daß mit ACTH eine günstige Beeinflussung dieses Krankheitsbildes möglich sein müsse. Er führt unter anderem die bei einem Patienten festgestellte Eosinophilie (bis 37%) und den auf 800 E/ml erhöhten Antistreptolysintiter an. Da ein solcher Antistreptolysintiter fast beweisend für das Vorhandensein eines Focus ist, scheint uns allerdings die Therapie mit ACTH oder Nebennierenrinden-Hormon gewagt. Ob der Focus an dem Krankheitsgeschehen ursächlich beteiligt ist, soll hier nicht diskutiert werden. Eine Streuung wird dem Patienten auf jeden Fall schaden. Wenn also die Lage so sein sollte, daß die Hormone eingesetzt werden müssen, dann sollte man einige Tage vorher und während der Verabreichung ein Breitspektrumantibioticum geben und vor allem den Focus suchen.

Über die Besserung eines Drüsen- und Hautbefundes, das Verschwinden des Juckreizes und die Normalisierung der Serumeiweißfraktionen durch ACTH (Dosis nicht angegeben) berichtet Leinbrock (1955).

ε) Mycosis fungoides

Die Berichte über Behandlungsversuche mit ACTH und Cortison bei der Mycosis fungoides sind im allgemeinen wenig ermutigend. Schon 1950 konnte Tulipan, nachdem er von 25 mg ACTH/Tag keinen Effekt gesehen hatte, mit 4mal 25 mg zwar eine vorübergehende Verflachung der Infiltrate erzielen, jedoch trat 8 Tage nach Absetzen der Therapie der alte Zustand wieder ein. Taylor u. Ayer (1950) erzielten mit ACTH und Cortison im Wechsel eine Abheilung von etwa 80% der Herde. Auch histologisch war eine gewisse Besserung festzustellen. Trotzdem traten nach dem Absetzen neue Tumoren, wenn auch an anderen Stellen, auf. Die nachfolgenden Berichte sind nicht besser. So verlor Schuppli (1952) 2 Patienten durch septische Erkrankungen, nachdem er unter 100 mg Cortison zunächst einen Rückgang der Granulome gesehen hatte. Die Ergebnisse von Degos et al. (1952) waren noch schlechter. Von ihren 4 Patienten zeigten nur 2 auf 100—200 mg Cortison/Tag eine geringe Besserung, bei allen trat aber kurz nach Absetzen der Medikation eine schnelle Verschlechterung ein.

Oberste-Lehne berichtete auf der Tagung der Kieler Dermatologischen Gesellschaft im Frühjahr 1959 über hervorragende Erfolge mit Prednison in hoher Dosierung. Er gab 10 Tage je 100 mg, dann langsam weniger. Wir konnten uns inzwischen davon überzeugen, daß der Effekt dieser Therapie wirklich sehr gut ist, wenn man auch die Dauer der Besserung noch nicht absehen kann. Immerhin bedeutet selbst der Gewinn einer kurzen, bei gutem Befinden verlebten Zeitspanne in sonst moribunden Fällen schon eine Rechtfertigung dieses Einsatzes. Wir werden außerdem an den Effekt der hohen Cortisondosen beim Morbus Hodgkin (LEBON u. GELIN 1955) erinnert und möchten die Frage aufwerfen, ob die von anderen Autoren mitgeteilten Mißerfolge nicht nur die Folge der Dosierung waren?

ζ) Eosinophiles Granulom

Von der Allgemeinbehandlung mit Cortison sah LEVIN (1955) nur eine vorübergehende klinische Besserung, während DEGOS u. DELORT (1956) durch lokale Injektion von 10—50 mg Hydrocortison in unregelmäßigen Abständen völlige Abheilungen erzielen konnten. Auch CARRIÉ (1958) injizierte im Abstand von je 8 Tagen 1 ml Hydrocortison-Acetat. Nach 12 Injektionen sei nur noch eine bräunliche, etwas atrophische Narbe vorhanden gewesen. Nach unseren Erfahrungen spricht das eosinophile Granulom auf die Hormontherapie in der Regel gut an, doch bedarf es einer diskontinuierlichen Dauermedikation.

η) Urticaria pigmentosa, Mastzellen-Retikulose

Fast alle Autoren berichten über die Erfolglosigkeit selbst relativ hoher Hormondosen bei diesen Krankheitsbildern (DEGOS et al. 1951; GRUPPER 1952; GRÜNDEBERG et al. 1955). Lediglich in einzelnen Fällen konnten Teilerfolge erzielt werden. So berichten KRAUS et al. (1956) und ROBBINS (1954), daß sie mit ACTH bei $4^1/_2$ bzw. 6 Monate alten Kindern mit der bullösen Form die Blasenschübe unterdrücken konnten.

Auch durch Prednison konnte der Hautzustand nicht gebessert werden, lediglich der Juckreiz ließ nach und der Allgemeinzustand besserte sich (MICHEL u. MICHEL 1956; RICHEL et al. 1956; KIMMIG (persönliche Mitteilung)].

Zum Schluß möchten wir noch einen Bericht von URBACH et al. (1954) erwähnen, die in 6 Fällen mit 4 mg Desoxycorticosteron-Acetat/Tag, sublingual verabreicht, allerdings erst nach Monaten eine wesentliche Rückbildung (80%) der Hauterscheinungen erzielen konnten. Da alle Patienten bereits über mehrere Jahre (2—8) beobachtet worden waren, kann man eine Spontanremission nicht annehmen. Nebenerscheinungen traten bei dieser Therapie nicht auf.

ϑ) Leukämien

Die Leukämien, insbesondere die akuten, sind in erster Linie internistische Krankheitsbilder. Die chronischen Formen gehören nur soweit in die Dermatologie, als sie mit Hauterscheinungen einhergehen. Wir können daher auf die Übersichtsarbeiten unter anderem von BEGEMANN (1955) und GROSS u. LUDWIG (1956) verweisen.

Die ersten experimentellen Versuche, Leukämien mit Nebennierenrinden- und Hypophysenhormonen zu beeinflussen, wurden bereits von MURPHY u. STURM (1944) mit hervorragendem Erfolg durchgeführt. Die erste Behandlung einer Myeloblastenleukämie mit diesen Hormonen teilten 1950 FARBER et al. mit. Schon im gleichen Jahr erschien auch die erste Abhandlung über die Behandlung von akuten Leukosen bzw. einer chronischen lymphatischen Leukämie von HEILMEYER u. Mitarb. (1950) im deutschen Schrifttum.

Den ersten Fall von dermatologischer Seite brachten SULZBERGER et al. (1951). — Unter 100 mg ACTH/Tag verschwanden die Hautinfiltrate. Zwei Monate später traten sie von neuem auf, doch sprachen sie auf die gleiche Dosis wieder sehr gut an. Bei DEGOS et al. (1953) handelte es sich ebenfalls um Fälle mit lymphocytärer Leukämie, von denen aber einer trotz 200 mg Cortison/Tag in eine exfoliative Erythrodermie überging, während der andere schnelle Besserung auch der Hautinfiltrate, nicht aber der Purpura zeigte. Noch nach 4 Monaten war der Erfolg sehr gut. Interessant ist weiterhin eine Mitteilung von ALVAREZ-LOWEL u. SOTO-MELO (1955), bei deren Patient sich die leukämische Erythrodermie auf 2mal 25 mg ACTH/Tag schnell besserte, während Cortison völlig ohne Effekt war.

Die Berichte über Erfolge bei chronischen myeloischen Leukämien waren ebenfalls sehr unterschiedlich. KEIBL (1953) fand die Hormone auf Grund seiner Erfahrungen als kontraindiziert, während COSTELLO et al. (1955) sie empfehlen. Aus ihrer Beschreibung kann man allerdings ersehen, daß Cortison (bis zu 300 mg je Tag) zwar das klinische Bild jeweils besserte, die Krankheit als solche aber nicht beeinflußt wurde.

Die ersten Berichte über die Therapie mit Prednison entsprechen denen von Cortison (ICH-WALL et al. 1955; NABARRO et al. 1955), desgleichen die über 9α-Fluorhydrocortison (HILL u. VINCENT 1955).

1957 teilen dann RANNY u. GELLHORN (1957) therapeutische Effekte bei akuten Leukämien mit, die sie mit massiven Prednison-Dosen erzielen konnten. HECKNER u. POLIWODA (1959) geben auch bei chronischen Lymphadenosen 100—200 mg/Tag, allerdings nur, wenn eine radiologische oder cytostatische Behandlung nicht mehr möglich ist, und sie dadurch wieder möglich wird. Die Erhaltungsdosis beträgt 20—50 mg. Im ausgeprägten Finalstadium halten sie es für unangebracht, obwohl sie in 4 Fällen noch einen günstigen Effekt feststellen konnten. KÜHBÖCK et al. (1960) gehen mit den Dosen bis zu 300 mg, DUBOIS-FERRIÈRE (1960) sogar bis 1000 mg/Tag. Er hält Dosen unter 400 mg überhaupt für unzureichend. Das Resultat der Behandlung zeigt sich meist schon nach 4—5 Tagen, dann setzt er mit 6-Mercaptopurin ein. Patienten, die auf ein Cytostaticum nicht mehr ausreichend ansprechen, erhalten 600—1000 mg Prednison und gleichzeitig einen Folsäureantagonisten. So lassen sich selbst in scheinbar hoffnungslosen Fällen oft noch mehrere Remissionen erzielen. — FIEGEL u. KELLING (1959) konnten 2 aleukämische lymphatische Leukämien trotz Einsatz von 10 mg Dexamethason/Tag nicht beeinflussen. — PFLEGER und TAPPEINER (1959) berichten über ein eosinophiles Leukämoid, das sich auf 100 mg Prednison schlagartig zurückbildete. Als Erhaltungsdosis reichten 10 mg/Tag aus.

BOLT et al. (1960) führen die Wirkung der Corticoide während der niedriger dosierten Erhaltungsphase zum Teil auf die Normalisierung der sehr häufig pathologisch veränderten Serumeiweißfraktionen zurück.

Zusammenfassend muß man also feststellen, daß die Therapie mit Hypophysen-Nebennierenrinden-Hormonen bei den chronischen Leukämien hauptsächlich auf die Endphase beschränkt bleiben sollte.

ι) Sarcoma idiopathicum multiplex haemorrhagicum (M. Kaposi)

Nachdem schon SULZBERGER et al. (1951) einen Fall von Sarcoma idiopathicum ohne Effekt mit 100—200 mg ACTH/Tag behandelt hatten, berichten HOPKINS et al. (1952) im Rahmen einer großen Zusammenstellung über einen weiteren Fall, der 61 Tage mit insgesamt 4,0 g Cortison ohne jeden Effekt behandelt wurde. Lediglich ein Patient von BANDERJEE (1955) konnte mit ACTH über 2 Jahre in gutem Zustand gehalten werden. Die Anfangsdosis betrug 3mal 40 E je Tag über eine Woche gegeben. Innerhalb kurzer Zeit trat eine erstaunliche Besserung sowohl lokal als auch allgemein ein. Die Dosis wurde dann langsam reduziert.

39. Atrophien und Hypertrophien

a) Kraurosis vulvae, Skleroatrophie des Praeputiums und der Glans

Gay Prieto (1953) versuchte eine Beeinflussung der Kraurosis vulvae mit 1—2,5%iger Hydrocortison-Salbe zu erzielen. Bei 3 Patientinnen sah er angeblich eine geringe Besserung.

Über eine Skleroatrophie des Praeputiums und der Glans berichten Joulia et al. (1955). Nach siebenmonatiger Behandlung mit Vitamin E, einem Androgen und Cortison-Salbe soll eine wesentliche Besserung eingetreten sein.

Die Wirkung der Hydrocortison- bzw. Cortison-Salbe ist bei beiden Krankheitsbildern ungewiß. Trotzdem kann man, da es sich um langdauernde Krankheitsbilder handelt, die mit einem oft quälenden Juckreiz einhergehen, die zusätzliche Lokaltherapie mit Hormonsalben versuchen. Sie werden zumindest den Juckreiz gut beeinflussen.

b) Sklerodermie

Die ersten Berichte über die Behandlung von Sklerodermien mit Hypophysen- bzw. Nebennierenrinden-Hormonen sind sehr unbefriedigend. Thorn et al. (1950) bezeichneten ihre Wirkung als zweifelhaft. Von 2 Fällen, die Brodthagen et al. (1951) mit ACTH behandelten, wurde einer nur wenig, der andere nicht gebessert. Die Ergebnisse von Kierland u. Hines (1951) waren etwas besser. Bei ihnen sprachen auch die Rezidive, die nach Absetzen der Therapie auftraten, wieder gut an.

Verständlicherweise ist man versucht, für dieses Versagen in einem, das Ansprechen im anderen Fall eine Erklärung aus dem Krankheitsgeschehen als solchem zu finden, das ist aber bisher nicht gelungen. So besserte sich einerseits ein ungewöhnlich schnell und schwer verlaufender Fall auf ACTH (Riehl 1951), andererseits ein Fall von Hammerschmidt u. Korting (1951), der mit Durchblutungsstörungen begonnen hatte, und nach 20jährigem Bestehen sehr stark einem Morbus Simmond ähnelte, schlagartig durch Implantation einer Kalbshypophyse.

Wegen der wenig konstanten und unregelmäßigen Ergebnisse mit ACTH allein machten Gougerot et al. (1952) den Versuch, ACTH in ziemlich hoher Dosierung (1. Tag 300, 2. und 3. Tag 200, dann bis zu 20 Tagen 100 mg) mit täglich 1 g Methionin zu kombinieren. Der Erfolg war besser als sonst, aber ebenfalls nur vorübergehend, so daß die Kur mit verringerter Dosis (100—25 mg ACTH/Tag) wiederholt werden mußte. Von Methionin allein konnten die Autoren keine Wirkung feststellen.

Die Ergebnisse, die mit Cortison erzielt wurden, waren gleichfalls sehr verschieden. Steiner u. Frank (1952) sahen von insgesamt 4,3 g in 54 Tagen keinen Effekt, van Cauwenberge (1955), Salomon et al. (1955) und andere eine wesentliche, wenn auch nur vorübergehende Besserung. Die Anfangsdosis betrug bis zu 300 mg/Tag.

Die Berichte über Prednison und Prednisolon sind für eine Beurteilung noch nicht ausreichend. Rodnan et al. (1956) berichten über 6 Patienten, die 20 bis 30 mg Prednison/Tag bis zu 4 Monate erhielten. Bei allen war eine Besserung zu sehen. Die gastro-intestinalen Erscheinungen wurden nicht beeinflußt. — Einen Fall, der auf 8—12 mg Triamcinolon/Tag gut ansprach, teilt Kanee (1958) mit. Guin et al. (1960) versuchten bei der circumscripten Form intradermale Prednisolon-Injektionen, hatten aber keinen überzeugenden Erfolg (1 Fall 40% nach 3 Injektionen).

In einer Übersicht über 150 Fälle, die Leinwand et al. (1954) zusammenstellten, kamen sie zu dem Schluß, daß die Sklerodermie eine Mesenchymerkrankung unbekannter Ätiologie sei, für die eine Heiltherapie nicht existiere, doch scheine Cortison in einer beschränkten Anzahl schwerer Fälle das Voranschreiten aufhalten zu können. Diese vorsichtige Formulierung gibt die tatsächlichen Möglichkeiten der Therapie mit Hypophysen-Nebennierenrinden-Hormonen unseres Erachtens besser wieder als man nach den Einzelveröffentlichungen annehmen könnte. Sie entspricht auch unseren eigenen Erfahrungen.

Wir möchten zum Schluß noch darauf hinweisen, daß die Hormon-Therapie gerade der Sklerodermie offenbar nicht ganz ungefährlich ist. Es ist erstaunlich, daß bei der geringen Anzahl der Fälle 2 Hinweise auf relativ schnell aufgetretene Hypertensionen vorhanden sind (Sharnoff et al. 1951; Meyer de Schmidt u. Neumann 1953), von denen der eine (Sharnoff) irreversibel war. Glaser u. Smith (1953) und Rossier u. Hegglin-Volkmann (1954) beschrieben außerdem 2 Fälle, bei denen nach Cortison so schnell eine zum Exitus führende Urämie (infolge Endarteriitis proliferans und Arteriolonekrosen in den Nieren) auftrat, daß ein ursächlicher Zusammenhang mit der Therapie wahrscheinlich ist. Korting (1958) empfiehlt ebenfalls äußerste Zurückhaltung, da durch die Corticosteroidtherapie anscheinend fulminant verlaufende, fibrinoid-nekrotisierende Krankheitsumwandlungen ausgelöst werden können. Man sollte daran denken, bevor man die Hormone anwendet.

c) Sclerema neonatorum

Die mit Cortison beim Sklerem der Neugeborenen erzielten Resultate sind ausezeichnet. Schon 1951 wurde von Kendig u. Toone ein 4 Tage altes Kind mit Cortison behandelt. Sie gaben zunächst 3 Tage je 3mal 10, dann 5 Tage je 2mal 10 mg. 12 Std nach Beginn der Therapie wurde die Haut weicher, nach 26 Std hatte sie normale Konsistenz. In der Nachbeobachtungszeit (6 Wochen) trat kein Rezidiv auf. Mit der gleichen Dosierung konnten dann Goquiolay-Arellano u. Songo (1953) 5 von 7 Kindern heilen. Die Besserung war so dramatisch, daß nach ihrer Ansicht dadurch allein die Anwendung des Hormons voll gerechtfertigt ist, auch wenn man den exakten Wirkungsmechanismus noch nicht kennt.

Die Ergebnisse mit ACTH waren gleich hervorragend. Kendall u. Ledis (1952) gaben 4mal 5 mg über 2, Eisenoff u. Aaron (1954) die gleiche Dosis bzw. 3mal 3 mg über 3 und Søndergaard u. Nielsen (1954) 2mal 5 mg über 7 Tage.

d) Skleroedema

Ein Skleroedema adultorum Buschke konnte Richter (1952) mit 30, dann 50 mg ACTH/Tag recht gut bessern, während Frank (1954) nach einer vorübergehenden Besserung unter 100 mg/Tag eine Verschlechterung sehen mußte. Auch die Kombination von ACTH mit Hyaluronidase war ohne Effekt. Die gleiche Feststellung machte Williams (1956), der Hydrocortison und Hyaluronidase subcutan injizierte.

e) Elephantiasis

Markell (1954) machte den Versuch, die Elephantiasis durch 100—200 mg Cortison/Tag, über einen Monat gegeben, zu behandeln. Nach seiner Angabe ging die Schwellung bei allen Patienten zurück, doch traten nach mehr oder weniger langer Zeit Rezidive auf. Im Gegensatz dazu berichtet Lapière (1958) über langdauernde beachtenswerte Erfolge mit 30 mg Prednison/Tag + Antibiotica.

f) Keloide

Behrmann u. Goodmann (1950) sahen zwar im Verlauf einer ACTH-Behandlung Keloide abflachen, der Versuch, sie dann mit intramuskulären Injektionen von 100—200 mg Cortison/Tag (insgesamt 9,2 g) zu behandeln, schlug allerdings fehl (POLSON et al. 1951). Sogar aus der Narbe der Probeexcision entstand ein neues Keloid.

Mit Hydrocortison-Salbe waren die Erfolge offenbar besser. GRUPPER (1953) gab in einer Diskussion an, daß er in 5 Fällen Keloide mit gutem Erfolg behandelt habe, indem er sie excidierte oder flach abtrug und nach Stehen der Blutung einen Occlusionsverband mit 2,5%iger Hydrocortison-Salbe für 2—8 Tage anlegte. Wenig später teilte er 7 Fälle mit (1953), die ebenfalls excidiert oder geschliffen und mit 2,5%iger Hydrocortison-Salbe mit einem Chloromycetin- und Aureomycinzusatz nachbehandelt worden waren. Die von MANCINI (1954) mitgeteilten 5 Fälle sind schlecht zu beurteilen, da es sich um flache, erst kurze Zeit (2 —6 Monate) bestehende Keloide handelte, die er 4—6 Monate 3mal täglich mit 0,5%iger Hydrocortison-Salbe behandelte. Die Behandlungszeit fiel also gerade in den Zeitraum, in dem auch normalerweise viele Spontanremissionen vorkommen. In einer weiteren Arbeit berichten allerdings MANCINI u. STRINGA (1955) über je 6 Patienten mit Keloiden bzw. hypertrophischen Narben, die sie über Monate mit einer 1%igen Hydrocortison-Salbe behandelt hatten. Die Keloide reagierten wiederum sehr gut, während die hypertrophischen Narben sich nur wenig veränderten. Die Fortschritte in der Therapie wurden histologisch belegt. Außerdem wurden gleichzeitig Patienten zur Kontrolle nur mit der Salbengrundlage behandelt. Bei ihnen war keine Reaktion festzustellen.

Durch Injektion von Hydrocortison in die Keloide hatten bereits COSTE u. PIQUET (1952, 1953) zum Teil sehr gute Erfolge. Sie gaben bis zu 10mal 25 mg in wöchentlichen Abständen. In einem Fall genügte eine einzige Injektion von 12,5 mg, in anderen ging die Rückbildung nur sehr langsam voran.

Da die Injektion in das straffe Bindegewebe oft sehr schwierig war, verwandten GOLDMAN et al. (1955) eine besondere Spritze (cartridge type of syringe). Den Erfolg der Therapie konnte man direkt an dem Druck erkennen, der zur Injektion notwendig war. So geben VILANOVA u. MONTFORT (1956) an, daß in ihren Fällen nach der 6. Injektion kein besonderer Druck mehr notwendig war, selbst wenn die Keloide nicht ganz zurückgingen, sondern nur wesentlich flacher wurden.

Über ein sehr großes Krankengut berichten ASBOE-HANSEN et al. (1956). Sie behandelten insgesamt 56 Keloide mit Hydrocortison-Acetat. Die notwendige Dosis war 35—725 mg. Die Injektionen wurden in einem zeitlichen Abstand von 8—20 Tagen vorgenommen. 32 Keloide verschwanden ganz, in 9 Fällen gingen sie bis zum Hautniveau zurück, weitere 10 wurden nur gebessert. Die verbleibende Narbe war atrophisch, schlaff. In einem der Fälle kam es zur vorübergehenden Atrophie des benachbarten Bindegewebes. In der Nachbeobachtungszeit von 2—15 Monaten trat nur ein Rezidiv auf. In einer späteren Arbeit (1960) gibt er an, daß junge celluläre Keloide besser reagieren als alte fibrotische.

Daß SAVITT (1957) nur in einem von 5 Fällen einen guten Erfolg hatte, liegt vielleicht daran, daß er zur Injektion ein wasserlösliches Hydrocortison (Hemisuccinat) verwandte. GUIN et al. (1960) erzielten mit Prednisolon-Acetat in 7 von 10 Fällen eine 100%ige Heilung. Auch die Erfolge mit Triamcinolon-Acetonid waren in 3 von 8 Fällen sehr gut, in 5 weiteren gut (JAMES 1960).

g) Ganglien

Bei einem Vergleich der Behandlungsmethoden von Ganglien findet BECKER (1953, 1955) die Injektion von Hydrocortison-Acetat der konservativen und der operativen Methode überlegen. In 26 von 30 Fällen erzielte er durch lokale Injektion von 0,3—0,5 ml der üblichen Suspension Dauerheilung. Gleich gute

Ergebnisse hatten RICH (1955) und SAVITT (1957). GUIN et al. (1960), die 2 Fälle mit Triamcinolon-Injektionen behandelten, hatten einen guten Erfolg und einen Versager.

h) Chondrodermatitis chronica nodularis helicis

BUCHHOLZ (1956) injizierte bei einem Patienten mit Chondrodermatitis helicis 2,5 mg Hydrocortison-Acetat in den Herd. Nach 48 Std waren die Schmerzen verschwunden, nach 14 Tagen das Knötchen zu etwa 50%. Eine 2. Injektion brachte es völlig zum Verschwinden. Bei einem anderen Patienten war der Erfolg erst nach der 3. Injektion 100%ig. Rezidive traten in 6 bzw. 3 Monaten nicht auf. Über einen weiteren Fall, der nicht ganz befriedigend reagierte, berichtet SAVITT (1957). Von 6 Patienten, die DIETZ (1960) mit Prednisolon-Acetat intrafokal behandelte, reagierte nur einer nicht.

i) Induratio penis plastica, Dupuytrensche Kontraktur

Nachdem BODNER et al. (1954) durch lokale Injektion von Hydrocortison die Abknickung des Penis bei der Erektion völlig beheben konnten, bezeichnet auch LÉGER (1955) diese Therapie als die der Wahl. Er injizierte je 1 ml (= 25 mg) Hydrocortison zusammen mit 0,5 ml Novocain. Die Behandlung geht über 10 bis 40 Wochen. Von den 17 Fällen, die er übersieht, wurden 6 gut gebessert, 9 weitere gebessert. BONNET u. FLORENS (1955) sahen von Hydrocortison-Infiltrationen bei der Induratio penis plastica keinen Effekt. DIETZ (1960) erreichte in 12 Fällen mit bis zu 10 Injektionen von Prednisolon-Acetat zwar regelmäßig eine Besserung des Befundes, aber nie ein vollständiges Verschwinden weder der Verhärtungen noch der Abknickung.

BUCHBERGER (1959) berichtete über 20 Patienten mit Dupuytrenscher Kontraktur, die mit Hydrocortison- bzw. Prednisolon-Suspensionen lokal behandelt wurden. Dabei wurden jeweils 25 mg Hydrocortison (wegen der Schmerzhaftigkeit wurde vorher Novocain gespritzt!) oder 10 mg Prednisolon (ohne Novocain!) in die Knoten und Stränge injiziert und die Umgebung damit infiltriert. Der Erfolg sei in allen Fällen gut gewesen. Die Stränge seien weicher geworden und man habe keine Progredienz der Kontraktur mehr feststellen können. DIETZ (1960) konnte solch gute Erfolge nur in 3 frischen Fällen (Stadium I nach Wasserburger) sehen. Bei fortgeschrittenen Fällen hält er nur die operative Behandlung für erfolgversprechend. KIMMIG (persönliche Mitteilung) lehnt sowohl bei der Induratio als auch bei der Dupuytrenschen Kontraktur die lokale Injektionsbehandlung ab.

k) Sjögren-Syndrom

Auf Grund eingehender Studien über das Sjögrensche Syndrom kommen BEIGLBÖCK u. HOFF (1952) zu dem Schluß, daß es zu den rheumatischen Erkrankungen gehöre und daher Nebennierenrinden-Hormone therapeutisch wirksam sein müßten. Sie behandelten einen Patienten mit Hypophysen-Implantationen. Der Erfolg war befriedigend. Mit der gleichen Therapie glaubte FEHÉR (1954) bei 5 von 7 Patienten Dauererfolge erzielt zu haben. ANDERSON (1955) gab in einem Fall 75 mg ACTH/Tag. Er sah auch davon einen günstigen Effekt, jedoch kam es 3 Monate nach Absetzen der Therapie zu einem Rezidiv, das allerdings auf die gleiche Therapie wiederum gut ansprach. Eine Patientin von HARTIG (1957) bemerkte lediglich eine Besserung der Arthralgie. HOPKINS et al. (1952) gaben in einem Fall über 16 Tage Cortison, konnten aber keine Wirkung sehen.

l) Strikturen der Urethra und des Meatus

Bei 8 Patienten mit urethralen und 10 weiteren mit Meatusstrikturen injizierten BONNER et al. (1955) Hydrocortison lokal. Die Dosis betrug 6,25—12,5 mg. Meist waren 3, oft nur 1—2 Injektionen notwendig, um einen guten Erfolg zu erzielen.

40. Durch physikalische und chemische Einflüsse bedingte Dermatosen

a) Verbrennungen

Die schwere, ausgedehnte Verbrennung schien zu Beginn der Cortison-Ära ein weiteres wichtiges Indikationsgebiet für das Hormon zu sein. Tatsächlich gelang es GRASSWELLER et al. (1950), einen jungen Mann mit einer Verbrennung von 70% der Hautoberfläche mit insgesamt 2750 mg Cortison in 23 Tagen zu retten. Der Patient erholte sich auffallend schnell. HIJMANS u. MULLER (1951) machten mit ACTH (1 Tag 200, 6 Tage 6mal 12,5, dann 5mal 5 mg) ebenfalls die Erfahrung, daß der Allgemeinzustand, und der subjektive Befund sich sehr schnell besserten und vor allem die Schmerzen nur gering waren. Die Wundheilung wurde nicht beeinflußt. Trotzdem verschlechterte sich mit fortschreitender lokaler Besserung der Allgemeinzustand, und der Patient kam schließlich durch multiple Lungenabscesse (Pyocyaneus und Proteus) ad exitum. Auf Grund dieser Erfahrung empfehlen sie bereits, die Hormonanwendung auf die Überwindung der Schockphase zu beschränken. — Obwohl auch in der Folgezeit noch Mitteilungen erschienen, die von längerer Behandlung mit ACTH [6mal 4 mg, VAN DER HAL u. EVERSE (1951), bzw. 3mal 20 mg, ADAMS et al. (1951)] oder mit Cortison (ROBBA 1954) Gutes berichteten, hat sich diese Einschränkung mehr und mehr durchgesetzt (TAPPEINER 1955; SERRATO 1955; KOSCHOWSKI 1955; HEGEMANN 1955; KAY u. TAYLOR 1956 und andere). Daran hat sich auch durch die neueren Präparate nichts geändert, nur daß jetzt zur Vermeidung oder Behebung des Verbrennungsschocks die wasserlöslichen Präparate empfohlen werden. LÜDINGHAUS (1959) gibt 50—100 mg Prednisolon und mehr als Dauertropfinfusion. Von 12 schweren Verbrennungen von über 25% der Körperoberfläche verlor er nur eine. WEINGÄRTNER (1960) findet sogar, daß sie außer zur Behebung des Schocks auch für eine rasche Normalisierung der Alkalireserve und für die bessere Heilung und zartere Narbenbildung günstig seien (er zitiert dazu VIRENQUE et al. 1958). BIERICH (1960) lehnt die Corticoide dagegen zur Schocktherapie ab, da dann Noradrenalin mehr indiziert sei, um den peripheren Kollaps zu beheben, erst in zweiter Linie seien sie angebracht, um den protoplasmatischen Kollaps und das Hirnödem zu behandeln (und da das Noradrenalin nur bei ausreichendem Corticoidspiegel wirken kann!); sie hätten aber auch da die in sie gesetzten Erwartungen nicht ganz erfüllt.

Zahlreiche Autoren sind ganz von der Hormontherapie abgekommen, halten sie sogar für gefährlich (WITTELS 1953; SCHMITT 1956; BECKER u. ARTZ 1956), andere, die zum Teil über große Erfahrung verfügen, glauben, daß sie zwar quoad vitam wenig helfe (STÜTTGEN 1955; MARTIN et al. 1955), aber nur die Routineanwendung abzulehnen sei.

Die Frage, ob ACTH, Cortison oder Prednison gegeben werden soll, entscheidet sich mehr und mehr zugunsten der letzten. GEISTHÖVEL (1956) und BECKER u. ARTZ (1956) bemerken ganz richtig, daß die Nebennierenrinde durch die Verbrennung schon maximal stimuliert sei, es also keinen Sinn habe, sie mit ACTH noch mehr zu belasten. Man kann sogar annehmen, daß bei schweren Verbrennungen auch die Nebenniere unter Umständen toxisch geschädigt wird. Deshalb sind die direkt wirksamen Hormone (Hydrocortison und Prednisolon) sicher vorzuziehen. Dabei muß noch berücksichtigt werden, daß die Leber wahrscheinlich schwer geschädigt ist. Es sollten daher auch keine Verbindungen injiziert werden, die erst in der Leber aufgespalten werden müssen.

Eine hervorragende Therapieform mit Corticoiden bei Verbrennungen 1. bis 2. Grades ist bisher noch ziemlich unbekannt, die lokale Anwendung von Hydrocortison-, Prednisolon-, Triamcinolon- oder Dexamethason-Salben. Wir verwenden seit langer Zeit ein Gemisch einer normalprozentigen Corticoid-Salbe mit antibiotischem Zusatz und Thesitsalbe als lokales Analgeticum im Verhältnis 1:1. Der Effekt ist verblüffend. Die Schmerzen verschwinden in wenigen Minuten und selbst große Blasen innerhalb weniger Stunden, so daß man oft am nächsten Tag nicht mehr erkennen kann, daß überhaupt eine Verbrennung vorhanden war.

Eine größere Übersicht über Verbrennungen und ihre Therapie ist 1957 von ALLGÖWER u. SIEGRIST erschienen.

b) Erythema solare

Schon 1951 untersuchte JÄRVINNEN den Effekt von Cortison auf die Hautempfindlichkeit gegen UV-Licht. Er fand sie herabgesetzt! Es trat stärkere Pigmentierung auf. Bläschenförmige Reaktionen waren seltener. Die Dosis, die er verabreichte, betrug allerdings 500 mg und mehr. YOUNGER et al. (1958) berichten, daß Sonnenerytheme durch 4mal 4 mg Triamcinolon in wenigen Stunden zur Rückbildung gebracht werden können.

Nach KANOF (1955) kann die erythematöse Reaktion nach Quarzlampenbestrahlung durch Hydrocortison-Salbe nicht verhindert werden. Wird die Salbe vor der Bestrahlung aufgetragen, so hat sie einen mildernden Effekt.

SCHNEIDER (1960) verglich die Wirkung von Corticosteroiden in Form von Lotiones bei Lichtdermatitiden. In den Zubereitungen waren: 0,5% Hydrocortison-, 0,25% Prednisolon-, 0,04% Triamcinolon- oder 0,01% Dexamethason-Hemisulfat-Na. Die Wirkung war von allen gleich gut.

Nach unserer eigenen Erfahrung läßt sich das Erythema solare mit Corticosteroid-Salben gut beeinflussen. Sie sollten allerdings mit einem Antibioticumzusatz verwandt werden, da die Gefahr der Sekundärinfektion immer gegeben ist und, wie bereits bei der Verbrennung ausgeführt, mit einem Lokalanaestheticum gemischt werden.

Beim ausgedehnten, schweren, bullösen Sonnenbrand kann es zu Schockerscheinungen wie bei der Verbrennung kommen. In diesen Fällen ist die orale bzw. parenterale Hormontherapie für 1—2 Tage angebracht. In allen weniger ausgedehnten und schweren Fällen sollte man davon auf jeden Fall absehen.

c) Chronische polymorphe Lichtdermatosen

Bei chronischen polymorphen Lichtdermatosen ist nach den Erfahrungen von WULF (persönliche Mitteilung) mit Corticoiden kein wesentlicher Effekt zu erzielen.

d) Radiodermitis

Die Spätschädigungen der Haut nach Röntgeneinwirkung können recht mannigfaltig sein, z.B. Ekzeme, Atrophien, Hyperkeratosen und Ulcerationen. Ihnen allen gemeinsam ist die Empfindlichkeit der Haut gegen Mikrotraumen (auch Medikamente oder lokale Therapeutica), die schlechte Heilungstendenz, die Neigung zu Sekundärinfekten und deren oft verheerenden Folgen (Schmerzen, Ulcerationen). Während beim Ekzem auf normaler Haut die Anwendung von Hydrocortison- bzw. Prednisolon-Salbe nicht unbedingt erforderlich ist oder nur zur Einleitung der Therapie empfohlen wird, muß man sie hier immer als dringend notwendig empfehlen. Nur so konnte z.B. GAY PRIETO (1955), er verwandte eine 2,5%ige Hydrocortison-Salbe, die schweren Röntgenschäden an den Händen von Radiologen mit gutem Erfolg behandeln. Unseres Erachtens sollte man allerdings zumindest im Anfang der Behandlung Salben mit einem Antibioticumzusatz verwenden. Selbst nach Eintritt der Besserung wird ein Übergehen auf Teerpräparate oder Farbstoffe nur selten möglich sein, da sie nicht vertragen werden. Es empfiehlt sich deshalb, entweder die Hydrocortison- oder Prednisolon-Salben intermittierend mit einer indifferenten Salbe (Borsalbe, Azulonsalbe) anzuwenden oder nach Eintritt der Besserung den Versuch zu machen, die Hydrocortison-Konzentration herabzusetzen. In den meisten Fällen wird man dann mit einer Konzentration von 0,25 oder sogar 0,1% auskommen.

Die orale oder parenterale Hormontherapie wird nur in den seltensten Fällen, und auch dann nur vorübergehend, notwendig sein. Es gilt dann das schon für Ekzeme Gesagte: der Effekt ist nur vorübergehend, das Rezidiv folgt mehr oder weniger schnell nach dem Absetzen der Medikation (COSTE et al. 1950). Diese Art der Therapie kann also nur dazu verwandt werden, eine Ausgangsbasis für die Lokalbehandlung zu schaffen [DE GRACIANSKY et al. (1955), 100 mg Cortison oral über einen Monat]. Ähnliche Erfahrungen konnten auch DEGOS u. TOURAINE (1958) in 2 Fällen machen.

Die Untersuchungen über eine Beeinflussung der Bestrahlungsreaktion als solche und ihres Verlaufes gehen auf Tierexperimente zurück, die DOUGHERTY u. WHITE (1946) begannen und die in den folgenden 10 Jahren von zahlreichen weiteren Autoren fortgesetzt wurden. Das Thema wurde ausführlich von FRENCH et al. (1955), GRUPPER u. LE CAT (1956) u. WISKEMANN (1959) bearbeitet, auf die wir verweisen können. Danach steht fest, daß durch Bestrahlungen (im Tierexperiment!) die Nebennierenrinde erheblich aktiviert wird. Es lag daher nahe, im umgekehrten Versuch diese „Stress"-Reaktion durch Zufuhr von Nebennierenrindenhormonen nachzuahmen und darüber hinaus durch überhöhte Dosen von ACTH oder Corticoiden die auftretende Strahlenreaktion zu beeinflussen. WISKEMANN (1959) führte solche Versuche wiederum im Tierexperiment durch. Er stellte fest, daß Erythem und Ulcusbildung nach lokaler Bestrahlung mit 2000 und 4000 r deutlich gehemmt wurden, wenn den Tieren vorbeugend 24 und 1 Std vorher und anschließend täglich 0,6 E ACTH/kg subcutan injiziert wurden. Ohne die vorbeugende Behandlung mußte die Dosis verzehntfacht werden, um den gleichen Effekt zu erzielen. Wurde die Therapie unterbrochen, so war wenige Tage später kein Unterschied mehr zwischen den behandelten und den Kontrolltieren festzustellen. Durch eine Fortführung über 6 Wochen gelang es nahezu den gesamten Ablauf der Bestrahlungsreaktion zu unterdrücken. Wie zu erwarten war, reagierten Yoshida-Rattentumoren gleichsinnig, aber auch ihre Strahlenempfindlichkeit schien herabgesetzt zu sein. Prednisolon in Dosen von 3,5 mg/kg hatte keinen Effekt (auch HOHLWEG et al. 1958).

Zur Unterdrückung lokaler Bestrahlungsreaktionen beim Menschen wurde erstmals Cortison von THIESS et al. (1957) empfohlen. Eingehende Untersuchungen darüber liegen von KÄRCHER (1959) mit täglich 20 mg Triamcinolon und LOHSE (1960) mit Prednisolon vor. LOHSE schreibt dazu, daß damit im allgemeinen schwere exsudative Hautreaktionen auch bei hochdosierter Siebbestrahlung vermieden werden können. Der Verlauf sei milder, aber die Zeit der Abheilung werde nicht verkürzt. Die durchschnittliche Dosis betrug 20 mg/Tag. Von 52 Patienten erhielten 42 das Hormon mit Bestrahlungsbeginn, 10 nach ihrem Abschluß. Über Unterschiede in der Wirkung gibt er nichts an.

Durch die einmalige Behandlung mit einer 1%igen Hydrocortison-, 0,2%igen Fluorhydrocortison- oder 5%igen Corticotropin-Salbe einige Stunden vor einer

Bestrahlung mit Grenzstrahlen, kann das Erythem ganz oder teilweise unterdrückt werden (KALZ u. SCOTT 1956). Auch WISKEMANN (1959) konnte durch Messung der durchschnittlichen Minderung der Grünreflexion der Haut eine nahezu regelmäßige Wirkung einer 1%igen Hydrocortisonsalbe, nicht aber, wie schon vorher KÄRCHER (1958) von Prednisolon-Salbe feststellen, wenn die Salbe 2 Std vor der Bestrahlung aufgetragen wurde. Nach der Bestrahlung hatte auch sie keine Wirkung. LOHSE (1960) gibt dagegen an, daß sich auch durch Prednisolon(-Diäthyl-aminoacetat)-Salbe, wenn sie während der Zeit der Röntgenbehandlung täglich 2—3mal auf die Bestrahlungsstelle aufgetragen wurde, eine stärkere Hautreaktion vermeiden lasse, wenn auch nicht in dem Maße wie durch die orale Gabe. Auch bereits vorhandene starke exsudative inflammatorische Prozesse ließen sich durch Prednisolon-Salbe schnell zum Abklingen bringen, was wir aus eigener Erfahrung nur bestätigen können. Wir konnten bereits 1956/57 wiederholt Patienten, die wegen Mammacarcinom oder eines M. Hodgkin bestrahlt worden waren, sowohl durch Hydrocortison- als auch durch Prednisolon-Antibiotica-Salben schlagartig von ihren Schmerzen befreien und auch die entzündliche Reaktion schnell beseitigen. Wir halten diese Kombinations-Therapie insbesondere bei Reaktionen im Axillar- und Inguinalbereich für äußerst vorteilhaft, da sich dort unvermeidbare bakterielle Überlagerungen besonders unangenehm auswirken (SCHREINER 1959).

e) Fremdkörpergranulome

Die günstige Wirkung von ACTH auf die Beryllium- und silikotische Granulomatose wurde schon von KENNEDY et al. (1950, 1951), THORN et al. (1950) und anderen beobachtet und später von DOBSON et al. (1953) bestätigt. Daß Cortison die gleiche Wirkung hatte, war zu erwarten (ROBINS u. LYONS 1953). REFVEM (1954), FLECK (1954) und EPSTEIN (1955) hatten damit gleich gute Erfolge bei Beryllium- und silikotischen Granulomen der Haut, die zum Teil schon seit 12 Jahren bestanden (EPSTEIN 1955). Als Dosis werden 200—300 mg ACTH bzw. 140—200 mg Cortison/Tag angegeben.

Einen sehr guten Erfolg durch ausschließliche lokale Behandlung mit einer 5%igen Cortison-Salbe beschreibt FISCHER (1953). SAVITT (1957) sah von Hydrocortison in die Herde injiziert keinen Effekt.

f) Verätzungen

Hier müssen wohl in erster Linie die Verätzungen mit Flußsäure angeführt werden, da sie trotz aller bisher bekannter Gegenmaßnahmen ihre gewebszerstörende Wirkung über Tage, ja Wochen fortsetzen. MATNER (1957) faßte bei einem solchen Patienten, der sich wegen der unerträglich gewordenen Schmerzen weigerte, die üblichen Infiltrationen weiter durchführen zu lassen, den verzweifelten Entschluß, Cortison einzusetzen. Er gab 300 mg und schon am Abend des gleichen Tages gingen die Schmerzen deutlich zurück. Es ließ sich kein weiteres Fortschreiten der Zerstörungen mehr feststellen und die Schwellung verschwand. Der Patient erhielt in 15 Tagen 1800 mg Cortison. Der Heilungseffekt war hervorragend. — Über 2 weitere Fälle, die lokal mit Hydrocortisonsalbe und oral mit Prednison (insgesamt 505 mg) behandelt wurden, berichten BRANDT u. BEHRBOHM (1960). KLEINE-NATROP (1960) gibt als initiale Tagesdosen 30 mg Prednison an.

Zur Behandlung leichterer Verätzungen mit Säuren und Laugen hat sich nach unserer Erfahrung die Kombination aus einer normal konzentrierten Corticosteroid- und einer analgetisch wirkenden Salbe im Verhältnis 1:1 hervorragend bewährt (s. bei Verbrennungen).

41. Durch bekannte Erreger bedingte Dermatosen

a) Pilze und Hefen

Über experimentelle Untersuchungen berichten CORBELLI et al. (1958). Sie injizierten Ratten Suspensionen von Candida albicans und gaben jeweils 5 Tage vorher und nachher 0,5—3 mg Cortison. Mit steigender Dosis starben mehr der Tiere infolge massiver Ausbreitung der Hefen in den Organen, die zudem histologisch nur wenig entzündliche Reaktion aufwiesen. SAUVAN und SUTTON (1959) untersuchten die Wirkung von Cortison und Prednisolon in Nährböden auf verschiedene Pilze, konnten aber keinen Effekt feststellen. — Einen klinischen Fall, der auf ACTH (300 mg in 8 Tagen) eine deutliche Herdreaktion mit fraglichem Trichophytid zeigte, stellte HAXTHAUSEN (1955) vor. COHEN (1956) sah eine „Id"-Reaktion auf Hydrocortison, doch war der Primärherd unbeeinflußt.

Von Kindern mit Pilzen auf dem behaarten Kopf, die KANOF (1958) mit 4mal 5 mg Prednison/Tag behandelte, war eins nach 6 Wochen abgeheilt, 8 weitere gebessert. CORBELLI et al. (1958) hatten bei Candidainfektionen durch Cortison + antibiotische Therapie (Nystatin) gute Ergebnisse. Sie nehmen an, daß durch das Hormon die Wirkung des Antibioticums verbessert werde bzw. abgekapselte Herde zugänglich gemacht würden. Vor der lokalen Anwendung von Dexamethason bei der Pilzkeratitis warnt GORDON (1960).

b) Bakterien

α) Gangränöse Pyodermien

Die sonst allgemein gültige Regel, Hypophysen-Nebennierenrinden-Hormone bei bakteriellen Infektionen als kontraindiziert anzusehen, wird bei der Therapie des Pyoderma gangraenosum durchbrochen. Offenbar ist bei dieser Erkrankung nicht so sehr der bakterielle Infekt, als vielmehr die Resistenzlosigkeit des Organismus ausschlaggebend. Die mit Cortison erzielten Erfolge sind in den mitgeteilten Fällen ausgezeichnet (CALDWELL 1955; WRIGHT und GRECO 1956; PERCIBAL 1957). Die Dosis betrug 100—300 mg/Tag.

Die Erfolge mit ACTH waren in 2 Fällen von Phagedaena geometria (HARE 1955) ebenfalls gut, desgleichen die mit Prednison [ein Monat 30 mg/Tag, dann langsam weniger, MICHEL u. PELLERAT (1956)] und 6-Methylprednisolon. GOLDBERG (1958) gab davon 12—24 mg + Tetracyclin + Novobiocin und behandelte 2 Monate über die Abheilung der Ulcera hinaus weiter. Der Erfolg war in beiden mitgeteilten Fällen hervorragend.

CORNBLEET und JAFFE (1960) konnten ein jeweils mit der Mensis rezidivierendes Ulcus vulvae acutum mit 2mal 1 mg Triamcinolon unter Kontrolle bringen.

β) Posthitis, Balanoposthitis und akut entzündliche Phimose

KISSLING (1957) behandelte 23 Fälle lokal mit Hydrocortison. Die von ihm verwandte Emulsion hatte einen antibiotischen Zusatz. Die guten therapeutischen Effekte sind nach seiner Ansicht nicht nur durch die systematische Hydrocortison-Wirkung, sondern, da die Erreger beseitigt werden, auch durch die Kausalwirkung des Antibioticums bedingt.

γ) Erysipel, Erysipeloid

12 Fälle von habituellem Erysipel wurden von MUHSGNUG (1957) mit Erycin und 1%iger Hydrocortison-Salbe behandelt, desgleichen 5 Erysipeloide. Inwieweit der Erfolg durch das Erycin und inwieweit er durch die Hydrocortison-Salbe bedingt ist, läßt sich sehr schwer entscheiden.

KIMMIG [(1957), persönliche Mitteilung] gibt beim rezidivierenden Erysipel ebenfalls Erycin und zusätzlich 10—20 mg Prednison/Tag mit gutem Erfolg.

δ) Hauttuberkulose

Schon 1950 implantierte TRAUTWEIN bei Tuberkulose-Patienten, da er die Kachexie, Hypotension usw. als Folge einer Nebennierenrinden-Schwäche ansah, Desoxycorticosteron-Kristalle zu 250 mg. KALKOFF (1952) ging bei der Behandlung eines Lupus vulgaris mit ACTH von anderen Voraussetzungen aus. Er hatte festgestellt, daß Conteben außer der tuberkulostatischen auch eine lokale Wirkungskomponente hat, die in etwa der des Cortison gleicht. Therapeutisch gab er 22,5—17,5 mg ACTH bis zu einer Gesamtdosis von 472,5 mg in 26 Tagen. Der klinische Effekt war sehr gut. Selbst histologisch waren zunächst keine tuberkulösen Strukturen mehr feststellbar, doch konnten $4^1/_2$ Monate später wieder vereinzelte Infiltrate gefunden werden. Diese Ergebnisse bestätigte EHRING (1954) auf Grund eigener Erfahrungen.

Danach war lange Zeit, wahrscheinlich durch die Erfolge nach der Einführung von Isonicotinsäurehydrazid, über Nebennierenrindenhormone und Hauttuberkulose nichts mehr zu hören. Nur GOLAY (1958) untersuchte 1958 die Wirkung von Cortison auf die Inoculationstuberkulose an der Rattenhaut. Die Inoculation wurde durch Dosen von 0,8—2,5 mg/Tag nicht beeinflußt. Erst 1960 griff dann KIMMIG (1960) das Thema wieder auf. Er hält die Corticosteroide bei der Tbc cutis luposa, verrucosa und colliquativa für unnötig, da bei ihnen Isonicotinsäurehydrazid allein ausreicht. Dagegen sind die Erfolge bei den Tuberkuliden (papulo-nekrotisches, Erythema induratum Bazin und Tbc miliaris faciei) mit der Kombination Isonicotinsäurehydrazid-Nebennierenrindenhormone besser. Über die lokale Behandlung von 2 Lupus vulgaris-Patienten mit Hydrocortison-Salbe berichtet GRUPPER (1953). Der Effekt der gleichzeitig durchgeführten Isonicotinsäurehydrazid-Behandlung soll dadurch verbessert worden sein. DIETZ (1960) empfiehlt bei Isonicotinsäurehydrazid-resistenten Herden intrafokale Injektionen von Hydrocortison- oder Prednisolon-Suspension, da es dadurch zu einer unspezifischen Terrainänderung käme, die oft eine erneute Ansprechbarkeit auf Isonicotinsäurehydrazid einleite.

ε) Boecksches Sarkoid (M. Besnier-Boeck-Schaumann)

Im Rahmen von Untersuchungen über den Effekt von ACTH bei verschiedenen entzündlichen Erkrankungen der Augen fanden OLSON et al. (1950), daß ein Patient mit einem Boeckschen Sarkoid sich während der Behandlung bezüglich der Augen sehr gut besserte, während die Lungenerscheinungen unverändert blieben. Wenig später konnten GALDSON et al. (1951) unter 4mal 20 mg ACTH/Tag auch eine prompte klinische Besserung von Lungenerscheinungen feststellen. Auch SONES et al. (1951), die bei ihren Patienten eine verminderte Ausscheidung von 17 Ketosteroiden festgestellt hatten, erzielten mit Cortison in beiden Fällen eine gute Besserung. Die Dosis betrug 2mal 100 mg/Tag über 15 bzw. 9 Tage. Noch im gleichen Jahr erschienen weitere Berichte über ähnlich gute Erfolge von LOVELOK u. STONE (1951), SMALL (1951) und RONCHESE (1951). Die Dosis wurde jetzt im allgemeinen etwas höher angesetzt (300 mg/Tag) und die Medikation über längere Zeit durchgeführt (7 Wochen).

Eine auffallend niedrige ACTH-Dosis gab REFVEM (1952) an. Auf 3mal 5 mg/Tag sah er bereits am 2. Tag eine Besserung. Seine Gesamtdosis betrug nur 120 mg. Auch CARSTENSEN u. NORVITT (1952) dosierten ACTH nur sehr niedrig. Sie gaben allerdings alternierend Cortison und führten die Therapie über lange Zeit fort (390—1050 mg ACTH und 2,45—3,6 g Cortison in 1—4 Monaten). Demgegenüber waren die Tagesdosen anderer Autoren sehr hoch. ALAJOUANINE et al. (1952) gaben 100 mg, BÉNARD et al. (1952) sogar 200 mg ACTH/Tag.

Die Therapieerfolge waren offenbar nur wenig von der Dosierung abhängig. Auch sonst konnte man auf Grund von Beobachtungen an einem größeren Krankengut [SHUHMAN et al. (1952) 15 Patienten; SILTZBACH (1952), 13 Patienten] schon einiges über die Erwartungen, die man in die Therapie setzen konnte, aussagen. Offenbar war eine Besserung, wenn auch unterschiedlichen Grades, bei allen Patienten zu erzielen. Die Dauer der Behandlung war verschieden (SILTZBACH 28—106 Tage). Frische Läsionen schienen besser anzusprechen als ältere. Besonders gut reagierten die frischen extrapulmonalen Formen. An Organen mit ausgedehnten chronischen Veränderungen zeigte sich nur wenig oder keine Besserung. Die Dauer der Remissionen war unterschiedlich. Manchmal trat Besserung des einen, Verschlechterung eines anderen Befundes auf.

Über gute Erfolge mit Desoxycorticosteron-Acetat berichtet SCHERLER (1952). Bei den 3 von ihm mitgeteilten Fällen wurden in der Regel 3mal 5 mg Desoxycorticosteron-Acetat/Woche, in einem Fall bis zu 4 mg/Tag gegeben. Es kam bei allen Patienten zu schneller Besserung besonders der Hauterscheinungen. Da in 2 Fällen nach Absetzen der Behandlung Rezidive auftraten, ist an der Wirkung des Desoxycorticosteron-Acetates kaum zu zweifeln.

Eine lokale Behandlung mit Hydrocortison in Form intradermaler Injektionen einer 2,4 mg/ml-Suspension wurde von SULLIVAN et al. (1953) in 5 Fällen mit Hauterscheinungen durchgeführt. Es kam dadurch zu einer vollständigen oder fast vollständigen Rückbildung der Herde, nach Beendigung der Therapie aber durchweg zu Rezidiven. Histologisch konnten keine qualitativen Veränderungen festgestellt werden. Cortison war angeblich weniger gut wirksam. Die Läsionen heilten darunter nicht so gut ab, die Rezidive traten schneller auf. Der von HALL-SMITH (1956) vorgestellte Fall, der weder auf ACTH-Dauertropfinfusionen noch auf lokale Infiltration mit Hydrocortison-Acetat (10—25 mg) reagierte, ist nicht zu verwerten, da die Diagnose nicht sicher war.

Interessant sind vor allem die Befunde, die auf einen Zusammenhang des Boeckschen Sarkoids mit der Tuberkulose hindeuten. So hatte schon SMALL (1951) bei einem seiner Patienten später eine Knochen- und Urogenital-Tuberkulose festgestellt und die Frage erhoben, ob sie durch die Cortison-Therapie ausgelöst oder aktiviert worden sei. PYKE u. SCADDING (1952) sahen bei 8 von 10 Patienten unter der Therapie die Tuberkulinreaktion positiv werden. TURIAT et al. (1955) sehen darin eine Kontraindikation für die Hormontherapie, da der Umschwung der Tuberkulinreaktion entweder ein Anzeichen für eine Exacerbation oder für baldige Spontanheilung sei.

Obwohl ALLENDE (1954) die Gefahr der Exacerbation einer Tuberkulose für nicht sehr groß ansieht, empfiehlt er bei Negern, bei denen sich im Verlauf der Sarkoidose häufig eine Tuberkulose entwickelt, die Kombination von Cortison mit Streptomycin, Para-Aminosalicylsäure oder Isonicotinsäurehydrazid. Diese Kombination wurde bei vielen Autoren zur Routinebehandlung (HOYLE et al. 1955 und andere); sie schien aber an dem Wirkungsmodus oder -grad nichts zu ändern, denn Rezidive traten nach wie vor und in gleicher Anzahl auf. Auch histologisch schienen keine wesentlichen Veränderungen aufzutreten [GOLDBERG (1955) nach insgesamt 25 g Cortison und 60 g Isonicotinsäurehydrazid!].

In diesem Zusammenhang erscheint uns ein Bericht von MUSSLER (1955) über ein Exanthem, das unter monatelanger Isonicotinsäurehydrazid-Behandlung wegen einer Iridocyclitis (M. BOECK) aufgetreten war, erwähnenswert. Histologisch konnte es als typisches Boecksches Sarkoid verifiziert werden. Durch den Tierversuch wurde aber Mycobacterium tuberculosis im Gewebe nachgewiesen. Die Hauterscheinungen klangen erstaunlicherweise auf eine relativ kurze Cortison-Behandlung (insgesamt 2,0 g) völlig ab. Hydrocortison (100 mg/Tag) mit Isonicotinsäurehydrazid kombiniert verwandten TIMSIT u. HADIDA (1956) mit gutem Erfolg.

Eine Kombination von 50 mg ACTH mit 500 mg Vitamin C gaben DEGOS et al. (1955). Bei ihrem Patienten gingen daraufhin die zentralnervösen Erscheinungen völlig zurück. Auch die Haut besserte sich zunächst, doch trat dann ein neuer Schub auf, der selbst durch 100 mg ACTH/Tag nicht zu beherrschen war. Er besserte sich auf 100 mg Cortison. Der Patient wurde zur Dauertherapie auf Prednison 10 mg/Tag eingestellt.

Die Behandlungsergebnisse mit Prednison entsprechen denen mit Cortison und ACTH (MICHEL 1956). Als Dosis werden 10—30 mg/Tag angegeben, teilweise kombiniert mit Isonicotinsäurehydrazid (300 mg/Tag, SIMERAY 1957, SCHAPER u. SCHNELL 1959, KIMMIG 1960, NAEGELE und MEYHÖFER 1960). Auch die Ergebnisse der intrafokalen Prednisolon-Therapie entsprechen denen mit Hydrocortison (DIETZ 1960).— GOLDBERG (1958) sah bei einem Patienten, der über 3 Jahre Prednisolon bekommen hatte und zu 80% abgeheilt war, bereits 2 Monate nach dem Absetzen ein Rezidiv, das auf 8—12 mg 6-Methylprednisolon/Tag wieder schnell ansprach.

Über orale Triamcinolonbehandlung berichten MEYHÖFER und DOMBROWSKI (1960), über intrafokale JAMES (1960). Er bezeichnet den Effekt in allen Fällen (4) als sehr gut. Über Rezidive, wie wir sie von der intrafokalen Hydrocortisontherapie her kennen, ist noch nichts angegeben.

Zusammenfassend kann man also sagen, daß ACTH und die Nebennierenrinden-Hormone in weitaus den meisten Fällen zu einer Besserung des Boeckschen Sarkoids führen. Die Besserung ist von Fall zu Fall gradmäßig unterschiedlich und nur selten von längerer Dauer. Eine absolute Indikation zur Hormontherapie ist wohl in erster Linie auf Grund von Lungen-, Augen- und Nervenbefunden gegeben. Die Dosis wird im allgemeinen sehr hoch angegeben. Als Richtdosen möchten wir 20 mg ACTH, 100 mg Cortison oder Hydrocortison und 20 mg Prednison oder Prednisolon annehmen. Obwohl ein ursächlicher Zusammenhang zwischen dem Morbus Boeck und der Tuberkulose in den meisten Fällen nicht gesichert ist, sollte man dennoch aus Sicherheitsgründen gleichzeitig eine tuberkulostatische Therapie für die Dauer der Hormonbehandlung durchführen.

ζ) Lepra

Schon 1950 empfahlen JOHANSEN u. ERJCKSON auf Grund von theoretischen Erwägungen bei der Lepra-Reaktion und bei der leprösen Iridocyclitis Cortison. Es ist nur zu gut verständlich, daß dieser Hinweis sofort aufgegriffen und therapeutisch ausgewertet wurde. Zu Beginn des darauffolgenden Jahres erschien der erste Bericht von ROCHE et al. (1951) über ihre Erfahrungen mit ACTH. Tatsächlich ließ sich die Lepra-Reaktion bei der lepromatösen Lepra (6 Fälle) durch 80 mg ACTH/Tag völlig unterdrücken. Schon nach 24 Std war der erste subjektive Erfolg zu erkennen. Auch die Hautveränderungen gingen verblüffend gut zurück. Als nach 7 Tagen die Therapie abgebrochen wurde, verschlechterte sich zwar der Zustand der Patienten innerhalb der nächsten 2—5 Tage wieder, aber die Erscheinungen waren weniger schwer als vorher. Sie ließen sich durch 20 bis 40 mg ACTH/Tag wieder leicht beherrschen. Sehr wichtig war vor allem, daß die Lepra-Therapie als solche nicht unterbrochen werden mußte. Bezüglich der Frage, ob man die Lepra-Reaktion, die ja als günstiges Zeichen angesehen wird, überhaupt unterdrücken sollte, nahmen die Autoren an, daß die Immunvorgänge, wie das bereits beim Typhus nachgewiesen worden war (ROCHE 1950), durch ACTH und Cortison nicht beeinflußt würden.

Diese bereits sehr wertvollen Erkenntnisse wurden bald von COSTE, BLUM u. BASSET (1951) durch die genaue Beobachtung der Reaktion einer tuberkulösen Lepra wesentlich erweitert. Da man ähnlich wie bei der Tuberkulose befürchten mußte, die Erreger würden durch die ACTH-Medikation aktiviert, war die Feststellung dieser Autoren, daß auch unter 100 mg ACTH/Tag bis zu einer Gesamtdosis von 3,0 g kein Übergang in die lepromatöse Form stattfand, sehr wichtig. Sie fanden im Gegenteil auch einen beachtlichen Rückgang der histologischen Veränderungen. Die Sulfontherapie konnte nach der ACTH-Behandlung wieder aufgenommen werden und wurde jetzt gut vertragen.

Während von den beiden oben angeführten Autorengruppen eine gute Beeinflussung auch der Hauterscheinungen betont wurde, konnten SAMPAIO et al. (1952) nur bei einem von 6 Patienten eine teilweise Besserung sehen. Da sie als Tagesdosis nur 30—45 mg ACTH angeben, möchten wir annehmen, es handelte sich um eine Frage der Dosierung. Daß diese tatsächlich die ausschlaggebende Rolle spielen kann, zeigt ein Bericht von DEL POZO u. GONZALEZ AHOA (1952). Diese Autoren begannen die Therapie mit 100 mg Cortison/Tag. Nach 3 Tagen war die Lepra-Reaktion unterdrückt, d.h. der alte Status des Krankheitsbildes wieder erreicht. Als sie nun die Tagesdosis auf 200 mg erhöhten, bildeten sich auch die übrigen Symptome zurück. Wurde das Cortison abgesetzt, stellten sich alle Erscheinungen erneut ein. Gaben sie dann 300 mg Cortison/Tag, erzielten sie bereits in 2 Tagen einen völligen Rückgang der Symptome. Als Erhaltungsdosis ermittelten sie 50—100 mg/Tag.

DEL POZO et al. (1954) konnten auch später durch die Behandlung von 9 Patienten mit 25—100 mg Cortison/Tag bis zu einem Jahr die von COSTE, BLUM u. BASSET (1951) mit ACTH gemachte Feststellung, daß sogar die Lepra als solche gut beeinflußt wird, bestätigen. Diffuse Infiltrate, fibrotische Knoten und Keloide wurden gebessert. Auch unter Cortison konnte die Sulfonbehandlung ohne jede Störung durchgeführt werden, und zwar zum Teil auch noch Monate nach dem Absetzen.

Aus der großen Zahl der weiteren Arbeiten über die Wirksamkeit von Cortison und ACTH bei der Lepra möchten wir nur noch die von PRIETO LORENZO (1956) anführen, die in ihrer Dosierung aus dem üblichen Rahmen fällt. Das Krankengut umfaßt 25 lepromatöse Patienten. Die Anfangsdosis von ACTH betrug nur 15 mg/Tag. Sie wurde sehr schnell auf 5 bzw. 2 mg gesenkt. Cortison gab er zwar anfangs auch in Dosen von 200 mg/Tag, ging aber sehr schnell auf 50 mg zurück. Die Erfolge sollen trotzdem gut gewesen sein. Sogar Epididymitiden und Vaginitiden, Drüsenschwellungen und Augenerscheinungen seien zurückgegangen. Schwer zu verstehen ist allerdings der unterstützende Erfolg, den er bei den Augenerkrankungen von ACTH-Salbe gesehen hat. Daß die Iritis und Iridocyclitis auf enterale und parenterale Hormontherapie gut ansprechen, war schon vorher bekannt (DE SOUZA ARAUJO 1953), desgleichen die gute Wirkung von Cortison-Salbe auf die Augenerscheinungen (DOULL u. WALCOTT 1956).

Weiterhin muß die Kombination von einem synthetischen Vitamin K mit ACTH durch MERKELEN u. RIOU (1953) erwähnt werden, wenn sie auch mehr wegen der theoretischen Erwägungen von Interesse ist. Das angewandte synthetische Vitamin K hatte sich als wirksames Agens bei der Lepra-Reaktion erwiesen (1952). Die Autoren erhofften daher von der Kombination wohl einen additiven oder potenzierenden Effekt, es ist aber anzunehmen, daß das Ergebnis nicht überzeugend war, denn sie gingen später (1956) in den Fällen, in denen diese

Kombination nicht den gewünschten Erfolg hatte, auf 300 mg Cortison/Tag (ohne Vitamin K!) über, das auch prompt wirkte. Als Nebenerscheinung trat in einem Fall eine offene Tuberkulose auf.

Daß Prednison die gleiche Wirkung wie ACTH und Cortison haben würde, war zu erwarten. BUREAU et al. (1956) erzielten damit bei einer Dosierung von 30 mg/Tag ein sehr gutes und schnelles Ergebnis. Das gleiche läßt sich den Berichten von DE LAS AGUAS (1957), CONZIGLI et al. (1958) und JONQUIERES (1958/59) entnehmen.

Sehr interessant ist auch eine Mitteilung über die lokale Anwendung von Cortison bei einem Riesenleprom (GAY PRIETO 1953). Es handelte sich um einen mandarinengroßen Herd am Handgelenk, der auf Sulfonbehandlung nur unbefriedigend reagierte. Durch Unterspritzung mit je 1 cm³ Cortison von 4 verschiedenen Stellen aus ging er in wenigen Tagen auf die Hälfte der ursprünglichen Größe, nach weiteren Injektionen völlig zurück.

Die Behandlung der Lepra-Reaktion mit den Hormonen ist also nach fast übereinstimmender Aussage sämtlicher Autoren ein wesentlicher Gewinn. Abgesehen davon, daß die an sich sehr unangenehmen Erscheinungen beseitigt werden, wird die Lepra als solche schon allein dadurch günstig beeinflußt, daß die Sulfontherapie ohne Unterbrechungen durchgeführt werden kann, wahrscheinlich werden aber auch die leprösen Gewebsveränderungen an sich günstig beeinflußt. Eine Exacerbation der Lepra ist offenbar nicht zu befürchten, dagegen kann eine latente Tuberkulose aktiviert werden. Daran muß während der Hormontherapie unbedingt gedacht werden.

c) Viren

α) Verrucae

SULZBERGER et al. (1951[1]) hatten bereits bei filiformen Warzen einen Therapieversuch mit Cortison oral in einer Dosierung von täglich 75 mg und bei Plantarwarzen mit 200 mg über 3 Tage, dann 100 mg gemacht. In beiden Fällen hatten sie keinen Effekt feststellen können.

Von GUILLOT u. TELLO (1956) wurden dagegen von 14 Patienten mit planen Warzen 6 durch Hydrocortison-Salbe geheilt, 4 weitere sehr gebessert. Dazu muß allerdings gesagt werden, daß bei planen Warzen die therapeutischen Erfolge nur sehr schwer zu beurteilen sind, da sie unter den verschiedensten indifferenten Maßnahmen zurückgehen können.

β) Herpes simplex

Schon THORN et al. (1950) hatten in ihrer großen Übersichtsarbeit angegeben, daß Cortison und ACTH — parenteral gegeben — auf den Herpes keinen Einfluß haben. Durch lokale Behandlung mit Hydrocortison-Salbe gelang es GRUPPER (1953) in 3 Fällen, die sonst in 3—4wöchigen Abständen aufgetretenen Rezidive zu verhindern. In einem 4. Fall trat zwar ein diskreter neuer Schub auf, aber an einer anderen nicht behandelten Stelle. BURDICK et al. (1960) konnten dagegen von Hydrocortison-Salbe keine Wirkung beim Herpes sehen. Sie übersehen ein großes Krankengut, da von ihren 148 Patienten, die wegen einer Trigeminusneuralgie operiert wurden, etwa $^1/_3$ später einen Herpes bekamen.

Von seiten der Ophthalmologen werden Corticoide bei Augenerkrankungen durch Herpes simplex-Virus als kontraindiziert abgelehnt (SCHENK und KUNZE 1960; GORDON 1960).

Wir müssen hier nun noch ein Krankheitsbild nennen, bei dem sich, obwohl eine Herpes simplex-Infektion, Corticosteroide als große Hilfe erwiesen haben, das Eczema herpeticatum. Daß gerade diese schwerste Form der Herpes simplex-

Erkrankungen aus dem Rahmen fällt, hat seinen besonderen Grund. Bei diesen Patienten handelt es sich um Neurodermitiker, die unseres Erachtens durch die Erkrankung in ein Hormondefizit geraten, also substitutiert werden müssen. Dazu genügen 15—20 mg Prednison/Tag. Höhere Dosen würden wahrscheinlich ebenso schaden wie die lokale Anwendung an den Conjunctiven, die ja praktisch immer am schwersten mitbetroffen sind. Daß zudem wegen der Superinfektion mit banalen Keimen antibiotisch behandelt werden muß, ist selbstverständlich. Rechtzeitige Gaben von γ-Globulin halten außerdem schlagartig die weitere Aussaat auf und beschleunigen die Abheilung.

γ) Aphthosis

ALPHONSE, JADASSOHN u. PAILLARD (1952), die eine schwere Aphthosis recidivans chronica mit 200—50 mg Cortison behandelten, konnten lediglich feststellen, daß die Aphthen zwar gleich häufig weiter auftraten, aber kleiner und oberflächlicher waren. Am besten wirkte sich die Therapie auf den Allgemeinzustand des Patienten aus.

Über einen sehr schweren Fall, der unter 200 mg Cortison/Tag nach 3 Tagen wieder Brot essen konnte, nach 12 Tagen restlos abgeheilt war, berichten MATZKER u. WAGNER (1956). Sie ersetzten nach 9 Tagen das Cortison für weitere 4 Tage durch täglich 20 mg ACTH. Sechs Tage danach trat eine neue Aphthe auf. Sie wurde mit 2mal je 10 mg Cortison unterspritzt und heilte daraufhin ab. Ein weiteres Rezidiv trat nicht mehr auf.

NAZZARO (1959) gibt 2 Fälle an, die auf Dexamethason schnell abheilten und über 6 Wochen rezidivfrei geblieben seien. NIX und DERBES (1960) sahen dagegen von Triamcinolon in 2 Fällen keinen Effekt.

δ) Zoster, Varicellen

Daß der Zoster als solcher selbst durch 200 mg Cortison/Tag unbeeinflußt blieb konnten bereits SULZBERGER et al. (1951) feststellen. Die Neuralgien nach einem gangränösen Zoster wurden allerdings durch 12,5—25 mg ACTH/8stündlich gegeben schlagartig beseitigt. Auch nach Absetzen der Therapie waren sie nur noch so gering, daß sie mit Aspirin zu beherrschen waren. Auch SAUER (1955) konnte mit 40—80 mg ACTH oder 4mal 25 mg Cortison/Tag (oral) in 70% der Fälle die Neuralgien nach Zoster bessern. Mit einer vergleichsweise durchgeführten Placebotherapie gelang das nur in 30% der Fälle.

NICKEL (1951) gab beim akuten Zoster 10—15 mg ACTH/6stündlich. Bereits nach der 3. Injektion ließen die Schmerzen für längere Zeit nach. Einen Einfluß auf den sonstigen Verlauf der Erkrankung konnte er im Gegensatz zu APPELMAN (1955) nicht sehen. APPELMAN findet, daß durch 4mal 25 mg ACTH/Tag die akute Phase des Zosters verkürzt und die Häufigkeit von Komplikationen reduziert wird.

Gleich gute Erfolge hatte GRUPPER (1953) durch lokale Behandlung mit einer Hydrocortison-Salbe, der ein Antibioticum zugesetzt war.

Als besonders wichtiges Indikationsgebiet für die Cortisontherapie muß der Zoster ophthalmicus angesehen werden. Diese Indikation hält sogar DOENGES (1954), der sonst in der Beurteilung der Erfolge der Hormontherapie beim Zoster zurückhaltend ist, für wichtig. SCHEIE u. ALPER (1955) bezeichnen die Ergebnisse als dramatisch, da ihre Patienten innerhalb 24—36 Std Schmerzlinderung hatten und in keinem Fall ein bleibender Sehverlust auftrat.

Das gleiche wechselvolle Bild bietet die Literatur über die neueren Corticosteroide. LYON (1959) faßt die Erscheinungen beim Zoster als hyperergisches

Geschehen auf und spricht von häufig „dramatischer" Linderung der Schmerzen durch Prednison (Dosis 40—50 mg am 1. Tag, dann reduzieren). Auch GOLDBERG (1958) gibt bei 5 von 9 Patienten, die mit 8—12 mg 6-Methylprednisolon/Tag behandelt wurden, einen guten Effekt an. Die Schmerzen seien schnell zurückgegangen und auch die Abheilung sei beschleunigt worden. Auf die postherpetischen Schmerzen hatte die Therapie kaum einen Einfluß. CAHN u. LEVY (1959) sahen im Gegensatz dazu von Triamcinolon keinen Effekt.

Nach wie vor als wichtige Indikation bleibt der Zoster ophthalmicus, der nach GORDON (1960) auch auf lokale Dexamethasonbehandlung sehr gut anspricht.

Es besteht sicher kein Zweifel, daß die Hormontherapie beim akuten Zoster in der Regel nicht notwendig ist; zur Beseitigung oder Milderung von schweren, therapieresistenten Zosterneuralgien kann man sie aber durchaus empfehlen, zumal die Dosierung relativ gering und die Therapie nur von kurzer Dauer ist. Gegen die lokale Anwendung einer Hydrocortison-Salbe mit antibiotischem Zusatz ist nichts einzuwenden.

Über die Corticosteroidbehandlung bei Varicellen sind fast alle Autoren gleicher Meinung. Sie wird als kontraindiziert abgelehnt, da der Verlauf häufig schwerer sei, mit hämorrhagischen Erscheinungen einhergehe und nicht selten zu einem fatalen Ende führe (WEINGÄRTNER 1960; BIERICH 1960). Eine sehr ausführliche Behandlung des Themas brachte JOCHIMS (1960), bei dem auch die vorausgehende Literatur ziemlich vollständig aufgeführt ist. Er führt als einzige Indikation für Corticosteroide die Orchitis oder Epididymitis als Komplikation der Varicellen an. Dagegen fallen Augenerscheinungen ebenfalls unter die Gegenindikationen (GORDON 1960).

Die einzigen Autoren, die bei Varicellen Prednison empfehlen, sind STRÖTER und HEISE (1959). Sie hatten bei einer „Hausinfektion" die Erfahrung gemacht, daß die Infektion bei allen Kindern, die aus anderen Gründen unter Prednison standen, leichter und schneller verlief.

ε) Variola

Über 3 mit ACTH zusätzlich behandelte Pockenpatienten berichten STOLTE u. SAS (1951). Die entzündliche Reaktion wurde durch die Therapie gemildert, aber der Endeffekt war nicht besser als sonst. Die Autoren warnen ausdrücklich vor der alleinigen Anwendung von ACTH ohne antibiotischen Schutz. Uns scheint auch seine Verwendung mit Antibiotica kombiniert äußerst gewagt, zumal der Erfolg minimal ist und die Virusinfektion durch kein Antibioticum beeinflußt wird.

Bei den von SEAETS u. SOETERS (1951) beschriebenen Fällen liegen die Verhältnisse dagegen ganz anders. Hier handelte es sich um Impfencephalitiden. Durch den Einsatz von bis zu 60 mg ACTH/Tag wurde das Sensorium der Patienten rasch aufgehellt, und es trat eine schnelle Entfieberung ein. Das gleiche gilt für das Eczema vaccinatum, doch möchten wir da die Verwendung von Nebennierenrinden-Hormonen empfehlen, da das Ansprechen von Neurodermitikern auf ACTH zu ungewiß ist und die Nebennierenrinde entlastet werden sollte. MEYER-ROHN und ROHDE (1959) gelang es allerdings auch mit 40 E ACTH/Tag, eine Patientin mit schwersten Erscheinungen ohne wesentliche Narbenbildung zur Abheilung zu bringen, während GOETZELER (1960) trotz Einsatz von Prednisolon das fatale Ende nicht verhindern konnte.

Bei Augeninfektionen warnt GORDON (1960) vor lokaler Anwendung von Corticoiden.

42. Geschlechtskrankheiten

a) Syphilis

α) Primäraffekt

Nach DE GRACIANSKY et al. (1952) wird der Primäraffekt durch eine einmalige Gabe von 100 mg Cortison nicht beeinflußt. Wurde die gleiche Dosis über 5 Tage gegeben, so war seine Konsistenz weicher und die Spirochäten verschwanden [steht im Gegensatz zu den experimentellen Befunden von TURNER u. HOLLANDER (1950)].

β) Herxheimersche Reaktion

In ihrer ersten Veröffentlichung berichten DE GRACIANSKY, GRUPPER et al. (1951), daß sie mit 100—150 mg Cortison auf die Herxheimersche Reaktion kaum einen Einfluß erzielen konnten. Bei einem größeren Krankengut fanden sie dann aber doch, daß sie insgesamt schwächer ausfalle, als bei den Kontrollpatienten (1952, 1955). THIERS et al. (1955) gelang es, mit Cortison 4 schwere Reaktionen zu coupieren.

γ) Lues II

Auf den Rückgang von Roseolen, Schleimhautplaques und Papeln soll Cortison nach DE GRACIANSKY, GRUPPER et al. (1952, 1955) zwar auch einen günstigen Einfluß haben, wichtiger ist allerdings, daß die Penicillinverträglichkeit bei einigen Patienten dadurch besser wurde. So war es auch BRODEY u. NELSON (1954) möglich, einen Patienten mit maligner Lues, der gegen Schwermetalle und Penicillin allergisch war, unter Cortison + Antihistaminica ohne Schwierigkeiten zu behandeln.

Bei der seroresistenten Lues werden die Seroreaktionen durch Cortison nicht beeinflußt (DEPAOLI und DOGLIOTTI 1955).

δ) Lues III

DE GRACIANSKY, GRUPPER et al. (1952) geben bereits an, daß ein circinäres Syphilom unter Cortison schnell zurückging. Sie maßen dem besonders deshalb eine große Bedeutung bei, weil die visceralen tertiären Erscheinungen der Therapie bisher schlecht zugängig waren. Auch Gumma gingen auf 100 mg Cortison/Tag schnell zurück (1953), desgleichen tertiär syphilitische Ulcerationen, die zuvor gegen jede spezifische und unspezifische Therapie resistent gewesen waren (JOULIA et al. 1955).

ε) Tabes dorsalis

DE GRACIANSKY et al. (1953) stellten im Verlauf der Behandlung eines Gumma fest, daß sich unter 100 mg Cortison, über 30 Tage gegeben, eine gleichzeitig bestehende Tabes besserte. Im gleichen Jahr berichten auch WEINER u. MENDELSOHN (1953) über das rasche Verschwinden von tabischen Krisen schwerster Art, die vorher durch nichts zu beeinflussen waren. Sie gaben zunächst 10, dann 15 mg ACTH in 500 ml 5%iger Glucose, die in physiologischer NaCl gelöst war. Ab dem 4. Behandlungstag gingen sie auf 100 mg Cortison/Tag über. Auch MOORE (1953) konnte tabische Krisen durch ACTH beeinflussen, aber seine Erfolge waren weniger gut.

ζ) Syphilitische Opticusatrophie

Bei der syphilitischen Opticusatrophie konnten KLAUDER und GROSS (1954) eine eindeutige Verbesserung durch Cortison und ACTH sehen.

η) Keratitis parenchymatosa (interstitialis)

Es gibt nur sehr wenige Anwendungsgebiete, in denen Cortison so absolut indiziert ist, wie bei der Keratitis parenchymatosa.

Die erste Nachricht über die Wirkung von ACTH und Cortison kam von STEFFENSEN et al. (1950), die im Rahmen einer ausgedehnten Untersuchung über den Effekt dieser Hormone bei entzündlichen Augenerkrankungen feststellten, daß die Keratitis interstitialis auf parenterale Gaben gut ansprach, sich sogar weiter besserte, wenn nur noch Cortison lokal gegeben wurde.

Der Versuch, 2 weitere Patienten ausschließlich lokal zu behandeln, führte ebenfalls zu einem vollen Erfolg. Die Bestätigungen blieben nicht lange aus (GEDDES u. MCCALL 1950; WOODS 1950; SIMPSON et al. 1951; KLAUDER 1951; MADDIN u. DANTO 1951 und viele andere). In der Regel wurde Cortison-Acetat in einer Konzentration von 5—10 mg/ml (normale Suspension 1:3 bis 1:4 mit physiologischer NaCl verdünnt) 1—3stündig in die Augen getropft. Bald stellte sich heraus, daß akute Fälle sehr viel besser und schneller reagierten als chronische. Bei ihnen trat die Besserung schon nach 24 Std auf. Oft waren alle Erscheinungen bereits nach 10 Tagen verschwunden.

Bei älteren Fällen empfahlen MADDIN und DANTO (1951) subconjunctivale Injektionen von Cortison nach der von KOFF et al. (1950) angegebenen Methode.

Als erster machte offenbar WOODS (1951) den Versuch, an Stelle der Cortison-Tropfen eine Cortison-Augensalbe zu verwenden. Es zeigte sich, daß 10—25 mg Cortison/g in Lanolin als Grundlage bei 3stündiger Applikation eine gute Wirkung hatten.

Die späteren Arbeiten brachten nichts wesentlich Neues. Zur weiteren Orientierung über das gesamte Gebiet Cortison-Syphilis-Augenerkrankungen können wir auf eine ausführliche Zusammenfassung von ASHWORTH (1953) verweisen, zu der in der Diskussion zahlreiche weitere Autoren Stellung genommen haben.

Über die Chorioretinitis bei kongenitaler Syphilis berichten KLAUDER u. MEYER (1953) ausführlich.

Zum Schluß seien noch Behandlungsversuche erwähnt, die ganz aus dem Rahmen des üblichen fallen. Während nach der allgemeinen Ansicht die Cortison-Therapie die übliche antibiotische Behandlung nicht beeinflußt, sondern nur als zusätzliche Lokaltherapie angesehen wird, gaben KLAUDER und MEYER (1954) nur ACTH oder Cortison, Testosteron oder Schilddrüsenextrakt (ohne Penicillin). Unter Cortison und ACTH allein traten relativ viele Rückfälle auf. Die besten Behandlungsergebnisse erzielten sie mit Penicillin + Fieber + Schilddrüsenextrakt.

b) Gonorrhoe

Bei einem von SCHWARZ u. KINGMA (1952) beschriebenen Fall handelte es sich um eine gonorrhoische Urethritis, Conjunctivitis, Arthritis und Keratodermie. Antibiotica hatten auf das Krankheitsbild keinen Einfluß gehabt. Unter Cortison (Dosis ?), über 3 Monate gegeben, heilten die Erscheinungen ab. Lediglich irreparable Gelenkdeformierungen blieben bestehen.

c) Lymphogranulomatosis inguinalis (NICOLA-FAVRE)

Nach QUINTIN u. DULUC (1957) sprachen 4 Fälle von Lymphogranulomatosis inguinalis auf Cortison (3 Tage 150, 5 Tage 100 mg), ein weiterer auf Prednison (3 Tage 25, 6 Tage 20 mg) schnell und gut an.

d) Weitere Erkrankungen des Uro-Genital-Systems

Epididymitiden unbekannter Ursache behandelte FLORENCE (1956) mit minimalen Cortison-Dosen (5mal 5 mg/Tag per os) + Antibiotica. Inzwischen hat sich die Corticoid-Behandlung von Orchitiden und Epididymitiden verschiedenster Genese vielfach bewährt. In dem Fall von DE LAS AGUAS (1957) war die Ursache die Lepra. Der Patient sprach auf Prednison sehr gut an. JOCHIMS (1960) erkennt die Corticoide sogar bei Varicellen an, wenn eine Orchitis oder Epididymitis als Komplikation auftritt. BINDER et al. (1960) berichten über 17 Patienten mit Mumps-Orchitis. Als Dosis werden allgemein 20 mg/Tag angegeben. NAZZARO (1960) hatte in 5 akuten, nichtspezifischen Fällen gleich gute Ergebnisse mit Dexamethason.

Über 91 Fälle primärer und weitere 9 Fälle sekundärer Ehesterilität ohne erkennbare Ursache, die mit 2mal 25 mg Cortison/Tag behandelt wurden, berichtet FINEGOLD (1956). Nach 1—4 Monaten Behandlung wurden 23 der behandelten Patientinnen schwanger.

B. Adrenalin (Suprarenin, Epinephrin), Noradrenalin (Levoarterenol)

1. Einleitung

Die Unterscheidung zwischen dem Nebennieren-Mark und der Nebennieren-Rinde wurde schon 1805 von CUVIER [zitiert nach LABHART (1957)] vorgenommen, aber erst 90 Jahre später wurden von OLIVER und SCHÄFER (1895) das wirksame Prinzip des Nebennieren-Marks und seine pharmakologischen Eigenschaften entdeckt. Darauf folgte innerhalb kurzer Zeit die Isolierung, Strukturaufklärung und Reindarstellung des Adrenalins (ABEL 1897, 1899; v. FÜRTH 1898, 1900; ALDERICH 1901/1902 und TAKAMINE 1901). Die Synthese wurde von STOLZ (1904), die Trennung der optischen Isomeren von FLÄCHER (1908) durchgeführt. Ein zweiter Wirkstoff des Nebennierenmarks, das Noradrenalin [es war von STOLZ (1904) bereits synthetisch dargestellt worden], wurde 1944 von HOLTZ, CREDNER und KRONEBERG [zitiert nach LABHART (1957)] entdeckt. VON EULER (1946, 1948) identifizierte es als den eigentlichen Wirkstoff der adrenergischen Nerven. Ein drittes, noch fragliches Hormon des Nebennierenmarks, das Isopropylnoradrenalin, wurde 1954 von LOCKETT [zitiert nach LABHART (1957)] angegeben.

Adrenalin und Noradrenalin sind Abkömmlinge des Brenzcatechins. Sie unterscheiden sich chemisch durch das Fehlen der CH_3-Gruppe am Stickstoff des Noradrenalins (daher die Bezeichnung Nor = N ohne Radikal).

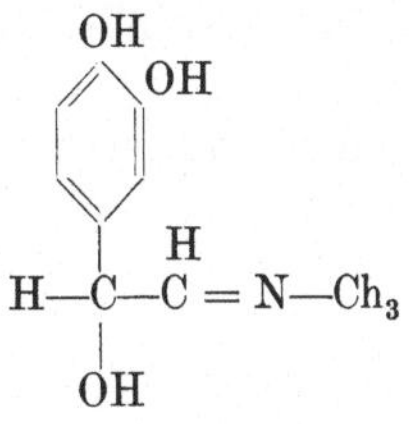

OH
OH
H
H—C—C = N—Ch_3
OH

Adrenalin

OH
OH
H
HC—C—H
OH NH_2

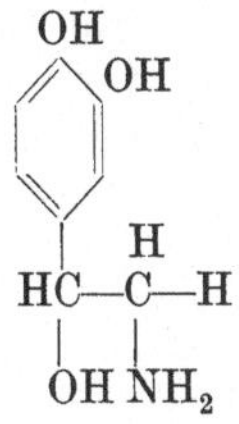

Noradrenalin

Der Bildungsort der Nebennierenmark-Hormone ist nicht nur das Nebennierenmark, sondern außerdem das gesamte sympathische Nervensystem. Da das Nebennierenmark 70—90% Adrenalin und nur 10—30% Noradrenalin enthält, im Urin aber umgekehrt 85% Noradrenalin und nur 15% Adrenalin ausgeschieden werden, nimmt man an, daß zumindest das Noradrenalin vorwiegend extramedullär gebildet wird. Dafür spricht auch sein Verschwinden nach sympathischer Denervation (GOODALL 1951; v. EULER und PURKHOLD 1951, zitiert nach v. EULER 1954).

Die physiologischen Wirkungen der beiden Hormone gehen zum großen Teil auseinander. Adrenalin wirkt vasodilatatorisch, steigert die Pulsfrequenz und das Minutenvolumen, Noradrenalin wirkt vasoconstrictorisch und frequenzverlangsamend. Auch die Wirkung auf die übrigen Organe ist zum Teil gegensätzlich. Die Haut wird durch Adrenalin weniger, durch Noradrenalin etwas stärker durchblutet, bei der Muskulatur und im Splanchnicusgebiet wirken sie umgekehrt.

Auf den Stoffwechsel wirkt Adrenalin 5—10mal stärker als Noradrenalin. Das gilt sowohl für den O_2-Verbrauch als auch für die Wirkung auf den Blutzucker (Hyperglykämie), das K^+ und die eosinophilen Zellen. Damit zeichnet sich eine gewisse funktionelle Trennung der beiden Hormone ab. Noradrenalin reguliert wahrscheinlich vorwiegend den Kreislauf, während Adrenalin bestimmte Stoffwechselfunktionen des Organismus schnell auf ein höheres Niveau bringt (v. EULER 1954). Es wirkt in dieser Beziehung synergistisch zu den Nebennierenrinden-Hormonen.

Die übliche Applikationsform ist die subcutane oder intramuskuläre Injektion einer 1‰-Lösung. Möglich ist auch die intravenöse oder intrakardiale Injektion (in Notfällen), die Inhalation einer 1‰-Lösung und die lokale Applikation in Form von Salben oder Lösungen. Ein gewisser Depoteffekt kann durch Lösung in Öl erzielt werden.

Die Richtdosen für Adrenalin sind: intramuskulär oder subcutan 0,1—0,5 ml der 1‰-Lösung, intramuskulär 0,2—1,5 ml der 2‰ öligen Lösung (Anfangsdosis nicht über 0,5 ml!), intravenös oder intrakardial bis zu 0,25 ml in frisch bereiteten (!) starken Verdünnungen (1:20000—1:60000), sehr langsam zu injizieren! Statt intrakardial kann die Injektion auch in die rechte Vena jugularis erfolgen.

Unerwartete Nebenerscheinungen, die meist leichter Art sind und relativ schnell vorübergehen, bei Patienten mit Hyperthyreosen, Hypertensionen oder sonstigen Herzaffektionen aber recht schwere Formen annehmen können, sind: Angstzustände, Beklemmung, Unruhe, klopfende Herzschmerzen, Tremor, Schwäche, Schwindel, Blässe, Atembeschwerden und Herzklopfen. Bei Verwendung zu hoher Dosen und bei zu schneller intravenöser Injektion (in Ausnahmefällen auch bei intramuskulärer Injektion), kann es zu cerebralen Blutungen kommen. In solchen Fällen helfen oft noch Nitrite durch ihre schnell einsetzende blutdrucksenkende Wirkung. Bei organischen Herzkranken ist das Auftreten von Kammerflimmern zu befürchten. Pectanginöse Zustände können ausgelöst oder verstärkt werden.

Eingehende Bearbeitungen über Adrenalin und Noradrenalin sind bei GOODMAN und GILMAN (1955) u. LABHART (1957) zu finden. Über die Chemie der Hormone s. MÜLLER (1955).

2. Therapie

Obwohl therapeutische Versuche mit Adrenalin in der Dermatologie seit etwa 30 Jahren unternommen werden, ist bis heute noch bei keiner Krankheit eine klare Indikation dafür gegeben. — Schon sehr früh untersuchte SUGIURA (1931) die Wirkung lokaler Injektionen auf Tumoren. Er konnte zwar eine Wachstumshemmung bei kleinen Geschwülsten beobachten, doch war der Effekt zu einer therapeutischen Auswertung offenbar nicht ausreichend. Auf die Röntgenreaktion maligner Tumoren wirkt Adrenalin hemmend (EICHHOLZ et al. 1933).

Etwa zur gleichen Zeit wurden von GJORGJEVIC (1931) Behandlungsversuche bei der Gonorrhoe gemacht. Er gab eine Lösung 1:10000 in die Harnröhre und ließ sie dort 5 min einwirken. Die akut entzündlichen Erscheinungen gingen dadurch relativ schnell zurück. Auch die Gonokokken verschwanden aus den Ausstrichpräparaten, aber eine Beseitigung der Gonorrhoe war so nicht zu erzielen.

1934 beschreibt GOUGEROT die Heilung eines myasthenischen Erythematodes bei Nebennieren-Insuffizienz durch Vaccine, Nebennieren-Extrakt und Adrenalin.

GARCIA (1947) behandelte eine chronische, therapieresistente Urticaria mit Injektionen von 10—15 ml Eigenblut + 0,25 ml Adrenalin 1:1000 mit gutem Erfolg. Inwieweit dabei dem Eigenblut als unspezifischem Reizkörper die Wirkung zukommt und inwieweit das Adrenalin dazu beiträgt, läßt sich nicht beurteilen.

Die lokale Anwendung einer 0,2%igen Isopropylnoradrenalinsalbe wurde von KÜHNAU (1948) bei Urticaria, Strophulus, Pruritus senilis, Hepatitis epidemica und postscabiöser Dermatitis als zusätzliche, juckreizlindernde Therapie empfohlen. MAYER (1950) hatte mit einem 0,8%igen Puder gute Erfolge bei seborrhoischen Ekzemen, Mycosis fungoides, Erythrodermien und Lichen ruber verrucosus. Akute Ekzeme und Dermatitiden reagierten nicht. Über den Wirkungsmechanismus konnte er nichts aussagen.

In neuerer Zeit wird von GAUMOND (1956) über einen ergebnislosen Therapieversuch mit Adrenalin bei einer Impetigo herpetiformis und von BUGYI (1956) über gute Erfolge bei der Erythrodermia desquamativa berichtet. BUGYI ging dabei von der Überlegung aus, daß nach FERENCZI (zitiert nach BUGYI) in gewissen Fällen Cortison und ACTH durch Adrenalin ersetzt werden können, und zwar in dem Verhältnis 50 mg Cortison = 25 mg ACTH = 0,5 ml Adrenalin. Er gab 2mal 0,1 ml/Tag. Während vorher 50% der Kinder gestorben waren, starb unter dieser Therapie von 25 nur 1. Der Erfolg war also beachtlich, obwohl nach unseren derzeitigen Kenntnissen der Physiologie der Hormone die Voraussetzungen sicher nicht zutrafen.

Wir dürfen dieses Kapitel nicht schließen, ohne auf eine Anwendung von Adrenalin im Bereich der Dermatologie einzugehen, die nicht neu ist, aber durch Arbeiten aus allerneuester Zeit wieder zur Geltung kommt. Es handelt sich dabei um die akuten, lebensbedrohlichen Asthmaanfälle, um den anaphylaktischen Schock, um Schockzustände allgemein und um akute, lebensbedrohliche Ödeme, wie z. B. Glottisödeme. Sie schienen unter dem Eindruck der therapeutischen Erfolge mit den Nebennierenrinden-Hormonen und speziell der wasserlöslichen, intravenös injizierbaren Präparate mit hoher Glucocorticoidwirkung, deren absolutes Indikationsgebiet zu werden. 1958 wies dann FEINBERG (1958) darauf hin, daß er die Anwendung der Corticosteroide oral und parenteral in diesen Fällen für völlig verfehlt halte, da sie auf Adrenalin wesentlich schneller ansprächen. Die gleiche Ansicht vertraten GLIGOROWA (1960), BIERICH (1960) und SCHUPPLI (1960). Das Mittel der Wahl ist im akuten Zustand zunächst das Adrenalin. Die Glucocorticoide sollten allerdings zusätzlich gegeben werden, um dann, wenn die Adrenalinwirkung relativ schnell abklingt, in Aktion zu treten (WIEMERS 1959).

C. Insulin

1. Einleitung

Der Diabetes mellitus war schon vor über 3000 Jahren in Ägypten bekannt. Die Rolle, die das Pankreas bei dieser Erkrankung spielt, wurde zufällig 1889 von MERING und MINKOWSKI (1890) dadurch entdeckt, daß sie nach totaler

Pankreatektomie bei Versuchstieren einen Diabetes entstehen sahen. MINKOWSKI gelang es auch (1892) den endgültigen Beweis für den Zusammenhang zwischen Pankreas und Diabetes zu führen, indem er durch subcutane Implantation eines excidierten Pankreas diesen vorübergehend beseitigte. Durch ein tragisches Mißverständnis sollte es noch 13 Jahre länger dauern, bis das Pankreashormon der Therapie zugänglich wurde. Bereits 1908 hatte nämlich ZUELZER einen alkoholischen Pankreasextrakt hergestellt, in dem es leider in einer Konzentration vorlag, die nach der Injektion einen Schock verursachte, den man nicht zu deuten wußte. Der Extrakt wurde daher verworfen.

Obwohl das Hormon noch hypothetisch war, wurde es schon 1909 von DE MEYER Insulin genannt, da die 1893 von LAGUESSE geäußerte Vermutung, es würde in den Inselzellen gebildet, sich immer mehr durchsetzte. 1922 gelang es dann BANTING und BEST das Insulin zu gewinnen. Kristallisiert wurde es von ABEL (1926). Es ist ein Protein mit einem Molekulargewicht von etwa 36000, das allerdings aus 3 Monomeren zu je 12000 bzw. 6 zu je 6000 besteht. (Genaue Angaben über Chemie, Darstellung und Nachweis s. JUNKMANN 1957).

Das Insulin bewirkt im Organismus eine Senkung des Blutzuckers durch Ablagerung von Zucker vor allem in der Muskulatur, durch die Förderung seiner Verbrennung und durch Umwandlung von Glucose in Fett. Die Gluconeogenese aus Eiweiß wird dagegen gehemmt, die N-Bilanz normalisiert. Der Wirkungsmechanismus ist noch nicht sicher geklärt. Auch die drei wichtigsten Theorien erklären seine Wirkung nur jeweils weitgehend. Die nach CORI benannte nimmt eine Aktivierung der Hexokinase (sie ist nach neueren Untersuchungen relativ unwahrscheinlich), die 2. eine Beeinflussung der Durchgängigkeit der Zellmembran für Glucose und die 3. eine Beziehung zum Phosphatstoffwechsel an. [Einzelheiten s. DE DUVE (1955), GOODMAN und GILMAN (1955), GRAFE u. KÜHNAU (1955) und STADIE (1956).]

Über den Wirkungsmechanismus des Insulins bei allergischen Erkrankungen sind zahlreiche Arbeiten veröffentlicht worden. Nach Insulinschock oder Subschock kommt es offensichtlich zu einer starken ACTH-Ausschüttung (RAUSCH und BARTELHEIMER 1941; SCHREUSS und HEINEMANN 1941 und KNICK 1954). Darüber hinaus scheinen aber weitere Faktoren an der Wirkung beteiligt zu sein, denn wie sollte man sonst einen Effekt von 1,5 iE, intravenös injiziert, auf die Eosinophilen Zellen erzielen können, der in Stärke und Dauer etwa dem von 20 E ACTH entspricht, wie wir das selbst wiederholt sehen konnten. Auch der von HENDERSON et al. (1951) beschriebene cortisonsparende Effekt bei gleichzeitiger Verabreichung von Cortison und Insulin, der von PROSIEGEL et al. (1953) und KLINGMÜLLER et al. (1956) auch bei Zugabe zur ACTH-Dauertropfinfusion gesehen wurde, läßt sich durch einen „Stress" allein nicht erklären.

Der Nachweis ist nur biologisch durch Bestimmung der blutzuckersenkenden Wirkung möglich. Das Testtier ist das Kaninchen. Die internationale Einheit (iE) entspricht der Menge, die bei einem 2 kg schweren Tier nach 24stündigem Fasten den Blutzucker innerhalb von 3 Std auf 45 mg-% reduziert. In 1 mg kristallinem Insulin sind etwa 22 iE enthalten.

Wegen seines Polypeptidcharakters wird das Insulin im Magen-Darmtrakt inaktiviert. Die übliche Applikationsform ist daher die subcutane Injektion. Die intravenöse Injektion ist möglich, wird aber nur selten angewandt (in Notfällen, zu Testzwecken in der Dermatologie und Psychiatrie). In der Dermatologie kann es lokal außerdem in Form von Salbe oder Puder verwandt werden.

Das Insulin wird nach subcutaner Injektion relativ schnell resorbiert, so daß, um Schockreaktionen zu vermeiden, jeweils nur geringe Dosen injiziert werden dürfen.

Um länger wirksame Präparate zu erhalten, wurde schon 1936 von HAGEDORN et al. eine bei p_H 7,3 nur schlecht lösliche Komplexverbindung mit Protamin entwickelt, die zwar eine gute Depotwirkung hatte, aber nicht stabil war. Durch Zugabe von Zink konnte dieses Depotinsulin stabilisiert werden. In dieser Form liegt es auch heute noch in allen Depotpräparaten vor.

Von den unerwarteten Nebenerscheinungen ist zunächst der hypoglykämische Schock zu erwähnen. Man muß besonders bei den dermatologischen Indikationen darauf gefaßt sein, da ein Teil der Patienten sicher stärker als normal auf Insulin reagiert. Wir konnten bei einem sehr großen Teil der Neurodermitiker durch Belastung mit nur 0,03 i E/kg Körpergewicht intravenös injiziert leichte Schocksymptome und Blutzuckerstürze auf 25 mg-% feststellen. Da aber in der Dermatologie nur sehr geringe Dosen gegeben werden, sind Gegenmaßnahmen in der Regel nicht erforderlich. Man würde bei stärkeren Reaktionen Zucker oral und nur in ganz extremen Fällen Traubenzucker intravenös geben müssen.

Allergische Reaktionen treten meist lokal, seltener generalisiert auf. Sie können durch das Insulin selbst oder durch Zusätze bedingt sein. Lokal handelt es sich meist um Erytheme, Schwellungen oder Pruritus. In selteneren Fällen treten Störungen im Fettgewebe auf und zwar sowohl unter dem Bild einer Lipomatose als auch einer Lipodystrophie (PALEY 1949, 1953; SCHEFFLER und HAGEN 1956). In den letzten Jahren wurden auch wiederholt Hautnekrosen, zum Teil mit Pigmentablagerungen, beschrieben (BARTELHEIMER 1952; SCHIRREN 1953; SCHEFFLER 1955; SCHIRREN und SAUER 1956). In allen diesen Fällen wurden die Patienten durch Umstellung auf ein anderes Insulinpräparat erscheinungsfrei. Ist die Allergie durch das Insulin selbst bedingt, so besteht noch die Möglichkeit, Präparate von verschiedenen Tierarten zu versuchen.

2. Therapie

STRANDBERG (1929) erwähnt bereits im Jadassohnschen Handbuch eine dermatologische Indikation für das Insulin, die Psoriasis. RAVAUT et al. (1925) hatten 3 Psoriatiker, FEROND (1926) 18, mit gutem Erfolg damit behandelt. Aus der Literaturzusammenstellung von NEUMARK (1929) geht, obwohl er über die Heilung von 3 Patienten mit generalisierter Psoriasis berichtet, hervor, daß die Erfolge bis dahin sehr unterschiedlich waren.

NARDUCCI (1929) sah, obwohl der Blutzucker bei seinen Patienten erhöht war, keinen Effekt, und auch DEVOTO (1931) erwähnt nur ganz allgemein, daß Insulin bei der Psoriasis oft Gutes leiste. Nach einer Mitteilung von FACIA (1931), daß er 2 Fälle mit Parakeratosis psoriasiformis erfolgreich mit Insulin behandelt habe, erschien unseres Wissens nur noch eine Arbeit von INCEDAYI u. OTTENSTEIN (1939) über zusätzliche geringe Insulingaben zur Diätbehandlung der Psoriasis.

Ebenfalls schon sehr früh behandelten PAUTRIER et al. (1924—1926) Ulcerationen mit Insulin. Die in den Jahren 1925 bis 1927 beschriebenen Erfolge wurden von NEUMARK (1928) zusammengestellt. Behandelt wurde sowohl allgemein als auch lokal. Die lokale Therapie bestand in Auftropfen von Insulin auf die Ulcerationen, in Insulin-Kompressen oder im Setzen von Insulin-Quaddeln. Die Erfolge waren so gut, daß DEVOTO (1931) Insulin beim Ulcus varicosum als das Mittel der Wahl bezeichnete. Auch ulcerierte Hautcarcinome heilten bei lokaler Insulin-Injektion beschleunigt (GOMES DA COSTA 1931), in der Narbe war allerdings bioptisch noch Carcinomgewebe nachzuweisen. Der gleiche Autor sah auch schnelle Vernarbung von neoplastischen Hautgeschwüren nach Insulin-Salbe (20 i E/g). Wir selbst behandelten 1958 eine Patientin mit ausgedehnten nekrotisierenden Ulcerationen infolge eines metastasierten Mammacarcinoms mit einer Insulinsalbe, die 2 i E

Insulin/g, ein Antibioticum und ein Lokalanaestheticum in einem Gel als Salbengrundlage enthält. Der Erfolg ist ausgezeichnet. Auch Wunden nach Operation mit der Elektroschlinge und anderer Art heilen unter der gleichen Salbe unwahrscheinlich schnell ab. Nach Eichholz et al. (1933) verbessert Insulin die Wirkung von Röntgenstrahlen auf maligne Tumoren.

Beim Pemphigus erwähnen Buschke und Langer (1926) Insulin in Dosen von 2mal 20 i E zur Besserung des Allgemeinzustandes.

An weiteren Indikationen wurden im Laufe der folgenden Jahre mitgeteilt: Acrodermatitis atrophicans (Flamm 1930), eine Neosalvarsanvergiftung (Vezér 1930), Vitiligo (Mierzecki 1935). Sehr interessant ist auch der Bericht von Steiner (1928/29), nach dem Raynaud-artige Krankheitsbilder unter häufigen Insulininjektionen abbeilten.

Daß Diabetiker vermehrt zu bakteriellen Hauterkrankungen neigen, ist bekannt. Hier normalisiert natürlich die Einstellung mit Insulin die Verhältnisse. Aber auch bei Nichtdiabetikern wurde zur Abheilung von Furunkulosen Insulin empfohlen (Störmer 1925; Neumark 1928; Narducci 1929) und sogar als Mittel der Wahl genannt (Devoto 1931). Erstaunlich ist auch eine Mitteilung von Facia (1931) über die Heilung einer Sycosis coccogenes durch Insulin und noch erstaunlicher die von Melzer (1929), der einen 3 Monate alten Säugling mit schwerer Noma durch Insulin-Injektionen am Leben erhalten konnte.

Eine Indikation, die auch heute noch anerkannt wird, ist der Pruritus, und zwar nicht nur der diabetogene, sondern auch der anderer Genese und allergische Hauterkrankungen. Die Behandlung von Ekzem, Erythem, Pruritus, Lichen ruber acuminatus und Neurodermitis gibt schon Neumark (1928) an. Der Erfolg bestand allerdings zum Teil nur im Nachlassen des Juckreizes und in der Besserung des Allgemeinzustandes. Narducci (1929) sah in 10 von 15 Ekzem-Fällen Heilung. Bei schwerer Urticaria gab Chevallier (1932) mit gutem Erfolg 2mal täglich 5 i E Insulin.

Sehr eingehend befaßte sich dann Brühl (1939) mit der Frage der Insulintherapie bei Hautkrankheiten. Er sah nach täglich 10 i E intravenös bei Urticaria, Quincke-Ödemen, Ekzemen und Dermatitiden regelmäßig das Verschwinden der akuten Veränderungen und eine Besserung der Allergielage. Als Ursache dafür nimmt er eine reaktive Adrenalinausschüttung oder eine Dauererhöhung des Adrenalinspiegels, möglicherweise auch eine echte allergische Umstimmung durch Einwirkung auf hepatocelluläre Vorgänge an. Mogil' Nickaja (1950) gibt sogar an, daß er die Desensibilisierung durch Hautteste nachgewiesen habe.

Die Berichte über gute Behandlungserfolge bei allergischen Dermatosen gehen bis in die letzten Jahre. Die Dosierung variiert etwas. Einzelne Autoren geben eine mittlere Dosis, z. B. 10—20 i E Altinsulin + 20 i E Depot-Insulin/Tag (Moussali 1954), andere beginnen mit etwa 8 i E intravenös und steigern jeweils entsprechend der Reaktion des Patienten um 2 i E, Mogil' Nickaja (1950) empfiehlt sogar nur 2—8 i E intravenös. Beabsichtigt ist damit ein 1—2 Std andauernder Subschock. Schocksymptome werden vermieden (Jablonska et al. 1955). Illig (1952) wandte im Gegensatz dazu bei der Kälteurticaria eine Insulin-Schockbehandlung an und konnte damit, obwohl zuvor bis zu 200 E ACTH/Tag keinen Erfolg gebracht hatten, seinen Patienten im Winter symptomfrei halten.

Eine sehr interessante Untersuchung liegt von Gester und Miljuskevic (1949) vor. Sie sahen bei schweren Verbrennungen erhebliche Störungen im Stoffwechsel. Der Rest-N war erhöht, Kreatinin trat im Harn auf, die Patienten hatten eine Hyperglykämie und Milchsäurewerte von 10—12—20 mg-%. Die Autoren empfahlen auf Grund dieser Befunde Insulin. Über die Durchführung einer solchen Therapie ist uns allerdings nichts bekannt.

Die Wirkung von Insulin auf die diabetische Xanthomatose beschreiben schon Elmer und Scheps (1929). Sie gaben relativ hohe Insulindosen, 60 E/Tag und gleichzeitig lipochromarme Diät. Auch le Coulant und Ducau-Martin (1953) sahen Abheilung nach Einstellung des Diabetes, während Lewe (1956) nur von einer leichten Besserung spricht.

Die Berichte über die Reaktion der Necrobiosis lipoidica diabeticorum auf Insulin sind sehr unterschiedlich. Während Köpf (1951) und Juvin et al. (1956) recht gute Erfolge erzielten, waren die Resultate bei Williams (1949), Rasmussen (1953) und Thiers u. Colomb (1953) negativ. Voringer (1956) führt das Versagen der diabetischen Behandlung darauf zurück, daß zwar ein abnormer Fettstoffwechsel die Ursache, dieser aber wohl von anderer Art sei als beim Diabetes.

D. Schilddrüsenhormone (Thyroxin, Trijodthyronin)

1. Einleitung

Zum erstenmal beschrieben wurde die Schilddrüse um die Mitte des 16. Jahrhunderts von Vesal. Über ihre Funktion war allerdings noch weitere 300 Jahre wenig bekannt. Man könnte überhaupt die Schilddrüse das Organ der großen Zeitspannen nennen. Von der ersten Vermutung von Paracelsus, es bestehe ein Zusammenhang zwischen der Schilddrüse und dem Kretinismus, bis zu dem Zeitpunkt, in dem Ord das Myxödem mit der Schilddrüsen-Atrophie in Verbindung bringt, vergehen fast 300 Jahre (1606 bis 1874/1878). Von der ersten Behandlung eines Kropfes mit Jod (Coindet 1820) und seiner Empfehlung zur allgemeinen Kropfprophylaxe (Boussingault 1833) bis zu deren Einführung (Marine und Kimball 1917) vergingen etwa 100 Jahre. — Die Therapie mit Schilddrüsenhormon in Form der getrockneten Drüse geht offenbar auf einen Arzt aus Edinburg namens Sunderland [zitiert nach Anger (1895)] zurück, dem in Deutschland Burns (1886), Reinhold (1894), Anger (1895) und Stabel (1896) folgten. 1891 wurde bereits das erste Myxödem mit einem Schilddrüsenextrakt behandelt (Murray). 1899 gelingt Oswald die Isolierung des Thyreoglobulins.

Es ist ein Protein mit einem Molekulargewicht von etwa 675000. Aus ihm wurde durch Hydrolyse von Kendall (1915) das Thyroxin dargestellt. Die Strukturformel des Thyroxins klärte Harington (1926) auf, der es auch mit Barger (1927) zusammen synthetisierte. Das Trijodthyronin wurde erst 1952 von Gross u. Pitt-Rivers (1952, 1953) und unabhängig davon von Roche, Lissitzky u. Michel (1952) isoliert und synthetisiert.

HO—$C_6H_2J_2$—O—$C_6H_2J_2$—CH_2—CH(NH_2)COOH

Thyroxin

HO—C_6H_3J—O—$C_6H_2J_2$—CH_2—CH(NH_2)COOH

Trijodthyronin

Es stellte sich heraus, daß das L-Isomer des Thyroxins beim Menschen etwa die 10fache Wirkung des D-Isomeren hat. Trijodthyronin ist das stärkste Schilddrüsenhormon. Es hat die 5fache Wirkung von L-Thyroxin. Ob beide Hormone in der Schilddrüse gebildet werden, oder ob das Thyroxin ein Prohormon ist, das im Organismus erst zum Trijodthyronin abgebaut wird, ist noch nicht entschieden. Auch die Rolle von Trijod- und Tetrajodthyroessigsäure (Lerman u. Pitt-Rivers 1955, 1956) ist noch nicht völlig geklärt. Sie sollen den Cholesterinstoffwechsel bei nur geringer Veränderung des Grundumsatzes beeinflussen (Lerman u. Pitt-Rivers 1956; Oliver u. Boyd 1957).

Das Schilddrüsenhormon wird in den Schilddrüsen-Follikeln, an das Thyreoglobulin gebunden, gelagert. Es wird unter der Einwirkung des thyreotropen Hormons des Hypophysenvorderlappens mobilisiert und in die Blutbahn abgegeben. Die Abgabe des thyreotropen Hormons des Hypophysenvorderlappens wird offenbar humoral durch den im Blut vorhandenen Schilddrüsenhormon- und Jodspiegel reguliert. Die Wirkungsweise und der Angriffspunkt der Schilddrüsenhormone ist noch nicht geklärt. Da sie den gesamten Stoffwechsel des Organismus steigern, nahm man eine Beeinflussung der Cytochrom C-Enzymsysteme an. Nach MARTIUS (1955, 1958) ist Thyroxin aufs engste mit den Phosphorylierungsprozessen in der Zelle verknüpft.

Die exakteste Nachweismethode für die Schilddrüsenhormone ist die Messung des Grundumsatzes bei Ratten, Mäusen oder Meerschweinchen und beim myxödematösen Menschen. Andere Methoden beruhen auf der Tatsache, daß die Metamorphose von Amphibienlarven beschleunigt wird, bzw. auf der Hemmwirkung auf die Hypophyse mit Thiouracil behandelter Tiere. [Die Methoden und weitere Literatur sind bei JUNKMANN (1957) zu finden.]

Die Schilddrüsenhormone können oral verabreicht werden. Die älteste medikamentöse Form ist die Thyreoidea sicca.

Die Präparate sind entweder auf mg Trockengewicht der Schilddrüse, Drüsenfrischgewicht, Jodgehalt oder internationalen Einheiten eingestellt. Die kristallinen Thyroxinpräparate können ebenfalls als Tabletten oder parenteral verabreicht werden. Trijodthyronin ist nur in Tablettenform im Handel. Die Thyreoidea sicca hat den Vorteil, daß sie beide Hormone, also die schnellwirkende Trijodthyronin- und die langsamwirkende und kumulierende Thyroxinkomponente, enthält.

Nebenerscheinungen sind außer bei Überdosierung nicht zu erwarten. Sie machen dann das Bild der Hyperthyreose.

Größere Abhandlungen über Geschichte, Chemie und Physiologie der Schilddrüsenhormone sind bei BANSI (1955), GOODMAN u. GILMAN (1955), RAWSON, RALL u. SONEBERG (1955), ROCHE u. MICHEL (1955), JUNKMANN (1957) und LABHART (1957) zu finden.

2. Therapie

a) Erkrankung bei gleichzeitiger Schilddrüsenunterfunktion

Die Therapie des Kretinismus, des Myxödems und der Hypothyreose im allgemeinen braucht hier nicht besprochen zu werden, da sie vorwiegend interne Erkrankungen sind. Wir müssen nur auf einige Besonderheiten der Haut, die im Gefolge einer Hypothyreose auftreten können, aufmerksam machen. STRANDBERG weist auf die häufige Schilddrüsen-Unterfunktion bei Ichthyosis hin. Die Therapieerfolge mit Schilddrüsenhormon blieben zwar im allgemeinen mäßig, seien aber um so besser, je niedriger der Grundumsatz sei.

Daß beim Myxödem häufig eine Carotinämie besteht, die für den leicht gelblichen Farbton der Haut verantwortlich ist, teilten 1942 etwa zur gleichen Zeit ESCAMILLO und MANDELBAUM et al. mit. Sie verschwindet auf Schilddrüsenhormongaben. VILANOVA u. CANADELL (1949/50) sahen bei einem athyreotischen Patienten mit carotinreicher, aber Vitamin A-armer Ernährung ausgedehnte hyperkeratotische Hauterscheinungen auftreten, die ebenfalls auf Schilddrüsenhormon abheilten. Bei einem Mongoloiden heilten sie dagegen nicht ab. Er reagierte erst auf Vitamin A, doch verbesserten dann Thyreoidea-Zugaben den Befund weiter! Es ist also offenbar so, daß der Ausfall der Schilddrüse die Überführung des Provitamin A in das Vitamin unmöglich macht. Warum der

Mongoloide offenbar auch mit Schilddrüsenhormon das Carotin nicht verwerten konnte, ist nicht bekannt. Einen ähnlichen Befund erhob auch FORMAN (1951) bei einer Keratosis pilaris. Nach SHAW et al. (1952) besteht außerdem in solchen Fällen offenbar noch eine Vitamin A-Resorptionsstörung, die durch Schilddrüsenhormon ebenfalls beseitigt wird.

PAULL und PHILLIPS (1954) teilten einen Fall mit, bei dem primär eine Schilddrüsen- und gleichzeitig eine Nebennierenrinden-Insuffizienz bestand. Bei diesem Patienten waren die Erscheinungen durch den Ausfall der Nebennierenrinde so in den Vordergrund gerückt, daß sie die Primärerkrankung völlig überdeckten. Die Therapie mit ACTH, Cortison und Desoxycorticosteron-Acetat brachte aber keine Besserung des Zustandes. Erst durch Thyreoidea sicca + Desoxycorticosteron-Acetat besserte sich das Krankheitsbild schlagartig. — BLOODWORTH, KIRKENDAHL u. CARR (1954) berichteten zur gleichen Zeit über 35 Addison-Patienten, bei denen ebenfalls eine Schilddrüsenstörung vorlag. Sie war allerdings erst sekundär aufgetreten.

Beim Lichen myxoedematosus (= disseminiertes papulöses Myxödem) liegt in der Regel keine Störung der Schilddrüse vor (DALTON u. SEIDEL 1953; HAMMINGA u. KEUMING 1954; MONTGOMERY u. UNDERWOOD 1953). Bei diesen Fällen sind auch Schilddrüsenpräparate ohne Effekt. Ein Patient mit Schilddrüsenunterfunktion, den DEGOS et al. (1956) vorstellten, heilte unter Schilddrüsenextrakt fast völlig ab.

HAEMMERLI (1954) empfiehlt bei der primären Amyloidose auf Grund seiner Erfahrung, an die häufig vorhandene Hypothyreose zu denken und mit Schilddrüsenextrakt zu behandeln.

CURTIS und BLAYLOCK (1952) berichten über eine sekundäre Xanthomatose, die auf dem Boden eines Myxödems auftrat und durch Therapie mit Schilddrüsenhormon abheilte.

Eine Atrophodermia diffusa senile, bei der eine Unterfunktion der Hypophyse, der Schilddrüse und der Ovarien festgestellt werden konnte, behandelte BATTAGLINI (1947) mit Hypophysen- und SD-Extrakten. Er erzielte dadurch Haarwuchs, Gewichtszunahme und einen besseren psychischen Status, während der Hautbefund sich nicht änderte.

Das Myxödema tuberosum circumscriptum kann sowohl bei der Hypothyreose als auch bei der Hyperthyreose auftreten. Den ersten hypothyreotischen Fall, bei dem auf Implantation von Basedow-Schilddrüsen eine erstaunliche Besserung erzielt werden konnte, beschreibt DÖSSEKKER (1916). Auch die späteren Autoren stimmen darin überein, daß Schilddrüsenhormone in diesen Fällen gute Resultate ergeben (GRAHLOW 1948; v. FISCHER 1949). Die Dosierung richtet sich dabei nach dem Grad der Schilddrüsenunterfunktion und den angewandten Präparaten. Die Behandlung geht in der Regel über Monate. Es wurden auch einzelne hypothyreote Fälle beschrieben, bei denen Schilddrüsenhormone ohne Effekt waren (NIEDELMAN 1956). Auch bei der lichenoiden, sklerodermiformen Abart konnten AZERAD u. GRUPPER (1955) mit Thyroxin nur den ödematösen Charakter der Erscheinungen bessern, während in einem Fall die elephantiastische Form auf Schilddrüsenextrakt zurückging.

In einer ausführlichen Abhandlung über Pemphigus und innere Sekretion weisen bereits BUSCHKE u. LANGER (1926) auf Schilddrüsenstörungen bei dieser Krankheit hin. Sie zitieren TAKEI (1925), der einen Behandlungsversuch mit Schilddrüsenextrakt gemacht, dadurch aber unerwünschte Wirkungen erzielt habe. STRANDBERG (1929) sah beim Pemphigus auch nur selten eine Wirkung von Schilddrüsenhormon, dagegen gelegentlich bei exfoliativen Dermatitiden, die wahrscheinlich psoriatischen Ursprungs waren.

Auf die Notwendigkeit, beim Senear-Usher-Syndrom die Funktion der Schilddrüse zu beachten, wiesen Bolgert und Levy (1948) erneut hin. Bolgert et al. (1950) beobachteten 4 Fälle mit erniedrigtem Grundumsatz, eine Besserung konnte allerdings mit Schilddrüsenextrakt allein nicht erzielt werden, sondern erst dadurch, daß Aureomycin zusätzlich gegeben wurde. Ein Pemphigus foliaceus zeigte auf Schilddrüsenmedikation keine Reaktion (Hy 1954).

Nach Dorn (1957) sollen bereits Hookey (1933) und Tauber (ohne Literaturangabe) bei der Epidermolysis hereditaria simplex unter Schilddrüsengaben Besserung gesehen haben. Er selbst führte keine Schilddrüsenhormon-Therapie durch. Strandberg (1929) zitiert auch bereits Erfolge von Josefson und Schmauch beim Herpes gestationis. Ein eigener Fall reagierte ebenfalls gut. Bei ihm verschwand gleichzeitig eine Struma. Bei einem anderen Fall ohne Struma wurde auch der Herpes gestationis nicht beeinflußt. Steppert (1954) berichtet über eine Impetigo herpetiformis bei gleichzeitiger Hypothyreose, die nach Schilddrüsenmedikation durch lokale Behandlung abheilte. Hollander (1921) gab bei einem bestimmten Typ von Acne-Patienten, den überernährten und hypothyreotischen, Schilddrüsensubstanz. Später empfahlen Sutton u. Marks (1943) bei der Acne conglobata Thyroxin. Nach experimentellen Untersuchungen von Korting und Schmitz (1952) wird die Cholesterineinlagerung im Bereich der Hautfollikel und Talgdrüsen durch Thyroxin verstärkt, nach Linke (1952) hat es keinen Einfluß. Bei der Sklerodermie hatte bereits Singer (1895) eine Dysthyreose vermutet und entsprechend behandelt. Auch Alkowic (1929) nennt die Sklerodermie unter den Indikationen für Schilddrüsenhormon, während Strandberg (1929) davon wenig Besserung sah. Schwanden (1951) gab bei einem Skleroedema adultorum (Buschke) Thyreoidea, ohne allerdings über die Wirkung zu berichten.

b) Erkrankungen ohne gleichzeitige Schilddrüsenunterfunktion

Die älteste dermatologische Therapie mit Schilddrüsenhormon, in Form eines Extraktes, führte offenbar Bramwell (1893) bei der Psoriasis durch. Er hatte dabei recht gute Erfolge, die auch in der Folgezeit mehrfach bestätigt wurden (Morris 1913; Buschke 1924; Langer 1924; Buschke u. Curt 1927; Strandberg 1929 und Alkowic 1949). Auch das Ekzem wird bereits von Alkowic (1929) und in neuerer Zeit wieder von Meyer (1949) als Indikation für Schilddrüsenhormone angeführt.

Goldblatt (1955) untersuchte 330 Patienten mit einer Dermatitis factitia. Ihre Erscheinungen waren durchweg: mäßiger Pruritus, trockene Haut, starkes Schwitzen der Fußsohlen und Handflächen, der Axillae und der Regio inguinalis, Haarausfall und Müdigkeit. Bei 73% der Untersuchten fand er einen Grundumsatz von —10 und weniger. Auf Thyreoidea-Extrakt hörte das Kratzen der Patienten auf und die Läsionen heilten ab. Wir selbst machten mit geringen Dosen von Thyreoidea sicca (5—10 iE) recht gute Erfahrungen beim Pruritus senilis.

Lhotsky (1949) empfiehlt bei der Neurolues Thyroxin in einer Dosis, die zu hyperthyreoten Erscheinungen führt. Er hatte damit keine schlechteren Erfolge, als mit einer Malariakur. Ähnlich finden Klauder und Meyer (1954) bei der Keratitis interstitialis syphilitica Penicillin + Fieber + Schilddrüsenextrakt als beste Behandlungsmethode. Gerade der Schilddrüsenextrakt soll dabei den Erfolg entscheidend verbessern.

Über einen Behandlungsversuch mit Schilddrüsenhormon bei einer Alopecia totalis mit Nagelveränderungen berichtete Genner (1924). Der Effekt auf die Alopecie war nicht überzeugend, aber die Nägel wuchsen normal. Auch Strandberg (1929) konnte weder bei der Alopecia areata noch bei der malignen Form davon einen Effekt sehen.

Bei der Pelade fanden DE GREGORIO (1950) und DE GREGORIO u. CISNEROS (1950) sowohl positive als negative Grundumsatzwerte, entsprechend auch Behandlungserfolge mit Thiouracil, Thyroidin oder der Kombination von Schilddrüsen-Hormon mit Follikulin.

ROTHMAN (1953) hatte den Eindruck, daß die fungistatische Behandlung von Patienten mit Trichophyton rubrum-Infektionen besser ansprach, wenn sie mit Schilddrüsenpräparaten behandelt wurde. Auch SCHWEBEL (1955) glaubt einen günstigen Effekt von der Schilddrüsenbehandlung, allerdings eines Hypothyreoten, auf eine ausgedehnte Moniliasis gesehen zu haben. CORNBLEET (1957) berichtet über insgesamt 9 Blastomykosen, die durch Kaliumjodat und Schilddrüse, im Wechsel gegeben, geheilt wurden.

Eine Kombination von Cortison oder Prednison mit Schilddrüsenhormon gibt MOESCHLIN (1956) bei metastasierten Mammacarcinomen an. Auch SAEGESSER (zitiert nach MOESHLIN) hat einen Fall mit gutem Erfolg so behandelt. MOESCHLIN selbst hatte in 3 von 6 Fällen sehr gute Resultate.

BEERMRAN (1949) berichtet in einer Übersicht über die Anwendung von Thyreoidea-Extrakten beim Salvarsanexanthem, WEISSENBACH [zitiert nach BRIGGS und ILLINGWORTH (1952)] bei Calcinosis.

E. Nebenschilddrüsenhormon (Parathormon)

1. Einleitung

Die Nebenschilddrüsen (= Parathyreoideae = Epithelkörperchen) wurden schon von VIRCHOW (1860) und REMAK [1878 zitiert nach VERNLY (1957)] beschrieben. Die ersten genauen makroskopischen und mikroskopischen Angaben machte SANDSTRÖM (1880). Während er sie noch für embryonales Schilddrüsengewebe hielt, erkannte KOHN (1895) sie als selbständiges Organ. Bereits ein Jahr später stellten zwei italienische Forscher (VASSALE u. GENERALI 1896) fest, daß die schon seit RAYNARD [1834, 1835, zitiert nach GOODMAN und GILMAN (1955)] bekannten Erscheinungen, die beim Tier nach experimenteller Thyreoidektomie auftraten, ausblieben, wenn man die Parathyreoideae beließ. Die Beziehungen der Parathyreoideae zum Mineralstoffwechsel erkannte ERDHEIM (1906), eine genauere Bearbeitung erschien allerdings erst 2 Jahre später von MACCALLUM und VÖGTLIN (1908).

Das Hormon der Parathyroideae wurde fast zur gleichen Zeit von 3 Forschern unabhängig voneinander isoliert (BERMAN 1924; HANSON 1925; COLLIP 1925). Es ist ein Protein. Auch in gut gereinigten Präparaten lassen sich in der Ultrazentrifuge 2 Fraktionen trennen, von denen die Hochmolekulare (500000 bis 1000000) eine höhere Aktivität besitzt als die Niedermolekulare (15000—20000). Die Nachweismethoden sind bei JUNKMANN (1957) eingehend besprochen.

Die physiologische Aufgabe der Nebenschilddrüsen ist die Regulation des Ca:Ph-Gleichgewichts im Organismus. Die beiden hauptsächlichen Theorien über den Wirkungsort und den Wirkungsmechanismus wurden von BODANSKI und JAFFE (1931) und COLLIP et al. (1934) bzw. ALBRIGHT et al. (1929) aufgestellt. Die erste nimmt eine Wirkung auf die Osteoklasten, die zweite auf die Nieren an. Wir können auf die ausführliche Besprechung dieses Themas bei VERNLY (1957) verweisen.

Die normale Applikationsart für Parathormon ist die intramuskuläre oder subcutane Injektion. Einige Präparate liegen auch in Drageeform zur oralen Therapie vor. 1938 stellten ALBRIGHT et al. fest, daß Dihydrotachysterin, ein

Reduktionsprodukt des bei Bestrahlung von Ergosterin entstehenden Tachysterin, praktisch die gleichen Eigenschaften hat wie das Parathormon. Dyhydrotachysterin (= AT 10) wird in der Regel oral verabreicht. Während der Therapie muß der Blutcalciumspiegel laufend kontrolliert werden. Nebenerscheinungen sind nur durch langdauernde Überdosierung zu erwarten. Sie zeigen sich durch Appetitlosigkeit, Übelkeit, Durst, Harndrang, Mattigkeit, Kopfschmerzen und Lähmungen.

2. Therapie

Obwohl Scharoorn (1921) das Fehlen der Nebenschilddrüsen als Ursache für die Impetigo herpetiformis festgestellt hatte, konnte er mit Verabreichung von Parathyreoidea keine Behandlungserfolge erzielen. Auch mit Epithelkörperchentransplantationen gelang das Scherber (1926) ebensowenig wie Kyrle (1926). Eindeutige Erfolge konnten erst Schmidt-La Baume (1936), Schubert (1936) und Bartmann (1937) durch AT 10 erzielen. Die Therapie begann mit 2mal 15 (=2mal 0,5 mg AT 10) Tropfen/Tag, dann wurden vorübergehend bis zur Abheilung 3, 5, und 10 ml (= 3, 5 und 10 mg Dihydrotachysterin) gegeben, um später auf täglich bzw. jeden 2. Tag 1 ml zurückzugehen. Im Gegensatz zu diesen hohen Dosen gab Schmitz (1949) nur jeweils 3 Tage 3mal 5 Tropfen und setzte dann 2 Tage aus. Dieser Tournus wurde einen Monat durchgeführt und nach 8 Tagen Pause von neuem begonnen. Eine Übersicht über die von 1930—1950 beschriebenen 57 Fälle brachte Beck (1951). Der von ihm selbst behandelte Fall reagierte gut auf Vitamin D und AT 10. Sehr interessant ist der von Engfeld und Gentele (1950) beschriebene Fall, bei dem 30 Jahre zuvor die Schilddrüse mit den Epithelkörperchen operativ entfernt worden war. Die Patientin hatte während der ganzen Zeit eine latente Tetanie, aber erst mit Beginn des Klimakteriums trat akut die Impetigo herpetiformis auf. Sie kam trotz hoher Dosen AT 10 ad exitum. Hadida und Timsit (1956) beschrieben einen Fall, der sich zwar auf Hydrocortison auffallend besserte, aber erst bei zusätzlicher Verabreichung von Dihydrotachysterin und Ca-gluconicum in wenigen Tagen abheilte (Dosis 100 mg Hydrocortison + 40 mg Dihydrotachysterin).

Die erste Psoriasis pustulosa wurde 1936 von Vohwinkel erfolgreich mit AT 10 + Ca-gluconicum behandelt. Auch Scherber (1938) sah unter 3mal 20, dann 3mal 50 Tropfen AT 10 die Pusteln schnell verschwinden, dagegen nicht die normalen Psoriasisherde. Ein Jahr später konnte Carrié (1939) eine sekundäre Erythrodermie nach Psoriasis vorstellen, die durch AT 10 gut beeinflußt worden war. Bezüglich des Dosierungsschemas, das Schmitz (1949) auch bei der Psoriasis pustulosa anwandte, können wir auf die Impetigo herpetiformis verweisen. Eine Versuchsanordnung von Fleck (1950) in der er drei große Gruppen von Psoriatikern mit 1. AT 10, 2. AT 10 + 2mal wöchentliche Cortiron oder Pancortex, 3. AT 10 + Cebion behandelte, zeigte, daß die 2. Gruppe entschieden schneller abheilte. Streitman (1955) sah von AT 10 keinen Effekt.

Auch bei der Acrodermatitis continua Hallopeau, der 3. Krankheit dieser Gruppe, sind gute Erfolge mit AT 10 mitgeteilt worden (Fuss 1940, Schmitz 1949).

Auf Grund physiologischer Überlegungen untersuchten Halter und Dorner (1950) den Einfluß von Parathormon auf den Juckreiz. Sie hatten gute Erfolge bei der Neurodermitis, der Urticaria, dem Lichen ruber und dem Pruritus senilis, wenn sie das Hormon mit Calcium zusammen verabreichten. Die Standarddosierung war 30 E Parathormon + 10 ml eines Ca-Mg-K-Gemisches je 3 Tage lang 3mal, dann 2mal und schließlich 1mal täglich intravenös injiziert. Nach

Halter (1950) soll das Präparat über Mineralsalzrelationen, die für die Erregung des Nervensystems wichtig sind, an mesencephalen Zentren angreifen. Über gute Erfolge bei der Urticaria und dem Oedema perstans mit Parathormon allein hatte schon lange zuvor Vajda (1929) berichtet.

Bei einer diffusen Sklerodermie glaubt Dollmann v. Oye (1939) eine gewisse Besserung durch AT 10 erzielt zu haben. Ähnliche Therapieversuche sind allerdings unseres Wissens nicht wiederholt worden, zumal schon 1931 von Lerich gute Erfolge mit Parathyreoidektomie erzielt wurden, die durch Jung u. Fontaine (1949) und Stricker (1951) bestätigt werden konnten.

Literatur

A. Adrenocorticotropes Hormon (ACTH) und Nebennierenrindenhormone

Aaron, J. N.: Treatment of hypertrophic lichen planus with prednisolone butylacetate. The use of prednisolone butylacetate (hydeltra-T.B.A.) in hypertrophic lichen planus utilizing the vibrapuncture technique. Arch. Derm. Syph. (Chicago) **78**, 592 (1958). — Abderhalden, R.: Die Hormone. Berlin-Göttingen-Heidelberg: Springer 1952. — Adams, F. H., E. Berglund, S. G. Balkin and T. Chisholm: Pituitary adrenocorticotropic hormone in severely burned children. J. Amer. med. Ass. **146**, 31 (1951). — Addison, T.: On the constitutional and local effects of disease of the suprarenal capsules. Vortrag: South London Medical Society. London: Samuel Highley 1855. — Adlersberg, D. , J. Stricker and H. Himes: Hazard of corticotropin and cortisone in patients with hypercholesterinemia. J. clin. Endocr. **15**, 882 (1955). — Agosin, M.: Cortisone induced metastases of adenocarcinoma in mice. Proc. Soc. exp. Biol. (N. Y.) **80**, 128 (1952). — Agostini, A.: Primi risultati dell'impiego terapeutico dei triamcinolone in dermatologica. Dermatologica (Napoli) **9**, 229 (1958). — Aguas, T. de las: La prednisona in las fases agudas de la lepra. Rev. leprol. Fontilles **4**, 203 (1957). — Alajouanine, Th., D. Ferey, R. Houdart et M. Ardouin: Forme neuro-oculaire pure de la maladie de Besnier-Boeck-Schaumann. Amblyopie rapide par atteinte successive des deux nerfs optiques à un an de distance. Rev. neurol. **86**, 255 (1952). — Alexander, R., and S. Manheim: The effect of hydrocortisone acetate ointment on pruritus ani. J. invest. Derm. **21**, 223 (1953). — Allende, M. F.: Sarcoidosis. (Diskussion.) Arch. Derm. Syph. (Chicago) **69**, 253 (1954). — Allgöwer, M., u. J. Siegrist: Verbrennungen, Pathophysiologie, Pathologie, Klinik, Therapie. Berlin: Springer 1957. — Alphonse, P., W. Jadassohn et R. Paillard: Aphthosis recidivans chronica traitée par la cortisone. Dermatologica (Basel) **104**, 325 (1952). — Alvarez-Lowell y Soto-Melo: Eritrodermia consecutiva a leucemia limfoide tarda con A.C.T.H. Act. dermo-sifiliogr. (Madr.) **47**, 230 (1955). — Anderson, T. E.: Sjögren's syndrome. Brit. J. Derm. **67**, 314 (1955). — Anselmino, K. J., F. Hoffmann u. L. Herold: Über die adrenalotrope Wirkung von Hypophysenvorderlappenextrakten. Klin. Wschr. **12**, 1944 (1933). — Über das corticotrope Hormon des Hypophysenvorderlappens. Klin. Wschr. **1934**, 209. — Apel, G.: Behandlung peripherer arterieller Durchblutungsstörungen mit Solu-Decortin-H. Med. Klin. **53**, 428 (1958). — Appel, B., M. J. Tye and E. Leibsohn: Triamcinolone in selected dermatoses. Antibiot. Med. **5**, 716 (1958). — Appelman, D. H.: Treatment of herpes zoster with ACTH. New Engl. J. Med. **253**, 693 (1955). — Aquilina, J. T., and G. W. Bissell: Fungating iododerma treated with hydrocortisone. J. Amer. med. Ass. **158**, 727 (1955). — Arbesman, C. E., u. R. J. Ehrenreich: Meticorten und 9-α-fluorhydrocortison bei der Behandlung von allergischen Krankheiten. J. Allergy **26**, 189 (1955). — Meticorten (prednison) and meticortelone (prednisolon) in the treatment of allergic disorders. J. Allergy **27**, 297 (1956). — Arquello, R. A., u. R. Garzon: El empleo de dosis minimas de ACTH por fleboelisis en algunas dermatosis. Rev. argent. Dermatosif. **37**, 65 (1953). — Arnold, H. L., and H. M. Johnson: Transition from pemphigus erythematosus to pemphigus vulgaris. Brit. J. Derm. **66**, 218 (1954). — Arth, G. E., D. B. Johnston, J. Fried, W. W. Spooncer, D. R. Hoff and L. H. Sarett: 16-methylated steroids. I. 16-α-methyl analogues of cortisone, a new family of anti-inflammatory steroids. J. Amer. chem. Soc. **80**, 3160 (1958). Zit. nach G. Bickel, Les nouveaux corticostéroides synthétiques. Méd. et Hyg. (Genève) **16**, 383 (1958). — Asboe-Hansen, G.: Hypertrophic scars and keloids. Etiology, pathogenesis and dermatologic therapy. Dermatologica (Basel) **120**, 178 (1960). — Asboe-Hansen, G., H. Brodthagen and L. Zachariae: Treatment of keloids with topical injections of hydrocortisone-acetate. Arch Derm. Syph. (Chicago) **73**, 162 (1956). — Ashton, N., and Ch. Cook: Effects of cortisone on healing of corneal wounds. Brit. J. Ohthal. **35**, 708 (1951). — Ashworth, A. N.: Cortisone in the treatment of syphilitic eye discorse. Brit. J. vener. Dis. **29**, 3 (1953). — Astwood, E. B.,

M. S. RABEN, R. W. PAYNE and A. P. CLEROUX: Clinical evaluation of crude and highly purified preparations of corticotrophin (ACTH) obtained in good yield by simple laboratory procedures. Amer. clin. Invest. 7 (1950). — AUBERTIN, E., M. BERGOUIGNAN, LABADIE et C. MARTIN-DUPONT: Dermatomyosite aiguë mortelle. Echec de la cortisone. Bull. Soc. franç. Derm. Syph. **60**, 148 (1953).

BACH, H. G.: Über Komplikationen nach gynäkologischen Laparotomien und einige Maßnahmen zu ihrer Bekämpfung. Anaesthesist **6**, 315 (1957). — BÄFVERSTEDT, B.: Case of herpes gestationis treated with anterior pituitary hormone. Acta derm. vener. (Stockh.) **31**, 470 (1951). — Lokalbehandlung von Hautkrankheiten mit Hydrocortison. Svenska Läk.-Tidn. **52**, 2107 (1955). — BAHR, D., and CH. LEVY: Waterhouse-Fridrichsen-syndrome: report of a case with recovery. Ann. intern. Med. **42**, 439 (1955). — BAKER, B. L.: Adrenalsteroide und die Ausscheidung von Verdauungsenzymen. Chem. Abstr. **49**, 12665 (1955). Ref. Ann. N.Y. Acad. Sci. **61**, 324 (1955). — BAKER, B. L., and W. L. WHITAKER: Relationship of the adrenal corten to inhibition of growth of hair by oestrogen. Amer. J. Physiol. **159**, 118 (1949). — BALDRIDGE, G. D., and A. M. KLIGMAN: The effect of cortisone on experimentally induced contact dermatitis. J. invest. Derm. **17**, 257 (1951). — BALLESTERO, L. H.: Tratamiento de las metastasis del adenocarcinoma de mama mediante testosterona y la cortisona. Pren. méd. argent. **1951**, 3126. — BĀN, A., L. BOKOR u. A. HARASZTI: Durch ACTH- und Cortisontherapie bedingte multiple Dünndarmperforation bei Agranulocytose· Langenbecks Arch. klin. Med. **203**, 379 (1956). — BANDERJEE, B. N.: Kaposi's idiopathic haemorrhagic sarcoma: a case in a hindu. Brit. J. Derm. **67**, 218 (1955). — BANDMANN, H.-J.: Ekzeme und ekzemähnliche Krankheiten im frühen Kindesalter. Fortschr. prakt. Derm. Venerol. **3** (1960). — BARBER, H. W.: Zur Ätiologie der Psoriasis. Hautarzt **2**, 71 (1951). — BARGMANN, W.: Das Zwischenhirn-Hypophysensystem. Berlin: Springer 1954. — Struktur und Funktion neuro-sekretorischer Systeme. Triangel **3**, 207 (1958). — BARKER, L. P., and W. SACHS: Bullous congenital ichthyosiform erythroderma. Arch. Derm. Syph. (Chicago) **67**, 443 (1953). BASERGA, R., and P. SHUBIK: The action of cortisone on transplanted and induced tumors in mice. Cancer Res. **14**, 12 (1954). — BAUER, J., u. J. JELLINGHAUS: Das Cushing-Syndrom. Arch. inn. Med. **1**, 320 (1949). — BAXTER, H., C. SCHILLER and J. H. WHITESIDE: The influence of ACTH on wound healing in man. Plast. reconstr. Surg. **7**, 85 (1951). — Ref. Zbl. Haut- u. Geschl.-Kr. **80**, 234 (1952). — BAYLISS, R. J. S.: Brit. med. J. **1958 II**, 935. Zit. nach: Insuffisance corticosurrénale aigue opératoire après corticothérapie. Méd. et Hyg. (Genève) **17**, 4 (1959). — BECHET, P. E.: Lichen ruber moniliformis. Arch. Derm. Syph. (Chicago) **68**, 614 (1953). — BECK, J. C., J. S. L. BROWNE, L. G. JOHNSON, B. J. KENNEDY and D. W. MACKENZIE: Occurrence of peritonitis during ACTH administration. Canad. med. Ass. J. **62**, 423 (1950). — BECKER, W. F.: Zur Behandlung von Ganglien. Ärztl. Sammelbl. **44**, 185 (1955). Ref. Industr. Med. (Chicago) **22**, (1953—1955). — BECKER, J. M., and P. ARTZ: The treatment of burns in children. Arch. Surg. (Chicago) **73**, 207 (1956). — BECKS, H., M. E. SIMPSON, C. H. LI and H. M. EVANS: Effects of adrenocorticotrophic hormone (ACTH) on the osseous system in normal rats. Endocrinology **34**, 305 (1944). — BEGEMANN, H.: Die Behandlung der Leukämien. Dtsch. med. Wschr. **80**, 850 (1955). — BEHRMAN, H. T., and J. J. GOODMANN: Skin complications of cortisone and ACTH therapy. J. Amer. med. Ass. **144**, 218 (1950). — BEIGLBÖCK, W., u. H. HOFF: Über das Sjögren'sche Syndrom. Dtsch. med. Wschr. **1952**, 7, 42. — BÉNARD, H., P. RAMBERT et G. HABIB: Action de l'ACTH sur les lésions cutanées et ganglionnaires dans un cas de maladie de Besnier-Boeck-Schaumann. Bull. Soc. méd. Hôp. Paris 49 (1952). — BENCZC, G.: Der klinische Verlauf und die Therapie des dissem nierten Lupus erythematodes im Spiegel der Literatur und an Hand von 4 Fällen. Mag. beloirv. Arch. **9**, 33 (1956). — BENHAMOU, E., A. ALBOU, F. DESTAING, B. FERRAND et N. BOINEAU: Périartérite noueuse et maladie périodique. Bull. Soc. méd. Hôp. Paris **70**, 247 (1954). — BERGENSTAL, D. M., and R. H. PARROTT: Paradoxial electrolyte effects of delta-1-9 fluorohydrocortisone in hypocorticoid subjects. J. clin. Invest. **35**, 721 (1956). — BERGER, J.: Beitrag zum Problem Cheilitis granulomatosa Miescher, Melkersson-Rosenthal-Syndrom, mit atypischen Fällen. Wien. med. Wschr. **1956**, 441. — BERNARD, J., B. DREYFUSS et F. SIGNIER: Pour orienter le diagnostic et le traitement d'une anémie hémolytique? Presse méd. **68**, 181 (1960). — BERNARDI, G.: Su di un caso di dermatomiosite con calcinosi. Aggiorn. pediat. **9**, 383 (1958). — BERNASCONI, P., et J. MESSERSCHMITT: Purpura rheumatoïde traitée par la cortisone. Algérie méd. **57**, 919 (1953). — BERNHEIM, M., F. LARBRE, CL. MOURIQUAND et D. GERMAIN: Deux cas de varicelles hémorrhagiques à évolution mortelle chez deux enfants traités à la cortisone pour maladie de Bouillaud. Pédiatrie **11**, 920 (1956). — BERNSTEIN, S., W. ALLEN, R. LITTLE, L. L. FELDMAN, R. H. LENHARD, M. HELLER, S. M. STOLAR and R. H. BLANK: 16-hydroxylated steroids. IV. The synthesis of the 16-α-hydroxy-derivatives of 9α-halosteroids. J. Amer. chem. Soc. **78**, 5693 (1956). — BERTOLANI, F., e L. MASSA: Calcinosi gereralizzata. Minerva med. (Torino) **1954 I**, 1283. — BICKEL, G.: Propriétés pharmacologiques de la cortisone, de l'hydrocortisone et de leurs nouveaux dérivés. Méd. et Hyg- (Genève) **16**, 384 (1958). — Le renfort de corticostéroïdes dans le traitement des maladies infectieuses. Méd. et Hyg. (Genève) **16**, 399 (1958). — Les nouveaux corticostéroides synthétiques. Méd. et Hyg. (Genève) **16**, 383 (1958). — BICKEL, G., et W. JADASSOHN: Dermatite herpétiforme de Duhring traitée par la cortisone. Dermatologica (Basel) **102**, 332 (1951). — BIELICKY, T., and M. JIRSA: Anaphylactoid reaction with Quinckes oedema and urticaria following the intravenous drip infusion of adrenalcorticotrophic hormone (ACTH). Čsl. Derm. **29**, 205 (1954). Ref. Zbl. Haut- u. Geschl.-Kr. **90**, 27 (1955). — BIERICH, J. R.: Zur Klinik der ACTH- und Cortisonbehandlung. Mschr. Kinderheilk. **108**, 176 (1960). — BIERICH, J. R., I. KERSTEN and S. MARIUEKTAD: Plasmacorticosteroids and their responsivness to corticotrophin after longterm therapy with corticoteroids and corticotrophin. Acta endocr. (Kbh.) **31**, 40 (1959). — BILLINGHAM, R. E., P. L. KROHN and P. B. MEDAWAR: Effect of cortisone on survival of skin homografts in rabbits. Brit. med. J. **1951**, No 4716. 1157. — BINDER, L., u. E. ECSI: Über die Cortisonbehandlung der Mumps-Orchitis. Z. ges, inn. Med. **15**, 405 (1960). — BIRD, C. E., u. H. G. HOLDER: Cortison und Hyperplasie der Schilddrüse. Surgery **36**, 1065 (1954). — BIRKHEAD, N. C., H. P. WAGENER and R. M. SHICK: Treatment of temporal arteritis with adrenal corticosteroids. Results in 55 cases in which lesions was proved at biopsy. J. Amer. med. Ass. **163**, 821 (1957). — BLACK et BUNIM: Un nouvel effet secondair du traitement steroïdien. Méd. et Hyg. (Genève) **18**, 870 (1960). — BLEIER, A. H., and E. SCHWARTZ: Cortisone in treating Stevens-Johnson-Syndrome. Report of a case. Amer. J. Ophthal. **34**, 618 (1951). — BLOM-IDES, C.: Dermatomyositis. D ermatologica (Basel) **104**, 180 (1952). — BLOOM, D., N. SOBEL and A. PELZIG: Corticotropin and cortisone. Arch. Derm. Syph. (Chicago) **67**, 61 (1953). — BLUEFARB, S., and H. RO DIN: Localized myxedema showing improvement following therapy with acetazoleamide (Dia mox) and cortisone. Arch. Derm. Syph. (Chicago) **71**, 411 (1955). — BOCK, H. E.: Der heutige Stand der ACTH-Cortisontherapie allergischer Hauterkrankungen. Verh. dtsch. Ges. inn. Med. **62**, 288 (1956). — Internistisch Beachtenswertes bei Lupus erythematodes disseminatus (L.E.D.). Ärztl. Wschr. **1956**, 537. — Nebenwirkungen der Therapie mit Nebennierenrindenhormonen. Vortr. XXV. Tagg Dtsch. Derm. Ges., Hamburg, 19.—22. 5. 1960, z. Z. im Druck: Arch. Derm. Syph. (Berl.). — BOCK, E., u. J. SCHNEEWEISS: Erfahrungen mit Corticosteroiden bei Diabetikern. Med. Klin. **55**, 1397 (1960). — BODNER, H., A. H. HOWARD and J. H. KAPLAN: Peyronic's disease: cortisone-hyaluronidase-hydrocortisone therapy. J. Urol. (Baltimore) **72**, 400 (1954). — BOJANOWICZ, K., Z. MILEWSKA u. J. ZURKOWSKY: Pol. Arch. Med. wewçnt. **6**, 813 (1960). Zit. nach Literatur-Revue, Ciba **5**, 369 (1960). — BOLAND, E. W.: 16 α-methyl corticosteroids. A new series of anti-inflammatory compounds. Clinical appraisal of their antirheumatic potencies. Calif. Med. **88**, 417 (1958). — BOLGERT, M., G. LÉVY et P. BENAIM: Syndrome urétro-conjonctivo-synovial dit de Reiter avec manifestations cutanées extensives et atteinte cardiaque. Bull. Soc. franç. Derm. Syph. **62**, 486 (1955). — BOLGERT, M., J. TABERNAT et C. HENRY: Action de l'ACTH dans la maladie de Duhring; examen anatomique de deux cas à évolution défavorable. Bull. Soc. franç. Derm. Syph. **59**, 80 (1952). — BOLGERT, M., J. TABERNAT et P. LUMBROSO: Résultats de l'ACTH et accessoirement de la cortisone dans quelques dermatoses. Bull. Soc. franç. Derm. Syph. **58**, 500 (1951). — BOLLET, A. J., ST. SEGAL and J. J. BUNIM: Treatment of systemic lupus erythematosus with prednisone and prednisolone. J. Amer. med. Ass. **159**, 1501 (1955). — BOLT, W., G. ZERLETT, R. TOUSSAINT u. F. RITZL: Zum Antikörpermangelsyndrom bei der chronischen lymphatischen Leukämie. Münch. med. Wschr. **102**, 1569 (1960). — BONNER, CH. D., and F. HAMBURGER: Toxic dermatitis associated with prednisone therapy. New Engl. J. Med. **256**, 131 (1957). — BONNER, CH. D., M. K. LYONS u. D. SHIELDS: Lokale Injektionen von Hydrocortison als eine neue und wirksame Behandlung für Strikturen der Urethra und des Meatus. J. Amer. med. Ass. **159**, 727 (1955). — BONNET, J., u. A. FLORENS: Versagen der Hydrocortison-Injektion bei einer Induratio penis plastica. Presse méd. **63**, 483 (1955). — BORELLI, G.: Purpura annularis teleangiectodes: tre casi familiari. Tentativo di cura con ACTH. Arch. ital. Derm. **25**, 259 (1952/53). — BORELLI, S.: Zur Klinik und Therapie des Pruritus. Fortschr. prakt. Derm. Venerol. Bd. 2, 16 (1955). — BOSCH, S. J., O. G. MORTEO, A. PORRINI, R. CHANES y N. QUIRNO: Triamcinolona: su uso en la artritis rheumatoidea y en la asociada con psoriasis. Medicina (B. Aires) **18**, 103 (1958). — BOTTOLI, A.: Sul trattamento dell'eczema con applicazioni locali d'acetato di idrocortisone. Minerva derm. (Torino) **30**, 418 (1955). — BOUTELIER, A.: Pigmentations cutanées et muqueuses survenues au cours d'un traitement d'ACTH. Bull. Soc. franç. Derm. Syph. **58**, 354 (1952). — BOWN, CH. H., and J. R. HASERICK: Acute peptic ulcer after triamcinolone therapy. Report of three cases. Arch. Derm. Syph. (Chicago) **78**, 289 (1958). — BRANDT, B., u. P. BEHRBOHM: Zur Behandlung der Flußsäureverätzung. Berufsdermatosen **8**, 46 (1960). — BRAUN-FALCO, O.: Über strangförmige, oberflächliche Phlebitiden. Derm. Wschr. **127**, 506 (1953). — Histologische und histochemische Veränderungen in Psoriasisherden unter enteraler Triamcinolon-Behandlung. Acta histochem. (Jena) **8**, 350 (1959). — BRECKENBRIDGE, I. M., E. W. WALTON and W. S. WALKER: Stressalterations in the stomach. Brit. med. J. **1955 II**, 1362. — BRET, A. J., M. BARDIAUX et J. HILBERT: La cortisone au cours de la grossesse. Ann. Endocr. (Paris) **16**, 613 (1955). — BRETON, P., u. P. GALMICHE: Erythrodermie durch Butazolidin. Heilung durch Cortison. Zbl. Haut- u. Geschl.-Kr. **89**, 292 (1954). Ref. Rev. Rhum. **21**, 147 (1954). — BRIGGS, H. N., and R. S. ILLINGWORTH: Calcinosis universalis treated with adrenocorticotrophic hormone and cortisone. Lancet **1952 II**, 800. — BRITTON and SILVETTE: Zit. nach S. W. BRITTON, Adrenal insufficiency and related considerations. Physiol. Rev. **10**, 617 (1930). — BROCKBANK, W., and H. BREBNER: Chronic asthma treated with aerosol hydrocortisone. Lancet **1956 II**, No 6947, 807. — BRODEY, C. T., and M. NELSON: Use of cortisone during penicillin treatment of secondary mucocutaneous syphilis in hypersensitive patients. New Engl. J. Med. **250**, 1069 (1954). Zit. nach F. WORTMANN, Syphilis. Dermatologica (Basel) **111**, 143 (1955). — BRODTHAGEN, H., F. REYMANN and M. SCHWARTZ: Clinical experiences with ACTH-treatment of certain skin diseases. Acta endocr. (Kbh.) **6**, 110 (1951). — Klinische Erfahrungen mit ACTH-Behandlung gewisser Hautkrankheiten. Ugeskr. Laeg. **1951**, 223. Ref. Zbl. Haut- u. Geschl.-Kr. **78**, 219 (1952). — BROWN, H. M.: Treatment of chronic asthma with prednisolone. Significance of eosinophils in the sputum. Lancet **1958 II**, 1245. — BROWN, E. B., and TH. SEIDEMAN: Use of prednisone and prednisolone in treatment of allergic diseases. J. Amer. med. Ass. **163**, 713 (1957). — BROWN, E. J., and E. J. HOLLANDER: Allergy to ACTH and the use of beef ACTH. Proc. Soc. Clin. ACTH Conf. Chicago 1950. — BROWN-SÉQUARD, C. E.: Recherches expérimentales sur la physiologie et la pathologie des capsules surrénales. C. R. Acad. Sci. (Paris) **42**, 542 (1856). — BRUNNER, M. J., J. M. RIDELL jr. and W. R. BEST: Cutaneous side effects of ACTH, cortisone and pregnenolone therapy. J. invest. Derm. **16**, 205 (1951). — BRUSH, B. E., R. W. MONTO, J. ABRAHAM, E. J. GORDON and J. R. CALDER: Die Anwendung des Cortisons bei thrombocytopenischer Purpura. Prä- und postoperative Behandlung. Presse méd. **63**, 364 (1955). Ref. Arch. Surg. (Chicago) **68**, 787 (1954). — BUCHBERGER, H. G.: Corticoid-Behandlung der Dupuytren'schen Kontraktur. Med. Mitt. Schering **20**, 124 (1959). — BUCHHOLZ, A.: Treatment of chondrodermatis helicis with local injections of hydrocortisone. Arch. Derm. Syph. (Chicago) **74**, 547 (1956). — BUGYI, G.: Über die kombinierte Therapie der Erythrodermia desquamativa Leiner. Derm. Wschr. **133**, 417 (1956). — BUKANTZ, S. C.: Management of childhood allergies with anti-inflammatory streoids. Ann. N.Y. Acad. Sci. **82**, 972 (1959). — BUKANTZ, S. C., and L. AUBUCHON: Principles of management of allergic disorders with prednisone and prednisolone, with emphasis on clinical and laboratory control of complications. J. Amer. med. Ass. **165**, 1256 (1957). — BUNIM, J. J., R. L. BLACK, L. LUTWAK, R. E. PETERSON and G. D. WHEDON: Studies on dexamethasone, a new synthetic steroid, in rheumatoid arthritis. — A preliminary report. Arthritis and Rheumatism **1**, 313 (1958). — BURCKHARDT, W.: Kontaktekzem durch Hydrocortison. Hautarzt **10**, 42 (1959). — BURDICK, K. H., J. R. HASERICK and W. J. GARDNEI: Herpes simplex following decompression operations for trigeminus neuralgia. Arch. Derm. Syph. (Chicago) **81**, 919 (1960). — BUREAU, Y., D. HERVOUET et DUBIN: Lupo-érythemato-viscérite amélioré par une premiere cure d'ACTH, traité par la nivaquine, grosse aggravation importante. Bull. Soc. franç. Derm. Syph. **62**, 26 (1955). — BUREAU, Y., A. JARRY et H. BARRIÈRE: Lupus érythemateux exanthématique traité par des perfusions d'ACTH, guerison se maintenant depuis onze mois. Bull. Soc. franç. Derm. Syph. **62**, 231 (1955). — Lupus erythémateux exanthématique subaigu, peu amélioré par d'ACTH. Effect remarquable de la cortisone à hautes doses. Bull. Soc. franç. Derm. Syph. **62**, 232 (1955). — Reticulose cutanée, effect très éphémère de la caryolisine, action de la cortisone. Bull. Soc. franç. Derm. Syph. **62**, 237 (1955). — Les manifestations tuberculeuses au cours des traitements prolongés par la cortisone. Bull. Soc. franç. Derm. Syph. **63**, 214 (1956). — Action rapide du cortancyl dans des réactions oedémateuses au cours d'une lèpre lépromateuse. Bull. Soc. franç. Derm. Syph. **63**, 310 (1956). — Dermatomyosite. Action d'un traitement prolongé au cortancyl. Bull. Soc. franç. Derm. Syph. **63**, 516 (1956). — Réflexions sur la corticothérapie prolongée des rhumatismes psoriasiques. A propos de cinq observations. Bull. Soc. franç. Derm. Syph. **65**, 330 (1958). — BUREAU, Y., JARRY, BARRIÈRE et FÈVE: Dermatomyosite aigue. Perforations duodénale mortelle au cours d'un traitement par cortancyl. Bull. Soc. franç. Derm. Syph. **65**, 327 (1958). — BURIAN, O.: Über klinische Erfahrungen mit Ultracortenol-Creme. Praxis **46**, 465 (1957). — BURKE, D. M., and H. L. JELLINEK: Nearly fatal case of Schönlein-Henoch-Syndrome following insect bite. Amer. J. Dis. Child. **88**, 772 (1954). — BUTENANDT, A., u. G. SCHRAMM: Steroide. In FLASCHENTRÄGER-LEHNARTZ, Physiologische Chemie, Bd. I, S. 446ff. Berlin: Springer 1951.

CACCIALANZA, P., F. GIANOTTI e L. LEVI: Studio della funzionalita corticosurrenale nel penfigo e nello forme penfigoidi meditante valutazione della eliminazione orinaria dei corticoidi riducenti e dei 17-chetosteroide, prima e dopo stimulazione con ACTH: Osservazioni sulla terapia di dette dermatosi con cortisone e ACTH. G. ital. Derm. Sif. **2**, 85 (1953). — CALDWELL, J.: Pyoderma gangrenosum. Brit. J. Derm. **67**, 315 (1955). — CAMP, G. DE: Die Corticoidtherapie bei der Tuberkulose und anderen Lungenerkrankungen. Beitr. Klin. Tuberk. **121**, 405 (1959). — CAHN, M. M., E. J. LEVY: Triamcinolone in the treatment of dermatoses. Amer.

Practit. **10**, 993 (1959). — CANNON, A. B., J. G. HOPKINS, G. C. ANDREWS, H. F. COLFER, P. GROSS, C. T. NELSON and CH. M. HOWELL jr.: Pituitary adrenocorticotropic hormone (ACTH) and cortisone in diseases of the skin. I. Pemphigus vulgaris and other bulleous dermatoses. J. Amer. med. Ass. **145**, 201 (1951). — CAREY, R. A., A. M. HARVEY and J. E. HOWARD: The effect of adrenocorticotropic hormone (ACTH) and cortisone on the course of disseminated lupus erythematosus and periarteritis nodosa. Bull. Johns Hopk. Hosp. **87**, 425 (1950). — CARRIÉ, C.: Zur Therapie bei Psoriasisformen (Acrodermatitis suppurativa Hallopeau) mit differential-diagnostischen Bemerkungen. Derm. Wschr. **132**, 715 (1955). — Zur Behandlung des eosinophilen Granuloms. Hautarzt **9**, 88 (1958). — Sekundäre Erythrodermie nach Psoriasis günstig beeinflußt durch AT 10. Vortr. Vereinigt. Düsseldorfer Dermatologen, 12. XII. 1938. Ref. Zbl. Haut- u. Geschl.-Kr. **61**, 639 (1939). — CARSTENSEN, B., u. L. NORVIIT: ACTH und Cortison bei Sarcoidosis. Acta Soc. Med. upsalien. **56**, 198 (1952). — CAUWENBERGHE, D. VAN: Aspects cliniques et histologiques de la périartérite noueuse, sa pathogénie et son traitement. Arch. belges Derm. **7**, 191 (1951). — Sklérodermie généralisée. Arch. belges Derm. **11**, 56 (1955). — CAVALLERO, C., M. BORASI, G. SALA u. A. AMIRA: Wirkung des Cortisons, des DCA und des Artisons auf die Heilung experimenteller Hautwunden. Arch. int. Pharmacodyn. **86**, 43 (1951). — CEDER, E. T.: Herpes gestationis (post partum). Arch. Derm. Syph. (Chicago) **72**, 377 (1955). — CERUTTI, P., u. G. SANTOJANNI: Über die Polyarteriitis cutanea benigna. Hautarzt 8, 109 (1957). — CHANA, P.: Deux cas d'eczéma érythrodermique traités par la cortisone. Bull. Soc. franç. Derm. Syph. **58**, 402 (1951). — CHIU, C. Y.: Biochem. J. **46**, 120 (1950). Zit. nach DIRCHERL. — CHURCH, R.: Hydrocortison-Salbe bei Ekzemen. Brit. med. J. **1955**, 517. — Pemphigoid treated with corticosteroids. Brit. J. Derm. **72**, 434 (1960). — CHURCH, R. E., and J. B. SNEDDON: Ocular pemphigus. Brit. J. Derm. **65**, 235 (1953). — Ocular pemphigus with generalized bullous eruption. Brit. J. Derm. **68**, 128 (1956). — CLARK, R. F., and J. J. HALLET: Evaluation of topical preparations containing triamcinolone acetonide. Antibiot. Med. **7**, 33 (1960). — CLARMANN, M. v.: Bayer. Ärztebl. **15**, 203 (1960). Zit. nach Literatur-Revue, Ciba **5**, 334 (1960). — CLEGHORN, R. A., B. F. GRAHAM, M. SAFFRAN and D. E. CAMERON: Study of effects of pituitary ACTH in depressed patients. Canad. med. Ass. J. **63**, 329 (1950). — CLIFTON, J. A.: The effect of cortisone and hydrocortisone on hepatic excretory function. J. clin. Invest. **35**, 696 (1956). — COFANO, A. R., e S. ROMANO: Influenca del cortisone e dell'ACTH sugli innesti cutanei sperimentali. Atti Soc. ital. Derm. e delle Sez. Reg. [Minerva derm. (Torino) **30**] Suppl. **1**, 10 (1955). Ref. Zbl. Haut- u. Geschl.-Kr. **94**, 156 (1956). — COHEN, A. S.: Acute Schönlein-Henoch-purpura treated with prednisolone. Report of a case. Brit. med. J. **1957**, No 5011, 143. — COHEN, S. G.: Trichophytin sensivity of the immediate wheal type. Report of a case with unusual manifestations and response to hydrocortisone. J. Allergy **27**, 332 (1956). — COHEN, D., and S. H. DISTELHEIM: Generalized erythrodermia occurring in a case of psoriasis on treatment with adrenocorticotropic hormone (ACTH). J. invest. Derm. **17**, 61 (1951). — COHEN, H. J., and R. L. BAER: Triamcinolone and methyl-prednisolone in psoriasis. Comparison of their intralesional and systemic effects. J. invest. Derm. **34**, 271 (1960). — COLLIPS, J. B., E. M. ANDERSON and D. L. THOMSON: Adrenotropic hormone of anterior pituitary lobe. Lancet **1933 II**, 347. — COMBES, F. C., and O. CANIZARES: Pemphigus vulgaris. A clinicopathological study of one hundred cases. Arch. Derm. Syph. (Chicago) **62**, 786 (1950). — COMBES, F. C., and M. J. COSTELLO: Recent advances in dermatologic therapy. N. Y. J. Med. **55**, 2678 (1950). — CONRAD, A. H., J. GREENHOUSE and R. WEISS: Treatment of pemphigus with cortisone by mouth. Arch. Derm. Syph. (Chicago) **69**, 66 (1954). — CONSIGLI, C. A., R. R. BIAGINI and C. VASQUEZ: El tratamiento de la reacción leprosa con prednisona. Leprologia **3**, 16 (1958). — CONTI, C., L. CAVALLINI e F. CASALINI: L'idrocortisone per via intraarteriosa nella malattia die Winiwarter-Buerger. Folia endocr. (Pisa) **7**, 73 (1954). — COOKE, R. A., W. B. SHERMAN, A. E. O. MENZEL, H. B. CHAPIN, CH. M. HOWELL, R. B. SCOTT, P. A. MYERS and L. M. DOWNING: ACTH and cortisone in allergic disease. Clinical, serologic (electrophoretic), and immunologic studies. J. Allergy **22**, 211 (1951). Ref. Zbl. Haut- u. Geschl.-Kr. **81**, 63 (1952). — COPELLO, F., u. M. CAJATI: Ergebnisse einer Prednison- und Prednisolonbehandlung beim Ekzem der Säuglinge und Kleinkinder. Minerva pediat. (Torino) **9**, 250 (1957). — CORBELLI, G., L. ALLEGRI, G. CASAGLIA e E. TOMAT: Dati sperrimentali e clinici sul ruolo del trattamento cortisonico nell'infezione candidosica. G. Mal. infett. **10**, 749 (1958). — Ref. Zbl. Haut- u. Geschl.-Kr. **103**, 103 (1959). — CORI, C. F.: Enzymatic reactions in carbohydrate metabolism. Harvey Lect. **41**, 253 (1945/46). — CORI, C. F., and G. T. CORI: The fate of sugar in the animal body. VII. The carbohydrate metabolism of adrenalectomized rats and mice. J. biol. Chem. **74**, 473 (1927). — CORNBLEET, TH., S. BARSKY and L. HOIT: Advantages of combining hydrocortisone and oxytetracycline topically. J. invest. Derm. **27**, 61 (1956). — CORNBLEET, TH., and B. YAFFE: Ulcus vulvae acutum associated with aphtous-like lesions of the mouth successfully controlled with triamcinolone. Arch. Derm. Syph. (Chicago) **81**, 622 (1960). — COSGRIFF, S. W.: Thromboembolic complications associated with ACTH and cortisone therapy. J. Amer. med. Ass. **147**, 924 (1951). — COSGRIFF, S. W., A. F. DIEFENBACH and W. VOGT jr.: Hypercoagulability of the blood associated with ACTH and cortisone therapy. Amer. J. Med. **9**, 752 (1950). — COSTE, F., P. BLUM et A. BASSET: Action de l'ACTH sur une réaction-lépreuse chez un malade traité par des sulfones. Bull. Soc. franç. Derm. Syph. **58**, 538 (1951). — COSTE, F., et B. PIQUET: Traitement de chéloides par injections locales d'hydrocortisone. Bull. Soc. franç. Derm. Syph. **60**, 277 (1953). — Réation d'intolérance cutanée à l'injection intra articulaire de suspension d'hydrocortisone. Bull. Soc. franç. Derm. Syph. **63**, 475 (1956). — COSTE, F., B. PIQUET et J. CAYLA: Traitement par l'ACTH et la cortisone de rhumastime psoriasique. Rev. Rheum. **20**, 208 (1953). — COSTE, F., B. PIQUET et J. CIVATTE: Un cas d'ichtyose congénitale vulgaire amélioré par la cortisone avec réapparition des fonctions sécrétoires cutae nées. Bull. Soc. franç. Derm. Syph. **59**, 87 (1952). — Un cas d'épidermolyse bulleuse polydysphasique amélioré par l'ACTH. Bull. Soc. franç. Derm. Syph. **62**, 89 (1952). — COSTE, F., B. PIQUET et F. DELBARRE: Nouveaux cas d'eczéma guéris ou améliorés par l'ACTH ou la cortisone. Bull. Soc. franç. Derm. Syph. **57**, 525 (1950). — COSTE, F., B. PIQUET, F. DELBARRE et HINAUT: Premiers résultats du traitement de l'eczéma des erythrodermies et des aurides par l'hormone hypophysaire corticotrope (ACTH) ou la cortisone. Soc. franç. Derm. Syph. **58**, 287 (1951). — COSTELLO, M. J.: Case for diagnosis (an unusual form of erythema multiforme confined to the upper respiratory and possibily to the digestive tract?) Arch. Derm. Syph. (Chicago) **68**, 611 (1953). — COSTELLO, M. J., O. CANIZARES, M. MONTAGUE u. C. M. BUNCKE: Hauterscheinungen von myelogener Leukämie. Arch. Derm. Syph. (Chicago) **71**, 605 (1955). — COSTELLO, M. J., L. JAIMOVICH and N. DANNENBERG: Treatment of pemphigus with corticosteroids. Study of 52 patients. J. Amer. med. Ass. **165**, 1249 (1957). — COUÉDIC H. DU, et A. DU COUÉDIC: A propos de la corticothérapie intravaineuse. Réflexions sur quarante observations. Ann. méd.-psychol. **118** (I), 901 (1960). — CRAFTS, R. C., and B. S. WALKER: Effects of hypophysectomy on gastric acidity of adult femal rats. Endocrinology **40**, 395 (1947). — CRASSWELLER, P. O., A. W. FARMER, W. R. FRANKS and A. D. MCLACHLIN: Three cases of severe burn treated with cortisone. Brit. med. J. **1950**, No 4686, 977. — CRIEP, L. H.: Prednisone and prednisolone in treatment of allergic diseases. J. Allergy **27**, 220 (1956). Ref. Zbl. Haut- u. Geschl.-Kr. **96**, 212 (1956). — CRISALLI, M., e A. TERRAGNA: Influenza del cortisone sulla vaccinazione antivariolosa del coniglio. Minerva pediatr. (Torino) 8, 311 (1956). — CRONIN, E., and G. C. WELLS: The complications of steroid therapy. Trans. St. John's Hosp. derm. Soc. (Lond.) No 40, 26 (1958). — CROSBIE, A.: Behandlung eines Falles von rezidivierender Panniculitis mit Cortison und ACTH. Ann. intern. Med. **48**, 622 (1955). — CROWE, F. W., T. B. FITZPATRICK, S. A. WALKER and R. OLSON: Topical application of a new derivative of triamcinolone in the treatment of skin diseases. J. invest. Derm. **31**, 297 (1958).

DAMASHEK, W., F. RUBIO, J. P. MAHONEY, W. H. REEVES and L. A. BURGIN: Treatment of idiopathic thrombocytopenic purpura with prednisone. J. Amer. med. Ass. **166**, 1805 (1958). — DAMM, G.: Zur Behandlung der Alopecia areata durch Hypophysentransplantation. Med. Klin. **1949**, 1153. — DANTO, J. L., and ST. MADDIN: The eosinophilic response in normal subjects following the inunction of cortisone ointment. J. invest. Derm. **18**, 381 (1952). — DAVIES, J. H. T.: Acrodermatitis continua (Hallopeau). Brit. J. Derm. **67**, 411 (1955). — DEBRÉ, R., P. MOZZICONACCI, N. MASSE et Y. DUPUY-JOIE: Traitement de l'eczéma du nourrisson. Arch. franç. Pédiatr. **13**, 1 (1956). — DECOURT, J., J. P. MICHARD, O. MANTEL: Les fonctions cortico-surrénales au cours des hyperthyperthyroïdes. Sem. Hôp. Paris **36**, 356 (1960). — DECROIX, G., et H. HEYEM: Otitis externa und Hydrocortison. Presse méd. **63**, 105 (1955). — DEES, S. C.: Pädiatrische Allergie. J. Amer. med. Ass. **158**, 1474 (1955). — DEGOS, R., et J. DELORT: Granulome éosinophilique facial guéri par infiltrations d'hydrocortisone. Bull. Soc. franç. Derm. Syph. **63**, 338 (1956). — DEGOS, R., O. DELZAUT, F. CONTAMIN et J. M. PERNOT: Maladie de Besnier-Boeck-Schaumann avec manifestations oculaires et nerveuses centrales. Bull. Soc. franç. Derm. Syph. **62**, 478 (1955). — DEGOS, R., G. GRANIER et E. LORTAT-JACOB: Effects de l'ACTH et de la cortisone sur quelques dermatôses. Bull. Soc. franç. Derm. Syph. **58**, 77 (1952). — DEGOS, R., G. GARNIER, B. OSSIPOWSKI et R. LABET: Leucémie lymphoïde ou lympho-histiocytaire. Erythrodermie leucémique exfoliante. Bull. Soc. franç. Derm. Syph. **5**, 416 (1953). — DEGOS, R., E. LORTAT-JACOB, J. MALLARMÉ et R. SAUVAN: Reticulose à mastocytes. Bull. Soc. franç. Derm. **58**, 435 (1951). — DEGOS, R., E. LORTAT-JACOB, B. OSSIPOWSKI et R. LABET: Leucémie lymphoide avec prolifération secondaire histio-monocytaire. Eléments cutanés multi-nodulaires et purpuriques. Action de la cortisone. Bull. Soc. franç. Derm. Syph. **69**, 414 (1953). — DEGOS, R., et R. TOURAINE: Deux cas de radiodermite aiguë professionelle. Bull. Soc. franç. Derm. Syph. **65**, 125 (1958). — DEL POZO, E. C., and E. GONZÁLES-AHOA: Two cases of prevention and treatment of „Lepra reaction“ by cortisone. J. invest. Derm. **18**, 423 (1952). — DEL POZO, E. C., A. GONZÁLES-AHOA, S. R. VENEGAS, M. MARTINEZ-BAEZ and M. ALCARAZ: Long term treat. ment of leprosy with cortisone. J. invest. Derm. **24**, 51 (1954). — DENCKER, S. J., G.

Schlaug u. W. Silfverskiöld: Psychosen als Komplikationen bei ACTH- und Cortisonbehandlung. Ein Bericht von 4 Fällen. Nervenarzt **25**, 273 (1954). — Denko, C. W., and L. R. Schroeder: Ecchymotic skin lesions in patients receiving prednison. J. Amer. med. Ass. **164**, 41 (1957). — Depaoli, M., e M. Dogliotti: Sieroresistenza e cortisone. Dermatologica (Basel) **110**, 209 (1955). — Dérot, M., M. Goury-Laffont, M. Arthuys et G. Lagrue: Considérations sur un cas de mycosis fongoide et un cas de réticulo-endothéliose maligne: essai de traitement par l'exsanguino-transfusion et l'ACTH. Bull. Soc. méd. Hôp. Paris **67**, 253 (1951). — Diamant, u. Kallós: Int. Arch. Allergy **5**, 283 (1954). Zit. nach Bigliardi, Dermatologica (Basel) **110**, 462 (1955). — Didcoct, J. W.: Observations on the effect of cortisone in acne vulgaris. J. invest. Derm. **22**, 243 (1954). — Dieckhoff, J., u. H.-C. Hempel: Zur Hemmung der Antikörperbildung durch Prednison. Arch. Kinderheilk. **161**, 113 (1960). — Dietz, H.: Intrafokale Kortikoid-Therapie in der Dermatologie. Derm. Wschr. **141**, 589 (1960). — Dietz, O.: Die Behandlung der akuten und subakuten Dermatitis durch intravenöse Dauertropfinfusion. Z. Haut- u. Geschl.-Kr. **23**, 269 (1957). — Dillaha, C. J., and St. Rothman: Treatment of alopecia areata totalis and universalis with cortisone acetate. J. invest. Derm. **18**, 5 (1952). — Di Raimondo, V. C., and P. H. Forsham: Pharmacophysiologic principles in the use of corticoids and adrenocorticotropin. Metabolism **7**, 5 (1958). — Dirscherl, W.: Über die Wirkungsweise der Steroidhormone. In: Hormone und ihre Wirkungsweise. 5. Colloquium der Ges. Physiol. Chemie. Berlin: Springer 1955. S. 162. — Dirscherl, W., u. K. Otto: Biochem. Z. **324**, 172 (1953). Zit. nach Dirscherl 1955. — Dobson, R. L., J. C. Weaver and L. Lewis: Beryllium granulomatosis complicated by tuberculosis. Report of a case treated with ACTH. Ann. intern. Med. **38**, 312 (1953). — Doepfmer, R.: Die Wirkung von ACTH und Cortison beim Lupus erythematodes acutus. Hautarzt **2**, 385 (1951). — Dölle, W., u. G. A. Martini: „Pseudorheumatismus" nach Prednisonentzug bei Kranken mit Lebercirrhose. Med. Klin. **53**, 2177 (1958). — Doenges, J. P.: Behandlung des Herpes Zoster mit Cortison. J. Amer. med. Ass. **156**, 1117 (1954). — Domonkos, A. N.: Lichen planus hypertrophicus. Results of treatment. Arch. Derm. Syph. **74**, 563 (1956). — Alopecia areata (totalis). Results of prednisolone local injections. Arch. Derm. Syph. **75**, 461 (1957). — Donald et. al.: Aust. J. Dent. **2**, 28 (1953). Zit. nach Sutton 1956. — Dontenwill, W., u. H. Möbest: Der Einfluß von Cortison auf die Antikörperbildung luisch infizierter Kaninchen. Z. Hyg. Infekt.-Kr. **142**, 15 (1955). — Dordick, J. R., and E. J. Gluck: Preliminary clinical trial with prednisone (Meticorten) in systemic lupus erythematosus. Arch. Derm. Syph. (Chicago) **72**, 276 (1955). — Dorfmann, A., N. S. Apter, K. Smull, D. M. Bergenstal and R. B. Richter: Status epilepticus coincident with use of pituitary adrenocorticotropic hormone; report of 3 cases. J. Amer. med. Ass. **146**, 25 (1951). — Dorn, H.: Beobachtungen an zwei Familien mit Epidermolysis bullosa hereditaria simplex. Z. Haut- u. Geschl.-Kr. **23**, 40 (1957). — Dougherty, T. F., J. H. Chase and A. White: Pituitary-adrenal cortical control of antibody release from lymphocytes. Explanation of anamnestic response. Proc. Soc. exp. Biol. (N. Y.) **58**, 135 (1945). — Dougherty, T. F., and A. Wihte: Influence of adrenal cortical secretion on blood elements. Science **98**, 367 (1943). — Influence of hormones on lymphoid tissue structure and function. Role of pituitary adrenotrophic hormone in regulation of lymphocytes and other cellular elements of the blood. Endocrinology **35**, 1 (1944); **39**, 370 (1946). Zit. nach French et al. 1955. — Evaluation of alterations produced by pituitary adrenal secretion. J. Lab. clin. Med. **36**, 584 (1947). — Dougherty, T. F., A. White and J. H. Chase: Relationship of effects of adrenal cortical secretion on lymphoid tissue and on antibody titer. Proc. Soc. exp. Biol. (N. Y.) **56**, 28 (1944). — Doull, J. A., and R. R. Walcott: Treatment of leprosy. I. Chemotherapy. New Engl. J. Med. **254**, 20 (1956). — Drabe, J.: Der heutige Stand der Diagnostik und Therapie des allergischen Schnupfens. Medizinische **1959**, 2459. — Dubois, E. L.: The effect of the L. E. cell test on the clinical picture of systemic lupus erythematosus. Ann. intern. Med. **38**, 1265 (1953). — Prednisone and prednisolone in the treatment of systemic lupus erythematosus. J. Amer. med. Ass. **161**, 427 (1956). — Triamcinolone in the treatment of systemic lupus erythematosus. J. Amer. med. Ass. **167**, 1590 (1958). — Dubois-Ferrière: Hämoblastosen. Vortr. 28. Schweizer Internisten-Kongr., Zermatt, Juni 1960. — Dubois-Ferrière, H.: Le danger d'infection lors de traitement prolongé par l'ACTH et la cortisone. Praxis **1950**, 974. — Behandlungsversuch bei malignen Haemopathien durch Cortison, Triaethylenmelamin und Spurenmetalle. Schweiz. med. Wschr. **81**, 1235 (1951). — Dubois-Ferrière, H., et S. Kalaci: Le traitement d'attaque des hémoblastoses par de hautes doses des steroïdes. Schweiz. med. Wschr. **90**, 1182 (1960). — Duperrat, B.: A propos de la communication de M. Merklen: Réveil d'un ulcère duodénal après ingestion de 20 mg de métacortandracine. Bull. Soc. franç. Derm. Syph. **63**, 157 (1956). — Le lupus érythémateux disséminé. Paris: Flammarion 1958. — Duvenci, J., S. Chodosh and M. S. Segal: Dexamethasone therapy in bronchial asthma. Ann. Allergy **17**, 695 (1959). — Duverne, J., R. Bonnayme et R. Mounier: Lymphogranulomatose maligne ou „état frontière" entre Hodgkin et réticulose, à forme cutanée très polymorphe. Bull. Soc. franç. Derm. Syph. **62**, 366 (1955).

DWYER, F. X.: Systemic medrol therapy in dermatologic disorders. Symposium: Newer Hydrocortisone Analogs, 1958, p. 534.

EDELSTEIN, A. J.: Triamcinolone in dermatology. Penn. med. J. **62**, 1831 (1959). — EDELSTEIN, A. J., C. A. BEERMAN and R. C. GREENE: Secondary eruptive xanthoma and naevus unius lateris with lipoid nephrosis. Arch. Derm. Syph. (Chicago) **72**, 275 (1955). — EIK-NES, K., and K. R. BRIZZEC: Adrenoeortical activity and metabolism of 17-hydroxy-corticosteroides in thyroidectomized dogs. Amer. J. Physiol. **184**, 371 (1956). — EISEN, H. N., M. M.MEYER, D. H. MOORE, R. TARR and H. C. STOERK: Failure of adrenal cortical activity to influence circulating antibodies and gamma globulin. Proc. Soc. exp. Biol. (N. Y.) **65**, 301 (1947). — EISENOFF, H. M., and H. A. AARON: Sclerema neonatorum treated with corticotropin (ACTH). Report of two cases. J. Amer. med. Ass. **155**, 905 (1954). — EISENSTADT W. S., and E. B. COHEN: Osteoporosis and compression fractures from prolonged cortisone and corticotropin therapy. Ann. Allergy **13**, 252 (1955). — EKBLAD, G. H.: Treatment of urticaria and dermatitis venenata with corticotropin (ACTH) and cortisone. Arch. Derm. Syph. (Chicago) **64**, 628 (1951). — ELIACHAR, E., et A. MAZALTON: Les épidermolyses bulleuses congénitales. Sem. Hôp. Paris **32**, 612 (1956). — ELKINGTON, J. R., A. D. HUNT, L. GODFREY, W. W. MCCROY, A. G. ROGERSON and G. STOKES jr.: Effects of pituitary adrenocorticotropic hormone (ACTH) therapy. J. Amer. med. Ass. **141**, 1273 (1949). — EMELE, J. F., and D. D. BONNYCASTLE: Cardiotonic activity of some adrenal steroids. Amer. J. Physiol. **185**, 103 (1956). — ENGEL, F. L.: Studies on nature of protein catabolic response to adrenal cortical extract. Accentuation by insulin hypoglycemia. Endocrinology **45**, 170 (1949). — ENGELBRETH-HOLM, J., u. G. ASBOE-HANSEN: Acta path. microbiol. scand. **32**, 560 (1953). Zit. nach PINCUS u. THIMANN. — ENGELHARDT-GÖLKEL, A., u. R. PROSIEGEL: Über die moderne ACTH und Cortisontherapie und ihre biochemischen Grundlagen. Medizinische **1955**, 216. — ENGELHART u. KAISER: Corticosteroide in der Gangränbehandlung. 50. Tagg der Nordwestdtsch. Ges. für Inn. Medizin, Hamburg, 31. 1. 1958. — EPSTEIN, E.: Silica granuloma of the skin. Arch. Derm. Syph. (Chicago) **71**, 24 (1955). — EPSTEIN, J. A., and H. S. KUPPERMAN: Dexamethasone therapy in the adrenogenital syndrome. A comparative study. J. clin. Endocr. **19**, 1503 (1959). — ESKIND, J. B., R. B. SIGAFOOS and R. W. KELSO jr.: Treatment of rhus dermatitis with topical hydrocortisone. A clinical evaluation. Arch. Derm. Syph. (Chicago) **69**, 410 (1954). — ESSIGKE, G.: Zur Behandlung der Hyperkeratosen unter besonderer Berücksichtigung der Erythrodermia ichthyosisformis congenitalis Brocq. Ärztl. Wschr. **1958**, 534. — EVANS, G.: The adrenal cortex and endogenous carbohydrate formation. Amer. J. Physiol. **114**, 297 (1936). — EVANS, H. M.: Present position of our knowledge of anterior pituitary function. J. Amer. med. Ass. **101**, 425 (1933). — EVANS, R. S., and CHI KONG LIU: Effect of corticotrophin on chronic severe primary thrombopenic purpura. A.M.A. Arch. intern. Med. **88**, 503 (1951). — EVANS, J. A., u. J. STEINBERG: Lungenkomplikationen von ACTH und Cortison; Röntgenbeobachtungen. J. Amer. med. Ass. **157**, 397 (1955). — EVERSE, J. W. R.: Ist die Kombination Corticoide-ACTH sinnvoll? Hormon **13**, H 6 (1960).

FAJANS, S. S., L. H. LOUIS, H. S. SELTZER and J. W. CONN: Importance of the liver in transformations of administered adrenosteroidal compounds. J. clin. Endocr. **13**, 839 (1953). — FALK, M. S., M. F. ALLENDE and J. H. BENNETT: Treatment of severe rhus dermatitis with corticotropin or cortisone. J. invest. Derm. **18**, 307 (1952). — FARBER, ST., and H. MANDELBAUM: Use of cortisone in erythema nodosum. Arch. intern. Med. **88**, 395 (1951). — FEHÉR, L.: Über die Behandlung des Sjögrenschen Syndroms mittels Transplantation von Kälberhypophysen. Z. ges. inn. Med. **9**, 1201 (1954). — FEINBERG, A. R., and S. M. FEINBERG: Prednisone in allergic diseases. J. Amer. med. Ass. **160**, 264 (1956). — FEINBERG, S. M.: Medrol in allergic conditions: Clinical and experimental findings. Symposium: Newer Hydrocortison Analogs, 1958, p. 477. — FEINBERG, S. M., T. B. DANNENBERG and S. MALKIEL: ACTH and cortisone in allergic manifestations. Therapeutic results and studies on immunological and tissues reactivity. J. Allergy **22**, 195 (1951). — FEINBERG, S. M., A. R. FEINBERG and E. W. FISHERMAN: Triamcinolone (Aristocort), new corticosteroid hormone. Its use in treatment of allergic disease. J. Amer. med. Ass. **167**, 58 (1958). — FERGUSON, B. C., J. D. ROSENBAUM and M. M. TOLMAN: Cortisone and corticotropin in treatment of diseases of the skin. Arch. Derm. Syph. (Chicago) **65**, 535 (1952). — FERGUSSON, A. G., and W. A. DEWAR: Observations on steroid therapy in psoriasis. Brit. J. Derm. **69**, 57 (1957). — FERRIMAN, D. G., A. B. ANDERSON u. P. P. TURNER: Corticotrophin-Zinkphosphat, ein langwirkendes wäßriges Präparat. Lancet **1954 I**, 545. — FERRIMAN, D. G., and R. B. N. WILSDON: Adrenocorticotropic hormone in acute disseminated lupus erythematosus. Brit. med. J. **1950**, No 4658, 884. — FIEGEL, G.: Welche Vorteile ergeben sich durch Einsatz von Glukokortikoiden in der Behandlung schwerverlaufender Infektionskrankheiten? Münch. med. Wschr. **102**, 2013, 2079 (1960). — FIEGEL, G., u. H. W. KELLING: Beeinflussung des Stoffwechsels, des Elektrolythaushaltes und des Blutstatus durch Dexamethason. Münch. med. Wschr. **101**, 1787 (1959). — FINEGOLD, W. J.: Cortisone in sterility. Fertil. and Steril.

7, 28 (1956). — FINNERTY jr., E. F.: Triamcinolone in dermatologic conditions. New Engl. J. Med. **262**, 176 (1960). — FINNERUD, C. W., and F. J. SZYMANSKI: Granuloma annulare. Arch. Derm. Syph. (Chicago) **74**, 213 (1956). — FISCHEL, E. E.: The relationship of adrenal cortical activity to immune responses. Bull. N. Y. Acad. Med. **26**, 255 (1950). — FISCHER, F., u. E. LUND: Blutgerinnungsmechanismus mit besonderem Bezug auf den Prothrombin-Proconvertingehalt des Plasmas während langfristiger ACTH- oder Cortisontherapie. Chem. Abstr. **48**, 13088 (1954). — FISHER, A. A.: Nonsurgical treatment of cutaneous beryllium granuloma. Arch. Derm. Syph. (Chicago) **68**, 214 (1953). — FITZPATRICK, T. B., H. C. GRISWOLD and I. H. HICKS: Sodium retention and edema from percutaneous absorption of fludrocortison acetate. J. Amer. med. Ass. **158**, 1149 (1955). — FLECK, E. F.: Zur Differentialdiagnose und Behandlung des Berylliumgranuloms der Haut. Derm. Wschr. **129**, 649 (1954). FLECK, F.: Verkürzte Behandlung der Psoriasis vulg. mit AT 10. Derm. Wschr. **122**, 1239 (1950). — FLECKENSTEIN, A.: Der Kalium-Natrium-Austausch als Energieprinzip in Muskel und Nerv. Berlin: Springer 1955. — FLEGEL, H.: Die Behandlung der Alopexie mit Hypophysen-Frischzellen. Derm. Wschr. **130**, 1263 (1954). — FLEMING, REYMANN and SÖBYE: Follow of pemphigus patients treated with ACTH. Acta derm. -venereol. (Stockh.) **34**, 152 (1954). — FLORENCE, TH. I.: Cortisone in the treatment of epididymitis. J. Urol. (Baltimore) **75**, 133 (1956). — FÖLDVÁRI, P., u. J. BALO: Gammaglobulinbehandlung des Pemphigus. Hautarzt **6**, 421 (1955). — FOLEY, E. J., and R. SILVERSTEIN: Progressive growth of C_3H mouse lymphosarcoma in CF_1 mice treated with cortisone acetate. Proc. Soc. exp. Biol. (N. Y.) **77**, 713 (1951). — FONTAN, VERGER, VERIN e ROY: Erythema nodosum und Cortison. Minerva med. (Torino) **46**, (I), 674 (1955). — FORMAN, L.: Pruritus und seine Behandlung. Brit. med. J. **1954** I, 365. — FORREST, A. D., and I. B. HALES: Severe chorea gravidarum treated with corticotrophin. Lancet **1956**, No 6948, 874. — FORSEY, R. R., and A. W. ANHALT: Hydrocortisone in the treatment of localized myxedema. Arch. Derm. Syph. (Chicago) **74**, 352 (1956). — FORSHAM, P. H., V. DI RAIMONDO, D. ISLAND, A. P. RINFRET and R. H. ORR: Dynamics of adrenal function in man. Ciba Found Coll. Endocr. **8**, 279 (1955). — FORSHAM, P. H., A. E. RENOLD and T. F. FRAWLAY: The nature of ACTH resistance. J. clin. Endocr. **11**, 757 (1951). — FORSHAM, P. H., G. W. THORN, F. T. C. PRUNTY and A. G. HILLS: Clinical studies with pituitary adrenocorticotropin. J. clin. Endocr. **8**, 15 (1948). — FOULDS, W. S., D. P. GREAVES, H. HERXHEIMER u. L. G. KINGDOM: Hydrocortison bei der Behandlung von allergischer Konjunktivitis, allergischer Rhinitis und Bronchialsathma. Lancet **1955** I, 234. — FOX, E. C.: Herpes gestationis (Dermatitis herpetiformis). Arch. Derm. Syph. (Chicago) **70**, 331 (1954). — FOXWORTHY D. T., R. M. POLSKE and E. M. BARTON: Adrenocorticotropin and cortisone in the treatment of severe Reiter's syndrome. Ann. intern. Med. **44**, 52 (1956). — FRANCECHETTI, A., W. JADASSOHN, R. S. MACH, A. E. MASTRANGELO, J. B. BOURQUIN et J. NARDIN: Sur quelques résultats négatifs observés au cours d'expériences avec la cortisone. Infections herpétiques et vaccinales de la cornée du lapin, ophthalmo-reaction tuberculinique des bovidés, réaction urticarienne dans le test de Prausnitz-Küstner, érythème cutané par rayons ultraviolets. Schweiz. med. Wschr. **1951**, 924. — FRANK, H.: Erfahrungen mit der ACTH- und Hyaluronidase-Behandlung eines Falles von Skleroderma adultorum Buschke (Typus Mayer). Hautarzt **5**, 514 (1954). — FRANK, L., and C. STRITZLER: Prednisolone topically and systemically. A clinical evaluation in selected dermatoses: Preliminary report. Arch. Derm. Syph. (Chicago) **72**, 547 (1955). — FRANK, L., C. STRITZLER and J. KAUFMAN: Hydrocortisone (Compound F) free alcohol and hydrocortisone acetate for topical use. Arch. Derm. Syph. (Chicago) **71**, 117 (1955). — FRAZIER, C. N.: Studies on the therapeutic effects of various steroid hormones on pemphigus vulgaris. Excerpta med. (Amst.), **6**, Nr 1465 (1952). — FRAZIER, C. N., W. F. LEVER, R. W. LEEPER, C. S. KEUPER, L. J. BIENVENU, J. E. LE DONNE and S. W. LEVY: Effect of adrenocorticotropic hormone (ACTH) and cortisone on the several varieties of pemphigus. J. invest. Derm. **17**, 55 (1951). — FRAZIER, C. N., W. F. LEVER and C. S. KEUPER: Response of patients with malignant and benign pemphigus to adrenocorticotropic hormone and cortisone. Amer. J. med. Sci. **222**, 308 (1951). — FREMERY, P. DE, E. LAQUEUS, T. REICHSTEIN, R. W. SPANHOFF and J. E. MYLDERT: Corticosterone, a crystallized compound with the biological activity of the adrenal cortical hormone. Nature (Lond.) **139** 26 (1937). — FRENCH, A. B., C. J. MIGEON, L. T. SAMUELS and J. Z. BOWERS: Effects of whole body x-irradiation on 17-hydroxycorticosteroid levels, leucocytes and volume of packed red cells in the rhesus monkey. Amer. J. Physiol. **182**, 469 (1955). — FRENCH, J. D., R. L. LONGMIRE, R. W. PORTER and H. J. MOVIUS: Extravagal influences on gastric hydrochlorid acid secretion induced by Stress stimuli. Surgery **34**, 621 (1953). — FREY, J. R., and A. STUDER: Cortison und experimentelles Kontaktekzem mit Dinitrochlorbenzol am Meerschweinchen. Dermatologica (Basel) **103**, 65 (1951). — FRIED, J., and E. F. SABO: 9α-fluoro derivatives of cortisone and hydrocortisone. J. Amer. chem. Soc. **76**, 1455 (1954). — FRIEDMANN, E., et G. PATHÉ: Erythème polymorphe bulleuse du type Stevens-Johnson. Action favorable de l'ACTH. Bull. Soc. franç. Derm. Syph. **58**, 506 (1951). — FROLOW, G. R.,

V. H. WITTEN and M. B. SULZBERGER: Topically applied prednisone and prednisolone in the treatment of selected dermatoses. Arch. Derm. Syph. (Chicago) **76**, 185 (1957). — FROMER, J. L., and F. E. CORMIA: Acrenocorticotrophic hormone in severe anogenital pruritus. J. invest. Derm. **18**, 1 (1952). — FRONIMOPOULOS, J., and N. LAMBROU: The corticosteroids in ophthalmology. Seminar Internat. **8**, 10 (1959). — FUGA, G. C.: Un caso di dermatomiosite guarito dopo tratamento con aureomicina. Atti Soc. ital. Derm. e delle Sez. Reg. [Minerva derm. (Torino) **30**, H_4 Suppl. 2, 131 (1955)]. — FUKUYAMA, K., and B. L. BAKER: The comparative potency of hydrocortisone analogs in suppressing growth of hair in the rat. J. invest. Derm. **31**, 327 (1958).

GAMMA, C.: Morbo di Cushing (distrofia adiposo-genitale osteoporotica) Minerva med. (Torino) **1934 II**, 593. — GANS, O.: Prurigo de Besnier: Act. dermo-sifiliogr. (Madr.) **47**, 543 (1956). GARBAR, P., B. BENACERRAT, G. BIOZZI et M. CHALEIL: Action de la cortisone et d'un extrait corticosurrénal sur le choc anaphylactique du cobaye. Ann. Inst. Pateur **81**, 187 (1951). — GAUNT, R., and W. J. EVERSOLE: Notes on history of adrenal cortical problem. Ann. N. Y. Acad. Sci. **50**, 511 (1949). — GAY PRIETO, J.: Die Behandlung von Riesenlepromen mit einspritzungen von Cortison in diese Läsionen. Zbl. Haut- u. Geschl.-Kr. **90**, 331 (1955). Ref. Mem. VI. Congr. intern. Leprol., p. 448, 1953. — L'hydrocortisone dans le traitement des eczémas et des maladies érythématosquameuses. Bull. Soc. franç. Derm. Syph. **62**, 410 (1955). — GEDDES, A. K., and M. F. McCALL: Interstitial keratitis treated with cortisone. Canad. med. Ass. J. **63**, 601 (1950). — GEISTHÖVEL, W.: Über schwere ausgedehnte Verbrennungen. Münch. med. Wschr. **1956**, 593. — GEMZELL, C. A., S. HÅRD and ÅKE NILZÉN: The effect of hydrocortisone, applied locally to the skin, on the eosinophil count and the plasma level of 17-hydrooxycorticosteroids. Acta derm.-venereol. (Stockh.) **35**, 327 (1955). — GERHARTZ, H.: Ergebnisse der Behandlung des Mammacarcinoms mit Corticosteroiden. Med. Klin. **55**, 1966 (1960). — GERMUTH: J. exp. Med. **98**, 1 (1952). Zit. nach W. BURCKHARDT, Dermatologica (Basel) **108**, 141 (1954). — GERTLER, W., A. SCHIMPF u. K. PFEIFFER: Zum Granuloma gangraenescens der Nase. Derm. Wschr. **134**, 1125 (1956). — GEYER, G.: On the spontaneous and ACTH-induced functional recovery of the adrenal cortex after cortisone therapy. Third Acta Endocrinol. Congr., Leiden 16.—19. 7. 1958. — Wieweit kann das durch eine Cortisontherapie inaktivierte Hypophysen-Nebennierenrindensystem mittels ACTH funktionell restituiert werden? Wien. klin. Wschr. **72**, 293 (1960). — GEYER, G., u. E. KEIBL: Verzögerte Eliminierung von Hydrocortison bei parenchymatösen Lebererkrankungen. Klin. Wschr. **33**, 587 (1955). — GHADIALLY, F. N., u. H. N. GREEN: Die Wirkung von Cortison auf die chemische Carcinogenese an der Mäusehaut. Brit. J. Cancer **8**, 291 (1954). — GILBERT, J. A. L., H. M. TOUPIN and R. E. BELL: Acute porphyria. Canad. med. Ass. J. **65**, 585 (1951). — GILLMAN, T., J. PENN, D. BRONKS and M. ROUX: Influence of cortisone on connective tissue, epithelial relation in wound healing, hair regeneration and the pathogenesis of experimental skin cancer. Nature (Lond.) **176**, 932 (1955). — GILLOT, F., J. CLAUSSE et E. DE PERETTI: Varicelle et cortisone: à propos de 7 observations. Algérie méd. **62**, 273 (1958). — GIRARD, P., J. COUDERT et CHAVANIS: Artérite temporale d'Horton. Traitement par la cortisone. Bull. Soc. franç. Derm. Syph. **58**, 476 (1952). — GLASER, G. H.: Auslösung psychotischer Reaktionen durch Corticotropin (ACTH) und Cortison. Psychosom. Med. **15**, 280 (1953). Ref. Zbl. ges. Neurol. Psychiat. **131**, 193 (1955). — GLASER, R. J., and D. E. SMITH: Amer. J. Med. **14**, 231 (1953). Zit. nach ROSSIER u. HEGGLIN-VOLKMANN 1954. — GLIGOROVA, N.: Traitement de l'asthme bronchique à l'aide des corticostéroïdes et ACTH. Acta allerg. (Kbh.) **15**, Suppl. 7, 285 (1960). — GÖETZELER, A.: Tödlicher Ausgang eines Falles von Eczema vaccinatum. Münch. med. Wschr. **102**, 1419 (1960). — GOLAY, M.: La cortisone agit-elle sur la tuberculose cutanée expérimentelle du rat? Dermatologica (Basel) **116**, 91 (1958). — GOLDBERG, L. C.: Sarcoidosis of the skin with chronic uveitis. Arch. Derm. Syph. (Chicago) **72**, 478 (1955). — Clinical response of dermatoses to 6-methylprednisolone. Symposium: Newer Hydrocortisone Analogs, 1958, p. 530. — The cutaneous efficacy of 6-methylprednisolone (medrol) ointment. Antibiot. Med. **5**, 372 (1958). — GOLDBERG, A., A. C. MACDONALD and C. RIMINGTON: Acute porphyria experimental, treatment with ACTH. Brit. med. J. **1952 II**, 1174. — GOLDMAN, L.: Treatment of childhood dermatoses with anti-inflammertory steroids. Ann. N.Y. Acad. Sci. **82**, 994 (1959). — After ten years of corticosteroid therapy in dermatology. Acta derm.-venereol. (Stockh.) **39**, 87 (1959). — GOLDMAN, L., and S. M. BARNETT: Failure of soluble prednisolone hemisuccinate to inhibit local inflammation on local injection. J. invest. Derm. **28**, 269 (1957). — GOLDMAN, L., R. FLATT and J. BASKETT: Assay technics for local anti-inflammatory activity in the skin of man with prednisone and prednisolone. J. invest. Derm. **25**, 75 (1955). — GOLDMAN, L., H. O'HARA and J. BASKETT: A study of the local tissue reactions in man to cortisone and compound F. VI. Histopathological studies of the local effect of compound F in normal and pathologic skin of man. J. invest. Derm. **20**, 271 (1953). — GOLDMAN, L., H. O.HARA, E. EMURA and J. BASKETT: Failure of a local inhibitory action on local injection of the free alcohol of compound F (hydrocortisone) in some dermatologic lesions. J. invest. Derm. **19**,

267 (1952). — GOLDMAN, L., R. H. PRESTON and J. BASKETT: Local intralesional injection of hydrocortisone with cartridge type of syringe. Arch. Derm. Syph. (Chicago) **71**, 157 (1955).— GOLDMAN, L., R. PRESTON and E. ROCKWELL: The local effect of 17-hydroxycorticosterone-21-acetate (compound F) on the diagnostic patch test reaction. J. invest. Derm. **18**, 89 (1952). — GOLDMAN, L., R. G. THOMPSON and E. R. TRICE: Cortisone acetate in skin disease. Arch. Derm. Syph. (Chicago) **65**, 177 (1952). — GOLDMAN, R., W. S. ADAMS, W. S. BECK, M. LEVIN and S. H. BARRETT: The effect of ACTH on one case of periarteritis nodosa. Proc. of the First Clin. ACTH-Conf. Philadelphia. The Blakiston Comp. 1950. — GOLDSTON, M., S. WEISENFELD, B. BENJAMIN and M. B. ROSENBLUTH: Effect of ACTH in chronic lung disease. Amer. J. Med. **10**, 166 (1951). — GOMPERTZ, D.: The effect of sex hormones on the adrenal gland of the male rat. J. Endocr. **17**, 107 (1958). — GOODMAN, L. S., and A. GILMAN: The pharmacological basis of therapeutics, 2. edit. New York: Macmillan Comp. 1955. — GOQUIOLAY ARELLANO, u. R. S. SONGCO: Cortison bei der Behandlung von Neugeborenen-Sklerem. A.M.A. Amer. J. Dis. Child. **88**, 110 (1954). — GORDON, E. S., C. DELSEY and E. S. MEYER: Adrenal stimulation by intravenous ACTH. Proc. Sec. Clin. ACTH Conf. Vol. II: Therapeutics, edit. by J. R. MOTE. Philadelphia: Blakiston Comp. 1951. — GORDON, M.: Use of dexamethason in eye disease. J. Amer. med. Ass. **172**, 311 (1960). — GOTTRON, H. A.: Skleromyxödem. (Eine eigenartige Erscheinungsform von Myxothesaurodermie.) Arch. Derm. Syph. (Berl.) **199**, 71 (1954). — GOUGEROT, H.: Guérison d'un lupus érythémateux myasthénique (insuffisance surrénale) par les vaccins de Vaudremer et l'opothérapie surrénale prolongée. Bull. Soc. franç. Derm. Syph. **41**, 1674 (1934). — GOUGEROT, H., E. AZERAD et CH. GRUPPER: Sclérodermie généralisée (acrosclérose) traitée par l'ACTH et la cortisone. Rôle adjuvant utile de la méthionine. Bull. Soc. franç. Derm. Syph. **58**, 126 (1952). — GOUGEROT, H., A. CARTEAUD et J. J. MEYER: Evolution de 3 cas de lupus érythémateux myasthénique. Bull. Soc. franç. Derm. Syph. **55**, 357 (1949). — GRACE, A. W., and F. C. COMBES: Remission of disseminated lupus erythematosus induced by adrenocorticotropin. Proc. Soc. exp. Biol. (N.Y.) **72**, 563 (1949). — GRACE, A. W., L. FRANK and R. J. WYSE: Effect of cortisone upon hypersensitivity due to lympho-granuloma venereum. Arch. Derm. Syph. (Chicago) **65**, 348 (1952). — GRACIANSKY, P. DE, u. CH. GRUPPER: Cortison und Syphilis. Minerva med. (Torino) **1955 II**, 67. — Cortison und Syphilis: Resultate von und Kommentare über Cortisontherapie bei 90 Syphilisfällen. J. Amer. med. Ass. **159**, 76 (1955). — GRACIANSKY, P. DE, CH. GRUPPER, J. CORNU u. P. HARDY: Behandlung der Radiodermitis mit Cortison per os und Hydrocortisonsalbe. Bull. Soc. franç. Derm. (Syph.) **61**, 106 (1954). — GRACIANSKY, P. DE, CH. GRUPPER, R. LECLERCQ et P. MASSION: Action de la cortisone sur les syphilides gommeuses et sur le syndrome biologique du tabes. Bull. Soc. franç. Derm. Syph. **60**, 128 (1953). — GRAZIANSKY, P. DE, CH. GRUPPER, R. LECLERCQ et M. SARFATI: Pemphigus agonique. Influence heureuse immédiate de l'hydrocortisone. Bull. Soc. franç. Derm. Syph. **61**, 518 (1954). — Pemphigus agonalis. Günstige und sofortige Wirkung des Hydrocortisons. Presse méd. **63**, 144 (1955). — GRACIANSKY, P. DE, CH. GRUPPER et P. LEFORT: Traitement par la cortisone et l'ACTH d'un cas de maladie trisymptomatique de Gougerot. Bull. Soc. franç. Derm. Syph. **58**, 98 (1952). — GRACIANSKY, P. DE, CH. GRUPPER, P. LEFORT et R. BOUCHARD: Echec de la cortisone dans la prévention de la réaction de Herxheimer. Influence sur la sérologie quantitative. Bull. Soc. franç. Derm. Syph. **58**, 510 (1951). — GRACIANSKY, P. DE, CH. GRUPPER, L. LEFORT et B. GRENIER: Cortisone et syphilis. Bull. Soc. franç. Derm. Syph. **59**, 97 (1952). — GRANT, R., TH. CORNBLEET and M. S. GROSSMAN: Influence of local application of adrenal cortical extract on hair growth in the human. Arch Derm. Syph. (Chicago) **62**, 717 (1951). — GRATER, W. C.: Medrol as an effective agent in the treatment of allergic diseases. Metabolism **7**, 481 (1958). — GRAUL, E. H.: Richtlinien zur Behandlung der Haut- und Drüsen-Tbc sowie des Erythemathodes. Therapiewoche **5**, 492 (1954/55). — GRAUMANN, W.: Zum Wirkungsmechanismus des Depoteffekts von ACTH-Präparaten. Klin. Wschr. **34**, 1265 (1956). — GREENE, R., u. J. VAUGHAN-MORGAN: Corticotrophin-Zinkphosphat, ein langwirkendes wäßriges Präparat. Lancet **1954 I**, 543. — GROSS, F.: Nebennierenrinde und Wasser-Salz-Stoffwechsel unter besonderer Berücksichtigung von Aldosteron. Klin. Wschr. **34**, 929 (1956). — GROSS, R., u. H. LUDWIG: Hochdosierte Prednison- und Prednisolonbehandlung bei Blutkrankheiten. Klin. Wschr. **34**, 1117 (1956). — GRÜNEBERG, TH.: Die Beeinflussung der Psoriasis durch Nebennierenrindenextrakt. Vorl. Mitt. Klin. Wschr. **1933**, 1908. — Psoriasis und Nebennierenrinde. III. Mitt. Der Einfluß von Rindenextrakt und Vit. C auf die psoriatischen Erscheinungen. Arch. Derm Syph. (Berl.) **173**, 1 (1935). — Über die Behandlung der Psoriasis mit Nebennierenrindenextrakt. Münch. med. Wschr. **1936**, 561. — Psoriasis und Nebennierenrinde. III. Mitt. Die Wirkung von corticotropem Hypophysenvorderlappenextrakt und der Einfluß der einzelnen Phasen der weiblichen Sexualfunktion, insbesondere der Schwangerschaft und des Klimakteriums, auf die psoriatischen Erscheinungen. Arch. Derm. Syph. (Berl.) **175**, 638 (1937). — Psoriasis arthropathica nach Behandlung mit ACTH (adrenocorticotropem Hypophysenvorderlappenhormon). Psoriasis arthropathica nach Röntgenreizbestrahlung der Nebennieren. Derm. Wschr. **124**,

985 (1951). — ACTH-Behandlung der Psoriasis arthropathica. Haut- u. Geschl.-Kr. **12**, 89 (1952). — Unsere Erfahrungen mit Rindenextrakt ACTH und Nebennieren-Reizbestrahlung bei chronischem mit Psoriasis kombiniertem Gelenkrheumatismus. (Psoriasis arthropathica.) Med. Klin. **1952**, 48. — Die Wirkung schwach dosierter Röntgenbestrahlungen der Nebennieren auf die Psoriasis. Hautarzt **3**, 228 (1952). — Die Rosacea und ihre Behandlung. Dtsch. Gesundh.-Wes. **1952**, 1139. — Akrodermatitis continua suppurativa (Hallopeau). Derm. Wschr. **126**, 958 (1952). — Kritische Betrachtungen zur ACTH-Behandlung dermatologischer Affektionen. Z. Haut- u. Geschl.-Kr. **15**, 311 (1953). — Die Therapie der Hautkrankheiten mit Nebennierenrindenhormonen. Vortr. Tagg Dtsch. Derm. Ges., Hamburg 19.—22. 5. 1960, z. Z. im Druck: Arch. Derm. Syph. (Berl.). — GRÜNEBERG, TH., u. CONRADI: Psoriasis und Tonsilleninfekt. Vortrag nordwestdtsch. Dermatol. Ges. Rostock. Derm. Wschr. **135**, 470 (1957). — GRÜNEBERG, TH., W. KAISER u. U. MÜLLER: Zur Pathogenese der Urticaria pigmentosa. Hautarzt **6**, 342 (1955). — GRÜNEBERG, TH., u. J. THEUNE: Zur Frage der Behandlung der Akrodermatitis continua Hallopeau insbesondere mit Tabakbädern und Chloronitrin. Z. Haut- u. Geschl.-Kr. **16**, 377 (1954). — GRUPPER, CH.: Les épreuves pharmacodynamiques dans l'urticaire pigmentaire: la disparition de l'érectilité après infiltration novocainique. Bull. Soc. franç. Derm. Syph. **59**, 464 (1952). — Discussion. Bull. Soc. franç. Derm. Syph. **60**, 277 (1953). — Hydrocortisone (applications locales en dermatologie). Bull. Soc. franç. Derm. Syph. **60**, 474 (1953). — Le traitement de la nécrobiose lipoidique diabétique et non diabétique. Bull. Soc. franç. Derm. Syph. **61**, 476 (1954). — Dermatomyosite. Influence heureuse et rapide de la métacortandracine. L'utilité de cette nouvelle corticothérapie en dermatologie. Bull. Soc. franç. Derm. Syph. **62**, 298 (1955). — Amyloïdose cutanée localisée, à forme exceptionnelle, maculeuse. Bull. Soc. franç. Derm. Syph. **65**, 270 (1958). — „Lichen nitidus", guérison par la triamcinolone. Bull. Soc. franç. Derm. Syph. **66**, 8 (1959). — GRUPPER, CH., et F. LECAT: Erythroplasie ulcérée de la verge. Guérison par la radiothérapie associée à la corticothérapie. Utilité de cette association thérapeutique en dermatologie. Bull. Soc. franç. Derm. Syph. **63**, 353 (1956). — GRUPPER, CH., et M. HEBERT: Panniculite atrophiante fébrile de Weber-Christian. Bull. Soc. franç. Derm. Syph. **61**, 344 (1954). — GUILLOT, P. E., y E. TELLO: El unguento de hidrocortisona en el tratamiento de las verrugas planas juveniles. Rev. Fac. Cienc. méd. **15**, 165 (1956). — GUIN, J. D., J. M. KNOX, M. E. CHERNOWSKY and E. M. SHAPIRO: Prednisolone acetate, a useful steroid preparation for intradermal administration. Arch. Derm. Syph. (Chicago) **81**, 438 (1960).

HABIF, D. V., C. C. HARE and G. H. GLAZER: Perforated duodenal ulcer associated with pituitary adrenocorticotropic hormon (ACTH) therapy. J. Amer. med. Ass. 144, 996 (1950). — HADIDA, E., et J. BÉRANGER: Action efficace de l'hydrocortisone dans un cas d'hydroa vacciniforme. Bull. Soc. franç. Derm. Syph. **63**, 42 (1956). — HADIDA, E., et ED. TIMSIT: Syndrome de Fissinger-Leroy-Reiter. Bull. Soc. franç. Derm. Syph. **63**, 32 (1956). — Maladie de Besnier-Boeck-Schaumann. Efficacité de l'association isoniazide-hydrocortisone. Bull. Soc. franç. Derm. Syph. **63**, 39 (1956). — Epidermolyse bulleuse. Echec du traitement par la cortisone et l'ACTH. Bull. Soc. franç. Derm. Syph. **63**, 41 (1956). — Impétigo herpetiforme de Hébra. Resultats du traitement par hydrocortisone. Bull. Soc. franç. Derm. Syph. **63**, 30 (1956). — HAGGERTY, R. J., and R. C. ELEY: Varicella and cortisone. Pediatrics **18**, 160 (1956). — HAL, J. VAN DER, u. J. W. R. EVERSE: Anwendung von ACTH bei einem Kind mit schweren Brandwunden. Maandschr. Kindergeneesk. **19**, 157 (1951). — HALL-SMITH, P.: Sarcoidosis. Brit. J. Derm. **68**, 136 (1956). — HALLETT, J. W., J. H. LEOPOLD and CH. G. STEINMETZ: Effect of systemic cortisone and corticotrophin (ACTH) on experimental herpes simplex keratitis. Arch. Ophthal. (Chicago) **46**, 268 (1951). —HALTER, K.: Röntgenologisch und endoskopisch erfaßbare Speiseröhrenveränderungen bei Morbus Darier und Morbus Pringle. Arch. Derm. (Berl.) **189**, 401 (1949). — HAMBURGER, CH.: The effects of polyphloretinphosphate on the ascorbic acid depleting activity of ACTH. Acta endocr. (Kbh.) **11**, 282 (1952). — HAMMERSCHMIDT, E. E., u. G. W. KORTING: Hypophysen-Implantation nach A. WESTMAN bei einem Falle von Sklerodactylie unter Morbus Simmonds-ähnlichem Bilde. Acta derm.-venereol. (Stockh.) **31**, 349 (1951). — HANSSLER, H.: Über den Einfluß der Nebennierenrinde auf das Knochenwachstum Vitamin-D-frei ernährter Ratten. Klin. Wschr. **34**, 646 (1956). — Experimentelle Untersuchungen über die Rachitisbeeinflussung der Nebennierenrindenhormone. Z. ges. exp. Med. **128**, 76 (1956). — HARDY, J. D., C. RIEGEL and E. P. ERISMAN: Experience of ACTH and cortisone on thyroid function. Amer. J. med. Sci. **220**, 290 (1950). — HARE, P. J.: Two cases of phagedena geometrica (Brocq) treated with adrenocortical hormone. Trans. St. John's Hop. derm. Soc. (Lond.) No 35, 31 (1955). Zit. nach LUTZ, Infektionskrankheiten. Dermatologica (Basel) **113**, 184 (1956). — HARRIS, G. W.: The hypothalamus and endocrine glands. Brit. med. Bull. **6**, 345 (1950). — HARRIS, J. W. S., and J. P. ROSS: Cortison therapy in early pregnancy relation to cleft palate. Lancet **1956**, No 6931, 1045. — HARRIS, R. H., and F. TAYLOR: Pemphigus vulgaris and diabetes mellitus. A case report. Arch. Derm. Syph. (Chicago) **80**, 442 (1959). — HART, F. D., J. R. GOLDING and G. BROWN: Dexamethasone. Lancet **1959 II**, 255. — HARTIG, W.: 4. Das klinische Bild des Sjögren-Syndroms. Z. ärztl. Fortbild. **51**, 1074 (1957). — HARTMANN, F. A., and K. A. BROWNELL: The adrenal gland. Philadelphia: Lea and Febiger 1949. Zit. nach JORES 1955. — HARTMANN, F. A., C. G. MACARTUHR and W. E. HARTMANN: A substance which prolongs the life of adrenalectomized cats. Proc. Soc. exp. Biol. (N. Y.) **25**, 69 (1927). — HARTMANN, H. E.: Mumps Epididymitis. J. Urol. (Baltimore) **79**, 999 (1958). — HASERICK, J. R.: Effect of cortisone and corticotropin on prognosis of systemic lupus erythematosus. Survey of eighty-three patients with positive plasma L. E. tests. Arch. Derm. Syph. (Chicago) **68**, 714 (1953). — HASERICK, J. R., A. C. CORCORAN and H. DUSTAN: ACTH and cortisone in the acute crisis of systemic lupus erythematosus. J. Amer. med. Ass. **146**, 643 (1951). — HASKIN, D., N. LASHER and ST. ROTHMAN: Some effects of ACTH, cortisone, progesterone and testosterone on sebaceous glands in the white rat. J. invest. Derm. **20**, 207 (1953). — HASTINGS, A. B., and E. L. COMPERE: Effect of bilateral suprarenalectomy on certain constituents of the blood of dogs. Proc. Soc. exp. Biol. (N. Y.) **28**, 376 (1931). — HAVEN, E.: Pemphigus chronique des muqueuses. Arch. belges Derm. **11**, 243 (1956). — HAYNES, F. W., P. H. FORSHAM and D. M. HUME: Effects of ACTH, cortisone, desoxycorticosterone and epinephrine on the plasma hypertensinogen and renin concentration of dog. Amer. J. Physiol. **172**, 265 (1953). — HAYNES, R., K. SAVARD and R. J. DORFMAN: J. biol. Chem. **207**, 925 (1954). Zit. nach STAUDINGER 1955. HAXTHAUSEN, H.: Behavoir of allergic skin reactions after ACTH therapy. Acta allerg. (Kbh.) **4**, 305 (1951). — ACTH-treatment of a patient with trichophytosis violaceum. Acta derm.-venerol. (Stockh.) **35**, 188 (1955). — HECKNER, F., u. H. POLIWODA: Weitere Erfahrungen mit hochdosierter Prednisonbehandlung bei Blutkrankheiten. Ther. d. Gegenw. **98**, 120 (1959). — HÉE, P., et J. GRENIER: Psoriasis arthropathique traité par l'ACTH. Bull. Soc. franç. Derm. Syph. **58**, 601 (1951). — HEGMANN, G.: Die Behandlung der Verbrennungskrankheit. Langenbecks Arch. klin. Chir. **282**, 80, 140 (1955). — HEILMAN, D. H., and E. C. KENDALL: Influence of 11-dihydro-17 hydroxy corticosterone (Compound E) on growth of malignant tumor in mouse. J. Endocr. **34**, 416 (1944). — HEILMEYER, L.: Klinische Beobachtungen zur Infektbeeinflussung durch ACTH und Cortison bei Streptokokkenkrankheiten, Typhus abdominalis, Tuberkulose und Hepatitis epidemica. Münch. med. Wschr. **1954**, 460, 521. — HEILMEYER, L., J. FREY, L. WEISSBECKER, G. BUCHEGGER, H. KILCHLING u. H. BEGEMANN: Studien zur Wirkung des Cortisons (Compound E) und des adrenocorticotropen Hormons (ACTH). Dtsch. med. Wschr. **75**, 1124 (1950). — HENCH, P. S.: Proc. Mayo Clin. **24**, 167 (1949). — The present status of cortisone and ACTH in general medicine. Proc. roy. Soc. Med. **43**, 769 (1950). — HEISE, E. R.: Stoffwechseluntersuchungen und klinische Beobachtungen während der Dexamethason-Medikation im Kindesalter. Ärztl. Forsch. **14** (I), 219 (1960). — Stoffwechseluntersuchungen bei der therapeutischen Anwendung von Dexamethason. Mschr. Kinderheilk. **108**, 191 (1960). — HENCH, PH. S.: Documenta rheumatologica. Geigy Nr 5, 1954. Zit. nach DÖLLE u. MARTINI 1958. — HENCH, P. S., E. C. KENDALL, C. H. SLOCUMB and H. F. POLLEY: The effect of a hormone of the adrenal cortex (17-hydroxy-11-dehydrocorticosterone; Compound E) and of pituitary adrenocorticotropic hormone in rheumatoid arthritis. Proc. Mayo Clin. **24**, 181 (1949). — HENDERSON, E., J. W. GRAY, M. WEINBERG, E. Z. MERRICK and H. SENECA: Cortisone plus insulin in the palliative treatment of rheumatoid arthritis: a preliminary study. J. clin. Endocr. **11**, 119 (1951). — HENI, F., u. K. BLESSING: Beschreibung zweier schwerer erworbener idiopathischer hämolytischer Anaemien. Klin. Wschr. **1954**, 481. — HENNEMANN, PH., D. M. K. WANG, J. W. IRWIN u. W. S. BURRAGE: Syndrom nach plötzlicher Einstellung einer protrahierten Cortison-Behandlung. J. Amer. med. Ass. **158**, 384 (1955). — HENRY jr., W. L., L. OLIVER and E. R. RAMEY: Relationship between actions of adrenocortical steroids and adrenomedullary hormones in the production of eosinopenia. Amer. J. Physiol. **174**, 455 (1953). — HERRAIZ BALLESTERO, L.: Persönliche Erfahrung mit der Behandlung des Ekzems in seinen verschiedenen klinischen Formen mittels Cortison und Corticotropin. Pren. méd. argent. **39**, 1043 (1952). — HERXHEIMER, H., and M. MCALLEN: Treatment of hay-fever with hydrocortisone snuff. Lancet **1956 I**, 537. — HERZBERG, J. J.: Klinische und experimentelle Beobachtung bei dem Erythematodes acutus. Hautarzt **5**, 246 (1954). — Pemphigus Gougerot/Hailey-Hailey. Arch. klin. exp. Derm. **202**, 21 (1955). — HERZBERG, J. J.: Erytrodermien. Dermatologie und Venerologie einschließlich Berufskrankheiten, dermatologischer Kosmetik und Andrologie, von GOTTRON-SCHÖNFELD, Bd. II/1, S. 514ff. Stuttgart: Georg Thieme 1958. — Vesiculöse-bullöse Erkrankungen. Dermatologie und Venerologie einschließlich Berufskrankheiten, dermatologischer Kosmetik und Andrologie, von GOTTRON-SCHÖNFELD, Bd. II/1, S. 676ff. Stuttgart: Georg Thieme 1958. — HERZOG, H. L., A. NOBILE, S. TOLKSDORF, W. CHARNEY, E. B. HERSHBERG, P. L. PERLMAN and M. M. PECHET: New antiarthritic steroids. Science **121**, 175 (1955). — HERZOG, H. L., C. C. PAYNE, M. A. JEVNIK, D. GOULD, E. L. SHAPIRO, E. P. OLIVETO and E. B. HERSHBERG: J. Amer. chem. Soc. **77**, 4781 (1955). Zit. nach SARETT 1959. — HESTETUM, S., u. L. WENNEVOLD: Pruriginöses Ekzem (atopischer Dermatitis) bei Kindern, behandelt mittels Corticotropin. J. Amer. med.

Ass. **148**, 777 (1952). — HIJMANS, W., u. H. MÜLLER: Anwendung von ACTH bei Verbrennungen. Ned. T. Geneesk. **1951**, 2957. — HILL: New Engl. J. Med. **248**, 1051 (1953). Zit. nach P. BIGLIARDI, Dermatologica (Basel) **110**, 483 (1955). — HILL, B. H. R., and P. D. SWINBURN: Death from corticotrophin. Lancet **1954 I**, 1218. — HILL, J. M., and L. VINCENT: Behandlung der akuten Leukämie mit Fluorhydrocortison. J. Amer. med. Ass. **158**, 1314 (1955). — HILL jr., S. R., R. S. REISS, P. H. FORSHAM and G. W. THORN: The effect of adrenocorticotropin and cortisone on thyroid function: Thyroid-adrenocortical interrelationships. J. clin. Endocr. **10**, 1375 (1950). — HILTON, J. G., R. I. NEDELJKOVIC and G. DERMKSIAN: Influence of adenosine 3′,5′-mono-phosphate on catechol amine and cortisol secretion in the isolated perfused adrenal glands. Acta endocr. (Kbh.), Suppl. **51** (1960). — HIROSE, T.: Pathological studies on alopecia areata and its treatment by cortisone. Jap. J. Derm. **65**, 365 (1955). — HIRSCHOWITZ, B. J., D. H. P. STREETEN, G. A. LONDON and H. M. POLLARD: A steroid-induced gastric ulcer. Lancet **1956**, No 6952, 1081. — HOAGLAND, R. J.: Treatment of rhus dermatitis: ineffectivnes of cortisone. U.S. armed Forses med. J. **4**, 581 (1953). — HOFMANN, K., et al.: ACTH synthetique. Zit. nach Méd. et Hyg. (Genéve) **18**, 870 (1960). — HOHLWEG, W., G. KNAPPE u. U. LASCHET: Die Reaktion der durch Vitamin A, Cortison oder Testosteron veränderten Hautpartien der Ratte auf die Einwirkung von Röntgenstrahlen. Vitam. u. Horm. **8**, 129 (1958). — HOIGNÉ, R., F. KOLLER u. H. STORCK: Die Beeinflussung des experimentellen Schwartzmann-Phänomens durch ACTH. Dermatologica (Basel) **103**, 234 (1951). — HOLLANDER, J. L., E. M. BROWN, R. A. JESSAR, N. M. SMUKLER, L. UDELL, J. R. SHANAHAN, C. R. STEVENSON and M. A. BOWIE: The effect of triamcinolone on psoriatic arthritis. Vortr. The american Rheumatism Association interim meeting, Bethesda, Md., Dec. 7, 1957. — HOLLANDER, L.: The role of the endocrine glands in the etiology and treatment of acne. Preliminary report. Arch. Derm. Syph. (Chicago) **3**, 593 (1921). — HOLLER, G.: Einschlägige Fortschritte auf dem Gebiete der Asthmaforschung. Wien. med. Wschr. **106**, 410 (1956). — HOLLISTER, L. E., and G. H. HOUCK: Therapeutic use of triamcinolone (Kenacort), especially in toxicodendron dermatitis and chronic bronchial asthma. Antibiot. Med. **6**, 212 (1959). — HOLSTE, A.: Behandlung der Rosacea-Krankheitszustände des Gesichtes und Auges mit Cortidyn. Münch. med. Wschr. **88**, 578 (1941). — HOLZMANN, H., u. G. W. KORTING: Über den Einfluß von Testosteron auf die Eosinophilenzahl und die durch Dexamethason ausgelöste Eosinopenie beim Manne. Arch. Derm. Syph. (Berl.) **210**, 523 (1960). — Klinisch-experimentelle Eosinophilentests mit vier anabolen Steroiden. Arch. Derm. Syph. (Berl.) **212**, 217 (1961). — HOMAN, J. D. H., G. A. OVERBEEK, J. P. J. NEUTCHINGS, C. J. BOOIJ, J. VAN DER VIES: Corticotrophin-Zinkphosphat und -hydroxyd (langwirkende wässerige Präparate). Lancet **1954 I**, 541. — HOMBURGER, F., and C. D. BONNER: Topical cortisone in pemphigus. Report of a case. Bull. New Engl. med. Cent. **13**, 94 (1951). — HOMBURGER, F., C. D. BONNER and W. H. FISHMAN: Effect of pituitary adrenocorticotrophic hormone (ACTH) in a case of pemphigus foliaceus. J. clin. Endocr. **10**, 1591 (1950). — HOPF, G.: Zweckmäßigkeit und Grenzen der Corticoidsalbentherapie. Dtsch. med. J. **11**, 560 (1960). — HOPKINS, J. G., B. M. KESTEN, C. T. NELSON, G. W. HAMBRICK jr., R. G. JENNINGS jr. and G. F. MACHACEK: Pituitary adrenocorticotropic hormone (ACTH) and cortisone in diseases of the skin. Arch. Derm. Syph. (Chicago) **65**, 401 (1952). — HORNSTEIN, O.: Klinische und histologische Untersuchungen über „Cheilitis granulomatosa“ (Miescher) bzw. Melkersson-Rosenthal-Syndrom. Hautarzt **6**, 433 (1955). — HORVÁTH, E., u. K. KOVÀCS: Beiträge zur Rolle der Nebenniere in der Regeneration der Leber. Z. ges. exp. Med. **127**, 236 (1956). — HOTTINGER, A.: Vorübergehende, passive Nebenniereninsuffizienz beim Neugeborenen. Schweiz. med. Wschr. **89**, 419 (1959). — HOUSSAY, B. A., A. BIASOTTI, P. MAZZOCO and R. SAMMARTINO: Accion del extracto anteriohipofisario sobre las glandulas adrenales. Rev. Soc. argent. Biol. **9**, 262 (1933). — HOWARD, J. E., A. M. HARVEY, R. H. CAREY and W. L. WINKENWERDER: Effects of pituitary adrenocorticotropic hormone (ACTH) on the hypersensitive state. J. Amer. med. Ass. **144**, 1347 (1950). — HOWELL jr., C. M.: An evaluation of the treatment of 259 cases of inflammatory dermatoses with hydrocortisone free alcohol ointment. J. Allergy **27**, 477 (1956). — HOYLE, C., J. DAWSON u. G. MATHER: Behandlung der Lungensarkoidose mit Streptomycin und Cortison. Lancet **1955 I**, 638. — HUME, D. M., and G. J. WITTENSTEIN: The relationship of the hypothalamus to pituitary-adrenocortical function. Proc. 1st. Clin. ACTH Comf. Chicago 1949. — HURIEZ, C., et F. DESMONS: Essai de traitement de la pelade par les injections locales de cortisone. Bull. Soc. franç. Derm. Syph. **60**, 436 (1953). — HURIEZ, DUSAUSOY, GAUDIER, HOCHART et LEBEURRE: A propos de l'emploi de l'ACTH et de la cortisone en dermatologie. Bull. Soc. franç. Derm. Syph. **58**, 249 (1951). — HUTH, E.: Über die Wirkung der Nebennierenrinde und des Histamins auf die Blutregeneration. Wien. klin. Wschr. **1929**, 739. — HUTSEBAUT, A.: Epidermolyse bulleuse dystrophique congénitale, forme albo-papuloide de Pasini. Arch. belges Derm. **12**, 315 (1956). — HUYBERECHTS, R.: Bismuth-cortisone dans le traitement du psoriasis. Arch. belges Derm. **12**, 221 (1956). — HVIDBERG, E.: Impetigo herpetiformis. Dermatologica (Basel) **114**, 337 (1957).

IANDOLO, C.: ACTH und Digitalis. Policlinico, Sez. prat. **31**, 1146 (1957). — ILLIG, L.: Experimentell-therapeutische Untersuchungen bei Kälte-Urticaria. Klin. Wschr. **1952**, 642. — INCEDAYI, C. K., u. B. OTTENSTEIN: Zur Frage der Behandlung der Psoriasis mit kaliumarmer Diät und Nebennierenrindenextrakt. Dermatologica (Basel) **80**, 65 (1939). — INGALLS, T. H., and D. R. HAYES: Epiphyseal growth; effect of removal of adrenal and pituitary glands on epiphyses of growing rats. Endocrinology **29**, 720 (1941). — INGLE, D. J.: Effects of administering large amounts of cortin on adrenal cortices of normal and hypophysectomized rats. Ann. J. Physiol. **124**, 369 (1938). — Some studies on the role of the adrenal cortex in organic metabolism. Ann. N. Y. Acad. Sci. **50**, 576 (1949). — INGLE, D. J., C. H. LI and H. M. EVANS: Effect of adrenocorticotrophic hormone on urinary excretion of sodium, chloride, potassium, nitrogen and glucose in normal rats. Endocrinology **39**, 32 (1946). — INGLE, D. J., and R. C. MEEKS: Comparison of some metabolic and morphologic effects of cortisone and hydrocortisone given by continuous. Amer. J. Physiol. **170**, 77 (1952). — INGLE, D. J., M. C. PRESTRUD and J. E. NEZAMIS: Effects of administering large doses of cortisone acetate to normal rats. Amer. J. Physiol. **166**, 171 (1951). — INGLE, D. J., R. SHEPPARD, E. A. OBERLE and M. H. KUIZENGA: Comparison of acute effects of corticosterone and 17-hydroxycorticosterone on body weight and urinary excretion of sodium, chloride, potassium, nitrogen and glucose in normal rats. Endocrinology **39**, 52 (1946). — IRONS, E. N., J. P. AYER, R. G. BROWN u. S. H. ARMSTRONG jr.: ACTH und Cortison bei diffuser collagener Krankheit und chronischen Dermatosen. Differentielle therapeutische Wirkungen. J. Amer. med. Ass. **146**, 861 (1951). — ISCH-WALL, P., u. J. MÉTREAU: Zwei Fälle von chronischer lymphoider Leukose, behandelt mit Metacortandracen (Δ1-Dehydrocortison). Presse méd. **63**, 1110 (1955). — IVERSEN, M.: Disseminated lupus erythematosus. Some unusual manifestations treated with prednisone. Ugeskr. laeg. **1956**, 1134.

JABLONSKA, S., E. SIDI, G. R. MELKI et M. HINKY: Erythrodermie congénitale ichthyosiforme bulleuse. Bull. Soc. franç. Derm. Syph. **62**, 316 (1955). — JACKSON, A.: Amyloidosis. Report of three cases with some considerations as to etiology and pathogenesis. Arch. intern. Med. **93**, 494 (1954). — JADASSOHN, W., et R. PAILLARD: Dermatite herpétiforme de Duhring traitée à la cortisone et l'arsenic. Dermatologica **107**, 262 (1953). — JADASSOHN, W., R. PAILLARD et coll.: Deux cas de dermatite herpétiforme traités par la cortisone. Dermatologica (Basel) **110**, 353 (1955). — JAEGER, H., et J. DELACRÉTAZ: Eruption médicamenteuse grave à l'actinomycine (érythrodermie pemphigoide). Dermatologica (Basel) **110**, 53 (1955). — JÄNNER, M.: Die lokale Behandlung von Hautkrankheiten mit Triamcinolon-Acetonid. Med. Klin. **55**, 1680 (1960). — JÄRVINEN, K. A. J.: Effect of cortisone on reaction of skin to ultraviolet light. Brit. med. J. **1951**, No 4744, 1377. — JAMES, A. P. R.: Intradermal triamcinolone acetonide in localized lesions. J. invest. Derm. **34**, 175 (1960). — Intradermal triamcinolone acetonide in localized lesions. Antibiot. Med. **7**, 495 (1960). — JANBON, M.: La corticothérapie des infections toxiniques. Méd. et Hyg. (Genève) **18**, 1, 23 (1960). — JANOFF, L. A., J. J. POUTA and D. YOUNG: Acute intermittent porphyria, prompt response to therapy with corticotropin. Arch. intern. Med. **91**, 389 (1953). — JEKEL, L. G.: Successful treatment of gold dermatitis with cortisone given orally. Arch. Derm. Syph. (Chicago) **66**, 290 (1952). — JELLIFFE, A. M., P. B. STEWART and G. E. BEAUMONT: ACTH by intravenous infusion. Lancet **1951 I**, 1260. — JENSEN, G.: Epidermolysis bullosa hereditaria mit ACTH behandelt. Ugeskr. Laeg. **1951**, 605. — JESSERER, H., u. R. KOTZAUREK: Cortison und Calciumstoffwechsel. Klin. Wschr. **37**, 285 (1959). — JEUNE, M., R. CARRON u. A. BEAUPÈRE: Zwei Fälle von superakuter Meningokokken-Purpura (klinisch vom Typus Purpura fulminans) behandelt und geheilt mittels Cortison. Presse méd. **63**, 146 (1955). — JOCHIMS, J.: Bösartiger Verlauf der Varicellen infolge einer Corticosteroidbehandlung. Med. Klin. **55**, 1208 (1960). — JOHANSEN, F. A., and P. T. ERICKSON: Current status of therapy in leprosy. J. Amer. med. Ass. **144**, 985 (1950). — JOHNSON, R. H., and W. G. HAINES: Extraction of adrenal cortex hormone activity from placenta tissue. Science **116**, 456 (1952). — JOHNSTON, T. G., and A. G. CAZORT: The use of prednisolone (sterone) in the treatment of severe allergic diseases. J. Allergy **27**, 473 (1956). — JONQUIERES, E. D. L.: Control de las reacciones leprosas tuberculoides con prednisona. Rev. argent. Dermatosif. **42**, 173 (1958). — Corticosteroids in tuberculoid reactions. Int. J. Leprosy **27**, 74 (1959). — JORES, A.: Hypophyse, Nebennieren, Keimdrüsen. In Handbuch der inneren Medizin, Bd. VII. Berlin: Springer 1955. — JOSEPH, M.: Dermatologische Ratschläge für den Praktiker. Dtsch. med. Wschr. **1920**, 187. — JOULIA, DAVID-CHAUSSE, FRUCHARD et TEXIER: Erythème polymorphe récidivant. Localisation buccale. Echecs thérapeutiques. Bull. Soc. franç. Derm. Syph. **62**, 401 (1955). — JOULIA, LE COULANT, R. DAVID-CHAUSSE, TEXIER, BIRABEN et FRUCHARD: Périartérite noueuse à forme gangréneuse. Bull. Soc. franç. Derm. Syph. **63**, 202 (1956). — JOULIA, LE COULANT, TEXIER, FRUCHARD et RÉGNIER: Maladie de Hodgkin à localisation cutanée précedée trois ans auparavant d'une éruption bulleuse à type de pemphigus (2e présentation aprés traitement par le cortancyl.) Bull. Soc. franç. Derm. Syph. **63**, 206 (1956). — JOULIA, TEXIER, CHEVALIER et FRUCHARD: Dermatomyosite aiguée.

Passage à la chronicité, bons effets de la cortisone. Bull. Soc. franç. Derm. Syph. **60**, 142 (1953). — Joulia, Texier et Fruchard: Scléroatrophie balano-préputiale (sclérodermie du gland). Bull. Soc. franç. Derm. Syph. **62**, 406 (1955) — Joulia, Texier, Fruchard et Maleville: Vaste ulcération syphilitique tertiaire de la jambe. Effet remarquable de l'ACTH sur la cicatrisation après échec des traitements classiques appliqués pendant plus d'un an. Bull. Soc. franç. Derm. Syph. **62**, 408 (1955). — Joulia, Texier, Gautard Régnier et Paccalin: Pemphigus chronique traité par le cortancyl à hautes doses. Bull. Soc. franç. Derm. Syph. **64**, 100 (1957). — Jung-Grimm, H.: Hydrocortison statt in Salben in fettfreier Pudersuspension (Esiderm-H). Derm. Wschr. **138**, 1189 (1958). — Junkmann, K.: Über protrahiert wirksame Corticoide. Naunyn-Schmiedeberg's Arch. exper. Path. Pharmak. **223**, 280 (1954). — Über protrahiert wirksame Corticoide. Naunyn-Schmiedeberg's Arch. exp. Path. Pharmak. **227**, 212 (1955). — Die physiologische Chemie der inneren Sekretion. In Flaschenträger-Lehnartz, Physiologische Chemie, Bd. II/2b, S. 471ff. Berlin: Springer 1957.

Kaden, R.: Rosacea und Acne, ihre Beeinflussung durch Nebennierenrindenhormone. Z. Haut- u. Geschl.-Kr. **10**, 251 (1951). — Kärcher, K. H.: Zur Symptomatologie und Ätiologie der Psoriasis pustulosa. Derm. Wschr. **135**, 133 (1957). — Kärcher, K. H.: Über die Nachbehandlung strahlenbelasteter Haut. Strahlentherapie **107**, 453 (1958). — Neue Gesichtspunkte zur Steroidtherapie der Strahlenreaktion. Strahlentherapie **109**, 58 (1959). — Kalkoff, K. W.: Zur Wirkung des ACTH (Cortiphyson) auf die Psoriasis arthropathica et ungium. Derm. Wschr. **123**, 361 (1951). — Zur Rückbildung des Lupus vulgaris nach ACTH (Cortiphyson). Klin. Wschr. **1952**, 330. — Kalkoff, K. W., u. E. Macher: Über das Nachwachsen der Haare bei der Alopecia areata und maligna nach intracutaner Hydrocortisoninjektion. Hautarzt **9**, 441 (1958). — Kallenbach, H.: Über die Behandlung fortgeschrittener Krebse mit Cortison. Med. Klin. **54**, 521 (1959). — Kalz, F., L. R. McCorriston u. H. Prichard: Beurteilung von Hydrocortisonacetat-Salbe bei verschiedenen Hautkrankheiten. J. Amer. med. Ass. **157**, 1350 (1955). — Kalz, F., and A. Scott: Inhibition of grenzray erythema by one single topical hormone application. J. invest. Derm. **26**, 165 (1956). — Hydrocortisone ointment bases. Clinical evaluation of the effect of eleven different vehicles containing one per cent hydrocortisone. Arch. Derm. Syph. (Chicago) **73**, 355 (1956). — Kanee, B.: Corticotropin (ACTH) administered intravenously. Arch. Derm. Syph. (Chicago) **65**, 95 (1952). — The use of triamcinolone (Aristocort) in selected dermatoses. Canad. med. Ass. J. **79**, 748 (1958). — Kanee, B., J. H. B. Grant, J. Mallek and J. Eden: ACTH in atopic dermatitis (infantile eczema) and Asthma. Canad. med. Ass. J. **62**, 428 (1950.) — Kanof, N. B.: Observations on the effects of local applications of hydrocortone upon thermal burns and ultraviolet erythema. J. invest. Derm. **25**, 329 (1955). — Preliminary and short report. Effect of oral steroid on non inflammatory scalp ringworm. J. invest. Derm. **31**, 139 (1958). — Kanof, N. B., and S. Blau: Dexamethasone in dermatology. Arch. Derm. Syph. (Chicago) **80**, 198 (1959). — Karte, H., u. H. G. Detmold: Die Behandlung des kindlichen Ekzems. Medizinische **35**, 1185 (1956). — Katzenellenbogen, I., u. H. Ungar: Lipoid proteinosis. Dermatologica (Basel) **115**, 23 (1957). — Kay, G. D., and R. M. Taylor: The successful treatment of an 80% burn. Canad. med. Ass. J. **74**, 13 (1956). — Keeton, R. W., W. R. Best, F. K. Hick and M. Samter: Dramatic respiratory symptoms induced by sudden withdrawal of ACTH. J. Amer. med. Ass. **146**, 615 (1951). — Keibl, E.: Cortisonwirkung bei Thrombopenien. Wien. klin. Wschr. **1953**, 503. — Keller, W., u. J. Stein: Möglichkeiten der Verwendung einer Hydrocortison-Salbe mit Zusatz einer lokalanalgetischen Komponente in der Therapie von Hautkrankheiten. Derm. Wschr. **138**, 746 (1958). — Kemper, J. W., A. H. Baggenstoss and C. H. Slocumb: Relationship of therapy with cortisone to insidence of vascular lesions in rheumatoid arthritis. Ann. intern. Med. **46**, 831 (1957). — Kendall, N., and S. Ledis: Sclerema neonatorum successfully treated with corticotropin (ACTH). Amer. J. Dis. Child. **83**, 52 (1952). — Kendig jr., E. L., and E. E. Toone jr.: Cortisone in the treatment of sclerema neonatorum. Amer. J. Dis. Child. **81**, 771 (1951). — Kennedy, B. J., J. A. P. Pare, K. K. Pump, J. C. Beck, L. G. Johnson, N. B. Epstein, E. H. Venning and J. S. L. Browne: Effect of adrenocorticotropic hormone (ACHT) on beryllium granulomatosis and silicosis. Amer. J. Med. **10**, 134 (1951). — Kennedy, B. J., J. A. P. Pare, K. K. Pump and R. L. Stanford: The effect of adrenocorticotropic hormone (ACTH) on beryllium granulomatosis. Canad. med. Ass. J. **62**, 426 (1950). — Kierland, R. R., and E. A. Hines jr.: Cortisone and corticotropin (ACTH) in treatment of scleroderma. Arch. Derm. Syph. (Chicago) **64**, 549 (1951). — Kiessling, W.: Eine neuzeitliche Behandlung der Balanitis, Posthitis, und akut entzündlichen Phimose. Derm. Wschr. **135**, 29 (1957). — Kimmig, J.: Über die therapeutische Anwendung von Hormonen bei Dermatosen. Fortschr. Derm. **1955**, 100. — Cortison und ACTH in der Dermatologie. Derm. Wschr. **133**, 610 (1956). — Kimmig, J.: Die neuzeitliche Therapie mit Corticosteroiden in der Dermatologie. Vortr. Sitzg der Berliner Dermatolog. Ges., Juni 1960, z. Z. im Druck. — Kinsell, L. W., H. E. Balch, G. D. Michaels, J. Bilisoly,

G. FUKAYAMA, E. KIPP, E. OLSON and S. SMYRL: Accentuation of human diabetes by "pituitary growth hormone". Proc. Soc. exp. Biol. (N. Y.) 83, 683 (1953). — KIRKEBY, K.: Cortison and ACTH in the treatment of localized thyrotoxic myxoedema: report of a case. J. clin. Endocr. 14, 561 (1954). — KIRSNER, J. B.: Drug-induced peptic ulcer. Ann. intern. Med. 47, 666 (1957). — KLÄRNER, CH.: Zur externen Behandlung mit Hydrocortison. Ärztl. Wschr. 10, 513 (1955). — KLAUDER, J. V.: Blindness due to syphilis. J. vener. Dis. Inform. 32, 183 (1951). — KLAUDER, J. V., and B. A. GROSS: Results of penicillin, cortisone and non-penicillin treatment of syphilitic optic atrophy with report of clinical observations. Amer. J. Syph. and Neurol. 38, 270 (1954). — KLAUDER, J. V., and G. P. MEYER: Chorioretinitis of congenital syphilis. Arch. Ophthal. (Chicago) 49, 139 (1953). — Corticotropin, cortisone, thyroid, testosterone in syphilitic interstitial keratitis. Arch. Ophthal. (Chicago) 51, 432 (1954). — KLEINE-NATROP, H. E.: Spätbehandlung von Flußsäureverätzungen. Berufsdermatosen 8, 243 (1960). — KLIGMAN, A. M.: Discussion on therapy. American Academy of Dermatology meeting, Chicago, 1957. Zit. nach B. KANEE 1958. — KLIGMAN, A. M., G. D. BALDRIDGE, G. REBELL and D. M. PILLSBURY: The effect of cortisone on the pathologic responses of guinea pig infected cutaneously with fungi, viruses and bacteria. J. Lab. clin. Med. 37, 615 (1951). — KLINGMÜLLER, G., A. LEINBROCK u. U. LAUMANNS: Pemphigus vulgaris mit Hemmkörperhaemophilie. Hautarzt 7, 200 (1956). — KOEHLER, H.: Hydrocortison-Salbe mit bakterizidem Wirkstoff zur Behandlung mikrobieller und seborrhoischer Ekzeme. Z. Haut- u. Geschl.-Kr. 19, 146 (1955). — KÖHLER, V.: Beobachtungen über eine günstige Beei nflussung der mit Ulcus ventriculi kombinierten chronischen Urticaria durch Desoxycorticosteron. Percorten CIBA. Med. Mschr. 5, 542 (1951). — KOFF, R., S. ROME, R. KARPER, R. R. COMMONS, R. BUTTON and P. STARR: Subconjunctival injection of cortisone in iritis. J. Amer. med. Ass. 144, 1259 (1950). — KOLLER, F.: Wirkungen und Nebenwirkungen von ACTH und Cortison. Dermatologica (Basel) 103, 197 (1951). — Haemorrhagische Phänomene in der Dermatologie. Dermatologica (Basel) 102, 189 (1951). — KOLLER, F., u. H. ZOLLIKOFER: Der Einfluß des adrenocorticotrophen Hormons auf die Thrombozytenzahl. Experientia (Basel) 6, 8, 299 (1950). — KONRAD, J., A. WINKLER u. J. THURNER: Zum Krankheitsbild des Erythematodes acutus. Hautarzt 7, 385 (1956). — KOOIJ, R., and H. J. DE GRAAF: Effect of the adrenal cortex (ACTH) on the development of the sebaceus glands. Proc. 10th Internat. Congr. of Dermatol., London, 1952, p. 395. 1953. — KOPF, A. W. Lichen myxedematosus (Scleromyxedema). Arch. Derm. Syph. (Chicago) 73, 623 (1956). — KORTING, G. W.: Sklerodermie und Sklerodermie-ähnliche Erkrankungen. Dermatologie und Venerologie einschließlich Berufskrankheiten, dermatologischer Kosmetik und Andrologie, von GOTTRON-SCHÖNFELD, Bd. II/2, S. 886ff. Stuttgart: Georg Thieme 1958. — Die Indikationen zur Behandlung mit Glucocorticoiden, ACTH und Resochin in der Dermatologie. Medizinische 1959, 2211. — KORUS, W., H. SCHRIEFERS u. W. DIRSCHERL: Über den Leberstoffwechsel von Cortison und verwandten antirheumatisch wirksamen Steroiden. 5. Symp. Dtsch. Ges. Endokr. 1958, S. 270. Ref. Zbl. Haut- u. Geschl.-Kr. 103, 98 (1959). — KOSLOWSKI, L.: Vorteile und Fehler bei der Beurteilung und Behandlung von Verbrennungen. Langenbecks Arch. klin. Chir. 282, 113, 140 (1955). — KRACHT, J.: Über Wechselbeziehungen zwischen Nebennierenrinde und Schilddrüse im Tierexperiment. Verh. dtsch. path. Ges. 36, 202 (1953). — Corticoid rebound-phenomenon in the rat. Vortr. III. Acta Endocr. Congr., Leiden 16.—19. 6. 1958. — Abschwächung der sekundären NNR-Atrophie durch discontinuierliche Corticoidgaben. Vortr. 6. Symp. Dtsch. Ges. Endokr., Kiel, April 1959. Berlin-Göttingen-Heidelberg: Springer 1960.— Hemmung und Restitution der corticotropen Partialfunktion des Hypophysenvorderlappens durch Glucocorticoide. Vortr. XXXV. Tagg Dtsch. Dermat. Ges., Hamburg 19.—22. 5. 60, z. Z. im Druck: Arch. Derm. Syph. (Berl.). — KRAUS, Z., V. PLACHY and M. VORREITH: Urticaria pigmentosa vesiculosa et bullosa. Čsl. Derm. 31, 78 (1956). Ref. Zbl. Haut- u. Geschl.-Kr. 96, 44 (1956). — KRISTJANSEN, A., u. F. REYMANN: ACTH therapy in lichen ruber planus. Acta derm.-venereol. (Stockh.) 33, 205 (1953). — KROEPFLI, P.: Über die externen Anwendungsmöglichkeiten einer neuen Cortisonverbindung (9-α-Fluorohydrocortison). Schweiz. med. Wschr. 1956, 49. — KÜHBÖCK, J., E. E. REIMER u. T. STOIBER: Zur hochdosierten Prednison-Therapie maligner Bluterkrankungen. Wien. Z. inn. Med. 41, 228 (1960). — KÜHNAU, W.: Therapie der Acne vulgaris mit Nebennierenrinden-Hormon (Doca). Derm. Wschr. 124, 1146 (1951). — La implantacion de hipofisis de ternera. Un nuevo tratamiento para las enfermedades de la piel. Act. dermo-sifiliogr. (Madr.) 44, 651 (1953). — Erfahrungen mit Hypophysen-Implantationen bei chronischen Hautkrankheiten. Z. Haut- u. Geschl.-Kr. 16, 46 (1954). — Hypophysen- und Zwischenhirn-Extrakte und ihre Bedeutung für die Therapie chronischer Dermatosen. Z. Haut- u. Geschl.-Kr. 19, 176 (1955). — KUSKE, H.: Psoriasis pustulosa. Dermatologica (Basel) 110, 397 (1955). — KUZELL, W. C., and R. W. SCHAFFARZICK: Cortisone acetate in 32 cases; preliminary clinical observations. Stanf. med. Bull. 8, 125 (1950). — KYLE, J., and R. B. WELBOURN: Influence of pituitary and adrenal glands on gastric secretion. Gastroenterologia (Basel) 85, 205 (1956). — KYLIN, E.: Über die hormonale Regulation des Haarwuchses. Acta med. scand. 103, 144 (1940). — KYLIN, E., et E. DICKER: Le rôle de l'hypophyse dans la pathogénie de l'alopécie totale. Caractères héréditaires et cliniques de l'alopécie. Acta med. scand. **100**, 485 (1939).

Laake, H.: The action of corticosteroids on the renal reabsorption of calcium. Acta endocr. (Kbh.) **34**, 60 (1960). — Labhart, A.: Klinik der inneren Sekretion. Berlin: Springer 1957. — Lammers, L.: Zum Problem der Nebenwirkungen der ACTH- und Cortison-Therapie. Z. Haut- u. Geschl.-Kr. **16**, 305 (1954). — Physiologische Grundlagen der Anwendung von ACTH und Cortison. Z. Hautu. Geschl.-Kr. **16**, 257 (1954). — Lapière, S.: Betrachtungen über Indikationen und Dosierung der Corticosteroide und ihrer Derivate in der Dermatologie. Hautarzt **9**, 145 (1958). — Laros, K.: Über die quantitative Bestimmung der Urinkortikoide nach Norymberski, Stubbs und West unter Berücksichtigung von „Stress"-Faktoren balneologischer, medikamentöser und meteorologischer Art. Z. ges. inn. Med. **10**, 641 (1955). — Latotzki: Über den KH-Stoffwechsel unter langfristiger Glucocorticoidbehandlung. Vortr. 53. Tagg Nordwdtsch. Ges. Inn. Med., Rostock-Warnemünde, 26.—27. Juni 1959. — Laudahn, G.: Zur Wirkung von Cortison auf entzündlich und neoplastisch bedingte Dysproteinämien, sowie auf das Gerinnungsfaktorensystem. Ärztl. Wschr. **10**, 1105 (1955). — Laugier, P.: Pyodermite végétante de Hallopeau. Bull. Soc. franç. Derm. Syph. **64**, 81 (1957). — Laugier, P., et R. Renard: Lupus érythémateux subaigu. Effect non durable de la cortisone; heureuse action de la nivaquine. Bull. Soc. franç. Derm. Syph. **61**, 260 (1954). — Lausecker, H.: Zur Frage des Pemphigus acutus. Hautarzt **8**, 97 (1957). — Laverry, F. S., L. E. Werner, D. O'Donoghue, Ph. M. Guian u. J. MacDougald: Cortison bei Augenerkrankungen. Brit. med. J. **1951**, No 4718, 1285. — Lebon, J., u. G. Gelin: Über die Verwendung massiver Dosen von Cortison in der Haematologie. Presse méd. **63**, 125 (1955). — Lebsanft, M.: Beitrag zur Klinik und Cortisontherapie der Dermatomyositis. Hautarzt **6**, 270 (1955). — Léchelle, P., et J. Delaporte: Périartérite noueuse avec très fort éosinophilie sanguine survenue chez une asthmatique après une grossesse. Action remarquable de la cortisone et de l'A.C.T.H. Bull. Soc. Méd. Hôp. Paris **69**, 264 (1953). — Léger, L.: Cortison bei der Behandlung der Induration der Corpora cavernosa. Presse méd. **63**, 141 (1955). — Léger, P.: Sem. Hôp. Paris **36**, 1283 (1960). Zit. nach Literatur-Revue, Ciba **5**, 303 (1960). — Leinbrock: Diskussion M. Brill-Symmers. Arch. klin. exp. Derm. **200**, 447 (1955). — Leinwand, J., A. W. Duryee u. M. N. Richter: Scleroderma (auf Grund einer Studie von über 150 Fällen). Ann. intern.Med. **41**, 1003 (1954). — Lemon, H. M.: Cortison und Schilddrüsenextrakt bei Brustkrebs. Ann. intern. Med. **1957**, 457. — Lenggenhager, R.: Ein Fall von Acrodermatitis continua Hallopeau generalisata. Dermatologica (Basel) **104**, 340 (1952). — Entstehung und Verlauf der Alopecia areata. Dermatologica (Basel) **108**, 441 (1954). — Letailleur, M., P. Schmidt u. M. Wicker: Geistesstörungen bei der Cortisontherapie. Zbl. ges. Neurol. Psychiat. **130**, 278 (1954). Ref. Ann. méd.-psychol. 530 (1954). — Lever, W. F.: Epidermolysis bullosa hereditaria. Arch. Derm. Syph. (Chicago) **63**, 669 (1951). — ACTH and cortison in diseases of the skin. New Engl. J. Med. **245**, 359 (1951). — Pemphigus. Medicine **32**, 1 (1953). — Fortschritte in der Diagnose und Behandlung des Pemphigus. Fortschr. prakt. Derm. Venerol. **2**, 118. — Levin, H.: Die Verwendung von Cortison bei der Behandlung von Reticuloendotheliosis. J. Pediat. **46**, 531 (1955). — Levinson, J. E., M. Horwitz, J. P. Kulka, L. Page and W. Bauer: Response of Schoenlein-Henoch syndrome to ACTH. Report of case with serial skin biopsies. Ann. rheum. Dis. **18**, 255 (1951). — Li, C. H., H. M. Evans and M. E. Simpson: Adrenocorticotropic hormone. J. biol. Chem. **149**, 413 (1943). — Li, M. C., D. M. Bergenstal, J. A. Schricker and H. M. Graff: Hypophyseal and metabolic effects of delta-1-9 fluorohydrocortisone in man. J. clin. Endocr. **16**, 955 (1956). — Lichtwitz, A., D. Hioco et C. Greslé: 100 malades traités par la dexaméthasone. Comparaison avec la prednisone et la 6-méthylprednisolone. Sem. Hôp. Paris **35**, 1570 (1959). — Ann. Endocr. (Paris) **21**, 355 (1960). — Liddle, G. W.: Δ. 9 α-Fluorohydrocortisone: a new investigative tool in adrenal physiology. J. clin. Endocr. **16**, 557 (1956). — Liddle, G. W., J. E. Richard and G. M. Tomkins: The 2-methyl-hydrocortisones: long-acting compounds of great sodium retaining potency. J. clin. Endocr. **16**, 917 (1956). — Limburg, H.: Behandlung des Pruritus vulvae. Med. Klin. **50**, 383 (1955). — Lincoln, M., u. W. A. Ricker: Ein Fall von Periarteritis nodosa mit L.E.-Zellen; anscheinend vollständige Remission mit Cortisontherapie. Ann. intern. Med. **41**, 639 (1954). — Lindemann, C., W. W. Engstrom and R. T. Flynn: Herpes gestationis: Results of treatment with adrenocorticotropic hormone (ACTH) and cortisone. Amer. J. Obstet. Gynec. **63**, 167 (1952). — Linke, A., u. K. Walter: Kongenitales adrenogenitales Syndrom mit Neurofibromatosis Recklinghausen. Vergleichende Therapie mit Cortisol, Prednison, 6-Methylprednisolon und Dexamethason. Med. Welt **1960**, 31. — Lipschitz, J. J.: Some observations on psoriasis. S. Afric. med. J. **1951**, 809. Ref. Zbl. Haut- u. Geschl.-Kr. **81**, 187 (1952). — Livingood, J. I., J. F. Hildebrand, J. S. Key and R. W. Smith jr.: Studies on the percutaneous absorption of fluorocortisone. Arch. Derm. (Chicago) Syph. **72**, 313 (1955). — Lodge, E.: Triamcinolone in chronic psoriasis. Lancet **1959 II**, 186. — Löscher, H.: Über Hormonbehandlung der Acne rosacea der Hornhaut. Klin. Mbl. Augenheilk. **102**, 392 (1939). —

LOEWENBERG-WAYNE, H.: Krampfanfälle als Komplikation bei Cortison- und ACTH-Therapie: Klinische und elektroencephalographische Beobachtungen. J. clin. Endocr. 14, 1039 (1954). Ref. Zbl. ges. Neurol. Psychiat. 131, 139 (1955). — LOFFERER, O., u. R. PLASUN: Delphicort bei Psoriasis. Derm. Wschr. 140, 750 (1959). — LOHMEYER, G., H. HÜSSELMANN, H. W. BANSI u. F. FRETWURST: Bedeutung und Anwendung des adrenocorticotropen Hormons (ACTH) in der Klinik. Dtsch. med. Wschr. 1950, 1129. — LOHSE, H.: Die Anwendung von Prednisolon in der Strahlentherapie. Spectrum 4, 54 (1960). — LOMBARDO, M. E., and P. B. HUDSON: The biosynthesis of adrenocortical hormones by the human adrenal gland in vitro. Endocrinology 65, 417 (1959). — LOMBARDO, M. E., C. MCMORRIS and P. B. HUDSON: The isolation of steroidal substances from human adrenal vein blood. Endocrinology 65, 426 (1959). — LONG, C. N. H., B. KATZIN and E. G. FRY: The adrenal cortex and carbohydrate metabolism. Endocrinology 26, 309 (1940). — LONG, C. N. H., and E. G. FRY: Regulation of ACTH secretion. Recent Progr. Hormone Res. 7, 75 (1951). — LONG, J. B., and C. B. FAVOUR: The ability of ACTH and cortisone to alter delayed type bacterial hypersensitivity. Bull. Johns Hopk. Hosp. 87, 186 (1950). — LONG, R. E.: Familial benign chronic pemphigus (Hailey and Hailey). Arch. Derm. Syph. (Chicago) 75, 895 (1957). — LOVELOK, F. J., and D. J. STONE: Cortisone therapy of Boecks sarcoid. J. Amer. med. Ass. 147, 930 (1951). — LOVEMAN, A. B., and M. T. FLIEGELMAN: Dermatitis medicamentosa. Reaction from hydrocortisone suspension vehicle. (Sodium carboxymethylcellulose.) Arch. Derm. Syph. (Chicago) 74, 426 (1956). — LÜDINGHAUS, H.: Zur Schockbehandlung schwerer Verbrennungen. Ther. d. Gegenw. 98, 583 (1959). — LÜTZENKIRCHEN, A.: Rationelle Behandlung der Salvarsan-Dermatitis. Medizinische 10, 1186 (1952). — Cortisonsalbe (Ciba) in der Dermatologie. Z. Haut- u. Geschl.-Kr. 14, 56 (1953). — Klinische Beobachtungen beider Cortison- und ACTH-Behandlung von Dermatosen. Arch. Derm. Syph. (Berl.) 195, 459 (1933). — LYNDIAN, K.: Ekzembehandlung mit 9-Fluorhydrocortison. Münch. med. Wschr. 99, 487 (1957). — LYON, E.: Herpes zoster und Cortisonbehandlung. Med. Klin. 54, 216 (1959).

MACH, R., E. RUTISHAUSER, W. JADASSOHN et R. PAILLARD: Dermatomyosite traitée à l'ACTH. Dermatologica (Basel) 103, 283 (1951). — MACHER, E.: Über die Wirkung des Cortisons auf die kleinen Gefäße der Rattenhaut. Klin. Wschr. 34, 391 (1956). — MADDEN, R. J., and H. H. RAMSBURG: Gastric secretion in adrenalectomized rat. Endocrinology 49, 82 (1951). — MADDIN, ST., and J. L. DANTO: Results of topical applications of cortisone in congenital syphilitic interstitial keratitis. Preliminary report of two cases. Arch. Derm. Syph. (Chicago) 64, 437 (1951). — MAGAREY, F. R., and G. GOUGH: The effect of cortisone on experimental intraperitoneal silicotic nodules. Brit. J. exp. Path. 33, 510 (1952). — MAGUIRE, F. A., and M. MCELHONE: Clinical observations on a series of cases of advanced malignant disease treated with antibiotics and ACTH. Med. J. Aust. 1951 I, 769. Ref. Zbl. Haut- u. Geschl.-Kr. 81, 331 (1952). — MAIRE, M.: Pemphigus, Dermatitis herpetiformis, Herpes gestationis, Acrodermatitis continua Hallopeau. Dermatologica (Basel) 108, 219 (1954). — MALAGUZZI-VALERI, C.: Über den Cushingschen Symptomenkomplex. Erg. Inn. Med. 58, 29 (1940). — MALKINSON, F. D., and E. H. FERGUSON: Preliminary and short report. Percutaneous absorption of hydrocortisone-4-C^{14} in two human subjects. J. invest. Derm. 25, 281 (1955). — MALKINSON, F. D., E. H. FERGUSON and M. C. WANG: Percutaneous absorption of cortisone -4-C^{14} through normal human skin. J. invest. Derm. 28, 211 (1957). — MALKINSON, F. D., u. G. C. WELLS: Klinische Erfahrungen mit Hydrocortisonsalbe. Bull. Soc. franç. Derm. Syph. 61, 208 (1954). — Adrenal steroids in periarteritis nodosa. Arch. Derm. Syph. (Chicago) 71, 492 (1958). — MALLEK, J., B. KANEE and J. ZACK: ACTH and cortisone in the treatment of pemphigus erythematosus. Canad. med. Ass. J. 65, 564 (1951). — MANCINI, R. E.: Hemmung der Fibroplasie von Keloiden durch die lokale Hydrocortisonwirkung. Rev. Soc. argent. Biol. 30, 107 (1954). — Ref. Chem. Abstr. 49, 11808 (1955). — MANCINI, R. E., and S. STRINGA: Effects of hydrocortisone topically applied on keloids and hypertrophic scars. J. clin. Endocr. 15, 888 (1955). — MANDEL, W., M. J. SINGER, H. R. GUDMUNDSON, E. MEISTER and F. W. S. MODERN: Intravenous use of pituitary adrenocorticotropic hormone (ACTH). A report on its administration in twenty-five patients. J. Amer. med. Ass. 146, 546 (1951). — MANKOWSKI, Z. T., u. B. J. LITTLETON: Wirkung von Cortison und ACTH bei experimentellen Pilzinfektionen. Antibiot. and Chemother. 4, 253 (1954). Ref. Zbl. Haut- u. Geschl.-Kr. 89, 262 (1954). MARCHIONINI, A., e H. W. SPIER: Su la pathologia geografico-entografica e su la eziologia e cura interna della psoriasi. Dermatologica (Napoli) 2, 299 (1951). — MARGULIS, R. R., C. P. HOGKINSON, P. J. HOWARD and E. I. GORDON: Effects of administration of adrenocorticotropic hormone and cortisone during pregnancy upon mothers, developing fetuses and infants. J. clin. Endocr. 14, 779 (1954). — MARKELL, E. K.: Cortison aussichtsreich bei Tropenkrankheiten. J. Amer. pharm. Ass. sci. Ed. 16, 94 (1954). — MARKS, V.: Cushing's syndrome occuring with pituitary chromophobe tumours. Acta endocr. (Kbh.) 32, 527 (1959). MARSHALL, J.: Essais de traitement par l'ACTH en dermatologie. Bull. Soc. franç. Derm. Syph. 58, 498 (1951). — MARSON, G.: Contributo allo studio della psoriasi-pustulosa. Minerva derm. (Torino) **30**, 398 (1955). — MARTIN, B. F.: Periarteritis nodosa treated with ACTH: report of case. Sth. med. J. (Bgham, Ala.) **44**, 626 (1951). — MARTIN jr., J. D., W. C. McGARITY and F. C. SMITH: Evaluation of ACTH and cortisone in the treatment of burns. Surgery **38**, 543 (1955). — MASON, H. L., W. M. HOEHN and E. C. KENDALL: Chemical studies of the suprarenal cortex. IV. Structures of compound C. D. E. F and G. J. biol. Chem. **124**, 459 (1938). — MASON, H. L., C. S. MYERS and E. C. KENDALL: The chemistry of crystalline substances isolated from the suprarenal gland. J. biol. Chem. **114**, 613 (1936). — MATNER, TH.: Über Cortison-Behandlung bei Flußsäureverätzung der Haut. Derm. Wschr. **136**, 1060 (1957). — MATTER, .W: Über das Schicksal der Pemphiguskranken unter Cortison-Therapie. Dermatologica (Basel) **114**, 17 (1957). — MATZKER, J., u. L. WAGNER: Zur Differentialdiagnose aphthöser Mundschleimhauterkrankungen. Z. Laryng. Rhinol. **35**, 196 (1956). — MAURIELLO, D. A.: Erythema multiforme exsudativum (Stevens-Johnson syndrome). J. Amer. med. Ass. **156**, 1495 (1954). — MAYER, H.: Pemphigus, Dermatitis herpetiformis Duhring. Z. Haut- u. Geschl.-Kr. **18**, 207, 244 (1955). — McCORRISTON, L.: Behandlung des Kinderekzems mit Hydrocortisonacetat-Salbe. Canad. Med. Ass. J. **70**, 57 (1954). — McDONALD, J. H., and N. J. HECKEL: The effect of cortisone on the spermatogenic function of the human testes. J. Urol. (Baltimore) **75**, 527 (1956). — McGAVACK, T. H., KUNG-YING TANG KAO, D. A. LEAKE, H. G. BAUER and H. E. BERGER: Clinical experiences with tramcinolone in elderly men. Amer. J. med. Ass. **1958**, 720. — McLEAN, A., and J. B. SAYER: Absorption of inhaled hydrocortisone. Lancet **1956**, No 6947, 807. — McQUARRIC, I., J. A. ANDERSON and M. R. ZIEGLER: Observation on the antagonistic effects of posterior pituitary and cortico-adrenal hormones in the epileptic subject. J. clin. Endocr. **2**, 406 (1942). — MEARA, R. H.: (1955): Zit. nach MUMFORD and MORGAN 1956. — MEIREN, L., VAN DER, G. MORIANE et E. ROLLIER: Maladie de Duhring-Brocq. Evolution par auréomycine et cortisone. Arch. belges Derm. **16**, 211 (1954). — MELLINGER, G. W., and C. C. PEARSON: Acute porphyria: a case report. Ann. intern. Med. **38**, 862 (1953). — MERKLEN, F. P., G. R. MELKI et P. HARTER: Perforation d'ulcus duodénal au cours du traitment d'un lupus érythémateux subaigu par la métacortandracine. Bull. Soc. franç. Derm. Syph. **63**, 129 (1956). — MERKLEN, F. P., et M. V. RIOU: A propos du traitement des réactions lépreuses par la cortisone. Les risques d'une cortisonothérapie prolongée. Bull. Soc. franç. Derm. Syph. **63**, 46 (1956). — Action favorable du sel de sodium de l'ester dibenzoylsulfonique de la dihydro-vitamine K_3 dans trois cas de réaction lépreuse. Bull. Soc. franç. Derm. Syph. **59**, 267 (1952). — MEYER, P., u. S. MOESCHLIN: Klinische Erfahrungen mit parenteraler Prednisolontherapie. Prednisolonacetat und -succinat. Schweiz. med. Wschr. **89**, 613 (1959). — MEYER-BERKE: Case for diagnosis: Necrobiosis lipoidica. Arch. Derm. Syph. (Chicago) **69**, 506 (1954). — MEYER-ROHN, J., u. B. ROHDE: Zur Klinik und Virologie des Eczema vaccinatum. Hautarzt **10**, 344 (1959). — MEYER DE SCHMID, J. J., et A. NEUMAN: A propos de 3 cas de grande sclérodermie avec sclérodactylie traités par l'ACTH. Régression dans 1 cas se maintenant 18 mois après l'arrêt du traitement. Bull. Soc. franç. Derm. Syph. **60**, 32 (1953). — MEYHÖFER, W., u. CH. DOMBROWSKI: Zur internen und externen Therapie mit Triamcinolon. Z. Haut- u. Geschl.-Kr. **29**, 48 (1960). — MICHEL, P. J.: Sarcoide dermique de front, à forme tumorale (structure histiomonocytaire distincte de Besnier-Boeck). Effect remarquable du cortancyl. Bull. Soc. franç. Derm. Syph. **63**, 262 (1956). — MICHEL, P. J., et M. BLANCHON: Résultats obtenus avec la cortisone dans un cas de pemphigoide séborrhéique généralisée. Bull. Soc. franç. Derm. Syph. **58**, 199 (1951). MICHEL, P. J., et A. G. MICHEL: Urticaire pigmentaire confluente et papuleuse sans signes d'hyperhéparinémie. Essai de traitement par le cortancyl (photos en couleurs). Bull. Soc franç. Derm. Syph. **63**, 240 (1956). — MICHEL, P. J., P. MOREL et R. CREYSSEL: Urticair· pigmentaire généralisée maculeuse et papuleuse lichénoide particulièrement intense. Polye morphisme lésionnel. Mastocytose médullaire temporaire. Evolution vers une réticulose mastocytaire maligne? Essai de traitement par la métacortandrazine et le 6-mercaptopurine. 9. Congr. Assoc. des Dermatol. et Syphiligr. de Langue Franç. **1956**, p. 64. — MICHEL, P. J., et J. PELLERAT: Guérison complète et rapide par le cortancyl d'une staphylococcie ulcérophagédénique sévère évoluant depuis trois ans et demie. Bull. Soc. franç. Derm. Syph. **63**, 241 (1956). — MIDANA, A., u. G. ZINA: Erste Beobachtungen über die Anwendung von Prednison im dermatologischen Gebiet. Minerva med. **46**, 5 (1955). — MIESCHER, G.: Demonstration: ACTH-Intoleranz bei Wiederaufnahme der ACTH-Behandlung. Dermatologica (Basel) **113**, 306 (1956). — MILFORT, J.: Tentative de traitement de l'acrodermatite suppurative continue de Hallopeau par la cortisone. Bull. Soc. franç. Derm. Syph. **61**, 251 (1954). — MILLIKEN, J. A.: Primary systemic amyloidosis. Canad. med. Ass. J. **73**, 458 (1955). — MIOWSKI, D. K., and I. S. TADŽER: Über Nebennierenfunktion bei Pellagra. Proc. 10-th Internat. Congr. Dermat., London, 1952, p. 328. 1953. — Notre expérience du traitement de la pellagre par l'hormone hypophysaire corticotrope (ACTH). Ann. Derm. Syph. (Paris) **81**, 259 (1954). — MITCHEL, R. G., and K. RHANEY: Congenital adrenal hypoplasia in siblings. Lancet **1959 I**, 488. MLETZKO, K.: Das Stevens-Johnson-Syndrom (Syndroma muco-cutaneo-oculare acutum

Fuchs). Derm. Wschr. **130**, 1151 (1954). — MOEHLIG, R. C., and A. L. STEINBACH: Cortisone interference with calcium therapy in hypoparathyroidism. J. Amer. med. Ass. **154**, 42 (1954). MOESCHLIN, S.: Der heutige Stand der ACTH-, Cortison- und Prednison-(Meticorten)-Therapie. Schweiz. med. Wschr. **1956**, 81. — MOLTKE, E., u. L. ZACHARIAE: Hormonale Einflüsse auf Wundheilung und Bildung von Granulationsgewebe. Unter besonderer Berücksichtigung der Nebennierenrindensteroide. Nord. Med. **53**, 354 (1955). — MONTGOMERY: Zit. nach A. N. DOMONKOS: Arch. Derm. Syph. (Chicago) **74**, 563 (1956). — MOONEY, J. L.: Darier's disease. Arch. Derm. Syph. (Chicago) **72**, 590 (1955). — MOORE: Amer. J. Syph. **37**, 226 (1953). Zit. F. WORTMANN, Dermatologica (Basel) **107**, 362 (1953). — MORALES, P. A., and R. S. HOTCHKISS: Effect of adrenalectomy on the testes of man and the dog. Fertil. and Steril. **7**, 487 (1956). — MORETTI, G., J. STAEFFEN, J. LORRAIN et M. ROUX: La place des corticoïdes dans le traitement des phlébites. Presse méd. **68**, 780 (1960). — MORIN, M., J. GRAVELEAU, J. LAFAR, J. LEVEAU et J. ACAR: Bull. Soc. méd. Hôp. Paris, Séz. IV **69**, 697 (1953). Zit. nach RIEDERER 1957. — MORRIS, M.: Die interen Sekretionen und deren Bedeutung für die Dermatologie. Brit. med. J. **1913I**. Zit. nach STEIN 1932. — MOSCONA, M. H., and D. A. KARNOFSKY: Cortisone induced modifications in the development of the chick embryo. Endocrinology **66**, 533 (1960). — MÜLLER, M.: Die Beziehung der Dermatomyositis zur Nebennierenrinde. Derm. Wschr. **130**, 1287 (1954). — MUMFORD, P. B., and J. K. MORGAN: The use of cortisone in lichen planus. Brit. J. Derm. **68**, 258 (1956). — MUNDT, E., u. G. ISEKEN: Der Lupus erythematodes disseminatus. Dtsch. Arch. klin. Med. **203**, 279 (1956). — MUNSON, P., and N. F. BRIGGS: The mechanism of stimulation of ACTH-secretion. Recent Progr. Hormone Res. **11**, 83 (1955). — MURPHY, J. B., and E. STURM: Effect of adrenal cortical and pituitary adrenotopic hormones on transplanted leucemia in rats. Science **99**, 303 (1944). — MUSSGNUG, G.: Beitrag zur medikamentösen Prophylaxe und Therapie des Sudeck-Syndroms mit Nebennierenrindenwirkstoffen. Medizinische **1956**, 1708. — Zur Behandlung des habituellen Erysipels. Dtsch. med. Wschr. **82**, 381 (1957). — MUSSLER: Boecksches Sarkoid — chronische produktive Iridocyclitis. Hautarzt **6**, 554 (1955). — MUSSO, E.: Effet de la triamcinolone sur la mycose expérimentale du cobaye. Dermatologica (Basel) **119**, 75 (1959).

NABARRO, J.: Intravenöses Hydrocortison. Lancet **1955 I**, 252. — NABARRO, J., J. S. STEWART u. G. WALKER: Klinische und Stoffwechselwirkungen von Prednison. Lancet **1955 II**, 993. — NAEGELE, E., u. W. MEYHÖFER: Über den Verlauf des Morbus Boeck an der Haut und an den Lungen unter der Kortikosteroid-Therapie. Münch. med. Wschr. **102**, 1678 (1960). — NARUMI, J.: A study on alopecia areta with special reference to the effect of adreno-cortical hormones. Jap. J. Derm. **68**, 313 (1958). Ref. Zbl. Haut- u. Geschl.-Kr. **103**, 62 (1959). — NAZZARO, P.: Primi risultati del trattamento con desametazone in dermatologia. Minerva med. (Torino) **50**, 924 (1959). — NEBOUT, R., et J. FORESTIER: Septicémie à staphylocoques guérie par le cortisone. Bull. Soc. méd. Hôp. Paris **69**, 787 (1953). — NEIMANN, N. et al.: Altération surrénale chez un nouveau-né d'une mère traitée par corticothérapie continue pour néphrose lipoïdique. Rev. méd. Nancy **84**, 752 (1959). Ref. Méd. et Hyg. (Genève) **18**, 852 (1960). — NIERMANN, W. A., and TH. E. VAN METRE jr.: Efficacy of medrol in treatment of bronchial asthma in children. Metabolism **7**, 473 (1958). — NELSON, C. T.: Pemphigus vulgaris treated with metacortandracin. J. invest. Derm. **24**, 377 (1955). — NELSON, C. T., and M. BRODEY: Cortisone and corticotropin treatment of pemphigus. Experience with twenty-eight cases over a period of five years. Arch. Derm. Syph. (Chicago) **72**, 495 (1955). — NEWMAN, B. A., and F. F. FELDMAN: Effects of topical cortisone on chronic discoid lupus erythematosus and necrobiosis lipoidica diabeticorum. J. invest. Derm. **17**, 3 (1951). — NICKEL, W. R.: Herpes zoster treated with ACTH. Arch. Derm. Syph. (Chicago) **64**, 372 (1951). — NICOLA, P. DE., C. C. TINOZZI e G. M. MAZZETTI: Richerche cliniche e sperimentali sull' azione trombofilica del cortisone. Minerva derm. (Torino) **31**, 173 (1956). — NILZÉN, A.: Some endocrine aspects of skin sensibilisation and primary irritation. I. J. invest. Derm. **18**, 7 (1952). — NIX, TH. E., and V. J. DERBES: Triamcinolone acetonide plus neomycine and gramicidine in dermatology. Antibiot. Med. **7**, 643 (1960). — NONCLERCQ, MILFORT: Ein Fall von Pemphigus. Presse méd. **63**, 216 (1955). — NÜCKEL, M.: Lupus erythematodes. Literaturübersicht über das Jahr 1954. Z. Haut- u. Geschl.-Kr. **18**, 82, 108 (1955_1); **19**, 340, 351 (1955_2).

OATWAY, W. H., and G. A. PAULSEN: Unglücksfälle durch Cortisongebrauch bei unerkannter Tuberkulose. J. Amer. med. Ass. **159**, 516 (1955). — OBERSTE-LEHNE, H: Mykosis fungoides. Frühjahrstagg der Kieler Dermatol. Ges., Kiel, 1. 3. 1959. — OEHME: Diskussion H. STORCK: Haemorrhagische Phänomene in der Dermatologie. Arch. klin. exp. Derm. **200**, 287 (1955). — OHTA, S.: Studies on adrenocortical function in pellagra. Part I. On the concentration of riboflavin and niacin in blood and Thorn's test of pellagra and various diseases. Part II. Experimental studies — Influence of adrenocortical function on riboflavin and niacin metabolism. Part III. Experimental studies. — Influence of the riboflavin and niacin deficiency on adrenocortical function. Monogr. Actorum Dermatologicorum

Ser. Dermatolog. No 15. Ref. Zbl. Haut- u. Geschl.-Kr. **105**, 34 (1960). — OLANSKY, S., J. G. SMITH jr. and O. C. E. HANSEN-PRÜSS: Fatal vaccinia associated with cortisone therapy. J. Amer. med. Ass. **162**, 887 (1956). — O'LEARY, P. A., H. MONTGOMERY, A. BRUNSTING and R. R. KIERLAND: Psoriasis: Treatment with cortisone and ACTH. Arch. Derm. Syph. (Chicago) **62**, 607 (1950). — OLIVIER, J., et A. RENKIN: Observation cliniques, biologiques et cytologiques à propos d'un cas de pemphigus vulgaire chronique traité par belganyl, auréomycine, transfusions sanguines et cortisones. Arch. belges Derm. **7**, 224 (1951). — OLSON, CH., u. M. H. SZILLS: Cortison-Therapie bei hepatischer Porphyrie vom akuten, intermittierenden Typ: Ein Bericht über ungünstige Resultate. Ann. intern. Med. **41**, 357 (1954). — OLSON, J. A., E. H. STEFFENSEN, R. R. MARGULIS, R. W. SMITH and E. L. WHITNEY: Effect of ACTH on certain inflammatory diseases of the eye. J. Amer. med. Ass. **142**, 1276 (1950). — OLTMAN, J. D., and S. FRIEDMAN: Acute porphyria, report of a case showing ineffectiveness of ACTH. New Engl. J. Med. **244**, 173 (1951). — OPPEL, T. W., C. COKER and A. T. MILHORAT: The effects of pituitary adrenocorticotropin (ACTH) in dermatomyositis. Ann. intern. Med. **32**, 318 (1950). — ORR, R. H., V. DI RAIMONDO, M. E. FLANAGAN and P. H. FORSHAM: A water-soluble preparation of hydrocortison for clinical use. J. clin. Endocrin. **15**, 763 (1955). — Klinische Studien mit 9-Alpha-Fluorhydrocortison. Amer. J. Med. **19**, 290 (1955). — OSLER, W.: On six cases of Addison's disease with the report of a case greatly benifited by the use of suprarenal extract. Int. med. Mag. **5**, 3 (1896/97). — OUDSTEN, S. A. DEN, L. VAN LEEUWEN u. R. J. COERS: Corticotrophin-Zinkphosphat, ein langwirkendes wässeriges Präparat. Lancet. **1954 I**, 547.

PAGNINI, G.: Ref. Zbl. Hals-, Nas.- u. Ohrenheilk. **52**, 98 (1955). — PARISER, S., and L. R. WASSERMAN: The treatment of idiopathic thrombocytopenic purpura with ACTH and cortisone. Acta haemat. (Basel) **12**, 11 (1954). — PARK, C. R., and M. E. KRAHL: Effect of pituitary extracts upon glucose uptake of diaphragms from normal, hypophysectomized, and hypophysectomized-adrenalectomized rats. J. biol. Chem. **181**, 247 (1949). — PASCHER, F., and S. C. CLYMAN: Necrobiosis lipoidica. Arch. Derm. Syph. (Chicago) **70**, 822 (1954). — PASCHER, F., and W. S. WOOD: Erythrodermic psoriasis in children. A report of two cases. Arch. Derm. Syph. (Chicago) **74**, 173 (1956). — PASCHOUD, J. M., et G. PETER: Contribution en traitement des xanthomes-tubéreux (insuline et precortène). Dermatologica (Basel) **106**, 242 (1953). — PAUTIER, L. M.: Guérison d'un lichen plan par le cortancyl. Bull. Soc. franç. Derm. Syph. **63**, 504 (1956). — PEARSON, O. H., L. P. ELIEL, R. W. RAWSON, K. DOBRINER and C. P. RHOADS: ACTH and cortisone induced regression of lymphoid tumors in man. A preliminary report. Cancer (Philad.) **2**, 943 (1949). — PEISER, B., u. H. WEYER: Praktische Erfahrungen mit Prednison in der Dermatologie. Dtsch. med. J. **1956**, 495. — PELZIG, A., and R. L. BAER: J. Amer. med. Ass. **173**, 898 (1960). Zit. nach Literatur-Revue, Ciba **5**, 303 (1960). — PEPLER, W. J.: ACTH bei Schambergscher Krankheit. S. Afr. med. J. **1951**, 795. — PERCIVAL, G. H.: Pyoderma gangrenosum: the histology of the primary lesion. Brit. J. Derm. **69**, 130 (1957). — PERDRUP, A.: Dermatomyositis with changes in the skin of the type poikiloderma vascue atrophicans-poikilodermatomyositis. Acta derm.-venereol. (Stockh). **35**, 217 (1955). — Dermatomyositis. Acta derm.-venereol. (Stockh.) **35**, 236 (1955). — PFLEGER, L., u. J. TAPPEINER: Das Hypereosinophilie-Syndrom mit spezifischen Hautveränderungen (eosinophiles Leukämoid). Arch. Derm. Syph. (Berl.) **208**, 98 (1959). — Pityriasis simplex eczematisata-golddermatitis demonstrated for discussion of local treatment with hydrocortisone acetate ointment. Acta. derm.-venereol. (Stockh.) **36**, 184 (1956). — PERERA, G. A., C. RAGAN and S. C. WERNER: Clinical and metabolic study of 17-hydroxy-corticosterone (Kendall Compound F); comparison with cortisone. Proc. Soc. exp. Biol. (N.Y.) **77**, 326 (1951). — PETERS, H. A.: BAL therapy of acute prophyrinuria. Neurology (Minneap.) **4**, 477 (1954). Ref. Zbl. Haut- u. Geschl.-Kr. **90**, 182 (1955). — PETERSON, R. E., J. B. WYNGAARDEN, S. L. GUERRA, B. B. BRODIE and J. J. BUNIM: The physiological disposition and metabolic fate of hydrocortisone in man. J. clin. Invest. **34**, 1779 (1955). — PFIFFNER, J. J., and W. W. SWINGLE: The preparation of an active extract of the suprarenal cortex. Anat. Rec. **44**, 225 (1929). — PFLEGER, L., u. S. TAPPEINER: Cortison gegen Hautkrankheiten. Dermatologica (Basel) **108**, 153 (1954). — PHILIPP, A.: Prednison bei akuten und chronischen Dermatosen. Med. Klin. **1956**, 1820. — PHILLIPS, D. L., and J. S. SCOTT: Recurrente genitale und orale Ulceration mit kombinierten Augenläsionen (Behçet's Syndrom). Lancet **1955 I**, 366. — PHILPOTT, M. G., u. J. N. BRIGGS: Behandlung des Schoenlein-Henoch-Syndroms mittels adrenocorticotropem Hormon (ACTH) und Cortison. Arch. Dis. Childr. **28**, 57 (1953). — Ref. Amer. J. Dis. Child. **90**, 359 (1955). — PICKERT, H.: Ulcusperforation unter Prednison-Behandlung einer diffusen Sklerodermie, ein kasuistischer Beitrag. Ärztl. Wschr. **1956**, 328. — PILLSBURY, D. M.: Physiologic principles in the management of dermatitis. New Engl. J. Med. **244**, 423 (1951). — PINCUS, G., and K. V. THIMANN: The Hormones. Physiology, chemistry and applications. New York: Acad. Press Inc. Publ. 1955. — PLENERT, W.: Studie zur Blasenbildung bei der Epidermolysis bullosa. Z. Kinderheilk. **78**, 329 (1956). — PLOTZ, CH. M., J. W. BUNT and CH. RAGAN: Effect of pituitary adrenocorticotropic hormone (ACTH) on disseminated lupus erythematosus. Arch. Derm. Syph. (Chicago) **61**, 913 (1950). — PLOTZ, CH. M., E. L. HOWES, J. W. BLUNT, K. MEYER and CH. RAGAN: Action of cortisone on mesenchymal tissues. Arch. Derm. Syph. (Chicago) **61**, 919 (1950). — PODESTA, L. D., y L. M. BALINA: Mieloma de Kahler con lessiones cutaneas especificas. Rev. argent. Dermatosif. **41**, 101 (1957). Ref. Zbl. Haut- u. Geschl.-Kr. **102**, 195 (1959). — POLLI, E., e S. ERIDANI: Alcuni rilievi critici sull'impiego degli steroidi corticonici nel trattamente delle leucemie acute e riacutizzate. Minerva (Torino) **50**, 932 (1959). — POLSON, J. S., R. W. BLACK and C. J. PATTLE: Pemphigus vulgaris treated with cortisone acetate. Canad. med. Ass. J. **65**, 471 (1951). — POLSON, J. S., C. J. PATTLE and F. M. WOOLHOUSE: Keloid. Canad. med. Ass. J. **65**, 447 (1951). — PORTNOY, B.: A comparison between 9α-fluoro-hydrocortisone and hydrocortisone in the topical treatment of certain dermatoses. Brit. J. Derm. **68**, 303 (1957). — POULTON, B. R., and R. P. REECE: The activity of the pituitary-adrenal cortex axis during pregnancy and lactation. Endocrinology **61**, 217 (1957). — PREISLER, O.: Ist eine langdauernde Cortisonbehandlung in der Schwangerschaft für das Kind schädlich? Zbl. Gynäk. **82**, 657 (1960). — PRESTON, R. H., and R. FLATT: Intravenous hydrocortisone hemisuccinate and prednisolone hemisuccinate. Their use in acute severe dermatological conditions. Arch. Derm. Syph. (Chicago) **74**, 613 (1956). — PRESTON, R. H., and L. GOLDMAN: Intravenous corticotropin therapy in dermatology. Arch. Derm. Syph. (Chicago) **66**, 391 (1952). — PREZIOSI, P., et R. MARMO: Effects de la dexaméthasone et de l'association dexaméthasone-tetracycline sur certaines tumeurs expérimentalles. Chemotherapia **2**, 89 (1960). — PRIBILLA, W.: Purpura Schoenlein-Henoch. Ärztl. Wschr. **1951**, 1044. — PRIBILLA, W., et W. KUHN: Progrès diagnostiques et thérapeutiques dans la lymphogranulomatose. Méd. et Hyg. (Genève) **18**, 483 (1960). — PRICE, H.: Necrobiosis lipoidica diabeticorum. Arch. Derm. Syph. (Chicago) **67**, 638 (1953). — PRIETO LORENZO, A.: Tratamiento de la leproreaccion por el ACTH y cortisona. Med. colon. **27**, 227 (1956). — PRINCE, G. E.: Erythroderma desquamativa of the newburn infant. J. Pediat. **47**, 475 (1955). — PROPPE, A., u. A. GERAUER: Über den Einfluß des adrenocorticotropen Hormons und des Cortisons auf das haemolytische System der Wassermannschen Reaktion. Studie über die Entwicklungsmöglichkeiten von adrenocorticotropen Hormonen und Cortison auf allergische Vorgänge. Hautarzt **5**, 71 (1954). — PROSIEGEL, R., A. GOELKEL u. U. FUCHS: Über eine neue Form der ACTH-Therapie bei der rheumatischen Polyarthritis. Dtsch. med. Wschr. **1953**, 1494. — PROUT, A., and A. H. SNAITH: Urinary excretion of 17-keto-steroids in children. Arch. Dis. Childh. **33**, 301 (1958). — PUSEY, W. A., and H. RATTNER: Arch. Derm. Syph. (Chicago) **31**, 865 (1935). Zit. nach SUTTON 1956. — PYKE, D. A., and J. G. SCADDING: Effect of cortisone upon skin sensitivity to tuberkulin in sarcoidosis. Brit. med. J. **1952 II**, 1126.

QUINTIN, R., u. J. DULINC: Versuch der Corticotherapie des Morbus Nicolas-Favre. Presse méd. **64**, 1292 (1956). — QUIROGA, M. I., y J. CHIRIBOGA: Accion de la cortisona en el eczema experimental (Segunda communicacion). Rev. argent. Dermatosif. **35**, 54 (1951).

RAASCHOU-NIELSEN, W., u. F. REYMANN: Familial benign chronic pemphigus. Acta derm.-venereol. (Stockh.) **39**, 280 (1959). — RAGAN, C.: The effect of adrenocorticotropic hormone (ACTH) on the clinical syndroma of dermatomyositis. Proc. First Clin. ACTH-Conf. Ld. J. R. MOTE. Philadelphia: Blakiston Comp. 1950. — Corticotropin, cortisone and related steroids in clinical medicine: practical considerations. Bull. N.Y. Acad. Med. **29**, 355 (1953). — RAGAN, C., E. L. HOWES, C. M. PLOTZ, K. MEYER and G. W. BLUNT: Effect of cortisone on production of granulation tissue in the rabbit. Proc. Soc. exp. Biol. (N.Y.) **72**, 718 (1949). — RANDOLPH, T. G., and J. P. ROLLINS: Adrenocorticotropic hormone (ACTH), its effect in atopic dermatitis. Ann. Allergy **9**, 1 (1951). — RANNEY, H. M., and A. GELLHORN: The effect of massive prednisone therapy on acute leukemia and malignant lymphomas. Amer. J. Med. **22**, 405 (1957). — RAPPAPORT, B. Z., M. SAMTER, E. A. MCCREW, J. F. ORRICO, N. J. EHRLICH, H. S. HARTLEY, H. LAZAR, J. J. LUBIN and R. A. SCALA: ACTH in ragweed pollinosis. A histologic immunologic and clinical study. J. Allergy **22**, 304 (1951). — RAYNARD (1934/35): Zit. nach GOODMAN and GILMAN 1955, p. 1566. — REFVEM, O.: Boeck'sche Krankheit (Lymphogranulomatosis benigna), behandelt mit ACTH und Cortison. Nord. Med. **47**, 124 (1952). — Deux cas de granulomes périsilicotiques cutanés. Etiopathogénie et traitement. Bull. Soc. franç. Derm. Syph. **62**, 17 (1955). — REICHSTEIN, T.: Über Bestandteile der Nebennierenrinde. VI. Trennungsmethoden, sowie Isolierung der Substanzen F. a., H. u. J. Helv. clin. Acta **19**, 1107 (1936). — Über Bestandteile der Nebennierenrinde. X. Zur Kenntnis des Corticosterons. Helv. clin. Acta **20**, 953 (1937). — REID, H. A.: Cortison bei der Behandlung des Reiter-Syndroms. Minerva med. (Tornio) **46**, 155 (1955). — REIFENSTEIN jr., E. C.: Control of corticoid-induced protein depletion and osteoporosis by anabolic steroid therapy. Metabolism. **7**, 78 (1958). — REIN, CH. R.: The present status of hydrocortisone acetate ointment in dermatologic therapy. Arch. Derm. Syph. (Chicago) **68**, 452 (1953). — REIN, CH. R., and E. L. BODIAN: A clinical evaluation of prednisone in the treatment of dermatoses. Arch. Derm. Syph. (Chicago) **73**, 378 (1956). — REINER, M.: Effect of cortison and adrenocorticotropin therapy on serum protein in disseminated lupus erythematosus. Proc. Soc. exp. Biol. (N.Y.) **74**, 529 (1950). — REINHARDT, W. O., and CH. H. LI: Reduction of antidiuretic and pressor activity associated with adrenocorticotropic hormone (ACTH) preparations. Proc. Soc. exp. Biol. (N.Y.) **76**, 836 (1951).— RENOLD, A. E., P. H. FORSHAM, J. MAISTERRENA and G. W. THORN: Intravenously administered ACTH. A preliminary report. New Engl. J. Med. **244**, 796 (1951). — RENOLD, A. E., D. JENKINS, P. H. FORSHAM and G. W. THORN: The use of intravenous ACTH: a study in quantitive adrenocortical stimulation. J. clin. Endocr. **12**, 763 (1952). — REUBER, R., u. J. SCHMIDT-THOMÉ: Die C_{21}-, C_{19}- und C_{18}-Steroide. In HOPPE-SEYLER/THIERFELDER, Handbuch der physiologischen und pathologisch-chemischen Analyse, 10. Aufl., Bd. III/2, S. 1458ff. Berlin: Springer 1955. — REYMANN, F.: Corticosteroids in the therapy of cutaneous disease, with special reference to fluorohydroxyprednisolon. Acta derm.-venereol. (Stockh.) **40**, 231 (1960). — REYMANN, F., and P. SØBYE: ACTH treatment in Pemphigus. Acta derm.-venereol. (Stockh.) **32**, 136 (1952). — Follow-up of pemphigus patients treated with ACTH. Acta derm.-venereol. (Stockh.) **34**, 152 (1954). — REZNICK, L., W. F. LEVER and CH. N. FRAZIER: Treatment of pemphigus with ACTH, cortisone and prednisone. Results obtained in twenty-five cases over a period of five years. New Engl. J. Med. **255**, 305 (1956). — RICCARDI, L.: La malattia trisintomatica die Gougerot come espressione di allergio cutanea. Considerazione cliniche e terapeutiche. Dermatologia (Napoli) **5**, 193 (1954). — RICCIARDI, S., A. NOFERI, V. PECORI e L. D'ALESANDRO: Su di un nuovo corticosteroide di sintesi, il desametasone, nella terapie dell'asma bronchiale. Minerva med. (Torino) **50**, 946 (1959). — RICH, R.E.: Hydrocortison bei der Behandlung von Ganglien. J. Amer. med. Ass. **158**, 1476 (1955). — RICHTER: Klinische und theoretische Bemerkungen zur ACTH-Behandlung der Kollagenosen. Vortr. Tagg Ostbayer. Wissensch. Dermatol., Regensburg, 6./7. 10. 1951; Hautarzt **3**, 365 (1952). — RIEDERER, J.: Kasuistischer Beitrag zur sog. Arteriitis temporalis unter Prednison-Behandlung. Ärztl. Wschr. **12**, 361 (1957). — RIEHL jr., G.: Nebennierenrindenextrakt zur Psoriasisbehandlung. Zbl. Haut- u. Geschl.-Kr. **54**, 484 (1937). — Sklerodermia diffusa von ungewöhnlich raschem und schwerem Verlauf durch ACTH bedeutend gebessert. Sitzg der Öst. Dermatol. Ges. 28. 6. 1951. Ref. Zbl. Haut- u. Geschl.-Kr. **78**, 392 (1952). — RISSE-SUNDERMANN, A.: Intradermale Injektionen von mikrokristallisiertem Prednisolon-trimethylacetat bei der Alopecia areata. Dtsch. med. Wschr. **85**, 584 (1960). — RITTER, H.: Zur Ätiologie und Therapie der Acne juvenilis und Rosacea. Derm. Wschr. **110**, 233 (1940). — RITTER, H., u. J. WADEL: Nebennierenrindenextrakt bei Acne rosacea. Derm. Wschr. **102**, 617 (1936). — ROBBA, G.: Cortisone e sindrome da squasso in dermatologica. Atti Sez. Reg. Soc. ital. Dermat. [Min. derm. (Torino) **28**, H. 12] **2**, 319 (1953). — ROBBINS, J. G.: Bullous urticaria pigmentosa Arch. Derm. Syph. (Chicago) **70**, 232 (1954). — ROBINS, J. J., and W. F. LYONS: Beryllium granulomatosis: Report of a case showing response to cortisone. Ann. intern. Med. **38**, 120 (1953). — ROBINSON, H. M.: Prednison bei der Behandlung ausgewählter Dermatosen. Vorläufiger Bericht. J. Amer. med. Ass. **158**, 473 (1955). — Prednisolone (Meti-Derm) as an Aerosol for dermatoses. Arch. Derm. Syph. (Chicago) **79** 103 (1959). — ROBINSON jr., H. M.: Antibiotika und Steroide in der dermatologischen Praxis. Therapiewoche **5**, 630 (1955). — ROBINSON jr., H. M., R. C. V. ROBINSON and J. RASKIN: Triamcinolone in dermatologic therapy. Sth. med. J. (Bgham, Ala.) **52**, 330 (1958). — ROBINSON, H. J., R. C. MASON, D. H. JOHNSON and A. H. SMITH: Effect of adrenocorticotrophie hormone on pneumococcal infections in rabbits. Proc. Soc. exp. Biol. (N. Y.) **83**, 790 (1953). — ROBINSON, H. J., R. C. MASON and A. L. SMITH: Beneficial effects of cortisone on survival of rats infected with D. pneumoniae. Proc. Soc. exp. Biol. (N.Y.) **84**, 312 (1953). — ROBINSON, M. M.: The treatment of various dermatoses with a new cool tar steroid combination. Antibiot. Med. **6**, 17 (1959). — ROBINSON, R. C. V.: Verwendung von Fluorcortison-Acetat bei Dermatosen. J. Amer. med. Ass. **157**, 1300 (1955). — ROBSON, H. N.: Corticotropin and cortisone in idiopathic thrombocytopenic purpura. Med. J. Aust. **1954I**, 516. — ROCHE, M., J. CONVIT, J. A. MEDINA and E. BLOMENFELD: The effects of adrenocorticotropic hormone (ACTH) in lepromatous lepra reaction. Int. J. Leprosy **19**, 137 (1951). — RODNAN, G. P., R. L. BLACK, A. J. BOLLET and J. J. BUNIM: Observations on the use of prednisone in patients with progressive systemic sclerosis (diffuse scleroderma). Ann. intern. Med. **44**, 16 (1956). — ROGOFF, J. M., and G. N. STEWART: The influence of adrenal extract on the survival period of adrenalectomized animals. Science **66**, 327 (1927). — RØJEL, J.: Lupus erythematosus disseminatus mit ACTH behandelt. Ugeskr. Laeg. **1951**, 1382. Ref. Zbl. Haut- u. Geschl.-Kr. **80**, 385 (1952). — ROME, H. G., and FR. J. BRACELAND: Die psychologische Reaktion auf ACTH, Cortison, Hydrocortison und verwandte Steroid-Substanzen. Amer. J. Psychiat. **108**, 641 (1952). — RONCHESE, F.: Annular Sarcoidosis, treated with cortisone. Arch. derm. Syph. (Chicago) **64**, 806 (1951). — RONY, H. R., and M. COHEN: Preliminary and short report. The effect of cortisone in alopecia areata. J. invest. Derm. **25**, 285 (1955). — ROSENKILDE, H., H. KÜCHMEISTER, J. J. HERZBERG u. E. LANGE-CORDES: Der Einfluß von Cortison auf das Wachstum chemisch erzeugter Hauttumoren. Klin. Wschr. **33**, 582 (1955). — ROSENKRANZ, G., and F. SONDHEIMER: Syntheses of cortisone, in ZECHMEISTER: Fortschr. Chem. organ. Naturstoffe **10**, 274 (1953). — ROSSIER, P. H., M. HEGGLIN-VOLKMANN: Die Sklerodermie als intern-medizinisches Problem. Schweiz. med. Wschr. 84, 25 (1954). — ROTHMAN, ST., and E. FARNEY-DAVIES: Diffuse, dry neurodermatitis treated with ACTH. Arch. Derm. Syph. (Chicago) 60, 98 (1951). — ROTHSCHILD, M. A., S. S. SCHREIBER, M. ORATZ u. H. L. MCGEE: The effects of adrenocortical hormones on albumin metabolism studied with albumin-J 131. J. clin. Invest. 37, 1229 (1958). — ROUHER, F.: Hydrocortison und Atropinekzem. Zbl. Haut- u. Geschl.-Kr. 90, 26 (1954). — ROUSSEL: Sh. med. J. (Bgham, Ala.) 29, 811 (1936). Zit. nach SUTTON 1956, S. 980. — ROUX: Hydroa vacciniforme, porphyrinurie et corticothérapie. Bull. Soc. franç. Derm. Syph. 64, 116 (1957). — ROWNTREE, L. G., and SNELL: A clinical study of Addisson's disease. Philadelphia: W. B. Saunders Company 1931. — RUBIN, A.: Case of pemphigus treated with ACTH. Arch. Derm. Syph. (Chicago) 64, 196 (1951). — RUDOLPH, J. A., and B. M. RUDOLPH: Treatment of dermatologic and respiratory allergy with dexamethasone. Ann. Allergy 17, 710 (1959). — RUNCKELEN, H. VAN, et NIZET: Deux cas de dermatoses zoniformes. Arch. belges Derm. 10, 342 (1954). Zit. nach L. H. JANSEN, Réactions cutanés IV. Dermatologica (Basel) 113, 88 (1956).

SALOMON, A., B. APPEL, E. F. DOUHERTY, J. A. HERSCHFUS and M. S. SEGAL: Scleroderma. Pulmonary and skin studies before and after treatment with cortisone. Arch. intern. Med. 95, 103 (1955). — SAMITZ, M. H., M. S. GREENBERG and J. M. COLETTI: Pemphigus in association with pregnancy. Arch. Derm. Syph. (Chicago) 67, 10 (1953). — SAMPAIO, S., L. DE SAIZA LIMA and L. NAHAS: Corticotropin (ACTH) in the treatment of lepra reaction. Arch. Derm. Syph. (Chicago) 65, 617 (1952). — SANDIFER, S. H.: Rezidivierende, febrile, noduläre, nichteitrige Panniculitis (Weber-Christiansches Syndrom): Bericht über einen Fall mit Reaktion auf Röntgentherapie und Versagen von Cortison. Ann. intern. Med. 42, 451 (1955). — SANDWEISS, D. J.: Effects of adrenocorticotropic hormon (ACTH) and cortisone on peptic ulcer. J. clin. Rev. Gastroenterology 27, 604 (1954). — SANDWEISS, D. J., H. C. SALTZSTEIN, S. R. SCHEINBERG and A. PARKS: Hormone studies in peptic ulcers; pituitary adrenocorticotropic hormone (ACTH) and cortisone. J. Amer. med. Ass. 144, 1436 (1950). — SANTLER, R.: Einfluß des ACTH bei Thrombopenie nach Salvarsan. Münch. med. Wschr. 95, 1034 (1953). — SARETT, L. H.: Partial synthesis of pregnene-4-triol-17 (β), 20 (β), 21-dione-3-11 and pregnene-4-diol-17 (β), 21-trione, 3, 11, 31 monoacetate. J. biol. Chem. 162, 601 (1946). — A new method for the preparation of 17 (α)-hydroxy-20-hetopregnanes. J. Amer. chem. Soc. 70, 1454 (1948). — Some aspects of the chemical evolution of anti-inflammatory steroids. Ann. N.Y. Acad. Sci. 82, 802 (1959). — SAUER, G. C.: Exfoliative psoriasis with arthritis. Arch. Derm. Syph. (Chicago) 64, 511 (1951). — Herpes zoster. Treatment of postherpetic neuralgia with cortisone, corticotropin and placebos. Arch. Derm. Syph. (Chicago) 71, 488 (1955). — SAUVAN, R. L., and R. L. SUTTON: Fungistasis of hydrocortisone and certain of its analogues. Arch. Derm. Syph. (Chicago) 79, 53 (1959). — SAVITT, L. E.: Favorable response of necrobiosis lipoidica diabeticorum to hydrocortison suspension. Arch. Derm. Syph. (Chicago) 71, 506 (1955). — Injections of hydrocortisone into dermatologic lesions. Arch. Derm. Syph. (Chicago) 76, 780 (1957). — SAYERS, G.: Adrenal cortex and homeostasis. Physiol. Rev. 30, 241 (1950). — SAYERS, G., T. W. BURNS, F. H. TYLER, B. V. JAGER, F. B. SCHWARTZ, E. L. SMITH, L. T. SAMUELS and H. W. DAVENPORT: Metabolic action, and fate of intravenously administered adrenocorticotropic hormone in man. J. clin. Endocr. 9, 593 (1949). — SAYERS, G., A. WHITE and C. N. H. LONG: Preparation and properties of pituitary adrenotropic hormone. J. biol. Chem. 149, 425 (1943). — SAYERS, M. A., G. SAYERS and L. A. WOODBURY: Assay of adrenocorticotropic hormone by adrenal ascorbic acid-deplation method. Endocrinology 42, 379 (1948). — SCARPA, C.: Di alcune particolaris sensibilizazzioni, allergiche della cute. Dermatologia (Napoli) 7, 300 (1956). — SCERRATO, R.: Die Prognose der schweren Verbrennungen unter dem Einfluß von Adrenocorticotropin und Cortison. Zbl. Haut- u. Geschl.-Kr. 91, 381 (1955). — SCHAERSTRÖM, R.: Acta med. scand. 145, 447 (1953). Zit. nach RIEDERER 1957. — SCHAPER, P. H., u. H. SCHNELL: Ein Beitrag zur Prednison-Therapie des Morbus Boeck. Medizinische 1959, 2575. — SCHEIE, H. G., and M. C. ALPER: Behandlung von Herpes zoster ophthalmicus mit Cortison oder Corticotropin. J. Amer. med. Ass. 157, 1258 (1955). — SCHEIFFARTH, F., u. L. ZICHA: Der gegenwärtige Stand der Corticoidtherapie allergischer und rheumatischer Erkrankungen. Medizinische 1958, 1652. — Klinische Erfahrungen mit Dexamethason und anderen neueren Corticoidderivaten. Medizinische 1959, 1737. — Klinische Erfahrungen mit rasch wirksamen Dexamethasonestern. Med. Welt 1960, 365. — SCHENK, H., u. R. KUNZE: Cortisonschäden am Auge. Klin. Mbl. Augenheilk. 136, 663 (1960). — SCHERBER, G.: Zur Anwendung von Parathyreoidea und des Präparats AT 10 bei der Behandlung der Impetigo herpetiformis und der Psoriasis vulgaris pustulosa. Derm. Wschr. 106, 391 (1938). — SCHERLER, M.: Au sujet de trois cas de maladie de BESNIER-BOECK-SCHAUMANN traités par l'acétate de désoxycorticostérone. Schweiz. med. Wschr. 82, 768 (1952). — SCHICK, R. M., A. H. BAGGENSTOSS, B. F. FULLER and H. F. POLLEY: Effects of cortisone and ACTH on periarteritis nodosa and cranial arteritis. Proc. Mayo Clin. 25, 492 (1950). — SCHMIDT, F. R.: Pemphigus treated with cortisone, ACTH and testosterone propionate. Arch. Derm. Syph. (Chicago) 60, 99 (1951). — SCHMIDT, P. W., and A. G. KIRST: Zur Behandlung der Acne und Rosacea mit Nebennierenrindenhormon. Hautarzt 2, 172 (1951). — SCHMIDT, V., u. H. STÜRUP: Dermatomyositis (Poikilodermatomyositis), behandelt mit ACTH und Aureomycin. Ugeskr. Laeg. 112, 1412 (1950). — SCHMITT, W.: Zur Behandlung von Verbrennungen bei Säuglingen und Kleinkindern. Teil I: Zur Behandlung des Verbrennungsschocks. Ärztl. Wschr. 1956, 649. — SCHMITZ, H. J.: Zur Theorie und Therapie der Psoriasis. Z. Haut- und Geschl.-Kr. 5, 496 (1949). — SCHMUZIGER, P.: Über die Behandlung von Hautleiden mit Hydrocortisonsalbe. Praxis 1956, 239. — SCHNEIDER, W.: Über die therapeutische Anwendung von Corticosteroiden in Form von Lotionen. Med. Klin. 1960, 931. — SCHOOG, M., u. H. WOLFERS: Hypophysen- und Nebennierenimplantationen bei Dermatosen. Z. Haut- u. Geschl.-Kr. 12, 70 (1952). — SCHRADER, K. E.: Therapieschäden an der Hornhaut des Auges durch Anwendung von Cortison-Präparaten. Münch. med. Wschr. 102, 1608 (1960). — SCHREINER, H. E.: Klinische Erfahrungen mit Calcistin. Dtsch. med. Wschr. 79, 1132 (1954). — Beitrag zur Behandlung der Dermatomyositis mit Terramycin. Arch. Derm. Syph. (Berl.) 201, 266 (1955). — Morphologische Veränderungen nach Cortison und ACTH bei Ratten. Vortr.: Herbsttagg. Nordwestdtsch. Derm. Ges., Hamburg 3. u. 4. 12. 1955. Ref. Derm. Wschr. 133, 614 (1956). — Herpes gestationis. Frühjahrstagg der Hamburger Dermatol. Ges. 11. 5. 1958. — Klinische Erfahrungen mit der Adenosin-5-monophosphorsäure bei verschiedenen Dermatosen. Ther. d. Gegenwart 97, 53 (1958). — Die Therapie von Hautkrankheiten mit Nebennierenrindenhormonen. Zbl. Haut- u. Geschl.-Kr. 104, 89 (1959). — Über das Verhalten der eosinophilen Blutzellen nach ACTH und Corticoiden bei verschiedenen Dermatosen. Hautarzt 11, 113 (1960). — Die therapeutische Anwendung von NNR-Hormonen und ACTH in der Dermatologie. Fortschr. Med. 78, 469 (1960). — SCHREINER, H. E., u. H. EINECKE: Klinische Beobachtungen zur Frage der Überempfindlichkeitsreaktionen auf Prednison und Prednisolon. Im Druck. — SCHRÖPL: Hormonbehandlung der Acne und Rosacea. Vortr. Tagg Ostbayer. Wissensch. Dermatol., Regensburg, 6./7. 10. 1951. Ref. Zbl. Haut- u. Geschl.-Kr. 78, 269 (1952). — SCHRÖPL, E. u. V.: Haarwuchs bei Alopecia gravis totalis. Hautarzt 8, 228 (1957). — SCHUERMANN, H.: Statistisches über Dermatomyositis. Derm. Wschr. 130, 782 (1954). — Dermatomyositis: Ergebn. inn. Med. Kinderhk. 10, 427 (1958). — SCHUERMANN, H., u. R. DOEPFMER: Behandlung des Lupus erythematodes acutus mit ACTH. Hautarzt 1, 421 (1950). — SCHUERMANN, H., u. O. HORNSTEIN: Dermatomyositis (Polymyositis). Dermatologie und Venerologie einschließlich Berufskrankheiten, dermatologischer Kosmetik und Andrologie, von GOTTRON-SCHÖNFELD, Bd. II/1, S. 543ff. Stuttgart: Georg Thieme 1958. — SCHULZE, W.: Die innere Behandlung der Psoriasis. Hautarzt 7, 49 (1956). — SCHUPBACH, H. J., and B. R. GENDEL: Cortisone in the treatment of recurrent erythema multiforme. Arch. Derm. Syph. (Chicago) 64, 783 (1951). — SCHUPPENER, H. J., u. G. KOBER: Psoriasis pustulosa Typ Zumbusch. Derm. Wschr. 136, 953 (1957). — SCHUPPLI, R.: Über die Wirkung von Cortison in zwei Fällen von Mykosis fungoides. Dermatologica (Basel) 103, 209 (1951). — Über schwere Zwischenfälle bei prophylaktischer Anwendung von Arzneimitteln. Dermatologica (Basel) 121, 15 (1960). — SCHWARTZ, B.: Lichen planus pemphigoides. Proc. Royal. Soc. Med. 48, 445 (1955). — SCHWARTZ, E.: Orale Hydrocortison-Therapie bei Bronchialasthma und Heufieber. Amer. J. Dis. Child. 89, 766 (1955); ref. aus J. Allergy, St. Louis, 25, 102 (1954). — SCHWARTZ, M., u. M. SPRECHLER: Schwere Komplikationen unter Cortisonbehandlung. Nord. med. 54, 1398 (1955). — SCHWARZ, H., and H. KINGMA: Keratodermia blennorrhagica treated with cortisone. Brit. J. Dermat. 64, 388 (1952). — SCHWYZER, R., W. RITTEL, H. KAPPELN u. B. ISELIN: Synthese eines Nonadeka-peptides mit hoher corticotroper Wirksamkeit. Angew. Chem. 72, 915 (1960). — SCOTT, O.: Alopecia areata treated with hydrocortisone. Brit. J. Derm. 69, 66 1957). — SCOTT, A., and F. KATZ: The effect of the topical application of corticotrophin, hydrocortisone and fluorocortisone on the process of cutaneous inflammation. J. invest. Derm. 26, 361 (1956). — SCOTT, R. B., and M. R. DELILLY: Idiopathic calcinosis universalis. Report of a case in a child treated with corticotropin (ACTH) and cortisone. Amer. J. Dis. Child. 87, 55 (1954). — SELENKOW, H.A., R. W. SHEPPARD and W. J. REDDY: Adrenocortical function in hypothyroidism and hyperthyroidism. J. clin. Endocr. 16, 981 (1956). — SELYE, H.: General adaptation syndrome and diseases ot adaptation. J. clin. Endocr. 6, 117 (1946). — Physiology and pathology of exposure to stress. Acta Inc. Montreal 1950. — Das allgemeine Adaptations-Syndrom (G.A.S.) und die Adaptations-Krankheiten. Med. Welt 1951, 1, 81. — Wirkung von Cortisol auf die Milchdrüsen. Acta endocr. (Kbh.) 17, 394 (1954). — Stress: Experimentelle Ergebnisse und deren Bedeutung für die Klinik. Triangel (Sandez) 1, 214 (1955). — SELYE, H., E. BAJUSZ u. M. NADASDI: Kann die „anaphylaktoide Entzündung“ durch Glukocorticoide verhindert werden? Allergie u. Asthma 4, 262 (1958). — SEMMOLA, L.: Cortison bei der Therapie des Pemphigus. Minerva med. (Torino) 46, 553 (1955). — SENECA, H., E. ELLENBOGEN, E. HENDERSON, A. COLLINS and J. ROCKENBACH: The in vitro production of cortisone by mammalian cells. Science 112, 524 (1950). — SHARNOFF, J. G., A. L. CARIDEO and J. D. STEIN: Cortisone-treated scleroderma. Report of a case with autopsy findings. J. Amer. med. Ass. 145, 1230 (1951). — SHELDON, W. H., M. M. CUM-

MINGS and L. D. EVANS: Failure of ACTH or cortisone to suppress tuberculin skin reactions in tuberculous guinea pigs. Proc. Soc. exp. Biol. (N.Y.) 75, 616 (1950). — SHELLEY, W. B., J. S. HARUN and J. M. LEHMAN: Long-term triamcinolone therapy of alopecia universalis. Arch. Derm. Syph. (Chicago) 80, 433 (1959). — SHELLEY, W. B., J. S. HARUN and D. M. PILSBURY: The treatment of psoriasis and other dermatoses with triamcinolone (Aristocort). J. Amer. med. Ass. 167, 959 (1958). — SHERWIN-WEIDENREICH, R., F. HERRMANN u. M. B. SULZBERGER: Über die Beeinflussung epidermaler Methylcholanthren-Tumoren durch Cortison. Hautarzt 9, 535 (1958). — SHERWOOD, H., and R. COOKE: Die Therapie allergischer Erkrankungen mit einem neuen Steroidkörper. J. Allergy 28, 97 (1957). — SHULMAN, E., E. H. SCHOEMICH and A. M. HARVEY: Effects of adrenocorticotropic hormone (ACTH) and cortisone on sarcoidosis. Bull. Johns Hopk. Hosp. 91, 371 (1952). — SHUMAN: Arch intern. Med. 87, 669 (1951). Zit. L. H. JANSEN, Dermatologica (Basel) 106, 355 (1953). — SIDI, E., et Mme. J. BOURGEOIS-GAVARDIN: Action de l'acétate d'hydrocortisone en applications locales dans l'eczéma. Son influence sur les tests épicutanés. Sem. Hôp. Paris 30, 1546 (1953). — SIDI, E., Mme. BOURGEOIS-GAVARDIN et G. PLAS: Essais cliniques du traitement de l'eczéma et du prurit par les applications locales d'acétate d'hydrocortisone. Presse méd. 61, 992 (1953). — SIDI, E., J. BOURGEOIS-SPINASSE et A. REINBERG: La delta-1-déhydrocortisone (prednisone) en dermatologie. Presse méd. 1956, 964. — SIEGEL, S. S., V. BIRNBERG and V. C. KELLEY: Prednisone in the treatment of allergic disorders in children. Observations of plasma 17-hydroxycorticosteroid levels. J. Dis. Child. 91, 454 (1956). — SIEGENTHALER, W., u. R. HEGGLIN: Der viscerale Lupus erythematosus (Kaposi-Libman-Sacks-Syndrom). Erg. inn. Med. Kinderheilk., N. F. 7, 373 (1956). — Die intern-medizinische Bedeutung des visceralen Lupus erythematosus. Differentialdiagnostische, pathogenetische und therapeutische Probleme. Dtsch. med. Wschr. 82, 698 (1957). — SIGG, K.: Therapie akuter lebensbedrohender allergischer Zustände. Dermatologica (Basel) 113, 300 (1956). — SILTZBACH, L. E.: Wirkungen von Cortison bei Sarkoidose. Eine Studie von 13 Patienten. Amer. med. J. 12, 139 (1952). — SILVA, F., A. DE AZEVEDO PONDÉ and F. LICHTENBERG: Poikilodermatomyositis with calcinosis cutis. Arch. Derm. Syph. (Chicago) 68, 588 (1953). — SIMERAY, A.: Trisymptome de Gougerot. Action remarquable de la delta-cortisone. Bull. Soc. franç. Derm. 64, 50 (1957). — Action comparée de la delta-cortisone sur les lésions cutanées et pulmonaires dans un cas de maladie de Besnier-Boeck-Schaumann. Bull. Soc. franç. Derm. 64, 51 (1957). — SIMONSEN, M.: On the effect of cortisone on allergy and complement titer. Scand: J. clin. Lab. Invest. 2, 287 (1950). — SIMPSON, W. G., B. F. ROSENBLUM, C. E. WOOD and E. L. STAMMER: Local cortisone acetate therapy in congenital syphilitic interstitial keratitis. J. vener. Dis. Inform. 32, 116 (1951). — SLOCUMB, C. H.: Symposium on certain problems arising from clinical use of cortisone: rheumatic complaints during chronic hypercorticismus and syndromes during withdrawl of cortisone in rheumatic patients. Proc. Mayo Clin. 28, 655 (1953). — SMADEL, J. E., H. L. LEY jr. and F. H. DIERKS: Treatment of thypoid fever; combined therapy with cortisone and chloramphenicol. Ann. intern. Med. 34, 1 (1951). — SMALL, M. J.: Favorable response of sarcoidosis to cortisone treatment. J. Amer. med. Ass. 147, 932 (1951). — SMEETS, J. G. H., u. J. M. SOETERS: Komplikationen nach Impfung gegen Pocken. Maandschr. Kindergeneesk. 19, 325 (1951). — ŠMEJKAL, V., u. V. VAUA: Behandlung der spontanen Pannikulitis Christians-Weber mit Cortison und ACTH. Zbl. Chir. 80, 1048 (1955); Ref. Čas. Lék. čes. 93, 1280 (1954). — SMITH, C. C.: Eosinophilic response after innunction of hydrocortisone ointment experiments demonstrating lack of significant absorption and of systemic effects. Arch. Derm. Syph. (Chicago) 68, 50 (1953). — Urinary excretion of 17-ketosteroids and 17-hydroxycorticosteroids after innunction of hydrocortisone ointment. J. invest. Derm. 25, 67 (1955). — Topical applications of more soluble forms of hydrocortisone. A comparison with hydrocortisone acetate and hydrocortisone (free alcohol). J. invest. Derm. 28, 455 (1957). — SMITH, G. J., R. J. ZAWISZA and H. BLANK: Triamcinolone acetonide. — A highly effective new topical steroid. Arch. Derm. Syph. (Chicago) 78, 643 (1958). — SMITH jr., J. G.: Necrobiosis lipoidica. A disease of changing concepts. Arch. Derm. Syph. (Chicago) 74, 280 (1956). — SMITH, P. E., and G. L. FORSTER: Hypophysectomy and replacement therapy in relation to basal metabolism and specific dynamic action in rat. J. Amer. med. Ass. 87, 2151 (1926). — SNEDDON, I. B.: The treatment of atopic eczema with systemic steroids. Brit. J. Derm. 72, 1 (1960). — SNEDDON, I. B., and R. CHURCH: Diagnosis and treatment of pemphigoid. Report on 22 cases. Brit. med. J. 1955, No 4952, 1360. — SOBEL, N.: Psoriatic erythroderma with arthritis, treated with corticotrophin (ACTH). Arch. Derm. Syph. (Chicago) 64, 513 (1951). — SOFFER, L. J.: Diseases of the adrenals. Philadelphia: Lea and Febiger 1948. — SOFFER, L. J., S. K. ELSTER and D. T. HAMERMAN: Treatment of acute disseminated lupus erythematosus with corticotropin and cortisone. Arch. intern. Med. 93, 503 (1954). — SOFFER, L. J., M. F. LEVITT and G. BAEHR: Use of cortisone and adrenocorticotropic hormone in acute disseminated lupus erythematosus. Arch. intern. Med. 86, 558 (1950). — SOFFER, L. J., and G. J. SCHWARTZMAN: Science 3, 303 (1950). Zit nach HOIGNÉ et al. 1951. — SØNDERGAARD, G., and J. P. NIELSEN: Sclerema neonatorum. Report of a case treated with ACTH. Acta paediat. scand. **43**, 289 (1954). — SONES, M., H. L. ISRAEL, M. B. DRATMAN and J. H. FRANK: Effect of cortisone in sarcoidosis. New Engl. J. Med. **244**, 209 (1951). — SOUZA, ARAUJO DE: Brasil-méd. **76**, 83 (1953). — Folia med. (Napoli) **33**, 202 (1953). Zit. F. SAGHER: Leprosy, Dermatologica (Basel) **111**, 270 (1955). — SPAIN, D. M., N. MOLOMUT, A. B. NOVIKOFF and L. SKARADOFF: Cortisone and carcinogenesis in mouse skin. I. Effect of cortisone during multiple paintings with methylcholanthrene. Chancer Res. **16**, 138 (1956). — SPERO, G. B., J. L. THOMPSON, B. J. MAGERLEIN, A. R. HANZE, H. C. MURRAY, O. K. SEBEK and J. A. HOGG: Adrenal hormones and related compounds. IV. 6-methyl steroids. J. Amer. chem. Soc. **78**, 6213 (1956). — SPIES, T. D., and R. E. STONE: The effect of the local application of synthetic cortisone acetats on the lesions of iritis and uveitis, of allergic dermatitis and of psoriasis. Sh. med. J. (Bgham, Ala.) **43**, 871 (1950). — SPINK, W. W., and W. H. HALL: Influence of cortisone and adrenocorticotropic hormone on brucellosis. Adrenocorticotrophic hormone (ACTH) in acute and chronic human brucellosis. J. clin. Invest. **31**, 958 (1952). — SPRAGUE, R. G., M. H. POWER, H. L. MASON, A. ALBERT, D. R. MATHIESON, P. S. SENCH, E. C. KENDALL, CH. H. SLOCUMB and A. F. POLLEY: Observations on the physiologic effects of cortisone and ACTH in man. Arch. intern. Med. **85**, 199 (1950). — SPENGLER, M., A. LABHART u. T. WEGMANN: Die Wirkung von Cortison und ACTH auf Infektionskrankheiten. Praxis **1955**, 854. — STACKELBERG, C. O. v., u. E. GENTSCHY: Beitrag zur Behandlung der chronischen Rhinitis allergica mit Hydrocortison-Acetat-Trockenzerstäubung. Münch. med. Wschr. **101**, 863 (1959). — STÄPS, R., u. N. SÖNNICHSEN: Die moderne Behandlung des Pemphigus. Münch. med. Wschr. **102**, 2511 (1960). — STAHL, J., et F. STEPHAN: Quelques aspects du rôle de la corticosurrénale dans l'équilibre hydrominéral. Arch. Sci. physiol. **8**, 175 (1954). — STAUDINGER, HJ.: Biosynthese der Steroidhormone, in Hormone und ihre Wirkungsweise. 5. Colloquium der Ges. Physiol. Chemie. Berlin: Springer 1955. S. 192. — STECHER, G.: Behandlung der Lymphogranulomatose im fortgeschrittenen Stadium mit hohen Prednisondosen. Medizinische **1959**, 1379. — STEFANINI, M., C. A. ROY, L. ZANNOS and W. DAMASHEK: Therapeutic effects of pituitary adrenocorticotropic hormone (ACTH) in a case of Henoch-Schönlein vascular (anaphylactoid) purpura. J. Amer. med. Ass. **144**, 1372 (1950). — STEFFENSEN, E. H., J. A. OLSON, R. R. MARGULIS, R. W. SMITH and E. L. WHITEREY: The experimental use of cortisone in inflammatory eye disease. Amer. J. Ophthal. **33**, 1033 (1950). — STEIGER, M., u. T. REICHSTEIN: Desoxycorticosteron (21-oxy-progesteron) aus 5-3-oxy-ätiocholinsäure. Helv. chem. Acta **20**, 1164 (1937). — STEIN, R. O.: Die Erkrankungen der Talgdrüsen. In Handbuch der Haut- und Geschlechtskrankheiten, Bd. XIII/1, Berlin: Springer 1932. — STEINBERG, CH., and A. J. ROODENBURG: Successful treatment of dermatitis due to chrysotherapy with adreno-corticotropic hormone. J. Amer. med. Ass. **146**, 1225 (1951). — Metacortandracin (Meticorten) in treatment of disseminated lupus erythematosus and periarteritis nodosa. Ann. intern. Med. **44**, 316 (1956). — STEINBERG, CH. L., and A. I. ROODENBURG: Metacortandracin (Meticorten) in der Behandlung des Lupus erythematodes und der Periarteriitis nodosa. Ann. intern. Med. **44**, 316 (1956). — STEINER, K., and L. FRANK: Clinical experiences with cortisone and corticotropin (ACTH) in some cutaneous diseases. Arch. Derm. Syph. (Chicago) **65**, 524 (1952). — STEINHARDT, M. J.: Urticaria a angioedema; statistical of five hundred cases. Ann. Allergy **12**, 659 (1954). — STELZNER, F.: Die Cortisonphlegmone. Med. Klin. **55**, 1052 (1960). — STEPHAN, R.: Über das Hormon der Nebennierenrinde. Med. Klin. **18**, 679 (1926). — STERNBERG, TH. H., V. D. NEWCOMER and J. H. LINDEN: Behandlung der atopischen Dermatitis mittels Cortison. J. Amer. med. Ass. **148**, 904 (1952). — STEVENSON, C. J.: Treatment in bullous diseases with corticosteroid drugs and corticotrophin. Brit. J. Derm. **72**, 11 (1960). — STÖTTER, G.: Die Cortisonbehandlung von Durchblutungsstörungen, speziell der diabetischen Gangrän. Dtsch. Intern. Tagg, Leipzig 1956, S. 274. — STOLL, B. A.: Dexamethasone in advanced breast cancer. Cancer (Philad.) **13**, 1074 (1960). — STOLTE, J. B., and G. J. SAS: Chloramphenicol and ACTH in smallpox. Lancet **1951 II**, 715. — STØREN: Norsk Med. **55**, 473 (1956). Zit. W. LUTZ, Réaction cutenése III. Dermatologica (Basel) **113**, 49 (1956). — STOUGHTON, R. B.: Steroid therapy in skin disorders. J. Amer. med. Ass. **170**, 1311 (1959). — STRAUS, B., A. S. JACOBSON, S. A. BERSON, T. C. BERNSTEIN, R. S. FADEM and R. S. YALOW: The effect of cortisone in Hodgkin's disease. Amer. J. Med. **12**, 170 (1952). — STRITZLER, C., and L. FRANK: Topical hydrocortisone-oxytetracycline therapy. Arch. Derm. Syph. (Chicago) **71**, 736 (1955). — STRÖDER, J., u. E. R. HEISE: Pädiatrische Indikationen zur Therapie mit Corticoiden. Ärztl. Forsch. **13**, 425 (1959). — STÜTTGEN, G.: Zur therapeutischen Blockade des vegetativen Nervensystems bei schweren Verbrennungen. Hautarzt **6**, 369 (1955). — Die heutige Behandlung schwerer Verbrennungen (unter besonderer Berücksichtigung der Phenothiazin-Therapie). Hautarzt **8**, 193 (1957). — STÜTTGEN, G., H. MIEBACH u. CH. RAUSCHE: Zur Wirkung einer lokalen großflächigen Anwendung von Cortisonderivaten und Heparin auf die menschlichen Bluteosinophilen. Derm. Wschr. **142**, 1313 (1960). — STUHLERT, H.: Beitrag zur oralen Behandlung von Hautkrankheiten mit Cortison bzw. Prednison. Derm. Wschr. **135**, 289 (1957). — SULLIVAN, R. D., R. L. MAYOCK, R. JONES jr. and H. BEERMAN:

Local injection of hydrocortisone and cortisone into skin lesions of sarcoidosis. J. Amer. Med. Ass. **152**, 308 (1953). — SULZBERGER, M. B., and R. L. BAER: The year book of dermatology and syphilology, Chicago, Ill.: The Year Book Publishers Incorporated 1954.— SULZBERGER, M. B., F. HERRMANN, R. PICEGLI and L. FRANK: Incidence of epidermal methylcholanthrene tumors in mice after administration of cortisone. Proc. Soc. exp. Biol. **82**, 673 (1953). — SULZBERGER, M. B., G. C. SAUER, F. HERRMANN, R. L. BAER and J. L. MILBERG: Effects of ACTH and cortisone on certain diseases and physiologic functions of the skin. I. Effects of ACTH. J. invest. Derm. **16**, 323 (1951). — SULZBERGER, M. B., and V. H. WITTEN: The effect of topically applied compound F. in selected dermatoses. J. invest. Derm. **19**, 101 (1952). — SULZBERGER, M. B., V. H. WITTEN and C. C. SMITH: Hydrocortison (Compound F) acetate ointment in dermatological therapy. J. Amer. med. Ass. **151**, 468 (1953). — SULZBERGER, M. B., V. H. WITTEN and ST. N. YAFFÉ: Cortisone acetate administered orally in dermatologic therapy. Arch. Derm. Syph. (Chicago) **64**, 573 (1951). — SUTTON, R. L.: Diseases of the skin, 7. edit. St. Louis: C. V. Mosby Comp. 1956. — SUZMANN, M. M., and J. A. RUDOLPH: Effect of ACTH in acute dermatomyositis. Lancet **1951 I**, 660. — SWIFT, SH.: Anaphylactoid reaction from ACTH. Report of case. Ann. Allergy **12**, 172 (1954). — SWINGLE, W. W., and C. BAKER: Wirksamkeit von 9 α-Halo-Adrenalsteroiden zur Aufrechterhaltung adrenalektomierter Hunde. Chem. Abstr. **49**, 7089 (1955). Ref. Proc. Soc. Exp. Biol. (N.Y.) **88**, 193 (1955). — SWINGLE, W. W., M. EISLER, M. BEER, R. MAXWELL, C. BAKER and S. J. LEBRIE: Eosinopenia induced by stress in adrenalectomized dogs. Amer. J. Physiol. **178**, 341 (1954).

TAPPEINER, J.: Arthropathia psoriatica mit Cortone gebessert. Öst. Dermatol. Ges., Sitzg 24. 4. 1952. Zbl. Haut- u. Geschl.-Kr. **81**, 118 (1952). — Dermatomyositis progressiva. Öst. Dermatol. Ges., Sitzg 24. 4. 1952. Zbl. Haut- u. Geschl.-Kr. **81**, 117 (1952). — Der Wandel in der Prognose schwerer Verbrennungen. Langenbecks Arch. klin. Chir. **282**, 121, 140 (1955). — TATE, W. M., and J. A. WHEELER: Temporal arteritis: Report of case with ACTH therapy. J. Kans. med. Soc. **32**, 374 (1951). — TAUGNER, R., M. TAUGNER, TH. LOHMÜLLER u. A. FLECKENSTEIN: Über die Ursache der Muskeladynamie bei Nebennierenrinden-Insuffizienz. Naunyn-Schmiedeberg's Arch. exp. Path. Pharmak. **210**, 219 (1949). — TAYLOR, S. G., and J. P. AYER: Cortical steroids in treatment of cancer. Observations on effects of pituitary adrenocorticotropic hormone (ACTH) and cortisone in far advanced cases. J. Amer. med. Ass. **144**, 1058 (1950). — THEDERING, F., u. R. VÜLLERS: Behandlung des Plasmozytoms mit Prednisolon. Blut **5**, 161 (1959). — THÉLIN, F., N. BOVET-DUBOIS et J. GUINAND-DONISE: Action de l'ACTH et de la cortisone dans l'eczéma infantile. Praxis **1951**, 580. — THIERS, H., G. CHANIAL et J. FAYOLLE: Quatre observations de réaction de Herxheimer guériees par la cortisone. Bull. Soc. franç. Derm. Syph. **62**, 81 (1955). — THIERS, H., F. PINET, J. L. CHASSARD et E. LENOBLE: Erythrodermie d'évolution mortelle à point de départ de champs d'irradiation. J. Radiol. Électr. **38**, 621 (1957). — TILLING, W.: Klinische Beobachtungen bei der Anwendung von Triamcinolon. Med. Klin. **53**, 2025 (1958). — Zur Therapie mit injizierbaren Cortisolderivaten. Münch. med. Wschr. **101**, 2362 (1959). — THOMAS, L.: Infectious diseases; effects of cortisone and adrenocorticotropic hormone on infection. Ann. Rev. Med. **3**, 1 (1952). — THOMAS, L.: Cortison, ACTH and infection. Bull. N.Y. Acad. Med. **31**, 485 (1955). — THORN, G. W., T. B. BAYLES, B. F. MASSEL, P. H. FORSMAN, S. R. HILL jr., S. SMITH and J. E. WARREN: Studies on the relation of pituitary adrenal function to rheumatic disease. New Engl. J. Med. 1241, 529 (1941). — THORN, G. W., S. S. DORRANCE and E. DAY: Addisons' disease, evoluation of synthetic desoxycorticosterone acetate therapy in 158 patients. Ann. intern. Med. **16**, 1053 (1942). — THORN, G. W., P. H. FORSHAM, T. F. FRAWLEY, S. R. HILL jr., M. ROCHE, D. STAEHELIN and D. L. WILSON: The clinical usefulness of ACTH and cortisone. New Engl. J. Med. **242**, 783, 824, 865 (1950). — THORN, G. W., A. E. RENOLD, D. L. WILSON, T. F. FRAWLEY, D. JENKINS, J. GRACIA-REYER and P. H. FORSHAM: Clinical studies on the activity of orally administered cortisone. New Engl. J. Med. **245**, 549 (1951). — TONUTTI, E.: Über die strukturelle Funktionsanpassung der Nebennierenrinde. Endokrinologie **28**, 1 (1951). — TOOLAN, H. W.: Growth of human tumors in cortison-treated laboratory animals, the possibility of obtaining permanently transplantable human tumors. Cancer Rev. **13**, 389 (1953). — TRAUTWEIN, H.: Nebennierenrinde und Tuberkulose. Beitr. Klin. Tbk. **102**, 578 (1950). — TRÉMOLIÈRES, J., R. DERACHE et G. GRIFFATON: Effects de la cortisone sur la métabolisme glucidique. Ann. Endocr. (Paris) **15**, 708 (1954). Ref. Chem. Abstr. **49**, Nr 12, 8426 (1955). — TRONNIER, H.: Über die experimentelle Prüfung von entzündungshemmenden Steroiden an der menschlichen Haut. Berufsdermatosen **8**, 25 (1960). — Weitere Untersuchungen über die Beeinflussung der Wirkung lokal angewendeter Nebennierenrindenhormone. Vortr. XXXV. Tagg Dtsch. Derm. Ges., Hamburg 19.—22. 5. 1960, z. Z. im Druck: Arch. Derm. Syph. (Berl.). — TUCHMANN-DUPLESSIS: Propriétés physiologiques et mécanisme de régulation de la sécrétion corticotrope (ACTH). In: Hormone und ihre Wirkungsweise, 5. Colloquium der Ges. Physiol. Chemie, Berlin: Springer 1955, S. 78. — TUCHMANN-DUPLESSIS et MEIER-PAROT: Ét. néo-natal. **7**, 101 (1958). Zit. nach HOTTINGER 1959. — TUERKIRCHER, E., and E. WERTHEIMER: Adrenalectomy and gastric secretion. J. Endocr. **4**, 143 (1945). — TULIPAN, L.:

Failure of ACTH (adrenocorticotropic hormone) in the treatment of a case of mycosis fungoides. Report of a case. J. invest. Derm. **15**, 349 (1950). — TURELL, R.: Corticotropin and cortisone in intractable anogenital pruritus. J. Amer. med. Ass. **152**, 806 (1953). — Hydrocortison-Therapie zur Kontrolle von ano-genitalem Pruritus (vorläufiger Bericht). J. Amer. med. Ass. **158**, 173 (1955). — TURIAF, J., J. BRUN et JEANJEAN: Le traitement de la sarcoidose pulmonaire par la cortisone. (A propos de huit observations nouvelles.) J. franç. Méd. Chir. thor. **9**, 587 (1955). — TURNER, I. B., and D. H. HOLLANDER: Cortisone in experimental syphilis. Bull. Hopk. Hosp. **87**, 505 (1950). — TVETERÅS, E.: Anaphylactoide Purpura (Schönlein-Henoch's Syndrom) mit Nephritis als Komplikation. Svenska Läk.-Tidn. **1956**, 1434. — TZANCK, A., E. SIDI et LEFORT: Eczéma généralisé depuis 22 ans: traité par la cortisone (Tests non influencés). Bull. Soc. franç. Derm. Syph. **58**, 223 (1951).

ULBRICHT, H.: Die Behandlung der Psoriasis arthropathica mit Irgapyrin und Butazolidin. Derm. Wschr. **126**, 1189 (1952). — ULLMO, A.: Lichen plan guéri par le cortancyl. Bull. Soc. franç. Derm. Syph. **64**, 72 (1957). — URBACH, F., C. JACOBSON and W. BELL: Urticaria pigmentosa treated with desoxycorticosterone. Arch. Derm. Syph. (Chicago) **70**, 675 (1954).

VANATTA, J. C., and K. E. COTTER: Effect of DCA on peripheral vascular reactivity of dogs. Amer. J. Physiol. **181**, 119 (1955). — VARANGOT, J.: Die Verwendung des Cortisons während der Schwangerschaft. Presse méd. **63**, 1373 (1955). — VAYRE, J., et M. GUILLOT: Réticulose histio-monocytaire. Bull. Soc. franç. Derm. Syph. **63**, 248 (1956). — VELARDO, J. T., and S. H. STURGIS: Inhibitory action of hydrocortisone-acetate, 9-α-fluoro-hydrocortisone acetate and ACTH on estradiol-17-β-induced uterine growth. J. clin. Endocr. **15**, 895 (1955). — VERNIER, P., et G. PRINGUET: Un cas de guérison complète d'épidermolyse bulleuse dystrophique congénitale par l'ACTH. Bull. Soc. franç. Derm. Syph. **60**, 58 (1953). — VERZÁR, F.: Stoffwechselwirkungen des Nebennierenrindenhormons. Schweiz. med. Wschr. **1950**, 468. — VERZÁR, F., and V. WENNER: Biochem. J. **42**, 35 (1948). Zit. nach W. DIRSCHERL 1955. — VICKERS, C. F. H., and S. M. TIGHE: Topical triamcinolone in eczema. Brit. J. Derm. **72**, 352 (1960). — VILANOVA, X., y J. MONTFORT: Cicatriz queloidea tratada con infiltraciones de hidrocortisone. Act. dermo-sifiliogr. (Madr.) **47**, 599 (1956). — VISSIAN, L., et J. DE ALBERTI: Nouveau cas de maladie trisymptomatique de Gougerot traité par la cortisone. Bull. Soc. franç. Derm. Syph. **60**, 240 (1953). — VOGT, M.: Output of cortical hormone by mammalian suprarenal. J. Physiol. (Lond.) **102**, 341 (1943). — Observations on some conditions affecting rate of hormone output by suprarenal cortex. J. Physiol. (Lond.) **103**, 317 (1944). — The secretion of the denervated adrenal medulla of the cat. Brit. J. Pharmacol. **7**, 325 (1952). — VOHWINKEL, K.: Psoriasis pustulosa und ihre Behandlung mit AT 10. Derm. Wschr. **103**, 1373 (1936). — VOIT, K., u. W. TILLING: Dexamethason, ein neues Cortisolderivat. Ärztl. Wschr. **14**, 184 (1959). — VOLLMER, H.: Treatment of eczema with cortisone ointment. Arch. Derm. Syph. (Chicago) **68**, 525 (1953). — Topical use of fluorocortisone acetate in allergic dermatitis. Arch. Derm. Syph. (Chicago) **74**, 300 (1956). — VOLTERANI, O.: Klinische Beobachtungen über die Anwendung des Metacortandracins in der Therapie einiger Allergopathien. Minerva med. (Torino) **46**, 47 (1955). — VONKENNEL, J.: Zur Antibiotica- und Cortisontherapie in der Dermatologie. Fortb. Tagg prakt. Med., Augsburg 20.—22. 3. 1959.

WAKAI, C. S., u. L. E. PRICKMANN: Wirkungen von 9-Fluorhydrocortison-Acetat bei Patienten mit asthmatischer Bronchitis. Chem. Abstr. **49**, 3405 (1955). Ref. Proc. Mayo Clin. **29**, 663 (1954). — WALCH, J.: Zur Behandlung der Psoriasis mit 9α-Fluoro-16α-hydroxy-Prednisolon. Dermatologica (Basel) **118**, 244 (1959). — WALKER, S. A., and S. ROTHMAN: Alopecia areata. A statistical study and consideration of endocrine influences. J. invest. Derm. **14**, 403 (1950). — WALLENTIN, P., u. H. BRÄUNSTEINER: Diabetes mellitus und Cortisonmedikation. Wien. Z. inn. Med. **37**, 474 (1956). — WALTON, C. H. A.: Clinical experience with dexamethasone. Canad. med. Ass. J. **81**, 724 (1959). — WAMMOCK, V. S., A. A. BIEDERMAN and R. S. VORDAN: Erythema multiforme exsudativum (Stevens-Johnson-Syndrome). Report on a patient treated with pituitary adrenocorticotropic hormone. J. Amer. med. Ass. **147**, 637 (1951). — WATRIN, J., P. MICHON, M. RIBON, J. BEUREY et J. MOUGEOLLE: Pemphigus subaigu malin à bulles extensives traitment par association de transfusion et d'acétate de désoxycorticostérone (deux observations). Bull. Soc. franç. Derm. Syph. **57**, 464 (1950). — WATSON, C. J.: A basic classification of porphyria: certain diagnostic and therapeutic considerations. Read before the American College of Physicians in Atlantic City, New Jersey, April, 13, 1953. Zit. nach OLSON and SZILLS 1954. — WEBER, G.: Der Einfluß von Triamcinolon auf Fermentmechanismen bei parakeratotischer Verhornung. Vortr. XXV. Tagg Dtsch. Derm. Ges., Hamburg, 19.—22. 5. 1960, z. Z. im Druck: Arch. Derm. Syph. (Berl.). — WEHNERT, R. H.: Familial benign pemphigus (Hailey and Hailey) treated with cortisone. Acta derm.-venereol. (Stockh.) **33**, 211 (1953). — WEINER, A. L., and H. R. MENDELSOHN: Tabetic crises treated with corticotropin, report of a case. J. Amer. med. Ass. **152**, 705 (1953). — WEINGÄRTNER, L.: Zum augenblicklichen Stand der Kortikoidtherapie unter besonderer Berücksichtigung des Kindesalters. Münch. med. Wschr. **102**, 1601, 1699

(1960). — WEISBERGER, A. S., and L. G. SUHRLAND: Massive corticosteroid therapy in the management of resistent thrombocytopenic purpura. Amer. J. med. Sci. **236**, 425 (1958). — WEISBERGER, A. S., L. G. SUHRLAND and E. R. ARQUILLA: Massive steroid therapy in resistant thrombocytopenic purpura. J. Lab. clin. Med. **48**, 957 (1956). — WEISSBECKER, L.: Die Funktionsprüfung des Hypophysen-Nebennierenrinden-Systems mit Depot-ACTH. Dtsch. med. Wschr. **80**, 151 (1955). — Die Cortisone in der Behandlung chronischer Krankheiten. Ärztl. Fortbild. **6**, 369 (1956). — WEISSBECKER, L.: Die pathologische Physiologie der Nebennierenrinde und ihre Untersuchungsmethoden. Vortr. XXV. Tagg Dtsch. Derm. Ges., Hamburg, 19.—22. 5. 1960, z. Z. im Druck: Arch. Derm. Syph. (Berl.). — WELBOURN, R. B., and CH. F. CODE: Effects of cortisone and of adrenalectomy on secretion of gastric acid and in occurrence of gastric ulceration in the pylorus-ligated rat. Gastroenterology **23**, 356 (1953). — WELLS, B. B., and E. C. KENDALL: Influence of adrenal cortex in phlorhizin diabetes. Proc. Mayo Clin. **15**, 565 (1940). — WELLS, C. N.: Treatment of hyperemesis gravidarum with cortisone; fetal results. Amer. J. Obstet. Gynec. **66**, 598 (1953). — WELSH, A. L., u. M. EDE: Hydrocortisonsalben. Medizinische **1955**, 1062. Ref. Ohio med. J. **50**, 837 (1954). — WENDLER, N. L., R. P. GRABER, R. E. JONES and M. TISHLER: J. Amer. chem. Soc. **72**, 5793 (1950). Zit. nach SARETT 1960. — WESENER, G.: Zur Klinik und Therapie der Adiponecrosis subcutanea neonatorum. Arch. klin. exp. Derm. **206**, 531 (1957). — WEST, B. M.: Treatment of exfoliative dermatitis with cortisone. Arch. Derm. Syph. (Chicago) **65**, 56 (1952). — WEST, H. F.: Der Einfluß der Cortisontherapie auf den Proteinstoffwechsel. Lancet **1958 II**, 877. — WEST, K. M.: Comparision of the hyperglycemic effects of glucocorticoids in human beings. The effect of heredity on response to glucocorticoids. Diabetes **6**, 168 (1957). — WETZEL, U.: Cortison-Behandlung des Erythema nodosum. Ther. d. Gegenw. **95**, 147 (1956). — WEYER, H.: Entwicklung und Anwendung von kombinierten Hydrocortison-Antihistaminikumsalben in der Dermatologie. Derm. Wschr. **135**, 179 (1957). — Die Bedeutung eines flüssigen Hydrocortisons in der Dermatotherapie. Z. Haut- u. Geschl.-Kr. **25**, 78 (1958). — Übersicht der im Handel befindlichen Hydrocortison- und Prednisolonsalben. Medizinische **1958**, 804. — WHITE, A., and T. F. DOUGHERTY: Effect of prolonged stimulation of adrenal cortex and of adrenalectomy on numbers of circulating erythrocytes and lymphocytes. Endocrinology **36**, 16 (1945). — WIEMERS, K.: Schock. Dtsch. med. Wschr. **84**, 1145 (1959). — WILL, I.: Cortisonbehandlung während der Schwangerschaft. Münch. med. Wschr. **102**, 98 (1960). — WILLIAMS, A. A., and D. P. BOWLER: ACTH in dermatomyositis. Report of a case. Lancet **1951 I**, 1053. — WILLIAMS, D. J.: Scleroedema. Brit. J. Derm. **68**, 141 (1956). — WILLIAMS, G. T.: A comparative evaluation of newer corticosteroids in the treatment of rheumatoid arthritis. Sth. med. J. (Bgham, Ala.) **52**, 267 (1959). — WILLIAMS, R. S.: Triamcinolone myopathy. Lancet **1959 I**, 698. — WILSON, D. A. W., and D. ROTH: Adrenal apoplexy occurring during corticotropin therapy of ulcerative colitis. J. Amer. med. Ass. **152**, 230 (1953). — WILSON, H. T. H.: Lichen nitidus. Proc. roy. Soc. Med. **51**, 712 (1958). — WILSON, L. A.: Protein shock from intravenous ACTH. Lancet **1951 II**, 478. — WILSON, S. J., and G. EISEMANN: The effect of corticotropin (ACTH) and cortisone on idiopathic thrombocytopenic purpura. Amer. J. Med. **13**, 21 (1952). — WINKLER, F.: Studien über die hormonale Beeinflussung des Pigmentstoffwechsels und des Talgstoffwechsels. Derm. Wschr. **1931 II**, 1261. — WINTERSTEINER, O., and J. J. PFIFFNER: Chemical studies on the adrenal cortex. III. Isolation of two new physiologically inactive compounds. J. biol. Chem. **116**, 291 (1936). — WISKEMANN, A.: Calcinosis cutis universalis und Poikilodermie. Arch. Derm. Syph. (Berl.) **199**, 807 (1955). — Experimenteller Beitrag zur Behandlung der lokal entzündlichen und allgemeinen Röntgenreaktion mit ACTH und Cortisonderivaten. Habil.-Schr. Hamburg 1959. — WITTELS, W.: Über den derzeitigen Stand der Therapie der Verbrennungen. Hautarzt **4**, 541 (1953). — Ergebnisse der Corticosteroidtherapie beim Pemphigus vulgaris. Derm. Wschr. **141**, 401 (1960). — WITTEN, V. H., A. B. AMEN, M. B. SULZBERGER u. A. G. DE SANETIS: Hydrocortison-Salbe bei der Behandlung von kindlichem Ekzem. Amer. J. Dis. Child. **87**, 298 (1954). — WITTEN, V. H., and M. B. SULZBERGER: Alopecia universalis treated with oral cortisone. Arch. Derm. Syph. (Chicago) **69**, 522 (1954). — WITTEN, V. H., M. B. SULZBERGER, E. H. ZIMMERMAN and A. J. SHAPIRO: A therapeutic assay of topically applied 9-fluor-hydrocortisone acetate in selected dermatoses. J. invest. Derm. **24**, 1 (1955). — WOERDEMANN, M. J.: Pemphigus conjunctivae. The relation to pemphigus vulgaris and parapemphigus ("pemphigoid"). Ned. T. Geneesk. **1956**, 2283. — WOLF, M., and G. C. SAUER: Treatment of recurrent pustular eruptions ("pustular psoriasis") with cortisone. Arch. Derm. Syph. (Chicago) **64**, 214 (1951). — WOLFRAM: Diskussion zu Pemphigus und Pemphigoiden. Arch. klin. exp. Derm. **200**, 187 (1955). — WOLFSON, W. Q.: Die drei Untertypen des hypophysären Adrenocorticotropins. Physiologische Grundlagen, quantitative menschliche Pharmakologie und medizinische Verwendbarkeit von ACTH-Corticotropin (‚Corticotropin-Rohextrakt', ‚U.S.P.-Corticotropin'), ACTX-Corticotropin („Gereinigtes Corticotropin", ‚Corticotropin A', ‚Typ I des gereinigten Corticotropins') und ACTIDE-Corticotropin (‚Corticotropin B'). Dtsch. med. Wschr. **79**, 454 (1954). Ref. Arch.

intern. Med. **92**, 108 (1953). — WOLFSON, W. Q., C. COHN, J. KENNEDY, R. LEVY and L. LEWIS: Status of patients treated continuously with corticotropin for from three and onehalf to over five years. J. clin. Endocr. **14**, 778 (1954). — WOLFSON, W. Q., R. E. THOMPSON, W. D. ROBINSON, H. D. HUNT, C. COHN, S. E. HAYES, E. R. LEVY, S.L. PEARLMAN, B. B. RUBENSTEIN, W. WISE and J. ZITMAN: Physiologic and clinical studies with long-acting preparations of pituitary adrenocorticotropic hormone. Univ. Mich. med. Bull. **16**, 152 (1950). — WOLTER, R., et H. LOEB: Deux cas de purpura fulminans septicémique traités par l'hydrocortisone intravaineuse. Acta paediat. belg. **10**, 130 (1956). — WOODS, A. C.: Amer. J. Syph. **33**, 1325 (1950). Zit. nach SUTTON 1956. — The present status of ACTH and cortisone in ophthalmology. The gifford memorial lecture. Amer. J. Ophthal. **34**, 945 (1951). — Cortisone in interstitial keratitis. Amer. J. Syph. **35**, 517 (1951). — WOODWARD, R. B., F. SONDHEIMER and D. TAUB: The total synthesis of cortisone. J. Amer. chem. Soc. **73**, 4057 (1951). — WRIGHT, E. T., J. H. GRAHAM, V. D. NEWCOMBER and T. H. STERNBERG: Evaluation of 9-α-fluorohydrocortisone acetate in the treatment of various inflammatory dermatoses. Arch. Derm. Syph. (Chicago) **72**, 69 (1955). — WRIGHT, E. T., and D. J. GRECO: Pyoderma gangrenosum. Arch. Derm. Syph. (Chicago) **74**, 543 (1956). — WRONG, N. M., and R. C. SMITH: Cortisone in the treatment of acute selflimited dermatoses. Canad. med. Ass. J. **68**, 50 (1953). — WÜRDINGER, H., u. H. WENDEBORN: Über die Wirkungsweise und die Anwendungsmöglichkeiten eines Depot-Cortison-Ester-Gemisches in der Behandlung verschiedener chronischer Krankheiten. Münch. med. Wschr. **98**, 1147 (1956). — WULF, K.: Zur Beurteilung der Corticoidsteroid-Teer-Kombinationssalben. Medizinische **1958**, 354. — WYSS, ST.: Psychische Störungen durch Cortison und ACTH. Zbl. ges. Neurol. Psychiat. **131**, 83 (1955). Ref. Z. Rheumaforsch. **13**, 195 (1954).

YONIS, I. Z.: Periarteritis nodosa. Report of three cases successfully treated by cortisone and A.C.T.H. Ann. paediat. (Basel) **192**, 65 (1959). — YOUNGER, D., F. DIPILLO and T. MCGINN: Corticosteroid therapy in the treatment of erythema solare (sunburn). Preliminary report. N.Y. St. J. Med. **58**, 2963 (1958). Ref. Zbl. Haut- u. Geschl.-Kr. **103**, 14 (1959).

ZAANE, D. J. VAN: Konvulsionen bei ACTH- und Cortisontherapie. Zbl. ges. Neurol. Psychiat. **130**, 230 (1954). Ref. Maandschr. Kindergeneesk. **22**, 210 (1954). — ZACHARIAE, L., and G. ASBOE-HANSEN: Regression of experimental skin tumors in mice following topical injection of hydrocortisone. Acta derm.-venereol. (Stockh.) **36**, 192 (1956). — ZADUNAISKY, M.: Eluso de la cortisona local en la fiebre de Heno. Comunicacion previa. Sem. méd. (B. Aires) **1951**, 527. — ZANNINI, G., et B. TESAURO: La cortisone intraartérielle dans le traitement de la thrombo-angite obliterante. Minerva cardioangiol europ. (Torino) **2**, 518 (1956). Ref. Ärztl. Wschr. **12**, 406 (1957). — ZELCER, J.: Lichen verrucoso y pigmentario tratado con cortisona. Pren. Med. Argent. **1953**, 1939. — Hydrocortison kombiniert mit Neomycin. Seine lokale Wirkung in der Dermatologie. Pren. méd. argent. **42**, 962 (1955). — ZELIGMAN, J., and H. M. ROBINSON: Epidermolysis bullosa hereditaria. Arch. Derm. Syph. (Chicago) **63**, 669 (1951). — ZELLER, M., T. G. RANDOLPH and J. P. ROLLINS: Adrenocorticotropic hormone (ACTH), gross and histologic effects, skin tests and passive transfer. Ann. Allergy 8, 163 (1950). — ZIERZ, P., u. W. KIESSLING: Erste Erfahrungen mit innerlichen Gaben eines neuen Prednisolonabkömmlings (Triamcinolon) in der Dermatologie. Z. Haut- u. Geschl.-Kr. **26**, 39 (1959). — ZIMMERMANN, W.: Chemische Bestimmungsmethoden von Steroidhormonen in Körperflüssigkeiten. Berlin: Springer 1955. — ZINTZ, R., u. O. VIVELL: Untersuchungen zur Klinik und Ätiologie der epidemischen Keratokonjunktivitis. Klin. Mbl. Augenheilk. **135**, 521 (1959). — ZIPRKOWSKI, L., M. SCHEWACH-MILLET and M. MOZES: Arterial thrombosis apparently due to steroid treatment. Brit. J. Derm. **71**, 22 (1959). — ZOON, J. J., u. P. VAN AKEN: ACTH und Cortison bei Pemphigus chronicus. Dermatologica (Basel) **107**, 129 (1953). — Die Behandlung des Pemphigus chronicus mit ACTH und Cortison. Ned. T. Geneesk. **99**, 544 (1955). — ZWEMER, R. L., and R. C. SULLIVAN: Blood chemistry of adrenal insufficiency in cats. Endocrinology **18**, 97 (1934). — ZWEMER, R. L., and R. TRUSZKOWSKI: Potassium: A basal factor in the syndrome of corticoadrenal insufficiency. Science **1936I**, 558.

B. Adrenalin

ABEL, J. J., and A. C. CRAWFORD: On the blood-pressure raising constituent of the suprarenal capsule. Bull. Johns Hopk. Hosp. 8, 151 (1897). — ALDERICH, T. B.: Amer. J. physiol. **5**, 457 (1901/02). Zit. nach THER.

BIERICH, J. R.: Zur Klinik der ACTH- und Cortisonbehandlung. Mschr. Kinderheilk. **108**, 176 (1960). — BUGYI, G.: Über die kombinierte Therapie der Erythrodermia desquamativa Leiner. Derm. Wschr. **133**, 417 (1956).

EICHHOLZ, F., H. G. ZWERG u. L. KLUGE: Wirkungsbedingungen der Röntgentherapie. I. Mitt. Insulin und Adrenalin. Naunyn-Schmiedeberg's Arch. exp. Path. Pharmak. **174**, 210 (1933). — EULER, U. S. v.: Acta physiol. scand. **12**, 73 (1946); **1**, 63 (1948). Zit. nach U. S. v. EULER, Adrenalin und Noradrenalin. Triangel (Sandoz) **1**, 101 (1954). — Adrenalin und Noradrenalin. Triangel (Sondez) **1**, 101 (1954).

FLÄCHER, F.: Über die Spaltung des synthetischen Suprarenins in seine optisch aktiven Komponenten. Hoppe-Seylers Z. physiol. Chem. **58**, 189 (1908). — FEINBERG, S. M.: Medrol in allergic conditions: Clinical and experimental findings. Symp. Newer Hydrocortison Analogs, 1958, S. 477. — FÜRTH, O. v.: Hoppe-Seylers Z. physiol. Chem. **24**, 142 (1809). Zit. nach THER.

GARCIA, L.: Ein Fall von Urticaria. Act. dermo-sifiliogr. (Madr.) **38**, 977 (1947). Ref. Zbl. Haut- u. Geschl.-Kr. **74**, 86 (1950). — GAUMOND, E.: Recurrent impetigo herpetiformis. Brit. J. Derm. **68**, 55 (1956).— GJORGJEVIĆ, G.: Über die Wirkung des Adrenalins bei der akuten Gonorrhöe und den Erfolg der Behandlung mit Adrenalin. Med. Pregl. **6**, 177 (1931). Ref. Zbl. Haut- u. Geschl.-Kr. **39**, 363 (1932). — GLIGOROVA, N.: Traitement de l'asthme bronchique à l'aide des corticostéroïdes et ACTH. Acta allerg. (Kbh.) **15**, Suppl. 7, 285 (1960). — GOODMAN, L. S., and A. GILMAN: The pharmacological basis of therapeutica, 2. edit. New York: Macmillan Comp. 1955. — GOUGEROT, H.: Guérison d'un lupus érythémateux myasthénique (insufficance surrénale) par les vaccins de Vaudremer et l'opothérapie surrénale prolongée. Bull. Soc. franç. Derm. Syph. **41**, 1674 (1934).

KÜHNAU, W.: Beitrag zur Therapie des Hautjuckens mit einer spezifisch wirkenden Salbe. Dtsch. med. Wschr. **1948**, 296.

LABHART, A.: Das Nebennierenmark. In: A. LABHART, Klinik der inneren Sekretion. Berlin-Göttingen-Heidelberg: Springer 1957. —

MAYER, H.: Zur Behandlung des Hautjuckens mit Isopropylnoradrenalin. Hautarzt **1**, 473 (1950). — MÜLLER, E.: Kohlensäurederivate (Harnstoff, Guanidinderivate und tierische Basen. In: HOPPE-SEYLER/THIERFELDERS Handbuch der physiologischen und pathologisch-chemischen Analyse, 10. Aufl., Bd. III/2. (Noradr. S. 1165, Adr. S. 1167.) 1955.

OLIVER, G., and E. A. SCHÄFER: The physiological effects of extracts of the suprarenal capsules. J. Physiol. (Lond.) **18**, 230 (1895).

SCHUPPLI, R.: Über schwere Zwischenfälle bei prophylaktischer Anwendung von Arzneimitteln. Dermatologica (Basel) **121**, 15 (1960). — STOLZ, F.: Über Adrenalin und Alkylaminoacetobrenzcatechin. Ber. dtsch. chem. Ges. **37**, 4149 (1904). — SUGIURA, K.: The influence of extracts of suprarenal cortex on the growth of carcinoma, sarcoma and melanoma in animals. Amer. J. Cancer **15**, 129 (1931).

TAKAMINE, J.: The blood-pressure-raising principle of the suprarenal glands: a preliminary report. Ther. Gaz. **27**, 221 (1901). — THER, L.: 50 Jahre Suprarenin. Zahnärztl. Reform H. 15/16 (1955).

WIEMERS, K.: Schock. Dtsch. med. Wschr. **84**, 1145 (1959).

C. Insulin

ABEL, J. J.: Crystalline insulin. Proc. nat. Acad. Sci. (Wash.) **12**, 132 (1926).

BANTING, F. G., and C. H. BEST: The internal secretion of the pancreas. J. Lab. clin. Med. **7**, 251 (1927). — Amer. J. Physiol. **62**, 162, 559 (1922). Zit. nach JUNKMANN 1957. — BARTELHEIMER, H.: Insulinbedingte Hautnekrose bei einem Diabetiker. Schweiz. med. Wschr. **82**, 573 (1952). — BRÜHL, W.: Der Insulinstoß als Heilfaktor angioneurotischer (allergischer) Hautkrankheiten. Dtsch. med. Wschr. **1939 I**, 326. — Die antiallergische Wirkung des Insulinstoßes. (Veränderungen des Blutbildes, Blutdruckes, der Körpertemperatur und des refraktometrischen Serumindexes als Folge des Insulinstoßes.) Klin. Wschr. **18**, 1545 (1939). — BUSCHKE, A., u. E. LANGER: Pemphigus und innere Sekretion. Derm. Wschr. **3**, 1571 (1926).

CHEVALLIER, P.: Traitement des urticaires graves par l'insuline. Paris méd. **1932**, 54. — COULANT, LE, et DUGAU-MARTIN: Dislipoidose chez une diabétique. Bull. Soc. franç. Derm. Syph. **60**, 485 (1953).

DEVOTO, A.: Risultati della cura insulinica in alcune dermatosi. Boll. Sez. region. Soc. ital. Derm. **1**, 24 (1931). — DUVE, CH. DE: Le mode d'action de l'insuline. In: Hormone und ihre Wirkungsweise. 5. Colloquium der Ges. Physiol. Chemie. Berlin: Springer 1955.

EICHHOLTZ, F., H. G. ZWERG u. L. KLUGE: Wirkungsbedingungen der Röntgentherapie. I. Mitt. Insulin und Adrenalin. Naunyn-Schmiedeberg's Arch. exp. Path. Pharmak. **174**, 210 (1933). — ELMER, A. W., u. M. SCHEPS: Die Wirkung des Insulins auf die Lipochromämie und die Xanthosis diabetica. Klin. Wschr. **1929**, 300.

FACIA, L.: Drei mit Insulin erfolgreich behandelte Fälle. Rev. argent. Dermatosif. **15**, 191 (1931). — FEROND, M.: L'insuline en dermatologie. Scalpel (Brux.) **1926**, 79. — FLAMM, ST.: Zwei Fälle von Acrodermatitis atrophicans geheilt durch Insulin. Zbl. Haut- u. Geschl.-Kr. **34**, 407 (1930).

GOMES DA COSTA, S.-F.: L'insuline et le métabolisme des hydrates de carbone dans les cancers de la peau. C. R. Soc. Biol. (Paris) **107**, 85 (1931). — L'azione topica dell'insulina sui cancri della cute. (Com. prelim.) Tumori **2**, 6, 140 (1932). — GOODMAN, L. S., and A. GILMAN: The pharmacological basis of therapeutics, 2. edit. New York: Macmillan Comp. 1955. —

GRAFE, E., u. J. KÜHNAU: Krankheiten des Kohlenhydratstoffwechsels. In Handbuch der inneren Medizin, 4. Aufl., Bd. VII/2, S. 71. Berlin: Springer 1955.

HAGEDORN, H. D., B. N. JENSEN, N. B. KRARUP and J. WODSTRUP: Protamin insulinate. J. A. M. A. **106**, 177 (1936). — HENDERSON, E., J. W. GRAY, M. WEINBERG, E. Z. MERRICK and H. SENECA: Cortisone plus insulin in the palliative treatment of rheumatoid arteritis: a preliminary study. J. clin. endocr. **11**, 119 (1951).

ILLIG, L.: Experimentell-therapeutische Untersuchungen bei Kälte-Urticaria. Klin. Wschr. **1952**, 642.

JABLONSKA, S., B. BUBNOW, J. LANCUCKI, J. KISIEL u. B. LUKASIAK: Schwache hypoglykämische Zustände als Methode antiallergischer Behandlung der Hautkrankheiten. Derm. Wschr. **132**, 1133 (1955). — JUNKMANN, K.: Die physiologische Chemie der inneren Sekretion. In B. FLASCHENTRÄGER u. E. LEHNARTZ, Physiologische Chemie, Bd. II/2b. Berlin-Göttingen-Heidelberg: Springer 1957. — JUVIN, H., P. DUGOIS et L. COLOMB: Dyslipoidose en vastes circins disséminés simulant une syphilis tertiaire. Bull. Soc. franç. Derm. Syph. **63**, 230 (1956).

KLINGMÜLLER, G., A. LEINBROCK u. U. LAUMANNS: Pemphigus vulgaris mit Hemmkörperhämophilie. Hautarzt **7**, 200 (1956). — KNICK, B.: Insulinwirkung und endogene ACTH-Aktivität. Dtsch. Z. Verdau.- u. Stoffwechselkr. **14**, 6 (1954). — KÖPF: Necrobiosis lipoidica. Zbl. Haut- u. Geschl.-Kr. **76**, 404 (1951).

LAGUESSE (1893): Zit. nach G. R. CONSTAM: Das Pankreas in: Klinik der inneren Sekretion, A. LAHBART. Berlin: Springer 1957. — LEWE, I. A.: Xanthoma diabeticorum. Arch. Derm. **73**, 177 (1956).

MEHRING, J. v., u. O. MINKOWSKI: Naunyn-Schmiedeberg's Arch. exp. Path. Pharmak. **26**, 371 (1890). Zit. nach JUNKMANN 1957. — MELZER: Behandlung eines Kindes mit Noma durch Insulin. Dtsch. med. Wschr. **1929 II**, 1806. — MEYER, J. DE: Action de la sécrétion interne du pancréas sur differents organes. Arch. Fisiol. **7**, 96 (1909). — MIERZECKI: Vitiligo, mit Insulin behandelt. Zbl. Haut- u. Geschl.-Kr. **49**, 4 (1935). — MOGIL'NICKAJA, B. Z.: Über die desensibilisierende Bedeutung des Insulins bei allergischen Berufskrankheiten. Vestn. Venerol. H. 3, 18 (1950). Ref. Zbl. Haut- u. Geschl.-Kr. **77**, 304 (1951). — MOUSSALI, C.: Influence de l'insuline dans quelques cas d'eczéma et de dermatoses. Bull. Soc. franç. Derm. Syph. **61**, 22 (1954).

NARDUCCI, F.: Osservazioni sui rapporti fra glicemia e dermatosi e sul trattamento insulinico nelle dermatosi. G. ital. Derm. Sif. **70**, 857 (1929). — NEUMARK, S.: Über Insulinbehandlung einiger Hauterkrankungen. Derm. Wschr. **86**, 525 (1928).

PALEY, R. G.: Mechanism of cutaneous reactions to insulin. Lancet **1949 II**, 1216. Ref. Zbl. Haut- u. Geschl.-Kr. **77**, 307 (1951). — Lipodystrophy following insulin injections. Metabolism **2**, 201 (1953). — PAUTRIER, AMBARD, SCHMIDT et LÉVY: Réunion Derm. de Strasbourg, 1924, p. 141. Zit. nach NEUMARK 1928. — Réunion Derm. de Strasbourg, 1925, p. 52. Zit. nach NEUMARK 1928. — PAUTRIER, SCHMID et ROBERT: Réunion Derm. de Strasbourg, 1926, p. 132. Zit. nach NEUMARK 1928. — PROSIEGEL, R., A. GOELKEL u. V. FUCHS: Über eine neue Form der ACTH-Therapie bei der rheumatischen Polyarthritis. Dtsch. med. Wschr. **1953**, 1494.

RASMUSSEN, K. A.: Necrobiosis lipoidica diabeticorum. Acta Derm.-venereol. (Stockh.) **33**, 255 (1953). — RAUSCH, F., u. H. BARTELHEIMER: Die Wirkung des Insulinschocks auf das weiße Blutbild des Allergikers. Z. klin. Med. **139**, 522 (1941). — RAVAUT, BITH et DUCOURTIOUX: L'action de l'insuline sur l'évolution du psoriasis. Bull. Soc. franç. Derm. Syph. **32**, 275 (1925).

SCHEFFLER, H.: Lokalisierte allergische Hautreaktionen mit Pigmentablagerung nach Insulininjektion. Medizinische **1955**, 1409, 1414. — SCHEFFLER, H., u. H. HAGEN: Allergische Hautreaktionen nach Insulin in Form der Necrobiosis lipoidica. Med. Klin. **1956**, 2128. — SCHIRREN sen., C. G.: Ein ungewöhnlicher Fall von lokaler Insulin-Anaphylaxie. Hautarzt **4**, 531 (1953). — SCHIRREN, C. G., u. H. SAUER: Zur Frage der Insulinallergie. Ärztl. Forsch. **10**, 175 (1956). — SCHREUS, TH., u. H. HEINEMANN: Der leukopenische Index nach Insulinstoß. Klin. Wschr. **20**, 24 (1941). — STADIE, W. C.: Recent advances in Insulin-research. Diabetes **5**, 263 (1956). — STEINER, G.: Die Insulintherapie der vasomotorischen Hautneurosen. Gyógyászat **1928 II**, 912. Ref. Zbl. Haut- u. Geschl.-Kr. **32**, 353 (1930). — STEINER, J.: Heilung vasomotorischer Neurosen der Haut durch Insulin. Zbl. Haut- u. Geschl.-Kr. **29**, 255 (1929). — STÖRMER, A.: Insulintherapie bei Furunkulose. Klin. Wschr. **1925**, 477. — STRANDBERG, J.: Haut und innere Sekretion. In J. JADASSOHNS Handbuch der Haut- und Geschlechtskrankheiten, Bd. III, S. 166ff. Berlin: Springer 1929.

THIERS, H., et D. COLOMB: Nécrose lipidique des diabétiques simulant l'érythème noueux. Bull. Soc. franç. Derm. Syph. **60**, 83 (1953).

VEZÉR, VILÉM: Neosalvarsanvergiftung mit Insulin behandelt. Čas. Lék. čes. **1930 I**, 364. Ref. Zbl. Haut- u. Geschl.-Kr. **35**, 701 (1931).

WILLIAMS, D. I.: Necrobiosis lipoidica diabeticorum. Brit. J. Derm. **61**, 384 (1949). — WORINGER, FR.: Relations entre la granulomatose disciforme chronique et progressive et la nécrobiose lipoidique. Bull. Soc. franç. Derm. Syph. **63**, 394 (1956).

ZUELZER (1908): Zit. nach G. R. CONSTAM: Das Pankreas. In: A. LABHART, Klinik der inneren Sekretion. Berlin: Springer 1957.

D. Schilddrüsenhormon

ALKOVIĆ, G.: Über das Schilddrüsenhormon als souveränes Mittel der Hauterkrankungen Med. Pregl. **4**, 27 (1929). — AZERAD, E., et CH. GRUPPER: Myxoédème cutané, forme lichénoide (slérodermique), forme „en plaques" et forme éléphantiasique. Bull. Soc. franç. Derm. Syph. **62**, 493 (1955).

BANSI, H. W.: Krankheiten der Schilddrüse. In Handbuch der inneren Medizin, Bd. VII/1, S. 474. Berlin: Springer 1955. — Meine Ergebnisse auf dem Gebiet der Schilddrüsenphysiologie und -pathologie. Med. Klin. **1955**, 1984. — BATTAGLINI, S.: Atrofodermia diffusa senile semplice precoce in soggetto con infantilismo costituzionale. Arch. ital. Derm. **20**, 168 (1947). BEERMAN, H.: Drug eruption: a survey of recent literature. Amer. J. med. Sci. **218**, 446 (1949). — BLOODWORTH jr., J. M. B., W. M. KIRKENDAHL and L. CARR: Addison's disease associated with thyroid insufficiency and atrophy (Schmidt Syndrome). J. clin. Endocr. **14**, 540 (1954). — BOLGERT, M., et M. CARAMANIAN: L'insuffisance thyroïdienne des pemphigus foliacés. Bull. Soc. franç. Derm. Syph. **57**, 166 (1950). — BOLGERT, M., G. GAUTRON, M. CARAMANIAN et M. SOULÉ: Pemphigus subaigu malin avec stomatite initiale et diminution de métabolisme basal. Amélioration considérable par l'extrait thyroïdien et l'aureomycine. Bull. Soc. franç. Derm. Syph. **57**, 311 (1950). — BOLGERT, M., et G. LÉVY: A propos du syndrome de Senear-Usher. Bull. Soc. franç. Derm. Syph. **55**, 213 (1948). — BOUSSINGAULT (1833): Zit. nach A. LABHART, Die Schilddrüse. In: A. LABHART, Klinik der inneren Sekretion. Berlin: Springer 1957. — BRAMWELL, B.: The treatment of psoriasis by the internal administration of thryoid extract. Brit. med. J. **1893**. — BRIGGS, H. N., and R. S. ILLINGWORTH: Calcinosis universalis treated with adrenocorticotrophic hormone and cortisone. Lancet **1952 II**, 800. — BURNS: Beobachtungen und Untersuchungen über die Schilddrüsenbehandlung des Kropfes. Bruns' Beitr. klin. Chir. **16**, 521 (1886). — Über Kropfbehandlung mit Schilddrüsenverfütterung. Dtsch. med. Wschr. **1894**, 785. — BUSCHKE: Zwei Fälle von Psoriasis mit vermutlich endokrinen Störungen. Zbl. Haut- u. Geschl.-Kr. **9**, 370 (1924). — BUSCHKE, A., u. W. CURTH: Psoriasis und endokrines System besonders in therapeutischer Beziehung. Dtsch. med. Wschr. **53**, 19 (1927). — BUSCHKE, A., u. E. LANGER: Pemphigus und innere Sekretion. Derm. Wschr. **83**, 1571 (1926).

COINDET (1820): Zit. nach A. LABHART, Die Schilddrüse. In A. LABHART, Klinik der inneren Sekretion. Berlin: Springer 1957. — CORNBLEET, TH.: Thyroid-iodide therapy of blastomycosis. Arch. Derm. Syph. (Chicago) **76**, 545 (1957). — CURTIS, A. C., and H. C. BLAYLOCK: Secondary eruptive xanthomatosis due to myxedema. A genetic and metabolic study. Arch. Derm. Syph. (Chicago) **66**, 460 (1952).

DALTON, J. E., and M. A. SEIDELL: Studies on lichen myxedematosus (papular mucinosis). Arch. Derm. Syph. (Chicago) **67**, 194 (1953). — DEGOS, R., F. COTTENOT et R. DORENLOT: Lichen myxoedémateux. Déficit thyroïdien et action favorable de l'extrait thyroidien. Bull. Soc. franç. Derm. Syph. **63**, 10 (1956). — DÖSSEKKER, W.: Über einen Fall von atypischem tuberösem Myxödem. Arch. Derm. Syph. (Berl.) **123**, 76 (1916). — DORN, H.: Beobachtungen an zwei Familien mit Epidermolysis bullosa hereditaria simplex. Z. Haut- u. Geschl.-Kr. **23**, 40 (1957).

ESCAMILLO, R. F.: Carotinemia in myxedema: Explantation of the typical slighty icterie tint. J. clin. Endocr. **2**, 33 (1942).

FISCHER, F. v.: Beitrag zur Klinik und Pathogenese des Myxoedema tuberosum. Dermatologica (Basel) **98**, 270 (1949). — FORMAN, L.: Keratosis pilaris associated with myxoedema. Proc. roy. Soc. Med. **44**, 683 (1951).

GENNER: Alopecia totalis mit Nagelveränderungen. Dän. Dermat. Ges.; Zbl. Haut- u. Geschl.-Kr. **22**, 475 (1924). — GOLDBLATT, S.: Hypothyroid pruritus. (On the etiology and treatment of certain cases of neurotic excoriations.) Acta derm.-venereol. (Stockh.) **36**, 167 (1955). — GOODMAN, L. S., and A. GILMAN: The pharmacological basis of therapeutics. Second Edit. New York: Macmillan Comp. 1955. — GRAHLOW, U.: Ein Beitrag zur Kasuistik des Myxoedema tuberosum circumscriptum. Z. Haut- u. Geschl.-Kr. **5**, 334 (1948). — GREGORIO, E. DE: Aportaciones a la terapeutica endocrina de la pelada. Gac. méd. esp. **1950**, 173. — GREGORIO, E., DE, y T. CISNEROS: Aportaciones a la terapeutica endocrina de la pelada. Act. dermo-sifiliogr. (Madr.) **41**, 523 (1950). — GROSS, J., and R. PITT-RIVERS: Identification of 3:5:3'-triiodothyronine in human plasma. Lancet **1952 I**, 439. 3:5:3'-Triiodothyronine. 1. Isolation from thyroid gland and synthesis. Biochem J. **4**, 645 (1953). — 3:5:3'-Triiodothyronine. 2. Physiological activity. Biochem. J. **4**, 652 (1953).

HAEMMERLI: Klinische Aspekte der primären Amyloidose. Schweiz. med. Wschr. **1954**, 1962.— HAMMINGA, H., u. F. G. KEUNING: Lichen myxoedematosus (mucinosis papulosa cutis). Dermatologica (Basel) **109**, 86 (1954). — HARRINGTON, C. R.: Chemistry of thyroxine; isolation of thyroxine from thyroid gland. Biochem. J. **20**, 293 (1926). — HARRINGTON, C. R., and G. BARGER: Chemistry of thyroxine III. Constitution and synthesis of thyroxine. Biochem. J. **21**, 169 (1927). — HOLLANDER, L.: The role of the endocrine glands in the etiology and treatment of acne. Preliminary report. Arch. Derm. Syph. (Chicago) **3**, 593 (1921). — HOOKEY: Epidermolysis bullosa. Arch. Derm. Syph. (Chicago) **27**, 1110 (1933). — HY, R.: Pemphigus foliacé. Bull. Soc. franç. Derm. Syph. **61**, 174 (1954).

JUNKMANN, K.: Die physiologische Chemie der inneren Sekretion. In FLASCHENTRÄGER-LEHNARTZ, Physiologische Chemie, Bd. II/2b. Berlin: Springer 1957.

KENDALL, E. C.: A method for the decomposition of the proteins of thyroid, with a description of certain constituents. J. biol. Chem. **20**, 501 (1915). — The isolation in cristallir e form of the compound containing iodine which occurs in the thyroid; its chemical nature and physiological activity. Trans. Ass. Amer. Physcus **36**, 420 (1915). — KLAUDER, J. V., and G. P. MEYER: Corticotropin, cortisone, thyroid, testosterone in syphilitic interstitial keratitis. Arch. Ophthal. (Chicago) **51**, 432 (1954). — KORTING, G. W., u. R. SCHMITZ: Zur Beeinflußbarkeit von Fettablagerungen in der Haut durch lipotrope und thyreostatische Faktoren. Medizinische **1952**, 116.

LABHART, A.: VI. Die Schilddrüse. In A. LABHART, Klinik der inneren Sekretion. Berlin: Springer 1957. — LANGER, E.: Pustulös-hyperkeratotische Dermatose im Verlaufe einer chronischen Gelenkerkrankung. Zbl. Haut- u. Geschl.-Kr. **12**, 434 (1924). — LEINBROCK, A.: Epidermolysis bullosa dysdtrophica et albo-papuloidea (Pasini) et ulcero-vegetans (cum carcinoma) mit diffuser Hämangiomatose bei Schilddrüsen-Dysfunktion. Wesentlich veränderte Blut- und Stoffwechselbefunde. Hautarzt **7**, 395 (1956). — LERMAN, J., and P. RITT-RIVERS: Physiologic activity of trijodothyro-acetic acid. J. clin. Endocr. **15**, 653 (1955). Physiologie activity of triiodo- and tetraiodothyroacetic acid in human myxedema. J. clin. Endocr. **16**, 1470 (1956). — LHOTSKY, J.: Die Thyroxinbehandlung der Neurolues. Mschr. Psychiat. Neurol. **118**, 119 (1949). — LINKE, H.: Über den Einfluß verfütterten Cholesterins, Thiouracils und Thyrosins auf den Cholesteringehalt der Hautoberflächenfette beim Kaninchen. Dermatologica (Basel) **105**, 153 (1952).

MANDELBAUM, T., S. CANDEL and S. MILLMAN: Hypothyroidism, Hyperlipemia and Carotenemia. J. clin. Endocr. **2**, 465 (1942). — MARINE, D., and O. P. KIMBALL: The prevention of simple goiter in man; a survey of the incidence and types of thyroid enlargements in the schoolgirls of akron, Ohio, from the 5th to the 12 th grades inclusive; the plan of prevention proposed. J. Lab. clin. Med. **3**, 40 (1917). — MARTIUS, C.: Die Wirkungsweise des Schilddrüsenhormons. In: Hormone und ihre Wirkungsweise. 5. Colloquium der Ges. Physiol. Chemie, S. 143. Berlin: Springer 1955. — Die Wirkungsweise des Schilddrüsenhormones. Ärztl. Wschr. **1955**, 1141. — The mechanism of action of thyroid hormones. Third Acta Endocrinol. Congr., Leiden, 16.—19. 6. 1958. — MARTIUS, C., H. BIELING u. D. NITZ-LITZOW: Vergleich der Wirkung von Thyroxin auf den Grundumsatz und die Atmungskettenphosphorylierung. Biochem. Z. **327**, 163 (1955). — MEYER, J.: Thérapeutique déshydrante dans l'eczéma. Arch. belges Derm. **5**, 330 (1949). — MOESCHLIN, S.: Der heutige Stand der ACTH-, Cortison- und Prednison- (Meticorten-) Therapie. Schweiz. med. Wschr. **1956**, 81. — MONTGOMERY, H., and L. JUNDERWOOD: Lichen myxedematosus (differentiation from cutaneous myxedemas or mucoid states). J. invest. Derm. **20**, 213 (1953). — MORRIS, M.: The internal secretion in the relation to dermatology. Brit. med. J. **1913**, No 2733, 1037. — MURRAY, G. R.: Note on the treatment of myxedema by hypodermic injections of an extract of the thyroid gland of a sheep. Brit. med. J. **1891**, 796.

NIEDELMAN, M. L.: Thyrotoxic circumscribed pretibial myxedema. Arch. Derm. Syph. (Chicago) **73**, 87 (1956).

OLIVER, M. F., and G. S. BOYD: The influence of triiodothyroacetic acid on the circulating lipids and lipoproteins in euthyroid men with coronary disease. Lancet **1957 I**, No 6960, 124. — OSWALD (1899): Zit. nach A. LABHART, Die Schilddrüse. In: LABHART, Klinik der inneren Sekretion. Berlin: Springer 1957.

PAULL, A. M., and R. W. PHILLIPS: Primary myxedema with secondary adrenocortical failure. J. clin. Endocr. **14**, 554 (1954).

RAWSON, R. W., J. E. RALL and M. SONEBERG: The chemistry and physiologie of the thyroid. In PINCUS and THIMANN, The Hormones, III, p. 431ff. New York: Academie Press Inc. Publishers 1955. — REINHOLD, G.: Über Schilddrüsentherapie bei kropfleidenden Geisteskranken. Münch. med. Wschr. **1894**, 613. — ROCHE, J., S. LISSITZKY et R. MICHEL: Sur la triiodothyronine, produit intermédiaire de la transformation de la diiodothyronine en thyroxine. C. R. Acad. Sci. (Paris) **234**, 997 (1952). — ROCHE, J., and R. MICHEL: Nature, biosynthesis and metabolism of thyroid hormones. Physiol. Rev. **35**, 583 (1955). — ROTH-

MAN, ST.: Systemic disturbances in recalcitrant trichophyton rubrum (Purpureum) infections. Studies and short report on therapeutic experiments. Arch. Derm. Syph. (Chicago) **67**, 239 (1953).

SCHWANDER, R.: Scleroedema adultorum (Buschke). Dermatologica (Basel) **102**, 327 (1951). — SCHWEBEL, S.: Acquired hypothyroidism-moniliasis. Arch. Derm. Syph. (Chicago) **72**, 476 (1955). — SHAW, W. M., E. H. MASON and F. G. KALZ: Hypothyroidism, liver damage, and vitamin A deficiency as factors in hyperkeratosis. Arch. Derm. Syph. (Chicago) **66**, 197 (1952). — SINGER, O. (1895): Zit. nach STRANDBERG 1929. — STEPPERT, A.: Zur Behandlung der Impetigo herpetiformis Hebra. Hautarzt **5**, 82 (1954). — STRANDBERG, J.: Haut und innere Sekretion. In Handbuch der Haut- und Geschlechtskrankheiten, Bd. III. Berlin: Springer 1929. — SUTTON, R. L., and M. M. MARKS: J. Amer. med. Ass. **121**, 1344 (1943). Zit. nach A. DOSTROWSKY and J. TAS, Acne conglobata. Dermatologica (Basel) **110**, 162 (1955).

TAKEI: Jap. J. Derm. Urol. 1925. Zit. nach BUSCHKE u. LANGER 1926. — TAUBER: Zit. nach DORN 1957.

VILANOVA, X., u. J. M. CAÑADELL: Hypothyreotisches Phrynoderma. Arch. Derm. Syph. (Chicago) **191**, 660 (1950). — Hautleiden, Hypothyreoidie und Avitaminose A. Act. dermo-sifiliogr. (Madr.) **40**, 689 (1949). — Zbl. Haut- u. Geschl.-Kr. **75**, 229 (1950/51).

WEISSENBACH: Zit. nach BIGGS and ILLINGWORTH, Lancet **1952 II**, 800. — WERTHER, J.: Beobachtungen über Pemphigus vulgaris chronicus (drei Fälle bei Schwangerschaft, zwei Fälle von Pemphigus vulgaris congenitus). Derm. Wschr. **1925**, 1334.

E. Nebenschilddrüsenhormon (Parathormon)

ALBRIGHT, F., W. BAUER, M. ROPES and J. C. AUB: Studies of calcium and phosphorus metabolism. The effect if the parathyroid hormone. J. clin. Invest. **7**, 139 (1929). — ALBRIGHT, F., E. BLOOMBERG, T. DRAKE and H. W. SULKOWITCH: Comparison of effects of A. T. 10 (dihydrotachysterol) and vitamin D on calcium and phosphorus. J. clin. Invest. **17**, 317 (1938).

BARTMANN, J.: Zur ätiologischen Therapie der Impetigo herpetiformis. Arch. Derm. Syph. (Berl.) **175**, 93 (1937). — BECK, C. H.: On impetigo herpetiformis. Dermatologica (Basel) **102**, 145 (1951). — BERMAN, L. A.: A cristalline substance from the parathyroid glands that influence the calcium content of the blood. Proc. Soc. exp. Biol. (N. Y.) **21**, 465 (1924). — BODANSKY, A., and H. L. JAFFE: Parathormone dosage and serum calcium and phosphorus in experimental chronic hyperparathyroidism leading to ostitis fibrosa. J. exp. Med. **53**, 591 (1931).

CARRIÉ: Sekundäre Erythrodermie nach Psoriasis günstig beeinflußt durch A.T. 10. Vortrag Vereinig. Düsseldorfer Dermatologen, 12. XII. 1938. Ref. Zbl. Haut- u. Geschl.-Kr. **61**, 639 (1939). — COLLIP, J. B.: The extraction of a parathyroid hormone which will prevent or control parathyroid tetany and which regulates the level of blood calcium. J. biol. Chem. **63**, 395 (1925). — COLLIP, J. B., L. S. PUGSLEY, H. SELYE and D. L. THOMSORI: Observations concerning the mechanism of parathyroid hormone action. Brit. J. exp. Path. **15**, 335 (1934).

DOLLMANN v. OYE: Sclerodermia diffusa. Frühjahrstagg der Rheinisch-Westfälischen Dermatologen, Bonn 23.—24. IV. 1939. Ref. Zbl. Haut- u. Geschl.-Kr. **63**, 107 (1940).

ENGFELD, B., and H. GENTELE: On impetigo herpetiformis and its connection with parathyroprival tetany. Acta derm.-venereol. (Stockh.) **30**, 50 (1950). — ERDHEIM, J.: Tetania parathyreopriva. Mitt. Grenzgeb. Med. Chir. **16**, 632 (1906).

FLECK, F.: Verkürzte Behandlung der Psoriasis vulg. mit AT 10. Derm. Wschr. **122**, 1239 (1950). — FUSS: Acrodermatitis continua (Hallopeau) mit chronischer deformierender Polyarthritis (auf Basis eines ursprünglich gonorrhoischen Gelenkrheumatismus). Wien. Dermatol. Ges. 28. 6. 1939. Ref. Derm. Wschr. **110**, 114 (1940).

HADIDA, E., et E. TIMSIT: Impétigo herpétiforme de Hebra. Resultats du traitement par hydrocortisone. Bull. Soc. franç. Derm. Syph. **63**, 30 (1956). — HALTER: Weitere Mitteilung über den Einfluß von Parathyreoidea-Extrakt (P. E.) auf vegetative Regulationen der Haut. Zbl. Haut- u. Geschl.-Kr. **75**, 308 (1950/51). — HALTER, K.: Neue Behandlungsmethoden des Pruritus. Ther. d. Gegenw. **1951**, 331. Ref. Zbl. Haut- u. Geschl.-Kr. **80**, 26 (1952). — HALTER, K., u. G. DORNER: Neue Wege der Juckreizbekämpfung. Med. Klin. **1950**, 326. — HANSON, A. M.: The hormone of the parathyroid gland. Proc. Soc. exp. Biol. (N. Y.) **22**, 560 (1925).

JUNG u. FONTAINE (1949): Zit. nach P. STRICKER 1951. — JUNKMANN, K.: Die physiologische Chemie der inneren Sekretion. In: FLASCHENTRÄGER-LEHNARTZ, Physiologische Chemie. Bd. II/2b. Berlin: Springer 1957.

KOHN, A.: Studien über die Schilddrüse. Arch. mikr. Anat. **44**, 366 (1895). — KYRLE, J.: Demonstration von Uvachrombildern einiger seltener Hautkrankheiten. (Impetigo herpetiformis, Erythrodermia desquamativa.) Arch. Derm. Syph. (Berl.) **151**, 431 (1926).

LERICH (1931): Zit. nach P. STRICKER 1951.

MACCALLUM, W. G., and C. VÖGTLIN: On the relation of the parathyroid to calcium metabolism and nature of tetany. Bull. Johns Hopk. Hosp. **19**, 91 (1908).

SANDSTRÖM, I.: Om en ny körtel has menniskan och atskilliga däggdjur. Upsala Läk.-Fören. Förh. **15**, 441 (1880). — SCHARDORN, E.: Über Impetigo herpetiformis. Arch. Derm. Syph. (Berl.) **132**, 108 (1921). — SCHERBER, G.: Zur Anwendung von Parathyreoidea und des Präparats AT 10 bei der Behandlung der Impetigo herpetiformis und der Psoriasis vulgaris pustulosa. Derm. Wschr. **106**, 391 (1938). — SCHMIDT-LA BAUME: Aussprache zu F. HOLTZ, Die Tetanie (Nebenschilddrüseninsuffizienz) und ihre Behandlung. Med. Klin. **1936**, 658. — SCHMITZ, H. J.: Zur Theorie und Therapie des Psoriasis. Z. Haut- u. Geschl.-Kr. **6**, 496 (1949). — SCHUBERT, M.: Impetigo herpetiformis, ihre Behandlung mit A.T. 10. Derm. Wschr. **102**, 761 (1936). — STREITMANN, B.: Beitrag zur Klinik und Histologie der Psoriasis pustulosa. Z. Haut- u. Geschl.-Kr. **19**, 65 (1955). — STRICKER, P.: Du traitement de la sclérodermie par la parathyroïdectomie. Strasbourg méd. **2**, 608 (1951).

VAJDA, A.: Mit Nebenschilddrüsenextrakt-Injektionen behandelter Fall von Oedema perstans. Zbl. Haut- u. Geschl.-Kr. **29**, 262 (1929). — Geheilter Fall von mit Parathyreoidea-extrakt-Injektionen behandelter Acne urticata. Zbl.Haut- u. Geschl.-Kr. **29**, 262 (1929). — Geheilter Fall von mit Nebenschilddrüsenextrakt-Injektionen behandelter Acne urticata und Urticaria facticia. Zbl. Haut- u. Geschl.-Kr. **29**, 261 (1929). — VARSALE, G., e F. GENERALI: Fonction parathyroïdienne et fonction thyroïdienne. Arch. di Biol. **33**, 154 (1900). — VOHWINKEL, K.: Psoriasis pustulosa und ihre Behandlung mit A.T. 10. Derm. Wschr. **103**, 1373 (1936).

WALTHER, H.: Diskussion Tagg Ostbayr. Wiss. Dermatologen, Regensburg 25. 6. 1950. Zbl. Haut- u. Geschl.-Kr. **76**, 416 (1951). — Zur Pruritusbehandlung — in Abhängigkeit vom Lebensalter — insbesondere mit der Kombination Nebenschilddrüsenextrakt und ionisiertem Kalzium. Derm. Wschr. **130**, 795 (1954). — WERNLY, M.: XV. Parathyreoidea. In A. LABHART, Klinik der inneren Sekretion, S. 825ff. Berlin-Göttingen-Heidelberg: Springer 1957.